DICTIONNAIRE

ENCYCLOPÉDIQUE & BIOGRAPHIQUE

DE

L'INDUSTRIE & DES ARTS INDUSTRIELS

DICTIONNAIRE

ENCYCLOPÉDIQUE ET BIOGRAPHIQUE

DE

L'INDUSTRIE ET DES ARTS INDUSTRIELS

CONTENANT

1° POUR L'INDUSTRIE :

*L'étude historique et descriptive du travail national sous toutes ses formes; de ses origines, des découvertes et des perfectionnements dont il a été l'objet.
Le matériel et les procédés des industries extractives, des exploitations rurales, des usines agricoles et des industries alimentaires, des industries textiles et de la confection du vêtement, des industries chimiques.
Les chemins de fer et les canaux, les constructions navales. Les grandes manufactures. Les écoles professionnelles, etc.*

2° POUR LES ARTS APPLIQUÉS A L'INDUSTRIE :

Le dessin; la gravure; l'architecture et toutes les industries qui se rattachent à l'art. — L'imprimerie. La photographie. — Les manufactures nationales. — Les écoles et les sociétés d'art.

3° POUR LA STATISTIQUE :

L'état de la production nationale; les résultats comparés de cette production et de celle de l'étranger pour les industries similaires.

4° POUR LA BIOGRAPHIE :

Les noms des savants, des artistes, fabricants et manufacturiers décédés qui se sont distingués dans toutes les branches de l'industrie et des arts industriels de la France.

5° L'HISTOIRE SOMMAIRE DES ARTS & MÉTIERS :

Depuis les temps les plus reculés jusqu'à nos jours; les mots techniques; l'indication des principaux ouvrages se rapportant à l'art et à l'industrie.

PAR

E.-O. LAMI

Officier d'Académie

Ancien attaché au Service historique et des Beaux-Arts de la Ville de Paris

AVEC LA COLLABORATION DES SAVANTS, SPÉCIALISTES ET PRATICIENS LES PLUS ÉMINENTS DE NOTRE ÉPOQUE

Ouvrage honoré de la souscription du Ministère du Commerce; de la Direction des Poudres et Salpêtres, au Ministère de la Guerre, d'un grand nombre de Sociétés savantes, Bibliothèques publiques, Lycées, Collèges, Ecoles, etc.

Médaille d'Or à l'Exposition universelle d'Anvers (1885)

TOME VI

PARIS

LIBRAIRIE DES DICTIONNAIRES

7, PASSAGE SAULNIER, 7

—

1886

EXPLICATION

DES

ABRÉVIATIONS & DES SIGNES

Terme d'agriculture	*T. d'agric.*
— d'apprêt	*d'appr.*
— d'architecture	*d'arch.*
— d'architecture militaire	*d'arch. milit.*
— d'architecture et de construction	*d'arch. et de const.*
— d'armurier	*d'arm.*
— d'armurerie et de guerre	*d'armur. et de g.*
— d'arquebusier	*d'arqueb.*
— d'art	*d'art.*
— d'art militaire	*d'art milit.*
— d'artillerie	*d'artill.*
— d'astronomie et de géographie	*d'astr. et de géogr.*
— d'atelier	*d'atel*
— de batteur d'or	*de batt. d'or.*
— de bijouterie	*de bijout.*
— de blanchiment et teinture	*de blanc. et teint.*
— de botanique	*de bot.*
— de boulangerie	*de boul.*
— de bourrelier	*de bourr.*
— de brasserie	*de brass.*
— de carrosserie	*de carross.*
— de céramique	*de céram.*
— de charpenterie	*de charp.*
— de charpenterie et de menuiserie	*de charp. et de men.*
— de charronnage	*de charron.*
— de chemin de fer	*de chem. de fer.*
— de chimie	*de chim.*
— de chimie et de pharmacie	*de chim. et de pharm.*
— de chimie hydrologique	*de chim. hydrolog.*
— de chimie organique	*de chim. organ.*
— de coiffure	*de coiff.*
— de coiffure militaire ancienne	*de coiff. milit. anc.*
— de construction	*de constr.*
— de construction de chemin de fer	*de constr. de chem. de fer.*
— de construction navale	*de constr nav.*
— de corderie	*de cord.*
— de cordonnerie	*de cordon.*
— de cosmographie	*de cosmog.*
— du costume	*du cost.*
— du costume ecclésiastique	*du cost. eccl.*
— du costume militaire	*du cost. milit.*
— de coutellerie	*de coutell.*
— de couverture et de plomberie	*de couv. et plomb.*
— de décoration	*de décor.*
— de distillerie	*de distill.*
— de dorure	*de dor.*
— d'ébénisterie	*d'ébénist.*
— d'électricité	*d'électr.*
— d'exploitation des mines	*d'exploit. des min.*
— de filature	*de filat.*
— de fonderie	*de fond.*
— de forgeage	*de forg.*
— de fortification	*de fortif.*
— de fortification ancienne	*de fort. anc.*
— de fumisterie	*de fumist.*
— de géologie	*de géolog.*
— de géométrie	*de géom.*
— de géométrie et d'architecture navale	*de géom. et d'arch. nav.*
Terme de géométrie et de navigation	*T. de géom. et de navig.*
— de gravure	*de grav.*
— d'horlogerie	*d'horlog.*
— d'hydraulique	*d'hydraul.*
— d'impression et de teinture	*d'impr. et de teint.*
— d'impression sur étoffes	*d'imp. s. ét.*
— d'imprimerie	*d'impr.*
— de joaillerie	*de joaill.*
— de lapidaire	*de lapid.*
— de liquoriste	*de liquor.*
— de machine	*de mach.*
— de maçonnerie	*de maçonn.*
— de marine	*de mar.*
— de mathématique	*de mathém.*
— de matières médicales	*de mat. méd.*
— de mécanique	*de mécan.*
— de mécanique et de charronnage	*de mécan. et de charronn.*
— de médecine	*de méd.*
— de menuiserie	*de men.*
— de métallurgie	*de métall*
— de météorologie	*de météor.*
— de métier	*de mét.*
— de meunerie	*de meun.*
— de minéralogie	*de minér.*
— de navigation	*de navig.*
— d'optique	*d'opt.*
— d'orfèvrerie	*d'orfèv.*
— de papeterie	*de pap.*
— de parfumerie	*de parfum.*
— de passementerie	*de passem.*
— de pharmacie	*de pharm.*
— de photographie	*de photog.*
— de physique	*de phys.*
— de physique et d'arpentage	*de phys. et d'arpent.*
— de physique et de chimie	*de phys. et de chim.*
— de physique et de navigation	*de phys. et de navig.*
— de plomberie	*de plomb.*
— de ponts et chaussées	*de p. et chauss.*
— de pyrotechnie	*de pyrotechn.*
— de raffinerie de sucre	*de raff. de sucre*
— de reliure	*de rel.*
— de savonnerie	*de savon.*
— de sellerie	*de sell.*
— de serrurerie	*de serrur.*
— de sucrerie	*de sucr.*
— de tapisserie	*de tapiss.*
— technique	*techn.*
— de teinturerie	*de teint.*
— de télégraphie	*de télégr.*
— de théâtre	*de théât.*
— de tissage	*de tiss.*
— de typographie	*de typogr.*
— de verrerie	*de verr.*
Art héraldique	*Art hérald.*
Iconographie	*Iconog.*
Iconologie	*Iconol.*
Instrument d'astronomie	*Inst. d'ast.*
Instrument de chirurgie	*Inst. de chirurg.*
Instrument de musique	*Inst. de mus.*
Mythologie	*Myth.*
Synonyme	*Syn.*

Le signe * indique que le mot qui le porte n'est pas dans le dictionnaire de l'Académie.

LISTE DES AUTEURS

QUI ONT CONTRIBUÉ A LA RÉDACTION DU SIXIÈME VOLUME

Rédacteur en Chef : E.-O. LAMI.

MM. **BADOUREAU**, A. B. — Ancien élève de l'École polytechnique; Ingénieur des mines;
BERGERON, Dr A. B. — Chirurgien de l'hôpital de la Charité;
BLONDEL (S.), S. B. — Homme de lettres;
BOCCA, Ed. B. — Ingénieur des Arts et Manufactures;
BOULARD (J.), J. B. — Ingénieur civil;
BOUQUET, L. B. — Chef du bureau de l'Industrie au Ministère du Commerce et de l'Industrie;
CERFBERR DE MÉDELSHEIM, C. de M. — Homme de lettres;
CHESNEAU (E.), E. Ch. — Critique d'art;
CLOÜET (J.), J. C. — Professeur à l'École de médecine et de pharmacie de Rouen;
COSMANN, M. C. — Ingénieur des Arts et Manufactures; Inspecteur du mouvement au Chemin de fer du Nord;
DARCEL (A.), A.-D. — Directeur du Musée de Cluny;
DECHARME, C. D. — Docteur ès sciences, ancien professeur de physique et de chimie;
DÉPIERRE, J. D. — Chimiste;
FLAVIEN, Fl. — Ingénieur des Arts et Manufactures;
FOREST, H. F. — Ingénieur des Arts et Manufactures, Ingénieur du service des études au Chemin de fer du Nord;
FOUCHÉ, M. F. — Licencié ès sciences, professeur au Lycée Henri IV;
GAND (Edouard), E. G. — Professeur de tissage à la Société industrielle d'Amiens;
GAUTIER, Dr L. G. — Chimiste;
GAUTIER, F. G. — Ingénieur civil;
GERSPACH, G. — Administrateur de la Manufacture nationale des Gobelins;
GOGUEL, P. G. — Ingénieur civil, Professeur à l'Institut industriel du Nord;
GRANDVOINNET, J.-A. G. — Ingénieur des Arts et Manufactures, professeur à l'Institut national agronomique;
GUENEZ, E. G. — Chimiste du Conservatoire des Arts et Métiers;
JOUANNE, G. J. — Ingénieur des Arts et Manufactures;
LAMORT, L. — Ingénieur civil;
LEPLAY, H. L. — Chimiste;
MONMORY, F. M. — Architecte;
MOREAU, A. M. — Ingénieur des Arts et Manufactures;
NUITTER (Ch.), C. N. — Bibliothécaire de l'Académie nationale de musique;
RAYNAUD, J. R. — Docteur ès-sciences, professeur à l'École supérieure de télégraphie;
RÉMONT, Alb. R. — Chimiste;
RENOUARD, A. R. — Ingénieur civil, Secrétaire général de la Société industrielle du Nord;
RINGELMANN, M. R. — Ingénieur-Répétiteur de Génie rural à l'École de Grandjouan;
SAUNIER, C. S. — Directeur de la *Revue chronométrique*;
TISSERAND (L.-M.), L.-M. T. — Chef du service historique et des Beaux-Arts de la ville de Paris;
VIDAL, L. V. — Professeur à l'Ecole des Arts décoratifs.

DICTIONNAIRE

ENCYCLOPÉDIQUE ET BIOGRAPHIQUE

DE

L'INDUSTRIE ET DES ARTS INDUSTRIELS

L

I. **LABORATOIRE.** Local dans lequel on procède, soit à des travaux d'analyse chimique, soit à la préparation de diverses sortes de produits, comme les médicaments, etc. Nous ne pouvons indiquer ici comment doivent être installés les laboratoires destinés aux opérations chimiques, car en dehors des produits ordinaires et des appareils nécessaires pour toutes les réactions, il faut surtout se préoccuper, dans l'agencement d'un semblable établissement, de la nature spéciale des travaux qui y seront faits (essais industriels, essais métallurgiques, essais physiologiques, essais des matières d'or et d'argent, ou recherches d'un laboratoire propre aux travaux scientifiques purs). Nous dirons cependant, que tout laboratoire bien installé doit comprendre plusieurs pièces, une où se font les travaux chimiques, et d'autres pour contenir, soit les balances et autres instruments que l'on doit forcément soustraire à l'action des émanations gazeuses qui pourraient attaquer les métaux, et dès lors rendre les instruments défectueux, soit les appareils qui ont besoin d'être maniés en faisant l'obscurité dans la pièce (spectroscopes, polarimètres, appareils micro-photographiques etc.).

Dans tous les laboratoires modernes, on a remplacé le chauffage au charbon par celui au gaz; l'emploi des machines pneumatiques, par l'utilisation du vide obtenu au moyen des trompes à eau; il est donc indispensable d'installer dans les salles de travail, des canalisations d'eau et de gaz, des fils conducteurs pour l'électricité produite par les divers appareils que peut employer le chimiste, des conduites pour amener des gaz préparés d'avance, et journellement utilisés (oxygène pour combustions, hydrogène pour réductions, acide sulfhydrique pour séparation des métaux précipitables par ce corps, etc.).

Parmi les laboratoires les plus modernes, que l'on pourrait visiter avec fruit lorsque l'on voudra installer un établissement de ce genre, nous devons citer ceux qui ont été créés à la nouvelle Ecole supérieure de pharmacie de Paris.

Laboratoire d'essais industriels. Atelier spécial dans lequel s'effectuent les essais chimiques ou physiques destinés à apprécier la valeur du produit soumis à ces essais. Comme il est impossible, dans la plupart des cas, d'obtenir cette appréciation, capitale cependant, par un simple examen extérieur, le laboratoire est devenu l'auxiliaire obligé de toute industrie, surtout à une époque où, par suite des exigences de la concurrence, les anciennes marques de fabrique ont perdu la valeur qu'elles avaient antérieurement, et qui avait fait jusque-là la garantie du consommateur. En fait, on citerait difficilement une industrie qui puisse accepter, sans essais, les produits qu'elle emploie; l'agriculteur, par exemple, a besoin de connaître la composition du sol qu'il laboure, celle des engrais qu'il doit y appliquer, et en ce qui concerne ses machines, l'effort à développer pour en tirer un parti utile, etc. ; l'architecte doit connaître les propriétés physiques des matériaux qu'il met en œuvre, pierres, briques, ciment, etc. Dans la métallurgie, les indications du laboratoire fournissent le point de départ de tout le travail, en donnant la valeur des minerais employés, en permettant de suivre, et en éclairant toutes les étapes de la fabrication. Les essais mécaniques indiquent enfin la nature et les services qu'on peut attendre du métal obtenu définitivement.

Les grandes administrations qui confient des commandes à l'industrie privée, ne manquent jamais d'ailleurs d'imposer des conditions de réception exigeant des essais de laboratoire, et cet usage est imité maintenant, même par de petits consommateurs, de sorte que toute commande reçue comportera bientôt ses conditions d'essai, et il y aura certainement là une cause d'aggravation sensible dans les prix de revient. Les établissements un peu importants, producteurs ou consommateurs, ont donc installé des laboratoires aménagés spécialement en vue des essais spéciaux qu'ils ont à exécuter, et c'est ainsi qu'on rencontre, dans certaines Compagnies de chemins de fer surtout, des laboratoires aménagés avec un véritable luxe, pour ainsi dire, et dans lesquels rien n'a été négligé pour assurer la facilité et la prompte exécution des essais, et l'exactitude des résultats. Dans les pays étrangers, les fournitures ne sont pas toujours soumises aux mêmes essais minutieux qu'en France, et les administrations ne possèdent pas toujours de laboratoires; mais on rencontre alors des établissements formant des laboratoires publics, dirigés souvent par des savants qui font autorité dans la matière. Citons, par exemple, aux Etats-Unis, l'Institut Stevens, à Hoboken, l'arsenal de Watertown, qui fait des essais à la traction pour le public ; en Angleterre, le laboratoire annexé à l'Ecole des ingénieurs, au collège de l'Université de Londres, et dirigé par M. Kennedy. En France, nous aurions pareillement d'ailleurs, le laboratoire d'essais chimiques de l'Ecole des mines, le Conservatoire des arts-et-métiers, et différents laboratoires particuliers de chimie, qui font également des essais spéciaux sur les matières qui leur sont soumises. En dehors de ceux-ci, on rencontre souvent aussi des laboratoires ayant une destination toute spéciale, et appartenant à l'Etat ou à certaines associations industrielles ou autres, qui font pratiquer là les essais intéressant leurs membres.

Les *laboratoires d'essais chimiques* jouent, ainsi que nous l'avons dit plus haut, un rôle capital pour l'agriculture et les usines métallurgiques, aussi, toutes celles-ci en sont-elles pourvues. Il y a quelques années encore, on se bornait à y faire le simple essai proprement dit du minerai considéré, sans pousser jusqu'à l'analyse complète ; mais cette pratique, qui pouvait être suffisante autrefois, pour déterminer la valeur pécuniaire d'un minerai, est abandonnée aujourd'hui, et on n'hésite plus à munir les laboratoires de tous les appareils scientifiques nécessaires pour faire l'analyse quantitative de tous les éléments, afin d'obtenir, à côté de la teneur en métal utile, celle de tous les métalloïdes étrangers qui exercent, comme on sait, une influence si considérable sur les propriétés du métal. Les Compagnies de chemins de fer ont installé, dans des conditions analogues, des laboratoires pour l'essai de tous les produits qu'elles consomment ou mettent en œuvre, et particulièrement des charbons ; on peut citer certains laboratoires, comme celui de la Compagnie de l'Est, dont l'aménagement constitue un véritable modèle. Outre les essais de charbons, ces laboratoires ont également à faire l'analyse d'une grande quantité d'autres matières, les huiles de graissage et d'éclairage, les eaux d'alimentation et les produits métalliques, bronzes de toute nature, aciers, etc., et ils sont pourvus souvent, à cet effet, d'une installation qu'envieraient bien des facultés d'enseignement.

Les *laboratoires d'essais physiques* dont on trouve également des modèles dans les Compagnies de chemins de fer, doivent comprendre au moins toutes les machines dont nous avons parlé au mot Essai. Les machines d'essai à la traction doivent en former le fondement en quelque sorte. Outre ces appareils, les laboratoires doivent posséder aussi des machines d'essai à la compression, à la torsion pour les bronzes, les aciers, etc., à la flexion pour les aciers à ressort, et aussi des moutons de différentes dimensions, permettant l'essai au choc des grosses pièces, comme les rails, les bandages, les essieux, etc., ou des éprouvettes détachées. Le laboratoire doit être complété par une petite forge pour faire les essais de trempe, de pliage, d'emboutissage, etc.

Enfin, comme la préparation de ces éprouvettes ne laisse pas que d'exiger un travail prolongé, il convient d'annexer au laboratoire un atelier comprenant quelques machines outils : raboteuses, fraiseuses, et différents tours affectés spécialement à ce service.

A côté du laboratoire d'essais mécaniques, il convient de citer aussi le *laboratoire d'essais électriques*, car les essais de cette nature tendent à se développer, et toutes les usines qui préparent les appareils destinés aux transmissions électriques, sont obligées d'y avoir recours. Les tréfileries, par exemple, qui préparent des fils télégraphiques ou téléphoniques, doivent vérifier la résistance électrique de leurs produits avant de les livrer, et ces essais, d'ailleurs, ne sont pas sans présenter un certain intérêt au point de vue purement métallurgique, car ils permettent de déceler, par l'affaiblissement de la conductibilité, les petites solutions intérieures de continuité tenant aux scories interposées dans le métal, et qu'on ne saurait reconnaître autrement.

* **II. LABORATOIRE.** *T. de métall.* Ce mot désigne la partie du *four* où se trouve la matière à élaborer ; celui de *chauffe* est reservé à celle où brûle le combustible. La température à laquelle est porté le laboratoire où sont les matières à chauffer, varie naturellement avec la

surface de la chauffe ou de la grille sur laquelle se brûle le combustible. En effet, plus la grille est développée, plus est grande la quantité de chaleur qui, dans l'unité de temps, passe par la section transversale du laboratoire. Si on représente par 1 la section de la chauffe, le volume du laboratoire aura les valeurs suivantes, selon l'opération que l'on se propose de faire :

Four à porcelaine, 12 à 15 ; four à zinc (méthode belge), 5 à 6; four à cuivre, 2,5 à 3; four à puddler, 1,1 à 1,25 ; four à creusets pour acier, 0,8 à 0,9.

Dans les fours à gaz, du système Siemens, par exemple, c'est le débit de gaz par minute qui permet de varier la température du laboratoire, et ce débit de gaz dépend de la rapidité de distillation du combustible dans les gazogènes.

LABOURAGE A VAPEUR. Les partisans convaincus de ce que l'on a nommé, assez improprement, le *labourage à vapeur*, veulent, s'ils sont logiques, la substitution complète de la vapeur au cheval vivant, dans tous les travaux des champs : préparation du sol avant l'ensemencement, semis mécanique, sarclage et binage, arrachage et coupage des récoltes, transport des produits et des engrais. C'est dire que les champs ne devraient plus voir ni chevaux ni mules, ni ânes, ni bœufs, conduisant des charrues, des herses, des semoirs ou des houes, des rouleaux ou des moissonneuses. Cette substitution de la vapeur au cheval vivant et à l'homme moteur, est déjà accomplie, en effet, dans la ferme : on bat et on nettoie le blé à la vapeur, on hache la paille et on coupe les racines avec le même moteur. De sorte que la *manivelle*, puis le *manège*, ou tout autre récepteur rotatif de la force motrice du cheval, ont disparu des grandes fermes

Fig. 1. — *Labourage à vapeur.*

bien outillées. Mais, si le problème est résolu dans la ferme, c'est que la vapeur y peut être employée sous forme d'un générateur et d'une machine fixes, du meilleur système et avec condensation. Alors ce travail moteur, obtenu économiquement, est employé directement à faire tourner des arbres de couche qui commandent tous les appareils de préparation des produits agricoles, soit pour la vente, soit pour l'alimentation.

Dans les champs, ce moteur si docile, la vapeur, n'agit pas aussi économiquement, ni aussi simplement que dans la grange. Ce n'est plus en un point donné qu'elle doit travailler ; il faut que sa force motrice agisse en tous les points du champ successivement, en long comme en travers ; il faut que la machine gravisse ou descende les pentes, qu'elle longe les coteaux, traverse les ravins, les fossés, etc. Or, elle ne peut résoudre ce problème, *porter la force successivement en divers points*, que de deux façons : 1° en se transportant elle-même partout où la résistance à vaincre se trouve ; ou 2° en transmettant au loin, ordinairement par câbles de traction, la force voulue.

Dans le premier cas, il faut que la machine avec son générateur se transporte elle-même comme le cheval vivant, avec sa provision de charbon et d'eau. Si le cheval perd, par jour, en labourant, une partie de sa puissance motrice journalière, à se transporter sur une longueur développée d'environ 30 kilomètres, les locomotives routières perdraient relativement une plus forte proportion de leur puissance à se transporter avec les corps de charrues ou autres outils de culture. De sorte que, tandis que le cheval dispose, tout en marchant, d'une force de traction de 67 kilogr., la routière pourrait épuiser presqu'entièrement le travail moteur de la vapeur à son déplacement dans le champ. Aussi, comme nous l'avons dit à l'article CULTIVATION A VAPEUR, les essais d'appareils de labour à vapeur, traînés par une machine à vapeur ont-ils échoué jusqu'ici ! Nous ne prétendons pas qu'il en sera toujours ainsi ; il reste quelques voies non encore explorées ou à peine suivies. Toutefois, le second mode d'application de la vapeur dans les champs, c'est-à-dire le transport de la force par câbles de traction, a, de nos jours, assez bien réussi pour que l'on puisse considérer le problème du labourage à vapeur comme résolu mécaniquement, sinon économiquement. Le transport des produits agricoles et des engrais dans les champs peut se faire à la vapeur, soit sur une voie ferrée portative (Decauville), soit sur le sol même, par la traction d'une *locomotive routière*. Ce dernier mode ne paraît pas jusqu'ici économique dans les champs et même sur les routes. Toutefois, l'avenir n'est pas fermé à ce mode d'emploi de la vapeur.

Nous avons décrit très sommairement, à l'article CULTIVATION, le meilleur mode actuel de labourage à vapeur, par deux locomotives routières. La figure 1 représente l'appareil de M. Lotz, le plus ancien des constructeurs français pour l'emploi de la vapeur dans la ferme. On voit que la charrue, une tourne-oreille à quatre socs, du système dit à *navette, tête à tête*, est tirée en travers du champ alternativement de droite à gauche et de gauche à droite, par deux locomotives agissant tour à tour, et se déplaçant de la quantité voulue à chaque voyage de la charrue.

Le labour par l'électricité se fait suivant le même principe. La force d'un moteur fixe (eau, vent ou vapeur), est transmise à l'aide d'un fil et de machines Gramme jusqu'à la charrue. Actuellement, on perd dans ce transport de 40 à 50 0/0 du travail moteur; mais, comme en diverses situations, des moteurs peuvent donner à très bas prix beaucoup de travail, par exemple certaines chutes d'eau et certains récepteurs de la force du vent, il serait injuste de condamner pour l'avenir ce mode de transport de la force dans les champs. — J. A. G.

***LABRADORITE**. Syn.: *Labrador*. Silicate double d'alumine et de chaux, contenant un peu de soude. Il se présente sous forme de masses laminaires, rarement cristallisées, et alors en prismes doublement obliques de 121°37'; sa cassure est inégale ou écailleuse, d'aspect résineux; il est translucide, d'éclat vitreux, ou nacré sur les faces de clivage, de coloration blanche, jaune ou grise, avec de très beaux reflets chatoyants, bleus, verts, jaunes ou rouges; d'une densité de 2,65 et d'une dureté égale à 6. — V. FELDSPATH.

***LABROUSTE** (PIERRE-FRANÇOIS-HENRI), architecte, étudia l'architecture sous la direction de Vaudoyer et de Lebas. Il obtint le premier grand prix à 23 ans, et après les quelques années réglementaires qu'il dût passer à Rome, il revint à Paris où il prit une part très active, en qualité d'inspecteur, à la construction du Palais des Beaux-Arts. Parmi les nombreux travaux de cet architecte de talent, il faut citer la reconstruction de la Bibliothèque Sainte-Geneviève et celle de la Bibliothèque nationale. Labrouste qui, en 1867, a remplacé Hittorf, comme membre de l'Académie des Beaux-Arts, était né à Paris, en 1801; il est mort le 26 juin 1875.

LAÇAGE. *T. de tiss*. Syn. *d'enlaçage*. Cette opération consiste à assembler, suivant un ordre convenu, les cartons Jacquard, sur une table ou long cadre muni de pédonnes, et à les coudre les uns aux autres. — V. CARTON-JACQUARD et ENLAÇAGE.

LACET. Sorte de cordon qui sert à serrer ou orner les vêtements.

— Les métiers mécaniques à fabriquer le lacet ont vu le jour en Allemagne, et ont été primitivement construits dans la Prusse rhénane. Les premiers furent importés en France, en 1801. Placés dans une maison d'orphelinat de Paris, ils furent bientôt vendus par le directeur de cet établissement et éparpillés par toute la France. Sur l'indication de Joseph Montgolfier, directeur du Conservatoire des arts-et-métiers, un fabricant de Saint-Chamond, Richard Chamboret, acheta, pour le prix de 130 chacun (soit 10 francs le fuseau), trois métiers à treize fuseaux provenant de la liquidation de l'orphelinat parisien; satisfait de son achat, en 1809, il en fit construire quinze autres, puis à partir de ce moment il ne cessa d'en augmenter le nombre pour son propre compte. En 1832, vingt maisons rivales se livraient, à Saint-Chamond, à la fabrication de lacets; elles furent le point de départ du nombre considérable de fabriques actuellement en activité dans cette ville et dans tout l'arrondissement de Saint-Etienne.

Le métier le plus ordinaire à fabriquer le lacet, n'est qu'une variété de l'appareil à tresser les cordes à coton dont on se sert pour fabriquer le *cordonnet*, et dont nous avons expliqué au mot GANSE, le fonctionnement plus spécial à la fabrication des ganses et lacets. Ce métier, comme on le sait, est muni de poupées ou fuseaux perpendiculaires garnis de fil, placés dans l'extrême circonférence de disques tournant en demi-rond : chaque fuseau est creux et muni d'une petite tige en fer qui sert de contre-poids pour la tension de chaque fil, et fait constamment dérouler celui-ci lorsqu'il est nécessaire.

On distingue, dans le commerce, les *lacets de coton* et les *lacets de soie* ou bourre de soie. Pour les premiers, on emploie un genre de numérotage spécial. Le numéro 1, produit par un métier à 5 fuseaux, n'est autre que de la soutache; le numéro 2, produit par un métier à 9 fuseaux, donne le plus petit lacet proprement dit; on est convenu ensuite d'augmenter d'un numéro par quatre fuseaux de métier, chacun des produits correspondant à un poids spécial pour un nombre déterminé de pièces de 36 mètres de longueur. C'est ainsi, par exemple, que le numéro 3 est un 13 fuseaux, pesant 300 grammes par paquet de 12 pièces de 36 mètres; le numéro 4 un 17 fuseaux, pesant 400 grammes; le numéro 5 un 21 fuseaux, pesant 500 grammes; le numéro 6 un 25 fuseaux, pesant 600 grammes; etc., et ainsi de suite jusqu'au 72 fuseaux; on ne va pas au-delà. Pour les lacets de soie ou de bourre de soie, ce genre de numérotage est remplacé dans les transactions par le poids de 100 mètres de lacet. On demande alors un lacet de tant de fuseaux pesant tant de grammes les 100 mètres, et, pour produire exactement le poids demandé, toute la soie qui s'emploie pour les lacets est moulinée dans les fabriques par pelotes d'une même longueur, 360, 500, 720 mètres, etc., suivant ce que désirent les fabricants. Tous les fils de soie du moulinage sont mis à tous comptes par des flotteurs à grande vitesse, et chaque flotte, pesée une à une à l'aiguille vacillante, est classée suivant son poids par 2 décigrammes : les flottes de 500 mètres, par exemple, pèsent de 32 à 60 décigrammes, en augmentant de 2 décigrammes par titre, et certaines soies donnent tous ces titres.

Le blanchiment fait perdre, en moyenne, aux lacets de 10 à 20 0/0 de leur poids; il en est de même de la teinture, à l'exception de celle en noir, qui leur donne un poids considérable : on estime que le noir fin prend 5 à 6 0/0 de charge, le noir mi-fin de 50 à 60 0/0, et le noir anglais, jusque 270 0/0. — A. R.

***LA CHAUSSADE.** Usine métallurgique appartenant à la marine et située à 13 kilomètres de Nevers. Elle formait, avec Guérigny placée dans le voisinage, et Cosne un peu plus haut sur la Loire, un ensemble destiné à la production des ancres, des chaînes et des blindages pour le service de la marine de l'Etat.

La raison pour laquelle on avait fondé ces trois établissements, loin de tout centre minier ou métallurgique important, mais dans un centre forestier, tient à ce qu'on employait autrefois, aux fabrications diverses destinées à la marine, exclusivement le charbon de bois, soit pour la fusion des minerais, soit pour l'affinage des fontes. Actuellement, l'introduction de l'acier dans les constructions navales et la nécessité d'employer un matériel d'une importance inconnue jusqu'alors, ont fait perdre aux établissements de La Chaussade, de Guérigny et de Cosne, une grande partie de leur importance. On leur conserve une faible activité pour qu'elles puissent servir d'école au corps du Génie maritime, mais l'industrie tend de plus en plus à les rendre inutiles, par la perfection et le bon marché des produits qu'elle peut obtenir.

*** LACS.** *T. techn. Art hérald.* Cordon entrelacé en forme de ∞, dont les bouts ramenés au centre, ressortent, à dextre et à sénestre, en forme de houppe.

LACTATE. *T. de chim.* Sels résultant de la saturation des bases par l'acide lactique. Ils sont solubles dans l'eau, l'alcool, mais insolubles dans l'éther ; ils sont décomposables par la chaleur, ou par l'action des alcalis, de l'acide sulfurique et aussi de certains ferments ; quelques-uns même, comme le lactate ferreux, s'altèrent dans l'air humide. On les prépare par l'action de l'acide lactique sur les bases ou les carbonates alcalins ; ou, par voie de double décomposition, avec un sulfate métallique et les lactates de baryum ou de calcium.

Les lactates ne se reconnaissent pas facilement à leurs réactions chimiques, car l'acide lactique n'offre pas de caractères absolument spéciaux; on arrive cependant à les retrouver en se basant sur la forme géométrique que deux d'entre eux montrent au microscope : le lactate de calcium ordinaire (V. ACIDE LACTIQUE) cristallise en fines aiguilles groupées en touffes (le lactate ferreux offre la même forme) ; le lactate de zinc est en amas globuleux, si on le fait cristalliser rapidement, ou en prismes droits, souvent déformés en massue, lorsque la cristallisation est lente. Les lactates de chaux et de fer sont très employés.

LACTIQUE (Acide). L'acide lactique se forme par une fermentation particulière de diverses substances organiques. On le trouve dans le lait aigri, dans le suc gastrique, etc. La fermentation lactique a lieu sous l'influence d'un ferment spécial, à des températures de 30 à 45°. Il existe plusieurs méthodes de synthèse de l'acide lactique, dont nous ne parlerons pas; qu'il nous suffise de dire qu'elles ont démontré qu'il faut attribuer à cet acide la formule de structure suivante :

$$CH^3.CH<{OH \atop CO^2H} \text{ (at.)} = C^3H^6O^3$$

en équivalents $C^6H^6O^6$.

On prépare l'acide lactique par fermentation, en opérant de la manière suivante : on dissout 3 kilogrammes de sucre de canne et 15 grammes d'acide tartrique dans 17 litres d'eau, et on laisse reposer pendant quelques jours ; on ajoute ensuite 100 grammes de fromage en putréfaction, délayé dans 4 litres de lait aigri et 200 grammes de blanc de zinc; on laisse reposer pendant 8 à 10 jours à une température de 40 à 45°, on chauffe à l'ébullition, on filtre et on évapore le liquide filtré jusqu'à cristallisation. On purifie le lactate de zinc par cristallisation, et on le décompose par l'hydrogène sulfuré ; l'acide lactique devient libre ; on filtre et on évapore au bain-marie, puis on épuise le résidu par l'éther qui ne dissout que l'acide lactique ; une certaine quantité de mannite, formée en même temps que l'acide lactique, reste non dissoute.

Propriétés. L'acide lactique forme un sirop épais, de densité 1,215, et qui n'a pu être obtenu à l'état cristallisé; il est hygroscopique, et miscible en toutes proportions à l'eau, l'alcool et l'éther. Soumis à la distillation, il se scinde en lactide, en aldéhyde, en oxyde de carbone et en eau. Il n'a pas d'emploi dans l'industrie. — G. B.

LACTO-BUTYROMÈTRE. *T. de chim.* Instrument inventé par E. Marchand, et destiné à indiquer la quantité de matière grasse contenue dans le lait. Il se compose d'un tube en verre, fermé par un bout, et divisé en 3 parties marquées : lait, éther, alcool. Pour faire un essai, on verse le lait à examiner et convenablement agité (pour mêler la crème qui aurait pu gagner la surface), jusqu'au trait marqué lait, on y ajoute une ou deux gouttes de soude en dissolution (à 36° Baumé), on verse de l'éther jusqu'au second trait, puis, bouchant l'appareil, on le retourne pour opérer le mélange des liquides, et enfin on achève de le remplir jusqu'au niveau du troisième trait avec de l'alcool à 90° et on agite. On introduit alors l'appareil dans une éprouvette contenant de l'eau à 40°, ou bien on le met dans son étui en fer-blanc, on remplit d'eau, et on allume de l'alcool placé dans le godet qui forme la partie inférieure de cet étui, afin de donner au liquide la température de 40°. La matière grasse se sépare bientôt sous forme d'une couche huileuse, dont on lit la hauteur au moyen d'un curseur mobile que l'on fait glisser jusqu'à ce que son zéro affleure le niveau de la couche grasse; on lit de bas en haut le nombre de divisions occupées par le beurre.

D'après les observations de Marchand, avec la proportion d'éther employée, la matière grasse ne se sépare que lorsqu'il y en a, par litre, plus de 12g,60, et comme les rapports entre le poids du beurre et les degrés de l'instrument sont établis selon la formule $P = 12^g,60 \times n \times 2^g,33$, on peut lire de suite, dans un tableau dressé par l'auteur, la quantité en poids, correspondant aux degrés trouvés.

Tableau des concordances des degrés du lacto-butyromètre avec la quantité de beurre contenue dans un kilogramme de lait.

Degrés	Poids du beurre	Degrés	Poids du beurre	Degrés	Poids du beurre	Degrés	Poids du beurre
	gr.		gr.		gr.		gr.
0°0	12.60	8°0	31.24	16°0	49.88	24°0	68.52
1.0	14.93	9.0	33.57	17.0	52.21	25.0	70.85
2.0	17.26	10.0	35.90	18.0	54.54	26.0	73.18
3.0	19.59	11.0	38.23	19.0	56.87	27.0	75.51
4.0	21.92	12.0	40.56	20.0	59.20	28.0	77.84
5.0	24.25	13.0	42.89	21.0	61.53	29.0	80.17
6.0	26.58	14.0	45.22	22.0	63.86	30.0	82.50
7.0	28.91	15.0	47.55	23.0	66.19	31.0	84.83

LACTO-DENSIMÈTRE. *T. de chim.* Sorte d'aréomètre proposé par Quevenne, et destiné à donner de suite la densité du lait. Il suffit de le plonger dans une éprouvette remplie de ce liquide, pour connaître immédiatement le poids du litre; les degrés inscrits commencent en haut à 1,014, et se terminent en bas à 1,042; mais, comme la tige est trop étroite pour pouvoir indiquer un nombre de quatre chiffres, on supprime les deux premiers. Ainsi, lorsque l'instrument affleure au chiffre 28, c'est que le litre de lait pèse 1028 grammes. De plus, comme dans les villes, on trouve beaucoup plus de lait écrémé que de lait pur, la tige porte une seconde échelle, de couleur différente de la première, et qui correspond à la seconde catégorie du lait; comme l'addition d'eau, diminue par dixième ajouté la densité du lait pur, de 3° environ, celle du lait écrémé, de 3°,25, en lisant les indications marquées sur la tige, on voit que l'instrument indiquera à 15° centigrades :

Lait écrémé.

De 36°5 à 32°5 = lait pur.
De 32.5 à 29.25 = lait avec 1/10 d'eau.
De 29.25 à 26.0 = — 2/10 —
De 26.0 à 22.75 = — 3/10 —
De 22.75 à 19.25 = — 4/10 —
De 19.25 à 16.25 = — 5/10 —

Lait pur.

De 33° à 29° = lait pur.
De 29° à 26° = lait avec 1/10 d'eau.
De 26° à 23° = — 2/10 —
De 23° à 20° = — 3/10 —
De 20° à 17° = — 4/10 —
De 17° à 14° = — 5/10 —

J. C.

* **LACTOMÈTRE.** *T. de chim.* Nom générique donné à un grand nombre d'instruments destinés à faire connaître les qualités du lait. Nous n'indiquerons ici que ceux qui n'ont pas encore été décrits dans cet ouvrage. Parmi les lactomètres, il faut signaler : 1° le *crémomètre*, de Quevenne, destiné à faire connaître la proportion de crème; c'est une éprouvette divisée en 100 parties, et dont le zéro est en haut. Après 24 heures de repos, on lit le nombre de divisions occupées par la crème contenue dans le lait qui remplit l'éprouvette; 2° le *galactomètre centésimal*, de Chevallier, sorte d'aréomètre analogue au lacto-densimètre de Quevenne, et qui, comme lui, porte deux échelles, l'une pour le lait pur (coloration jaune), l'autre pour le lait écrémé (teinte bleue). Le premier degré supérieur est marqué 50, et la division va inférieurement jusqu'à 124 pour le lait écrémé et 136 pour le lait pur. Chaque degré, à partir de 100 jusqu'à 50, représente 1/100 de lait pur; au delà de 100, les degrés indiquent les densités du lait pur; 3° le *lactinomètre*, de Rosenthal, encore peu employé; 4° le *butyromètre*, d'Esbach, qui est dans le même cas; 5° le *galactotimètre*, de Adam, destiné au dosage pondéral et volumétrique du beurre. Il se compose d'un appareil en verre, formé supérieurement par une ampoule ovalaire, suivie d'une seconde, plus petite, et se termine par un tube cylindrique divisé en 70 parties égales et terminé par un robinet. Pour faire l'essai, on aspire par en haut un volume de 10 centimètres cubes de lait, volume indiqué par un trait placé à la partie supérieure de la petite ampoule, puis on ferme le robinet, et on verse dans l'instrument un mélange de 100 parties d'alcool ammoniacal à 75° et de 110 parties d'éther hydrique à 65°, jusqu'à affleurement d'un trait placé sur l'ampoule supérieure et qui correspond à un volume de 32 centimètres cubes. Cela fait, on bouche l'appareil, on le renverse pour agiter le mélange, on laisse en repos 5 minutes, et au bout de ce temps, on obtient supérieurement une couche transparente, contenant la matière grasse, et au-dessous une couche opaline, qui renferme tous les autres principes du lait. Il ne reste plus maintenant qu'à séparer ces deux couches et purifier le beurre par lavage, pour arriver à en connaître exactement les proportions. On trouvera le détail précis des manipulations à effectuer pour faire ce dosage, dans la note qu'a publiée en 1881, le docteur Adam, dans le *Journal de Pharmacie*, p. 22 et suivantes; 6° le professeur F. Soxhlet, de Munich, a publié une méthode aréométrique très exacte, qui permet d'évaluer la proportion de matière grasse. Elle est basée sur ce fait, que lorsqu'on agite ensemble des quantités déterminées de lait, de solution de potasse (D = 1,26), et d'éther hydrique, le beurre se dissout dans l'éther, se rassemble à la surface, mais forme aussi avec l'éther une solution d'autant plus concentrée qu'il y a plus de beurre. Ce degré de concentration peut être donné par la densité, absolument comme le degré alcoométrique. L'outillage ne comprend qu'un vase pour prendre la densité, trois pipettes pour le lait, l'éther et la potasse, et des bouteilles pour

agiter. L'opération doit se faire à 17° ; nous renverrons, pour la description des précautions à prendre, pour l'exécuter et nettoyer l'instrument, aux notices publiées par l'auteur (*Répert. anal. chim.*, 1881, p. 22, et *Journal de Pharmacie*, 1881, III, p. 452 et IV, p. 602 et suivantes).

M. Soxhlet a publié une table, de laquelle il résulte que la solution éthérée, préparée comme il l'indique, avec 200 centimètres cubes de lait, 10 centimètres cubes de solution de potasse, et 60 centimètres cubes d'éther aqueux, marquera de 0,766 à 0,743 ; et son aréomètre étant gradué de 66 à 43 (les chiffres 0,7 étant supprimés), on obtiendra, par la lecture du degré indiqué, les poids du beurre, d'après les données ci-dessous.

Tableau comparatif des proportions de beurre contenues dans le lait, d'après la méthode aréométrique de Soxhlet.

Densité	Beurre pour 1,000 gr. de lait	Densité	Beurre pour 1,000 gr. de lait	Densité	Beurre pour 1,000 gr. de lait	Densité	Beurre pour 1,000 gr. de lait
	gr.		gr.		gr.		gr.
43°	20.70	49°	27.60	55°	34.90	61°	43.20
44	21.80	50	28.80	56	36.30	62	44.70
45	23.00	51	30.00	57	37.50	63	46.30
46	24.00	52	31.20	58	39.00	64	47.90
47	25.20	53	32.50	59	40.30	65	49.50
48	26.40	54	33.70	60	41.80	66	51.20

LACTOSCOPE. *T. de chim.* Instrument construit par Donné, et indiquant la richesse du lait en beurre, par l'opacité que les globules de matière grasse communiquent au liquide ; plus un lait est opaque, et plus il est riche en crème. L'instrument est essentiellement constitué par deux tubes de lunette rentrant l'un dans l'autre, terminés tous deux par une lame de verre, ces tubes sont à faces parallèles, et l'un d'eux étant fixe, l'autre peut s'en écarter au moyen d'une vis dont le pas avance d'un demi-millimètre en épaisseur, pour un tour entier. La circonférence du tube mobile étant divisée en 50 parties égales, chaque degré de l'instrument correspond à 0,01 de millimètre.

Rapports des degrés du lactoscope avec le poids du beurre et le volume de la crème.

Degrés au lactoscope	Poids du beurr par litre (approximatif)	Volume de crème p. 100		Degrés au lactoscope	Poids du beurre par litre (approximatif)	Volume de crème p. 100	
25	40 (rich.)	12	soit	38	27	8	soit
26	39	12	10	39	26	8	5
27	38	12	à	40	25.50	7	gr.
28	37	11	15	41	25	7	Laits très pauvres
29	36	11	gr.	42	24.50	7	
30	35	11		43	24	7	
31	34	10		44	23.50	7	
32	33	10	soit	45	23	6	
33	32 (bon.)	10	5 à 10	46	22.25	6	
34	31	9	gr.	47	21.50	6	
35	30	9		48	21	6	
36	29	9	soit	49	20.50	6	
37	28	8	5 gr.	50	20	6	

Dès lors, introduisant une couche de lait entre les deux lames, si l'on se place dans l'obscurité, à une distance de 1 mètre d'une bougie allumée, on tourne le tube mobile jusqu'à ce que l'on cesse complètement de voir la bougie au travers de la couche de lait. On lit alors sur le cercle gradué le nombre de tours, et la fraction de tours, accomplis par la vis. Un bon lait marque 33°.1/3 au lactoscope, ce qui correspond à une opacité obtenue avec 1/3 de millimètre ; un lait excessivement riche de 20 à 15° ; un lait très faible, 150° (trois tours de vis). On a vu plus haut les rapports entre ces degrés et le poids du beurre. — J. C.

* **LACTOSE.** *T. de chim.* Syn. : *Lactine, sucre de lait.* $C^{24}H^{22}O^{22}$... $\bar{C}^{12}H^{22}\bar{O}^{11}$. Matière sucrée qui se trouve dans le lait, appartient au type des saccharoses, et constitue par conséquent un corps qui joue le rôle d'alcool ; c'est un alcool hexatomique. Elle a été découverte, en 1619, par Fabrizio Bartoletti.

État naturel. En dehors du lait, M. G. Bouchardat a signalé sa présence dans le suc du sapotiller, on en avait d'ailleurs annoncé l'existence de faibles quantités dans les haricots.

Propriétés. C'est un corps blanc, inodore, de saveur peu sucrée, cristallisant en prismes rhombiques droits hémiédriques, et avec un équivalent d'eau. Il est soluble dans 6 parties d'eau froide, et moitié moins dans l'eau bouillante, insoluble dans l'éther ou l'alcool ; sa solution aqueuse dévie à droite la lumière polarisée de 59°,3 ; sa densité est de 1,53.

Portée à 140°, la lactose devient anhydre, puis au delà se caramélise et s'altère. Les acides minéraux étendus la transforment en *galactose*, substance lévogyre ayant un pouvoir rotatoire dépassant 83°,22 (Pasteur), et en glucose :

$$C^{24}H^{22}O^{22} + H^2O^2 = \underbrace{C^{12}H^{12}O^{12}}_{\text{Galactose}} + \underbrace{C^{12}H^{12}O^{12}}_{\text{Glucose}}$$

$$\text{ou } \bar{C}^{12}H^{22}\bar{O}^{11} + H^2\bar{O} = \underbrace{\bar{C}^{6}H^{12}\bar{O}^{6}}_{\text{Galactose}} + \underbrace{\bar{C}^{6}H^{12}\bar{O}^{6}}_{\text{Glucose}}$$

l'acide azotique concentré et bouillant, la fait passer à l'état d'acide mucique, puis d'acides oxalique, saccharique et tartrique ; l'acide sulfurique ne la charbonne pas ; l'hydrogène naissant (décomposition de l'amalgame de sodium) la transforme en mannite et en dulcite :

$$C^{24}H^{22}O^{22} + H^2O^2 + 2H^2 = \underbrace{C^{12}H^{14}O^{12}}_{\text{Mannite}} + \underbrace{C^{12}H^{14}O^{12}}_{\text{Dulcite}}$$

$$\text{ou } \bar{C}^{12}H^{22}\bar{O}^{11} + H^2\bar{O} + 2H^2 = \underbrace{\bar{C}^{6}H^{14}\bar{O}^{6}}_{\text{Mannite}} + \underbrace{\bar{C}^{6}H^{14}\bar{O}^{6}}_{\text{Dulcite}}$$

La lactose forme des sels avec les bases, des éthers avec les acides gras, elle brunit par l'action de la potasse ou de la soude à l'ébullition, et réduit la liqueur cupro-potassique.

Préparation. On se sert pour l'obtenir du petit lait séparé dans la fabrication des fromages, ou bien on coagule le lait écrémé par un peu d'acide acétique, on chauffe et on filtre pour enlever le caséum. Puis, on concentre le liquide jusqu'à consistance sirupeuse, et on abandonne dans un endroit frais. Le sucre se dépose en petits cristaux bruns, que l'on reprend par l'eau, et que l'on agite avec du noir animal pour les décolorer totalement. Le sucre de lait ainsi préparé, renferme encore environ 1,5 0/0 de matières étrangères, presque complètement formées par des substances organiques. Le lait d'ânesse est riche en lactose (64 grammes 0/00), celui de vache, de brebis, en renferme environ 45 à 50 grammes par kilogramme, et celui de chèvre, 31 à 32 grammes seulement.

Usages. La lactose est souvent employée comme réducteur, dans la fabrication des miroirs argentés, et comme excipient sucré. Sous le premier empire, lors du blocus continental, on s'en servait considérablement pour falsifier les cassonades. C'est par la fermentation du sucre de lait que l'on prépare en Tartarie, en Russie, etc., la liqueur appelée *koumys*. — J. C.

* **LAFOSSE** (Charles de). Peintre, né à Paris, en 1640, mort en 1716. Son père le fit entrer de bonne heure dans l'atelier de Lebrun, où ses progrès furent si rapides qu'il obtint bientôt une pension du roi pour aller en Italie. Dès son retour à Paris, il se fit remarquer par la décoration de deux chapelles, dans l'église Saint-Eustache. Bien qu'il eût donné tous les cartons des fresques des Invalides, il ne lui fut confié que les peintures du dôme et des quatre pendentifs; on lui doit également la décoration d'un certain nombre de châteaux, et il prit une part active à celle du château de Versailles.

* **LAGETTA.** *T. de bot.* — V. Daphné.

* **LAGRANGE** (Joseph-Louis), un des plus grands géomètres dont puisse s'honorer l'histoire des sciences, est né à Turin le 25 janvier 1736, et mort à Paris, le 10 avril 1813. Malgré le lieu de sa naissance et le séjour prolongé qu'il fit à Berlin, Lagrange doit être considéré comme appartenant à la France. Arago revendiquait avec ardeur l'honneur de le compter parmi nos compatriotes. Voici comment il s'exprime au sujet de la nationalité de Lagrange:

« Celui qui s'appelait Lagrange-Tournier, les deux noms les plus français qu'il soit possible d'imaginer; celui qui avait pour aïeul maternel M. Gros, et pour bisaïeul paternel un officier français né à Paris, celui qui n'écrivit jamais qu'en français et fut revêtu dans notre pays de hautes dignités pendant près de trente années, nous semble, quoique né à Turin, devoir être considéré comme Français. »

Ajoutons que sa famille était originaire de la Touraine et alliée à celle de Descartes, et que, le Piémont ayant été réuni à la France, en 1796, il jouit pendant tout le reste de sa vie des droits de citoyen français. Il devint membre de l'Académie de Berlin en 1759, et alla s'installer auprès du grand Frédéric. Le 6 novembre 1766, il fut nommé président de cette Académie, et remplit ses fonctions avec beaucoup de zèle jusqu'à la mort de Frédéric, en 1786. Il revint à Paris l'année suivante, et entra de suite à l'Académie des sciences dont il était correspondant depuis 15 ans. Il fut ensuite président de la Commission chargée d'organiser le système métrique, administrateur de la Monnaie, professeur à l'Ecole Normale et à l'Ecole Polytechnique. Sous l'empire, il devint sénateur, grand officier de la Légion d'honneur, comte et grand'croix de l'ordre de la Réunion. Ses restes ont été déposés au Panthéon; son éloge fut prononcé par Laplace et Lacépède. L'œuvre scientifique de Lagrange est considérable; on lui doit la première méthode précise pour la séparation des racines des équations, celle qui est connue sous le nom de *Méthode de l'équation au carré des différences*, ainsi que la théorie des fractions continues qu'il imagina pour le calcul de ces racines. Dans la *Théorie des fonctions analytiques* (Paris 1797), il précisa, par l'emploi exclusif des dérivées, ce qui pouvait rester de vague ou de douteux dans les procédés du calcul infinitésimal, tels qu'ils avaient été exposés par Leibnitz. Quoique la méthode de Leibnitz soit à beaucoup d'égards supérieure à celle de Lagrange, la *théorie des fonctions analytiques* marque un progrès considérable dans l'histoire des mathématiques, parce qu'elle a fait ressortir la véritable signification des équations entre infiniment petits, et montré que, dans ces sortes d'équations, ne figurent jamais, en définitive, que les *rapports* entre les quantités infiniment petites.

La *Mécanique analytique*, qui fut composée à Berlin, mais publiée à Paris, en 1787, est le premier ouvrage où les véritables principes de la mécanique rationnelle aient été exposés avec la précision, la clarté nécessaires. Enfin, le *calcul des variations* est l'une des plus belles découvertes de la science, et celle, peut-être, qui fait le plus d'honneur à son auteur. L'astronomie et la mécanique céleste, doivent beaucoup aussi aux méditations de Lagrange, qui s'est montré dans cet ordre de recherches, le digne successeur de Clairaut et le précurseur de Laplace. Il édifia complètement la théorie de la libration de la Lune, et trouva dans l'attraction de la Terre et la forme allongée que notre satellite a dû nécessairement prendre sous cette influence, l'explication naturelle de ce fait, remarqué depuis si longtemps, que la Lune nous tourne toujours la même face.

Les mérites de Lagrange, comme professeur, ne sont pas moins élevés. Il transforma l'enseignement des mathématiques en substituant à la méthode synthétique, qui ne fait guère appel qu'à la mémoire des étudiants, la méthode analytique, qui oblige l'élève à suivre pas à pas toutes les étapes des déductions, et lui explique comment les vérités découlent les unes des autres, et comment elles se révèlent successivement à l'esprit humain. Les œuvres complètes de Lagrange ont été réunies et publiées chez M. Gauthier-Villars, par les soins de M. Serret, dont la science déplore aujourd'hui la perte récente. Cette publication qui comprend 14 volumes in-4°, a été commencée en 1867. — M. F.

* **LAHIRE** (Philippe de). Astronome et géomètre français, membre de l'Académie des sciences, né à Paris, en 1640, mort en 1718. Il fut aussi physicien, naturaliste et peintre; comme astronome, il était excellent observateur, mais assez mauvais théoricien pour rejeter les lois de Képler. En géométrie, il fut l'élève de Desar-

gues, Colbert et Louvois l'employèrent à de grands travaux de nivellement. Il entra à l'Académie des sciences en 1678, et fut ensuite professeur au Collège de France et à l'Académie d'architecture. On lui doit un remarquable traité de *Gnomonique* ou *Méthodes universelles pour tracer des horloges solaires ou cadrans sur toutes sortes de surfaces* (Paris, 1698). Mais il est surtout connu par ce curieux théorème que la ligne décrite par un point d'une circonférence qui roule à l'intérieur d'un cercle de rayon double, est un diamètre de ce dernier cercle. Ce théorème a été appliqué pour la transformation d'un mouvement circulaire continu en mouvement rectiligne alternatif, à l'aide d'un engrenage de deux roues dentées intérieures, connu sous le nom d'*engrenage de Lahire*.

* **LAIE.** *T. techn.* Sorte de marteau dentelé à l'usage des tailleurs de pierre, et, par extension, nom des traces ou dentelures que ce marteau produit. || Boîte qui contient les soupapes de l'orgue.

LAINAGE. *T. techn.* Ce mot, qui désigne d'une manière générale les tissus de laine, s'applique particulièrement à l'opération que subissent les draps en sortant du foulage, alors qu'ils sont encore grossiers et raides, dans le but de réduire leur épaisseur et de leur donner la souplesse et la douceur nécessaires. Cette opération se faisait autrefois à la main, mais elle s'exécute aujourd'hui à l'aide d'une machine dite *lainerie* (V. ce mot), au moyen de laquelle on fait passer mécaniquement la surface du drap sur des *chardons*. — V. ce mot et DRAPERIE, GARNISSAGE.

I. **LAINE.** La laine est la substance filamenteuse qui couvre la peau du mouton (*ovis aries*). Comme on l'a vu au mot FIBRES TEXTILES, le brin n'est pas une fibre lisse, comme le lin, le coton ou la soie, mais il apparaît au microscope formé d'une série de calottes coniques emboîtées les unes dans les autres (fig. 102, t. V). Sa composition, résultant de nombreuses analyses de Scheerer, Chevreul, Grothe et Sibra, est celle des tissus épidermiques : cornes, ongles, etc. Le brin n'est qu'un filet de substance solide, insoluble dans l'eau, qui constitue ces tissus ; il est toujours uni à une matière huileuse, soluble dans l'eau chaude, qui existe à l'intérieur, et se trouve très répandue à l'extérieur, on appelle cette matière le *suint* ou *surge*.

C'est dans le tissu cellulaire qui se trouve sous la peau que le brin de laine prend naissance.

Les naturalistes pensent que la forme de ce brin est modifiée par la configuration du pore de la peau qui lui sert de moule, et que, par exemple, le poil est fin, lisse ou ondulé, suivant que le pore est étroit, droit ou tortueux. Aussi, tous les essais qui ont été faits pour améliorer la qualité du brin, ont-ils pris ce point de départ. Par des croisements spéciaux, en effet, et à l'aide d'une nourriture appropriée, on est arrivé à modifier la forme du corps des animaux, et l'on conçoit facilement que, si la qualité de la laine tient essentiellement à cette forme, et si l'état de la peau en est la conséquence, on modifie la qualité du brin en augmentant ou diminuant la charpente osseuse de la race.

Propriétés de la laine. Le brin reçoit des qualifications différentes, suivant l'aspect sous lequel il se présente : on le dit *frisé* ou *ondulé*, s'il offre dans sa forme des sinuosités plus ou moins régulières ; *vrillé*, si ces sinuosités se développent en spirale ; *crépu*, si, sans être ondulé, il décrit une courbe unique ou un très petit nombre de courbes irrégulières ; enfin, *plat*, *uni*, *lisse*, s'il ne présente aucune frisure ou ondulation. Ce sont là les caractères généraux du brin de laine.

En dehors de cela, les propriétés qui le distinguent sont la finesse, la longueur, la souplesse, la force, l'élasticité, la douceur et la couleur. La *finesse* est des plus variables ($0^{mm},014$ à $0^{mm},06$), elle est généralement proportionnelle à la longueur de la mèche, mais en raison inverse (exception faite pour certaines laines lisses, comme le mérinos Mauchamp). Le diamètre est toujours le même à la base qu'à l'extrémité du poil, excepté pour les laines de première tonte qui, n'ayant jamais été brisées, se terminent par une pointe fine et lisse. La *longueur* varie aussi beaucoup (4 à 32 centimètres); on la distingue en longueur apparente, c'est celle que présente le brin à l'état naturel, et en longueur réelle, celle que présente le brin développé. Dans le brin complètement lisse et plat, il n'y a pas de différence entre l'une et l'autre longueur. La *souplesse*, c'est-à-dire la propriété en vertu de laquelle le brin peut être changé, allongé au-delà de sa longueur réelle, ou raccourci, sans qu'il s'y opère aucune séparation des parties, est une qualité que la laine possède au plus haut degré. Cette qualité s'allie parfaitement avec la *force* du produit, qui ne paraît pas avoir de relation régulière avec le diamètre. L'*élasticité* constitue pour les laines une précieuse qualité industrielle. C'est elle qui contribue à donner à certains tissus leur souplesse, leur moelleux, et même leur résistance. On la distingue en élasticité de frisé, élasticité de retirement et élasticité de rupture. L'*élasticité de frisé*, qui n'est autre que cette espèce de ressort au moyen duquel un brin frisé reprend sa première forme et sa première longueur, lorsque la force extensive qui le maintient dans la ligne droite cesse d'agir, prend surtout de l'importance dans la fabrication des étoffes rases, tissées et foulées, les draps, par exemple ; elle en perd notamment pour les tissus lisses, comme orléans, popelines, etc. L'*élasticité de retirement*, ou effort du brin pour revenir à sa longueur réelle et apparente, lorsqu'on l'a étiré au-delà de cette longueur, est un premier indice de la qualité qu'on appelle le « nerf », elle contribue à donner aux tissus la force de résistance proportionnelle à leur prix et nécessaire pour retarder l'usure, elle acquiert plus d'importance chaque jour, à cause du mélange de vieille laine que l'on pratique universellement depuis un certain nombre d'années, et pour tous les tissus foulés et feutrés. L'*élasticité de rupture*, puissance que développe le brin pour reprendre sa direction et sa forme, si on l'a courbé en un ou plusieurs sens, est la preuve décisive du nerveux de la laine. La *douceur* du brin s'accroît d'autant que celui-ci est exempt d'aspérités, plus souple et plus flexible : elle s'apprécie au toucher. Enfin, la *couleur*, dans les laines, est le plus souvent blanche, mais il est des fibres qui sont naturellement teintes de diverses couleurs (noire, brune, jaune, rousse ou grise), et qui résistent à l'effet des bains dont on se sert pour le lavage et le dégraissage. La laine blanche, susceptible de prendre toute espèce de teinture, est naturellement la plus appréciée.

Signalons encore pour la laine sa *propriété feutrante*, qui développe si puissamment la résistance des tissus ; son *affinité pour la couleur*, qui favorise la richesse des nuances ; sa *faible conductibilité de la chaleur* et ses *propriétés évaporatoires* et *hygrométriques*, qui communiquent aux vêtements des qualités hygiéniques, spéciales et précieuses.

Dénominations générales et variétés commerciales. La tonte du mouton se fait le plus ordinairement une fois par an, dans le courant de juin, mais il est certains pays où on la pratique jusque deux fois, au printemps et en automne. On désigne la laine ainsi recueillie du nom de *laine en toison*, pour la distinguer de la *laine morte*, qui provient des animaux morts de maladie ou tués en boucherie. Cette laine morte est toujours inférieure à la laine en toison, non seulement parce que la nature le veut ainsi, mais encore parce que la fibre est souvent énervée par le procédé d'enlevage qui a servi à la retirer de la peau. On la nomme *pelade* dans le Midi, lorsqu'on l'a détachée au moyen d'une eau de chaux et qu'on l'a lavée pour la faire entrer dans la consommation ; *pelure*, dans le reste de la France, lorsqu'on l'a détachée par le même procédé ou par d'autres (et se distinguant alors en métisses, bas-fins, haut-fins et communes) ; *écouaille* ou *écouille*, lorsque les laveurs ont assorti la pelure pour l'épurer par le lavage ; et enfin *écouaille au procédé*, lorsqu'on s'est contenté de l'abatage en suint, sans employer la chaux. Toute la laine morte, sauf l'écouaille qui peut se prêter à la fabrication d'un grand nombre de tissus, ne convient guère que pour la bonneterie ou la couverture.

Le commerce distingue encore la *mère-laine* et la *laine d'agneau* : la première plus forte, la seconde plus tendre, et ne convenant qu'à la fabrication de tissus qui ont besoin d'un foulage prompt et demandant peu d'apprêt. Sous le rapport des produits qu'on en tire, on classe encore les laines en *laines courtes* et *laines longues* ; les unes dont la longueur des brins ne dépasse pas 12 centimètres, les autres dont la longueur excède 12 centimètres. Les laines courtes sont le plus souvent dites *laines à carde*, parce que, étant par leur nature plus propres aux étoffes foulées, elles sont, dès leurs premières préparations, travaillées par la carde, qui les prédispose au feutrage et facilite l'adhérence des brins entre eux ; les laines longues sont encore appelées *laines à peigne*, parce que, recherchant pour elles des qualités opposées, on les soumet le plus souvent au travail du peigne, afin que les filaments en deviennent aussi droits que possible, et que l'on fasse disparaître, le plus parfaitement possible, leurs propriétés feutrantes, en les redressant parallèlement entre eux.

Outre cela, toutes les laines sont rangées par le commerce en trois grandes catégories : les *communes*, le plus souvent lisses et crépues, mélangées de *jarre* (V. ce mot), très grossières, peu susceptibles d'être employées au cardage et au foulage, mais convenant surtout au peigne, lorsqu'elles sont plates, lisses, unies et douces ; les *métis*, présentant d'innombrables variétés, provenant de croisements entre les béliers mérinos et les brebis de race commune ; et les *mérinos*, qui fournissent les laines les plus fines, et qu'on distingue parfois en laines de haute finesse, belle finesse, finesse médiocre et finesse inférieure. En dehors de ces catégories générales, il y a un classement spécial à faire par chaque toison : dans chacune de celles-ci, les parties les plus fines sont le flanc et les épaules, viennent ensuite les cuisses, les pattes, le collier et la queue.

Enfin, nous avons expliqué au mot FIBRES TEXTILES, § *Fibres animales*, les différentes distinctions résultant du mode de lavage, nous n'avons pas à y revenir.

HISTORIQUE DE L'EMPLOI ET DE LA CONSOMMATION DES LAINES. L'usage de la laine remonte à la plus haute antiquité. Dans tous les écrits que nous ont laissés les auteurs anciens, tels que Moïse, Homère et Hésiode, il est souvent question des nombreux troupeaux formant la principale richesse de quelques peuples, et de l'emploi de leur toison en vêtements. Dès le principe, ces peuples, qui manquaient probablement des instruments nécessaires à la tonte, attendaient que la laine des moutons fût tombée pour la recueillir ; mais il paraît qu'ils reconnurent bientôt que cette fibre tombée était inférieure à la laine tondue, car, plus tard, les historiens que nous citons parlent de la tonte comme usitée de leur temps. Ils ne disent pas, cependant, si primitivement les laines furent filées ou feutrées, mais il est fort à croire que le feutrage a été antérieur à la filature, et que les hommes des temps anciens ayant vu les brins se feutrer naturellement en se couchant sur eux, en ont déduit l'idée de seconder eux-mêmes et d'aider la nature en filant la laine, puis en tissant des fils fabriqués.

Au temps des patriarches de la Genèse et des héros de l'Iliade, on portait déjà les étoffes teintes de toutes couleurs et ornées de tout ce que la nature et l'art pouvaient fournir au luxe. Les annales de la Chine et la connaissance assez étendue que l'on a acquise des antiquités de l'Inde, viennent à l'appui de cette ancienneté de l'art de tisser les étoffes en laine.

Pline nous renseigne sur l'origine probable des différents arts textiles relatifs à la laine. D'après lui, il faudrait attribuer le tissage aux Egyptiens ; la teinture, aux Lydiens ; les fuseaux pour la filer, à Closter, fils d'Arachné ; les foulons, à Nicias de Mégare, etc. Cet auteur nous parle aussi des tapis de laine à couleurs et à dessins mélangés, connus antérieurement à Homère ; il nous indique les manières différentes dont les Parthes et les Gaulois bordaient ces mêmes tapis ; attribue à ceux-ci l'invention des matelas bourrés de laine, et à ceux-là celle des étoffes veloutées, soit d'un, soit de deux côtés ; aux Romains de son époque, serait due l'invention des ceintures velues ; au siècle d'Auguste, les étoffes rases et frisées ; au roi Attale, les étoffes de laine brochées en or, d'où leur nom d'*attaliques* ; enfin, d'après le même auteur, les plus belles tapisseries venaient d'Alexandrie, les étoffes tricotées des Gaules, les broderies sur laine les plus estimées, de Babylone, où avaient été travaillées ces fameuses couvertures de lits à convives, qui, du temps de Caton, furent vendues au prix de huit cent mille sersterces, et que Néron acheta quatre millions de sersterces.

Il est certain que sous la domination des empereurs romains, les Gaules possédèrent des ateliers importants où se sont fabriquées des étoffes en laine, rayées à carreaux, appelées *saies* (*sagum*), et destinées à l'habillement des soldats. Parmi les cités manufacturières qui tinrent alors le premier rang, il faut citer Arras, où l'on tissait, outre le vêtement militaire, des draps de couleur rouge à l'imitation des draps de Phénicie, célèbres sous le nom de « pourpre de Tyr »; puis Saintes et Langres, où se fabriquaient plus particulièrement les étoffes à longs poils. A cette époque, d'ailleurs, chaque famille gauloise confectionnait les vêtements de laine nécessaires aux membres qui la composaient, de sorte que la production générale de ces tissus n'était pas exclusivement concentrée dans quelques centres de fabrication.

A Rome, par contre, comme chez les Grecs, le tissage de laine, qui était entièrement abandonné aux esclaves, ne pouvait être florissant. Ceci tenait à ce que ces maîtres du monde tiraient leurs riches étoffes de l'Orient, particulièrement de l'Egypte, de l'Inde et de la Phénicie, et dédaignaient les travaux artistiques et industriels.

L'invasion des Barbares vint ruiner complètement l'industrie du filage et du tissage de la laine dans le monde entier; aussi, dans le but de suppléer, autant que possible, à la difficulté des échanges, les gens fortunés établirent-ils dans leurs maisons des fabriques particulières. Nous citerons, entre autres, celle que Charlemagne fonda dans son propre palais et celle que, d'après les actes de l'ordre de Saint-Benoit, en établit au IVe siècle dans le monastère de Saint-Basole. On donnait alors à ces établissements le nom de *gynécées*, parce qu'ils étaient généralement placés sous la direction de femmes serves.

Cette situation, qui élevait nécessairement à un prix inabordable les étoffes fabriquées sous un pareil régime, dura jusqu'au temps des croisades. A cette époque, une révolution complète s'opéra dans l'industrie et le commerce du continent, car les Européens, grâce à ces expéditions lointaines, retrouvèrent dans l'Asie, ce berceau des civilisations primitives, les traces des sciences et des arts, et en recueillirent les précieux débris. La première nation qui sut tirer parti des découvertes rapportées de l'Orient fut l'Italie, vinrent ensuite les Pays-Bas (c'est-à-dire les dix-sept provinces qui forment aujourd'hui la Belgique et la Hollande), et, en particulier, Bruges, Anvers et Gand, toutes villes qui, en raison de leurs relations suivies avec les cités manufacturières de l'Italie, empruntèrent à cette contrée ses procédés de fabrication. Ce furent longtemps les Pays-Bas qui fournirent à peu près exclusivement aux besoins et au luxe de toutes les nations d'Europe, faisant venir leurs laines brutes d'Angleterre, de France, d'Allemagne et d'Espagne, où l'on ne savait en tirer le même parti.

Les Anglais, cependant, à la fin du XVe siècle, et la France à la fin du XVIIe, commencèrent à entrer dans la lice industrielle. Puis la révocation de l'Edit de Nantes enrichit à nos dépens l'Allemagne, où la fabrication des tissus de laine se releva d'un état de décadence qui durait depuis assez longtemps et acquit quelque prospérité. Au XVIIIe siècle, l'industrie des lainages était florissante dans une bonne partie de l'Europe, et vers la fin de ce siècle, quelques perfectionnements qui ne s'appliquaient, il est vrai, qu'à la variété des couleurs et nuances, ou se réduisaient à des combinaisons déterminées par les exigences capricieuses de la mode, s'introduisirent dans les procédés de tissage. Toutefois, on peut dire que la seule et véritable révolution qui se soit opérée dans toute l'industrie lainière n'a été amenée qu'à dater du moment où l'on introduisit dans le filage de la laine les méthodes industrielles dues aux découvertes des Highs et des Arkwright pour le coton (V. FILATURE, § *Filature de coton* : Historique). Dès ce moment, l'application de ces procédés au filage de la laine ouvrit à la fabrication des lainages une ère toute nouvelle; et seulement depuis lors, cette importante industrie, exploitée à l'aide de procédés mécaniques, réalisa de rapides progrès et prit d'immenses développements. — V. FILATURE, § *Filature de laine* : Historique.

Production de la laine. De toutes les fibres textiles, la laine est, comme on l'a vu plus haut, l'une de celles qui présente l'ensemble de qualités le plus remarquable. Très souple en même temps que solide, se filant bien et se feutrant avec la plus grande facilité, elle peut être employée à une infinité d'usages. Son principal emploi est, comme on le sait, la confection des étoffes, mais, à ce titre seul, on la voit indistinctement utilisée dans tous les climats; mauvaise conductrice de la chaleur, elle fournit, en effet, à l'homme, dans les pays septentrionaux, des vêtements qui lui permettent de braver le froid, et dans les contrées tropicales, des tissus légers qui sont ceux qui le défendent le mieux contre les variations de la température. Il suit de là que la production de ce textile est depuis un temps immémorial, et demeure encore l'une des nécessités les plus essentielles de l'agriculture, et l'une des industries agricoles qui soient le plus répandues dans toutes les parties et sous tous les climats du globe.

Il serait puéril de vouloir exactement supputer cette production. On ne pourrait, notamment, évaluer, même par approximation, l'importance des immenses troupeaux que renferme l'intérieur de l'Afrique. Néanmoins, si l'on se rapporte au relevé suivant, établi à l'occasion de l'Exposition de 1878, on pourra se faire une idée, non pas de la production moyenne de chaque contrée, car les documents fournis par les pays eux-mêmes ne sont pas toujours d'accord avec les chiffres que nous donnons, mais de l'ensemble de la répartition entre les différents pays de la population ovine de la terre :

Républiq. argentine...	75.000.000	Turquie d'Asie.....	15.000.000
Australie...	66.200.000	Algérie....	10.000.000
Russie....	48.131.000	Maroc....	10.000.000
Etats-Unis..	33.935.000	Perse....	10.000.000
Grande-Bretagne....	32.220.000	Italie.....	7.000.000
Allemagne..	24.935.000	Roumanie..	5.000.000
France....	24.589.000	Egypte et Barbarie..	5.000.000
Espagne...	22.054.000	Canada....	3.300.000
Autric.-Hongrie....	20.103.000	Suède et Norwège....	3.252.000
Uruguay...	16.000.000	Portugal...	2.700.000
Cap de Bon.-Espérance.	16.000.000	Grèce.....	2.700.000
Russie d'Asie	15.000.000	Danemarck.	1.719.000
Turquie d'Europe.....	15.000.000	Hollande...	936.000

D'après ce relevé, on peut évaluer à 420 millions le nombre des moutons répartis entre les différentes contrées de l'ancien et du nouveau monde ainsi que de l'Australie.

Chose à remarquer, les grands pays producteurs ne sont pas les plus forts consommateurs : le plus souvent, au contraire, ils livrent leurs laines à l'exportation, presque entièrement à destination de l'Angleterre, de la France, de l'Allemagne et de l'Amérique du Nord, et donnent ainsi naissance à un commerce considérable entre les pays d'élevage et les pays manufacturiers. Trois causes favorisent ce commerce et tendent de plus en plus à le rendre permanent; d'une part, la valeur intrinsèque relativement importante du produit, sous un poids et un volume restreint, qui lui permet de supporter des transports extrêmement longs; d'autre part, la disproportion qui existe entre la production du textile dans les différentes contrées et les besoins de la consommation dans ces mêmes contrées; enfin, la diversité de qualité que présentent les laines des différentes races de mouton, diversité qui rend souvent un pays importateur et exportateur, importateur de laines fines, par exemple, exportateur de laines à peigner.

Si l'on répartit en trois catégories les différents pays du monde, suivant la marche qu'y a subi l'élevage du mouton dans ces dernières années, on constate que les contrées où le nombre des moutons a augmenté sont l'Australie, le cap de Bonne-Espérance, la République Argentine, l'Uruguay et les Etats de l'ouest et du sud des Etats-Unis; que celles où le nombre est resté stationnaire sont l'Angleterre, la France, la Russie, l'Autriche-Hongrie, les Turquie d'Europe et d'Asie, l'Espagne, le Portugal et le nord de l'Afrique; que celles où il a diminué sont la Belgique et les Etats de l'est des Etats-Unis.

Si l'on répartit ces mêmes pays en trois autres catégories, au point de vue du commerce et des échanges, on peut ranger parmi les contrées qui produisent et exportent de la laine et qui n'en consomment presque pas : l'Australie, la colonie du Cap, la Confédération Argentine et le Brésil; parmi les pays qui produisent, consomment et exportent : la Turquie, la Grèce, la Russie d'Asie, l'Inde, la Chine et la Perse; et parmi les pays qui produisent, consomment et importent : la Grande-Bretagne, l'Autriche, la France, la Hollande, la Belgique, l'Italie, l'Espagne et le Portugal.

Enfin, si l'on fait un troisième genre de répartition par rapport à la qualité du textile produit, on voit que parmi les principaux pays d'où l'on retire les laines fines, on peut citer l'Australie, le Cap de Bonne-Espérance, la Plata, les Etats-Unis d'Amérique, la France, l'Espagne, l'Allemagne, la Russie et le Chili; que les produits de moyenne finesse sont retirés de la Plata, de l'Australie, de la France, de l'Angleterre, du nord de l'Europe, du Portugal, des Principautés danubiennes, du Chili et du Pérou; enfin, que le Levant, la Turquie, le nord de l'Afrique, le Portugal et le Chili sont ceux d'où l'on retire les laines les plus grossières. On peut remarquer que plusieurs des pays que nous citons, fournissent des laines appartenant à la fois à plusieurs catégories.

LES LAINES DANS LEURS DIVERS PAYS D'ORIGINE.

Laines de France. Il y a à distinguer, en France, les laines provenant de races indigènes françaises, dont aucune ne donne de produit remarquable, et celles des races améliorées provenant de l'étranger qui toutes fournissent, soit en laine longue, soit en laine courte, des fibres de qualité supérieure ou moyenne.

L'élevage de l'une et l'autre race reste chez nous tout à fait stationnaire, ainsi que nous venons de le dire plus haut. « L'Espagne a 25 millions de mérinos, avait dit autrefois Napoléon Ier, je veux que la France en ait 100 millions. » Or, nous ne comptions, en 1867, que 30 millions, en 1878, que 24 millions, et, aujourd'hui, nous arrivons à peine à 25 millions de têtes. Ce manque d'accroissement tient à plusieurs causes. La principale est l'abaissement général du prix des laines, en France, par suite de la multiplication des moutons en Australie et de l'introduction plus facile des laines étrangères; vient ensuite la transformation de l'industrie agricole chez laquelle, autrefois, les pâturages étaient plus nombreux, où la culture du mouton était considérée comme un accessoire indispensable, et qui, aujourd'hui, est obligée de soumettre ces mêmes terres au labourage et se prive, par conséquent, de l'élevage d'animaux dont les services ne sont plus appropriés aux besoins actuels; enfin, il faut ranger parmi les causes du stationnement du chiffre de la population ovine de la France, la situation faite aux fermiers qui, ayant conservé les races indigènes et n'en retirant plus les bénéfices d'autrefois, les ont peu à peu abandonnées pour les remplacer par les races améliorées plus grosses et plus hâtives : ces fermiers n'ont eu ainsi besoin, pour exploiter les mêmes terres, que d'un nombre d'animaux fort inférieur à celui qu'ils eussent possédé s'ils avaient continué à se servir des anciennes races. Certes, dans les chiffres actuels, il faut faire la part de la population ovine des provinces perdues à la dernière guerre, il faut aussi considérer que la diminution du nombre des moutons est compensée, dans une assez large mesure, par l'augmentation du volume et de la valeur des animaux, mais en somme comme on ne peut, dans ces sortes de statistiques, que difficilement peser la population ovine et qu'on doit, par conséquent, se contenter de la compter, il n'en reste pas moins certain que le chiffre des moutons élevés en France est stationnaire pour les dernières années et, en outre, inférieur à ce qu'il était autrefois. Le tableau de la page suivante, donne d'après le dernier *Annuaire statistique de la France*, la richesse relative de chaque département en animaux de l'espèce ovine.

Examinons maintenant successivement les différents types d'animaux constituant, chez nous, soit les races françaises indigènes, soit les races améliorées étrangères, et voyons quelle espèce de laine on en tire.

Les *races françaises* anciennes appartiennent à trois types principaux :

1° La *race flamande*, fournissant une laine assez commune, à mèches longues et pointues, propre à la confection des matelas;

2° La *race berrichonne*, qui donne une laine d'assez basse qualité, frisée, courte, dure et sèche;

3° La *race ibérienne*, d'où l'on retire une laine dure et grossière, parfois très blanche, en mèches pointues et bouclées.

I. La *race flamande*, comme son nom l'indique, habite les Flandres belge et française, d'où elle s'est étendue dans presque tous les départements du nord-ouest et de l'ouest jusqu'aux Charentes inclusivement. Museau pointu, oreilles larges et pendantes en arrière, laine pendante, toison lâche et chargée de suint, taille variée mais toujours grande, avec le ventre, les cuisses et les jambes dégarnies de laine, tels sont ses caractères; son principal mérite est de s'engraisser facilement. En se propageant, les moutons flamands se sont modifiés suivant la fertilité du sol où ils vivaient, c'est ce qui fait qu'ils prennent souvent les noms du pays qu'ils habitent, et qu'on les désigne en artésiens, cambrésiens, vermandois, picards, normands, etc., néanmoins toutes ces variétés ne dérivent que d'un seul et même type.

II. La *race berrichonne* occupe le centre de la France, principalement les départements de l'Indre, du Cher et Loir-et-Cher. Les conditions si diverses du sol de ces contrées, formées tantôt de plaines sèches et calcaires, tantôt de terrains bas, siliceux et couverts d'étangs, ou de sols compacts et humides, ont amené à la distinguer d'une race solognote et d'un certain nombre d'autres identiques auxquelles on a donné des noms locaux, telles que la race de Crévant, par exemple. Mais les caractères sont toujours les mêmes; la tête est un peu busquée, le museau pointu, l'oreille large et pendante en arrière; la tête, le ventre, les cuisses et les jambes, dénudés; les mèches pointues de la toison s'étendent sur tout le corps vers la moitié des jambes, la taille varie suivant la fertilité des lieux, mais ne dépasse jamais la moyenne : elle est plutôt communément petite.

III. La *race ibérienne* ou pyrénéenne embrasse tout le bassin de la Garonne et ses affluents. Elle a reçu une multitude de dénominations locales : les plus connues sont les variétés de Larzac, des Causses, du Laura-

Départements	Races du pays	Races perfectionnées	Départements	Races du pays	Races perfectionnées
Ain	59.566	1.805	Loiret	293.163	59.619
Aisne	509.512	320.837	Lot	400.000	10.000
Allier	308.237	27.974	Lot-et-Garonne	64.920	5.860
Alpes (Basses-)	258.710	6.480	Lozère	294.950	19.220
Alpes (Hautes-)	250.000	30.000	Maine-et-Loire	55.000	8.500
Alpes-Maritimes	101.919	»	Manche	259.246	17.859
Ardèche	211.837	2.808	Marne	347.059	133.142
Ardennes	241.862	131.790	Marne (Haute-)	125.386	16.604
Ariège	335.925	2.895	Mayenne	13.000	66.500
Aube	230.895	34.925	Meurthe-et-Moselle	112.196	6.024
Aude	300.000	3.150	Meuse	13.741	24.103
Aveyron	728.860	28.460	Morbihan	85.433	9.137
Bouches-du-Rhône	404.645	20.072	Nièvre	170.396	32.974
Calvados	108.064	15.711	Nord	110.000	16.275
Cantal	370.550	10.150	Oise	302.239	217.898
Charente	293.570	5.185	Orne	92.810	38.900
Charente-Inférieure	209.684	14.652	Pas-de-Calais	247.573	34.035
Cher	413.296	29.056	Puy-de-Dôme	315.640	4.371
Corrèze	571.900	5.085	Pyrénées (Basses-)	490.429	1.422
Corse	215.356	26.471	Pyrénées (Hautes-)	310.426	5.624
Côte-d'Or	190.902	98.335	Pyrénées-Orientales	145.850	6.870
Côtes-du-Nord	130.000	3.400	Rhin (Haut-) [Belfort]	5.080	58
Creuse	655.702	27.500	Rhône	37.670	8.105
Dordogne	568.211	17.000	Saône (Haute-)	82.299	2.270
Doubs	65.405	2.082	Saône-et-Loire	210.547	880
Drôme	450.000	6.500	Sarthe	50.000	4.470
Eure	399.240	79.900	Savoie	88.136	10.984
Eure-et-Loir	368.645	348.295	Savoie (Haute-)	35.939	1.371
Finistère	56.000	3.800	Seine	4.154	1.236
Gard	317.196	14.931	Seine-Inférieure	324.210	33.540
Garonne (Haute-)	238.500	24.200	Seine-et-Marne	309.315	133.888
Gers	146.500	5.009	Seine-et-Oise	265.284	83.716
Gironde	229.664	13.415	Sèvres (Deux-)	162.853	620
Hérault	283.000	4.500	Somme	378.318	89.409
Ille-et-Vilaine	38.500	2.200	Tarn	430.400	18.500
Indre	612.013	17.428	Tarn-et-Garonne	135.000	4.000
Indre-et-Loire	180.000	8.520	Var	110.305	985
Isère	131.511	16.736	Vaucluse	176.210	1.647
Jura	30.082	804	Vendée	246.384	51.099
Landes	323.870	6.813	Vienne	364.195	43.386
Loir-et-Cher	249.967	36.608	Vienne (Haute-)	501.208	37.036
Loire	84.276	14.447	Vosges	59.672	21.431
Loire (Haute-)	316.626	1.164	Yonne	271.319	52.046
Loire-Inférieure	180.000	»			

gnais, des Landes, de la Gascogne, de l'Ariège, du Dauphiné, etc. Le mouton ibérien a la physionomie peu intelligente, des têtes busquées, il a les oreilles basses et éloignées des yeux, son crâne est pourvu de laine jusque sur le front, la toison très abondante recouvre tout le corps jusqu'au niveau des articulations du genou et du jarret, la taille est généralement au-dessus de la moyenne.

Il existe d'autres races secondaires à laine commune, en Bretagne, dans le Sud-Est, etc.

Mais la plupart de ces races tendent à disparaître par les croisements qu'on en fait avec les *races améliorées*, notamment avec les races anglaises élevées surtout en vue de la production de la viande : la race flamande, par exemple, tend de plus en plus à être absorbée par le leicester, le berrichon-solognot par le southdown, et toutes deux aussi par le mérinos; l'existence d'un certain nombre n'est plus qu'une affaire de temps; nombre d'éleveurs qui cherchaient autrefois, en Beauce, la production de la laine, se dirigent dès à présent vers la production de la viande, et tendent nécessairement à substituer ces races à celles qu'ils élevaient précédemment.

Les races anglaises, dont nous parlons, sont en usage chez-nous depuis une quarantaine d'années. Les unes sont employées pour l'amélioration des races indigènes à laine longue : ainsi sont, par exemple, les *dishley*, dérivés du Leicester, dont on fait grand usage dans l'Ouest et le Centre, de même que les *new-kent*, moins en faveur aujourd'hui et des croisements desquels nous est restée la race de la Charmoise; les autres sont plutôt en usage pour améliorer les races à laine courte : tel est le *southdown*, le meilleur type du mouton de boucherie, sur lequel on compte le plus pour l'amélioration des races du Centre. Nous parlerons plus longuement de ces races lorsque nous nous occuperons des laines anglaises; disons maintenant, cependant, que, du croisement desdites races avec nos races indigènes, sont résultés trois types bien déterminés : le *dishley-berrichon*, constitué en principe par M. Saulnier dans une ferme près de Châteauroux, et par le baron Augier dans les dépendances de son château du Cher; le *new-kent-berrichon*, fondé à la ferme de la Charmoise, près Pontlevoy, dans le département de Loir-et-Cher, par M. Malingié-Nouel; enfin, le *southdown-berrichon*, mis en relief par MM. de Bouillé, de Béhague, de Pourtalès, etc., qui, dans les concours régionaux agricoles, nous ont montré la merveilleuse aptitude de ces animaux à la production de la viande.

Mais la race principale venue de l'étranger, qui a exercé la plus grande influence sur la production lainière de la France et qui remplit précisément toutes les conditions favorables pour fournir le mieux la viande et la laine ensemble, est la race *mérinos*, devenue le type du mouton ordinaire d'une grande partie de notre pays, particulièrement des provinces qui entourent Paris (Beauce, Bourgogne, Champagne, Soissonnais, etc.); là où il n'a pas été adopté pur, il a servi à améliorer, par croisement, les races locales, et donné naissance à ces nombreux troupeaux que l'on réunit sous la dénomination de *métis-mérinos*, qui descendent de béliers de cette race croisée avec les brebis du pays. Le mérinos est d'origine africaine, et l'opinion la plus commune attribue d'abord aux Romains, ensuite aux Maures, plusieurs importations de ces moutons pris sur le littoral algérien et déposés dans les provinces du sud de l'Espagne. A l'époque de son introduction en Europe, l'animal n'avait pas la toison fine qu'il a possédé plus tard et qui a constitué sa principale qualité. Ce n'est que vers le XVe siècle qu'il est question du mérinos, dont les Espagnols se sont réservé la possession jusqu'à la fin du siècle dernier. La production de la laine et la fabrication des draps donnèrent des profits assez considérables pour tenter les princes et les seigneurs de s'emparer de cette branche importante de richesse, et de se faire accorder, à titre de privilège, la propriété des bergeries, ce qui eut lieu. Des surfaces immenses, presque sans population, furent abandonnées aux troupeaux, et les domaines particuliers soumis au droit de parcours établi par suite de la migration des troupeaux du nord au sud, pendant la saison chaude : ce sont ces migrations qui ont fait donner le nom à la race (*merino*, errant). Mais petit à petit, le mérinos, convoité par tous, finit par sortir de l'Espagne et commença à se répandre dans des contrées bien différentes où l'on craignait même qu'il ne pût réussir. La crainte n'était pas fondée, car loin de perdre ses qualités, il s'est, au contraire, perfectionné au plus haut point. Le premier essai d'importation des mérinos, en France, avait été fait par Colbert, mais il échoua parce que le besoin de laine fine n'existait pas, et surtout parce que l'ensemble des circonstances agricoles n'était pas favorable à l'élevage projeté. En 1776, Daubenton reprit les idées de Colbert, poursuivit ses essais pendant sept ans, et demeura convaincu que c'étaient les mérinos qui convenaient le mieux pour l'amélioration des races françaises. Enfin, en 1786, un traité spécial conclu entre M. de la Tour d'Aigues et le gouvernement espagnol, nous fit obtenir 367 brebis des plus beaux troupeaux de Léon et de Ségovie, qui constituèrent la souche de la bergerie nationale de Rambouillet, dont les produits furent bientôt propagés par toute la France. Dix autres bergeries furent créées plus tard, afin de fournir aux éleveurs des animaux reproducteurs, et de leur faire voir comment ces derniers pouvaient prospérer dans des conditions différentes de climat et de sol. Leur existence fut de courte durée; seule, la bergerie de Rambouillet fonctionne toujours, et continue de rendre des services qui pourraient être singulièrement augmentés au moyen d'une impulsion sage et rationnelle. Les bêtes de Rambouillet ont été vendues presque chaque année aux enchères publiques. De 1793 à 1834, le prix moyen a été de 462 francs pour les béliers et de 183 francs pour les brebis; en 1825, les brebis ont été payées plus de 700 francs, et un bélier a atteint le prix de 3,870 francs.

La tête d'un mérinos est toujours pourvue de laine, au moins sur le crâne; les cornes, quand elles existent, ce qui est le cas le plus ordinaire, portent des sillons transversaux très rapprochés, et se terminent en pointe mousse et aplatie; la toison, toujours formée de filaments fins et très nombreux, à inflexions très rapprochées, d'une longueur variable, en mèches volumineuses et plus ou moins tassées, imprégnées d'un suint onctueux, recouvre parfois toute la surface du corps et va jusqu'aux pieds : tels sont les caractères généraux de la race.

Parmi les mérinos, l'une des variétés les plus estimées est celle dite de *Mauchamp*, due, en 1828, à un cultivateur du département de l'Aisne, M. Graux, qui, ayant trouvé dans un troupeau un agneau mâle différent des autres par la longueur et le brillant de la mèche et aussi par sa conformation singulière, eut l'idée d'en conserver à Mauchamp le père et la mère pour en faire la souche d'une excellente variété. Parmi les métis-mérinos, il faut surtout citer, comme ayant eu un grand succès parmi les éleveurs de l'Artois, de la Brie et de la Beauce, le *dishley-mérinos*, obtenu par M. Yvart avec le croisement d'un bélier anglais de leicester et de la brebis mérinos.

Le lecteur connaît maintenant la situation de la production lainière française et peut se rendre compte de l'avenir qui lui est réservé. Actuellement, nous sommes obligés de combler notre déficit par des importations considérables de l'étranger, se chiffrant par environ 250 millions de francs. Les chiffres suivants, qui montrent ce qu'elles sont à deux époques différentes (1867 et 1876), peuvent nous donner une idée de la moyenne :

	Importations de laines en France	
	1867	1876
	kilogr.	kilogr.
Angleterre et ses colonies (Australie, Nouvelle-Zélande, Le Cap)	31.017.408	43.469.617
République Argentine	20.495.590	27.854.259
Belgique	5.418.994	20.686.990
Algérie	6.382.793	7.572.101
Turquie	8.102.013	5.389.105
Uruguay	8.910.382	5.362.612
Russie (mer Noire)	995.570	4.361.847
États barbaresques	1.832.533	2.593.016
Espagne	2.782.082	1.137.624
Autriche	536.596	1.092.187
Pays-Bas	1.347.223	960.650
Allemagne	2.993.313	705.524
Italie	988.148	683.705
Autres pays	1.402.293	1.219.644
	93.204.938	122.788.881

Laines d'Australie. Les laines de ce pays, qui ne forment qu'un tout avec les laines de la Nouvelle-Zélande, longtemps délaissées, sont maintenant les meilleures de toute l'importation française. Elles offrent une très grande variété de qualités, dont on tire parti tant pour le peigné que pour le cardé; les plus belles, fines et soyeuses, servent à faire les plus hauts numéros en filés.

La population ovine actuelle descend en majeure partie des mérinos qui y ont été importés d'abord en 1797, puis en 1803, par M. Mac-Arthur, de Camden, devenu depuis sir John Mac-Arthur, achetés et fournis par le roi d'Angleterre, et qui, par la suite, ont été grandement améliorés par l'introduction successive des meilleurs reproducteurs de Rambouillet et de la Saxe. Au dire des hommes compétents, cette amélioration est telle qu'il n'y a plus, aujourd'hui, aucun intérêt à continuer les croisements avec les mérinos venus d'Europe, les toisons australiennes ayant gagné en poids et en longueur sans perdre leur finesse, et obtenant toujours dans les concours des prix supérieurs aux toisons européennes; ces toisons pèsent en suint, de 2 kilogrammes à 2k,300 en moyenne, et lavées de 1k,200 à 1k,300; il y en a dont le poids est notablement plus élevé et a atteint, parfois, jusque 5 kilogrammes en suint. Les béliers mérinos d'Australie, dont la généalogie est prouvée, valent actuellement depuis 500 jusqu'à 13,000 fr. et les brebis de 500 à 5,000 fr.;

la meilleure variété est connue sous le nom de *mérinos de Camden*, du nom de son importateur, originaire de Camden, c'est celle qui résiste mieux qu'aucune autre à la chaleur, à la sécheresse et aux brusques changements de saisons; d'autres variétés, moins importantes, provenant de leicesters, lincolns, cotswolds et southdowns, qui ont une laine douce et longue, résistent moins, mais on en obtient encore des résultats remarquables lorsqu'on peut les garder dans de petits enclos et sur un sol spécialement riche, bien arrosé et frais. Toutefois, ces derniers forment une minime quantité, et c'est par troupeaux de 20,000 à 1 million de têtes, au contraire, que les *squatters* ou éleveurs possèdent les moutons mérinos proprement dits en Australie; il va sans dire que, sur de telles quantités, la gale cause parfois des ravages considérables.

Les diverses variétés de laines d'Australie sont désignées par le nom de la contrée où elles ont été produites ou celui du port d'exportation; tels sont *New-South-Wales* et *Queensland* avec Sydney, *Victoria* avec Port-Philippe, *South-Australia* avec Adélaïde, *West-Australia* avec Ivan-River, etc.

Le premier envoi d'Australie, en Angleterre, date de 1810 : les douanes anglaises nous donnent le relevé suivant, exprimé en livres anglaises, de 1810 à 1843, qui permet de juger de l'accroissement continu de la production dans les premières années :

1810	167
1820	100.000
1830	1.134.134
1840	12.399.090
1843	17.433.732

En 1877, le chiffre de l'exportation totale de l'Australie pour l'Europe s'est élevé à 127 millions de kilogrammes. La Nouvelle-Galles du Sud, la première par rang de date des colonies anglaises de l'Australie, occupe aussi le premier rang par l'importance de sa production lainière, puis viennent les colonies de Victoria et de l'Australie du Sud; Queensland se place au dernier rang.

Le poids des balles varie suivant que la laine est en suint (ce sont les plus pesantes), lavée à dos ou qu'elle comporte l'une ou l'autre qualité des laines lavées à fond, dites *snow white* (blanc de neige) et *scoured* (lavée). Elles sont remboursables à trois mois de vue.

Laines du Cap. Cette rubrique comprend toutes les laines produites dans les possessions anglaises de l'Afrique méridionale : Cap de Bonne-Espérance, Natal, etc. Celles-ci sont, en général, fines et assez courtes, mais elles manquent de moelleux et sont très surchargées de gratterons; on les emploie spécialement pour le cardé. En France, elles sont peu goûtées.

La population ovine du Cap a pour origine la race mérinos qui a été introduite vers 1833. Jusque-là, on n'y élevait que des races communes; mais, de même qu'en Australie, ledit mérinos s'est montré des mieux appropriés à la nature du pays et au climat, et a été, aussitôt après son importation, adopté par les éleveurs du pays qui ont acquis, à son élevage, des bénéfices considérables. Aujourd'hui, il n'y a presque plus au Cap de moutons à grosse laine, et il y a par contre de 16 à 17 millions de moutons mérinos.

On peut juger par les chiffres suivants de l'importance de l'exportation des laines du Cap à différentes époques :

1863	94.159 balles.
1867	135.418 —
1877	180.670 —

Le poids de ces balles est un peu inférieur à celui des balles d'Australie, mais il varie, comme dans ce pays, suivant l'état dans lequel se trouve le produit. Les laines du Cap sont payables à trois mois de vue; elles sont expédiées par les ports de Cap-Town, Port-Elisabeth, East-London et Port-Natal

Laines de la Plata. On désigne généralement sous ce nom, les laines qui proviennent des républiques américaines Argentine et de l'Uruguay. Quoique d'excellente qualité, elles sont plus courtes, plus dures et surtout beaucoup plus chargées de gratterons que les laines australiennes; le travail de l'échardonnage leur fait subir une perte de 10 à 15 0/0. En filature, on en fait des numéros moins élevés, qu'on emploie principalement pour certains articles de bonneterie. Leur brillant naturel et leur dureté relative les ont fait rechercher, dans ces dernières années, pour la draperie en laine peignée; elles donnent un tissu plus raide et qui se tient mieux.

Les laines de la Plata étaient autrefois classées parmi les laines communes, ce fut encore l'importation du mérinos dans le pays qui, en changeant la qualité des produits, a fait prendre à la production du textile un essor aussi rapide que soutenu.

En 1550, Duflo Chavez, un des colonisateurs de la Plata, amena du Tucuman au Paraguay, centre des établissements espagnols dans cette partie de l'Amérique, les premières chèvres et les brebis qui furent la tige des troupeaux sans nombre qui se multiplièrent dans les régions platéennes; ces premiers animaux étaient de race espagnole et se rapprochaient beaucoup du type mérinos, mais transportés dans un pays si différent du leur, sous l'influence du sol et du climat, ils subirent des modifications profondes. Pour relever cette source de richesse qui déclinait toujours, grâce aussi à l'indifférence des Indiens, on commença par importer à la Plata, en 1824, 100 béliers mérinos d'Espagne et 100 southdowns d'Angleterre; puis, en 1826, un nouvel envoi fut provoqué, accompagné de quelques bergers européens. Ce n'a été qu'à partir de cette époque que l'élevage des moutons à la Plata a commencé à produire des résultats et a pris bientôt un développement considérable.

Aujourd'hui, les moutons sont, à l'état libre, dans d'immenses établissements ayant souvent 4 à 5 lieues carrées, auxquels on donne le nom d'*estancias* et n'ayant pour toute clôture qu'une séparation en fil de fer. Les moutons y sont par groupe sous la garde de bergers dits *estancieros*. Dans aucun pays du monde, on ne voit de troupeaux aussi considérables, c'est ce qui fait qu'en raison du peu de soins qu'on peut leur donner, la gale y produit quelquefois des ravages désastreux. Le nombre total des moutons de la République Argentine peut être estimé à environ 60 millions.

Dans la République de l'Uruguay, où le mouton est parqué de la même façon, le nombre des têtes des animaux de l'espèce ovine est évalué à environ 12 à 13 millions; les croisements y ont été faits, dès le principe, avec les moutons français de Rambouillet, mais depuis quelques années certains éleveurs y ont introduit le croisement du fort mouton de Lancashire, ce qui a produit une bête plus forte, donnant plus de suif, ayant des toisons plus lourdes et à mèches plus grosses, ayant par contre beaucoup moins de finesse.

Les laines de la Plata, en général, se divisent dans le commerce en deux grandes catégories : 1° *laines de Buenos-Ayres;* 2° *laines de Montevideo.* La laine de Buenos-Ayres donne une fibre plus fine, celle de Montevideo une fibre de meilleure nature, mieux nourrie, mais plus forte et moins douce. Chacune de ces catégories se subdivise en six classes qui sont : *merinos prima, merinos secunda, merinos tertia, agneaux, morceaux, ventres.* Les balles de laine de la République Argentine sont de 400 kilogrammes, celles de l'Uruguay de 420 à 430. Les plus grandes exportations sont dirigées sur la Belgique.

Quelque surprenante que soit l'augmentation de l'élevage des moutons en Australie, on doit reconnaître que la Confédération Argentine en présente un exemple plus surprenant encore, car le chiffre des moutons existant dans les deux pays est, aujourd'hui, presque égal, quoique la multiplication en ait commencé, sur les bords de la Plata, au moins vingt ans plus tard qu'en Australie. Cette progression dans la production a eu nécessairement pour conséquence une progression notable dans l'exportation, car celle-ci, chiffrée en nombre de balles pour les républiques réunies, Argentine et de l'Uruguay, a été, en 1862, de 81,525; en 1867, de 214,310; en 1872, de 263,331, et en 1877, de 291,761. Elle ne peut manquer de s'accroître encore. Les tontes à la Plata se font le plus souvent aux mois de septembre et d'octobre; la production est vendue directement dans les « estancias » par les producteurs, ou expédiée en toisons en ville, à la consignation de *baraqueros* qui les vendent sur le marché et qui ensuite ont la spécialité de faire des balles, après un classement sommaire. Le prix des achats est réglé en piastres papier; le poids qui sert dans le pays est l'arobe, qui vaut 25 livres d'Espagne. La plupart des laines arrivent en Europe à l'état de suint; cependant, depuis quelques années, il s'est établi de nombreux lavoirs à Buenos-Ayres et Montevideo.

Laines anglaises. Dans toute la Grande-Bretagne et l'Irlande, le mouton est surtout élevé en vue de la production de la viande et ne donne que des fibres communes ou de qualité moyenne; néanmoins, les laines lisses, provenant des races indigènes anglaises, sont encore très recherchées par l'industrie, se paient fort bien, et peuvent servir à la confection de très belles étoffes.

Le type de la race anglaise est le *leicester*, dont la toison est formée de laine étroite, grossière, longue, pendant en mèches pointues, qui sert à faire des serges, des tapis, etc. : cette race, perfectionnée par Bakewell, dans sa ferme de Dishley-Grange, a reçu en France le nom de *dishley*, ce qui a amené à distinguer en Angleterre deux variétés de leicesters : le *old-leicester* et le *new-leicester*. Nous avons dit, plus haut, quels services on retire de cette variété dans le nord, l'ouest ou quelques parties du centre de la France, soit comme animal pur, soit comme amélioration des variétés à laine longue, et dans le rayon de Paris et les plaines du Nord par son croisement avec le mérinos. Après le leicester, l'une des plus répandues est celle désignée, en France, sous le nom de *new-kent*, à laine longue et rude, assez fine, d'un lustre satisfaisant avec tendance à se friser, et qui est connue, en Angleterre, sous le nom de *romney-marsh* (marais de Romney), la même, d'ailleurs, qu'on désigne en Hollande sous le nom de « race des polders ». Vient ensuite la variété de *cottswold*, qui tire son nom d'une contrée montueuse et calcaire du Gloucestershire, qui elle aussi a été améliorée par le leicester, et dont la laine est la plus commune de toutes. Ces différentes variétés sont dites à *laine longue*.

Parmi les races à *laine courte*, nous placerons d'abord le *southdown*, perfectionné surtout en Angleterre par Elmann et Jonas Webb, toujours en vue de la production de la viande, et dont on connaît une foule de variétés désignées sous les noms de *hampshiredown*, *norfolkdown*, *oxfordshiredown*, *westdown*, *shropshire*, etc. qui ne sont, en somme, que des southdowns plus grossiers. Vient ensuite la variété *cheviott*, habitant les collines écossaises de ce nom, fournissant une laine de qualité ordinaire mais bien estimée, dont on connaît deux variétés : le mouton long et le mouton court, qui a donné, par croisement, le mouton demi-long (*halflong*); puis le mouton à tête noire (*blackfaced*), habitant les monts Grampians, en Ecosse, dont la toison extrêmement courte et jarreuse, convient plutôt à la fabrication des lainages inférieurs tels que les tapis.

D'après les dernières statistiques, il existe, en Angleterre, et dans le pays de Galles 13,758,000 moutons, produisant annuellement 35,539,200 kilogrammes de laine, avec un poids moyen de 2k,700 par toison; en Ecosse, 7 millions de moutons, avec un poids moyen par toison de 2k,130, et en Irlande 4 millions de moutons à 2k,700 par toison. Il se fait annuellement une exportation d'environ 4,500,000 kilogrammes de laines anglaises et irlandaises.

Laines de Russie. La Russie est la nation européenne qui renferme le plus grand nombre de troupeaux de race ovine; néanmoins, relativement à l'étendue de son territoire, elle est après la Finlande la plus pauvre sous ce rapport, car le nombre de ses moutons n'est que de neuf par kilomètre carré, tandis que dans l'Italie, qui vient immédiatement au-dessus, il est de vingt-deux. L'empire compte un peu plus de un cinquième de bêtes à laine fine : 10 millions de mérinos contre 35 millions de moutons de race commune; ces mérinos sont surtout répandus dans les provinces d'Ekaterinoslaw, de Kherson, dans la Bessarabie et en Tauride; ils descendent pour la plupart de la race negretti.

Le commerce de la laine, entre la Russie et l'étranger, est considérable et tend toujours à s'accroître : de 924,000 pouds qu'elle était, en 1873, l'exportation des laines brutes ou lavées est passée à 1,083,000 pouds, en 1876, et 1,452,337 pouds, en 1877 (23,790,732 kilogrammes). Les principaux centres, pour le commerce et l'exportation, sont Charkov, Saratov, Moscou et Odessa. On a conservé l'habitude, dans certains centres, de faire passer les troupeaux dans une eau quelconque (rivière, ruisseau, mare) deux ou trois fois sans frotter l'animal; ces laines, pour ainsi dire demi-suint, nous arrivent sous le nom de *perigonnes*; dans d'autres centres, on se sert parfois, pour faciliter le lavage, d'une terre argileuse, ce qui a l'inconvénient de donner de la dureté au produit.

Laines de Hongrie. L'élève du mouton a assez peu d'importance en Autriche : il est concentré dans la Bohême, la Galicie et la Dalmatie, mais les toisons, provenant des métis-mérinos en majeure partie, y sont fines et abondantes. Par contre, en Hongrie, l'industrie pastorale a une très grande importance depuis longtemps déjà, aussi s'y trouve-t-il bon nombre de fortes exploitations dans lesquelles, aux avantages naturels que présente le pays, s'ajoutent une expérience et des traditions précieuses dans l'art de produire et de classer les laines; celles-ci y sont des plus fines et très estimées. Le recensement de 1870 attribue à la Hongrie 15 millions de moutons, dont 4,500,000 mérinos et métis-mérinos et 10,500,000 de la race commune du pays, et à l'Autriche un peu plus de 5 millions seulement. La production autrichienne ne dépasse pas 62,000 quintaux métriques, employés dans le pays; tandis que la production hongroise est de 27 millions de kilogrammes, dont 22 millions en laine fine exportés en presque totalité, et 5 millions en laine commune employés dans la contrée.

Laines d'Italie. L'Italie produit principalement des laines longues et des laines à peigner; mais elle n'en exporte presque pas. Il est à remarquer que dans ce pays, les troupeaux ne sont qu'un instrument pour l'exploitation de terrains incultes, et que les provinces un peu avancées en agriculture les repoussent complètement; ces troupeaux sont en majeure partie errants, et les pâtres des montagnes les conduisent alternativement sur les hauts sommets ou les font descendre jusqu'à la plaine. Dans le Piémont et sur tout le pourtour de la vallée du Pô au nord, vers la Suisse et le Tyrol, la race qui y est élevée produit une laine de qualité inférieure; dans la campagne de Rome, où sont concentrés, pendant l'hiver, les nombreux troupeaux qui descendent des hauteurs dont elle est entourée au nord, à l'est et au sud, on récolte une laine assez fine, rappelant un peu les laines mérinos, bien qu'elle soit un peu mélangée de poils dans la région du cou; enfin, dans les Pouilles, où l'industrie pastorael se trouve extrêmement favorisée par la grande abondance des pâturages d'hiver et par la grande étendue d'herbages qu'offrent pendant l'hiver les parties montagneuses des Abruzzes, on élève la race dite « mouton fin de Pouille », animal rustique, à toison peu fournie, mais donnant une laine à peigner de qualité estimée. Ce sont là les principaux points à signaler.

Laines de Portugal. Il y a dans ce pays trois types fondamentaux de laine : le *bordelairo*, sorte de toison grossière où l'on rencontre un mélange de poils gros, allongés, semblables aux poils de chèvre, qui feutrent, çà et là, avec la laine proprement dite, dont les brins plus ou moins fins, courts et souples, sont irrégulièrement enchevêtrés; puis le *merino*, qui se distingue par des toisons tout à fait dépourvues de poils et formées de laine souple et fine, à brins ondulés, longs, réunis en mèches bouclées et arrondies; enfin, l'*estambrino*, qui comprend les laines à longs brins, lisses et pendants, mêlées de beaucoup de poils, tantôt luisantes, tantôt ternes et plus ou moins grossières, souvent enveloppées à leur base par un duvet feutré. D'après le dernier recensement, le nombre des bêtes ovines est de 2,700,000, produisant 4,750,000 kilogrammes, ce qui donne près de 2 kilogrammes par toison, dont trois cinquièmes en laine blanche et deux cinquièmes en laine noire. En règle générale, les laines de Portugal sont classées parmi les laines communes.

Laines d'Espagne. L'Espagne possède deux sortes de troupeaux qui produisent deux genres de laines bien déterminées : les troupeaux sédentaires, que l'on rencontre dans les vallées des principales rivières, où se trouvent des pâturages toujours frais en toute saison, composés de moutons à laine grossière qu'on élève surtout pour la boucherie; et les troupeaux errants, dits *transhumantes*, qui, au moment des étés très chauds presque toujours accompagnés de sécheresses que l'on voit dans ce pays, quittent les plaines brûlées du soleil pour aller trouver des pâturages dans les altitudes plus élevées; ces derniers sont exclusivement composés de mérinos. Chose à remarquer, la race espagnole, qui a servi à l'amélioration de la population ovine du monde entier, ne possède pas la finesse extrême de laine à laquelle sont parvenus les mérinos de Rambouillet; leur qualité ne s'est développée plus tard que sous l'influence d'un régime sédentaire et d'une nourriture abondante et riche donnée à l'étable. Ajoutons, en outre, que l'incurie des bergers espagnols a abâtardi une partie de la race, et que les toisons des brebis du pays, sales, chargées d'immondices, de boues, de plantes desséchées, couvertes de sucs résineux provenant des arbustes contre lesquels les animaux se sont frottés, exigent de grands lavages et, tout en perdant dans l'eau un déchet considérable, retiennent toujours une partie des ordures dont elles étaient primitivement chargées.

Laines d'Allemagne. L'Allemagne a fait des progrès considérables dans la production des laines fines mérinos et métis-mérinos. Le troupeau de Saxe, dit *race électorale*, a servi à améliorer les anciennes races du pays. Aujourd'hui, les laines de Saxe, Moravie, Bavière, Prusse, etc., ont une réputation méritée; elles se valent pour la finesse, mais chacune a son cachet de provenance que les appréciateurs reconnaissent à première vue. L'industrie du peigne et la draperie fine en consomment de grandes quantités.

Laines de Danemarck. La production de la laine a, en Danemarck, une importance tout à fait secondaire; nous devons cependant la signaler, l'exportation atteignant, en moyenne, 1,200,000 kilogrammes produits, d'après la dernière statistique, par 1,779,249 moutons.

Laines de Grèce. Les laines de Grèce sont assez rudes, souvent noires et mélangées de poils raides et de duvets. Il ne s'en fait qu'une petite exportation qui a atteint, en 1875, 338,000 kilogrammes; mais celle-ci est à peine le dixième de la production totale, car le nombre des moutons, en Grèce, est considérable par rapport au chiffre de la population et à l'étendue du territoire : il y a un peu plus de 45 moutons par kilomètre carré et à peu près 150 par 100 habitants. On fait suivre aux troupeaux le même régime qu'en Italie.

Laines d'Algérie. Les laines de notre colonie, principalement expédiées en France et en Italie, sont longues, jusqu'ici assez grossières, mais on en obtient peu à peu par le croisement avec le mérinos, des résultats satisfaisants au point de vue de la rusticité des produits et du rendement. Des études qui ont été faites, il semble résulter que c'est à une race de mérinos rustique, vigoureuse et à laine forte, qu'il y aurait avantage à s'arrêter pour l'Algérie, le bas prix des laines à carder et la concurrence de l'Australie et de la Plata ne permettant pas d'atteindre de grands profits de l'élevage des mérinos à laine fine. Actuellement, notre colonie possède environ 10 millions de moutons, la plupart à laine longue.

Commerce des laines. Les principaux marchés européens pour le commerce des laines sont, par ordre d'importance :

1° Londres, qui alimente toute l'Europe, principalement en laines d'Australie et du cap de Bonne-Espérance;

2° Anvers, qui approvisionne surtout en laines de la Plata, la Belgique, l'Allemagne et le nord de la France;

3° Le Hâvre, qui fournit à la consommation française et quelquefois aussi à l'Allemagne, notamment des laines de la Plata;

4° Hambourg, pour les laines du Cap et de la Plata, alimentant seulement Berlin et un peu la Prusse.

En dehors de ces villes, on peut encore citer, plutôt comme ports d'arrivée que comme marchés proprement dits : Liverpool (laines d'Australie); Marseille (laines du Levant et de l'Afrique septentrionale); Bordeaux, Brême et Dunkerque.

Nous ne pouvons examiner ce qu'est le commerce de ces produits dans les divers ports que nous venons de citer, mais nous donnons cependant quelques renseignements sur les marchés du Hâvre et de Anvers, lesquels approvisionnent, en grande partie, l'industrie française.

Marché du Hâvre. Le Hâvre est le port français qui importe annuellement les plus grandes quantités de laines : les principaux pays importateurs sont par ordre d'importance : la Plata, l'Australie, le Cap, le Pérou, le Chili, Bombay, la Russie, le Levant, l'Espagne et le Portugal, et les principaux centres industriels français auxquels ce port fournit la laine sont, pour le peigné : Roubaix, Tourcoing, Reims, Fourmies et Amiens, et pour le cardé: Elbeuf, Louviers, Mazamet et Castres. Le Hâvre envoie, en outre, ses laines en Suisse, en Allemagne et accidentellement en Belgique, suivant le choix que peut offrir son stock et les fluctuations des cours.

Les affaires se font comme à Anvers, en vente publique ou de gré à gré. En vente publique, le vendeur paie aussi tout le courtage qui est de 1/2 0/0; en vente de gré à gré, l'acheteur et le vendeur paient chacun 1/4 0/0. Tous les acheteurs font leurs affaires par l'intermédiaire de courtiers, qu'ils soient présents ou absents : aussi les grands courtiers du Hâvre ont-ils dans les principaux centres de consommation des agents, dont la mission est de visiter les clients et de leur indiquer les arrivages nouveaux.

Il y a annuellement six ventes publiques. Sauf le cas de force majeure, les distances entre chacune d'elles sont généralement aussi régulières que possible, elles varient surtout lorsqu'on ne veut pas les faire coïncider avec un autre marché important. Voici quel est le règlement suivi et adopté depuis le 12 décembre 1878 par l'assemblée générale des importateurs de laines :

« Article premier. Le nombre des ventes publiques pendant l'année ne pourra excéder six, avec faculté de réduire ce nombre; elles seront espacées aussi régulièrement que possible. La première de ces ventes commencera le 14 ou le 15 janvier, suivant les quantités à présenter.

« Art. 2. Le jour des ventes sera déterminé par les plus forts importateurs, qui auront un nombre de voix proportionnel à la quantité de laines dont ils seront détenteurs. Chaque détenteur sera tenu de déposer, avant de voter, la liste de son stock entre les mains du président de la réunion. Nul ne pourra être admis au vote s'il n'a pas 100 balles au moins; pour cette quantité, il sera accordé 1 voix; pour 250 balles, 2 voix; pour 500 balles, 3 voix; pour 1,000 balles, 4 voix; pour 2,000 balles, 5 voix; pour 3,000 balles, 6 voix, etc. Seront comptées comme balles, celles de la Plata ou leur équivalent en poids pour les laines d'autres provenances.

« Art. 3. La décision aura lieu pour une vente seulement, au moins quinze jours avant chaque vente. Elle devra être communiquée immédiatement aux intéressés.

« Art. 4. Il sera dressé, par ordre alphabétique, une liste des importateurs; elle se composera des noms de ceux qui auront adhéré, avant le 31 décembre courant, au présent règlement. Les importateurs qui auront adhéré après l'époque ci-dessus fixée, ne pourront figurer dans les catalogues qu'après les adhérents régulièrement inscrits.

« Art. 5. La liste des laines qui seront présentées aux enchères devra être déposée chez le courtier chargé de la rédaction du catalogue, avant midi, l'avant-dernier samedi précédant la vente; celles qui seront remises passé ce délai, seront reportées à la fin du catalogue. Il ne sera plus admis de listes après le dernier jeudi qui précédera la vente.

« Art. 6. La vente aura toujours lieu dans l'ordre du catalogue, sans aucune interruption.

« Art. 7. La livraison des lots vendus se fera dans l'ordre du catalogue pour chaque magasin, par cour ou par section, et commencera le surlendemain du premier jour de la vente, à deux heures, pour être continuée sans interruption. Les soldes de lots feront l'objet de livraisons spéciales, et les vendeurs accorderont un délai de quinze jours pour demander cette livraison. »

Marché d'Anvers. Comme nous l'avons dit plus haut, Anvers est le plus important marché, en Europe, des laines de l'Amérique du Sud dont les principales sont celles de la Plata, mais on y importe aussi, bien qu'en moindre quantité, des laines de Rio-Grande, de Russie, d'Afrique, du Pérou, du Chili, de Bombay, du Cap et d'Australie. Cette ville doit sa prépondérance à sa position géographique et au voisinage des filatures de Verviers, qui trouvent en Allemagne et en Hollande un écoulement facile et considérable de leurs produits; en outre, elle est visitée par un certain nombre d'acheteurs étrangers qui sont, par ordre d'importance, Allemands, Français, Hollandais, Autrichiens et Suisses; la surtaxe d'entrepôt que le gouvernement français prélève sur les importations est la seule cause qui place la France au second rang.

Comme à Londres, les laines ne paient aucun droit d'entrée : l'arrivée des balles, l'échantillonnement, le classement, l'estimation et la vente s'y pratiquent de la même façon. La vente, cependant, n'est pas toujours publique et se fait parfois de gré à gré; dans l'un et l'autre cas, le courtier touche 1/2 0/0, courtage que le vendeur paie à lui seul s'il s'agit d'une vente publique, et que le vendeur et l'acheteur paient par moitié s'il s'agit d'une vente de gré à gré. Il y a annuellement à Anvers quatre ventes publiques : 1° janvier et février; 2° avril et mai; 3° juillet; 4° octobre; ces époques ne diffèrent jamais d'une année à l'autre que par la date de leur commencement et de leur fin.

INDUSTRIE DE LA LAINE.

La laine est employée pour la fabrication de deux genres de tissus bien différents les uns des autres : les *tissus ras* et les *draps* ou *tissus feutrés*.

Dans les premiers, les fils restent découverts et bien visibles; ils doivent donc être souvent très fins, et toujours parfaitement réguliers et homogènes; les filaments qui les composent doivent, comme lorsqu'il s'agit du lin, du coton, etc., être bien redressés et parallélisés, et parfaitement incorporés dans les fils par la torsion qui les lie. La filature n'atteint ces résultats que par des opérations multiples et répétées, et au moyen d'*étirages* (V. ce mot) qui, pour produire avec exactitude leurs effets, exigent des préparations premières très complètes, avec intervention du *peignage* (V. ce mot). De là le nom de *fils peignés* qu'on leur donne.

Lorsqu'il s'agit des *draps*, ou autres *tissus feutrés*, les fils n'atteignent jamais une très grande finesse; ils ne forment en quelque sorte que le canevas de l'étoffe, qui se condense et prend corps par le *foulage* (V. ce mot et Feutre) en se recouvrant, en outre, d'une couche de feutre qui cache et dissimule plus ou moins les fils. Pour que le foulage puisse se produire, il est nécessaire que les fibres de la laine aient conservé leur propriété de se feutrer malgré le travail de la filature, et qu'en outre, elles ne soient qu'imparfaitement incorporées et emprisonnées dans les fils. La filature devra donc réduire au minimum ses opérations et surtout éviter les étirages. La carde joue un rôle prépondérant dans cette industrie, dont les produits prennent par suite le nom de *fils cardés*. Dans tous les cas, les laines sont d'abord *triées*, *dessuintées*, puis *lavées*, par des procédés qui diffèrent peu, suivant qu'elles sont destinées à l'un ou l'autre de ces usages.

Filature de la laine cardée. La filature de la *laine cardée* se réduit ensuite à un battage, suivi du cardage, puis immédiatement du filage. Le battage a été décrit à l'article Battre la laine (Machines à), et a pour but de commencer à désagréger les masses dans lesquelles la laine s'est agglomérée pendant le lavage. Pour effectuer les opérations du cardage et du filage, on est obligé d'ensimer, c'est-à-dire de graisser la laine (V. Ensimage) afin que les fibres, malgré leur surface rugueuse, puissent facilement se séparer les unes des autres, puis glisser les unes sur les autres. L'opération du cardage a pour but de séparer d'une manière complète les fibres les unes des autres, et en outre, de les grouper et de les rassembler en petites mèches qui servent à alimenter les métiers à filer. Ce résultat n'est généralement atteint qu'après le passage à travers trois cardes qui prennent les noms de *carde briseuse*, *carde repasseuse* et *carde finisseuse* ou *fileuse*. — V. Carde.

Les cardes briseuses sont quelquefois munies d'appareils d'alimentation automatique qui puisent la laine dans un bac, où l'on en a mis une assez grande quantité et la répartissent d'une manière parfaitement régulière sur la toile sans fin alimentaire de ces machines.

On a cherché à éviter la formation des matelas à la sortie des cardes briseuses et repasseuses, et à produire d'une manière régulière et continue l'alimentation des machines suivantes, au moyen d'appareils qui reploient la nappe détachée du peigneur, par plis réguliers, sur une table disposée à la suite de ce peigneur, et plus bas que lui; cette table est constituée par une toile sans fin animée d'un mouvement lent de translation perpendiculairement à la longueur de la carde: il s'y forme donc une nouvelle nappe dont la largeur (égale à celle des cardes) est formée par les plis qui s'y déposent, et dont la longueur résulte des déplacements qu'éprouvent, les uns par rapport aux autres, ces plis entraînés par le mouvement de la table. La nappe est enroulée par un appareil spécial qui fait suite à la table, et sert sous cette forme à alimenter la machine suivante. Quelquefois aussi la nappe, détachée du peigneur de la carde, est transformée en un ruban que l'on conduit du côté de l'entrée de la machine suivante, où un appareil très simple, animé d'un mouvement de va-et-vient, le reploie sur lui-même, en le couchant parallèlement aux cylindres alimentaires. Dans l'un et l'autre cas, l'alimentation se fait d'une manière régulière et continue, et la marche de la matière se produit dans des directions différentes qui facilitent le cardage et s'opposent au parallélisage des fibres. A la sortie des cardes finisseuses, le système de deux peigneurs n'est plus guère appliqué. On obtient une division plus régulière de la nappe, au moyen de lanières de cuir ou de lames d'acier de 10 à 15 millimètres de largeur, disposées les unes à côté des autres de manière à saisir la nappe dans son ensemble, pour prendre ensuite alternativement deux directions différentes, et découper, en quelque sorte, cette nappe en bandes de même largeur, que des frottoirs ou des guides tournants condensent en mèches. La transformation de ces mèches en fils se fait toujours au moyen de métiers à filer renvideurs (V. Filer [Métiers à]) dans lesquels l'étirage ou allongement des mèches est produit par l'arrêt de l'alimentation lorsque le chariot n'a parcouru qu'une partie de sa course. Les glissements des fibres les unes sur les autres se produisent d'une manière régulière pendant que le chariot finit de se déplacer, en raison de l'huile qui les imprègne et qui n'est enlevée qu'après le filage ou quelquefois après le tissage seulement. La teinture s'effectue sur la laine désuintée, avant le filage, ou bien sur les fils ou sur les tissus achevés.

Filature de la laine peignée. Les opérations nécessaires pour obtenir de bons *fils peignés* sont beaucoup plus nombreuses, et se succèdent de la manière suivante :

1° *Dessuintage* et *lavage* (V. ces mots); 2° *Séchage* et *graissage* ou *ensimage* (V. Ensimage); 3° *Cardage* (V. ce mot). Les cardes démêlent les fibres et les groupent en rubans. Un seul passage dans des cardes à hérissons, généralement munies d'un avant-train, est suffisant; 4° *Etirage* donné au moyen d'un *gills-box* (V. ce mot); 5° *Lissage*, opération par laquelle on enlève la graisse provenant de l'ensimage, et qui quelquefois ne se fait qu'après le peignage (V. Lissage); 6° *Peignage*, par lequel s'achève l'épuration et le nettoyage de la laine, dont les duvets et les filaments trop courts sont en même temps éliminés (V. Peignage). Ces premières opérations, qui livrent la laine bien rangée sous forme de rubans, s'effectuent souvent dans des établissements spéciaux auxquels on donne le nom de *peignages*. Les filatures proprement dites produisent la transformation en fils des rubans peignés au moyen d'étirages suivis du filage; 7° *Etirages*, qui se répètent huit ou dix fois au moyen de bancs d'étirages ou *bobinoirs*, munis de frottoirs (V. Etirage). Les premiers passages sont quelquefois produits par des gills-boxes, et les derniers, quand il s'agit de laines longues et lisses par des *bancs-à-broches* (V. ce mot); 8° *Filage*, effectué comme pour les autres matières textiles au moyen de métiers renvideurs ou de métiers continus. — V. Filer (Métiers à). — P. G.

II. **LAINE.** Nom d'un certain nombre de produits que nous mentionnerons brièvement.

Laine de bois. On désigne sous ce nom, des copeaux très déliés provenant de déchets de bois, et dont on se sert en Europe et surtout en Amérique pour les emballages, la confection de certains matelas, le nettoyage des machines, la filtration des liquides, etc. Ces copeaux s'obtiennent au moyen de machines dans lesquelles une bielle actionne un chariot muni d'une lame de rabot et d'une série de petits couteaux placés un peu en avant, espacés suivant la finesse de la *laine* à produire; deux rouleaux dentelés, disposés transversalement, maintiennent le bois à débiter, et tournent quelque peu en arrière à chaque course du chariot. On obtient pour douze heures de travail de 250 à 450 kilogrammes de matière, en raison inverse de la finesse qu'on veut en obtenir. Dans la literie, la bourrellerie et la tapisserie, la laine de bois est considérée, après le crin, comme la matière la plus élastique; on la dit même préférable à toute autre, lorsqu'elle provient de bois résineux, en ce sens qu'elle n'absorbe pas l'humidité et éloigne les insectes; c'est ce qui fait que plusieurs hôpitaux l'ont adoptée pour les coussins, meubles, etc. || *Laine de pin* ou *laine des bois.* Le pin sylvestre (*pinus sylvestris*) fournit au commerce une sorte de fibre dite *laine de pin*, dont on fait couramment des vêtements, exclusivement employés pour les usages hygiéniques, et recommandés spécialement par certains docteurs pour la guérison des rhumatismes. L'extraction de la laine de pin se pratique surtout en Silésie, dans la forêt de Thuringe, à Jœnkœping (Suède), à Wageningen (Hollande), et quelquefois aussi en France et en Russie. Pour cela, on distille les aiguilles du pin avec de l'eau, ce qui donne une solution aqueuse, dite *essence d'aiguilles de pin*, qui sert pour bains. Les fibres qui se trouvent dans le résidu en sont alors extraites au moyen de la lessive de soude bouillante. La laine de pin du commerce est de couleur marron, son nom lui vient de ce qu'elle a l'apparence d'une laine grossière. || *Laine d'énéa.* Duvet laineux des fleurs femelles de la massette (*typha angustifolia* et var.), qui croît dans l'Inde, y sert souvent au lieu de coton pour faire des matelas et des oreillers, y remplace ce textile en médecine et, dans les cas de brûlure, y est employé comme moxa. Au Vénézuela, on a essayé de le feutrer, et on en a fait des chapeaux et même des gants tricotés. Ce duvet a une élasticité considérable, on l'importe quelquefois en Europe. || *Laine de bombardeira.* Poils des semences du *calotropis gigantea*, qui croît au Sénégal, aux Indes, à Ceylan, dans les colonies portugaises et en Perse. Ces poils sont brillants, blancs ou jaunâtres ; on en fabrique parfois des tissus fins et soyeux, particulièrement à Angola. || *Laine végétale.* — V. COSMOS. || *Laine régénérée, laine renaissance.*—V. RENAISSANCE (Laine). || *Laine de scorie.* Filaments très déliés, analogues à du verre filé, et que l'on obtient au moyen des laitiers de haut-fourneau (V. LAITIER). Pour que les laitiers ou scories terreuses du traitement des minerais de fer au haut-fourneau, puissent supporter ce filage, il faut que leur fluidité soit très grande. Comme on ne peut pas toujours produire un laitier convenable, on opère souvent en seconde fusion, en refondant au creuset un laitier ordinaire additionné de silice ou autres fondants. On dirige sur la surface du laitier liquide un jet de vent, il se produit une sorte d'écume qui se divise en fils fins et entrelacés, et que l'on recueille dans une chambre de dépôt. On sépare, au moyen d'un triage convenable, les gouttelettes d'avec les filaments, et on obtient une matière feutrante qui possède les propriétés suivantes : incombustibilité, grande élasticité, mauvaise conductibilité pour la chaleur et le son. On emploie la *laine de scorie* comme enveloppe des tuyaux de vapeur et des appareils que l'on veut garantir du refroidissement. On l'a proposée pour former des remplissages de cloisons dans les combles des maisons, et rendre ainsi les greniers moins chauds en été et moins froids en hiver.

LAINER. *T. techn.* Saupoudrer de laine finement hachée ou de tontisse de coton, les tiges, les boutons des fleurs artificielles, ou certains papiers de tenture, pour produire un velouté.

* **LAINERIE.** La lainerie ou machine à lainer le drap se compose essentiellement d'un fort cylindre, de diamètre variable, sur lequel sont montées des croisées en fer garnies de chardons et auquel on fait faire, au passage de l'étoffe, de 100 à 120 tours à la minute. Au-dessus et au-dessous du cylindre, comme le montre la figure 2, dans les parties supérieure et inférieure du bâti, se trouvent deux rouleaux sur lesquels le drap s'enroule alternativement. Un rouleau horizontal sur lequel passe le tissu, force celui-ci, suivant qu'on le hausse ou qu'on le baisse, à envelopper plus ou moins ortement le cylindre, et par conséquent, à subir plus ou moins l'action des chardons. La tension du drap, qui augmenterait au fur et à mesure qu'il s'enroule sur l'un des rouleaux si l'on n'y prenait garde, est réglée au moyen d'appareils spéciaux. Un tuyau, dit *arrosoir*, percé de trous très rapprochés et mis en communication avec un réservoir d'eau, permet, derrière la machine, d'arroser le drap suivant les exigences du genre d'apprêt. Cette machine est conduite par deux ouvriers dont un principal dit *laineur* et un *teneur de lisières* qui aide le premier à tirer par les lisières le drap au large, précaution très utile qui a pour résultat d'effacer les chiffonnages qui proviennent du foulon ou les fripages causés par les inégalités légères de la filature dans les fils de trame.

Le chardon employé pour le lainage n'est autre

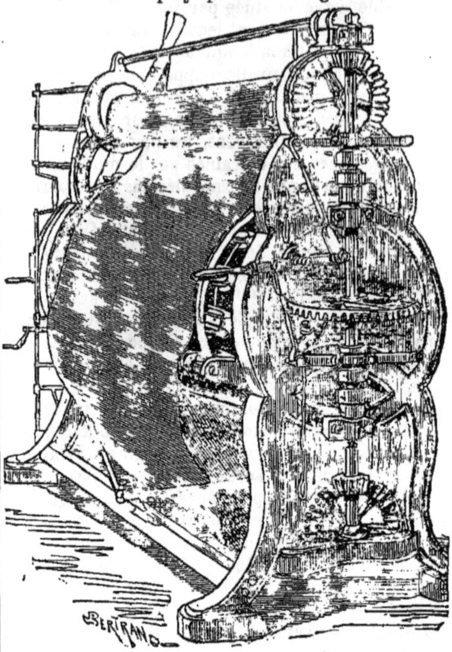

Fig. 2. — Lainerie ou machine à lainer le drap.

que le *dipsacus fullonum* ou cardère des foulons de la famille botanique des dipsacées ; il tire son utilité des écailles pointues et crochues qui garnissent ses fleurons.

* **LAINEUR, EUSE.** *T. de mét.* Ouvrier ou ouvrière qui laine le drap ; celui qui conduit une machine à lainer. || Machine à lainer.

* **LAISSÉ.** *T. de tiss.* Fil sur lequel passe la duite insérée par la navette dans l'angle d'ouverture de la chaîne ; angle que détermine la levée d'une partie des lames de remisse et le rabat simultané de l'autre partie de ces lames. Le mot *pris* s'applique, par contre, au fil sous lequel passent la navette et la duite déroulée.

I. **LAIT.** Liquide sécrété par les glandes mammaires des animaux, et destiné à la nourriture de leurs petits. C'est le type de l'aliment, car il renferme tous les éléments minéraux et organiques nécessaires pour pouvoir servir *seul* à l'alimentation et à l'accroissement. Un très grand nombre de laits sont utilisés. Sans parler de celui de la femme, dans les diverses contrées d'Europe on emploie les laits de vache, de chèvre et de brebis ; en Laponie, on n'a que le lait des rennes ; dans l'Afrique, les Indes Orientales, on se sert de celui du buffle ; dans l'Amérique Méridionale, on boit les laits de vigogne et de lama ; en Egypte, en Syrie, en Perse, ceux du chameau et du dromadaire ; enfin, le lait de jument est surtout utilisé par quelques peuplades d'Asie, et par les Baskirs, les Kalmouks, les Yakoutsks, etc.

Propriétés physiques. Le lait est un liquide variant comme coloration, du blanc (brebis) au blanc plus ou moins jaunâtre, quand il est pur, mais offrant une teinte bleutée lorsqu'il est écrémé ou mouillé d'eau; il est d'autant plus opaque qu'il est plus riche en matière grasse; sa saveur est agréable chez beaucoup d'animaux, toujours un peu sucrée, parfois un peu aromatique et rappelant l'odeur de l'animal qui l'a fourni (chèvre). Lorsqu'il vient d'être trait, il offre une odeur fade, mais fine, qui disparaît par le refroidissement pour se dégager à nouveau si on le chauffe, et cesser d'exister après l'ébullition. La consistance du lait est variable: d'ordinaire, assez fluide; certains laits, comme celui de chèvre, sont très crémeux; d'ailleurs, la densité, toujours plus grande que celle de l'eau, ne varie que dans des limites assez restreintes, de 1025 à 1040, comme on peut le voir par les chiffres suivants :

Lait de femme. . .	1025 à 1034 (moyenne 1031,5).
— de vache . . .	1029 à 1039 (moyenne 1031)
— de chèvre. . .	1030 à 1034
— de brebis . . .	1037 à 1040
— d'ânesse. . . .	1029 à 1035
— de jument . .	1028 à 1034
— de chienne . .	1034 à 1040

Le lait, au moment de la traite, a toujours une réaction alcaline, mais l'exposition à l'air ne tarde pas à le rendre neutre, puis acide, par suite de modifications notables qui se produisent dans sa composition. Aussi, lorsqu'on abandonne du lait dans une éprouvette, ne tarde-t-on pas à voir qu'il commence par se séparer en deux couches bien distinctes : l'une, qui forme la *crème*, et qui est en partie constituée par la matière grasse, et l'autre qui est le lait ordinaire. Si l'on sépare cette crème par décantation, on voit après quelques jours un nouveau phénomène se produire, et d'autant plus vite qu'il fait plus chaud: le lait devient acide, et se divise en deux portions, l'une que l'on désigne sous le nom de *caséum*, et qui est volumineuse et solide, et l'autre liquide, le *sérum*. L'action de la chaleur produit sur le lait un effet non moins remarquable : il se recouvre d'une pellicule, qui se soulève par suite du dégagement de bulles d'air et de gaz, formées par l'action de la chaleur, et qui se renouvelle au fur et à mesure qu'on l'enlève. Cette pellicule, qui est due à la coagulation de la caséine dissoute dans la solution alcaline constituant le lait nouveau, sert à faire ce que l'on appelle la *crème de Sotteville*, et par son mélange avec des amandes pilées et du sucre, la *franchipane* ou *frangipane*, très employée en pâtisserie.

Caractères microscopiques. On voit, lorsqu'on examine le lait au microscope, que ce liquide est constitué par un nombre considérable de globules à teinte légèrement jaunâtre, sphériques, et réfractant fortement la lumière (fig. 3, A). Ils sont tous de même nature, solubles dans l'éther et constitués par de la matière grasse. Ils ne possèdent pas d'enveloppe propre lorsque le lait vient d'être tiré de la mamelle, mais après une heure environ (de Sinety), ils s'entourent d'une substance membraneuse, formant souvent des plis en certains points, par suite d'une véritable coagulation spontanée qui s'effectue dans le liquide. Ces globules sont de dimensions variables, pouvant être exactement de un millième à un centième de millimètre. Les plus petits sont souvent animés de mouvements browniens, et ils réfléchissent fortement la lumière, sans l'absorber, ce qui est cause de la coloration blanche offerte par le lait. On a indiqué que les animaux lymphatiques offraient souvent un lait à globules plus gros et plus propres à acquérir de la richesse par l'allaitement, et que le lait à petits globules, par conséquent plus pauvre, se rattacherait de préférence à des animaux sanguins (Donné et Duvergier). Dans le lait de bonne qualité, une goutte du poids de un milligramme, contient environ

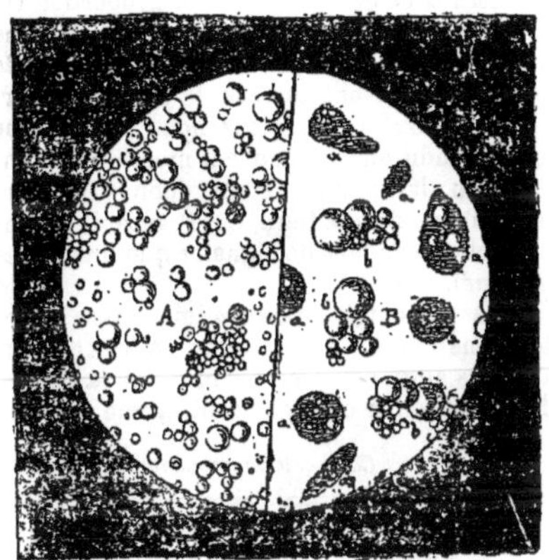

Fig. 3. — *Lait vu au microscope.*

A Globules gras du lait normal. — B Éléments du colostrum : a corps granuleux; b globules agglomérés.

45,000 globules, qui sont entre eux dans les relations suivantes : pour 10 gros globules, on en compte environ 36 moyens et 119 petits (Tisserand). M. Bouchut (*C. Rend. de l'Acad. des Sc.*, 17 octobre 1877) porte à 2,427,000 le nombre de globules butyreux contenus dans 1 millimètre cube de lait de femme, ce qui correspondrait à 36 grammes de beurre par litre, et à 1032 comme densité. Il faut en outre tenir compte de ce fait, c'est que certains laits peuvent offrir normalement des caractères microscopiques et physiques différents, tel est notamment le lait fourni par la femelle pendant les 15 premiers jours après la parturition. Ce lait, qu'on appelle *colostrum*, est beaucoup moins riche en beurre; il offre, par contre, de gros globules gras, des cellules avec des granulations, des globules blancs et des globules spéciaux dits *globules du colostrum*; il est purgatif, renferme une notable proportion d'albumine, de sels et peu de caséine (fig. 3, B).

Caractères chimiques et composition. Le lait est un liquide très altérable, que les influences les plus minimes en apparence peuvent modifier parfois instantanément; tels sont les orages, qui le font coaguler. Nous avons dit déjà que ce fait se produit également par fermentation, quand on abandonne le lait à lui-même; il en est encore ainsi, quand on l'additionne de certaines plantes, telles que les *fleurs d'artichaut* ou des *carduacées*, le *caille-lait*, la *pinguicula ;* de la présure, parmi les produits animaux ; et parmi les produits chimiques, des acides minéraux ou organiques, du tannin, de l'alcool, et de quelques sels, notamment le sulfate de magnésie.

Comme composition, le lait doit être regardé comme une émulsion naturelle de matière grasse dans un liquide complexe. En effet, si on détermine sa composition par l'analyse chimique, comme nous le ferons plus loin, on voit qu'il est essentiellement constitué par de l'eau, de la caséine, de l'albumine (quelques chimistes prennent ce corps pour une autre forme de caséine), de la lacto-protéine, de la lactose, du beurre, des sels minéraux et quelques gaz. La proportion relative de ces différents éléments peut varier d'une façon très notable, d'abord suivant la nature de l'animal, puis suivant sa race, le pays, la nourriture, etc. Nous ne saurions nous étendre sur toutes les conditions qui peuvent modifier la composition du lait ; mais, étant donnée l'importance de l'industrie laitière, en France, il est indispensable cependant de signaler quelques-unes de ces conditions.

Il a été démontré qu'une alimentation abondante donne une forte proportion de beurre dans le lait, sans augmenter les quantités de la caséine ou de la lactose, et que, par contre, une alimentation insuffisante fait diminuer la proportion de beurre. Si l'équivalent nutritif des aliments reste constant, la nature du lait ne change pas (Boussingault, Lebel), mais si la proportion d'aliments riches en azote augmente, la richesse en beurre s'accroît également (Playfair), ainsi que la quantité du lait produit ; la nourriture avec une herbe fraîche, l'addition de sel (pierre à lécher), la quantité d'eau ingérée plus grande, augmentent le rendement en lait, sans accroître pour cela la proportion du beurre. Le repos est très favorable aux bestiaux, il donne une sécrétion plus abondante et plus riche, il en est de même du séjour à l'étable ; au contraire, l'exercice ne fait qu'augmenter les proportions de la caséine. Tout le monde sait que la nature du lait varie pendant une même traite : au début, le lait est plus jaune, mais à la fin, il renferme le maximum de beurre, de caséine, et moins d'eau ; que la traite du matin donne un lait plus riche en beurre que celle du soir ; qu'il faut attendre environ un mois, après le part, pour que le colostrum ait perdu son excès d'albumine et ait regagné les proportions normales de caséine et de beurre, qui en font du véritable lait.

Nous réunissons dans le tableau suivant les proportions moyennes des éléments constitutifs du lait; ils sont déduits, pour le lait de vache, d'un grand nombre d'analyses que nous avons faites, sur des sujets de race normande, nourris aux environs de Rouen, et empruntés à Doyère, pour les autres sortes de lait.

Composition moyenne, pour 1,000 grammes, de diverses sortes de laits.

Lait de	Densité	Eau	Caséine et albumine	Beurre	Lactose	Extrait sec à 100°	Sels
		gr.	gr.	gr.	gr.		
Femme	1031.5	877.00	19.00	45.00	53.00	123.00	1.80
Vache	1031.8	872.05	31.40	41.45	50.50	127.95	4.60
Chèvre	1032.3	876.00	37.00	42.00	40.00	124.00	5.60
Brebis	1038.0	820.00	61.00	53.30	42.00	180.00	7.00
Anesse	1033.0	907.00	17.00	15.50	58.00	93.00	5.00
Jument	1031.0	890.00	27.00	25.00	55.00	110.00	5.00
Lama	»	866.00	39.00	31.00	56.00	134.00	8.00

Comme nous donnerons au paragraphe suivant le moyen de contrôler la composition exacte du lait, nous n'entrerons pas ici dans plus de détails sur la nature de ces divers éléments, nous indiquerons seulement, et pour ne plus avoir besoin d'y revenir, la nature des cendres et des gaz qui se rencontrent dans le lait; car, surtout pour les premières, s'il y a eu des additions frauduleuses faites dans le liquide, il est bon d'en vérifier la composition.

Composition des cendres fournies par la calcination de 1,000 grammes de lait.

Nature de lait	Chlorure de sodium	Chlorure de potassium	Phosphate de chaux	Phosphate de soude	Phosphate de magnésie	Phosphate de fer	Carbonate de soude	Sulfate et silicate de soude	Fluorure de sodium
	gr.	gr.	gr	gr.	gr.	gr.	gr.	gr.	gr.
(1) Lait de femme	1.350	0.410	3.950	traces	0.270	traces	»	»	traces
(2) — de vache	0.458	0.994	3.458	»	0.657	0.248	0.671	0.791	»

Auteurs : (1) D'après Filhol et Joly. (2) D'après E. Marchand.

Quant aux gaz, il en existe environ 30 centimètres cubes, pour 1,000 centimètres cubes de lait ; on peut les séparer en faisant le vide ou par la chaleur ; leur composition centésimale a donné la moyenne suivante :

Acide carbonique	55.15
Azote	40.56
Oxygène	4.29
	100.00

Nous ne terminerons pas ce paragraphe relatif à la composition du lait, sans signaler que MM. Detweiler, de Mayence, ont annoncé être parvenus à obtenir du lait ayant une composition constante pendant toute l'année, en donnant aux vaches une nourriture sèche. On comprendra facilement l'importance de ce résultat, surtout pour l'alimentation des jeunes enfants, et pour l'industrie de la fabrication des fromages.

En donnant aux vaches 13 kilogrammes de foin, 5 kilogrammes de son, 1/2 kilogramme de riz, et 1 kilogramme de tourteau de palmier, MM. Detweiler obtiennent un lait ayant la composition suivante, et destiné aux jeunes enfants :

Eau		869.53
Albumine et caséine	matières fixes desséchées à 100° = 130g,47	36.44
Lactine		47.18
Beurre		39.78
Sels		7.07
		1000.00

Pour les laits destinés à la fabrication du fromage, on donne chaque jour, aux vaches, 5 kilogrammes de foin, 10 kilogrammes de luzerne, 4 kilogrammes de farine d'orge, 2 kilogrammes de farine de blé, et 4 kilogrammes de paille de litière.

Analyse du lait. Lorsque l'on veut faire une analyse rigoureuse du lait, il faut absolument doser en particulier chacun des éléments constitutifs. Les instruments imaginés jusqu'à ce jour, peuvent parfois donner à l'analyse des résultats assez justes, si l'on s'en tient à un ou plusieurs produits, mais pour l'ensemble, les dosages ne sont pas susceptibles d'être comparés entre eux, ou obtenus tous avec une précision suffisante, en pratiquant même les corrections nécessaires à effectuer, suivant la température à laquelle on agit. Nous allons donc indiquer la méthode qui donne des résultats exacts, en rappelant seulement l'emploi des instruments déjà décrits, pour faire connaître rapidement la valeur approximative d'un lait.

L'essai d'un lait comprend les opérations suivantes :

1° *Examen microscopique.* Il permet : (α) d'évaluer les globules gras, se divisant en : 1° globules normaux (de 2 à 10); 2° gros globules ; (β) de vérifier si le lait n'a pas été additionné d'huiles végétales ou de sulfo-oléates, qui donneraient alors des globules bien plus considérables ; (γ) de découvrir la présence des grains de farine, de fécule, que l'eau iodée colorerait en bleu ; des matières étrangères, comme la cervelle, que ses caractères histologiques spéciaux feraient facilement reconnaître.

2° *Evaluation de la crème.* On prend une éprouvette divisée en 150 centimètres cubes, par fraction de 50 centimètres cubes, et dont la partie supérieure comprend 33 degrés ; chacune de ces divisions représente alors 1/100e de la capacité totale.

On prend ensuite la densité du lait au lactomètre Quevenne, en lisant sur l'échelle jaune, la température, et ajoutant ou retranchant au chiffre trouvé, suivant que cette température est au-dessus ou au-dessous de 15°, un nombre donné.

Le tableau suivant sert pour ces corrections :

Table de corrections pour le lacto-densimètre.

Degrés de l'instrument	Lait non écrémé — Température de				Lait écrémé — Température de			
	5°	10°	20°	25°	5°	10°	20°	25°
15°	−0.9	−0.6	+0.8	+1.8	»	»	»	»
20°	1.1	0.7	0.9	1.9	−0.7	−0.5	+0.8	+1.7
22°	1.2	0.7	1.0	2.1	0.7	0.5	0.8	1.7
24°	1.2	0.7	1.0	2.1	0.9	0.6	0.8	1.7
26°	1.3	0.8	1.1	2.2	1.0	0.7	0.8	1.8
28°	1.4	0.9	1.2	2.4	1.0	0.7	0.9	1.9
30°	1.6	1.0	1.2	2.5	1.1	0.7	0.9	1.9
32°	1.7	1.0	1.3	2.7	1.1	0.7	1.1	2.1
34°	1.9	1.1	1.3	2.8	1.2	0.8	1.1	2.2

On remplit alors le crémomètre jusqu'au trait supérieur, et on abandonne le vase pendant 12 heures à la cave. On lit enfin le nombre de divisions occupées par la crème (10 à 14 pour un lait normal). Après cette lecture, on enlève la crème avec une cuillère, et on prend à nouveau la densité de ce lait écrémé. Si les deux nombres lus sur l'échelle jaune et bleue de l'instrument sont concordants, on peut considérer le chiffre obtenu comme exact, surtout si la quantité de crème est insuffisante. S'ils sont à corriger, on y procède ainsi : supposons un lait non écrémé, il marque au lacto-densimètre 26° à + 10°, il faudra retrancher 0,8 ; le lait aura donc pour densité 1025,2, il marquera sur l'échelle 25, et doit alors être considéré comme additionné de 2/10e d'eau.

On procède ensuite à l'analyse élémentaire.

3° *Dosage de l'eau, de l'extrait sec.* On met dans une petite capsule en platine, à fond plat, 10 centimètres cubes de lait, et 1 à 2 gouttes d'acide acétique, pour éviter la formation de pellicule pendant la dessiccation, puis on place dans l'étuve à eau de Gay-Lussac, et on chauffe 8 heures. Au bout de ce temps, on pèse très rigoureusement la capsule refroidie dans le vide ou sous une cloche à acide sulfurique; la différence entre le poids de cette capsule vide et la nouvelle pesée, représente le poids de l'extrait sec, et par suite celui de l'eau. Un lait normal donne au moins 1g,30 de résidu sec pour 10cc; cependant, M. Ferry (brochure sur le lait, J.-B. Baillère, 1884), dit avoir trouvé du lait normal n'ayant que 104 gr. 00/00 d'extrait sec, et M. Ch. Girard (Soc. de Méd. publiq., 28 juin 1882), dit que certains nourrisseurs ont renoncé à additionner le lait d'eau, un régime spécial pouvant suractiver la lactation de la vache à l'étable. Si l'on veut calculer alors la proportion d'eau ajoutée, lorsque le poids du résidu fixe est trop faible, on part des chiffres ronds suivants : 130 grammes de résidu fixe, et 870 d'eau, pour le lait normal. Pour les chiffres trouvés avec l'exemple donné par le procédé du lacto-densimètre, nous aurions 100 grammes de résidu sec, d'où l'on déduit : $130:1000::100:x$, et $x=\frac{1000\times100}{130}=769$; x représentant le poids du lait normal. Alors, le complément 231 indique, par litre, la proportion d'eau ajoutée. Elle est ici de 2,31, soit 2/10e,31.

4° *Dosage des cendres.* Le résidu de l'opération précédente est alors incinéré à blanc sur un bec Bunsen ou dans une moufle. Il doit fournir environ 0g,05 de cendres blanches. Si l'on veut en rechercher la composition exacte, il est utile de faire une nouvelle opération avec 50 ou 100 centimètres cubes de liquide, et de rechercher alors la nature des sels, d'après les indications fournies sur la composition de ces cendres ; mais, comme on ajoute à certains laits, pour les empêcher de tourner pendant l'été, du carbonate ou du borate de soude, on pourra de suite faire cette recherche : le lait contenant du carbonate fait effervescence quand on arrose ses cendres avec l'acide acétique ; pour rechercher le borax, on dissout le résidu dans 2 à 3 gouttes d'eau, et on le verse dans un tube à essais avec un peu de fluorure de calcium et de l'acide sulfurique. En faisant arriver de l'hydrogène sur le mélange, et allumant le gaz à la partie supérieure, s'il s'est formé du fluorure de bore, par suite de la présence du borax, le gaz brûlera avec une teinte verte.

On prend 20 centimètres cubes de lait, on les additionne de 80 centimètres cubes d'eau distillée, et on y ajoute 5 à 6 gouttes d'acide acétique. On agite bien; il se forme un coagulum.

5° *Dosage de la caséine.* On jette alors sur un filtre taré et pesé après dessiccation dans le vide, le caséum obtenu dans l'opération précédente, et on recueille avec soin le liquide qui filtre. Le produit étant bien égoutté, on le lave avec de l'eau alcoolisée, ce qui donne de la consistance au magma, que l'on peut alors facilement renverser sur une lame de verre, sans abîmer le filtre. On délaie le coagulum dans de l'éther alcoolisé, on repose le filtre sur l'entonnoir, et on lave la caséine avec l'éther, jusqu'à ce que le résidu ne contienne plus de matière grasse, ce que l'on voit facilement en recevant sur un papier à filtrer une goutte de liquide : lorsque celui-ci évaporé ne laisse plus de tache sur le papier, c'est que tout le beurre a été entraîné. La caséine est alors desséchée sur son filtre taré, elle doit être blanche et friable ; on en prend bien exactement le poids, et on multiplie par 50 pour ramener au volume de 1 litre.

6° *Dosage du beurre.* La solution d'éther alcoolisé ayant entraîné tout le beurre retenu par la caséine, si l'on a eu soin de recevoir les liqueurs éthérées dans un vase en verre de bohême, dont le poids a été préalablement pris en évaporant à l'étuve, le liquide fournira, en se vaporisant, la totalité du beurre contenu dans les 20 centimètres cubes de lait. On n'aura donc qu'à en prendre le poids. On peut encore faire ces dosages par le lacto-butyromètre, dont les indications sont concordantes, à la condition d'opérer toujours dans les mêmes conditions et de confier tous les essais à la même personne; la méthode d'Adam n'est pas plus exacte et prend beaucoup plus de temps.

Le sérum, séparé après la filtration du lait coagulé est alors repris. Il sert à faire plusieurs dosages.

7° *Dosage de l'albumine.* On prend 20 centimètres cubes de sérum, on les introduit dans un large tube fermé, et on porte à l'ébullition. L'albumine se sépare en flocons blancs qui se déposent par le repos ; on les jette sur un petit filtre taré et pesé après dessiccation, puis on les dessèche à l'étuve. Le poids trouvé, multiplié par 250, donne la quantité d'albumine par litre, puisque dans les 20 centimètres cubes employés, il y en avait 16 d'eau et 4 seulement de lait.

8° *Dosage de la lactoprotéine.* La liqueur précédente, après filtration, contient encore la lactoprotéine. Si on y ajoute du nitrate mercureux, on obtient un nouveau précipité, que l'on peut recueillir, dessécher et peser, comme on l'a indiqué pour l'albumine; par le calcul, on ramène à 1,000 centimètres cubes.

9° *Dosage de la lactose.* Le sérum recueilli sert encore à faire ce dosage. On introduit dans un grand tube fermé par un bout, 5 centimètres cubes d'une liqueur cupro-potassique dont le litre correspond à un poids de glucose exactement connu, on additionne d'un peu d'eau distillée, on ajoute quelques fragments de ponce, et on porte à l'ébullition. Si maintenant, on verse avec une burette graduée, le sérum qui contient la lactose, on s'arrêtera lorsque la liqueur cupro-potassique sera complètement décolorée. La quantité de lactose trouvée pour ce poids, sera multipliée par 250, puisque dans la liqueur employée, il n'y avait que 1 partie de lait pour 4 parties d'eau. On peut encore coaguler un litre de lait à l'ébullition et filtrer. On obtient environ 200 grammes de sérum, on peut alors essayer : (α) au polarimètre : un degré de déviation pour la lumière du sodium, correspond à 9g,20 de lactose par litre de petit-lait, ou à 10 grammes environ par litre de lait ; (β) par le saccharimètre : un degré du saccharimètre correspond à 2g,03 de lactose par litre de petit-lait, ou à 2g,20 par litre de lait. Le lait doit contenir au moins 40 grammes de lactose par litre et le petit-lait 43 grammes.

Altérations du lait. Le lait peut se trouver spontanément modifié dans ses propriétés, parfois même très peu de temps après la traite. C'est ainsi que certains laits offrent par moments une *coloration bleue*, qui, se développant par places, finit par gagner toute la surface du liquide. On a remarqué que les vaches qui mangeaient en trop grande quantité du sainfoin, des equisetum, des anchusa, ou que celles qui étaient atteintes de catarrhe gastro-intestinal, donnaient un lait offrant cette altération. La présence de la coloration est due au développement des *vibrio xantogenus*, et *vibrio cyanogenus*, d'après Fuchs, qui engendrent une matière colorante ayant des caractères voisins de ceux de l'indigo (Mosler), ou encore du *monas prodigiosa* (Ehremb.) qui provoque la formation d'une matière colorante rappelant les caractères de la *triphénylrosaniline*; M. Robin a trouvé des algues du genre *septomitus*; d'autres ont signalé la présence de *byssus*, etc. Cette altération assez fréquente, en Normandie surtout, dans les arrondissements du Hâvre et d'Yvetot en particulier, peut aussi tenir au défaut de carbonate de chaux dans le sol (Marchand). On peut y remédier par le marnage; puis en faisant bouillir le lait aussitôt la traite, quand on sait que les vaches donnent du lait bleu; ou enfin en administrant aux bestiaux du carbonate de soude délayé dans de l'eau de son. L'alimentation avec la garance colore le lait en rouge. Les bestiaux auxquels on laisse manger des choux ou des crucifères en général, des marrons d'Inde, des feuilles de châtaignier, de la paille d'orge, donnent un lait amer; celui des bêtes qui ont absorbé avec le fourrage vert, des labiées, de l'ail, de l'oignon, produisent une sécrétion rappelant l'odeur de ces plantes.

Les animaux tuberculeux ou offrant un état fébrile donnent un lait riche en beurre, avec proportion normale de lactose et de caséine, mais contenant des quantités variables de sels; si l'analyse chimique n'y montre pas grandes différences dans la constitution élémentaire, il contient des organismes inférieurs, joints aux micozymas normaux (Béchamp) qui ne sont pas sans pouvoir exercer une action très manifeste sur l'économie. M. Schmidt Mulheim a montré qu'il faut encore attribuer à des microorganismes (des micrococcus), l'altération causée chez le lait qui devient filant (*Répertoire de pharmacie*, février 1883, p. 73).

Le lait de vache atteinte de cocotte, ressemble à du colostrum, et épaissit par l'ammoniaque; il passe pour donner des aphtes aux adultes, et de la stomatite aux enfants. Il est certain que du lait de vache atteinte d'eczéma épizootique peut donner cette même maladie aux jeunes porcs qui mangent le lait caillé; que Murchison et E. Hart, en Angleterre, ont constaté, en 1873, dans le quartier Saint-Georges, un des plus salubres de Londres, une épidémie grave de fièvre dothiénentérique, qui ne pouvait être attribuée qu'à l'emploi d'un lait contaminé, venant d'une seule et unique laiterie, et que c'était l'eau d'un puits, mélangée avec des déjections typhoïdes, qui par son emploi au lavage des brocs, avait propagé la maladie; on devra donc éviter avec le plus grand soin l'usage de lait contenant des microbes de maladies contagieuses (phtisie, fièvre typhoïde, scarlatine, aphtes, etc.)

A côté de ces altérations naturelles du lait, nous rappellerons celles qui proviennent de la chaleur par suite du développement du ferment lactique qui transforme la lactose en acide lactique. Cette action est tellement sensible, qu'en été, il est bien difficile de faire des analyses exactes si on ne les pratique peu d'heures après la traite, car d'expériences que nous avons instituées pour connaître cette influence, il résulte ce fait, que nous avons trouvé dans un lait, au moment de la traite, 40g,22 de lactose, et que ce même lait, après huit jours, n'en contenait plus que 38g,92, 35g,87 après douze jours, et 32g,56 seulement après seize jours; soit environ 0g,75 à 0g,80 de perte moyenne par jour. Les laits riches en sucre peuvent subir, comme le lait de jument, la fermentation alcoolique; c'est ainsi que s'obtient le koumys; enfin, l'altération putride due à la fermentation ammoniacale de la caséine est une troisième sorte d'altération par fermentation, que peut offrir le lait.

Falsifications. Les falsifications les plus ordinaires que l'on rencontre dans les laits vendus dans les grandes villes, sont l'écrémage qui enlève le beurre, et le mouillage avec l'eau qui rend et au-delà, au liquide, son volume primitif. Il est évident que pour obtenir de la crème et du beurre, il faut pratiquer cet écrémage, mais on ne doit vendre le produit que suivant sa qualité, et en prévenant le public. On a vu au paragraphe traitant de l'analyse du lait, comment on peut retrouver ces fraudes.

Mais le lait mouillé et écrémé offre une teinte bleuâtre spéciale, que n'a pas le lait pur; c'est pour faire disparaître ce caractère, que l'on ajoute souvent au lait des produits tout à fait étrangers, les uns propres à changer sa couleur, d'autres destinés à augmenter sa densité. C'est ainsi que l'on peut retrouver parfois dans le lait, des *traces de jaune d'œuf*, des *féculents*, gonflés par l'action de la chaleur, de l'*albumine d'œuf*, pour rendre le lait mousseux, de la *gomme* ou des *matières gommeuses*, de la *gélatine*; puis, pour remplacer la matière butyreuse, des *émulsions d'amandes*, d'*huiles*, de *chènevis*, de *sulfo-oléates*, des malts moulus, et dit-on, jusqu'à de la cervelle (?) de divers animaux.

Différents moyens peuvent faire retrouver ces adultérations. Les féculents seront aisément reconnus par l'action de l'eau iodée, qui produirait dans le lait une coloration bleue; l'albumine d'œuf, par la coagulation, au moyen de la chaleur; et l'adjonction de gomme, de gélatine, par l'addition d'alcool dans le liquide précédent, filtré chaud; la présence des matières grasses est facile à retrouver au microscope, le jaune d'œuf est révélé par sa teinte, puis les globules huileux auront des dimensions bien plus grandes que celles des plus gros globules butyreux du lait; les huiles qui s'émulsionnent bien, il est vrai, dans le lait, laisseront séparer des gouttelettes quand on chauffera les liquides; les sulfo-oléates fourniront des émulsions plus stables, mais finissant quand même par se séparer à l'aide de la chaleur. Quand à la cervelle, s'il en existait, on la reconnaîtrait au microscope à la forme de l'élément nerveux.

Depuis quelque temps, on ajoute aussi, paraît-il, dans le lait, et surtout à Paris, le liquide obtenu par le mélange de trois à quatre volumes d'eau, à certains laits concentrés fabriqués à très bon marché en Suisse. Comme ces produits renferment toujours une notable quantité de sucre ordinaire, il est indispensable, pour reconnaître cette fraude, de doser d'abord la lactose, puis de faire bouillir avec un acide pour intervertir le sucre, et de pratiquer un second dosage. La différence dans les deux résultats, indique la proportion de sucre ajouté, par un très simple calcul. L'addition de *glucose* ne pourrait se retrouver que par une augmentation très grande dans la proportion de lactose, car ces deux sucres ayant les mêmes propriétés, on ne peut les différencier facilement; mais la lactose étant un des éléments les plus constants du lait, toute proportion anormale, en excès, devra faire croire à une addition de principe sucré.

CONSERVATION DU LAIT. Elle s'obtient par un grand nombre de procédés, suivant que l'on veut avoir un produit capable d'être transporté seulement à petite distance et par voies rapides, ou de se garder indéfiniment. — V. CONSERVES ALIMENTAIRES.

Usages. Nous savons que le lait est un aliment de première nécessité, et que tous les peuples du monde emploient journellement; il est encore utilisé pour faire le beurre et les fromages, qui sont très recherchés par presque toutes les nations civilisées. En dehors de ces emplois, qui constituent des industries fort importantes, le lait sert aussi parfois à décolorer et à clarifier quelques liquides, c'est ainsi qu'il est parfaitement démontré, qu'il entre dans Paris des vins de Xérès colorés par de l'alkanna (orcanette, *Anchusa tinctoria.* L. Borraginées) et déclarés sous le nom de Porto, et qui redeviennent des Xérès après décoloration par le lait. On connaît l'importance actuelle de la fabrication des conserves de lait, fort employées par les départements de la marine et de la guerre; il faut encore joindre à ces produits les *farines lactées* diverses, et les liqueurs fermentées, comme le *koumys*, que l'on prépare avec le lait de jument, en renfermant ce produit dans des vases clos et le laissant coaguler spontanément. La lactose intervertie par l'acide lactique formé pendant la coagulation, se transforme alors en acide carbonique et en alcool. — J. C.

II. **LAIT.** *T. techn.* Ce mot désigne encore diverses liqueurs ou produits qui ont quelque analogie avec la couleur du lait; ainsi on nomme *lait de chaux*, un délayage, dans l'eau, d'une certaine quantité de chaux qui y reste en suspension; *lait artificiel*, une solution de caséine dans les carbonates alcalins; *lait d'amandes*, une émulsion d'amandes; *lait virginal*, une préparation cosmétique composée de 10 grammes de teinture de benjoin, versée goutte à goutte dans 100 grammes d'eau de roses; elle procure une fraîcheur factice du teint, au détriment de la peau dont elle bouche les pores, et amène ainsi une assez prompte altération; *lait végétal*, un suc blanc que l'on trouve dans divers végétaux et qui ressemble au lait des animaux; *lait de montagne*, une terre spongieuse et friable (agaric minéral) ou pulvérulente (farine fossile) que l'on rencontre dans les fentes de quelques montagnes.

LAITERIE. La laiterie est le local dans lequel on dépose le lait, et où on lui fait subir différentes manipulations. Le lait peut être vendu à l'état naturel, écrémé ou concentré, ou être transformé en beurre; ces opérations s'effectuent dans la *laiterie.* Enfin, lorsque l'on est éloigné des centres de consommation, le lait, pour être convenablement utilisé, doit être transformé en fromage, et dans ce cas, on a recours à des locaux spéciaux, dits *fromageries.* — V. ce mot.

D'une façon générale, les principes de construction applicables aux laiteries sont les mêmes que ceux des fromageries en ce qui concerne les murs et caves, le sol, les planchers, la couverture, le service d'eau, le chauffage et la laverie; une glacière doit être à proximité. Nous renvoyons le lecteur au premier paragraphe de l'article FROMAGERIE, et à GLACE ARTIFICIELLE et GLACIÈRE. Les dimensions des pièces ainsi que leur ordre de succession, varient avec chaque installation qui nécessite des appareils et des emplacements différents, suivant la nature des manipulations que l'on fait subir au lait et que nous allons étudier séparément.

A. *Laiterie pour la conservation et la vente du lait naturel.* Ce premier mode d'utilisation du lait ne peut se faire avec avantage que dans les localités les plus voisines des centres de consommation. Pour empêcher l'altération du lait du matin, aussitôt son arrivée dans la ville où il doit être consommé, on élève sa température vers 97 ou 100°, puis on le refroidit le plus rapidement possible pour l'abaisser à 12 ou 13°. Par ce procédé, les ferments capables d'altérer le lait sont tués ou tout au moins retardés dans leur évolution.

Cette manipulation qui s'opère dans la première pièce d'une laiterie de réception (près d'une gare de chemin de fer), peut se faire avec des réchauffeurs-réfrigérants à circulation d'eau chaude et froide, ou bien en mettant les boîtes à lait dans un bain-marie chauffé par un fourneau, puis les plaçant ensuite dans des bacs à circulation d'eau froide. Le lait ainsi traité est passé dans une pièce voisine située en contre-bas et dans laquelle on maintient la plus basse température possible; il est laissé dans les boîtes, ou réuni dans un réservoir. Un courant d'eau froide circule dans la pièce, ou à défaut, on a recours à des blocs de glace. Le lait reste ainsi jusqu'à l'arrivée de la traite du soir, que l'on refroidit seulement. Les deux laits sont mélangés dans des appareils *ad hoc*, d'où, par des robinets inférieurs ils s'échappent dans les boîtes de transport que l'on ferme et scelle par différents systèmes, et le lait est prêt pour l'expédition qui a lieu dans la nuit. Les vagons spéciaux, servant au transport du lait, sont à double étage et à claire-voie, afin d'obtenir, pendant le voyage, une circulation d'air qui rafraîchisse le lait.

B. *Laiterie pour la fabrication du lait concentré.* Lorsqu'on est à une certaine distance des centres de consommation, les bénéfices de la vente du lait nature ne compensent pas les frais de transport. On a eu l'idée de réduire ces derniers en *condensant* ou *concentrant* le lait. Les principes généraux de la concentration du lait ont été décrits à l'article CONSERVES DE LAIT. — Il faut, pour une usine à lait concentré : 1° la laiterie, ou chambre de réception ; 2° la pièce d'évaporation dans laquelle on élève le lait à 100° (chauffage à la vapeur), et où on lui ajoute le sucre nécessaire ; 3° la chambre de concentration, contenant l'appareil à concentrer le lait dans le vide, analogue à celui en usage dans les sucreries, et la pompe à air ; 4° la pièce où se fait la mise en boîtes et la soudure de celles-ci ; 5° la chambre de la machine et de la chaudière à vapeur ; enfin une laverie, des magasins et des bureaux. Les dimensions à donner à ces pièces varient avec celles du matériel qui dépend de la quantité de lait travaillé par dix heures.

C. *Laiterie pour la fabrication du lait écrémé.* Il s'est établi depuis quelques années, en Allemagne, et notamment à Kiel, des sociétés pour la production et la vente du lait écrémé et de ses dérivés. Ce genre d'utilisation du lait donne de très beaux résultats, et quoiqu'il n'ait pas encore été établi en France, où il pourrait réussir dans les grandes villes, nous le décrirons succinctement. Le lait provenant des producteurs est apporté à une laiterie centrale. A son arrivée, il est versé dans de grands réservoirs, d'où il passe à l'écrémeuse centrifuge, située dans une pièce voisine ; s'il y a plusieurs *écrémeuses* (V. ce mot), un arbre de couche court le long de la pièce et reçoit le mouvement d'une machine à vapeur située dans une chambre spéciale. L'installation est complétée par des pièces où l'on met et empote le lait écrémé et la crème ; une baratterie dans certains cas, des bureaux, remises et écuries.

D. *Laiterie pour la fabrication du beurre.* Les dispositions de ces laiteries varient avec la méthode que l'on emploie pour produire le beurre. Pour plus de simplicité, nous supposerons les catégories suivantes : 1° crémage du lait par les procédés ordinaires ; 2° crémage du lait par le refroidissement ; 3° crémage du lait au moyen des machines.

Première catégorie. Dans presque toutes les parties de la France, la montée de la crème se fait dans des pots ou des terrines en terre de différentes formes, placés sur une ou deux étagères autour de la pièce. Lorsqu'il y a une grande quantité de lait à écrémer, on ajoute une table au milieu de la chambre. Cette table est inclinée et garnie d'une gouttière pour recueillir le lait ; elle est en bois, pleine ou doublée d'une feuille de zinc ; il est préférable de la remplacer par une aire en ciment de Portland, soutenue par des piliers de briques, des fers à T ou des petites voûtes. A côté de la chambre de crémage se trouve la pièce contenant la baratte, puis celle à dépôt de beurre ; cette dernière doit être à une très basse température, elle est ordinairement en sous-sol ; enfin, la laverie.

Deuxième catégorie. L'installation générale est analogue à la précédente, la seule différence réside dans la disposition de la chambre de crémage. La méthode de refroidissement du lait, dite méthode A. Swartz, du nom de son inventeur, est d'origine suédoise ; elle a de nombreux avantages sur le crémage ordinaire et entre autres : la montée de la crème est plus rapide et le rendement en beurre est plus considérable. Voici le résumé des expériences faites, en 1876, sur ce système par M. E. Tisserand :

1° Avec du lait maintenu à...	2°	6°	14 à 15°
La totalité de la crème a été obtenue au bout de........	12 h.	24 h.	36 h.

2° Pour obtenir un kilogramme de beurre, il a fallu :

21 à 22 litres	de lait refroidi pendant 36 heures à	2 degrés.
23 à 24 —		4 —
25 à 26.5 —		9 —
27 à 28 —		11 —
28 à 32 —		14 —
34 à 36 —		22 —

Dans la chambre de crémage, on établit de grands bacs réfrigérants en bois doublés de zinc, en briques ou en pierres revêtues de ciment. Ces bacs ont 0m,50 de profondeur, 0m,40 à 0m,50 de largeur, et une longueur suivant le cube de lait que l'on traite par jour ; c'est dans ces bacs que l'on dépose les jattes rondes ou ovales, ouvertes, contenant le lait ; un courant d'eau circule dans les bacs et s'échappe par un trop plein. En été, l'eau est remplacée par de la glace pilée.

Troisième catégorie. Les laiteries produisant le beurre par les procédés mécaniques sont celles qui exigent le moins d'emplacement. Ici l'écrémage se fait avec les écrémeuses centrifuges, le beurre est battu dans une baratte à vapeur, puis il est passé à la délaiteuse, au malaxeur et empaqueté à la presse. Ces laiteries se composent de : 1° une chambre de réception contenant le réservoir à lait ; 2° la chambre à l'écrémeuse qui a au moins 3 mètres à 3m,50 de long ; 3° une chambre dans laquelle on laisse sûrir la crème pendant 24 heures dans des pots placés sur des tablettes ou étagères ; 4° la pièce du barattage, contenant la baratte, la délaiteuse, le malaxeur et la presse à beurre, où se fait en même temps l'emballage ; 6° la laverie chauffée par la vapeur ; 7° la chambre de la machine à vapeur ; 8° le bureau. Souvent on réunit en une seule pièce les 2° et 4°, de façon à grouper les machines et à n'avoir qu'un seul arbre de couche. La machine à vapeur doit toujours être séparée de la laiterie par un mur ou tout au moins par une cloison en briques de deux épaisseurs. — M. R.

* **LAITEROL.** *T. de métall.* Devant des creusets dans lesquels on affine la fonte et par où s'écoule le laitier. || Plaques métalliques qui forment cette partie du creuset. || On écrit aussi *Laitairol.*

LAITIER. Dans le travail du haut-fourneau, on obtient trois produits : la *fonte*, les *gaz* et le *laitier*.

Les gaz et le laitier sont les résultats accessoires de l'opération ; les *gaz* sont utilisés généralement dans l'usine, à la production de vapeur ou au chauffage de l'air (V. FOURNEAU). Quant au *laitier*, c'est un silicate permettant l'élimination des éléments terreux qui accompagnent la matière métallique ; c'est donc un corps dont la production est inévitable, et qui est généralement un embarras pour les usines. A ce silicate de chaux et d'alumine, peuvent s'adjoindre accidentellement d'autres bases, telles que la magnésie, la baryte, l'oxyde de fer et l'oxyde de manganèse.

Les éléments qui accompagnent l'oxyde de fer dans les minerais, sont généralement le quartz et l'argile, et plus rarement le carbonate de chaux. Il en résulte, l'argile étant un silicate d'alumine, que la silice libre ou combinée et l'alumine sont surtout en présence de l'oxyde de fer que l'on se propose de réduire. Mais les silicates d'alumine sont difficiles à fondre ; ainsi les silicates

	Silice	Alumine
$2Al^2O^3, SiO^3$	33.7	64.3
Al^2O^3, SiO^3	47.4	52.6
$Al^2O^3, 2SiO^3$	64.3	33.7

peuvent être regardés comme réfractaires, car ils s'agglomèrent seulement sans fondre : l'argile qui correspond au silicate Al^2O^3, SiO^3 est en effet généralement peu fusible, quand elle ne contient pas de matières étrangères. Le ramollissement et la fusibilité ne commencent qu'avec une plus forte proportion de silice ;

	Silice	Alumine
$Al^2O^3, 3SiO^3$	73	27

se ramollit, mais ne fond pas encore d'une manière bien nette. Il faut arriver à $Al^2O^3, 4SiO^3$, pour avoir une fusion vitreuse, qui ne saurait encore procurer au métallurgiste la fluidité dont il a besoin pour séparer franchement la partie métallique de la partie terreuse. On a donc imaginé d'ajouter des bases supplémentaires, et celle qui se présentait le plus naturellement était la chaux, seule ou accompagnée de magnésie.

Il semble, en effet, y avoir une loi physique sur la fusibilité des silicates à plusieurs bases. Plus il y a de bases, moins la fusion a lieu à haute température. La silice, la chaux, l'alumine, la magnésie, sont infusibles séparément ; combinées, deux à deux seulement, ces matières se comportent comme si elles étaient également réfractaires. La fusion n'est bien caractérisée que quand ces éléments sont mélangés, deux au moins, avec la silice.

On ajoute donc, à la silice et à l'alumine qui existent déjà dans le minerai et dans les cendres du coke, de la chaux sous la forme de carbonate de chaux ou *castine*. On arrive ainsi à produire un silicate, ayant comme composition moyenne : silice, 40 ; chaux, 40 ; alumine, 20.

Il suffit, dans la plupart des cas, de constituer un laitier qui ait autant de chaux que de silice, sans se préoccuper de la proportion d'alumine, et on y arrive en ajoutant *deux parties de carbonate de chaux par chaque partie de silice contenue dans le minerai et les cendres du combustible.*

Souvent, la chaux est accompagnée de magnésie. Quoique des expériences précises n'aient pas été faites sur l'influence de la magnésie dans les laitiers, il semble que la fluidité augmente par la présence de cette base. On lui reproche cependant de diminuer la proportion de chaux nécessaire et, par suite, de moins favoriser le passage du soufre dans le laitier, le soufre se combinant à la chaux pour former du sulfure de calcium et n'ayant pas la même tendance à former du sulfure de magnésium.

Les *laitiers de fonte au bois* sont généralement plus fusibles que ceux obtenus avec le coke ; cela tient, sans doute, à une certaine proportion d'alcalis provenant des cendres du bois ; ils sont aussi plus siliceux ; leur cassure est un peu vitreuse. En voici quelques analyses :

	Silice	Chaux	Magnésie	Alumine	Protoxyde de fer
Suède	51.6	1.7	17.5	19.0	6.6
Suède	52.5	16.9	19.4	3.5	2.9
Berry	44.4	28.4	1.6	17.0	4.4

Les *laitiers de fonte au coke* sont moins vitreux, plus pierreux et fusibles à une plus haute température :

	Silice	Chaux	Magnésie	Alumine	Protoxyde de fer
Loire.	36.6	35.8	4.8	18.4	2.0
— (fonte blanche)..	38.8	37.0	3.2	15.2	4.4
Gard.	35.5	44.0	0.6	15.0	1.5
— (fonte blanche)..	39.0	44.0	1.0	14.1	1.4

Dans la marche en fonte blanche, la réduction du minerai est incomplète ; il passe alors de l'oxyde de fer dans le laitier, la chaleur étant insuffisante. Quand cette proportion d'oxyde de fer augmente, dans le cas de dérangement, le laitier obtenu porte le nom de *scorie*, car il devient un silicate métallique et qui n'est pas exclusivement terreux. Dans certaines industries spéciales, qui cherchent à réduire l'oxyde de manganèse comme dans la fabrication du spiegeleisen ou du ferromanganèse, la réduction du manganèse est incomplète, et une forte proportion de ce métal reste à l'état d'oxyde dans le laitier qui devient une sorte de scorie.

Laitier de fabrication du spiegel à 20 0/0 de manganèse.

Fer.	traces	Baryte	0.19
Manganèse	12.00	Chaux	38.50
Silice	33.30	Soufre.	1.25
Alumine.	14.20		

Laitier de fabrication du ferromanganèse à 84 0/0 de manganèse.

Fer.	traces	Alumine.	13.60
Manganèse. . . .	11.16	Chaux	42.50
Silice.	26.80	Baryte.	2 29

On voit que la composition des laitiers varie beaucoup avec la nature des fontes produites. Il y a même une relation entre l'allure du fourneau et l'aspect des laitiers ; aussi, le métallurgiste peut-il trouver un renseignement de grande valeur dans l'observation continue de ce produit accessoire de la fabrication de la fonte. La couleur des laitiers à leur surface, se rapproche d'autant plus du blanc grisâtre que l'allure du fourneau est plus chaude. Au contraire, les laitiers sont d'autant plus noirs et plus chargés d'oxyde de fer que l'allure du fourneau est plus froide.

Entre ces deux extrêmes se classent toutes les nuances de couleur, qui correspondent aux allures intermédiaires ou spéciales à telle ou telle fabrication. Outre la couleur, il y a d'autres caractères qu'il est intéressant d'observer dans les laitiers.

L'état vitreux provient d'un excès de silice, tandis que l'état fusant est causé par un excès de chaux ou l'absence d'alumine. Les laitiers fusants sont ceux qui tombent en poussière sous l'action prolongée de l'humidité de l'air ; c'est l'augmentation de volume, accompagnant l'hydratation de la chaux, qui produit cet émiettement et cette pulvérisation chimique. Elle ne peut avoir lieu naturellement, que lorsque la chaux est insuffisamment saturée par la silice, et le laitier formé se comporte comme une dissolution instable de chaux dans un silicate à proportions définies.

La facilité avec laquelle le soufre passe à l'état de sulfure de calcium dans le laitier, fournit aux métallurgistes un moyen énergique pour éliminer le soufre du lit de fusion. En présence de l'eau, il se forme un dégagement d'hydrogène sulfuré, facile à reconnaître à son odeur :

$$CaS + HO = CaO + HS.$$

Souvent même, cet hydrogène sulfuré s'échappe en brûlant, quand le laitier est encore liquide, et, sous la seule influence de l'humidité de l'air ou de la vapeur d'eau dégagée par le sous-sol, il se forme de l'acide sulfureux, avec sa flamme bleue et son odeur caractéristique :

$$3O + CaS + HO = CaO + HO + SO^2.$$

Le manganèse facilite beaucoup le passage du soufre dans les laitiers qui se colorent en jaune tirant plus ou moins sur le brun. On a cherché plusieurs explications de cette prétendue affinité du manganèse pour le soufre.

Le sulfure de manganèse est un corps très rare dans la nature, et il n'aurait pas manqué, au contraire, de se produire plus fréquemment, si le soufre et le manganèse avaient une si grande tendance à se combiner ensemble. Il est possible que l'oxyde de manganèse étant très avide de silice, sature celle-ci avec facilité et, par conséquent, laisse libre une certaine quantité de chaux qui se combine avec le soufre et forme du sulfure de calcium soluble dans le silicate manganésifère. Pour que cette explication fut inattaquable, il suffirait de montrer que la même proportion de bases quelconques, saturant au même degré la silice du laitier, joue le même rôle désulfurant en laissant la chaux libre ou du moins dans un état de combinaison facilitant l'absorption du soufre. C'est ce qu'il semble difficile d'établir.

Les laitiers chargés d'oxyde de fer, comme ceux qui accompagnent la fonte blanche, et dans lesquels la silice peut être considérée comme saturée en partie par le fer, sont loin d'être désulfurants, on le sait ; les fontes blanches sont, au contraire, plus chargées de soufre que les autres obtenues, toutes choses égales d'ailleurs, avec un laitier sans oxyde de fer et une allure plus chaude. Il en est de même des laitiers de fonte au bois renfermant une proportion notable d'alcalis, et qui ne sont désulfurants qu'en raison de leur excès de chaux.

En général, les laitiers renferment assez de chaux pour se charger de soufre ; aussi, dégagent-ils une certaine odeur d'hydrogène sulfuré, quand on les asperge d'eau.

Utilisation des laitiers de hauts-fourneaux. Les laitiers étant la forme sous laquelle tout ce qui n'est pas métallique dans le lit de fusion, toutes les parties terreuses en un mot, doivent se concentrer et être éliminées, forment un élément important et gênant de l'industrie de la fonte. On a fait de nombreuses tentatives pour l'utilisation des laitiers, mais on peut dire que la majeure partie de ce qui est produit s'entasse inutilement autour des usines.

Granulation des laitiers. Lorsqu'on coule les laitiers en gros parallélipipèdes, (semblables à ces blocs artificiels qui servent à faire des constructions à la mer), ce qui se fait facilement avec des vagons en fer, dans lesquels se rend le laitier liquide, on a quelque peine à se débarrasser de ces masses ; elles s'entassent mal, laissant de grands vides entre elles, et à moins d'avoir des laitiers fusants qui se pulvérisent tout seuls au contact de l'air, on embarrasse inutilement le terrain qui avoisine les hauts-fourneaux. Dans certains cas, dans le voisinage de la mer, par exemple, on se préoccupe peu de cet inconvénient et on continue à opérer par coulage en blocs, mais ceci n'est que l'exception. Il est préférable de réduire les laitiers en sable grossier. Pour cela, on fait arriver le courant du laitier liquide dans une fosse pleine d'eau, avoisinant le haut-fourneau. Le laitier se désagrège, sans cependant se réduire en poudre fine et, au moyen de norias, on l'élève jusqu'au niveau des vagons de déchargement. On peut aussi faire arriver un courant d'eau dans le chenal des laitiers et, si la masse d'eau est suffisante, la pulvérisation en sable s'obtient facilement.

Ce sable de laitier peut servir d'empierrement sur les routes, quoique sa friabilité soit assez grande et produise finalement beaucoup de poussière. Il peut également jouer le rôle de ballast pour les chemins de fer. Sa perméabilité à l'eau et son élasticité l'assimilent à la pierre cassée, et il peut alors rendre de grands services.

On peut aussi former, avec le sable de laitier, un excellent béton, en le mélangeant avec une quantité de chaux suffisante. On peut même former un mortier hydraulique, par suite de la combinaison de l'alumine et de la silice avec la chaux.

On produit d'excellentes briques en mélangeant le sable de laitier pulvérisé sous des meules, avec une certaine proportion de chaux. Elles n'ont pas besoin de cuisson et se durcissent à l'air par un phénomène peu étudié encore, mais qui est analogue à la prise des ciments hydrauliques.

Fabrication des pavés de laitiers. On sait que certains silicates, en se refroidissant très lentement, se *dévitrifient*, c'est-à dire deviennent d'un aspect pierreux en même temps que leur fragilité est moins grande; M. Sépulchre, de Couillet (Belgique), a fondé sur cette propriété commune aux laitiers de marche en fonte grise, une fabrication de pavés pour l'empierrement des chaussées.

On fait écouler les laitiers par intervalles et non d'une manière continue, dans des sortes de bassins ayant au moins un mètre de profondeur, où on les laisse se refroidir une quinzaine de jours. On a soin de recouvrir la masse de fraisil ou de sable. Il se forme quelques fissures analogues à celles qui ont donné lieu à la production des basaltes, puis on débite ces blocs en forme de pavés.

L'inconvénient de ce mode d'utilisation, c'est l'encombrement qui en résulte pour la halle de coulée, qui doit pouvoir contenir les laitiers d'une vingtaine de journées pour permettre le refroidissement lent et le débit en pavés. Il faut de plus une certaine nature de laitiers pour que l'opération réussisse ; ainsi, les fontes blanches et les fontes un peu manganésifères ne donnent pas de laitiers convenables, par suite de la présence de l'oxyde de fer et de l'oxyde de manganèse. Il faut des laitiers assez fortement alumineux, ce qui ne peut avoir lieu qu'avec certaines espèces de minerai.

Fabrication du verre avec les laitiers. On a imaginé, enfin, une utilisation assez curieuse, c'est l'emploi des laitiers alumineux et calcaires pour la fabrication du verre à bouteilles, en faisant passer directement le laitier liquide dans un four convenable et ajoutant les fondants nécessaires.

	Laitier ordinaire	Verre à bouteilles
Silice.	40	45 à 60
Chaux	35	18 à 28
Alumine.	16	6 à 12
Magnésie	6	0 à 7
Alcali	1/2 à 2	2 à 7
Oxyde de fer	1/2 à 2	2 à 6

On voit qu'en ajoutant une certaine quantité de silice et de soude, on peut aisément former un silicate qui rentre dans la composition du verre à bouteilles.

En pratique, avec 100 tonnes de laitier on peut, en ajoutant 65 tonnes de sable et 10 tonnes de sulfate de soude, obtenir environ 175 tonnes de verre. Plus de la moitié des éléments étant déjà fondus ou au moins très chauds, il y a une économie notable de combustible, sans compter celle qui résulte des éléments siliceux et calcaires qu'il aurait fallu ajouter et qui se trouvent tout combinés dans le laitier.

Une semblable utilisation présente un encombrement assez considérable autour des fourneaux, puisque le verre produit doit être transformé immédiatement en bouteilles.

Le procédé qui semble le plus rationnel, est la transformation en sable, suivie (dans une usine qui peut être placée plus ou moins loin) d'une fabrication de briques de dimensions quelconques. — F. G.

LAITON. *T. de chim.* Le laiton type ou normal est un alliage contenant 2/3 de cuivre et 1/3 de zinc; mais on peut faire varier considérablement les proportions de ces métaux, y ajouter même de l'étain, du plomb, de l'arsenic, suivant les usages auxquels l'alliage est destiné ; aussi, les laitons portent-ils différents noms : *cuivre jaune, similor, or de manheim, chrysocalque* ou *crysocale, pinschbeck, métal du prince Robert, tombac*, etc. Les laitons doivent être regardés, non comme de simples mélanges, mais comme de véritables combinaisons chimiques, très faibles à la vérité, unies d'ordinaire à des mélanges de métaux composants. Ce qui le prouve, c'est que les propriétés physiques des métaux sont modifiées ; ainsi, la couleur varie beaucoup avec la proportion des métaux alliés. Si le zinc est en faible proportion, il donne à l'alliage la teinte de l'or (le cuivre étant rose, et le zinc blanc, la couleur du mélange devrait être rose pâle) ; en proportion plus grande, l'alliage prend la teinte de l'or vert. Quand le zinc entre pour moitié dans l'alliage, celui-ci est gris bleuâtre : en général, le zinc fait pâlir la couleur.

La *densité* des laitons est, ordinairement, plus grande que la densité moyenne des deux métaux composants ; elle varie de 8,2 à 8,9. Une faible proportion d'étain donne de la *dureté* aux laitons. La dureté et la *ténacité* diminuent par la trempe. La *ductilité* et la *malléabilité* des laitons sont plus grandes à froid qu'à chaud ; leur *fusibilité* est plus grande que celle du cuivre ; ils sont très propres au moulage. Le laiton qui est destiné au tour ou à la lime, doit être additionné d'une petite quantité d'étain qui lui donne de la sécheresse et l'empêche de graisser la lime. Lorsqu'un laiton est chauffé au contact de l'air, une partie du zinc s'oxyde, et si l'on enlève successivement la couche d'oxyde, on parvient à faire disparaître tout le zinc de l'alliage. De là un moyen d'analyse. Un tableau de la composition des divers laitons a été donné à l'article Cuivre. — V. aussi l'article Alliage, § *alliages de cuivre* ; Bronze, § *essais des laitons* ; Cuivre, § *analyse des laitons*.

La fabrication du laiton se fait principalement à Liège, à Namur, à Nuremberg, à Niederbruck (Alsace), et en France, à Laigle, à Imphy (Nièvre), à Rouen, à Romilly. On emploie comme matières premières pour fournir le zinc, non seulement le métal lui-même, mais la calamine, les cadmies des hauts-fourneaux et la blende grillée ; ces derniers procédés sont généralement abandonnés. On fond directement les deux métaux dans de grands pots ou creusets en terre réfractaire, chauffés à la houille dans des fours de forme ovoïde, avec ouverture centrale dans le haut pour le chargement des creusets. Ceux-ci, pouvant contenir 15 à 20 kilogrammes d'alliage, sont placés sur une sole en briques, percée d'ouvertures par lesquelles pénètre la flamme du combustible. La grille du foyer est au-dessous. Dans quelques usines françaises, on se sert de fours à réverbère, ce qui économise le combustible, mais produit, en revanche, un déchet plus considérable de matières premières. On fabrique le laiton en planches ou en bandes de différentes grandeurs, en le coulant entre deux plaques de granit, dont l'une est mobile sur l'autre.

Usages. Le laiton est employé à une foule d'ustensiles de ménage, à la plupart des instruments de physique, à tous les objets de fausse bijouterie, les boutons, les couverts à argenter, les garnitures d'armes, de lampes, de cheminées; les robinets, les tubes à gaz, les devantures de magasins, les cordes de musique, les roulettes de lit, les truelles de maçon, les coussinets des machines, sont en laiton, ainsi que les fils, lames, baguettes, plaques, que l'industrie utilise de mille façons. Il est à remarquer que la moitié des laitons livrés au commerce est employée à la confection des épingles et des fils. C'est avec les laitons qui imitent le mieux l'or, que l'on fabrique depuis longtemps, en France et en Angleterre, une foule d'objets : flambeaux, garnitures de lampe, et une infinité de meubles qui ont l'aspect de bronzes dorés. Après avoir bien décapé ces alliages, on les recouvre d'un vernis à la gomme laque qui les colore en jaune, l'aloès ou le curcuma. La fraîcheur de cette fausse dorure se conserve encore assez longtemps. — C. D.

* **LAITONNAGE.** — V. Dépôt métallique.

LAMBEL. *Art hérald.* Se dit de certains brisants dont les puinés chargent en chef les armes de leurs maisons; c'est une barre horizontale placée à la partie supérieure de l'écu, sans toucher les bords; la largeur du lambel doit être la neuvième partie en chef, et il est garni de pendants, ordinairement au nombre de trois, qui ont la forme de clochetons.

* **LAMBIC.** Bière forte que l'on fabrique en Belgique. — V. Bière.

LAMBOURDE. *T. de constr.* 1° Nom que l'on donne à des pièces de bois de petit équarrissage, scellées au plâtre et parfaitement de niveau, soit sur les planchers, soit sur une aire quelconque, pour y clouer les parquets; 2° pièce de charpente employée dans les planchers en bois pour recevoir la portée des solives. Les lambourdes se placent contre les murs, dans lesquels ces pièces sont en partie encastrées et maintenues par des boulons à scellement. Les solives leur sont superposées, ou, ce qui est préférable, y sont assemblées par entailles. Ce système, très fréquemment employé autrefois, l'est rarement aujourd'hui, du moins dans les planchers de nos habitations, parce que la saillie des lambourdes oblige à donner une trop forte épaisseur à la corniche qui entoure le plafond.

LAMBREQUIN. *T. d'arch.* Ornement courant, en bois ou en tôle découpés, qui décore fréquemment les extrémités inférieures ou latérales des pans de couverture, dans les constructions pittoresques, telles que châlets, pavillons, marquises, etc. || *T. de tapiss.* Découpure d'étoffe, destinée, dans la décoration intérieure des appartements, à couronner une embrasure de fenêtre, un ciel de lit, etc. || *Art hérald.* Festons d'étoffe découpée qui descendent du casque, coiffent et embrassent l'écu pour lui servir d'ornement.

LAMBRIS. *T. de constr.* Mot générique par lequel on exprime toute sorte de plafonds et aussi la menuiserie appliquée contre les murs. Le mot *lambris* paraît venir du latin *ambrices*, qui désignait les lattes sur lesquelles posaient les tuiles des couvertures, de sorte que chez nous, la première application de ce terme se rapporte à la menuiserie, aux voliges, dont on décorait, au moyen âge, les pentes intérieures que détermine l'inclinaison des toits. Par extension, on donna le même nom aux plafonds en menuiserie, établis sous les planchers ou masquant les charpentes des couvertures. Enfin, au moyen âge, lorsque des panneaux de menuiserie furent appliqués contre les murs des appartements, soit pour les décorer, soit pour les garantir de l'humidité, on les nomma *lambris*, et c'est aujourd'hui là signification la plus usuelle de ce terme.

Comme disposition générale, les lambris de menuiserie sont des planches ou des réunions de planches formant panneaux, assemblées à embrèvement dans des châssis en bois plus épais, qui se fixent contre la paroi du mur à revêtir. Tantôt les planches auxquelles on a conservé toute leur largeur, sont assemblées dans des traverses et dans des montants beaucoup plus étroits, mais plus épais qu'elles; tantôt un certain nombre de planches de même épaisseur sont réunies entre elles et assemblées dans des châssis, ce qui permet alors d'augmenter et de varier l'espacement des montants. Ceux-ci ont leurs arêtes vives, chanfreinées ou remplacées par de petites moulures. Souvent aussi les encadrements des panneaux sont formés de moulures prises dans une pièce de bois plus épaisse que le châssis, lequel y est embrevé. Le panneau est également reçu à embrèvement dans le cadre.

Sous le rapport de la dimension, on distingue deux espèces de lambris : le *lambris de hauteur* et le *lambris d'appui*. Le premier de ces revêtements, dont la hauteur est de 1m,30 au minimum, était fréquemment employé autrefois. Il est généralement abandonné aujourd'hui, le papier de tenture ayant atteint un haut degré de perfection dans le dessin et dans le ton des couleurs. Le nom du second, fort usité dans les appartements, indique qu'il ne s'élève pas à plus de 1 mètre au-dessus du parquet. Cependant, il y a encore des personnes qui tiennent à l'antique lambris de hauteur, surtout à la campagne, où l'humidité nécessite pour les murs un revêtement plus efficace. Des amateurs le recherchent dans les cabinets de travail et les boudoirs. Les résidences que nous a léguées la royauté, nous montrent encore l'uniforme lambris peint en blanc de roi avec les moulures dorées. Par extension, on a donné le nom de *lambris de marbre* aux revêtements par compartiments de marbre, en saillie ou non; on en voit des exemples à l'escalier de la Reine et aux embrasures des croisées du château de Versailles.

Le mot *boiseries* qu'on emploie quelquefois pour désigner le lambris, a un sens plus général et désigne tout ouvrage de menuiserie servant de revêtement et d'ornement dans l'intérieur des édifices. On sait avec quelle ardeur les antiquaires recherchent ces boiseries d'églises et de couvents qui datent le plus souvent de la Renaissance. On en voit de fort belles à l'hôtel de Cluny, à Paris.

Les monuments religieux de la Normandie en possèdent aussi un grand nombre, qui se distinguent par la délicatesse du travail. De nos jours, le goût pour les boiseries ouvragées de la Renaissance prévaut dans la décoration des maisons où l'on apporte quelque recherche.

On appelle *faux-lambris*, des lambris figurés sur les murs au moyen de moulures rapportées, et peints en ton de bois ou de marbre.

LAME. *T. techn.* 1° Nom de toute espèce de bande plate, étroite et mince, et particulièrement des bandes de métal qu'on obtient par le *laminage*. — V. ce mot. || 2° L'or ou l'argent battu en fils aplatis, qu'on emploie dans la fabrication des galons ou de quelques étoffes, porte aussi le nom de *lames*. || 3° Les lames proprement dites, constituent le fer de certaines armes ou instruments destinés à couper, à raser, à trancher, etc., et que l'on fait en acier pur ou en fer et acier, en or, en argent. — V. Coutellerie, Rasoir. || 4° *T. de tiss.* Organe du métier à tisser, au moyen duquel on produit le mouvement des fils de la chaîne qui passent ensemble sur ou sous les duites formées par la trame. Chaque lame est formée par deux baguettes en bois, nommées *liais*, *lisserons* ou *lamettes*, entre lesquelles sont tendues des mailles en fil de coton, de soie, de laine, ou de métal, et dans lesquelles sont passés les fils de la chaîne qui doivent avoir les mêmes mouvements par rapport aux duites successives. Le métier est muni d'autant de lames que l'armure du tissu comporte de fils différents dans la chaîne, et l'ensemble de ces lames forme le *harnais*, ou *harnat* ou *remisse*. Les lames sont souvent aussi nommées *lisses*. Lorsque leur nombre devient trop considérable on en abandonne l'usage pour avoir recours aux maillons des mécaniques Jacquard. || 5° Couteau sans tranchant qui sert à coucher le poil. || 6° *Lame à deux tranchants*. Marteau qui sert au couvreur pour tailler l'ardoise.

***LAMÉ** (Gabriel). Physicien et mathématicien français, né à Tours en 1795, mort en 1870. Il entra à l'Ecole polytechnique en 1815 et en sortit ingénieur des mines. Dès sa sortie de l'école, il fut appelé en Russie, en compagnie de Clapeyron, pour effectuer de grands travaux de viabilité. A son retour, en 1832, il fut nommé professeur de physique à l'Ecole polytechnique, et c'est de cette époque que date véritablement sa carrière scientifique. Il continua cependant à diriger de grands travaux publics, toujours en collaboration avec Clapeyron, notamment la construction des chemins de fer de Saint-Germain et de Versailles. En 1848, on lui confia la chaire de calcul des probabilités à la Faculté des sciences de Paris. Il entra à l'Académie des sciences en 1843. Chevalier de la Légion d'honneur dès 1834, il fut nommé officier en 1861. Comme professeur, il renouvela l'enseignement de la physique, en apportant dans ses leçons une précision inconnue jusqu'alors et un usage plus complet et plus rationnel des mathématiques appliquées à l'étude des phénomènes naturels. On lui doit, en particulier, l'introduction des *coordonnées elliptiques*, cette méthode si féconde en physique mathématique, qui consiste à définir un point de l'espace par l'intersection de trois surfaces homofocales du second ordre. On a de lui, les *Vues politiques et pratiques sur les travaux publics en France* (in-8°, 1832), publiées en collaboration avec Flachat et Clapeyron, et le *Cours de physique de l'École polytechnique* (Paris, 1836), ainsi que des *Leçons sur les fonctions inverses des transcendantes et les surfaces isothermes* (in-8°, 1857); sur les *coordonnées curvilignes et leurs applications* (in-8°, 1859); sur la *théorie analytique de la chaleur* (in-8°, 1861), et sur la *théorie mathématique de l'élasticité des corps solides* (in-8°, 1866). Ces différents ouvrages, publiés par la maison Gauthier-Villars, assignent à Lamé l'un des premiers rangs parmi les fondateurs de la physique mathématique.

LAMINAGE. *T. de métall.* Opération qui a pour but d'*étirer* un métal en *barres* ou en *lames*, pour exprimer les scories dont il peut être accompagné, ou lui donner la forme voulue.

— Cette opération s'est faite, jusqu'au commencement de ce siècle, au moyen de marteaux mus hydrauliquement. Dès 1783, Henry Cort, l'inventeur du puddlage, avait déjà imaginé l'*étirage en cannelures* entre deux cylindres à axes parallèles et tournant en sens inverse; mais cette innovation mit quelques années à s'acclimater en Angleterre et ne commença à être appliquée en France que vers 1815.

L'étirage au marteau n'existe plus comme pratique courante; il est resté l'auxiliaire de l'affinage catalan, et de l'affinage au bas foyer, qui s'éteignent au contact de la véritable industrie.

Le laminage est le profilage au *laminoir* d'une barre de fer brut ou épuré déjà.

Définissons le *laminoir*. Il faut entendre par *laminoir*, comme nous l'avons déjà expliqué au mot Etirage, un cylindre en fonte, quelquefois en fer ou en acier, qui, muni de tourillons ou collets, forme, avec une autre pièce semblable, ce que l'on appelle une *paire de laminoirs*. On donne le nom de *cage* à la pièce de fonte qui sert d'appui aux tourillons ou collets.

La figure 4 représente un *laminoir à tôle* en vue élévatoire de face, et en vue debout avec introduction de la tôle PR; *a* est la *table; b, b*, sont les *collets* ou tourillons qui s'appuient sur les cages; *c, c*, sont les *trèfles* ou extrémités des collets, que l'on a entaillés à trois ou quatre pans pour permettre l'accouplement avec les *manchons m*, entaillés de la même manière. Dans les cylindres à grosse tôle, on produit les diminutions d'épaisseur par un rapprochement au moyen de vis ou de coins. Comme après chaque passage le cylindre supérieur retomberait de tout son poids de la hauteur dont il a été soulevé par la tôle, on le soutient au moyen de contre-poids ou de bas-

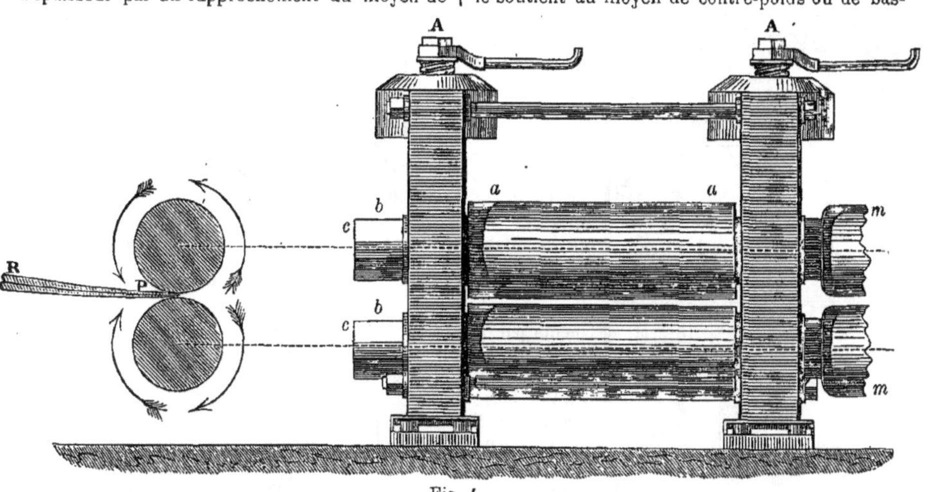

Fig. 4.

cules. La figure 5 montre la disposition du garnissage intérieur d'une cage à deux cylindres avec bascule. En *a b* et *c d* sont des coussinets de bronze, qui entourent les collets des cylindres; *f* est la tête de vis, qui sert au rapprochement des cylindres par l'intermédiaire de la boîte de sûreté *i*, destinée à être brisée par un excès de pression.

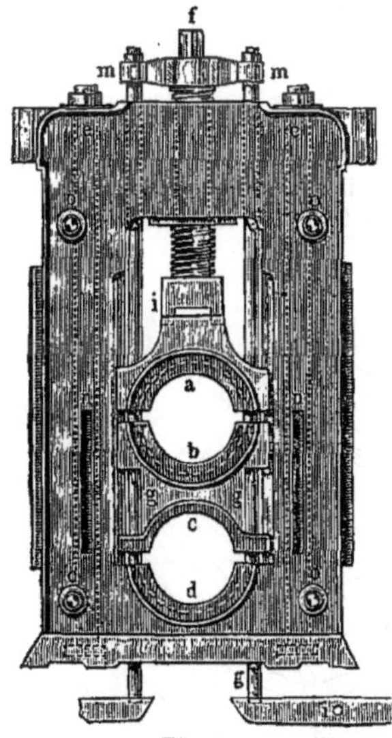

Fig. 5.

Le levier *g i* bascule autour du point *i*, et des rondelles servent à faire équilibre au poids du cylindre supérieur, au moyen des tiges *g g* qui traversent l'empoise inférieure *c d* et viennent buter contre l'empoise supérieure *a b*. Naturellement, il y a quatre bascules, situées par couple dans chacune des deux cages.

Dans la fabrication des tôles minces, il n'y a qu'un seul cylindre d'actionné par la machine, l'autre est entraîné par le frottement; il en résulte, d'abord, qu'il n'y a pas lieu d'établir des bascules, car le soulèvement du cylindre supérieur est relativement faible; de plus, il y a *polissage* de la tôle, puisque il n'y a entraînement qu'après un certain glissement. On emploie également cette disposition pour la dernière passe des petits fers plats; on appelle alors *spatards* ce genre de cylindres. Les feuillards, les rubans sont généralement passés aux spatards, ce qui leur donne un poli d'un aspect agréable.

Nous avons déjà indiqué (V. Cannelure) que les cylindres employés dans le laminage sont rarement unis, en dehors du cas spécial de la fabrication de la tôle. Ils portent généralement des entailles dans lesquelles s'engage la barre, et qui limitent latéralement et en hauteur le profil qu'elle aura. Ce sont ces entailles, affectant la forme de solides de révolution, qui portent le nom de *cannelures*.

De même que pour le laminage, il faut au moins deux cylindres ou laminoirs, travaillant ensemble, de même pour constituer une cannelure, il faut au moins deux entailles se correspondant dans deux cylindres conjugués. En général, il y a, sur une paire de cylindres, une série de cannelures correspondant aux passages successifs de la barre. Le profilage demandé ne peut, en effet, s'obtenir d'un seul coup; il faut amener progressivement la matière, de la forme primitive, généralement carrée, à la forme finie, qui peut être des plus variées. Dans chacun de ces passages, il faut obtenir toute la déformation compatible avec la nature du métal.

La figure 6 montre comment s'opère l'étirage au laminoir par le passage entre deux cylindres, et donne l'élévation générale d'un train monté pour cornières; on y distingue les *pignons*, les *manchons* et les *allonges* qui relient les pignons aux *ébaucheurs* et ceux-ci aux *finisseurs*; l'épaisseur du prisme est réduite;

en même temps, il se produit un élargissement dans le sens transversal ; le métal s'écoule en avant sous une épaisseur réduite, mais il s'écoule aussi latéralement, quoique d'une quantité moins considérable. Dans les laminages des tôles ou des bandes de grande largeur, l'élargissement est négligeable ; il en est de même par le passage dans une cannelure. Une barre d'épaisseur E et de longueur l, deviendra, après laminage, une autre barre d'épaisseur e et de longueur l ; l'égalité des deux volumes de métal donne, en négligeant l'élargissement :

$$E \times l = e \times L$$

d'où :

$$\frac{L-l}{l} = \frac{E-e}{e}$$

On voit donc que l'allongement par mètre obtenu dans le laminage, c'est-à-dire $\frac{L-l}{l}$, est proportionnel à la réduction d'épaisseur, $E-e$, à laquelle les lamineurs donnent le nom de *pression*. Cet allongement, par unité de charge, varie avec l'état de plasticité du fer et par suite avec sa température t ; il est lié à celle-ci par une relation de la forme $a + b \times t^m$.

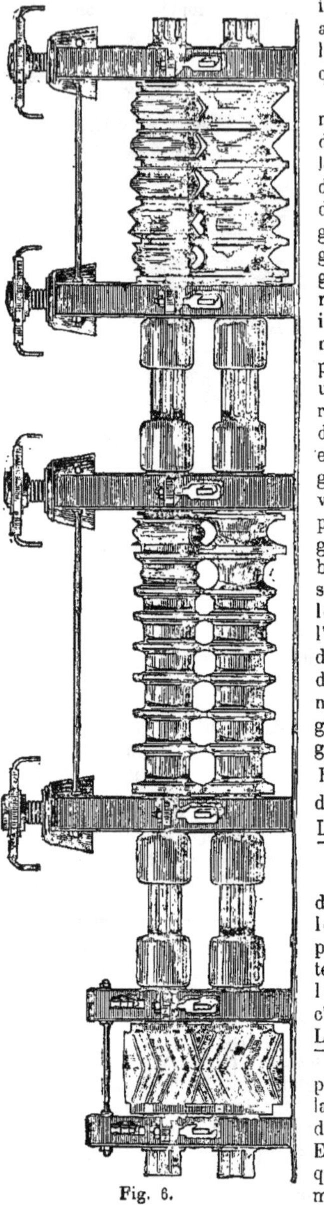

Fig. 6.

On comprend, en effet, que plus le métal est chaud, plus il devient plastique ; il importe donc, pour économiser la force employée, d'accélérer le laminage et d'éviter toute perte de temps. La force d'un laminoir dépend donc de la température à laquelle on lamine le métal, et celle-ci, dans les passages successifs, se maintient plus ou moins constante, décroît plus ou moins vite, suivant l'activité du personnel du train. En étudiant l'influence de l'exposant m dans la formule

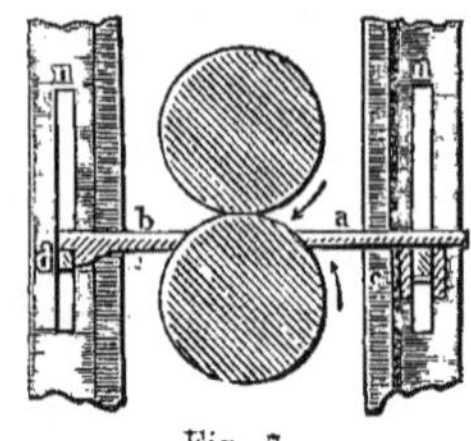

Fig. 7.

$$\frac{L-l}{l} = a + b \times t^m$$

on peut voir que, pour une consommation de force

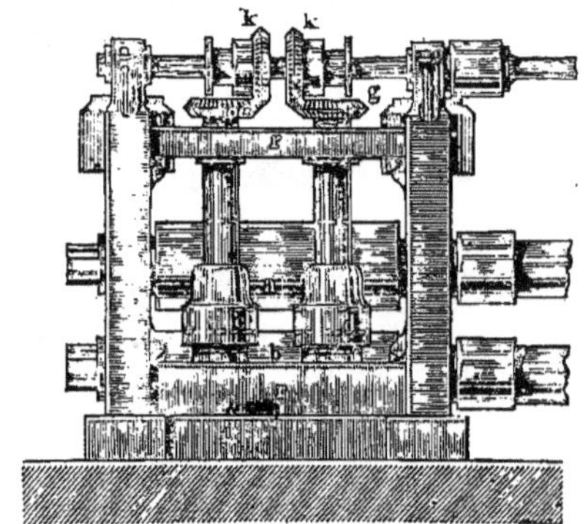

Fig. 8.

donnée, l'allongement produit peut varier du simple au décuple, il en est donc de même pour la consommation de force correspondant à un étirage demandé.

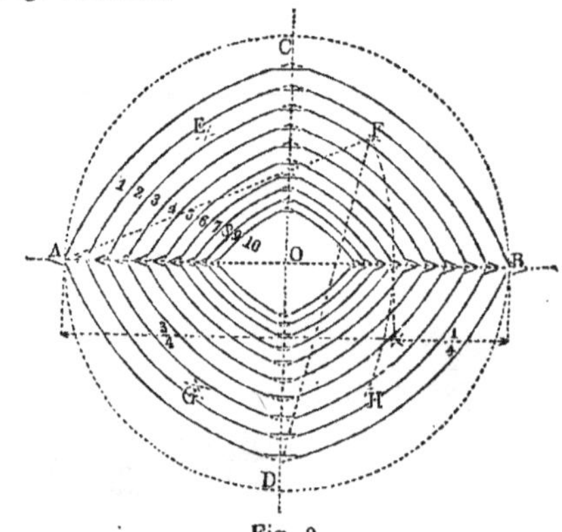

Fig. 9.

Le montage des cylindres pour laminage, autre que celui des tôles, est un peu différent. Le cylindre inférieur est fixe et tourne dans le coussinet circulaire de son empoise. Le cylindre supérieur peut s'écarter plus ou moins de l'autre, au moyen de boulons filetés, tandis qu'une vis assure la permanence de l'écart.

Dans chaque cage, il faut supposer deux empoises par cylindre. Celles-ci sont tantôt pleines, tantôt plus ou moins évidées.

La figure 7 montre les accessoires nécessaires au laminage. En *a* se place ce que l'on appelle le *tablier*, qui assure l'entrée dans la cannelure en soutenant la barre jusqu'à ce qu'elle soit engrenée entre les deux cylindres. De plus, comme la barre, au lieu de sortir droite, pourrait s'enrouler autour de l'un des cylindres, on place en *b* des *gardes*, ayant la largeur de la cannelure et butant en *d* contre une pièce fixe. En tenant le rayon du fond de la cannelure inférieure, un peu plus faible que le rayon du fond de la cannelure supérieure, le chemin parcouru par la face inférieure de la barre est plus court que celui qui est parcouru par la face supérieure; il en résulte que la barre a une tendance à s'enrouler autour du cylindre inférieur, et elle se redresse en glissant sur la garde *bd*. Si, au contraire, l'enroulement tendait à se faire autour du cylindre supérieur, il serait difficile de redresser la barre.

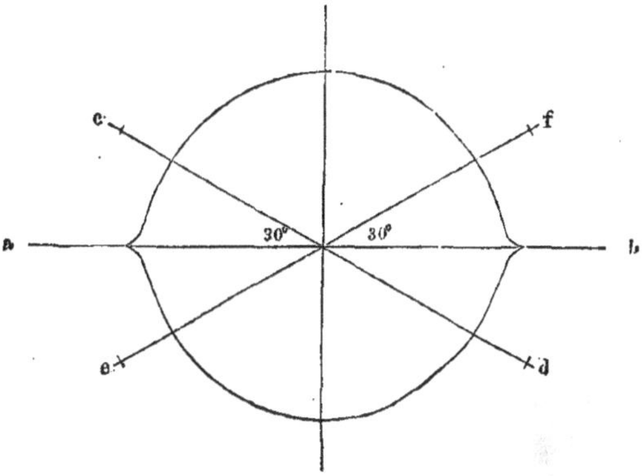

Fig. 10.

Les fers laminés se divisent en *fers plats, carrés, ronds,* etc., puis viennent les fers *spéciaux*, à profil plus ou moins compliqué, et parmi lesquels il faut distinguer les rails, les simples T et doubles T, ainsi que les cornières.

Les fers plats se font dans des cylindres dont l'écartement possible peut permettre de donner à la barre une épaisseur variant entre des limites assez larges. Mais, en général, on ne fait guère sur un même cylindre qu'une ou deux largeurs,

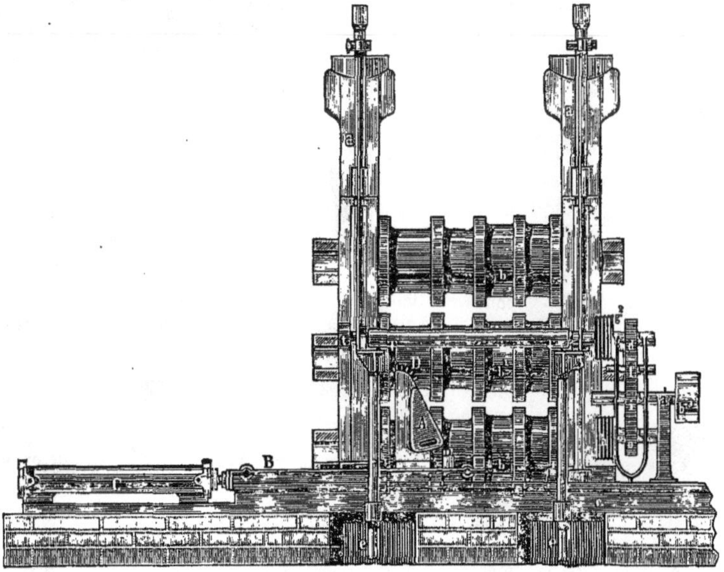

Fig. 11.

très rarement trois, car la longueur de la table est limitée par la résistance de la fonte à la rupture par flexion entre les cages qui supportent ses extrémités. Il en résulte que la fabrication des fers plats nécessite un magasin de cylindres considérable, surtout si on veut laminer de larges plats, dont une paire de cylindres ne peut faire qu'une largeur. Dans le but d'éviter ce grand nombre de cylindres, Daelen, directeur des forges de Hœrde, en Westphalie, a inventé le *laminoir universel*. Comme le montre la figure 8, le laminoir universel se compose de deux cylindres *a*, *b*, horizontaux et analogues à ceux qui servent à laminer la tôle. Leur écartement plus ou moins grand sert à donner l'épaisseur de la barre, tandis que deux cylindres verticaux *cd*, pouvant se rapprocher par le calage des pignons K, K, donnent la largeur de la barre. On voit que la cannelure se trouve formée par l'ensemble des quatre cylindres. Les cylindres verticaux se placent ordinairement derrière les cylindres horizontaux, et, comme après le passage il y a eu allongement de la barre, ils marchent à une vitesse plus grande. On leur donne peu ou point de pression; il suffit, en effet, que les angles soient vifs et les bords polis, un excès de pression ferait gondoler la barre, par suite du peu de compressibilité du métal.

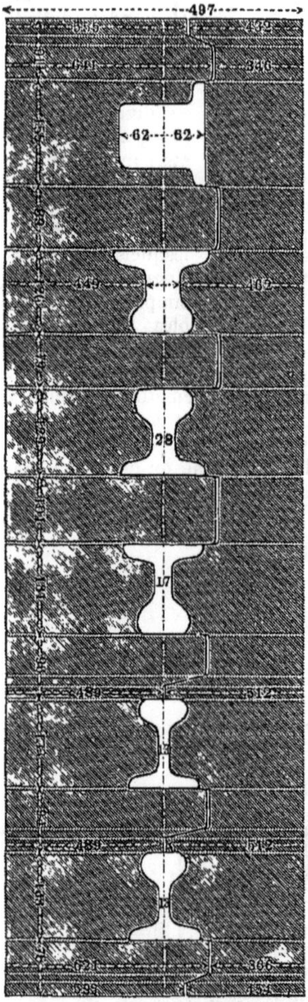

Fig. 12.

Les fers carrés se font dans des cannelures en forme de losange, et l'angle ne s'obtient que par plusieurs passages à angle droit dans la cannelure finisseuse. L'angle au sommet, au lieu d'être de 90°, est généralement de 91°54'10", ce qui correspond au rapport de la diagonale au côté, de 57 1/2 à 40.

Les fers ronds s'obtiennent d'une manière analogue, au moyen de cannelurës ovales. La barre ébauchée dans une cannelure en ogive, analogue à celles qui sont données dans la figure 9, se termine dans une seule cannelure ovale, où l'on empêche la formation de bavures, par plusieurs passes à 60 ou 90°. Cette cannelure, pour ronds, se trace de la manière suivante. Sur 60° à droite et à gauche de la verticale, et en-dessus comme en-dessous, le rayon est égal à celui du rond que l'on veut produire, augmenté du retrait que fera la barre en se refroidissant. Le reste de l'arc, pour chacun des 30° restant, s'obtient comme le montre la figure 10, au moyen d'un rayon égal à deux fois et demie celui du rond demandé, et l'on prend pour centres les points *c*, *d*, *e*, *f*.

Nous aurions pu débuter par l'emploi et le tracé des cannelures ogives, données par la figure 9, et dont nous venons de parler au sujet du laminage des ronds; ce sont, en effet, éminemment, les cannelures ébaucheuses, mais pour le fer seulement, dont l'importance décroît de jour en jour; l'acier emploie une autre sorte d'ébaucheur, les ébaucheurs carrés, dont nous parlerons plus loin. Pour tracer les cannelures ogives, on peut opérer de la manière suivante, indiquée dans la figure 9. On tire deux lignes à angle droit, et on prend la largeur AB comme unité. Avec les 7/8 de AB comme hauteur, on a OC et OD; on décrit un cercle des points A, B, C et D, avec les 3/4 de AB comme rayon; on obtient ainsi les intersections E, F, G, H, qui servent de centres pour décrire les arcs d'ogive. Ainsi, de F avec AF comme rayon on trace l'arc AD. On prend comme largeur de la deuxième cannelure la hauteur de la première, et ainsi de suite; enfin, on aplatit les sommets, qui seraient trop vifs, et on arrondit un peu les angles d'intersection des arcs d'ogive avec l'horizontale. On emploie souvent trois cylindres superposés et travaillant ensemble pour l'ébauchage. On a ce que l'on appelle un *trio*, par opposition à l'ensemble de deux cylindres seulement, qui porte le nom de *duo*. Avec un duo, lorsque la barre a passé entre les cylindres, il faut la faire repasser par dessus, pour recommencer le laminage dans la cannelure suivante. Avec le trio, on évite cette manœuvre en pure perte, et le laminage se fait,

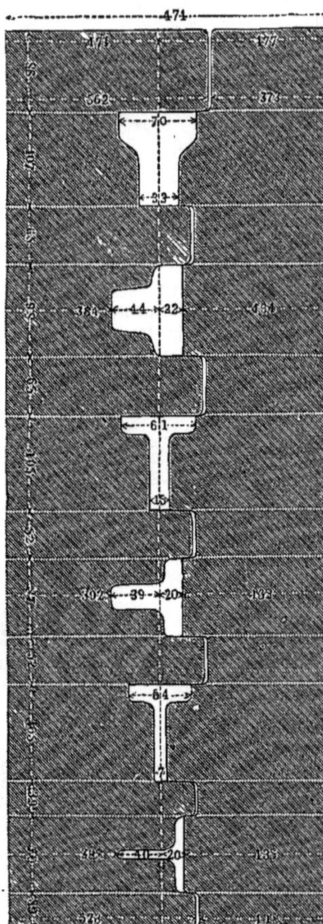

Fig. 13.

tantôt dans un sens avec le laminoir inférieur et le laminoir intermédiaire, tantôt dans l'autre sens avec le laminoir intermédiaire et le laminoir supérieur ; chaque passage est utilisé pour l'étirage.

Les *ébaucheurs ogives trio* ne sont pas aussi répandus que les duos ; cependant, en Allemagne, on les emploie beaucoup.

Les lingots d'acier doux se substituant de plus en plus au fer, l'ébauchage se fait surtout maintenant avec des cannelures rectangulaires et des *trios*. La figure 11 montre, en élévation, le laminoir ébaucheur Fritz, avec les dispositions mécaniques du relèvement et du passage d'une cannelure à l'autre, telles qu'elles ont été installées aux aciéries de Cambria (Etats-Unis).

Pour éviter la complication du relèvement du tablier et de sa descente, suivant que c'est le cylindre inférieur ou supérieur qui est en prise, on emploie aussi les *laminoirs à mouvement alternatif*. Une machine puissante, sans volant, fait marcher le train tantôt dans un sens, tantôt dans un autre, et on n'a alors qu'un ébaucheur duo. La même disposition s'applique au finissage; on l'emploie beaucoup pour les rails et les fers à double T.

Nous donnons, d'après Daelen, dans la figure 12, l'ensemble et la disposition successive des cannelures pour rails.

Nous avons indiqué déjà le tracé et les conditions de laminage des cornières, nous n'y reviendrons pas (V. Cornière). Nous donnons, avec la figure 13, le tracé de fers à simple T.

Il nous reste à dire quelques mots du *laminage circulaire*, appliqué dans la fabrication des bandages de roues sans soudure.

Supposons que l'on introduise entre deux cylindres, un anneau de métal, chauffé à la température convenable, si, par une certaine manœuvre, on rapproche les cylindres, l'épaisseur de la barre diminuera en même temps que l'anneau tournera autour d'un centre, placé sur la direction des deux centres des cylindres, et dans une position variant à chaque instant. En ayant soin de maintenir l'anneau par des galets ou d'autres cylindres, convenablement placés, on achève le laminage en une ou deux passes.

Quand on emploie deux cylindres seulement, on opère en deux fois, par ébauchage et par finissage, successivement sur deux appareils différents. Naturellement, plus le mécanisme se complique, plus il faut de précision dans les mouvements simultanés des cylindres, d'où doit résulter le profil.

En général, leur rapprochement est produit au moyen de presses hydrauliques qui s'arrêtent d'elles-mêmes quand le diamètre voulu est atteint.

Laminage des métaux *autres que le fer et l'acier*. Le fer et l'acier doux se laminent à une température relativement élevée. Il en résulte que la modification moléculaire qu'ils subissent dans le travail du laminage, est assez faible. Sauf pour les tôles minces et quelques étirages exceptionnels, le recuit destiné à remettre les molécules dans leur état normal, n'a lieu que lorsque le travail est terminé. Pour les métaux autres que le fer, la température à laquelle se fait le laminage est généralement peu élevée ; il en résulte une aigreur, un écrouissage communiqués au métal; après un certain amincissement, ce qui force, en général, à interrompre l'étirage par une série de recuits. Le cuivre, et surtout le laiton, demandent des précautions de ce genre. Le zinc se lamine au-dessous du rouge ; quant au plomb et à l'étain, ils peuvent se laminer à froid. — F. G.

LAMINEUR. *T. de mét.* Ouvrier employé au laminage. On réserve, plus spécialement, le nom de *lamineur* à l'ouvrier qui enfile la barre entre les cylindres; celui qui la reçoit de l'autre côté porte le nom de *rattrapeur*. Dans les usines, où il n'y a pas de dispositions mécaniques pour soulever les barres et faciliter leur passage par-dessus les cylindres, il existe, de chaque côté, des ouvriers armés de crochets pour effectuer ce soulèvement, mais ce ne sont pas des lamineurs proprement dits. || Machine de préparation des lingots destinés au monnayage ou aux ouvrages d'or et d'argent.

LAMINOIR. — V. Laminage.

LAMPADAIRE. Chez les anciens, on donnait ce nom à une sorte de lustre formé d'une tige verticale, le plus souvent en bronze, et terminée par plusieurs branches auxquelles on suspendait des lampes par des chaînettes; actuellement, on appelle *lampadaire*, les appareils propres à supporter des lampes.

LAMPAS. Belle et forte étoffe de soie qu'on emploie pour l'ameublement, et qui présente ordinairement de grands dessins dont les couleurs sont différentes de celles du fond.

* **LAMPASSÉ, ÉE.** *Art hérald.* Se dit d'un quadrupède lorsque la langue, qui paraît hors de la gueule, est d'un autre émail que le corps.

LAMPE. Dénomination générale des appareils d'éclairage, basés sur la combustion des huiles végétales et minérales.

— L'usage des lampes remonte à une époque très éloignée; on en trouve la preuve dans les souvenirs que nous ont légués les civilisations antiques. Imparfaites au point de vue de la combustion de l'huile et du pouvoir éclairant, les lampes des anciens se réduisaient à un récipient en poterie ou en métal, contenant une certaine quantité d'huile dans laquelle trempait une mèche formée de filaments de coton; l'extrémité de cette mèche, placée dans une sorte de bec, ou dans un orifice central, brûlait librement avec une flamme fuligineuse et peu éclairante. Les artistes de la Grèce et de Rome, qui savaient façonner le bronze avec habileté, ont donné aux lampes anciennes des formes élégantes, que l'art décoratif moderne imite souvent encore, sous les dénominations de *lampadaires* et de *torchères*. Mais chez d'autres peuples, chez les Gaulois notamment, les lampes étaient plus simples, et l'usage des lampes en poterie était généralement répandu. Nous avons déjà indiqué, à titre de spécimen, à l'article Eclairage, figure 327, un des types les plus connus, qu'on rencontre dans un grand nombre de musées et de collections particulières. Il suffit d'examiner le dessin de cette lampe pour concevoir qu'elle constituait sous tous les rapports un appareil d'éclairage insuffisant et défectueux.

Néanmoins, aucun progrès notable ne se produisit durant tout le cours du moyen âge, pendant lequel l'usage de la chandelle s'était généralement répandu, et l'on en resta ainsi longtemps aux lampes primitives consistant toujours en un réservoir d'huile, duquel émergeait simplement une mèche fumeuse ne produisant qu'une combustion incomplète et une lumière rougeâtre.

Il se fit une révolution complète dans la construction des lampes lorsqu'un physicien de Genève, Ami Argand, qui avait été chargé d'installer la distillation du vin à Calvisson, près de Montpellier, et à Valignac, essaya d'appliquer, en 1789, à l'éclairage de cette dernière distillerie, un nouveau modèle de lampe pour laquelle il créa le *bec à double courant d'air*, qui depuis lors a conservé le nom de cet ingénieux inventeur.

Le bec d'Argand est fondé sur l'emploi de mèches annulaires, présentant une grande surface imprégnée de matière combustible, et soumettant cette matière enflammée à la double action de deux courants d'air, dont l'un traverse l'intérieur de la mèche creuse, tandis que l'autre l'enveloppe extérieurement. La flamme, ainsi produite entre ces deux courants, se trouve exposée complètement à l'action de l'oxygène, dans les meilleures conditions possibles pour activer la combustion et obtenir la plus grande intensité lumineuse. L'efficacité des courants d'air est d'ailleurs augmentée par l'influence du verre dont Argand eut l'idée d'entourer la flamme de sa lampe, et qui détermine un tirage dont les effets contribuent puissamment à augmenter le pouvoir éclairant de la flamme. Un autre inventeur, dont le nom est resté attaché à un type de lampe bien connu, Quinquet et son associé Lange, cherchèrent à contrefaire l'invention d'Argand, mais ils n'y apportèrent en réalité qu'un perfectionnement de détail, en remplaçant le verre cylindrique qui produit des courants d'air parallèles à la flamme, par un verre coudé, dont le rétrécissement à peu de distance au-dessus de la mèche, a l'avantage d'infléchir les filets gazeux et de les diriger vers la flamme sur laquelle leur action s'exerce ainsi plus efficacement. C'est, en effet, cette dernière forme de verre qui a prévalu désormais pour les lampes à double courant d'air. Le bec annulaire d'Argand, muni du verre coudé imaginé par Lange et Quinquet, est représenté par la figure 14. C'est le brûleur de la lampe à laquelle Quinquet a donné son nom, et qui se compose d'un réservoir d'huile au bas duquel est disposé un tube horizontal amenant le liquide à la mèche annulaire; on voit ce tube sur la droite de la figure; un godet, placé au-dessous du brûleur, reçoit l'huile qui a échappé à la combustion et qui descend le long du tube intérieur dans lequel la mèche est placée.

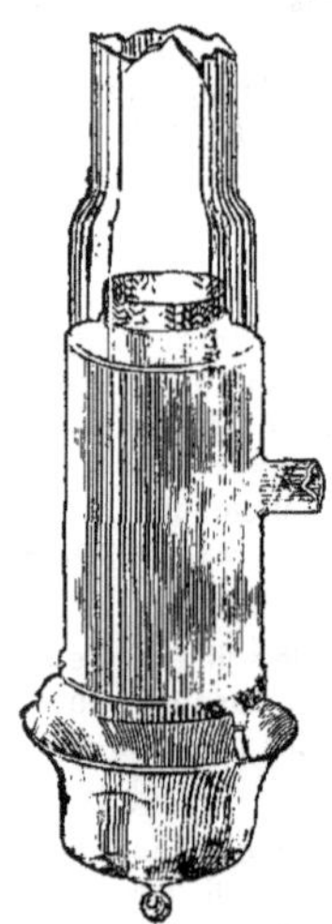

Fig. 14. — *Bec d'Argand avec la disposition du verre, modifiée par Quinquet.*

Le réservoir d'huile du type de Quinquet, bien connu, qui s'applique généralement contre un mur, offre l'inconvénient de projeter une ombre gênante quand on veut l'appliquer à une lampe portative. On a d'abord évité cet inconvénient par l'invention de la *lampe astrale*, due à Bordier-Marcet, perfectionnée par Philips sous le nom de *lampe sinombre*, et qui a permis de supprimer plus complètement encore la projection de l'ombre, en donnant à la couronne annulaire qui constitue le réservoir d'huile, une forme telle, que les rayons lumineux émanant du bec placé au centre se rencontrent à très peu de distance de cette couronne, de sorte que la lampe ne projette plus d'ombre au delà de cette intersection. Dans les différents types de lampes, créés avec le bec d'Argand, l'élévation de la mèche est obtenue au moyen d'une crémaillère dont la partie supérieure porte un anneau dans lequel cette mèche est fixée; ce porte-mèche se meut dans l'espace annulaire où s'élève l'huile; le petit pignon qui commande la crémaillère est monté sur un axe terminé par un bouton de manœuvre, qui se trouve à l'extérieur du cylindre enveloppant le porte-mèche.

Parmi les perfectionnements qui suivirent de près et qui appliquèrent avec avantage l'invention du bec d'Argand, nous devons citer la *lampe à niveau constant*, de Proust, que Quinquet a imitée pour composer celle à laquelle son nom est resté attaché, de même qu'il avait imité le bec à double courant d'air. C'est sur le principe de la lampe de Proust qu'est basé le type de lampe à niveau constant que représente en coupe, la figure 15. Le réservoir se compose d'une enveloppe cylindrique dans laquelle se trouve un second cylindre fermé à sa partie supérieure et terminé à sa partie inférieure par un orifice de petit diamètre, que ferme une soupape fixée au bout d'une petite tige verticale. Quand on enlève ce réservoir hors de son enveloppe, la soupape repose sur le siège disposé pour la recevoir au bas de l'orifice, et elle le ferme complètement; on peut alors remplir d'huile le réservoir. Puis, quand on le replace dans son enveloppe, la tige de la soupape venant butter au fond du vase, la fait ouvrir et l'huile commence d'abord à couler dans le récipient inférieur, jusqu'à ce que son niveau vienne fermer l'extrémité de l'orifice du réservoir. Alors l'écoulement s'arrête parce que l'air ne peut plus pénétrer dans le réservoir, et cet écoulement ne se reproduit ensuite qu'au fur et à mesure que l'air peut rentrer, quand le niveau s'abaisse par la consommation de l'huile. Ce niveau correspond, comme on le voit, à celui de la mèche, et c'est par petites bulles, en quelque sorte, que l'air peut rentrer dans le réservoir, d'où il ne fait sortir que la quantité d'huile nécessaire pour ramener immédiatement le niveau à son point normal, ce qui arrête et règle l'écoulement suivant la consommation de la lampe.

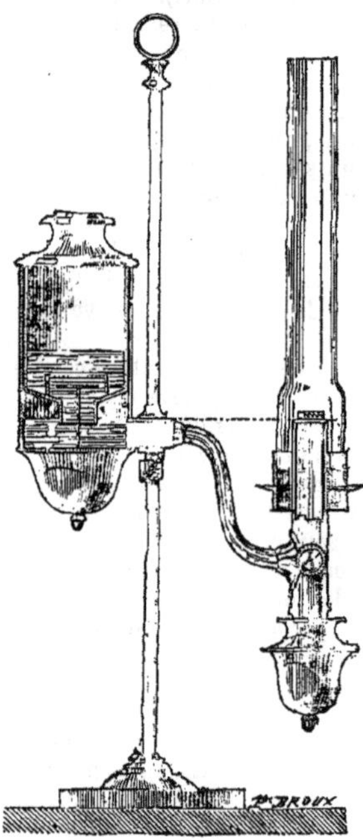

Fig. 15. — *Lampe à niveau constant.*

La constance du niveau de l'huile assure à la flamme une grande régularité, tant que lampe est fixe et que l'horizontalité de la ligne pointillée, qu'on voit sur la figure 15, n'est pas dérangée; mais quand on transporte cette lampe, l'alimentation devient irrégulière et le fonctionnement mauvais. L'ombre projetée par le réservoir est un autre inconvénient de ce genre d'appareil dont l'usage disparaît de plus en plus.

Pour éviter les défauts des lampes que nous venons de passer en revue, il fallait trouver un moyen de placer le réservoir d'huile au-dessous du bec, en lui faisant fournir régulièrement et continuellement, la quantité d'huile nécessaire pour alimenter la combustion. Il fallait, par conséquent, faire monter l'huile d'un réservoir inférieur jusqu'à la mèche. Ce fut Carcel qui réalisa le premier cette remarquable innovation, en créant la lampe à laquelle, plus heureux qu'Argand, il a réussi à conserver son nom.

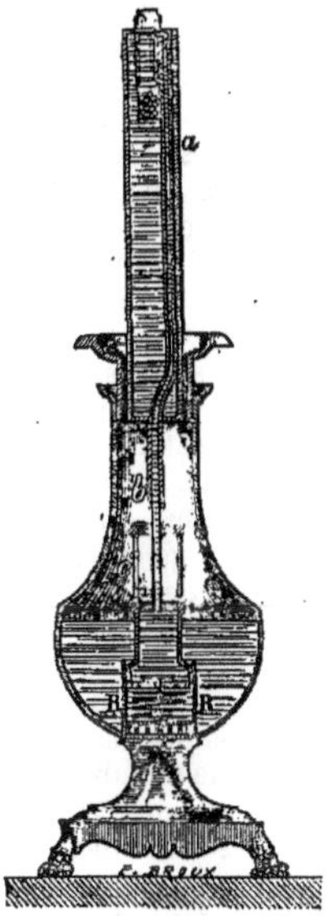

Disons toutefois qu'il existait déjà, avant l'invention de Carcel, une lampe, employée encore dans le midi de la France sous le nom de *lampe à pompe*, et qui répond en partie aux conditions que nous énoncions tout à l'heure. La figure 16 représente une coupe de cette lampe, dont le mécanisme simple est facile à comprendre. Si, avec la main, on imprime au cylindre *a* une série de mouvements de descente et d'élévation, comme à un piston de pompe, la soupape placée dans le bas du piston *c* s'ouvre à chaque descente, et une petite quantité d'huile s'élève dans le tube *b* jusqu'au récipient supérieur *a*. Mais cet appareil, simple, portatif, et de très petites dimensions, a un grave défaut, celui de brûler comme les lampes à mèche plate sans courant d'air, avec une flamme fuligineuse et peu éclairante. Il a de plus l'inconvénient de nécessiter l'intervention fréquente de la main pour faire manœuvrer ce mécanisme un peu trop primitif.

Fig. 16. — *Lampe à pompe.*
R R Corps de pompe, soudé au fond du réservoir d'huile. — *a* Récipient supérieur. — *c* Piston creux au bas duquel se trouve la soupape, ce piston repose sur le ressort logé dans la pièce *R R*. — *b* Tube par lequel l'huile s'élève.

Carcel trouva et fit breveter, en l'année 1800, l'ingénieuse combinaison par laquelle il parvint à faire fonctionner, dans le pied d'une lampe, un mécanisme parfait, mettant en jeu une petite pompe aspirante et foulante, qui élève l'huile d'une façon continue et régulière, assurant par conséquent une constance absolue dans l'alimentation de la mèche et, par suite, dans la fixité de la lumière. Le fonctionnement de la lampe Carcel, quand elle est construite soigneusement, est tellement parfait qu'elle est devenue le type adopté jusqu'alors en France, comme étalon de lumière pour les expériences photométriques. — V. PHOTOMÉTRIE.

Le mécanisme du corps de pompe de la lampe Carcel, est représenté en coupe par la figure 17, qui nous montre le piston P, se mouvant dans le cylindre E F, placé vers le centre de la boîte rectangulaire qui contient tous les organes de cette petite pompe foulante, et qui se trouve baigné complètement dans le réservoir d'huile. Au-dessous du corps de pompe, existent deux chambres, C et D, dont la paroi inférieure porte les soupapes d'aspiration *c* et *d*, et dont la paroi supérieure est percée de deux orifices *e* et *f*, établissant la communication des chambres d'aspiration C et D avec les parties antérieures et postérieures E et F du corps de pompe. Nous ne décrirons pas le mouvement d'horlogerie, placé en-dessous du réservoir d'huile, et actionnant la tige G du piston P. Quand ce piston est en mouvement, allant de droite à gauche, par exemple, comme dans la position que représente la figure 17, la soupape d'aspiration *d* s'ouvre de bas en haut pour laisser affluer

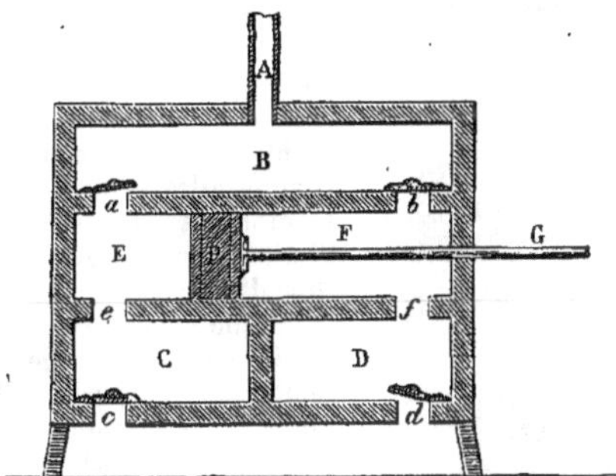

Fig. 17. — *Coupe de la pompe élévatoire d'une lampe Carcel.*

l'huile aspirée, tandis que la soupape *e* se tient fermée. Alors, la soupape de refoulement *a*, qui établit la communication avec la chambre supérieure B, se trouve ouverte pour livrer passage à l'huile refoulée; quand le piston reviendra de gauche à droite, l'effet inverse se produira, la soupape d'aspiration *c* s'ouvrira, tandis que celle de refoulement *a* se tiendra fermée ainsi que la soupape *d*, et que l'autre soupape de refoulement *b* sera ouverte pour donner à son tour passage à l'huile refoulée dans la chambre B, d'où elle s'élève par le tube d'ascension A, jusqu'à la mèche. Par conséquent, cette petite pompe à double effet produit, comme on le voit, pendant les mouvements d'aller et de retour du piston, l'ascension de l'huile sans aucune intermittence. Carcel apporta encore aux lampes un autre perfectionnement notable, en rendant le porte-verre mobile sur le bec, de façon à permettre de faire varier la hauteur du coude au-dessus de la flamme, et à placer ainsi le verre dans la position la plus convenable pour le réglage du courant d'air et l'obtention de la plus grande somme possible de lumière. L'inventeur compléta enfin son œuvre, en trouvant, avec son associé Carreau, pharmacien à Paris, un procédé excellent pour l'épuration de l'huile.

Bon nombre d'inventeurs travaillèrent après Carcel, à modifier de diverses façons le mécanisme assez délicat de la pompe aspirante et foulante. La première de ces modifications, due à Gagneau, consistait dans la substitution au corps de pompe métallique, de deux petites poches en caoutchouc que venaient comprimer ou dilater tour à tour deux tampons fixés à des tiges auxquelles un mécanisme d'horlogerie communiquait un mouvement alternatif de va-et-vient. La lampe Carcel, ainsi modifiée par Gagneau, est représentée par la figure 18 qui nous suppose un appareil de démonstration, construit en verre, pour laisser voir le fonctionnement de tout l'ensemble du mécanisme. Le mouvement d'horlogerie M est placé à la base de la lampe; il actionne un levier coudé qui fait mouvoir alternativement les deux tampons, agissant tour à tour sur les membranes en caoutchouc qui forment la paroi antérieure de la boîte rectangulaire C, remplissant l'office de corps de pompe; les soupapes d'aspiration *c* et de refoulement *c'*, se ferment et s'ouvrent alternativement à chaque allée et venue des membranes flexibles, et l'huile est refoulée par le tube d'ascension T jusqu'à la mèche *b*; l'excédent de l'huile non consommée retombe dans le réservoir R, où le corps de pompe est immergé complètement, comme le montre la figure 18.

Fig. 18. — *Lampe Carcel, modifiée par Gagneau.*

On a cherché, mais sans succès, à remplacer le mécanisme de la Carcel par des appareils basés sur les principes de l'hydrostatique, notamment sur les données de la *fontaine de Héron*; ces lampes ont été, pour cette raison, désignées par leurs inventeurs sous le nom de *lampes hydrostatiques*. De toutes ces tentatives, il en est peu qui aient donné des résultats pratiques, jusqu'au jour où l'on essaya de remplacer les mouvements mécaniques par l'action directe d'un ressort, agissant sur le piston, et forçant par sa tension l'huile comprimée à s'élever dans un tube ascensionnel. C'est le principe des lampes connues sous le nom de *lampes à modérateur*. Mais l'énergie de ce ressort allant en diminuant à mesure qu'il se détend, le refoulement de l'huile subissait nécessairement les mêmes variations, et l'emploi de ces lampes à ressort compresseur de l'huile n'est devenu réellement possible qu'après l'invention de Franchot, qui imagina, en 1836, le *modérateur*, organe d'un usage aujourd'hui général dans la construction du système de lampes désignées sous ce nom. Les dispositions ordinaires d'une *lampe à modérateur* sont indiquées par la figure 19 qui représente, comme la précédente, une lampe construite en verre pour laisser voir à l'intérieur le fonctionnement des organes. Le réservoir d'huile constitue lui-même le corps de pompe; il est divisé par le piston P, en deux portions, l'une supérieure Z dans laquelle on voit le ressort qui actionne le piston, l'autre inférieur Z' où se trouve l'huile sur laquelle agit la compression du piston P. Ce piston est formé d'un cuir embouti, maintenu entre deux disques en tôle, et il est fixé par son centre à l'extrémité inférieure du ressort R. Quand le piston descend sous l'action de ce ressort, la pression de l'huile applique le rebord circulaire du cuir embouti contre la paroi cylindrique du corps de pompe et rend ainsi la fermeture hermétique; l'huile est alors refoulée dans le tube ascensionnel E qui constitue le régulateur ou *modérateur* : cet organe se compose de deux tuyaux, l'un fixé et soudé au bec, l'autre, de plus petit diamètre *a*, engagé dans le premier E, et soudé au piston dont il suit par conséquent les mouvements. Au tuyau supérieur est fixée une tige en fer, désignée généralement sous le nom d'*aiguille*, qui pénètre d'autant plus avant dans la partie rétrécie du tube *a* que le piston est soulevé davantage; la position de cette tige, dépendant ainsi de la hauteur à laquelle le piston est élevé, a pour effet de réduire proportionnellement la section du tuyau d'alimentation, et d'opposer au passage de l'huile une résistance qui varie comme la tension du ressort. L'alimentation d'huile reste alors sensiblement constante malgré la diminution progressive de ce ressort. Le tube ascensionnel *ll'* se prolonge jusqu'au bec *b* où il amène le liquide. La clef *p* met en jeu un pignon denté engrenant avec une crémaillère qui termine la partie supérieure de la tige verticale commandant le piston et permettant de remonter celui-ci à la position qu'il doit occuper au début de l'action à exercer sur l'huile pour la refouler jusqu'à la mèche. Un bouton, placé de l'autre côté du porte-bec, sert à remonter cette mèche à mesure qu'elle se consume. La lampe à modérateur est restée jusqu'à présent le dernier mot des lampes à l'huile végétale, et son usage est universellement répandu.

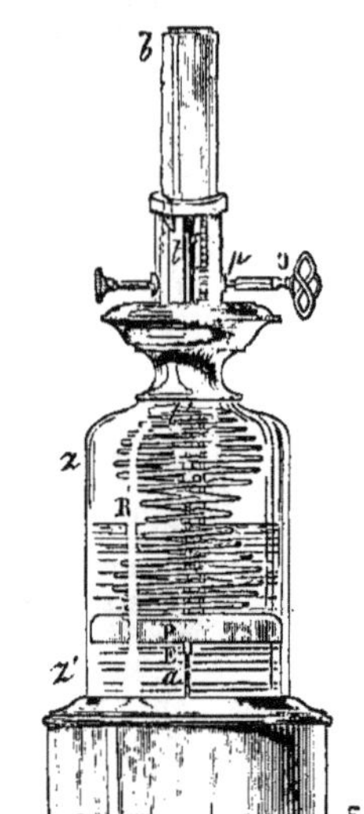

Fig. 19. — *Type de lampe à modérateur.*

L'introduction des huiles minérales dans l'éclairage domestique a naturellement amené des modifications essentielles dans la construction des lampes. Ces liquides volatils, moins denses et beaucoup plus combustibles que les huiles végétales, ont nécessité des dispositions nouvelles, particulièrement dans la construction des brûleurs. Les premières applications ont été faites avec un mélange d'alcool et d'essence de térébenthine, système connu sous le nom de *gazogène Robert*. Le liquide obtenu par ce mélange, brûle dans des lampes d'une très grande simplicité, dont le bec est formé uniquement d'un tube vertical contenant une mèche en coton qui plonge dans le liquide et s'alimente par la seule capillarité; l'extrémité du tube dépasse celle de la mèche, et présente des petits trous par lesquels s'échappe la vapeur très inflammable du liquide que la mèche amène à peu de distance en-dessous de ce brûleur. La flamme est ainsi produite par la combustion de la vapeur, et non par celle du liquide lui-même; elle est vive et possède un grand éclat. Mais l'emploi d'un liquide aussi inflammable, constitue un inconvénient sérieux et ne saurait être recommandé.

Fig. 20.

L'*huile de schiste*, obtenue par la distillation de certains schistes bitumineux dont le bassin d'Autun est, en France, le principal centre de production, avec celui de Buxières-la-Grue dans l'Allier, a été pendant un certain temps d'un usage très répandu dans l'éclairage domestique, jusqu'au jour où l'*huile de pétrole* est venue lui faire une sérieuse concurrence. Bien que présentant une certaine analogie dans leur composition, ces deux sortes d'huiles minérales nécessitent cependant des dispositions différentes pour les brûleurs des lampes destinées à leur emploi. Selligue, auquel on doit l'idée d'appliquer à l'éclairage les huiles de schiste qu'il avait d'abord voulu employer, à l'état brut, pour la fabrication du gaz, a imaginé une lampe spéciale, dont le brûleur à double courant d'air est basé sur le principe du bec d'Argand, mais avec l'addition, au-dessus de la flamme d'un petit disque ou bouton métallique horizontal, aplatissant cette flamme et l'étalant circulairement en lui faisant prendre une forme qui favorise le mieux possible la combinaison de l'oxygène avec la matière combustible, et qui donne ainsi à la flamme un éclat qu'elle ne pourrait avoir sans cette disposition, aussi ingénieuse que simple. Nous n'insistons pas davantage sur la description de la *lampe à schiste*, trop connue pour que nous entrions ici dans de plus longs détails.

Les *lampes à pétrole* sont, comme les lampes à schiste, composées d'un réservoir d'huile, d'un porte-mèche et d'un verre de forme particulière. L'huile s'élève dans la mèche par simple capillarité, et malgré l'abaissement du niveau dans le réservoir d'huile, toujours placé à la partie inférieure de la lampe, la fluidité du liquide est telle que l'alimentation de la mèche se produit d'une façon à peu près constante.

Les brûleurs sont de deux genres, le *bec à mèche plate*, comme celui que représente la figure 20, et le *bec à mèche ronde*, que montre la figure 21. Le bec à *mèche plate*, connu aussi sous le nom de *bec américain*, se compose d'un tube aplati en cuivre, dans lequel se meut la mèche M qu'on remonte au moyen d'un bouton B, dont la tige est armée de deux petits pignons à dents pointues; l'extrémité de cette mèche est recouverte d'un capuchon en cuivre, présentant à son sommet une fente longitudinale, dans le même sens, et de dimensions correspondant à la mèche plate. Le verre est renflé à la base pour donner à l'air plus d'accès et assurer la combustion complète de la matière éclairante. Le bec à mèche ronde (fig. 21) est une disposition de brûleur cylindrique à double courant d'air, composé d'un tube conique, évasé à la base, dans lequel s'introduit une mèche qui, quoique de forme plate, se replie circulairement autour du tube en montant dans l'espace annulaire du porte-mèche, et produit alors l'effet d'une mèche ronde. Le verre, étranglé à sa partie inférieure, amène le courant d'air le plus près possible de la flamme, et facilite ainsi la combustion qui se fait sans fumée et avec un grand éclat, quand les positions respectives de la mèche et du verre sont convenablement réglées.

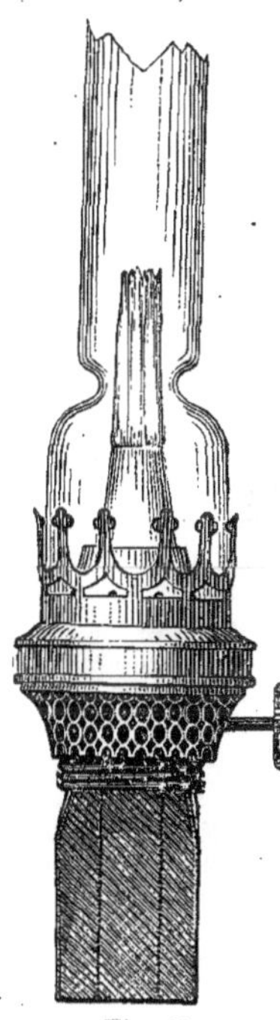

Fig. 21.

Malgré la facilité avec laquelle l'huile minérale s'élève dans la mèche, on conçoit que l'action de la capillarité s'affaiblit d'autant plus que le niveau s'abaisse dans le réservoir et que la distance augmente entre ce niveau et l'extrémité supérieure de la mèche ; il en résulte qu'au bout de quelques heures d'éclairage, si on ne renouvelle pas l'approvisionnement d'huile, l'alimentation se ralentit, la combustion s'affaiblit, la mèche charbonne et la lampe fume. Pour remédier à cet inconvénient commun à toutes les lampes à pétrole, il a été créé tout récemment un système de lampe basé sur les principes de la lampe Carcel, et on est arrivé à obtenir, par un mécanisme simple et pratique, l'ascension de l'huile, et par conséquent l'alimentation continue et régulière de la mèche. Ce système de lampe est une heureuse application de la Carcel à la combustion de l'huile de pétrole. Un tube plonge dans le récipient d'huile qui forme le corps même de la lampe ; des soupapes et un piston formé d'une membrane mobile, fixée entre deux plateaux, enfin un mécanisme d'horlogerie, nous rappellent la disposition de la lampe Gagneau, dont nous avons parlé précédemment. L'huile élevée par le refoulement de la pompe aspirante et foulante, monte dans le tube ascensionnel, et vient se déverser dans le récipient supérieur, où elle se trouve en contact avec la mèche qu'elle maintient toujours au même degré d'imbibition. Par une ingénieuse disposition, la pompe ne se met en fonction que lorsque le liquide s'est abaissé d'une certaine quantité, et elle ramène aussitôt le niveau à son point initial. Cette nouvelle lampe nous paraît donc, à tous égards, constituer un progrès réel sur les autres genres de lampes à pétrole en usage jusqu'alors.

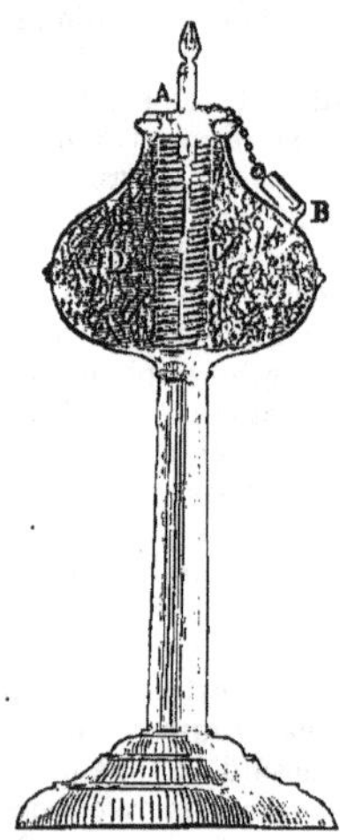

Fig. 22. — *Lampe Mille, à essence minérale.*

Pour terminer cette étude de l'application des huiles de pétrole à l'éclairage, il nous reste à dire quelques mots de la *lampe sans liquide*, ou *lampe à gaz Mille*, du nom de son inventeur.

La figure 22 représente une coupe de cette lampe ; le support est un tube donnant accès à un courant d'air qui se charge de vapeurs inflammables en passant à travers la chambre supérieure B remplie d'éponges D, C, imprégnées d'essence minérale, et vient brûler au bec A. On a construit aussi des *lampes à essence*, sans courant d'air intérieur ; elles sont simplement formées d'un récipient dans lequel on met des fragments d'éponge qu'on imprègne d'essence, et au milieu desquels se trouve une petite mèche ronde qui s'imbibe par capillarité et qui produit une flamme assez éclairante eu égard à ses petites dimensions, mais qui répand généralement une odeur désagréable, à cause de l'impossibilité d'obtenir, avec ce genre de lampe, une combustion complète de l'essence minérale. — G. J.

* **LAMPE ÉLECTRIQUE.** Le nom de *lampe électrique* s'applique, en général, à tous les appareils destinés à produire l'éclairage par la lumière électrique ; il comprend les *lampes à arc* et les *lampes à incandescence*.

Lampes à arc. On avait d'abord donné à ces appareils le nom de *régulateurs*, qui exprimait bien le rôle qui leur était attribué d'assurer la fixité de la lumière, en réglant automatiquement le rapprochement et l'écart des charbons polaires ; ils contribuent, en effet, dans une grande proportion à cette fixité ; mais ils ne sauraient, malheureusement, l'assurer d'une façon absolue, parce que les variations qui résultent de la production même des courants échappent à leur influence. Il ne faut pas oublier que le meilleur régulateur restera impuissant, si la machine qui l'alimente ne marche pas d'une façon très régulière. Les conditions que doivent remplir les lampes à arc (V. ÉCLAIRAGE ÉLECTRIQUE) ont donné lieu à une infinité de combinaisons très ingénieuses ; depuis la première lampe automatique imaginée par Th. Wrigth, en 1845, les brevets de régulateurs se comptent par milliers, et il en surgit constamment de nouveaux ; ce n'est pas que les anciens soient insuffisants ; mais chacun veut avoir sa machine, sa lampe, en un mot tout son système complet, sans s'apercevoir que cet esprit d'exclusivisme aboutit simplement à faire naître la confusion et la méfiance du public. En fait, toutes ces combinaisons se réduisent aux solutions suivantes : I. Mécanisme du mouvement de rapprochement des charbons, et dispositif pour régler les arrêts de ce mouvement. II. Dispositif pour écarter les pointes des charbons, lorsqu'elles ont dû être ramenées en contact, afin d'établir le passage du courant, autrement dit mécanisme de l'allumage. III. Appareil de sûreté pour mettre la lampe hors du circuit et pour la remplacer, au besoin, par une résistance équivalente. IV. Dispositif pour éviter d'avoir à renouveler les charbons pendant les éclairages de longue durée.

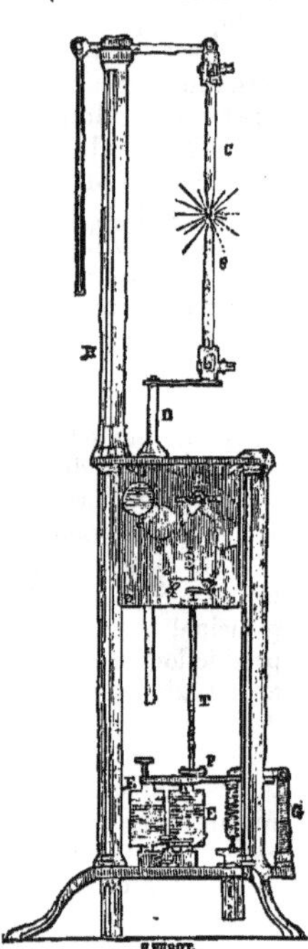
Fig. 23. — *Lampe à arc, de Duboscq.*

I. Le mouvement des charbons a été réalisé : 1° par un mouvement d'horlogerie ; 2° par l'action de la pesanteur ; 3° par la poussée hydrostatique d'un liquide ; 4° par la pression directe des ressorts ; 5° à l'aide d'un encliquetage actionné par le courant lui-même.

1° Les premiers mouvements d'horlogerie (Foucault et Duboscq) se composaient de deux barillets tournant en sens contraire et commandant chacun un système de rouages dont les derniers mobiles portaient un moulinet à ailettes ; chaque système actionnait la tige à crémaillère de l'un des porte-charbons ; l'un servait au rapprochement ; l'autre produisait l'écartement, et, par conséquent, assurait à la fois l'allumage et la longueur de l'arc. Deux roues satellites, empruntées à un dispositif d'Huyghens, assuraient l'indépendance des deux ressorts moteurs, et leur permettaient d'agir en sens inverse, sur la double roue qui commandait les tiges. La figure 23 nous représente un de ces régulateurs ; une tige T, qui oscille avec l'armature d'un électro-aimant EE, embraye les deux moulinets lorsque l'arc est à sa longueur normale, ou bien débraye l'un d'eux, suivant que les charbons ont besoin d'être rapprochés ou écartés.

Les mouvements d'horlogerie ne sont plus guère employés que dans les lampes qui doivent marcher sous toutes les inclinaisons, comme à bord des navires. On les retrouve aussi dans les appareils où les charbons sont placés horizontalement. Ainsi, dans la lampe de M. de Mersanne, les charbons sont conduits entre deux paires de galets (fig. 24) et le mouvement d'horlogerie actionne les deux galets supérieurs *gg*, qui entraînent les charbons l'un vers l'autre ; les galets inférieurs *hh*, servent de guides, et la pression est réglée à volonté par une vis *l*, agissant sur un petit ressort à boudin.

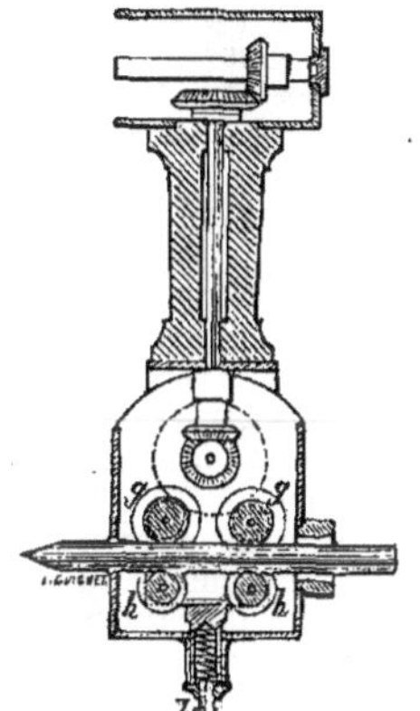

Fig. 24. — *Entraînement des charbons de la lampe de Mersanne.*

2° L'action de la pesanteur a été réalisée d'abord au moyen d'un poids, agissant : soit pour soulever le charbon inférieur par l'intermédiaire d'un cordon ou d'une chaîne (Archereau 1847), soit directement sur le charbon supérieur, pour le faire descendre (Chappmann. 1855). M. Serrin l'a employée d'une façon plus simple et plus élégante en donnant à la tige du porte-charbon supérieur un poids suffisant pour qu'elle détermine, en descendant, l'ascension proportionnelle de l'autre porte-charbon. En outre, il en a profité pour lui faire actionner une série d'engrenages dont le dernier mobile porte à la fois un volant à ailettes et une étoile d'encliquetage sur laquelle agit, presque sans effort, l'arrêt du mouvement. Cette disposition présente l'avantage que la différence de vitesse entre le premier et le dernier mobile des rouages permet de faire avancer les charbons de quantités très petites, de sorte que le rapprochement s'effectue d'une façon presque insensible (V. Éclairage électrique, figure 338). Parmi les nombreuses lampes à porte-charbon moteur avec défilement de rouages, on peut citer les appareils Gaiffe, Carré, Siemens, Gramme, Gravier et Zypernowski.

Quelques inventeurs ont supprimé les rouages qui rendent la construction des appareils assez délicate et les réparations difficiles ; c'est toujours le porte-charbon supérieur qui sert de moteur, mais il est rendu solidaire de l'autre porte-charbon au moyen de cordons ou de chaînettes enroulés sur des poulies de diamètres appropriés, et le mouvement de rotation de ces poulies, en même temps que le rapprochement des charbons, est réglé, soit par l'attraction d'un solénoïde sur l'une des tiges, soit par un frein électro-magnétique sur l'une des poulies. La lampe Jaspar (fig. 25) rentre dans cette catégorie ; la tige pesante A du porte-charbon supérieur détermine, lorsqu'elle descend, l'ascension du porte-charbon inférieur B, parce qu'elles sont, toutes deux, reliées par des cordons aux jantes de deux poulies montées sur le même axe ; lorsque la lampe est destinée à l'emploi des courants continus, l'une des deux poulies a un diamètre double de l'autre, de sorte que la tige A descend deux fois plus vite que la tige B ne remonte. Cette dernière tige est en fer et plonge par le bas, dans un solénoïde C, à gros fil, qui la maintient immobile, tant qu'il est lui-même activé par le courant.

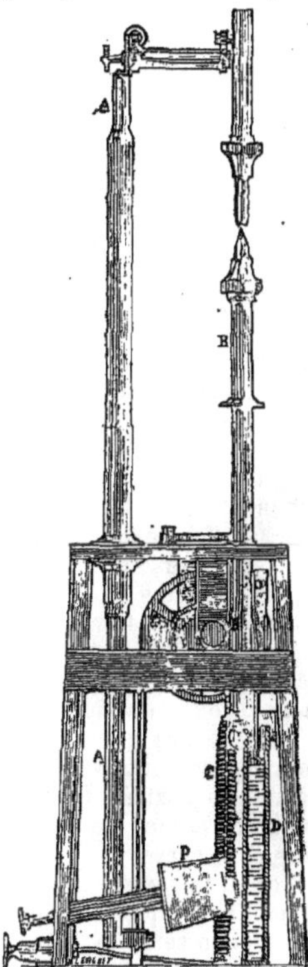

Fig. 25. — *Lampe à arc, de Jaspar.*

Lorsque le courant s'affaiblit, l'attraction cesse, et le poids de la tige A remet les charbons en mouvement jusqu'à ce que le rétablissement du courant ait permis au solénoïde de les immobiliser de nouveau. Les oscillations de la tige B, dans le solénoïde, sont amorties par un petit piston qui se meut dans un cylindre D rempli de mercure. Un contrepoids P, coulisse sur un levier horizontal, relié par un cordon à une troisième poulie faisant corps avec les deux premières, de telle façon qu'il agit en sens inverse de la tige motrice ; un bouton, placé extérieurement, permet de rapprocher ou d'éloigner ce contrepoids, et de proportionner l'influence de la tige, c'est-à-dire la vitesse de rapprochement des charbons, avec l'intensité du courant.

Comme l'attraction du solénoïde sur la tige B est beaucoup plus puissante au début de sa course, on a placé entre les bras de la plus grande des poulies, un contrepoids qui tourne avec elle, et dont le bras de levier varie, pendant a rotation, en sens inverse de l'action du solénoïde. Les lampes de Bürgin et de Gulcher sont établies avec le même système de progression des charbons; elles diffèrent par la disposition du mécanisme d'arrêt; dans la première c'est un frein qui agit sur la poulie intermédiaire; dans la seconde un dispositif, aussi simple qu'ingénieux, sert à produire en même temps l'arrêt et l'écart pour l'allumage; la tige du porte-charbon supérieur est en fer et glisse devant l'un des pôles d'un électro-aimant droit qui peut pivoter, comme un canon, sur deux tourillons perpendiculaires à son axe; quand la lampe fonctionne, l'électro-aimant est actionné par le courant, et la tige adhère au pôle voisin; mais en même temps, l'autre pôle est attiré par une petite masse de fer fixée sur le bâti et un peu au-dessous; il en résulte un mouvement de bascule qui soulève la tige. Lorsque le courant s'affaiblit, l'attraction disparaît; l'électro-aimant bascule en sens inverse et laisse glisser le porte-charbon supérieur. Les mouvements sont amortis par le frottement d'une petite pièce de fer fixée à une lame flexible et appuyée sur l'extrémité du noyau; comme le frottement est proportionnel à l'attraction du noyau sur la pièce de fer, l'effet de ce modérateur est toujours en rapport avec l'intensité du courant. Il faut remarquer que dans le système de cet inventeur, les lampes placées en dérivation, se règlent mutuellement. Tous ces mécanismes sont naturellement très simplifiés dès que l'on renonce à la fixité du point lumineux dans l'espace, puisqu'il n'y a plus qu'un porte-charbon à faire mouvoir; on se contente même de fixer le charbon supérieur à l'extrémité d'une tige cylindrique qui tombe de temps en temps, de la quantité nécessaire pour opérer le rapprochement; cette quantité est si faible que la chute peut être arrêtée facilement avant que le mouvement n'ait pris une accélération sensible. Dans la lampe Brush, qui est un des types les plus répandus de ce genre de lampes, la tige du porte-charbon traverse, avec très peu de jeu, une bague métallique qu'il suffit de soulever un peu obliquement pour qu'elle se coince avec la tige et, non seulement l'empêche de descendre, mais l'oblige à remonter un peu, de façon que le même mouvement de la bague suffit pour produire l'arrêt et l'écart. Pour amortir la chute du porte-charbon, la tige se termine dans le haut, par un tube rempli de glycérine, dans lequel plonge un petit piston suspendu au bâti de la lampe; ce piston ne laisse, pour le déplacement du liquide, qu'un espace annulaire très étroit, dont la résistance ne permet au porte-charbon que le mouvement, lent et continu, indispensable à la fixité de la lumière. Dans la lampe de Weston, la bague mobile est remplacée par un levier articulé, percé d'un trou pour le passage de la tige, et fonctionnant d'une façon analogue. On conçoit du reste, que ces dispositifs peuvent être variés à l'infini; dans la lampe de M. Cance, le porte-charbon supérieur est muni d'un écrou traversé par une longue vis à pas rapide, et il ne peut descendre qu'en forçant la vis à tourner; le frein est constitué par un deuxième écrou, placé à la partie supérieure de la vis et soumis à l'influence d'un électro-aimant. Il convient de remarquer que la vis n'est, ici, qu'une modification de la tige lisse et une variante du mode d'arrêt des charbons. Il ne faut donc pas confondre ce système avec celui où les mouvements de progression et de recul sont produits par une ou deux vis actionnées par de petits moteurs électriques.

3° L'emploi de la poussée hydrostatique, agissant sur un flotteur qui s'élève à mesure que le charbon se consume, a été indiqué pour la première fois, par Binks, en 1853, et réalisé par Lacassagne et Thiers, en 1855. Dans leur lampe, le charbon supérieur était fixe, et le charbon inférieur était poussé de bas en haut par une colonne de mercure alimentée par un réservoir placé un peu plus haut; c'est pour régler l'écoulement du mercure que ces inventeurs firent la première application de deux électro-aimants placés, l'un dans le circuit principal, l'autre en dérivation sur l'arc. Ce système, qui constituait réellement la première lampe différentielle, passa inaperçu et ne fut retrouvé que vingt ans plus tard. C'est également sur le principe d'hydrostatique qu'est établie la lampe de MM. Sedlaczek et Wilkulil pour l'éclairage de la marche des trains. — V. ÉCLAIRAGE DES TRAINS, fig. 351.

4° L'action de ressorts agissant directement, serait le plus souvent insuffisante pour le chemin parcouru par les charbons; M. de Baillehache s'en est servi dans sa lampe à butoirs réfractaires, et on la retrouve dans le dernier modèle de la lampe de M. Clerc, connue sous le nom de *lampe-soleil*.

5° La progression de l'un des charbons à l'aide d'un encliquetage actionné par le courant, avait été utilisée vers 1856 par M. Deleuil. La tige du porte-charbon inférieur était taillée en forme de crémaillère à rochet, qu'un levier, tiré par un ressort, soulevait de bas en haut; sur l'autre bras du levier était fixée l'armature d'un électro-aimant activé par le courant. Les attractions produites sur l'armature par les variations d'intensité de ce courant, réglaient les mouvements alternatifs du levier et par suite, l'avancement du charbon. M. Klostermann a employé le même mode de mouvement dans une lampe qui figurait à l'exposition d'électricité de Vienne. Mais dans son appareil (fig. 26), l'armature de l'électro-aimant B, agit sur un levier muni d'un cliquet qui fait tourner une roue à rochet D; celle-ci, par l'intermédiaire de deux roues dentées, fait tourner un galet qui entraîne le charbon supérieur. Un ressort agissant sur l'extrémité du levier L, fait équilibre à l'attraction de l'électro-aimant B, qui est placé en dérivation; pour modifier cet équilibre et obtenir les mouvements alternatifs du levier, deux chemins sont ouverts au courant dérivé, l'un en court circuit, l'autre à travers une résistance *r*. Un contact, placé en *a*, vers le milieu du bras du levier, ouvre et ferme alternativement les deux circuits ; lorsque l'arc est à sa longueur normale, la dérivation est faible ; le ressort maintient le levier soulevé, et le contact *a* étant fermé, la dérivation passe en court circuit. Si l'arc s'allonge, la dérivation augmente d'intensité ; l'électro B, attire son armature et l'encliquetage fait tourner la roue D; le mouvement du levier rompt le contact en *a*; la résistance *r*, introduite dans le passage de la dérivation affaiblit l'électro-aimant qui lâche son armature pour l'attirer aussitôt par suite de la fermeture du contact *a*, et les mouvements se reproduisent jusqu'à ce que l'équilibre soit rétabli. Tant que la lampe fonctionne, le courant qui traverse les charbons passe par l'électro-aimant inférieur B, dont l'armature reste abaissée; s'il se produit une extinction, B devient inactif; son armature, soulevée par un ressort, ferme la communication entre deux lames placées au bas du châssis; à ce moment, le courant passe par une bobine RR, dont la résistance remplace celle de l'arc, et par un électro-aimant A; ce dernier attire son armature dont le prolongement écarte un peu le ressort à boudin qui comprime les deux petits galets guides placés à gauche du porte-charbon supérieur ; la pression de ces galets sur la tige est assez affaiblie pour que le poids de celle-ci la fasse glisser de haut en bas jusqu'à ce que les charbons soient ramenés au contact, et que le passage normal du courant soit rétabli. Quels que soient le genre de moteur et son mécanisme d'arrêt, ce dernier est toujours actionné par un organe électro-magnétique dont l'attraction est soumise aux variations d'intensité du courant, soit directement, comme dans l'ancienne lampe de M. Serrin et dans ses dérivées, soit indirectement à l'aide d'une dérivation, comme dans les lampes Lontin, de Mersanne, Klostermann, etc., soit enfin, par les deux systèmes réunis et se faisant équilibre, comme dans les lampes différentielles. Les avantages et les inconvénients de ces

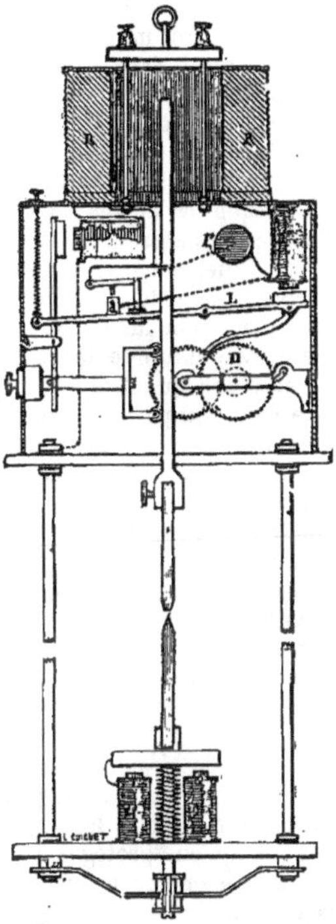

Fig. 26. — *Lampe à arc, de Klostermann.*

trois systèmes sont exposés à l'article ÉCLAIRAGE ÉLECTRIQUE qu'il suffira de compléter en décrivant la lampe différentielle de Siemens (fig. 27). Le charbon inférieur *h*, est fixe et pincé en *b* sur la traverse inférieure du châssis ; il reçoit le courant par la borne L, et par les deux tiges d'acier qui soutiennent la traverse. Le charbon supérieur *g* est mobile, et pincé en *a* sur une tige pesante ZZ, dentée en forme de crémaillère ; cette tige engrène avec un petit pignon dont l'axe porte sur une roue à rochet *r*, dont la rotation est réglée par un petit pendule muni d'un échappement qui ne permet à la roue *r* de défiler que d'une demi-dent pour chaque oscillation. La tige ZZ, se meut dans l'intérieur d'un parallélogramme articulé *cc* AA, dont la branche verticale AA, porte un petit levier horizontal *xy*, muni d'une encoche dans laquelle s'engage l'extrémité *m* du pendule. L'organe électro-magnétique de réglage est constitué par les deux solénoïdes TT et RR ; celui du bas, R, est enroulé avec du gros fil, et celui du haut, T, avec du fil fin ; à l'intérieur des solénoïdes se meut librement un tube SS, en fer doux, dont le poids est équilibré par les autres pièces du parallélogramme avec lequel il est relié par la branche horizontale *cc*, articulée en son milieu. Le courant qui arrive par la borne isolée L', se divise en deux circuits ; l'un qui rejoint le charbon inférieur à travers le solénoïde à gros fil R, le charbon supérieur et l'arc voltaïque, l'autre qui établit une dérivation traversant le solénoïde à fil fin T, pour aller rejoindre la borne L. Lorsque l'arc est établi à la longueur convenable, c'est l'action du solénoïde R qui est prépondérante ; le barreau tubulaire SS, est attiré vers le bas et déforme le parallélogramme ; le levier *xy*, descend et encoche la tige *m* du pendule dont il arrête le fonctionnement, ce qui empêche la tige Z de descendre. Lorsque le courant est affaibli par l'allongement de l'arc ; la dérivation qui passe dans le solénoïde T augmente ; le tube S est attiré vers le haut et le parallélogramme se déforme en sens inverse; le levier *xy*,

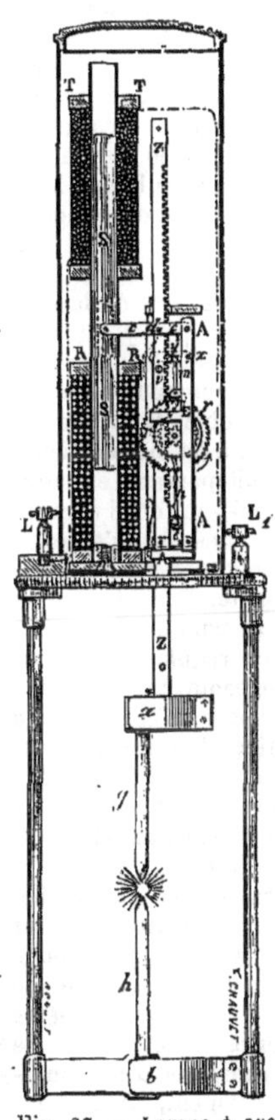

Fig. 27. — *Lampe à arc, de Siemens.*

est soulevé et le pendule mp, dégagé de son encoche, recommence à osciller et permet à la roue r de tourner ; la tige Z descend et rapproche le charbon supérieur du charbon fixe. Le parallélogramme est relié à une petite pompe à air qui amortit les mouvements du tube S. La bobine supérieure T, est montée sur un tube en cuivre sur lequel on peut la faire monter ou descendre, de façon à modifier son attraction sur le tube S et, par suite, à régler la longueur de l'arc. En cas de rupture des charbons ou d'extinction de la lampe, le courant de dérivation, devenu très intense, donne au solénoïde T, une puissance suffisante pour qu'il attire énergiquement le tube de fer doux S, ce qui amène la fermeture d'un contact de sûreté, en platine, fixé dans le bas de la branche AA ; cette fermeture met la lampe hors du circuit jusqu'à ce que la descente de la tige Z ait rétabli l'arc ou que l'on ait remplacé les charbons usés.

Dans la lampe de Siemens, la course de la tige tubulaire SS est trop faible pour qu'il y ait à se préoccuper de la différence d'attraction qu'exercent les solénoïdes, à mesure que la tige plonge davantage ; dans les appareils où cette course est plus grande, il a fallu remédier à cet inconvénient ; M. Gaiffe, entre autres, y était parvenu en augmentant progressivement l'épaisseur de fil enroulé autour de la bobine, depuis la base jusqu'au sommet, ce qui revient à constituer des bobines superposées de force croissante. Dans la lampe différentielle, connue sous le nom de *lampe Pilsen*, MM. Piette et Krizyk ont régularisé l'attraction exercée sur la tige plongeante en donnant à cette tige une forme tronconique ; c'est la pointe du cône qui pénètre la première dans le solénoïde, et les diamètres successifs sont calculés de façon que la masse du fer reste, au fur et à mesure de l'enfoncement, inversement proportionnelle à la puissance attractive qu'elle subit.

II. Aussitôt que le mécanisme de rapprochement a ramené les charbons au contact, il faut que leurs pointes s'écartent légèrement pour faire jaillir l'arc voltaïque. C'est pour obtenir ce mouvement de recul que, dans les premières lampes, on avait eu recours à deux ressorts moteurs imprimant aux charbons des mouvements de sens opposé. Actuellement, on se contente de faire reculer un peu l'un des charbons ; dans la lampe Serrin (V. ÉCLAIRAGE ÉLECTRIQUE, fig. 338), le porte-charbon inférieur est solidaire du parallélogramme oscillant qui porte l'armature de l'électro-aimant, et lorsque celle-ci est attirée, le recul du charbon inférieur s'effectue en même temps que l'arrêt du mécanisme de progression.

On a vu, du reste, par les descriptions précédentes, que l'on cherche généralement à réaliser l'écart de l'allumage à l'aide des mêmes organes que le rapprochement ; mais cela n'est pas toujours possible, et dans un grand nombre de lampes le recul est produit par l'armature d'un électro-aimant spécial, comme celui qui est représenté au bas de la figure 26 (lampe Klostermann). Ce système permet de limiter exactement l'écart à la longueur voulue, et de maintenir le charbon inférieur immobile, ce qui assure mieux la fixité de la lumière.

III. *Appareils de sûreté.* L'introduction de plusieurs lampes dans un même circuit entraîne évidemment leur dépendance réciproque ; si l'une d'elles vient à s'éteindre, le circuit principal se trouve interrompu ; le courant ne trouve plus d'autre passage que le circuit de la dérivation et ne peut y passer en quantité suffisante pour alimenter les autres lampes ; en outre, si ce passage d'un courant intense dans un fil résistant durait trop longtemps, le fil s'échaufferait et ne tarderait pas à être brûlé. Pour éviter ces inconvénients, on a d'abord muni chaque lampe d'un contact de sûreté qui, dans le cas de rupture ou d'usure complète des charbons, ferme un circuit direct permettant au courant de passer comme si la lampe n'existait pas ; on dit alors que cette lampe est hors du circuit. Cette fermeture est assez rapide pour que les autres lampes ne s'éteignent pas, parce que, malgré l'interruption du courant, l'arc voltaïque, entre les pointes incandescentes de charbon, persiste environ un dixième de seconde (expériences de M. Le Roux). Mais l'extinction d'une lampe diminue la résistance du circuit général d'une quantité équivalente à la résistance de cette lampe en marche ; il en résulte que l'intensité du courant s'accroît en même temps que le nombre des foyers en activité diminue ; ceux qui continuent de fonctionner ayant été réglés pour l'intensité normale, ne sont plus dans de bonnes conditions de marche ; on y remédie en remplaçant la lampe éteinte par une résistance équivalente, qui empêche les variations d'intensité du courant ; pour cela, on substitue au simple contact de sûreté, un organe spécial, souvent distinct, tel que le veilleur automatique de M. Gérard, le relais allumeur de M. Reynier ou la boîte de sûreté de M. de Mersanne. C'est ce dernier appareil qui est le plus complet, parce que non seulement il maintient les autres lampes en activité, mais qu'en protégeant la lampe éteinte, il laisse subsister son courant de dérivation, de telle façon que le mouvement de rapprochement des charbons n'est pas interrompu. Si, au bout d'un certain temps, la lampe se retrouve prête à fonctionner, la boîte de sûreté se retire d'elle-même du circuit, prête à intervenir de nouveau, en cas de besoin. Le problème est résolu très simplement en munissant la boîte de sûreté d'un électro-aimant de dérivation dont le circuit présente une résistance supérieure à celle de la dérivation de la lampe, de sorte qu'il n'entre en fonction que si le courant afflue en excès dans cette dernière. Les deux dérivations fonctionnent alors simultanément ; l'une continue d'actionner le mécanisme de la lampe ; l'autre actionnant les organes de la boîte de sûreté, ferme un contact qui fait passer le courant dans une résistance équivalente à celle de l'arc supprimé. Dès que les pointes des charbons se touchent, les dérivations cessent d'agir et le circuit auxiliaire se trouve rompu. Comme cette rupture produit une étincelle puissante, le contact de sûreté est constitué avec deux petits blocs de graphite. La boîte de sûreté et ses accessoires peuvent être placés à n'importe quelle distance de la lampe, de façon à être facilement accessibles et même à servir de contrôle pour la marche de l'éclairage.

IV. La grosseur des charbons employés dans les lampes à arc, est maintenue entre des limites assez étroites, proportionnelles à l'intensité du courant ; s'ils sont trop fins, ils brûlent vite et sont même exposés à rougir sur une partie de leur longueur ; il en résulte à la fois une perte d'énergie et une usure plus rapide ; s'ils sont trop gros, ils ne s'échauffent pas assez ; les pointes se raccourcissent et la lumière diminue. La métallisation employée pour diminuer l'usure produit les mêmes effets. Dans les éclairages de longue durée, il faut renouveler les charbons; ce qui entraîne une sujétion d'autant plus gênante que les appareils sont le plus souvent difficilement accessibles ; deux solutions sont employées pour l'éviter: la plus simple et la plus élégante est celle de M. de Mersanne, représentée par la figure 24; l'autre consiste à disposer dans la même lampe deux

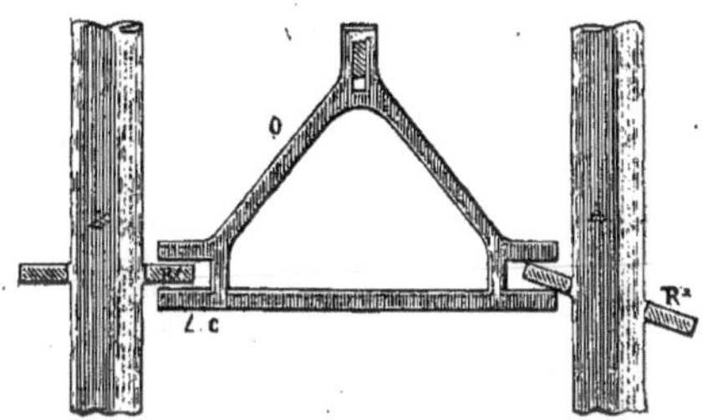

Fig. 28. — *Détail de la lampe Brush à double charbons.*

paires de charbons, voisins et parallèles : un dispositif assez simple fait passer automatiquement le courant dans la seconde paire quand la première paire est usée. La lampe Brush à double charbons présente, sous ce rapport, une disposition originale qui est représentée par la figure 28. Les deux bagues R'R', que traversent les tiges des porte-charbons AA, sont soulevées simultanément par les deux pinces d'un étrier commun O; mais l'une des pinces est plus large que l'autre, de sorte que l'une des bagues est attaquée la première et soulève davantage son charbon ; l'arc ne jaillit qu'entre les charbons les plus rapprochés ; il s'y maintient, réglé de la façon précédemment décrite, jusqu'à ce que les charbons soient devenus trop courts pour arriver au contact quand l'étrier est au bout de sa course ; ce sont alors les deux autres charbons qui s'allument.

Lampes à incandescence à air libre. Ce système dans lequel l'arc voltaïque était supprimé (V. l'article ECLAIRAGE ÉLECTRIQUE) avait été imaginé par M. Reynier pour remédier aux inconvénients que présentaient alors les lampes à arc, foyers trop intenses, fractionnement limité, appareils délicats et coûteux. L'idée était simple; mais sa réalisation n'a pas été sans difficulté ; pour que l'usure de la baguette de charbon se fasse régulièrement, il faut que la combustion soit concentrée à l'extrémité en contact avec le gros charbon; cette concentration dépend de la pression avec laquelle ce contact est obtenu ; si cette pression est trop énergique, la pointe se brise et la baguette avance par petites saccades qui réagissent sur l'éclairage ; si la pression est trop faible, il y a solution de continuité, et la baguette s'use trop rapidement. Un peu compliquées au début, ces lampes étaient arrivées à un degré de simplicité remarquable, comme le montrent les figures 29 et 30 qui représentent le premier et le dernier des modèles créés par l'inventeur de ce système.

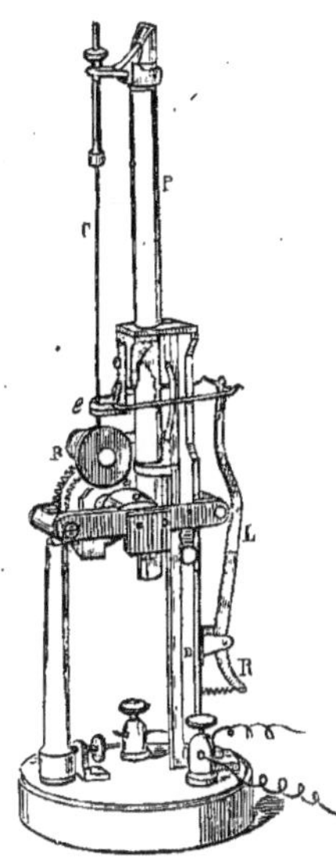

Fig. 29.

Dans la première lampe (fig. 29), la baguette de charbon C est fixée à la petite potence qui termine une tige P, parfaitement guidée ; sollicitée

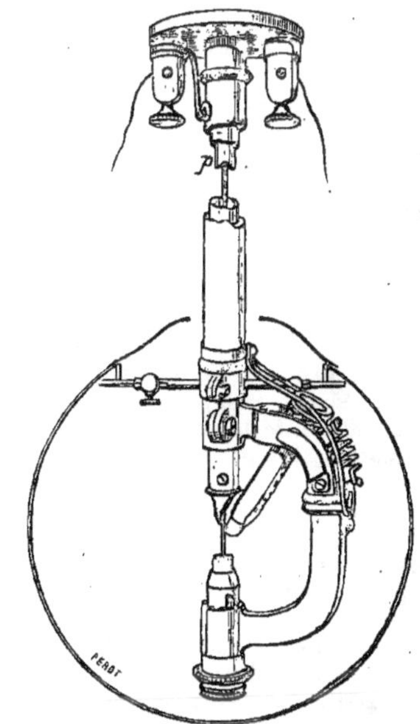

Fig. 30. — *Lampe à incandescence à air libre de M. Reynier.*

par le poids de cette tige, la baguette descend, et son extrémité inférieure bute sur un disque en charbon B, qui tourne sous l'action d'un barillet à ressort ; on conçoit du reste que ce ressort a pu être supprimé et le défilement des rouages obtenu par le poids de la tige, en munissant celle-ci d'une crémaillère. Une bride en platine *l*, s'appuie en O sur la baguette dont elle règle la descente par la pression qu'elle exerce sous l'influence du levier L et du ressort R. La pression que le bout de la baguette exerce sur le disque sert à son tour de frein pour régler son mouvement de rotation. Comme le courant arrive à la baguette par la bride en platine, la partie incandescente se trouve limitée entre la bride et le disque. Dans le dernier modèle (fig. 30), la baguette de charbon, pressée au sommet par un manchon P, bute à son extrémité inférieure sur un bloc cylindrique de plombagine ; un second bloc de la même matière, logé dans un support incliné, s'appuie latéralement contre la baguette, sous l'action d'un ressort à boudin. Le bâti se décompose, comme l'indique la figure, en trois pièces assemblées avec l'isolement nécessaire; la partie incandescente est limitée entre le courant latéral et le contact en bout, et peut être portée de 4 à 8 millimètres. Le tube qui contient le bloc inférieur de plombagine est monté à baïonnette dans la douille qui termine le bras de la lampe ; on retire facilement ce tube pour introduire la baguette dans la lampe, en la poussant de bas en haut, et on remet ensuite le tube en place. Le tout est logé dans un globe cylindrique en verre, surmonté par un capuchon en métal.

A l'époque de sa création (février 1878), ce système était un progrès sérieux dans l'emploi de la lumière électrique ; il permettait d'augmenter le nombre des foyers alimentés avec le même courant en leur conservant une intensité lumineuse plus en rapport avec les exigences ordinaires de l'éclairage ; l'allumage et l'extinction se faisaient sans hésitation, et l'on pouvait même graduer la lumière à volonté. Malheureusement l'usure assez rapide des baguettes minces de charbon, obligeait à leur donner une grande longueur et à les renouveler souvent; elles étaient fragiles et délicates à manier, et les appareils exigeaient encore une certaine surveillance ; en un mot, il fallait s'en occuper ; aussi les lampes à incandescence dans le vide, si simples, si réduites et si peu exigeantes, les ont facilement fait mettre de côté, au moment où leur emploi commençait à se répandre.

Lampes à incandescence dans le vide. Bien différentes des lampes à arc, les lampes à incandescence sont d'une grande simplicité (V. ÉCLAIRAGE ÉLECTRIQUE, fig. 339 et 340), la différence entre les divers systèmes repose uniquement sur la préparation du filament. Le succès bien naturel de ces lampes, qui répondent le mieux aux exigences de l'éclairage ordinaire, a provoqué de nombreuses recherches et le dernier mot est loin d'être dit à leur sujet. Les lampes récentes, à filament tubulaire surtout, paraissent donner un meilleur rendement, c'est-à-dire une transformation plus complète du travail dépensé en lumière. D'après certaines expériences, l'économie serait de près de 50 0/0 sur les anciens systèmes à filaments pleins. Aussi cherche-t-on de tous côtés à perfectionner ce filament ; tandis qu'Edison semble vouloir abandonner le bambou qui manque d'élasticité pour les fibres de la ramie, et que Bernstein fabrique ses charbons tubulaires avec un ruban creux de soie blanche carbonisé, de la grosseur d'une paille fine, un dernier inventeur propose d'étirer simplement, en forme de tube aussi fin qu'il est nécessaire, une pâte composée soit de graphite, soit de noir de fumée malaxé avec 60 ou 20 0/0 de sirop de sucre ; ces tubes sont ensuite carbonisés comme les charbons des lampes à arc.

C'est dans le même ordre d'idées que sont établies les lampes de M. A. Gérard dont le filament de charbon est remplacé par deux baguettes inclinées et soudées au sommet (fig. 31). En faisant varier le nombre et les dimensions des baguettes, ainsi que la force électromotrice et l'intensité du courant, on obtient des foyers d'une fixité parfaite, qui atteignent de 80 à 100 becs Carcel, en dépensant environ 60 kilogrammètres d'énergie électrique. Si ces lampes n'étaient pas aussi précaires et encore assez coûteuses, ce serait la substitution complète des lampes à incandescence aux lampes à arc ; ce n'est du reste qu'une question de temps.

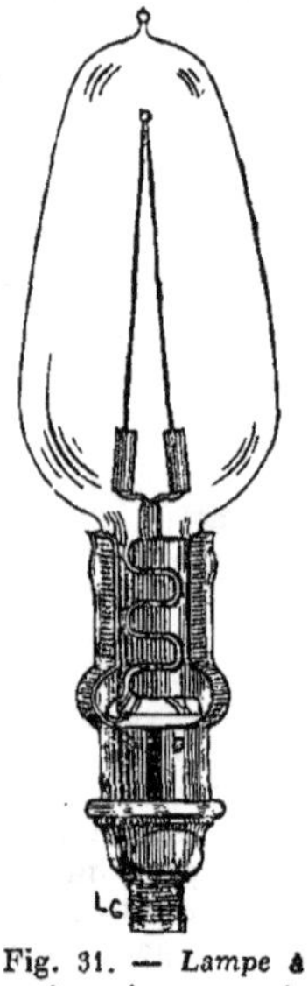

Fig. 31. — *Lampe à incandescence, de Gérard.*

L'intensité lumineuse des lampes à incandescence dépend de la résistance du filament à la rupture ou à la désagrégation par la chaleur. Lorsque les lampes sont maintenues longtemps à une température supérieure au maximum qui leur convient, les parois de l'ampoule de verre se couvrent d'un voile formé par la matière sublimée, voile qui, sous une épaisseur à peine visible, est d'une opacité extraordinaire et fait perdre une énorme quantité de lumière. Ce mode d'usure des filaments est à peu près inévitable, mais on peut chercher à le ralentir ; M. Edison a reconnu par expérience qu'un vide trop parfait facilite la désagrégation, et il se propose d'y remédier en diminuant le degré du vide par l'introduction d'une petite quantité d'azote dans les lampes : il reviendrait ainsi aux idées de Sawyer et de Maxim. Cette question, qui intéresse à la fois le rendement des lampes et leur durée, est d'autant plus importante qu'elle n'est résolue que très incomplètement par l'augmentation du nombre des foyers ; en effet, la diminution de la température des filaments modifie surtout la qualité de la lumière dont la couleur se rapproche trop souvent de celle de la lumière du gaz.

La *Lumière électrique* vient de publier le tableau suivant qui montre l'influence du régime sur la durée moyenne des lampes Edison du type de 16 bougies; au-dessus et au-dessous de la force électro-motrice normale de 100 volts pour laquelle on admet une durée moyenne de 1,000 heures, on a trouvé :

Volts	Heures	Volts	Heures
95	3.595	101	785
96	2.751	102	605
97	2.135	103	477
98	1.645	104	375
99	1.277	105	284

Dans tous les cas, si les lampes sont simples, leur fabrication ne l'est pas ; elle exige, pour arriver à un prix de vente industriel, un outillage considérable et parfaitement organisé. Des ateliers spéciaux sont consacrés à chacune des opérations suivantes : le soufflage, avec un verre spécial exempt de plomb, des tubes qui forment la base de chaque lampe ; l'introduction et la soudure dans ces tubes, des bouts de fil de platine, qui seul possède la même dilatation que le verre ; la soudure aux extrémités, intérieure et extérieure de ces mêmes fils, de fils de cuivre, dont les uns doivent former les pinces qui recevront les extrémités du filament et les autres constituent les raccordements avec la distribution ; la préparation des filaments et leur carbonisation dans des moules spéciaux en nickel ; l'insertion des bouts du filament dans les pinces en cuivre et la consolidation du joint par un dépôt de cuivre galvanique ; la soudure des ampoules de verre sur leur base ; la raréfaction de l'air dans les lampes exige une installation suffisante pour opérer sur un grand nombre de lampes à la fois ; c'est la réalisation en grand et sous une forme industrielle de la machine pneumatique à mercure des laboratoires (V. MACHINE PNEUMATIQUE). Il faut, pendant la raréfaction, pouvoir envoyer dans les filaments un courant électrique qui les échauffe progressivement, afin de faciliter le dégagement des gaz occlus ; c'est alors que les lampes sont fermées définitivement, en soudant au chalumeau l'appendice qui les mettait en communication avec la machine pneumatique ; enfin, on procède à la fabrication et au montage des socles qui servent à installer les lampes sur leur support en établissant, du même coup, les communications avec les conducteurs. Les lampes terminées doivent passer par un laboratoire d'essai et de classement, dans lequel on mesure la résistance de chacune d'elles et la force électro-motrice qu'elle exige pour produire l'intensité lumineuse normale qui lui est attribuée.

Pour les lampes Cruto, la fabrication du filament est plus simple, et présente surtout l'avantage de pouvoir être conduite avec une grande précision ; ces filaments sont obtenus par le dépôt sur un fil de platine maintenu incandescent, du charbon provenant de la décomposition d'un gaz hydrocarburé ; le fil de platine, qui n'a qu'un centième de millimètre de diamètre, est obtenu par le procédé de Wollaston, en le tréfilant après l'avoir recouvert d'une couche d'argent que l'on dissout ensuite dans un bain d'acide nitrique étendu d'eau ; le gaz est fabriqué avec un mélange d'un tiers d'alcool éthylique et de deux tiers d'acide sulfurique exempt de soufre ; ce gaz doit être parfaitement lavé puis desséché. L'intensité du courant qui échauffe le fil est augmentée graduellement, à mesure que le dépôt augmente d'épaisseur, et un dispositif très simple permet d'arrêter l'opération dès que les filaments présentent la résistance convenable ; la jonction des extrémités de filament avec les fils de platine est faite également par un dépôt du même charbon.

En dehors des lampes à grande résistance dont l'emploi s'impose dans les distributions où l'on doit se préoccuper de l'économie des conducteurs, on fabrique pour les éclairages domestiques des lampes qui n'exigent que trois à quatre volts de force électro-motrice et un et demi à deux ampères de courant, de sorte qu'elles peuvent fonctionner avec quelques éléments de pile ou mieux encore avec quelques accumulateurs ; naturellement leur intensité est réduite à deux ou trois bougies ; les lampes à générateur portatif et celles que l'on emploie dans les bijoux illuminés à la lumière électrique fonctionnent dans les mêmes conditions, mais ces dernières qui sont à peu près de la grosseur d'une noisette, se trouvent soumises, pour donner environ une bougie, à un régime exagéré qui limite leur durée. Ces lampes minuscules ont du reste des emplois plus sérieux dans l'éclairage des appareils de chirurgie et des microscopes.

Les lampes à incandescence ont encore sur les lampes à arc cet avantage qu'il est facile de faire varier l'intensité de la lumière, soit pour chaque lampe isolément, soit pour des groupes déterminés à l'avance, il suffit d'introduire dans le circuit un rhéostat qui permet d'opposer au passage du courant des résistances variables à la main; ce rhéostat peut faire partie du support de la lampe ou constituer un appareil spécial; on peut l'établir, soit avec des baguettes de charbon, comme celui qui était exposé par M. Edison, en 1881, soit avec un tube rempli de charbon concassé ou pulvérisé que l'on comprime plus ou moins à l'aide d'une vis ; il conviendrait même d'ajouter cet organe de réglage à chaque support de lampe, on remédierait ainsi facilement à deux inconvénients presque inévitables ; la différence de résistance des lampes neuves quel que soit le soin apporté au classement, et l'affaiblissement inégal des filaments par un usage prolongé. — J. B.

LAMPE DE MINE. On peut concevoir *à priori* deux moyens d'éclairer l'intérieur d'une mine, soit par l'emploi de feux fixes, soit à l'aide de lampes que chaque ouvrier porte avec lui. Le premier moyen n'est pas pratique, car si on voulait éclairer toute la mine, la dépense serait énorme. On doit restreindre l'éclairage permanent à certains points qui sont toujours occupés, et qui ont besoin d'être bien éclairés, comme les places d'accrochage au bas du puits. Il faut que chaque ouvrier ait sa lumière et puisse la déplacer à son gré, à chaque instant, de façon à bien voir tous les détails de son travail. Presque partout on a renoncé à l'emploi des chandelles, qu'on tenait autrefois, soit avec des chandeliers ou des brûle-tout, ou avec des pelotes d'argile, dans lesquelles elles étaient fichées. On se sert très généralement maintenant des lampes à huile.

Le type primitif de la lampe de mine est un vase méplat, partiellement recouvert, muni d'un bec, et contenant de l'huile, de la graisse ou du suif, dans lequel plonge la mèche qui sort par le bec. On porte cette lampe par une anse située à l'opposé du bec. La *rave* est une lampe usitée à Saint-Etienne et ne différant pas en principe de ce type antique; elle est complètement fermée, sauf une ouverture pour le passage de la mèche, et un très petit trou pour l'entrée de l'air; elle est suspendue à une anse mobile autour d'un axe horizontal; cette anse est munie d'un crochet que l'on saisit avec le pouce et l'index, et qui se termine par une pointe, de sorte qu'on peut suspendre la lampe aux boisages. Une épinglette attachée à l'anse par une petite chaîne, sert à moucher la mèche et à la faire sortir de l'huile à mesure qu'elle se brûle (fig. 32).

Quand on a de longs trajets à faire sur les échelles, il est commode de remplacer l'anse mobile par un manche fixe, au milieu duquel la lampe est placée, et qui se termine d'un côté par une poignée qu'on peut tenir à la main, et de l'autre par une pointe qu'on peut piquer dans les boisages, ou entrer dans un gousset en cuir sur le devant du chapeau, de façon à conserver les mains libres. Dans certaines mines métalliques, on place la lampe à l'intérieur d'une petite niche légère en bois, garnie intérieurement de feuilles de cuivre ou de fer-blanc, et munie d'un long crochet qui sert à la porter à la main, ou à la suspendre au cou par un cordon, quand on circule sur les échelles. De la sorte, l'œil est soustrait à l'action directe des rayons lumineux, et voit d'autant mieux les parties du chantier sur lesquelles la lumière est envoyée. Si la niche en bois est fermée devant par un verre, cela devient une vraie lanterne que le vent n'éteint pas. Quand l'atmosphère de la mine peut devenir inflammable, il faut avoir recours à des lampes toutes spéciales, que le lecteur trouvera décrites à l'article Grisou.

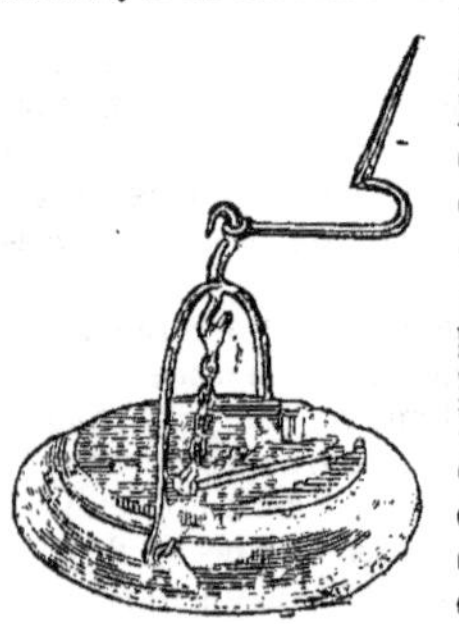

Fig. 32. — *Rave de Saint-Etienne.*

Comme combustible dans les lampes, on emploie l'huile d'olive dans le Midi, et l'huile de colza ou quelquefois l'huile de noix dans le Nord. Il en faut environ 150 grammes par homme et par jour, de sorte que l'éclairage cause une dépense d'environ 0,20, soit 5 0/0 de la main-d'œuvre. Pour éviter le gaspillage, il est bon que chaque ouvrier ait sa lampe et se fournisse d'huile lui-même. Les lampes brûlent dans toute atmosphère où les hommes peuvent respirer, et s'éteignent quand l'atmosphère devient irrespirable.

Lampe de sûreté. Les lampes de sûreté employées dans les mines grisouteuses, reposent sur l'emploi de toiles métalliques pour refroidir la flamme, et empêcher la propagation au dehors de l'explosion qui se produit dans la lampe quand l'atmosphère est explosive. Elles sont décrites en détail à l'article Grisou. La lampe Trouvé est une lampe électrique à incandescence, réunie à la pile qui fait marcher le courant. Elle éclaire très bien, avec une absolue sécurité. Malheureusement elle est d'un prix élevé, d'un entretien difficile; de plus, elle est lourde et ne peut éclairer que pendant un temps restreint. Ces défauts l'ont empêchée jusqu'ici d'entrer dans la pratique. — A. B.

LAMPE D'ÉMAILLEUR. — V. Emaillerie.

LAMPISTE. *T. de mét.* Ouvrier qui fait des lampes ; ouvrier préposé dans un établissement, une exploitation, à la *lampisterie*, endroit où l'on entretient les lampes ou les appareils d'éclairage. — V. Ferblanterie.

LANCE. C'était une arme de *hast*, c'est-à-dire restant entre les mains de celui qui s'en servait, contrairement à l'arme de *jet*, comme le *javelot* ou trait, qu'on lançait jusqu'à épuisement du carquois, où elle était enfermée.

— Le combattant, au moyen âge, maniait la lance, tantôt en couchant le bois sous l'aisselle droite, tantôt en la tenant horizontalement à la hauteur de la hanche, soit qu'il fût à pied, soit qu'il fût à cheval ; mais la lance était surtout à l'usage du cavalier, et elle causait un grand effroi aux fantassins, qui s'enfuyaient avant d'en « sentir le bois ».

Ce bois était une javeline ou tronc de jeune arbre; quant au fer, il affectait diverses formes : tantôt pointe conique avec douille, tantôt *carreler*, ou quadrangle effilé; tantôt triangle ou *pique*, forme de la carte à jouer; il était forgé et fixé soigneusement à la hampe. Il se fabriquait généralement en acier, afin d'avoir plus de solidité et se prêter mieux à l'affilage.

La Renaissance, qui innova tant de choses, ou plutôt qui ramena l'outillage, l'ustensillage et l'armure aux formes antiques modifiées par le goût moderne, allongea et enjoliva le fer de la lance; elle y plaça des cercles, des grènetis, des houppes, des gonfanons ou oriflammes, des rondelles ou autres motifs de décoration ou de défense; ce qui la rapprocha de la pertuisane et de la hallebarde, et la fit dégénérer en arme de luxe.

Le rôle de la lance, comme arme agressive, finit au xvie siècle : à partir de ce moment, les armes à feu priment tout; les luttes armées ont lieu à distance et la lance n'entre en scène qu'au moment de la déroute, lorsqu'il faut poursuivre les fuyards, la pique au dos. Aujourd'hui, la lance a disparu des rangs de notre armée. Cette arme, de plus en plus inutilisée par le progrès des bouches à feu, n'est plus qu'un souvenir.

Lance. *T. de pyrotechn.* Terme générique des cartouches de papier, remplies de mélanges de compositions différentes. || *T. techn.* Barre de fer à l'usage du chauffeur, pour décoller les plaques de mâchefer et faciliter la combustion de son foyer. || Extrémité d'un tuyau de pompe pour lancer l'eau. || *Lance de sonde.* Instrument en fer qui permet aux ingénieurs hydrographes de reconnaître la nature des fonds de la mer.

***LANCE** (Etienne-Adolphe), architecte, né à Littry (Calvados), le 3 août 1813, mort à Paris, le 24 décembre 1874. Il suivit, de 1832 à 1835, les cours de l'Ecole des beaux-arts, sous la direction de Blouet, et fut ensuite un des élèves et des dessinateurs de Visconti. En 1837, il remporta le premier prix au concours sur le projet d'un abattoir public pour Rambouillet. En 1847, il a été attaché, comme inspecteur ordinaire, au Conseil des bâtiments civils, puis il fut nommé, en 1850, inspecteur des travaux de restauration de l'abbaye de Saint-Denis. Devenu, en 1854, architecte du gouvernement, il fut chargé de la restauration des cathédrales de Sens et de Soissons. Il fut décoré de la Légion d'honneur en 1862.

Cet artiste de talent s'est fait connaître non seulement par ses remarquables travaux de restauration, mais encore par divers écrits sur les beaux-arts, notamment : *Du concours comme moyen d'améliorer l'architecture et la situation des architectes* (1848, in-8°); *Excursions en Italie* (1859, in-8°) ; *Dictionnaire des architectes français* (1873, 2 vol. in-8° avec planches). Il a fondé le *Moniteur des architectes* et collaboré à l'*Encyclopédie d'architecture* de Victor Calliat.

*** LANCÉ.** *T. de tiss.* Nom donné à un procédé de tissage au moyen duquel on produit des tissus façonnés, présentant des dessins de couleurs variées. A la suite de chaque duite de fond, on lance sur toute la largeur de la chaîne, une série de duites fournies par des trames ayant les différentes couleurs du dessin, et l'on fait apparaître chacune de ces duites aux endroits où le dessin doit présenter sa couleur, en la faisant au contraire flotter à l'envers partout ailleurs. Les flottés d'envers peuvent être liés au tissu de distance en distance, ou bien ils sont simplement coupés après tissage.

*** LANCEMENT.** *T. de constr. nav.* Le *lancement* est l'opération par laquelle on met à l'eau un navire dont la construction a été effectuée sur cale. Pour que la mise à l'eau soit possible, il faut que la coque soit achevée entièrement et la carène bien étanche ; il n'est pas indispensable que les installations intérieures soient complètes. Dans les ports de commerce, on effectue sur cale la plus grande partie des emménagements, souvent on met en place la machine, les chaudières et le propulseur, afin de réduire le temps que le navire doit passer dans le bassin à flot et la forme de radoub pour son achèvement définitif, et de diminuer ainsi les frais qui en résultent. Dans les arsenaux de l'Etat, les intérêts sont différents, on y lance le plus souvent les navires dès que la coque et les principales cloisons sont achevées.

Le navire est porté par un *berceau* reposant directement sur des glissières disposées le long de la cale et de l'avant-cale, et dont la pente varie entre 1/12 et 1/30, suivant les ports. En général, le navire abandonné à lui-même et soumis à l'action de la pesanteur, se met en mouvement et se dirige vers la mer. Quelquefois, le coefficient de frottement au départ est un peu trop fort pour que le lancement se produise naturellement : on est alors obligé de provoquer le départ en poussant le navire à l'aide de leviers, de vérins, de presses hydrauliques, disposés à cet effet à la partie supérieure de la cale. La grandeur et le poids des navires font du lancement une opération délicate et grandiose.

Le lancement se subdivise en plusieurs phases : 1° le navire et son berceau glissent sur la cale ; 2° le navire pénètre dans l'eau ; 3° la partie immergée est soumise à une poussée de la part du liquide, assez forte pour soulever cette portion du navire et faire pivoter l'ensemble autour de l'extrémité opposée : à ce moment, la fatigue de la coque atteint sa valeur maximum ; 4° le navire flotte complètement, la mise à l'eau est effectuée.

Si l'avant-cale est trop courte, il peut se faire que dans la seconde période, le navire cesse d'être suffisamment soutenu et pivote sur l'arête même de l'avant-cale ; on dit alors qu'il y a *cabanement* ; ou bien dans la troisième période, l'extrémité supérieure du navire peut abandonner l'avant-cale avant que l'ensemble ne flotte complètement, le navire *salue*. Ces deux circonstances sont à éviter, comme susceptibles de donner lieu

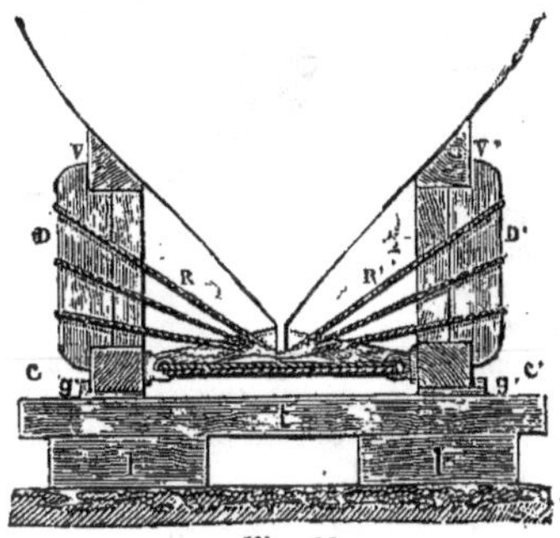

Fig. 33.

à des fatigues exagérées de la charpente de la coque.

On a effectué quelques lancements par le côté (Great-Eastern), mais en général, on lance dans le sens de la quille, l'avant du navire occupant la partie la plus élevée de la cale, de telle sorte que l'arrière entre le premier dans l'eau.

Le berceau sur lequel s'effectue le lancement peut être de diverses sortes : le système le plus ancien et encore en usage dans certains chantiers de la Méditerranée (La Seyne et la Ciotat), est dit *berceau sur roustures* (fig. 33).

La partie mobile accompagnant le navire à l'eau se compose des *couettes* CC', des ventrières VV', des colombiers DD', reliés entre eux par des amarrages en corde RR', appelés *roustures*. Les faces inférieures des deux couettes glissent sur les *coulisseaux* g et g', fixés à demeure sur les traverses t de la cale. Dans le lancement sur *couettes vives*, on imite la disposition précédente, mais les roustures sont supprimées et remplacées par des pièces de charpente ; de plus, on dispose sous la quille une troisième couette appelée *savate* ou *patin*, de telle sorte que le poids du navire se trouve réparti sur trois fils de coulisseaux.

Dans les ports de l'Océan, on emploie le plus souvent, même pour les plus grands navires, le lancement sur *couettes mortes* ou *sur quille*. Dans ce système, qui exige un terrain solide et une avant-cale robuste, le navire n'est supporté que par sa quille *q*, garnie d'une savate S, qui court dans un coulisseau central suiffé C; les oscillations latérales du navire sont arrêtées, quand elles se produisent, par deux ventrières V V', dont la surface inférieure est à 1 ou 2 centimètres au-dessus des coulisseaux correspondants (fig. 34).

Dans tous les systèmes, il faut installer des appareils de retenue pour prévenir un départ prématuré, qui pourrait occasionner de graves accidents. Ils consistent en *taquets* chevillés sur la cale; en *clefs* ou arcs-boutants intercalés entre les traverses fixes de la cale et les couettes ou la savate. L'extrémité de la savate est reliée à la charpente de la cale, à sa partie supérieure, soit par un fort amarrage en corde, que l'on pourra trancher à la hache, soit par un prolongement destiné à être scié au moment du lancement. Le plus curieux des moyens de retenue, celui qu'on conserve jusqu'au dernier moment, est le frottement de la savate sur des surfaces en chêne, à fibres perpendiculaires, auxquelles on donne le nom de *tains secs*. Ces tains sont disposés à l'avant et sont facilement dégagés au moment du départ.

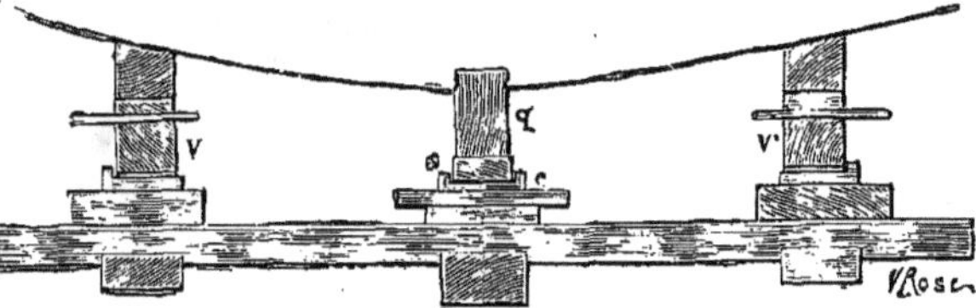

Fig. 34.

Pour provoquer le départ, lorsque le navire ne se met pas en mouvement naturellement, on fait usage d'*arc-boutant de chasse*, de coins, de leviers, de presses hydrauliques, etc. Lorsque l'espace dont on dispose devant la cale est restreint, il faut réduire la vitesse du bâtiment, dès qu'il flotte, et limiter le chemin qu'il a à parcourir, pour éteindre sa force vive. On arrive à faire descendre au-dessous de 200 mètres l'espace nécessaire aux plus grands bâtiments. Les engins employés consistent en *masques*, *câbles de retenue*, *bosses cassantes*, *drômes flottantes*, etc.

Les surfaces frottantes doivent être soigneusement rabotées et recouvertes de couches de suif fondu, seul ou mélangé de savon. Dans les instants qui précèdent le lancement, on enlève successivement et méthodiquement les *accores* ou arcs-boutants qui soutenaient le navire pendant sa construction, alors il repose sur son berceau, on dégage les clefs et taquets, on coupe la *saisine* ou l'on scie le bout de la savate, puis on dégage les tains secs. Le navire ainsi délivré de ses moyens de retenue, part seul ou sous l'impulsion des engins de chasse.

LANCETTE. Nom générique des couteaux à lame courte et aiguë, et particulièrement, instrument de chirurgie qui est composé d'une petite lame allongée en forme de lance et d'un *manche* ou *châsse*.

— Le mot *lancette* a pris cours au moyen âge, pour désigner un instrument déjà connu des anciens sous les noms de *scalpellus*, de *phlebotomus*, et le mot *lanceola* ne paraît pas remonter au-delà de 1220. Mais ce qui fait croire que l'instrument existait, quoique sous une autre dénomination, dès les temps les plus reculés, c'est que les ouvrages hippocratiques traitent de la saignée dans les diverses parties du corps. La lancette est en effet l'instrument employé principalement pour inciser la veine dans l'opération de la saignée. En outre de cet usage, on s'en sert accessoirement pour sacrifier les téguments, pour inciser de petits abcès ou des kystes superficiels, pour faire une ponction exploratrice.

La *lame* est en acier fondu; elle est rectangulaire, aplatie, et se termine en pointe vers son extrémité libre. Une arête saillante renforce le milieu de chacune de ses deux faces et s'effile en mourant vers la pointe. Les bords sont mousses vers la base pour devenir tranchants vers la pointe qu'ils contribuent à former en s'inclinant de plus en plus l'un vers l'autre. Cette disposition permet à l'instrument de pénétrer dans les tissus en piquant d'abord, et en coupant ensuite, sans causer ni délabrement ni douleur trop intense. Son épaisseur est de 1 millimètre vers la base et diminue progressivement vers la pointe; sa longueur est d'environ 4 centimètres.

La *pointe* varie de forme selon les indications que l'on veut remplir. Elle est à *grain d'orge*, à *grain d'avoine*, à *langue de serpent*. Une variété dont on se sert beaucoup pour vacciner est constituée par une petite lame en fer de lance, creusée sur une de ses faces d'une rainure destinée à emmagasiner le virus et portée par une tige étroite qui s'élargit vers le talon.

Le *manche* est formé de deux plaques d'écaille plus longues que la lame et fixées par un clou de chaque côté de son talon. Ce clou sert d'axe commun, et c'est autour de lui que sont mobiles, la lame et les plaques, de telle sorte que ces trois parties essentielles étant réunies, l'instrument est fermé et la lame protégée, qu'étant séparées, la lame est à nu et peut être inclinée sur le manche suivant un angle déterminé. — Dr A. B.

LANDAU. *T. de carross.* Voiture à quatre roues et suspendue, dont le dessus, formé de deux capotages, peut être divisé pour avoir à volonté une voiture couverte ou découverte.

LANDIER. Chenet de fer de grandes dimensions.

* **LANGLOIS** (Jean-Charles). Peintre de panoramas, né en 1789, fut un brillant soldat et un artiste de talent. Sorti de l'École polytechnique en 1806, il fit les campagnes d'Allemagne, d'Espagne, de Russie, et parvint au grade de colonel. Entre deux batailles, Langlois dessinait et peignait, et

dans les courts séjours qu'il put faire à Paris, il prit des leçons d'Horace Vernet, de Gros, de Vernet et de Girodet. Après 1830, il se livra à la peinture de panoramas, et il obtint dans ce genre de très grands succès. La rotonde, voisine du Palais de l'Industrie, dans les Champs-Elysées, à Paris, fut construite pour y représenter ses grandes scènes militaires, habilement et largement traitées. Parmi ses œuvres panoramiques qui ont eu le plus de vogue, on doit citer : l'*Incendie de Moscou*, la *Bataille d'Eylau*, la *Prise de Malakoff*, etc. Le colonel Langlois est mort en 1870.

* **LANGUE.** *T. techn.* Défectuosité que présente quelquefois le verre au sortir du four, et qui consiste en une cassure partant du bord de la pièce et s'étendant jusque vers son milieu. || *Langue d'aspic.* Disposition du taillant de certains outils. || *Langue de bœuf.* Outil de maçon. || *Langue de carpe.* Ciseau en fer méplat, dont le tranchant à double biseau est un peu arrondi. || Outil de dentiste pour extraire les grosses dents. || *Langue de serpent.* Petite lancette très acérée, à l'usage des chirurgiens. || Petit outil de dentiste destiné au nettoyage des dents de la mâchoire inférieure. || *Langue de chat.* L'un des burins du graveur.

* **LANGUÉ, ÉE.** *Art hérald.* Se dit des oiseaux quand ils ont la langue d'un autre émail que le corps.

LANGUETTE. *T. de constr.* Séparation en plâtre ou en briques, destinée à former le coffre d'une cheminée depuis le manteau jusqu'au-dessus du comble. || *Languette de puits.* Maçonnerie établie dans un puits mitoyen pour le partager entre les deux propriétés. || *Assemblage à languette.* Sorte de tenon continu pratiqué sur l'épaisseur d'une planche, pour le faire entrer dans une rainure faite sur l'épaisseur d'une autre planche. || *T. de fond.* Petit morceau de métal laissé en saillie après la fonte, pour faire l'essai d'une pièce avant le poinçonnage. || *Instr. de mus.* Petite lame, mobile et tremblante d'une *anche.* — V. ce mot.

LANTANIER. — V. LATANIER.

LANTERNE. 1° Nom de divers appareils d'éclairage, les uns portatifs, les autres fixes, ordinairement composés d'une enveloppe vitrée dans laquelle est renfermée la source lumineuse. La lanterne portative n'a pas besoin de description ; elle a du reste peu varié de forme depuis l'ancien falot de nos pères jusqu'aux appareils plus élégants et plus commodes qu'on emploie aujourd'hui.

Les lanternes fixes, généralement appliquées à l'éclairage public, sont supportées par des consoles ou par des candélabres en fonte, et peuvent recevoir des lampes à l'huile ou des becs de gaz. Elles sont de forme carrée ou ronde ; elles ont remplacé l'antique réverbère dans toutes les villes où s'est implanté l'éclairage au gaz.

Nous avons déjà indiqué au mot ECLAIRAGE, figures 335 et 336, deux types de lanternes rondes destinées au service des voies publiques, avec le genre de bec intensif appliqué pour la première fois à l'éclairage de la rue du Quatre-Septembre, à Paris. Dans ces deux types de lanternes, le bâti est généralement en cuivre fondu. D'autres genres plus simples se construisent en cuivre rouge estampé et en tôle plombée.

|| 2° *Lanterne sourde.* Celle-ci est disposée de telle façon que celui qui la porte peut à volonté cacher sa lumière et voir sans être vu. || 3° *Lanterne magique.* La lanterne magique, inventée par Kircher, a pour but d'amplifier, dans une chambre obscure, des images peintes sur des lames de verre en les projetant sur un écran blanc. Cet instrument se compose d'une boîte en fer-blanc, noire à l'intérieure, et au fond de laquelle se trouve un réflecteur parabolique muni d'une lampe placée à son foyer. Les rayons réfléchis par le miroir sont concentrés, à l'aide d'une lentille, sur les figures de la lame de verre, puis sont reçus par l'objectif formé de deux lentilles plan-convexes, placées à l'extrémité d'un tube mobile ; en faisant mouvoir ce tube, on règlera la grandeur et la netteté des images projetées. La lampe peut être avantageusement remplacée par la lumière Drummond, la lumière oxyhydrique ou la lumière électrique ; c'est l'appareil de Kircher, perfectionné par M. Duboscq et muni de ce dernier éclairage, qui sert actuellement dans les cours pour rendre visibles à tous, les images scientifiques. || 4° *T. d'arch.* Tourelle ouverte par les côtés, et qui surmonte les combles d'un édifice, particulièrement un dôme, une coupole, pour donner de l'air et du jour à la partie supérieure et servir aussi d'amortissement. || 5° *T. de mécan. Engrenage à lanterne.* — V. ENGRENAGE. || 6° *T. de métall.* On donne ce nom à certains noyaux qui permettent de conserver aux pièces moulées leur creux intérieur. Dans le moulage des tuyaux, par exemple, la lanterne est un tube en fonte ou en fer, percé de nombreuses ouvertures et recouvert d'un enduit de terre ; cet enduit doit avoir une certaine porosité, pour permettre aux gaz résultant de l'action de la fonte, sur le noyau, de s'échapper par l'intérieur du tube et, de là, au dehors. Le garnissage des lanternes se fait en les plaçant sur deux supports en forme de tour et enlevant avec une râclette l'excédent de terre. On les sèche ensuite à l'étuve. || 7° Petite armoire très hermétiquement fermée, où l'on place les trébuchets destinés à peser les matières précieuses, pour les soustraire à la poussière qui en altérerait la précision.

* **LANTHANE.** *T. de chim.* Le lanthane a été découvert, en 1839, par Mosander dans la gadolinite de Suède. Il se trouve à côté de didyme, de cérium et d'yttrium dans la cérite. Pour le préparer, on pulvérise la cérite d'Utoë, et on l'additionne d'acide sulfurique concentré de manière à former une pâte, qu'on chauffe au rouge sombre, dans un creuset de Hesse rempli au tiers. On introduit la poudre obtenue dans l'eau à 0°, et on filtre. Le résidu, soumis à de nombreux traitements à l'acide sulfurique, donne encore une certaine quantité de matière soluble. On fait passer à travers le liquide neutre de l'hydrogène sulfuré pour précipiter les métaux lourds, on acidifie par l'acide chlorhydrique, on oxyde par un courant de chlore, et on précipite la liqueur par l'acide oxalique. Le

précipité, formé d'oxalate de cérium, lanthane et didyme, est chauffé au rouge dans une capsule en porcelaine; on obtient ainsi ces métaux à l'état d'oxydes, on les dissout dans l'acide nitrique et on évapore à consistance sirupeuse. Après refroidissement, on dissout la masse amorphe dans l'eau froide, et on additionne le liquide d'eau acidulée par deux centimètres cubes d'acide sulfurique concentré par litre. Pour 250 grammes d'oxyde, on emploie 3 litres d'eau acidulée; on fait bouillir pendant quelque temps; la majeure partie du cérium se précipite à l'état de sulfate basique, qu'on lave avec 3 litres d'eau acidulée. Les eaux de filtration constituent la matière première pour la préparation des sels de lanthane. On fait bouillir ces eaux, avec de la magnésite naturelle pulvérisée; la presque totalité de l'oxyde de cérium qui se trouvait en dissolution est précipitée. On filtre, on acidifie par l'acide chlorhydrique et on précipite par l'acide oxalique. On transforme l'oxalate en oxyde, on dissout ce dernier dans de l'acide sulfurique et on fait bouillir de nouveau avec de la magnésite. On répète ces opérations deux ou trois fois, et on dessèche finalement les sulfates au rouge.

Le mélange de sulfates de didyme et de lanthane est dissous dans le moins d'eau possible à une température de 0° à 5° au plus; on chauffe la dissolution concentrée jusqu'à ce que le sulfate de lanthane se sépare sous forme d'aiguilles enchevêtrées; on filtre à la trompe dans un entonnoir à filtration chaude. On dessèche le produit au rouge, on redissout dans l'eau glacée; ces opérations sont répétées sept à huit fois. Le sulfate qui se sépare en dernier lieu, est du sulfate de lanthane pur.

Lanthane métallique. La meilleure manière de l'obtenir, consiste dans l'électrolyse du chlorure en fusion. Le métal est d'un gris de fer; sa densité est 6,163; il est malléable mais peu ductile. Il brûle avec une flamme éclatante à l'air et dans le chlore. L'eau froide l'attaque lentement en formant un hydrate.

L'*oxyde de lanthane*, La^2O^3, s'obtient en chauffant l'oxalate; c'est une poudre blanche, densité 6,53, qui se comporte avec l'eau comme la chaux vive. L'*hydrate*, $La(OH)^3$, absorbe l'acide carbonique de l'air et décompose les sels ammoniacaux. Le *sulfate*, $La^2(SO^4)^3+3H^2O$, est plus soluble dans l'eau froide que dans l'eau chaude. Le *carbonate*, $La^2(CO^3)^3+8H^2O$, se trouve dans la nature à l'état de *lanthanite*, minéral qui renferme des quantités variables de cérium.

Les sels de lanthane, surtout le chlorure, donnent un spectre caractéristique; ils sont doués d'une saveur astringente et douceâtre. Ils n'ont pas reçu d'applications industrielles. — G. B.

LAPIDAIRE, LAPIDAIRERIE. *T. de mét.* Le *lapidaire* est l'artisan qui taille et polit les pierres précieuses, qui concourt par son habileté au perfectionnement des diverses branches de la *lapidairerie*. || On donne aussi le nom de *lapidaire* à un instrument qui sert à polir certaines pièces.

— Au XIIIe siècle, les lapidaires se nommaient *cristalliers* ou *pierriers*; ils taillaient les pierres précieuses et le cristal de roche, mais ils avaient beaucoup de points de contact avec les orfèvres, les joailliers et les batteurs d'or; déjà, à cette époque « les faulses pierres sont si semblables aux vraies que ceulx qui myeulx si cognoissent y sont bien souvent deceulz », de là, pour les lapidaires la nécessité de bien connaître les pierres qu'ils avaient à travailler, et des infractions souvent innocentes aux sévères réglements du métier.

* **LAPIS.** *T. techn.* Nom donné à un genre bien ancien d'indiennes, souvent modifié, mais qui a conservé son nom à cause du bleu de cuve qui en constitue l'élément essentiel.

LAPIS-LAZULI. *T. de minér.* Syn.: *Outremer naturel*, parce que ce produit vient des pays d'outre mer; son premier nom signifie « pierre d'azur ». C'est un silicate double d'alumine et de soude, qui se trouve d'ordinaire en masses compactes, à cassure inégale et à éclat vitreux, d'un bleu d'azur, à peine translucide, et présentant fort rarement des cristaux bien déterminables, ils sont alors cubiques ou en dodécaèdres rhomboïdaux. Il est assez dur pour rayer le verre, dur: =5,5; sa densité varie entre 2,2 et 2,8; sa composition chimique est assez différente, suivant les provenances; il résiste bien à l'action de l'alun, de l'acide acétique; mais, avec les acides concentrés, il donne une gelée incolore, et dégage de l'acide sulfhydrique. Il fond au chalumeau en donnant un émail blanc.

Warrentrapp, en ne prenant que les parties fortement colorées et débarrassées de leur gangue, donne les chiffres suivants, pour indiquer la composition du lapis-lazuli de Chine.

Silice	45.40
Alumine	29.19
Oxyde de fer	1.23
Soude	9.09
Chaux	3.52
Soufre	3.52
Acide sulfurique	5.89
— carbonique	1.62
Chlore	0.42
Eau	0.12
	100.00

Le lapis-lazuli se trouve dans les terrains primitifs, en Sibérie, près le lac Baikal, au Thibet, en Perse, en Chine, dans la petite Bukarie, en Natolie, au Chili, dans les cordillères d'Ovalle (République argentine), etc. Il est d'ordinaire associé au feldspath, au grenat, à la stéatite, au talc nacré, et à presque toujours des filons de pyrite de fer.

Usages. Le lapis sert surtout comme pierre ornementale pour faire des mosaïques, des objets d'art, des coupes, vases, etc.; il était jadis très employé en peinture, parce que c'était une couleur très vive et inaltérable; qui valut jusqu'à 2,500 et 3,000 fr. le kilogramme.

Depuis que l'on est arrivé à faire le produit artificiel appelé *outremer factice* (V. OUTREMER), que l'on fabrique encore en Europe en très grandes quantités (9,000,000 de kilogrammes environ), on n'emploie plus le lapis que comme ornement. — J. C.

* **LAPLACE** (PIERRE-SIMON, Marquis DE), l'un des premiers géomètres de l'Europe, est né à

Beaumont-en-Auge, le 28 mars 1749; son père était un simple cultivateur. Il est mort le 5 mars 1827. Il était l'un des quarante de l'Académie française, membre de l'Académie des sciences et du Bureau des longitudes, associé de toutes les grandes Académies ou Sociétés savantes de l'Europe. En 1784, il succéda à Bezout comme examinateur du corps de l'artillerie. Plus tard, il seconda Monge dans la création de l'Ecole polytechnique, et prit une part active à celle de l'École normale. Bonaparte, qui faisait le plus grand cas de Laplace, l'appela au ministère de l'intérieur après le 18 brumaire, mais l'illustre géomètre ne conserva ce poste élevé que pendant 6 mois. Il se sentait mieux doué pour l'étude de la mécanique céleste que pour la direction des affaires publiques. Le premier acte de son administration fut d'accorder, le lendemain même de sa nomination, une pension de 2,000 francs à la veuve de l'infortuné Bailly, son ancien collègue de l'Académie des sciences.

Sous l'empire, Laplace fut comblé d'honneurs; il devint comte, sénateur et grand'croix de la Légion d'honneur. Louis XVIII le nomma pair de France, et le créa marquis en 1817.

Deux sujets de recherches ont absorbé à eux seuls les efforts de Laplace, mais ils sont assez vastes pour occuper la vie entière de plusieurs savants. Ce sont : le calcul des probabilités et l'étude du mouvement que doivent prendre les astres sous l'influence de leurs attractions mutuelles, étude qui a reçu le nom de *Mécanique céleste*. Nous ne pouvons rien dire du calcul des probabilités, malgré les applications nombreuses et variées dont il est susceptible, aussi bien dans la pratique ordinaire de l'industrie que dans le domaine des sciences expérimentales et surtout dans la discussion des résultats de mesures délicates. Quant à la mécanique céleste, elle était le développement obligé de la découverte de Newton; mais les problèmes qu'il y avait à résoudre présentaient des difficultés considérables à cause du nombre et de la complication des influences dont il fallait déterminer les effets. Newton en avait posé les premières bases; mais l'analyse mathématique n'était pas assez puissante à son époque. Il a fallu les efforts de Clairaut, d'Euler, de Lagrange et de Laplace, pour créer les méthodes propres à aborder ces difficiles questions. Quant à la portée philosophique de la mécanique céleste, on en saisira facilement l'élévation, si l'on songe qu'il était nécessaire de pouvoir déterminer à l'avance la position des planètes, pour qu'à la suite de la comparaison avec les observations, on pût décider si réellement la loi de la gravitation de Newton suffit à expliquer les mouvements des astres, et si cette loi est bien la grande règle primordiale de la nature. Ajoutons qu'en rattachant ainsi les phénomènes à leur véritable cause, on a pu s'élever à des notions aussi justes que grandioses sur l'organisation du système du monde. C'est ainsi qu'il ressort des découvertes de Laplace que toutes les variations ou inégalités qui affectent les orbites planétaires, même celles qui se présentent à première vue comme augmentant toujours dans le même sens avec le temps, offrent, au contraire, un caractère *périodique* nettement accusé, de manière qu'après s'être manifestées dans un certain sens pendant une longue suite de siècles, elles prendront une marche inverse pendant une période suivante, et ainsi de suite. De là résulte que le système planétaire ne porte pas en lui-même le germe de sa destruction; mais que les lois qui président à son organisation en assurent, au contraire, la stabilité. Le premier pas de Laplace dans cet ordre d'idées fut marqué par la découverte de l'invariabilité des grands axes des orbites planétaires (1773). Enfin, c'est à Laplace qu'on doit l'achèvement de la théorie des marées, si importante pour tout ce qui touche à la navigation.

Les considérations générales qui forment, pour ainsi dire, le couronnement philosophique de l'astronomie et de la mécanique céleste, ont été longuement développées par Laplace dans un ouvrage admirable : *L'Exposition du système du Monde*, dont l'introduction renferme la magnifique théorie si populaire, par laquelle Laplace a cherché à expliquer la formation du système solaire.

La *Mécanique céleste*, « ouvrage tellement parfait, disait Gauss, qu'on ne peut rien désirer de mieux, » a paru successivement : les deux premiers volumes en 1799, les suivants en 1802, 1805, 1823, 1825 et 1826. Elle avait été précédée de la *Théorie du mouvement et de la figure des planètes*, 1784, *Théorie des attractions des sphéroïdes et de la figure des planètes*, 1785, et de l'*Exposition du système du monde*, 1796. La *Théorie des probabilités* date de 1812; elle fut suivie de l'*Essai philosophique sur les probabilités*, 1814. Les anciennes éditions sont à peu près épuisées. Une nouvelle édition, publiée chez M. Gauthier-Villars, sous les auspices de l'Académie des sciences, a commencé à paraître en 1878. La *Mécanique céleste* (5 vol. in-4°) et l'*Exposition du système du monde* (1 vol. in-4°), sont seuls achevés.

* **LAPPARENT** (Henri-Cochon de), ingénieur, né en 1807, fut appelé, en 1861, au ministère de la marine, pour y remplir les fonctions de directeur des constructions navales. C'est lui qui, le premier, fit appliquer, en grand, le procédé de la conservation des bois par la carbonisation de leurs faces; il publia même un traité sur ce sujet. A sa mort, en 1884, il était commandeur de la Légion d'honneur.

I. **LAQUE** (Résine). *T. de bot.* Matière résineuse que l'on récolte sur les rameaux et les jeunes branches de divers arbres des pays chauds : les *ficus religiosa*, Lin., et *ficus indica*, Lin.; les *croton lacciferum*, Lin. (*aleurites*), et *croton castaneifolium*, de la famille des euphorbiacées; les *rhamnus jujuba*, Lin., rhamnées; les *mimosa corinda* et *cinerea*; le *butea* (erythrina) *frondosa*, Lin., de la famille des légumineuses, etc. Elle est produite par suite de la piqûre que font, avec leur bec, certains petits insectes voisins des cochenilles, les femelles du *coccus lacca*, Kerr. Ces animaux se réunissent les uns contre les autres sur les jeunes tiges, et ne tardent pas à être englobés dans la masse résineuse, qui leur constitue alors une cellule pour chacun d'eux, et dont l'ensemble forme une sorte de manchon rugueux, que l'on récolte deux fois par an, dans les Indes et aux Moluques, en mars et en octobre.

On distingue dans le commerce plusieurs sortes de résine laque. La *résine laque en bâtons* (stick-lac), qui est le produit brut, tel que l'insecte l'a laissé se faire; elle porte en son centre un axe ligneux, et offre une épaisseur de résine de 4 à 5 millimètres. Elle est rougeâtre, transparente, à cassure brillante, montrant les loges dans lesquelles sont encore les débris d'insectes, avec 25 à 30 œufs que l'on n'a pas laissé éclore, pour avoir plus de matière colorante. Ce produit colore la salive en rouge; répand, par la chaleur, une odeur forte et agréable, est soluble dans les alcalis et les carbonates alcalins, assez soluble dans l'alcool, auquel il communique une teinte rouge, insoluble dans l'eau et les huiles. La *laque en grappes* est la même sorte, privée de la branche; elle se présente en morceaux volumineux, demi-cylindriques; la *laque en grains* (seed-lac), est en petits morceaux plus fins. La *laque en plaques* (shall-lac), est le produit naturel, fondu dans de l'eau bouillante légèrement alcalinisée, puis exprimé au travers d'une toile et étendu en couches minces, qui brisées, forment les plaques ou écailles, ou en morceaux épais, constituent des tablettes ou pains. On fait encore, dans l'Inde, de la *laque en fils*, qui est étirée, après fusion, en filaments rougeâtres et feutrés. La teinte de ces produits travaillés peut varier du brun au rouge et au blond.

D'après Hatchett, ces produits ont la composition suivante :

	Laque en		
	bâtons	grains	écailles
Résine	68.0	88.5	90.9
Matière colorante	10·0	2.5	0.5
Cire	6.0	4.5	4.0
Gluten	5.5	2.0	2.8
Matières étrangères	6.5	»	»
Perte	4.0	2.5	1.8
	100.0	100.0	100.0

On voit donc que, suivant les usages auxquels on destine ce produit, il n'est pas indifférent de choisir une sorte ou l'autre.

Usages. Les laques brutes, et surtout celles en bâtons et en morceaux, servent en teinture, depuis le commencement de ce siècle, pour obtenir les nuances rouge écarlate ou cramoisi; elles peuvent s'employer directement sur laine, sans mordant, ainsi que sur soie; lorsqu'on leur ajoute un mordant, elles donnent les mêmes nuances que la cochenille; elles se fixent mal sur coton et sur lin. Leur traitement par l'eau acidulée par l'acide sulfurique, à 1 0/0, entraîne beaucoup plus de matière colorante. C'est encore avec cette matière que sont teints les beaux maroquins rouges du Levant, après avivage par l'acide et l'alun. Ce produit est tonique et astringent.

La résine laque sert aussi à obtenir deux autres produits utilisés en teinture, la *lac-lack* ou *lac-laque* et la *lac-dye*. La première était déjà connue en Angleterre, dès 1796; elle se présente sous forme de pains irréguliers, de couleur lie de vin, à cassure luisante. On l'obtient en faisant une dissolution étendue de résine laque, en l'épuisant par le carbonate de soude, et en précipitant par l'alun.

Elle contient, d'après John :

Matière colorante	50
Résine	40
Alumine	9
Matières étrangères	1
	100

La *lac-dye* n'est que ce même produit, mais purifié; elle est en tablettes carrées de 6c,5 de côté sur 1c,5 d'épaisseur, irrégulières, recouvertes d'une croûte gris noirâtre ou rouge sale, et d'un brun noir à l'intérieur. Elle nous vient surtout de Calcutta, et est recherchée pour l'écarlate sur laine.

La résine en écailles sert surtout pour faire de la cire à cacheter; des vernis, notamment ceux des menuisiers; ceux destinés à donner l'étanchéité aux fûts de bière; ceux pour la chapellerie, et ceux qui, après addition de matières colorantes, recouvriront les meubles ou objets qui nous viennent de Chine et du Japon, et que l'on désigne sous le nom d'*objets en laque*. Lorsqu'on a besoin de vernis incolore, on se sert de *résine laque blanche*, c'est-à-dire de celle que l'on décolore par l'action du chlore ou de l'ozone. Cette variété, qui est en filaments tordus, sert encore pour recoller les objets en porcelaine. — J. C.

II. ***LAQUE.** *T. de chim.* Nom donné à un certain nombre de combinaisons formées par une matière colorante avec les sels d'alumine basiques; ce sont de véritables sels dans lesquels la matière colorante joue le rôle d'acide. Dans le nombre, les plus employées sont les *laques de garance* qui servent en teinture et en impression, et qui sont à base d'alizarine et de purpurine; la *laque carminée*, utilisée en peinture, à base d'acide carminique; les *laques cramoisies*, faites avec les principes colorants des bois du Brésil, de Fernambouc ou de Sainte-Marthe; elles servent pour la coloration des papiers peints, la peinture à la colle ou à l'huile; elles contiennent souvent des matières étrangères, de la craie, de l'amidon, de la résine, du savon (comme la *laque en boule de Venise*); la *laque de gaude* contient presque toujours, aussi, une notable quantité de carbonate de chaux, etc.

Préparation. On obtient les laques en traitant une décoction de la matière colorante par l'alun ou le perchlorure d'étain, puis versant dans le mélange un carbonate alcalin qui sépare l'alumine ou l'oxyde d'étain. Ceux-ci se combinent alors à la matière colorante et l'entraînent dans leur précipitation, en semblant s'y unir en proportions définies. On lave bien le précipité et on le laisse dessécher à l'ombre. — J. C.

III. **LAQUE** (Objets en). Les laques sont des objets de tabletterie ou des meubles recouverts d'un vernis spécial à l'Orient, qui leur donne un brillant magnifique et presque inaltérable. Ce vernis s'applique particulièrement sur un bois mince et bien travaillé, qui est généralement le cyprès.

La base de l'industrie des laques est une résine plus ou moins colorée que l'on extrait, par incision, de certains arbres. En Chine, l'arbre à laque est nommé *tsi*; au Japon, c'est le *rhus vernicifera*, de la famille des Anacardiacées, et sa résine s'appelle *urushi*. Quelques autres plantes, telles que le *rhus succedaneum*, l'*elæococcus vernicia*, les *melanoræa usitata* et *dryandra cordata*, donnent un vernis dont on use non seulement en Chine et au Japon, mais dans l'Annam, l'Inde, la Perse, etc. Le vernis laque le plus estimé en Chine, a une couleur de café au lait foncé, tirant sur le rouge. La nuance de la deuxième qualité est plus claire, et celle de la troisième qualité encore plus claire, c'est-à-dire café au lait ou gris mastic rosé. Ainsi, plus la couleur est blanche, moins le laque est fin et supérieur, et il noircit d'autant moins vite à l'air.

Il existe plusieurs variétés de laque. Voici les principales: le *nien-tsi*, et le *kouang-tsi* sont très brillants et rivalisent avec le *yang-tsi* ou vernis noir du Japon. Le *kin-tsi* est jaune doré et le *tchao-tsi*, jaune transparent. On fait aussi, à Canton, des meubles et des boîtes à thé blanches, dont les sujets sont peints de diverses couleurs; ce laque blanc se fait avec du *koa-kin-tsi*, vernis dont se servent les peintres sur laque pour délayer leurs couleurs; on le mélange intimement avec de l'argent en feuilles très ténues, et on le rend plus liquide par l'addition d'un peu de camphre. Le laque rouge est donné par le *tchou-cha*, cinabre natif; le rose, par la fleur de carthame; le vert, par l'orpiment et l'indigo du *kouang-tien-koa*; le violet, par le *tse-chi* ou colcotar calciné, et le jaune par l'orpiment. Toutes les couleurs que l'on mélange avec le vernis laque deviennent d'autant plus belles qu'elles sont plus anciennement appliquées.

Historique. La fabrication des laques a pris naissance en Chine et au Japon. L'origine de cette industrie se perd dans la nuit des temps. On croit généralement qu'aucune théorie ne lui a servi de point de départ, et qu'elle est due plutôt à des expériences faites çà et là, au hasard et par pure fantaisie. On conserve précieusement dans le temple de Todaiji, à Nara, province de Yamato, des boîtes en laque, destinées à renfermer des livres de prières, qui sont fort belles et très appréciées des amateurs. Ces boîtes furent, dit-on, fabriquées au IIIe siècle.

De la seconde moitié du VIIe siècle au commencement du Xe, l'industrie du laque se ressentit des guerres continuelles et des troubles incessants qui ne cessèrent d'agiter le Japon pendant cette période; mais, à partir de 910, le goût artistique se réveilla, et les fabricants produisirent à l'envi, des objets qu'ils s'attachèrent à rendre aussi solides et aussi beaux que possible, pour faire concurrence aux Chinois.

C'est seulement à la fin du XVIe siècle, que les premiers laques paraissent avoir été apportés en Europe, par les Portugais et les Hollandais. Toutefois, ils n'ont commencé à être bien connus en France qu'au milieu du siècle suivant, époque à laquelle les missionnaires jésuites en firent plusieurs envois à la cour de Louis XIV, où l'on estimait très haut ce genre d'ameublement: il servait surtout à garnir les boudoirs et les salons des nobles et des grands seigneurs. Leur originalité et leur beauté les mirent promptement à la mode. Ils furent même si recherchés que l'usage s'introduisit d'envoyer dans l'extrême Orient, pour les faire laquer, une foule d'objets de travail précieux fabriqués avec des bois indigènes ou exotiques.

Plusieurs artistes européens, à l'exemple du hollandais Christian Huyghens et du peintre vernisseur français Martin, ont cherché à imiter les laques orientaux, mais leurs essais furent infructueux (V. Vernis). Ce n'est guère que depuis 1832 que l'on a commencé à obtenir des résultats un peu satisfaisants. L'industrie des meubles de laque est aujourd'hui florissante en France et en Angleterre, surtout à Birmingham, où l'on fait du faux laque avec du vernis et du noir d'ivoire. On y laque beaucoup de carton-pâte. Cette industrie, toutefois, n'a pu rien produire encore de comparable aux laques de l'Asie centrale. Les vrais laques, c'est-à-dire les laques chinois et japonais, sont sur bois, sur carton ou sur papier mâché, sorte de carton très fin, très solide, apte à prendre les formes les plus compliquées, et affectent diverses teintes. Les laques d'Europe se fabriquent sur bois et sur papier mâché; ils sont presque toujours noirs et relevés de dorures légères. Ce qui les distingue surtout des produits asiatiques, c'est que leur éclat est dû au vernissage, tandis que les vrais laques doivent le leur au polissage.

Il importe maintenant de faire connaître les genres principaux qui divisent les laques en général. Nous allons les décrire en commençant par les plus précieux.

Laque fond d'or. Cette espèce est la plus ancienne, la plus rare et la plus recherchée; elle acquérait au XVIIIe siècle les prix les plus élevés. Les laques à fond d'or, dit M. Albert Jacquemart, ont généralement la couleur chaude et mate du métal vierge; c'est sur cette surface lumineuse que ressortent, en relief, des méandres de fleurs et de feuillages, des sujets, de fins réseaux scintillant comme ferait une sculpture brunie. Les laques à fond d'or, sorte d'orfèvrerie en bois d'une légèreté inconcevable et réservée aux demeures somptueuses, sont presque tous de petite dimension: ce sont des cabinets minuscules aux tiroirs microscopiques, des coffrets à bijoux affectant des formes singulières, telles qu'un éventail fermé, un écran, un coquillage, des fruits ou des feuilles, des plateaux féeriques engagés l'un dans l'autre, des boîtes à secret encastrées et s'ajustant comme les gobelets d'un prestidigitateur.

Laque aventurine. Moins précieux que le laque à fond d'or, celui-ci, dans sa facture la moins parfaite, sert à décorer l'intérieur des plateaux et des boîtes recouvertes en dessus d'une autre espèce de laque. Rivalisant avec le *quartz aventurine* ou avec le produit artificiel inventé à Venise pour imiter cette gemme et dont la riche couleur brun rouge est éclairée par les points brillants et métalliques dont sa masse est pénétrée (V. Aventurine), ce laque comprend trois variétés: l'aventurine à gros grains d'or, l'aventurine ordinaire et l'aventurine foncée. On connaît encore une autre espèce, sous le nom d'*aventurine nuancée*. Dans cette belle variété, assez rare, le pointillé métallique disparaît d'espace en espace sous un nuage d'or vaguement fondu dans la masse.

Laque noir. C'est le laque le plus communément répandu, celui qui fournit depuis les meubles et objets de luxe jusqu'aux commandes les plus vulgaires. Le laque noir a été fait partout, mais celui d'origine japonaise surpasse tous les autres. Le travail japonais s'accuse par le nombre des couches et la perfection du poli *non pousseux*; on dirait un miroir de métal et non un vernis, la finesse des reliefs d'or ajoute à l'illusion: certaines pièces semblent de l'acier incrusté d'or vierge. Les laques noirs de provenance chinoise se reconnaissent, au contraire, par la faiblesse de l'or, plus délayé, moins chaud ; le fond est moins bien poli, on y sent le voisinage du bois, dont l'œil aperçoit les nervures.

C'est aux Chinois que l'on doit le mélange de teintes diverses avec le noir. Le Louvre possède des bois de la dynastie des Ming (1522 à 1560), sur lesquels un brun rouge forme des médaillons arabesques ressortant sur le fond. On rencontre également de temps à autre des laques verts et chamois.

Laque rouge. Celui-ci paraît d'origine essentiellement japonaise, et les petites pièces qu'on rencontre sont presque toujours d'une couleur ardente et pure et d'un décor très soigné. Ce sont généralement de petites coupes précieuses connues autrefois sous la désignation de *vrai lacq rouge ancien* ou *ordinaire*.

Laque burgauté. Le burgau, espèce particulière de nacre aux reflets vifs et chatoyants (V. NACRE), a été appliqué sur le vernis noir par presque toutes les nations de l'extrême Orient. Au Japon, le burgau relève souvent les plus fins laques noirs ; il est alors posé avec beaucoup de discrétion, traçant des tiges de bambou, ou couronnant de fleurs microscopiques sculptées en relief des bouquets d'or brillant.

Laque ciselé. D'origine japonaise, cette espèce connue en Europe sous le nom de *laque de Pékin*, et en Chine sous celui de *laque de Ti-tchéou*, se fabrique aujourd'hui dans le département de Houang-tchéou, province de Hou-pé. Voici la composition du laque chinois dit de *Ti-tchéou* : la pâte est formée de filasse fine, de papier de bambou et de chaux de coquilles, le tout bien battu, bien lié avec de l'huile de camélia et coloré par le vermillon. Cette pâte est appliquée sur bois et acquiert une grande dureté ; on la découpe et on la sculpte avec délicatesse ; quant à la vernissure, elle est l'objet d'un travail particulier tenu secret. Les anciens meubles en laque ciselé sont le plus souvent d'une couleur rouge rappelant le beau corail rouge foncé ; ceux dont la teinte se rapproche du vermillon clair et brillant, sont de fabrication récente et par conséquent moins estimés ; plus cette teinte s'assombrit, plus le meuble est ancien. Le laque ciselé du Japon est plus foncé encore que le plus ardent et le plus ancien produit chinois, les détails de l'ornementation sont plus grands et la vernissure bien plus parfaite. Il existe des laques ciselés du Japon sur pâte noire et brune.

La côte de Coromandel, dans l'Inde orientale, est renommée également pour des laques qu'elle n'a jamais fabriqués et dont on ignore absolument l'origine. Les meubles de Coromandel sont en bois sculpté. Les dessins y sont indiqués par des cloisons saillantes réservées dans le bois, à peu près comme dans l'émail champlevé, et les couleurs diverses sont mises sans épaisseur dans les cavités et tranchent ainsi d'autant mieux sur le fond noir. Les sujets représentés sont presque tous chinois et les emblèmes ceux du Céleste-Empire.

Nous venons de parler des laques vrais ; mais nous ne devons pas négliger de dire un mot d'un genre oriental voisin, celui des peintures en vernis sur des objets en bois et en papier mâché. Ce genre d'ébénisterie laquée, qui se fabrique en Perse, est rehaussé d'or et se signale par des couleurs très vives et des sujets souvent à figures tels que combats, danses, scènes d'intérieur, etc. Ces objets ont un grand caractère d'élégance ; ils proviennent d'Ispahan, de Téhéran et de Hamadan, et peuvent supporter la comparaison avec les laques de la Chine et du Japon. C'est le plus grand éloge qu'on puisse en faire.

Les ouvrages en faux laque représentent également une des grandes industries de l'Inde. Les boîtes de Pundjab se distinguent par leur couleur purpurine. Celles de Rajputana, au contraire, sont à fond gris et décorées de fleurs conventionnelles de deux couleurs et de forme presque géométrique, disposées alternativement. Les ouvrages en laque de Karnul, composés de plateaux et de boîtes de large dimension, sont ornés de fleurs en bosse, peintes en général sur fond vert, et rehaussées d'or. Mais les ouvrages de Kaschmyr en papier mâché, vernissé de laque, sont les plus beaux de tout l'Indoustan ; ils ne le cèdent qu'aux meilleurs ouvrages en ce genre.

FABRICATION. Le mode de fabrication des objets laqués, en vrai laque, comprend une série d'opérations bien distinctes que nous décrirons sommairement, telles qu'on les pratique en Chine et, à peu de chose près, au Japon.

1° L'ouvrier plane d'abord le bois avec soin, dégage les rainures d'assemblage, et, avec un stylet de fer, les garnit de fine étoupe. On colle ensuite sur les joints et les rainures des bandes de papier, et l'on nerve toute la surface en y appliquant une gaze de soie ;

2° Sur une table à rebords, bien unie, on mélange ensemble du fiel de buffle ou de porc et du grès rouge pulvérisé très fin et tamisé ; cette opération doit se faire très lentement et dure toute la journée. Il se dégage une odeur ammoniacale assez vive pour que l'on doive faire le mélange en plein air et en plein soleil, sans quoi ce mélange ne serait pas d'un beau noir ;

3° On étend sur le meuble une couche épaisse de cet enduit avec un long pinceau plat, à soie courte, en ayant la précaution de la répartir avec régularité ; on la laisse sécher à l'air, et elle prend un aspect grenu et une couleur brun rougeâtre ;

4° Le polissage est facile et rapide ; il suffit de promener plusieurs fois sur l'enduit, un brunissoir de grès rouge. Pour que le petit meuble soit prêt à être laqué, il ne faut plus que passer dessus une couche d'eau gommée avec de la craie en suspension, ou que le frotter, comme on fait au Japon, avec de la cire, afin d'empêcher que le vernis ne pénètre dans le bois ;

5° L'ouvrier prépare ensuite le laque, selon la qualité qu'il veut obtenir ;

6° C'est dans un endroit sombre, fermé de tous côtés que l'on applique, sur le meuble, le vernis laque en couches minces avec un pinceau plat. Il faut, en effet, éviter que la poussière en voltigeant, ne granule la surface, que les moustiques et les mouches ne viennent s'y poser. Aussitôt l'application de la couche, on porte le meuble dans une pièce plus obscure et humide, afin de l'y laisser sécher ;

7° Du séchoir, la pièce passe dans les mains d'un ouvrier qui l'humecte d'eau, et la polit soigneusement avec une pierre de schiste tendre à grain très fin, avec des tiges de prêle ;

8° Le meuble reçoit ensuite une deuxième couche de laque, puis, au sortir du séchoir, on le polit encore. Ces deux opérations sont renouvelées jusqu'à ce qu'on ait obtenu une surface parfaitement unie, d'un noir de jais aussi brillant que possible. On ne donne jamais moins de trois couches de vernis, et il est rare qu'on en applique plus de dix-huit. On a prétendu que certains vieux laques chinois et des laques japonais ont reçu plus de vingt couches ; pour la Chine, le fait paraîtrait tout à fait exceptionnel, car il existe au Louvre une pièce avec la mention : *lou-tsing*,

« six couches », ce qui implique déjà un nombre digne d'être signalé et sortant de l'ordinaire ;

9° Le guéridon ou le coffret est enfin laqué ; tout ayant réussi à souhait, l'objet est remis aux ouvriers décorateurs. La plupart du temps, ils emploient des calques en papier percé de petits trous, qu'ils saupoudrent de blanc ; quelques-uns, avec un crayon blanc, font des dessins d'imagination, ou plutôt de mémoire. Guidés par les traits blancs de l'esquisse, qu'ils enlèvent ensuite, les peintres les repassent en faisant, avec un petit poinçon d'acier, les enlevages sur le laque. On couvre ensuite les traits du dessin avec un mélange de laque et de vermillon. Lorsque l'on veut obtenir des reliefs, on applique plusieurs couches consécutives de laque rouge, qui se sèche très promptement, et l'on passe à la dorure.

Pour celle-ci, les ouvriers emploient deux espèces d'or : l'un en poudre, de couleur rougeâtre, et l'autre, en petites feuilles, appelé *or vert* ; celui-ci surnage dans une tasse remplie d'eau. L'or rouge se place avec un petit tampon de coton ; l'or vert s'applique au pinceau : ces deux qualités d'or se fixent sur le laque humide sans que l'on ait besoin d'employer de mordant. Quant à la nuance jaune pâle, on l'obtient avec l'or jaune allié à un peu d'argent ;

10° De l'atelier de peinture, où il a été couvert d'une miniature dorée, dessinée avec la patiente minutie et la finesse originale qui caractérisent le talent de l'ouvrier chinois, le meuble ou coffret passe dans les mains du menuisier qui le monte, puis du serrurier garnisseur qui y place des charnières, des poignées, une serrure en cuivre blanc, et l'ajuste avec goût.

Les laques du Japon sont d'une finesse et d'une perfection qui laissent bien loin derrière eux, même les plus beaux laques de la Chine ; ils ont, en outre, une qualité traditionnelle, c'est la dureté qui leur permet de résister à tout, de n'être jamais rayés et de supporter les hautes températures. Leur polissage est le plus parfait que l'on connaisse. Le célèbre empereur Kang-hi, le Louis XIV des Chinois, aussi ami des beaux-arts que connaisseur hors ligne, convenait lui-même de la supériorité des laques du Japon ; mais comme nous l'apprend le Père d'Incarville, il l'attribuait à une cause naturelle, non à une supériorité d'industrie. « L'application du laque, disait ce prince, demande un air doux, frais, humide et serein ; celui de la Chine est rarement tempéré, et presque toujours chaud ou froid, et chargé de poussière et de sels. Voilà pourquoi les laques qu'on y fait n'ont pas l'éclat de ceux du Japon, qui, se trouvant au milieu de la mer, a un air plus propre à faire sécher le vernis sans le rider ni le ternir. »

Quoique inférieur au laque japonais, celui des Chinois n'en est pas moins, entre les mains d'excellents ouvriers qui, d'habitude, ont été se perfectionner dans leur métier au Japon, un produit admirable. On vante, surtout, le beau laque noir de Chao-chao-Fou. Ce dernier est si dur, qu'un couteau ordinaire aurait de la peine à le rayer, et de l'eau bouillante peut être versée dessus impunément. Le poli en est parfait. Le secret de la fabrication de ce laque exceptionnel, est, dit-on, le secret d'une famille, et comme il faut un temps considérable pour le produire, les exemplaires en sont rares.

Bibliographie. Bazin : *Chine moderne*, dans l'*Univers pittoresque* ; Natalis Rondot : *Une promenade dans Canton*, dans le *Journal asiatique*, t. XI, 4e série ; Isidore Hedde, Ed. Renard, A. Haussmann et N. Rondot : *Etude pratique du commerce d'exportation de la Chine*, 1848 ; Maeda, commissaire général de l'exposition japonaise : *Le Japon à l'exposition de 1878* ; Albert Jacquemart : *Histoire du mobilier*, 1876 ; Louis Gonse : *L'art japonais*, 1884 ; *Report by Her Majesty's acting consul at Hakodate on the Lacquer industry of Japan*, London, 1882.

***LARDOIRE.** *T. techn.* Armature de fer appointé, fixée à l'extrémité des pièces de bois que l'on veut faire pénétrer dans le sol.

***LARDON.** *T. techn.* Petit morceau de fer ou d'acier armé de griffes, que l'ouvrier forgeron enfonce, à froid, dans une partie défectueuse ou entre les lèvres d'une soudure. Dans cet état, la soudure est remise au feu, et lorsque le morceau rapporté a atteint la température de l'ensemble, on le bat de manière à combler le vide primitif.

***LARGET.** *T. de métall.* On entend par *larget* des plaques de fer ou d'acier, destinées à être ultérieurement transformées en tôles minces. On leur donne, comme longueur, la largeur que doit avoir la tôle, et on les lamine en travers.

***LARME.** *T. de verr.* Imperfection dans la fabrication du verre, causée par la volatilisation des alcalins qui se vitrifient avec l'argile de la voûte du four et, retombant dans le creuset, forment dans le verre des gouttelettes coloriées. || *Larme batavique. T. de chim.* Petite masse de verre ayant la forme de larme, et qui a la singulière propriété de se briser en poussière lorsqu'on en casse la pointe. Les premières sont venues de Hollande, de là le nom de *larmes bataviques* ou de *Hollande* qu'on leur a donné. On les obtient maintenant dans les verreries, en cueillant, à l'extrémité d'une tige de fer, un peu de verre fondu et très chaud qu'on laisse tomber lentement en se plaçant au-dessus d'un vase plein d'eau froide ; le verre s'allonge sous forme de larme qu'on sépare du fer en relevant celui-ci par un mouvement brusque. Le verre tombe dans l'eau, se trempe en conservant à peu près sa forme de larme. On explique le phénomène d'explosion des larmes par la rupture de l'équilibre instable dans lequel se trouvent les molécules intérieures qui ont éprouvé une contraction forcée par le refroidissement subit et la solidification des couches extérieures ; de sorte que la rupture d'un point de la masse suffit pour détruire tout l'arrangement moléculaire. Il résulte des expériences de M. de Luynes, que le point sensible d'une larme batavique est au changement de courbure du verre ; car on peut user à l'acide fluorhydrique la base et la queue de la larme sans qu'elle éclate. || *T. d'arch.* Petit cône tronqué placé sous le triglyphe dorique ; on dit aussi *goutte* et *campane.* || *Art hérald.* Meuble d'armoiries dont la partie inférieure est arrondie et la partie supérieure en pointe et ondoyante.

***LARMIER.** *T. d'arch.* Dans les ordres d'architecture, on appelle ainsi la partie saillante et verticale de la corniche qui sert à éloigner l'égouttement. A cet effet, l'extrémité inférieure de cette surface verticale est creusée en dessous d'un canal, dont le bord, taillé à vive arête, s'oppose au retour de l'eau vers l'entablement et la force de s'égoutter plus loin que le pied des colonnes. On voit alors les gouttes d'eau suspendues comme des larmes tout le long de cette partie saillante et verticale ; de là le nom de *larmier*. Le dessous du larmier ou de la corniche est diversement décoré, suivant l'ordonnance architecturale. Au moyen âge, le larmier est un talus terminé soit par un simple coupe-larme, soit par un coupe-larme accompagné d'une moulure, pour rejeter les eaux plus loin.

***LAROCHE-JOUBERT** (EDMOND), fabricant de papiers, né à La Couronne (Charente) en 1820, mourut en juillet 1884. Associé très jeune à la direction de la papeterie de son père, il donna une impulsion considérable à la production des papiers de la Couronne dont la marque est depuis longtemps universellement connue. Nous n'avons point à parler ici de sa carrière politique, mais nous devons consacrer à l'industriel, une courte notice pour rappeler son inépuisable bienfaisance. Il avait fondé à Angoulême diverses sociétés de prévoyance et de secours mutuels pour les ouvriers, et il avait, dans ses usines, largement appliqué le système de la coopération à tout son personnel, aussi a-t-il laissé de vifs regrets parmi ses ouvriers et ses employés. Laroche-Joubert était chevalier de la Légion d'honneur depuis 1870. La papeterie de la Couronne est actuellement dirigée par le fils de M. Laroche-Joubert, gendre d'Odilon Barrot.

***LARYNGOSCOPE.** *Inst. de chirurg.* On donne le nom de *laryngoscope* à tout un système composé essentiellement de verres éclairants condensateurs et d'un miroir d'inspection. On peut, à l'aide du laryngoscope, examiner la cavité du larynx, déterminer les lésions dont elle est le siège, porter les topiques là où il est nécessaire, et aussi, pratiquer les opérations les plus délicates, telles que l'extirpation des polypes, l'ablation des tumeurs, etc., opérations qui étaient impossibles à faire avant la découverte de cet instrument, ou pour mieux dire, de cet appareil.

— L'invention du laryngoscope revient à Jean Czermack, professeur de physiologie à la Faculté de Pesth; elle date déjà de 1858, mais l'appareil de Czermack n'était destiné qu'à des expériences purement physiologiques, et il a fallu bien des modifications pour qu'on pût l'appliquer à la clinique.

Le laryngoscope est basé sur le principe de l'éclairage par *lumière réfléchie* ou par *lumière directe*. En Allemagne, la première méthode semble prévaloir. En France, c'est à la seconde qu'on a recours. Le meilleur appareil est celui de Krishaber. Il se compose essentiellement ;

1° D'un système en forme d'anneau métallique s'appliquant le long de la cheminée d'une lampe et portant d'un côté une lentille à verre planconvexe de 5 centimètres de diamètre, et du côté diamétralement opposé, un *réflecteur*, miroir concave argenté, ayant les mêmes diamètres que la lentille. La lentille et le réflecteur sont donc disposés de telle manière que la lumière de la lampe soit placée directement entre eux deux. La distance focale de la lentille a été calculée sur celle du réflecteur placé derrière elle ;

2° D'un *miroir d'inspection* à surface étamée, argentée, ou platinée, encadrée d'une monture métallique solidement maintenue elle-même à l'extrémité d'une tige. La forme et la dimension de ce miroir peuvent varier selon les indications; en général, les dimensions varient de 20 à 25 millimètres ; quant à la forme, elle est le plus souvent carrée à angles émoussés.

La lampe, munie du système décrit plus haut, est placée sur une table étroite ou, ce qui est préférable, sur une très petite table ronde, entre le malade et l'observateur. La tête de l'opérateur doit être un peu plus élevée que celle du malade, qui est inclinée de telle manière que le faisceau lumineux tombant au milieu des lèvres, pénètre dans la cavité buccale dans une direction qui, par rapport au plan anatomique du plancher de la bouche, est de haut en bas et d'avant en arrière. Le malade ouvre alors la bouche aussi largement que possible afin de recevoir le miroir d'inspection fortement éclairé. Ce miroir, échauffé légèrement à la chaleur de la lampe, est introduit à la hauteur de la luette qu'il soulève et repousse un peu, et l'on voit alors la figure laryngoscopique, c'est-à-dire l'épiglotte, la glotte et les cordes vocales se réfléchir sur sa surface brillante.

L'opérateur doit s'exercer à manier le miroir d'inspection des deux mains. — Dr A. B.

***LA SALLE** (PHILIPPE DE), dessinateur et mécanicien, né à Seyssel en 1723, mort en 1804, fit faire de grands progrès à l'industrie lyonnaise. On lui doit l'invention de la navette volante des métiers à tisser, et la création des tissus d'ameublement.

***LASSERET.** *T. techn.* Espèce de tarière qui sert à percer le bois pour y introduire des chevilles ; On écrit aussi *lasceret*. || Pièce qui reçoit l'espagnolette, et qui la fixe sur le battant de la croisée. || Piton à vis, et lorsqu'il est sans vis et rivé en dehors pour tourner en tous sens, on le nomme *lasseret tournant*.

***LASSERIE.** *T. techn.* Ouvrage de vannerie particulièrement soigné.

***LASSUS** (JEAN-BAPTISTE-ANTOINE), né à Paris, le 19 mars 1807, fut un des plus ardents promoteurs de la renaissance de l'architecture ogivale en France, ou pour mieux dire d'une architecture rationnelle. Mécontent de l'enseignement étroit qu'il recevait à l'Ecole des beaux-arts, il engagea H. Labrouste, qui revenait d'Italie avec une étude d'un temple purement grec, à ouvrir un atelier, où il eût pour condisciples la plupart de ceux qui occupent aujourd'hui les premières places comme architectes diocésains ou des monuments historiques. Au Salon de 1833, il envoya une étude du palais des Tuileries, tel qu'il devait être à l'origine ; à celui de 1835, un projet de restauration de la Sainte-Chapelle, puis du réfectoire de Saint-Martin-des-Champs, devenu aujourd'hui la bibliothèque du conservatoire des arts et métiers.

Nommé, en 1837, architecte de l'église Saint-Séverin, il réédifia devant sa façade occidentale l'ancien portail de Saint-Pierre-aux-Bœufs, que l'on venait de démolir dans la Cité ; puis il participa, comme inspecteur, en 1838, à la restauration de l'église de Saint-Germain-l'Auxerrois, qui est le point de départ de toutes les restaurations d'édifices religieux du moyen âge, qui se sont succédé depuis cette époque. Peinture, sculpture, menuiserie, ferronnerie et vitraux, tout y fut essayé ou rétabli suivant les pratiques anciennes.

En 1843, Lassus construisit l'église Saint-Nicolas, de Nantes ; puis, en 1845, il fut chargé, avec Viollet-Le-Duc, à la suite d'un concours, de la restauration de Notre-Dame de Paris, qui fut principalement l'œuvre de son collaborateur, tandis qu'il se confina plus exclusivement dans la restauration de la Sainte-Chapelle, où il collabora, dès 1839, comme inspecteur de Duban, pour en rester chargé seul en 1849.

Pendant ce temps, il dirigeait la restauration de la cathédrale du Mans et celle de Chartres, dont il rebâtit un clocher, et fit un relevé qui a servi pour l'exécution des planches de la *monographie* de cet édifice.

Rompu par ces travaux à la pratique de l'architecture française du XIIe au XIIIe siècle, c'est dans ce style qu'il reconstruisit la nef de la cathédrale de Moulins, les églises de Saint-Nicolas, à Nantes, de Saint-Pierre, à Dijon, et de Belleville, à Paris, dont la façade est son chef-d'œuvre, tandis qu'il restaurait Notre-Dame de Dijon, Notre-Dame de Châlons-sur-Marne et l'église de Saint-Aignan. Les monastères enfin, l'avaient choisi pour architecte de leurs maisons, où il exécuta d'importants travaux, comme à la Visitation, rue d'Enfer, qui lui doit le dôme roman de sa chapelle.

Parmi les quelques maisons dont il dirigea la construction, il faut citer celle en style du XVe siècle que le prince Soltykoff fit élever avenue Montaigne, pour y exposer sa célèbre collection d'objets d'art du moyen âge et de la Renaissance. Vivant à une époque où la lutte était vive entre les partisans de l'architecture du moyen âge et les séides de l'architecture classique et académique, en un temps où un architecte devait être doublé d'un érudit, Lassus publia, dans les *Annales archéologiques*, quelques articles de polémique, où il eut l'honneur de dégager ce principe de l'architecture gothique : c'est que l'homme y sert d'échelle à la construction, tandis que dans l'architecture grecque, l'échelle est variable avec les dimensions du monument. De cette loi découle ce fait que dans la première, les membres de la construction se multiplient en même temps que les dimensions de l'édifice, tandis qu'ils grossissent dans la seconde.

Lassus préparait la publication de l'*Album de Willard de Honnecourt*, un architecte du XIIIe siècle, dont le livre de croquis nous a été conservé, lorsque la mort le surprit, le 15 juillet 1857, à son arrivée à Vichy, où il venait soigner une maladie de foie trop longtemps négligée. Il était chevalier de la Légion d'honneur depuis l'année 1850. — A. D.

LASTING. Tissu ras, croisé, en laine peignée. On le tisse en écru et on le teint en pièces. L'armure est celle du satin de 5 lisses, par effet de chaîne. Les largeurs ordinaires sont de 70 centimètres pour pantalons, et de 85 centimètres pour l'article meubles. Dans le *lasting-luxor*, on emploie une chaîne mérinos et une trame en bourre de soie.

***LAT.** *T. de tiss.* Duite de couleur, lancée dans l'angle d'ouverture d'une chaîne, et ne devant concourir que partiellement à l'effet de coloris d'une duite générale. Tout ce qui, dans cette duite partielle, ne doit pas contribuer à l'aspect du dessin sur la face d'endroit, se traîne, sous forme de brides plus ou moins longues, sur la face d'envers. Tous les lats compris dans une duite générale, constituent ce qu'on appelle une *passée*. — V. LANCÉ.

LATANIER. *T. de bot.* Le *latania borbonica* (Lam.), connu vulgairement sous le nom de *latanier*, de la famille des palmiers, n'est utilisé que dans les pays de production.

Mais on importe en assez grande quantité en Europe, les produits qui servent à faire les *chapeaux* nattés dits de *latanier*, et qui, fournis par le *latania glaucophylla* (Hort.), nous arrivent de Cuba, en juin. Pour utiliser ces produits, on coupe la feuille interne avant qu'elle ne se déploie, on la fait sécher au soleil qui la décolore, puis on fait des paquets de 25 à 50 tiges assorties, qu'on transporte à dos d'ânes jusqu'au port le plus proche. Parvenu chez le fabricant, le latanier est soumis au défeuillage, qui consiste à séparer les folioles formant les lames de l'éventail. On procède au blanchiment au moyen de lavages alcalins, suivis de l'exposition à l'acide sulfureux, dans des chambres spécialement appropriées, et de l'étendage sur le pré. Après un triage des qualités, on coupe les tiges et les parties ligneuses, et on refend les folioles au moyen de couteaux rangés à distances égales et plus ou moins rapprochés suivant la finesse qu'on désire obtenir. Le latanier est ainsi prêt à être tressé en chapeaux. — V. CHAPEAU DE PAILLE.

LATIN (Art et style). Le style latin, avons-nous dit (V. ART CHRÉTIEN), est celui qui s'étend depuis la période mérovingienne jusqu'au XIe siècle. Il représente la décadence de plus en plus prononcée de l'architecture usitée chez les Gallo-Romains. Après les destructions qu'entraîna partout le flot envahissant des barbares, les arts comme les sciences trouvèrent un refuge dans les monastères. Le rôle de ceux-ci ne fut pas d'innover, mais de conserver. Ce n'était pas une chose facile que de conserver quelques débris de la civilisation, au milieu d'une population abrutie par la misère, mêlée partout à des hordes à demi-sauvages et parlant des langues différentes. « Ne jetons pas nos perles aux pourceaux, dit un chroniqueur du temps ; si ces sortes de gens éventaient notre science, ils traiteraient sans pitié le peuple des campagnes, et de plus, ils n'auraient pour nous ni déférence, ni respect; mais à la manière des pourceaux, ils se jetteraient sur ceux qui auraient voulu les parer » Dans l'effroyable abaissement intellectuel qui caractérise le moyen âge à ses débuts, des moines, dans le fond de leurs monastères, transcrivaient des manuscrits et pratiquaient les arts du temps : la dorure, quelques ornements en mosaïque et un peu d'orfèvrerie. Leurs procédés étaient tenus secrets et ne se communiquaient qu'à de rares adeptes. Seuls dépositaires des traditions, ils ne gardaient leur influence que parce qu'ils étaient plus intelligents que les barons et le peuple. Les barbares les respectaient, parce qu'ils croyaient voir en eux quelque chose de surnaturel.

Le zèle religieux du temps élevait un grand nombre d'édifices dans lesquels on employait le plus souvent les matériaux de monuments plus anciens. Pourtant, il reste à peine quelques échantillons de notre architecture nationale du ve ou xe siècle, à cause du peu de solidité des constructions qu on faisait alors.

Fig. 35. — *Eglise Saint-Jean, à Poitiers.*

La plupart des églises, que la foi des évêques a élevées, en France, jusqu'à la formation de l'architecture nationale, étaient des constructions rustiques faites de bois. On était souvent impuissant à réparer les édifices romains qui servaient au culte, et on admirait prodigieusement les architectes dont les constructions offraient quelque garantie de durée et de solidité. La période mérovingienne fut, sous le rapport du style, la continuation de la période gallo-romaine; seulement les malheurs publics sont tels que l'art, qui ne sait plus innover, s'abaisse à chaque génération dans son imitation des créations plus anciennes. Les édifices romains étaient dépouillés de leurs ornements et, dans ce qui restait, le peuple se ménageait des logements. C'est ainsi que partout les ruines des temples, des arènes, des théâtres étaient habitées par une population qui trouvait là un abri ; et les murailles antiques servaient de support aux toitures et aux cloisons de la nouvelle génération. Si l'on voulait élever quelque chose de durable, on imitait les anciennes constructions, mais la plupart du temps on se contentait d'ajouter des annexes de bois à une construction déjà existante. Les incrustations en pierres de couleur, en marbre ou en terre cuite, sont un des caractères de la décoration des monuments. On prenait ces pierres ou ces morceaux de marbre dans les édifices romains encore très nombreux, et on les utilisait dans les édifices nouveaux.

Ce qui caractérise l'ornementation des chapiteaux dans la période latine, ce n'est pas l'introduction d'éléments originaux, mais l'altération de plus en plus prononcée des anciens types. Tantôt la volute et le feuillage prennent une importance énorme au détriment de la corbeille, tantôt ce sont les formes qui se dépriment et s'amaigrissent; mais toujours, on retrouve l'art gallo-romain déformé. Cette déformation apparaît d'abord dans les ornements les plus compliqués comme les enroulements végétaux, la palmette, la feuille d'acanthe ou la rosace; et la main de l'ouvrier s'alourdit en même temps que le souffle créateur va s'appauvrissant. Des branches de vignes grossièrement dessinées, des cornes d'abondance, des palmettes et des rinceaux de feuillage sont les motifs que l'on retrouve le plus souvent.

Fig. 36. — *Portail de Saint-Trophime, à Arles.*

La sculpture tient assez peu de place dans les édifices de la période latine : à l'extérieur, la décoration vient de l'alternance des tons que produisent les assises de briques et les incrustations de pierres de couleur; à l'intérieur, elle se compose de peintures. Ainsi, aux causes politiques ou sociales qui faisaient dépérir les arts s'en joignait une autre particulière à la sculpture, c'est qu'elle n'entrait plus pour rien dans la décoration des monuments.

Le règne de Charlemagne représente la tentative d'un

grand homme pour arrêter la marche toujours croissante de la barbarie. Le grand nombre d'édifices qui furent élevés sous son règne, témoigne de l'activité qu'il savait donner à toutes les branches de son administration. Mais il ne semble pas qu'il y ait eu dans le style architectonique de ce temps des changements bien considérables ; seulement les rapports que Charlemagne entretint avec l'Orient eurent pour effet d'amener en Occident un très grand nombre d'objets fabriqués dans l'empire byzantin, et d'attirer dans nos monastères beaucoup de moines grecs plus habiles que les nôtres. Il ne nous reste presque pas d'édifices de l'époque carlovingienne, et nous sommes presque toujours obligés de nous en rapporter aux descriptions du temps. On sait que Charlemagne avait fait bâtir un palais à Nimègue, un autre à Waltorf, et qu'il embellit beaucoup celui d'Engeilhem. Mais ce fut surtout à Aix-la-Chapelle qu'il éleva des constructions dont la magnificence excita alors l'admiration de toute la chrétienté. Il fit venir d'Italie, à cet effet, les architectes et les sculpteurs les plus renommés. Ravenne et Rome furent mises à contribution pour lui envoyer des colonnes de marbre précieux ; car c'était l'usage encore en ce temps là de prendre les matériaux tout travaillés dans d'anciennes constructions pour les faire servir aux nouvelles. Mais ces matériaux étaient incohérents entre eux, et les plans des édifices nouveaux avaient rarement de l'unité. De superbes colonnes soutenaient des arcades grossières sans entablement, et de toutes petites fenêtres ne laissaient pénétrer qu'une lumière mesquine. Le fragment de l'abbaye de Lorsch qu'on voit sur le chemin de Manheim à Darmstadt est peut-être ce qui reste de plus complet de l'époque carlovingienne. On y voit des chapiteaux composites et des pilastres coniques qui prouvent qu'alors les hommes les plus habiles s'attachaient encore exclusivement à l'imitation des modèles laissés par les Romains.

Nous ne croyons pas utile d'entrer dans de plus grands détails pour la description des monuments du style latin. Nous ferons seulement observer que la plupart d'entre eux offrent des rapports tels avec ceux de la dernière période gallo-romaine, que les antiquaires sont exposés à de fréquentes confusions sur la date de ces édifices.

Le Midi de la France contient plusieurs monuments dont le style annonce une époque de décadence, mais on y retrouve toutes les anciennes habitudes des architectes romains ; tels sont la vieille cathédrale de Vaison, le portique de la cathédrale d'Aix, plusieurs portions d'église à Cavailhon, l'église de Saint-Jean à Poitiers, (ancien baptistère du VIe siècle, fig. 35), l'église de la Basse-Œuvre à Beauvais, la crypte de Jouarre, et Saint-Trophime, à Arles, dont nous montrons le portail (fig. 36). Cette belle église est du commencement du XIIe siècle ; à ce moment l'influence de l'art antique disparaît, l'art du moyen âge va lui succéder.

LATTE. *T. de constr.* Morceau de bois de cœur de chêne, long et mince, refendu selon le fil. || *T. techn.* Barre de fer plate. || Palette à l'usage du faïencier, pour enlever la terre détrempée. || Nom des échelons qui soutiennent la toile des ailes d'un moulin à vent.

LATTIS. *T. de constr.* On désigne ainsi l'ensemble des *lattes* ou pièces de bois très légères que l'on cloue : dans un plancher en bois, sur la face inférieure des solives, pour faciliter l'établissement des augets en plâtre formant le remplissage, et recevoir l'enduit du plafond ; dans une cloison, sur les faces des poteaux, pour maintenir également les remplissages et les enduits ; sur les chevrons d'une toiture, pour arrêter les tuiles. Les lattis pour plancher et pour cloisons se composent de lattes presque jointives, posées perpendiculairement à la direction des pièces sur lesquelles on les cloue. Les lattes pour couvertures en tuile se posent par cours horizontaux, distants entre eux, de milieu en milieu, d'une quantité égale au pureau des tuiles. Elles portent sur plusieurs chevrons, et sont disposées en liaison, c'est-à-dire que leurs extrémités sont, autant que possible, également distribuées entre tous les chevrons, au lieu d'être seulement clouées sur quelques-uns.

* **LAUGIER** (André). Habile chimiste et pharmacien, né à Paris, en 1776 ; mort en 1832. Élève et protégé de Fourcroy, son parent, il obtint divers emplois, entre autres celui de chef de bureau des poudres et salpêtres, au Comité du Salut public ; il fut nommé pharmacien-major à l'armée d'Egypte, puis professeur de chimie et de botanique à l'hôpital de Toulon, où il fit preuve de talent, ce qui lui valut la chaire de chimie à l'Ecole centrale du Var, puis à celle de Lille.

En 1802, il alla suppléer Fourcroy au Muséum d'histoire naturelle, et lui succéda ensuite. En 1803, lorsque l'Ecole de pharmacie fut rétablie, il y professa la minéralogie jusqu'en 1811, fut nommé alors vice-directeur, puis directeur, succédant à Vauquelin. Il resta en même temps attaché au Ministère de l'Intérieur comme chef de bureau, et prit, à ce titre, une part active à l'organisation des établissements d'instruction publique. En 1820, il fut élu membre de l'Académie des Sciences.

Il fut enlevé par une attaque de choléra. Laugier, comme chimiste, a laissé de nombreux et importants travaux, spécialement sur la séparation des métaux. Ses analyses exactes ont conquis une place dans la science. Outre un grand nombre de mémoires insérés dans les *Annales* et dans les *Mémoires du Muséum*, on a de lui, les *Leçons de chimie générale, 2 vol. in-8°, Paris,* 1828. — C. D.

* **LAULNE** (De). Dessinateur et graveur. — V. Delaulne.

LAURIER. *T. de bot.* Nom donné à un genre de plantes, qui constitue le type de la famille des laurinées. Le plus connu est le *laurier ordinaire* ou laurier sauce, laurier d'Apollon (*laurus nobilis*, L.) dont on emploie les feuilles et les baies comme aromates, à cause de l'huile volatile que contiennent les cellules du parenchyme. Cette essence est solide à 0°, molle à + 12°, de saveur forte et amère, d'odeur spéciale, elle est formée d'un hydrocarbure dimère et d'acide eugénique ; l'amande du fruit donne une matière grasse, molle, granuleuse, verte, d'odeur et saveur propres, soluble dans l'éther, partiellement dans l'alcool, saponifiable ; elle contient comme principes spéciaux, de la *laurostéarine* et un camphre particulier. Les feuilles entières servent à falsifier le thé, pour certains emballages (suc de reglisse), comme stimulant, carminatif ; pulvérisées, à adultérer le poivre moulu ; fraîches et avec leurs baies (baccalauréat), elles étaient employées jadis pour tresser des couronnes ; l'huile sert à éloigner les mouches des bestiaux, des viandes de boucherie. A côté de cette plante, on trouve dans la même famille, le *laurier-camphrier* (V. CAMPHRE), les *lauriers-canelliers* (V. CANNELLE), le *laurus cassia*, L., dont l'écorce, très aromatique, s'appelle *écorce de cassia lignea*; le *laurus sassafras*, L., excitant, sudorifique, dont les feuilles sont aromatiques, et renferment, ainsi que les fruits, une essence recherchée; dont le bois odorant est utilisé pour faire des meubles; enfin le *laurus pichurim*, Bergins, qui donne la fève pichurine.

Laurier-cerise (*prunus lauro-cérasus*, L., rosacées). Arbre originaire du Caucase et de la Perse, dont les feuilles alternes, luisantes et dures, sont recherchées pour aromatiser le lait, les crèmes, les gâteaux, etc., et à faire une eau distillée qui renferme de l'acide cyanhydrique. Ce principe n'existe pas tout formé dans la feuille, mais la plus légère déchirure du parenchyme le produit, probablement par décomposition d'amygdaline; mais on n'a pu encore isoler ce corps, ni séparer celui qui déterminerait la décomposition.

Laurier rose (*nerium oléander*, L. apocynées). Plante de l'Inde et de la Nouvelle-Hollande, exploitée surtout à Salem, pour son bois, que l'on utilise en ébénisterie. Dans nos pays, on le cultive pour ses fleurs, qui sont roses ou blanches.

Laurier des teinturiers. (*wrightia tinctoria*, Rott., apocynées). —V. INDIGOTIER. — J. C.

|| *Art hérald.* Meuble de l'écu représentant un arbrisseau à longues feuilles pointues et à tige unie; c'est le symbole de la victoire.

LAVAGE. *T. techn.* Opération industrielle qui a pour but de mettre certaines matières premières ou produits fabriqués, en contact avec une grande quantité d'eau, soit pour en séparer *par entraînement* des substances impures, soit pour en extraire *par dissolution* des substances qu'on se propose de recueillir ou d'éliminer. Les procédés et les appareils destinés à des opérations si diverses varient nécessairement avec la nature des matières à traiter. Parmi les principales applications industrielles, nous citerons seulement les suivantes : en *T. de filat.*, le dessuintage des laines est toujours complété par un *lavage*, généralement exécuté à l'aide de procédés mécaniques qui ont été décrits au mot DESSUINTAGE ; en *T. de tiss.*, le lavage des fils et des tissus fait partie de leur *apprêt* ou de leur *blanchiment*, et nous les avons décrit à ces mots; nous y renvoyons ainsi qu'à BLANCHISSAGE, DÉGRAISSAGE, DÉGORGEAGE, DRAPERIE et à LAVOIR PUBLIC pour le lavage du linge domestique. Nous ne retiendrons ici que le *lavage des minerais*, auquel nous consacrons l'étude que comporte cette partie importante de l'exploitation des matières minérales.

LAVAGE ET PRÉPARATION MÉCANIQUE DES MATIÈRES MINÉRALES. Les matières minérales utiles à l'homme sont extraites du sein de la terre, soit à ciel ouvert par les procédés décrits à l'article EXPLOITATION DES CARRIÈRES, soit par travaux souterrains décrits à l'article EXPLOITATION DES MINES. Avant d'être livrées à l'industrie ou à la métallurgie, elles ont généralement besoin d'être séparées des matières étrangères auxquelles elles sont mélangées. Cette séparation se fait habituellement par l'action de l'eau, en mettant à profit la différence de densité de ces matières, et exceptionnellement la propriété magnétique de quelques-unes d'entre elles. On obtient ainsi, en général, une ou plusieurs catégories de matières bonnes à vendre, des stériles bons à jeter, et des matières mixtes à repasser.

L'opération comprend habituellement trois parties : 1° un *broyage*, qui est nécessaire seulement quand les matières à séparer se rencontrent simultanément dans les mêmes morceaux; 2° un *classement par grosseur* que l'on fait à sec ou au sein de l'eau ; 3° pour chaque catégorie de grosseur, un *classement par densité*, qui constitue l'opération proprement dite du lavage. Ce classement peut s'opérer par la chute dans l'eau (*criblage à la cuve*), par l'écoulement sur une surface solide (*aires de lavage*), ou au moyen de vibrations (*tables à secousses*). Tous ces appareils reposent sur ce principe unique, que les forces qui agissent sur une grenaille placée au sein de l'eau, dépendent, suivant des lois différentes, de sa grosseur et de sa densité.

Si on appelle a^2 la surface de la projection horizontale de la grenaille, D sa densité, et K un coefficient relatif à sa forme, la masse de la grenaille est $\frac{Ka^3D}{g}$, et son poids dans l'eau est $Ka^3(D-1)$. Si la grenaille repose sur une surface plane horizontale solide, elle y éprouve un frottement $fKa^3(D-1)$, dirigé en sens inverse du mouvement. L'impulsion ou la résistance de l'eau est une force $K_1a^2u^2$, dirigée en sens inverse de la vitesse u du mouvement relatif de la grenaille par rapport à l'eau, en appelant K_1 un autre coefficient relatif à la forme de la grenaille. Les mouvements que ces diverses forces communiquent à la grenaille dépendent de sa densité, et aussi, en général, de ses dimensions, de sa forme et de sa position dans l'espace (1).

Tels sont les principes sur lesquels reposent les appareils de lavage, qui classent les matières plus ou moins exactement suivant leurs densités, en exigeant qu'elles aient été soumises d'abord à un classement par grosseur plus ou moins soigné. Ces appareils peuvent être des cribles, des cuves de lavage, des appareils à courant ascendant, des aires de lavage ou des tables à secousses. Ils sont à peu près les mêmes pour les minerais d'argent, de plomb, de cuivre, de zinc, de nickel, d'étain, etc. Pour les minerais de fer, ils doivent être plus simples à cause du bas prix de la matière à traiter. Pour les minerais contenant de l'or natif, on emploie des appareils spéciaux, en raison du très haut prix de l'or, de sa grande densité, et de la ténuité extrême de ses paillettes. Pour la houille, on ne lave que les menus, et on emploie des appareils capables de traiter à bas prix de grandes quantités de matière. Ils utilisent la faible densité de la houille par rapport à ses impuretés, tandis que les autres appareils de lavage utilisent la forte densité du minerai par rapport à la gangue. Notre descrip-

(1) V. l'étude de M. A. Badoureau sur la théorie mathématique des appareils de lavage, *Annales des mines*, 1885.

tion des appareils de lavage comprendra quatre parties relatives aux *minerais métalliques*, aux *minerais de fer*, aux *matières aurifères* et aux *menus de houille*.

I. **Lavage et préparation mécanique des minerais métalliques.** Les minerais métalliques sont généralement plus lourds que les gangues qui les accompagnent, ainsi qu'il résulte du tableau suivant, où nous avons réuni les densités des principaux minerais et de leurs gangues :

Minerais	galène	7.6
	wolfram	7.5
	étain oxydé	7.0
	mispickel	6.2
	pyrite de fer	4.9
	pyrite de cuivre	4.2
	blende	4.0
Gangues	sulfate de baryte	3.6
	carbonate de chaux	2.7
	quartz	2.6

On commence, dans tous les cas, par concasser grossièrement le minerai sur le chantier, et par le trier sommairement. On laisse le stérile dans la mine comme remblai. Sur le minerai sorti, on procède au scheidage, au broyage, au classement par grosseur et enfin au classement de chaque grosseur par densité. On obtient ainsi du minerai bon à fondre, du stérile et des matières mixtes qu'on broie plus finement et qu'on fait ensuite repasser aux appareils laveurs. L'ensemble de ces opérations successives constitue la *préparation mécanique* des minerais. Les morceaux de minerai sortis de la mine ou broyés, sont définis par les noms suivants, d'après leur grosseur moyenne approximative :

Têtes	200 millimètres.
Poings	100 —
Noix	40 —
Noisettes	20 —
Grenailles	10 —
Sables	3 —
Schlichs	1 —
Schlamms	Impalpables.

Séparation des menus et concassage des gros. Quelquefois le gros et le menu sont sortis séparément; quand il n'en est pas ainsi, il faut d'abord les séparer. On peut se contenter de renverser les vagons sur un plan peu incliné; les gros morceaux roulent en bas, et le menu reste à la partie supérieure. On peut encore verser le contenu des vagons sur une grille inclinée qui laisse passer le menu. Le refus de cette grille se rend sur une grille mobile par secousses, et les morceaux s'y nettoient de la poussière adhérente, par leur frottement mutuel. Si ce mode de nettoyage ne suffit pas, on peut diriger sur cette grille un courant d'eau plus ou moins violent, ou même faire subir aux morceaux un véritable débourbage analogue à celui qui sera décrit plus bas pour les menus. Quand les gros morceaux sont ainsi nettoyés, on les envoie à l'aire de cassage ou au concasseur américain, tandis que les menus vont au débourbage.

L'aire de cassage a son sol bien uni, souvent même dallé. On emploie successivement un marteau en fer aciéré aux deux bouts, de 0,15 de hauteur, du poids de deux kilogrammes environ, avec un manche en noisetier ou en frêne de 1 mètre de long, et un marteau finisseur en acier pesant seulement 0^k,5 avec un manche flexible de 0^m,70. On fait avec ces marteaux des morceaux de moins de 10 centimètres qui vont au scheidage.

L'emploi de ces marteaux est, aujourd'hui, presque abandonné, et on les a remplacés par le *concasseur américain* qui donne le même résultat, en produisant moins de menu. Cet appareil (fig. 37) se compose d'une partie fixe A, et d'une partie mobile B, qui se rapproche et s'éloigne alternativement de la partie fixe A. Les morceaux jetés à la partie supérieure sont broyés entre ces mâchoires et réduits à une dimension telle qu'ils puissent passer par l'ouverture inférieure. Le mouvement est communiqué à la mâchoire mobile B par un arbre O muni d'un excentrique, qui par sa rotation, fait alternativement monter et des-

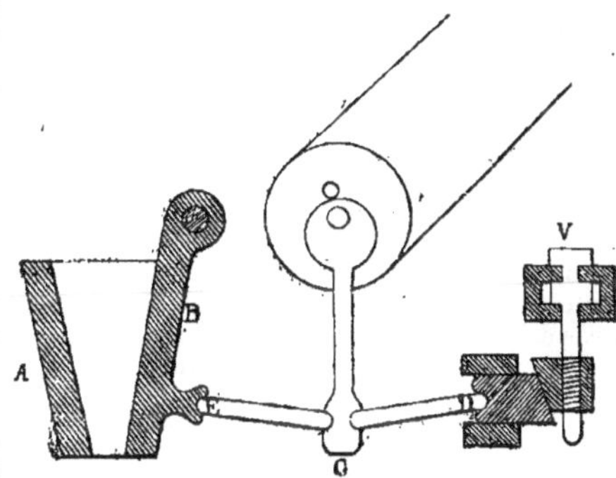

Fig. 37. — *Concasseur américain.*

cendre le point C. Ce point est relié par deux bielles à articulation libre CE, CD, à la mâchoire B et à un point fixe D, que l'on peut déplacer à volonté horizontalement, en tournant une vis V, dont la tête ne peut ni s'élever ni descendre. On règle ainsi l'écartement des mâchoires. L'arbre O est muni d'un lourd volant, car la résistance à vaincre est essentiellement intermittente. Les morceaux broyés tombent sur une grille inclinée, et sont nettoyés des poussières adhérentes par des procédés que nous avons décrits plus haut. Le concasseur américain traite des morceaux d'environ 40 centimètres et peut les amener à la dimension de 5 centimètres.

Claubage et scheidage des gros concassés. Les morceaux de minerai concassés sont d'abord soumis au claubage et au scheidage. Le *claubage* ou triage à la main est fait par des ouvriers assis devant une table fixe ou tournante. Le *scheidage* ou triage au marteau, est l'opération capitale de la préparation mécanique. Il exige des ouvriers très habiles et très soigneux, mais ne nécessite que peu de force. On emploie, en conséquence, à ce travail, des femmes, des enfants et des vieux ouvriers; on leur confie un marteau léger (de 1 kilogramme à 1^{k},2), à manche court, et présentant une extrémité carrée, et l'autre disposée en tranchant transversal. Pour les minerais schisteux du Mansfeld, on emploie un marteau à deux tranchants longitudinaux.

L'atelier de scheidage est alimenté par des morceaux provenant de l'aire de cassage ou du concasseur américain. Leur grosseur est telle qu'on puisse les manier sans fatigue, et ils doivent être suffisamment nettoyés pour qu'on puisse y reconnaître facilement les diverses espèces minérales qui les constituent. L'atelier sera couvert, très bien éclairé, chauffé en hiver, et le sol sera pavé de pierres plates. Les ouvriers assis devant la table de scheidage, et constamment surveillés par un contre-maître, auront à leur disposition un robinet d'eau pour arroser les morceaux. Ils doivent prendre un à un les morceaux dans la main gauche, les examiner, les casser, soit avec la panne carrée, soit avec le tranchant du marteau, et distribuer les fragments dans des paniers placés devant eux. Il y a un panier pour chaque espèce de minerai bon à fondre, un panier pour les stériles à rejeter, et un panier pour les matières à soumettre au broyage.

Débourbage des menus. Les menus sont traités dans des appareils débourbeurs divers, qui peuvent opérer en même temps un premier classement par grosseur. Les *lavoirs à bras* sont des canaux à fond pavé, légèrement inclinés, qui ont 3 à 8 mètres de longueur, 1^{m},50 à 3 mètres de largeur et 0,50 de profondeur. On y fait passer, à contre-pente, un fort courant d'eau, sous lequel des ouvriers armés de pelles, ou un arbre mobile armé de socs de charrue, brassent le minerai pendant sa descente. Cet appareil a un rendement moyen de 25 tonnes par jour. Les *grilles fixes* doivent être arrosées par un ou plusieurs jets d'eau. En en superposant un certain nombre, on obtient un premier classement par grosseur. Les *cribles à main* sont soumis dans l'eau à un mouvement vertical, par l'intermédiaire d'une poutre flexible que l'on fait osciller. Les *grilles à secousses* sont composées d'un fort châssis comprenant une ou plusieurs grilles, sur lesquelles repose la matière; elles sont arrosées par un fort courant d'eau et animées de secousses horizontales fréquentes.

Ces divers appareils sont, aujourd'hui, généralement abandonnés et remplacés par des *trommels*. Un *trommel* est un cylindre ou un tronc de cône tournant autour de son axe horizontal, ou un peu incliné. Sa longueur est de 1,50 à 3 mètres, son diamètre 1 mètre à 1,50, et sa vitesse de rotation 8 à 12 tours par minute. On y fait passer un fort courant d'eau, et si le minerai est très argileux, on arme le trommel intérieurement de poignards destinés à désagréger les boules d'argile.

Le *trommel de Corphalie* à la fois débourbeur et classeur, se compose de deux troncs de cône accolés par leur grande base et ayant leur axe commun horizontal : le premier, beaucoup plus raccourci, reçoit le minerai avec une grande quantité d'eau par son ouverture étroite; le minerai est forcé de monter le long des génératrices du second tronc de cône, et y est débourbé par des poignards intérieurs; l'orifice de sortie est plus grand que celui d'entrée, de sorte que la pression du minerai qui entre, fait sortir le minerai débourbé. A la sortie, les matières passent sur une tôle perforée de trous de 3 millimètres environ, et ce qui reste sur cette tôle passe sur une grille à barreaux espacés de quelques centimètres. Les morceaux qui restent sur cette grille sont classés à la main par des femmes et des enfants, pendant leur passage sur une table horizontale tournante, et les grains qui la traversent sont classés dans un trommel à trous de plus en plus gros.

Broyage. Les morceaux de composition mixte, provenant du scheidage, sont soumis au broyage dans divers appareils. Les morceaux tendres, depuis 10 centimètres jusqu'à 1 millimètre, sont passés aux cylindres qui les broient presque sans faire de poussière. Les bocards traitent particulièrement les minerais durs, et les amènent à un état de division aussi avancé qu'on veut. Les meules réduisent les matières à l'état de poussières impalpables, ce qui tend à augmenter les pertes, aussi pour cette raison, ne les emploie-t-on que dans des cas spéciaux. On peut encore utiliser pour le broyage, de petits concasseurs américains analogues à ceux que nous avons décrits plus haut, mais en resserrant les mâchoires de façon à amener les morceaux à la dimension de 1 centimètre.

L'invention des *cylindres* est récente, et ne date que de 1825. On a d'abord employé des cylindres cannelés, mais, aujourd'hui, on ne se sert que de cylindres lisses. Généralement, un seul des cylindres reçoit le mouvement de la machine; l'adhérence due au minerai saisi et écrasé donne à l'autre cylindre un mouvement presque égal. Il se produit, néanmoins, de petits glissements qui amènent chaque partie d'un cylindre successivement en regard de toutes les parties de l'autre, de sorte que l'usure se produit régulièrement. On peut arriver au même résultat en réunissant les deux cylindres par un engrenage, dont les roues ont respectivement n et $n+1$ dents, mais on a alors des ruptures de dents assez fréquentes quand le minerai est un peu dur.

Les cylindres sont en fonte et recouverts de bandages en fonte moulée en coquille ou en acier fondu, qui ont intérieurement une forme un peu conique, de façon à serrer énergiquement le corps du cylindre. La fonte moulée en coquille acquiert à la surface des inégalités sans inconvénient pour le broyage du gros; l'acier fondu sert pour le broyage du fin, et offre l'avantage de pouvoir se redresser sur le tour. Pour rapprocher les cylindres, on emploie un contrepoids, un ressort en caoutchouc ou des rondelles en acier, qui pressent sur le coussinet, lequel n'est pas directement mis en mouvement, et qui permettent néanmoins aux cylindres de s'écarter s'il se présente un morceau de minerai ou de gangue trop dur, ou s'il vient à tomber entre les cylindres un corps dur étranger. L'écartement minimum des axes des coussinets est assuré par un tasseau en fonte.

Pour qu'un morceau sphérique de rayon r soit

saisi et entraîné dans le mouvement de rotation, il faut que la composante verticale des frottements, augmentée du poids qui est négligeable, soit plus grande que la composante verticale des

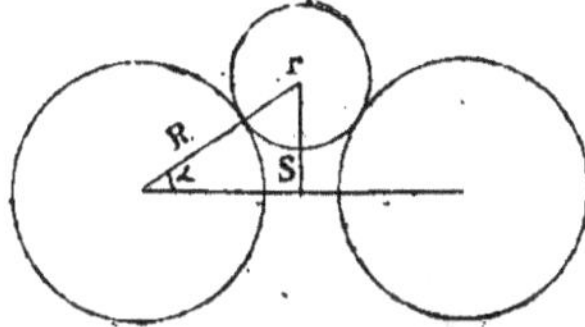

Fig. 38.

réactions normales. Soit N la réaction normale de l'un des cylindres, il faut qu'on ait (fig. 38)

$$2f\text{N}\cos\alpha > 2\text{N}\sin\alpha$$
$$f\cos\alpha > \sin\alpha.$$

Or, si on appelle R le rayon des cylindres et $2s$ leur écartement

$$\cos\alpha = \frac{\text{R}+\text{S}}{\text{R}+r}.$$

On doit donc avoir :

$$f(\text{R}+\text{S}) > \sqrt{(\text{R}+r)^2-(\text{R}+\text{S})^2}$$

d'où l'on tire :

$$\text{R} > (r-\text{S})\frac{\sqrt{1+f^2}+1}{f^2} - \text{S}$$

ou approximativement

$$\text{R} > \frac{2(r-\text{S})}{f^2}.$$

Si on admet $f=\frac{1}{3}$, et si on veut broyer les matières au $\frac{1}{n}$ de leur dimension, il faut qu'on ait

$$\text{R} > 18r\left(1-\frac{1}{n}\right).$$

Le diamètre du cylindre est proportionnel au diamètre des matières à broyer, et en général, il ne dépasse pas 80 centimètres; sa longueur atteint au plus 40 centimètres. Il est nécessaire d'alimenter les cylindres très régulièrement de matières, et de leur donner une vitesse de rotation d'autant plus faible que le minerai est plus dur.

Les *bocards* ont été inventés, en 1505, par le saxon Sigismond de Maltys. Ils ont l'inconvénient de faire beaucoup de bruit, et de dégager beaucoup de poussières. Ils peuvent broyer très fin, et leur emploi est indiqué pour les minerais durs finement disséminés dans la gangue. Ils ont, en outre, l'avantage de respecter dans les morceaux, les parties qui ont une plus grande dureté, de sorte qu'ensuite, un simple classement par grosseur suffit à les séparer. Une batterie de bocards se compose de 4 à 8 *flèches* ou *pilons* soulevés tour à tour par un même arbre à cames, écrasant par leur chute la matière dans des *auges* en partie fermées (V. Bocardage). Le mouvement des flèches est guidé par un bâti, composé de forts madriers en bois verticaux, consolidés par des étais et reliés par des solives, réservant à 1 mètre au-dessus de l'auge et à la partie supérieure, des espaces libres où doivent passer les pilons. Ces pilons sont des poutres de bois de 0,15 à 0,20 d'équarrissage, munies à leur partie inférieure d'un sabot en fonte moulée en coquille, ayant le même équarrissage et une hauteur de 0,20 à 0,30. L'arbre moteur qui tourne avec une vitesse de 15 à 20 tours par minute est muni, au droit de chaque pilon, de quelques cames en fonte, qui prennent le pilon par le mentonnet, le soulèvent à une certaine hauteur et le laissent retomber. Les cames sont à profil de développante de cercle, de façon à toucher toujours le même point du mentonnet, et à soulever le pilon bien verticalement. Elles doivent être placées d'un façon irrégulière sur l'arbre moteur, afin d'exiger un effort constant et de ne pas produire de vibrations par la périodicité des chocs.

La tendance actuelle est de remplacer, dans les bocards, le bois par le fer, et de rendre indépendantes toutes les pièces qui s'usent rapidement. Si on ne veut pas faire trop de farine, il faudra employer des bocards légers, tombant de haut et marchant lentement. Si on veut faire un bocardage *à mort*, il faudra, au contraire, employer des bocards lourds et marchant très vite. En moyenne, les flèches pèsent 75 kilogrammes et les sabots pèsent autant. Le poids total d'un pilon peut varier de 50 à 1,000 kilogrammes, la levée est de 0,20 à 0,30, et le nombre des coups par minute environ 50.

Le bocardage peut se faire à sec : dans ce cas, un ouvrier prend à la pelle le minerai dans l'auge et le jette sur une grille fixe dont le refus repasse au bocard. Mais généralement, on fait passer dans l'auge un courant d'eau, et on la ferme sur la paroi de devant par une grille ou par une plaque de tôle, haute de 10 à 20 centimètres, percée de trous, affectant une forme conique, dont la pointe est tournée vers l'intérieur. En général, le chargement se fait automatiquement, par des roues à ailettes. Un pilon peut broyer par heure 50 à 100 kilogrammes de minerai tendre, suivant la grosseur qu'on veut obtenir, et en consommant 500 à 2,000 litres d'eau. Pour des minerais durs, ces chiffres peuvent se réduire au dixième. La force nécessaire est environ d'un cheval par pilon.

Les *meules* sont moins recommandables que les cylindres et les bocards, sauf le cas particulier où on doit broyer le minerai très fin pour le soumettre au grillage ou à l'amalgamation. Les meules peuvent être placées à plat, comme les meules à blé, ou de champ comme les meules à gâcher le mortier.

Classement par grosseur. La plupart des appareils classent les grenailles qui leur sont soumises, non pas par densité, mais par *équivalence*, c'est-à-dire d'après la valeur de la fonction $a(\text{D}-1)$. Il est, par conséquent, nécessaire quand on veut séparer des grenailles qui ont toutes la densité D ou la densité D' (D > D'), de ne traiter simultanément que des grenailles dont les dimensions soient dans un rapport n ($n > 1$) plus petit que $\frac{\text{D}-1}{\text{D}'-1}$. Il faut, par conséquent, faire passer d'abord ces grenailles à travers des tôles perforées telles, que les diamètres des trous forment une progression géométrique croissante. dont la raison soit $\frac{D-1}{D'-1}$. Cette raison est 4 pour un mélange de galène et de quartz; 1,6 pour un mélange de galène et de pyrite de fer. Pour un mélange de blende et de pyrite cuivreuse, elle devrait être de 1,06, ce qui est pratiquement impossible.

On ne peut classer les grenailles et les sables par grosseur que jusqu'à la dimension de 1 millimètre ou de $0^m/^m$,5. Les appareils employés sont analogues aux débourbeurs à menu. On peut employer des tamis inclinés alternativement en sens contraire et superposés verticalement, de façon que le refus de chaque tamis aille dans une bâche, et que ce qui traverse chaque tamis se rende sur le suivant; ou des tamis inclinés parallèlement et se succédant horizontalement, de façon que le refus de chaque tamis se rende sur le suivant. On préfère, généralement, à ces tamis plans, des trommels tournant autour d'un axe un peu incliné. La matière emplit le trommel, et décrit des hélices à l'intérieur; si elle parcourt n spires, un trommel de rayon R équivaut à un tamis de longueur $2n\pi R$.

L'enveloppe en tôle est divisée en sections, portant des trous de différentes grosseurs. On envoie de l'eau pour faciliter le mouvement des matières, soit par un canal intérieur, soit par un arrosage extérieur. Les trommels qui portent les trous les plus fins doivent être en tôle de cuivre ou de zinc, ou en toile métallique. On peut recourir à trois systèmes dans l'emploi des trommels : 1° on peut employer un seul trommel, muni de trous de plus en plus grands, de façon à se débarrasser d'abord des matières les plus fines, mais ce système a le double inconvénient de faire passer les plus gros morceaux sur les tôles les plus délicates, à cause de la finesse de leurs trous, et de laisser une certaine quantité de poussières adhérer aux gros morceaux ; 2° on peut employer une série de trommels étagés dont chacun ne porte que des trous d'une seule dimension, faire passer la matière d'abord dans les trommels à grands trous, et envoyer la matière qui sort de chaque trommel au trommel suivant. Mais ce système exige une grande hauteur verticale; 3° un système mixte, très recommandable, consiste à classer, tout d'abord, les sables en trois catégories par un trommel séparateur à double enveloppe. L'enveloppe intérieure est conique, de forte épaisseur, et retient les morceaux de plus de 25 millimètres que l'on trie à la main, l'enveloppe extérieure retient les morceaux de 5 à 25 millimètres que l'on envoie à un trommel présentant successivement des trous de 5, 7, 10, 14 et 20 millimètres, et laisse passer les morceaux inférieurs à 5 millimètres qu'on soumet à l'action d'un autre trommel classeur présentant successivement des trous de 1/2, 1, 2, 3 et 4 millimètres. Quand on emploie des trommels formés de plusieurs enveloppes concentriques, il faut que les enveloppes intérieures soient très solides, car on ne s'aperçoit pas de leurs dégradations.

Au Bleyberg-ez-montzen, les trous des trommels ont les dimensions suivantes : 35, 28, 25 22, 20, 18, 15, 12, 10, 8, 7, 6, 5, 4, 3, 2 millimètres, de sorte qu'on classe les matières de moins de 50 millimètres en dix-sept grosseurs. Le classement par grosseur donne diverses catégories de *noix*, comprises entre 30 et 50 millimètres, de *noisettes*, comprises entre 15 et 30 millimètres, de *grenailles*, comprises entre 5 et 15 millimètres, de *sables*, compris entre 2 et 5 millimètres, de *schlichs*, compris entre 0,5 et 2 millimètres et de *boues* ou *schlamms* inférieurs à $0^m/^m$,5. On traite sous ce dernier nom : 1° les eaux provenant du débourbage des menus; 2° les matières qui ont traversé tous les trommels ; 3° les boues extraites du fond des cribles à secousses.

Le classement par densité qui s'effectue sur chaque catégorie de grosseur donne du minerai bon à vendre, du stérile bon à jeter, et des morceaux de composition mixte qu'il faut renvoyer au broyage. Les noix et, souvent même, les noisettes sont triées à la main. Les grenailles et les gros sables sont traités dans des cribles, et quelquefois aussi les noisettes. Les sables fins, les schlichs et les schlamms sont traités dans des aires de lavage, dans des cuves ou sur des tables à secousses. Nous allons décrire successivement ces divers appareils.

Cribles. On place les grenailles au-dessus d'une tôle perforée par les trous de laquelle on fait arriver un courant d'eau ascensionnel, qui soulève les grenailles et principalement les plus fines et les plus légères. Pendant que le courant d'eau achève de monter et commence à descendre, les grenailles retombent par leur poids, les plus lourdes avec la plus grande vitesse. Il en résulte qu'après un certain nombre de secousses semblables, elles se stratifient dans des conditions intermédiaires entre l'équivalence et la densité. Les chocs, auxquels les grenailles sont soumises, produisent une certaine quantité de menu qui traverse la toile métallique et tombe en dessous. Il faut passer dans cet appareil, des grains dont les dimensions soient assez rapprochées, en raison des densités des matières à séparer ; il faut qu'ils ne soient pas trop petits pour ne pas gêner le courant ascensionnel de l'eau, et qu'ils soient bien débourbés pour ne pas s'agglutiner par l'argile. Il est nécessaire que la grandeur des trous de la tôle soit un peu inférieure à celle des plus petites grenailles traitées, et que les secousses ne se reproduisent pas trop rapidement. Il faut que l'eau arrive sous le minerai brusquement et, pour cela, que son niveau lui soit un peu inférieur avant qu'elle ne soit soulevée ; de la sorte, elle a le temps d'acquérir une certaine vitesse avant de choquer le minerai. La vitesse de l'eau, l'amplitude et la durée des secousses doivent être d'autant plus grandes qu'on traite des grenailles plus grosses. On peut employer des cribles mobiles, mus à la main ou mécaniquement à l'intérieur de cuves pleines d'eau, ou des cribles fixes dans des cuves dont l'eau est mise en mouvement par un piston. Ces derniers cribles peuvent être discontinus si le chargement se fait indistinctement sur toute la surface du tamis, et si on retire les matières quand elles sont classées; ou continus si le chargement se fait constamment à une extrémité et si les grenailles, en même temps qu'elles se classent, cheminent, grâce à la pente du tamis, vers l'autre extrémité où on les recueille.

Les *cribles mobiles à bras* se composent d'une cuve en sapin, munie de guides pour faire prendre au tamis un mouvement bien vertical; le crible placé dans cette cuve est formé par une toile de fil de fer de 0,50 de large, consolidée par des croisillons, et tendue dans un cercle en fer, fixé à l'intérieur d'un tambour en bois de 0,20 de haut. Ce crible est suspendu à un levier et équilibré par un poids. On fait tomber sur le tamis, avec un râble, la matière chargée, au préalable, sur la banquette, on l'étale avec une lame de tôle appelée *égalisoir*, on plonge le tamis dans l'eau, et on lui donne, à l'aide du levier, pendant cinq à dix minutes, une à deux secousses par seconde, d'une amplitude de 3 à 6 centimètres, en prenant soin de faire la descente plus rapide que la remontée; quand la matière est stratifiée, on l'enlève par couches avec un tranchoir. Pour transformer ce crible en *crible mécanique*, il suffit d'actionner l'extrémité du levier par une came qui fait doucement remonter le levier, et d'employer un ressort en caoutchouc pour le faire brusquement descendre quand l'extrémité de la came touche le levier. L'inconvénient du système est que l'humidité détériore rapidement le ressort. Ces cribles mécaniques donnent un meilleur travail que les cribles à bras et peuvent être menés par des ouvriers moins expérimentés (fig. 39).

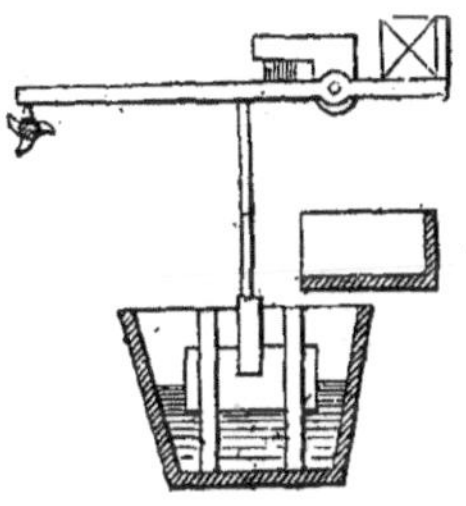

Fig. 39 — Crible mécanique mobile.

Les *cribles fixes* sont munis d'un piston qui peut être mû à la main ou mécaniquement. Ce piston se meut en dessous du crible ou dans un compartiment latéral dans lequel il doit conserver un jeu de quelques millimètres. Dans ce dernier cas, qui est le plus fréquent, l'eau arrive sous le tamis en passant par une ouverture qui a 0,20 de hauteur et toute la largeur du tamis, et qu'on peut, si on veut, fermer par une vanne. Le tamis est formé par une grille en fonte présentant des fentes, par des fils de fer parallèles, ou par une véritable toile métallique. L'épaisseur de la couche varie de 10 à 20 centimètres, et on fait, par minute, 40 à 50 levées de piston de 10 à 15 centimètres, pendant cinq à dix minutes. L'ouverture qui fait communiquer le corps de pompe avec la cuve doit être située à la moitié de la hauteur de la cuve en dessous du tamis, afin de rendre aussi régulière que possible l'action de l'eau sur les grenailles. Mais il est encore préférable, à ce point de vue, d'employer des cribles à piston inférieur. Dans ce cas, le mouvement de descente du piston doit être doux et son mouvement d'ascension rapide, tandis qu'avec le piston latéral, c'est l'inverse qui doit avoir lieu. On arrive à ce résultat en manœuvrant la tige du piston par un balancier APM, actionné par le bras de levier OM, tournant uniformément. Le piston descend (ou monte) pendant que le point M décrit l'arc $\alpha\beta\gamma$, il monte (ou descend) pendant que le point M décrit l'arc $\gamma\delta\alpha$ (fig. 40 et 41). On peut obtenir le même résultat par l'emploi d'un arbre à came et d'un ressort en caoutchouc, mais le ressort a l'inconvénient de se dégrader rapidement.

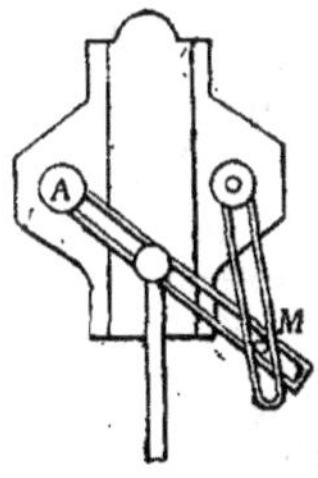

Fig. 40.

Les *cribles continus* diffèrent des précédents en ce que le tamis est incliné; on charge les matières d'une façon constante à une extrémité, et à l'autre on recueille les matières légères qui passent pardessus un déversoir, et les matières lourdes qui passent pardessous une vanne. Souvent les matières de l'une ou de l'autre catégorie sont traitées, à nouveau, dans un crible analogue. En faisant varier la hauteur des vannes, on règle la vitesse d'écoulement de la matière. Les cribles continus reçoivent de un à trois coups par seconde, d'une amplitude de 1 à 5 centimètres. Ils diminuent beaucoup la main-d'œuvre, et donnent de très bons résultats pour les matières comprises entre 1 et 10 millimètres. Les grenailles plus grosses que dix millimètres doivent être traitées au crible discontinu, parce que leur évacuation ne s'effectuerait pas régulièrement dans le crible continu. Les schlichs plus fins que 1 millimètre ne peuvent pas non plus être traités au crible continu parce qu'ils prennent une sorte de cohésion, et obéissent mal à l'appel fait par les tuyaux et les déversoirs. L'alimentation des cribles continus doit être très régulière, elle peut être assurée par une vanne à coulisse, par une trémie dont l'extrémité plonge dans le lit de minerai, ou mieux, par une trémie qui débouche dans un tube en fonte horizontal où se meut une hélice.

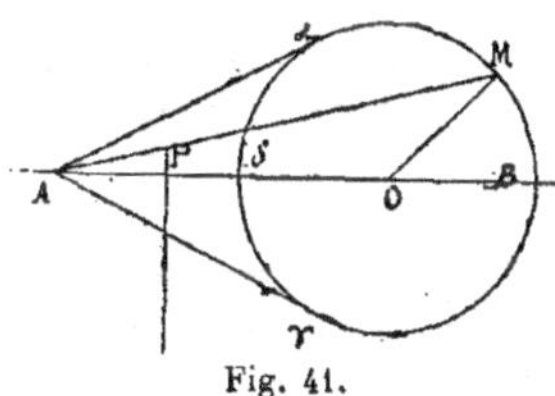

Fig. 41.

Les *cribles du Harz*, affectés au traitement des schlichs, sont des cribles continus dans lesquels le tamis en fer ou en laiton a des mailles d'un diamètre supérieur à celui des schlichs traités, et est recouvert, au préalable, d'une couche de sables lourds d'un diamètre supérieur à celui des trous. Les coups de piston soulèvent la masse totale et la classent comme dans les cribles à piston. Les schlichs légers montent à la surface et sont évacués par un déversoir, les schlichs lourds tombent sur la couche des sables, pénètrent dans les intervalles qu'ils laissent entre eux, rencontrent les mailles du tamis et les traversent.

Le mouvement est donné au piston par un excentrique circulaire. On peut alimenter le crible du Harz (fig. 42) par un distributeur à hélice, mais dans le cas des schlichs fins, il vaudra mieux amener directement la lavée sans la laisser déposer. On évacue les matières riches par un robinet placé à la partie inférieure. Pour des schlichs de 2 millimètres, on pourra donner un coup de piston par seconde, d'un centimètre d'amplitude, et pour des schlichs confinant aux schlamms, on pourra donner six coups de piston par seconde, d'un ou deux millimètres d'amplitude. La couche de sables doit être de 2 centimètres d'épaisseur, et ces sables doivent avoir la même densité que la matière à séparer ou une densité un peu plus forte.

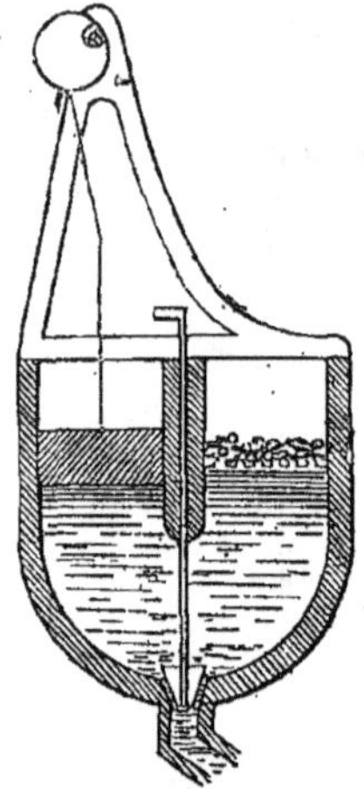

Fig. 42. — *Crible du Harz.*

Le *distributeur centrifuge Huet et Geyler*, que l'on adapte quelquefois au crible du Harz, se compose d'une roue horizontale tournant rapidement, aspirant la lavée par un tube qui plonge dans un récipient conique, et l'envoyant par un tube horizontal au crible. Si on veut faire varier à volonté l'amplitude des coups de piston, on peut faire manœuvrer celui-ci par un excentrique calé, non pas sur l'arbre moteur lui-même, mais sur un premier excentrique. L'excentricité totale OB peut varier depuis la somme jusqu'à la différence des deux excentricités OA et AB, selon la façon dont sont calés l'un sur l'autre les deux excentriques (fig. 43).

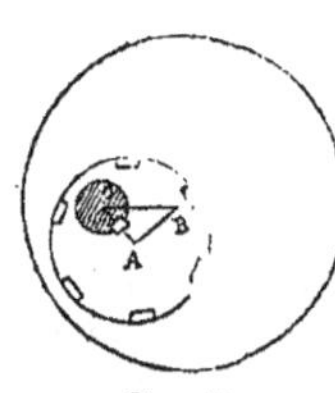

Fig 43.

Le *setz heerd* est un crible à secousses formé d'une toile sans fin animée d'un mouvement continu, qui vient présenter la matière stratifiée à des plaques horizontales qui la découpent par tranches. Le *crible à air de Krom* se compose d'un tamis de forme spéciale, d'une trémie de chargement, d'un réservoir inférieur et d'un éventail qui joue le même rôle que le piston des cribles à eau. Le tamis se compose de tubes en toile métallique, placés d'autant plus près les uns des autres que la matière à traiter est plus fine, et débouchant dans la boîte de l'éventail. La matière à classer repose sur les tubes, et entre les intervalles des tubes sur la matière lourde qui emplit le réservoir du bas. Celle-ci s'écoule à la partie inférieure par un orifice où se trouve un rouleau qu'on fait tourner plus ou moins vite. L'éventail est une plaque de tôle munie de valves en caoutchouc et animée, autour d'un axe placé à son extrémité, d'un mouvement oscillatoire brusque au départ et doux au retour. Ce mouvement est obtenu par un levier appuyé sur une roue à cames par un ressort à boudin. Cette roue à cames donne aussi le mouvement au rouleau inférieur, de sorte que la quantité débitée par l'appareil est proportionnelle à la rapidité avec laquelle on le fait marcher. A chaque oscillation l'éventail envoie dans l'intérieur des tubes en toile métallique, un jet d'air qui soulève les matières et les classe. Les parties légères montent à la surface où elles sont déversées, les parties lourdes descendent au niveau des tubes, passent dans le réservoir inférieur, l'emplissent et sortent par en bas sur le rouleau qu'on fait tourner (fig. 44).

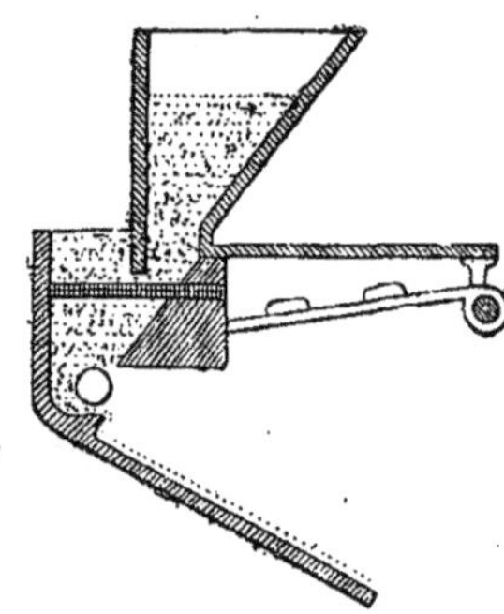

Fig. 44. — *Crible à air de Krom.*

Aires de lavage. Le traitement des schlichs ou des schlamms peut consister à les faire couler avec de l'eau sur une aire faiblement inclinée. Une fois le grain déposé, le frottement le maintient en place malgré la pesanteur et malgré l'impulsion de l'eau. Si on travaille la matière déposée avec un râble, et si on remet en suspension à une hauteur très faible le grain déposé, il se laisse transporter à une certaine distance. Les matières qui restent déposées près du point de départ contiennent une plus grande proportion de sables lourds que celles qui se déposent près du pied.

Le labyrinthe où on envoie généralement les schlamms mêlés d'un peu de schlichs, se compose de canaux où les eaux s'écoulent en laissant déposer, à peu près par rang d'équivalence, les matières fines qu'elles tiennent en suspension. Il commence, en général, par deux canaux successifs tous deux à contre-pente, de $0^m,25$ de largeur sur 1 à 2 mètres de longueur. Les têtes de ces canaux plus profondes que les pieds, forment des creux où se déposent, dans le premier les gros schlichs, et dans le second les schlichs fins. Le labyrinthe proprement dit est un canal de 0,30 sur 0,30, dont la pente diminue depuis 0,005 par mètre au commencement jusqu'à 0 à la fin. Le développement est d'environ 50 mètres. A la suite de ce canal viennent trois ou quatre bassins de 3 mètres sur 3 mètres et de 1 mètre de profondeur, communiquant entre eux par des déversoirs, et enfin, un ou deux autres bassins plus grands, d'où les boues se rendent à la rivière, toujours par un déversoir. Si on n'a pas le droit de laisser écouler des eaux troubles, on fera déboucher le canal du labyrinthe, alternativement dans deux très grands réservoirs. Les eaux y séjournant longtemps, s'y clarifieront. Pendant que les eaux iront dans l'un de ces grands bassins, on recueillera le dépôt formé dans l'autre et on n'en conservera que la tête. Les labyrinthes sont donc des canaux où l'eau a une faible vitesse, et qui reçoivent à leur tête, sur toute leur hauteur, des schlamms animés de la vitesse du courant. Ces appareils opèrent un classement approximatif par équivalence. On perd une certaine quantité de schlamms lourds d'une ténuité extrême, mais les matières qu'on recueille en tête du labyrinthe sont plus riches en principes lourds, que les schlamms traités.

Les *spitzkasten* sont des caisses profondes que l'on intercale sur le courant dans le labyrinthe. On peut employer, par exemple, quatre caisses pyramidales ayant les dimensions suivantes :

	Dimensions au niveau de l'eau		Profondeur
	Longueur	Largeur	
1re caisse.	1.70	0.40	1.10
2e caisse. . . .	2.60	0.70	1.70
3e caisse.	3.50	1.30	2.30
4e caisse.	4.40	2.30	2.90

Le courant des matières en arrivant dans chaque caisse éprouve un ralentissement brusque, et y laisse tomber des matières de plus en plus fines, qui sont soustraites à l'action du courant et tombent au fond. Elles y sont prises par un très petit canal, et s'écoulent avec une très faible quantité d'eau. Les matières qu'on envoie aux spitzkasten doivent être d'abord passées dans des canaux à contre-pente, analogues à ceux que nous avons décrits en tête des labyrinthes. Il se dépose là, les gros schlichs et les schlichs fins. Dans les quatre caisses, il se dépose environ respectivement 35, 30, 20 et 10 0/0 des schlamms, et il en sort en moyenne 5 0/0 qu'on devra faire déposer dans un labyrinthe.

Le *classeur à vent d'Engis* est, à proprement parler, un labyrinthe à air. Il se compose d'une longue caisse tubulaire à section croissante, parcourue par un fort courant d'air obtenu par un ventilateur. On fait arriver les matières à une extrémité par une trémie alimentée par une chaîne à godets, et elles tombent à une distance plus ou moins grande sur le fond formé de deux plans inclinés, séparés par une fente longitudinale, par où sortent les matières, classées à peu près exactement d'après la valeur de la fonction aD. Cet appareil offre l'inconvénient d'exiger un four pour dessécher au préalable les poussières qu'on veut traiter, et un moteur spécial pour faire marcher le ventilateur avec une grande régularité.

Le *caisson allemand* ou *caisse à tombeau*, affecté au traitement des schlichs, a 4 mètres de long sur

0,50 de large et une pente de 0,07 à 0,08 par mètre. On charge les schlichs à la pelle en tête de l'appareil, et un courant d'eau tend à les entraîner. Un ouvrier les ramène avec un râble à la partie supérieure sans déranger l'ordre de classement établi. Les parties fines sont entraînées, sortent du caisson et vont aux appareils à schlamms. Au bout d'une heure, il reste dans le caisson un dépôt qui a environ 40 centimètres à la tête et 25 au pied, qu'on découpe en tranches : la tranche de la tête contient plus de schlichs gros et lourds que la matière traitée, la tranche du milieu en contient la même proportion, et la tranche du pied en contient moins. Après plusieurs passages au caisson allemand, ce qui a toujours formé la tranche de la tête constitue du minerai bon à fondre et ce qui a toujours formé la tranche du pied est regardé comme du stérile à jeter. On peut cependant faire encore passer cette matière sur une *plannenheerd*, afin de retenir les paillettes sur les rugosités de la toile.

La *table dormante* fonctionne pour les schlamms à la façon du caisson allemand pour les sables. Elle peut avoir 8 mètres de long sur 1,20 de large avec une pente de 0,01 par mètre. Le travail du râble y est diminué. On peut augmenter le frottement en fixant sur la table une toile dont les rugosités arrêtent les grains.

La *frame* est une table dormante sur laquelle on recueille à la fin la matière enrichie par un fort courant d'eau.

Le *round-buddle* (fig. 45) est une cavité cylindrique de 3 à 6 mètres de diamètre dont le fond est disposé en forme de cône très aplati, convexe ou concave. Dans le premier cas, la lavée est amenée par

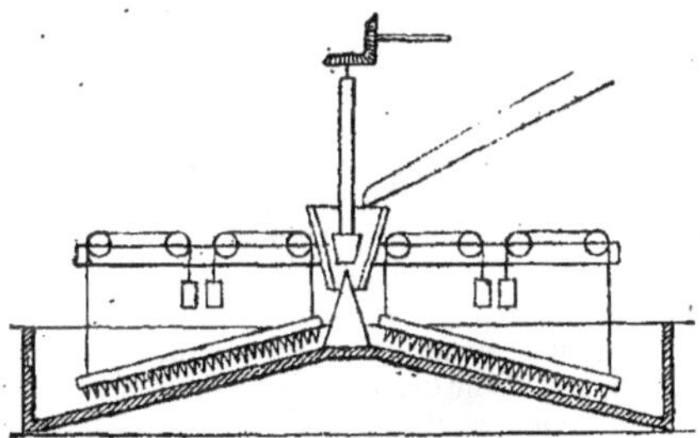

Fig. 45. — *Round-buddle convexe.*

une conduite en bois au-dessus du centre, dans un versoir conique animé d'un mouvement de rotation au-dessus d'un autre cône dont la pointe est tournée en haut; elle se répartit uniformément tout autour de ce cône, et descend sur le fond du round-buddle, en s'arrêtant à un point d'autant moins éloigné du centre que la fonction a(D—1) est plus grande. On balaie la surface du dépôt par des bandes d'étoffe ou par des petits balais en bruyère. Les eaux qui s'échappent par des ouvertures de la paroi verticale qui entoure le round-buddle vont aux appareils à schlamms. Dans le round-buddle concave, la lavée est donnée par un tuyau qui débouche sur la circonférence et qui tourne avec les balais, et les eaux s'échappent avec les schlamms par les trous d'un manchon en fonte placé au centre. L'inclinaison de la surface sur laquelle se fait le dépôt, varie du commencement à la fin de l'opération, de sorte que dans une même zone circulaire on trouve à la partie inférieure des matières plus pauvres qu'à la partie supérieure, parce qu'elles se sont déposées sur une surface moins inclinée. Le round-buddle concave traite plus vite, mais avec plus de pertes que le round-buddle convexe. On le préfère en Angleterre.

La *table tournante* (fig. 46) est un round-buddle concave ou convexe mobile autour de son axe vertical. On donne la lavée sur un rayon ; la matière descend sur la table, les grains légers arrivent en bas, et les grains lourds qui restent sur la table sont balayés par un très fort jet d'eau avant de

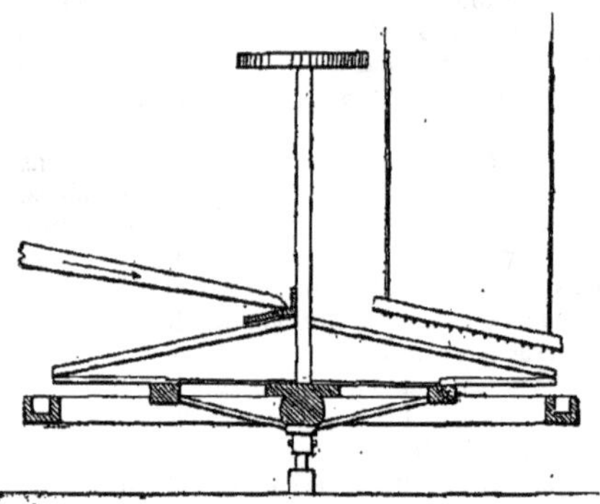

Fig. 46. — *Table tournante convexe.*

revenir au rayon initial. Les tables tournantes peuvent être en bois. Elles comprennent alors de bas en haut un solide châssis en fonte, des madriers rayonnant, un plancher en sapin, puis un second plancher en hêtre formé de planches disposées suivant des rayons du cercle, et parfaitement assemblées de façon à présenter une surface conique très régulière. Mais cette surface tend néanmoins toujours à se gauchir, et il vaut mieux faire le sacrifice d'employer des tables en fonte formées d'une seule pièce ou de deux pièces solidement boulonnées et parfaitement tournées. Le diamètre varie entre 2 et 6 mètres, et l'inclinaison est généralement de 5 à 6°, la vitesse de rotation est d'un très petit nombre de tours par minute, et la consommation d'eau varie de 6 à 30 mètres cubes par heure.

Pour terminer la série des aires de lavage, il nous reste à parler d'un appareil qui est formé par un labyrinthe dont le fond est une toile qui reçoit un mouvement continu dans le sens ascendant, de sorte que pendant que le courant entraîne les matières légères, les rugosités de la toile font remonter les matières lourdes qui se sont déposées. La *frue vanning machine* (fig. 47) se compose d'un châssis fixe et d'un châssis mobile intérieur, qui reçoit un mouvement latéral alternatif de 3 à 4 centimètres d'amplitude, et qui est formé d'une toile sans fin mise en mouvement par une large courroie sans fin passant sur plusieurs tambours. On donne la lavée sur la partie supérieure de la toile ; les parties légères descendent en suivant le courant de l'eau, les parties lourdes s'accrochent à la toile, qui les remonte malgré le courant, et les dépose après qu'elle a passé sur le rouleau de tête. Une brosse frottant la toile à son passage sur un rouleau inférieur enlève les grains

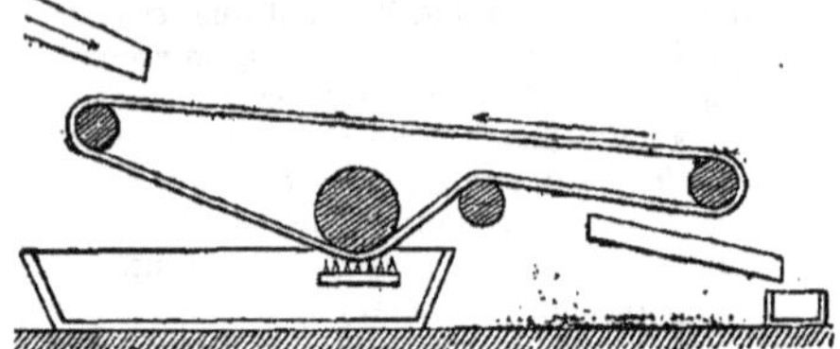

Fig. 47. — *Frue vanning machine.*

qui y adhèrent encore. Une frue vanning machine passe 300 kilogrammes par heure en consommant très peu de force. Elle a l'inconvénient de diviser seulement les matières en deux catégories : celles qui s'accrochent à la toile, et celles qui sont entraînées.

Criblage a la cuve. Le criblage à la cuve utilisant la différence de vitesse de chute dans l'eau des diverses grenailles, peut s'opérer dans une eau tranquille, ou mieux dans une eau animée d'un mouvement ascendant, susceptible d'entraîner les grains les plus légers et les plus ténus.

La *kieve* des Anglais est une cuve en bois de 0,80 de haut, de 1 mètre de diamètre à la base, et de 1,10 de diamètre à la partie supérieure ; elle possède un agitateur à axe vertical muni de deux palettes. On remplit la cuve d'eau jusqu'à 0,40 de hauteur, on donne un mouvement rapide à l'agitateur, en même temps qu'on verse la charge à la pelle le long des parois jusqu'à ce que le niveau de l'eau monte à 0,70. Ce débourbage violent est suivi d'une période de dépôt. On enlève l'agitateur, et on donne avec un marteau de petits coups secs sur les bords de la cuve pendant trois quarts d'heure. On décante le liquide avec un seau à manche, puis avec une pelle et une cuiller, et on prend la matière. Les couches supérieures plus légères repassent au round-buddle, et les couches inférieures sont formées de minerai enrichi.

Les *appareils à courant ascendant*, les plus simples, se composent d'une série de réservoirs analogues à des spitzkasten, au fond de chacun desquels on envoie un courant d'eau pure avec une vitesse ascensionnelle suffisante pour faire monter à la surface, et faire passer dans le compartiment suivant, les poussières les plus légères, mais non les plus lourdes. Comme la vitesse diminue depuis le bas jusqu'en haut par suite de la forme de la caisse, il en résulte une accumulation de certains grains à mi-hauteur. On remédie à cet inconvénient en donnant à l'appareil une forme ventrue, et en faisant arriver l'eau pure au point le plus large. On peut passer dans cet appareil 20 tonnes de minerai par jour en consommant 20 mètres cubes d'eau par heure.

Le *bac d'Engis* se compose d'un chenal incliné

en zinc, à fond à claire-voie, où coule de l'eau tenant en suspension des schlamms, et qui est encadré et encaissé dans des compartiments où on veut recueillir les matières. Le chenal a une section croissante, il repose sur les planches qui séparent les compartiments, et communique avec eux par la claire-voie du fond. L'eau passe successivement de chacun de ces compartiments dans le suivant par des déversoirs ; elle y conserve un niveau supérieur à celui de la lavée, de sorte qu'elle tend toujours à monter dans le chenal par la claire-voie du fond. Ce courant ascensionnel de l'eau gêne la descente des schlamms, et on recueille dans les divers compartiments des schlamms de plus en plus fins et légers. Le fond à claire-voie du chenal est constitué par des barreaux de zinc ayant la coupe ci-contre (fig. 48). Ces rigoles, alimentées d'eau claire par deux canaux qui les font communiquer, donnent naissance à des courants ascensionnels obliques qui viennent aider à l'opération.

Fig. 48.

Le *lavoir Thirion* (fig. 49) se compose d'un canal à lavée, juxtaposé à un canal à eau pure, et communiquant avec lui par un troisième canal inférieur divisé en compartiments. Au droit de chaque compartiment inférieur se trouvent : 1° sous le canal de l'eau pure, une ouverture conique que l'on peut plus ou moins fermer par un bouchon conique manœuvré par une tige filetée ; 2° sous le canal de lavée, une tôle perforée, par les trous de laquelle passent le courant ascensionnel de l'eau et le courant descendant des matières solides. Le canal d'eau pure est divisé en compartiments correspondants aux compartiments inférieurs, et communiquant entre eux par des déversoirs, de sorte que le niveau est réglé dans ces compartiments à des hauteurs de moins en moins grandes, mais toujours supérieures au niveau de la lavée. On a perfectionné cet appareil en remplaçant les tôles perforées par des planches coupées de fentes inclinées à 45° sur l'horizontale, et en substituant aux tampons coniques qui réglaient la venue de l'eau, un tuyau d'amenée, muni de trous dont on peut à volonté boucher quelques-uns par des chevilles. Cet appareil ainsi modifié donne de bons résultats.

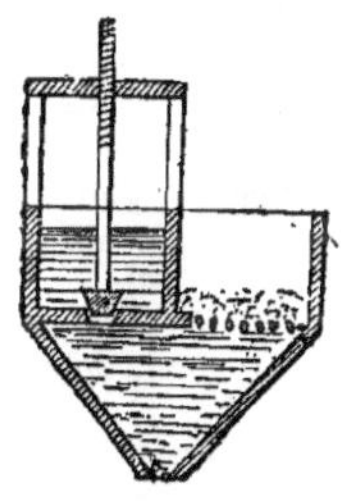
Fig. 49.
Lavoir Thirion.

Le *classeur Dorr* (fig. 50) est un barillet en zinc où on fait passer un courant d'eau ascendant, en même temps que la matière est distribuée à la partie supérieure. Les grains petits et légers sont entraînés par le courant, les grains gros et lourds tombent. On peut disposer plusieurs appareils semblables à la suite l'un de l'autre, et faire passer les matières successivement dans chacun d'eux.

L'*heberwæsche* (ou laveur à siphon) (fig. 51) appliqué au traitement des sables, se compose d'une caisse en bois, divisée, par deux cloisons longitudinales, en trois compartiments qui communiquent par le bas. Le compartiment de droite, où circule la lavée, est fermé à la partie inférieure par une tôle perforée de trous extrêmement fins. L'eau claire arrive dans le compartiment du milieu à un niveau supérieur, et passe de là dans les deux autres compartiments. Elle crée, dans celui de droite, un courant ascendant ; les sables assez lourds pour vaincre ce courant, arrivent au fond et bouchent les orifices de la tôle. L'eau ne peut plus alors passer du compartiment du milieu que dans celui de gauche. Un piston flotteur, situé dans ce compartiment, se soulève, et au moyen d'un levier, ouvre un bouchon conique, placé au niveau de la tôle perforée, dans le compartiment de la lavée, de façon à laisser échapper les sables lourds ; puis, cette opération se reproduit sans interruption. L'heberwæsche se distingue par la grande pression d'eau sous laquelle il fonctionne, et qui lui permet de passer par vingt-quatre heures jusqu'à 1,500 tonnes de minerai.

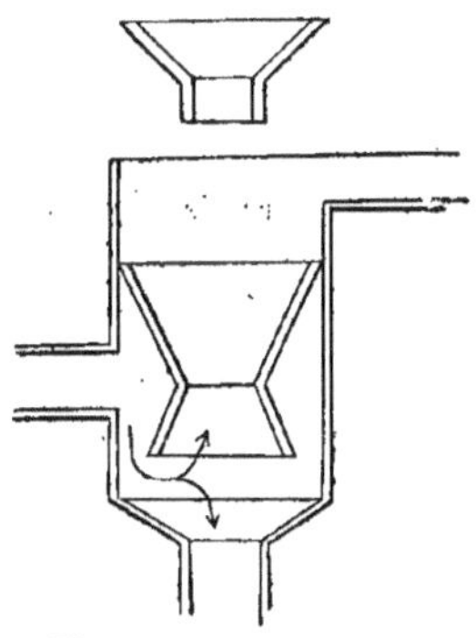
Fig. 50. — *Classeur Dorr.*

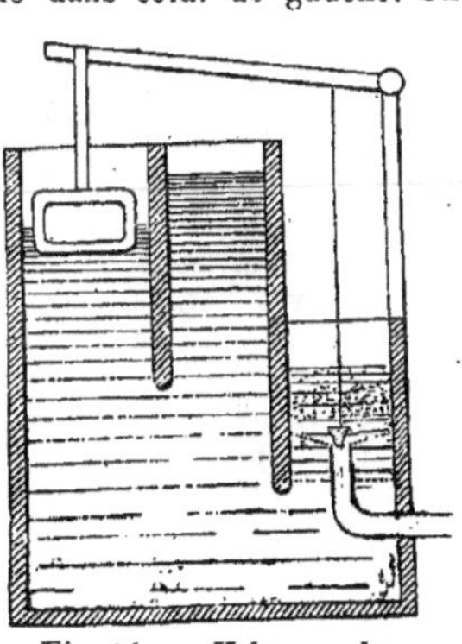
Fig. 51. — *Heberwæsche.*

Tables à secousses. La table à secousses ordinaire a généralement 4 mètres de long sur 2 mètres de large ; elle est inclinée de 0,04 à 0,05 par mètre, et suspendue par ses quatre angles à des chaînes (fig. 52). Les chaînes du pied s'enroulent sur un arbre, de façon à ce qu'on puisse faire varier à volonté l'inclinaison de la table. Les sables sont d'abord mélangés à l'eau par une roue à palettes, et les eaux boueuses sont distribuées uniformément sur toute la largeur de la table, au moyen d'un distributeur, composé de petits prismes de bois, disposés sur un chevet, en retraite les uns sur les autres. On donne la lavée pendant deux heures, et dans cet intervalle, la table reçoit environ, par minute, 40 secousses de 5 centimètres d'amplitude. A cet effet, on lui donne, par un levier actionné par une came C, une sorte de coup de marteau dans la direction et le sens de la ligne de plus grande pente descendante; la table revient par son poids à sa position d'équilibre, et très peu après, elle rencontre un madrier horizontal M, qui la renvoie en avant. Elle rebondit ainsi plusieurs fois sur ce madrier, avant de recevoir un nouveau choc du levier. Les secousses ont pour effet de lancer les grains vers le haut de la table, d'autant plus loin qu'ils sont plus lourds, et quand ils sont remis en suspension, l'eau les entraîne vers le bas de la table, d'autant plus loin qu'ils sont plus légers.

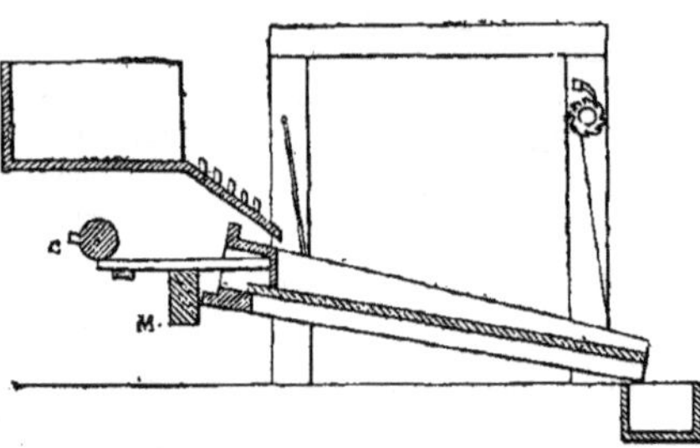

Fig. 52. — *Table à secousses.*

Après l'opération, on arrête, on laisse sécher, et on découpe le dépôt. Le dépôt de la partie supérieure a 10 centimètres d'épaisseur, et contient les schlichs lourds; le dépôt de la partie inférieure a 20 centimètres d'épaisseur, et contient les schlichs légers. Quand cet appareil traite des matières fines, on diminue l'amplitude des secousses, et il se rapproche alors de la table dormante.

La *table de Rittinger* (fig. 53), appliquée au traitement des schlamms, est une surface rectangulaire parfaitement unie, de $0^m,50$ à $1^m,70$ de large, sur $2^m,50$ à 4 mètres de long, inclinée à raison de 0,05 à 0,07 par mètre, sur laquelle on fait écouler une nappe continue d'eau claire, à raison d'un mètre cube par heure. On donne la lavée à un des angles supérieurs, par exemple à l'angle droit, et il faudrait théoriquement la donner en un point mathématique. La table est suspendue par ses angles à quatre chaînes. Dans sa position d'équilibre, elle repose à gauche sur un heurtoir fixe; on l'en écarte doucement par un arbre à cames, et on l'y fait revenir brusquement par un ressort en caoutchouc, en acier, ou simplement formé de lames de bois disposées comme les ressorts de voiture. Après le choc, une nouvelle came entre en prise. Les grains de schlamms sont projetés, par ces chocs, vers la gauche, à une distance d'autant plus grande qu'ils sont plus lourds. En même temps, tous les grains sont entraînés, à peu près avec la vitesse uniformément accélérée de l'eau qui coule sur la table.

Les divers grains décrivent des paraboles d'une amplitude horizontale d'autant plus grande qu'ils sont plus lourds. On établit à la partie inférieure une auge divisée par des couteaux mobiles autour de leur point d'attache, et on recueille dans les compartiments successifs diverses catégories de minerais et les gangues. Par exemple, à Nagy-Banya, où on traite de la pyrite mélangée de gangues et d'une très faible proportion de galène et d'or, on recueille dans quatre compartiments: 1° de la galène avec de l'or et un peu de pyrite, dont nous indiquerons plus loin le traitement comme matière aurifère; 2° de la pyrite; 3° de la pyrite mélangée de gangues que l'on repasse au même appareil; 4° des gangues que l'on jette. Quelquefois on donne par minute 40 secousses de 5 centimètres d'amplitude, et quelquefois 300 secousses de 1 centimètre seulement. Les fondations doivent être très bien faites et solidement reliées au heurtoir.

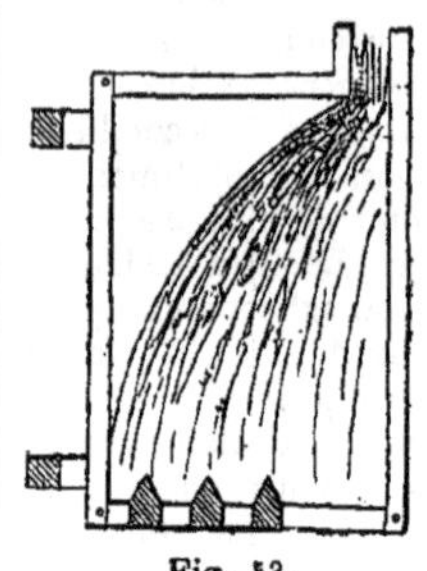

Fig. 53.
Table de Rittinger.

Le bois a d'abord été employé pour constituer la matière de la table, mais il a l'inconvénient de se gauchir et d'avoir une surface rugueuse. La tôle fixée sur du bois se gauchit également. La fonte rabotée est trop lourde et se rouille. Le verre est trop fragile. Il faut absolument employer le marbre poli ou l'ardoise. Cet appareil, appliqué au traitement des schlamms, donne un classement net par densité, mais il classerait mal des matières plus grosses.

RÉSUMÉ. Nous avons décrit les principaux appareils qui servent ou qui ont servi à la préparation mécanique des minerais métalliques.

Les appareils employés au lavage passent en moyenne, par heure, les quantités suivantes de matières :

Appareils	Tours ou coups par minute	Quantité passée par heure	Eau consommée par heure
		kilogr	mètres cubes
Crible à piston	50 à 200	300 à 600	1 à 6
Crible du Harz	60 à 400	500 à 1.000	10 à 20
Crible à air	400	500	»
Round-buddle	»	500 à 2.000	2 à 10
Table tournante	2 ou 3	200 à 2.000	6 à 30
Table de Rittinger	40 à 300	500	1
Bac d'Engis	»	1.200	12
Classeur à vent d'Engis	»	1.000	»

Les appareils employés au broyage ou au classement par grosseur, passent en moyenne, par heure, des quantités de matières indiquées dans le tableau suivant :-

Appareils	Tours ou coups par minute	Force en chevaux dépensée	Quantité passée par heure	Eau consommée par heure
			kilogr.	litres
Concasseur américain	50 à 200	3 à 8	1.000 à 5.000	»
Paire de cylindres	10 à 20	3 à 6	1.000 à 2.000	»
Flèche de bocard	50	1	5 à 100	50 à 2.000
Trommel	8 à 12	2	2.000	500

Dans ces derniers temps, la préparation mécanique des minerais métalliques a subi les grands progrès suivants : 1° dans la construction des appareils, on substitue de plus en plus le fer au bois, qui se gauchit, se fend et se pourrit par l'humidité; 2° on emploie de plus en plus le concasseur américain, le crible à piston, les trommels, les tables tournantes, les tables de Rittinger, et en général tous les appareils automatiques et continus; 3° on fait les transports de matières à l'aide d'élévateurs, de chaînes à godets, de toiles sans fin, de pompes à force centrifuge, etc.; 4° on tend à l'agglomération des petits ateliers en ateliers immenses. Ainsi, l'atelier de Clausthal comprend 176 flèches de bocards.

Pour utiliser les produits d'une mine à ses débuts, on emploie de petits appareils simples, permettant de recueillir de suite la plus grande partie des matières utiles, et donnant un résidu qu'on traitera plus tard. Il suffit provisoirement d'un broyeur, de quelques grilles, d'un crible à piston discontinu pour les grenailles, d'un caisson allemand pour les sables, et d'une table dormante pour les schlamms. Quand la mine est arrivée à son développement, on peut adopter le type allemand, qui permet de traiter bien, ou le type anglais, qui permet de traiter vite. Les deux types comprennent un concasseur américain, des grilles et des trommels. Le type allemand comprend quelques paires de cylindres, quelques flèches de bocards, des cribles continus pour les grenailles, des cribles du Harz pour les schlichs, des appareils à courant ascendant, un labyrinthe et des tables tournantes, ou des tables de Rittinger pour les schlamms. Le type anglais comprend des bocards, des cribles mobiles pour les grenailles, des round-buddles et des kieves pour les sables, et des frames pour les schlamms. Dans la méthode allemande, la sortie de la mine se trouvant au point le plus haut, on placera successivement auprès : le concasseur américain, le trommel débourbeur, l'atelier de scheidage, les cylindres broyeurs et les bocards. Les matières descendent, et sont distribuées par des chaînes à godets ou des glissières, aux cribles qui doivent les traiter; les matières fines sont remontées à un appareil à courant ascendant, qui les distribue aux tables qui doivent les traiter. Dans la mode anglaise, les appareils sont plus imparfaits et discontinus; il y a gaspillage de matière, mais on va plus vite, et on peut arriver à gagner plus d'argent dans l'année.

Le prix de revient de la préparation mécanique dépend : de la dureté des gangues, de la dureté, de l'état de dissémination, et de la complexité du minerai; de la richesse à laquelle on amène les matières riches, et de la pauvreté à laquelle on amène les stériles; des appareils qu'on emploie et du soin qu'on y apporte.

Les chiffres suivants indiquent approximativement le prix du traitement par tonne de minerai brut :

Manganèse		10 fr.
Galène	en grenailles	7
	fine	10
Galène et blende	en grenailles	12
	fines	15
Cuivre pyriteux et pyrite de fer		12
Cuivre pyriteux et galène		17
Cuivre pyriteux, galène et blende		25

II. **Lavage des minerais de fer.** Le minerai de fer est une matière d'un prix peu élevé que l'on peut fondre avec les gangues qui l'accompagnent ordinairement. Son traitement doit se borner, quand il est argileux, à le soumettre à un débourbage qu'on opère généralement dans un patouillet, et qui revient à 0 fr. 20 par tonne. Le *patouillet* se compose d'une cavité hémicylindrique où on fait circuler le minerai, avec un fort courant d'eau. Dans l'axe du cylindre est un arbre muni de bras reliés par des barreaux longitudinaux, obliques par rapport aux génératrices. Ces bras et ces barreaux agitent le minerai, et le poussent depuis l'extrémité où on le charge, jusqu'à celle où on le recueille. Cet appareil peut traiter 40 tonnes de minerai par jour, mais il est beaucoup moins parfait que le *trommel débourbeur* dont nous avons parlé à propos des minerais divers.

Dans certains cas, quand le minerai magnétique de fer est mélangé à des sables, comme le cas se présente à l'île de la Réunion, on peut le séparer, à l'aide du *trieur Vavin*, composé de deux cylindres superposés, aimantés par des courants électriques et animés d'un mouvement de rotation. Les sables glissent et sont rejetés dans une première auge, le minerai de fer se colle aux cylindres, puis est soumis à l'action de deux brosses qui le font tomber dans une deuxième auge.

III. **Lavage des matières aurifères.** Le lavage des matières aurifères, présente des caractères spéciaux à cause du prix élevé, de la densité considérable et de l'état de ténuité des paillettes d'or. Supposons d'abord, comme c'est le cas le plus fréquent, que l'on ait à traiter des sables plus ou moins grossiers.

Le plus ancien appareil employé est un plat rond et creux de 40 centimètres environ de diamètre et de 12 de profondeur, appelé *batée* ou *pan*. On l'emplit aux deux tiers, puis on le plonge dans l'eau. On donne à la main une série de mouvements oscillatoires, ou un mouvement circulaire autour d'un axe vertical. Les matières se classent plus ou moins par densité ; on fait tomber en dehors les menus grains de sable, puis on retire à la main les gros grains de quartz, et avec un aimant les grains d'oxyde de fer ; il ne reste que l'or.

Le *laveur hydraulique Bazin* est établi sur le même principe, mais il fonctionne mécaniquement. Il se compose d'une cuve cylindrique en tôle, pleine d'eau, où se trouve une cuvette laveuse en cuivre, à laquelle on donne à la main par une manivelle, un mouvement de rotation, autour de l'axe vertical qui la supporte. Les sables sont entraînés par le mouvement giratoire hors de la cuvette et tombent au fond de la cuve, l'or reste au centre de la cuvette sur un faux fond qu'on peut enlever facilement. Cet appareil permet de traiter avec deux hommes peu expérimentés, 5 tonnes de sable par jour.

Le *rocker* est une boîte en bois, de 1 mètre de long et de $0^m,50$ de large, dont le fond, légèrement en pente, porte deux baguettes transversales en bois de 2 centimètres d'épaisseur ; elle est fermée à la partie la plus élevée, et ouverte à l'autre extrémité. Elle peut osciller comme un berceau d'enfant, autour d'un axe parallèle à sa longueur. Du côté le plus élevé est une boîte à fond perforé, où on met la charge ; une toile inclinée, placée au-dessous de cette boîte, fait tomber le sable sur le fond, à l'extrémité supérieure. On verse de l'eau sur les matières placées dans la boîte supérieure, et on fait osciller le rocker ; l'or et les gros sables s'arrêtent seuls derrière les baguettes de bois et les parties fines s'échappent.

Le *long tom* se compose d'une auge en bois de $3^m,50$ de long, de $0^m,50$ de large, fermée par une tôle perforée pour arrêter les gros fragments, et d'un canal en bois incliné muni de planchettes, dont la saillie forme des rainures où l'or vient s'arrêter et s'amalgamer avec du mercure qu'on y place.

Les *sluice-boxes* sont des canaux en bois dont la longueur peut atteindre 2,000 mètres, dont la section a 1 à 2 mètres de large sur 1 mètre de profondeur, et dont la pente est d'environ 3 à 5 centimètres par mètre. Les parois sont garnies de planches qu'on peut facilement remplacer. Le fond est recouvert de pierres solidement fixées, laissant entre elles des vides garnis de sable, d'argile, de petits cailloux, etc. On arrose avec du mercure à raison de 200 grammes environ par mètre, à la tête, et 100 grammes au pied. Le mercure tend à descendre par la gravité, mais il est un peu retenu dans la masse par des actions capillaires, et on en verse de temps en temps pour maintenir sa proportion constante. On fait passer dans ce long canal, des sables à laver, en même temps qu'un fort courant d'eau, l'or tombe au fond et s'amalgame, les galets et les sables roulent et sont rejetés. De distance en distance, le fond du sluice-boxe est formé par une série de barreaux d'acier, disposés transversalement, et espacés de 1 à 2 centimètres, de façon à laisser le courant d'eau passer à la partie inférieure avec les sables fins qu'il contient, dans un *under-current* composé d'une table de 10 à 20 mètres de long et de 3 mètres de large, dont le fond, en pente moins forte que celui du sluice-boxe, est garni d'une série de planchettes transversales très rapprochées, posées de champ avec une légère pente en sens inverse du courant. Le courant d'eau qui passe dans l'under-current avec les sables fins, y dépose une grande partie de l'or qu'il contient et qui s'y amalgame, puis il rentre, au pied, dans le courant général. Tous les deux mois, on recueille l'amalgame formé. Pour cela, on fait descendre les pierres et les galets par un fort courant, puis on ne laisse plus couler qu'un mince filet d'eau pure, on enlève les blocs successivement depuis le haut du sluice-boxe, on les lave et on recueille l'amalgame. On le lave à la batée, on filtre dans une toile l'excès de mercure, et on distille. Le sluice-boxe consomme 10 mètres cubes d'eau par mètre cube de gravier.

Passons maintenant au traitement des matières fines, provenant, par exemple, du broyage de filons quartzeux aurifères. On a traité jusqu'ici ces matières dans des moulins tyroliens de 50 centimètres de diamètre, ou dans des récipients quelconques, où on les brassait fortement au moyen d'agitateurs avec une certaine quantité de mercure auquel l'or s'allie.

A Nagy-Banya, l'or qui n'a pas été recueilli dans les moulins tyroliens se concentre sur les tables de Rittinger avec la galène et un peu de pyrite. On reprend cette matière, on la moud plus finement, et on la fait passer dans des tables à

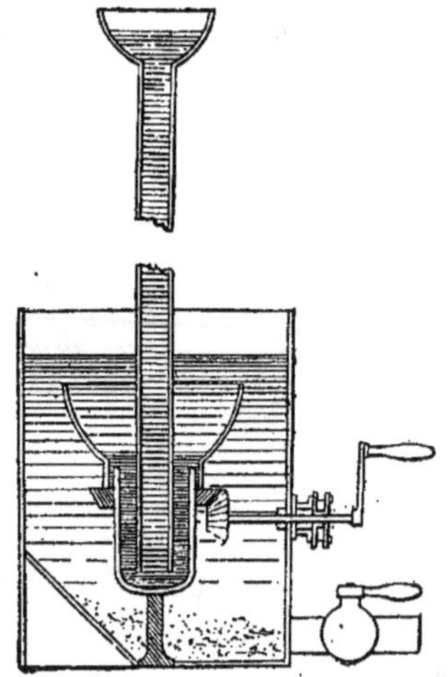

Fig. 54. — *Laveur à mercure.*

secousses. L or se concentre avec de la galène, à la tête de ces tables à secousses. On traite ce dépôt dans de petits pans carrés de 50 centimètres de côté, sur lesquels on envoie de l'eau par des cornes de bœuf.

Il est probable qu'il y aurait avantage à traiter ces matières fines dans le laveur à mercure Bazin.

Cet appareil (fig. 54) diffère du laveur hydraulique par la présence en dessous de la cuvette, d'un appendice cylindrique, rempli de mercure, et contenant un helicoïde métallique. Les matières sont amenées dans ce double fond par un tuyau vertical, terminé en haut par un entonnoir, et rempli d'une hauteur d'eau, qui fait équilibre à la colonne de mercure. On verse les matières par l'entonnoir, l'or tombe dans le mercure et s'y amalgame, les autres matières traversent le mercure en montant le long de l'hélicoïde, et arrivent dans la cuvette, d'où le mouvement giratoire expulse tout ce qui n'a pas une assez grande densité.

On peut passer les quantités suivantes de sables par homme et par jour, avec les différents appareils que nous avons décrits:

Batée	200 litres.
Rocker	800 —
Laveur	1.000 à 1.500
Long tom	1.500 à 2.000

Le sluice-boxe permet de passer, par homme et par jour, des quantités beaucoup plus considérables (50 à 100 mètres cubes), mais il exige de grands travaux d'établissement, et il donne probablement de grands déchets.

IV. **Lavage de la houille.** Le lavage de la houille a pour objet de débarrasser les menus de houille des impuretés qui y sont mélangées, et qui sont composées principalement de schiste, de pyrite de fer, de fer carbonaté lithoïde, de gypse, de carbonate de chaux, etc. Ces pierres peuvent, en général, se détacher de la houille, dont la densité, plus faible, n'est que de 1,2, tandis que les schistes et les autres impuretés ont une densité supérieure à 1,5. C'est là le premier trait caractéristique du lavage de la houille. Le second est la nécessité de laver à peu de frais de très grandes quantités de matière.

Les menus bruts contiennent, généralement, 10 à 30 0/0 de cendres. Les contrats de vente imposent aux charbons lavés une teneur maximum en cendres de 6 à 15 0/0. Les menus bruts sont une matière très dépréciée, dont le commerce ne veut même quelquefois à aucun prix. Les menus lavés peuvent être utilisés directement; ils coûtent moins cher de transport que les menus bruts, puisqu'ils sont moins lourds; ils ont une puissance calorifique plus grande, et ils usent beaucoup moins les grilles et les foyers, par suite de l'élimination des sulfures. On peut aussi les transformer en agglomérés par les procédés décrits à l'article CHARBON MOULÉ.

Nous rappellerons d'abord que dans les mines de houille, le *gros* est trié à la main dans l'intérieur de la mine, et sort dans des bennes spéciales, dont le contenu est directement chargé sur vagons. Le reste, désigné sous le nom de *tout-venant*, est culbuté sur des grilles inclinées, dont les barreaux sont distants d'environ 5 centimètres, ou sur une plaque de fonte inclinée percée de trous d'un diamètre égal. Le refus est trié à la main par des gamins ou par des femmes, soit pendant le passage sur les grilles ou la fonte perforée, soit après ce passage, sur des tables fixes ou plutôt tournantes. Les schistes sont rejetés, et le charbon trié va à la vente, soit directement, soit après avoir subi un classement de grosseur plus ou moins soigné. Les *menus* sont constitués par tout ce qui traverse les grilles ou la fonte perforée.

BROYAGE ET CLASSEMENT PAR GROSSEUR. En Pensylvanie, on commence par broyer l'anthracite, et par lui faire subir un classement par grosseur, extrêmement soigné, qui comprend jusqu'à 13 catégories. Cela tient à la nature de ce combustible, qu'on peut broyer sans faire de poussières, et qui brûle bien à la condition d'être en morceaux compris entre 2 millimètres et 15 centimètres, mais tous à peu près d'égal volume. Les appareils employés pour le broyage sont des cylindres munis de dents saillantes en acier fondu. En Europe, on ne broie généralement pas le charbon, parce qu'il peut brûler en gros morceaux, et que sa nature est très friable. Cependant, quand le charbon est destiné à la fabrication du coke, il peut être utile de commencer par le broyer, de façon à répartir uniformément les impuretés dans la masse, pour qu'elles ne trahissent pas leur présence dans le coke. On emploie, à cet effet, les cylindres, les moulins à noix, ou les broyeurs Carr. Les *cylindres* sont généralement cannelés ou à rainures transversales. Les *moulins à noix*, semblables aux moulins à café, sont formés de deux cônes en fonte d'excellente qualité, et s'enveloppant, l'un fixe, l'autre tournant autour de son axe vertical; ils sont munis de dents qui forment entre elles un angle de 5° à 6°, de façon à bien saisir et broyer les morceaux de houille qui sortent en bas. Le *broyeur Carr* (fig. 55) est formé de deux disques métalliques verticaux, venus de fonte avec leurs arbres creux, tournant très vite en sens contraire (300 à 400 tours par minute) autour d'un axe en acier trempé, portant chacun deux couronnes de barreaux d'acier, vissés à leurs extrémités libres dans des cercles en fer forgé. Tout l'appareil est renfermé dans une enveloppe en tôle. Le charbon est chargé au centre, et envoyé par la force cen-

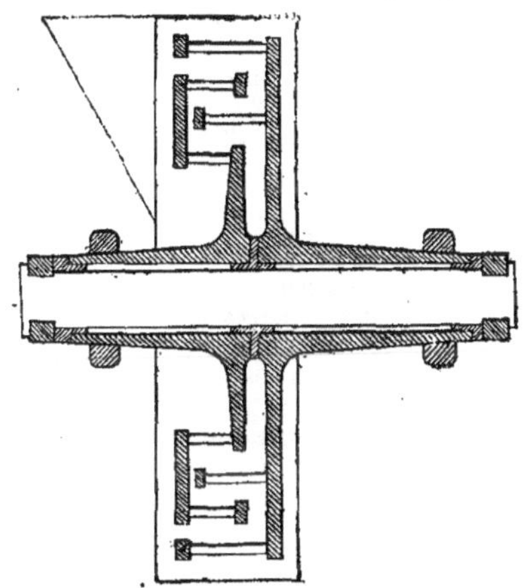

Fig. 55. — *Broyeur Carr.*

trifuge vers la circonférence, à travers les quatre couronnes de barreaux, qui tournent successivement en sens contraire. Les morceaux ainsi ballottés se cassent sans beaucoup s'échauffer; ils s'écoulent par la partie inférieure de l'appareil, et une vis les enlève. Avec 12 chevaux de force, ce broyeur traite 15 tonnes de matière par heure.

La houille a une densité dans l'eau (0,2 à 0,3) beaucoup plus faible que celle de ses impuretés (0,5 à 3,0). Il n'est pas nécessaire que le classement par grosseur soit soigné, pour que le classement par équivalence sépare à peu près exactement la houille des impuretés. Il en résulte qu'en Europe, le classement préalable par grosseur est quelquefois absent et jamais soigné. On ne fait jamais plus de 5 catégories. Les appareils employés à cet effet, peuvent être des plaques de fonte perforées ou des grilles fixes ou à secousses. L'appareil de M. Briare se compose de deux grilles entrant l'une dans l'autre, et animées d'un mouvement très lent alternatif. Les meilleurs appareils sont des *trommels*. On leur donne une longueur de 1m,50 à 2 mètres, un diamètre de 1m,20 à 1m,50, et une vitesse de 12 à 15 tours par minute. S'ils sont complètement horizontaux, on les munit d'une hélice intérieure, qui force le charbon à marcher du côté où il doit se déverser. On les divise parfois en plusieurs manchons, garnis soit de grilles, dont les barreaux ont l'espacement voulu, soit de tôles perforées, soit de toiles métalliques, à mailles plus ou moins larges. Pour éviter la dispersion des poussières dans l'atelier, on peut noyer à demi les trommels, ou les envelopper complètement dans des caisses en bois.

Lavage proprement dit au bac a piston. Une fois les menus classés par grosseur, on traite chaque catégorie dans des appareils laveurs, où on amène la teneur en cendres de la houille au maximum fixé par l'acheteur. En général, cette opération se fait dans des bacs à piston. On place la charge sur une tôle perforée, et on donne à l'eau qui est au-dessous de cette tôle, une série de petits mouvements ascensionnels rapides, suivis de mouvements de descente plus lents. Chaque mouvement d'ascension de l'eau soulève les matières placées sur la tôle perforée, et particulièrement les plus légères et les plus ténues. Puis, elles retombent avec une vitesse d'autant plus grande qu'elles sont plus lourdes. Il en résulte que les matières se stratifient dans des conditions intermédiaires entre l'équivalence et la densité. La houille, même en fragments relativement gros, monte à la surface, et les impuretés tombent au fond.

Le bac à piston le plus simple se compose d'une caisse en bois, divisée par une cloison transversale en deux compartiments qui communiquent par le bas. Le plus grand reçoit les matières à laver sur un tamis fixe, et le plus petit sert de corps de pompe à un piston flottant qui l'emplit, sauf un jeu d'un centimètre environ. Ce piston reçoit d'un arbre à cames un mouvement brusque de descente, et remonte librement. L'eau est chassée brusquement sous le tamis et ensuite redescend doucement. Le piston bat environ, par minute, 30 coups, d'une amplitude moyenne de 10 centimètres.

Dans le *bac de Molières* (fig. 56), le charbon brut est distribué régulièrement par un rouleau placé sous une trémie, à l'extrémité du bac, et chemine vers l'autre extrémité, latéralement au piston, grâce à la légère inclinaison du tamis sur lequel il repose; il se classe en route, et à l'autre extrémité, le charbon pur passe par-dessus un déversoir, dans un couloir où il est entraîné par une

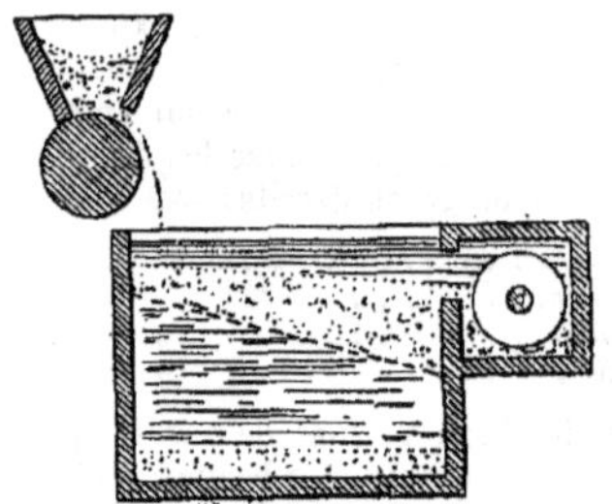

Fig. 56. — *Bac Molières.*

vis sans fin, et les pierres passent sous une vanne dans un autre couloir latéral, dont le fond est aussi formé par le tamis, et qui est lui-même divisé en deux compartiments par une cloison ne descendant pas jusqu'à la partie inférieure. Dans le premier compartiment, le classement se continue, et on enlève à la pelle, à la partie supérieure, une petite quantité de charbon impur, qu'on relavera à part; dans le second compartiment, il ne passe que des schistes, que l'on enlève par une chaîne à godets. Cet appareil traite de 25 à 30 tonnes par jour, en donnant 30 coups de piston par minute, de 5 centimètres d'amplitude.

Dans le *bac Graffin* (fig. 57), de la Grand'Combe, le piston est non plus flottant, mais attelé à un

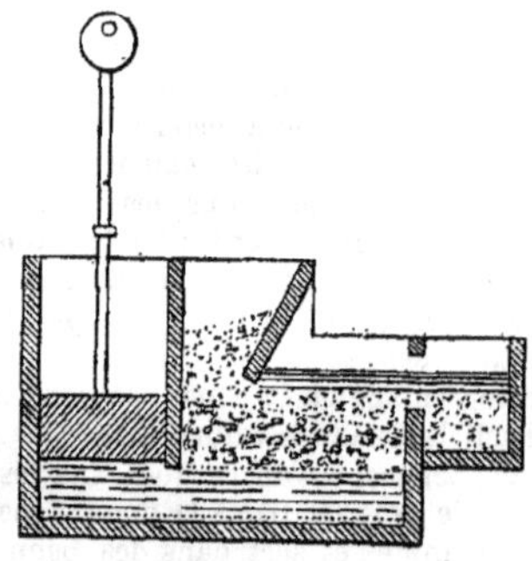

Fig. 57. — *Bac Graffin.*

excentrique placé à la partie supérieure, et pour éviter les remous qui résulteraient de sa remontée rapide, on remplace le tamis par deux tamis distants de 25 centimètres, entre lesquels on met de gros graviers. On verse à une extrémité le charbon brut en tête du tamis supérieur légèrement incliné, et le charbon lavé passe à l'autre extrémité, par-dessus un déversoir, dans un couloir latéral. d'où on l'enlève par une vis sans fin ou par l'inclinaison du canal. On interrompt de temps en temps l'opération, et on enlève à la pelle les schistes qui sont restés sur le tamis. Cet appareil traite environ 20 tonnes par jour, en donnant par minute, 12 coups de piston, de 25 centimètres d'amplitude.

Le *lavoir Berard* (fig. 58) destiné à traiter du tout-venant se compose : 1° d'un atelier de triage et broyage comprenant deux grilles qui séparent le charbon en trois catégories : du gros qui est trié à la main, du moyen qui passe d'abord successivement entre deux paires de cylindres broyeurs cannelés, et du fin qui va directement au lavage ; 2° d'un appareil où on classe les matières broyées en deux ou trois grosseurs, au moyen de plaques perforées, étagées, animées de secousses rapides (jusqu'à trois par seconde), et lavées par un courant d'eau qui empêche les trous de s'obstruer ;

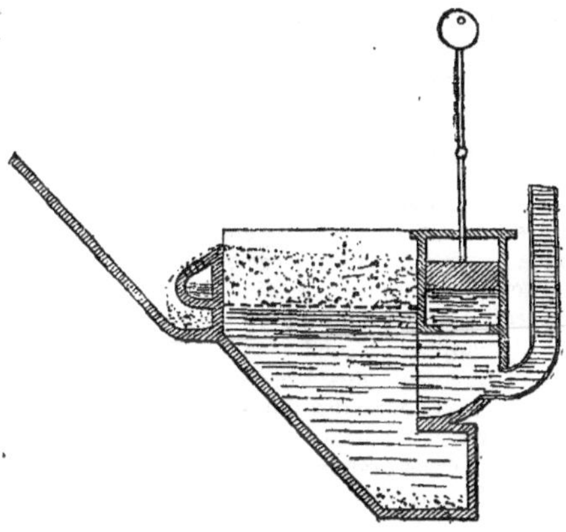

Fig. 58. — *Bac Berard.*

3° de l'appareil laveur proprement dit, constitué par une série de bacs à piston accolés, dans chacun desquels on traite des matières d'une même grosseur. Chacun de ces bacs est une caisse rectangulaire en fonte, dont le fond est en partie incliné à 45°, en partie horizontal. Contre l'un des petits côtés du rectangle est appliqué un cylindre servant de corps de pompe. Ce cylindre communique avec le bac au milieu de sa hauteur, par une partie élargie qui occupe à peu près toute la largeur du bac, de façon à rendre régulière l'action de l'eau sur le tamis. Les limons traversent le tamis, s'écoulent sur le fond incliné, et sont retirés de de temps en temps, par une trappe. Les schistes reposent directement sur le tamis et s'écoulent entre une vanne et une contre-vanne, dont on règle la hauteur de façon à conserver une épaisseur convenable de couche de garantie. Le charbon lavé sort à l'autre extrémité de la caisse par un déversoir, et est ensuite remonté par une chaîne à godets. Pour faire passer le charbon sur le déversoir, on peut avoir recours à un courant d'eau affluent dans le corps de pompe au-dessous du piston, et qui remplit le triple effet d'entraîner le charbon à la surface, de clarifier l'eau du bac et de réduire l'effet de l'aspiration. Le charbon sort avec l'eau sur un plan incliné, perforé de trous très fins ; l'eau qui s'égoutte se rend dans des bassins de dépôt. Dans d'autres cas, le charbon sort avec l'eau sur un plan incliné non perforé, qui le conduit dans une auge. On peut, si on veut, supprimer le courant d'eau affluent dans l'appareil laveur, et se borner à faire pousser le charbon lavé sur le déversoir par le charbon chargé à l'autre extrémité. Cet appareil peut passer par jour 150 à 180 tonnes de matières avec une force de 10 chevaux.

Le *laveur à couronne Evrard*, comprend un corps de pompe central de 5 mètres de diamètre, entouré d'une couronne circulaire large de cinq mètres, pleine d'eau, dans laquelle se trouve un crible incliné à l'horizon, ayant la forme d'une couronne émergée sur un tiers de sa surface et immergée sur les deux autres tiers. Le crible tourne dans son plan, autour de son centre. Le piston qui est dans le corps de pompe central donne des coups qui envoient l'eau sous le crible. On charge la matière au point où le crible entre dans l'eau, elle se classe par les coups de piston pendant que le crible est immergé, et quand le crible sort de l'eau, on retire la charge au moyen d'écrémeurs que l'on règle à volonté.

Traitement des limons. Tous les appareils précédents produisent une quantité variable de limons qui traversent la toile métallique, et qu'on recueille à la partie inférieure. La proportion de ces limons peut atteindre 20 0/0 de la masse. Si on a affaire à un charbon tendre, provenant d'une couche pure, à toit et mur formés de schistes solides ou de grès, le limon est principalement composé de charbon, et on pourra le joindre au lavé ; mais si on a affaire à un charbon grenu, provenant d'une couche barrée, où la roche encaissante et les nerfs sont formés de schiste argileux, le limon est principalement composé de schiste, et il faudra le jeter. L'artifice le plus employé pour diminuer la proportion des limons, consiste à laisser toujours sur le tamis, et même à emprisonner comme on le fait à la Grand-Combe, une couche de schistes destinée à régulariser l'action de l'eau, à assurer le soulèvement uniforme de la matière, et à s'opposer mécaniquement à l'entraînement des particules en suspension. Il faut aussi ne donner strictement que le nombre de coups de piston, nécessaires pour obtenir le classement, les coups supplémentaires n'ayant pour effet que de broyer le charbon, et d'augmenter la proportion des limons.

Quand le charbon et les schistes sont à peu près également friables, les limons sont composés de charbon et de schiste. Dans ce cas, on les jette généralement, mais il vaut mieux les soumettre au lavage. On les brassera fortement dans un bassin avec un barboteur, puis on les fera passer dans une rigole inclinée, longue de 100 mètres, coupée par quelques petites cascades, et aboutissant à un second bassin où le charbon lavé se dépose. On a pu en soumettant à ce traitement, à la Grand-Combe, des limons contenant 50 0/0 de charbon, en retirer 35 0/0 de charbon à 8 0/0 de cendres. On peut aussi employer comme on l'a fait à Portes, des cribles du Harz, analogues à ceux qui servent au traitement des minerais métalliques, avec cette différence que c'est la matière nuisible qui traverse la couche de grenailles placée sur le tamis, et que le charbon va se déposer dans de grands bassins de dépôt. Un crible de ce genre, donnant 100 à 120 coups par minute, peut fournir par jour, 6 à 8 tonnes de charbon à 8 0/0 de cendres en consommant 20 mètres cubes d'eau.

Lavage du charbon par la chute continue dans l'eau. Il nous reste à décrire les appareils qui classent les menus charbonneux en utilisant leur chute continue dans l'eau, ou, ce qui revient au même, l'ascension continue de l'eau à travers ces menus.

Le *laveur classificateur Evrard* se compose d'une cuve de lavage cylindrique ou rectangulaire de 7 à 8 mètres de profondeur et de 5 à 6 mètres carrés de section, communiquant par le bas avec une cuve de pistonnage moins haute et d'égale section. Ces deux cuves sont à peu près pleines d'eau. La cuve de pistonnage est hermétiquement close, et peut recevoir à sa partie supérieure un courant de vapeur, qui se condense d'abord à la surface de l'eau, mais qui exerce sa pression à la façon d'un piston dès que les couches supérieures de l'eau sont échauffées. Dans la cuve de lavage, on place la charge (environ 4 tonnes) sur une tôle perforée, située à 2 mètres au-dessous du bord supérieur. On envoie dans le haut de la cuve de pistonnage, un courant de vapeur qui fait monter l'eau dans la partie supérieure de la cuve de lavage, puis on laisse la vapeur s'échapper ; l'eau redescend, on laisse déposer les boues pendant quelques minutes, puis on soulève le tamis à l'aide d'un piston hydraulique ; l'eau qui recouvre le charbon, et qui est retenue par son imperméabilité, déborde et s'écoule dans un décanteur, puis la charge arrive agglomérée et classée à la partie supérieure, et est découpée par un râcloir en tranches horizontales. Les tranches supérieures sont formées de charbon, les tranches inférieures de schiste, et les tranches intermédiaires sont formées d'un mélange de charbon et de schiste, qu'on relave dans le laveur à couronne que nous avons décrit plus haut. Un laveur classificateur Evrard peut passer 200 tonnes par jour.

Le *lavoir Marsaut* fait descendre le charbon, au lieu de faire monter l'eau. L'appareil se compose d'une cage en fer guidée, dont le fond est formé d'une claie de lavoir, et dont les parois sont constituées par trois tiroirs superposés : cette cage est supportée par une tige soutenue par un piston qui se meut dans un long cylindre vertical, rempli d'eau sous pression ; elle est située à l'intérieur d'une cuve en bois rectangulaire, ouverte en haut, et fermée en bas par une cloison munie de vannes qui la sépare d'un réservoir où les limons s'accumulent. On prépare une charge de 3 à 5 tonnes dans la trémie d'introduction, on emplit la cuve d'eau, et on place la cage à la partie supérieure. En ouvrant la vanne de la trémie, le charbon tombe en pluie dans la cage, à laquelle on donne, en manœuvrant le robinet de décharge du cylindre, deux ou trois secousses de grande amplitude pour égaliser la charge, puis une série de descentes successives dont l'amplitude varie de 2 à 20 centimètres. On laisse reposer quelques instants pour permettre la chute des matières attardées en route ; puis on relève le panier à trois reprises différentes, et à chaque fois on pousse un tiroir par un piston hydraulique de façon à faire tomber dans des trémies, d'abord le charbon, ensuite un mélange et enfin le schiste. Pendant ce mouvement ascensionnel, l'eau située au-dessus de la cage, et ne pouvant pas traverser la charge, à cause de son imperméabilité relative, s'écoule par un tuyau qui débouche en dessous et qui se termine par un clapet flottant ; on ne perd pas d'autre eau, que celle entraînée par les produits mouillés. Un appareil Marsaut traite environ 150 tonnes par jour.

L'appareil Dorr (fig. 50) est aussi fondé sur l'emploi d'un courant d'eau ascendant, rapide, pour entraîner à la partie supérieure le charbon lavé, et pour faire tomber les pierres à la partie inférieure. Il faut que la vitesse ascensionnelle de l'eau soit comprise entre les valeurs de $\sqrt{\frac{K\alpha(D-1)}{K_1}}$ pour le charbon et pour les schistes.

Résumé. Le prix de revient du lavage d'une tonne de menu charbon, varie suivant les appareils employés, entre 0 fr. 25 et 1 fr. 25. Il importe beaucoup, à ce point de vue, que les appareils soient groupés de façon à rendre les manipulations des charbons les plus économiques possibles. On peut citer, comme des modèles à cet égard, les installations de plusieurs mines de France et de l'étranger, et les grands *breakers* ou ateliers de préparation d'anthracite de Pensylvanie. — A. B.

LAVANDE. *T. de bot.* Genre de plantes de la famille des labiées et dont on cultive plusieurs espèces pour l'essence qu'elles fournissent. *Lavande vraie (lavandula vera,* D. C.). Syn. : lavande femelle. Cette plante vit dans la région méditerranéenne, et remonte dans le midi de la France jusqu'à Lyon. On la récolte à cause de ses sommités fleuries, en épis terminaux de deux à six fleurs bleuâtres, garnis à la base de feuilles linéaires. La plante répand une odeur forte, spéciale ; sa saveur est chaude et amère ; elle fournit une notable quantité d'huile essentielle, formée d'un carbure dimère $C^{20}H^{16}$... $C^{10}H^{16}$, mêlé d'un stéaroptène. Cette plante est cultivée en un grand nombre d'endroits pour l'extraction de l'essence ; en France, surtout dans les environs du Mont-Ventoux et de Montpellier, et les principaux centres de fabrication sont Nice et Grasse ; on en fait aussi à Monaco ; en Angleterre, à Mitcham, Carshalton, Beddington (comté de Surrey), et dans le Lincolnshire, le Hertfordshire ; en Piémont, etc. On en expédie beaucoup en Barbarie, en Turquie, en Amérique ; elle est souvent falsifiée par addition d'essence de térébenthine. On en fait un très grand emploi en parfumerie. *Lavande spic (lavandula spica,* Chaix.), syn. : lavande mâle. Les feuilles de la plante sont plus larges dans cette espèce, plus ramifiées; l'inflorescence est plus longue, l'odeur très prononcée, très forte, moins agréable et moins fine que dans la lavande vraie. Aussi, l'essence qu'on en retire est-elle moins estimée et réservée aux usages industriels. Elle s'emploie chez les teinturiers dégraisseurs, dans la médecine vétérinaire, la peinture sur porcelaine; pour l'inflammation rapide des pièces d'artifice, etc., et est connue sous le nom d'*essence d'aspic*. Elle est surtout produite dans le Languedoc et la Provence, et nous vient de Nice, Carpentras, Grasse, etc.; la Murcie (Espagne) en fournit également de notables quantités. *Lavande stœchas (lavandula stœchas,* L.), elle habite la région méditerranéenne, et était connue des anciens, puisque les îles Stœchades, près Toulon, où elle abonde, lui doivent leur nom; elle se distingue par un pédoncule court, des épis ovales de 1 centimètre, à fleurs purpurines, serrées et pubescentes. Leur odeur fine, agréable, permet d'en tirer une excellente essence. — J. C.

LAVE. *T. de géolog.* Matière en fusion qui s'écoule des volcans pendant leur période d'activité, après l'apparition des premiers symptômes éruptifs (tremblements de terre, projection de vapeur, de cendres, de pierres, etc.).

Les laves sont des matières souvent très complexes, mais en majeure partie formées par des silicates acides et alcalins, dans lesquels, après refroidissement, on retrouve souvent des éléments divers cristallisés dans la masse. Leur composition varie parfois pour une même coulée; ainsi à Ténériffe, celles supérieures renferment 58,5 0/0 de silice (D=2,35), tandis que plus bas, à Portillo, il n'y a que 52 0/0 de ce corps (D=2,94), mais avec du fer, de la chaux, et qu'au bord de la mer (lave de Guimar), la lave ressemble à du basalte, n'a que 47 0/0 de silice, une densité de 3,01, mais bien plus de fer. Beaucoup de laves d'ailleurs sont assez ferrugineuses pour exercer une action très manifeste sur l'aiguille aimantée.

La température des coulées est fort élevée. On a pu constater à Torre del Greco (Vésuve 1794) que le cuivre provenant du laiton recouvert d'une épaisse couche de lave avait cristallisé; que de l'argent s'était sublimé en octaèdres (à 4 kilomètres du cratère), que le fer avait subi la fusion. Du reste, Spallanzani a vu un bâton s'enflammer en l'enfonçant dans une lave, coulée depuis onze mois; l'Etna, en 1834, c'est-à-dire deux ans après son éruption avait des coulées où la température était intolérable (Elie de Beaumont); d'autres observateurs ont noté une température de 72° centigrades dans des laves coulées depuis 7 ans, et au Mexique, le Xorullo visité 21 ans après l'éruption, offrait des coulées où un cigare placé dans les crevasses s'enflammait; la lave était encore chaude au bout de 50 années.

Quant à la vitesse d'écoulement de la lave, elle dépend de diverses causes: de la poussée, du volume de la masse, de l'inclinaison du sol, de la liquidité du produit. Le volume de lave, vomi par le volcan, est généralement fort variable: en 1855 et 1856, le Mauna Loa émit une coulée de 100 kilomètres de long sur 4,800 mètres de largeur moyenne et 100 mètres d'épaisseur parfois; la température était telle qu'à 16 kilomètres du volcan, la lave bouillait encore sous sa croûte superficielle. Le Skaptar Jœkull, d'Islande, émit trois coulées en 1783, dont une atteignait 81 kilomètres et une autre 65 kilomètres, après avoir comblé un vallon de 24 kilomètres carrés, sur une épaisseur de 30 mètres. A l'île Bourbon, en 1787, il se produisit une éruption qui donna une coulée dont le volume fut de 86,000,000 mètres cubes, soit un cube de 440 mètres de côté; le Vésuve, en 1794, laissa écouler 39,000,000 mètres cubes de lave, soit un bloc cubique de 286 mètres de côté.

Usages. Certaines laves sont très employées dans l'industrie: la *ponce* ou *pumite*, s'utilise en morceaux et en poudre; les *basaltes* découpés en tranches minces, peuvent servir pour le pavage (à Montélimar, par exemple); la *pierre de Volvic*, est employée dans les usines de produits chimiques pour faire des cuves inattaquables; elle a servi à bâtir la cathédrale de Clermont et on en fait des tombeaux, des statues, nous en citons un autre emploi à l'art. suivant; la *pierre d'Ecosse* sert aux graveurs sur cuivre, pour polir leurs rouleaux; la cathédrale de Cologne, l'établissement thermal du Mont-Dore, sont construits avec l'espèce de roche volcanique appelée *trachyte*; la *domite* servait aux anciens à faire des sarcophages; la *pouzzolane*, récoltée à Pouzzole (près Naples) de temps immémorial, était très recherchée avant les travaux de Vicat, c'est une lave décomposée; l'*obsidienne* du Mexique, du Pérou, de l'Islande, servait à faire des armes chez les Incas, des miroirs (il y en a un célèbre au Muséum de Paris); on en fait encore parfois des bijoux. — J. C.

Lave émaillée. La peinture en émail sur lave consiste à remplacer par des plaques de cette matière pour la peinture monumentale, la toile, le bois et les mortiers usités jusqu'à présent. On exécute les dessins sur ces plaques, avec des couleurs vitrifiables qui, soumises ensuite à l'action du feu, s'incorporent à la matière subjective et deviennent indestructibles: c'est ce qu'on appelle la *peinture en émail sur lave*, dont les *grès psammites émaillés* et les *ardoises émaillées* ne sont que des applications particulières.

La peinture sur lave s'exécute avec des couleurs de porcelaine, sur de grandes dalles de lave de Volvic (Puy-de-Dôme), que l'on émaille auparavant à la cuisson du moufle. On arrive à produire ainsi des plaques de 2 à 3 mètres de dimension et d'une seule pièce, résultat impossible à obtenir en terre cuite. Telles sont les plaques qui forment la belle décoration céramique sur la façade d'une maison de la cité Malesherbes, à Paris. Telles sont encore les plaques où sont inscrits les noms des rues de la capitale, et qui sont toutes en lave émaillée. Mais les numéros des maisons sont en porcelaine.

HISTORIQUE. Dutrieux, fabricant de faïence, rue de la Roquette, mort en 1828, découvrit la manière d'émailler la lave, procédé encore bien imparfait, qu'il communiqua au chimiste Mortelèque, établi à Paris. Mortelèque perfectionna l'émail, le rendit plus propre à son nouvel emploi, et produisit définitivement le premier la peinture en émail sur lave. En 1842, M. J. Jollivet, peintre d'histoire, fut chargé d'un essai en grand de cette peinture, destinée à la décoration du porche de l'église de Saint-Vincent-de-Paul, à Paris, et, en 1846, un premier tableau, représentant la *Trinité*, fut placé au-dessus de la porte principale.

M. Jollivet reçut alors, avec l'approbation de la commission des Beaux-Arts, la commande de compléter la décoration du porche de cette église sur la surface de 60 mètres, et le tout fut mis en place aussitôt son achèvement. Mais peu de temps après, sur les instances de l'archevêque de Paris, ces peintures étaient enlevées, pour des raisons de convenance religieuse que nous n'avons pas à discuter ici.

L'art nouveau de la peinture en émail sur lave, destiné, par sa nature, à éterniser les créations des maîtres, reçut dès lors un terrible échec, et fut pour ainsi dire arrêté à son début. Ce genre de décoration, appliqué aux monuments, ne paraît point fait, d'ailleurs, pour nos climats brumeux; il lui faut, comme aux revêtements céramiques en faïence émaillée, le beau ciel de l'Orient, de l'Italie et de l'Espagne. — S. B.

Bibliographie : Auguste Demmin : *Guide de l'amateur de faïences et de porcelaines, poteries, terres cuites, peintures sur lave et émaux*, 1863; J. Jollivet : *De la peinture religieuse*, etc., 1861.

I. **LAVER.** *T. de charp.* Dresser et aviver un bois de sciage en enlevant avec la besaiguë, les marques de la scie ou de la cognée.

II. **LAVER** (Machines à). Nous avons déjà décrit dans cet ouvrage, un certain nombre de machines propres à laver les tissus et le linge domestique, telles que, pour les fils et les tissus, le *clapot sans tension*, le *traquet double*, la *roue à laver* ou *dash wheel*, la *machine à laver, système Dépierre*, et pour le blanchiment du coton en écheveaux, la *machine de Rickli* et la *laveuse circulaire de Tulpin*. A côté de ces appareils, il en existe certainement d'autres qui mériteraient d'être cités également; tels sont, par exemple, la *machine Welter*, de Mulhouse, clapot sans tension avec traquet, qui est très employée en Alsace; différents systèmes anglais, de machines à laver au large, et qui commencent à se répandre partout, comme celle de MM. Mather et Platt; pour écheveaux, les nouvelles machines de Tulpin frères, etc.

A moins de faire un historique de toutes ces machines à laver, il ne serait guère possible de les citer toutes; aussi renverrons-nous, pour plus de détails, à l'excellente monographie publiée, par notre collaborateur, M. J. Dépierre, sur les *machines à laver*, ouvrage couronné à Rouen, en 1876, par la Société libre d'émulation de cette ville. — V. sur ce sujet, l'article Blanchiment, et pour les appareils de lavage mécanique du linge, l'article Blanchissage.

* **LAVERIE.** *T. techn.* Endroit où l'on exécute les opérations de lavage que nécessitent certaines fabrications. || Usine où l'on fait le lavage des minerais.

LAVEUR. *T. de mét.* Ouvrier qui lave les terres pour recueillir les parcelles de métal; celui qui, dans les ateliers où l'on travaille les matières d'or et d'argent, lave les cendres pour en retirer les parcelles de métal qu'elles contiennent. || *T. d'exploit. des min.* On donne ce nom à divers appareils affectés à la préparation mécanique des matières minérales — V. Lavage et Préparations mécaniques des minerais. || *T. de pap.* Appareil destiné au blanchiment des chiffons. || *Laveuse*, appareil mécanique qu'on nomme aussi *machine à laver*, et qu'on emploie dans les blanchisseries.

LAVIS. *T. de peint.* Genre de peinture dans lequel on emploie sur le papier, avec l'eau pure et des pinceaux, l'encre de Chine et les couleurs gommées. Cette manière de peindre ou de dessiner prend son nom de ce qu'en opérant, l'artiste semble *laver* le papier avec son pinceau, en le frottant de couleur à pleine eau. L'aquarelle est un lavis et reçoit surtout ce nom lorsqu'elle est appliquée par les ingénieurs et les architectes à la mise en couleur, au *rendu* des projets de construction, soit pour les concours, soit pour l'exécution. Toutefois, la désignation de *lavis* s'applique plus particulièrement aux aquarelles monochromes, faites avec de l'encre de Chine ou du bistre. Ce genre de peinture est peu usité aujourd'hui, et cependant la plupart des grands peintres en ont fait usage : Raphaël, Lebrun, Lesueur et Mignard, avant d'entreprendre leurs fresques, en exécutaient les esquisses au lavis. On en possède des cartons légués par ces grands maîtres. Les peintres d'histoire qui vivaient sous l'empire, avaient aussi fréquemment recours au lavis pour les esquisses de leurs tableaux. Plusieurs peintres hollandais, tels que Van-Ostade, Paul Bril, Ruys-Daël, ont consacré leurs loisirs à produire des lavis qui ne sont pas sans mérite. — V. Dessin industriel, § *Lavis*.

LAVOIR. *T. d'exploit. des min.* Appareil destiné à la préparation mécanique des matières minérales.

LAVOIR PUBLIC. L'organisation et l'exploitation des *lavoirs publics* se font généralement par des entreprises particulières; elles constituent dans les grandes villes, et à Paris surtout, une industrie importante et prospère qui a acquis maintenant de grands développements, et dont les installations, pour la plupart bien agencées et pourvues de bons appareils, rendent véritablement de réels services à la population ouvrière et laborieuse des quartiers les plus populeux. Moyennant une rétribution minime, le lavoir public se charge d'essanger et de lessiver le linge qu'il rend à la ménagère tout prêt à être lavé, en mettant à sa disposition tout ce qui lui est nécessaire pour effectuer elle-même le lavage, le rinçage, le savonnage, et presque toujours aussi l'essorage et le séchage. Les dispositions des lavoirs publics comprennent, par conséquent, les divers appareils que nous avons déjà décrits en parlant du Blanchissage. — V. ce mot.

Dans les grands centres de population que traverse une rivière, il existe des lavoirs publics installés sur des pontons amarrés au bord des quais; on leur donne le nom de *bateaux-lavoirs*;

ils offrent l'avantage de laver à l'eau courante et facilitent naturellement l'évacuation continuelle des eaux sales. De plus, la location des emplacements sur l'eau étant d'un prix moins élevé que dans les quartiers populeux, la construction généralement toute en bois étant aussi moins onéreuse, les tarifs peuvent être diminués en faveur du public qui fréquente ces établissements. — G. J.

***LAVOISIER** (ANTOINE-LAURENT), célèbre fondateur de la chimie moderne ; né à Paris, le 26 août 1743, décapité le 8 mai 1794. Son père, qui possédait une fortune assez considérable, acquise dans le commerce, l'avait placé au collège Mazarin où il fit de brillantes études. Le voyant animé d'un zèle ardent pour les sciences, il eut le bon esprit de lui laisser la libre disposition de son temps et le choix de sa carrière. Le jeune Lavoisier fut initié aux sciences vers lesquelles il se sentait porté : La Caille lui enseigna les mathématiques et l'astronomie ; il travaillait dans le laboratoire de Rouelle au jardin des plantes ; il accompagnait Bernard de Jussieu dans ses herborisations ; il assistait Guettard dans ses excursions géologiques. Il ne vivait pour ainsi dire qu'avec ses maîtres, se soustrayant aux exigences de la société. Aussi, dès l'âge de vingt-et-un ans fut-il à même de concourir pour un prix académique relatif à l'éclairage de Paris. C'est à cette occasion qu'il s'enferma durant six semaines dans une obscurité complète, pour donner à la vue la plus grande sensibilité afin de mieux juger la différence des lumières des lampes. Son mémoire fut récompensé d'une médaille d'or et imprimé par ordre de l'Académie.

Après divers mémoires *sur les couches des montagnes, sur l'analyse des gypses des environs de Paris* et plusieurs articles *sur le passage de l'eau à l'état de glace, sur le tonnerre, sur les aurores boréales*, etc., il fut admis à l'Académie (1768). Le titre d'académicien fut pour lui un encouragement plutôt qu'une récompense. La chimie devint dès lors son étude favorite, et pour se livrer à ses goûts et subvenir aux frais d'expériences coûteuses qu'il projetait, il demanda et obtint, en 1769, une place de fermier général ; en 1771, il épousa la fille d'un fermier général, Mlle Paulze, qui lui assura un revenu de près de 80,000 livres. Dès lors, il put entreprendre ses longues expériences qui devaient le conduire à la rénovation de la chimie. Tout en donnant la majeure partie de ses journées à ses devoirs d'administration, il consacrait, tous les soirs, plusieurs heures à ses expériences de chimie, à ses projets de réforme d'une science encombrée de faits contradictoires et inextricables. Trois grands problèmes connexes avaient fixé l'attention de Lavoisier : *la nature de l'air, l'augmentation de poids des métaux par la calcination* et *l'insuffisance de la théorie du phlogistique*. Dès 1770, il avait quelque raison de croire que l'air n'est pas un corps simple, que les métaux absorbent pendant leur calcination une partie de l'air et que la théorie du phlogistique est une erreur. Pendant douze ans, il travailla sans relâche à ces problèmes, dont la solution complète devait servir de base à sa théorie ; mais il ne voulait émettre ses idées que quand ses preuves seraient irréfutables.

En 1772 (date qu'il a pris soin de conserver par un pli cacheté déposé à l'Académie), il établit nettement que les corps, en brûlant, augmentent de poids par suite de la combinaison, de la fixation d'air et qu'on peut faire reparaître sous sa forme première. Mais il attendit jusqu'en 1783 pour exécuter la théorie du phlogistique. C'est dans cet intervalle qu'il publia plus de quarante mémoires relatifs à l'établissement de sa doctrine et qu'il en remplit les mémoires de l'Académie. Enfin, il fit paraître ses *réflexions sur le phlogistique*, travail où il résume toute sa doctrine, attaque celle de son adversaire et l'écrase sous le poids de ses preuves irréfutables et de sa logique inexorable. Pour lui, tous les phénomènes de la chimie sont dus à des déplacements de matière, à l'union ou à la séparation des corps : *rien ne se perd, rien ne se crée, la matière étant indestructible* ; voilà sa devise : tous les corps se transforment sans rien perdre de leur poids ; c'est la pierre angulaire de son système. A ces idées théoriques, il joint l'emploi constant et judicieux de la balance qui devient, en ses mains, un puissant instrument de contrôle, une sorte de réactif infaillible. Devant les hommes les plus éminents de la science, qu'il réunissait tous les dimanches chez lui, on discutait en commun, et les expériences s'exécutaient presque aussitôt dans le laboratoire. Citons les principaux travaux de Lavoisier : la découverte de l'*oxygène*, qu'il fit en même temps que Priestley, mémorable expérience dans laquelle il réalisa successivement l'analyse et la synthèse de l'air (1777), et sépara l'*air vital* de *l'azote* ; la propriété que possède l'oxygène d'engendrer des acides ; la découverte des propriétés et la composition, par synthèse, de *l'acide carbonique* par la combustion du diamant. Le phénomène de *l'augmentation du poids des métaux* par la calcination, était connu avant Lavoisier, mais lui seul a su en voir la portée et en faire sortir une brillante interprétation pour l'établissement de sa doctrine. Il a montré, en effet, que dans toute calcination des métaux, dans toute combustion, un gaz provenant de l'air se combine avec le corps brûlé ; et c'est pour reconnaître la nature de ce gaz, qu'il fit l'analyse de l'air qui le conduisit à la découverte de l'oxygène et à la composition de l'acide carbonique, tandis que Priestley, qui avait de son côté découvert l'oxygène, n'avait tiré aucune conséquence de ce fait. Lavoisier couronna son œuvre en *décomposant l'eau par le fer* ; il en fit ensuite la synthèse. Il trouva que l'eau est formée de 12 volumes d'oxygène et de 23 d'hydrogène (au lieu de 24 qui est le nombre exact). Comme conséquences des résultats précédents, il donna l'explication des phénomènes chimiques de la *respiration*, de la *combustion* et de la *fermentation*. Il établit d'une manière rigoureuse, que dans cette dernière opération l'alcool et l'acide carbonique qui prennent naissance aux dépens du sucre, correspondent exactement au poids du sucre lui-même. Enfin il créa, avec Guyton de Morveau, la nomenclature chimique qui venait compléter son œuvre ; ses derniers travaux avaient pour objet la respiration et la transpiration des animaux. Il recueillit sa doctrine dans son *Traité de chimie*, 2 in-8°, 1789, ouvrage qui eut un grand succès dans toute l'Europe. Partout on professa les idées du chimiste français, la doctrine *pneumatique* ou *antiphlogistique* ; quelques années après, le phlogistique tombait dans l'oubli.

Indépendamment de ses découvertes en chimie, Lavoisier fit aussi, en physique, des travaux remarquables qui se rattachent à sa doctrine et la complètent. En 1780, il fit avec Laplace, des expériences de précision (à l'aide du calorimètre) sur *la chaleur spécifique* du corps, les premières sur ce sujet : puis sur *les chaleurs latentes* et sur la détermination des *coefficients de dilatation* des corps solides.

C'est ainsi que par cet ensemble de travaux concourant au même but, Lavoisier a fondé, sur des bases solides, sa célèbre doctrine qui a eu pour conséquence les immenses progrès accomplis en chimie depuis un siècle.

Il a aussi publié un *traité de la richesse territoriale de France*, ouvrage dont l'Assemblée Constituante décréta l'impression aux frais de l'Etat.

Le 2 mai 1794, tous les fermiers généraux furent mis en accusation sur des motifs ridicules. Lavoisier, qui s'était d'abord caché pendant quelques jours, ayant appris que M. Paulze, son beau-père, et les vingt-huit autres fermiers généraux étaient arrêtés, alla se constituer prisonnier. Le 6, un arrêt du tribunal révolutionnaire les condamna tous en masse à la peine capitale. On dit que Lavoisier demanda un sursis pour terminer quelques travaux qui pouvaient être utiles à la Nation ; « La France n'a pas besoin de chimistes » répondit un de ses juges, et le 8 mai Lavoisier montait à l'échafaud. Cette mort, dans de telles circonstances, après les services que Lavoisier avait rendus et ceux qu'il pouvait rendre encore, à l'âge de cinquante-et-un ans, est une tache ineffaçable pour la Révolution. Le lendemain, le mathématicien Lagrange, apprenant cette mort, s'écriait en frémissant d'indignation : « Un instant leur a suffi pour faire tomber cette tête, et cent ans ne suffiront pas pour en produire une pareille. »

On n'a pas érigé de statue à Lavoisier, et il ne reste de lui qu'un portrait peint par David. Mais un monument digne de lui a été élevé par les soins de M. Dumas, de l'Académie des sciences, c'est la publication, aux frais de l'Etat, de ses œuvres complètes, en 3 vol. in-4° avec planches.

Le 1er volume, publié en 1864, contient le *Traité de chimie*, les *Opuscules physiques et chimiques* ; le 2e, paru en 1862, renferme les *Mémoires de physique et de chimie* ; le 3e, publié en 1865, contient les *Mémoires et rapports sur divers sujets de chimie et de physique pure et appliquée à l'histoire naturelle générale et l'hygiène publique*. — C. D.

***LAYE.** — V. LAIE.

LAYETIER. *T. de mét.* Emballeur.

LAZULITE. *T. de minér.* Pierre d'un beau bleu d'azur, opaque et à grains serrés, qu'on nomme vulgairement *pierre d'azur*. — V. LAPIS-LAZULI

***LEBAS** (JEAN-BAPTISTE), ingénieur et architecte, né dans le département du Var, en 1797, mort à Paris en 1873, fut reçu le second à l'Ecole polytechnique, sortit dans le génie maritime, et fut chargé, en 1823, d'organiser une flottille pour débloquer Barcelone ; cette mission mit en évidence le talent du jeune ingénieur, à qui on confia les préparatifs, bien autrement importants, de l'expédition d'Alger. Lebas fut embarqué avec les troupes et organisa, à Sidi-Feruch, un chantier de radoub qui rendit de grands services à la flotte. La réputation de Lebas était dès lors fondée, et on ne mit en avant aucun autre nom lorsqu'il fut question d'aller prendre possession, à Thèbes, des obélisques de Luxor, offerts à la France par le pacha d'Egypte. L'opération était fort difficile. Il fallait descendre de son piédestal une pierre de 230,000 kilogrammes, l'amener à la mer, l'embarquer, et la transporter ensuite à Paris, où elle devait être dressée sur la place de la Concorde. Afin de ne faire supporter au monolithe aucune secousse dans le passage de la position verticale à la position inclinée, sur le plan qui devait conduire cette masse jusqu'au navire, Lebas décomposa les mouvements en plusieurs rotations, successivement opérées sur des axes différents, de telle sorte que le centre de gravité du monolithe restât toujours peu distant du plan vertical mené par l'axe de rotation, et qu'une force modérée pût retenir cette énorme masse dans toutes ses positions. Et en effet, huit hommes suffirent pour mener à bien l'opération. L'obélisque fut amené au Hâvre, puis conduit à Paris par la Seine, et enfin le 25 octobre 1836, érigé sur le piédestal en granit édifié par Hittorf ; la manœuvre ne dura que deux heures. Cette opération délicate fit le plus grand honneur à Lebas, et eut un immense retentissement. L'ingénieur fut nommé conservateur du musée de la marine, où une salle spéciale recueillit tous les documents et les modèles des deux opérations d'abatage et d'érection, ainsi que du transport de l'obélisque, qui est resté l'œuvre populaire de Lebas, d'autant plus qu'aucune tentative de ce genre n'a obtenu depuis un succès aussi complet.

***LEBAS** (LOUIS-HIPPOLYTE), architecte, né à Paris en 1782, mort en 1867, fut élève de Vaudoyer, Percier et Fontaine, et remporta seulement le second grand prix en 1806. Sorti de l'Ecole, il exposa des travaux remarqués, notamment en 1810, une *Salle ornée de peintures du XVe siècle et servant de musée de sculptures*. Peu après, il fut chargé de l'érection du monument de Malesherbes, au palais de Justice, ainsi que de la surveillance des travaux de la Bourse et de la chapelle expiatoire de la rue d'Anjou. A la suite de concours, en 1824, Lebas obtint la construction de l'église Notre-Dame-de-Lorette et celle de la prison de la Roquette ; plus tard, il éleva les bâtiments de l'Institut et restaura la salle des séances de l'Académie de médecine. Les honneurs suivirent de près ces remarquables succès. Membre de l'Institut en 1825, membre de la Commission des beaux-arts et du Conseil des bâtiments civils jusqu'en 1854, professeur de l'histoire de l'architecture, et enfin directeur de l'Ecole des beaux-arts, où déjà il avait un atelier, Lebas a dirigé les études de toute une génération de jeunes artistes, qui n'ont pu que profiter de son administration éclairée et de sa grande expérience. Il était officier de la Légion d'honneur depuis 1847.

* **LEBLANC** (Nicolas), chimiste industriel, né à Issoudun, en 1753, mort en 1806. Après avoir exercé quelque temps la médecine dans sa ville natale, il fut attaché comme chirurgien à la maison du duc d'Orléans, vint à Paris, où il se livra à des recherches de physique et de chimie. En 1786, il adressa à l'Académie des sciences plusieurs mémoires estimés, sur la cristallisation des sels neutres. La même année, l'Académie ayant proposé un prix, pour un moyen de faire de la soude artificielle, Leblanc s'attacha à cette question, et découvrit un procédé très pratique pour faire de la soude avec du sel marin. En 1790, il réalisa en grand l'exploitation de son procédé breveté. Le duc d'Orléans consentit à lui fournir les fonds nécessaires; l'usine fut créée à la Maison de Seine, près Saint-Denis. Mais bientôt les événements de la Révolution amenèrent le séquestre des biens du duc d'Orléans, et par suite, de la fabrique à laquelle il était intéressé. De plus, à l'appel du comité du salut public, qui demandait « le sacrifice généreux de toute espèce de secret pour la patrie, » Leblanc autorisa la publication de son procédé, que chacun put alors mettre en pratique; mais le malheureux chimiste fut ruiné, car il n'obtint que des indemnités illusoires; et cependant, le service qu'il avait rendu aux arts industriels était immense. Sa découverte est considérée, à juste titre, comme l'une des plus importantes qui aient jamais été faites dans les arts chimiques (V. Soude artificielle). Il avait délivré la France d'un tribut à l'étranger, et donné un moyen peu coûteux de produire, en quantités illimitées, une matière dont la consommation annuelle se compte par 3 ou 400 millions de kilogrammes.

Pendant la Révolution, Leblanc avait rempli diverses fonctions publiques, il fut administrateur du département de la Seine, membre de l'Assemblée législative, régisseur des poudres et salpêtres, ce qui ne l'empêchait pas de poursuivre ses recherches chimiques et de trouver des procédés nouveaux pour l'extraction du salpêtre, pour l'utilisation des immondices, etc. Au commencement de l'empire, Leblanc, fatigué de ses longues et inutiles démarches pour se faire rendre justice, et impuissant à arracher sa nombreuse famille à la détresse, tomba dans le désespoir et se tua. — C. D.

* **LEBON** (Philippe), ingénieur et chimiste, inventeur de l'éclairage au gaz, était né, en 1769, à Brachay (Haute-Marne), et mourut à Paris en 1804. Très jeune, il montra des dispositions étonnantes pour les mathématiques. Envoyé à Paris pour achever ses études, il remporta les plus grands succès et était ingénieur des ponts-et chaussées à vingt-cinq ans. Quelques années plus tard, il était professeur de mécanique à l'Ecole des ponts-et-chaussées, et il commença là, sur le gaz provenant de la combustion du bois, ses premières recherches qui lui avaient sans doute été inspirées par des travaux antérieurs de Clayton et de Driller. Ce dernier avait adressé, en 1787, à l'Académie des sciences, un savant mémoire sur l'emploi du gaz pour l'éclairage. Si ce n'est pas à Lebon qu'on doit la première idée de cette application nouvelle, il est certain du moins que le premier il la rendit pratique, en purifiant le gaz et en le désinfectant par la séparation de l'acide pyroligneux, qu'il retenait dans des vases remplis d'eau froide. Dès les premiers essais faits à Brachay, dans sa maison de campagne, Lebon obtint déjà des résultats satisfaisants, en carbonisant le bois dans un appareil clos. La fumée provenant de cette première opération passait dans une cuve d'eau, où elle se débarrassait de toutes les matières bitumineuses et de l'acide pyroligneux, et le gaz qui se dégageait brûlait parfaitement. Encouragé par Fourcroy, Prony et les plus grands savants de son époque, Lebon installa ses appareils à Paris, dans l'île Saint-Louis, dépensa des sommes considérables, et néanmoins ne parvint qu'en 1800 à donner à son invention une application réellement pratique par le *thermo-lampe*. L'hôtel Seignelay, rue Saint-Dominique, fut entièrement chauffé et éclairé au gaz, et les cours et les jardins furent illuminés par des gerbes et des rosaces de lumières. Tout Paris fut invité à venir voir ces résultats vraiment remarquables; le succès fut complet, et malgré une odeur encore très accentuée et une lumière rougeâtre, provenant d'un gaz mal épuré, le progrès était si grand sur l'éclairage connu jusqu'alors, que le retentissement fut universel. Le gouvernement russe offrit même à Lebon d'acheter, aux conditions qu'il fixerait lui-même, les procédés nouveaux, mais l'inventeur refusa, pour en assurer à son pays tous les avantages.

Tout semblait réussir au jeune ingénieur. L'Etat venait de reconnaître ses services, en lui concédant l'exploitation de la forêt de pins de Rouvray, et Napoléon lui demandait de collaborer aux travaux du sacre. Le jour même de la cérémonie, Lebon fut assassiné par des individus restés inconnus, sans doute par des industriels dont l'invention nouvelle avait excité les craintes. La date de sa mort détruit cette légende de prétendus conspirateurs qui, trompés par une singulière analogie de taille et de physionomie avec Napoléon, l'auraient assassiné croyant tuer l'Empereur. Lebon avait à peine 36 ans. Mais l'impulsion était donnée, et l'éclairage au gaz s'affirma bientôt d'une façon exclusive, dès que divers perfectionnements eurent permis d'obtenir une lumière blanche et inodore. La famille de l'inventeur n'en fut pas moins cruellement atteinte dans ses intérêts. L'industrie des thermo-lampes fut ruinée par des concurrences; la veuve de Lebon se vit privée de ressources par la fuite d'un associé, la concession de la forêt de Rouvray lui fut retirée, et sans les secours que la Société d'encouragement pour l'industrie lui accorda, lui faisant donner en même temps une pension de 1,200 francs, cette pauvre femme se fût trouvée dans la plus affreuse misère, alors que son mari avait fait faire à l'industrie moderne un des progrès les plus féconds en utiles applications.

***LEBRUN** (CHARLES) était fils d'un sculpteur qui demeurait place Maubert, et qui était souvent employé à des travaux d'art dans l'hôtel Séguier. Né en 1619, à Paris, il n'avait pas plus de onze ans, lorsque le chancelier le prit sous sa protection. Mais son génie naturel avait si vite grandi qu'il se trouvait déjà en état d'entrer dans une école de peinture et d'y étonner ses maîtres. A ce moment, Simon Vouet décorait la bibliothèque de l'hôtel : le chancelier lui présenta l'enfant qui, dès lors, devint un des élèves de cet atelier célèbre où se formèrent presque tous nos grands artistes du XVIIe siècle: Eustache Lesueur, Louis Testelin, Sébastien Bourdon, Lenôtre, Pierre Mignard, Alphonse Dufresnoy, etc. Dès l'âge de quinze ans, Lebrun fit des ouvrages qui surprirent tous les peintres de l'époque. Le premier était le portrait de son aïeul, le second représentait *Hercule assommant les chevaux de Diomède.* Fontainebleau était alors un abrégé des merveilles de l'Italie ; on y envoyait, en attendant mieux, les écoliers jaloux de parvenir. Lebrun y séjourna. Au retour, il se présenta aux membres de la communauté de Saint-Luc, qui était une sorte d'académie de peinture, et fit pour son tableau de réception, un *Saint-Jean jeté dans l'huile bouillante.* Déjà, les sujets qui voulaient de l'énergie, de la fierté, de fortes expressions, du mouvement, étaient ceux que naturellement il préférait, parce qu'il trouvait à y déployer toute la puissance de son tempérament de peintre. Cependant, le chancelier, qui ne perdait pas de vue son protégé, sentit qu'il était temps de le faire voyager en Italie, et l'y envoya avec une grosse pension, en 1642. En passant à Lyon, Lebrun y rencontra Le Poussin qui retournait à Rome. A Rome, Lebrun vécut sous la direction officieuse de celui-ci, et y étudia l'antique avec l'avidité d'un homme qui se proposait de peindre l'histoire. Il s'informait soigneusement des costumes et des coutumes des diverses nations, il dessinait les statues, les bas-reliefs, les médailles, et s'attachait, sur l'avis du Poussin, dit Desportes, « à bien observer, dans les monuments de l'antiquité, les différents usages et les habillements des anciens, leurs exercices de paix et de guerre, leurs spectacles, leurs combats, leurs triomphes, sans oublier les édifices et les règles de leur architecture. »

Ainsi armé de toutes pièces, l'ambitieux Lebrun quitta l'Italie après six ans de séjour à Rome. Génie fier, robuste et fortifié encore par l'étude, il arriva en France, ses portefeuilles pleins de dessins et la tête remplie de souvenirs. Le premier usage qu'il fit de la protection du chancelier Séguier, fut de lui présenter une requête signée des peintres les plus célèbres du temps, afin d'obtenir un arrêt du conseil qui autorisât l'établissement d'une académie où ces maîtres ouvriraient une école publique, poseraient le modèle et, à l'instar de la communauté de Saint-Luc, enseigneraient à la jeunesse à dessiner d'après le *naturel.* Ensemble, ils fondèrent, en 1649, cette compagnie de sculpteurs et de peintres dont les douze premiers membres, qu'on appela les douze *anciens,* comptaient dans leurs rangs Lesueur, Sébastien Bourdon, Louis Testelin, Errard, Jacques Sarrazin, Laurent de la Hire, Michel Corneille, noms illustres déjà. A cette liste, un seul nom manquait : celui de Pierre Mignard, qui, par esprit de rivalité, s'était mis à la tête de la communauté de Saint-Luc. A partir de ce jour, Lebrun commença d'établir cette sorte de domination qui devint plus tard si absolue ; Lesueur étant mort en 1655, il allait se trouver sans conteste à la tête de l'école française. Son ambition était secondée merveilleusement par une verve rare et une activité vraiment surhumaine. De toutes parts on venait à lui et il répondait à tous.

Louis XIV était jeune alors, amoureux de La Vallière et déjà impatient de se montrer à elle sous les traits d'un grand roi. Lorsque Nicolas Fouquet voulut donner une fête à Louis XIV, il jeta les yeux sur Lebrun et en fit l'ordonnateur de ces fêtes galantes d'une grandeur babylonienne ; Lebrun et Torelli imaginèrent des prodiges de magnificence.

Sur la fin de 1661, Colbert succède à Fouquet, Louis XIV gouverne. Lebrun est mandé à Fontainebleau pour y travailler sous les yeux du roi qui lui fait disposer un appartement à côté du sien. Mais quel sujet traitera Lebrun pour occuper dignement l'attention de son protecteur ?... Apelle peindra Alexandre. Ceux qui n'ont pas vu, au Louvre, la *Famille de Darius,* connaissent du moins cet admirable tableau par la gravure, non moins admirable, d'Edelinck. Louis XIV était ravi de Lebrun, et son contentement se traduisit en bienfaits, en faveurs de tout genre. Il le nomma son premier peintre, lui assura une pension de douze mille livres, l'anoblit, et lui donna pour armoirie *un soleil en champ d'argent et une fleur de lis en champ d'azur, avec un timbre de face.* Il lui fit présent de son portrait enrichi de diamants, lui confia la garde des dessins et des tableaux de son cabinet, le nomma directeur de la manufacture des Gobelins où il eut, désormais, son logement, et voulut que tous les ouvrages qui tiennent aux arts du dessin fussent exécutés sous sa conduite. Il en fut ainsi tant que Jean-Baptiste Colbert eut la surintendance des bâtiments.

Ecrire l'histoire de Lebrun, ce serait donc écrire l'histoire des immenses travaux entrepris et achevés sous ce grand ministre. A partir de cette époque, en effet, c'est-à-dire en 1662, peintres, sculpteurs, dessinateurs, graveurs, orfèvres, marbriers, ébénistes, tapissiers, tout obéit à Lebrun. Son ambitieux et infatigable génie est partout présent. Non content des travaux innombrables dont il est chargé lui-même sans en être accablé, il envahit ceux des autres ; il donne ses idées à Nicolas Loir et à Noël Coypel pour la décoration de la Salle des machines, de l'Antichambre de l'appartement du roi et de la Salle des Gardes aux Tuileries : il fournit le dessin des sculptures que les excellents statuaires Balthasar et Gaspard de Massy doivent exécuter dans les lambris ou dans les jardins des maisons royales. Se souvenant que son père était sculpteur et lui avait appris dès l'enfance les rudiments de son art, il modèle, de génie, des figures en terre et en cire. Les bosquets, les fontaines, les vases, les modèles d'architecture sainte, il embrasse tout, il imprime son cachet sur tous les travaux. Si l'on célèbre une fête, Lebrun dessine des arcs de triomphe, comme celui qui fut élevé place Dauphine, lors du mariage du roi ; il y arrange, avec sa magnificence ordinaire des figures symboliques, de riches ornements, et fait graver ses dessins par Chauveau et Lepautre. Si l'on parle d'ériger des fontaines sur les places de Paris, c'est encore Lebrun qui en invente le monument et fait graver ses inventions par Châtillon. A l'Académie, il dispose des plus habiles graveurs du monde : de Sébastien Leclerc, d'Edelinck, des Picart, des Poilly, des Audran. Aux Gobelins, il surveille et dirige les tapisseries qui répètent ses héroïques tableaux et doivent orner les murailles de nos palais ou être envoyées à l'évêque de Liège pour y faire l'admiration de ces mêmes étrangers qui avaient inventé les tapisseries de Flandre. Meubles incrustés, pièces d'orfèvrerie, tables de mosaïque, girandoles, torchères, candélabres, tout se fait selon son goût et sur ses crayons, tout, jusqu'à la menuiserie des panneaux, jusqu'à ces opulentes serrures qui deviennent des objets d'art et dont Montespan aura la clef. On demeure stupéfait, vraiment, quand on songe à la prodigieuse diversité des travaux de Lebrun.

La cour de Louis XIV avait été enchantée, après lui, du tableau de la *Famille de Darius*. Elle semblait admirer le roi de Macédoine par allusion au roi de France. Lebrun se proposa de peindre aussi les *Batailles d'Alexandre*, et une telle entreprise était la vocation même de son génie. Ce sont, il faut l'avouer, d'héroïques tableaux que ces *Batailles d'Alexandre*, compositions mouvementées, entraînantes, où guerriers, éléphants et chevaux se ruent dans une mêlée épouvantable, plus frémissante encore sur la toile de Lebrun que sur le papier de Quinte-Curce. Ici, c'est le *Passage du Granique*, là, c'est la *Bataille d'Arbelles*, plus loin, c'est la *Défaite de Porus*. On peut voir, en ces belles pages, quel rôle joue le costume en peinture, c'est-à-dire la connaissance des usages, des vêtements, des armures, quelle couleur antique donnent aux *Batailles de Lebrun* ces hastes, ces carquois, ces boucliers à tête de Méduse, ces enseignes de dragons qu'il avait autrefois dessinées à Rome avec tant de soin, ces casques qui prennent la forme d'une tête de lion, qui s'ouvrent en gueule de loup, et dont le cimier porte tantôt un aigle, tantôt un chat-huant aux ailes étendues, tantôt la figure de Pégase que le peintre a placée, comme le symbole du génie, sous le panache d'Alexandre.

A Versailles, le nom de Lebrun est écrit en caractères ineffaçables. Du jour où Louis XIV, lassé de Paris, résolut de faire d'un simple rendez-vous de chasse le plus magnifique palais de l'univers, il se trouva des hommes qui semblaient nés tout exprès pour réaliser le roman de sa fantaisie. Mansard bâtira le palais, Lenôtre dessinera les jardins, Lebrun sera chargé de la décoration et des peintures ; et jamais artistes ne s'accordèrent mieux pour donner à leurs œuvres ce caractère d'emphase héroïque qui était dans la pensée du maître. Noël Coypel, Claude Audran, Houasse, François Verdier, Jouvenet, Lafosse travaillent à Versailles sous la direction de Lebrun, qui se réserve plus spécialement les salons de la guerre et de la paix, l'escalier des ambassadeurs et la grande galerie. Avec sa somptuosité ordinaire, il représenta, dans l'escalier, des tapisseries feintes en tissu d'or avec ornements d'arabesques, auxquelles paraissaient attachés quatre tableaux de Van der Meulen, les *Sièges* de Valenciennes, de Cambrai, de Saint-Omer, et la *Bataille de Cassel*. Auprès des quatre portes de l'appartement du roi, le peintre figura quatre galeries percées, terminées par des balustrades couvertes de riches tapis ; on y voyait se presser les habitants des quatre parties du monde, étonnés de la magnificence du palais. Ces peintures, pour la plupart, n'existent plus que dans les belles estampes du temps. Dans la galerie partagée en neuf grands tableaux et dix-huit petits, accompagnés d'architecture feinte et de termes en bronze doré, Lebrun a peint à l'huile, sur la toile marouflée, l'histoire allégorique de Louis XIV, depuis la paix des Pyrénées jusqu'à celle de Nimègue. Quelques-uns de ces tableaux imitent des bas-reliefs en lapis ; des génies sont occupés à décorer ce lieu superbe de tapis et de fleurs. Lebrun employa quatorze ans à conduire et à terminer ces travaux immenses dont nous ne pouvons qu'effleurer la description.

Colbert mourut avant Lebrun, et dès ce jour, l'étoile du peintre commença de pâlir. Le nouveau surintendant, Louvois, n'aimait ni Colbert ni ses créatures. Découragé par l'attitude de Louvois, Lebrun ne peignit plus, dans ses dernières années, que des sujets de dévotion. Il vécut encore cinq ans. Il ne cessa de peindre jusqu'à sa mort, arrivée aux Gobelins le 12 février 1690. Il fut enterré à Saint-Nicolas-du-Chardonnet, et sa veuve lui éleva un mausolée dans la chapelle même où il avait érigé l'admirable tombeau de marbre de sa mère. On plaça sur le mausolée son buste de la main de Coysevox. Exalté pendant sa vie, déprécié après sa mort, Charles Lebrun est assurément le plus grand artiste de notre ancienne école. Il représente, en peinture, le grand siècle et l'on peut dire qu'il aimait à peindre tout ce que Louis XIV aimait à voir. Bien qu'il ait abusé de l'allégorie, ses inventions sont nobles, ses ordonnances ont de la grandeur, et il est sous le rapport de la composition un des plus habiles peintres du monde. Son dessin, dans le goût de Carrache, est ample, ferme, mais d'une correction un peu banale, qui manque de variété, d'élégance et d'imprévu. Ses figures, courtes, tirent de ce défaut même leur caractère mâle et fier. Sa couleur, quelquefois belle en d'heureuses rencontres, se compose ordinairement de teintes générales sans choix et sans finesse, qui ne sont ni assez rompues ni suffisamment reflétées par les tons voisins. C'est pour cela que les gravures d'Audran et d'Edelinck, d'après Lebrun, paraissent supérieures à ses tableaux. L'impression, chez lui, était énergique et plutôt savante, il est vrai, que sentie; aussi, est-il bien rare que Lebrun soit ému et touchant comme Lesueur, ou profond comme Poussin; mais comme peintre, comme décorateur, il leur est incomparablement supérieur. — E. CH.

***LECLAIRE** (EDME-JEAN), entrepreneur de peinture en bâtiments, est né à Aisy-sur-Armançon (Yonne), le 14 mai 1801. Il a attaché son nom au triomphe du principe de la participation des ouvriers dans les bénéfices de l'entreprise, et ses efforts couronnés de succès lui ont assuré la reconnaissance, non seulement des ouvriers, mais encore de ceux qui cherchent à faire disparaître l'antagonisme qui existe entre le capital et le travail et veulent ainsi résoudre un de nos grands problèmes sociaux. Leclaire quitta son village à dix-sept ans et vint à Paris, entraîné par quelques-uns de ses compatriotes qui venaient aux alentours de la capitale pour se livrer aux travaux des champs et amasser un petit pécule; le hasard le fit entrer chez un peintre en bâtiments; son salaire était des plus modiques, mais il était courageux, très travailleur et très rangé, et lorsqu'il put gagner 3 fr. 50 sans être nourri, il sut économiser, en un an, la somme nécessaire pour se faire exonérer du service militaire. L'épargne de chaque jour, son assiduité et son activité permirent à Leclaire de s'établir entrepreneur de peinture et bientôt, grâce à son habileté professionnelle, jointe à sa persévérance et à sa volonté, il put classer sa maison parmi les plus sérieuses et les plus honorables.

Ayant constaté la terrible influence du blanc de céruse sur la santé des ouvriers peintres, Leclaire songea à le remplacer par une substance inoffensive et se mit à l'étude; son caractère opiniâtre devait amener son succès; après de nombreux essais, il découvrit un procédé de fabrication du blanc de zinc à des conditions de prix de revient qui en généralisèrent l'emploi dans l'industrie du bâtiment.

C'est en 1838, que Leclaire fonda une Société de secours mutuels pour ses ouvriers, et en 1842, il organisa le système de participation de son personnel dans ses bénéfices. « Si vous voulez, disait-il à ceux qui travaillaient chez lui, que je parte de ce monde le cœur content, il faut que vous ayez réalisé le rêve de ma vie; il faut qu'après une conduite régulière et un travail assidu, un ouvrier et sa femme puissent, dans leur vieillesse, avoir de quoi vivre sans être à charge à personne. » Cet homme de bien est mort à Herblay, le 13 juillet 1872, laissant aux ouvriers et aux patrons un grand enseignement de rénovation sociale. « Aimons-nous, aidons-nous! » se plaisait-il à dire, et prêchant d'exemple, il a montré ce que peuvent réaliser dans les classes laborieuses, la persévérance, le travail soutenu, le respect de soi-même et de ses semblables, l'amour de la justice et de la concorde.

***LECLERC** (SÉBASTIEN), graveur, né à Metz en 1637, mort à Paris en 1714, était fils d'un orfèvre de talent, Laurent Leclerc, mort centenaire, qui lui enseigna les principes du dessin. A sept ans, Sébastien maniait déjà le burin et en même temps étudiait avec soin les mathématiques et la perspective, sciences qui lui valurent plus tard la place d'ingénieur géographe auprès du maréchal de la Ferté, en 1660. Il leva les plans des principales places fortes entre Metz et Verdun, puis donna sa démission à la suite d'un passe-droit, et vint à Paris, en 1665, solliciter un emploi dans le génie. Mais, sur les conseils de Lebrun, il abandonna ce projet, se livra entièrement à la gravure, pour laquelle ses fortes études lui furent d'un grand secours, et parvint presque aussitôt à la réputation. On remarque dans ses compositions la largeur, la vigueur et la netteté; le trait est doux et moelleux, l'effet agréable. Sa fécondité fut très grande, car on compte dans son œuvre gravé environ 4,000 pièces, parmi lesquelles les *Batailles d'Alexandre*, les *Conquêtes de Louis XIV*, en treize pièces, le *Mai des Gobelins*, le *Concile de Nicée*, l'*Arc de triomphe de la porte Saint-Antoine*, l'*Apothéose d'Isis*, les *Figures à la mode*, en vingt feuilles, les *Costumes des Grecs et des Romains*, en vingt-cinq feuilles, *Médailles, jetons et monnaies de France*, en trente feuilles, enfin, les *Caractères des passions*, d'après Lebrun, une de ses meilleures suites, malgré les défauts qu'on peut reprocher aux modèles fournis par le peintre, et qui ont influé sur la manière du graveur. On a aussi de Sébastien Leclerc un grand nombre d'ouvrages de science et de théorie du dessin. Membre de l'Académie de peinture en 1672, Leclerc était de plus logé aux Gobelins et pensionné du roi, sur la proposition de Colbert; il était graveur au cabinet royal, et enseigna longtemps la perspective à l'Académie, malgré la multiplicité de ses travaux. Il renonça à cette place en 1702.

***LECOMTE** (NARCISSE), graveur, né en 1794, mort au mois de mai 1882, s'est rendu célèbre par quelques planches de grande valeur. Il est l'auteur de la gravure universellement connue, le *Dante et Béatrix*, d'après Ary Scheffer, et l'on cite encore de lui, entre autres planches, le *Portrait de Lamennais*, et surtout celui du *Tintoret* qui est un véritable chef-d'œuvre.

***LECTURE.** *T. de tiss.* Analyse que l'on fait de la carte, afin de procéder au perçage des cartons. — V. ESCALETTE.

***LEFUEL** (HECTOR-MARTIN), architecte, né à Versailles en 1810, mort à Paris en 1880. Il prit le goût de l'architecture chez son père, entrepreneur de bâtiments, et entra très jeune à l'Ecole des beaux-arts, où il remporta le prix de Rome en 1839, avec un projet d'*Hôtel de Ville de Paris*. Il était élève de Huyot. De Rome, Lefuel envoya trois restitutions de temples antiques : les temples de la *Piété*, de l'*Espérance* et de *Junon Matuta*, qui furent d'autant plus remarqués du public, que l'exécution matérielle en était fort belle; Lefuel, en effet, était un aquarelliste de grand talent. Après avoir, sans grand succès, tenté d'ouvrir un atelier, l'artiste produisit enfin, au Salon de 1848, une fort belle composition : *Cheminée monumentale pour le palais de Florence*, qui lui valut aussitôt les fonctions d'architecte du château de Meudon, où le trouva plus tard le coup d'Etat. Depuis lors, il ne cessa d'être chargé de travaux importants : architecte du palais de Fontainebleau en 1852, chargé de l'achèvement du Louvre et des Tuileries, après la mort de Visconti, directeur des travaux de l'Exposition universelle de 1855, il fut l'architecte officiel le plus en vue de l'empire. Son œuvre la plus importante est la réunion des Tuileries au Louvre par les guichets du Carrousel, auxquels il donna des proportions grandioses, dont l'effet théâtral sied peu, d'ailleurs, au voisinage de l'architecture délicate de Lescot et de Philibert de Lorme. Parmi les travaux de Lefuel qui remontent à cette époque, il faut encore citer l'hôtel Fould, dans le faubourg Saint-Honoré, récemment disparu, ainsi que la décoration des appartements de l'impératrice Eugénie et de ceux du ministère d'Etat, aujourd'hui occupés par le ministre des finances. Depuis la chute de l'empire, Lefuel avait gardé son poste aux Tuileries, et en cette qualité, il reconstruisit le pavillon de Flore et les bâtiments de la rue de Rivoli. Il était inspecteur général des bâtiments civils, professeur à l'Ecole des beaux-arts, membre de l'Institut depuis 1855 et commandeur de la Légion d'honneur depuis 1867.

* **LEGENDRE** (Adrien-Marie), célèbre géomètre français, né à Paris le 18 septembre 1752. Sa famille était peu aisée et ses débuts dans la vie furent d'abord pénibles. Mais, dès l'âge de 22 ans, il commença à publier des articles de mécanique rationnelle qui lui attirèrent la protection de d'Alembert. En 1775, il fut nommé professeur de mathématiques à l'Ecole militaire de Paris. Il devint membre adjoint de l'Académie des sciences le 30 mars 1783, à la suite de la publication d'un mémoire sur l'*attraction des ellipsoïdes*. Un travail géodésique, dont il fut chargé en 1787, le conduisit à Londres, où il devint membre de la Société royale. Aussitôt après la constitution de l'Ecole polytechnique, il fut nommé examinateur de sortie. Conseiller titulaire de l'Université depuis 1808, il succéda à Lagrange, en 1812, au bureau des longitudes. Il est mort à Auteuil, le 9 janvier 1834. C'est en 1794 que parurent les *Eléments de géométrie* de Legendre, ouvrage célèbre, qui est resté jusqu'à ces dernières années le plus répandu dans nos écoles. On sait que ce n'est, à proprement parler, qu'une traduction des *Eléments* d'Euclide, légèrement modifiée, pour mettre les raisonnements du célèbre géomètre grec plus en harmonie avec les habitudes modernes. La publication de cet ouvrage fut un grand service rendu à l'enseignement. Les recherches de Legendre sur l'attraction des ellipsoïdes et la figure des planètes, le conduisirent à la considération d'une catégorie de polynômes, qui sont restés célèbres sous le nom de *polynômes de Legendre*, et qui ont servi de base à l'édification de la théorie mathématique des marées, si complètement développée par Laplace. On doit encore à Legendre des mémoires remarquables sur les triangles tracés à la surface d'un sphéroïde, et sur la théorie des nombres; mais, son plus beau titre de gloire est la découverte des *fonctions elliptiques*, dont l'étude l'occupa pendant plus de 40 ans. Le caractère de Legendre était encore au-dessus de son génie. Dégagé de toute préoccupation d'ambition personnelle, il a su se concilier le respect de tous les pouvoirs qui se sont succédé en France, sans jamais solliciter leurs faveurs. Son souvenir est resté comme un modèle d'énergie, d'indépendance et de dévouement à la science.

LÉGERS OUVRAGES. *T. de constr.* Désignation que l'on donne à tous les ouvrages exécutés en plâtre, avec ou sans lattis, isolés ou adossés à des murs neufs ou vieux : tels sont les enduits, aires de planchers, cloisons, pans de bois, languettes de cheminée, plafonds, ravalements, moulures, jointoiements, etc.

* **LÉGUMINE.** *T. de chim.* $C^{34}H^{97}Az^{14}O^{10}$ (Milon et Commaille). Variété de caséine végétale, découverte par Einhof, qui existe dans les pois, haricots, lentilles, les légumineuses en général, ainsi que dans les amandes, et s'obtient en faisant macérer ces matières broyées dans l'eau tiède, exprimant après deux heures, filtrant et précipitant le liquide par l'acide acétique; on lave à l'alcool et à l'éther, pour la purifier, la masse jaunâtre qui s'est précipitée.

* **LÉIOCOME** ou **LÉIOGOMME.** *T. de chim.* Matière première employée dans l'industrie pour apprêter les tissus. C'est une sorte de fécule torréfiée, plus chauffée que la *fécule grillée*. Aussi sa solution est-elle plus visqueuse que celle de la seconde matière à cause de la forte proportion de *dextrine* (V. ce mot) qu'elle contient; avec l'eau iodée, elle donne une teinte rosée alors que l'autre espèce, renfermant encore de l'amidon, prend une teinte violacée. Elle se prépare en torréfiant entre 225 et 260°, soit l'amidon des céréales, que l'on chauffe dans des tambours métalliques analogues aux brûloirs à café; soit la fécule de pomme de terre, dans des chaudières plates munies de deux fonds entre lesquels se trouve de l'huile dont un thermomètre indique la température. La matière première doit toujours être agitée pendant la préparation pour éviter des carbonisations partielles, qui coloreraient trop le produit.

* **LE LORRAIN** ou **LELORRAIN** (Robert), statuaire, né à Paris, en 1666, exécuta une partie du mausolée du cardinal de Richelieu, sous la direction de Girardon, dont il était l'élève. Il obtint le grand prix à vingt-trois ans et partit pour Rome. En 1702, il fut nommé membre de l'Académie de peinture et de sculpture, et il mourut en 1743. On cite de lui de belles décorations à Versailles, à Marly, aux Invalides, etc.

***LEMAIRE** (Philippe-Henri), sculpteur, né à Valenciennes en 1798, mort en 1880, élève de Cartelier, remporta le grand prix de sculpture en 1821, avec *Alexandre chez les Oxydraques*. A son retour de Rome, il exposa, en 1827, une *Jeune fille tenant un papillon*, marbre qui fut acheté par la duchesse de Berry, et lui valut des commandes importantes. Le *Laboureur trouvant des armes*, exposé la même année, fut placé aux Tuileries, et la *Vierge et l'Enfant Jésus* à l'église Sainte-Elisabeth. Lemaire remporta, pour ces ouvrages, la médaille d'or. Il fit ensuite une statue du *duc de Bordeaux*, le tombeau de Mlle *Duchesnoi* au cimetière du Père-Lachaise, et exposa, au Salon de 1831, une *Jeune fille effrayée par une vipère*, qui est au Luxembourg. Enfin, en 1836, le fronton de l'église de la Madeleine ayant été mis en concours, Lemaire remporta tous les suffrages et fut chargé de cette œuvre importante, qui est considérée comme son chef-d'œuvre (V. Fronton). Elle lui valut la décoration de la Légion d'honneur (1843) et son entrée à l'Institut (1845), en remplacement de Bosio. Enfin, il fut envoyé à la chambre des députés en 1852, et y resta jusqu'aux élections de 1869, qui le rendirent à la vie privée. Artiste officiel pendant tout le règne de Louis-Philippe, Lemaire a produit beaucoup, et ses œuvres sont dispersées par toute la France. Nous citerons principalement les statues de *Henri IV*, *Louis XIV*, *Kléber*, *Chevert*, *Hoche*, *Froissart*, les bustes de *Racine*, d'*Apollodore Callet*, et plusieurs bas-reliefs de grandes dimensions ; la *Religion consolant les prisonniers*, pour le palais de justice de Lille ; la *Résurrection du Christ* et l'*Empereur Valens allant combattre les Goths*, pour l'église Saint-Isaac, à Saint-Pétersbourg ; la *Distribution des croix au camp de Boulogne*, pour la colonne commémorative de la grande armée, etc.

***LEMERCIER** (Jacques), architecte et graveur, mort à Paris vers 1660, fut chargé par Richelieu de certaines parties du Louvre et de la construction du Palais-Cardinal, aujourd'hui le Palais-Royal. L'œuvre capitale de Lemercier est l'église de la Sorbonne, pour laquelle il s'inspira de Saint-Pierre de Rome, en élevant sur la façade une coupole qui est considérée comme un chef-d'œuvre. Cette innovation eut la plus grande influence sur l'architecture religieuse au xviie siècle, et elle a mis Lemercier à la tête des architectes de son époque. Il succéda à Mansard dans les travaux du Val-de-Grâce, et commença l'édification de l'église de Saint-Roch ; la mort l'arrêta après qu'il eût construit le chœur et une partie de la nef. On doit encore à cet artiste célèbre l'escalier en fer à cheval de la cour du Cheval-Blanc, au palais de Fontainebleau.

***LEMNISCATE.** *T. de géom.* Courbe du quatrième degré ayant la forme d'un *huit* (fig. 59). Le point double O est un centre de symétrie et en même temps un point d'inflexion pour chacune des deux branches qui viennent s'y croiser. Les deux tangentes en ce point sont rectangulaires. La lemniscate est symétrique par rapport à deux axes perpendiculaires qui sont les bissectrices des angles des tangentes au point double ; mais l'un seulement de ces axes traverse les deux boucles de la courbe ; l'autre n'a pas d'autre point commun avec elle que le point double.

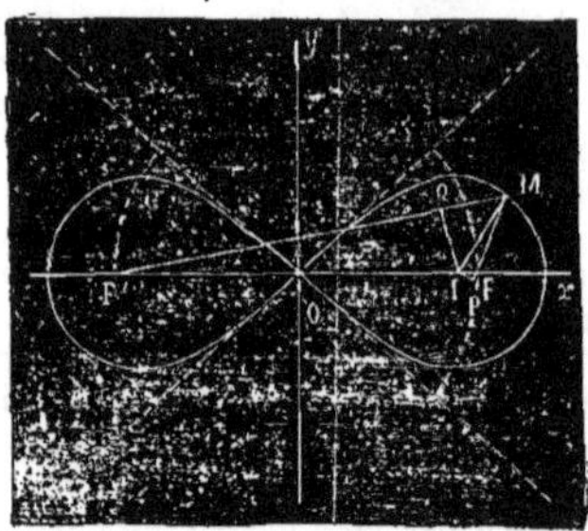

Fig. 59.

Rapportée à ses deux axes de symétrie, la lemniscate a pour équation :

$$(x^2+y^2)^2=a^2(x^2-y^2)$$

la longueur de l'axe transverse étant désignée par a.

Rapportée aux deux tangentes au point double, elle aura pour équation :

$$(x^2+y^2)^2=2a^2xy.$$

En coordonnées polaires, son équation est :

$$\rho=a\sqrt{\cos 2\varphi}$$

ou

$$\rho=a\sqrt{\sin 2\varphi}$$

suivant qu'on prend pour axe polaire l'axe transverse de la courbe ou l'une des tangentes au point double.

Les points les plus éloignés de l'axe transversé en sont distants de $\frac{a}{2\sqrt{2}}$, et leur distance au centre est double $\frac{a}{\sqrt{2}}$.

La lemniscate, qu'on appelle quelquefois *lemniscate de Bernoulli*, du nom du célèbre géomètre qui en a fait une étude approfondie, est un cas particulier des ovales de Cassini, courbes telles que le produit des distances de chacun de leurs points à deux foyers fixes soit constant. Les ovales de Cassini se réduisent à une lemniscate lorsque la valeur constante de ce produit est égale au carré de la demi-distance des foyers. On voit facilement que les deux foyers F et F' de la courbe sont sur l'axe transverse à une distance c du centre, égale à

$$c=\frac{a}{\sqrt{2}}.$$

L'équation bipolaire de la lemniscate est donc :

$$MF\times MF'=\rho\rho'=c^2.$$

On en déduit le théorème suivant qui s'applique à tous les ovales de Cassini :

La normale MI à la courbe est comprise entre

les deux rayons vecteurs, et le rapport des distances de chacun de ses points aux deux rayons vecteurs est égal au rapport des longueurs de ces rayons vecteurs :

$$\frac{IP}{IQ}=\frac{MF}{MF'}.$$

Cette propriété fournit une construction très simple de la tangente.

***LEMONNIER** (Anicet-Charles-Gabriel), peintre, né à Rouen en 1743, mort à Paris en 1824, montra très jeune de grandes dispositions artistiques, et obtint de quitter la carrière commerciale, à laquelle le destinaient ses parents, pour entrer dans l'atelier de Vien, à Paris. Il en fut, avec David, un des meilleurs élèves, et il obtint le prix de peinture avec *Molière et sa famille*. Pensionnaire de l'Académie, à Rouen, en 1774, il parcourut l'Italie, assista à l'éruption du Vésuve en 1779, dont il reproduisit divers épisodes, et revint en France déjà célèbre. Les commandes affluèrent chez le jeune peintre, qui mit le sceau à sa réputation par *Saint Charles Borromée secourant les pestiférés de Milan* (Salon de 1785), et surtout par *Cléombrote*, toile qui réunit tous les suffrages au Salon de 1787, et qui fut plusieurs fois reproduite en tapisserie. A cette époque, Lemonnier fut chargé par les membres de la chambre de commerce de Rouen de retracer l'audience qu'ils avaient obtenue de Louis XVI, et il le fit dans un grand tableau de plus de vingt figures, dont l'entente de la composition et la fermeté de touche lui valurent sa nomination à l'Académie royale de peinture. La *Mort d'Antoine* fut son morceau de réception. Depuis, Lemonnier fut surtout peintre officiel. Peintre-dessinateur à l'Ecole de médecine et plus tard, en 1810, administrateur de la manufacture de tapisseries de la couronne, il signala son passage dans ces établissements par de nouvelles œuvres de valeur et par une direction intelligente et féconde en progrès, qui furent récompensées par la décoration de la Légion d'honneur. La Restauration le priva de ses fonctions, et Lemonnier, dans un âge déjà très avancé, se trouva heureux que la ville de Rouen le chargeât d'organiser son musée, où se trouvent actuellement douze toiles de ce maître. Ses dernières œuvres qui offrent surtout un intérêt historique, parce que l'artiste avait cherché à y grouper des portraits de personnages illustres, sont : *François Ier recevant à Fontainebleau la Sainte Famille*, de Raphaël, et *Louis XIV assistant à Versailles à l'inauguration de la statue de Milon de Crotone*, de Puget. Ces toiles devaient servir de pendant à une des plus connues de Lemonnier : *Une soirée chez madame Geoffrin*, curieuse surtout parce que l'auteur, protégé de madame Geoffrin dans sa jeunesse, en avait connu intimement les personnages, et qu'il peignit de mémoire, pour la plupart, les soixante figures groupées autour de Le Kain et de mademoiselle Clairon lisant une tragédie de Voltaire.

***LEMOT** (François-Frédéric), sculpteur, né à Lyon en 1773, mort à Paris en 1827, était fils d'un menuisier. Ayant montré de bonne heure de grandes dispositions pour le dessin, il étudia d'abord quelque temps à Besançon, puis vint à Paris dans l'atelier de Dejoux. A dix-sept ans, il remportait le premier grand prix avec le *Jugement de Salomon* et partait à Rome, d'où il dut revenir presque aussitôt, pour être enrôlé dans l'armée du Rhin. Enfin, en 1795, il fut rappelé par David et chargé de collaborer à plusieurs travaux : une statue colossale de la *Liberté*, un *Numa Pompilius*, pour le conseil des Cinq-Cents, un *Cicéron*, pour le tribunat, un *Léonidas*, pour le Sénat, un *Brutus* et un *Lycurgue* pour le Corps législatif. En 1808, il compléta, par un char et deux figures dorées, les fameux chevaux de Venise envoyés par Napoléon pour la décoration de l'arc du Carrousel, et qui furent enlevés en 1815. La même année, il fut chargé de sculpter en grand le fronton du Louvre, *Napoléon sur un char de triomphe*, travail difficile qui lui valut le grand prix décennal. La Restauration conserva à Lemot ses privilèges de sculpteur officiel, et on lui donna, en cette qualité, différentes commandes, dont les plus importantes furent la statue équestre de Henri IV, sur le terre-plein du Pont-Neuf, et la statue de Louis XIV, sur la place Bellecour, à Lyon. On doit encore à Lemot *La Rêverie*, *Hébée* (Salon de 1812), une *Renommée*, un *Apollon*, qu'il ne put achever, et les bustes de Jean-Bart, Murat, Corbineau, etc. Depuis 1805, Lemot était membre de l'Institut et professeur aux Beaux-Arts. La Restauration l'avait créé baron. De plus, il a bien mérité des archéologues et des artistes en achetant le beau château de Clisson, menacé de démolition, et en le réparant avec soin. Il a même publié, en 1817, un volume in-4°, *Notice historique sur la ville et le château de Clisson*.

***LENOIR** (Samson-Nicolas), dit Le Romain, architecte, né à Paris en 1726, mort en 1810, était élève de Blondel, et après avoir été envoyé à Rome par l'Académie, il devint l'architecte de Voltaire, qui l'employa à Ferney. Cette amitié l'ayant mis en évidence, il reçut de nombreuses commandes à son retour à Paris, mais ce qui surtout fonda sa réputation, ce fut un véritable tour de force dont on n'a aucun autre exemple. Le théâtre de l'Opéra, contigu au Palais-Royal, avait été incendié le 8 avril 1751, et on demanda à Lenoir de le réédifier dans le plus bref délai. Il s'engagea par un dédit de 24,000 livres à le livrer aux acteurs le 5 octobre suivant, et en 75 jours la salle fut achevée. Non seulement l'acoustique en était excellente, non seulement les dégagements étaient fort commodes et bien compris, mais, après avoir été abandonnée par la troupe de l'Opéra et être devenue le théâtre de la Porte Saint-Martin, elle ne nécessita jamais de réparations importantes jusqu'à son incendie en 1871. Ce prodigieux travail valut à l'architecte le cordon de Saint-Michel et une pension de 6,000 livres. En 1790, Lenoir éleva à ses frais sur la place du Palais de Justice, le théâtre de la Cité qui en 1807, était devenu le bal du Prado, cher aux étudiants ; il a été démoli sous le second empire. Samson Lenoir privé de ses places et de sa pension par la Révolution, végéta pendant quelques années et mourut dans un état voisin de la misère, oublié même par l'empereur Napoléon 1er, qui savait pourtant reconnaître le véritable talent.

***LENOIR-DUFRESNE** (Jean-Daniel-Guillaume-Joseph). Né à Alençon le 24 juin 1768, mort à Paris le 22 avril 1806. Il se destinait d'abord à la carrière des armes et s'engagea dans l'armée, mais rappelé en 1797 à Alençon par la mort de son père qui tenait un magasin de draperies dans cette ville, il s'associa avec *Richard* (V. l'article suivant) pour reprendre la maison paternelle. Les bénéfices qu'ils réalisèrent leur donnèrent l'idée de monter à Paris, rue de Thorigny, une filature de coton à l'aide des métiers mull-jenny alors employés par l'Angleterre seule, et à Alençon une fabrique de basins et de piqués, pour faire concurrence aux articles britanniques importés sur le continent. Un anglais nommé Browne, expert dans les arts textiles, leur vint en aide sous condition de devenir leur associé. C'était à cette époque une entreprise hardie, qui pouvait devenir féconde : en 1797, la filature de Paris était installée; en 1798, les deux associés y annexaient le premier tissage de basins qui fût construit en France, et en 1799, ils édifiaient à Alençon une manufacture nouvelle de tissus de coton. L'association de ces deux hommes, véritable alliance de capacités diverses, produisit des résultats remarquables. Richard était l'homme des conceptions hardies, Lenoir avait pour lui la sagesse et la circonspection que donne une longue habitude du négoce; tous deux avaient par-dessus tout ce génie du commerce qui fait éclore les bonnes spéculations, féconde et fait réussir les moyens employés. Bientôt la direction des établissements de Paris et d'Alençon ne put suffire à l'activité de Lenoir et de Richard. En 1801, Lenoir fondait à Séez (Orne), une nouvelle manufacture dans l'établissement des anciens Bénédictins de Saint-Martin dont il faisait l'acquisition; en 1803, il créait une fabrique similaire dans l'ancienne abbaye d'Aunai (Calvados); puis, l'année suivante, à Paris, il en édifiait encore une autre rue de Charonne, avec l'aide d'un anglais du nom de Brauwels. Lenoir-Dufresne s'attacha alors à perfectionner les métiers qu'il employait : on lui dut de nombreuses inventions qui augmentèrent d'une façon considérable la production de ses usines et contribuèrent puissamment à la bonne facture des fils et tissus qu'il fabriquait. Il mourut emporté par une fièvre violente en 1806; mais, à son lit de mort, il demanda à son associé Richard de ne jamais séparer leurs deux noms. Celui-ci, dont nous donnons la biographie dans l'article suivant, tint parole, car il publia, longtemps après la mort de son associé, un volume de *Mémoires* sous le nom de *Richard-Lenoir*, et la maison continua à être connue sous ce double nom.

***LENOIR-RICHARD.** De son vrai nom *Eugène* Richard (V. l'article précédent), né à Epinay-sur-Odon (Calvados) le 16 avril 1765, mort à Paris en octobre 1839. Jusqu'à son association avec Lenoir-Dufresne, sa vie a été des plus mouvementées; fils d'un pauvre fermier, il se rend à Rouen en 1782 où il est obligé, pour vivre, d'exercer la profession de garçon limonadier; en 1785, on le voit à Paris, où il parvient dans le même emploi à réaliser un millier de francs d'économie, ce qui lui permet de s'établir négociant en tissus anglais dans le quartier des Halles; il commence par réussir, finit par être emprisonné pour dettes, recouvre la liberté en 1789, remonte une nouvelle affaire en 1790 avec le secours de quelques amis, récupère une nouvelle fortune, fuit Paris où il ne lui est plus possible de vivre après les massacres de septembre, va se réfugier dans la ferme de son père, et enfin revient en 1797 dans la capitale pour s'associer avec Lenoir-Dufresne.

Jusqu'à la mort de ce dernier, en 1806, l'œuvre des deux associés est commune, nous n'avons pas à y revenir; à partir de cette époque, Richard-Lenoir fut sujet à des déboires sans nombre. L'importation forcée qu'il devait faire du coton brut d'Amérique lui causant quelques soucis, il voulut d'abord essayer la culture du cotonnier en France, il n'y réussit qu'à demi. En 1810, cette matière première ayant été imposée de droits considérables, la fabrication des filés ne devint plus possible; Richard ne se soutint que grâce à de nombreux emprunts, dont l'un de 1,500,000 francs lui fut accordé par l'empereur Napoléon. La réunion de la Hollande à la France porta ensuite un nouveau coup à son industrie, car les Anglais parvinrent alors à jeter sur le marché français, par une frontière moins surveillée, des quantités importantes de leurs tissus de coton. Richard eût pu à cette époque liquider sa situation et se retirer en vivant d'une honnête aisance; il ne le voulut pas, pour ne pas laisser sans travail et dans la misère les ouvriers qui l'avaient aidé. Ceux-ci l'aimaient comme un père; aussi après les désastres de 1813, Napoléon le nomma-t-il chef de la huitième légion de la garde nationale parisienne, sachant qu'il trouverait dans cet industriel, qu'il avait aidé dans les moments difficiles, un dévouement absolu à sa cause, et dans ses soldats qui étaient tous ses ouvriers, un attachement sans bornes à leur chef. Richard prodigua son activité et sa fortune pour améliorer l'état de sa légion, il contribua puissamment en 1814 à la défense de Paris. Lors de la seconde rentrée des Bourbons en 1815, il fut inscrit sur la liste de proscription pour avoir essayé de défendre l'empire à la tête des fédérés du faubourg Saint-Antoine, mais il en appela à l'empereur de Russie et obtint immédiatement sa grâce. Resté en France, Richard Lenoir, oublié et méconnu, vendit une à une ses propriétés, et ferma ses principales usines; lorsqu'il mourût en 1839, il était réduit à vivre d'une pension que lui faisait son gendre. Son convoi, modeste en raison de sa position de fortune, ne fut pas sans dignité : plus de deux mille d'entre ses anciens ouvriers le suivirent, tous escortèrent jusqu'à son dernier asile cet homme qui avait possédé des millions, qui les avait perdus pour eux, et auquel la France est redevable de l'une de ses plus belles industries. — A. R.

***LE NÔTRE** (André). Architecte et dessinateur de jardins, né à Paris en 1613, mort en 1700, était fils d'un intendant des jardins des Tuileries. Son père le destinait à la peinture, et le fit entrer chez Vouet, où il fut compagnon d'atelier de Lebrun. Mais à la mort de son père, le jeune homme lui succéda dans sa charge et presque aussitôt fit preuve d'imagination et de bon goût en apportant de grandes modifications à l'art de dessiner les jardins, qui hésitait entre les complications contre nature des jardins anglais et les bizarreries de la décadence italienne. Le Nôtre créa le genre régulier qui a produit les beaux parcs de Versailles, de Marly, de Clagny, de Saint-Cloud, de Meudon, de Chantilly, de Sceaux, tous œuvres de Le Nôtre. Les jardins du château de Vaux, au surintendant Fouquet, firent connaître les talents du jeune architecte, et lui valurent la place de contrôleur des bâtiments du roi, et tout aussitôt les travaux de Versailles. Ce n'était pas facile de décorer de jets d'eau, de verdure, de berceaux, de labyrinthes, cette vaste étendue de sable coupée de marécages, et pourtant Le Nôtre n'a jamais rien créé de plus beau. Les eaux marécageuses furent réunies dans un canal à l'extrémité du parc, le terrain fut dragué avec soin, et grâce à l'eau amenée à grands frais et distribuée habilement, on parvint à satisfaire, et au delà, les désirs du roi.

On doit aussi à Le Nôtre, avec le jardin des Tuileries, qui a été depuis bouleversé, la superbe terrasse de Saint-Germain. L'Angleterre même l'appela, malgré la renommée de ses propres jardiniers, et lui confia les dessins des parcs de Saint-James et de Greenwich. Désireux d'étudier les jardins italiens, Le Nôtre alla, en 1678, demander au célèbre architecte Bernin de lui servir de guide, et admis en présence du pape Innocent XI, il se livra à quelques-unes de ces boutades et de ces familiarités qui lui réussissaient si bien auprès de Louis XIV; elles n'eurent pas moins de succès auprès du Saint Père, que Le Nôtre embrassa avec effusion, au grand ébahissement de l'entourage. Ce mélange de finesse et de rudesse, cette bonhomie mêlée d'esprit et de bon sens, qui lui faisait dire au roi, lorsque celui-ci parlait de lui donner des armoiries, qu'il en avait déjà, savoir : trois limaçons couronnés d'une feuille de choux, font de Le Nôtre une des figures les plus curieuses de son époque.

Ce qui distingue l'art de Le Nôtre, c'est la rigoureuse symétrie et la régularité des lignes, qui font de ses jardins le cadre le plus naturel de l'architecture du siècle de Louis XIV. Dans ses parcs, rien n'est laissé au hasard. S'il se trouve un monticule, on le rase, s'il se trouve un vallon, on le comble; les arbres sont plantés en échiquier ou forment des bosquets et des voûtes de verdure, des labyrinthes et des avenues; une seule chose vient rompre la monotonie et l'étiquette, pour ainsi dire, auxquelles la nature a été soumise, ce sont ces bassins et ces eaux jaillissantes, qui s'élancent en fusées, en gerbes, retombent en nappe ou en poussière, fournissant à toutes ces avenues en ligne droite le plus charmant des points de vue. C'est peut-être le principal titre de gloire de Le Nôtre, et le complément le plus heureux apporté à l'art des jardins tel qu'on l'avait pratiqué jusqu'alors. Louis XIV, qui aimait le beau, avait compris mieux que personne la valeur des œuvres de Le Nôtre, au point que ce roi, après avoir donné à son jardinier le cordon de Saint-Michel le fit monter un jour près de lui en carrosse, distinction réservée par l'étiquette si étroite de la cour, aux seuls seigneurs d'ancienne noblesse. Pendant ce temps, Mansard, surintendant des bâtiments, marchait à côté d'eux, ce qui était encore une faveur très grande, et Le Nôtre, tout ému s'écriait avec reconnaissance : il faut avouer que votre Majesté traite bien son maçon et son jardinier! Le Nôtre mourut à quatre-vingt sept ans, et fut enterré dans une chapelle qu'il avait fondée à Saint-Roch. Il laissa, outre ses remarquables plans de jardins, quelques bonnes toiles, car il cultivait aussi la peinture, à ses moments de loisirs, et de précieux rapports à Colbert, où se trouvent d'excellents conseils et la trace de fortes études scientifiques, qui le mettaient à même de comprendre les avantages d'inventions utiles de son temps, notamment de celle de la brouette, dont il recommande l'emploi.

*** LENS.** La concession des mines de houille de Lens a été instituée dans le Pas-de-Calais, le 15 janvier 1850, avec une étendue de 6031 hectares. Deux extensions accordées depuis, ont porté son étendue à 6,239 hectares. En outre, les concessionnaires de Lens ont acquis la concession de Douvrin, instituée le 18 mars 1863, avec une étendue de 700 hectares. La concession de Lens, réunie à celle de Douvrin est limitée au nord par le canal d'Aire à la Bassée, et par la concession de Meurchin, à l'est, au sud et à l'ouest par les mines de Courrières, Liévin et Bully-Grenay. Ces deux concessions exploitent des charbons qui contiennent depuis 10 0/0 jusqu'à 40 0/0 de matières volatiles, et qui forment 56 veines d'une épaisseur de 0,40 à 2,50. Les fosses 1, 2, 4, 5 et la fosse double 3, exploitent un superbe faisceau de charbons gras qui est connu en place ou renversé dans les concessions de Lens, Courrières, Liévin et Bully-Grenay. La fosse n° 5, de Lens, est la mieux aménagée du Pas-de-Calais; elle extrait en moyenne, par jour, 1,170 tonnes de charbon, 47 tonnes de terre et 43 tonnes d'eau. Pendant la quinzaine de Sainte-Barbe son extraction journalière s'élève à 3,000 tonnes. La fosse double 8, qui est en fonçage à Vendin-le-Vieil exploitera le gisement de la fosse 2. La fosse 9 sera installée entre les fosses 1 et 3. La fosse double 7 exploite un faisceau inférieur de charbons, quart gras. La fosse 6, la seule qui soit située dans la concession de Douvrin, exploite des charbons maigres, dans les deux concessions de Douvrin et de Lens. Elle a été inondée en avril 1882, par les eaux du calcaire carbonifère, mais les exploitants sont parvenus par un travail très remarquable à aveugler cette venue, à épuiser les eaux, et à reprendre les travaux le 26 juillet 1883. Les chiffres suivants donnent une idée de l'exploitation en 1883.

Ouvriers	au fond 3,122 hommes et 352 enfants.	
	au jour 891 hommes, 186 femmes et 17 enfants.	

45 Machines à vapeur (3,196 chevaux).

Extraction	10.253 tonnes,	gros.
	1.102.354 —	tout-venant.
	57.476 —	escaillage.
Vente	34.775 —	par voitures.
	387.858 —	par bateaux.
	675.367 —	par chemins de fer.

La Compagnie possède 59 kilomètres de chemins de fer, pour relier ses fosses avec les gares du chemin de fer du Nord, et avec le rivage de Pont-à-Vendin qui est admirablement aménagé pour le chargement du charbon en bateaux.

LENTILLE. *T. d'opt.* On appelle *lentilles* des disques de verre compris entre deux surfaces courbes et destinés à dévier les rayons lumineux qui les traversent. Une lentille plus épaisse au centre que sur les bords a pour effet de rapprocher les rayons de son axe de figure; elle est appelée, pour cette raison, *lentille convergente.* Au contraire, une *lentille divergente* est plus épaisse sur les bords qu'au centre : les rayons s'écartent de son axe après l'avoir traversée. Les lentilles sont les organes principaux de presque tous les instruments d'optique. On sait que les personnes myopes font usage de besicles formées de lentilles divergentes et les presbytes de lentilles convergentes. La loupe n'est pas autre chose qu'une lentille convergente.

— Il est certain que les propriétés grossissantes des lentilles convergentes étaient connues dans l'antiquité. On a trouvé dans les fouilles de Ninive une lame de cristal de roche, façonnée en forme de lentille qui, d'après Sir David Brewster, était destinée à des usages optiques et ne fut jamais un objet de parure. Il existe, au Cabinet des médailles, un cachet dit « de Michel-Ange », qui remonte à une époque très ancienne et sur lequel sont gravées des figures *invisibles à l'œil nu.* Cicéron mentionne une *Iliade* d'Homère écrite sur un parchemin qui tenait dans une coquille de noix. Pline parle d'un quadrige en ivoire exécuté par un certain Myrmécide et si petit qu'une mouche le couvrait de ses ailes. Quant à l'usage des lentilles pour corriger les défauts de la vue, il remonte au moins au commencement du XIVe siècle.

On sait que lorsqu'un rayon de lumière passe d'un milieu dans un autre, il se brise ou se *réfracte* sur la surface de séparation, de manière que les sinus des angles que font les rayons incidents et réfractés, avec la normale à cette surface soient dans un rapport constant qu'on nomme *l'indice de réfraction relatif* des deux milieux considérés. Au point de vue des applications, il suffit de considérer les indices de réfraction des diverses substances transparentes par rapport à l'air. On conçoit qu'on puisse déterminer la forme de la surface de réfraction de manière que les rayons émanés d'un point A aillent, après la réfraction, converger en un point B (fig. 60) ou semblent émaner d'un point B' (fig. 61). Descartes, qui a le premier formulé nettement les lois de la réfraction dans son célèbre ouvrage de la *Dioptrique*, a donné la forme de ces surfaces : ce sont des surfaces de révolution dont la méridienne a pour équation bipolaire :

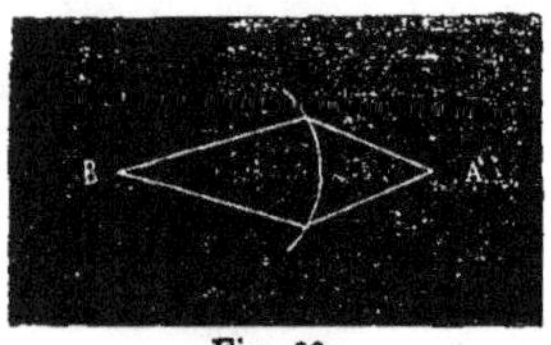

Fig. 60.

$$a\rho + b\rho' = c$$

courbe connue en géométrie sous le nom d'*ovale de Descartes.* Si les rayons incidents sont parallèles, la surface de séparation doit avoir pour méridienne une section conique. La dioptrique de Descartes fit une profonde sensation; tout le monde voulut avoir des lunettes à lentilles *cartésiennes* au lieu des lentilles à surfaces sphériques, telles qu'on les construisait auparavant, et qui ne pouvaient réaliser qu'une convergence approchée des rayons. Malheureusement, les lentilles cartésiennes ne peuvent rendre rigoureusement convergents que les rayons émanés d'un *seul* point, ou arrivant dans une *seule* direction, et encore faudrait-il que ces rayons fussent d'une *seule* couleur, car l'indice de réfraction d'une même substance n'est pas le même pour les diverses radiations du spectre. Aussi, les lentilles cartésiennes ne présentent-elles pas assez d'avantages sur les lentilles ordinaires pour compenser la difficulté de leur construction, et l'on est bien vite revenu aux lentilles à surfaces sphériques qui, malgré leur imperfection théorique, donnent cependant des images d'une netteté très suffisante quand elles sont bien construites.

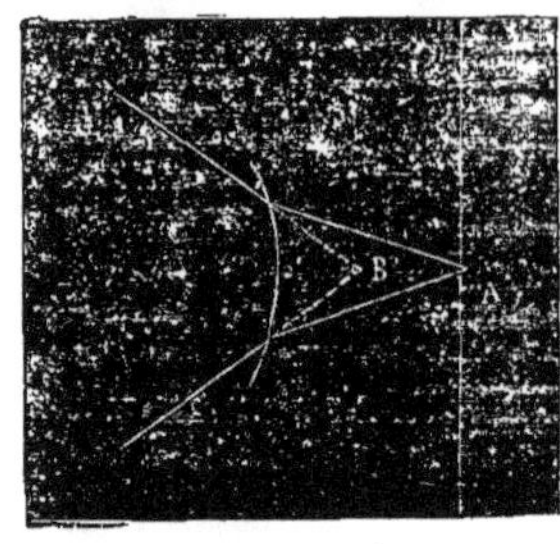

Fig. 61.

Les lentilles convergentes peuvent affecter l'une des trois formes des figures 62 à 64, qu'on appelle *biconvexe, plan-convexe* et *concave-convexe* ou *ménisque convergent.* De même, les lentilles divergentes sont *biconcaves, plan-concaves* et *convexes-concaves* ou *ménisque divergent* (fig. 65 à 67).

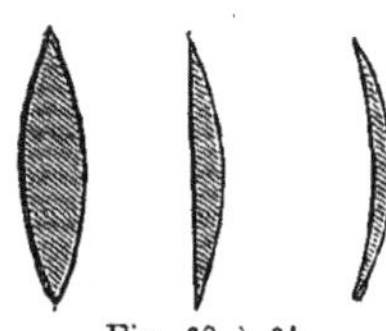
Fig. 62 à 64.

L'axe optique d'une lentille n'est autre chose que son axe de figure; dans une première étude de la marche des rayons à travers les lentilles on peut négliger l'épaisseur de cette lentille et la supposer réduite à un simple plan perpendiculaire à son axe; on appelle alors *centre optique* l'intersection de ce plan avec l'axe optique; tout rayon qui passe par ce centre n'éprouve aucune déviation.

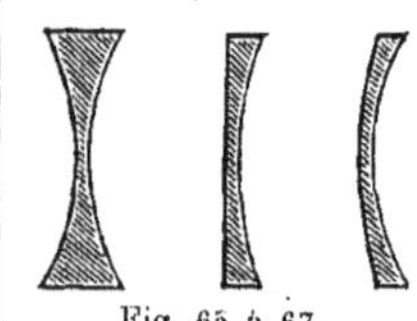
Fig. 65 à 67.

Si des rayons parallèles à l'axe viennent frapper une lentille convergente, ils iront, après l'avoir traversée, converger sensiblement en un point qu'on appelle le *foyer principal* de la lentille. La distance de ce foyer à la lentille s'appelle la *distance focale*, et le plan perpendiculaire à l'axe mené par le foyer est le *plan focal.* Inversement, des rayons émanés du foyer principal sortiront de la lentille convergente parallèlement à l'axe. Il y a deux foyers principaux, un de chaque côté de la lentille et à égale distance. Tout faisceau de rayons parallèles formera, au sortir de la lentille, un faisceau de rayons qui iront converger en un certain point du plan focal dit *foyer secondaire*, et tout faisceau émané d'un point situé au delà du plan focal, ira converger en un second point qui est situé au delà de l'autre plan focal et qu'il est facile de construire en traçant, d'après ce qui précède, la marche de deux rayons, savoir : 1° celui qui est d'abord parallèle à l'axe et qui après les réfractions passe au foyer principal ; 2° celui qui passe par le centre optique de la lentille et qui n'éprouve aucune déviation. Ces deux points d'émission et de convergence des rayons forment un système de *foyers conjugués réels* ; les rayons émanés de l'un deux vont converger sur l'autre. Si le faisceau lumineux provient d'un point

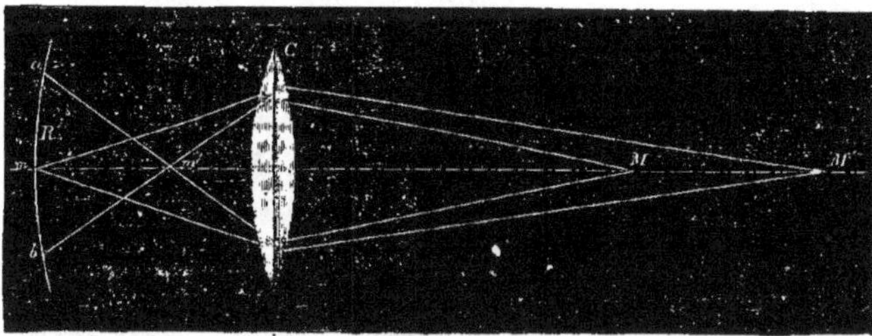

Fig. 68.

situé entre la lentille et le plan focal, les rayons sortent divergents ; mais ils semblent émaner d'un second point appelé *foyer virtuel conjugué* du premier point. Les lentilles divergentes jouissent de propriétés analogues ; mais les rayons émanés d'un point quelconque en sortent toujours divergents, de sorte qu'ils ne peuvent donner lieu qu'à des foyers virtuels. Dans tous les cas, les distances p et q du centre optique à deux foyers conjugués situés sur l'axe, sont liés par la relation :

$$\frac{1}{q}-\frac{1}{p}=\frac{1}{f},$$

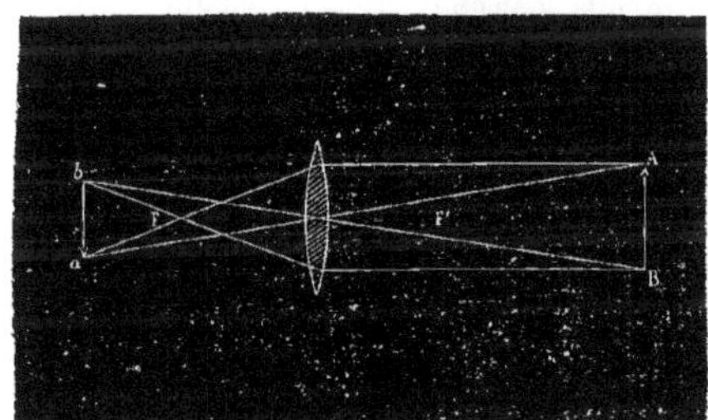

Fig. 69.

f désignant la distance focale principale de la lentille, considérée comme positive dans les lentilles divergentes et comme négative dans les lentilles convergentes ; p sera toujours pris positivement, et q devra être considéré comme positif si le foyer correspondant est du même côté de la lentille que l'autre foyer correspondant à p, négatif dans le cas contraire. Parmi toutes les conséquences qu'on pourrait déduire de cette formule, nous nous bornerons à faire remarquer que dans le cas de deux foyers conjugués réels d'une lentille convergente, si l'un d'eux M, s'éloigne de la lentille et passe en M', l'autre se rapprochera, au contraire, pour passer de m en m' (fig. 68), et s'approchera indéfiniment du foyer principal si le point M s'éloigne à l'infini, c'est-à-dire si les rayons incidents tendent à devenir parallèles. Ces propriétés géométriques des lentilles suffisent à expliquer la formation des images qui sont dites *réelles* si les rayons émanés de l'objet observé viennent réellement s'y croiser, *virtuelles* si les rayons sortant divergents de la lentille semblent simplement émaner des différents points de l'image. On reconnaît facilement que :

1° Tout objet AB placé au delà du plan focal d'une lentille convergente fournit, par l'ensemble

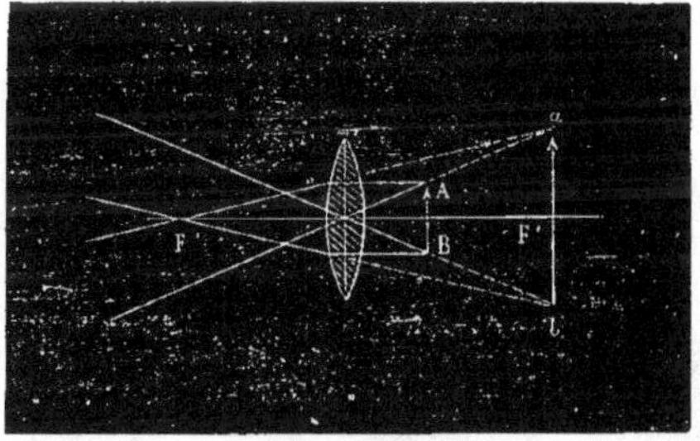

Fig. 70.

des foyers conjugués de ses différents points, une image *réelle* et *renversée* ab, agrandie si la distance de l'objet à la lentille est plus petite que le double de la distance focale, diminuée dans le cas contraire. La figure 69 montre la marche des rayons dans ce cas ;

2° Tout objet AB situé entre le plan focal et la lentille convergente donne lieu à une image virtuelle directe et agrandie ab (fig. 70);

3° Les lentilles divergentes ne fournissent jamais que des images virtuelles directes et diminuées (fig. 71).

Les résultats précédents ne sont qu'approchés,

mais ils sont suffisamment vérifiés par l'expérience. La théorie complète des lentilles a été établie par Gauss (*Dioptrische Untersuchungen, 1838-1843*, traduit par Bravais dans les *Annales de physique et chimie*, 3e série, XXXIII), et perfectionnée par Listing. A la place du centre optique des lentilles infiniment minces, il existe deux *points nodaux* tels que tout rayon qui passe par l'un deux donne un rayon parallèle issu de l'autre point. La convergence des rayons n'est pas abso-

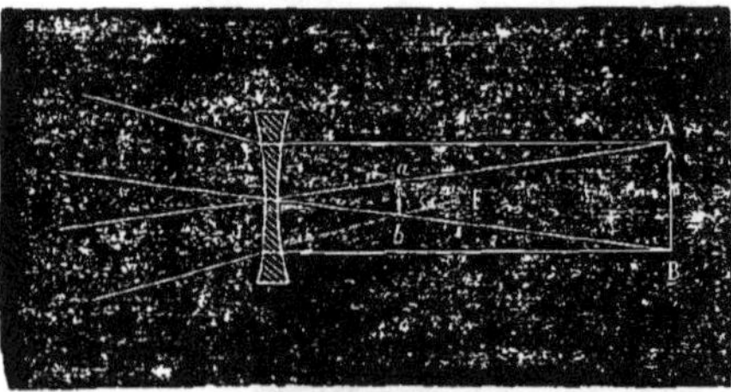

Fig. 71.

lue et l'image n'est pas absolument semblable à l'objet ; c'est en cela que consiste *l'aberration de sphéricité*. Les plus grandes déformations sont naturellement produites par les rayons qui s'écartent le plus de l'axe, d'où l'emploi des diaphragmes pour éliminer ces rayons. La forme des lentilles a une grande importance sur la netteté des images. On obtient d'excellents résultats avec une lentille plan-convexe, dont la convexité est dirigée vers l'objet, ou mieux encore avec un système de deux lentilles plan-convexes dont les convexités se regardent. Enfin, les phénomènes d'interférences jouent un grand rôle dans la formation des images.

Les contours irisés que présentent souvent les images formées par les lentilles tiennent à la *dispersion de la lumière* (V. ce mot). C'est en cela que consiste *l'aberration de réfrangibilité*. On y remédie par la construction de lentilles achromatiques. — V. ACHROMATISME.

Lentilles à échelons. Les lentilles de grande dimension comme celles qui servent à projeter la lumière des phares, devraient avoir au centre une épaisseur considérable. Leur poids deviendrait énorme, leur prix très élevé, et leur construction presque impossible. On a tourné la difficulté en les construisant à l'aide d'une série d'anneaux concentriques d'une épaisseur presque nulle le long de la circonférence extérieure. Cette idée appartient à Buffon, mais c'est Fresnel qui a su la rendre pratique, et qui a le premier fait fabriquer des *lentilles à échelons*. Ce fut un progrès considérable qui a seul permis l'établissement de ces phares magnifiques qui éclairent si puissamment le voisinage des côtes fréquentées, et rendent de si grands services aux navigateurs. (V. Arago, *Notices scientifiques*, t. III., *phares*). — M. F.

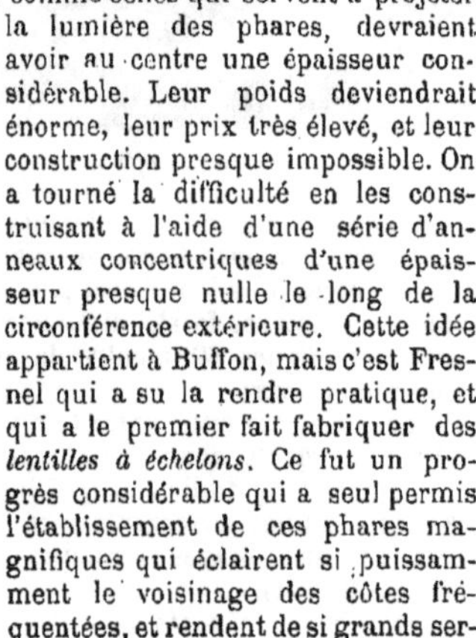

Fig. 72.

LENTISQUE. *T. de bot.* Arbrisseau du genre pistachier qui croît en Provence, en Corse, en Syrie, en Afrique, et surtout dans l'île de Chio ; sa graine donne une huile excellente, et sa racine sert à faire des objets de tabletterie.

* **LÉONARD LE LIMOUSIN**, peintre et émailleur, était né à Limoges, en 1505, et mourut en 1575. Ses contemporains lui avaient donné le titre du *plus excellent ouvrier du monde*. Il fit son éducation artistique à l'école de Fontainebleau, avec le Primatice, le Rosso, et se distingua assez vite pour que, très jeune encore, il fût mis par François Ier à la tête de la manufacture d'émaux fondée à Limoges. Les premières œuvres de Léonard dont la date soit certaine sont les reproductions en émail des plafonds de Fontainebleau, par Rosso (1532), et depuis, on peut suivre les différentes phases de sa longue carrière avec d'autant plus de facilité que ses émaux sont signés et datés ; la plupart sont exécutés d'après Léonard de Vinci, Jules Romain, le Primatice et Jean Cousin ; mais on lui doit, en outre, une quantité prodigieuse de petits objets en émail, des coupes, des vases, des échiquiers, où se révèle sa fertilité d'invention et sa fécondité de production. Malgré les difficultés et les lenteurs du travail des émaux, on compte plus de 1,800 pièces signées de Léonard, et il faut songer, qu'en outre, il s'adonna, d'ailleurs sans succès, à la gravure et à la peinture. Dans ce dernier genre, le musée de Limoges possède un *Saint-Thomas*, signé *Léonard, Limousin, émailleur, premier valet de chambre du roy*, et qui n'offre que peu d'intérêt au point de vue de l'art. Cependant il faut croire que Léonard était estimé, comme peintre, à la cour de François Ier, ou que son crédit y était bien grand, car ce roi lui confia la commande de vingt tableaux de grande dimension pour la décoration du château de Madrid près Paris, ces toiles ne furent pas livrées et elles restèrent entre les mains des héritiers de Léonard.

Il y a deux catégories à établir dans les œuvres de Léonard : les sujets religieux et mythologiques, et les portraits. On a de lui une *Vie du Christ* en dix-huit sujets, une suite de pièces pour l'histoire de *Psyché* (1535), les *Douze apôtres* pour Henri II, qui les donna à Diane de Poitiers. La belle Diane, elle-même, servit de modèle bien souvent à l'émailleur. Il la représenta en croupe derrière Henri II, et cette pièce est considérée comme son chef-d'œuvre, puis en déesse assise à la table des dieux, puis en Vénus en pied ; enfin, c'est lui qui fut chargé d'orner le tombeau de cette maîtresse royale : il y représenta François Ier vêtu en saint Paul et l'amiral Chabot en saint Pierre, selon un usage répandu au XVIe siècle qui aimait ces allusions mystiques, puis des scènes de la Passion complétaient la décoration, qui, selon l'expression de Lenoir, sut unir à une conception vraiment sentimentale un dessin gracieux et expressif, un travail correct et achevé. Ces émaux sont aujourd'hui au Louvre. Dans le même genre, l'œuvre principale de Léonard est la décoration des deux petits autels de la Sainte-Chapelle du Palais, où il peignit François Iᵉʳ, Eléonore d'Autriche, Henri II et Catherine de Médicis, pièces hors ligne, recueillies également par le musée du Louvre, et qui ne comprennent pas moins de quarante-six plaques d'émail. Comme peintre de portraits à l'émail, Léonard a reproduit les traits de François Iᵉʳ, Claude de France, Henri II, Diane de Poitiers, François II, le duc de Guise, Marguerite de Valois, le cardinal de Lorraine, Amyot et plusieurs autres contemporains célèbres. Vers la fin de sa carrière, la fatigue et l'hésitation se font sentir dans les œuvres du Limousin, son dessin est pénible, tremblé, son faire est lourd et maniéré. La belle période de ce peintre semble s'arrêter à 1560 environ. A le considérer jusqu'à cette époque seulement, son œuvre est encore admirable; c'est la révélation d'un art nouveau en France, composé des éléments italiens et allemands, fondus, modifiés par un artiste de génie. C'est ce caractère tout imprévu et tout original qui a assuré à Limoges un si long monopole pour la fabrication de l'émail.

LÉOPARD. *Art hérald.* Cet animal carnassier est représenté passant la tête de front et la queue retroussée, le bout retourné en dehors; le *léopard lionné* est rampant, c'est-à-dire dans l'attitude habituelle du lion; le *lion léopardé*, au contraire, semble marcher, il est alors passant comme le léopard.

***LEPAUTE.** Famille célèbre d'horlogers et mécaniciens français.

JEAN-ANDRÉ, l'aîné, naquit à Montmédy, en 1709, et mourut à Saint-Cloud, le 11 avril 1789. Arrivé fort jeune à Paris, il s'y fit bientôt remarquer par la belle exécution de ses grandes horloges publiques. Il construisit celles du palais du Luxembourg, du château de Bellevue, du château des Ternes, etc. On lui doit un grand nombre d'inventions ou de perfectionnements importants, entre autres, l'échappement à chevilles (V. HORLOGERIE). Il imagina de faire tourner les pivots des roues dans des entailles demi-circulaires, pratiquées sur les côtés des cages des horloges, et couvertes de chapeaux fixés par des vis, ce qui permet d'enlever une roue sans démonter toute la machine. Enfin, il construisit la première horloge *horizontale*, c'est-à-dire qu'il plaça les roues du rouage à la suite les unes des autres dans un même plan horizontal, au lieu de les faire tourner les unes au-dessus des autres, comme on le faisait avant lui, et comme cela se pratique encore aujourd'hui dans les horloges communes pour économiser la place. Par suite de la disposition horizontale, l'usure inégale des coussinets n'entraîne pas le rapprochement ou l'éloignement des roues qui engrènent entre elles, cause importante d'irrégularité dans la marche du mécanisme. Dans son *Traité d'horlogerie*, il décrit longuement, à côté de ses travaux importants et de son ingénieux mécanisme pour entretenir le mouvement d'une pendule par un courant d'air, un certain nombre de machines qui ne sont que des tours de force et d'habileté sans utilité pratique, telles sont: la *pendule à une seule roue*, et la *pendule sans roues de mouvement*. C'est lui qui indiqua le moyen si simple pour vérifier le mérite d'une montre qui consiste à la faire marcher dans un grand nombre de positions, et à s'assurer que les aiguilles tournent d'une même quantité pendant un même temps dans toutes ces positions. On a de Lepaute: *Traité d'horlogerie contenant tout ce qui est nécessaire pour bien connaître et bien régler les montres*, in-4°, Paris 1755, augmenté, en 1760, d'un *supplément* auquel Lalande eut beaucoup de part; *Descriptions de plusieurs ouvrages d'horlogerie*, in-12°, Paris 1764.

Jean-André Lepaute épousa, en 1748, Mademoiselle *Nicole-Reine Etable de la Brière* qui s'est fait un nom dans la science par ses connaissances mathématiques et ses nombreux calculs astronomiques. Amie de Lalande et de Clairaut, Madame Lepaute effectua presque tous les calculs qu'avait préparés Clairaut pour déterminer les perturbations de la comète de Halley et prédire l'époque de la réapparition de cet astre qui est la première comète dont on ait observé le retour. Sans le zèle et l'activité de Madame Lepaute, il eût été impossible d'achever le travail avant le retour de la comète.

***LEPAUTE** (JEAN-BAPTISTE), frère du précédent, né à Thonne-le-Long (Lorraine), en 1727, mort à Paris le 18 mars 1802. Destiné d'abord à l'état ecclésiastique, il fut appelé à Paris par son frère, en 1748, pour l'aider dans ses travaux. En 1760 et 1763, les deux frères associés firent venir de leur pays leurs neveux *Pierre-Henri*, né en 1743, et *Pierre-Basile*, né en 1749. En 1774, Jean-André se retira et Jean-Baptiste s'associa ses deux neveux. Ils construisirent l'horloge de l'hôtel de Ville de Paris qui était à équation et indiquait le temps vrai (1780) et celle de l'Hôtel des Invalides, qui égale la précédente en perfection (1784); Jean-Baptiste se retira en 1789. Pierre-Henri mourut en 1806, des suites d'une blessure qu'il avait reçue lors de l'explosion de la machine infernale du 3 nivôse. Pierre-Basile construisit, en 1812, la pendule astronomique du Bureau des Longitudes qui fut placée à l'Observatoire de Paris, et, en 1813, celle du château de Compiègne qui figura à l'exposition de 1819. Il mourut en août 1843. Son fils, mort en 1849, a construit la belle horloge de la Bourse de Paris, véritable chef-d'œuvre de précision, celles de la Poste et de beaucoup d'autres monuments. M. *Henry* LEPAUTE continue aujourd'hui les savantes traditions de cette ancienne famille.

***LEPAUTRE** (ANTOINE), architecte, était né à Paris, en 1614, et mourut dans la même ville, en 1691. Premier architecte du roi et de Monsieur, il construisit, pour ce prince, les deux ailes du château de Saint-Cloud. On lui doit l'église de Port-Royal, les hôtels de Beauvais, de Gesvres, de Chamillard et quelques autres. Il avait été choisi pour construire le château de Clagny, à Madame de Montespan, lorsque, brusquement, ces travaux lui furent retirés et confiés à Mansard.

Lepautre en conçut un tel chagrin qu'il en mourut. Cet artiste est surtout estimé pour le goût qu'il a apporté dans la décoration des édifices, quoique son dessin, qui a des qualités de grandeur, soit trop souvent lourd et confus. Il a beaucoup travaillé et a laissé des ouvrages d'architecture où l'on remarque de curieuses productions de son esprit inventif. Ses œuvres complètes ont été publiées en 1652, et sont encore estimées des artistes. Lepautre était membre de l'Académie de sculpture depuis sa fondation, en 1671.

***LEPAUTRE** (Jean), dessinateur et graveur d'architecture, frère du précédent, était né à Paris, en 1617. Il eut des débuts pénibles, travailla d'abord chez un menuisier, qui lui enseigna les premiers éléments du dessin, et grava, pour vivre, un très grand nombre de petits sujets à l'eau forte, qui servent encore aujourd'hui d'études pour l'ornementation du XVIIe siècle. A part quelques pièces gravées d'après Farinati, il n'a exécuté que ses propres dessins, dont le nombre est évalué à environ 1,500. On cite surtout l'*Histoire de Moïse*, les sujets tirés de la Mythologie, les *Visions de Quevedo*, le *Sacre de Louis XIV*, des vues de Fontainebleau, et plusieurs portraits, entre autres le sien et celui de *Louis XIV habillé à la Romaine et assis dans son cabinet de travail.* Jean Lepautre était membre de l'Académie depuis 1677, il mourut à Paris, en 1682.

***LEPAUTRE** (Pierre), sculpteur, né à Paris, en 1659, était fils de Antoine Lepautre. Avec la haute protection de son père et de son oncle, ses débuts dans la carrière artistique furent plus faciles. Il était destiné d'abord à l'architecture, mais son goût le portant plutôt vers la sculpture, il suivit les leçons de Magnier, remporta le grand prix et resta quinze années à Rome. C'est là qu'en 1706, il exécuta le groupe d'*Enée et Anchise*, actuellement au jardin des Tuileries, et qui est considéré comme son chef-d'œuvre. On a prétendu qu'il s'était inspiré d'un modèle en cire de Lebrun. On reproche à ce groupe le peu de noblesse de l'expression et une composition maniérée. Les mêmes défauts se remarquent dans le groupe d'*Aria et Pœtus*, placé également aux Tuileries, ainsi qu'un *Faune à la biche* et une *Atalante*, ces deux dernières figures sont très remarquables. Une des plus belles œuvres de Lepautre est l'exécution des boiseries de l'œuvre de Saint-Eustache à Paris. Il mourut, en 1744, sans avoir voulu faire partie de l'Académie où son réel talent lui assurait une place. Pierre Lepautre avait gravé aussi à l'eau forte sous la direction de son oncle Jean, et il a donné plusieurs planches estimées, surtout *Louis XIV* d'après la statue de Coysevox, érigée par la ville de Paris en 1689. Cette pièce est d'une grande importance car elle comprend, en outre, des médaillons et cinquante bas-reliefs représentant les actions les plus éclatantes du règne de ce roi ; elle montre que Pierre Lepautre aurait pu acquérir un nom dans cette branche de l'art illustrée par son oncle, s'il s'y était exclusivement consacré.

***LE PERDRIEL.** Pharmacien, né en 1797, mort le 12 juillet 1860, a sa place marquée ici par les importants services qu'il a rendus à l'industrie pharmaceutique. Il a successivement centralisé la confection et la fabrication des bas élastiques et autres appareils de compression, les emplâtres, les vésicatoires, etc., et, par son esprit de vulgarisation, il a mis à la disposition du corps médical et des pharmaciens, une foule d'excellents produits d'un usage commode et bienfaisant.

***LÉPIDINE.** *T. de chim.* $C^{20}H^9Az...C^{10}H^9Az$. Alcali artificiel que l'on obtient en distillant de la cinchonine avec de la soude caustique hydratée, et en excès. Le produit que l'on recueille à 65°, et que l'on désigne souvent sous le nom d'*huile de chinoline*, est un mélange de huit bases homologues dans lesquelles dominent surtout la lépidine et la chinoline, $C^{18}H^7Az...C^9H^7Az$. — V. Bleu, § *Bleu cyanine*.

***LE PLAY** (Pierre-Guillaume-Frédéric), ingénieur des mines, administrateur et économiste, né à La Rivière, près Honfleur, en 1806, mort à Paris, en 1880. Elève, de 1824 à 1827, de l'Ecole Polytechnique, il entra ensuite dans le corps des mines et en parcourut les différents grades jusque celui d'ingénieur en chef de 1re classe. Il fut nommé, en 1830, professeur de docimasie à l'Ecole des Mines et en devint, plus tard, inspecteur des études; il publia pendant cette période de sa vie divers ouvrages techniques, entre autres: *Observations sur l'histoire naturelle et la richesse minérale de l'Espagne* (1834); *Description des procédés métallurgiques dans le pays de Galles* (1848). En 1853, il devenait commissaire général de l'Exposition de 1855 dont il a dirigé complètement le service : il en fut récompensé, à la fin de 1855, par le titre de Conseiller d'Etat et la décoration de Commandeur de la Légion d'Honneur. Il a été également nommé, plus tard, commissaire général pour la France, à l'Exposition universelle de Londres, en 1862. Ce fut encore lui qui présida à l'organisation de l'Exposition de 1867 : on le nomma, à cette occasion, sénateur et grand officier de la Légion d'honneur. Durant tout le cours de sa vie, Le Play a mené de front les études scientifiques et les études sociales. Habitué à la rigueur des calculs mathématiques et aimant avec passion les questions philosophiques, il se refusa à accepter les systèmes théoriques et *à priori* des diverses écoles sociales ; il fit de longs et nombreux voyages pour observer méthodiquement les faits sociaux chez les différents peuples et consigna ses observations dans un nombre considérable d'ouvrages. C'est ce qui fait que dans le public, et avec raison, Le Play est surtout connu par ses études d'économie sociale et les idées neuves et originales auxquelles il a attaché son nom en cette matière. Comme instrument d'observation pour arriver aux conclusions de ses travaux, il a surtout adopté la *monographie* : c'est ainsi, par exemple, que le premier ouvrage d'économie sociale où il expose, pour la première fois, ses doctrines, *Les ouvriers européens* (1855), n'est qu'une série de ces monographies dans lesquelles il observe plus de trois cents familles ouvrières. Pressé par ses amis de résumer sous une forme moins scientifique les résultats auxquels l'avait amené la coordination de cet ouvrage et d'en tirer les conséquences pratiques, il publia alors successivement : la *Réforme sociale* (1857) ; l'*Organisation de la famille* (1859) ; l'*Organisation du travail* (1865) ; la *Constitution de l'Angleterre* (1875, 2 vol.) ; il réédita sous une forme nouvelle, *Les ouvriers européens* (1876), et écrivit enfin la *Constitution essentielle de l'humanité* (1877) qui contient à peu près la systématisation de toute son œuvre.

Voici quelles sont les bases de la méthode Le Play. Cet ingénieur part de ce principe que les peuples doivent pourvoir à deux besoins essentiels : 1° *l'enseignement de la loi morale*, qui réprime, chez l'individu, la tendance vers le mal; 2° *la possession du pain quotidien*, qui permet de satisfaire aux nécessités de l'existence. Chez les nations prospères, il a observé que ces deux besoins étaient satisfaits par une série d'institutions uniformes, qu'il désigne sous le nom collectif de « constitution essentielle » pour indiquer qu'il n'y a pas de société possible sans elles, et qu'il divise en trois groupes sous les noms originaux, mais significatifs, de *fondements*, *ciments* et *matériaux* de l'édifice social. Les deux *fondements*, ainsi nommés parce qu'ils forment la base de l'édifice entier, sont le décalogue et l'autorité paternelle : le *décalogue*, qui complète la nature imparfaite de l'homme; l'*autorité paternelle*, qui impose aux jeunes générations le principe de cette loi morale et remplit toutes les fonctions du pouvoir domestique.

Les deux *ciments*, ainsi désignés parce qu'ils fixent et protègent les deux fondements, sont le clergé et la souveraineté : le *clergé*, ayant pour mission d'enseigner le décalogue et la religion; la *souveraineté*, spécialement chargée de compléter, dans l'ordre public, l'autorité paternelle dont elle n'est que le mandataire.

Enfin, les *matériaux* qui, eux, satisfont plus particulièrement au second besoin de l'homme, qui est la possession du pain quotidien, sont la communauté, la propriété individuelle et le patronage : la *communauté*, qui permet à un chef de famille de gouverner et fait prévaloir le régime patriarcal qui assure une égale somme de bien-être à tous les membres de la famille; la *propriété individuelle*, qui épargne au chef de famille les trop grandes fatigues du travail et les privations de l'épargne, permet, grâce au stimulant de l'intérêt privé, de donner un nouvel essor à l'activité et à la fortune individuelles, mais ne s'accomplit au grand avantage de la société que lorsque la frugalité et les habitudes laborieuses sont suffisamment développées; le *patronage*, avec lequel on peut conjurer les mauvais effets de la propriété individuelle, en cas de relâchement des mœurs et qui, soit en étant un lien de fait créé au moyen de la permanence des engagements par un échange de droits et de services, soit en s'établissant de toute autre façon, attache plus ou moins étroitement un certain nombre de familles pauvres à une famille riche qui leur assure, avec la protection et le travail, le pain quotidien : l'absence de patronage engendre « le paupérisme ».

Mais, outre ces divers éléments qui forment la « constitution essentielle » d'un peuple, Le Play détermine certaines *pratiques* sociales qui concourent à en assurer le fonctionnement. De ce nombre est le régime des successions. Son influence est telle, qu'il permet de grouper la famille en trois types différents et bien caractérisés : la *famille patriarcale*, la *famille instable* et la *famille souche*; le premier qui se rencontre chez les peuples pasteurs de l'Orient, chez les paysans russes et chez les Slaves de l'Europe centrale, très approprié, d'ailleurs, à la situation de ces nations; le second, qui se rencontre surtout en France depuis trois quarts de siècle sous l'influence du partage forcé des biens, et donne lieu à des mariages stériles, précisément afin d'obvier aux inconvénients du partage; le troisième que l'on observe chez les peuples les plus prospères, aux Etats-Unis, en Angleterre, en Allemagne et dans la plus grande partie de l'Europe, dans lequel le père s'associe un seul enfant marié avec mission de demeurer au foyer et de continuer sa profession, et qui crée un centre permanent de protection auquel tous les membres de la famille peuvent recourir dans les épreuves de la vie.

Telles sont les lois qui régissent la famille et le travail; voyons maintenant quelles sont, d'après Le Play, celles qui régissent le gouvernement général des sociétés. Suivant lui, les peuples doivent être soumis à la loi morale du décalogue, laquelle doit être considérée comme une loi divine et non comme un produit de la sagesse humaine. Ils doivent, en outre, obéir à un chef; mais la souveraineté revêt ici un caractère différent suivant qu'elle s'exerce dans la famille, dans la commune, dans la province et dans l'Etat, et une société ne saurait être ni exclusivement théocratique, ni complètement démocratique, ni entièrement aristocratique, ni exclusivement monarchique, mais elle doit réunir en elle toutes ces conditions à la fois. Le Play est d'avis que c'est en partie pour avoir voulu développer un de ces éléments au détriment des autres, que nos divers gouvernements, depuis un siècle, ont été renversés. Ceci bien établi, quelles sont alors les conditions qui doivent présider à la réforme de la vie publique? Les voici. Dans la commune : développer la vie locale, intéresser tous les citoyens à l'administration communale, restreindre l'intervention de l'Etat dans toutes les questions qui ne sont pas directement de sa compétence. Dans la province : reconstituer une classe dirigeante, en groupant les individualités les plus éminentes par la vertu, le talent et la richesse, pour les faire concourir au service gratuit du pays. Dans le gouvernement central enfin : fortifier l'Etat et augmenter sa stabilité, d'une part en centralisant dans ses mains l'action politique, de l'autre en le déchargeant des fonctions privées et administratives que les citoyens et les pouvoirs locaux peuvent exercer plus utilement. En résumé : *centralisation politique, décentralisation administrative.*

Toutes ces idées de Le Play ont été reprises de

nos jours par un grand nombre de personnes qui, tant à Paris qu'en province, ont formé, sous le nom d'*Unions de la paix sociale*, des associations solidaires entre elles, dans le but de propager et de mettre en pratique les doctrines que nous venons d'exposer. Une publication bi-mensuelle, *la Réforme sociale*, les aide à arriver à ce résultat. — A. R.

***LEREBOURS** (Jean-Noël), opticien, né en 1762, mort en 1840. L'extrême précision de ses instruments d'optique et de mathématiques a rendu à la science les plus signalés services. Il était, à sa mort, chevalier de la Légion d'honneur.

***LE ROY ou LEROY** (Julien), célèbre horloger français, né à Tours, en 1686, mort à Paris, en 1759. Arrivé fort jeune à Paris, il fut pris de l'ambition d'égaler les horlogers anglais dont la supériorité était alors incontestable, et ne tarda pas à les surpasser, à force de persévérance et d'habileté. Il imagina de fixer l'huile sur les pivots des roues et le balancier des montres, idée ingénieuse qui lui permit de diminuer le frottement et l'usure des pièces. C'est lui qui trouva le moyen d'adapter aux horloges un cadran mobile indiquant le temps vrai et même l'heure du lever et du coucher du soleil, ainsi que la déclinaison de cet astre. La première horloge, ainsi construite, fut présentée à l'Académie des sciences, en 1720. Ces travaux attirèrent sur lui l'attention de l'Europe entière sans exalter son orgueil, car à ses belles qualités professionnelles, il joignait une parfaite modestie. Il accordait toute son estime au célèbre horloger anglais Graham qui, de son côté, savait apprécier tout le mérite de son jeune rival. En 1739, Leroy fut nommé horloger du roi et, à ce titre, il habita le Louvre le reste de ses jours. On a de lui : *Nouvelle manière de construire les grosses horloges* (*Mercure* de juin 1732) ; *Mémoire sur un moyen de faire marquer et sonner le temps vrai aux horloges publiques* (*ibid*, 3 septembre 1734) ; *Usage d'un nouveau cadran universel à boussole et propre à tracer les méridiennes* (Paris, 1734), et quelques opuscules de moindre importance.

***LE ROY ou LEROY** (Pierre), fils aîné du précédent, né à Paris, en 1717, mort en 1785, à Vitry-sur-Seine. Il fit faire de grands progrès à la construction des montres marines dont l'emploi constituait alors le procédé le plus précis pour la détermination des longitudes. C'est à ce titre qu'il obtint de l'Académie des sciences le prix proposé pour la meilleure manière de mesurer le temps sur mer. Il sut réaliser un ressort spiral à oscillations isochrones. On a de lui : *Mémoire pour les horlogers de Paris*, 1750, in-4°; *Lettre sur la construction d'une montre présentée, le 18 août 1751, à l'Académie des sciences* (Mémoires de Trevoux, juin 1752); *Etrennes chronométriques pour l'année 1760* (Paris, in-12°), ouvrage qui renferme l'éloge de son père ; *Exposé succinct des travaux de Harrisson et Leroy dans la recherche des longitudes en mer, et des épreuves faites de leurs ouvrages* (Paris 1767, in-4°) et plusieurs autres opuscules également relatifs à la détermination des longitudes.

Il avait trois frères qui se sont rendus célèbres: le premier, *Jean-Baptiste*, comme physicien, (membre de l'Académie des sciences), le second, *Charles*, comme médecin et physiologiste, et le troisième, *Julien-David*, comme architecte. Ce dernier, né à Paris en 1728, mort le 28 janvier 1803, s'est beaucoup occupé de l'architecture et surtout de la marine de la Grèce antique. Il avait voyagé en Grèce et contribua puissamment, par ses livres et ses leçons à l'Académie d'architecture, à réformer le goût des artistes et à leur montrer tout le parti qu'ils pouvaient tirer de l'étude des chefs-d'œuvre de l'antiquité.

***LESCOT** (Pierre), architecte, était, dit-on, d'origine italienne et appartenait à la famille de Alissi ou plutôt des Alessi, artistes très remarquables et qui jouissaient d'une grande réputation en Italie. On ne connaît rien des premières années de Lescot, et on n'est même pas d'accord sur la date de sa naissance qu'on fixe, généralement, à 1510. Fort jeune il avait été étudier en Italie, et à son retour en France il fut admis à présenter au roi François Ier, un projet de reconstruction du palais du Louvre, pour lequel Serlio avait déjà donné des dessins qui ne satisfaisaient pas complètement le désir royal. Avec un désintéressement bien rare chez un artiste, Serlio conseilla lui-même d'adopter les plans de Lescot, et c'est ainsi que les travaux furent confiés à ce jeune architecte qui, alors, avait à peine trente ans (1541).

L'entrée principale du palais, qui se trouvait du côté de la Seine, fut transportée à l'est, du côté de Saint-Germain-l'Auxerrois, et les bâtiments formèrent deux ailes perpendiculaires, l'une au sud, le long du fleuve, l'autre à l'ouest; les tours primitives furent remplacées par des pavillons carrés. Les façades extérieures étaient très simples, et Lescot avait réservé pour la cour intérieure toutes les richesses de son imagination; ce qui nous est resté de son œuvre est certainement le plus beau morceau architectural laissé par la Renaissance dans notre pays. La partie la plus remarquable du Louvre de Pierre Lescot, est cette salle dite *des caryatides*, qui reçut la tribune de Jean Goujon surmontée du célèbre bas-relief de Benvenuto Cellini, et à laquelle on avait accès par les portes de bronze ciselées par Riccio. Rien ne peut être comparé à cette réunion de chefs-d'œuvre. L'architecte, en artiste consommé, avait compris qu'il fallait adopter une progression croissante d'un étage à l'autre. Il a donc employé le corinthien au rez-de-chaussée, le composite pour le premier étage, et, pour l'attique, une suite de frontons curvilignes et de lucarnes ornées dont la richesse de décoration fut poussée, peut-être, jusqu'à l'exagération. Quoi qu'il en soit, et malgré cette critique assez fondée, l'ensemble est élégant et harmonieux et ce style sert bien de transition entre les merveilles de l'art ogival flamboyant et les sévérités de l'architecture antique qu'on cherchait à renouveler. La construction du Louvre est l'œuvre capitale de Lescot, à qui l'on doit encore, avec Jean Goujon son ami, le jubé de Saint-Germain-l'Auxerrois et la fontaine des Innocents. Il mourut en 1571, comblé d'honneurs par tous les rois qui se succédèrent depuis François Ier. Il était chanoine de l'église métropolitaine de Paris, abbé de Clermont près de Laval, seigneur de La Grange du Martroy et de Lissy, et aussi seigneur de Clagny, près de Versailles. Il avait conservé auprès des derniers Valois la place de conseiller que lui avait donnée François Ier.

***LESSIVAGE.** *T. techn.* D'une manière générale, c'est l'opération qui a pour but de nettoyer au moyen d'une lessive, ou encore avec de l'eau seconde, par exemple, comme le font les peintres en bâtiment pour nettoyer les boiseries dont les peintures ont été salies, mais nous n'indiquerons ici que celle qui consiste à mettre le linge, après l'essangeage, en contact avec la dissolution chaude de sels de soude, constituant la *lessive* qui se combine avec les impuretés que le blanchissage a pour but d'éliminer. Les opérations du lessivage du linge et celles des tissus ont été décrites avec les appareils qui servent à les effectuer, aux mots BLANCHISSAGE pour le premier, et BLANCHIMENT pour les seconds. Nous étudions plus spécialement dans cet article, l'importante opération du lessivage dans les papeteries.

Lessivage des chiffons. Le lessivage des chiffons a pour but de les débarrasser de toutes les impuretés qu'on ne peut leur enlever par des moyens mécaniques, et de les préparer à l'action du blanchiment. Il sert également à assouplir les chiffons, notamment les sortes dures, ce qui facilite le travail ultérieur du *défilage*. — V. ce mot.

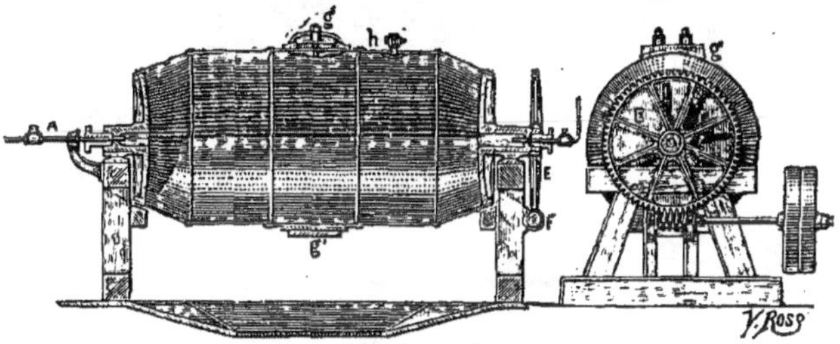

Fig. 73 et 74.

E Engrenage par lequel la chaudière est mise en mouvement au moyen de la vis sans fin *F*. — *A* Tuyau d'arrivée de vapeur. — *g* Trou d'homme. — *g'* Contrepoids. — *h* Robinet d'échappement de la vapeur.

Autrefois, on employait dans le même but le pourrissage. Les chiffons triés et coupés étaient mouillés et mis en tas. Ils ne tardaient pas à s'échauffer et à entrer en fermentation ; il fallait fréquemment les remuer de façon à ramener à la surface les chiffons de l'intérieur et réciproquement, pour obtenir un traitement aussi régulier que possible. La fermentation décomposait les matières pectiques, grasses et certaines couleurs. Cette opération durait de 8 à 15 jours, et il fallait des soins minutieux pour arriver à un résultat régulier et uniforme. On a aujourd'hui complètement renoncé au pourrissage.

Actuellement, les chiffons sont lessivés à l'aide de solutions alcalines portées à une température élevée. Les deux alcalis les plus employés sont la soude et la chaux. L'emploi de la dernière de ces bases est de beaucoup la plus répandue, son bon marché la fait préférer à la soude. On se sert de la soude pour le lessivage des sortes fines qui n'ont besoin que d'un faible traitement pour être converties en beaux papiers. La quantité de chaux nécessaire pour le lessivage du chiffon, dépend de la nature de ceux-ci et de la température employée; elle varie de 5 à 15 0/0 du poids des chiffons. La chaux doit être fraîche, c'est-à-dire caustique ; il faut la conserver à l'abri de l'air pour l'empêcher de se carbonater.

Le lait de chaux se prépare, dans la plupart des usines, à l'aide d'un réservoir demi-cylindrique en tôle, muni d'un agitateur qui brasse le mélange de chaux et d'eau ; on le débarrasse ensuite de ses menues impuretés par le passage sur un sablier, puis à travers un tamis garni de toile métallique.

Le plus simple des appareils employés au lessivage des chiffons est un cuvier, en bois ou en tôle, de deux mètres environ de diamètre et de 1m,20 environ de hauteur. A 20 centimètres du fond de ce cuvier se trouve un faux-fond percé d'un grand nombre de trous, sur lequel reposent les chiffons à lessiver, et au-dessous duquel débouche la conduite de vapeur. Il est très avantageux de placer au centre du cuvier un tuyau de 15 centimètres de diamètre, ouvert à ses deux extrémités. Par ce tuyau, la vapeur lance contre le couvercle de l'appareil, la lessive qui imprègne les chiffons; celle-ci se divise en recouvrant toute la surface, redescend en filtrant à travers les chiffons pour remonter un instant après. Il s'établit ainsi une circulation continue. Les couvercles de ces cuviers sont ordinairement posés seulement sur leur rebord ou faiblement attachés, de sorte qu'il n'est pas possible de dépasser la pression correspondant à la température de l'eau bouillante.

Comme l'action de la lessive augmente considérablement avec l'élévation de la température, on a été conduit à employer des pressions élevées pour le lessivage. On s'est basé, dans la construction de ces nouveaux appareils sur le principe de la marmite de Papin, et ils sont presque toujours rotatifs.

Les lessiveurs rotatifs à haute pression sont en tôle de fer ou d'acier, et généralement de forme cylindrique. Ils sont soutenus à leurs deux extrémités par des tourillons creux reposant dans des coussinets. Un des tourillons dépasse son coussinet de 15 à 20 centimètres pour recevoir l'engrenage qui, au moyen d'une vis sans fin, donne le mouvement au lessiveur. Un ou deux trous d'homme, suivant la longueur de l'appareil, permettent l'introduction des chiffons et de la lessive ainsi que la sortie des chiffons lessivés. Pour bien équilibrer les lessiveurs on les munit de contrepoids placés dans une position diamétrale opposée aux trous d'homme et de même poids que les couvercles de ces derniers.

La plupart des lessiveurs sont munis à l'intérieur de pointes ou dents en fer qui ont pour but de mélanger intimement chiffons et lessives, et d'empêcher les chiffons de se pelotonner. Les pointes doivent être distantes de 30 centimètres environ pour ne pas gêner le chargement des chiffons et leur sortie du lessiveur.

Une chaudière de 6 mètres de long sur 1^{m},80 de diamètre peut contenir de 2,000 à 2,500 kilogrammes de chiffons (fig. 73 et 74).

On charge, à l'état sec, la plus grande partie des chiffons destinés à une cuite, ensuite on introduit le lait de chaux préparé, et, s'il y a lieu, on ajoute de l'eau pour remplir le lessiveur d'un peu plus de moitié. Le chargement complété, on referme le trou d'homme, et on fait tourner à raison de 2 à 3 révolutions par minute.

La vapeur pénètre à l'intérieur du lessiveur par un des tourillons creux traversé par un tuyau venant des chaudières à vapeur. Un clapet de retenue empêche le retour des lessives dans la conduite de vapeur, dans le cas où la pression de la vapeur deviendrait, momentanément, moindre dans les chaudières que dans le lessiveur.

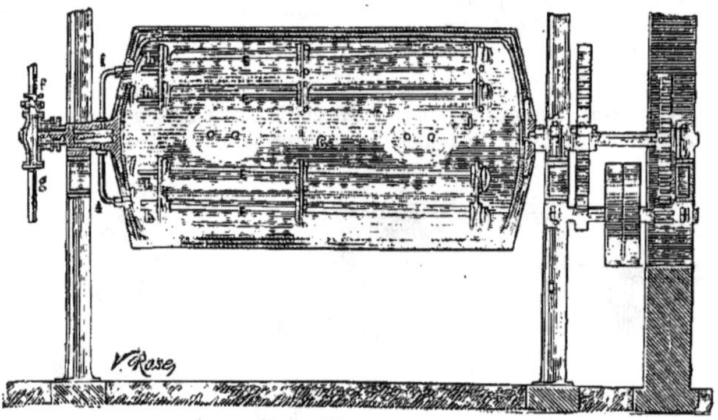

Fig. 75.

C Corps de la chaudière. — *h E* Tubes de chauffage. — *g f* Tubes d'arrivée de vapeur et de lessive. — *i i* Tubes de distribution de vapeur.

La durée du lessivage varie de 6 à 12 heures suivant les sortes de chiffons. Une pression de 2 à 4 atmosphères suffit dans tous les cas.

Il est très important que la pression de la vapeur, une fois atteinte, se maintienne sans variations à la hauteur fixée pour la bonne marche de l'opération. On emploie pour obtenir ce résultat des détenteurs de vapeur qui permettent l'utilisation de la vapeur à une pression constante, un peu inférieure à celle du générateur.

La plupart des lessiveurs sont munis d'une soupape d'échappement intermittent. On a cru trouver dans l'accumulation des gaz produits pendant le lessivage, la cause des explosions des lessiveurs. Cette soupape est maintenue fermée par un ressort ; un butoir dégage ce ressort à chaque tour, et permet un échappement de l'air et des gaz contenus dans le lessiveur ; une crépine empêche l'entraînement des chiffons.

La vapeur, pénétrant directement dans le lessiveur, affaiblit la lessive en s'y condensant. C'est un inconvénient sensible surtout dans le traitement des succédanés du chiffon.

Pour diminuer autant que possible la condensation de la vapeur servant au lessivage, on entoure les lessiveurs d'enveloppes faites au moyen de corps mauvais conducteurs de la chaleur ; une enveloppe en bois (fig. 75) maintenue par une deuxième enveloppe en tôle mince donne de bons résultats.

Lessivage des succédanés. Les principaux succédanés sont la paille, le bois et le sparte. Les lessiveurs employés au lessivage des succédanés sont construits de bien des façons différentes, et c'est justement sur ces différences de construction que reposent le grand nombre de brevets qu'on rencontre. Dans les papeteries qui préparent pour leur usage les pâtes succédanées, on se sert fréquemment des mêmes lessiveurs que pour les chiffons. Parmi ces lessiveurs, il faut de préférence se servir de ceux qui sont à chauffage indirect, c'est-à-dire où la vapeur ne s'introduit pas directement dans le lessiveur, pour affaiblir le titre de la lessive par sa condensation. Les succédanés, qui sont des matières vierges, demandent un traitement bien plus énergique pour débarrasser la cellulose des parties incrustantes qui l'entourent. Les lessiveurs à vapeur directe employés au lessivage des succédanés, entraînent à une dépense notablement plus forte, de lessive, de temps et de charbon. Les lessiveurs pour la paille et le bois sont tantôt rotatifs et tantôt fixes; ils sont chauffés, suivant le cas, à feu direct ou par des tuyaux de vapeur. Dans le chauffage à feu direct, il est nécessaire de déterminer une agitation intérieure pour empêcher les matières soumises au lessivage de se déposer sur la tôle, qui pourrait alors se brûler. Ce procédé présente, en outre, cet inconvénient que des parcelles de pâte peuvent être brûlées, et, en noircissant, endommager toute la masse.

On reproche aux lessiveurs rotatifs d'occasionner, par le frottement continu des fibres entre elles, et contre les parois du lessiveur, la formation d'une pâte plus courte et donnant, par conséquent, plus de déchet dans toutes les manipulations subséquentes (lavage, blanchiment, etc.). Le mouvement de ces appareils est très lent, un tour toutes les deux ou trois minutes, et souvent moins.

Nous ne pouvons donner ici la description de tous les lessiveurs imaginés pour le lessivage des succédanés. La plupart d'entre eux ne diffèrent que par quelques détails, aussi ne citerons-nous que les plus usités. Le lessiveur Oriolli et Frédet, à double enveloppe, donne de bons résultats. La vapeur destinée au chauffage est conduite entre les deux chaudières, un serpentin emmène, par l'un des tourillons creux, l'eau de condensation. La chaudière Debié (fig. 75), citée au lessivage des chiffons, convient très bien au lessivage des succédanés.

On emploie également le lessiveur Thiry (fig. 76), à feu direct. Ce lessiveur est installé, comme une chaudière à vapeur, avec son foyer, des carreaux, maçonneries, etc. Un arbre en fer traverse le lessiveur, et sur l'une de ses extrémités se trouve calé un engrenage qui, mû par une vis sans fin, lui communique un mouvement de rotation. Un certain nombre de bras sont fixés sur le même

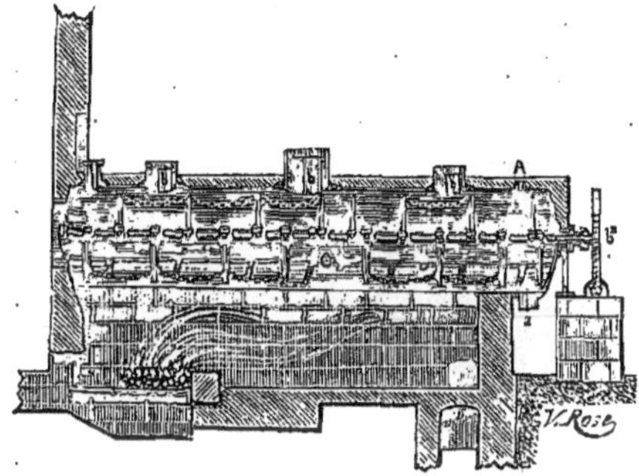

Fig. 76.

C Corps de la chaudière. — *a* Conduit en tôle destiné à recueillir la lessive qui s'écoule par la soupape de vidage. — *A* Conduit permettant d'ouvrir la soupape de vidage. — *b b* Trous d'homme pour l'introduction des matières. — *b'* Trou d'homme pour visiter la chaudière. — b^2 Roue d'engrenage par laquelle l'arbre intérieur est mis en mouvement.

arbre, ces bras sont reliés par des chaînes qui, dans leur mouvement, mélangent constamment la masse et l'empêchent de se déposer. Dans d'autres usines, on emploie des lessiveurs sphériques rotatifs. Voici comment, en général, on opère le lessivage des différents succédanés :

Paille. La paille est coupée, au moyen d'un hache-paille, en morceaux de 1 à 2 centimètres de longueur, et débarrassée de la poussière et des nœuds par un tarare, puis mise dans le lessiveur en contact avec une lessive de soude caustique, qui contient de 10 à 12 kilogrammes de soude pure (NaO) par 100 kilogrammes de paille hachée. Le lessivage dure six à huit heures, avec une pression comprise entre 4 et 6 atmosphères. La paille ainsi réduite en pâte par la cuisson, est lâchée dans de grands bassins dont le fond est garni de briques perforées. Là, elle s'égoutte, elle est reprise ensuite pour être dirigée aux appareils de trituration, de lavage et de blanchiment. Le rendement de la paille en pâte blanchie est d'environ 40 0/0.

Bois. Le lessivage du bois se fait à peu près comme celui de la paille. La plupart des essences de bois peuvent servir à la fabrication de la pâte à papier. Les bois feuillus donnent une pâte tendre se rapprochant de la pâte de chiffons de coton; les bois résineux fournissent une pâte plus résistante, se rapprochant de celle du chanvre ou du lin. Suivant leur nature, les bois exigent, pour leur conversion en pâte, 14 à 16 0/0 de leur poids, supposé sec, de soude. Ils sont déchiquetés en petits fragments avant d'être soumis au lessivage. La pression varie suivant les usines de 5 à 10 atmosphères; l'opération dure sept à douze heures, et ce temps varie avec la quantité de soude et la pression employées ; le rendement est de 30 à 33 0/0. On se sert pour le bois des mêmes lessiveurs que pour la paille, ainsi que des lessiveurs horizontaux ou verticaux, fixes; chacun d'eux permet d'arriver à un bon résultat. Le temps du lessivage et la quantité de soude sont variables. Il est très important, dans ces diverses opérations, comme dans celles nécessaires à la préparation de la pâte de sparte, de recueillir la lessive qu'on évapore pour en retirer la soude combinée aux matières incrustantes. Le *salin* ainsi obtenu, est caustifié par la chaux vive, et on récupère 80 0/0 de la soude employée, que l'on fait rentrer dans la circulation.

Sparte. Le sparte ou alfa est principalement employé par les fabricants anglais. L'un d'entre eux, Th. Routledge, a eu le premier l'idée d'employer cette plante comme succédané du chiffon. L'Angleterre travaille presque tout le sparte qui est récolté, d'abord parce que la pénurie des chiffons y est plus grande que dans les autres Etats de l'Europe, la paille et le bois y sont d'un prix élevé, mais surtout parce que les transports par mer y sont très économiques.

Le sparte croît dans les terrains incultes du sud de l'Espagne et du nord de l'Afrique; son traitement est analogue à celui de la paille. La plante, débarrassée de toutes les mauvaises herbes et racines étrangères, est passée entre deux rouleaux lamineurs et lessivée ensuite avec 8 0/0 de soude caustique sous une pression de 4 atmosphères. La plupart des fabricants lessivent le sparte dans des lessiveurs fixes, car le mouvement des lessiveurs rotatifs raccourcit la pâte et la fait se pelotonner en petites boules qui sont très difficiles à défaire au raffinage. Le rendement du sparte est de 50 0/0 en pâte blanchie.

Dans ces dernières années, il s'est produit un grand mouvement dans la fabrication de la pâte de bois chimique, par le traitement du bois au moyen des bisulfites, principalement les bisulfites de chaux.

Le docteur Mitschelich est le premier qui ait employé ce traitement d'une façon pratique et industrielle. Il a trouvé des imitateurs et différents procédés analogues au sien, se partagent la faveur des fabricants de pâte de bois chimique.

Le principal avantage de tous les procédés au bisulfite, est le bon marché de la lessive qui sert à lessiver le bois. Son prix est environ le quart du prix de la lessive à la soude. La lessive est le plus généralement produite de la façon suivante : on brûle des pyrites de fer sur la grille d'un four; l'acide sulfureux dégagé se rend dans une tour à étages contenant des pierres à chaux et monte à travers les interstices de ces pierres, tandis qu'un courant d'eau très divisé arrive en sens inverse du sommet de la tour. L'acide sulfureux dissous se combine à la chaux, et forme la lessive de bisulfite de chaux, qui est recueillie dans des bassins doublés de plomb. Cette précaution est nécessaire, car il se trouve toujours un peu d'acide sulfurique libre dans la lessive.

Dans le procédé Mitschelich, le lessiveur est fixe et a de très grandes dimensions; sa capacité dépasse fréquemment 100 à 120 mètres cubes. Sur la tôle du lessiveur se trouve un revêtement en maçonnerie de briques réfractaires, qui lui-même est recouvert d'une feuille de plomb. La lessive titre 8° à 10° Baumé. La durée de l'opération varie de 30 à 48 heures, à une température de 110° environ.

Suivant le procédé Franck de Korndal, on se sert d'un lessiveur horizontal rotatif, doublé de plomb, de 6 à 8 millimètres d'épaisseur; des tuyaux amènent la vapeur dans le lessiveur, en passant par les presse-étoupes des deux extrémités. Le lessiveur étant plus long que ceux usités jusqu'ici pour les chiffons, on n'a pas pu les faire tourner sur tourillons. Une couronne en fonte, dentée, est calée sur le lessiveur, et engrène avec une vis sans fin. Le lessiveur tourne sur quatre galets, dont deux sont à chaque extrémité. Dans ce procédé, on opère avec du bois déchiqueté en petits fragments, et on se sert pour la cuisson de lessive à 5° Baumé. La durée de l'opération est de douze à quinze heures, avec une pression de 4 à 5 atmosphères.

D'autres brevets ont été pris pour la même fabrication : un Suédois, Eckmann, lessive son bois au moyen du bisulfite de magnésie, dans un lessiveur vertical fixe; en Autriche, MM. Ritter et Kellner se servent d'un lessiveur vertical, fixe également, et leur lessive est du bisulfite de chaux.

Toutes ces variations, en somme, ne constituent guère qu'un seul et même procédé. La nature de la pâte, seule, diffère un peu, suivant que les lessiveurs sont rotatifs ou fixes. Le lessiveur rotatif fournit une pâte plus courte et moins dure que celle obtenue au moyen du lessiveur fixe. Le rendement en pâte blanchie est d'environ 40 0/0. — L.

LESSIVE. *T. techn.* Eau rendue détersive par de la cendre ou quelque autre matière convenable ; pour les saponifications des huiles et des corps gras, les savonniers se servent d'une dissolution d'alcali mélangée à la chaux, et dans l'économie domestique, le nettoyage du linge se fait également par une dissolution de sels de soude, rendue plus ou moins caustique par la chaux, mais qui a pour but de saponifier et de rendre solubles les corps gras incorporés dans les tissus.

***LESSIVEUR, EUSE.** Outre les lessiveurs indiqués à l'article précédent, le nom de *lessiveuse domestique* a été donné à des appareils dont l'usage tend de plus en plus à se répandre, depuis qu'on en trouve dans le commerce qui permettent de réaliser avec toute la perfection et l'économie désirables, le lessivage du linge à la maison. Ces appareils sont, en général, basés sur le principe de la *lessiveuse portative* que nous avons déjà indiquée à l'article BLANCHISSAGE, fig. 437. Ils se composent d'un petit cuvier en tôle galvanisée, placé sur un bâti en fonte muni d'un foyer qui permet d'échauffer le liquide contenu dans le fond du cuvier. Ce liquide porté à l'ébullition s'élève par le tuyau central et se déverse automatiquement sur le linge, à travers lequel il redescend dans le double fond du cuvier. D'autres appareils, comme celui de la figure 437 que nous venons de rappeler sont munis d'une petite pompe qui fait remonter la lessive et la déverse sur le linge ; mais l'aspersion automatique est plus simple, dans la plupart des *lessiveuses* qu'on trouve aujourd'hui dans le commerce, et qui sont construites sur ce principe de la circulation par l'ébullition de la lessive. La lessiveuse dite *américaine* et tant d'autres qu'on emploie dans les ménages sont une application de ce principe. Toutefois ces appareils ont, en général, l'inconvénient de faire arriver directement la lessive bouillante sur le linge, ce qui peut avoir pour effet de coaguler les matières grasses au lieu de les saponifier ; M. Gaston Bozérian a imaginé, pour obvier à cet inconvénient, un système de lessiveuse qui permet d'obtenir une circulation à température graduée d'une façon absolument automatique. Cette lessiveuse est en zinc, à fond de cuivre pour éviter les taches de rouille que peut occasionner la tôle galvanisée ; le linge est entièrement immergé dans la lessive, dont la circulation se fait par un conduit extérieur qui la ramène et la déverse d'une manière continue pendant tout le temps que le feu reste allumé sous l'appareil. — G. J.

LEST. *T. de mar.* Nom donné aux matières lourdes que l'on arrime, ou que l'on introduit, dans les fonds d'un navire pour assurer sa stabilité. Sur les bâtiments de la marine militaire, on emploie, à cet effet, des gueuses en fonte dites *gueuses de lest*, dont le poids est de 25 ou de 50 kilogrammes. Les anciens vaisseaux à trois ponts en prenaient 400 tonneaux. Sur les bâtiments en fer de construction nouvelle, et principalement sur ceux qui ont des doubles fonds, le lest consiste dans le remplissage d'un certain nombre de compartiments avec l'eau de la mer ; pour le délestage, il suffit de pomper cette eau à l'extérieur. Ce mode d'opération est sans contredit le plus économique pour le lestage d'un navire, puisqu'il ne nécessite que l'ouverture de quelques robinets et l'action d'une pompe pour s'en débarrasser. Il constitue également le meilleur *lest volant*, puisque l'on peut vider tel ou tel compartiment pour rétablir l'assiette convenable du navire. Il est indispensable que les portions du navire dans lesquelles on fait le plein, soient subdivisées par des cloisons étanches solides; si l'on omettait cette précaution, l'eau obéissant à la pesanteur se porterait du côté où le navire commence à *donner de la bande*, et tendrait à augmenter son inclinaison d'une façon qui pourrait devenir dangereuse.

Dans l'industrie des chemins de fer, le lest est encore employé soit pour augmenter l'adhérence des machines locomotives, soit pour accroître l'effet utile des freins. Sur les machines Crampton, qui, n'ayant qu'un seul essieu moteur, présentent un réel défaut d'adhérence au moment du démarrage, on applique souvent à l'arrière une grosse traverse en fonte, qui rapproche de cet essieu le centre de gravité de la machine et permet, par conséquent, d'augmenter la charge utile pour l'adhérence ; on combine quelquefois ce lest avec l'addition d'un énorme moyeu en fonte aux roues motrices, le poids adhérent est ainsi porté à 14 tonnes. En ce qui concerne les vagons à freins, comme la force retardatrice du frein est proportionnelle au poids du vagon, le lestage de celui-ci est destiné à prévoir le cas où il est vide ou peu chargé. Aussi, les voitures à voyageurs et les fourgons à bagages qui n'ont, en général, qu'une charge utile très faible, reçoivent-ils un lest en fonte représentant un poids permanent qui permet de compter ces véhicules pour une unité de frein, qu'ils soient pleins ou vides.

* **LE SUEUR** (Eustache), peintre, était né à Paris en 1617, d'une ancienne famille de Picardie, qui depuis longtemps s'était consacrée aux arts. Son père, sculpteur médiocre, ayant reconnu en lui des dispositions pour le dessin, le fit entrer très jeune dans l'atelier de Simon Vouet, où se trouvait aussi Lebrun. Marié de bonne heure, le jeune artiste eut aussitôt à lutter contre toutes les difficultés de la vie, et, tandis que Lebrun, déjà son rival, suivait Le Poussin en Italie et arrivait à la renommée par la protection, Le Sueur travaillait péniblement pour vivre et dessinait un grand nombre de frontispices et de petites vignettes d'illustration parmi lesquelles on remarque déjà, pour la grâce et la finesse du trait, les frontispices de la *Vie du duc de Montmorency*, de la *Doctrine des mœurs*, de l'*Office à l'usage des Chartreux*, et un délicieux dessin représentant un *Portrait de la vierge porté par des anges*.

En même temps, Le Sueur produisait quelques bonnes toiles dans la manière de Vouet, son maître, mais son esprit timide et fin à la fois le portait plutôt vers les peintres italiens qu'il étudiait avec ardeur, d'après des gravures et les quelques tableaux originaux qu'il pouvait consulter, et, malgré la nature de ces études qui devaient le conduire à la sécheresse et à la minutie du dessin, il n'emprunta à ces maîtres que leur noblesse et leur grâce. C'est là ce qui rend le talent de Le Sueur vraiment original, au milieu de l'école française du XVIIe siècle, qui faisait avant tout, grand et majestueux. Le Sueur est surtout touchant, et c'est pourquoi il ne fut pas toujours compris à son époque comme il aurait dû l'être. Vouet, appréciant la valeur de son élève, contribua à le mettre en lumière en lui faisant partager les travaux de décoration de l'hôtel Bullion qu'on lui avait confiés. Mais Le Sueur, par ses compositions du *Songe de Pylophile*, sujet dont le mysticisme convenait bien à son talent, s'éloigna tellement de la manière de Vouet, et se montra tellement original, qu'il se fit de son maître un irréconciliable ennemi. Malgré ce revers de fortune, qui lui causa de graves ennuis, le jeune peintre, désormais en vue, reçut de nombreuses commandes, entre autres la *Réunion d'artistes*, pour M. de Chambray, dans lequel tableau se retrouve le portrait de Le Sueur lui-même. Nous citerons aussi sa suite de tableaux sur l'*Amour* pour l'hôtel du président Lambert de Thorigny (aujourd'hui hôtel Czartoryski). La chambre de Mme de Thorigny était ornée de sujets mythologiques : *Phaéton* (plafond), *Clio, Euterpe et Thalie, Melpomène, Erato* et *Polymnie, Uranie, Terpsichore et Calliope*. C'est ce qu'on appelait la *salle des Muses*. A la suite de tous ces travaux importants, Le Sueur reçut du roi la place d'inspecteur des recettes à la barrière de Lourcine ; à l'occasion de ses fonctions, il se prit de querelle avec un gentilhomme qu'il tua en duel, et fut obligé de se réfugier dans le couvent des Chartreux du Luxembourg, en attendant que l'affaire fut apaisée. On a nié la véracité de cette anecdote ; quoi qu'il en soit, c'est bien pendant une retraite dans ce couvent, à laquelle on assignerait difficilement une autre cause, que Le Sueur commença, en 1645, sa magnifique suite de l'*Histoire de Saint-Bruno*, en vingt-deux sujets, et qui passe pour son chef-d'œuvre. Elle a été achevée en 1648. A cette même époque, Le Sueur contribua à la fondation de l'Académie de peinture dont il fut un des premiers membres. Ce peintre ne laissa pas d'école ; quelques disciples suivirent sa manière, mais sans atteindre sa perfection à laquelle on ne peut reprocher que le coloris égal et monotone, ainsi qu'une science insuffisante du clair obscur.

Le Sueur mourut à Paris en 1655, à trente-huit ans, attristé dans ses dernières années par les tracasseries continuelles de Lebrun. La majeure partie de ses œuvres ont heureusement été conservées par le musée du Louvre, sauf quelques toiles de valeur qui se trouvent en Angleterre.

* **LESUEUR** (Jean-Baptiste-Cicéron), architecte, né en 1794, remporta le grand prix de Rome en 1819. Il fit en collaboration avec Godde, les agrandissements de l'Hôtel de Ville de Paris, et fut nommé membre de l'Institut en 1846, en remplacement de Vaudoyer. Lesueur a laissé la réputation d'un savant architecte et d'un archéologue distingué.

* **LETHUILLIER** (Paul-Ferdinand), constructeur-mécanicien, né à Fécamp en 1816, était le fils de simples cultivateurs qui ne purent lui donner qu'une instruction fort élémentaire. Il fit son apprentissage chez un serrurier de sa ville natale, puis se sentant une irrésistible vocation pour la mécanique, il se rendit à Paris et il entra comme ouvrier chez Cavé. Quelques années après, il se maria à Rouen et, sous le nom de *Lethuillier-Pinel*, il créa dans le faubourg Saint-Sever un

établissement de construction mécanique auquel un brillant avenir était réservé. Il s'adonna particulièrement aux appareils de sûreté appliqués aux générateurs, faisant faire à cette branche importante de l'industrie de véritables progrès. L'un de ses premiers appareils fut le *sifflet automatique à sons gradués*, qui devint un puissant cri d'alarme mis à la disposition des conducteurs de machines locomotives et des capitaines de navires, et sauva ainsi un grand nombre d'existences. Il ne s'était agi, jusqu'à ce moment, que de perfectionnements ; il n'en fut pas de même avec le *flotteur-indicateur magnétique* qui constitue une invention véritable, fondamentale, et fait le plus grand honneur au génie inventif de Lethuillier. — V. INDICATEUR DE NIVEAU.

Lethuillier-Pinel est mort à Rouen en 1863, après avoir donné pendant toute sa vie, disent ceux qui l'ont connu, l'exemple du travailleur amoureux de son travail et ne lui préférant jamais aucune autre distraction. Le Conseil municipal de Rouen, voulant perpétuer son souvenir, vient de donner son nom à l'une des rues de la ville.

***LEUCANILINE.** — V. FUCHSINE.

***LEUCINE.** *T. de chim.* $C^{12}H^{13}AzO^4$... $G^6H^{13}AzO^2$. Corps homologue du glycocolle et de l'alaline, découvert dans les produits de la putréfaction du gluten et du fromage en présence de l'eau, par Proust, mais fourni également par la décomposition des matières animales (laine, gélatine, fibre musculaire, etc.), et se formant, à chaud, avec ces mêmes matières sous l'influence des alcalis concentrés ou des acides étendus. On peut l'obtenir en chauffant dans un creuset de fer, parties égales de fibrine et de potasse, puis reprenant par l'eau, la masse devenue jaune. On sature par l'acide chlorhydrique, on filtre chaud, on laisse déposer les cristaux de tyrosine qui se forment, et on concentre la liqueur ; l'alcool à 90° enlève alors la leucine et un peu de tyrosine. On la purifie en reprenant par l'eau. Elle cristallise alors en lamelles nacrées.

***LEUCITE.** *T. de minér.* Syn. : *Amphigène*. Silicate double d'alumine et de potasse, infusible, contenant 54,7 0/0 de silice, 23,58 d'alumine et 21,52 de potasse. On le trouve au Vésuve, à Rocca-Monfina, en trapézoèdres translucides, d'éclat vitreux, de couleur blanc jaunâtre, ayant une densité de 2,45 et une dureté de 5,5.

***LEUCOGRAPHITE.** *T. de minér.* Carbonate de chaux, facile à dissoudre, à l'usage des blanchisseuses, pour donner plus de blancheur au linge.

***LEUCOLINE.** *T. de chim.* Syn. : *Leucol*. Substance alcaline découverte par Runge, en 1843, dans le goudron de houille. Sa formule $C^{18}H^7Az$... G^9H^7Az, l'a fait considérer comme une espèce unique, mais on admet aujourd'hui que c'est un mélange de corps homologues, leucoline, iridoline, $C^{20}H^9Az$, cryptidine, $C^{22}H^{11}Az$, etc., substances isomères avec les bases quinoléiques ; si la leucoline se rapproche par ses propriétés de la quinoléine, elle en diffère en ce qu'elle ne donne pas de cyanine, comme son isomère la quinoléine, lorsqu'on la traite par l'iodure d'amyle, puis par un alcali.

L'indoline, le second terme de la série leucolique, a pour isomère la lépidine, la cryptidine, le troisième terme, la dispoline.

LEVAGE (Appareils de). On désigne sous ce nom les engins, de forme très variable, qui sont destinés à lever les fardeaux, en substituant à l'action directe de l'effort musculaire exercé par l'homme, des organes qui multiplient cet effort, tout en lui permettant de se développer dans les conditions les plus favorables pour qu'il atteigne son maximum.

Les plus simples de ces organes sont la *poulie* et les *engrenages* (V. ces mots). Ils servent à transformer le mouvement de rotation effectué par les bras en un mouvement vertical de translation de la corde qui supporte le fardeau, et constituent la partie intégrante de la plupart des appareils de levage, c'est-à-dire le *treuil* (V. ce mot). Les *grues*, les *bigues* et les *chèvres*, les machines à mâter, doivent être classées dans cette première catégorie des appareils de levage où le mouvement moteur est transformé par l'adjonction d'un treuil, ou encore d'un cabestan. Au contraire, quand la force motrice s'adapte directement au support du fardeau et quand sa trajectoire est la même que celle de ce fardeau, l'appareil est appelé *ascenseur* ou *monte-charges* (V. ces mots). Outre qu'il permet de transformer et d'utiliser la force humaine, l'appareil de levage a l'avantage de se prêter à l'emploi des moteurs inanimés, l'eau, la vapeur, l'air comprimé, l'électricité.

LEVAIN. *T. de boul.* On donne ce nom à une pâte solide, constituée par un mélange de farine et d'eau, et dans laquelle, par suite de la présence d'un ferment (le *saccharomyces minor*, d'après Engel) produit aux dépens des matières protéiques de la farine, l'amidon de celle-ci a pu se saccharifier, et subir la fermentation alcoolique, acétique, et lactique, surtout cette dernière. Comme cette modification exige environ 12 heures pour se produire, on réserve une certaine quantité de pâte chaque fois que l'on pétrit, c'est ce que l'on nomme le *levain de chef*, et on mélange ce levain dans la proportion de 4 parties pour 100 de farine, ou de 3 parties pour 80 de pain, lorsque l'on fait de nouvelle pâte. Le ferment agit bientôt, grâce à l'eau tiède (21 à 37° centigrades) que l'on emploie pour hydrater la farine, et amène la *fermentation panaire*. De l'acide carbonique se produit sous forme de bulles que la cuisson transformera en vacuole, par suite du départ de l'acide ; le nombre de celles-ci est d'ailleurs augmenté, car en même temps, le gluten est décomposé spontanément, et dégage à son tour de l'acide carbonique, de l'hydrogène et de l'ammoniaque, qui s'en iront aussi par la cuisson.

Le levain doit être rapidement employé, car il se conserve mal, et se putrifie en peu de jours ; c'est ce qui fait que les boulangers ne conservent que la quantité de pâte nécessaire pour faire lever le poids de pain à préparer pour une journée.

On emploie encore en France, pour la fabrication des pains de luxe, la levure de bière, en place du levain. Ce ferment spécial (*saccharomyces cerevisiæ*) produit absolument la même réaction chimique: la fermentation du sucre préexistant dans la farine, et de celui qui se forme sous l'influence du ferment; mais avant de l'utiliser, on la recueille avec soin au-dessus du moût d'orge sur lequel elle se forme, puis on la lave dans des sacs pour la dépouiller du principe amer du houblon et de la bière qu'elle peut encore contenir. On en forme ensuite par pression, une pâte jaunâtre, ferme, peu cohérente, qui est utilisée parce qu'elle possède une action bien plus énergique, et par conséquent beaucoup plus rapide que celle du levain proprement dit. Son emploi introduit en France par les Gaulois, a cependant été regardé fort longtemps comme dangereux, puisque même en 1668, un décret du 24 mars, en prohibait l'emploi; depuis que l'on connaît l'action des ferments on sait à quoi s'en tenir sur l'influence soit disant nocive de ces corps, et on les utilise toujours pour obtenir une pâte légère, boursouflée et agréable au goût.

***LEVAU** ou **LEVEAU** (Louis), architecte, né en 1612, à Paris, est un des artistes les plus féconds du règne de Louis XIV. Premier architecte du roi, il garda la surintendance des bâtiments royaux depuis 1653 jusqu'en 1670, année de sa mort, et sa réputation était tellement établie, que ses contemporains ne parlent de lui qu'avec le plus grand respect. C'est le *fameux M. Levau*. Malgré cette haute situation officielle, Levau n'a donné, dans le palais Mazarin, dans les hôtels Lambert, Colbert, de Lionne, que des témoignages d'un talent peu élevé et peu original. Son œuvre la plus importante fut d'abord le château de Vaux, au surintendant Fouquet, et c'est à elle qu'il dut son élévation si rapide; on a prétendu, d'ailleurs, qu'il s'y était inspiré de dessins de Mansard. Bien que Colbert ait jugé Levau à sa véritable valeur, il dut lui donner, en 1664, la restauration des Tuileries. Levau abîma le chef-d'œuvre de Lescot et de de Lorme, enleva le bel escalier du milieu, adopta une coupole lourde et difforme, et ne songea nullement à compléter les plans de ses prédécesseurs. Aussi lui retira-t-on les travaux d'achèvement du Louvre, qui furent confiés à Perrault, après un concours. La dernière construction importante de Levau fut le château de Versailles, qu'il conduisit assez loin pour qu'on put y donner une fête en 1664. On lui doit aussi le château du Raincy, les dessins de la chapelle de la Vierge, à Saint-Sulpice, et ceux d'après lesquels d'Orbay, son élève, construisit le collège des Quatre-Nations, aujourd'hui palais de l'Institut.

***LÈVE-ET-BAISSE.** *T. de tiss.* Il y a trois manières d'obtenir l'angle d'ouverture des fils de chaîne, savoir : 1° la levée seule des fils sous lesquels la navette doit passer; 2° le rabat seul des fils sur lesquels cette navette doit insérer la trame (V. RABAT); et 3° enfin, le soulèvement et le rabat simultanés des fils sous lesquels et des fils sur lesquels l'insertion se fait. C'est ce dernier moyen qu'on appelle tissage par *lève-et-baisse*.

***LEVÉ,** ou **LEVER DES PLANS.** Opération qui consiste à prendre les mesures nécessaires pour représenter sur le papier, à une petite échelle, la figure et les proportions d'un terrain, d'une mine. — V. TOPOGRAPHIE.

LEVÉE. *T. de p. et chauss.* On appelle *levées*, sur la Loire, les digues établies à quelque distance des bords de la rivière, pour contenir les crues dans certaines limites, et pour garantir les terres cultivées.

— Les plus anciennement connues remontent au IXe siècle; mais ce n'étaient alors que des tronçons isolés, assez mal construits par les riverains, sans se préoccuper de leurs voisins ni des besoins de la navigation. Ce n'est qu'au XIIe siècle qu'on entreprit de les relier et de les consolider; on avait même imaginé, pour activer les travaux et assurer leur entretien, d'autoriser les gens du pays à y fixer leur domicile, et on les y attirait en les exemptant de corvées et d'impôts. Une charte de 1161, exemptait du service militaire les ouvriers travaillant sur les levées. C'est l'utilisation de ces anciennes levées qui a créé, sur la Loire et ses affluents, le plus grand obstacle à l'établissement d'un système efficace de défense contre les inondations. — V. DIGUE, § *Digues d'inondation*, ENDIGUEMENT.

***LEVEUR, EUSE.** *T. de mét.* Ouvrier papetier qui enlève les feuilles de papier après qu'elles ont été pressées. || Ouvrier typographe qui lève de la presse les feuilles imprimées. || *Leveur de lettres*, compositeur d'imprimerie.

LEVIER. *T. de mécan.* Le levier est en principe une pièce solide, mobile autour d'un point fixe, appelé *point d'appui*. Une force appliquée en un point quelconque de cette pièce tendra à la faire tourner et pourra vaincre les résistances qui s'opposent à son mouvement. Toutefois, le mot *levier* est plus spécialement réservé aux pièces mobiles autour d'un point fixe et soumises à des forces *situées dans un même plan passant par le point d'appui*. Telles sont, en particulier, les pièces mobiles autour d'un axe fixe, parce que toutes les forces appliquées en leurs différents points peuvent se décomposer en deux, l'une parallèle et l'autre perpendiculaire à l'axe. Les composantes parallèles à l'axe sont détruites par la résistance de celui-ci, et n'ont d'autre effet que de produire des pressions de l'axe sur ses supports latéraux. Les forces perpendiculaires à l'axe tendent seules à faire naître un mouvement de rotation, et se comportent comme si elles étaient toutes dans un même plan perpendiculaire à l'axe, de sorte que l'étude des conditions d'équilibre du système, se ramène à un simple problème plan. C'est l'examen de ce problème qui constitue, à proprement parler, la *théorie du levier*.

Le levier est la plus simple de toutes les machines; c'est aussi l'élément principal des machines composées; presque tous les organes d'une machine ne sont autre chose que des combinaisons de leviers. Les roues, les treuils, les poulies, les manivelles, les balanciers, etc., sont de véritables leviers. Aussi l'étude, du reste fort simple, de cet appareil, constitue la base de la mécanique appliquée.

La théorie du levier a été édifiée de toutes pièces par Archimède ; elle se résume toute entière dans le principe des *moments*. On sait qu'on appelle *moment d'une force* par rapport à un point fixe, le produit de l'intensité de cette force par sa distance au point fixe. Le moment est considéré comme positif si la force tend à faire tourner une pièce mobile autour du point fixe dans un sens ou dans l'autre. Ceci rappelé, pour qu'un levier soit en équilibre sous l'action de plusieurs forces situées dans un même plan, passant par le point d'appui, il faut et il suffit que la somme algébrique des moments de toutes ces forces, par rapport à ce point d'appui, soit nulle. La distance de chaque force au point d'appui s'appelle le *bras de levier* de cette force. On voit alors que si deux forces seulement agissent sur le levier, la condition d'équilibre est que ces deux forces agissent en sens inverse, et que les produits de chacune d'elles par son bras de levier soient égaux, ou, en d'autres termes, que les *deux forces soient en raison inverse de leur bras de levier*. On pourra donc réaliser l'équilibre d'une très petite force avec une très grande, à la condition de les placer à des distances convenables du point d'appui, la grande très près, la petite très loin. Telle est la propriété fondamentale du levier qu'Archimède exprimait par ce mot pittoresque : « Qu'on me donne un point d'appui, et je soulèverai le monde. » Il importe de remarquer, en effet, que la fixité du point d'appui est la condition essentielle du fonctionnement du levier. Ce point d'appui subit l'action d'une force égale à la résultante des forces appliquées au levier. Dans la pratique, il sera donc nécessaire de calculer cette résultante, dans le cas des plus grandes pressions que le levier devra supporter, afin de l'installer dans des conditions de solidité suffisantes. Il faut aussi calculer les efforts auxquels le levier sera soumis, afin de lui donner une résistance capable d'éviter les déformations ou la rupture. Il est encore une conséquence de la théorie du levier qui mérite d'attirer l'attention. Supposons qu'un levier soit en équilibre sous l'action de deux forces seulement, on sait qu'on pourra transporter les points d'application de ces forces en un point quelconque de leur direction ; plaçons-les aux pieds des perpendiculaires abaissées du point d'appui sur chaque force ; de la sorte, dans le mouvement de rotation, ces deux points se déplaceront dans la direction même des forces correspondantes, l'un d'eux dans le sens même de la force, l'autre en sens inverse. Mais les chemins parcourus par ces deux points dans le même temps, seront en raison directe de leur distance au point d'appui, c'est-à-dire en raison inverse des forces correspondantes ; le point d'application de la petite force décrira un chemin relativement long, tandis que celui de la grande force se déplacera à peine. Les deux produits de chaque force, par le déplacement correspondant, seront égaux. Ces deux produits sont les *travaux* des forces. Celui qui correspond au déplacement dans le sens de la force, est appelé *travail moteur*, l'autre, *travail résistant*. Si donc le levier est en équilibre, le *travail moteur est égal au travail résistant*. On retrouve ainsi, dans un cas particulier, le grand principe du travail (V. FORCE, TRAVAIL), dont l'application actuelle s'énonce quelquefois sous cette forme un peu vulgaire et très peu précise, mais qui en fait bien saisir toute la portée : « ce qu'on gagne en force, on le perd en vitesse ou en chemin parcouru. » On peut, par exemple, construire un levier dont les bras soient dans le rapport de un à dix. Alors une force de 1 kilogramme appliquée à l'extrémité du grand bras, pourra soutenir un poids de 10 kilogrammes appliqué à l'extrémité du petit ; mais pour soulever de 1 centimètre ce poids de 10 kilogrammes, il faudra que le point d'application de la petite force se déplace de 10 centimètres.

Lorsqu'un levier est soumis à l'action de deux forces seulement, l'une de ces deux forces prend le nom de *puissance*, l'autre celui de *résistance*. Ces deux mots se comprennent assez d'eux-mêmes, pour que nous ne croyons pas utile de les définir. On distingue alors les leviers en trois genres, suivant la position du point d'appui, par rapport aux points d'application de la puissance et de la résistance.

Le levier du premier genre est celui où le point d'appui est entre la puissance et la résistance. Si les deux forces sont parallèles, elles doivent être dirigées dans le *même sens* pour se faire équilibre. Le fléau d'une balance ordinaire ou romaine, la poulie fixe, le balancier de la machine à vapeur de Watt, le levier qui sert à manœuvrer la tige du piston d'une pompe ordinaire sont des exemples de levier du premier genre.

Le levier du second genre est celui où la résistance se trouve entre la puissance et le point d'appui ; dans ce cas, le bras de levier de la puissance est le plus long, et ce genre d'appareil sert à équilibrer des forces considérables avec de petits efforts. Le type du genre est une grosse tige de fer dont on se sert pour soulever de lourds blocs de pierre, après en avoir introduit l'extrémité au-dessous du fardeau. Le point d'appui est pris sur le sol où s'appuie l'une des extrémités de la tige. La puissance est l'action de la main à l'autre extrémité ; la résistance est le poids de la pierre qui repose par une de ses arêtes sur la tige elle-même. C'est, du reste, de l'usage de cet outil si simple, qu'est venu le mot de *levier*. Le casse-noix nous offre un second exemple du même genre, le point d'appui étant à l'articulation des deux pièces.

Enfin, dans le levier du troisième genre, la puissance est entre le point d'appui et la résistance ; les pincettes ordinaires en sont un exemple ; les membres des animaux vertébrés en fournissent une application beaucoup plus générale et plus remarquable. Le point d'appui est à l'articulation de l'os du membre, la puissance au point d'insertion des muscles moteurs avec l'os, et la résistance à l'extrémité du membre. Dans les deux derniers genres, la puissance et la résistance, si elles sont parallèles, doivent être dirigées en sens inverse pour se faire équilibre ; mais dans le troisième genre, la puissance doit être plus considérable que la résistance. On peut juger par là, combien est considérable la force de contraction des muscles qui agissent en général très près des articulations, et permettent cependant d'exercer de violents efforts à l'extrémité du membre. — M. F.

***LÉVULOSE** (Sucre incristallisable). On donne ce nom au sucre qui forme la partie incristallisable de la matière sucrée de certains fruits. La lévulose constitue un des éléments du sucre interverti, lequel est un mélange de glucose et de lévulose; on la trouve aussi dans la partie incristallisable du miel. Elle se forme lorsqu'on soumet l'inuline à l'action prolongée de l'eau bouillante. La lévulose, $C^6H^{12}O^6$... $C^{12}H^{12}O^{12}$, appartient à la classe des sucres désignés sous le nom de *glucoses*. — V. ce mot.

Préparation. On peut obtenir la lévulose pure à l'aide du procédé suivant, dû à Ch. Girard : on fait une solution de sucre de canne à 10 0/0, on y ajoute 2 millièmes d'acide chlorhydrique et on l'abandonne pendant longtemps à la température de 60°. L'inversion, c'est-à-dire la transformation du sucre de canne en glucose et en lévulose (sucre interverti) étant achevée, on refroidit la liqueur à —5°, et on y ajoute 6 grammes de chaux éteinte, finement tamisée, par 10 grammes de sucre employé, puis on agite. Il se forme bientôt une masse solide de lévulosate de chaux, que l'on sépare du glucosate de chaux liquide, par expression à l'aide d'une presse à main; on remet la masse en suspension dans un peu d'eau, on presse de nouveau et on répète cette opération deux ou trois fois. Le lévulosate, ainsi débarrassé complètement du glucosate, est décomposé au moyen d'une solution très étendue d'acide oxalique; la chaux est alors précipitée, tandis que la lévulose entre en dissolution. Pour extraire la lévulose de la solution, on filtre celle-ci, puis on la refroidit à — 10°, en agitant, jusqu'à ce que le tiers environ de l'eau se soit pris en glace; on exprime ensuite les cristaux de glace et on soumet de nouveau la solution à la congélation. En répétant plusieurs fois cette opération, on obtient un sirop de lévulose très concentré qui, évaporé dans le vide, donne un produit pur et parfaitement blanc.

La lévulose est considérée comme incristallisable; Jungfleisch et Lefranc sont, cependant, parvenus récemment à préparer, avec l'inuline, de la lévulose en cristaux soyeux et rayonnés; elle est déliquescente, très soluble dans l'eau et l'alcool dilué, mais insoluble dans l'alcool absolu; elle a une saveur plus sucrée que celle du glucose. La lévulose dévie à gauche le plan de polarisation de la lumière; son pouvoir rotatoire pour la teinte sensible est, à 15°, égal à — 106°; ce pouvoir diminue à mesure que la température s'élève et augmente à mesure que la température s'abaisse; à +53°, par exemple, il n'est plus que de — 53°. Comme les autres glucoses, la lévulose réduit les solutions alcalines du cuivre, et son pouvoir réducteur est égal à celui du glucose ordinaire; elle se comporte comme ce dernier en présence du réactif de Barfoed, et elle est directement fermentescible. Chauffée à 170°, la lévulose se transforme en *lévulosane* :

$$C^6H^{12}O^6 = C^6H^{10}O^5 + H^2O,$$

$$\text{ou}\quad C^{12}H^{12}O^{12} = C^{12}H^{10}O^{10} + 2HO.$$

Ses propriétés chimiques sont, du reste, analogues à celles du glucose ordinaire. — Dr L. G.

LEVURE. On donne ce nom ou celui de *levure de bière* au ferment figuré (*saccharomyces* ou *hormiscium cerevisiæ*) qui produit la fermentation alcoolique des moûts de vin, de bière, etc. ; c'est aussi une variété de ce même ferment (*saccharomyces minor*) qui détermine la fermentation panaire, et dans ce cas, il est plus spécialement désigné sous le nom de *levain* (V. ce mot). L'histoire de la levure ayant été en partie faite aux mots Bière, Ferment et Fermentation, où l'on s'est surtout occupé de ses propriétés physiologiques, morphologiques et chimiques, il ne nous reste plus qu'un complément à donner.

La levure des brasseurs se présente sous forme d'une bouillie épaisse, de couleur blanc jaunâtre, exhalant une odeur spéciale rappelant à la fois celle du houblon et de l'alcool, et criblée de petites cavités produites par le dégagement de l'acide carbonique. Sa masse principale se compose des cellules du *saccharomyces cerevisiæ* (V. Bière et Ferment); on y trouve, en outre, un peu de bière et d'acide carbonique, des cristaux d'oxalate de chaux, de la résine de houblon et des quantités plus ou moins grandes de débris de grains d'orge. D'après une analyse effectuée récemment par C. V. Nægeli et O. Löw, la levure pure offre la composition immédiate suivante :

Cellulose	37 0/0
Matières albuminoïdes	45
Peptone	2
Matières grasses	5
Cendre (acide phosphorique, potasse, magnésie, chaux)	7
Substances extractives, etc.	4
	100 0/0

Une bonne levure doit avoir une odeur agréable, une saveur amère et fraîche, une couleur blanc jaunâtre, et doit former une masse consistante; elle ne doit pas être grasse au toucher et elle ne doit dégager aucune bulle gazeuse. Pour se rendre un compte exact de la qualité d'une levure, il est, en outre, nécessaire de la soumettre à une observation microscopique attentive; on fera surtout attention à la grandeur et à la forme des cellules, à la nature du contenu de celles-ci, au nombre des cellules vivantes, ainsi qu'à la présence de ferments étrangers.

Des expériences de culture, effectuées en petit, fourniront des renseignements sur la faculté de multiplication du ferment. Lorsqu'il s'agira de suivre le développement de la levure dans les moûts, on se servira avec avantage de la *méthode numérique*, imaginée par Rasmus Pedersen, méthode qui consiste à compter directement les cellules de levure qui se trouvent suspendues et uniformément réparties dans de l'eau contenue dans une très petite capacité de dimensions connues. Ne pouvant décrire ici toutes les méthodes d'essai de la levure, nous nous contenterons de renvoyer aux ouvrages sur la fabrication de la bière et de l'alcool, ainsi qu'au *Traité d'analyse chimique* de J. Post (trad. française, par L. Gautier, p. 843 et 929). Enfin, la puissance ou l'activité d'une levure peut être mesurée à l'aide d'appareils spécialement construits pour cet usage; tels sont, par exemple, le *fermentomètre*, de Champy, le *levuro-dynamomètre*, de Billet, le *levuromètre*, de Méhay et le *zymomètre*, de Zincholle.

Conservation de la levure. Pour *conserver* la levure, on a recommandé de la mélanger avec du sucre en poudre, du houblon, du charbon de bois ou du noir animal et, ensuite, de la dessécher avec précaution; en outre, Artus a proposé de la laver, puis d'y incorporer une quantité de glycérine suffisante pour obtenir une masse épaisse, sirupeuse. Le froid empêche aussi l'altération de la levure (Melsens), de sorte qu'en plaçant le ferment dans une glacière, après l'avoir congelé, on peut le conserver très longtemps. Enfin, Pasteur dessèche la levure, puis il la mélange avec cinq fois son poids de gypse et l'introduit dans des sacs, qu'il suspend dans une étuve.

Une partie seulement de la levure produite dans la préparation de la bière rentre dans le courant de la fabrication et sert à provoquer une fermentation nouvelle. Le reste est vendu, soit aux distilleries de mélasse, qui en consomment de grandes quantités pour la fermentation de leurs moûts, soit aux boulangers et aux pâtissiers qui l'ajoutent à leur levain ou l'emploient seule. Mais, pour ce dernier usage, la levure ordinaire de brasseur présente le grave inconvénient de communiquer au pain et aux pâtisseries fabriqués avec elle, un goût amer très prononcé, et, de plus, sa force est extrêmement variable; c'est pour cela que l'on a songé à faire de la fabrication de la levure, l'objet d'une industrie particulière, dans laquelle la levure, étant le produit principal et non un produit accessoire comme dans les brasseries, peut acquérir les meilleures qualités.

Ce produit, désigné sous les noms de *levure viennoise*, de *levure pressée*, de *levure sèche*, et autrefois fabriquée exclusivement dans les environs de Vienne et en Moravie, est, maintenant, aussi préparée en France sur une très grande échelle (V. Distillerie). La levure pressée se présente sous forme d'une masse homogène, d'une couleur tirant plus ou moins sur le jaune clair, de la consistance d'une pâte flexible, ne collant guère aux doigts et se laissant facilement diviser en petits morceaux ou arrondir en boulettes; elle offre une odeur aromatique de fruits, et se délaye facilement dans l'eau. Elle est souvent mélangée avec de la fécule de pomme de terre, dans une proportion qui peut aller jusqu'à 70 0/0, mais on peut, à l'aide du microscope, découvrir facilement cette fraude. — Dr L. G.

*** LEVURO-DYNAMOMÈTRE.** Instrument imaginé par Billet, et destiné à mesurer la puissance ou l'activité de la levure. A l'aide de cet appareil, on détermine la perte de poids due à l'acide carbonique dégagé par la fermentation, provoquée par une quantité pesée de levure agissant sur une liqueur sucrée. La fermentation a lieu dans un aréomètre plongeant dans l'eau, de sorte que l'indication de la perte de poids est automatique et se mesure par le relèvement de l'aréomètre.

*** LEVUROMÈTRE.** Instrument destiné, comme le précédent, à mesurer la puissance de la levure; il est basé sur la dépression que l'acide carbonique, se dégageant d'une liqueur sucrée en fermentation, exerce pendant un temps connu sur une colonne liquide. Le levuromètre a été imaginé par Mehay.

*** LÉVY** (Michel), né à Phalsbourg (Meurthe), en 1821, mort en 1875, était venu jeune à Paris, où il fonda, rue Marie-Stuart, un cabinet de lecture et une librairie théâtrale. Il avait alors quinze ans. Plus tard, il transporta son établissement dans le passage du Grand-Cerf, et enfin, associé à ses deux frères, *Calman* et *Nathan*, il édita des romans et des œuvres dramatiques de toutes les célébrités de la génération de 1830 : Louis Reybaud, Jules Sandeau, George Sand, Alexandre Dumas, Guizot, Lamartine, Villemain, Cousin, Victor Hugo, Balzac, H. Heine, Augier, Gautier, Scribe, Gozlan, Mürger, Janin, etc. La plupart de ces œuvres parurent dans la collection Michel Lévy, à 1 franc le volume, collection qui eut un succès énorme par son bon marché, la notoriété des écrivains et l'heureux choix des sujets. En outre, diverses grandes publications périodiques ont fort bien réussi et ont contribué pour une large part à la prospérité de la maison. Nous citerons l'*Univers illustré*, le *Journal du Dimanche*, le *Journal du Jeudi*, les *Bons Romans*, le *Musée littéraire contemporain*, et, en outre, la publication par livraisons à bon marché et périodiques des plus célèbres romans édités par cette importante maison. En 1861, MM. Lévy frères ont acquis le fonds de la *Librairie Nouvelle* qui leur servit de maison de détail. Michel Lévy avait été décoré de la Légion d'honneur à la suite de l'Exposition de Vienne, en 1873.

*** LÉZARD.** *Art hérald.* On le représente, ordinairement, montant; dans le cas contraire, sa position est spécifiée en blasonnant.

*** LÉZARDE.** *T. de passem.* Petit galon qui sert à dissimuler les coutures des étoffes d'ameublement ou leurs lignes de jonction avec les bois du meuble.

LIAIS. 1° *T. de tiss.* Tringles plates ou lamettes en bois, dont l'une supporte les lisses d'une lame et l'autre, disposée à la partie inférieure de ces mêmes lisses, les maintient tendues verticalement lorsqu'elles sont mises à leur place dans le métier à tisser. Toute lame a son liais supérieur et son liais inférieur. Entre ces deux liais, il y a la lissette supérieure, le maillon ou œillet, dans lequel doit passer le fil de chaîne, et enfin la lissette inférieure. L'ensemble des lames s'appelle *remisse*. || 2° *T. de constr.* Pierre calcaire, dure, d'un grain très fin.

LIAISON. *T. de constr.* Manière de disposer les pierres, les moellons, les briques, tous les matériaux en un mot, les uns par rapport aux autres, de façon à former une construction bien liée et bien jointoyée. || *T. techn.* Se dit d'un alliage de plomb et d'étain servant à la soudure.

LIAISONNER. *T. de constr.* Disposer les joints d'une certaine façon. || Remplir les joints de mortier. || *Liaisonner les lattes*, les mettre de façon à ce qu'elles n'aboutissent pas toutes sur le même chevron.

LIBAGE. *T. de constr.* Pierre grossièrement équarrie qu'on emploie principalement dans les fondations, ou noyée dans l'épaisseur des murs.

LIBERTÉ. *Iconog.* Les Grecs appelaient la Liberté *Eleuthérie*, et en avaient fait une déesse ; les Romains à leur exemple avaient pour elle un culte tout particulier. Elle était supposée fille de Jupiter et de Junon, et elle avait sur le mont Aventin un temple vénéré où étaient déposées les archives des censeurs; la déesse était représentée vêtue de blanc, tenant d'une main un sceptre brisé, et de l'autre une pique surmontée du bonnet que nous appelons *phrygien* et qui désignait chez les Romains l'esclave affranchi. A ses pieds, un chat accroupi figurait la liberté sauvage, ennemie de toute contrainte. Deux déesses secondaires, Adéone et Abéone, placées aux côtés de la Liberté, étaient le symbole du pouvoir qu'elle a d'aller et de venir à son gré. La Liberté est souvent représentée sur les médailles antiques : une des plus curieuses est celle frappée en l'honneur de Brutus avec un bonnet phrygien entre deux poignards, surmonté de l'inscription *Idibus martis*, aux ides de Mars, date à laquelle Brutus assassina Jules César.

En France, on a peu de figures de la Liberté jusqu'à l'époque de la Révolution. On trouve cependant une médaille de Henri II avec le bonnet phrygien rappelant la liberté de l'Allemagne et de l'Italie. Mais après la journée du 10 août 1792, les effigies royales renversées furent remplacées par des statues de la Liberté et partout, peintres, dessinateurs et sculpteurs multiplièrent la représentation de la déesse et de ses attributs. On vit même souvent dans les fêtes et solennités publiques, des femmes figurer sous les traits et le costume de la déesse de la Liberté, et une tête de femme coiffée du bonnet phrygien fut frappée sur les monnaies de la République. Puis de 1800 à 1848, ce symbole disparait presque complètement, et même après la révolution de juillet, on planta plus d'arbres en l'honneur de la Liberté qu'on ne lui éleva de statues. Nous n'entreprendrons pas de rappeler toutes les œuvres d'art consacrées à la représentation allégorique de la Liberté, le nombre en est considérable et le sujet paraît, d'ailleurs, avoir médiocrement inspiré même les plus grands artistes, car les peintures de Signol et, d'Eugène Delacroix, les sculptures de Dumont et de Clésinger, ont soulevé lors de leur apparition les plus sévères critiques. Une des meilleures statues de la Liberté semble être celle de Pradier, qu'on a placée à la Chambre des Députés.

LIBRE-ÉCHANGE ET PROTECTION. Le *libre-échange*, pris dans son acception la plus large, signifie la transaction absolument libre entre l'acheteur et le vendeur, c'est-à-dire sans entraves administratives ou fiscales d'aucune espèce, que l'échange ait lieu, soit dans les limites d'une même localité ou d'un même pays, soit entre pays différents. Mais, dans le langage usuel, on entend plus généralement par *libre-échange* la liberté du commerce international. La formule « libre-échange » est toute moderne : c'est la traduction littérale de « free trade », la fameuse devise de la ligue de Manchester. Elle fut employée pour la première fois, en 1846, par Joseph Garnier. La *protection*, au contraire, prise dans un sens général, est l'appui que la loi accorde au commerce national dans le but d'en défendre les intérêts et d'en favoriser le développement. Des mesures de différente nature peuvent conduire à ce but; par exemple, la diminution de l'impôt, des facilités dans les voies de communication, des primes ou des récompenses, des droits d'entrée sur les produits étrangers, etc. Aujourd'hui le mot « protection » est plus particulièrement employé pour désigner une élévation des tarifs de douanes propre à assurer le marché intérieur aux producteurs nationaux et à les aider, par les bénéfices mêmes de ce monopole, à débiter, avec avantage, leurs produits sur les marchés étrangers en concurrence avec les produits similaires des autres nations.

La lutte entre la protection et le libre-échange est loin de se terminer. Sans prendre parti dans la querelle, ce que la nature même de cet ouvrage nous interdit de faire, nous allons exposer les deux systèmes en présence, en développant impartialement les arguments invoqués en faveur de chacun d'eux. Mais, auparavant, il nous paraît nécessaire d'examiner, dans un court aperçu historique, dans quelles conditions et sous quels régimes se sont effectués, jusqu'à nos jours, les échanges commerciaux entre la France et les autres nations.

Historique. Il n'existait, dans l'antiquité, rien de semblable aux systèmes modernes du libre-échange et de la protection. En Grèce, à Rome, les droits perçus sur les marchandises, à l'entrée, à la sortie ou même au moment de la vente, avaient un caractère purement fiscal et n'étaient nullement établis dans un but économique. Ils se justifiaient facilement par la nécessité d'entretenir les voies affectées au transport des marchandises et de rémunérer les services publics qui donnent la sécurité aux échanges. Il ne faut pas croire, cependant, qu'en dehors de ces droits, les anciens admettaient le principe d'une liberté absolue pour le commerce international. Chaque peuple prenait certaines précautions pour se défendre contre l'envahissement des autres nations; Carthage interdisait aux étrangers de trafiquer sur son territoire et celui de ses colonies.

Les rois Francs ne paraissent pas avoir distingué plus que les Romains les droits de douanes imposés à la frontière des péages perçus dans l'intérieur. Ces droits, d'ailleurs, fort nombreux, s'appliquaient de mille façons aux transports par eau, sur le marché même, etc. La plupart existent encore, aujourd'hui, sous d'autres noms et avec des formes de perceptions moins compliquées. Tout cela était purement fiscal.

C'est aussi parmi les mesures fiscales, bien plus que parmi les mesures économiques qu'il faut ranger les taxes douanières du moyen âge, dont le nombre et l'importance ne cessent de s'accroître depuis le commencement du XIVe siècle. Aux premiers temps de la féodalité, quand la guerre était l'état normal, quand la défense était la préoccupation dominante, tout le régime douanier consistait à prohiber la sortie des marchandises de première nécessité, telles que le blé, les boissons, le bétail, les laines, le lin et le chanvre, les armes et les chevaux de bataille. Ces prohibitions n'avaient qu'un but : rassembler des approvisionnements pour la guerre et en prévision des mauvaises récoltes. Ces mesures de prohibitions furent d'abord intermittentes et partielles; elles n'eurent, au début, qu'un caractère transitoire : mais elles se généralisèrent peu à peu et se prolongèrent même en temps de paix. Les rois y voyaient avant tout une source de revenus, mais les intérêts industriels commençaient à y chercher un instrument de protection contre la concurrence étrangère. Comme signe de cette tendance, il est bon de citer le préambule de l'ordonnance de 1305, qui est un véritable manifeste protectionniste : « Charité bien ordonnée commence par soi-même, ce serait cruauté, quand le champ où naît la source a soif, de la laisser se répandre dans les terres étrangères. »

Peu à peu, ces prohibitions furent remplacées par des taxes à la sortie. Ces taxes étaient à la fois protectrices et fiscales. Elles avaient la prétention de rendre plus difficile l'exportation des denrées ou des matières premières nécessaires à la consommation du royaume et de faire payer à l'étranger sa part de l'impôt. Elles ne différaient, ni par le principe, ni par le système de perception, des droits de sortie levés, autrefois, par les seigneurs féodaux ou par les communes sur les produits de leur territoire ou de leur fief. Mais, par ce fait qu'elles émanaient de l'autorité royale et qu'elles s'étendaient à toutes les provinces directement administrées par le roi, ces mesures prenaient une tout autre importance. La vie économique de la France s'élargissait comme sa vie politique; elle perdait, peu à peu, son caractère féodal et municipal pour prendre un caractère national.

C'est seulement sous Louis XI que l'on voit l'Etat suivre une politique économique bien déterminée. Non seulement ce roi chercha à étendre les relations commerciales de la France dans les pays étrangers, mais il voulut également introduire et développer dans son royaume des industries qui n'y existaient pas. C'est ainsi, qu'en 1470, il créa aux environs de Tours des plantations de mûriers et des fabriques de soie; et, pour protéger cette industrie naissante, il usa du système prohibitif en interdisant l'introduction des étoffes de l'Inde.

Mais c'est surtout après la découverte de l'Amérique que le système économique de la France et des autres nations européennes se modifia profondément. L'individualisme, qui jusque là avait inspiré le commerce, fit place à la nationalité. En effet, des Etats puissants et centralisés pouvaient seuls entrer avec succès dans la carrière des découvertes et des opérations d'outre-mer. Ce qui, auparavant, n'avait occupé qu'une classe ou qu'une corporation, occupa alors l'Etat, et l'individu se considéra comme un membre d'un grand corps. Le gouvernement intervint, comme régulateur, par des lois et par des institutions, et la politique nationale fit naître des systèmes de commerce nationaux. Chaque pays travailla à sa grandeur et à sa prospérité; les Etats cherchèrent, par des monopoles, à se paralyser et à se tenir en échec : on se frappa d'interdits commerciaux, et les droits de douanes servirent d'armes offensives et défensives. Le commerce étant devenu pour chaque peuple un intérêt national, toutes les mesures que prirent les gouvernements pour le protéger à l'intérieur ou à l'extérieur portaient le cachet de la nationalité et du patriotisme.

Si cette période de l'histoire du commerce diffère essentiellement de la précédente par sa politique nationale, elle offre un autre caractère qui la distingue profondément du système économique moderne. Ce caractère, c'est le système des monopoles. Le gouvernement s'attribue le droit de régler tout le mouvement commercial et industriel du pays par des monopoles qu'il vend ou afferme à des Compagnies pour des sommes considérables, en s'y réservant assez souvent lui-même une part de profit. Cette concession de privilèges à de grandes Compagnies pour l'exploitation du commerce d'outre-mer avait, d'ailleurs, sa raison d'être à une époque où ce commerce était encore trop nouveau, trop hasardeux, trop difficile, trop dispendieux, enfin, pour ne pas excéder les ressources des simples particuliers.

Au moment où le commerce de l'univers tend de plus à se séparer sous différents systèmes nationaux, les droits de douanes prennent plus complètement un caractère économique. Sans doute, ils ne furent pas inconnus jusque là, mais ils étaient surtout fiscaux. C'est ce qui explique pourquoi ils portaient sur l'exportation plutôt que sur l'importation; lorsque le commerce fut devenu l'un des objets de la politique nationale, chaque pays, à l'aide d'institutions protectrices, chercha à obtenir le monopole de l'industrie, de l'agriculture, de la navigation et du commerce. On institua les prohibitions et les droits d'entrée, les primes de sortie, les droits différentiels, etc. Nous allons voir qu'en ce qui concerne la France, en particulier, ce système de protection, appliqué pendant plusieurs siècles dans un même but qui était la richesse nationale, fut inspiré par des théories différentes. Toutefois, ce qu'on ne doit pas méconnaître, c'est qu'il a contribué pour une large part au développement de nos industries. Sans doute, on en a parfois abusé, mais si ce puissant auxiliaire de la nationalité a offert souvent un caractère trop exclusif, qu'étaient ses entraves à côté de celles des péages sans nombre du morcellement féodal?

Le système économique de la protection fut d'abord basé sur cette idée que les métaux précieux sont la richesse par excellence. C'est ce que l'on a appelé la *doctrine mercantile*. Tout un ensemble de mesures économiques a été inspiré par cette doctrine; elles se ramènent à une idée principale : vendre le plus possible aux étrangers, afin d'importer de l'or et de l'argent fournis en règlement de ventes, par conséquent favoriser les exportations; acheter, au contraire, le moins possible, afin d'éviter l'écoulement au dehors des métaux précieux, et pour cela, prohiber en règle ordinaire les importations. Ce système résume la politique économique dans toute l'Europe au XVIe et au XVIIe siècles. Afin de conserver le numéraire, toute exportation d'or et d'argent fut rigoureusement prohibée; afin également d'en augmenter la quantité, on imagina d'interdire l'importation des marchandises étrangères qu'il eût fallu payer avec de la monnaie, tandis qu'au contraire on stimulait par des primes les exportations des produits de l'industrie nationale, dans le but d'attirer du dehors l'or et l'argent. Enfin, dans les relations commerciales, la préférence était donnée aux pays qui, achetant plus de produits qu'ils n'en vendaient, se trouvaient débiteurs d'un solde réglé par une importation d'or et d'argent. On mettait, au contraire, des entraves au commerce avec les pays auxquels on craignait de devoir un excédent qu'il eût fallu solder en argent. Le système mercantile a été aussi désigné sous le nom de *balance du commerce*, parce que les résultats du commerce international étaient appréciés d'après la statistique comparative des importations et des exportations. La balance était dite « favorable » lorsqu'elle se réglait par un excédent d'exportation, et « contraire » dans l'hypothèse où les importations dépassaient les exportations.

La doctrine qui fait uniquement résider la richesse dans les métaux précieux est, aujourd'hui, reconnue comme erronée par tous les économistes. L'or et l'argent ne sont, dans les échanges extérieurs, que l'équivalent des produits vendus et exportés et ne constituent pas par eux-mêmes une plus grande richesse. Ajoutons cependant que, si l'opinion vulgaire attribue à la monnaie une certaine prééminence sur les autres richesses, son instinct ne la trompe pas entièrement. C'est, en effet, ce qu'il est le plus facile d'échanger, de convertir en choses de toute nature; aussi, le possesseur de numéraire a-t-il de ce chef une supériorité sur les possesseurs d'autres richesses. Il serait, d'ailleurs, inexact de prétendre que les métaux précieux doivent être considérés comme toute autre marchandise et que la diminution ou l'augmentation du numéraire ne peut ni appauvrir ni enrichir une nation. La monnaie possédée par un pays, dans la mesure où elle est utile au règlement des échanges, est un capital dont il est très préjudiciable d'être obligé de se dessaisir. Plus le numéraire devient rare, plus les moyens de règlement que doivent se procurer les débiteurs sont onéreux. La rareté de la monnaie a encore le grave inconvénient d'augmenter le pouvoir de l'argent et, par conséquent, d'avilir les prix. L'étranger peut alors acheter chez nous à bon compte, tandis que chez lui, l'abondance du numéraire qui s'y accumule ayant une action inverse sur les prix, nous devrons lui payer très cher ce que nous aurons besoin d'importer.

La signification donnée à la balance du commerce par le système mercantile est également inexacte. Elle n'indique pas d'une manière certaine une augmentation ou une diminution effective de richesse, ainsi que l'on va en juger par les exemples suivants : un négociant expédie en Amérique une cargaison de produits français valant 150,000 francs; il la vend 200,000 francs et achète pour une somme égale de coton qu'il importe en France, la balance du commerce constate : exportations, 150,000 francs; importations, 200,000 francs, peut-on dire que la France ait perdu 50,000 francs. C'est tout juste le contraire qui est vrai. Autre exemple : un négociant expédie de même en Amérique 200,000 francs de produits français; le navire fait naufrage. La perte réelle est de 200,000 francs en marchandises. La balance du commerce constate : exportations, 200,000 francs; importations, 0. Le système mercantile concluerait dans ce cas à un gain de 200,000 francs. On voit par là combien il est imprudent de tirer *à priori* un enseignement direct des tableaux de douanes.

Dans le système mercantile, les mesures restrictives du commerce sont inspirées dans le but exclusif d'augmenter la masse du numéraire et nullement par la pensée de développer ses forces productives. Le système de Colbert, connu sous le nom de *colbertisme* ou système prohibitionniste, partait d'un principe tout différent. D'après lui, le travail des manufactures est la source de la richesse. Il importe donc de susciter la création de manufactures, de les protéger en les soustrayant à la concurrence étrangère, et de venir en aide aux ouvriers en leur procurant la vie à bon marché. Tel est le programme que Colbert s'efforça de réaliser au moyen des mesures suivantes : 1° élévation des droits à l'importation sur les produits des manufactures étrangères ou même prohibition de ces produits; 2° exemption de droits ou diminution des droits à l'égard des matières premières destinées aux fabriques; 3° prohibition de l'exportation et, en revanche, encouragement à l'importation des céréales.

Envisagé comme procédé de transition entre le régime agricole et le régime industriel complexe, le système restrictif de Colbert eut un rôle bienfaisant et nécessaire. C'est aussi au régime restrictif que l'Angleterre, l'Allemagne, l'Autriche et les Etats-Unis durent la prospérité de leur industrie. L'Angleterre, depuis la fin du XVe siècle, mais surtout à partir du règne d'Elisabeth, s'est défendue contre l'industrie des Flandres par de nombreuses prohibitions. Elle lutta contre la Hollande par le fameux acte de navigation de Cromwel. En ce siècle seulement, alors que sa suprématie industrielle fut solidement assise, elle s'ouvrit au libre-échange.

Le système protectionniste de Colbert continua à être appliqué, en France, pendant le XVIIIe siècle. Peu à peu, néanmoins, un mouvement en sens contraire se faisait dans le monde des philosophes et des savants. Quesnay, Gournay, Turgot et Ad. Smith fondèrent l'école des physiocrates, qui considéraient les produits du sol comme l'unique source de richesse. Gournay formula la doctrine de la liberté commerciale qu'il résuma dans le fameux axiome : « Laissez faire, laissez passer »; c'est-à-dire plus de règlements enchaînant la fabrication et faisant du droit au travail un privilège; plus de prohibitions empêchant les échanges; plus de tarifs fixant la valeur des marchandises; plus de taxes arrêtant la circulation. Turgot, arrivé au pouvoir, voulut mettre en pratique ces théories et donna la liberté au commerce des grains. Après sa chute, il y eut une réaction contre ses doctrines. Ce furent elles, cependant, qui inspirèrent en grande partie le traité de commerce que la France conclut avec l'Angleterre le 26 septembre 1783, et appelé *traité d'Eden*, du nom de son négociateur. Si l'Angleterre semblait nous faire la part belle pour nos produits agricoles, elle se dédommageait pour tous les objets manufacturés de consommation générale sous les apparences de la réciprocité.

La Révolution n'abandonna pas complètement au début les théories de Turgot, bien que les cahiers de 89 aient demandé, pour le commerce extérieur, un régime de protection énergique. Le tarif du 15 mars 1791 fut peu élevé : l'un des principes fondamentaux fut d'admettre les matières premières en franchise, pour favoriser le développement de l'industrie, « en attendant que l'agriculture, régénérée par les décrets qui affranchissaient le sol, pût les fournir en assez grande quantité. » Mais bientôt, l'Angleterre ayant déclaré la guerre à la République (1er février 1793) et formé contre elle la première coalition, la Convention annula tous les traités de commerce conclus avec les puissances en lutte contre la France. Leurs produits furent prohibés; tout citoyen coupable de les importer était puni de vingt ans de fers; l'exportation de toutes les denrées ou matières premières était également interdite. Lorsque la paix fut rétablie, on vota le tarif de l'an XI (1802-3), basé sur le principe de la protection, mais imposant des droits modérés. Plus tard, Napoléon appliqua, vis-à-vis de l'Angleterre, sous le nom de *blocus continental*, le régime de la prohibition la plus absolue. Moins les violences du blocus continental, les principes de la Restauration diffèrent peu de ceux du premier Empire en fait de commerce extérieur. En ce qui concerne les céréales, la Restauration inaugura un système connu sous le nom d'*échelle mobile*. Il avait pour but d'empêcher la disette et, en même temps, de défendre les blés indigènes contre la concurrence étrangère. A cet effet, il divisait la France en plusieurs régions dans chacune desquelles, suivant que le prix de l'hectolitre de blé atteignait tel chiffre ou lui restait inférieur, l'importation des blés étrangers était, ou prohibée, ou permise moyennant un droit d'entrée. Le gouvernement de juillet continua à appliquer, en fait d'échanges internationaux, le système de la Restauration. Mais la doctrine de la liberté commerciale, dont les bases avaient été posées par les physiocrates, se développa peu à peu en Angleterre, en Allemagne et en France, où elle était défendue avec un incontestable talent par J.-B. Say, Blanqui, Rossi, Michel Chevalier, Joseph Garnier, etc. Elle inspirera les traités de 1860.

SYSTÈME DU LIBRE-ÉCHANGE. L'exposé de la doctrine du libre-échange se trouve résumé en quelques mots dans la déclaration de principes publiée, le 10 mai 1846, par les libres-échangistes :

« L'échange est un droit naturel comme la propriété.

Y porter atteinte pour satisfaire la convenance d'un autre citoyen, c'est légitimer la spoliation, c'est méconnaître la pensée providentielle manifestée par l'infinie variété des climats, des forces naturelles et des aptitudes; c'est contrarier le développement de la richesse publique en contraignant tel ou tel à donner une fausse direction à ses efforts, à ses facultés, à ses capitaux. C'est compromettre la paix des peuples. »

Nous allons développer successivement ces divers points :

1° La doctrine de la liberté du commerce international est, au point de vue de la justice, seule légitime.

« Elle est, dit J. Garnier, un corollaire du principe de propriété. Le producteur, qui trouve plus avantageux de s'approvisionner ou de vendre en deçà qu'au delà des frontières et qui en est empêché, est privé d'une partie de sa propriété. Il en est de même du consommateur. Un ouvrier qui gagne trois francs par jour, s'il est obligé de consommer des produits nationaux qui coûtent deux francs et qu'il pourrait se procurer à cinquante centimes meilleur marché par l'intermédiaire du commerce libre, est spolié d'un sixième de sa journée; il paie à l'erreur économique un tribut de dix-sept pour cent! »

« Cela est incontestable, et la liberté de l'échange, à l'extérieur comme celle à l'intérieur, entre un vendeur et un acheteur quelconque, est de droit absolu ; elle est la propriété même, au point de vue de la justice. »

2° Le libre-échange est la conséquence naturelle de la variété des climats, des productions des divers pays et des aptitudes des différents peuples.

Quel est le pays assez privilégié pour renfermer l'universalité des ressources nécessaires pour satisfaire tous les besoins physiques, intellectuels et moraux de l'homme ? Chaque région a sa constitution géologique particulière, possède des espèces animales et végétales qu'on ne rencontre pas dans d'autres. Chaque nation a également des aptitudes différentes et la nature présente une admirable diversité qui rend les échanges nécessaires. Si la liberté préside à ces échanges, on voit bien vite chaque peuple s'adonner aux industries qui conviennent le mieux à ses aptitudes ainsi qu'à la nature de son sol et de son climat.

3° Enfin, le régime de la liberté commerciale procure le plus grand développement possible de la richesse publique dans chaque pays. En effet, par suite de la concurrence, la production est nécessairement dirigée de manière à ce que chaque pays procure aux autres ce qu'il est en état de donner le plus économiquement, afin d'obtenir en retour les marchandises qu'il produirait plus chèrement qu'eux. Au moyen de cette direction donnée à la production, les échanges contribueront à l'accumulation des capitaux, puisque, de part et d'autre, on bénéficiera de la différence entre le coût de la production du pays étranger et le coût de la production, supérieur par hypothèse, des industries nationales. Ce n'est pas tout : à raison d'une même somme d'efforts on produira respectivement davantage. Il y aura donc, au total, plus de moyens de jouissance et plus de bien-être.

Un dernier argument invoqué par les partisans du libre-échange est celui-ci : la quantité de capital et de travail qui peut être employée par l'industrie nationale, de l'aveu de tous, n'est pas une quantité indéfinie ; or, des mesures prises en vue de donner aux forces productives une direction artificielle seraient nuisibles. Cette direction artificielle ne vaudrait pas celle que des individus, intéressés à trouver pour le capital et le travail l'emploi le plus avantageux, seraient parvenus à leur imprimer.

« Il est évident, dit Adam Smith, que chaque particulier, dans sa situation locale, peut mieux juger à quelle sorte d'industrie domestique il doit mettre son capital, que l'homme d'Etat et le législateur ne peuvent le juger pour lui. »

C'est sur cette présomption même que repose le principe de la production libre. La conséquence logique de la doctrine du libre-échange, telle que nous venons de l'exposer, serait la suppression des douanes. Tous les libres-échangistes ne vont pas jusque-là, témoin Bastiat, qui expose ainsi sa doctrine :

« Dans une critique, d'ailleurs très bienveillante, M. de Romanet suppose que je demande la *suppression des douanes*. M. de Romanet se trompe. Je demande la suppression du régime protecteur. Nous ne refusons pas des taxes au gouvernement, mais nous voudrions, si cela est possible, demander aux gouvernés de ne pas se taxer les uns les autres. Napoléon à dit : « La douane ne doit pas « être un instrument fiscal, elle doit être un moyen de protéger l'industrie. » Nous plaidons le contraire et nous disons : la douane ne doit pas être aux mains des travailleurs un instrument de rapine réciproque, mais elle peut être une machine fiscale aussi bonne qu'une autre. Après cela, je n'ai pas de répugnance à dire quel est mon vœu. Je voudrais que l'opinion fût amenée à sanctionner une loi de douanes conçue à peu près dans ces termes : les objets de première nécessité paieront un droit *ad valorem* de 5 0/0, les objets de convenance 10 0/0, les objets de luxe 15 ou 20 0/0. »

Quels sont, au point de vue de ses partisans, les avantages que peut procurer le libre-échange? D'abord, c'est un élément de bon marché. Il est évident que plus le travail se divise, plus les frais de production s'abaissent ; plus, par conséquent, les prix se réduisent. Mais, pour que la division du travail puisse s'établir complètement, pour que chaque usine ne produise que telle spécialité, il faut que les débouchés soient suffisants. La conséquence du libre-échange ainsi pratiqué serait sans doute de faire disparaître certaines industries de tel ou tel pays, mais ce serait celles qui existent dans de mauvaises conditions de production, qui ne sont pas viables par elles-mêmes, et, pour ce mal absolument restreint, le libre-échange produit un avantage incontestable. Il permet à des pays moins favorisés que d'autres de se procurer des choses qu'ils ne pourraient aucunement produire ou qu'ils ne produiraient que très chèrement.

En outre, le libre-échange améliore la production. Dans un pays où certaines industries sont protégées et, par conséquent, sûres d'écouler leurs produits dans une certaine limite, elles ne font aucun effort pour progresser et s'endorment dans la routine. Si, au contraire, elles se trouvaient en face de la concurrence étrangère, elles feraient tous les efforts pour produire mieux et à meilleur marché, elles suivraient les progrès de la science, renouvelleraient leur outillage. Donc, au point de vue de la production comme à celui de la consommation, nécessité du libre-échange.

SYSTÈME DE LA PROTECTION. Les partisans de la protection ne contestent pas que le libre-échange ait un côté séduisant, qu'il puisse même, à un moment donné, être pratiqué ; ce qu'ils prétendent surtout, c'est que le libre-échange, bon ou mauvais suivant l'état économique du pays dans lequel on l'applique, produirait actuellement, en France, des résultats désastreux. En thèse générale, d'ailleurs, la conséquence du libre-échange, qui est de développer exclusivement, dans chaque pays, certaines industries placées dans des conditions privilégiées en éteignant peu à peu les autres, leur paraît très fâcheux. Il est, en effet, très dangereux pour un pays de laisser l'activité se concentrer dans les industries qui, ayant une supériorité relative, voient s'ouvrir devant elles les horizons du commerce extérieur, et déserter les autres sources de travail parce que la concurrence étrangère s'oppose à ce qu'elles soient utilisées d'une manière productive. On arrive ainsi à un régime exclusif, soit agricole, soit manufacturier, incontestablement inférieur au régime industriel complexe. Il serait superflu de le démontrer ici.

Une nation arrivée à la maturité du développement industriel doit avoir une organisation complète. Son système économique ressemble à la physiologie des êtres animés les plus parfaits ; les parties multiples qui le constituent, les cultures, les fabriques et le commerce, sont intimement associées et soumises à une loi de croissance intérieure ; comme les organes d'un même corps, elles languissent et se fortifient en même temps. Ce raisonnement s'applique aussi à l'ensemble des nations : de même que, dans une nation, la prospérité collective a pour condition première le développement harmonique des forces industrielles, de même aussi, dans la fédération des états du monde civilisé, le bien commun est subordonné aux lois normales de croissance des nations qui la composent. Cette fédération serait incompatible avec la prépondérance industrielle absolue d'un Etat en particulier ; or, cette prépondérance peut se réaliser, surtout pour l'industrie manufacturière, car les arts mécaniques s'enchaînent les uns aux autres et la suprématie manufacturière d'une nation sur d'autres nations peut être complète : ainsi s'explique l'énorme développement industriel de l'Angleterre dont les manufactures alimentent les pays moins industrieux ; ainsi s'explique également son immense trafic, car ces pays lui abandonnent les matières premières en échange des produits manufacturés. Faut-il que des nations, richement dotées par la nature, se résignent au rôle ingrat d'exporter des produits bruts destinés aux manufactures étrangères, et renoncent à l'ambition de les mettre elles-mêmes en valeur en fondant des fabrications nationales ? Non, certes, à tout grand pays il faut des manufactures nationales.

La protection rationnelle des industries nationales est donc nécessaire. Elle tend à développer d'une manière harmonique les forces productives ; à garantir l'indépendance nationale ; à augmenter les emplois productifs au profit du travail national et à constituer une production mieux équilibrée.

DÉVELOPPEMENT DES FORCES PRODUCTIVES. *Droits éducateurs.* Un pays neuf, peu peuplé et peu civilisé encore, a généralement tout à gagner au commerce libre, parce qu'il lui donne des débouchés pour sa production agricole, et qu'il tend ainsi à la porter au-delà des besoins de la consommation locale, au moyen du perfectionnement des cultures, puis parce qu'il l'initie aux procédés supérieurs de l'art industriel. C'est par le commerce que commence l'éducation industrielle des pays agricoles. Mais, lorsqu'il s'agit de passer du régime agricole à l'état industriel complexe, il est nécessaire d'employer des mesures protectrices, à l'abri desquelles puissent se développer les fabrications indigènes. Comment, en effet, un pays agricole parviendrait-il à fonder des fabriques nationales sous un régime de liberté qui les mettrait en face d'une industrie étrangère toute développée ? Enfin, la marine nationale doit, elle aussi, se former et grandir en dehors d'une lutte inégale, si l'on veut empêcher qu'une marine étrangère puissante ne s'empare du trafic maritime, et prive ainsi le pays d'une nouvelle source de travail productif, à savoir le commerce direct avec les pays d'outre-mer.

La plupart des partisans de la doctrine protectionniste ne prétendent pas que la défense des industries nationales, ainsi comprise, doive être perpétuelle : pour eux, c'est un régime de transition propre à favoriser l'éducation industrielle ; c'est une tutelle qui doit cesser naturellement à l'âge du plein développement économique ; alors, pour les industries dont la croissance est achevée, les barrières peuvent s'abaisser. La liberté commerciale est, en quelque sorte, le but vers lequel doivent tendre toutes les nations qui se trouvent sensiblement au même point de force industrielle. Mettre les industries rivales en présence, c'est leur faire sentir l'aiguillon de la lutte, les stimuler par la concurrence. Une industrie adulte, maintenue en serre chaude, s'atrophierait, confiante dans la possession du marché intérieur, ignorante des progrès accomplis au dehors. C'est ce que M. Thiers, le plus illustre défenseur du système protecteur en France, disait en 1834 :

« Employé comme représailles, le système restrictif est funeste ; comme encouragement à une industrie exotique qui n'est pas importable, il est impuissant et inutile. Employé pour protéger un produit qui a chance de réussir, il est bon, mais il est bon temporairement, il doit finir quand l'éducation de l'industrie est finie, quand elle est adulte. »

Les protectionnistes reprochent, en outre, aux partisans du libre-échange, de ne pas s'inquiéter assez de ce que, par une liberté commerciale prématurée, certaines industries indigènes périront fatalement. Qu'importe, disent ceux-ci, si ce sont des industries malingres ; la sève se portera vers des branches plus vigoureuses; la production y gagnera et la consommation aussi. Les partisans de la protection répondent qu'il y a souvent erreur à considérer comme nécessaire et permanente la supériorité actuelle de certaines industries étrangères. L'industrie étrangère peut être simplement plus forte par l'effet d'une éducation industrielle plus avancée : elle a des ouvriers exercés, des procédés de fabrication perfectionnés, des voies de transport économiques, les ressources du crédit, etc., toutes choses enfin qui ne peuvent être organisées qu'après un lent travail de transformation, mais peuvent s'acquérir, et qui, en fait, ont été acquises par plusieurs Etats manufacturiers du monde moderne, grâce à la protection du travail national.

INDUSTRIES NÉCESSAIRES A L'INDÉPENDANCE NATIONALE. On reproche également au libre-échange de mettre toutes les industries sur la même ligne : son seul principe est qu'il faudrait laisser croître celles qui ont de la force, et laisser périr les autres. Pour les protectionnistes, au contraire, il existe un assez grand nombre d'industries qu'on peut appeler *nécessaires*, parce qu'une nation indépendante ne pourrait impunément être, pour elles, tributaire de l'étranger; à leur égard, la protection a un fondement tout différent et doit continuer, malgré une infériorité qui ne pourra peut-être jamais complètement disparaître. Il y a, par exemple, quelque différence à faire entre la bimbeloterie et la marine marchande. Parmi les industries vraiment nationales, il en est qui se rattachent à la puissance militaire, ainsi, la marine, la métallurgie; d'autres, fournissant à des besoins absolus de consommation, doivent avoir leur siège principal sur le territoire, afin de ne pas manquer au pays, lors des interruptions du commerce, produites par les crises politiques ou par les guerres.

A côté des industries nécessaires au point de vue de l'indépendance nationale, les protectionnistes en placent d'autres qu'ils appellent également *nécessaires*, à cause du développement qu'elles ont pris sous un régime de protection. Si, en effet, une grande industrie était forcée de liquider brusquement, ce serait un véritable désastre national. Supposons l'industrie cotonnière, qui occupe en France plus de 100,000 ouvriers; sa disparition serait immédiatement suivie par une effroyable crise de travail.

Droits compensateurs. La nécessité de droits protecteurs peut encore résulter de l'inégalité des charges fiscales entre deux pays qui commercent ensemble. Ainsi, après 1870, nos impôts furent accrus de près de 750 millions; en Angleterre, au contraire, à partir de 1850, des dégrèvements successifs allégèrent les charges fiscales d'environ 700 millions. Aux inégalités antérieures qui existaient entre la production anglaise et la production française, se trouvaient aussi ajoutés 1,500 millions. En des cas semblables, ne serait-il pas équitable, afin de rétablir l'équilibre entre les industries concurrentes, d'imposer aux produits de l'industrie étrangère le paiement de droits compensateurs, c'est-à-dire de taxes calculées de façon à établir le nivellement des charges fiscales entre les produits de l'industrie nationale et ceux des industries concurrentes de l'étranger? Les libres-échangistes, au contraire, regardent les droits compensateurs comme une véritable absurdité : « Comment, disent-ils, une nation est surchargée d'impôts, c'est-à-dire qu'elle paie déjà trop, que les denrées et les marchandises y sont trop chères, singulière manière de la soulager que de créer un nouvel impôt, que de faire acheter plus cher ce qu'elle tire du dehors. »

AUGMENTATION D'EMPLOIS PRODUCTIFS POUR LE TRAVAIL NATIONAL. Les partisans de la protection rationnelle, trouvent dans leur système l'avantage de donner au travail national de plus abondants emplois, grâce au développement harmonique des forces productives qu'il favorise, et au régime industriel complexe qu'il permet de constituer. Tandis que la liberté commerciale intempestive étouffe en germes des industries susceptibles de progresser; tandis qu'elle retire aux ouvriers de ces industries tout travail, sans compensation certaine, les mesures de tutelle maintiennent la production dans des voies larges et variées, où le maximum de capital et de travail dont il est possible de disposer, trouve son emploi.

PROTECTION ET CONSOMMATION. La protection, disent les libres-échangistes, nuit à l'intérêt du consommateur, en lui faisant payer plus cher les produits dont il a besoin; elle détermine un déplacement arbitraire de richesse et de jouissance en faveur du producteur protégé au détriment du consommateur. Les partisans du régime protecteur répondent : 1° est-il bien sûr que le consommateur supporte tout entière la différence de prix équivalente aux droits établis à l'importation sur les produits étrangers; n'est-il pas probable, au contraire, que les vendeurs étrangers devront en supporter une portion, par suite de la nécessité dans laquelle ils seront de réduire leurs profits pour conserver leurs débouchés; 2° le bon marché momentané qui résulterait, pour certains produits, de l'établissement du libre-échange, serait-il durable? N'est-il pas à craindre, au contraire, que, les manufactures étrangères lorsqu'elles auront fait disparaître certaines industries indigènes, augmentent leurs prix pour les produits de ces industries, dont elles auront conquis le monopole, et pour lesquelles elles n'auront plus à craindre la concurrence; 3° enfin, pour le consommateur, le prix des produits n'a de signification que comparé à son revenu; or, en ce qui concerne l'immense majorité des hommes, le revenu est la rémunération d'un travail. L'essentiel est donc que le travail procure d'abondants revenus, car, à quoi servirait le bon marché des choses, si on ne gagnait pas de quoi les acheter? Chacun, le plus souvent, étant à la fois producteur et consommateur, doit, en la première qualité, trouver, et au delà, la compensation des sacrifices qu'il est exposé à subir en la seconde.

D'ailleurs, en fait, les réductions de tarifs n'amènent pas toujours le bon marché qu'on pourrait en attendre. Bastiat lui-même le reconnaît et cite l'exemple suivant : « En France, pour favoriser l'agriculture, on a frappé la laine étrangère d'un droit de 22 0/0, et il est arrivé que la laine nationale s'est vendue à plus vil prix après la mesure qu'avant. En Angleterre, pour soulager le consommateur, on a dégrevé et finalement affranchi la laine étrangère, et il est devenu que celle du pays s'est vendue plus cher que jamais. Et ce n'est pas là un fait isolé, car le prix de la laine n'a pas une nature qui lui soit propre et le dérobe à la loi générale qui gouverne les prix. Ce même fait s'est reproduit dans toutes les circonstances analogues. Contre toute attente, la protection a amené tantôt la baisse, tantôt la hausse des produits. » On a également pu constater que le prix des denrées alimentaires a augmenté considérablement depuis le traité de 1860.

Résumé. Tels sont les divers arguments invoqués en faveur des deux systèmes. Pour les uns, la doctrine de la liberté commerciale est seule légitime en droit, son application est à la fois utile au consommateur, à qui elle procure à meilleur marché les produits dont il a besoin, et à la production, qu'elle rend meilleure en la stimulant par la concurrence et en dirigeant l'activité industrielle sur les seules branches de l'industrie où elle peut s'exercer dans de bonnes conditions. Pour les autres, au contraire, la protection est nécessaire en fait pour assurer le développement harmonique de la richesse de chaque nation, pour conserver les industries nécessaires à l'indépendance nationale, assurer des emplois productifs au travail national, et enfin, pour rétablir l'équilibre en cas d'inégalité de charges fiscales entre divers pays. Entre ces deux systèmes, nous n'avons pas à nous prononcer. Qu'il nous suffise de constater qu'après avoir fait un pas en avant vers le libre-échange, à la suite du traité de 1860 entre la France et l'Angleterre, la politique économique de diverses nations civilisées est de nouveau revenue au système de la protection.

Il n'y a actuellement, en Europe, qu'un seul pays, l'Angleterre, dont la législation douanière soit complètement inspirée par les principes du libre-échange. Son tarif d'importation ne contient que dix articles (cacao, café, chicorée, cartes à jouer, fruits secs, orfèvrerie, bière, vins, spiritueux et tabac) frappés de taxes ayant uniquement le caractère fiscal.

Le tarif belge de 1882, bien que très modéré, est déjà un tarif de protection, notamment pour les tissus de coton, de lin, de chanvre et de soie.

Dans les tarifs des autres Etats, on constate d'une manière générale l'influence des idées protectionnistes. Si des exemptions de droits en faveur des matières premières sont inscrites dans les tarifs les plus rigoureux, leur présence est due, moins à des considérations de liberté, qu'à l'épanouissement complet des théories protectionnistes. Ces exemptions n'ont d'autre but que de fournir des matières premières, aux meilleures conditions possibles, à des industries dont les produits sont fortement protégés contre la concurrence étrangère. L'exemption de droits n'est, dans ce cas, qu'un rouage complémentaire de la protection.

Si l'on examine tous les tarifs douaniers européens, on en trouve d'assez modérés dans les pays peu industriels, comme les Pays-Bas, la Suède et la Norwège, mais les Etats dotés d'industries développées, comme l'Allemagne, l'Autriche et l'Italie, ou d'industries naissantes, comme la Russie, l'Espagne et le Portugal, les protègent fortement. Depuis les événements de 1870, la prédominance de l'Allemagne a fait prévaloir la doctrine protectionniste en Europe. Les remaniements apportés à la législation douanière depuis cette époque en sont la preuve évidente.

L'Allemagne a adopté, le 15 juillet 1879, un tarif, dit *autonome*, qui protège très efficacement ses industries textiles et métallurgiques. Depuis, elle n'a conclu que des traités de commerce sans tarifs, sauf ceux avec l'Espagne, l'Italie et la Grèce, qui ne consacrent que des réductions de droits insignifiants sur des produits du sol méridional. A l'heure où l'on écrit ces lignes (mai 1885), le Reichstag vote une loi qui va renforcer encore la protection précédemment accordée aux fils, aux tissus, à l'agriculture.

Entraînée par son exemple, l'Autriche-Hongrie a établi, par la loi du 25 mai 1882, un tarif essentiellement protecteur, et qu'il est question de surélever.

La Roumanie remet en vigueur, à partir du 1er juin 1885, son tarif protecteur de 1876, auquel des atténuations avaient été momentanément apportées par la loi du 22 juillet 1878.

Le tarif grec du 3 avril 1884, qui contient des droits de 12,500 francs les 100 kilogrammes sur les tulles, blondes et crêpes de soie, et de 18,750 francs sur les vêtements confectionnés en soie, semble avoir été dicté beaucoup plus par la pénurie du trésor que par des théories économiques quelconques.

La Turquie revise son tarif de 1861, d'accord avec les puissances signataires des traités. Elle manifeste l'intention de protéger ses rares industries.

La Suisse a adopté, le 26 juin 1884, un nouveau tarif, qui a été mis en vigueur le 1er janvier 1885, et qui est plus accentué dans le sens de la protection que le tarif précédent.

Mais, le tarif protecteur par excellence, est encore le tarif des Etats-Unis, qui impose à un même objet, simultanément, un droit spécifique et un droit à la valeur, et qui oblige, par son système prohibitif, la consommation nationale à se fournir, coûte que coûte, de produits nationaux. Une industrie devait forcément naître sur ce sol neuf, à l'abri d'une pareille muraille, mais le jour vient où l'air paraît lui manquer, et des symptômes non équivoques de préférence pour des idées moins protectionnistes, ont marqué la lutte électorale de 1884, à la suite de laquelle les démocrates, c'est-à-dire le parti libre-échangiste, sont arrivés au pouvoir avec le président Cleveland.

Dans les tarifs français, aussi bien dans le tarif général du 7 mai 1881 que dans le tarif conventionnel résultant des traités de commerce de 1881-1882, les deux tendances se manifestent très inégalement. Quelques traces du courant libre-échangiste, qui a dominé la réforme économique de 1860, y sont encore visibles. C'est ainsi que les tissus, foulards, crêpes, tulles, bonneterie, passementerie et dentelles de soie pure ou de soie mélangée de bourre de soie, continuent à être exempts de tous droits d'entrée au tarif conventionnel. Mais l'industrie du fer, dans un intérêt de défense, et les industries de la laine, du coton, du lin et du chanvre, du sucre, des pétroles raffinés, etc., etc., sont protégés, sinon contre toute concurrence, du moins contre l'excès de la concurrence. La loi du 28 mars 1885, en relevant les droits sur les céréales et les bestiaux, a encore accentué le caractère protectionniste de nos tarifs. — V. DOUANES. — L. B.

Bibliographie : Nous avons cru utile, pour ceux de nos lecteurs qui désirent étudier, d'une façon plus complète, la question du *libre-échange* et de la *protection*, d'indiquer ici un certain nombre d'ouvrages qu'ils pourront utilement consulter. Au point de vue historique : *Histoire du commerce de toutes les nations*, par SCHERER, tr. Richelot et Vogel, 2 vol., Paris, 1857, libr. Capelle; *Essai sur le commerce*, par MELON, Paris, 1734, 1736, 1742, 1761 (reproduit dans le premier volume de la collection des principaux économistes, libr. Guillaumin); *Le commerce et le gouvernement*, par CONDILLAC, Paris, Guillaumin, t. XIV de la *Collection des principaux économistes; Du commerce et des progrès de la puissance commerciale de l'Angleterre et de la France*, par Ch. VOGEL, Paris, 1864, libr. Berger-Levrault; *Histoire du commerce de la France*, par H. PIGEONNEAU, Paris, 1885, libr. Léopold Cerf; *Histoire de l'économie politique*, par A. BLANQUI, Paris, libr. Guillaumin et Cie. — Au point de vue doctrinal : *La liberté commerciale, son principe et ses conséquences*, par J. DUPUIT, inspecteur général des ponts et chaussées, Paris, libr. Guillaumin; *Le libre-échange*, par F. BASTIAT, Paris, libr. Guillaumin; *Cobden et la ligue*, par F. BASTIAT, Paris, libr. Guillaumin; *Sophismes économiques* et *Petits pamphlets*, par F. BASTIAT, Paris, libr. Guillaumin; *La liberté des échanges et les droits protecteurs*, par M. LEBAILLIF fils; *De la liberté commerciale et d'autres réformes urgentes*, par Georges CLERMONT, Liège, 1847, libr. Dosoer; *Libre-échange et protection*, par M. G. GOLDEMBERG, Paris, 1847, libr. F. Didot; *Etudes d'économie politique et de statistique*, par M. L. WOLOWSKI, Paris, 1848, libr. Guillaumin; *Du commerce, des douanes et du système de prohibition, considéré dans ses rapports avec les intérêts respectifs des nations*, par BILLIET, Paris, libr. Guillaumin; *Aperçus nouveaux en faveur du libre-échange*, par M. J. DU MESNIL-MARIGNY, Paris, libr. Guillaumin; *Questions commerciales*, par M. D.-L. RODET, Paris, 1828; *La guerre industrielle*, par GRÉARD, Paris, 1879, libr. Larose; *Protection et libre-échange*, par E. FAUCONNIER, docteur en droit, Paris, 1879, libr. Germer-Baillière; *Manuel d'économie politique*, par H. BAUDRILLART, Paris, libr. Guillaumin et Cie; *Discours de M. Thiers sur le régime commercial de la France*, prononcé à l'Assemblée nationale les 27 et 28 juin 1851, Paris, 1851, libr. Paulin et Lheureux; *Examen du système commercial connu sous le nom de système protecteur*, par M. Michel CHEVALIER, Paris, 1852, libr. Guillaumin et Cie; *Précis du cours d'économie politique*, professé à la Faculté de droit de Paris, par Paul CAUWÈS, Paris, 1881, libr. Larose et Forcel; *Etude des deux systèmes opposés du libre-échange et de la protection*, par Ant.-Marie RŒDERER, Paris, 1851, libr. Guillaumin; *Cours analytique d'économie politique*, par Alfred JOURDAN, Paris, 1882, libr. Arthur ROUSSEAU.

LICE. Barrière. || Pièce de bois horizontale faisant partie d'une barrière. || *T. de tapiss.* — V. LISSE.

LICENCE. On appelle *licence*, en matière de brevets d'invention, l'autorisation qu'un breveté donne à un tiers d'exploiter son invention en totalité ou en partie. Cette autorisation peut être accordée, soit à titre onéreux, soit à titre gratuit, soit exclusivement au concessionnaire, soit concurremment avec d'autres personnes.

Il importe de ne pas confondre la simple *licence* d'exploiter avec la cession totale ou partielle d'un brevet. A la différence de cette dernière, la licence ne donne qu'un simple droit de jouissance, la propriété du brevet reste tout entière au breveté; les droits qu'elle confère sont tout personnels au licencié. Comme conséquence, elle n'a pas un caractère exclusif et ne fait pas obstacle à ce que le breveté puisse de nouveau donner, louer ou vendre le même droit à d'autres qu'au premier avec qui il a traité. En outre, le concessionnaire d'une licence ne peut pas personnellement poursuivre les contrefacteurs, pratiquer la saisie, agir, en un mot, en vertu d'un brevet dont il n'a pas la co-propriété (Cassation 25 février 1860, 27 avril 1869). La licence n'est opposable aux tiers que dans les termes de l'article 1328 du Code civil, c'est-à-dire après avoir acquis date certaine, soit par son enregistrement, soit par le décès de l'un des signataires. De nouveaux concessionnaires, munis de titres réguliers, seraient donc admis à contester les licences qui ne leur auraient pas été déclarées et qui n'auraient pas une date certaine.

Formalités. Au point de vue des formalités à remplir, la licence diffère également de la cession : 1° elle est concédée sans publicité ; la cession doit être faite par acte authentique ; 2° l'enregistrement ne peut avoir lieu que, comme pour tous les actes ordinaires, chez le receveur d'enregistrement; l'acte de cession, au contraire, doit, sous peine de nullité à l'égard des tiers, être enregistré au secrétariat général de la préfecture du département dans lequel il a été passé ; 3° enfin, le paiement anticipé de toutes les annuités restant à courir n'est pas exigé pour une simple licence: il est obligatoire en cas de cession, même partielle.

Les concessionnaires d'un brevet et ceux qui ont acquis la faculté de l'exploiter profitent des certificats d'addition, à qui que ce soit des ayants droit que ces certificats aient été délivrés. Ces dispositions s'appliquent aux porteurs de licences. Mais les parties peuvent renoncer à cet effet de la loi, et stipuler que le concessionnaire d'une licence n'aura pas la jouissance des perfectionnements garantis par les certificats d'addition. Dans ce dernier cas, le licencié jouit seul, à moins de convention contraire, des changements, perfectionnements ou additions qu'il aura fait valablement breveter. Le breveté est responsable vis-à-vis des porteurs de licences du paiement des annuités ; en cas de non paiement dans le délai légal, il devra les indemniser du préjudice causé par l'annulation du brevet. — V. BREVET D'INVENTION. — L. B.

LICHEN. *T. de bot.* Nom d'une famille de plantes dont un très grand nombre offrent de l'intérêt à cause des avantages que l'on en retire. Ces plantes, qui occupent une place inférieure dans la série végétale, ne se font pas remarquer par leur coloration verte ; elles ne possèdent pas, en effet, de chlorophylle, mais peuvent condenser certains produits, tels que des sels calcaires, des matières colorantes ou des éléments propres à former ces dernières, des principes alimentaires, des principes mucilagineux ou astringents, etc., qui les font utiliser pour la teinture, l'alimentation des peuplades septentrionales et de leurs animaux, la médecine humaine ou vétérinaire, la parfumerie, etc. Certains lichens sont recherchés pour l'oxalate de chaux qu'ils renferment. Braconnot a montré que quelques-uns en pouvaient fournir jusqu'à 50 0/0 de leur poids.

Sans nous arrêter aux lichens alimentaires, qui échappent au programme de cet ouvrage, nous allons indiquer ceux qui sont le plus spécialement utilisés par l'industrie.

En parfumerie, on se sert du *bœomyces rungiferinus*, Ach., de l'*usnea hirta*, Ach., qui entrent dans la composition de la poudre de Chypre ; du *physcia ciliaris*, Ach., pour mêler aux poudres de riz destinées à la figure.

Presque tous les lichens, mêlés à des mordants, peuvent servir en teinture ; ils donnent des nuances grises, jaunes, rouges, brunes, violacées ou bleues, parce qu'ils contiennent, les uns des matières colorantes toutes formées, d'autres des acides qui, sous l'influence de certains réactifs, donneront de belles nuances rouges ou bleues.

Parmi les lichens contenant des principes colorants tout formés, nous devons surtout citer : 1° parmi ceux très nombreux qui donnent des nuances jaunes, le *lichen des murailles* (*parmelia parietina*, Ach.), qui croît aussi sur les troncs d'arbres ; le *lichen vulpin* (*evernia vulpina*, Ach.) ; le *lichen citrin* (*lichen citrinus*, Schr.) ; la matière qu'ils fournissent est assez analogue à l'acide chrysophanique ; 2° pour ceux donnant des teintes brunes : le *lichen pustuleux* (*gyrophora pustulata*, Ach.), très abondant en Suède, et dont l'une des faces est brun noir, alors que l'autre est gris blanc ; le *lichen pulmonaire* (*sticta pulmonaria*, Ach.), ainsi nommé parce qu'il offre des lobes analogues à ceux de la surface des poumons ; 3° parmi ceux qui permettent d'obtenir des teintes rouges : ceux qui fournissent l'orseille et ses dérivés, que l'on divise en orseille de mer et orseille de terre. Les premiers sont des lichens frutescents, à rameaux cylindriques ou aplatis, de quelques centimètres de hauteur, ayant l'aspect de petits arbrisseaux, et vivant au bord de la mer. Tels sont les plantes appartenant au genre *rocella*, et qui sont le *rocella tinctoria*, D. C., qui fournit l'*orseille* des Canaries, du Cap-Vert, de Madère, de Sardaigne ; le *rocella fuciformis*, D. C., donnant l'orseille de Madagascar, d'Angola, du Pérou et du Chili ; le *rocella Montagni*, Bell, qui constitue l'orseille de Mozambique ; le *rocella phycopsis*, D. C., dit aussi *herbe de Magador* ; le *rocella flaccida*, Bory Saint-Vincent, produisant l'orseille de Valparaiso. Les seconds, fournissant l'orseille de terre, sont des lichens crustacés, étalés sur le sol en plaques grisâtres ou blanchâtres. Parmi les plus utilisés nous citerons : le *lecanora tartarea*, Ach., de Suède, de Norwège et d'Ecosse, et qui, expédié en Hollande, en Angleterre ou en Allemagne, sert à faire, ou du tournesol, ou du *cudbear* ou du *persio*, et le *lecanora parella* ou parelle d'Auvergne, qui sert en ce pays à préparer du *tournesol* et de l'*orseille* ; le *variolaria dealbata*, D. C., ou *lichen blanc*, qui croît sur les rochers dénudés des Pyrénées, des Alpes, de Catalogne et des Cévennes ; le *variolaria orcina*, Ach., qui se trouve sur les cheyres d'Auvergne ; les *usnea barbata*, D. C., et *usnea florida*, Dec. ; les *urseolaria calcaria*, Ach. ; *ramalina farinacea*, Ach., etc. Ces plantes sont loin de fournir des quantités comparables de matière colorante ; ainsi, tandis que le rocella montagni en donne 12 0/0, les rocella de l'Amérique du Sud n'en donnent que 7 0/0, et ceux du Cap, les lecanora, 1 1/2 à 2 0/0 seulement. L'action du carbonate d'ammoniaque formé pendant la putréfaction de l'urine nécessaire à la fabrication de la matière colorante appelée *orseille* (V. ce mot), en saturant les acides lécanorique (dans les lecanora et variolaria) et orcellique (rocella tinctoria), érythrique (rocella tinctoria et montagni), évernique (evernia prunastii), usnique (usnea), gyrophorique (gyrophora), etc., puis l'absorption ou l'élimination d'eau, et souvent le départ d'une certaine quantité d'acide carbonique, forment, dans nos plantes, de l'*orcine*, $C^{14}H^{8}O^{4}$... $C^{7}H^{8}O^{2}$, et après l'absorption de l'azote et de l'oxygène, à l'air et à l'ammoniaque, de l'*orceïne* $C^{28}H^{13}AzO^{8}$... $C^{14}H^{13}AzO^{4}$, c'est-à-dire les principes colorants qui sont la base des diverses *orseilles du commerce*, du *carmin d'orseille* (extrait d'orseille), de la *pourpre française* (laque calcaire d'orseille), des *cudbear* et du *persio*, à moins que ce dernier ne soit remonté, comme cela se voit souvent, dans les produits de Stuttgart, avec du bois de Brésil moulu ; 4° quant aux matières bleues, connues sous le nom de *tournesol* (V. ce mot), elles sont obtenues avec les mêmes plantes que l'orseille, mais en ajoutant du carbonate de potasse à l'urine. En poussant plus loin l'oxydation produite par la fermentation, on forme une nouvelle matière colorante, qui cette fois est bleue, et porte le nom d'*azolitmine*,

$$\underbrace{C^{7}H^{8}O^{2}}_{\text{Orcine}}+\underbrace{AzH^{3}}_{\text{Ammoniaque}}+\underbrace{O^{4}}_{\text{Oxygène}}=\underbrace{C^{7}H^{7}AzO^{4}}_{\text{Azolitmine}}+\underbrace{2H^{2}O}_{\text{Eau}}$$

J. C.

LICORNE. *Art hérald.* Animal fabuleux qui sert tantôt de pièce principale, tantôt de cimier ou de support ; il a le corps d'un cheval et une corne droite sur le front, et il est représenté passant ou rampant. La licorne symbolise la force et la stabilité.

LIÈGE. *T. de bot.* Portion de l'écorce de certains végétaux (couche subéreuse) qui existe à la surface des tiges, en dedans de l'épiderme. C'est une production secondaire des phytocystes, dans laquelle le contenu liquide protoplasmique disparaissant vite, se trouve remplacé par des gaz. Cette couche subéreuse, qui se retrouve très visible dans les saules, poiriers, viornes, prend son maximum de développement dans le *quercus suber*. L. — V. CHÊNE LIÈGE.

‖ *Liège fossile*, nommé aussi *liège de montagne*, variété d'asbeste dont les filaments feutrés forment des masses compactes et élastiques comme le liège.

LIEN. *T. de constr.* Attache. ‖ Pièce de charpente, posée en écharpe, dans l'angle de deux pièces pour les relier et consolider l'assemblage. ‖ Tige de fer méplat, courbée, servant à assembler et consolider deux pièces dont l'une est supportée par l'autre.

***LIERNE.** *T. d'arch.* Nervure de la voûte gothique qui réunit la clef des arcs au sommet des tiercerons. ‖ Pièce de bois horizontale, fixée à d'autres pièces par des clefs, des chevilles ou des boulons, dans le but de les relier entre elles et de les rendre solidaires.

***LIEUSE.** Machine à lier les gerbes; on distingue les *lieuses à main* et les *lieuses mécaniques*. Les premières offrent divers systèmes, mais le plus simple et le plus utilisé est le liage à la corde. Ces liens ont $1^m,50$ de long et $0^m,003$ de diamètre; pour assurer leur conservation, ils sont trempés dans du sulfate de cuivre, puis dans l'huile lourde de houille, et colorés à une extrémité. Dans le système de M. de Lapparent, le lien est retenu dans un cran d'une pièce de bois par un nœud facile à défaire. M. Vermorel et M. Manigaud emploient des liens analogues, terminés à un bout par 3 nœuds espacés de 0,10, et à l'autre par une boucle. Le lien s'accroche par un des nœuds à l'arrière d'une *aiguille lieuse* (formée d'une âme en câble métallique, jonc ou nerf de bœuf), lisse ou recouverte de cônes de fer-blanc. Pour lier, l'aiguille est passée sous la gerbe, elle est ensuite enfilée dans la boucle du lien, puis l'ouvrier la tire à lui jusqu'à ce qu'elle ait dépassé cette boucle. Une secousse en arrière détache l'aiguille. Depuis 1876, on emploie des machines faisant le liage des gerbes; ces lieuses s'adaptent aux moissonneuses, à l'arrière des batteuses à la sortie des secoueurs.

***LIÉVIN.** La concession des mines de houille de Liévin possède une étendue de 2981 hectares. Elle est actuellement limitée à l'Est, au Nord et à l'Ouest par les concessions de Drocourt, Courrières, Lens et Bully-Grenay. Elle comprend deux sièges doubles et un siège unique. Les deux sièges doubles ont d'abord rencontré au-dessous de la craie, des couches de houille renversées qui avaient leur toit géologique à la place du mur géométrique, puis ils ont traversé à 200 mètres de profondeur, un plan de glissement à peu près horizontal, au-dessus duquel le terrain houiller renversé a été refoulé vers le nord, et ils ont trouvé au-dessous de ce plan, le prolongement du faisceau qui est exploité à Courrières, à Lens et à Bully-Grenay. Le siège unique qui vient d'être abandonné provisoirement, n'a pas encore atteint le plan de glissement renfoncé par une faille, de sorte qu'il ne donnait lieu qu'à une exploitation misérable dans les terrains renversés.

Voici les résultats de l'exploitation en 1883 :

Ouvriers	au fond,	1,180 hommes et 201 enfants.
	au jour,	351 hommes, 87 femmes et 4 enfants.

19 machines à vapeur (1,695 chevaux).

Extraction	1.126	tonnes	gros.
	448.501	—	tout-venant.
	3.150	—	escaillage.
Vente	8.135	—	par voitures.
	15.064	—	par bateaux.
	401.687	—	par chemins de fer.

***LIGNAGE.** *T. de charp.* Action de tracer des lignes sur le bois, au moyen d'un cordon coloré, pour indiquer les traits de scie; on dit aussi *ligner*.

I. LIGNE. *T. de géom.* L'idée de ligne, comme toutes les idées abstraites qui se présentent au début des sciences, soulève des difficultés philosophiques sur lesquelles il nous est impossible d'insister, et cependant c'est une idée tellement simple, qu'elle remonte à l'antiquité la plus reculée. Les arêtes vives d'un corps, la séparation d'une ombre avec la lumière environnante, la trace que peut laisser un corps qui se déplace, en ont vraisemblablement fourni la première notion. Nous nous bornerons à faire remarquer que la notion de la ligne dérive d'une abstraction consécutive à la notion de surface, et qui prend naissance dans la considération de l'intersection de deux surfaces ou de deux portions contiguës d'une même surface. C'est pourquoi on définit généralement la ligne en disant que c'est *la portion d'étendue commune à deux surfaces qui se coupent*, ou encore *le lieu qui sur une surface sépare deux régions contiguës*. La ligne n'a ni largeur ni épaisseur; elle nous représente un espace à une seule dimension. Un fil très fin peut en donner une image, mais seulement une image très imparfaite, car un fil est un corps à trois dimensions, quelle que soit sa finesse. Pourtant, la considération d'un fil, c'est-à-dire d'un corps dans lequel l'une des dimensions surpasse de beaucoup les deux autres, peut servir de point de départ à une abstraction qui, par l'élimination des deux dimensions les plus petites, conduit encore, et cette fois directement, à l'idée géométrique de la ligne.

Il est encore une troisième manière d'envisager la ligne qu'il est utile de mentionner; mais elle exige que l'esprit soit déjà en possession de l'idée du point géométrique sans dimensions, nouvelle abstraction qui prend son origine soit dans l'intersection de deux lignes, soit dans la considération de deux portions contiguës d'une même ligne, soit directement dans celle d'un corps de très petites dimensions, par rapport aux distances qui le séparent des corps environnants. Dès qu'on a conçu le point géométrique sans dimensions, on comprend immédiatement que *le lieu des positions successives d'un point qui se déplace dans l'espace, est une ligne*.

On distingue, en géométrie, la ligne *droite* et la

ligne *courbe* (V. ces mots). Les lignes dites *brisées* ou *mixtes* sont des assemblages de lignes droites ou de lignes droites et de lignes courbes. A propos de la ligne droite, nous ferons remarquer que le prétendu axiôme, donné quelquefois comme définition, qu'elle est le plus court chemin d'un point à un autre, est un véritable théorème susceptible d'une démonstration rigoureuse qui, du reste, a été donnée par Euclide, dans le cas où l'on compare la longueur d'une ligne droite avec celle d'une ligne brisée. La propriété fondamentale de la ligne droite, celle qui sert de base à toutes les spéculations géométriques, c'est qu'elle est entièrement définie par deux de ses points, de manière que deux lignes droites qui ont deux points communs, coïncident dans toute leur étendue.

On figure une ligne sur le papier par une trace d'encre ou de crayon. Sur le terrain, une ligne sera représentée par une série de jalons ou de signaux installés en quelques-uns de ses points. S'il s'agit d'une ligne courbe, on se laissera guider par le sentiment de la continuité, pour la compléter à l'aide de ces quelques points isolés. Le plus souvent, ce sont des lignes droites qu'il s'agit de tracer sur le terrain. Dans ce cas, deux signaux suffisent à la déterminer entièrement; si l'on a besoin d'en installer davantage, on trouvera facilement à les placer convenablement au moyen de visées effectuées à l'aide d'une alidade à pinnules, ou mieux encore avec une lunette munie d'un réticule. Il suffira de disposer l'appareil de manière que la ligne de visée passe par les deux signaux déjà existants, et de placer les autres sur cette ligne de visée. Le problème se complique un peu quand on doit prolonger la ligne droite au delà d'un obstacle qui arrête la vue, mais la géométrie fournit plusieurs méthodes simples propres à surmonter cette difficulté. — M. F.

II. **LIGNE.** 1° *T. de cord.* Sorte de cordage dont on distingue quatre sortes, suivant la destination : *a.* les *lignes à tambour*, ou cordes pour la tension des peaux de tambour; *b.* les *lignes de sonde*, pour mesurer la profondeur de la mer; *c.* les *lignes de loch*, qui tiennent le loch servant à connaître la rapidité de la marche des navires; *d.* les *lignes d'amarrage*, pour divers usages maritimes. — V. Corde. || 2° *T. de constr.* Cordeau employé par les maçons et les charpentiers pour tracer des lignes sur les murs ou sur le bois. || 3° *Ligne de plomb*. Direction verticale que détermine le fil à plomb. || 4° *Ligne d'emmarchement*, *ligne de foulée*. — V. Balancement des marches, Escalier. || 5° *T. de télégr.* Fil télégraphique. || 6° *T. de chem. de fer*. Dans le langage, on substitue quelquefois le nom de *ligne* à celui de *chemin de fer*.

LIGNITE. On désigne sous ce nom des combustibles minéraux qui donnent par la calcination en vase clos, au plus 50 0/0 de résidu fixe, généralement non agglutiné. Les lignites se trouvent presque toujours dans les terrains tertiaires, en couches qui se sont formées exactement de la même manière que les couches de houille proprement dites (V. Combustibles minéraux et Houille). On distingue trois sortes de lignites : les *lignites terreux*, les *lignites proprement dits*, et les *lignites bitumineux*.

— La France contient peu de gîtes de lignite. On exploite un petit bassin de lignite à Fuveau, près Aix, en Provence, ainsi que différents gisements de lignite terreux dans le département de la Somme et les départements voisins, et de lignite bitumineux dans la vallée de la Durance. Il y a, en Styrie et en Saxe, des bancs puissants de lignite terreux qui donnent après dessiccation et préparation mécanique, un bon combustible aggloméré. On exploite, en Bohême et en Silésie, d'importants gisements de lignite dont les produits sont utilisés dans la métallurgie du fer en Styrie et en Carinthie au moyen de fours spéciaux — A. B.

***LIGULINE.** *T. de chim.* Matière colorante rouge violacé, qui existe dans les baies mûres du troëne (*ligustrum vulgare*, Lin., jasminées). Ces fruits servent souvent à remonter artificiellement la couleur des vins.

***LIMA** (Bois de). Variété de bois rouge de l'espèce produite par les *cœsalpinia sappan*; d'après Bischoff, le bois de Lima proviendrait du *cœsalpina echinata*, Will., et *cœsalpina sepiara*, Robx., légumineuses. C'est un bois dur, pesant, compact, susceptible de prendre un beau poli. On l'emploie aujourd'hui surtout, à l'état d'extrait, à 20° et à 30° pour la teinture sur écheveaux, et pour l'impression sur coton de certaines couleurs chromées. On s'en sert aussi pour produire diverses nuances mode et grise, en traitant l'extrait par le soufre et un alcali. Les couleurs ainsi obtenues se teignent sans mordant, et résistent plus à la lumière et au savon que celles que l'on obtient en teignant directement avec le bois et des mordants de fer ou de chrome. Le principe colorant est le même que celui des bois de Brésil.

***LIMAÇON.** *T. d'horlog.* Pièce centrale du mouvement de la sonnerie. || *T. de constr. Escalier en limaçon*, celui qui tourne autour d'un noyau, d'une vis; on dit aussi *en colimaçon*.

LIMAILLE. *T. techn.* Particules métalliques qui se détachent des métaux, lorsqu'on les travaille à la lime.

***LIMANDE.** *T. techn.* Pièce de charpente, étroite et plate. || Règle de menuisier, large et plate.

LIME. *T. techn.* Outil d'acier, de formes très diverses, portant sur son pourtour des entailles entrecroisées ou non, à l'aide desquelles on aplanit, on creuse, ou l'on coupe les métaux ou le bois. L'acier qui sert à la confection des limes est de quatre qualités : corroyé ordinaire; corroyé première qualité; fondu; fondu qualité supérieure. Chacune de ces qualités est indiquée par une marque imprimée par le fabricant sur la partie lisse de la lime voisine de la *soie*, c'est-à-dire de la queue qui sert à maintenir une lime dans son manche. Le prix des limes varie en raison de la qualité de l'acier employé.

Le morceau d'acier destiné à faire une lime reçoit d'abord à la forge la forme qu'il doit conserver ; il est ensuite passé à la meule ou limé afin que toute sa surface soit exempte d'aspérités. Dans cet état, il est mis entre les mains d'un *tailleur de limes* ; celui-ci pratique des entailles régulières sur les côtés ou la surface de l'acier, au moyen d'un marteau spécial et d'un court ciseau dont la lame à double biseau est plus ou moins large. La taille peut être très grosse, grosse, bâtarde, demi-douce, douce, très douce ; elle est dite *simple*, lorsque les entailles ne sont pas entrecroisées et *double* dans le cas contraire. Le prix des limes augmente, à longueur et à poids égaux, avec la finesse de la taille. Les limes plates rectangulaires ont généralement un de leurs petits côtés non taillé, ce côté lisse porte le nom de *blanc* de la lime. Lorsque la taille est achevée, il ne reste plus qu'à tremper la lime ; chaque fabricant a, pour ainsi dire, un procédé particulier pour cette opération

Les limes sont classifiées par rapport à leurs dimensions ou à leurs formes.

La nature et la qualité de l'acier sont constatées par l'examen du grain de la cassure de quelques-unes des limes.

LIMER. *T. techn.* Action de dégrossir, d'amenuiser, de polir avec la lime.

* **LIMEUR.** *T. techn.* L'art du limeur est beaucoup moins prisé, depuis que les machines-outils ont remplacé le travail à la main dans la plupart des ateliers importants. On ne rencontre guère d'ouvriers ajusteurs qui soient capables d'attaquer et de faire presque disparaître, à la lime, l'effigie d'une pièce de monnaie sans nullement entamer les bords. Le bombage des limes plates permet d'obtenir une surface légèrement creuse, lorsque la lime est bien tenue en mains et qu'elle n'oscille pas pendant qu'on la fait aller et venir. Lorsque l'on doit dresser une surface plane d'une certaine étendue, à la lime, le limeur croise ses traits ; si cette surface doit être polie, on la *tire de long*, c'est-à-dire que l'ouvrier, au lieu de se placer obliquement par rapport à la pièce, se met à l'une des extrémités ; il saisit alors sa lime à poignée avec les deux mains et enlève les traits croisés, d'abord avec une lime bâtarde, puis avec les limes demi-douce et douce. L'un des essais les plus difficiles, pour un ajusteur, consiste dans la confection d'un prisme hexagonal qui doit refouler l'huile dans un hexagone ayant le même apothème que le prisme, en alternant les six faces dans un ordre quelconque.

* **LIMEUSE** ou **ÉTAU-LIMEUR.** Cette machine-outil se rencontre aujourd'hui dans presque tous les ateliers, même dans ceux de minime importance. La figure 77 montre l'un des modèles de la maison Bouhey, de Paris. Cette machine se compose d'un solide bâti en fonte, rigidement fixé au sol ; sur la face avant, on voit le chariot muni de mors entre lesquels on saisit l'objet à travailler, ce chariot peut se mouvoir horizontalement et verticalement. Le porte-outil est guidé par la glissière située à la partie supérieure du bâti et par le conduit de la face avant de cette glissière ; sa course est réglée par la position de l'extrémité droite de la bielle dans la coulisse pratiquée à l'un des bouts de l'arbre qui reçoit la transmission ; à l'autre bout de cet arbre se trouve un volant, pour régulariser le mouvement et le cône étagé à l'aide duquel on peut imprimer différentes vitesses à l'outil, selon la nature ou la longueur de la *passe* à effectuer sur la pièce. Le mouvement transversal du chariot peut être effectué automatiquement ou à la main. L'outil se meut cons-

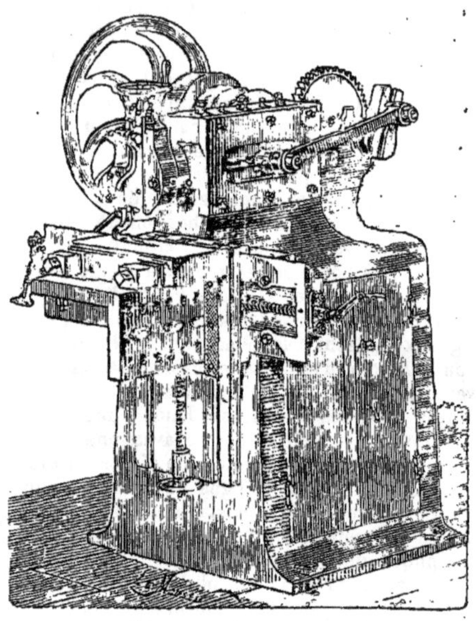

Fig. 77. — *Etau-limeur.*

tamment dans le même plan vertical à la même hauteur ; la forme à donner à l'objet saisi entre les mors détermine les mouvements que l'on doit faire accomplir au chariot. Le premier manœuvre venu n'a qu'à faire découper à l'outil les contours préalablement tracés sur l'objet, pour produire une œuvre parfaitement ébauchée à laquelle il ne reste qu'un coup de polissage à recevoir pour qu'elle soit achevée aussi bien, et beaucoup plus rapidement, que si elle sortait des mains du meilleur ajusteur.

LIMON. *T. de constr.* Pièce de bois rampante qui reçoit les marches d'un escalier à leur extrémité opposée au mur et qui porte la rampe. — V. Escalier. || *T. de charron.* Chacune des branches de la limonière d'une voiture. — V. Charronnage.

LIMONADE. Boisson faite soit avec des citrons, des oranges, soit avec les acides qui sont produits par ces fruits. C'est un liquide rafraîchissant que l'on emploie, soit cuit, c'est-à-dire en le préparant avec des tranches de citron ou d'orange que l'on met en contact avec de l'eau chaude et du sucre, ou cru, c'est-à-dire, fait à froid, et avec les mêmes substances.

On désigne encore sous ce nom des boissons gazeuses sucrées à base d'acide citrique ou même d'acide tartrique et aromatisées parfois avec un peu de zest de citron.

LIMONIÈRE. *T. de charron.* Grosse voiture de transport qui a, au lieu d'un timon, un brancard formé par deux limons. — V. BRANCARD, CHARRONNAGE.

***LIMONITE.** *T. de minér.* Oxyde de fer hydraté.

***LIMOUSIN.** Peintre émailleur. — V. LÉONARD.

***LIMOUSINAGE, LIMOUSINERIE,** *T. de constr.* Maçonnerie faite avec des moellons hourdis au plâtre ou au mortier; on dit aussi *limosinage.*

LIN. On désigne sous le nom de *lin*, une plante qui se trouvait, il y a quelques années, dans la famille botanique des Cariophyllées, et que De Candolle en a séparée plus tard pour en faire la famille des Linées. Les naturalistes en distinguent plus de cent espèces; mais, de toutes les variétés, le *lin à fleur bleue*, désigné encore sous le nom de *lin commun*, le *linum usitatissimum* des botanistes, est le seul genre industriel et vraiment cultivé (fig. 78). La vieille nomenclature qui distingue un « lin froid ou grand lin, » un « lin chaud ou têtard », et un « lin moyen », doit être considérée comme non avenue, car elle est basée sur des distinctions subtiles qui ne regardent pas l'industrie et ne peuvent convenir à l'agriculture. — V. FIBRES TEXTILES.

Fig. 78. — *Lin en fleur.*

Culture et récolte. On sème le lin à l'ouverture de la campagne agricole, vers la fin de février, dans le courant de mars et même jusqu'au milieu d'avril. Cela dépend des circonstances et des localités; mais on a toujours intérêt à semer de bonne heure. Les lins de mars ont à subir des mauvais temps qui retardent leur première crue et fortifient la racine; lorsque les chaleurs arrivent, la végétation lentement préparée gagne en finesse et en vigueur. Une terre légère, substantielle, un peu fraîche, est celle qui convient le mieux. La plante craint le manque et l'excès d'eau. Aussi dispose-t-on le champ en « ados », avec sillons de décharge, quand le sol est humide; si, par une saison sèche, on veut y retenir l'eau, on établit de petites digues au bas des sillons. C'est après une récolte de trèfle, de blé ou d'avoine, que le lin a le plus de chance de réussir; mais dans un assolement bien réglé, on ne doit le faire reparaître sur la même terre que tous les six ou sept ans. Un bon labour en automne, un autre plus léger en février, un hersage, voilà les travaux préliminaires. Puis vient l'engrais qu'il faut approprier à la nature du terrain. Le guano convient médiocrement, excepté quand le sol est peu fertile; il donne au lin une couleur roussâtre. L'engrais liquide et le tourteau sont employés avec avantage dans les terres de bonne qualité, ils laissent à la tige une belle couleur jaune fort recherchée. On consomme environ 550 kilogrammes de guano à l'hectare, et on sème tout de suite lorsqu'on se sert de l'engrais liquide. Mais il faut mettre, pour la même étendue, 1,700 kilogrammes de tourteaux, et attendre quinze jours que la fermentation se soit opérée. Pour un sol appauvri, ces quantités doivent être augmentées dans une certaine proportion.

Aussitôt que la terre est sèche et meuble, on passe aux semailles proprement dites: le choix de la graine est chose très importante. On croit que le changement de climat est favorable à une bonne végétation : les produits dégénèrent, dit-on, après deux récoltes dans le même pays. Mais il se peut que ce soit là un préjugé qui provient de ce que la culture se faisant généralement, en France, en vue de la filasse, on n'y laisse pas suffisamment mûrir la semence. Les expériences de M. Tessier paraissent prouver, en effet, qu'on peut obtenir de très beaux lins avec la graine du pays même reproduite soigneusement pendant plusieurs années consécutives. Quoi qu'il en soit, on tire le plus souvent la graine de la Russie, afin que, passant d'un climat plus froid dans une terre plus chaude, elle se développe plus facilement et prenne chez nous force et vigueur. Elle est importée en France sans droits, en barils plombés recouverts de toile. C'est ce qui fait qu'on l'appelle graine de *tonne*; l'année suivante, elle prend dans le commerce le nom de graine d'*après tonne* ou *graine de rose*; à partir de la troisième année, elle ne sert qu'à faire de l'*huile* (V. ce mot). Il faut prendre de préférence une semence lourde, grasse, d'une teinte brun clair et bien luisante; il faut aussi éviter le mélange de corps étrangers et de grains inégaux.

Il faut au lin beaucoup d'air, c'est-à-dire qu'il ne doit pas croître à l'ombre, une pluie douce et souvent répétée, un ciel couvert et une chaleur tempérée. La trop grande ardeur du soleil, les vents froids, les grosses averses et la sécheresse continue qui amène les pucerons ou la *cuscute* (V. ce mot) lui font beaucoup de tort.

On dit que les proverbes sont les échos de l'expérience. Rien n'est plus vrai, surtout à la campagne. « C'est juin qui fait le lin » répond le cultivateur quand on lui exprime des craintes relativement à la récolte. Mais si la tige, à une certaine époque, n'a pas la hauteur désirable, il se désole, car il n'y a pas de remède « au 11 juin, court ou long, le lin a le bouton ». Enfin, la tradition lui enseigne que « lin semé clair fait graine de commerce et toile de ménage, lin semé dru fait linge fin ». Nous pourrions encore citer d'autres sentences populaires; celles-là suffisent pour montrer l'intérêt qu'on prend à la réussite de cette culture. Il est vrai que, lorsqu'elle réussit, elle est plus que toute autre rémunératrice.

On ne saurait pas fixer d'époque pour arracher le lin. Quand on voit qu'après avoir fleuri, il ne se détériore pas, on le laisse mûrir quelque peu ; si, au contraire, on craint qu'il ne perde de sa qualité textile, on l'arrache même avant que la graine soit bien formée, puisque la production de la filasse est généralement le but principal de la culture. Dans tous les cas, lorsque les feuilles se dessèchent et que les capsules s'ouvrent d'elles-mêmes, la maturité est arrivée, il vaut mieux arracher le lin que de le laisser debout. En général, dans le rayon du nord, où l'on cultive le plus de lin de toute la France, ces opérations sont terminées à la fin de juin ou au commencement de juillet. On fait alors sécher le lin, on le lie en gerbes, on en compose des haies d'une gerbe de largeur sur dix ou douze de hauteur, qu'on recouvre de paille, et quand il ne reste plus trace d'humidité, on procède à l'*égrenage* (V. ce mot, § *Égrenage du lin*). Chaque hectare produit de six à sept hectolitres de graine qu'on vend aux fabricants d'huile quand on ne la conserve pas pour semer. Restent alors les tiges qu'il s'agit de rouir, puis de broyer et teiller, pour en faire de la filasse.

ROUISSAGE, BROYAGE ET TEILLAGE. On sait que le lin est une sorte d'écorce qui entoure la chènevotte ou partie ligneuse de la tige, et que ces deux parties sont agglutinées ensemble par une matière dite *gommo-résineuse* qui s'oppose à leur séparation. Le rouissage a pour but, au moyen de l'eau ou de l'humidité, de disposer la filasse à quitter la chènevotte, et pour résultat naturel d'affiner cette filasse et de la diviser. Il y a plusieurs manières de rouir, résultant des usages locaux ou imposés par les circonstances, nous les expliquerons au mot ROUISSAGE. Nous dirons ici cependant que, soit qu'on opère en plongeant les tiges dans l'eau, soit qu'on les laisse étendues sur le sol exposées à l'action de l'air humide, on doit toujours procéder avec le plus grand soin, car de cette opération dépend le plus ou moins de qualité de la fibre.

Le rouissage est suivi du *broyage* qui a pour but de rompre la chènevotte pour l'aider à se séparer du filament ; puis, après le broyage vient le *teillage*, qui consiste à séparer cette chènevotte de la filasse en frappant sur les tiges broyées au moyen d'instruments spéciaux. Nous examinons ces deux opérations, qui sont intimement liées l'une à l'autre, au mot TEILLAGE. Lorsqu'elles se font à la mécanique, elles se pratiquent soit sur des machines séparées, soit sur des machines accouplées : nous avons décrit au mot BROYEUSE-TEILLEUSE, le type d'une machine où on les voit réunies sur le même bâti.

PEIGNAGE. Après le teillage, il ne reste plus qu'à *peigner* le lin. Le peignage se fait à la main ou à la mécanique ainsi que nous l'expliquons au mot PEIGNAGE, il donne naissance à deux produits : l'étoupe et le long brin. Nous examinons plus loin, dans cet article, l'ensemble des opérations qui constituent la filature du long brin ; nous avons expliqué déjà au mot ÉTOUPE, comment l'on file ce produit secondaire. — V. aussi DÉCHETS DE LIN.

HISTORIQUE DE L'EMPLOI ET DE LA CONSOMMATION DU LIN. Si dans l'antiquité le lin n'a pas été employé pour vêtements aussi généralement que la laine, c'est qu'il exige plus d'apprêts. Il faut, comme nous venons de le voir, le rouir, le faire sécher, le broyer et le teiller, avant que de le peigner et de le filer. On commença sans doute par fabriquer avec le lin des espèces de cordages ; d'autres essayèrent de le filer ; on fit ensuite de la toile. Ces opérations nous paraissent aujourd'hui d'une grande simplicité ; mais toutes simples qu'elles soient, il a dû s'écouler des siècles entre chacun de ces progrès.

Aussi loin que l'on remonte dans l'histoire des temps, on ne voit filer le lin qu'au moyen du *fuseau*, bâton pointu et court que tout le monde connaît, qui tord et enroule les fibres suspendues à une *quenouille*. Du métier à tisser qui devait alors exister, nul n'en dit mot. A qui devons-nous cependant l'invention du fuseau et de la quenouille ? Si nous consultons les Egyptiens, le peuple le plus ancien de la terre, d'eux seuls viendrait l'industrie linière, et nous tiendrions toute notre science de trois honorables divinités : Isis (Dea linigera) pour la culture, Minos pour le filage et Cécrops pour le tissage. Si des Egyptiens nous passons aux Grecs, l'histoire est racontée d'une toute autre façon, et nous n'avons alors pour nous satisfaire que l'invention bien connue de la lutte entre Minerve et Arachné, d'où découle la confection du fil et par suite des tissus. Les Romains, de leur côté, ne disent plus la même chose, et, si nous devons croire Pline l'ancien, nous serions redevables de la filature et du tissage à Pamphile de Céos, fille de Latonis. Nous en sommes donc réduits à ignorer le nom de celui qui nous a transmis l'invention du filage et du tissage du lin, quittes à être certains que cette matière était connue des Egyptiens, des Hébreux, des Grecs et des Romains.

On sait que lorsque les Romains firent la conquête des Gaules, nos champs de lin les frappèrent d'admiration. César, dans ses commentaires, ne manque pas de décrire le *sagum* de nos ancêtres, habit fait en fil de lin, et dans la dénomination duquel il faut sans doute chercher l'origine de notre *sarrau* actuel. A partir de cette époque seulement, quelques historiens latins mentionnent les importations de toiles qui se firent sous le règne d'Auguste, du pays des Atrébates (aujourd'hui l'Artois) en Italie.

Les Francs ne dédaignèrent pas de continuer la tradition, et Charlemagne, au VIIIe siècle, en encourage la culture. Il défend, en outre, dans ses Capitulaires, de filer le lin le dimanche (789) ; il spécifie la peine à infliger à ceux qui se seraient rendus coupables du vol de ce textile (798) et il exige (813) que l'on file le lin à la cour pour en confectionner des vêtements. Finalement, lui-même ne veut porter que des tuniques que sa femme ait filées.

Au siècle suivant, nous voyons Charles le Gros (884) ordonner que toutes les femmes, même les princesses, soient instruites dans l'art de filer et de tisser le lin. Les chroniqueurs du temps parlent alors des fuseaux d'argent dont faisaient usage les femmes de la cour, mais comme toujours, ils ne disent rien du métier qui servait à en faire de la toile.

Toutefois, il faut le dire, en dehors de la Flandre, les toiles de lin étaient en France d'une extrême rareté et l'emploi du linge fin fut longtemps considéré comme un luxe. On ne se servait généralement que de chemises de serge. Sous Henri II, époque où les mouchoirs étaient encore inconnus, les grands seigneurs en étaient réduits à s'essuyer le nez sur leur manche. La reine Isabelle de Bavière, ayant apporté dans son trousseau deux chemises en toile fine, cette particularité fit grande sensation à la cour de France. Les chroniqueurs du temps rapportent que Charles VI, son mari, connaissait tellement bien la valeur de la toile à cette époque, qu'après la bataille de Roosbeke, il voulut en implanter la fabrication en France, et qu'il fit savoir aux habitants de Courtrai que : « s'ils voulaient transporter chez lui leur trafic, » il ne leur serait fait aucun mal. Les Courtraisiens refusèrent et, en conséquence, la ville fut détruite.

Le prix de la toile de lin devait être encore très élevé sous Charles VIII. Lorsque Anne de Bretagne épousa ce roi, elle reçut des femmes du comté de Cornouailles « comme témoignage d'amour et de vénération pour leur bien-aimée duchesse », un présent consistant en quatre douzaines et demie de chemises et six paires de draps filées par elles. Nous rappellerons combien étaient recherchées les « serviettes à ramages » que l'on fabriquait à Reims, exprès pour les cérémonies du sacre. A cette époque, la réputation des toiles de Flandre était telle qu'une chronique du temps, citée par Mathieu de Westminster, dit que le monde entier venait chercher ses beaux vêtements en ce pays.

C'est au XIe siècle seulement que l'emploi de certains tissus grossiers en lin a commencé à se généraliser dans les classes moyennes, tout autant à cause des bénéfices qu'en retiraient les marchands que parce que les consommateurs s'aperçurent que l'emploi de ces étoffes faisait disparaître un grand nombre de maladies cutanées, la lèpre en particulier. Mais alors, ce ne fut plus seulement en France que ces industries prirent leur plus grand essor, l'Allemagne y participa. La Silésie avait créé en 1300, une corporation spéciale pour en favoriser le commerce, et le Palatinat, en 1340, comptait déjà un grand nombre de fabriques de toile. Chacun connaît le nom du fabricant Fulger qui, dans un banquet offert à Charles-Quint, brûlait gracieusement dans un bol d'aromates un billet d'un million de florins que l'empereur lui avait souscrit, et celui du fabricant Sugger qui se trouvait assez riche pour prêter des millions aux papes et aux empereurs : « J'ai dans ma ville d'Augsbourg, disait alors Charles-Quint, en parlant de Sugger, un tisserand capable de vous acheter tous les trésors de la couronne de France. » Il fallut la guerre de Trente ans pour renverser cette suprématie et répandre le commerce des fils en Angleterre et en Hollande. La Hollande surtout, qui s'était alors emparée du commerce maritime, en tira grand avantage, à tel point que, sans presque fabriquer de tissus et en vendant des étoffes qui venaient de Flandre, elle parvint à donner aux *toiles de Hollande*, qui n'existaient pas, une réputation qui n'est pas encore disparue aujourd'hui. En France, la Flandre avait toujours la primauté.

Au XIIe siècle, d'après les statistiques du temps, Louvain comptait 100,000 tisserands. En 1686, la France, la Bretagne surtout, expédiait en Angleterre des tissus de lin pour 700,000 liv. sterl., soit 19 millions de francs, somme énorme pour cette époque. Lisieux y envoyait ses cretonnes, Alençon ses toiles d'étoupe, Cambrai ses batistes (en anglais *cambrics*), le Béarn son linge de table. Ce fut la révocation de l'édit de Nantes qui paralysa cet essor, en ayant pour effet de faire sortir de France 600,000 ouvriers et d'en faire passer en Angleterre 70,000. A ce moment, la concurrence anglaise commence déjà pour nous, car c'est alors qu'un français, Louis Crommelin, va fonder près de Belfast l'importante fabrique de Lisburn, qui compte encore aujourd'hui comme l'un des principaux centres de tissage irlandais.

Ce n'est qu'au XIVe siècle que, pour la première fois, les actes du Gouvernement font mention du lin. Mais du jour où l'on songe à porter un intérêt quelconque à cette industrie, les décrets abondent, les ordonnances pleuvent, tantôt dans le but d'en protéger le commerce, tantôt pour en tirer un nouvel impôt, tantôt, enfin, pour sévir contre le rouissage dans les rivières.

Mais ce n'est qu'en 1810, après l'invention par Philippe de Girard (V. GIRARD) de la filature mécanique du lin (V. FILATURE § *Filature du lin*, Historique) que l'emploi et la consommation du lin prennent une importance considérable, notamment en Angleterre, puis en France, en Autriche, en Russie, etc., et constituent les assises de l'industrie actuelle moderne.

Production du lin. La production de ce textile en France a été très variable aux diverses époques où le relevé officiel en a été fait. Voici quels ont été les chiffres publiés :

Années	Hectares ensemencés	Production de filasse
		kilogr.
1840	98.241	36.825.401
1852	80.336	36.825.900
1862	105.455	52.311.040
1871	79.721	41.697.500

Dans les années actuelles, la production est de beaucoup inférieure, tout en ayant cependant progressé sous le rapport du produit à l'hectare.

LE LIN DANS SES DIVERS PAYS D'ORIGINE.

Lins de France. Nous allons indiquer, d'une manière sommaire, quelles sont les diverses variétés commerciales de lins français :

Parmi les lins rouis au plat dans le Nord, on désigne sous le nom de *lins de Bergues*, tous ceux qui sont récoltés dans l'arrondissement de Dunkerque, dont Bergues est le marché régulateur. On reconnaît leur mode de rouissage à la couleur gris foncé de ces lins et à leur odeur ; ils sont souples, forts, et un peu gras au toucher. Les variétés de lins de Bergues les plus estimées, sont désignées sous le nom de *lins d'Hondschoote*, viennent ensuite les lins d'Arneke, puis les lins de Cassel ; ces lins se vendent par bottes de 1k,422. On reconnaît encore comme rouis de la même façon les *lins d'Estaires*, sorte commune qui se vend par bottes de 1 kilogramme et demi ; les *lins d'Hazebrouck*, qui se vendent au même poids ; les *lins d'Audruick*, beaucoup plus forts, mais moins bien travaillés ; les *lins de Bourbourg*, dans le même genre, se vendant par bottes de 1 kilogramme et demi.

Parmi les lins rouis sur terre et de vente courante dans le Nord, nous citerons les *lins* dits *de pays*, rouis dans les environs de Lille (Lambersart, Sainghin) et jusque Orchies et Cysoing ; les *lins d'Ardres* (près Audruick), généralement d'assez mauvaise qualité, se vendant par bottes de 1 kilogramme et demi ; les *lins d'Harnes* (Pas-de-Calais), très forts, mal travaillés à la tête, se vendant par bottes de 1k,437 (46 onces).

Parmi les lins rouis en tourbières dans la même région, nous mentionnerons ceux de *Leforest* et *Raimbeaucourt*, très fins et très bien travaillés, se vendant par bottes de 1k,422.

Enfin, parmi les lins rouis à l'eau courante, en usage dans le département, les principaux, qui sont aussi les plus fins, sont ceux dits *de la Lys*, rouis dans cette rivière, dont la couleur varie du gris verdâtre au blanc jaunâtre, qui se vendent sur la rive française par pierres de 1k,422 (72 bottes pour 100 kilogrammes) et en couronnes françaises de 0 fr. 144375, et sur la rive belge comme les lins belges de Courtrai, ainsi que nous l'expliquons plus loin. Viennent ensuite les *lins de Festubert* (Pas-de-Calais), jaunâtres et de qualité supérieure, employés en filterie à cause de leur belle nuance et se vendant par bottes de 1k,550 ; les *lins de Flines*, généralement blancs et très beaux, bien recherchés et par suite d'un prix élevé, très employés dans la filterie supérieure en mélange avec les lins verts de la Lys, et se vendant par bottes de 1k,422 ; les *lins de Wavrin*, de même couleur, mais moins réguliers, assez forts et recherchés pour la fabrication des chaînes de qualité supérieure, se vendant par bottes de 1k,422 ; les *lins de Moy* (Aisne), qui n'ont pas la même valeur qu'autrefois, mais qui sont encore très recherchés, se vendant par bottes de 1k,375 ; les *lins d'Hasnon*, d'une qualité analogue à celle de la Lys, mais d'un travail généralement moins soigné, d'une nature plus maigre et moins fine, et d'une couleur jaune et peu régulière, se vendant par bottes de 1k,422 comme les lins de la Lys, mais en francs et en centimes ; enfin, les *lins de fin*, cultivés sur les bords de la Scarpe à Cambrai, Marchiennes, Saint-Amand, Valenciennes, etc., et qui s'employaient autrefois pour la fabrication de la dentelle, industrie presque éteinte aujourd'hui.

Suivant les cultivateurs du Nord, certains lins de même nature sont soumis à divers modes de rouissage ; tels sont les *lins de Douai* qui sont tantôt rouis sur terre, et alors leur couleur est d'un gris sale prononcé, tantôt rouis à l'eau courante, ce qui leur donne une belle nuance jaunâtre ; ils sont généralement de bonne nature, mais teillés et très secs, et se vendent par bottes de 1k,422. Dans la même contrée, les *lins de Beuvry*, jaunâtres et se vendant au même poids, se rapprochent de ceux de ces lins qui sont rouis à l'eau.

Les *lins de l'Oise* et *de la Marne*, principalement ceux rouis aux environs de Compiègne et de Melun, se vendent encore dans le Nord ; ils produisent des fibres d'une couleur souvent favorable, mais ils sont irréguliers et d'un travail négligé : la population ouvrière de ce pays est plus versée dans la culture proprement dite du lin que dans le travail et la préparation de cette plante.

Dans l'ensemble des départements qui comprennent l'ancienne Normandie, les principaux lins sont ceux dits de Bernay, de Caux et de Coutances. Les *lins de Bernay*, rouis à l'eau, sont les plus estimés ; ils ressemblent un peu aux lins de la Lys, et ils ont, généralement, plus de force encore que ces derniers ; l'Angleterre en consomme beaucoup, et les manufactures de Normandie en emploient une grande quantité pour la fabrication de leurs chaînes mécaniques; leur nuance, quoique généralement un peu plus verdâtre et moins régulière que celle des lins de la Lys, approche de ceux-ci : ils se vendent au marché en francs et centimes par 55 ou 110 kilogrammes. Les *lins de Caux*, rouis sur terre, viennent ensuite comme qualité ; leur couleur est généralement d'un beau gris cendré, ils sont très tendres, pailleux, un peu secs et cassants, mais surtout très divisibles ; ils sont excellents pour trames et demi-chaînes ; employés en petite quantité, ils donnent au fil une certaine rondeur qui les fait rechercher des fabricants de toile cretonne ; on les vend en francs et centimes et par 108 kilogrammes. Enfin, l'arrondissement de *Coutances* et les environs, fournissent des lins en assez grande abondance, blanchâtres, assez forts, et connus par leur vrai nom de *lins d'hiver*, parce que, semés dans le courant de septembre, ils ont à supporter toutes les rigueurs de l'hiver : ils sont essentiellement forts et employés principalement à la confection de gros numéros.

Dans les départements qui constituent l'ancienne Picardie, on peut classer les lins en trois catégories : les lins du Vimeux, les lins d'Eu et les lins picards proprement dits. Les *lins du Vimeux* sont les meilleurs, ils se vendent par pierres de 1k,450; les *lins d'Eu* (qui sont considérés comme lins picards, bien que la ville d'Eu fasse partie de la Seine-inférieure), rentrent à peu près dans le même genre, et se vendent au même poids ; les *lins picards proprement dits* rouis aux environs d'Albert, Doullens, etc., un peu moins estimés, mais aussi moins bien travaillés, se vendent en sous français et par bottes de 2 kilogrammes. La plupart de ces lins conservent la couleur rousse des lins rouis sur pré, on en trouve quelquefois de gris cendrés ou de gris bleus qui sont de meilleure qualité.

Après ces provinces, les contrées françaises qui produisent le plus de lin sont la Mayenne, la Bretagne, l'Anjou et la Vendée.

La consommation du *lin de Mayenne* est importante; l'extrême facilité avec laquelle il se file, la qualité exceptionnelle des étoupes, toujours très recherchées, la nuance favorable et le travail soigné qui les distingue, la finesse qu'on en retire, justifient l'emploi considérable que l'on en fait pour les fils de numéro élevé.

Les lins qui nous arrivent *de la Bretagne* sont généralement mal rouis et mal coupés, mais ils ont beaucoup de force et sont d'une belle nuance qui les fait quand même rechercher ; il y en a deux sortes : les lins gris et les lins jaunes; on les vend aux 100 kilogrammes, on ne s'en sert généralement que pour les mélanges, afin de donner de la force et de la consistance aux fils.

Les *lins d'Anjou*, cultivés principalement dans le département du Maine-et-Loire, aux environs d'Angers et de Chalonnes, sont de deux espèces : les lins d'été et les lins d'hiver ; les premiers, semés au printemps, joignent à la blancheur une certaine souplesse et de la force, mais la quantité récoltée est peu importante ; les seconds, semés avant l'hiver, sont jaunes ou blancs, mais ils ont le pied plus dur que les lins d'été, ce qui les déprécie beaucoup, l'étoupe qui en provient étant de peu de valeur ; ils sont cependant assez recherchés pour les mélanges et donnent de la consistance aux fils.

Les *lins de Vendée*, assez fins et de couleur verdâtre, sont actuellement très dépréciés en raison de ce qu'ils sont de plus en plus mal travaillés à la tête.

Enfin, les *lins du midi*, qui généralement viennent peu dans les pays du nord où se trouvent les filatures, sont le plus souvent très mal taillés.

Lins de Belgique. Malgré son peu d'étendue, la Belgique figure parmi les pays qui cultivent le plus de lin, comme on l'a vu tout à l'heure : nous ajouterons qu'au point de vue commercial, elle a la spécialité des beaux lins. Les lins sont pour ceux *rouis à l'eau courante*: ceux de Courtrai ; pour ceux *rouis à l'eau stagnante* : ceux d'Ypres, de Lokeren, de Gand, de Malines, de Wetteren et de Bruges ; et pour ceux *rouis sur terre* : toutes les variétés de lins wallons.

Les *lins de Courtrai*, doux, soyeux, jaunâtres, passent avec raison pour les meilleurs de l'Europe. Ils se vendent sur le marché belge par « pierres » de 1k,422 (72 bottes pour 102 kilogrammes) et en couronnes belges. La couronne belge vaut 0 fr. 14146.

Les lins d'*Ypres* ont la couleur et la qualité de tous les lins rouis à l'eau stagnante : ils sont fort doux au toucher et donnent au peignage un excellent rendement. Ils se vendent par pierre de 1k,500 et en struyvers. Le struyvers vaut 0 fr.090703. Ceux de *Lokeren* et *de Saint-Nicolas*, ont généralement une couleur gris argent très éclatante, et on peut les filer jusqu'aux plus fins numéros grâce à leur extrême divisibilité. Ceux de *Gand* et de *Waereghem* sont mal teillés et par suite retiennent beaucoup de chènevottes : au peignage, ils donnent un rendement très ordinaire et, en filature, s'évaporent davantage. Ceux de *Bruges*, très recherchés par l'Angleterre et l'Irlande, sont très forts et d'un grand rendement. Ceux de *Malines* n'ont pas autant de force, mais sont extrêmement fins et très estimés : on les mélange souvent avec ceux de Gand, ils servent à faire des trames de bonne qualité. Ceux de *Wetteren* sont beaucoup plus gros que ceux de Malines, avec lesquels ils ont un certain rapport ; ils sont aussi plus forts. Tous ces lins peuvent se reconnaître à l'odeur, mais ce mode de contrôle demande la plus grande habitude. Ceux de Lokeren, Gand, Malines et Wetteren se vendent par pierres de 3 kilogrammes, en struyvers ; ceux de Bruges se vendent par pierres de 3k,780 et aussi en struyvers.

Enfin, les *lins wallons* sont de diverses natures, mais toujours assez chargés de matières gommo-résineuses, puisqu'ils sont rouis sur pré. Ils se filent aussi bien au sec qu'au mouillé, mais s'évaporent beaucoup en filature.

Ils sont rouis depuis les environs de Tournai jusqu'à Namur, notamment aux environs d'Ath, de Leuze et de Gembleux. Parmi eux, on distingue : les lins des environs de *Liège*, qui sont assez fins et bien travaillés, se vendant par bottes de 1k,1/2; les lins des environs de *Namur*, toujours très chargés de la tête et souvent fourrés, se vendant par bottes de 1k,1/2 ; les lins des environs de *Tournai*, les meilleurs et les mieux travaillés, d'une très grande force, se vendant par bottes de 1k,430 ; et les lins des environs d'*Ath*, qui sont de bonne qualité et généralement bien travaillés, se vendant par bottes de 1k,440.

Les lins belges sont employés dans le pays et exportés en France et en Angleterre.

Lins de Hollande. On distingue dans le commerce trois sortes de lins qui nous viennent de Hollande: les lins de Frise, les lins blancs de Zélande et les lins bleus de Hollande; ces deux derniers genres sont toujours ainsi dénommés en raison de leur couleur.

Les *lins de Frise*, toujours très longs, de couleur foncée, ont, les uns, une filasse dure et sèche qui les rend très difficiles à filer, les autres une fibre plus souple et de meilleure qualité. La majorité des lins qui nous viennent en France, appartient à la première catégorie; on les emploie toujours en mélange, ils sont réputés donner de la force au fil. Tous sont classés par marques, suivant qualités, et les qualités sont partagées par sortes, au moyen d'une ou plusieurs croix ; ainsi, par exemple E, E×, F, F×, G, G×, G××, etc., la première sorte désigne la qualité inférieure. Ces lins s'achètent en florins, par pierres de 1k,200.

Les *lins blancs de Zélande* sont un peu plus doux au toucher et d'un prix plus élevé que les lins de Frise. On les distingue suivant les diverses sortes, en chiffres romains fractionnés suivant les diverses qualités, par exemple, IX, VIII, VII, VI, II/V, I/V, etc, la première marque se rapportant à la sorte la plus commune. Ces lins se vendent en florins par pierre de 2k,820.

Enfin, les *lins bleus de Hollande*, fournis par les provinces de la Hollande méridionale, de Gueldre et de Brabant, ont été très recherchés dans ces dernières années. Ils donnent une belle nuance aux fils, et produisent des étoupes de qualité médiocre, quoique cependant bien demandées. Ils présentent surtout l'avantage d'être bien réguliers, et, contrairement à ce qui se passe pour les lins de Belgique, pour lesquels une même balle est souvent constituée de deux ou trois sortes assorties, on peut en trouver à la halle aux lins de Rotterdam, par lots importants d'une grande régularité. On les classe comme les lins de Zélande.

Ce sont la Belgique, l'Angleterre, la Prusse et la France, qui par ordre d'importance, consomment la majeure partie de tous ces lins.

Lins de Russie. Après les bois et les céréales, le lin a toujours été, pour la Russie, l'une des branches de commerce les plus importantes. Ces lins nous arrivent en France soit par mer, soit par chemin de fer, et sont désignés dans le commerce soit, le plus souvent, du nom du port d'exportation, soit parfois du nom des marchés d'où ils proviennent. Les principaux ports expéditeurs sont ceux de Riga, Pernau, Reval, Saint-Pétersbourg et Arkhangel ; les principaux marchés sont ceux de Melinki, Pskoff, Kostroma, Verechta, Tominki, Plissy, etc.

Les *lins de Riga*, rouis à l'eau, sont les plus employés, ils nous arrivent de ce port par mer ou chemin de fer. On les désigne par des initiales connues et qui représentent, ainsi que nous l'avons expliqué au mot BRAQUE (V. ce mot), la première lettre des mots qui les désignent (H, *hell*, clair ; G. *grau*, gris; W, *weiss*, blanc; P, *puick*, choix, etc.). Ils nous arrivent par balles de 162 kilogrammes environ (1 berkowitz), en nattes ou en vrac. La tare d'usage est de 2 1/2 0/0.

Les *lins de Pernau*, rouis verts à l'eau, nous viennent par mer, toujours en vrac et entourés de cordes qui forment environ 6 0/0 du poids total. On a vu au mot BRAQUE quelles en étaient les marques : chacune de celles-ci comprend deux genres : le Fellin et le Livonien, le premier présentant toujours un écart de 5 à 6 francs avec le second.

Les *lins de Reval* sont de même nature que ceux de Pernau; ils viennent surtout de la ville de Dorpat, en majeure partie allemande, située au point de croisement des routes de Pernau, Riga, Narva et Pskoff.

Les *lins de Saint-Pétersbourg* sont de deux sortes; 1° les lins *rouis sur terre*, dits *Slanetz* ou lins bruns, qu'on divise en 1re couronne, 2e couronne, 3e couronne, 4e couronne et zabrack; et dont les principaux genres sont les Vologda, les Jaroslaff, les Soozdal, les Wiasma, les Melinki, les Bejhetski et les Ouglish ; 2° les lins rouis à l'eau, dits *mochenetz* ou lins blancs, qui se classent sans distinction de couleurs, en 9 têtes, 12 têtes et 6 têtes, et dont les principaux genres sont les Pskoff, les Louga et les Soletzky. Ces lins nous viennent par mer ou par chemin de fer, les premiers en nattes de 230 à 250 kilogrammes, les seconds en fardeaux de 50 kilogrammes. Outre cette classification, qui tient à la nature du rouissage, tous les lins de Saint-Pétersbourg se divisent en lins siretz et en lins classés. Les lins *siretz* (en français *tel quel*) sont ceux qui, arrangés par le paysan en petits cordons noués, ce qui constitue leur cache d'origine, ne sont jamais triés et classés que par le teilleur, et désignés par les expressions *otsborny* (qui veut dire choix), *Ire, IIe, IIIe sorte*. Les lins *classés*, c'est-à-dire arrangés par les marchands russes, arrivent, au contraire, sans être divisés par cordons et sont toujours classés en *1re couronne, 2e couronne, 3e couronne, 4e couronne et zabrack*. Il y a encore une autre sorte qui ne vient jamais en France et qui sert à faire les lins classés : cette sorte est désignée sous le nom générique de *nirosobrany*, c'est-à-dire *pêle-mêle*.

Enfin, les lins d'*Arkhangel*, rouis sur terre, sont généralement d'un *beau gris argenté*, *quelquefois roux*, souvent un peu maigres, mais bien travaillés. Les étoupes qu'ils donnent sont les plus estimées. Ils sont fournis par les districts de Vologda, Usjuga, Yarosloff, Kama, Totma et Viatka. On les classe par ordre de qualité en 1re, 2e, etc., couronne, comme les lins slanetz de Saint-Pétersbourg.

Les lins russes s'achètent, en France, par 100 kilogrammes ou par tonne. Les poids adoptés par le commerce russe sont le berkowitz, qui vaut 10 pouds, et le poud, équivalant à 40 livres russes ; ils valent pour le commerce français, lorsqu'ils sont convertis en mesures décimales, le berkowitz 162 kilogrammes et le poud 16k,20 ; les Compagnies de chemins de fer russes appliquent de leur côté 163k,80 par berkowitz, et 16k,38 par poud.

Commerce du lin. Dans l'intérieur de la France, les lins teillés donnent lieu à un commerce assez considérable. Les teilleurs de la campagne vendent leurs produits soit directement aux filateurs, soit aux négociants en lin. Ceux-ci les revendent généralement aux 100 kilogrammes, mais le cultivateur les leur vend toujours à la botte. D'ordinaire, voici comment on procède : un commissionnaire qui représente ce filateur, ou le négociant, achète en campagne sauf approbation du preneur, puis au lieu et au jour indiqués pour la livraison, le vendeur transporte ses lins ; on vérifie si le nombre de bottes signalé, déduction faite d'une tare de convention, correspond à un poids donné, et, ce travail fait, on emballe le lin dans des sacs s'ils doivent être transportés à de grandes distances, ou on les enlève en vrac si le lieu de leur destination n'est pas trop éloigné. Le paiement a lieu immédiatement, ou quelques jours après l'achat.

Il y a, en France, bon nombre de personnes qui font le métier d'acheteurs en campagne pour le compte des filateurs ou des négociants en lin. Ce métier, pour être bien fait, exige une longue expérience. La provenance générale des lins, les localités spéciales d'où on les tire, et la nature même des terrains où ils ont été cultivés, sont choses à considérer par l'acheteur. Dans chacun des pays liniers, l'influence des climats, les soins de la culture, les rouissages, le teillage, contribuent d'une manière sensible à faire varier les fibres d'une année à l'autre, et on trouve alors des différences notables dans les produits.

Mais la production des lins français n'est pas suffisante pour la consommation de la filature, et nous recevons de la Belgique, de l'Allemagne, de la Hollande, de la Russie, et de l'Angleterre (en transit), une certaine quantité des matières, nécessaire à l'alimentation de nos fabriques. On peut s'en rendre compte par le tableau suivant qui détaille notamment les importations de Belgique et de Russie :

Années	Importation des lins en France		
	de Belgique	de Russie	des autres pays
	kilogr.	kilogr.	kilogr.
1867	23.695.146	10.254.818	2.555.663
1868	21.857.039	24.712.520	3.780.841
1869	15.432.476	23.036.840	3.414.816
1870	20.596.356	35.463.862	3.523.287
1871	29.061.001	27.141.777	3.484.164
1872	22.021.000	18.210.700	2.348.500
1873	17.698.473	32.238.104	2.152.182
1874	16.297.353	39.797.553	2.385.347
1875	17.100.902	40.731.818	3.650.716
1876	11.339.328	16.852.789	577.466
1877	15.913.326	52.034.126	1.371.251
1878	13.151.084	38.932.571	1.443.669

Ces importations constantes et considérables de lins étrangers expliquent la diminution de la culture du lin en France, par la concurrence qu'elles font aux produits nationaux. Néanmoins, il est bon de remarquer qu'elles auront toujours leur raison d'être : la filature française a besoin, pour ses numéros fins et moyens, des lins belges, et pour ses bas numéros des lins de Russie; dès lors, comme nous ne pouvons prétendre à fabriquer toutes sortes de lins, nous serons toujours forcés de nous adresser à l'étranger pour certaines sortes. Les importations de matières ne sont aujourd'hui à craindre que parce qu'elles sont trop considérables, mais elles ne pourraient être complètement supprimées. Dans ces dernières années, nos exportations de lins teillés et étoupés n'ont pas dépassé 8 à 9 millions de kilogrammes. — A. R.

Lin de la Nouvelle-Zélande. — V. PHORMIUM.

Lin maudit. — V. CUSCUTE.

***LINÇOIR.** *T. de charp.* Nom que l'on donne à des pièces de bois faisant partie d'un plancher et qui se placent, soit au devant des tuyaux de cheminée, soit au droit des parties faibles des murs, au-dessus des ouvertures, par exemple. Les linçoirs s'assemblent à tenons dans les solives d'enchevêtrure, scellées elles-mêmes à chaque extrémité dans les murs.

LINGER, ÈRE. *T. de mét.* Celui ou celle qui confectionne ou vend de la *lingerie.* — V. ce mot.

— Autrefois, comme de nos jours, ce sont principalement les femmes qui ont été occupées à la confection ou à la vente de la lingerie. Dès le XIIIe siècle, les maîtresses lingères étaient déjà organisées en communauté. Les premiers statuts leur furent donnés par saint Louis; on y voit, notamment, que les lingères de Paris peuvent installer leurs marchandises le long du cimetière des Innocents; de là le nom de « rue de la Lingerie » que porte encore la rue ouverte sur cet emplacement, pendant le règne de Henri II. Ces statuts furent renouvelés et modifiés à plusieurs reprises, notamment sous Louis XIV, en 1645; d'après eux, les « maîtresses-toilières, lingères et canevassières en fil, » pouvaient vendre, tant en gros qu'en détail, « toutes sortes de toile, de lin, chanvre, batiste, linon, Cambray, Hollande, canevas, fil blanc et jaune, et généralement toutes autres sortes de toiles et de marchandises faites, tant chemises que caleçons, rabats et autres manufacturées concernant ledit état, pour la commodité et le soulagement du public. »

A une certaine époque, les lingères furent en concurrence avec les merciers, « vendeurs de tout et faiseurs de rien, » comme on disait alors; car ces derniers exerçaient le commerce des toiles, et les lingères de leur côté façonnaient le linge de lit et le linge de table. La Révolution débarrassa les lingères de la rivalité des merciers, et lorsque, au rétablissement de la paix, la France eût renoué ses relations avec les nations étrangères, l'industrie de la confection du linge ne tarda pas à prendre un très grand développement; la fabrication des chemises d'homme devint alors si considérable qu'elle forma bientôt une industrie distincte. — V. CHEMISE, LINGERIE.

LINGERIE. On désigne sous ce nom tout linge confectionné. La lingerie comprend trois catégories : la lingerie pour hommes, la lingerie pour femmes et enfants, et la lingerie de ménage.

La *lingerie pour hommes* embrasse : 1° les chemises blanches ou de couleur, en coton, en toile, en flanelle ou en tissus de fantaisie; 2° les caleçons en toile, en croisé, en coton, en flanelle ou en tissus de fantaisie; 3° les gilets en flanelle ou en tissus mixtes; 4° les devants de chemise en toile ou en coton, unis, brodés ou de fantaisie; 5° les faux-cols, manchettes et plastrons de chemise (V. CHEMISE). La *lingerie pour femmes* comprend : 1° les chemises de jour et de nuit, les camisoles, les pantalons, les jupons, les cols et les manches, les parures, les peignoirs, les fichus; 2° les trousseaux qui se composent des mêmes articles plus le linge de ménage. La *lingerie pour enfants* se compose de tout ce qui constitue la layette, c'est-à-dire, des chemises, jupons, brassières, guimpes, bonnets, langes, robes, robes de baptême, pelisses, etc. C'est dans la seconde catégorie que l'on doit faire figurer les objets de fantaisie connus sous le nom de *lingerie fine*, tels que manches, bonnets, pelisses, robes de matin et autres articles analogues qui, rehaussés par le goût français et garnis de valenciennes, blondes, rubans ou dentelles en imitation, atteignent parfois des prix considérables.

La *lingerie de ménage*, enfin, comprend le linge de table, nappes, serviettes, services à thé, etc. (V. DAMASSÉ), le linge de lit (draps, taies, etc.), le linge d'autel, et le linge de ménage proprement dit (tabliers, essuie-mains, etc.).

A Paris, deux classes d'industriels se partagent l'industrie de la lingerie : les *confectionneurs* et les *lingers* ou *lingères*.

1° Les *confectionneurs de lingerie* sont ceux qui

font fabriquer les articles de lingerie pour leur compte et par quantités plus ou moins importantes et les revendent, soit aux marchands pour la consommation, soit aux commissionnaires pour l'exportation. Les maisons les plus importantes font exécuter elles-mêmes tous leurs travaux dans leurs ateliers, mais le plus grand nombre est obligé d'avoir recours à ce qu'on appelle les *entrepreneurs de lingerie*, qui emploient chez eux, des couseurs, dessinateurs, etc., et auxquels ils livrent les tissus qui doivent être transformés. Parfois, ces entrepreneurs livrent eux-mêmes à des *sous-entrepreneurs*, soit le tissu entier, soit les objets tout taillés et prêts à être cousus. Les sous-entrepreneurs font coudre les pièces, soit en atelier, soit en chambre, soit encore dans les prisons ou les établissements religieux : pour ce dernier cas, on ne fait dans les pénitenciers que les articles communs, tandis que la lingerie fine est confiée aux ouvrières des couvents. En province, il arrive souvent que des sous-entrepreneurs sont en relations directes avec les confectionneurs de lingerie de Paris, et font coudre les pièces, soit par des ouvrières à la campagne, soit, parfois, dans les établissements de bienfaisance ou les communautés; quatre places sont particulièrement renommées pour cette industrie, ce sont: Saint-Quentin, Argenton, Saint-Omer et Verdun; il faut mentionner, cependant, que depuis quelques années, la confection de la lingerie a pénétré dans des grandes villes telles que Lyon, Avignon, Nantes, Tours, Bordeaux, Epinal, Nancy, Grenoble, etc.

2° Les *lingers* et *lingères* sont ceux qui, vendant directement aux consommateurs, font exécuter sur mesure les objets qui leur sont demandés. Un grand nombre ont des ouvrières qui travaillent sous leur direction et sous leurs yeux, d'autres font travailler au dehors. Dans cette classe, un grand nombre de maisons, vu la quantité d'articles qu'embrasse la lingerie proprement dite, se sont cantonnées dans la fabrication de certaines spécialités : telle maison s'occupe seulement des articles pour enfants; telle autre de la lingerie plate ; telle autre de la lingerie façonnée et brodée; telle autre enfin, des cols, manches et parures; et cependant toutes ces branches suffisent à engendrer des transactions des plus importantes.

Les matières premières employées pour la confection des articles de lingerie, sont : 1° les tissus de coton (percale, madapolam, mousseline, nansouk, jaconas, brillanté et piqué) que l'on tire principalement des Vosges et de la Normandie; 2° les tissus de lin (toile et batiste), qui viennent presque toujours d'Irlande quand ils sont appliqués aux chemises de femme, faux-cols, collerettes et manchettes, et de Lille, Cholet, Armentières, Vimoutiers et Lisieux quand ils s'appliquent aux caleçons, chemises d'homme, etc.; 3° les tissus de laine (flanelles) qui viennent presque tous de Reims, très rarement de Glascow.

Les accessoires de la lingerie sont : 1° les *broderies à la mécanique* que l'on fait venir de Saint-Quentin, mais surtout de la Suisse, et les *broderies à la main* qui s'exécutent principalement dans le département des Vosges. Dans cette contrée, les entrepreneuses qui travaillent pour les maisons de Paris, reçoivent, à certains jours, les ouvrières de la campagne et des environs et leur donnent de l'ouvrage en échange de celui qu'elles rapportent ; d'autres font des distributions de travail à domicile; dans tous les cas, ces entrepreneuses paient avec les deniers du fabricant, et retiennent pour elles 10 0/0 à titre de commission sur le montant des factures de broderies; 2° les *dentelles*, *guipures* et *imitations de dentelles*, qui proviennent en grande partie de la Belgique, de l'Angleterre, des départements du Nord, des Vosges et du Puy.

La confection des articles de lingerie se fait soit à la machine à coudre, soit à la main. On emploie surtout la machine à coudre pour la chemiserie d'homme destinée à l'exportation, principalement pour les devants, cols et poignets, et pour la lingerie de ménage; le travail à la main qui se pratique avec le seul concours de l'aiguille se fait surtout pour la lingerie de femme et d'enfant et pour les belles chemises d'homme.

La classification des objets de lingerie n'existe que pour certains articles. Pour la chemise, par exemple, depuis 1840, on a établi quatre tailles principales et quatre subdivisions, et, par des proportions étudiées avec soin, on a pu établir des chemises allant parfaitement à tout homme dont la mesure du col serait connue, cette mesure déterminant toutes les autres. Pour les faux-cols, on a adopté le procédé d'étalonnage établi pour les gants; on les coupe à la mécanique avec une grande précision, et on les classe suivant la forme, la hauteur et les dimensions, par noms, numéros et lettres; comme la mode modifie fréquemment la forme du col, on compte, dans certaines maisons, plus d'un millier de modèles, de sorte que l'on peut trouver sans difficulté, pour quel que cou que ce soit, un col d'une parfaite convenance et de tel genre qu'on le désire.

STATISTIQUE. Diverses enquêtes ont été faites, à différentes époques par la Chambre de commerce de Paris, pour supputer le nombre d'ouvriers et d'ouvrières employés dans l'industrie de la lingerie pour le département de la Seine. D'après celle de 1847, on comptait 8,974 ouvriers et ouvrières en lingerie, se divisant en 2,312 ouvriers à l'atelier chez les confectionneurs de lingerie, 2,425 chez les entrepreneurs ou sous-entrepreneurs, et 4,237 en chambre. D'après celle de 1867, on relève 9,970 ouvriers et ouvrières, mais on ne donne pas le nombre de ceux qui travaillent en chambre : ces ouvriers se divisent en 1,632 employés par les chemisiers-lingers, 5,409 par les entrepreneurs de lingerie et 1,929 par les sous-entrepreneurs. Enfin, l'enquête de 1872 est beaucoup plus sobre de détails que les précédentes : dans un tableau présentant le développement des industries du vêtement dans le département de la Seine, on voit que 13,742 ouvriers et ouvrières étaient occupés à l'industrie de la lingerie, et 25,250 personnes à celle de la blanchisserie qui en emploie bien un quart pour la lingerie, soit en tout 20,054 ouvrières en lingerie. Depuis cette époque, ce chiffre peut bien être augmenté de 4 à 5,000 personnes.

En province, le nombre des ouvrières libres est beaucoup plus considérable que celui du département de la Seine, mais celui des ouvrières à l'atelier l'est moins : on peut supposer que leur nombre ne dépasse pas 25,000 personnes. Dans les prisons et les maisons de correction, le chiffre n'excède pas 2,500 à 3,000. Mais il est extrêmement considérable dans les ouvroirs et les couvents, et si l'on tient compte qu'il y a, en France, plus de 2,000 ouvroirs ayant plus de 80,000 élèves, si l'on admet que près de 100,000 religieuses françaises travaillent de leurs mains, et si l'on tient compte, en outre, de la multitude d'asiles et de pensionnats où le travail des doigts occupe plusieurs heures dans la journée, on peut conclure, sans exagération, que la production industrielle qui sort de toutes ces institutions représente le travail d'environ 180 à 200,000 personnes.

Le salaire est des plus variables. A Paris, les hommes gagnent en moyenne, soit de 125 à 200 francs par mois, soit de 4 à 8 francs par jour; les femmes gagnent de 3 à 4 francs pour les capables, de 2 à 3 fr. 50 pour les ouvrières ordinaires et de 50 centimes à 2 francs pour les enfants. En province, dans les grandes villes, les salaires sont de 20 0/0 moins élevés qu'à Paris, et dans les campagnes inférieurs de 30 à 40 0/0.

L'exportation de la lingerie est relativement considérable et n'a cessé d'augmenter d'année en année jusqu'en 1867 : en 1837, elle était de 437,860 francs; en 1842, de 1,261,760 francs; en 1846, de 2,309,720 francs; de 1847 à 1856, elle s'est élevée, en moyenne, à 10 ou 11 millions de francs par an; de 1857 à 1866, elle a été de 31 à 32 millions; de 1867 à 1876, de 20 à 21 millions; elle a peu augmenté depuis cette époque.

Quant au chiffre d'affaires auquel donne lieu cette industrie, il est difficile de l'évaluer : nous n'avons que quelques données pour ce qui concerne Paris. Dès 1860, la Chambre de commerce de cette ville évaluait à près de 18 millions de francs le total des affaires de la chemiserie-lingerie pour le département de la Seine, et à 42 millions de francs celui de la lingerie, en tout 60 millions. On peut estimer qu'actuellement ce chiffre pourrait être doublé. — A. R.

LINGOT. *T. de métall.* On appelle *lingot* le produit de la coulée d'un métal dans une lingotière. Le lingot est la forme sous laquelle se présentent tous les métaux fusibles, à l'exception de la fonte qui est le plus souvent en *plaques* épaisses coulées dans un bassin de fonte, ou en *gueuses* coulées dans une rigole de sable. Les lingots ou saumons de plomb ont la forme d'un demi-cylindre terminé par deux quarts de sphères, mais les lingots des autres métaux ont plutôt la forme légèrement pyramidale qui se prête au retrait et facilite le démoulage.

LINGOTIÈRE. *T. de métall.* On appelle *lingotière* le moule métallique dans lequel on coule un métal fondu. Pour le plomb, l'argent, l'or, le cuivre et les métaux assez fusibles, on se sert de la lingotière en fer forgé que l'on place horizontalement. Le métal y est coulé à découvert, et la scorie qui le recouvre, s'en détache facilement à froid. Plus rarement, le moule, formé de deux pièces se raccordant par une rainure, est placé verticalement. L'acier fondu, par le développement qu'il a pris dans ces dernières années, a multiplié l'usage des lingotières et en a fait varier les formes. Nous ajouterons cependant que la lingotière en prisme légèrement pyramidal et d'une seule pièce, tend à se répandre presque exclusivement. On la place, la grande base en bas, sur un socle de fonte. Le démoulage se fait facilement au moyen d'oreilles de fer noyées dans la fonte, à la partie supérieure, et qui permettent l'enlèvement par une grue. Les lingotières se font le plus souvent en fonte; celle qui convient le mieux c'est la fonte d'hématite de première fusion, fonte éminemment siliceuse et très grise; pour les socles, au contraire, il est préférable de prendre de la fonte blanche ou truitée. Pour préserver les lingotières de la corrosion du jet liquide, on les enduit généralement d'un lait de chaux ou d'une couche de suie provenant de la combustion d'un peu de goudron.

***LINGUET.** *T. de mar.* Pièce de fer articulée sur une broche située au-dessus de la couronne inférieure d'un cabestan et qu'on laisse tomber dans les encoches que porte cette couronne; ces encoches forment d'un côté un plan incliné, sur lequel le linguet glisse tant que l'on vire au cabestan; l'autre côté des encoches est à angle droit, et forme un arrêt contre lequel vient buter le linguet qui s'oppose ainsi à tout mouvement de dévirage. Le linguet de la chaîne de l'ancre est constitué par un pied-de-biche ménagé dans le chemin de fer, sur lequel passe la chaîne avant d'arriver à l'écubier. Le levier de manœuvre de ce pied-de-biche permet de le placer dans une position telle qu'il vient former avec le chemin de fer un plan incliné que la chaîne franchit aisément; quand, au contraire, le pied-de-biche est abaissé, son logement constitue un arrêt contre lequel vient buter le maillon en prise et qu'il ne peut franchir que difficilement.

***LINOGRAPHIE.** Ce mot désigne une impression photographique sur toile ou calicot, mais on peut dire que toute impression sur toile, qu'elle soit photographique ou simplement graphique, c'est-à-dire obtenue avec l'un des procédés quelconques décrits à l'article IMPRESSION, peut constituer une linographie. C'est un mot nouveau appliqué à un art industriel spécial, comme le mot *oléographie* est employé aux lieu et place de chromolithographie et celui de *paniconographie* sert à désigner la gravure typographique sur zinc. La linographie consiste dans l'emploi d'un tissu blanc d'une force convenable suivant la dimension du sujet, sur le lequel on transporte, après une préparation *ad hoc*, une image photographique monochrome que l'on y fixe; puis cette toile est rendue transparente à l'aide de vernis spéciaux, et l'on peint, au dos de l'épreuve, avec des couleurs à l'huile. Le dessin et le modelé de l'image photographique ne sauraient être altérés puisqu'ils sont en avant de la couleur et l'on a, s'il s'agit d'un portrait, une image dont la ressemblance est absolument exacte.

Quant au coloris et à la valeur artistique du portrait, cela dépend du peintre chargé de ce travail, mais il est rare qu'un artiste de talent se charge de cette œuvre de coloriage.

***LINOLÉUM.** On donne ce nom à une étoffe ayant l'aspect de la toile cirée, fabriquée en France, mais surtout en Angleterre, particulièrement à Kircaldy, avec de l'huile de lin et des déchets de liège, et qui diffère du *camptulicon* (V. ce mot) en ce sens que le mélange dont elle est composée, comprimé ou passé au rouleau, repose sur une couche imperméable de toile grossière, et par conséquent présente une bien plus grande solidité. Le linoléum peut être lavé et balayé sans inconvénients ; il sert même, dans certains cas, à remplacer le papier de tenture dans les appartements : on le revêt alors d'une couche d'huile de lin qui forme vernis à la surface.

LINON. Batiste très fine.

LINTEAU. *T. de constr.* Bloc de pierre, ou pièce de bois horizontale, posé sur les jambages d'une porte ou d'une fenêtre pour former la partie supérieure. || Bout de fer placé en haut d'une porte ou d'une grille pour recevoir les tourillons.

LION. *Art hérald.* Cet animal, figuré dans un grand nombre d'armoiries, symbolise la souveraineté, la force et la générosité.

LIONCEAU. *Art hérald.* Se dit des lions figurés dans le blason, lorsqu'ils sont trois au moins.

***LIONNÉ, ÉE.** *Art hérald.* Se dit du léopard, lorsqu'il est couché comme le lion.

LIQUATION. *T. de métall.* La *liquation* est un phénomène physique par lequel un alliage se décompose à une certaine température en deux parties, l'une plus fusible, qui s'écoule, et l'autre, moins fusible, qui reste à l'état solide. C'est sur cette propriété des alliages qu'était fondée la désargentation des cuivres impurs, en Allemagne et en Hongrie. On incorporait au cuivre du plomb, dont l'affinité pour l'argent est bien connue; puis on soumettait ces *pains de liquation* à une chaleur modérée. Il se formait un alliage de plomb et d'argent renfermant très peu de cuivre, qui s'écoulait à l'état liquide, tandis qu'il restait dans le four des *carcasses* solides de cuivre désargenté et renfermant peu de plomb. Pour n'être pas toujours très bien reconnue, la liquation n'en joue pas moins un rôle assez important en métallurgie.

Dans le puddlage, les sulfures et phosphures de fer, qui se trouvaient plus ou moins intimement mélangés à la fonte, s'écoulent en majeure partie, pendant la fusion, grâce à leur plus grande fusibilité, et passent dans la scorie où une partie de leur soufre et de leur phosphore s'oxyde et se fixe à l'oxyde de fer. Dans certains alliages, les vibrations, accompagnées d'une faible élévation de température, peuvent également amener une liquation analogue à ce que produirait une température plus élevée.

LIQUÉFACTION ou CONDENSATION DES GAZ. *T. de phys.* Passage ou résultat du passage d'un gaz à l'état liquide. — V. Chaleur, § *Changements d'état; liquéfaction des gaz*; Gaz, § *Condensation ou liquéfaction des gaz*, différents moyens employés à cet effet, identité des gaz et des vapeurs; Compressibilité des gaz, § *Limites*.

Les premières expériences de liquéfaction des gaz par Monge et Clouet, en 1783, sur l'acide sulfureux, et par Guyton de Morveau, sur l'ammoniaque, ne furent pas interprétées à leur valeur. On crut que la liquéfaction tenait à l'humidité que pouvaient renfermer ces gaz. Soixante ans plus tard, Faraday, à l'instigation de Davy (guidé par des idées théoriques relatives à la loi de Mariotte sur la compressibilité des gaz et sur la densité, égale à celle de l'eau, qu'ils peuvent acquérir sous des pressions de quelques centaines d'atmosphères), entreprit, en 1823, une série d'expériences sur la compression des gaz. L'appareil qu'il employa, aussi simple qu'ingénieux, est devenu classique. Il consiste en un simple tube de verre épais, recourbé en U écarté, fermé à un bout. On y introduit la substance qui doit, par la chaleur ou par réaction chimique, produire le gaz à liquéfier. On effile l'autre bout du tube, on le ferme au chalumeau, on le renverse ; on chauffe l'extrémité qui contient la substance, et on met l'autre dans un mélange réfrigérant. Le gaz se dégage, se comprime en même temps et finit par arriver à son maximum de tension, à partir duquel il se liquéfie et se condense dans la partie froide du tube. Si l'on veut mesurer la pression correspondante, on introduit, au préalable, dans le tube un petit manomètre (tube à air, fermé par un index de mercure). M. Melsens a étendu à beaucoup de gaz le procédé de Faraday, en utilisant la propriété que possède le charbon d'absorber une grande quantité de gaz à la température et à la pression ordinaires, et de le laisser dégager à une température plus élevée. Ce procédé est surtout appliquable aux gaz suivants : ammoniaque, chlore, acide sulfureux.

La liquéfaction des gaz dits *incoercibles* ou *réfractaires* (oxygène, hydrogène, azote, bioxyde d'azote, oxyde de carbone, gaz des marais), a été opérée presque simultanément et au moyen d'appareils très différents, par M. Cailletet et par M. Raoul Pictet, à la fin de l'année 1877 et au commencement de 1878.

La figure 80, qui représente l'appareil de M. Cailletet, donnera une idée du procédé de liquéfaction employé pour les gaz réfractaires. Cet appareil se compose de deux parties distinctes : 1° le compresseur ; 2° le récipient en acier dans lequel est ajusté le réservoir en verre destiné à contenir les gaz. Le *compresseur* est formé d'une pompe à piston plongeur, mis en mouvement par le levier L. Cet appareil peut donner facilement des pressions de 300 atmosphères et même de 500 atmosphères, en faisant agir le volant V, qui commande une vis à piston plongeur. Les pressions sont indiquées par un manomètre à cadran M. Le volant V' sert à supprimer brusquement la pression. Le *récepteur* est une sorte d'éprouvette renversée en acier B, dont les parois sont assez épaisses pour supporter des pressions de 1000 atmosphères. Il est mis en rapport avec le compresseur par un tube métallique TU de petit diamètre et flexible. Le réservoir en verre T, qui contient le gaz en expérience, s'adapte au moyen d'un écrou E' à la partie supérieure du récepteur. Ce réservoir est formé d'un tube épais et de petit diamètre, soudé à une éprouvette plus large, qui plonge dans le mercure dont est rempli le cylindre d'acier. L'éprouvette est donc soumise à l'intérieur et à l'extérieur à des pressions égales, ce qui permet de lui donner des proportions notables, malgré les hautes pressions qu'elle devra supporter. Quant au tube qui la surmonte, il est soumis intérieurement aux pressions qui déterminent la liquéfaction, tandis que ses parois extérieures supportent seules la pression atmosphérique. Un manchon M, reposant sur un support S, enveloppe le tube ; il peut contenir soit un mélange réfrigérant, soit un liquide destiné à réchauffer le gaz en expérience.

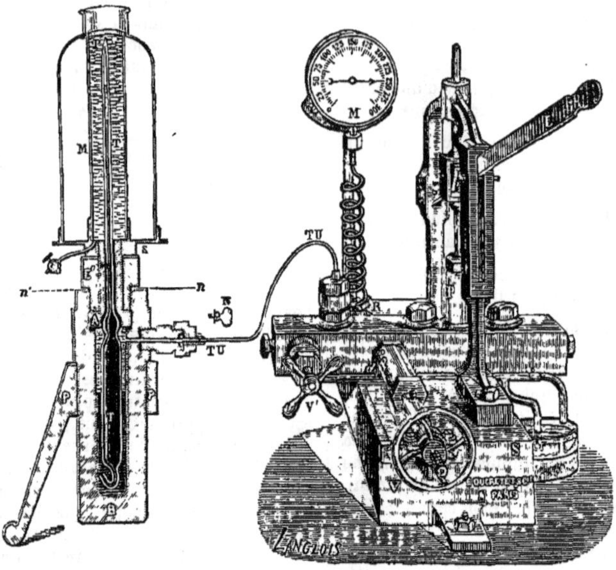

La fig. 81 indique la disposition du réservoir pour le remplir du gaz sur lequel on doit opérer. On fait d'abord pénétrer à l'intérieur un globule de mercure G par la partie recourbée à laquelle on adapte un tube de caoutchouc H, qui amène le gaz pur et sec dans le réservoir tenu horizontalement, la pointe effilée P étant ouverte. Lorsque le gaz a complètement chassé l'air de l'appareil, on arrête son arrivée et l'on ferme la pointe du tube en la fondant au chalumeau. Le tube est ensuite redressé, le globule de mercure ferme l'ouverture inférieure du tube et intercepte toute communication. La pièce A est alors fixée sur le réservoir métallique, préalablement rempli de mercure bien sec jusqu'au niveau $n'n$.

Fig. 79. — *Appareil pour la liquéfaction des gaz.*

En faisant agir le compresseur, l'eau refoulée force le mercure à s'élever dans le réservoir de verre, et le gaz comprimé se condense dans le tube capillaire, ce qui permet de suivre facilement toutes les phases de l'expérience, quand le gaz se liquéfie ou se solidifie. On peut préparer et conserver une série de tubes contenant différents gaz. Pour leur transport, on ferme l'orifice inférieur avec un peu de cire ou de mastic fondu. Cet appareil que construit M Ducretet se prête facilement aux expériences de projection, pour montrer à un auditoire les effets successifs de la liquéfaction.

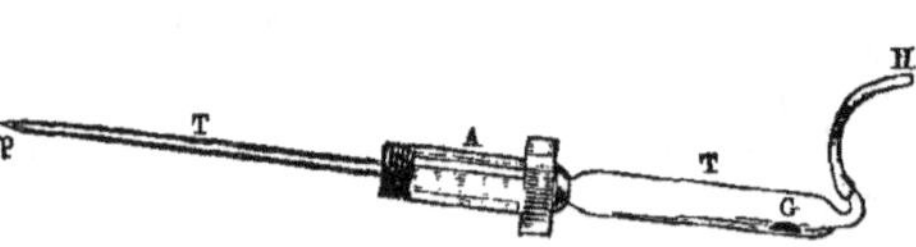

Fig. 80. — *Réservoir à gaz et tube capillaire; disposition pour le remplissage.*

Un fait nouveau très important, au point de vue pratique, et observé par M. Cailletet, s'est produit dans les expériences de compression des gaz réfractaires : si, après avoir comprimé fortement un gaz, mais insuffisamment encore pour amener sa liquéfaction, on vient à opérer une *détente brusque* de la pression (au moyen du volant V'), l'abaissement subit de température qui en résulte est considérable, et amène la liquéfaction partielle ou complète du gaz, et même sa solidification. M. Andrews avait démontré que les gaz réfractaires présentent chacun un *point critique* particulier, c'est-à-dire une température au delà de laquelle la liquéfaction devient impossible par la pression seule. Par exemple, pour le bioxyde d'azote, le point critique serait entre +8° et — 11°, d'après les expériences de M. Cailletet. — C. D.

LIQUEURS. *T. de distill.* Nom donné à quelques boissons alcooliques, sucrées ou non, mais contenant toujours des principes aromatiques, et qui sont destinées, soit à satisfaire l'organe du goût, soit encore à réveiller les fonctions de l'estomac, ou même seulement à l'exciter momentanément (apéritifs).

La base de toutes les liqueurs est l'alcool distillé, celui que l'on désigne sous le nom d'*alcool bon goût*, parce qu'il a été débarrassé par la rectification, aujourd'hui que l'alcool de vin est devenu une rareté, des produits étrangers que peuvent former les matières employées pour obtenir l'alcool. A ce liquide s'ajoutent les diverses substances que l'on recherche pour leur arome, et dont le mélange servira à former le goût caractéristique de la liqueur fabriquée ; puis, si le produit doit être sucré, des quantités convenables de sucre, de glucose, parfois même de glycérine; enfin, souvent, une matière colorante quelconque. S'il est toujours facile de se procurer un alcool d'un type choisi et connu, de préparer des sirops convenables, avec le sucre ou le glucose, en les clarifiant au blanc d'œuf, la manipulation des substances aromatiques exige plus de soins de la part du liquoriste. On peut employer, pour utiliser le parfum des derniers corps, des produits fort divers : des huiles essentielles, des éthers artificiels (V. ETHER, § *Ethers de fruits*), des eaux distillées (rose, menthe, fleurs d'oranger, amandes amères, etc.), des sirops simples ou composés, des alcoolats et des alcoolés, des feuilles (absinthe, menthe, mélisse), des fleurs (rose, oranger, œillet), des fruits (cumin, anis, badiane, genièvre, oranges douces et amères, citrons, vanille), des écorces (cannelle), des racines (gentiane, zédoaire, calamus), des sucs concrets (aloès, cachou, etc.), etc., aussi, les opérations à faire pour préparer les liqueurs varient-elles avec la nature des produits employés, en ne parlant, bien entendu, que de la manipulation qui a pour but de fournir la partie aromatique.

On peut opérer par une simple solution de sucre et d'une quantité déterminée d'essences ou d'éthers artificiels dans l'alcool (essence de menthe, d'anis, parfums de fruits) ou même d'un mélange de ces produits (élixir de Garus, chartreuse, bénédictine), ou encore faire un sirop aromatique avec une eau distillée, et le mélanger avec l'alcool bon goût. Cette méthode ne donne que des produits ordinaires, qui n'ont pas la suavité des liqueurs surfines, mais elle a pour principal mérite de permettre une fabrication rapide, et, en outre, d'éviter le goût de feu que présentent souvent les liqueurs qui viennent d'être distillées.

On opère, ordinairement, en laissant les matières aromatiques en contact avec l'alcool et un peu d'eau, pendant un certain temps, suivant la nature des substances, leur plus ou moins grande facilité à céder les parties aromatiques ou résineuses qu'elles contiennent, en agissant : tantôt par macération à froid, tantôt par infusion, tantôt par digestion à 50 ou 60°, et enfin, en distillant, pour séparer l'alcool aromatique et ne recevoir qu'une partie donnée du liquide introduit dans l'alambic. Dans les usines bien montées, cette opération se fait avec des appareils spéciaux, disposés, par exemple, de telle manière que sans interrompre une opération, on puisse, d'un côté, recueillir les produits utiles, et envoyer, par un jeu de robinets, les flegmes dans un autre réservoir. On peut voir cette disposition figurée dans l'appareil ci-contre, où le réfrigérant représenté à droite, porte à sa partie inférieure ces deux réservoirs séparés (fig. 82).

Fig. 81. — *Vue d'ensemble d'une fabrique de liqueurs de moyenne importance.*

La facile volatilisation de l'alcool pouvant amener une déperdition assez considérable, et, de plus, provoquer parfois des causes d'incendie, on cherche, dans les établissements de quelque importance, à éviter cet inconvénient par l'emploi d'un certain nombre de procédés mécaniques; c'est ainsi que l'on a des filtres continus, opérant en vase clos ; que l'on refoule les alcools par le moyen de l'air comprimé, des réservoirs dans les alambics, et des vases de condensation dans les conges de fabrication; que l'on vide celles-ci lorsque le mélange de l'alcool, sirop et eau, qui constitue la liqueur, a été opéré; et enfin que l'on envoie cette dernière dans les ateliers où se feront les autres opérations. Nous donnons figure 83, une vue d'ensemble des conges de fabrication, et nous devons ajouter qu'avec les installations que fait M. Egrot, en se servant de l'air comprimé, un seul homme peut suffire pour fabriquer huit à dix mille litres de liqueur par jour.

La quantité de sucre et d'alcool que l'on fait entrer dans les liqueurs varie avec la qualité de ces produits. Ainsi, si commercialement parlant, on divise les liqueurs de table en ordinaires, fines et surfines, cela ne veut pas dire uniquement que la qualité du produit est absolument différente dans les unes et dans les autres, ou que l'on a apporté plus ou moins de soins dans la fabrication. Il y a dans chacune, des proportions variables de sucre, d'eau et d'alcool. Les liqueurs ordinaires pèsent environ 10° au pèse-sirop, et par litre, elles contiennent une partie d'alcool pour deux parties d'eau, et 125 à 175 grammes de sucre ou de matière sucrante; les liqueurs fines sont faites avec parties égales d'eau et d'alcool, et 250 à 300 grammes de sucre par litre; elles marquent de 15 à 17°; enfin, les liqueurs surfines renferment les mêmes quantités d'eau et d'alcool, avec 375 à 500 grammes de sucre, ou une quantité équivalente de glycérine, à moins que ce ne soient des liqueurs dites *des îles* qui sont un peu plus alcooliques; elles marquent de 20 à 22°. Elles renferment de 40 à 50 0/0 d'alcool, quelquefois bien plus, jusqu'à 65 ou 72 pour l'absinthe, par exemple, qui se prend toujours très étendue d'eau.

Dans les conges de fabrication on a également ajouté, avant de faire le mélange avec les produits spiritueux, la quantité voulue de matière destinée à donner à la liqueur la coloration que l'usage exige qu'elle présente. Comme la loi française

Fig. 82. — *Ensemble des conges de fabrication d'une fabrique de liqueurs.*

impose de ne se servir, pour les produits alimentaires, que de couleurs inoffensives pour la santé, nous indiquerons celles qui sont le plus fréquemment employées par les distillateurs-liquoristes. Matières colorantes *rouges* : bois de santal, de campêche, de fernambouc du Brésil, Cudbear, orseille, orcanette, bixine, baies de myrtille, alizarine, cochenille, rouge d'aniline (?); *jaunes* : quercitron, curcuma, gingembre, lutéoline, carthame, souci, safran, caramel; *bleues* : indigo sulfurique; *brunes* : cachou, caramel; *vertes* : mélange de bleu et jaune; chlorophylle traitée par le procédé Guillemain et Lecourt, c'est-à-dire extraite des épinards notamment, fixée par la soude, puis reprécipitée par l'acide chlorhydrique; vert de méthyle (?), vert Victoria (?); *violettes* : mélange de bleu et de rouge, violet d'aniline (?). Nous avons, dans cette liste, fait figurer quelques couleurs d'aniline, parce qu'elles servent souvent. Etant donné leur immense pouvoir tinctorial, il est certain qu'elles ne peuvent nuire à la santé, eu égard à la quantité qui en existe dans le volume de liqueur pouvant être ingéré, mais il faut se rappeler que ces produits, souvent obtenus à l'aide de substances dangereuses par elles-mêmes, ne sont pas autorisés.

Les liqueurs qui viennent d'être fabriquées ne sont pas susceptibles d'être livrées de suite à la consommation, surtout quand elles ont été obtenues par distillation ; elles gardent souvent alors un petit goût de feu, et le mélange des diverses substances n'offre pas la suavité qu'il présentera après un certain temps ; c'est ce qui fait, par exemple, la grande supériorité de la liqueur dite *chartreuse*, c'est qu'elle n'est vendue qu'après un laps de temps assez long. Pour vieillir les liqueurs, on les chauffe, comme on le fait pour les vins, avec cette différence, que les liqueurs de table doivent être portées à une température voisine de 100°; c'est ce que l'on appelle l'opération du *tranchage*. Après, les diverses liqueurs sont collées, pour les clarifier, et filtrées, s'il y a lieu, puis abandonnées au repos. La mise en flacon ne se fait souvent que peu de temps avant l'expédition.

Les liqueurs de table peuvent être divisées en plusieurs sortes, suivant leur nature; nous n'y comprendrons pas les spiritueux proprement dits, comme le rhum, le kirsch, le genièvre, le wiskey, qui sont des eaux-de-vie en réalité; ou les vermouth, hypocras, byrrhs, etc., qui sont des vins composés et non des liqueurs véritables, et en ne nous occupant que de celles qui sont faites avec l'alcool et des produits aromatiques, sucrés ou non, nous distinguerons :

1° Les *liqueurs dites apéritives*, dans lesquelles on doit ranger : l'absinthe, le bitter, les amers Picon, Lamoureux, et autres;

2° Les *liqueurs de table* proprement dites : elles admettent aussi quelques subdivisions, mais sont toujours sucrées, et en proportion variable suivant leur nature. On distingue :

(*a*) Les *liqueurs ordinaires*, comme l'anisette, le curaçao, le kummel, le vespétro, pouvant être fines, ou ordinaires.

(*b*) Les *crèmes* ou *huiles, élixirs*, qui sont ainsi nommés à cause de leur consistance, qui les rapproche un peu de la crème du lait, et qui tient à ce que ces produits contiennent environ 500 grammes de sucre par litre, ou de leur teinte, qui, souvent jaunâtre, rappelle la couleur des huiles. De ce nombre sont les crèmes de cacao, de café, de vanille, le marasquin, le rosolio; toutes les liqueurs dites *glaciales*, et qui offrent des cristaux de sucre sur les parois du verre : les élixirs de la grande Chartreuse, de Garus, etc.

(*c*) Les *ratafias* ou sortes de liqueurs obtenues avec le suc des fruits, souvent additionné d'une petite quantité de matières aromatiques étrangères. Comme type, nous pouvons indiquer le *cassis de Dijon*.

On prépare de la même manière le ratafia de cerises, de framboises, de coings, de poires, abricots, noyaux, le brou de noix, etc.

Liqueurs diverses. LIQUEUR CUPRO-POTASSIQUE. Solution de tartrate double de potasse et de cuivre qui sert pour doser le sucre. On connaît un certain nombre de ces liqueurs qui portent le nom de leurs auteurs : Barreswil, Fehling (c'est la même que celle de Neubauer et Vogel), Trommertz, Violette. Les plus employées sont les suivantes, qui ont l'avantage de se conserver longtemps sans s'altérer :

Lessive de soude à 20° Baumé (D = 1,14)	480 c. c.	500 gr.
Tartrate double de potasse et de soude	173 gr.	200
Sulfate de cuivre	34.65	36.46
Eau Q. S. pour faire un volume de 1,000 centim. cub.	»	»
	Fehling	Violette

On dissout chaque sel dans un peu d'eau distillée, on mêle la lessive et on complète le volume avec de l'eau distillée pour faire 1,000 centimètres cubes.

LIQUEUR DE FERRAILLE. Mélange de pyrolignites ferreux et ferriques impurs.

LIQUEUR FUMANTE DE CADET. Liquide arsenical qui est un mélange de cacodyle (arsenidiméthyle [$(C^2H^3)^2As$], et d'oxyde de cacodyle, obtenu en chauffant de l'acide arsénieux avec un acétate basique.

LIQUEUR DES HOLLANDAIS. *Syn.*: *Chlorure d'éthylène*. $C^4H^4Cl^2 \ldots C^2H^4Cl^2$, corps résultant du mélange, à volumes égaux, d'éthylène et de chlore. C'est un liquide oléagineux, d'odeur éthérée, bouillant à +85°, insoluble dans l'eau, soluble dans l'alcool, qui se prépare en dirigeant du chlore, mêlé avec un léger excès d'éthylène, dans un ballon à tubulures, exposé au soleil. On purifie le produit obtenu par des lavages à l'eau chargée de carbonate de soude, puis on sèche avec le chlorure de calcium et on rectifie.

LIQUEUR DE LABARRAQUE. *Syn.* : *Hypochlorite de soude*. — V. CHLORURES DÉCOLORANTS.

LIQUEURS TITRÉES. Solutions diverses, employées pour doser, par voie humide, un très grand nombre de corps. Nous ne pouvons ici en donner la formule, mais on trouvera des exemples de ces liqueurs, aux mots ACÉTIMÉTRIE, ALCALIMÉTRIE, CHLOROMÉTRIE, HYDROTIMÉTRIE, IODOMÉTRIE, SULFHYDROMÉTRIE, etc., etc. — J. C.

***LIQUIDATION.** *T. de savon.* Opération qui a pour but d'épurer le savon, au moyen de la cuisson et d'un délayage dans les lessives; lorsque le savon est porté à une haute température, on agite fortement la pâte, celle-ci, par la chaleur et l'agitation, devient fluide, laisse à la surface une couche d'écume qu'on enlève soigneusement.

***LIQUOMÈTRE.** *T. de chim.* Instrument destiné à donner la richesse alcoolique des vins, et basé sur l'action de la capillarité. Proposé dès 1866 par M. Artur, il a été préconisé ensuite par MM. Musculus, Valson et Garcerie. Il est construit sur ce principe que dans un tube capillaire, la colonne d'eau qui se forme en faisant affleurer le liquide est beaucoup plus haute que celle de l'alcool pur. Dès lors, l'eau alcoolisée peut (?) atteindre des hauteurs variables suivant les proportions relatives d'eau et d'alcool existant dans le mélange. L'opération se fait en aspirant le liquide, sans produire de bulles, et en plongeant l'appareil deux ou trois minutes dans l'eau à 15° avant de faire l'opération.

I. ***LISAGE.** *T. de tiss.* Le grand nombre de cartons Jacquard employés le plus souvent pour la fabrication des tissus artistiques ou étoffes à dessins, ne permet pas de percer *à la main*, dans ces bandes plus ou moins larges, les trous qui, déterminant la levée des fils de chaîne, doivent concourir à la reproduction, sur étoffe, d'un dessin donné. En effet, opérer le perçage, trou par trou, à l'aide d'un poinçon et d'un maillet, serait une opération aussi longue que pénible et d'ailleurs très onéreuse. Pour résoudre le problème de la vitesse dans la *lecture* de la mise en carte et dans le perçage des cartons Jacquard, on a recours à de grosses chaînes volantes qu'on nomme *semples*, et à un grand métier appelé *lisage*. Il y a plusieurs sortes de lisages, savoir : le *lisage à tambour*, le *lisage à chariot*, le *lisage à touches* et le *lisage accéléré*. C'est de ce dernier qu'il sera question ici, car c'est définitivement lui qui, offrant le plus d'avantages, comme économie dans le travail, comme garantie et rapidité dans l'exécution, est adopté par les liseurs (fabricants de cartons Jacquard) et les manufacturiers.

Le principe de construction du lisage accéléré repose sur ce fait qu'étant donnée une corde S (fig. 84), corde qui joue le rôle de fil de chaîne, on peut, en attirant cette corde de S en S', déter-

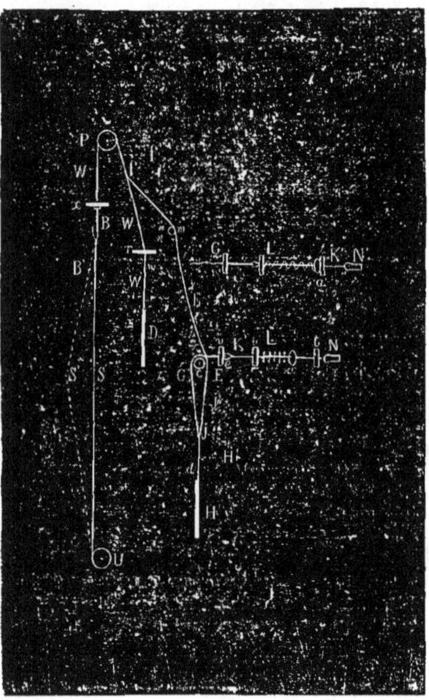

Fig. 83.

miner la poussée d'un poinçon N dans le trou d'une plaque volante. Celle-ci, qui n'est pas indiquée dans la figure, est transportée ensuite sur une boîte contenant une bande de carton. Cette boîte est poussée à son tour sous une presse, dont l'action énergique sur la tête du poinçon force celui-ci à descendre et à percer la bande. Ce trou, lorsqu'on fera fonctionner la mécanique Jacquard, commandera la levée d'un fil dans la chaîne disposée sur le métier à tisser. Notre figure 83 est dépouillée de toutes les combinaisons d'organes accessoires, indispensables pour réaliser le fait qui vient d'être indiqué très succinctement ; mais elle suffira pour mettre en évidence le principe de construction du lisage accéléré.

La corde S, qui représente, par exemple, une première corde du semple, et conséquemment un premier fil de cette chaîne volante, est suspendue à un petit crochet B, suspendu lui-même à une autre corde W, passant à travers une première planchette fixe *x*. Cette corde S s'enroule sur l'ensouple de tension inférieure U. La corde W va s'appuyer sur la gorge d'une poulie *p* du *cassin* (V. ce mot); puis elle passe à travers une deuxième planchette fixe *r*, et elle est maintenue par le poids du plomb D, en tension suffisante pour forcer la tête en plomb et plate du petit crochet B à s'appliquer contre le dessous de la planchette *x*, et à conserver au crochet une position verticale. On voit, greffée en *f*, une troisième corde E, oblique et molle, s'appuyant sur le premier tube en verre *m* d'une échelle de tubes semblables, puis sur un autre tube *c*, également en verre et premier dans un pupître de tubes *c*. La corde E se prolonge inférieurement jusqu'en *j* ; là, elle s'accouple avec une quatrième corde G, qui passe, elle aussi, sur le tube *c*, mais à l'opposite de la corde E. Cette corde G traverse horizontalement une première cloison verticale *v* et s'attache à l'anneau *e* de l'aiguille métallique et horizontale K. Celle-ci est supportée par les deux autres cloisons *u* et *t* ; elle porte en *a* un bourrelet fixe ou anneau métallique contre lequel s'appuie le petit ressort en cuivre ou élastique L, lequel s'appuie également, à gauche, contre la cloison *u*. Un plomb H, suspendu à la corde verticale *d*, tient la corde G très tendue. D'autre part, le poids de ce plomb H est plus puissant, comme charge, que la force expansive du ressort L ; aussi, celui-ci est-il contracté. Dans cette situation des organes opérateurs, le poinçon N est presque contre la cloison *t*. Il est alors logé (comme tous ses similaires) dans l'alvéole d'un *étui* en cuivre qu'on ne voit pas ici sur notre dessin. Cet étui contient dans les lisages accélérés ordinaires, 624 alvéoles pour loger les 624 poinçons employés.

Voici maintenant ce qui arrivera si la corde tendue S du semple est, par l'ouvrier *tireur*, amenée de S en S'. Les lignes pointillées le démontrent : le petit crochet B descendra en B' ; le nœud *f* remontra en *f'* ; la corde molle E se tendra et, soulevant alors le nœud de bifurcation de *j* en *j'*, elle entraînera le plomb H en H'. Il en résultera que la corde G cessera d'être tendue par le plomb H ; elle mollira, comme on le voit en G'. Le ressort L n'ayant plus à subir la tirée de la corde G, ne sera plus comprimé et, en vertu de sa force expansive, il se développera comme en L' ; mais, s'appuyant à droite sur le bourrelet *a*, il poussera, comme en *a'*, ce bourrelet contre la cloison *t*. Or, le bourrelet étant fixé sur l'aiguille K, entraînera avec lui ladite aiguille horizontale et la pointe de celle-ci frappera, comme en K', contre la partie renflée du poinçon N. Ce poinçon ayant pris la position N', se trouvera ainsi chassé de l'alvéole qu'il occupait dans l'étui en cuivre, et il ira se loger dans le trou correspondant de la plaque volante, dont il a été parlé plus haut. Il importe de faire observer ici que toutes les pièces : étui, plaque volante, couvercle et fond de la boîte, sont percées simultanément par le mécanicien qui construit un lisage, attendu qu'il faut une grande précision entre tous les trous qui se correspondent dans ces quatre pièces, pour que les poinçons puissent passer de l'une à l'autre, s'y enfoncer et en sortir successivement et sans effort.

Le lisage accéléré comprend six groupes d'organes distincts, savoir : le *semple*, dont S est la première corde ; le *cassin*, dont *p* est une première poulie et *m* un premier tube ; le *pupitre*, dont *c* est un premier tube de verre ; la *boîte à ressorts*, dont K est une première aiguille et L un premier ressort ; toutes les *plaques percées*, dont N est un premier poinçon ; un *râteau* placé en face de la plaque volante et servant à remettre les poinçons dans l'étui en cuivre après le perçage de chaque carton ; et enfin la *presse* (machine soit séparée, soit faisant corps avec le lisage même), servant au perçage des cartons.

Un grand bâti supporte toutes les pièces dont notre gravure contient un groupe.

Le cassin a été décrit à sa place alphabétique ; le semple le sera à la sienne. On verra comment la *lecture* des mises en carte s'exécute sur cette chaîne volante, et comment celle-ci, enlevée d'un seul coup de la boîte d'accrochage du bâti de liseuse, est ultérieurement suspendue au cassin, d'un seul coup, pour réaliser le résultat décrit plus haut, savoir : la poussée du poinçon ou des poinçons voulus dans la plaque volante. — V. MISE EN CARTE et SEMPLE. — E. G.

II. * **LISAGE.** *T. de teint.* Opération qui consiste à poser par les deux bouts, sur les bords longitudinaux de la barque de teinture, les bâtons de *lise* qui soutiennent les matteaux de soie, à les faire aller et venir rapidement dans le bain, et à retourner la soie sur lesdits bâtons. Cette opération, faite à la main ou à la mécanique, est capitale. A la main, elle doit toujours être faite à fond, c'est-à-dire qu'à chaque lisage, la partie inférieure plongée dans le bain doit devenir la partie supérieure ; à la mécanique, ce qui est le cas le plus rare, les soies doivent être bien tendues et étalées sur les cylindres liseurs, qui alors remplacent les bâtons. On peut dire que d'un mauvais lisage dépend la plus grande formation des bouts, facilitée d'ailleurs par les nœuds des contre-marques nécessaires pour distinguer les divers matteaux les uns des autres. C'est pour faciliter un bon lisage que, de temps en temps, il est indispensable de faire le dressage des soies ou arrangement des flottes dans un état convenable.

III. * **LISAGE.** Opération qui consiste à donner aux sables, employés dans la fabrication des digues, la compacité nécessaire. — V. POLDER.

* **LISE** (Bâtons de). Bâtons destinés à soutenir les matteaux de soie dans les bains de teinture. On les choisit en bois dur, aussi peu noueux que possible, très lisses et d'environ 1 mètre de longueur.

* **LISER.** *T. de teint.* Procéder à l'opération du lisage de la soie.

* **LISÉRAGE.** *T. techn.* Liséré formé d'un seul fil continu de métal ou d'autre matière, et qui tranche sur le fond d'une broderie.

LISÉRÉ. *T. techn.* Ruban étroit qui sert à border les vêtements, ou qui suit le contour d'un dessin pour le mieux faire ressortir. || Bordure ou raie de couleur différente de celle du fond.

* **LISEUR.** *T. de tiss.* — V. ESCALETTE et LISAGE.

LISIÈRE. *T. de tiss.* Bord d'une pièce de tissu qui en termine la largeur des deux côtés, et qui est ordinairement tissée d'une couleur autre que celle du tissu lui-même. || Fil destiné à être employé de chaque côté de la chaîne pour maintenir ce bord lui-même.

* **LISOIR.** *T. de carross.* Pièce de bois transversale, sur laquelle portent les ressorts d'une voiture ; forte traverse dans laquelle est fixée la cheville ouvrière de l'avant-train. || Dans un affût de canon, pièce qui reçoit la cheville ouvrière et réunit les deux côtés du grand châssis.

LISSAGE. *T. de filat.* 1° Opération qui, dans la filature de la laine peignée, a pour but d'enlever l'huile dont il a été nécessaire d'imprégner les fibres pour effectuer le cardage ; elle se fait quelquefois après, mais généralement avant le peignage, au moyen de machines nommées *lisseuses*. On fait passer, les uns à côté des autres, un certain nombre des rubans à dégraisser dans une, ou plus généralement deux cuves remplies d'eau de savon, à une température convenable ; l'eau entraînée est exprimée par deux cylindres en fonte, garnis d'une surface élastique en laine, et fortement pressés l'un contre l'autre, qui font suite aux cuves, et au delà desquels les rubans vont finir de se sécher, en passant sur une série de petits tambours en tôle de cuivre, chauffés à la vapeur, pour s'enrouler ensuite en forme de bobines. Le séchage sur les surfaces chauffées, lisse et lustre les rubans, ce qui a fait donner son nom à cette opération. || 2° Opération qui a pour but d'augmenter la densité des grains de poudre à la surface, d'abattre les arêtes et de rendre leur surface lisse et brillante ; on l'effectue en faisant tourner la poudre dans des tonnes en bois. — V. POUDRE. || 3° Dernier apprêt que l'on fait subir à certains objets ; opération dernière que subissent les *dragées*. — V. ce mot. || 4° Travail qui consiste à établir les lisses d'un navire en construction.

I. **LISSE.** Organes du métier à tisser, au moyen desquels on produit la *levée* ou la *baisse* des fils de la chaîne *sous* ou *sur* lesquels doivent passer les duites (V. TISSAGE) ; dans plusieurs de nos régions industrielles, on leur donne le nom de *lames* (V. ce mot), tandis que dans d'autres ce mot de *lisse* ne désigne que les mailles dont elles sont munies.

II. **LISSE** ou **LICE.** Les termes de *haute-lisse* et *basse-lisse* appliqués aux *tapisseries*, proviennent de la disposition des métiers à tisser employés dans leur fabrication. A la manufacture des Gobelins et dans quelques autres, les chaînes sont tendues verticalement, et les *lisses* destinées à produire l'ouverture de ces chaînes pour le passage des trames sont à la partie supérieure, au-dessus de la tête de l'ouvrier, d'où le nom de *haute-lisse*. Au contraire, et comme cela a généralement lieu pour les autres étoffes, les tapisseries à basses-lisses sont tissées avec leurs chaînes horizontales et les lisses au niveau de la poitrine de l'ouvrier, d'où ce nom de *basses-lisses*.

Dans l'un et l'autre de ces métiers, les fils de la chaîne sont séparés en deux rangs, appelés *croisures*, au moyen d'espèces d'anneaux de ficelle, qui embrassent un ou plusieurs des fils de la chaîne, et servent à les écarter, pour laisser passer le fil qui forme la trame.

Dans le métier de *haute-lisse*, les fils de la chaîne étant tendus verticalement, les lisses sont fixées à un bâton transversal, appelé *perche des lisses*, de sorte que, au lieu d'élever ou d'abaisser les fils de la chaîne, comme dans le métier de basse-lisse, elles éloignent ou rapprochent simplement ces derniers, sans leur faire quitter leur position verticale. Les brins de trame sont enroulés autour d'un instrument de bois nommé *broche* ou *flûte*, qui remplace, pour l'ouvrier en tapisserie, la navette du tisserand. L'ouvrier passe la broche de gauche à droite, quand la première croisure est ouverte, et de droite à gauche, quand c'est la deuxième. Il travaille debout ou assis derrière la chaîne, d'après une toile imprimée, d'une seule couleur, donnant le trait général du tableau ou dessin, qu'il doit reproduire. Il applique cette toile sur la chaîne et, suivant celle-ci de fil à fil, il y dessine, avec une pierre noire, les contours du sujet, et transporte ensuite, sur la chaîne, tous les détails à l'aide d'un papier huilé décalqué sur l'original. Ce double travail fait, le reste n'est plus qu'une besogne mécanique.

On le voit, la *haute-lisse* est un art ; la *basse-lisse* n'est qu'un métier.

III. **LISSE.** *T. de constr. nav.* Ligne que l'on trace sur les œuvres mortes qui correspondent aux divers étages ou *ponts* ; on dit aussi *livet.* || *T. de cordon.* Tranche de semelle.

* **LISSÉ.** *T. de sucr.* Degré de cuisson du sirop de sucre et que l'on désigne par *grand lissé* ou *petit lissé*, selon qu'on peut le tirer entre les doigts et obtenir un fil fort ou un fil faible.

* **LISSETTE.** Synon. de *liais. T. de tiss.* On donne souvent ce nom aux baguettes des *lisses* ou *lames*, entre lesquelles sont tendues les mailles munies d'œillets ou de maillons que traversent les fils de la chaîne tendus entre l'ensouple dérouleuse et la poitrinière des métiers à tisser. || Outil de certains métiers pour lisser un ouvrage.

LISSEUR, EUSE. *T. de mét.* Ouvrier, ouvrière dont l'occupation consiste à faire le *lissage* de certains objets. || Outil qui sert à lisser.

* **LISSIER.** *T. de mét.* Celui qui fait les lisses d'un métier ; on écrit aussi *licier*.

LISSOIR. *T. techn.* Outil qui sert au lissage et au glaçage. || Tonneau dans lequel on lisse la poudre. || Atelier où s'exécute l'opération du lissage.

LISTEL. *T. d'arch.* Moulure droite sans saillie, à surface plane. — V. Filet.

I. **LIT, LIT DE REPOS.** Meuble de bois ou de métal, garni de matelas, couvertures, oreillers, courtes-pointes et draps, sur lequel on se couche pour dormir ou se reposer. Tout lit se compose de deux parties distinctes, le *lit proprement dit* et *la garniture*. Le lit proprement dit varie de forme et de décoration suivant les caprices de la mode.

Historique. A mesure que l'homme se civilisa, l'inclémence des saisons le força à chercher le sommeil et le repos sur des lits moins primitifs que les nattes ou les peaux d'animaux dont il se servit tout d'abord. Dans l'ancienne Egypte, les lits étaient en bois, recouverts d'un long coussin retombant derrière le dossier, et les pieds représentaient souvent des pattes de lion. Il y a au Louvre un lit égyptien formé d'une simple pièce de bois tout uni, que recouvre une natte. Quelques lits affectaient la forme du taureau, du chacal ou du sphinx.

Chez les peuples de l'antiquité classique, le lit était l'objet principal du mobilier. On en distinguait plusieurs sortes. Ceux dont les pieds étaient tournés sont déjà cités par Homère, mais une seule fois, dans la description du lit de Pâris et d'Hélène. C'est le type qui finit par être le plus répandu et que l'on décora plus tard du nom de *pieds sculptés en griffes d'animaux*, à l'imitation des meubles égyptiens et assyriens.

A l'époque de Démosthènes, les Grecs avaient déjà des lits artistement travaillés et incrustés d'ivoire, fabriqués surtout à Sparte. Au dire d'Athénée, on les garnissait de matelas de Corinthe, d'oreillers parfumés de Carthage, et de couvertures de Corinthe et de Milet.

Le lit des anciens Romains (*lectus cubilaris*) ressemblait plutôt à nos sofas ou chaises longues. Il était entouré de trois côtés seulement ; au pied, à la tête et dans le fond; le devant était ouvert. Ce meuble était tellement élevé qu'on avait besoin pour y monter d'un tabouret ou de quelques gradins, comme on le voit par le lit de Didon, dans le *Virgile du Vatican*. Quant au *lectulus*, c'était un lit de dimensions moindres, dans le genre de nos petits lits d'enfants, et qui servait soit à dormir, soit à manger. L'un et l'autre de ces lits étaient garnis de sangles qui supportaient un épais matelas de bourre, un lit de plumes, un traversin et un oreiller. Dans une des salles du musée national de Naples, on voit trois lits antiques, trouvés dans les dernières fouilles de Pompéi Ils sont incrustés en argent. Le bois est moderne. Il a été copié d'après les restes de bois antiques et comme eux recouvert de couleur rouge.

Les riches possédaient seuls ces sortes de lits. Ceux qui ne s'élevaient pas à plus d'un pied du sol étaient, selon les *Etymologies* de Saint-Isidore, injurieusement qualifiés de *grabats*.

Outre les lits pour le sommeil et le repos, les Romains avaient aussi des lits de table ou petits lits fort bas, d'origine carthaginoise. Ces lits transformés un peu avant le siècle d'Auguste, devinrent des divans à trois côtés, d'où leur nom de *triclinium*. Ils étaient recouverts de courtines de riches étoffes et enrichis de plaques de métal précieux. Chaque côté de ces lits pouvait contenir quatre personnes, ce qui permettait d'être douze à une même table.

Nos ancêtres, en sortant de la barbarie, adoptèrent la forme des lits romains pour les leurs, et lorsque le luxe pénétra dans les Gaules, ils joignirent à la commodité l'élégance et la richesse. Ils se conformèrent dès lors à l'usage de manger couchés sur des lits, mais ils l'abandonnèrent de bonne heure.

C'est surtout à partir du xiie siècle que l'on déploya un grand luxe dans la confection des lits. Les manuscrits de cette époque nous offrent des lits fort riches : les bois semblent couverts d'ornements incrustés, sculptés ou peints ; les matelas sont ornés de galons et de broderies, ainsi que les couvertures. Ces lits étaient en général accompagnés de courtines suspendues à des traverses ou à des ciels portés sur des colonnes; ils ne semblent pas avoir en largeur une dimension extraordinaire, quoique souvent deux personnes y soient couchées ensemble.

Plus tard, dans les demeures féodales, le lit prit la forme monumentale qu'affectait alors tout le mobilier et devint d'une valeur artistique considérable. Taillé en plein bois, sculpté, orné de moulures à forte saillie, il fut surmonté d'un ample dais, entouré de rideaux en tapisserie supportés par des colonnes droites ou torses. Mais c'est surtout à la fin du XIVe siècle que le luxe des lits de parade commença à se répandre, même chez les plus petites bourgeoises. Christine de Pisan, dans le *Trésor de la Cité des Dames*, s'élève vigoureusement contre ce luxe immodéré qui s'introduisait partout et dérangeait les fortunes. Ainsi, elle signale à la critique l'ameublement de la femme d'un petit marchand, qui pour ses relevailles « gisait » dans un « lit grand et bel, encourtiné d'un moult beau parement, et estoient ouvrez les grands draps de parement, qui passaient par soulz la couverture de fine toile de Rheims ».

Le XVe siècle mit à la mode les *lits à roulettes*, les *lits à pavillons de soie*, etc., etc., tous mentionnés dans les *Honneurs de la Cour*, par la vicomtesse de Furnes. Au commencement du XVIe siècle, le lit perdit son aspect monumental et sévère, pour devenir plus élégant, plus léger, mais aussi plus riche; construit jusque là en chêne et quelquefois en noyer, il fut façonné dans l'érable, le palissandre, le citronnier et l'ébène, avec des incrustations de différents bois, de marbre, de nacre et de lapis-lazuli.

C'est alors que parurent les *lits en bateaux*, ainsi que les grands lits à colonnes et à baldaquin en bois sculpté, comme on le voit dans les curieux recueils d'Androuet, dit du Cerceau. Nous citerons, comme exemple, le grand lit du temps de François Ier, conservé au musée de Cluny. Ce beau lit, d'origine française et remarquable par l'élégance des détails de son ornementation, est surmonté d'un baldaquin que soutiennent les figures de Mars et de la Victoire. Le dossier à fronton, la corniche et la frise sont enrichis d'ornements habilement sculptés. La couronne ducale occupe le milieu du chevet, et les enroulements sont surmontés de dauphins en haut relief.

Corrozet, dans ses *Blasons*, voulant dépeindre les habitudes de bien-être matériel et le luxe solide, la vie large et aisée des seigneurs d'alors, donne une large place à la literie. Il nous montre le lit avec « le parement de la chambre, encourtiné et ouvré d'images en marqueterie »; il est « délicat, doulx et mollet, fait de duvet très douillet, et de plume tant bonne et fine »; son « blanc coutil invite le dormir », les draps « sentent la rose et la lavande », et le « chevet est si doux qu'il semble que ce soit velours ».

Quoi qu'il en soit, les lits du moyen âge et de la Renaissance étaient d'une grandeur immense. On voyait encore, au siècle dernier, dans plusieurs châteaux, des lits dans lesquels on aurait pu coucher des familles entières. Cette coutume de coucher plusieurs ensemble fut introduite dans les beaux jours de la chevalerie. Alors les preux chevaliers, accoutumés à partager leur tente, leur lit et leur table avec leurs frères d'armes pendant la campagne, ne se refusaient pas, pendant leur quartier d'hiver, à les recevoir dans leurs châteaux avec la même confiance et la même simplicité. « Les lits de ces châteaux étaient fort larges, dit l'abbé Legendre en sa *Vie privée des Français*; indistinctement le seigneur châtelain, sa dame, ses enfants et les chevaliers, ses confrères et ses hôtes, même leurs chiens de chasse favoris, les occupaient tous ensemble, lorsque l'occasion se présentait. »

L'inventaire des meubles de Catherine de Médicis, rédigé en 1589, par le tapissier Trubart, donne une idée du luxe de la garniture des lits de cette époque, dans la description du lit de parement de cette reine. On en trouve un exemple au musée de Cluny; la garniture, la courtepointe, le ciel et les gouttières du grand lit no 1515, proviennent du lit de Pierre de Gondi, évêque de Paris, et étaient conservés jadis à son château de Villepreux.

Avec Henri IV, on voit apparaître l'alcôve, qui tend à remplacer le lit à dais; dans la salle du Louvre où fut transporté le monarque mourant, les rideaux sont figurés en sculpture et soulevés par des génies. La balustrade existe encore en avant du gradin où pose le lit.

Pendant le règne de Louis XIV, le lit reprit un aspect monumental, mais il s'alourdit en se chargeant de l'ornementation du temps. L'ancien dais, qui avait subi des modifications diverses sous la Renaissance, fut alors complètement transformé: l'entablement se changea en ciel de lit d'un profil décoratif, quoique un peu lourd; un grand lambrequin garni de franges, de glands, de nœuds

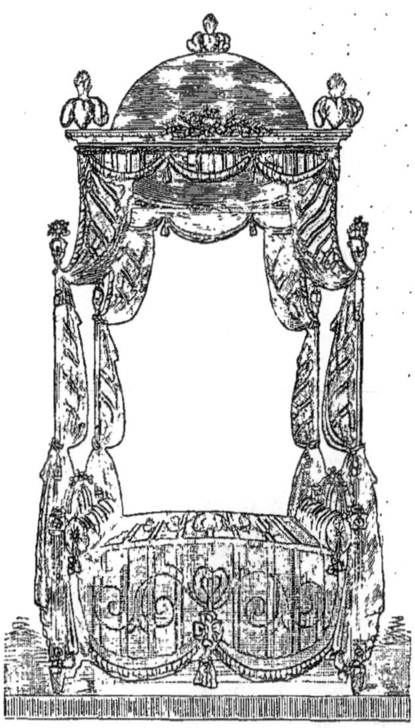

Fig. 84. — *Lit à la polonaise.*

et de cordons en passementerie y est attaché; des rideaux de velours ou de damas doublé forment encore alcôve, mais sont bien plus une décoration de tenture que le complément obligé du lit, comme dans les styles précédents. Déjà la dentelle fabriquée dans les Flandres avait servi de garniture à la literie; la création de la fabrique d'Alençon, instituée par Colbert, mit cette garniture à la mode (V. DENTELLE); aussi la voit-on employée pour bordure de couvre-pieds.

C'est alors que parurent les lits à *balustrade*, à la *polonaise* (fig. 85), à l'*ange*, etc. On appelait un *lit d'ange* celui qui n'avait point de quenouilles ou piliers, mais qui avait de grands rideaux suspendus au plafond en guise de pavillon; et les gravures du temps nous apprennent que les anges qui reposaient sur ces lits n'étaient pas tous des saints.

Dans une lettre écrite au *Mercure galant*, en octobre 1672, il est dit qu'à cette époque on ne se servait presque plus que de lits d'anges, dont les couches étaient remplies de sculptures et toutes dorées. « Ces sortes de lits qu'on ne faisoit autrefois que d'une manière, sont présentement de cent façons différentes; et comme ils sont tous diversement retroussez, on n'en voit pas un qui ressemble à l'autre, soit pour la manière dont ils sont faits et retroussez, soit pour les trophées qu'on employe pour les faire ; les uns sont de divers taffetas, les autres sont de toille jaune, tous garnis de poinct, et j'en ay veu sur lesquels il y avoit pour huit ou neuf cens livres de ruban. L'invention de ces beaux lits et des mieux imaginez, est due aux sieurs Bou, qui sont de fameux tapissiers qui en font un nombre infiny, et qui ont tant d'ouvrages, que lorsqu'on les veut faire travailler, il les faut retenir une année auparavant. »

La *Muse Royale* du 17 janvier 1656, nous apprend que les lits à balustre ou à dais étaient pour les grands seigneurs.

Ces balustres se faisaient généralement, en bois sculpté, en cuivre doré ou en ivoire incrusté; ajoutons que tous ces lits étaient garnis de matelas de crin, alors tout nouveaux et cités comme tels dans le *Dictionnaire de Furetière*. C'est à cette mode que fait allusion le matamore du *Plaisant galimatias d'un Gascon et d'un Provençal* (1619), lorsqu'il se vante « de coucher sur des matelas faits de moustaches de capitaines qu'il a tués en duel ou en combat général. »

Fig. 85. — *Lit du style empire.*

Sous la Régence et sous Louis XV, on en revint au lit à dais et à baldaquin, mais dans le style rocaille, ce qui lui enlevait toute ressemblance avec l'ancien modèle. Comme lui cependant, il est entouré par un dossier sur trois côtés, mais ces dossiers sont rembourrés comme un canapé et recouverts de riches damas, avec encadrement dans le goût de l'époque. Sous Louis XVI, si les tentures restent à peu près les mêmes, le mobilier change de forme et le lit avec lui. Ce dernier devient plus simple et un peu plus sévère, tout en conservant son élégance; il est tantôt à la *française*, tantôt à la *polonaise*, tantôt en *chaire à prêcher*; le damas de soie ou l'indienne à fleurs couvre les panneaux, dont la ciselure est relevée par l'or ou la couleur gris perle. Quelquefois même, on ornait de glaces les ciels de lit.

La Révolution devait avoir sur la literie l'influence qu'elle eut sur le reste de l'ameublement. En 1790, parut la mode des lits à la *Révolution*. Ces lits tenaient le milieu entre la forme des lits à la polonaise et ceux en chaire à prêcher, et étaient ornés de *franges étrusques*. Aux lits à la Révolution succédèrent les *lits patriotiques*. En place de plumets, c'étaient des bonnets qui surmontaient les faisceaux de lances qui formaient les colonnes du lit. Ces lits représentaient l'arc de triomphe élevé au Champ-de-Mars le jour de la Fédération. D'autres patriotes préféraient le *lit à la Fédération*, composé de quatre colonnes en forme de faisceaux, cannelées et peintes en gris blanc, vernies, avec les liens des faisceaux dorés, ainsi que les haches et branches de fer qui soutenaient l'impériale. Tous ces lits ont disparu avec le premier empire, qui les remplaça par les lits en acajou massif décorés de canaux et de filets en cuivre, désignés sous le nom de *lits style Jacob*, ébéniste qui le premier les mit en faveur. Celui dont nous donnons le dessin (fig. 86) et qui est tiré du *Journal des modes et des dames*, publié à la même époque, nous a paru de nature à intéresser nos lecteurs.

Technologie. Les lits modernes, fabriqués d'abord en noyer le furent ensuite en acajou et en palissandre, pour l'usage de la bourgeoisie et des classes aisées, quand l'exploitation des forêts américaines permit l'envoi de ce bois par grandes cargaisons et à des prix modérés. Mais depuis 1840 environ, la literie s'est entièrement transformée. L'emploi du fer, en se développant et en donnant des produits à bon marché, fit songer à remplacer le bois par le métal dans la fabrication des lits. On fit des lits en fer à bas prix, solides, relativement légers. D'autres, aussi peu embarrassants que possible, pouvaient se replier sur eux-mêmes et tenaient ainsi dans un petit espace. Cette combinaison fut utilisée pour les *lits-canapés*.

Le lit actuel, écrit un contemporain, n'est remarquable à aucun point de vue ; presque toujours plaqué, avec des moulures rapportées et faites à la mécanique, il a un profil lourd, arrondi, effacé, quoique les modèles de ces dernières années soient de beaucoup préférables à ceux de la première moitié du siècle. Le mobilier de chêne étant devenu à la mode, on a fabriqué des lits imitant ceux du XIVe, du XVe et du XVIe siècles, mais ce ne sont là que des imitations; les lits un peu luxueux sont faits en palissandre, en thuya, en bois de rose, en bois noir incrusté d'ivoire. Nos premiers ébénistes, à la fois tapissiers et décorateurs, témoignent de leurs efforts pour donner aux lits une architecture en rapport avec nos habitations modernes; nous en montrons un exemple à notre article ÉBÉNISTERIE. Les lits en fer, généralement fabriqués pour les ménages modestes, sont d'une grande simplicité; ceux en rotin offrent beaucoup plus de légèreté. Enfin on fait des lits en cuivre qui ont un aspect coquet, élégant et confortable.

Quant à la garniture, son plus grand perfectionnement a eu pour objet de remplacer la paillasse traditionnelle par le *sommier élastique*. Créé en 1802, ce progrès n'a commencé à se répandre qu'après 1830. — V. SOMMIER. — S. B.

Coupé-lit, Vagon-lit. — V. COUPÉ II et VAGON.

Lit mécanique. Sorte d'appareil qui a pour but de déplacer ou de soulever le malade dans son lit, en lui évitant les souffrances que peut lui infliger la maladresse de ceux qui le soignent. Ces appareils munis de manivelles, de treuils, etc., permettent de placer le malade sur son séant, ou dans une position propre aux pansements, de le descendre, au moyen d'un hamac, soit dans un fauteuil, soit dans une baignoire, et enfin de faciliter sans fatigue et sans efforts tous les soins que nécessite son état. Les lits mécaniques rendent de grands services aux hôpitaux.

Bibliographie : L. HEUZEY : *Les lits antiques*, dans la *Gazette des Beaux-arts*, avril 1873; VIOLLET-LE-DUC : *Dictionnaire du mobilier*; A. JACQUEMART : *Histoire du mobilier*; DEMMIN : *Encyclopédie des arts plastiques*.

II **LIT.** *T. techn.* On désigne ainsi, dans les gisements des matières minérales, l'épaisseur des couches, lorsqu'elle est faible. || Dans la *constr.*, surface horizontale de la pose des matériaux. || Dans un moulin, meule horizontale, appelée aussi *gîte*. || *Lit de fusion*. — V. FUSION.

LITEAU. *T. de men.* Tringle de bois clouée contre un mur pour supporter une tablette ou pour servir d'appui à une cloison. || *T. de tiss.* Serviette en toile ordinairement unie, ornée de raies tissées en blanc ou en couleur qui la traversent d'une lisière à l'autre.

***LITER.** *T. techn.* Disposer par lits couchés ou lits superposés.

LITHARGE. *T. de chim.* Syn. : *Oxyde de plomb*. PbO, équiv. = 111,45; poids atom. = 222,92, protoxyde de plomb obtenu en chauffant le métal à l'air, et en portant la masse à une assez haute température pour que l'oxyde formé, fonde et cristallise par refroidissement; s'il n'a pas complètement subi cette fusion, il est alors mélangé d'une autre variété de protoxyde que l'on nomme *massicot*. On l'obtient lors de la coupellation de l'argent, par suite du traitement des plombs argentifères provenant du pattinsonage.

Propriétés. La litharge se présente sous forme de lamelles brillantes, hexaédriques, d'apparence légèrement vitreuse, de coloration jaune rougeâtre (*litharge jaune, litharge d'argent*), ou rouge vif (*litharge rouge, litharge d'or*), suivant que le produit s'est refroidi vite ou lentement; elle est presque complètement insoluble dans l'eau; c'est un anhydride basique, qui donne une double décomposition avec les acides, et permet ainsi d'obtenir des sels très stables. Chauffée dans des vases de terre, elle les troue, par suite de son union à l'alumine et à la silice des poteries, avec lesquelles elle forme des sels très fusibles, et d'aspect vitreux; lorsqu'on la fond, elle absorbe de grandes quantités d'oxygène à l'air, mais laisse ensuite dégager ce gaz par le refroidissement.

Variétés. On distingue dans le commerce trois sortes principales de litharge, d'après leur provenance : celles anglaises, françaises et allemandes ou de Hambourg. Les premières sont les plus estimées, elles viennent surtout de Liverpool et de Newcastle ; elles ne contiennent que des traces de fer et de cuivre; celles allemandes, beaucoup plus impures, sont les moins chères de toutes.

Impuretés. La litharge faite avec un métal impur peut contenir du fer, du cuivre, de l'antimoine, du plomb, de l'oxyde d'argent; de la silice empruntée aux fourneaux; du minium, si la température de fusion a été trop élevée; de l'acide carbonique, enlevé à l'air. Si l'on dissout de la litharge dans l'acide acétique, l'effervescence prouvera la présence du dernier corps; le plomb, la silice ne seront pas attaqués ; en dissolvant une autre quantité de produit dans l'acide azotique étendu, on laissera l'antimoine sous forme d'acide antimonique ; la liqueur pourra alors être débarrassée du plomb, par l'addition d'acide sulfurique; en filtrant le liquide, on devra y rechercher le cuivre, le fer, par les réactifs spéciaux de ces métaux; une coloration jaune ou verdâtre serait un indice de leur présence.

FALSIFICATIONS. On falsifie quelquefois la litharge par l'addition d'ocre, de sable, de brique; la dissolution dans l'acide nitrique étendu, laisserait ces corps sans les attaquer. Pour purifier la litharge et en séparer le cuivre qu'elle contient, on la laisse en contact avec une solution de carbonate d'ammonium qui forme avec le cuivre un carbonate, colorant le liquide en bleu.

Usages. La litharge sert à préparer presque tous les sels de plomb, à faire les emplâtres, à rendre l'huile de lin plus siccative, et surtout à fabriquer les belles couleurs jaunes que nous avons indiquées sous les noms de *jaune minéral, jaune de Turner, de Kassler* ou *de Cassel, de Paris, de Vérone, de Naples, jaune d'antimoine*, etc. — J. C.

***LITHIUM.** *T. de chim.* Li. Métal découvert par Arfredson, en 1817, et dont l'équivalent et le poids atomique sont de 7 ; il est solide, d'un blanc argentin, se ternit à l'air humide, est très léger, puisqu'il flotte sur l'huile de naphte (D=0,59), fond à 180°, brûle au rouge avec une flamme blanche ; il attaque et fond l'or, l'argent, le platine ; il décompose l'eau à la température ordinaire, s'enflamme dans l'acide sulfurique. Bunsen l'a obtenu, en 1855, en fondant son chlorure dans un creuset en porcelaine placé sur une lampe de Berzélius, puis décomposant le sel par le passage du courant donné par 5 à 6 éléments. Au pôle positif, qui était constitué par une baguette de charbon de cornue, se dégageait le chlore, tandis que le métal isolé s'accumulait sur un fil de fer formant le pôle négatif.

État naturel. Le lithium se trouve dans le triphane (8 0/0) d'Utöe ; dans le lépidolithe, de Bohême (3 à 4 0/0) ; la triphylline de Bavière ; l'amblygonite (11 0/0) ; la minette, des Vosges ; on l'a signalé encore dans quelques météorites, celles de Juvenas, de Pamellac, de l'Indoustan méridional, du Cap ; dans l'eau de la mer, les micas, feldspaths ; dans les cendres de tabac et de quelques autres végétaux, du sang, des muscles ; enfin, dans nombre d'eaux minérales, notamment celles de Cornouailles, de Carlsbad, de Franzbad, de Marienbad (Berzélius), de Pyremont (Brandes), de Kissengen (Fuchs), de Brochard, dans l'Orne (Cloüet).

Caractères des sels de lithium. Ces produits colorent en rouge vif la flamme de l'alcool, et se reconnaissent au spectroscope, à la production d'une bande rouge et d'une bande orangé, sans bande jaune, comme en montre le strontium. En solution, ces sels donnent les réactions suivantes : avec l'*acide sulfhydrique* ou le *sulfure d'ammonium*, rien ; avec la *potasse*, l'*ammoniaque*, rien ; avec *l'acide tartrique*, le *sulfate d'alumine*, le *bichlorure de platine*, rien ; avec les *carbonates alcalins*, dans des liqueurs concentrées, précipité blanc, soluble dans un excès d'eau ; avec le *phosphate de soude*, précipité blanc, se produisant facilement dans les liqueurs chaudes et concentrées, soluble dans l'acide chlorhydrique, et que la saturation par l'ammoniaque ne fait pas reparaître ; avec l'*acide hydrofluosilicique*, précipité blanc ; avec *l'acide perchlorique*, rien, dans les liqueurs étendues ; trouble blanc, dans les liqueurs concentrées.

Dérivés du lithium. *Protoxyde de lithium.* Syn. : *Lithine.* $LiO = Li^2O$. C'est le seul composé oxygéné du métal. Il est anhydre, blanc, à cassure cristalline, n'attaque pas le platine lorsqu'il ne contient pas de rubidium, attire l'humidité de l'air ; s'hydrate facilement avec l'eau, en donnant une solution très alcaline et caustique ; le charbon et le fer sont sans action sur lui. Pour l'obtenir pur, on décompose le carbonate par le charbon dans un creuset de platine. Pour isoler le lithium des minerais, on peut réduire le lépidolithe en poudre fine, puis le mêler avec deux fois son volume de chaux vive et calciner à un feu de forge violent. On reprend ensuite par l'eau le produit pulvérisé, on porte à l'ébullition avec un peu de chaux éteinte, puis on décante après refroidissement. La liqueur claire contient de la chaux, de la potasse, de la soude et de la lithine ; on sature par l'acide chlorhydrique et on concentre. Il se dépose des cristaux de chlorure de potassium que l'on enlève, puis on sépare la chaux par l'addition d'un excès de carbonate d'ammoniaque ; la liqueur reposée est décantée pour séparer le carbonate de chaux déposé ; chauffée pour chasser les sels ammoniacaux, et concentrée. Il reste un mélange de chlorures de potassium, sodium et lithium, que l'on traite par l'alcool concentré ; celui-ci ne dissolvant que le composé à base de lithine, on n'a plus qu'à distiller pour enlever l'alcool et séparer le sel par l'eau, puis faire recristalliser.

Bromure de lithium. Sel sédatif, obtenu en décomposant le sulfate de lithine par le bromure de baryum ; $Br^2Ba + SHO^4Li^2 = 2BrLi + SHO^4Ba$ ou $BaBr + LiO,SO^3 = LiBr + BaO,SO^3$ (anc. théor.).

Carbonate d'oxyde de lithium. C'est un sel blanc, cristallin, peu soluble dans l'eau (12 00/00), plus soluble en présence des acides, et surtout de l'anhydride carbonique (52,5 00/00). Il dissout facilement l'acide urique, ce qui explique son emploi contre les accidents de goutte ou de gravelle. On l'obtient en décomposant les sels solubles de lithium, par un carbonate alcalin, redissolvant le précipité dans de l'eau chargée d'acide carbonique, pour le purifier, puis abandonnant à l'air, afin de laisser cristalliser. — J. C.

***LITHOCÉRAME.** *T. techn.* Nom donné à l'une des variétés principales de la faïence, celle opaque, fine, dure, ou feldspathique.

***LITHOCHROMIE.** Ce mot est impropre, car il semble vouloir dire *lithographie coloriée*, et le procédé qu'il désigne est absolument étranger à la lithographie. C'est un procédé d'imitation de la peinture à l'huile à l'aide de lithographies couvertes de couleurs au verso et collées sur toile. Le papier sur lequel on a tiré une épreuve de lithographie au crayon, est imbibé de vernis gras et devient ainsi transparent. On étend ensuite à l'envers les couleurs, par couches égales et très régulières, et on colle la lithographie, ainsi préparée, sur une toile. Lorsque la face extérieure du papier a été vernie, elle représente assez grossièrement un tableau peint à l'huile. La lithochromie n'a guère de valeur artistique ; néanmoins, ce procédé mérite des encouragements parce qu'on lui doit la vulgarisation d'œuvres d'art qui ont ainsi pénétré dans des milieux où la peinture à l'huile fut restée inconnue, par suite de son prix élevé. C'est à ce point de vue qu'il offre de l'intérêt, car, malgré les perfectionnements apportés au procédé, les résultats ont toujours été médiocres, et les progrès de la chromolithographie et de la chromotypographie, amèneront bientôt la ruine de la lithochromie. — V. Chromolithographie, Chromotypographie, Enluminure, Impression en couleurs.

***LITHOCHROMOGRAPHIE.** — V. Chromolithographie.

***LITHOCOLLE.** *T. techn.* Ciment à l'usage des lapidaires pour fixer les pierres précieuses qu'ils veulent travailler.

***LITHOFRACTEUR.** Explosif. — V. DYNAMITE.

LITHOGRAPHE. Celui qui fait des pierres lithographiques; celui qui imprime les lithographies.

LITHOGRAPHIE. Procédé de reproduction au moyen duquel on imprime, à l'aide d'une presse, ce qui a été écrit ou dessiné sur une pierre d'une espèce particulière.

— La lithographie est d'invention toute récente; elle remonte seulement aux premières années de ce siècle. Lorsque Aloïs Senefelder, natif de Prague, dota l'art et l'industrie de ce procédé nouveau qui devait avoir un si brillant avenir, il ne cherchait qu'un mode de gravure expéditif et fut servi plutôt par le hasard que par une suite de recherches conduites avec méthode. Auteur dramatique méconnu, à son avis, bien que son évidente médiocrité dût nécessairement le laisser dans l'ornière de cette carrière si difficile, Senefelder était tombé dans la plus extrême indigence et ne pouvait plus trouver d'éditeur pour des pièces sans succès; il résolut de les graver lui-même, et pour éviter la dépense des planches de cuivre, il employa une pierre lisse, tendre, facilement attaquable par les acides, et qui se trouve en abondance à Solenhofen, en Bavière, à proximité de l'endroit qu'il habitait. Ce genre de pierre était connu et apprécié de longue date, pour la sculpture en bas-relief, à cause de sa facilité à prendre le poli et de son peu de dureté malgré un grain très fin. Il existe encore des sculptures anciennes exécutées sur cette matière; MM. Spitzer et Bonaffé possèdent de charmants sujets de sainteté traités en relief plein.

D'ailleurs, Senefelder réussit peu dans ses essais de gravure, et le hasard seul lui fit découvrir le véritable moyen d'imprimer facilement et à bon marché. Il raconte lui-même qu'étant à son travail, il fut dérangé par sa blanchisseuse qui lui demandait de prendre note du linge qu'il lui donnait. Ne trouvant pas de papier parce qu'il avait employé en épreuves tout ce qu'il en possédait, il écrivit à la hâte sur une pierre qu'il venait de polir, la note de son linge avec l'intention de la recopier plus tard. L'encre qu'il avait employée était de sa composition, à base de cire et de savon; il eut l'idée de voir comment elle se comporterait en présence de l'acide, et il passa de l'eau-forte sur la pierre. Celle-ci étant, comme nous l'avons dit, attaquable par l'acide, baissa le niveau sur tous les points qui n'avaient pas été touchés par l'encre, et le savon étant, au contraire, inattaquable, les traits restèrent intacts et légèrement en relief. Le principe de la lithographie était reconnu; il ne restait, pour compléter la découverte, qu'à constater la propriété des pierres de Solenhofen d'absorber les corps gras et de rendre ainsi insolubles dans l'eau toutes les traces laissées par l'encre ou le crayon gras. La découverte de Senefelder est de 1796, et dès 1799, à la suite de recherches intelligentes et opiniâtres, le procédé nouveau pouvait être mis couramment en pratique; l'inventeur voyagea en Europe et montra partout des épreuves déjà satisfaisantes d'impression. En Angleterre et en Italie, la lithographie fut accueillie avec faveur, mais introduite en France, vers 1807, elle n'y rencontra aucune espèce d'encouragement, parce que les premiers essais, faits par André Offenbach avec une connaissance imparfaite des procédés, ne donnèrent que des résultats défectueux. Notre pays semblait donc devoir rester privé longtemps encore de cette branche importante de l'industrie, lorsque M. de Lasteyrie, dont le nom est inséparable de l'histoire de la lithographie, s'engagea comme ouvrier dans un des meilleurs ateliers d'Allemagne, apprit avec soin toutes les manipulations et tous les secrets de métier. Revenu en France, il monta, en 1814, une imprimerie lithographique, et se consacrant surtout aux reproductions artistiques, édita des épreuves excellentes, grâce auxquelles le public comprit aussitôt les avantages et l'avenir de la lithographie. Le gouvernement à son tour, prodigua les encouragements officiels, et en peu de temps le procédé nouveau prit, en France, un essor qu'il ne trouva nulle part ailleurs aussi large ni aussi fécond en résultats. C'est que, comme le fait si bien remarquer Charles Blanc, la lithographie, inventée par un Allemand, est un art français par les qualités qu'il exige et qui sont nôtres. Tout ce qu'il y faut, nous le possédons : l'observation prompte, la facilité, l'esprit, une manière superficielle d'exprimer des choses quelquefois profondes; la lithographie, comme la conversation, demande à la fois l'esprit du fond et l'esprit de la forme. L'artiste français attaque hardiment les vigueurs, il fait passer dans son crayon la pensée vive, alerte, spirituelle ou mordante qui est tout le talent des Raffet, des Charlet, des Gavarni, des Daumier; voyez, au contraire, le lithographe allemand : il travaille avec soin, avec lenteur, superposant les tons, abusant des teintes plates. C'est se rendre tributaires des défauts mêmes du procédé, dont les dessinateurs français savaient, au contraire, tirer parti pour donner à leur dessin plus d'originalité et plus d'imprévu. Aussi, la lithographie allemande, dans le domaine artistique, a-t-elle été restreinte à la reproduction des tableaux, pour laquelle, d'ailleurs, elle ne peut lutter avec la gravure, tandis qu'employé comme moyen direct de production, ce procédé offre le précieux avantage de laisser à l'artiste toute liberté, et de reproduire exactement sa pensée, sans même demander, comme l'eau-forte, le secours d'agents mécaniques, qui souvent ôtent au dessin du maître son réel caractère.

Aussi voyons-nous, dès le début, tous les dessinateurs doués d'un véritable tempérament d'artiste se consacrer à la lithographie et y obtenir rapidement de bons résultats. Ce sont d'abord Bergeret, élève de David, Denon et quelques autres; puis, dans la voie désormais tracée entrent les deux Vernet, Géricault et Charlet — V. ces noms.

A côté d'eux, de bons artistes trouvaient la vogue dans de petits sujets de genre de moindre importance. Nous citerons Henri Monnier, Eugène Lami, Grandville, etc.

C'est dans ce genre qu'il faut chercher la meilleure application de la lithographie, la seule pratique. Ingres, Gros, Girodet, ont tenté le grand art sans y réussir, malgré leur grand talent. Girodet pourtant a laissé de charmantes compositions pour *Anacréon*, *Bion et Moschus*, mais elles sont au trait seulement. Un artiste, M. Sudre, se réduisant au rôle de copiste, a donné d'après l'*Odalisque* d'Ingres une excellente estampe, qui certes vaut la gravure au burin comme finesse et comme exactitude du rendu. Mais c'est là un exemple isolé. Soit impuissance même du procédé, soit plutôt faute de dessinateurs ayant bien compris ce qu'ils pouvaient en exiger, la lithographie ne semble pas favorable, en France, à la reproduction artistique des œuvres classiques.

Au contraire, les romantiques ont trouvé là un précieux auxiliaire. La suite pour *Faust*, de Delacroix, et, du même peintre, le *Lion de l'Atlas* et le *Tigre royal*, ont une réputation justifiée par la puissance du talent que rien ne vient entraver. On retrouve là le grand maître, dont l'œuvre si originale n'a jamais pu être rendue par la gravure d'une façon satisfaisante; Devéria, dans de petites compositions et surtout dans le portrait, genre qu'il pratiqua le premier et où il resta peut-être sans rival; Decamps qui, venu déjà tard, hérita de l'expérience de ses devanciers, et aborda non sans succès tous les genres, en y conservant une personnalité tellement originale que le caractère du sujet n'en ressort souvent qu'imparfaitement; Bonington, artiste coloriste et fin, qui a laissé de belles reproductions d'anciens monuments français, et enfin Raffet, avec lequel nous retombons dans le genre qui avait été le début de la lithographie, et où lui-même devait retrouver une nouvelle popularité comparable à celle de Charlet son maître.

Raffet avait reçu aussi les leçons de Gros et le mélange de ces deux enseignements a donné à son talent un caractère plus élevé; Raffet était aussi un homme de cœur; le patriotisme, l'idée et l'imagination se montrent davantage dans ses œuvres que dans celles de Charlet, et beaucoup sont de véritables petits tableaux par la composition et le sentiment. Tels sont le *Réveil* et le *Cri de Waterloo*, et surtout cette célèbre *Revue* de fantômes passés par l'ombre de Napoléon, qui est d'une si puissante originalité.

Puis nous arrivons à deux noms qui marquent comme l'apogée de la lithographie et sa fin en même temps : Gavarni et Daumier. Leur fécondité fut prodigieuse; le premier a laissé deux mille sept cents lithographies et le second environ six mille. — V. Daumier et Gavarni.

Enfin, parmi les lithographes de valeur qui se sont créés un nom depuis le milieu de ce siècle, nous trouvons Léon Noël, Mouilleron, Eug. Leroux, Célestin Nanteuil, Baron et le peintre Fantin Latour, dont on a une suite magistrale inspirée par les œuvres de Berlioz et de Wagner. Mais ces artistes n'ont pas continué ces essais où ils ne voyaient aucun résultat utile, et où ils ne rencontraient plus d'encouragements. Disons, cependant, que les œuvres remarquables produites en ces dernières années ont ramené sur les artistes lithographes, l'attention du gouvernement et des jurys du Salon; le *Bon Samaritain*, d'après Morot; la *Danse mauresque*, d'après Delacroix; l'*Interdit*, d'après J.-P. Laurens, ont valu à leurs auteurs une 3e médaille, ainsi qu'à Paul Maurou qui a magistralement interprété *Patrie*, d'après Bertrand. Il y a là un réveil intéressant de la lithographie d'art, il est bon d'en tenir compte et d'encourager les efforts de nos artistes.

Technologie. Le dessin sur pierres lithographiques offre, pour l'artiste, certaines difficultés matérielles résultant d'abord de la nécessité de dessiner à l'envers, afin que les traits se reproduisent, à l'impression, dans leur véritable sens. Un miroir placé devant l'artiste lui permet de suivre la marche de son travail. C'est, d'ailleurs, le même inconvénient que nous avons signalé à propos de la gravure sur bois, lorsque le dessin est fait directement sur le bois. De plus, il faut chez le lithographe une grande habitude pour se rendre compte de l'effet que produira la pierre à l'impression, effet qui est souvent tout autre que celui de la pierre avant son passage à l'acide; enfin des soins minutieux sont nécessaires pour éviter les taches.

Le dessin se fait à l'encre ou au crayon. L'encre propre à écrire sur pierre doit être soluble dans l'eau; elle doit couler facilement de la plume et adhérer fortement sur la pierre, elle est toujours à base de savon, ainsi que les crayons. Ceux-ci sont très tendres et se taillent, au contraire des crayons ordinaires, de la pointe au porte-crayon; on obtient une extrémité suffisamment fine en la frottant rapidement sur une feuille de papier de verre, dans la direction de la taille. Nous nous étendrons davantage sur le dessin au crayon qui est celui dont les artistes ont paru tirer le meilleur parti.

Il importe de ne pas perdre de vue que ce sont les parties grasses du crayon qui ont seules de l'importance, parce que, seules, elles pénètrent dans la pierre et retiennent l'encre d'impression; on pourrait dessiner avec du crayon gras blanc; le noir n'y est mélangé qu'afin de permettre à l'artiste de suivre les progrès de son travail, et il est tout entier enlevé par le lavage de la pierre qui précède l'impression. De là les mécomptes subis par les dessinateurs qui, se préoccupant de l'effet sur pierre, emploient, pour les lointains, des crayons légers de ton, et au contraire, des crayons noirs pour les premiers plans : les fonds venant très vigoureux à l'impression, détruisent l'effet et gâtent la pierre. De même, si le trait n'est pas posé très ferme et adhérant directement à la pierre, par exemple, dans les traits superposés, on n'est jamais certain de l'effet parce que le second passage du crayon ne pénètre pas et la trace en est enlevée par le lavage. C'est ce que n'ont jamais compris les Allemands, dont l'esprit méticuleux et hésitant les conduit à superposer teintes fines sur teintes fines, en n'appliquant les vigueurs qu'à la fin, aussi leurs épreuves lithographiques sont-elles toujours indécises.

Il importe aussi de prendre les plus grands soins pendant toutes les opérations, car la trace des doigts et les pellicules tombant des cheveux produisent des taches graisseuses qui paraissent à l'impression. La température de la chambre où se fait le travail ne doit pas être trop élevée, afin de ne pas amollir le crayon, ce qui produirait des tons lourds et pâteux; enfin l'haleine, en mouillant la pierre, amène aussi des irrégularités qu'on évite en tenant la tête éloignée et droite.

On dessine encore au pinceau avec de l'encre ou de la pâte de crayon délayée; ou à la brosse en passant du noir sur toute la pierre et en enlevant ensuite les blancs à l'aide du grattoir; enfin, certains artistes pratiquent avec succès le dessin à l'estompe, ce sont des procédés dans les détails desquels nous ne pouvons entrer ici.

Les corrections sont toujours très difficiles à faire. Lorsqu'il s'agit seulement d'un faux trait, on peut l'enlever au grattoir; s'il faut, au contraire, enlever toute une portion du dessin, on lessive la pierre avec de la soude et de la potasse; mais cette lessive coule facilement et les raccords sont un écueil toujours dangereux; il est presque impossible de les rendre invisibles, surtout dans les dessins à la plume; ils doivent être faits sur la pierre non acidulée. Lorsque le travail de l'artiste est achevé, la pierre est donnée à l'imprimeur qui passe sur le dessin un mélange de gomme et d'acide azotique, puis on lave à grande eau et on enlève les dernières traces inutiles de crayon avec l'essence de térébenthine; la pierre est alors prête à être portée sous la presse (V. Impression lithographique). Le tirage des épreuves d'art exige chez l'imprimeur un grand sentiment artistique et des connaissances chimiques et mécaniques. C'est la réunion de ces qualités importantes qui a fait la réputation de Ad. Lasteyrie, de Engelmann, de De Serres et de Lemercier, qui ont porté l'industrie lithographique à son plus haut degré de perfection. Malheureusement la lithographie d'art est fort délaissée, en France, malgré les quelques efforts d'hommes de talent, et cette décadence doit être attribuée à son insuffisance commerciale; malgré les plus grands soins apportés par l'imprimeur, on obtient peu de bonnes épreuves au-dessus de quatre ou cinq mille, et encore le tirage doit-il être arrêté par intervalles assez rapprochés pour laisser la pierre se reposer, sans quoi les traits s'empâtent. La mode est en ce moment à l'eau-forte, qui a sans doute plus de vigueur d'aspect et représente dans une proportion analogue, la pensée même de l'artiste. Mais le moment est proche où l'héliogravure tuera l'eau-forte, dès que la reproduction mécanique ne laissera plus rien à désirer. Qui sait si, alors, on ne reviendra pas à la lithographie modifiée peut-être par un artiste de génie qui remettra en lumière ses grandes qualités de finesse, de vérité dans l'expression et de chaleur de tons ? — C. DE M.

LITHOLOGIE. Science qui a pour objet la connaissance des pierres, de leur composition, de leurs propriétés et de leur emploi.

* **LITHOPHANIE.** On désigne ainsi des plaques ou des abat-jour de lampe transparents, mais à des degrés divers, suivant les nécessités du modelé propre aux sujets représentés. Ce modelé s'obtient par des creux ou des reliefs plus ou moins accentués. La matière translucide qui sert à exécuter les lithophanies est généralement de la porcelaine, ou bien encore de la gélatine légèrement colorée.

Deux procédés sont employés pour produire les moules des lithophanies : il y a d'abord le procédé de modelage dans la terre glaise, puis la formation des reliefs en gélatine par voie photographique.

Les moules par modelage à la main sont exécutés comme tous les bas-reliefs quelconques, ils servent à produire un moule en relief dans lequel on coule de la pâte de porcelaine que l'on émaille ensuite et que l'on fait cuire. Les effets de demi-teintes, si agréables, produits par la lithophanie, sont obtenus par des épaisseurs plus ou moins grandes de porcelaine et, par suite, par des opacités plus ou moins intenses.

Il convient, pour que l'aspect de ces lithophanies soit plus saisissant, d'exagérer, dans une certaine mesure, la profondeur des grandes lumières.

On peut, sans recourir au travail du sculpteur ou du ciseleur, obtenir des moules à lithophanie en usant de la propriété qu'a la lumière d'insolubiliser la gélatine bichromatée.

Une plaque de gélatine bichromatée est exposée à l'action lumineuse sous un négatif photographique; après une durée d'exposition convenable, on soumet cette plaque à un bain d'eau chaude dont l'action doit être maintenue jusqu'à entière dissolution de toute la gélatine non insolubilisée par la lumière. On obtient, de la sorte, des reliefs plus ou moins marqués suivant la nature du cliché employé, et ce relief constitue un véritable moule à lithophanies. Il peut aussi se former une véritable lithophanie directe si l'on a eu soin d'introduire dans la gélatine une petite quantité de matière colorante. — L. V.

* **LITHOPHOTOGRAPHIE.** Ce procédé d'impression n'est autre chose qu'un mode dérivé du procédé de phototypie (V. IMPRESSION PAR LA LUMIÈRE), avec cette différence que l'image obtenue d'abord sur un véhicule transitoire, qui est généralement du papier gélatiné et bichromaté, est transférée par décalque sur une pierre lithographique ou sur du zinc, pour être imprimée ensuite comme cela se pratique pour tout tirage sur pierre ou sur zinc. L'image première est seulement obtenue à l'aide de la photographie au lieu d'être exécutée à la main. Ce procédé n'est employé que pour reproduire des sujets au trait ou au pointillé, il est des plus simples et des plus faciles à mettre en pratique.

Un bon papier, assez solide, est recouvert, sur une de ses faces, d'une très mince couche de gélatine ; on laisse sécher et l'on conserve à l'abri de la poussière et de l'humidité.

Pour l'usage, on sensibilise le papier avec une dissolution de bichromate de potasse à 3 0/0, sur laquelle on fait flotter la feuille du côté gélatiné. Après dessiccation, on expose à la lumière sous un négatif de trait, puis on mouille, recto et verso, le papier insolé qu'on applique sur une glace ou sur une pierre lithographique, le côté gélatiné en dessus; on passe ensuite un rouleau chargé d'encre de report. Cette encre n'adhère qu'aux parties atteintes par la lumière, et l'on a, de cette façon, un décalque direct qu'on n'a plus qu'à transférer sur pierre et sur zinc.

Ce procédé est très employé pour les impressions de cartes géographiques, pour les reproductions de vieilles gravures, etc.

Souvent le trait transféré sur zinc sert de base à une morsure chimique, par voie de gillotage, pour l'exécution des clichés typographiques. — L. V.

* **LITHOSCOPE.** Instrument, ou pour mieux dire, appareil destiné à explorer la cavité vésicale et à reconnaître la présence d'une pierre qui y serait contenue. La lumière est produite par une lampe au gazogène, placée à la partie inférieure de l'appareil. Cette lumière est réfléchie et concentrée à l'aide d'un système de miroirs et de lentilles, et est projetée dans une sonde destinée à être introduite dans la vessie. Cette sonde est ouverte et coudée à angle obtus ; une lame de verre se trouve placée obliquement sur la convexité du coude, et permet aux rayons lumineux d'arriver jusque dans la vessie. L'observateur applique son œil à un ajutage horizontal placé dans l'axe de la sonde.

* **LITHOTRITEUR.** Instrument de chirurgie destiné à broyer la pierre dans la vessie, sans opération sanglante préalable. L'instrument dont on fait habituellement usage est celui qu'inventa Heurteloup, en 1846, et qui, depuis, a subi certaines modifications qui seront indiquées dans le cours de la description.

Le lithotriteur, appelé aussi *lithoclaste* (brise-pierre), ressemble, lorsqu'il est fermé, à une sonde volumineuse (8 millimètres de diamètre), dont l'extrémité présente la courbure d'un cercle de trois centimètres de rayon. Cet instrument est composé de deux branches, dont l'extrémité vésicale, recourbée, porte le nom de *mors*. Ces mors, destinés à saisir le calcul, sont pourvus de dentelures. La branche inférieure ou branche femelle, est creusée sur la face supérieure d'une cannelure dans laquelle glisse la branche supérieure ou branche mâle, qui, du côté de l'extrémité manuelle de l'instrument, dépasse la branche femelle et se termine par une extrémité mousse.

Pour le mode de broiement du calcul, c'est-à-dire la façon dont la branche mâle se meut sur la branche femelle, les mécanismes les plus usités sont la crémaillère et le pignon d'une part, l'écrou brisé d'autre part. La crémaillère est creusée sur la surface libre de l'extrémité manuelle de la branche mâle ; un pignon la fait mouvoir, qui s'engage lui-même dans une rondelle créuse existant sur la branche femelle. Quant à l'écrou brisé, voici comment il est formé : sur l'extrémité manuelle de la branche mâle est adaptée une vis folle, c'est-à-dire à mouvement indépendant, munie d'un volant. Cette vis est arrêtée par un bouton placé à l'extrémité de l'axe de la branche mâle. Lorsque la vis est libre, c'est-à-dire lorsqu'elle se meut sans rencontrer un écrou qui l'emboîte, elle tourne sur elle-même en mettant en mouvement la branche mâle qui lui sert d'axe. Cet écrou brisé, qui a cet avantage de s'appliquer ou non sur la vis, est logé dans un cylindre creux, placé à l'extrémité manuelle de la branche femelle. Lorsqu'il est appliqué sur la vis, la branche mâle ne peut se mouvoir qu'au moyen de mouvements de rotation imprimés au volant, qui met la vis folle en action. Dans le cas contraire, la branche mâle glisse tout naturellement sur la branche femelle ; il suffit de la tirer ou de la pousser. C'est de cette façon qu'on saisit la pierre ; puis, une fois qu'on l'a saisie, on applique l'écrou brisé, et on agit au moyen du volant. Collin a simplifié le jeu de l'écrou brisé, et c'est avec un anneau que l'on élève et que l'on abaisse, que dans son instrument on applique ou on écarte l'écrou placé extérieurement.

La disposition des mors du lithotriteur est encore plus variée que ne l'est le mécanisme de l'écrou. Dès le début, Heurteloup avait fait construire des mors pleins et munis de fortes dents très saillantes, disposition qui gênait pour la préhension des gros calculs, et exposait à ce qu'on ne pût parfois rapprocher les mors maintenus écartés par l'agglomération des débris calculeux dans les interstices des dents. Charrière, pour éviter cet inconvénient, construisit un bec femelle, creusé en gouttière, et arma les bords des deux becs de dents alternantes et à bords émoussés. Civiale apporta une modification plus ingénieuse encore. Les mors de son instrument sont en bec de cane, c'est-à-dire aplatis d'avant en arrière. Le mors femelle est garni d'un petit rebord, et le mors mâle est moins étendu que le premier en largeur et en hauteur, de manière à éviter le pincement de la muqueuse vésicale, et aussi à permettre aux débris du calcul de s'échapper aisément. Malgré toutes ces modifications, il arrivait presque constamment que les mors s'engorgeaient ; c'est alors que Charrière inventa le *brise-pierre* porte à faux, et fenêtra largement le bec femelle, qui laisse ainsi facilement passer les débris calculeux. — Dr A. B.

LIVARDE. *T. de cord.* Nom d'un bout de corde en étoupe, dont le cordier à la main entoure le fil de caret tendu, et qu'il promène dans toute la longueur pour égaliser la torsion dudit fil.

***LIVAROT.** Sorte de *fromage*. — V. ce mot.

LIXIVIATION. *T. de chim. et de pharm.* Lavage à froid ou à chaud, soit des cendres, soit d'autres substances en poudre, pour en extraire les sels alcalins, ou généralement les principes solubles. Les liquides dissolvants, employés ordinairement, sont l'eau, l'alcool, l'éther, les carbures d'hydrogène. La lixiviation se fait par filtration du liquide à travers la substance réduite en poudre plus ou moins grossière, et disposée sur une claie en couche plus ou moins épaisse, dans un baquet ou dans des vases spéciaux percés d'une ouverture à la partie inférieure, à demi obstruée par quelques fragments de la substance, ou fermée par un bouchon de paille. On verse dessus le liquide qui filtre à travers la substance et s'écoule au dehors. On le remplace au fur et à mesure par du liquide nouveau, jusqu'à épuisement de la matière.

On opère à chaud, quand on veut extraire tous les principes solubles avec le dissolvant employé. On opère à froid si l'on ne veut dissoudre que certains principes peu solubles, et laisser les autres. Lorsque les principes à dissoudre ne cèdent que très lentement à l'action du dissolvant, on tient fermée l'ouverture inférieure du vase, et on laisse le liquide séjourner pendant un certain temps au contact de la substance avant de le faire écouler.

Dans l'industrie, on pratique en grand la lixiviation pour enlever à des cendres les sels alcalins qu'elles contiennent et faire servir les eaux mères à la préparation de la soude artificielle, de la potasse, du salpêtre, de l'alun, du sulfate de fer, etc.

En pharmacie, la lixiviation est employée dans la préparation des extraits, des teintures, des vins médicinaux, etc.

L'opération du *déplacement* (V. ce mot) est une véritable lixiviation. La préparation du café, telle qu'on la pratique ordinairement à l'aide de filtres appropriés, est une sorte de lixiviation par déplacement.

Quand le dissolvant est volatil et d'un prix assez élevé, comme l'alcool et l'éther, la lixiviation se fait en vase clos, pour éviter la déperdition du liquide par évaporation. Les *lavages méthodiques*, employés dans le but d'épuiser complètement la matière de ses principes solubles, sont des *lixiviations* et des *déplacements* successifs, s'opérant dans des vases placés à la suite les uns des autres, et où un liquide non saturé, en sortant d'un premier vase, se sature en passant dans un deuxième et un troisième, etc. — C. D.

LOCH. *T. de mar.* Le loch est un instrument servant à mesurer la vitesse d'un navire. Le type le plus ancien et le plus fréquemment employé se compose d'une petite planchette, dite *bateau de loch*, ayant la forme d'un triangle isocèle, à base légèrement courbe, et lestée avec des morceaux de plomb (fig. 87).

Dans ces conditions, le bateau de loch flotte, un sommet en haut et un peu hors de l'eau. Les trois sommets sont reliés par de petites cordes à

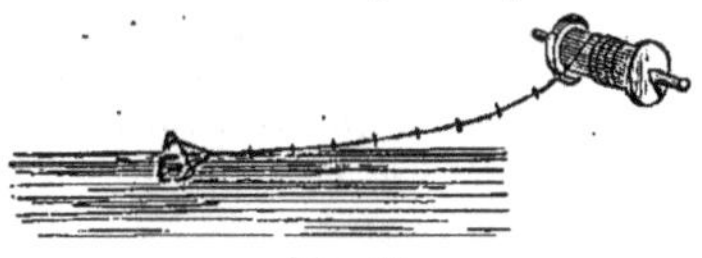

Fig. 87.

l'extrémité de la *ligne de loch*, long cordage enroulé sur un petit tambour appelé *tour de loch*. La ligne est divisée en longueurs égales d'environ 15 mètres, à l'aide de petits nœuds en laines de couleur. Lorsqu'on veut mesurer la vitesse, on jette à la mer le bateau de loch, en laissant filer la ligne; le tour de loch doit être libre de tourner avec la plus grande facilité, pour éviter de tendre outre mesure la ligne et d'entraîner le bateau.

Lorsque la longueur de la ligne filée est suffisante, le bateau de loch est soustrait à l'influence des remous produits par la marche du navire et reste sensiblement immobile. Il peut alors servir de repère ou de point fixe pour la mesure des espaces parcourus par le navire. On compte alors le nombre de *nœuds* de la ligne qui passent dans une demi-minute, cet intervalle de temps étant fourni par un sablier. Grâce à la correspondance établie entre cette durée et la distance qui sépare les nœuds, on obtient ainsi immédiatement le nombre de milles marins de 1852 mètres, que parcourrait dans une heure le navire, si sa vitesse était uniforme. Ainsi, un navire qui file 12 nœuds, parcourt 12 milles (ou 22 kilomètres environ) par heure; une vitesse de 1 nœud correspond à une vitesse de $0^{m},514$ par seconde. L'usage est établi, dans toutes les marines, de compter la vitesse des navires en nœuds (sans autre indication), ou, ce qui revient au même, en milles marins à l'heure.

Dans les vitesses modérées, le loch, manié par un personnel exercé, est un instrument suffisamment exact pour les besoins de la navigation; aux grandes vitesses, ses indications sont erronées par suite de l'allongement inévitable de la ligne et du déplacement du bateau de loch entraîné par le sillage.

Il existe plusieurs systèmes de lochs permanents, suspendus à demeure à l'arrière des navires et indiquant continuellement, par la rotation d'une hélice ou d'un moulinet, la vitesse du navire, à la façon des anémomètres. Leurs indications peuvent être transmises électriquement à l'intérieur du navire. Tels sont les lochs de MM. Fleuriais et Le Goarant de Tromelin.

***LOCHAGE.** *T. de sucr.* Opération du raffinage, qui consiste à retourner les pains après chaque égouttage pour savoir s'ils sont convenablement blanchis.

LOCOMOBILE. *T. de mécan.* Moteur monté sur roues, qui peut être déplacé facilement sous un effort extérieur, mais qui travaille à demeure comme une machine fixe. Les locomobiles sont particulièrement appropriées aux travaux temporaires qui doivent être exécutés en des points différents, comme ceux des exploitations agricoles, par exemple; aussi les rencontre-t-on fréquemment dans les grandes fermes, où elles servent aux travaux les plus divers, et permettent ainsi de remplacer avec avantage, la main-d'œuvre devenue si rare aujourd'hui dans nos campagnes. En été, elles actionnent les machines à battre le blé et aussi les faucheuses et les moissonneuses, plus tard elles effectuent les labourages à vapeur, commandent les différentes machines intérieures, hache-paille, coupe-racines, barates, etc., et servent même, au besoin, pour arroser les prairies en actionnant les pompes aspirant les eaux d'irrigation, etc. Ces applications de locomobiles sont déjà pratiquées depuis longtemps sur une vaste échelle dans les pays étrangers, surtout en Amérique; mais chez nous, elles restent encore trop limitées aux grandes exploitations, en raison de l'extrême division de la propriété foncière, et la plupart des locomobiles sont la propriété d'entrepreneurs qui les louent dans les fermes pour le battage du blé. Les locomobiles à vapeur sont construites, en général, avec des chaudières tubulaires horizontales, sur un type analogue à celui des locomotives, ou, quelquefois, sur le type Field; nous en avons d'ailleurs donné quelques exemples à l'article CHAUDIÈRE. Ces machines ne présentent pas, en général, de particularité intéressante au point de vue mécanique et nous ne nous y arrêterons pas ici. Disons seulement qu'il importe, avant tout, de les munir d'organes simples et robustes, particulièrement solides, capables de supporter sans rupture des chocs et des résistances exceptionnelles, d'un entretien et d'une réparation faciles ; ces machines doivent être confiées, en effet, à des ouvriers de ferme, souvent peu expérimentés, et la manœuvre doit en être tout à fait simple et facile à saisir. Généralement le mécanisme est installé sur la chaudière et forme un tout qui peut s'en séparer pour faciliter les réparations. Les foyers sont appropriés, habituellement, à la combustion du charbon, et sont munis d'un gueulard pour le chargement, à l'exception toutefois des types Thomas, Laurens, Fouché, etc. On a construit également des machines dont les foyers sont disposés pour la combustion des matières qu'on rencontre habituellement en pleine campagne, et sont chauffés avec du bois ou même avec de la paille (type Clarton et Shuttlework), celle-ci est alors introduite d'une manière continue par une trémie spéciale. Il est essentiel, avec ces machines, d'éviter l'entraînement des flammèches légères qui pourraient provoquer les incendies, et les cheminées doivent toujours être munies de grilles spéciales pour les arrêter. On trouve dans la figure 88 un exemple bien étudié d'une locomobile à chaudière horizontale, chauffée avec de la paille. Le mécanisme est installé sur la chaudière, et commande par une courroie spéciale la trémie d'entraînement de la paille. Quelques types de locomobiles possèdent une distribution Compound, mais cette application paraît exiger des organes trop délicats pour ces machines.

Les locomobiles sont munies souvent d'un mécanisme commandant un essieu moteur qui leur permet de se remorquer elles-mêmes; elles constituent dans ce cas de véritables locomotives routières (V. Locomotive); seulement, une disposition spéciale de débrayage convenable permet d'isoler les essieux et d'actionner une poulie de transmission quand on veut travailler sur place.

Outre les locomobiles fondées sur l'emploi de la vapeur, on construit également des types différents, utilisant d'autres forces motrices comme ceux des machines fixes. Citons, par exemple, les locomobiles électriques recueillant le courant fourni par des machines fixes ou plutôt par des accumulateurs; ces machines paraissent particulièrement indiquées pour les applications des locomobiles, et elles recevront sans doute un grand développement dans l'avenir quand on disposera de petits moteurs électriques préparés à ce point de vue. La construction des petits moteurs a fait d'ailleurs de grands progrès en ces dernières années, et elle a entraîné, par suite, des perfectionnements analogues pour les locomobiles qui ne sont en définitive que des moteurs montés sur roues. L'exposition agricole de 1885 renfermait, par exemple, un curieux modèle de locomobile à pétrole,

Fig. 88. — *Vue d'une locomobile chauffée avec de la paille.*

système Lenoir, construit par MM. Mignon et Rouart, que nous ne pouvons que signaler ici. Le pétrole, enfermé dans un réservoir spécial, s'y trouve constamment remué par un agitateur qui en favorise l'évaporation, et la vapeur, en se dégageant, vient actionner un petit moteur d'une disposition analogue à celle des moteurs à gaz. Cette petite locomobile, de poids assez léger et d'un fonctionnement économique, pourrait fournir une force de deux chevaux environ.

LOCOMOTEUR. *T. de mécan.* Nom donné au véhicule portant les poulies, sur lequel s'enroule le câble moteur dans le système Agudio appliqué à la traversée des lignes en rampe. — V. Chemins de fer spéciaux.

LOCOMOTIVE. *T. de mécan.* Machine montée sur roues, qui travaille en se remorquant elle-même et en entraînant des véhicules avec elle. Presque toutes les locomotives sont des machines à vapeur d'eau, brûlant des combustibles qu'elles emportent avec elles ou sur un tender, et disposées pour circuler continuellement sur des voies ferrées; c'est surtout de celles-ci que nous nous occuperons. Nous dirons quelques mots seulement des machines routières et des types divers de locomotives circulant sur rails, qui n'emploient pas la vapeur d'eau, comme les moteurs à air comprimé, etc. Rappelons aussi les locomotives électriques qui n'ont reçu, jusqu'à présent, que des applications tout à fait restreintes et limitées à certains cas spéciaux.

Au point de vue mécanique, la locomotive à vapeur est une machine des plus remarquables, donnant peut-être un rendement inférieur à celui de certains types de machines fixes, mais d'autre part, admirablement appropriée au rôle qu'elle doit remplir, possédant, sous un faible volume, une grande puissance avec une élasticité merveilleuse qui lui permet de s'adapter sans difficulté à toutes les circonstances de la marche, pouvant, en un mot, fournir au besoin, soit un puissant effort, soit une grande vitesse, et on peut dire qu'elle entre pour la plus grande part dans le développement prodigieux que les chemins de fer ont reçu de nos jours. L'emploi des rails métalliques a permis sans doute de réduire le travail de transport dans une proportion énorme, mais il ne faut pas oublier qu'il était connu déjà depuis longtemps avant notre siècle, sans qu'on eût songé à en multiplier l'application. Il serait toujours resté à l'état d'accident sans l'apparition de la locomotive, qui est ainsi l'un des principaux facteurs de la révolution que les chemins de fer ont amenée avec eux dans le monde.

Historique. L'idée d'appliquer la force motrice de la vapeur à la traction des véhicules sur les routes, remonte aux premiers essais de Watt et Boulton sur la machine à vapeur, et Watt avait même compris expressément cette application dans le brevet qu'il prit, en 1784. Le grand inventeur, qu'on peut nommer à juste titre le père de la machine à vapeur, avait pressenti les conditions particulières du problème de la construction de ces machines mobiles, pour lesquelles il faudrait renoncer à la condensation telle qu'elle était appliquée sur ses autres types de machines, et il fit construire, par son aide Murdoch, en 1784, un modèle de locomotive à grande vitesse qui pouvait développer, dit-on, une vitesse de 6 à 8 milles à l'heure. Toutefois, après avoir préparé ce modèle qui est encore déposé actuellement au musée des brevets à South-Kensington, Watt n'essaya jamais de construire la machine elle-même, il était trop occupé, ainsi que Murdoch, par la préparation de ses autres machines pour pouvoir s'occuper d'un type aussi différent.

On pourrait citer, d'ailleurs, plusieurs projets qui furent émis, même avant les essais de Watt, pour l'application de la vapeur à la traction. Isaac Newton avait proposé, en 1680, un type de voiture avançant seulement par la réaction résultant du dégagement d'un jet de vapeur à l'arrière ; mais cet appareil était plutôt une sorte de jouet imité de l'éolipyle des Grecs, sans aucune valeur industrielle.

Au xviiie siècle seulement, on commence à rencontrer quelques projets un peu plus réalisables, fondés sur l'emploi de la machine à vapeur telle qu'elle était déjà connue à cette époque, et Watt fut même entraîné à l'étude de cette question par les savants avec lesquels il était en correspondance, les docteurs Robison, Darwin, etc., qui lui soumirent leurs projets. Nous pouvons

Fig. 89. — *Voiture à vapeur de Cugnot.*

citer également Nathan Read, qui fit breveter, en 1790, une voiture à vapeur, comprenant une double machine dont les pistons se prolongeaient par des crémaillères servant à actionner les pignons portés sur les moyeux des roues. Comme Newton, Nathan Read songeait aussi à utiliser la force de réaction de la vapeur expulsée, et il avait dirigé, à cet effet, le tuyau d'échappement vers l'arrière de la machine.

Aucun de ces projets, d'ailleurs, n'a été réalisé, et c'est en France que fut exécutée la première expérience sérieuse sur les voitures à vapeur. Un officier français, Nicolas-Joseph Cugnot, dont le nom doit rester attaché à l'histoire de la locomotive, construisit, en 1769, une voiture à vapeur qu'il fit fonctionner en présence du duc de Choiseul, alors ministre de la guerre. Cette première expérience donna des résultats assez favorables, et l'inventeur prépara, en 1770, avec l'appui du comte de Saxe, une seconde voiture qui est exposée actuellement au Conservatoire des Arts et Métiers. Cette machine que nous représentons dans la figure 89 était construite d'une manière très remarquable pour l'époque, ainsi que le fait observer l'américain M. R. Thurston, dont nous sommes heureux de citer ici le témoignage : « C'est une véritable surprise pour l'ingénieur, dit-il, dans son *Histoire de la machine à vapeur*, de trouver une aussi belle exécution dans l'ouvrage construit par le mécanicien Brézin, il y a un siècle. La voiture et le mécanisme sont solidement construits, soigneusement travaillés et constituent une œuvre digne d'éloges à tous les points de vue. » Le châssis de la voiture est supporté par deux roues à l'arrière, et une seule roue motrice à l'avant. Celle-ci est garnie à la circonférence de parties saillantes destinées à mordre sur le sol pour lui donner plus de prise ; elle est actionnée par deux machines à simple effet recevant la vapeur d'une chaudière fixée à l'avant. La roue motrice est entraînée par l'intermédiaire de rochets, elle peut marcher indifféremment en avant ou en arrière, et même se dévier d'un angle de 15° à 20°. Cette voiture, dont les cylindres avaient 0^m,40 environ de diamètre, devait posséder une grande puissance, mais la chaudière était trop petite et la manœuvre trop lente, et elle aurait eu besoin de quelques perfectionnements pour être susceptible de faire un service pratique. Malheureusement, les événements politiques obligèrent Cugnot à abandonner ses expériences, en le privant de ses protecteurs, et il mourut en 1804, à l'âge de soixante-dix-neuf ans, sans avoir pu réaliser aucun nouvel essai.

Après Cugnot, il convient de citer le célèbre mécanicien Olivier Evans, né à Newport, en 1756, qui construisit les premières machines à vapeur aux États-Unis et indiqua le premier, dans ses projets, l'application aux voitures à vapeur des machines sans condensation, fixant ainsi l'un des traits principaux que la locomotive devait toujours conserver dans la suite. Olivier Evans est aussi le premier, et ce n'est pas là son moindre titre de gloire qui ait pressenti l'immense révolution que cette machine devait entraîner plus tard dans le monde : « Je ne doute pas, disait-il, que mes machines n'arrivent à faire marcher des bateaux contre le courant du Mississipi et des voitures sur les grandes routes, avec grand profit. Le temps viendra où l'on voyagera d'une ville à l'autre dans des voitures mues par des machines à vapeur, et marchant aussi vite que les oiseaux peuvent voler, 15 ou 20 milles à l'heure. Une voiture partant de Washington le matin, les voyageurs déjeuneront à Baltimore, dîneront à Philadelphie et souperont à New-York le même jour. »

Olivier Evans construisit plusieurs types de voitures pour routes ordinaires, mues par des machines sans condensation; mais il était trop occupé par la construction d'autres machines pour usages industriels, et il ne put apporter à ses voitures à vapeur les perfectionnements indispensables pour les rendre tout à fait pratiques; il mourut le 19 avril 1819, sans avoir vu la réalisation des prédictions qu'il avait émises sur les progrès futurs de la locomotive. L'étude de cette machine fut poursuivie, en Angleterre, à la fin du XVIIIe et au commencement du XIXe siècle, par de nombreux inventeurs qui d'abord s'attachaient exclusivement à la construction des locomotives routières. Trevithick, en 1802, et plus tard Griffith, en 1821, puis Gurney, en 1827, firent breveter des voitures à vapeur destinées au transport des voyageurs. La machine de la voiture de Gurney présentait même une installation déjà fort remarquable, la chaudière était à compartiments disposés de manière à assurer la circulation d'eau et une bonne utilisation du combustible. Plus tard, de 1829 à 1836, Hancock construisit également plusieurs machines à vapeur d'une disposition bien étudiée et dont plusieurs purent faire un service effectif assez prolongé, notamment sur la ligne de Paddington, en 1836. Ces voitures roulaient en moyenne cinq heures et demie par jour avec une vitesse de 10 milles à l'heure. Hancock construisit même pour son usage personnel une voiture à vapeur qui faisait 20 milles à l'heure et circulait dans la ville parmi les chevaux et les voitures, sans accident. Malgré le succès relatif qu'il obtint, Hancock dut renoncer à ses recherches sur les locomotives routières, en raison des obstacles qu'il rencontra de tous côtés; le mauvais état des routes dans la Grande-Bretagne y rendait, en effet, la circulation presque impossible; d'autre part, tous les entrepreneurs et propriétaires de diligences dont les intérêts se trouvaient lésés par la nouvelle machine, s'étaient coalisés contre lui, et parvinrent à entraver les transports à vapeur de toutes manières, même par voie législative. La question des machines routières se trouva ainsi délaissée, et on revint à la locomotive à simple adhérence marchant sur rail, surtout lorsque l'on eut reconnu par les expériences de Stephenson, que cette machine pouvait traîner sur une voie ferrée des charges élevées qu'elle ne pourrait pas admettre sur une route ordinaire. La locomotive n'avait guère été étudiée auparavant qu'au point de vue des machines routières, et la plupart des inventeurs étaient partis de cette idée que l'adhérence sur les rails était nécessairement insuffisante, et qu'il fallait avoir recours à des dispositions spéciales pour assurer l'entraînement. Blenkinshop, en 1811, essayait le rail denté avec crémaillère; Chapman, en 1812, appliquait des chaînes de remorquage commandées par des machines fixes; et Brunton essayait même, en 1813, des machines munies de jambes articulées.

Cependant, le célèbre inventeur Trevithick, qui avait été l'élève de Murdoch, l'associé de Watt, avait construit, en 1808, une locomotive à simple adhérence qui circula pendant quelques semaines sur un railroad de Londres, mais comme elle marchait à très faible vitesse, l'adhérence se trouvait fréquemment insuffisante. D'ailleurs, un déraillement de cette machine la mit bientôt hors de service, et par suite du manque de ressources de Trevithick, cet essai se trouva interrompu sans avoir attiré toute l'attention qu'il méritait. Toutefois, le nom de Trevithick ne saurait être omis dans l'histoire de la locomotive, bien que ses contemporains l'aient méconnu, car il est l'un des inventeurs qui ont le plus fait pour cette machine. Il construisit, en effet, la première locomotive à foyer intérieur, marchant sans condensation, avec tirage entretenu par la vapeur d'échappement. Il disposa également les cylindres conjugués avec manivelles placées à angle droit comme dans nos machines actuelles. Hedley qui avait été témoin des essais de Trevithick reprit, en 1813, l'idée de la locomotive à roues lisses, et montra qu'elle pouvait traîner sur une voie ferrée des fardeaux très considérables. Il est même le premier qui ait cherché à déterminer d'une manière précise les limites de l'adhérence, et il exécuta, à cet effet, des expériences suivies. Il indiqua également l'emploi des cendres jetées sur les rails pour prévenir le patinage lorsque ceux-ci sont trop glissants. On emploie, aujourd'hui, le sable à cet effet, et, comme le frottement des grains amène une destruction rapide des rails aux points où le patinage est fréquent, certaines Compagnies de chemins de fer commencent à appliquer de préférence l'eau chaude qui est lancée en jet venant de la chaudière sur la surface du rail.

Hedley construisit pour le service des houillères de Wylan une petite locomotive qui marchait avec une pression de vapeur de 4 atmosphères, c'était une machine sans condensation suivant le type indiqué par Evans, mais, en outre, le jet de la vapeur d'échappement était dirigé dans la cheminée pour activer le tirage. Celle-ci avait d'abord quatre roues seulement, mais plus tard, Hedley dut lui donner huit roues, les rails alors en usage étant trop faibles pour la supporter. Une des machines construites par lui, sur ce type, resta même en service actif jusqu'en 1862, et elle est conservée actuellement au musée de South Kensington, à Londres. Tel qu'il était disposé, le modèle de Hedley présentait déjà par l'application du tirage forcé, l'un des traits caractéristiques de la locomotive, car c'est seulement ce mode de tirage qui donne à cette machine la grande puissance de vaporisation dont elle a besoin, malgré son faible volume et les dimensions restreintes du foyer. Il y a là une utilisation nécessaire de la vapeur d'échappement, montrant bien tout l'intérêt qui s'attache à faire de la locomotive une machine sans condensation, comme l'avait indiqué Olivier Evans, et on peut dire en effet que, lors même qu'il serait possible de condenser la vapeur sur la locomotive sans compliquer cette machine outre mesure, il n'y aurait pas d'intérêt à le faire puisqu'on retrouve par le tirage forcé, une utilisation bien plus efficace de la vapeur d'échappement.

Toutefois, malgré cette augmentation de tirage, la puissance de la machine restait toujours contenue dans d'étroites limites dont elle put s'affranchir seulement grâce à la découverte d'un français, Marc Séguin, qui fit breveter, en 1827, la première chaudière tubulaire. Cette disposition augmentait la surface de chauffe dans une proportion énorme et assurait une utilisation parfaite de la chaleur développée, en multipliant les points de contact de l'eau et des gaz chauds dans leur parcours du foyer à la cheminée. La première machine qu'il fit construire sur ce type fut terminée seulement en 1831 et mise en service sur la ligne de Givors à Rives-de-Gier (V. Génie civil t. IV, p. 390); cette locomotive qui est en quelque sorte l'ancêtre de nos machines, comprenait une chaudière cylindrique en cuivre, timbrée à 3 atmosphères, traversée pour la première fois par 43 tubes en laiton de $2^m,20$ de longueur et de $0^m,03$ de diamètre intérieur; avec le foyer entouré d'eau, la surface de chauffe était de $23^{m}{}^2,50$. Deux ventilateurs installés sur le tender et commandés par la machine elle-même, par l'intermédiaire de courroies, envoyaient l'air dans le foyer. Le châssis de la machine était en chêne porté sur 4 roues de $1^m,30$ de diamètre; les cylindres étaient installés verticalement au-dessus des longerons, ils avaient 0m,24 de diamètre et 0m,60 de course. Cette disposition de cylindres verticaux présentait l'inconvénient d'exiger des espaces nuisibles énormes pour parer aux oscillations des ressorts, aussi ne tarda-t-on pas à incliner les cylindres pour les rapprocher de l'horizontale, et rendre le piston indépendant des oscillations du châssis. M. Séguin avait essayé aussi d'appliquer la condensation, mais il ne tarda pas à y renoncer. Craignant, comme tout le monde à cette époque, que l'adhérence des roues fût insuffisante pour assurer l'entraînement, il avait donné aux roues de la machine une certaine élasticité pour qu'elles puissent se déformer et rester en contact avec le rail sur un arc plus grand. Comme il avait des rampes assez fortes à traverser, il s'était attaché aussi à diminuer le poids de sa machine qu'il avait réduit à 6,000 kilogrammes; mais on dût reconnaître bientôt que, ainsi établie, elle était impuissante à assurer la traversée des rampes, et elle fut modifiée ensuite sur le type des machines anglaises.

Toutefois, si Trevithick, Hedley et Séguin ont indiqué, chacun de leur côté, la voie à suivre, c'est à Georges Stephenson que revient l'honneur d'avoir définitivement établi d'une manière incontestée le succès des locomotives, et d'avoir fixé le type qui restera toujours suivi après lui dans ses parties essentielles.

Georges Stephenson, né en 1781, à Wylan, près de Newcastle-on-Tyne, était le fils d'un pauvre mineur et débuta lui-même comme simple ouvrier mécanicien; il était pénétré d'une véritable passion pour la mécanique, et, dans ses modestes fonctions, il ne négligea aucune occasion d'étudier le fonctionnement des machines à vapeur qu'il avait à conduire. En 1812, il assista aux essais des *machines-voyageantes* de Hedley à Wylan, et de Blenkinshop à Leeds, il sentit d'instinct les défauts de ces machines, et il s'occupa d'en construire une meilleure. Il prépara ainsi, en 1814, sa première locomotive le *Blücher* qu'il dût fabriquer en quelque sorte avec l'aide du forgeron de la houillère de Wylan. Plus tard, il construisit un nouveau type de locomotive à deux cylindres, dont les pistons actionnaient deux essieux moteurs accouplés par une chaîne articulée, et, suivant l'exemple de Hedley, il y appliqua le tirage forcé dû à la vapeur d'échappement. Il arriva également à forger des roues en fer pour remplacer les roues en fonte employées jusque là. Enfin, il imagina un dynamomètre spécial pour étudier expérimentalement la résistance des trains dont il analysa tous les éléments, frottement de glissement des fusées dans les coussinets, et frottement de roulement des roues sur les rails. Il arriva ainsi à démontrer, contre ses contemporains, l'évidente supériorité de la voie ferrée, en prouvant qu'une locomotive pouvait traîner sur les rails une charge dix fois plus élevée que sur une route, et cela, tout en conservant une vitesse de marche trois ou quatre fois supérieure. Quoiqu'il en soit, l'opinion générale était hostile à l'emploi de la locomotive, et pour la ligne de Stockton à Darlington dont il était l'ingénieur, Stephenson dût faire les plus grands efforts pour décider les directeurs à consentir à l'essai de ses machines. Une locomotive construite dans ses ateliers de Newcastle-on-Tyne pût toutefois être mise en service pour l'inauguration de la ligne, le 25 septembre 1825. Cette locomotive avait ses deux cylindres placés verticalement au-dessus de la chaudière, et les pistons étaient reliés directement aux deux essieux moteurs par des manivelles placées à angle droit pour régulariser le mouvement et assurer le passage des points morts. La chaudière était horizontale et traversée par un carneau unique avec le foyer à l'extrémité. Cette machine pouvait faire 20 kilomètres à l'heure, elle fut appliquée d'abord aux trains de marchandises, les chevaux étant réservés aux trains de voyageurs, toutefois, on ne tarda pas à reconnaître qu'on pouvait appliquer également à ceux-ci les locomotives, sans inconvénient, et les chevaux furent définitivement supprimés sur cette ligne.

Vers la même époque, Stephenson étudiait la construction de l'importante ligne de Manchester à Liverpool dont il poursuivait l'exécution à travers des difficultés de tous genres, techniques et morales. La voie fut terminée en 1828, sans qu'on eût encore arrêté définitivement le mode de traction qu'il convenait d'y appliquer. Malgré l'exemple de la ligne de Stockton, le comité directeur n'avait pas su échapper à la défiance générale à l'endroit de la locomotive, et il était décidé à employer des machines fixes réparties sur toute la longueur de la voie, et qui auraient remorqué les trains à l'aide de câbles de traction. Néanmoins, sur les instances de Georges Stephenson, il se décida à faire l'essai de la machine mobile, et il ouvrit ce mémorable concours de Rainhill qui fait époque dans l'histoire de la locomotive, car on y vit figurer pour la première fois une machine possédant les traits essentiels de toutes nos locomotives actuelles.

Une récompense de 300 livres fut offerte à la meilleure machine remplissant les conditions suivantes : 1° elle devait brûler sa fumée; 2° elle devait avoir un poids de 6 tonnes, pouvoir traîner en tout temps une charge de 20 tonnes (y compris le tender et la caisse à eau) avec une vitesse de 16 kilomètres à l'heure et sans que la pression dans la chaudière dépassât 4 atmosphères; 3° la chaudière devait avoir deux soupapes de sûreté dont aucune ne pouvait être calée, l'une d'elles étant complètement en dehors de la portée du mécanicien; 4° la machine et la chaudière devaient être établies sur des ressorts et reposer sur six roues, la hauteur totale étant inférieure à 4m,60; le poids de la machine en charge ne devait pas excéder 6 tonnes, et s'il ne dépassait pas 4 tonnes et demie, elle pouvait n'avoir que quatre roues; 5° la chaudière devait pouvoir supporter une pression d'épreuve de 12 atmosphères; 6° la chaudière devait être munie d'un manomètre à mercure indiquant toute pression supérieure à 3 atmosphères; 7° la machine devait être livrée entièrement finie et prête pour l'essai à Liverpool, le 1er octobre 1829; 8° le prix de la machine ne devait pas dépasser 550 livres.

Quatre machines prirent part au concours qui eut lieu le 6 octobre 1829 : la *Persévérance*, construite par Burstall, la *Sans-Pareille*, de Hackworth, la *Nouveauté*, de Braitwath et Ericson, et la *Fusée* (the *Rocket*), construite sur les plans de Georges Stephenson. Nous n'insisterons pas ici sur les trois premières machines, dont aucune ne remplit d'ailleurs complètement les conditions fixées ; nous donnerons seulement quelques détails sur la dernière, la *Fusée*, qui les surpassa toutes, d'une manière inespérée pour ainsi dire, et elle révéla en quelque sorte les effets qu'on pouvait attendre des locomotives dont elle inaugurait le type. Nous en donnons la vue dans la figure 90.

Cette machine était munie d'une chaudière horizontale traversée intérieurement par de nombreux tubes à fumée suivant la disposition adoptée par Séguin qui multipliait, comme nous l'avons dit, la puissance de vaporisation. Cette chaudière avait 1m,82 de longueur et 1m,02 de diamètre; sur la paroi d'arrière était fixée une caisse quadrangulaire ou poêle, qui serait la boîte à feu de nos machines actuelles, car elle renfermait le foyer lui-même, formé par une petite caisse sans fond avec une grille dans le bas. L'espace vide ménagé entre les parois latérales de la boîte à feu et du foyer était mis en communication avec la chaudière par deux tubes extérieurs qui le maintenaient plein d'eau. Toutefois, la face avant, au-dessous de la plaque tubulaire, et la face arrière, au-dessous de la porte du foyer, étaient formées par des maçonneries allant jusqu'aux parois de la boîte à feu. Le ciel du foyer n'était pas recouvert d'eau, mais cette disposition, qu'on éviterait rigoureusement aujourd'hui, ne paraît avoir entraîné aucun inconvénient en service, sans doute en raison de la faible pression de vapeur et du peu d'activité de la combustion dans le foyer. Les tubes à fumée dont nous avons parlé plus haut, étaient en cuivre au nombre de 25, et avaient un diamètre de 76 millimètres. La surface de chauffe totale était ainsi portée à $10^{m2},7$, par l'emploi de ces tubes, tandis que la grille avait seulement $0^{m2},55$ et le foyer $1^{m2},80$. La cheminée était élargie à la base pour embrasser la plaque tubulaire d'avant, et tenir ainsi lieu de boîte à fumée. Les cylindres étaient placés obliquement de chaque côté de la chaudière, et les deux pistons agissaient chacun par l'intermédiaire d'une bielle sur l'unique essieu moteur. Le diamètre de ceux-ci paraît avoir été de $0^m,20$, et la course, de $0^m,41$.

La distribution était commandée par deux excentriques séparés, qui agissaient chacun dans un sens déterminé. Les barres de ces excentriques qui se terminaient par des fourches embrassant le bouton de la tige du tiroir, étaient actionnées par des tiges correspondantes que le mécanicien tirait à lui quand il voulait changer le sens du mouvement. C'est la disposition que Stephenson remplaça plus tard par la célèbre coulisse qui porte son nom. Les roues de la machine étaient en bois et munies de bandages en fer ; les roues motrices avaient un diamètre de $1^m,45$, et les roues porteuses, de $0^m,98$. Le poids de la machine pleine était de 4 tonnes 5, et celui du tender, de 3 tonnes 25. La consommation de coke par litre d'eau vaporisée était de $0^k,17$, deux fois plus faible que celle du *Sans-Pareil*. Grâce à ces dispositions (application de la chaudière tubulaire et du tirage forcé) qui sont devenues caractéristiques des locomotives, la *Fusée* remporta sur ses concurrents une victoire facile qui dépassa les espérances de Stephenson lui-même.

Au concours d'épreuve qui eut lieu à Rainhill, elle atteignit sans difficulté la vitesse de 40 à 50 kilomètres à l'heure en traînant une voiture chargée de 30 voyageurs. Le 8 octobre, elle remorqua un train chargé de 13 tonnes avec une vitesse moyenne de 45 kilomètres à l'heure.

Un succès aussi éclatant tranchait d'une manière définitive la discussion toujours pendante sur la préférence à accorder aux locomotives routières ou aux machines fixes,

Fig. 90. — *La Fusée de G. Stephenson*

et on décida d'employer exclusivement la locomotive à simple adhérence.

La ligne de Liverpool à Manchester fut achevée une année après le concours de Rainhill, et officiellement inaugurée le 15 septembre 1830. Cette inauguration eut lieu en très grande pompe au milieu d'un concours de foule énorme et en présence d'un grand nombre de personnages officiels. L'Angleterre a même célébré en 1880, par des fêtes spéciales, le cinquantenaire de cette inauguration qui marque, en effet, une date des plus mémorables dans l'histoire des chemins de fer et de la locomotive. La *Fusée* resta en service, pendant plusieurs années après sa victoire, sur la ligne de Manchester à Liverpool ; elle fut vendue ensuite à différentes reprises et cédée finalement par M. Thomson à Robert Stephenson qui la légua au musée de Kensington où elle est exposée actuellement. Toutefois, comme elle a subi de nombreuses modifications, il est difficile d'indiquer aujourd'hui, avec précision, les dimensions primitives de ses organes. Après la *Fusée*, les traits principaux de la locomotive sont fixés désormais, et les véritables progrès s'accomplissent dans les ateliers de construction et s'appliquent surtout aux points de détail; tous les organes de la machine sont mieux étudiés et mieux proportionnés pour le rôle qu'ils ont à remplir. C'est ainsi qu'on arriva à préparer des roues en fer à rais plus résistantes que les roues en bois, des soupapes à boulet remplaçant les soupapes coniques qui se coinçaient parfois sur leurs sièges, des conduites métalliques avec rotules d'assemblage amenant l'eau du tender à la chaudière. On améliora de même l'installation et le montage des machines de manière à obtenir des assemblages étanches dans les chaudières et les cylindres, à faciliter les mouvements relatifs des organes mobiles, à diminuer l'usure et à permettre le graissage et le remplacement des pièces frottantes. L'application de la coulisse de changement de marche, due à Sharp Roberts et Stephenson, constitue en particulier l'un des progrès les plus importants qu'on ait apportés à cette époque au mécanisme moteur de la locomotive, car elle a permis de faire varier à volonté la dépense de vapeur suivant le besoin ; toutefois nous n'y insisterons pas ici en raison des détails que nous avons donnés au mot Coulisse.

En présence du développement toujours grandissant du trafic des voies ferrées, Stephenson comprit la nécessité d'augmenter la puissance de ses machines et, tandis que la chaudière de la *Fusée* n'avait que $2^m,74$ de longueur, il donna $3^m,66$ à celle de 1842, la première qui reçût l'application de la coulisse; il augmenta de même le nombre des essieux pour ne pas surcharger les rails, et le diamètre des roues motrices, pour obtenir plus de vitesse. Les machines de 1833 ont déjà trois essieux, et ce nombre fut encore dépassé dans la suite; on renonça d'ailleurs complètement aux machines à deux essieux à la suite du terrible accident survenu en 1842 sur la ligne de Versailles: une locomotive à deux essieux dont celui d'avant s'était rompu en marche, se renversa complètement sur la voie, et un incendie allumé par les charbons du foyer se communiqua au train arrêté qui devint la proie des flammes.

En même temps qu'on augmentait le poids et la puissance de ces machines, on dût augmenter pareillement le poids des rails qui était de 10 à 15 kilogrammes le mètre en 1830, et qui ensuite fut porté peu à peu à 20, 30, et qui atteint même aujourd'hui, sur certains réseaux, 36 et 40 kilogrammes. Disons d'ailleurs que les progrès continus de la métallurgie dans le cours de ce siècle, et surtout l'introduction récente du métal fondu remplaçant le fer soudé, ont été pour beaucoup dans le développement si rapide des chemins de fer. De même, les progrès apportés dans les constructions métalliques, et surtout l'invention des machines-outils, ont permis de préparer et de monter les locomotives dans des conditions de rapidité et de précision qu'on ne pouvait pas réaliser jusque là. En même temps se formèrent sur le continent ces grands ateliers de construction comme ceux de Seraing, du Creusot, etc., fondés souvent avec le concours des anciens ouvriers de Stephenson, ateliers qui acquirent peu à peu cette puissance de production énorme dont ils avaient besoin pour livrer toutes les locomotives qu'allait exiger l'exploitation des nouvelles voies ferrées.

Les roues motrices des machines de 1832 avaient 4 pieds ($1^m,22$) de diamètre, mais plus tard, vers 1852, on atteignit 5, 6 et même 7 pieds ($1^m,10$, $1^m,32$, $1^m,52$), comme dans le type resté célèbre de M. Crampton qui permit de réaliser la plus grande vitesse qu'on ait encore obtenue jusque là. L'essieu moteur était reporté dans ce cas derrière la boîte à feu afin de ne pas trop relever le centre de gravité de la chaudière. La machine Crampton est restée encore en usage de nos jours pour les trains rapides, mais elle est trop faible pour entraîner un train un peu lourd, et on dût y renoncer dans ce cas en raison des exigences croissantes de l'exploitation. Pour accroître l'effort moteur disponible, on est obligé d'augmenter le poids adhérent, et par suite le nombre des essieux moteurs: pour les machines à voyageurs, on accouple généralement deux et quelquefois trois essieux en réunissant par une bielle rigide les tourillons de leurs manivelles. Cette disposition qui oblige à donner rigoureusement le même diamètre aux roues ainsi accouplées, n'aurait pas été applicable autrefois en raison de l'imperfection du montage; car elle entraîne la rupture des bielles pour la moindre différence des diamètres, les roues accouplées tournant alors avec des vitesses différentes. Toutefois, cet accident ne se produit presque jamais en pratique, pour peu qu'on ait soin de surveiller les bandages en service et de les rafraîchir aussitôt que la différence d'usure devient un peu sensible. Pour les roues de locomotives de trains express, on atteint aujourd'hui des diamètres allant jusqu'à $2^m,10$ et $2^m,30$; mais pour les machines de marchandises, au contraire, qui ont besoin d'une grande puissance, tout en ayant une marche plus lente, on prend généralement $1^m,20$ à $1^m,50$. Pour accroître la puissance de ces machines, on leur donne des chaudières très allongées, et on accouple trois et même quatre essieux moteurs. Cette disposition qui donne à la machine une base d'appui tout à fait rigide, crée toutefois des difficultés spéciales pour le passage des parties de voies en courbe; et, pour y échapper, on a fait d'ailleurs de nombreuses tentatives en vue de construire un type de locomotive spécialement approprié à la traction sur les voies de montagne, possédant en un mot, assez de puissance pour aborder les fortes rampes tout en ayant la flexibilité nécessaire pour s'inscrire dans les courbes à faible rayon, si fréquentes dans les lignes montagneuses. Tous ces efforts n'ont pu cependant aboutir à aucune création pratique, et c'est encore le type classique de la locomotive à simple adhérence avec essieux accouplés par des bielles qui se prête le mieux à la traction sur lignes accidentées.

En 1851, lors de la mise en exploitation de la ligne du Semmring en Autriche, la première qui ait présenté des rampes un peu fortes, atteignant 33 millimètres, on pratiqua également un concours analogue à celui de Rainhill dans l'espérance de découvrir le type de machines le mieux approprié à ce rôle nouveau. Le prix offert d'une valeur de 2,400 ducats fut gagné par la machine la *Bavaria*, qui présentait en effet un poids adhérent considérable obtenu en accouplant avec les essieux moteurs, par l'intermédiaire de chaînes de Galles et d'engrenages, les essieux du train articulé d'avant ainsi que ceux du tender; mais cette machine ne put donner en service des résultats satisfaisants, car les chaînes et surtout les dents d'engrenages, se rompaient continuellement. Du reste, le concours de Semmring n'a révélé aucun type nouveau, et l'expérience de toutes les tentatives faites jusqu'à présent semble indiquer qu'il est impossible d'utiliser le poids total pour l'adhérence tout en donnant une grande convergence aux essieux accouplés.

M. Engerth avait essayé de relier les essieux du tender à ceux de la machine par des trains d'engrenages, mais on dût renoncer également à cette disposition qui fut essayée sans succès sur différents chemins de fer français, et les machines Engerth, telles quelles ont été modifiées depuis, sont caractérisées seulement par l'articulation du tender qui peut osciller autour d'un pivot fixé à l'avant de la boîte à feu, disposition qui n'augmente pas d'ailleurs directement le poids adhérent.

D'autres constructeurs ont cherché une solution un peu différente en donnant au châssis une certaine liberté d'oscillation par rapport à la chaudière. Dans le type Fairlie, par exemple, la machine est double en quelque sorte, elle comprend deux chaudières qu'on aurait accolées par l'arrière de leur boîte à feu. L'ensemble de cette double chaudière est supporté par un châssis reposant lui-même sur deux boggies articulés, l'un à l'avant, l'autre à l'arrière, autour d'un pivot situé vers le milieu du corps cylindrique de chaque chaudière. Ces boggies portent chacun deux cylindres et tout un mécanisme moteur, et comme ils peuvent osciller par rapport à la chaudière, on supprime ainsi toute difficulté d'inscription dans les courbes, mais au prix de complications spéciales pour le raccordement des tuyaux de conduite allant de la chaudière aux cylindres. On a dû employer à cet effet, des articulations à emboîtement sphérique, qui, convenablement perfectionnées, sont d'ailleurs susceptibles de fournir des résultats satisfaisants.

Au chemin de fer du Nord, M. Petiet avait imaginé une disposition analogue dans la locomotive à quatre cylindres. Celle-ci comprenait en quelque sorte deux machines distinctes à trois essieux moteurs et ayant chacune leurs deux cylindres alimentés par une chaudière unique. Comme les châssis des deux machines pouvaient osciller l'un par rapport à l'autre, le passage en courbe s'opérait comme pour deux petites locomotives bien que le poids adhérent fut doublé.

Ces dispositions compliquées sont complètement abandonnées aujourd'hui, à part le type Fairlie ou même le type Meyer à chaudière unique, qu'on rencontre encore sur quelques lignes anglaises, et même sur les lignes de montagne, on se contente aujourd'hui de locomotives à simple adhérence à trois ou quelquefois quatre essieux accouplés.

PROGRÈS RÉCENTS. En terminant cette revue des perfectionnements apportés à la locomotive, nous devons mentionner l'injecteur imaginé, en 1856, par M. Giffard, cet appareil d'alimentation d'un fonctionnement si curieux et si bien approprié à cette machine. L'*injecteur* (V. ce mot) a permis, comme on sait, de supprimer les anciennes pompes alimentaires, qui obligeaient les machines à de fâcheux déplacements pour remplir leur chaudière; il est aujourd'hui appliqué sur les locomotives du monde entier, où il a porté la renommée de son illustre inventeur. Cet appareil a reçu d'ailleurs de nombreuses modifications depuis qu'il est sorti des mains de M. Giffard; on est arrivé à en régulariser la manœuvre, qui était toujours un peu délicate, surtout pour l'amorçage, à en assurer le fonctionnement, et à permettre enfin l'alimentation à eau chaude. On a créé de nouveaux types d'injecteurs qui peuvent alimenter jusqu'à 60°, et on a pu ainsi utiliser la vapeur d'échappement pour réchauffer l'eau d'alimentation plus complètement qu'on ne l'avait fait jusqu'à présent.

Après l'injecteur, nous devons signaler le frein à contre-vapeur, qui est devenu aussi un organe essentiel de nos machines actuelles. Cet appareil, dont nous parlons au mot CONTRE-VAPEUR, a été appliqué pour la première fois, en 1866, sur les chemins de fer du nord de l'Espagne, et la priorité de l'invention a fait, comme on sait, entre

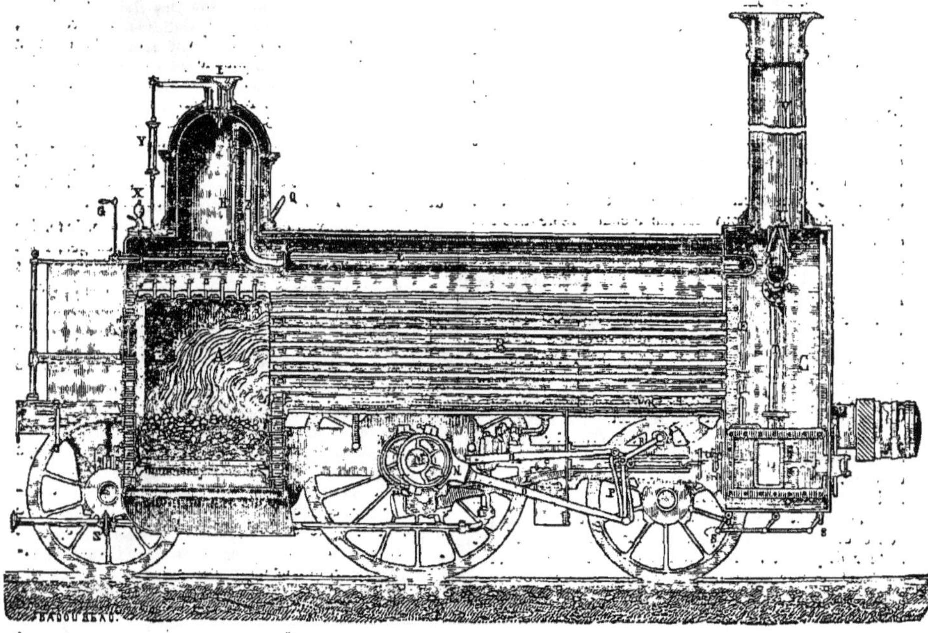

Fig. 91. — *Coupe longitudinale d'une locomotive.*

M. Ricour et M. Le chatelier, l'objet de longues discussions dont nous n'avons pas à nous occuper ici. Tel qu'il est appliqué désormais, avec injection mixte d'eau et de vapeur dans la boîte à vapeur pour prévenir la rentrée des gaz chauds, ce type de frein utilise la puissance même de la vapeur pour combattre l'effort de la gravité ou amortir la vitesse de marche de la machine, il fonctionne sans entraîner l'usure d'aucun organe, dans des conditions parfaitement rationnelles, et en utilisant même, dans une certaine mesure, l'effort à vaincre, plutôt que de l'absorber en frottements, comme font les autres types de freins.

Types actuels de locomotives. Après ce résumé rapide, dans lequel nous avons pu indiquer déjà le rôle des principaux organes de la locomotive, nous allons donner de cette machine une description sommaire, qui servira à coordonner, en quelque sorte, les détails que nous avons reproduits à propos de chacun des organes dans l'article qui les concerne spécialement (V. ces articles). Nous examinerons ensuite les derniers perfectionnements apportés à cette machine, et ceux qui paraissent devoir se réaliser dans un avenir prochain.

La locomotive comprend trois parties essentielles qu'on retrouve facilement sur la figure 91, où nous donnons la coupe d'une machine rapide à essieu moteur unique.

La *chaudière* ABC ou appareil producteur de vapeur.

Le *mécanisme* moteur DPNM, ou la machine proprement dite, qui recueille l'effort de la vapeur pour mettre les roues motrices en mouvement.

Le *véhicule*, qui supporte la chaudière et le mécanisme.

Ces trois parties sont distinguées ici seulement pour la commodité de l'explication, mais il ne faut pas oublier qu'elles sont essentiellement dépendantes et connexes entre elles, et elles doivent former un ensemble dont toutes les parties soient bien harmonisées et se prêtent un mutuel concours ; par exemple, le châssis ne doit pas contrarier les dilatations de la chaudière, et celle-ci ne doit présenter aucun porte-à-faux susceptible de le renverser.

La *chaudière* d'une locomotive doit avant tout fournir, sous un faible volume, une grande quantité de vapeur portée à une haute pression; elle exige donc un foyer capable de développer une combustion intense et une surface de chauffe ramassée sur elle-même, assurant le contact intime de l'eau à échauffer et des gaz qui lui apportent la chaleur, absorbant en un mot, sans encombrer, toute la chaleur développée par le foyer.

La chaudière obéit d'autre part à des conditions de forme dont les exigences sont absolues, elle doit circuler sur des voies dont elle ne peut pas dépasser la largeur rigoureusement limitée elle-même, elle ne peut pas non plus s'allonger beaucoup sans enlever toute élasticité au véhicule qui la supporte, et qui ne pourrait plus s'inscrire dans les courbes, et enfin la hauteur en est limitée par celle des ouvrages d'art de la voie. On se trouve donc amené au type classique universellement adopté pour toutes les locomotives : la chaudière tubulaire horizontale, à large foyer intérieur, dont l'activité est entretenue par le tirage forcé. Ce type de chaudière a fait l'objet d'une étude spéciale au mot CHAUDIÈRE, et nous n'y reviendrons pas ici : nous rappellerons seulement les divisions principales.

Le foyer A est situé à l'arrière et à l'intérieur de la chaudière, il est constitué par une caisse en tôle de cuivre et quelquefois d'acier doux, de forme parallélipipédique ou cintrée à la partie supérieure, et placé à l'intérieur d'une boîte de forme semblable, qui prend le nom de *boîte à feu*. L'espace annulaire compris entre les parois des deux caisses est rempli par l'eau de la chaudière, et le ciel du foyer doit être aussi continuellement baigné par l'eau et soustrait au contact de la vapeur.

Les parois d'arrière de la boîte à feu et du foyer sont munies d'une porte A par laquelle s'effectue le chargement du combustible, le fond du foyer est occupé par la grille. L'appel d'air s'opère à travers les barreaux de la grille dans la masse du combustible, et quelquefois aussi à la partie supérieure par des petits trous ménagés à cet effet dans les entretoises reliant les parois de la boîte à feu et du foyer. Au-dessous de la grille, est souvent ménagé un cendrier pour retenir les escarbilles.

La combustion s'opère dans le foyer, dont les parois sont échauffées par le contact des gaz et par le rayonnement du combustible incandescent, et les gaz de la combustion se dégagent dans le faisceau tubulaire qui traverse le corps cylindrique. Ils s'y dépouillent de la plus grande partie de leur chaleur et arrivent dans la boîte à fumée C, ménagée à l'extrémité du corps cylindrique B, d'où ils sont entraînés dans la cheminée V par le courant de vapeur d'échappement se dégageant en U par une tuyère centrale T, disposée dans l'axe de la cheminée.

Une grille à mailles serrées est toujours placée, en France, à la naissance de la cheminée, dans l'intérieur de la boîte à fumée, pour arrêter les flammèches qui, autrement, seraient entraînées dans l'atmosphère.

Les modifications apportées aux foyers ont eu pour but, ainsi que nous le disions, de faciliter l'emploi des charbons de qualité inférieure, dont l'usage a remplacé progressivement celui du coke. Nous citerons, par exemple, le foyer Belpaire, appliqué sur les chemins de fer du Nord et de l'Est pour la combustion des menus, et sur le chemin de fer de Lyon pour celle des briquettes, le foyer Ten Brinck, pour les charbons fumeux de la Compagnie d'Orléans. Les dimensions des grilles et des foyers ont été progressivement augmentées pour agrandir la surface de chauffe directe ; les surfaces de grilles, par exemple, sur les machines actuelles de nos lignes françaises, varient de 1^{m2},33 (Etat) à 2^{m2},38 (Est), pour les machines rapides, et entre 1^{m},67 et 2^{m},08 pour les machines à marchandises à quatre essieux accouplés. Les foyers étroits qu'on employait autrefois, avaient le ciel généralement soutenu par une série d'armatures longitudinales rattachées par des boulons suffisamment rapprochés. Ces armatures reposaient sur la paroi d'arrière et la plaque tubulaire, ainsi qu'on en voit un exemple dans la figure 91. Les foyers allongés actuels sont soutenus généralement au ciel par un quadrillage de tirants verticaux rattachés au ciel de la boîte à feu qui est également plan, comme dans le type Belpaire (Nord et Lyon), ainsi qu'on en voit un exemple dans les figures 1045 et 1046, t. II ; ou par des armatures transversales (Midi et Est). Cependant, la Compagnie d'Orléans paraît avoir renoncé à cette disposition, qu'elle avait appliquée longtemps, et elle adopte actuellement les armatures longitudinales, en les suspendant toutefois à des cornières rivées au corps cylindrique : on a reconnu, en effet, que les armatures longitudinales reposant sur les parois mêmes du foyer, appliquées sur les premiers types de machines, amenaient la déformation des plaques tubulaires. On doit s'attacher principalement, dans la construction des foyers, à ne pas contrarier les dilatations des parois, en écartant les assemblages rigides, et ménageant des parties arrondies qui peuvent se déformer librement.

Les boîtes à feu sont établies généralement dans le prolongement du corps cylindrique, disposition Crampton, ou quelquefois munies d'un ciel plat comme dans le foyer Belpaire.

Les foyers agrandis des machines actuelles ne sont plus placés en porte à faux, sauf sur certaines machines type Etat ; ils sont soutenus à l'arrière par un essieu porteur ou quelquefois moteur, souvent même on place l'un des essieux accouplés directement au dessous de la grille, qui est alors inclinée sur l'horizon.

Les plaques tubulaires de boîte à fumée se construisent en fer ou même quelquefois en cuivre. Les tubes à fumée sont généralement en laiton, munis de viroles en cuivre rouge à l'extrémité assemblée dans la plaque du foyer ; on essaie actuellement les tubes en fer fondu sur différents réseaux, mais la question du choix de métal à faire pour cette application n'est pas encore tranchée en France. La longueur des tubes à fumée est portée à 5 mètres sur certaines machines de la Compagnie de Lyon ; mais au Nord, par exemple, on se contente de donner 3m,50, estimant que le dernier mètre de longueur des tubes n'augmente pas beaucoup la quantité de chaleur absorbée par l'eau de la chaudière.

La boîte à fumée est établie en prolongement du corps cylindrique, comme dans la disposition Crampton ; les cheminées reçoivent souvent une forme un peu tronconique, légèrement évasée par le haut, facilitant ainsi le dégagement du courant gazeux. L'échappement est presque toujours variable et il peut être serré plus ou moins en ouvrant et refermant les valves U. Celles-ci sont commandées par une tige placée à la main du mécanicien, qui peut s'en servir pour activer le tirage en cas de besoin. En Angleterre, toutefois, on a renoncé à l'échappement variable depuis qu'on brûle de la houille au lieu de coke ; le serrage de l'échappement devient alors moins nécessaire, en effet : mais il faut observer d'autre part qu'il ne présente pas non plus les mêmes inconvénients avec ce combustible, et qu'il n'entraîne pas une contre-pression aussi forte qu'avec le coke.

On conserve presque toujours les dômes de chaudières comme on en voit un exemple dans la figure 91, en H ; le tuyau de prise de vapeur E, vient déboucher dans la partie supérieure du dôme, afin d'atténuer l'entraînement d'eau dans la vapeur ; on a appliqué aussi, à cet effet, le tube de prise de vapeur fendu longitudinalement, type Crampton.

Les régulateurs sont placés à l'orifice du tuyau de prise de vapeur, et sont commandés par un levier G placé à la main du mécanicien, ils comprennent souvent deux tiroirs superposés, dont l'un sert simplement à établir l'équilibre de pression pour faciliter le déplacement du tiroir principal. La sablière qu'on trouve actuellement sur toutes les machines (fig. 92, 94 et 95) est installée également sur la chaudière, elle est prolongée par un tuyau qui descend devant la roue motrice pour verser le sable sur le rail en cas de besoin.

La chaudière porte aussi actuellement une prise de vapeur pour le souffleur, tuyau qui débouche dans la cheminée, et qui sert à activer le tirage quand l'échappement est arrêté ou insuffisant. Une autre prise de vapeur dessert, sur les machines munies de freins continus, l'éjecteur du frein à vide, ou la pompe du frein à air comprimé. Une prise mixte de vapeur et d'eau dessert le frein à contre-vapeur. La chaudière est munie également d'autoclaves et de bouchons de vidange pour le nettoyage. Pour l'alimentation, on emploie généralement deux injecteurs par machine, et quelquefois un injecteur et une pompe, pour être sûr d'en avoir toujours un en état de fonctionner, mais sur les machines de Lyon, on a pu appliquer un injecteur unique sans compromettre l'alimentation. Le tuyau d'alimentation venant du tender est représentée en Z sur la figure 91.

La chaudière est munie de divers appareils de sécurité, que nous rappellerons seulement ici : deux soupapes de sûreté comme I, chargée par le ressort Y, dont une au moins doit être placée hors de la main du mécanicien ; un manomètre indicateur de pression ; deux appareils indicateurs de niveau d'eau ; un bouchon en métal fusible placé sur le ciel du foyer, et qui doit entrer en fusion si le ciel venait à être découvert. Elle porte également un sifflet X qui sert au mécanicien pour annoncer l'approche du train, et transmettre ses indications aux conducteurs et aux agents de la voie.

Elle est toujours entourée d'une enveloppe en tôle de fer ou de laiton, isolant une couche d'air autour des parois, pour prévenir les pertes de chaleur.

L'*appareil moteur* comprend une véritable machine à vapeur à deux cylindres, dont les pistons actionnent le même essieu M par l'intermédiaire d'une bielle L et d'une manivelle. Les manivelles motrices des deux pistons sont calées à 90°, pour assurer le passage des points morts. Le mécanisme ne présente, d'ailleurs, aucun caractère tout à fait spécial, par rapport aux machines ordinaires, et nous n'y insisterons pas ici ; disons seulement qu'on s'attache à employer des organes simples et robustes, dont la manœuvre soit sûre et facile. La distribution est presque toujours commandée par un simple tiroir à coquille D ; les tiroirs équilibrés et les distributions à doubles tiroirs ne sont guère répandus, à cause de leur complication, et il ne semble pas que les distributions par soupapes et robinets, qui offriraient d'ailleurs des avantages incontestables, puissent se simplifier assez pour être adaptées aux locomotives. On cite cependant (V. *Bulletin des ingénieurs civils*, numéro de décembre 1884) l'exemple d'une machine locomotive construite par l'ingénieur américain Holley, et qui était munie d'une distribution Corliss, mais cet essai ne paraît pas avoir donné des résultats bien satisfaisants.

La distribution la plus fréquemment employée est celle de Stephenson P, dont nous avons donné description à l'article DISTRIBUTION, elle est la plus simple de toutes, et à cause des perturbations inévitables en marche, elle donne des résultats aussi satisfaisants que des distributions qui seraient théoriquement plus parfaites. Cette distribution est représentée sur la figure 91 ; elle comprend, comme on le voit, une coulisse P dont la concavité est tournée du côté de l'essieu moteur M, elle est articulée sur les deux tiges de manœuvre O qui embrassent les excentriques N ; le coulisseau est commandé par les tiges R que le mécanicien déplace en agissant sur le changement de manœuvre. On applique aussi parfois, surtout sur les machines à marchandises, la distribution par coulisse de Gooch, qui donne une avance constante, celle d'Allan, dont la coulisse est rectiligne.

On a essayé, pour réduire les frottements, de supprimer l'un des deux excentriques commandant les barres de manœuvre de la coulisse, comme dans les types Walshart, Fink, etc., ou même de les supprimer tous deux, type Stewart. Ce qu'il faudrait chercher à réaliser, ce serait une distribution simple, ouvrant et fermant complètement les lumières d'une manière rapide, comme dans la distribution elliptique de M. Marcel Deprez ou celle de Joy. — V. DISTRIBUTION.

Toutes les machines sont munies maintenant d'un changement de marche à vis dont la commande est moins dangereuse que celle des anciens leviers de manœuvre, celle-ci est même souvent facilitée par l'application de contrepoids à vapeur, comme sur les machines de la Compagnie de Lyon par exemple.

Les dimensions des cylindres ont été augmentées en même temps que celles du foyer et la longueur des chaudières; on leur donne aujourd'hui en général $0^m,40$ de diamètre sur $0^m,60$ de longueur pour les machines à voyageurs, et $0^m,50$ sur $0^m,65$ pour celles à marchandises; mais on s'attache habituellement à conserver un rapport uniforme entre le volume des cylindres et la surface de chauffe. Si on suppose, en effet, que la vaporisation soit constante par mètre superficiel, que la pression de vapeur et le nombre normal de tours soit le même pour tous les types de machines, le diamètre des roues motrices variant seul d'un type à l'autre, on reconnaît que la fonction $\frac{d^2l}{S}$ doit être constante, d étant le diamètre, l la longueur des cylindres, S la surface de chauffe. En pratique, ce rapport s'écarte peu du chiffre de 0,001 qui caractérise en quelque sorte les machines locomotives.

En ce qui concerne la construction du mécanisme, disons qu'elle a été beaucoup perfectionnée, on a réussi à rendre les pistons bien étanches au moyen de garnitures appropriées qui n'augmentent pas trop les frottements, comme dans le type suédois; sur le chemin de fer du Midi en particulier, on applique des pistons en bronze spécial ayant une résistance comparable à celle de l'acier. Les garnitures des tiges sont ordinairement en chanvre, mais on applique aussi des *garnitures métalliques* (V. ce mot). Les tiroirs et les pistons sont lubrifiés par des graisseurs reportés actuellement sur la plate-forme du mécanicien qui peut ainsi les ouvrir sans se déplacer. Des dispositions spéciales de graisseurs amènent même le graissage automatique de ces appareils (V. GRAISSEUR). Ajoutons, enfin, que les cylindres sont munis de purgeurs représentés en S sur la figure 91; le mécanicien les ouvre au moment du départ ou en marche pour chasser l'eau condensée dans les cylindres, et il peut s'en servir également pour reconnaître les fuites qui peuvent s'y produire.

Les roues motrices des locomotives sont toujours munies de contrepoids destinés à prévenir les mouvements perturbateurs, mouvements de lacet, de tangage et de roulis qui se produisent en marche sous l'influence du déplacement des pièces animées de mouvement alternatif (V. ÉQUILIBRE). Il faut remarquer en effet que, sur les locomotives, le châssis, en raison de sa mobilité, ne peut résister qu'aux actions tendant à l'appuyer sur le sol, mais il ne peut prévenir celles qui tendent à le rejeter latéralement ou à le soulever, comme le ferait le bâti d'une machine fixe. On s'est trouvé amené ainsi à disposer sur les roues motrices des contrepoids convenables pour prévenir les actions perturbatrices; le calcul de ces contrepoids est très délicat, ainsi que nous l'avons dit, et on ne peut guère procéder que par approximation.

Le *véhicule* doit supporter la chaudière et le mécanisme moteur, il se compose essentiellement des trois parties suivantes : le *châssis* sur lequel repose la chaudière et auquel sont attachés les cylindres et certaines pièces du mécanisme moteur; les *roues* et les *essieux* qui supportent et guident le châssis sur la voie; la *suspension* qui est l'intermédiaire élastique par lequel repose le châssis sur les essieux. Le *châssis* est formé de deux ou plusieurs longerons solidement entretoisés de façon à composer un cadre rectangulaire absolument rigide et incapable de se déformer sous les réactions du mécanisme et de la chaudière. Les longerons sont ordinairement placés à l'intérieur des roues, cette disposition assure un appui direct à la chaudière et facilite l'attache des cylindres; mais quelquefois on emploie des longerons extérieurs qui présentent l'avantage de fatiguer moins les fusées et d'assurer plus de sécurité en cas de rupture d'essieux, la roue se trouvant alors maintenue par les longerons. Quelquefois aussi le châssis est double comme dans la disposition Crampton, ce qui facilite alors beaucoup le montage des cylindres quand ils sont extérieurs au premier châssis. Les chaudières reposent toujours sur les longerons par l'intermédiaire de glissières qui leur assurent toute liberté de dilatation; elles sont fixées seulement à l'avant du châssis et peuvent se dilater à l'arrière, en jouant sur les glissières. Les longerons servent, comme on sait, à guider les roues dans leur marche; ils sont munis, à cet effet, de *plaques de garde*, sortes de fourches enchâssant la boîte à huile qui contient le coussinet et la fusée de l'essieu. En Europe, les longerons sont toujours fabriqués en tôle découpée, on a essayé quelquefois de les préparer en acier ou de leur donner une forme en double T qui serait plus avantageuse pour la résistance, mais ces dispositions qui conduisent à amincir l'âme au-dessus des essieux se sont peu répandues.

Les *roues* sont presque toujours en fer et à rais, on ne rencontre guère qu'en Amérique d'exemple des anciennes roues en fonte employées sur les premières locomotives. Les contrepoids d'équilibre dont nous avons parlé plus haut sont fixés entre deux rais au contact de la jante. Les bandages des roues sont en acier, la plupart des Compagnies appliquent à cet effet pour les locomotives, un acier de qualité supérieure présentant une grande résistance à l'usure, sans être cependant trop fragile. Ces bandages sont généralement fixés par un simple embattage à chaud et maintenus par des rivets.

Les essieux sont presque toujours en acier, et on leur donne un diamètre assez fort, surtout aux essieux moteurs, en raison des efforts considérables qu'ils ont à subir. Les essieux coudés qui sont inévitables avec les locomotives à cylindres intérieurs, forment le principal inconvénient de cette disposition, car la fabrication en est très difficile et peu sûre, et les ruptures en service en sont fréquentes. Lorsque les cylindres seuls sont intérieurs, et que le châssis est extérieur aux roues, on peut appliquer l'essieu Martin qui ne présente, comme on sait, qu'un simple coude, le moyeu même de la roue étant utilisé comme manivelle.

Les fusées des essieux sont généralement droites, quelquefois on leur donne une forme biconique pour prévenir les déplacements latéraux, mais cette disposition qui entraîne des chauffages fréquents s'est peu répandue. Les châssis doubles reposant en deux points sur chaque extrémité de l'essieu, exigent par là même des fusées doubles.

Les boîtes à graisse ou à huile sont généralement d'une disposition très simple à moins qu'elles ne soient munies d'appareils spéciaux pour faciliter le passage dans les courbes.

On se borne habituellement, à cet effet, à donner aux essieux extrêmes un jeu latéral réglé par des plans inclinés contrariés, comme c'est le cas sur les machines d'Orléans, mais on rencontre aussi quelques dispositions différentes ; le boggie appliqué à l'avant comme sur les locomotives américaines, ou même à l'arrière, le train Bissel d'arrière, etc. ; les boîtes radiales combinées avec l'emploi des plans inclinés, telles sont, par exemple, les boîtes Roy dont l'application paraît avoir donné des résultats très satisfaisants sur le chemin

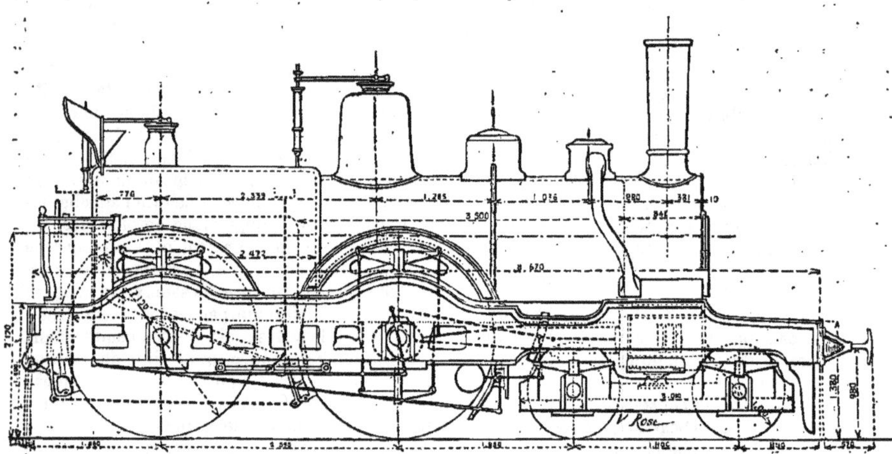

Fig. 92. — *Machine à voyageurs pour trains rapides (type Outrance du Nord).*

de fer du Nord. On a renoncé généralement aux osselets, système Polonceau, dont l'emploi était autrefois très fréquent, et sur les machines à quatre essieux accouplés, on supprime le plus souvent les boudins des bandages des roues de l'un des essieux intermédiaires.

Suspension des locomotives. Cet appareil comprend trois parties principales : les *ressorts*, les *tiges* au moyen desquelles les longerons appuient sur les ressorts, et ceux-ci sur les boîtes à graisse, et les *balanciers* servant à conjuguer les ressorts deux à deux, qui sont employés sur un grand nombre de machines. Les ressorts sont généralement à lames droites superposées avec étagements, quelquefois on applique aussi les ressorts en spirale type Brown, surtout à l'arrière lorsqu'on ne dispose pas d'un espace suffisant pour loger les ressorts entre la chaudière et les roues motrices. La bonne répartition des poids suspendus sur chaque essieu présente une importance considérable pour la bonne marche de la machine et, dans l'établissement du projet, on doit toujours s'en préoccuper par des calculs très soignés afin de ne pas dépasser sur aucun essieu la charge maximum que le rail peut supporter. Comme cette répartition varie en service, par suite de l'usure des bandages, etc., les tiges des ressorts de suspension sont munies de vis de réglage sur lesquelles on peut agir pour faire varier la flèche des ressorts, et rétablir la répartition prévue. Toutefois, la seule disposition qui présente une garantie certaine contre les troubles de la répartition consiste dans l'emploi des balanciers. Les deux extrémités voisines des ressorts sont alors conjuguées par une sorte de fléau de balance, mobile autour d'un axe fixé au longeron, de façon que, toutes les fois que la charge d'une des extrémités conjuguées varie d'une certaine quantité, celle de l'autre varie d'une quantité proportionnelle et de même sens. Le rapport des charges sur deux essieux conjugués reste alors invariable, et on peut considérer le poids qui charge les essieux comme reposant sur les axes des balanciers.

On emploie le plus généralement des balanciers latéraux fixant le rapport des charges entre deux essieux conjugués d'un même côté, mais on rencontre aussi, plus rarement cependant, des balanciers transversaux égalisant les charges sur les deux roues d'un même essieu.

La plupart des Compagnies de chemins de fer possèdent dans leurs dépôts de grands ponts avec bascules indépendantes servant à déterminer le poids total de la machine, et la charge individuellement supportée par chaque essieu. On peut citer comme exemple particulièrement intéressant, le pont à bascule des ateliers d'Ivry, à la Compagnie d'Orléans, dont les bascules sont munies de manomètre à mercure équilibrant ainsi automatiquement le poids de l'essieu supporté. On ne doit jamais négliger de vérifier la répartition du poids des machines au moyen de ponts ainsi installés toutes les fois qu'on a lieu de craindre qu'elle n'ait été altérée en service ou dans les réparations.

Types divers de machines locomotives. Selon l'usage auquel elles sont affectées, on distingue les types suivants de locomotives qui se reconnaissent d'ailleurs à première vue par le simple examen du mécanisme.

Les machines à voyageurs pour trains rapides dont on voit un exemple dans la figure 92, qui représente la machine du chemin de fer du Nord connue sous le nom d'*Outrance*, elles ont généralement deux essieux accouplés depuis qu'on a renoncé aux types à roues libres ; elles ont des roues de 2 mètres environ de diamètre ; elles pèsent en charge 30 à 40 tonnes et peuvent développer un effort de 2,000 kilogrammes.

Les *machines mixtes* destinées à remorquer les trains omnibus sur les lignes de niveau et sur les rampes un peu fortes ; celles-ci ont généralement trois essieux accouplés, avec des roues de $1^m,40$ à $1^m,50$ de diamètre ; elles pèsent 40 tonnes et

Fig. 93. — *Machine mixte à trois essieux accouplés pour trains de voyageurs et de marchandises.*

fournissent un effort de 3,700 kilogrammes (fig. 93).

Les *machines à marchandises* qui ont une chaudière généralement plus longue ; elles sont plus lourdes et plus puissantes ; elles ont quelquefois trois essieux accouplés et plus généralement 4 avec des roues de $1^m,30$ de diamètre ; elles pèsent 45 tonnes et peuvent développer un effort de 7,000 kilogrammes. V. fig. 94 le type de machine à marchandises, habituellement appliqué sur la ligne du Nord.

La Compagnie d'Orléans a même construit pour le service de la rampe du Lioran, des machines-tenders à cinq essieux accouplés, dont le type a figuré à l'Exposition de 1867, elles pèsent 60 tonnes et peuvent développer un effort de 8,200 kilogrammes. Les pistons ont $0^m,50$ de diamètre et $0^m,60$ de course. On retrouve également cinq essieux accouplés sur certaines machines américaines de dimensions exceptionnelles, comme le *Gobernador* construit par la Compagnie du Central Pacific-Railroad à Sacramento, et dont les cylindres ont $0^m,533$ de diamètre et $0^m,914$ de longueur.

Il convient d'ajouter à cette énumération les *machines-tenders* qui sont destinées à desservir de faibles parcours pour les trains de voyageurs, et portent avec elles leur approvisionnement d'eau et de combustible. Elles ont, en général, deux et quelquefois trois essieux accouplés avec des roues de $1^m,65$ de diamètre ; elles pèsent en charge 34 tonnes ; elles peuvent développer un effort de 3,000 kilogrammes environ.

Locomotives américaines. Nous compléterons cet examen rapide des types de locomotives adoptés chez nous en disant quelques mots des machines construites dans les pays étrangers et notamment en Amérique, et nous résumerons brièvement les différences essentielles qu'elles présentent avec les nôtres.

Les machines américaines sont, en général, plus simples et moins compliquées que les nôtres, elles sont d'une construction uniforme et ne présentent pas cette variété de modèles que nous voyons en France ; elles peuvent même se ramener toutes à cinq types seulement qui sont les suivants :

1° Le modèle américain pour machines à voyageurs à quatre roues accouplées, avec truck à quatre roues à l'avant ; ce type que nous représentons figure 95, remonte presque à l'origine des chemins de fer en Amérique ;

2° Le modèle dit *Mogul* pour les machines à

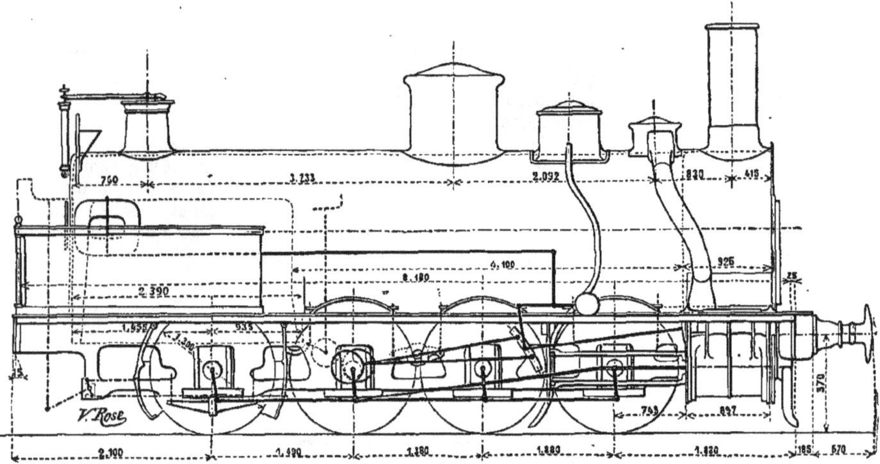

Fig. 94. — *Machine à marchandises à quatre essieux accouplés du chemin de fer du Nord.*

marchandises, à six roues accouplées avec truck à deux roues à l'avant : ce type a été construit dans les ateliers Baldwin en 1867 ;

3° Le modèle dix roues, machines à marchandises à six roues accouplées avec truck à quatre roues à l'avant ;

4° Le modèle dit *consolidation*, machines à marchandises à huit roues accouplées avec truck, à deux roues à l'avant ; le type a été construit dans les ateliers Baldwin en 1866 ;

5° Le modèle dit *machines de gares* à quatre ou six roues sans truck.

Fig. 95. — *Type de machine américaine à deux essieux accouplés.*

Ces modèles se sont conservés pour ainsi dire sans modification depuis leur création ; ils sont évidemment moins bien appropriés que nos machines aux différents cas spéciaux qui peuvent se rencontrer ; mais d'autre part la construction est bien plus rapide, et le remplacement des différentes pièces est grandement facilité. Ajoutons enfin que la multiplicité des petites Compagnies de chemins de fer a permis aux constructeurs d'imposer en quelque sorte leurs types à celles-ci, au lieu de subir les leurs.

En ce qui concerne l'aspect extérieur, on peut remarquer tout d'abord, que les machines américaines sont armées d'une chasse-bœuf à l'avant, et elles présentent un truck articulé de deux ou de quatre roues mobiles autour d'une cheville ouvrière. Les longerons de section carrée sont formés de barres de fer soudé. Les cylindres sont extérieurs avec boîtes et tiroirs en dessus, le mouvement de distribution est seul placé à l'intérieur des longerons. Les machines sont munies, à l'avant, d'un grand fanal placé à la base de la cheminée, elles portent également une grosse cloche fixée au sommet de la chaudière, et elles ont un abri fermé avec des vitres et disposé de manière à garantir complètement le mécanicien contre les intempéries.

Les foyers sont en tôle d'acier et présentent des formes spéciales, ils sont munis souvent d'un avant-foyer pour brûler l'anthracite. Les entretoises sont toujours en fer, et celles de la rangée supérieure sont généralement seules percées ; le ciel du foyer est soutenu par des fermes transversales ou quelquefois par des tirants verticaux articulés comme dans l'exemple que nous avons représenté à l'article CHAUDIÈRE. La porte du foyer n'est pas munie d'un cadre comme dans nos chaudières, le bord de la plaque arrière du foyer est simplement relevé autour de l'ouverture et réuni par une rivure fraisée à la tôle de face arrière de la boîte à feu, repliée aussi dans les mêmes conditions. L'anthracite est le combustible le plus fréquemment employé, et comme il ne donne pas de flammes, on applique peu les appareils fumivores; mais on rencontre quelquefois, à l'intérieur du foyer, des voûtes en briques réfractaires reposant sur quatre tubes en fer à l'intérieur desquels circule l'eau de la chaudière. On ajoute aussi des ventilateurs rotatifs à la porte du foyer pour régler l'appel d'air.

Les grilles servant à la combustion de l'anthracite sont presque toujours formées par des tubes rafraîchis à l'intérieur par un courant d'eau de la chaudière. Ces tubes s'attaquent moins rapidement que les barreaux pleins et durent aussi longtemps que le foyer lorsqu'on a soin de les nettoyer. Des barres pleines, ménagées entre les tubes, peuvent s'enlever facilement quand on veut jeter le feu. Pour les charbons bitumineux on emploie des grilles à secousses. — V. GRILLE.

Le corps cylindrique de la chaudière est formé de tôles d'acier doux, assemblées en télescope; les tubes à fumée sont généralement en fer soudé par recouvrement, ils sont disposés le plus souvent en rangées verticales et fixés sur les plaques tubulaires par un simple matage, toutefois du côté du foyer, on emploie souvent des viroles en cuivre. Grâce à la qualité du combustible anthraciteux, il ne s'y forme pas de dépôt et on n'a guère à les nettoyer. La porte de la boîte à fumée est souvent fixée à demeure au moyen de boulons qu'on démonte tous les mois, elle est munie d'un papillon permettant l'introduction de l'air quand on veut arrêter le tirage.

Les cheminées portent au sommet un renflement qui donne à ces machines un aspect tout particulier, et qui renferme une toile métallique destinée à empêcher la sortie des flammèches. Les boîtes à fumée renferment, en général, un *petticoat*, sorte de petite cheminée intérieure présentant la forme d'un jupon, d'où lui est venu son nom, qui permet de régulariser l'appel d'air à travers les tubes à fumée.

Les chaudières sont généralement munies de dômes en tôle dont les bords rabattus sont rivés sur le corps cylindrique, et dont les calottes de sommet sont en fonte. Celles-ci portent une couronne dressée pour retenir la cuvette sur laquelle sont fixés les soupapes et le sifflet. Le régulateur et les tuyaux de prise de vapeur sont généralement en fonte.

L'alimentation est assurée, à la fois, au moyen d'une pompe et d'un injecteur. Les pompes sont en bronze et appartiennent, presque toutes, à un modèle unique; les injecteurs sont d'une disposition particulièrement simple, d'une installation et d'une manœuvre faciles, ils appartiennent généralement au type Rue ou Sellers.

Calcul de l'effort des locomotives. L'effort maximum **T** que la locomotive peut développer se détermine par la relation suivante :

$$T = \alpha \frac{d^2 p l}{D}$$

qu'on obtient en écrivant que le travail moteur développé par course du piston est égal au travail résistant mesuré sur la jante des roues motrices. Si on pose, en effet, d le diamètre des cylindres, p la pression motrice moyenne pendant une course, l la longueur des cylindres, le travail développé par une simple course du piston est représenté par l'expression

$$p \pi \frac{d^2}{4} l,$$

qu'on devra multiplier par 4 pour obtenir le travail correspondant à un tour de roue, puisque chaque cylindre fournit deux simples courses. D'autre part, T étant l'effort résistant mesuré sur les jantes de la roue motrice, D le diamètre de la roue, le travail résistant pour un tour de roue est donné par l'expression $\pi D^2 T$ qu'on égale à $p \pi d^2 l$. Comme le mécanisme de la locomotive absorbe, de son côté, une certaine proportion du travail moteur, il convient d'affecter le terme $p \pi d^2 l$ d'un coefficient de réduction α qu'on prend généralement égal à 0,65, et c'est l'expression ainsi obtenue qui sert à calculer l'effort maximum de la machine. Si l'on suppose que l'on ait une machine de dimensions données, le second terme de l'équation $TD = 0{,}65\, p d^2 l$ est constant, et l'équation montre que le diamètre D des roues motrices doit varier en raison inverse des résistances à vaincre T. Cependant, des considérations pratiques empêchent de dépasser, à cet égard, certaines limites ; on ne peut pas, en effet, surélever l'axe de la chaudière outre mesure, et, d'autre part, la résistance au roulement deviendrait trop forte avec des roues de petit diamètre. Aussi se tient-on généralement pour D, au-dessus de 1 mètre, et on ne dépasse guère $2^m,30$; en Angleterre, on atteint cependant $2^m,75$. D'autre part, le nombre de tours que les roues doivent effectuer par seconde est donné par l'expression $\frac{V}{\pi D}$, V étant la vitesse de marche exprimée en mètres par seconde; il ne peut pas varier non plus dans des limites très étendues, et il est toujours compris entre 2 et 4 tours par seconde.

Quant à ce qui concerne les variations des termes du deuxième membre, on est limité aussi par des considérations pratiques pour les dimensions à donner aux cylindres, et en général, on prend $l=1,2\times d$. On augmente ce second terme en élevant la pression de la chaudière, et on s'efforce de le faire maintenant pour réaliser en même temps une marche plus économique; on atteint aujourd'hui, en effet, des pressions égales ou supérieures à 10 atmosphères, mais on comprend qu'il y a là aussi une limite qu'on ne peut dépasser sans compromettre la construction de la chaudière.

Ajoutons, enfin, que l'effort moteur T est limité d'autre part à la réaction horizontale que la roue peut développer sur les rails pour entraîner la charge à remorquer; et, en tous cas, il doit être inférieur à cette réaction, autrement les roues patineraient sans avancer. P étant le poids adhérent, $\frac{1}{n}$ le coefficient d'adhérence, l'expression $\frac{P}{n}$ fournit une limite supérieure que l'effort moteur T ne doit jamais atteindre. Le coefficient $\frac{1}{n}$ qu'on doit chercher à augmenter autant que possible, dépend d'ailleurs de l'état physique des rails, et varie avec l'état de l'atmosphère. On peut admettre qu'en général, sur une voie bien entretenue, il reste compris entre $\frac{1}{6}$ et $\frac{1}{7}$.

De nombreuses expériences ont été faites pour déterminer exactement le coefficient d'adhérence, et le travail réellement développé par les locomotives pour remorquer les trains, ce qui permettra de trancher cette question si controversée du rendement des locomotives; mais, malgré tout l'intérêt que présente cette question, nous ne pouvons l'exposer ici, en raison de l'étendue de cet article, et nous l'examinerons au mot TRACTION.

Nous rappellerons seulement le rôle capital que jouent les diagrammes de pression obtenus au moyen de l'indicateur dans cette étude, en fournissant la valeur du travail moteur développé, et de la pression motrice moyenne p (V. MOTEUR A VAPEUR). Toutes les Compagnies ont exécuté, d'ailleurs, des expériences très suivies pour les relever. Citons, en particulier, la Compagnie de l'Est qui a construit à cet effet un magnifique vagon d'expériences, pour lequel elle n'a épargné aucune dépense de talent ni d'argent, et dont elle a fait un véritable cabinet de physique pourvu de tous les appareils les plus perfectionnés pour le relevé à distance des diagrammes; nous avons déjà donné, d'ailleurs, quelques détails sur ce sujet au mot INDICATEUR. Les résultats ainsi obtenus par la Compagnie de l'Est, et les recherches entreprises peu de temps après par M. Marié, au chemin de fer de Lyon, ont permis d'obtenir des notions plus précises sur le rendement des locomotives.

PERFECTIONNEMENTS ACTUELLEMENT A L'ÉTUDE. Nous croyons devoir signaler brièvement les questions qui s'imposent aujourd'hui à l'attention des constructeurs et ingénieurs désireux de réaliser de nouveaux progrès dans la construction des locomotives.

Pour utiliser plus complètement la force d'expansion de la vapeur et obtenir une marche plus économique, on arrivera à augmenter la pression de la vapeur, et on atteindra régulièrement, sans doute, les chiffres de 12 à 13 atmosphères et même davantage déjà réalisés en Allemagne. Cette substitution permettra d'adopter les distributions type Compound et d'obtenir ainsi une détente très prolongée, indispensable pour améliorer le rendement de ces machines.

Application de la distribution Compound. Nous avons exposé déjà, à l'article DISTRIBUTION, les avantages que présente le type Compound dans la distribution des machines à vapeur, et nous n'y reviendrons pas ici; mais nous signalerons seulement ceux qui sont spéciaux aux locomotives. On peut arriver ainsi à s'affranchir, si on le désire, de tous les inconvénients de l'accouplement, car on peut commander séparément les deux essieux moteurs, tout en conservant le même poids adhérent, on peut aussi donner aux roues motrices des diamètres différents, en même temps qu'on supprime le frottement spécial entraîné par les bielles.

En outre, cette disposition présenterait l'avantage de faciliter le démarrage de la machine, l'admission variant dans des limites plus étendues, et elle doit diminuer aussi le patinage, la vapeur à son arrivée dans le cylindre à basse pression agissant comme une sorte de frein qui régularise le mouvement.

Les premiers essais d'application de la distribution Compound ont été entrepris par M. Mallet qui a attaché, en quelque sorte, son nom à la création de ce type de locomotives déjà proposé, en 1866, par M. Morandière; la ligne de Bayonne-Biarritz est exploitée, depuis 1877, à l'aide de machines du système de M. Mallet, et l'application en a été faite également sur les lignes du chemin de fer Sud-Ouest russe, par M. Borodine, ingénieur en chef, qui a obtenu des résultats très satisfaisants. En Angleterre, M. Webb, l'éminent ingénieur en chef du London and North Western Railway, en a fait également l'essai, et, après avoir appliqué le type Compound sur une ancienne locomotive modifiée, il a construit, en 1882, une première machine établie entièrement sur ce type en lui donnant le nom significatif d'*Expériment.*

Cette machine fait actuellement le service de la malle d'Irlande, elle effectue un parcours de 500 kilomètres de Londres à Crew en remorquant une charge de 100 tonnes à l'aller et de 125 au retour, avec une vitesse de 84 kilomètres à l'heure. D'après les relevés faits par M. Webb, elle ne consommerait pas plus de $6^k,2$ de charbon par kilomètre, et réaliserait ainsi, sur les types ordinaires, une économie de 22 0/0. Le poids total de la machine en service est de 37 tonnes 75, et le poids adhérent, réparti sur les deux essieux d'arrière, de 27 tonnes 35.

Cette machine a trois cylindres, dont deux sont extérieurs et commandent l'essieu moteur d'arrière, et le troisième est intérieur; la bielle du piston de celui-ci agit sur l'essieu du milieu qui est aussi moteur, sans être accouplé à celui d'arrière.

On retrouve d'ailleurs cette disposition dans les figures 96 et 97 qui représentent, d'après la *Revue générale des chemins de fer*, une locomotive du même type, *the Dreadnought*, construite postérieurement par M. Webb. Les deux cylindres extérieurs sont à haute pression et reçoivent directement la vapeur venant de la chaudière; cette vapeur en sort à une pression déjà réduite, elle est dirigée ensuite dans un réservoir intermédiaire situé dans la boîte à fumée, puis est ramenée de là dans le cylindre du milieu où elle achève sa détente.

Les mécanismes commandés par les deux types de cylindres sont complètement indépendants, et chacun d'eux est actionné par un changement de

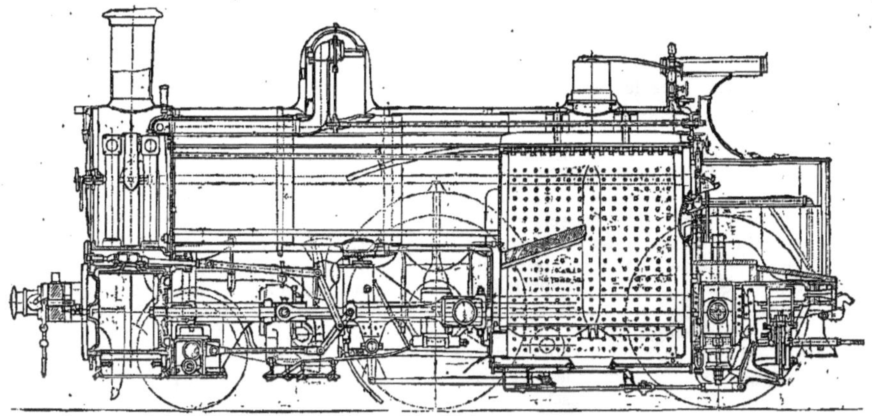

Fig. 96. — *Locomotive Compound de M. Webb (the Dreadnought). Coupe longitudinale.*

marche particulier, mais on peut les solidariser, toutefois, au moyen d'une tige de manœuvre unique. Le cylindre à basse pression peut recevoir même, au besoin, la vapeur venant directement de la chaudière, lorsque la machine doit développer son effort maximum, au départ ou en rampe, par exemple. La détente est celle de Joy (V. DISTRIBUTION), qui permet de supprimer les excentriques et leurs tiges, et de diminuer, en même temps, le nombre des pièces en mouvement par chaque cylindre. Le cendrier du foyer de la machine est remplacé par une cloison d'eau en communication avec la chaudière, disposition qui permet de supprimer le cadre rigide du fond ; on ménage seulement, pour l'évacuation des cendres, une ouverture à bords emboutis à l'intérieur de la cloison.

M. Webb vient de faire mettre en service, en 1884, une nouvelle machine Compound à trois

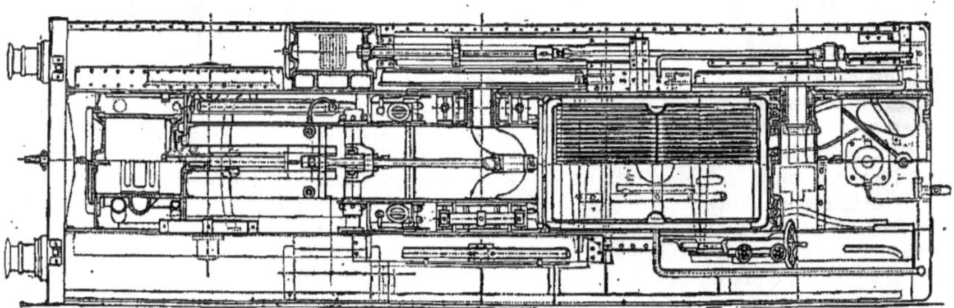

Fig. 97. — *Locomotive Compound de M. Webb. Coupe horizontale.*

cylindres, l'Audacieuse (Dreadnought), construite sur le même principe que l'Expériment, mais elle en diffère seulement par ses plus vastes proportions et son poids total, car les petits cylindres atteignent un diamètre de 0,356, et le grand 0,760. Cette machine est représentée dans les figures 96 et 97, ainsi que nous l'avons dit plus haut. Le grand cylindre a été reporté à l'avant de l'essieu d'avant, ce qui a obligé à allonger les tubes à fumée en leur donnant une longueur de 3m,43, rarement atteinte sur les machines anglaises. Le foyer a été, de son côté, fortement allongé et amené à 2m,08 au lieu de 1m,65, et la roue d'arrière, située derrière le foyer, s'est trouvée ainsi reportée à une distance de la roue d'avant de 2m,95, qu'on n'aurait pas pu atteindre si on avait conservé les bielles d'accouplement. La pression de marche, qui a été aussi augmentée, atteint 12k,5. Les parois du foyer sont en cuivre et présentent un renflement dans le milieu de leur longueur pour faciliter les dilatations. Le changement de marche comporte une seule vis agissant sur un balancier aux extrémités duquel sont attachées les tringles commandant les arbres de relevage. Celles-ci peuvent être rendues solidaires ou commandées separément, suivant les besoins, grâce à une disposition ingénieuse que nous ne pouvons décrire ici. Le poids total de cette machine, en marche, est de 44 tonnes, et le poids utile pour l'adhérence est de 30 tonnes. Cette machine a donné également en service des résultats très satisfaisants pour le remorquage des trains lourds.

La distribution Compound paraît réaliser un progrès considérable dans la construction des locomotives comme pour celle des machines à vapeur en général, et, lorsque la pratique l'aura complètement sanctionnée, il y a lieu de penser que l'application s'en développera dans une large mesure. M. Webb a déjà 32 machines Compound en service sur le réseau du London and North Western Railway, et on rencontre également différents exemples du type Compound sur plusieurs réseaux étrangers. Citons notamment la Société Austro-Hongroise (Staatsbahn), le chemin indien d'Oude à Rohilkund, et la ligne d'Autofagasta au Brésil. En France, nos Compagnies de chemins de fer se préoccupent aussi de cette question, et la Cie de l'Ouest a fait construire une machine d'après le type Compound (V. pour la description, la *Revue générale des chemins de fer*, n° de décembre 1884), et la Cie du Nord étudie actuellement une application analogue.

Les chemins de fer de l'Etat Hanovrien ont commandé également un certain nombre de machines à marchandises construites sur ce type, et on en trouvera les dimensions principales dans le *Bulletin de la Société des ingénieurs civils*, n° de décembre 1884. Enfin, en Angleterre, M. Wordsell, Locomotive super-intendant du Great Eastern Railway, vient de faire également l'application du type Compound sur une machine à grande vitesse, à laquelle il a laissé ses deux cylindres dont il a seulement changé les diamètres pour ne pas compliquer les dispositions ordinaires. Le petit cylindre a $0^m,457$ de diamètre, et le grand $0^m,661$, la course unique est de $0^m,610$, le rapport des volumes est de 2,08. Les essieux moteurs, au nombre de deux, sont toujours accouplés, et les roues motrices ont $2^m,13$ de diamètre. Cette machine paraît avoir donné, en service, d'excellents résultats, notamment une économie de combustible évaluée à 15 0/0.

Pour les locomotives à marchandises, l'application du type Compound paraît appelée à donner des résultats particulièrement avantageux, en permettant de partager les essieux moteurs en deux groupes distincts et donnant ainsi à ces machines une élasticité qu'elles n'avaient pas jusque-là.

Application des hautes pressions. L'application des hautes pressions qui modifiera le mécanisme en développant l'application de la détente Compound, paraît appelée aussi à entraîner une modification correspondante dans la construction des chaudières pour lesquelles l'emploi des tôles d'acier deviendra nécessaire en remplacement des tôles de fer auxquelles il faudrait donner une épaisseur exagérée. Les progrès de la métallurgie permettent aujourd'hui, d'ailleurs, de préparer des aciers doux tout à fait malléables, ayant une homogénéité parfaite avec une résistance élastique et un allongement bien supérieurs à ceux du fer. La marine française emploie depuis longtemps cet acier fondu dans la construction des chaudières et des corps de navires, et en travaillant ce métal avec des précautions convenables, de manière à éviter toute tension intérieure dans les pièces déformées par le travail de pose, elle en obtient des résultats tout à fait satisfaisants. Il y a lieu de croire que cet exemple sera suivi par les Compagnies de chemins de fer; nous pouvons citer, en effet, la Cie de l'Ouest qui vient de commander une locomotive dont la chaudière est fabriquée en tôle d'acier. On lira avec intérêt, sur ce sujet, la communication de M. Périssé à la *Société des ingénieurs civils*, bulletin de janvier 1884, et la discussion qui l'a suivie. M. Périssé a rappelé les premières tentatives essayées en montrant que l'insuccès tenait à la nature d'acier employé qui avait une grande résistance à la rupture, mais était trop dur et peu malléable. Les tôles qui étaient travaillées, d'ailleurs, sans recuit, dont les trous étaient percés au poinçon, se criquaient facilement et donnaient lieu à de nombreux accidents qu'on éviterait aujourd'hui avec des tôles suffisamment douces et malléables.

Utilisation de la vapeur d'échappement. Un autre progrès qu'il importe de signaler également, tient à l'emploi de la vapeur d'échappement pour le réchauffage de l'eau d'alimentation. Les premiers essais entrepris sur cette question sont dus à M. Kirchweger, qui dirigeait directement la vapeur dans le tender où l'eau était amenée à une température voisine de l'ébullition. Cette disposition était susceptible d'assurer une économie sensible dans le rendement, toutefois, elle ne s'est jamais répandue en pratique, car elle n'était pas sans entraîner une contre-pression importante, et, d'autre part, elle entravait le fonctionnement des injecteurs qui ne pouvaient plus alimenter avec de l'eau chaude. Cet inconvénient serait moins sensible aujourd'hui, car les types actuels d'injecteurs peuvent admettre de l'eau portée à une température assez élevée, de 60° environ, et on a disposé, récemment, de nombreux appareils utilisant la vapeur d'échappement pour réchauffer l'eau dans son parcours du tender à la chaudière.

La Compagnie d'Orléans a réussi à utiliser sur quelques machines, la vapeur d'échappement au moyen du réchauffeur Lencauchez. Cet appareil comprend une double pompe dont l'une, dite pompe à eau froide, aspire l'eau du tender qu'elle fait passer dans le réchauffeur. Celle-ci s'y mélange avec la vapeur d'échappement qui s'y rend après avoir traversé un appareil dégraisseur comprenant une série de passages en chicanes destinés à assurer la séparation des graisses entraînées; l'autre pompe, dite alimentaire, refoule dans la chaudière l'eau ainsi réchauffée.

Quelques-unes de ces machines sont munies de cylindres à enveloppes dans lesquels circule la vapeur de la chaudière aussitôt que le régulateur est ouvert. La vapeur qui s'y condense est ramenée à la chaudière par une pompe spéciale, dite pompe de purge. La Compagnie d'Orléans applique actuellement de préférence l'injecteur à vapeur d'échappement type Hamer, Netcalfe et Davies, construit par MM. Manlove et Alliott de Rouen. Cet appareil comprend aussi un injecteur double, dont l'un, fonctionnant exclusivement avec la vapeur d'échappement ou la vapeur vive détendue, entraîne et échauffe l'eau du tender qui est reprise par l'autre injecteur alimenté par la vapeur vive, et elle est refoulée ainsi dans la chaudière. L'eau d'alimentation est réchauffée de 50 à 55° par son passage dans l'injecteur à vapeur d'échappement.

Nous citerons aussi comme exemple la pompe injecteur Chiazzari, l'injecteur Mazza, l'injecteur Kœrting dont nous avons déjà parlé au mot INJECTEUR, et nous n'y reviendrons pas ici.

Application des tiroirs cylindriques avec soupape de rentrée d'air. Pour compléter cette revue des progrès à l'étude ou en voie de réalisation sur les locomotives, nous devons mentionner la disposition des tiroirs cylindriques avec soupape de rentrée d'air, dus à M. Ricour, au moyen de laquelle il est arrivé à supprimer d'une manière absolue toute rentrée, dans les cylindres, des gaz chauds provenant de la boîte à fumée.

Dans les types ordinaires de machines, ces gaz chauds, toujours chargés de cendres, sont aspirés, en effet, pendant la marche à régulateur fermé, et on ne tarderait pas à détériorer les cylindres si la marche se prolongeait un peu. Ces aspirations, si nuisibles, constituent, d'après M. Ricour, le point faible de la locomotive comparée aux machines fixes, et elles sont totalement supprimées par l'implantation sur les boîtes à tiroirs de larges soupapes de rentrée d'air. Dès que le vide tend à se produire dans les cylindres, les clapets de ces soupapes se soulèvent, et c'est de l'air frais et pur qui afflue en venant du dehors. Cette modification présente une grande importance au point de vue de la marche et de la construction des locomotives, car elle prévient toute élévation de température anormale dans les cylindres, et permet ainsi, comme nous l'avons signalé déjà au mot GRAISSAGE, l'application des huiles minérales, faisant disparaître avec les huiles organiques l'une des principales causes de corrosion des chaudières.

Enfin, elle permet aussi l'emploi des tiroirs cylindriques, dont l'application si avantageuse avait toujours été tentée sans succès jusque-là. On arrive, par là, à réduire l'usure des tiroirs dans une proportion énorme, car, d'après les relevés pratiqués aux chemins de fer de l'Etat, un parcours de 3,300 kilomètres a pu être amené à 136,000 kilomètres pour une même usure d'un millimètre des tiroirs.

Locomotives à voie étroite. Les locomotives à vapeur, destinées aux voies étroites, sont établies d'après les mêmes principes que les locomotives des grandes lignes; ce sont généralement des machines-tenders, dont le poids total est utilisé pour l'adhérence. Ces machines ont à remorquer, le plus souvent, des trains mixtes comprenant des voyageurs et des marchandises; elles marchent donc avec une vitesse assez réduite, mais elles ont besoin d'une grande puissance et aussi d'une grande élasticité pour pouvoir s'inscrire facilement dans les courbes de rayons très réduits, si fréquentes sur les lignes à voie étroite.

Ces lignes servent généralement d'affluent à une grande ligne, et elles sont établies souvent avec le concours de la grande Compagnie qui l'exploite; les machines qui les desservent sont alors entretenues et réparées dans les ateliers de celle-ci, et, dans ces conditions, il arrive souvent qu'on s'attache à les établir autant que possible sur les modèles des locomotives à voie normale, pour faciliter l'entretien et le remplacement des pièces de rechange. On trouvera des indications très précieuses au sujet de ces machines, dans les études publiées, en 1884 et 1885, dans la *Revue générale des chemins de fer*, sur le matériel des lignes à voie étroite. On rencontre, d'ailleurs, une grande variété de types de machines à voie étroite, et l'Exposition de 1878, par exemple, comprenait des machines munies de chaudières du type Crampton, du type Belpaire, et même du type Field. Les poids de ces machines pour voies de 1 mètre entre rails, variaient de 12 à 20 tonnes; la locomotive Larmanjat présentait seule un poids de 5,600 kilogrammes. Le diamètre des roues accouplées variait de $0^m,80$ à 1 mètre, et l'écartement des essieux extrêmes était de $2^m,50$ en moyenne. La machine de Fives-Lille, montée sur quatre essieux comprenant un avant-train mobile, système Bissel, avait seule $4^m,75$ d'écartement. Le diamètre des cylindres de cette machine, la plus puissante de toutes, était de $0^m,32$ pour une course de $0^m,50$, l'effort de traction qu'elle pouvait fournir était de 2,829 kilogrammes; les autres machines pouvaient donner des efforts variant de 1,500 à 2,500 kilogrammes.

Le diamètre des chaudières variait de $0^m,70$ à 1 mètre; la surface de chauffe directe était en moyenne de 2 mètres carrés; la surface tubulaire variait dans des limites très étendues, depuis 9 mètres carrés (chaudière Larmanjat) jusqu'à 50 mètres carrés (machine de Fives-Lille).

Certaines machines à voie étroite, comme celle de Winterthür, qui figurait aussi à l'Exposition de 1878, sont munies de grues à vapeur servant à opérer le transbordement des marchandises venant des lignes à voie normale. Citons aussi, sur cette machine, la disposition intéressante des longerons qui sont utilisés pour former les parois latérales des caisses à eau.

Outre les machines à vapeur, on a construit également, pour les lignes à voie étroite, un grand nombre de types spéciaux de locomotives que nous ne pouvons décrire ici. Citons seulement les locomotives à soude, type Honigmann, dont nous parlons plus loin, les locomotives à air comprimé, qui peuvent être utilisées également avec avantage dans les galeries de mines dont la ventilation est insuffisante, et dont on a trouvé des exemples dans la construction des grands tunnels, comme celui du Saint-Gothard, de l'Arlberg, etc. L'Exposition de 1878 renfermait, par exemple, deux locomotives à air comprimé, exposées, l'une par M. Mékarski et l'autre par M. Pétau. La locomotive à voie étroite Mékarski comprenait : un réservoir de 1,500 litres rempli d'air comprimé à la pression de 30 atmosphères, une bouillotte remplie d'eau à 160° pour chauffer l'air et le saturer de vapeur d'eau avant son emploi dans les cylindres, et enfin un régulateur de pression intermédiaire entre le réservoir et la bouillotte, qui permettait de maintenir la pression entre certaines limites, variant en général de 4 atmosphères 1/2 à 5 ; mais, toutefois, on pouvait augmenter au besoin cette pression, sans faire varier la détente, pour surmonter certaines résistances accidentelles. Cette machine, ainsi que celle de M. Pétau, avait deux essieux accouplés ; elle se recommandait surtout par sa grande souplesse, mais, d'autre part, elle présentait l'inconvénient d'avoir des organes trop délicats, exigeant une grande précision.

Locomotives spéciales. Nous aurions également à étudier les locomotives destinées à circuler sur certaines voies spéciales, comme les voies à crémaillère, les voies système Fell, locomotive Handyside, etc., mais ces machines ont été examinées en parlant des chemins de fer spéciaux, et nous renvoyons à cet article; nous compléterons seulement ce qui a trait aux locomotives Fell, en reproduisant le tableau indiquant les données principales des machines de ce type qui ont fait le service du Mont-Cenis, et du type récemment appliqué sur la ligne de Caxoëria :

	Machines du Mont-Cenis		Machine de Caxoëria	
	2e type 1868	3e type 1869-70		
Surface de chauffe du foyer	$5^{m2}25$	5.87	»	
Surface de chauffe des tubes	53.50	78.03	»	
Surface totale	58.75	83.90	71.8	
Nombre des cylindres	2	4	4	
			Cylindres extérieurs	Cylindres intérieurs
Diamètre des cylindres	0.406	0.330	0.330	0.345
Course des pistons	0.406	0.460	0.356	0.305
Diamètre des roues porteuses	»	0.85	0.71	
Diamètre des roues horizontales	»	0.50	0.56	
Poids de la machine vide	18t600	21t	25t	
Poids de la machine en charge	22t	26t	40t	

Locomotives de tramways. Les locomotives de tramways sont établies généralement sur des plans analogues à ceux des machines à voie étroite, auxquelles elles peuvent être assimilées à certains égards. Il faut observer toutefois que ces machines sont placées dans des conditions d'exploitation toutes spéciales: la manœuvre doit en être particulièrement facile, il faut qu'elles puissent modifier leur marche, et même s'arrêter instantanément, pour ainsi dire, à tout moment de leur course, afin de permettre aux voyageurs de monter et de descendre à volonté ; elles sont destinées à circuler sur une voie sans résistance, mal installée, dont les rails sont souvent recouverts de boue, qui est continuellement ouverte à tous les autres véhicules et peut se trouver entravée. En outre, elles sont obligées de tourner dans des courbes de faible rayon, et, pour pouvoir circuler sans inconvénient à l'intérieur des villes, elles doivent éviter les manœuvres bruyantes, les dégagements de gaz chargés de vapeur épaisse ou de fumée, les projections d'escarbilles ou de charbons incandescents. Tout en étant de dimensions restreintes, elles doivent emporter avec elles une provision suffisante de matières de consommation, pour être en mesure de pouvoir revenir en toute circonstance aux lieux de dépôt. Les organes mobiles doivent être soigneusement recouverts, tant pour éviter les accidents que pour les protéger contre les projections de poussière et de boue, si fréquentes sur les voies mal entretenues des tramways.

La plupart des machines employées pour remplir ces conditions sont généralement des machines thermiques, empruntant leur force motrice à la combustion du charbon, les unes par l'intermédiaire de l'eau en vapeur, d'autres par celui de l'air comprimé. On a construit enfin, ces dernières années, différents types de locomotives ou de moteurs automobiles électriques, et il y a lieu de penser que ces machines, qui répondent si complètement au programme imposé, sont appelées à recevoir, dans l'avenir, un développement considérable.

Parmi les machines thermiques, les unes emportent avec elles leur foyer et forment ainsi une locomotive complète de dimensions restreintes, qui ne peut guère brûler, toutefois, que du coke, pour éviter la production de la fumée; l'Exposition de 1878 renfermait sept machines établies d'après ce type. Celles-ci condensaient toute la vapeur d'échappement, en totalité ou en partie, et s'en servaient pour réchauffer l'eau d'alimentation. Il paraît toutefois bien nécessaire de diriger une partie de vapeur dans la cheminée, pour activer le tirage, comme sur les locomotives, car autrement, avec une cheminée de faible hauteur et une grille de dimensions restreintes, on ne peut obtenir qu'une production de vapeur très limitée. Dans certains cas, on a cherché à atténuer le bruit de l'échappement par la division du jet de vapeur. Sur quelques types, la vapeur d'échappement était mélangée directement avec l'eau d'alimentation, ce qui présentait l'inconvénient, souvent signalé déjà, d'introduire des matières grasses dans la chaudière, et d'y provoquer des bouillonnements entraînant des dépôts dangereux avec des eaux chargées de calcaires, etc.

Le timbre de marche des chaudières de ces machines était généralement très élevé, variant de 9 à 15 kilogrammes, ce qui s'explique par la nécessité d'obtenir un travail un peu considérable, malgré les faibles dimensions de la chaudière ; aussi, la plupart de celles-ci étaient-elles fabriquées en tôle d'acier.

Le mécanisme de ces machines ne présente guère de particularités intéressantes, et nous n'y insisterons pas.

Les machines sans foyer emportent, dans les relais, des approvisionnements de force motrice, sous forme d'eau chaude ou d'air comprimé, et les dépensent en route. Elles présentent ainsi, sur les machines à foyer, l'avantage d'éviter toute projection d'escarbilles, tout dégagement de fumée, etc., mais, d'autre part, elles exigent une transformation de force motrice toujours dispendieuse. On peut répondre, il est vrai, que les petites machines à foyer utilisent toujours leur combustible dans des conditions défectueuses, et qu'il est plus avantageux de produire la vapeur dans de grandes chaudières fixes mieux installées. C'est une question que l'expérience seule peut résoudre, ainsi que le remarque M. Jacquin dans le rapport magistral qu'il a publié sur les machines figurant à l'Exposition de 1878.

Dans les machines à eau chaude du type Francq, la chaudière est remplacée par un réservoir rempli d'eau chaude, et qui peut contenir 1,800 litres d'eau et 280 de vapeur, à la pression de 15 kilogrammes. Un régulateur de pression dit détendeur, interposé entre ce réservoir et le cylindre, permet de faire varier la pression de marche dans des limites assez étendues.

La machine de tramways à air comprimé de M. Mékarski est installée dans les conditions rappelées plus haut pour les locomotives à voie étroite. L'air comprimé à la pression de 30 kilogrammes, est renfermé généralement dans des réservoirs divisés en deux batteries dont l'une, contenant un quart de l'approvisionnement, est toujours maintenue à haute pression, afin de pouvoir donner, en cas de besoin, l'effort nécessaire pour vaincre une résistance anormale.

Il convient de citer enfin un type de locomotive sans foyer qui donne déjà des résultats très remarquables, et qui paraît appelé à recevoir de nombreuses applications dans l'avenir, non seulement sur les lignes de tramways et les lignes à voie étroite, mais même aussi sur les lignes à voie normale pour l'exploitation des grands tunnels ou des souterrains des chemins de fer métropolitains; nous voulons parler de la locomotive à soude caustique, système Honigmann. Cette machine, dont on trouvera la description dans le numéro de l'*Engineer* du 23 janvier 1885, est fondée sur cette propriété des dissolutions de soude et de potasse caustique ayant un point d'ébullition élevé, de dégager, par l'absorption de la vapeur d'échappement, une grande quantité de chaleur qu'on peut utiliser d'autre part pour la production d'une nouvelle quantité de vapeur vive. Avec la solution de soude caustique en particulier, le point d'ébullition atteint 256° pour une proportion de 100 parties de soude dans 10 parties d'eau, et il est encore de 174° pour une proportion de 50 parties d'eau; il s'abaisse à 106° pour 100 parties d'eau. L'absorption de vapeur avec dégagement de chaleur se produit tant qu'on n'a pas atteint la température d'ébullition correspondant au degré de dilution.

La machine est munie d'une chaudière verticale avec des tubes système Field, plongeant dans la dissolution de soude caustique; celle-ci reçoit directement la vapeur d'échappement, et transmet à l'eau de la chaudière la chaleur qui se dégage.

La machine continue sa marche jusqu'à ce que la faculté d'absorption de la dissolution de soude soit épuisée, et elle doit retourner ensuite au dépôt pour la faire revivifier. Cette opération absorbe bien une quantité de charbon supérieure à celle qu'exigerait la vaporisation directe de l'eau de la chaudière, mais, d'autre part, il devient possible d'utiliser des combustibles de qualité inférieure, et on évite complètement tous les inconvénients des dégagements de vapeur ou de fumée. La locomotive Honigmann est en service actuellement sur la ligne de tramways d'Aix-la-Chapelle-Burtscheid et sur certaines sections de la ligne d'Aix-la-Chapelle–Julich, et on se propose également d'appliquer des locomotives de ce type à l'exploitation du tunnel du Saint-Gothard.

Sur les lignes de tramways, dont le trafic est toujours nécessairement assez limité, on a essayé d'appliquer également des voitures automobiles, c'est-à-dire pouvant recevoir des marchandises ou même des voyageurs, tout en portant elles-mêmes leur mécanisme moteur. On rencontre en Belgique, en particulier, de nombreux exemples de ces moteurs automobiles, entraînant de véritables machines à vapeur: nous pouvons citer la voiture Belpaire, dont il a été créé plusieurs types, ainsi que la voiture Terneuzen. On en trouvera la description dans deux notices publiées dans les *Annales des Mines* par M. Tournayre, en 1879 et en 1884. Ces voitures sont en service sur les lignes de tramways de Saint-Ghislain, de Malines à Terneuzen, de Blaton à Bernissart, etc.; citons aussi, en Suisse, la voiture automobile qui dessert la ligne de Lausanne à Echallens, etc. Ces types de voitures ont l'avantage de diminuer le poids mort, mais d'autre part, l'entretien en est peut-être plus dispendieux, car la voiture se trouve immobilisée pour toutes les réparations à faire au mécanisme. En outre, il faut ajouter que toutes les précautions spéciales de sécurité prescrites pour les locomotives de tramways, s'imposent encore avec plus de rigueur pour les voitures automobiles.

L'électricité a été appliquée déjà avec succès, ainsi que nous l'avons dit plus haut, à la traction des tramways, et nous pourrions en citer de nombreux exemples. Rappelons seulement le chemin électrique installé, à titre provisoire, à Berlin, pendant l'Exposition de 1879, ceux de Düsseldorf, de Bruxelles, pendant l'Exposition de 1880, celui de Paris, à l'exposition d'électricité en 1881, et enfin le curieux chemin de l'Exposition de Vienne en 1883. M. Siemens est même parvenu à en faire une application entièrement industrielle sur la ligne de Lichterfelde, allant de la gare du chemin de fer d'Anhalt à l'institut des Cadets, et qui fait un service continu. Une ligne électrique permanente, de 9,600 mètres de longueur, a été établie également en Irlande, sur l'accotement d'une route, pour relier le bourg de

Portrush du Belfast and Northern Counties Railway à Bushmills, près de la célèbre chaussée des Géants (V. *Revue générale des chemins de fer*, numéro de juillet 1883). Le courant est fourni par une machine dynamo-électrique, qu'on compte actionner par des turbines commandées elles-mêmes par une chute de la rivière Bush ; il est transmis sur la longueur de la ligne par un conducteur séparé, formé d'un rail en T, supporté à une hauteur de $0^m,43$ au-dessus du sol, sur des poteaux de sapin bouilli dans du goudron, et il est ramené à la machine motrice par les essieux de la voiture, les roues et les rails. Le courant pénètre dans la voiture pour actionner la machine dynamo qu'elle porte, par deux balais situés aux deux extrémités, qui permettent de franchir les points où le conducteur en saillie est interrompu par des passages à niveau, l'un des balais restant toujours en contact avec le conducteur, pendant que l'autre traverse l'interruption; dans ces points, le courant est transmis par un câble souterrain. Il est réglé sur la voiture au moyen d'un commutateur, qui permet d'introduire un nombre variable de résistances placées sous le châssis de la voiture. Un levier de manœuvre sert à régler ces résistances et à renverser la marche, en changeant la position des balais sur le commutateur. La force électro-motrice du conducteur est de 225 volts et n'est pas assez élevée pour présenter aucun danger.

Pour éviter les inconvénients qu'entraîne l'emploi des conducteurs, on a essayé aussi de transporter avec les voitures des accumulateurs préalablement chargés d'électricité, et dont on utilise la décharge pour actionner le mécanisme ; toutefois, les tentatives qui ont été faites jusqu'à présent n'ont encore donné aucun résultat pratique, et nous n'y insisterons pas.

On consultera avec intérêt, sur la question des moteurs à employer pour les tramways et les chemins de fer métropolitains, l'importante étude comparée sur ces divers procédés de traction, publiée par MM. Marcel Deprez et Maurice Leblanc dans la *Lumière électrique*, numéros du 3, du 10 et du 17 janvier 1885.

Les chemins de fer portatifs établis avec une certaine solidité avec des rails de 10 kilogrammes, peuvent être également desservis par des petites locomotives, d'un poids variant de 4 à 9 tonnes ; celles-ci sont généralement des machines à vapeur avec deux essieux accouplés, dont le poids total est utilisé pour l'adhérence, elles sont établies sur le modèle réduit des locomotives à voie normale, ou sur celui des machines à air comprimé. — V. CHEMINS DE FER SPÉCIAUX.

Locomotives routières. On a essayé également, dans ces dernières années, d'appliquer les locomotives à la traction des véhicules sur les chaussées ordinaires, mais cette tentative, renouvelée des débuts de l'histoire de ces machines, ne paraît pas avoir obtenu un grand succès pratique, malgré les avantages économiques qu'elle pourrait présenter, d'ailleurs, dans certains cas particuliers. Il faut remarquer, en effet, que le prix d'acquisition en est fort élevé, l'entretien en est dispendieux, et l'usage, destructeur pour les chaussées. D'autre part, ces machines exigent des approvisionnements d'eau et de combustibles qu'elles ne peuvent pas s'assurer facilement sur tous les parcours, elles ne peuvent circuler que sur des voies suffisamment solides, qui ne se rencontrent guère dans les exploitations agricoles, enfin elles ne peuvent pas s'adapter facilement à toutes les variations de pente des chaussées, et avec des véhicules non munis de freins, une descente un peu rapide peut présenter de grandes difficultés.

On construit souvent, surtout en Angleterre, des locomotives routières qui sont plutôt destinées à fonctionner comme des machines fixes, et qui constituent des locomobiles susceptibles de se déplacer elles-mêmes. Elles portent généralement un débrayage qui permet d'isoler les essieux moteurs pour actionner une poulie motrice quand la machine doit fonctionner sur place. Elles ont quelquefois aussi un treuil avec câble d'acier calé sur l'essieu moteur, ce qui permet de les faire fonctionner comme des cabestans en cas de besoin, et particulièrement sur les rampes, où elles ne pourraient remorquer que leur propre poids.

Enfin, quelques-unes sont pourvues d'une grue pouvant servir pour le chargement et le déchargement des lourds fardeaux.

C'est surtout au point de vue militaire que la question des locomotives routières présente un grand intérêt, car, au moment d'une mobilisation générale, on trouverait difficilement assez de chevaux pour transporter tout le matériel nécessaire, et les locomotives routières sont susceptibles de rendre alors de grands services, en particulier dans les pays munis de bonnes routes. Aussi, la plupart des gouvernements ont-ils préparé des approvisionnements de ces machines en vue d'une mobilisation. L'Angleterre en a mis dans tous ses ports de guerre et en possède aussi un certain nombre aux Indes. La Russie et l'Italie en ont également des quantités importantes. On lira avec intérêt, dans le *Journal des sciences militaires*, numéro de septembre 1878, le compte-rendu des expériences exécutées, en 1876, en Russie, sur la ligne de Krasnoë-Selo, au camp de Ust-Ischora, avec des machines type Aveling.

En France, également, à la suite d'essais comparatifs entrepris dans le courant de l'année 1876 sur différents systèmes, on a mis en service, dans quelques établissements de l'artillerie, des locomotives routières, dont quelques-unes ont été achetées à la maison anglaise Aveling et Porter, mais dont le plus grand nombre a été construit par l'usine française Cail et Cie (fig. 98). En temps de paix, ces machines sont journellement utilisées pour le transport des lourds fardeaux et ont été particulièrement d'un grand secours pour l'armement des forts et le transport des cuirassements ; en temps de guerre, on les utiliserait, soit à la suite des armées, pour le transport des approvisionnements de deuxième ligne, soit dans les parcs de siège ou les places fortes. Déjà, en 1870-71, les Allemands ont utilisé, à différentes reprises, entre Nanteuil, où le chemin de fer avait été coupé, et leur parc de siège établi à Villacoublay, une locomotive routière pour suppléer à l'insuffisance des autres moyens de transport.

Comme formes générales et dispositions principales, les locomotives routières se rapprochent ordinairement des locomotives-tenders employées sur les voies ferrées; toutefois, les divers organes ont dû être disposés de manière à souffrir le moins possible des trépidations occasionnées par les inégalités du sol, et être, autant que faire se peut, à l'abri de la poussière du chemin qui est fort nuisible au bon fonctionnement de la machine. Tous les organes doivent être aussi simples que possible de façon à pouvoir être entretenus et réparés aisément, même par un ouvrier n'étant pas mécanicien de profession.

Dans certains modèles, tels que la locomotive routière Cail, le châssis portant la chaudière et les organes moteurs est suspendu sur ressorts; disposition à laquelle certains constructeurs reprochent de faire varier, par suite de la flexion des ressorts, la position relative de certains organes de transmission du mouvement qui, pour bien fonctionner, devraient être maintenus à une distance invariable. On a aussi essayé, sans grand succès toutefois, d'avoir recours à l'emploi de roues à bandage élastique.

Le châssis repose, à l'arrière, sur un essieu

Fig. 98. — *Locomotive routière, système Cail.*

qui porte les roues motrices et, à l'avant, sur un avant-train qui porte deux roues, folles sur leur essieu, et peut pivoter autour d'une cheville ouvrière ordinaire, de façon à permettre les changements de direction. Dans quelques modèles, l'avant-train n'a qu'une seule roue, ce qui augmente les chances de renversement de la machine, et rend plus difficile de conserver la direction de la marche.

Les organes moteurs se composent de 1 ou 2 cylindres dont les tiges de piston agissent sur un arbre moteur; cet arbre transmet le mouvement aux roues motrices par l'intermédiaire d'un système d'engrenage différentiel, ce qui permet aux roues de prendre, dans les courbes, la différence de vitesse nécessaire sans glisser et, par suite, sans cesser d'être roues motrices. Ce mouvement différentiel, qui complique un peu le mécanisme, n'existe pas sur tous les modèles, les roues sont alors calées sur l'essieu, mais en pareil cas, dans les changements de direction, on est forcé de décaler l'une d'elles.

Sur les roues motrices est reportée la majeure partie (des 2/3 aux 3/4) du poids du système afin d'augmenter l'adhérence au sol; ces roues sont, en outre, dans certains modèles, garnies sur leur pourtour de lames saillantes disposées obliquement et à de faibles intervalles de manière à former une surface rugueuse qui augmente encore l'adhérence des roues avec le sol. L'arrêté du 20 avril 1866, relatif à la circulation, en France, des locomotives routières sur les routes ordinaires, prescrivant l'emploi exclusif de bandages sans saillies, les roues motrices des locomotives Cail ont été garnies de cubes de bois debout jointifs, destinés à augmenter l'adhérence avec le sol qui est ainsi bien supérieure à celle obtenue avec des jantes lisses en fer ou en fonte; ces morceaux de bois peuvent, du reste, être remplacés facilement lorsqu'ils sont usés.

La jante des roues motrices a une largeur de $0^m,30$ environ, celle des roues de l'avant-train

0m,15; grâce à cette grande largeur des jantes, la locomotive peut passer même à travers champs, au besoin, ou sur des routes mal entretenues; loin de creuser des ornières, elle aplanit la chaussée et la raffermit.

La plate-forme sur laquelle se tient le mécanicien, et le foyer, sont à l'arrière dans la locomotive Aveling-Porter; sur la locomotive Cail, on les a mis à l'avant, la cheminée se trouve ainsi rejetée à l'arrière. Grâce à cette disposition les chevaux sont moins effrayés par la fumée et la vapeur qui s'en échappent; du reste, dans les grandes villes, telles que Londres et Paris, la circulation de ces machines n'est autorisée que la nuit; celles employées, en France, pour le service de l'artillerie, sont presque toujours précédées par un cavalier dont la monture marchant au pas devant la machine, contribue à rassurer les autres chevaux.

La locomotive transporte avec elle, dans une caisse à charbon, l'approvisionnement de combustible nécessaire pour 18 à 24 kilomètres de marche suivant le modèle, et dans une caisse à eau, l'eau nécessaire pour 6 à 12 kilomètres; le remplissage au moyen de seaux étant très long et très pénible, la plupart des locomotives routières que l'on fabrique actuellement, sont pourvues d'un éjecteur aspirant, dans lequel on peut faire le vide par un jet de vapeur.

Dans les locomotives routières construites principalement au point de vue des opérations militaires, le foyer est disposé de façon à permettre, dans le cas où l'on ne pourrait se procurer du charbon de terre, d'utiliser du bois ou tout autre combustible.

Comme sur une locomotive ordinaire, le mécanicien met la machine en marche au moyen d'un levier qui commande la prise de vapeur; un autre levier qui agit sur une coulisse Stephenson lui permet de changer l'allure ou le sens de la marche, un frein est à sa portée; enfin, il dirige la machine au moyen d'une manivelle qui, par l'intermédiaire d'engrenages et d'un secteur denté dans les locomotives Cail, de chaînes-galle pour celles du système Aveling, fait tourner l'avant-train.

Un seul homme pourrait, au besoin, suffire pour la manœuvre, mais en France, l'ordonnance de police déjà citée, exige au moins deux hommes, un mécanicien et un chauffeur, plus un serre-frein, si le train comprend plusieurs voitures. Conformément aux règlements de voirie, le nombre de voitures remorquées ne peut dépasser cinq. Autant que possible, on doit pouvoir utiliser pour ce service des voitures ordinaires, en modifiant seulement le système d'attache, de façon à les relier solidement entre elles et à la locomotive, tuot en leur laissant une certaine indépendance, de telle sorte qu'elles ne puissent être renversées dans les courbes. Le rayon extérieur du tournant de la locomotive remorquant cinq voitures, n'est, pour les machines les plus employées, que de 6 mètres.

La quantité de travail que peuvent fournir ces machines dépend naturellement de la nature de la route, de son état de sécheresse ou d'humidité, de son plus ou moins bon état d'entretien, de l'inclinaison des rampes à franchir et de leur longueur.

Sur un terrain horizontal, elles peuvent remorquer cinq fois leur propre poids, et atteindre, sur une route, une vitesse de 7 à 8 kilomètres à l'heure, avec un chargement de 4 à 5,000 kilogrammes. L'allure la plus favorable est de 4 à 5 kilomètres à l'heure.

Voici, d'après le chapitre XII de l'aide mémoire à l'usage des officiers d'artillerie, relatif aux mouvements de matériel, quelques-uns des résultats des essais qui ont été faits à la direction d'artillerie de Vincennes, pendant une période de 27 mois, avec une locomotive routière numéro 2, système Cail, de la force nominale de 40 chevaux-vapeur, et du poids de 12,200 kilogrammes vide, et de 15,000 kilogrammes en service (600 kilogrammes de charbon et 2,200 d'approvisionnement d'eau).

Prix d'achat de la machine, 27,000 francs; travail en tonnes kilométriques, 55,217; prix de revient total (amortissement compris), 22,603 francs; prix du camionnage civil pour le même travail, 33,828 francs; charbon consommé par tonne kilométrique, 3,500 kilogrammes; eau consommée par tonne kilométrique, 15,000 kilogrammes; prix de revient de la tonne kilométrique, 0 fr. 41.

Le poids du chargement des convois, non compris le poids des voitures, était en moyenne de 10 tonnes, il n'a jamais été au-dessous de 8 tonnes et n'a pas dépassé 16.

LOI. *Iconog.* Chez les anciens, la Loi était fille de Jupiter et de Thémis. Elle était représentée sous les traits d'une femme assise tenant d'une main un sceptre, et de l'autre s'appuyant sur le livre de la justice ou le code, qui est la réglementation de la Loi. On lui donne aussi quelquefois, pour indiquer sa sanction, les faisceaux qui, cependant, sont les attributs ordinaires de la Justice. Parmi les plus remarquables représentations de la Loi, nous rappellerons le plafond de Drölling, pour l'ancienne salle du Conseil d'État, au Louvre : *La Loi descendant sur la terre et y répandant ses bienfaits*, et la figure de Ch. Landelle pour le Conseil d'État, quai d'Orsay, qui a été brûlée en 1871, ainsi que celle de Henri Lehmann au Palais de Justice. Dans la salle des Pas-Perdus du Palais, on a placé un superbe haut-relief de A. Toussaint, représentant la *Loi*, qui se retrouve aussi sur la façade du Tribunal de Commerce de la Seine. Cette dernière statue est l'œuvre d'Élias Robert.

LOGE. 1° *T. d'arch.* Galerie, portique découvert et en avant-corps pratiqué à l'un des étages d'un édifice pour jouir de la vue extérieure. || 2° *T. d'art.* Atelier dans lequel on enferme les concurrents d'un concours, pour qu'ils travaillent seuls à l'œuvre d'art proposée. || 3° *T. de théât.* Petit cabinet ayant vue sur la scène, et séparé par des cloisons d'autres cabinets semblables et rangés par étages autour de la salle. || 4° Cabinet où les artistes s'habillent; dans les grands théâtres, la loge des principaux artistes est composée de plusieurs pièces.

***LO-KAO.** *T. de chim.* Syn. : *Vert de Chine, indigo vert.* Matière colorante verte extraite de l'écorce des branches des *rhamnus chlorophorus* (Dec.) et *rhamnus utilis* (Dec.), Rhamnées, plantes désignées en Chine sous le nom de *Lo-Chou*. Cette matière qui est employée en Asie depuis fort longtemps, a été importée en France, en 1852, par Guinon, de Lyon ; elle offre l'aspect d'écailles minces, d'un bleu foncé, à reflets verts ou violacés ; sa cassure est pourpre ; elle est peu soluble dans l'eau froide, à moins qu'on ne l'y laisse gonfler par macération, mais s'y dissout assez bien en présence des phosphates, des acétates, de l'alun, du savon, de l'acide acétique ; elle est insoluble dans l'alcool, l'éther, le sulfure de carbone, les huiles. Elle est attaquée par les bases énergiques et les acides concentrés, prend une nuance rouge sang, avec les agents réducteurs, mais laisse reparaître la couleur primitive par l'action de l'air ou des oxydants faibles. Elle offre de l'analogie, comme composition, avec la céruléine $C^{20}H^{10}O^{7}$.

Usages. Le Lo-Kao a eu pendant quelques années un grand succès comme matière tinctoriale, à cause de la facilité avec laquelle il s'applique directement et sans mordants, sur soie, velours ou coton ; sa nuance est d'un vert bleu au jour, mais d'un vert franc et pur à la lumière artificielle ; il s'applique moins facilement sur laine. Son prix élevé (100 francs le kilogramme) l'a fait abandonner depuis la découverte des couleurs d'aniline. — J. C.

***LOMBARD** (Style). L'expression de Lombard pour désigner le style d'architecture employé par les habitants de la vallée du Pô pendant les VIIe et VIIIe siècles, n'est pas mieux appliquée que celle de gothique qu'on a donnée souvent à l'architecture du moyen âge au centre de l'Europe. Les Lombards, avant de conquérir l'Italie, en 568, bâtissaient en bois seulement, et loin de pouvoir introduire un style nouveau dans la péninsule, ils avaient tout à y apprendre. La tradition des constructeurs romains, si habiles, ne s'était jamais perdue en Italie, et sous la domination Lombarde, on éleva beaucoup d'édifices nouveaux dus surtout aux artistes de l'école de Côme. De là l'expression de *magister comacinus*, d'où est venu le mot maçon. Les constructions lombardes sont une dégénérescence du style latin primitif, celui qui, modifié par les besoins du culte chrétien, suit la période romaine ; elles dénotent une décadence très grande, bien que les architectes de la Lombardie fussent encore bien supérieurs à ceux du reste de l'Europe. Il ne reste d'ailleurs que des fragments de construction remontant à cette époque. Les plus remarquables, peut-être, se rencontrent à l'église San-Frediano de Lucques ; mais l'influence lombarde se fait sentir encore pendant plusieurs siècles et, par son mélange avec les éléments byzantins, elle produit un art plus élégant que le style latin et plus sobre que l'art oriental. Les arcatures disposées sous les corniches et sous les pignons, les frontons très bas, l'appareil en briques revêtu de matériaux plus précieux qu'on rencontre souvent en Italie aux Xe et XIe siècles sont des traces évidentes de l'art lombard.

***LONGERON**. 1° *T. chem. de fer*. Poutrelle en fer établie entre les *entretoises* (V. ce mot) d'un tablier métallique pour voie ferrée. Les longerons sont placés sous l'aplomb des rails qu'ils supportent par l'intermédiaire de longrines ou de traverses en bois. || Pièces longitudinales constituant les parties principales de l'ossature métallique d'une locomotive; des longerons supportent la chaudière et le mécanisme dont ils reportent le poids sur les essieux. || 2° *T. de p. et chauss.* Maîtresses pièces d'un pont ou charpente qui, posées d'une culée à l'autre, supportent le plancher ou tablier du pont.

***LONGOTTE**. Tissu de coton, qui n'est autre qu'un calicot plus gros et plus lourd que les calicots ordinaires et qui forme une sorte d'intermédiaire entre la toile de coton et les tissus destinés à l'impression. On le fabrique surtout à Rouen, en largeurs de 70 à 90 centimètres. Il se tisse, comme le calicot, par l'armure taffetas.

***LONGRINE**. 1° *T. chem. de fer*. Pièce de bois placée, dans certains appareils de voie sous les traverses, à l'aplomb des rails, et portant, en divers points, des tasseaux en bois donnant des points d'appui, indépendamment de ceux fournis pour les traverses. || Pièce longitudinale placée sous les rails qu'elle supporte, dans certains cas, soit sur les tabliers métalliques, soit en bordure des fosses à piquer le feu. Les longrines ont été jadis utilisées pour porter directement les rails, dans la pose en voie courante ; cette disposition, qui n'assurait pas suffisamment un *écartement rigoureux* entre les deux files de rails, est aujourd'hui complètement abandonnée. || 2° *T. de constr*. Pièce de charpente qui relie toute une série d'autres pièces et qui forme l'ossature résistante.

***LONGUET**. *T. techn*. Marteau à l'usage du facteur de pianos pour enfoncer les petites chevilles dans la table.

LONGUEUR. *T. de géom*. Il n'est personne qui ne comprenne immédiatement ce qu'on entend par *longueur* d'une portion limitée de ligne droite ; mais on sait que les grandeurs ne peuvent être mesurées et introduites dans les calculs mathématiques qu'à la condition qu'on ait défini avec précision leur égalité et leur addition. Pour les longueurs, ces définitions sont fournies par la géométrie de la manière suivante :

Une portion limitée de ligne droite s'appelle un *segment* de droite. Deux segments sont dits *égaux* lorsqu'en les appliquant l'un sur l'autre on peut les faire coïncider exactement, d'où il suit immédiatement que deux segments égaux à un troisième sont égaux entre eux. Pour ajouter deux segments, on les porte bout à bout à la suite l'un de l'autre sur une même ligne droite. Le segment formé par leur réunion est dit *égal à la somme* des deux premiers. Comme le mot *longueur* désigne la qualité par laquelle deux segments sont égaux ou inégaux, il est naturel de dire que deux segments égaux ont la *même longueur* et qu'un segment égal à la somme de deux autres a pour longueur la somme des longueurs de ces deux là. Ainsi se trouvent établies avec précision les deux définitions fondamentales. On en déduit immédiatement celles de la soustraction de deux longueurs, de l'addition de plusieurs longueurs, de la multiplication et de la division d'une longueur par un nombre entier, puis par un nombre fractionnaire et enfin par un nombre incommensurable ; cette dernière définition s'établissant par des considérations de limite. Le rapport de deux longueurs est le nombre par lequel il faut multiplier la seconde pour retrouver la première. Si dès lors on fait choix d'une longueur bien connue pour y comparer toutes les autres, le *mètre* par exemple, celle-ci s'appellera l'unité de longueur, et le rapport d'une longueur quelconque avec l'unité sera la *mesure* de cette longueur.

On voit combien sont nettes et précises les idées qui conduisent à la mesure des longueurs rectilignes. Les arcs de lignes courbes se présentent à nous comme doués d'une propriété analogue à la longueur des segments de droite ; mais quand on veut préciser cette notion de la longueur d'un arc de courbe, on se heurte à une difficulté considérable : c'est que les lignes courbes n'étant pas, en général, applicables les unes sur les autres, il est impossible de les comparer directement par superposition, comme on le fait pour les lignes droites. On est alors obligé de recourir au procédé suivant qui repose sur des considérations de limite, inévitables dans toutes les questions qui se rattachent aux lignes courbes.

On appelle *longueur d'une ligne brisée* la somme des longueurs des divers éléments rectilignes qui la composent. Imaginons qu'on inscrive une ligne brisée dans un arc de courbe, puis qu'on remplace chacun de ses éléments par une ligne brisée inscrite dans l'arc sous-tendu par cet élément et qu'on continue ainsi de suite indéfiniment. On obtiendra de la sorte une série de lignes brisées, toutes inscrites dans l'arc de courbe considéré et s'enveloppant successivement l'une l'autre, de manière que leur longueur ira en augmentant à mesure que les côtés deviendront plus nombreux et plus petits. On démontre que les longueurs de ces lignes brisées tendent vers une limite qui est indépendante de la manière dont on fait croître indéfiniment le nombre des côtés, et c'est cette limite qu'on appelle la *longueur de l'arc de courbe*. On peut ainsi trouver des formules qui permettent de déterminer les longueurs des arcs des courbes définies avec précision, dès qu'on connaît celles de certaines longueurs rectilignes.

Dans la pratique, les mesures de longueur se ramènent donc toujours à des mesures rectilignes qui s'effectuent à l'aide de règles divisées. On augmente la précision de ces opérations par l'emploi du *vernier* ou d'une vis micrométrique. Souvent, on vise les deux extrémités de la longueur à mesurer avec une petite lunette mobile le long d'une règle divisée, et l'on note le déplacement de cette lunette. Tel est le principe du *cathétomètre* si souvent employé dans les expériences de physique. Quant à la mesure des longueurs sur le terrain, nous renverrons au mot DISTANCE où cette question a été traitée avec détails.

Longueur (Mesures de). Le mot *mesure* devrait être réservé pour désigner soit l'opération de mesurer, soit le résultat de cette opération, c'est-à-dire le nombre abstrait qui indique le rapport d'une certaine grandeur à l'unité qui a servi à la mesurer. Cependant le même mot désigne encore l'instrument qui sert à effectuer l'opération et même l'unité choisie pour la comparaison. C'est dans ce dernier sens qu'on dit les *anciennes et les nouvelles mesures*, les *mesures françaises et étrangères*. Les instruments matériels qui servent à mesurer les longueurs sont le plus souvent des règles divisées qui prennent le nom de la longueur qu'on leur a donnée : *mètre*, *décimètre*, *double-décimètre*, etc., des *rubans divisés* comme le décamètre d'acier des ingénieurs, ou des *chaînes*. — V. CHAÎNE D'ARPENTEUR.

On sait que d'après les idées qui ont présidé à la réforme du système des poids et mesures effectuée si heureusement en France à la fin du siècle dernier, toutes les unités des diverses grandeurs dérivent de l'unité de longueur par des définitions précises. Cette unité de longueur acquiert ainsi une importance considérable : on l'a nommée le *mètre*, du grec μέτρον, mesure, voulant indiquer par là que c'était l'unité de mesure par excellence, celle qui dominait toutes les autres, et on a résolu de lui donner une longueur prise dans la nature afin, disait-on, qu'il fût toujours possible de la retrouver dans la suite des siècles, si les étalons qui la représentent venaient à se perdre. C'est ainsi qu'on a choisi pour longueur du mètre la 40 000 000me partie de la longueur du méridien terrestre. Une nouvelle mesure des dimensions du globe terrestre entreprise avec l'unité légale de l'époque qui était la *toise*, dans le but spécial de préciser le rapport entre la nouvelle unité et l'ancienne, a montré que le quart du méridien contenait 5 130 740 toises, d'où il suit que

$$1 \text{ mètre} = 0^{\text{toise}},513074.$$

On construisit alors une règle de platine dont la longueur à la température de 0° est exactement celle du mètre défini par le nombre ci-dessus, et cette règle qui fut déposée aux Archives le 4 messidor an VII constitue l'étalon prototype du mètre légal en France.

Il n'est peut-être pas inutile d'ajouter que les mesures les plus récentes du globe terrestre lui assignent des dimensions un peu plus grandes que celles qu'avait trouvées la Commission des poids et mesures : le quart du méridien terrestre a une longueur de 10 002 000 environ au lieu de 10 000 000, de sorte que le mètre est en erreur sur sa définition théorique d'environ 2/10 de millimètres. Malgré cela, il ne serait ni convenable ni opportun de modifier la longueur du mètre légal pour la remettre d'accord avec cette définition : le mètre légal est toujours la longueur de l'étalon prototype de platine déposé aux Archives le 4 messidor an VII.

Pour mesurer des longueurs beaucoup plus grandes ou beaucoup plus petites que le mètre, on emploie des multiples décimaux ou des fractions décimales du mètre qui ont reçu les noms que tout le monde connaît et que résume le tableau suivant :

TABEAU DES MESURES DE LONGUEUR LÉGALES FRANÇAISES
(Loi du 18 germinal an III).

Noms systématiques	Valeurs
Myriamètre. . .	Dix mille mètres.
Kilomètre. . . .	Mille mètres.

Hectomètre . . .	Cent mètres.
Décamètre. . . .	Dix mètres.
MÈTRE.	*Unité fondamentale des poids et mesures.*
Décimètre. . . .	Dixième du mètre.
Centimètre . . .	Centième du mètre.
Millimètre. . . .	Millième du mètre.

Outre ces unités principales, il en existe beaucoup d'autres qui sont usitées pour des usages spéciaux. Ainsi le millimètre est trop grand pour la mesure des organismes microscopiques, des longueurs d'onde des radiations lumineuses, etc., et le myriamètre est trop petit pour les astronomes. Les unités de distance itinéraire et de longueur marines ont conservé leurs anciens noms ; seulement on en a modifié un certain nombre pour les mettre mieux en harmonie avec le système métrique. Les tableaux suivants font connaître la valeur de ces diverses mesures ainsi que leur comparaison avec les anciennes mesures françaises et les principales mesures étrangères. Du reste la plupart des États européens ont adopté le système métrique, de sorte que la plus grande partie des mesures indiquées dans les tableaux suivants sont déjà d'anciennes mesures.

TABLEAU DES MESURES DE LONGUEUR USITÉES EN FRANCE (outre le mètre et ses multiples et sous-multiples).

Mesures scientifiques.

	kilomètres
Très grandes : *Distance de la terre au soleil*, valant environ.	148 000 000
Rayon équatorial de la terre, valant environ.	6 378
Très petite : *Micron*, valant 1 millième de millimètre.	

Mesures itinéraires et marines.

	Mètres
Mille géographique, de 15 au degré de l'équateur.	7422
Lieue géographique, de 18 au degré du méridien	6174
Lieue marine, de 20 au degré de méridien.	5557
Lieue terrestre, de 25 au degré de méridien.	4445
Lieue commune, de 4 kilomètres.	4000
Mille marin, de 60 au degré, ou arc de méridien de 1' (tiers de la lieue marine)	1852
Encâblure métrique.	200,000
Encâblure ancienne, de 100 toises	194,904
Nœud, 1/120 du mille marin	15,435
Brasse, de 5 pieds.	1,624

TABLEAU DES ANCIENNES MESURES DE LONGUEUR FRANÇAISES.

	Mètres
Toise, de six pieds.	1,94904
Pied de roi ou *de Paris*.	0,32484
Pouce (douzième du pied).	0,02707
Ligne (douzième du pouce).	0,002256
Aune (variable suivant les localités), environ.	1,20
Lieue de poste, de 2000 toises	3898,07

Les autres anciennes mesures itinéraires et marines étant encore usitées sont indiquées au tableau précédent.

TABLEAU DES PRINCIPALES MESURES DE LONGUEUR ÉTRANGÈRES.

		Mètres
Angleterre	*Inch* (pouce = 1/12 du pied).	0,0253995
	Foot (pied = 1/3 du yard).	0,3047945
	Yard impérial	0,9143835
	Ell (aune = 3/4 du yard)	1,1429819
	Fathom (brasse = 2 yards)	1,8287670
	Pole ou *perch* (5 1/2 yards)	5,02911
	Furlong (220 yards)	201,16437
	Mile (1,760 yards)	1609,3149
Autriche	*Pied*.	0,31611
	Aune.	0,77920
	Mille de poste.	7586,00000
Bavière	*Pied*.	0,2910
	Aune	0,83301
Brême	*Pied*.	0,2892
Brésil	*Vara*.	1,1000
Chine	*Pied mathématique*.	0,3331
	Pied d'architecte.	0,3228
	Pied du commerce	0,3383
	Pied d'arpenteur	0,3196
	Covid (aune).	0,3713
	Li	577,0000
Danemarck	*Pied du Rhin*.	0,31385
	Favn (brasse marine).	1,883
	Aune.	0,6277
	Mile	7538,0000
Egypte	*Pic*.	0,6806
Espagne	*Pied* = 1/3 de vara	0,2785
	Vara de Burgos.	0,8356
	Braza (brasse marine)	1,672
	Lieue de 5,000 varas	4177,0000
Hambourg	*Pied*.	0,2865
	Aune.	0,5730
	Aune de Brabant.	0,7000
	Mille.	7538,0000
Hanovre	*Pied*	0,2921
	Aune	0,5842
Hollande	*Pied d'Amsterdam*	0,28306
	Pied du Rhin.	0,31382
	Aune d'Amsterdam.	0,68781
	Aune de la Haye	0,69424
	Aune de Brabant.	0,70000
	Vadem (brasse marine).	1,699
	Mille (15 au degré)	7408,00000
	Mille nouveau.	1000,00000
Italie	*Pied de Rome*.	0,2978
	Canne des marchands (= 8 palmes).	1,9927
	Brasse des marchands (= 4 palmes).	0,8482
	Brasse des tisserands (= 3 palmes)	0,6361
	Palme de Rome.	0,2120
	Palme de Naples	0,2635
	Palme de Sicile	0,2586
	Palme de Sardaigne.	0,2483
	Pied liprando du Piémont	0,5136
	Mille géographique	1852,0000
Portugal	*Vara*.	1,0960
	Covado.	0,6781
	Lieue (18 au degré)	6173,0000
Prusse	*Pied*.	0,31386
	Aune (25,5 pouces de Prusse)	0,6669
	Mille du Rhin.	7532,0000
Russie	*Pied anglais*.	0,30479
	Sagène (toise = 7 pieds)	2,13356
	Archine (1/3 de sagène)	0,71119
	Verchoc (1/16 d'archine)	0,04445
	Werst (500 sagènes)	1067,00000
Suisse	*Toise* (6 pieds)	1,800
	Aune (4 pieds)	1,200
	Pied (unité fondamentale).	0,300
	Pouce (1/10 du pied)	0,030
	Ligne (1/10 du pouce).	0,003
	Trait (1/10 de la ligne)	0,0003
	Lieue (16000 pieds).	4800,0000

Suède et Norvège	*Pied suédois*	0,29691
	Pied norvégien	0,31374
	Aune	0,5938
	Famn (brasse marine)	1,781
	Mille	10688,000
Turquie	*Archinn*	0,75774
	Pouce (1/24 d'archinn)	0,03157
	Archinn endazé ou *pic*.(aune),	0,6800
	Roup (1/8 de pic)	0,0850
	Ghnirat (1/2 roup)	0,0425
	Berri	1476,0000

M. F.

***LONGUE-VUE.** *T. d'opt.* Lunette d'approche qui grossit les objets éloignés et permet de les mieux distinguer.

***LOPIN.** *T. de métall.* C'est un diminutif de *loupe*. — V. ce mot.

LOQUET. *T. techn.* Petite barre de fer plat qui retombe par son propre poids lorsqu'elle a été soulevée, et qui sert à fermer ou à ouvrir une porte sans serrure. || Pincée de fibres que l'on courbe en forme d'U, et qu'on introduit par le milieu de la courbure dans la monture d'une brosse.

***LOQUETEAU.** *T. techn.* Petit loquet qu'on emploie pour fermer les châssis, les persiennes, et qu'on ouvre au moyen de fils de tirage.

LORGNETTE. Petite lunette d'approche ; celles qui sont à deux branches et dont on se sert au spectacle, aux courses, et généralement pour mieux distinguer les objets qui ne sont pas fort éloignés, prennent le nom de *jumelles*.

LORGNON. Verre monté pour être tenu à la main ou que l'on porte dans l'arcade sourcilière.

LORMERIE. *T. techn.* Petits ouvrages fabriqués par les selliers, les éperonniers, les cloutiers ; les ouvriers qui, autrefois, fabriquaient les objets de harnachement, se nommaient *lormiers*.

***LORRAIN** (ROBERT LE). — V. LE LORRAIN.

LOSANGE. *T. de géom.* Le losange est un quadrilatère qui a ses quatre côtés égaux. C'est un cas particulier du parallélogramme, puisque les côtés opposés sont égaux et parallèles. Les angles opposés sont donc égaux, et deux angles consécutifs sont supplémentaires. Les diagonales du losange se coupent en leur milieu, mais elles présentent cette propriété particulière au losange d'être perpendiculaires l'une sur l'autre. Réciproquement, un parallélogramme dont les diagonales sont perpendiculaires, est un losange. || *Art hérald.* Pièce honorable de l'écu, qui a la forme du losange, qui diffère des macles et des rustes, en ce que les losanges sont pleins, tandis que les macles sont à jour et les rustes percées en rond.

***LOSANGÉ, ÉE.** *Art hérald.* Se dit d'un écu couvert de losanges ou de pièces losangées, ou encore d'un meuble rempli de losanges de deux écussons alternés.

***LOSSE.** *T. techn.* Outil de tonnelier, servant à percer les bondes ; il est formé d'un fer acéré, tranchant, en demi-cône évidé et emmanché comme une vrille.

LOUCHE. *T. techn.* Nom de divers outils qui ont quelque analogie de forme avec la grande cuiller à long manche, destinée à servir le potage, et nommée aussi *louche*.

LOUCHET (de *louche*, cuiller). On désigne par ce mot une sorte de bêche à fer long et étroit, et un godet de tôle qui fait partie de la chaîne sans fin d'une drague. On se sert, par exemple, d'un louchet, pour extraire la tourbe quand elle présente une consistance suffisante pour ne pas exiger l'emploi de la drague ou du sac. Il y en a de deux sortes, qui servent suivant que la tourbe est ou n'est pas inondée.

Le petit *louchet* s'emploie quand la tourbe est à sec. Il se compose d'un manche en bois d'un peu plus d'un mètre de longueur, solidement adapté à un outil coupant de 30 centimètres de long et d'environ 10 de large, muni d'un aileron sur un de ses côtés. On s'en sert un peu obliquement pour tirer des pointes de tourbe d'un peu moins d'un décimètre carré de section, et de 25 à 30 centimètres de longueur.

Le grand *louchet* s'emploie quand la tourbe est submergée ; son manche, qu'on rallonge souvent avec un morceau de sapin plus ou moins long, est une perche de chêne construite avec grand soin, d'une longueur d'environ 5 mètres. Il se compose d'une première partie à section circulaire, comme la rallonge en sapin qu'on y adapte par une frette, et d'une seconde partie, dont la section d'abord carrée, s'amincit en conservant la même largeur, de façon à se terminer en biseau. L'outil en fer qu'on adapte au bout de ce manche se termine par un palier de 10 sur 30 centimètres, analogue à celui du petit louchet ; ce palier est muni d'un grand aileron à l'extrémité d'un de ses côtés, et d'un faux aileron au milieu de l'autre côté. Ces deux ailerons se prolongent chacun par une longue lamette et ces deux lamettes sont reliées entre elles et avec le manche du louchet, par deux carrés en fer et par un faux carré, situé à la hauteur du palier. Le faux carré et le carré le plus voisin portent chacun un ressort destiné à presser la tourbe et à la maintenir dans le louchet. Cet outil s'enfonce verticalement, et on tire avec lui de longs morceaux de tourbe qui ont un peu plus d'un décimètre carré de section, et qu'on coupe en 4 ou 5 pointes de 25 à 30 centimètres de longueur.

***LOUIS-TREIZE** (Art et style). La belle période de la Renaissance française finit avec Bullant, Lescot et de Lorme ; les troubles qui attristent le règne des derniers Valois, les guerres religieuses et la lutte contre la Ligue et contre Henri de Navarre n'ont pas permis aux arts de suivre leur développement et de parvenir à la perfection qu'ils semblaient bien près d'atteindre. L'architecture, après avoir produit tant de merveilles, se traîne péniblement dans les chemins tracés, ne peut même plus comprendre la tradition qu'elle prétend suivre, et tombe dans une regrettable infériorité. Moins de vingt ans suffisent à cette ruine. Et lorsqu'enfin la France, sous le règne de Henri IV, renaît avec la sécurité et avec les bienfaits d'une administration éclairée, les mœurs, les tendances ont changé. La Réforme, triomphante de fait, conduit vers l'austérité et la simplicité les esprits déjà portés à répudier toute tendance frivole, comme on le remarque toujours à la suite des crises politiques profondes. De toutes ces causes, il résulte en quelques années un style nouveau, remarquable surtout dans les palais et les habitations, parce qu'il y est plus original, et qui a reçu le nom de *style Louis-treize*.

Une transformation analogue s'était fait également sentir en Italie, d'où nous étaient déjà venus les principes de la belle architecture de la Renaissance. Dès les premières années du XVIIe siècle, on remarque chez nos artistes une imitation peu déguisée des édifices de la décadence italienne, dans les lourds bossages qui seuls décorent les murs, couverts parfois de vermiculations où l'œil s'égare sans recevoir l'impression d'une légèreté plus grande; le mode d'ordres par étages, qu'avaient établi les architectes de la Renaissance, est remplacé par un seul ordre partant du soubassement pour atteindre la corniche supérieure; l'effet est peut-être plus grandiose, mais il est à coup sûr moins léger et moins gracieux. Les fenêtres, les linteaux de porte, les frontons et les corniches sont carrés et nus; si on cherche à rompre par un médaillon ou par une statue la monotonie d'une façade, on l'accompagne de lourdes guirlandes ou d'attributs qui détournent l'attention et nuisent à l'ensemble par leur isolement au milieu de murs unis ou à bossages. Voilà pour les monuments. Dans les édifices privés ou dans les palais de peu d'importance, la modification est plus profonde encore, et elle résulte surtout de l'introduction de la brique dans la construction. Ces matériaux éloignant toute possibilité de sculptures, on recherche l'effet pittoresque dans l'opposition de la brique et de la pierre, qui est encore employée comme encadrement de portes et de fenêtres, et aux angles extérieurs de l'édifice; joignez à cette façade, si différente de ce que nous avons vu jusqu'alors, un immense toit anguleux couvert d'ardoises, d'où se détachent de frêles cheminées en briques, et vous aurez la physionomie d'une construction Louis-treize. Certes on peut regretter les charmantes conceptions de la Renaissance, mais il faut constater cependant que notre architecture, dans les premières années du XVIIe siècle, était certainement supérieure à ce qui se faisait à cette époque en Italie où nous avions été chercher des modèles. Les Dupérac, les du Cerceau, bien qu'on puisse leur reprocher d'avoir suivi la mode au lieu de s'efforcer à la mieux diriger, ont souvent tiré bon parti de ces éléments, si peu favorables à la décoration. La place Royale, à Paris, (fig. 99) en est un des exemples les plus remarquables : son ordonnance régulière n'a rien de monotone, et ses trente-cinq pavillons percés de larges fenêtres aux toits vastes et aux lignes sobres, produisent un effet à la fois grand et pittoresque. Cette place fut construite de 1605 à 1612. Mais dans les édifices isolés ce mode de construction manque de corps, et si la rougeur de la brique, la blancheur de la pierre, et la noirceur de l'ardoise produisent une nuance de couleur agréable, cette variété leur donne aussi l'aspect de châteaux de cartes. Les contemporains eux-mêmes en font la remarque.

Fig. 99. — *Vue de l'un des pavillons de la place Royale.*

La construction la plus importante du règne de Henri IV est la continuation du palais de Fontainebleau, où fut élevée notamment la porte Dauphine, dite *baptistère de Louis XIII*; elle se compose d'une grande baie cintrée, entre des colonnes à bossages, surmontée d'un dôme ouvert sur quatre faces où deux frontons couronnent les arcades principales. Cette porte est d'un aspect monumental, mais lourd et massif. A la même époque, on continue aussi la réunion du Louvre aux Tuileries par le bord de l'eau, et on complète le château de Saint-Germain par des escaliers en amphithéâtre, accompagnés de pavillons du plus heureux effet. Cette partie du château a disparu à la Révolution. C'était l'œuvre de Baptiste du Cerceau, le plus habile architecte de cette époque, auquel on doit encore le château de Monceau, construit pour Gabrielle d'Estrée, et celui de Verneuil pour Henriette d'Entragues. Le règne de Henri IV est aussi une période favorable aux travaux publics. Nous rappellerons la fondation du Pont-Neuf, de l'hôpital Saint-Louis, de la pompe de la Samaritaine, aujourd'hui disparue, la réparation des aqueducs de Belleville et des Prés Saint-Gervais, ainsi que de l'enceinte de Paris.

La mort de Henri IV n'apporta aucune entrave au développement artistique, car la régente Marie de Médicis, d'une famille célèbre dans l'histoire de l'art, ne pouvait qu'attirer et s'attacher les hommes de talent. Elle sut tout d'abord en mettre un en lumière dont l'influence fut prépondérante et eut de l'action sur le siècle tout entier, c'est Salomon de Brosse, auteur du Palais du Luxembourg, de l'aqueduc d'Arcueil, de la grande salle du Palais de Justice de Paris et enfin du portail de Saint-Gervais, sur lequel nous aurons à revenir. Lemercier seul peut lui être comparé. C'est à lui que sont dus le Palais Richelieu, aujourd'hui Palais-Royal, l'escalier de la Cour du Cheval-Blanc à Fontainebleau, l'agrandissement du Louvre et la construction du pavillon central, et enfin la coupole de l'église de la Sorbonne.

Ce sont là les principales constructions du règne de Louis XIII; mais cette période est très féconde au point de vue architectural. De nombreux ponts, des fontaines sont établis à Paris, des hôtels de ville s'élèvent dans les grands centres de province, notamment à Reims; d'élégants châteaux sont construits dans le style nouveau qui convient bien à ce genre d'édifice, parce que la brique, par ses tons chauds et son apparente légèreté, gagne au grand air et au voisinage de la verdure qui lui fait un cadre charmant. Parmi ces châteaux, il ne faut pas oublier le rendez-vous de chasse de Versailles, qui n'était encore qu'un assemblage de quatre pavillons reliés par des corps de logis formant une cour intérieure, « c'était là, dit Bassompierre, un chétif château dont un simple gentilhomme ne saurait prendre vanité. » On sait pourtant que Louis XIV, le grand roi, tint à conserver intactes ces constructions qui formèrent la partie centrale du splendide palais qu'il fit élever à grands frais sur ce plateau.

Il nous reste encore, tant à Paris qu'en province, un grand nombre d'habitations privées de l'époque et du style Louis-treize. On construit beaucoup d'hôtels, au XVIIe siècle et c'est alors que définitivement l'architecture privée dépouille tout vestige féodal et abandonne ce caractère de château-fort que la Renaissance lui avait encore conservé dans quelques parties. Les carrosses étant devenus d'usage commun, il faut de grandes portes d'entrée pour leur donner accès dans la cour intérieure; des escaliers à vis du moyen âge eussent semblé mesquins en face de cette entrée monumentale : on adopte donc les escaliers larges à rampe droite; le jour et l'air entrent librement par les grandes baies des fenêtres à croisées de bois. Il n'est plus question de tourelles, de créneaux, de lucarnes ornées, de galeries et de meneaux de pierre. La fantaisie n'a plus libre accès; mais les habitations gagnent en confortable ce qu'elles ont perdu en pittoresque. Les dégagements sont plus commodes, les distributions intérieures mieux comprises, la décoration plus appropriée à la vie désormais simple et austère du bourgeois et même du gentilhomme, qui a dû renoncer à l'activité physique de ses ancêtres. La bourgeoisie, d'ailleurs, a pris une importance qu'on ne lui avait jamais accordée jusque là, et elle arrive même aux honneurs par la magistrature, par les fonctions municipales, plus tard par l'armée; son rôle commence, en attendant qu'il devienne prépondérant, et c'est cette classe, riche et habituée au confortable sans ostentation, qui amène surtout les modifications profondes dans l'ordonnance intérieure des habitations privées. Notons encore que c'est vers la fin du règne de Louis XIII qu'on commence à faire usage de la peinture artistique dans la décoration, luxe qui avait été réservé jusque là aux seules résidences royales. Mais à cette époque on trouve en France des artistes capables de se charger de ces travaux qu'on avait dû auparavant confier à des Italiens, et la mode s'en généralise bientôt. Les premiers exemples qu'on en trouve sont sans doute la décoration de l'hôtel du président Lambert de Thorigny, à l'extrémité de l'île Saint-Louis, où Lesueur et Lebrun travaillèrent pendant plusieurs années, et l'ancien hôtel du président du Parlement, compris maintenant dans les bâtiments de la préfecture de police, où se trouvaient à

Fig. 100 — *Portail de Saint-Gervais.*

l'extérieur des médaillons avec les portraits de personnages du temps. Cette innovation d'origine italienne était d'ailleurs maladroite sous notre climat humide et sombre, et elle ne trouva guère d'imitateurs ; elle n'est à signaler qu'à cause des tendances qu'elle indique.

Nous avons voulu consacrer une page spéciale à l'architecture religieuse du règne de Louis XIII, car elle est d'une importance capitale ; elle suit dès cette époque deux courants bien distincts, qui ont pour origine dans notre pays, d'une part le portail de Saint-Gervais, et de l'autre le dôme de la Sorbonne.

L'art ogival qui avait eu, en France, de si puissantes attaches et qui y avait produit de si remarquables chefs-d'œuvre, avait résisté fort longtemps au mouvement de la Renaissance. Cette vitalité tient à plusieurs causes : les exigences du service religieux, l'esprit de tradition conservé dans un corps uni sous une direction ferme et toute-puissante, puis il faut l'avouer, on était plus disposé à achever ou à agrandir les édifices religieux des périodes précédentes, qu'à en élever de nouveaux, et les luttes contre la Réforme n'étaient pas favorables au développement de cette partie de l'art. Les architectes n'ont donc pas à chercher des formes nouvelles. Cependant Paris voit encore se fonder des églises importantes, Saint-Eustache, Saint-Merry (1520), Saint-Étienne-du-Mont (1517), ogivales par le plan, par les dispositions intérieures, par presque tous leurs détails. A Saint-Eustache, l'architecte David avait tenté de mêler aux traditions ogivales les éléments du style antique : l'essai n'avait pas encouragé les imitateurs, au point que Sainte-Croix, cathédrale d'Orléans, construite sous Henri IV, dans les premières années du XVIIe siècle, est encore une des plus belles productions de l'art ogival dans sa pureté.

Il est remarquable que l'architecture française, qui pour les édifices privés imitait volontiers les productions italiennes, souvent d'un goût médiocre, se refusa absolument à chercher dans ce pays des modèles d'art chrétien. Et pourtant l'Italie se couvrait de monuments merveilleux dus à l'art de la Renaissance renouvelé et régénéré par des génies tels que Brunelleschi, Bramante, Alberti, Michel-Ange et leurs élèves. Ce n'est qu'au commencement du XVIIe siècle que Salomon de Brosse inaugura un style nouveau, en appliquant à l'église ogivale de Saint-Gervais une façade à ordres antiques superposés dont il avait emprunté l'idée première aux édifices élevés à Rome par les Jésuites. Il y avait pour l'architecte une grave difficulté à résoudre, et dont autrefois David n'avait pu triompher à Saint-Eustache : appliquer un portail antique à une façade ogivale. De Brosse ne parut pas s'en apercevoir. Sans s'inquiéter de la disposition intérieure de l'église, il éleva une façade à trois étages qui lui donnait occasion d'appliquer la théorie des trois ordres si fort en vogue à cette époque. Le rez-de-chaussée se compose de quatre couples de colonnes doriques, auxquelles correspondent au premier étage des colonnes ioniques ; l'étage supérieur comprend seulement deux couples de colonnes corinthiennes ; les ouvertures sont cintrées et la porte est surmontée d'un fronton triangulaire. L'ensemble est complété par des groupes d'évangélistes, par les statues des saints Gervais et Protais, par des consoles et des arcs de cercle renversés qui relient au premier étage la partie supérieure isolée et plus étroite (fig. 100). L'achèvement de Saint-Gervais eut un retentissement immense. Il consacra, en France, le style jésuite et porta un coup décisif à la vieille architecture ogivale. Cependant cette façade, dont l'aspect monumental est indiscutable, donne lieu à de sévères critiques lorsqu'on considère qu'elle est appliquée à une nef gothique. Ces trois étages ne devraient-ils pas correspondre logiquement à trois séparations intérieures ? Aussi le visiteur est-il surpris, après avoir mesuré de l'œil ces trois portions de dimensions restreintes, de se trouver, dès l'entrée, en présence des longs piliers et des voûtes élevées de la nef. Ce vice est capital ; néanmoins Salomon de Brosse fit école. Presque aussitôt, on vit s'élever des édifices semblables, notamment l'église Saint-Louis, aujourd'hui Saint-Paul, rue Saint-Antoine, où les jésuites appliquèrent une façade à l'imitation de celle de Saint-Gervais, mais déjà moins correcte et plus chargée d'ornements. On trouve là un des premiers essais de la coupole qui devait bientôt prendre une importance si grande, donner à l'architecture religieuse du XVIIe siècle son caractère le plus monumental et rendre tout son éclat à cette branche si féconde de l'art.

Dès le règne de Henri IV, on voit paraître un système raisonné de décoration intérieure qui ne laisse que peu de latitude à la personnalité de l'artiste. Il en résulte du moins une harmonie qui ne manque pas de charme, et l'histoire de la décoration peut être suivie maintenant dans ses développements. Elle est, sous Louis XIII, calme et sévère comme la société qu'elle encadre sous ses lambris ; elle a plus de grandeur dans les lignes que la décoration de la Renaissance, mais moins de recherche et moins d'originalité dans l'ornementation. Dans les palais, la peinture murale intérieure prend beaucoup d'importance. Fontainebleau, par exemple, fut décoré de cette façon dans les appartements créés sous Henri IV, et sur les murs de la galerie des Chevreuils furent

Fig. 101. — *Fauteuil Louis-treize.*

retracées de grandes scènes de chasse qu'affectionnait ce roi. De plus, des ateliers de tapisserie ayant été établis, en France, dès les dernières années du XVIe siècle, et sous la protection royale, les artistes trouvent là un précieux élément décoratif qui pourtant n'atteindra toute son importance que vers la fin du XVIIe siècle.

L'ameublement doit toujours être en relation intime avec l'architecture et la décoration, qu'il est appelé à compléter ; aussi voyons-nous toujours les mêmes éléments constitutifs entrer dans les conceptions des architectes, des décorateurs et des ébénistes, et affirmer leur union. Le mobilier Louis-treize est donc également sobre, sévère et froid. Déjà la dernière période de la Renaissance nous avait donné les meubles en ébène incrustée d'ivoire et d'étain, d'un aspect si triste ; sous Louis XIII, on emploie encore beaucoup l'ébène, mais seule, sculptée et gravée ; c'est une transition et un premier indice de l'affranchissement du goût italien. En même temps, l'ameublement se fonde, plus complet, plus confortable et plus stable. Au siècle précédent, on semblait toujours campé, avec des meubles destinés surtout à contenir beaucoup d'objets dans un petit espace, et dont les dimensions restreintes devaient leur rendre aisés des déménagements réitérés. Mais maintenant le cabinet se fait commode, le bahut devient l'armoire, et on y retrouve, comme la marque de l'époque, les colonnes torses ou cannelées à partir du milieu du fût, qui sont si souvent en usage dans l'architecture. Çà et là des bronzes ciselés et des applications de cuivre, mode hésitante encore mais qui témoigne déjà sa vitalité. En cela aussi le style Louis-treize n'est qu'une transition. Bien que déjà plus *meublant* que le mobilier en noyer ou en chêne sculpté de la Renaissance, l'ameublement Louis-treize est insuffisant pour donner aux appartements une apparence riche et confortable (fig. 101). C'est là son grand défaut. Pour exagérer encore cette tendance, le cuir gaufré remplace partout les tentures, le châtaignier est souvent employé pour le chêne, le poirier pour l'ébène, et ces bois se travaillant moins bien, les sculptures manquent nécessairement de finesse. Aussi peu à peu les meubles sculptés sont-ils abandonnés aux classes moyennes, et les riches particuliers préfèrent-ils une ordonnance plus sobre et une certaine sévérité de lignes, ainsi que le montre le meuble de la figure 102, qui appartient au commencement du XVIIe siècle.

Cependant, un luxe très grand était encore en usage dans les mobiliers d'apparat, et les lits surtout, bas et à haut chevet, sont dignes de remarque; des colonnes supportent les tentures qui sont des plus riches étoffes de France ou des Flandres. Ce meuble a pris d'autant plus d'importance, que la chambre à coucher devient déjà le centre de la vie privée, et que les femmes à la mode et les hauts personnages font de la ruelle de leur lit un salon de réception.

Nous n'insisterons pas davantage sur le style Louis-treize, qui ne tient pas une des premières places dans l'histoire de l'art industriel. Son plus grand mérite est d'avoir préparé les voies au style de la fin du XVIIe siècle et à celui du XVIIIe. La vie privée d'ailleurs ne permettait pas à cette époque un état de perfection plus avancé. Les appartements, aux pièces immenses, étaient ouverts à tout venant; à la porte seule de la chambre à coucher un domestique introduisait les visiteurs. Au Louvre même, le roi se promenant dans ses appartements trouvait des individus couchés sur des banquettes. Ajoutez

Fig. 102. — *Meuble du commencement du XVIIe siècle.*

l'habitude qu'on avait, et qu'on garda bien des années encore, de traîner partout de grandes bottes à éperons, couvertes de poussière ou de boue, d'emmener avec soi, à l'exemple du roi et des seigneurs de la cour, des animaux de toute espèce, chiens, faucons, singes, etc., de cracher par terre ou sur les murs, et de cracher d'autant plus haut qu'on était de plus haut rang, et vous comprendrez que le luxe d'un ameublement plus riche et plus intime eût été superflu.

LOUIS-QUATORZE (Art et style). Pendant la régence de Marie de Médicis et le ministère de Mazarin, l'art suit encore l'impulsion qu'il avait reçue sous Louis XIII. Le palais Mazarin, où on a placé la Bibliothèque nationale, est encore du beau style Louis-treize, avec son mélange de briques et de pierres, sans originalité d'ailleurs. Mais, si l'ordonnance en est peu recherchée, on remarque déjà, comme dans toutes les constructions de la même époque, des tendances vers le grandiose, et lorsqu'il se trouva que le jeune roi Louis XIV avait lui-même ce goût des proportions colossales, qui flattaient sa vanité, il ne fut plus permis aux architectes de rien concevoir de léger et de gracieux; il fallut suivre aveuglément cette direction unique, imposée non seulement dans les idées mais dans les formes, qui faisait du domaine de l'art une administration sous la surveillance du triumvirat despotique et tout-puissant de Colbert, Lebrun et Levau. Colbert était surintendant des bâtiments, Lebrun premier peintre de la couronne, directeur de l'Académie de peinture et de sculpture, Levau premier architecte du roi, et, par extraordinaire, ces trois hommes de talent se trouvèrent d'accord sur toutes les questions artistiques. En présence de cette redoutable association, dont Lebrun était l'âme, aucune personnalité ne fut admise. Selon l'expression de Vitet, Lebrun fut le juge suprême de toutes les idées d'artiste, le dispensateur de tous les types, le régulateur de toutes les formes. Il est vrai qu'il résulta de cette prodigieuse unité d'association une grandeur extraordinaire, un spectacle imposant, dont tous les yeux furent éblouis.

Levau « *le fameux M. Levau* » comme l'appellent toujours ses contemporains, architecte de valeur, mais peu entreprenant, n'avait pas assez d'autorité pour résister à Lebrun; il suivit donc docilement ses inspirations. Déjà il avait élevé les châteaux de Vaux et du Raincy, les hôtels Lambert, Colbert, de Lionne; on lui confia les Tuileries, qu'il abîma, les travaux du Louvre qu'heureusement il dut abandonner, le château de Versailles que la mort l'empêcha de continuer, ainsi que l'église Saint-Louis-en-l'île; c'est donc, par la multiplicité de ses œuvres, une des personnalités les plus importantes du grand règne, mais lorsqu'il mourût, en 1670, sa réputation avait déjà pâli devant celle de Perrault, et elle devait disparaître bientôt en présence des chefs-d'œuvre de Mansart, de Bruant, de Blondel, qui ont amené le style grandiose à sa perfection.

Colbert, fort peu satisfait du projet présenté par Levau pour l'achèvement du Louvre, avait conçu l'idée de mettre la façade au concours, et une conception vraiment originale, émanant, non d'un architecte de profession, mais d'un médecin, attira aussitôt l'attention du ministre et peu après le suffrage du roi. L'auteur était Claude Perrault qui, s'inspirant de l'antique, avait imaginé une colonnade de cinquante-deux colonnes accouplées, portées

Fig. 103. — Arc de triomphe élevé sous Louis XIV.

sur un mur lisse formant soubassement. L'ensemble est réellement grandiose et imposant, malgré la simplicité des lignes, et cette colonnade était si bien d'accord avec les idées du roi, avec les aspirations de cette société qui n'entendait parler que de grandeur et de majesté, que l'enthousiasme qu'elle excita fut immense. On ne connût plus d'autre modèle, et les artistes s'en inspirèrent dans toutes les constructions qui nécessitaient un style pompeux; son influence s'étendit même au siècle suivant, car le Garde-Meuble de la place de la Concorde et la Monnaie, sont des réminiscences de la colonnade du Louvre. Actuellement, sans vouloir nier son mérite, on est bien revenu sur la grande réputation qu'elle a acquise. Elle n'a pas la pureté des monuments anciens retrouvés en Grèce, et, d'ailleurs, c'est se faire une idée fausse de l'architecture que de croire qu'elle ne peut être grandiose qu'avec des colonnes gigantesques. De plus, la façade de Perrault est absolument dissemblable de l'œuvre de Lescot, qu'elle devait compléter, au point qu'on n'avait pu ouvrir des fenêtres sous le portique, parce qu'elles n'eussent pas correspondu avec celles de la cour. Tous les efforts tentés pour dissimuler ce désaccord, pour masquer le disgracieux fronton qui dépassait l'attique de Lescot, n'aboutirent qu'à des expédients qui ont gâté le plus beau monument de la Renaissance. Enfin, les proportions colossales de cette colonnade n'étant pas en rapport avec la résistance des matériaux, il a fallu plusieurs fois remanier les plafonds, tandis que les monuments grecs et romains, après plusieurs siècles d'existence, ont résisté aux injures du temps, et souvent même à la main des barbares.

Avec Perrault, Jules Hardouin-Mansart est le plus

illustre architecte du grand règne. Son œuvre est d'ailleurs de la plus grande importance, car, tandis que Perrault n'a donné que la colonnade du Louvre, l'Observatoire et la chapelle du château de Sceaux, on doit à Mansart les châteaux de Versailles, de Trianon, de Marly, de Clagny, le dôme de l'hôtel des Invalides, les places Vendôme et des Victoires, une partie du château de Dampierre et de la cascade de Saint-Cloud, les bâtiments de Saint-Cyr, et enfin la chapelle du château de Versailles qui fut son dernier ouvrage. Ce sont là les plus remarquables constructions de l'époque, et elles résument le règne de Louis XIV dans l'histoire de l'architecture en France. Mansart a compris mieux que tous ses contemporains les conditions essentielles du grandiose. Loin de s'épuiser dans la recherche d'éléments nouveaux, il se contente de lignes simples, larges, symétriques, et, par la seule régularité, parvient à obtenir un effet très monumental. Cependant, c'est toujours l'application de cet antique de convention, de fantaisie, pour ainsi dire, dont Perrault avait consacré le principe. On retrouve, dans le château de Versailles, le soubassement, l'étage avec colonnes, surmonté d'un attique et d'une balustrade; le développement des lignes horizontales masque le défaut d'élévation de l'édifice qui ne devait pas dépasser le château de Louis XIII, celui-ci apparaît comme un sanctuaire au fond de la cour de marbre, il domine les bâtiments de Mansart et leurs trois cours qui diminuent progressivement de largeur en montant de la ville. Trianon est une réduction de Versailles, les ailes en retour sont réunies au bâtiment principal par un péristyle à colonnes ioniques. Quant à la résidence champêtre de Marly, aujourd'hui disparue, la nécessité où l'architecte s'était trouvé de donner au château un aspect rustique, et son désir de flatter la manie de Louis XIV pour l'adulation en faisant de toute la décoration un continuel hommage au *roi-soleil*, l'avaient entraîné à des erreurs de goût déplorables : tout était faux et maniéré, et le principal attrait de cette retraite royale semble avoir été dans le jardin et le parc, dessinés par Lenôtre. Néanmoins, l'artiste avait bien saisi l'intention du maître, car Louis XIV, heureux de se sentir encore grand au milieu de ce grandiose, abandonna, pour Versailles et pour Marly, les résidences de la capitale auxquelles ses prédécesseurs avaient apporté tous leurs soins.

Un autre architecte tient une place importante à cette époque, c'est Libéral Bruant, qui construisit l'hôtel des Invalides pour les vétérans pensionnés de l'Etat, et l'hôpital de la Salpétrière. Bruant conduisit les travaux des Invalides avec tant d'activité, qu'en moins de quatre ans les bâtiments étaient en état de recevoir des pensionnaires. Mais il ne put terminer l'église dont il avait fourni les plans et que Mansart acheva. A la Salpétrière, Bruant avait bâti une église circulaire avec huit nefs ou chapelles rayonnant autour d'un maître-autel central, disposition qui permet d'embrasser d'un seul coup d'œil l'ensemble de l'édifice.

Dans l'imitation de l'antique, qui était comme la préoccupation des artistes du grand règne, les arcs de triomphe devaient séduire surtout par la flatterie qu'ils permettaient de dissimuler sous les dehors de l'art et de l'utilité publique. Un architecte de grande valeur, Fr. Blondel, a attaché son nom aux principaux arcs triomphaux placés aux portes de la ville. Il rebâtit la porte Saint-Bernard, la porte St-Antoine qu'il agrandit en lui donnant une apparence monumentale, et enfin, il put laisser libre carrière à ses idées dans la porte St-Denis qui était une création complète. Par ses heureuses proportions, par la perfection de son exécution artistique, due à Girardon et à Anguier sous la direction de Blondel, la porte Saint-Denis est un des plus remarquables monuments du XVIIe siècle. A côté, bien qu'à un rang plus modeste, on peut placer la porte Saint-Martin, œuvre de Pierre Bullet, qui s'est évidemment inspiré de Blondel son maître.

Fig. 104. — *Eglise de la Sorbonne.*

En 1670, la ville de Paris avait voulu élever, non plus une porte monumentale, mais un véritable arc de triomphe à la gloire de Louis-le-Grand. L'emplacement choisi fut la place du trône, qui se prêtait bien à une somptueuse décoration. Un concours ouvert donna encore la première place à Claude Perrault, qui commença aussitôt les travaux, et, afin de pouvoir faire apprécier son œuvre immédiatement, il eut l'idée d'en exécuter sur la place même un modèle en plâtre. Ce fut une faute, car le roi et la ville se contentèrent du modèle qui, tombant en ruines, fut démoli sous la Régence. Cet arc de triomphe, autant qu'on peut en juger par les dessins qui nous sont parvenus, résumait l'esprit même de l'architecture sous Louis XIV (fig. 103). Ces colonnes et ces arcades, ces entablements réguliers surmontés de trophées, ce couronnement pyramidal qui sert de support à une statue équestre du roi sont bien les éléments de l'art grandiose dans toute sa magnificence. Malgré l'aspect monumental de cet arc de triomphe, on ne peut s'empêcher de le trouver inférieur aux belles conceptions de l'antiquité qu'il devait rappeler dans la pensée de Perrault. Ce genre d'édifice demande avant tout la noblesse et la simplicité des lignes, et les trophées, les lions, la statue équestre ne conviennent pas à la majesté d'un arc triomphal. Néanmoins, cette œuvre ne manquait pas de valeur, et on doit regretter que l'exécution n'en ait pas été poursuivie.

L'architecture religieuse de l'époque de Louis XIV a pour élément distinctif la coupole, dont nous avons vu la timide apparition dans les dernières années du règne précédent. L'église de la Sorbonne, qui devait consacrer cette innovation capitale dans l'art chrétien en France, fut terminée seulement en 1653, c'est donc bien avec le siècle de Louis XIV qu'on en peut suivre l'origine et les développements. Lemercier, dans cette construction, s'attacha surtout à la coupole, il l'agrandit, l'éleva, la surmonta encore d'une lanterne ; elle domine maintenant l'édifice de sa masse imposante, et la façade, qui avait toujours été considérée comme la partie principale du monument, disparaît, pour ainsi dire. On ne s'arrête plus à ses détails, à la régularité de son ordonnance ou à l'élégance de ses proportions ; l'œil est attiré, fixé par

Fig. 105. — *Cabinet d'amateur au XVIIe siècle.*

la coupole qui semble remplacer ainsi les autres parties de l'édifice qu'elle écrase. Le dôme de la Sorbonne est élevé sur une croix grecque de dimensions restreintes, car il ne faut pas oublier que Lemercier avait seulement à construire une chapelle pour le service de la Sorbonne, mais les proportions en sont admirables et son élégance est parfaite. Le succès fut si vif que les efforts des architectes se portèrent sur ce nouvel élément, et que le style jésuite, qui pourtant devait encore produire beaucoup, se trouva relégué à un rang inférieur (fig. 104).

Le Val-de-Grâce est un nouveau pas fait dans la voie ouverte par Lemercier. Il est vrai que la fondation du monastère, à la suite d'un vœu fait par Marie de Médicis, est antérieure à la reconstruction de la Sorbonne, mais l'église est de la plus belle époque Louis-quatorze. Les travaux avaient été commencés par François Mansart, architecte d'origine italienne, oncle de Jules Hardouin Mansart qui construisit le château de Versailles ; puis on les lui retira pour les confier à Lemercier qui abandonna la construction à la corniche du portail. C'est donc son successeur, Gabriel Leduc, qui exécuta les dessins du dôme qui en est la partie principale. On y reconnaît l'imitation de Saint-Pierre de Rome, que Leduc était allé étudier avec grand soin. Le maître-autel, notamment, est une copie de celui de la basilique romaine. Le dôme porté par des pilastres saillants surmontés de statues et de médaillons, s'élève par une courbe gracieuse et hardie jusqu'à la lanterne centrale ; la décoration est complétée par quatre campaniles. Cette coupole repose sur quatre arcs doubleaux et sur des pendentifs, d'après les principes de l'architecture byzantine. Mignard a peint, à l'intérieur, le *Séjour des bienheureux*, et Michel Anguier a décoré de belles sculptures les pendendifs et les chapelles. L'architecture nouvelle était, pour la première fois, appliquée dans des proportions aussi grandes, et on put voir qu'elle permettait de couvrir de grands espaces en conservant, à l'intérieur aussi bien qu'à la façade, l'aspect grandiose et imposant qui était alors le dernier mot de l'art.

L'apogée de ce style architectural semble être marqué par l'église des Invalides dont le dôme, élevé par Hardouin-Mansart, conserve les plus élégantes proportions malgré une hauteur totale de plus de cent mètres. Sur un plan en croix grecque, formant au centre un octogone, par suite de l'introduction de chapelles d'angle entre les arcs doubleaux, s'élèvent trois voûtes concentriques dont la superposition a pour but de masquer l'immensité de ce vide qui, à l'intérieur, eût été disgracieux. Une première coupole en charpente, couverte de plomb doré et surmontée d'une lanterne, est supportée par un tambour que décorent des colonnes accouplées d'ordre composite. Des grandes fenêtres carrées, situées entre ces colonnes, et des fenêtres cintrées ménagées au-dessus, dans l'attique, donnent le jour à l'intérieur de la coupole en pierre, sur laquelle est peinte une vaste composition de Lafosse. Enfin, une troisième sert de couverture à l'église intérieure, et une ouverture circulaire permet d'apercevoir la peinture de Lafosse. La décoration intérieure est d'une grande richesse.

Cependant, malgré ces superbes églises à coupoles, l'architecture, inspirée par le portail de Saint-Gervais et le style jésuite n'avait pas renoncé à la lutte, mais elle produit peu de constructions vraiment remarquables. Nous rappellerons donc seulement, à Paris, l'église Saint-Roch, terminée sous Louis XV, ainsi que Notre-Dame-des-Victoires, Saint-Louis-en-l'Ile et Saint-Thomas-d'Aquin. Saint-Sulpice, commencée en 1655, appartient presque tout entière au règne suivant, parce que les travaux furent interrompus pendant de longues années.

Il ne faut pas omettre la chapelle du château de Versailles qui, chose étrange, marque dans ses dispositions extérieures un retour vers l'architecture des siècles précédents. Mais dans la décoration intérieure, Hardouin-Mansart a tenté des innovations qui ne sont pas sans valeur et qui en font une des églises les plus curieuses du XVIIe siècle. On ne peut lui reprocher qu'une profusion trop grande de dorures, de bronzes, de statues, de colonnes et de pilastres, qui conviennent peu au mysticisme de l'art chrétien et qui la font ressembler, selon l'expression de Voltaire, à un *colifichet fastueux.*

Avec le règne de Louis XIV, l'architecture privée se développe et se complète, et on peut d'autant mieux l'étudier qu'il nous est resté un très grand nombre d'hôtels, de maisons de ville et de campagne du XVIIe siècle. On remarque, avant tout, la parfaite unité, la régularité et la symétrie qui leur donne un même aspect solennel et monotone; mais les distributions intérieures, qui sont la préoccupation la plus importante dans la construction d'une habitation bourgeoise, ont profité déjà de bien des modifications avantageuses, depuis que Catherine de Vivonne, à l'hôtel de Rambouillet, avait rompu avec tous les usages du XVIe siècle. Lenoir et Vaudoyer, dans leurs *Etudes d'architecture*, nous font voir ce qu'était un hôtel Louis-quatorze. « Il se composait d'un bâtiment principal précédé d'une cour, plus ou moins vaste, destinée à la circulation et au stationnement des carrosses; sur les côtés de cette cour, des bâtiments de dépendance pour les remises, les écuries et les communs, avec des entrées séparées sur la rue; derrière le bâtiment d'habitation, un jardin, auquel donnaient accès les portes-fenêtres des appartements à rez-de-chaussée. Le vestibule et l'escalier étaient ordinairement placés dans un angle, quelquefois aussi au centre du bâtiment. Outre l'escalier principal, qui s'arrêtait au premier étage, des escaliers de dégagement étaient disposés de manière à faciliter le service. Les appartements se divisaient en appartements de réception et en appartements d'habitation; les premiers, situés au rez-de-chaussée, se composaient de plusieurs grandes pièces différentes de forme et de décoration, appropriées à l'usage auquel elles étaient destinées et mises en relation entre elles par des percements pratiqués avec symétrie. Les appartements d'habitation, au premier étage, offraient des recherches et des commodités auxquelles on n'avait pas été habitué antérieurement à cette époque; la dimension des portes fut notablement accrue, ainsi que celle des fenêtres; on éleva celles-ci jusqu'aux plafonds pour les mettre en rapport avec les portes et, à la fois, pour donner plus de gaieté à l'intérieur en permettant de jouir de la verdure des jardins. La hauteur des étages et la grande dimension des pièces permirent d'introduire un nouveau système de décoration, plus recherché et plus luxueux. La peinture et la sculpture, ces deux sœurs jumelles de l'architecture, furent appelées à lui prêter leur concours pour réaliser ces harmonieuses décorations dont l'Italie avait jusqu'alors conservé le privilège » (fig. 105).

Nous avons insisté sur la description de ces appartements au XVIIe siècle parce que l'analogie est absolue entre tous, et ces dispositions sont les mêmes dans tous les hôtels qui s'élevèrent à Paris, notamment dans le quartier neuf du faubourg Saint-Germain : l'hôtel de Luynes, l'hôtel de Clermont, l'hôtel de Belle-Isle. Le Marais conservait encore sa vogue : les hôtels de Beauvais, de Soubise en témoignent. Enfin de superbes châteaux, auxquels on ne peut reprocher qu'une ordonnance froide qui sied peu à des habitations destinées à être vues isolées dans un encadrement de paysage, se construisent en province. Parmi les plus beaux, nous citerons ceux de Maisons, de Dampierre, de Vaux-Praslin, de Chantilly, de Tanlay, etc. Des jardins merveilleux ajoutaient encore à l'attrait de ces superbes demeures, et convenaient bien à leur architecture par leurs dispositions artificielles et symétriques.

La décoration intérieure des appartements est, pendant presque tout le règne, froide et régulière comme l'architecture. Seuls les panneaux peints et les figures sculptées, qui sont déjà de mode, l'animent et la réchauffent. Le jour arrivant encore peu abondant, malgré la largeur des baies, par suite de l'épaisseur des murs et de l'immensité des pièces, on peut employer, sans trop de mauvais goût, les surcharges de dorures qui donnent aux appartements de réception un grand air de richesse demandant à se faire voir.

L'usage des grandes glaces et des tapisseries est aussi devenu commun dans les résidences royales et dans les hôtels somptueux qui donnent le courant à la mode; enfin, l'art du décorateur est maintenant fondé; rien n'est laissé au hasard, et une science plus grande se fait sentir dans la disposition des lambris qui sont toujours horizontaux, dans les tentures, encore un peu lourdes dans l'harmonie des couleurs, dans la parfaite conformité des principes de la décoration avec ceux de la construction et du mobilier.

En quelques années, le mobilier s'est transformé sous la direction de Lebrun, qui ne dédaignait pas de fournir lui-même des dessins aux tapissiers, aux ébénistes, aux orfèvres de la couronne, et plus d'une fois, les peintres du roi, à son exemple, tracèrent des modèles de décoration et d'ameublement aux grands seigneurs désireux de suivre l'exemple du maître. Ils eurent le bonheur de trouver des artisans habiles et ingénieux, capables, non seulement de comprendre et de traduire leur pensée, mais de la développer et d'inventer eux-mêmes. En tête de ces artistes, il faut placer Boule (1642-1732) et Claude Ballin (1615-1678).

On sait que, jusqu'au milieu du XVIIe siècle, on imita des Italiens les meubles en ébène incrustée d'ivoire ou d'étain, d'un aspect triste et d'un miroitement fatigant qu'on cherchait à dissimuler dans les petits meubles, dans les cabinets, par exemple, en *éclairant* l'intérieur par de légères peintures ou par des applications d'écaille; Boule ne fit donc que perfectionner et appliquer en grand des procédés déjà connus. Mais il poussa à une perfection incroyable l'art d'incruster le bois et d'y distribuer, avec un goût parfait, des ornements de cuivre, d'écaille, d'ivoire, de nacre, même de corne et de baleine. Le plus souvent, les meubles de Boule sont en ébène, couverts d'applications en écaille découpée, et incrustés d'arabesques en étain ou en cuivre. Pour relever l'aspect du meuble, pour lui fournir la lumière et empêcher que l'œil ne se perde dans cette profusion de détails, Boule ajoute des garnitures de cuivre aux encoignures, aux moulures et à l'entablement. C'est au bon goût, à la sobriété de ces cuivres, autant qu'à la perfection des détails qu'on reconnait les belles œuvres sorties des mains de cet artiste : nous en donnons des exemples à l'article Ébénisterie.

Dès que la vogue s'empara de ce genre d'ameublement, Boule imagina, afin de rendre le travail à la fois plus rapide et plus parfait, de découper l'une sur l'autre deux plaques, l'une en écaille, l'autre en métal, si bien que ces plaques s'emboîtaient exactement. Mais il lui restait encore deux découpures formant la contre-partie des premières. Au lieu de les détruire, Boule les utilisa dans une pièce analogue comme forme et comme dessin. De là ces meubles combinés comme il s'en rencontre souvent dans les ameublements complets de l'époque, dont l'un est en écaille avec application de métal, et l'autre plaqué de métal avec arabesques en écaille. Le premier a toujours une valeur plus grande, car il exprime la pensée originale de l'artiste.

Le procédé de Boule trouva aussitôt une application

Fig. 106. — *Fauteuil Louis-quatorze.*

nouvelle dans les horloges et pendules, à la caisse desquelles on apportait le plus grand soin. D'ailleurs, la variété de ses garnitures de cheminée est très grande; on en trouve en mosaïque, en étain incrusté de bronze, en bois rares et précieux. La forme qui caractérise davantage le style Louis-quatorze est la pendule religieuse à fronton circulaire et à pans coupés, ornée de cariatides, de mascarons en bronze doré, et portant, sur le dôme qui la recouvre, une Victoire, un Neptune, le Temps, ou quelqu'autre figure ciselée. Les pendules tiennent une place très considérable dans l'ameublement, et elles peuvent en être considérées désormais comme le complément nécessaire.

De l'œuvre de Claude Ballin il ne reste rien, et nous n'en pouvons juger que par les dessins que nous a laissés un orfèvre du nom de Delaunai. On sait seulement qu'il exécuta un grand nombre de pièces d'orfèvrerie très remarquables, qui furent portées à la Monnaie et fondues aux mauvais jours de la guerre de succession ; la Révolution a achevé la disparition de ces objets de prix.

L'impulsion que ces artistes donnent à l'industrie dès le milieu du XVIIe siècle ne tarde pas à produire d'heureux résultats. On cherche partout l'élégance et la variété. A côté des meubles de Boule, la marqueterie se développe, ainsi que déjà le placage ; des bois nouveaux sont mis en œuvre : l'acajou, le palissandre, l'acacia, l'aloès, le citronnier, le cèdre, le courbaril, le micocoulier, le bois de fer, le santal, les essences enfin qu'on emploie communément de nos jours, une seule exceptée : le bois de rose, qui appartient à l'ameublement léger de l'époque suivante et la caractérise, pour ainsi dire.

Il ne faut pas chercher sous Louis XIV de mobilier intime ; il n'existe guère, et tout le soin est apporté aux meubles d'apparat des pièces de réception. C'est le fauteuil qui joue là le principal rôle, large, confortable, aux proportions savamment calculées, au dossier bombé suivant l'inflexion du corps; il est recouvert en étoffes et porté sur des pieds bas, comme la plupart des meubles de style Louis-quatorze (fig. 106). Le guéridon et la console se trouvent partout; celle-ci s'appuie au mur, soutenue du côté opposé par un ou plusieurs pieds façonnés le plus souvent comme des consoles d'architecture, ce qui a fait donner, par analogie, ce nom au meuble tout entier. Le luxe de ces petits meubles est parfois très grand ; c'est une des rares occasions de fantaisie que se soient permis les grands seigneurs de l'époque. C'est à peu près tout ce que nous voyons dans les appartements, avec quelques commodes, quelques bureaux majestueux, des armoires et des coffrets, des tables à grandes mosaïques sortant des Gobelins. Tout cela est lourd et guindé. Néanmoins, à la fin du règne, on remarque déjà plus de souplesse ; les avant-corps s'infléchissent, les pieds se courbent légèrement et s'élèvent, les profils sont plus fins ; il se produit comme une détente dans la rigidité du meuble.

On peut reprocher au mobilier du XVIIe siècle son aspect sévère, bien qu'il ne manque pas d'élégance, ni de confortable; on ne peut nier son originalité et sa puissance en tant que style. Nous n'en voulons d'autre preuve que la faveur encore grande que nous avons conservée aux meubles de cette époque. Certes, l'ameublement que nous aborderons en étudiant le style Louis-quinze est plus varié, plus riche, plus élégant de forme, plus riant de couleurs, mais il est par cela même moins correct et moins approprié au rôle du mobilier, qui est de se rendre utile sans détourner l'attention. C'est pourquoi, loin de considérer le mobilier du XVIIe siècle comme une transition entre l'époque de la Renaissance et celle de Louis-quinze, nous lui assignerons une des premières places dans l'histoire du mobilier, comme on assigne à la société du siècle de Louis XIV une des premières places dans l'histoire de l'art et de la littérature. Le mobilier, qui touche par tant de points à la vie intime, peut être considéré à juste titre comme un miroir fidèle, qui garde pour la postérité l'image des mœurs et de l'esprit d'une époque.

* **LOUIS-QUINZE** (Art et style). Depuis le commencement du XVIIIe siècle, les esprits et le goût n'étaient plus à la magnificence, on préférait déjà le joli au majestueux, et il ne faut pas moins que la direction maintenue encore par l'entêtement du vieux roi pour conserver au style grandiose quelque éclat. Son œuvre meurt avec lui ; il se produit la même transformation dans l'architecture que dans les mœurs et dans les lettres. Le régent accordait plus d'attention aux *petites-maisons* qu'aux palais et aux châteaux, et à son exemple, le roi, les seigneurs de la cour et les financiers, dont le règne commence, restreignent les appartements et augmentent leur luxe. Aussi ne voit-on plus guère de grandes entreprises ; Louis XIV est le dernier de nos rois *bâtisseurs*, après lui on répare seulement ou on complète les résidences royales, le Louvre entre autres, dont les travaux ont duré jusqu'à nos jours, et en présence de cette pénurie de commandes importantes qui leur eussent permis de développer leur talent, les artistes de valeur se font plus connaître comme

décorateurs que comme architectes, Gabriel et Soufflot exceptés.

Robert de Cotte, neveu et élève de Mansart, est une des illustrations du règne de Louis XV, et c'est à lui qu'on doit les premières modifications apportées au style grandiose, modifications qui souvent ne manquent pas d'à-propos. Né en 1656, il appartient par ses études au siècle précédent, mais, architecte du roi en 1708 et intendant des bâtiments, il se trouva diriger les travaux les plus importants de la fin du règne de Louis XIV. En cette qualité, il termina le château de Versailles et le dôme des Invalides, d'après les plans de son oncle, ouvrages dans lesquels il ne put témoigner la moindre *originalité*. Mais déjà dans le palais du grand Trianon, qui ne manque pas de grâce avec sa colonnade ionique, et dans la décoration du chœur de Notre-Dame de Paris, Robert de Cotte montra les ressources d'un esprit inventif qui cherchait à sortir des voies tracées par ses prédécesseurs. Certes, le chœur de Notre-Dame, terminé en 1714, et qui porta au plus haut point la réputation de Robert de Cotte, était d'un goût douteux, clinquant et exagéré, de plus on doit reprocher à l'architecte d'avoir sacrifié, pour placer ce monument au milieu du chœur, les belles sculptures du moyen âge et la clôture à jour du sanctuaire, chef-d'œuvre auquel on n'attacha aucune valeur et qui fut brisé; cependant, si on tient compte des tendances de l'époque, on doit rendre justice au talent déployé par de Cotte dans cette œuvre à laquelle concoururent les plus illustres peintres et sculpteurs : les Coustou, Coysevox, Jouvenet, Lafosse, Boullongne et Coypel. De Cotte donna aussi des marques de son talent dans l'hôtel de la Vrillière, aujourd'hui la Banque de France; dans la place Louis XIV à Lyon; dans l'église Saint-Roch dont il éleva le portail, et enfin dans plusieurs châteaux, à Verdun, à Strasbourg et à l'étranger. Cet ensemble peut certainement être considéré comme la transition entre les deux époques; de Cotte mourut en 1735.

Fig. 107. — *Portion de la façade du Garde-Meuble.*

Boffrand, qui mourut en 1754, avait assez de valeur pour maintenir l'art dans de saines voies, mais il fit peu de grandes choses, et dans les constructions privées qu'il entreprit, il se laissa entraîner par la mode qui était si funeste aux grands principes; les châteaux de Nancy, de Lunéville; les hôtels de Montmorency, d'Argenson, de Torcy, de Seignelay, lui firent une réputation telle que l'étranger l'appela souvent pour mettre à profit son talent. Le château épiscopal de Wurtzbourg, qui passe pour son chef-d'œuvre, est une réduction du château de Versailles, avec le système de décoration qui commençait dès lors à prévaloir.

Après Robert de Cotte et Boffrand, il nous reste un nom à citer qui éclipse tous les autres par son éclat, c'est celui de Gabriel. Seul, il chercha à maintenir les véritables principes de l'architecture contre le faux et le mauvais goût de l'école italienne. Il avait d'ailleurs fait de fortes études sous la direction de son grand-père et de son père, architectes du roi Louis XIV. L'Ecole Militaire, qui est sa première œuvre importante, conserve encore le grand air et l'aspect monumental des constructions de Perrault et de Mansart, qu'elle rappelle par bien des détails. Ses deux façades sont ornées de colonnes doriques et ioniques superposées; au centre, un avant-corps d'ordonnance corinthienne supporte un fronton et un dôme quadrangulaire. L'influence directe de Perrault se fait sentir encore davantage dans les bâtiments de la place Louis XV où furent installés, plus tard, le Garde-Meuble (fig. 107) et le Ministère de la Marine. L'emplacement avait été désigné, en 1757, par le roi lui-même, et Gabriel commença aussitôt les travaux de ces deux corps de bâtiment qui furent inaugurés, en

1763, en même temps que la statue offerte par la ville de Paris et sculptée par Bouchardon. Mais ils ne furent entièrement achevés que quelques années après. Au rez-de-chaussée, un portique ouvert permet la circulation sous la galerie; cette galerie se retrouve au premier étage, derrière la colonnade corinthienne rompue aux extrémités par des avant-corps peu saillants. Un léger attique couronne l'édifice de la façon la plus heureuse. L'ensemble est beaucoup plus léger que la colonnade de Perrault et le dégagement, plus large, permet de l'embrasser d'un seul coup d'œil; c'est, à coup sûr, la manifestation la plus parfaite de l'architecture imitée de l'antique, telle qu'on l'avait fondée sous Louis XIV. La place de la Concorde, complétée par la perspective de l'église de la Madeleine, le Palais Bourbon et une décoration adaptée avec intelligence, est devenue la plus admirable conception de l'art décoratif moderne.

On n'a rien changé, pour ainsi dire, des plans donnés par Gabriel pour le tracé de la place, et de même la salle de théâtre du château de Versailles a servi de modèle à toutes les constructions analogues. De l'avis de tous les artistes contemporains et même des modernes qui l'ont étudiée, rien ne peut être imaginé de plus magique et de plus merveilleux, l'ensemble grandiose, la décoration riche et harmonieuse en font un incomparable chef-d'œuvre. Lorsque Louis, quelques années plus tard, aura élevé la façade du théâtre de Bordeaux avec le vestibule et l'escalier, en y joignant une salle imitée de celle de Versailles, l'art tout spécial de la construction des théâtres sera fondé, et on ne s'est guère éloigné, depuis, des bases établies par ces deux illustres architectes.

Fig. 108. — *Cheminée surmontée d'une glace et porte à deux battants. Décoration Louis-quinze.*

A Gabriel, on doit le maintien des traditions classiques pendant quelques années encore, car son influence contribue à encourager les efforts de quelques artistes de valeur qui cherchaient à réagir contre le style *rococo* et qui, par leurs modèles et leurs enseignements, ont préparé le mouvement de renaissance artistique de l'Empire: Tels sont : Antoine Moreau qui reconstruisit l'Opéra, détruit, en 1763, par un incendie; Vailly, Constant d'Ivry, et Jacques-Denis Antoine qui éleva, sur l'emplacement de l'hôtel Conti, l'hôtel des Monnaies, un des plus remarquables édifices du XVIIIe siècle; il fut commencé en 1771. L'ordonnance générale rappelle toujours celle du siècle de Louis XIV; les grandes lignes horizontales de la façade ne manquent pas de majesté, et l'élégant avant-corps de six colonnes ioniques avec entablement, couronné par les statues de la Loi, la Prudence, la Force, le Commerce, l'Abondance et la Paix, en rompt heureusement la régularité. Un large vestibule, aux colonnes doriques, donne accès à un escalier d'ordonnance ionique, et laisse pressentir la beauté des appartements décorés avec goût. Ce bel édifice date, du reste, d'une époque où on était revenu à des idées plus saines, et où l'on cherchait, par une nouvelle étude de l'antique, à régénérer l'art tombé dans les excès les plus regrettables.

Il ne faut pas oublier, dans le règne de Louis XV, les travaux importants entrepris en province, notamment à Bordeaux, à Valenciennes, à Rennes, à Reims, à Nancy surtout, où la jolie place Stanislas est un des types les plus caractéristiques du style Louis-quinze (V. FERRONNERIE, fig. 91), on accorde aussi plus d'attention à certaines branches de l'architecture qui ont le plus de rapport avec l'utilité publique, et qui, pour être ingrates, n'en sont pas moins intéressantes. Boffrand ne dédaignait pas de travailler au puits de Bicêtre et au pont de Sens; il est vrai qu'il ne fallait pas moins que son talent pour mener à bien ces opérations difficiles. Plus tard, Perronnet devait établir sa réputation par la construction du pont de Neuilly; il fut le premier ingénieur du corps des Ponts-et-chaussées, créé en 1747.

On construit peu d'églises nouvelles pendant le règne de Louis XV, l'argent était rare et les esprits étaient de moins en moins portés à demander que des monuments coûteux fussent consacrés au culte. Mais, s'ils sont en petit nombre, leur importance est epxcetionnelle au point de vue de l'histoire de l'architecture. Deux églises, surtout, témoignent des tendances nouvelles qui signalent la fin du XVIIIe siècle : Saint-Sulpice et le Panthéon.

L'église Saint-Sulpice avait été commencée, en 1646, par Gamart, puis continuée, avec des agrandissements notables, par Levau, enfin, un architecte obscur, Daniel Gittard, construisit le chœur et une partie des bas-côtés. Les travaux en restèrent là, faute d'argent, et ne furent repris que sous Louis XV, par Oppenor; un portail latéral fut élevé sur la rue Palatine et la nef s'acheva. Puis, comme il fallait appliquer une façade, on adopta les projets du florentin Servandoni qui était venu en France très jeune et y avait acquis déjà quelque renom comme peintre décorateur. Le dessin qu'il donna ne ressemblait en rien à ce qu'on avait fait jusqu'alors dans l'art chrétien. La façade de Saint-Sulpice se compose de deux colonnades superposées : la première dorique, la seconde ionique à éléments accouplés ; les tours qui couronnent l'édifice devaient être d'ordonnance corinthienne. Celles que nous voyons aujourd'hui, et dont une seule est achevée, ne sont pas dues à Servandoni; elles sont l'œuvre de Maclaurin et de Chalgrin. On ne peut nier l'effet monumental de cette construction hardie, mais nous lui ferons le reproche qu'on a adressé, avec raison, à la façade de Saint-Gervais : ce portail a été appliqué devant la nef sans aucun souci de la disposition intérieure ; de plus, les colonnes et les plates-bandes sont hors de proportion avec la solidité des matériaux dont notre sol dispose ; les colonnes accouplées dans le sens de la profondeur ne sont d'aucune utilité, la galerie supérieure est de même sans motif, de là des moyens artificiels, des expédients dangereux qui peuvent compromettre la solidité de la construction. Où Servandoni montre surtout la fertilité de son esprit et de son talent, c'est dans la chapelle de la Vierge, à Saint-Sulpice même. On ne peut refuser à cette chapelle, ornée dans le goût italien de marbres multicolores, de dorures et de peintures mystérieusement éclairés, un grand charme et un grand effet décoratif, bien que trop théâtral peut-être pour un sanctuaire.

Le Panthéon est une nouvelle tentative dans la voie de la nouveauté. La réédification de la basilique de Sainte-Geneviève avait été mise au concours, en 1757, et l'artiste choisi fut Jacques Soufflot, déjà connu par plusieurs constructions importantes à Lyon. Admirateur éclairé de l'antique, il avait voulu élever, à Paris, une église gigantesque, supérieure en dimensions aux Invalides et à Saint-Pierre de Rome. Il s'inspira surtout du Panthéon d'Agrippa, mais il se heurta aux difficultés que nous avons signalées dans la construction de l'église Saint-Sulpice et il ne put les surmonter. Ses plates-bandes étant trop considérables pour être faites d'une seule pierre, il dut les relier par des armatures en fer ; la poussée des architraves du portique était tellement grande qu'il fallut les maintenir par des colonnes de l'effet le plus disgracieux ; le dôme était lui-même si peu solide qu'on l'a repris en sous-œuvre. L'église de Sainte-Geneviève souleva donc les plus vives et les plus justes critiques, et Soufflot ne put les supporter malgré l'appui de ses élèves, qui prirent chaleureusement sa défense. Indépendamment des craintes qu'on a éprouvées sur la solidité de cette église, on a beaucoup reproché à Soufflot de ne s'être nullement inquiété des nécessités du culte. L'intérieur est celui d'un temple païen, non d'une église chrétienne ; tout y est nu, froid, uniforme. La révolution en inscrivant sur son fronton : *Aux grands hommes la patrie reconnaissante*, et en la transformant en Panthéon de nos gloires nationales, semble avoir donné à l'œuvre de Soufflot son affectation la plus rationnelle.

Une autre école, non moins importante dans ses productions et qui reconnaît pour chef, en France, Oppenor, naît et se développe à côté de l'école classique. Peintres ornemanistes et décorateurs plutôt qu'architectes, Defrance, Meissonnier, Germain, Cottard, Leroux, Lassurance représentent le style Louis-quinze dans ses productions originales, qui ne se rattachent pour ainsi dire par aucun point à celles du grand règne. Avec le Régent, la mode change en un jour. Tout est construit, décoré, meublé en vue de la vie intime et du confortable ; c'est le règne de la femme qui commence, non plus de la femme bel esprit, mais de la femme frivole et aimante. La dimension des pièces est réduite de moitié ; la lumière est à la fois plus grande et plus discrète, les dégagements plus commodes ; tous les efforts tendent à rendre l'architecture jolie et agréable, et à prendre le contre-pied de tout ce qu'on avait fait jusque là, et il faut avouer que les artistes du XVIIIe siècle montrèrent un réel talent pour créer ainsi de toutes pièces, dans un espace de dix années, environ, un style d'un goût discutable sans doute, mais remarquable par une unité parfaite. A tous les points de vue même, le nouveau style de la régence, dû à des élèves de Mansart, était bien supérieur en ce qui concerne l'architecture privée. Pierre Patte, dans ses *Monuments érigés en France*, fait voir en quelques lignes les perfectionnements apportés à la distribution intérieure des hôtels de Paris et des grandes villes, car dans les provinces, la plupart des châteaux ont encore cet aspect symétrique et froid qui

Fig. 109. — *Panneau peint par van Spaendonck pour le comte d'Artois.*

caractérise les constructions du XVIIe siècle. « Avant notre temps, dit-il, on donnait tout à l'extérieur et à la magnificence. A l'exemple des bâtiments antiques et de ceux de l'Italie que l'on prenait pour modèles, les intérieurs étaient vastes et sans aucune commodité. C'étaient des salons à double étage, de spacieuses salles de compagnie, des salles de festin immenses, des galeries à perte de vue, des escaliers d'une grandeur extraordinaire ; toutes ces pièces étaient placées sans dégagement au bout les unes des autres. On était logé uniquement pour représenter, et on ignorait l'art de se loger commodément et pour soi. Toutes ces distributions agréables qu'on admire aujourd'hui dans nos hôtels modernes, qui dégagent les appartements avec tant d'art, ces escaliers dérobés, toutes ces commodités recherchées qui rendent le service des domestiques si aisé et qui font de nos demeures des séjours délicieux et enchantés, n ont été inventés que de notre temps... On supprima les solives apparentes des planchers, on les revêtit de ces plafonds blanchis qui donnent tant de grâce et de lumière aux appartements et que l'on décore de frises et de toutes sortes d'ornements agréables ; au lieu de ces tableaux et de ces énormes bas-reliefs que l'on plaçait sur les cheminées, on les a décorées de glaces qui, par leur répétition avec celles qu'on leur oppose, forment des tableaux mouvants qui grandissent et animent les appartements, et leur donnent un air de gaieté et de magnificence qu'ils n'avaient pas. On a obligation à M. Cotte de cette nouveauté. » (fig. 108).

Les architectes, quand ils n'étaient pas eux-mêmes décorateurs, avaient trouvé pour embellir leurs appartements des artistes de talent : Watteau, Laurent, Vanloo, Van Spaendonck (fig. 109); Boucher lui-même ne dédaignait pas de peindre des boudoirs et de décorer des intérieurs. Les pastorales, les bergères poudrées et deshabillées, les rubans et les amours trouvaient, dans les voussures des plafonds, dans les dessus de portes et de cheminées, dans les lambris sculptés et contournés, dans les menuiseries fouillées avec art, des cadres dignes d'eux. Les meubles avec ciselures de Caffieri et de Gouthière, les laques d'Orient, les vernis Martin, les porcelaines de Saxe et de Chine complètent la plus charmante des décorations. En même temps, il s'établit dans les appartements une distinction bien tranchée entre les pièces de réception et la chambre à coucher, qui devint plus intime, et dont l'ameublement change, par conséquent. Les pièces de réception sont donc le salon, le boudoir et la salle à manger. Cette dernière est à rez-de-chaussée, ainsi que la bibliothèque et le cabinet de travail; le salon, le boudoir, sont au premier étage. Les petits appartements spécialement réservés à la femme étant, comme nous l'avons dit, devenus intimes, bien des raffinements se font voir : cabinets de toilette, salles de bain, boudoirs de repos, etc. Un curieux volume du milieu du siècle dernier, cité par P. Lacroix, nous donne la description d'un riche intérieur de ces petites maisons que la Régence avait mises à la mode. Tous les raffinements de la décoration y sont complaisamment détaillés. La salle à manger est décorée en stuc, les petits cabinets adjacents destinés à la conversation, en lambris vert d'eau parsemés de sujets pittoresques rehaussés d'or, les meubles en moire brodée en chaînette. Le cabinet de jeu est lambrissé en laque de Chine, les meubles en laque sont recouverts d'étoffe des Indes brochée, girandoles en cristal de roche, de porcelaines de Saxe et du Japon. Le salon, de forme circulaire avec plafond à coupole peint par Hallé, a ses lambris lilas encadrant de grandes glaces; au-dessus des portes sont retracés des sujets mythologiques; le lustre et les girandoles sont en porcelaine de Sèvres avec supports en bronze doré. Passons maintenant à la chambre à coucher. Nous y distinguons d'abord un grand sujet mythologique, dû au pinceau d'un artiste à la mode, et placé à côté de lambris couleur de soufre ; le parquet en marqueterie est composé de bois odorants des Iles; le lit en étoffe de pékin jonquille chamarré de couleurs plus vives, est le principal ornement de cette pièce avec des *ottomanes*, des *sultanes*, des *duchesses* et quelques consoles dans les coins. Le cabinet de bains adjacent est une merveille, avec ses plantes marines montées en bronze, ses pagodes, ses cristaux, ses coquilles ; le lit de repos, situé dans une niche, est en mousseline des Indes, brodée et ornée de glands. Le cabinet de toilette, revêtu de lambris sur lesquels sont peints des fruits, des fleurs, des oiseaux, des guirlandes et de petits sujets galants dans des médaillons, est couvert en dôme surbaissé contenant une mosaïque d'or avec bouquets peints; le meuble est en gros bleu rehaussé d'or. Enfin, les décorateurs ont réservé pour le boudoir toutes les délicatesses de leur talent. Il est tout en glaces dont les joints sont masqués par un feuillage continu formant quinconce avec fleurs de porcelaines que rompent çà et là des girandoles dorées ; le lit est enrichi de crépines d'or, le parquet est de bois de rose à compartiments, et pour comble de raffinements on a mêlé à la peinture des lambris des parfums qui se dégagent lentement. Ces folies n'étaient pas rares à cette époque, aussi ne doit-on pas être étonné des sommes extraordinaires qui étaient dépensées dans les appartements. Madame Dubarry ne devait-elle pas 750,000 livres à Gouthière, et Louis XV ne consacrait-il pas des millions pour la manufacture des meubles de la couronne, dont il entassait dans des greniers les merveilles qui ont été dispersées à la Révolution ?

Au style gracieux et sobre encore qui caractérise la Régence, succède aussitôt l'exagération et la fantaisie de mauvais goût qui ont amené le style *rocaille* ou *rococo*, à l'imitation des productions extravagantes que Borromini et Guarini avaient mises à la mode en Italie. Oppenor, dans les appartements du Palais-Royal et dans la décoration de plusieurs hôtels à Paris, poussa aussitôt à ses limites ce genre bizarre, et les imitateurs ne manquèrent pas, qui exagérèrent encore ses défauts. Désormais la ligne droite est condamnée, tout est ondulé, tarabiscoté, *chantourné* ; le motif le plus fréquent dans la décoration est la chicorée exubérante ; la fantaisie remplace partout la convention et tombe bientôt dans l'excès ; du rocaille primitif, il ne reste plus que les vasques, les volutes, les carapaces, qui çà et là rappellent l'origine du style. Et cette ornementation s'empare de tout le domaine des arts décoratifs : architecture, décoration des appartements, orfèvrerie, illustration des livres, rien n'échappe à son pouvoir absolu. Le *rocaille* tire sa puissance comme style de cette unité qui parvient à faire un tout harmonieux d'éléments bizarres et disparates.

Fig. 110. — *Fauteuil Louis-quinze.*

Cette époque est le triomphe du bois doré et sculpté, déjà si en vogue au XVIIIe siècle. Il partage, sous Louis XV, toutes les excentricités du bronze, il entoure, dit Jacquemart dans son *Histoire du mobilier*, les glaces de ses chicorées impossibles, se tord en appliques supportant des lumières, pousse en végétations fabuleuses mêlées de dragons insensés pour soutenir les consoles, il ne sait même pas devenir plus sage pour encadrer les œuvres de la peinture, et ses rinceaux à branches détachées, ses chutes de fleurs s'échappant de rocailles à profils singuliers entourent les portraits aux toilettes compassées, ou les compositions mythologiques de Natoire et de Vanloo.

Mais le rocaille s'alourdit et achève de se perdre en passant par l'Allemagne, et on revient bientôt à des lignes moins torturées, à un aspect plus calme, plus gracieux, c'est ce qu'on a appelé le style *à la Reine*, bien que ce soit à l'influence de Madame de Pompadour qu'on en est redevable. C'est, en effet, bien à tort qu'on a donné le nom de *Pompadour* au style rocaille contre lequel, au contraire, elle ne cessa de réagir; d'un goût éclairé, elle recherchait avec soin les meubles anciens et les objets orientaux dont elle contribua beaucoup à vulgariser la mode. Les laques, les porcelaines et les tapis étaient depuis longtemps en vogue en France et, pendant longtemps, les ébénistes se livrèrent à des mutilations déplorables de beaux meubles japonais, pour se procurer les tablettes de laque qui leur étaient nécessaires. Plus tard, cette ressource leur faisant défaut, par suite de la cherté croissante des objets importés, ils envoyèrent leurs bois en Orient. Puis enfin les Martin, ébénistes de Paris, parvinrent à imiter les laques d'une façon satisfaisante. Un privilège, daté de 1744, leur assura même le monopole de la fabrication pendant vingt ans. Ils imitaient surtout le laque noir décoré en or. Maîtres de ce procédé, ils cherchèrent à créer un produit qui leur fût bien propre, et c'est ainsi qu'ils trouvèrent le fameux vernis Martin qui couvrit bientôt les meubles, les pendules, les voitures, les chaises à porteur, les paravents, les écrans, les coffrets, les étuis, les bonbonnières. Sa transparence permettait de l'étendre sur la peinture. Malheureusement, il s'écaille à l'air et sa fragilité n'a permis qu'à de bien rares pièces de nous parvenir intactes.

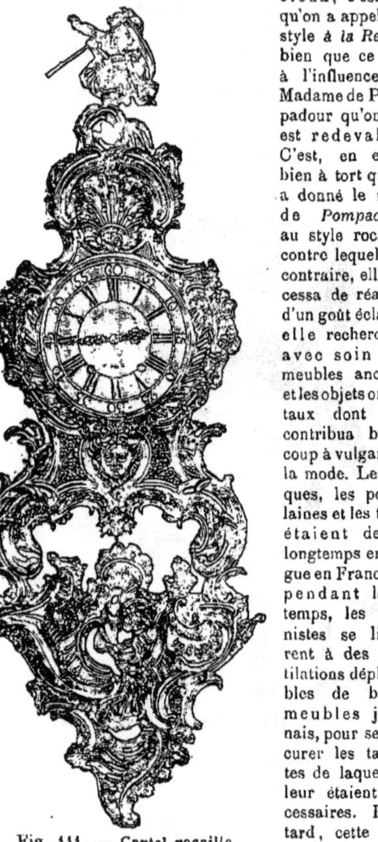

Fig. 111. — *Cartel rocaille.*

Il ne nous reste que peu de chose à dire du mobilier même de style Louis-quinze. Sa variété est déjà plus grande. Commodes avec tiroirs multiples, chiffonniers, secrétaires à panneaux fermants, bureaux à tablette mobile et à cylindre, petits meubles de dames de formes et de bois différents, bonheur-du-jour, étagères, tables et coffrets à ouvrage, montrent l'état de perfection auquel était parvenue l'ébénisterie ; toutes les conditions de confortable et d'élégance s'y trouvent réunies. Le bois des fauteuils et des chaises, par ses formes courbes, suit les contours du corps, et évite d'autant mieux la fatigue, que tout est capitonné, comme un matelas (fig. 110). Le bois de rose et les laques, jusqu'alors peu usités, donnent à tous les petits meubles un aspect riant, malheureusement aux dépens de leur solidité. Seule la commode garde encore des profils lourds et sévères ; on l'a pourtant arrondie et posée sur des pieds ondulés, ce qui est sa forme la plus avantageuse ; néanmoins, elle rappelle toujours un peu le cénotaphe et l'idée est même venue aux ouvriers de l'époque de saisir cette analogie et de la développer dans la commode à *tombeau* et à *double tombeau*. La forme courbe des meubles à tiroirs, si elle est plus gracieuse, présente l'inconvénient que ceux-ci laissent entre les côtés courbés et leurs flancs rectangulaires des espaces

Fig. 112. — *Chenet Louis-seize.*

vides qu'on ne sait comment remplir. L'art de disposer les draperies étant parvenu à sa perfection, les meubles à tenture sont très en vogue; au canapé succèdent les sophas et les ottomanes, au lit uni avec baldaquin à colonnes on substitue souvent les lits avec *ciel* tendu d'étoffes et suspendu au plafond, ce qui ne laisse pas d'ailleurs que d'être dangereux; tels sont les lits à la *Polonaise* (V. Lit, fig. 85), ou encore, par suite du goût pour le capitonnage, ils sont entourés de trois côtés par un dossier moelleux. Le damas de soie est fréquemment employé dans la tenture des lits, et le ciel ou le baldaquin est doré, avec un ornement d'emblèmes mystérieux ou galants. Les horloges sont toujours le complément du mobilier, mais réduites à des proportions plus modestes qu'au siècle précédent, elles deviennent la pendule ou le cartel. Le cartel surtout caractérise bien l'époque de Louis XV (fig. 111). L'ornement rocaille lui convient à merveille, ainsi qu'à la pendule, qui forme avec la console de support qui la soutient un ensemble toujours agréable à l'œil. Par un souvenir sans doute de la *religieuse*, une figure ciselée surmonte encore la pendule. Vers la fin du règne, la mode s'empare de cet accessoire et le torture de toutes les façons, au point que sous Louis XVI, c'est un des objets mobiliers où la fantaisie s'est montrée le plus fertile en changements.

A l'architecture et au mobilier se rattache la serrurerie

d'art qui a trouvé aussi dans le style Louis-quinze une physionomie bien distincte. Les lignes courbes et les accessoires du rocaille contribuent à lui donner une richesse plus grande qui se manifeste dans les grilles, dans les balcons, dans les chenets et les plaques de cheminée. Cette branche de l'art industriel mériterait à elle seule une étude spéciale.

Voilà donc en quelques mots les modifications subies par le mobilier à l'époque de Louis XV. Malgré ses grandes qualités, malgré la vogue qui l'a soutenu jusqu'à nous, ne le trouvera-t-on pas fastueux, d'un goût extravagant, d'une variété et d'une mobilité extrêmes pour ainsi dire? Ce n'est plus le mobilier somptueux et solide de la Renaissance; il ne s'affirme pas et ne repose pas les regards, comme celui du siècle précédent, par sa sévérité, par la grandeur de ses lignes, par le choix des tentures d'une couleur franche et le plus souvent sans éclat. Lorsque l'on entre dans un salon Louis-quinze, rien ne frappe, l'œil ne perçoit qu'un désordre gracieux et agréable; puis peu à peu, on se reconnaît dans cette accumulation d'objets précieux et c'est alors un enchantement de longue durée; car c'est un des caractères particuliers au mobilier du XVIIIe siècle, qu'on y découvre sans cesse quelque détail nouveau, parce que rien, pour ainsi dire, n'est à sa place normale. Nous avons déjà fait remarquer combien cette tendance, tout originale et tout artistique qu'elle soit, convient peu aux conditions que l'on exige d'un ameublement. Celui-ci, en effet, ne doit être conçu qu'en vue de l'usage, et non d'une distraction nuisible. Il semble qu'on doive venir dans un salon, non pour admirer le mobilier, mais pour se mettre en rapport plus étroit avec la société et jouir de sa conversation. On adresse souvent ce même reproche à nos salons modernes qui, trop souvent, à l'imitation de ceux du XVIIIe siècle, ne sont plus des lieux de réunion, mais des exhibitions de tableaux et de curiosités.

***LOUIS-SEIZE** (Art et style). Le règne de Louis XV avait montré encore un certain éclat dans l'architecture. Celui si court de Louis XVI ne témoigne que des tentatives maladroites de réformes et d'une décadence à laquelle il faut assigner comme causes une imitation de l'antique faite de parti pris, sans se préoccuper des conditions matérielles de la construction, ni des nécessités du climat et de la destination du monument, et un besoin de faire étalage de grandes connaissances mathématiques. Les artistes de cette époque sont, en effet, aussi excellents calculateurs que peu inventifs dans leurs conceptions. L'idée est entravée par la science, et le dernier mot de l'art semble être cherché dans ces tours de force dont le Panthéon était déjà un exemple dangereux, et qui trop souvent sont condamnables comme solidité et comme goût. Un seul architecte a peut-être apporté à l'imitation aveugle et irraisonnée de l'antique une originalité propre et un sentiment véritablement artistique, c'est Louis. Le grand théâtre de Bordeaux, qui fit sa réputation, est une œuvre remarquable à tous égards. Dans les proportions restreintes du terrain, l'espace a été merveilleusement ménagé; l'entrée est monumentale ainsi que l'escalier, la façade est magnifique et le style excellent; enfin l'acoustique est parfaite et grâce aux bonnes dispositions des places, la scène est aperçue également bien de toutes les parties de la salle. Il y a là, comme nous l'avons dit, le point de départ de toute une branche nouvelle de l'architecture, celle de la construction des théâtres. Peu après, Louis donna de nouvelles preuves de la variété de son talent, en élevant à Paris une salle de spectacle contiguë au Palais-Royal et qui est devenue depuis le Théâtre-Français. La place manquant, Louis eut l'heureuse idée de placer le vestibule sous la salle même. L'ensemble de la façade est un peu froid, mais l'attique orné de pilastres est d'un excellent style. L'architecte a fait dans cette construction une des premières applications du fer substitué au bois. L'essai en avait déjà été tenté quelques années auparavant dans les combles du Louvre. Ce théâtre complétait l'ensemble des constructions élevées dans un but de spéculation par l'ordre du duc de Chartres, en 1784. Sur trois rues, qui reçurent le nom de Valois, Montpensier et Beaujolais, Louis bâtit trois galeries à arcades au rez-de-chaussée, sur lesquelles s'ouvrirent des boutiques qui donnèrent au jardin la physionomie d'un bazar. L'ordonnance des bâtiments, avec le peu de saillie des pilastres corinthiens de proportions colossales, est froide et monotone, et n'ajoute rien à la réputation de Louis.

L'Ecole de médecine de Paris, due à Gondoin, montre bien quelles étaient à cette époque les préoccupations des architectes. Certes, l'ensemble de la cour intérieure à arcades ioniques avec le portique à six colonnes corinthiennes surmontées d'un fronton ne manque pas de grandeur ni même d'élégance, et cette ordonnance rappelle bien les édifices grecs les plus purs de lignes; mais à quoi bon le péristyle et le fronton d'un temple païen devant un amphithéâtre de médecine? Cette disposition est évidemment très incommode par suite de la difficulté de faire correspondre aux aménagements intérieurs les grandes lignes de la façade, et l'architecture grecque, dans sa majesté et sa sérénité, s'accorde mal avec la tristesse de notre ciel. Ces inconvénients nous frappent peu à présent, parce que de nombreuses constructions analogues nous ont habitués au style antique appliqué un peu au hasard, mais ils n'en sont pas moins un non sens et une cause réelle de gêne lorsqu'il s'agit d'élever plusieurs étages d'appartements derrière une colonnade, ou d'ouvrir une salle derrière un portique obscur. C'est pourtant d'après ces principes devenus en faveur que Peyre et Vailly élevèrent, à la veille même de la Révolution, le théâtre de l'Odéon, et que Brongniard donna les dessins du couvent des capucins de la Chaussée d'Antin, depuis lycée de l'Etat sous les noms de Bonaparte et de Condorcet. L'ordonnance adoptée par Brongniard était celle dite de *Pœstum*, à l'imitation des temples grecs de Pœstum, récemment mesurés par l'architecte Lagardette.

Fig. 113. — *Ecran.*

L'influence des édifices grecs dont nous indiquons les débuts, va durer longtemps encore, et on lui devra au commencement du siècle suivant des édifices tels que l'église de la Madeleine et le palais de la Bourse à Paris, où le défaut d'appropriation est plus sensible encore.

D'ailleurs, avec des architectes médiocres, il était encore préférable de respecter les traditions antiques, au lieu de chercher l'originalité à tout prix, comme Ledoux, à qui furent confiés les bâtiments d'octroi de Paris. C'est l'assemblage le plus bizarre, le plus compliqué et le plus coûteux à la fois, de colonnes, de portiques, de frontons, de rotondes à l'imitation des môles romains, ou de péristyles tirés des temples grecs, pour abriter des bureaux de douaniers! Ces barrières ont presque toutes disparu, et sans laisser de regrets. Croirait-on que Ledoux, qui s'était si peu soucié de la destination de ces constructions, affectait vouloir une architecture *parlante* et donnait, par exemple, à la maison d'un vigneron la forme d'un tonneau! Les extravagances qu'il a laissées dans un volumineux recueil de projets, indiquent un esprit maladif et porté à la folie.

L'architecture privée est recherchée et prétentieuse, et s'éloigne du beau style Louis-quinze sans pouvoir trouver sa voie. L'artiste le plus en réputation à cette époque est Bellanger, architecte du comte d'Artois, auteur du pavillon de Bagatelle au bois de Boulogne; on lui doit encore une œuvre intéressante: la couverture en fer de la halle aux blés. Le petit palais Bourbon et le Petit Trianon sont aussi de jolies conceptions qui montrent qu'avec un peu d'efforts le style Louis-seize aurait pu amener une heureuse réaction; malheureusement l'école classique

Fig. 114 et 115. — *Sièges Louis-seize.*

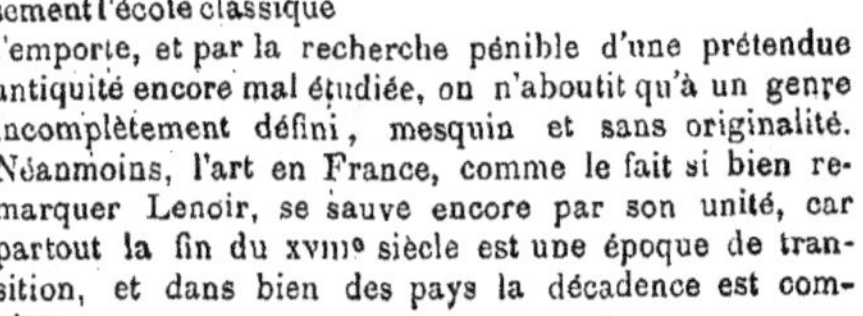

l'emporte, et par la recherche pénible d'une prétendue antiquité encore mal étudiée, on n'aboutit qu'à un genre incomplètement défini, mesquin et sans originalité. Néanmoins, l'art en France, comme le fait si bien remarquer Lenoir, se sauve encore par son unité, car partout la fin du XVIIIe siècle est une époque de transition, et dans bien des pays la décadence est complète.

Au contraire de l'architecture, la décoration Louis-seize est nettement définie et elle marque une modification profonde dans les mœurs et les usages de la société. On n'est plus seulement porté au plaisir, mais un peu au travail. Dans bien des hôtels, les cabinets de travail, les bibliothèques tiennent plus de place, et reçoivent sur leurs panneaux des peintures sérieuses de sujets et de tons; paysages, attributs, scènes antiques. Notons aussi l'introduction toute nouvelle des instruments géographiques et des sphères terrestres, qui indiquent l'intérêt qu'on porte aux voyages. Dans les appartements intimes ou d'apparat, l'aspect est plus caractéristique encore: partout des lignes droites, des couleurs sombres; les enroulements et les bouquets sont remplacés par des urnes, des vases; on voit seulement, çà et là, les colombes et le flambeau de l'Amour qui sont très à la mode (fig. 113); les draperies sont simples, mais élégantes. Les amortissements et dessus de porte sont peints en camaïeu ou représentent des trompe-l'œil de sculpture. Vers la fin du règne, le goût de Marie-Antoinette pour les scènes champêtres a contribué à l'apparition dans les appartements d'un rustique de convention qui se traduit parfois en grands paysages sur les murs. D'ailleurs, tout se trouve à ce moment. Avec moins de richesse apparente, moins de clinquant, pour ainsi dire, on a plus de goût et on dépense autant. Les financiers ne reculent devant aucune prodigalité, et le quartier nouveau de la Chaussée d'Antin voit toujours de nouvelles folies succéder à celles des *petites maisons* de Louis XV et de la Régence.

Le mobilier suit la même transformation que la décoration, avec laquelle il demeure étroitement uni. Nous avons déjà signalé, dans le style *à la Reine*, les premiers essais d'une réaction contre les bizarreries du rococo; cette réaction est complète sous Louis XVI. Tout tend vers la simplicité, simplicité coûteuse encore, il est vrai, car on voit payer souvent le bronze au poids de l'or, et l'économe Louis XVI, lui-même, n'hésitait pas à acheter d'un allemand, David Roetgen, un secrétaire pour la somme de 80,000 livres, représentant aujourd'hui environ 120,000 francs. On ne paye plus ces prix de nos jours, même pour les merveilles sorties des ateliers de Riesener, Gouthière et Caffieri. Aussi, grâce à ces encouragements, l'art de l'ébéniste parvient-il à la plus grande perfection qu'il ait atteinte. Malgré la complication des aménagements intérieurs; tous les meubles sont dessinés, ajustés, vernis, plaqués, ornés de bronzes avec une habileté et un goût qui ne laissent rien à reprendre (fig. 114 et 115). Les appartements étant moins vastes, on réduit le meuble, il devient légèrement concave au lieu d'être convexe, les majestueuses poignées sont remplacées par des tirants de cuivre ou des boutons dorés, les larges volutes par des nœuds de rubans, les lourdes guirlandes par des oves ou des rangs de perles dans les cannelures. Çà et là, des houlettes enlacées de rubans, des palmettes et des lyres qui font une apparition discrète encore, et qui témoignent de tendances nouvelles.

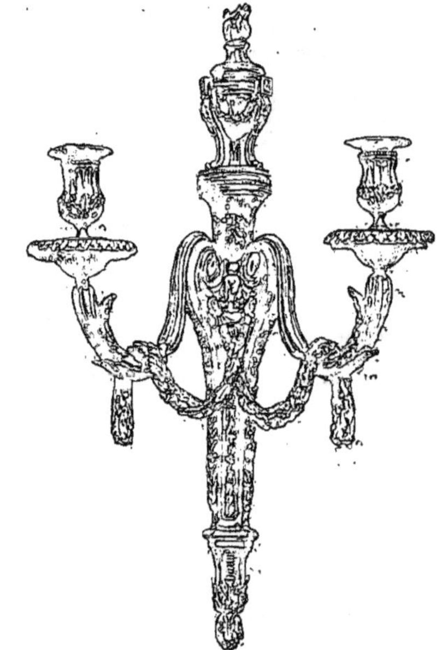

Fig. 116. — *Applique Louis-seize.*

Comme dessin, le mobilier s'est rapproché des profils grecs, par une imitation de l'antiquité qui produit un résultat bien différent des précédents, car il est à remarquer que la Renaissance et les époques de Louis XIV, de Louis XVI, de l'Empire, de la Restauration ont, chacune, cherché leurs modèles chez les anciens, et qu'elles sont arrivées, partant des mêmes principes, à des styles presque opposés. Cette fois, c'est l'antiquité grecque qui est en faveur, mais on ne lui emprunte que ce qu'elle a de gracieux, le sévère et le majestueux étant réservés à l'architecture, comme nous l'avons dit. Les pieds des fauteuils deviennent droits et cannelés à l'imitation de la colonne, partout les chicorées sont remplacées par les acanthes, les lauriers, les rosaces inscrites dans un carré, les perles et les rubans. Les appliques de porcelaine, qu'on trouvait déjà dans le style *à la reine*, sont très usitées sous Louis XVI, ainsi que les camées. Le Sèvres, d'ailleurs, se marie agréablement avec ces petits meubles légers. On le trouve même souvent allié au bronze des candélabres, sous forme de bouquets ou de nœuds ; c'est l'ornement le plus riant et le plus délicat pour les lustres, les girandoles, les appliques qui sont un des luxes de l'époque (fig. 116). Lazare Duvaux semble avoir été l'un des premiers à mettre ces garnitures à la mode. Partout aussi, on rencontre des paravents peints de couleurs brillantes, parce que toujours une

Fig. 117. — *Petit fauteuil recouvert en cretonne.*

feuille sur deux se trouve dans l'ombre. Enfin, la décoration intérieure est complétée par des statuettes en terre cuite, chefs-d'œuvre de Falconnet, de Boisset, de La Rue, de Clodion, et par mille objets orientaux, laques, bronzes, porcelaines et ivoires, pour lesquels on fait de grandes dépenses, à l'exemple de Marie-Antoinette qui raffolait de ces bibelots exotiques.

Le bois doré a presque disparu ; il est peint maintenant en couleurs tendres, blanc, bleu ou rose, qui se marient gracieusement avec les trophées amoureux, les bouquets, les colombes et les flambeaux allégoriques ; et le coloris affaibli est relevé, dans les moulures, par un filet or ou lilas. Pour accompagner des meubles ainsi conçus, il faut alléger aussi les accessoires. Aussi voit-on apparaître les marbres blancs et brocatelles, les étoffes de soie moirée, pailletée, brochée, très pâle ou à colonnes en teintes douces, et déjà les premières étoffes imprimées, cretonnes et indiennes, charmantes par leur simplicité (fig. 117) ; les tapis d'Orient, de tons neutres, complètent l'ensemble ; seuls les bronzes dorés tranchent par leur brillant et rompent la monotonie ; c'est la fin de leur règne et, en même temps, leur apogée ; rien n'est comparable aux chefs-d'œuvre de ciselure de Gouthière, Delarche, Jean-Louis, Prieur, Vinsac, etc.

Tous les détails de l'ameublement sont d'une appropriation parfaite et contribuent à l'harmonie de l'ensemble : les galeries de tentures, les chenets (fig. 112), les écrans, les consoles légères qui servent de support aux pendules, et les pendules elles-mêmes qui subissent une transformation complète par la suppression du fronton qui avait été, depuis la Renaissance, leur couronnement indispensable. Désormais, ces pendules sont accompagnées de vases, de groupes, de figures antiques ou allégoriques qui corrigeront la raideur de leurs lignes. Cette mode nouvelle, qui produit de bons résultats avec des artistes excellents et une époque de goût éclairé, amènera bientôt les conceptions les plus grotesques. Mais elle reste encore, sous Louis XVI, dans des limites sages et véritablement artistiques, et les pendules gagnent en variété et en élégance ce qu'elles perdent en unité de style (fig. 118).

Fig. 118. — *Pendule Louis-seize.*

Ainsi, à la veille de la Révolution qui allait bouleverser la société, détruire le luxe, arrêter l'essor de l'art et disperser les artistes, modifier profondément les conditions même de la vie et déterminer une période toute nouvelle dans l'histoire, toutes les branches de l'art décoratif semblaient arriver à la perfection et à une tension qui appelaient une réaction ou une décadence. La décoration, le mobilier, l'orfèvrerie, le costume sont l'expression la plus parfaite du luxe qui encourage le joli, le gracieux, l'élégant. La chute qui a suivi ce haut point de prospérité a été si vive et si profonde, qu'après un siècle d'efforts continus, nous ne nous en sommes pas encore relevés complètement, et que nous n'avons pas atteint la perfection des artistes de la fin du XVIIIe siècle. Le style Louis-seize, plus complet que celui de la Renaissance, plus léger que le Louis-quatorze, plus sage que le Louis-quinze, plus élégant que l'Empire, plus remarquable, par son unité, que tout ce qu'on a tenté depuis, semble donc marquer l'apogée de l'art décoratif, malgré les quelques défaillances qu'on peut encore lui reprocher. — C. DE M.

Bibliographie : CERFBERR DE MÉDELSHEIM : *L'architecture en France*; JACQUEMART : *Histoire du mobilier*; H. HAVARD : *L'art dans la maison;* Spire BLONDEL : *L'art intime et le goût en France;* BAUDRILLARD : *Histoire du luxe;* P. LACROIX : *XVII*e *et XVIII*e *siècles*; R. PFNOR : *Etudes de décorations des XVI*e, *XVII*e, *XVIII*e *et XIX*e *siècles;* R. PFNOR : *Architecture, décoration et ameublement Louis XVI*, in-f°.

* **LOUIS** (VICTOR), architecte né à Paris en 1735, mort, dit-on, à l'hôpital vers 1810, obtint hors rangs le premier prix d'architecture, et passa cinq ans à Rome. Revenu en France, Louis, déjà signalé par des études remarquables, fut chargé de la construction des galeries du Palais-Royal et de la salle du Théâtre Français, à Paris. C'est là qu'il fit une des premières applications des assemblages de charpente en fer. A Besançon, il éleva l'église Saint-Pierre ; à Dunkerque, celle de Saint-Eloi ; il participa aux embellissements de Nancy et de Lunéville ; et enfin, en 1773, il fut chargé par le duc de Richelieu, son protecteur, des travaux du grand théâtre de Bordeaux, qui passe pour son chef-d'œuvre. Malgré l'énergie dépensée par l'architecte, les travaux de ce théâtre souffrirent de retards considérables, les dépenses furent exagérées par suite du renchérissement des matériaux et de l'addition au plan primitif d'un péristyle, de portiques et de peintures, qui n'étaient pas prévus d'abord. Louis, qui avait négligé de s'assurer du consentement de la municipalité, vit l'œuvre qui devait être la source de profits importants lui causer des procès ruineux ; s'étant aventuré, de plus, dans de hasardeuses spéculations, il perdit complètement sa fortune, qui lui avait permis de donner à ses filles un demi-million de dot, et il s'éteignit découragé, dans la misère et l'oubli. En 1834, on a placé sous l'admirable vestibule du grand théâtre de Bordeaux, le buste de Louis, tardif hommage rendu à l'artiste de valeur à qui la même ville doit l'hôtel de la préfecture, la maison Fonfrède, et les hôtels Loriague et Sumel, qui suffiraient pour fonder la réputation de l'architecte. On a aussi placé au musée de Bordeaux une collection d'études et de curieux dessins, qui, confiés par Louis à un ami, ont été retrouvés par hasard dans un grenier et rachetés par la municipalité pour une somme modique. Une partie a été gravée et publiée.

* **LOUISINE.** Sorte de taffetas de soie, employé pour modes. On le fait sur 4, 6 et 8 lisses ; il est passé au remisse, deux fils sur la lisse numéro 1, deux sur la lisse numéro 2, deux sur la lisse numéro 3, en continuant ainsi jusqu'à la fin du cours, et en recommençant sur les mêmes errements. On le travaille par lève-et-baisse comme le taffetas ordinaire. Il est tramé habituellement à trois ou quatre brins. La réduction de la chaîne doit être d'environ 60 à 68 fils doubles au centimètre, de sorte que, par le passage des deux fils sur la même lisse, cette réduction se trouve être carrée. On emploie généralement de la trame cuite pour la fabrication de ce genre de tissu, qui, presque toujours, est soumis à un léger apprêt. On le fait aussi très souvent en glacé.

* **LOUP.** 1° *T. de métall.* On appelle *loup* un bloc de métal, plus ou moins empâté de scories, qui se forme dans certaines circonstances à la partie inférieure d'un haut-fourneau. Que, par une action oxydante prolongée, on arrive à décarburer la fonte obtenue dans un fourneau, au point de la transformer en fer, celui-ci, devenant infusible, à la température qui règne dans l'ouvrage et dans le creuset, prend l'état solide et ne peut plus fondre ; que, dans la *mise hors* du fourneau, il y ait refroidissement trop brusque, avant que la réduction de tout l'oxyde et la carburation du fer produit soient terminées, il se forme une masse solide, qui est un mélange de fonte et de scories pâteuses. Dans l'un et l'autre cas, on produit un *loup*, qui nécessite généralement, pour son extraction, la démolition du fourneau.

La métallurgie allemande, au siècle passé, avait même utilisé cette facilité de formation des loups, pour la fabrication du fer. Dans un petit fourneau, après un certain temps de production de fonte, celle-ci se rassemblait dans le creuset, on inclinait alors les tuyères et on la transformait en fer. On faisait une brèche à la maçonnerie pour extraire le bloc de fer ainsi produit, que l'on portait au marteau, et on recommençait cette production successive de fonte et de fer (wolf ofen, four à masse). || 2° *T. techn.* Défaut dans un travail. || Organe batteur des textiles, composé d'un arbre armé de dents disposées en hélice et tournant à l'intérieur d'une enveloppe cylindrique à claire-voie.

I. **LOUPE.** *T. d'opt.* La *loupe* ou *microscope* simple est une lentille convergente, au travers de laquelle on regarde les petits objets pour les voir sous des dimensions apparentes plus considérables. Il faut que la distance de l'objet à la loupe soit un peu plus petite que la distance focale de celle-ci, afin que l'image virtuelle de l'objet se forme à la distance de la vision distincte (V. LENTILLE). Les loupes que l'on trouve dans le commerce sont généralement enchassées dans des montures en cuivre ou en corne, qui en rendent le maniement plus facile, et qui affectent les formes les plus diverses. Quelquefois, la monture prend la forme d'une sorte de long cylindre évidé, dont l'une des bases sert de support pour les objets qu'on veut observer. La loupe est indispensable pour certains travaux minutieux de dessin, de gravure, d'horlogerie, de bijouterie, etc. ; elle permet de compter et d'examiner les fils d'un tissu très fin, les grains d'une poudre, etc.

Le grossissement de la loupe est le rapport de l'angle sous lequel on voit l'image virtuelle de l'objet avec l'angle sous lequel on verrait le même objet en le plaçant à la distance de la vision distincte. Si δ désigne cette distance, et f la distance focale de la lentille, il est à très peu près égal à $\frac{\delta}{f}$.

Le grossissement est donc d'autant plus grand que la distance focale est plus petite ; il est plus grand pour les presbytes que pour les myopes. Les loupes étaient en usage dans l'antiquité. — V. LUNETTE, INSTRUMENTS D'OPTIQUE.

II. * **LOUPE**. 1° *T. de métall.* Morceau de fer brut, tel qu'il se produit dans la transformation de la fonte en fer. La loupe est un mélange de fer métallique spongieux et de scories, dont la séparation s'obtient par pression ou martelage ; la scorie s'écoule à l'état liquide, tandis que les particules de fer métalliques se soudent plus ou moins parfaitement. || 2° *T. de bot.* Grosse excroissance ligneuse qui vient sur le tronc et les branches de certains arbres. Ces loupes sont fort recherchées dans l'ébénisterie et la tabletterie à cause de leur bois dur, de bonne qualité et souvent bien veiné. || 3° *T. de lapid.* Pierre précieuse que la nature n'a pas achevée. || 4° *T. de filat.* Nom donné, dans les filatures de laine cardée, au petit pignon qui, dans les cardes, commande les travailleurs et les alimentaires.

LOUTRE. Genre de mammifère carnassier, qui fournit une fourrure estimée. — V. FOURRURE.

LOUVE. *T. techn.* Outil à deux branches en fer, dont on se sert pour enlever les matériaux. — V. MAÇONNERIE.

* **LOUVETAGE**. *T. de filat.* Nom donné à l'opération du battage dans la filature de la laine, en raison de la machine employée, qui portait anciennement le nom de *loup*.

* **LOUVETEAU**. *T. techn.* Coin en fer à l'usage des maçons, pour serrer la louve avec laquelle ils soulèvent les pierres.

LOUVRE (Musée du). — V. MUSÉE.

LOXODROMIE. *T. de géom. et de navig.* La loxodromie est une courbe tracée sur une sphère de manière à couper sous un même angle tous les méridiens qu'elle traverse. Elle se compose d'une infinité de spires qui se rétrécissent très vite en se rapprochant des deux pôles. L'arc de la loxodromie est proportionnel à la différence des latitudes de ses extrémités et égal à l'arc du méridien compris entre ces deux latitudes divisé par le cosinus de l'angle constant que fait la courbe avec les méridiens. Si l représente la longitude et λ la colatitude ou distance polaire d'un point de la courbe, θ l'angle constant et l_0 la longitude du point où la courbe rencontre l'équateur, l'équation de la loxodromie sera :

$$l-l_0=tg\,\theta.\log tg\frac{\lambda}{2}.$$

Un navire qui navigue à l'aide de la boussole de manière à maintenir constamment le cap au même point de la rose des vents, décrit nécessairement un arc de loxodromie. De là résulte l'importance de cette courbe et l'utilité des cartes marines dressées d'après la projection de Mercator qui conserve les angles et représente les méridiens par des droites parallèles, de sorte que la loxodromie est projetée sur ces cartes suivant une simple ligne droite. La loxodromie n'est pas le chemin le plus court d'un point à un autre sur la sphère ; c'est l'arc de grand cercle qui jouit de cette propriété importante. Aussi les nécessités de rapidité imposées aujourd'hui à la navigation à vapeur font qu'on navigue de plus en plus suivant des arcs de grand cercle malgré la plus grande complication des problèmes de route dans ce cas. — M. F.

* **LUBRIFICATEUR**. *T. techn.* Appareil destiné à lubrifier, à ensimer. — V. ENSIMAGE.

LUCARNE. *T. d'arch.* Baie ouverte sur le rampant d'un comble pour éclairer et aérer un grenier ou un logement ménagé sous le toit.

— Les constructions de l'antiquité, ainsi que celles de l'Italie, surmontées de toitures plates, n'offrent pas d'exemples de lucarnes. C'est seulement au XIIIe siècle, époque où les combles ont pris une grande importance, surtout dans nos climats, que date l'usage de ces baies. A raison de leur isolement, les lucarnes sont susceptibles de formes plus libres que celles des autres fenêtres, qui n'admettent pas la fantaisie au même degré, parce qu'elles se rattachent davantage à l'ensemble de la construction. Aussi, l'architecture française présente-t-elle des types très variés et très remarquables appartenant à cette classe particulière de fenêtres. Les XIIIe, XIVe et XVe siècles nous fournissent un grand nombre d'exemples de lucarnes en pierre : les unes, dont la devanture repose sur la corniche au nu du mur de face; les autres, dont l'ouverture descend plus bas que la corniche même, surmontées de gâbles fleuronnés avec tympans sculptés, flanquées de pinacles reliés aux gâbles par des rampants ornés de crochets ou *crosses*. Ces baies, particulièrement dans les constructions de la fin du XVe et du commencement du XVIe siècle, terminaient l'édifice par une sorte de dentelure d'un effet très pittoresque. Avec la Renaissance apparurent les lucarnes surmontées de frontons et accompagnées de chambranles à moulures. Les lucarnes en charpente sont également en usage depuis le moyen âge et participent, sous le rapport de la forme, au style des édifices auxquels ces baies appartiennent.

Dans les constructions modernes ordinaires, les lucarnes sont en bois. On y remarque les *joues* ou *jouées*, portions triangulaires en pans de bois, qui en forment les côtés et qui supportent le toit de la baie, terminée, sur le devant, par un châssis dormant, disposé de manière à recevoir les châssis vitrés de la croisée. La face est ordinairement surmontée d'un *chapeau* composé d'une ou plusieurs pièces de bois et affectant diverses formes. On distingue : la lucarne *à la capucine*, pourvue d'une croupe sur le devant; la lucarne *flamande* ou *à fronton triangulaire*; la lucarne *bombée* ou *à fronton cintré*, souvent flanquée de consoles renversées; la lucarne *à toit saillant*, avec chapeau et consoles en bois découpé; la lucarne *retroussée*, dont le comble se relève; la lucarne *rampante*, dont le toit est plat et possède une inclinaison dirigée dans le même sens que celle des combles; la *porte-lucarne*, employée dans les greniers d'écuries pour le service des fourrages ; la lucarne *en œil-de-bœuf* (V. ce mot); enfin le *lucarnon*, petite lucarne dite aussi *chatière* ou *chien-assis*. — F. M.

LUMACHELLE. Sorte de marbre qui contient des débris de coquilles et des coraux fossiles.

I. **LUMIÈRE**. *T. de phys.* « La lumière, dit Arago, est ce *quelque chose*, matière ou mouvement, qui, en pénétrant dans l'œil, nous fait voir les objets extérieurs ». Il n'y a, en effet, que ces deux manières d'interpréter la vision ; ou bien le corps lumineux, le soleil par exemple, lance incessamment, comme les corps odorants, des particules matérielles sur tous les points de sa surface, avec une vitesse de 75,000 lieues par seconde, et ce sont ces petits fragments solaires qui, en pénétrant dans l'œil, produisent la vision; ou bien, l'astre, semblable à une cloche, excite seulement un mouvement ondulatoire dans un milieu éminemment élastique dont l'espace est rempli, et ces vibrations viennent ébranler notre rétine, comme les ondulations sonores affectent la membrane du tympan.

De ces deux explications des phénomènes de la lumière, l'une s'appelle la *théorie de l'émission*, l'autre est connue sous le nom de *système des ondes*. Ces deux théories, les seules vraiment scientifiques (sans parler des explications insuffisantes ou ridicules que les anciens ont laissées sur ce sujet) ont eu des succès divers et des partisans du plus grand mérite.

La *théorie de l'émission*, imaginée et soutenue par Newton, avec l'autorité d'un grand nom, supposait que les particules lumineuses d'une extrême ténuité, lancées par les sources de lumière, ont une vitesse prodigieuse mais uniforme, et que les couleurs sont dues aux différences de nature de ces particules, chaque espèce ayant une réfrangibilité propre. De plus, pour expliquer les phénomènes de réflexion et de réfraction, il fallait admettre que ces particules sont douées de forces, les unes attractives, les autres répulsives. Enfin, pour que les molécules lumineuses eussent un libre passage, il fallait que les espaces célestes fussent *vides* de toute matière pondérable.

Le *système des ondulations*, dont la première idée est due à Descartes, fut repris par Malbranche qui, le premier, soupçonna que la lumière était produite par des ondulations d'un éther, et que les couleurs étaient dues aux différences des longueurs d'onde. Huyghens adopta ce système et l'appuya de démonstrations mathématiques d'une grande valeur. L'existence de l'éther devint de plus en plus probable à mesure que l'expérience justifia les conclusions théoriques. Grimaldi apporta de nouveaux éléments de discussion et de nouvelles preuves en faveur de l'éther, en faisant connaître ses expériences sur des effets lumineux qui portèrent, plus tard, le nom d'*interférences* et qui ébranlèrent la théorie de l'émission. Dans la suite, Thomas Young, Fresnel, Arago, en expliquant les interférences, firent triompher le système des ondes. Enfin, les expériences de Fizeau et de Foucault, par lesquelles il fut prouvé que la vitesse de la lumière est plus grande dans l'air que dans l'eau (fait inexplicable dans la théorie de l'émission), renversèrent définitivement cette dernière. Ce n'est pas à dire que le système des ondes soit simple; mais, malgré les propriétés dont il faut doter cet éther universel, véhicule de la lumière, on explique par là tous les phénomènes connus, dont la théorie de l'émission ne pouvait rendre compte. L'éther est un fluide matériel, mais impondérable, d'une densité excessivement faible, dont le vide le plus parfait de nos machines ne saurait approcher; son élasticité doit être extrêmement grande pour expliquer sa prodigieuse vitesse. L'éther est, en quelque sorte, une seconde espèce de matière infiniment plus étendue que la matière pondérable et, probablement plus active, substratum de la création, existant avant la lumière. « La science future, dit Lamé, reconnaîtra dans l'éther. le roi de la nature physique. » L'éther est le *médium* qui remplit l'espace; les molécules de matière pondérable nagent au sein de ce fluide universel.

L'ondulation de la lumière se propage dans le sens normal aux rayons lumineux; elle diffère en cela de l'ondulation sonore qui a lieu dans le sens même de la propagation.

Les corps peuvent être classés, relativement à la lumière, en *corps lumineux* par eux-mêmes, qui brillent dans l'obscurité; et en *corps éclairés*, qui n'ont qu'une lumière d'emprunt.

Sources lumineuses naturelles : soleil, étoiles, planètes, satellites, comètes, bolides, étoiles filantes, aurores polaires, éclairs, feu Saint-Elme, flammes des volcans, feux de pétrole, feu grisou, feux follets, combustions spontanées, phosphorescence de la mer, de certains animaux, des matières végétales et d'un grand nombre de minéraux. *Sources lumineuses artificielles* : par combustion chimique de gaz, liquides, solides; par frottement, choc; lumière électrique; incandescence des corps portés à une température suffisamment élevée.

Relativement à la manière dont les corps se comportent à l'égard de la lumière qui les rencontre, on distingue des corps *transparents* ou *diaphanes* qui se laissent traverser par la lumière et qui permettent de distinguer les objets à travers leur substance : verre poli, eau, air; et des corps *opaques*, comme les métaux, les pierres, les bois, qui arrêtent les rayons lumineux. Entre ces deux sortes de corps, on distingue les corps *translucides* qui laissent passer la lumière, mais qui ne permettent pas de distinguer les objets à travers leur substance : verre dépoli, corne en lame, papier huilé, albâtre, lait, etc. Ces distinctions n'ont, d'ailleurs, rien d'absolu; ainsi l'or et l'argent, réduits en feuilles minces, sont transparents; d'autre part, l'air atmosphérique, l'eau n'ont pas une transparence parfaite; la lumière, en traversant les corps les plus diaphanes, est toujours partiellement absorbée.

Propagation de la lumière. Tout corps lumineux envoie de la lumière dans toutes les directions, en ondes sphériques indéfinies; on nomme *rayon* lumineux toute droite allant du point lumineux à la surface de l'onde. 1re *loi* : la lumière se propage *en ligne droite* dans le vide et dans tout milieu transparent homogène; 2e *loi* : sa *vitesse*, extrêmement grande, reste constante pour un même milieu homogène; 3e *loi* : l'*intensité* de la lumière varie en *raison inverse du carré de la distance*; 4e *loi* : la quantité de lumière reçue par une surface oblique est égale à celle que recevrait sa projection, ce qu'on exprime en disant qu'elle est *proportionnelle au cosinus de l'angle d'incidence* des rayons qu'elle reçoit. Comme application de la 1re et de la 3e lois, se placent ici la *théorie des ombres* et la *photométrie*.

La *vitesse* de la lumière est si grande que les anciens ont cru, et Descartes lui-même, qu'elle était instantanée. Le premier résultat obtenu à ce sujet est dû à l'astronome Rœmer (1675) qui la découvrit en observant les occultations des satellites de Jupiter. Il trouva que cette vitesse est de 74,500 lieues par seconde. Bradley (1723) arriva à un chiffre approché de celui-là, par le calcul de l'*aberration* de la lumière. En 1849, M. Fizeau opérant sur un parcours de la lumière de 8,633 mètres, trouva, pour la vitesse cherchée, 74,600 lieues. En 1862, Léon Foucault, à l'aide d'un miroir tournant et en opérant sur un espace de 20 mètres seulement, a trouvé 75,000 lieues. M. Cornu, 1875, en employant un système analogue à celui de Fizeau, a trouvé, 300,400 kilomètres ou, en nombre rond, 75,000 lieues. On voit que la vitesse de la lumière est environ 1,000,000 de fois plus grande que celle du son dans l'air. La vitesse de la lumière dans l'air étant 4, sa vitesse dans l'eau est égale à 3. Comme conséquence de cette vitesse, si grande qu'elle soit, il résulte de la distance prodigieuse des étoiles et des nébuleuses, que la lumière dont nous les voyons actuellement briller a dû être émise il y a des siècles, des milliers, des millions d'années; ce qui est le témoignage le plus irrécusable de l'ancienneté du monde et de la matière cosmique.

Examinons maintenant les effets de la lumière. Lorsque des rayons lumineux rencontrent un corps, transparent ou opaque, une partie est renvoyée ou réfléchie régulièrement ou diffusément, une autre est réfractée en traversant le milieu diaphane, une autre est absorbée, une autre est décomposée; elle peut être en même temps polarisée; de là, autant de parties distinctes de l'optique.

Réflexion régulière de la lumière. Lorsqu'un rayon lumineux rencontre une surface polie, un miroir métallique, par exemple, on le nomme *rayon incident*. Si, en ce point, on mène la normale à la surface, l'angle que fait le rayon incident avec la normale se nomme *angle d'incidence*. Le rayon, après avoir rencontré la surface, est renvoyé ou *réfléchi* régulièrement de l'autre côté de la normale et fait, avec celle-ci, un angle qu'on appelle *angle de réflexion*. Le plan formé par le rayon incident et la normale est dit *plan d'incidence*, et le plan qui contient le rayon réfléchi et la normale est le *plan de réflexion*. 1re *loi* : les *angles d'incidence* et de *réflexion sont égaux*; 2e *loi*: les *plans d'incidence* et de *réflexion coïncident*.

Réflexion irrégulière, diffusion. Lorsque la lumière rencontre une surface non régulièrement polie, elle est *diffusée*, c'est-à-dire réfléchie irrégulièrement en différents sens. C'est ainsi que les objets à la surface de la terre sont éclairés par la lumière du soleil ou de la lune, ou des nuages, diffusée sur les molécules de l'air ou de la vapeur d'eau.

Réfraction. Quand la lumière passe d'un milieu dans un autre, elle éprouve, en général, une *déviation*; elle se rapproche de la normale, si elle passe de l'air dans l'eau et, généralement, si elle quitte un milieu moins dense pour en traverser un plus dense (quoi qu'il y ait des exceptions à cette règle). Si l'on fait arriver un rayon de lumière au centre de la surface de l'eau contenue dans une demi-sphère en verre, on pourra suivre ce rayon à sa sortie du vase, normalement à la surface, et l'on verra que le rayon émergent est, avec la normale, dans le même plan que le rayon incident, mais l'*angle de réfraction* (qu'il fait avec la normale au point d'incidence) n'est pas égal à l'angle d'incidence. C'est le rapport des sinus des angles qui est constant. Les deux lois fondamentales de la réfraction, découvertes par Descartes (lois qui portent son nom), s'énoncent ainsi :

1° Les *angles d'incidence et de réfraction sont dans un même plan*; 2° *pour deux mêmes milieux, le rapport des sinus des angles d'incidence et de réfraction est constant*, quelle que soit l'incidence. C'est ce rapport qu'on nomme *indice de réfraction*; il change avec la nature des milieux, c'est pourquoi on prend, ordinairement, les indices par rapport au vide; on les nomme *indices absolus*. A ces lois, on ajoute la suivante qui porte le nom de *loi de réciprocité*; 3° quand la lumière rebrousse chemin, c'est-à-dire quand elle entre par son point de sortie et qu'elle est dirigée vers le centre de la sphère précédente, elle sort dans l'air par la même route qu'elle avait prise en y entrant.

Il peut arriver alors qu'un rayon lumineux, après avoir traversé le premier milieu plus réfringent, ne puisse plus en sortir lorsqu'il se présentera à la surface de séparation. Ce résultat aura lieu quand l'angle d'incidence sera plus grand que l'angle de réfraction correspondant à l'angle d'incidence rasante, c'est-à-dire de 90° et plus. On le nomme *angle limite*, alors le rayon est réfléchi à l'intérieur et éprouve le phénomène de la *réflexion totale*.

Quand la lumière traverse des lames diaphanes à faces parallèles à travers lesquelles elle se réfracte, sa direction de sortie reste, sinon dans le prolongement de la direction d'entrée, du moins parallèle à cette direction.

Décomposition de la lumière, dispersion. Lorsqu'un rayon lumineux traverse un milieu diaphane limité par deux surfaces planes non parallèles (prisme), il éprouve non seulement une *déviation*, mais une *décomposition* qui s'accentue au sortir du prisme, en ce sens que la lumière émergente, au lieu d'être blanche est *irisée*. Si on la reçoit sur un écran blanc, on trouve (et c'est Newton qui, le premier, a fait cette expérience du prisme et du *spectre*) que le rayon est séparé en sept couleurs principales, dans l'ordre suivant : *rouge, orangé, jaune, vert, bleu, indigo, violet.* Ces couleurs ne sont plus décomposables à nouveau par un second prisme; c'est pourquoi Newton les a nommées *couleurs simples*. La séparation de ces rayons est due à leur inégale réfrangibilité; le rouge est le moins réfrangible et le violet est le plus réfrangible. L'ordre de ces couleurs, dans les *spectres* produits à l'aide de prismes de différente nature, n'est jamais interverti; mais l'étendue des nuances qui les composent varie, toutes choses égales d'ailleurs, avec la nature du prisme; c'est ce phénomène qu'on nomme *disper-*

sion. Newton croyait la dispersion proportionnelle à la réfrangibilité ; erreur funeste qui arrêta les progrès des instruments d'optique pendant plus de cinquante ans. — Pour les *raies du spectre*, V. ANALYSE SPECTRALE.

Recomposition de la lumière. La synthèse de la lumière blanche se fait, soit au moyen de deux prismes égaux inversement disposés, soit à l'aide d'un miroir concave concentrant au foyer les couleurs d'un spectre, soit par rotation d'un disque dont les secteurs sont colorés des teintes du spectre solaire avec leurs proportions. Les couleurs qui, par leur mélange, soit dans l'air, soit dans l'œil, donnent de la lumière blanche, sont dites *complémentaires* : telles sont les couleurs *rouge* et *verte*. — V. COULEURS.

Radiations diverses. La lumière solaire comporte des *radiations lumineuses*, *calorifiques*, *chimiques* et *phosphorogéniques*, qui sont inséparables les unes des autres. Mais certaines portions du spectre contiennent plus des unes que des autres. Les effets calorifiques se remarquent spécialement dans les rayons rouges et infra-rouges (il y a des bandes froides analogues aux raies), les effets lumineux ont leur maximum dans le jaune; les effets chimiques se rencontrent, spécialement, dans le bleu et le violet ; les effets phosphorogéniques au delà du violet, en dehors du spectre. Chaque substance, solide, liquide ou gazeuse, *absorbe* différemment les divers rayons qui la traversent. Quelquefois la substance a la propriété de transformer certaines radiations en d'autres de plus grande longueur d'onde, mais encore visibles. Les corps jouissant de cette dernière propriété sont dits *fluorescents* (fluorine, verre d'urane, sulfate de quinine, esculine, etc.) — V. FLUORESCENCE, PHOSPHORESCENCE.

Influence chimique de la lumière. La lumière, en agissant seule, peut produire certaines réactions chimiques qui ne peuvent s'effectuer dans l'obscurité, même avec élévation de température, et ce sont seulement certaines radiations lumineuses de l'extrémité violette du spectre qui jouissent de cette propriété. On sait, par exemple, que la combinaison du chlore et de l'hydrogène, à volumes égaux, ne se fait pas dans l'obscurité, qu'elle s'opère lentement à la lumière diffuse, et instantanément avec vive explosion, à la lumière solaire. La plupart des hydrogènes carbonés sont violemment décomposés par le chlore au soleil. Le chlore agit sur un grand nombre de substances organiques, avec une énergie d'autant plus grande, que l'action lumineuse est plus intense. Le brome, l'iode sont moins impressionnables que le chlore aux rayons lumineux. L'emploi des sels d'argent, d'or, de platine, d'urane en photographie, indique assez leur sensibilité à la lumière. Les sels de mercure, de plomb, de cuivre et même de fer ne sont pas insensibles à la lumière. Nombre de composés organiques sont dans le même cas, on sait que Niepce employait, dans ses premiers essais, le bitume de Judée, pour recevoir et fixer l'image de la chambre obscure. Divers corps simples, soufre, phosphore, etc., sont impressionnables à la lumière. Dans ces dernières années, on a constaté que la conductibilité électrique du *sélénium* cristallisé est considérablement exaltée par l'action de la lumière. Il est hors de doute, aujourd'hui, que la lumière exerce une influence capitale sur les végétaux et qu'elle n'est pas moins nécessaire à la vie des animaux (sauf de rares exceptions).

Pendant longtemps, la lumière a été considérée comme agent destiné seulement à mettre les êtres animés en rapport avec l'univers par l'intermédiaire de l'organe de la vue. Les progrès de la science la font compter maintenant parmi les forces les plus puissantes de la nature. Elle coexiste avec la chaleur rayonnante ; de là son influence sur les mouvements de l'atmosphère, sur l'évaporation, la végétation, la vie universelle ; ce qui justifie bien cette idée émise par Képler : « Tous les phénomènes de la nature doivent être rapportés au principe de la lumière. »

Quant aux autres phénomènes relatifs à la lumière, tels que ceux de diffraction, d'interférences, de double réfraction, de polarisation, ils sont du domaine de la théorie pure et en dehors de notre programme. — C. D.

Lumière artificielle. Quelques-unes des questions exposées dans ce *Dictionnaire* sont tellement liées à l'étude de la lumière qu'il eût été impossible de les traiter sans rappeler, pour chacune d'elles, les lois que la science a pu déduire de l'observation et de l'analyse des phénomènes physiques (V. ANALYSE SPECTRALE, CHALEUR, COULEUR, ÉCLAIRAGE, INCANDESCENCE, etc.). Cependant l'emploi de la lumière artificielle a pris, depuis quelques années, un tel développement, qu'il convient de résumer les rapports qui existent entre la chaleur et la lumière, soit naturelle, soit artificielle, et les conditions de production de cette dernière.

La lumière et la chaleur ont une origine commune ; l'une et l'autre sont produites par les mouvements vibratoires de la matière pondérable ; toutes deux sont transmises par les mouvements d'un fluide impondérable que l'on a désigné sous le nom d'*éther* ; c'est du reste un fluide matériel, et le mot *impondérable* signifie seulement que cette matière échappe à nos moyens actuels de mesure. La différence entre la lumière et la chaleur est caractérisée par la rapidité des vibrations de l'éther ; la sensation lumineuse ne commence que lorsque leur nombre s'élève à 450 trillions par seconde ; elle cesse lorsqu'il dépasse 700 trillions ; c'est dans cet intervalle, qui commence au rouge et finit au violet, que sont comprises toutes les couleurs du spectre dont la réunion produit la lumière blanche. Au-dessous de 450 trillions, les radiations sont invisibles et ne représentent que de la chaleur ; au-dessus de 700 trillions, jusqu'à une vitesse qui n'a pas encore été mesurée, les radiations sont non seulement invisibles, mais elles échappent à nos sens et ne se manifestent que par les actions chimiques qu'elles provoquent. L'éther n'est qu'un agent de transmission qui reçoit son mouvement de la matière ; cependant, c'est en étudiant et même en mesurant ce mouvement d'un fluide invisible que l'on est arrivé à concevoir ce qui se passe dans la matière elle-même ; c'est par cette étude que l'on a découvert que, dans les corps les plus denses, comme le marbre ou l'acier, les molécules, et même les atomes qui composent ces molécules, ne se touchent pas et vibrent continuellement sous l'influence de forces, attractive et répulsive, qui ne sont connues que par leurs effets ; on sait seulement que l'on retrouve, sous les désignations d'affinité et de cohésion, une force attractive analogue à la gravitation, mais douée d'une puissance d'autant plus grande que les masses et les distances qui les séparent sont d'une petitesse infinie ; comme force répulsive, on ne connaît que la chaleur, c'est-à-dire la variation des mouvements moléculaires et atomiques qui constituent non seulement la température des corps, mais leur état solide, liquide ou gazeux.

Rien n'est plus propre à montrer la marche successive des phénomènes que l'échauffement d'un fil de platine par le passage d'un courant électrique d'intensité croissante ; à mesure que sa température s'élève, les radiations calorifiques, déjà existantes, augmentent de puissance ; il commence bientôt à devenir visible, en émettant une lumière rouge pur. La température continuant à s'élever, le fil brille de plus en plus ; au rouge qui augmente d'éclat s'ajoutent des rayons orangés, puis des rayons jaunes, verts, bleus, et enfin violets ; lorsque toutes ces radiations sont réunies, leur action simultanée donne la sensation de la lumière blanche ; on dit alors que le fil est chauffé à blanc. Quant aux radiations invisibles, elles continuent d'exister ; l'élévation de température qui engendre de nouvelles radiations augmente l'intensité des anciennes ; elle les augmente même dans une proportion énorme, comme le montrent les chiffres suivants, résultant des expériences de M. Tyndall :

Température	Aspect du fil de platine	Augmentation de l'énergie de la radiation invisible
500°	Sombre	1
525°	Rouge naissant	19
1000°	Rouge vif	62
1100°	Orangé	89
1200°	Jaune	202
1300°	Blanc	216
1500°	Blanc éclatant	240

Ces résultats sont d'accord avec ceux de Melloni qui avait trouvé, entre les rayons lumineux et obscurs de diverses sources de lumière, les proportions suivantes :

	Rayons lumineux	Rayons obscurs
Flamme d'alcool	1	99
Platine incandescent	2	98
Flamme d'huile	10	90

Quant à l'augmentation des radiations lumineuses, elle a été mesurée par M. E. Becquerel, qui a donné, dans son traité de la Lumière, les chiffres suivants :

Température en degrés	Intensité totale de la lumière émise
500	0
600	0.0032
700	0.0217
800	0.1291
900	0.7528
916 (fusion de l'argent)	1
1000	4.3748
1037 (fusion de l'or)	8.3887
1100	25.4106
1157 (fusion du cuivre)	69.2649
1200	146.9205
1500	28900
2000	191000000

(Les deux derniers nombres sont calculés d'après la loi d'accroissement, déduite des observations précédentes ; M. Becquerel remarque que cette loi ne reste probablement pas la même au delà de 1200°.) Si la lampe à l'huile échauffe l'atmosphère infiniment plus qu'une lampe à fil de platine incandescent, tout en éclairant beaucoup moins, c'est que, dans la première, presque toute la chaleur développée est emportée et diffusée par les produits de la combustion ; la même différence existe entre une lampe à arc et un bec de gaz ; la première n'échauffe que par le rayonnement de surfaces extrêmement faibles ; le second échauffe par rayonnement et par convection. D'autre part, si tous les corps deviennent lumineux à la même température, il existe une différence très grande dans l'intensité de la lumière qu'ils émettent ; par suite de l'égalité entre les pouvoirs émissif et absorbant, les corps transparents, dont le pouvoir absorbant est très faible, émettent très peu de lumière : c'est à cause de leur transparence, qu'à température égale les flammes émettent moins de lumière que les solides.

Lorsque la température s'élève suffisamment pour que le corps soit volatilisé, la vapeur incandescente ajoute aux radiations déjà existantes des radiations nouvelles dont la couleur varie avec la nature du corps employé ; elles sont jaunes avec le sodium, vertes avec le cuivre, pourpres avec le zinc, etc. La composition de la lumière change et avec elle la couleur des corps. — V. Couleur.

On voit quelles sont les conditions à remplir pour obtenir une lumière artificielle parfaite, c'est-à-dire se rapprochant autant que possible de la lumière du soleil, sinon comme intensité, au moins comme qualité ; c'est parce qu'elles ne peuvent atteindre une température suffisante, dans les appareils d'éclairage, que les flammes n'émettent que des radiations rouges et jaunes qui éclairent si imparfaitement ; c'est, au contraire, parce que la température est exagérée que la lumière de l'arc voltaïque contient en excès des radiations bleues et violettes dont l'influence est insupportable. L'incandescence des corps solides, très réfractaires et très purs, répond le mieux à toutes les exigences ; mais le problème n'a été résolu que par l'emploi de l'électricité pour produire l'incandescence, et par l'emploi du vide pour assurer une durée pratique au filament de charbon. Les chiffres suivants, résultant des mesures spectroscopiques de M. O.-E. Meyer, permettent de comparer les lumières de ces trois sources ; ce sont les rapports entre elles et la lumière solaire, réduite de façon à ramener le jaune à l'égalité.

	Gaz	Lampe à incandescence	Arc voltaïque
Rouge.	4.05	1.48	2.09
Jaune	1.00	1.00	1.00
Vert.	0.43	0.62	0.99
Bleu.	0.23	0.21	0.87
Violet	0.15	0.17	1.03
Violet extrême. .	0	0	1.21

Ces chiffres expliquent pourquoi la lumière à incandescence est si agréable à l'œil ; comme c'est en même temps la plus hygiénique, il n'est pas douteux que son emploi se généralise à mesure que de nouveaux perfectionnements dans la fabrication des lampes et dans la production de l'électricité diminueront son prix de revient.

Comme on l'a dit plus haut, l'éther n'est qu'un agent de transmission des mouvements vibratoires de la matière pondérable ; la radiation est la communication de ce mouvement de la matière à l'éther, et inversement l'absorption est la communication du mouvement de l'éther à la matière ; ce sont ces échanges de mouvements entre les deux matières qui font apparaître les phénomènes que nous appelons lumière et chaleur ; la présence de la matière pondérable est indispensable pour ces manifestations ; nous en avons un exemple dans la lumière que le soleil rayonne tout autour de lui, et qui n'est visible que lorsqu'elle se réfléchit sur les corps planétaires ; à 100 kilomètres d'altitude, l'atmosphère terrestre ne réfléchit plus les rayons du soleil, et dans l'espace céleste, où la matière pondérable n'existe pas, il règne une obscurité complète et un froid absolu, c'est-à-dire le froid qu'on a évalué à 273° au-dessous du zéro de la glace fondante et qui correspond à l'anéantissement complet du mouvement des atomes de la matière pondérable. (Le plus grand froid réalisé par l'industrie humaine est encore loin de cette limite ; M. Cailletet, dans ses expériences si remarquables sur la liquéfaction des gaz, n'est arrivé qu'à 123° au-dessous de zéro.) C'est sans doute par suite de l'absence ou de l'extrême rareté de la matière pondérable dans l'espace céleste ou dans le vide parfait que toutes les radiations se propagent avec la même vitesse de 300,400 kilomètres par seconde, quelle que soit leur période. Pendant leur trajet, le nombre et la durée des vibrations ne change pas ; mais leur amplitude, c'est-à-dire l'intensité de la radiation, diminue suivant la loi bien connue du carré des distances ; ce n'est qu'en présence de la matière pondérable que la vitesse change par suite des échanges de mouvement, et le changement varie avec la période d'ondulation de chaque radiation et avec l'état et la nature des corps : tantôt les radiations rebondissent dans l'espace (réflexion) ; tantôt elles sont absorbées (échauffement) ; quelquefois le rapport entre les mouvements des atomes éthérés et des atomes pondérables est tel que les ondes passent entre ces derniers en ne leur cédant qu'une fraction minime de leur mouvement (diathermansie, transparence, réfraction). Le plus souvent tous ces effets se produisent simultanément dans des proportions variables qui semblent indiquer une complète indépendance entre les radiations (coloration des corps ; extinction exclusive par certaines substances, tantôt des rayons lumineux, tantôt des rayons calorifiques). Il faudrait énumérer encore tous les phénomènes qui sont, comme l'expérience nous l'apprend chaque jour, communs à toutes les radiations et les rattachent à une même origine, le mouvement universel de la matière. Les puissantes ressources dont on dispose aujourd'hui pour la production de la lumière artificielle, permettront sans doute d'étudier plus complètement le rôle considérable qu'elle joue dans ce merveilleux ensemble, et de fixer sa valeur comme on l'a fait pour la chaleur, comme on le fera plus tard pour les radiations chimiques dont l'importance est à peine entrevue. — J. B.

DE LA LUMIÈRE AU POINT DE VUE PHOTOGRAPHIQUE

Tout le monde connaît le rôle considérable que joue actuellement la lumière appliquée aux arts de reproductions graphiques ; ce que l'on connaît surtout, ce sont les effets produits par les rayons lumineux directs ou réfléchis, sans pouvoir encore préciser d'une façon certaine la nature des réactions internes qui résultent de l'influence de la lumière sur certaines substances dites *sensibles*.

Nicephore Niepce a découvert, c'est là l'origine de la photographie, que la lumière agit sur le bitume de Judée en le rendant insoluble par un effet d'oxydation. Daguerre a, de son côté, découvert l'action produite par la lumière sur l'iodure et le bromure d'argent, action latente qui n'était révélée que par une exposition des plaques aux vapeurs mercurielles. Cette action latente, nul n'est encore parvenu à en saisir la nature exacte. Ce que l'on sait, et c'est là la base de toute la photographie actuelle, c'est qu'une couche d'iodure ou de bromure d'argent (1), actionnée par des rayons lumineux plus ou moins intenses, subit une transformation intime, invisible, telle que le sel d'argent, iodure ou bromure, étant mis en présence d'un réducteur, c'est-à-dire d'une substance avide d'oxygène, s'y décompose ; la réduction a lieu, et de l'argent métallique réduit se produit partout où la couche sensible a subi une action de la lu-

(1) Le bromure d'argent donne sous l'influence d'une action lumineuse assez intense, un effet de coloration visible moins les rayons réfléchis, tels que ceux qui agissent à l'intérieur de la chambre noire, ne le colorent pas, et il faut pour faire apparaître l'image recourir à un révélateur

mière, et proportionnellement à cette action. Un autre sel d'argent, le chlorure d'argent, se décompose directement sous l'influence de la lumière, il se réduit à l'état d'argent métallique. D'où l'on est amené à conclure que les images invisibles dans les couches d'iodure et de bromure d'argent, s'y trouvent formées par de l'iodure et du bromure d'argent, prédisposés à la réduction par l'effet d'un ébranlement moléculaire, insuffisant encore pour une réduction directe immédiate, mais que l'on rend visible, de latent qu'il était, en mettant ces couches sensibles et insolées en présence d'un agent réducteur. L'oxalate ferreux, par exemple, corps très avide d'oxygène, est un des nombreux réducteurs employés, de même que le sulfate de fer, l'acide gallique, l'acide pyrogallique, les sulfites de soude et de potasse, etc.

La lumière agit donc sur les divers composés qui sont sensibles à son action, de deux façons distinctes, soit qu'elle produise un effet visible immédiat, comme sur le chlorure d'argent, soit qu'elle produise un effet latent et qu'il faut révéler à l'aide d'un dissolvant, comme dans le cas du bitume de Judée ou d'un réducteur, ainsi que cela a lieu pour l'iodure et le bromure d'argent.

Son action sur les sels de chrome, en présence de certaines matières organiques, est telle, qu'un mélange de bichromate de potasse ou d'ammoniaque avec de la gomme, de l'albumine, du sucre, de la gélatine, devient rapidement insoluble dans les parties impressionnées par la lumière. Cette action sur les sels de chrome, en présence des mucilages organiques, sert de base à de nombreux procédés d'impression, décrits aux mots PHOTOTYPIE, PHOTOGLYPTIE, PHOTOLITHOGRAPHIE (V. en outre IMPRESSION PHOTOGRAPHIQUE). L'action de la lumière sur divers sels de fer est aussi une de celles dont les arts graphiques font un fréquent emploi ; elle agit sur ces sels de façon à les transformer de l'état de persels en protosels.

Les impressions sur papiers dits *au ferro-prussiate, au cyano-fer, au perchlorure de fer*, reposent sur ce principe. Le perchlorure de fer, allié à de l'acide tartrique ou oxalique, constitue un mélange déliquescent que la lumière modifie, par la transformation du perchlorure en protochlorure de fer, en un mélange non hygroscopique ; le protochlorure de fer n'étant pas déliquescent. Cette réaction est utilisée pour l'impression des émaux photographiques par saupoudrage.

La gomme arabique, le sucre, mélangés avec du bichromate de potasse, forment aussi un mélange déliquescent, qui cesse de poisser sous l'influence de l'humidité atmosphérique, dans toutes les parties actionnées par la lumière sous un écran plus ou moins translucide, et proportionnellement aux divers degrés de translucidité.

Telles sont les principales actions de la lumière, utilisées dans la mise en pratique des impressions photographiques. Il est un nombre assez considérable d'autres substances sensibles à la lumière, mais dont il n'est fait aucun emploi dans la photographie, sauf dans certains cas exceptionnels ; de ce nombre sont : le nitrate et l'oxalate d'urane ; l'oxalate ferreux, qui sert de base aux impressions au platine ; le chlorure d'or qui est réduit par la lumière à l'état métallique, réaction qui sert à des impressions sur soie.

Le mot *lumière* n'implique pas seulement la lumière blanche, c'est-à-dire composée des divers rayons colorés du spectre solaire, mais encore les ondes lumineuses émanant de n'importe quelle source de lumière artificielle, et principalement de la lumière électrique, de la flamme du magnésium en combustion, des flammes du gaz, des lampes à huile, à essence minérale, des bougies stéariques, etc.

Toutes les lumières sont douées, à des degrés divers, du pouvoir d'influencer les substances sensibles, dont les principales ont été indiquées plus haut.

On fait aujourd'hui un usage fréquent des lumières artificielles, soit de l'électricité ou d'une des sources moins énergiques sus-mentionnées, dans les divers ateliers de photographie. Les couches de gélatino-bromure et de gélatino-chlorure d'argent sont tellement sensibles qu'un seul bec de gaz suffit pour l'impression des images par voie de développement. Ce qui veut dire que l'image, d'abord latente, après quelques secondes d'exposition à la lumière d'un bec de gaz ou d'une simple bougie, devient apparente, dès qu'on soumet la plaque ou le papier sensibles à l'action d'un développateur.

La nature des rayons colorés des sources de lumière employées, joue un rôle important dans l'action graphique de ces rayons sur les couches sensibles. Les rayons rouges, par exemple, sont à peu près sans effet sur toutes les substances diverses que nous avons énumérées, mais au contraire, les rayons violets, bleus et jaunes les impressionnent presque toutes.

Avec les composés d'argent, chlorure, iodure et bromure d'argent, l'on a d'autant plus d'effet que la lumière est plus riche en rayons violets ; c'est pourquoi la lumière électrique et celle du magnésium sont les plus actiniques. Les lumières provenant du gaz et des huiles diverses sont, au contraire, moins actiniques, toutes proportions gardées, parce qu'elles sont plus riches en rayons jaunes, verts et rouges, mais il est des composés, tels que l'éosine, la chlorophylle, etc., dont le maximum de sensibilité aux rayons lumineux correspond précisément aux couleurs jaune, vert et rouge orangé du spectre. On est donc en mesure aujourd'hui, grâce à ces divers actinisines, suivant le corps sensible employé, de reproduire à peu près toute la gamme du spectre solaire, sauf toutefois le rouge pur, qui serait de toutes les couleurs, jusqu'à nouvel ordre, celle que les produits photographiques peuvent le moins reproduire avec son effet de valeur relative réelle. — V. L.

II. **LUMIÈRE.** *T. techn.* Ouverture par laquelle on met le feu à un canon, à un fusil. || Trou percé dans un outil. || Ouverture par laquelle entre l'air d'un tuyau d'orgue. || Orifice d'entrée et de sortie de la vapeur dans le cylindre d'une machine à vapeur. || *Art hérald.* Se dit des **yeux du sanglier.**

I. LUNETTE. Instrument d'optique qui permet de voir les objets d'une manière plus distincte.

— L'histoire de l'invention des lunettes fut longtemps entourée d'obscurité, et encore aujourd'hui, malgré toutes les recherches entreprises à ce sujet et les documents fort intéressants qui ont été trouvés dans les archives de La Haye, il y a une quarantaine d'années, par Van Swinden et Moll, il reste toujours certains détails difficiles à éclaircir. Le nom de Galilée s'attache invinciblement à cette belle découverte, et à très juste titre, puisque c'est lui qui parvint le premier à construire des lunettes douées d'un pouvoir grossissant notable, et surtout parce qu'il eut le premier l'idée de diriger une lunette vers le ciel. En appliquant ainsi le nouvel instrument aux observations astronomiques, il fit comprendre tout le parti qu'on en pouvait tirer, il élargit, dans des proportions énormes, le domaine des investigations scientifiques et commença la série de ces brillantes découvertes qui ont fini par nous présenter l'univers sous un aspect tout différent de celui qu'on avait pu concevoir jusqu'alors, et bien autrement grandiose que toutes les fantaisies qu'aurait pu créer l'imagination la plus puissante. Mais Galilée ne peut, en aucune façon, être considéré comme l'inventeur des lunettes. Non seulement la première lunette a été construite, en Hollande, trois ans avant la sienne qui date de 1609, mais encore il est certain que Galilée avait eu connaissance de l'existence de cet instrument et qu'il avait même reçu des indications assez précises sur la disposition des verres. On ne peut donc pas dire qu'il a trouvé d'une manière indépendante, et d'après les seules lois de la réfraction, le moyen de construire un instrument capable d'augmenter les dimensions apparentes des objets éloignés; mais il ne faudrait pas, cependant, lui retirer le mérite, déjà fort grand, d'avoir constitué, tout entière, la théorie de la lunette hollandaise, et d'avoir construit la sienne d'après les principes de cette théorie.

Le véritable inventeur des lunettes, celui qui en construisit une pour la première fois, était un fabricant de besicles de Middelbourg, nommé Jean Lippershey, natif de Wesel. On lit, en effet, dans les documents trouvés des archives de La Haye, que le 2 octobre 1606, Jean Lippershey, adressa aux États-Généraux de Hollande une supplique, dans laquelle il demandait un brevet de trente années qui lui assurât soit la construction privilégiée d'un instrument nouveau de son invention, soit une pension annuelle, sous la condition de n'exécuter cet instrument que pour le service du pays. « *Cet instrument*, lit-on dans la supplique, *sert à faire voir au loin, ainsi que cela a été prouvé à MM. les membres des Etats-Généraux.* »

Il résulte de cette dernière phrase, que la lunette était déjà construite et expérimentée le 2 octobre 1606. Deux ans plus tard, cependant, les Etats-Généraux nommèrent une commission pour essayer l'invention de Lippershey sur une tour du palais du Stathouder. Quatre jours après sa nomination, le 6 octobre 1608, la commission déclara que le nouvel instrument serait utile au pays; elle demanda seulement qu'il fût perfectionné de telle sorte qu'on *pût voir des deux yeux*. Lippershey se mit à l'œuvre, et le 15 décembre 1608, il présenta aux commissaires une lunette jumelle qui fut trouvée bonne. On peut regretter que les délégués des Etats-Généraux aient imposé à Lippershey l'obligation de construire ses lunettes pour les deux yeux, et qu'on lui ait ainsi fait perdre, dans l'exécution de jumelles, un temps qu'il aurait pu mieux employer à perfectionner la lunette simple. Quoiqu'il en soit, on lui accorda 300 florins pour trois de ces jumelles, mais on lui refusa le brevet parce qu'*il était notoire que déjà différentes personnes avaient eu connaissance de l'invention.*

Quelles peuvent bien être ces différentes personnes dont voulaient parler les Etats-Généraux? Certainement il faut compter parmi elles Jacques Métius, d'Alkmaër à qui Descartes attribuait l'invention des lunettes. « Il s'avisa, par bonheur, lit-on dans la *Dioptrique*, de regarder au travers de deux verres dont l'un estoit un peu plus espais au milieu qu'aux extrémités, et l'autre, au contraire, beaucoup plus espais aux extrémités qu'au milieu, et il les appliqua si heureusement au bout d'un tuyau que la première des lunettes en fut composée, et c'est seulement sur ce patron que toutes les autres qu'on a veues depuis, ont été faictes. » Descartes ignorait l'existence de la lunette de Lippershey qui est bien la première, car elle date de 1606, tandis que ce n'est que le 17 octobre 1608 que Jacques Métius présenta aux Etats-Généraux une supplique où il est dit que d'après le jugement du Stathouder, son instrument, fabriqué seulement pour l'essai, est cependant tout aussi bon que celui qui fut « *présenté récemment, à leurs Seigneuries, par un bourgeois de Middelbourg.* »

On ignore quelles sont les idées qui ont pu conduire Jacques Métius à la construction de son instrument. Quant à Lippershey, il est certain qu'il doit sa découverte au hasard. Hiéronymus Sirturus rapporte qu'un inconnu s'étant présenté chez Lippershey, lui commanda plusieurs lentilles concaves et convexes. Le jour convenu, il alla les chercher, en choisit deux, l'une concave, l'autre convexe, les mit devant son œil, les écarta peu à peu l'une de l'autre sans dire si cette manœuvre avait pour objet l'examen du travail de l'artiste ou tout autre cause, paya et disparut; Lippershey se mit incontinent à imiter ce qu'il venait de voir faire, reconnut le grossissement produit par la combinaison des deux lentilles, attacha les deux verres aux extrémités d'un tube et se hâta d'offrir l'instrument au prince Maurice de Nassau. Suivant une autre version, ce seraient les enfants de Lippershey qui, en jouant devant la boutique de leur père, auraient regardé à travers les deux lentilles, l'une convexe, l'autre concave, et la distance des deux verres s'étant trouvée par hasard convenable, auraient remarqué avec étonnement que le coq du clocher de l'église leur paraissait de beaucoup rapproché.

Quoi qu'il en soit de ces anecdotes, il est probable que l'idée de combiner deux lentilles d'espèce différente, s'était présentée déjà à plusieurs personnes, car on lit dans la *Magie naturelle* de Porta, publiée en 1590 : « La lentille convexe montre les objets voisins plus grands et plus clairs; une lentille concave, au contraire, montre les objets éloignés plus petits mais distincts; *par conséquent*, en les combinant ensemble, on pourra voir agrandis et distincts tant les objets voisins que les objets éloignés. »

La conséquence n'est pas aussi manifeste que l'auteur veut bien le dire; mais on ne peut nier que Porta n'ait indiqué, avec une clarté suffisante, la disposition des lunettes construites 16 ans plus tard en Hollande. Les lunettes de Hollande ne grossissaient que quatre à cinq fois. Galilée porta le grossissement jusqu'à 30 fois en diamètre, Huyghens arriva à 50 et même 92. Quant aux grandes lunettes employées par Cassini, il est peu probable qu'on leur ait appliqué des grossissements de plus de 600 fois. En 1664, Auzout obtint un grossissement de 600 fois. Aujourd'hui, on ne dépasse guère, et l'on atteint difficilement un grossissement de 1,000 à 1,200 fois.

Une lunette se compose toujours de deux pièces optiques, l'*objectif* et l'*oculaire*. L'objectif est une lentille convexe qui fournit une image réelle des objets éloignés (V. LENTILLE); l'oculaire est une lentille ou un système de lentilles qui amplifie l'image réelle donnée par l'objectif, ou, pour parler plus exactement, qui substitue à cette image réelle une image virtuelle, considérablement agrandie. Il existe plusieurs systèmes d'oculaires, qui sont dits simples ou composés, suivant qu'ils sont formés d'un seul verre ou de plusieurs.

Lunette astronomique. Dans les premières lunettes, aussi bien celles qui se construisaient en Hollande que celles de Galilée, l'oculaire se composait d'une simple lentille biconcave. Mais on n'a pas tardé à reconnaître l'avantage que présentaient des oculaires convergents. L'oculaire convergent doit être placé un peu au delà du foyer de l'objectif, de manière que les rayons lumineux viennent former l'image dans le plan focal avant de rencontrer l'oculaire. Celui-ci est une véritable loupe avec laquelle on observe l'image réelle. La figure 119 montre la marche des rayons dans une lunette ainsi disposée. L'objet observé, étant supposé très éloigné, n'a pas été représenté, et les rayons émanés d'un même point de cet objet, doivent être considérés comme parallèles, et vont concourir en un même point du plan focal de l'objectif. Deux points distincts de l'objet émettent des rayons de directions différentes, qui fournissent deux points distincts de l'image. On sait que les images formées par des lentilles convergentes sont *renversées*. Aussi la lunette que nous venons de décrire, montre-t-elle les objets *renversés*, les parties élevées en bas, les parties basses en haut, celles de droite à gauche, et celles de gauche à droite. Elle est cependant employée, sans autre modification, pour les observations astronomiques, où ce renversement est sans inconvénient; c'est pourquoi une lunette ainsi disposée s'appelle *lunette astronomique*.

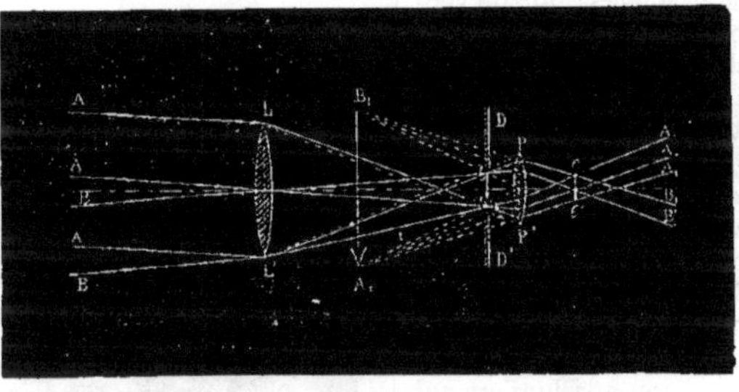

Fig. 119. — *Marche des rayons lumineux dans la lunette astronomique.*

Les traits pleins représentent les rayons lumineux. *LL'* Objectif. — *PP'* Oculaire. — *AAA* Rayons parallèles émanés du point *A* très éloigné. — *BB* Rayons émanés du point éloigné *B*. — *a*, *b* Foyers de convergence des rayons *A* et *B*. — *ab* Image réelle et renversée de l'objet éloigné fourni par l'objectif. — A_1B_1 Image virtuelle de *ab* fournie par l'oculaire. — Les rayons A'_1 A'_1 A'_1 semblent émaner de A_1. — *DD'* Diaphragme. — *ll'* Anneau oculaire.

Pour observer, on place l'œil très près de l'oculaire; mais, pour que la vision soit bien nette, il importe que l'image virtuelle A_1B_1 se forme à la distance de la vision distincte. Comme cette distance n'est pas la même pour tous les observateurs, il faut qu'on puisse faire varier à volonté la position de l'image virtuelle. On y arrive en approchant ou en éloignant l'oculaire du plan focal *ab* de l'objectif; c'est pourquoi l'oculaire est monté dans un tube appelé *tirage*, qui peut s'enfoncer et glisser à frottement dur dans le tube principal de la lunette. Pour que l'oculaire fonctionne comme une loupe, il faut que le plan focal de l'objectif, où se forme l'image réelle, soit entre l'oculaire et le foyer principal de celui-ci. L'image virtuelle sera d'autant plus éloignée que l'image réelle sera plus près du foyer de l'oculaire. Aussi, les presbytes, qui ne voient nettement que les objets très éloignés, sont-ils obligés de retirer le tirage jusqu'à faire presque coïncider les deux foyers de l'oculaire et de l'objectif, tandis que les myopes enfoncent beaucoup l'oculaire, afin de rapprocher l'image virtuelle.

L'œil ne peut recevoir que les rayons qui ont traversé à la fois l'objectif et l'oculaire. Si l'on imagine deux cônes tangents aux deux lentilles, l'un intérieurement, l'autre extérieurement, il est visible que tous les rayons qui, partis de l'objectif, viendront se croiser près de l'oculaire en un point situé à l'intérieur du cône intérieur, tomberont sur l'oculaire, tandis qu'aucun de ceux qui aboutissent en un point placé en dehors du cône extérieur, n'arrivera sur l'oculaire. Pour un point compris entre les deux cônes, une partie seulement des rayons venus de l'objectif et arrivant sur ce point, parviendra à l'oculaire. Ce point paraîtra donc d'autant plus éclairé qu'il sera plus près du cône intérieur. Aussi, le champ de la lunette se présentera sous la forme d'un disque circulaire, très brillant au centre, dans toute la portion comprise dans le cône intérieur, et se dégradant progressivement jusqu'au cône extérieur. Pour éviter cette dégradation, on place dans le plan focal de l'objectif un anneau de cuivre DD', appelé *diaphragme*, qui arrête tous les rayons compris en dehors du cône intérieur. De la sorte, le champ apparaît sous la forme d'un disque circulaire nettement limité, et d'un éclairage uniforme. Quant à l'étendue angulaire de ce champ, elle est égale à l'angle sous lequel se croisent deux génératrices opposées LP', L'P, du cône.

Le grossissement de la lunette est le rapport de l'angle sous lequel on voit l'image virtuelle à celui sous lequel on verrait à l'œil nu l'objet lui-même. Il dépend à la fois de la grandeur de l'image réelle *ab* et du pouvoir amplificateur de l'oculaire. Il semble donc que rien ne limite le pouvoir grossissant d'une lunette dont l'objectif est donné, puisqu'on peut toujours changer à son gré l'oculaire et le remplacer par une lentille de foyer plus court. Mais, en réalité, on diminue la clarté de l'image à mesure qu'on augmente le grossissement de l'oculaire, puisque l'œil ne peut jamais recevoir que les rayons qui ont traversé l'objectif, et que ces rayons à leur sortie de l'oculaire, sont répartis dans un cône dont l'ouverture augmente avec le grossissement. On est obligé de limiter le grossissement au moment où les images deviendraient trop obscures. Lorsqu'on veut obtenir des grossissements considérables, il faut recevoir dans la lunette de très grandes quantités de lumière, et l'on n'y peut parvenir que par l'emploi d'objectifs de grand diamètre ; c'est donc du diamètre de l'objectif que dépend le grossissement qu'on peut obtenir. Si l'on considère l'image réelle *ll'* de l'objectif, fournie par l'oculaire, on voit que tous les rayons lumineux partis d'un point de l'objectif, vont concourir en un point de cette image. Donc, tous les rayons qui pénètrent dans la lunette, viennent se croiser sur cette image circulaire, qui a reçu le nom d'*anneau oculaire*. Si l'on veut recevoir dans l'œil la totalité de la lumière qui pénètre dans la lunette, il faut que le diamètre de cet anneau oculaire soit plus petit que celui de la pupille, et c'est à l'endroit où il se forme qu'il faut placer l'œil. On démontre que le grossissement est égal au rapport des diamètres de l'objectif et de l'anneau oculaire, ce qui fournit un moyen très simple de déterminer expérimentalement le grossissement d'une lunette : il suffit de braquer la lunette vers l'azur du ciel après l'avoir réglée pour sa vue, et de placer un peu au delà de l'oculaire une règle divisée. Les rayons qui ont traversé la lunette viennent former sur cette règle une petite image circulaire brillante. On rapproche ou on éloigne la règle jusqu'à ce que cette image soit réduite à son minimum de diamètre ; il ne reste plus qu'à comparer ce diamètre avec celui de l'objectif. On démontre aussi que la clarté des images est égale à celle des objets vus à l'œil nu, tant que l'anneau oculaire est plus grand que la pupille, parce qu'alors on ne peut recevoir toute la lumière qui a pénétré dans la lunette, et que la clarté ne commence à diminuer que quand on emploie des oculaires assez puissants pour donner un anneau oculaire plus petit que la pupille. Enfin, si l'on doit observer des objets qui n'ont pas de dimensions apparentes appréciables, comme les étoiles, la lumière qu'on en reçoit paraissant toujours émaner d'un point unique, leur éclat est indépendant du grossissement, et ne dépend que du diamètre de l'objectif, pourvu cependant que l'anneau oculaire soit plus petit que la pupille, afin qu'on en reçoive toute la lumière.

On emploie souvent la lunette astronomique à projeter sur un écran des images réelles des objets éloignés, soit dans un but de démonstration, soit pour faire des photographies. Dans ce cas, il faut tirer l'oculaire jusqu'à ce que son foyer soit au delà du plan focal de l'objectif, afin que l'image réelle de celui-ci puisse fournir une deuxième image réelle agrandie et renversée par l'oculaire. Alors, l'image reçue sur l'écran, ayant été deux fois renversée, est droite.

Enfin, pour les observations directes, on place dans le plan focal un réticule formé de fils d'araignée très fins, qui servent de point de repère. La ligne droite qui passe par le centre optique de l'objectif, et le point où se croisent les deux fils d'araignée, définit une ligne de visée ; l'observation se fait en déplaçant la lunette, jusqu'à ce que l'image du point visé vienne se former sur la croisée des fils. Si la lunette est fixée à un cercle divisé, mobile devant un index fixe, on conçoit qu'on puisse, par ce moyen, mesurer l'angle des rayons visuels qui aboutissent à deux points donnés.

Lunette terrestre. Le renversement des images est un inconvénient assez grave quand on veut employer la lunette à l'observation d'objets terrestres. On peut redresser les images, en intercalant entre l'oculaire et l'objectif deux lentilles convergentes de même foyer, situées à une distance double de leur distance focale. Alors, tous

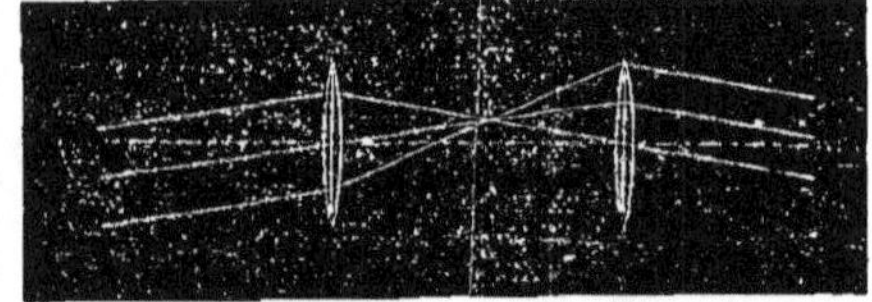

Fig. 120. — *Marche des rayons à travers le système redressant des lunettes terrestres.*

les rayons qui traversent ce système en sortent avec une direction symétrique par rapport à l'axe de leur direction primitive, et les images se trouvent nécessairement redressées (fig. 120). L'inconvénient du procédé est l'absorption de lumière à travers les deux lentilles. Lorsqu'une lunette terrestre doit être employée à la mesure des angles, elle est munie d'un réticule qui doit toujours se trouver dans le plan de l'image réelle. Mais, dans ce cas, il n'est pas toujours permis de supposer

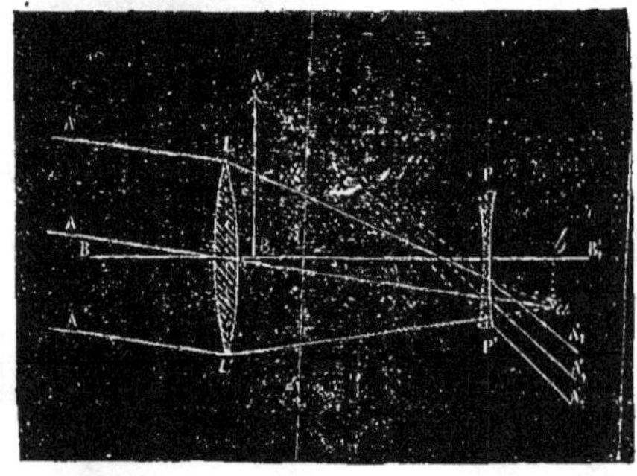

Fig. 121. — *Marche des rayons dans la lunette de Galilée.*

LL' Objectif. — *PP'* Oculaire. — *A A A* Rayons émanés du point éloigné *A*. — *a* Foyer de convergence des rayons *A* — *a b* Image réelle et renversée qui se formerait sans la présence de l'oculaire. — A_1 Foyer virtuel d'où semblent émaner les rayons *A'*, *A'*, *A'*, après qu'ils ont traversé l'oculaire. — $A_1 B_1$ Image virtuelle *droite* de l'objet.

les objets infiniment éloignés, et leur image se forme d'autant plus loin de l'objectif qu'ils sont plus rapprochés. Aussi, faut-il monter le réticule dans un deuxième tirage indépendant de celui qui porte l'oculaire, afin qu'on puisse toujours amener le réticule et l'image réelle dans un même plan.

Lunette de Galilée. On parvient encore à redresser les images par l'emploi d'un oculaire simple divergent. Nous avons déjà dit que c'est ainsi qu'ont été construites les premières lunettes. L'oculaire divergent doit être placé entre l'objectif et son foyer principal, afin que les rayons le traversent avant de former l'image réelle. Il faut, de plus, que la distance de l'oculaire au plan focal de l'objectif soit un peu supérieure à la distance focale de l'oculaire même. La figure 121 fait suffisamment comprendre la marche des rayons dans ce genre de lunettes. Les avantages de ces dispositions sont le peu de lumière absorbé par les deux seuls verres dont se compose l'instrument, et la courte longueur du tube de la lunette; mais le champ est toujours très restreint, et les grossissements ne sont jamais bien considérables. Enfin, il n'y a pas d'anneau oculaire et l'on n'y peut introduire ni diaphragme ni réticule. Aussi cet appareil n'est-il guère employé que pour des jumelles de faibles grossissements.

Avant que Dollond eût trouvé le moyen de construire des lentilles achromatiques, par la combinaison de deux espèces de verres (V. ACHROMATISME, DISPERSION), on était obligé d'employer des objectifs de longueur focale considérable, afin de diminuer, autant que possible, les irisations qui entouraient les images. Cassini avait fait construire par Auzout une lunette de 300 pieds ($97^{m},05$) de longueur. Il est bien évident que le tube était supprimé. L'objectif était supporté par une charpente, et l'oculaire était une simple loupe que l'on tenait à la main. Aujourd'hui même, l'achromatisme ne peut être obtenu qu'approximativement; il faut le compléter par l'emploi d'*oculaires composés*, qui ont pour objet d'amener sur un même rayon visuel les différents foyers virtuels formés par les rayons de diverses couleurs émanés d'un même point de l'objet. C'est dans ce but qu'ont été imaginés entre autres les oculaires de Huyghens et de Ramsden. Les oculaires composés ont un autre avantage : on peut disposer les verres dont ils se composent de manière à réduire considérablement les déformations dues à ce qu'on appelle l'*aberration de sphéricité*, qui tiennent à ce que la convergence des rayons lumineux en un même point, après leur trajet au travers des lentilles sphériques, n'est pas rigoureuse.

Lorsqu'on emploie une lunette d'un fort grossissement, il importe qu'elle soit montée sur un pied mécanique, qui en rende le maniement facile, et qui permette de l'orienter aisément dans tous les sens. Il faut de plus que le pied présente une stabilité suffisante, car les moindres trépidations de la lunette, amplifiées par le pouvoir grossissant de l'instrument, produisent des oscillations apparentes de l'image tout à fait intolérables. La monture, dite *équatoriale*, convient admirablement aux lunettes astronomiques. Le pied en bois, dit *pied cauchoix*, est aussi d'un usage des plus commodes. Enfin, comme l'étendue du champ d'une lunette est, en général, en raison inverse du grossissement, il est très difficile de viser directement l'objet qu'on veut observer avec une lunette d'un fort grossissement. C'est pourquoi l'on adapte aux grandes lunettes une petite lunette appelée *chercheur*, dont l'axe optique est parallèle à celui de la lunette principale. On commence par viser avec le chercheur, et quand l'objet qu'on veut observer a été amené au centre du champ du chercheur, on est sûr de le trouver dans le champ de la lunette.

Les phénomènes de diffraction et d'interférences jouent un grand rôle dans la formation des images au foyer des lunettes. Il nous est impossible d'entrer dans aucun détail à ce sujet; nous nous bornerons à faire remarquer que leur principal effet est d'augmenter légèrement les dimensions des images des différentes parties d'un objet, et de les faire, par conséquent, empiéter les unes sur les autres; l'inconvénient est d'autant moindre que le diamètre de l'objectif est plus grand. Ajoutons que la qualité d'une lunette dépend surtout de la perfection avec laquelle a été travaillé l'objectif. Pour une étude plus complète des phénomènes optiques qui se produisent dans les lunettes, consulter le *Traité de physique de* MM. Jamin et Bouty et la *Thèse* pour le doctorat ès-sciences physiques de M. André (Paris, Gauthier-Villars, 1876).

II. **LUNETTE.** 1° *T. de constr.* Ouverture formée par la pénétration d'une voûte en berceau dans une autre voûte plus élevée. La lunette peut être *droite*, *biaise ou rampante*. Les voûtes d'arête sont, à proprement parler, composées de quatre lunettes ; 2° œil circulaire ménagé au centre d'une voûte d'arête, pour le passage des cloches; 3° nom que l'on donne, soit à l'ouverture circulaire pratiquée dans le dallage d'un cabinet d'aisances, soit à l'ouverture d'une garde-robe ou d'un siège d'aisances quelconque. || 2° *T. de fortif.* Petite demi-lune, ouvrage composé de deux faces et de deux flancs. — V. FORTIFICATION. || 3° *T. techn.* Canal au moyen duquel le feu du four échauffe les petits fourneaux adjacents. || 4° *Lunettes de soufflet*, doubles ventaux avec ventillons.

LUNETTES ou **BESICLES**. *T. de phys.* Système de deux verres convergents ou divergents, fixés à une monture pouvant s'appliquer au-devant des yeux, dans le but de corriger certains défauts de la vue: le presbytisme (ou la presbytie) et la myopie. Le presbyte dont les yeux ont éprouvé, par l'effet de l'âge, une diminution dans le sens du diamètre antéro-postérieur, doit, pour bien voir les objets, faire usage de verres convergents ou convexes, espèces de loupes qui ont pour effet de ramener sur la rétine l'image des objets qui, sans eux, se ferait au delà de cette membrane. Le presbytisme présente tous les degrés. Pour y remédier, il faut faire choix de verres plus ou moins convexes, portant des numéros qui indiquent (en pouces) leurs distances focales, distances qui se calculent au moyen de la formule connue des lentilles convergentes :

$$\frac{1}{d'}-\frac{1}{d}=\frac{1}{f}$$

dans laquelle d est la distance de la vision distincte pour une vue ordinaire ($0^{m},25$ à $0^{m},30$), d' la distance de la vision distincte pour le presbyte, et f la distance focale ou le numéro qui indique la *force* du verre. On peut, d'ailleurs, obtenir cette distance expérimentalement, au moyen d'un petit appareil nommé *optomètre* ou *opsimètre*.

Le myope, dont l'œil est, au contraire, trop allongé d'avant en arrière, a besoin de verres divergents ou concaves qui éloignent jusque sur la rétine les images qui, sans eux, se feraient en avant de cette membrane. Le numéro qui convient au myope se calcule d'après la formule des lentilles divergentes :

$$\frac{1}{d''}-\frac{1}{d}=-\frac{1}{f}$$

où d'' désigne la distance à laquelle le myope voit bien sans lunettes. L'optomètre peut aussi être employé à la détermination de la *force* du verre pour les myopes.

Pendant fort longtemps, les verres biconvexes et biconcaves ont été employés exclusivement pour les besicles; ce n'est qu'au commencement de notre siècle qu'on fit usage, pour les lunettes, de verres concavo-convexes et convexo-concaves ; c'est le docteur Wollaston qui les fit adopter, sous le nom de *verres périscopiques*, parce qu'en effet, on voit *autour* bien mieux qu'avec les premiers verres ; les images ne sont pas déformées et la vue en est soulagée.

Les lunettes prennent le nom de *conserves*, lorsqu'elles n'ont pas pour but de faire mieux voir les objets, mais, au contraire, d'atténuer leur clarté pour les vues fatiguées. Dans ce cas, les verres sont souvent à faces parallèles, mais aussi périscopiques et teintés en bleu, vert ou noir très peu foncé.

— L'usage des lunettes remonte à la fin du XIIIe siècle. Il paraît, cependant, que les Chinois s'en servaient bien avant cette époque. D'ailleurs, il en est déjà fait mention dans les poésies grecques. — C. D.

* **LUNETTIER.** *T. de mét.* Celui qui pratique l'art de la *lunetterie* ; qui fabrique ou vend des lunettes.

* **LUPOT** (Nicolas), luthier, né en 1758, mort en 1824, s'est rendu célèbre pour les perfectionnements qu'il introduisit dans la lutherie française ; il chercha constamment à obtenir les belles sonorités des violons de Stradivarius, et ses instruments, très rares aujourd'hui, ont toujours été très estimés. — V. Lutherie, Violon.

* **LUSTRAGE.** On doit distinguer : le *lustrage des fils* et le *lustrage des tissus.*

Lustrage des fils. 1° *Fils de soie.* Après le chevillage, la soie est un peu « crépée » et a besoin d'être tendue. A cet effet, on l'étire entre deux cylindres qui ont un mouvement de rotation, en même temps qu'on l'expose à l'influence d'une certaine chaleur. Cette opération, dite « de lustrage », donne à la fibre beaucoup de brillant et facilite son dévidage ultérieur.

2° *Fil de lin retors.* Les fils à coudre en lin sont, ou bien cirés avec la cire ordinaire, ou bien lustrés. On en obtient le lustrage par un passage dans la colle de farine ou la graine de lin. Ce mode de traitement donne un fil dur, terne, et présentant à la main qui le presse, la sensation d'un mastic qu'on pétrit, tandis que le fil ciré, au contraire, est mou et brillant. En France, on ne vend que du « ciré », mais on expédie beaucoup de « lustré » en Italie, Espagne, Mexique, etc.

Lustrage des tissus. Cette opération a pour but de donner un léger lustre à certains tissus destinés à recevoir des impressions à la planche, ou à ceux qui, après les avoir reçues, sont destinés à la consommation. On lustre encore certains tissus de coton ou des étoffes de laine et chaîne coton.

En ce qui concerne les premiers, on ne lustre plus guère aujourd'hui que les articles meubles, généralement employés pour tapisseries, tentures, garnitures de voitures, etc., tant pour en rehausser les nuances que pour empêcher la poussière de s'y attacher. Autrefois, le lustrage des indiennes se faisait, soit à la main, soit à l'aide de machines fort simples, qui consistaient en un bâti en bois, avec ressort également en bois placé au plafond, au bout duquel était ajustée par une cheville, une bielle portant à son extrémité une pierre d'agate bien polie, qu'on promenait sur la pièce. On a construit depuis, une *machine à lisser*, qui repose sur le principe de l'ancien lustrage à bras, et dans laquelle la pièce avance très lentement entre deux rouleaux dans un sens perpendiculaire à celui d'une pierre d'agate, animée d'un mouvement de va-et-vient.

Lorsqu'il s'agit d'étoffes de laine et chaîne coton, on fait passer les tissus dans une atmosphère de vapeur et on les y plie, pour les soumettre ensuite à l'action de presses spéciales, formées de plaques chauffées à la vapeur, qui donnent aux fibres, par l'action combinée de la chaleur et de la pression, une direction uniforme. — V. Apprêts, § *Cylindrage à froid et à chaud* — A. R.

I. **LUSTRE.** Nom qu'on applique aux grands appareils d'éclairage suspendus aux voûtes des édifices, églises, théâtres, salles de réunions publiques, etc. On étend aussi cette dénomination à des appareils de dimensions plus réduites, qu'on emploie pour l'éclairage des magasins, des cafés, des salons de réception. Suivant le mode d'éclairage adopté, les bras ou girandoles dont l'assemblage constitue l'ensemble du lustre, sont disposés pour recevoir des bougies, des lampes ou des becs de gaz. Les branches dont la réunion forme le lustre sont groupées autour d'une tige centrale, qu'on designe plus particulièrement sous le nom d'*enfilage* dans la construction des lustres à gaz.

Les ornements des lustres sont de genres variables, suivant la décoration des locaux où ils doivent être placés ; ils se rapportent aux divers styles d'ameublement en usage, sous les dénominations de *styles Louis-treize, Louis-quatorze, Louis-quinze, Louis-seize, Henri-deux, style Renaissance* ; pour les lustres à gaz particulièrement, on a créé les styles *Gothique, Grec, Néo-Grec, Flamand, Hollandais,* qui se distinguent par la nature et les formes des tubes employés dans leur construction, ainsi que par le genre des tiges, des branches et des ornements dont les appareils sont composés.

II. **LUSTRE.** *T. de céram.* On donne ce nom aux enduits minces et brillants déposés à la surface des objets que l'on veut décorer. Ces enduits présentent souvent l'aspect métallique et ne sont guère employés que pour la décoration d'objets de peu de valeur, en raison de leur faible résistance au frottement. Un des plus employés et des moins durables est le *lustre d'or*, appelé aussi *lustre Burgos*. Il est obtenu en précipitant par l'ammoniaque une solution de chlorure d'or. Le précipité obtenu est jeté sur un filtre, lavé et égoutté, puis mélangé intimement avec de l'essence de térébenthine ou de l'essence de lavande et un peu d'huile. On doit avoir soin de ne jamais laisser sécher le précipité d'or qui constitue un véritable corps explosif. Employée en couche excessivement mince, cette composition fournit, après la cuisson, un enduit nacré d'un effet assez agréable ; si l'on augmente dans le mélange la proportion du précipité d'or, on obtient une dorure brillante sans avoir recours au brunissoir.

Le *lustre de platine* donne un enduit métallique gris, parfaitement brillant. La composition dont on fait usage pour le platinage du verre et qui peut aussi s'appliquer sur la porcelaine et la faïence, est ainsi formée : essence de lavande, 15 grammes ; chlorure de platine, 3 grammes. Quant il s'agit du verre, on passe après la cuisson une seconde couche composée de : essence de lavande, 15 grammes ; chlorure de platine, 1 gramme ; sous-nitrate de bismuth, 2 grammes. Pour la décoration des poteries, il est préférable de n'employer qu'une seule composition dans laquelle on ajoute une petite quantité de sous-nitrate de bismuth.

Le *lustre de cuivre* est d'un bel éclat, mais la manière de l'appliquer ne s'est pas répandue ; toutefois, on peut le produire à la surface des pièces en les chauffant dans un moufle où on projette des sels de cuivre volatils, en ayant soin de placer d'avance dans le moufle quelques morceaux de charbon de bois pour obtenir une atmosphère réductrice.

Enfin, les objets recouverts d'*enduits argentifères,* chauffés dans les conditions que nous venons de citer, s'irisent de nuances multicolores fort belles, qui constituent ce que l'on appelle le *lustre cantharide.* — E. G.

* **LUSTREUR, EUSE.** *T. de mét.* Celui, celle qui donne le dernier apprêt, qui fait le lustrage des tissus, des cuirs, des fourrures, etc.

* **LUSTRIER.** *T. de mét.* Ouvrier qui travaille dans une lustrerie, fabricant de lustres.

LUSTRINE. *T. de tiss.* Nom donné à des étoffes de coton, de couleurs variées, employées pour doublures et autres usages divers. Les lustrines ne sont autre chose que des *calicots* (V. ce mot) teints après tissage, et glacés par un apprêt, qui, ainsi que l'indique leur nom, rend leur surface lustrée et brillante.

* **LUSTROIR.** *T. techn.* Outil servant à polir.

LUT. *T. de chim.* Nom donné à des mélanges pâteux, destinés, après leur dessiccation, à empêcher les fuites qui peuvent se produire grâce à la porosité des bouchons en liège, ou à la pression des gaz ou vapeurs, sous l'influence de la chaleur. Ces compositions varient avec la nature de l'opération à effectuer ; pour luter des appareils distillatoires, on se sert quelquefois de bandes de toile, de papier, de parchemin, enduits de colle ; pour les flacons où l'on prépare des solutions gazeuses, on peut employer soit de l'argile à pâte fine et légèrement humectée d'eau ou mêlée avec de l'huile de lin cuite (*lut gras*), ou soit un mélange de farine de lin et d'eau gommeuse ; ou de la farine de lin ou d'amandes, sorte de tourteaux privés d'huile, délayés dans de la colle de pâte (*lut maigre*), soit encore du plâtre gâché dans de l'eau contenant 5 0/0 de gomme arabique ; pour luter des objets de métal sur des vases en verre, on emploie un mélange de 1 partie de cire pour 4 de résine, en y délayant 1 partie de colcothar ; on fond et on applique chaud. Pour enduire les bouchons et les rendre imperméables ou aptes à ne pas laisser passer les gaz, on peut se servir : 1° de blanc de zinc mêlé avec son poids de sable de Fontainebleau bien fin, puis délayé dans un mortier avec un poids à peu près semblable d'une solution concentrée ($D=1{,}26$) de chlorure de zinc ferrugineux ; 2° d'une pâte faite avec de la craie ou du kaolin, délayés dans une solution de silicate de soude ; 3° d'une dissolution de colle forte dans du vinaigre de bois, avec addition d'argile ferrugineuse (bol d'Arménie, terre d'ombre, de Cologne, etc.). On applique ces pâtes sur les bouchons mis en place, et on laisse sécher. Le *lut des philosophes*, employé du temps de Pline, était fait avec de la chaux vive, en poudre, délayée dans du blanc d'œuf ; pour s'en servir, on y trempait des bandes de toile qu'on appliquait ensuite sur les corps à luter.

On fait encore un bon lut pour les tuyaux en fonte, et les joints de chaudières, avec : limaille de fer, 100 ; fleur de soufre, 3 à 20 ; chlorhydrate d'ammoniaque, 3 à 5 ; eau, Q. S. pour faire pâte. On met d'autant plus de soufre que la limaille est plus fine.

* **LUTÉCIENNE.** Matière colorante. — V. Eosine.

* **LUTÉOLINE.** *T. de chim.* Matière colorante jaune, cristallisée en longues aiguilles, ayant pour formule $C^{24}H^8O^{10}$ (Schützenberger et Parof), peu soluble dans l'eau, bien dans l'alcool et l'acide sulfurique ; devenant verte avec le perchlorure de fer. Elle s'extrait de la *gaude* (V. ce mot) en épuisant par l'alcool, précipitant la matière colorante par l'eau, et chauffant le dépôt avec de l'eau à 250°, dans un creuset d'acier fermé.

LUTH. Instrument de musique à cordes pincées, semblable à la guitare, mais ayant de plus en dehors du manche quelques cordes qui sonnent à vide.

— Le luth comprenait un nombre de variétés qui différaient par la dimension du manche, le nombre des touches et des cordes. Parmi ces variétés se trouvaient la mandoline, le *théorbe* ou grand luth, l'*archiluth*, etc.

Toutes ces variétés ont disparu depuis la seconde moitié du XVIIIe siècle.

Le luth est un des instruments à cordes les plus anciennement connus. On en trouve des traces chez les Grecs et les Romains, de même que chez les anciens Egyptiens, les Indiens, les Turcs et les Arabes, lesquels, suivant le Président de Brosses, l'apportèrent en Espagne, d'où il se répandit ensuite par toute l'Europe (fig. 122).

Le prestige religieux et poétique qui s'attachait à la lyre dans l'antiquité, et dont la harpe hérita au moyen âge, échut au luth vers la Renaissance. Du XVe au XVIIe siècle le luth a été l'organe par excellence de la musique galante. Tout poète devait savoir jouer du luth; toute bonne maison, tout haut personnage avait à son service un poète joueur de luth. Les plus grands seigneurs apprirent, dès lors, à se servir de ce noble instrument. Les courtisanes de haut parage s'y montrèrent fort habiles; les femmes en raffolaient tellement que l'on comptait sur la vertu de ses accords pour se faire bien-venir d'elles. Les écrivains musiciens l'appelaient le premier de tous les instruments (*omnium instrumentorum princeps*).

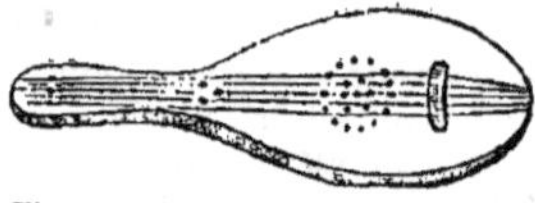

Fig. 122. — *Luth à cinq cordes, XIIIe siècle.*

On pense que, dans l'origine, le luth eut pour corps sonore une écaille de tortue, comme celui de la lyre de Mercure, d'où le nom de *testudo* qu'il avait chez les Latins. Ensuite, on le construisit en bois, cèdre ou sapin, mais on lui conserva son dos arrondi, et, de ce côté, au lieu de représenter une surface unie, il fut façonné à côtes; au milieu de la table de résonnance qui était plate, il y avait une ouverture circulaire entaillée et découpée; cette *oule* s'appelait *rose* ou *rosette*. Le corps sonore était adapté à un manche divisé, de distance en distance, par des sillets ou touches, au nombre de neuf. Les cordes de l'instrument étaient en boyaux et distribuées sur plusieurs rangs : les uns, simples, composés d'une corde seulement; les autres, doubles, comprenant deux cordes accordées à l'unisson. Les plus anciens luths avaient peu de cordes; mais ceux du XVIIe siècle comptaient jusqu'à six rangs de cordes, dont cinq doubles et un rang plus élevé, composé d'une seule corde nommée *chanterelle*, soit : onze cordes en tout. Ce nombre fut ensuite augmenté de cinq rangs doubles ajoutés au grave, ce qui donne au luth vingt-quatre cordes placées sur treize rangs, savoir : onze de cordes doubles et deux plus élevés, n'ayant qu'une corde chacun. Les huit cordes les plus graves servaient pour la basse, et les autres pour la mélodie.

*** LUTHERIE, LUTHIER.** La fabrication des luths ayant pris, en Europe, un accroissement considérable, elle constitua une branche d'industrie spéciale, d'où la profession de *luthier*. Limité d'abord à son principal objet, l'art du luthier s'étendit ensuite à la fabrication de toute espèce d'instruments à cordes. C'est encore sous le nom de *luthiers* qu'on désigne aujourd'hui ceux qui fabriquent et vendent des instruments à cordes et même toute espèce d'instruments de musique en bois.

Historique. Orphée, élève de Linus, peut être considéré comme le premier luthier dont l'histoire fasse mention. C'est lui qui remplaça, dit-on, les *fils de lin*, dont la lyre était montée par des cordes faites avec des boyaux d'animaux.

Saint Jérôme, dans une lettre où il traite spécialement des *divers genres d'instruments de musique*, nous apprend quels étaient, au IVe siècle, les instruments fabriqués par les luthiers grecs établis dans l'Empire romain. Outre la cithare, garnie alors de vingt-quatre cordes, et le *psalterium*, petite harpe montée de dix cordes, on n'y trouve guère mentionnés que l'orgue, la flûte, la trompette et quelques autres instruments à vent, que nous retrouvons encore employés au moyen âge.

Il n'y eut guère de règles fixes pour la facture des instruments avant le XVIe siècle, où de savants musiciens soumirent la théorie de cette fabrication à des principes mathématiques. Jusqu'en 1589, les instruments de musique étaient fabriqués à Paris par des ouvriers organistes, luthiers, voire chaudronniers, sous l'inspection et la garantie de la communauté des ménétriers; mais à cette époque, les maîtres facteurs de Paris furent réunis en corps de métier, et obtinrent de la bienveillance d'Henri III des privilèges et statuts particuliers.

La plupart des perfectionnements vinrent de l'Italie, où le concours d'une foule d'habiles luthiers avait peu à peu formé le violon. — V. Instruments de musique et Violon.

La plupart des instruments usités, en France, au XVIIe siècle étaient fournis, soit par la lutherie italienne, soit par la lutherie française. Celle-ci, incontestablement inférieure à la première, dont elle s'inspira, a eu pour représentants sous les règnes de Henri IV et de Louis XIII Jacques Bocquay et Pierray, tous deux lyonnais et fixés à Paris, puis Antoine Despons et Antoine Véron. Bocquay eut pour successeurs Guersan, son élève, Castagneri et Saint-Paul. Après eux vint Salomon de Paris, qui jouit d'une certaine réputation sous Louis XV.

Dans la seconde moitié du XVIIIe siècle, la lutherie parisienne se fit remarquer par les travaux de Pique, dont les violons étaient donnés en prix aux élèves du Conservatoire de Paris, à l'époque du Consulat. Mais cet artiste est tombé dans l'oubli. Il n'en fut pas de même de Nicolas Lupot, homme d'une véritable valeur qui, venu d'Orléans, s'établit à Paris, en 1794, étudia avec beaucoup de persévérance les proportions de Stradivarius, reconnues aujourd'hui comme les plus parfaites, et choisit les meilleurs bois qu'il put se procurer. Ses instruments, finis avec un soin méticuleux, ont aujourd'hui du prix aux yeux des artistes, et sont recherchés à défaut des bons violons de Crémone. C. F. Gand, son gendre et son élève, fut son successeur comme luthier de la Chapelle et du Conservatoire royal de musique.

Citons encore Nicolas Médard, le fondateur de la lutherie lorraine qui, au point de vue commercial, a acquis une grande extension. Élève d'Amati, il fabriqua d'abord à Paris, puis à Nancy, à partir de 1680 jusqu'à 1720. C'est aussi à Paris qu'ont travaillé François Lupot et Jean Vuillaume, élèves de Jos. Guarnerius, qui firent de bons instruments de 1700 à 1740.

De nos jours, Paris a compté quelques luthiers fort habiles. M. Vuillaume a tenté, le premier, de combattre l'opinion émise par M. Félix Savart, de l'Institut de France, qu'il n'y a de bons que les violons anciens. Il a essayé de copier, jusque dans les moindres détails, les instruments les plus estimés des constructeurs les plus célèbres. C'est ainsi qu'il prouvait, par des exemples, que la plupart des violons de Jérome Amati ont le fond d'une seule pièce et une dimension assez grande, à coins courts, et à bords dépassant un peu les éclisses. Il n'ignorait pas non plus que la voûte des stradivarius est un peu moins élevée et les filets plus éloignés des bords, la table ordinairement en sapin et à veines larges et séparées entre elles, de la même largeur sur toute la longueur. Dans leur ensemble, en effet, les stradivarius sont les plus plats de tous les violons célèbres des facteurs crémonais. M. Vuillaume savait, par expérience, que les sons de ces violons peuvent être comparés à ceux de la flûte, tandis que ceux des violons de Stainer, aussi célèbres et d'une forme bien plus voûtée, correspondent à celui de la clarinette. Enfin, le célèbre luthier-archéologue affirmait, preuves en mains, que ces derniers violons, lorsqu'ils portent une signature, la montrent simplement tracée à la main; que leurs manches sont toujours à tête de lion, et le tout recouvert d'un beau vernis rouge jaune ou brun foncé. Ajoutons, pour ne rien omettre, que M. Vuillaume imitait jusqu'aux égratignures, aux accidents de toute sorte, à la détérioration du vernis, qui ont, avec le temps, altéré la surface des violons anciens. Mais beaucoup d'amateurs distingués se refusent à reconnaître l'identité du son des copies et des modèles: l'apparence seule est identique, la qualité ne l'est pas. Quoi qu'il en soit, nombre de ces pastiches ont été vendus et se vendent journellement pour des instruments des anciens luthiers.

Après M. Vuillaume, viennent Thibout, Chanot et Bernardel, qui ont aussi beaucoup copié les instruments anciens, mais sans viser à faire des violons vieux, quant aux sons. Ils faisaient, au contraire, des instruments d'un effet vigoureux qui, avec le temps, s'adoucissaient, comme ont fait les stradivarius. Viennent ensuite MM. Henri, Laprévotte et, enfin, MM. Gand et Bernardel frères, fournisseurs actuels du Conservatoire de musique, à Paris.

Technologie. Le nombre des pièces diverses nécessaires à la construction d'un violon ou autre instrument de la même famille, alto, violoncelle, contrebasse, ne montent pas à moins de 81 et même 83, si les deux tables sont chacune de deux morceaux, ce qui est assez fréquent. Voici le dénombrement de ces pièces : pour le fond, 2; la table, 2 ; les coins et tasseaux, 6 ; les éclisses, 6 ; les contre-éclisses, 12 ; la barre, 1 ; les filets, 36; le grand et le petit sillet, 2; le manche, 1; la touche, 1 ; le cordier ou queue, 2 ; l'attache du cordier, 1; le bouton, 1; les chevilles, 4; les cordes, 4; l'âme, 1 ; le chevalet, 1. Quant à l'archet, il est complètement indépendant de l'instrument, et constitue un travail tout à fait particulier. Un certain nombre de luthiers fabriquent aussi des archets; mais la plupart se bornent à la seule facture des instruments. — V. Archet.

Les différents bois employés pour la construction des instruments de choix sont: l'érable ou le platane, qui fournissent le fond ou table inférieure, le manche, les éclisses et le chevalet. On tire du sapin la table supérieure, la barre d'harmonie, les coins, les tasseaux, l'âme et les contre-éclisses. L'ébène sert pour la touche, les filets, les chevilles (qui parfois se font en palissandre), le cordier et le bouton.

Le bois qui sert à confectionner la caisse de l'instrument doit être bien choisi et dans un grand état de sécheresse. Plus il est vieux, meilleur il est. Le platane doit être très sain, n'avoir ni nœuds, ni gerçures, et ses fibres doivent courir directement dans toute sa longueur, sans jamais décrire aucune courbe ; de plus, ce bois ne doit pas être trop dur, car il ne produirait que des sons aigres, ni trop mou, parce qu'alors il ne donnerait qu'une sonorité sourde et sans éclat ; enfin, le bois à teinte blanche régulière, doit être préféré à celui qui présente des taches rouges ou brunes. Il en est de même du sapin, lequel doit être très blanc, d'un grain moyen, ni trop gros, ni trop fin, et avoir ses veines séparées régulièrement entre elles d'une ligne environ; le moindre nœud, le plus petit défaut, doit faire rejeter la pièce.

Pour la fabrication de leurs instruments, les luthiers se servent de modèles ou patrons en bois de platane, qui en représentent les profils et les contours. S'il s'agit d'un bon instrument, d'un violon, par exemple, que nous prendrons comme type, on *détable* un instrument ancien, soit de Stradivarius, soit d'Amati, soit de Guarnerius, ces maîtres immortels dans l'art de la lutherie, et l'on en prend exactement les proportions. L'une des plus grandes difficultés est d'obtenir la voûte de chacune des deux tables de l'instrument, lesquelles ne sont pas plates, mais fortement bombées du côté extérieur ; la proportion exacte et rationnelle de ces voûtes est l'une des conditions premières de la bonté de l'instrument, ainsi que l'épaisseur des tables. Une fois ces tables achevées, que les *ouïes* en forme d'*f* ont été creusées et découpées dans celle du dessus, on passe aux éclisses, c'est-à-dire aux minces plaques de bois qui servent à réunir les deux tables, et qui doivent en reproduire fidèlement les contours ; ces plaques ont $0^m,001$ d'épaisseur, et c'est à l'aide du feu qu'on parvient à leur donner la forme qu'elles accusent avec tant d'élégance.

On applique ensuite la barre d'harmonie, petit morceau de sapin qui se pose à gauche de la table, au-dessus de la plaque que doit occuper le chevalet à l'extérieur, et son office est d'aider l'instrument à supporter le poids des cordes, tout en donnant de la gravité aux deux cordes basses. On joint enfin, au moyen de la colle forte, les pièces diverses qui doivent former la caisse : table, fond, éclisses. Lorsque l'instrument est *tablé*, c'est-à-dire quand on s'occupe de placer les filets, petites lamelles de bois de couleur foncée, au nombre de trois, destinées à orner et à consolider en même temps toute la partie contournée qui dépasse les éclisses, la caisse est achevée.

Le luthier songe alors au manche, termine la volute ou crosse avec grâce et finesse, et fait bien attention que les trous des chevilles qui y sont pratiqués soient percés convenablement, pour que chacune d'elles tourne aisément. Quand le manche est placé et collé, on applique dessus la *touche*, plaque un peu rebondie en bois d'ébène, sur laquelle, lorsque les cordes sont tendues, viennent se jouer les doigts de l'instrumentiste. La touche est séparée de la volute par le *petit sillet*, menu morceau d'ébène sur lequel sont pratiquées quatre petites entailles où viennent se fixer les cordes. Le *grand sillet* est une autre petite pièce d'ébène qui se place sur la table, à l'extrémité inférieure de l'instrument. On perce ensuite au bas du violon, dans l'éclisse même, un petit trou dans lequel est fixé un bouton d'ébène, et c'est à ce bouton qu'on fixe la corde destinée à attacher le *cordier*, lequel doit reposer sur le grand sillet, et ne toucher en rien à la table. Il ne reste plus alors qu'à monter l'instrument, c'est-à-dire à le garnir de ses quatre cordes. Quant au vernis, auquel les grands luthiers ont toujours été justement préoccupés de donner à la fois la délicatesse, la solidité et la transparence possibles, on l'applique dès que la caisse est terminée, et, par conséquent, avant l'assemblage des diverses pièces supplémentaires.

En dehors de tous ces détails de fabrication, le luthier doit avoir une connaissance exacte des lois de l'acoustique, des rapports de sonorité qui existent entre les diverses pièces qui composent les instruments ; de la manifestation du son produit par les vibrations de l'air, sous l'action de l'archet qui ébranle l'appareil sonore ; enfin, des différentes espèces de vernis, dont les qualités essentielles sont de garantir le bois contre l'influence des variations hygrométriques de la température.

On voit, par ce qui précède, combien sont compliquées les opérations relatives à la construction des instruments à cordes, et combien, dans toutes ses parties, est difficile et délicat l'art du luthier. — S. B.

Bibliographie : Ant. Vidal : *Les instruments à archet, Les feseurs, les joueurs d'instruments, leur histoire, etc.*, Paris, 1876 ; J. Gallay : *Les instruments des écoles italiennes, etc.*, Paris, 1872; L. de Burbure : *Recherches sur les luthiers d'Anvers, etc.*, Bruxelles, 1863; J. Fétis : *Antoine Stradivari*, précédé de *Recherches historiques et critiques sur l'origine et les transformations des instruments à archet*, Paris, 1856; Ad. de Pontécoulant : *Organographie, Essai sur la facture instrumentale*, Paris, 1861 ; *Gazette des Beaux-Arts : Les instruments à archet; Antoine Stradivarius*, t. I; Statistique de l'industrie à Paris en 1869 : *Instruments de musique à cordes et à archet.*

LUTRIN. Ce mot qui dérive de *leutrin*, corruption de *lectrin*, désigne un meuble d'église, en bois ou en métal, disposé pour recevoir un ou plusieurs livres de chant ou de lecture.

— On distinguait, autrefois, les *lectrins*, ou *lutrins*, fixes, à l'usage des chantres et placés pour cela au milieu du chœur; les lectrins — transportables pour lire l'épître ou l'évangile; — ce qui les confondait avec les *ambons* (V. ce mot), et les lectrins de « librairie » ou de bibliothèque, auxquels on enchaînait ordinairement les livres, pour en éviter le vol. Les anciennes miniatures et les vieilles estampes représentent le lectrin, ou lutrin, sous cette triple forme.

Le lutrin de chœur, le seul qui ait gardé ce nom, était, dit Viollet-le-Duc, généralement surmonté d'un aigle qui dominait les deux tablettes inclinées, destinées à supporter les livres de chant, ou qui recevait la tablette sur ses ailes, si le lutrin n'en possédait qu'une. L'aigle était toujours figuré comme prenant son essor, afin de porter à Dieu les chants des clercs : genre de symbolisme analogue à celui qui consistait à placer au sommet des églises, et juste au-dessus de l'autel, une flèche aiguë, emblème de la prière montant vers l'Eternel.

La plupart des anciens lutrins ont péri : il en reste encore pourtant quelques-uns, tant en bois qu'en fer et en cuivre. Les formes en étaient extrêmement variées; le pied surtout, tantôt quarré, tantôt triangulaire, tantôt polygonal, offrait de charmants détails de sculpture et se rattachait ainsi aux stalles, aux chaires, aux bancs-d'œuvre dont il reproduisait les motifs et la décoration.

Lorsque l'aigle symbolique est absent, le lutrin est généralement à deux pupitres d'inclinaison égale, formant une cavité, dans l'intérieur de laquelle on plaçait des livres. Beaucoup de lutrins modernes affectent cette forme.

Le lutrin d'église a été l'une des jolies œuvres de la *sculpture sur bois* et de la *ferronnerie*; nous renvoyons donc à ces deux mots pour tout ce qui concerne le côté technique de la fabrication; le côté anecdotique et plaisant est dans le fameux poème héroï-comique de Boileau, ainsi que dans la charmante bluette de Gresset. Quant au lectrin de bibliothèque, il en existe de fort beaux spécimens dans les musées, à l'hôtel de Cluny notamment; mais le pupitre de diverses formes a remplacé depuis longtemps cet antique instrument de lecture. — L. M. T.

***LY-CHO.** *T. de chim.* Production végétale qui sert dans l'apprêt des tissus, comme succédané de la gomme adragante, et qui, ainsi que le *Hai-thao*, est extraite d'algues marines très abondantes sur les côtes de l'Inde, de la Cochinchine, de l'île Maurice, etc. C'est une variété de *gélose*. — V. ce mot.

LYRE. Instrument de musique à cordes, qui semble avoir été, chez les anciens, le premier des instruments à cordes, comme la flûte a été, ainsi que nous l'avons dit, le premier des instruments à vent.

M

MACADAM (du nom de l'inventeur, Mac-Adam). Genre d'empierrement des routes et des chaussées, fait en pierres dures, concassées et soumises à l'action d'un rouleau compresseur. — V. Chaussée, Empierrement.

* **MACASSAR** (Huile de). Huile de coco dans laquelle on laisse infuser des fleurs d'*uvaria odorata* et de *michelia champacca*, qui cèdent une odeur de jonquille; on y ajoute du curcuma pour colorer en jaune. || Huile d'olive ou d'amande, teinte en rouge avec de la racine d'alkana (orcanette), et mélangée avec des huiles parfumées dont on se sert comme préservatif de la chute des cheveux, disent les prospectus.

* **MACÉRAGE.** *T. techn.* Opération du blanchiment du lin et du chanvre; elle consiste à mettre les pièces dans des cuves d'eau tiède, à laquelle on ajoute un peu de son pour favoriser une certaine fermentation.

MACÉRATION. *T. de chim. et de pharm.* Opération qui consiste à laisser séjourner à froid un corps dans un liquide, soit pour obtenir des principes actifs facilement solubles, soit pour amollir certaines substances et dissoudre leurs cellules, soit encore pour empêcher l'altération de quelques matières et assurer leur conservation : c'est ainsi que l'on fait macérer les fruits dans de l'eau-de-vie, les cornichons dans du vinaigre, etc.

MÂCHEFER. *T. de métall.* On nomme *mâchefer* le produit de la demi-fusion des cendres de certains combustibles minéraux, tels que la houille. Les mâchefers sont du silicate d'alumine coloré par un peu de fer; celui-ci provient, soit des pyrites du charbon, soit, dans les feux de forge, de l'oxydation du fer que l'on y chauffe; il semble donc que ce sont les cendres du combustible qui ont rongé le fer, d'où le nom de *mâchefer*. On emploie, assez souvent, les mâchefers pulvérisés, en mélange avec l'argile, pour faire des briques d'une plus grande résistance que les briques rouges ordinaires; on obtient le même résultat que si on avait ajouté de l'argile cuite, ce qui donne un mélange plus maigre et ayant moins de retrait.

MÂCHICOULIS. *T. de fortif. anc.* Galerie saillante que l'on pratiquait au sommet des châteaux-forts, des tours, des portes de ville, et soutenue par des consoles de pierre, qui laissaient entre elles une ouverture d'où l'on apercevait le pied de la muraille et de laquelle on pouvait lancer sur les assaillants, des pierres, du plomb fondu, de l'huile bouillante, etc.; on disait aussi *mâchecoulis*.

I. **MACHINE.** *T. de mécan.* Appareil qui est destiné à fournir ou à transformer un effort, un travail ou un mouvement déterminé. Toutefois, les machines qui se bornent à transmettre le mouvement qu'elles reçoivent d'un moteur étranger, sont plutôt de simples mécanismes, et le nom de *machine* doit être réservé aux appareils qui transforment ou absorbent le travail des forces extérieures. Cette définition comprend encore deux catégories d'appareils qu'il importe de distinguer : les *récepteurs* qui utilisent, en l'absorbant, le travail des forces : ils sont mis en mouvement par un appareil extérieur et constituent les *machines proprement dites;* et les appareils qui fournissent la force motrice aux premiers et constituent plus spécialement les *moteurs*.

La première catégorie comprend donc tous les appareils si variés qu'emploient les industries de toute nature, en vue d'accomplir directement un travail déterminé; ce sont les *machines-outils* en quelque sorte (V. Machine-outil). Dans la seconde catégorie, nous conserverons les appareils qui fournissent l'effort ou le mouvement moteur, en empruntant l'action des forces naturelles. Citons, par exemple, les moteurs fondés sur le mouvement de l'air ou du vent, comme les *moulins*, les *turbines atmosphériques*, etc., ceux qui recueillent les mouvements de l'eau, les *roues hydrauliques*, les *turbines*, les appareils qui seraient fondés sur le mouvement des marées, les moteurs utilisant directement la chaleur solaire, etc. A côté de ceux-ci, il convient de citer les moteurs appliquant un liquide, un fluide ou un gaz ayant dû subir une préparation préalable entraînant la dépense d'une certaine quantité de combustible, tels sont les *moteurs à vapeur d'eau*, qui forment de beaucoup la classe la plus importante de tous, les *moteurs à air comprimé*, *à air chaud*, les *moteurs à gaz*, les *moteurs à eau sous pression*, *élévateurs*, etc. Les *moteurs électriques* représentés par les machines dynamo ou magnéto-électriques, pourraient également rentrer dans cette catégorie, puisqu'ils fournissent un mouvement moteur sous l'action du fluide électrique, mais il faut considérer que ce sont plutôt des appareils intermédiaires actionnés par des moteurs à vapeur, et à ce point de vue, il paraît préférable de les conserver dans la catégorie des machines.

Bien que la distinction des moteurs et des machines ne soit pas toujours observée dans le langage usuel, nous croyons devoir néanmoins la conserver ici, car elle répond bien à une différence essentielle entre ces deux catégories d'appareils ; nous reporterons donc au mot MOTEUR l'étude de tous les appareils moteurs, tels que nous venons de les définir, et nous ne conserverons ici que celle des machines proprement dites. Il arrive quelquefois, d'ailleurs, que le moteur et la machine qu'il actionne sont réunis dans un même appareil, mais cette circonstance, toute spéciale, n'infirme en rien la distinction que nous établissons ; et même dans ce cas, il est toujours facile de faire la distinction, au moins d'une manière théorique.

Nous n'avons pas besoin d'insister sur l'immense révolution économique que les machines, considérées même simplement comme appareils récepteurs du travail transmis, ont entraînée avec elles. La machine permet, en outre, de sa production plus abondante et plus économique, d'utiliser complètement la puissance énorme que les moteurs mécaniques peuvent développer aujourd'hui ; elle accomplit ainsi des travaux qui seraient presque irréalisables autrement, fournissant, par exemple, un effort que des milliers d'hommes réunis ne pourraient pas atteindre, ou ailleurs développant une vitesse qui surpasse absolument celle de nos moteurs animaux. Elle est arrivée enfin à différencier ses organes au point de pouvoir s'adapter à toutes sortes de besoins, et il n'est peut-être pas de travail si compliqué qu'on le suppose qui ne puisse être réalisé à la machine. Dans l'exploitation agricole, par exemple, où il paraît si difficile cependant de supprimer la main-d'œuvre, en raison des conditions si variées où elle s'exerce, nous connaissons aujourd'hui des machines qui peuvent effectuer tous les travaux de la ferme, labourer, semer, faucher, moissonner, lier les gerbes de blé ou les bottes de foin, les rentrer dans les greniers, battre le blé, etc., et nous pourrions citer des exemples analogues dans toutes les industries, rappeler ces machines qui paraissent réaliser des tours de force en mécanique, comme la machine à coudre, les métiers à tisser, la dentellière, toutes les machines à imprimer, etc., et on peut dire en un mot que la difficulté d'exécution du travail demandé ne crée jamais un obstacle absolu à l'emploi des machines. Le seul obstacle est d'ordre économique, car l'application de la machine peut se trouver plus dispendieuse que la main-d'œuvre, si le moteur est trop cher, si le travail à exécuter n'est pas continu, etc.; mais s'il s'agit, au contraire, de développer, sans interruption, d'une manière permanente, un travail toujours identique, la machine devient alors sans rivale, et c'est ce qui explique la merveilleuse expansion qu'elle a prise de nos jours. Elle permet, en effet, de produire, dans des conditions tout à fait économiques, un objet indéfiniment répété, qu'elle met à la disposition de tout le monde, et à ce point de vue, elle répond complètement aux besoins démocratiques de notre époque, besoins qu'elle a contribué d'ailleurs à développer. On peut dire, à d'autres égards, qu'elle a modifié complètement le régime économique de l'industrie ; en facilitant le développement exagéré de la production, elle a obligé les industriels à chercher leurs débouchés dans le monde entier et leur a enlevé, en même temps, le monopole forcé dont ils jouissaient dans leur région ; elle a entraîné la formation de vastes ateliers, réunissant un grand nombre d'ouvriers, dont l'existence se trouve suspendue à l'état de prospérité, souvent précaire, de leur industrie ; elle a créé ainsi des difficultés économiques d'une gravité inconnue aux époques précédentes. Toutefois, ces difficultés tiennent en grande partie aux moteurs à grande puissance, qu'on est encore obligé d'employer pour obtenir économiquement la force nécessaire, et elles seraient sans doute bien atténuées si les progrès apportés à la construction des moteurs permettaient de diviser davantage la force motrice. Les machines électriques, qui sont appelées à prendre dans l'avenir un développement dont nous ne pouvons encore nous faire à peine l'idée, devront jouer sans doute un rôle considérable dans cette transformation, surtout le jour où les études actuellement en cours sur la transmission de l'énergie permettront d'utiliser les forces naturelles d'une manière plus satisfaisante.

Pour en revenir au point de vue technique, nous devons rappeler que les résultats merveilleux obtenus par l'emploi des machines, ne doivent jamais faire illusion à leur sujet, et il ne faut pas oublier qu'elles correspondent toujours à une perte de force motrice ; elles ne rendent jamais intégralement, en un mot, l'énergie qui leur a été confiée, elles la restituent sans doute sous une forme différente, mieux appropriée aux besoins, mais toujours avec perte. On ne peut même pas dire, suivant une expression trop fréquemment adoptée, qu'elles gagnent en force ce qu'elles perdent en vitesse ou inversement, car si elles augmentent effectivement la vitesse ou l'effort du moteur, elles diminuent dans une proportion plus considérable l'autre facteur du travail, de sorte que l'énergie obtenue subit toujours une réduction sensible. On comprend, d'ailleurs, qu'il ne peut en être autrement, car les frottements inévitables dans toutes les machines, l'usure des organes, les chocs, l'échauffement des pièces, les vibrations qu'on ne peut supprimer, le bruit qui en résulte, absorbent toujours nécessairement une certaine fraction de l'énergie transmise.

Au point de vue théorique, on doit considérer une machine comme formant un ensemble de points matériels animés d'un mouvement généralement périodique, c'est-à-dire qu'au bout d'un certain temps, ils reprennent tous la même vitesse, et la puissance vive repasse par la même valeur, présentant ainsi un accroissement nul pour chacune de ces périodes. Si on applique donc à celles-ci l'équation connue sous le nom d'*effet du travail*, et dont on trouvera la démonstration dans tous les traités de mécanique rationnelle, on arrive à ce résultat que la somme des travaux des forces de toute sorte, intérieures ou extérieures, appliquées à l'ensemble des points considérés pendant cette période, est nécessairement nulle, comme étant égale à l'accroissement des forces vives pendant ce même temps. Si on appelle T_m le travail de la force motrice, T_u le travail résistant utile, et T_p le travail perdu qui se trouve absorbé par les frottements de toute nature, vibrations, etc., on aura l'équation suivante, en ayant égard aux signes respectifs des différents travaux :

$$\frac{1}{2}\Sigma m v_2 - \frac{1}{2}\Sigma m v_0^2 = 0 = T_m - T_u - T_p$$

Il faut considérer, en effet, que le principe de l'effet du travail tient compte de toutes les forces et des réactions développées même à l'intérieur du système des points matériels, et par suite des forces moléculaires, dont l'effet se traduit, d'ailleurs, comme nous le disions plus haut, d'une manière apparente et indiscutable.

Il résulte de là qu'on a :

$$T_u = T_m - T_p$$

Ce qui montre que le travail utile est toujours inférieur au travail moteur, comme nous le disions, car T_p ne peut jamais s'annuler, mais T_u peut lui-même devenir nul si le travail de la machine est occupé seulement à vaincre les résistances passives. Quant au rendement, rapport $\frac{T_u}{T_m}$ du travail utile au travail moteur, il est donné par l'expression suivante :

$$\frac{T_u}{T_m} = 1 - \frac{T_p}{T_m}$$

Ce rapport ne peut jamais être égal à l'unité, et en pratique, même sur les meilleures machines, il dépasse rarement 0,8 à 0,9, et on peut considérer la machine comme très bonne lorsqu'il approche de ce dernier chiffre ou même s'il le surpasse.

Ce même principe de l'effet du travail montre aussi immédiatement l'impossibilité du mouvement perpétuel, c'est-à-dire d'une machine qui marcherait continuellement, sans être alimentée par une force extérieure. Si on suppose même que la machine n'effectue aucun travail utile, et qu'on n'ait à considérer que le travail résistant des forces de frottement, l'équation de l'effet du travail prendra la forme suivante, v étant la vitesse de chacun des points matériels à l'instant considéré, et v_0 la vitesse initiale ; en écrivant que le dernier accroissement des forces vives est égal au travail négatif T_f des forces de frottements, on a :

$$\Sigma\frac{1}{2}mv^2 - \Sigma\frac{1}{2}mv_0^2 = -T_f$$

Or T_f croît toujours nécessairement avec le temps, puisque les forces de frottement ne peuvent pas suspendre leur action, et il arrivera donc un moment où il atteindra la valeur limite

$$\Sigma\frac{1}{2}mv_0^2$$

donnée par la force vive initiale ; on voit qu'alors

$$\Sigma\frac{1}{2}mv^2$$

doit être nécessairement nul, et la machine devra s'arrêter après avoir présenté une vitesse graduellement décroissante.

Nous retrouvons là, en un mot, la confirmation de cette grande loi naturelle que le travail, ou mieux l'énergie suivant l'expression anglaise, comme la matière, est indestructible et incréable par tous les moyens d'action dont nous pouvons disposer, et nos machines ne peuvent jamais que transformer le travail, sans le créer par elles-mêmes.

Dans l'impossibilité d'entrer ici, au sujet de la construction et de l'entretien des machines, dans des détails qui varieraient nécessairement suivant chaque type, nous nous bornerons à résumer les principes généraux, qu'on ne doit jamais perdre de vue, quelle que soit la machine considérée. On voit immédiatement qu'il faut toujours s'attacher à réduire au strict minimum les travaux perdus qui diminuent d'autant le rendement, éviter en un mot les frottements exagérés, qui entraînent l'usure et l'échauffement des pièces, les vibrations, et surtout les chocs, qui désorganisent tous les organes : la véritable machine doit être silencieuse, opérant par action lente et graduée, aussi continue que possible. Faut-il ajouter qu'elle doit être installée spécialement en vue du travail qu'elle doit exécuter, et cependant, cet axiome, banal en apparence, est trop souvent méconnu, le constructeur s'attache surtout à la fabrication, et il ne se préoccupe pas toujours suffisamment des conditions pratiques de la marche, de la conduite et de l'entretien de la machine. Il importe cependant beaucoup de faciliter à l'ouvrier chargé de la surveillance, l'accès de toutes les pièces sur lesquelles il doit agir, des leviers de manœuvre, des outils, des robinets divers, et surtout des appareils de graissage, dont le bon fonctionnement joue un rôle si considérable dans l'économie de la machine. Il faut qu'il puisse reconnaître et atteindre immédiatement les pièces qui viendraient à s'échauffer, celles qui sont exposées à une usure particulière. Il importe, enfin, de se préoccuper du remplacement de ces pièces, en faisant porter l'usure sur des parties détachées, qui puissent être changées facilement.

En ce qui concerne les dimensions et les dispositions à donner aux divers organes, il est clair qu'elles doivent être établies en tenant compte d'une part, de celles des machines analogues précédemment construites, qui ont donné des résultats satisfaisants, et en les contrôlant d'autre part par le calcul, en s'aidant des principes connus de la mécanique et de la théorie de la résistance des matériaux. Il faut, en un mot, donner à chacune des pièces, la forme et les dimensions qu'elle exige, tout en n'excluant pas une certaine élégance qui assure aux machines de nos constructeurs nationaux une physionomie spéciale fort appréciée même de l'étranger.

Terminons enfin, en disant qu'il importe d'adopter des combinaisons de mouvement aussi simples que possible, bien faciles à saisir, surtout avec les machines qu'on devra confier à des ouvriers peu habitués à les manier ; il faut qu'ils puissent se rendre compte, par la simple inspection, pour ainsi dire, du rôle et du fonctionnement des divers organes, afin de pouvoir reconnaître immédiatement celui de ces organes qui viendrait à faire défaut. Les machines délicates ne peuvent être confiées qu'à des ouvriers expérimentés et doivent être placées dans des ateliers où elles puissent recevoir la surveillance éclairée et assidue qu'elles exigent.

II. ***MACHINE.** *T. de métall.* La *machine* est la matière première destinée au *tréfilage*. C'est un rond de 4 à 6 millimètres et obtenu par laminage.

Les trains à machine ont été très perfectionnés dans ces dernières années, par la métallurgie allemande, en vue de la consommation de l'acier extra-doux, dit *flusseisen*. Dans une première cage, *trio*, servant *d'ébaucheur* et formée de cylindres de 32 à 35 centimètres de diamètre, la vitesse est de 200 tours par minute et la billette s'allonge, en cinq passes, de cinq fois sa longueur environ.

De la même chaude, la barre va au *finisseur* où le serpentage se fait à raison de 500 à 1,000 tours par minute. Il y a, généralement, 7 paires de cages *duo*, dans certaines desquelles on opère jusqu'à trois passages. Le diamètre des cylindres finisseurs est de 25 centimètres seulement ; aussi, la vitesse à la circonférence est-elle considérable.

En sortant du laminage, le fil est enroulé mécaniquement en forme de bottes et prêt à l'expédition.

Un semblable train peut faire jusqu'à 50 tonnes par vingt-quatre heures, ce qui permet, en Westphalie, de fabriquer de la machine avec un écart de 30 à 35 francs seulement entre la billette (Knüppel) et la machine (Walzdraht).

La consommation de force motrice est importante et va jusqu'à 4 et 500 chevaux pour la production de 50 tonnes de fil laminé par vingt-quatre heures.

La machine la meilleure est du système Compound et avec deux cylindres de 60 centimètres environ de diamètre, la détente ayant lieu dans deux cylindres de 90 centimètres ; mais on peut varier ces dimensions. Quatre tambours cannelés et actionnés par une transmission à cordes rondes, permettent d'obtenir deux vitesses variant du simple au double, pour le train ébaucheur et le train finisseur. Une transmission par engrenages serait impossible avec de telles vitesses, et l'emploi des courroies est sujet à de trop grandes précautions contre les glissements et l'état hygrométrique. — F. G.

MACHINE AGRICOLE. — V. Instruments agricoles.

MACHINE A AIR CHAUD. — V. Froid.

MACHINE A AIR COMPRIMÉ. — V. Moteur.

MACHINE A AIR FROID. — V. Froid.

MACHINE A CALCULER. — V. Arithmomètre, Calculer.

MACHINE A COUDRE. — V. Couseuse mécanique.

MACHINE A GAZ. — V. Moteur.

MACHINE A VAPEUR. — V. Moteur.

MACHINE D'ATWOOD. — V. Chute des corps.

MACHINE DE COMPRESSION. On appelle *machine de compression*, dans les cabinets de physique, une pompe aspirante et foulante qui sert à comprimer de l'air. Elle ne diffère de la machine pneumatique que par la disposition inverse des soupapes. D'une manière plus générale, on pourrait appeler *machine de compression*, toute machine servant, industriellement, à comprimer de l'air, mais on lui réserve le nom de *compresseur* ou de *machine soufflante*, suivant que la pression à laquelle elle comprime l'air est plus ou moins forte, le compresseur agissant surtout pour obtenir de fortes pressions. — V. Compresseur, Compression.

MACHINE ÉLECTRIQUE. Les machines électriques sont celles qui servent à la production de l'électricité au moyen du travail mécanique ; elles se divisent en *machines électro-statiques* et *machines électro-dynamiques*, selon qu'elles sont employées à produire l'électricité sous la forme de charge accumulée aux extrémités d'un circuit ouvert ou de flux circulant incessamment dans un circuit fermé. Les premières sont restées jusqu'à présent des appareils de laboratoire et nous n'avons pas à nous en occuper ici (V. Électricité, § 47). Les secondes sont devenues, au contraire, des appareils industriels déjà très perfectionnés, dont l'emploi se généralise rapidement ; c'est grâce à elles que l'éclairage électrique et l'électro-métallurgie sont entrés dans le domaine de la pratique, et ce sont elles qui permettront prochainement de réaliser le problème si intéressant de la transmission à grande distance et de la distribution du travail mécanique.

Le fonctionnement des machines électro-dynamiques est basé sur les phénomènes physiques dont les lois ont été établies par Ampère (lois de l'électro-dynamique) et par Faraday (lois de l'induction). C'est la réciprocité de ces lois qui permet d'employer la même machine, soit comme générateur de l'électricité, soit comme moteur électrique, autrement dit, les machines électro-dynamiques sont des appareils réversibles qui peuvent, à volonté, transformer l'énergie mécanique en énergie électrique, ou l'énergie électrique en énergie mécanique.

Les découvertes d'Ampère, de Faraday, d'Arago sont exposées, dans le *Dictionnaire*, au mot Électricité; il suffira donc d'en faire un résumé envisagé plus spécialement au point de vue du fonctionnement et de la construction des machines électro-dynamiques.

I. Les lois d'Ampère établissent que: toutes les fois que deux courants électriques sont en présence, ils exercent l'un sur l'autre une action attractive ou répulsive; attractive, lorsqu'ils sont dirigés dans le même sens; répulsive, lorsqu'ils sont dirigés en sens contraire. En conséquence, lorsque l'un des conducteurs parcourus par ces courants, est mobile, il se rapproche ou s'éloigne de l'autre et ce mouvement est dû à l'influence réciproque des courants. Les lois de Faraday établissent la réciprocité du phénomène précédent; c'est-à-dire que si l'un des deux conducteurs parcourus par des courants électriques, est mis en mouvement mécaniquement, l'influence simultanée des courants et du mouvement, fait naître dans celui des conducteurs qui présente la plus faible résistance (électrique), un courant induit dont la direction dépend du sens du mouvement et de la relation entre les courants préexistants. En général, un seul des conducteurs est parcouru par un courant qui joue le rôle d'inducteur; l'autre conducteur est à l'état neutre; le courant induit est dirigé en sens contraire du courant inducteur, lorsqu'il y a rapprochement, et dans le même sens, s'il y a éloignement; c'est la loi que l'on nomme la *loi de Lenz* (V. Électricité, § 97). Les mêmes effets se produisent entre deux conducteurs immobiles, dans l'un desquels on fait passer un courant électrique; le passage de ce courant engendre dans le conducteur voisin des courants induits instantanés, de direction opposée; le premier correspond à l'arrivée du courant inducteur et marche en sens contraire; le second correspond à la disparition du courant inducteur et marche dans le même sens; il n'est même pas nécessaire que le courant inducteur disparaisse entièrement; chaque augmentation et chaque diminution de son intensité exerce la même influence. C'est sur ce genre d'induction appelée *voltaïque*, qu'ont été établies les bobines d'induction, dites *de Ruhmkorff* (V. Induction), et celles du même genre que MM. Gaulard et Gibbs emploient pour transformer à volonté un courant alternatif (primaire) en un autre courant alternatif (secondaire) de plus grande ou de plus faible intensité. Comme cette transformation peut être réalisée en autant de points que l'on veut du circuit parcouru par le courant primaire ou inducteur, et que celui-ci peut être employé avec un potentiel très élevé, favorable à l'économie des conducteurs, on peut considérer ce genre de transformateurs comme réalisant une solution simple et pratique du transport et de la distribution de l'énergie électrique.

Les phénomènes de l'induction voltaïque se produisent également lorsqu'on remplace l'influence du courant par celle d'un aimant ou mieux encore d'un électro-aimant; ils prennent alors le nom d'*induction électro-magnétique* (V. Électricité, § 75). La facilité avec laquelle on peut obtenir des champs magnétiques très puissants, a conduit à l'emploi exclusif de ce genre d'induction dans l'établissement des machines et des moteurs électro-dynamiques.

II. On emploie avantageusement pour étudier la composition et la puissance des champs magnétiques ou galvaniques, ainsi que les actions réciproques qui s'y produisent, les figures que l'on nomme *fantômes magnétiques*, et qui sont obtenues avec de la limaille de fer très fine (V. Électricité, § 71). Les lignes de ces figures représentent les lignes de force de Faraday; leur nombre et leur direction permettent d'apprécier l'intensité du champ; les déformations qu'elles subissent, lorsque deux champs sont en présence, mettent en évidence les réactions qui s'y produisent. Il convient d'observer qu'un fantôme ne contient que les lignes de force contenues dans son plan, et qu'il en faut souvent plusieurs pour connaître complètement la composition du champ que l'on étudie. Quelques exemples suffiront pour montrer l'intérêt de ce genre d'études.

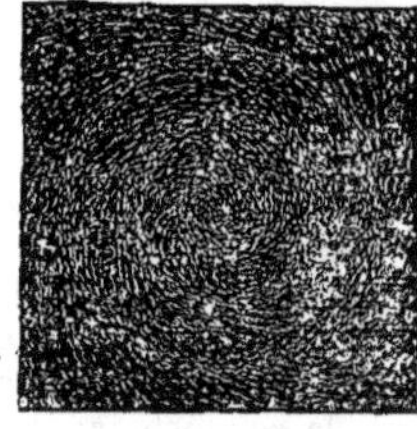

Fig. 123.

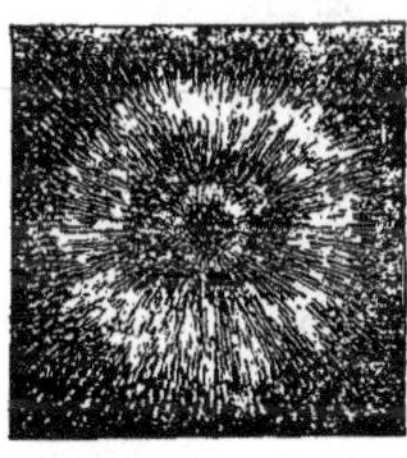

Fig. 124.

La figure 123 montre le fantôme d'un courant rectiligne; les lignes de force sont des cercles concentriques à l'axe du conducteur, et séparés par des intervalles croissants à mesure qu'ils en sont plus éloignés. La figure 124 représente le fantôme de l'un des pôles d'un aimant cylindrique; la disposition rayonnante des lignes de force établit une différence bien caractérisée entre le champ magnétique de l'aimant et le champ galvanique du courant dans la figure précédente. Les figures 125 et 126 montrent l'influence qu'exercent l'un sur l'autre deux pôles voisins. Dans la figure 125, les pôles sont de noms contraires, et les lignes de force s'infléchissent les unes vers les autres; dans la figure 126, les pôles sont de même nom et les lignes de force se repoussent; leurs directions, dans les deux cas,

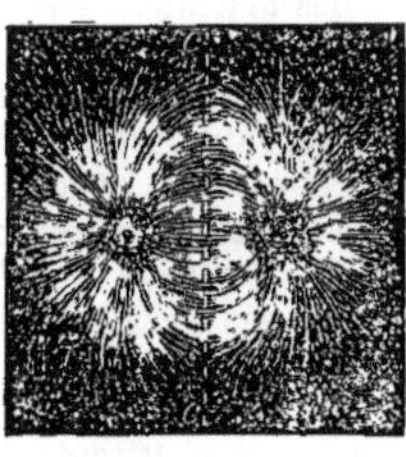

Fig. 125.

exprimont bien les mouvements que prendraient les aimants, s'ils étaient libres de se mouvoir. La figure 127 montre l'influence d'un pôle d'aimant sur un conducteur voisin et parallèle; le déplacement mutuel des lignes de force rayonnantes de l'aimant et des lignes de force circulaires du conducteur, montre qu'ils sont sollicités à tourner l'un autour de l'autre. Si l'on changeait le sens du courant ou la polarité de l'aimant, la déformation des lignes de force aurait lieu en sens contraire. La figure 128 montre les réactions réciproques d'un pôle d'aimant et d'un courant, confondus sur le même axe; c'est l'aimant qui sert de conducteur; les lignes de force, contournées en spirale, font voir que si l'aimant est mobile sur son axe, il doit tourner sous l'influence du courant qui le traverse, ce qui est conforme à l'expérience d'Ampère sur la rotation des aimants par les courants. L'examen de ces fantômes conduit à assimiler les lignes de force à de véritables courants, et à faire rentrer les déformations qu'elles subissent dans les lois d'Ampère (actions réciproques des courants parallèles et des courants angulaires (V. Électrodynamique). La figure 129 représente l'action du champ magnétique, existant entre les deux pôles d'un électro-aimant, sur un conducteur traversé par un courant; c'est l'application la plus fréquente des phénomènes de l'induction dans la construction des machines. Les lignes de force circulaires du conducteur rencontrent celles de l'aimant; en avant du conducteur, elles sont dirigées dans le même sens, et se repoussent; en arrière du conducteur, elles sont dirigées en sens contraire et s'attirent; les éléments des lignes de force circulaires, à droite et à gauche du conducteur, subissent des influences analogues, quoique moins énergiques par suite de l'angle qu'elles forment avec les lignes de force de l'aimant; la somme de toutes ces actions tend à déplacer le conducteur; la direction de son mouvement est déterminée, pour un même champ magnétique, par

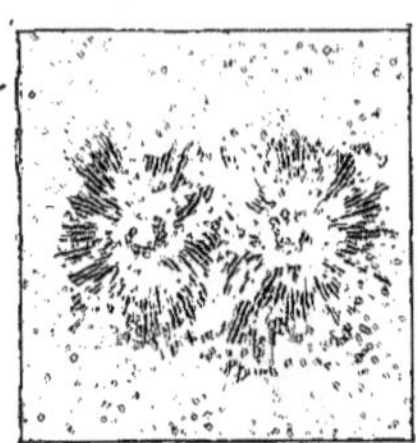

Fig. 126.

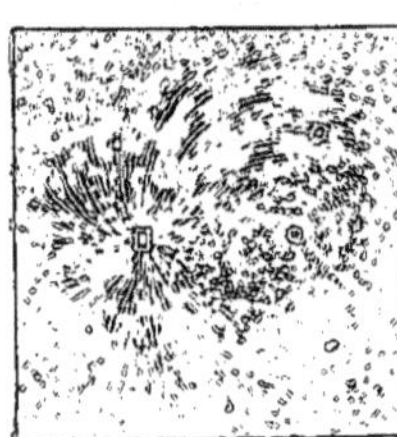

Fig. 127.

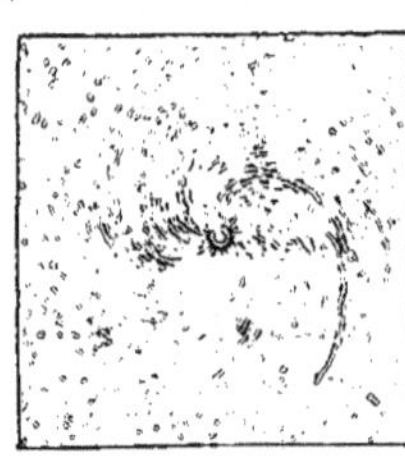

Fig. 128.

le sens de la rotation des lignes de force du conducteur et, par conséquent, par le sens du courant qui le traverse; avec un courant ascendant, il marcherait du haut en bas de la figure; avec un courant descendant, il remonterait de bas en haut. Il en serait de même si, sans modifier le sens du courant, on remplaçait les pôles de l'aimant l'un par l'autre. C'est ce déplacement du conducteur qui constitue le fonctionnement des

Fig. 129.

moteurs électriques, et c'est par suite de la réversibilité des phénomènes que, si le conducteur est mis en mouvement par une force mécanique extérieure, l'influence du champ y fait naître des courants induits dont la direction est déterminée par la relation entre le sens du déplacement du conducteur et la direction des lignes de force de l'aimant. L'intensité de ces courants varie avec la vitesse du mouvement du conducteur et avec la puissance du champ, autrement dit avec le nombre de lignes de force que le conducteur

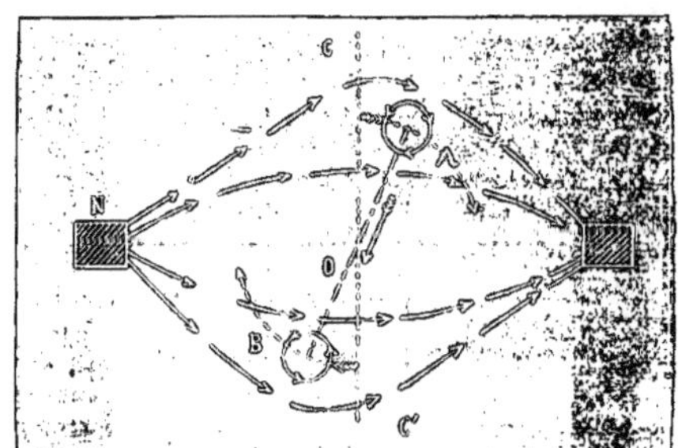

Fig. 130.

coupe dans un temps donné (V. Électricité, § 99). Pour le conducteur placé dans le champ de la figure 129, il ne peut y avoir de mouvement latéral parce que les influences sur chacun des éléments symétriquement opposés des lignes de force circulaires se neutralisent. Réciproquement, si on déplace le conducteur dans la direction des lignes de force, il ne se produira aucun courant. On obtiendrait naturellement une plus grande somme d'actions en multipliant le nombre des conducteurs qui traversent le champ, chacun d'eux devenant le siège d'une force électro-motrice proportionnelle à la longueur influencée; seulement tous les conducteurs seraient parcourus par des courants de même sens, et en reliant leurs extrémités, on n'aurait qu'une disposition analogue à celle d'une pile dont les éléments seraient montés en quantité ; la force électro-motrice serait trop faible pour la plupart des applications. Pour que les forces électro-motrices, dont chaque conducteur est le siège, puissent s'ajouter, il faut pouvoir les accoupler en opposition, de façon à constituer un circuit fermé parcouru par le courant, et pour cela, il faut que, dans les deux branches du circuit, le courant marche en sens inverse ; on réalise cette condition de deux façons différentes, en profitant du changement de direction que subit le courant, si l'on renverse : soit le mouvement des conducteurs, soit la direction des lignes de force. La figure 130 montre ce qui se passe dans le premier cas ; le circuit fermé est mobile autour d'un axe projeté en O et placé au milieu de la distance interpolaire, dans un plan perpendiculaire au plan passant par les pôles NS des inducteurs ; les deux conducteurs qui forment les branches soumises à l'induction, sont figurés par les lignes de force circulaires de leurs champs ; la ligne ponctuée qui joint leurs centres est la projection des deux autres branches du circuit ; le courant monte verticalement par la branche A et redescend par la branche B. En raisonnant comme précédemment, on voit que le conducteur de droite tend à descendre vers le bas de la figure, et que celui de gauche tend à remonter ; mais par suite de leur solidarité autour de l'axe O, leurs déplacements sont ramenés à un mouvement circulaire ; lorsqu'ils sont arrivés en CC', ils se font équilibre ; mais ils dépassent cette ligne en vertu de la vitesse acquise, d'autant plus facilement que, marchant alors presque parallèlement aux lignes de force, ils ne sont influencés que très faiblement. Pour que le mouvement continue, il faut que les courants qui les traversent, changent de direction, de façon que la branche qui descendait tende à remonter, et réciproquement ; on fait alors intervenir un organe spécial, ou *commutateur*, qui partage tous les mouvements du circuit mobile, et change, automatiquement, la direction du courant dans les conducteurs à chaque demi-tour ; il en résulte un mouvement de rotation continu. On doit remarquer que l'influence subie par les conducteurs est plus forte vis-à-vis des pôles où les lignes de force sont plus concentrées et où la rencontre se fait presque à angle droit. Le plan CC' dans lequel se fait le changement de sens du courant s'appelle le *plan de commutation* ; théoriquement, il est dans l'exemple de la figure 130, perpendiculaire au plan passant par les pôles ou par l'axe magnétique NS ; nous verrons plus loin qu'en pratique il est dévié de cette position, par suite de l'influence que le champ galvanique, en mouvement, exerce sur le champ magnétique.

En réunissant plusieurs de ces circuits fermés, autour du même axe, et en multipliant dans chacun d'eux le nombre des conducteurs, on arrive à former un tambour comme celui des machines Siemens ; les commutateurs sont constitués par des lames isolées, reliées à chaque circuit, et leur réunion sur un même organe forme ce que l'on appelle le *collecteur*, parce qu'il a d'abord été employé à recueillir les courants produits dans les machines. Deux frotteurs ou balais appuient sur les lames et servent d'intermédiaires entre les extrémités du circuit extérieur qui sont fixes, et le collecteur qui tourne avec le tambour ; c'est par les frotteurs que le courant est amené dans les machines électro-dynamiques, lorsqu'elles fonctionnent comme moteurs ou qu'il est envoyé dans le circuit extérieur, lorsqu'elles fonctionnent comme générateurs d'électricité.

Comme les effets d'induction sont plus énergiques auprès des pôles de l'inducteur, on doit chercher à augmenter la puissance de cette partie du champ magnétique ; le moyen généralement employé consiste à introduire entre ces pôles, un cylindre en fer qui concentre les lignes de force dans l'espace traversé par les fils. Théoriquement, il conviendrait de maintenir cette sorte d'armature immobile dans le champ, et de construire la pièce qui supporte les fils en matière non magnétique ; on a dû y renoncer à cause des difficultés de construction ; on se contente d'employer le cylindre en fer, lui-même, comme un support sur lequel on enroule les fils, tantôt extérieurement, comme dans les machines du type Siemens, tantôt extérieurement et intérieurement, comme dans les machines du type Pacinotti-Gramme. Mais comme le fer est conducteur, son mouvement dans le champ magnétique y développe des courants induits, connus sous le nom de *courants de Foucault*, qu'il est impossible d'écouler et qui deviennent une cause d'échauffement ; on empêche le développement de ces courants en constituant l'anneau avec du fer très divisé, fil de fer enroulé ou rondelles de fer juxtaposées et fendues suivant un rayon. Cette division du métal présente un autre avantage ; l'anneau de fer subit une double influence d'aimantation, l'une due à la présence des pôles de l'inducteur ; l'autre au passage du courant dans les fils qui l'enveloppent. Cette aimantation se déplace avec le mouvement, et les modifications rapides du magnétisme sont une deuxième cause d'échauffement, que la division du fer diminue en facilitant les changements d'aimantation et le rayonnement de la chaleur. Malgré cette précaution, on doit, pour obtenir un refroidissement plus complet, faciliter la circulation de l'air dans l'intérieur du tambour et, dans les machines puissantes, on active souvent cette circulation à l'aide d'un ventilateur. L'échauffement des machines présente, en effet, de nombreux inconvénients ; il compromet les isolements, soit directement, soit par les petits mouvements de dilatation qu'il provoque : il diminue la conductibilité des fils et, en s'étendant jusqu'aux tourillons de l'arbre du tambour, il les expose à des grippements qu'un graissage abondant ne permet pas toujours d'éviter.

On peut remarquer que dans ce genre de tambour, le fil se divise en deux parties ; l'une qui forme les génératrices et qui, dans son mouvement, coupe les lignes de force du champ magnétique; c'est la portion active. L'autre qui est formée par les fils croisés sur les bases du tambour et placés en dehors de l'action inductrice; ces fils ne sont pas seulement inactifs : ils opposent au courant une résistance inutile que l'on diminue autant que possible, soit par un enroulement qui réduit la longueur des fils inactifs au minimum indispensable, soit, comme l'a fait Edison, en leur substituant des disques dont la grande section rend la résistance presque négligeable.

Dans les machines à enroulement annulaire, ce sont les fils intérieurs qui sont inactifs; ils seraient même absolument nuisibles s'ils étaient soumis à l'induction comme les fils extérieurs, parce que le sens des courants qui s'y développeraient s'opposerait à l'établissement d'une circulation ; mais, fort heureusement, l'anneau de fer joue, par sa nature, le rôle d'un écran magnétique qui les soustrait à l'influence du champ; on a même été conduit, en considérant la puissance remarquable des machines de Gramme, à admettre que l'anneau réagit sur les spires, vis-à-vis desquelles il joue le rôle d'un noyau de fer introduit dans un solénoïde; les changements d'aimantation développent ainsi des courants utilisables, auxquels notre regretté collaborateur Du Moncel avait donné le nom de *courants d'interversion polaire* de sorte que les fils intérieurs auraient une activité suffisante pour compenser, tout au moins, leur résistance. On a même été plus loin en proposant de faire jouer au noyau de l'armature le rôle d'un inducteur dont les champs seraient simplement renforcés par des masses de fer, fixes, placées à l'extérieur et remplaçant l'inducteur actuellement employé. M. Gravier a établi une machine basée sur ce système. Pour obtenir une meilleure utilisation du fil induit et aussi pour échapper aux difficultés de construction de l'anneau cylindrique, on a transformé celui-ci en un disque annulaire sur les faces duquel les pôles inducteurs agissent latéralement; mais comme il faut, pour la circulation du courant, que les fils, de chaque côté du disque, soient le siège de courants de sens contraires, on a eu recours à la seconde combinaison dont nous avons parlé plus haut, et on a modifié la direction des lignes de force en constituant deux champs contigus, à l'aide de pôles de mêmes noms NN, SS opposés deux à deux. La figure 131 donne l'idée de ce qui se passe avec cette disposition ; chaque branche du circuit coupe des lignes de force de directions opposées et, de plus, énergiquement concentrées près des pôles, par suite de leur antagonisme et par la présence du disque en fer autour duquel les fils sont généralement enroulés. Le plan de commutation est en CC' et FF' indiquent l'entrée et la sortie du courant.

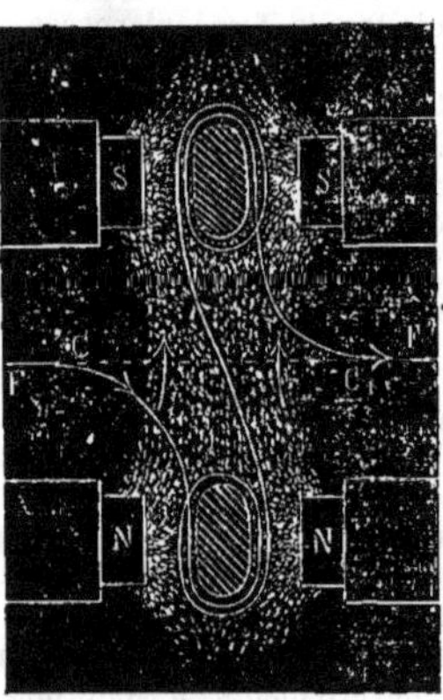

Fig. 131.

III. Il existe encore un autre point de ressemblance entre l'induction par les courants et l'induction par les aimants; jusqu'ici, nous avons supposé le champ magnétique constant, mais il peut être variable, et ses modifications exercent la même influence que les variations d'intensité d'un courant inducteur; le développement de l'état magnétique dans un barreau de fer doux, ou la cessation de cet état, fait naître des courants induits instantanés dans un conducteur fermé voisin de ce barreau ; ces courants sont même très énergiques lorsque le conducteur est enroulé immédiatement sur le barreau. C'est la réversibilité du phénomène, découvert par Arago, de l'aimantation du fer par les courants (V. Électricité. § 96). Ce mode d'induction, en quelque sorte indirect, a servi de base à plusieurs systèmes de machines: c'est même, en réalité, le premier qui ait été utilisé, et les anciennes machines de Pixii et de Clarke reposent sur son emploi. Il en est de même de la première bobine de Siemens; celle-ci est, en effet, formée par un noyau de fer doux creusé, en forme de navette, de deux gorges longitudinales dans lesquelles le fil est enroulé; les courants induits sont dus, principalement, aux changements d'état magnétique que le noyau subit en passant devant chacun des pôles de l'inducteur. Les machines basées sur ce mode d'induction sont également réversibles; mais, lorsqu'elles fonctionnent comme moteurs, les déplacements de l'induit sont dus aux réactions magnétiques entre les pôles de l'inducteur et ceux du noyau aimanté par le passage du courant dans les fils.

IV. Les figures 132 et 133 permettent d'établir la distinction entre les deux systèmes: dans la première, les fils induits sont influencés directement; l'anneau est partagé en deux moitiés dont les hélices sont parcourues par des courants égaux et opposés qui se font équilibre dans le plan de commutation AA ; on accouple toutes les hélices en série en reliant le fil d'entrée de l'une avec le fil de sortie de la suivante, de façon que les deux moitiés représentent deux piles montées en opposition, dont on recueille le courant en mettant leurs pôles communs en communication avec les extrémités du circuit extérieur. En tournant, les hélices passent successivement d'un côté à l'autre du plan de commutation et, par conséquent, les courants dont elles sont le siège changent de sens, il faut donc établir autant de prises de courant qu'il y a d'hélices, et les relier à autant de lames isolées dont la réunion forme le collecteur ; celui-ci étant animé du même mouvement que l'anneau amène, successivement, devant les frotteurs FF', les deux lames qui correspondent aux hélices arrivées dans le plan de commutation.

Dans la figure 133, c'est l'action due aux changements d'état magnétique des noyaux qui est prépondérante ; comme les changements ont lieu au moment de leur passage devant les pôles de l'inducteur, c'est à ce moment que les courants induits changent de sens ; il en résulte que le plan

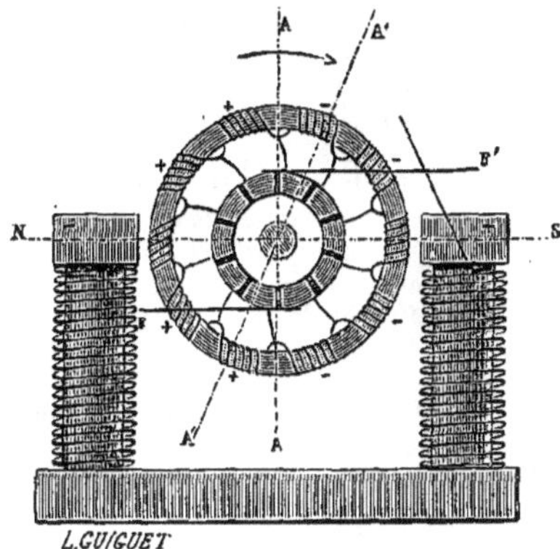

Fig. 132.

de commutation et, avec lui, les points de contact des frotteurs FF' sur le collecteur, viennent se confondre avec le plan SN qui passe par les pôles. Les courants dus à l'influence du champ sur les fils n'en existent pas moins ; mais ils sont plus faibles, par suite de la position des hélices par rapport aux lignes de force; en outre, ces courants n'ayant pas le même plan de commuta-

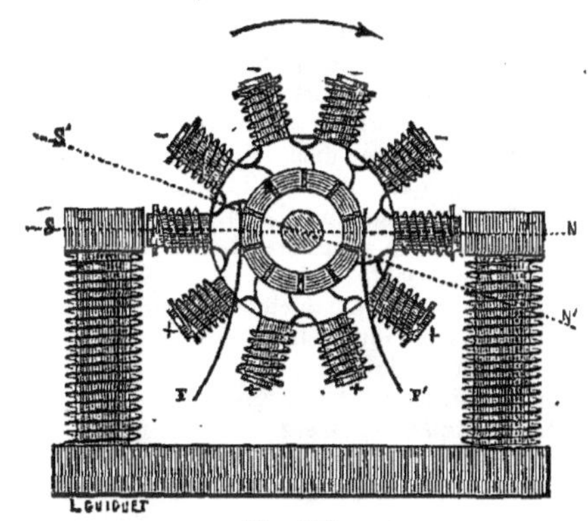

Fig. 133.

tion, on peut voir, en superposant les deux figures précédentes, que, dans deux des quadrants opposés, ils s'ajoutent aux courants d'aimantation, et dans les deux autres, ils se retranchent des courants de désaimantation ; ils ne contribuent donc pas à la production de la machine, tandis qu'ils augmentent inutilement la dépense de travail.

Comme il a été dit précédemment, les positions théoriques du plan de commutation sont modifiées par le fonctionnement même de la machine. L'existence des courants dans les fils de l'induit développe un champ galvanique auquel s'ajoute souvent le champ dû au magnétisme développé dans l'anneau ou le disque qui leur sert de support ; ce champ réagit sur le champ magnétique de l'inducteur et le déforme, comme on a pu le voir par les fantômes des figures 127 et 128 ; c'est la réciproque de l'action des aimants sur les courants. Il en résulte que le plan de commutation se trouve reporté dans la position A'A' ou S'N', et comme cette position dépend du rapport entre les intensités des deux champs, on peut en conclure que les frotteurs devraient être déplacés pour chaque changement de vitesse de l'induit ; l'angle de déplacement est d'autant plus faible et les variations sont d'autant moins sensibles que le champ magnétique possède une plus grande supériorité, ce qui montre l'avantage que présente l'emploi d'inducteurs très puissants. Dans les générateurs, le déplacement se produit dans le sens de la rotation, parce que l'intensité du champ galvanique n'atteint son maximum qu'avec l'établissement complet du courant induit ; dans les moteurs, le déplacement a lieu en sens inverse de la rotation, parce que le passage du courant est permanent et que le champ de l'induit existe toujours avec son maximum d'énergie : ces considérations expliquent pourquoi les frotteurs ou balais sont toujours montés sur une pièce mobile convenablement isolée, qui permet de régler leur position d'après les exigences du fonctionnement, et de façon à supprimer presque complètement les étincelles de rupture entre les balais et les lames du collecteur.

Dans les deux exemples précédents, nous n'avons envisagé que le cas ordinaire d'un seul champ magnétique, ne comportant qu'un seul plan de commutation ; on peut parfaitement en employer plusieurs, c'est-à-dire multiplier le nombre des inducteurs ; mais chaque champ nouveau possède son plan propre de commutation pour lequel il faudra ajouter un couple de frotteurs. On augmente en même temps le diamètre de l'anneau ou du disque induit, et l'on peut ainsi créer des machines très puissantes dont la machine, dite *octogonale*, de M. Gramme, est un exemple remarquable.

Il existe des applications pour lesquelles le changement de sens des courants est considéré comme avantageux ; telles sont la production de l'arc voltaïque dans les appareils à foyer fixe des phares et la production des courants primaires alternatifs pour alimenter les transformateurs dans le genre de celui de MM. Gaulard et Gibbs. On supprime alors les collecteurs, et les courants sont recueillis par de simples anneaux en bronze, convenablement isolés, sur lesquels appuient les frotteurs. Les machines ainsi disposées sont désignées sous le nom de *machines à courants alternatifs;* on peut, naturellement, dans ce genre de machines, multiplier sans difficulté le nombre des inducteurs ; mais ce qui est surtout avantageux, c'est que l'on peut intervertir le mouvement des éléments de la machine, c'est-à-dire rendre le système inducteur mobile et le système induit fixe ; les courants développés dans ce dernier peuvent alors être recueillis sans organes mobiles intermédiaires, et on peut les grouper à volonté. C'est ainsi qu'ont été établies les *machines à courants alternatifs et à division* qui ont tant contribué au succès de l'éclairage électrique.

V. En résumé, toutes les machines électriques, générateurs ou moteurs, se composent de deux éléments, l'inducteur et l'induit, répétés en nombre suffisant. L'inducteur peut être constitué par un aimant permanent ou par un électro-aimant; dans le premier cas, la machine est dite *magnéto-électrique*, dans le second, *dynamo-électrique;* pour abréger ces désignations, on dit simplement une *magnéto* ou une *dynamo*.

Dans les dynamos, le courant nécessaire pour développer et entretenir l'aimantation des inducteurs peut être fourni par une source extérieure, soit une petite magnéto, comme dans la machine de Wilde, la première qui fut établie avec des électro-aimants (1867); soit par une petite dynamo spéciale. Quelle qu'elle soit, la machine employée à cet usage prend le nom d'*excitatrice;* elle peut, du reste, servir à exciter plusieurs autres machines à la fois. L'excitation indépendante a l'inconvénient d'exiger une deuxième machine, mais elle procure tous les avantages des magnétos, avec une puissance beaucoup plus grande.

On demande souvent aux dynamos de s'exciter elles-mêmes, en faisant passer tout ou partie de leur courant à travers les spires des inducteurs. Ce genre d'autoexcitation peut être réalisé de plusieurs façons; lorsque la totalité du courant passe à travers les inducteurs, avant d'être envoyée dans le circuit extérieur, la machine prend le nom de *série-dynamo* ; ce genre d'excitation présente l'inconvénient de rendre les machines inversement solidaires des variations de la résistance extérieure, et de les exposer à chauffer d'une façon dangereuse; les machines ne s'amorcent qu'à une vitesse déterminée et se désamorcent quand la résistance extérieure dépasse une certaine limite; ce désamorcement peut même entraîner le renversement des pôles, dans les machines employées pour l'électro-métallurgie ou pour le chargement des accumulateurs; et si la machine est remise en marche sans y prendre garde, elle fournit un courant de sens contraire au courant primitif qui ruine tout le travail précédent. On peut, il est vrai, remédier à cet inconvénient en se servant du brise-courant imaginé par M. Gramme. C'est un contact commandé par un électro placé dans le circuit; ce contact reste fermé et assure le passage du courant tant que l'armature de l'électro est attirée; si l'électro devient inactif, par suite de l'arrêt ou même du ralentissement de la machine, le ressort antagoniste rappelle l'armature et interrompt le circuit. On a soin, quand la machine se remet en marche, de la mettre, pendant quelques instants, en court circuit, à l'aide d'un contact à ressort spécial, de façon à l'exciter suffisamment pour rendre le renversement des pôles impossible. En résumé, les dynamos en série sont, à puissance égale, les plus simples et les moins coûteuses; elles conviennent parfaitement pour alimenter des lampes montées en dérivation, puisque chaque lampe ajoutée à l'éclairage diminue la résistance totale du circuit et accroît en proportion la production de la machine; on règle généralement cette production en introduisant une dérivation de résistance variable dans le circuit des inducteurs.

Lorsqu'on n'envoie, dans les inducteurs, qu'une dérivation du courant total, suivant la disposition indiquée par Wheatstone, en 1867, la machine est désignée sous le nom de *shunt-dynamo*. Les dynamos en dérivation conviennent pour les lampes montées en série, parce que chaque résistance additionnelle augmente l'intensité de la dérivation et par suite l'intensité du champ magnétique; mais comme la dérivation se compose d'un plus grand nombre de spires de fil plus fin, elle a un coefficient de self-induction plus élevé que le reste du circuit, ce qui rend les machines beaucoup plus sensibles aux variations de vitesse. Ce mode d'excitation exige, par conséquent, un système de réglage très soigné.

Enfin, on combine le premier et le troisième système en composant l'enroulement des inducteurs avec deux fils distincts, dont l'un reçoit le courant d'une excitatrice séparée, et l'autre le courant de la machine; on peut aussi combiner le deuxième et le troisième système en établissant l'un des fils en dérivation sur les frotteurs, tandis que l'autre reste compris dans le circuit général. C'est ce que l'on appelle l'excitation par double enroulement et on désigne les machines ainsi excitées sous le nom de *Compound-dynamo*. Ce mode d'excitation avait été indiqué, pour la première fois, par M. Brush ; mais c'est M. Deprez qui a montré tout le parti que l'on pouvait en tirer, par l'application qu'il en a faite à son système de distribution (Exposition de Paris, en 1881); c'est le seul qui permette de proportionner automatiquement, et sans aucun organe auxiliaire, la production d'énergie électrique dans les machines à la consommation dans le circuit extérieur, mais à condition de maintenir la vitesse normale des générateurs très régulière et d'employer des inducteurs puissants.

VI. Les premiers inducteurs employés dans les machines électriques étaient des aimants permanents, formés de lames d'acier; les aimants des machines de Nollet (Alliance) se composaient de six lames trempées, dressées à la meule et assemblées avec des vis ; ils pesaient 20 kilogrammes et en soulevaient 60; ceux qui sont employés actuellement dans les grandes machines magnéto-électriques de M. de Méritens contiennent 8 lames pesant 27 kilogrammes et pouvant en porter 150. On emploie souvent pour les machines de laboratoire des aimants feuilletés, du système de M. Jamin ; ces aimants se composent de 20 à 25 lames d'acier, longues d'un mètre et ployées en fer à cheval; leurs extrémités sont assemblées sur des pièces polaires en fer doux entre lesquelles se trouve l'ouverture circulaire dans laquelle tourne l'enduit. Avec ces inducteurs, les courants sont plus réguliers, parce que leur champ magnétique est indépendant et presque invariable; cependant ils ne sont pas absolument permanents, et on doit les réaimanter de temps à autre. Il semblerait que l'emploi des aimants permanents comme inducteurs est plus économique, parce que le champ magnétique ne coûte rien à produire; mais l'économie n'est qu'apparente, la faiblesse du champ limite la puissance des machines qui doivent être plus volumineuses, plus lourdes et plus coûteuses. On y obvie quelquefois en multipliant les aimants, mais cette ressource n'est praticable que dans les magnétos à courants alternatifs, dont l'emploi spécial pour l'éclairage n'exige pas le redressement des courants. Cependant la transformation du travail mécanique en électricité peut être aussi complète qu'avec les dynamos, et on obtient facilement un rendement de 85 0/0.

Les inducteurs presque exclusivement employés aujourd'hui sont les électro-aimants qui permettent de donner au champ toute la puissance nécessaire et de régler cette puissance à volonté; elle doit, dans tous les cas, être assez grande pour que le champ ne soit pas affaibli par les réactions de l'armature mobile et pour que la machine atteigne sa puissance normale avant que les inducteurs ne soient aimantés à saturation. Il serait avantageux de construire les noyaux en fer très doux, parce qu'il possède une capacité magnétique considérable, ce qui permettrait de réduire leur poids; cependant comme ils n'ont pas à subir de changements de polarité, on peut employer la fonte, en ayant soin d'augmenter le volume des pièces, en raison de l'infériorité de la fonte comme capacité magnétique; il faut, par conséquent, plus de fil et la dépense de courant est plus forte. On fait généralement les noyaux massifs et allongés, afin d'assurer plus de fixité au champ; il serait préférable de fractionner la masse de fer qui les constitue; on obtiendrait plus de puissance et surtout moins d'échauffement (dans la machine Van de Poele qui figurait à l'Exposition d'électricité de Philadelphie, les noyaux étaient établis sur ce principe, avec 8 plaques de 3 centimètres d'épaisseur, distantes les unes des autres d'environ un centimètre). En tous cas, il faut que les noyaux présentent la place nécessaire pour permettre de les enrouler avec du fil assez gros, dont la résistance totale ne doit jamais dépasser la limite fixée par le rapport entre les résistances de l'inducteur et de l'induit.

La forme des pièces polaires doit être étudiée avec soin, parce qu'elle influe considérablement sur la distribution des lignes de force; il serait également utile, pour éviter l'échauffement par les courants parasitaires de Foucault, de fractionner les pièces polaires en les divisant suivant des plans perpendiculaires à la direction des courants; ces précautions sont d'autant plus nécessaires que les masses de fer sont plus considérables; malheureusement, les assemblages exigent un travail de précision qui augmente le prix de revient des appareils. En tous cas, on ne saurait trop recommander de vérifier, par la méthode des fantômes, la distribution réelle des lignes de force du champ et l'effet produit par le noyau de l'armature mobile, lorsque ce noyau est en fer et destiné à renforcer l'intensité du champ en des points déterminés.

L'induit, que l'on désigne quelquefois sous le nom d'*armature mobile* ou *tournante*, est généralement composé d'hélices ou de bobines en fil de cuivre, enroulées sur un ou plusieurs noyaux en fer doux qui leur servent de supports; leurs formes variées peuvent se ramener à quelques types généraux: tambour cylindrique (Siemens, Edison); anneau (Pacinotti, Gramme, de Méritens, Bürgin); disque (Brush, Alteneck, Ferranti); pôles rayonnants (bobines de Siemens, pignon de Lontin); sphère (Elihu Thomson, Jablochkoff). Le fer employé doit être aussi doux que possible et divisé en fils ou en lames que l'on isole avec de l'amiante ou du mica. Le cuivre doit avoir la plus haute conductibilité (96 0/0 au moins); dans les machines à induction indirecte (Alliance, Lontin), le fil doit être enroulé et même accumulé vers les pôles parce que c'est là où les variations magnétiques sont les plus énergiques. Les spires doivent être soigneusement isolées, sans exagérer cependant l'épaisseur de l'enveloppe, afin de maintenir les fils aussi rapprochés que possible des pôles de l'inducteur. L'isolant doit être capable de résister aux échauffements accidentels: on emploie souvent le bitume de judée dissous dans l'essence de térébenthine, avec addition de cire et de résine. Les compositions, qui durcissent trop en desséchant, sont facilement réduites en poussière par les variations de volume résultant de la dilatation des fils; une fois cette poussière disparue, l'isolement est compromis, et il suffit d'un mouillage accidentel pour le détruire presque complètement.

Les induits doivent non seulement tourner très rapidement, mais il est important qu'ils passent aussi près que possible des pôles inducteurs; cette double condition exige un assemblage très solide de toutes leurs parties; les arbres doivent avoir des portées très allongées et les paliers doivent être pourvus d'un système de graissage très soigné. En résumé, il y a dans les induits trois conditions principales à réaliser: 1° assurer la continuité du courant en multipliant le nombre des hélices ou bobines; 2° lorsque l'on emploie, comme support, du fer ou de la fonte, dans le but de renforcer le champ magnétique, empêcher le développement des courants parasitaires de Foucault; dans ce cas, la division du métal doit se faire dans des plans parallèles aux lignes de force et à la direction du mouvement. La même précaution doit être prise lorsque, pour diminuer la résistance de l'induit, on remplace l'enroulement en fil de cuivre par des bandes ou des barres du même métal; mais alors la division doit être faite dans des plans perpendiculaires aux lignes de force; 3° réduire les résistances inutiles par la forme et l'enroulement de l'induit; les tambours et les disques se prêtent mieux à réaliser cette condition que les anneaux. C'est dans le but de faire travailler utilement la presque totalité du fil induit que M. Elihu Thomson a donné à l'armature la forme d'une sphère enveloppée dans deux pôles inducteurs hémisphériques.

Les collecteurs ou commutateurs doivent être

bien accessibles, afin de faciliter le nettoyage et l'entretien ; les pièces de cuivre qui les composent doivent être assez épaisses, parce qu'elles sont exposées à s'échauffer ou même à être brûlées par les étincelles d'extra-courant de rupture. On emploie pour les frotteurs, des balais en fil de cuivre, ou des lames minces de cuivre, fendues et assemblées parallèlement ; on doit pouvoir les avancer de temps à autre, à mesure que leurs extrémités sont usées par le frottement ou par les étincelles. Les frotteurs sont montés sur un support isolant, disposé de façon à permettre de régler leur position. Dans les dynamos en série, ce réglage peut être définitif ; avec les autres modes d'excitation, on doit pouvoir faire tourner le support des frotteurs pour amener ceux-ci dans le plan réel de commutation, plan dont l'inclinaison varie avec les changements de résistance du circuit extérieur ; on a même utilisé le déplacement des frotteurs comme moyen de réglage, soit à la main, soit automatique ; dans ce dernier cas, on les commande à l'aide de leviers, par un fort électro-aimant traversé par le courant de la machine.

VII. La force électro-motrice, développée par une machine électro-dynamique, peut s'exprimer par la formule $E = Hl \sin\alpha V \cos\theta$ dans laquelle H représente l'intensité du champ magnétique ; l la longueur du conducteur ; V la vitesse avec laquelle se meut le conducteur ; α l'angle que fait le conducteur avec les lignes de force du champ ; θ l'angle de déplacement du conducteur avec la direction de la force magnétique. Le maximum a lieu pour les valeurs de $\sin\alpha = 1$ ou $\alpha = 90°$ et $\cos\theta = 1$ ou $\theta = 0$; c'est-à-dire que le conducteur doit, autant que possible, couper normalement les lignes de force.

D'après la formule précédente, la force électro-motrice est proportionnelle à l'intensité du champ magnétique et à la vitesse linéaire avec laquelle les fils induits traversent ce champ. En pratique, il y a une vitesse limite imposée par les questions de sécurité (on ne dépasse guère 25 mètres par seconde) ; il faut donc, pour obtenir, avec cette vitesse maxima, la plus grande somme de travail, faire H très grand. Ici encore, il y a une limite imposée par les questions d'économie ; malheureusement on ne peut opérer que par tâtonnements ; il n'existe pas de formule simple et pratique qui permette de calculer toutes les conditions d'un électro capable de fournir une intensité de champ déterminée ; on peut même remarquer que les mesures magnétiques, qui devraient servir de base à tous les projets, sont encore peu usitées dans la pratique.

Du reste, la valeur de E n'est qu'une moyenne, puisque la valeur de H n'est pas uniforme dans toute l'étendue du champ et qu'elle est, en outre, modifiée incessamment sous l'influence des actions réflexes entre l'induit et l'inducteur et des variations de vitesse de l'induit, de sorte qu'il est indispensable d'affecter la formule d'un coefficient déterminé pratiquement. Dans une dynamo autoexcitatrice, H varie avec I, l'intensité du courant, et avec le nombre de tours du fil qui occupe un volume déterminé ; H varie donc avec $\frac{I}{A}$ A étant la section totale du fil inducteur ; l varie avec le nombre de spires et, par conséquent, pour un volume donné, avec $\frac{1}{A'}$, A' étant la section totale du fil induit, isolant compris. Sir W. Thomson a donné à la formule ci-dessus la forme suivante :

$$E = \psi \frac{I}{A} \frac{1}{A'} V$$

dans laquelle $\psi = aBB' \sin\alpha$; B et B' sont les volumes occupés par les fils avec l'isolant ; a est le coefficient de proportionnalité de H avec LI. En s'appuyant sur un grand nombre d'expériences, M. Frölich a donné l'expression $E = nMV^2$, dans laquelle n est le nombre de spires de l'induit ; V sa vitesse ; M un coefficient spécifique pour lequel il donne la valeur

$$M = \frac{I}{a + bI}$$

a et b étant des coefficients numériques constants pour une même machine. M. Thomson s'est servi de sa formule pour déterminer les valeurs relatives des résistances que l'on doit donner à l'armature mobile, aux inducteurs et au circuit extérieur. Pour les dynamos en série, ses calculs ont confirmé l'usage de donner aux inducteurs une résistance un peu plus faible que celle de l'induit. La somme de ces deux résistances doit être réduite comparativement à la résistance du circuit extérieur. Le rapport K, du travail utile au travail total, est alors

$$K = \frac{R}{R + r + r'}$$

R, résistance du circuit extérieur ; r, résistance de l'induit ; r', résistance de l'inducteur. Pour une dynamo en dérivation, la règle est différente :

$$R = \sqrt{\frac{rr'}{1 + x}}$$

x étant le rapport $\frac{r}{r'}$ et $K = 1 + 2\sqrt{x(1+x)} + 2x$.

Comme x doit être très petit, on peut écrire approximativement :

$$R = \sqrt{rr'} \text{ ou } r' = \frac{R^2}{r} \text{ et } K = \frac{1}{1 + 2\sqrt{\frac{r}{r'}}}$$

S. W. Thomson donne pour exemple le cas où l'on ne veut pas perdre plus de 10 0/0 du travail total. On devra faire $K = \frac{1}{1 + \frac{1}{10}}$ d'où $\sqrt{\frac{r}{r'}}$ doit être égal à $\frac{1}{20}$. On aurait alors $r' = 400r$ et $R = 20r$.

L'étude de S. W. Thomson n'envisage que les résistances mesurées du fil enroulé, et ne comprend pas la résistance fictive par laquelle on représente les phénomènes secondaires, inséparables du fonctionnement des machines ; pour en tenir compte, il faut affecter les valeurs de la force électro-motrice d'un coefficient $\frac{1}{Q}$ ou q, comme le coefficient de transformation de M. Cornu; on devra donc employer dans les calculs $\frac{E}{Q}$ ou *eq*.

Dans les machines bien établies, la quantité de travail absorbée par les résistances d'ordre mécanique est d'environ 5 0/0 du travail total dépensé; le surplus, c'est-à-dire le travail réellement transformé est représenté par

$$T^{kgm} = \frac{EI + RI^2}{g}.$$

E étant la différence de potentiel aux bornes, exprimée en volts, et I l'intensité du courant, $\frac{EI}{g}$ représente l'énergie électrique disponible, et RI^2, la perte due à l'échauffement, perte que l'on diminue en réduisant la résistance intérieure de la machine. Le rapport entre $\frac{EI}{g}$ et T, exprime le rendement qui atteint généralement 90 0/0 du travail fourni à la machine et par suite 85 0/0 environ du travail total dépensé. Dans les dynamos à excitation indépendante, l'intensité du champ est invariable, et la force électro-motrice est proportionnelle à la vitesse de rotation, à condition, cependant, que la résistance du circuit extérieur augmente proportionnellement avec la vitesse; sinon, la réaction de l'induit sur le champ inducteur diminue un peu la force électro-motrice et, pour les grandes vitesses, E et I n'augmentent pas dans le rapport des vitesses. Pour ces machines, le travail électrique, et par suite le travail demandé au moteur, est à peu près proportionnel au carré de la vitesse. Dans les dynamos en série ou en dérivation, l'augmentation de courant résultant d'un accroissement de vitesse, entraîne celle du champ, dont l'influence amène la force électro-motrice à être à peu près proportionnelle au carré de la vitesse; l'expérience montre que le travail électrique est alors proportionnel à une valeur un peu inférieure à la troisième puissance de la vitesse.

Lorsqu'une dynamo fonctionne comme moteur, c'est-à-dire lorsque son armature mobile est mise en mouvement par l'influence du champ magnétique sur le courant qui traverse cette armature, le mouvement fait naître une force contre électromotrice *e*, qui affaiblit l'intensité du courant primitif; celui-ci devient alors $I = \frac{E - e}{R}$, et l'énergie $\frac{EI}{g}$ fournie par le générateur, devient $\frac{E(E-e)}{gR}$; si T est le travail produit par le moteur, exprimé en kilogrammètres, on aura $\frac{EI}{g} = \frac{RI^2}{g} + T$, d'où l'on tire $T = \frac{I(E - RI)}{g}$; de la valeur $I = \frac{E-e}{R}$, on tire $E - RI = e$ et, en substituant, on a :

$$T = \frac{e(E-e)}{gR} = \frac{eI}{g}$$

le rendement

$$\frac{T}{\frac{EI}{g}} = \frac{\frac{eI}{g}}{\frac{EI}{g}} = \frac{e}{E}$$

c'est-à-dire que le rendement d'un moteur (abstraction faite des résistances d'ordre mécanique) est exprimé par le rapport de la force contre électro-motrice du moteur à la force électro-motrice du générateur, ou, ce qui revient au même, par le rapport entre la diminution d'intensité du courant et l'intensité primitive. Ce rendement est indépendant de la résistance, ce qui a fait dire qu'il est indépendant de la distance. En réalité, le rendement total d'une transmission de force doit comprendre les pertes dues à la résistance de la ligne de liaison entre la source et le récepteur. — V. Transmission de l'énergie.

Dans les moteurs, l'intensité de l'effort développé entre l'inducteur et l'armature en mouvement, est proportionnelle à l'intensité du champ et à celle du courant; elle est indépendante de la vitesse de l'armature parce que si l'augmentation momentanée du courant entraîne un accroissement de vitesse, cet accroissement produit une augmentation de la force contre électro-motrice et il y a toujours équilibre.

Dans la valeur $T = \frac{e(E-e)}{gR}$, le maximum du produit $e\,(E - e)$, dont les termes ont une somme constante, a lieu pour la valeur de la variable $e = \frac{E}{2}$, ce qui donne $T = \frac{E^2}{g4R}$; le travail dépensé $\frac{E(E-e)}{gR}$ devient $\frac{E^2}{g2R}$ et le rendement devient $\frac{1}{2}$, c'est-à-dire qu'il n'est que de 50 0/0 quand le moteur fonctionne dans les conditions de travail maximum. Dans ce cas, la vitesse est telle que le courant primitif se trouve réduit à la moitié de sa valeur. Si l'on utilise le moteur sans lui faire produire le travail maximum, le rendement augmente en proportion. On se trouve alors en face de considérations d'ordre économique, analogues à celles qui règlent le choix à faire pour l'établissement des conducteurs; c'est-à-dire qu'il faut établir la comparaison entre le prix de revient de l'énergie et le prix d'achat des machines de transformation.

Le docteur Hopkinson a indiqué, en 1879, et M. Marcel Deprez a développé un mode de représentation graphique qui facilite beaucoup l'étude des dynamos. On fait tourner la machine à une vitesse constante, en faisant varier la résistance extérieure; pour chaque résistance, on mesure la force électro-motrice *e*, aux bornes de la machine, et l'intensité du courant. On en déduit la force électro-motrice totale d'après la loi d'Ohm, $E = e + Ir$, r étant la résistance intérieure de la machine. En prenant pour abscisses les valeurs de I et pour ordonnées celles de E, on obtient une courbe appelée la *caractéristique* de la machine. Cette courbe débute généralement par une partie rectiligne terminée par un arc tendant vers une direction asymptotique ou par un arc de forme parabolique. La première forme indique la saturation du champ inducteur; la seconde révèle une diminution du magnétisme, fréquente dans les machines dont l'induit est trop puissant par rapport aux inducteurs. Connaissant les facteurs E et I, on peut construire également la courbe représentative de l'énergie; le produit EI et la vitesse V permettent de calculer le moment moteur F correspondant

$$FV = \frac{EI}{\eta} \text{ d'où } F = \frac{EI}{\eta} \cdot \frac{1}{V}$$

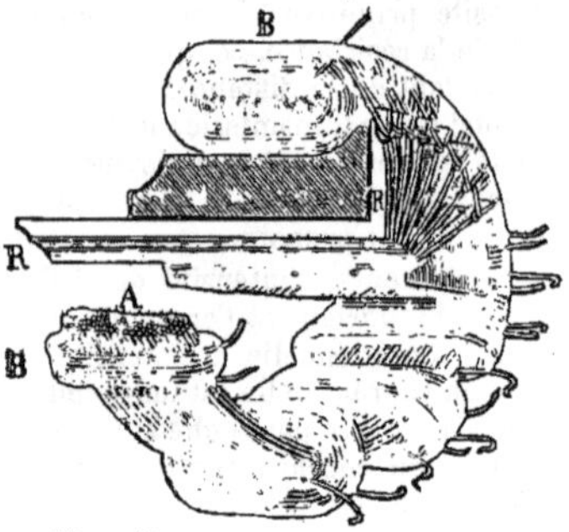

Fig. 134. — *Anneau de Gramme.*

et de construire cette troisième courbe, ainsi que celle du rendement; pour établir la caractéristique de la même machine à une autre vitesse, on admet que, pour une même intensité, les champs magnétiques sont égaux, ce qui établit la proportionnalité entre les forces électro-motrices et les vitesses. On peut étudier de la même manière les changements d'enroulement, en réduisant I en proportion inverse de E, de façon à maintenir EI constant. M. Marcel Deprez a publié et discuté dans le tome XI du journal la *Lumière électrique*, un grand nombre de ces courbes dont l'étude est indispensable.

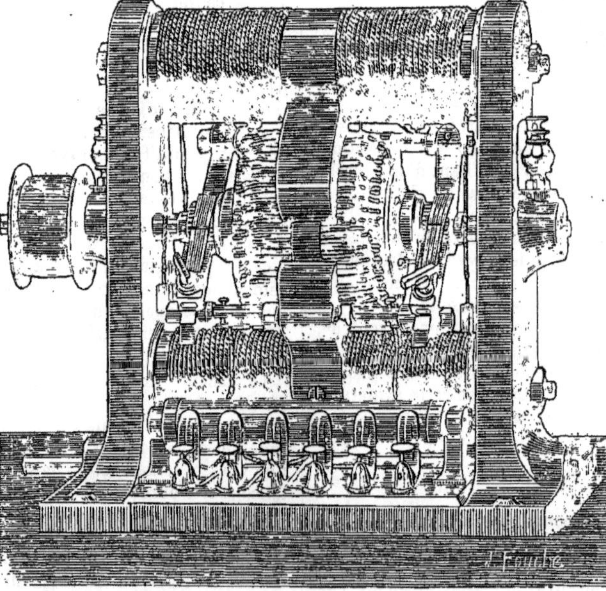

Fig. 135. — *Machine à double anneau de Gramme.*

VIII. Il serait impossible de décrire dans le *Dictionnaire* les nombreuses machines dynamos et magnétos qui sont déjà entrées dans la pratique industrielle; elle peuvent se rapporter à quelques types principaux: les dynamos de Gramme et de Siemens, la machine d'Edison, dérivée des précédentes, la dynamo de Bürgin et les magnétos de Nollet (Alliance) perfectionnées par M. de Méritens.

La machine type de M. Gramme est une dynamo à courants continus; dans le modèle bien connu sous le nom de *machine d'atelier*, l'inducteur est constitué par deux électro-aimants à deux branches, opposés par les pôles de même nom et produisant au milieu du système deux pôles doubles, ou pôles conséquents, très énergiques, entre lesquels tourne l'induit; les montants en fonte du bâti servent à la fois de support pour les pièces mobiles et de semelle pour les électros dont ils ferment le circuit magnétique. L'induit est formé d'un noyau annulaire en fil de fer A (fig. 134), sur lequel les hélices en fil de cuivre sont enroulées transversalement; la figure ci-contre montre l'anneau coupé; les hélices B sont disjointes pour mieux faire voir le mode de construction; R R sont les lames de cuivre rouge reliées aux hélices et dont le prolongement forme le collecteur. Les données ordinaires de ce modèle, excité en série, sont :

Résistance de l'anneau, à froid, 0,47 ohm;

Résistance des inducteurs, à froid, 0,67 ohm;

Résistance totale, à froid, 1,14 ohm; à chaud, 1,20 ohm;

Vitesse normale, 900 tours par minute;

Intensité du courant, 25 à 30 ampères;

Force électro-motrice, 80 volts;

Différence de potentiel aux bornes, 55 volts;

Saturation des inducteurs, 18 ampères.

Dans les machines plus puissantes, les électros ont des noyaux aplatis et l'arbre porte deux anneaux de même diamètre, mais de largeurs différentes; le plus grand produit le courant utile, et le plus petit sert à exciter les électros. La figure 135 représente une machine Gramme du même genre, avec anneau double, employée pour le raffinage électro-chimique du cuivre. Les deux séries d'hélices induites sont reliées, chacune, à un collecteur différent, ce qui permet d'accoupler les courants à volonté; avec l'accouplement en tension, la force électro-motrice est de 8 volts et la résistance totale de la machine est de 0,00146 ohm; avec l'accouplement en quantité, E = 4 volts et R = 0,00038 ohm.

Pour les applications de force motrice, M. Gramme a créé un type spécial auquel la forme du bâti a fait donner le nom de *machine octogonale* (figure 136); l'anneau induit est toujours le même, mais il tourne entre quatre inducteurs, dont les noyaux sont assemblés à angle droit sur les pièces polaires; quatre frotteurs, appuyant sur le même collecteur, servent à établir les deux entrées et les deux sorties des courants que l'on accouple en tension, pour obtenir une force électromotrice plus élevée (de 150 à 200 volts). En multipliant le nombre des champs magnétiques, on a pu augmenter les dimensions de l'anneau et créer des machines très puissantes, sans exagérer la vitesse de rotation. Dans ce genre d'application, le récepteur est généralement une machine d'atelier, établie pour fonctionner comme moteur; mais pour les petites forces, de 12 à 150 kilogrammètres, le même inventeur a combiné un petit moteur (figure 137) dont l'anneau est placé à l'extrémité de l'inducteur. Les noyaux, dont la section est en forme de croissant, sont réunis par une extrémité sur un plateau circulaire, en fer, qui sert à la fois de semelle à l'électro et de bâti pour la machine; à l'autre bout, les noyaux sont prolongés et évidés, de façon à emboîter l'anneau; ils sont reliés par un étrier en bronze qui soutient l'extrémité de l'arbre; le collecteur est logé entre les branches de cet étrier qui porte latéralement deux autres branches servant de supports aux balais. Ce petit moteur est employé pour actionner, à distance, les appareils de ventilation de l'Hôtel de Ville de Paris et de l'École centrale.

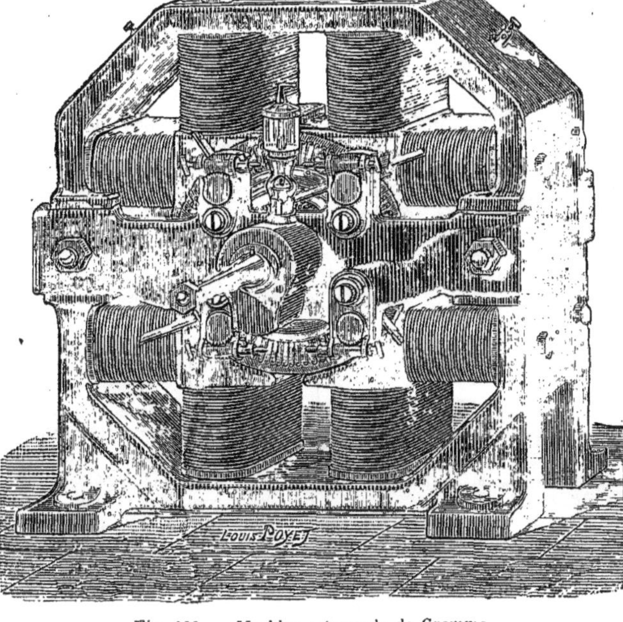

Fig. 136. — *Machine octogonale de Gramme.*

La machine à courants alternatifs et à division de M. Gramme (fig. 138) se compose : d'un inducteur mobile formé par un électro-aimant à pôles multiples, alternés, dont les pôles rayonnent autour de l'axe de rotation; d'un induit fixe formé par un anneau de Gramme, allongé de façon à former un cylindre partagé en huit sections; chaque section contient un même nombre d'hélices, *a*, *b*, *c*, *d*, de façon que les hélices correspondantes de chaque section occupent toujours la même position relative vis-à-vis les pôles des inducteurs; les courants qui s'y produisent au même instant sont donc de même sens, et on peut les associer, en tension ou en quantité, suivant les exigences du circuit extérieur; cette disposition annulaire des induits est avantageuse parce qu'elle utilise, sans interruption, le travail dépensé sur les inducteurs, et assure aux courants une plus grande régularité. L'inducteur mobile est excité par le courant d'une petite machine spéciale, tantôt indépendante, tantôt logée sur le même bâti et le même arbre que l'autre; ces machines,

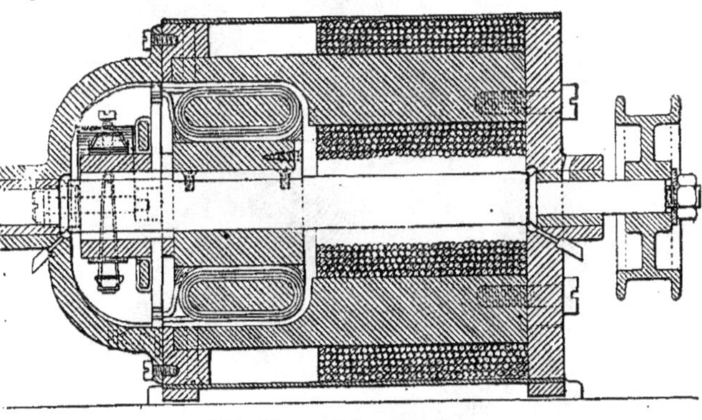

Fig. 137. — *Moteur Gramme.*

très employées pour les éclairages par bougies, avaient reçu la qualification inexacte d'*auto-excitatrices*.

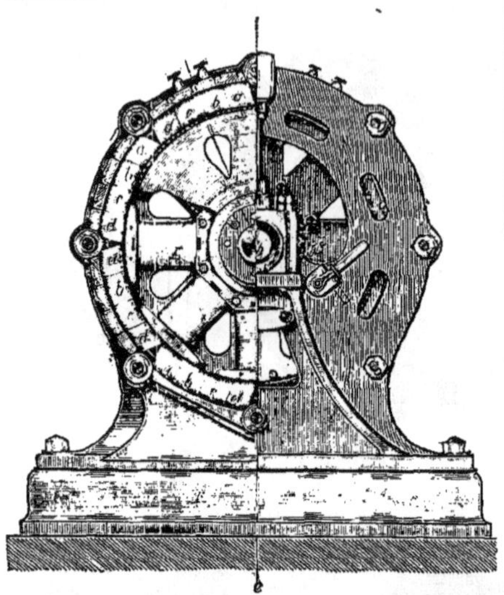

Fig. 138. — *Machine à courants alternatifs et à division, de M. Gramme.*

IX. M. Pacinotti, professeur italien, avait inventé, en 1860, un petit moteur électrique, réversible, présentant une analogie frappante avec la machine de M. Gramme; seulement l'anneau était muni de dents en saillie entre lesquelles le fil était enroulé; du reste le modèle, décrit en 1864, dans le *Nuovo Cimento*, avait des inducteurs beaucoup trop faibles et n'était pas pratique; il fut abandonné par son auteur, et ce n'est qu'après l'Exposition d'électricité de Paris, en 1881, qu'il a été repris et utilisé par l'industrie. M. de Méritens s'en est servi pour créer le type de dynamo représenté par la figure 139.

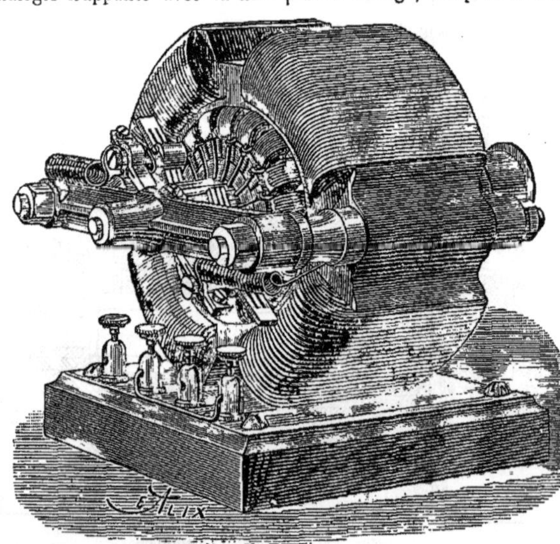

Fig. 139. — *Dynamo Pacinotti-Méritens.*

L'anneau induit est construit avec des rondelles de fer isolées, et les hélices, enroulées transversalement, sont séparées par des saillies ou dents, comme dans le modèle de Pacinotti. Les noyaux des inducteurs sont recourbés en demi-cercle et

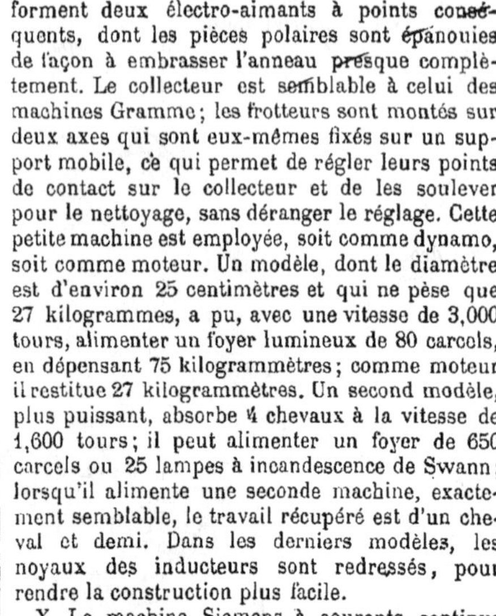

forment deux électro-aimants à points conséquents, dont les pièces polaires sont épanouies de façon à embrasser l'anneau presque complètement. Le collecteur est semblable à celui des machines Gramme; les frotteurs sont montés sur deux axes qui sont eux-mêmes fixés sur un support mobile, ce qui permet de régler leurs points de contact sur le collecteur et de les soulever pour le nettoyage, sans déranger le réglage. Cette petite machine est employée, soit comme dynamo, soit comme moteur. Un modèle, dont le diamètre est d'environ 25 centimètres et qui ne pèse que 27 kilogrammes, a pu, avec une vitesse de 3,000 tours, alimenter un foyer lumineux de 80 carcels, en dépensant 75 kilogrammètres; comme moteur il restitue 27 kilogrammètres. Un second modèle, plus puissant, absorbe 4 chevaux à la vitesse de 1,600 tours; il peut alimenter un foyer de 650 carcels ou 25 lampes à incandescence de Swann; lorsqu'il alimente une seconde machine, exactement semblable, le travail récupéré est d'un cheval et demi. Dans les derniers modèles, les noyaux des inducteurs sont redressés, pour rendre la construction plus facile.

X. La machine Siemens à courants continus possède également un inducteur à pôles conséquents; mais les pièces polaires sont formées par des barres de fer méplat juxtaposées et cintrées en arc de cercle, de façon à envelopper les deux tiers du tambour induit; cette disposition contribue à diminuer l'échauffement. L'induit est un tambour allongé, composé de rondelles de bois enfilées sur l'arbre et recouvertes par plusieurs couches de fil de fer, qui jouent le même rôle de surexcitation du champ que le noyau en fil de fer de l'anneau Gramme. C'est sur ce premier cylindre, recouvert avec du taffetas enduit d'un vernis isolant, que l'on enroule longitudinalement les fils de cuivre des hélices; celles-ci sont du reste reliées les unes aux autres comme celles de la machine Gramme, et le collecteur ne diffère que par les détails de construction. Le type vertical de ces machines est représenté sur la figure 140, servant d'excitatrice pour une machine Siemens à courants alternatifs. Les machines plus puissantes ont leurs inducteurs couchés horizontalement. Dans celles qui sont destinées aux travaux d'électro-chimie, les noyaux des inducteurs et le tambour induit sont enveloppés, au lieu de fil, par des barres de cuivre isolées avec du carton d'amiante; la section de ces barres varie suivant le mode d'excitation adopté, en série ou en dérivation. C'est encore le même type de machines qui est employé comme moteur dans les installations de tramways ou chemins de fer électriques de la maison Siemens.

La machine à courants alternatifs et à division de Siemens (fig. 140) est caractérisée par la suppression totale du fer dans les induits; les inducteurs sont constitués par deux séries d'électros droits, S C, C N, fixés circulairement sur les faces opposées de deux bâtis en fonte *b b*, verticaux et parallèles, boulonnés sur un socle en fonte, et solidement entretoisés. Ces électros ont leurs noyaux terminés par des pièces polaires plates, découpées en forme de secteurs; les pôles consécutifs de chaque série sont alternés, et à chacun d'eux est opposé un pôle de nom contraire, de sorte que les champs magnétiques sont alternativement renversés. Les spires de ces électros sont enroulées dans le même sens, et c'est en changeant, par le mode d'attache de leurs fils d'entrée et de sortie, la direction du courant qui les traverse, que l'on intervertit les polarités. L'induit présente la forme d'un disque aplati qui tourne entre les deux couronnes d'inducteurs; il contient autant de bobines qu'il y a d'électros sur chaque couronne; ces bobines, en forme de secteurs, sont enroulées sur des pièces de bois serrées entre deux joues en maillechort, découpées et percées pour la circulation de l'air. La roue en bronze qui porte les bobines est munie d'un plateau en bois sur lequel sont attachés les fils de communication de ces bobines, soit entre elles, soit avec des anneaux de frottement montés sur l'arbre et servant à recueillir les courants. On accouple les bobines à volonté, de façon à former une ou plusieurs séries dont les courants peuvent être employés séparément. M. Hefner Alteneck avait transformé ce type de machine en dynamo à courant continu avec un commutateur assez compliqué.

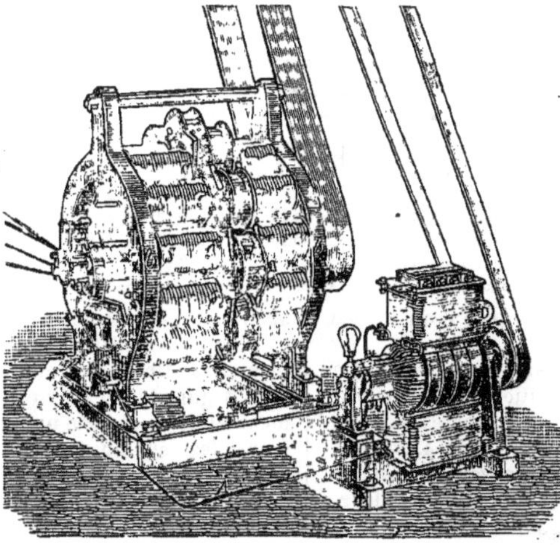

Fig. 140. — *Machine à courants alternatifs et excitatrice à courants continus de Siemens.*

XI. La machine Edison se compose d'un tambour, du genre Siemens, tournant entre les pôles d'un puissant électro à deux branches; le tambour induit est formé de barres de cuivre rigides, disposées suivant les génératrices du tambour; leurs extrémités sont reliées par des disques du même métal, isolés et disposés de telle sorte que les barreaux diamétralement opposés sont à une extrémité, fixés deux à deux sur le même disque; à l'autre bout, ils alternent d'un disque à l'autre; les attaches sont ainsi échelonnées en forme d'hélice; l'accouplement est le même que celui des machines Gramme et Siemens; les inducteurs sont excités par des courants dérivés. Ce mode de construction, analogue à celui des machines à galvanoplastie, réduit au minimum la résistance de l'induit; mais lorsqu'il est appliqué à une distribution en dérivation, comme l'éclairage

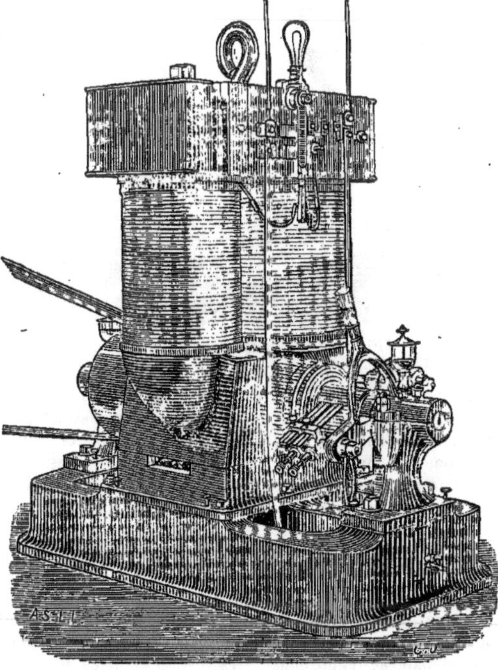

Fig. 141. — *Machine Edison à 60 lampes.*

Edison, il oblige à régler l'excitation au moyen de résistances intercalées dans le courant de dérivation des inducteurs, soit à la main, soit au moyen d'un organe électro-magnétique agissant automatiquement. La *Lumière électrique* a publié, dans une étude remarquable de l'Exposition d'électricité à Philadelphie, les données suivantes sur les principaux types actuels des machines Edison :

	E	Z	L	K	C	H
Poids en kilogrammes.	290	1.230	2.500	3.300	6.000	3.600
Chevaux absorbés.	2.5	8	18	32	125	65
Tours par minute.	2.200	1.200	900	900	350	1.100
Capacité en lampes de seize bougies.	17	60	250	250	1.200	400
Volts aux bornes.	110	110	110	110	110	110
Nombre d'électros inducteurs.	2	2	6	6	12	6

La figure 141 représente le type Z du tableau ci-dessus.

La grande machine Edison, dont le premier type avait figuré à l'Exposition d'électricité de 1881, à Paris, pèse 20,030 kilogrammes, comprenant : pour l'armature et son arbre, 4,445 kilogrammes ; pour les bâtis des coussinets, 608 kilogrammes ; pour les inducteurs, 14,670 kilogr. ; pour les appuis en zinc, 307 kilogrammes. Le cuivre est ainsi réparti : barres de l'armature, 267 kilogrammes ; disques, 612 kilogrammes ; fil des bobines, 680 kilogrammes. Cette machine absorbe 168 chevaux-vapeurs et alimente 1,375 lampes Edison de 16 bougies ; le travail du circuit correspond à 9,36 lampes par cheval. La différence de potentiel est de 108 volts aux bornes de la machine et de 90 volts aux lampes.

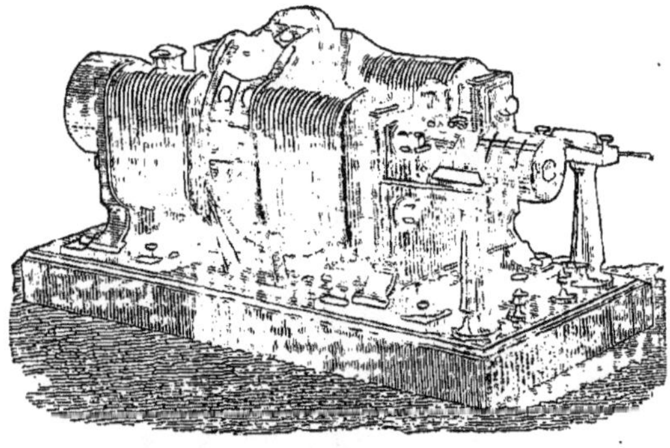

XII. Les machines Brush diffèrent des systèmes précédents par la construction de l'induit et par la composition du champ magnétique. Les inducteurs sont formés par deux électros très puissants, dont les noyaux sont pourvus de pièces polaires épanouies, en arc de cercle assez étendus pour que trois des hélices induites soient contenues à la fois dans chacun des deux champs ; c'est le système indiqué par la figure 131, dans lequel les pôles de même nom sont en face les uns des autres. L'induit se compose d'un anneau de fonte, à section rectangulaire, creusé de profondes rainures sur les faces et sur le pourtour, afin d'empêcher la formation des courants de Foucault. Le fil est enroulé dans des évidements à faces parallèles dont l'axe est dirigé suivant le rayon ; le sens de l'enroulement ne change pas. L'anneau de Brush se rapproche donc de l'anneau Pacinotti. Les bobines sont toujours en nombre pair, de 8 à 12 ; les bobines diamétralement opposées sont reliées de façon à présenter un enroulement continu avec deux extrémités libres ; chaque paire de bobines aboutit à un commutateur spécial, d'où quatre commutateurs distincts pour huit bobines élémentaires. Chaque commutateur se compose de trois segments de cuivre, dont l'un, complètement isolé, représente un huitième de la circonférence ; les sept huitièmes restants sont partagés entre les deux autres segments qui reçoivent les extrémités libres des fils de la paire de bobines. Le commutateur est calé sur l'arbre, de façon que le moment où le segment isolé passe sous l'un des frotteurs corresponde à celui où l'une des bobines traverse l'espace neutre du champ. La paire de bobines correspondante se trouve ainsi retranchée du circuit. Les machines Brush sont établies pour fournir des courants de grande tension, qui permettent de placer les lampes en une seule série dont le circuit atteint jusqu'à 12 kilomètres de développement. Ce système est très économique comme dépense d'établissement, mais c'est le moins favorable à la production de la lumière électrique.

Fig 142. — *Dynamo de Brush.*

XIII. La machine de M. Bürgin est caractérisée par son tambour induit que représente la figure 143. Ce tambour est composé de six anneaux distincts, de forme polygonale ; le noyau est en fil de fer recuit, enroulé sur des supports en forme d'étoiles ; le fil induit, enroulé transversalement, forme six bobines légèrement renflées au milieu. Les parties du noyau qui sont aux sommets du polygone, passent très près des inducteurs et jouent le même rôle de renforcement que les saillies de l'anneau Pacinotti. Les bobines sont échelonnées d'un anneau à l'autre, et l'ensemble des anneaux présente la forme d'un tambour, à génératrices hélicoïdales, qui tourne entre les pièces polaires d'un inducteur à points conséquents, d'une grande puissance. Ce ne sont pas les hélices d'un même anneau qui sont reliées ensemble, mais celles qui se suivent d'un anneau à l'autre et qui se succèdent immédiatement devant les pôles de l'inducteur, c'est-à-dire que les premières bobines de tous les anneaux sont reliées l'une à l'autre, et c'est la première bobine du dernier anneau qui est rattachée à la deuxième bobine du premier anneau. De chacune de ces jonctions part une dérivation allant à une lame du collecteur. Ce type de machine est employé pour les éclairages du système Crompton.

XIV. Parmi les nombreuses machines dérivées des inventions de Pacinotti et de Siemens, on peut citer les machines de Weston et de Maxim, ainsi que la dynamo représentée par la figure 144, et connue sous le nom de machine Phœnix. L'inducteur est formé par un double électro à pôles conséquents ; l'induit se compose d'une série de disques en fer, dentés extérieurement et parfaitement isolés qui constituent le noyau de surexcitation magnétique ; le fil de cuivre est enroulé transversalement dans les intervalles laissés libres entre les dents ; l'accouplement et le collecteur sont analogues à ceux qui ont été décrits précédemment pour les machines Gramme et Siemens. Cette machine est surtout remarquable par la disposition et le montage des pièces qui permettent d'en exécuter très facilement le démontage et la réparation. On emploie l'excitation en série, en dérivation ou bien par double enroulement (Compound) suivant l'usage auquel la dynamo est destinée. Nous devons à l'obligeance des constructeurs français (Scrive, Hermite et Cie) les renseignements suivants sur quelques-unes de ces machines :

Compound dynamo	1 A	3 A	4 A	4 C	5 B	6 B	7 A	7 C
Poids en kilogrammes.	150	400	650	1.200	1.800	1.800	2.500	2.500
Chevaux absorbés.	2	6	12	18	24	36	48	60
Tours par minute	1.800	1.600	1.500	1.500	1.250	1.050	900	900
Capacité en lampes de seize bougies.	16	50	100	150	200	300	400	500
Volts aux bornes de la machine.	48	105	105	105	105	105	105	105
Prix en francs.	1.000	2.000	3.200	4.000	4.700	6.500	8.000	9.500

XV. La machine magnéto-électrique de M. de Méritens est un perfectionnement remarquable de la machine de l'Alliance, par l'augmentation de puissance des aimants inducteurs et surtout par la transformation de l'induit ; dans l'ancienne machine, les bobines étaient droites et espacées autour du disque qui les portait ; leurs axes étaient parallèles à l'axe de rotation. Dans la machine nouvelle, elles sont aplaties, cintrées en arc de cercle, et fixées autour du disque à la suite les unes des autres, formant un anneau continu. La figure 145 représente le grand modèle adopté pour produire la lumière dans les phares (V. PHARES). Elle se compose de cinq séries d'inducteurs et de cinq anneaux induits ; chaque série, avec son anneau, constitue une machine élémentaire complète, de sorte que l'ensemble peut être considéré comme formé de cinq machines juxtaposées. Chaque série d'inducteurs comprend huit faisceaux d'aimants en fer à cheval, rayonnants, dont les pôles forment une couronne circulaire à l'intérieur de laquelle tourne l'induit ; les quarante faisceaux pèsent ensemble 1,080 kilogrammes. Les bobines induites ont des noyaux en lames minces de tôle douce découpées à l'emporte-pièce et rivées ; ici la division du fer a surtout pour but de faciliter les aimantations et désaimantations rapides, nécessaires à la production des courants dans les fils qui sont enroulés transversalement sur les noyaux. Chaque anneau contient 16 bobines accouplées en série ; les cinq anneaux sont, à leur tour, accouplés de façon à fournir deux courants qui sont recueillis par des frotteurs sur quatre bagues ordinaires fixées, deux par deux, aux extrémités de l'arbre ; on peut employer ces courants séparément ou les associer à volonté. Cette machine fournit une intensité lumineuse de 700

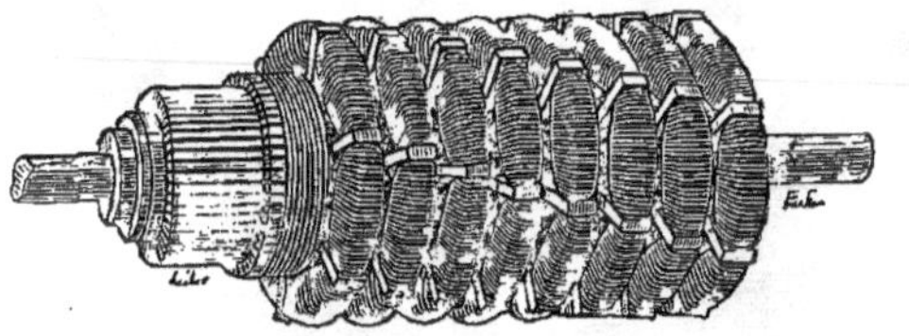

Fig. 143. — *Tambour induit de la machine Bürgin.*

Fig. 144. — *Machine dynamo Phœnix*

becs carcels, avec une vitesse de 790 tours par minute et une dépense de force de 8 chevaux. On a établi, en faisant varier le nombre des machines élémentaires, des magnétos de toutes dimensions

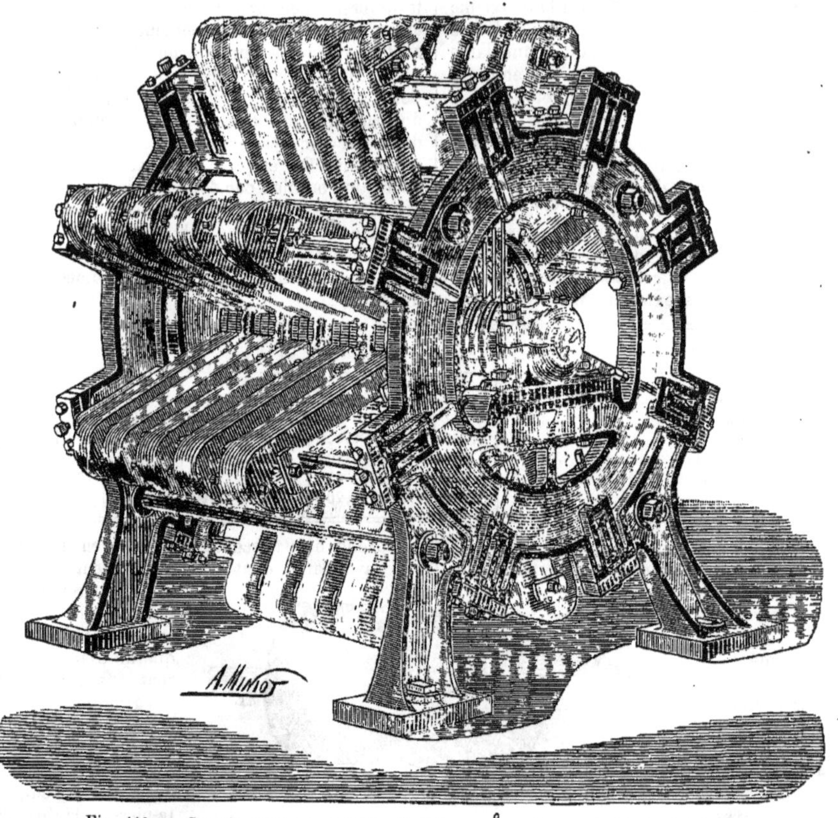

Fig. 145. — *Grande machine magnéto-électrique pour phares, de M. de Méritens.*

dont le tableau suivant (publié en 1882) résume les données principales.

Type	Nombre de foyers			Chevaux absorbés	Nombre de tours	Prix	
	Bougies	Lampes à arc	Lampes à incandescence			Groupage fixe	Groupage variable
P	3	4	12	2	1.050	1.900	2.200
A	6	8	30	4	1.050	4.000	4.500
E	12	15	35	8	950	7.500	7.900
F	16	20	60	12	900	8.800	9.300
G	20	25	100	16	900	10.000	10.500

XXI. A la suite des machines précédemment décrites, on peut encore citer les dynamos de Fein, Yurgensen, Gülcher, Schuckert, Elphinstone-Vincent, ainsi que la machine à courants alternatifs de Ferranti ; ces appareils ne diffèrent que par la disposition de leurs éléments et par des détails de construction ; le rendement est, en général, très satisfaisant et ce n'est guère que sur le prix qu'il reste encore d'importantes diminutions à réaliser pour en propager l'emploi. — J. B.

(Les fig. 136, 137, 141 et 143 sont empruntées au journal la *Lumière électrique*).

Bibliographie. — V. Eclairage électrique et Moteur électrique.

MACHINE ÉLÉVATOIRE. On désigne quelquefois, quoique rarement, sous ce nom, les *ascenseurs* et les *monte-charges* (V. ces mots), qui servent à élever les personnes ou les fardeaux. Cette expression est aussi employée pour désigner les machines qui élèvent l'eau destinée à l'alimentation des villes.

MACHINE HYDRAULIQUE. — V. Hydraulique, Moteur, Roue, Turbine.

MACHINE-OUTIL. On donne ce nom à des appareils destinés à faire fonctionner des outils mécaniquement, le mouvement étant d'ailleurs transmis à la machine, soit à la main, soit par l'intermédiaire d'un moteur. Il y a donc deux choses à considérer dans les machines de ce genre : la *machine* proprement dite, c'est-à-dire l'ensemble des pièces qui ont pour effet de faire travailler l'outil dans les conditions voulues, et *l'outil* lui-même, dont les dimensions, la forme et le mode d'action ont une grande influence sur la production économique d'un travail, quel qu'il soit.

Les outils conduits directement par la main de l'homme prennent, au contraire, le nom d'*outils simples*, et leur maniement exige une grande habitude de la part des ouvriers qui les emploient; aussi n'en peuvent-ils généralement manier qu'un très petit nombre, et sont-ils obligés de se spécialiser.

La nécessité des *machines-outils* appliquées primitivement à la construction des pièces d'horlogerie, s'est imposée de plus en plus depuis le commencement du siècle, et spécialement dans ces dernières années. Les nouvelles découvertes de la science, alliées au besoin de plus en plus pressant de s'affranchir d'une main-d'œuvre dont les exigences vont toujours en croissant, ont développé l'usage des machines sur une très grande échelle.

Aujourd'hui, il n'est presque pas de spécialité, de quelque nature qu'elle soit, qui n'ait ou ne cherche un système de machine qui supprime totalement, ou du moins en partie, le travail manuel. C'est qu'en effet, lorsqu'une même pièce ou un même travail se reproduit fréquemment, l'expérience a démontré que le travail mécanique est beaucoup plus économique et plus parfait que celui exécuté à la main.

Pour ce qui concerne plus spécialement les machines-outils, qui font l'objet du présent article, le problème est résolu de la façon la plus complète et la plus perfectionnée. Il y en a de deux catégories, selon qu'elles sont destinées à travailler les métaux ou le bois.

Machines-outils pour le travail des métaux. Les machines-outils employées pour le travail des métaux sont très diverses et très répandues, et de nos jours, les exigences de la construction ont amené à produire des types d'une grandeur vraiment colossale. On peut les grouper en deux classes principales, savoir : 1° celles qui constituent le matériel des ateliers de construction mécanique ; 2° celles qui concernent les ateliers de grosses constructions, telles que chaudronnerie, ponts, charpentes en fer, grosse serrurerie, etc.

Machines employées dans les ateliers de construction mécanique. Les machines employées dans les ateliers de construction de machines comprennent, savoir :

Tours. Les tours sont établis avec des dispositions et des dimensions variables selon les formes et les dimensions des pièces qu'ils sont destinés à travailler. Les principaux groupes de tours sont : les *tours à charioter et à fileter*, soit à banc droit, soit à banc coupé, employés pour le filetage des écrous et des vis de diverses grosseurs et de pas différents, ainsi que pour l'alésage et le chariotage de pièces de diamètres et de longueurs variables ; les *tours à engrenages*, montés sur banc droit ou sur banc à coupure, et sans mouvement automatique du chariot porte-outil ; ils sont destinés à percer, à aléser ou à tourner des pièces de différentes dimensions; les *tours en l'air*, qui sont plus particulièrement employés pour tourner, dresser ou aléser des pièces de grand diamètre et de grande surface, telles que poulies, volants, plaques, etc. ; les *tours à roues* qui servent à tourner les roues de locomotives, de tenders et de wagons, ainsi que pour tourner ou aléser les bandages ; les *tours à décolleter*, destinés à exécuter rapidement, par le procédé dit de décolletage, une infinité de petites pièces cylindriques plus ou moins ouvrées, telles que boulons, vis, écrous, etc.; les *tours simples*, marchant seulement par des poulies ou des cônes à plusieurs vitesses, et destinés principalement à tourner du bois ou de petites pièces de fer ou de cuivre ; les *tours à pédales* forment une classe à part et sont toujours de faibles dimensions ; ils ne peuvent être utilisés que pour de petits travaux.

Machines à percer. Les machines à percer sont employées pour le perçage et l'alésage des pièces les plus diverses ; elles sont, de toutes les machines-outils, celles que l'on retrouve en plus grand nombre et sous les formes les plus variées ; elles sont, avec les tours, les plus indispensables dans les ateliers de construction et les plus anciennement employées. Selon leur fonctionnement et leur disposition, on les désigne sous la dénomination de machines à percer *portatives*, *à manivelle*, *à colonne*, *murales*, *radiales*, *horizontales*, etc.

Machines à fraiser. Les *machines à fraiser* présentent dans leur emploi de sérieux avantages au point de vue de la rapidité d'exécution et du fini des pièces travaillées ; dans les ateliers de construction de machines, de chemins de fer, etc., on les emploie surtout très utilement pour le façonnage des pièces détachées.

Machines à aléser. Les *machines à aléser* sont employées à l'alésage des cylindres de locomotives, de machines à vapeur et de machines soufflantes, des corps de pompe, des bâtis de machines, etc.

Machines à raboter. Les *machines à raboter* sont appliquées au dressage des pièces, telles que cylindres de machines à vapeur, bâtis de machines, plaques de fondations, etc.

Limeuses. Les *limeuses* sont d'un emploi très répandu dans les ateliers d'ajustage, pour le rabotage des pièces détachées.

Machines à mortaiser. Les *machines à mortaiser* ne sont autres que des machines à raboter verticales. Ces machines sont destinées à exécuter sur des pièces des parties droites, circulaires ou courbes variées, à faire les cannelures dans les alésages des moyeux de roues d'engrenages, de poulies, de volants, etc.

Machines à tarauder. Les *machines à tarauder* sont établies pour tarauder et fileter rapidement les vis, les boulons et les écrous.

Machines à tailler. Les *machines à tailler* les fraises et la denture des engrenages, les machines à tailler les *écrous*, *à meuler*, *à polir*, etc.

Marteaux-pilons, ventilateurs. Pour les travaux de forge des pièces détachées de machines, on fait usage de *marteaux-pilons* mus par la vapeur ou mécaniquement par courroie, tout cela accompagné de *ventilateurs* ou de *machines soufflantes*, qui ont augmenté considérablement la production obtenue auparavant avec les anciens appareils primitifs.

Les machines soufflantes et les marteaux-pilons ont surtout pris une importance énorme depuis vingt ans en métallurgie.

MACHINES EMPLOYÉES DANS LES ATELIERS DE GROSSES CONSTRUCTIONS. Les machines-outils employées dans les ateliers de chaudronnerie, ponts, charpentes en fer, grosse serrurerie, etc., comprennent, savoir :

Machines à poinçonner et à cisailler. Les *machines à poinçonner et à cisailler* sont très répandues dans les ateliers de constructions métalliques, où elles rendent les plus grands services. Il en existe un grand nombre de types, soit du *système à excentrique*, soit du *système à levier*. On en construit d'une puissance assez grande pour couper à froid des tôles de fer ou d'acier de 30 à 40 millimètres d'épaisseur, et pouvant également percer à froid dans ces tôles des trous ayant un diamètre quelquefois supérieur à 40 et 50 millimètres.

Découpoirs. Les *découpoirs* fonctionnent comme les machines à poinçonner et à cisailler. On en construit depuis les plus petits modèles jusqu'aux plus grands, pouvant percer à froid dans le fer des trous de 60 millimètres de diamètre dans des épaisseurs de 30 millimètres environ. Ces machines sont employées pour cisailler à froid dans les constructions métalliques, des fers en barres, des fers cornières et des fers divers, ainsi que dans différentes fabrications, pour découper rapidement et d'un seul coup des pièces d'un contour déterminé, tels que les articles pour couverts, quincaillerie, articles de ménage, serrurerie, etc.

Machines à cintrer. Les *machines à cintrer* servent à cintrer à froid des tôles ayant jusqu'à 30 millimètres d'épaisseur. Elles sont très utiles pour cintrer les tôles, les fers cornières et les fers divers.

Machines à river. Les *machines à river* s'appliquent au rivetage mécanique dans la construction des chaudières, des poutres métalliques, etc.

Machines à chanfreiner. Les *machines à chanfreiner* ne sont autres que des machines à raboter spéciales, disposées pour chanfreiner les tôles et en raboter les champs; elles s'emploient principalement dans la construction des chaudières ou des récipients.

Scies circulaires. Les *scies circulaires* s'utilisent beaucoup pour scier le fer à froid ou à chaud.

Cisailles circulaires. Les *cisailles circulaires* permettent de cisailler des bandes de largeur déterminée dans des tôles de grande épaisseur, atteignant jusqu'à 20 millimètres.

Presses. Les *presses* sont employées pour redresser ou cintrer les rails ou les fers divers.

Bancs à tirer. Les *bancs à tirer* servent à étirer des tuyaux métalliques ou des barres à *section cylindrique ou prismatique.*

Machines-outils pour le travail du bois. Le travail mécanique des bois a atteint un tel degré de perfection que l'on peut dire que l'outillage pour le bois est aujourd'hui aussi complet que celui employé pour le travail des métaux. Dans diverses industries, telles que la construction des voitures, des vagons de chemins de fer, les moulins, etc., les machines à travailler le bois jouent un grand rôle ; elles sont très importantes et très nombreuses. Elles se divisent alors en *machines à presser*, *à raboter*, *en scieries*, *en tours*, *en machines à faire les tenons et les mortaises*, *à tailler les moulures droites ou courbes*, *à trancher le bois de placage*, etc.

Cet outillage spécial a atteint un développement et un perfectionnement tout à fait remarquables et donne les produits les plus satisfaisants. Au nombre de ces machines, il faut mentionner celles à faire les sabots, les bois de fusils, les roues de voitures, etc.; le lecteur trouvera, d'ailleurs, dans le *Dictionnaire*, des renseignements sur chacune d'elles, soit au mot qui la désigne, soit à l'industrie qui l'emploie.

MACHINE PNEUMATIQUE. On appelle *machines pneumatiques* celles qui servent à raréfier l'air ou les gaz dans un récipient; ces machines sont surtout des appareils de cours ou de laboratoire ; elles ont cependant reçu, dans ces dernières années, une application industrielle importante pour la fabrication des lampes à incandescence dans le vide. On peut les diviser en trois catégories, les *machines ordinaires à piston*, les *machines à déplacement de mercure* et les *machines à écoulement*.

I. C'est Otto de Guéricke qui a le premier, vers 1650, employé une pompe aspirante et foulante, à simple effet, pour produire le vide; la pression exercée sur le piston obligeait à restreindre ses dimensions, sans que la manœuvre cessa d'être assez pénible; on l'a remplacée par les machines actuelles, à deux corps de pompes, à simple effet, ou à un seul corps, à double effet; dans le premier type, les pistons ont pour tige une crémaillère avec laquelle engrène une roue dentée à laquelle un balancier, muni de deux poignées, permet d'imprimer un mouvement alternatif. Les pressions sur les faces extérieures des pistons se font équilibre et la résistance à vaincre est réduite à la différence des pressions sur les autres faces. Dans le second type, le mouvement alternatif du piston est obtenu par le mouvement circulaire d'une manivelle, plus régulier et moins fatigant.

Une des conditions les plus importantes à réaliser dans ces appareils, c'est de réduire au minimum la distance entre le fond du cylindre et la face correspondante du piston arrivé au bas de sa course. La masse gazeuse contenue dans cet espace, que l'on appelle l'espace nuisible, se détend lorsque le piston remonte, et il arrive un moment où sa force élastique étant égale à celle que l'on a déjà obtenue dans le récipient, il ne passe plus rien à travers la soupape d'aspiration ; de sorte que le pouvoir de raréfaction d'une pompe peut être mesuré par le rapport entre le volume de l'espace nuisible et le volume total compris entre le fond du cylindre et la face du piston arrivé en haut de sa course. Cet inconvénient, qui ne permet pas d'obtenir un vide parfait, est combattu, en partie, à l'aide d'une disposition ingénieuse, imaginée par Babinet, et connue sous le nom de robinet à double épuisement, ou de robinet de Babinet; elle consiste, lorsque l'on est arrivé à la limite indiquée plus haut, à ne laisser qu'un corps de pompe en communication avec le récipient, et à faire agir le second corps de pompe sur l'espace nuisible du premier. On obtient ce résultat à l'aide d'une construction spéciale du robinet, à trois voies, intercalé sur la

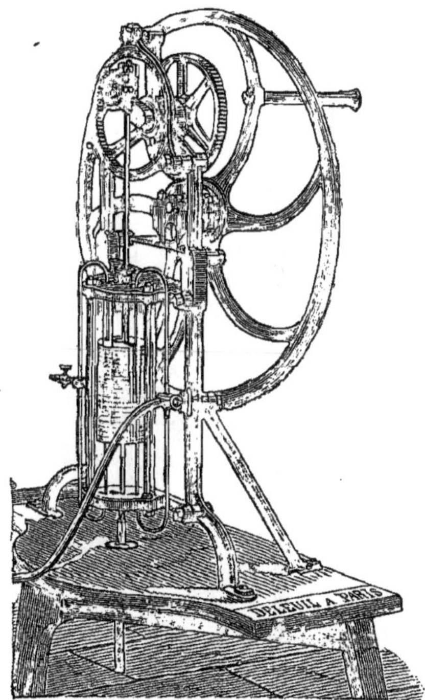

Fig. 146. — Machine pneumatique de M. Deleuil.

conduite que relie les deux corps de pompe avec le récipient, de façon qu'il suffit de tourner le robinet de 80 degrés pour établir la nouvelle communication; il suffit alors d'élever au carré les termes du rapport précédent pour avoir la nouvelle mesure du pouvoir de raréfaction.

Les modèles les plus répandus des machines à un cylindre sont ceux de Bianchi et de M. Deleuil. La machine de Bianchi est à cylindre oscillant; on y remarque la disposition adoptée pour supprimer les espaces nuisibles; la tige du piston est coupée en deux tronçons, séparés par des rondelles de caoutchouc qui sont comprimées à chaque demi-révolution, de sorte que les faces du piston s'appliquent, sans choc, très exactement sur les fonds du cylindre; la machine est, en outre, munie d'un robinet à double épuisement, et comme tous les appareils de ce genre, d'un baromètre à siphon qui indique par la dénivellation du mercure dans ses deux branches, le degré de vide obtenu.

La machine de M. Deleuil est représentée par la figure 146. C'est une pompe à un seul corps, à double effet, dont les deux chambres communiquent, par un même tuyau bifurqué, avec le récipient dans lequel on veut faire le vide; le piston présente une disposition originale qui a pour but de supprimer la garniture en cuir; il est très long et sillonné de nombreuses cannelures transversales qui empêchent, par les remous qui s'y produisent, la communication du fluide d'une chambre à l'autre; ce mode de fermeture est d'autant plus efficace que la différence des pressions exercées sur les deux faces du piston est plus faible; il diminue le frottement, et supprime les inconvénients dus au graissage (encrassement des soupapes et nettoyages fréquents, surtout si la machine reste longtemps sans fonctionner); mais il exige que les boîtes à étoupes, que traverse la tige, soient garnies avec beaucoup de soin, pour empêcher les rentrées d'air. Le corps de pompe est maintenu entre deux platines faisant partie du bâti, et il est muni, à ses deux bases, d'une soupape d'aspiration et d'une soupape de refoulement; les soupapes d'aspiration sont reliées par une même tige que le piston entraîne dans son mouvement; le tube de communication entre ces deux soupapes est muni du robinet à double épuisement de Babinet. Le piston est actionné par une transmission à engrenage, de Lahire, qui transforme le mouvement de rotation de la manivelle en un mouvement alternatif, sans exiger de guide spécial. La machine est, en outre, munie d'un fort volant. Avec un piston de 6 centimètres de diamètre et 22 centimètres de course, il suffit de 30 tours pour obtenir, dans un récipient de 6 à 7 litres de capacité, un vide de 20 millimètres; en se servant du robinet à double épuisement, on amène le vide à 5 millimètres avec 200 tours. L'opération dure à peu près cinq minutes, à raison de 40 tours par minute; un seul homme suffit pour obtenir ce résultat.

II. Le vide que l'on obtient dans la chambre barométrique, en réalisant l'expérience de Torricelli, est plus parfait que celui qui résulte du mouvement d'un piston dans un corps de pompe; aussi les académiciens de Florence s'en étaient-ils servi pour leurs expériences au XVIIe siècle; l'idée a été reprise et réalisée pratiquement par M. Geissler, dont l'appareil est représenté dans tous les cours de physique. Il se compose de deux réservoirs reliés par un tube barométrique rigide et par un tuyau flexible en caoutchouc; l'un de ces réservoirs, libre et ouvert, peut s'élever et s'abaisser à volonté, au moyen d'un ruban de fil qui passe sur une poulie de renvoi et s'enroule sur un petit tambour actionné par une manivelle; l'autre réservoir est fixe et fermé à la partie supérieure par un robinet à trois voies qui établit les communications avec le récipient dans lequel on fait le vide et avec l'air extérieur.

Au début, le réservoir mobile est élevé en haut de sa course, et la chambre barométrique formée par le second réservoir et le tube, est remplie de mercure; si l'on abaisse alors le premier réservoir, le vide se produit, et si l'on tourne le robinet de façon à établir la communication avec le récipient, l'air ou les gaz que ce dernier contient sont aspirés dans la chambre. On fait alors tourner le robinet d'un quart de tour et on remonte le réservoir mobile; l'air raréfié contenu dans la chambre est comprimé par l'introduction du mercure et, quand sa pression atteint celle de l'atmosphère, on le laisse échapper par un robinet fixé au sommet du second réservoir. On referme alors ce robinet; on remet le robinet à trois voies dans sa première position, et on recommence l'opération que l'on renouvelle aussi longtemps qu'il est nécessaire. Cette machine est entièrement construite en verre, ainsi que les robinets dont elle est munie; elle permet d'obtenir le vide à moins d'un dixième de millimètre de mercure; mais l'opération exige un temps assez long, parce que les volumes sont faibles et que les manœuvres doivent être faites avec lenteur et précaution.

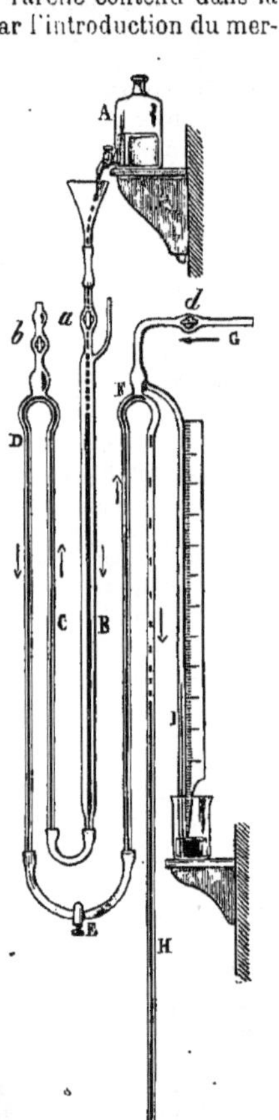

Fig. 147

III. La machine qui utilise, pour faire le vide, l'écoulement et la pression du mercure, est due à M. Sprengel; elle se compose (fig. 147) d'un tube étroit H, d'environ 2 mètres de longueur, dont l'extrémité supérieure communique, en F, avec le tuyau G sur lequel est adapté le récipient dans lequel on veut faire le vide; un robinet *d* ouvre et ferme cette communication; l'extrémité inférieure du tube H aboutit à un réservoir R. Le mercure est amené dans le haut du tube H par gouttes successives qui forment autant de petits pistons liquides enfermant entre eux une portion d'air ou de gaz, l'ensemble forme une colonne barométrique discontinue qui descend en vertu de sa pression, supérieure à celle de l'atmosphère, et aussi en vertu de la vitesse acquise pendant la chute; le mercure se rassemble dans la cuvette R en laissant échapper l'air entraîné. Le mercure est, bien entendu, desséché à l'avance, et il est même recouvert d'une petite couche d'acide sulfurique, dans le vase A qui forme le réservoir supérieur, dont l'écoulement intermittent est réglé par le robinet *a*; le mercure est, en outre, purgé d'air en circulant successivement par les tubes B, C, D; celui qu'il entraîne se rassemble à la jonction au sommet des tubes C et D, et on l'évacue par le robinet *b*; le tuyau de caoutchouc qui relie, par le bas, ces deux derniers tubes, est comprimé à volonté, par une pince E, pour régler

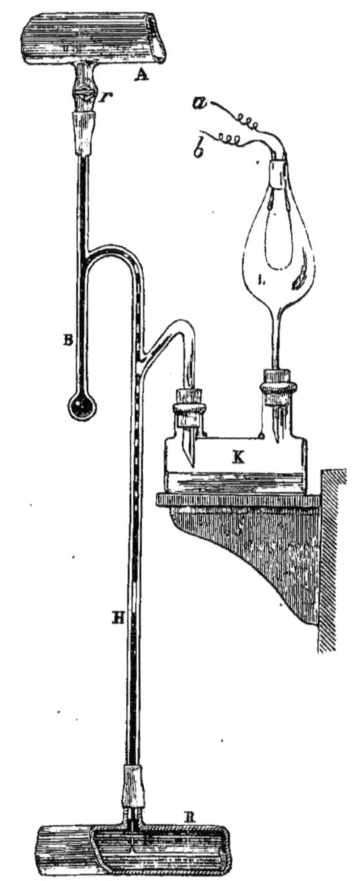

Fig. 148.

l'écoulement. Un baromètre I, relié au sommet du tube H, sert à indiquer le degré de vide obtenu. La pompe de Sprengel présente l'avantage de travailler d'une façon continue et de permettre, au besoin, de recueillir les gaz au fur et à mesure de leur dégagement. En outre, elle n'exige pas le robinet en verre, à trois voies, de la pompe de Geissler, robinet dont la fabrication et la manœuvre sont bien délicates.

IV. C'est une pompe de Sprengel qui est employée pour la fabrication des lampes électriques à incandescence dans le vide (V. ECLAIRAGE, LAMPE ÉLECTRIQUE). Cet appareil a été réalisé industriellement de la façon suivante (fig. 148). Le réservoir supérieur est constitué par un tuyau en fer horizontal A rempli de mercure ; ce tube est muni de tubulures, prolongées chacune par un tube vertical B relié latéralement à un tube barométrique de chute H, dont l'extrémité inférieure aboutit, par une seconde tubulure, au tuyau réservoir R. Chacun des tubes H est relié, à son tour, avec un vase K à deux tubulures, dans lequel se trouve un peu d'acide sulfurique. C'est sur le bouchon en caoutchouc de la seconde tubulure du vase K que l'on adapte, renversée, la lampe L garnie de son filament. L'écoulement du mercure a lieu dès que l'on ouvre le robinet *r* et se prolonge tant qu'il se dégage des bulles de gaz du filament, que l'on porte lentement au rouge blanc, en y faisant passer un courant suffisant par les fils *a* et *b*; quand l'opération est terminée, on ferme au chalumeau la lampe L ; on ferme le robinet d'isolement *r*, et l'on met en place une nouvelle lampe ; le mercure qui s'est écoulé dans le tuyau R est incessamment remonté à l'aide d'une machine spéciale.

En dehors des machines précédentes, il existe encore un petit appareil à force centrifuge, imaginé par M. Félix de Romilly et décrit dans le tome X du *Journal de physique*. Il est très simple et permet d'obtenir rapidement un vide suffisant pour la plupart des expériences.

On peut, en utilisant conjointement, avec les machines de Geissler, le pouvoir absorbant de certaines substances, pousser le vide à une limite extrêmement grande ; c'est ainsi que dans les radiomètres et dans les tubes employés par M. Crookes pour ses expériences sur la matière radiante, le vide était fait à un millionième d'atmosphère (0,00076 de mercure) et que l'on aurait même atteint un vingt-millionième, ce qui correspondrait à environ un quart de millimètre pour une colonne barométrique de 4,800 mètres de hauteur. — J. B.

MACHINE SOUFFLANTE. On donne plus spécialement le nom de *machine soufflante* aux pompes aspirantes et foulantes qui compriment l'air atmosphérique à faible pression, mais par grands volumes.

L'emploi principal des machines soufflantes est de fournir aux hauts-fourneaux l'air nécessaire à la combustion du coke qu'ils consomment. La pression à laquelle elles compriment l'air, ne dépasse pas généralement 25 à 30 centimètres. Nous ferons exception, cependant, pour les machines soufflantes employées dans l'industrie Bessemer, où la pression du vent dépasse une atmosphère. — V. Soufflerie.

***MACHINERIE THÉATRALE.** Au mot Décoration théatrale, nous avons parlé de l'art du décorateur dans l'antiquité ; nous avons dit qu'on savait fort peu de chose de certain à cet égard, et nous ne pouvons que le redire en ce qui concerne la machinerie. Les arts manuels, les métiers abandonnés aux esclaves, étaient trop peu en estime chez les anciens pour qu'ils en aient laissé des descriptions techniques. Quant aux machines elles-mêmes, il n'en est rien resté. A Pompei, on a retrouvé dans des boutiques les outils des artisans, mais le théâtre, plus élevé que les maisons, n'a pas été entièrement recouvert de cendres, et, après la catastrophe, il a été facile d'y pénétrer et d'enlever tout le bois ou le bronze qui pouvaient être utilisés. Dans les cirques, il est possible de constater, encore de nos jours, les vastes proportions des cavités, des *dessous* qui servaient aux jeux de l'amphithéâtre. Sur ces jeux mêmes les auteurs ont laissé de nombreuses descriptions dont quelques-unes sont bien faites pour provoquer sinon le doute, au moins l'étonnement. Pline raconte que vers l'an 700 de la fondation de Rome, Curion fit construire deux grands théâtres de bois assez près l'un de l'autre ; ils étaient si exactement suspendus, chacun sur un pivot, qu'on pouvait les faire tourner. On représentait le matin des pièces sur chacun de ces théâtres adossés, puis, dans l'après-midi, on les faisait tourner tout à coup, de manière à les mettre en regard, emportant dans ce mouvement la masse des spectateurs qui n'avaient pas quitté leurs places et qui se trouvaient ainsi réunis dans un amphithéâtre. On peut facilement imaginer que, dans des proportions moindres, des moyens analogues devaient être employés sur les théâtres. On sait que des prismes tournants, portant sur chacune de leurs trois faces une décoration différente, étaient employés pour indiquer des changements de lieux. Les vols, les trappes, les contre-poids étaient connus des machinistes de l'antiquité. Ils avaient aussi l'art d'imiter les incendies ; parmi les passages des auteurs qui en ont parlé avec précision, nous pouvons citer ces vers de Claudien :

> Mobile ponderibus descendat pegma reductis,
> . . . .
> Fida per innocuas errent incendia turres.
> (Panégyrique de Théodorus.)

et ce vers de Juvénal :

> Et pegma et pueros inde ad velaria raptos.
> (Satyre IV.)

M. René Clément, dans son *Etude sur le théâtre antique au point de vue des décors, des machines et des masques*, donne l'énumération suivante des machines employées :

Le *pegma*, échafaudage mobile ; la *tour*, construction analogue à ce que l'on appelle aujourd'hui des *praticables ;* la *grue*, machine qui venant d'en haut saisissait un personnage pour l'enlever ; les *pensilia*, cordages qui soutenaient en l'air les héros et les dieux ; le *demi-cercle*, qui faisait voir au loin le site d'une ville ou des nageurs au milieu des flots ; les *échelles de Caron*, qui servaient à faire monter sur la scène les ombres des morts ou les Furies.

C'est déjà, on le voit, un matériel assez compliqué. Il suffit, du reste, à défaut de documents plus précis, pour se faire une idée de la machinerie antique, de lire les indications scéniques de comédies ou de tragédies dont la mise en scène exigeait autant d'efforts que nos féeries modernes et de constater que, sauf de très rares exceptions que nous indiquerons, tout ce qui se fait maintenant sur nos théâtres pouvait se faire à Rome et à Athènes, et qu'aucune de nos machines, mises en œuvre à bras d'hommes, ne dépasse les moyens mécaniques connus des anciens.

Au moyen âge, les *mystères*, où presque à chaque scène on représentait quelque miracle, quelque évènement surnaturel, donnèrent lieu à un grand développement de mise en scène et firent briller les talents du machiniste. Il subsiste heureusement pour cette période des documents précis qui permettent de juger de la perfection des moyens employés. A l'exposition théâtrale, organisée lors de l'Exposition universelle de 1878, l'exemplaire du *Mystère de Valenciennes*, prêté par Mme la marquise de Lacoste, contenait, de plus que l'exemplaire de la Bibliothèque nationale, la description des *beaux secrets*, avec des mesures et des détails sur les moyens d'exécution. C'est ainsi qu'il nous dépeint, « à la nativité du

Seigneur, les anges vollant en l'air et chantant, et faisant grand splendeur de flambe, au moïen de quelque baston doré qu'ils tenoient entre leurs mains en forme de lampe au bout, dont sortoit la dicte flambe, soufflant quelque peu le dict baston.» . . . .

« Item aussi de Sathan qui porta Jésus, rampant contre la muraille bien quarante ou cinquante pieds de hault.»

Le *Mystère des actes des apôtres*, représenté à Bourges en avril 1536, le fut avec un grand luxe de décors et de machines. M. le baron A. de Girardot a publié l'extrait des *fainctes* qu'il convenait faire. Nous emprunterons à ce curieux document les renseignements suivants :

« Doit descendre du ciel un vaisseau plain de toutes espèces de bestes, envoïé à sainct Pierre étant prisonnier.... puis s'en doit retourner le vaisseau en Paradis. »

« Fault un serpent qui sera à terre, qui cheminera par le commandement de Symon Magus. »

« Fault qu'il soit envoïé de Paradis.... une nue ronde en forme de couronne où aye plusieurs anges faincts tenant en leurs mains espées nues et dards, et fault, s'il est possible, qu'il y en ait de vifs pour chanter. »

« Fault une faincte pour couper la teste à saint Mathieu. »

« Sera mis sainct Barthélemy sur une table tornisse et dessoub un nud, et en le couvrant d'un linceul fault secrètement tourner la table.»

« Fault un cercueil pour mettre sainct Mathias et fault qu'il soit mis sur une trappe couloucre afin qu'il s'en puisse aller par soubz terre.»

« Fault une haute tour faicte en forme de Capitole sur laquelle montera Symon Magus pour voller et y doit venir une nue collisse à demi-ronde pour l'eslever en l'air puis se doit oster lad. nue et montrer le corps dud. Symon à descouvert, puis, à la prière de sainct Pierre, doit cheoir à terre et se rompre la teste et jambes.»

« Fault un pilier près Paradis où seront attachés Cedrat, Titon et Aristarcus pour estre bruslez et sera assis led. pilier sur une trappe et mis trois corps faincts en leur lieu attachés au dict pilier qui sera environné de fagots.»

On voit que les Mystères avaient fourni à l'art du machiniste de nombreuses occasions de s'exercer. Avec des programmes aussi compliqués, toutes les difficultés de la féerie avaient dû être vaincues, et il restait peu de chose à inventer quand l'opéra naissant en Italie montra sur la scène, au lieu des saints et du diable, les merveilles du paganisme et fit apparaître dans l'olympe les dieux et les déesses qui, pendant plus de deux siècles, devaient présider aux destinées du drame lyrique.

Fig. 149. — *Coupe du théâtre de l'Opéra construit au Palais-Royal, par Moreau (commencement du XVIIIe siècle).*

Nous avons déjà cité, en parlant de la décoration théâtrale, l'ouvrage de Sabbatini, publié en 1638 à Ravenne, sur l'art de construire les théâtres et leurs machines. Cet ouvrage est accompagné de figures qui expliquent de quelle façon se levait la toile et se faisaient les divers changements. Les moyens employés sont assez simples, exigent peu d'efforts et semblent généralement combinés pour des scènes de peu d'étendue. On y retrouve l'indication des triangles employés sur les théâtres de l'antiquité, et il est au moins permis de supposer, dès lors, que parmi les autres machines, plusieurs, par tradition, peuvent avoir été conservées de même. Parmi les indications, parfois un peu naïves de Sabbatini, il en est une que nous croyons devoir reproduire : après avoir expliqué combien il est désirable que les changements de décor se fassent assez rapidement pour surprendre le public, il propose d'aposter dans le fond de la salle quelques individus qui, à un moment donné, feignent de se prendre de querelle. Tout le monde tourne la tête pour voir ce qui se passe ; pendant ce temps, on fait le changement, et, quand les spectateurs regardent de nouveau la scène, ils sont tout surpris de la retrouver entièrement différente de ce qu'elle était auparavant. Sabbatini ajoute prudemment qu'il ne faut pas pousser le tumulte jusqu'à faire croire à un incendie ou à quelque autre danger qui pourrait provoquer une panique et mettre en fuite tout le monde, ce qui dépasserait le but de l'artifice employé pour opérer le changement à vue.

Les grands opéras italiens contribuèrent au perfectionnement de la machinerie théâtrale. En France, le marquis de Sourdéac se fit une réputation d'habileté dans ce genre de construction. Il avait élevé un théâtre dans son château de Neufbourg, en Normandie, et, en 1660, il y fit représenter la *Toison d'or*, de Corneille. Telle fut l'admiration provoquée par les changements de décoration, les vols, les transformations, que le côté matériel de l'œuvre paraît l'avoir emporté sur tout le reste, et quand la pièce fut représentée à Paris, les comédiens du Marais l'annoncèrent longtemps d'avance sur leurs affiches, sans nommer Corneille, mais en ayant bien soin de mettre : « *en attendant les superbes machines de la conqueste de la Toison d'or*. » On le voit, c'est l'art du machiniste qui prend le pas sur la poésie, et dès cette époque, on peut dire qu'il est en possession de toutes ses ressources.

La gravure que nous reproduisons (fig. 149) pourrait suffire, en effet, à faire comprendre les procédés de la machinerie théâtrale, et il ne faut pas ajouter grand chose pour la montrer telle qu'elle est de nos jours. Au-dessus, au-dessous de la scène et sur les côtés, des espaces aussi vastes que possible sont ménagés pour la manœuvre des décors. Au moyen de treuils et de cordages, on communique le mouvement à chaque partie de la décoration. Ce qui caractérise le système employé à cette époque, c'est le treuil central que l'on voit dans le dessous et qui peut, à lui seul, agir sur toute la décoration. A chaque plan sont, de chaque côté du théâtre, deux *portants*, c'est-à-dire deux bâtis destinés à porter les châssis de décors ; ils sont disposés de telle façon qu'un même tour de treuil fait avancer l'un et reculer l'autre. Celui qui a reculé et qui n'est plus en vue du spectateur peut être alors garni d'un nouveau châssis représentant un autre motif de décoration, et un mouvement contraire du treuil le fera avancer de nouveau, en faisant reculer celui qui était visible. En même temps, on fait descendre du cintre le *plafond* qui doit compléter le décor. Quant au fond, ce n'est pas toujours une toile qui descend, mais souvent deux châssis poussés de chaque côté viennent se rejoindre et fermer la perspective. Il faut ajouter que, dans le mode de *plantation* usité à cette époque, les châssis des coulisses vont toujours en diminuant de hauteur et en se rapprochant vers le fond du théâtre, ce qui fait que, la scène se trouvant rétrécie, un châssis de quelques pieds suffit pour occuper la place de nos vastes toiles de fond.

Dans les pièces à machine de cette époque, dans les opéras représentés à la cour ou à l'Académie Royale de musique, les vols, les transformations abondent ; jamais les *gloires* n'ont été chargées de personnages plus nombreux, jamais les changements à vue n'ont été plus fréquents. Les dessins de ces machines existent dans le recueil de décorations des menus-plaisirs formé par Lévesque, conservé actuellement aux archives nationales. On trouve dans l'Encyclopédie, toute la machinerie de l'Opéra fidèlement reproduite dans ses moindres détails, avec l'indication des moyens employés pour les transformations, les vols, les changements de décors, etc.

Les termes de métier usités à cette époque n'ont pas changé. Un machiniste de nos jours comprendrait parfaitement les commandements qui lui seraient faits comme on les faisait au XVIIe et au XVIIIe siècles. Il y a eu toutefois une modification dans la façon de désigner la gauche et la droite du théâtre. Sous l'ancien régime, on disait : *Côté du Roi* et *côté de la Reine*, et dans les provinces : *Côté de l'intendant, côté du gouverneur*. Plus tard, on se servit d'une autre désignation qui commença à être en usage au moment où l'Opéra était dans la salle des Tuileries. On prit l'habitude de dire : *Côté cour* et *côté jardin*. C'est ce qui se dit encore dans tous les théâtres, bien qu'ils ne soient pas placés comme l'opéra des Tuileries, entre cour et jardin. Le fond du théâtre s'appelait *le lointain*, le devant la *face*, la partie du milieu le *trumeau*. Ces termes sont encore en usage aujourd'hui.

Pour décrire aussi clairement que possible ce qu'est actuellement la machinerie d'un grand théâtre, nous supposerons la scène entièrement vide, telle qu'elle est pendant le jour, quand il n'y a pas de répétition et que rien encore n'a été préparé pour la représentation du soir.

On aperçoit, dans toute son étendue, le plancher du théâtre, il est en pente et s'élève graduellement d'environ quatre centimètres par mètre. Ce vaste espace est divisé, dans le sens de la largeur du théâtre, en plans ou rues. Chaque plan est formé d'une série de *trappes*, soutenues par des *sablières* et entre lesquelles sont les petits *trappillons* servant au passage des *faux châssis* et des *mâts*, et les grands *trappillons* par où montent et descendent les *fermes* ou parties de la décoration qui sont placées dans le dessous. Entre les *sablières* séparant les rues de *trappillons* entre elles, ou séparant les rues de *trappes* de celles des *trappillons*, un vide d'environ 4 centimètres est ménagé sur toute la largeur du théâtre, ce vide est appelé *costière*. A l'exception des sablières, dont l'écartement est maintenu par des crochets de fer, tout le plancher du théâtre est mobile afin de se prêter à toutes les nécessités de la décoration.

Il faut maintenant placer le décor. Nous supposons une décoration compliquée afin d'en décrire tous les mouvements. Une partie de cette décoration est dans le *dessous*, une partie dans le *cintre*, le reste dans les *tas* de chaque côté de la scène. Commençons par le dessous : nous avons dit que les grands trappillons étaient mobiles, on va les ouvrir ; autrefois ils étaient garnis de charnières et s'ouvraient *à briquet*, c'est-à-dire que lorsqu'ils devaient livrer passage à un décor, on les soulevait comme le couvercle d'une boîte, et ils retombaient sur le théâtre avec bruit et en chassant un nuage de poussière. Maintenant ils sont en *tiroir* et glissent sans bruit dans une rainure en se séparant à partir du milieu de la scène.

Dans le dessous, à la place de l'ouverture qui vient d'être produite par la manœuvre des trappillons, la partie de décor qui doit surgir est équipée sur des *âmes* glissant dans leurs *cassettes* ; la cassette est un mât creux dont une des faces, celle qui se trouve du côté du public, est ouverte dans toute sa hauteur par une rainure. *L'âme* y est renfermée, elle a la forme d'un T, et c'est sur la partie qui vient affleurer la face extérieure de la cassette que la *ferme* ou décoration est fixée avec des écrous ; l'âme est commandée par des fils qui, lorsqu'ils sont mis en mouvement, la font remonter dans la cassette entraînant avec elle la décoration.

Dans le cintre, les plafonds et les rideaux de la décoration sont équipés, prêts à descendre. On comprend aisément cette manœuvre plus simple que celle que nous venons de décrire. Elle s'opère au moyen de treuils et de contrepoids, car elle ne pourrait se faire à la main. A l'Opéra, un grand rideau pèse 1,000 kilogrammes.

La ferme tient sur les *âmes*, les plafonds et les rideaux sont suspendus à leurs *fils*; les autres parties de la décoration que l'on va placer de chaque côté du théâtre seront supportées par des *mâts* ou de *faux châssis*. Un machiniste apporte un *mât* garni d'échelons de fer, il le plante dans une *costière* à une place déterminée, car on comprend bien que ce mât ne va pas tenir tout seul. Il y a, dans le premier dessous, au droit de chaque costière, une série de chariots, sorte de bâtis roulant sur des rails, les montants de ces bâtis laissent entre eux une place vide, une *case*, dans laquelle entre la partie inférieure de chaque mât, qui, à cet effet, est amincie et renforcée par un étrier de fer. Le mât étant ainsi solidement fixé dans une sorte de gaîne, on n'a qu'à le pousser, il entraînera le chariot avec lui et restera en place au point précis où l'on en aura besoin. Les *faux châssis* sont plantés de même, ce sont des mâts accouplés et munis d'échelons, comme ceux que l'on voit dans la planche représentant l'ancien théâtre. Autrefois ils jouaient, dans la machinerie théâtrale, le rôle le plus important, nous avons expliqué le système des changements à vue de cette époque, d'après lequel un tour de treuil faisait avancer et reculer alternativement les faux châssis avec la décoration qu'ils portaient. Actuellement, au lieu de ces châssis étroits, ceux qu'on emploie ont un grand développement, ils sont à brisure se déployant comme les feuilles d'un paravent; une partie est parallèle à la scène prise dans sa largeur; l'autre partie se développe à angle ouvert et cache les découvertes. Ce système permet de sauter des plans, c'est-à-dire de ne pas mettre autant de châssis qu'il y a de *rues*; il est plus favorable à l'effet de la décoration. Les châssis sont apportés à la main après que les mâts ont été mis en place. Ils sont munis, par derrière, de *guindes* ou fils qui servent à les fixer sur les mâts.

Tous ces mouvements, que nous avons successivement décrits, s'accomplissent simultanément par le concours des machinistes placés aux différents postes. S'il y a, dans la décoration, des montagnes, des ponts, des escaliers, on apporte, à la main, les *praticables*, c'est-à-dire les bâtis sur lesquels vont passer les personnages.

Voilà le décor posé, les gaziers font descendre les *herses* suspendues dans le cintre par des chaînes de fer, ils accrochent les *portants* derrière les châssis, ils placent les *traînées* qui doivent éclairer le bas de la décoration. Le décor est éclairé, la mise en état est achevée, on crie : *place au théâtre!* et on lève le rideau.

Si, dans le cours de l'acte, un personnage doit sortir de terre ou descendre du ciel, tout est prêt d'avance pour que l'opération ait lieu à la réplique donnée. On voit, par la figure 150, quel est le mécanisme d'une trappe. On comprend, sans qu'il soit besoin d'une gravure, comment une gloire peut descendre du cintre.

Il y a encore une autre espèce de trappes, dites *trappes anglaises*, elles sont formées de tringles de volige mince, marouflées de toile d'un côté et ferrées à charnières. Elles s'ouvrent par le milieu comme une porte, et les tringles de volige, qui forment chacun des battants de cette porte, sont maintenues par derrière au moyen de deux ou trois lignes de légers ressorts; la trappe anglaise étant en place, on comprend que si un personnage se lance vivement dessus, elle lui livrera

Fig. 150. — *Manœuvre d'une trappe. Vue prise dans les dessous de l'Opéra.*

passage et, par l'effet des ressorts, les tringles de volige ne laisseront que l'espace rigoureusement nécessaire et se refermeront d'elles-mêmes derrière le personnage qui paraîtra ainsi passer au travers du mur; le même système s'applique sur le plancher, l'acteur, en se jetant sur la trappe anglaise tout de son long, y disparaît subitement et est reçu sur un matelas préparé dans le dessous.

Excepté pour le placement des châssis, qui se fait à la main, tous les mouvements de la machinerie théâtrale sont facilités par un jeu de contrepoids. C'est ainsi qu'avec un effort modéré, sans à-coup et sans secousses, une ferme sort du dessous, un rideau descend du cintre. Les contrepoids fonctionnent sur les côtés du théâtre dans ce que l'on appelle les *cheminées* ou la *ruelle des contrepoids*; pour les mettre en œuvre, au cintre comme dans le dessous sont placés des treuils munis de palettes.

Au nouvel Opéra, toute la machinerie des dessous est en fer, les divers plans de la scène sont soutenus par des colonnes en fer rentrant les unes dans les autres et qui devaient, en permettant d'élever et d'abaisser à volonté le plancher de la scène, dispenser de l'emploi de praticables encombrants. On n'a pas fait usage de cette installation, mais on a appliqué le principe et, aux derniers plans du théâtre, les montagnes qui, avec des pentes diverses, servent dans plusieurs ouvrages, sont formées de paliers mobiles équipés sur des *âmes* et qui peuvent, suivant le motif de la décoration, prendre toutes les positions désirables; on y gagne, à la fois, de rendre la manœuvre plus rapide et de dégager, autant que possible, les abords de la scène de ces vastes constructions qui ne peuvent, comme les châssis, se replier et rentrer dans les tas. Il est à regretter que l'ingénieux système des colonnes mobiles n'ait pas reçu une application plus complète.

Telle est, de nos jours, la *machinerie théâtrale*. Quand il y a un effort considérable à produire, les moyens restent les mêmes, on augmente seulement le nombre des hommes et la charge des contrepoids, c'est ainsi qu'à l'ancien Opéra, pour la manœuvre du vaisseau de l'*Africaine*, où il y avait à déplacer environ 12,000 kilogrammes de charpente, il avait fallu adjoindre à la brigade des machinistes une équipe supplémentaire de quarante charpentiers. Les câbles moteurs en cuivre, de 60 mètres de longueur chacun, étaient tendus par 8,500 kilogrammes de contrepoids dans les dessous et les cintres. Au nouvel Opéra, cette manœuvre a été simplifiée par le machiniste en chef, M. Mataillet. Les lecteurs qui seraient curieux de la connaître dans tous ses détails, en trouveront la description dans le tome IV, numéro 14 du *Génie civil*.

Tandis que la vapeur, l'outillage hydraulique, l'électricité, ont fourni à l'industrie moderne des moteurs d'une force et d'une précision admirables, la machinerie théâtrale, malgré quelques essais tentés, surtout à l'étranger, en reste encore à l'emploi des procédés primitifs. En dehors des habitudes prises et de tout esprit de routine, il y a peut-être à cela une raison : un théâtre est une immense machine qui diffère de beaucoup d'autres en ce que les rouages en sont habités, et que, sans compter le personnel des machinistes, des gaziers, etc., il y circule tout un monde d'hommes, de femmes, d'enfants, familiarisés avec le danger, sans cesse distraits par la pensée de remplir leur rôle, de ne pas manquer leur entrée, de n'avoir aucune défaillance de voix, de mémoire, d'émouvoir enfin, de charmer le public tranquillement assis dans la salle, sans se douter de tout ce qui se meut dans les coulisses. Certes, il n'y a là rien d'analogue à ce qui se passe dans les usines, où les ouvriers accomplissent régulièrement une tâche uniforme, au milieu de courroies de transmission ou de machines-outils, qui restent toujours à la même place et dont tous les mouvements sont prévus. Au théâtre, les machinistes qui opèrent un changement, soit qu'ils ouvrent une trappe, qu'ils poussent une lourde ferme roulant sur ses chariots, ou qu'ils fassent descendre un rideau, ont toujours soin de prévenir ceux qui se trouvent sur leur passage; ils attendront deux secondes, ils détourneront un châssis de quelques centimètres, ils écarteront de la main le rideau, ils se tiendront au bord de la trappe qui va s'ouvrir. Tout cela n'est rien et suffit à empêcher les accidents qu'une machine, fonctionnant avec une précision mathématique, ne manquerait pas de produire trop fréquemment.

Il nous reste à parler de quelques applications scientifiques ou industrielles qui constituent les innovations apportées de nos jours à la machinerie théâtrale. Elles sont en petit nombre. Au premier rang des nouveaux agents employés, il faut placer l'électricité; c'est en 1848, pour le soleil du *Prophète*, qu'elle fit ses débuts à l'Opéra. Depuis, les levers et les couchers de soleil, les clairs de lune, les lueurs féeriques de toute couleur, ont pu se produire avec un degré d'intensité que le gaz ne saurait atteindre. En même temps que l'art du décorateur trouvait là de nouvelles ressources, les *trucs*, qui font partie de la machinerie théâtrale, et dont nous avons spécialement à nous occuper dans cet article, ont vu agrandir leur domaine. Il est possible maintenant de faire scintiller une étoile au front d'une fée, de la couronner d'un diadème lumineux, de faire briller à côté des tissus les plus légers et sans nul danger d'incendie, une flamme à laquelle on peut donner telle ou telle coloration, et qui s'allumera et s'éteindra à volonté. Ce programme, qui eût paru irréalisable il n'y a pas bien longtemps, peut être fidèlement exécuté maintenant, grâce aux lampes à incandescence qui, construites dans toutes les dimensions, se prêtent à tous les caprices du dessinateur et du costumier, et ont amené la création d'une bijouterie électrique.

Auprès d'une application aussi délicate de l'électricité, toutes les autres ne sont qu'un jeu, et il n'est pas besoin d'insister sur les divers phénomènes qui peuvent ainsi être reproduits au théâtre.

Les glaces sans tain ont été employées d'une façon très ingénieuse pour l'apparition de spectres, de fantômes impalpables, qui se montrent et s'évanouissent instantanément. Une glace d'un volume suffisant est disposée dans un angle convenable pour qu'un personnage, placé dans la coulisse ou derrière un décor, et invisible pour le public, puisse s'y refléter. Si l'on diminue la lumière sur la scène et si l'on éclaire avec une très grande intensité le personnage, il apparaît dans la glace exactement comme les personnes qui passent dans la rue en plein soleil sont reflétées sur les glaces des boutiques. On comprend que cette façon de faire surgir des spectres produit une très vive illusion. Un acteur, passant derrière la glace, peut faire le jeu de vouloir saisir un fantôme insaisissable. Ces apparitions peuvent se faire avec une très grande rapidité, puisqu'il suffit d'éclairer la figure ou de la laisser dans l'obscurité, pour qu'elle soit tour à tour visible ou invisible.

Les toiles métalliques rendent des services analogues quand on veut montrer une vision. Nous avons déjà indiqué à l'article DÉCORATION THÉÂTRALE quel parti le peintre peut en tirer. Elles sont peintes à l'huile, de façon à se raccorder exactement avec le décor. Quand elles sont éclairées par devant, la peinture paraît et la toile métallique ne se distingue pas du reste de la décoration. Si on cesse d'éclairer par devant et que l'on éclaire par derrière, la peinture n'est plus visible, la toile métallique devient transparente, et la partie de décor placée derrière apparaît. C'est ainsi que dans le premier acte de *Faust*, au milieu du laboratoire de l'alchimiste, on aperçoit tout à coup Marguerite, faisant tourner son rouet dans le jardin.

A une reprise des *Pilules du diable*, la *Mouche d'or* a attiré la foule au théâtre du Châtelet. Une jeune femme apparaissait sur un praticable d'environ six mètres, sans aucun soutien apparent, elle s'élançait, effleurait à peine le sol pour s'élever encore, puis redescendait mollement et s'avançait sur le théâtre de façon à faire voir qu'elle n'était attachée à aucun fil. Elle s'élevait de nouveau, semblait se poser sur la main d'une de ses compagnes; elle se balançait dans l'espace et finissait par disparaître dans le cintre en s'envolant avec une extrême rapidité.

Tout cela était exécuté au moyen d'un fort caoutchouc dont la tension était calculée de façon à ce que par son propre poids la *Mouche d'or* put arriver sans secousse au niveau du sol du théâtre. Au caoutchouc était lié un fil d'acier très fin et fort peu visible, qui comme d'ordinaire s'attachait au moyen d'un porte-mousqueton à un corset fait avec un grand soin. Une fois la *Mouche d'or* à terre, une des danseuses détachait le porte-mousqueton et la mouche s'avançait librement passant à un autre plan où elle était enlevée par un nouveau fil. Ces différents fils s'enroulaient sur autant de petits treuils d'une fabrication très soignée, l'élasticité, la souplesse du caoutchouc communiquaient à tous les mouvements de l'artiste une légèreté, une grâce qu'on n'aurait jamais pu obtenir avec la rigidité d'un simple fil métallique. La femme qui remplissait le rôle de la *Mouche d'or* était de petite taille. Sa principale habileté consistait à bien garder son aplomb, de façon à se présenter toujours de face et à ne pas tourner au bout du fil qui la soutenait.

La vapeur d'eau a été employée pour simuler les incendies dont l'imitation, par les moyens ordinaires, n'est jamais sans danger sur un théâtre. Quand on créa le *Prophète*, un tuyau de calorifère traversait le dessous de la scène, il se trouvait fortement chauffé surtout vers la fin de la représentation; on eut l'idée de l'arroser et le dégagement de la vapeur passant à travers les interstices du plancher, imita parfaitement la fumée de l'incendie allumé par le *prophète* au dernier acte de l'ouvrage. Récemment le même moyen a été employé d'une façon plus complète pour rendre l'effet du lac de feu dans *Sigurd*. Plusieurs tuyaux percés de trous sont placés dans le dessous, la vapeur d'eau y est amenée à la pression de sept atmosphères. Elle s'échappe en sifflant, remplit la scène et, en même temps, est colorée en rouge par des flammes du Bengale. L'effet est saisissant au point de causer quelque appréhension si l'on n'était prévenu et si l'on ne savait que cet emploi ingénieux de la vapeur ne peut présenter aucun danger.

Tels sont les principaux *trucs* empruntés aux ressources de la science et de l'industrie moderne. On voit qu'employés adroitement par un metteur en scène habile, ils peuvent suffire à reproduire la plupart des effets scéniques que peuvent imaginer les auteurs. — C. N.

Bibliographie : Outre les ouvrages de SABBATINI, de CLÉMENT et le *Recueil de décorations de théâtre*, de LEVESQUE déjà cités au mot DÉCORATION THÉÂTRALE, V. *L'encyclopédie ou Dictionnaire raisonné des sciences, des arts et des métiers*, Paris, 1751, in-folio, au mot *Théâtre;* BOULLET : *Essai sur l'art de construire les théâtres, leurs machines et leurs mouvements*, Paris, 1801, in-4°; CONTANT et DE FILIPPI : *Parallèles des théâtres modernes de l'Europe*, Paris, in-folio; GIRARDOT : *Mystère des actes des Apôtres représenté à Bourges en avril 1536*, Paris, 1854, in-4°; GONZAGUE : *Information à mon chef ou éclaircissement convenable du décorateur théâtral Pierre Gothard Gonzague sur l'exercice de sa profession*, Saint-Pétersbourg, 1807, in-8°; GROBERT : *De l'exécution dramatique*, Paris, 1809, in-8°; BECCEGA : *Sull' architectura Greco-Romana applicata alla costruzione del teatro moderno italiano e sulle macchine teatrali*, Venezia, 1817, in-folio; CLÉMENT : *Etudes sur le théâtre antique au point de vue des décors, des machines et des masques*, Paris, 1863, in-8°; LAMBERT : *Rapports des délégations ouvrières (Exposition universelle de 1867), Machinistes de théâtre*, Paris, 1867, in-folio; SAINT-EDME : *L'électricité appliquée aux arts mécaniques, à la marine, au théâtre*, Paris, 1871, in-8°; MOYNET : *L'envers du théâtre, machines et décorations*, Paris, 1873, in-8°; KURSCHNER : *Die Wunder der Buhnenwelt*, Stuttgart, 1883, in-8°; Charles GARNIER : *Le nouvel Opéra de Paris*, 1880, in-folio; Des articles sur différents effets de machinerie théâtrale et de mise en scène ont été publiés dans la *Revue britannique*, janvier 1852 : *Comment on monte une pantomime à Londres* (Ch. DICKENS); *le Magasin pittoresque*, 1867, page 282, 331, 379; *La Nature*, 11e année, 5 mai et 18 août 1883 ; *Le Génie civil*, t. IV, n° 14: *Manœuvre du vaisseau de l'Africaine.*

MACHINISTE. *T. de mét.* Dans l'art théâtral, c'est celui qui fait mouvoir les décors, les manœuvres des rideaux, des trappes et tout ce qui doit concourir à l'illusion scénique. || Dans certains cas, on donne ce nom à celui qui conduit une machine. — V. MÉCANICIEN.

MÂCHOIRE. *T. techn.* Se dit, par analogie, de deux pièces de fer qui, s'éloignant et se rapprochant, permettent d'assujettir un objet, de le tenir fermé et fixe, tels que les étaux, les cisailles, etc. || Rainure dans laquelle est engagée la corde d'une poulie, on dit aussi *gorge*.

MACLE. 1° *Art hérald.* Sorte de losange percé à jour en son milieu et qui ressemble à une maille de cuirasse. || 2° *T. de minér.* Variété d'Andalousite dans laquelle il s'est formé au centre et parfois sur les quatre angles, des prismes noirs reliés au prisme central. || 3° Cristal offrant l'hémitropie, caractérisée par ce fait que le demi-cristal se trouve placé sur son voisin comme si après section, on avait fait faire à l'un d'eux une demi-révolution.

***MACLER.** *T. techn.* Se dit dans divers métiers, notamment dans la verrerie, pour remuer, mêler.

MAÇON. *T. de mét.* Ouvrier qui concourt à la construction des maisons, des édifices, et des ouvrages où il entre du plâtre, du ciment, de la chaux, des briques et des pierres.

— Aux premiers siècles du moyen âge, les moines avaient seuls les traditions et l'instruction nécessaires pour édifier les églises, les couvents, les hôpitaux, même les palais et les châteaux. En France, c'est aux ordres de Citeaux et de Cluny qu'on doit les édifices élevés jusqu'au XIIe siècle. Mais peu à peu leurs écoles, surtout les écoles clunisiennes, furent ouvertes aux laïques, et comme on avait réuni depuis fort longtemps dans l'enceinte même des couvents tous les ateliers qui concouraient à la construction : charpentiers, tailleurs de pierres et d'images, cimenteurs, orfèvres, etc., il est naturel qu'un jour ces ouvriers se soient groupés autour d'un laïque intelligent et hardi, pour former une association et construire, à leur tour, en concurrence avec leurs anciens maîtres. Mais, pour prévenir des résistances et des conflits, bien souvent leur existence fut tenue secrète ou tout au moins resta mystérieuse. Les *francs-maçons*, comme ils se nommaient, ne s'affirment au grand jour que vers le XIIIe siècle. Mais on en trouve trace à une époque bien antérieure. En 1099, un évêque fut tué par le père d'un jeune franc-maçon auquel il avait arraché les secrets de la corporation. Dès que leur existence est avouée, ils prennent aussitôt la première place, créent un style, dont l'ogive est le principe, qui après une courte lutte amène la disparition de l'art roman seul mis en œuvre par les moines, et régénère l'architecture en la soumettant à des règles fixes qui remplacent fort heureusement les traditions de Cluny et de Citeaux.

La lutte fut vive tout d'abord entre les architectes sortis des couvents et les francs-maçons, mais ceux-ci trouvant appui à la fois auprès des princes, jaloux de l'Eglise, et auprès des communes, qui partageaient leur origine, s'imposent à tel point que le pape lui-même leur garantit leurs privilèges pour tous les pays catholiques. En Italie, en France, les loges se multiplient; elles s'étendent sur toute l'Allemagne après la construction de la cathédrale de Strasbourg, une de leurs œuvres les plus importantes et où on peut le mieux constater leur présence ; la grande loge de Strasbourg conserva même la suprématie sur toute l'association franc-maçonnique de l'Allemagne et de la Suisse. Ces loges avaient des signes particuliers qu'elles sculptaient sur la pierre et qui affectaient des formes géométriques simples, l'angle, le triangle, le cercle. Le niveau, le fil à plomb et l'équerre étaient comme les symboles généraux de l'association, à la tête de laquelle siégeaient en chefs incontestés les architectes, les *maîtres de l'œuvre*, seuls en possession des sciences exactes, l'architecture, la géométrie, l'arithmétique, et seuls dignes de commander à la foule des artisans qui suivaient leur fortune. Bien que nous n'ayons que peu de renseignements sur l'existence des loges maçonniques françaises, leur influence dans la construction aux XIIIe et XIVe siècles est indiscutée, et on leur doit cette extraordinaire unité qu'on rencontre dans toutes les églises ogivales, du Nord au Midi. L'architecte s'est inspiré, dans toutes, d'une loi fondamentale donnée, sans doute, par le maître suprême et conservée scrupuleusement comme une tradition. C'est ce qui fait la force de l'art au moyen âge : un principe unique n'entravant pas une ornementation personnelle et originale. L'union des maçons libres est donc d'une grande utilité au moyen âge pour la conservation des sciences exactes et des traditions artistiques ; mais au XVIe siècle, avec la propagation des connaissances et des livres anciens sur l'architecture, ils n'ont plus leur raison d'être, et en peu d'années leur rôle cesse. Cependant, jusqu'à nos jours, la franc-maçonnerie est restée une association politique importante, qui n'a plus que le nom de commun avec la profession de maçon.

Les Francs-maçons, à l'époque de la Renaissance, sont partout remplacés par des ouvriers venus d'Italie qui peu à peu forment des écoles, telles par exemple que celle de Fontainebleau, d'où sont sortis tant d'illustres sculpteurs et architectes; puis, les maçons sentant le besoin de se reconnaître et de s'aider mutuellement, se réunissent à la confrérie de Saint-Blaise, qui remontait au siècle précédent, où elle était déjà en opposition avec la franc-maçonnerie proprement dite. Les statuts de cette corporation sont successivement confirmés ou modifiés par Charles IX, Henri IV, Louis XIII et Louis XIV; elle ne fut dissoute qu'à l'abolition des privilèges, en 1789. Elle comprenait d'abord vingt, puis soixante maîtres-jurés maçons, et un nombre illimité de maîtres et d'apprentis. Au XVIIe siècle, le roi qui employait alors un si grand nombre de maçons, tint à les avoir dans une plus étroite dépendance; il leur imposa la juridiction de Versailles, concurremment avec celle de Paris, et le contrôle de trois architectes, conseillers du roi, qui ne reconnaissaient au-dessus d'eux que le Parlement même, auquel on pouvait en appeler de leurs décisions. A cette époque, on remarque déjà le mouvement tout particulier d'émigration qui porte vers la capitale les maçons sortis du centre de la France, surtout ceux de la Marche et du Limousin, à tel point qu'ils portent encore à Paris le nom générique de *Limousins*. Ces ouvriers passent le plus souvent chez eux l'hiver, qui est la morte saison de leur métier, et reviennent tous ensemble lorsque leurs travaux peuvent être repris. S'ils ne sont pas embauchés d'avance, ils se réunissent devant l'hôtel de ville, sur la place de Grève, qui est à Paris comme le grand marché des ouvriers en bâtiment. Malgré cette entente, les maçons n'ont pas repris leur existence en corporation ou en compagnonnage, comme beaucoup d'autres corps de métiers analogues, et cependant, depuis les grands travaux qui ont bouleversé Paris dans la seconde moitié de ce siècle, ils ont pris une importance très grande, et par leur nombre, et par le nombre de travaux multiples auxquels confine leur état. On connaît le proverbe : *quand le bâtiment va, tout va.* Or, le maçon est le premier et le plus indispensable des ouvriers en bâtiment.

En province, le rôle joué par les maçons est tout à fait digne d'attention, car presque partout, avec la diffusion des sciences exactes et la facilité des études, les ouvriers intelligents tendent à remplacer les architectes pour tous les travaux faciles et courants, qui sont, on le sait, les seuls vraiment rémunérateurs. Cependant, le maître-maçon n'ayant le plus souvent ni l'intelligence, ni les connaissances, ni le temps nécessaires pour innover ou pour chercher l'originalité, cette tendance est regrettable, et il serait à désirer, au point de vue de la solidité et de la variété des constructions rurales, si intéressantes dans leur sphère restreinte, que cette immixtion dans la direction supérieure des travaux, loin de se propager, fût restreinte aux réparations et aux créations sans importance; sinon, nous serions appelés à voir toutes les habitations élevées d'après un modèle unique, qui serait nécessairement le plus simple et le plus facile à exécuter.

MAÇONNERIE. *T. de constr.* Sous cette dénomination, on comprend tout à la fois l'art et l'œuvre du maçon, c'est-à-dire : 1° l'ensemble des procédés employés par cet ouvrier pour tailler, poser, liaisonner les matériaux ; 2° toutes les constructions en pierres naturelles ou artificielles, grosses ou petites, taillées ou non taillées, posées à sec ou reliées entre elles soit par des crampons ou tenons de bois ou de métal, soit par des mortiers ou bitumes et celles faites en mortier, ciment ou plâtre pur. D'une manière générale, les travaux de maçonnerie peuvent se diviser en deux grandes classes : la *grosse maçonnerie*, qui constitue le corps même de la construction et les ouvrages *légers* qui en forment le complément (V. Légers ouvrages). On distingue principalement dans la grosse maçonnerie : la contruction *en pierres de taille* ou *appareil* ; celle en *moellons*, en *meulières* ou en *briques* ; celle en *pierres sèches*, en *pisé* ou en *béton* ; enfin, la construction *mixte*, dans laquelle plusieurs de ces matériaux se trouvent réunis. Sous le rapport de la fonction qu'elles ont à remplir, les maçonneries peuvent encore se diviser en quatre classes. Elles peuvent être destinées : 1° à clore ou à supporter les autres parties de la construction ; 2° à recouvrir les parties supportantes; 3° à couronner ou à terminer l'ensemble de la construction ; 4° à remplir simultanément plusieurs de ces fonctions. A la première catégorie appartiennent les *murs*, *piliers* et *colonnes* ; à la deuxième, les *arcs* et les *voûtes* ; à la troisième, les *entablements* et *corniches* ; enfin, à la quatrième, les *portes*, *fenêtres*, *escaliers en pierre*, etc.

Maçonnerie de pierres de taille. On donne le nom de *pierres de taille* à tout bloc de grès, de calcaire, de granit ou de marbre, qu'un seul homme ne peut ni manier, ni porter, et dont la forme est rendue régulière par la taille. Les *libages* sont de gros blocs de pierre employés bruts ou grossièrement dressés sur les faces pour la fondation des édifices. Dans une construction, la face apparente d'une pierre est le *parement* ; on nomme *joints* les faces latérales, *lits* les deux faces normales à la direction de l'effort que la pierre supporte, et *queue* la dimension d'une pierre normale à son parement, c'est-à-dire la quantité dont elle pénètre dans l'épaisseur du mur. Une même rangée horizontale de pierres constitue une *assise*. On appelle encore *joint* l'intervalle de 4 à 10 millimètres qui reste entre deux pierres et qui reçoit le plâtre ou le mortier.

La plupart des constructions en pierres de taille de la Grèce et de la Rome antiques étaient exécutées sans mortier. Les pierres étaient taillées avec une telle précision que les joints étaient presque insensibles à l'œil ; on a même supposé que ces pierres étaient usées les unes contre les autres par le frottement pour obtenir un contact aussi parfait. Les blocs étaient fréquemment reliés avec des crampons ou des clefs en bronze, en fer ou en bois. Dans quelques constructions très anciennes, attribuées aux Pélasges, les pierres offrent une section polygonale ; elles paraissent avoir été plus ou moins grossièrement taillées suivant leurs formes naturelles ; mais, dans la plupart des constructions grecques et romaines, on trouve adoptées la forme rectangulaire et la disposition par assises horizontales. Les modernes appliquent ce dernier système, mais en employant le mortier comme matière liaisonnante et susceptible de répartir les pressions sur toute l'étendue des surfaces qui doivent supporter ces pressions. Le dressage des lits exige alors moins

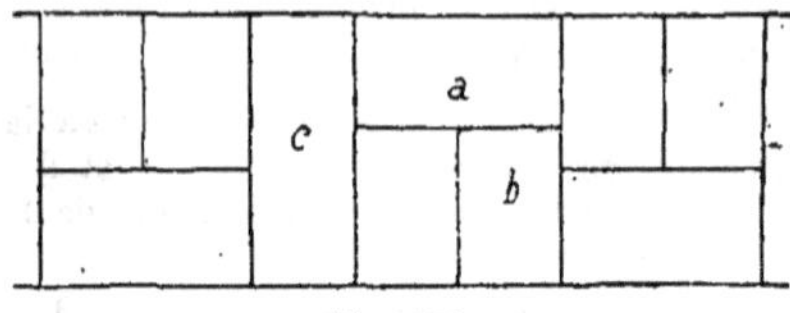

Fig. 151.

de précision que dans les constructions antiques, et il en résulte une notable économie. En outre, il faut, dans toute maçonnerie de pierres de taille, enchevêtrer les blocs de manière à empêcher toute dislocation. Il faut éviter de ménager dans la masse des surfaces continues dirigées dans le sens des

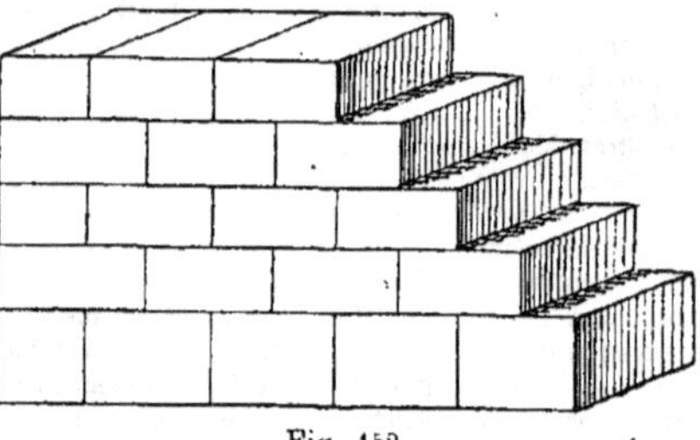
Fig. 152.

pressions et qui favoriseraient les disjonctions. Dans ce but, les joints montants d'une assise sont toujours aussi distants que possible de ceux des assises adjacentes; ils se *découpent*, et ne doivent, en aucun cas, être placés en prolongement les uns des autres. Dans une même assise, les pierres sont disposées de manière à présenter en pare-

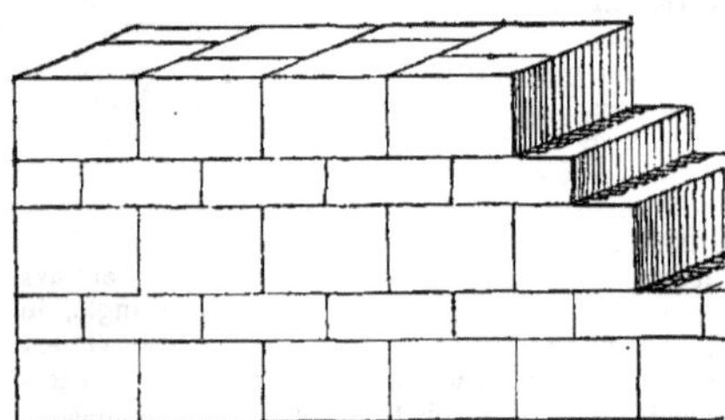
Fig. 153.

ment alternativement leur longueur et leur largeur par *carreaux* et *boutisses*. De distance en distance, on place même des pierres traversant toute l'épaisseur de la construction et que l'on nomme *parpaings*. La figure 151 représente le plan d'une assise disposée, de cette façon, en carreaux *a*, boutisses *b* et parpaings *c*. C'est ce détail de l'agencement des pierres dans un édifice que l'on nomme *appareil*.

Parmi les nombreux modes d'appareils employés par les anciens, il faut citer principalement l'*opus isodomum* (fig. 152), dans lequel toutes les assises sont de même hauteur, toutes les pierres de mêmes dimensions apparentes. Quelques temples grecs et romains offrent des exemples de cette disposition. D'autres constructions de la même époque présentent des assises alternativement hautes et basses, et constituent l'*opus pseudoisodomum* (fig. 153).

Quant aux proportions à donner aux pierres, elles varient avec la nature de ces matériaux. Sous le rapport de la solidité, il y a avantage à employer des pierres de très fortes dimensions. Chez les peuples anciens, cette condition de solidité fut d'abord le principal, sinon le seul but, et semble avoir été recherchée au moyen de la grandeur et de la masse des blocs mis en œuvre. On voit avec étonnement, en Egypte, des pierres de plus de 10 mètres de longueur sur 3 ou 4 d'épaisseur et 2 ou 3 de largeur. Une des assises du grand temple de Balbeck offre une longueur de 57 mètres formée de trois pierres seulement et d'une épaisseur de 4 mètres. En Amérique, dans les ruines d'une forteresse, auprès de Cusco, on voit des pierres de 13 mètres de longueur. De pareils blocs ne peuvent être utilisés, de nos jours, tant à cause des difficultés de transport et de mise en place que parce que les hauteurs des pierres sont souvent assez bornées; enfin, un certain rapport est nécessaire entre les dimensions horizontales et la hauteur, de façon à ce que la pierre ne soit pas exposée à se rompre par suite des inégalités de compression qui pourraient se produire. Habituellement les longueurs ne dépassent pas cinq fois la hauteur pour les pierres les plus résistantes.

La mise en œuvre des pierres de taille comporte les opérations suivantes : l'*extraction* des carrières (V. EXPLOITATION DES CARRIÈRES); le *transport* au chantier de taille; l'*appareil*, comprenant l'ensemble des dessins destinés à donner les formes et les dimensions des pierres qui doivent entrer dans l'édifice, le choix des pierres sur les carrières, le tracé des coupes, etc. (V. COUPE DES PIERRES) ; le *sciage* et la *taille* (V. ces mots); le *bardage*, qui consiste à transporter la pierre taillée au point où elle doit être employée et qui s'effectue avec les véhicules énumérés au § *Outillage*; le *levage* et le *montage*, la *pose*, le *ragréement*, le *ravalement* et le *jointoiement*.

L'opération du *levage* comporte les divisions suivantes : 1° gréer et attacher la pierre à l'appareil qui doit la monter; 2° élever la pierre du niveau du chantier à la hauteur de l'assise où elle doit être placée ; 3° la détacher ; 4° la transporter sur le tas au lieu d'emploi. La première opération peut s'effectuer au moyen d'une *élingue* ou *braye*, c'est-à-dire d'une corde sans fin, dont les extrémités sont réunies solidement par une *épissure*. Dans la crainte que les angles de la pierre ne s'épaufrent, on les garnit de petits paillassons aux points où porte l'élingue (fig. 154). Dans les ouvrages très soignés, réclamant une grande netteté de taille de pierre, on remplace l'élingue par un petit instrument en fer, appelé *louve* (fig. 155), qui se loge dans une entaille en queue d'hironde, pratiquée dans le lit supérieur de la pierre. On ne peut employer la louve avec les pierres tendres, qu'elle ferait éclater. La seconde opération, celle du *montage* proprement dit, s'exécute au moyen de diverses machines énumérées plus loin. La manœuvre qui consiste à détacher la pierre de l'appareil de levage est très simple. Il ne reste plus ensuite qu'à la conduire à sa place, ce qui se fait au moyen de rouleaux, en marchant sur l'assise inférieure, recouverte de madriers. De la *pose*, plus ou moins bien exécutée, dépend la solidité des maçonneries de pierre de taille. Avant de commencer une assise, on s'assure, au moyen des *niveaux* et des *nivelettes*, que l'assise inférieure est bien établie. Ensuite, pour chaque pierre de l'assise à poser, on vérifie si les joints et surtout les lits sont bien dressés et dégauchis; on reconnaît si les faces sont planes, en s'assurant, au moyen de deux règles que l'on bornoie, que deux droites quelconques sont bien dans le plan de la face. On recherche enfin si les faces de lits, de joints et de parement sont bien d'équerre. Cette première vérification faite, on présente la pierre, c'est-à-dire qu'on la pose, dans sa situation définitive, sur des cales de bois ou de plomb, ayant une épaisseur égale à celle de son joint, en la maniant avec la pince et le cric, et en se guidant avec le niveau de poseur, le fil à plomb et l'équerre. On la relève et, s'il y a lieu, on la retouche. On enlève les cales, on nettoie le tas et le lit de pose, on les mouille et on étend sur le tas une couche de mortier fin et ferme. Sur ce mortier on pose la pierre et on frappe dessus avec une masse en bois, en faisant refluer le mortier superflu jusqu'à ce que la pierre occupe sa position définitive. Il ne reste plus qu'à remplir les joints montants, ce qui se fait avec du mortier qu'on pousse à l'aide de la *fiche à dents*. Dans cette importante opération de la pose, il faut éviter avec le plus grand soin : 1° de tolérer des lits gauches et démaigris, c'est-à-dire dans lesquels les arêtes seules auraient été taillées avec soin et le reste enlevé sans précaution; car il ne faut pas compter sur la résistance du mortier: celui-ci, en séchant, diminue de volume et laisse porter tout le poids de la construction sur les arêtes, qui s'écrasent (cet effet s'est produit aux colonnes du Panthéon de Paris) ; 2° de laisser des cales et des coins dans les lits; les mêmes con-

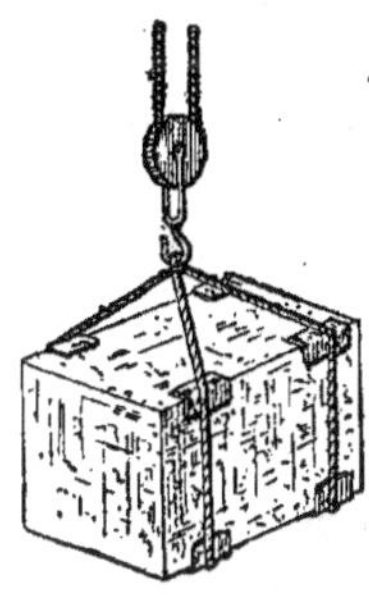

Fig. 154.

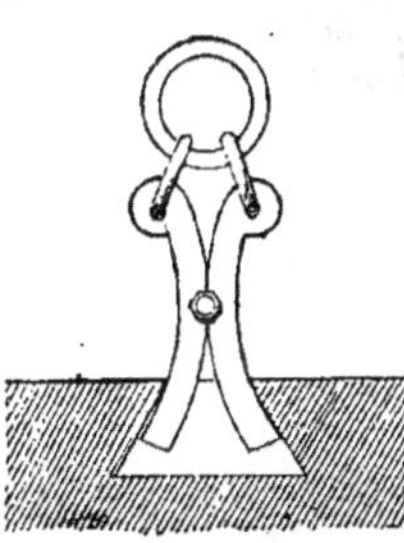

Fig. 155.

séquences seraient à craindre ; 3° de faire des coulis de mortier clair, surtout avec les pierres tendres et poreuses, qui absorbent l'eau du mortier très rapidement et donnent lieu à la production de cavités impossibles à remplir; le ciment n'offre pas le même inconvénient. Enfin, quand l'ensemble de la maçonnerie est terminé, on procède au *ravalement* ou *ragréement*, c'est-à-dire à la régularisation des parements, puis au *rejointoiement* ou remplissage des parties apparentes des joints et des lits avec du mortier.

Maçonnerie de moellons. Ces ouvrages s'exécutent soit en *moellons piqués* ou *smillés*, soit en *moellons bruts*. On suit, dans leur établissement, les mêmes principes que pour la pierre de taille; mais les matériaux étant plus grossiers, leur liaison étant moins bien établie, il est encore plus important de les enchevêtrer et de veiller à la bonne confection et au bon emploi du mortier. Il faut observer les précautions suivantes dans l'exécution de chaque assise : 1° nettoyer le lit de dessus de l'assise où l'on pose; 2° mouiller la place et le moellon ; 3° étendre sur l'assise une bonne couche de mortier de 0m,03 d'épaisseur; 4° choisir les plus beaux moellons pour continuer le parement et les poser en carreaux et boutisses, avec des parpaings de distance en distance (fig. 156), en ayant soin que les carreaux d'une assise correspondent aux boutisses de l'autre et réciproquement et que les joints se découpent ; 5° tasser chaque moellon en le frappant avec la tête de la *hachette*, de manière à faire refluer le mortier, en amenant le parement de la pierre dans le plan voulu et en la poussant contre le moellon précédemment posé, dont on aura eu la précaution de garnir de mortier le joint extérieur; 6° caler les queues avec des *garnis*, déchets de pierres ou de moellons posés à bain de mortier, le plus beau lit du moellon étant d'ailleurs toujours posé en dessous ; 7° les moellons de parement étant mis en place, procéder à l'exécution du blocage, en suivant la même marche, c'est-à-dire en posant sur un lit de mortier les plus beaux moellons, bien enchevêtrés ensemble, les affermir et tasser avec la hachette; puis remplir les intervalles de mortier et y enfoncer des garnis bien serrés, de manière à faire refluer le mortier de toutes parts. L'épaisseur des joints ne doit pas excéder 0m,02. La marche à suivre dans les *maçonneries de moellons hourdés en plâtre* est la même que la précédente, sous le rapport de la disposition des matériaux. Mais, vu la prise rapide du plâtre, le maçon est obligé de préparer les moellons qui doivent former une certaine étendue du parement de l'assise et de les poser par deux ou trois, à la fois, sur une couche de plâtre établie préalablement sur le tas. Les ouvrages en moellons prennent aussi le nom de *limousinerie*, et l'ouvrier qui les exécute, celui de *limousin*.

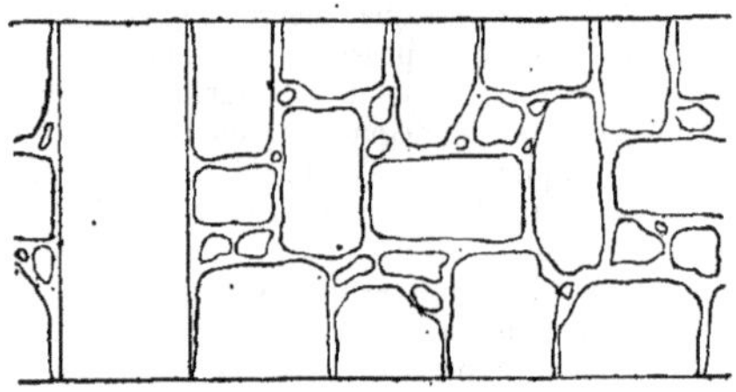

Fig. 156.

Maçonnerie de meulière. La pose de la meulière se fait de la même manière que celle du moellon; seulement, quand les morceaux sont de formes très irrégulières, au lieu d'araser chaque assise, on pose les blocs dans tous les sens, en les enclavant les uns dans les autres, de manière à rendre l'épaisseur du mortier aussi uniforme que possible. On a soin d'affermir chacun d'eux dans son alvéole en le frappant avec la tête de la hachette, et d'assujettir, au moyen de cales ou garnis posés à bain de mortier, ceux dont les lits ne sont pas plats. Pour parements, la meulière s'emploie en moellons smillés et quelquefois piqués. Dans certaines constructions, auxquelles on veut donner un aspect pittoresque, on l'emploie brute ou, quelquefois, grossièrement smillée, et l'on *rocaille* les joints des parements avec de la pierre meulière brûlée ou concassée, dont on assujettit les fragments avec du ciment romain, auquel on a donné la couleur rouge de la meulière brûlée.

Maçonnerie de briques. Grâce à la régularité de leurs formes, qui permet de les lier très convenablement, et à leur porosité, qui les fait adhérer très bien au mortier et au plâtre, les briques sont susceptibles de constituer de très bonnes maçonneries. Les Romains, qui ont employé les constructions de ce genre, admettaient deux sortes de briques posées par assises alternées (V. BRIQUE). On distingue dans l'appareil des briques : 1° les *galandages* ou cloisons en briques de champ; 2° les cloisons en briques panneresses, qui ont en épaisseur une largeur de brique; 3° les *cloisons*

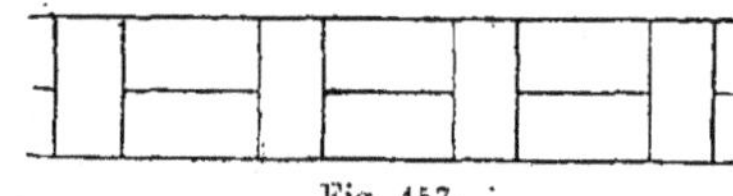

Fig. 157.

A

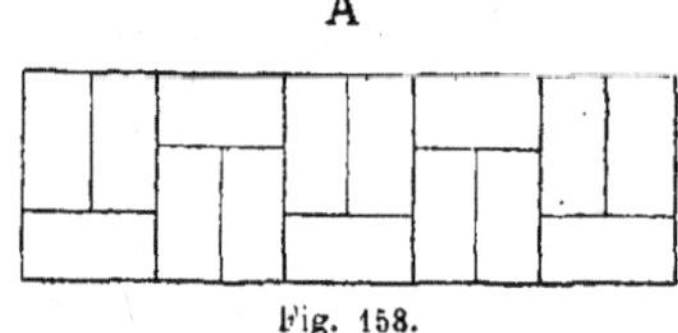

Fig. 158.

B

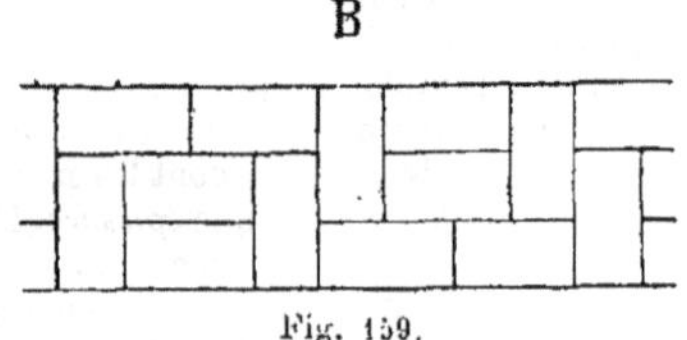

Fig. 159.

en briques boutisses, ou en briques panneresses et boutisses (fig. 157), qui ont, en épaisseur, une longueur de brique ; 4° les *murs* qui ont trois largeurs de brique (fig. 158, A et 159, B) ; 5° les

A

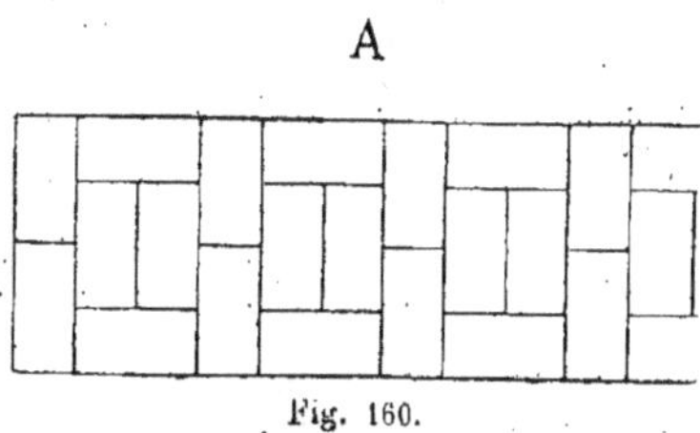

Fig. 160.

murs qui ont deux longueurs de brique (fig. 160, A et 161, B) et ainsi de suite. On range les briques à la manière des pierres de taille et des moellons, de telle sorte que les joints se découpent au dedans comme au dehors. La couche de mortier sur laquelle pose une assise doit s'arrêter à 0m,02 ou

B

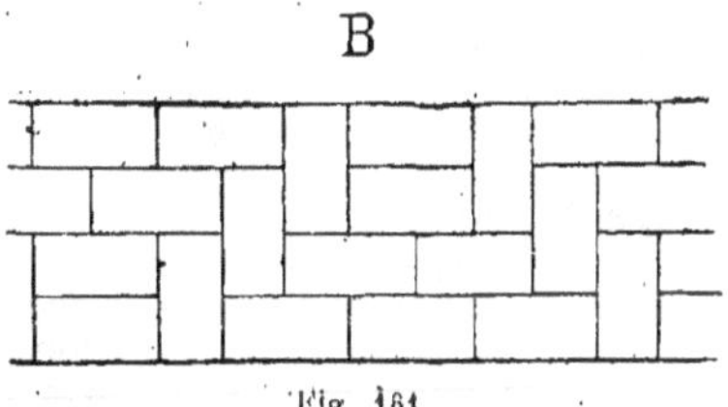

Fig. 161.

0m,03 du parement pour ne pas le salir ; la propreté du parement est un indice de la bonne exécution de la maçonnerie de briques. L'épaisseur des joints ne doit pas dépasser 0m,01.

Maçonnerie mixte. Les ouvrages de ce genre sont les plus usuels; ils offrent une plus grande économie et un emploi plus judicieux des ressources mises à la disposition du cons-

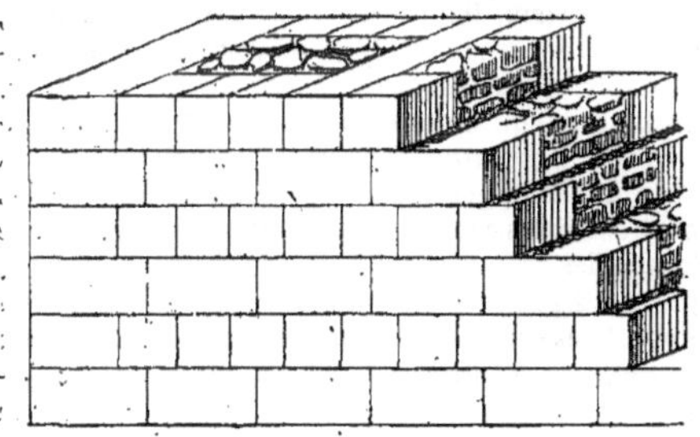

Fig. 162.

tructeur. Les matériaux les plus coûteux et les plus résistants sont placés dans les parties exposées aux causes les plus énergiques de destruction ; les autres remplissent les intervalles des chaînes ou des assises formées par les premiers. Lorsque ces intervalles sont disposés avec ordre et suivant toutes les convenances que comporte la construction, il en résulte le système de décoration le plus rationnel et le plus simple, suffisant, dans beaucoup de cas, et particulièrement dans les ouvrages où le caractère d'utilité domine, comme les travaux publics.

Les constructions antiques offrent de nombreux exemples de cette manière de bâtir. Les principaux sont : l'*emplecton* des Grecs, qui était formé (fig. 162) de parements en pierres de taille et d'un remplissage en petits moellons bruts ou en béton; l'*opus incertum* ou *appareil régulier* (fig. 163), maçonnerie de blocailles ou de béton conte-

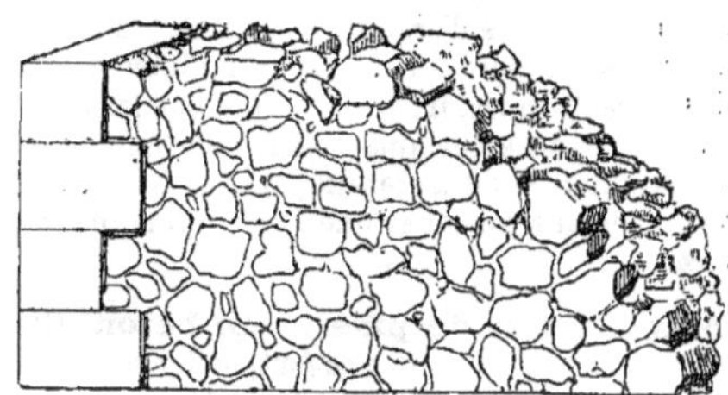

Fig. 163.

nue, à l'extérieur, par de petits moellons bruts mis en parement de chaque côté du mur, les angles étant consolidés au moyen de chaînes formées par des assises horizontales de pierres de taille, de forts moellons équarris ou même de briques; l'*opus reticulatum* ou *appareil réticulé* (fig. 164), qui diffère du précédent en ce que les moellons du parement, de forme régulière, ne sont pas posés sur un de leurs côtés, mais sur l'angle, agencement qui rappelle celui des mailles d'un filet. Des maçonneries du même genre étaient parementées en briques triangulaires, des

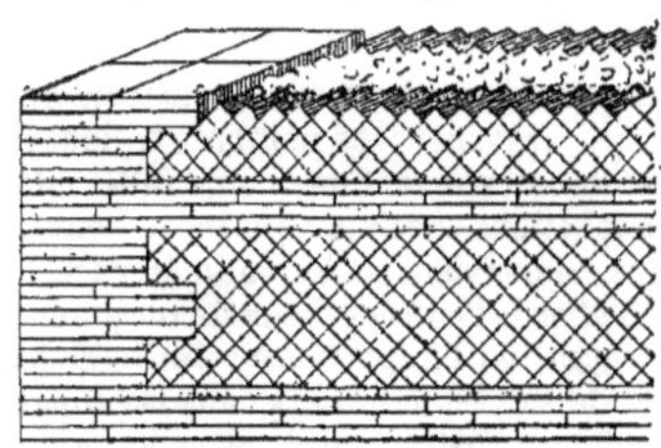

Fig. 164.

rangées de grandes briques carrées reliant, d'ailleurs, les deux parements et assurant la solidité des angles (V. Brique). Les constructions mixtes, en parements de pierre avec remplissages en blocailles, ou pierres de taille aux angles et aux piédroits des fenêtres avec moellons piqués dans les intervalles, se rencontrent fréquemment au moyen âge.

De nos jours, les maçonneries mixtes sont souvent utilisées et présentent de l'analogie avec les constructions anciennes. Parmi les plus usuelles, nous citerons : les massifs de moellons bruts avec chaînes en pierres de taille ou en forts moellons équarris ; les *blocages* revêtus en moellons piqués ou smillés ou en briques. Pour éviter le danger des tassements inégaux que présentent ces sortes d'ouvrages, il faut tasser fortement, serrer et lier la maçonnerie, employer dans les chaînes et les revêtements des pierres à queues très inégales, de longues boutisses et des parpaings ; diviser le massif en assises horizontales par des assises alternées de pierres ou de briques. De plus, les pressions n'étant pas ordinairement réparties uniformément sur tout le développement des murs, il est d'usage d'établir des chaînes verticales en pierres de taille sous la portée des fermes et des poutres maîtresses, sous la retombée des voûtes d'arêtes ou des arcs doubleaux des voûtes en berceau, ainsi qu'à l'intersection des différents murs. Il convient enfin que les murs en moellons ou en briques soient chaussés d'une assise en pierres de taille, un peu enterrée, s'élevant au-dessus du sol et que l'on nomme *soubassement*.

Maçonnerie de pisé et de béton. Ces maçonneries économiques se font, soit avec de la terre que l'on comprime simplement sur place ou que l'on transforme en moellons factices, soit avec du béton seulement. On distingue le *pisé* proprement dit; la *bauge* ou *torchis*; le *pisé en béton*; le pisé dit *béton aggloméré*. — V. Béton, Pisé.

Maçonnerie hourdée en mortier de ciment. Depuis un certain nombre d'années, on emploie, avec le plus grand succès, dans les constructions hydrauliques (ponts, égouts, quais, fondations), le mortier de ciment romain. Cette maçonnerie s'exécute d'après les principes exposés ci-dessus ; les matériaux doivent être parfaitement propres et arrosés fréquemment. Elle exige quelques soins de plus que la maçonnerie ordinaire.

Personnel. Aux chantiers de maçonnerie est attaché un personnel très nombreux, dont les divers membres reçoivent des noms différents, suivant les fonctions spéciales qui incombent à chacun d'eux. Il convient de les énumérer ici.

Tout d'abord, l'entrepreneur de maçonnerie ou *maître-maçon*, vu l'importance relative de sa spécialité et de sa responsabilité dans la plupart des constructions, c'est-à-dire dans celles où dominent les éléments pierreux naturels ou artificiels, joue un rôle prépondérant dans la totalité des corps d'états qui contribuent à l'exécution de l'œuvre conçue par l'architecte. Il est véritablement le second de celui-ci par la faculté de comprendre, en même temps, l'ensemble et les détails, l'idée et la réalisation. Après lui vient le *maître-compagnon* ou *chef d'atelier*, qui dirige l'exécution sur le chantier et parfois même travaille de ses mains avec des camarades, parmi lesquels il est le premier. Il doit tenir du maître, comme celui-ci tient de l'architecte ; l'esprit d'ordre lui est surtout essentiel. Le *compagnon* se livre particulièrement à une ou plusieurs spécialités de travaux qu'il exécute seul, en se faisant aider par un *manœuvre* ou *garçon* qui le sert. Parmi les compagnons, on distingue : le *maçon limousin* ou simplement *limousin*, qui exécute la grosse maçonnerie de moellons bruts, l'ébousinage, le smillage, le piquage, et la pose des moellons ; le *maçon à plâtre* ou *maçon* proprement dit, qui, dans les localités comme Paris, où l'on fait un très grand usage de cette matière, termine les bâtiments dont le gros-œuvre est confectionné par les maçons limousins. Dans les localités où le plâtre est rare, on ne l'emploie que pour faire des plafonds, des corniches, etc., et les ouvriers qui le mettent en œuvre prennent le nom de *plâtriers* ou *plafonneurs*. Les manœuvres proprement dits sont chargés d'approcher l'eau, la chaux, le sable, le mortier, le moellon, de confectionner le mortier et le béton. Les manœuvres préposés au transport de la pierre prennent le nom de *bardeurs*. Les *garçons-maçons* sont employés à l'approche des matériaux nécessaires au *compagnon-maçon*, à passer le sable au sas, nettoyer les outils, auges, etc., enlever les gravats, etc... Les *tailleurs de pierre* ont pour fonction de façonner ou de tailler les pierres d'après le tracé de l'*appareilleur*. Les *poseurs de pierre* sont chargés de mettre en place les pierres de taille. Pour lever, biller ou caler ses pierres, le poseur se fait aider d'un maçon intelligent qui prend le nom de *contre-poseur* ou *pinceur*. Le *garçon poseur* approche des cales, du mortier pour le poseur, il aide au pinçage, c'est-à-dire au soulèvement de la pierre à la pince quand on règle sa position ; il s'occupe, enfin, du *brayage*, c'est-à-dire d'accrocher ou de décrocher les élingues ou les louves qui servent à enlever les pierres. Le *maître-garçon* est chargé de la surveillance des manœuvres, des outils, de la réception et de la distribution des matières, outils, etc. En dehors de ces diverses catégories, il y a enfin le *tâcheron* ou *sous-traitant*, ouvrier ou employé auquel l'entrepreneur cède une partie de son entreprise, ordinairement de main-d'œuvre seulement.

Outillage. Outre les outils utilisés par les tailleurs de pierre (V. Taille), l'approche des matériaux et l'exécution des maçonneries sur le tas nécessitent l'emploi d'instruments, outils et engins très nombreux. Pour le *transport* et *bardage* seuls, il faut citer : les *leviers*, *pinces*, *crics*, *brouettes ordinaires* ; la *brouette à coffre*, pour terres, sables, mortiers et autres matières, contenant en moyenne 0^{m3},040 ; la *brouette anglaise*, plus stable et plus facile à décharger ; la *brouette à barres*, pour les moellons, sans caisse; la *brouette de mesure*, pour le dosage des mortiers et bétons ; la *civière* ou *bard*, qui sert à gravir les rampes trop rapides pour la brouette et qui est manœuvrée par deux hommes; les *camions*, *tombereaux*, *vagons* et *vagonnets; l'oiseau*, pour transporter le mortier sur les échelles ; la *coulotte*, employée pour l'approche à pied d'œuvre du mortier et du béton dans les travaux en contre-bas du sol ; les *rouleaux* ou *roules*, à l'aide desquels on transporte les pierres à petite distance et qui sont fuséiformes pour tourner facilement dans les changements de direction; les *madriers* ou *plats-bords*, sur lesquels s'effectue le bardage nécessaire à la mise en place des blocs ; le *chariot*, voiture très basse à deux roues, employée ordinairement pour les pierres de gros volumes et traînée par 6 hommes avec le pinceur, aidés, souvent encore, par un cheval attelé en avant de la flèche ; le *diable*, petit chariot employé pour les pierres de dimensions restreintes et ordinairement traîné par 2 à 4 hommes avec le pinceur ; le *binard*, chariot bas à 4 roues, utilisé pour les pierres d'un fort volume et traîné par 1 à 3 et parfois jusqu'à 5 chevaux ; enfin les *torches* et *paillassons*, nécessaires pour éviter d'écorner les blocs en les chargeant ou en les déchargeant.

L'opération du *levage et montage* nécessite l'emploi de *cordages* qui prennent divers noms, suivant leur épaisseur et leur fonction. On distingue : les *câbles*, dont le diamètre est de 0m,025 à 0m,070 ; les *brayes* ou *élingues*, pour soulever les pierres ; les *câbleaux* ou petits câbles ; les *cordages à main* ou *troussières*, pour relier les pièces des *échafauds* (V. ce mot), et qui ont de 0m,010 à 0m,015 de diamètre ; les *lignes* ou *cordeaux*, de 0m,002 à 0m,005 de diamètre. Les *chaînes* sont aussi d'un fréquent usage. Le montage proprement dit s'exécute au moyen de machines diverses, telles que la *poulie*, le *palan* ou *moufle*, le *treuil*, le *cabestan*, les *chèvres*, *chevrettes*, la *bigue*, la *chèvre à pied*. La sapine ancienne, quelquefois encore utilisée, est une sorte de grue (fig. 165) formée d'un grand arbre en sapin tournant sur pivot et maintenu, à la partie supérieure, par un collier dans lequel tourne un fort goujon fixé à son sommet, ce collier étant retenu par des haubans convenablement disposés. La *sapine actuelle* est composée de quatre grandes pièces de bois de sapin s'élevant à 2 mètres environ au-dessus de l'édifice à construire, fortement scellées dans le sol, reliées entre elles par des traverses et des croix de Saint-André. Sur le cadre formé par les traverses reliant les sommets des quatre poteaux s'appuient deux poutrelles qui supportent la poulie sur laquelle passe un câble ou une chaîne, manœuvré par un treuil ou une machine Grondar fixé au pied de l'appareil, comme dans la sapine simple. On emploie encore le *chemin de fer truc*, pour la construction des ponts de quelque importance ; les *grues ordinaires* et les *grues roulantes*, le *système Edoux*, la *balance hydraulique*, les *grues Cousté*, les *monte-charges* et le *plan incliné*. Dans les constructions importantes, on utilise, avec avantage, les locomobiles pour élever les matériaux. — V. GRUE, MONTE-CHARGE.

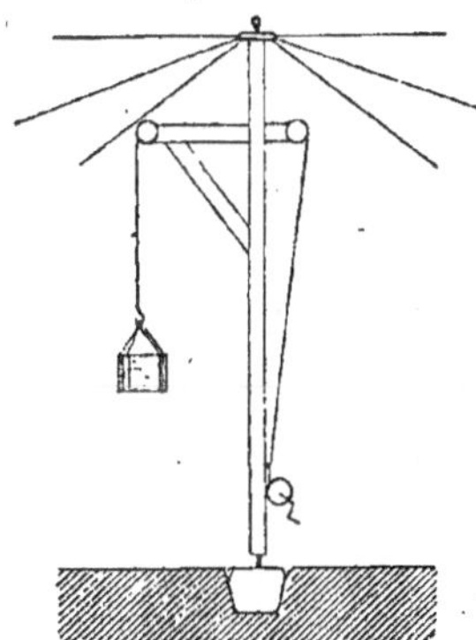
Fig. 165.

Les outils de l'*atelier de pose* sont les suivants : *pinces*, *crics*, *rouleaux*, *équerre*, *fil à plomb*, *niveau de poseur*, *mirettes*, *nivelettes*, *cordeaux* et *fiches*, *paillassons*, *torches*, *cales provisoires*, *fiche à dents*, *scie à main* pour élargir les joints trop fins.

Les outils du compagnon-limousin sont : l'*auge* à mortier, ordinairement en sapin ; la *truelle à mortier*, en fer ; la *guerluchonne*, truelle dont les angles sont arrondis ; la *hachette*, marteau à tête carrée, d'un côté, tranchant de l'autre, la tête servant à frapper les moellons pour les diriger et les enfoncer dans le bain de mortier préalablement étendu sur l'assise inférieure, le tranchant servant à fendre ou à équarrir les moellons qui n'ont pas la forme convenable pour l'emplacement qu'ils doivent occuper, à smiller, piquer, à ébousiner les lits, à démolir, etc... ; la *hachette à ébousiner* ou *grosse hachette* ; le *marteau de maçon*, pour démolir et percer les trous de scellement ; le *fil à plomb* ; le *niveau de maçon* ; le *cordeau* et ses *fiches*. Les outils qui servent au travail de la brique sont les mêmes que les précédents ; la truelle est, toutefois, ordinairement remplacée par une *spatule*, dont la forme allongée permet de faire pénétrer le mortier plus facilement dans les joints.

Le maçon-plâtrier emploie les outils précédents. Son *auge* est ordinairement en chêne, parce que le plâtre y adhère moins qu'au sapin. La *truelle* est en cuivre jaune pour un motif analogue. Pour *plafonner*, il se sert d'une *truelle* allongée en acier, mince et flexible. Il emploie encore la *taloche*, pour exécuter les enduits et crépis, en la chargeant de plâtre, qu'il étale rapidement sur les parements ; la *truelle brettée*, pour nettoyer et dresser les enduits faits à la taloche, faire disparaître les flaches et les côtes ; le *riflard*, pour recouper les repères et les nus, dégager les cueillies d'angle, couper les arêtes, dégrossir les moulures ; une *règle plate* de 2 mètres ; une *règle carrée* de 2 mètres sur 0m,04 de côté, pour battre les nus, faire les arêtes, cueillies d'angle, feuillures, etc. ; des *guillaumes* pour prolonger et régulariser les arêtes, moulures, etc. ; des *petits fers*, *gouges*, *grattoirs*, pour pousser et raccorder à la main les moulures et ornements. Enfin, les *échafaudages* et, en particulier, les *échafauds de maçon*, complètent le matériel nécessaire à l'exécution des ouvrages de maçonnerie. — V. ECHAFAUD. — F. M.

***MACQUAGE.** Opération qui précède le teillage du lin ; on dit aussi *maillage*.

***MACQUE.** Instrument qui sert à broyer le lin. — V. TEILLAGE.

MACULATURE. *T. techn.* Mauvaise impression typographique, feuille illisible ; mauvaise estampe.

***MADAGASCAR** (Bois de). Variété de bois rouge, se rapprochant beaucoup du bois de Caliatour et du Santal rouge ; il est probablement fourni par le *Pterocarpus santalinus*, Lin. (légumineuses). Il est assez rare, en morceaux très volumineux, d'un rouge vineux, mais moins pesant et moins compact que les espèces voisines, dont il ne diffère que par les variations dues à la différence de pays. Il est employé en teinture et en impression, ou sous forme de bois moulu, ou plutôt sous celle d'extrait.

MADAPOLAM. Calicot plus lisse et plus fort que les calicots ordinaires ; il tient, pour ainsi dire, une sorte de milieu entre le calicot et la percale. Les filés pour chaîne et pour trame y sont plus fins et le nombre de fils de trame au quart de pouce plus considérable que pour les calicots. On vend souvent sous ce nom les calicots les plus beaux et les plus forts. L'armure est d'ailleurs la même : taffetas ou sergé. Les plus beaux madapolams sont fabriqués en France, dans les Vosges, la Somme, la Seine-et-Oise : ceux d'Alsace (région de Mulhouse) et d'Angleterre ont, à l'étranger, une grande réputation. La largeur de ces étoffes est très diverse : le plus souvent 0^m90 ; les portées sont aussi fort variables : de 70 à 100 et 150.

— Le nom de ce tissu dérive de la ville indienne de Madapolam qui a fourni au continent les premiers types du genre.

MADRAS. On désigne sous le nom de *madras de coton* une variété de l'article mouchoir, employée pour fichus et dans certains pays pour coiffures. En raison de cet emploi, les dispositions des couleurs y sont moins sérieuses que pour le mouchoir de poche : il faut une autre entente de nuances et de coloris. On produit surtout cet article à Rouen, Bolbec, Sainte-Marie aux Mines, etc.

* **MADRIER.** *T. de constr.* Planche très épaisse, ayant au moins 6 centimètres d'épaisseur et ordinairement en chêne, qu'on emploie dans diverses constructions. — V. Bois (Commerce du).

* **MADRURE.** *T. techn.* Les savonniers donnent ce nom aux taches ou rayures que présente le savon qui n'est pas complètement blanc ; ces veines offrent tant de ressemblance avec l'aspect de certains marbres qu'il est permis de croire que *madrure* n'est qu'une corruption du mot *marbrure.*

* **MAGISTRAL.** *T. de métall.* On nomme *magistral* le produit de la calcination à basse température de pyrites cuivreuses. Sa partie active est le sulfate de cuivre. Voici l'analyse d'un magistral de Guanaxuato (Mexique) d'après Berthier :

Sulfate de cuivre anhydre	19.00
Sulfate de fer	0.50
Sulfate de chaux	2.50
Oxyde de fer	25.00
Oxyde de cuivre	4.00
Acide sulfurique	0.80
Gangue pierreuse verte	43.20
Eau	5.00
	100.00

Au contact du chlorure de sodium, le magistral donne lieu à une production de protochlorure de cuivre et de sulfate de soude. Le protochlorure de cuivre agit, au fur et à mesure de sa production, sur le chlorure d'argent en dissolution dans le chlorure de sodium et le fait passer à l'état d'argent métallique, dont le mercure s'empare dans l'amalgamation (V. Argent, § *Traitement des minerais d'argent*). Ce qui confirme cette explication du rôle du magistral dans le traitement des minerais d'argent, c'est l'emploi du chlorure de cuivre dans l'extraction de l'argent des résidus liquides de la photographie.

MAGNANERIE. On désigne sous ce nom tout atelier d'élevage et d'éclosion des vers à soie.

Lorsque l'éducation des vers est faite à la campagne, par les agriculteurs eux-mêmes, cet atelier n'est autre que l'une des pièces de l'habitation. La disposition des grandes magnaneries est plus compliquée. Le local est alors spacieux, de manière à permettre aux directeurs de faire une éducation sur une grande échelle : 500 à 1,000 grammes d'œufs par exemple.

Les points à considérer dans la conduite d'une magnanerie sont les suivants : 1° le choix de la graine ou œufs ; 2° le moment et les moyens propres à l'éclosion ; 3° l'alimentation ; 4° les divers soins spéciaux à prendre pendant le développement des vers ; 5° le boisage, boisement ou encabanage pour faciliter le montage et le travail des vers ; 6° le déramage ou décoconnage, espèce de cueillette pour détacher les cocons de leurs points d'appui ; 7° le choix des reproducteurs ; 8° l'étouffage des cocons destinés au filage.

Nous allons examiner rapidement ces divers points.

Le choix de la graine est une opération des plus importantes. Avant la crise, lorsqu'on achetait cette graine au lieu d'en faire avec ses propres cocons, on reconnaissait qu'elle était bonne à sa couleur bleu clair, à son aspect sec et cassant, à sa densité suffisante pour l'empêcher de surnager dans l'eau, à l'aspect du liquide visqueux qu'elle contient et qui ne doit être ni trop épais ni trop fluide. Il faut maintenant ne se fier qu'au microscope.

L'époque de l'incubation est fort variable : généralement, on opère de façon à faire concorder l'éclosion des insectes avec la manifestation des premiers bourgeons du mûrier. La pratique de l'éclosion est aussi fort différente, suivant qu'on agit sur de grandes ou sur de petites quantités. Dans le premier cas, on élève progressivement la chaleur de la chambre où se trouvent les œufs, jusqu'à 24°, température de l'éclosion, de manière que la masse des parties à faire éclore ait lieu simultanément le même jour. Dans le second cas, quelques-uns mettent à profit la chaleur animale, soit en portant pendant le jour sur l'estomac, comme un plastron, les œufs renfermés dans des petits sachets en coton, soit en plaçant ces mêmes sachets entre deux oreillers pendant la nuit, ce qui, dans l'un et l'autre système, ne donne pas toujours une atmosphère pure, ni l'humidité chaude nécessaire pour ramollir la coque des petits œufs que doivent briser les nouveaux-nés ; d'autres enfin font usage d'appareils à couver qui sont, en général, des boîtes en fer-blanc d'une forme très variable, munies d'une lampe à esprit de vin, grâce à laquelle l'action de la chaleur est graduée et dure ordinairement cinq à six jours.

Le ver mis à jour, il faut songer à son éducation jusqu'au moment où il va se transformer en cocon. Trente ou trente-cinq jours marqués par

4 crises naturelles ou *mues* suffisent pour cette transformation, pendant laquelle le volume de l'insecte augmente de 150 à 200 fois. Parmi les prescriptions hygiéniques à observer, il faut veiller à la bonne qualité de la nourriture, la feuille de mûrier ne doit être ni trop sèche ni surtout trop humide : elle donne naissance dans ce dernier cas à des troubles graves et à un grand nombre de maladies connues sous les noms de *morts-flats*, *tripes*, *jaunisse*, *hydropisie*, etc. La température doit être parfaitement réglée : en-dessous de 16°, les vers ne s'alimentent plus ; à 25°, ils consomment la quantité moyenne de feuille saine reconnue normale, c'est-à-dire 1,000 kilogrammes pour 30 grammes pendant la durée de l'éducation ; à 35°, ils dévorent et abrègent leur carrière, mais ce régime est des plus dangereux ; enfin, à 45°, l'insecte finit par ne plus prendre de nourriture. Il est indispensable aussi que l'air soit pur. L'espace ne doit autant que possible pas manquer, car outre le manque d'air, les vers se mettraient à deux pour former leur cocon, et donneraient naissance à ce qu'on appelle des *douppions*, qui n'ont pas le quart de la valeur des cocons ordinaires et qui sont très difficiles à dévider : il faut, en général, 30 mètres carrés pour 30 grammes. Les feuilles fournies aux vers doivent être enfin placées au-dessus d'eux et le régime alimentaire doit se régler comme suit : un repas toutes les heures pendant le premier âge, en feuilles mondées et coupées, 18 dans les vingt-quatre heures pendant le deuxième âge, 12 dans l'âge suivant, et 8 pendant le reste de l'éducation. A chaque mue correspond l'enlevage de la litière souillée.

Une fois développés, les vers s'agitent en relevant la tête, ils semblent chercher un point d'appui pour y fixer l'extrémité de la bave qui doit former le fil élémentaire du cocon. Le magnanier prépare alors autour des toiles ou des tables une disposition quelconque de coconnière : balais de bouleau ou de bruyère, réglettes convenablement espacées, etc. Au bout de trois jours, les cocons sont filés : on les laisse alors quelques jours dans les *cabanes*, pour qu'ils durcissent convenablement et ne puissent se déformer au moment où on les enlève.

C'est alors qu'il faut arrêter, avant sa dernière transformation en papillon, le développement de la carrière du bombyx. Si on laissait l'insecte, transformé en chrysalide ou nymphe, arriver à son dernier état, le cocon serait percé, il ne pourrait plus être dévidé et ne servirait qu'à faire de la bourre de soie, d'une valeur beaucoup moindre. On choisit alors parmi les cocons qui présentent les formes les plus normales, ceux destinés à la reproduction, puis on étouffe la chrysalide dans la coque de ceux qui restent en l'asphyxiant, ainsi que nous l'avons expliqué au mot ÉTOUFFAGE. Parmi les cocons choisis pour la reproduction, les femelles sont plus volumineuses et la forme est rebondie au milieu de leur longueur, les mâles présentent une partie étranglée au milieu.

Après l'étouffage, et avant de livrer le cocon aux fileuses, on opère le triage par qualités. Ce triage porte sur une série de défectuosités dont les éducations les mieux réussies ne sont pas exemptes ; et l'on met alors de côté les cocons *chiques*, c'est-à-dire ayant des taches à leur superficie et donnant une soie très inférieure ; les cocons *doubles* ou douppions ; les cocons *satinés*, présentant la contexture molle et lisse qui leur a valu leur nom, et donnant une soie duveteuse ; les cocons *pointus*, terminés en pointe au lieu d'être arrondis à chaque extrémité ; les cocons *faibles*, à coque mince, se perçant rapidement dans l'eau et tombant alors au fond de la bassine ; enfin les cocons *rouillés*, qui ont la teinte de l'oxyde de fer, qui sont évidemment altérés et dont le dévidage par les moyens ordinaires est impossible. — A. R.

***MAGNANIER.** *T. de mét.* Directeur d'une magnanerie.

I. **MAGNÉSIE.** *T. de chim.* — V. MAGNÉSIUM, § *Oxyde de magnésium*.

II. **MAGNÉSIE.** *T. de métall.* La magnésie employée en métallurgie, est un produit plus ou moins impur, mais qui renferme au moins 85 0/0 d'oxyde MgO.

Calcinée à une température suffisamment élevée, la magnésie acquiert des propriétés précieuses ; elle résiste indéfiniment à l'humidité et à l'acide carbonique de l'air. Nous pourrions citer des briques, fabriquées en 1873 par Tessié du Motay, avec le carbonate de l'Eubée et qui sont encore en parfait état, après plus de douze années. Le retrait que prend la magnésie convenablement calcinée est très faible et les métallurgistes ne désespèrent pas d'arriver à la brique sans retrait, qu'ils pourront alors employer dans les voûtes de leurs fours.

Comme matière réfractaire, la magnésie est incomparable ; de plus, elle est inerte à certaines actions chimiques ; par exemple, les oxydes métalliques en fusion ont très peu d'action sur elle. Cette propriété est d'une grande importance dans la déphosphoration, et si ce corps pouvait être obtenu à meilleur marché, il n'est pas douteux que son emploi se développerait considérablement. En attendant qu'il soit moins cher, on emploie beaucoup le mélange naturel de chaux et de magnésie, qui porte le nom de *dolomie*.

La dolomie renferme au maximum 18 à 20 0/0 de magnésie et 30 à 50 0/0 de chaux, avec une proportion variable de silice et d'alumine. Calcinée convenablement, elle possède des propriétés qui tiennent de celles de la chaux et de la magnésie ; elle est peut-être plus dure que cette dernière, mais elle est certainement beaucoup moins stable à l'air humide. Il est rare qu'une brique de *dolomie frittée* (ou cuite à outrance) puisse durer plus de 5 à 6 semaines sans tomber en poussière par l'absorption de l'humidité et de l'acide carbonique de l'air. — V. BRIQUE, § *Briques réfractaires*.

Pour obvier à cette instabilité du mélange naturel de chaux et de magnésie, on a fait, dans ces dernières années, de grands efforts et on a cherché à introduire, en métallurgie, la magnésie naturelle et la magnésie pure, que l'on obtient par traitement du chlorure de magnésium au moyen de la chaux; celle-ci, cependant, a peu réussi jusqu'à présent. La réaction

$$MgCl + CaO = MgO + CaCl$$

donne lieu à une production de chlorure de calcium, dont il est très difficile de débarrasser complètement la magnésie. Il en résulte un état physique peu satisfaisant : le chlorure de calcium restant, maintient une certaine humidité qui donne lieu à une production de vapeur d'eau mélangée d'acide chlorhydrique, ce qui amène des fissures dans la masse.

La magnésie, obtenue par l'action de la chaux sur l'eau de mer ou sur les eaux-mères des marais salants, n'a pas encore fait ses preuves, comme matière réfractaire employée en grand. Il est à craindre qu'elle ne participe des propriétés de la magnésie précipitée dans une solution saturée de chlorure de magnésium.

Jusqu'à présent, la magnésie provenant de la calcination du carbonate, a seule donné des résultats pratiques.

Les deux grands gisements de carbonate de magnésie, sont l'Eubée et la Styrie. Le carbonate d'Eubée est incomparablement le plus pur; mais son prix est relativement élevé. Les propriétaires de ces carrières importantes n'ont pas compris, jusqu'ici, l'avantage qu'ils auraient à se contenter d'un faible bénéfice et à développer la vente. D'un autre côté, les tarifs douaniers actuels, assimilent la magnésie calcinée à un produit pharmaceutique et la grèvent de droits élevés, ce qui empêche d'installer auprès des gisements, des ateliers de calcination qui auraient pour résultat de diminuer de moitié les frais de transport.

Le carbonate de Styrie est moins pur. Il renferme : magnésie 48 à 50; chaux, oxyde de fer et silice 1 à 3.

Quand on a soin de calciner ce carbonate à une température très élevée, on obtient un produit inaltérable à l'air, et il suffit de le broyer et de le mélanger avec 10 0/0 au maximum de magnésie calcinée au rouge et hydratée par son contact avec l'eau, pour obtenir d'excellentes briques, ou de très bon pisé.

Le carbonate de magnésie de Styrie coûte :

En gare de Mitterdof (Autriche). . . .	13 70
Transport à Avricourt.	35 60
	49 30

Soit 50 francs la tonne environ. Ce prix pourrait s'abaisser notablement si on créait une calcination sur place, et si la douane considérait la magnésie calcinée comme exempte de droits tout aussi bien que le carbonate.

La tonne de magnésie calcinée à haute température (*frittée*) peut revenir à 135 ou 140 francs dans les différents points de la France.

La magnésie de Styrie commence à être employée dans la déphosphoration sur sole. On se sert de pisé ou de briques bien cuites. Les dégradations et les usures locales se corrigent aisément par une addition de magnésie qui se soude assez facilement au reste de la masse. On l'emploie aussi pour les pieds-droits des voûtes; on peut même faire reposer, sans inconvénient, une voûte siliceuse sur un mur de magnésie, l'affinité de la silice pour cette base étant assez faible et le silicate, qui tend à se former, étant peu fusible.

***MAGNÉSITE.** *T. de minér.* Syn. : *Écume de mer*, *Sépiolite*. Magnésie silicatée hydratée, qui est dure et compacte, opaque, blanche, à cassure terreuse, poreuse, happant à la langue, et douce au toucher ; sa densité est de 1,4 environ, et sa dureté = 2,1. Elle fond difficilement, même au chalumeau, et est très attaquable par les acides énergiques, comme l'acide chlorhydrique. Elle contient 61,45 0/0 de silice, pour 26,59 de magnésie, et 11,96 d'eau. On la trouve en nodules volumineux, en Grèce, en Natolie, en Asie-Mineure, dans l'île de Négrepont, en Crimée ; à Vallecas, près Madrid ; à Baldisero, à Castella-Monte (Piémont) ; en France, à Salinelle (Gard) ; auprès de Montpellier ; enfin, dans les marnes argileuses et calcaires de Coulommiers, Crécy, Saint-Ouen, et Chenevières, aux environs de Paris. Elle sert, après lévigation, à faire les pipes dites *d'écume*.

MAGNÉSIUM. *T. de chim.* Métal découvert en 1831, par Bussy, et dont le symbole Mg correspond à 12, comme équivalent, et à 24 comme poids atomique. Il est d'une couleur blanche éclatante, sa cassure est un peu granuleuse et un peu cristalline, sa densité 1.743; il fond à 500° et se volatilise au delà de 1,000°; porté au rouge vif, il distille. Il est inaltérable dans l'air

Fig. 166. — *Lampe à réflecteur pour brûler le magnésium.*

sec, mais s'oxyde dans l'air humide et se recouvre d'une couche blanchâtre ; il brûle avec un vif éclat, en fournissant de la magnésie, et donnant comme intensité lumineuse, une lumière qui vaut à peu près 500 bougies ; avant la vulgarisation des lampes électriques à incandescence, on employait le magnésium pour obtenir une flamme très vive et très éclairante. La figure 166 fait voir la disposition de la lampe employée pour brûler les fils de métal, qu'un mouvement d'horlogerie faisait avancer régulièrement; la magnésie produite par l'oxydation était reçue dans la poche figurée au bas du miroir réflecteur. Le magnésium est soluble dans les acides étendus, avec dégagement d'hydrogène.

État naturel. Le magnésium existe en quantités considérables dans la nature ; combiné au chlore, il se retrouve dans l'eau de mer, dans les eaux des sources salées, comme à Stassfurth ; son oxyde saturé par l'acide sulfurique donne l'*épsomite* qui forme la majeure partie des sels contenus dans les eaux de Sedlitz et d'Epsom ; uni à l'acide silicique, il constitue un grand nombre de corps recherchés par leurs qualités ; tels sont : le *talc*, la *stéatite*, la *craie de Briançon*, la *pierre ollaire*, la *magnésite* ou *écume de mer*, les diverses sortes de *serpentines*, la *villarsite*, etc. ; la *dolomie* qui offre, par places, des masses puissantes, est un carbonate double de magnésie et de chaux, et la *giobertite* un carbonate simple anhydre, alors que l'*hydromagnésite* est un carbonate hydraté. La magnésie combinée à l'acide phosphorique et au fluor, est connue sous le nom de *wagnérite*, le phosphate hydraté est désigné sous celui de *bobierrite*. Enfin, comme magnésoxydes naturels, on peut citer : la *périclase*, la *brucite*, la *pyroaurite* ; ils sont moins employés que la *boracite*, ou magnésie boratée, que l'on utilise pour l'extraction de l'acide borique qu'elle contient.

Préparation. Le magnésium s'obtient généralement par la décomposition de son chlorure, que l'on met à chaud, en contact avec du sodium :

$$MgCl + Na = Mg + NaCl$$

ou $MgCl^2 + Na^2 = Mg + 2NaCl$ (nouv. théor.)

c'est le mode de préparation préconisé par Bunsen, et par Deville et Caron. Pour l'obtenir, d'après le procédé indiqué par ces derniers chimistes, on mélange intimement 600 grammes de chlorure de magnésium fondu, avec 480 grammes de fluorure de calcium pulvérisé et 230 grammes de sodium coupé en petits fragments ; on introduit le tout dans un creuset en terre, chauffé au rouge, puis on ferme immédiatement. Il se produit aussitôt une crépitation intense, et dès que celle-ci cesse de se faire entendre, on retire du feu, on ouvre le vase, et on brasse la masse avec une tringle de fer, de façon à réunir à la surface du liquide, le magnésium qui, refroidi, sera ensuite séparé des scories. Le métal est purifié une première fois par fusion avec du chlorure de magnésium, du chlorure de sodium et du fluorure de calcium ; mais après cette opération, il garde encore de la silice, du carbone, un peu de fer et d'aluminium et de l'azoture de magnésium. Pour le purifier totalement on le distille, au milieu d'une atmosphère d'hydrogène, en le portant au rouge vif, dans une nacelle en charbon de cornue.

1 kilogramme de chlorure donne à peu près 75 grammes de magnésium.

Usages. Le magnésium se fait aujourd'hui en grand, surtout à Manchester et à Boston ; la fabrique de M. Mellor livre environ par an, 2,250 kilogrammes de métal, et celle d'Amérique 1,500 kilogrammes. Etiré en fils minces et aplatis, le magnésium sert à faire une lumière très blanche, que l'on utilise en photographie, pour produire des signaux, ou même alimenter des phares ; le métal donne avec le cuivre un laiton très résistant ; enfin, sous forme de poudre fine, il est employé en pyrotechnie pour faire des feux blancs fort brillants.

Parmi les composés les plus utiles du magnésium, il faut placer en tête son dérivé oxygéné.

Oxyde de magnésium. Syn. : *Magnésie*. MgO. C'est une poudre blanche, légère, de saveur lixivielle, verdissant le sirop de violette, très difficilement fusible, et se vitrifiant mal au chalumeau de Brook ; elle est irréductible par le charbon ou la potasse ; sa densité est de 2,3 ; elle est peu soluble dans l'eau (1/5 142 à froid, et 1/3600 à l'ébullition) ; elle est hygrométrique, et peut prendre jusqu'à 20 0/0 de son poids d'eau ; elle attire l'acide carbonique de l'air et se change partiellement en carbonate ; saturée par les acides, elle forme des sels amers, mais se combine si bien, que cette base est un des meilleurs contre-poisons des acides.

Caractères des sels d'oxyde de magnésium. Les sels solubles d'oxyde de magnésium donnent avec les réactifs les caractères suivants : avec la *potasse*, précipité blanc, insoluble dans un excès de réactif, soluble dans le chlorure d'ammonium ; avec l'*ammoniaque*, précipité blanc dans les liqueurs neutres, et rien dans les liqueurs contenant un acide libre, ou un sel ammoniacal en quantité suffisante ; avec les *carbonates alcalins*, précipité blanc, ne se formant pas en présence du chlorure d'ammonium (caractère différentiel d'avec les sels de chaux, de strontiane et de baryte) ; avec les *bicarbonates* purs, rien ; avec le *carbonate de baryte*, rien ; avec l'*acide sulfhydrique*, le *sulfure d'ammonium*, l'*acide sulfurique*, l'*acide hydrofluosilicique*, le *chromate de potasse*, rien ; avec le *ferrocyanure de potassium*, précipité blanc, dans les liqueurs concentrées ; avec l'addition de *phosphate de soude*, les liquides magnésiens contenant du chlorhydrate d'ammoniaque et un excès d'ammoniaque, laissent précipiter du phosphate ammoniaco-magnésien. La présence du phosphate de soude est ici indispensable à la réaction.

État naturel. La magnésie hydratée se retrouve à l'état naturel, cristallisée en rhomboèdres basés, ou en masses écailleuses, quelquefois fibreuses. Elle est blanche ou verdâtre, translucide, nacrée, d'une densité de 2,3. La *brucite* contient 31,73 0/0 de son poids d'eau ; on la trouve aux États-Unis, notamment à Hobokey, à New-Jersey, etc. La *périclase*, du Vésuve, la *pyroaurite*, de Langbon, sont des magnésoxydes anhydres, mais ferrugineux, surtout le dernier, qui peut donner jusqu'à 23,92 0/0 de sesquioxyde de fer.

Préparation. L'oxyde de magnésium s'obtient, en général, par la calcination d'un de ses sels : 1° au moyen de l'hydrocarbonate, que l'on trouve en pains dans le commerce, et que l'on introduit dans des camions ou dans des creusets de terre que l'on superpose et on calcine fortement,

$$\underbrace{4MgO,3C^2O^4,4H^2O^2}_{\text{Hydrocarbonate de magnésie}} = \underbrace{4MgO}_{\text{Oxyde de magnésium}} + \underbrace{3(C^2O^4)}_{\text{Acide carbonique}} + \underbrace{4(H^2O^2)}_{\text{Eau}}$$

ou en nouvelle théorie :

$$3\mathrm{CO^3Mg, MgO^2H^2} + 3\mathrm{H^2O}$$
$$= 4\mathrm{MgO} + 3(\mathrm{CO^2}) + 4\mathrm{H^2O}$$

Si l'on veut avoir une magnésie lourde, il faut humecter un peu le carbonate, et le tasser avant de chauffer, puis pousser ensuite fortement le feu ; le contraire est à recommander quand on veut de préférence préparer un produit très léger et facilement attaquable par les acides. L'opération est terminée quand la masse ne fait plus effervescence par les acides ; on doit pratiquer l'essai en délayant la magnésie dans de l'eau, car sans cela, l'union de la base avec l'acide pourrait se faire avec projection, grâce à l'élévation de température produite, et faire croire à un dégagement d'acide carbonique ; 2° en calcinant l'azotate de magnésie, l'oxyde obtenu ainsi est toujours assez lourd ; 3° en précipitant un sel de magnésie par la potasse ou la soude :

$$\underbrace{\mathrm{MgO,SO^3}}_{\text{Sulfate de magnésie}} + \underbrace{\mathrm{KO,HO}}_{\text{Hydrate de potasse}} = \underbrace{\mathrm{MgO,HO}}_{\text{Hydrate de magnésie}} + \underbrace{\mathrm{KO,SO^3}}_{\text{Sulfate de potasse}}$$

ou $\mathrm{SO^4Mg} + 2\mathrm{KOH} = \mathrm{MgO^2H^2} + \mathrm{SO^4K^2}$

4° en précipitant une dissolution bouillante de sulfate de magnésie par une solution de carbonate de soude. L'hydrocarbonate de magnésie est ensuite calciné (magnésie Planche) ; 5° en utilisant la dolomie, que l'on décompose par l'acide sulfurique. Il se forme du sulfate de chaux insoluble et du sulfate de magnésie qui reste en solution et que l'on concentre pour faciliter la précipitation du sel de chaux. On décompose alors par le carbonate de soude, mais il reste presque toujours un peu de chaux dans le produit (magnésie anglaise, ou de Henry).

Altérations. La magnésie calcinée peut contenir de la silice, ou du fer, empruntés aux vases où s'est faite la calcination ; de la chaux, de l'alumine, provenant des matières premières employées. On traitera pour les reconnaître par l'acide chlorhydrique faible ; la *silice* reste insoluble ; la *chaux* sera indiquée par le précipité blanc qu'y fera l'oxalate d'ammoniaque ; le *fer* par la coloration bleue qu'y produira le cyanure jaune ; l'*alumine* par une sursaturation par l'ammoniaque (le précipité blanc sera souillé d'un peu d'oxyde de fer hydraté). Si la magnésie avait en plus absorbé de l'*acide carbonique* à l'air, elle aurait fait effervescence lors de son traitement par l'acide.

Falsifications. On a signalé l'addition dans la magnésie d'*amidon*, de *féculents*. On les retrouverait à l'examen microscopique, ou à la coloration bleue qu'y produirait l'eau iodée ; le mélange avec quelques *sulfates* se reconnaît en portant la magnésie à l'ébullition avec un peu d'eau distillée et en y ajoutant de l'hydrate de baryte.

Parmi les composés les plus importants du magnésium, nous devons citer les suivants :

Carbonate d'oxyde de magnésium. Il en existe trois : 1° la *giobertite* ou carbonate neutre, qui cristallise en rhomboèdres de 170° 10', translucide, à cassure conchoïdale, à éclat vitreux, de teinte variable (du blanc-jaunâtre au noir) ; d'une densité moyenne de 2,9. Il contient 47,92 0/0 d'oxyde de magnésium, se trouve en masses compactes à Snarum, en Norwège, en Silésie, etc., et sert pour préparer le sulfate ; 2° le *carbonate acide* ou *bicarbonate* qui se retrouve dans les eaux naturelles, et cristallise en prismes hexaédriques, puis devient neutre à l'air ; 3° le *carbonate basique*, déjà étudié (V. t. II, p. 234) qui se retrouve également à l'état naturel, dans l'organisme, dans les concrétions, dans l'urine des herbivores, et qui, fait artificiellement à l'aide de la dolomie, renferme souvent de la chaux, ce qu'un oxalate montre facilement.

Carbonate double de magnésium et de calcium. — V. Dolomie.

Chlorure de magnésium. — V. t. III, p. 325.

Chlorures doubles de magnésium et d'autres métaux. On en exploite un certain nombre de naturels pour la fabrication du magnésium. Les principaux sont : le chlorure double de magnésium et de sodium (procédé Sonstadt) ; la *tachydrite* ou chlorure double de magnésium et de calcium (procédé A. Schwartz) ; la *carnallite*, qui est en masses formées de prismes rhomboïdaux droits, incolores ou rougeâtres, contenant 27 0/0 de chlorure de potassium, 34 0/0 de chlorure de magnésium et 39 0/0 d'eau ; elle sert pour faire le magnésium (procédé Reichard) et aussi, à Stassfurth, pour l'extraction de la potasse.

Phosphate d'oxyde de magnésium. Il en existe trois, un basique, un neutre, et un acide. Le premier seul est important,

$$(\mathrm{MgO})^3, \mathrm{PhO^5} = 132$$

par suite de sa diffusion dans tous les liquides et solides de l'organisme. Il est blanc, amorphe, peu soluble, et se modifie facilement pendant la putréfaction, ou par suite d'altérations, en phosphate-ammoniaco-magnésien, soluble dans l'acide acétique, ce qui le différencie de l'oxalate de chaux, avec lequel on peut le confondre.

Silicate d'oxyde de magnésium. Il en existe un très grand nombre de naturels, dont l'industrie tire souvent emploi. Les plus connus sont : l'*amiante* ou *asbeste* (V. t. I, p. 135), le *jade* (V. ce mot), la *magnésite* ou *écume de mer*. (V. ces mots) ; la *stéatite*, qui sous le nom de *craie de Briançon* sert aux tailleurs pour tracer ; la *pierre ollaire* qui sert à faire des vases pour la cuisson des aliments, ainsi que des calorifères ; le *talc*, qui, réduit en poudre, facilite les glissements, pour l'essai des bottes, des gants, etc. ; les *serpentines* dont les variétés jaunes ou vertes, sont recherchées à cause de leur translucidité, pour faire des objets d'ornement ; les *chrysocole*, *trémolite*, *diallage*, *actinote*, etc.

Sulfate d'oxyde de magnésium.

$$\mathrm{SO^4Mg, 7H^2O} \ldots \mathrm{MgO, SO^3, 7H^2O^2} = 108.$$

Il se trouve : en dissolution dans les eaux minérales de Sedlitz et d'Epsom, aussi lui donne-t-on souvent le nom de *sel d'Epsom* ou de *Sedlitz*, ainsi qu'à Stassfurth, où il provient de la décomposition exercée par le sulfate de chaux sur la dolomie. Il est en prismes incolores, non efflorescents, amers; l'eau en dissout 32 parties à +14° et 72 0/0 à l'ébullition; il devient anhydre lorsqu'on le chauffe à 220°, et est difficile à réduire par le charbon.

On l'obtient : 1° soit par l'évaporation des eaux de sources ou de salines, en les concentrant convenablement pour le séparer des corps qui se déposent lorsque le liquide offre une certaine densité ; 2° en traitant la dolomie par l'acide sulfurique : il se forme du sulfate de chaux insoluble, qui se dépose, et du sulfate de magnésie soluble ; en chauffant la liqueur limpide on la débarrasse des portions de sulfate calcique qu'elle avait pu retenir ; 3° par la méthode italienne, en torréfiant les schistes ferrugineux magnésiens, les arrosant, puis renouvelant les surfaces pour peroxyder le fer. En reprenant ensuite par l'eau, le sulfate de magnésie formé se dissout. Ce sel, dans le commerce, se trouve souvent impur, et contient de la chaux, de la soude ou du fer, suivant les corps qui ont servi à le préparer; quelquefois du carbonate d'ammoniaque. En le dissolvant et y ajoutant une solution de carbonate de soude, il doit donner en carbonate de magnésie sec, le sixième du poids total primitif; en le chauffant dans un tube de verre, on chasserait l'ammoniaque, facile à reconnaître à son odeur.

C'est un produit très employé en médecine, qui provoque l'exosmose aqueuse des capillaires intestinaux. — J. C.

MAGNÉTISME. *T. de phys.* Branche de la physique qui traite des *aimants*, de leurs propriétés, de leur préparation et de leurs usages. Le mot *magnétisme* s'emploie encore pour désigner la cause première des propriétés des aimants. Lorsqu'on roule dans la limaille de fer un aimant naturel (pierre d'aimant) ou un aimant artificiel (barreau aimanté, aiguille aimantée), on remarque que les parcelles métalliques s'attachent aux différents points de l'aimant, et spécialement en deux endroits opposés ; ces centres d'attraction sont les *pôles* ; ce fait met déjà en évidence deux propriétés de l'aimant : l'*attraction* et la *polarité*. Tout aimant a généralement deux pôles; quand il en a davantage, on les nomme *points conséquents*. Une troisième propriété, très anciennement connue des aimants, est la *direction*. Un aimant porté par un liège flottant sur l'eau ou posé sur un pivot, ou suspendu horizontalement par un fil, prend une *direction* fixe (sous l'action du globe terrestre); si on l'en écarte, il y revient sans cesse après oscillations (V. DÉCLINAISON). C'est cette propriété qui est utilisée dans la *boussole* (V. ce mot). L'extrémité de l'aimant qui se dirige vers le nord de la terre porte le nom de *pôle nord de l'aimant*, l'autre extrémité se nomme *pôle sud*. Une conséquence importante de la direction et de la polarité est l'action réciproque des aimants. Gilbert a découvert à ce sujet les deux lois suivantes : *les pôles de nom contraire s'attirent*, et *les pôles de même nom se repoussent*. Le globe terrestre étant considéré comme un aimant, on nomme, d'après les lois précédentes, *pôle austral* de l'aiguille aimantée, l'extrémité qui se dirige vers le Nord, et *pôle boréal*, l'extrémité qui se dirige vers le Sud.

Une substance est dite *magnétique* lorsqu'elle est attirable par chacune des extrémités de l'aimant (comme le fer, la fonte, l'acier, le nickel, le cobalt, le chrome et le manganèse, ces derniers aux températures de —20° et —25°) ; elle est dite *aimantée*, si elle est attirée par l'un des pôles et repoussée par l'autre (barreau, aiguille de boussole).

Magnétisme par influence ou **induction magnétique.** Une substance simplement magnétique, comme le fer, peut recevoir, au contact d'un aimant ou même à distance, les propriétés de l'aimant ; mais dès que l'influence cesse, le fer redevient *neutre* et perd instantanément ses propriétés attractive et polaire. On le démontre par les expériences suivantes : on place, sous un aimant, un petit cylindre de fer qui reste adhérent; on en peut suspendre un second sous le premier qui devient un aimant, puis un troisième sous le second, etc., ou bien on remplace les cylindres par des anneaux de plus en plus petits. Dès qu'on détache le premier anneau, toute la chaîne se brise. Un aimant plongé dans une boîte de clous en enlève un très grand nombre, par l'effet de l'aimantation momentanée de chacun des clous. Les longues traînées de limaille de fer qu'un aimant emporte avec lui s'expliquent également par l'influence de l'aimant sur les parcelles, qui deviennent de petits aimants, capables d'attirer à leur tour d'autres parcelles de fer. Les *fantômes* (ou spectres) *magnétiques* sont encore dus à la même cause. Si l'on recouvre un aimant d'une feuille de carton, sur laquelle on sème de la limaille de fer, on verra, en donnant de légers chocs au carton, la limaille se disposer suivant des lignes courbes qu'on nomme *lignes de force* ou *fantômes*, parce qu'en faisant mouvoir l'aimant sous le carton, la limaille indique par ses mouvements, ses soulèvements, la position, la marche de l'aimant, dont on voit la forme, le spectre pour ainsi dire, à travers le corps opaque. On a différents moyens de conserver les fantômes d'un ou plusieurs aimants, parallèles ou non, ayant en regard leurs pôles de même nom ou de nom contraire, ce qui permet d'étudier à loisir ces *lignes de force* et l'étendue du *champ magnétique*. Les courants électriques donnent lieu aussi à des fantômes magnétiques. Ainsi, quand un fil conducteur de courant traverse une feuille de carton sur laquelle on a semé de la limaille de fer, celle-ci se dispose en circonférences concentriques au fil. Si le courant électrique est couché sur le carton, les lignes de force que présente la limaille sont perpendiculaires à la direction du courant; ce sont les projections dans un plan, des circonférences du cas précédent. Faraday a tiré un grand parti des lignes de force pour l'établissement de sa théorie de l'induction. — V. MACHINE ÉLECTRIQUE, § II.

On sait, depuis Ampère, que le magnétisme n'est qu'une manière d'être de l'électricité. Les aimants doivent leurs propriétés à des courants électriques qui circulent dans les intervalles moléculaires. Toutefois, pour expliquer commodément les phénomènes magnétiques, on emploie encore les expressions de *fluide boréal*, de *fluide austral*, dont la combinaison donne le *fluide neutre*, comme en électricité on parle de fluide positif et de fluide négatif.

Il y a, entre l'électricité et le magnétisme, de grandes analogies, mais il y a aussi des différences essentielles. Ainsi, le magnétisme ne passe pas d'un corps à un autre, il ne se perd pas au contact, ni par les pointes; il se multiplie par l'influence; il s'exerce dans le vide et à travers tous les corps non magnétiques, témoin ce jouet d'enfant, le canard magnétique, qu'un aimant dirige par l'action qu'il exerce à travers le vase.

Constitution des aimants. Lorsqu'on brise une aiguille d'acier aimantée, on remarque que chaque fragment a deux pôles, d'où il résulte que le magnétisme ne consiste pas en deux fluides occupant chacun une des moitiés de l'aimant. La théorie des courants particulaires rend compte de ce résultat.

Le magnétisme est distribué sur un aimant de la manière suivante : du milieu de l'aimant, où est la *ligne neutre*, le magnétisme va en croissant, très lentement d'abord, puis très rapidement près des pôles, qui ne sont pas situés aux extrémités; car, chacun d'eux est le point d'application de la résultante de toutes les forces attractives élémentaires situées dans une moitié de l'aimant.

L'intensité des attractions et des répulsions électriques, comme celle de toutes les forces émanant d'un centre, *varie en raison inverse du carré des distances*. Cette loi a été démontrée par Coulomb, en employant la méthode des oscillations et celle de la balance de torsion. La première méthode est basée sur ce principe que les petites oscillations (de 3° à 4°) d'une aiguille aimantée sont soumises aux mêmes lois que celles du pendule, c'est-à-dire que les forces magnétiques qui font osciller l'aiguille, sont proportionnelles aux carrés des nombres d'oscillation $\frac{m}{m'}=\frac{n^2}{n'^2}$. On fait donc osciller une aiguille astatique au-dessus d'un aimant vertical; on mesure la distance d des deux pôles et on compte le nombre n des oscillations accomplies pendant un temps donné. On répète la même expérience pour une autre distance d', et l'on trouve n' oscillations : l'expérience indique qu'on a $\frac{n}{n'}=\frac{d'}{d}$; donc, d'après la première relation, on a $\frac{m}{m'}=\frac{d'^2}{d^2}$. Quant à la seconde méthode, elle est analogue à celle de la balance électrique de torsion. — V. Balance électrique.

Magnétisme terrestre. Le globe terrestre agit sur les aimants comme s'il était lui-même un véritable aimant; mais son action sur l'aiguille aimantée est simplement *directrice*, sans attraction, à cause de la grande distance des pôles magnétiques terrestres, par rapport à celle des pôles de l'aimant. Cette double action se réduit à un *couple*. Les pôles magnétiques de la terre ne coïncident pas avec les pôles géographiques, mais plutôt avec les pôles thermaux. L'un est situé dans l'Amérique Septentrionale, par 70° de latitude et 95° de longitude, l'autre à 78° de latitude australe et 135° de longitude orientale. Ces pôles changent de position avec le temps, ce qui entraîne les variations séculaires de la déclinaison, de l'inclinaison et de l'intensité magnétique. Les variations annuelles et diurnes de ces éléments, dépendent des mouvements de translation et de rotation de la terre.

Les variations accidentelles ou perturbations magnétiques sont produites par des courants électriques terrestres, accidentels eux-mêmes, et par les aurores polaires, qui sont de véritables orages magnétiques. Nous ne pouvons nous arrêter aux définitions du *méridien* et de l'*équateur* magnétiques, des lignes isogoniques, isodynamiques, etc. — V. Aiguille d'inclinaison, Boussole de déclinaison.

Procédés d'aimantation (V. Aimantation, Armature, Coercitive (force). Quand, par un procédé d'aimantation quelconque, on a donné à un barreau d'acier plus de magnétisme que sa force coercitive ne lui permet d'en conserver, on dit qu'il est *sursaturé*. Il se fait alors une recomposition partielle plus ou moins lente du magnétisme surabondant. En chargeant de poids croissant l'armature d'un aimant, on peut en augmenter la force portante primitive; mais, après la chute des poids, l'aimant retombe à sa force première. On a construit des aimants capables de porter jusqu'à 23 fois leur propre poids : tels sont ceux de M. Clemandot (Exposition d'électricité à l'Observatoire de Paris, mars 1885), obtenus au moyen de la trempe par compression. — V. Trempe.

Magnétisme rémanent. Lorsque le fer ordinaire a été momentanément aimanté par un courant électrique, ou par le contact d'un aimant, il reste toujours, après que cette influence a cessé, une certaine quantité de magnétisme, qui ne se perd qu'avec le temps et souvent incomplètement : c'est ce phénomène qu'on nomme *magnétisme rémanent*, parfois fort gênant. Dans le fer doux (exempt de carbone, d'azote, de phosphore, etc.), l'aimantation et la désaimantation sont instantanées; il n'y a pas de magnétisme rémanent. Pour opérer plus rapidement la désaimantation des électros, on dispose les armatures ou palettes de manière qu'elles n'arrivent pas jusqu'au contact des électros.

Magnétisme de rotation. Arago a découvert, en 1824, que les métaux en mouvement tendent à entraîner les aimants placés à une petite distance de leur surface; effet qui varie avec la nature de la substance et s'explique par l'induction magnéto-électrique. Dans un disque métallique tournant entre les branches d'un aimant, il se produit des courants induits qui tendent à enrayer le mouvement, à tel point que le disque s'échauffe comme s'il éprouvait un frottement (expérience de Léon Foucault).

Magnétisme spécifique. *Universalité du magnétisme.* Le magnétisme agit sur toutes les substances. Faraday a montré qu'un corps quelconque, librement suspendu par un fil sans torsion, entre les surfaces polaires d'un fort électro-aimant, est influencé et mis en mouvement; selon sa nature, il se place perpendiculairement ou parallèlement à la ligne des pôles de l'électro ; un corps est nommé *diamagnétique* dans le premier cas, et *paramagnétique* (ou simplement magnétique) dans le second.

Il résulte des expériences de M. Plucker, qu'en représentant par 100,000 le magnétisme du fer, celui de la pierre d'aimant est 40,227, celui du fer oligiste 533. Pour les composés du fer, le chiffre s'abaisse de 500 à 71. Le magnétisme spécifique des autres corps solides, liquides ou gazeux, ne présente qu'un intérêt théorique ; nous ne pouvons nous y arrêter (V. Diamagnétisme). M. Ed. Becquerel a donné le nom de *magnétisme spécifique* à l'action exercée par un aimant sur l'unité de volume du corps à l'unité de distance, action comparée à celle qui s'exerce sur une certaine substance prise pour terme de comparaison. Cette action est modifiée par la température et les effets mécaniques.

Applications du magnétisme. L'une des plus importantes est celle de la *boussole* ou *compas marin*, dont l'usage est bien connu (V. Boussole). Les Chinois, dès la plus haute antiquité, employaient, paraît-il, la boussole pour se diriger dans les déserts, les steppes ; c'était l'extrémité sud de l'aiguille aimantée qu'ils prenaient pour ligne de direction, tandis que pour nous, c'est la pointe nord (pointe bleue) que l'on considère. Les arpenteurs font usage de la boussole pour *orienter leurs plans*, pour mesurer des angles, relever les figures des terrains peu accessibles. — V. Déclinatoire.

On se sert aussi de la boussole pour l'exploration des mines de fer.

L'aiguille de *déclinaison*, dans les observatoires météorologiques, sert, par les perturbations qu'elle éprouve, à annoncer les aurores polaires, à prédire, à courte échéance, les grandes tempêtes et perturbations atmosphériques, qui sont généralement précédées de grandes perturbations magnétiques, causées par des courants électriques terrestres. On fait une application continuelle du magnétisme, ou plutôt de l'électro-magnétisme, dans les appareils enregistreurs des observations météorologiques : thermomètre électrique, thermographe, barométrographe, atmographe, anémographe, pluviomètre, etc. (V. *Annuaire de l'Observatoire de Montsouris*, 1877, p. 231, 260, 271 ; et pour 1879, p. 231).

Tous les appareils, toutes les machines magnéto-électriques, électro-magnétiques et d'induction, où l'on a recours à l'aimantation et à la désaimantation rapide du fer doux pour produire un mouvement quelconque, ou pour transformer du mouvement en chaleur, lumière, actions chimiques ou physiologiques, peuvent être regardés comme des applications médiates ou immédiates du magnétisme, aussi bien que de l'électricité : tels que les appareils télégraphiques, téléphoniques, sonneries, horloges électriques, chronoscopes, régulateurs de la lumière électrique, et, en général, toutes les machines où l'électricité est employée comme force motrice. Parmi les applications particulières, on peut citer celle qu'en a faite Nicklès à l'adhérence des roues de locomotives, aux poulies et aux pivots magnétiques, aux axes de transmission. Un indicateur de niveau dans les chaudières à vapeur est fondé sur la propriété que possède un aimant flotteur d'attirer, à travers une glace épaisse (scellée aux parois de la chaudière), un petit cylindre creux en fer doux, très léger, qui suit à l'extérieur, en glissant sur le verre, tous les mouvements du flotteur intérieur. C'est par un moyen analogue qu'on peut faire tourner une aiguille aimantée, qui indique les heures sur une glace, sans communication apparente avec le mécanisme d'horlogerie placé derrière la glace, et dont l'aiguille aimantée dirige celle de l'extérieur.

L'entretien des vibrations des diapasons, plaques, vases, tiges, cordes, etc., est basé sur la rapidité d'aimantation et de désaimantation du fer ou de l'acier, sous l'action d'un courant électrique, qui se ferme et s'ouvre automatiquement par le mouvement même des corps vibrants. La conservation du mouvement du pendule de Foucault (pour démontrer le mouvement de rotation de la terre), se fait aussi par un mécanisme où l'électro-magnétisme joue le rôle important. — C. D.

***MAGNÉTO-ÉLECTRIQUE** (Machine). Nom donné aux machines dont les inducteurs sont constitués par des aimants permanents. — V. Electricité, Machine électrique, § V.

***MAGNÉTOMÈTRE.** *T. de phys.* Appareil d'une sensibilité extrême, imaginé par Gauss pour évaluer les plus petites variations du magnétisme terrestre. On distingue le *magnétomètre unifilaire*, ou *déclinomètre* et le *magnétomètre bifilaire*. Ces instruments très délicats ne sont employés que dans les observatoires astronomiques ou météorologiques.

MAHALEB. Arbre qui croît dans les montagnes de l'Est. Sainte-Lucie, dans les Vosges, en possède un si grand nombre qu'on donne aussi à ce bois le nom de *bois de Sainte-Lucie* ; il est dur, brun, bien veiné et susceptible d'un beau poli, ce qui le fait rechercher par les tourneurs et les ébénistes.

MAIL. *T. techn.* Gros marteau, ou mieux, masse de fer carrée dont on se sert pour enfoncer des coins dans les entailles pratiquées dans la pierre.

***MAILLAGE.** *T. techn.* Opération exceptionnelle qui a pour but de donner à certaines cotonnades l'apparence des toiles fines en lin. Le résultat est obtenu par l'action des pilons venant choquer le tissu fortement enroulé autour d'un cylindre tournant. || Syn. de *Macquage*. Opération que subit le lin avant le teillage.

***MAILLARD DE LA GOURNERIE** (Jules-Antoine-René), ingénieur, né à Mantes le 20 décembre 1814, mort à Paris le 26 juin 1883. Il sortit de l'École polytechnique dans les ponts et chaussées en 1835, et fut nommé ingénieur en chef en 1864, et inspecteur général en 1873. Il était à sa mort professeur de géométrie descriptive au Conservatoire des Arts et Métiers, membre de l'Académie des Sciences et officier de la Légion d'honneur. On a de lui : *Traité de perspective linéaire* (1859, avec atlas) ; *Traité de géométrie descriptive* (1860-1864, 3 vol. avec atlas) ; *Recherches sur les surfaces réglées tétraédrales symétriques* (1867).

MAILLE. *T. techn.* Fil noué ou croisé dans un tissu ; ouverture que les nœuds d'un filet ou autre objet laissent entre eux. || Anneau d'une chaîne. — V. Câble-chaîne. || Petits anneaux de fer ou d'acier qui, entrelacés, constituaient certaines parties du costume des chevaliers et des gens d'armes. || *T. de constr. nav.* Intervalle libre entre deux couples voisins ou entre deux varangues voisines, et qu'on utilise pour l'aération des parties basses sur les nouveaux navires. || *T. de charp.* Fissure qui s'étend du cœur d'une pièce de bois jusque vers la circonférence. || *Art hérald.* Boucle ronde sans ardillon.

MAILLECHOR ou **MAILLECHORT.** *T. de métall.* Nom des alliages où domine le cuivre et le nickel et qui sont d'une couleur blanche se rapprochant plus ou moins de l'argent. Ce nom vient de deux ouvriers lyonnais, Maillot et Chorier, ou Chorlier, qui les premiers, fabriquèrent cet alliage. — V. Alliage du nickel.

D'abord rare, à cause du prix élevé du nickel, le maillechort est devenu plus commun depuis quelques années ; il est la base de la fabrication de l'argenterie Ruolz ; c'est lui qui constitue le *métal blanc* sur lequel on dépose galvaniquement une couche d'argent métallique. Le prix du nickel étant quatre fois plus cher que celui du cuivre, le maillechort, qui sert dans la fabrication des couverts argentés et dans l'orfèvrerie d'imitation renferme le moins possible de nickel et le plus possible de zinc. Les meilleures maisons emploient un maillechort à 15 0/0 de nickel ; il n'y a que dans l'horlogerie que l'on utilise l'alliage de 50 0/0 de nickel et 50 0/0 de cuivre.

Voici comment se prépare le *maillechort*. On commence d'abord par faire un alliage de cuivre et de nickel à 50 0/0, c'est l'alliage type, la véritable matière première pour la fabrication des autres. On emploie du nickel en grenailles ou en petits cubes et du cuivre en gros fragments ; on les met dans un creuset de plombagine placé dans un four à vent ordinaire, sur une grille où il se trouve entouré de coke ; comme dans tous les fours de ce genre, des ouvreaux permettent au gaz de déboucher dans une conduite qui les mène à la cheminée. La température qu'il faut atteindre est le rouge blanc : le fondant ajouté pour protéger le métal contre l'oxydation est du verre blanc pilé. Lorsque la fusion est terminée, on retire le creuset avec une pince, on le suspend par un anneau à une grue et on l'élève à une hauteur convenable pour faciliter le grenaillage. On incline le creuset et l'alliage tombe dans un grand cylindre, de 3 mètres de hauteur sur $0^m,50$ environ de diamètre, et qui est rempli d'eau : au moyen d'un mécanisme, qu'il est facile d'imaginer, l'eau du cylindre se vide après le grenaillage et le fond s'entr'ouvrant laisse tomber les grenailles dans une bassine. Ces grenailles, d'une belle couleur blanche sont, après égouttage, placées sur des plateaux et séchées par les chaleurs perdues des autres opérations de l'usine.

Le maillechort ou alliage de cuivre, zinc et nickel, se fait en partant de l'alliage de cuivre et de nickel, à 50 0/0. Dans un four à vent ordinaire, on place des creusets de plombagine, dans lesquels on commence par amener à fusion complète l'alliage à 50 0/0 de nickel et de cuivre, on refroidit le bain par l'addition de cuivre et, avant que le creuset ne soit réchauffé, on ajoute le zinc en ayant soin de brasser et d'agiter la masse ; cette opération demande environ une heure un quart ; on verse alors sur le bain un mélange de silex et de borax et on continue le feu ; après un quart d'heure on ajoute, de nouveau, un peu de fondant et le métal est prêt à être coulé.

Les lingotières employées sont en fer ; elles sont en deux pièces symétriques, réunies au moyen de deux goujons placés sur une des moitiés. Pour empêcher l'adhérence du métal pendant la coulée, on recouvre l'intérieur de ces lingotières d'un enduit charbonneux obtenu par la combustion d'un peu de résine ou de goudron. Les lingotières ainsi fumées sont placées verticalement dans un bâti en fonte et calées au moyen d'une plaque de métal serrée par deux vis traversant le bâti ; au-dessus de chaque lingotière, on dispose une sorte d'entonnoir par lequel on coule le métal. L'ouvrier saisissant le creuset avec une pince, verse l'alliage pendant qu'un aide écarte la scorie avec une tige de fer qu'il place au bec qui doit faciliter l'écoulement. Le métal étant solidifié, on ouvre chaque lingotière et le lingot obtenu est plongé dans une cuve pleine d'eau pour le débarrasser de ce qui peut adhérer à sa surface.

Pour donner une idée de la malléabilité du maillechort ou métal blanc qui sert à faire les couverts, nous dirons que les lingots sont laminés à froid, sous des cylindres dégrossisseurs où ils subissent trois passes ; puis, on les porte au four à réchauffer, et de là de nouveau au laminoir, après les avoir laissé refroidir. On obtient finalement des barres de 10 centimètres de largeur et de 7 millimètres d'épaisseur, dans lesquelles on découpe avec une machine, des flans qui serviront à former les couverts.

L'industrie du métal blanc ou maillechort a pris, depuis une vingtaine d'années, une extension considérable. En Angleterre, où il porte le nom de *german silver* (argent allemand), le maillechort sert à faire une quantité d'objets d'orfèvrerie d'imitation. La teneur en nickel varie de 10 à

50 0/0, et elle serait plus forte si le nickel était meilleur marché.

— La seule usine de Christofle, à Saint-Denis, produit, annuellement, 100 tonnes de nickel pur, pour la fabrication de l'alliage qui nous occupe. En Angleterre, à Swansea, chez MM. Vivian, à Birmingham ; en Allemagne, à Iserlohn, chez MM. Fleitman, la production est beaucoup plus considérable encore.

MAILLET. *T. techn.* Marteau à deux têtes, fait de bois très dur, à l'usage des tailleurs de pierre, des sculpteurs, des charpentiers et des menuisiers. || *Art hérald.* Marteau plus petit que la mailloche.

***MAILLETAGE.** *T. de constr. nav.* Opération qui consiste à recouvrir de clous à large tête la surface immergée de la carène d'un ponton, ou la partie supérieure des pieux de pilotis, pour les mettre à l'abri de l'attaque des vers ou des tarets.

***MAILLEUR, EUSE.** *T. de mét.* Ouvrier qui fait des mailles, des filets ; on dit aussi *laceur*.

***MAILLEUSE.** *T. techn.* Nom donné à la roue de cueillage dans les métiers à tricot circulaires. Cette roue, étant en quelque sorte l'âme de ces métiers, a été l'objet d'une foule de modifications ; toutes ont surtout pour but d'opérer le cueillage le plus promptement et le plus sûrement possible, et d'introduire, pour ainsi dire instantanément, sous chacun des becs des aiguilles, la longueur du fil nécessaire pour former la maille, sans l'exposer à des coupures et d'autres défauts résultant d'un cueillage trop lent. On dit encore *remailleuse.* — V. BONNETERIE.

***MAILLOCHAGE.** *T. techn.* Opération que l'on fait subir au chanvre en filasse afin de l'assouplir — V. CHANVRE. || Synonyme de *beetlage.* — V. ce mot.

MAILLOCHE. *T. de mar.* Gros maillet en bois portant sur sa longueur une engoujure dans laquelle se loge en partie le cordage que l'on veut fourrer (recouvrir de tours et autres de bitord) ; on le nomme *mailloche à fourrer.* || *T. techn.* Sorte de marteau de fer dans le genre du mail qui sert à enfoncer les coins entre les joints des pierres, ou dans les entailles pratiquées à l'aide du marteau et du ciseau. || Instrument composé d'une baguette et d'un tampon avec lequel on frappe la grosse caisse. || *Art hérald.* Petit maillet figuré sur l'écu.

***MAILLOCHEUSE.** Machine à *beetler.* — V. ce mot.

***MAILLON.** *T. techn.* Petit anneau d'une chaîne ; maille servant à relier deux bouts de chaîne entre eux au moyen d'une manille. || Petite maille. || Nœud coulant qu'on laisse descendre sur une chaîne d'ancre ou sur un autre objet, pour le tirer du fond de l'eau.

MAILLOT. *T. du cost.* Pantalon à pied, très collant, en laine, en coton ou en soie, et qui fait partie de certains costumes de théâtre.

MAIN. En *techn.*, ce mot a de nombreuses acceptions : 1° large passementerie qui, dans l'intérieur d'une voiture ou d'un vagon, est suspendue et disposée pour y passer la main, 2° anneau ou autre motif placé devant un tiroir, pour le tirer à soi ; 3° pièce de fer recourbée de différentes façons, pour enlever des fardeaux ; 4° réunion de plusieurs *pantimes* destinées à la teinture ; 5° apprêt particulier qui fait paraître un tissu plus épais ; 6° assemblage de vingt-cinq feuilles de papier ; 7° *main coulante* ou *main courante*, la partie de la rampe d'un escalier sur laquelle on appuie la main ; 8° *main-d'œuvre*, mise en œuvre d'un ouvrage quelconque, la façon qu'on lui donne ; 9° *main-poseur* (V. BALANCIER MONÉTAIRE) ; 10° *main de chargement* (V. CAPSULE) ; 11° *main de fer.* — V. FER II.

MAISON. *T. d'arch.* On donne ce nom aux édifices, d'importance très variée et d'aspects très divers, destinés à l'habitation humaine. On comprend, de suite, à quels vastes développements peut donner lieu un pareil sujet. L'étude des modifications subies par la *maison*, en raison de la différence des temps, des climats et des progrès de la civilisation, fournirait presque seule la matière d'un cours d'architecture. Nous nous bornerons ici, à faire un choix dans les éléments si divers qui composent l'histoire de l'habitation humaine, et à présenter un exposé très succinct des principes qui régissent l'art de la distribution dans les maisons modernes.

HISTORIQUE. C'est dans les anfractuosités des rochers, dans les grottes et dans les cavernes, que les premiers hommes ont dû trouver un refuge contre les intempéries des saisons et les attaques des animaux. Ces demeures primitives, offertes par les excavations naturelles du sol, avaient pour unique mobilier un lit formé de feuilles sèches ou de fourrures d'animaux tués à la chasse. « Lorsque cet abri nécessaire ne se présentait pas de lui-même, dit Lamennais, il fallait que l'homme se le créât. Dans les flancs des montagnes, il se creusa des grottes : avec de la pierre et de l'argile, il imita ces grottes dans la plaine ; il les imita près des forêts avec des branches d'arbres, des écorces, du gazon, du feuillage, et l'art de bâtir fut ainsi le premier art pratique... » Des efforts ainsi tentés par les premiers groupes humains pour constituer l'habitation, résultèrent trois types principaux : la *caverne*, la *hutte* et la *cabane*.

Le premier de ces types exerça une grande influence sur les peuples septentrionaux, influence restée vivace chez quelques-uns d'entre eux. On a découvert, dans l'ancienne Scandinavie, de nombreuses allées souterraines, conduisant à des salles dont la forme se rapproche plus ou moins du rectangle, le tout creusé de main d'homme dans un massif de roche tendre, ou pris dans une anfractuosité naturelle que l'on a dû agrandir. Quelquefois, un trou percé en biais au travers du monticule est destiné à laisser échapper la fumée. De nos jours même, les Esquimaux se servent de pierres sèches, dont ils bouchent les interstices avec de la terre humide, pour construire des cavernes factices. Le sol est fait de branchages et de peaux de renne, sur lesquels ils mettent de la terre, et dans le plafond, un orifice est ménagé pour laisser échapper la fumée du fourneau central. Les premiers habitants de la Gaule ont eu longtemps pour unique résidence des excavations dans lesquelles ils se creusaient des demeures particulières, assez rapprochées les unes des autres. Telles sont les grottes de Couteaux et du rocher de Ceyssac, dans la Haute-Loire ; celles de Perrier, dans le Puy-de-Dôme.

La hutte primitive dut être formée de troncs de jeunes arbres inclinés en cercle et dont les sommets étaient reliés entre eux avec des joncs, de manière à former

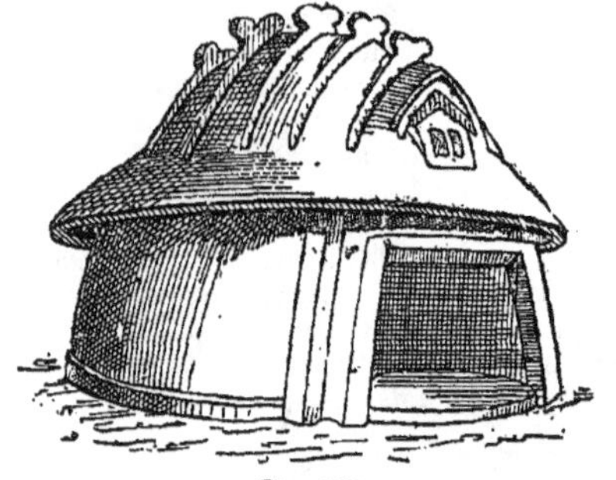

Fig. 167.

une sorte de cône. Les intervalles étaient garnis avec des roseaux, des branches d'arbres enlacées ; du limon recouvrait tout l'ensemble, une ouverture étant laissée du côté opposé au vent amenant la pluie. Les anciennes demeures des Phrygiens étaient construites d'après une méthode analogue. Ils creusaient circulairement des tertres naturels et plantaient ensuite autour de

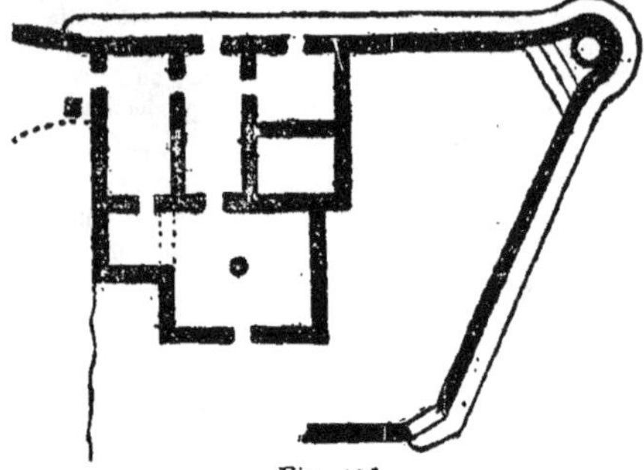

Fig. 168.

ces excavations des perches qu'ils courbaient vers le centre, après les avoir liées à leur extrémité, de manière à former une espèce de coupe ; ils couvraient le tout de roseaux et d'une forte couche d'argile. C'était au moyen

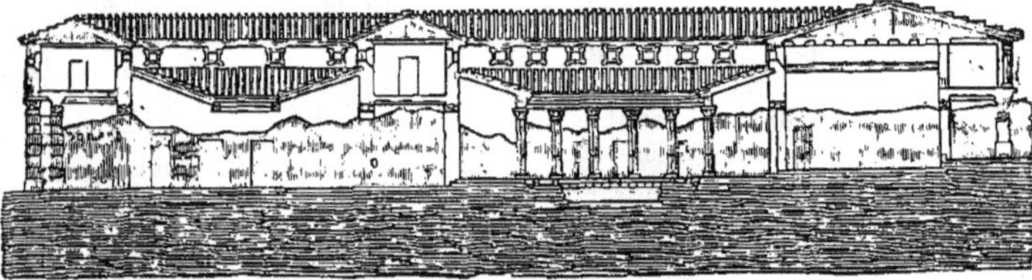

Fig. 169. — *Coupe de la maison dite de* Pansa, *à Pompéi.*

d'une galerie pratiquée dans le flanc du tertre que l'on pénétrait dans ces habitations, qui offraient autant de fraîcheur pendant l'été, que de chaleur pendant l'hiver. Les huttes gauloises, qui avaient succédé aux grottes et aux cavernes, ou qui coexistaient avec ces abris souterrains, étaient de forme conique. Elles étaient construites, comme nous le verrons plus loin, d'une manière analogue à celle que nous venons de décrire.

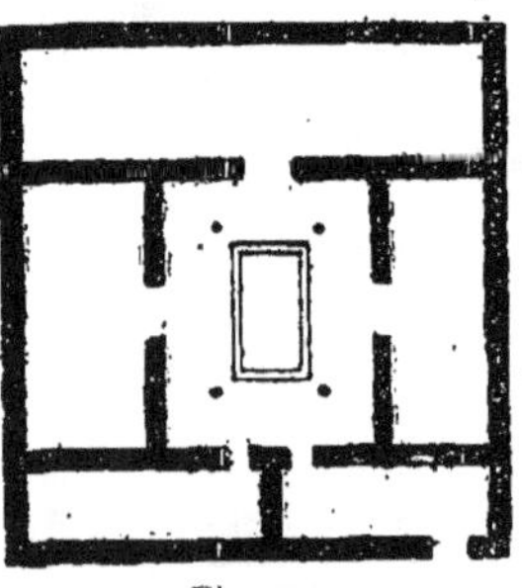

Fig. 170.

Le troisième type, la *cabane*, paraît être l'expression d'une civilisation déjà plus avancée. Elle constitue l'habitation primitive des peuples de l'Italie. En effet, le British Museum, à Londres, possède un spécimen authentique des cabanes des aborigènes du Latium. C'est un vase en poterie (fig. 167), ayant servi, à l'origine, de coffret cinéraire, et qui fut découvert, en 1817, à Marine, près de l'ancienne Albe-la-Longue. Quelques indications de branches disposées en saillie et dessinant une sorte de charpente, des jambages de porte, un socle, montrent déjà, dans cette cabane primitive, des éléments de construction et de décoration appelés à être conservés ou perfectionnés de mille manières différentes.

Vitruve rapporte que les premières habitations des peuples de la Colchide et du royaume de Pont étaient des constructions en bois de grume horizontalement superposés. Il est à remarquer que cette disposition, adoptée par les Daces, les Sarmates et les Scythes, est, à l'exception de la forme de la toiture qui était pyramidale, celle qui s'est conservée jusqu'à ce jour dans toutes

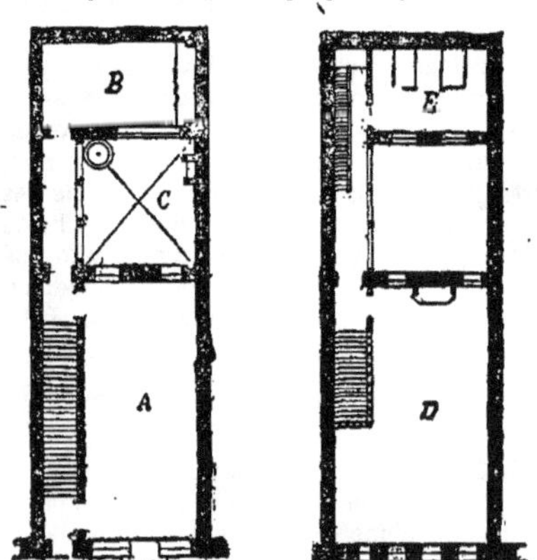

Fig. 171 et 172.

les contrées dépendant de la Russie. L'emploi presque exclusif du bois non équarri pour l'habitation se retrouve, d'ailleurs, dans bien d'autres régions. A une époque antérieure à toute tradition écrite, les constructions privées des Chinois étaient faites de bambous. Des treillis de joncs artistement assemblés, fermaient toutes les baies et laissaient circuler l'air en tamisant la lumière du jour. La bâtisse reposait sur un socle formé d'un assemblage de grosses pierres irrégulières. De nos jours encore, les maisons chinoises sont construites presque entièrement en bois, avec soubassement en pierre : mais on y remarque l'emploi simultané du bambou et des pièces de charpente équarries. Au contraire, les maisons particulières de l'Inde antique étaient formées de bâtiments solidement construits, avec toits plats ou terrasses et escaliers étroits et raides, pris dans l'épaisseur des murs. Les revêtements de stuc et la peinture étaient employés à la décoration des habitations luxueuses. Les demeures assyriennes avaient leurs murs construits en pisé et revêtus d'un enduit gypseux pour les maisons particulières, de dalles de marbre pour les plus riches demeures. Les Babyloniens remplaçaient le pisé par les briques séchées au soleil et cimentées avec du bitume. La brique vernissée était employée comme ornement dans les palais. Chez les Hébreux, le marbre et la pierre de taille étaient réservés pour les maisons des grands; celles des particuliers étaient construites en argile ou en briques. L'asphalte servait également de mortier, ainsi que la chaux et le plâtre, que l'on employait encore comme enduit. Les demeures des anciens Egyptiens étaient vastes, à plusieurs étages, pourvues de vestibules décorés de colonnes et entourées de jardins spacieux. Des jets d'eau y entretenaient la fraîcheur et elles ne recevaient l'air et le jour que par de rares fenêtres.

Nous ne possédons guère de documents écrits, au sujet des anciennes demeures de la Grèce, que ceux laissés par quelques auteurs latins, notamment Vitruve et Cornélius Népos, et sur lesquels nous reviendrons plus loin. Thucydide rapporte, il est vrai, dans son deuxième livre, en décrivant les cabanes de l'Attique, qu'elles étaient construites en charpente, assemblées avec un tel art qu'elles pouvaient se démonter, se transporter et se reconstruire avec la plus grande facilité. L'auteur grec ajoute même que, lors de la guerre du Péloponnèse, Périclès ordonna aux habitants de la campagne de transporter à Athènes les bois de leurs habitations pour les soustraire à l'incendie. Mais de récentes découvertes nous ont fait connaître la disposition de maisons grecques dont la construction remonte à la plus haute antiquité. Il y a près de vingt ans, dans une île de l'archipel Thérasia, M. Fouqué, alors élève de l'école française d'Athènes, a relevé le plan d'une habitation à laquelle les archéologues attribuent une antiquité de près de deux mille ans sur l'ère chrétienne. Et cependant, comme dit M. Lucas, dans une *Conférence sur l'Habitation à toutes les époques*, faite au palais du Trocadéro, en 1878, cette maison antéhistorique est déjà suffisante pour les besoins de notre temps, et, dans les pays où l'on trouve la pierre et le bois à bon marché, dans certaines parties du centre de la France, par exemple, les petits fermiers pourraient la réaliser et la réalisent, car elle répond parfaitement aux exigences de leur exploitation. Ainsi que le montre le plan (fig. 168), publié par M. Fouqué dans les *Archives des missions scientifiques*, cette ruine présente une vaste cour de forme irrégulière, entourée d'une enceinte et dans un des angles de laquelle est établie l'habitation. Celle-ci comprend plusieurs salles, dont la plus grande paraît être un vestibule ou une salle commune. Au milieu de cette pièce, une pierre s'élève du sol à une hauteur de près d'un mètre et est entourée de branches d'arbre, carbonisées, dont la disposition montre que sur cette pierre s'élevait une sorte de colonne, probablement en bois, recevant les abouts de ces branches et qu'ainsi ce support unique portait une espèce de charpente grossièrement assemblée. Il y a donc là déjà, à une époque aussi reculée : emploi de support isolé, charpente primitive, comble ou plancher et disposition générale permettant, à la fois, la vie publique et la vie privée. Sur la demeure royale d'Ulysse, à Ithaque, dont la construction doit être d'environ mille ans postérieure à celle de l'habitation de Thérasia, nous possédons, comme données, les descriptions faites par Homère dans l'Iliade et l'Odyssée et les observations faites sur les ruines mêmes par de nombreux archéologues tels que Gell, Le Chevalier, M. Chenavard, de Lyon, et le docteur Schliemann.

Fig. 173. — *Maisons romanes (XIIe siècle) dans l'une des rues de Cluny.*

Huit cents maisons antiques environ ont été relevées par M. Burnouf sur le versant oriental de l'acropole d'Athènes. Ces maisons, en partie creusées dans le roc, offrent généralement une salle de 16 à 20 mètres superficiels, dans un angle de laquelle se trouve un départ d'escalier façonné à même dans le roc et indiquant que ces habitations avaient au moins un étage. Dans un grand nombre de ces salles se trouve une citerne, et quelquefois cette citerne semble avoir été commune à deux habitations. Ce fut seulement après que les plus beaux édifices eurent été élevés à Athènes, que le luxe commença à s'introduire dans les demeures particulières. C'est aux habitants de cette époque que paraissent s'appliquer les descriptions de Vitruve et de Cornélius Népos, descriptions qui, d'ailleurs, s'accordent pour reconnaître, dans la maison grecque, deux parties bien distinctes : l'*andronitide*, appartement des hommes, et le *gynécée*, appartement des femmes ; mais qui se contredisent quant à l'emplacement attribué à chacune de ces divisions principales. Vitruve place le gynécée à l'entrée de l'édifice et donne à supposer qu'on devait le traverser pour se rendre dans la partie de l'habitation destinée aux hommes et aux réceptions. Cornélius Népos nous semble être plus dans le vrai, étant donnée la vie très retirée que les femmes menaient en Grèce, lorsqu'il dit « que ces dernières n'habitent que la partie la plus reculée, qu'on appelle *gynécée* et dont l'accès n'est permis qu'aux plus proches parents.» Les maisons grecques étaient bâties en pierre, en briques ou en bois; elles étaient probablement couvertes en terrasses et n'étaient percées que de rares ouvertures sur la voie publique; elles étaient peintes en dedans et paraissent même l'avoir été à l'extérieur.

D'autres mœurs introduisirent d'autres conditions dans la distribution des maisons romaines. Toutefois, celles-ci comprenaient également deux divisions bien tranchées: l'une, dans laquelle le public avait accès, l'autre qui était plus particulièrement réservée à l'habitation de la famille. L'*atrium*, partie la plus caractéristique de la maison romaine, appartenait à la première. C'était une cour découverte au milieu et couverte sur les côtés par des appentis qui versaient les eaux pluviales dans un bassin rectangulaire, *impluvium* (V. Architecture). Sur cette cour ouvraient diverses pièces, dont la plus importante était le *tablinum*, dans lequel étaient déposées les images des ancêtres et où se tenait le maître de la maison pour recevoir ses clients. La seconde partie de l'habitation romaine était distribuée autour d'une ou plusieurs cours accompagnées de portiques (*peristylia*). Sous ces portiques s'ouvraient les salons (*aeci*), les salles à manger (*triclinia*), les chambres à coucher (*cubicula*), puis, dans les demeures opulentes, des exèdres, des bibliothèques, des galeries de tableaux, des salles de bains, etc... Sur la figure 169, qui représente une coupe restaurée de la maison dite de *Pansa* à Pompei, on voit, à gauche, l'*atrium* avec ses appentis et son impluvium de peu de profondeur; à droite, le *péristyle*, avec sa colonnade et un bassin de plus grandes dimensions que le premier.

Fig. 174. — *Maisons en bois de la Normandie (XVe siècle).*

C'est vers l'an 470 de la fondation de Rome, selon Denis d'Halicarnasse, que les Romains commencèrent à couvrir en tuiles leurs maisons, qui, jusqu'à cette époque, n'avaient eu que des toits de chaume et de bardeaux. Longtemps elles ne se composèrent que d'un rez-de-chaussée et d'un premier étage, ainsi que paraissent avoir été toutes celles de Pompéi; mais plus tard, à Rome, elles s'élevèrent tellement que divers édits des empereurs intervinrent pour mettre un terme à cet abus, menaçant pour la sûreté publique. Auguste en limita la hauteur à 70 pieds; Trajan la réduisit à 60. Les maisons à plusieurs étages réunissaient, comme les nôtres, plusieurs familles; mais généralement, les parties les plus élevées n'étaient habitées que par les étrangers, les affranchis et les gens du peuple. Ces maisons n'étaient pas alignées; ce ne fut que sous Néron après le grand incendie de Rome, que l'élargissement des r es et l'alignement des maisons furent ordonnés. Ce prince voulut même que les maisons fussent isolées, d'où vint pour elles la dénomination d'*insulæ*, qui servait aussi à désigner une maison habitée par plusieurs familles, par opposition à *domus privata*, qui caractérisait celle habitée par une seule famille. Quant à la décoration des maisons romaines, on sait qu'elle était luxueuse pour celles de Pompéi, peintes et dallées en mosaïque; il devait en être ainsi de celles de Rome, où la richesse des habitations était portée très loin dès l'avènement de l'empire.

Mais c'est surtout dans leurs maisons de campagne (*villæ*) que les Romains fortunés déployaient le luxe et le confortable, suivant le degré de leurs ressources pécuniaires. Ces demeures avaient commencé par être très simples; ce fut vers la fin de la République et pendant l'Empire qu'elles prirent l'accroissement qu'elles ont eu, qu'elles se multiplièrent et devinrent l'habitation favorite des riches personnages. On choisissait, pour les établir, les contrées les plus fertiles et les sites les plus pittoresques. On les plaçait sur les bords de la mer ou des lacs, au penchant des collines ou au pied des montagnes. On distinguait, dans une *villa*, trois parties: la *maison de plaisance, villa urbana;* la *métairie, villa rustica;* le *fruitier, villa fructuaria.* Très souvent les *villæ* se réduisaient à la partie appelée *urbana.* Dans la maison de plaisance, on trouvait les appartements d'été, *æstiva*, et les appartements d'hiver, *hiberna.* Elle différait de la maison de ville, en ce qu'on y arrivait par un atrium, et qu'on entrait dans une cour, *porticus*, entourée de portiques pour la promenade. En face de la porte d'entrée, il y avait la salle à manger; sur les parties latérales étaient disposées, d'un côté, les salles du festin, les chambres à coucher et la bibliothèque; l'autre côté était réservé pour les bains et pour le logement des esclaves. Le jardin qui dépendait de cette maison était décoré avec beaucoup de soin; les allées, les bosquets, les piscines, les lacs, les grottes artificielles, les tapis de gazon, les pavillons présentaient mille aspects divers, suivant la nature des lieux; enfin, des statues, des fontaines de

Fig. 175. — *Maisons de bois, à Reims (XVe siècle).*

marbre et d'autres objets d'art embellissaient ces somptueux séjours.

Nous avons vu plus haut que les habitations des anciens Gaulois furent les grottes et les huttes. Ces dernières demeures avaient pour substruction des enfoncements circulaires plus ou moins larges et plus ou moins profonds, exhaussés par un mur de terre ainsi établi: des poteaux soutenaient de doubles claies en osier dont on remplissait l'intervalle avec un pisé formé de paille hachée et d'argile pétries ensemble; par-dessus étaient placés des troncs d'arbres inclinés et arc-boutés l'un contre l'autre, de manière à former un toit conique recouvert de chaume ou de gazon. Ce n'est qu'après la conquête romaine que furent employées la brique et la tuile. Les maisons de ville et de campagne furent alors bâties à l'imitation de celles des vainqueurs, et l'on y retrouve, jusqu'au temps des Mérovingiens et des Carlovingiens, deux parties bien distinctes, comme il en existait dans l'habitation romaine. Sidoine Apollinaire et Grégoire de Tours confirment dans leurs récits cette division, adoptée pour les habitations de leur époque: appartements des hommes ou partie publique, et appartements des femmes ou partie privée. En outre, ces deux auteurs nous décrivent, en de nombreux passages, l'ampleur, la magnificence et l'étendue de ces villas gallo-romaines, dont les ruines subsistent partout dans nos régions, des bords de l'Èbre aux bords du Rhin.

La séparation en deux parties principales se rencontrait encore et existe toujours dans les habitations musulmanes de l'Orient. Dans toute l'Asie, elles ne présentent souvent, à l'extérieur, que de hautes murailles nues sans fenêtres ni autres ouvertures. Dans l'intérieur de l'édifice

Fig. 176. — *Maison à Bruges (XVIe siècle).*

est une cour, disposée, pour les demeures somptueuses, en allées bordées de fleurs, rafraîchie par des fontaines et sur laquelle s'ouvrent tous les appartements habités par les hommes. A côté, mais tout à fait en dehors de cette cour, il y en a une autre plus petite, autour de laquelle sont les appartements occupés par les femmes. Dans les dépendances des maisons importantes, on trouve toujours des jardins arrosés d'eaux vives. Au Caire, les maisons ont deux ou trois étages; elles présentent, au rez-de-chaussée, une cour et un salon, ou divan, garni de sofas, où sont reçus les étrangers. Les plafonds des chambres sont en bois peints et dorés, les planchers tendus de nattes ou de tapis, les murs recouverts de stuc. Les appartements des femmes, qui sont placés à l'étage supérieur et donnent sur la rue, sont munis de fenêtres grillées et garnis de vitraux coloriés avec des balcons appelés *moucharabieh*. A Constantinople, les maisons sont bâties à peu près sur le même plan. Enfin, la figure 170 représente une maison arabe de Tlemcen, dont la description sommaire est empruntée à une note publiée par M. Louis Piesse, dans son *Itinéraire archéologique et descriptif de l'Algérie*. Cette maison comprend, au rez-de-chaussée, une cour entourée de portiques supportant des galeries. Autour de cette cour sont une cuisine, des chambres et une pièce réservée au service des bains; dans les étages supérieurs, les appartements des femmes. C'est cette cour qui rappelle l'atrium de la petite habitation romaine et constitue la véritable

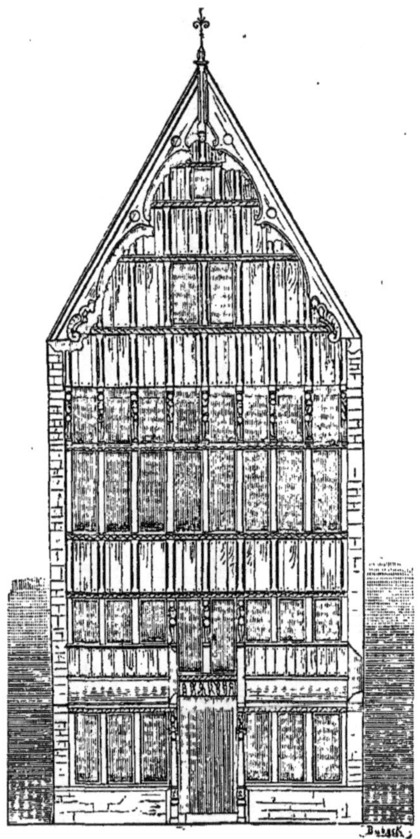

Fig. 177. — *Maison de Malines (XVIe siècle).*

partie publique, tandis que les femmes sont éloignées de tous les regards.

La civilisation, les mœurs du moyen âge, la création de la vie en commun, de la vie de famille, qui ouvrait à la femme toutes les parties de l'habitation, donnèrent nécessairement à la maison un aspect tout nouveau. Celle-ci prit directement et largement ses jours sur la rue, et non plus sur la cour, qui, reléguée à l'arrière, fut réservée aux gens de la maison. Cette transformation, qui s'opéra dès la fin du XIe siècle, caractérise la maison dite *romane*, dont la disposition générale est offerte par les plans donnés figures 171 et 172. L'entrée principale, presque toujours élevée de quelques marches au-dessus du sol, était ouverte également sur la rue et donnait accès à la *grande salle*, dans laquelle le citadin, boutiquier ou artisan, faisait commerce, travaillait et prenait ses repas. Au premier étage étaient les chambres à coucher, et derrière ce corps de logis principal était la cour, longée par un corridor partant de la rue et dans lequel était souvent pris l'escalier. Sur cette cour donnaient la cuisine et quelques petites dépendances. La cave servant de magasin s'ouvrait sur la façade, occupant le dessous de la grande salle, qu'elle servait ainsi à assainir. Dans l'exemple des figures 171 et 172, qui représente une maison de commerçant, on voit sur le plan du rez-de-chaussée, en A la boutique, en B la cuisine, en C la cour; sur le plan du premier étage, en D la grande salle, en E la chambre à coucher. Les façades étaient ordinairement construites soit en pierres de taille de moyenne grandeur, soit en moellons irréguliers, les encadrements des baies étant seulement en pierre. Les toits, à pentes dirigées vers la

Fig. 178. — *Maison de Chester (XVIe siècle).*

rue, étaient saillants de 1 mètre environ et couverts en tuiles creuses. On trouve encore de ces maisons appartenant au XIIe siècle (fig. 173), dans quelques villes de France, à Cluny, par exemple. Notons toutefois que, dans ces maisons, les rez-de-chaussée, ayant été assujettis à des modifications, offrent moins de garanties quant à l'authenticité de leur époque.

Au XIIIe siècle, apparurent les maisons à façades surmontées de pignons, particulièrement dans le nord et dans l'ouest de la France. Les habitations en pierre de cette époque conservèrent la même disposition générale que dans la période romane. Seulement l'étroite porte percée dans le rez-de-chaussée était tantôt simplement ogivale, tantôt carrée et surmontée d'une ogive; les salles de chaque étage étaient éclairées par une fenêtre continue, composée d'une série d'arcades pointues ou trilobées. En Normandie, il existe encore quelques maisons du XIIIe siècle dont le soubassement est en pierre et le reste de la construction en bois. Cette dernière disposition est encore plus fréquente pendant les deux siècles suivants. Les habitations ainsi construites se terminent par un pignon de forme aiguë (fig. 174), dont la saillie, supportée par deux pièces de bois formant ogive, abrite les étages inférieurs de la maison. La charpente apparente, dans les demeures ordinaires, forme presque partout l'unique motif de décoration. La seule richesse qu'on y remarque assez souvent consiste dans la sculpture des poteaux corniers et de quelques autres parties de pans de bois. Souvent aussi on plaçait, à l'un des angles de l'édifice, une image de la Vierge. Les intervalles des colombages sont remplis par des plâtras ou de la maçonnerie.

Fig. 179. — *Maison où est né La Boëtie, à Sarlat (1530).*

C'est à partir du commencement du XIVe siècle que, la population s'augmentant et devenant trop resserrée dans l'intérieur des villes, il fallut recourir à l'exhaussement des maisons, les élever de plusieurs étages, les entasser les unes près des autres. Enfin, ces étages empiétant sur la rue par des saillies parfois considérables (fig. 175), le bois dut forcément être employé seul pour les étages supérieurs, et cette dernière partie de l'habitation dut revêtir de plus en plus l'aspect d'une claire-voie, pour prendre plus de jour et d'air sur les rues devenant de plus en plus étroites. Les maisons de la seconde moitié du XVe siècle étaient plus luxueusement décorées. Celles qui étaient construites en pierre et appartenaient à de riches particuliers avaient leur porte souvent ornée de pinacles et de gâbles flamboyants. Des traverses divisaient les fenêtres. Les escaliers étaient souvent rejetés à l'extérieur, au milieu ou à l'angle des façades et construits dans des tourelles saillantes de formes variées et quelquefois disposées aussi en encorbellement. Dans les maisons en bois, les pièces de charpente apparentes, extérieures ou intérieures, étaient couvertes de légendes ou de millésimes, et sculptées, peintes ou même dorées. Leurs remplissages étaient couverts de carreaux de faïence ou décorés d'un élégant briquetage. Les croisées étaient garnies de pièces de verres de couleurs variées et agencées dans des armatures de plomb. L'effet pittoresque était complété par des enseignes ou par des figures de pierre, de bois ou de métal sculptées ou peintes, et les toits, couverts de tuiles vernissées, étaient décorés, à leur sommet, d'une crête en terre cuite ou en métal terminée par un épi historié ou une girouette. A l'intérieur des habitations luxueuses, on remarquait des plafonds avec solives apparentes peintes, dorées et sculptées, entrevous quelquefois garnis de terre cuite, de plâtre mouluré; des cheminées en pierres de grande dimension, décorées avec art et ornées de brillantes pièces de ferronnerie; des murs tendus de cuirs aux reflets chatoyants et dorés, de hauts lambris en menuiserie courant le long des murs; des meubles, étoffes et objets usuels en métal ou en faïence, qui sont de véritables objets d'art, etc... Les demeures seigneuriales se distinguaient des maisons particulières, riches ou pauvres, par une plus grande extension et prirent le nom d'*hôtels* (V. ce mot). Certaines modifications dans les formes extérieures étaient alors adoptées dans diverses régions voisines de la France. Ainsi dans l'Allemagne du Nord et dans les provinces flamandes, le pignon se découpait en degrés, usage qui se prolonge bien au delà du XVe siècle, comme le montre la figure 176, représentant une maison de Bruges de la fin du XVIe siècle et qui est construite presque entièrement en briques. Le bois, d'ailleurs, était fréquemment employé aussi dans ces régions pour les façades des habitations de ces mêmes époques. Nous donnons (fig. 177) une maison de Malines, où le bois est employé non seulement pour la charpente même de la construction, mais encore comme revêtement des remplissages. Le rez-de-chaussée et les étages, complètement à jour de cette habitation, indiquent la demeure d'un négociant.

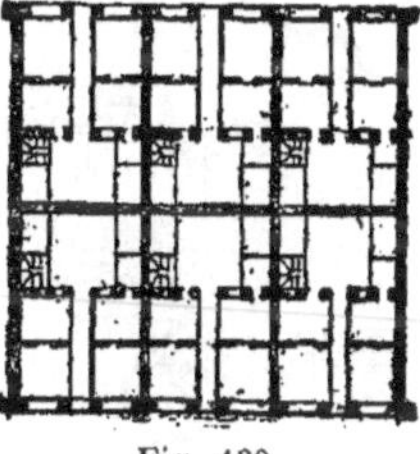

Fig. 180.

Pendant toute cette période qui s'étend du Xe au XVIe siècle, les maisons des champs, qu'il ne faut pas confondre avec les *manoirs* (V. Chateau), variaient suivant les différentes contrées où elles étaient édifiées; mais partout on y retrouve les vestiges des traditions gallo-romaines. Ces habitations sont construites en maçonnerie brute ou appareillée, en pisé, en charpente assemblée ou empilée, et couvertes en tuiles, en pierres plates ou en chaume. Elles comprennent un ou deux étages, et la pièce caractéristique est, comme dans la maison bourgeoise, la grande salle commune du rez-de-chaussée. Les demeures seigneuriales placées hors de l'enceinte des villes recevaient le nom de *châteaux*.— V. ce mot.

Nous voici enfin à la Renaissance, époque à laquelle l'état des habitations subit des modifications qui ne furent tout d'abord qu'extérieures et encore l'aspect général fut-il à peu près conservé, quelquefois même après le xve siècle, notamment dans certaines régions telles que l'Angleterre. La figure 178 représente la façade d'une maison de Chester, dans le comté du même nom. On retrouve ici l'encorbellement de l'étage supérieur construit en pan de bois apparent avec panneaux de remplissage sculptés, le deuxième étage recouvert d'un crépi et les allèges en bois également décorées de sculptures. Ce qui distingue cette façade de celles des maisons des siècles précédents, c'est l'espèce de *loggia* ou galerie, garnie d'une balustrade à jour, placée au-devant du premier étage.

Dans nos contrées, la différence, sous le rapport de la forme, s'accentua rapidement, bien que, dans les maisons comme dans les palais, à la ville comme à la campagne, les distributions de la Renaissance soient restées, à peu de chose près, celles du passé. La figure 179, représentant la maison où est né La Boëtie, à Sarlat, en 1530, fait ressortir cette absence de transition dans l'aspect extérieur, observation qui s'applique surtout ici à la décoration plutôt qu'à la forme générale elle-même. Un arc surbaissé, placé au-dessus de l'entrée, retombe sur deux colonnes entourées de bandelettes, avec chapiteaux. L'habitation comprend trois étages au-dessus du rez-de-chaussée. A chacun des deux premiers, on voit une seule fenêtre entre deux pilastres couverts de médaillons. Au-dessus, le pignon est percé d'une fenêtre également accompagnée de pilastres surmontés d'acrotères. Deux rampants avec crochets rappelant l'ornementation des siècles précédents couronnent le tout. Les croisillons qui garnissent la baie du troisième étage devaient primitivement se répéter aux fenêtres des étages inférieurs. Un certain nombre de villes de France, Orléans, par exemple, sont riches en habitations de ce genre, parfaitement conservées et dont les façades sont ornées des motifs les plus variés : baies rectangulaires ou cintrées, pilastres accusant les étages ou accompagnant les fenêtres, fréquemment divisées par des meneaux ; corniches accentuées couronnant l'édifice ; chapiteaux capricieux, cartouches, etc. Mais, c'est surtout dans les *hôtels*, dans les *palais* et dans les *châteaux* (V. ces mots) que les architectes de la Renaissance déployèrent toute leur indépendance, leur goût délicat et leur esprit judicieux, en s'inspirant de la Renaissance italienne.

Quant au mode de construction appliqué à cette époque, il consiste tantôt dans l'emploi de la pierre seule, tantôt dans celui de la pierre et de la brique utilisées simultanément. Les escaliers, construits en spirales ou composés de rampes douces, sont souvent garnis de balustrades en pierre ou en bois finement découpés et placés fréquemment à l'extérieur des maisons dans des tourelles. La décoration intérieure consiste, comme aux xive et xve siècles, en boiseries revêtant les murs, en portes de chêne ornées d'arabesques ou de moulures ; en plafonds à solives apparentes ou à caissons. Enfin, la ferronnerie et la serrurerie entraient aussi pour une large part dans l'ornementation.

Pendant la période qui suivit la Renaissance, au xviie siècle, il semble que les habitations bourgeoises aient été dédaignées par les architectes de cette époque, qui réservaient toute leur science et tout leur art pour la distribution et la décoration des demeures princières et des *hôtels* (V. ce mot). On peut, sans doute, citer de ces constructions dont les façades présentent d'heureuses dispositions : telles sont, à Paris, les maisons en briques et pierres qui entourent la place des Vosges, ancienne place Royale, et celles qui donnent, d'un côté, sur la place Dauphine et, de l'autre, sur les quais de l'Horloge et des Orfèvres. La figure 180, empruntée au *Traité d'architecture* de M. Léonce Reynaud, représente le plan d'un groupe de maisons du quai de l'Horloge. Ces édifices remontent au début du xviie siècle, mais leurs constructeurs paraissent ne s'être préoccupés que des aspects extérieurs et avoir attaché fort peu d'importance au dedans. D'autre part, les pignons triangulaires sur la rue en usage au xvie siècle, sont encore très fréquents.

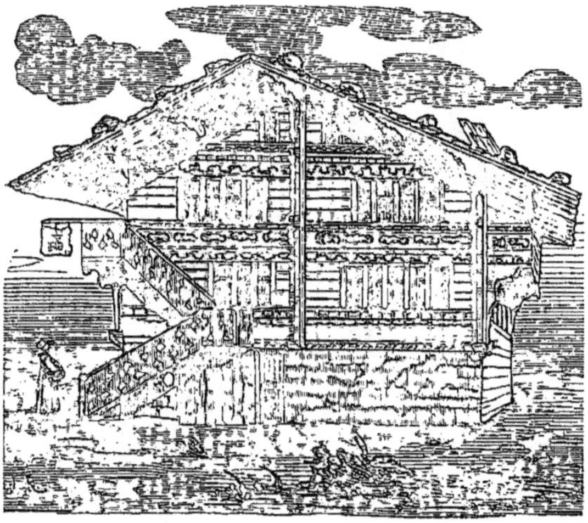

Fig. 181. — *Maison. Châlet suisse (XIXe siècle).*

C'est donc par une transformation très lente que l'habitation des villes fut amenée, sous les influences les plus diverses, aux types d'où découlent nos maisons actuelles. Les étapes parcourues dans cette marche progressive sont l'époque de Louis XIV, l'époque de Louis XV, qui détermina surtout une modification des habitudes ; la Régence, qui produisit, selon l'expression de M. Lucas, dans sa *Conférence sur l'Habitation à toutes les époques* « une sorte de joli, d'agréable, de convenu, et aussi de confortable dont nous trouvons les premières traces dans les lettres de Mme de Sévigné, relatives à l'aménagement de son hôtel de la rue Culture-Sainte-Catherine, hôtel devenu le *Musée municipal Carnavalet* » ; le règne de Louis XVI, qui ne fit que tempérer, par une certaine austérité, les exubérantes recherches de la Régence et du règne de Louis XV ; enfin la première République et le premier Empire, dont l'influence s'exerça plutôt au point de vue du style et du mobilier qu'au point de vue de la disposition et de l'aménagement général.

Avant d'aborder la seconde partie de cette étude, nous compléterons cet aperçu historique par quelques mots sur les habitations en bois, d'un caractère tout particulier, que l'on rencontre dans certaines régions de l'Europe. Dans cette partie de l'ancien continent, les plus anciens vestiges de constructions en bois sont ceux trouvés dans les établissements lacustres, qui peuvent remonter à 2,000 ans avant J.-C. Ces habitations primitives étaient établies sur pilotis et ont pu être reconstituées d'après les indications fournies par les fondations, par les hypothèses basées sur des études topographiques et par les débris de toute sorte, obtenus au moyen de nombreuses fouilles faites en Suisse, en Allemagne et en Italie. Chez les Scandinaves, presque toutes les constructions civiles et religieuses étaient jadis et sont encore souvent en bois. En Hollande, l'architecture en bois était et est encore très répandue; on en voit de nombreuses applications à Brœk, à Saardam, et dans quelques autres villes. Les châlets suisses nous offrent un emploi très curieux de cette matière dans la construction des maisons. Au XVIIIe siècle et aux siècles précédents, les toitures de ces demeures pittoresques étaient ordinairement à deux égouts, s'avançant au delà des façades, leur saillie étant rachetée par des consoles en bois découpé. Tantôt le rez-de-chaussée était en maçonnerie et le reste seulement en bois, tantôt les habitations de cette époque étaient entièrement construites en charpente et en menuiserie. Dans le châlet suisse du XIXe siècle (fig. 181), les galeries et les escaliers posés à l'extérieur des façades sont préservés de la pluie par le développement des auvents que forme la toiture. De grosses pierres, placées sur les deux égouts, donnent à cette couverture plus de résistance au vent. Enfin, l'on voit encore actuellement, en Russie, des maisons construites en bois de grume horizontalement superposés, comme les demeures des anciennes peuplades habitant la région du Caucase.

MAISONS MODERNES

Les habitations privées peuvent se diviser en deux classes : les *maisons de ville* et les *maisons de campagne*. A la première classe appartiennent toutes les habitations urbaines, de quelque importance qu'elles soient, *palais, hôtels, maisons particulières, maisons à loyer, maisons économiques, logements d'ouvriers*; à la seconde, les *châteaux, villas, maisons de plaisance, habitations rurales*.

Maisons de ville. Nous ne nous occuperons pas ici des demeures princières, mais seulement des habitations plus ou moins luxueuses, plus ou moins modestes occupées par une ou plusieurs familles.

Dispositions générales. Les *hôtels* (V. ce mot), à l'historique desquels un article a été consacré dans cet ouvrage, sont destinés aux familles opulenses et sont habituellement situés entre cour et jardin. On y remarque, comme dispositions générales : sur la rue, une *grande porte* donnant entrée dans une *cour d'honneur*; un corps de logis renfermant le *logement du concierge* et les *écuries* et *remises*, ces derniers locaux étant relégués sur une ou plusieurs cours latérales dans les grands hôtels; en face de l'entrée, à l'extrémité de la cour d'honneur, le corps de logis principal, l'*hôtel* proprement dit, comprenant un rez-de-chaussée, un ou deux étages au plus, et ayant fréquemment son entrée surmontée d'une *marquise* vitrée; enfin, le *jardin*, sur lequel donnent souvent des serres adossées contre l'hôtel et formant elles-mêmes *jardins d'hiver*.

Les maisons destinées à l'habitation des familles appartenant à la classe moyenne ont leur principal corps de logis habituellement situé sur la rue, double en profondeur et souvent accompagné d'une ou de plusieurs ailes sur la cour. Le rez-de-chaussée est fréquemment occupé par des magasins. La disposition générale de ces maisons est établie suivant deux systèmes principaux, suivant qu'elles sont destinées au logement d'une seule famille ou qu'elles doivent renfermer un ou même plusieurs appartements à chaque étage. Le premier de ces systèmes est généralement usité en Angleterre et le second est celui qui reçoit, en France, les applications les plus nombreuses. Mais, qu'il s'agisse d'un hôtel ou d'une maison dite *à loyer*, les principales conditions de distribution intérieure sont à peu près les mêmes. Ce qui diffère, c'est le nombre, les dimensions des pièces et la richesse de l'ornementation.

Il y a dans toute habitation trois divisions qui s'imposent : 1° les *pièces de réception*, telles que vestibules, antichambres, cabinets, salons, galeries, salles à manger; 2° les *pièces d'habitation proprement dite*, chambres à coucher, boudoirs, cabinets de toilette, salles de bains, etc.; 3° les pièces relatives au *service*, cuisines et dépendances, communs, écuries, remises, etc. Dans les maisons à l'usage d'une seule famille, le rez-de-chaussée est consacré à la réception; les chambres à coucher et leurs dépendances se distribuent dans les étages, et les cuisines s'établissent dans un sous-sol ou dans la cour destinée aux écuries et aux remises. Dans les appartements de plain-pied bien distribués, la première division précède la seconde et la troisième est reléguée de côté. Chaque division, d'ailleurs, et chacune des pièces principales qui la composent, exigent une entrée distincte et un dégagement commode. En outre, toute pièce principale doit être accompagnée d'une pièce accessoire plus petite; près de la salle à manger est l'office; près d'un cabinet de travail est une petite pièce destinée à recevoir le surplus des papiers et des livres; près des chambres à coucher sont les cabinets de toilette, garde-robe, etc.; enfin, près des cuisines, les éviers et le garde-manger. Les pièces de réception, salles à manger et salons, doivent être mises en communication facile par de larges portes. Les vues les plus gaies et les expositions les plus favorables sont réservées pour les salons et les chambres à coucher. Aux galeries de tableaux et aux cuisines convient l'exposition au nord. Un escalier principal et un escalier de service, au moins, doivent desservir la maison ou l'appartement. — V. Escalier.

Dispositions particulières. Le *vestibule*, qui occupe habituellement une position centrale, reçoit, dans les grands appartements et dans les hôtels, des dimensions assez considérables. Il doit être abondamment éclairé et largement ouvert sur la cage de l'escalier. Sa décoration doit être simple, mais en rapport avec la décoration générale de l'appartement. Le chauffage s'effectue au moyen d'un poêle ou de bouches de chaleur. L'*antichambre* tient lieu de vestibule dans les appartements de second ordre et même dans des appartements d'une certaine importance. Cette pièce sert, à la fois, de salle d'attente pour différentes personnes et de dégagement à diverses parties de l'appartement. La décoration doit y être calme et d'un ton un peu soutenu. La *salle à manger* exige de grandes dimensions, une forme oblongue, rectangulaire ou ovale. Il est d'usage d'y recouvrir les murs de boiseries ou de faux lambris dans leur partie basse, et de cuirs, d'étoffes ou de papiers d'un ton très soutenu, dans leur partie haute. Le meilleur mode de chauffage, pour cette pièce, serait effectué par des bouches de chaleur distribuées sur le périmètre. Les *salons* sont rectangulaires, ovales ou polygonaux. Les grands appartements en ont plusieurs, les petits n'en ont qu'un. La décoration de ces pièces admet, soit les dorures et les tons clairs, soit les tons plus ou moins foncés; elle varie d'ailleurs à l'infini, suivant le goût des personnes et les caprices de la mode. Le *cabinet de travail* doit être indépendant des salons et de la salle à manger, tout en offrant un accès facile au public, qui ne doit pas pénétrer dans l'intérieur de la maison. Sa décoration doit être calme et sévère; l'éclairage y être ménagé de telle sorte que le jour vienne à gauche sur le bureau de travail. Dans les *chambres à coucher*, le lit étant le meuble essentiel et s'appuyant d'ordinaire, par la tête ou par un des longs côtés, contre la paroi opposée à celle où les fenêtres sont ouvertes, il s'ensuit que la forme rectangulaire est la plus convenable pour ces pièces, la paroi perpendiculaire à la face éclairante étant la plus longue. La décoration de ces pièces comporte un certain luxe, mais dépend du sexe, de l'âge et des goûts de ceux qui les habitent. Les *cuisines*, dans les hôtels, sont ordinairement établies dans les sous-sols ou dans un petit bâtiment en aile, éclairé sur une cour de service, relié par communication à couvert avec le principal corps de logis. Dans les maisons ordinaires, elles sont rejetées le plus souvent à l'une des extrémités de l'appartement. Leur éclairage doit être abondant, et des dispositions spéciales sont prises en vue d'assurer à ces pièces la plus grande propreté et la commodité du service. Il faut que les *cabinets d'aisances* soient assez spacieux, éclairés directement, pourvus d'appareils à fermeture hermétique et, autant que possible, à effet d'eau. Des cabinets spéciaux sont nécessaires pour les domestiques. Les *écuries* (V. ce mot) exigent des dispositions particulières. Les *remises*, maintenues à l'abri de l'humidité, doivent être, autant que possible, exposées au nord. On leur donne environ $7^m,30$ de profondeur et 3 mètres de largeur par voiture.

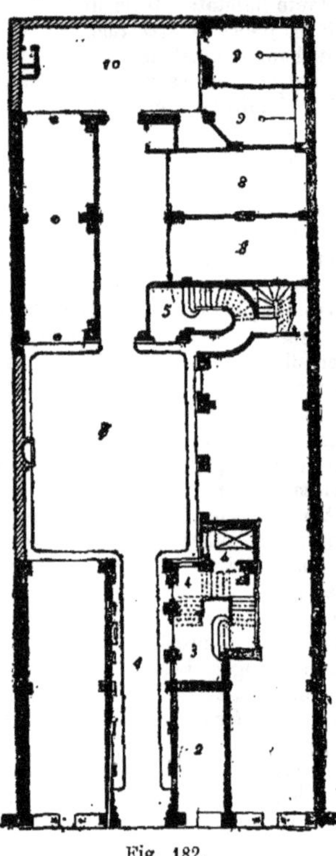

Fig. 182.

Les figures 182 et 183, empruntées au *Traité d'architecture* de M. Léonce Reynaud, représentent le rez-de-chaussée et le premier étage d'une maison construite à Paris, par M. Lesoufaché et que l'on peut considérer comme l'un des types de distributions modernes pour les maisons à loyer d'une certaine importance, c'est-à-dire comprenant entrée de voitures, écuries, remises et magasins. Sur le plan du rez-de-chaussée (fig. 182), on trouve : 1, passage de porte-cochère; 2, 2, magasins; 3, grand escalier du corps de logis sur la rue; 4, 4, logement du concierge; 5, grand escalier du corps de logis sur la cour; 6, escalier de service commun aux deux corps de logis; 7, grande cour; 8, 8, remises; 9, 9, écuries; 10, petite cour. La figure 183 donne le plan du 1er étage ainsi distribué : dans le corps de logis sur la rue, 1, antichambre; 2, 2, salons; 3, salle à manger; 4, 4, chambres à coucher et cabinets; 5, cuisine; 6, 6, cabinets d'aisances; 7, 7, garde-robes; 8, 8, petites cours; 9, grand escalier; 10, escalier de service. Dans le corps de logis sur la cour : 11, antichambre; 12, salon; 13, salle à manger; 14, 14, chambres à coucher et cabinets; 15, cuisine; 16, lieux d'aisances; 17, 17, cours; 18, grand escalier.

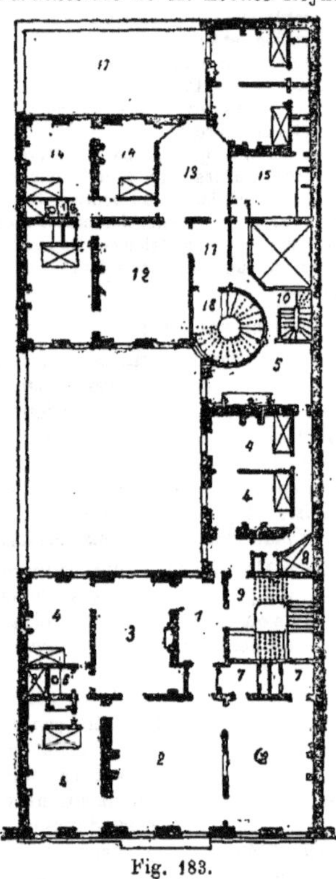

Fig. 183.

Une autre disposition, adoptée par l'architecte Berthelin, dans un terrain de forme irrégulière, comme il s'en présente fréquemment à Paris, est donnée par la figure 184, qui représente le plan du premier étage d'une maison située à l'angle de deux rues. La distribution est la suivante : 1, escalier principal ; 2, escalier de service ; 3, antichambre ; 4, salon ; 5, 5, chambres à coucher et cabinets ; 6, salle à manger ; 7, cuisine ; 8, courette ; 9, grande cour.

Maisons anglaises. Nous avons dit plus haut que l'habitation destinée à une seule famille était le système adopté, de préférence, en Angleterre. Nous donnerons ici quelques détails sur ces maisons, qui empruntent aux mœurs de nos voisins un caractère tout particulier. Ces mœurs et les habitudes de la vie anglaise sont tellement uniformes que, depuis la demeure du simple particulier jusqu'à celle du lord le plus riche, les distributions intérieures sont toujours à peu près les mêmes ; elles ne diffèrent que par le plus ou moins d'extension qu'on donne à leur ensemble, en raison de la fortune de ceux qui doivent les habiter. On y trouve, comme dispositions générales : un *sous-sol*, où se prépare tout le service de la maison et où couchent les domestiques hommes ; un *rez-de-chaussée*, où se tient le maître du logis et qui comprend habituellement la salle à manger ; un *premier étage*, consacré tout entier aux réceptions et un ou plusieurs *étages*, réservés pour les chambres à coucher, les domestiques femmes couchant au dernier étage. Un caractère dominant dans ces habitations, c'est leur peu de largeur, 6 à 8 mètres, par rapport à leur profondeur, 13 à 18 mètres.

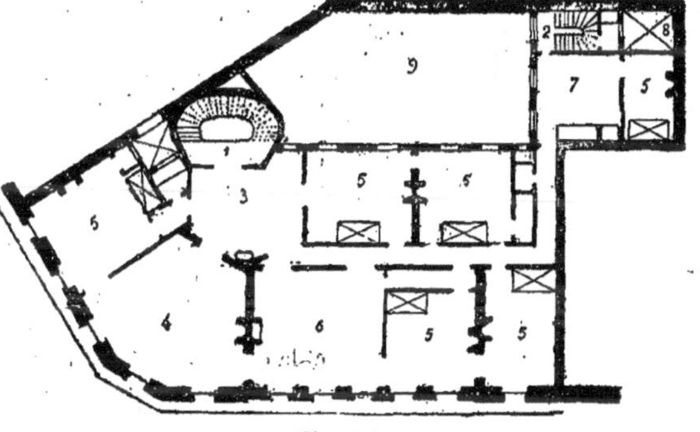

Fig. 184.

Leurs dispositions particulières ne sont pas moins intéressantes. Le rez-de-chaussée est élevé de quelques marches au-dessus du niveau de la rue, dont il est isolé par un fossé ou cour basse, *area*, pourvue d'un parapet surmonté d'une grille en fer. C'est sur ce fossé que prennent jour certaines pièces du sous-sol, cuisines ou autres locaux affectés au service. Un palier en pierre sert de pont pour traverser le fossé et arriver à la porte de la maison. Dans le sol du trottoir qui borde la rue, se trouve une petite grille ouvrante, de 0m,40 environ de diamètre, par laquelle on jette le charbon de terre dans un caveau pratiqué au-dessous et qui possède une issue dans la cour basse. Chaque étage est double en profondeur et comprend deux ou trois pièces au plus, dans la majeure partie des habitations de la classe moyenne. Au rez-de-chaussée, un couloir part de la porte d'entrée et aboutit à l'escalier, qui est pris aux dépens de l'arrière-pièce. Dans certaines maisons, l'escalier est pratiqué entre les deux pièces et ne reçoit alors de jour que par la toiture, ce qui le rend très sombre dans les parties inférieures. Le cabinet d'aisances, établi soit au fond de la cour, soit sous le trottoir même, est placé sur un petit aqueduc qui communique avec l'égout de la rue, de sorte qu'on n'en fait jamais la vidange. Dans les habitations de quelque importance, il y a plusieurs cabinets d'aisances, et un réservoir installé au sommet de la construction sert à entretenir la propreté.

Nous donnons (fig. 185 et 186) les plans du sous-sol et du rez-de-chaussée d'une maison anglaise d'une certaine importance. On trouve, sur le plan du sous-sol, à gauche : 1, l'*area* ; 2, les celliers et 3, le cabinet d'aisances, placé sous le trottoir ; 4, le couloir ; 5, la chambre de l'intendant ; 6, la cave au vin ; 7, la chambre commune des domestiques ; 8, la chambre du sommelier ; 9, la cour ; 10, la cuisine ; 11, la laverie ; 12, le garde-manger ; 13, une autre petite cour. Sur le plan du rez-de-chaussée à droite, on remarque : 1, l'*area* ; 2, le petit pont ; 3, le vestibule ; 4, le passage ; 5, la chambre de toilette du maître de la maison, avec cabinet d'aisances attenant ; 6, la salle à manger ; 7, la bibliothèque ; 8, la grande cour ; 9, la courette. Au 1er étage se trouvent les pièces de réception, et au-dessus les chambres à coucher.

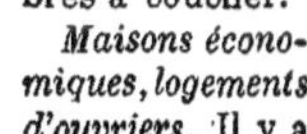

Maisons économiques, logements d'ouvriers. Il y a déjà un certain nombre d'années que l'on s'occupe des dispositions à adopter pour assurer aux classes peu fortunées de la société, des logements salubres, convenablement distribués et d'un prix modéré. Le problème a reçu des solutions très satisfaisantes, dans les grandes usines installées en province, pour les ouvriers attachés à ces établissements (V. Cités ouvrières). Mais, en général, dans les grandes villes, à Paris notamment, les solutions cherchées rencontrent de nombreuses difficultés. Ici, en effet, le revenu du capital engagé n'est pas, comme dans les établissements cités plus haut, assuré par l'ensemble de travaux industriels ; il doit, au contraire, être fourni par la construction même, placée dans des conditions analogues à celles des maisons ordinaires ; or, le terrain et les prix d'exécution sont très coûteux dans les grandes cités. Il faut donc, pour arriver à des taux de location abordables pour les petites bourses, avoir recours aux dispositions les plus économiques. On a voulu multiplier les étages, réduire le plus possible les espaces non habités, cours, escaliers, lieux d'aisances, ainsi que les logements mêmes, que l'on a fait ouvrir sur de longs corridors. On n'a obtenu ainsi que des espèces de casernes, où l'ordre et la propreté sont presque impossibles à maintenir et qui sont peu faites pour attirer la population à laquelle elles sont destinées. On a songé à des dispositions analogues à celles des cités ouvrières proprement dites. Des tentatives intéressantes ont été faites dans plusieurs villes. Lille, Amiens, Reims, le Hâvre possèdent des sociétés qui fonctionnent régulièrement, en fournissant à de nombreuses familles des habitations salubres. En outre, la plupart des statuts permettent aux locataires de

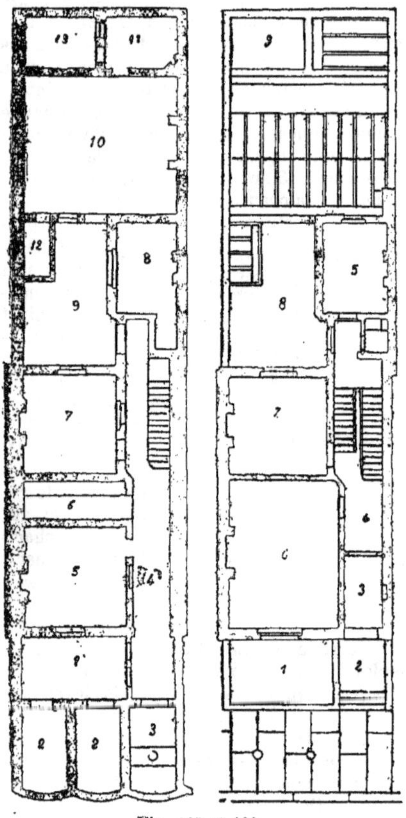

Fig. 185 et 186.

devenir propriétaires, moyennant des conditions déterminées. A Paris même, la *Société parisienne des habitations économiques* et la *Société de Passy Auteuil* se sont donné pour but de créer des logements à bon marché. On a construit des groupes de deux maisons à un étage, avec cave; des maisons n'ayant qu'un rez-de-chaussée, l'un sans cave et l'autre avec cave, à des prix très modérés (Voir à ce sujet, l'ouvrage publié par MM. E. Muller et Cacheux, les *Habitations ouvrières dans tous les pays*). L'Administration et la Ville ont offert des terrains à bas prix et de fortes exemptions de charges aux propriétaires qui s'engageraient à faire des constructions dans lesquelles les loyers ne dépasseraient pas 300 francs.

Tous ces essais n'ont pas encore donné, répétons-le, les résultats qu'en attendaient leurs auteurs, animés des plus louables intentions. On est conduit à se demander si l'on ne fait pas fausse route en voulant établir ainsi entre les habitations bourgeoises et ouvrières des villes, une ligne de démarcation tranchée, qui n'existe pas dans les mœurs actuelles. Que l'on cherche à procurer des logements économiques aux personnes et aux familles dont les ressources sont très bornées, c'est là se proposer un but d'une utilité incontestable. Ce qui paraît moins juste, c'est tout d'abord le titre même donné à ces habitations, puis leur distribution, qui repose sur l'hypothèse de mœurs toutes spéciales et d'une égalité absolue entre tous les locataires. Un système qui semble mieux tenir compte de tous les éléments de la question a déjà été employé avec succès. Sur le périmètre d'une cour rectangulaire, n'ayant qu'une issue sur la voie publique et fermée par une grille de ce côté, sont établies une série de petites maisons accolées à plusieurs étages, ceux-ci ne renfermant que deux logements, trois au plus. L'étendue et la disposition de ces logements varie dans une même maison et d'une maison à l'autre, de manière que chaque famille trouve ce qui convient à sa position et à ses goûts. Tout logement contient de deux à quatre pièces, plus une cuisine et un cabinet d'aisances. En arrière de chaque maison, est une petite cour à l'usage commun de tous les locataires. La grande cour est occupée, en son milieu, par un jardin ouvert à tous les locataires des diverses maisons ainsi groupées. La variété imposée aux distributions doit exister aussi dans les formes, les hauteurs et la décoration. Il y a là une disposition générale analogue à celles des *squares* établis depuis quelques années dans plusieurs de nos grandes villes et habités par les classes aisées de la société.

Exécution. Les matériaux les plus divers, naturels ou artificiels, sont employés à la construction des maisons. Ce sont le granit, les calcaires, les grès de toutes espèces et les briques de tous genres en argile cuite ou crue. En France, les matériaux pierreux naturels les plus usités sont les granits, trachytes, basaltes et laves, les grès, silex, cailloux et meulières, enfin les différentes espèces de calcaires; les matériaux artificiels sont les briques cuites, le béton, les divers mortiers et ciments, le plâtre. Tous ces éléments entrent dans la composition de la *maçonnerie* (V. ce mot), qui constitue généralement le *gros œuvre*, ou la carcasse même des habitations. L'exécution commence par le tracé du bâtiment, opéré par le maçon sur l'emplacement choisi, et par la fouille du terrain, pratiquée par les terrassiers jusqu'au bon sol. Lorsque le sol résistant se trouve à de trop grandes profondeurs, on construit sur un sol artificiel, formé à l'aide d'un grillage établi sur pilotis. Dans les conditions ordinaires, la fondation des murs est effectuée dans des tranchées creusées à une plus ou moins grande profondeur, suivant la qualité du terrain. Leur exécution a lieu en béton, en meulière, en moellons ou en pierres de fortes dimensions grossièrement taillées Sur ces premières assises s'élèvent les murs des caves; celles-ci sont surmontées de voûtes ou de planchers. On se sert de mortier de chaux hydraulique ou de mortier de ciment pour liaisonner les matériaux qui entrent dans ces travaux en sous-sol. Les caves terminées, on procède à la construction des gros murs de face et de refend, en pierres, en briques, en moellons ou en meulière. A Paris, on emploie aujourd'hui très fréquemment, la pierre de taille pour l'exécution des façades; une ou deux assises en pierre dure forment le socle ou soubassement. Si le rez-de-chaussée doit présenter, à l'extérieur, de larges ouvertures, comme pour l'établissement de boutiques, ces baies sont limitées, sur les côtés, par des piles en pierre, et à la partie supérieure par des poutres ou *poitrails* en bois ou en fer, soulagées elles-mêmes par des colonnes en fonte en nombre proportionné à la largeur des ouvertures. Sur toute l'étendue du rez-de-chaussée, les points d'appui principaux sont également en pierres de taille ou en briques de bonne qualité, hourdées en mortier de ciment dans les constructions soignées.

Quand les murs de la maison sont arrivés à la hauteur que doivent avoir les pièces du rez-de-chaussée, les charpentiers posent les solives ou poutres destinées à porter le plancher du premier étage. Mais, vu la rareté croissante et la cherté des bons bois de charpente, on emploie aujourd'hui le fer dans la plupart des constructions nouvelles. A Paris notamment, les solives des planchers sont des poutres en fer, généralement à double T, posées à 70 centimètres les unes des autres et réunies, de mètre en mètre, par des entretoises en fer carré. On remplit les intervalles de ces solives avec des gravats ou débris de moellons et plâtras sur lesquels on verse du plâtre délayé. C'est ce qu'on nomme le *hourdis* (V. Plancher). Lorsque les solives sont posées au-dessus du rez-de-chaussée, les maçons reprennent le gros œuvre jusqu'à la hauteur du second étage, où le même travail a lieu, et l'on continue ainsi, selon la hauteur que doit avoir la maison. Pendant ce temps, les charpentiers ont préparé les pièces qui doivent constituer la carcasse du comble, celui-ci affectant diverses formes (V. Charpente, Comble, Ferme). Le toit à la Mansart, très fréquemment employé à Paris, permet d'établir des logements dans la hauteur du comble. Les formes et les inclinaisons de la couverture dépendent de la hauteur à laquelle on veut élever le bâtiment, hauteur réglée administrativement, suivant la largeur des rues (V. Façade). Quelquefois, la charpente du comble est exécutée en fer. La couverture repose directement sur les *chevrons* (V. ce mot); elle est généralement faite en ardoise, en zinc ou en tuiles; dans certaines régions, en bardeaux ou même en pierres plates. Dans les toits mansardés, le rampant de *brisis* est habituellement recouvert en ardoises, et le rampant de *faux-comble* ou partie supérieure, en zinc. — V. Couverture.

Les cloisons de distribution intérieure se font soit en briques à plat ou sur champ, soit en *pans de bois* (V. cet article), ou bien encore en carreaux de plâtre. On emploie même, depuis quelques années, les *pans de fer* pour des cloisons montant de fond et même pour des murs extérieurs de faible épaisseur, tels que ceux qui limitent les courettes. A l'intérieur et souvent à l'extérieur, les murs et cloisons sont recouverts d'enduits. Dans les maisons anglaises, généralement construites en briques, les façades sont revêtues d'un ciment très dur, ayant l'aspect de la pierre de taille. En France, on utilise pour le même objet divers mortiers, mais surtout le plâtre. Facile à employer, se prêtant à toutes les formes, cette dernière matière est appliquée aussi à l'exécution des corniches, des panneaux, etc., qui composent l'ornementation intérieure et des moulures qui forment la décoration extérieure, dans les façades enduites. Un dérivé du plâtre, le *stuc*, susceptible de recevoir un beau poli, est encore employé au revêtement des vestibules et des salles à manger des grands hôtels ou des maisons opulentes.

C'est encore au maçon qu'incombe le soin d'établir les tuyaux de cheminée, qui sont tantôt pris dans l'épaisseur des murs, tantôt simplement adossés. On les exécute en briques ou en poteries de diverses formes. On ne construit plus guère aujourd'hui que des *cheminées* (V. ce mot), à ouverture étroite et peu profonde, à l'exception toutefois de celles des cuisines. Ces dernières ont besoin d'être vastes, soient qu'elles abritent les fourneaux sur lesquels on prépare les aliments, soit que la cuisson doive s'opérer sur la braise de l'âtre, comme cela a lieu dans les campagnes et même dans beaucoup de villes de province. Les cheminées des appartements sont revêtues de faïence et de marbres de diverses nuances; les marbres blancs sont habituellement réservés pour les salons, les marbres de couleur pour les autres pièces. Les cheminées ont l'inconvénient, sensible surtout dans les appartements dont les pièces sont très petites, d'exiger beaucoup d'espace. On les remplace fréquemment par des *poêles* en fonte, en terre cuite revêtue de forte tôle ou de plaques de faïence, ou simplement en faïence. Ce dernier système est appliqué, dans les constructions ordinaires actuelles, aux salles à manger. Dans un grand nombre de maisons d'une certaine importance, les divers appartements sont chauffés au moyen d'un *calorifère* (V. ce mot) établi dans le sous-sol. Le calorifère à air chaud est le plus généralement employé.

L'écoulement des eaux pluviales et des eaux ménagères s'effectue par les chéneaux et les tuyaux de descente, dont l'établissement incombe au plombier et pour l'exécution desquels le zinc, la terre cuite, la fonte et le plomb sont mis en œuvre. Cette canalisation se raccorde fréquemment avec une autre canalisation en fonte ou en terre cuite, en partie apparente dans les caves et en partie souterraine, qui conduit les eaux pluviales et ménagères dans l'égout public. Cette canalisation particulière est exécutée par des entrepreneurs spéciaux; elle est obligatoire, à Paris, dans les rues pourvues d'égout, et sert encore à l'évacuation des eaux vannes dans les maisons, très nombreuses aujourd'hui, pourvues de fosses à appareils diviseurs. Le plombier est encore chargé de la canalisation de l'eau et du gaz, ainsi que de la fourniture des appareils de garde-robes. Le fumiste exécute les fourneaux de cuisine, les foyers de cheminée, les poêles, calorifères, etc.

La *menuiserie* (V. ce mot) est une partie très importante de la construction dans une habitation. Elle comprend les parquets, les portes et leurs huisseries, les croisées, les placards, les boiseries de toutes sortes. Le serrurier ferre les portes, les persiennes, les croisées. L'ornemaniste exécute les *pâtisseries*, rosaces en carton-pierre, motifs d'angle, etc., qui décorent les plafonds et les corniches intérieures. Puis vient le peintre, qui recouvre les boiseries d'une couche d'impression et de deux couches à l'huile, enduit au mastic les murs destinés à être recouverts de peinture à l'huile; exécute ces peintures; fait les plafonds, à la colle dans les étages, à l'huile dans les rez-de-chaussée; effectue les décors, faux lambris et autres; applique les couches de vernis; pose les tentures et encaustique les parquets. Les peintures des appartements étaient autrefois blanches partout. On préfère aujourd'hui assortir la couleur à celle du papier, et l'on fait cette peinture sur deux tons, celui de l'encadrement, un peu plus foncé que celui des panneaux. Les boiseries imitant le chêne, l'érable, le noyer, ou simplement peintes de deux nuances jaunâtres, conviennent aux cuisines et aux salles à manger. Les lambris des salons sont fréquemment blancs et les stylobates assortis aux marbres des cheminées. Avant de donner les dernières couches de peinture sur les croisées, on fait poser la vitrerie. Celle-ci, jadis, était formée de très petits carreaux, enchâssés dans du plomb, comme les vitraux d'églises. Ces verres donnaient peu de jour, et ils étaient très difficiles à nettoyer. On les remplaça par de plus grands, qu'on appliqua sur les nombreux petits bois qui partageaient les croisées. Les grands carreaux, dont la mode vint ensuite, coûtent plus cher à remplacer, en cas de brisure. Cependant, pour les maisons de quelque importance nouvellement construites, on ne met plus six carreaux à chaque croisée, mais seulement quatre, quelquefois même deux. Ces vitres, auxquelles on donne le nom de *glaces*, atteignent encore de plus grandes dimensions lorsqu'elles sont destinées à la devanture de magasins. Les véritables glaces, à surface réfléchissante, qui surmontent les cheminées, sont posées par un fournisseur spécial, le miroitier. Dans le choix des papiers de tenture, il convient d'éviter les tons criards et les trop grands dessins. Ces derniers rapetissent la pièce, et ils l'écrasent tout à fait, si elle est peu élevée. Pendant longtemps, les papiers de nuance claire ont été préférés à tous les autres; ils ont perdu leur vogue et l'on ne veut plus que des papiers sombres. Ces derniers, il est vrai, meublent mieux les grandes pièces et ne se salissent pas autant; mais ils sont moins gais et ne doivent être employés que dans les pièces où la lumière entre largement. Dans son *Histoire d'une maison*, Viollet-le-Duc préconise l'emploi, autrefois très fréquent, des tentures en toiles peintes, imitant les tapisseries et posées le long des murs sur des châssis de bois légers. Dans les demeures opulentes, les tentures, avons-nous dit plus haut, se font encore en cuirs gaufrés, en tapisseries, etc.

Certaines pièces d'un grand nombre d'habitations privées, vestibules, antichambres, cuisines, etc., sont aujourd'hui éclairées au gaz. Ce nouveau système est très économique pour les ateliers et les magasins; mais il est probable que dans un temps plus ou moins éloigné, il sera détrôné par la lumière électrique. — V. ÉCLAIRAGE, GAZ, LUMIÈRE.

Maisons de campagne. Les dispositions adoptées pour les habitations de ce genre varient à l'infini; mais certaines conditions générales s'imposent. Il convient, tout d'abord, d'éviter également, pour le choix de l'emplacement, le fond d'une vallée, comme trop humide, et le sommet d'une colline, comme trop exposé aux vents. Le voisinage d'une eau courante ou de sources faciles à récolter est indispensable, tant pour les besoins du ménage que pour l'entretien du jardin. Certaines pièces doivent être réservées pour les temps chauds, avec exposition au nord ou à l'est; d'autres, pour les temps froids, éclairées au midi et chauffées au besoin, par un calorifère. Au rez-de-chaussée se placent: le *vestibule*, le *cabinet de travail*, les *salons*, la *salle à manger*, le *billard*, la *salle de bains*, la *cuisine* et l'*office*; dans les étages, les *chambres à coucher*. A toutes ces pièces, il faut de grandes dimensions et un éclairage abondant. Les salons et la salle à manger doivent ouvrir sur les points de vue les plus agréables. Quel que soit le style adopté, il faut proscrire les formes froides et sévères; la fantaisie convient très bien ici; enfin, l'architecture doit être en harmonie avec le paysage qui l'entoure. Aux divers locaux énumérés ci-dessus, il faut joindre différentes annexes telles que serres, écuries, remises, bâtiments de ferme, etc.

A côté des maisons de plaisance, dites *maisons de campagne*, il y a les habitations rurales, c'est-à-dire celles qui sont occupées par les cultivateurs et les ouvriers ruraux. Ce genre d'habitations a été traité dans cet ouvrage, avec les détails que le sujet comporte, à l'article CONSTRUCTION RURALE, auquel nous renvoyons le lecteur.

Quant aux principes de construction proprement dite et à la marche de l'exécution pour les maisons de campagne, ils sont les mêmes que ceux que nous avons énumérés ci-dessus pour les habitations des villes. — F. M.

MAÎTRE. Ce mot dérivé du latin *magister*, de l'allemand *meister*; de l'italien *maestro*, est resté dans notre langue, avec la double signification de puissance effective et de supériorité dans le domaine des connaissances pratiques. On qualifie de maître l'homme de loi, le professeur, l'artiste qui se confondait, autrefois, avec l'artisan; mais cette qualification, purement honorifique, n'a plus, de nos jours, la valeur légale qui s'y attachait au moyen âge.

— Sous le régime corporatif, tous les métiers avaient des maîtres. On donnait ce nom à trois sortes de personnages : 1° les *protecteurs et seigneurs du métier*, qui étaient généralement soit de grands dignitaires de la Couronne, soit des sénéchaux, des baillis et autres officiers, des hauts barons, soit des vidames et autres fonctionnaires laïques de l'Église ; 2° les *prud'hommes et jurés de chaque corporation*, qui exerçaient sur l'ensemble du métier une maîtrise collective, et étaient en quelque sorte les maîtres des maîtres ; 3° les *propriétaires et chefs de chaque atelier industriel*, qui ayant satisfait à toutes les épreuves et remplissant toutes les conditions statutaires, avaient été agréés tant par les jurés que par les hauts protecteurs du métier, soit comme créateurs d'un atelier nouveau dans une profession libre, soit comme acheteurs d'un métier vénal vacant, soit comme successeurs d'un maître décédé ou retiré des affaires.

C'est à ces derniers que la qualification de *maître* est restée ; eux seuls la possédaient au moment où le régime corporatif est tombé sous les coups des économistes de l'école dite libérale.

Les maîtres avaient des droits et des devoirs généraux, ainsi que des prérogatives et des obligations particulières ; les premiers leur étaient communs avec tous les chefs d'industrie ; les autres dérivaient de la spécialité de leur métier. Nous les avons énumérés dans l'article que nous avons consacré aux *corporations*. — V. ce mot.

Qu'il nous suffise de rappeler sommairement que les maîtres avaient, sauf la surveillance des jurés, une autorité absolue sur les apprentis et les valets ; qu'ils nommaient les jurés et pouvaient l'être eux-mêmes ; qu'ils appréciaient souverainement les cas de contraventions et de fraudes ; qu'ils participaient à l'administration du métier et en avaient seuls les charges et les honneurs. S'ils figuraient aux repas de corps, aux entrées solennelles et autres *galas* ou cérémonies, en revanche, ils payaient seuls les impôts de commerce, supportaient seuls la taille, le guet et autres redevances bourgeoises. A la différence de l'aristocratie de race ou de rang, l'aristocratie industrielle ne jouissait d'aucun privilège financier, et cependant elle avait contre elle, au moment de la suppression, toute l'école encyclopédique.

Il n'y a plus de *maîtres* dans le domaine du commerce et de l'industrie ; mais il en existe encore dans le notariat, la procédure, le professorat, la médecine et les divers offices ministériels. Explique qui pourra cette singulière anomalie. — L. M. T.

***MAÎTRE A DANSER.** *T. techn.* Sorte de compas dont les branches croisées ressemblent à deux jambes portant leurs pieds en dehors.

MAÎTRISE. Ce mot, qu'on voit constamment associé à celui de *jurande*, doit cependant en être distingué : il désigne, en effet, la qualité de *maître*, ou propriétaire-directeur d'un atelier sous l'ancien régime corporatif, tandis que la *jurande* était la fonction du *juré* ou *prud'homme*, élu pour surveiller et administrer disciplinairement l'ensemble d'un métier.

— La qualité de maître, reconnue par le jury d'examen du métier, constituait un grade industriel. et le certificat qui la constatait équivalait à un diplôme. Nos pères estimaient qu'un chef d'industrie ou de commerce devait subir des épreuves, comme l'avocat, le médecin, le professeur, et donner ainsi à la société autant de garanties que les professions dites libérales. Ils étaient logiques : ceux qui ont conservé les examens ici, tout en les supprimant là, le sont-ils au même degré ?

Notre époque a vu les derniers restes de la maîtrise : les maîtres imprimeurs et les libraires brevetés ont subsisté jusqu'au milieu de ce siècle, et leur dépossession s'est accomplie, comme celle des maîtres industriels, en 1776, sans aucune espèce d'indemnité. En général, les transitions d'un régime à l'autre se font brusquement, sous l'empire de préoccupations politiques ou sociales, qui excluent tout sentiment de justice.

Quoique supprimée en principe, la maîtrise a constamment tendu à reparaître sous d'autres noms. Les vieilles maisons de commerce mettent sur leur enseigne ou la date de leur fondation, ou le brevet de fournisseur de quelque grand personnage dont elles étalent les armoiries, ou les médailles obtenues aux diverses expositions. Les diplômes et autres récompenses, que les grands industriels vont chercher au loin et à grands frais, ne sont, au fond, que des titres de maîtrise industrielle délivrés par les jurys des expositions universelles ou locales. On l'a dit avec raison : jamais les hommes en général, et les Français en particulier, n'ont été plus sensibles aux distinctions de toute nature que depuis la proclamation du principe de l'égalité. — V. CORPORATIONS.

MAJOLIQUE ou **MAÏOLIQUE.** Faïence émaillée, d'origine italienne et plus particulièrement de l'époque de la Renaissance. Cette poterie était ainsi appelée parce que, selon la tradition, elle aurait été introduite en Italie par des ouvriers de l'île de Mayorque, une des îles Baléares, où les Mores avaient vulgarisé ce genre d'industrie.

HISTORIQUE. Les majoliques commencèrent à être en usage en Italie vers le commencement du XVe siècle, quand les potiers toscans remplacèrent par la glaçure stannifère la glaçure plombifère, exclusivement employée jusqu'alors pour recouvrir les objets de faïence décorative. Cette innovation eut pour résultat de fournir aux céramistes des fonds blancs unis, éminemment propres à recevoir des couleurs, et dès ce moment, les artistes commencèrent à s'adonner à la peinture des nouvelles poteries.

D'après l'opinion commune, les plus anciennes fabriques de majoliques paraissent avoir été celles de Faënza (1425), et de Gubbio (1480). D'autres se formèrent ensuite, et presque en même temps, à Urbino, Castel-Durante, Rovigo (1518), Bologne, Pesaro (1525), etc.

On classe généralement les majoliques en quatre catégories, d'après les époques où elles ont été produites. — V. CÉRAMIQUE.

Première époque (1450-1520). Les pièces ont généralement de grands plats émaillés seulement d'un côté et peints largement de couleurs variées, ou en bleu, ou en jaune métallique. Le dessin est presque toujours sec et dur. Passeri cite Timoteo della Vite, peintre distingué d'Urbino, comme ayant fourni un grand nombre de sujets aux céramistes du commencement du XVe siècle.

Deuxième époque (1520-1530). Les pièces sont ordinairement de moins grandes dimensions. Les plus nombreuses sont des plats et des assiettes. On y remarque fréquemment des bordures d'arabesques, de couleur jaune métallique à reflets chatoyants, parfois verdâtres ou pourprés, ou rehaussés de jaune d'or métallique et de rouge rubis posés en traits déliés et énergiques. Le dessin a fait de grands progrès. Le peintre le plus célèbre de cette époque, Giorgio Andreoli, qui travaillait à Gubbio, a laissé un grand nombre de plats ornés de belles peintures, et surtout remarquables par la vigueur et la richesse du coloris.

Troisième époque (1530-1560). C'est la période la plus brillante des majoliques, qui, par le style des peintures, devinrent de véritables œuvres d'art, grâce aux encouragements que Guidobaldo II, duc d'Urbino, donna aux artistes. « Il recueillit, dit Jules Labarte, un grand nombre de dessins originaux de Raphaël et de ses élèves, et les donna pour modèles aux peintres céramistes, parmi lesquels se trouvaient d'excellents dessinateurs. On rencontre parfois sur les majoliques, des compositions dues évidemment au génie de Raphaël, et qui n'ont été ni peintes ni gravées, ou bien encore des copies de ses grands ouvrages connus, qui diffèrent en quelque point des originaux; il n'est pas douteux que ces peintures n'aient été exécutées sur des esquisses de ce grand maître qui ont été perdues; c'est là ce qui a fait croire que Raphaël avait lui-même peint sur majolique. Passeri remarque à ce sujet que tous les vases de majolique où il a vu des compositions de Sanzio, portent une date postérieure à sa mort.»

Parmi les peintres céramistes les plus célèbres de *cette période*, il faut citer Orazio Fontana, d'Urbino; Raphaël dal Colle, Terencio, Taddo Zuccaro, etc. Les succès obtenus par les faïenciers du duché d'Urbino excitèrent l'émulation de tous les peintres céramistes italiens. Le potier Piccolpasso, qui vivait au milieu du XVIe siècle, nous apprend dans ses mémoires que, de son temps, les majoliques les plus recherchées provenaient des fabriques de Rimini, de Forli, de Bologne, de Ravenne, de Ferrare, de Deruta, etc.

Quatrième époque (1560-1600). Ici commence la décadence de la peinture sur majolique. Déjà, dès 1542, date de la mort de Xanto Avelli, qui en avait emporté le secret, la recette du jaune d'or et du rouge rubis au lustre étincelant, était perdue. D'un autre côté, les princes d'Italie ayant supposé que les artistes pouvaient marcher d'eux-mêmes, et que la vogue suffirait à leur procurer des bénéfices proportionnés à leur talent, cessèrent de les protéger. Cette erreur eut des résultats désastreux. Les produits dégénérèrent: aux grandes scènes historiques généralement usitées pendant l'époque précédente, on substitua les paysages et les arabesques, ce qui permit de confier les peintures à des artistes de second ordre. Dès lors, les majoliques furent de moins en moins recherchées, et vers le commencement du XVIIe siècle, la brillante industrie italienne s'éteignit d'une façon absolue.

Il est très difficile de distinguer, dans les produits italiens, la vraie faïence émaillée et la *demi-majolique*, qui s'est faite surtout à Pesaro. Celle-ci rentrerait dans la classe des poteries vernissées, car sa blancheur ne serait pas due à l'oxyde d'étain, mais, comme l'explique Passeri, à une sorte d'engobe (probablement plombifère) qui recevait les dessins tracés au manganèse, et dont certaines parties étaient remplies de cette couche jaune que la cuisson rendait étincelante comme de l'or. — V. CÉRAMIQUE.

Par suite de la vogue que les faïences anciennes ont acquise de nos jours, les fabricants se sont mis à imiter les majoliques, particulièrement en Italie et en Angleterre. Ce travail d'imitation n'a rien de commun avec l'art, d'autant plus que, à l'aide de procédés frauduleux, des marchands peu honnêtes donnent à ces imitations un cachet ancien qui trompe plus d'un amateur. — S. B.

Bibliographie : Giam-Batista PASSERI : *Histoire des peintures sur majoliques, faites à Pesaro et dans les lieux circonvoisins*, trad. par DELANGE; A. JACQUEMART : *Les merveilles de la céramique*; A. DEMMIN : *Manuel de l'amateur de faïences, etc.*; A. MAZE-SENCIER : *Recherches sur la céramique*; Id. : *Le livre des collectionneurs.*

MALACHITE. *T. de minér.* Syn.: *Cuivre carbonaté vert.* Minerai de cuivre formé de carbonate et d'hydrate d'oxyde de cuivre, contenant 71,95 0/0 d'oxyde pour 19,90 d'acide carbonique et 8,15 d'eau. Il est rarement en cristaux (prisme rhomboïdal oblique de 104° 20'), plus souvent en masses concrétionnées et compactes ou même terreuses. On le trouve en Thuringe, dans le Banat, en Sibérie, en Australie; il sert pour l'ornement à cause du beau poli qu'il peut prendre, et pour la fabrication du cuivre. — V. CARBONATE, II, p. 234 et CUIVRE, III, p. 174.

***MALACHRA.** *T. de bot.* La *malachra capitata*, L. (orchis sauvage, guimauve à feuilles blanches) est une plante textile de la famille des malvacées-sidées, qu'on ne trouve que dans l'Amérique du sud et qui fournit des filaments de 8 à 9 pieds de longueur, d'un aspect argenté, doux au toucher, analogues à ceux que donnent le jute de seconde qualité. On en extrait les fibres exactement comme pour le jute, mais en faisant rouir la plante aussitôt qu'elle est coupée, parce que l'exposition aux rayons du soleil la dessèche, durcit ses tiges et empêche d'en enlever facilement l'écorce dont une partie peut rester attachée au textile proprement dit.

***MALAGUTI** (FRANÇOIS), chimiste, né à Bologne (Italie), le 15 février 1802, mort à Rennes (France), le 25 avril 1878. A la suite de brillantes études à l'Université de sa ville natale, il fut forcé de s'expatrier en raison des événements politiques de 1831, et se réfugia en France où il devint préparateur du laboratoire de Gay-Lussac, alors dirigé par Pelouze; il suivait en même temps les cours de l'Ecole polytechnique. En 1842, il fut nommé chimiste de la manufacture de Sèvres. Reçu docteur ès-sciences, on l'envoya comme professeur de chimie à la Faculté des sciences de Rennes; c'est alors qu'il publia : *Recherches sur l'association de l'argent aux minéraux métalliques*, avec M. Durocher, et *Leçons élémentaires de chimie* (1853, 2 vol. in-12). Devenu doyen de la même Faculté, puis recteur d'Académie, on lui dut successivement: *Analyse annuelle des cours de chimie agricole, professés à Rennes en* 1852-55 (4 brochures réunies en un in-12 de 754 pages); *Cours de chimie agricole professé, en* 1852, *à la Faculté de Rennes* (1864, in-18); *Notions préliminaires de chimie*, etc., plus un grand nombre de mémoires insérés dans les *Annales de physique et chimie*. M. Malaguti avait été élu, en 1855, correspondant de l'Institut; il avait été décoré de la Légion d'honneur, en 1846, promu officier, en 1860, commandeur, en 1874.

***MALATES.** *T. de chim.* Sels très répandus dans le règne végétal et résultant de la combinaison des bases avec l'acide malique. Ceux de chaux et de potasse se retrouvent dans presque toutes les parties des plantes, racines, feuilles, tiges, fleurs, fruits (pommes, poires, ananas, fruits du sorbier, etc.), graines, etc.

La plupart sont solubles, et leur solution ne trouble l'eau de chaux ni à froid, ni à l'ébullition; ne précipite ni l'azotate d'argent, ni l'azotate de plomb; mais avec l'acétate de ce métal, donne un précipité blanc, lourd et floconneux, qui ne tarde pas à se cristalliser en longues aiguilles soyeuses.

***MALAXAGE.** Opération qui a pour but de pétrir une substance pour la rendre ductile et homogène, et qui s'emploie dans le traitement d'une infinité de corps : nous ne parlerons ici que des plus importants.

Malaxage de la terre à poterie. Il effectue le mélange de sables ou de calcaires nécessaires pour dégraisser ou rendre moins maigre l'argile corroyée, et se fait soit à l'aide des bras, soit mécaniquement. Le malaxage à bras, dont on ne fait usage que pour les pâtes d'une extrême délicatesse, s'opère en mélangeant intimement, au moyen de grandes perches munies de palettes à leur extrémité, les divers matériaux qui doivent composer la pâte, et qu'on a placés, au préalable, dans un gâchoir, sorte de caisse rectangulaire. Le malaxage mécanique s'effectue soit à l'aide de cylindres unis ou cannelés entre lesquels passe la matière, soit avec des *tinnes à malaxer*, *patouillars*, *patouillets*, etc.; ces derniers appareils, mis en mouvement par un manège à cheval ou par une machine à vapeur, se composent d'une caisse carrée ou circulaire, surmontée d'une trémie, et dans l'axe de laquelle tourne un arbre en fer muni d'un râcloir à la partie inférieure, et de bras armés de pointes et de couteaux, sur toute sa hauteur. Par la rotation, la pâte malaxée et mélangée se trouve poussée par le râcloir vers l'orifice de sortie qui lui donne la forme d'un prisme rectangulaire. — V. BRIQUE, CÉRAMIQUE, FAÏENCE, POTERIE.

Malaxage du mortier et du béton. Il se fait également par un brassage à la main ou mécaniquement. Les matériaux bien choisis et dosés suivant qu'il s'agit de mortier ou de béton sont disposés sur une aire plus longue que large, en planches ou madriers, et abritée du soleil. Deux ou trois ouvriers munis de griffes, sorte de râteaux en fer fixés au bout d'un long manche, tirent à eux la masse, la repoussent, et ainsi de suite jusqu'à complet brassage. Parmi les appareils mécaniques les plus employés, nous citerons le malaxeur Coignet et Franchet; il se compose d'un cylindre vertical en fonte, armé intérieurement de croisillons dirigés suivant les diamètres; au centre, se meut un arbre portant également des croisillons qui triturent les matières en passant près des premiers, restés fixes; enfin, au bas de cet arbre, deux autres croisillons disposés en forme d'hélice, forcent le mélange à s'accomplir et opèrent une compression d'autant plus grande que l'orifice de sortie est plus petit; cet orifice, ordinairement rectangulaire pour le mortier, s'étend sur toute la circonférence pour le béton et s'ouvre en soulevant un cercle en fer placé à la partie inférieure du malaxeur. Le mortier se brasse encore à l'aide d'un appareil formé d'un système de deux vis obliques tournant en sens inverse; la matière jetée dans un entonnoir placé à la partie inférieure, est remontée et se trouve mélangée pendant son ascension. — V. BÉTON, CIMENT, MORTIER.

Malaxage du beurre. Au sortir de la baratte, le beurre renferme une certaine quantité de sérum, et il est nécessaire de l'en débarrasser; on le coupe en lames minces, puis à l'aide d'une cuillère en bois, on le soumet à un malaxage dans de l'eau fraîche que l'on renouvelle jusqu'à ce qu'elle sorte limpide et claire. — V. BEURRE.

Malaxage du pain. — V. PANIFICATION, PÉTRISSAGE.

***MALAXEUR.** — V. l'article précédent.

***MALBEC** (ANACLET-ADOLPHE), chimiste, né à Montpezat (Lot-et-Garonne), en 1805, mort à Paris, en 1876, s'est fait connaître par la création de l'industrie des meules artificielles en émeri; on lui doit aussi un procédé de conservation du lait.

MALFAÇON. Se dit de quelque partie d'un ouvrage mal fait.

***MALFIL.** *T. de tiss.* Genre de tissu employé dans les fabriques d'huiles et de bougies, et qui sert à envelopper soit les graines oléagineuses écrasées et torréfiées, soit les pains d'acides gras: ces graines ou ces pains sont introduits dans un petit sac en malfil, lequel est lui-même recouvert d'un tissu de crin nommé *étreindelle*, et soumis ainsi à une forte pression entre des plaques chauffées à la vapeur; le résidu forme le tourteau. L'armure des malfils (qu'on appelle encore *drap maléfique*) est un sergé de trois, et le tissu, fait de laine peignée, a généralement une largeur variant de 45 à 62 centimètres; le nombre des croisures est de 2 ou 3 par 5 millimètres. On le fabrique surtout en Belgique.

MALINES (Dentelles de). Nom d'un genre de dentelles en fil de lin, aujourd'hui complètement disparu, que l'on a fabriqué à Anvers, Malines, Louvain et environs. On l'appelle encore *malines brodée*, à cause du fil plat qui entoure le mat des fleurs.

MALIQUE (Acide). *T. de chim.*

$$C^8H^6O^{10} = C^4H^6O^5 = C^2H^3(OH)(CO^2H)^2$$

Il a été découvert par Scheele, en 1785, et se trouve presque toujours mélangé avec les acides citrique et tartrique. On en connaît trois sortes, dont deux actives, c'est-à-dire agissant sur la lumière polarisée, l'une à droite, et l'autre à gauche, et une inactive. L'acide lévogyre seul est naturel; il est cristallisé, déliquescent, fusible à 100°; sa solution donne $\alpha_j = -5°$. Chauffé à + 175°, il se dédouble en deux acides isomères, les *acides maléique* et *fumarique*, et au delà donne de l'acide maléique anhydre, $C^8H^2O^6 \ldots C^4H^2O^3$; avec l'hydrogène naissant, il produit de l'acide succinique; avec l'oxygène, de l'*acide malonique*. Pour l'obtenir, on fait bouillir le suc de fruits de sorbier, (*sorbus aucuparia*, Lin.) afin de coaguler l'albumine, puis on précipite par le sous-acétate de plomb et on lave le dépôt en le délayant dans l'eau bouillante. On décompose ensuite le sel de plomb par l'hydrogène sulfuré, on filtre et on chauffe au bain-marie pour chasser l'excès de ce dernier corps. On sépare alors la liqueur en deux parties égales, on sature l'une d'elles par l'ammoniaque et on y verse la partie réservée; on obtient ainsi des cristaux de malate acide d'ammoniaque impurs, que l'on reprend par l'acétate de plomb, pour ensuite isoler l'acide, dont on concentre la solution, afin obtenir des cristaux.

L'acide malique joue un grand rôle dans l'alimentation. Il existe dans tous nos fruits comestibles; c'est à lui que les cidres et les poirés doivent leur acidité normale. Il s'en forme aussi lorsque les vins commencent à devenir aigres. — J. C.

MALLE. Coffre de forme variée et de matières différentes dont on se sert en voyage pour le transport des vêtements, du linge, etc.

— Dès le XVIe siècle, la corporation des coffretiers et malletiers de la ville de Paris était fort nombreuse; elle comprenait deux branches: les coffretiers-malletiers et les coffretiers-bahutiers; ceux-ci fabriquaient plus spécialement le coffre de ménage, le bahut; ceux-là confectionnaient les coffres et valises destinés aux gens de guerre et aux voyageurs. Henri IV leur donna, en 1596, des lettres patentes qui ne faisaient aucune mention sur les chartes antérieures, ce qui rend fort obscures les origines du métier. Les statuts ordonnaient que « les malles devaient être de bois de hêtre neuf et sans ourdissure, dont les joints fussent au moins éloignés d'un pouce, bien cuirées partout d'une toile trempée de bonne colle; le cuir qui les couvrait devait être de pourceau ou de veau, passé en alun et tout d'une pièce; elles devaient être ferrées de bon fer, blanc ou noir, avec plus ou moins de bandes suivant leur grandeur.» On donnait aussi le nom de *malle* aux valises de cuir, petites ou grandes.

MALLÉABILITÉ. *T. de phys.* Propriété que possèdent, à divers degrés, les métaux et les alliages de se réduire en feuilles plus ou moins minces, sans se déchirer, sous l'action du marteau, ou entre les cylindres d'un laminoir. Après avoir subi l'une ou l'autre action, les métaux deviennent presque toujours durs et cassants; pour continuer à les réduire en lames, on est obligé de les recuire de temps en temps et de les laisser refroidir lentement. La malléabilité est, en général, augmentée par la chaleur, cependant, il est des métaux dont la malléabilité diminue par l'élévation de température. Le zinc présente cette particularité qu'il n'est malléable qu'entre 130° et 150°, limites en deçà et au delà desquelles il est cassant.

Ordre de malléabilité; *au laminoir*: or, argent aluminium, cuivre, étain, plomb, zinc, platine, fer, cobalt, nickel, palladium; *au marteau*: or, argent, étain, plomb, zinc, aluminium, cuivre, platine.

La malléabilité est à son maximum dans le cuivre rouge le plus pur et, jusqu'à un certain point, dans l'alliage de cuivre et de zinc qui porte le nom de *cuivre jaune* (V. DINANDERIE). Elle a permis aussi de faire avec le fer pur, dans l'antiquité et surtout au moyen âge, les objets si remarquables qu'on appelle *repoussés*.

Le progrès qu'a fait le travail des métaux à chaud et l'économie qui en est résultée, pour le façonnage des pièces, ont surtout attiré l'attention des métallurgistes sur cette autre forme de malléabilité.

Certains corps augmentent la malléabilité à chaud, comme le phosphore, mais diminuent la malléabilité à froid. Le soufre, au contraire, diminue la malléabilité à chaud sans influencer d'une manière aussi fâcheuse la malléabilité à froid.

Les fers qui cassent ou se criquent à chaud pendant le travail, sont dits *rouverains* ou *fers de couleur*, parce que c'est quand ils sont chauffés à une certaine couleur que se manifeste ce défaut. Tel fer se casse au rouge vif qui supporte parfaitement la chaleur blanche, par exemple, ou inversement.

MALT. On donne le nom de *malt* aux grains, et plus spécialement à l'orge, germés et desséchés. — V. BIÈRE, MALTAGE, MALTERIE.

***MALTAGE.** C'est l'opération qui a pour but la transformation de l'orge ou de tout autre grain en malt, afin de le rendre apte à être employé pour la fabrication de la bière ou de l'alcool (V. DISTILLATION, MALTERIE). Les transformations que les grains subissent dans le maltage sont tout à fait les mêmes que celles qui s'opèrent dans le sol lorsqu'on y place le grain, afin qu'il en sorte une nouvelle plante; il y a cependant cette différence, que dans le maltage, on laisse seulement la germination commencer et qu'on l'interrompt dès que les petits appendices qui doivent former la future radicelle se sont développés jusqu'à une certaine longueur, et avant que ces appendices aient pris complètement le développement qu'ils prendraient dans le sol, si l'on y avait placé le grain. Lorsque le grain est arrivé à ce développement, il a précisément atteint le degré de transformation le plus convenable pour la préparation de la bière ou de l'alcool; une transformation plus profonde serait nuisible. Les trois conditions essentielles à la germination, et par suite pour le maltage, sont: l'humidité, dont il ne doit pas cependant y avoir une trop grande quantité, une chaleur suffisante et le contact de l'air. Sous l'influence de la germination, il se forme, aux dépens des substances albumineuses des grains, un principe nouveau, la *diastase*, qui jouit de la propriété de transformer en dextrine et en sucre fermentescible (*maltose*), l'amidon renfermé dans le grain, de sorte que le malt mis en contact avec une quantité d'eau suffisante donne promptement naissance à une liqueur sucrée ou moût, qui, en présence de levure, se change par fermentation en un liquide alcoolique. C'est sur cette série de transformations que repose la préparation de la bière et de l'alcool.

Les analyses suivantes permettent de se rendre compte des différences qui existent entre l'orge non germé et l'orge transformé en malt:

	Orge	Malt
Dextrine	5.6	8.0
Amidon	67.0	58.1
Sucre	0.0	0.5
Matières cellulaires	9.6	14.4
Substances albumineuses	12.1	13.6
Matières grasses	2.6	2.2
Cendres	3.1	3.2
	100.0	100.0

L'examen de ces nombres montre que, dans le maltage de l'orge, il se produit une petite quantité de sucre, que la quantité de dextrine déjà préexistante dans l'orge a augmenté presque de moitié, que la proportion de l'amidon a diminué d'environ un septième, tandis que celle des matières cellulaires est devenue notablement plus grande. — V. Bière, Brasserie, Diastase, Maltose. — Dr L. G.

* **MALTERIE.** La *malterie* est l'industrie qui a pour objet la préparation du *malt* (V. ce mot, Bière, Brasserie, Distillation, Maltage). Cette industrie, souvent confondue avec celle de la brasserie, est aussi quelquefois pratiquée dans des établissements particuliers, qui s'occupent exclusivement de la fabrication du malt pour le livrer aux brasseurs et aux distillateurs. La séparation de ces deux industries offre cela d'avantageux, que les deux opérations sont, en général, mieux faites et plus régulièrement, étant pratiquées toutes les deux par des hommes spéciaux; mais, si le malteur peut se désintéresser du brasseur, il n'en est pas de même du brasseur vis-à-vis du malteur; celui-là pourra bien, il est vrai, en s'adressant toujours au même malteur, se procurer un malt toujours identique, mais s'il change de malteur, ou si ce dernier modifie sa fabrication, il faudra que lui aussi modifie ses procédés de brassage, pour revenir au même type de bière.

La préparation du malt comprend les opérations suivantes:

1° Mouillage des grains (orge);

2° Germination des grains mouillés;

3° Dessiccation des grains germés.

Mouillage. Cette opération a pour but de ramollir les grains et de leur fournir l'humidité nécessaire pour leur germination; elle permet, en outre, d'éliminer les grains stériles et quelques matières étrangères, susceptibles de communiquer au malt un goût désagréable. Le mouillage se pratique dans de grands bacs ou réservoirs en tôle ou en bois, ou en maçonnerie enduite de ciment romain ou de mastic de bitume. La figure 187 représente une cuve construite en tôle, de forme cylindrique. Dans le fond conique de cette cuve, se trouve l'ouverture de vidange, fermée par une soupape, que l'on peut élever ou abaisser à l'aide du mécanisme fixé sur une traverse, et dont il est facile de comprendre le jeu à l'inspection de la figure. Au-dessous de la traverse est disposé un tuyau horizontal à deux branches percées de trous, et mobile autour de l'axe qui occupe le centre de la cuve; c'est par ce tuyau que l'on fait arriver l'eau destinée au mouillage, et ce liquide, en s'écoulant, communique au tuyau un mouvement de rotation, et se trouve de cette façon, distribué uniformément sur le grain déposé dans la cuve. La partie inférieure du fond de cette cuve est recouverte d'une toile métallique formant tamis, et l'espace compris entre ce dernier et cette partie du fond proprement dit est en communication avec un tuyau à soupape pour l'écoulement de l'eau de mouillage; enfin, un second tuyau part de la partie supérieure de la cuve et sert de trop-plein. La figure 188 représente une cuve rectangulaire en maçonnerie, reliée par du ciment. D, tuyau à l'aide duquel l'eau de mouillage est versée sur le grain sous forme d'une pluie; B, tige servant à manœuvrer la soupape fermant le trou de vidange pour le grain mouillé; A, soupape de l'orifice d'écoulement de l'eau de mouillage; C, toile métallique occupant une partie du fond de la cuve et par laquelle l'eau peut s'écouler dans le cas où A viendrait à s'obstruer.

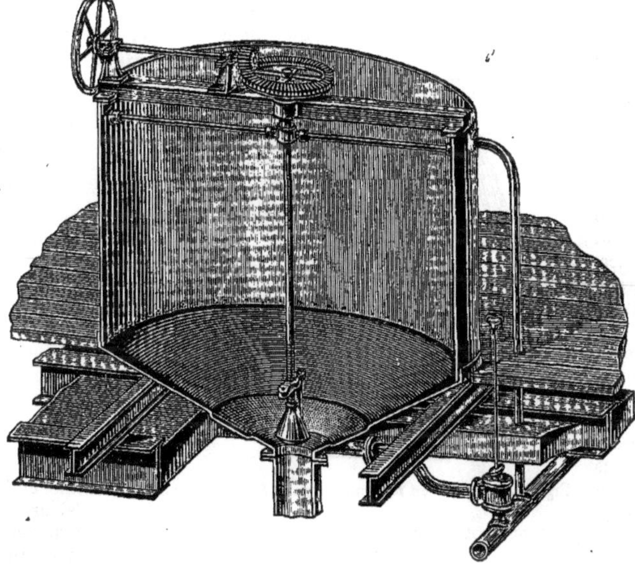

Fig. 187. — *Cuve en tôle pour le mouillage de l'orge.*

Pour effectuer le mouillage, on remplit la cuve à moitié avec de l'eau, et l'on y verse le grain en agitant continuellement; on ajoute ensuite une quantité d'eau suffisante pour que celle-ci s'élève à 10 ou 15 centimètres au-dessus des grains. Au bout de quelques heures, les grains sains tombent au fond de l'eau, tandis que les grains stériles et avariés montent à la surface; on enlève ces derniers à l'aide d'une écumoire, et on les emploie pour la nourriture du bétail. L'eau, en pénétrant peu à peu la substance des grains et en les ramollissant et les gonflant, dissout certains éléments solubles (dextrine, matières albumineuses, combinaisons salines, etc.), qui lui communiquent une couleur brune et une saveur particulière, et une grande tendance à subir les fermentations lactique, butyrique et succinique. C'est pour prévenir cette altération, qui exercerait une influence nuisible sur le malt, qu'on renouvelle l'eau de mouillage jusqu'à ce que celle-ci s'écoule parfaitement claire. La durée du mouillage dépend de la qualité et de l'ancienneté de l'orge, de la température de l'eau (qui ne doit pas dépasser 13°), etc. ; avec l'orge nouveau, soixante-huit à soixante-douze heures sont suffisantes, tandis que pour un orge vieux, il faut souvent 6 à 7 jours. Pour obtenir un mouillage uniforme, il faut employer un orge dont les grains soient autant que possible de même qualité et de même âge. Le mouillage est interrompu dès que le degré convenable d'hydratation est atteint; on reconnaît qu'il en est ainsi : 1° lorsque l'enveloppe se détache facilement en comprimant le grain entre les doigts suivant sa longueur; et 2° lorsque le grain, frotté sur un morceau de bois, laisse une traînée farineuse. Il vaut mieux ramollir l'orge plutôt pas assez que trop, parce qu'un ramollissement poussé trop loin détruit facilement la force germinatrice, et qu'alors un grand nombre de grains ne germent pas. Le mouillage terminé, on arrose une dernière fois l'orge avec un peu d'eau, que l'on écoule aussitôt, afin de débarrasser les grains de la matière visqueuse qui y adhère, puis on les laisse égoutter pendant sept à huit heures avant de les porter dans le local où doit s'effectuer la germination. Le procédé de mouillage usité en Bohême est différent de celui qui vient d'être décrit : on laisse l'orge pendant vingt-quatre heures submergé dans la cuve, on l'enlève alors et on le met sur le germoir en tas coniques de 1m,05 environ de hauteur. La cuve de mouillage, vidée et bien nettoyée, reçoit une seconde charge, qui est aussi transportée au germoir après vingt-quatre heures. La première charge est alors remise dans la cuve et submergée une seconde fois, et au bout de six à huit heures, elle a atteint le degré voulu de mouillage. On continue ainsi les opérations, alternativement avec deux charges.

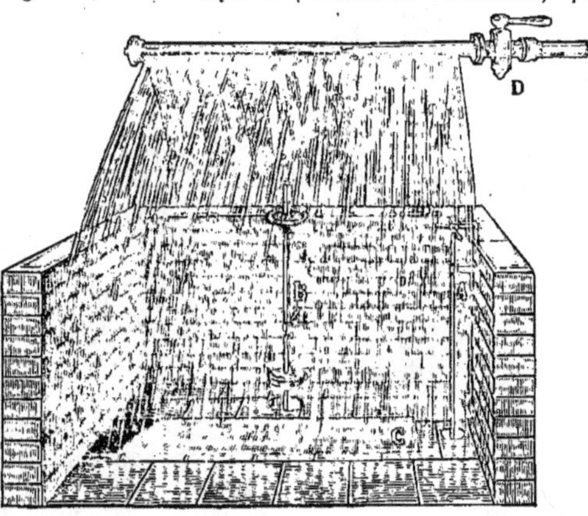

Fig. 188. — *Cuve en maçonnerie pour le mouillage de l'orge.*

L'orge, mouillé suivant les règles, possède une odeur aromatique rappelant celle des pommes; la quantité d'eau qu'il a absorbée s'élève en général à 40 ou 50 0/0, ce qui augmente son volume de 18 à 24 0/0, mais en même temps, il a éprouvé une perte en principes solubles de 1,5 à 2 0/0.

Germination. Dès que l'orge est saturé d'humidité, on le fait tomber directement dans le germoir, en ouvrant la soupape du trou de vidange de la cuve de mouillage. Le germoir consiste ordinairement en une cave dallée ou bitumée, disposée de façon à ce que la température puisse y être maintenue constante. L'orge mouillé est étendu sur l'aire du germoir en couches épaisses de 12 à 15 centimètres, et l'on brasse d'abord toutes les six heures et plus tard toutes les huit heures, jusqu'à ce que la surface paraisse desséchée. Pendant la dessiccation, le germe apparaît sous forme d'un point blanc, duquel sortent plusieurs radicelles. Lorsque la germination a commencé à se développer uniformément dans tous les grains, on élève la température en augmentant l'épaisseur des couches (jusqu'à 30 centimètres environ) et on les laisse plus longtemps sans les brasser. La température des tas ainsi obtenus s'élève de 6 ou 10° au-dessus de celle du milieu ambiant, et elle produit une forte évaporation de l'humidité, qui se condense dans les couches inférieures des tas. En même temps, il se dégage de grandes quantités d'acide carbonique, et il se manifeste une odeur agréable rappelant celle de fruits. Le brassage est ordinairement pratiqué une troisième fois. A ce moment, les radicelles ont déjà la longueur de quelques lignes, et elles sont entrelacées et comme feutrées; c'est alors que doit être arrêté le développement du germe, et dans ce but, on abaisse la température en étendant les tas, c'est-à-dire en leur donnant une épaisseur de 7 à 8 centimètres. Le malteur juge de la marche et de la terminaison de la germination d'après la longueur des fibres radiculaires ; dans l'orge suffisamment germé, les germes doivent dépasser la longueur du grain d'un quart ou de la moitié, et ils doivent être feutrés les uns dans les autres, de façon que plusieurs demeurent attachés ensemble. La durée de la germination s'élève pendant la saison chaude à sept ou dix jours; vers la fin de l'automne, elle est de dix à seize jours. L'opération est d'autant plus rapide que la température du grain monte plus haut. Le printemps et l'automne sont les saisons les plus favorables. La température à laquelle on opère la germination varie suivant les pays. Ainsi, en Hollande, on laisse la température des couches de grains s'élever jusqu'à 12°; en Angleterre, jusqu'à 18°; et en Bavière, jusqu'à 25 et même 30° vers la fin de l'opération. La perte de poids que l'orge éprouve pendant la germination s'élève à environ 2 0/0 ; elle est due à l'oxydation du carbone de l'orge, qui est transformé en acide carbonique par l'oxygène de l'air.

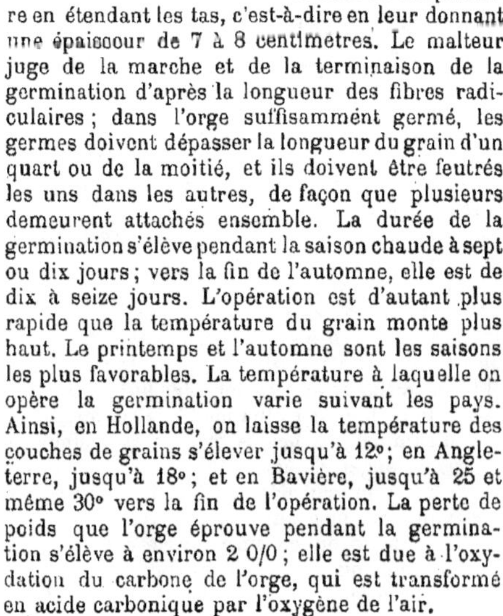

Dessiccation et touraillage de l'orge germé. Lorsque la germination de l'orge est arrivée au point convenable, on l'arrête en soumettant le grain germé (*malt vert*) à la dessiccation, opération qui est effectuée d'abord à l'air libre et ensuite dans une étuve à courant d'air, désignée sous le nom de *touraille*. Le malt n'est que rarement employé simplement séché à l'air ; dans tous les cas, cette première dessiccation est indispensable, parce que si le malt vert était soumis immédiatement à l'action d'une forte chaleur, l'amidon se transformerait en empois, et le grain se convertirait en une substance cornée imperméable à l'eau, et par suite impropre au brassage.

La dessiccation à l'air libre a lieu le plus souvent dans un grenier ordinaire, où le malt vert est étendu en couches épaisses de 3 à 5 centi-

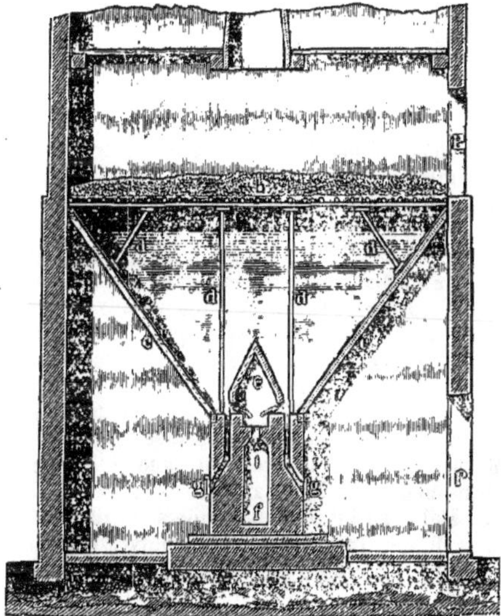

Fig. 189. — Touraille à fumée.

mètres, et brassé cinq ou six fois par jour. Lorsque l'espace nécessaire pour dessécher le malt à l'air libre fait défaut, on le place sur une seconde touraille établie au-dessus de la première, et chauffée à l'aide de la chaleur perdue de celle-ci.

Une *touraille* se compose essentiellement de deux parties : 1° la surface sur laquelle est placé le malt à tourailler ; 2° l'appareil au moyen duquel le malt est chauffé. La surface sur laquelle on déposait autrefois le malt était formée de carreaux ou de dalles en pierre ; maintenant elle consiste toujours en une plaque de métal percée de trous comme un crible ou en une toile métallique. On distingue les tourailles à fumée et les tourailles à air chaud. Dans les premières, qui sont les plus anciennes, les gaz de la combustion qui se dégagent du foyer sont amenés encore chauds, par des carnaux, dans un espace s'élargissant en forme de trémie, au-dessus duquel se trouve la surface destinée à recevoir le malt. Les combustibles qui, comme le coke, ne donnent pas de fumée sont les plus convenables pour le chauffage de cette espèce de touraille ; si l'on emploie du bois, le malt brunit et prend un goût de fumée qui se communique à la bière. La figure 189 représente une touraille à fumée, dans laquelle *b* est la plate-forme en tôle perforée ou en toile métallique, sur laquelle on dispose l'orge germé ; *f* est le foyer recouvert d'une voûte en briques, percée de trous pour le passage des gaz de la combustion ; *e* est un toit triangulaire destiné à empêcher les radicules de tomber dans le foyer ; celles-ci glissent de chaque côté du toit et sont amenées au dehors par les conduits *g g* ; ces derniers permettent, en outre, à l'air extérieur de s'introduire dans l'espace vide limité par *c c* et la plate-forme *b*, et de se mêler avec les produits de la combustion ; P P sont des portes par lesquelles on peut pénétrer sur la plate-forme *b* ou dans la chambre où se trouve le foyer ; enfin, les tringles *d d* servent à soutenir *b*. Dans les tourailles à air chaud, les dispositions sont telles que les gaz de la combustion n'ont pas de contact immédiat avec le malt ; le foyer et les gaz qui s'en dégagent produisent un courant d'air chaud, qui se rend au-dessous de l'aire sur laquelle est déposé le malt et traverse celui-ci. La touraille de Noback et Fritze, de Prague, est un exemple de ce système ; dans un autre dispositif, dû aux mêmes constructeurs, la touraille présente deux plateaux superposés, dont l'inférieur reçoit directement l'air chauffé par un calorifère, sans mélange avec les produits de la combustion ; la dessiccation, commencée sur le plateau supérieur, est complétée sur l'inférieur, où la chaleur est beaucoup plus intense.

Quelle que soit la touraille dont on fasse usage, il est indispensable de retourner l'orge de temps en temps afin de hâter la dessiccation en renouvelant les surfaces et de détacher les radicelles. Le retournement, autrefois effectué à la main, est maintenant, dans beaucoup de malteries, opéré mécaniquement à l'aide de différents appareils, parmi lesquels celui de Kleyer et Beck, de Darmstadt, donne les meilleurs résultats. Dans cet appareil, le retournement du malt est produit au moyen de palettes ou de brosses disposées en hélice sur un axe en fer occupant toute la largeur de la touraille et animé d'un mouvement de rotation combiné avec celui d'une translation alternative.

Le temps nécessaire pour le touraillage varie de trente-six à quarante-huit heures avec les tourailles à fumée, et de dix à douze heures avec les appareils à air chaud. Au sortir de la touraille, l'orge est criblé dans un tarare à brosses et à ventilateur, à l'aide duquel on sépare les radicelles détachées des grains ; ces déchets, désignés sous le nom de *touraillons*, représentent environ 3 0/0 du poids de l'orge et ils renferment des proportions notables de substances azotées et minérales, mais ni glucose ni amidon ; ils sont employés avec avantage comme engrais par les agriculteurs.

L'orge germé n'est pas partout et dans tous les

cas soumis au même degré de température, et comme le produit acquiert une couleur qui varie avec la température (50 à 100°) à laquelle a été effectué le touraillage, on distingue le *malt jaune*, le *malt jaune d'ambre* et le *malt brun*. Dans ces espèces de malt, le touraillage n'a produit qu'une altération légère et superficielle, mais on prépare quelquefois du malt brun de café foncé, qui est modifié dans toute sa masse par le grillage et qui dans les brasseries anglaises est employé pour colorer le porter; on le grille à feu nu dans des cylindres en tôle comme le café; le pouvoir saccharigène du malt est alors complètement détruit, l'amidon est transformé en léïocomme et le sucre en caramel. 100 kilogrammes d'orge de bonne qualité doivent donner 80 kilogrammes de malt.

Le malt bien préparé présente les caractères suivants : il est plus léger que l'eau, le grain est plein, rond, il se laisse facilement écraser entre les dents, et lorsqu'on l'écrase sur du bois, il laisse une marque blanche; il possède une saveur douce et sucrée.

La préparation du malt, telle qu'elle vient d'être décrite, exige beaucoup de main-d'œuvre et et de vastes emplacements; c'est pour cela que dans les grands établissements, le maltage est quelquefois effectué à l'aide de machines dont la conduite ne demande qu'un très petit nombre d'ouvriers (germoir mécanique de Vallery, germoir et touraille de Gecmen, germoir pneumatique de Galland, etc.). — V. DISTILLATION. — Dr L. G.

Bibliographie. — V. BIÈRE.

***MALTEUR**. Syn. de *brasseur*. *T. de mét.* Ouvrier qui prépare le malt dans les malteries et les brasseries.

***MALTHE**. Bitume visqueux. — V. ASPHALTE.

***MALTOSE**. Sucre qui résulte de l'action de la diastase sur l'amidon. La maltose a été préparée par de Saussure dès 1819. Dubrunfaut l'a isolée de nouveau en 1847, et l'a reconnue, à cause de ses propriétés optiques, comme une espèce particulière de sucre; ses observations sont cependant tombées dans l'oubli, et ce n'est qu'en 1874 que O. Sullivan et E. Schulze attirèrent de nouveau l'attention sur ce corps et confirmèrent les résultats des recherches de Dubrunfaut.

Pour obtenir la maltose, il suffit de faire agir à 60° la diastase sur l'empois d'amidon; on fait ensuite bouillir la masse avec de l'alcool, afin de séparer le glucose qui se forme à côté de la maltose, on évapore l'alcool et on répète cette opération plusieurs fois. En évaporant l'alcool, la maltose reste sous forme d'un sirop, duquel se séparent peu à peu des cristaux, que l'on peut faire recristalliser facilement dans l'alcool à 90°.

La maltose, $\text{G}^6H^{24}\text{O}^6 ... C^{12}H^{24}O^{12}$, appartient à la classe des sucres désignés sous le nom de *glucoses*; elle forme des masses cristallines composées de fines aiguilles, ou bien des croûtes dures ou enfin des globules cristallins accolés comme des cellules de levure. Elle se dissout dans l'eau; elle est difficilement soluble dans l'alcool absolu, plus facilement dans l'alcool étendu; sa saveur est faiblement sucrée; son pouvoir rotatoire est trois fois aussi grand que celui du glucose, il s'élève à $[\alpha]j = +150,0$. La maltose réduit la solution de Fehling, mais moins fortement que le glucose; son pouvoir réducteur n'est que le tiers environ de celui du glucose. Chauffée avec de l'acide sulfurique, la maltose se transforme en un sucre de même pouvoir réducteur que le glucose et qui est absolument identique avec celui-ci. Elle est sans action sur le réactif de Barfoed, qui est au contraire réduit par le *glucose* (V. ce mot); elle n'est pas transformée en glucose par la diastase, de sorte qu'elle doit être considérée comme le produit final de l'action de la diastase sur l'amidon. La maltose est directement et complètement fermentescible; il n'y aurait pas, sous l'influence de la levure, de transformation préalable en glucose. — Dr L. G.

***MALUS** (ÉTIENNE-LOUIS), célèbre physicien, né à Paris le 23 juillet 1775; mort à Paris, en 1812. Ses premières études furent principalement littéraires; puis il les fit marcher de front avec celles des mathématiques. Il entra à l'École du Génie de Mézières en 1793. A la suppression de cette école, il s'enrôla comme volontaire et alla travailler aux fortifications de Dunkerque comme simple terrassier. Il y fut remarqué par l'ingénieur Lepère qui l'envoya à l'École polytechnique récemment créée. Malus en fut un des premiers élèves; il en sortit en 1796, avec le grade de sous-lieutenant du génie, et passa à l'armée de Sambre-et-Meuse. Puis il fit la campagne d'Égypte. Lorsque le général Bonaparte créa l'Institut d'Égypte, Malus en fut un des premiers membres. Il était capitaine du génie lorsqu'il suivit l'armée de Kléber en Syrie où il fut atteint de la peste. Rentré en France, en 1801, il fut attaché à l'armée du Nord, revint ensuite à Paris en 1809 où il fut nommé major du génie en 1810. Le premier travail que Malus publia fut un *Mémoire sur la lumière*, composé en Egypte. En 1807, il fit un *Traité d'optique analytique* dont la 1re classe de l'Institut vota l'impression dans le Recueil des Savants étrangers. Un autre mémoire touchant un point d'optique d'une extrême importance parut sous ce titre : *Sur le pouvoir réfringent des corps opaques*. En 1810, l'Académie proposa en prix : *Une théorie scientifique de la double réfraction*. Le mémoire de Malus fut couronné. La découverte qui fait le plus grand honneur au célèbre physicien est celle de la *polarisation de la lumière*, en 1808; découverte des plus fécondes en conséquences théoriques. Ce travail avait pour titre : *Mémoire sur une propriété de la lumière réfléchie par les corps diaphanes*. On doit encore à Malus l'invention du *goniomètre répétiteur*, pour mesurer avec exactitude les angles des cristaux par la réflexion de la lumière. En 1810, Malus fut élu membre de l'Académie des sciences en remplacement de Montgolfier. En 1811, il reçut de la Société royale de Londres la grande médaille de

Rumford. (V. Arago, *Œuvres complètes*, t. III. *Éloge de Malus* p. 113.)

***MAMELLIÈRE.** *T. d'arm. anc.* Partie de l'armure qui protégeait la poitrine.

MANCENILLIER. *T. de bot.* Arbre de la famille des Euphorbiacées, du groupe des uniovulées, section des excœcaricés, c'est le *mancinella venenata*, Tuss. Syn. : *figuier vénéneux, arbre de mort, hippomane mancinella*, Lin. Cet arbre est commun sur les bords de la mer, aux Antilles, dans l'Inde; il se trouve aussi dans le nord de l'Amérique méridionale. Son port rappelle assez celui de nos poiriers; il atteint de 5 à 7 mètres de haut, ses feuilles sont ovales, pétiolées, alternes: ses fleurs monoïques; les mâles, disposées en faux épis, ont un périanthe turbiné, bifide, dianthre; les femelles, solitaires, à calice triparti, à ovaire pluriloculaire; le fruit qui en provient est charnu, à noyau ligneux et inégal. Il ressemble à une pomme d'api (de l'espagnol, manzanilla, petite pomme) et répand, paraît-il, une odeur analogue à celle du citron. C'est à tort que l'on a fait sur cet arbre un grand nombre de fables, car en effet, on ne ressent pas son influence à distance ou sous son ombrage; il n'agit que lorsque l'on applique sur la peau, ou lorsqu'on absorbe à l'intérieur, d'une manière quelconque, le latex âcre qu'il secrète; le sarcocarpe de son fruit est d'autant plus dangereux, que l'aspect de ce dernier est agréable; le latex qu'il renferme en rend l'usage fort dangereux.

Les sucs du mancenillier contiennent de notables quantités de caoutchouc, mais servent surtout à empoisonner les flèches; on a dit que son bois était susceptible de prendre un beau poli, et servait par suite, à faire des meubles; d'après M. P. Duchartre, ce bois est mou, filandreux et très altérable, et celui que l'on emploie n'est pas celui de l'arbre qui nous occupe, mais bien du *mancenillier des montagnes*, qui est le *rhus perniciosa*, Dec., de la famille des térébinthacées. — J. C.

MANCHE. *T. techn.* Partie d'un outil, d'un instrument, par où on le prend pour en faire usage. || Dans la lutherie, le manche de certains instruments sert non seulement à les tenir, mais encore à porter les chevilles des cordes. || *Manches à vent.* Nom que, dans un navire, on donne aux ventilateurs qui conduisent l'air extérieur dans les entreponts, à travers les sabords, les écoutilles, etc.

***MANCHEREAU.** *T. techn.* Partie qui termine le manche d'un outil ou d'un instrument.

***MANCHERON.** *T. d'agric.* Partie de la charrue que le laboureur tient en mains pendant son travail.

***MANCHETTE.** En *T. d'impr.*, c'est le nom des notes ou additions mises en marge d'un texte.

MANCHON. *T. techn.* Les manchons sont des cylindres creux, servant à relier les extrémités de deux arbres ou de deux tuyaux, afin de les rendre solidaires. S'il s'agit de deux arbres, tournant toujours ensemble, ils sont ordinairement d'une seule pièce et peuvent être calés sur chacun de ces deux arbres soit à l'aide d'une clavette, soit au moyen de vis de pression. Lorsque pris entre deux supports, il est impossible de les faire glisser d'un côté ou de l'autre, on fait alors usage de deux demi-manchons que l'on réunit par des boulons, noyés ou saillants, mais qui, par leur facilité à se desserrer, rendent ces organes inférieurs aux premiers.

Si les arbres ne doivent être rendus solidaires que par intermittence, on se sert de manchons à embrayage, qui se composent de deux parties : l'une fixe sur l'un des arbres et l'autre pouvant prendre sur le deuxième arbre un mouvement parallèle à son axe, par l'intermédiaire d'une fourchette; ces deux parties sont munies de dents, de formes diverses, et qui par leur rapprochement embrayent les unes dans les autres. Malgré la résistance que doivent présenter ces organes d'accouplement, tant à la flexion qu'à la torsion, ils sont toujours en fonte, et le renflement n'est conservé maintenant que pour les manchons en deux pièces.

Lorsqu'il s'agit de réunir deux tuyaux, l'étanchéité des manchons doit être parfaite; on se sert alors de garnitures en chanvre ou en caoutchouc, de brides de serrage ou on visse encore les manchons à l'extrémité de chacun des tuyaux; ces différents procédés sont développés au mot CANALISATION.

En *métall.*, le manchon est un cylindre en fonte, portant intérieurement une découpure venue à la coulée, et ayant la forme de l'*allonge* ou du *trèfle* des cylindres. Deux trains de laminoirs ont leurs axes réunis par des allonges, mais pour solidifier cet assemblage, il est nécessaire de mettre des manchons d'accouplement.

Les manchons sont généralement la partie sacrifiée des diverses pièces d'un train; on les fait en fonte, tandis que les allonges sont souvent en fer, de sorte que c'est sur eux que portent les ruptures dans les cas de résistance en excès. || *T. de cost.* Petit vêtement fourré en forme de cylindre sans fond, dans lequel on met ses mains pour les garantir du froid. — V. FOURRURE. || *T. de verr.* Moule dans lequel on souffle le verre.

MANDOLINE. *Instr. de mus.* Instrument composé d'une caisse ovoïde et d'un manche monté de quatre cordes de laiton, accordées comme celles du violon, que l'instrumentiste gratte avec une plume ou un petit morceau de bois ou d'écaille.

MANDORE. *Instr. de mus.* Cet instrument à cordes et à manche dont on jouait avec les doigts a disparu.

***MANDRIER.** *T. de mét.* Vannier qui fait des ouvrages de *mandrerie*, c'est-à-dire des ouvrages pleins et faits d'osier seulement.

MANDRIN. *T. de mécan.* 1° Pièce de bois vissée sur le nez d'un tour en l'air, et dont on fait usage pour façonner certains objets; tantôt il se compose d'un cylindre muni d'un trou suffisamment large et profond pour recevoir l'extrémité de la pièce qu'on doit travailler, tantôt ce cylindre est fendu en quatre par deux traits de scie et peut, à l'aide d'une virole mobile, augmenter et diminuer de diamètre ; il lui est donc plus facile de saisir l'objet. || Cylindre en fer, surtout employé en chaudronnerie, et dont on se sert pour emboutir certaines pièces. Lorsqu'elles sont de faibles dimensions, la feuille plane est placée sur la surface du mandrin, puis est battue à l'aide d'un maillet en bois, et enfin égalisée au moyen d'un marteau de fer. Pour les grosses pièces, il est nécessaire de les chauffer au rouge et de faire usage d'un marteau-pilon muni de matrices variant avec la forme du mandrin. || Cylindre métallique servant à réunir deux objets qui le traversent.— V. MANCHON. || Outil des ajusteurs et destiné à agrandir et à égaliser les trous. || Pièce cylindrique en bois que l'on monte sur les pointes d'un tour et sur laquelle l'artificier roule des cartouches et des gargousses ; on peut également, sur ce mandrin, découper d'une façon régulière les objets qui sont appliqués sur sa surface. || 2° *T. d'imp. s. ét.* La pièce métallique qui sert d'axe au cylindre d'impression s'appelle *mandrin* et se fait en fer, mais de préférence en acier Bessemer ; quand cette pièce est forcée sur le rouleau de façon à ne pouvoir être détachée, on l'appelle *mandrin fixe* ; le rouleau peut aussi être axé (V. AXAGE) avec des *mandrins* munis de rayures, ce sont alors des *mandrins à clavette* ; généralement, on emploie le mandrin rond, mais légèrement conique, c'est-à-dire que la différence d'une extrémité à l'autre est d'environ 4 0/00, soit, sur un mandrin de 1^{m},20 de long, 5 millimètres de diamètre en plus à l'une des extrémités. Pour les rouleaux à foulards, cravates ou meubles, on emploie un mandrin ordinaire revêtu d'un second mandrin appelé *manchon* ; ce dernier se fait en fonte, et même on en a employé en bois. Le mandrin se force à la main ou par une machine spéciale, dite *machine à mandriner*. Il importe de bien axer les rouleaux, car aussitôt que ces derniers ne sont pas bien fixés sur leur axe, ils jouent pendant l'impression, et le cadrage devient défectueux. Les rouleaux s'axent encore avec deux pièces vissées ou forcées, munies de goupilles et placées aux deux extrémités des rouleaux, mais alors, on appelle ces pièces des *pioches*. Elles sont de moins en moins employées, car le rouleau tend à mal tourner et ne peut plus rapporter.

MANÈGE. Les manèges sont des machines destinées à transformer les efforts (rectilignes) des moteurs animés, en force (circulaire continue) directement applicable à la mise en marche des machines. L'utilisation de la force des moteurs animés s'opère par deux procédés : l'un essentiellement composé de la traction (manège proprement dit) que l'animal est capable de fournir ; dans l'autre, il agit par son poids (manège à tablier).

Dans les manèges proprement dits, l'animal parcourt une piste circulaire en entraînant une flèche qui tourne autour d'un axe vertical. La flèche est solidaire avec une couronne dentée qui commande l'arbre de couche par une série de roues intermédiaires destinées à augmenter la vitesse ; tout l'ensemble est fixé sur un bâti de bois ou de métal. Si l'arbre de couche est au niveau du sol, le manège est dit *à terre*. D'autres fois, dans les manèges en *l'air*, la commande a lieu par arbre ou par courroie qui passe au-dessus de la tête des animaux, et la poulie motrice verticale ou horizontale est à 2 mètres du sol. Enfin, dans ces deux catégories, le manège peut être *fixe*, *mi-fixe*, ou *locomobile*, et, dans ce dernier cas, il est monté sur un chariot. La piste que parcourt le moteur doit avoir le plus grand rayon possible afin de ne pas gêner la marche de l'animal, sans toutefois être exagéré, ce qui augmenterait le nombre de roues de multiplication de la vitesse et par conséquent le poids et les frais d'installation. Le rayon varie de 2^{m},50 à 7 mètres. Les coups de collier et les efforts de démarrage se reportent surtout sur la première couronne dentée, dont les dents reçoivent les chocs, il faut donc que celle-ci soit la plus grande possible ; le rayon de la première roue ne doit pas être inférieur au 1/5 de celui de la piste. Pour éviter les bris résultants de ces à-coups, on fixe sur l'arbre de couche un joint à ressorts de compression qui amortissent les chocs ; on emploie aussi, à cet effet, des flèches en bois flexible et nerveux dont la section diminue depuis l'encastrement jusqu'au crochet de tirage. Il est bon de placer un encliquetage en un point convenable de l'arbre de commande afin que celui-ci, une fois lancé, puisse continuer son mouvement après l'arrêt brusque des animaux ; l'encliquetage empêche encore le mouvement arrière, que le recul des animaux pourrait accidentellement produire. Le rendement des bons manèges oscille entre 70 et 85 0/0. Les pertes de travail sont dues aux frottements des axes et des dents d'engrenage. D'après les expériences de M. Minard, la quantité de travail utile journalier, fournie par un cheval au manège, peut atteindre 1,828,000 kilogrammètres (9 heures de travail par jour).

Dans les manèges à tablier, le cheval marche sur place sur un plan incliné sans fin, formé de poutrelles en bois réunies par des charnières et guidées par des galets ; l'ensemble s'enroule sur 2 tambours à axes parallèles dont l'un porte la poulie de commande. Le cheval a les traits attachés à des points fixes ; lorsqu'il vient à tirer, c'est le tablier qui fuit sous ses pas en entraînant les tambours. Ils sont très employés aux États-Unis. Ils ont comme avantage d'exiger très peu de place : 1 mètre de large sur 3 mètres de long pour un cheval. — M. R.

* **MAN-ENGINE.** On désigne sous ce nom, dans les mines anglaises, l'échelle mobile destinée à faire circuler les hommes dans les puits, et connue dans les mines allemandes sous le nom de *fahrkunst*, sous lequel nous l'avons décrite. — V. ce mot.

* **MANETTE.** *T. techn.* Poignée en fer fixée sur le haut de la barre de la planche du maçon piseur. || *Clef à manette* ; se dit d'une clef qui sert à ouvrir un robinet, un compteur à gaz, en s'emboîtant dans la tête carrée de l'objet à ouvrir ou à fermer.

MANGANÈSE. *T. de chim.* Corps simple, métallique. Son symbole, Mn, correspond à l'équivalent

27,5 et au poids atomique 55. Il a été découvert par Scheele, en 1774, dans la *magnésie noire* des verriers, et isolé par Gahn, à la même époque.

Propriétés. Il est gris, cassant, très dur, d'une densité de 7,13 à 7,26, tétratomique ; il est oxydable à l'air, quand il est très divisé, aussi le conserve-t-on, parfois, dans le pétrole, mais certains procédés de préparation le donnent inaltérable; il décompose l'eau très lentement à froid, et mieux s'il est très divisé; assez bien à 100°. Il forme des sels au maximum, qui sont hexatomiques, et des sels au minimum, qui sont bivalents ; ils ont beaucoup d'analogie avec ceux du fer, avec cette différence que les derniers sont plus stables que les sels ferreux, et que c'est le contraire pour les sels manganiques.

Préparation. Pour l'obtenir pur, on se sert de son peroxyde pur, préparé artificiellement ; on le calcine pour le transformer en oxyde rouge, puis on le mélange avec du charbon de sucre, en quantité insuffisante pour obtenir une réduction complète de tout l'oxyde, et on le chauffe très fortement dans un double creuset de chaux (Deville). Il forme un culot métallique qui se recouvre d'une matière violette (spinelle manganico-calcique). On peut encore l'obtenir en décomposant son fluorure par le sodium (Brunner).

Etat naturel. Le manganèse est assez répandu dans la nature. On le retrouve dans l'économie animale, surtout dans les os et le sang (Fourcroy, Vauquelin) ; dans certains végétaux, ou plutôt dans leurs cendres ; surtout dans le règne minéral, et particulièrement combiné à l'oxygène. C'est ainsi que l'on connaît un protoxyde hydraté, auquel on donne le nom de *pyrochroïte*, que l'on trouve en masses écailleuses blanchâtres, brunissant à l'air, à Philipstad, en Wermland ; un bioxyde, la *pyrolusite* (V. ce mot), très employée dans l'industrie, et qui est le principal minerai de manganèse ; des oxydes manganiques connus sous les noms d'*acerdèse* et de *braunite;* le premier en cristaux rhomboïdaux droits, cannelés verticalement, d'une densité de 4,25 et d'une dureté de 3,5 à 4, contenant 10,23 0/0 d'eau et 89,77 d'oxyde de manganèse, et abondant dans le Hartz ; le second, en prismes carrés ou en petits octaèdres, d'une dureté de 6 à 6,5, d'une densité de 4,75, renfermant 69,62 0/0 de manganèse et 30,38 d'oxygène, anhydre, se trouvant surtout en Thuringe, en Suède, et employé comme le premier, comme minerai de manganèse. Comme composés naturels, il faut encore citer les manganates : celui de cobalt, désigné sous le nom d'*absolane* ; ceux de baryte, la *psilomélane*, le *Wad*, employés dans la verrerie, la fabrication des produits chimiques ; l'*hausmannite*, ou oxyde mangano-manganique, contenant 31 0/0 du dernier corps, et que l'on trouve en Thuringe, dans le Hartz ; etc.

Combinaisons du manganèse. Les composés les plus intéressants de ce métal sont évidemment les oxydes. On en connaît un certain nombre : le *protoxyde* ou *oxyde manganeux*, $MnO = 35{,}5$, est sous forme d'une poudre verte, il s'altère facilement en devenant oxyde manganique ; son hydrate, qui est blanc, est encore plus instable. On l'obtient en faisant passer un courant d'hydrogène sur du bioxyde pulvérisé et légèrement chauffé ; et son hydrate, en précipitant un sel manganeux par une solution de potasse ; le *bioxyde* qui est naturel (V. Pyrolusite), $MnO^2 = 43.5$, et qui sert à faire le chlore, les sels de manganèse, etc. ; l'*oxyde manganique* Mn^2O^3, se trouvant aussi sous deux états ; à l'état natif (*acerdèse, braunite*) et dont les sels sont peu stables ; l'*oxyde mangano-manganique*, $Mn^3O^4 = MnO.Mn^2O^3 = 104{,}5$, il est rouge, et est obtenu par la calcination des autres oxydes; c'est l'analogue de l'oxyde ferroso-ferrique. Quant à l'*acide manganique*

$$MnO^3 . . MnO^4H^2 = 51.5$$

il n'a pas encore été isolé, mais on le connaît à l'état de combinaison. Si l'on chauffe du bioxyde de manganèse avec de la potasse, pendant 45 minutes, on obtient une masse verte qui, reprise par l'eau en très petite quantité, donne, par évaporation dans le vide, des cristaux verts de *manganate de potasse*,

$$MnO^2 + O + KO, H^2O^2 = KO, MnO^3 + H^2O^2$$

lesquels, avec un excès d'eau, fourniront une solution violette de *permanganate de potasse* (l'*acide permanganique* $= Mn^2O^7$) avec excès de potasse et régénération d'une poudre brune de bioxyde de manganèse, ce qui se comprend par la formule suivante :

$$3Mn\Theta^4K^2 + 2H^2\Theta = 4K\Theta H + Mn\Theta^2 + 2Mn\Theta^4K$$

ou

$$3(KO, MnO^3) + 2H^2O^2 = MnO^2 + KO, Mn^2O^7 + 2KO, H^2O^2$$

ce permanganate traité par les acides faibles ou les alcalis, redevenant vert, on a donné au sel le nom de *caméléon minéral*. La liqueur concentrée, après filtration, donne des cristaux d'un noir violacé, solubles dans 15 parties d'eau ; ce corps altère le papier et toutes les matières organiques, car c'est un oxydant des plus énergiques ; les alcalis le transforment en manganate ; avec la vapeur d'eau, il se décompose en donnant de l'oxygène, de la potasse et du bioxyde de manganèse, et M. Tessier du Mottay a même proposé un mode de fabrication industrielle d'oxygène, fondé sur cette réaction. On prépare le permanganate de potasse en chauffant au rouge du bioxyde de manganèse avec de la potasse et du chlorate de potasse ; on reprend la masse par l'eau, on filtre sur de l'amiante, et on laisse cristalliser après concentration convenable. C'est un oxydant énergique, très employé en chimie, et utilisé comme désinfectant et antiseptique.

Caractères des sels. Nous avons à donner ici les caractères des divers sels de manganèse.

Sels manganeux. En général, ils sont de couleur rosée et peu stables. Leur solution offre les caractères suivants : avec l'*hydrogène sulfuré*, rien ; avec le *sulfure d'ammonium*, précipité couleur chair, brunissant à l'air, soluble dans les acides; avec la *potasse* ou la *soude*, précipité blanc brunissant à l'air, incomplet en présence des sels ammoniacaux ; avec l'*ammoniaque*, précipité blanc, devenant brun, incomplet; avec les *carbonates alcalins*, précipité blanc, brunissant à l'air; avec le *carbonate de baryte*, précipité blanc à chaud; avec le *ferrocyanure de potassium*, précipité blanc rosé, soluble dans l'acide chlorhydrique; avec le *ferricyanure de potassium*, précipité brun, insoluble dans l'acide chlorhydrique; avec le *cyanure de potassium*, précipité rose, soluble dans un excès de réactif, avec une teinte brune. Les sels manganeux, calcinés avec de l'azotate et du carbonate de potasse, donnent une masse verte par formation de manganate de potasse; mis à bouillir avec de l'acide plombique et de l'acide azotique, ils produisent une teinte pourpre par formation d'acide permanganique.

Sels manganiques. Ces corps sont assez altérables. Traités par l'*hydrogène sulfuré*, ils donnent un dépôt de soufre, et dans la dissolution, un sel manganeux; avec le *sulfate d'ammonium*, un précipité couleur chair; avec l'*acide chlorhydrique*, à chaud, un dégagement de chlore; avec la *potasse*, un précipité brun, insoluble dans un excès de réactif; avec les *carbonates alcalins*, un précipité brun, avec dégagement d'acide carbonique; avec le *ferrocyanure de potassium*, un précipité gris vert; avec le *ferricyanure de potassium*, un précipité brun; avec le *carbonate de baryte*, précipité complet à froid.

Caractères des manganates. Ces sels, en dissolution, donnent: avec l'*acide sulfhydrique*, un précipité chair, avec dépôt de soufre; avec le *sulfure d'ammonium*, une même réaction; avec l'*acide chlorhydrique*, une coloration rouge, et par la chaleur un dégagement de chlore; avec la *potasse*, rien; avec les *carbonates alcalins*, rien; l'*acide sulfureux* décolore ces solutions, si la liqueur est acide.

Caractères des permanganates. Leur solution assez étendue, parce qu'elle est, en général, très colorée, donne avec l'*acide sulfhydrique* et avec le *sulfure d'ammonium*, un précipité couleur chair, avec dépôt de soufre; avec l'*acide chlorhydrique*, une coloration rouge accompagnée, à chaud, d'un dégagement de chlore; la *potasse* fait passer leur coloration rouge violacée au vert; avec l'*acide sulfureux*, les *sels ferreux*, il y a décoloration et production d'un précipité brun dans les liqueurs neutres; l'*acide sulfurique* et l'*acide azotique* n'agissent pas, mais par la chaleur il y a dégagement d'oxygène avec les liqueurs concentrées; les *matières organiques* décolorent les solutions de permanganates.

Un seul sel de manganèse offre de l'intérêt, le *carbonate de manganèse* $MnO.C^2O^4=57,5$. C'est un corps cristallisé, de couleur rose, qui s'obtient en décomposant le chlorure manganeux MnCl, résidu de la fabrication du chlore, par le carbonate de soude; ce sel sert à préparer les autres sels de manganèse; il a été également proposé, ainsi que le sulfate de la même base, comme succédané du fer. — J. C.

MÉTALLURGIE DU MANGANÈSE

Le *ferromanganèse* ou alliage à 85 0/0 de manganèse; 6 de carbone; 1,5 de silicium; 7,5 de fer se transforme souvent, en quelques jours, en une poudre noire, dont l'état d'oxydation a été mal étudié jusqu'à présent. D'autres fois, après plusieurs mois de contact à l'air humide, ce même alliage, quand il n'est pas cristallisé en minces aiguilles, dans toute sa masse, se recouvre seulement d'une mince pellicule d'oxyde et l'altération ne continue pas.

En ayant soin de tremper dans le pétrole le ferromanganèse à cette haute teneur, avant de l'exposer à l'air humide, il peut se conserver pendant plusieurs mois. C'est donc sous cette forme d'alliage avec le fer, ou *ferromanganèse* (V. ce mot), que le *manganèse métallique* s'est introduit dans la métallurgie du fer et surtout de l'acier.

La stabilité de cet alliage du manganèse et du fer est d'autant plus grande que la proportion de fer est plus forte; mais, comme le manganèse en est la partie utile, on est arrivé, peu à peu, à l'usage presque exclusif des teneurs riches, de 70 à 85 0/0, dont l'inaltérabilité est pratiquement suffisante. En employant une pareille condensation du manganèse, on a réduit au minimum les frais d'emballage, de transport, de douane, etc., qui incombent à l'unité de manganèse. L'avenir est donc, de plus en plus, aux ferromanganèses les plus riches. Ils ont, en outre, l'avantage de permettre, comme nous l'avons montré quand nous avons parlé du ferromanganèse, d'incorporer aux aciers le minimum de carbone et de faciliter la fabrication des aciers les plus doux.

La métallurgie du manganèse est fondée implicitement sur deux réactions qui la différencient de la métallurgie du fer.

1° *Le degré de réduction extrême auquel on arrive par l'action de l'oxyde de carbone sur un oxyde quelconque de manganèse, est le protoxyde de manganèse, et jamais le manganèse métallique.* Ainsi, par exemple, l'oxyde de manganèse, le seul stable à haute température, est l'oxyde rouge Mn^3O^4, correspondant à l'oxyde magnétique de fer Fe^3O^4, qui est également le plus stable des oxydes de fer sous l'action de la chaleur.

Par la calcination d'un oxyde de manganèse quelconque, il se fait toujours et uniquement de l'oxyde rouge, et la température n'a pas besoin d'être très élevée pour que l'opération soit complète. C'est donc toujours sur cet oxyde qu'il faut raisonner:

$$2Mn^3O^4+C^2O^2=6MnO+C^2O^4$$

$$\text{ou } Mn^3O^4+CO=3MnO+CO^2$$

il se forme de l'acide carbonique et du protoxyde de manganèse. Pour que cette réaction ait lieu, il n'est pas nécessaire que la température soit élevée; la réduction semble se faire sans difficulté, à partir de 300°.

L'oxyde de fer, au contraire, dans de semblables conditions, donnerait lieu à la production de fer métallique;

$$2Fe^3O^4+4C^2O^2=6Fe+4C^2O^4$$

$$\text{ou } Fe^3O^4+4CO=3Fe+4CO^2$$

2° *Le protoxyde de manganèse est réduit à l'état de manganèse métallique par le carbone seul.*

Ainsi :

$$2MnO + 2C = 2Mn + C^2O^2$$
$$\text{ou } MnO + C = Mn + CO$$

il se forme de l'oxyde de carbone.

La raison pour laquelle l'oxyde de carbone réduit les minerais de fer à l'état métallique, et ne peut réduire de la même manière les minerais de manganèse, est facile à saisir. La réduction d'un oxyde quelconque par l'oxyde de carbone ne peut avoir lieu qu'avec production d'acide carbonique ; il faut donc, pour que la réaction soit possible, que le métal obtenu soit inattaquable par l'acide carbonique produit,

$$2MO + C^2O^2 = 2M + C^2O^4$$
$$\text{ou } MO + CO = M + CO^2$$

autrement, la réaction inverse aurait lieu, et le métal se réoxyderait au contact de l'acide carbonique,

$$2M + C^2O^4 = 2MO + C^2O^2$$
$$\text{ou } M + CO^2 = MO + CO$$

Ceci est, évidemment, une question de température ; il faut que la réduction de l'oxyde puisse se faire au-dessous de la température à laquelle le métal est oxydé par l'acide carbonique. Or, le manganèse métallique est attaqué facilement par l'acide carbonique un peu au-dessous du rouge, tandis que la réduction de l'oxyde de manganèse par le carbone, ne se fait qu'au-dessus du jaune et presque au blanc. Le fer, au contraire, est oxydé par l'acide carbonique à une température notablement supérieure à celle à laquelle a lieu la réduction de l'oxyde de fer par l'oxyde de carbone. Il faut donc conclure de ces deux lois expérimentales que la métallurgie du manganèse doit réaliser les deux conditions suivantes : 1° mettre en contact le plus intime le carbone et le protoxyde de manganèse ; 2° ramener les oxydes supérieurs de manganèse à l'état de protoxyde, autant que possible par l'oxyde de carbone provenant de la réduction du protoxyde par le carbone. Une autre condition avantageuse dans la métallurgie du manganèse, c'est *l'affinité du fer pour le manganèse* et *l'action réductrice du carbure de fer sur l'oxyde de manganèse.*

« Le fer, par l'affinité qu'il a pour le manganèse, facilite la réduction des oxydes de ce métal au contact du charbon », nous dit Berthier, dans son *Traité des essais par la voie sèche*. Ce principe est évident par lui-même, car le fer, si facile à réduire, se carbure à une température relativement basse ; il peut alors céder une partie de son carbone à l'oxyde de manganèse, réduire celui-ci, s'allier au manganèse métallique produit et le protéger contre les actions oxydantes.

Le *manganèse* n'a une véritable métallurgie que depuis une douzaine d'années, et encore est-ce sous la forme de *ferromanganèse*.

Dans les laboratoires, on obtenait le *carbure de manganèse fondu* de la manière suivante : pour éviter tout contact entre le métal obtenu et les matières qui pourraient avoir une action oxydante sur lui, on se servait d'un creuset garni intérieurement d'un enduit de carbone (V. Brasque). L'oxyde de manganèse, provenant de la calcination du carbonate de manganèse, était mélangé avec de l'huile, pour assurer au moment de la combustion de cette matière organique, le contact intime d'un dépôt de carbone et d'oxyde de manganèse. C'est dans un creuset ouvert ordinaire que l'on opérait cette décomposition de l'huile, et il se faisait ainsi un mélange de protoxyde de manganèse et de charbon,

$$2Mn^3O^4 + nC = 6MnO + C^2O^2 + (n-2)C$$
$$\text{ou } Mn^3O^4 + nC = 3MnO + CO + (n-1)C$$

Le produit de cette première opération était trituré de nouveau avec de l'huile ; on en formait une pâte que l'on réduisait en boulettes et on remplissait le creuset brasqué ; celui-ci était chauffé pendant deux heures au feu de forge.

— Le premier essai de fabrication et d'emploi industriel du manganèse métallique, plus ou moins mélangé de fer, a pris naissance incontestablement à Sheffield.

En 1839, M. Marshall Heath, qui était employé de la Compagnie des Indes, avait été frappé du rôle important que semblait jouer la fonte manganésée dans la fabrication de l'acier damassé qui porte le nom de *Wootz* (V. Damassé), et qui s'obtient dans l'Inde par la fusion d'un mélange de fer et de charbon, dans de petits creusets de terre réfractaire. Il considéra comme de la plus grande importance, d'introduire le manganèse dans l'industrie de l'acier. A cet effet, il quitta la position qu'il avait dans l'administration de la Compagnie et vint en Angleterre ; après quelques essais, il se fixa à Sheffield et vendit aux fabricants de cette ville du *manganèse métallique*. C'était, plus vraisemblablement, du ferro-manganèse à très haute teneur, qu'il fabriquait au creuset par la réduction de l'oxyde de manganèse avec du charbon de bois, et qui se présentait sous la forme de fines grenailles (probablement parce que la température était insuffisante pour agglomérer le produit en un seul culot). Les fondeurs d'acier trouvèrent des avantages à cette addition de manganèse métallique. Mais ayant observé que le résultat était le même en mettant dans le creuset un mélange d'oxyde de manganèse et de charbon au lieu et place des petits paquets de manganèse métallique que Marshall Heath leur vendait fort cher, ils tournèrent le brevet et refusèrent de se servir de sa *drogue* ; le malheureux inventeur fut ruiné par les procès qu'il eut à subir pour soutenir contre ses ingrats compatriotes les droits de sa patente du 5 avril 1839.

Le docteur Prieger, de Bonn (Prusse Rhénane), a, le premier, fait connaître le *ferromanganèse*, renfermant 80 0/0 de manganèse, 6 0/0 de carbone et 14 0/0 de fer. Le chimiste allemand se proposait, en 1866, de fabriquer un alliage de fer et de manganèse pouvant servir à faire des statuettes d'un blanc argentin, de même que l'alliage de cuivre et de manganèse, ou *cupro-manganèse*, qu'il avait réussi à produire aussi, lui semblait devoir constituer un nouveau bronze. M. Prieger employait des creusets de graphite provenant d'une fabrique des environs de Passau (Bavière) et qui ne servaient que pour une seule fusion.

Voici comment se composait le mélange :

Oxyde de manganèse.	10k
Poussier de charbon de bois.	2.100
Spiegel à 9 ou 10 0/0 de manganèse. .	1.000
	13.100

Le mélange était recouvert, sur une épaisseur de un centimètre, de charbon de bois en petits fragments, et c'est sur cette couche que reposait le couvercle.

L'oxyde de manganèse employé était très riche et très pur, comme le montre l'analyse suivante :

Manganèse	58.00
Silice et alumine	4.50
Eau	9.50
Oxygène	28.00
	100.00

Le spiegel était concassé en fragments de 100 à 200 grammes, et la charge était tassée fortement dans les creusets. La fusion durait neuf à dix heures, et on consommait 250 kilogrammes de coke par four contenant deux creusets. Voici, d'après M. Pourcel, ancien ingénieur de Terre-Noire, quel était le prix de revient du procédé Prieger, pour deux fusions à deux creusets :

40 kilogrammes, oxyde de manganèse à 250 fr. la tonne	10 »
8 kilogrammes, charbon de bois en poudre à 180 fr. la tonne	1 50
4 kilogrammes, spiegel à 130 fr. la tonne	» 52
4 creusets à 3 fr. 50 l'un	14 »
500 kilogrammes de coke à 25 fr.	12 50
3 ouvriers à 4 fr.	12 »
Frais généraux, réparations, etc.	8 »
	58 52

Pour une fabrication de 18 kilogrammes de métal, on arrive ainsi au prix de 3 fr. 25 le kilogramme de ferromanganèse, à une teneur variant de 70 à 82 0/0. Ce prix énorme de 3,250 francs la tonne, était même dépassé, car la moyenne du rendement de chaque creuset était au-dessous de 4 kilogrammes. On comprend donc que M. Prieger, qui vendait son ferromanganèse 4 francs le kilogramme pour une teneur approchant 80 0/0, n'ait pu installer avec bénéfice une fabrication en grand de ce produit.

Le directeur de l'aciérie de la Compagnie de Terre-Noire, M. Valton, ayant indiqué le véritable rôle du manganèse dans l'addition finale du spiegel au Bessemer (V. Brulé (Fer), Ferromanganèse), il était naturel que ce fut également lui qui fit la première application de ces alliages de manganèse où le réducteur de l'oxyde de fer en dissolution dans l'acier se trouvait ainsi concentré à haute dose. Après avoir essayé, dès le mois de juin 1867, l'alliage à 80 0/0 et avoir constaté la douceur des aciers ainsi obtenus, la Compagnie de Terre-Noire s'entendit avec M. Prieger, et entreprit la fabrication à deux creusets dans les premiers mois de 1868. Mais ce procédé ne pouvait devenir vraiment industriel ; tout au plus, servit-il à l'étude des dosages, qui avait été traitée d'une manière un peu trop empirique par le chimiste allemand. Cette étude mit aussi en évidence ce fait intéressant que la fabrication du ferromanganèse est une industrie imparfaite, où le manganèse réduit n'est qu'une *fraction* de la quantité employée. C'est ce qu'on appelle *l'utilisation du manganèse*. Tandis que la réduction, dans un creuset de graphite, d'un mélange de minerai de fer et de charbon donnerait une utilisation complète ou égale à un, la réduction d'un oxyde de manganèse dans les mêmes conditions ne donnait qu'une utilisation de 50 à 55 0/0 ; le reste du métal restant à l'état de protoxyde combiné à la silice du lit de fusion. Nous verrons que, malgré les progrès faits dans la fabrication du ferromanganèse, l'utilisation du manganèse y est encore bien incomplète.

L'heureuse idée de M. Mushet, l'addition finale de la fonte manganésée ou spiegeleisen de Westphalie, avait ouvert les yeux à Sir H. Bessemer sur l'importance du manganèse dans l'affinage de la fonte par son merveilleux procédé. Il se préoccupait depuis quelque temps de réaliser un alliage de fer et de manganèse, sans bien comprendre quel rôle mystérieux ce métal pouvait bien jouer, mais avec l'intention de le concentrer dans un produit plus riche en manganèse que les spiegels de Prusse, qui n'en renfermaient que 7 à 8 0/0.

Sachant que l'on traitait, à Glasgow, dans la fabrique de produits chimiques de MM. Tennant, de grandes quantités de manganèse pour la production du chlore, il se rendit dans cette ville, pour voir si on ne pourrait pas utiliser les résidus de cette industrie à la fabrication d'un alliage de fer et de manganèse. Il fit la connaissance d'un chimiste nommé Henderson et lui expliqua ce qu'il désirait. Celui-ci se mit à l'œuvre et réalisa, dès 1863, ce que l'on appela le *procédé Henderson*. Sur la sole d'un four Siemens et qui était formée de briques de carbone, cimentées par du goudron, Henderson réalisa, pour ainsi dire, le creuset brasqué, et put réussir assez bien la réduction du manganèse. Il transformait d'abord le résidu de chlorure de manganèse en carbonate de manganèse, moins poreux, moins volumineux et plus facile à laver que l'hydrate de protoxyde que donnerait la précipitation simple par la chaux. Les mélanges qu'il employait et qui comportaient, outre ce carbonate artificiel de manganèse, du sel marin, de l'oxyde de fer (blue billy) provenant du traitement pour cuivre des pyrites grillées de Tharsis et de Rio-Tinto, étaient assez mal étudiés. Cependant, il obtenait ainsi un alliage à 25 0/0 de manganèse ou spiegel riche, qui pouvait rendre quelques services dans la métallurgie de l'acier.

La Compagnie de Terre-Noire traita avec Henderson pour l'emploi de son four à sole de carbone et chercha par ce moyen à produire plus économiquement qu'au creuset, le ferromanganèse à 80 0/0.

Voici comment étaient confectionnées les briques en carbone de la sole : primitivement, on employait un mélange de coke pulvérisé et de goudron, fait sur une aire en fonte chauffée aux environs de 100 degrés. Cette pâte noire était damée dans des moules en fonte en plusieurs pièces, réunies par des frettes, et que l'on portait au rouge. La cuisson s'opérait dans un petit four et durait cinq à six heures. On obtenait ainsi des blocs carrés de 50 centimètres de côté sur 20 centimètres de hauteur, compactes, sonores, et à angles vifs. En remplaçant le coke par du graphite de cornues à gaz, ne renfermant que 1 à 2 0/0 de cendres, on obtenait encore de meilleurs résultats. On cimentait les joints avec une pâte de coke pulvérisé et de goudron. A Terre-Noire, le minerai de manganèse riche, que l'on avait substitué au carbonate artificiel d'Henderson, était réduit en poudre fine et mélangé intimement à de la chaux et du menu de houille bien lavé. Le fer était introduit sous forme de limaille ou de tournure de fonte ou d'acier. Le tout était humecté et chargé à la pelle sur la sole du four. Cette opération était pénible pour les ouvriers, parce que le tirage était supprimé pour éviter les entraînements de poussière dans les chambres et que la distillation de la houille produisait une abondante fumée fuligineuse qui sortait par la porte du four laissée tout ouverte.

Les matières, qui composaient la charge, étaient choisies avec soin, de manière à rendre minimum la quantité de silice du lit de fusion. La chaux ne renfermait que des traces de silice ; la houille, 4 à 5 0/0 de cendres et le minerai avait 50 à 54 0/0 de manganèse. Une charge rendait environ 300 kilogrammes de ferromanganèse à 80 0/0.

Cette fusion était longue et, par suite, coûteuse; il fallait une dizaine d'heures pour arriver à la chaleur blanche. Il se formait alors un petit bain métallique et le travail du fondeur ramenait toutes les parties pâteuses qui se collaient à la sole, au contact de ce bain. On augmentait la fluidité du laitier en projetant sur la sole, quelques instants avant la coulée, du spath fluor en poudre : environ la dixième partie de la chaux employée. La réduction proprement dite durait ainsi de cinq à dix heures, et il fallait encore deux heures pour les réparations du four et le chargement.

Ce mode de fabrication n'était qu'une demi-solution, car la production était grevée de trop de frais ; d'ailleurs, l'utilisation du manganèse était assez mauvaise : elle ne dépassait guère 50 0/0 de ce qui était chargé. Il y avait des entraînements de poussières dans les chambres des régénérateurs, ce qui produisait des arrêts fréquents et amenait une grande dépense de matériaux réfractaires.

Les matières chargées occupaient un volume considérable dans le four, ce qui, au commencement, gênait un peu la combustion des gaz et, de plus, la chaleur pénétrait mal au travers de cette masse pulvérulente. On avait obvié à cet inconvénient en opérant, dans un premier chauffage, la formation de *briquettes* renfermant tous les éléments du dosage ; cette manière de faire avait, de plus, l'avantage de mettre en présence le protoxyde de manganèse et le charbon, car il y avait commencement de réduction dans ce premier chauffage.

Malgré ces perfectionnements, la consommation de combustible était énorme, la production relativement faible et l'entretien du four très dispendieux. Ce procédé n'était qu'une métallurgie du manganèse dans l'enfance. Il y avait donc un pas à faire, c'était de se rapprocher des méthodes employées pour la production de la fonte.

Il existait depuis près d'un siècle, en Allemagne, dans le Pays de Siegen, une industrie spéciale, celle des fontes manganésées ou *spiegeleisen* (V. SPIEGELEISEN). Ces fontes, qui renfermaient jusqu'à 8 et 10 0/0 de manganèse, s'obtenaient au haut-fourneau, en traitant un mélange de carbonate de fer et de manganèse grillés.

On avait essayé, plusieurs fois, d'augmenter la teneur en manganèse de ces fontes, en ajoutant au lit de fusion des minerais de manganèse des environs, ceux de Giessen, notamment, qui renferment, à l'état de peroxyde, jusqu'à 50 0/0 de manganèse métallique. Ces essais n'avaient servi qu'à faire passer, dans le laitier, la plus grande partie de l'excès de manganèse ajouté ; il semblait donc que, pour amener la réduction du manganèse, il fallait que l'oxyde de manganèse fût mélangé intimement avec du minerai de fer. En 1864, dans une *Etude sur la métallurgie du fer dans le Pays de Siegen*, on pouvait lire :

« Dans le Pays de Siegen, on n'arrive à produire, dans les anciens fourneaux, du spiegeleisen, que grâce à l'énorme teneur en manganèse des fers carbonatés spathiques. En effet, ces minerais, après le grillage, renferment le manganèse à un état d'oxydation qui permet, paraît-il, une réduction plus facile, en même temps que la carburation du fer et du manganèse est favorisée par leur porosité.

« Il ne faudrait pas croire qu'on puisse augmenter indéfiniment la richesse en manganèse du lit de fusion : si la richesse est faible, tout le manganèse passe dans la fonte ; mais, au delà, tout l'excédent de manganèse se partage à peu près également entre la fonte et le laitier, jusqu'à une certaine limite, au delà de laquelle tout le manganèse en excédent passe dans le laitier sans se réduire. »

Ce que l'on pouvait écrire en 1864, on ne pouvait plus le dire dix ans plus tard, car des faits nouveaux étaient venus jeter une certaine clarté sur cette question si obscure de la réduction du manganèse. Une usine suédoise, Shisshytta, était parvenue, par le traitement au haut-fourneau d'un minerai de fer renfermant une assez forte dose de manganèse, à faire du spiegeleisen à 18 0/0 de manganèse. On sortait donc des teneurs fixes de 8 à 10 0/0, qu'on n'avait pu dépasser dans le pays de Siegen.

En 1873, à l'Exposition universelle de Vienne, une petite usine de Carniole obtenait aux hauts-fourneaux de Sava et de Jauerbourg, une fonte ayant jusqu'à 35 0/0 de manganèse ; ce n'était plus du spiegeleisen, c'était du *ferromanganèse*. Des ingénieurs français, en visitant ces usines, se rendirent compte qu'il y avait là un fait important qui devait éclaircir cette question si ténébreuse. Le lit de fusion se composait de deux minerais, l'un ne contenant pour ainsi dire que du fer, et l'autre ne renfermant que du manganèse. Quelle était donc la raison qui avait fait échouer, jusqu'à présent, la réduction du manganèse au haut-fourneau et à toutes teneurs ? C'était uniquement une question de température.

Nous avons vu que le manganèse n'est pas réduit par l'oxyde de carbone, mais seulement par le carbone. Il fallait donc une bien plus grande quantité de charbon de bois et de coke pour réduire le manganèse que pour extraire le fer de ses minerais, afin d'élever la température et de faciliter le contact du réducteur avec le corps à réduire. Au mois d'août 1874, les hauts-fourneaux de Montluçon, marchant au coke, essayèrent de faire du spiegel riche. Ayant eu l'heureuse idée de marcher à petite charge, c'est-à-dire avec un excès de coke, ils obtinrent du premier coup 26 0/0 de manganèse, puis, quelque temps après, jusqu'à 43 0/0. La fabrication du ferromanganèse au haut-fourneau était créée ; il n'y avait plus que quelques perfectionnements à introduire pour arriver, à des teneurs aussi élevées, que ce qu'on réussissait au creuset, c'est-à-dire 80 et même 85 0/0 de manganèse. A de semblables teneurs, on obtient une véritable *fonte de manganèse*, puisque les matières étrangères, fer, carbone, silicium, etc., ne s'élèvent qu'à 15 0/0.

Il n'y aurait pas grand intérêt à obtenir un alliage plus pauvre en fer, car la facilité qu'a le produit à s'oxyder à l'air augmenterait ; et, d'ailleurs, il y a une autre difficulté que nous allons aborder.

Le fer qui se trouve dans le lit de fusion se réduit totalement, qu'il provienne des minerais, des cendres, du coke, de la castine ou carbonate de chaux ajoutés, tandis que le manganèse de la charge ne se réduit que partiellement. Il y a donc concentration dans le métal de tout le fer traité, et il deviendrait difficile de réunir un ensemble de matières assez pauvres en fer pour baisser cette teneur finale dans le produit, au-dessous de 7 à 8 0/0.

S'il est possible de réduire des minerais de fer sans laisser autre chose que des traces de ce métal dans les laitiers, il n'en est pas de même pour le manganèse, dont une partie reste combinée à la silice du lit de fusion, à l'état de silicate de protoxyde de manganèse. On a beau charger le laitier de bases, chaux, magnésie, baryte pour saturer la silice du lit de fusion, il reste toujours de l'oxyde de manganèse dans le laitier.

Voici deux exemples de laitiers, en marche de ferromanganèse, à 80 0/0, et que l'on peut considérer comme des extrêmes d'allure normale :

Silice.	26.50	27.60
Chaux.	43.00	39.60
Baryte	4.20	0.85
Alumine	15.70	16.40
Manganèse.	6.77	11.89
Fer.	traces	traces

Nous ne parlons pas des cas de refroidissement et de chutes de minerais, où la teneur en manganèse, dans les laitiers, peut atteindre et dépasser 20 0/0. On comprend qu'il y a, dans cette impossibilité de réduction complète du manganèse, une condition toute particulière; la métallurgie de ce métal est donc forcément imparfaite jusqu'à présent. Il faut partir de ce fait expérimental, que toute la silice du lit de fusion restera combinée à de l'oxyde de manganèse, dans un rapport qui variera entre 26,50 de silice contre 6,77 de manganèse (ou 4 de silice contre 1 de manganèse), et 27,60 de silice contre 11,89 de manganèse (ou 2 1/2 de silice contre 1 de manganèse), suivant les conditions de température et de quantité de bases en présence.

La silice doit donc être écartée le plus possible du lit de fusion; aussi cherche-t-on à employer les cokes les plus purs, les minerais les moins siliceux, car chaque unité de silice entraîne, comme nous venons de le voir, la perte d'une certaine quantité de manganèse, outre la dépense en coke pour fondre ce laitier et la diminution de production qui en résulte.

Pour maintenir la chaleur nécessaire à la réduction (tout en restreignant au minimum la quantité de coke, qui entraîne des cendres, forcément plus ou moins siliceuses et qu'il faut fondre, on chauffe l'air au maximum de la température que peuvent produire les appareils. Ceux-ci sont du système Whitwell, de préférence, à grandes surfaces de chauffe et faciles à nettoyer.

Ceci nous amène à dire quelques mots d'une autre perte de manganèse, inhérente à cette fabrication, l'entraînement par les gaz d'oxydes MnO et Mn^3O^4 du gueulard. Lorsqu'on marche en allure de fonte ordinaire, et que l'on ne traite que des minerais de fer, pauvres en manganèse, les gaz qui s'échappent du gueulard sont incolores, ou tout au plus blanchâtres, par l'entraînement de particules de chaux. Vient-on à introduire dans le lit de fusion une dose notable de minerai de manganèse, les gaz se colorent en jaune orangé d'une nuance caractéristique. Il en résulte des poussières riches en oxydes de manganèse, qui se déposent dans les conduites. Leur ténuité est telle que l'on en retrouve encore dans les gaz, après leur combustion dans les appareils à air chaud et aux chaudières. La couleur jaune orangé, au sortir des cheminées de ces appareils, est même notablement plus accentuée qu'au gueulard. Cela tient, sans doute, à ce que l'excès d'air qu'a nécessité la combustion de ces gaz a permis au manganèse entraîné, de passer de MnO à l'état de Mn^3O^4 ou d'*oxyde rouge de manganèse*.

Cette perte de métal, par les fumées, qui peut varier de 10 à 15 0/0 du poids du manganèse chargé, n'est pas encore bien expliquée. On a voulu y voir une sorte de volatilisation du manganèse, due à la température élevée qui règne dans les parties inférieures du fourneau, suivie d'une oxydation. Nous ne pensons pas que ceci soit nettement établi. L'analogie entre le fer et le manganèse ne permet pas d'assigner au manganèse une volatilité supérieure à celle du fer. Il est plus probable que, vu l'extrême fragilité des minerais de manganèse, une grande quantité de métal réduite au contact du carbone solide, dans une zone où la fusion ne peut avoir lieu, se réoxyde au contact de l'acide carbonique, et passe à l'état d'oxyde pulvérulent, qui suit le courant gazeux ascendant.

Un autre caractère distinctif des hauts-fourneaux, traitant des minerais de manganèse, c'est la répartition de la température suivant la hauteur. Dans un haut-fourneau à fonte de fer, la température croit d'une manière continue de haut en bas, partant de 350 à 400° au gueulard, pour atteindre son maximum devant les tuyères; cet accroissement résulte de l'échange de température entre la colonne descendante des matières solides chargées froides, minerai, coke, castine, et la colonne ascendante gazeuse, composée des gaz de la combustion du coke, qui ont pris la température de l'ouvrage.

Dans les hauts-fourneaux à ferromanganèse, cet échange de température est modifié par la nature du minerai chargé. Celui-ci se compose, en majeure partie, de peroxyde de manganèse, qui, bien au-dessous de la chaleur rouge, perd son oxygène et se transforme en oxyde rouge :

$$3MnO^2 = Mn^3O^4 + 2O$$

il y a dégagement d'oxygène (cette réaction est un des modes de préparation de ce gaz).

Cet oxygène transforme en acide carbonique l'oxyde de carbone des gaz, et, par la chaleur qui en résulte, rend le coke environnant incandescent :

$$O^2 + C^2O^2 = C^2O^4$$
$$\text{ou } O + CO = CO^2$$

Mais cet acide carbonique se transforme à son tour en oxyde de carbone, en traversant la couche de coke incandescent située au-dessus :

$$C^2O^4 + C^2 = 2(C^2O^2)$$
$$\text{ou } CO^2 + C = 2CO$$

Ce qu'il y a de certain, c'est qu'à quelques mètres au-dessous du gueulard, souvent même deux mètres seulement, il y a un foyer de chaleur assez intense, et que les gaz qui s'échappent du gueulard, ne renferment que très peu d'acide carbonique; ils sont presque en entier composés d'azote, d'oxyde de carbone et de vapeur d'eau.

Nous avons vu que le traitement métallurgique des minerais de manganèse au haut-fourneau avait été longtemps retardé, parce qu'on ne soupçonnait pas la quantité énorme de coke que nécessite leur réduction. Cette quantité est, actuellement, plus de deux fois celle que demandent les minerais de fer de même richesse; on peut réduire des minerais de Bilbao à 50 0/0 de fer en consommant moins de 900 kilogrammes de coke par tonne de fonte; un minerai de manganèse de même teneur, nécessite de 2,300 à 2,500 kilogrammes du même coke pour produire du ferromanganèse à 80 0/0. Le rapport est presque de un à trois.

Le ferromanganèse ne présente pas de particularités pour sa coulée. On la fait en sable comme la fonte grise, mais on a soin, pour refroidir les gueusets, de ne pas employer d'aspersion d'eau; car, si le métal était encore rouge, il se transformerait en oxyde avec dégagement d'hydrogène.

Le ferromanganèse, à haute teneur, étant très fragile, il est d'usage de l'emballer dans des caisses ou des tonneaux. On évite ainsi l'action de l'humidité et les pertes de métal pendant les transports. Actuellement, on fabrique le ferromanganèse au haut-fourneau, par 20, 30 et 35 tonnes par vingt-quatre heures, pour les teneurs les plus élevées, tandis que, dans la fabrication sur sole, on atteignait difficilement 1,000 à 1,500 kilogrammes dans les mêmes teneurs.

L'abaissement de prix a suivi une progression analogue. Quand on opérait au four Siemens, on obtenait l'alliage à 80 0/0 aux environs de 12 à 1,300 francs la tonne. Actuellement on vend ce produit, pris aux usines, au-dessous de 300 francs la tonne. Ce prix, énormément réduit, est susceptible de s'abaisser à 200 francs, le jour où, au lieu de payer le minerai de manganèse 80 à 100 francs la tonne, on l'obtiendra à moitié prix.

Emploi et influence du manganèse en métallurgie. Le manganèse a joué dans la métallurgie du fer, un rôle d'autant plus important, qu'on a mieux appris à connaître les réactions chimiques qui s'y passent. Ce rôle est fondé sur trois propriétés remarquables.

1° *L'affinité du manganèse pour l'oxygène est supérieure, de beaucoup, à celle que le fer a pour ce corps.*

Nous avons déjà montré quelques applications de cette facilité du manganèse métallique à céder aux actions oxydantes.— V. BRÛLÉ (Fer), DOUCEUR, FERROMANGANÈSE.

Nous en retracerons ici le principe seulement. En présence de l'oxyde de fer et à une température convenable, le manganèse passe à l'état de protoxyde, et le fer est réduit à un état d'oxydation inférieure, ou même à l'état métallique :

$$Mn + Fe^3O^4 = 3FeO + MnO$$
$$Mn + FeO = MnO + Fe$$

La première réaction justifie l'emploi du spiegel et du ferromanganèse dans la fabrication de l'acier. La deuxième réaction explique comment, dans la fabrication du ferromanganèse, il n'y a pas de fer dans les laitiers. L'oxyde de fer, qui aurait pu échapper à la réduction, passe à l'état métallique, en oxydant une quantité équivalente de manganèse.

Ceci nous donne, également, la raison de la difficulté que l'on éprouve à réduire le manganèse des oxydes qui le renferment, et de la haute température que demande cette opération.

2° *Le manganèse a une grande affinité pour le soufre.* L'analogie chimique du soufre et de l'oxygène pouvait le faire supposer, l'expérience le justifie pleinement.

Que l'on fasse fondre, dans un creuset, de la fonte sulfureuse à 1/2 pour cent de soufre, et dans un autre creuset, de la fonte manganésifère du spiegel à 16 0/0 de manganèse, par exemple; versons le spiegel dans la fonte et agitons, une forte odeur d'acide sulfureux, provenant de la décomposition à l'air du sulfure de manganèse qui est monté à la surface, nous prouvera l'élimination du soufre. A l'analyse, le mélange indiquera que les 9/10 du soufre ont quitté la fonte.

Cette propriété désulfurante du manganèse est destinée à jouer, dans la métallurgie actuelle, un rôle des plus importants. Autrefois, le phosphore était l'ennemi le plus sérieux de la qualité; mais, maintenant que la déphosphoration permet d'obtenir des produits de premier choix avec des matières phosphoreuses, c'est le soufre qui est devenu l'élément perturbateur par excellence.

Nous avons vu (V. DÉSULFURATION) comment on pouvait enlever pratiquement le soufre dans les fontes. Il est préférable de le faire passer dans les laitiers, pendant le traitement au haut-fourneau.

Ici, nous ne pourrions affirmer aussi nettement que le soufre passe à l'état de sulfure de manganèse; c'est probable cependant. Mais l'affinité de la silice pour le protoxyde de manganèse peut également jouer un rôle dans cette opération.

On sait que le soufre a une grande affinité pour le calcium, et on obtient, sans manganèse, une désulfuration très convenable au haut-fourneau par l'addition d'un excès de chaux dans le lit de fusion. Mais il est nécessaire, pour cela, d'élever la température, afin de pouvoir fondre le laitier, devenu plus réfractaire par suite de l'excès de chaux. L'addition de manganèse à l'état d'oxyde permet la désulfuration au haut-fourneau sans recourir à cette élévation de température. Il semble que la présence de l'oxyde de manganèse dans le laitier, en saturant une partie de la silice, rende plus libre la chaux en présence, et qu'elle soit aussi plus apte à absorber le soufre. Cependant cette explication n'est pas admise d'une manière générale par les métallurgistes.

Une autre manière de désulfurer les fontes dans le haut-fourneau consiste à ajouter, à la charge, une certaine quantité de manganèse métallique, sous forme de spiegel ou de ferromanganèse. Le manganèse métallique tamise en gouttelettes et s'empare du soufre comme dans l'expérience de désulfuration que nous avons citée plus haut. Le sulfure de manganèse, ainsi produit, se dissout dans le laitier.

3° *L'oxyde de manganèse a une grande affinité pour la silice.* C'est cette affinité de l'oxyde de manganèse pour la silice, qui contribue à rendre si difficile le traitement des minerais de manganèse siliceux; c'est elle, également, qui est cause de la réduction incomplète de l'oxyde de manganèse au haut-fourneau.

Naturellement, le silicate de protoxyde de manganèse est irréductible par l'oxyde de carbone, tout comme le protoxyde de manganèse. Le silicate de protoxyde de manganèse peut être réduit en présence de la chaux et du carbone solide :

$$2(MnO, SiO^3) + 2C + 2CaO$$
$$= 2(CaO, SiO^3) + 2Mn + C^2O^2$$

ou $MnO, SiO^3 + C + CaO = CaO, SiO^3 + Mn + CO$

Quand les conditions de contact ou de température nécessaires à cette réaction, ne sont pas parfaitement remplies, le silicate de manganèse échappe à la réduction et passe dans le laitier.

L'affinité de la silice pour le protoxyde de manganèse joue plutôt, en métallurgie, un rôle nuisible. Quelquefois, cependant, il devient utile, lorsqu'on veut obtenir un laitier plus fusible : ainsi, prenons un des laitiers de ferromanganèse que nous avons cité plus haut, celui qui renferme le plus de chaux, par exemple,

Silice	26.50
Chaux	43.00
Baryte	4.20
Alumine	15.70
Protoxyde de manganèse	5.40

s'il n'y avait pas de manganèse, un semblable laitier aurait en centièmes la composition suivante :

Silice	29.5
Chaux	48.0
Baryte	5.0
Alumine	17.5
	100.0

il est certain qu'il ne fondrait pas; l'oxyde de manganèse, en présence, lui donne, au contraire, une grande fluidité.

En résumé, la présence du manganèse dans les matières premières de la métallurgie du fer est d'un effet avantageux. Dans les minerais, le manganèse donne plus de fusibilité aux laitiers et il facilite l'élimination du soufre. Dans les fontes, il prolonge l'affinage en protégeant le carbone contre l'action des scories. Celles-ci sont moins affinantes par la réduction du peroxyde de fer à l'état de protoxyde sous l'action du manganèse. Cette prolongation de l'affinage est de première importance dans la fabrication de l'acier puddlé.

Dans le puddlage des fontes phosphoreuses, le manganèse facilite l'élimination du phosphore (V. Déphosphoration). Dans tout affinage de fonte, le manganèse est un agent énergique de désulfuration.

Pendant un certain temps, on a voulu classer les minerais de fer en deux catégories : ceux qui ne permettaient pas la production de l'acier, par les méthodes alors employées, le traitement direct et l'affinage au bas foyer, et qu'on appelait *minerais communs* ou *ordinaires*, et ceux qui réalisaient les meilleures conditions pour cette fabrication, et auxquels on attribuait une *propension aciéreuse.* On avait même été jusqu'à supposer, en voyant que ces minerais, propres à la fabrication de l'acier, étaient pour la plupart des oxydes magnétiques, que cette propension aciéreuse tenait à une certaine combinaison de protoxyde de fer ou *ferrosum* avec du peroxyde ou *ferricum.* Une étude plus approfondie a fait justice de tout cela qui n'expliquait rien et, actuellement, il semble prouvé que les minerais propres à la fabrication de l'acier sont, avant tout, pauvres en soufre et en phosphore et surtout manganésifères.

C'est donc encore une nouvelle influence du manganèse, qui résulte de l'ensemble de ses propriétés, à la fois désulfurantes et protectrices contre une décarburation trop rapide.

Dans l'opération Bessemer, le manganèse est un élément calorifique important, qui donne de la qualité aux aciers produits. Il détermine, pendant sa combustion, d'abondantes fumées qui obscurcissent un peu la flamme; mais, avec de l'habitude, on arrive facilement à arrêter l'affinage au point voulu. Nous ajouterons, de plus, qu'en présence d'une forte proportion de manganèse dans la fonte, il ne peut pas rester, à la fin de l'opération, une quantité notable d'oxyde de fer en dissolution dans le métal; celui-ci peut donc ne pas être rouverin, ce qui dispense de l'addition d'un réducteur manganésé comme le spiegel ou le ferromanganèse. On pousse, dans ce cas, l'affinage moins loin, et on arrête un peu avant l'abaissement de la flamme, qui caractérise la fin de la décarburation. En général, il est plus économique, cependant, de ne pas avoir de manganèse dans la fonte et d'ajouter à la fin de l'opération la quantité de ce métal qui est strictement nécessaire à la réduction de l'oxyde de fer. — F. G.

***MANGLE.** Calandre horizontale. — V. Apprêt.

***MANILLE.** *T. techn.* Anneau ouvert à l'une de ses extrémités, qui sert à réunir deux bouts de chaîne entre eux ; la fermeture de cet anneau s'opère au moyen d'une broche ou d'une clavette, un peu conique, goupillée, que l'on enfonce dans des trous percés dans les deux branches de l'anneau. — V. Câble Chaîne. ‖ Sorte de *chapeau de paille.* — V. cet article.

MANIOC. *T. de bot.* Plantes de l'Amérique, de la famille des euphorbiacées, et dont deux sont utiles à cause de la fécule qu'elles fournissent, le *jatropha manihot*, L., ou manioc amer, et le *jatropha dulcis*, Rottb., ou manioc doux. Ce sont des végétaux herbacés ou ligneux, à feuilles alternes, à fleurs disposées en grappes. Leur racine, analogue à celle des dahlias donne, lorsqu'on la râpe et l'exprime, le *couaque* et la *cassave*; le premier est lavé et séché, la seconde séchée seulement sur des plaques chaudes. L'action de la chaleur et de l'eau a pour but d'enlever à ces produits le latex qu'ils conservent, et dont l'âcreté est si grande, qu'il sert comme irritant et vermicide ; et dans le manioc amer, l'acide cyanhydrique. La fécule pure entraînée des racines pressées, puis parfaitement lavée et séchée, constitue la *moussache* ou *cipipa*, avec laquelle on fait le *tapioca.* — V. ce mot.

Le *manihot cearense* est cultivé à cause de la grande quantité de caoutchouc que fournit son latex. — J. C.

***MANIPULATEUR.** Dans le langage télégraphique, on appelle *transmetteur* tout appareil servant à envoyer des signaux, *récepteur* tout appareil reproduisant à l'arrivée, les signaux émis par le transmetteur du poste de départ. La transmission au poste de départ peut s'effectuer soit à la main (transmission manipulée), soit automatiquement (transmission automatique). Dans le premier cas, le transmetteur prend le nom de *manipulateur.* Le plus simple des manipulateurs est la *clef télé-*

graphique (V. ce mot); les divers genres de manipulateurs (clefs, claviers, cadrans, etc.) sont décrits à l'article TÉLÉGRAPHIE, en même temps que les appareils dont ils font partie.

MANIPULE. *T. du cost. eccl.* Ornement que l'officiant porte au bras gauche, et qui est fait en forme de petite étole de la même étoffe que la chasuble et l'étole.

MANIQUE. *T. techn.* Morceau de cuir dont le sellier, le cordonnier, etc., se couvrent une partie de la main, afin d'empêcher que le fil ciré ne la blesse lorsqu'ils le tirent avec force. ‖ Espèce de gants en usage dans certains métiers pour protéger les doigts des ouvriers. ‖ On dit aussi *manicle*.

MANIVELLE. *T. de mécan.* Levier coudé à angle droit, à l'aide duquel on imprime un mouvement circulaire continu à l'arbre sur lequel il est placé: manivelle de treuil, de roue, de moulin à café, etc.

Watt est le premier constructeur qui ait appliqué la manivelle à la transformation du mouvement du piston, il se servait d'abord d'une *roue planétaire* pour effectuer la rotation de l'arbre. Le nom de l'inventeur de la manivelle n'est pas connu. Les inconvénients de l'emploi de cet organe consistent en ce que, à chacune des allées et des venues du piston, il se produit, à chaque bout de course, des changements de portage des coussinets de la bielle et qu'il en résulte des chocs, si le serrage des coussinets n'est pas convenablement réglé; que la décomposition de l'effort exercé détermine sur le pied de bielle une réaction d'autant plus considérable que la bielle est plus courte. Pour que cette réaction devienne nulle et pour qu'il n'y ait pas lieu de tenir compte des obliquités de la bielle, il faudrait que la longueur de cette dernière fut infinie par rapport au rayon de la manivelle; or, dans la pratique, la longueur de la bielle est généralement comprise entre 3 et 5 fois le rayon, on doit donc veiller soigneusement le guidage de pied de bielle.

En examinant comment s'opère la rotation de l'arbre, on remarque d'emblée que le bras de levier de la manivelle, par rapport à la bielle, passe par des alternatives d'augmentation et de diminution pendant chaque demi-tour, conséquemment, en admettant même que l'effort dans le cylindre soit constant pendant toute la course, celui sur la manivelle sera variable durant la demi-circonférence correspondante à l'une quelconque des courses du piston. L'effort sur la manivelle est maximum, lorsque la bielle est perpendiculaire au rayon de la manivelle. Chacun des points de la bielle décrit des courbes diverses: une circonférence aux points de portage sur la soie, puis des ovales qui vont s'aplatissant de plus en plus, à mesure que l'on se rapproche du pied de bielle dont l'axe suit une ligne droite. Lorsque la bielle se trouve sur la même ligne que le rayon de la manivelle, son effet relativement à la rotation de l'arbre devient nul, elle tend à pousser l'arbre contre un côté ou l'autre de ses paliers; la manivelle ne franchit ces positions, celles des points morts, qu'en vertu de la vitesse acquise et de l'inertie des pièces en mouvement. C'est pour cette raison que l'on cale ou que l'on conjugue les manivelles entre elles, de manière à égaliser, du mieux possible, l'effort sur l'arbre, éviter les à-coups et permettre les renversements de marche de la machine dans une position quelconque. C'est également pour la même raison, que la distribution de vapeur par les orifices du cylindre est réglée de façon à obtenir l'ouverture maximum, au moment où la manivelle a la plus grande vitesse et que les orifices se ferment ou s'ouvrent avant l'arrivée aux points morts de la manivelle ou bouts de course du piston. Remarquons en passant, qu'à ces moments, puisqu'il n'y a pas de chemin parcouru, il n'y a pas de travail accompli et par suite pas de dépense, contrairement à ce que l'on croit communément.

On conçoit aisément que plus le *couple de rotation* aura d'uniformité, plus la marche de la machine sera régulière et plus il sera facile d'imprimer à cette machine une allure lente ou rapide. De là, la nécessité de plusieurs cylindres. Quelques machines marines, entre autres celles de la *Gauloise*, à 3 cylindres, du *Duquesne* et du *Redoutable* à 3 paires de cylindres marchent régulièrement à des vitesses de 6 à 8 tours par minute.

C'est afin d'éviter les inconvénients des changements de portage, que dans certaines machines, celles de Brotherhood, par exemple, qui sont composées de trois cylindres placés à 120° l'un de l'autre dans le même plan et dont les tiges-bielles sont attelées sur la même manivelle, on a adopté la marche à simple effet sur les pistons, les bielles n'agissent ainsi que par poussée et jamais par traction; quel que soit le jeu des coussinets sur la soie, il ne se produit aucun choc provenant de cette liberté, puisque la distance est comblée par l'avancement du piston dans son cylindre. Ce genre de machine est très propre aux allures de grande vitesse. La relation entre la puissance et la résistance doit être telle que le travail moteur et le travail résistant, pendant un demi-tour, soient égaux entre eux. On détermine le travail élémentaire pour des positions également espacées de la manivelle et on en déduit le travail moyen. Si l'on désigne par Rm, la résistance moyenne, par Dm, la distance moyenne de la direction de cette résistance au centre de l'arbre, par π, le rapport de la circonférence au diamètre, par Em, l'effort moyen pendant le même demi-tour, et par r, le rayon de la manivelle, l'égalité des travaux sera exprimée par l'équation:

$$\text{Rm} \times \pi \,\text{Dm} = \text{Em} \times 2r.$$

Dans la pratique, on donne à la soie de la manivelle un diamètre égal à celui de l'arbre, et la longueur de la portée est comprise entre une fois et une fois et demie le diamètre.

‖ Nous venons de dire que, dans une machine à vapeur, c'est l'organe destiné à opérer la transformation du mouvement de va-et-vient ou rectiligne alternatif du piston, en mouvement circulaire continu pour l'arbre de la machine, mais ce mot s'applique à bien des engins divers. Lorsque l'effort est appliqué directement sur une manivelle, elle sert souvent à la transformation inverse, c'est-à-dire, celle du mouvement circulaire continu en rectiligne alternatif pour l'objet conduit : machines-outils, pompes à air, pompes à main, à volant, etc. || *Manivelles calées à angle droit*, à 120, 180°, etc. Pour égaliser, autant que possible, les efforts tangentiels sur la soie, on relie les tronçons composant l'arbre de la machine, de telle sorte que les manivelles fassent entre elles des angles de 90°, 120°, 180°, etc. || *Manivelle conductrice*, celle sur laquelle est appliqué l'effort. || *Manivelle conduite* ou *secondaire*, celle destinée à la motion d'un organe quelconque autre que l'arbre : manivelle de la pompe à air, des tiroirs, etc. || *Manivelle à course variable*, bouton dont la distance au centre de l'arbre peut être augmentée ou diminuée : machines-outils, etc. || *Manivelle double*, celle formée de deux bras rapportés aux extrémités de deux arbres situés dans le prolongement l'un de l'autre et reliés par la soie; le plus souvent, on donne simplement le nom de *manivelle* à cet ensemble. || *Manivelle dynamométrique*, celle maintenue par un ressort dont on peut mesurer la tension par un mécanisme quelconque. || *Manivelle à simple effet*, celle sur laquelle l'effort n'agit que pendant une portion de la circonférence décrite et par poussée seulement. || *Manivelle à double effet*, celle sur laquelle la bielle agit aussi bien par poussée que par traction. || *Manivelles équilibrées*, celles sur lesquelles les efforts s'exercent en sens contraires. || *Manivelle d'un seul morceau*. Dans la plupart des machines actuelles et sur les locomotives, les manivelles font corps avec l'arbre ; on obtient ce résultat en coudant l'arbre, à chaud ou à froid, ou en ménageant à la forge un lopin dans lequel on découpe la manivelle; on donne souvent le nom de *coudes* ou de *vilebrequins* aux manivelles ainsi construites. || *Manivelle en porte-à-faux*, celle dont le bouton n'est encastré que par une extrémité; lorsque ce bouton est de petite dimension, on donne quelquefois à l'ensemble le nom de *manneton*. || *Manivelle rapportée*, celle qui ne fait pas corps avec l'arbre. || *Manivelle d'étau*, broche ronde, terminée par deux petites boules, à l'aide de laquelle on serre ou l'on desserre la vis d'un étau.

MANŒUVRE. Selon l'étymologie, celui qui travaille de ses mains est un *manœuvre*, mais dans le langage usuel, on désigne plus spécialement par ce mot l'ouvrier subalterne qui sert d'autres ouvriers ou qui est employé à des travaux grossiers et n'exigeant aucune intelligence. On dit aussi *manouvrier*.

MANŒUVRES. On désigne sous ce nom tous les cordages qui servent pour le gréement des vaisseaux. On distingue les *manœuvres dormantes* et les *manœuvres courantes*. Les manœuvres dormantes sont retenues par les deux extrémités et restent toujours dans la même situation ; les autres roulent dans des poulies.

MANOMÈTRE. Appareil servant à mesurer la pression exercée par un fluide élastique, gaz ou vapeur, raréfié ou comprimé dans une enveloppe étanche. La pression absolue de l'atmosphère, mesurée par une colonne barométrique de $0^m,760$, au niveau de la mer, est l'*unité de pression* adoptée comme terme de comparaison, de sorte que les tensions des gaz et des vapeurs s'expriment en *atmosphères* et *fractions d'atmosphère*. Dans le cas où il s'agit de mesurer la tension des fluides raréfiés, comme dans les appareils destinés à produire le vide par aspiration, par machines pneumatiques, ou par la condensation des vapeurs, les manomètres employés pour la mesure des tensions prennent plus spécialement la dénomination d'*indicateurs de vide*, et le terme *manomètre* s'applique, en général, aux appareils qui servent à mesurer des pressions supérieures à la pression atmosphérique.

Dès l'origine des machines à vapeur, quand on voulut constater les pressions existant dans les chaudières, on eut recours à l'emploi des manomètres dont il a été, depuis, créé trois genres principaux : les *manomètres à air libre*, les *manomètres à air comprimé*, et les *manomètres métalliques*.

Le *manomètre à air libre* a été le premier appareil appliqué pour mesurer la tension de la vapeur dans les chaudières. Les ordonnances des 22 mai 1843 et 17 janvier 1846 concernant les appareils à vapeur, ont prescrit l'emploi de ce genre de manomètre. Il se compose essentiellement d'un long tube vertical en verre, ayant son extrémité supérieure librement ouverte, et l'extrémité inférieure communiquant avec un autre tube ou une chambre close métallique à laquelle vient aboutir un tuyau correspondant avec la chaudière dont l'appareil doit mesurer la pression. Une certaine quantité de mercure, renfermée dans l'appareil, s'élève sous l'effort de la pression dans la grande branche verticale ouverte, jusqu'à ce que la hauteur de cette colonne de mercure fasse équilibre à la pression qui s'exerce à la partie inférieure. La figure 190 donne une idée de ce que peut être un manomètre à air libre ; le mercure *m*, contenu dans la boule *b*, s'élèvera dans la grande branche verticale B sous l'influence de la pression qui s'exerce par le petit tube horizontal faisant communiquer la boule *b* avec le vase contenant le fluide dont on veut mesurer la tension.

Fig. 190. *Manomètre à air libre;*

Les ordonnances de 1843 et de 1846 prescrivaient l'emploi des manomètres à air libre pour mesurer les *pressions effectives* de 4 atmosphères dans les chaudières à vapeur; il fallait, par conséquent, que la branche B de l'appareil, si nous nous reportons à la figure précédente, soit au moins égale à 4 fois $0^m,76$, c'est-à-dire $3^m,04$ de hauteur, ce qui constituait, en raison de la longueur considérable du tube en verre, un appareil encombrant et incommode; l'inconvénient devenait plus grand encore quand il s'agissait de chaudières pour bateaux à vapeur ou pour locomotives et l'on fut naturellement conduit à chercher un appareil plus pratique. De là vient la création du *manomètre à air comprimé,* dont la figure 191 représente un type industriel. C'est encore la hauteur d'une colonne de mercure qui sert à mesurer la pression, mais la branche verticale T est un tube de verre fermé à sa partie supérieure; le mercure est contenu dans une cuvette C en fonte, qui est mise en communication par le tube latéral *a* avec la chaudière. La pression s'exerçant sur la surface du mercure le fait monter dans la branche T, et l'air contenu dans la partie supérieure de cette branche se comprime jusqu'à ce qu'il ait acquis une tension égale à celle qui refoule le mercure; ces deux pressions s'équilibrent alors, et la graduation du tube permet de lire, sur la division correspondant au niveau du mercure, le nombre représentant, en atmosphères et fractions d'atmosphères, la pression à mesurer.

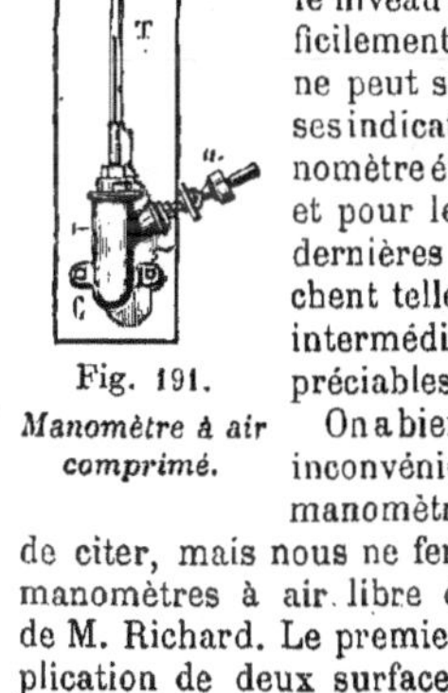

Fig. 191. *Manomètre à air comprimé.*

Le manomètre à air comprimé est moins incommode assurément que le manomètre à air libre, mais il a aussi de sérieux inconvénients. Quand le tube se salit, le niveau du mercure devient difficilement visible. Sa graduation ne peut se faire qu'en comparant ses indications avec celles d'un manomètre étalon absolument précis, et pour les hautes pressions, les dernières divisions se rapprochent tellement que les fractions intermédiaires ne sont plus appréciables rigoureusement.

On a bien cherché à remédier aux inconvénients des deux genres de manomètres que nous venons de citer, mais nous ne ferons que signaler ici les manomètres à air libre de M. Galy-Cazalat et de M. Richard. Le premier a pour principe l'application de deux surfaces de dimensions différentes, sur lesquelles s'exercent les pressions respectives de la vapeur et de la colonne de mercure. Ce rapport a été établi de façon que la colonne de mercure qui correspond à la pression d'une atmosphère, soit de 7 centimètres pour les chaudières fixes et de 4 centimètres pour les locomotives; la hauteur des tubes manométriques se trouve, par conséquent, réduite à des proportions minimes qui permettent de donner aux instruments des formes et des dimensions beaucoup plus pratiques que celles du type primitif de manomètres à air libre.

Le principe adopté par M. Richard diffère complètement de celui que nous venons d'indiquer. Son appareil, dont la figure 192 représente l'ensemble, a pour but, surtout, de remédier au défaut que présentent les manomètres à air comprimé lorsque, par l'effet de la compression du petit volume d'air emprisonné dans le haut de la branche verticale, les divisions de la graduation deviennent de plus en plus petites, et que les variations de pression ne peuvent plus se traduire que par des différences de niveau difficilement appréciables à l'œil. Le manomètre de M. Richard, désigné sous le nom de *manomètre à colonnes multiples*, consiste en une série de tubes en forme de siphons communiquant entre eux, comme une espèce de serpentin à branches parallèles dont la première A est mise en communication avec la source de pression, et dont la dernière B est ouverte à sa partie supérieure comme la branche d'un manomètre à air libre. Tous les siphons contiennent du mercure jusqu'à moitié de leur hauteur, et leur partie supérieure est remplie d'eau. En raison des différences de densité, on considère comme négligeable le poids des colonnes d'eau par rapport à celles de mercure, et l'eau n'agit ici, en vertu de son incompressibilité, que comme agent de transmission des pressions d'une branche à l'autre. On voit alors que la pression exercée sur la première branche A sera supportée, non seulement par la première colonne de mercure *nn'*, mais aussi par les colonnes suivantes de l'appareil et, par conséquent, si l'instrument se compose de trois siphons, il faudra, pour élever de $0^m,01$ la colonne *p* C dans la branche B, une pression trois fois plus forte que pour élever la colonne *nn'* dans la première branche. On peut donc, selon le nombre de branches du tube manométrique, établir une proportionnalité qui permettra de réduire à volonté les hauteurs tracées sur l'échelle de graduation de la branche B, les divisions étant toujours directement proportionnelles aux pressions. Mais l'exactitude de ce manomètre est subordonnée à divers détails de construction qui nécessitent des précautions minutieuses, surtout pour la graduation, qu'il faut vérifier à nouveau et parfois même modifier quand on a besoin de remplacer un des tubes en verre par un autre qui n'est pas exactement d'un calibre identique.

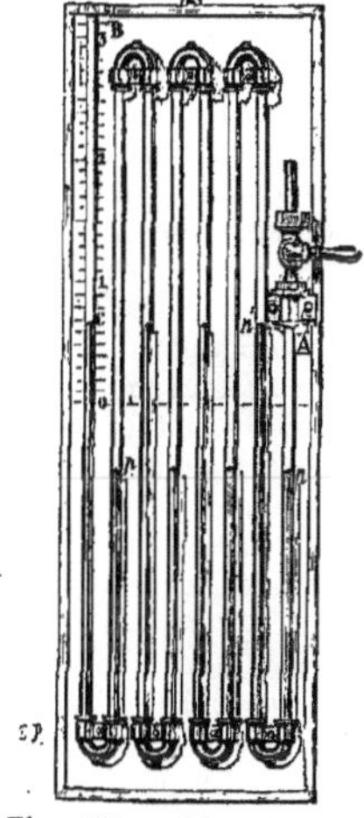

Fig. 192. — *Manomètre à colonnes multiples, de M. Richard.*

Pour mesurer de fortes pressions, Regnault avait imaginé d'isoler dans un tube de volume connu, une partie du gaz dont il voulait connaître la pression, et de mettre ensuite ce tube en communication avec un manomètre à air libre dont la petite branche avait été, préalablement, remplie de mercure jusqu'au robinet. Lorsqu'on ouvre celui-ci, le gaz comprimé se détend en chassant le mercure et l'on mesure sa pression et son volume final. La loi de Mariotte permet alors de calculer la pression primitive. M. Cailletet qui, dans ses belles recherches sur la liquéfaction des gaz, a eu bien souvent à mesurer des pressions considérables, s'est servi, comme manomètre, d'un simple thermomètre à mercure qu'il plongeait dans l'enceinte où s'exerçait la pression; le réservoir à air se trouvait comprimé et chassait le mercure dans le tube capillaire; la hauteur du mercure dans ce tube permettait donc d'évaluer la pression. Ce *thermomètre-manomètre* était gradué par comparaison avec un manomètre à air libre pour des pressions moyennes, et l'on admet que pour des pressions plus fortes la diminution de la capacité du réservoir reste proportionnelle à la pression. L'appareil dont il s'est servi est représenté par les figures 193 et 194, sous le nom de *manomètre piézométrique*.

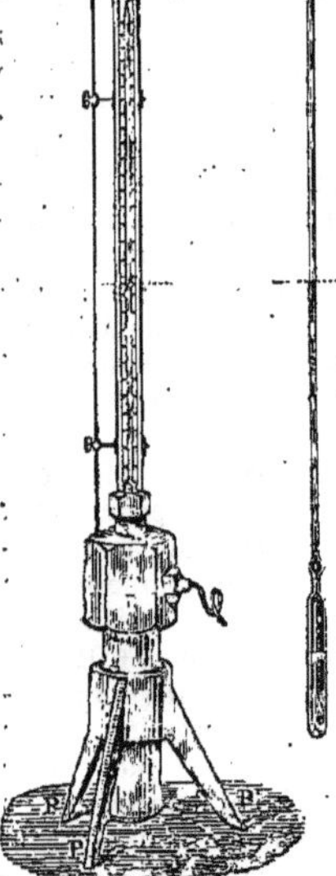

Fig. 193 et 194. — *Manomètre piézométrique de M. Cailletet, pour de très hautes pressions.*

Les manomètres à air libre et à air comprimé présentent, en général, des inconvénients au point de vue de la commodité d'installation, en même temps que la fragilité des tubes en verre en rend l'emploi d'un usage peu pratique, surtout pour les locomotives et les bateaux à vapeur. L'invention des manomètres métalliques a constitué, par conséquent, un progrès important, une innovation heureuse qui de toutes parts a été accueillie avec un légitime succès. Par une circulaire du 17 décembre 1849, le Ministère des travaux publics a autorisé, pour toutes les chaudières sans exception, tous les genres de manomètres autres que ceux à air libre, pourvu qu'ils soient bien fabriqués et bien gradués et qu'ils satisfassent aux épreuves réglementaires que leur font subir les agents chargés du contrôle des appareils à vapeur. A cet effet, toutes les chaudières doivent être munies d'un ajutage de type uniforme qui permet aux gardes-mines ou autres contrôleurs délégués pour ce service, d'adapter sur la prise de vapeur des manomètres en service, un manomètre étalon au moyen duquel on vérifie l'exactitude des indications fournies par l'instrument employé.

Les premières tentatives faites pour construire des manomètres métalliques sont dues à M. Vidie, chercheur laborieux et persévérant, auquel revient l'honneur d'avoir inventé le baromètre et le manomètre anéroïdes. Il prit, en 1844, un brevet dans lequel il établit le principe de ses appareils basés sur l'emploi de tubes métalliques ayant *une forme d'inégale résistance*; dans un certificat d'addition, qu'il prit quelques mois plus tard, il signala l'emploi de tubes cannelés pour augmenter l'effet produit par l'élasticité du métal. Supposez un tube métallique, solidement fermé par les deux bouts, et plissé dans le sens de sa hauteur, de manière à former comme un ressort qui se comprime ou se détend sous l'influence de la pression, selon que cette pression augmente ou diminue; si, à l'une des extrémités, on adapte un levier mettant en mouvement une aiguille qui se meut sur un cadran gradué, on aura ainsi le moyen de traduire d'une façon sensible à l'œil, les effets de contraction ou de détention qu'éprouvera le tube manométrique sous l'influence de l'augmentation ou de la diminution de pression. Tel est, en somme, le principe du manomètre métallique : un vase clos métallique, un tube constituant une enveloppe continue et étanche, à forme de résistance inégale, et dont les mouvements produits sous l'effet d'une pression intérieure, traduisent les variations de cette pression et permettent de mettre en jeu un mécanisme indiquant et enregistrant ces variations.

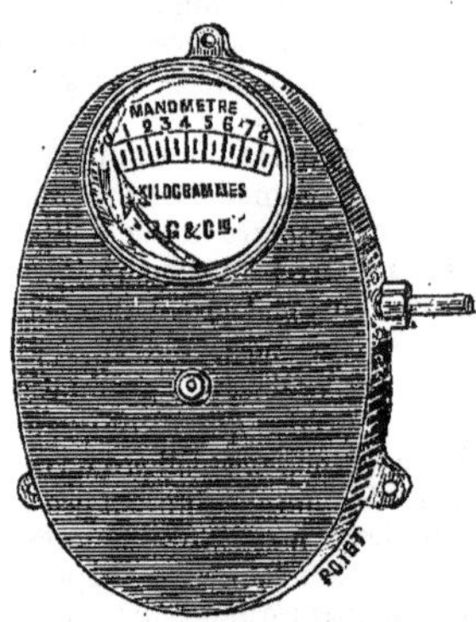

Fig. 195. — *Manomètre métallique, type Bourdon, pour chaudières fixes.*

M. Bourdon a eu l'ingénieuse idée de réaliser le principe ci-dessus, en donnant à un tube métallique, dont la section est elliptique et méplate, un enroulement en spirale qui lui permet d'agir à la façon d'un ressort sous l'influence des pressions intérieures. La figure 195 montre l'aspect extérieur du manomètre type Bourdon, employé généralement pour les chaudières fixes. La boîte ovale renferme un tube en laiton, de forme méplate, enroulé en hélice et faisant ainsi une spirale dont l'extrémité antérieure, placée à droite de la boîte qui constitue l'enveloppe, est fixe et se trouve mise en communication avec la chaudière, tandis que l'autre extrémité de la spire, entièrement libre dans ses mouvements, se termine par une aiguille courbe qui se meut sur le cadran qu'on voit à la partie supérieure de l'instrument. Quand la pression de la vapeur s'exerce par la branche latérale fixe communiquant avec la chaudière, la surface externe de la spirale présentant un plus grand développement que la surface interne, le tube tend à se redresser et la spire s'ouvre, l'extrémité libre portant l'aiguille se déplace par conséquent, et le chemin qu'elle parcourt le long du cadran est proportionnel à la pression sous l'effort de laquelle se produit ce déplacement; les variations de courbure de la spire se trouvent, d'ailleurs, amplifiées par la position de l'aiguille indicatrice, de sorte que les divisions de la graduation atteignent ainsi des dimensions qui les rendent facilement lisibles, sans aucun organe intermédiaire.

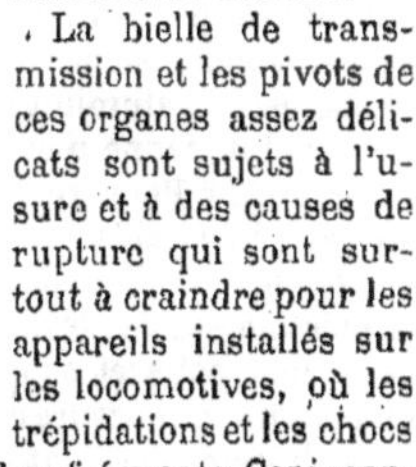

Fig. 196. — *Manomètre, type Bourdon, à anneau métallique.*

Il n'en est pas de même dans le second type de manomètre Bourdon que nous représentons figure 196. Le tube intérieur à section elliptique méplate, au lieu d'être enroulé en spirale, constitue seulement un anneau dont une petite partie supprimée laisserait entre les deux branches latérales une solution de continuité. L'une des extrémités est fixée à la boîte qui forme l'enveloppe de l'instrument, et elle est mise en communication avec la chaudière à vapeur par le petit tube vertical qu'on voit en dessous de cette boîte; l'autre extrémité restant libre, s'écarte ou se rapproche sous l'influence des variations de pression, et sert à mettre en jeu l'aiguille indicatrice avec laquelle elle est reliée par une petite bielle articulée qui permet d'amplifier les mouvements proportionnellement aux dimensions respectives des bras de levier de ce mécanisme moteur.

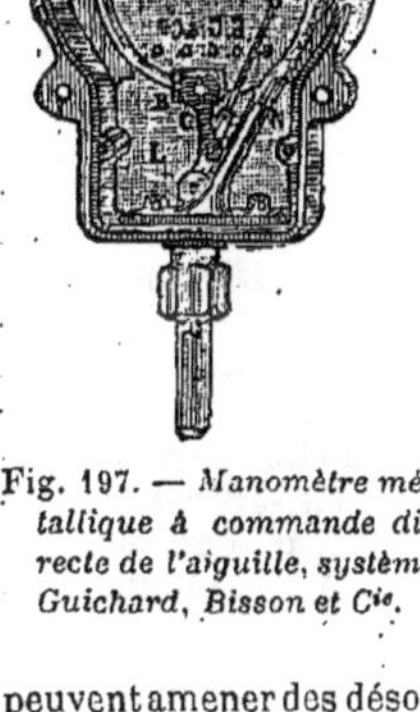
Fig. 197. — *Manomètre métallique à commande directe de l'aiguille, système Guichard, Bisson et Cie.*

La bielle de transmission et les pivots de ces organes assez délicats sont sujets à l'usure et à des causes de rupture qui sont surtout à craindre pour les appareils installés sur les locomotives, où les trépidations et les chocs peuvent amener des désordres fréquents. Ces inconvénients n'existent pas dans les *manomètres à commande directe* de l'aiguille, qui sont maintenant adoptés généralement par les Compagnies des chemins de fer d'Orléans, du Nord et de Paris-Lyon-Méditerranée. Dans ce type de manomètre, que représente la figure 197, le tube de laiton à section elliptique, contourné en forme d'anneau, comme nous l'avons déjà dit pour le précédent type de manomètre Bourdon, a sa branche fixe N en communication avec la chaudière, tandis que l'autre extrémité de la portion annulaire B porte un levier rigide C qui est muni d'une petite tige engagée dans une rainure de l'aiguille L, articulée en un point inférieur de la boîte et mobile autour de ce point. Lorsque l'extrémité B de l'anneau s'écarte sous l'influence de la pression qui tend à le faire ouvrir, le levier C entraîne l'aiguille et l'amène le long de l'échelle graduée jusqu'à la division correspondante à la pression.

Pour fixer la graduation des manomètres métalliques, on soumet les tubes annulaires, une fois l'instrument construit et prêt à être terminé, à l'action d'une presse hydraulique, en marquant les degrés par comparaison avec les indications d'un manomètre-étalon. Quand ils veulent vérifier avec précision la graduation d'un manomètre, les constructeurs ont recours ordinairement à un manomètre-étalon à air libre, d'une hauteur suffisante pour le nombre d'atmosphères correspondant à cette graduation.

Il nous reste à parler d'un autre système de manomètre métallique qui, au lieu d'être basé sur l'emploi d'un tube contourné en hélice ou en anneau, a pour principe l'emploi d'une capsule métallique que la pression fait gonfler et qui transmet directement son mouvement à une aiguille, sans organes susceptibles de dérangement. Ce manomètre, dû à M. Ducomet, est représenté par les figures 198 et 199. La capsule B est formée d'une feuille mince de cuivre vierge, entourée de chaque côté d'une feuille d'argent pur, les trois lames étant d'ailleurs soudées et laminées ensemble pour ne former qu'une feuille métallique homogène. Cette capsule est fixée à l'extrémité du tube communiquant avec la chaudière et elle reçoit directement la pression. Un bouton C reposant extérieurement sur la calotte de cette capsule est fixé à un ressort en acier, et porte une petite boule à laquelle vient s'articuler une bielle à fourche qui s'engage dans la gorge du vilebrequin portant l'aiguille indicatrice. Lorsque la pression gonfle la capsule, la calotte se soulevant repousse le bouton C qui s'appuie sur elle, le ressort fléchit sous cette pression, et le bouton entraîne la bielle qui actionne le vilebrequin et produit le déplacement de l'aiguille proportionnellement à l'intensité de la pression. La capsule et le ressort n'étant pas susceptibles d'altération, l'appareil est à l'abri de tout dérangement.

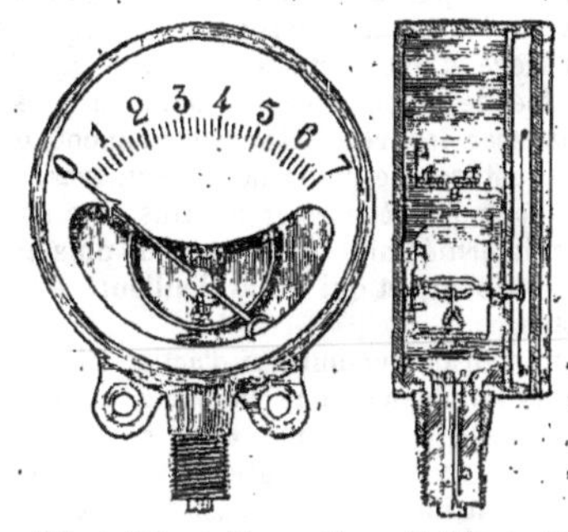
Fig. 198 et 199. — *Manomètre métallique, système Ducomet. Vue de face et coupe.*

Mesure des hautes pressions. — L'emploi des manomètres métalliques pour la mesure des hautes pressions, ne donne guère que des indications souvent fort incertaines, quelquefois contradictoires, et on n'avait pas réalisé jusqu'à présent d'appareil industriel résolvant cette question d'une manière satisfaisante. M. Marié, ingénieur au chemin de fer de Lyon, s'est occupé de cette recherche, ainsi que nous l'avons dit au mot Essais, et ses belles expériences sur la soupape à fuite ont fourni un moyen sûr de mesurer les hautes pressions. Après avoir écarté les manomètres à air libre ou même à air comprimé, dont l'installation est difficile ou les indications incertaines, M. Marié s'est arrêté à l'idée d'employer, à cet effet, des soupapes chargées directement ou par l'intermédiaire d'un levier d'un poids déterminé qu'on pourrait faire varier à volonté. Cette disposition, fort rationnelle d'ailleurs, est inapplicable toutefois avec les soupapes ordinaires en raison de la difficulté d'apprécier exactement l'effort exercé par unité superficielle. Quelle que soit, en effet, la forme de la soupape, celle-ci repose sur un siège d'une certaine superficie qu'il est impossible de supprimer, et dont la présence vient fausser les résultats. Au moment où la soupape est sur le point de se soulever, l'eau pénètre sous le siège et prend ainsi une surface d'action intermédiaire qu'on ne peut plus apprécier exactement, et qui varie d'ailleurs avec les circonstances.

On obtiendrait une surface d'action bien déterminée en employant une soupape cylindrique glissant à frottement dur dans son fourreau, mais on comprend immédiatement que les efforts de frottement introduisent aussi dans ce cas une autre cause d'erreur variable. On peut d'ailleurs les rendre presque insensibles, comme l'a proposé M. Marcel Deprez, en animant le piston d'un mouvement de rotation sur lui-même, les frottements verticaux deviennent alors d'autant plus faibles que la vitesse est elle-même plus grande. Toutefois, cet appareil très ingénieux est peu employé, car il est trop délicat. On se trouve amené ainsi à essayer une soupape glissant librement sans frotter dans sa gaîne, et comme on supprime toute garniture, il se produit bien un certain écoulement d'eau sous les hautes pressions; mais par contre, on détermine sans hésitation la surface de contact.

Cet appareil, qui reçoit le nom de *soupape à fuite*, peut fonctionner d'une manière très satisfaisante en donnant toujours des indications comparables et sans que les fuites d'eau soient jamais dangereuses; M. Deprez s'était déjà servi de piston sans garniture dans les études qu'il poursuivait avec le commandant Sébezt pour la mesure de la pression des gaz de la poudre dans les canons, et il avait obtenu des résultats d'une grande précision. La seule difficulté d'exécution tient à l'ajustage du piston de la soupape, mais on peut le réaliser d'une manière très suffisante, même sans ouvriers spéciaux; le piston qu'employait M. Marié était en bronze d'aluminium, et il avait été préparé dans les ateliers de la Cie de Lyon. Sous des pressions qui pouvaient atteindre 1,000 kilogrammes par centimètre carré, l'écoulement d'eau ne dépassait pas 10 grammes à la seconde. Quant au diamètre de la soupape, on peut l'évaluer, avec précision, à un 1/5 de millimètre près. Dans l'installation de l'appareil, le piston formant soupape de fuite est chargé par un simple pointeau, la charge est transmise par l'intermédiaire d'un levier de bascule de 1m,50 de longueur, à l'extrémité duquel on accroche un contrepoids. Celui-ci est manœuvré par une vis à volant permettant de la déplacer pour faire varier l'effort exercé.

L'appareil comprend, en outre : un contrepoids accessoire avec un petit levier, et deux bielles servant à équilibrer le grand levier.

La course du piston est déterminée par celle du grand levier, limitée elle-même à 2 millimètres à son extrémité. Une sonnerie électrique prévient l'observateur du moment précis du soulèvement de la soupape.

L'instrument ainsi disposé donne des indications d'une grande précision; les causes d'erreur ont été d'ailleurs analysées par M. Marié, et ne paraissaient pas donner une incertitude de plus de 8/1000 sur la valeur de la pression mesurée; M. Marié a constaté que les indications sont toujours bien constantes, c'est-à-dire que la soupape se soulève ou retombe toujours exactement sur son siège pour une même pression d'eau et une même charge sur le levier.

La soupape à fuite peut donc être employée très avantageusement pour le contrôle des manomètres à haute pression; et M. Marié s'en est servi, en effet, pour construire et graduer des manomètres sans frottement qui donnent des indications bien constantes. Ce manomètre, dont on trouvera le dessin dans la livraison de janvier 1881 des *Annales des Mines*, est formé d'un gros tube à section elliptique ayant environ 40 m/m sur le grand diamètre, enroulé en spirale sur un rayon de 500 m/m. L'extrémité libre commande l'aiguille indicatrice par l'intermédiaire de leviers très légers, soigneusement équilibrés. L'aiguille elle-même est en aluminium et présente une forme d'U qui lui donne une grande résistance malgré sa légèreté. Pour régler l'appareil, et rattraper les jeux inévitables des articulations, on emploie des boules mobiles dont on peut varier à volonté la position sur les leviers. L'appareil est enfermé dans une boîte et suspendu à l'extrémité d'un fil à plomb, qui assure ainsi à l'aiguille indicatrice toute liberté d'oscillation dans l'espace. Grâce à ces dispositions, on est arrivé à réduire les frottements à une proportion négligeable, atteignant au plus 1/200 de la pression maxima. Toutefois, comme la cause d'erreur qu'introduisent les frottements est constante et prendrait trop d'importance avec des pressions plus faibles, il convient d'adopter des tubes manométriques dont l'épaisseur soit proportionnée à la pression à mesurer.

Des manomètres de grandes dimensions ainsi disposés, donnent des indications bien constantes qu'on n'obtiendrait pas avec les manomètres ordinaires, dont les tubes flexibles manquent trop souvent de résistance et se déforment au bout de peu de temps. En outre, ces tubes sont souvent très petits, et le chemin parcouru par l'extrémité a besoin d'être amplifié, ce qui introduit une cause d'erreur très appréciable, surtout si on emploie des engrenages qui s'usent rapidement et donnent beaucoup de jeu.

Manomètres à gaz. Ces instruments sont spécialement employés pour la mesure des faibles pressions, notamment dans les usines à gaz, où l'on n'a besoin de constater, en général, que des différences correspondant à une pression de quelques centimètres d'eau en plus de la pression atmosphérique.

Nous en indiquerons seulement deux types principaux, le *manomètre à cadran* et le *manomètre à tubes de verre,* basé sur le principe des manomètres à air libre.

Le *manomètre à cadran* est formé d'un vase cylindrique en tôle, contenant de l'eau et doublé intérieurement d'un cylindre ouvert à ses deux extrémités ; l'espace annulaire entre ces deux cylindres concentriques est fermé à sa partie supérieure tandis qu'il reste libre à la partie inférieure, de sorte que le niveau de l'eau puisse s'équilibrer dans le cylindre intérieur comme dans la partie annulaire produite par les deux parois

Fig. 200. — *Petit manomètre à cadran pour usine à gaz.*

concentriques. Un flotteur repose sur l'eau dans le cylindre intérieur et porte à son centre une tige en forme de crémaillère qui engrène avec un pignon calé sur l'axe d'une aiguille indicatrice et qui met, par conséquent, en mouvement cette aiguille quand le flotteur se meut verticalement par suite de l'élévation ou de l'abaissement du niveau de l'eau. La pression du gaz s'exerce sur la surface de l'eau contenue dans l'espace annulaire, le niveau s'abaisse dans cet espace et s'élève dans le cylindre intérieur; le flotteur suit, par conséquent, ce mouvement ascensionnel et fait mouvoir l'aiguille dont le déplacement sur le cadran gradué indique les pressions qui correspondent au déplacement de la surface de l'eau.

Il est facile de comprendre que, bien qu'inégaux, si les sections sont elles-mêmes inégales, et bien qu'étant de sens contraires, les mouvements de l'eau dans l'espace annulaire et dans le cylindre intérieur sont proportionnels aux variations de la pression.

Soient : S la section du cylindre intérieur; dH la variation du niveau dans le cylindre; s la section de la couronne cylindrique; dh la variation du niveau dans la couronne; dp la variation de pression, exprimée en millimètres d'eau comme H et dh; on a :

$$dH = \frac{s}{S+s} \quad \text{et} \quad dh = dp\frac{S}{S+s}$$

L'autre type de manomètre que représente la figure 201, est formé de deux tubes verticaux parallèles en verre, communiquant à la partie inférieure par la boîte en fonte qui les relie et qui les fixe sur le bâti de l'appareil; leurs extrémités supérieures sont fixées pareillement, au moyen de deux douilles fondues d'une seule pièce, sur le bâti. Le tube de droite est mis en communication avec le gaz par le robinet qu'on voit à sa partie supérieure; l'autre branche parallèle est en communication avec l'atmosphère. Si l'on a mis de l'eau dans l'instrument, le niveau s'équilibrera dans les deux branches, comme le montre la figure 201, tant qu'il n'y aura pas de pression. Mais si on met la branche de droite en communication avec la pression du gaz, le niveau s'abaissera dans cette branche et s'élèvera dans l'autre jusqu'à ce que la différence des niveaux forme une colonne d'eau faisant équilibre à la pression exercée; la lecture de cette différence de niveau sur l'échelle graduée du manomètre donnera la mesure de cette pression.

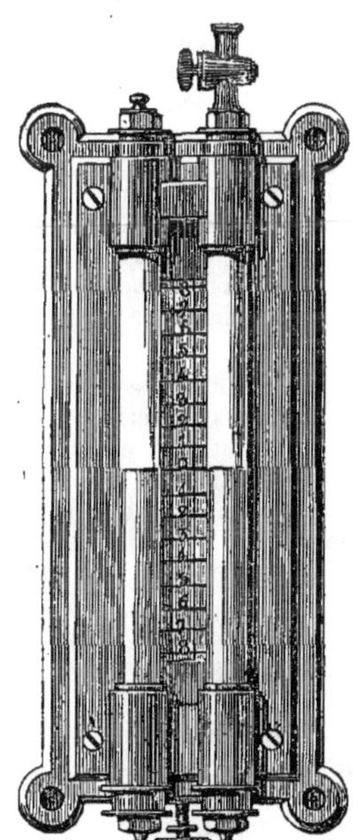

Fig. 201. — *Manomètre d'usine à gaz pour barillets, condensateurs, épurateurs, etc.*

Nous aurions encore à signaler les *manomètres à tube incliné* ayant pour objet d'amplifier les divisions de l'échelle et de permettre l'observation plus précise des variations de niveau. Suivant l'inclinaison donnée au tube on peut, par exemple, faire que des divisions écartées d'un centimètre correspondent à des différences de niveau d'un millimètre seulement, ce qui donne la possibilité de diviser l'échelle en fractions de millimètres de pression. La pression du gaz arrive par le tube vertical placé dans l'axe de l'instrument et elle s'exerce à la base de la branche inclinée du tube en verre. La graduation placée le long de ce tube permet de suivre avec précision les moindres variations de pression. — G. J.

Manomètre enregistreur. Appareil servant à enregistrer les variations de pression supérieures à la pression atmosphérique. Pour les manomètres à mercure, c'est un simple flotteur surmonté d'une tige à laquelle est fixé un crayon. L'inventeur des manomètres métalliques, M. Bourdon, a transformé aussi ces appareils en enregistreurs. Au fond de la boîte portant l'instrument, se trouve un mécanisme d'horlogerie qui fait accomplir à un disque un tour en 24 heures. A l'extrémité du tube manométrique est fixé un levier portant un crayon oscillant autour d'un axe fixe. Le disque est gradué en cercles concentriques représentant les pressions atmosphériques, et en rayons courbes dont les intervalles représentent une heure. De la position du tracé sur ce disque en papier, on peut déduire la pression de la chaudière à un moment quelconque de la journée, et se rendre compte comment le chauffeur a conduit son feu.

MANSARDE. *T. de constr.* Chambre pratiquée dans un comble brisé, dont on attribue l'invention à l'architecte Mansard qui vulgarisa ce système de construction. || Nom de la fenêtre qui laisse entrer le jour dans cette chambre, et que l'on ménage dans la partie presque verticale des combles. || *T. d'appr.* — V. Hot-flue.

***MANSART** ou **MANSARD** (François), architecte né à Paris en 1598, mort en 1662, était de famille italienne. Ce fut un des architectes les plus féconds du règne de Louis XIV, en même temps qu'un des promoteurs de ce style pompeux et magnifique, propre au xviie siècle, dont le plus grand défaut est de conduire à la lourdeur. Mansart cependant paraît avoir échappé à cet écueil, à en juger par ses œuvres dont la plupart malheureusement ont disparu et ne nous sont connues que par les gravures et les descriptions de Perrault. Ses constructions les plus importantes furent l'hôtel de la Vrillière, aujourd'hui la Banque de France, d'ailleurs défiguré par de nombreuses restaurations et additions, et le château de Maisons, élevé près de Paris sur les bords de la Seine pour le surintendant des finances René de Longueil. On lui a dû aussi l'église Sainte-Marie de Chaillot, celles des Feuillants, des Minimes de la place Royale et de la Visitation, rue Saint-Antoine; les châteaux de Gèvres, de Choisy, de Berny, de Fresnes; les premiers travaux du Val-de-Grâce, etc. Chargé de restaurer la façade de l'hôtel Carnavalet, on doit lui savoir gré d'avoir respecté les précieuses sculptures de Jean Goujon, le principal mérite artistique de cet édifice. Ce qui a surtout contribué à rendre populaire le nom de Mansart, c'est l'invention qu'on lui attribue des toits brisés éclairant l'intérieur des combles par des ouvertures appelées *mansardes*, innovation qui a suffi pour changer la physionomie des bâtiments élevés à partir de cette époque.

***MANSART** (Jules-Hardouin, dit), architecte né à Paris en 1645, mort en 1708, à Marly, était fils d'un peintre du roi, Jules Hardouin, qui ne manquait pas de valeur, et fut l'élève de François Mansart, son oncle; par reconnaissance pour ces leçons, le jeune artiste ajouta à son nom celui de Mansart, déjà célèbre et qu'il devait illustrer davantage encore. Protégé de Mme de Montespan, il fut remarqué de bonne heure par le roi et chargé, en 1670, des travaux du château de Versailles, interrompus par la mort de Levau. La tâche n'était pas aisée, car il fallait subordonner les nouvelles constructions à la nécessité de conserver le pavillon de chasse de Louis XIII, et le peu d'élévation des bâtiments de la cour de marbre empêchait l'architecte de donner à ses plans tout le développement qu'ils comportaient. Le jeune Hardouin Mansart se tira de ces difficultés à son honneur, et on doit louer surtout la façade sur le jardin, dont le développement de lignes horizontales et la grande saillie du bâtiment central conviennent bien à sa situation élevée. Néanmoins, l'aspect général n'échappe pas à la monotonie qui semble être au siècle de Louis XIV le dernier mot de l'architecture. C'est le style antique appliqué dans des proportions colossales, tel que Louis XIV l'aimait, et tel qu'il s'attacha à le rendre exclusif, par la direction unique qu'il sut imprimer à l'art pendant tout son long règne.

C'est cette même magnificence et ce même système de lignes horizontales que Mansart appliqua à la résidence de Trianon, qui fut comme la réduction du château de Versailles. Il n'y éleva d'abord qu'un rez-de-chaussée avec deux ailes en retour, réunies par un péristyle à colonnes ioniques, formant un ensemble assez élégant. Mais le roi se désaffectionna bientôt de Trianon et demanda à H. Mansart un autre château un peu plus loin, à Marly, voulant surtout que cette demeure toute retirée présentât un caractère rustique. Là où il fallait de la simplicité, H. Mansart tomba dans le maniéré, et la recherche de flatterie qui lui fit placer partout l'emblème du soleil l'amena à des fautes de goût déplorables. Ce qui faisait surtout l'attrait de Marly, c'était les splendides jardins dessinés par Lenôtre. Peu après, Mansart était appelé à continuer l'hôtel des Invalides, commencé en 1670 sur les plans de Libéral Bruant. L'église restait inachevée et Mansart compléta heureusement la pensée du premier architecte en élevant le dôme élégant qui la couvre; il mit le sceau à sa réputation par cette élégante construction, légère et riche sans excès de décoration, défaut trop fréquent chez les artistes de cette époque. Au-dessus du dôme s'élève une lanterne à jour terminée par un clocher aigu que surmontent un globe et une croix; en y comprenant cette addition, le dôme a une hauteur totale de plus de cent mètres.

Il serait difficile d'énumérer toutes les œuvres de H. Mansart; grâce à sa haute situation officielle qui, selon Saint-Simon, lui permettait d'accaparer le roi en faisant faire antichambre aux ministres, aux princes et jusqu'aux valets de l'intérieur, lui faisait tirer par la manche les princes du sang et frapper sur l'épaule les fils de France, il prit part à toutes les entreprises du règne. Il construisit successivement pour l'école des filles nobles la maison de Saint-Cyr (1685), qui n'est remarquable que par ses grandes proportions; la place Vendôme (1699), qui a plus d'originalité; la place des Victoires, moins imposante et moins régulière; les écuries de Versailles; l'église Notre-Dame dans la même ville; la cascade de Saint-Cloud; une partie du château de Dampierre. N'oublions pas le château de Clagny, pour Mme de Montespan, une de ses premières conceptions et l'une des meilleures, et enfin l'ouvrage qu'il ne put achever, et qui devait être, avec le dôme des Invalides, son chef-d'œuvre, la chapelle du château de Versailles, où, s'éloignant à l'intérieur de toutes les traditions de l'art religieux, il tenta une décoration riche et harmonieuse qui eut le plus grand succès et servit de modèle à beaucoup d'autres constructions du même genre.

Hardouin Mansart fut comblé de tous les dons de la faveur royale. Premier architecte du roi, surintendant des bâtiments royaux, ordonnateur général des arts et manufactures, chevalier du Saint-Esprit, il était en outre protecteur de l'Académie royale de peinture et de sculpture, ce qui lui donna une grande influence sur la direction de l'art de son siècle. Son réel talent le rendait digne d'ailleurs de cette situation élevée, et on ne doit accorder que peu de crédit à l'insinuation de Saint-Simon: « que Mansart prit le nom de son oncle pour se faire connaître et tira ses lumières d'un nommé Lassurance, qu'il tenait sous clef. » Lassurance, qui a construit pour son propre compte, est toujours resté au-dessous de H. Mansart et n'a pas justifié la confiance que Saint-Simon avait en son talent. Hardouin Mansart, mort à l'âge de soixante-trois ans, fut inhumé dans l'église Saint-Paul, où Coysevox lui érigea un superbe tombeau.

MANTEAU. *T. techn.* Outre la désignation d'un vêtement ample et sans manches, ce mot s'applique: 1° dans une cheminée, à la partie qui forme saillie et qui est apparente dans une pièce au-dessus du foyer, ainsi qu'au barreau de fer qui porte sur les jambages et soutient le manteau en maçonnerie; 2° dans un théâtre, à une draperie qu'on nomme *manteau d'arlequin* et qui n'est visible que lorsque la toile est levée; son nom lui vient de ce que le personnage d'Arlequin faisait toujours son entrée par cette coulisse; 3° dans l'*art hérald.*, à la fourrure herminée sur laquelle est posé l'écu.

MANTELÉ. *Art hérald.* Se dit d'un écu divisé par deux diagonales partant des angles dextre et sénestre, et se réunissant à une petite distance du chef.

MANTELET. *T. du cost.* Petit manteau de femme || *T. de mar.* Volet à charnière qui ferme les sabords. || *Art hérald.* Lambrequin large et court dont les chevaliers couvraient le casque et l'écu; on dit aussi *camail*.

MANUFACTURE. (Du latin *manu factus*, fait avec la main.) Dans l'origine, tout se fabriquait à la main, de là ce mot qui désigne plus spécialement un grand établissement et que l'on confond souvent avec *fabrique*. — V. ce mot.

Manufactures nationales. Il importe de distinguer dans les manufactures nationales deux groupes bien distincts comme origine, comme direction et comme résultats; le premier comprend les ateliers d'art: Sèvres, les Gobelins et Beauvais, et le second les industries en quelque sorte fermées et sur lesquelles, pour différentes raisons, l'État a besoin d'avoir un contrôle permanent, les manufactures de tabacs et des armes de guerre.

La manufacture de céramique de Sèvres avait été établie en ce lieu, en 1756, et n'était que la transformation d'un atelier qui existait depuis quelque temps déjà à Vincennes. C'est quatre ans plus tard que Louis XIV ayant acheté les actions en devint propriétaire et lui assura un privilège exclusif. Il dépensa de fortes sommes pour lui assurer une supériorité de fabrication qui a de suite consacré sa réputation. Mais déjà, malgré la beauté des produits sortis de la manufacture royale, on peut regretter une institution qui ruina, en France, l'industrie céramique à laquelle toute porcelaine décorée était interdite. Au contraire, Brongniart, à qui fut confiée, au commencement de ce siècle, la réorganisation de la manufacture, se laissa entraîner par des recherches scientifiques, et laissa péricliter la fabrication artistique, qui ne semble pas s'être relevée beaucoup depuis. On ne peut considérer comme un progrès les décors compliqués qui ont été en faveur jusqu'à ces dernières années, et il semble qu'en ce moment, les artistes de Sèvres cherchant leur voie, sont encore hésitants, malgré l'habile direction de MM. Froment et Carrier-Belleuse. A vrai dire, nous n'attachons pas à cet état de tâtonnements une importance très grande, car nous estimons que le véritable rôle de la manufacture de Sèvres, qui n'est plus une propriété relevant directement du roi, mais qui est devenue une manufacture nationale, n'est pas de chercher à perfectionner le côté artistique de ses productions aux dépens de leur fabrication. Sans entrer ici dans la polémique très vive qui s'est élevée depuis longtemps et qui a été reprise récemment par M. Haviland, à propos de l'Exposition de l'Union centrale des Arts appliqués à l'Industrie en 1884, il nous sera permis de rappeler que le but de la création des manufactures nationales a été de conserver les bonnes traditions, de faire exécuter par des savants les premières recherches si coûteuses et si ingrates, devant lesquelles reculent les fabricants, et de sacrifier l'intérêt pécuniaire à la perfection des résultats. A ce point de vue, il est regrettable que trop souvent la manufacture de Sèvres se considère comme intéressée à conserver secrets ses procédés, alors qu'elle n'est maintenue que pour les communiquer aux fabricants, et qu'elle fasse à ceux-ci une concurrence désastreuse en vendant ses produits au public. Il est évident que cet atelier, avec ses 640,000 francs de subvention annuelle, avec ses artistes et ses ouvriers incomparables, doit faire à l'industrie privée le plus grand tort, s'il met ses porcelaines en parallèles avec les leurs, dans des conditions qui ne sont plus les mêmes. Ce n'est pas pour favoriser un monopole que l'État fournit à cet établissement une subvention aussi forte, supérieure à tous les autres encouragements officiels. Les ateliers de Sèvres ne devraient produire que des essais sur tessons, bien suffisants pour faire apprécier aux fabricants les résultats des recherches faites par les chimistes; l'industrie y gagnerait: nous n'osons pas dire l'art.

Notons qu'il existe à Sèvres, à côté des ateliers de céramique, un atelier de mosaïque qui a déjà produit d'excellents résultats depuis sa fondation, en 1875. — V. Sèvres.

Quoique dans une forme moins vive, les mêmes critiques ont été adressées à la manufacture de tapisseries des Gobelins. Créé par Henri IV, cet établissement a fourni pendant plus de deux siècles des tentures hors ligne à tous les points de vue et qui ont gardé jusqu'à notre époque une supériorité indiscutable. Les produits de la manufacture ne sont pas mis en vente, et sont réservés pour l'ameublement des palais nationaux et les cadeaux faits par le chef de l'Etat. Néanmoins, cette institution, qui coûte au budget 236,000 francs, enlève aux ateliers privés tels que ceux d'Aubusson, dont la réputation est justement acquise, les encouragements du gouvernement qui peut-être pourraient leur permettre de faire des sacrifices pour perfectionner leur fabrication. — V. Gobelins.

La manufacture de Beauvais coûte annuellement 116,000 francs. Sa fondation remonte à 1664, trois ans avant celle des Gobelins. Les deux établissements ne font pas double emploi comme on pourrait le croire; on traite surtout à Beauvais les sujets de nature morte, fruits, fleurs, vases, gibiers, etc., et aux Gobelins les scènes mythologiques, historiques ou allégoriques d'une plus grande importance.— V. Beauvais.

Il est permis de se demander pourquoi l'Etat fait des sacrifices aussi importants pour ces deux industries seulement, et pourquoi, fabricant de céramique et de tapisseries, il n'a pas également des ateliers de cristallerie, de joaillerie, de photographie, etc. Il n'y a sans doute pas à le regretter, car ces branches de l'industrie, qui contribuent pour une large part à notre prospérité, sont dans un état de perfectionnement qui ne laisse rien à désirer; mais nous voyons là la preuve que l'intervention directe n'est pas nécessaire, et que son utilité même est discutable. Il serait sans doute plus pratique, aussi bien au point de vue de l'art, qu'au point de vue des encouragements donnés à l'industrie, ce qui, nous le répétons, est le véritable rôle des manufactures nationales, de les transformer en écoles nationales d'art décoratif où se formeraient les ouvriers et les contre maîtres qui apporteraient aux fabricants un précieux concours. Ce serait, à proprement parler, reconstituer les ateliers du Louvre et des Gobelins qui, au siècle de Louis XIV, avaient porté si haut la perfection de l'art dans toutes ses manifestations. Un laboratoire pour les recherches scientifiques y serait adjoint. Enfin, l'enseignement serait complété, en ce qui concerne l'art rétrospectif, par des musées analogues à celui qui est installé à Sèvres sous la direction de M. Champfleury, et qui a rendu déjà tant de services par les richesses qu'on y a accumulées. On pourrait alors étendre les études à d'autres branches que la céramique et la mosaïque, sans imposer aux finances de l'Etat une trop lourde charge.

La pensée qui a présidé à la création des manufactures nationales des tabacs et des armes de guerre est tout autre. Il s'agit là d'une question fiscale ou d'une question de défense du pays. On comprend que les procédés en usage ne soient pas toujours communiqués au public. La manipulation des tabacs étant en France un monopole, l'industrie n'a rien à apprendre, et il importe même de tenir secrets les perfectionnements apportés à la fabrication des armes de guerre. Ces dernières manufactures sont d'une utilité indiscutable, car si l'Etat n'avait pas pris soin de les établir, il pourrait se trouver, à l'entrée d'une campagne, en présence d'un outillage défectueux et insuffisant, et réduit à confier des travaux aux étrangers. C'est un danger auquel la régie de l'Etat peut seule porter remède. Aussi, dès 1572, Charles IX réservait à l'Etat la fabrication des armes de guerre, et on n'a compté depuis que deux interruptions: sous la première révolution, et en 1870. La première manufacture fut établie à Saint-Etienne, par le Languedocien Georges Vigile. Il en existe quatre actuellement: à Saint-Etienne, Châtellerault, Tarbes et Tulle. Le service est assuré par le régime de l'entreprise sous la direction d'officiers d'artillerie. — V. Armes (Manufacture d').

Le monopole de la vente du tabac remonte en France à 1674. Supprimé en 1791, il a été rétabli par le décret de 1810 qui, de plus, a réservé à l'Etat la fabrication elle-même, qui s'opère dans les manufactures nationales des tabacs. Elles étaient au nombre de vingt, mais deux ayant disparu à la suite de la guerre de 1870, il en reste actuellement dix-huit dans les villes suivantes: Bordeaux, Châteauroux, Dieppe, le Havre, Lille, Lyon, Marseille, Morlaix, Nancy, Nantes, Nice, Paris (Gros-Caillou), Paris (Reuilly), Riom, Tonneins et Toulouse. Un directeur est chargé dans chaque manufacture des services de l'administration intérieure, des rapports avec les correspondants chargés de la vente et avec l'administration centrale; un ingénieur s'occupe de tous les détails de fabrication, et enfin, un contrôleur de comptabilité est préposé à l'exécution des marchés, à l'établissement des écritures, en même temps qu'à la vérification et au contrôle de toutes les opérations et fournitures. Malgré les réelles garanties que la régie des tabacs assure aux consommateurs, il y a dans le monopole une entrave au développement de la culture de cette plante et à toute tentative de perfectionnement utile.— V. Tabacs.

Aux manufactures nationales, on peut rattacher l'Imprimerie nationale, bien qu'elle figure séparément au budget. Fondé en 1620, réorganisé sous Louis XIV, cet établissement a rendu les plus grands services pour l'impression des langues étrangères, et en particulier des langues mortes et orientales. Il possède des corps qu'il serait difficile à l'industrie de se procurer, tels que les caractères syriaques, samaritains, sanscrits, arabes, birmans, persans, javanais, assyriens, géorgiens, etc. Il est à regretter seulement que l'Imprimerie nationale enlève à l'industrie privée les commandes de l'Etat, sans pour cela réaliser des économies, au contraire, et que même elle imprime pour des particuliers des ouvrages courants qui pourraient être confiés à d'autres. Le dommage pour l'imprimerie privée n'est pas négligeable, car l'Imprimerie nationale produit environ 3,330,000 volumes par an.— V. Imprimerie nationale.

MANUFACTURIER. Se dit plus particulièrement d'un directeur ou propriétaire d'une manufacture.

MANUTENTION. Opération par laquelle on déplace, à bras d'homme, un objet quelconque; en terme d'administration, établissement où l'on fabrique et l'on conserve le pain des troupes. Sur les chemins de fer, on désigne plus particulièrement sous ce nom l'ensemble des opérations qui ont pour objet, soit de charger et de décharger les colis, soit de déplacer les vagons dans l'intérieur des gares et de les faire passer d'une voie à l'autre. Ces opérations sont les mêmes au départ comme à l'arrivée, qu'il s'agisse d'un court ou d'un long transport; c'est-à-dire, qu'elles grèvent d'une charge constante et souvent très lourde, la dépense proprement dite du transport, qui, théoriquement, devrait être proportionnelle à la distance parcourue. Par conséquent, soit que la manutention incombe à l'expéditeur ou au destinataire, soit qu'elle incombe à l'entrepreneur de transports, il y a un intérêt sérieux à ce que cette charge soit aussi réduite que possible; en d'autres termes, la manutention doit être économique, et pour cela, se faire non pas à bras d'homme, mais à l'aide d'engins mécaniques. C'est ce qui explique comment le mot *manutention*, détourné de son acception primitive, s'applique souvent à des machines.

1° *Manutention des colis*. Le chargement ou le déchargement des colis, que l'on fait passer d'un quai dans l'intérieur d'un vagon et vice versa, s'effectue, si les colis sont lourds, au moyen d'appareils de levage (V. GRUE). S'il s'agit de franchir une différence de niveau, on a recours à des *monte-charges* (V. ce mot). Lorsque l'opération consiste à faire passer les colis, ou bien les marchandises en vrac d'un vagon dans un autre, ou bien encore d'un vagon dans un bateau ou un tombereau, elle prend plus spécialement le nom de *transbordement*. On a vu au mot GARE, le type des dispositions à prendre pour assurer, dans des conditions très économiques, le transbordement des marchandises en vrac, telles que la houille, les minerais, les betteraves, etc. Soit qu'on place simplement deux voies côte à côte, à des niveaux différents, l'une en fosse, l'autre en estacade, soit qu'on amène le vagon à la partie supérieure d'un vaste entonnoir débouchant au-dessus d'un bateau et qu'on le fasse basculer de manière à le vider d'un seul coup, soit encore qu'une longue chaîne à godets puise le grain à fond de cale d'un bateau pour l'élever et le déverser dans les vagons, on arrive à réaliser, par l'emploi de dispositions mécaniques appropriées à chaque cas, une importante économie de temps et d'argent. Pour le transbordement des liquides, tels que les acides par exemple, on peut procéder d'une manière encore plus simple en vidant la citerne montée sur le vagon, dans un entonnoir placé près de la voie et s'ouvrant sur un siphon souterrain qui aboutit à l'usine.

2° *Manutention des vagons*. Les trains partent ou arrivent rarement sur la voie où a lieu le chargement ou le déchargement des vagons; le problème qu'il s'agit de résoudre consiste donc à amener ces vagons d'une voie sur une autre, en leur faisant traverser des voies intermédiaires. On peut, à cet effet, remorquer le vagon sur une traversée rectangulaire et le faire tourner sur des plaques, à l'aide d'un moteur animé ou inanimé, mobile ou fixe. C'est le cas de l'emploi des chevaux, des *machines* dites de *manutention*, ou enfin des *cabestans hydrauliques*. Un second moyen consiste à transporter le vagon, parallèlement à lui-même et sans le faire tourner, sur un chariot transversal. — V. CHARIOT ROULANT.

La machine de manutention, en usage au chemin de fer du Nord, est une petite locomotive, à quatre roues couplées, à chaudière verticale, munie, à l'arrière, d'un cabestan que fait tourner une machine Brotherood à trois cylindres. L'écartement des essieux de cette machine est seulement de 1m,50; aussi peut-elle tourner sur les plaques du diamètre le plus réduit.

L'usage de cette machine est le suivant: pour remorquer les vagons sur la voie où elle circule, on peut, soit l'atteler directement à ces vagons, soit la laisser fixe et se servir du cabestan; l'extrémité d'un câble a été fixé à un crochet faisant partie de ce cabestan et c'est l'enroulement du câble sur le cabestan qui détermine l'avancement des vagons accrochés à l'autre extrémité. Lorsque la machine doit elle-même tourner sur une plaque, on fait passer le câble sur une poulie de renvoi fixée au sol, aux abords de la plaque, et un agent placé dans l'entrevoie tient entre ses mains l'extrémité libre du câble; l'enroulement ne pouvant avoir lieu, le cabestan tend à se rapprocher de l'homme et cette tendance détermine la rotation de la plaque. La moyenne du nombre des vagons que l'on peut manœuvrer à l'aide de cette machine, est de 200 par jour, dont 120 tournés sur plaque; elle a, par rapport au chariot transbordeur, l'avantage de desservir plusieurs traversées, et d'aller *au devant du travail* que le chariot est obligé de *laisser venir à lui*.

Cabestans hydrauliques. Au delà du chiffre de 400 vagons, un seul chariot ne pourrait suffire qu'avec peine et, si l'on voulait en installer deux sur une même traversée, ces deux appareils se gêneraient mutuellement, à moins que le travail ne fût à peu près sectionné en deux parties égales de chaque côté du milieu de la longueur de cette traversée. Dans ce cas, on a recours à une autre solution, qui consiste à disséminer, sur la traversée en question, des cabestans mus soit par la vapeur, soit (ce qui est plus économique) par la force de l'eau accumulée sous une haute pression. La force est fournie par une machine qui commande une pompe de compression refoulant l'eau sous une pression de 50 atmosphères; un accumulateur, dont l'élévation à bout de course détermine le débrayage de la pompe, entretient cette pression, qui se transmet par une canalisation souterraine jusqu'aux appareils. Les cabestans sont disposés dans l'entrevoie au bord de cuves en maçonnerie, à une distance de 4 mètres environ de l'axe de la traversée. Ils se composent d'un tambour en fonte monté sur un axe vertical auquel un jeu d'engrenages communique le mouvement de rotation de l'arbre principal de la machine. Cet arbre est commandé par deux cylindres oscillants, calés à 30 degrés, qui sont alimentés et se déchargent par des tourillons.

A l'intérieur des cylindres se meuvent des pistons dont la face supérieure a une surface moitié moindre que celle de la face inférieure et supporte constamment la pression de l'eau, tandis que la face inférieure est alternativement en communication avec cette pression, et avec l'écoulement. Il en résulte que les pistons prennent un mouvement de va-et-vient qui se communique à tout le système. Lorsqu'on veut mettre le cabestan en mouvement, il suffit de presser du pied sur une pédale qui commande la valve d'admission d'eau dans les cylindres, et le cabestan commence à tourner. Si, à ce moment, l'homme qui fait la manœuvre tire sur l'une des extrémités d'un câble enroulé deux ou trois fois autour du cabestan, tandis que l'autre extrémité est accrochée au vagon qu'il s'agit de remorquer, ce vagon se déplace avec une vitesse d'environ 0m,50 par seconde. Avec des cabestans échelonnés à petite distance, et en confiant la manœuvre des câbles à un personnel expérimenté, on arrive à manœuvrer 50 ou 60 vagons par heure, avec une économie de 50 0/0 sur l'emploi des chevaux. On voit par là que, pour qu'une installation de ce genre soit avantageuse, il faut qu'elle s'applique à une traversée très fréquentée, sur laquelle le mouvement des vagons est d'au moins 500 par jour. Pour éviter que cet outillage ne soit, en hiver, c'est-à-dire au moment où le trafic des marchandises est précisément le plus actif, complètement paralysé par la congélation de l'eau dans les conduites souterraines, il faut avoir la précaution de placer ces conduites à une profondeur de 1 mètre au-dessous du sol, et d'entretenir une chaleur constante dans les cuves en maçonnerie, où se trouvent installées les machines motrices des cabestans. — M. C.

MAPPEMONDE. *T. de cosmog.* Représentation sur un plan de la surface terrestre ou de la sphère céleste, en deux hémisphères (V. Cartes et Plans, p. 305 et 306, pour un aperçu des divers modes de projections, orthographiques, stéréographiques, etc., avec leurs avantages et leurs inconvénients).

I. Construction des mappemondes dans le système orthographique. La *projection orthographique* d'un point de la surface de la terre est le

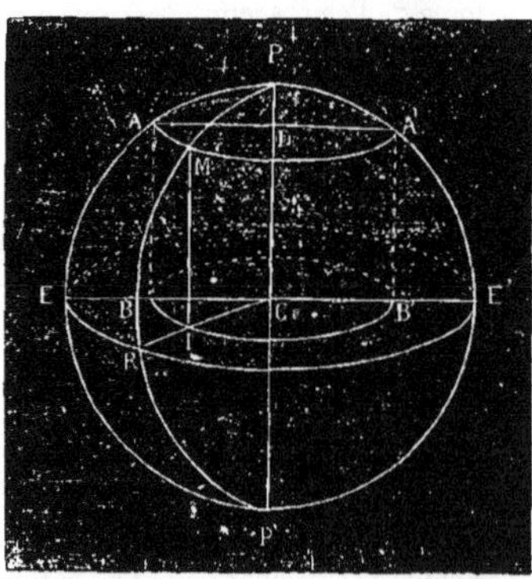

Fig. 202.

pied de la perpendiculaire abaissée de ce point sur le plan d'un grand cercle, nommé *plan de projection*; c'est ordinairement l'équateur ou un méridien. Nous allons indiquer comment on trace le canevas de la mappemonde, c'est-à-dire ce que deviennent, sur le plan de projection, les méridiens et les parallèles de la sphère.

Premier cas. Projection orthographique sur l'équateur. L'équateur EE' (fig. 202) étant le plan de projection et PP' la ligne des pôles, le pôle boréal P se projette au centre C de l'équateur. Tout méridien (ou plutôt demi-méridien) PRP' étant perpendiculaire à ce cercle, se projette sur le rayon CR. Par suite, l'angle de deux méridiens quelconque PE, PR, est mesuré par l'angle ECR de leurs projections. Tout parallèle, AA', se projette en vraie grandeur sur un cercle BIB' concentrique à l'équateur, de sorte que le point M situé sur le méridien PR et sur le parallèle AA' se projette sur l'intersection du rayon CR et du cercle BB' en I.

D'après cela, il est facile de tracer le canevas de la mappemonde. Décrivons un cercle DE D'E' (fig. 203) de rayon arbitraire, ce sera l'équateur. Proposons-nous de projeter sur le plan l'hémisphère boréal. Nous savons déjà que le pôle se projette au centre C; que les méridiens se projettent suivant les rayons de ce cercle. Prenons l'un d'eux, CE, pour origine; traçons de part et d'autre des rayons faisant entre eux des angles de 30°. Les longitudes orientales sont comptées sur l'équateur dans le sens EFE'; les longitudes

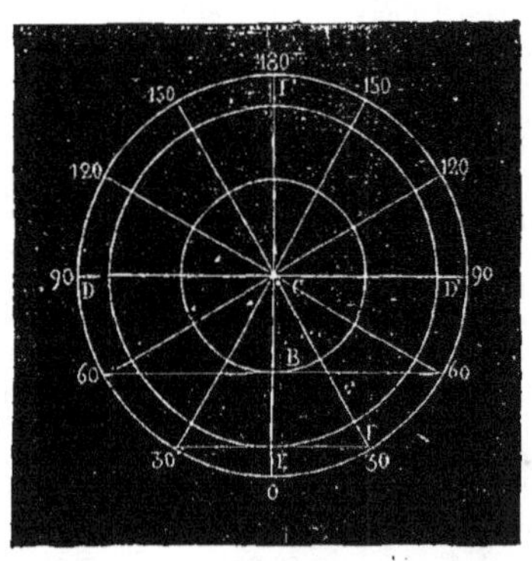

Fig. 203.

occidentales dans le sens EDE'. Pour tracer un parallèle, celui de 60°, par exemple, remarquons que le rayon DA (fig. 202) de ce parallèle se projette suivant CB; le point B est donc déterminé et par suite le rayon CB de la projection du parallèle. D'ailleurs la droite qui joint les points marqués 60° de part et d'autre de EE' coupe cette ligne au point B; CB sera donc le rayon de la projection de ce parallèle. Il en est de même pour les autres. Le réseau étant achevé, chaque point de la surface de l'hémisphère se placera au moyen de sa longitude et de sa latitude. Réciproquement, il sera facile, d'après le tracé du canevas, de trouver les coordonnées d'un point déterminé sur la mappemonde.

Deuxième cas. Projection orthographique sur un méridien. Le plan de projection est, par exemple, le méridien de Paris : soit PEP'E' (fig. 202). L'axe polaire PP' est lui-même sa projection. Tout parallèle AA' étant perpendiculaire à l'axe se projette tout entier suivant son diamètre. Quant aux méridiens, celui qui est perpendiculaire au plan de projection a pour projection l'axe PP'; mais tout autre méridien étant oblique à ce plan se projette suivant une ellipse dont le grand axe est PP' et dont le petit axe a pour sommet le point B projection du point A sur EE'.

Pour construire la mappemonde, on trace le cercle PEP'E' (fig. 204) qui représente le méridien choisi pour plan de projection; on le divise en degrés de part et d'autre du diamètre EE', projection de l'équateur; ce sont les latitudes boréales et australes. Les cordes GH, G'H', IK, I'K' perpendiculaires à l'axe représentent les parallèles situés aux latitudes de 30° et 60°. Si l'on abaisse la perpendiculaire II' (ou si l'on joint par une droite les points correspondants aux mêmes degrés de latitude) le point S sera le sommet de l'ellipse PSP' que l'on construit par les procédés ordinaires. On marque 30° en S; de même, 60° en S', etc. Le réseau étant construit, il est facile de placer sur le plan de projection un point donné par sa longitude et sa latitude, et réciproquement.

II. Construction des mappemondes en projections stéréographiques. Dans ce système, la mappemonde est la projection de la perspective d'un hémisphère sur le plan d'un grand cercle de la sphère (équateur, méridien ou autre cercle), le point de vue, l'œil, étant supposé placé à l'extrémité du diamètre perpendiculaire à ce plan et regardant l'hémisphère opposé. Ce mode de projection repose sur les principes géométriques suivants: 1° Tout cercle de la sphère a pour projection un autre cercle (sauf ceux dont le plan passe par l'axe optique; ceux-là sont représentés par des droites); 2° Deux lignes qui se coupent sur la sphère sous un certain angle, se coupent sous le même angle sur la projection. Prenons pour plan du tableau un *méridien* PEP'E' (fig. 205). Le point de vue sera à l'extrémité du rayon de l'équateur perpendiculaire à ce méridien. L'équateur se projette suivant le diamètre EE', l'axe terrestre suivant PP'. On partage le méridien en degrés de latitude de part et d'autre de EE'. Pour construire un parallèle quelconque, celui dont la latitude est 60°, par exemple, on mène au point A (marqué 60°) une tangente AB au méridien jusqu'à sa rencontre en B avec l'axe. De ce point, comme centre, avec AB pour rayon, on décrit l'arc AA' qui est le parallèle cherché. Pour construire un méridien, par exemple celui qui fait un angle de 30° avec le tableau, *vers la gauche*, on mène par le point P dans le demi-cercle *de droite* une corde PI qui sous-tend un arc supplémentaire du double de l'arc donné (ici 120°). Cette corde rencontre EE' en L. De ce point, avec PL pour rayon, on décrit l'arc PL'P' qui est le méridien cherché. Les autres se tracent de même. Le canevas construit, il est facile d'y trouver la place d'un point donné par ses longitude et latitude.

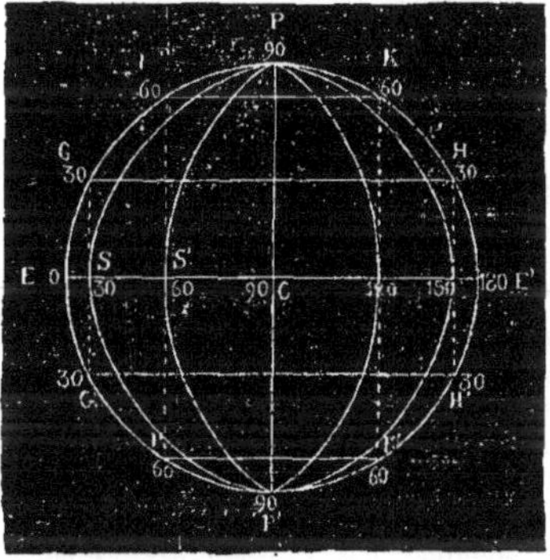

Fig. 204.

On peut aussi construire la projection stéréographique d'un hémisphère *sur l'équateur*. Alors les méridiens ont pour diamètre commun la ligne des pôles à l'extrémité de laquelle se trouve le point de vue; les demi-méridiens se projettent donc suivant des rayons. Quant aux parallèles, ils ont évidemment pour projections des cercles dont le centre commun est celui de l'équateur.

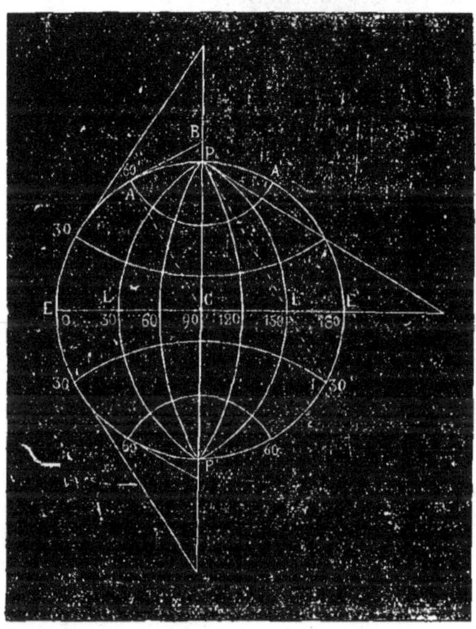

Fig. 205.

Les systèmes orthographiques et stéréographiques présentent des inconvénients inverses. Dans le premier, les parties de l'hémisphère situées vers le pôle se projettent assez exactement en vraie grandeur; au contraire, les régions placées dans le voisinage des bords, sont déformées et considérablement rétrécies. Dans le second, les éléments qui se projettent vers le centre du tableau sont réduits de moitié, tandis que pour ceux des bords les projections sont à peu près égales en grandeur à ces éléments.

III. Système de projections homalographiques. Pour éviter les inconvénients signalés dans les deux systèmes précédents, M. Babinet a employé un mode de projections, dites *homalographiques*, dans lequel les surfaces (non les angles) sont rigoureusement conservées. Dans le canevas, où le plan de projection est un méridien, les cercles parallèles sont représentés par des droites parallèles, et les méridiens par des ellipses, coupant l'équateur en des points équidistants.

Pour la projection de *Mercator* ou des *cartes marines*, ainsi que pour celle de Flamsteed modifiée, adoptée par l'Etat-major (V. t. II., CARTES ET PLANS, p. 306). La représentation du globe terrestre ou de la sphère céleste dont on se sert dans l'enseignement et que, pour la plus facile démonstration, on monte sur pied, se nomme *sphère*.

MAQUETTE. On nomme *maquette*, en sculpture, la première pensée, l'esquisse d'une figure, d'un groupe, esquisse dont les dimensions sont beaucoup plus petites que celles de l'œuvre définitive. On appelle également ainsi l'esquisse d'ensemble d'une peinture décorative; et, lorsqu'il s'agit d'art théâtral, le modèle en carton découpé ou simplement peint, représentant une décoration avec ses divers plans, ses coulisses et sa toile de fond. Le nom de *maquette* s'applique aussi aux petits mannequins servant à donner des attitudes, des mouvements aux artistes, à leur permettre d'étudier les plis des draperies. Il existe dans le commerce six tailles principales de ces maquettes représentant des types d'hommes ou des types de femmes; leur dimension varie de 30 centimètres à 80 centimètres. Elles sont exécutées soit en bois blanc, soit en noyer, et, parfois, pourvues d'un pied de fer à coulisse destiné à assurer leur stabilité dans toutes les positions possibles. Il y a aussi dans le commerce des maquettes de cheval, avec ou sans cavalier, et qui sont articulées de façon à reproduire les allures de l'animal.

MARABOUT. 1° *T. de filat.* Organsin à deux torsions tellement considérables, la deuxième, principalement, qu'il est impossible de teindre le fil tel quel. On le teint alors sur la première torsion, et on donne la seconde après. La soie est dévidée en bobines et non remise en flottes.—V. ORGANSIN. || 2° *T. de tiss.* Tissu de soie, armure taffetas, fait avec le fil marabout, et qui a beaucoup de rapport avec le crêpe, mais avec une réduction plus forte, soit en chaîne, soit en trame, et une matière employée bien supérieure, comme blancheur et finesse. Le marabout pour l'article ruban n'est guère employé qu'à fil simple; mais, ourdi fil double et disposé par bandes ou carreaux écossais avec de l'organsin cuit et de couleur, il produit une opposition du mat au brillant, d'où résulte un très heureux effet: les parties marabout font alors un nouveau tissu qui est d'un bon emploi, soit pour robes, soit pour cravates.

***MARABOUTAGE.** *T. techn.* Apprêt spécial que l'on donne aux soies destinées à faire le marabout, dont il est question dans l'article précédent.

***MARACAÏBO** (Bois de). Variété de bois jaune, provenant du Vénézuela et fournie par le mûrier des teinturiers (*morus tinctoria*, L., urticées). Il nous vient en bûches quelquefois énormes, taillées à la hache, d'un brun jaune extérieurement, jaune avec filets orangés à l'intérieur. Il est dur, compact, et susceptible d'un beau poli; il pourrait être employé pour faire de beaux meubles, mais il sert surtout sous forme de poudre ou sous celle d'extrait aqueux, pour la teinture en jaune. Il contient un corps incolore, cristallisable, le *morin* $(C^{12}H^8O^5)^2$... $C^{48}H^{16}O^{20}$ qui est un sel de chaux à base d'*acide morin-tannique* (syn.: *maclarine*). $C^{13}H^{10}O^6$. Le morin se colore en jaune au contact de l'air et des alcalis.

Ce bois sert en teinture pour obtenir les nuances jaunes ou noires, ces dernières dues à la présence de la grande quantité du tannin spécial qu'il renferme.

MARAIS SALANTS. Le chlorure de sodium nécessaire à l'alimentation de l'homme et à son industrie peut s'extraire de mines, sous le nom de *sel gemme*, par les procédés que nous décrirons à l'article SALINES; ou de l'eau de la mer sous le nom de *sel marin*.

Un litre d'eau de l'Océan Atlantique se compose de 964 grammes environ d'eau pure tenant en dissolution les sels suivants :

		Grammes
Chlorure	de sodium	25.10
	de potassium	0.50
	de magnésium	3.50
Sulfate	de magnésie	5.78
	de chaux	0.15
Carbonate	de magnésie	0.18
	de chaux	0.02
	de potasse	0.23

Il y a en outre une petite quantité d'iodures, de bromures et de matières organiques.

Un litre d'eau de la Méditerranée ne contient que 958 grammes d'eau pure. Dans la mer Morte un litre d'eau pris à la surface contient 973 grammes d'eau pure et un litre d'eau puisé à 300 mètres de profondeur n'en contient que 722.

Pour extraire le sel de l'eau de la mer dans les pays froids, on la fait arriver dans des bassins peu profonds où on l'abandonne pendant l'hiver. Il se forme de la glace et il reste à la partie inférieure une dissolution concentrée qu'on évapore dans des chaudières.

Dans les climats tempérés, on a recours à des *bâtiments de graduation*, constitués par des fagots d'épine, retenus par des châssis en bois et abrités sous des hangars. Des pompes montent l'eau de la mer à la partie supérieure de ces bâtiments de graduation, et on la fait couler le long des fagots de façon à présenter à l'évaporation une large surface. En faisant descendre ainsi l'eau quatre ou cinq fois, elle arrive à contenir 15 à 20 0/0 de sel, et on la place alors dans des chaudières pour l'évaporer à feu nu. Elle dépose d'abord du *schlott* (sulfate double de soude et de magnésie), puis elle dépose du sel marin.

Les marais salants proprement dits existent dans les pays méridionaux où la chaleur solaire suffit à évaporer l'eau de la mer. Ils se composent de bassins en argile communiquant entre eux par des ouvertures étroites qu'on peut fermer par des vannes. On commence le travail au commencement de la belle saison. Dans les premiers bassins, l'eau maintenue en repos dépose les matières solides qu'elle tenait en suspension. Dans les bassins suivants, l'eau évaporée par le soleil dépose du sulfate de chaux et d'autres sels étrangers, avec un peu de chlorure de sodium. Dans les derniers bassins, l'eau dépose du chlorure de sodium avec quelques sels étrangers, principalement magnésiens et amers. Après ce dépôt, on fait écouler les *eaux mères*, et au mois d'avril, on fait la *levée du sel*. On l'entasse au bord des bassins en forme de pyramides recouvertes de paille et appelées *pilots*. Les sels magnésiens attirent l'humidité atmosphérique, s'y dissolvent et coulent le long des pilots, et après un certain temps d'exposition à l'air, le sel est suffisamment purifié pour être comestible.

On peut continuer à recueillir les sels que laissent déposer les eaux mères des marais salants après le dépôt du sel marin proprement dit. Ceux qui se déposent pendant le jour sont principalement composés de chlorure de sodium, et ceux qui se déposent pendant la nuit, à basse température, sont principalement composés de sulfate de magnésie. On les recueille séparément, on les redissout dans très peu d'eau, qu'on porte à la température de 0°. Il se précipite du sulfate de soude. Ce corps sert à la fabrication du carbonate de soude et à celle du verre, et Balard, en découvrant ce procédé pour l'obtenir, a rendu un grand service à l'industrie de notre pays. — V. Soude.

Les eaux mères contiennent encore un sulfate double de potasse et de magnésie. En leur ajoutant du sulfate d'alumine, elles pourraient déposer de l'alun, mais ce mode de préparation de l'alun n'est pas industriel.

On peut ensuite retirer des eaux mères un chlorure double de potassium et de magnésium, et en le traitant par l'eau, on ne dissout que le chlorure de magnésium. La dissolution évaporée à siccité donne ce corps, qui pourrait servir à préparer l'acide chlorhydrique par l'action de la vapeur d'eau à une température élevée.

Les eaux mères des marais salants contiennent aussi parfois un peu de bromure de magnésium. Le lecteur trouvera à l'article Brome la description des procédés, indiqués par Balard, pour extraire le brome de ces eaux mères. — A. B.

***MARÂTRE.** *T. de métall.* Pièce métallique, généralement en fonte, qui supporte la partie supérieure de la chemise réfractaire d'un haut-fourneau. C'est sur elle que vient s'exercer directement la poussée oblique de l'intérieur vers l'extérieur, et qui résulte du poids de cette partie du fourneau. Cette poussée se transmet, soit sur le massif non réfractaire, comme dans les anciens fourneaux, soit sur des colonnes en fonte réunies entre elles au sommet comme dans les nouveaux fourneaux. — V. Fourneau (Haut-).

I. MARBRE, MARBRERIE. Le marbre est une pierre calcaire, d'une dureté quelquefois assez grande, compacte et dont la cassure a généralement un aspect saccharoïde où brillent souvent d'innombrables parcelles de mica et de grenat, ce qui valut à cette pierre le nom de *marmaros*, du grec μαρμαίρω, *je brille*. Sa composition chimique est représentée par la formule CO^2, CaO ; son équivalent rapporté à l'oxygène est 625, et sa densité varie de 2,450 à 2,800 kilogrammes au mètre cube. Fortement chauffé, le marbre laisse échapper l'acide combiné, et donne pour résultat de la *chaux vive*, d'autant plus pure et foisonnant, que le marbre est lui-même plus pur et moins chargé de matières étrangères. Le marbre fait effervescence avec les acides plus forts que l'acide carbonique, comme l'acide nitrique, l'acide sulfurique, par exemple. Il est quelquefois phosphorescent, comme le marbre statuaire antique ; quelquefois il est d'un grain si dur qu'il scintille sous le choc de l'outil : d'autres fois enfin, il est tellement tendre qu'il se décompose à l'air par une lente effervescence.

Le nombre des marbres est infini, ainsi que la combinaison de leurs taches, de leurs veines et de leurs couleurs. Ils se trouvent par couches et par masses immenses sur la croûte du globe ; plus ils se rapprochent du sommet des montagnes, où ils forment des plateaux de 3,000 mètres d'élévation ; plus ils sont compacts, susceptibles de prendre un beau poli, plus ils ont d'homogénéité et plus ils sont estimés. Presque toutes les chaînes de montagnes fournissent des marbres ; les Pyrénées, les Alpes, les Apennins abondent surtout en ces riches gisements de pierres. L'Atlas en fournit également et l'on a récemment ouvert en Tunisie et dans la province d'Oran des carrières qui fournissent de beaux marbres d'un rouge sanguinolent très recherchés.

Les belles couleurs, les veines, les taches du marbre sont le produit de substances étrangères qui se sont infiltrées dans la pâte calcaire, telles que des sulfures de fer, des bitumes, des pyrites de cuivre, des veines de manganèse, de plomb, de zinc, de malachite, etc. Ainsi les marbres noirs, par exemple, répandent l'odeur du bitume auquel ils ont emprunté leur couleur ; ils sont très recherchés aujourd'hui pour les cheminées monumentales à cause du poli extraordinaire qu'ils peuvent prendre et de leur effet décoratif ; ils étaient réservés autrefois pour les pierres tumulaires, ou pour les inscriptions où les lettres en métal ou en couleur ressortent avec vigueur.

On appelle *brèches* les marbres que la nature a formés de pierrettes, de mosaïques de toutes couleurs, de toutes nuances, veinées ou tachées, dont les contours sont limités et anguleux, et qui sont collées et cimentées ensemble. On appelle *lumachelles* les marbres qui renferment de nombreux fragments de coquilles qui se dessinent en blanc sur un fond gris ou noir généralement.

Le *marbre statuaire*, ou *marbre salin*, ou *marbre blanc*, est celui que l'on désigne en minéralogie sous le nom de *chaux carbonatée saccharoïde*, parce que sa texture grenue et brillante a l'aspect du sucre. Pas un débris de corps organisé ne s'y trouve et n'en altère la pureté. Cette pierre, souvent d'un blanc de lait, appartient exclusivement aux terrains de cristallisation, et est d'une formation contemporaine à celle des gneiss et des porphyres.

Historique. Dans l'antiquité, ces marbres étaient désignés sous le nom de *marbres lychnites*, du mot grec λύχνος, lampe, à cause de leur transparence. Ce furent Paros, Naxos, Texos, Chio, Lesbos et plusieurs autres îles de l'Archipel, le Pentalès et l'Hymette, près d'Athènes, le Préconèse, dans la mer de Marmara, les carrières de l'Arabie, dont les blocs sont aussi blancs que la neige, qui fournissaient ces marbres, dits *antiques*, dans lesquels furent taillées ces figures gracieuses ou redoutables des dieux et déesses de l'Olympe. Les marbres de Carrare et de Luni, en Italie, surpassent en blancheur celui de Paros.

On nomme *marbres antiques* ceux dont les carrières ne sont plus connues ou exploitées. Le *bleu turquin antique* venait de Mauritanie. L'Egypte fournissait un marbre strié de larges bandes onduleuses, blanches et vertes, micacées: ces carrières ne sont plus connues. C'est de marbre blanc que sont revêtues les galeries longues et étroites de la grande pyramide d'Egypte; cette contrée avait aussi des carrières de marbre noir et jaunâtre. Le marbre de Laconie, tiré du promontoire de Ténare (cap Matapan), était vert; celui d'Afrique, aux environs de Carthage, était rouge; celui de Phrygie, tacheté; celui d'Ethiopie, jaune clair comme l'ivoire vieilli.

Les recherches des savants tels que Raoul-Rochette qui, disait plaisamment Théophile Gautier, « avait vu bâtir Ninive, » — les travaux de Winckelmann au commencement du siècle, et ceux plus récents de Visconti; — les magnifiques collections d'antiques du Louvre, du British Museum, de lord Arundell (1627) et de Lord Elgin (1811); — les savantes compilations d'érudits tels que J.-J. Barthélemy, Champollion, Barthélemy-Saint-Hilaire, etc., — ont surabondamment prouvé que le marbre était d'un usage courant, non seulement dans la construction des édifices et les manifestations de l'art, chez les plus anciens peuples connus; mais que leurs ornements, leurs meubles, étaient en grande partie faits de cette matière première. Il a été prouvé que Babylone, Ecbatane, Ninive, Thèbes, Memphis, Carthage, ces colossales villes anciennes depuis longtemps disparues, étaient presque entièrement construites en marbre. Les magnifiques restes d'Athènes, de Rome, ne laissent aucun doute sur ce point que le marbre était employé à profusion non seulement pour les édifices publics, mais pour les maisons particulières; — le temple de Diane à Ephèse, le temple de Salomon étaient en marbre blanc; les plus modestes vases, les armes, les bijoux étaient en marbre coloré. Enfin, on sait aujourd'hui combien les Grecs et surtout les Romains apportaient de luxe dans la décoration de leurs maisons et de leurs gymnases dont les vestibules et les atriums étaient pavés des plus riches mosaïques.

Comment se fait-il donc que cette pierre d'un usage autrefois si multiplié soit devenue d'une application aussi rare en traversant les siècles, de telle sorte qu'aujourd'hui il semble que le marbre soit presque une pierre précieuse, est tout au moins regardé comme une matière décorative de luxe, et que son emploi est devenu moins fréquent? Il y a plusieurs raisons qui permettent d'expliquer ce phénomène.

Aux époques primitives, où la moitié des hommes était esclave de l'autre moitié, où la main-d'œuvre n'avait aucun prix, l'emploi du marbre, et notamment des marbres blancs, était tout indiqué, surtout dans ces pays de soleil. Les grands artistes, inconnus aujourd'hui, qui furent les devanciers des Phidias et des Praxitèle, de leurs élèves et de leurs émules, élevèrent à la divinité des temples magnifiques et construisirent pour l'homme des maisons riches, commodes et fraîches, en employant une matière qui se prêtait à la décoration par sa taille, le beau poli dont elle est susceptible, et une coloration suffisamment variée. Il est hors de doute que peu à peu, le goût du luxe se développant et le travail des métaux progressant, les sculpteurs et les architectes ajoutèrent à ce moyen décoratif les incrustations et appliques en métaux précieux, l'or et l'argent, et en ivoire. Les bouleversements qui suivirent l'invasion des barbares et la chute des grands empires d'Orient et d'Occident, — la destruction des monuments qui en fut le résultat, et l'éclosion d'une société nouvelle qui apportait avec elle un art nouveau, où le calcaire amorphe, d'une taille plus facile, fut employé, — réduisirent le marbre à n'être plus qu'une pierre précieuse employée aux décors intérieurs, à quelques meubles de luxe et spécialement réservée à l'art du statuaire.

Depuis l'accroissement du prix de main-d'œuvre; l'emploi, dans les constructions, de la brique et des produits céramiques que l'on peut se procurer partout et qui sont d'une manipulation si commode; les progrès de la métallurgie qui ont permis d'employer tous les métaux à la fabrication des statues, des ornements et des meubles; les effets variés qu'on en retire; ont considérablement réduit l'emploi du marbre. Aujourd'hui, il ne sert plus guère, dans nos habitations, qu'à faire des cheminées, des carrelages, et des placages de meubles courants. Peut-on espérer voir le marbre se relever de cet état de quasi-déconsidération? Nous ne le pensons pas. Le travail du marbre est long et difficile et ne donne, en somme, qu'un certain nombre d'effets connus et peu variés. Les marbres blancs sont d'un aspect froid; d'autres sont tristes ou désagréables; quelques-uns, d'aspect plus aimable, ont cependant besoin d'être rehaussés par des moulures, des rondes-bosses, des appliques et des incrustations qui en augmentent singulièrement le prix.

Tout l'avenir de cette industrie nous paraît désormais réservé à l'application générale des procédés mécaniques dans l'extraction, le débit et le polissage. Il nous paraît aussi dépendre de l'application de ces procédés mécaniques sur le lieu même d'extraction, de manière à ne pas contraindre cette matière si lourde à exécuter des voyages nombreux avant d'arriver aux lieux de débit ou d'emploi.

Exploitation et emploi du marbre. L'extraction du marbre a fait déjà quelques progrès. Depuis plusieurs années, on exploite avec plus de méthode qu'autrefois, surtout les beaux marbres d'un grain plein qui ne supportent pas le masticage. L'emploi de la dynamite par petits pétards qui a remplacé les grosses charges de poudre permet de détacher rapidement les blocs sans *étonner* la masse. La plupart des exploitants de carrières disposent de forces hydrauliques et ont établi des scieries qui leur permettent de débiter des plaques de marbre de toute épaisseur, jusqu'à 8 et même 6 millimètres, mais de longueur et largeur assez limitées.

Parmi les machines à scier, nous citerons celle de Tullock qui pratique aussi les rainures et dont l'application remonte à une trentaine d'années. Depuis cette époque, bien des systèmes de scies ont été imaginés, mais tous avaient le défaut de laisser trop rapidement échauffer les lames et de leur faire perdre de la *voie*. On a, récemment, imaginé une scie à diamant noir qui remédie à ces inconvénients. On obtient aussi de bons résultats avec une scie verticale dont les dents frottent à leur passage sur une molette qui refait sur la lame ce que la matière dure a emporté des dents, enlève les bavures, et donne de la voie à la scie. Ces scies peuvent aussi *chantourner* des ornements dans des plaques de marbre.

Il existe plusieurs machines à user les épannelages et à raboter les moulures : des rabots à talon ; mais ces machines prennent une grande force et sont d'un entretien coûteux. On préfère opérer par épannelages successifs. Ce travail se fait, dans certains centres du Nord, à Jeumont, en Belgique, dans le grand duché du Luxembourg, et se pratique par de jeunes enfants, et même des femmes, à des prix d'une rare modicité. Enfin, il a été aussi inventé, vers le milieu de ce siècle, des machines à sculpter et à réduire les sculptures. Ce n'est pas ici le lieu de décrire ces ingénieux appareils que nous ne citons que pour mémoire, et pour prouver que si l'emploi du marbre est aujourd'hui restreint, cela tient plutôt à des considérations de sa nature et de son essence mêmes qui limitent cet emploi, qu'au manque d'invention ou de génie de la part des hommes qui l'exploitent.

Les marbres modernes sont excessivement nombreux. Leur classification n'a jamais été faite d'une façon définitive. Nous pensons qu'ils peuvent être ramenés à sept grandes divisions :

Première classe. Les *marbres blancs*, comprenant: le *marbre statuaire*, les *marbres de Carrare et de Luni*, les *cipolins*, etc.

1° Le *marbre statuaire* (Haute-Garonne, Loire, Hautes et Basses-Pyrénées, Var); 2° le *marbre de Carrare*; 3° le *marbre de Luni*; 4° le *marbre de Saint-Béat*, de *Sost*, de *Constantine* (Algérie); 5° le *Saint-Vincent*, blanc, rose et jaune tacheté de gris (Basses-Alpes); 6° le *Claret*, blanc-gris (Basses-Alpes); 7° le *Lauzanier*, blanc brun, jaspé jaune et vert d'un très bel effet (Basses-Alpes); 8° le *Saint-Maurice*, blanc cristallin, jaspé vert et rose (Hautes-Alpes); 9° le *cipolin de Saint-Maurice*, blanc rubanné de vert à grandes veines (Hautes-Alpes), Corse: 10° l'*Eglier*, blanc, rose, jaune (Hautes-Alpes); 11° le *Guittestre*, blanc, gris et jaune; 12° le *Narbonne blanc*, mêlé de gris-bleuâtre; 13° le *blanc de Soulane*, veiné de gris (Corrèze); 14° le *Saint-fond*, veiné de taches grises (Hérault); 15° le *marbre de Chalences*, blanc et rosé à gros grains saccharoïdes (Isère); 16° le *Langeat*, jaspé de rouge (Haute-Loire); 17° le *marbre de Balseige*, veiné de rouge (Lozère); 18° le *Chipol* (Meuse, Vosges); 19° les *blancs de Carol* et de *Saint-Sauveur* (Pyrénées-Orientales), beaux saccharoïdes.

Deuxième classe. Les *marbres noirs*, comprenant :

1° Le *noir antique* ou *drap mortuaire* dont la couleur est si homogène; 2° le *petit granit*, dont le fond noir est parsemé de parties plus claires, ex: le *Glageon* (Nord), la *Glaçonnière* (Deux-Sèvres); 3° le *marbre Saint-Anne* qui présente, sur un fond noir ou d'un gris très foncé, des veines blanches qui se croisent dans tous les sens (Flandre, département du Nord); 4° le *petit antique*, offrant un mélange de taches noires et blanches à peu près égales et anguleuses, ex.: la *brèche de Sauveterre* (Basses-Pyrénées); 5° le *marbre portor* qui présente, sur un fond d'un beau noir, des veines d'un jaune doré du plus bel effet (Aude, Isère et Var); 6° le *Sanstête*, noir tacheté de blanc (Allier); 7° le *marbre farcan*; *monumental*, aussi beau que le noir antique (Hautes-Alpes); 8° le *Saint-Firmin*, noir tacheté de gris et de blanc, pour ameublements (Hautes-Alpes); 9° la *lumachelle de Narbonne*, coquillier parsemé de bélemnites blanches; 10° le *noir de Caen* (Calvados) et le *grand noir* du Doubs, le *noir de Toulouse*, le *noir d'Angers* et le *noir de Laval*; 11° le *Saint-Hugon* noir et blanc veiné, le *noir de Seissin*, très intense, et l'*Augray*, noir à coquilles blanches (Isère); 12° le *noir jurassique* très pur (Jura) et le *noir de Lorraine*; 13° le *Montricoux*, noir taché de rouge (Lot, Tarn-et-Garonne); 14° le *Taveau*, mêlé de bleu ardoise (Nièvre); 15° le marbre noir de *Saint-Fortunat* (Rhône), de *Framayes* (Saône-et-Loire) et le *noir de Castres* (Tarn); 16° le *Saint-Serges*, le *noir veiné* le *tigré de Sablé*, le *Juigné* (Sarthe).

Troisième classe. Les *marbres rouges* qui comprennent :

1° Le *marbre griotte*, dont le fond, d'un rouge brun, est parsemé d'une manière symétrique de taches d'un rouge beaucoup plus clair, quelquefois aussi de taches blanches, arrondies; 2° le *marbre sarancolin*, d'un rouge foncé mêlé de gris et de jaune, avec parties transparentes (Basses et Hautes-Pyrénées); 3° le *marbre incarnat*, d'un rouge assez clair, mêlé à des parties plus claires dues à des polypiers (Aude, Haute-Garonne); 4° le *Bagny* (Ain), rouge, tacheté de jaune et de blanc; 5° les *Bourbonnais* (Allier); 6° le *rouge foncé de Givet*, le *Charlemont*, le *Charleville*, le *Cerfontaine*, le *marbre royal*; tous ces marbres veinés de gris, de bleu ou de blanc se trouvent dans les Ardennes; 7° le *cervelas rouge*, le *faux cervelas* (Nièvre), le *grand rouge*, le *cervelas de Villefranche* (Pyrénées-Orientales) mêlés de blanc et de gris, le *rouge de Belecta*, mêlé de veines et de taches blanches; ces trois variétés se rencontrent dans l'Ariège; on trouve la dernière dans le Jura sous le nom de *Sirod*; 8° le *Languedoc*, rouge-brique mêlé de blanc et de gris (Aude, Haute-Garonne, Hérault); 9° la *griotte de Cannes* ou *griotte d'Italie*, brun très foncé, tachée de rouge cerise, une des plus belles que l'on connaisse (Aude, Haute-Garonne, Lot); 10° le *Campan-Isabelle*, beau marbre rouge vif très foncé, aux taches rouge-orange et taches blanches (Aude); 11° la *brèche de Memphis*; la *brèche rouge*, le *grand brun* (Bouches-du-Rhône); 12° le *rouge de Caen*, le *rouge de Laval*, le *rouge de Lorraine* et le *rouge du Var*; 13° l'*Emeutier*, demi-transparent et argenté (Corrèze); 14° la *brèche de Saint-Romain*, couleur brique foncée; le *fixin*, semé de taches blanches et le *dauphin* avec taches violettes (Côte-d'Or); 15° le *Sanpan*, d'un rouge pâle nuancé de taches plus rouges et blanches (Doubs); 16° le *sanguin* rouge et blanc et le *marbre de Cette* (Hérault); 17° le *Cornac* et le *Trespoux*, veinés de blanc et de gris-verdâtre; l'*Universel*, le *Floirac*, tâches grises, blanches, jaunes, etc. (Lot); 18° le

Peyrère, jaspé de blanc (Lozère); 19° le *Cannelle* (Nièvre); 20° le *rouge français*, nuancé de veines blanches, taches noires et rougeâtres; 21° le *Salestré*, le *rouge de Châlons* et le *Tournus* (Saône-et-Loire); 22° le *Juigné rouge*, le *Sablé d'Entroques*, le *madréporique* (Sarthe).

Quatrième classe. Les *marbres gris*, contenant:

1° Les *marbres ruiniformes* dans lesquels on remarque des dessins anguleux, bizarres, d'un brun-jaunâtre, simulant l'apparence de ruines; 2° le *gris et rosé*, le *blanc gris et rosé* de l'Ain; 3° le *Gravelle* (Ain); 4° la *lumachelle bleue, grise et rose* (Ain); 5° l'*Izernove gris*, cendré, bleuâtre (Ain); 6° le *Fontanelle*, gris bleu nuancé de veines blanches (Aisne); 7° la *lumachelle grise* à coquilles blanches et spathiques (Aisne); on l'appelle aussi *marbre de Langres* et le *Chaumont*; 8° la *brocatelle de Moulins* (Allier), gris brun avec taches jaunes dorées; 9° le *Joligny*, fond gris-bleu veiné de rouge (Allier); 10° le *Chatelpéron*, gris jaspé de bleu (Allier); 11° le *Malplaquet*, fond gris-bleuâtre avec de larges taches noires et blanches rosées entremêlées et quelquefois transparentes (Ariège); 12° le *gris turquin*, la *brèche-lazuli*, le *grand et le petit deuil* (Ariège, Aude, Haute-Garonne); 13° le *Suzon* et le *gris bariolé* de la Côte-d'Or; 14° le *Gierp* gris blanc très dur (Haute-Garonne); 15° le *Peissonnier*, le *Peschagnard*, le *Sassenage*, gris-jaune et blanc; le *Saint-Quentin bleu*, gris-bleu ardoise; la *Grande Chartreuse*, gris-blanc rosé, brun et noir (Isère); 16° le *Cousance* bariolé de taches rougeâtres et de rayures (Jura); 17° les *Léardes*, gris à veines blanches, très dur (Loire-Inférieure); 18° le *Montels*, gris à taches vertes (Lot); 19° le *fleur de pêché*, le *violet*, le *marbre d'Angers* (Maine-et-Loire); 20° le *marbre d'Argentré* et le *marbre de Saint-Berthevin* (Mayenne); les *marbres d'Elinguehen* et de *Beauliers*, le *Stinckol*, le *Bourdon* (Pas-de-Calais), jaspés de blanc et de rouge; 21° la *lumachelle des Argonnes* (Meuse), nuancée de jaune et de rouge, et le *marbre de Férouville* à taches jaunes et grain fin; 22° les *lumachelles d'Hécourt* (Oise) à coquilles noires; 23° le *Saint-Urcisse* et le *Montmirail du Tarn*.

Cinquième classe. Les *marbres verts*, comprenant:

1° Le *vert d'Egypte* (Côtes de Gênes); 2° le *vert Campan*; 3° le *vert de mer*; 4° le *vert de Signau*; 5° le *vert de Moulins*; 6° le *Figeac*, d'un vert terne, avec taches rouges (Aude); 7° le *Puech de wold*, d'un vert foncé et la *serpentine verte* (Aveyron); 8° l'*olive sanguin* avec points rouges et taches blanches (Côte-d'Or); 9° le *Balvacaire*, mêlé de taches rouges et de points blancs (Haute-Garonne); 10° le *Croset*, olivâtre bronzé avec des nuances rouge-pâle (Jura); 11° le *rosé vert*, marbre précieux jaspé de jaune et de violet (Haute-Loire); 12° la *veyrette* ou *vert d'Antin* avec veines rouge de feu (Hautes-Pyrénées).

Sixième classe. Les *marbres bleus*, comprenant:

1° le *bleu turquin* (environs de Gênes); 2° les *lumachelles de Bourgogne* et de *Charançay* (Côte-d'Or) et les *gris bleus du Nivernais*: 3° le *bleu doré*, aux veines jaunes d'or (Côte-d'Or); 4° le *bleu d'Arbois*, et le *bleu de Salins*, jaspé de gris et de blanc (Jura); 5° le *Corbigny*, bleu-grisâtre veiné (Nièvre).

Septième classe. Les *marbres jaunes*, comprenant:

1° Les *marbres de Sienne* et la *brèche des Pyrénées*; 2° le *nankin*, jaune, blanc et rose; 3° le *Saint-Rémi*, d'un jaune clair avec jaspures violettes (Aveyron, Bouches-du-Rhône); 4° la *brocatelle de la Sainte-Baume*; le *Tray* ou *Trest*; le *Sainte-Baume*; la *brèche d'Alet* ou d'*Alep*, cette dernière très belle avec des taches cailloutées grises, brunes, noires et rouges (Bouches-du-Rhône); 5° le *Saint-Jean*, jaune, gris et rouge (Bouches-du-Rhône); dans le Lot, il porte le nom de *Saint-Simon*; 6° l'*arc jaune-orange*, le *peau de cerf* et le *Montbard* taché de blanc et de rouge (Côte-d'Or); 7° le *Roquepurtide* légèrement nuancé de gris (Gard); 8° l'*Isabelle* (Haute-Garonne et Var); 9° le *fougère* jaune et violet (Hérault); 10° le *marbre de Rennes*; 11° le *gramat*, jaune avec arborisation (Lot); 12° le *Saint-Julien*, jaspé de blanc et de vert et à grains fins (Lozère); 13° le *Beauregard*, jaspé de rouge et de blanc ayant des parties nacrées (Meurthe); 14° la *lumachelle de Sénautes* à coquilles grises (Oise); 15° les marbres de *Pomier*, de *Saint-Cyr* et de *Lanzon* (Rhône).

Cette classification nouvelle diffère de celle de Tournier qui comporte deux classes, suivant la texture; et qui, par cela même, nous paraît avoir l'inconvénient de n'être pas suffisamment délimitée.

Notre classification démontre que la France est admirablement partagée sous le rapport des gisements de marbre: l'Italie et l'Espagne viennent à la suite. Ces pays exploitent à peu près partout leurs carrières. Notre colonie d'Afrique participe, depuis quelques années, au mouvement d'exploitation. On a retrouvé les gisements de marbre d'un beau rouge sanguinolent de Carthage.

Le Piémont, la Saxe, la Bohême, la Norwège, la Suède, l'Angleterre possèdent des gisements considérables de marbres inexploités.

Travail du marbre. Les marbres se débitent, en général, dans le sens où on les trouve dans la carrière. C'est alors les scier en *passe*. Quelquefois aussi, on est obligé de les débiter à contresens; on appelle ce sciage en *contrepasse*. Alors, ils sont plus difficiles à tailler; plusieurs marbres même, en raison de leur contexture et de la disposition de leurs veines, ne peuvent être sciés que du sens dans lequel ils ont été débités. Souvent le marbrier est obligé de dégrossir *à la gradine* et de rétablir *au ciseau* les sciages mal faits. La *taille des moulures* exige beaucoup de temps et de soins. On procède par *épannelages* successifs.

Depuis quelque temps, on a adopté pour les moulures simples des *rabots* à profils déterminés, mus mécaniquement; mais ces outils ne peuvent servir que pour les calcaires compacts et à contexture saccharoïde; on ne peut les employer lorsqu'on traite les brèches et les lumachelles. Les pièces cylindriques s'ébauchent au ciseau et s'achèvent généralement *sur le tour*: On les place entre les pointes de fortes poupées et on leur imprime un mouvement continu de rotation aumoyen d'une roue mue à la main ou à la machine.

Vient ensuite le *polissage* qui comprend : l'*égrisage* consistant à adoucir, avec le grès, les aspérités laissées par le burin; aujourd'hui, cette opération commence à se faire mécaniquement; le *rabat* : on continue de frotter avec des morceaux de faïence sans émail ou de *pierre de Gothland*, ou même avec de l'*émeri* et une *molette de plomb* pour les calcaires durs; l'*adouci* : on continue de frotter avec une *pierre* ponce; le *piqué* : à la molette et à la pierre ponce, on substitue un tampon de linge fin, bien serré et bien imprégné d'un mélange de limaille de plomb avec de la *boue d'émeri* provenant du polissage des glaces ou de la taille des pierres précieuses; c'est ce qu'on appelle *adoucir à fond;* enfin, le *lustré* : on lave les surfaces ainsi préparées, on les laisse ressuyer et on les frotte avec un tampon de linge et un peu de poudre de *potée d'étain*; puis enfin, on prend un tampon de chiffons secs et on achève de frotter légèrement.

Le marbre est alors d'un poli superbe et transparent.

Lorsque le marbre a subi l'opération du rabat, on recherche et l'on remplit en *mastic* de couleur convenable, les fils, cavités ou terrasses; ce mastic se compose ordinairement d'un mélange de cire jaune, de résine et de poix blanche, mêlées d'un peu de soufre et de plâtre tamisé au tamis fin, auquel on donne la consistance d'une pâte épaisse. Pour la colorer, on y ajoute du noir de fumée et de la potée rouge, avec un peu de la couleur dominante du fond. Pour les marbres fins, on se sert des couleurs de la peinture qui peuvent produire le même ton que le fond, et on ajoute à ces couleurs de la gomme-laque pour leur donner de la couleur et du brillant.

Telles sont les diverses opérations du travail du marbre, exécutées soit sur les carrières d'extraction, soit dans certains centres où s'exerce exclusivement la profession d'ouvrier marbrier, comme à Jeumont, dans certaines parties de la Belgique, de l'Alsace-Lorraine et le grand duché du Luxembourg. Le marbre débité, scié, poli et prêt à être posé vient alors chez le marbrier à Paris qui l'emmagasine dans ses ateliers, et là il attend le choix et la commande de la clientèle. — E. FL.

Marbre artificiel. — V. Stuc.

II. **MARBRE.** *T. de typog.* Dans les imprimeries, c'était autrefois une table de pierre sur laquelle on posait les formes, le mot est resté en usage bien que, depuis longtemps, la fonte ait remplacé la pierre. || *Marbre de la presse.* Plaque enchâssée dans le creux du coffre et qui reçoit la forme à imprimer. || *T. de mar.* Treuil formé d'un tambour horizontal qui sert à la manœuvre de la barre. || *T. techn.* Se dit des pierres dures sur lesquelles on broie les couleurs ou les drogues. || Bloc sur lequel on réduit en feuilles les tables d'étain. || *T. d'atel.* Table en fonte polie, sur laquelle l'ouvrier ajusteur pose les pièces à tracer pour exécuter le traçage avant l'ajustage.

MARBRER. *T. techn.* Faire l'imitation du marbre sur les boiseries, les tranches d'un livre, etc.

MARBRERIE. — V. Marbre, § *Travail du marbre.*

MARBREUR, EUSE. *T. de mét.* Ouvrier, ouvrière qui donne au papier l'aspect du marbre.

MARBRIER. *T. de mét.* Ce nom s'applique non seulement à celui qui fait l'extraction, le débitage et le sciage du marbre, mais à l'artisan qui le taille et le polit, monte les ouvrages de marbrerie, et particulièrement à celui qui travaille le marbre destiné aux tombeaux et se charge de tous les travaux de sépulture. || Dans la peinture du bâtiment, c'est le nom du décorateur qui fait les imitations du marbre.

MARBRIÈRE. Carrière de marbre.

MARBRURE. *T. techn.* Imitation du marbre sur les papiers, les livres, etc.

***MARCELINE.** *T. de tiss.* Taffetas de soie en compte léger, dans la réduction carrée d'environ 30 à 40 fils au centimètre (chaîne double), se tramant à deux ou trois bouts. Ce tissu est très doux et très moelleux; il a, d'ordinaire, beaucoup de brillant et est employé pour robes. || *T. de minér.* Silicate rose de manganèse.

***MARCHAGE.** *T. techn.* Opération qui consiste à corroyer la terre destinée à certains ouvrages; on la jette dans une fosse avec assez d'eau pour former une pâte un peu ferme, sur laquelle un ouvrier, nommé *marcheur*, piétine pour la pétrir en la retournant fréquemment au moyen d'une bêche. || *T. de tiss.* Nom des pressions successives et méthodiquement déterminées des deux pieds du tisserand sur les pédales que, dans un métier à bras, on appelle *marches.* On emploie le mot *marchure* ou *foule* pour exprimer l'élévation ou le rabat plus ou moins prononcé des lames, à l'effet de déterminer l'angle d'ouverture des fils de chaîne, nécessaire au passage de la navette, et conséquemment à l'insertion de la duite.

MARCHE. *T. techn.* Allure d'une machine. || Degré d'un *escalier.* — V. ce mot et Balancement. || *T. de tiss.* Nom des pédales, ou leviers placés dans le bas du métier à tisser, et sur lesquelles l'ouvrier appuie alternativement les pieds, pour réaliser la levée ou le rabat des lames (tissage à bras). Cette cadence ou mode de marchage se chiffre préalablement sur une configuration graphique qu'on désigne sous le nom de *symbole du montage.* Ce symbole conventionnel ne contient pas seulement l'indication du marchage, il comprend : 1° la carte ou armure *écrite* du tissu; 2° le remettage des fils, compris dans le rapport-chaîne, soit sur un seul corps de lisses, soit sur deux ou plusieurs corps de lames; 3° la susdite cadence; 4° l'embrevage ou indication des lames à lever ou à baisser; et 5° le piquage des fils de chaîne dans les dents du peigne.

Dans le tissage mécanique, ce sont des tapettes ou des excentriques, ou autres moyens mécaniques, qui commandent l'évolution des lames.

MARCHÉ. Lieu couvert ou découvert affecté à la vente des denrées et objets nécessaires aux besoins journaliers de la vie et particulièrement au commerce des denrées alimentaires. Il y a pourtant aussi des marchés de bétail sur pied, d'animaux domestiques, de fourrages, de fleurs, de plantes médicinales, de bois, de charbons, d'habillements, de petits ameublements, d'objets de ménage, etc.

HISTORIQUE. L'institution des marchés remonte au temps où les populations se sont agglomérées. L'on conçoit, en effet, que là où les sociétés se forment, elles ont besoin non seulement de substances alimentaires, mais encore d'une foule d'objets nécessaires à leur état de civilisation. Chez les anciens Grecs et Romains, l'habitude de la vie extérieure, l'absence de ce nombre infini de boutiques que l'on voit dans nos villes, devaient donner aux marchés une importance qu'ils sont loin d'avoir chez les modernes. En même temps point de réunion pour les affaires publiques et lieu de débit pour les marchands, l'*agora*, chez les Grecs, ou le *forum*, chez les Romains, était, en quelque sorte, indispensable à l'existence de la ville et contribuait même, pour une large part, à son ornementation. L'*agora* était ordinairement au centre de la cité, à moins qu'il n'y eût un port ou une rivière, dans le voisinage desquels on la plaçait de préférence. Elle était carrée, entourée de portiques doubles, avec une toiture plate formant galerie. Ces portiques offraient un abri aux marchands et aux acheteurs, et alternaient quelquefois avec des édifices civils ou religieux. Souvent l'*agora* était décorée de statues. Le *forum*, chez les Romains, était de forme rectangulaire allongée. Il était entouré de portiques, sous lesquels étaient installées des boutiques principalement pour les changeurs et les vendeurs d'objets précieux. Les autres marchands se tenaient en plein air, dans l'intérieur de l'enceinte, où ils avaient des comptoirs, *abaci*, et de grandes tables *operariæ mensæ*. Autour de ces places s'élevaient les principaux édifices publics, cours de justice, basiliques, temples, etc. Le forum de Pompéi offre l'exemple le mieux conservé que l'on connaisse de cette disposition. Rome comptait dix-sept *fora*, dont trois étaient consacrés exclusivement aux affaires publiques ou privées, *fora civilia* ou *judiciaria*; les quatorze autres étaient des marchés proprement dits, *fora venalia*, parmi lesquels on remarquait : le *forum boarium*, *piscarium*, *suarium*, *vinarium*, *equarium*, *olitorium*, etc. Au moyen âge, il existait peu de marchés construits; la désignation de *halle* (V. ce mot) était et est encore fréquemment, de nos jours, prise dans l'acception de *marché*. Le plus ancien marché de Paris pourvu d'abris clos et couverts, date du XIIe siècle (V. HALLE). On trouve ensuite, à Florence, le *mercato nuovo*, bâti par Cosme Ier, en 1548; le *mercato vecchio*, dans la même ville; le fameux portique *dei Mercanti*, à Arezzo. Mais généralement, en Italie comme en France, et presque jusqu'à nos jours, les marchés se tinrent en plein air sur la place publique.

Aujourd'hui, des marchés offrant un abri commode aux vendeurs et aux acheteurs s'établissent dans toutes les agglomérations de quelque importance. Ces marchés sont de diverses sortes, suivant le mode de commerce et la nature des objets. Dans les bourgs et les petites villes, ces édifices sont de construction très simple, étant uniquement destinés aux cultivateurs, qui y apportent leurs produits à des jours et à des heures déterminées et qui n'y stationnent pas longtemps. Ce sont des hangars, plus ou moins vastes, ouverts sur toutes leurs faces et offrant accès aux bestiaux et aux voitures. Ils sont recouverts d'une toiture à charpente apparente et supportée par des points d'appui en pierres, en briques ou en bois, suivant les ressources de la localité.

Un abri plus complet, des comptoirs ou étalages sont nécessaires dans les marchés *permanents*, c'est-à-dire dans ceux qui sont occupés, pendant toute la journée, par des revendeurs, ainsi qu'il arrive dans la plupart des grandes villes. Diverses dispositions générales peuvent être adoptées. Quelques-uns de ces édifices consistent en un simple portique, couvert en appentis et entourant une cour de forme rectangulaire, ouverte aux voitures. Les étalages s'adossent contre le fond du portique. Dans d'autres, tels que les marchés Saint-Germain, des Carmes, des Blancs-Manteaux, à Paris, le portique est remplacé par de larges galeries couvertes, comprises entre deux murs. De grandes ouvertures percées sur les faces et dans le sommet de la toiture éclairent l'intérieur et assurent la ventilation. Ces baies sont garnies de lames de persienne, qui garantissent des intempéries des saisons, sans empêcher la circulation de l'air, indispensable à la conservation des denrées. La circulation des acheteurs s'établit au milieu de la galerie et les étalages sont placés de chaque côté. Le passage doit être assez large pour qu'il n'y ait à craindre aucun encombrement, il ne doit pas avoir moins de 2 mètres. Une disposition très satisfaisante pour un petit marché consiste en un large portique, ouvert sur les deux faces, et divisé par un mur longitudinal, s'élevant à 2 ou 3 mètres de hauteur, de manière à servir d'appui aux comptoirs et à abriter des courants d'air. Enfin, et c'est le cas le plus général aujourd'hui, le marché est une vaste salle, à charpente apparente, aussi largement aérée que possible, dans laquelle les étalages sont disposés par rangs longitudinaux, avec des passages suffisants pour la circulation. Ces édifices sont fréquemment pourvus de caves, qui servent de magasins pour les marchands. Des latrines sont aussi un accessoire indispensable.

Dans ce genre d'édifices, l'architecture doit être simple, sans pourtant manquer d'une certaine élégance. La construction métallique leur convient parfaitement, les fondations seules étant faites en grosse maçonnerie et le soubassement élevé jusqu'à une certaine hauteur en maçonnerie légère de remplissage. Le fer et la fonte ont, en effet, l'avantage d'être durables, incombustibles, d'exiger moins de place que les autres matériaux, d'être moins exposés aux dégradations et d'admettre l'élégance des formes avec une dépense modérée. A ces dispositions générales, il faut joindre celles qui sont destinées à assurer la propreté et la salubrité de l'édifice. Il faut des eaux abondantes pour les lavages; souvent même, dans les marchés à cour intérieure, une fontaine monumentale sert, à la fois, à l'entretien de la propreté et à la décoration. Le dallage doit être fait en pierre dure, en ciment ou en bitume, avec pentes légères pour faciliter l'écoulement des eaux. Il faut que les immondices puissent s'enlever rapidement. Enfin, les miasmes que dégagent les matières animales et végétales contenues dans l'édifice doivent être incessamment chassés par l'effet d'une ventilation naturelle aussi abondante que possible.

Les Halles centrales de Paris, qui forment le principal marché d'alimentation de la capitale, peuvent servir et ont fréquemment servi de modèle pour les édifices de ce genre, établis toutefois sur des dimensions plus restreintes. Cette vaste construction est affectée à la vente en gros et au détail des fruits et légumes, de la viande abattue, du poisson, du beurre, du fromage, des œufs, etc. Elle remplace l'ancien marché des Innocents (V. Halle), et a été édifiée d'après le projet de M. Baltard, qui comprenait douze pavillons dont dix seulement ont été exécutés. Ces dix pavillons sont disposés en deux groupes séparés par une large rue. On y remarque surtout l'emploi presque exclusif du fer et de la fonte. Sauf les assises de la construction, qui sont en pierre brune des Vosges, et un mur léger en briques, d'environ 2 mètres de hauteur, élevé sur les deux faces extrêmes du bâtiment afin de préserver les marchands de l'action directe du vent, tout le reste, colonnes d'appui reliées par une large arcade, tympans des arcades, charpente de la toiture est en métal. Mais, par ses habiles dispositions et par ses dimensions, l'édifice, sans perdre le caractère d'abri temporaire qui doit former le trait essentiel d'un marché couvert, possède l'aspect monumental qui convenait au principal centre d'approvisionnement de la capitale. Chaque pavillon a ses faces composées d'arcades retombant sur des colonnes en fonte dont l'ouverture supérieure est garnie de persiennes fixes en verre dépoli, afin d'éclairer l'intérieur, tout en empêchant la pluie, la neige et le soleil de pénétrer au dedans. Pour augmenter la masse de clarté nécessaire à ces immenses vaisseaux, on a pratiqué, dans la toiture de chaque pavillon, un grand lanternon également muni de persiennes en verre dépoli ; il en résulte ainsi que l'air peut se renouveler plus aisément. Les comptoirs des marchands sont régulièrement distribués dans chaque pavillon, suivant des lignes longitudinales placées dans les axes des colonnes de face, et sont appropriés à la nature des diverses denrées. Ils sont séparés par des supports et des grillages en fer, de manière à n'entraver nullement la circulation de l'air. Leurs tables sont recouvertes de dalles de marbre. A l'un des angles de chacun des quatre pavillons extrêmes s'ouvre un escalier en pierre conduisant aux caves, dont les voûtes sont soutenues par un immense quinconce de colonnes en fonte, qui reçoivent des arêtiers, également en fonte, reliés au moyen de voûtes en briques soigneusement appareillées et recouvertes par une forte couche de béton. Ces caves sont éclairées par des ouvertures que ferment de larges dalles de verre. On y a pratiqué une série de caveaux ou resserres, fermés par de simples grillages en fil de fer et correspondant, en nombre, aux places de l'étage supérieur. C'est dans ces caveaux, éclairés par de nombreux becs de gaz, qu'ont lieu la manipulation du beurre, le comptage des œufs, la préparation des légumes, le plumage des volailles, etc... Des fontaines, dans les pavillons, et des puisards, dans les caves, fournissent l'eau à tous les services qui en ont besoin.

Les Halles centrales sont, comme nous l'avons exposé ci-dessus, le marché principal d'approvisionnement de Paris. Mais il existe, dans cette capitale, une quantité de *marchés secondaires*, dont l'exploitation se fait, soit directement par la Ville, soit par des compagnies ou particuliers concessionnaires. Ils sont répartis, au nombre de 40 environ, dans les différents quartiers et forment ainsi de véritables succursales des Halles, offrant, bien que sur une échelle réduite, les mêmes variétés de marchandises. Les plus importants sont établis dans des bâtiments construits à diverses époques ; d'autres n'ont que des abris en bois d'un caractère transitoire; quelques-uns, enfin, sont en plein air ou seulement abrités par des auvents mobiles.

Nous avons dit aussi, dans notre article Halle, que cette dernière désignation s'appliquait plus particulièrement aux marchés établis dans des édifices parfaitement clos, où les objets de consommation sont emmagasinés et se vendent plutôt en gros qu'en détail. Paris possède deux marchés de ce genre : la *Halle aux blés* et la *Halle aux vins*. La Halle aux blés consiste en une cour de forme circulaire, entourée d'une large galerie voûtée ; au-dessus de cette galerie, règnent de vastes greniers, également voûtés, qui sont éclairés par des fenêtres ouvertes au-dessus des arcades du rez-de-chaussée.

— Cet édifice a été construit, en 1762, par Camus de Mézières. Depuis, la cour centrale, qui n'a pas moins de 40 mètres de diamètre, fut couverte par une charpente à la Philibert Delorme, en forme de dôme. Enfin, l'ancienne coupole en bois, détruite, en 1802, par un incendie, a été remplacée par une coupole toute en fer et cuivre, construite en 1811, et qui constitue l'une des premières applications des charpentes métalliques sur une échelle considérable.

La Halle aux vins comprend une série de corps de bâtiments régulièrement distribués dans une enceinte fermée. Ils sont voûtés dans la majeure partie de leur étendue, c'est-à-dire sur une surface de 75,000 mètres carrés environ, et couverts en charpente sur une surface d'au moins 45,000 mètres carrés.

Outre les marchés affectés à la vente des denrées alimentaires, il ne faut pas oublier ceux qui offrent aux acheteurs des produits très divers. Au premier rang, nous citerons les *marchés aux fleurs*, dont Paris possède un certain nombre. L'aménagement de ces marchés est fort simple. Il consiste, pour chaque marchand, en un abri mobile, soutenu par quatre pieux plantés en terre, et sous lequel on dispose une table ou un léger gradin qui porte des vases de fleurs et des bouquets. Le tout est démonté et enlevé immédiatement après la clôture du marché. Cependant, une partie des détaillants des marchés aux fleurs de la Cité et de la Madeleine, est installée sous des abris fixes supportés par de légères colonnettes en fonte. Nous citerons enfin les *marchés aux vêtements*, tels que le *marché du Temple*, à Paris ; les *mar-*

chés aux chevaux; les *marchés aux bestiaux*, ordinairement annexés aux abattoirs, et qui reçoivent des dispositions spéciales en rapport avec la nature de ces divers produits. — F. M.

MARCHEPIED. Estrade de un ou plusieurs degrés, pour exhausser quelque chose. || Petit escalier portatif sur lequel on monte pour atteindre des objets élevés. || Petite marche sur laquelle on pose le pied pour monter dans une voiture ou pour en descendre.

***MARCHURE.** *T. de tiss.* Action d'élever ou d'abaisser les fils. — V. MARCHAGE (*T. de tiss.*).

MARÉCHAL. *T. de mét.* Ouvrier qui forge le fer destiné à certains instruments aratoires et qui ferre les chevaux; on le nomme *maréchal-ferrant* quand il s'occupe spécialement du ferrage des chevaux, et *maréchal-vétérinaire*, quand il doit, en outre, les soigner et les panser.

***MARÉCHAL** (CHARLES-LAURENT), peintre, né à Metz, en 1802, était un ouvrier sellier, et il fit son éducation artistique en luttant contre les plus grandes difficultés. Admis dans l'atelier de Regnault, il y étudia peu de temps et exposa à Metz, en 1826, un *Job* qui lui valut, avec médaille d'argent, l'admiration peut-être un peu hâtive de ses compatriotes. Il y fonda une école, vite fréquentée et, en 1831, lors d'une visite du roi Louis-Philippe dans cette ville, le jeune peintre fut complimenté pour le développement qu'il avait déjà donné à l'étude de la peinture et vit son tableau la *Prière* fort bien accueilli par le roi. Cette circonstance heureuse mit aussitôt Maréchal en lumière, et dès qu'il eut trouvé dans le pastel une branche de l'art peu exploitée et où il excella bientôt, sa réputation se trouva affirmée. Comme pastelliste, il fut sans rival. Suivant l'appréciation d'About, Maréchal élevait le pastel à la puissance de l'huile, il atteignait à des vigueurs incroyables qui semblaient jusque-là refusées à ce procédé délicat et indécis. Puis, changeant de manière et de genre encore une fois, il créa un atelier de verrières à Metz, et en peu de temps devint aussi habile peintre verrier qu'il avait été pastelliste inimitable. L'habileté de la composition, l'harmonie et la vigueur des tons l'ont placé à la tête de cette industrie artistique, et lui ont valu une médaille de première classe à l'Exposition de Londres, en 1851, et de nombreuses commandes. Il a exécuté les vitraux des églises Sainte-Clotilde, Saint-Vincent-de-Paul, Saint-Augustin, Saint-Valère à Paris, des cathédrales de Metz, de Troyes, de Cambrai, de Limoges, ceux du Palais de l'Industrie à Paris, qui ne mesurent pas moins de 40 mètres chacun, et, malgré les difficultés de ce travail, ces deux verrières passent pour des œuvres admirablement traitées au point de vue artistique. Elles représentent, à l'est: *la France conviant les nations étrangères aux luttes industrielles*, et à l'ouest : l'*Equité présidant à l'accroissement des échanges*. Ses pastels ont valu à Maréchal une médaille de troisième classe, en 1842, une de deuxième, en 1841, deux de deuxième classe, en 1842, et à l'Exposition universelle de 1855 ; chevalier de la Légion d'honneur en 1846, il a été nommé officier en 1855, et membre correspondant de l'Académie des Beaux-Arts. Son chef-d'œuvre paraît être : *Galilée à Velletri*, pastel exposé en 1855. On cite encore parmi ses peintures à l'huile : les *Lessiveuses*, le *Ravin*, la *Moisson*; parmi ses peintures sur verre : *Masaccio enfant*, le *vieux Hoff de Pfeifer*, l'*apothéose de Sainte-Catherine*, et, parmi ses vitraux, *Sainte-Clotilde* et *Saint-Valère*. Les Messins, autrefois, montraient avec fierté sa belle verrière de la grande salle de l'Hôtel de Ville représentant le duc de Guise foulant aux pieds le drapeau allemand; aujourd'hui, hélas! ce drapeau flotte sur l'Hôtel de Ville et le duc valeureux ne piétine plus qu'un chiffon dénaturé par un coup de pinceau du vainqueur.

MARÉCHALERIE. Profession qui comprend plusieurs branches : le ferrage des chevaux, la médecine vétérinaire, et, dans certaines contrées, la serrurerie en voiture qui prend le nom de *grosse maréchalerie*. Elle exige une connaissance approfondie de l'anatomie du pied du cheval, de façon à bien adapter cette sorte de semelle métallique qu'on appelle le *fer à cheval* selon l'exacte conformation du pied; les outils principaux dont on se sert pour l'opération du ferrage sont le *boutoir* qui rafraîchit la corne avant la pose du fer, le *rogne-pied* qui la coupe et l'égalise autour du sabot lorsque le fer est posé, les *triquoises*, tenailles qui coupent les clous en dehors du sabot, et une lime pour terminer le travail. — V. FER A CHEVAL.

***MARENGO.** *T. de tiss.* Sorte de drap très fort, dont le ton noir est tacheté de petits points blancs peu apparents.

***MARÉOGRAPHE.** Appareil enregistreur destiné à faire connaître les variations de niveau des marées. Il est essentiellement composé d'un flotteur, placé dans un puits communiquant avec la mer, et muni d'un levier enregistreur avec un crayon. Les heures sont inscrites par un mécanisme qui, en imprimant un mouvement de va-et-vient au crayon, produit un crochet dans la courbe enregistrée.

MARGARINE. *T. de chim.* Éther de la glycérine, formé par l'acide margarique. On en connaît trois sortes: les mono, di et trimargarines. Cette dernière seule est importante, parce qu'elle se trouve contenue dans la plupart des graisses ou des huiles. On lui donne aussi le nom de *tripalmitine*. Elle est blanche, fond à $+61°$ et se solidifie à $+46$. On la prépare surtout avec l'huile de palme, en exprimant cette huile, traitant plusieurs fois par l'alcool bouillant, puis faisant cristalliser un certain nombre de fois dans de l'éther, la partie restée insoluble dans l'alcool. — V. BEURRE, § *Beurre artificiel*. — J. C.

MARGARIQUE (Acide). *T. de chim.* Syn. : *acide hexadécylique* : $C^{16}H^{32}O^{2} = C^{32}H^{32}O^{4}$. Il a été découvert par M. Chevreul en 1820. Il est solide, cristallisé en paillettes nacrées plus légères que l'eau, fondant à 62°; insoluble dans l'eau, soluble dans l'alcool, l'éther bouillant. On l'obtient en saponifiant l'huile de palme par un alcali, décomposant ensuite le savon par un acide, exprimant et faisant cristalliser dans l'alcool, jusqu'à ce que le point de fusion des cristaux soit de 62°.

L'acide margarique se forme encore en décomposant l'oléate de potasse par la chaleur, en présence d'un excès d'alcali.

$$\underset{\text{Acide oléique}}{C^{36}H^{34}O^{4}}+\underset{\text{Hydrate de potasse}}{2KHO^{2}}=\underset{\text{Margarate de potasse}}{C^{32}H^{31}KO^{4}}+\underset{\text{Acétate de potasse}}{C^{4}H^{3}KO^{4}}+\underset{\text{Hydrogène}}{H^{2}}$$

Il existe à l'état naturel dans les graisses animales, les cires d'abeille et du Japon, le blanc de baleine, les cires végétales (*myrica sebifera* et *stillingia sebifera*). Il entre dans la composition des savons, dans celle des bougies dites *stéariques*. — J. C.

MARGE. En général, bord. || Blanc qu'on laisse autour d'une page d'écriture ou d'impression, d'une gravure, etc. || Feuille de papier qui sert de repère pour marger les estampes, les feuilles à imprimer. || Table de bois sur laquelle le margeur place la feuille que des pinces prennent et fixent pour procéder à l'opération du tirage.

MARGEUR, EUSE. *T. de mét.* Ouvrier, ouvrière qui pose les feuilles sur le cylindre de la presse mécanique pour en faire le tirage. — V. IMPRESSION TYPOGRAPHIQUE.

***MARGUERITE.** *T. techn.* Outil de corroyeur pour redresser le cuir. — V. CORROYAGE.

***MARIAGE.** *T. de filat.* On désigne sous ce nom, dans la filature de coton, la réunion de deux fils sur le métier à filer, dont l'un, à la suite de rupture, se trouve entraîné par le voisin. Le mariage occasionne de sérieux défauts de tissage. Aussi, lorsque le fileur ou le rattacheur s'aperçoit de l'accident, il ne lui faut pas seulement casser le fil double et remettre chaque mèche en relation avec la broche correspondante, mais il doit encore préalablement enlever toute la longueur des fils mariés et déjà envidés. Comme, en dépit de la surveillance, cette première partie de la réfection est souvent négligée, on a inventé des appareils dits *brise-mariage*, qui préviennent cet accident. — V. CASSE-MARIAGE. || Sorte de *dentelle*. — V. ce mot.

***MARIE** (JOSEPH-FRANÇOIS), abbé et mathématicien français, né à Rodez le 25 novembre 1738, mort le 25 février 1801, à Memel (Prusse). Après être entré dans les ordres, il se fit recevoir en Sorbonne où il occupa la chaire de philosophie. En 1762, il succédait à l'astronome Lacaille dans ses doubles fonctions de censeur royal et de professeur de mathématiques au collège Mazarin. C'est là qu'il eut pour élève le jeune Legendre dont il fut plus tard le protecteur et l'ami. A la Révolution, il quitta la France et suivit le comte de Provence. Il vécut quelque temps dans l'intimité de la famille royale de Prusse à Mittau, et devait aller la rejoindre à Varsovie où elle s'était rendue, quand il fut trouvé mort dans son lit, un couteau dans le cœur; on pensa qu'il s'était tué dans un subit accès de folie. Un de ses frères était mort de la même manière avant la Révolution. On doit à l'abbé Marie la réimpression de trois ouvrages de Lacaille : *Tables de logarithmes* avec explications; *Leçons élémentaires de mathématiques* et *Traité de mécanique*, avec additions nombreuses. Il s'était occupé d'une traduction des lettres d'Euler à une princesse d'Allemagne, mais il renonça à la terminer quand il vit paraître celle de Condorcet. On trouve plusieurs lettres de lui dans les mémoires de Chateaubriand.

***MARINÉ, ÉE.** *Art hérald.* Se dit des animaux représentés avec une queue de poisson.

***MARIOTTE** (l'abbé EDME), physicien, né en Bourgogne, vers 1620, mort à Paris en 1684. Doué d'une vive sagacité d'observation et du véritable génie de l'expérimentation, il savait déduire des phénomènes physiques les conséquences mathématiques qui président à leur manifestation. Il propagea, en France, la méthode expérimentale. Il fit en hydraulique divers travaux qui contribuèrent beaucoup aux progrès de cette branche de la physique. Ainsi, il calcula la dépense d'eau des fontaines, vérifia, par d'ingénieuses expériences, les lois qu'avait données Torricelli pour la vitesse d'écoulement des liquides. Il appliqua sa science de l'hydraulique à l'étude du mouvement de la sève dans les végétaux.

La découverte la plus importante de Mariotte est celle de la célèbre loi qui porte son nom et qui s'énonce ainsi : *les volumes d'une même masse de gaz sont en raison inverse des pressions que supporte ce gaz, la température restant la même.* Avant les travaux d'Œrsted, de Despretz et de Regnault, cette loi était regardée comme parfaitement exacte, mathématique, absolue. Elle avait été vérifiée jusqu'à 27 atmosphères et l'on avait cru pouvoir la généraliser pour toutes les pressions, l'appliquer à tous les gaz, simples ou composés, aux mélanges gazeux (sans action chimique les uns sur les autres) et l'étendre à toutes les températures. Mais les expériences des physiciens précités ont montré que cette loi, comme d'ailleurs presque toutes les lois physiques, n'est qu'une limite qu'aucun gaz n'atteint rigoureusement. Néanmoins, comme les écarts sont peu sensibles pour des pressions et des températures ordinaires, on regarde la *loi de Mariotte* comme applicable en toute rigueur dans les expériences habituelles relatives à la compressibilité des gaz.

Les chimistes de son époque, voulant connaître la composition des diverses plantes, les soumettaient toutes à l'incinération; aussi ne trouvaient-ils dans les résidus que des différences insignifiantes. Mariotte, par son *essai sur la végétation*, montra la vanité de leurs recherches qui dès lors furent abandonnées.

Mariotte prit part à des expériences sur la mesure de la hauteur et de la portée des bombes. Avec son regard pénétrant, il découvrit la véritable cause des halos, perhélies, etc. Il affirma qu'elle devait être cherchée dans la réfraction que de petits cristaux de neige font éprouver à la lumière; cette intuition était bien fondée comme on l'a justifiée depuis. Mariotte s'occupa aussi de recherches sur la vision, et découvrit un point insensible de la rétine (*punctum cœcum*). Mais il se trompa en attribuant à la choroïde la propriété de recevoir l'impression lumineuse. Dès la création de l'Académie (1666), Mariotte en fut membre.

Un recueil posthume de ses œuvres parut en 2 vol. in-4° à La Haye, en 1740. Son *Traité du mouvement des eaux* a été publié par Lahire, 1 vol. in-12, Paris 1786. — C. D.

***MARLES.** La concession des mines de Marles a été instituée dans le Pas-de-Calais, le 29 décembre 1855, avec une étendue de 2,990 hectares; elle confine à l'est, à la concession de Bruay, à l'ouest, à la concession de Ferfay et au sud, à celle de Cauchy à la Tour.

— L'exploitation des mines de Marles a rencontré d'abord de très grandes difficultés. Une première fosse ouverte, en 1853, s'éboula à 56 mètres de profondeur. On commença, en 1854, et on mena à bien, avec beaucoup de peine, un nouveau fonçage à 50 mètres du premier. En 1866, cette fosse n° 2 s'effondra complètement : le cuvelage s'étrangla à la profondeur de 56 mètres, les eaux du niveau firent irruption à flots, et dans la nuit du 2 mai, le châssis à molettes, la machine d'épuisement et une partie des bâtiments furent précipités dans le puits. Heureusement la fosse n° 3, commencée en 1863, entrait en service à cette époque. La fosse n° 4 a été commencée en 1867 et la fosse n° 5 en 1872. Les deux fosses doubles (3 et 5) et la fosse unique (4) que la Compagnie possède actuellement, exploitent un superbe faisceau de charbons très riches en matières volatiles, qui fait aussi la richesse des mines de Bruay et qui pénètre un peu dans la concession de Ferfay.

Les chiffres suivants donnent une idée de l'exploitation en 1883.

Ouvriers	au fond, 1.528 hommes et 167 enfants.		
	au jour, 394 hommes, 23 femmes et 57 enfants.		

27 machines à vapeur (1,338 chevaux).

Extraction	7.488	tonnes	gros.
	431.951	—	tout-venant.
	86.842	—	escaillage.
Vente	17.046	—	par voitures.
	98.478	—	par bateaux.
	357.175	—	par chemins de fer.

La Compagnie de Marles possède 17 kilomètres de voies ferrées et 7 locomotives.

***MARLI.** *T. techn.* Bord intérieur d'un plat, d'une assiette.

MARMITE. Vase profond dans lequel on fait cuire les aliments. || *Marmite de Papin.* Vase de métal épais, fermé hermétiquement et muni d'une soupape de sûreté, dans lequel on peut élever l'eau à de hautes températures. — V. CHAUDIÈRE A VAPEUR, PAPIN. || Récipient de fer ou de fonte dans lequel les ouvriers plombiers fondent le plomb.

MARNE. Mélange de calcaire et d'argile qui forme des couches dans les terrains tertiaires et secondaires. On peut, quand la proportion de calcaire et d'argile est convenable, cuire la marne pour obtenir des *ciments* variés. — V. CIMENT.

On peut aussi la répandre à l'état cru sur le sol comme amendement. D'après Pline, ce sont les Gaulois qui l'ont d'abord employée ainsi. La marne peut contenir du sable ; on emploie de préférence celle qui est argileuse ou sableuse suivant que la terre est sableuse ou argileuse. La seule partie de la marne qui soit utile est celle qui se laisse délayer par lévigation. On peut en employer de 10 à 300 mètres cubes par hectare. On met sur le sol, à l'automne, des tas de marne espacés de 20 mètres; ils se délitent pendant l'hiver; à la fin de cette saison on répand la marne par un temps sec, on herse la terre plusieurs fois et on fait des labours peu profonds. La marne facilite dans la terre la formation des nitrates et de l'acide carbonique. Elle peut agir comme engrais par la petite proportion d'azote, de potasse et de phosphate de chaux qu'elle contient généralement.

***MARNEUR.** *T. de mét.* Ouvrier qui travaille dans une marnière ; on dit aussi *marneron*.

MARNIÈRE. Carrière de marne.

***MAROCHETTI** (CHARLES, baron). Sculpteur, né à Turin, en 1805, pendant l'occupation française, et d'ailleurs naturalisé, en 1841, pour la régularisation de sa qualité civile, mort à Passy, en 1868 ; fit ses études au lycée Napoléon et entra ensuite dans l'atelier de Bosio. Il y fit de rapides progrès, mais son caractère indépendant l'empêcha de réussir au concours de Rome, où il n'obtint qu'une mention. Il fit le voyage d'Italie à ses frais et, de retour en France, en 1829, il exposa une *Jeune fille jouant avec un chien*, qui lui valut une médaille d'or. Il avait, au salon de 1831, une autre figure remarquable : *Un ange déchu.* Peu après, il obtint, au concours, la statue de *Mossi*, pour l'Académie des Beaux-Arts de Turin, puis la statue équestre de *Emmanuel Philibert*, duc de Savoie, dont l'exposition dans la cour du Louvre, en 1833, fut, pour l'artiste, l'occasion d'un triomphe. Cette belle œuvre a été reproduite un grand nombre de fois, et on la considère comme la plus remarquable de l'auteur. Elle représente le duc, bardé de fer, remettant son épée au fourreau après la victoire de Saint-Quentin où il reconquit ses Etats ; cette statue a été érigée sur la place *San Carlo*, à Turin. Depuis cette époque, Marochetti devint, à la fois, sculpteur officiel de la cour de France, de celles d'Italie et d'Angleterre. On lui doit, en France, la *Bataille de Jemmapes*, bas-relief pour l'Arc-de-Triomphe de l'Etoile, *La Tour d'Auvergne*, pour la ville de Carhaix, *Saint-Michel*, le *duc d'Orléans*, le tombeau de *Napoléon* aux Invalides, le maître-autel de l'église de la Madeleine représentant *Sainte-Madeleine en extase*, et beaucoup d'autres statues et bustes de moindre importance. Retiré en Angleterre, après la Révolution de 1848, il a exécuté, en 1850, une *Sapho*, en 1851, *Richard Cœur-de-Lion*, statue colossale pour le Palais de Cristal, une statue équestre de la *Reine Victoria*, pour la ville de Glascow, des monuments commémoratifs pour les victoires de la guerre de Crimée, le mausolée de la princesse Elisabeth, fille de Charles Ier, etc. Enfin, Marochetti a voulu sculpter, pour le roi d'Italie, la figure équestre de Charles-Albert, son bienfaiteur. Cette statue, érigée, en 1861, à Turin, est la dernière œuvre de l'illustre artiste. Il avait été créé baron par le roi de Sardaigne, en 1833, et décoré de la Légion d'honneur, en 1839.

***MAROLLES.** Sorte de *fromage*. — V. ce mot.

MAROQUIN. On désigne sous le nom de *maroquin* (*saffian, cuir de Turquie*), un cuir teint, mais non verni, préparé avec des peaux de boucs ou de chèvres. Ce cuir, très fin et très mou, trouve son application dans les industries de l'ameublement, de la carrosserie, de la reliure, dans la fabrication des portefeuilles, porte-monnaie, sacs de voyage, etc.

HISTORIQUE. La fabrication du maroquin est, dit-on, une découverte arabe. Dans le nord de l'Afrique, principalement au Maroc, ainsi qu'en Turquie et en Perse, on fabrique encore maintenant de grandes quantités de ce cuir; vers le milieu du siècle dernier, le maroquin fut importé en Europe et fut immédiatement l'objet d'une fabrication nouvelle. En 1735, au faubourg Saint-Antoine, à Paris, un sieur Garon obtint un privilège de quinze ans pour se livrer à cette industrie. Garon fabriquait des maroquins rouges et noirs. Un auteur du dernier siècle, Desbillettes, assure pourtant qu'on préparait déjà le maroquin à Paris, vers 1665.

C'est au chirurgien Granger, de la marine royale française, que l'on doit la première description très complète de la fabrication du maroquin. Granger l'avait étudiée pendant une mission scientifique dans le Levant. En 1749, Barras fonda à Paris une nouvelle manufacture, que des lettres patentes, en date de 1765, érigèrent en manufacture royale, avec tous les avantages et prérogatives attachés à ce titre. Vers la même époque, les villes d'Avignon et de Marseille fabriquaient des maroquins rouges, jaunes, verts, bleus et violets. Ces produits, assez bons, étaient cependant de beaucoup inférieurs, pour la vivacité des couleurs et pour la qualité, aux produits importés de Smyrne, d'Alep et de Constantinople.

En 1796, Fauler et Kample fondèrent à Choisy-le-Roi, aux environs de Paris, une célèbre manufacture de maroquin. Elle appartenait à MM. Bayvet frères lorsqu'elle fut incendiée pendant la guerre de 1870 par les Prussiens; elle a été reconstruite sur un plan nouveau et irréprochable. Dès la fin du siècle dernier, ses produits, notamment les *rouges de Choisy*, jouissaient d'une juste renommée.

On distingue les maroquins *véritables* et les *imitations* maroquins. Les maroquins *véritables* sont préparés avec des peaux de chèvres, les *imitations* avec des peaux de moutons, les moutons dédoublés et les veaux minces.

TRAVAIL DU MAROQUIN. La maroquinerie comprend l'ensemble des opérations à la suite desquelles la peau de chèvre, prise au sortir de l'abattoir, est transformée en une peau teinte, finie et prête à être employée dans un grand nombre d'industries. Une série d'opérations analogues effectuée sur la peau de mouton donne le *mouton maroquiné*. La fabrication du maroquin comprend quatre grandes opérations principales, ce sont : 1° la *mégisserie*; 2° la *tannerie*; 3° la *teinture*; 4° la *corroierie* (1).

I. *Mégisserie*. C'est le premier travail que doit subir une peau au sortir de l'abattoir. La peau prise à l'état brut est débarrassée du poil ou de la laine suivant qu'il s'agit d'une chèvre ou d'un mouton et préparée à recevoir le tannin. Les peaux entrent à l'usine fraîches si elles proviennent de la localité, salées ou séchées si elles arrivent d'un pays quelque peu éloigné. La peau sèche ou salée est d'abord ramenée à l'état frais par un bain de quarante-huit heures dans de grandes cuves pleines d'eau. Ensuite, elle est égouttée, puis *égraminée*. Cette opération consiste à gratter la chair de façon à bien ouvrir la peau, en insistant sur les places dures qui paraissent n'être pas suffisamment *revenues*. On se sert pour ce travail d'un couteau, dit *couteau de rivière*, de forme arrondie avec une poignée à chaque extrémité. La lame est en fer pour le travail de *chair*, en ardoise pour le travail de *fleur* (côté poil de la peau). Tout ce travail s'effectue sur un *chevalet de rivière* dont la surface est cylindroïde.

Une fois égraminées, les peaux sont encore trempées pendant douze heures, elles sont alors prêtes à recevoir la chaux. Ceci ne s'applique, bien entendu, qu'aux peaux sèches ou salées, les peaux fraîches sont simplement rincées à la rivière avant d'être mises en chaux. Après le trempage et l'égouttage, les peaux sont mises en piles, la laine ou poil en dessous, le côté chair en dessus, bien étalé. Avec un goupillon, on enduit la chair d'une couche de chaux additionnée d'*orpin* (*orpiment*, sulfure d'arsenic) qui a pour but d'accélérer l'épilage. La durée de l'opération est variable et subordonnée à la quantité d'orpin ajoutée : elle peut aussi bien durer vingt-quatre heures que huit jours. Les peaux sont ensuite pliées par le milieu, dans le sens de la longueur, de manière que les parties enduites de chaux se recouvrent exactement. On les dépose dans une cuve, en lits superposés, la laine ou poil en dehors. Quand la cuve est garnie, on la remplit d'eau pour éviter l'échauffement. Au bout de quatre jours en moyenne, la laine se détache facilement. Au sortir de la cuve, les peaux sont rincées à la rivière pour les débarrasser de la chaux ; ensuite on les fait égoutter sur un tréteau avant de les porter au *pelage*. Ce travail est très simple pour la chèvre, il s'agit seulement de séparer le poil blanc du poil de couleur. Il suffit à l'ouvrier de gratter avec le couteau de rivière, le poil qui se détache facilement et cède à la main. Pour le mouton, le travail est un peu plus compliqué, il faut trier les peaux par qualités de laine; il y en a quatre pour la laine blanche : le *métis*, le *bas-fin*, le *haut-fin* et le *commun*. La laine noire et la laine grise ne comprennent que deux catégories : le *fin* et le *commun*. Il faut encore trier la laine des différentes parties, séparer celle du dos, du ventre, des pattes, etc.

La peau débarrassée de la laine ou du poil est mise au *pelin*, grande cuve en maçonnerie qui peut contenir environ un millier de peaux. Le pelin est rempli d'un léger lait de chaux, dans lequel les peaux séjournent de dix à quinze jours en été et de vingt à trente jours en hiver. Ce séjour au pelin a pour but de faire gonfler la peau en dilatant ses tissus et d'absorber, en la saponifiant, une partie de la graisse qui remplit les cellules du cuir. Cette opération doit être

(1) Nous devons à l'obligeance de M. Giraud fils, la plupart des renseignements contenus dans cet article; avec une bonne grâce parfaite, il nous a fait assister à toutes les opérations qui se pratiquent dans son importante manufacture de maroquins, et nous les avons décrites avec la plus rigoureuse exactitude.

surveillée avec soin et arrêtée avant que la gélatine ne soit détruite.

Le passage au pelin est suivi d'un *rinçage* aussi rigoureux que possible. La peau est ensuite débarrassée de toutes les parties qu'il est inutile de conserver, tête, queue et pattes. Ces déchets ne sont pas perdus, on les utilise pour la fabrication de la gélatine.

L'opération suivante est l'*écharnage*. Elle a pour but de débarrasser la peau des chairs qui y sont restées adhérentes. Cette opération se pratiquait jadis à la main, mais c'était un travail des plus pénibles et un ouvrier ne pouvait guère écharner que sept à huit douzaines de peaux par jour. Aujourd'hui, grâce à la machine Ott, on peut en travailler cinquante douzaines dans le même temps.

La machine Ott se compose d'une table en fer recouverte d'une forte feuille de caoutchouc qui fait coussin. Cette table, montée sur un chariot et entraînée par une crémaillère, roule sur un fort bâti de fonte; au-dessus d'elle tourne, avec une vitesse de 1,000 tours à la minute, un cylindre portant des lames de forme hélicoïdale et dont l'arête, placée au milieu, tend à tirer la peau à droite et à gauche. La peau, placée sur la table, la chair en haut, est maintenue par un *sergent* dont le levier est dans la main gauche de l'ouvrier; celui-ci, au moyen d'un volant qu'il tient de la main droite, fait monter ou descendre la table, de façon à donner une plus ou moins grande pression à la peau qui se trouve ainsi prise entre la table et le couteau, et dont les chairs sont coupées et enlevées immédiatement.

Les peaux écharnées sont jetées dans de grandes cuves pleines d'eau fraîche où on les fait flotter pendant quelques minutes. Elles sont ensuite *travaillées de fleur*, c'est-à-dire que l'ouvrier place la peau sur le chevalet puis la frotte avec un couteau arrondi ou un couteau en ardoise; de cette façon, il exprime la chaux et la graisse qui se trouvent encore dans la peau. Enfin celle-ci est soumise au *confit*, bain d'eau tiède additionnée de son pour le mouton et de fiente de chien pour la chèvre. Le confit a pour propriété de dissoudre la chaux et la graisse et de *purger* complètement la peau. Il ne reste plus, pour achever le travail de mégisserie, qu'à donner à la peau une façon de chair et une ou deux façons de fleur, puis à la rincer et à la faire flotter pendant quelques minutes.

La peau doit alors *être bien en tripe*, douce au toucher, et *ne plus contenir aucune partie de chaux*. C'est un point sur lequel le fabricant ne saurait trop veiller; la chaux et le tannin sont deux éléments absolument contraires, et si l'on veut obtenir un bon résultat, il importe que la chaux soit complètement éliminée avant de soumettre la peau à l'action du tannin.

Telles sont les phases essentielles du travail de la mégisserie. Ajoutons, pour compléter ce rapide examen, que la nature des peaux et la température exercent une influence notable sur le travail. Les peaux de mouton à laine fine demandent relativement peu de travail, les peaux à laine grossière, au contraire, plus nerveuses, en exigent davantage. Quant à la peau de chèvre, ses qualités de résistance nécessitent deux fois plus de travail que la peau de mouton.

Tout ce qui précède s'applique aux peaux pleines, mais on opère aussi dans les ateliers de mégisserie un autre travail qui a une très grande importance : le sciage des peaux de mouton. C'est une opération délicate qui a pour objet de détacher la fleur de la chair sous une épaisseur uniforme d'environ 1 millimètre. Voici la description sommaire de la scie Martin, à l'aide de laquelle s'exécute cette délicate opération : un grand bâti supporte un sommier sur lequel la peau se trouve appliquée par un ressort ; une lame d'acier montée sur un levier qui se lève et se baisse à volonté, reçoit, par l'intermédiaire d'un arbre coudé, un rapide mouvement de va-et-vient de 5 centimètres environ d'amplitude. La peau, prise après le rognage, est accrochée par la culée et étalée sur un rouleau placé au-dessus du sommier. Le couteau est alors descendu et la peau est tranchée à l'épaisseur pour laquelle la scie a été réglée.

C'est la partie mince qui reste attachée au rouleau et qui entraîne la peau pour l'amener successivement sous la lame; la section est obtenue d'une façon absolument parfaite, le côté de la fleur ayant, ainsi que nous l'avons dit plus haut, une épaisseur uniforme. Cette fleur, après avoir subi le travail de la mégisserie, est tannée et teinte, on l'emploie pour la reliure et la maroquinerie. La chair est vendue telle qu'elle tombe de la scie et sert à la fabrication du *chamois*. — V. ce mot.

II. *Tannage*. Le tannage a pour effet de combiner la matière animale de la peau avec le tannin. Le résultat de cette combinaison est un composé insoluble dans l'eau froide, peu disposé à s'en pénétrer, peu attaquable même par l'eau bouillante, ne fournissant pas de matière animale pure aux dissolvants, mais cédant toujours à la fois de la matière animale et du tannin. Ce nouveau composé n'est autre que le *cuir*. Dans l'article TANNERIE, nous nous étendrons sur les théories admises relativement à la transformation de la peau en cuir, nous contentant d'indiquer ici purement et simplement les procédés de tannage usités pour le maroquin. Le tannage des peaux de chèvres et de moutons se fait soit au *sumac*, soit à l'écorce de chêne ou *tan*. Occupons-nous d'abord du premier.

1° *Tannage au sumac*. Le sumac est un arbuste de la famille des *térébinthacées*; celui qui convient le mieux à la tannerie est le sumac de Sicile (*rhus coriaria*) dont les feuilles arrivent à l'usine en balles de 1 mètre cube environ de volume, et pesant 200 kilogrammes. Ces feuilles sont broyées sous de puissantes meules verticales qui tournent avec lenteur pour éviter l'échauffement. L'opération du tannage se pratique de différentes manières. D'après la méthode usitée en Orient, les peaux nettoyées et gonflées sont cousues ensemble en forme de sacs, puis ceux-ci sont remplis avec un liquide qui se compose d'un mélange d'eau froide et de poudre de sumac. Le liquide tannant pénètre si rapidement les peaux que dans l'espace de trois jours le tannage est achevé. La même méthode est employée dans diverses localités de l'Allemagne, plus rarement en France; on s'en sert généralement en Angleterre pour les maroquins, les moutons non dédoublés et les veaux.

En France, voici quel est le procédé employé pour le tannage au sumac: les peaux mégissées arrivant à la tannerie sont jetées dans de grands cuviers en bois, pleins de jus de sumac, surmontés d'un moulinet à ailes, mû par la vapeur qui fait office d'agitateur (fig. 206). Chaque cuvier reçoit vingt douzaines de peaux et de 10 à 12 kilogrammes de sumac par douzaine, suivant la nature et la grandeur des peaux. Le moulinet communique au liquide un mouvement de rotation de bas en haut, qui entraîne les peaux et les fait flotter en les tenant constamment dépliées; ce mouvement dure six heures le premier jour, et les peaux séjournent dans la cuve jusqu'au lendemain. On reprend alors le mouvement pendant deux heures le second jour, et enfin, pendant une heure le troisième jour. Les peaux sont alors complètement traversées par le tannin. On les enlève le quatrième jour, on les rince, on les laisse égoutter et on les fait sécher. La cuve est ensuite débarrassée du sumac qui vient de servir, et le jus clarifié sert à une nouvelle opération. Le sumac épuisé est vendu pour la fabrication des engrais.

Fig. 206. — *Atelier de tannage au sumac.*

Les peaux tannées au sumac sont d'une teinte jaune clair et se trouvent admirablement préparées pour prendre les couleurs. Ce sont celles que l'on désigne, une fois terminées, sous le nom de *maroquins* et de *moutons maroquinés.*

2° *Tannage à l'écorce* ou *au tan.* On donne le nom de *tan* à l'écorce pulvérisée de chêne blanc ou de chêne vert. Les peaux sont jetées dans de grandes cuves pleines de jus de *tan,* où on les agite, pendant quelques instants, au moyen d'un moulin mû à bras; on augmente progressivement la quantité de tannin. Tous les deux jours, les peaux sont égouttées sur des planches placées au-dessus de la cuve, puis dépliées et replongées dans cette cuve. Au bout d'un mois, la peau est suffisamment préparée pour être mise en fosse.

Les fosses sont de grandes cuves en maçonnerie pouvant contenir de 1,500 à 1,800 peaux. Le fond de la cuve est garni d'une couche peu épaisse de vieille tannée (tan ayant déjà servi, et presque épuisé), au-dessus de laquelle on place alternativement un lit de peaux et un lit de tan, de telle sorte que les deux faces de chaque peau soient en contact avec le tan. La fosse étant remplie, on la recouvre d'une couche de vieille tannée et on l'*abreuve* en faisant arriver à la partie supérieure, de l'eau déjà chargée de tan. Cette eau humecte toutes les parties, dissout le tannin et le fait pénétrer dans la peau. Au bout de trois mois, la peau est parfaitement tannée, elle a repris une certaine fermeté et peut faire un excellent usage. Au sortir de la fosse, elle reçoit une légère couche d'huile de poisson sur fleur, puis elle est séchée.

Les peaux tannées au tan sont d'une teinte jaune rouge; le cuir en est plus serré et d'un meilleur usage. Elles sont employées pour la chaussure et pour la bourrellerie, soit en couleurs naturelles, soit teintes en noir. Elles sont connues sous le nom de *chèvres* et de *basanes.*

III. *Teinture.* Les peaux avant d'être teintes sont préalablement divisées en deux groupes. Dans le premier, se trouvent les peaux destinées à l'*ordinaire*; dans le second, celles qui doivent être *drayées.* Les peaux de la première catégorie sont descendues sèches des magasins, puis mises à l'eau et foulées aux *turbulents.* Les turbulents sont de grandes caisses carrées qui tournent sur deux angles opposés. Les peaux mises dans les turbulents avec de l'eau tiède sont, en tournant, projetées d'une face à l'autre; elles sont ainsi broyées et ramollies sans se mettre en boule, inconvénient que l'on n'évitait pas avec les tonneaux ronds d'un usage général autrefois. Une fois foulées, les peaux sont buttées à la machine Ott qui enlève les chairs restées adhérentes après l'écharnage de mégisserie et que le sumac a fait gonfler. Foulées de nouveau au turbulent, elles sont façonnées de fleur au chevalet avec des couteaux d'ardoise, puis trempées ou mises en piles sur des tréteaux; elles sont foulées et refaçonnées quarante-huit heures après; on les met sur plis après un nouveau foulage, on les égoutte, puis on les trie et on les classe suivant la couleur qu'elles doivent recevoir. Ce choix comprend généralement les nuances claires, les nuances moyennes et les foncées.

Les peaux destinées au drayage sont tout d'abord mouillées; puis les drayeurs les amincissent en leur enlevant des copeaux du côté de la chair, de manière à leur donner une épaisseur uniforme variable avec les usages auxquels on les destine. Ce travail s'exécute sur un chevalet droit à l'aide d'un *couteau à revers*, dont les fils sont retournés perpendiculairement à la lame. Ce travail est très délicat et exige une grande habileté. Les copeaux qui tombent (*bourriers*) ne sont pas perdus, ils servent à la fabrication du *cuir factice*.

La peau drayée est alors portée à l'atelier de teinture, foulée au turbulent, et mise *au vent à la table*. Voici en quoi consiste l'opération dite de la *mise au vent*: l'ouvrier place la peau par son milieu sur la table, la chair en l'air, puis il la gratte avec l'*étire* qu'il tient à deux mains et commençant par le milieu, l'ouvre peu à peu et la rejette au dehors en la développant et en l'essorant. Il retourne ensuite la peau et fait pour la partie de la tête ce qu'il vient de faire pour la culée. Après la mise au vent, les peaux sont foulées et façonnées de fleur au chevalet, puis trempées, façonnées et foulées de nouveau. Ensuite, on les met sur plis et, une fois égouttées, on les choisit pour les différentes teintes qu'on doit leur donner.

Les peaux sont d'abord mises en large et appareillées *chair contre chair*. Les chairs étant pelucheuses adhèrent naturellement et les deux peaux forment une paire dont les fleurs sont à l'extérieur et dont les chairs légèrement collées intérieurement, se trouvent préservées de la teinture.

La teinture se fait dans des moules en bois placés sur des tréteaux inclinés de façon à réunir la couleur le long d'un côté et à permettre le développement de la peau dans toute la largeur du moule qui contient quatre litres de couleur à la température de 50°. L'ouvrier trempe et soulève alternativement chaque paire de peaux, en la faisant tourner, afin de plonger successivement et également la tête, les flancs et la culée pour que la peau prenne bien la même nuance dans toutes ses parties. La teinture qui se fait par équipes de quatre, six ou huit moules est progressive, c'est-à-dire que les peaux commencées dans les bains les plus faibles, passent successivement dans des bains de plus en plus forts, jusqu'à ce qu'elles arrivent au dernier qui contient de la couleur neuve dont elles prennent la fraîcheur et toute la force.

La préparation des couleurs est le point important de la teinture et demande des études et tout un travail spécial pour obtenir des nuances solides, égales et vives. Il faut, pour réussir les tons, une grande habitude, car, suivant les couleurs, la nature des peaux et le temps probable nécessaire au séchage, il est nécessaire de teindre plus ou moins chaud ou plus ou moins foncé, pour compenser la perte qui se produira à l'air.

Les couleurs le plus fréquemment employées sont: le rouge et le rose, qui s'obtiennent avec la cochenille; les bleus et les violets avec l'indigo et la cochenille; les verts avec l'indigo et le bois jaune de la racine d'épine-vinette; les grenats, le puce, le mordoré avec le bois de campêche; les lavallière, havane avec le bois rouge de Pernambouc et l'épine-vinette; toutes ces couleurs s'appliquent avec mordançage d'acides, d'acétates ou de sulfates. On emploie aussi les couleurs d'aniline pour certaines nuances claires, surtout quand on recherche plutôt l'éclat que la solidité.

Toutes les matières colorantes que nous venons de citer étant l'objet d'articles spéciaux, nous n'insisterons pas plus longtemps et nous nous contenterons d'indiquer brièvement les procédés les plus communs.

On se sert de la cuve d'indigo pour les nuances gros bleu et gros vert. Les peaux plongées dans la cuve, pendant quelques minutes, en sortent avec une teinte gris-verdâtre, et on les *vire* au bleu en les passant dans un bain d'acide sulfurique étendu d'eau; on les rince ensuite fortement à l'eau claire. Quand, après deux ou trois passages à la cuve, on a obtenu un ton suffisamment foncé, les peaux sont finies au moule comme pour les autres couleurs, avec de la cochenille pour les bleus, avec de l'épine-vinette pour les verts. Pour les blancs, les gris et généralement les couleurs très claires, les peaux doivent être blanchies. A cet effet, elles sont trempées dans une dissolution d'acétate de plomb où elles prennent une teinte jaune foncé, puis passées dans un bain d'acide sulfurique étendu d'eau, d'où elles sortent blanches comme du lait. Après un fort rinçage à l'eau fraîche, les *peaux pour blanc* sont mises au vent, retenues de fleur et séchées. Les peaux pour gris sont teintes très légèrement avec de la cochenille et du carmin d'indigo.

Quand la peau sort du dernier bain de teinture, elle est rincée à l'eau fraîche, puis passée à la presse, mise au vent et retenue, enfin elle reçoit sur fleur une légère couche d'huile de lin.

Une fois les peaux teintes, on laisse sécher librement celles qui sont destinées à être corroyées, mais on cadre celles qui ne doivent plus être remouillées. La cadrage consiste à placer la peau sur un grand cadre en bois léger et à l'y assujettir à l'aide de picots, de façon à étaler et à éviter les plis. Le noir est la seule couleur qui ne se fasse pas au plongé. Les peaux qui doivent être teintes sont mises au vent, retenues, mises en huile et séchées en blanc. Une fois sèches, on les teint à la brosse avec de la couleur de bois de campêche que l'on fait ensuite virer avec un acétate de fer. Pour les peaux destinées à la chaussure, afin de les rendre souples et imperméables, on les garnit sur le noir d'une couche d'huile de poisson sur fleur et d'une couche de dégras sur chair.

L'imitation du cuir de Russie est obtenue, pour les teintes en rouge foncé ou en noir par l'application d'une couche d'huile de bouleau qui communique au cuir l'odeur particulière du cuir de Russie.

IV. *Corroierie.* C'est ce travail qui termine la fabrication du maroquin. Les peaux sont employées de différentes façons, en *mat*, en *quadrillé*, en *corroyé* ou en *chagriné*. On obtient le mat par un simple grattage suivi d'un tamponnage. La fleur lisse imite le veau, les moutons mats sont surtout employés pour la reliure. Pour obtenir le quadrillé, on mouille les peaux cadrées et on les colle avec du lait sur de grands tambours en bois. A la partie supérieure du tambour court un chariot armé de lames d'acier qui impriment sur la peau une succession de traits égaux et parallèles; c'est ce qu'on appelle les *mille-raies*. On détache la peau, on la recolle et on recommence l'opération dans une direction perpendiculaire à la première et on obtient le quadrillé. Ces sortes de peaux s'utilisent pour la fabrication des cuirs à chapeaux, un des emplois les plus importants du mouton maroquiné. La fabrication des cuirs à chapeaux était, autrefois, une industrie presque spéciale à l'Auvergne, où, grâce au bon marché de la main-d'œuvre, on pouvait faire obtenir les cuirs à très bon marché; aujourd'hui, la machine à coudre a permis d'apporter cette industrie à Paris où quelques industriels ont même été amenés à l'ajouter à leur fabrication du maroquin.

Les peaux *corroyées* sont finies, brillantes, soit glacées, soit à grains. Les grains les plus usités sont : le grain long, le grain carré, le grain anglais, etc. La peau mouillée sur fleur avec de l'eau additionnée de lait, est collée ou coupée au cylindre, lissée humide de première et mise à la sèche. Après le séchage, le grain est fait à la paummelle ou au liège ; puis la peau est relissée à sec et redressée. Elle doit être bien brillante et son grain doit être saillant et régulier.

La paummelle est un outil dont la face inférieure, de forme convexe, est en fer. Elle est dentelée dans le sens de la largeur et présente des traits parfaitement réguliers et plus ou moins espacés suivant le grain que l'on veut obtenir. A la partie supérieure, qui est en bois, est adaptée une courroie dans laquelle l'ouvrier passe la main pour diriger l'instrument et appuyer sur la chair de la peau qui est pliée. L'habileté de l'ouvrier consiste à donner la pression et le tirage nécessaires pour obtenir le grain sur la fleur. Pour les peaux drayées, le grain s'obtient avec un plateau de liège monté comme la paummelle et dont l'ouvrier se sert de la même manière.

La machine à lisser se compose d'un tréteau en chêne, très fort, sur lequel est montée une semelle en bois de cormier qui se règle au moyen de vis de pression placées à chaque extrémité. Sur cette semelle, qui doit être parfaitement unie et dressée, vient frotter un cylindre de verre, de cristal ou d'agate. Ce cylindre est tenu par une mâchoire articulée, placée à l'extrémité inférieure d'une flèche dont la partie supérieure, en forme de V, est boulonnée au milieu d'un chevron de 4 mètres de long, qui, maintenu dans des coussinets à chacune de ses extrémités, forme arbalète et fait ressort. On obtient ainsi, par la flexion du chevron supérieur et de la semelle, une pression considérable, mais qui n'a rien de rigide. A la poignée est adaptée une lanière attachée à son autre extrémité à une pédale, ce qui permet de la tenir levée ou baissée à volonté. Le tout est commandé par un grand levier mû à la vapeur, qui donne environ 60 coups à la minute. La peau, placée sur la semelle, la fleur en l'air, se trouve serrée entre la semelle et le cylindre et est dirigée par l'ouvrier, de telle sorte que chaque partie en soit successivement lissée.

Pour obtenir le *chagriné*, la peau est d'abord lissée à sec, puis mouillée, et on la place ensuite, la fleur en l'air, sur une table où elle est roulée par le chagrineur au moyen d'un petit plateau de liège. Le grain, fait d'abord en long, est fait successivement dans tous les sens, et la fleur détachée prend bientôt la forme arrondie et saillante qui constitue le grain du chagrin. La peau, séchée et brossée pour lui redonner du vif, est laissée ferme lorsqu'elle est destinée à la reliure, la gaînerie, etc.; elle est adoucie lorsqu'elle doit servir pour les meubles, les voitures.

Le grain du levant s'obtient de la même façon sur les peaux qui n'ont pas été préalablement drayées. Elles donnent un grain plus ou moins gros, suivant leur nature et l'épaisseur, et sont finies comme les chagrins, soit en ferme, soit en souple.

Les peaux qui exigent une grande souplesse sont *meulées*. Les meules sont des poulies de 1 mètre de diamètre et de 20 centimètres d'épaisseur, sur lesquelles sont collées des bandes de toile-émeri. Elles tournent avec une vitesse de 600 tours à la minute. La chair de la peau est placée sur la meule et elle est rapidement meulée par la simple pression de la main de l'ouvrier. — F. S.

***MAROQUINAGE.** *T. techn.* Action de maroquiner.

MAROQUINIER. *T. de mét.* Celui qui fabrique ou façonne le maroquin, et plus particulièrement celui qui l'emploie pour l'usage de la *maroquinerie*, industrie spéciale qui a pour objet la confection des portefeuilles, porte-cigares, porte-monnaie, coffrets, etc.

MAROUFLER. *T. techn.* Action de coller la toile d'un tableau sur une muraille, un panneau de bois, ou sur une autre toile, avec une colle très forte et très résistante qu'on nomme *maroufle*.

MARQUE DE FABRIQUE ET DE COMMERCE. On entend par *marque de fabrique*, un signe, quel qu'il soit, au moyen duquel un fabricant distingue ses produits. Elle sert à garantir l'origine de la marchandise aux tiers qui l'achètent en quelque lieu et en quelques mains qu'elle se trouve. La *marque de commerce* n'indique pas l'origine d'un produit, mais elle fait connaître celui qui, recevant ce produit, le livre au consommateur.

La marque de fabrique ou de commerce est une garantie à la fois pour le fabricant, le vendeur et le consommateur. Au fabricant, elle donne le moyen de se distinguer de ses concurrents et d'affirmer la valeur de ses produits en leur donnant une individualité propre; elle permet au consommateur de s'assurer qu'on lui livre les produits qu'il a l'intention d'acheter. Dans ces conditions, la marque de fabrique ou de commerce constitue une véritable propriété et l'on comprend que la législation des différents pays ait pris le soin de la protéger, d'en régler l'exercice et d'en défendre l'usurpation. En outre, les divers Etats ont assuré, par des traités, à leurs nationaux, la réciprocité des droits de propriété et leur garantie.

En France, la loi du 23 juin 1837 a établi les règles qui régissent la propriété des marques de fabrique ou de commerce, la façon de l'acquérir, de la conserver, de la défendre et de la transmettre. Nous allons en expliquer les dispositions principales.

La marque, dit l'article 1er, est facultative. Voici en quels termes l'exposé des motifs de la loi de 1857 justifie ce principe :

« Il est une foule d'objets comme les dentelles, les châles, les écharpes, les mouchoirs, les cristaux, etc., qu'on ne peut marquer autrement que par une étiquette mobile, facile à enlever, à changer, qui ne porterait pas, par conséquent, avec elle la preuve qu'elle appartient bien à l'auteur du produit. Les menus objets comme les aiguilles, les épingles, etc., ne peuvent être marqués que sur l'enveloppe qui offre les mêmes inconvénients, puisqu'il est facile de remplacer les objets qu'elle couvre. Les tissus en pièce ne peuvent être marqués qu'aux deux extrémités de la pièce. Or, les fragments d'une pièce, les coupons, suivant le langage du commerce, ne peuvent pas porter la marque, et les consommateurs n'achètent guère que des coupons. Ainsi, première objection : impossibilité matérielle d'apposer la marque sur un grand nombre de produits, au moins de manière à ce qu'elle garantisse l'origine de la fabrication. Nous disons en second lieu que le système de la marque obligatoire serait fort préjudiciable aux industriels. En effet, il y a des cas où les fabricants les plus honnêtes, les plus intelligents, sont obligés de livrer au commerce des produits défectueux ou de qualité inférieure. Ce sont les produits d'essai, les produits mal réussis, les produits d'un prix peu élevé, destinés aux consommateurs de la classe la plus nombreuse parce que le bon marché est indispensable. Font-ils en cela une opération déloyale? Nullement, si le public est averti de ce qu'il achète. Cependant le fabricant ne signe pas de tels produits qui nuiraient à sa réputation. Si vous l'obligez à les signer, vous lui interdirez la fabrication très licite des objets destinés à la consommation du plus grand nombre; vous l'obligerez à détruire les produits d'essai, les produits mal réussis, c'est-à-dire que vous le ruinerez ou que vous le forcerez à compromettre sa marque. Et puis, enfin, le public, dont vous avez voulu sauvegarder les intérêts, vous ne lui donnerez qu'une garantie illusoire et bien inférieure à celle que lui assure la marque facultative. Avec la marque facultative, en effet, le public peut reconnaître, sait reconnaître celle qui a une bonne réputation; il s'adresse à celle-là de préférence, et il a la certitude morale que le fabricant honorable à qui elle appartient ne l'aurait pas apposée sur le produit qu'il achète s'il était défectueux. Mais avec la marque obligatoire, tous les produits sont marqués ou signés. C'est la confusion des langues; à moins d'une étude spéciale, il est impossible de s'y reconnaître, de distinguer la bonne marque de la mauvaise, et, lors même qu'on sait la distinguer, elle n'est plus une garantie pour le public, puisqu'elle couvre également tous les produits des fabricants, les bons comme les mauvais. »

Toutefois, la marque de fabrique peut être déclarée obligatoire pour certains produits par des décrets rendus en la forme de règlements d'administration publique. Les principaux objets actuellement soumis à l'obligation de la marque sont les suivants : les articles d'or et d'argent et ceux de plaqué, de doublé ou d'argenté; les enveloppes de cartes à jouer; les armes de guerre et de commerce après les épreuves réglementaires, les substances vénéneuses vendues par les pharmaciens, etc.

Quels caractères doit présenter une marque de fabrique ou de commerce? « Sont considérés comme marques de fabriques ou de commerce, dit l'art. 1er, § 3 de la loi de 1857, les noms sous une forme distinctive, les dénominations, emblèmes, empreintes, timbres, cachets, vignettes, reliefs, lettres, chiffres, enveloppes et tous autres signes servant à distinguer les produits d'une fabrique ou les objets d'un commerce.

La marque peut être disposée au gré du fabricant. Il n'est pas nécessaire qu'elle soit apparente. Sans doute, si elle est extérieure, elle assurera mieux, dans la plupart des cas, la propriété du commerçant ou du fabricant, mais cela ne regarde que lui seul. Rien non plus dans la loi n'exige qu'elle soit adhérente et qu'elle contienne le nom du fabricant. Rien ne s'oppose à ce qu'un fabricant ou un commerçant ait, à la fois, plusieurs marques. Elles peuvent servir à désigner soit des produits réellement différents, soit des qualités différentes d'un même produit. La marque est applicable à toutes les industries et à tous les produits, même à ceux qui ne sont pas manufacturés et que l'homme obtient directement de la nature, tels que les produits de l'agriculture. Pour qu'une marque soit valable, c'est-à-dire constitue une véritable propriété pour le fabricant ou le commerçant qui l'a adoptée, il faut : 1° qu'elle soit *spéciale*, c'est-à-dire de nature à ne pas être confondue avec une autre et à se reconnaître facilement; 2° qu'elle soit *nouvelle*, tout au moins dans l'industrie à laquelle elle est appliquée. Quelquefois la marque est déjà en usage dans une industrie assez rapprochée pour créer une confusion : c'est là une question de fait qu'il appartient aux tribunaux d'apprécier.

3° Enfin pour revendiquer la propriété exclusive d'une marque, il faut que le modèle en ait été déposé en double exemplaire au greffe du tribunal du domicile du fabricant (loi du 27 juin 1857, art. 2). De ces deux exemplaires, l'un est conservé au greffe, l'autre est transmis au Conservatoire des Arts et Métiers qui forme ainsi le bureau central de toutes les marques de fabrique de France. Là, les registres des marques sont classés par industrie et tout le monde peut se les faire communiquer et en prendre connaissance sans aucuns frais. Pour plus de publicité, il a été créé au ministère du commerce, sous le nom de « *Bulletin officiel de la propriété industrielle* » un journal hebdomadaire qui donne chaque semaine le fac-simile et la description de toutes les marques déposées.

Lorsqu'un dépôt est effectué, le greffier dresse sur un registre en papier timbré (coté et paraphé par le président du tribunal de commerce ou du tribunal civil suivant les cas), le procès-verbal du dépôt dans l'ordre des présentations. Il indique : 1° le jour et l'heure du dépôt; 2° le nom du propriétaire de la marque et, le cas échéant, le nom de son fondé de pouvoirs; 3° la profession du propriétaire, son domicile et le genre d'industrie pour lequel il a l'intention de se servir de la marque. Le greffier inscrit, en outre, un numéro d'ordre sur chaque procès-verbal et reproduit ce numéro dans l'espace réservé à la droite de chacun des deux exemplaires du modèle; il y joint les indications qu'il a déjà fait figurer au procès-verbal. Le greffier et le déposant ou son fondé de pouvoirs doivent apposer leur signature : 1° au bas du procès-verbal; 2° au-dessous des mentions portées à droite et à gauche sur les deux exemplaires du modèle. Si le déposant ne sait ou ne peut signer, il doit se faire représenter par un fondé de pouvoirs qui signe à sa place. Le dépôt d'une marque n'a d'effet que pour quinze ans; mais la propriété de la marque peut être conservée pour un nouveau terme de quinze ans au moyen d'un nouveau dépôt et ainsi de suite. En cas d'oubli de renouvellement du dépôt après une période de quinze ans, la marque tombe-t-elle dans le domaine public? Un jugement du tribunal correctionnel de Lille du 4 décembre 1872 a décidé dans le sens de l'affirmative. La plupart des auteurs le contestent cependant et soutiennent que le dépôt n'est que déclaratif et non attributif de la propriété. Le renouvellement du dépôt doit être fait dans la même forme que le dépôt primitif, mais une mention spéciale est inscrite sur les deux modèles et dans le procès-verbal.

Le dépôt doit être effectué soit par le fabricant lui-même, soit par un mandataire muni d'une procuration à cet effet. Il n'est pas nécessaire d'être Français pour avoir la faculté d'acquérir la propriété exclusive d'une marque de fabrique au moyen du dépôt. Les étrangers qui possèdent en France des établissements d'industrie ou de commerce le peuvent également en usant des mêmes formalités. (Loi du 23 juin 1857, art. 5.) Mais quand la marque s'applique aux produits d'un établissement industriel situé dans un pays étranger, que le propriétaire soit Français ou étranger, elle ne sera protégée par les dispositions de la loi de 1857 que si des conventions diplomatiques accordent, dans ce pays, la même protection aux Français. Mais, pour défendre leur marque, les étrangers ou les Français établis à l'étranger sont astreints au dépôt de la même façon et dans les mêmes conditions que les propriétaires d'établissements situés en France. Dans ce cas, il est effectué au greffe du Tribunal de commerce de la Seine. Il est perçu pour chaque dépôt et pour chaque renouvellement du dépôt d'une marque un droit fixe de un franc non compris les frais de timbre et d'enregistrement. Si le dépôt comprend plusieurs marques, le droit de un franc est dû autant de fois qu'il y a de marques déposées. Cette somme est destinée à payer les frais de la rédaction du procès-verbal et le coût de l'expédition qui est délivrée au déposant.

Le dépôt est reçu sans examen préalable. Quand même la marque consisterait dans un dessin contraire à la loi ou aux bonnes mœurs, quand même elle serait au vu et au su de tous la copie servile d'une marque déjà existante, le greffier est obligé de la recevoir; mais il est bien entendu que les droits des tiers restent intacts.

On peut porter atteinte à la propriété d'une marque de fabrique de diverses façons. La loi du 23 juin 1857 en distingue et en punit plusieurs, la contrefaçon proprement dite, l'imitation frauduleuse de nature à tromper l'acheteur, l'apposition frauduleuse d'une marque appartenant à autrui; et, dans ces trois cas, l'usage de la marque ainsi contrefaite ou frauduleusement imitée ou apposée. Elle punit encore la vente ou la mise en vente, l'introduction sur le sol français de marchandises revêtues de marques soit contrefaites, soit frauduleusement imitées ou apposées. Est également punissable, l'usage d'une marque portant des indications propres à tromper l'acheteur.

1° *De la contrefaçon.* On entend par contrefaçon l'exécution matérielle d'une copie de la marque d'autrui en dehors de tout emploi, de toute apposition sur la marchandise. Il en résulte que ceux qui reproduisent une marque, même dans l'intérêt d'un tiers, tels que l'imprimeur, le graveur, le lithographe, sont punissables en cas de contrefaçon.

2° *Imitation frauduleuse.* Il n'est pas, dans ce cas, nécessaire qu'il y ait ressemblance parfaite avec la marque que l'on imite. Si elle consiste dans des lettres, on peut prendre d'autres lettres mais affectant la même forme, puis dissimuler les différences à l'aide d'un vernis ou des couleurs. Il y a mille façon d'imiter une marque. Pour que cette imitation soit punissable, il faut qu'elle soit frauduleuse, c'est-à-dire faite avec une intention coupable; il faut, en outre, qu'elle soit de nature à tromper l'acheteur.

3° *Il y a enfin l'apposition frauduleuse d'une marque appartenant à autrui.* On peut, en effet, prendre une marque et l'apposer sur d'autres produits que ceux auxquels elle était destinée. Il est, en effet, certains produits sur lesquels, à raison de leur nature, la marque de fabrique ne peut pas être appliquée d'une manière immédiate. Les produits de cette espèce sont recouverts d'une enveloppe sur laquelle la marque du fabricant est apposée; ils s'écoulent plus ou moins facilement, à un prix plus ou moins élevé, à raison de plus ou de moins de crédit dont jouit cette marque dans le commerce. La fraude peut se produire soit par l'emploi du timbre ou du poinçon d'un commerçant, soit par l'emploi de ses boîtes, enveloppes ou flacons. Ce dernier moyen est surtout pratiqué dans l'industrie des liqueurs, des eaux artificielles, des parfums, etc.

Ces diverses manières de porter atteinte à la propriété d'une marque de fabrique sont punies d'une amende variant de cinquante à trois mille francs et d'un emprisonnement de quinze jours à trois ans. En cas de récidive dans le délai de cinq ans, les peines peuvent être portées au double. Les délinquants peuvent, en outre, être privés du droit de participer aux élections des Chambres et Tribunaux de commerce, des Chambres consultatives des arts et manufactures et des Conseils de prud'hommes pendant un temps qui n'excédera pas dix ans. Mais cette répression correctionnelle laisse entier le droit du fabricant lésé de réclamer des dommages et intérêts.

Afin de donner une sûreté de plus aux marques de fabrique et en même temps dans le but de procurer au trésor des ressources nouvelles, une loi du 36 novembre 1873 a accordé à tout propriétaire d'une marque déposée, la faculté de la faire timbrer ou poinçonner moyennant une taxe. Le timbrage et le poinçonnage sont une seule et même chose ; seulement, la loi appelle *timbre*, le signe apposé sur les étiquettes, enveloppes, bandes de papier, etc., et *poinçon*, le signe apposé sur les estampilles en métal ou sur l'objet lui-même, alors que, comme il arrive souvent, la marque fait corps avec lui.

Le timbre ou le poinçon offre une garantie réelle aux fabricants ; apposé sur une marque, il en affirme l'authenticité ; et le contrefacteur est, dès lors, obligé d'imiter non seulement la marque proprement dite mais encore le timbre de l'État. Ce dernier est alors lui-même atteint par la contrefaçon de son timbre et il est intéressé à la réprimer. En outre, la répression est, dans ce cas, plus étendue. La loi, en effet, prévoit deux sortes d'infractions : la première est la contrefaçon ou la falsification du timbre ou poinçon de l'État; elle est punie des travaux forcés à temps conformément à l'article 140 du code pénal, avec cette disposition rigoureuse que le maximum de la peine doit toujours être appliqué à moins qu'il y ait admission de circonstances atténuantes. La contrefaçon ou la falsification constitue donc un crime qui rend ses auteurs justiciables de la Cour d'assises. La seconde infraction résulte de l'usage frauduleux, sous quelque forme que ce soit, du timbre ou du poinçon véritable. C'est, dans ce cas, un simple délit puni par l'article 142 du code pénal, c'est-à-dire de deux ans à cinq ans de prison.

Voici quelles sont les formalités imposées au fabricant qui présente sa marque au timbre. Il doit d'abord faire une déclaration à l'un des bureaux désignés par les articles 5 et 9 du règlement d'administration publique du 25 juin 1874, et y déposer en même temps : 1° une expédition du procès-verbal du dépôt de sa marque; 2° un exemplaire du dessin, de la gravure ou de l'empreinte qui représente sa marque, ledit exemplaire revêtu d'un certificat du greffier, attestant qu'il est conforme au modèle annexé au procès-verbal du dépôt; 3° l'original de sa signature dûment légalisé. Il y a autant de signatures déposées que de propriétaires ou d'associés ayant la signature sociale et qui voudront user de la faculté de requérir l'apposition du timbre ou du poinçon de l'Etat.

Toutes les fois que le propriétaire de la marque veut faire apposer le timbre sur cette marque, il remet au receveur du bureau dans lequel la déclaration et le dépôt ont été effectués, une réquisition écrite sur papier non timbré et conforme au modèle fourni par l'Administration. La réquisition est datée et signée. Elle est accompagnée d'un spécimen des étiquettes, bandes, enveloppes à timbrer, lequel reste déposé avec la réquisition. Il est perçu au profit de l'Etat, pour chaque apposition du timbre, un droit de 1 centime à 1 franc, et pour chaque apposition du poinçon sur les objets eux-mêmes, un droit de 5 centimes à 5 francs. Les réquisitions ne sont d'ailleurs admises que si elles donnent ouverture à une perception d'au moins 5 francs. La quotité du droit à percevoir pour l'apposition du timbre sur une marque est fixée d'après la valeur de l'objet auquel cette marque s'applique. Nous devons ajouter que, dans la pratique, très peu de fabricants usent de cette faculté de faire timbrer leur marque.

Transmission. Nous avons dit que la marque constitue une véritable propriété. Celui à qui elle appartient peut, par conséquent, en disposer comme il l'entend, soit à titre gratuit, soit à titre onéreux, en tout ou en partie, isolément ou avec le fonds de commerce dont elle dépend et dont elle est l'accessoire. A moins de stipulations contraires, la vente d'un fonds de commerce comprend la cession des marques de fabrique qui y sont exploitées. Le cessionnaire n'est pas tenu d'avertir l'Administration de la cession faite à son profit; lors du renouvellement, il fait le nouveau dépôt en son nom.

Les marques de fabrique françaises à l'étranger Les marques de fabrique françaises sont également protégées dans la plupart des pays étrangers, sous le bénéfice de la réciprocité, en vertu de conventions diplomatiques intervenues. La plus importante de ces conventions est celle signée le 20 mars 1883 entre la France, la Belgique, le Brésil, l'Espagne, le Guatémala, l'Italie, les Pays-Bas, le Portugal, le Salvador, la Serbie et la Suisse, et à laquelle ont accédé le royaume de la Grande-Bretagne et d'Irlande, la Tunisie et l'Equateur. En vertu de cette convention, les divers Etats que nous venons d'énumérer se sont constitués en *union* pour la protection de la propriété industrielle. Les sujets ou citoyens de chacun d'eux jouissent dans tous les autres, en ce qui concerne les brevets d'invention, les dessins ou modèles industriels, les marques de fabrique ou de commerce et le nom commercial, des avantages que les lois respectives accordent aux nationaux. En conséquence, ils ont la même protection que ceux-ci et le même recours légal contre toute atteinte portée à leurs droits, sous réserve de l'accomplissement des formalités et des conditions imposées aux nationaux par la législation intérieure de chaque Etat.

Nous examinerons plus loin quelles sont ces formalités pour les Etats autres que la France. Pour les accomplir, l'article 4 de la convention accorde, à celui qui aura régulièrement fait le dépôt d'une marque de fabrique ou de commerce dans l'un des Etats contractants, un droit de priorité pendant un délai de trois mois. Ce délai est augmenté d'un mois pour les pays d'Outre-Mer. En conséquence, le dépôt ultérieurement opéré dans l'un des autres Etats de l'union avant l'expiration de ces délais ne pourra être invalidé par des faits accomplis dans l'intervalle, soit, notamment, par un autre dépôt ou par l'emploi de la marque.

Toute marque de fabrique ou de commerce, régulièrement déposée dans le pays d'origine, est admise au dépôt et protégée telle quelle dans les autres pays de l'union. Cette disposition a une sérieuse importance, surtout pour la France. Nous verrons, en effet, plus loin, que la législation de plusieurs autres pays n'admet pas comme marques de fabrique certains signes, certains emblèmes.

En dehors des Etats de l'union, la France a également conclu des conventions diplomatiques avec d'autres puissances pour la protection de ses marques de fabrique.

En Allemagne, les marques françaises sont protégées en vertu de l'article 28 du traité de commerce conclu à Berlin, le 22 août 1862, entre la France et le Zollverein. Cet article est ainsi conçu :

« En ce qui concerne les marques ou étiquettes de marchandises ou de leur emballage, les dessins et les marques de fabrique ou de commerce, les sujets d'un des Etats contractants jouiront respectivement dans l'autre de la même protection que les nationaux. Il n'y aura lieu à poursuite, à raison de l'emploi dans l'un des deux pays des marques de fabrique de l'autre, que lorsque la création de ces marques dans le pays de provenance remonte à une époque antérieure à l'appropriation de ces marques, par le dépôt ou autrement, dans le pays d'importation. »

Après la guerre de 1870, les dispositions précédentes ont été remises en vigueur par l'article 11 de la convention additionnelle du 12 octobre 1871 au traité de paix du 10 mai, et par la déclaration du 8 octobre 1873.

En Autriche-Hongrie, les marques françaises sont protégées en vertu de la convention du 7 novembre 1881 ; en Russie, par le traité du 1er avril 1874 ; aux Etats-Unis, par la convention du 16 avril 1869 ; au Danemark, par la déclaration du 7 avril 1880 ; en Suède et Norwège, par le traité du 30 décembre 1881 ; au Venezuela, par la déclaration du 3 mai 1879 ; et enfin dans le grand duché du Luxembourg, par la déclaration du 27 mars 1880. Il n'existe pas de conventions diplomatiques entre la France et les autres pays pour la protection réciproque des marques de fabrique.

La condition première pour obtenir la protection garantie par ces conventions est de se conformer à la législation intérieure de chaque pays en ce qui concerne les marques de fabrique. Les industriels et les commerçants français ont donc intérêt à connaître l'ensemble de cette législation et quelles formalités ils ont à remplir pour obtenir pour leur marque, dans tel ou tel pays, la protection assurée par la loi. Mais il serait beaucoup trop long d'analyser ici successivement les dispositions législatives en vigueur dans chaque nation civilisée. Elles ont du reste, entre elles, beaucoup de points de contact et ne diffèrent, le plus souvent, que par le chiffre de la taxe perçue ou la durée de la protection assurée par le dépôt. Nous ne nous occuperons donc que des pays les plus importants au point de vue industriel, et avec lesquels la France a de nombreuses relations commerciales, c'est-à-dire l'Allemagne, l'Angleterre, la Belgique et les Etats-Unis.

1° *Allemagne.* Une loi promulguée à la date du 30 novembre 1874 et mise en vigueur le 1er mai 1875, règle la propriété des marques de fabrique en Allemagne. Un décret rendu le 8 février 1875, règle les mesures d'exécution de cette loi et détermine les conditions et les formalités diverses du dépôt. D'après ce décret, les formalités que les industriels et négociants français ont à remplir, pour le dépôt de leurs marques de fabrique en Allemagne, se résument ainsi qu'il suit :

Les pièces à déposer seront établies par les commerçants ou fabricants français, à leurs risques et périls.

Ceux des commerçants français qui ont des succursales en Allemagne, auront à effectuer le dépôt de leurs marques dans la ville où ces succursales ont leur siège ; pour les autres, ce dépôt est fait à Leipsig.

La demande de dépôt doit être accompagnée de quatre dessins ainsi que du cliché de la marque.

Les dimensions du modèle et du cliché ne peuvent dépasser 3 centimètres de haut sur 3 centimètres de large. Le diamètre du cliché ne peut être au-dessus de 23 millimètres.

L'un des quatre dessins est collé sur une des feuilles du registre tenu à cet effet. Le cliché est destiné à reproduire le type de la marque dans les colonnes du *Moniteur de l'Empire*, publié à Berlin. Après avoir servi à Berlin, le cliché est renvoyé au tribunal de commerce de Leipsig pour être restitué aux ayants droit.

Le dépôt peut être fait par la partie intéressée en personne ou par un fondé de pouvoir spécial, muni d'une procuration en blanc dûment légalisée. La procuration doit contenir la description exacte des marques, et faire connaître, en outre, l'espèce des marchandises auxquelles elles s'appliquent et la manière dont elles sont apposées sur ces marchandises (enveloppe ou objet fabriqué). Le déposant doit d'ailleurs s'engager dans cette procuration à se soumettre à la juridiction du tribunal de commerce de Leipsig pour toutes les contestations qui surviendraient à la suite du dépôt de ces marques.

En dehors de la procuration et des modèles précités, les intéressés ont à fournir un certificat dûment légalisé, délivré par l'autorité compétente de leur domicile, et constatant : 1° que le déposant possède à . . . . . . un établissement industriel ou une maison de commerce ; 2° que, soit comme chef d'un établissement industriel, soit comme chef d'une maison de commerce, le déposant signe sous la raison . . . . , et que c'est sous cette raison qu'il débite les produits de sa fabrique ou de son commerce ; 3° que les marques présentées à Leipsig sont identiques avec celles déposées en France et qu'elles y jouissent de la protection légale. Afin de vérifier, d'ailleurs, l'identité des marques présentées à Leipsig avec celles déposées en France, le certificat délivré par l'autorité française doit être accompagné du dessin de ces marques. Le dessin est cousu au certificat et parafé *ne varietur*.

Toutes les pièces qui précèdent doivent être adressées *franco* au consulat de France à Leipsig par les commerçants ou fabricants français qui désirent profiter des facilités que leur offre l'intervention consulaire dans cette ville après versement entre les mains d'un banquier désigné à cet effet, d'une provision destinée à assurer le remboursement des frais.

Ces frais représentent pour chaque marque :

	Marcs	Fr. c.
Dépôt.	50	62 50
Publication au *Moniteur* de l'Empire.	6	7 50
Rémunération au tiers porteur de la procuration.	3	3 75

Plus les frais de traduction et de chancellerie. L'ensemble approximatif peut être évalué à 116 francs par marque déposée.

Les industriels et négociants français doivent avoir soin de reproduire fidèlement, dans les pièces à fournir à l'appui de leur demande, le libellé des déclarations formulées ci-dessus, sous peine de voir le dépôt non admis pour vice de forme.

2° *Angleterre*. Les marques de fabrique et de commerce sont régies, en Angleterre, par une loi du 25 août 1883. Un règlement adopté par le *Patent office* de Londres règle l'application de cette loi. Toute marque, aux termes de cette législation, doit comprendre au moins un des éléments suivants : le nom d'un individu ou une raison sociale imprimée, gravée ou tissée d'une manière particulière ; la signature ou le *fac simile* de la signature d'un individu, une signature sociale, un emblème, une marque à feu ou autre, un en-tête, une étiquette, un ou plusieurs mots de fantaisie n'appartenant pas au langage usuel. Il est fait exception pour les marques employées avant la mise en vigueur de la loi de 1883.

Nul n'est admis à revendiquer la propriété exclusive d'une marque s'il ne l'a fait préalablement enregistrer. La demande d'enregistrement d'une marque de fabrique ou de commerce doit (sauf en ce qui concerne les couteliers de Sheffield) être deposée au *Patent office* de Londres ou y être adressée par la poste à l'adresse du Contrôleur général. Les pièces à produire sont : 1° une requête ; 2° des exemplaires de la marque en nombre déterminé.

La requête doit être rédigée en anglais et conformément au modèle annexé à la loi. Elle doit être établie sur une feuille de papier ayant 0,330 sur 0,203. Elle peut être signée par le déposant ou par un fondé de pouvoirs.

Le nombre des *fac simile* de la marque à produire est fixé à trois pour les marques s'appliquant aux produits énumérés dans les classes 1 à 22 et 36 à 50 ; il est de quatre pour les marques concernant les classes 23 à 35. L'un des *fac simile* doit être collé à la partie supérieure de la requête dont il vient d'être parlé ; les autres doivent être apposés sur des feuilles de papier du format de 0,330 sur 0,203.

Une marque ne peut être enregistrée que pour un produit ou un groupe particulier de produits. Si, dès lors, la même marque doit servir à distinguer des articles classés dans différentes catégories (la classification est trop longue pour que nous puissions la donner ici), il faut autant d'enregistrements distincts qu'il y a de classes.

Chaque demande d'enregistrement est publiée avec le *fac simile* de la marque dans une feuille officielle intitulée *Trade marks journal*, et toute personne peut, dans les deux mois qui suivent cette publication, mettre opposition à l'enregistrement. Le contrôleur, de son côté, peut refuser d'enregistrer la marque ; ce refus peut être l'objet d'un appel devant le *Board of trade* (département du Commerce).

Si aucune opposition n'a été formée, la marque, à l'expiration du délai précité, est enregistrée dans le *Registre des marques de fabrique*. S'il y a opposition, l'affaire, après une procédure sommaire, est portée devant la *Haute cour de justice de S. M. la Reine*, seul tribunal compétent pour statuer.

L'enregistrement est valable pour une durée de 14 ans, indéfiniment renouvelable. L'enregistrement d'une marque de fabrique équivaut à l'emploi public de cette marque. Aux termes de l'article 76 de la loi, « l'enregistrement d'une personne comme propriétaire d'une marque fera foi, jusqu'à preuve contraire, de son droit à l'emploi exclusif de cette marque, et quand un laps de cinq années se sera écoulé depuis la date de l'enregistrement, celui-ci deviendra une preuve concluante de ce droit exclusif, autant que le comportent les dispositions de la loi. » Les taxes auxquelles donne lieu l'enregistrement d'une marque destinée à figurer sur un ou plusieurs articles compris dans une même classe sont les suivantes :

Demande d'enregistrement	6 fr. 25
Enregistrement	25 fr. »

Une marque de fabrique ou de commerce ne peut être cédée qu'avec l'établissement auquel elle appartient. Elle cesse d'exister en même temps que cet établissement.

3° *Belgique*. Les marques de fabrique et de commerce sont régies, en Belgique, par la loi du 1er avril 1879 ; cette loi est applicable à nos nationaux aux termes de ses articles 6 et 10, et en vertu de la convention du 20 mars 1883. Voici quelles sont ses dispositions principales : est considéré comme marque de fabrique ou de commerce tout signe servant à distinguer les produits d'une industrie ou les objets d'un commerce. Peut servir de marque, dans la forme distinctive qui lui est donnée par l'intéressé, le nom d'une personne, ainsi que la raison sociale d'une maison de commerce ou d'industrie (art. 1er). Nul ne peut prétendre à l'usage exclusif d'une marque, s'il n'en a déposé le modèle en triple, « avec le cliché de sa marque » au greffe du tribunal de commerce dans le ressort duquel est situé son établissement. Pour les marques françaises, le dépôt doit être effectué au greffe du tribunal de commerce de Bruxelles. Celui qui le premier fait usage d'une marque peut seul en opérer le dépôt. Une expédition de l'acte de dépôt est remise au déposant.

Il est payé pour chaque marque déposée une taxe de dix francs. Le dépôt n'est reçu que sur la production d'une quittance constatant le paiement de la taxe.

Le dépôt d'une marque fait en contravention des dispositions de la loi peut être déclaré nul à la demande de tout intéressé. Le jugement qui prononce la nullité est mentionné en marge de l'acte de dépôt, après qu'il aura acquis force de chose jugée.

Une marque ne peut être transmise qu'avec l'établissement dont elle sert à distinguer les objets de fabrication ou de commerce. La transmission n'a d'effet à l'égard des tiers qu'après le dépôt d'un extrait de l'acte qui la constate dans les formes prescrites pour le dépôt de la marque.

4° *Etats-Unis*. Un nouvel acte voté par le 46e congrès et approuvé par le président de l'Union, le 3 mars 1881, règle aux Etats-Unis la propriété des marques de fabrique. Un règlement, adopté en exécution de l'acte précité par le *Patent office* de Washington, a déterminé les formalités à remplir pour le dépôt de ces marques. En voici les principales dispositions :

Les propriétaires de marques de fabrique peuvent les faire enregistrer pourvu qu'ils soient domiciliés dans l'un des états de l'Union ou dans un pays qui, comme la France, accorde le même privilège aux citoyens des Etats-Unis, en exécution de ses lois ou en vertu d'une convention diplomatique. La demande d'enregistrement d'une marque de fabrique ou de commerce doit être déposée au *Patent office* de Washington, soit par le propriétaire de la marque, soit par un mandataire dûment autorisé. Une demande d'enregistrement comprend : 1° une requête au commissaire des patentes ; 2° un état indicatif et descriptif ; 3° une déclaration faite sous serment ; 4° des *fac-simile* de la marque en nombre déterminé ; 5° un récépissé constatant le versement, à la trésorerie des Etats-Unis, de la taxe de 25 dollars (125 francs). La requête doit être revêtue de la signature du demandeur. Le mandataire n'a pas qualité pour la signer.

L'état doit indiquer les nom, prénoms, domicile et nationalité du demandeur, ainsi que l'endroit où est situé son établissement de commerce ou d'industrie. Si la marque appartient à une Société, l'état indiquera les lieux où elle a son siège et ses établissements. Il doit donner une description claire et complète de la marque et mentionner : 1° l'époque depuis laquelle le demandeur ou la Société demanderesse en font usage ; 2° la classe des produits à laquelle s'applique la marque ; 3° la nature spéciale des objets qu'elle sert à distinguer ; 4° la manière dont elle est fixée aux marchandises. Cet état doit être signé par le demandeur même. Le demandeur est tenu d'affirmer sous serment qu'il possède un droit exclusif à l'usage de la marque décrite dans l'état ; qu'aucune autre personne ou Société ne peut se servir de cette marque ou d'une marque lui ressemblant à tel point qu'elle puisse donner lieu à des erreurs ; que ladite marque est employée dans un commerce avec des nations étrangères ou des tribus indiennes et que les *fac-simile* annexés à la demande sont la reproduction exacte de la marque. Si la demande d'enregistrement est faite par une Société, la forme du serment est changée en conséquence.

Le serment peut être prêté : aux Etats-Unis, devant un notaire public, un juge ou un clerc d'une cour de record ; à l'étranger, devant un secrétaire d'ambassade, un agent consulaire des Etats-Unis, ou devant une personne ayant qualité, d'après les lois du pays étranger, pour recevoir les serments. Dans ce dernier cas, le caractère officiel de ladite personne doit être attesté par un représentant des Etats-Unis dont le sceau est apposé sur la pièce constatant le serment.

Le demandeur doit fournir onze *fac-simile* de sa marque dont l'un monté sur une feuille de carton ayant une dimension de $0^m,254$ sur $0^m,38$, et les dix autres collés ou apposés sur des feuilles de papier flexible. Cependant, lorsque la marque est susceptible d'être reproduite par un tracé exécuté suivant les règles prescrites pour les dessins concernant les inventions mécaniques, le déposant peut ne fournir qu'un seul modèle de sa marque ainsi établie. Les copies nécessaires sont faites, dans ce cas, par le bureau des patentes et à ses frais, au moyen de la photo-lithographie.

Le dessin représentant la marque ou la feuille de carton sur laquelle la marque est *montée* doit être signé par le demandeur ou son mandataire.

Les demandes d'enregistrement de marques sont examinées au *Patent office* par l'examinateur des marques de fabrique. Lorsque ce fonctionnaire rend une décision défavorable à l'enregistrement, le demandeur a le droit d'interjeter appel devant le commissaire des patentes. Ce recours est gratuit. Une marque ne peut être enregistrée si elle consiste uniquement dans le nom du demandeur ou si elle est semblable à une autre marque, connue ou enregistrée, appartenant à une autre personne et employée avec la même classe de produits, ou si elle ressemble à un tel point à la marque légale d'une autre personne qu'elle puisse tromper les acheteurs en faisant naître une confusion dans l'esprit du public. Dans le cas où plusieurs personnes revendiquent la propriété d'une même marque, la priorité est déterminée au moyen d'une procédure appelée *interférence*.

Si, après un examen, le bureau des patentes décide qu'une marque peut être enregistrée, le commissaire des patentes délivre au demandeur un certificat attestant que celui-ci a rempli les formalités exigées par la loi et qu'il a droit à la protection de sa marque dans les cas et conditions prévus. A ce certificat sont joints un *fac-simile* de la marque et une copie imprimée de l'état et de la déclaration dont il est parlé ci-dessus.

L'enregistrement confère au propriétaire de la marque le droit de s'en servir exclusivement et de poursuivre devant les tribunaux ceux qui porteraient atteinte à ses droits. La protection qui résulte de l'enregistrement est limitée à trente ans. Elle peut être étendue à une nouvelle période de trente ans, moyennant le paiement d'une seconde taxe de 25 dollars. Toutefois, si la marque s'applique à des articles fabriqués dans un autre pays, et que la loi de ce pays n'accorde de protection que pour un terme de moindre durée, la marque cesse d'être une propriété exclusive aux Etats-Unis à partir du jour où elle tombe dans le domaine public à l'étranger.

Les marques de fabrique ou de commerce peuvent être légalement cédées par actes écrits. Ces cessions ne sont valables que si elles ont été enregistrées au *Patent office*, dans les soixante jours à compter de leur date.

Toute personne qui contrefait, reproduit, copie ou cherche à imiter une marque de fabrique enregistrée et applique cette marque frauduleuse sur des marchandises de même nature que celles dont il est fait mention dans le certificat d'enregistrement, est passible de dommages-intérêts envers la partie lésée. Cette dernière a, en outre, conformément aux règles de l'équité, le droit d'intenter des poursuites en raison de l'usage frauduleux qui est fait de la marque et de réclamer une indemnité devant tout tribunal ayant juridiction sur la personne coupable de la contrefaçon. Les cours des Etats-Unis sont compétentes en premier ressort comme en appel dans ces questions, quel que soit le montant du litige. Aucune action ni poursuite n'est recevable si la marque est employée dans un commerce illégal, si elle s'applique à des articles nuisibles par eux-mêmes, ou s'il est fait usage de ladite marque, soit en vue de tromper le public, soit en vertu d'un certificat frauduleusement obtenu.

Nous arrêtons ici l'étude des lois étrangères sur les marques de fabrique. Inspirées toutes par une même pensée de protection, elles ne diffèrent entre elles que par les formalités à remplir et sur des points généralement secondaires. — L. B.

***MARQUETÉ, ÉE.** *Art hérald.* Se dit des abeilles, des mouches qui ont sur les ailes des taches d'un autre émail que celui du corps.

MARQUETERIE. Branche spéciale de l'ébénisterie d'art, consacrée à la fabrication des meubles incrustés d'ivoire, de nacre, d'écaille, de cuivre, d'étain, de corne, parfois d'or et d'argent, mais surtout des meubles plaqués de bois précieux de diverses couleurs naturelles ou artificielles, formant des fleurs, des arabesques, des mosaïques, des dessins souvent très compliqués, ou de simples oppositions de teintes. La marqueterie est aussi employée pour la décoration des riches parquets et autres boiseries de luxe.

HISTORIQUE. La marqueterie de bois était déjà connue dans l'antiquité, ainsi que le rapporte Pline en son XVI° livre. Le peuple juif, qui était forcé de faire venir des artistes de Tyr et de Sidon, pour l'exécution des grands travaux de décoration des temples et des palais, n'excellait pas moins dans quelques industries d'art, la marqueterie, par exemple, qui était très répandue en Judée. Ceci est prouvé par le IVe livre des *Rois*, chapitre XXIV, verset 16, où il est dit que Nabuchodonosor emmena parmi les captifs de Jérusalem mille artisans qui travaillaient la marqueterie (*Karaschin*).

Inventé en Orient, cet art fut développé et perfectionné par les Grecs. Déjà, à l'époque de la guerre de Troie, le célèbre Icmalius incrustait d'ivoire le siège de Pénélope, et Ulysse lui-même ornait son lit d'une décoration semblable. Ce travail d'incrustation sur bois conserva sa faveur encore bien longtemps après les temps homériques; seulement des compositions très riches en figures remplacèrent alors les simples ornements des meubles primitifs.

Du temps de Sylla, l'art de la marqueterie passa de Grèce à Rome. Les meilleurs bois pour le placage étaient le citre, le térébinthe, l'érable, le buis, le palmier, le houx, le chêne vert, le peuplier, l'aune, etc., débités en feuilles minces, et que l'on marquetait en ivoire: *lignum ebore distingui, mox operici*. Les Romains faisaient trois sortes d'ouvrages en marqueterie de bois: les uns représentaient la figure des dieux ou des hommes, les autres celles des animaux, les troisièmes, enfin, des arbres, des fleurs, en un mot, des choses inanimées.

Dans l'Europe moderne, c'est en Italie que la marqueterie se montra pour la première fois. Elle y jouissait déjà d'une vogue immense au XIVe siècle. Toutefois, les artistes de ce pays ne surent d'abord faire que l'*intersiatura*, c'est-à-dire des dessins géométriques incrustés au piqué avec des bois blancs ou noirs et des plaques d'ivoire. On ne se servait encore que de bois naturellement colorés, venus d'Asie ou d'Afrique; mais à quelque temps de là, l'école d'art florentine, si distinguée dans toutes les branches, trouva le moyen d'ombrer artificiellement les bois indigènes par une cuisson dans du sable chaud, ce qui permit aux artistes marqueteurs d'obtenir des teintes assez variées pour exécuter des paysages, des scènes religieuses, des portraits, etc., et produire, par la dégradation des tons, les effets de perspective. On voit encore, dans le palais ducal d'Urbino, une chambre qui a conservé, incrustés en marqueterie du XVe siècle, des tableaux représentant des portraits, entre autres celui de Federigo di Montefeltro, qui fit construire ce palais en 1447, et simulant des meubles de bibliothèque, des livres, des instruments et des cahiers de musique; un air y est noté.

Fig. 207. — *Marqueterie de bois, travail italien.*

Comme on le voit, dans leur ardeur à pousser la marqueterie de bois hors de ses limites rationnelles, les artistes voulurent lui faire représenter des sujets et des paysages, ainsi qu'en témoignent d'ailleurs plusieurs églises: tentative insensée, dit Albert Jacquemart, qui ne pouvait aboutir à rien de durable, et que nous verrons pourtant se renouveler, en France, dans les deux derniers siècles.

Mais, en général, les principaux ouvrages des *intersiatori* consistaient en objets de petites dimensions, tels que coffrets, cabinets, étuis, boîtes à bijoux, etc. A Florence, Pietro Paolo Galeotto faisait, au XVIe siècle, pour le duc Cosme de Médicis, des travaux de marqueterie remarquables; au dire de Vasari, il imitait « le style de l'excellent maître Salvestro, qui a laissé à Rome des ouvrages merveilleux (fig. 207). »

Cette renaissance est due à Filipo Brunelleschi et à Giuliano di Majano, qui vivaient au commencement du XVe siècle. Ce dernier surtout fabriqua avec Giusto il Minore bon nombre de pièces de marqueterie pour diverses églises d'Italie, auxquelles travaillèrent également ses élèves Guido del Servellino et Domenico di Mariotto. Mais les chefs-d'œuvre de marqueterie ou mosaïques en bois sont les ouvrages de Benedetto da Majano (1444-1498), de son contemporain Baccio Cellini et de Giovanni da Verona (1467-1537). Ces grands artistes ne dédaignèrent point de composer des meubles, des stalles, des chaises, des autels, des panneaux pour la décoration des églises et des palais.

Au rapport de Vasari, Benedetto da Majano représenta en marqueterie, sur les deux battants d'une porte, la figure de Dante et celle de Pétrarque; Baccio Cellini exécuta également plusieurs beaux ouvrages en marqueterie, « entre autres des figures en ivoire profilées de noir, sur un fond octogone.»

Giovanni da Verona, plus connu en France sous la dénomination de Jean de Vérone, était élève de Brunelleschi et contemporain de Raphaël. On croit qu'il imagina le premier de colorer artificiellement les bois avec des teintures et des huiles cuites qui les pénètraient. Ses successeurs perfectionnèrent encore ces procédés, non seulement par le secret qu'ils avaient conservé de brûler plus ou moins les bois sans les consumer, ce qui servait à imiter les ombres, mais encore par la quantité de bois de différentes couleurs vives et naturelles que leur fournit l'Amérique, ou de ceux qui croissent en France, dont jusqu'alors on n'avait point fait usage.

L'Italie conserva le monopole de la marqueterie jusqu'aux dernières années du XVe siècle, époque où la France, la Hollande et l'Allemagne commencèrent à lui faire une sérieuse concurrence. Dans ce dernier pays, c'est à Augsbourg, à Nuremberg et à Dresde, que s'exécutèrent les premières pièces. Quant à la France, elle possédait déjà d'habiles artistes marqueteurs. L'Inventaire du duc de Berry, année 1416, donne la description d'« un grand tableau, où est la passion de N. S., fait de poins de marqueterie et entour de l'un des costez garnis d'argent blanc. » Nous lisons également dans l'Inventaire de la reine Anne de Bretagne, daté de 1498 : « Ung coffret faict de musaycque de bois et d'ivoire, assis sur six testes de dragons faict à ymaiges tout à l'entour taillées en bosse dorée. »

Voici d'autres témoignages : Les statuts des peigniers, tablettiers, confirmés par lettres du roi en juin 1578, parlent d'armoires, secrétaires en placage, en bois d'ébène ou en bois de rose. Wecker, dans ses *Secrets de Nature*, livre XVI°, chapitre 6 : *Secrets des vendeurs de couleurs, Moyen de faire l'ébène, etc.*, mentionne également des meubles « en bois étrangers contrefaits par la coction des bois indigènes dans de l'huile combinée avec du vitriol et du soufre, ou bien, comme il est dit au chapitre intitulé *Belle façon pour teindre diversement le bois*, des meubles « en bois indigènes teints dans des bains de couleurs combinées avec de l'alun. » Les marqueteries de ces meubles étaient empruntées, en France, aux *Dessins en tous genres pour tables, meubles, etc.*, 26 planches d'un recueil rarissime par Jacques Androuet du Cerceau. Quoi qu'il en soit, la marqueterie française ne commença réellement à être florissante, en France, qu'au commencement du XVII° siècle, époque où les marqueteurs se bornèrent à de modestes assemblages en arêtes, soit en damier, soit en losanges, soit en compartiments. Ils s'appliquaient aussi à faire dans les palais et dans les châteaux des parquets magnifiques. La *Galerie des hommes illustres*, que Richelieu avait fait construire dans son Palais-Cardinal, aujourd'hui Palais-Royal, renfermait un véritable chef-d'œuvre : le parquet, au dire de l'historien Vatout, était une marqueterie artistement travaillée par Jean Macé, « menuisier faiseur de cabinetz en marqueterie de bois. » — V. ÉBÉNISTERIE.

Fig. 208. — *Armoire en ébène, avec marqueterie, exécutée par Boule (Mobilier national).*

Mais c'est à partir du règne de Louis XIV que cet art parvint à son plus haut degré de perfection. L'école française produisit alors les œuvres les plus remarquables. La manufacture des Gobelins, établie par Colbert et encouragée par les libéralités du Roi-Soleil, développa les aptitudes d'un grand nombre d'artistes habiles. André Charles Boule, ou *Boulle* particulièrement, sut tirer un merveilleux parti de ce genre et mérita d'y attacher son nom. Il inaugura, comme on sait, les meubles en ébène couverts d'applications d'écaille découpée et incrustée d'arabesques, rinceaux et ornements en étain et en cuivre, relevés de gravures au burin ; brillante marqueterie qui fit fureur pendant près d'un siècle. On le vit un jour imiter, avec les bois de l'Inde et du Brésil, deux magnifiques vases de fleurs sur les panneaux d'une armoire. Son talent ne se manifestait pas moins dans l'imitation des fruits et des animaux. Dès lors l'élan était donné ; la mode s'en développa au point que beaucoup de meubles attribués à Boule sont de son imitateur, Philippe Poitou, qu'un acte authentique de 1683 qualifie du titre de « marqueteur du roy. » Les quatre fils d'André Boule marchèrent également sur les traces glorieuses de leur père et conservèrent la tradition de son art (fig. 208).

De la Régence à la fin du siècle, la marqueterie grandit et s'appliqua jusqu'à l'abus. Les contrées lointaines apportaient alors leurs brillants produits. Le bois de rose, vivement coloré mais borné par l'étendue des pièces, donna l'idée des dispositions opposées en arêtes, en damier, en losanges ; le citronnier fournit les filets blancs destinés à rehausser les encadrements de bois de violette. Crescent fils, ébéniste du Régent, inaugura d'abord les associations du « bois de Cayenne satiné couleur de cerise, » ou couleur amarante avec d'autres bois des îles ; puis les teintes naturelles paraissant trop restreintes encore, on imagina, comme les Italiens de la Renaissance, de soumettre le bois aux teintures artificielles et de l'employer en mosaïques copiées sur la peinture. C'était, suivant la judicieuse remarque d'Albert Jacquemart, empiéter sur le domaine d'un art voisin; les uns voulaient rivaliser avec la mosaïque, les autres crurent pouvoir se faire peintres. Les marqueteurs se laissaient entraîner au delà des bornes de leurs productions et sortaient des limites que le bon sens et le goût assignent à chaque industrie.

Une fois la pratique admise, on la vit suivre sa marche envahissante avec une rapidité inouïe. Riésener, ébéniste-marqueteur de Louis XVI et de Marie-Antoinette, a *peint*, en bois de couleur, des tableaux que personne ne surpassera. « D'abord ce furent des bouquets de fleurs avec leur coloris naturel, leurs feuilles variées de toutes les nuances du vert; puis les trophées d'instruments de musique ou d'instruments champêtres se suspendaient à des rubans aux couleurs vives; de la bergerie aux emblèmes amoureux il n'y avait qu'un pas, et les carquois, les flambeaux couronnés par les colombes obligées, surgirent de toutes parts; mieux encore, dans des médaillons entourés de guirlandes, on coucha les bergères aux robes de satin parmi les verdures bocagères; on vit les pastorales coquettes de Boucher envahir les panneaux des secrétaires, les flancs des commodes et couvrir les bonheur-du-jour. Aberration singulière qui ne produisit évidemment, au moment même du travail, qu'une approximation des modèles, approximation fort inférieure et qui, par l'effet du temps, l'action de la lumière sur les teintures et le jeu naturel des résines pendant la dessiccation du bois, devait bientôt donner des images éteintes et un ensemble sans autre harmonie que celle résultant de la destruction des effets cherchés.»

Depuis le XVIIIe siècle, la marqueterie n'a pas dégénéré de ce qu'elle était aux époques précédentes. Quoique abandonnée un moment sous la Révolution et le premier Empire, elle s'est même enrichie de nouvelles combinaisons de bois divers qui, jointes à l'invention de procédés mécaniques d'une ingéniosité remarquable, lui permettent d'obtenir des effets qui auraient été impossibles avec ses moyens d'autrefois. On cite au premier rang de ceux qui ont le plus contribué à ses progrès contemporains, les artistes parisiens Wasmus, Ahrens, Gros, Roux, Diehl, Barbedienne, Bellangé, Fourdinois, Creuser, Grohé, Marcellin, Tahan, Hunsinger, etc., dont les marqueteries sont des merveilles de délicatesse et de goût.

Il ne sera pas inutile maintenant de dire comment s'exécutait la marqueterie ancienne et par quels soins patients les artistes arrivaient à lui donner la plus grande perfection possible. Le plus difficile était, sans contredit, le modèle destiné à donner aux choses l'apparence de la réalité; on y arrivait par deux moyens: le feu et les acides.

Pour colorer le bois au feu, voici de quelle manière on s'y prenait: « On mettait du sablon ou du sable fin de rivière dans une pelle de fer, soumise à l'action du feu; lorsque, par des essais opérés au moyen de petites tablettes de bois blanc, on s'était assuré que la chaleur du sable était suffisante pour roussir la fibre sans la brûler, on y plongeait debout les plaques à ombrer, d'abord dans toute l'étendue à colorer, puis successivement de moins en moins, pour dégrader la teinte jusqu'à la nuance la plus foncée.

« La coloration par les acides était plus délicate et plus variée; on pouvait se servir: 1° d'eau de chaux tenant en dissolution du sublimé corrosif; 2° d'esprit de nitre; 3° d'huile de soufre.

« L'esprit de nitre produit l'effet le plus puissant; il pénètre le bois à l'instant en lui donnant une couleur roussâtre; mais il faut l'employer antérieurement à toute teinture, car il détruit les couleurs artificielles.

« L'huile de soufre est moins violente; elle donne aux bois blancs une teinte d'un brun vineux et rehausse le ton des teintures; enfin, l'eau de chaux est d'un effet plus doux encore.

« Les acides s'étendent sur le bois avec un pinceau ou une barbe de plume, et l'opération se renouvelle autant de fois qu'il est nécessaire pour nuancer l'ombre et lui donner son maximum d'intensité.

« La teinture se fait généralement à froid et peut aider elle-même à l'effet du travail: ainsi, quand le bois est pâle encore, on peut le retirer du bain, le sécher, couvrir de cire les parties qu'on veut avoir claires, et le retremper de nouveau pour le porter à la teinte voulue.

« Les bois ainsi préparés sont découpés et mis en œuvre, puis, lorsque la marqueterie est complète, on la rehausse, d'abord en creusant au burin quelques traits spirituellement jetés qui donnent de la vigueur à l'ensemble et aident à la perfection des détails. Ces traits sont remplis par un mastic noir.

« On peut aussi, quand la mosaïque est en place, en augmenter l'effet par des teintures posées par masses au pinceau; on se sert alors de teintures chaudes pour qu'elles pénètrent autant que possible afin d'avoir de la solidité.»

Aujourd'hui, il y a deux sortes de marqueteries: l'*ombrée* ou marqueterie proprement dite, dont les découpures sont passées au sable chaud pour obtenir des ombres; et la marqueterie-mosaïque, qui procède comme la mosaïque en pierre, par petits morceaux de couleur rapportés. Celle-ci est d'un effet plus vif, plus *nature*; mais ses nuances s'altèrent, dit-on, et elle passe avec le temps. L'autre, au contraire, dure autant que le bois en sa beauté, et elle est d'une distinction superbe.

Une industrie préparatoire fournit les éléments de travail aux marqueteurs; c'est celle du découpage. Les bois arrivent en billes ou canons qui sont d'abord débités en planches de placage, grâce à de puissantes machines; ce sont ces planches fort minces que les découpeurs taillent, à la scie, en ronds, en carrés, en parallélogrammes, en losanges, ou qu'ils évident après y avoir tracé ou appliqué un dessin. Ces opérations délicates se faisaient, autrefois, à la main; la vapeur sert maintenant de moteur, et l'ouvrier n'à qu'à présenter ses planchettes aux scies à découper et aux scies à chantourner qui opèrent les vides. Pour assurer la perfection du travail, le dessin est fixé sur la planchette de bois et d'ivoire, et une contre-épreuve est placée sur le meuble qui doit recevoir l'incrustation, afin que la place préparée en creux se rapporte exactement au découpage. Des procédés analogues sont employés pour le cuivre et l'écaille; mais pour découper les petites pièces de métal, de forme géométrique simple, fréquemment employés en marqueterie, il est plus expéditif de se servir de l'emporte-pièce à balancier.

Les principaux bois exotiques, employés à ces ouvrages, sont les différentes espèces d'acajou, le palissandre, l'oranger, le citronnier, les bois jaunes dits de jasmin et de citron, le bois marbré de Cayenne, le bois de rose, l'amarante, le bois d'anis ou de badiane, le bois d'Amboine, etc. Dans certains cas, ces bois précieux sont remplacés par l'érable, le sycomore, le tilleul, le noyer blanc, l'acacia, le peuplier et autres bois auxquels la teinture donne les couleurs des produits étrangers et qui prennent tous un très beau vernis.

La teinture des bois, de l'ivoire, etc., est une

des opérations les plus importantes. Les couleurs franches ne s'obtiennent qu'avec des bois blancs. Le bois de houx est excellent pour les couleurs tendres et délicates. Les bois durs et colorés, comme le chêne et le platane, conviennent mieux aux couleurs foncées. Les bois sont découpés en plaques minces, puis teints à froid de préférence; ce genre de teinture réussit beaucoup mieux que la teinture à chaud et donne au bois plus de brillant. Les matières colorantes sont celles qui sont en usage dans la teinture.—V. EBÉNISTERIE, § *Coloration artificielle des bois.* — S. B.

Bibliographie : A. JACQUEMART : *Histoire du mobilier;* E. BOSC : *Dictionnaire du bibelot*; A. DEMMIN : *Encyclopédie des arts plastiques;* Jules LABARTE : *Histoire des arts industriels; Statistique de l'industrie à Paris* (1860): art. *Marqueteurs;* VASARI : *Vies des plus excellents peintres, sculpteurs et architectes*; Charles ASSELINEAU: *André Boulle;* Auguste LUCHET : *L'art industriel à l'Exposition de 1867;* MAZE-SENCIER : *Le livre des collectionneurs.*

* **MARQUETEUR.** *T. de mét.* Artisan qui fait des travaux de marqueterie.

***MARQUEUSE.** Machine qui imprime automatiquement une marque sur certains produits, comme les bougies, les chocolats, etc.

MARQUISE. *T. d'arch.* Auvent établi au-dessus d'une porte d'entrée, d'un perron, d'un trottoir de gare, etc., pour servir d'abri contre les eaux pluviales. Construite en bois ou en fer, une marquise est composée d'un comble, très fréquemment vitré, et d'un chéneau, souvent orné d'un lambrequin. Tantôt les pièces qui forment le comble sont fortement scellées dans le mur, tantôt elles sont supportées par des consoles évidées. Souvent aussi, et c'est le cas général pour les marquises établies dans les gares de chemin de fer, la partie antérieure de l'ouvrage repose sur des colonnettes en métal ou des poteaux légers. La pente est dirigée de manière à rejeter les eaux loin du mur, ou bien à les y ramener. Dans le premier cas, le chéneau est à la partie antérieure du comble; dans le second, il est adossé au mur. Quelquefois encore la marquise est à *deux pentes*, séparées par le chéneau, qui est alors placé au droit de colonnes creuses servant de supports à l'ouvrage et de tuyaux de descente aux eaux pluviales.

MARRON. *T. de pyrotechn.* Sorte de pétard de forme cubique, composé d'un gros carton entouré d'une ficelle goudronnée. || *T. d'emball.* Caractère découpé dans les feuilles de cuivre qui sert au moyen d'un pinceau et de la couleur, à imprimer des lettres ou des mots sur les caisses et les ballots.

MARRONNIER. *T. de bot.* Le marronnier d'Inde (*æsculus hippocastanum*, L., æsculées), est un bel arbre apporté en France de Constantinople, en 1645, dont tout le monde connaît le port particulier, les feuilles composées à sept folioles situées à l'extrémité d'un pétiole commun, les fleurs blanches teintées de rose ou de jaune, offrant une inflorescence en grappe de cymes unipares, les fruits capsulaires hérissés d'aiguillons, et les grosses graines, lisses, de couleur brune, à large ombilic. Presque toutes les parties de cette arbre sont utilisées : l'écorce est vantée comme fébrifuge et tonique; elle sert à panser les ulcères de mauvaise nature, et en teinture, pour obtenir un gris noir avec le sulfate ferreux, un jaune isabelle avec l'alun; le bois prend bien la teinture et peut servir à faire des meubles imitant l'ébène; d'un beau blanc et d'un beau grain, il est désigné sous le nom de *bois de Spa*, et est utilisé pour faire des petits objets de luxe, coffrets, boîtes à ouvrage, etc.; les menuisiers emploient les parties les moins belles du bois pour faire des caisses d'emballage; l'embryon contient beaucoup de fécule, mais celle-ci, très amère, ne peut être mangée qu'après un lavage à l'eau ordinaire ou alcalinisée; elle peut aussi servir en parfumerie pour les mains, faire de la colle, ou de l'alcool, après saccharification de la matière amylacée. Cet embryon contient encore une huile préconisée contre les affections rhumatismales ou goutteuses; réduit en pulpe et agité avec de l'eau, il la rend mousseuse et savonneuse, à cause de la saponine qu'il renferme; il sert, enfin, à obtenir l'*esculine* $C^{30}H^{16}O^{18}$... $\mathrm{\overline{C}}^{6}H^{7}\mathrm{\overline{O}}(H\mathrm{\overline{O}})^{4}(\mathrm{\overline{C}}^{9}H^{5}O^{4})$, glucoside doué de propriétés fébrifuges et antipériodiques, comme les quinquinas. — J. C.

MARS ou **ARÈS.** Dans la tradition homérique, Arès est le dieu « au casque d'or, porteur du bouclier, revêtu d'une armure d'airain, à la main robuste et infatigable.» Sa voix est terrible, sa taille gigantesque; lorsqu'au XXIe chant de l'*Iliade*, il est terrassé par Athéna, son corps couvre une étendue de sept plèthres. Ce caractère guerrier n'offrait à l'art primitif que des traits fort simples. Aussi, sur les anciennes peintures de vases, par exemple, sur le vase François, Mars est figuré comme un hoplite armé de toutes pièces : l'inscription peinte à côté du personnage est nécessaire pour le distinguer des héros du cycle troyen. D'autre part, le témoignage des monnaies archaïques fait défaut, car ce dieu ne semble avoir été honoré par aucune ville comme divinité protectrice. L'ancien type figuré du dieu est donc celui d'un guerrier barbu, aux formes robustes, couvert de l'armure complète.

Le symbolisme primitif trouvait d'ailleurs des moyens fort expressifs pour traduire le rôle redoutable du dieu de la guerre. Mars entraîne avec lui des génies malfaisants qui interviennent dans la mêlée et excitent la fureur des combattants. Sur les monuments d'une date postérieure, Mars est représenté sans autres attributs que le casque et la lance. Il est souvent nu; d'autres fois, il ne porte qu'une chlamyde agrafée sur l'épaule. Sur une amphore du musée du Louvre représentant la *Gigantomachie*, il est armé de la lance et vêtu d'une tunique richement brodée. Le type du dieu est celui d'un homme dans la force de l'âge, à la chevelure courte, à la barbe rude, et dont le visage a une expression sévère. Toutefois, à une date qu'on ne saurait déterminer, il s'introduit dans l'art un type juvénile d'Arès dont un exemple nous est fourni par une monnaie des Mamertins. Scopas paraît s'être inspiré de cette tradition dans sa statue colossale du dieu, qui fut transportée à Rome et consacrée dans un temple voisin du cirque Flaminius. Il est, en effet, fort possible que nous retrouvions une imitation très réduite de l'œuvre du sculpteur parien dans un bas-relief de l'arc-de-triomphe de Constantin. Au-dessus de Trajan et d'Hadrien sacrifiant sur un autel, on voit une statue du dieu : Mars, nu et imberbe, est assis et tient d'une main la lance et de l'autre une Victoire. Si l'on songe que cette figure a tout à fait l'aspect d'une statue destinée au culte, on admettra facilement qu'elle peut reproduire l'Arès colossal de Scopas. Parmi les rares monuments de la sculpture hellénique qui représentent Mars, la belle statue de la villa Ludovisi a une importance capitale. Le dieu au visage imberbe, à la chevelure courte est assis, les mains croisées sur son épée; son bouclier est à ses pieds et auprès de lui se joue un Eros; l'attitude est celle du repos. Une certaine analogie avec l'Apoxioménos de Lysippe, pour les formes du corps, a fait supposer que ce marbre appartenait à la période hellénistique, et qu'il était l'œuvre d'une école où les traditions du sculpteur sicyonien étaient en vigueur. Certains archéologues supposent que la statue faisait partie d'un groupe où se trouvaient placés Aphrodite et un second Eros. Cette association fréquente de Mars et de Vénus est consacrée par les traditions du culte; les statues des deux divinités se trouvaient souvent réunies dans le même temple, comme dans le sanctuaire qui se trouvait sur la route d'Argos à Mantinée; les monuments figurés conservent le souvenir de ce culte commun, et c'est ainsi que les vases peints montrent plus d'une fois Mars et Vénus réunis, soit dans l'assemblée des dieux, soit dans la *Gigantomachie*. L'art gréco-romain emprunte à cette tradition légendaire un motif qui lui est familier, témoin les groupes de Vénus et de Mars conservés au Louvre et à la villa Borghèse. Une série de groupes semblables a permis à M. Ravaisson de conjecturer que la Vénus de Milo était rapprochée d'une statue d'Arès. En résumé, le type de Mars est un de ceux que la plastique grecque a le moins souvent traités. Le dieu de la guerre est, en effet, pour les Hellènes, une divinité secondaire; il n'acquiert de l'importance que dans la mythologie romaine. Son culte était très répandu chez les peuples de race italique, et Rome, à son tour, trouva dans ce dieu guerrier une divinité qui répondait à la nature de son génie. Aussi, les statues de Mars conservées dans nos musées sont-elles presque exclusivement des œuvres romaines. En Grèce, Alcamène et Scopas sont les seuls sculpteurs célèbres qui aient reproduit ses traits.

Depuis la Renaissance, la figure de Mars ne remplit dans l'art qu'un rôle symbolique et décoratif; elle est considérée comme l'image allégorique de la Guerre.

MARTE ou **MARTRE.** Genre de carnassier qui habite le Canada et généralement les pays froids du globe, et qui fournit plusieurs espèces de fourrures estimées.

I. **MARTEAU.** Instrument de percussion, de bois ou de métal et de formes variables selon le travail auquel il est destiné, et plus ou moins pesant selon la matière sur laquelle il doit agir. Il est composé d'une masse, qui comprend la *tête*, l'*œil* et la *paume*, et que traverse un *manche* généralement élastique, qui sert à le mettre en mouvement. La famille des marteaux est tellement nombreuse qu'il est impossible d'en faire la nomenclature; chaque profession a ses marteaux spéciaux, et souvent chaque ouvrier a les siens appropriés à sa force et à sa main. A défaut d'une nomenclature, qui serait forcément incomplète, nous diviserons les marteaux en deux classes :

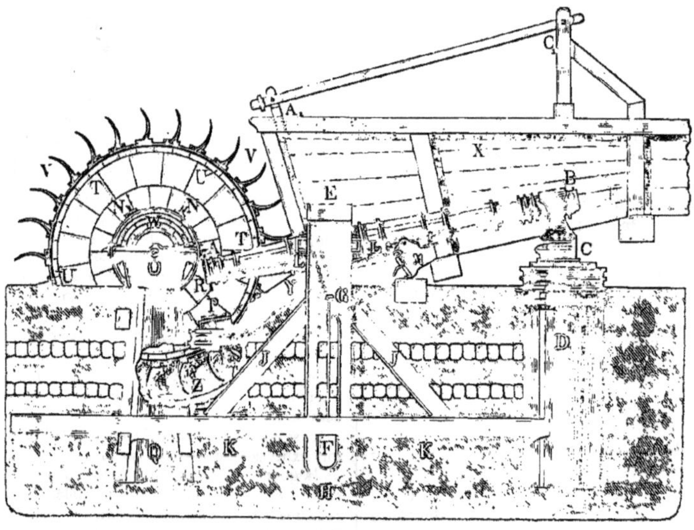

Fig. 209. — *Martinet styrien mû par une roue hydraulique.*

1° *Ceux qui utilisent l'élasticité du manche* pour transmettre une force vive donnée; ce sont les *marteaux à main.* L'intensité du choc d'un semblable marteau dépend de sa masse M et de la vitesse V qu'on lui imprime; le travail qu'il peut produire est évidemment

$$\frac{1}{2}MV^2$$

La vitesse V, qui fait varier la force du coup de marteau, dépend du bras qui le porte, et en partie seulement de la hauteur de chute.

2° *Ceux qui agissent par leur chute libre*; ce sont ceux que l'on emploie en métallurgie et qui sont mus mécaniquement. La vitesse V d'un semblable marteau ne dépend que de la hauteur de chute H

$$V=\sqrt{2gH}$$

d'où

$$\frac{1}{2}MV^2=PH$$

pour le *travail produit*. Quant au temps de la chute, il est donné par la formule

$$H=\frac{1}{2}gt^2$$

d'où :

$$t=\sqrt{\frac{2H}{g}}=0{,}45\sqrt{H}$$

On nomme *frappe* la surface S de contact entre le marteau et la pièce à marteler. Le travail par unité de surface est alors :

$$\frac{PH}{S}$$

Cette surface S doit être d'autant plus grande que le métal à étirer est plus mou ; et, inverse-

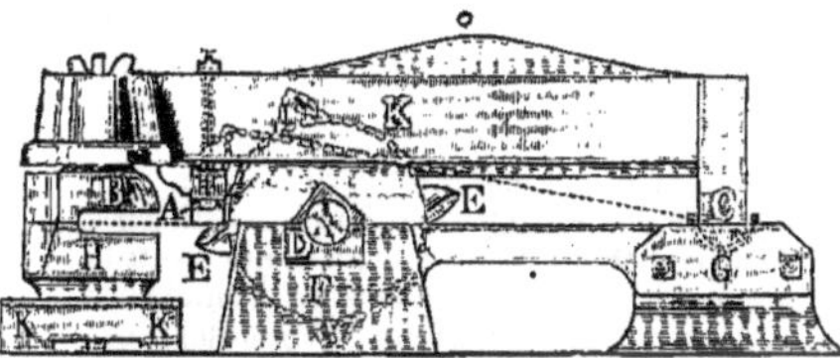

Fig. 210. — *Marteau à soulèvement ou à l'allemande.*

ment, d'autant plus petite que sa dureté est plus grande.

Cette surface doit aussi varier suivant que l'on veut *étirer* ou seulement *aplanir*. Aussi donne-t-on généralement à la panne la forme d'un rectangle allongé ; en présentant la barre en travers ou en long de ce rectangle, on étire plus ou moins.

Les *marteaux mécaniques* proprement dits, sont des pièces métalliques qui sont élevées, par un moteur indépendant, jusqu'à une certaine hauteur, toujours la même quel que soit le travail à effectuer, et d'où ils retombent par leur simple poids. Il en résulte donc que le travail de semblables marteaux est constant, puisqu'il est égal au produit du poids par la hauteur P×H, et que les deux facteurs sont constants.

On appelle généralement *martinets* les marteaux de ce genre, dans lesquels une came vient agir sur la *queue* pour soulever la *tête*. On leur donne aussi le nom de *marteaux à bascule*.

La figure 209 représente un martinet styrien, mû par une roue hydraulique TT, à aubes en dessous VVZ. L'eau d'un cours d'eau arrive dans un réservoir X en bois, où une vanne A_1 règle la quantité qui doit s'écouler dans le conduit Y et donner à la roue sa vitesse. L'arbre moteur W s'appuie sur le palier O, dont les fondations Q sont reliées par des poutres KK, à la partie inférieure D de l'enclume C, sur laquelle vient frapper la tête B du marteau. Les cames NNA, que porte l'arbre de la roue, viennent frapper de haut en bas la queue R du marteau, le font basculer autour des tourillons E, d'où le nom de *marteau à bascule*. C'est à ce type qu'ont appartenu, pendant longtemps, les marteaux employés dans le cinglage des loupes de fer et l'étirage des barres ; le procédé Catalan et les feux d'affinerie n'en employaient guère d'autres. Ils avaient l'avantage de pouvoir donner, au besoin, jusqu'à 400 coups par minute, avec une chute de 25 centimètres environ. Aussi, conviennent-ils très bien à l'étirage et au platinage des fers de faibles dimensions.

Ils convenaient moins pour le cinglage des loupes, parce qu'il était difficile de les faire marcher à vitesse variable ; aussi, généralement, y avait-il deux de ces appareils dans une petite forge bien outillée. L'un servait au *cinglage* (V. ce mot) et avait une allure plus lente avec un plus gros poids ; l'autre était léger, avec une allure plus vive, et ne servait qu'à l'étirage. Le premier avait une *panne* ou *frappe* de grande largeur pour ne pas couper la loupe dans les premiers coups où le métal spongieux n'était pas resserré en une seule masse.

Il existait une autre sorte de marteaux, dits *marteaux à soulèvement* ou à *l'allemande*, et qui était beaucoup employée dans les forges d'outre-Rhin. On s'en servait surtout pour le cinglage des loupes de fer ou d'acier, parce qu'on leur donnait un poids très fort, jusqu'à 4,000 et 4,500 kilogrammes, et une course de 35 à 40 centimètres.

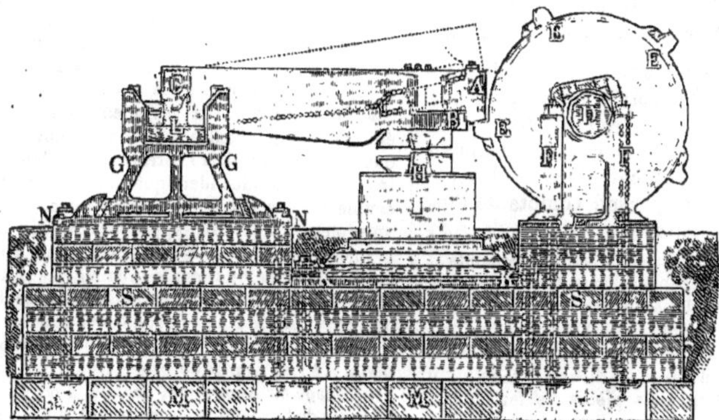

Fig. 211. — *Marteau frontal.*

Le mouvement est donné par soulèvement entre la tête du marteau B et l'axe de rotation CG (fig. 210).

En A, se trouve le contact avec les cames EE, que porte l'arbre D reposant, par l'intermédiaire du bâti F, sur une solide charpente. Celle-ci relie aussi la partie inférieure de l'enclume KK, aux autres parties de l'appareil.

La *forge à l'anglaise*, avec sa production considérable et très concentrée, avait besoin d'un outil de cinglage très puissant, destiné uniquement au resserrage des loupes, puisque l'étirage se faisait par laminage aux cylindres. Le *marteau frontal* remplissait très bien ces conditions. La figure 211 montre, sur une base solide en charpente SS, reposant elle-même sur des dés de maçonnerie MM, les trois bâtis dont se compose ce genre de marteaux; NN est une plaque de fondation portant le châssis GG, sur lequel, au moyen de la plaque de bois L, repose l'extrémité de la queue C du marteau; FF est un palier sur lequel tourne l'arbre D, mû par une machine spéciale appartenant à l'ensemble du train de laminage. Cet arbre porte une partie cylindrique renflée, munie de cames EE, au nombre de 5, et qui viennent, successivement, soulever la tête B du marteau en butant contre la partie saillante A. On a représenté, par des lignes ponctuées, la position du marteau à son point culminant. L'enclume H repose, au moyen d'une chabotte, sur le bâti en charpente, par l'intermédiaire de la plaque de fondation KK.

Le poids des marteaux frontaux n'était pas très considérable, de 700 à 1,400 kilogrammes seulement, mais la course était très grande et pouvait atteindre 60 centimètres et même 1 mètre, pour pouvoir saisir les loupes les plus volumineuses, qui sortent des fours à puddler. Le nombre de coups par minute n'était pas non plus très élevé, une cinquantaine environ; cependant il était suffisant encore pour demander, de la part du marteleur, une certaine agilité, quand il voulait, *porter au marteau*, d'abord, c'est-à-dire engager la loupe sous le marteau, puis *retourner* la masse de fer sur l'enclume pour amener le *bloom* à la forme prismatique.

Dès l'apparition du marteau-pilon dans les forges, le marteau frontal disparut complètement.

Marteau-pilon. On a donné le nom de *marteau-pilon* à un appareil à action directe, où une masse de fonte appelée *marteau* est fixée à la tige d'un piston actionné par la vapeur, et qui se meut dans un cylindre vertical placé au-dessus. Voici comment M. Boutmy rend compte de l'invention du marteau-pilon :

« L'invention du marteau direct à vapeur remonte à l'année 1840 et fut un événement considérable dans le monde des forges à fer et des ateliers de construction de machines. L'emploi de cet appareil est, aujourd'hui, tellement répandu, qu'il est bien inutile d'insister sur ses mérites; aussi me contenterai-je de dire que, sans lui, il eût été impossible de forger les pièces de fer entrant dans la composition des machines marines de grande puissance, de fabriquer d'une seule pièce les roues en fer forgé des locomotives et des voitures de chemins de fer, de forger les blindages en fer ou en acier, qui protègent nos navires de guerre et nos forteresses, ainsi que les canons en acier fondu, dont l'emploi se généralise, et dont les dimensions croissent tous les jours.

« Frappés de l'insuffisance des plus gros marteaux de forge en usage vers 1840, pour souder et forger les arbres et les manivelles qui devenaient nécessaires à la construction d'appareils à vapeur atteignant la force de 450 chevaux, plusieurs ingénieurs en France et en Angleterre eurent, en même temps, l'idée de suspendre une masse en fer ou en fonte à la tige du piston d'un cylindre vertical à vapeur, au moyen de la vapeur introduite sous le piston et de la laisser retomber sur la pièce à forger, convenablement placée sur une enclume. Ils pensaient se donner, ainsi, la possibilité de faire varier dans des limites plus étendues qu'avec les marteaux existants, le poids du marteau et la hauteur de sa chute.

« Parmi ces ingénieurs, deux hommes d'un mérite exceptionnel, James Nasmyth, en Angleterre, et François Bourdon, en France, poursuivirent seuls cette idée, chacun de leur côté sans savoir que l'autre y pensât.

« Nasmyth fit un simple croquis de son idée sur son livre de projets. Bourdon, alors ingénieur en chef du Creusot, fit un dessin de son marteau à vapeur, qu'il exécuta en 1840, et pour lequel MM. Schneider frères, propriétaires du Creusot, prirent un brevet en leur nom, le 30 septembre 1841.

« Nasmyth ne connût qu'en 1842 le marteau à vapeur de Bourdon et ne fit à ce moment aucune réclamation. Ce ne fut qu'en 1844, à propos de l'exposition française, à laquelle le Creusot avait envoyé un de ses appareils, qu'il revendiqua, dans le *Moniteur industriel* de l'époque, la priorité exclusive de l'invention. Cette revendication donna lieu à une polémique qui se termina par une lettre dans laquelle Bourdon reconnaissait parfaitement que Nasmyth et lui avaient eu la même idée, mais que le marteau exécuté par lui, au Creusot, ne présentait aucune des dispositions tracées ou indiquées par Nasmyth.

« Le croquis de marteau à vapeur dont Nasmyth parle dans ses *Mémoires*, et dont il donne un *fac-simile*, porte la date du 24 novembre 1839. Ce croquis fut montré chez Nasmyth à MM. Eugène Schneider et Bourdon, par M. Gashell son associé. Bourdon fit ses objections, parla du projet de marteau qu'il avait dessiné en France et traça au crayon comment il avait entendu, de son côté, le nouvel appareil.

« Ce fait, de voir la même idée surgir à la fois chez deux hommes d'un mérite éminent, tel que Nasmyth et Bourdon, frappa beaucoup M. Schneider, qui écrivait à son frère : « dès notre rentrée, il faudra mettre le mar-« teau de M. Bourdon en exécution. »

« Le pilon fut construit sur le projet de 1839, et il fonctionnait utilement depuis quinze mois, lorsqu'en avril 1842, Nasmyth, revenant d'un voyage en Italie, passa au Creusot, et vit fonctionner le pilon de Bourdon : « *je suis* « *enchanté, dit-il, de voir devant mes yeux ce que j'ai* « *depuis si longtemps dans la tête.* »

« En résumé, deux ingénieurs d'un grand mérite, étrangers l'un à l'autre, ont eu au même instant, chacun dans son pays et dans l'entraînement d'un même courant industriel, une idée identique; l'un, Nasmyth, en fait un simple croquis et s'en tient là; l'autre, Bourdon, en fait un projet qu'il exécute, apprenant que son confrère a eu la même idée. Ce n'est qu'après avoir vu fonctionner l'appareil du second que le premier des deux ingénieurs revient à son croquis et en entame l'exécution. Lequel des deux aura le plus emprunté à l'autre?

« Le croquis montré par Gashell à Bourdon, chez Nasmyth, *n'a rien changé au projet étudié par Bourdon avant son voyage en Angleterre*, mais il a été la cause déterminante de l'exécution de ce projet, en faisant cesser les hésitations de MM. Schneider.

« Le premier marteau-pilon construit au Creusot, sur les plans de Bourdon, était de 2,500 kilogrammes avec 2 mètres de levée. L'appareil se composait de quatre montants plats à nervures en fonte, reliés entre eux par des entretoises boulonnées et surmontés d'une plaque formant entablement, sur lequel reposait le cylindre à vapeur. Le marteau coulissant entre ces quatre montants, qui étaient étayés par quatre jambes de force, également en fonte et inclinées, partant chacune de l'un des angles de l'entablement. »

Ce marteau-pilon reçut diverses modifications parmi lesquelles il faut citer le remplacement de l'ensemble des quatre montants par deux forts jambages se bifurquant par le bas. Le perfectionnement le plus important fut celui qu'imagina Poidevin, qui dirigeait les pilons de la grosse forge du Creusot, il est relatif à l'emmanchage de la tige. Il mit à plat sous celle-ci, la clavette qui,

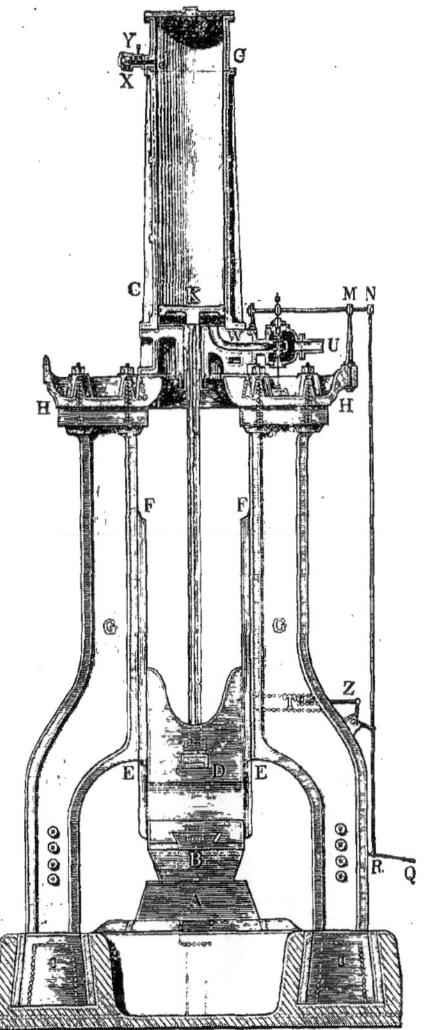

Fig. 212. — *Marteau-pilon de Nasmyth.*

jusqu'alors, avait travaillé de champ, et serra la tige, terminée en tronc de cône, entre deux demi-coquilles coniques en acier.

Nous donnons, dans la fig. 212, le dessin d'un marteau-pilon de la fabrication de Nasmyth. Le marteau B est relié par un emmanchement à coin D à la tige du piston DK. Il glisse entre les guides EF placés le long des montants GG. Le cylindre CC est supporté par l'entablement HH, et, pour éviter que le couvercle ne soit défoncé par un excès de course du piston, il y a, à la partie supérieure, en J, une soupape de sûreté XY pour laisser échapper la vapeur. La tige, dont la section varie du cinquième au dixième de celle du piston, traverse un presse-étoupe très long. L'introduction et l'échappement de vapeur sont suffisamment indiqués en U. Le mouvement de la soupape est fait à la main au moyen des leviers QR, RN, MH; en ZT, est un cran d'arrêt. Tel est le type le plus courant du marteau-pilon; c'est celui de Bourdon et de Nasmyth.

Il est intéressant cependant, de citer un autre genre de marteau-pilon imaginé par Condie, dès 1846, mais qui ne s'est pas beaucoup développé, malgré certains avantages. Dans le marteau-pilon Condie, c'est la tige qui est fixe et le marteau fait corps avec le cylindre à vapeur, qui tombe sur la pièce à marteler. La tige est creuse, et c'est par son intérieur que se fait l'admission et l'échappement de la vapeur au moyen d'un ensemble de leviers.

Les marteaux-pilons sont *à simple effet* ou *à double effet*. Dans les marteaux à simple effet, la vapeur relève le marteau sans servir à augmenter l'énergie du choc. Elle est admise à pleine pression, et c'est en interceptant cette admission que le machiniste peut limiter la hauteur de course qui produira l'effet de percussion voulu. En ouvrant, du même coup, la communication du cylindre de vapeur avec l'atmosphère, le marteau est livré à l'action de la gravité et il tombe.

Voici comment M. Deny, dans ses *Etudes sur le martelage*, rend compte du fonctionnement des pilons à simple effet :

« Si le martelage s'opère sur un métal d'épaisseur e, entre deux coups consécutifs, le piston ne pourra descendre à fond de course et la vapeur admise pour l'ascension du marteau devra remplir d'abord l'espace laissé libre entre le fond du cylindre et le dessous du piston.

« Le piston ne s'élèvera dans le cylindre que si, S étant la surface inférieure du piston et T la tension de la vapeur en atmosphères, on a

$$S(T-1)>P$$

Si P est le poids du marteau augmenté du frottement des garnitures du piston et de celui de sa tige dans son presse-étoupe, généralement ces frottements, vis-à-vis de P, sont négligeables.

« Soit h la longueur de la course ascendante du marteau, correspondant à l'admission de vapeur,

$$h[S(T-1)-P]$$

sera l'excédent de travail de la vapeur transformée en force vive du marteau à l'instant à partir duquel cesse l'admission de vapeur et commence son échappement.

« Le travail de chute du marteau sur le métal d'épaisseur e sera

$$hS(T-1)$$

et le poids de vapeur dépensée

$$0{,}59TS(e+h)$$

0,59 étant la densité de la vapeur correspondant à $T=1$ atmosphère.

« L'effet utile du poids de vapeur dépensé sera

$$\frac{h}{e+h}\times\frac{T-1}{0{,}59T}$$

il est donc d'autant plus élevé que la longueur de course

est plus grande, que l'épaisseur martelée est plus faible, et que la tension de la vapeur employée est plus considérable. »

Dans les marteaux à double effet, on utilise la vapeur pour augmenter l'énergie du choc. Souvent, cette vapeur est celle qui a servi à relever le marteau et qui, passant par-dessus, vient produire un second effet par sa détente. Il y a, dans cette manière de faire, une économie réelle, qui n'est achetée que par une complication un peu plus grande dans le mécanisme. Elle est également plus économique que l'échappement de la vapeur qui a relevé le marteau, suivi d'une admission de vapeur nouvelle sur l'autre face du piston, pour augmenter l'intensité du coup.

La multiplication des emplois de l'acier a donné, dans ces dernières années, une importance considérable au martelage. La fabrication des pièces d'artillerie en acier forgé, au lieu et place des canons en bronze coulé, a conduit à des installations d'une ampleur exceptionnelle, qui ont été l'origine des marteaux-pilons de 50 tonnes, des aciéries Krupp, à Essen (Prusse Rhénane) ; d'Aboukoff, près de Saint-Pétersbourg ; et de Perm, dans l'Oural.

Fig. 213₃ — *Marteau-pilon de 100 tonnes.*

Le marteau-pilon de l'aciérie d'Aboukoff a coûté plus de deux millions de francs. Les fondations pour la chabotte s'étendent jusqu'à une couche argileuse solide, qui est placée à 18 mètres de profondeur. Sur cette couche, est établi un massif de béton de 6 mètres d'épaisseur et cerclé en fer. La chabotte, du poids de 504 tonnes, repose sur une triple rangée de poutres de bois : elle se compose de quatre parties formant pyramide, et qui ont été coulées par un procédé très ingénieux. Pour éviter d'avoir à manœuvrer et à transporter des pièces aussi lourdes, on les a moulées sur place, et elles ont été coulées d'une manière continue, au moyen d'une série de cubilots placés dans le voisinage immédiat et se vidant successivement.

Le marteau pèse à lui seul 44 tonnes, et chacun des montants 40 tonnes. Les grues destinées à desservir un pareil engin sont d'importance proportionnelle.

Pendant près de quinze ans, c'est-à-dire jusqu'en 1878, les marteaux-pilons dont nous venons de parler, et qui étaient tous les trois calqués sur un même type, exécuté à Essen, étaient les engins de ce genre les plus importants.

Lorsque le cuirassement des navires en acier et l'adoption, très probablement définitive, des pièces d'artillerie de gros calibre en acier martelé, furent à l'ordre du jour, la France prit les devants, et en 1878, on pouvait voir à l'Exposition du Champ-de-Mars, le modèle en bois d'un marteau-pilon géant, de 80 tonnes de masse active, et qui fonctionnait, dès cette époque, aux usines du Creusot. Il a été, depuis, porté à 100 tonnes de masse active par l'augmentation de 20 tonnes dans le corps du marteau, et le maintien de la hauteur de chute de 5 mètres, par l'exhaussement du cylindre et de l'entablement qui le supporte. L'augmentation de poids du marteau équivalant à l'allongement d'un mètre environ pour la masse frappante, il fallait allonger d'autant la projection verticale des jambages, ce qui se fit par deux rallonges rectangulaires de 1 mètre de hauteur.

Quelques chiffres relatifs aux dimensions de cet engin gigantesque en montreront l'importance.

Maximum de chute	5m,000
Diamètre du cylindre à vapeur	1m,900
Hauteur	6m,000
Effort de la vapeur sous le piston	140,000 kilog.
Longueur libre sous les jambages	3m,200
Ecartement dans œuvre des jambages	7m,500

Le maximum de kilogrammètres du choc est donc de 5 mètres × 100,000 kilogrammes = 500,000 kilogrammètres. Pour résister à un pareil choc, la chabotte a 5m,60 de hauteur totale, et est formée de cinq assises horizontales de 120 tonnes chacune, et en deux morceaux, les assemblages étant faits sur les faces rabotées. L'assise supérieure de la chabotte est d'une seule pièce de 120 tonnes, ce qui constitue un total de 720 tonnes. Au-dessous est un lit de madriers de chêne de 1 mètre environ d'épaisseur et placés horizontalement. Le tout est porté par un massif de maçonnerie de 600 mètres cubes, fait au ciment, et s'appuyant sur le rocher qu'on est allé chercher à 11 mètres de profondeur au-dessous du sol.

La chabotte a une épaisseur totale de 5m,60, reposant sur une surface de 32 mètres carrés à la base et de 7 mètres carrés au sommet. Elle se compose, comme nous l'avons vu, de onze pièces; les parties d'une même assise sont fortement reliées entre elles, et chaque assise est rendue solidaire avec ses voisines.

La *Société des hauts-fourneaux, forges et aciéries de la marine et des chemins de fer* a créé, dans ses usines de Saint-Chamond (Loire), un pilon de 80 tonnes, dont nous dirons ici quelques mots.

Les fondations reposent, à la profondeur de 8 mètres, sur le rocher compact. Elles sont formées d'une couche épaisse de béton de chaux hydraulique et d'assises de pierres de taille. Sur celles-ci est un massif de madriers de chêne, placés debout et cerclés par des frettes de fer. La chabotte de fonte pèse 500 tonnes et est formée d'assises superposées, reliées entre elles par des emboitages, frettages à chaud, et des assemblages à clef, qui assurent la parfaite solidarité des diverses parties et leur permettent de résister comme une masse unique.

Les jambages sont formés, sur leur hauteur, de deux parties, dont la liaison et la rigidité sont assurées d'une manière absolue par des entretoises de 15 centimètres d'épaisseur. Ils se relient à un entablement de fonte, qui sert de base au cylindre à vapeur.

Voici quelques éléments numériques de cet outil remarquable :

Chabotte	500 tonnes
Plaques d'assise	122 [illegible]
Jambages	270 [illegible]
Entablement, cylindre	148
Cylindre, distribution, porte-marteau, blindages de liaison, marteau	160

Ce qui constitue un total de 1,200 tonnes de partie métallique.

Hauteur de chute maxima	4m,800
Travail de chute	384,000 kilogrammètres.
Diamètre du cylindre	1m,900
Hauteur de forgeage disponible	4m,000

De semblables engins demandent tout un outillage correspondant, de grues, de fours à réchauffer, sans compter des halles immenses, des voies de chemins de fer, etc., qui constituent un ensemble d'une importance de premier ordre.

Nous donnons, dans notre figure 213, la vue d'un pilon de 100 tonnes, pour le martelage des grosses pièces de forge, pouvant facilement atteindre des poids de 100 et même de 120 tonnes.

Il est peu probable que l'on atteigne une puissance plus grande. En présence de la difficulté d'augmenter la hauteur de chute et le poids de masses plus considérables, on songe à utiliser, dans le forgeage, la *presse hydraulique*, qui agit d'une manière plus continue et sans choc.

Marteaux mécaniques. Les marteaux à soulèvement de diverses sortes sont généralement très encombrants; les marteaux-pilons consomment une assez grande quantité de vapeur et ne donnent, par minute, qu'un nombre de coups très restreint, qui est souvent trop faible pour un martelage rapide; aussi a-t-on essayé des dispositions nouvelles, dont nous allons parler. Pour obtenir un martelage automatique, il fallait interposer, entre la masse frappante et la masse frappée, quelque chose qui put absorber la force vive du choc. Deux moyens se présentaient à l'esprit : l'introduction d'un matelas d'air ou celle d'un ressort.

Dans la disposition du marteau de M. Piat (fig. 214), un cylindre en fonte P S, P I est monté sur un bâti B A, qui porte également en S l'enclume E. Dans l'intérieur de ce cylindre glisse, à frottement doux, un autre cylindre, qui est parcouru par un piston double, dont les deux parties sont reliées par une tige *t*. Sous l'action d'une manivelle G, mue par une courroie munie d'un tendeur L T, et par l'intermédiaire d'une bielle B, le piston double descend et comprime l'air qui se trouve dans la chambre inférieure. Le cylindre mobile, qui porte la frappe supérieure F du marteau, se trouve alors repoussé par la compression de l'air, et il vient frapper l'objet reposant sur le tas inférieur T. Mais, après le choc, la rotation de la manivelle fait revenir en arrière le cylindre porte-marteau et le prépare à donner un second coup par la compression de l'air. Le nombre de coups que l'on peut frapper par minute varie donc avec la vitesse de l'arbre moteur. L'élasticité de l'air, qui est mise en jeu pour donner le coup, donne beaucoup de douceur au jeu du mécanisme. Lorsque le tendeur LT est sans action sur la courroie, il agit par son frein *df* sur la poulie PV pour arrêter le marteau.

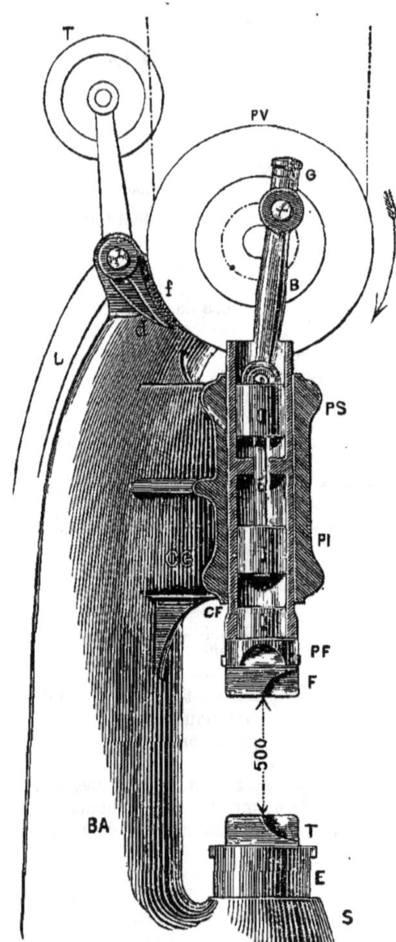

Fig. 214. — *Marteau à air comprimé de M. Piat.*

Les *marteaux-pilons self-acting* ou *automoteurs*, sont alimentés par de la vapeur, et la rapidité de martelage est donnée par l'ouverture et la fermeture automatiques des soupapes d'admission et d'échappement. Ces pilons, qui ne diffèrent des types à conduite manuelle et facultative que par le mécanisme de distribution, rendent de grands services dans les martelages rapides et de courte durée ; mais, quand leur travail est très intermittent, il se fait de grandes condensations de vapeur dans les conduites, et il est quelquefois préférable d'employer de véritables *marteaux mécaniques*.

Un des types les plus simples est le *marteau à ressort* de M. Bouhey. Son fonctionnement se comprend à l'inspection de la figure 215. L'ensemble d'une chabotte et d'une glissière constitue, avec

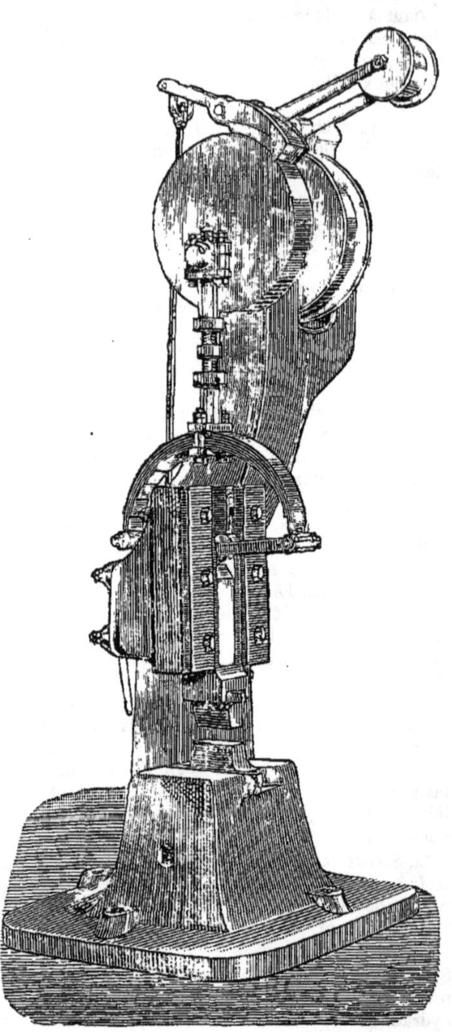

Fig. 215. — *Marteau à ressort de M. Bouhey.*

la chaise de transmission, le bâti, tandis que le marteau, glissant entre les guides, est terminé, à sa partie supérieure, par un ressort d'acier, qui le relève, au moyen d'une articulation, et d'une manivelle qui s'attache à un arbre de transmission quelconque. Comme dans le marteau à air comprimé de M. Piat, la mise en marche est faite au moyen d'un tendeur, et le martelage a lieu seulement pendant le temps que l'on tire sur la tige de celui-ci.

II. **MARTEAU.** *T. de tiss.* Le marteau qui sert à redresser les guides des coupeurs de velours de coton, contient, opposée à son gros bout, une panne presque coupante. Lorsque la pointe d'un guide n'est pas exactement rectiligne, on frappe avec la panne sur le côté *concave* de la pointe, et non pas, comme on pourrait le croire, sur le côté *convexe.* On forme ainsi, à chaque coup de panne, une petite tranchée sur l'acier. Ces petits creux ou fines ondulations, réalisées ainsi avec habileté, déterminent dans le métal un allongement qui le force à se redresser, et l'on continue l'opération jusqu'à ce que la pointe soit parfaitement droite. || Syn. de *heurtoir.* Instrument qui sert à frapper, à cogner une porte. || Pièce que frappe un timbre, une cloche, pour sonner les heures. || Petites tringles dont une extrémité, garnie de peau, frappe les cordes d'un piano lorsque l'on appuie sur les touches du clavier qui correspondent avec chacune d'elles. || *Marteau d'eau. T. de phys.* Petit instrument destiné à montrer que les liquides tombent dans le vide sans se diviser. C'est un simple tube de verre fermé à ses deux extrémités, contenant de l'eau jusqu'aux deux tiers environ de sa longueur (qui est de 0m,25 à 0m,30) et d'où l'on a chassé l'air par une ébullition prolongée. La partie supérieure est ordinairement terminée par une boule effilée en pointe qu'on ferme au chalumeau quand le tube est encore rempli de vapeur. Après avoir retourné le tube, on le renverse subitement; le liquide retombe en masse sur le fond arrondi et fait entendre un bruit sec, comme celui d'un coup de marteau contre le verre; de là le nom de *marteau d'eau* donné à l'instrument. Il y a d'autres *marteaux d'eau* : celui de Tyndall, en forme de V, pour constater la cohésion des liquides privés d'air; celui de Donny, de forme sinueuse, pour démontrer que l'absence d'air dans un liquide en retarde considérablement le point d'ébullition.

***MARTELAGE.** *T. de métall.* Opération qui consiste à frapper les métaux, pour mettre en jeu leur malléabilité et les façonner, soit à froid, soit à chaud.

***MARTELET.** *T. techn.* Petit marteau qui sert au martelage de certains ouvrages délicats. || Marteau de couvreur, pour tailler la tuile.

MARTELEUR. *T. de mét.* Ouvrier qui fait le martelage. Dans les forges actuelles, ce travail se fait sur les loupes de fer brut ou sur les paquets de fer que l'on forge. Dans le premier cas, le marteleur est plutôt un *cingleur* (en anglais *shingler*). Comme la loupe, ou éponge de fer, est toute imprégnée de scories, le cingleur doit se protéger contre leur projection. A cet effet, il porte un masque de tôle ou de cuir avec une toile métallique pour lui permettre de voir. Ses jambes sont également protégées par des larges bottes en tôle. Le reste du corps est suffisamment garanti par un grand tablier de cuir.

Le *marteleur* proprement dit, qui dirige le travail du martelage des pièces de forge sous le marteau-pilon, n'a pas à se garantir autant que le cingleur. Les projections de scories sont peu importantes dans le martelage des paquets de fer et elles sont naturellement nulles dans le façonnage des lingots d'acier.

***MARTELINE.** *T. techn.* Marteau de sculpteur dont l'un des côtés est armé de dents pour gruger le marbre.

***MARTIN** (les) ébénistes. Les plaques vernies à sujets ou à paysages d'or à relief que la Chine et surtout le Japon avaient envoyées en Europe au XVIIe siècle, avaient bientôt conquis la mode, si exigeante dans ses fantaisies. Mais, comme on ne connaissait aucun moyen d'imiter ces précieux produits, on en était réduit aux importations orientales, rares, et très coûteuses; de plus, on détruisait de splendides pièces pour en distribuer les fragments sur des meubles de fabrication française et on doit regretter la perte irréparable de précieux cabinets japonais, détruits de cette façon. Les ébénistes des XVIIe et XVIIIe siècles cherchèrent longtemps le secret du vernis et des laques. Seuls les Martin obtinrent des résultats satisfaisants. Cette famille d'artistes, déjà célèbre au commencement du XVIIIe siècle, car elle avait un privilège spécial du roi, possédait plusieurs ateliers à Paris : faubourg Saint-Martin, faubourg Saint-Denis et rue Magloire. En 1744, *Simon-Étienne* MARTIN obtint par arrêt du Conseil le monopole exclusif, pour vingt ans, de la fabrication des ouvrages en relief en imitation de la Chine et du Japon. Son procédé était excellent, car il nous reste des boîtes et des coffrets de Martin qui ne laissent rien à désirer au point de vue de l'exécution matérielle, et qui ne sont reconnaissables qu'à certains détails de dessin inconnus aux artistes japonais. Les imitations des Martin semblent avoir porté principalement sur les laques noirs décorés en or; mais bientôt, assurés du succès de leur découverte, ils cherchèrent, d'après les mêmes principes, un produit qui leur fût propre, et qui eût certains avantages qu'on ne pouvait demander aux laques. C'est ainsi qu'ils furent amenés à inventer leur fameux vernis, qui jouit de la plus grande faveur jusqu'à la fin du règne de Louis XVI. Tout fut décoré de *vernis Martin* : meubles, voitures, chaises à porteur, paravents, écrans et bibelots de toutes sortes qui faisaient au XVIIIe siècle partie du mobilier: coffres, étuis, bonbonnières, cadres, vitrines et étagères; sa transparence permettait même de l'appliquer à la peinture. Malheureusement son peu de solidité et sa facilité à se fendiller à l'air n'ont permis qu'à peu d'objets vernis par les Martin de parvenir intacts jusqu'à nous. C'est surtout à Mme de Pompadour qu'on doit la vogue de ce produit; un des Martin, *Robert*, fut employé dans les appartements de Versailles pendant plusieurs années, et reçut des sommes fort importantes pour son travail. La cherté du vernis Martin était proverbiale, et la plupart des écrivains qui ont reproché son luxe à la société du XVIIIe siècle ont pris le vernis pour sujet d'épigramme. C'est ainsi qu'il a eu l'honneur de s'attirer la colère de Voltaire et de Mirabeau, et qu'il a inspiré à ce dernier une de ses plus véhémentes sorties contre le luxe : « On dit communément qu'un gentilhomme vit mieux dans sa famille avec 10,000 livres de rentes qu'il ne le fait à Paris avec 40,000. Qu'appelle-t-on mieux vivre? Ce n'est pas épargner plus aisément de quoi changer tous les six mois de tabatières émaillées et avoir des voitures vernies par Martin... Tout le monde doit donc chercher à se modeler sur ses accessoires, l'homme au vernis gris de lin et couleur de rose porte sa livrée en sa robe de chambre et en sa façon de se mettre. » Les Martin occupaient donc tellement les esprits au XVIIIe siècle qu'ils semblaient personnifier la décoration et l'ameublement. Aussi disparaissent-ils avec la Révolution, et on ne trouve plus trace à ce moment ni d'eux ni de leur procédé. Trois Martin ont leur place marquée dans l'histoire de l'art décoratif: *Guillaume*, *Robert* et *Simon-Étienne*, le cadet, qui semble avoir eu la direction de la fabrication à Paris.

***MARTINAIRE.** *T. techn.* Gros marteau qui, dans certains métiers et notamment dans la coutellerie, sert à étirer le métal.

MARTINET. *T. techn.* Marteau à bascule ordinairement actionné par une force hydraulique et qui sert dans différentes industries. — V. MARTEAU. || Sorte de fer de commerce. || Molette de grès qu'on utilise pour l'égrisage du marbre.

***MARTINET** (ACHILLE-LOUIS), graveur, né à Paris en 1806, mort en 1877, élève de Heim et de Forster, remporta, en 1826, le second prix de gravure et le premier en 1830. Après cinq années de séjour à Rome, où il choisit pour sujet d'étude les *Loges* de Raphaël, il remporta au salon de 1835 une deuxième médaille avec le *Portrait de Rembrandt, par lui-même*. Puis, il exposa successivement, de 1838 à 1853, plusieurs planches d'après Raphaël; *Charles Ier insulté par les soldats de Cromwell* et *Marie au désert*, d'après P. Delaroche; *Egmont*, d'après Gallait (1852); la *Femme adultère*, d'après Signol; le *Tintoret peignant sa fille morte*, d'après L. Cogniot; *Napoléon III*, d'après H. Vernet (1861); la *Nativité de la Vierge*, d'après Murillo (1865); la *Vierge à l'œillet*, d'après Raphaël (1872); *Martyre de sainte Juliette*, d'après Heim (1873); *Saint Paul à Ephèse* (1874) et le *Christ Jardinier*, d'après Lesueur (1876); on a également de lui plusieurs portraits, entre autres ceux de *Viardot*, de *Devinck* et du docteur *Charles Robin*. Martinet avait été élu membre de l'Académie des Beaux-Arts, en 1857, en remplacement de Desnoyers. Il était officier de la Légion d'honneur depuis 1867.

***MARTINEUR.** *T. de mét.* Ouvrier qui présente le fer à l'action du martinet.

MARTINGALE. *T. techn.* Courroie fixée à la sangle du cheval et qui est attachée à la muserolle pour empêcher que l'animal ne porte au vent.

MARTRE. — V. MARTE.

MASCARON. Diminutif de *masque*, le mascaron moderne est d'origine italienne; il procède du genre *grottesco*, dont nous avons fait *grotesque*, et qui signifie simplement propre à la décoration des grottes. C'est là que les architectes-paysagers d'Italie, et Bernard Palissy, qui a naturalisé leur art en France, ont multiplié les figures grimaçantes de faunes et de satyres, pour faire ressortir les formes gracieuses des naïades dont leurs grottes étaient peuplées.

— Un pont de Paris, commencé dans la seconde moitié du XVIe siècle et terminé dans les premières années du XVIIe, c'est-à-dire au moment même où florissait le genre grotesque — le Pont-Neuf — offre une merveilleuse variété de mascarons. C'est splendide d'expression et de laideur. L'un d'eux a été reproduit en grand à l'angle d'une maison formant le coin du quai Conti et de la rue de Nevers.

Depuis lors, le mascaron est entré dans la plupart des constructions modernes, comme clef de voûte, et il constitue un excellent motif de décoration.

Le moyen âge le connaissait également et le pratiquait sur une vaste échelle. Les gargouilles, les chapiteaux, les clefs et les retombées de voûtes, les piédestaux, les corniches, les boiseries, les stalles, les chaires, tous les détails de la construction et de l'ornementation abondent en figures grimaçantes dont la plupart — ainsi que les mascarons — sont des portraits. C'est la satire du temps, écrite sur la pierre et sur le bois; c'est le fabliau vengeur, traduit par le ciseau et par la gouge.

Le mascaron a donc son histoire dans celle de la pensée humaine ; ce qui n'est plus pour nous qu'un ornement d'architecture a été jadis l'expression d'une idée et d'un sentiment. Si le mascaron du moyen âge a été une protestation contre l'oppression que l'Eglise et les seigneurs faisaient peser sur les petits et les faibles, le mascaron de la Renaissance a remis en lumière les laideurs du paganisme opposées aux beautés plastiques de la mythologie, comme les figures grimaçantes du XIIIe siècle l'étaient aux pudiques visages des vierges. C'est au symbolisme architectonique et décoratif que se rattache le mascaron. — L. M. T.

I. MASQUE. Faux visage, dont on se couvre la figure pour se déguiser ou pour n'être pas reconnu. Les masques sont généralement en carton peint ou en cire colorée ; ceux en velours noir ou en satin, coupés à la hauteur de la lèvre supérieure, sont réservés aux dames et portent le nom de *loups* ou de *masques à dominos*.

HISTORIQUE. Les masques ont été connus de tout temps et à peu près partout. Les Orientaux s'en servent soit sur la scène, soit à l'occasion de certaines fêtes. Tels sont, entre autres, les masques d'acteurs javanais. Mais dans le commerce de la curiosité, on ne vend guère que des masques japonais ou chinois. On a même trouvé l'usage des masques très répandu chez les peuplades du nouveau monde et de l'Océanie. Leur matière et leur forme ont seules varié à l'infini. La collection Cristy, au Musée Britannique, possède un masque de grand-prêtre imitant la figure humaine en grandeur naturelle, et obtenu par un assemblage de malachites qui forment une sorte de mosaïque ; les mâchoires y sont garnies de dents naturelles. Un masque semblable faisait partie de la collection de San-Donato, vendue à Paris en 1868, et a été acquis également par l'Angleterre.

Dans l'antiquité classique, les masques paraissent être originaires d'Egypte, où ils servaient à recouvrir la tête des momies. Il y en avait en or, en cartonnage, en verroterie, en cire, en bois peint, en bois noirci avec des yeux en pâte de verre entourés de bronze. L'usage des masques composés d'une feuille d'or remonte au moins à la XVIIIe dynastie (1703 avant J.-C.). Ceux en cartonnage doré furent usités dans tous les temps. Les masques de femme dans lesquels on a donné à la peau une couleur rose sont beaucoup plus récents.

Les masques eurent donc tout d'abord une destination purement funéraire. Ils ne commencèrent à entrer dans le costume des vivants que chez les Grecs primitifs, car il en est déjà question dans Orphée, huit cents ans avant qu'Eschyle les eût introduits dans la scène tragique. Nous savons, en effet, par l'histoire du théâtre antique, que le masque avait un double but : d'abord, il représentait la figure et, pour ainsi dire, la physionomie de chaque rôle ; il était garni de cheveux, de la barbe, de la coiffure et des ornements propres à individualiser le personnage ; la tête entière de l'acteur disparaissait sous ce masque ; en second lieu, il était construit de manière à donner plus de force au son de la voix, condition indispensable dans des représentations faites à ciel ouvert, sur des scènes d'une grande étendue et en face de la multitude.

On divisait les masques antiques en quatre principales catégories : les *masques de vieillards*, les *masques de jeunes hommes*, les *masques d'esclaves* et les *masques de femmes*. Les divinités avaient aussi leurs masques, reconnaissables aux emblèmes qui les distinguaient. Il y eut enfin les masques doubles ou à deux physionomies : tel était le masque du *Père* qui, devant être tantôt content, tantôt bourru, portait un sourcil froncé d'un côté et rabattu de l'autre, l'acteur ne se présentait jamais au spectateur que du côté convenable.

L'usage du masque dans la vie privée, dans les fêtes, dans les bals, aux rendez-vous, paraît avoir pris naissance à Venise, célèbre par son carnaval. Mais on le trouve adopté en France à une époque bien antérieure. C'est ainsi que les Gallo-Romains se masquaient pendant les saturnales des kalendes de janvier ; plus tard, le *Concile de Tours défendait aux Francs de se masquer* et de prendre des déguisements ridicules. En plein moyen âge, à la procession du Renard, on portait des masques, et les chroniques assurent que le roi Philippe le Bel ne dédaignait pas ce déguisement. La passion des travestissements fut générale au XIVe siècle. A la cour de Philippe de Valois, des cottes auxquelles s'adaptaient de *faux-visages*, c'est-à-dire des masques avec « chevelures de soie deffilée » faisaient partie des livraisons que recevaient, au temps du Carnaval, les chevaliers et les dames. La fréquence des travestissements conduisit à faire entrer le masque dans l'habillement de tous les jours. Les uns portèrent de faux-visages, les autres se coiffèrent de chaperons *embronchés*, c'est-à-dire qui recouvraient entièrement la figure. Les vauriens s'emparèrent de cette mode pour faire de mauvais coups sans être reconnus. Elle fut défendue par un édit de 1399. Ces défenses n'empêchèrent pas qu'à la fête des Fous, qui pourtant se célébrait dans les églises, les masques fussent horribles, monstrueux ; le Synode de Rouen, qui les interdit en 1445, mentionne entre autres les figures de larves et les mufles de bêtes.

Sous François Ier, la mode du masque vénitien, c'est-à-dire du loup de velours ou de satin noir, fut en pleine faveur chez les hommes comme chez les femmes. Ce masque se fixait dans la bouche au moyen d'un fil d'archal terminé par un bouton de verre. Il avait reçu le nom de *loup* « à *cause qu'il faisait peur aux petits enfants*, dans le temps que les femmes commencèrent d'en porter. » Mais l'usage immodéré des masques engendra toutes sortes d'abus. Les désordres, les scandales, les attentats commis par des gens masqués prirent une telle proportion, que le parlement, le 26 novembre 1535, fit enlever tous les masques qui se trouvaient chez les marchands et en interdit la fabrication.

Henri III redonna une nouvelle vogue aux masques. Le roi, ses mignons et, à leur exemple, les élégants, portaient un loup comme les femmes pour préserver leur peau des atteintes de l'air. L'Estoille nous a transmis de curieux détails sur les masques et les honteuses mascarades de ce temps. Sous Henri IV, les masques devinrent les privilèges des grands seigneurs et des dames de qualité : mais le sombre Louis XIII n'encouragea point les fêtes carnavalesques, et les masques tombèrent peu à peu en désuétude. Les vieilles personnes du beau monde lui étaient seules restées fidèles ; la jeunesse préférait la pièce de crêpe noir sur la face « pour friponner à travers et paraître plus blanche. »

Sous le règne de Louis XIV, le masque reprit quelque faveur à la cour et dans les ballets. La première fois que Louis XIV parut masqué, ce fut au Palais-Cardinal, le 2 janvier 1655. Le grand roi se masquait toujours, et il ne cessa de porter le masque qu'après la représentation du *Carnaval* de Benserade (18 janvier 1868).

Le *Livre commode des adresses de Paris*, pour 1692, nous apprend que M. Buraillon père, fameux tailleur pour les habits de théâtre, et M. son fils, « pour les masques et autres choses *nécessaires* pour les Ballets et Comédies, » demeuraient rue Saint-Nicaise. « Les sieurs Du Creux, au bout du pont Notre-Dame, et Boille, rue du Colombier-Saint-Germain, » étaient également réputés pour leurs « masques de théâtre et de carnaval ». D'après un compte retrouvé par M. Campardon, ce Du Creux avait fourni à la troupe de Molière, pour la mascarade turque du *Bourgeois gentilhomme*, non seulement les masques, mais « les jarretières, perruques, barbes et autres ustensiles ».

Quant aux masques de velours noir à l'usage des dames et appelés, suivant Furetière, *loups* ou *cachenez*, c'étaient, en 1650, des objets de parure fort recherchés. Au dire de Scarron, on les garnissait de dentelles et dans le bas d'une barbe de même tissu. Les yeux même étaient garnis, si bien que les femmes étaient obligées d'avoir un conducteur lorsqu'elles voulaient faire quelques pas hors de leur carrosse.

> Dirai-je comment ces fantasques
> Qui portent dentelle à leurs masques
> En chamarrent les trous des yeux
> Croyant que leur masque en est mieux?

Les bals de l'Opéra, créés par ordonnance du Régent, mirent de nouveau les masques en faveur, mais non plus à la ville, et seulement dans les réunions travesties.

Cette mode dura jusqu'à la Révolution. Les républicains, qui voulaient la vérité sur le visage de l'homme, aussi bien que dans son cœur, poursuivirent les mascarades et les masques comme attentatoires à la dignité humaine. Cette susceptibilité eut pour résultat d'enlever au commerce et à l'industrie des débouchés féconds ; aussi, vers 1799, les masques furent repris avec fureur pendant les fêtes du Directoire.

Fabrication. L'Italie eut le monopole des masques jusqu'à la fin du XVIIIe siècle, époque où la France s'empara de cette industrie, qu'elle exerce encore presque exclusivement.

La première fabrique fut fondée à Paris, en 1799, par un italien du nom de Marassi. Depuis lors, les fabriques se sont multipliées, et c'est la capitale aujourd'hui qui fournit non seulement l'Italie, mais tout l'univers.

La fabrication des masques exige un matériel spécial et différents moules en creux pour modeler toutes les formes de visages. Ces moules sont ordinairement en plâtre ou en gutta-percha.

On distingue deux sortes particulières de masques : les *masques de carton* et les *masques de cire*.

Les masques de carton sont confectionnés avec un papier spécial un peu fort. On fait adhérer les feuilles de ce papier au moyen de la colle de pâte, jusqu'à ce qu'on ait obtenu l'épaisseur convenable. Lorsque le carton est découpé et encore moite, l'ouvrier prend le moule et, par la seule pression des doigts, procède aux diverses opérations du moulage. Une fois les masques moulés et séparés, chacun d'eux est placé sur un moule en relief, afin de faciliter la pose de la couleur et pour conserver propre le côté creux du masque qui doit s'appliquer sur la figure. A une couche préliminaire de couleur claire, délayée avec de la colle de peau, succède une seconde couche de peinture couleur de chair délayée dans de la colle de pâte. Cette teinte définitive est de quatre nuances différentes, suivant le caractère que l'on veut donner au masque. Ensuite, avec un tampon de laine, on met du rouge au front, aux joues, au menton; puis des mains exercées peignent les lèvres, les sourcils, les cheveux et la barbe à l'aide des couleurs fines délayées avec de la gomme arabique. Il ne reste plus qu'à vernir, à percer les yeux, les narines, la bouche, à l'aide d'outils d'acier. On rogne, enfin, le tour du masque avec des ciseaux, et il est prêt à être présenté à l'acheteur.

Les masques de cire ont pour base la toile et subissent les mêmes opérations préliminaires que les masques en carton. Quand ils ont reçu une teinte uniforme de couleur de chair, on les plonge verticalement dans de la cire vierge fondue, presque bouillante; on laisse égoutter, sécher, puis on vernit. Les masques de cire ainsi confectionnés sont nommés *masques de Paris*. Ceux dits *de Venise* ont une doublure en papier et ne reçoivent pas de vernis, afin de leur conserver une sorte de velouté analogue à la peau naturelle; mais ils sont plus facilement sujets que les nôtres à se déformer.

Outre les masques transparents et lumineux, employés dans la fantasmagorie, on a fait, dans ces dernières années, des masques en toile mécanique qui peuvent être portés sans qu'il y ait besoin de pratiquer des ouvertures pour la bouche, le nez et les yeux. Mais ces masques sont lourds et plus chers que les masques ordinaires. Une invention beaucoup plus ingénieuse est celle des masques élastiques, à mâchoire mouvante, qui permettent de boire et de manger sans se démasquer, et laissent aux différents organes de la face toute leur liberté sans gêne ni fatigue. On a même fait des masques en gaze et en mousseline, si légers qu'à peine les sent-on sur son visage.

Ces différents genres de masques couvrent la figure entière. Par contre, il en est d'autres qui cachent seulement le haut du visage jusqu'à la bouche; on les nomme *loups* et *dominos*. Ils sont doublés de satin blanc et recouverts de velours ou de satin noir, rose ou bleu, suivant la couleur du costume. Ils ont quelquefois, au bord de la bouche, une garniture en dentelle pour dissimuler le menton; c'est ce qu'on nomme la *barbe du loup*. — S. B.

Bibliographie : L'origine et l'usage des masques, dans le *Mercure galant*, t. XIV; Jehan CHAUVETET : *L'origine des masques*, etc., Langres, 1609; Jean SAVARON, sieur de VILLIERS : *Traité contre les masques*, Paris, 1608; Benjamin GASTINEAU : *Le carnaval ancien et moderne*, ch. I, *Monographie du masque*.

II. MASQUE. *T. d'arch.* Ornement d'architecture qui représente la figure humaine. — V. MASCARON. || *T. d'arm.* Pièce mobile de certains casques anciens, et qui se rabattait sur le visage pour le protéger. || Armure de fil de fer à mailles fines pour protéger la figure dans les exercices d'escrime. || *T. techn.* Outil de ciseleur pour exécuter la figure sur les métaux.

***MASSACRE.** *Art hérald.* Se dit de la ramure d'un cerf avec une partie du crâne.

MASSE. 1° *T. de mécan.* D'après le principe de la proportionnalité des forces aux accélérations, plusieurs forces F, F', F'', agissant sur un même corps *quelconque*, lui impriment des accélérations $\gamma, \gamma', \gamma''$, proportionnelles à ces forces mêmes. On aura donc :

$$\frac{F}{\gamma}=\frac{F'}{\gamma'}=\frac{F''}{\gamma''}=m$$

en appelant *m* la valeur commune de ces rapports. Ce nombre *m*, variable d'un corps à un autre, définit une propriété mécanique de chaque corps; on l'appelle la *masse* du corps. Ainsi, la masse d'un corps est le quotient d'une force quelconque par l'accélération que cette force imprimerait à ce corps. Il en résulte que le nombre qui mesure la masse d'un corps dépend des unités fondamentales de force, de longueur et de temps. — V. CINÉMATIQUE, FORCE, INERTIE. || 2° Outil de percussion en usage dans divers métiers; c'est ordinairement un gros marteau de fer, ou de bois cerclé de fer, selon le travail à effectuer. || 3° *Masse d'armes.* Arme du moyen âge, très pesante à l'une de ses extrémités, avec laquelle on assommait l'ennemi ou qui servait à briser les casques et les cuirasses. || 4° Lit de pierre d'une carrière.

***MASSÉ.** *T. de métall.* Masse spongieuse que donne le minerai sous l'action du feu.

***MASSELOTTE.** *T. de fond.* On appelle *masselotte* une portion de cylindre ou de tronc de cône renversé que l'on fait venir à la partie supérieure d'une pièce moulée. La *masselotte* a pour but d'exercer une pression sur le moulage, par le poids de la colonne liquide, dont elle augmente ainsi la hauteur. Il résulte d'expériences comparatives que la densité de la fonte croît avec la hauteur de la masselotte. Voici les nombres trouvés par M. Robert Mallet, pour trois espèces de fontes :

Densité de la fonte avec masselotte de hauteur	A	B	C
0	6.955	7.048	7.033
0m,61	6.963	7.057	7.041
1m,22	7.014	7.077	7.055
2m,44	7.064	7.101	7.079
4m,26	7.103	7.143	7.118

La masselotte a encore un autre but, c'est d'abreuver le moule pendant le retrait de la pièce.

Le moule étant composé de sable plus ou moins compact, matière peu conductrice de la chaleur, la fonte liquide, en pénétrant dans toutes les parties de celui-ci, se solidifie d'abord par l'extérieur; puis, il tend à se faire un vide à la partie supérieure du moulage par suite du retrait que prend le liquide en se refroidissant et se solidifiant. En l'absence d'une masse de métal à l'état liquide et pouvant combler ce vide, cette partie supérieure serait à surface convexe et de structure spongieuse. La masselotte donne, en résumé, des moulages plus sains et plus résistants, et elle est très utile pour les pièces dont on veut assurer la qualité.

MASSETTE. *T. de bot.* On désigne, sous ce nom, une fibre textile fournie par les *typha latifolia*, L., *typha minima*, L., et *typha angustifolia*, L., plantes de la famille des typhéacées, qui croissent en grande abondance en France, mais qui ne deviennent fortement fibreuses que dans les pays tropicaux et surtout en Egypte. La massette est extrêmement vivace; si on la sème, elle pousse rapidement; si on la coupe, elle reprend très vite, et, dans ces contrées, ses feuilles, qui atteignent une grande longueur, peuvent fournir jusqu'à trois récoltes par an. On la rencontre beaucoup dans le midi de la France, mais elle n'y est utilisée que pour le rempaillage des chaises grossières, pour couvertures de cabanes, et pour calfeutrer les intervalles dans certains objets de bois; on s'en sert aussi quelquefois, lorsque la paille est rare, pour servir de litière aux chevaux, mais, pour cet usage, elle est peu recherchée, car elle pourrit difficilement et ne produit qu'un très mauvais fumier; on l'a quelquefois utilisée pour la fabrication du papier. Dans ce dernier cas, il faut dessécher les feuilles, les soumettre à un rouissage de six jours, puis à une cuisson de 12 heures dans une dissolution alcaline; après cuisson, la matière est broyée sous une meule ou entre des rouleaux, puis lavée à grande eau : on en obtient alors une assez grande quantité de filaments de couleur jaunâtre qui ont jusqu'à 1m,50 de long. Ces filaments pourraient, sans inconvénient, supporter les opérations du blanchiment et de la teinture. || *T. techn.* Gros marteau.

***MASSEUR.** *T. de mét.* Ouvrier forgeron.

MASSICOT. *T. de chim.* Syn. : *Oxyde jaune de plomb.* PbO. Un des états du protoxyde de plomb (V. Litharge). Il se présente sous la forme d'une poudre jaune, à reflet rougeâtre, se combinant facilement avec les alcalis, ce qui le rend soluble dans l'eau. Il est très aisément réductible par l'hydrogène ainsi que par le charbon. Il fond en donnant, à une température assez basse, une sorte de cristal jaune, dur, fragile et translucide; lorsqu'il cristallise par l'action du feu il prend le nom de *litharge*. On l'obtient, soit en chauffant du carbonate ou de l'azotate de plomb, soit en calcinant le métal, au contact de l'air, sur des soles horizontales. On enlève l'oxyde à mesure qu'il se forme, puis on le broie et on le soumet à la lévigation afin de le débarrasser du plomb métallique que l'on a pu entraîner avec l'oxyde. Avant la découverte du chromate de plomb, il était employé en peinture, comme couleur jaune; actuellement, il ne sert plus qu'à la préparation du minium. On l'a trouvé à l'état naturel, au Mexique, dans des roches volcaniques; à Badenweiler, (Baden), dans du quartz; sa densité est de 8, et sa dureté de 2.

***MASSON** (Antoine), graveur, né à Loury (Loiret), en 1636, mort à Paris en 1700, fut d'abord ouvrier armurier et acquit une grande habileté à damasquiner les platines d'armes à feu. Remarqué dans ce travail par Mignard, il fut dirigé par lui dans sa carrière artistique, et il y réussit à un tel point qu'il était membre de l'Académie de peinture en 1679. Masson a été inimitable, comme graveur, dans le rendu des étoffes, des cheveux, des broderies et des plumes. Il accomplissait, dans ce genre, de véritables tours de force. D'ailleurs, il recherchait la difficulté, et ce défaut a souvent nui à ses œuvres, malgré la prodigieuse habileté qu'il y déployait. C'est ainsi que dans le portrait de Charles Patin, les tailles, après avoir dessiné le nez, vont, sans interruption, former les contours des joues, tandis que le menton est traité par des hachures horizontales. Le portrait de Frédéric-Guillaume, électeur de Brandebourg, est gravé avec les mêmes bizarreries de mauvais goût : le nez par une seule taille en forme de poire et le menton en une seule taille en forme de spirale. Néanmoins, il nous reste de fort belles planches de Masson, notamment : *Les disciples d'Emmaüs*, d'après le Titien, dite *la pièce à la nappe* à cause de la vérité extraordinaire avec laquelle il a traité cet accessoire, et le *Portrait du Comte d'Harcourt*, grand écuyer de France, dit le *Cadet à la perle*, ainsi que ceux de *Brisacier*, secrétaire des commandements de la reine et de *Gaspard Charrier*, lieutenant criminel de Lyon. Ce sont les chefs-d'œuvre de Masson, dont l'œuvre gravée comprend environ soixante-dix pièces. On a son portrait par lui-même, d'après Mignard. On prétend que Masson, par une bizarrerie bien conforme à son caractère, gravait en présentant la planche au burin tenu immobile dans sa main droite. Malgré la difficulté plus grande de cette manière de procéder, plusieurs de ses planches peuvent être considérées comme les productions les plus parfaites qu'on puisse attendre du burin.

I. MASTIC. *T. de bot.* Résine fournie par le *pistachia lentiscus*, L., fam. des térébinthacées, arbre de 25 mètres de hauteur, habitant la région méditerranéenne, les Canaries, l'île Scio, etc. Elle est en petites masses jaune pâle, opalines, à odeur de térébenthine, de saveur aromatique et douce; elle se ramollit sous la dent. Cette résine découle des incisions faites au tronc et aux branches de l'arbre; elle est stimulante et diurétique; elle sert, chez nous, en solution alcoolique, pour soigner les caries dentaires, et dans l'Orient, elle est consommée en grande quantité, comme masticatoire ou en fumigations, pour faire des liqueurs cordiales, le raski et autres; elle renferme un peu d'huile essentielle et deux résines : l'α-résine $C^{20}H^{32}O^{6}$ est acide et soluble dans l'alcool, tandis que la β-résine y est insoluble. Scio en exporte de 30 à 40,000 kilogrammes par an.

Elle sert surtout à faire du vernis, comme usage industriel.

II. **MASTIC.** *T. techn.* Nom donné à un grand nombre de mélanges destinés à faire adhérer entre eux, soit les fragments brisés d'une même substance, soit des objets de nature différente, ou encore, à isoler certaines parties et à les rendre, par exemple, ou imperméables, ou inattaquables par l'humidité. La variété de ces diverses matières oblige à les grouper suivant la nature de la substance qui sert de base au mélange, aussi les subdiviserons-nous de la façon suivante :

Mastics à l'huile. Ces mélanges comprennent surtout ceux dits *hydrofuges* ; ils sont destinés à résister à l'eau, et ont pour base une huile siccative, ou un corps analogue. Ils sont souvent longtemps avant de durcir, mais en les confectionnant avec la litharge, la céruse, le minium, on arrive cependant, après plusieurs semaines, à obtenir une grande dureté.

Pour cimenter les pierres, les briques des réservoirs, des terrasses, etc., on peut se servir d'un mastic fait avec 10 parties de litharge ou de blanc de zinc, et 90 parties de chaux éteinte ; on délaie dans de l'huile de lin cuite, et on amène en consistance épaisse. On chauffe pour fluidifier la masse, au moment de s'en servir. Le minium ou la céruse, délayés dans l'huile de lin cuite, forment une masse pâteuse faisant un bon mastic pour jointoyer les tuyaux, les pièces des machines et chaudières à vapeur. Pour le même usage, Stéphenson a conseillé l'emploi d'un mastic fait avec 2 parties de litharge, 1 partie de chaux éteinte, 1 partie de sable fin, mélangées dans de l'huile de lin cuite et bouillante. M. Serbat a donné aussi un mélange fort commode sous tous les rapports et s'employant à froid, pour les machines à vapeur, les joints d'assemblage de pompes, etc.; il est formé de 72 parties de sulfate de plomb calciné, 24 parties de bioxyde de manganèse et 13 parties d'huile de lin cuite. Il s'applique mou et durcit très vite par la chaleur ; en cas de production de fuite, il suffit d'y passer un fer rouge pour fondre le mastic et boucher l'ouverture. Pour mastiquer la pierre et la rendre imperméable, Varentrapp a indiqué le procédé suivant : on fait un savon d'alumine en décomposant une solution concentrée de savon de Marseille par de l'alun, on recueille ce précipité et on le dissout à chaud dans de l'huile de lin cuite. Pour réunir les objets en verre et métal qui constituent un grand nombre d'*instruments de physique ou de laboratoire*, on peut employer un mélange d'huile de lin épaissie par du minium, ou un mélange de 5 parties de colophane, 1 partie de cire jaune et 1 partie de colcothar. Pour *recoller les vases, sceller le fer dans la pierre, souder du fer sur lui-même*, M. Hirzel emploie un mélange de glycérine et de litharge. Le *mastic des vitriers* est une pâte homogène, faite avec de l'huile de lin cuite et de la craie; lorsqu'on veut faire adhérer le verre très fortement au bois; on emploie l'huile crue, mais alors le mastic est très long à durcir totalement. Le *mastic de Dihl*, employé pour jointoyer les caisses à fleurs, les dallages d'endroits humides, etc., est composé de litharge, de ciment, de terre à porcelaine et d'huile de lin cuite ; il s'applique à la truelle ou au pinceau, lorsqu'on l'a délayé dans l'essence de térébenthine.

Mastics à la chaux. Ces préparations sont des mélanges de chaux éteinte avec des matières animales souvent (caséine, albumine, colle forte), ou des produits végétaux (gomme arabique, gluten).

Pour *coller le verre*, la *porcelaine*, on peut faire un mélange de chaux bien pulvérisée et de fromage blanc; il se solidifie très vite et doit se préparer au moment de s'en servir. On peut, d'ailleurs, remplacer la chaux : par les carbonates de potasse ou de soude, on concentre le mélange en consistance sirupeuse; par une solution saturée de borate de soude; par le silicate de potasse (Kuhlmann). Pour *coller le bois, les métaux, la pierre*, on peut faire un mélange de 1 kilogramme de chaux éteinte et de caséine avec 3 kilogrammes de ciment pulvérisé; le *mastic Hannoy*, qui sert pour le grès, la porcelaine, le verre, la nacre, est à base de chaux et de gluten altéré par la putréfaction. Comme mastics à base de chaux, on peut encore citer le mélange de craie, d'argile et de brai gras de houille, que l'on triture à chaud et qui sert à enduire les tuyaux dits *bituminés*, ou à faire des carrelages.

Mastics à la résine. Les mélanges rangés dans cette catégorie sont imperméables à l'eau, ils durcissent vite, mais ne peuvent résister à l'action de la chaleur; s'ils résistent à l'humidité et en préservent, ils deviennent cassants avec le temps. Les résines diverses, mais surtout la sandaraque, le mastic, la gomme laque, en font la base. Pour coller le verre, la porcelaine, on peut employer la poudre de ces substances, puis, chauffant bien les fragments à réunir, on y incorpore la résine et on serre fortement, ou bien on dissout une partie de mastic ou de succin dans 1 1/2 partie de sulfure de carbone (Lampadius), et on applique au pinceau, sur les bords à réunir, en serrant fortement. La gomme laque peut également servir; mais, pour obtenir une forte adhérence, il faut y ajouter des matières terreuses, ou, pour coller le bois, par exemple, intercaler une fine mousseline entre les fragments. Les mastics à la gomme laque ont d'ailleurs besoin d'être additionnés d'essence de térébenthine pour éviter leur rétraction et les empêcher d'être cassants au froid. Sous le nom de *ciment-diamant*, on vend un mastic fait avec la colle de poisson et une solution alcoolique de résine mastic ou de résine ammoniaque; il sert pour la porcelaine et le verre.

Pour jointoyer les substances destinées à contenir de l'eau, on peut utiliser diverses préparations : le *mastic des fontainiers* est fait avec de la résine, du suif et du colcothar ou de la brique pilée, bien mélangés par fusion ; la poix, la colophane, l'asphalte, mélangés de ciment ou de soufre, sont employés pour faire les mastics des grands réservoirs; on peut, pour rendre le mastic moins cassant et moins dur, y ajouter de la térébenthine ou du goudron. Le *mastic bitumineux*, fait avec le malt, est connu de toute antiquité, puisqu'on en a retrouvé des fragments dans les ruines de Memphis, de Ninive, de Babylone, de la tour de Babel; il a reçu, dans ces derniers temps, une nouvelle application, depuis qu'on a reconnu que c'est un très bon isolant en cas d'incendie. Les magasins à fourrages, à grains, de la Compagnie des omnibus, à Paris, ont leurs planchers en bois recouverts d'une couche de terre à four, recouverte de 15 millimètres de mastic bitumineux. — V. ASPHALTE.

La *glu marine solide ou liquide* est encore un mastic hydrofuge. Elle se fait en dissolvant 1 partie de caoutchouc dans 12 parties d'huile de goudron de houille, et y ajoutant son poids de gomme laque ou d'asphalte, ou les deux; on chauffe pour bien mélanger, et on y ajoute de l'huile de goudron, si l'on veut préparer de la glu liquide. Ce produit permet de souder le bois, le fer au bois, de calfater les navires, de recouvrir d'un enduit imperméable, le bois, les métaux, les toiles, les cordages, les tuyaux; il est très utile à cause de son inaltérabilité dans l'air ou dans l'eau, et de sa grande adhérence.

Mastics de fer. Ces produits servent surtout pour les conduites d'eau, les tubes à vapeur, etc. Pour réunir les pièces ne supportant qu'une chaleur modérée, on fait un mélange de 1 partie de fleur de soufre, 60 parties de limaille de fer fine, et on en fait une pâte avec de l'eau contenant 2 parties de chlorhydrate d'ammoniaque et un sixième de vinaigre ou d'acide sulfurique étendu. Après avoir décapé les endroits à luter, on y applique le mastic qui, au bout de quelques jours, est devenu très dur. Pour les pièces exposées au feu, on prépare un *mastic réfractaire* avec 4 parties de limaille de fer, 2 parties d'argile et 2 parties de pâte à cazettes pour la cuisson de la porcelaine; on délaie avec de l'eau contenant du chlorhydrate d'ammoniaque, et l'on presse fortement le mastic avec des colliers.

Mastics divers. Sous cette désignation nous comprendrons un certain nombre de produits destinés à des usages différents. Le *mastic de Bell*, employé, en France, par quelques dentistes pour remplir les vides faits dans les dents par la carie, est un amalgame d'argent. Ce produit doit être abandonné comme l'amalgame de palladium employé en Angleterre, ou celui de cuivre, qui sert en Allemagne, à cause des dangers que peut amener la présence du mercure. Le *Diatite* (de Merrick) est un mastic fait avec la gomme laque finement pulvérisée et la silice précipitée; la *zéiodélite* (de Böttger) est un mélange de rhandanite (silice précipitée formée par des diatomées), un peu de graphite et un poids égal de soufre fondu; une composition de même nom est constituée aussi par 19 parties de soufre et 42 parties de grès pulvérisé ou de verre pilé. Après fusion, on peut se servir de ces produits pour cimenter les pierres. — V. ENDUIT, § *Enduit Machabée*. — J. C.

***MASTICAGE.** Opération qui nécessite l'emploi d'un ciment, d'un mastic, pour *mastiquer*, c'est-à-dire pour joindre ou coller des parties séparées, boucher des cavités ou des crevasses.

MAT. Se dit de ce qui n'a point d'éclat, qui réfléchit peu ou point la lumière; le mat est l'opposé de *bruni*. — V. ce mot.

MÂT. *T. de constr. nav.* Pièce de bois, ou assemblage de pièces de bois servant, à bord des navires, à supporter les voiles. — V. MÂTURE. || *T. de chem. de fer*. Support des signaux et des *disques*. — V. ce mot.

***MATAGE.** *T. techn.* Opération du doreur, laquelle consiste à passer une légère couche de colle de parchemin chaude sur les parties qui ne doivent pas être brunies. || Serrer une soudure au moyen du matoir; boucher toutes les fuites qui peuvent exister dans une chaudière en tôle après l'opération de la rivure. — V. CHAUDRONNERIE.

MATELAS. L'une des principales garnitures d'un lit, et formée d'un coussin rempli de laine, de crin, de varech, etc., piqué d'espace en espace et qui couvre toute l'étendue d'un lit. || *Toile à matelas*. Les tissus dont on se sert dans l'industrie de la literie, pour la confection des matelas, sont des plus variables. Les principaux sont les suivants :

1° Les coutils en fil de lin, se faisant toujours par rayures alternées, les unes blanches, les autres bleues, et qui se fabriquent par l'armure sergé de 3 et 4, ou sergé coupé formant chevron;

2° Les tissus en fil de lin, à fleurs et à dispositions. Ces étoffes sont façonnées et nécessitent l'emploi de la Jacquard; on les fait en armure damassée;

3° Les tissus de coton en qualité grossière, dits *de Flers*. Ces étoffes, très solides et imaginées dans le but de faciliter à la classe pauvre les moyens de se procurer les objets de ménage de première necessité, ont des dispositions qui ne varient jamais; ce sont toujours des carreaux réguliers, par un carreau blanc et un bleu, alternativement. Le tissage se fait par l'armure taffetas. || *T. techn.* Pièces ou assemblages de pièces destinées à amortir un choc, comme le ferait un matelas; c'est ainsi qu'on matelasse la cuirasse d'un navire.

***MATELASSÉ.** Outre les objets rembourrés auxquels on donne ce nom, on désigne aussi, en *t. de tiss.*, un effet bombé qu'on obtient, principalement dans les tissus de Saint-Quentin, au moyen d'une grosse duite de coton *mèche*, intercalée, pendant le tissage, entre la toile fine qui fait l'endroit de l'étoffe et la chaîne de soubassement dont les fils, dits *d'opération*, jouent le rôle de couseurs, pour produire l'effet de piqûre. Ces fils d'opération ne doivent être levés qu'aux endroits commandés par le pointage du dessin. Ce bombé est d'autant plus prononcé que la duite de bourré est grosse.

MATELASSIER, IÈRE. *T. de mét.* Celui, celle qui confectionne et carde les matelas. || On donne le nom de *matelassière* ou de *matelassure* à la garniture intérieure des panneaux d'une caisse de voiture de luxe.

MÂTER (Machine à). Engin, appelé aussi *mâture*, en usage dans les ports et chantiers de navires et servant à embarquer ou à débarquer des objets de grand poids ou de grandes dimensions, tels que canons, pièces de mâture, chaudières, pièces de machines, etc. Les machines à mâter doivent être puissantes et posséder une grande hauteur et une grande portée; elles sont installées tantôt sur des quais et constituent les mâtures fixes, tantôt elles sont disposées sur des pontons flottants.

En général, elles sont formées de deux grandes bigues inclinées reliées à leur tête, celle-ci étant munie d'une plate-forme et des engins de levage; des jambes de force, des haubans et des étais soutiennent l'ensemble. Des treuils à vapeur, ou même hydrauliques leur sont adjoints ainsi que des cabestans mus par des hommes.

Les arsenaux de l'Etat possèdent, en général, une ou plusieurs mâtures fixes et un certain nombre de pontons-mâture flottants; les plus puissants de ces engins peuvent manœuvrer des poids de 150 tonnes. Leur installation a été nécessitée par l'indroduction des gros canons dans l'armement de la flotte. En général, les mâtures de 50 tonnes sont largement suffisantes.

MATÉRIAUX DE CONSTRUCTION. Les *pierres*, les *briques*, la *chaux*, le *plâtre*, le *sable*, les *pouzzolanes*, les *bois*, principalement le *chêne* et le *sapin*, certains métaux, tels que le *fer*, le *cuivre*, le *zinc* et le *plomb* sont les matériaux que l'on emploie le plus fréquemment dans l'art des constructions.

Les *pierres* sont des substances minérales, solides, incombustibles, non malléables, d'une pesanteur spécifique généralement supérieure à celle de l'eau. Elles sont formées d'oxydes terreux, purs ou combinés avec d'autres substances. Les bonnes pierres à bâtir doivent présenter, comme qualités distinctives: la finesse et l'homogénéité du grain, la compacité de la texture, la facilité du travail, l'adhérence au mortier, la résistance à l'écrasement et à la rupture, et l'inaltérabilité sous l'influence des diverses actions atmosphériques. Cette dernière qualité est surtout indispensable pour les pierres destinées à être employées à l'extérieur des constructions. Ainsi doit être rejetée toute pierre dite *gélive*, c'est-à-dire ne pouvant résister à l'action de la gelée. — V. GÉLIVITÉ.

On classe les pierres d'après certains caractères tels que la dureté, les dimensions, la mise en œuvre, la composition et la structure. Ainsi, l'on nomme *pierres dures* toutes celles qui ne peuvent être débitées qu'à la scie sans dents, à l'eau et au grès; *pierres tendres*, celles qui se débitent à la scie dentée. Les pierres de fortes dimensions prennent le nom de *pierres de taille*, lorsqu'elles sont taillées; de *blocs*, lorsqu'elles ne le sont point; de *libages*, lorsqu'elles sont grossièrement dressées sur leurs lits. Les pierres de petites dimensions s'appellent *moellons piqués*, quand elles sont mises en œuvre à la façon des pierres de taille; *moellons smillés*, quand elles sont grossièrement équarries; *moellons bruts*, quand elles ne sont point travaillées. Sous le rapport de la composition, les pierres de construction se divisent en pierres *calcaires*, *siliceuses*, *argileuses*, *gypseuses*, *volcaniques*.

Les pierres calcaires sont des carbonates de chaux, tantôt purs, tantôt mélangés de silice, d'alumine, de magnésie, d'oxydes métalliques, etc. Elles font effervescence avec les acides, ne produisent point d'étincelles sous le choc de l'acier et se convertissent en chaux à une certaine température. On en distingue de plusieurs espèces (V. CALCAIRE), dont aucune n'est particulière à tel ou tel terrain, mais qui présentent des degrés de dureté et des pesanteurs spécifiques très différents. C'est à cette catégorie qu'appartiennent les marbres les plus durs et les plus lourds, tels que le marbre de Paros (V. MARBRE), les pierres les plus tendres et les plus légères, telles que la *craie*. Mais l'espèce dite *calcaire grossier* est celle que l'on trouve le plus fréquemment employée dans les constructions. Elle est d'une texture terreuse, à grain grossier; sa cassure est droite et quelquefois raboteuse, et sa couleur varie du jaune pur au blanc sale. C'est, en grande partie, à la présence de cette roche en masses énormes situées à une faible profondeur sur les deux rives de la Seine que Paris doit son immense développement.

Sous le rapport de leur emploi, les pierres calcaires se divisent en deux classes principales: les *pierres dures* et les *pierres tendres*, caractérisées, comme nous l'avons dit plus haut, par leur mode de débit. Celles des environs de Paris appartenant à la première catégorie sont le *liais*, le *cliquart*, la *roche* et le *banc-franc*. Le *liais* réunit toutes les qualités d'une bonne pierre de taille. On en distingue trois espèces: le *liais dur*, d'un grain fin, à texture compacte, fournissant une très belle pierre à bâtir; le *liais Ferault* ou faux liais, qui est aussi dur que le précédent, mais d'un grain bien plus gros; le *liais rose*, qui est plus tendre que les deux variétés précédentes et qu'on emploie particulièrement pour faire les carreaux de vestibules, des tablettes et des chambranles de cheminées, etc. Le *cliquart*, dont les carrières sont presque toutes épuisées, est une pierre à grain fin de très bon appareil. La *roche* est très dure et quelquefois coquilleuse; elle se tire des carrières de Montrouge, de Bagneux, de Chatillon, de Vitry, etc. On emploie aussi, à Paris, différentes autres espèces de pierres de roche, parmi lesquelles on distingue celles de *Saillancourt*, celles de *Saint-Nom*, de *l'Isle-Adam*, de *Silly*, etc., celles de *Sainte-Marguerite* et de *Château-Landon*. Vu l'épuisement accompli ou prochain des carrières de roche des environs de la capitale, on fait venir la pierre calcaire, par eau et par chemin de fer, de localités éloignées et particulièrement de la Bourgogne et de la Lorraine. En Bourgogne, les meilleures carrières de pierre dure sont situées entre Montbart et Châtillon (Côte-d'Or) et dans le canton de l'Isle (Yonne). Les bonnes pierres dures de Lorraine, employées à Paris pour les soubassements des édifices, sont tirées des carrières d'*Euville*, de *Lérouville* et de *Mécrin*, près Commercy. On fait encore usage, dans cette ville, d'une pierre tirée de Saint-Yhé, dans le Jura, laquelle est susceptible de poli et a été utilisée pour les parapets de certains ponts; des pierres dures d'*Hauteville* et de *Villebois*, dans l'Ain; des différentes variétés de pierres de l'*Echaillon* (Isère); de diverses roches tirées de la *Ferté-Milon*, *Soissons*, *Laversine*, *Saint-Maximin*, etc.; d'un calcaire lacustre, compact, très dur, blanchâtre, provenant de la commune de *Souppes*, près de Fontainebleau. Le *banc-franc* ou *pierre franche* est moins dur que la roche et d'un grain plus fin, ce qui le fait quelquefois confondre avec le liais, qu'il remplace économiquement. Le meilleur banc-franc est celui d'*Arcueil*.

Les pierres calcaires tendres des environs de Paris sont: la *lambourde*, le *vergelé*, le *Saint-Leu*, le *conflans* et le *parmin*. La lambourde provient des carrières de *Saint-Maur*, *Carrières-sous-bois*, *Gentilly*, *Nanterre*, *Carrières Saint-Denis*, *Houilles*, *Montesson*, etc. Le *vergelé* et le *Saint-Leu* s'extraient de carrières situées sur les bords de l'Oise. Le *conflans* est une très belle pierre tendre provenant de *Conflans-Sainte-Honorine* et dont on distingue trois variétés. La première, nommée *banc-royal*, a le grain extrêmement fin et se tire en blocs de toutes grandeurs; les angles du fronton du Panthéon sont de cette pierre et ont été taillés dans des blocs bruts de 14 mètres cubes. La seconde espèce est plus tendre et plus fine que la précédente; comme celle-ci, elle est fréquemment employée pour les travaux où l'on doit exécuter des moulures ou des sculptures. La troisième variété, appelée *lambourde*, est d'un grain aussi fin que le banc-royal, mais plus tendre et de qualité inférieure. Le *parmin* est un calcaire tendre, blanchâtre, que l'on extrait des environs de Pontoise; il se taille très bien et peut recevoir la sculpture fine.

En dehors des pierres calcaires employées pour les constructions à Paris et dans les environs, on distingue celles que fournissent les carrières les plus abondantes des départements des Bouches-du-Rhône, du Calvados, de la Côte-d'Or, du Doubs, de la Dordogne, du Gard, de la Gironde, de l'Hérault, du Lot, de la Haute-Marne, de la Meuse, de la Moselle, du Nord, des Basses et Hautes-Pyrénées, du Var, de Vaucluse, de l'Yonne, etc. La ville de Marseille est, en partie, construite en *pierre froide* provenant des environs d'Aix, d'Arles, de Saint-Leu, de Callisanne, etc. A Caen, les pierres calcaires sont coquilleuses, très blanches, et très belles; celles de Besançon sont excessivement compactes et susceptibles de recevoir un beau poli. Aux environs de Bordeaux, sur les bords de la Garonne, du Lot, de la Dordogne, et de la Vézère, on trouve une grande quantité de pierres calcaires plus ou moins compactes. Le département du Gard en renferme plusieurs sortes. Les carrières de Beaucaire produisent des calcaires ayant une grande analogie avec le vergelé des environs de Paris. Les pierres de Montpellier renferment de très nombreux coquillages. A Tours et à Chinon, le calcaire est d'un grain très fin et très serré. A Orléans, la pierre est analogue à celle de Château-Landon. A Lyon, on emploie les pierres d'*Hauteville*, de *Villebois*, de *Seyssel*, celles dites de *Choin*, provenant du département de l'Ain; la pierre de *Saint-Fortunat* (Rhône), de couleur grise et utilisée notamment pour les seuils, appuis, marches d'escalier, jambages, etc., les pierres de *Lucenay*, de *Couson*, de *Saint-Cyr*, la pierre fine de *Pomier*, ainsi que les calcaires rouges de *Tournus*. A Rouen, les pierres de *Caumont* et le liais de *Vernon* sont remarquables pour la beauté de leur contexture.

En Angleterre, les sédiments calcaires sont généralement moins abondants que dans d'autres pays. En revanche, les sédiments argileux, siliceux et autres y sont considérables. Aussi les constructions en pierre calcaire sont-elles beaucoup moins nombreuses, beaucoup moins importantes dans cette région que celles en granit et en briques. Parmi les pierres calcaires employées, en Angleterre, pour les édifices publics ou privés, en dehors de cellés qui sont importées de France et surtout de Normandie, on remarque des calcaires magnésiens ou dolomitiques (pierres de *Bolsever Moor*, d'*Anston*, d'*Huddlestone*, etc.), et des calcaires dolomitiques (pierres de *Bath*, de *Portland*, etc.). En Belgique, la plus belle pierre calcaire utilisée est celle de *Soignies*; c'est un calcaire carbonifère, de couleur gris-bleuâtre et d'une grande cohésion. On l'emploie pour toutes sortes de constructions : ponts, écluses, marches d'escalier, chambranles de portes, monuments funéraires, etc. On exploite encore le calcaire carbonifère, dans la province de Namur, à *Ligny*, aux carrières des *Grands-Malades*, près Namur, des *Ecaussines*, de *Feluy*, d'*Arquennes*, de *Lilliote*, de *Comblain*, d'*Arque-Sorel;* aux environs de Bruxelles, à *Nivelle*, etc.; mais ces différents calcaires sont inférieurs en qualité à ceux de Soignies. En Prusse et dans les Etats de l'Allemagne du Nord, on emploie un tuf calcaire et diverses sortes de calcaires ordinaires, carbonifères et dolomitiques, dont les gisements sont assez nombreux. Le Wurtemberg est surtout très riche en calcaire propre aux constructions. Cette région fournit un tuf calcaire brunâtre, très tendre quand il sort de la carrière et se laissant même débiter facilement à la scie ordinaire, mais durcissant à l'air. Cette pierre est très recherchée pour la construction des voûtes, des tunnels de chemin de fer, pour les clochers et pour les fortifications. L'Autriche emprunte, en grande partie, à ses anciennes possessions d'Italie les pierres calcaires dont elle fait usage pour les constructions. Néanmoins, on trouve en Hongrie, en Gallicie, dans la haute et basse Autriche, des calcaires de bonne qualité. L'Italie est un pays très riche en calcaires de toutes variétés. A Turin cependant, la brique est très employée; la pierre de taille sert principalement pour les soubassements et les marches d'escalier. A Milan, on utilise une pierre calcaire tendre, de couleur jaune, facile à travailler et durcissant à l'air, où il prend un ton grisâtre. Le travertin proprement dit et le tuf calcaire sont d'un usage très fréquent en Toscane, à Naples et à Rome. Parmi les espèces de pierres calcaires des environs de Vérone, il faut en citer une, appelée *bronzo*, à cause de sa sonorité et qui compte parmi les plus belles de l'Italie; on s'en sert pour la sculpture et les ouvrages précieux d'architecture. Les montagnes de *Chiampio*, dans le Vicentin, fournissent : 1° des pierres calcaires blanches et sonores comme le *bronzo*, dont on fait des statues, des chapiteaux et des corniches; 2° des pierres tendres de fort belle qualité, excellentes aussi pour la statuaire, la sculpture et la construction. Dans les îles de Malte et de Gozzo, on exploite de très beaux calcaires propres à la bâtisse. Dans un grand nombre de localités de la Grèce ce sont des marbres calcaires ordinaires que l'on emploie souvent comme pierres de taille. On fait usage aussi de certains tufs provenant de Cimolos, de Pilos, etc. La Russie est dépourvue de pierres calcaires; elle emprunte ces matériaux à l'Allemagne, à la Belgique, à la France et à l'Italie. Dans les constructions ordinaires, le bois et la brique jouent le principal rôle. Comme matériaux calcaires à bâtir ou pour ornement, la Suède emploie diverses espèces de marbres de diverses couleurs provenant de différentes provinces et un calcaire silurien extrait de l'île d'Oland et de quelques autres localités. L'Espagne possède de nombreux gisements de pierres calcaires propres à bâtir; on y exploite aussi des marbres communs pour les constructions ordinaires. Le Portugal est également riche en matériaux de construction, surtout en marbres et en calcaires ordinaires. On emploie, au Canada, un calcaire noir, très compact et très résistant, dit *calcaire de Montréal*. Au Brésil, on trouve, sur beaucoup de points, des calcaires saccharoïdes, pour la plupart éruptifs dans les gneiss. Le Chili ne possède guère qu'un grès calcaire coquillier exploité aux environs de la baie Coquimbo. Les calcaires à bâtir de la Confédération argentine proviennent de la province de Cordova.

Tous les calcaires que nous venons d'énumérer s'emploient en pierres de taille; les éclats ou les blocs défectueux que donnent l'extraction se débitent en *moellons* (V. ce mot). Quant aux pierres calcaires susceptibles de recevoir le poli, elles prennent le nom de *marbres* et présentent de nombreuses variétés. — V. MARBRE.

Après les calcaires, les pierres dites *siliceuses* sont le plus fréquemment employées dans les constructions. Elles ne font point effervescence avec les acides et donnent des étincelles sous le choc du briquet. Les granits, les grès et les meulières sont les plus importants de ces matériaux.

Le *granit* (V. ce mot) est une pierre très dure et très résistante, formée par l'agglomération de trois minéraux : le feldspath, le mica et le quartz, en proportions variées d'une espèce à l'autre. Les granits sont d'autant plus durs que le quartz est plus abondant et que ses grains sont plus fins. Lorsque le feldspath domine beaucoup, la roche prend le nom de *granit porphyroïde*. Les porphyres proprement dits sont des granits dans lesquels le quartz et le mica manquent entièrement; ils sont composés d'une pâte feldspathique, dans laquelle se sont formés des cristaux de feldspath. Les *trachytes* sont des produits volcaniques d'une époque ancienne, dont la pâte est du feldspath. Les *basaltes* sont des éruptions volcaniques plus modernes, composées de *pyroxène* (silicate de magnésie et de fer) et de *labrador*, espèce de feldspath à base d'alumine, de chaux et de soude. Ces dernières roches sont trop dures pour être taillées; mais, dans quelques localités, on en fait du moellon. Dans l'art des constructions, on désigne, en général, sous le nom de *granits* toutes les pierres provenant de roches feldspathiques dont la grande dureté varie avec les proportions des parties constituantes et dont les grains, de différentes couleurs, sont fortement réunis par un ciment naturel. Leur poids varie de 2,600 à 2,900 kilogrammes par mètre cube. La résistance presque indéfinie que ces pierres offrent à l'action des agents atmosphériques rend leur emploi très avantageux dans les constructions. Cet emploi est, d'ailleurs, imposé dans certaines régions, telles que la Bretagne, par la constitution du sol. A Paris, on fait usage du granit pour dalles et bordures de trottoirs, bouches d'égout, bornes, auges, etc... Ceux que l'on préfère sont gris et proviennent des environs de Saint-Brieuc, et des départements du Calvados, de l'Orne et de la Manche. En Bourgogne, on trouve aussi des granits d'une assez bonne qualité. Presque toutes les autres régions de la France en renferment, mais particulièrement la Bretagne, l'Auvergne, les Pyrénées et les Alpes. La plupart des granits sont susceptibles de recevoir un très beau poli.

Les *laves* d'Auvergne ont quelque analogie avec les granits; elles sont d'un grain plus fin, mais moins serré. Les meilleures laves proviennent des bancs les plus durs et les plus compacts des carrières de Volvic. La ville de Clermont-Ferrand a été bâtie avec cette pierre.

Les grès sont des pierres composées de grains de sable siliceux, réunis par un ciment siliceux, argileux ou calcaire. Ils prennent le nom de *poudingues* ou de *brèches*, quand les grains sont de fortes dimensions et suivant que ces éléments sont arrondis ou anguleux. Quelques grès forment d'excellentes pierres à bâtir; mais la plupart adhèrent mal au mortier et sont impropres à la sculpture. Les grès durs sont surtout employés comme pavés. Cependant l'on fait usage de ces pierres pour la bâtisse dans les régions où la bonne pierre calcaire fait défaut : ainsi les carrières de *la Rhune*, situées près d'Ascani (Basses-Pyrénées), produisent de magnifiques blocs de grès, qu'on a employés avec avantage aux constructions du phare de Biarritz, du port de Saint-Esprit-Bayonne sur l'Adour, du pont Mayon, sur la Nive, à Bayonne, etc. Des villes entières, telles que Carcassone, Brives, etc., sont bâties avec cette pierre, qui a été employée dans une grande partie des ouvrages d'art du canal et du chemin de fer du Midi, ainsi que pour les ponts de Nevers et de Moulins, et aussi dans un grand nombre d'édifices publics et particuliers. Les Vosges fournissent des grès colorés en rouge plus ou moins foncé passant au gris et au brun ; on les appelle *grès rouges* et *grès bigarrés*. Ces pierres sont employées dans les constructions; le soubassement du palais de l'Industrie, à Paris, est en grès bigarré des environs de Phalsbourg. Les grès employés comme pavés sont généralement blancs et leur grain est égal et fin; ils se trouvent en bancs continus et en grosses masses isolées au milieu d'un sablon fin et mobile qui prend, en s'agglutinant de plus en plus, la consistance des grès les plus vifs et les plus tenaces. Les carrières de grès des environs de Toulon fournissent les pavés employés à Marseille et dans les villes du Var et des départements voisins. Il existe beaucoup de carrières de grès dans les environs de Paris. On distingue celles de *Montbuisson*, *Palaiseau*, *Pontoise*, *Belloy*, *Sceaux*, *Lozère*, *Orsay*, *Lacave*, *Train*, *Marcoussis*, et celles si productives de la forêt de *Fontainebleau*. — V. Grès.

Les *meulières*, ainsi nommées parce qu'on en fait d'excellentes meules, sont des pierres siliceuses d'une structure très irrégulière. Aussi ne peut-on les employer comme pierres de taille; mais on en fait des moellons de très bonne qualité, très durs, très résistants et qui ne s'altèrent nullement aux intempéries de l'atmosphère. Les nombreuses cavités que ces pierres présentent leur permettent d'adhérer très bien au mortier. On fait grand usage de cette pierre à Paris et dans ses environs; elle y a été employée à la construction des abattoirs, des prisons, des fortifications et à celle de nombreux ouvrages d'art sur les canaux et les chemins de fer.

D'autres pierres siliceuses sont encore employées dans les constructions; ce sont les *silex*, les *cailloux*, les *poudingues*. Les *silex* sont des rognures, de différentes formes, d'une pierre très dure que l'on rencontre dans les bancs de craie. Cette pierre adhère mal au mortier à cause de sa surface lisse. Cependant, on emploie les plus gros blocs avec assez d'avantage dans les massifs de maçonnerie. Les *galets* ou *cailloux* sont des fragments de pierres de différentes grosseurs, faisant feu sous le choc de l'acier, et formés par les débris des diverses roches que charrient les rivières. On les emploie, sous des grosseurs qui ne dépassent pas 5 à 6 centimètres, à la construction des routes macadamisées et à la fabrication du béton. Dans certaines localités, les cailloux d'un plus grand volume, appelés plus particulièrement *galets*, sont employés pour le pavage des rues. Dans les localités où le moellon fait défaut, on emploie généralement les galets concurremment avec la brique dans les constructions. Plusieurs villes du midi sont, en grande partie, construites en maçonnerie mixte de galets et de briques. Le *poudingue*, vulgairement appelé *grison*, est une réunion de petits cailloux agglutinés ensemble par un ciment siliceux. Ces blocs affectent fréquemment la forme d'un parallélipipède un peu aplati, ce qui les rend très propres à la construction des ouvrages de maçonnerie, surtout à cause des aspérités de leur surface, qui y font parfaitement adhérer le mortier.

A l'étranger, on fait un fréquent usage des pierres siliceuses, notamment des granits et des grès. En Angleterre, le granit le plus estimé pour les constructions est le granit de *Cheswring*. On s'en est servi pour le pont de Waterloo et pour celui de Westminster. Il faut citer encore le granit bleu de *Peterhead*, les granits très durs d'*Inverary*, de *Bonaw* et de l'île de *Mull*, employés en bordures, caniveaux, tablettes, balustres, pavages, etc.; les granits de *Jersey* et de *Guernesey*. Les grès anglais les plus connus sont ceux d'Ecosse, de *Scheffield*, de *Rockhill*, de *Caithness*, de *Leysmils*, *Border*, *Balgavirel*, *Balmashanner* et *Gayind*, employés pour pavages, dalles, carreaux, caves, etc... En Allemagne, les granits de Wurtemberg sont renommés comme pierres de construction et d'ornementation. La même région renferme aussi des grès d'excellente qualité, parmi lesquels nous citerons les grès bigarrés de la forêt Noire. Les environs de Trèves fournissent aussi un grès bigarré très propre à la construction. Enfin, près d'Aix-la-Chapelle, on exploite le grès d'*Herzegenrath*, blanc et presque entièrement composé de grains de quartz pur. La colonne du Congrès, à Bruxelles, est en grès d'Herzegenrath. Le sol de la Belgique renferme un certain nombre de grès calcaires, siliceux et argileux, excellents comme matériaux de pavage et de construction. Nous citerons seulement le grès calcarifère désigné sous le nom générique de *macigno* et qui s'exploite à *Velaine*, à *Gobertange*, près Jodoigne, à *Grand-Hallet*, etc. La façade de l'Hôtel de Ville de Bruxelles et sa flèche, les façades principales et latérales de l'église Sainte-Gudule et des principaux monuments des Flandres sont construits ou réparés avec la pierre blanche de Gobertange. En Italie, la Toscane et le Milanais fournissent pour les constructions de bons granits, parmi lesquels nous signalerons l'espèce dite *migliarolo bianco*, marquetée de petites taches grises sur un fond blanc. Presque toutes les colonnes des portiques, péristyles et églises de Milan, ainsi que des villes circonvoisines, sont faites de cette pierre, de même que les architraves, les montants de portes, les appuis et les marches d'escaliers. La Toscane est également très riche en grès calcaires d'excellente qualité. Mais la variété de grès la plus recherchée pour les constructions est le *macigno* ou grès calcarifère, que l'on exploite dans les environs de Florence et que l'on emploie soit pour le dallage, soit pour la bâtisse. Dans le Portugal, on trouve des granits très variés et très abondants, ainsi que certains grès susceptibles d'être utilisés comme pierres de taille. En Suède, le granit le plus propre aux constructions provient de carrières situées dans les environs de Stockholm à *Hufoudsta*. Il se taille très facilement, est d'un grain très fin; il a été employé pour le monolithe qui forme la statue de Berzélius. Dans la même contrée, le grès silurien des environs de *Motala* est fréquemment employé comme pierre à bâtir. Le golfe de Finlande, en Russie, est rempli de petites îles d'où l'on tire une grande quantité de granit. On en fait usage, à Saint-Pétersbourg, pour les murs des quais et autres grands ouvrages. Dans l'Amérique du Sud, au Brésil notamment, il y a des granits de différentes variétés, jaunes foncés au *Céara* et très blancs à *Sainte-Catherine*, qui donnent une excellente pierre de construction. Dans la province de Saint-Paul, le grès psammite est employé pour les constructions concurremment avec la brique.

Les pierres *argileuses* ne font pas effervescence avec les acides, ne donnent point d'étincelles sous le choc de l'acier et affectent souvent la texture schisteuse. Ces pierres sont généralement impropres à la construction ; cependant quelques-unes fournissent des dalles que l'on emploie soit pour le pavage, soit pour la couverture des édifices ; telles sont les *ardoises*. — V. Ardoise, Couverture.

Les pierres *gypseuses* ou sulfates de chaux ne font pas effervescence avec les acides et se laissent rayer par l'ongle. Tendres, friables et déliquescentes, ces pierres ne peuvent être employées dans les constructions ; mais elles ont une grande importance, en ce sens que c'est d'elles qu'on tire le *plâtre* (V. ce mot). Quelques-unes d'entre elles contiennent une petite quantité de carbonate de chaux ; elles font alors une légère effervescence avec les acides et elles donnent ordinairement de meilleur plâtre que les autres.

Les *briques* sont des pierres artificielles d'un emploi très commun dans la construction et que l'on fabrique au moyen de terres argileuses. Nos lecteurs trouveront aux articles Brique et Maçonnerie tous les détails concernant l'histoire et l'emploi de ces matériaux.

La *chaux* est un oxyde de calcium que l'on obtient par la calcination, dans des fours, du carbonate de chaux plus ou moins pur que l'on rencontre en abondance dans la nature. Ces pierres calcaires soumises à la cuisson sont rarement du carbonate de chaux pur ; elles renferment, en général, des quantités notables de matières étrangères, telles que quartz, oxydes de fer et de manganèse, magnésie et argile, etc. De là différentes espèces de chaux, dont les qualités dépendent, non seulement de la quantité de matières étrangères contenues dans la pierre calcaire, mais aussi de la nature de ces matières. Quoi qu'il en soit, la propriété particulière à toutes les chaux est de servir de base aux *mortiers*, *bétons* et *ciments* employés dans les constructions, et de se combiner, par l'intermédiaire de l'eau, à la silice que contient le sable. Par suite de l'effet complexe de la combinaison chimique de la chaux avec la silice, de l'absorption de l'acide carbonique de l'air et de l'évaporation de l'eau, le mortier durcit et adhère aux matériaux de construction, de manière à constituer une seule masse plus ou moins homogène et plus ou moins solide. Les différentes espèces de chaux, *chaux grasse*, *maigre*, *hydraulique*, *chaux-ciment* ou *ciment romain* sont étudiées aux articles Chaux et Ciment.

Les *sables* s'emploient, dans les constructions, à la fabrication des mortiers, à l'établissement du lit et au remplissage des joints de la plupart des pavés. Ces matières proviennent de la désagrégation de différentes roches. De là résulte une grande variété dans la forme, dans les dimensions et dans la composition de leurs grains. On distingue : les sables *fossiles*, produits d'anciennes révolutions du globe, et formant de vastes dépôts en grand nombre de points où ils ont été transportés par les eaux ; les sables *vierges* ou *arènes*, qui n'ont point été charriés et qui résultent de la décomposition spontanée de roches arénacées feldspathiques ou argileuses. On dit qu'un sable est *fin*, lorsque ses grains n'ont pas plus d'un millimètre de diamètre, et *gros*, lorsque ce diamètre s'élève de un à trois millimètres ; au delà c'est du gravier. Ces différentes variétés peuvent se trouver mélangées. Les sables arènes, en raison de l'argile qu'ils contiennent, ont seuls la propriété de former avec la chaux grasse des mortiers hydrauliques. Les autres sables ne conviennent à la fabrication des mortiers que s'ils sont parfaitement purs, c'est-à-dire débarrassés, par le lavage, de toutes matières étrangères.

On appelle *pouzzolanes* des substances qui, mélangées avec de la chaux grasse, donnent des mortiers capables de durcir sous l'eau. On les divise en *pouzzolanes naturelles* et *pouzzolanes artificielles*. Les plus estimées sont les pouzzolanes volcaniques, produits de l'action du feu sur des corps essentiellement composés de silice et d'alumine. Leur nom vient de ce que l'on en tire, de temps immémorial, des environs de Pouzzoles, dans la baie de Naples ; il s'en exploite également dans la plupart des contrées volcaniques. Ces pouzzolanes n'ont pas toutes la même énergie : les unes donnent des mortiers qui font prise en moins de trois jours d'immersion ; d'autres exigent plus de quinze jours pour faire prise. Les pouzzolanes artificielles sont, le plus généralement, fabriquées avec des argiles, des vases provenant des bassins et des ports de mer, des arènes de diverses sortes, des schistes argileux, etc. On les soumet à la cuisson, soit en fragments irréguliers, soit sous forme de briques ou de moellons et à la manière des pierres à chaux ou des briques, soit pulvérisées et dans des fours à réverbères. Divers produits industriels sont utilisés en qualité de pouzzolanes ; tels sont les débris concassés de tuileaux et de briques, des cendres de houille, de tourbe, de bois, etc.

Les *mortiers* sont les matières liaisonnantes le plus fréquemment employées dans les constructions et sont formées par le mélange d'une chaux réduite en pâte molle avec du sable ou de la pouzzolane. On les divise en *mortiers* hydrauliques et *non hydrauliques*. Les diverses variétés comprises dans ces deux catégories, leur fabrication et leur emploi dans les maçonneries sont étudiés à l'article Mortier.

Les *bétons* sont des mélanges de mortiers hydrauliques avec des cailloux. On en fait un grand usage pour les fondations, surtout lorsque celles-ci sont submergées. On les emploie aussi, mais plus rarement, pour former des maçonneries de remplissage ou des voûtes. — V. Béton.

Le *plâtre* est, comme nous le disions ci-dessus, un sulfate de chaux obtenu par la calcination du gypse ou sulfate de chaux hydraté. Il adhère fort bien aux pierres, aux briques et au fer, mais fort mal au bois. — V. Plâtre.

Parmi les matériaux liaisonnants, il faut encore citer les *bitumes* (V. ce mot). Les asphaltes ou *mastics* bitumineux sont en grand usage, depuis quelques années, pour former des dallages et couvrir des terrasses ou des voûtes.

Les *verres* sont aussi des matériaux formés de substances minérales ; ils sont généralement formés de silicates doubles à base de chaux et de potasse ou de soude. Le cristal est un verre dans lequel la chaux est remplacée par l'oxyde de plomb. Dans les verres très communs, tels que les verres à bouteilles, des silicates métalliques très fusibles, principalement des silicates de fer, remplacent, en partie, les silicates de soude et de potasse. — V. Verre.

Les *bois* (V. ce mot) le plus habituellement employés dans les constructions sont le *chêne*, le *châtaignier*, l'*orme*, le *charme*, appartenant à la catégorie des bois *durs*; les *sapins*, les *pins*, le *hêtre* et le *peuplier*, appartenant à celle des bois tendres.

Le bois de chêne est un excellent bois de construction. Il est dur, résistant et s'obtient sous d'assez fortes dimensions. Exposé à l'air et dans des circonstances convenables, il se conserve pendant plusieurs siècles; sous l'eau, il acquiert une grande dureté au bout d'un certain temps, et il se conserve presque indéfiniment. Les constructeurs admettent deux variétés principales de chêne : l'une, qui ne vient que dans les bons terrains, donne un bois élastique et résistant, lorsque le terrain est sec, et gras quand le sol est humide. Ce bois convient parfaitement aux ouvrages de charpente intérieure et de menuiserie. Tels sont les bois connus dans le commerce sous les noms de chêne de Hollande et de chêne des Vosges. L'autre, qui croît dans les terrains pierreux, fournit un bois plus dur, plus résistant, plus durable, mais noueux, sujet à se gercer, difficile à travailler et qui s'emploie, de préférence, en fondation et pour l'établissement de constructions exposées aux intempéries de l'atmosphère. Le châtaignier est quelquefois utilisé à défaut du bois de chêne, dont il a l'apparence et quelques qualités. Il est assez résistant, il durcit dans l'eau, et il s'y conserve indéfiniment; mais, exposé à l'air, il est sujet à la vermoulure et il devient cassant. L'orme est parfois substitué au chêne, dans les constructions qui n'exigent pas une longue durée. L'orme tortillard, qui a une grande ténacité, est souvent employé avec avantage pour les poinçons de combles à plusieurs égouts, qui doivent être percés d'un grand nombre de mortaises. Le charme ne s'emploie guère que dans le charronnage et la charpenterie des machines. Le hêtre, bois compact et pesant, est sujet à se tourmenter et à être attaqué par les insectes.

Le bois de sapin est résineux, tendre et facile à travailler; mais il ne se conserve pas très bien, étant sujet à l'échauffement et à la vermoulure. Celui qu'on tire du nord de l'Europe est plus dur, plus résistant et plus durable. Le sapin est employé pour la charpente et la menuiserie. Les variétés de pins le plus fréquemment employées dans les constructions sont le mélèze, moins dur, mais plus tenace que le chêne et plus facile à travailler, résistant parfaitement aux intempéries de l'atmosphère et à la pourriture; le pin de Corse, analogue au précédent et convenant parfaitement à un ouvrage de charpente et de menuiserie; le pin sauvage, très répandu en France, le pin maritime, de qualité inférieure et ne pouvant s'employer que dans les constructions les plus vulgaires. Le bois de peuplier n'est guère utilisé que pour la menuiserie et pour recevoir les ardoises des couvertures.

Parmi ces essences, le chêne et le sapin sont celles qui fournissent la plupart des planches employées dans les constructions et que l'on trouve, dans le commerce, débitées suivant des dimensions déterminées. — V. Planche.

De tous les métaux propres à être mis en œuvre dans l'art de bâtir, le fer est le plus fréquemment utilisé. Nous avons donné à l'article Fer de nombreux détails sur les propriétés, l'extraction, la métallurgie et l'emploi de cette matière dans les constructions à l'état de fer proprement dit ou de *fonte* (V. ce mot). Le cuivre est, après le fer, le métal le plus tenace. Pur, on s'en sert à l'état de feuilles pour couvrir des terrasses ou des combles. Converti en *bronze* ou en *laiton* (V. ces mots), par son alliage avec l'étain ou le zinc, il est plus fréquemment employé (V. Cuivre). Le *zinc*, tamisé en feuilles minces, sert pour former des couvertures et divers objets tels que chéneaux, tuyaux de descente, etc. (V. Couverture, Zinc), Le *plomb* (V. ce mot) très malléable, peu ductile et peu tenace, s'emploie principalement à la couverture de terrasses, à la fabrication de tuyaux de conduite, à l'établissement de chéneaux, de noues et d'arêtiers. — V. Couverture.

Quant aux conditions de résistance que les divers matériaux énumérés ci-dessus peuvent offrir aux efforts de traction, compression et flexion auxquels ils peuvent être soumis, nos lecteurs les trouveront développées à l'article Résistance des matériaux. — F. M.

MATÉRIEL. On entend par ce mot l'ensemble de l'outillage d'une industrie quelconque et qu'il nous semble inutile de définir plus longuement; ainsi le matériel des houillères, par exemple, comprend toutes les installations des puits et de l'extraction, ainsi que celles qui servent à trier le charbon à la surface. En matière de chemins de fer, on désigne plus particulièrement sous le nom de *matériel fixe* les éléments constitutifs de la voie, tels que les rails, les éclisses, les coussinets, les traverses, les signaux, les plaques tournantes et les chariots transbordeurs, les appareils de levage, les machines d'alimentation, etc.; sous le nom de *matériel roulant*, les voitures à voyageurs, les fourgons les écuries et les vagons de toute nature; enfin sous le nom de *matériel de traction*, les locomotives qui servent à remorquer les trains. Nous renvoyons le lecteur aux articles spéciaux du *Dictionnaire*, et nous n'insisterons ici que sur quelques données générales sur le *matériel des chemins de fer* et le *matériel de guerre*, qu'il nous serait difficile, ailleurs, de traiter comme il convient de le faire.

Matériel fixe. Dans l'évaluation des devis de construction d'une ligne de chemin de fer, on compte habituellement la pose de la voie, non compris le ballast, pour une valeur de 20,000 francs par kilomètre de voie unique et de 40,000 francs par kilomètre de double voie; dans ce prix sont compris tous les accessoires du matériel fixe de la pleine voie; quant aux gares et stations, on évalue la surcharge dont elles grèvent le devis, à 1/10 ou 1/8 environ en sus, selon l'espacement des stations entre elles. Cette proportion est, évidemment, au-dessous de la vérité pour les lignes importantes où les gares ont une valeur considérable; mais, pour de nouvelles lignes aboutissant à des nœuds existants, où il n'y a, relativement, que peu de remaniements à faire, c'est compter largement que de prendre un coefficient de 1/10 en sus.

Matériel roulant et de traction. Si l'on prend comme base l'évaluation officielle des conventions de 1883, on doit estimer à 25,000 francs par kilomètre la dépense de matériel de traction et de matériel roulant, afférente à une ligne nouvelle. Mais il est clair que ce chiffre peut subir des variations étendues, selon qu'il s'agit d'un chemin dans lequel tout est à constituer ou d'une ligne simplement ajoutée à un réseau qui est déjà en exploitation. On peut encore mettre la dépense kilométrique d'acquisition en regard du trafic, et dire que cette dépense représente à peu près la recette brute kilométrique d'une année d'exploitation, à partir de 15,000 francs de recette jusqu'à 70,000 francs. Au delà, cette formule ne serait plus exacte. La moyenne, pour tout le réseau français, est de 60,000 francs par kilomètre; mais dans ce chiffre, on tient compte des dépenses d'installation et d'outillage d'immenses ateliers de réparation et même de fabrication. Pour une ligne à voie étroite, le chiffre s'abaisse à 9 ou 10,000 francs par kilomètre. Quant aux données relatives à l'effectif du matériel, elles sont à peu près les suivantes : le nombre des locomotives est, en général, de 1 par 3 kilomètres sur un grand réseau; le nombre des voitures à voyageurs est, au maximum, de 1 par kilomètre, et, quant aux vagons à marchandises, cela varie de 7 à 10 selon la nature et l'importance du trafic et surtout suivant les facilités plus ou moins grandes que l'on a de bien utiliser le matériel. Quand il est possible d'établir un courant régulier et de réduire au minimum les pertes de temps par suite du stationnement des vagons au départ, en route et à l'arrivée, on arrive à faire rendre au matériel roulant le maximum de ce qu'il peut donner.

Matériel de guerre. Le mot *matériel* s'emploie d'une façon générale, par opposition au mot *personnel*, pour désigner tous les objets dont on fait usage dans l'armée; toutefois, on comprend surtout, sous le nom de *matériel de guerre*, les armes et munitions ainsi que tout le matériel qui entre dans la composition, soit des équipages d'une armée en campagne, soit des équipages de siège ou qui fait partie de l'armement d'une place forte.

Laissant de côté les armes portatives et les bouches à feu, ainsi que leurs munitions qui sont étudiées à leur place dans le *Dictionnaire*, nous ne parlerons ici que du *matériel proprement dit* que l'on peut classer en trois catégories, suivant qu'il se rapporte à l'artillerie, au génie ou au train des équipages militaires.

En outre des bouches à feu et de leurs munitions, le *matériel d'artillerie* comprend les voitures, attirails, armements, assortiments, agrès et outils dont la nomenclature fait l'objet des chapitres III et IV de l'*Aide mémoire à l'usage des officiers de l'artillerie*. Celui du *génie* se compose des outils, agrès et voitures qui entrent dans la composition des parcs du génie; enfin, celui du *train des équipages militaires* est composé des voitures de toutes sortes qui servent aux transports de tous genres aussi bien dans les convois régimentaires que dans les convois des quartiers généraux.

La description et même l'énumération de tous ces objets ne pourraient trouver place ici. Les affûts et voitures, ainsi que le matériel des équipages de ponts, qui fait partie du matériel de l'artillerie, peuvent, seuls, offrir quelque intérêt au point de vue de leur construction par suite des conditions particulières résultant de leur destination spéciale; toutefois nous nous bornerons ici à résumer les conditions générales auxquelles doivent satisfaire les affûts.

Tout affût doit former avec la pièce qu'il porte un système doué d'une stabilité suffisante; il ne doit pas être exposé à se renverser sur le côté ou en arrière pendant le tir ou la manœuvre. Pour cela, on place l'axe de la bouche à feu dans le plan de symétrie de l'affût, et on donne à la base d'appui de ce dernier une largeur d'autant plus grande que le système est plus élevé. Quand au renversement en arrière, qui résulte de l'exagération du soulèvement de la partie antérieure de l'affût par rotation autour de ses points d'appui postérieurs, il ne se produit que lorsqu'on tire au-dessous de l'horizon ou sous des angles de tir inférieurs, en général, à 10 degrés. On réduit cette tendance au soulèvement en augmentant la longueur de l'affût lorsque l'on doit augmenter sa hauteur, c'est-à-dire en donnant une valeur à peu près constante à l'angle que fait avec l'horizontale la droite qui joint les traces de l'axe des tourillons et de la ligne des points d'appui postérieurs de l'affût, angle que l'on appelle *angle de recul*; en diminuant la distance verticale qui sépare le centre de gravité de la pièce de celui de tout le système, et en ayant soin de placer ce dernier aussi bas que possible; enfin, en réduisant, autant que faire se peut, la résistance qui peut s'opposer vers l'arrière au mouvement de recul de l'affût.

L'affût doit, en effet, participer dans une certaine mesure au recul de la bouche à feu, sans quoi la pièce et lui auraient trop à souffrir des percussions. Toutefois, il y a intérêt, dans la plupart des cas, à diminuer l'étendue du recul. Le premier de tous les éléments qui contribuent à produire cet effet, est le poids de l'affût lui-même. Lorsque ce poids, joint à la résistance développée par le frottement de certaines parties sur la surface qui porte l'affût, ne suffit pas à maintenir le recul dans des limites convenables, on a recours à l'emploi de *freins*. — V. ce mot.

La résistance de l'affût, qui doit être pour ainsi dire indéfinie, dépend de la nature et de la qualité des matériaux employés à sa construction, des dimensions et de la forme des différentes parties, ainsi que de la disposition et de la perfection d'assemblage de celles-ci. Dans presque tous les affûts construits en France jusque vers 1872, les parties principales étaient en bois, mais de nombreuses pièces en fer servaient à les réunir, les renforcer et les protéger contre les chocs et les frottements. Cette combinaison de matières hétérogènes si différentes d'élasticité, de dilatation, d'hygrométricité, de résistance à la compression, n'aurait pu présenter les éléments d'une résistance durable, alors qu'il s'agissait des violentes percussions occasionnées par le tir des bouches à feu des derniers modèles. En outre, le bois ne peut être mis en œuvre qu'après une dessiccation assez longue, ce qui oblige à avoir d'immenses approvisionnements; il se conserve mal en magasin et devient de plus en plus rare, et, par conséquent, de plus en plus coûteux.

L'emploi exclusif du fer ou de l'acier ne présente, au contraire, aucun de ces inconvénients; la bonne qualité du métal étant plus facile à contrôler que celle du bois, on a pu faire appel au concours de l'industrie privée pour la construction des affûts; enfin, grâce à la facilité avec laquelle, aujourd'hui, on forge, soude et lamine à chaud le fer ou l'acier, on peut donner aux différentes pièces les formes les plus variées tout en réduisant les tolérances de fabrication. Les premiers affûts métalliques étaient en fer forgé ou en tôle de fer, on n'emploie plus guère, aujourd'hui, que la tôle d'acier qui permet d'obtenir la même résistance avec un poids plus léger. La fonte qui, tout d'abord, avait été employée pour la construction de certains affûts de place et de côte, est, aujourd'hui, à peu près complètement abandonnée; la fonte est, en effet, trop cassante et on devait donner aux pièces une forme massive et des épaisseurs exagérées pour leur permettre de résister aux effets du tir et au choc des projectiles ennemis. Les principales pièces en tôle des affûts actuels se laissent, au contraire, traverser par les projectiles sans être fendues ni déchirées.

Au point de vue du service et de la construction, on peut répartir les affûts en deux classes : les *affûts à roues* ou *affûts roulants* et les *affûts sans roues* qui se divisent eux-mêmes en deux catégories : les *affûts glissants* ou *affûts à semelles* et les *affûts à châssis*.

Les affûts de campagne et de montagne, ainsi que la plupart des affûts de siège, sont des affûts roulants; ils doivent se prêter non seulement au tir mais aussi au transport de la bouche à feu. L'affût proprement dit disposé pour le tir ou, comme on le dit en terme d'artillerie, en batterie, n'a que deux roues; le corps d'affût est composé essentiellement de deux flasques et réunis par des boulons ou plaques formant entretoises; il repose, à sa partie avant, appelée *tête d'affût*, sur l'essieu et se termine à l'arrière par une *crosse* qui s'appuie sur le sol et dont la forme cintrée favorise le glissement. Pour les transports le moyen le plus simple consisterait à transformer l'affût en une voiture à 2 roues en fixant à la crosse une limonière; cette solution n'est adoptée de nos jours que pour l'affût de montagne qui, le plus ordinairement, est transporté par des animaux de bât. On préfère transformer les affûts de campagne et de siège en une voiture à 4 roues en les combinant avec une autre demi-voiture à 2 roues ou *avant-train* auquel les chevaux sont attelés.

Un affût à roues ne résisterait pas aux percussions verticales extrêmement violentes occasionnées par le tir sous de grands angles, des mortiers et quelquefois aussi de certains obusiers ou canons courts. C'est pourquoi on a recours, en pareil cas, à l'emploi d'affûts à semelles reposant sur la plate-forme par de larges surfaces qui répartissent convenablement les pressions. Ces affûts se composent de deux flasques peu élevés dont la base, appelée *semelle*, a une certaine largeur; pendant le recul ces semelles glissent sur la plate-forme. Dans certains cas, un dispositif accessoire, composé le plus généralement d'un essieu avec roues et d'une fausse flèche, peut être adapté à ce genre d'affût de façon à en faciliter les déplacements, en permettant de le relier à un avant-train.

Quant aux affûts à châssis, ils sont destinés au service des canons de place, de côte ou de marine de gros calibre, et sont disposés, avant tout, de façon à se prêter le mieux possible à rendre facile et rapide la manœuvre de la bouche à feu. Un affût à châssis se compose essentiellement de l'affût proprement dit présentant, en général, une forme analogue à celle d'un affût à semelle et d'un châssis, sorte de cadre rectangulaire, sur lequel repose cet affût; le châssis, supporté par des roulettes, peut tourner autour d'un pivot fixe, placé à l'avant ou au centre même, de façon à permettre de placer la pièce dans une direction déterminée; il maintient le recul de l'affût dans cette direction et facilite en même temps l'emploi de dispositifs tels que les freins pour en limiter l'étendue.

Fabrication du matériel de guerre. Autrefois, chacun des services de l'artillerie, du génie et du train des équipages militaires possédait des arsenaux ou ateliers de construction dans lesquels des ouvriers constructeurs appartenant à l'arme, aidés, au besoin, d'ouvriers civils, construisaient, sous la direction de leurs officiers, tout le matériel spécial à l'arme. Aujourd'hui, depuis que l'usage des machines tend de plus en plus à se substituer à la main-d'œuvre de l'ouvrier, on a cherché à diminuer autant que possible le nombre des ateliers de façon à pouvoir installer un outillage plus complet dans ceux qui ont été conservés. La loi des cadres de l'armée de terre, de 1875, n'a conservé que 10 compagnies d'ouvriers d'artillerie chargées à la fois de la construction du matériel de l'artillerie, du génie et du train des équipages militaires, dont la confection ne serait pas confiée à l'industrie privée.

— Ces compagnies sont attachées au service des arsenaux de construction qui font partie des directions d'artillerie de Vincennes, Versailles, Toulouse, Besançon, Douai, Bourges, Lyon, Rennes et Toulon, et de l'atelier de construction de Vernon. Des ateliers établis à Avignon et Angers sont chargés spécialement de la construction du matériel des équipages de pont.

La fonderie de Bourges (V. BOURGES) fabrique toutes les bouches à feu en bronze et procède à l'usinage d'une partie des bouches à feu en acier. La fonderie de Bourges est, en outre, chargée de passer, avec les usines, tous les marchés concernant la livraison de tous les aciers à canons, d'en rédiger les cahiers des charges d'en faire surveiller l'exécution par des officiers et employés détachés de la fonderie et de procéder aux réceptions et épreuves. L'atelier de construction de Tarbes concourt à l'usinage des bouches à feu en acier et à la construction d'une partie du matériel en fer ou acier; il en est de même de l'atelier de Puteaux qui, en outre, de même que l'atelier de précision installé au dépôt central de l'artillerie, est chargé de la fabrication des instruments vérificateurs nécessaires pour la vérification et la réception des divers objets faisant partie du matériel.

L'école de pyrotechnie, à Bourges, à laquelle est attachée une compagnie d'artificiers, fabrique tous les artifices de guerre dont on fait usage dans l'armée de terre.

Les armes blanches et les armes à feu sont fabriquées dans les manufactures d'armes de l'Etat de Saint-Etienne, Châtellerault et Tulle. Les étuis pour cartouches sont confectionnés dans des ateliers annexés à quelques-uns des établissements que nous venons de citer, leur chargement a lieu dans un nombre déterminé de directions.

L'artillerie de la marine possède également une fonderie à Ruelle (V. RUELLE), dans laquelle on fabrique les bouches à feu en bronze ou en fonte et usine les bouches à feu en acier dont les tubes et les frettes sont livrés à l'usine par l'industrie privée. Une école de pyrotechnie, établie à Toulon, confectionne tous les artifices nécessaires à la marine, le service y est fait par une compagnie d'artificiers de l'artillerie de la marine.

— A chacun des 5 ports militaires est attachée une compagnie d'ouvriers d'artillerie de la marine chargée d'assurer le service des ateliers de la Direction d'artillerie qui fait partie de la marine.

Tous ces établissements, aussi bien ceux de l'artillerie de terre que ceux de l'artillerie de mer, sont gérés directement par des officiers d'artillerie, chargés en même temps de diriger et de surveiller le travail dans les ateliers. Seules, les manufactures d'armes sont soumises au régime de l'entreprise, l'entrepreneur n'étant, pour ainsi dire, qu'un bailleur de fonds, chargé uniquement de fournir les matières premières et d'avancer tous les fonds nécessaires pour la paye des ouvriers et les autres frais d'exploitation sans pouvoir s'immiscer en rien dans la fabrication. Mais, en cas d'insuffisance de commandes faites par l'Etat, les entrepreneurs peuvent être autorisés à fabriquer pour les puissances étrangères ou l'exportation, de façon à conserver toujours un certain nombre d'ouvriers exercés.

Maintenant que nous venons de passer rapidement en revue les ateliers dont dispose l'Etat, voyons dans quelles conditions il a recours à l'industrie privée. Ce n'est que depuis l'adoption de l'acier comme métal à canon que les fonderies de l'Etat ont recours aux usines métallurgiques qui leur livrent, sur commande, tous les aciers dont elles peuvent avoir besoin. De même, tant que l'on n'a employé que le bois pour la construction des affûts et voitures, la nécessité de ne mettre en œuvre que des bois remplissant toutes les conditions voulues de dessiccation, et d'apporter dans la fabrication le plus grand soin, obligèrent l'artillerie, sauf en cas d'impérieuse nécessité, comme cela s'est présenté en 1870, à ne confier cette fabrication qu'à ses arsenaux. Aujourd'hui, l'adoption du fer et de l'acier pour la construction des affûts et voitures, a permis de confier la construction d'une bonne partie de ce matériel à l'industrie privée. Du reste, de tout temps l'artillerie a dû avoir recours aux établissements métallurgiques pour se procurer les projectiles en fonte de fer ainsi que les fers ébauchés ou finis nécessaires pour la construction de son matériel en bois.

Depuis la guerre, le service de l'Inspection des forges a pris une importance considérable; il a pour fonction de répartir les commandes entre les diverses usines et d'en faire surveiller l'exécution par des officiers et employés de l'artillerie, détachés à demeure dans ces usines, pour y suivre la fabrication et procéder à la réception des objets; son rôle de pourvoyeur des arsenaux s'est grandement accru. Non seulement il a eu à renouveler à plusieurs reprises les approvisionnements en projectiles des différents systèmes de bouches à feu, mais, en outre, aux lieu et place des essieux et des quelques ferrures ébauchées qu'il fournissait autrefois, il livre maintenant la presque totalité des ferrures finies de manière à permettre aux arsenaux de se borner, presque exclusivement, à un travail d'ajustage. Enfin, il a en plus la surveillance exclusive de toutes les commandes d'affûts et voitures fabriqués directement dans l'industrie, commandes qui prennent de jour en jour une importance de plus en plus grande. Son siège est à Paris au Dépôt central de l'artillerie, et de lui dépendent cinq sous-inspections situées à Mézières, Rennes, Besançon, Nevers et Toulouse.

L'artillerie de la marine possède également une inspection des forges qui ne comprend qu'un seul arrondissement englobant tout le territoire de la France; son chef-lieu est à Nevers.

Tout en continuant à utiliser ses ateliers de construction de façon à conserver son indépendance, l'Etat a une tendance de plus en plus marquée à avoir recours à l'industrie privée, non seulement pour la fourniture des matières premières, mais encore pour l'usinage même des bouches à feu ou la fabrication du matériel. Grâce à cette tendance, un certain nombre d'établissements se sont outillés en vue de la fabrication du matériel de guerre et pourraient, le cas échéant, rendre de grands services au pays en lui prêtant leur concours pour la transformation du matériel existant ou la construction d'un nouveau matériel.

— Toutefois, les commandes de l'Etat ne pouvant suffire, en temps ordinaire, à alimenter leurs ateliers, la question de la liberté de fabrication du matériel de guerre, en France, vient d'être à nouveau portée devant les Chambres. En effet, tandis que dans certains autres pays, comme l'Angleterre, la Belgique, l'Allemagne, cette industrie, complètement libre, y est fort prospère et est une source de richesse pour le pays, en France, où elle est soumise au contrôle rigoureux de l'Etat, elle n'a fait jusqu'ici que végéter.

La loi du 24 mai 1834 interdit la détention et la fabrication des armes et des munitions de guerre par les particuliers qui n'y seraient pas légalement autorisés. La loi du 14 juillet 1860 subordonne la fabrication, le commerce, l'importation, l'exportation et le transit des armes de guerre (armes portatives) à une autorisation du Ministre de la guerre. Elle concède, en outre, au Gouvernement, la faculté d'interdire l'exportation des armes en cas de conflit extérieur. Aucune disposition autre que celles énoncées dans la loi de 1834 ne règle, il est vrai, la fabrication des armes d'affût (bouches à feu et mitrailleuses) et des munitions; mais, en l'absence de toute autre disposition légale, l'obligation de se conformer aux dispositions énoncées dans la loi du 14 juillet 1860, a été imposée aux industriels qui cherchent actuellement à installer en grand, dans notre pays, la fabrication des canons et des munitions de guerre. Les commandes faites dans ces derniers temps par certaines puissances étrangères, sont la preuve que ces efforts ont été, quand même, couronnés de succès, mais il y aurait peut-être lieu, pour que cette industrie puisse prendre le même essor que dans les autres pays, de supprimer les entraves qui la gênent. Depuis 1871, cette question a été mise à plusieurs reprises à l'étude sans avoir jamais pu aboutir. Une loi du 1er août 1874 a autorisé l'introduction en France des armes non réglementaires et des munitions chargées destinées aux sociétés de tir. Enfin, tout dernièrement un projet de loi accordant l'entière liberté de fabrication et de commerce d'importation et d'exportation des armes de toutes espèces, non réglementaires en France, y compris les armes d'affût (canons, mitrailleuses, etc.) et des munitions non chargées employées pour ces armes (douilles de cartouches, projectiles, fusées, etc.) et autorisant la fabrication et le commerce des armes et munitions réglementaires après déclaration et sous certaines conditions, a été adopté par la Chambre des députés dans sa séance du 27 juin 1885. Ce projet, déposé au Sénat le 8 juillet suivant, n'a pu y être discuté avant la clôture de la session.

*** MATEUR.** *T. de mét.* Opposé de *brunisseur*; ouvrier qui enlève le brillant d'un métal.

*** MÂTEUR.** *T. de mét.* Ouvrier qui fait les mâts, les vergues et divers autres travaux de construction navale.

*** MATHIEU** (Louis-Joseph), fabricant d'instruments de chirurgie, né à Belgrade, près Namur, en 1817, mort à Paris, en 1879. Ses premières années s'écoulèrent dans l'atelier de son père qui était maréchal-ferrant et qu'il quitta ensuite, sur sa demande, pour entrer chez un coutelier de Namur. Deux ans après, il alla étudier, en Allemagne, la fabrication des instruments de chirurgie en même temps qu'il apprenait les éléments des sciences qui lui avaient fait défaut dans son enfance, puis il vint à Paris. Après avoir, pendant plusieurs années, exercé l'emploi de contremaître chez M. Luer, puis chez M. Charrière, il monta, en 1847, une fabrique d'instruments de chirurgie. Ses ateliers acquirent rapidement une extension considérable et une réputation due aux excellentes innovations qu'il introduisit dans les instruments de chirurgie. C'est à lui qu'on doit les réducteurs de luxations anciennes, les aiguilles pour sutures profondes, les appareils orthopédiques pour le mal de Pott, les appareils aquapuncteurs, etc., et bon nombre d'autres instruments considérés, aujourd'hui, comme classiques dans l'art chirurgical. Il a été récompensé depuis 1849, à toutes les expositions nationales ou universelles.

MATIÈRES COLORANTES. *T. techn.* On donne ce nom à un certain nombre de matières premières qui sont douées de la propriété de céder à d'autres corps, la nuance qu'elles possèdent, ou qu'elles peuvent produire à la suite de réactions chimiques consécutives. Elles diffèrent en cela des matières colorées, dont la teinte ne peut se transmettre.

Nous ne pouvons faire ici une étude des matières colorantes, dont le nombre est d'ailleurs considérable, et ce serait s'exposer en outre à faire peut-être des omissions regrettables; le lecteur trouvera du reste à chaque nom spécial, les propriétés des matières colorantes employées actuellement dans l'industrie. Nous aurions pu tout au plus essayer d'en donner une classification; mais ce travail est en partie déjà fait, et nous ne pourrions que développer plus longuement les généralités qui ont été indiquées au mot Colorantes (Matières) sur les matières d'origine minérale et celles d'origine organique, naturelle ou artificielle. Nous renverrons donc à cet article, où l'on trouvera surtout une classification détaillée des nouvelles matières colorantes dérivées de la houille.

MATIÈRES DÉCOLORANTES. Certains corps chimiques pouvant se combiner avec d'autres pour lesquels ils ont une grande affinité, amènent parfois la décoloration de divers produits. C'est sur ces réactions qu'est fondée l'industrie du blanchiment et ses différentes applications; c'est ainsi que le chlore, les hypochlorites (V. Chlorures décolorants), en fixant l'hydrogène des matières organiques, forment de l'acide chlorhydrique, et qu'il y a décoloration des fibres soumises à leur action; que l'eau oxygénée cède une partie de son oxygène aux matières que l'on met à son contact, et, les déshydrogénant pour former de l'eau, amène le blanchiment des plumes, de la soie, des cheveux; que l'acide sulfureux absorbe de l'oxygène, ainsi que le permanganate de potasse, pour former des composés qui, en détruisant les combinaisons préexistantes, produisent une décoloration. Nous pourrions citer encore quelques exemples, comme l'action de l'ozone, celle de l'électricité, etc. On trouvera aux noms des corps doués de propriétés décolorantes, leur application et les indications nécessaires pour se servir de leur action.

MATIÈRES D'OR ET D'ARGENT. Les matières d'or et d'argent ne peuvent, en France, ainsi que dans quelques pays, être livrées au public, sans avoir subi un examen, qui met à même d'en connaître la valeur réelle en métal précieux. Elles sont dès lors soumises à un droit de marque et de contrôle qui a été fixé par une déclaration du 13 mars 1672.— V. GARANTIE.

— Deux administrations concourent simultanément à l'exécution d'une loi, édictée le 19 brumaire, an VI, laquelle fait encore la base de la législation actuelle ; celle des Monnaies, en ce qui concerne la police, l'art et le titre : celle des Contributions indirectes, dans tout ce qui est relatif à la perception, à la conservation du droit et au règlement des dépenses.

La Commission des Monnaies surveille les bureaux de garantie, relativement à la partie technique et au maintien de l'exactitude des titres des objets d'or et d'argent mis dans le commerce. Elle délivre, conformément aux lois du 23 vendémiaire et 19 brumaire, an VI, aux essayeurs du commerce et aux essayeurs des bureaux de garantie, les certificats de capacité dont ils doivent être pourvus avant d'entrer en fonctions, mais l'essayeur de chaque bureau de garantie est nommé par le préfet de son département, et il ne peut exercer ses fonctions qu'après avoir obtenu de l'administration de la Monnaie un certificat de capacité, conformément à l'article 39 de la loi du 19 brumaire, an VI, et à l'article 2 de la loi du 13 germinal suivant. Il doit ensuite prêter le serment professionnel devant le Tribunal civil.

C'est dans les bureaux de garantie que se fait l'essai des ouvrages d'or et d'argent ; on y constate leur titre, ainsi que celui des lingots de ces matières qui y sont apportés ; ils perçoivent, en outre, lors de la marque de ces ouvrages ou matières, les droits imposés par la loi. Ces bureaux sont placés dans les communes où ils sont le plus avantageux pour le commerce, et les localités comprises dans l'arrondissement de chacun de ces bureaux sont déterminées par le Gouvernement, sur la demande motivée des préfets, et sur l'avis de l'administration des Contributions indirectes et de celle des Monnaies. On trouvera dans le *Dictionnaire général des Contributions indirectes* de M. A. Trescaze (Paris, 1884, p. 719), un état indiquant le nombre, le placement et la circonscription des bureaux de garantie, ainsi que les signes caractéristiques qui distinguent les poinçons de titre et de garantie de chaque bureau de France.

Les bureaux d'essai des matières d'or et d'argent sont ouverts au public à des jours déterminés, fixés par les directeurs, avec l'avis des préfets, et conformément aux besoins et aux convenances des contribuables. Ils comprennent un personnel formé de l'essayeur, d'un receveur et d'un contrôleur. Les receveurs des Contributions indirectes étant chargés de la perception des droits, c'est d'ordinaire à la recette principale, et dans un local spécial, que le bureau de garantie est installé dans chaque département. Quelques régions cependant ne travaillent pas assez ces matières pour avoir besoin d'un bureau de garantie, tels sont les départements de l'Ariège, de l'Aude, de l'Aveyron, du Gers, de l'Indre, du Jura, des Landes, de la Nièvre, de l'Orne, de la Haute-Saône et du Tarn-et-Garonne ; alors que d'autres départements en ont dans plusieurs villes, comme ceux du Doubs (Pontarlier, Besançon, Montélimar), du Nord (Lille, Dunkerque, Valenciennes), de la Seine (essayant aussi pour la Seine-et-Marne, l'Aube et la Marne), de la Seine-Inférieure (Rouen, le Havre) et de la Vienne (Poitiers, Châtellerault).

Afin d'éviter aux fabricants et marchands d'orfèvrerie et de bijouterie, dont le commerce est considérable, les dommages que pourrait leur occasionner le transport, au bureau d'essai, de tous les ouvrages qui se trouvent dans leurs ateliers ou magasins, ou de quelques-uns de ces ouvrages qui ne pourraient être déplacés sans inconvénient, le ministre des finances a permis la *récence* à domicile, dans quelques cas exceptionnels ; dont l'appréciation est laissée aux directeurs des Contributions indirectes. Cette faveur ne peut être réclamée, naturellement, que par les fabricants et marchands d'ouvrages d'or et d'argent établis dans les villes où il existe un bureau de garantie ; elle entraîne, dans tous les cas, pour ceux à qui elle est accordée, l'obligation de supporter la dépense occasionnée par le transport des ustensiles nécessaires à l'application de la marque.

Dans tous les cas, les fabricants, avant de soumettre leurs produits au bureau d'essai, doivent y avoir apposé leur poinçon (art. 48 de la loi du 19 brumaire, an VI).

Nous rappellerons sommairement les articles qui sont obligés d'être soumis aux bureaux d'essai des matières d'or et d'argent. De ce nombre sont : les médailles, les jetons, les ouvrages anciens qui ne sont pas au taux légal, et sont mis en vente publique ou déposés au Mont-de-Piété, les lingots non affinés et ceux appartenant aux particuliers, les ouvrages fourrés, les objets d'orfèvrerie, bijouterie, joaillerie, les bijoux en plaqué, doublé d'or ou d'argent sur tous métaux, la coutellerie, etc.— J. C.

MATIÈRES PREMIÈRES. D'une façon générale, on entend par *matière première* la matière qu'une industrie transforme. Un produit fabriqué peut être la matière première d'une autre industrie. Ainsi, le lin sur pied est la matière première que l'agriculteur récolte, teille et rouit. Le lin teillé est la matière première du filateur ; le fil est la matière première du tisseur ; le tissu est la matière première du confectionneur, du tapissier ; le tissu confectionné et usé est la matière première de la pâte à papier. On voit par cet exemple qu'il est impossible, en quelque sorte, de déterminer à quel signe on peut reconnaître une matière première. Pour l'établissement des droits de douanes, on n'admet généralement, en Europe, comme matières premières jouissant, à ce titre, de l'entrée en franchise, que la matière brute telle que la livre, soit l'industrie agricole, soit l'industrie minière. Actuellement, les matières premières par excellence sont : 1° la houille, qui donne la chaleur, la force et la lumière ; 2° les céréales qui fournissent la nourriture et 3° les textiles qui donnent le vêtement.

* **MATIR.** *T. techn.* Travail qui consiste à faire ressortir, sur un fond mat, des motifs brunis, ou inversement, des motifs mats sur un fond bruni. || Faire disparaître la ligne de soudure qui joint deux parties.

* **MATOIR.** *T. techn.* Petit marteau en acier bien trempé qui sert à matir. || Outil de chaudronnerie ; sorte de ciseau avec lequel le plombier comprime la soudure de deux tuyaux. || On écrit aussi *mattoir*.

MATRAS. Vaisseau de terre ou de verre à long col tubulé ou non tubulé, et dont on se sert dans les laboratoires de chimie et de physique.

* **MATRIÇAGE.** *T. de métall.* Opération ayant pour but de donner à une pièce métallique la forme qu'elle doit avoir, en l'appliquant contre un moule ou *matrice*.

I. **MATRICE.** *T. techn.* Ce mot désigne les moules qui servent à frapper des ornements, à fondre des caractères, à constituer des coins de médailles ou des monnaies (V. Caractères d'imprimerie, Coin, III). Dans la métallurgie, les matrices ont une grande importance, leur emploi dans le forgeage a conduit à une sérieuse économie sur le prix de revient. Une matrice est, généralement, formée de deux parties principales en fonte, portant en creux l'empreinte de la pièce à fabriquer. L'une de ces parties porte des saillies ou chevilles entrant dans des trous pratiqués dans l'autre. De cette manière, la correspondance du haut et du bas est assurée d'une manière parfaite. Entre ces deux parties principales se trouve un certain jeu, pour permettre au métal en excès de s'écouler au moment du forgeage, autrement le moule pourrait se briser. Quand la forme à reproduire est compliquée, chacune des parties de la matrice peut être divisée en deux et alors elles sont maintenues, pendant le forgeage, par une frette qui empêche leur écartement.

Toutes les fois qu'on peut, on produit la pièce demandée d'un seul coup d'*étampage* ; mais il est quelquefois nécessaire d'opérer en plusieurs matriçages quand la pièce à obtenir est difficile.

La détermination de la forme et de la répartition des matrices pour le forgeage d'une pièce, est une chose de grande importance et qui, lorsqu'elle est heureusement réussie, peut constituer un procédé breveté et de grande valeur. Nous citerons, par exemple, la fabrication des roues de locomotives et de vagons par le procédé Déflassieux et Arbel. La matrice est divisée en deux parties : l'inférieure, qui reproduit avec la supérieure exactement la forme de la roue, reçoit une carcasse formée de parties assemblées et que l'on porte au blanc soudant dans un four à réchauffer. Le rapprochement de la matrice inférieure, sur laquelle repose la pièce, et de la matrice supérieure fixée à la tige d'un assez fort pilon, a lieu en deux coups, et il ne reste plus que la bavure à enlever au burin.

Généralement, les pièces à forger sont d'une forme plus simple, elles sont surtout de plus petites dimensions. Dans ce cas, on se sert d'un pilon ordinaire qui frappe sur la matrice placée sur l'enclume. Quelquefois, après un premier matriçage général, il y a des trous à percer, des orifices à dégager. Dans ce cas, on se sert de poinçons plus ou moins coniques tenus par des tenailles et que l'on fait entrer dans la pièce en la maintenant au moyen de guides.

On peut dire que chaque pièce demande une disposition spéciale pour son forgeage en matrice; il est donc difficile de donner beaucoup de généralités sur ce travail.

II. **MATRICE.** *T. de tiss.* Plaques trouées entre lesquelles s'exécute, à l'aide de poinçons coupants, le perçage des cartons Jacquard. On appelle *carton matrice*, celui qui est entièrement percé de trous, et *carton blanc* celui qui ne contient que les trous de repère et les trous de laçage.

MATRISSAGE. *T. de pap.* Le matrissage, en papeterie, a été imaginé pour remédier au collage défectueux des papiers. Un papier se trouve-t-il, pour une raison ou une autre, mal collé, on le soumet au matrissage. Voici comment on procède : sur un feutre mouillé, on place une pincée de feuilles de papier (une quarantaine environ, plus ou moins suivant l'épaisseur de la feuille) ; sur ces feuilles, un nouveau feutre mouillé et ainsi de suite, en alternant feuilles et feutres, jusqu'à ce que la pile ainsi formée atteigne la hauteur de 1 mètre environ à $1^{m},20$; on place sur le tout une planche chargée de 100 à 200 kilogrammes.

Au bout de 12 heures environ, on défait la pile, on replace les unes sur les autres les feuilles humectées et on les met en presse ; mais, cette fois, sans interposition de feutres. Finalement, les feuilles sont portées au séchoir pour y être suspendues. Par le matrissage, on dissout la colle contenue dans la masse du papier, elle est ramenée à la surface par la vapeur d'eau provenant du séchage, elle s'y dépose et la feuille est collée, du moins, à la surface. Si ces manipulations n'exigeaient pas autant de main-d'œuvre et d'aussi grands emplacements pour le séchage des feuilles, il y aurait un avantage sérieux à se servir du matrissage d'une façon régulière; on obtiendrait certainement une notable économie de colle. On matrisse encore de la même façon le papier pour l'assouplir et le préparer à son passage à travers la calandre en feuilles.

Pour le passage du papier sans fin à travers les calandres continues, on matrisse le papier en le faisant passer dans des appareils humecteurs analogues à ceux qu'on emploie, dans le même but, dans la fabrication des tissus. — V. Humectage.

MATTE. Substance métallique, chargée de soufre, résultant d'une première fonte et qui n'est pas dans un état suffisant de pureté. || Aspérité qui se trouve sur les fils insuffisamment cardés. || Outil du ciseleur pour faire disparaître les grains du métal.

MATTEAU. *T. de teint.* Groupe de pantimes de soie réunis de manière à n'en former qu'une poignée pour accélérer et faciliter le travail.

MÂTURE. *T. de constr. nav.* On appelle ainsi l'ensemble des *mâts* qui servent, sur les navires, à porter la *voilure* (V. ce mot). Avant l'emploi de la vapeur comme mode de propulsion, la voilure et, par suite, la mâture avaient, sur tous les types de navires, une importance considérable. Aujourd'hui, le nombre des bâtiments de grandes dimensions dépourvus de propulseur mécanique est très restreint : les navires *mixtes*, destinés à utiliser le vent ou la vapeur, suivant les circonstances, n'ont pas, en général, de mâture aussi forte, relativement à leur taille, que les vaisseaux de l'ancienne flotte à voiles.

Les grandes dimensions des mâtures obligent nécessairement à décomposer les mâts en plusieurs parties : les *bas mâts*, portés par le navire lui-même, peuvent être considérés comme faisant partie de la coque; les *mâts supérieurs*, dont l'ensemble constitue la *mâture haute,* sont portés par les bas mâts, mais leur mode d'installation les rend amovibles. Les bas mâts reposent par leur pied dans un logement appelé *emplanture,* disposé, soit au fond de la cale, sur la carlingue centrale, soit sur l'un des ponts convenablement renforcé. Ils franchissent chaque pont à travers une ouverture, dite *étambrai,* au milieu de laquelle on les assujettit à l'aide de coins.

Pour leur permettre de résister à l'effort des voiles et aux mouvements du navire, on les maintient transversalement à l'aide de forts cordages inclinés, appelés *haubans.* Ces cordages, autrefois en filin, aujourd'hui presque toujours en fil de fer, partent du *capelage* à la partie supérieure du mât, et à une petite distance en dessous de la tête, pour aboutir (fig. 216) aux *porte-haubans p,* disposés en saillie de chaque côté du navire. Pour permettre le réglage de la tension des haubans, au lieu de les fixer directement sur les porte-haubans, on les termine par des *caps-de-mouton cc* en filin, ou des *ridoirs* métalliques à vis ou à crémaillère.

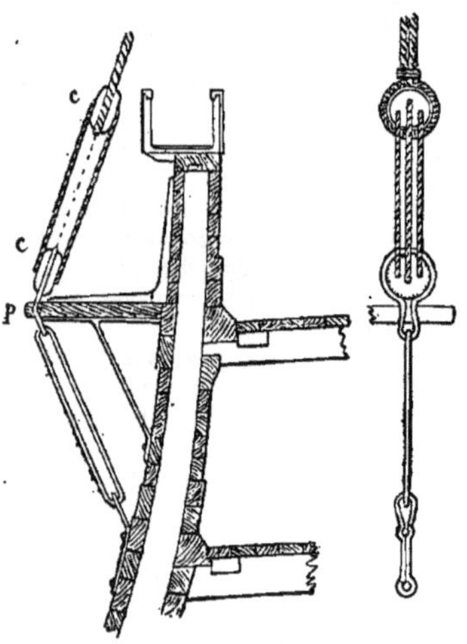

Fig. 216.

Grâce à cette disposition, on peut, à tout moment, raidir chacun des haubans et assurer la tenue du mât. L'*épatement* des haubans est l'angle que font ces derniers avec la verticale ; c'est pour lui donner une valeur convenable que l'on dispose les porte-haubans en saillie, lorsque la largeur du pont au travers des mâts n'est pas suffisante.

Dans le sens longitudinal, on fait usage d'*étais,* partant également du capelage et aboutissant à l'avant du mât, sur le pont ou sur le *mât de beaupré.* Les mâts supérieurs (fig. 217) sont réunis aux mâts inférieurs au moyen d'un collier, dit *chouquet c,* assujetti sur la tête du bas mât et qu'ils traversent librement. Leur pied ou *caisse* P est logée au milieu d'armatures entrecroisées entourant le bas mât un peu au-dessous du capelage et soutenues par des joues rapportées ou *jotteraux* JJ. Une plate-forme, munie d'un plancher et servant à la manœuvre, est disposée sur les *élongis* et les barres traversières ; on lui donne le nom de *hune* H.

Les mâts supérieurs ainsi supportés directement par les bas mâts, s'appellent *mâts de hune* ; ils sont toujours placés dans le plan longitudinal et sur l'avant des bas mâts ; les voiles qu'ils reçoivent sont les *huniers.* Le mât d'hune est tenu par des *haubans d'hune hh,* disposés à la façon des haubans inférieurs mais aboutissant au bord même de la hune, de chaque côté du mât. Leur tension est contrebalancée par celle des *gambes de revers g,* sorte de haubans renversés, très courts et reliés au bas mât à l'aide du cercle de *trélingaget.*

Les haubans d'hune comme les haubans de bas mât sont garnis d'*enfléchures* permettant aux *gabiers* de monter facilement dans la mâture.

La tenue des mâts d'hune est assurée, en outre, par des *galhaubans* partant du capelage et se rendant directement sur le pont ou sur les porte-haubans et par des étais aboutissant à la partie supérieure des autres bas mâts.

Les mâts d'hune sont eux-mêmes prolongés par d'autres mâts de plus petites dimensions auquel on donne le nom de *mâts de perroquet.* L'installation est analogue, mais la hune est remplacée par les *barres* de perroquet. Quelquefois, les mâts de perroquet portent eux-mêmes des *mâts de cacatois* ; souvent ces derniers sont supprimés et remplacés par un simple prolongement du mât de perroquet, appelé *flèche.*

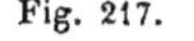
Fig. 217.

La tenue des mâts de perroquet et des mâts de cacatois est réalisée à l'aide d'étais, de galhaubans ordinaires et de galhaubans *étranglés,* en contact avec les bancs de perroquet.

En général, la mâture classique comporte trois mâts verticaux ou sensiblement verticaux, munis de vergues et de voiles et constituant les phares carrés (fig. 218). Les dénominations sont les suivantes :

Phare de misaine, placé à l'avant du navire : mât de misaine (bas mât) ; petit mât d'hune ; petit mât de perroquet ou mât de petit perroquet ; petit mât de cacatois ou mât de petit cacatois.

Phare de grand mât, le plus élevé, placé au milieu du navire : grand mât (bas mât) ; grand mât d'hune ; grand mât de perroquet ou mât de grand perroquet ; grand mât de cacatois ou mât de grand cacatois.

Phare d'artimon, le moins élevé placé à l'arrière: mât d'artimon (bas mât); mât de perroquet de fougue; mât de perruche.

Enfin, à l'extrême avant, un quatrième mât, peu incliné sur l'horizontale, appelé *beaupré*, se subdivise en *mât de beaupré*, attenant à la coque, en *bout-dehors de beaupré* ou bâton de grand foc, et en bâton de clin-foc. Le mât de beaupré est muni de deux arcs-boutants et d'une martingale.

Les pièces que nous venons d'énumérer et de passer en revue constituent la mâture proprement dite; elles sont simplifiées et leur nombre en est réduit sur les petits navires. Quelquefois, on rencontre des navires à vapeur très longs munis de quatre ou même de cinq mâts verticaux sur lesquels on a réparti irrégulièrement une voilure s'éloignant beaucoup des anciens types.

Aujourd'hui, on fait souvent en fer (tôles et cornières) une grande partie des bas mâts des grands navires; quelquefois même, on construit d'une seule pièce le bas mât, le mât d'hune et le mât de perroquet. Les bas mâts en bois de grandes dimensions se font en assemblant plusieurs pièces de bois et en les entourant de cercles en fer; les mâts d'hune, de perroquet et de cacatois sont toujours d'une seule pièce choisie avec soin. Le bois employé est, en général, le pin exempt de défauts.

Fig. 218.

Sur les vaisseaux à voiles de premier rang, le grand mât atteignait une longueur totale de près de 40 mètres décomposés ainsi : de l'emplanture au pont, environ 12 mètres; du pont à la hune, $20^m,40$; de la hune à la tête, $6^m,43$. Le diamètre maximum dépassait 1 mètre. Le mât d'hune, d'une seule pièce, avait 23 mètres de longueur et $0^m,57$ de diamètre maximum. La tête du mât de cacatois, ou pomme du grand mât, était à une hauteur d'environ 60 mètres au-dessus de l'eau.

Les mâts supportent des pièces de bois appelées *vergues*, sur lesquelles sont attachées les voiles. En temps ordinaire, les vergues, dites *carrées*, sont horizontales et placées transversalement; elles peuvent être orientées autour du mât de manière à utiliser le mieux possible l'action du vent. Les vergues portent, en général, le nom des voiles qui leur sont fixées.

Les *basses vergues*, portées par les bas mâts, sont suspendues en permanence au-dessous des hunes à l'aide de *suspentes* et de *drosses*; les *vergues supérieures* sont soutenues et hissées à l'aide de *drisses*; des colliers embrassant les mâts, les guident dans leur mouvement. Des *balancines* soutiennent les extrémités, et servent à maintenir les vergues horizontales ou à les apiquer. Les *bras* permettent d'orienter les vergues et transmettent au navire une partie de la traction due à la pression du vent sur les voiles. Les *basses vergues* et les *vergues de hune* peuvent être prolongées temporairement, par des espars en bois, dits *bout-dehors*, servant à établir des voiles supplémentaires, dites *bonnettes*, dont on ne fait usage que par beau temps.

Les mâts reçoivent aussi, dans le plan longitudinal et à l'arrière, des vergues appelées *cornes*, inclinées à peu près à 45° et destinées à recevoir les voiles goëlettes dont la principale, établie à l'arrière du navire, porte le nom de *brigantine*. Cette dernière débordant, en général, l'arrière du navire, est tendue à l'aide d'un espar horizontal articulé au pied du mât et appelé *gui* ou *baume*.

Pour représenter les vergues carrées, dans les plans de mâture et de voilure, on les suppose orientées dans le plan longitudinal; en réalité, le gréement (haubans, galhaubans, etc.) ne permet pas cette disposition purement théorique. — V. Mâter (Machine à).

***MAUPERTUIS** (Pierre-Louis-Moreau de), géomètre, astronome et philosophe français, né à Saint-Malo, le 17 juillet 1698, mort à Bâle, le 27 juillet 1759. Il fit ses études au collège de la Marche. Au commencement du xviiie siècle, l'œuvre de Newton était loin d'exciter l'admiration universelle qu'elle méritait et qui lui fut si justement accordée depuis. En France, surtout, la plupart des savants, entraînés par un sentiment d'orgueil national assez mal placé, répugnaient à accepter comme l'expression de la vérité cette idée de l'attraction universelle *imaginée par un Anglais*, et préféraient s'en tenir à la doctrine, pourtant si vague et si peu satisfaisante, des tourbillons de Descartes. Maupertuis eut le mérite de comprendre ce qu'il y avait de grand et d'élevé dans les conceptions de Newton et la gloire de populariser, en France, une découverte si importante qu'elle devait renouveler la face de la science. Parmi les ouvrages qu'il a écrits sur ce sujet, nous signalerons son *Mémoire sur les lois de l'attraction* et *Discours sur la forme de la terre* (Paris, 1732). Il commençait ainsi dignement l'œuvre grandiose de la mécanique céleste, si magistralement continuée par Clairaut, Lagrange et Laplace. L'attitude qu'il avait prise lui valut d'être nommé membre de la Société Royale de Londres, en 1728, tandis que la valeur incontestée de ses mémoires lui ouvrit, en 1731, les portes de l'Académie des sciences de Paris. Quelques années plus tard, il fut chargé de diriger l'une de ces grandes expéditions dont les travaux devaient assurer le triomphe définitif de la doctrine de la gravitation, et trancher par une expérience décisive la question de la forme de la terre. Il s'agissait de décider si notre globe est aplati aux pôles, comme l'avait affirmé Newton ou, au contraire, allongé dans le sens de l'axe comme le prétendaient ses adversaires sur la foi de quelques mesures effectuées sans grande précision, en France et en Allemagne. On sait que, pour résoudre ce problème, il suffisait de mesurer les longueurs de deux arcs de méridien, l'un près du pôle, l'autre dans le voisinage de l'équateur. Par ses travaux antérieurs, Maupertuis était tout désigné pour diriger l'une de ces deux missions. Il fut chargé de celle de Laponie. Parti au commencement de 1736, en compagnie de Clairaut, Camus, Lemonnier, l'abbé Outhier, Sommereux et Herbelot, il atteignit Tornéo en juillet. Tandis que l'expédition de l'équateur s'attardait au Pérou, Maupertuis revint l'année suivante apportant des résultats qui montraient clairement que les degrés de latitude s'allongent à mesure que l'on s'approche du pôle, mettant ainsi l'aplatissement polaire hors de doute.

En mai 1740, Maupertuis fut appelé auprès du grand Frédéric de Prusse qu'il accompagna dans la campagne de Silésie. Il fut fait prisonnier à la bataille de Molwiz et revint après la guerre, en France, où il fut nommé membre de l'Académie française, le 27 juin 1743. En 1746, nous le retrouvons à la cour de Frédéric, président de l'Académie des sciences de Berlin et chargé de réorganiser cette Académie tombée dans le plus grand désordre après la mort de Leibnitz.

Pour ne pas insister sur les côtés faibles d'un homme qui a fait honneur à la science et à sa patrie, nous ne dirons rien du *Principe de la moindre action* que Maupertuis tenait pour une découverte capitale et dont l'énoncé, formulé d'une façon quelque peu mystique, ne peut constituer, quand il est rétabli correctement, qu'un théorème de mécanique sans grande importance.

Nous ne parlerons pas non plus de son œuvre philosophique, ni de ses démêlés avec Voltaire qui l'avait pris en aversion et qui fit pleuvoir sur sa tête une foule de pamphlets aussi acerbes que spirituels. Maupertuis ne lui épargnait pas des réponses écrites avec la même violence, sinon avec le même esprit; mais ces luttes continuelles le fatiguaient, et l'on dit que la colère et le chagrin abrégèrent ses jours. La meilleure édition des œuvres de Maupertuis parut à Lyon, en 1768, 4 volumes in-8°.

***MAURESQUE** ou **MORESQUE** (Art). Les Maures, en envahissant l'Espagne, avaient détruit beaucoup de monuments, surtout ceux destinés au culte chrétien. Cependant, une fois affermis dans leur conquête, ils conservèrent aux chrétiens la libre possession des églises, et élevèrent partout des mosquées, des palais ornés de tours, des chaussées militaires et des fortifications. C'est alors qu'on vit paraître un style nouveau, arabe d'origine, mais empruntant à la civilisation romaine des éléments et jusqu'à des matériaux provenant des édifices laissés par les premiers possesseurs. Les constructions mauresques forment un contraste absolu avec ce qu'on avait vu jusqu'alors dans la Péninsule. Les tours sont carrées, aux créneaux élevés et anguleux, les portes sont massives; dans les mosquées, l'arc outrepassé et en fer à cheval, les colonnettes élancées, les peintures vives, les émaux aux mille couleurs sur lesquels se joue une lumière habilement ménagée, charment l'œil sans détourner l'esprit du sentiment religieux. Dans les édifices civils, l'extérieur est toujours simple, uni, sans souci de la régularité; les ouvertures sont rares, les murailles hautes, d'un blanc uniforme. Mais à l'intérieur que de richesses et de séductions accumulées! Cours entourées de légères colonnades, fontaines jaillissantes, balcons sculptés, vastes salles ornées de mosaïques vitreuses dont les couleurs variées donnent aux murailles l'apparence de tapisseries; les plafonds eux-mêmes sont couverts de dentelures, d'entrelacs ou de versets du Coran, dont les caractères arabes sont la plus charmante et la plus originale des décorations. Les Maures, médiocres architectes, ont été à leur époque les plus habiles décorateurs de l'Europe.

Les deux Abd-el-Rhaman ont surtout donné leurs soins à l'embellissement de leur royaume, dont Cordoue était alors la capitale. Du règne d'Abd-el-Rhaman II, date la mosquée de Cordoue, qui caractérise la première période de l'architecture mauresque (844). Si elle manque de grandeur parce que les architectes arabes ne savaient pas couvrir en voûte des espaces considérables, ses mille colonnes qui soutiennent de légères coupoles rehaussées de couleurs lui donnent une richesse et une grâce incomparables. Néanmoins, la construction de cet édifice est bien une preuve d'impuissance, car nulle part l'architecte n'a osé donner aux arcades plus de 7 mètres d'ouverture; mais on oublie ce défaut devant les merveilles de la décoration (fig. 219).

Le palais de l'Alhambra de Grenade est postérieur. Il remonte au XII° siècle, sous le règne de Mohamed-el-Ahamar, qui donna aux arts un développement considérable en Espagne, et c'est là que nous trouvons l'architecture mauresque dans toute sa puissante originalité. Le bois et le stuc jouent un grand rôle dans la construction et tous les murs ou supports isolés sont reliés par un système de charpente horizontale. La cour des Lions passe pour un chef-d'œuvre de l'architecture décorative; on ne peut rien imaginer de plus délicat, et l'effet en est encore très grand malgré l'absence des mosaïques, des peintures d'or, de vermillon et d'azur, des stucs et des faïences, qui en faisaient le principal attrait.

La troisième merveille de l'art mauresque en Espagne est l'Alcazar de Séville, qui date en grande partie des derniers temps de la conquête, et ne fut même achevé que fort longtemps après, sous le règne de Charles-Quint. On cite surtout dans ce palais, pour l'excellence de leur architecture et le bon goût de leur décoration, le patio de Los Munecos et la salle des Ambassadeurs, aux murs couverts de mosaïques et d'ornements en stucs. La coupole est tout entière décorée à l'intérieur d'incrustations en bois peint et doré.

Tolède, Valence, Barcelone, Ségovie, Saragosse possèdent encore des restes curieux de l'art mauresque. Séville a encore sa charmante Giralda, tour carrée ornée de dessins en réseaux formés de briques polies et qui appartenait à la mosquée élevée, en 1195, par Yacoub-el-Mansour. A Grenade, on admire, à côté de l'Alhambra, le Généralife, demeure d'été située près de la citadelle, et les restes de plusieurs palais importants. On retrouve aussi çà et là des maisons mauresques, dont plusieurs sont d'une décoration pleine de goût et d'originalité.

Lorsque l'on considère le style mauresque dans ses détails d'ornementation, on est frappé de ses rapports étroits avec le byzantin, par exemple en ce qui concerne les ornements des archivoltes, les encadrements des portes et des fenêtres, les mosaïques en émail sur fond d'or, etc. Mais l'art musulman trouve son originalité dans le mélange de ces éléments originels avec les ruines romaines et les principes de construction que les Maures trouvèrent chez les architectes andalous, artistes excellents. Cette fusion ne paraît complète et homogène que vers la fin du XIIe siècle. Aussi avons-nous vu que c'est de cette époque que datent les principaux chefs-d'œuvre de l'art arabe en Espagne.

Arts décoratifs. L'art mauresque, nous l'avons dit, est tout entier dans la décoration. Les murs construits en briques ou en matériaux de petit appareil ne se prêtant pas à la moindre ornementation sculpturale, tout ornement est rapporté ou surajouté. Ce sont des colonnes de marbre ou de porphyre, empruntées souvent à des monuments romains, des pavages de marbre ou de carreaux émaillés, des plafonds en bois peint et doré avec entrelacs et inscriptions. Les poutres, en bois de cèdre, sont travaillées avec délicatesse, enfin des étoffes tissées d'or et de soie, aux couleurs éclatantes, complètent l'aspect riche et harmonieux de ces intérieurs dont les palais de l'Alhambra et de l'Alcazar, à demi-ruinés, ne peuvent nous donner qu'une idée incomplète.

Fig. 219.

Céramique et émaux. Le principal élément de la décoration mauresque est dans les faïences et les ornements en stuc à losanges et à fleurs, entremêlés d'inscriptions arabes. Les conquérants connaissaient et importèrent en Espagne la poterie en émail stannifère et plombifère, dont ils firent les carreaux qu'on peut voir encore à Cadix, à Cordoue, à l'Alcazar et à l'Alhambra. Il est certain que l'art du céramiste était très avancé chez les Maures, bien que le petit nombre de beaux vases qui sont parvenus jusqu'à nous nous permette peu d'en juger. Les plus remarquables sont les célèbres vases de l'Alhambra dont la richesse de l'ornementation, la netteté du dessin et la vivacité des couleurs font des œuvres hors ligne (fig. 320). Les Maures ont laissé en Espagne des ateliers restés florissants même après leur expulsion; de là ces poteries hispano-mauresques qui pendant si longtemps ont été confondues avec les majoliques italiennes, et qui n'ont dû qu'à Riocreux, conservateur du musée de Sèvres, une classification distincte; leur émail est d'un blanc-jaunâtre couvert d'ornements chatoyants à reflets métalliques, de couleur cuivrée ou jaune pâle. Les plus anciens sont sans doute ceux à décor cuivré représentant des fleurs et des oiseaux; ils se rapprochent comme aspect des vases de l'Alhambra et sont les derniers vestiges de l'art espagnol pendant la domination des Arabes.

Armes. Les Maures, excellents ciseleurs et forgerons, ont laissé des armes admirables par la perfection du travail de ciselure ou de damasquinure, ainsi que par l'excellence de la trempe. Ils avaient trouvé à Tolède, leur capitale, un bel outillage et des traditions excellentes, qui remontaient à la domination romaine, car les armes de Tolède sont célébrées par les auteurs anciens, et cette réputation n'a diminué que longtemps après le moyen âge. Les eaux du Tage ont des vertus spéciales pour la trempe, et le sable fin qu'on trouve en abondance sur ses rives, était employé avec succès pour, selon l'expression consacrée, *rafraîchir* le feu de la forge. Les armes mauresques sont, de plus, émaillées en blanc, rouge et vert, ce qui en fait souvent de véritables œuvres d'art. A côté de la fabrication régulière de Tolède, qui semble avoir fourni d'armes toute l'Espagne, on trouve encore des armes bizarres, que les Maures semblent avoir beaucoup aimé. Telle la dague de main gauche en forme de trident conservée à l'*Arméria réal* de Madrid et qui est adaptée au brassart; au point de vue défensif, c'était sans doute plus original qu'utile, on peut faire le même reproche aux *adagues*, sorte de petit bouclier porté sur une lame

Fig. 220.

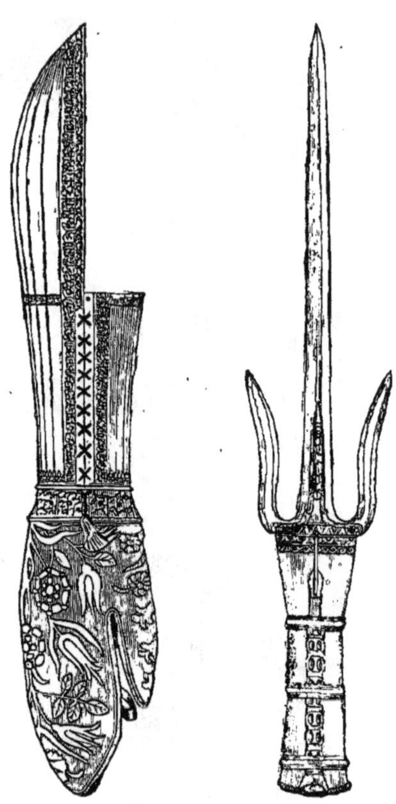

Fig. 221 et 222.

courte, dont on peut voir au même musée un curieux exemple. Les figures 221 et 222 suffisent à montrer la richesse et la fertilité d'imagination apportées par les Maures à cette importante industrie.

***MAURITIA.** *T. de bot.* Dans les contrées équatoriales du Brésil, les feuilles fortes et coriaces du *mauritia flexuosa*, de la famille des palmiers, fournissent sous le nom de *buriti*, des lanières qui ont de tout temps servi à fabriquer des filets et des hamacs. Dans l'Orénoque, on donne à ces lanières les divers noms de *tibisiri*, *moriche*, *ita palm*, etc. Dans la Guyane anglaise, cet arbre est utilisé de manières si diverses qu'on lui a donné le nom d' « arbre de la vie ». Ses feuilles flabellées fournissent la toiture des huttes; ses pétioles, les poutres; son tronc, les solives; sa moelle, la nourriture; et du revêtement de son tronc, on retire l'habillement et les chaussures des pauvres habitants des savanes.

*** MAUVANILINE.** *T. de chim.* $C^{38}H^{17}Az^{3}$... $C^{19}H^{17}Az^{3}$. Base artificielle qui, lorsqu'elle est à l'état de combinaison, répond à la formule que nous indiquons, mais qui, libre et cristallisée, garde toujours un équivalent d'eau. Elle est de couleur jaune foncé, brunit à l'air; s'altère, lorsqu'on la chauffe pour la déshydrater; est soluble dans l'alcool, l'éther, la benzine; insoluble dans l'eau froide, et à peine soluble dans l'eau bouillante. Elle forme des sels avec les acides, et ceux-ci, remarquables par leurs reflets métalliques, sont assez solubles dans l'eau bouillante;

ils fournissent de l'aniline et de la toluidine par la distillation sèche, et servent à colorer la laine et la soie en violet bleu.

Le mauvaniline résulte de l'union de deux molécules d'aniline avec une de toluidine, avec élimination de six atomes d'hydrogène

$$2C^{12}H^7Az + C^{14}H^9Az - H^6 = C^{38}H^{17}Az^3$$

ou

$$2\text{€}^6H^7Az + \text{€}^7H^9Az - H^6 = \text{€}^{19}H^{17}Az^3$$

C'est une triamine, que l'on obtient avec les résidus de la fabrication de la *fuchsine* (V. ce mot), ou en faisant réagir un corps oxydant sur un mélange de toluidine et d'aniline, dans lequel cette dernière base est en excès. — J. C.

***MAUVÉINE.** *T. de chim.* Syn. : *Indisine.* — V. ce mot, et COLORANTES (Matières).

***MAXIMUM** et **MINIMUM.** On dit qu'une fonction y de plusieurs variables $x_1 x_2 \ldots x_n$ devient maximum pour un certain système de valeurs des variables

$$x_1 = \alpha_1 \quad x_2 = \alpha_2 \quad x_n = \alpha_n$$

lorsque la valeur qu'elle prend alors est plus grande que toutes celles qu'elle peut prendre, lorsqu'on augmente ou qu'on diminue les variables de quantités quelconques plus petites qu'un certain nombre assignable h; en d'autres termes, lorsqu'on peut déterminer un nombre h tel que toutes les valeurs des variables comprises entre

$$\begin{gathered} \alpha_1 - h \text{ et } \alpha_1 + h \\ \alpha_2 - h \text{ et } \alpha_2 + h \\ \vdots \\ \alpha_n - h \text{ et } \alpha_n + h \end{gathered}$$

donnent à la fonction une valeur plus petite que ne le feraient les valeurs $\alpha_1 \alpha_2 \ldots \alpha_n$. Le minimum se définit de la même manière. Dans le cas d'une seule variable x, on conçoit que si x augmente constamment, y puisse croître jusqu'à ce que x atteigne une valeur particulière α, puis décroisse quand x a dépassé cette valeur; y est alors maximum pour $x = \alpha$. Une même fonction peut présenter plusieurs maxima et minima, et les minima ne sont pas nécessairement inférieurs aux maxima. Ces mots n'indiquent qu'une valeur de y plus grande ou plus petite que les valeurs *les plus voisines*.

Les questions de maximum et de minimum ont de tout temps exercé la sagacité des géomètres. C'est à Fermat qu'on doit la première méthode régulière pour trouver les maxima et les minima des fonctions d'une seule variable. La règle de Fermat ne diffère pas au fond de celle qui est aujourd'hui suivie comme conséquence des principes du calcul différentiel et qui consiste à chercher les valeurs de x qui annulent la dérivée de la fonction considérée. Ce sont ces valeurs de x qui rendent la fonction maximum ou minimum. Le maximum se distingue du minimum par le signe de la dérivée seconde qui est négative dans le premier cas, positive dans le second. Lorsqu'il y a plusieurs variables, il faut chercher les valeurs des variables qui annulent à la fois toutes les dérivées partielles de la fonction, et la question se complique naturellement beaucoup. Dans certaines questions élémentaires, on peut utiliser avec fruit les deux théorèmes suivants :

1° Le produit de plusieurs facteurs positifs dont la somme est constante est maximum quand les facteurs sont égaux entre eux;

2° Si les facteurs positifs, dont la somme est constante, figurent dans le produit avec des exposants différents, le produit est maximum quand les facteurs sont proportionnels à leurs exposants respectifs.

Signalons aussi les théorèmes suivants de géométrie : entre tous les polygones d'un même nombre de côtés et de même périmètre, le polygone régulier est celui dont l'aire est maximum. Parmi toutes les figures planes de même périmètre, le cercle est celle qui a la plus grande surface. Parmi tous les corps de même surface totale extérieure, la sphère est celui qui a le plus grand volume.

Au point de vue analytique, ces deux derniers théorèmes appartiennent à une catégorie de problèmes où l'on a à déterminer, non plus les valeurs d'une fonction donnée, mais bien la nature même de cette fonction d'après certaines conditions de maximum ou de minimum. C'est pour résoudre les questions de ce genre que Lagrange a imaginé la belle méthode connue sous le nom de *calcul des variations*. Au même ordre d'idées se rattache la recherche de la ligne la plus courte qu'on puisse tracer entre deux points sur une surface donnée, ligne qui a reçu le nom de *géodésique*. — V. ce mot.

***MAZÉAGE.** *T. de métall.* Nous ajouterons, à ce que nous avons dit déjà de cette opération métallurgique aux articles FINAGE, FINE MÉTAL, qu'elle n'est plus employée dans aucune forge du continent; tout au plus pourrait-on en rencontrer quelques exemples dans le Yorkshire, en Angleterre. Le déchet y variait de 8 à 15 0/0 et la consommation de coke atteignait 30 et 40 0/0; la dépense de main-d'œuvre était de 2 fr. 50 environ par tonne. Cette opération donnait bien un métal plus facile à puddler, mais qui absorbait tout le soufre que renfermait le coke et cette question n'était pas négligeable en France.

Pour montrer qu'en résumé la suppression de la *mazerie* ou *mazéage* a eu un résultat économique important, nous comparerons pour une même usine le prix du fer puddlé directement de la fonte grise avec celui de la même fonte mazée préalablement : fer puddlé, affinage gris, 142 fr. 20; fer puddlé, fine métal, 157 francs.

Pour les emplois, où la qualité n'était pas nécessaire (car le fer puddlé *fine métal* donnait de meilleurs produits que le puddlage des fontes blanches), la différence avec le fer commun provenant de fontes blanches était plus grande encore, car le prix de celui-ci, dans les mêmes conditions, n'était que de 130 à 132 francs.

A égalité de qualité, la suppression du mazéage a donc été une économie de 15 francs par tonne;

si on ne tient pas compte de la qualité, cette économie atteignait, dans la région où nous nous sommes placés, 25 à 30 francs par tonne, ce qui est considérable.

* **MAZERIE.** *T. de métall.* Lieu où l'on maze la fonte. — V. AFFINAGE, FINAGE, FINERIE, FINE MÉTAL, MAZÉAGE.

MÉCANICIEN. Ce nom s'applique aux ingénieurs et ouvriers qui s'occupent de l'étude, de la construction, de l'entretien et des réparations des machines de toute nature, et généralement à tous ceux qui s'occupent, à des titres divers, des applications de la mécanique. Il est à peu près inutile d'observer que les mécaniciens doivent être complètement familiarisés, chacun en ce qui le concerne, avec cette science; les ingénieurs, en particulier, doivent connaître à fond tous les grands principes qui la dominent : la théorie mécanique de la chaleur, la théorie de la résistance des matériaux, etc., toutes connaissances qui sont quelquefois trop négligées par certains inventeurs incapables d'apprécier le rendement de leurs machines. Les ingénieurs doivent être surtout bien familiarisés avec les combinaisons cinématiques de toute nature de manière à savoir reconnaître immédiatement la meilleure solution à adopter pour un problème donné, à sentir d'instinct, pour ainsi dire, les projets irréalisables, tant parce que les pièces indiquées sont difficiles à exécuter dans les ateliers que parce qu'elles ne peuvent pas donner le mouvement espéré ou qu'elles entraînent des frottements exagérés, des torsions, des efforts obliques, etc. Le véritable mécanicien doit savoir pressentir la solution la plus simple, reconnaître si les formes des pièces correspondent bien à l'effort qu'elles ont à supporter, posséder, en un mot, un coup d'œil que l'expérience et l'habitude prolongée de ces travaux peuvent seules donner.

Comme les constructions de machines embrassent aujourd'hui une variété de types presque infinie pour ainsi dire, les mécaniciens ont dû nécessairement se spécialiser et s'attacher à certains types qu'ils connaissent alors plus particulièrement. Les conditions d'exécution peuvent différer, en effet, dans une proportion énorme, et on ne peut pas demander, par exemple, le même degré de précision et de fini à une machine agricole qu'à un appareil de laboratoire; les combinaisons de mouvements qu'on peut admettre pour les deux cas sont aussi complètement modifiées. Nous avons d'ailleurs signalé cette différence au mot CONSTRUCTEUR, et nous avons rappelé en même temps les principes généraux qui doivent guider les mécaniciens dans la construction des machines, nous y renverrons le lecteur en nous arrêtant plus particulièrement ici aux *mécaniciens de chemin de fer* et aux *mécaniciens de la flotte*.

Mécaniciens des chemins de fer. Agent qui est chargé de la conduite des locomotives. Cette dénomination est habituellement admise par les différentes Compagnies pour correspondre à l'expression plus précise de *conducteur de locomotives* qui est employée en anglais ou allemand : *locomotive driver* ou *locomotivführer*; toutefois la Compagnie d'Orléans applique exclusivement l'expression de *machiniste* qui a l'avantage d'éviter toute ambiguïté, le mécanicien pouvant être considéré à la fois comme un constructeur ou comme un conducteur de machines.

Les fonctions du mécanicien jouent un rôle capital dans la conduite des trains et par suite dans l'exploitation des chemins de fer; c'est, en effet, sur la vigilance et l'attention continue de ces modestes agents que repose la sécurité des voyageurs, et leur vie même peut dépendre de leur sang-froid en présence du danger. Ces fonctions exigent donc des hommes d'un tempérament très robuste, d'une grande sobriété, parfaitement familiarisés avec les signaux de leur ligne et le fonctionnement de leur machine, et possédant surtout ces qualités personnelles de décision et de pleine possession de soi-même, sans lesquelles on ne devient jamais bon mécanicien. Le recrutement de ces agents ne saurait être entouré de trop de précautions, et les Compagnies de chemins de fer ne négligent rien d'ailleurs à cet effet. Les mécaniciens sont choisis à la suite d'examens parmi les meilleurs chauffeurs ayant acquis l'expérience nécessaire par un service prolongé, et ils reçoivent, en outre, un enseignement pratique bien approprié, dans lequel on s'attache à les familiariser avec leur machine en leur expliquant le travail de la vapeur, le rôle et le fonctionnement des divers organes. Les pouvoirs publics se sont également préoccupés de cette question, et aux termes de l'ordonnance du 15 novembre 1846, nul ne peut être employé en qualité de mécanicien conducteur de trains ou de bateaux à vapeur, s'il ne produit les certificats de capacité délivrés dans les formes déterminées par le ministre des travaux publics.

Les mécaniciens et chauffeurs ne doivent jamais, même en cas de danger personnel, abandonner sur la machine le poste confié à leurs soins, et l'article 20 punit cette infraction d'un emprisonnement de six mois à deux ans. Les mécaniciens et chauffeurs sont placés également sous le coup de l'article 19 qui punit d'un emprisonnement de huit jours à six mois et d'une amende de 50 à 1,000 francs toute personne qui, par maladresse, imprudence, inobservation des lois, aura involontairement causé sur un chemin de fer ou dans une station un accident ayant entraîné des blessures. S'il en est résulté mort d'homme, l'emprisonnement est porté de six mois à cinq ans, et l'amende de 300 à 3,000 francs. Les mécaniciens doivent être capables de réparer eux-mêmes leur machine, ils doivent savoir lire, écrire et compter. Les élèves mécaniciens sont choisis parmi les ouvriers monteurs ou ajusteurs. Pendant leur apprentissage, ils font fonction et reçoivent la solde de chauffeurs.

On peut résumer le principal devoir du mécanicien en disant qu'il doit apporter une attention soutenue en marche, et ne jamais quitter la voie des yeux de manière à être en mesure d'apercevoir toujours les signaux faits à la main ou avec les appareils spéciaux, et de reconnaître en un mot le moindre obstacle qui pourrait s'opposer au passage du train. Tout en surveillant la voie, il doit tenir la main à proximité des différentes tiges de manœuvre, sur lesquelles il peut avoir besoin d'agir immédiatement: le régulateur, le changement de marche, toujours placé à gauche de la plate-forme sur nos machines françaises qui se rangent à gauche, le sifflet, le frein à contre-vapeur, et le robinet des freins continus, quand sa machine en est munie ; il faut en un mot qu'en cas de danger il puisse arrêter l'admission de vapeur et renverser la marche sans la moindre perte de temps. En agissant sur le sifflet, il correspond enfin avec les conducteurs, prévient les agents de la voie et demande le passage de son train. Il doit, en outre, surveiller continuellement la chaudière et le mécanisme de la machine. Il s'assure avec le manomètre que la pression de marche est toujours suffisante et qu'elle ne dépasse pas la pression limite ; par le tube et les robinets indicateurs de niveau, il s'assure que l'eau ne fait pas défaut dans la chaudière. Il est inutile d'ajouter qu'il ne doit jamais charger les soupapes de sûreté. Il assure enfin l'alimentation en temps convenable au moyen des injecteurs ; il est responsable d'ailleurs ainsi que son chauffeur de tous les coups de feu qui pourraient amener la fusion du bouchon du ciel du foyer. Il surveille le chargement du foyer que le chauffeur doit toujours opérer en temps convenable d'après ses indications. Il dispose enfin d'un jette-feu pour faire tomber le feu immédiatement en cas de besoin, d'un souffleur au moyen duquel il peut activer le tirage, et il peut aussi, s'il est nécessaire, agir sur l'échappement mobile avec les machines qui en sont munies. En ce qui concerne le mécanisme, il doit s'assurer qu'il fonctionne régulièrement, sans choc et sans qu'aucune pièce ne chauffe. En écoutant les coups successifs d'échappement pendant un tour de roue, il peut reconnaître avec un peu d'habitude s'il ne se produit rien d'anormal, assigner même dans une certaine mesure le point où se produit l'avarie, déterminer les fuites qui ont pu se déclarer sous les tiroirs ou autour des pistons. Il peut reconnaître également celles qui se produisent dans les garnitures ou les tuyaux de conduite de vapeur, les soupapes de sûreté, etc. Il doit assurer le graissage des pièces frottantes, coussinets de bielles et d'essieux que le chauffeur doit avoir eu soin de garnir d'huile en quantité suffisante au moment des arrêts ; en marche et surtout avec le régulateur fermé, il assure le graissage des pistons et des tiroirs, et il emploie à cet effet les graisseurs à distance dont les machines sont généralement munies, ce qui dispense le chauffeur d'aller à l'avant. Il dispose enfin de purgeurs pour enlever l'eau des cylindres et reconnaître les fuites, et de la sablière pour prévenir ou arrêter le patinage en versant du sable à l'avant de la roue motrice. Le mécanicien doit, en un mot, arriver à reconnaître toutes les avaries, et les signaler à son retour à son chef de dépôt qui fait exécuter les réparations nécessaires.

La plupart des Compagnies ne manquent pas d'intéresser leurs mécaniciens à leur travail en leur accordant des primes souvent fort élevées sur les économies qu'ils arrivent à réaliser sur la consommation du combustible et du graissage. Dans certains cas, comme à la Compagnie d'Orléans, on les intéresse également au bon entretien de leurs machines en leur accordant des primes proportionnelles aux parcours effectués sans réparation, et c'est un exemple qui ne saurait être trop recommandé, car le mécanicien arrive ainsi à faire corps en quelque sorte avec sa machine qu'il étudie à fond dans tous ses détails ; il l'entretient comme une chose personnelle, il se trouve bien mieux en état de reconnaître et de signaler en temps utile les avaries.

Dans ses rapports avec l'exploitation, le mécanicien doit avant tout s'attacher à bien reconnaître les signaux et à leur obéir instinctivement. Comme l'expérience a montré que la maladie connue sous le nom de *daltonisme* affectant le sens des couleurs, particulièrement celui du rouge, était plus fréquente qu'on ne le supposerait, les agents actifs des chemins de fer et surtout les mécaniciens sont toujours examinés à ce point de vue, et on écarte tous ceux qui n'ont pas la perception immédiate de la couleur rouge ; il y a là une question de sécurité publique, et nous ne saurions trop répéter que chez le mécanicien l'obéissance aux signaux doit être machinale en quelque sorte, et le mouvement demandé doit s'opérer pour ainsi dire sans qu'il ait besoin d'y réfléchir. Le mécanicien doit toujours prendre ses dispositions pour être en mesure de s'arrêter avant d'atteindre le signal d'arrêt proprement dit, et, à cet effet, les signaux d'arrêt absolu qui portent généralement un disque carré ou qui sont formés par des sémaphores dont le bras se pose horizontalement, sont couverts par un signal à distance portant un disque rond qui prévient le mécanicien, aussi lui est-il interdit d'écraser les pétards qui doublent les disques carrés mis à l'arrêt. — V. CHEMINS DE FER, chap. x, § *Exploitations*.

Ajoutons que le mécanicien doit enfin s'efforcer de conduire son train de manière à arriver toujours à l'heure, et c'est là d'ailleurs une question où la sécurité est intéressée, car les perturbations de service résultant des retards entraînent souvent des accidents, surtout aux bifurcations. Un mécanicien qui a l'habitude de la voie arrive toujours sans retard tout en conduisant économiquement son feu en tirant parti du profil ; il atteint le haut des rampes sans pression, se laisse descendre dans les pentes tout en évitant cependant une vitesse exagérée qui est sévèrement interdite, alimente quand il a trop de pression, s'arrange à faire tomber le feu, en relevant artificiellement le tirage s'il est nécessaire, à la fin du voyage, etc.

En route, le mécanicien est placé sous les ordres du chef de train pour tout ce qui concerne la marche ; mais, en cas d'avarie, il reste chargé de la conduite des premiers travaux à exécuter jusqu'à l'arrivée des agents supérieurs. En stationnement, il est sous les ordres du chef de gare, et il ne peut partir que sur son invitation. Il doit s'attacher à éviter en gare les manœuvres bruyantes, incommodes ou dangereuses pour les voyageurs, à ne pas ouvrir les purgeurs par exemple auprès des quais d'embarquement, piquer le feu, etc. Il doit s'attacher à démarrer doucement pour ménager les attelages et éviter tout accident; de même à l'arrivée, il doit éviter les arrêts trop brusques qui projettent les voyageurs; il doit serrer les freins à une certaine distance avant la station et les relâcher ensuite pour arriver en gare avec une vitesse déjà très réduite, et facile à amortir. Le mécanicien est obligé de satisfaire à l'enlèvement de tous les vagons tant que la surcharge indiquée par le chef de dépôt n'est pas atteinte; toutefois la plupart des règlements lui accordent le droit de s'y refuser dans certains cas exceptionnels, en consignant toutefois ces motifs sur la feuille de route du chef de train. D'après le règlement de Paris-Lyon-Méditerranée, le mécanicien d'un train de voyageurs ne peut refuser une surcharge que s'il prévoit qu'il lui sera impossible d'arriver à destination.

Au dépôt, le mécanicien et le chauffeur sont chargés de l'entretien de leur machine, et ils doivent avoir à cœur de la maintenir dans un état de propreté parfaite, car c'est à cette condition seulement qu'ils peuvent en surveiller les divers organes. Du reste, une machine couverte de poussière entraîne nécessairement des frottements exagérés, car les huiles s'épaississent, les surfaces frottantes s'oxydent, et il en résulte toujours une aggravation dans la dépense de combustible. Les Compagnies possèdent généralement d'ailleurs des équipes de nettoyeurs qui sont chargés de laver les machines, et le mécanicien n'a plus à entretenir que les pièces du mouvement les plus délicates; mais il doit toujours néanmoins assister au lavage et le surveiller avec son chauffeur. —V. EXPLOITATION DES CHEMINS DE FER, § *Matériel et traction*.

Mécaniciens de la flotte. La première ordonnance relative aux mécaniciens de la flotte est datée du 30 mai 1831, elle a pour titre : *Ordonnance du Roi créant une compagnie d'ouvriers marins à Toulon*. Cette compagnie était formée de 3 premiers maîtres-mécaniciens, 3 maîtres, 6 seconds maîtres et 12 aides-mécaniciens; 6 forgerons, 20 chauffeurs de 1re classe, 20 chauffeurs de 2e classe et 18 apprentis chauffeurs, soit un total de 88 hommes qui étaient placés sous les ordres d'un lieutenant de vaisseau et d'un lieutenant de frégate.

En 1840, le besoin d'augmentation du personnel se fait sentir, on prescrit qu'au 1er janvier 1841, il serait nécessaire d'avoir : 36 maîtres-mécaniciens, divisés en deux classes; 36 seconds maîtres, 72 aides et 384 chauffeurs.

En 1845, nouvelle ordonnance qui décrète la formation de deux compagnies ayant leur siège, l'une à Toulon, l'autre à Lorient. La hiérarchie comprenait :

Mécaniciens en chef, marchant avec, mais après les lieutenants de vaisseau; premiers maîtres-mécaniciens, 3 classes, assimilés aux premiers-maîtres de la marine; maîtres-mécaniciens, 3 classes, assimilés aux maîtres de la marine; contre-maîtres mécaniciens, 3 classes, assimilés aux deuxièmes maîtres; ouvriers chauffeurs, 3 classes, assimilés aux matelots.

Le grade d'officier, parmi les mécaniciens, prévu depuis 1845, ne fut conféré pour la première fois qu'en 1860. Les mécaniciens de tous grades portaient un uniforme qui ne différait guère de la tenue de leurs assimilés mais qui suffisait cependant pour les faire reconnaître. En 1857, sous prétexte de ramener l'unité dans les diverses branches de la marine, un décret sur le service intérieur supprima l'uniforme spécial, amoindrit d'un degré les assimilations des grades au-dessous de celui de premier maître, laissa dans l'oubli le grade de mécanicien en chef et enfin, jeta la perturbation dans la marine du commerce, en décidant que les mécaniciens seraient désormais compris dans les professions assujetties au régime de l'inscription maritime.

Les mécaniciens et les ouvriers chauffeurs furent répartis entre les cinq ports et divisés en :

Premiers maîtres-mécaniciens, 2 classes; deuxièmes maîtres-mécaniciens, 2 classes; quartiers-maîtres-mécaniciens, 2 classes: ouvriers chauffeurs, 3 classes.

Les résultats immédiats du décret de 1857 ne furent pas heureux, de nombreux mécaniciens de la marine militaire et de celle du commerce quittèrent leur profession, surtout les jeunes, pour lesquels le col bleu et le chapeau verni du matelot n'avaient pas beaucoup d'attraits. Le 24 septembre 1860, parut un nouveau décret portant création d'officiers mécaniciens, avec les cadres suivants :

Mécaniciens en chef, 2, assimilés aux capitaines de corvette; *mécaniciens principaux* de 1re classe, 8, assimilés aux lieutenants de vaisseau; mécaniciens principaux de 2e classe, 20, assimilés aux enseignes de vaisseau.

Aujourd'hui, les titulaires du premier grade sont au nombre de 7; ceux du second de 34 et ceux du troisième de 64; enfin, il y a 164 premiers maîtres-mécaniciens.

Les emplois dévolus aux mécaniciens en chef sont : 1 à l'inspection des charbonnages; 1 embarqué sur le bâtiment portant le pavillon de commandement de l'escadre d'évolution; 1 dans chacune des majorités de la flotte de Toulon, Brest et Cherbourg; 1 à la commission d'examen des mécaniciens et 1 disponible. Les mécaniciens principaux de première classe embarquent sur tout bâtiment isolé ayant une machine de 800 chevaux nominaux au moins; sur certains bâtiments spéciaux; sur un bâtiment quelconque portant le pavillon d'un contre-amiral commandant en chef ou en sous-ordre; sur le bâtiment central des réserves de Toulon, Brest et Cherbourg. Ils remplissent les fonctions de professeurs sur le *Borda*, école navale; sur l'*Iphigénie*, école d'application des aspirants; sur le *Japon*, école des torpilles, et enfin, dans les écoles de mécaniciens à Brest et à Toulon. Ils sont adjoints aux majorités de la flotte de Lorient et de Rochefort. Les mécaniciens principaux de 2e classe embarquent sur tout bâtiment isolé pourvu d'une machine de 400 à 799 chevaux nominaux; sur le bâtiment central des réserves de Lorient et de Rochefort; ils sont attachés à la défense mobile des ports; ils secondent un mécanicien principal de 1re classe sur l'*Amiral-Duperré*, la *Dévastation*, le *Redoutable*, ainsi que les professeurs des diverses écoles. A terre, leur service se rattache à celui de la majorité de la flotte.

Les premiers maîtres-mécaniciens sont embarqués en sous-ordre sur tout bâtiment ayant une machine de 400 chevaux au moins; comme chargés de la conduite de l'appareil sur toute machine de 150 à 400 chevaux.

Les maîtres-mécaniciens (grade rétabli depuis 1879), embarquent en sous-ordre, comme chefs de quart sur les grands bâtiments et comme chargés sur ceux de 100 à 149 chevaux. Les seconds maîtres sont chargés sur les bâtiments ayant une machine de moins de 100 chevaux et en sous-ordre, sur tous les autres bâtiments. Les quartiers-maîtres-mécaniciens sont chargés sur quelques canonnières de petites dimensions et sur quelques bâtiments de servitude.

Les ouvriers mécaniciens (appellation qui a remplacé celle d'ouvriers chauffeurs depuis 1882) et tout le personnel gradé, jusqu'à celui de premier maître exclusivement, sont embarqués en nombre suffisant pour assurer le service, à deux quarts, avec tous les feux allumés et les machines auxiliaires de combat en fonction et le service, à trois quarts dans les circonstances ordinaires de la navigation. L'avancement pour tous les grades, jusques et y compris celui de premier maître, a lieu à la suite de concours passés devant une commission permanente d'examen des mécaniciens qui fonctionne deux fois l'an dans chacun des ports de Brest et de Toulon. Quant à ceux des mécaniciens dont l'instruction théorique n'est pas suffisamment élevée, ils peuvent obtenir les grades de quartiers-maîtres, seconds maîtres et maîtres-mécaniciens pratiques, sous des conditions déterminées de service et d'examen réduit. Afin de faciliter le recrutement des mécaniciens, l'Administration a accordé, depuis 1862, le privilège d'entrée d'emblée comme élèves-mécaniciens dans la marine, aux élèves des trois écoles d'arts et métiers ayant obtenu un certain numéro de classement à leur sortie de ces écoles; plus tard, ce privilège a été étendu aux élèves de la pension Notre-Dame de Nantes, à ceux de l'école de La Martinière, à Lyon, de l'école industrielle d'Épinal, de l'Institut industriel et agronomique de Lille,et enfin, des écoles de maistrance des ports.

On serait tenté de croire que le recrutement doit être largement assuré, avec des sources aussi nombreuses, cependant il est loin d'en être ainsi, attendu que beaucoup de jeunes gens abandonnent le service de la marine aussitôt qu'ils peuvent le faire; ils n'ont pas la dose de patience nécessaire pour atteindre le grade de premier maître, grade qu'on n'obtient, en moyenne, qu'au bout de neuf ans; ou celui de mécanicien principal de 2e classe qu'on n'atteint, en moyenne, qu'après vingt ans de service.

De toutes les puissances maritimes, la France est la seule qui ait limité le bâton de maréchal des mécaniciens au grade de capitaine de corvette (chef de bataillon). C'est aussi la seule puissance qui n'ait qu'un seul officier mécanicien sur des bâtiments ayant, indépendamment des appareils propulseurs, 20 à 30 machines auxiliaires et sur quelques-uns davantage. Sur les grands cuirassés anglais, américains, allemands, italiens et russes, il y a 5 à 9 officiers mécaniciens, et dans chacune de ces marines, l'assimilation des plus hauts gradés des mécaniciens correspond au moins à celle de capitaine de vaisseau.

Dans la marine marchande française, le chef mécanicien et ses principaux aides sont considérés et traités comme officiers.

Indépendamment du personnel mécanicien naviguant, on a créé dans chacun des cinq ports militaires, une compagnie de mécaniciens vétérans, dans laquelle le grade le plus élevé est celui de premier maître. Ces compagnies ont un effectif suffisant pour assurer le service des bâtiments remorqueurs des différents ports.

L'importance toujours croisante du service des mécaniciens à bord, puisque toute innovation leur crée un surcroît de charge, faisait dire à deux vice-amiraux ayant commandé en chef l'escadre d'évolution à une quinzaine d'années de distance : « Les fonctions de chef de quart dans les grandes machines ne devraient être confiées qu'à des premiers maîtres-mécaniciens au moins. » Le second, dans son rapport de fin d'année, écrivait les lignes suivantes : « Je préférerais avoir un mauvais officier de quart sur la passerelle, qu'un mauvais chef de quart dans la machine ».

Quelles mesures doit-on prendre pour s'assurer un bon recrutement de mécaniciens ? Suivre l'exemple donné par l'Angleterre et l'Amérique : créer une école de laquelle on sortira avec un brevet d'aspirant mécanicien.

MÉCANIQUE. Dans l'état actuel des connaissances humaines, le mot *mécanique* est l'un de ceux qui éveillent le plus grand nombre d'idées parmi lesquelles chacun choisit, suivant la tournure de son intelligence et les habitudes de son esprit, celles qui lui sont les plus familières. Pour l'industriel, la mécanique est l'étude des machines et des conditions de leur bon fonctionnement; elle a pour objet la recherche des moyens à l'aide desquels l'homme peut tirer le meilleur parti des forces que la nature met directement à sa disposition ou qu'il sait puiser dans des phénomènes faciles à produire, tels que la combustion, les courants électriques, etc., ainsi que l'invention de certaines dispositions de pièces solides mobiles, combinées de manière à produire des mouvements déterminés en vue d'un but précis à atteindre. Pour le mathématicien, c'est une étude abstraite dont l'objet est le développement logique d'un petit nombre de principes admis comme des vérités fondamentales ou des axiomes au sujet de la matière et de la force. Le physicien qui se préoccupe surtout de la nature et des phénomènes sensibles, bornera son étude à l'examen des forces naturelles; il verra dans la mécanique la science des mouvements observés, la recherche des conditions suivant lesquelles le mouvement se transmet d'un corps à un autre, et affecte ces modes si divers qui impressionnent si différemment nos sens sous les noms de *chaleur*, *lumière*, *électricité*, etc. Les longs calculs des mathématiciens ne seront pour lui qu'un intermédiaire de raisonnement, et, dans la pratique de l'industrie, il trouvera une mine presque inépuisable d'expériences toutes faites, propres à confirmer ou à infirmer les théories par lesquelles il essaye de rendre compte des phénomènes observés. Le métaphysicien enfin voudra remonter aux principes mêmes de la science; laissant de côté les développements mathématiques, les vérifications expérimentales et les applications industrielles, il attachera son attention au fondement même de tout cet échafaudage de propositions, d'expériences et d'applications; il se demandera si l'édifice est établi sur des fondations inébranlables, il creusera les idées de matière, de mouvement et de force, et ne se déclarera satisfait de la science que si elle peut l'aider à éclaircir l'origine de ces idées dans l'esprit humain et leurs relations avec la réalité extérieure.

Il est presque impossible à un même homme d'être à la fois industriel, mathématicien, physicien et métaphysicien, en ce sens qu'il ne peut faire une étude complète de tout ce qui concerne ces diverses branches de l'activité intellectuelle. Mais, malgré la spécialisation des études rendue malheureusement de plus en plus nécessaire par les conditions de notre vie civilisée et les progrès mêmes de la science et de l'industrie, il ne manque pas d'esprits cultivés qui, tout en négligeant les détails qu'ils ne sauraient aborder, veulent cependant s'intéresser à tout ce qui est digne d'occuper l'activité humaine, possèdent des notions générales dans presque tous les ordres de connaissance, ne veulent porter de jugement sur une question qu'après l'avoir examinée sous tous ses aspects, et non pas seulement sous celui que leurs occupations habituelles leur présentent d'abord, et savent, en un mot, restreindre le cercle de leurs travaux sans diminuer le domaine de leur intelligence. Cette largeur dans les idées, cette aptitude à se dégager des préjugés engendrés par l'habitude, ce besoin de voir les choses de haut, pour ainsi dire, afin d'en bien saisir l'ensemble et les proportions, constituent à proprement parler l'esprit philosophique indispensable à qui veut se rendre un compte exact des progrès des sciences et de l'industrie, apprécier sainement leur importance relative et chercher à prévoir leur influence sur le développement futur de l'humanité. Considérée de ce point de vue général, la mécanique n'est ni une science abstraite, ni une science d'applications. C'est avant tout une *science expérimentale*, qu'on pourrait définir l'*étude des lois qui président au mouvement de la matière*. Ce n'est qu'une branche de la physique; mais c'en est la branche la plus importante qui, peut-être, est destinée à absorber toutes les autres. Déjà les phénomènes produits par la lumière et la chaleur ont été ramenés à de simples modes de mouvement, et ont pu être étudiés et prévus d'après les règles et les formules de la mécanique. Il en est de même, au moins en grande partie, dans la théorie de l'électricité, et l'un des caractères les plus frappants de la science moderne est une tendance manifeste à vouloir expliquer tous les phénomènes naturels par les seuls mouvements de ces particules ultimes dont l'ensemble constitue soit les corps pondérables, soit le milieu au travers duquel se propagent les ondes lumineuses et qu'on a nommé l'*éther lumineux*. Nous nous abstiendrons de porter un jugement quelconque sur les conséquences métaphysiques que l'on a cru pouvoir tirer d'une pareille tendance; mais nous ne pouvons nous empêcher de faire remarquer qu'elle n'a pas, sous ce rapport, l'importance qu'on lui a attribuée, car, fût-il démontré, ce qui est loin d'être fait, même pour le seul monde inanimé, qu'il n'y a dans l'univers que des atomes en mouvement, les problèmes métaphysiques de l'essence même et de l'origine des atomes et du mouvement, et de la communication du mouvement d'un atome à un autre subsisteraient tout entiers. Les difficultés seraient reculées, mais non pas aplanies, et la même place resterait pour les opinions les plus diverses. Au point de vue pratique, au contraire, la tendance dont nous parlons est des plus heureuses et des plus fécondes, car elle pousse à une recherche plus active des liens qui peuvent rattacher les phénomènes en apparence les plus dissemblables, et elle conduit par cela même à d'admirables découvertes, aussi importantes en elles-mêmes par ce qu'elles apportent de nouveau dans nos idées sur l'ensemble de l'univers, qu'utiles par les applications qu'en sait faire l'industrie pour l'accroissement de la richesse et du bien-être de l'humanité.

Quoi qu'il en soit de ces considérations générales, il est incontestable que l'étude du mouvement tel qu'on l'observe dans la nature est la base de toutes les recherches relatives aux phénomènes que nous présente le monde extérieur, et, pour cette raison, la mécanique est la première des sciences physiques. Mais si le mouvement en lui-même peut être considéré d'une façon abstraite et pour ainsi dire géométrique, il n'en est plus de même dès qu'on veut étudier les conditions suivant lesquelles les corps naturels se déplacent. L'expérience seule peut nous apprendre quelles sont ces conditions et nous fournir les premiers principes nécessaires à l'établissement d'une science des mouvements naturels des corps. C'est pourquoi nous avons classé la mécanique parmi les sciences expérimentales. Seulement, comme la nature ne nous présente jamais que des mouvements assez compliqués s'effectuant sous une foule d'influences diverses, il était extrêmement difficile de démêler, dans cette complexité apparente, les principes simples dont la science avait besoin, et ces principes n'ont pu être formulés qu'à la suite d'efforts considérables d'abstraction, et par une sorte d'intuition dûe à quelques hommes de génie qui les ont posés comme des espèces d'axiomes. Cette circonstance a longtemps fait illusion sur leur origine expérimentale: au siècle dernier, d'Alembert se demandait encore si les vérités mécaniques sont d'ordre nécessaire ou contingent.

Les principes fondamentaux de la mécanique sont en fort petit nombre et très faciles à concevoir, tandis que le développement logique des conséquences qu'on en a pu tirer et leur application à des cas particuliers même fort simples, demandent des efforts de raisonnement considérables, qui ne peuvent le plus souvent conduire au résultat qu'avec l'aide de toutes les ressources de l'analyse mathématique. Souvent même celle-ci est impuissante et bien des problèmes de mécanique n'ont pu être résolus que par approximation ou sont restés complètement insolubles. De là vient l'importance considérable des mathématiques dans la science qui nous occupe, de là découle tout cet appareil de raisonnements épineux et de longs calculs qui la font ressembler à une science abstraite, et qui ont pu faire illusion sur son véritable caractère, car l'esprit est naturellement porté à attacher plus d'importance à ce qui lui paraît difficile qu'à ce qu'il conçoit sans effort. En fait, les mathématiques ne jouent ici, pour ainsi dire, que le rôle d'un outil destiné à mettre en œuvre les matériaux contenus implicitement dans les principes fondamentaux; mais l'usage de cet outil est indispensable, et le long enchaînement de vérités et de conséquences qu'il permet d'établir, constitue la *mécanique rationnelle* ou *mécanique analytique*, science admirable autant par la généralité des résultats qu'elle a permis d'obtenir que par la fécondité des méthodes qu'elle fournit pour résoudre les questions qui peuvent intéresser le physicien ou l'industriel.

Parmi toutes les applications qui en ont été faites à l'étude des phénomènes naturels, il n'en est pas de plus considérable que la recherche *à priori* du mouvement des astres sous l'influence de leurs attractions mutuelles d'après la loi de Newton. Ce problème, qui présente d'immenses difficultés d'analyse, constitue la *mécanique céleste.* Ce n'est, comme on le voit, que l'application des méthodes de la mécanique rationnelle à une question particulière, mais les développements qu'il a fallu donner à cette question lui donnent le caractère d'une science spéciale capable d'absorber la vie entière de plusieurs géomètres.

Quand aux applications industrielles de la mécanique, il est à peine utile d'en signaler l'importance. Qui ne sent immédiatement le rôle capital que jouent les machines dans la vie de nos sociétés modernes? Malheureusement, les questions que l'ingénieur est appelé à chaque instant à résoudre sont loin d'être facilement résolubles. Sans doute la mécanique rationnelle fournit sans grands efforts les équations différentielles qui résolvent le problème, mais souvent ces équations ne sont d'aucun usage, soit parce que l'analyse mathématique est trop imparfaite pour en permettre la résolution, soit parce que les calculs seraient d'une longueur impraticable, soit enfin parce que les sciences physiques ne sont pas assez avancées pour en fournir les données. Il faut alors se borner à des approximations plus ou moins défectueuses ou même à des règles empiriques fondées sur les enseignements d'une longue pratique. Dans bien des cas (frottement, résistance des matériaux, etc.), les données mécaniques de la question doivent être empruntées à l'expérience. Il faut savoir comment conduire l'expérience pour en obtenir des résultats satisfaisants, étude préliminaire rentrant plutôt dans le cadre de la physique expérimentale que dans celui de la mécanique. De là résulte pour l'industrie la nécessité d'une science spéciale qui devra comprendre l'application détaillée des principes de la mécanique rationnelle à la plupart des cas qui se rencontrent le plus fréquemment, les procédés les plus rapides pour effectuer les calculs avec une approximation suffisante sans être exagérée, les règles empiriques reconnues capables de donner de bons résultats, des tableaux numériques contenant les résultats des expériences effectuées sur les matières qui peuvent intéresser l'industriel, les moyens qu'il doit employer et les précautions qu'il doit prendre pour instituer de nouvelles expériences, enfin tout ce que la théorie et la pratique ont pu apprendre de propre à éviter des erreurs désastreuses ou des tâtonnements longs et ruineux. Cette science, qui dépend bien certainement de la mécanique rationnelle, mais qui a aussi son caractère propre par son côté expérimental et empirique, c'est la *mécanique industrielle.*

— Nous avons déjà dit combien les principes fondamentaux de la mécanique étaient difficiles à dégager de l'expérience journalière des mouvements naturels. Il ne faut donc pas s'étonner que la mécanique soit une science toute moderne. Sans doute les anciens possédaient des machines qui leur rendaient les plus grands services au double point de vue industriel et militaire; mais chez eux la science des machines n'existait pas ou se bornait à des aperçus tout à fait insuffisants. La mécanique véritable ne pouvait prendre naissance que du jour où le principe de l'inertie nettement formulé permettrait de se faire une idée exacte de ce que nous entendons aujourd'hui par le mot *force.* Mais, pour en arriver là, il faut aller jusqu'à Huyghens, au milieu du XVIIe siècle. C'est que, pour s'élever de la considération d'un corps en mouvement à la notion de la force telle que nous la comprenons actuellement, comme nous l'avons expliquée aux mots FORCE et INERTIE, il fallait des efforts d'abstraction qui ne pouvaient réussir qu'à la suite d'un grand progrès général dans les sciences, et surtout dans les idées et dans les habitudes de raisonnement. La notion de la force ne paraît pas avoir été fournie primitivement par l'expérience des mouvements naturels, mais plutôt par l'effort musculaire qu'on est obligé d'exercer pour opérer le déplacement des corps. La pesanteur en était la manifestation la plus sensible à cause de l'effort nécessaire pour soutenir les corps pesants; mais les anciens n'avaient nullement songé à abstraire la force de gravité du corps grave, et à voir dans celui-ci, comme nous le faisons aujourd'hui, une matière inerte sollicitée à se mouvoir par quelque cause étrangère à sa substance. Un poids et un corps pesant étaient pour eux absolument synonymes. On peut se faire une idée de ce que l'antiquité voyait dans la pesanteur, en lisant dans l'admirable poésie de Lucrèce le développement du système philosophique de Démocrite et d'Epicure, basé sur l'hypothèse d'une chute incessante des atomes *du haut en bas de l'univers* et d'un inconcevable *clinamen*, d'après lequel ils oscillent sans cause et sans règle autour de la ligne droite de leur chute. Il est clair qu'une pareille manière de concevoir le phénomène de mécanique naturelle le plus simple et le plus facilement observable, s'opposait absolument à l'établissement de cette branche de la mécanique qu'on nomme la *dynamique*, et qui a pour objet la détermination du mouvement que doit prendre un ensemble de corps soumis à l'action de forces déterminées. Ils ne pouvaient aborder que des questions concernant l'équilibre, c'est-à-dire la neutralisation des efforts appliqués en différents points d'un corps solide.

Les premières spéculations mécaniques paraissent remonter à Thalès. Aristote a laissé un livre de *Questions mécaniques*; mais on n'y trouve guère que des dissertations métaphysiques sur la perfection des mouvements rectilignes et circulaires, si ce n'est cependant un énoncé fort remarquable pour l'époque, malgré ce qu'il y reste de vague et d'incomplet : à savoir que les chocs de deux corps produisent le même effet si ces corps sont inversement proportionnels à leurs vitesses. Archimède était à coup sûr le plus grand génie scientifique de l'antiquité, et peut-être de tous les temps. C'est lui qui, par la théorie du *levier* (V. ce mot), a jeté les premiers fondements de la *statique* ou science de l'équilibre. En même temps, il a précisé la notion du centre de gravité et a déterminé la position de ce centre dans un grand nombre de figures géométriques. Son fameux principe relatif aux corps plongés dans un fluide contient le fondement de l'*hydrostatique* ou science de l'équilibre des corps liquides; il a su en tirer des conséquences fort remarquables sur l'équilibre des corps flottants. Ajoutons qu'il se faisait de la pesanteur une idée fort au-dessus de son époque : il savait que les corps tendent non vers le bas de l'univers, ce qui n'a aucun sens, mais bien vers le centre de la terre. On en peut juger par la proposition II du *Traité des corps qui sont portés sur un fluide : La surface de tout fluide en repos est sphérique, et le centre de cette sphère est le même que le centre de la terre.* Au point de vue des applications, la fécondité du génie d'Archimède n'est pas moins remarquable. Il y a, sans doute, un peu d'exagération dans les récits que nous ont laissés Tite-Live et Polybe, au sujet des machines qu'il avait fait construire pendant le siège de Syracuse pour lancer des traits et des pierres sur les vaisseaux romains; mais on ne peut nier qu'il ait imaginé dans cette circonstance des engins de défense absolument merveilleux pour l'époque, et, en tous cas, on ne saurait lui refuser l'invention de la vis, dite d'*Archimède*, comme machine à élever l'eau.

L'œuvre d'Archimède constitue à elle seule tout ce que les anciens ont su faire en mécanique théorique. Il faut arriver jusqu'à la Renaissance pour constater un progrès sérieux. Tout ce qu'il y a à signaler dans l'intervalle, c'est l'extension, faite par l'Ecole d'Alexandrie, de la théorie du levier au treuil et aux moufles, et le perfectionnement pratique des machines. Pappus, qui vivait au IVe siècle de notre ère, nous a laissé une solution très correcte du problème qui consiste à élever un poids par la chute d'un poids moindre au moyen d'engrenages, mais il ne se préoccupe nullement du profil des dents. Il donne de plus une sorte de liste des machines connues de son temps et pouvant servir au même usage. Ce sont : la vis engrenant avec une roue dentée : κόχλιας; le cric de Héron : βαρούλκος; le treuil : ἐριτρόχιον; le levier : μόχλος; la moufle : πολυσπάστος; le coin : σφήν; le chariot : χελάνη, tortue; le cabestan : ἐργάτη; enfin, une sorte de grue très compliquée à laquelle il ne donne pas de nom. Nous devons dire aussi que la construction des machines de guerre avait fait d'assez notables progrès. Montucla cite comme curieux et intéressant un *Traité des machines de guerre* attribué à Héron le jeune (VIIIe siècle).

Au XVIe siècle, la mécanique va prendre un nouvel essor, et les questions de dynamique pourront être abordées grâce aux travaux de Stevin, de Benedetti et surtout de Galilée. Stevin était ingénieur des digues de Hollande; il résolut le premier le problème de l'équilibre d'un corps pesant placé sur un plan incliné, et sut tirer de sa démonstration la condition d'équilibre de trois forces appliquées à un même point. Cette condition est exprimée dans son ouvrage d'une manière incomplète et quelque peu compliquée; mais le résultat de Stevin contient en puissance la règle du parallélogramme des forces qu'il n'était pas difficile d'en faire sortir, et à ce titre, elle constitue un progrès capital. Presque à la même époque, Benedetti ébauche la théorie de la chute des graves, et enfin, Galilée ouvre une voie nouvelle à la science par ses études sur la chute des corps et sa théorie du mouvement. On sait qu'à la suite d'expériences effectuées publiquement du haut de la tour penchée de Pise, il démontra que, contrairement à l'opinion d'Aristote, universellement acceptée à son époque, tous les corps tomberaient dans le vide avec la même vitesse, et que les différences qu'on observe sous ce rapport doivent être attribuées aux effets de la résistance de l'air. Poursuivant ses recherches, il en vint à formuler les lois de la chute des corps, telles que nous les enseignons aujourd'hui, et fut naturellement conduit à s'occuper des mouvements uniformes et uniformément variés. Il indiqua les relations qui existent dans ces deux genres de mouvement entre le temps, la vitesse et l'espace parcouru, et créa ainsi le premier chapitre de cette science abstraite du mouvement qui depuis a reçu le nom de *cinématique*, et qui était indispensable à l'établissement de la dynamique. On croyait, avant lui, qu'un corps tombant du haut du mât d'un navire en marche décrirait une verticale tandis que le navire fuirait au-dessous de lui. Galilée fit voir par l'expérience que loin de tomber dans la mer en arrière du navire, il descendait le long du mât comme si celui-ci était immobile, participant ainsi à la fois au mouvement horizontal qu'il a reçu du navire, et au mouvement vertical que lui imprime la pesanteur. De cette notion, absolument nouvelle alors, de la composition des mouvements simultanés, Galilée tire la théorie des projectiles et démontre qu'un corps pesant lancé avec une vitesse horizontale décrit une parabole. Quelques années plus tard, son élève Torricelli étendra le théorème aux projectiles lancés obliquement. Mentionnons enfin l'isochronisme des petites oscillations du pendule, que du reste il ne démontrait que par l'expérience. Toutes ces découvertes sont de la plus haute importance, surtout à cause des préjugés qu'elles détruisaient et de la voie nouvelle qu'elles ouvraient aux philosophes et aux savants en leur donnant l'exemple magnifique d'une méthode de recherche où l'expérience et le raisonnement se trouvaient combinés d'une manière à la fois si judicieuse et si féconde. Mais on a eu tort de faire de Galilée le créateur de la dynamique. Il est bien vrai qu'on trouve dans son œuvre tout ce qui était nécessaire à l'établissement de cette science, tout, excepté les idées fondamentales de la force et de l'inertie de la matière, suffisamment précisées. Pour Galilée, comme pour les anciens, le poids est inséparable du corps pesant, la chute des corps est un phénomène physique dont il recherche les lois, mais l'idée ne lui vient jamais de se demander ce qui arriverait si une force donnée était appliquée à un corps donné. Il y a encore un immense pas à franchir pour passer de la loi de la chute des corps et de l'étude du mouvement au théorème qu'une force constante imprime à un corps partant du repos, un mouvement uniformément accéléré. Dans sa théorie des projectiles, la composition des mouvements est entrevue avec sagacité, mais il n'y a rien qui ressemble au principe actuel de l'indépendance des effets des forces. L'abstraction nécessaire de l'idée de force n'était pas encore faite. On peut voir à quel point cette notion lui faisait défaut en lisant ses belles recherches relatives au mouvement sur un plan incliné. Non seulement l'idée ne pouvait lui venir de décomposer le poids du corps, comme nous le faisons aujourd'hui, en une force normale et une force tangentielle, mais il ne fait même pas usage du théorème de Stevin et pose en *axiome* sans seulement indiquer la possibilité d'une vérification expérimentale, que la vitesse acquise sur un plan incliné ne dépend que de la hauteur de la chute.

Nous avons déjà dit que l'idée de force ne s'était nettement dégagée que dans l'esprit d'Huyghens, ce mot n'ayant eu jusqu'à lui qu'une signification vague et mal définie. De Galilée à lui, la mécanique ne peut faire que des progrès de détails; nous signalerons les travaux de Castelli sur les eaux courantes, la croyance professée par Képler à une attraction que le soleil exercerait sur les planètes, les belles recherches de Desargues et de Lahire sur la construction du profil des dents d'engrenage auxquelles on n'a presque rien ajouté depuis, la loi de l'écoulement des liquides formulée par Torricelli; et celle de la transmission des pressions dans un liquide, découverte par Pascal, et appliquée par lui à l'invention de la presse hydraulique; enfin, les tentatives nécessairement infructueuses de Descartes pour établir la théorie du choc. Descartes avait cependant entrevu la loi de la conservation des quantités de mouvements, mais il n'en a pas eu une intelligence assez nette pour éviter les erreurs considérables de ses résultats.

Avec Huyghens, les découvertes de Galilée vont porter leur fruit, et la science moderne va naître. La loi de l'inertie devient nette et précise, et le conduit à la notion de la masse qu'il ne considère pas encore à la manière actuelle (V. MASSE), mais plutôt comme la quantité de matière contenue dans un corps, ce qui, du reste, n'est d'aucun inconvénient, parce qu'en admettant le principe de la proportionnalité inverse des masses et des accélérations sous l'influence d'une même force, il retombe sur notre définition moderne. Enfin, il conçoit nettement et utilise fréquemment le principe de l'indépendance des effets des forces, soit entre elles, soit avec le mouvement antérieurement acquis. Grâce à la précision de ces nouvelles notions, il peut écrire le premier chapitre de la dynamique en déterminant l'action d'une force constante sur un corps partant du repos et en calculant la force centrifuge dans le mouvement circulaire. Pour la manière de raisonner, Huyghens procède des anciens, d'Euclide et d'Archimède, et ne fait aucun usage de l'algèbre, pourtant déjà suffisamment avancée. Toutes ses démonstrations sont intuitives et géométriques, ce qui ne l'empêche pas d'arriver aux résultats les plus étonnants. En s'appuyant sur un principe qu'il pose comme axiome, et qui n'est autre au fond qu'un cas particulier du théorème des forces vives, il établit la théorie complète du pendule composé et démontre l'isochronisme parfait des oscillations du pendule cycloïdal (V. CYCLOÏDE). Enfin, il fait la théorie complète du choc, déjà commencée par Wren et Wallis (V. CHOC). Mais si Huyghens avait l'intelligence fort nette des véritables principes de la mécanique, il ne faudrait pourtant pas croire qu'il les eût formulés avec la précision et la généralité désirables. Il en fait sans doute un excellent usage, mais il ne les énonce formellement nulle part, et il faut savoir les trouver au fond de ses raisonnements géométriques. Aussi a-t-on pu dire avec quelque raison que la mécanique moderne a été créée par Newton. C'est à l'incomparable génie de cet illustre géomètre qu'on doit la première exposition générale de la science qui nous occupe. Le premier, il s'est servi du mot *accélération*, si utile pour bien faire comprendre en quoi consiste l'action des forces sur la matière, tandis que par le fameux principe de l'égalité de l'action et de la réaction (V. FORCE, § *Force de réaction*), il montrait le véritable rôle de la force dans la nature. On ne saurait trop s'appesantir sur l'importance de ce principe. Pour l'intelligence et l'étude des phénomènes de mouvement, il fallait absolument faire l'abstraction de la force et la séparer par la pensée du corps sur lequel elle agit, mais la considération simultanée de l'action et de la réaction en faisant voir que toute force agissant sur un corps A émane nécessairement d'un autre corps B, et est nécessairement accompagnée d'une force égale et opposée agissant sur B, montre clairement qu'en fait, l'existence de la force est inséparable de celle de la matière, et que dans l'ensemble de l'univers, la force ne saurait être conçue autrement que comme un mode d'action de l'influence que les atomes matériels exercent les uns sur les autres par un mécanisme qui nous est inconnu. On sait l'admirable parti que Newton a su tirer de ces principes fondamentaux de la dynamique. La gravitation universelle, l'étude complète de l'action des forces centrales, la loi des aires, la détermination des orbites elliptiques des planètes, la saine conception du véritable système du monde, la résolution des premiers problèmes de la mécanique céleste, sont autant de découvertes de premier ordre sur lesquelles il nous est malheureusement impossible d'insister.

Leibniz a peu fait directement pour l'avancement de la mécanique, mais il lui a rendu un immense service par l'invention du calcul infinitésimal qui est devenu l'instrument le plus nécessaire aux développements ultérieurs de la science.

Dès lors, les savants n'ont plus qu'à suivre la voie qui vient de leur être si magistralement tracée et les progrès vont se succéder à pas de géants. En même temps l'ère des applications industrielles commence, modestement d'abord, avec la machine à vapeur de Papin (1690); mais cette petite machine est destinée à révolutionner le monde; améliorée d'abord par Newcomen et portée ensuite presque jusqu'à la perfection par Watt, elle va devenir l'organe le plus actif des sociétés modernes. L'espace nous manque pour développer comme il convient l'histoire de cette merveilleuse invention. Il faut lire dans Arago la notice qu'il a écrite sur ce sujet (*Notices scientifiques*, t. II) et la biographie de Watt. Nous ne pourrons non plus faire l'histoire de toutes les machines et de toutes les inventions qui ont amené l'admirable développement de l'industrie mécanique moderne. Nous renverrons le lecteur aux articles spéciaux consacrés à chaque espèce de machine, et nous nous bornerons à poursuivre rapidement l'exposition de la marche des idées qui ont fini par constituer la science de la mécanique telle que nous la connaissons aujourd'hui.

La méthode de recherche de Newton se rapprochait déjà plus des procédés modernes que celle de Huyghens; mais elle manquait encore de généralité, la solution de chaque problème étant obtenue par la considération des particularités de l'énoncé un peu à la manière usitée pour résoudre les problèmes de géométrie. Il était à désirer qu'on pût trouver une méthode générale qui permît de mettre en équations n'importe quel problème de mécanique. Il a suffi d'un siècle pour en arriver là. Presque aussitôt après Newton, Varignon établit la théorie des moments et formule sans démonstration le principe des *vitesses virtuelles*, ou comme on dit plus correctement aujourd'hui, des *travaux virtuels*. On sait que c'est justement ce principe qui, entre les mains de Lagrange, est devenu la base de la mécanique analytique et qui fournit aujourd'hui la méthode générale de mise en équation dont nous parlions tout à l'heure (V. TRAVAIL et plus loin MÉCANIQUE RATIONNELLE). Mais Varignon ne va pas jusque là, il se borne à vérifier son principe sur toutes les machines simples. En même temps, il détermine les conditions d'équilibre d'un polygone funiculaire, pendant que Leibniz, Bernoulli, Newton, Lhôpital et Huyghens résolvent le problème de la chaînette qui avait arrêté Galilée. De la même époque datent encore les expériences d'Amontons sur le frottement, et les travaux de Parent complétés par ceux de Deparcieux sur la théorie des roues hydrauliques et des moulins à vent. Enfin, dans la seconde moitié du siècle, d'Alembert formule son fameux théorème qui permet de ramener toutes les questions de dynamique à de simples problèmes d'équilibre, du moins pour ce qui est de la mise en équations, et Euler donne les équations différentielles du mouvement d'un corps solide fixé en un point et sollicité par des forces quelconques. Dès lors la science est pour ainsi dire complète, mais il reste encore à coordonner tous les matériaux amassés, à grouper logiquement les propositions, pour arriver à l'exposition d'une méthode générale propre à la résolution des questions mécaniques, travail considérable qui ne pouvait être entrepris que par un géomètre de premier ordre. Telle est l'œuvre accomplie par Lagrange dans son admirable *Mécanique analytique*. La mécanique de Lagrange repose tout entière sur le principe des travaux virtuels dont il paraît avoir saisi le premier toute l'importance. Mais ce principe n'avait pas encore été démontré d'une manière générale. Formulé par Varignon dans le cas des machines simples, il avait été étendu par Jean Bernoulli à des machines quelconques, mais par simple induction. Lagrange l'admit d'abord comme une sorte d'*axiome de mécanique*; mais dans la seconde édition de la *mécanique analytique* paraît enfin une démonstration générale. Deux autres démonstrations en ont été données depuis par Ampère et Poisson.

Après Lagrange, la mécanique rationnelle est décidément achevée. Les progrès ultérieurs ne pourront plus consister qu'en des perfectionnements d'exposition, des simplifications de méthode et des applications à des problèmes difficiles et importants. Sous ce double rapport, un champ d'une étendue illimitée s'ouvre aux chercheurs de notre époque, et les savants du XIXe siècle ont su dignement profiter des magnifiques travaux de leurs prédécesseurs. La mécanique théorique s'est enrichie de la théorie des couples, édifiée par Poinsot, qui a repris et complété la question du mouvement d'un corps solide autour d'un point fixe, déjà traitée autrefois par Euler. Le difficile problème des mouvements relatifs a été élucidé par Coriolis. Les applications à la physique ont été l'objet d'un grand nombre de travaux que les découvertes réalisées dans ces derniers temps au sujet de la nature et de l'action de la chaleur, de la lumière et de l'électricité, ont rendus à la fois plus nécessaires et plus importants. Entre les mains de Fresnel, l'optique, avec ses phénomènes si variés et si curieux, est devenue un chapitre de la mécanique appliquée. La belle doctrine de l'équivalence du travail et de la chaleur a permis d'aborder certains problèmes de la mécanique des liquides et des gaz inaccessibles jusqu'alors, non pas à cause de l'imperfection de la mécanique générale, mais par suite de l'impuissance des mathématiques à tirer parti des équations obtenues, et aussi, de l'absence de principes certains sur la constitution intime des fluides et les causes des résistances qui se développent dans leur substance même, et ont reçu les noms de *viscosité* et de *frottement intérieur*. La théorie de l'élasticité a pu être reprise sur des bases nouvelles, et bien des questions compliquées relatives à la résistance des matériaux ont pu recevoir une solution définitive. Enfin les progrès récents de la science de l'électricité nous préparent sans doute bien des surprises. En même temps, le développement considérable que prenait l'industrie, appelait de plus en plus l'attention sur la nécessité de se procurer la force motrice à bon marché. La question du *rendement* des machines est devenue l'objet principal de la mécanique industrielle; on a compris toute l'importance du théorème des forces vives, et la notion nouvelle de l'*énergie* (V. ce mot) est devenue capitale dans toute la mécanique appliquée. Au point de vue pratique, il nous faut citer les travaux si remarquables de Poncelet sur la théorie des moteurs hydrauliques, les expériences du général Morin sur le frottement et la raideur des cordes, celles de M. Hirn sur la machine à vapeur, et enfin les recherches toutes récentes relatives au fonctionnement des machines dynamo-électriques parmi lesquelles il convient de mentionner surtout les belles études à la fois théoriques et expérimentales de M. Marcel Deprez sur le transport et la division du travail mécanique. On peut affirmer qu'aujourd'hui la mécanique, considérée comme une science spéciale, est définitivement constituée, et les progrès qu'on peut attendre de l'avenir dépendront des découvertes qu'on pourra réaliser dans les mathématiques, pour les questions théoriques, et dans les sciences physiques pour les applications industrielles.

Mécanique rationnelle. Le principal objet de la mécanique rationnelle est la résolution du problème qui consiste à déterminer le mouvement que doit prendre un système quelconque de corps quand on connaît les forces qui lui sont appliquées, et réciproquement, la recherche des conditions que doivent remplir les forces appliquées à ce système pour que celui-ci prenne un mouvement indiqué à l'avance. Le problème de l'équilibre n'est, évidemment, qu'un cas particulier de ce dernier ; il s'agit de déterminer les conditions que doivent remplir les forces pour que le système reste en repos. On conçoit facilement qu'on ne puisse arriver à donner une méthode propre à résoudre des questions aussi générales, qu'à la suite d'un long enchaînement de propositions qui se classent naturellement d'après la nature des objets sur lesquels elles portent, et qui se répartissent ainsi en plusieurs chapitres distincts. Il existe encore aujourd'hui deux méthodes d'exposition que l'on suit indifféremment dans l'enseignement de la mécanique. L'une d'elles, la plus ancienne, paraît suivre le développement chronologique de l'histoire de la science. Elle consiste à étudier d'abord les forces en elles-mêmes et indépendamment du mouvement qu'elles sont capables de produire, pour établir les conditions de l'équilibre d'un corps solide ou d'un ensemble de plusieurs corps solides assujettis à certaines liaisons. Il faut alors définir, *à priori*, l'égalité et l'addition des forces, et démontrer, indépendamment de toute considération de mouvement, la règle du parallélogramme des forces, puis passer de là à la réduction des forces appliquées en différents points d'un corps solide. Toute cette étude, suivie des applications qu'on en peut faire soit à la physique, soit aux conditions d'équilibre des machines, constitue la *statique* (V. ce mot), qui se trouve ainsi présentée comme une science indépendante. Après avoir achevé l'étude des questions relatives aux forces seules, on aborde l'étude, purement géométrique, du mouvement, ou *cinématique* (V. ce mot) où le mot de force n'est jamais prononcé. Puis enfin, on arrive à l'objet principal de la mécanique, ou étude de l'action des forces et des mouvements qu'elles impriment aux corps; c'est la *dynamique*. — V. ce mot.

Nous ne nions pas les avantages qu'on peut retirer de cette marche; la science se trouve ainsi partagée en trois branches distinctes : statique, cinématique, dynamique, et l'esprit se repose aisément dans cette espèce de satisfaction intellectuelle que procure une classification bien nette, alors même qu'elle n'est fondée que sur des distinctions un peu arbitraires. C'est peut-être excellent, au point de vue pédagogique; mais il nous semble qu'il est peu conforme aux idées qu'on doit se faire de la force, d'introduire celle-ci dès le début, avant qu'il ait été parlé du mouvement. On retombe nécessairement sur l'idée d'effort, et nous avons vu que cette manière de concevoir la force avait été, jusqu'à Galilée, un obstacle aux progrès de la science. De plus, la définition de l'égalité et de l'addition des forces que l'on donne en statique, ne pourra pas servir en dynamique où les forces seront considérées comme proportionnelles aux accélérations qu'elles impriment à un même point matériel. Il faudra démontrer la concordance des deux définitions, à moins qu'on ne préfère la poser en axiome. La règle du parallélogramme des forces aura dû être établie d'une façon abstraite alors qu'elle découle si naturellement de la composition toute géométrique des mouvements, et du principe de l'indépendance des effets des forces (V. Force). Enfin, la statique n'est, à tout prendre, qu'un cas particulier de la dynamique, celui où les mouvements composants se détruisent mutuellement pour produire le repos. Il est bien vrai que, pour des raisons que nous indiquerons tout à l'heure, l'étude de l'équilibre des systèmes matériels doit précéder celle de leurs mouvements; mais il en est dans cette circonstance comme dans une foule de problèmes difficiles où la solution d'un cas particulier facilite les recherches dans le cas général, et il ne semble guère convenable de séparer aussi nettement le premier au point d'en faire la base d'une science particulière, et de paraître lui accorder la même importance qu'au dernier. Aussi n'hésitons-nous pas à donner la préférence à la deuxième méthode qui prend la cinématique pour base de la mécanique, et qui fait dériver l'idée de force de celle de mouvement et les propriétés des forces de celles du mouvement. D'après cette manière de voir, on commencera donc par l'étude approfondie de la cinématique. Les notions de vitesse et d'accélération seront définies avec précision, aussi bien pour le mouvement curviligne que pour le mouvement rectiligne; puis on abordera la composition des mouvements simultanés d'un même point, et l'on établira la règle du polygone des vitesses et des accélérations. On pourra alors passer à l'étude du mouvement le plus général d'un système plan, comprenant la théorie du centre instantané de rotation si féconde en applications géométriques et industrielles, parmi lesquelles nous citerons la méthode de Roberval, pour la détermination des tangentes aux courbes, celle de Savary, pour la recherche des centres de courbure, la théorie des roues d'engrenage à axes parallèles, et, en général, de tous les mécanismes de transformation de mouvement qui peuvent être considérés comme fonctionnant dans un même plan. Ensuite viendra l'étude du mouvement le plus général d'un corps solide, comprenant la théorie de l'axe instantané de rotation et de glissement, et celle de la composition des rotations, due à Poinsot; avec les applications relatives aux engrenages des roues d'angle, à l'engrenage sans glissement de Whyte, à la vis sans fin, etc. On sera, dès lors, en mesure d'indiquer comment on devra s'y prendre pour résoudre, toutes les fois que cela sera possible, l'important problème suivant : étant donné un système quelconque de pièces articulées, déterminer la vitesse et l'accélération d'un quelconque de ses points connaissant celles des points dont le mouvement suffit à définir complètement le mouvement du système. Enfin, la cinématique s'achèvera par l'étude des mouvements relatifs et l'important théorème de Coriolis relatif à l'accélération centrifuge composée (V. CENTRIFUGE, § *Centrifuge composée*). On a pu remarquer combien est vaste et fécond le programme que nous venons d'exposer succinctement. Le mot de *cinématique* est dû à Ampère qui paraît avoir compris le premier combien cette science abstraite et purement géométrique du mouvement était distincte de l'idée de force et de la mécanique proprement dite. Au point de vue des applications pratiques, la cinématique s'impose aux méditations de l'ingénieur, puisqu'elle donne la solution de tous les problèmes de mouvements dans lesquels on n'a pas à se préoccuper de la manière dont on obtiendra la force motrice. En particulier, c'est d'elle que dépend la théorie des mécanismes, autant, du moins, qu'on n'y considère le rendement mécanique que comme une question secondaire; tel est le cas de cette nombreuse classe de machines qui n'ont que peu de résistance à vaincre, mais qui doivent réaliser des mouvements très compliqués, comme les diverses presses d'imprimerie, les pièces d'horlogerie, les métiers à tisser, etc.

Après la cinématique, nous entrons dans un domaine nouveau : la force se présente à nous comme toute cause capable de modifier le mouvement d'un corps. Cette idée se trouve ainsi intimement liée à celle de l'inertie de la matière dont il importe de formuler le principe dès le début. Il faudra ensuite définir le point matériel dont on obtient aisément la notion en faisant abstraction des dimensions d'un corps. L'équilibre et l'addition des forces se trouveront définies d'elles-mêmes dès qu'on aura dit qu'on considère les forces comme proportionnelles aux accélérations qu'elles impriment à un même point matériel; mais faire cette convention, c'est admettre que le rapport des accélérations imprimées par deux forces données à un point matériel reste toujours le même *quel que soit le point considéré*. C'est en cela que consiste le principe dit *de la proportionnalité des forces aux accélérations*, lequel nous conduira à la notion de la masse (V. DYNAMIQUE, FORCE, INERTIE, MASSE). Enfin, on énoncera le principe de l'indépendance des effets des forces, soit entre elles, soit avec le mouvement antérieur, et ces trois principes suffiront à établir complètement la théorie de la composition des forces appliquées à un même point comme conséquence de la composition des mouvements simultanés (V. FORCE, § *Composition des forces*) et à traiter d'une manière définitive les questions qui se rattachent au mouvement d'un point matériel entièrement libre. Dans tous les cas, on obtiendra les équations du problème en écrivant que la force qui agit sur le mobile est égale au produit de l'accélération de celui-ci par sa masse et dirigée dans le même sens. — V. DYNAMIQUE.

Les théorèmes de Varignon sur le moment de la résultante de plusieurs forces (V. MOMENT), celui des aires dans le cas d'une force centrale, celui des quantités de mouvement (V. MOUVEMENT), la notion capitale du travail des forces, le théorème que le travail de la résultante est égal à la somme des travaux des composantes et le théorème des forces vives dans le cas d'un seul point matériel (V. ENERGIE, TRAVAIL), se présenteront d'eux-mêmes au cours de cette étude. Si aux trois principes fondamentaux déjà posés, on ajoute le suivant : *lorsqu'un point matériel est assujetti d'une manière quelconque à décrire une ligne ou une surface fixe, la réaction de cette ligne ou de cette surface fixe lui est constamment normale*, on pourra compléter ce premier chapitre de la dynamique par l'étude des questions qui se rattachent au mouvement d'un point sur une ligne ou une surface. Le théorème des forces vives s'étend immédiatement à ce cas, puisque la force de réaction, étant constamment normale au chemin parcouru, ne peut produire aucun travail. On se trouve conduit, également, à la notion de la *force d'inertie* qui peut se décomposer en *force centrifuge* et *force tangentielle*.

Parmi les applications, déjà nombreuses, qu'on pourrait faire de cette dynamique *du point matériel*, nous mentionnerons la théorie des projectiles et celle du pendule simple qui pourront être établies même en tenant compte de la résistance du milieu.

Tout corps, toute machine peut être considéré comme un ensemble de points matériels assujetti à certaines conditions ; par exemple, un corps solide sera un système de points matériels dont les distances mutuelles doivent rester invariables. Le problème général de la mécanique est donc la détermination du mouvement que doit prendre un pareil système, qu'on appelle *un système à liaisons*, sous l'influence des forces appliquées en ses différents points. Pour introduire mécaniquement ces liaisons, on imagine que si des forces tendent à donner aux points du système des mouvements qui ne satisferaient pas aux conditions de ce système, il se développe entre ces points, des forces appelées *forces de réaction* ou *forces de liaison* qui viennent se composer avec les premières de telle sorte que la résultante imprimerait à chaque point supposé rendu entièrement libre, un mouvement conforme à ces conditions mêmes. Cette conception des forces de réaction répond assez exactement à ce qui se passe dans la nature (V. FORCES, § *Forces de réaction*), et l'on voit que le problème du mouvement d'un système à liaisons se rattache intimement à celui de la détermination des forces de liaison, car si celles-ci étaient connues, on connaîtrait toutes les forces qui agissent sur chaque point; il suffirait donc de diviser leur résultante par la masse de ce point pour obtenir l'accélération de celui-ci. En d'autres termes, cette résultante est égale et directement opposée à la force d'inertie du point considéré. Ainsi les forces d'inertie, les forces de réaction et les forces extérieures se font mutuellement équilibre sur chaque point du système, puisque la force d'inertie de chaque point est égale et directement opposée à l'accélération de ce point multipliée par sa masse.

Il en résulte immédiatement que, quel que soit le déplacement qu'on suppose effectué par le système, la somme des travaux de ces trois espèces de forces sera toujours nulle. Les considérations précédentes ne permettent pas d'établir autant d'équations que d'inconnues, de sorte qu'il est indispensable d'être en possession de nouveaux principes relatifs aux forces de réaction. Or, en y réfléchissant, on reconnaît facilement que les liaisons qu'il est pratiquement possible d'établir entre des points matériels se ramènent, en dernière analyse, à un très petit nombre de liaisons élémentaires pour lesquelles des considérations de simplicité et de symétrie permettent de fixer, *à priori*, la direction des réactions. Nous en avons déjà vu deux exemples dans le cas d'un point assujetti à rester sur une courbe ou une surface fixe. De plus, le principe de Newton sur l'égalité de l'action et de la réaction qui intervient ici pour la première fois, nous montre que toutes les forces de réaction, agissant entre deux points du système, sont deux à deux égales et opposées. On peut alors établir ce théorème remarquable que : toutes les fois que le système subit un déplacement *compatible avec les liaisons auxquelles il est assujetti*, le travail total des forces de réaction est nul. Dès lors, on pourra démontrer que pour éliminer les réactions et obtenir les équations générales du mouvement, il suffira d'écrire que, pour tous les déplacements compatibles avec les liaisons, le travail total des forces extérieures et des forces d'inertie est nul. Dans le cas où le système reste en repos, toutes les forces d'inertie sont nulles et l'on arrive ainsi au principe, dit *du travail virtuel*, qui s'énonce ainsi :

La condition nécessaire et suffisante pour qu'un système à liaisons soit en équilibre, c'est que la somme des travaux des forces appliquées en ses différents points, soit nulle pour tous les déplacements qu'on pourrait imprimer au système en respectant les liaisons.

On appelle *déplacements virtuels* ces déplacements hypothétiques que l'on imprime au système et pour lesquels les travaux des forces doivent avoir une somme nulle.

Il est utile de faire les remarques suivantes :

1° D'après les remarques déjà faites sur la nullité des travaux des forces de réactions, celles-ci ne figureront pas dans les équations qu'on déduira du principe précédent;

2° Les équations du mouvement s'obtiendront de la même manière que les équations d'équilibre, en ajoutant les forces d'inertie aux forces appliquées aux différents points du système; c'est ce qu'on appelle quelquefois le « principe de d'Alembert », quoique, à la vérité, cet énoncé soit fort différent de celui qui a été formulé par d'Alembert. Ainsi s'explique l'importance des questions d'équilibre et la nécessité de les traiter avant les questions de mouvement, puisque ces derniers s'y ramènent immédiatement. Seulement, tandis que les équations d'équilibre sont des équations *finies* entre les forces, les équations de mouvement sont des équations *différentielles* puisqu'elles renferment les accélérations qui sont les dérivées secondes des espaces parcourus par rapport au temps;

3° Suivant la nature des liaisons, le mouvement du système peut dépendre des variations de un ou plusieurs paramètres; mais, d'après les principes de la cinématique, ce mouvement peut toujours être décomposé en autant de mouvements simultanés qu'il y a de paramètres indépendants. Il suffira d'écrire que pour chacun de ces mouvements composants, qui dépendent de la variation d'un seul paramètre, la somme des travaux virtuels est nulle; de sorte que le théorème du travail virtuel fournit juste autant d'équations qu'il y a de paramètres variables, ce qui suffit à déterminer, soit les conditions d'équilibre, soit les variations de ces paramètres en fonction du temps, c'est-à-dire la loi du mouvement;

4° Dans beaucoup de questions, il est utile de calculer les réactions afin de s'assurer que les pièces de la machine sont capables d'y résister sans déformation ni rupture. C'est encore le principe du travail virtuel qui fournira les éléments de ce calcul, à la condition qu'on fasse intervenir des déplacements virtuels non compatibles avec les liaisons et qu'on écrive que pour *tous* ces déplacements virtuels, le travail de toutes les forces, y compris celles de réaction, est nul.

Le théorème si important des forces vives se présente alors comme une conséquence immédiate des principes précédents, une simple intégration suffit pour l'établir; il en est de même des théorèmes relatifs à la quantité de mouvement et au moment résultant des quantités de mouvement. On pourra même définir le centre de gravité d'un système et démontrer les théorèmes qui s'y rattachent.

Une fois la question du mouvement ainsi ramenée à celle de l'équilibre et les théorèmes généraux établis, la mécanique proprement dite est pour ainsi dire achevée, puisqu'on a donné le moyen de ramener tous les problèmes qui concernent cette science à de simples problèmes d'analyse. Le seul embarras qui se puisse rencontrer dans cette mise en équations, proviendrait des difficultés qu'on pourrait éprouver à exprimer le travail total en fonction de la variation des paramètres qui définissent le mouvement; mais si l'on a bien compris les règles données en cinématique pour déduire du mouvement d'un certain nombre de points celui de tout le système, là encore on ne rencontrera que des difficultés mathématiques. Il ne reste plus qu'à donner des exemples de l'application de la méthode générale en les choisissant évidemment parmi les plus simples ou les plus usuels et, naturellement, on commencera par des exemples de question d'équilibre. Ainsi, l'on se trouve amené à détailler cette branche de la mécanique que nous avons appelée *statique* (V. ce mot). La statique d'un corps solide doit passer en première ligne. On établira les six équations d'équilibre d'un corps solide et l'on traitera la question de la réduction des forces appliquées à un corps solide, ce qui conduira à la théorie des couples (V. FORCE, § *Composition des forces*) et à celle du centre de *gravité* (V. ce mot). La statique se terminera par l'étude de l'équilibre des polygones funiculaires et des cordes — V. CHAÎNETTE, CORDE.

On reviendra, dès lors, aux questions de dynamique en profitant, pour la mise en équations, des théorèmes établis en statique. Parmi tous les problèmes qu'on pourra, dans ce chapitre, traiter comme exemple, le plus important est celui du mouvement d'un corps solide autour d'un point fixe ; c'est là que s'introduira, pour la première fois, par la nécessité où l'on sera d'évaluer le travail virtuel des forces d'inertie, la notion si importante du moment d'inertie (V. INERTIE). La manière la plus simple d'obtenir les équations d'Euler qui résolvent ce problème, consiste dans l'application du théorème du moment des quantités de mouvement. Le cas où le corps tourne, sans être soumis à aucune force, par sa seule vitesse acquise, a été complètement traité par Poinsot qui a fait voir qu'alors le mouvement du corps est défini par celui de l'ellipsoïde d'inertie qui tourne autour du centre de gravité immobile, de manière à rouler, sans *glisser*, sur un plan fixe.

L'étude du *frottement*, celle du *choc* (V. ces mots), l'hydrostatique, dont les principes généraux peuvent se déduire du théorème des travaux virtuels et, enfin, le peu qu'on a pu établir en hydrodynamique sans avoir recours à l'expérience, compléteront à peu près le programme de mécanique rationnelle que nous venons d'esquisser et l'ensemble des théories qu'il est nécessaire de connaître pour aborder avec fruit l'étude des machines et la mécanique industrielle.

Mécanique industrielle. On a beaucoup discuté au XVIIe siècle sur ce qui devait mesurer la *force* d'un corps en mouvement. Descartes voulait que ce fût le produit du poids du corps par sa vitesse ; c'est ce que nous appelons aujourd'hui *la quantité de mouvement*. Leibniz prétendait qu'il fallait multiplier la masse par le *carré* de la vitesse ; il obtenait ainsi ce que nous nommons actuellement la *force vive*. Descartes avait raison quand il remarquait que dans le choc de deux corps, la quantité de mouvement reste invariable. Leibniz, qui se préoccupait fort peu du choc, avait également raison d'affirmer qu'un système abandonné à lui-même, sans subir l'action d'aucune force, doit conserver la même force vive, quoique, à la vérité, il n'ait qu'entrevu cette proposition capitale sans parvenir à l'énoncer avec précision. Mais il était impossible de s'entendre parce qu'avant de chercher à mesurer la *force* d'un corps en mouvement, il aurait fallu définir ce qu'on entendait par ce mot. Ces idées vagues n'ont pu être éclaircies qu'après que Varignon, puis Bernoulli eurent introduit et précisé la notion si importante du travail des forces. Alors on a facilement compris que l'effet utile d'un moteur mécanique, la marchandise, en un mot, qu'on cherche à se procurer et à utiliser par l'emploi des machines, c'est le *travail mécanique*. Nous ne nous appesantirons pas sur la démonstration de cette proposition, si aisément comprise et acceptée aujourd'hui, et qui du reste sera reprise avec détails au mot TRAVAIL (V. FORCE, § *Force nominale des machines*, § *Travail des forces*). Aussi le problème capital de l'industrie mécanique consiste à se procurer, *le plus économiquement possible*, la plus grande quantité possible de travail mécanique. Tout progrès réalisé dans cette voie devient la source d'un accroissement considérable d'activité et de richesse, et c'est pour cette raison que l'invention de la machine à vapeur et surtout les perfectionnements considérables qu'elle a reçus du génie de Watt, ont inauguré une ère de prospérité industrielle sans précédent dans l'histoire du monde.

Les machines peuvent se diviser en deux grandes classes : la première renferme les machines dites *motrices* qui ont pour unique objet de produire le travail mécanique ; la deuxième se compose des machines-outils établies pour réaliser chacune une opération particulière et qui doivent, nécessairement, recevoir le mouvement de la machine motrice. On sait que le travail mécanique n'est qu'une des formes de l'*énergie* répandue dans l'univers et qu'il est impossible de le créer de toutes pièces. Aussi, le véritable rôle des machines motrices consiste-t-il, soit à recueillir le travail d'une force naturelle, telle qu'une chute d'eau ou la puissance du vent, soit à transformer en travail l'énergie calorifique produite par la combustion de certaines substances, principalement de la houille. Ces machines sont habituellement construites de telle sorte que l'effet définitif de la force motrice est de faire tourner un arbre de fonte ou d'acier dont le mouvement se transmet ensuite aux machines-outils à l'aide d'engrenages ou de courroies. Ainsi, la machine motrice recueille l'énergie de la chaleur ou d'une force naturelle pour la transformer dans l'*énergie cinétique* ou *force vive* de l'arbre; la machine-outil reçoit l'énergie du mouvement de cet arbre et la transmet, à son tour, à l'outil qui effectue l'ouvrage désiré et surmonte les résistances qu'il était utile de vaincre. En définitive, tout l'ensemble des machines nous apparaît comme un appareil destiné à puiser l'énergie, soit dans une source naturelle de travail mécanique, soit dans un foyer de combustion, pour la transporter finalement sur l'outil qui effectue le travail utile. Comme tout le système part du repos pour rentrer dans le repos, la variation totale de force vive est nulle et, par suite, la somme des travaux moteurs est égale à la somme des travaux résistants. Or, il n'y a pas d'autre travail moteur que celui qui a été recueilli par la machine motrice, tandis qu'il y a deux sortes de travaux résistants : 1° le travail résistant *utile* qui ne dépend que de la nature de l'ouvrage que l'on veut effectuer et qui mesure la valeur du service rendu par la machine; 2° tout le travail employé à vaincre une foule de résistances accessoires qui s'opposent au mouvement des pièces de la machine, frottement, raideur des cordes, résistance de l'air, etc. Tout ce travail étant absolument perdu, au point de vue économique, ces résistances sont appelées *résistances nuisibles ou passives*. Il importe évidemment de les diminuer le plus possible afin d'augmenter d'autant la quantité de travail utile que la machine est capable de produire avec la même somme de travail moteur. Mais il y a plus : la machine motrice ne saurait recueillir la totalité du travail fourni par la force qui la met en mouvement : il importe cependant, qu'elle en recueille le plus possible, car toute la portion qui n'est pas utilisée par la machine est absolument perdue pour les usages industriels. On conçoit facilement qu'avec la même source de travail moteur, par exemple, avec la même chute d'eau ou avec le même poids de houille, telle machine mieux construite qu'une autre, puisse transmettre à l'arbre de couche un plus grand nombre de kilogrammètres. Il y a, cependant, une certaine limite qu'aucune machine ne saurait dépasser, ni même atteindre, à cause des résistances passives et, cette limite, c'est précisément la quantité totale de travail fournie par la chute de l'eau ou par la chaleur de la combustion de la houille. De là vient l'importance d'un élément particulier qui peut servir de mesure à la valeur économique de la machine : c'est le *rendement*, c'est-à-dire le rapport qui existe entre la quantité de travail transmise à l'arbre de la machine et celle qu'a fournie, dans le même temps, la source d'énergie où s'alimente le moteur. Ainsi, d'une part, diminuer les résistances passives, de l'autre, augmenter le rendement des machines motrices, tel est le double but que poursuit incessamment l'industrie mécanique; et l'étude des moyens propres à y parvenir constitue la partie la plus importante de la *mécanique industrielle*.

Envisagée de ce point de vue, la mécanique industrielle est une science toute récente, car il a fallu les progrès considérables de l'industrie et les nécessités de la concurrence pour qu'on en vint à se préoccuper sérieusement des questions de rendement. C'est à Poncelet qu'on doit les premières recherches précises relatives à ce sujet. C'est lui qui, dans l'*Introduction à la Mécanique industrielle*, a jeté les premiers fondements de la science qui nous occupe en même temps qu'il a su porter par un seul effort à un haut degré de perfection. Nous ne pouvons faire l'analyse de cet important ouvrage; mais nous insisterons sur le caractère à la fois théorique, expérimental et même empirique des études qu'il résume. Pour nous borner, par exemple, aux moteurs hydrauliques, la théorie la plus élémentaire enseigne évidemment qu'on obtiendra le maximum de rendement si l'on parvient à prendre l'eau sans choc et à la rendre sans vitesse : mais ces deux conditions sont impossibles à réaliser rigoureusement; il est évident, pour ne parler que de la dernière, que l'eau ne s'écoulerait pas si elle sortait sans vitesse de la machine. On doit donc se borner à se rapprocher le plus possible de cet idéal irréalisable; mais la théorie seule ne parviendrait pas à donner la solution du problème à cause de l'imperfection de nos connaissances en hydrodynamique et de notre ignorance sur la distribution et la marche des filets liquides dans une chute d'eau ou un canal. De là la nécessité d'instituer des expériences préliminaires pour obtenir les bases d'un raisonnement ultérieur, afin d'arriver à la construction logique et rationnelle de la machine. Enfin, l'appareil une fois installé, la pratique de son fonctionnement peut encore révéler certains inconvénients qu'on avait omis de prévoir et fournir l'idée de quelques perfectionnements. Quoi qu'il en soit, on pourra juger de l'importance des travaux de Poncelet sur ce sujet en se rappelant que les anciens moteurs hydrauliques donnaient rarement un rendement supérieur à 40 ou 50 0/0, tandis qu'aujourd'hui, en suivant les règles et les principes de la *Mécanique industrielle*, on arrive à construire des roues et des turbines dont le rendement peut atteindre et même dépasser 80 0/0.

La question du rendement des machines à feu est beaucoup plus complexe et, en même temps, plus importante, car, dans bien des cas, la puissance motrice de la chute d'eau dépasse de beaucoup celle que l'on a besoin d'utiliser, ce qui supprime presque toute préoccupation de rendement, tandis que toute augmentation dans le rendement des machines à feu se traduit par une économie de combustible, considération économique de premier ordre. Les principes de la thermodynamique ont permis d'envisager sous un jour tout nouveau cette question capitale du rendement des machines à feu et, sans doute, le progrès en cette matière n'a pas dit son dernier mot. On peut se faire une idée de ce qui reste à faire à ce sujet, quand on songe que les meilleures machines à vapeur ne transforment guère en travail que la sixième partie de la chaleur *absorbée par l'eau de la chaudière*, à quoi il faut ajouter qu'une notable partie de la chaleur du foyer est employée, *en pure perte*, à échauffer le sol, l'atelier et l'eau du condenseur et qu'une partie du travail mécanique développé sur les pistons est absorbé par les résistances passives, avant de se transmettre à l'arbre de couche, de sorte qu'on ne s'éloignerait guère de la vérité en assignant la fraction 1/10 comme le maximum du rendement total des meilleures machines à vapeur. — V. CHALEUR, § *Equivalent mécanique*.

Enfin, il y a lieu bien souvent de se préoccuper aussi du rendement des machines-outils, c'est-à-dire du rapport entre le travail mécanique effectué par l'outil et celui que la poulie motrice de l'appareil reçoit de la machine motrice. Ici, le problème de l'augmentation du rendement se confond, évidemment, avec celui de la diminution des résistances passives. Dans bien des cas, le rendement peut être calculé à l'avance grâce aux données que l'on possède sur le frottement et la raideur des cordes; mais d'autres fois, pour les pompes, par exemple, il est presque indispensable de recourir à l'expérience et à des données empiriques. La mesure expérimentale du travail produit ou dépensé par une machine devient ainsi l'une des opérations les plus utiles et les plus fréquentes de la pratique. Les instruments qui servent à cette mesure sont très nombreux et fondés sur des principes divers; on les désigne généralement sous le nom de *dynamomètre* (V. ce mot). Mais il convient d'ajouter aux dynamomètres certains appareils enregistreurs dont l'*indicateur de Watt* peut être considéré comme le type.

Parmi toutes les conditions capables d'assurer une haute valeur au rendement des machines, l'une des plus importantes est l'uniformité du mouvement, car tout choc ou même toute variation brusque de vitesse est une cause de perte de force vive. Mais les résistances sont essentiellement variables d'un instant à un autre, tandis que la force motrice reste à peu près constante; d'où il suit que la vitesse s'accélère quand les résistances s'affaiblissent, diminue dans le cas contraire. Il importe de posséder des appareils fonctionnant automatiquement pour diminuer la force motrice dès que la vitesse s'accélère et l'augmenter dès qu'elle se ralentit; tel est le rôle des *régulateurs* dont l'étude et la théorie ne laissent pas que de présenter d'assez grandes complications.

La stabilité est encore une condition indispensable au bon rendement des machines, car toute la force vive des oscillations et trépidations va s'épuiser dans le sol et est complètement perdue pour les usages industriels, sans compter que la stabilité est, en même temps, nécessaire pour assurer le bon fonctionnement et la longue durée des machines. De là la nécessité, pour l'ingénieur, de se préoccuper de tout ce qui peut assurer la stabilité de ses constructions et l'obligation de déterminer les poids, les centres de gravité des diverses pièces, ainsi que les efforts auxquels elles seront soumises. Enfin, il est évident qu'il faut éviter, à tout prix, les ruptures et les déformations, et donner, par conséquent, aux différents organes de la machine une résistance suffisante. Autrefois, on obtenait cette double condition de stabilité et de résistance en donnant aux pièces métalliques une masse considérable et de beaucoup supérieure à ce qui était nécessaire. C'est là une solution grossière que les nécessités économiques si sévères de l'industrie moderne ne peuvent admettre en aucune façon. Il faut absolument épargner la matière qui est toujours chère, et la main-d'œuvre plus chère encore. Aussi conçoit-on facilement l'importance de cette partie de la mécanique appliquée qui traite de la *résistance des matériaux* et qui enseigne comment on doit distribuer la matière, c'est-à-dire quelle forme il faut donner à chaque pièce et quelle importance relative il faut attribuer à chacune d'elles pour obtenir le maximum de résistance avec le minimum de frais. Là encore la théorie joue un rôle prépondérant, mais elle serait impuissante sans le secours de l'expérience et des enseignements de la pratique, ce qui tient à ce que les matériaux réellement employés ne sont pas absolument tels que la théorie les suppose; il faut toujours multiplier les épaisseurs que donne le calcul par un coefficient souvent assez grand et que la pratique seule a pu faire connaître (V. RÉSISTANCE DES MATÉRIAUX). Il conviendrait de parler aussi de l'étude des mécanismes sous le double point de vue de leur fonctionnement géométrique et des résistances passives dont ils sont le siège, en particulier de la théorie des engrenages; mais nous voulons nous borner à signaler les questions les plus importantes, et nous n'avons pas la prétention de proposer le programme d'un traité de mécanique industrielle, sujet plus vaste et moins bien défini que la *mécanique rationnelle*, car, d'une part, il n'est peut-être pas une seule branche de la physique qui ne trouve son application dans la pratique de l'industrie mécanique et, d'autre part, la composition d'un pareil ouvrage paraît dépendre essentiellement de la catégorie de lecteurs à laquelle il s'adresserait. Si les questions de rendement semblent être les plus importantes pour le constructeur de machines motrices, les innombrables machines-outils qui meublent nos ateliers de toutes sortes ont à satisfaire à des exigences très diverses où le rendement ne joue souvent qu'un rôle secondaire, tandis que les ingénieurs qui se chargent d'établir des constructions à demeure, routes, chemins de fer, voûtes, ponts, etc., doivent, avant tout, se préoccuper des questions de stabilité et de résistance des matériaux. — M. F.

Bibliographie : Les ouvrages de mécanique théorique et appliquée sont extrêmement nombreux; les principaux d'entre eux ont été déjà mentionnés à l'article DYNAMIQUE auquel nous renverrons le lecteur. Nous compléterons seulement la liste donnée, en cet endroit, en ajoutant les ouvrages suivants : BORGNIS : *Traité complet de mécanique appliquée aux arts*; FISCHER : *Physique mécanique*, traduit par Biot, 1830, in-8°; NAVIER : *Leçons données à l'École des ponts et chaussées sur la mécanique*, Paris, 1838, in-8°; COULOMB : *Théorie des machines simples*, 1841, in-4°; CORIOLIS : *Traité de la mécanique des corps solides, et du calcul de l'effet des machines*, 1844, in-4°; DUHAMEL : *Cours de mécanique de l'École polytechnique*, 1845-46, 2 vol. in-8°; A MORIN : *Aide mémoire de mécanique pratique*, 1847, in-8°; DELAUNAY : *Cours élémentaire de mécanique*, 1854, in-12; E. WITH : *Manuel aide-mémoire du constructeur de travaux publics et de machines*, 1858, in-12; COYTEUX : *Discussion sur les principes de la mécanique*, 1871; PHILIPPS : *Cours de mécanique appliquée*; PONCELET : *Introduction à la mécanique industrielle physique et expérimentale*, Paris, Gauthier-Villars, publié par M. Kretz, 1870, 1 vol. in-8°; PONCELET : *Cours de mécanique appliquée aux machines*, 2 vol. in-8°, Paris, Gauthier-Villars, publiés par M. Kretz, 1874-76.—Ajoutons, comme renseignement, que parmi les ouvrages les plus récents, le *Traité de mécanique*, de M. RÉSAL, Paris, Gauthier-Villars, 1873-81, paraît être sinon le meilleur, du moins le plus complet; il comporte 6 vol. in-8° et contient : *La mécanique rationnelle*, t. I et II; *La mécanique appliquée aux machines et aux constructions*, t. III et IV; t. V, *Résistance des matériaux, constructions*; t. VI, *Voûtes, fondations de machines, chemins de fer, navigation, ports de mer.*

II. **MÉCANIQUE.** On donne quelquefois ce nom à l'assemblage de plusieurs moteurs, mais on se sert plus particulièrement des mots de *machine* ou de *métier*. || *Mécanique Jacquard. T. de tiss.* Appareil qui s'adapte aux métiers à tisser pour produire les levées plus ou moins compliquées des fils de la chaîne pendant le tissage des étoffes façonnées; il a été décrit au mot JACQUARD, et des détails sur son emploi seront donnés à l'article TISSAGE. || *Mécanique d'armure*, nommée aussi *ratière* dans certaines régions; c'est une modification de la mécanique Jacquard; elle renferme un petit nombre de crochets, et se trouve construite d'une manière plus robuste, de façon à actionner les fils au moyen de lames dont le nombre maximum varie de 16 à 24.— V. TISSAGE. || *Mécanique Jacquard-Vincenzi. T. de tiss.* Le problème du *dégriffage* n'a été que très imparfaitement résolu par Jacquard. C'était un *desideratum* qui a donné lieu à beaucoup de recherches infructueuses.

La mécanique Vincenzi est venue enfin donner sur ce point satisfaction aux fabricants d'étoffes artistiques. Voici une rapide description de ce perfectionnement.

La figure 223 montre les organes de la mécanique au repos.

Crochet C à deux branches rapprochées *bb'* et recourbées en D; pli en P, ayant son point d'appui contre le barreau A lorsque la base D du crochet repose sur la planche à collets M; *aiguille* horizontale avec un seul téton T se plaçant derrière la longue branche *b* du crochet C; R ressort cylindrique, fermé en *m* et s'ouvrant sous forme d'entonnoir en *e*. On y fait ainsi pénétrer aisément et jusqu'en *m* l'extrémité droite de l'aiguille ; *j* pointe de l'aiguille faisant face au cylindre; *f* flèche donnant le sens suivant lequel le ressort R repousse l'aiguille et conséquemment le téton T, pour forcer la longue branche *b* du crochet à garder une position verticale et à placer son bec *r* au-dessus de la lame oblique G de la griffe ; *n* barreau d'arrêt de la baïonnette *i* de l'aiguille.

Voici quels sont les excellents résultats obtenus par cette disposition : le dégriffage est tout à fait indépendant de la pression des pleins du carton sur les pointes *j* des aiguilles, chaque plein n'ayant à lutter que contre la force d'élasticité relativement faible du ressort R qui lui est opposé. En effet, dans le cas de la pression d'un plein sur la pointe *j* de l'aiguille, celle-ci est repoussée

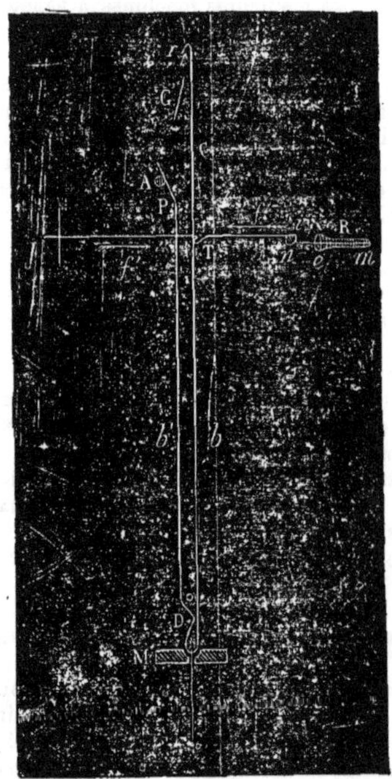

Fig. 223. — *Mécanique Vincenzi.*

dans le sens de la flèche *f'*; son téton, qui est indépendant de la tige *b*, recule tout simplement vers la droite, quelle que soit la position du crochet. Ainsi, cette indépendance de l'aiguille et de son téton se manifeste lors même que le crochet C, pris dans une levée précédente, est en suspension sur le couteau G. De cette façon, et c'est là le mérite capital de l'invention, le plein du carton n'a pas, comme dans l'ancienne Jacquard lyonnaise, à subir la résistance de ce crochet suspendu et tiré énergiquement encore par la charge des plombs qu'il a soulevés dans son mouvement ascensionnel. Or, on sait qu'un couteau G ne doit accomplir sa chute et prendre la position indiquée sur la figure, que quand un carton nouveau est déjà venu se plaquer contre la planchette aux pointes *j*. En un mot, tout bec de corbin *r* ne peut s'échapper, se dégriffer d'un couteau G, pour retomber sur la planche M, qu'après une élection, entre *pris* et *laissés*, opérée par un nouveau carton. L'aiguille et le crochet Vincenzi permettent de réaliser le désachevalement des becs *r*, sans fatiguer le carton par la résistance qui vient d'être signalée. Il en résulte une grande régularité dans le fonctionnement de la mécanique, et l'on peut alors faire emploi de cartons moins résistants et moins coûteux. La levée du crochet, dont les branches *bb'* restent presque parallèles, se fait suivant la verticale. Il n'y a donc plus de rejet de l'ensemble dans le sens opposé à la petite branche *b'* puisque celle-ci, étant *droite au-dessous* du pli P, ne porte jamais contre son barreau A. La courte branche ne rejette pas la longue branche *b* contre son téton T, chose essentielle et qui donne au petit pli P une très grande valeur. Comme conséquence du rapprochement des branches et d'un mode particulier d'achevalement des becs *r* sur leur lame G, les deux branches restent à distance, la longue *b* de son téton T, et la courte *b'* du barreau A pendant l'ascension de C. Donc, plus d'usure, ni du téton, ni du barreau; c'est là une très élégante solution du problème. Enfin, la force d'élasticité est déterminée par le pli P qui vient se heurter contre le barreau A, au moment précis où le crochet achève d'opérer sa descente sur la planche à collets. Ce recul de la courte branche *b'* agit en D et force, à son tour, la tige *b* du crochet à revenir s'appuyer contre le téton T.

Conclusion. Le pli P, placé au sommet de la courte branche, satisfait à tous les *desiderata* énumérés ci-dessus. Il constitue donc, avec le téton T, une invention de premier ordre; et, quelque simple que puisse paraître cette conception, elle n'en est pas moins capitale en tant que solution du problème du dégriffage. — E. G.

MÉCANISME. *T. de mécan.* Si nous considérons l'ensemble d'une machine motrice et d'une machine-outil, nous constaterons que la force motrice agit directement sur un organe particulier de la machine motrice qui en est par cela même la pièce la plus importante et qui a reçu le nom de *récepteur*, tandis que l'organe principal de la machine-outil, celui qui doit accomplir le travail utile s'appelle *l'outil* ou *l'opérateur*. Toutes les pièces intermédiaires nous apparaissent alors comme formant un appareil plus ou moins compliqué destiné à transmettre à *l'outil* le mouvement du *récepteur*, et disposé de telle sorte que le mouvement généralement fort simple du récepteur se transforme et se complique s'il est nécessaire, de manière à satisfaire à toutes les exigences imposées par le travail que doit accomplir *l'opérateur*. L'ensemble de ces organes intermédiaires a reçu le nom de *mécanisme*.

Les mécanismes sont variés à l'infini comme les opérations industrielles qu'ils permettent d'exécuter. Beaucoup d'entre eux, par exemple, ceux qui sont utilisés dans les métiers à tisser et dans l'horlogerie sont de véritables chefs-d'œuvre d'invention et d'ingéniosité; mais toujours ils sont formés par la réunion et l'assemblage d'un petit nombre de *mécanismes simples* ou *élémentaires* qu'il est possible de définir et de classer, et qui sont disposés de manière à concourir à l'effet définitif. On peut répartir ces mécanismes simples en trois grandes classes :

A. *Mécanismes formés de pièces fixes qui assujettissent un organe mobile à prendre un mouvement géométrique déterminé.*

B. *Mécanismes de transmission de mouvement.*

C. *Mécanismes installés en vue de régulariser le mouvement de la machine.*

(*a*) Les mécanismes de la première classe ont reçu le nom de *guides* (1). Ils comprennent, comme cas particuliers : les *coulisses* fixes, droites ou courbes, qui définissent le mouvement de translation d'une partie de la pièce mobile appelée *coulisseau;* les *glissières* qui règlent le mouvement des *patins;* les *trous* dans lesquels s'engage une tige rectiligne; les *crapaudines* servant à supporter le *pivot* d'un arbre vertical; les *coussinets* sur lesquels reposent les *tourillons* d'un arbre horizontal, et les *écrous* qui assujettissent une *vis* au mouvement hélicoïdal et inversement.

(*b*) C'est dans la deuxième classe que se rencontre la plus grande variété de mécanismes; nous les grouperons d'après le genre des transformations qu'ils sont appelés à effectuer en nous bornant à celles qui sont le plus usitées.

1° *Transformation du mouvement rectiligne continu en rectiligne continu.* Sans changement de vitesse : *poulie fixe*. Avec changement de vitesse : *poulie mobile; mouffle.*

2° *Transformation du mouvement circulaire continu en circulaire continu.* Autour d'axes parallèles : *courroies, chaînes* et *câbles sans fin; manivelles accouplées; tambours adhérents* par pression et se communiquant le mouvement par frottement; *engrenages cylindriques à dents*, comprenant, comme cas particuliers, les engrenages et trains épicycloïdaux. A cette division, on peut rapporter les *embrayages* par griffes ou par courroie qui permettent d'établir ou de rompre à volonté la communication du mouvement, et les *encliquetages* qui établissent automatiquement la communication quand le mouvement s'effectue dans un certain sens, et la suppriment, s'il s'effectue dans l'autre sens, de telle sorte que l'arbre commandé ne peut jamais tourner que dans un seul sens.

Autour d'axes concourants : *engrenages coniques* avec dents ou par frottement; *joint universel* et *joint hollandais.*

Autour d'axes qui ne se rencontrent pas : il faut alors établir un axe intermédiaire qui les rencontre tous deux et qui porte une roue dentée auxiliaire s'engrenant avec celles des deux axes donnés, ou recourir à des combinaisons mixtes d'engrenages et de courroies. Enfin, si les axes sont perpendiculaires sans se rencontrer, on peut encore employer la *vis sans fin.*

3° *Transformation d'un mouvement de rotation continu en rectiligne continu et vice-versa : treuil* et ses dérivés, *cabestan, grue*, etc., *crémaillères, vis; treuil* et *vis différentiels.*

(1) Les mécanismes élémentaires, dont les noms suivent, sont traités à leur ordre alphabétique dans le *Dictionnaire*. Nous y renverrons le lecteur pour plus de détails.

4° *Transformation d'un mouvement circulaire continu en rectiligne alternatif et vice-versa : bielle et manivelle*; *manivelle et coulisse, excentriques* circulaires, triangulaires, ou en général de forme quelconque suivant la relation qu'on veut établir entre les lois des deux mouvements; *rainures*, pouvant dans certains cas remplacer les excentriques.

5° *Transformation d'un mouvement circulaire continu en un mouvement rectiligne intermittent dont on peut faire varier la loi à volonté ou automatiquement.*

Cette division se compose presque exclusivement des *coulisses* de machines à vapeur telles que la coulisse de Stephenson, la coulisse renversée ou de Gooch, celles d'Allan, de Finck, d'Heusinger, de Waldegg, etc.

6° *Transformation d'un mouvement rectiligne alternatif en circulaire alternatif : balancier et parallélogramme de Watt; système articulé de Peaucellier.*

7° *Transformation d'un mouvement circulaire alternatif en circulaire continu : bielle et manivelle de Watt, mouche de Watt.* Ajoutons, en terminant, que les mécanismes précédents combinés avec un encliquetage permettent de réaliser la transformation d'un mouvement alternatif en un mouvement toujours de même sens, mais intermittent.

Il faut observer que les divers mécanismes que nous venons de citer ne sont pas tous *réversibles*, c'est-à-dire que beaucoup d'entre eux se refuseraient à fonctionner si l'on voulait faire mouvoir la pièce de commande en agissant sur la pièce habituellement commandée.

(c) Les mécanismes de la troisième classe portent le nom de *régulateurs*. Un article spécial leur sera consacré. Citons seulement, le régulateur à force centrifuge, le régulateur à ailettes, et les régulateurs d'horlogerie à pendule ou à ressort spiral avec échappement.

L'étude des mécanismes doit être faite à un double point de vue : il faut évidemment les étudier géométriquement, c'est-à-dire rechercher quelle est la loi du mouvement de la pièce commandée quand la pièce de commande se meut suivant une loi déterminée; mais il est également indispensable de se rendre compte des résistances passives qui entravent le fonctionnement de ces appareils et de la perte de travail qui en est la conséquence. Ces questions sont étudiées avec détails dans tous les traités de *Mécanique appliquée* et notamment dans le t. III de la *Mécanique générale* de M. Résal, ouvrage auquel nous avons emprunté la classification qui précède. — M. F.

* **MÉCHAIN** (Pierre-François-André), astronome français, né à Laon, le 16 août 1744, mort à Castillon de la Plana (Espagne), le 20 septembre 1804 (1). Fils d'un architecte, il se destina d'abord à la carrière de son père et entra à l'école des ponts et chaussées; mais bientôt il se consacra à l'étude des sciences, et particulièrement de l'astronomie pour laquelle il avait un goût tellement vif que, ne possédant pas d'instruments, il observait néanmoins avec assiduité les éclipses et les apparitions de comètes. Lalande le fit nommer hydrographe du dépôt des cartes de la marine à Versailles. Il entra à l'Académie des sciences en 1782; deux ans plus tard, il fut chargé de la rédaction de la *Connaissance des Temps*, et c'est lui qui publia les sept volumes de 1788 à 1794. Enfin il fit avec Cassini, en 1787, la vérification de la différence des longitudes entre Paris et Greenwich. En 1798, il devint directeur du bureau des longitudes.

Lorsqu'en 1791, l'Académie des sciences décida qu'on reprendrait la mesure de la terre pour l'établissement du nouveau système des poids et mesures, les travaux antérieurs de Méchain le désignaient tout naturellement comme l'un des plus dignes de prendre une part active à cette importante opération. Il fut chargé, avec Delambre, de mesurer la méridienne de France, de Dunkerque à Barcelone. Delambre se réserva la partie boréale. Méchain eut à mesurer la portion méridionale de Rodez à Barcelone. Il s'acquitta de cette tâche avec un zèle admirable malgré les souffrances de toutes sortes qu'il eut à subir au milieu des horreurs de la guerre civile; il n'avait d'autres ressources que les quelques assignats sans valeur qu'on lui envoyait de Paris, et plus d'une fois, il dut endurer les mauvais traitements d'une populace ignorante qui le prenait pour un espion ou un ennemi. Malheureusement, il ne fut pas satisfait de la détermination de la latitude de Barcelone, extrémité australe de l'arc. Une incertitude de trois secondes qu'il ne parvint pas à faire disparaître l'empêcha de communiquer ses résultats, et le chagrin qu'il en ressentit empoisonna le reste de sa vie. Il conçut l'idée de prolonger la méridienne en Espagne jusqu'aux îles Baléares, afin de n'avoir pas à utiliser la latitude incertaine de Barcelone; mais dans cette nouvelle tâche qu'il s'était imposée, il ne rencontra encore que des déboires et des déceptions, et il mourut, on peut dire, à la peine, découragé et désespéré. La mesure de la méridienne d'Espagne fut reprise en 1806 par Biot et Arago, et achevée finalement par Arago en 1808. Méchain peut être considéré comme un martyr de la science. Il eut du moins la gloire d'attacher son nom à une opération géodésique peut-être la plus remarquable, et à coup sûr la plus importante qui ait jamais été faite, tant à cause de la précision des résultats que parce qu'elle devait servir de base à la réforme capitale des poids et mesures. — V. Géodésie. — M. F.

(1) En donnant cette date de 1804, nous sommes d'accord avec Arago (*Histoire de ma jeunesse*) et avec la plupart des biographes; mais d'après la *Biographie générale*, de Firmin Didot, et d'après Lefort (*Comptes rendus de l'Académie des sciences*, t. XCVIII, n° 10), Méchain ne serait mort que l'année suivante, 1805. Il nous paraît impossible qu'Arago ait pu se tromper sur la date de son entrée à l'Observatoire, où il fut appelé à la suite de cette mort, d'autant plus que cette année 1804 est celle où le Consulat fut transformé en Empire.

MÈCHE, 1° *T. techn.* Outil d'acier qui sert à percer le bois, la pierre, les métaux, et formé d'une tige carrée que l'on fixe dans un trou semblable pratiqué à l'extrémité d'un vilebrequin; la partie travaillante de la mèche varie avec la nature du corps à percer, et avec la dimension des trous qui peuvent atteindre 0m,1 de diamètre et plus. Les *mèches à cuiller* ont la forme d'une gouge; elles sont trempées mou, affilées en dedans, et s'emploient surtout pour travailler le bois debout. La mèche à *trois pointes* ou *anglaise* se compose de trois parties : le *pivot* qui conserve le centre du trou; le *traçoir*, sorte de pointe latérale moins longue, qui pénètre ensuite dans le bois et cerne la partie centrale que le *couteau*, perpendiculaire à l'axe de la mèche, coupe net en faisant l'office de rabot. Pour le travail des métaux, les mèches sont munies d'un petit cylindre servant de conducteur et qui entre dans un trou percé au préalable; quant à la partie coupante, elle est formée de deux biseaux placés en sens contraire. || 2° Sorte de corde d'étoupe sèche que l'on enduit de salpêtre et de soufre, et dont on fait usage pour mettre le feu aux pièces d'artifice et à la poudre dans les mines. || 3° Cordon de coton, de chanvre, etc., imbibé d'huile dans les lampes ou de corps gras dans les chandelles et les bougies, et qui, mis en contact avec un corps enflammé, brûle et éclaire tant qu'il est humecté par le corps gras qui l'environne. — V. BOUGIE. || 4° *T. de mar.* Axe du gouvernail. || 5° Ame d'un cordage à trois torons au moins. || 6° *T. de filat.* Ruban étiré et tordu au banc à broches, et qui doit être étiré et tordu au métier à filer.

MÉDAILLE. Bien qu'on applique souvent le mot *médaille* aux monnaies antiques conservées dans les collections, il doit désigner seulement les pièces de métal dénuées de toute valeur légale, et frappées en l'honneur d'un personnage ou en souvenir d'un fait historique important.

— Les Grecs ne connaissaient que les monnaies, et ne firent pas frapper de médailles, mais on en trouve chez les Romains, où sont retracés non seulement les portraits des empereurs, mais les vainqueurs du cirque, les musiciens et jusqu'à des noms de chevaux. Ces médailles sont souvent de très grandes dimensions. Sous les règnes de Constantin et de ses successeurs, on en frappa qui ont près de 10 centimètres de diamètre. Au moyen âge, on grava très peu de médailles et encore manquent-elles d'intérêt; elles représentent généralement des saints et étaient données en souvenir de pèlerinages. A partir du xv° siècle, surtout en Italie et dans les Pays-Bas, les médailles se multiplient et atteignent aussitôt un grand degré de perfection. Vittorio Pisani, de Vérone, semble avoir été le premier à régénérer cette branche importante de l'art. Parmi ses élèves, beaucoup sont restés célèbres : Pierre de Milan, Sperandio, Boldu, Marescotti, et surtout les artistes de Padoue dont Benvenuto Cellini suivit les leçons. En France, l'art de la gravure et de la frappe des médailles reste longtemps encore dans un état inférieur. Après avoir fait des progrès sous François Ier et Henri II, il tombe avec les derniers Valois dans la sécheresse et l'incorrection. Il faut arriver à Dupré, au xvii° siècle, et à Warin, pour trouver enfin des résultats dignes de l'importance artistique de notre pays. C'est depuis cette époque qu'on prit, en France, le goût des *suites* destinées à rappeler dans un même format et d'après un type une fois donné les principaux événements d'un règne. Cette coutume, regrettable au point de vue de l'originalité des artistes, dura jusqu'à la Révolution. Depuis, on n'a donné à la gravure en médaille que des encouragements officiels, et cet art est voué à une décadence irrémédiable, malgré les efforts de quelques artistes de valeur.

En numismatique, on appelle *médaille contre marquée* celle qui porte la marque d'un poinçon, faite postérieurement à la frappe; *médaille restituée*, celle dont le type primitivement frappé a été renouvelé ensuite, avec une indication relative à ce fait; *médaille éclatée*, celle dont les bords ont été fendus à la frappe; *médaille encastrée*, celle formée de deux pièces antiques rapportées, l'une formant la face et l'autre le revers; c'est une médaille fausse, par conséquent. De même la *médaille fourrée* est faite d'une plaque de cuivre ou de plomb recouverte d'or ou d'argent, c'est une trace du faux monnayage dans l'antiquité. La *médaille inanimée* est celle qui n'a pas de légende; la *médaille incuse*, celle qui n'a reçu d'empreinte que d'un côté; la *médaille martelée*, celle dont on a effacé une face pour frapper à la place une empreinte plus belle ou plus rare. Enfin, on nomme *médaille saucée* celle qui, en cuivre, a été recouverte d'argent, procédé fréquent dans le Bas-Empire, et *médaille retouchée*, celle à laquelle on a ajouté des lettres ou des légendes à l'aide du burin, faisant, par exemple, d'un Gordien III, un Gordien d'Afrique, beaucoup plus estimé. Les médailles grecques et romaines ont souvent été imitées par les barbares; de là les classements secondaires de médailles et monnaies *gallo-grecques*, *gallo-romaines*, *germano-romaines*, etc. Pour le classement, la gravure et la fabrication des monnaies et médailles, V. GRAVURE EN MÉDAILLES et l'article MONNAIES ET MÉDAILLES.

MÉDAILLEUR. *T. de mét.* Graveur de coins de médailles.

MÉDAILLIER. Meuble formé de tablettes à tiroir contenant des petites cases rondes destinées à recevoir des médailles, et, par extension, collection de médailles, réunion des médailles décernées à quelqu'un.

MÉDAILLON. *T. d'arch.* Bas-relief de forme ronde sur lequel on a représenté la tête de quelque personnage célèbre, ou quelque action mémorable; on dit aussi *médaille*. || *T. de bijout.* Bijou de forme ronde ou ovale dans lequel on enferme un portrait, ou des cheveux, etc.

***MÉDIAN, IANE.** *T. de géom.* On sait qu'on appelle *diamètre* (V. ce mot) d'une ligne courbe le lieu des milieux des cordes parallèles à une direction donnée. Si nous considérons une portion de plan limitée par un contour quelconque, les diamètres de ce contour reçoivent quelquefois le nom de *lignes médianes*, surtout lorsqu'ils sont rectilignes.

La considération de ces lignes droites médianes est très importante parce que si une figure plane admet une droite médiane, son centre de gravité sera sur cette médiane, et si elle en admet deux, leur point d'intersection sera le centre de gravité; si elle en admet plus de deux, le centre de gravité devant se trouver sur chacune d'elles, on peut être assuré qu'elles sont concourantes.

En particulier, on appelle *médiane* d'un parallélogramme les droites qui joignent les milieux des côtés opposés, et qui passent nécessairement par le centre. Mais c'est surtout dans les triangles que la considération de la médiane est le plus utile. On appelle *médiane d'un triangle* la droite qui joint l'un des sommets au milieu du côté opposé : c'est le lieu des milieux des segments de droites parallèles à ce côté et compris à l'intérieur du triangle. Il y a évidemment dans un triangle trois médianes qui passent par un même point lequel est le centre de gravité du triangle. Ce point divise chaque médiane au tiers de sa longueur à partir de la base. Si l'on désigne par a, b, c, les trois côtés et par x, y, z, les trois médianes d'un triangle, on aura pour calculer ces médianes les formules suivantes :

$$x^2 = \frac{2(b^2+c^2)-a^2}{4}$$

$$y^2 = \frac{2(c^2+a^2)-b^2}{4}$$

$$z^2 = \frac{2(a^2+b^2)-c^2}{4}$$

Un volume limité de toutes parts admet aussi des *surfaces diamétrales ou médianes* qui sont le lieu des milieux des segments de droites parallèles à une direction donnée et limités à sa surface. Si un solide admet une surface médiane *plane* ou *plan médian*, son centre de gravité sera dans ce plan; s'il admet deux plans médians, son centre de gravité sera sur la droite de leur intersection; s'il en admet trois, ou bien ces trois plans médians passeront par une même droite qui contiendra le centre de gravité, ou bien ce centre de gravité sera au point d'intersection de ces trois plans médians. Enfin s'il en admet plus de trois, tous les plans médians passeront par un même point qui sera le centre de gravité du solide.

Le *tétraèdre* ou pyramide triangulaire admet 4 plans médians; chacun d'eux passe par une arête et le milieu de l'arête opposée; c'est le lieu des milieux des droites parallèles à cette dernière arête et limitées à la surface du tétraèdre. Ces 4 plans médians passent par un même point qui est le centre de gravité du tétraèdre. Si l'on considère trois arêtes, issues d'un même sommet A (1), et les trois plans médians passant par ces trois arêtes, on reconnaîtra que ces trois plans se coupent suivant une droite qui aboutit au centre de gravité de la face opposée à A. Il y a évidemment dans le tétraèdre quatre droites analogues qui ont reçu le nom de *médianes* et qui passent toutes quatre au centre de gravité G du tétraèdre, lequel divise chacune d'elles au quart de sa longueur à partir de sa base. Chacune de ces médianes est le lieu des centres de gravité des sections faites dans le tétraèdre par des plans parallèles à la base correspondante. — M. F.

***MÉDUSE** ou **GORGONE.** De tous les mythes argiens, le plus populaire est celui de Persée. La légende du héros vainqueur de la Gorgone offre des épisodes dramatiques, et met Persée en présence de ces figures d'épouvante que l'art primitif aimait à reproduire. Les Gorgones sont des êtres hideux. « Leurs têtes étaient hérissées de serpents; elles avaient des dents comme des défenses de sangliers, des mains d'airain et des ailes d'or. » Le moment que les artistes de la période archaïque représentent le plus volontiers est celui où Persée tranche la tête de Méduse, comme sur une des métopes de Sélinonte. On sait comment la tête coupée de Méduse ou Gorgonéion est devenue l'emblème de la terreur; elle est représentée sur l'égide d'Athéna, et souvent aussi les artistes la traitent isolément, comme une figure indépendante. L'étude de cette série de monuments offre un vif intérêt : il en est peu qui démontrent plus clairement à quel point le souci du beau finit par faire oublier les énergiques conceptions de l'ancien âge. La tête de Gorgone que reproduisent les monnaies d'Athènes, de Corinthe et de Coronée procède de l'ancien type : elle est franchement hideuse. Le même caractère se retrouve dans des antéfixes en terre cuite, de style archaïque, où la laideur du visage est encore soulignée par des couleurs vives et crues. Avec le temps, ce type s'adoucit progressivement et arrivé même jusqu'à la parfaite beauté. La tête de Méduse mourante de la villa Ludovici est celle d'une femme coiffée de serpents, mais au visage charmant, les ailettes attachées aux tempes sont le seul souvenir qui reste de la Méduse ailée des vieux maîtres grecs.

(1) Le lecteur est prié de faire la figure.

***MÉGALOGRAPHE.** *T. de phys.* Instrument qui n'est autre que la *chambre claire* (V. ce mot, t. II, p. 539) disposée de manière à reproduire l'image agrandie des objets. Ce résultat s'obtient en plaçant en avant du miroir une lentille convergente et en disposant convenablement la lentille concave au-dessus de la lame de verre. Le *mégascope* (V. ce mot) devient un *mégalographe* lorsque l'image agrandie est reçue dans la chambre obscure sur un papier translucide ou sur un verre dépoli, ce qui permet de la dessiner ainsi sous la grandeur qu'on désire, en déplaçant la lentille ou l'objet. || On donne aussi ce nom à celui qui dessine les objets agrandis.

***MÉGALOGRAPHIE.** Art de peindre, de dessiner en grand.

***MÉGAPHONE.** Appareil destiné à amplifier les sons pour les rendre perceptibles aux sourds. — V. ACOUSTIQUE.

MÉGASCOPE. *T. de phys.* Le mégascope, perfectionné, sinon inventé par Charles, à la fin du siècle dernier, est destiné à faire la copie amplifiée d'objets non microscopiques : médailles, statuettes, bas-reliefs, tableaux, dessins, etc. C'est une chambre obscure de grandes dimensions dans laquelle entre le dessinateur. Une lentille convergente à large ouverture ($0^m,10$) est placée dans un tube horizontal fixé au volet de cette chambre. L'objet est disposé vis-à-vis et à l'extérieur, presque à la distance focale. A l'intérieur se trouve un écran vertical translucide sur lequel vient se faire l'image agrandie que l'on peut dessiner. Pour augmenter l'éclat de cette image, on dirige sur l'objet les rayons solaires au moyen d'un miroir que l'on manœuvre de l'intérieur. Si l'on veut que l'image soit droite, on renverse l'objet. Pour obtenir une image de grandeur voulue, on déplace l'objet (qui est disposé sur de petits rails), ou bien on emploie deux lentilles montées dans deux tubes pouvant glisser l'un dans l'autre. Quand les lentilles sont achromatiques, le grossissement peut aller à 20 fois. On peut aussi obtenir une image réduite de l'objet par ce moyen.

Le mégascope a rendu service à l'industrie, aux arts et à l'histoire naturelle. Mais la découverte de la photographie en a beaucoup restreint, sinon annulé l'usage. — C. D.

* **MÉGIR.** T. *techn.* Préparer les peaux en blanc; on dit aussi *mégisser.*

MÉGISSERIE. Cette branche du travail des cuirs et des peaux consiste essentiellement dans la préparation des peaux de mouton, d'agneau, de chevreau, et de veau, au moyen d'une série d'opérations que nous allons passer successivement en revue.

Il existe un grand nombre de localités où se pratique la mégisserie, depuis le petit atelier qui n'occupe que quelques personnes jusqu'aux grands établissements où les ouvriers se comptent par centaines. Cette industrie est toutefois particulièrement développée dans certaines villes, comme Saint-Junien, Chaumont, Annonay, où de nombreux fabricants alimentent la ganterie qui constitue une des principales productions de ces villes manufacturières, et qui consomme la plus grande partie des produits de la mégisserie. La ganterie fine emploie principalement l'agneau et le chevreau, et la ganterie forte le mouton et la chèvre; les gants dénommés sous le nom de *gants de Suède* sont faits avec la peau de mouton. On travaille aussi les peaux de veau, les vachettes et les veaux mort-nés, qui s'emploient dans la confection de la chaussure, des sacs de voyage, des sacs de troupe, etc.

— La grande mégisserie s'alimente spécialement avec les veaux secs qui, en dehors de la production indigène, nous sont fournis par la Bohême, la Saxe, la Bavière et la Suisse pour les grandes et fortes peaux; la Zélande pour les peaux légères; la Transylvanie et la Norwège pour les veaux moyens; la Russie et la Serbie pour les petits veaux. Sans compter la consommation considérable qui se fait en France, l'exportation représente annuellement une valeur d'environ 15 millions en petites peaux mégissées, et 40 millions en ganterie. C'est, comme on le voit, une industrie importante de notre pays.

La mégisserie qui s'applique spécialement à la préparation des peaux pour la ganterie, comprend une série nombreuse d'opérations, de façons multiples, dont on peut se faire une idée en sachant qu'une peau doit passer environ 138 fois dans les mains des ouvriers avant d'être prête à mettre en teinture, et qu'elle subit encore 18 passages pour compléter cette dernière préparation, ce qui représente par conséquent environ 156 prises et reprises successives de la même peau avant qu'elle arrive au *lotissage* qui précède la mise en magasin ou l'expédition. Les peaux pour chaussures et les peaux blanches communes provenant de moutons indigènes ou étrangers, exigent moins d'opérations et moins d'agents chimiques pour leur préparation. Cette branche de la mégisserie s'exploite principalement par l'industrie parisienne, qui cependant depuis quelques années a sérieusement à lutter avec les établissements qui se sont développés en province et avec la concurrence de l'Allemagne et de l'Autriche. Elle conserve toutefois sur les produits étrangers une certaine supériorité, et l'avantage d'un meilleur aspect, ce que l'on appelle professionnellement *plus de coup d'œil.*

Pour décrire successivement les opérations de la mégisserie, nous prendrons les peaux vertes, c'est-à-dire fraîches, après le *dessaignage,* ou ramenées à l'état frais. La première préparation est la *mise en chaux,* ayant pour objet de préparer le *débourrage* qui consiste à débarrasser la peau de la laine ou du poil qu'elle porte. On obtient ce résultat en faisant agir sur les peaux un mélange de chaux et de sulfure d'arsenic, connu sous le nom d'*orpin,* qu'on étale à l'état de bouillie, en repliant la peau en quatre et l'abandonnant ainsi pendant environ 24 heures en été, un peu plus longtemps en hiver. Ce procédé a l'avantage de ne pas salir la laine par la chaux des *plains,* dans lesquels on fait passer, les peaux après ce premier débourrage afin de leur donner le gonflement nécessaire afin d'achever le *délainage* plus complètement. Les *plains* sont de grandes cuves, ordinairement en briques et ciment, où les peaux baignent dans une bouillie très claire de chaux délayée avec une grande quantité d'eau.

Après leur séjour dans les plains, les peaux sont rincées et *travaillées de rivière,* puis *mises en confit* dans une cuve contenant de l'eau et du son. Le but de cette opération est de développer une certaine fermentation dont la durée varie selon la saison : en hiver, le confit peut durer jusqu'à environ trois semaines, mais en été il *lève* beaucoup plus vite et parfois même au bout de vingt-quatre heures. La surveillance des confits et l'appréciation du moment convenable où l'on doit faire cesser leur action, exigent, de la part des ouvriers chargés de ce travail, beaucoup de soins, d'expérience et d'habileté, car, par négligence ou par inexpérience, on pourrait, en laissant la fermentation agir trop longtemps ou trop énergiquement, altérer plus ou moins gravement la qualité des produits. Lorsqu'on juge que le confit est au point convenable, on enlève promptement les peaux qu'on démêle et qu'on fait repasser dans le même confit, jusqu'à ce qu'il *ait levé* une seconde et, suivant les cas, une troisième fois. Ensuite, on retire définitivement les peaux du confit, on les racle sur un chevalet pour enlever le son qui est resté adhérent et on procède à l'opération du *passage* et de la *mise en pâte.* Cette opération consiste dans le trempage des peaux l'une après l'autre dans un bain, dit *étoffe,* formé d'une bouillie claire de farine et de jaunes d'œufs délayés avec une dissolution de 7 kilogrammes d'alun pour 1 kilogramme 1/2 à 2 kilogrammes de sel marin. Les peaux trempées dans ce bain sont réunies par paquets de dix à douze et foulées avec les mains pour bien répartir sur toute l'étendue la *nourriture* qu'elles viennent de recevoir. Quand elles ont été ainsi *passées,* on les étend dans une cuve et on verse par-dessus la même bouillie claire, dans laquelle on les laisse séjourner le temps qu'on jugera nécessaire pour les *nourrir* convenablement.

Après cette dernière phase des préparations chimiques, le travail ne consiste plus qu'en une série d'opérations mécaniques. On commence par soumettre les peaux au foulage, qui se pratiquait au moyen des pieds, mais qu'on remplace avantageusement aujourd'hui par l'emploi des *turbulents*, consistant en grandes caisses quadrangulaires montées sur deux pivots horizontaux placés aux extrémités d'un axe passant par deux sommets des angles opposés. L'appareil est animé d'un mouvement rapide de rotation par suite duquel les peaux qu'il contient avec une certaine quantité de mixture sont rejetées d'une paroi sur l'autre et battues énergiquement pendant une heure environ. Ensuite elles sont retirées de l'appareil, pliées en deux, la fleur en dedans, et mises au séchage qui doit s'effectuer avec soin et avec autant de célérité que possible. Après leur dessiccation, on les soumet à l'*ouverture* ou *palissonnage*, opération qui s'exécute au moyen d'un appareil désigné sous le nom de *palisson*, composé d'une lame d'acier fixée dans un pied vertical et maintenue dans cette position par une planche formant bascule au moyen d'un contrepoids qui permet à l'appareil de conserver toujours la verticalité de la lame. Les peaux sont pressées sur cette lame, en lui présentant la fleur en dessus et les tirant très fortement, de façon à les élargir, à les étirer en quelque sorte, ce qui a pour effet d'écarter les fibres et par suite de donner à la peau plus de souplesse et de moelleux au toucher.

Enfin on laisse les peaux sécher complètement soit à l'air, soit à l'étuve, on les redresse encore, s'il y a lieu, sur le palisson pour bien les étendre, et on les couche à plat avec la plus grande régularité possible pour leur donner le meilleur aspect et faire mieux apprécier leur valeur commerciale. Souvent avant de les mettre en paquets, on les soumet au *drayage* ou *dolage* à la meule, afin d'égaliser uniformément leur épaisseur, quand il en est besoin. Après leur achèvement complet, les peaux arrivées au magasin sont mises en bottes de trois douzaines généralement, et conservées ainsi jusqu'à leur livraison aux ateliers où se pratique la teinture. Cette dernière préparation s'effectue souvent dans des établissements distincts qui reçoivent de la mégisserie les peaux prêtes à être mises en couleur ; elle sera décrite à sa place dans ce *Dictionnaire*. — V. TEINTURE.

Disons, en terminant cette étude sommaire d'une industrie importante, que la mécanique tend de plus en plus à y jouer un rôle considérable. On y voit, en effet, des machines à laver, à vider, à fouler, à refendre, à écharner, à travailler de rivière, les turbulents, les machines à doler. Nous citerons, entre autres, celles de MM. L. Dumas et Raymond, à Saint-Junien, qui sont d'un grand intérêt pour la mégisserie. C'est ainsi que, depuis un certain nombre d'années, de grands progrès se sont accomplis grâce à l'intervention des appareils mécaniques qui se substituent aux opérations manuelles avec le triple avantage de l'économie de temps, de la précision du travail, et de l'accroissement de la production. — CH. V.

MÉGISSIER. *T. de mét.* Celui qui pratique l'art de la *mégisserie*. — V. l'art précédent.

— Les ordonnances royales défendaient jadis aux mégissiers d'acheter les peaux sans avoir vu la bête, par crainte que le cuir originairement infecté ne communiquât la maladie aux hommes, ce qui prouve que l'ancienne organisation des métiers n'est point à décrier systématiquement.

***MEGOHM.** *T. d'électr.* Unité secondaire pratique de *résistance électrique* ; le megohm vaut un million d'ohms, et par suite 10^{15} unités électro-magnétiques C. G. S. de résistance. — V. ÉLECTROMÉTRIE, t. IV, p. 741.

***MEISSONNIER** (JUST-AURÈLE), né à Turin en 1675, mort à Paris en 1750, fut à la fois peintre, sculpteur, architecte, décorateur et orfèvre. Mais c'est surtout comme décorateur et comme orfèvre qu'il fit sa réputation, et il se montra souvent le digne rival de Germain. Sa position officielle de dessinateur du cabinet et orfèvre du roi Louis XV l'avait mis de bonne heure à même de prendre une des premières places dans le mouvement artistique de son époque, et c'est à lui qu'on doit en grande partie le succès du genre *rocaille* en France. Admirateur passionné des productions italiennes, il s'attacha à reproduire en orfèvrerie et en décoration, les chicorées exubérantes, les vasques et les coquilles, les conques marines et les tritons entourés des ornements les plus contournés et les plus découpés ; il tomba ainsi dans les fautes de goût les plus déplorables et malheureusement il fit école ; lui et la période de jeunes artistes qui l'entouraient marquent le point extrême de la fantaisie sous Louis XV ; après eux une réaction était inévitable, et elle a amené le style à la reine, plus sage et plus élégant de formes.

L'œuvre la plus connue de Meissonnier comme décoration, est l'ensemble des dessins pour les fêtes du mariage du dauphin fils de Louis XIV ; il était d'ailleurs l'organisateur de toutes les cérémonies officielles. Médiocre architecte, il concourut inutilement pour l'achèvement de l'église Saint-Sulpice, et ses plans furent considérés par ses contemporains eux-mêmes comme une extravagance. Dans cette église, il a élevé plus tard le tombeau de Jean-Victor de Bezenval, colonel des gardes Suisses. On a de lui, comme dessinateur, plusieurs ouvrages fort curieux, notamment : *Livre d'ornements* en 30 pièces, gravées par Desplaces, Huguier, Laureolli ; *Livre d'orfèvrerie d'église* en 5 pièces ; *Ornements de la carte chronologique du roi*, 3 pièces, gravées par Huguier en 1733. Enfin il a laissé des portraits ; celui de Turenne, gravé par Larmessin, et celui de Bezenval, gravé par C. Devret, ne manquent pas d'une certaine valeur. On voit que cet ensemble de productions place Meissonnier parmi les plus illustres artistes du règne de Louis XV. On doit regretter seulement qu'il n'ait pas fait de son talent un emploi plus modéré et qu'il n'ait pas cherché à relever l'art au lieu de le conduire à de déplorables excès.

***MÉLACOSINE.** Oxyde de cuivre. — V. CUIVRE, § *Oxyde de cuivre*.

MÉLANGE. *T. de chim.* (Pour la différence entre *mélange* et *combinaison*, V. COMBINAISON, p. 643.) Dans le mélange, les corps n'éprouvent pas de modifications sensibles, pas de changement de température et conservent leurs propriétés distinctives. Si les corps mélangés sont solides, on peut voir, séparées par divers moyens, les parties de chaque composant. Par exemple, on peut distinguer à la loupe les parcelles de cuivre et de soufre triturés ensemble, tandis qu'après avoir chauffé le mélange, on n'a plus qu'un corps où l'on ne distingue ni fer ni soufre. En jetant un mélange pulvérulent dans un liquide et décantant rapidement, on enlève les parcelles les plus légères, les plus lourdes tombent au fond du vase. La poudre de chasse n'est qu'un mélange intime de salpêtre, de soufre et de charbon. Pour séparer ces matières, on traite la poudre par l'eau qui enlève le salpêtre, puis par le sulfure de carbone qui dissout le soufre; le charbon reste. Les *mélanges de métaux* ou alliages sont parfois des combinaisons en proportions définies, ou des combinaisons noyées dans des mélanges. L'analyse de ces mélanges est souvent très difficile. Les *mélanges de matériaux* de construction, sable, chaux, ciment, cailloux, pierres, forment quelquefois des agglomérats d'une très grande cohésion où la combinaison n'est pas étrangère. Les corps gras solides ou liquides se mêlent facilement entre eux. On sépare les huiles lourdes des huiles légères (préalablement traitées par l'acide sulfurique) en soumettant le mélange à la turbine : les huiles lourdes se rassemblent sur les parois, les huiles légères restent au centre d'où on les retire au moyen d'un siphon. On sait que l'eau et le vin, l'eau et l'alcool se mêlent en toutes proportions; il en est de même de l'alcool et de l'éther. D'autres liquides ne se mêlent jamais, huile et eau; mercure et eau, etc.

Mélange des gaz. — V. Gaz.

Mélange des gaz et des liquides. — V. Gaz, § *Dissolution du gaz.*

Mélange des couleurs. — V. Couleur.

Mélanges détonants. On donne ce nom aux mélanges de gaz combustibles qui, en se combinant avec l'oxygène ou l'hydrogène, ont la propriété de faire explosion quand on leur présente la flamme d'une bougie ou qu'on y fait passer une étincelle électrique; Ex. : 2 vol. d'hydrogène avec 1 vol. d'oxygène (proportion de l'eau); 1 vol. d'hydrogène avec 1 vol. de chlore (détone spontanément sous l'influence des rayons solaires). L'oxyde de carbone, les hydrogènes carbonés, les vapeurs d'essence de pétrole, le grisou, le gaz de l'éclairage, mêlés à l'air en certaines proportions, constituent des mélanges détonants. On provoque la combinaison de ces mélanges dans l'*eudiomètre* (V. ce mot) pour en faire l'analyse.

Mélanges réfrigérants ou **frigorifiques.** — V. Froid, Glace, § *Fabrication de la glace dans les ménages.* — c. d.

* **MÉLANGEUR, EUSE.** *T. techn.* Appareil destiné à triturer et à mêler certaines matières; on dit aussi *mélangeoir.*

* **MÉLANILINE.** *T. de chim.* Syn. : *phénylamine* ou *aniline.* — V. ces mots.

MÉLASSE. On désigne sous le nom de *mélasse* dans la fabrication du sucre de betterave et de canne et dans le raffinage de ces sucres, le résidu liquide de la cristallisation du sucre. La mélasse a pour caractère principal et distinctif que, étant amenée au degré ordinaire de cuite et placée en cet état dans des conditions reconnues les plus favorables à la cristallisation, elle ne laisse plus cristalliser de sucre, même pendant un séjour prolongé en cristallisoir.

Il arrive dans la pratique industrielle que l'on donne le nom de *mélasse* à des sirops qui pourraient encore fournir une certaine quantité de sucre par cristallisation, mais si le fabricant juge que cette quantité de sucre n'est pas suffisante pour couvrir les frais à faire pour son extraction, il élimine en dehors du travail un produit qui ne rentre pas tout à fait dans la définition donnée plus haut; c'est-à-dire un résidu qui n'est pas complètement épuisé de sucre par cristallisation.

On peut donc distinguer la mélasse à deux points de vue différents : 1° au point de vue *chimique*; c'est le résidu épuisé par cristallisation de tout sucre cristallisable; 2° au point de vue *commercial*, c'est le résidu dont le fabricant n'a plus intérêt à retirer directement du sucre par cristallisation. Dans ce travail, nous examinerons la mélasse à ces deux points de vue.

I. Examen de la mélasse au point de vue chimique. La mélasse, ce *caput mortuum* du travail des sucres a fait le sujet de nombreuses recherches chimiques, elle est encore en ce moment (1885) la préoccupation dominante des chimistes, des fabricants et des raffineurs, et, jusqu'à présent, elle est restée dans les procédés de fabrication et de raffinage généralement employés, comme un témoin irrécusable de leur impuissance. Elle est pour les industries du sucre la cause principale de toutes les difficultés dans la fabrication, de toutes les infériorités dans les procédés, de toutes les imperfections dans les produits fabriqués; elle doit être le point de mire de toutes les études qui ont pour but la réalisation de nouveaux progrès dans ces industries; c'est dans la mélasse que l'analyse chimique, aidée de tous les moyens d'investigation qu'elle possède, doit rechercher les causes principales de sa formation, les fautes commises pendant le travail manufacturier, les vices inhérents aux procédés employés, les altérations qui peuvent en augmenter la quantité, les influences qui ne peuvent la réduire et peut-être même conduire à découvrir les procédés qui peuvent la faire disparaître.

Les principes constituants de la mélasse pris dans leur généralité peuvent être divisés en deux classes très distinctes :

1° Le sucre cristallisable et ses dérivés;

2° Toutes les matières qui ne sont pas du sucre, désignées ordinairement sous le nom de *matières étrangères*; par les chimistes allemands, sous le nom de *neichtzucker*, mot que l'on peut traduire en français par *non sucre.*

Avant d'entrer dans un examen plus approfondi des différents principes constituants de la mélasse, il est nécessaire de faire une étude historique et chronologique des travaux chimiques et de l'opinion des chimistes et des fabricants sur sa formation dans le travail des sucres.

La mélasse n'étant que le résidu incristallisable de la fabrication du sucre, son origine doit être aussi ancienne que le sucre et par conséquent comme celle du sucre ne peut être déterminée avec certitude; elle a été, suivant les époques et suivant les progrès de la chimie, désignée sous différents noms.

On savait depuis longtemps que beaucoup de plantes, comme la canne, contiennent du sucre, mais on ignorait la nature de ce sucre. En 1747, Margraff, chimiste de Berlin, découvrit le premier la présence du sucre cristallisable dans la racine de la betterave et dans d'autres plantes, et voici en quels termes il rend compte de sa découverte : « Elles contiennent une matière approchant du sucre et même un sucre véritable, parfait, ayant une entière ressemblance avec celui de canne ». En 1797, Achard, autre chimiste de Berlin, fécondait la découverte de Margraff en la mettant en pratique, il annonça qu'il pouvait extraire de la betterave un sucre égal en qualité à celui retiré de la canne, et que le sucre moscouade (sucre brut) qu'il fabriquait lui revenait à 25 centimes la livre; dès lors, l'industrie du sucre de betterave était fondée. Achard admet dans la betterave la présence du sucre incristallisable. « Le sucre de betterave en sortant de la presse contient, outre le sucre cristallisable, du sucre liquide, visqueux (mélasse). Le sucre cristallisé se trouve mêlé avec le sucre visqueux ou mélasse ou avec la matière muqueuse de la betterave ».

Les chimistes, qui ont écrit sur la fabrication du sucre jusqu'en 1830, admettaient que le sucre contenu dans la mélasse, était du sucre incristallisable préexistant dans les plantes ou formé pendant la fabrication par l'altération du sucre cristallisable. Cependant, il était difficile d'admettre qu'un produit liquide, contenant de l'eau surnageant des cristaux de sucre, formés au sein de ce même liquide ne renfermait pas de sucre cristallisable. Il était, au contraire, rationnel de supposer que la mélasse devait en contenir et une quantité suffisante pour saturer l'eau existant dans la mélasse pour la température à laquelle avait lieu la dernière cristallisation.

Cette hypothèse proposée et admise par Dubrunfaut dès l'année 1830, lui servit de base pour déterminer comparativement la valeur relative des différents sirops de raffinerie en cours de travail, au point de vue de leur richesse en sucre et en mélasse; les mélasses d'égout des sucres peuvent être considérées comme formées d'eau saturée de sucre cristallisable et de mucilage qui préexistait dans le jus; si ce sirop ne contenait que du sucre pur, il ne pèserait à l'aréomètre que 36°, par conséquent tout ce qui excède cette densité est dû à la présence du mucilage, on peut donc trouver dans cette densité l'évaluation du mucilage et par suite la qualité des liquides sucrés.

Cette simple observation conduisit Dubrunfaut à une méthode de détermination de la valeur des liquides sucrés, par leur densité comparée à la même densité d'une dissolution de sucre ne contenant que du sucre pur. Les différences entre les quantités de sucre pur contenues dans chacune de ces dissolutions, représentant les matières étrangères désignées par Dubrunfaut sous le nom de *mucilage*.

« La matière étrangère au sucre cristallisable pur, dit Dubrunfaut, est essentiellement un mélange de matière mucilagineuse, de sucre liquide et sans doute aussi de traces de sels à base de potasse et de chaux. »

Il admet que dans les mélasses une partie du sucre cristallisable se trouve neutralisée dans sa cristallisation par une quantité égale à son poids de mucilage et est ainsi immobilisée dans la mélasse.

Dubrunfaut, appliquant sa méthode d'analyse à la mélasse, avait établi que telle qu'elle s'écoule de la dernière cristallisation du sucre et marquant 43° à l'aréomètre de Baumé, elle avait pour composition :

Eau	20
Sucre cristallisable	40
Mucilage	40

D'après les expériences du savant chimiste, on peut établir la composition de la mélasse de la manière suivante :

	Mélasse de canne	Mélasse de betterave
Degré Baumé	43	43
Eau	20	20
Sucre cristallisable	40	40
Sucre incristallisable	35	10
Sels végétaux, acétates, ulmates	4	16
Mucilage végétal, matière animale, sulfate, hydrochlorate, acide ulmique	1	14
Total	100	100

Les travaux de Dubrunfaut exécutés sur la mélasse en 1830 et 1831, ont été féconds en résultats.

D'après les analyses ci-dessus, il existait dans la mélasse de canne, comme dans la mélasse de betterave, du sucre cristallisable et du sucre incristallisable, mais l'existence du sucre cristallisable était basée sur l'hypothèse, très vraisemblable, il est vrai, de la saturation de l'eau, mais à laquelle il manquait la démonstration expérimentale.

A peu près à la même époque, 1831, Pelouze présentait un mémoire à l'Académie des sciences, ayant pour titre : *Expériences chimiques sur la betterave*, dans lequel il établissait : « qu'il n'y a pas de sucre de raisin dans la betterave; il n'est pas douteux, ajoute Pelouze, que la canne non altérée ne présente le même résultat que celui que j'ai obtenu avec la betterave, et il est certain au moins pour moi que *le sucre incristallisable est toujours produit pendant l'altération de cette racine à l'air et surtout pendant le travail très long auquel on la soumet.*

Quelques années plus tard, 1839, M. E. Péligot confirme le fait annoncé par Pelouze de l'absence de tout sucre incristallisable dans la betterave. Il établissait également, en 1840, « que le jus de la canne ne renferme pas de sucre liquide incristallisable ». A la même époque, Biot confirme le même fait par un moyen d'analyse nouveau, consistant dans l'action d'une dissolution de sucre cristallisable sur la lumière polarisée.

Ainsi la mélasse se produit, conclut M. Péligot « par l'altération que subit le sucre dans le travail auquel la canne et la betterave sont soumises..... Tout le monde s'accorde à attribuer à deux causes principales la formation du sucre incristallisable ou de la mélasse; ces causes sont : 1° la fermentation des jus; 2° l'action mal dirigée de la chaleur pendant qu'on évapore l'eau qu'ils contiennent ».

« *Sucre incristallisable.* Nous appelons ainsi le sucre dans lequel se transforme le sucre de canne lorsqu'on le dissout dans l'eau, et qu'on fait bouillir la dissolution pendant longtemps en renouvelant l'eau convenablement; vainement alors on amène la liqueur en consistance sirupeuse, elle a perdu la propriété de cristalliser.

« Or, cette transformation a lieu sans qu'il y ait absorption ou dégagement de gaz, il est probable que le sucre incristallisable est isomère avec le sucre cristallisable; il serait possible cependant qu'il en différât par une quantité plus ou moins grande d'hydrogène et d'oxygène dans les mêmes proportions que dans l'eau. Quoiqu'il en soit, le sucre incristallisable a une saveur au moins aussi douce que le sucre cristallisé, le charbon le décolore complètement, l'alcool le dissout facilement.

« Le miel le contient tout formé et mêlé plus ou moins à du sucre de raisin. *Il n'existe ni dans la canne, ni dans la betterave, ni dans l'érable ; celui qui fait partie de la mélasse provient de l'action du feu et de l'eau sur le sucre cristallisable* (Thénard) ».

Les expériences de Dubrunfaut, Berzélius, Thénard, Pelouze, Malaguti, faites sur le sucre pur, confirmèrent de tout point les opinions émises et les résultats obtenus sur la non préexistence du sucre incristallisable dans la betterave et dans la canne, et sur les idées émises par les chimistes, Pelouze, Payen, Bouchardat, Plagne, Hervy et particulièrement par Peligot, sur les causes de la production de la mélasse par la transformation du sucre cristallisable, sous l'influence de la chaleur et de la fermentation.

Malgré l'absence de preuves directes de la nature chimique du sucre contenu dans la mélasse, l'opinion répandue dans la science et dans l'industrie que ce sucre provenait des altérations du sucre cristallisable pendant les opérations de la fabrication et du raffinage, offrait une belle perspective aux recherches faites dans le but d'apporter des améliorations et des perfectionnements dans les industries du sucre, et était de nature à stimuler le zèle des chercheurs et des inventeurs ; les quantités de mélasse produites chaque année par ces industries se comptaient par centaines de millions de kilogrammes et pouvaient faire espérer une large rémunération aux promoteurs de progrès sérieux. Le problème à résoudre se posait de lui-même ; étudier les causes et les influences qui produisent pendant les opérations de la fabrication et du raffinage, la transformation du sucre cristallisable en incristallisable et rechercher les moyens d'empêcher cette transformation.

Deux voies étaient ouvertes, deux directions données par les travaux précédents : l'une, la transformation du sucre cristallisable en sucre incristallisable sous l'influence de la haute température à laquelle étaient soumis les jus et sirops en cours de fabrication ; l'autre, l'altération du sucre cristallisable produite par la fermentation pendant les opérations de la fabrication. Chacune de ces voies fut suivie par divers inventeurs qui crurent arriver au même but par des moyens différents : éviter la formation de la mélasse. On chercha d'abord à remplacer l'évaporation et la cuite des sirops qui se faisaient à *feu nu*, c'est-à-dire au moyen de chaudières placées directement sur le feu, par l'évaporation à l'aide de la vapeur d'eau à haute pression, passant dans des serpentins en cuivre placés au milieu des liquides sucrés dans des chaudières à air libre.

Cet appareil, inventé en Angleterre par Taylor et Martineau, puis perfectionné par Hallette, d'Arras, fut appliqué pour la première fois, en France, par Blanquet et Harpignies, près Valenciennes, dans la campagne de 1826 à 1827, et dans la campagne suivante dans les sucreries de Crespel, Cafler et Harley. L'introduction de cet appareil dans la fabrication du sucre de betterave fut un progrès : l'évaporation et la cuite y étaient beaucoup plus faciles et rapides, les sirops se coloraient moins, mais le sucre y était encore exposé à une température qui s'élevait pendant la cuite jusqu'à 115° centigrades, et la quantité de mélasse n'en parut pas sensiblement diminuée.

C'est alors qu'apparurent, en France, les appareils à cuire les sirops à basse température au moyen du vide.

L'Angleterre nous avait également devancés dans cette voie. Cet appareil peu connu alors et mal apprécié en France, inventé par Howard, en 1812 et 1813, était déjà appliqué, en 1827, dans dix raffineries de sucre à Londres.

L'appareil d'Howard ouvrait une voie nouvelle pour l'évaporation de la cuite des sirops, il fut successivement perfectionné par Davis, Roth, Degrand, Derosne, etc. Ces divers appareils à évaporer et à cuire dans le vide furent d'abord appliqués à la raffinerie, puis peu à peu dans la fabrication du sucre de betterave.

Le vice de qualité dans les sucres bruts de cette provenance amena peu à peu une réprobation générale de la raffinerie contre ces sucres que l'on désignait alors dans le commerce sous le nom de *sucre à procédés*, et jeta un discrédit presque général sur l'emploi des appareils à cuire dans le vide, dans la fabrication du sucre de betterave, réprobation qui ne disparut complètement que sous l'influence de l'achat des sucres d'après l'analyse chimique (V. Mélassimétrie), et lorsqu'on pratiqua la cristallisation du sucre dans l'appareil même de cuite ; c'est-à-dire par l'application de la cuite en grain qui donna des sucres blancs, en gros cristaux, secs et nerveux, tout à fait exempts de mélasse. — V. Sucre, § *Fabrication*.

L'évaporation et la cuite des sirops dans le vide n'avaient donc pas contribué à réduire la quantité de mélasse dans la fabrication du sucre de betterave, comme on l'avait cru au début ; il fallait chercher ailleurs que dans l'action d'une haute température en présence de l'air, la cause réelle de la production de la mélasse, et en dehors de l'emploi des appareils à faire le vide, les moyens d'en empêcher la formation. Pendant que ces faits se produisaient dans la fabrication et le raffinage des sucres, en juillet 1849, le monde sucrier fut mis en grand émoi par la nouvelle reproduite par les journaux politiques qu'un chimiste belge avait trouvé le moyen de fabriquer avec la betterave ainsi qu'avec la canne, du sucre raffiné directement en premier jet, ce sucre était obtenu sans passer par la forme de sucre brut, et sans production de mélasse.

Ce chimiste, M. Melsens, professeur de chimie à Bruxelles était venu à Paris, trouver son ancien maître et collaborateur M. Dumas, membre de l'Académie des sciences et alors représentant du peuple, pour lui proposer de céder sa découverte au gouvernement français.

Le gouvernement français s'émut de cette découverte qui paraissait réaliser un grand progrès dans l'industrie du sucre. M. Lanjuinais, alors ministre de l'agriculture et du commerce, en fit un rapport au Président de la République, Louis-Napoléon Bonaparte, qui nomma une commission de 15 membres, chargée d'étudier l'invention de M. Melsens.

Quelle était la découverte de M. Melsens ? La commission ne voulut pas accepter la responsabilité d'un secret ; avant de commencer ses travaux, elle demanda à M. Melsens de prendre un brevet d'invention pour sa découverte. Ce brevet fut demandé à la date du 26 juillet 1849, sous ce titre : « Procédé pour l'extraction du sucre cristallisable de la canne, de la betterave, du maïs, etc. ; qui permet de l'obtenir sans perte, soit à froid, soit à chaud, par évaporation lente ou rapide à volonté ». Le procédé Melsens, tel qu'il est décrit dans son brevet, était un procédé de conservation des jus et sirops par l'emploi de l'acide sulfureux.

M. Melsens était parti de cette idée préconçue, et généralement reçue et professée à cette époque, que le sucre contenu dans la mélasse était du sucre rendu incristallisable par la fermentation pendant les opérations de la fabrication ; prenant ce point de départ comme démontré et acquis à la science, il s'était dit : si je trouve un agent qui empêche radicalement toute fermentation dans les jus et sirops, je n'obtiendrai plus de mélasse ; et de déductions en déductions, il était arrivé à supprimer la mélasse, à obtenir un rendement en sucre plus élevé, et un sucre pur et raffiné de premier jet. M. Melsens a pu croire un moment que cela arriverait ainsi.

Le rapport du ministre Lanjuinais, publié par tous les journaux politiques, produisit une grande sensation dans le monde sucrier ; il provoqua immédiatement la prise d'un nouveau brevet d'invention par MM. Dubrunfaut et Leplay, sous le titre : « Procédés propres à l'extraction du sucre et des salins de canne et de betterave », portant la date du 24 juillet 1849, c'est-à-dire deux jours après la date du rapport du ministre et deux jours avant la date du brevet Melsens.

Le brevet contient la description des moyens d'extraire ce sucre cristallisable de la mélasse. Ce fait nouveau de l'absence complète du sucre incristallisable dans la mélasse de fabrique de sucre de betterave et la description des moyens de l'obtenir, étaient en contradiction complète avec le point de départ et la base du procédé Melsens et de nature à éclairer les membres de la commission sur la valeur de ce procédé.

La découverte de MM. Dubrunfaut et Leplay, de l'absence de sucre incristallisable dans la mélasse de fabrique de sucre de betterave était due à un nouveau moyen d'analyse qui permettait de reconnaître et de doser le sucre cristallisable et le sucre incristallisable dans les différentes mélasses produites à cette époque dans la fabrication et le raffinage des sucres. Ce nouveau procédé d'analyse est basé :

1° Sur un premier dosage du sucre contenu dans la mélasse par la quantité d'alcool produit par la fermentation ;

2° Sur un deuxième dosage du sucre contenu dans la même mélasse après un traitement par la chaux à la température de l'ébullition de la mélasse étendue d'eau, puis après saturation de la chaux restée libre par un acide et particulièrement par l'acide sulfurique ou carbonique et ensuite par la fermentation alcoolique du liquide ainsi traité.

La quantité d'alcool produit par la fermentation représente la quantité totale de sucre contenue dans le liquide mis en fermentation.

La quantité d'alcool produit dans la deuxième fermentation représente la quantité de sucre cristallisable.

La différence entre la quantité d'alcool obtenu dans la première et la deuxième fermentation représente la quantité de sucre incristallisable calculée comme quantité de sucre cristallisable (H. Leplay : *Chimie théorique et pratique des industries du sucre*, t. I, p 30, année 1883).

En outre du sucre cristallisable ou incristallisable, ces différentes mélasses contiennent une quantité plus ou moins grande de sels de potasse et de chaux en combinaison avec les acides végétaux, qui ont une grande influence sur la formation et la composition de la mélasse. M. Leplay, dans une étude récente, donne, comme point de comparaison de la composition des mélasses actuelles, des analyses qu'il a faites en 1844, par l'application de ce procédé, sur des mélasses produites dans le travail des sucres, sucreries et raffineries de sucre de betterave et de canne; dans plus de 120 établissements, et résume ainsi leur composition, en sucre cristallisable et en sucre incristallisable ainsi qu'en sels de potasse, de soude et de chaux à acides organiques suivant leur origine, par les nombres groupés dans le tableau de la colonne suivante.

« On voit par les nombres contenus dans ce tableau, que la mélasse de chaque groupe appartenant aux différentes industries qui fabriquent et raffinent le sucre de betterave et de canne, est parfaitement caractérisée par des écarts très grands dans la nature chimique et les quantités relatives de sucre et de sels qui entrent dans sa composition. Ainsi, en ce qui concerne le sucre, la mélasse de fabrique de sucre de betterave a pour caractère particulier distinctif d'être moins riche en sucre et de ne pas contenir de sucre incristallisable; la mélasse de raffinerie de sucre de betterave contient à peu près autant de sucre

Tableau donnant la composition moyenne des mélasses selon leur origine pour 100 grammes de mélasse.

Désignation des composants		Mélasse des fabriques de sucre de betterave	Mélasse des raffineries de sucre de betterave	Mélasse des raffineries de sucre de betterave et de canne mélan.	Mélasse des fabriques de sucre de canne	Mélasse des raffineries de sucre de canne
Sucre total. . . .		46.11	54.78	63.17	66.72	65.79
Sucre cristallisable.		46.11	45.45	41.81	35.75	28.31
Sucre incristallisable. . . .		0.00	9.33	21.36	30.97	37.48
Quantités traduites en degrés alcalimétriques(1)	Potasse et soude	132°	112°	48°50	12°00	16°80
	Chaux.	14°7	13°9	18°50	21°50	18°19

(1) 100° alcalimétriques de la burette de Gay-Lussac, représentent 5 grammes d'acide sulfurique monohydraté, SO^3HO.

cristallisable que les mélasses de fabrique ; elle contient en plus, environ 9 0/0 de sucre incristallisable à l'exception d'une seule, celle de la raffinerie de Valenciennes qui n'en contient pas.

« La mélasse de fabrique et celle de raffinerie de sucre de canne ont à très peu près la même composition, elles contiennent 20 0/0 de sucre en plus que la mélasse des fabriques de sucre de betterave et la moitié de ce sucre s'y trouve à l'état de sucre incristallisable. »

Travaux modernes. A partir de 1850, un nouvel élément fut introduit dans la fabrication du sucre de betterave, l'emploi de l'acide carbonique (procédé Rousseau) sur les jus déféqués, qui eut pour résultat principal d'éliminer l'excès de chaux contenu dans les jus déféqués, de donner des jus moins colorés et d'économiser une assez grande quantité du noir en grain précédemment employé.

Ce changement dans les procédés amena un changement dans la composition des mélasses; le sucre incristallisable, qui jusqu'à présent n'avait pas existé dans les mélasses de fabrique de sucre de betterave, s'y rencontra, non pas d'une manière générale, mais dans un grand nombre de cas, de telle sorte que le problème à résoudre fut, tout en employant l'acide carbonique, opération désignée sous le nom de *saturation*, d'éviter la formation du sucre incristallisable (glucose) pendant les opérations de la fabrication.

Il en fut de même dans l'application du procédé Perrier et Possoz qui, en 1860, remplaça généralement le procédé Rousseau.

Malgré tous ces perfectionnements qui avaient pour résultat principal d'augmenter la qualité du sucre, la quantité de mélasse produite n'avait pas sensiblement diminué, et dans beaucoup de cas, il s'y rencontrait également, comme dans les mélasses provenant du procédé Rousseau, du sucre incristallisable; de telle sorte que, au point de vue de l'altération du sucre et de la production de la mélasse, la fabrication de ce sucre était moins parfaite dans ces deux dernières périodes que pendant celle de 1840 à 1850, malgré les grands progrès accomplis.

Si de nos jours il se rencontre encore dans la fabrication du sucre de betterave, des mélasses contenant du sucre incristallisable, et le cas n'est pas rare, il faut en accuser l'ignorance ou la négligence du fabricant puisque les moyens d'en éviter la formation sont connus et faciles à pratiquer. — V. SUCRE.

La présence du sucre incristallisable (glucose) dans les mélasses de raffinerie de sucre de betterave s'explique par la même cause, c'est-à-dire par l'absence d'alcali libre pendant les opérations de raffinage. Cependant dans ces dernières années, la composition des mélasses de raffinerie de sucre de betterave s'est modifiée sous l'influence de l'application d'un nouvel agent dans les circonstances suivantes.

Depuis que la raffinerie ne livre à la consommation que des sucres en pains, c'est-à-dire qu'elle ne sort plus de son travail des vergeoises, ou autres bas produits, toutes les matières étrangères au sucre pur qui se rencontrent dans les sucres bruts doivent se retrouver dans la mélasse; or, il existe dans certains sucres bruts, des quantités variables de sulfate de potasse qui cristallise en même temps que le sucre dans les bas produits, de telle sorte que ce sulfate n'étant qu'incomplètement éliminé par la mélasse, finit par s'accumuler de plus en plus dans les sucres en cours d'épuration, de là la nécessité pour l'en faire sortir d'éliminer de la raffinerie et de livrer à la consommation sous le nom de vergeoise ou de sucre en poudre, un sucre ayant une autre forme que le sucre en pain. Nous avons connu une raffinerie qui livrait à la consommation des sucres en poudre qui contenaient jusqu'à 5 0/0 de sulfate de potasse.

Pour obvier à cet inconvénient, certaines raffineries employèrent le procédé recommandé par M. Lagrange, la baryte caustique dans la clarification des sirops; la baryte s'y trouve précipitée à l'état de sulfate, et la potasse mise en liberté vient ainsi rendre les sirops alcalins et préserver le sucre de sa transformation en incristallisable pendant les opérations de raffinage. L'emploi de la baryte dans ces conditions a été un véritable progrès.

Les mélasses de fabrique et de raffinerie de sucre de canne contiennent toujours une assez grande quantité de sucre incristallisable; ce sucre existe en plus ou moins grande proportion dans la canne elle-même, et sa présence dans tous les jus et sirops a toujours été un obstacle à l'application de tous les procédés qui, dans la fabrication et le raffinage des sucres de betterave, ont eu tant de succès, c'est-à-dire le maintien des jus et sirops dans un état constant d'alcalinité. Le seul moyen qui ait réussi de diminuer la quantité de mélasse dans la fabrication et le raffinage des sucres de canne est la rapidité du travail.

Le problème à résoudre de la réduction et même de la suppression de la mélasse dans ces deux industries est donc essentiellement différent. Dans la fabrication du sucre de canne, l'agent principal de la formation de la mélasse est le sucre incristallisable; il faut donc éviter sa formation et dans la canne et pendant le travail industriel. Dans la fabrication du sucre de betterave, l'agent principal de la formation de la mélasse, ce sont les sels; il faut donc éviter la formation des sels dans la betterave et faciliter leur élimination pendant le travail industriel.

L'analyse chimique industrielle de la mélasse faite dans le but d'éclairer et de diriger les opérations du travail des sucres, au point de perfection où elle est arrivée aujourd'hui peut se résumer dans les opérations suivantes : 1° *opérations de laboratoire;* 2° *opérations de calcul.*

Opérations de laboratoire :

I. *La détermination de la densité.*

II. *Le dosage de l'eau et de la matière sèche.*

III. *Le dosage des différents sucres* : du sucre cristallisable par le saccharimètre (optique); du sucre cristallisable par la méthode cuprique après inversion; du sucre incristallisable (glucose) par la méthode cuprique sans inversion; des dérivés du glucose.

IV. Le *dosage des sels et des matières autres que le sucre,* prises dans leur ensemble (non sucre).

V. *Le dosage des bases et des acides* pris isolément.

Chacune de ces divisions comporte des subdivisions désignées sous un numéro d'ordre non interrompu, comprenant l'ensemble des opérations suivantes :

I. *Constatation de la densité* : 1° le degré Baumé de la mélasse telle qu'elle se trouve; 2° la densité au densimètre de Gay-Lussac d'une dissolution de la même mélasse dans de l'eau contenant 100 grammes de mélasse par litre de dissolution.

II. *Dosage de l'eau et de la matière sèche* : 3° le dosage de l'eau, par dessiccation complète; 4° le dosage, par suite, de la matière sèche; 5° les caractères particuliers que présente la mélasse pendant sa dessiccation.

III. *Dosage des différents sucres* : 6° le dosage du sucre cristallisable, par la saccharimétrie optique, avec la notation directe; 7° le dosage du sucre cristallisable par inversion, par la liqueur alcalino-cuprique (procédé Barreswil); 8° le dosage des sucres réducteurs, par la méthode alcalino-cuprique; 9° le dosage du glucose existant à l'état de sucre, par la méthode alcaline (Dubrunfaut), sucrate de chaux; 10° le dosage des dérivés du glucose, par la méthode alcalino-cuprique.

IV. *Dosage des différents sels et des matières organiques* : 11° le dosage des sels, par l'incinération sulfurique, méthode Scheibler; 12° le dosage des matières organiques, par différence.

V. *Dosage des bases et des acides pris isolément* : 13° le titre alcali libre ou à l'état de carbonate, et le titre acide; 14° le dosage des sels à acides organiques à base de potasse et de soude réunies, en degrés alcalimétriques sulfuriques; 15° le dosage des acides organiques à base de chaux et de magnésie réunies, en degrés alcalimétriques; 16° le dosage de la chaux et de la magnésie titrées ensemble comme chaux ou séparément; 17° le dosage de chlore à l'état de chlorure de potassium; 18° le dosage de l'acide sulfurique existant à l'état de sulfate de potasse; 19° le dosage de l'acide phosphorique dans les phosphates; 20° le dosage de l'azote sous les différents états.

Opérations de calcul. A. 1° Détermination de la différence des deux titres saccharimétriques pour 100 grammes de matière sucrée analysée, ou quantité de *sucre optiquement neutre*; 2° détermination du sucre optiquement neutre par rapport à 100 de sucre réel ou quotient de sucre neutre.

B. 3° Détermination du coefficient salin qui une fois connu conduit aux déterminations suivantes : 4° rendement en sucre extractible pour 100 kilogrammes de sucre contenu dans la matière sucrée analysée ou quotient saccharimétrique libre; 5° rendement en mélasse, ou quotient mélassimétrique; 6° quotient salin; 7° détermination du quotient organique total.

C. 8° Détermination de la quantité de sucres réducteurs par rapport à 100 de sucre cristallisable dosé par rotation, ou quotient saccharimétrique réducteur; 9° détermination du glucose à l'état de sucre, ou quotient glucosique; 10° détermination des quantités de dérivés du glucose, ou quotient dérivés de glucose.

D. 11° Détermination de la matière sèche autre que le sucre c'est-à-dire du *non-sucre*; 12° détermination du quotient de pureté; 13° détermination du quotient d'impureté.

E. 14° Détermination du quotient alcalin ou du quotient acide libre; 15° détermination du quotient acide organique total; 16° détermination du quotient acide organique potassique; 17° détermination du quotient acide organique calcique.

F. 18° Détermination du poids des bases pour 100 kilogrammes de matière sucrée analysée; 19° quotient basique total; 20° détermination du titre alcalimétrique des acides organiques et inorganiques ou de leur équivalent sulfurique; 21° détermination du quotient acide organique et inorganique réunis; 22° détermination du quotient organique; 23° détermination du rapport des acides organiques aux acides inorganiques; 24° détermination du rapport des bases aux acides organiques et inorganiques réunis.

G. 25° Détermination du quotient calcique total; 26° déterm. du quot. chlorure de potassium; 27° id. sulfate de potasse; 28° id. acide phosphorique; 29° id. azote total; 30°; id. nitrate de potasse.

Nous allons donner, comme exemple, l'analyse chimique industrielle d'une mélasse de fabrique de sucre de betterave, telle qu'elle vient d'être indiquée.

1° Opérations de laboratoire.

I.	1° Densité au pèse-sirop Baumé à 15° de température	41°2
	2° Densité de la dissolution au 1/10. Densimètre Gay-Lussac	1032.00
II.	3° Eau pour cent	24.39
	4° Matière sèche	75.61
	5° Caractère de la matière sèche	mousse légère.
III.	6° Sucre cristallisable, dosé par rotation	46.761
	7° Sucre cristallisable, dosé par inversion et méthode cuprique	50.000
	8° Sucres réducteurs, par la méthode cuprique	0.870
	9° Sucre glucose fermentescible	0.600
	10° Dérivés du glucose	0.270
IV.	11° Cendres sulfuriques corrigées par 0,9	11.880
	12° Matières organiques totales	16.099
V.	13° Titre alcali libre pour 100 grammes	5°
	14° Titre soluble du résidu charbonneux de l'incinération	100°
	15° Titre insoluble du résidu charbonneux de l'incinération	12°
	16° Chaux et magnésie titrées ensemble, CaO et MgO	0.512
	Chaux dosée séparément, CaO	0.342
	Magnésie dosée séparément, MgO	0.170
	17° Chlore dans le chlorure de potassium	0.900
	18° Acide sulfurique à l'état de sulfate de potasse	0.074
	19° Acide phosphorique dans les phosphates	0.20
	20° Azote total	0.714
	21° Azote à l'état de nitrate de potasse	0.392

2° Opérations de calcul.

I.	1° Excédent de sucre accusé par la méthode cuprique, après inversion ou quantité de *sucre optiquement neutre* pour cent de mélasse	3.239
	2° Quotient, *sucre optiquement neutre*	5.060
II.	3° Coefficient salin	3.93
	4° Quotient saccharimétrique	99.30
	5° Quotient mélassimétrique	1810.00
	6° Quotient salin	25.42
	7° Quotient organique total	34.40
III.	8° Quotient saccharimétrique réducteur	1.86
	9° Quotient glucosique sucre	1.28
	10° Quotient dérivés du glucose	0.57
IV.	11° Matières étrangères (non sucre)	28.849
	12° Quotient de pureté réel	61.84
	13° Quotient d'impuretés	61.69
V.	14° Quotient alcalin	10°6
	15° Quotient acide organique total	239°
	16° Quotient acide organique potassique	214°
	17° Quotient acide organique calcique	26°
VI.	18° Quantité en poids des bases réunies	6k,6
	19° Quotient basique total	14.11
	20° Acides végétaux et minéraux en poids d'équivalents, SO^3HO	161°
	21° Quotient acide total en équivalent, SO^3HO	345°
	22° Quotient acide inorganique	106°
	23° Rapport des acides inorganiques et 100° d'acides organiques	44.3
	24° Equivalent acide total	3.23
VII.	25° Quotient calcique total	1.09
	26° Quotient chlorure de potassium	4.04
	27° Quotient sulfate de potasse	0.159
	28° Quotient acide phosphorique	0.427
	29° Quotient azote total	1.52
	30° Quotient nitrate de potasse	6.052

A ces différents composants de la mélasse il faut ajouter divers principes récemment découverts, tels que la saccharine de M. Péligot; la raffinose de M. Loiseau, et le plus sucre de MM. Reichardt et Bittmann qui se distinguent du sucre cristallisable (saccharose) par leur pouvoir rotatoire à droite plus élevé; enfin le sucre optiquement neutre (Leplay) dont le nom figure pour la première fois dans cette analyse.

Tous les nombres obtenus dans l'application à la mélasse de l'analyse chimique industrielle fournissent entre eux des moyens de comparaison qui, malgré leur diversité, présentent une importance de premier ordre dans la *direction chimique* de la fabrication; devant nous renfermer dans les limites assignées à cet article, il ne nous est pas possible d'en faire ressortir toutes les conséquences, au point de vue de la formation de la mélasse; mais il est possible d'établir des données générales qui peuvent faire connaître la quantité de mélasse existant à l'état naturel dans la betterave et dont on ne peut éviter la formation, et la quantité produite pendant les opérations de la fabrication dont on peut prévenir ou restreindre la production. Ainsi en ce qui concerne les différents sucres, on peut admettre que tout ce qui n'est pas sucre cristallisable (saccharose) tel que le sucre optiquement neutre, le glucose, les dérivés du glucose, la saccharine, la raffinose, le plus sucre, sont le produit de l'altération du sucre cristallisable. Il en est de même de tout ce qui n'est pas sels de potasse ou de soude, particulièrement les acides organiques combinés à la chaux.

On peut juger par là de l'intérêt que présente l'analyse chimique industrielle de la mélasse, telle qu'elle est formulée ci-dessus, prise comme guide dans l'application des divers procédés du travail des sucres.

Les principes organiques qui entrent dans la constitution des mélasses, à part les différents sucres, ont été jusqu'à présent considérés dans leur ensemble dans cette étude. Ainsi les acides végétaux ont été représentés en équivalents d'acide sulfurique, sans chercher à les distinguer entre eux et à les isoler. Cette manière de procéder peut suffire au but que le chimiste se propose d'atteindre au moyen de l'analyse chimique industrielle; en effet, les caractères des acides végétaux, et les différences qu'ils présentent entre eux, importent moins dans ces recherches que leur nature acide, leur capacité de saturation considérée dans leur ensemble; mais cette manière de procéder n'exclut pas l'application de données plus scientifiques permettant d'isoler les différents principes soit acides, soit basiques, qui peuvent se rencontrer dans la mélasse. Cette partie de l'analyse de la mélasse, plutôt scientifique qu'industrielle, a été traitée avec détail par MM. Commerson et Laugier qui divisent les matières organiques contenues dans la mélasse en 3 classes.

« 1° *Composés organiques acidés ou jouant le rôle d'acides*. Acide oxalique, citrique, tartrique, malique, pectique, parapectique, métapectique, succinique, acétique, lactique, propionique, butyrique, formique, aspartique, glucique, apoglucique, mélassique, ulmique;

2° *Composés organiques azotés*. Albuminoïdes, albumine, caséine végétale ou légumine, ferments et corps extractifs, azotés, asparagine, betaïne, triméthylamine;

3° *Composés organiques non azotés*. Cellulose, pectose, pectine, parapectine, substance gommeuse, glaireuse, colorantes, grasses, huiles essentielles, mannite, alcool, amidon. »

II. Examen de la mélasse au point de vue commercial. La mélasse a différentes qualités et différents emplois selon son origine. La mélasse provenant de la fabrication du sucre avec la canne est généralement utilisée dans l'usine même où elle a été produite, à la fabrication du rhum et du tafia; c'est-à-dire qu'elle est mise en fermentation et distillée. La mélasse de raffinerie de sucre de canne est généralement recherchée dans certaines contrées, comme comestible, à cause de sa saveur sucrée et agréable. La mélasse de raffinerie de sucre de betterave et de canne mélangées, pénètre également dans la consommation, mais en bien moins grande quantité; il s'est monté des établissements spéciaux dans lesquels cette mélasse est filtrée sur de grandes quantités de noir animal en grain et mélangée à des glucoses de fécule. Cette mélasse est vendue sous le nom de *mélasse améliorée*, mais la consommation s'en restreint de plus en plus sous l'influence du bas prix du sucre.

La mélasse provenant des fabriques de sucre de betterave dont la quantité s'élève chaque année, en France, à près de 250 millions de kilogrammes, sert de matière première à la production de l'alcool; il s'est monté, en France, des distilleries considérables qui transforment en alcool plusieurs centaines de mille kilogrammes de mélasse par 24 heures. La mélasse de fabriques de sucre de betterave fait donc la base de transactions commerciales importantes dont le prix se trouve subordonné au cours commercial des alcools.

Le prix de l'alcool étant souvent très variable, le prix de la mélasse doit suivre les mêmes variations. Il résulte de là que le fabricant de sucre peut avoir intérêt à livrer à la distillerie des mélasses plus ou moins épuisées de sucre par cristallisation, selon les prix relatifs du sucre et de l'alcool; de là, la nécessité de déterminer la valeur des mélasses en distillerie. On a pris longtemps pour base des transactions de mélasse entre fabricants de sucre et distillateurs, le degré à l'aréomètre Baumé; la mélasse devait être livrée à 40° Baumé à la température de 15° centigrades. Chaque degré en-dessus de 40° donne une plus-value de 2 1/2 0/0; chaque degré en-dessous de 40° donne lieu à une réfaction de 3 0/0.

Les fractions de degré sont acquises à l'acheteur.

Les livraisons se font à 43° maximum et à 37° minimum.

Depuis quelques années, on s'est aperçu que la densité n'était pas une base juste et équitable, que les mélasses sous le même degré contenaient des quantités de sucre variables et rendaient une plus ou moins grande quantité d'alcool, alors on a ajouté au degré aréométrique, la vente au degré de sucre déterminé par l'analyse chimique. Mais il existe plusieurs procédés de dosage du sucre, et l'on a remarqué que les nombres obtenus par chacun de ces procédés différaient entre eux pour certaines mélasses dans des proportions assez grandes; alors on convint de prendre pour base le dosage du sucre par le saccharimètre, puis on reconnut que le dosage du sucre par le saccharimètre n'était pas non plus d'une exactitude rigoureuse, surtout en présence de la variété de mélasse qui existe aujourd'hui dans le commerce, telles que mélasse ordinaire, mélasse ayant subi une ou plusieurs osmoses, mélasse d'exosmose, mélasse provenant de l'extraction du sucre à l'état de sucrate, par la chaux, la baryte, ou la strontiane.

En présence de ces difficultés, M. Leplay qui s'est beaucoup occupé de l'étude chimique des mélasses, a proposé de déterminer la valeur des mélasses en distillerie par leur rendement en alcool; et, à cet effet, il a publié des instructions pour rendre pratique au laboratoire pour tous les chimistes, la fermentation et la distillation de la mélasse. Mais un fait nouveau d'une grande importance est venu jeter la perturbation dans le commerce de la mélasse et dans son emploi en distillerie. La nouvelle législation des sucres, en prenant pour base de l'impôt, le poids de la betterave avec un rendement en sucre déterminé par la loi elle-même, oblige le fabricant de sucre à employer tous les moyens et perfectionnements possibles pour augmenter son rendement en sucre, c'est-à-dire pour arracher à la mélasse le plus possible du sucre qu'elle contient.

Des établissements nouveaux, désignés sous le nom de *sucrateries* se sont organisés dans ce but, et ont disputé à la distillerie la mélasse qui, jusqu'à ce jour, lui avait été à peu près réservée. Il en est résulté une augmentation considérable du prix de la mélasse destinée aux sucrateries. Ainsi, lorsque la mélasse destinée à la distillerie se paye 10 francs les 100 kilogrammes, le prix de la mélasse destinée à la sucraterie s'est élevé à 18 francs.

La lutte est en ce moment très vive entre fabricants de sucre et distillateurs; la distillerie de la mélasse qui voit sa matière première lui échapper demande énergiquement une modification à la loi nouvelle; elle propose de donner une prime d'encouragement à la production de la mélasse, l'issue de la lutte ne peut être douteuse, la victoire restera au progrès; la mélasse est appelée à disparaître inévitablement de la fabrication du sucre dans un avenir prochain. — V. Sucre.

La création des sucrateries a fait naître une question nouvelle, la détermination de la valeur des mélasses en sucraterie, c'est-à-dire pour faire du sucre.

M. Leplay qui est entré dans la lutte en faveur des sucrateries propose, pour déterminer la valeur des mélasses en sucraterie comme en distillerie, le moyen qui, en 1840, avec M. Dubrunfaut leur a servi pour déterminer le sucre cristallisable et incristallisable dans les mélasses et à l'aide duquel ils ont établi les premiers l'absence du sucre incristallisable dans la mélasse de fabrique de sucre de betterave; de telle sorte que le premier procédé employé, découvert il y a 45 ans, devient aujourd'hui, malgré tous les progrès réalisés dans l'analyse des matières sucrées, le plus exact et l'indispensable. Plusieurs chimistes analyseurs du commerce, MM. Durin, Vivien, et le comité de l'association des chimistes de sucrerie et de distillerie s'y sont ralliés, et il est probable qu'à l'avenir ce procédé deviendra la base, dans toutes les transactions commerciales, de la détermination de la valeur des mélasses en sucraterie et en distillerie. — H. L.

Bibliographie : Margraff : *Mémoires de l'Académie de Berlin*, 1747; *Opuscules chimiques*, traduction française, 1862; H. Leplay : *Chimie théorique et pratique des industries du sucre*, 1883; Achard : *Traité complet du sucre européen de betterave*, trad. par Angar et Derosnes, 1812; Dubrunfaut : *Agriculteur, manufacturier*, 1830; Pelouze : *Annales de chimie et de physique*; Peligot : *Recherches sur l'analyse et la composition chimique de la betterave*, 1839; Peligot : *Recherches sur l'analyse et la composition chimique de la canne à sucre*, 1840; Thénard : *Traité de chimie*, 1835; Dubrunfaut : *L'industriel*, 1827; Commerson et Laugier : Guide *pour l'analyse des matières sucrées*, 2e édit., 1878, etc.

***MÉLASSIMÉTRIE.** *T. de chim.* Art de déterminer, par l'analyse chimique des matières sucrées, la quantité de mélasse qu'elles contiennent et la quantité de sucre pur qu'elles doivent rendre.

Cet art nouveau a fait son chemin, malgré les oppositions qu'il a rencontrées à son début; aujourd'hui il a pris une importance considérable dans la fabrication, le raffinage, le commerce et la législation fiscale des sucres que nous nous proposons de faire connaître dans cet article; mais, pour en bien comprendre la portée, il est nécessaire de remonter à son origine.

— Les études de MM. Dubrunfaut et Leplay sur l'analyse des mélasses, exécutées de 1840 à 1850, mirent en évidence ce fait, que les mélasses d'une même origine, soit par exemple les mélasses de fabrique de sucre de betterave prises à la même densité, avaient à peu près la même composition, c'est-à-dire contenaient environ la même quantité de sucre et donnaient à l'incinération un résidu salin ayant à peu près le même poids et contenant également environ la même quantité de carbonates.

Il en était de même pour les mélasses de raffinerie de sucre de betterave, mais avec des proportions de sucre et de cendres différentes.

Les anciens procédés de détermination du coefficient salin, c'est-à-dire du rapport existant entre le sucre et le titre alcalimétrique du salin de chaque mélasse d'origine différente furent complètement remplacés par un procédé proposé par le docteur Scheibler : l'incinération par addition d'acide sulfurique.

Voici en quels termes M. Dubrunfaut décrit ce procédé et l'usage un peu secret qu'en faisaient les raffineurs dans leurs achats de sucre brut de betterave, en avril 1867.

« Dans le procédé suivi en ce moment par les raffineurs, on brûle dans une capsule de platine tarée et chauffée dans un fourneau quelconque (fourneau à moufle de préférence) l'échantillon de sucre à essayer additionné d'une certaine quantité d'acide sulfurique, puis on pèse au milligramme dans une balance de précision la cendre sulfurique obtenue; un pareil essai, fait sur la mélasse, indique le poids de la cendre sulfurique pour un poids connu de cette mélasse, et comme on a apprécié avec le saccharimètre de Soleil les titres saccharimétriques de la mélasse et du sucre mis en expérience, on a ainsi tous les éléments pour calculer : 1° combien le sucre peut donner de mélasse; 2° ce qu'il peut rendre de sucre au raffinage.

« Les mélasses de fabrique contiennent à leur densité normale environ 50 0/0 de sucre cristallisable, et elles donnent un poids de cendres sulfuriques corrigées par le coefficient 0,9 qui s'élève à 12 ou 13 0/0 ».

« Les mélasses de raffinerie de sucre de betterave

donnent de 11 à 12 0/0 de cendres sulfuriques quand elles sont épuisées de manière à ne contenir que 45 à 50 0/0 de terre cristallisable. Avec ces données, un raffineur concluerait qu'un sucre qui lui donnerait à l'essai 90°, c'est-à-dire un titre saccharimétrique indiquant 90 0/0 de sucre et 3 0/0 de cendres sulfuriques produirait en raffinerie 25 0/0 de mélasse contenant 10 à 12,5 de sucre, et par conséquent le sucre en question pourrait fournir au raffinage un rendement effectif de 75 0/0 de sucre en pain (1).

Cette première publication de M. Dubrunfaut sur la mélassimétrie appliquée à l'achat des sucres bruts par les raffineurs, fut suivie successivement de plusieurs autres lettres adressées au *Journal des fabricants de sucre* et au journal la *Sucrerie indigène*, dans lesquelles M. Dubrunfaut poursuivant la même idée démontre les avantages à retirer de l'application de la mélassimétrie aidée de la saccharimétrie dans toutes les questions se rattachant au sucre (2).

I. Détermination du coefficient salin mélassimétrique des mélasses épuisées de sucre par cristallisation. La méthode mélassimétrique, après bien des luttes, s'imposa d'une manière absolue, surtout dans toutes les transactions commerciales et comme base de la perception de l'impôt.

Un point de départ était à résoudre sur lequel il fut difficile tout d'abord de tomber d'accord, la *détermination d'un coefficient salin de la mélasse.*

Le coefficient salin de la mélasse est le rapport des sels représentés par les cendres au sucre contenu dans la mélasse épuisée de sucre par cristallisation.

Le procédé d'incinération sulfurique du Dr Scheibler étant généralement adopté, les sels contenus dans la mélasse sont représentés dans ce procédé par le poids du résidu de l'incinération sulfurique, dans lequel toutes les bases contenues primitivement dans la mélasse, potasse, soude chaux, magnésie, combinées à des acides organiques et inorganiques se trouvent transformées en sulfates.

Ainsi, par exemple, si la mélasse incinérée donne à l'analyse 13 0/0 de cendres sulfuriques et 48 0/0 de sucre au saccharimètre, en divisant le poids du sucre par le poids des cendres, on obtiendra le coefficient salin de la mélasse, soit coefficient salin de la mélasse

$$\frac{48}{13}=3,69.$$

On a voulu rapprocher ce nombre de celui que l'on aurait obtenu de l'incinération sans acide sulfurique, c'est-à-dire des nombres fournis par la méthode d'incinération employée avant celle du Dr Scheibler, et l'on a établi empiriquement le rapport des cendres sulfuriques aux cendres carboniques comme 10 pour les cendres sulfuriques est à 9 pour les cendres carboniques, de telle sorte qu'au lieu de prendre le poids des cendres sulfuriques résultant directement de l'expérience, comme moyen de comparaison, on a pris ce poids diminué d'un dixième; ainsi le nombre ci-dessus de 13 représentant les cendres sulfuriques, diminué d'un dixième, 13 — 1,30 = 11,70, représentera les cendres carboniques; et c'est avec ce dernier chiffre ainsi réduit que l'on établit le coefficient salin de la mélasse ci-dessus analysée dont le coefficient salin devient

$$\frac{48}{11,70}=4,10$$

coefficient salin de cette mélasse.

Après de nombreuses analyses exécutées sur des mélasses complètement épuisées de sucre par cristallisation, M. Dubrunfaut fixa le coefficient salin de la mélasse des fabriques de sucre de betterave à 3,73 et le coefficient salin des mélasses de raffineries de sucre de betterave à 4,00, c'est-à-dire que la présence de 1 de cendres fourni dans une matière sucrée en cours de travail dans la fabrication du sucre annulait la cristallisation de 3,73 de sucre, et dans une matière sucrée en cours de raffinage, 1 de cendres annulait 4,00 de sucre.

De telle sorte que si l'analyse accuse, par exemple, dans chacun des deux cas le coefficient 5, on pourra en conclure que dans la matière sucrée en sucrerie, il se trouve en sucre libre par kilogramme de cendres, 5 — 3,73 = 1k,27 soit 1k,270 grammes de sucre susceptible de cristalliser et 3k730 annulé à l'état de mélasse, et en raffinerie, 5 — 4 = 1 soit un kilogramme de sucre susceptible de cristalliser et 4 kilogrammes de sucre annulé à l'état de mélasse.

Si donc l'on connaît le poids des cendres donné pour 100 de matière sucrée analysée, on pourra en conclure la quantité du sucre libre susceptible de cristalliser; il suffira pour cela de multiplier le poids des cendres par la quantité de sucre libre pour 1 de cendres.

On peut également en conclure la quantité de sucre à l'état de mélasse et par conséquent le rendement en mélasse contenant 50 0/0 de sucre.

Ainsi dans les deux exemples ci-dessus, la quantité de cendres accusée par l'analyse d'une matière sucrée étant de 10, la quantité de sucre libre susceptible de cristalliser sera :

Dans le produit en sucrerie de	10 × 1,27 = 12,70	50,00
Et sucre à l'état de mélasse. .	10 × 3,73 = 37,30	
Et dans le produit en raffinerie, sucre libre.	10 × 1,00 = 10,00	50,00
Et sucre à l'état de mélasse. .	10 × 4,00 = 40,00	

En ramenant ces nombres à 100 de sucre contenu dans la matière analysée, on obtient un quotient de sucre libre ou un rendement en sucre cristallisable, qui est dans le premier cas de :

$$\frac{12,70\times 100}{50}=25,4 \text{ quotient, sucre libre.}$$

qui est dans le deuxième cas de :

$$\frac{10\times 100}{50}=20,00 \text{ quotient, sucre libre.}$$

En ramenant également les nombres représentant le sucre contenu dans la mélasse à 100 de sucre libre, on établit la quantité de sucre enchaîné dans la mélasse et, par suite, en multipliant par 2 le nombre obtenu, on obtient le quotient mélassimétrique, c'est-à-dire la quantité de mélasse contenue dans la matière analysée pour 100 de sucre libre.

(1) Dubrunfaut, *Journal des fabricants de sucre*, no 51, 4 avril 1867.

(2) Ces lettres ont été réunies et publiées par M. Dubrunfaut dans un ouvrage portant pour titre : *Le sucre*, 2 vol., 1875 à 1878.

Ainsi dans les exemples ci-dessus, on trouve par les calculs suivants que le rendement en mélasse ou quotient mélassimétrique est dans le premier cas de

$$\frac{37,30 \times 100}{12,70} = 293,70 \quad 293,70 \times 2 = 587,40$$

quotient mélassimétrique 587,40 ;
et dans le deuxième cas de :

$$\frac{40 \times 100}{10} = 400 \quad 400 \times 2 = 800$$

quotient mélassimétrique 800.

Ce qui signifie que pour obtenir 100 kilogr. de sucre du produit analysé, il faudra en éliminer dans le premier cas, en mélasse, 587 kilogr. ; et dans le deuxième cas, en mélasse, 800 kilogr.

Ces méthodes peuvent servir de point de comparaison pour déterminer la valeur relative que peuvent présenter entre elles les différentes matières sucrées en cours de travail dans la fabrication et le raffinage des sucres.

II. Détermination du coefficient mélassimétrique du glucose (de l'incristallisable) dans l'analyse des matières sucrées et principalement des sucres bruts. La question du coefficient mélassimétrique du glucose ou de l'incristallisable dans l'analyse des sucres bruts, a d'abord été négligée dans l'achat des sucres bruts sur analyse, mais un travail de M. Dubrunfaut, publié en mars 1869, sur l'existence du glucose en quantité notable dans les différents sucres servant de types à la classification des sucres par l'Administration des contributions indirectes, ayant amené l'attention sur ce point, la détermination du glucose fut pratiquée par les chimistes essayeurs du commerce à la demande des acheteurs.

De nombreuses discussions eurent lieu à cette époque sur la quantité de sucre cristallisable annulé dans sa cristallisation par la présence du glucose ; dans une lettre, publiée en octobre 1869, M. Dubrunfaut établit par de nombreuses expériences faites sur les mélasses glucosiques de diverses raffineries que le pouvoir mélassigène du glucose devait être considéré comme égal à 1, c'est-à-dire que 1 de glucose constaté par l'analyse dans un sucre brut annule dans sa cristallisation 1 de sucre cristallisable qui se retrouve dans la mélasse avec le glucose (1).

Ce coefficient mélassigène du glucose fut généralement admis dans les transactions commerciales.

III. Application de la méthode mélassimétrique a la détermination de la quantité de sucre libre susceptible de cristalliser et de la quantité de mélasse, contenues dans les différentes matières sucrées en cours de travail dans la fabrication et le raffinage des sucres. Les bases potasse et soude qui existent dans les mélasses des fabriques de sucre de betterave, préexistent dans les betteraves en combinaison avec des acides inorganiques et organiques; les procédés d'épuration généralement employés n'ont aucune action sur ces bases.

(1) Dubrunfaut, *Moniteur scientifique*, du Dr Quesneville, p. 240, octobre 1869.

Les sels de chaux se trouvent en si petite proportion dans le jus de betterave, que l'on peut admettre que si la chaux se rencontre dans ces mélasses en notable quantité, elle y est amenée par la fabrication; nous dirons même par un vice de fabrication, car les procédés employés, après l'y avoir introduite comme un moyen d'épuration, sont susceptibles, étant bien appliqués, d'en produire l'élimination.

Il résulte de là qu'en déterminant sur le jus de betterave les cendres qu'il donne à l'incinération sulfurique et sa richesse en sucre, c'est-à-dire son coefficient salin, on peut établir la quantité de sucre que l'on peut et que l'on doit en obtenir par cristallisation, ainsi que la quantité de mélasse qu'il doit donner comme résidu de fabrication. Le coefficient salin des betteraves ne doit pas être établi sur la betterave elle-même comme certains chimistes l'ont recommandé, mais sur le jus, par cette raison que de nombreuses expériences ont établi qu'il existait dans la betterave des sels de chaux et même des sels de potasse en combinaison insoluble dans les tissus (1). Le coefficient salin des betteraves est très variable selon les pays, et même selon les années dans le même pays ; les influences climatériques paraissent jouer un rôle important dans la quantité de sels alcalins qui se rencontrent dans le jus de betterave; on ne peut établir de règles fixes à cet égard; seulement, on peut affirmer que plus les betteraves sont riches en sucre moins elles contiennent de sels par rapport au sucre et par conséquent plus leur coefficient salin est élevé; la quantité de sels, accusée par les cendres, paraît au contraire être plus en rapport constant avec le poids ou le volume du jus. Ainsi, tandis que la richesse en sucre du jus s'élève de 10 à 15 0/0 de sucre, la quantité de sels accusée par les cendres pourra varier de 7 à 8 0/0, quelquefois un peu en-dessous de 7 et quelquefois un peu en-dessus de 8.

Une betterave dont le jus contient 10 0/0 de sucre donnant à l'incinération 0,800 de cendres, donne par le calcul suivant

$$\frac{10}{0,80} = 12,50$$

de coefficient salin ; c'est le coefficient salin de betteraves à sucre de qualité médiocre provenant d'une culture intensive.

Une betterave dont le jus contient 15 0/0 de sucre et donne à l'incinération la même quantité de cendres que la betterave précédente accuse par le même calcul

$$\frac{15}{0,80} = 18,75$$

de coefficient salin; c'est le coefficient salin ordinaire de contrées privilégiées pour la culture de la betterave comme les Ardennes.

La différence de qualité de ces deux betteraves pour la fabrication du sucre est considérable ; nous allons la déterminer comme exemple par les calculs suivants :

(1) H. Leplay, *Bulletin de l'association des chimistes*, t. 1, p. 1883; *Études chimiques sur la betterave à sucre*, p. 8, année 1885.

La betterave au coefficient 12,50, contient en sucre à l'état de mélasse 3,73, soit en sucre extractible 8,77 ; la quantité de sucre extractible est donc pour 100 de sucre contenu dans le jus de betterave, $\frac{8,77 \times 100}{12,50} = 70,16$ de sucre extractible pour 100.

La quantité de mélasse pour 100 de sucre extractible est de $3,73 \times 2 = 7,46$, sucre à l'état de mélasse contenant 50 0/0 de sucre, soit pour 100 de sucre extractible $\frac{7,46 \times 100}{8,77} = 85$ rendement en mélasse.

Si l'on applique le même calcul à la betterave au coefficient salin de 18,75, qui contient en sucre à l'état de mélasse 3,73, en sucre libre 15,02 ; on trouve que la quantité de sucre extractible pour 100 de sucre contenu dans le jus est de :

$$\frac{15,02 \times 100}{18,75} = 80 \text{ sucre extractible pour 100.}$$

La quantité de mélasse pour 100 de sucre extractible est de $3,73 \times 2$, sucre à l'état de mélasse 7,46, soit pour 100 de sucre extractible :

$$\frac{7,46 \times 100}{15,02} = 49,66$$

rendement en mélasse 49,66.

Ainsi, le fabricant de sucre en travaillant la première betterave, obtiendra par 100 kilogr. de sucre contenu dans la première betterave, en sucre 70k,16, et avec la deuxième betterave, en sucre 80 kilogrammes. Il obtiendra, en outre, pour 100 kilogrammes de sucre qu'il extraira de la première betterave, en mélasse 85 kilogrammes ; de la deuxième betterave, en mélasse 49k,66.

Or, comme les difficultés de la fabrication et les dépenses dépendent non seulement de la quantité de sucre obtenue pour un même poids de betterave, mais encore de la quantité de mélasse qui se trouve alliée à ce sucre, le fabricant, à l'aide du coefficient salin du jus de betterave entré en fabrication, peut apprécier, par ces calculs, non seulement la quantité de sucre et la quantité de mélasse qu'il doit obtenir, mais encore les difficultés et les frais qu'il sera obligé de faire pour obtenir ce sucre et le séparer de la mélasse.

Ce qui peut rendre le résultat de ces calculs douteux pour le fabricant et nuire à l'exactitude des renseignements qu'ils fournissent, c'est la difficulté d'obtenir une moyenne exacte de tout le jus entrant journellement en fabrication ; de plus, selon que le travail est plus ou moins bien conduit, le fabricant augmente souvent même à son insu la quantité de mélasse qui se trouve naturellement dans le jus de betterave de telle sorte que le rendement en sucre et en mélasse déduit du coefficient salin du jus entrant en fabrication ne peut être considéré que comme un maximum de production du sucre et un minimum de production de mélasse.

Il est une autre période de travail qui fournit un produit dont l'analyse offre beaucoup plus de certitude de la qualité moyenne des betteraves entrées en fabrication, de la quantité de sucre libre qu'elles contiennent et de la quantité de mélasse qu'elles doivent donner comme résidu de fabrication dans la suite des opérations ; c'est la masse cuite de premier jet.

La masse cuite de premier jet est le premier produit de la fabrication, c'est le jus de betterave ayant subi tous les moyens d'épuration : défécation trouble, saturation, double carbonatation, évaporation, filtration et cuite constituant une masse épaisse cristallisée, contenant tout le sucre que le fabricant devra obtenir en 1er, 2e et 3e jet ainsi que la mélasse résidu de la fabrication.

Ordinairement dans les sucreries de betterave on fait une cuite semblable à peu près toutes les 24 heures, de telle sorte que cette masse cuite représente la moyenne de tout le jus de betterave entré en fabrication pendant ce même temps. En constatant sur cette masse cuite, d'abord son poids ou son volume et son coefficient salin, on peut en déduire la quantité de sucre libre et la quantité de mélasse qu'elle contient, c'est-à-dire la quantité de sucre qu'elle devra donner en 1er, 2e et 3e jet, et la quantité de mélasse que l'on en obtiendra dans les opérations ultérieures. En faisant une seule analyse par chaque cuite, le fabricant peut établir pour ainsi dire le bilan de ce que sera sa fabrication, la valeur relative de betteraves entrées chaque jour en fabrication par la quantité de sucre libre et de mélasse qu'elle contient. Ce moyen de se rendre compte de la valeur de la fabrication journalière n'est apprécié et pratiqué jusqu'à présent que par un petit nombre de fabricants, mais il est appelé à rendre de grands services dans la direction chimique de la fabrication ; il ne doit pas être appliqué seulement aux masses cuites de 1er jet, mais également aux sirops et masses cuites de 2e et de 3e jet.

Nous allons résumer dans le tableau de la page suivante les nombres obtenus de l'analyse mélassimétrique des divers produits que l'on obtient successivement en fabrication.

Il est facile de voir par les nombres contenus dans ce tableau, l'usage que peut tirer le fabricant de sucre de l'analyse mélassimétrique, et les services qu'elle peut lui rendre.

Lorsqu'on pratique l'analyse mélassimétrique sur des matières sucrées contenant du glucose, comme dans les mélasses de certaines raffineries de sucre de betterave et surtout de sucre de canne, il faut faire intervenir dans la détermination du sucre libre et de la mélasse, en plus du *coefficient salin*, le *coefficient glucosique* tel qu'il a été indiqué ci-dessus.

IV. Application de la mélassimétrie comme base de la valeur commerciale des sucres et de perception de l'impot. Le mode d'analyse chimique des sucres, généralement adopté pour le commerce, consiste à déterminer en centièmes sur un même échantillon :

1° La quantité de sucre au moyen du saccharimètre par la notation directe ; 2° la quantité de cendres par l'incinération sulfurique avec réduction de un dixième ; 3° la quantité de glucose par la méthode cuprique ; 4° la quantité

Tableau donnant les nombres obtenus de l'analyse mélassimétrique des produits en cours de travail dans la fabrication du sucre de betterave ne contenant pas de glucose.

Nature des produits	Fabriques de sucre ayant fourni les échantillons	Nombre moyen minima et maxima	Sucre pour 1 du produit analysé	Cendres pour 100 du produit analysé	Coefficient salin	Sucre libre pour 100 de sucre contenu dans le prod. analysé	Mélasse pour 100 de sucre libre
1	2	3	4	5	6	7	8
1° Masses cuites de 1er jet.	69	Moyenne	80.58	5.99	13.67	72.60	84.56
		Minima	73.06	4.50	10.00	62.70	120.56
		Maxima	85.54	7.78	18.40	79.72	50.85
2° Sirop d'égout de sucre de 1er jet.	30	Moyenne	63.53	10.25	6.27	40.50	293
		Minima	58.80	9.00	5.18	28.00	514
		Maxima	69.49	12.00	7.91	52.84	180
3° Sirop d'égout de sucre de 2e jet.	26	Moyenne	49.52	11.21	4.42	15.61	1081
		Minima	44.55	9.90	4.15	10.12	1776
		Maxima	54.35	12.00	4.86	23.25	660
4° Mélasse égout de sucre de 3e jet.	30	Moyenne	45.17	12.51	3.61	»	»
		Minima	39.10	10.80	3.34	»	»
		Maxima	54.95	14.40	4.04	2.07	6781

d'eau par dessiccation dans une étuve chauffée à 110°.

Les nombres obtenus de ces diverses constatations rapportés à 100 parties de sucre analysé, étant additionnés, la quantité manquant pour compléter, le nombre 100 représente ce que l'on est convenu de désigner sous le nom *d'inconnu*, ou de *matières organiques*. Une analyse ainsi faite peut donner les nombres suivants pour 100 de sucre.

Titre saccharimétrique	92°00
Cendres sulfuriques (1/10)	1.60
Glucose	0.50
Eau	2.00
Inconnu ou matières organiques	3.90
	100.00

L'analyse se pratique généralement en prélevant sur l'échantillon de sucre brut :

Pour l'essai saccharimétrique, sucre 16 gr. 35 que l'on fait dissoudre dans l'eau de manière à obtenir une dissolution de 100 centimètres cubes; pour le dosage de l'eau, sucre 5 grammes; pour le dosage des cendres, sucre 5 grammes que l'on soumet à l'incinération sulfurique; pour le dosage du glucose, sucre 10 grammes que l'on dissout dans une quantité d'eau variant avec la quantité de glucose contenue dans l'échantillon, entre 50 centimètres cubes ou 100 ou 200 centimètres cubes.

Pour transformer cette analyse chimique en analyse mélassimétrique, c'est-à-dire indiquer le sucre libre ou le rendement en sucre pur au raffinage, il faut avoir recours au coefficient salin mélassimétrique et au coefficient glucosique, c'est-à-dire déterminer la quantité de sucre qui se trouve annulée à l'état de mélasse dans l'échantillon de sucre analysé, par la présence des sels et par la présence du glucose. Ces différents coefficients ont été longuement discutés dès le début de la mélassimétrie, le coefficient salin, ou le rapport du sucre aux cendres avait été fixé à 5, c'est-à-dire que 1 de cendres accusé par l'analyse annulait 5 de sucre, que 1 de glucose annulait 2 de sucre, enfin que 16 gr. 35 de sucre pur représentaient 100° saccharimétriques.

Telles étaient les bases admises par la loi du 29 juillet 1875 pour la perception de l'impôt du sucre et acceptées pour les transactions commerciales; mais une nouvelle loi sur l'impôt du sucre rendue en juillet 1880, vint modifier ces différentes dispositions légales et commerciales.

La loi nouvelle admet que le chiffre de 16 gr. 35 de sucre pur pour correspondre à 100° saccharimétriques est trop élevé, elle a réduit ce chiffre à 16 gr. 19.

Le droit est perçu sur 100 kilogrammes de sucre accusé par le saccharimètre à raison de 40 francs les 100 kilogrammes après déduction,

Pour le déchet au raffinage de	1.5	0/0
Pour 1 de cendres (corrigées par 0,8 au lieu de 0,9), sucre cristall.	4.00	0/0
Pour 1 de glucose, sucre cristall.	2.00	0/0

Cette nouvelle loi avait l'avantage de supprimer les classes, et de faire payer les droits sur la quantité de sucre extractible.

Il parut naturel aux fabricants que les conditions faites à l'analyse mélassimétrique légale servissent également de base à l'analyse mélassimétrique commerciale; mais il n'en fut rien. Les raffineurs maîtres du marché français conservèrent de l'ancienne législation et choisirent, dans la loi nouvelle, ce qui leur était avantageux, ils conservèrent comme type de sucre brut normal l'ancien titre de 88° saccharimétriques avec bonification de prix pour les degrés en plus et réduction pour les degrés en moins de 88°.

Les conditions entre vendeurs et acheteurs de sucre brut depuis cette nouvelle loi peuvent se résumer ainsi : 1° vente sur la base de 88° saccharimétriques avec adoption du poids de 16 gr., 19 de sucre au lieu de 16 gr. 35 comme représentant 100° saccharimétriques de sucre pur; 2° application du coefficient 4 pour les cendres; 3° application du coefficient 2 pour l'incristallisable; 4° déduction de 1 1/2 0/0 pour déchet de raffinage; 5° bonification de 0,60 centimes par degré au-dessus de 88°; réduction de 0,60 centimes par degré au-dessous de 88° jusqu'à 80°; réduction de 1 franc par degré au-dessous de 80°; 7° abandon des fractions de degré par le vendeur; 8°

retenue du montant du droit sur l'excédent dans le cas où le titrage de la régie dépasse le titre commercial; dans le cas contraire, perte pour le fabricant du montant de l'impôt dont bénéficie seul le raffineur; 9° partage seulement dans le cas où les titrages dépassent 1 degré. En faisant l'application de ces diverses conditions à l'analyse commerciale du sucre rapportée ci-dessus, on trouve :

Titre saccharimétrique		92°
A déduire :		
Sucre annulé par les sels à l'état de mélasse	1,60 × 4 = 6,40	7.40
Sucre annulé par le glucose à l'état de mélasse	0,50 × 2 = 1.00	
Soit titre saccharimétrique net		84.60
Annulation de la fraction de degré		0.60
Reste en sucre extractible au raffinage		84.00
Déchet de raffinage 1 1/2 sur 84		1.29
Reste sucre pur raffiné		82.71
Manquant au 88° — 82,71		5.29
5k,29 à 0 fr. 60, réduction sur le prix de 42 fr.		3 174
Soit prix réel du sucre par 100 kilogrammes, 42 fr. — 3,174 =		38 826

De telle sorte qu'un sucre brut vendu 42 francs les 100 kilogrammes à 88° net, ne titre réellement pour le raffineur que 82°,71 et ne sera réellement payé que 38 fr. 826, et encore en admettant que les conditions indiquées sous les n° 7 et 8 ne modifient pas en l'abaissant le titre 82°,71 établi par l'analyse mélassimétrique ci-dessus, ce qui est un cas très rare.

Depuis 1880, il a été rendu une nouvelle loi qui élève l'impôt de 45 francs à 50 francs; cet impôt, au lieu d'être établi sur le sucre lui-même ou plutôt sur son rendement au raffinage d'après l'analyse mélassimétrique, est basé sur le poids de la betterave entrant en fabrication, avec un rendement en sucre déterminé par la loi elle-même, et sans analyse chimique. Cette disposition est facultative jusqu'au 1er septembre 1887 sous le nom d'*abonnement*.

Le sucre produit par les fabriques non abonnées a été soumis comme les années précédentes pour la perception des droits à l'analyse mélassimétrique légale, et il en sera de même jusqu'au 1er septembre 1887, époque à laquelle l'impôt sur la betterave doit être appliqué dans toutes les fabriques.

L'analyse mélassimétrique fiscale, après avoir rendu de grands services à la législation, est donc sur le point de disparaître, mais l'analyse mélassimétrique commerciale ne disparaîtra que lorsque la fabrication du sucre perfectionnant ses procédés arrivera à ne plus produire que du sucre pur; quant à l'analyse mélassimétrique appliquée à la fabrication, elle est plus que jamais destinée à servir de guide dans la *direction chimique* de la culture de la betterave et de la canne, et de l'utilisation de ces produits dans la fabrication du sucre. — H. L.

MÉLÈZE. *T. de bot.* Arbre de la famille des conifères, tribu des abiétées, le *pinus larix*, L., originaire des montagnes de l'Europe centrale où il se trouve jusqu'à 2,000 mètres environ, et qui peut atteindre jusqu'à 30 mètres. Il est caractérisé par des branches irrégulièrement étalées, des feuilles nombreuses rapprochées sur de courts rameaux, tuberculiformes, étroites, planes, caduques, d'un vert gai. Les fleurs mâles sont solitaires, entourées de bractées et formant un involucre subcampanulé; les cônes, de 2 à 3 centimètres de longueur seulement, sont également solitaires, dressés, à écailles minces et imbriquées, que dépasse une languette subulée. Cet arbre, abondant dans nos bois, et cultivé dans nos parcs, fournit divers produits utiles; sur son tronc se développe un champignon, l'agaric blanc (*polyporus laricis*, Dub.), employé en médecine; de son tronc découle, lorsqu'on y fait des incisions, une matière sucrée, nommée *manne de Briançon*, qui contient un principe spécial, la *mélézitose* $C^{24}H^{22}O^{22}2Aq$; enfin il donne une térébenthine également particulière, la *térébenthine du mélèze*, qui fournit environ 15 0/0 d'essence; son écorce sert pour le tannage, et son bois pour la construction, les conduits souterrains, les gouttières, bordages de navires, échalas, etc.; les ébénistes, les layetiers, les luthiers s'en servent également.

(1) H. Leplay, *Chimie théorique et pratique des industries du sucre* t. I, p. 241, 1883.

***MELPOMÈNE.** *Myth.* L'une des neuf muses; elle présidait à la Tragédie. Les anciens la représentaient longuement drapée et tenant le masque tragique. Dans la décoration du foyer, au nouvel Opéra, M. Paul Baudry en a donné par deux fois la figuration la plus haute que l'art moderne ait trouvée. Une première fois en plafond il montre la Tragédie sous la forme de Melpomène. Assise sur le trépied sacré, le glaive en main, la muse se détache impassible sur un ciel d'orage déchiré par les éclairs. A ses pieds, l'aigle étend ses ailes sur le globe terrestre. A droite, l'Epouvante en draperie violet pâle. A gauche, la Pitié suppliante vêtue de deuil. La Fureur, armée de la torche et du poignard, tombe comme un aérolithe. La seconde fois, il représente dans une voussure la muse de la Tragédie assise et pensive, le masque relevé sur sa tête, serrant le glaive contre ses genoux.

***MÉLUSINE.** *Art hérald.* Se dit d'un cimier qui représente un être demi-femme et demi-serpent baigné dans une cuve où il se mire.

***MEMBRÉ, ÉE.** *Art hérald.* Se dit des membres ou des pattes d'un animal, d'un autre émail que le corps.

MEMBRURE. *T. de mar.* Ce nom désigne l'ossature proprement dite du bâtiment, ou les *membres* qui, par leur réunion, contribuent à la rigidité de l'ensemble. || *T. techn.* Pièce de bois disposée de façon à recevoir les panneaux d'une porte.

***MÉMÉCYLON.** *T. de teint.* Matière colorante employée, à Ceylan, pour teindre les fibres en jaune ou les préparer à la teinture en rouge d'Andrinople. On l'obtient des feuilles du *memecylum tinctorium*, de la famille des éricacées. Les teintes que donnent ces feuilles, avec les mordants de fer et d'alumine, se rapprochent de celles obtenues du sumac et du quercitron, mais le rendement est beaucoup moins fort; c'est pour cela que le mémécylon n'est pas employé en Europe.

***MÈNE** (Pierre-Jules), sculpteur, né à Paris, en 1810, mort dans la même ville, le 21 mai 1879. Elève de René Compaire, il a surtout étudié les groupes d'animaux et édité, avec son gendre, M. Cain, des bronzes originaux qui sont aujourd'hui fort répandus. Citons entre autres : *Chasse au cerf* (1842), *Chasse au sanglier* (1848), *Chevaux arabes* (1852), *Chiens terriers* (1855), *Chiens anglais* (1857), *Chevreuils* (1859), la *Prise du renard* (1867), *Jument normande et son poulain* (1869) et bon nombre de sujets similaires. M. Mène avait été décoré de la Légion d'honneur le 2 juillet 1861.

MENEAU. *T. de constr.* Nom des traverses et des montants qui, dans les anciennes croisées, divisent les baies en plusieurs compartiments ; on nomme *battant meneau* le montant intérieur d'une croisée, *faux meneau* celui qui n'est pas assemblé avec le dormant mais avec le châssis avec lequel il s'ouvre.

***MENIER** (Emile-Justin), industriel, né à Paris, le 18 mai 1826. Elevé à Noisiel et tout enfant, au milieu de ce centre de production, il semble qu'il ait contracté cette prodigieuse activité, cette entente des affaires qui devaient présider à toute sa vie ; ce fut ainsi préparé par de fortes études scientifiques, sous la direction d'Orfila, Dumas, Pelouze et Balard, qu'il entra dans la carrière industrielle et reprit, à 26 ans, la direction de la maison fondée par son père. Celui-ci, en quittant l'armée, avait entrepris la confection de poudres impalpables dans une petite usine installée rue du Temple ; encouragé par ses succès, il avait ensuite acheté le petit moulin de Noisiel, l'avait agrandi peu à peu et, en 1825, avait ajouté la pulvérisation du cacao aux autres pulvérisations que l'on y opérait déjà.

C'est grâce aux efforts de M. Menier que l'usage du chocolat se popularisa en France, et prit des développements tels que l'usine de Noisiel fut exclusivement affectée à la fabrication de cet aliment. La série des récompenses épuisée dans les Expositions, la croix de la Légion d'honneur vint, en 1861, consacrer les services éminents rendus à l'industrie nationale par M. Menier qui avait fondé également une usine de produits chimiques à Saint-Denis, une usine de chocolat à Londres, la sucrerie de Roye, et une fabrique de caoutchouc d'une importance énorme où sont fabriqués spécialement des câbles sous-marins. Tous les pharmaciens se rappellent l'appui que M. Menier était toujours prêt à leur donner ; ses laboratoires, ses réactifs les plus coûteux étaient à la disposition des chercheurs. Il fonda des prix de chimie, organisa l'école de chimie pratique et fournit les fonds indispensables pour l'installation du cours de chimie de M. Frémy, au Muséum. Nommé, en 1870, membre du conseil général de Seine-et-Marne, il fut réélu en 1872. En 1871, il devenait maire de Noisiel et, en 1876, ses concitoyens l'envoyèrent siéger à la Chambre des députés. Il était alors membre de la Chambre de commerce de Paris, et après l'exposition de 1878, il fut nommé officier de la Légion d'honneur. Sans abandonner la direction de ses affaires, M. Menier s'occupa avec ardeur des questions économiques ; il publia entre autres ouvrages : *Théorie et application de l'impôt sur le capital* et l'*Avenir économique* ; il fonda, en 1879, la *Ligue pour la défense des intérêts des contribuables et des consommateurs*. Profondément pénétré de l'impérieuse nécessité d'améliorer la situation de la classe ouvrière, il fut un serviteur dévoué de la cause que nous défendons nous-mêmes avec passion, et il chercha avec la plus rare sollicitude, à concilier les intérêts du capital et du travail. C'est dans ce but qu'il créa, dans ses établissements, devenus institutions philanthropiques, des cités ouvrières, des écoles, des magasins d'approvisionnements, des caisses d'épargne, etc.

M. Menier s'était occupé spécialement de l'étude des engrais et avait présenté à l'Académie des sciences un Mémoire intéressant sur l'utilité de la pulvérisation de ces matières. Le 17 février 1881, il mourait à Noisiel, ayant eu la satisfaction de voir grandir et prospérer son œuvre, d'avoir fait le bien avec discernement et modestie.

MÉNISQUE. 1° *T. de phys.* Suivant qu'un liquide *mouille* ou ne mouille pas un corps solide avec lequel il est en contact, son niveau général est élevé ou abaissé jusqu'à une faible distance autour de ce corps. On donne le nom de *ménisque* à cette partie de liquide soulevée ou déprimée. Le premier cas a lieu entre le verre et l'eau ; le second entre le verre et le mercure ou entre un corps gras et l'eau. Ces effets sont dus à la *capillarité*. — V. ce mot. || 2° Verre convexe d'un côté et concave de l'autre. Le nom de *ménisque convergent* ou *divergent* est souvent donné aux lentilles de verre dont les faces ont des courbures de même sens. — V. Lentille. || 3° *T. d'arch.* Ornement qui a la forme d'un croissant.

MENTHE. *T. de bot.* On connaît diverses plantes qui portent ce nom, mais la seule qui soit utilisée est la menthe poivrée (*mentha piperita*, Lin.), de la famille des labiées saturéiées. C'est une espèce vivace, pouvant atteindre $1^m,20$ de hauteur, à feuilles pétiolées, ovales, dentées sur les bords, et lisses ; ses fleurs sont réunies en glomérules formant de faux verticilles, leur corolle est pourpre violacé pâle. Elle ne se retrouve jamais à l'état sauvage et paraît dériver de la *mentha hirta*, L. ; elle est surtout cultivée en Angleterre, où la variété que l'on y rencontre offre une odeur plus vive et plus aromatique, une saveur plus brûlante et plus amère que celles des autres pays, France, Allemagne, Amérique du Nord.

La menthe est recherchée à cause de l'essence qu'elle contient. Celle-ci se présente sous forme d'un liquide jaune verdâtre, d'une densité de 0,84 à 0,92 ; d'odeur forte et agréable, de saveur aromatique, laissant dans la bouche une sensation de froid lorsqu'on aspire l'air ; l'essence de Mitcham (Angleterre) dévie la lumière polarisée de — 14°. Refroidie à 4° au-dessous de zéro, l'essence de menthe laisse déposer des cristaux incolores, hexagonaux, brillants, fusibles à + 36°,5 et bouillant à + 213° ; ils sont constitués par du *menthol* ou alcool mentholique, $C^{20}H^{18}(H^2O^2)$...

$G^{10}H^{19}HO$, corps peu soluble dans l'eau, très soluble, au contraire, dans l'alcool, l'éther, les huiles grasses et volatiles, et que le contact du chlorure de zinc deshydrate en donnant le carbure appelé *menthène*, $C^{20}H^{18}$... $G^{10}H^{18}$. L'essence chinoise ou japonaise de menthe poivrée est presque totalement constituée par du menthol.

L'essence de menthe de bonne qualité (type Mitcham) mélangée dans la proportion de 60 gouttes à 1 goutte d'acide azotique se colore d'abord en brun, puis, après une heure ou deux, prend une teinte bleu verdâtre ou bleu violacé, qui persiste pendant quinze jours et plus; elle se colore en vert ou en brun avec le chloral anhydre ; en bleu, en vert ou en rose, lorsqu'on l'agite avec une solution de bisulfure de sodium, avec dépôt d'un produit solide.

Commerce. La culture de la menthe se fait surtout en Angleterre, près de Mitcham (Surrey), et à Wisbeach (Cambridgeshire), Market Deeping (Lincolnshire) et Hitchin (Hertfordshire); on y rencontre une variété de plantes à tige pourprée (menthe noire) et une à tige verte (menthe blanche); cette dernière est la plus recherchée. Le rendement en essence, fournie par distillation, est de 0,15 à 0,26 0/0. En France, c'est auprès de Sens (Yonne) que se voient les plus grandes cultures; on se livre également à la fabrication de l'essence, en Saxe, dans le sud de l'Inde (Neilgherry), mais surtout en Amérique, à Michigan et dans l'Ohio, où la plante fut importée, en 1858, et où, dit-on, elle donne un plus fort rendement qu'en Europe.

Usages. La menthe ou son essence sont employées comme aromate et comme parfum, chez les confiseurs, liquoristes, distillateurs, parfumeurs; la plante est, de plus, un stimulant assez énergique. — J. C.

***MENTONNET.** *T. techn.* Saillie fixée à une roue ou à un arbre tournant, qui détermine un arrêt lorsqu'elle rencontre une autre pièce. || Sorte de tenon. || Partie recourbée d'une tarière de sondage qui retient les matières détachées. || Pièce de fer qui reçoit le bout du loquet pour tenir la porte fermée. || Pièces venues de fonte dans lesquelles sont passés les anneaux d'une bombe.

MENTONNIÈRE. *T. techn.* Plaque de fer horizontale qui se trouve devant l'entrée du moufle dans un fourneau d'essai. || *T. d'imp.* Tasseau destiné à relever la casse par devant. || *T. d'arm.* Partie de l'ancienne armure qui couvrait le menton, et, aujourd'hui, jugulaire du casque.

***MENU.** *T. techn.* Houille réduite en petits morceaux et constituée par tout ce qui traverse les grilles. — V. CHARBONNAGE et LAVAGE DES MINERAIS. || Petit diamant taillé en rose ou en brillant.

MENUISERIE. Art qui a pour but la construction de toutes sortes d'ouvrages en bois, appropriés aux usages de la vie, excepté ceux qui sont du ressort du charron et du charpentier. Les menuisiers exécutent des travaux plus délicats que ceux qui appartiennent à ces derniers corps d'état; c'est à cette circonstance même qu'ils doivent leur nom, les bois qu'ils emploient étant *menus*. La *menuiserie* est divisée en cinq branches bien distinctes; menuiserie en *bâtiment*, en *meuble*, en *marqueterie*, en *voitures*, en *treillage*. Nous ne nous occuperons ici que de la *menuiserie* proprement dite ou *menuiserie de bâtiment*, qui a pour objet spécial l'exécution des revêtements contre les parois intérieures de nos édifices et des cloisons légères, fixes ou mobiles, telles que portes, croisées, persiennes, etc.

HISTORIQUE. On ne saurait préciser l'époque à laquelle furent exécutés les premiers ouvrages de menuiserie; cependant les portes destinées à clore l'entrée des maisons particulières et des édifices apparurent de bonne heure. Chez les Grecs, les portes s'ouvraient en dehors, et par suite de cette disposition singulière, il fallait frapper un coup, avant de sortir de la maison, afin d'avertir les passants, de peur qu'ils ne se heurtassent à ces portes, au moment de leur ouverture. Les Romains, mieux avisés sous ce rapport, ouvraient leurs portes en dedans. Mais il est certain que le menuisier fut plutôt, à l'origine, un charpentier chargé de la confection et de la mise en place des *menus* ouvrages en bois. Quand l'homme eut à sa disposition des outils de métal mieux disposés, pour fendre, équarrir et diviser facilement et régulièrement les bois, la menuiserie forma un corps d'état spécial qui prit beaucoup d'importance. Les ruines d'Herculanum et de Pompéi ont fait découvrir la trace d'ouvrages de menuiserie très bien exécutés avec différentes espèces de bois. A Rome, on connut pour les portes l'usage des panneaux et des chambranles. On sait aussi que les Romains et les Grecs avaient des armoires pour serrer leurs vêtements, des cassettes qui leur servaient à serrer leurs bijoux et leur argent. Les planchers des maisons étaient fréquemment composés de mosaïques en bois de diverses couleurs. Les mêmes peuples ornaient encore de lambris les parois de leurs demeures et disposaient des compartiments en bois dans leurs plafonds. Pour obtenir tous ces travaux, il fallait que l'art du menuisier eût accompli de rapides progrès. L'exécution de ces ouvrages suppose évidemment la connaissance de la *scie*, du *rabot*, de la *demi-varlope*, de la *varlope* et d'une infinité d'autres outils ingénieusement combinés.

Il semble qu'à travers les invasions et les guerres interminables qui accompagnèrent et suivirent la fin de l'empire romain, l'art de la menuiserie ait disparu, emporté par ces bouleversements. C'est seulement à partir du XIIIe siècle que l'art des charpentiers de la petite cognée ou *menuisiers* proprement dits prit un grand essor, posséda ses règles particulières et atteignit un grand degré de perfection. Les ouvrages de menuiserie qui nous restent des XIVe et XVe siècles sont d'une exécution très soignée et dénotent une parfaite connaissance des bois, un principe de tracé savant et un emploi judicieux de la matière en raison de ses qualités propres. Les portes et les croisées des édifices publics et des riches demeures, les stalles des églises, les boiseries revêtant les murs et appartenant aux XIVe, XVe et XVIe siècles offrent d'innombrables chefs-d'œuvre. Presque tous les assemblages employés actuellement étaient connus des artistes-menuisiers de cette époque. Ils se servaient exclusivement du bois de chêne, débité dans des troncs de deux ou trois cents ans et qu'ils laissaient reposer sous des abris secs, pendant cinq ou six ans, avant de les mettre en œuvre.

De nos jours, époque d'éclectisme et sans expression propre, le véritable menuisier doit connaître et pouvoir imiter tous les styles : le Grec et le Chinois, l'Egyptien et le Pompadour, la Renaissance, etc. Il est vrai que pour les ouvrages ordinaires, les pièces de sculpture moulées en différentes matières plastiques lui évitent la peine et le travail d'une exécution difficile, et que certaines moulures fabriquées mécaniquement lui sont d'une grande économie. Mais, ainsi restreint par les progrès de l'industrie, son travail est encore excessivement compliqué et varié. Le menuisier se propose surtout d'établir des surfaces courbes ou planes, qui peuvent être complètement unies ou composées de parties symétriquement saillantes ou rentrantes sur le nu, qui est comme le fond de son ouvrage. Il orne les angles saillants de toute la variété de moulures que fournissent les combinaisons de l'architecture. Voici pour la partie superficielle et apparente; mais la surface étant composée de pièces reliées entre elles de manière à faire un tout, il lui faut préparer, exécuter et ajuster ce qu'on appelle des *assemblages*. Enfin, et c'est par là qu'il doit commencer, il faut que chaque pièce de son travail soit amenée à présenter des surfaces parfaitement unies et parallèles, des côtés terminés par des lignes régulières et des épaisseurs égales. Il exécute toutes ces opérations à l'aide d'instruments ou, pour mieux dire, d'outils très variés.

Tout d'abord, on divise la menuiserie, comme le fait pressentir la définition ci-dessus donnée, en deux parties distinctes : la *menuiserie dormante*, qui comprend tous les ouvrages appliqués aux murs, voûtes, plafonds et planchers des édifices et maisons particulières et la *menuiserie mobile*, dans laquelle on range tous les ouvrages destinés à clore à volonté les baies et issues pratiquées dans les murs des constructions, pour y donner accès ou pour laisser pénétrer l'air et la lumière.

Les principaux bois employés dans la menuiserie sont le *chêne* tendre et dur et le *sapin* (V. Bois). On se sert, en France, de bois de *chêne* tiré de la Champagne, de la Lorraine, de la forêt de Fontainebleau, mais la meilleure variété de cette essence à employer pour le genre de travaux qui nous occupe est celle dite du *nord*, et qui nous vient de la Russie. C'est un bois dur, sans nœuds ni gerçures, d'une couleur jaune tirant un peu sur le gris et propre aux assemblages comme aux panneaux, surtout quand il est bien sec. L'Auvergne et les Vosges sont les principales régions françaises qui fournissent le *sapin*. Mais c'est encore le sapin dit du *nord*, tiré de Suède, de Norwège et de Russie, qui offre la plus belle qualité, connue sous le nom de *sapin rouge*. D'autres essences, d'un usage moins général, mais encore fréquent dans la menuiserie, sont le *peuplier blanc* et le *grisard* ou *grisaille*, dit de *Hollande*, employé en panneaux ; le *noyer*, utilisé pour les lambris et surtout pour les meubles ; le *châtaignier*, etc. (V. Bois). On appelle *bois d'échantillon* les bois débités dans les dimensions appropriées aux diverses exigences de la menuiserie. Ces bois prennent divers noms particuliers selon la forme qu'ils ont reçue ou selon l'usage auquel ils sont spécialement destinés. — V. Planche.

Les ouvrages les plus simples de menuiserie sont les revêtements en bois des aires, des planchers et des murs intérieurs, c'est-à-dire les *planchers* proprement dits, les *parquets* et les *lambris* (V. ces mots). Les distributions d'appartements les plus simples sont celles dites *cloisons de menuiserie* et exécutées en planches (V. Cloison). Tous ces ouvrages appartiennent à la menuiserie *dormante*. Ceux que l'on classe dans la menuiserie mobile sont les *portes* extérieures ou d'intérieur, es *croisées*, les *volets* et les *persiennes*. — V. ces mots.

Quant aux assemblages nécessaires à l'exécution de ces divers objets, ils constituent, comme nous le faisions remarquer ci-dessus, l'une des parties les plus importantes de la menuiserie. Plusieurs des assemblages de charpente (V. Assemblage) trouvent encore ici leur application. Tels sont les assemblages à *tenons et mortaises*, à *rainures et languettes*, à *queues d'hironde*, à *traits de Jupiter*. Mais il est un mode d'assemblage spécial à la menuiserie qui y joue un très grand rôle : c'est l'*embrèvement longitudinal*, qui s'applique principalement à la réunion de planches ou de panneaux, avec des pièces de plus forte épaisseur. La planche ou le panneau pénètre dans la rainure pratiquée sur le côté de la pièce qui reçoit l'assemblage, mais sans arriver jusqu'au fond de cette cavité. Il résulte de cette disposition que toutes les parties de l'ouvrage sont libres d'obéir à l'influence des variations hygrométriques, sans que les dilatations et les contractions qu'elles éprouvent se manifestent au dehors. Les angles saillants de la pièce la plus épaisse sont ordinairement abattus et remplacés par des moulures. Lorsque l'épaisseur de la pièce embrevée le permet, on ajoute à l'embrèvement une *rainure* et une *languette*, afin d'augmenter la solidité de l'assemblage, quand l'une des faces de l'ouvrage doit être seule apparente. Souvent, pour augmenter les saillies de la pièce qui reçoit l'assemblage sur celle qui est assemblée, on réduit l'épaisseur du panneau à une certaine distance de son périmètre, en figurant une table saillante sur l'une des faces et quelquefois sur les deux. Lorsqu'on doit assembler un montant et une traverse qui portent moulures sur l'une de leurs rives, on pratique un *onglet* dans la hauteur de la moulure. Si la traverse était décorée de moulures sur ses deux côtés, l'assemblage présenterait un *double onglet*. Dans les ouvrages de luxe où le bois doit rester apparent, l'onglet embrasse toute la largeur des pièces. Enfin, l'on emploie fréquemment la colle forte pour consolider les ouvrages de menuiserie ; mais il ne faut pas qu'elle soit appliquée de manière à s'opposer aux mouvements de contraction et de dilatation des planches. Ainsi, on collera entre elles les planches d'un même panneau, mais non pas un panneau avec l'encadrement qui le reçoit et dans lequel il doit avoir toute liberté de se mouvoir.

Outillage. Le premier de tous les outils est l'*établi* : c'est une table portée sur quatre pieds solides en chêne et dont le dessus est d'orme ou de hêtre. Ce dessus porte, près de l'une de ses extrémités, une espèce de griffe contre laquelle on fait butter la pièce que l'on travaille et qui est couchée horizontalement. Cette griffe est fixée sur un morceau de bois carré, entrant dans une ouverture de même forme, dans laquelle elle peut glisser à frottement, de manière à s'élever suivant le besoin. Plusieurs trous cylindriques traversent la table et sont destinés à recevoir le *valet*, qui arrête et fixe l'ouvrage. C'est une tige de fer de 25 à 30 centimètres de longueur qui se recourbe en une patte aplatie et cambrée, de manière à pincer uniquement par le bout; on l'enfonce à coups de *maillet*. L'établi, ainsi disposé, convient pour le travail du bois à plat, mais non pas de champ, c'est-à-dire sur la tranche. Pour ce dernier objet, on pose la planche contre les côtés de l'établi, de manière que son plat en touche les pieds; on la soutient alors au moyen d'une presse, dont la pièce principale, appelée *mors*, a la forme d'une grande mâchoire d'étau placée verticalement contre le pied de l'établi. Ce mors est percé d'un trou dans lequel passe librement une vis qui tourne horizontalement dans un second trou taraudé, pratiqué dans le pied de la table. A l'aide d'une tringle en fer qui traverse la tête de la vis, on peut serrer la planche contre l'établi. Sur le côté opposé à la presse est fixé le *râtelier*. Celui-ci est formé par une planche clouée, parallèlement au bord, sur des tasseaux qui l'en tiennent écartée de 12 à 18 millimètres. C'est dans cet intervalle, sorte de gaîne sans fond, que l'on place les *ciseaux*, *fermoirs*, *becs d'âne*, retenus par la grosse épaisseur de leurs manches, et qui servent à entailler le bois et creuser les mortaises. Un fond inférieur, bordé de planches, reçoit le *riflard* ou *demi-varlope* pour dégrossir, la *varlope* pour planer, le *rabot*, qui permet d'obtenir un poli plus parfait, le *guillaume*; dont le fer est aussi large que le bois et donne le moyen de creuser les angles droits, les *bouvets*, dont l'un creuse la rainure et l'autre taille la languette. Les autres outils qui sont dans l'atelier, à l'usage de tous les ouvriers, sont: les *marteaux*, les *scies* de toute espèce, les *feuillerets*, les *rabots* et *guillaumes* de toutes courbures, les *bouvets tarabiscots*, *mouchettes*, *bouvements* de toute espèce, *congés* et *becs d'âne*, *gouges* de toutes formes, *fermoirs* à nez rond, *burins*, *râpes et limes*, *compas* et *trusquins*, *sergents* et *étreignoirs*, *niveaux* et *plombs*, *tenailles*, *vrilles*, *vilebrequins*.

Les progrès de l'industrie ont encore augmenté cet outillage déjà si développé, et les grands ateliers de menuiserie sont devenus de véritables usines. On y trouve: la *scie circulaire* ou fraise qui remplace avec un très grand avantage le travail des scieurs de long et qui, moyennant certaines dispositions accessoires, permet de faire des feuillures, des pentes sur jets d'eau, etc.; l'*affûteuse* ou plutôt *défonceuse*, complément de l'outil précédent, et qui a pour but de faire, au moyen d'une meule en composition d'émeri, ce que la lime, dite *queue de rat*, exécutait aux scies des scieurs de long: le passage pour la sciure; la *raboteuse* et la *machine à corroyer*, qui sert pour la mise à l'épaisseur et pour blanchir les bois minces; la *scie à ruban*, dite *sans fin*, qui débite les bois comme la scie circulaire, mais avec un travail plus net; la *toupie*, ingénieuse machine qui exécute les moulures droites et cintrées, les nez de marches d'escalier, les plates-bandes des panneaux, les jets d'eau de croisée, etc.; la *mortaiseuse*, dont le nom seul indique le travail; la *scie alternative* ou *à découper*, qui sert à exécuter les découpages intérieurs des ornements en bois; les *scies* de différents modèles telles que celles dites à *cylindre*, à *chariot*, etc. — F. M.

|| *Menuiserie* se dit aussi des petits ouvrages d'or, d'argent ou d'étain.

MENUISIER. *T. de mét.* Artisan qui fait des boiseries, des portes et autres travaux intérieurs du bâtiment; le même nom s'applique au fabricant de meubles sans placage et à celui qui construit la charpente des voitures.

— Les menuisiers de bois étaient inconnus au temps où Etienne Boileau rédigeait son *Livre des métiers*, ce n'est qu'à la Renaissance, alors que les professions durent se subdiviser davantage, que l'artisan qui confectionnait des meubles se distingua du charpentier proprement dit; jusque-là, on le nommait *huchier*, mais il ne faisait pas seulement des huches ou coffres, il fabriquait aussi des portes, des bancs, des escabeaux; son travail devait être assemblé par tenons et mortaises, et les règlements du métier étaient à ce sujet fort sévères, le collage n'était toléré que dans quelques cas et pour des applications très rares. Les sculptures devaient être faites en plein bois et toute figure ou ornement décoratif appliqué par collage entraînait la destruction de l'objet par les jurés. Dans leurs statuts revisés en 1467, il est dit que les *huchiers-menuisiers* peuvent faire des *lietz à coulombes*, lits à baldaquins dont quelques musées ont conservé de beaux spécimens. Sous François Ier, le nom de *menuisier* semble prévaloir, et les ouvriers du bois se divisent en deux catégories: les *charpentiers* et les *menuisiers*. Puis sous Louis XIII, les menuisiers se séparèrent des *ébénistes* et se subdivisèrent en deux classes, les *menuisiers du bâtiment* ou *menuisiers-lambrisseurs* et les *menuisiers de carrosse*. — V. ÉBÉNISTE.

*** MENU-VAIR.** Sorte de fourrure qu'on nomme aussi *petit-gris*. || *Art. hérald.* L'un des émaux de l'écu; c'est une fourrure composée de cinq rangées, et plus, de clochettes alternées d'argent et d'azur.

MÉPLAT. *T. techn.* Se dit d'un objet qui a plus d'épaisseur d'un côté que de l'autre. || *T. de grav. Tailles méplates*, celles qui sont destinées à fortifier les ombres. || *T. de peint. Lignes méplates*, celles qui établissent la transition d'un plan à un autre plan.

MERCERIE. On désigne sous ce nom le commerce en détail de toutes les fournitures pour tailleurs, couturières et modistes, et notamment du fil à coudre et à broder, de la laine et du canevas à tapisserie, des aiguilles, des épingles, des boutons, des rubans, des cordons, des lacets, de la passementerie, etc., et de certaines pièces de lingerie. La fabrication des divers articles qui concernent la mercerie étant étudiée dans le *Dictionnaire* à la place qui concerne chacun d'eux, nous y renvoyons le lecteur.

*** MERCERISAGE.** *T. de teint.* On désigne ainsi cette opération du nom de Mercer, son inventeur. Pour merceriser un tissu de coton, on le plonge dans une lessive de soude caustique concentrée, de 40°, froide ou même chauffée à 40° centigrades; la fibre se contracte immédiatement, sans s'altérer, les dimensions du tissu se réduisent sensiblement. Si le tissu a d'abord été imprégné d'une solution métallique, de fer ou de chrome, par exemple, l'oxyde précipité par la soude est fortement retenu par les fibres contractées. C'est ainsi qu'on obtient certaines nuances grand teint.

MERCIER, IÈRE. *T. de mét.* Celui ou celle qui fait le commerce de la *mercerie*.

— De toutes les professions qui remontent au moyen âge, celle des merciers est la plus ancienne ; dès la seconde race, en effet, on voit un « roi des merciers » qui, à Paris et dans toute la France, est le premier, ou pour mieux dire, le seul officier qui veille sur tout ce qui concerne le commerce des arts et métiers. On l'appelait *roi des merciers*, parce que les merciers faisaient seuls autrefois tout le commerce, les autres corps des marchands et les communautés des arts et métiers n'ayant été établis distinctement qu'assez tard, sous la troisième race des rois de France. C'était le roi des merciers qui donnait les brevets d'apprentissage et les lettres de maîtrise, exigeant des droits considérables pour leur expédition ; ce magistrat souverain avait des lieutenants dans les principales villes pour faire exécuter ses ordonnances dans les provinces et pour exercer la même juridiction que celle qui lui était attribuée dans la capitale.

Charles VI, en 1407 et 1412, donna les premiers statuts aux merciers. Ces statuts furent confirmés et augmentés par Henri II, en 1548, en 1557 et en 1558 ; par Charles IX, en 1557 et en 1570 ; par Henri IV, en 1601 ; par Louis XIII, en 1613 ; et par Louis XV, en 1645. Les marchandises qui leur appartiennent et qu'ils peuvent acheter et vendre sont énumérées à l'article 12 des statuts de janvier 1613. Ils ne font guère que le négoce, se contentant de temps en temps d'ajouter quelques façons dernières aux marchandises qu'ils mettent en vente. On les trouve engagés dans les grandes entreprises de navigation aux Indes, des XVIe et XVIIe siècles.

Lorsque le 11 août 1776, Louis XVI régularisa sur les bases les plus complètes les jurandes et communautés de commerce, arts et métiers, en instituant six corps marchands et quarante-quatre communautés, le *drapier-mercier* figure en première ligne; il y est dit qu'il « pourra tenir et vendre en gros et en détail toutes sortes de marchandises en concurrence avec tous les fabricants et artisans de Paris, même ceux compris dans les six corps; mais il ne pourra fabriquer ni mettre en œuvre aucunes marchandises, même sous prétexte de les enjoliver ». Dans le tarif des droits de réception dans les six corps et quarante-quatre communautés créés par le même édit, nous voyons que ces droits étaient pour les drapiers-merciers de mille livres, chiffre le plus élevé, ce qui créait en leur faveur une maîtrise qu'ils recevaient à prix d'argent. Ces marchands des six corps, à l'exclusion des quarante-quatre communautés, jouissaient de la prérogative de parvenir au consulat et à l'échevinage. La taxe de capitation (aujourd'hui patente des commerçants) fixée pour chacune des classes assignées aux corps et communautés de la ville de Paris, comprenait 24 classes, dont la plus forte était de 300 livres, et la plus faible de une livre dix sols ou trente sols : les drapiers-merciers étaient distribués en 20 classes, depuis et compris la première à 300 livres jusque et compris celle de 9 livres. Il suit de là que les drapiers-merciers occupaient le premier rang parmi les marchands et que leur commerce était devenu presque une charge ; leur prépondérance était telle que c'est parmi eux que l'on choisissait toujours les juges et prévôts. — V. CORPORATIONS OUVRIÈRES.

MERCURE. *T. de chim.* Corps simple, de nature métallique, dont le symbole Hg, correspond à l'équivalent 100 et au poids atomique 200. Il est connu depuis fort longtemps, et a été très travaillé par les alchimistes, pour lesquels il était le *principe des êtres* et un mélange d'or et d'argent.

Propriétés. C'est le seul métal qui soit liquide à la température ordinaire, il se solidifie à — 40° et peut cristalliser en octaèdres; il bout à + 360°, tout en étant volatil à la température normale de l'atmosphère, puisque des feuilles d'or que l'on suspend dans un vase au fond duquel on a déposé un peu de mercure, ne tardent pas à blanchir, par suite d'une amalgamation produite, grâce à la volatilisation. Cette propriété qu'offre le mercure est quelquefois employée pour préserver certaines substances des détériorations que pourraient leur faire subir les insectes, par exemple.

Le mercure est un corps diatomique, d'éclat métallique, d'un blanc d'étain ; sa densité est de 13,368. Il s'unit facilement à un grand nombre de métaux, et ces sortes d'alliages portent le nom spécial d'*amalgames* ; ainsi il se combine bien au plomb, au bismuth, au zinc, à l'étain, à l'argent et à l'or, peu avec le cuivre, mais il ne s'unit pas au fer, au nickel, au cobalt ou au platine. Il est insoluble dans l'eau, soluble dans l'acide azotique; l'acide sulfurique concentré et bouillant l'attaque, l'acide chlorhydrique est sans action sur lui. Il s'oxyde lentement à l'air, lorsqu'on élève la température à 350° ; mais quelques métalloïdes se combinent directement et à froid, avec lui ; de ce nombre sont le soufre, le chlore, le brome et l'iode ; les chlorures alcalins s'unissent facilement au mercure, au contact de l'air, en transformant le métal en bichlorure, comme le montre l'équation suivante :

$$2NaCl + Hg + H^2\text{Θ} + \text{Θ} = HgCl^2 + 2Na\text{Θ}H$$

ou

$$NaCl + Hg + H^2O^2 + O = HgCl + NaO, H^2O^2$$

Etat naturel. Le mercure ne se retrouve qu'en petite quantité dans l'écorce du globe ; on l'y rencontre sous les formes suivantes : 1° à l'état de *mercure natif*, souvent argentifère, et réuni en petites gouttelettes adhérant à la roche poreuse qui avoisine les mines de mercure, ou dans le cinabre, surtout à Almaden, en Espagne, et dans le Palatinat. Lorsqu'il contient une notable partie d'argent, il prend le nom de *mercure argental* ou *amalgame natif*, qui se reconnaît à ses cristaux cubiques ou dérivant du premier système; d'une densité de 13,7 à 14,1 ; d'une dureté de 3 à 3,5; d'un blanc argentin, et volatil, en séparant le mercure de l'argent. La formule $AgHg^3$ correspond à 73,53 0/0 de mercure et 26,47 d'argent, mais on a trouvé des cristaux ou des masses compactes de ce corps qui renfermaient jusqu'à 35,07 0/0 du dernier métal. On le rencontre en notables proportions, sous forme d'enduits, à Moschellandsberg, dans le Palatinat. Il existe encore d'autres amalgames d'argent, comme la *Konsbergite* et surtout l'*Arquérite*; ce dernier cristallise en cubes ou en octaèdres blancs, d'une densité de 10,08 et d'une dureté de 2 à 2,5, contenant 86,63 0/0 d'argent et

13,17 de mercure, répondant à la formule Ag^6Hg; il est abondant à Arqueros, dans le Chili ; 2° à l'état de *mercure sulfuré* ou *cinabre* (V. CINABRE, T. III. p. 424), HgS, contenant 86,29 0/0 de mercure pour 13,71 de soufre, et dont on a déjà décrit les caractères; 3° sous celui de *mercure sulfuré bitumineux,* qui est un mélange de cinabre ordinaire et de schiste bitumineux, souvent riche en paraffine, ou de cinabre avec de l'argile bitumineuse. Il se trouve dans la Carniole; 4° à l'état de *mercure muriaté* ou *calomel natif*, sous forme de petits cristaux prismatiques, allongés, surmontés d'un octaèdre, d'éclat adamantin, et de teinte grisâtre ou jaunâtre; leur densité est de 6,45, leur dureté de 1,5; leur formule Hg^2Cl (anc. not.) correspond à 15,07 de chlore pour 84,93 de mercure. Ce chlorure se trouve à Moschel-Landsberg (Palatinat), à Idria (Carniole) etc.; il peut contenir du sélénium (*Coccinite*) et parfois de l'argent (*Bordosite*, du Chili); 5° on connaît encore une variété de cuivre gris mercurifère, appelée *hermésite*, qui est assez riche pour être exploitée comme minerai de mercure; celui de Schwartz a fourni à Weindenbuch les chiffres suivants : soufre 22,96 0/0, antimoine 21,35, cuivre 34,57, mercure 15,57, fer 2,24 et zinc 1,34.

Purification du mercure. Lorsque le mercure a été obtenu par la décomposition de son sulfure (V. plus loin, MÉTALLURGIE DU MERCURE), soit au moyen du grillage (procédés d'Almaden et d'Idria), soit par la décomposition à l'aide de fondants (procédés de Bohême et du Palatinat), soit encore au moyen de la voie humide (procédé Sieverking), il n'est jamais pur et est encore souillé par la présence d'un certain nombre de métaux. Ceux qu'il garde ainsi le plus fréquemment sont le plomb, l'étain, le zinc et le bismuth; on s'aperçoit de leur présence à la pellicule grise d'oxyde qui se forme au-dessus de la couche métallique, lorsqu'il a été bien essuyé avec un papier buvard, et aux traînées qu'il laisse; on dit dans le dernier cas qu'il fait la queue, lorsqu'il garde 1/1000 de zinc, par exemple.

On purifie le mercure par divers procédés, suivant qu'on a besoin d'avoir un métal plus ou moins exempt de corps étrangers : 1° par simple distillation dans une cornue, dont le col, assez long, est terminé par une mèche de fibres textiles trempant dans l'eau; ce procédé est imparfait, car le zinc et le bismuth, qui sont volatils, peuvent être entraînés avec les vapeurs mercurielles; 2° en traitant le métal par l'acide sulfurique, à froid, lequel dissout le bismuth et le plomb, mais n'attaque pas l'étain; 3° par l'acide azotique, en chauffant fortement au bain de sable jusqu'à siccité. Ce procédé donne de l'azotate mercurique, qui, à son tour, fournit du bioxyde de mercure, lequel, chauffé ensuite, perd son oxygène, et donne le métal qui se volatilise et est recueilli par condensation; 4° le même acide peut encore servir dilué (procédé Millon); on prend une partie d'acide pour 10 de métal, on ajoute 3 parties d'eau, et on chauffe. Il se dissout environ le neuvième du poids du mercure, lequel est alors précipité avec les métaux étrangers; on enlève ces produits inutiles, on dissout le mercure qui reste dans l'acide azotique, et on agit comme dans le procédé précédent; 5° dans le duché des Deux-Ponts, la première purification se fait en traitant directement le sulfure de mercure par la limaille de fer (114 parties pour une de sulfure),

$$HgS + Fe = FeS + Hg.$$

Une deuxième opération donne un produit commercial; on peut remplacer le fer par la chaux; 6° enfin, on peut ajouter au mercure 1/25 de son poids de perchlorure de fer, lequel est converti en protochlorure par les métaux étrangers. Après quelques jours de contact, on lave le métal avec de l'eau acidulée par l'acide chlorhydrique, puis avec de l'eau distillée et jusqu'à neutralité. On obtient ainsi un métal assez pur.

Production. Les quantités de mercure fournies à l'industrie, en 1880, sont les suivantes :

Californie.	3.180.000 kil.
Espagne.	1.300.000
Pérou.	190.000
Autriche, Allemagne, France,	145.000
Italie : Toscane, Vénétie (Agordo)	37.000
	4.852.000 kil.

lesquels sont expédiés dans des bouteilles en fer contenant environ 150 kilogrammes en moyenne, et représentent une valeur de 50 millions de francs. Le prix du mercure est, d'ailleurs, très variable, il est sujet à des fluctuations fort grandes, résultat de spéculations. Ce prix, qui en 1876 a baissé jusqu'à 3 fr. 75 et même un peu au-dessous, a dépassé souvent 14 francs le kilogramme.

Usages. Le mercure est employé, dans l'industrie, à un assez grand nombre d'usages. La propriété qu'il a de s'amalgamer avec divers métaux le fait utiliser pour l'étamage des glaces, la dorure et l'argenture au feu, mais on tend aujourd'hui à remplacer ces procédés par d'autres moins dangereux; car, si le mercure est employé en médecine sous bien des formes, l'absorption de ses vapeurs produit l'hydrargyrie, le tremblement (doreurs, miroitiers, chapeliers, fabricants d'instruments de physique), la cachéxie (mineurs); le mercure sert à construire un grand nombre d'instruments de physique; amalgamé, il s'emploie encore pour les coussins des machines électriques à frottement, et, avec le sodium, il forme une masse solide, d'un transport facile dans les vases ordinaires, à laquelle on redonne ses propriétés premières en la plongeant dans de l'eau aiguisée d'acide sulfurique qui forme du sulfate de soude et régénère le mercure. Le mercure, transformé en azotate, sert aux chapeliers pour le secrétage des poils; il sert à faire divers produits chimiques très employés, comme le chlorure, le sulfate qui sert pour les piles électro-médicales; le vermillon ou sulfure artificiel, employé comme couleur; le mercure fulminant, utilisé pour la confection des diverses sortes d'amorces, etc.

Parmi les dérivés du mercure, nous aurons d'abord à indiquer les combinaisons qu'il forme avec l'oxygène. On connaît les deux suivants :

Protoxyde de mercure, $Hg^2O \ldots Hg^2O$ $=208$. Il est pulvérulent, noir, instable, car il abandonne du mercure lorsqu'il reste exposé à la lumière ou qu'on le chauffe à 100°; il forme des sels que la potasse décompose en mercure métallique et en bioxyde. On l'obtient en arrosant du protochlorure de mercure avec de la potasse :

$$Hg^2Cl + KO = Hg^2O + KCl;$$

ou encore, en versant dans une dissolution d'un sel mercureux, de la solution concentrée et alcoolique de potasse. Il sert peu.

Bioxyde de mercure, $HgO = 108$. Il se présente sous divers états; suivant son mode d'obtention, il peut être de coloration violacée et cristallin (*précipité per se*), rouge et cristallisé (précipité rouge), amorphe et jaune (précipité par voie humide). Sous toutes ces formes variées, il est inodore, offre une saveur métallique, se réduit par l'action de la chaleur, après être devenu noir, et à + 400° il cède son oxygène et régénère du mercure; la lumière le réduit également, mais lentement, tandis que le charbon, l'hydrogène donnent facilement cette réduction. Il est très peu soluble dans l'eau (1/20000); il sature les acides, en produisant de la chaleur; il est comburant; projeté dans de la potasse fondue, il est absorbé et le mélange reste liquide.

Préparation. 1° Pour obtenir le *précipité per se*, il suffit de fortement chauffer du mercure au contact de l'air (c'est l'expérience décrite par les alchimistes sous le nom d'*enfer de Boyle*);

2° Pour faire le précipité rouge, on commence par préparer de l'azotate, en chauffant dans un matras à fond plat 100 parties de mercure, avec 75 parties d'acide azotique ordinaire et 25 parties d'eau. On chauffe doucement jusqu'à dissolution complète du métal, puis on dessèche le sel produit et on élève la température, alors fortement, au bain de sable, pour décomposer totalement le sel, et jusqu'à ce qu'il ne se dégage plus de vapeurs rutilantes. Si cette température était à ce moment maintenue, on décomposerait à son tour le bioxyde obtenu, ce que l'on constaterait au dégagement d'oxygène qui rallumerait une allumette en ignition placée au-dessus du col du matras, et à la condensation de gouttelettes de mercure régénéré;

3° On obtient le précipité de bioxyde, en dissolvant du bichlorure de mercure dans de l'alcool et en y ajoutant de la potasse. C'est un oxyde spécial, jaune, et qui a en plus des propriétés des autres, celles de s'unir à l'acide oxalique, de transformer le chlore en acide hypochloreux, et de donner un oxychlorure noir, par l'action du bichlorure de mercure.

Falsifications. Les matières étrangères se reconnaîtront facilement, si on les mélange à ce produit, car le bioxyde peut se volatiliser totalement par la calcination; s'il a été mal préparé, et contient encore de l'azotate, la chaleur y produirait des vapeurs nitreuses faciles à constater.

Caractères des sels de mercure. Sels mercureux ou de protoxyde. Les dissolutions de ces sels offrent les caractères suivants : avec la *potasse*, précipité noir de protoxyde mercureux, altérable; avec l'*ammoniaque*, précipité noir (c'est un composé amidé); avec l'*acide sulfhydrique*, les *sulfures alcalins*, précipité noir, insoluble dans un excès de réactif, et dans l'acide azotique; avec l'*acide chlorhydrique* ou les *chlorures* solubles, précipité blanc, noircissant par l'ammoniaque (caractères différenciant le protochlorure de mercure d'avec les chlorures d'argent ou de plomb); avec les *sulfates* solubles, précipité blanc; avec l'*iodure de potassium*, précipité vert, passant au noir avec un excès de réactif; avec le *cuivre métallique*, dépôt blanchâtre de mercure.

Sels mercuriques ou de bioxyde. Ils offrent en solution les réactions suivantes : avec la *potasse*, précipité jaune d'hydrate de bioxyde, ce qui différencie nettement ces sels d'avec ceux de protoxyde; avec l'*ammoniaque*, précipité blanc de chloroamidure de mercure; avec l'*acide sulfhydrique*, les *sulfures alcalins*, précipité blanc jaunâtre avec peu de réactif, et noir, si le réactif est en excès; le précipité est insoluble dans l'acide azotique; avec l'*acide chlorhydrique*, les *chlorures*, rien (caractéristique d'avec les sels de protoxyde); avec les *sulfates*, rien (caract. id.); avec l'*iodure de potassium*, précipité rouge, soluble dans excès de réactif (caract. id.); avec le *cuivre métallique*, réduction sous forme de dépôt métallique, devenant blanc et brillant par le frottement; avec le *chlorure stanneux*, réduction à l'état de protochlorure de mercure, avec dépôt de mercure métallique avec le temps.

Azotates de mercure. — V. Azotate.

Chlorures de mercure. — V. Chlorure.

Iodures de mercure. — V. Iodure.

Sulfates de mercure. Il en existe également deux. Le *sulfate de protoxyde*, $Hg^2SO^4 \ldots$ $Hg^2O, SO^3 = 248$, est pulvérulent, mais cristallin, blanc, insoluble, noircissant à la lumière en donnant du mercure métallique et du sulfate de bioxyde très fusible. Il s'obtient : 1° en traitant du mercure par de l'acide sulfurique étendu de son volume d'eau, et en chauffant, sans toutefois porter à l'ébullition; 2° en triturant du sulfate de bioxyde avec du mercure; 3° en décomposant une solution d'azotate de protoxyde de mercure par une solution de sulfate de soude.

Il sert à obtenir le protochlorure de mercure par le procédé au chlorure de sodium.

Sulfate de bioxyde de mercure,

$$HgSO^4 \ldots HgO, SO^3 = 148$$

Ce sel est en aiguilles blanches, solubles dans l'eau acidulée par l'acide sulfurique, mais décomposables par l'eau, en donnant du *sous-sulfate* jaune, que l'on désigne sous le nom de *turbith minéral*, $3\,HgO, SO^3 = 364$. Pour le préparer, on met dans une capsule de porcelaine, placée sur un bain de sable, 60 grammes de mercure et 80 grammes d'acide sulfurique pur; on chauffe doucement, et il y a formation de sulfate mercurique, avec élimination d'acide sulfureux et d'eau :

$$Hg + 2(SO^3, HO) = HgO, SO^3 + SO^2 + H^2O^2$$

ou

$$Hg + 2SHO^4 = HgSO^4 + SO^2 + (HO)^2$$

Pour obtenir le turbith minéral, on réduit le sulfate mercurique en poudre fine et on le délaie dans 15 fois son poids d'eau bouillante en agitant sans cesse; on décante, on lave la poudre à l'eau bouillante, et on la fait sécher. Le sulfate mercurique, en outre de son emploi pour faire le turbith minéral, sert aussi à la préparation du bichlorure de mercure, au montage des piles de Marié-Davy, des piles électro-médicales, etc.

Sulfures de mercure. On en connaît encore deux. Le *protosulfure* de mercure, $Hg^2S=216$, est assez instable. Il se forme quand on verse, dans une dissolution d'un sel de protoxyde, de l'hydrogène sulfuré ou une solution de trisulfure de potassium. Le *bisulfure de mercure*, $HgS=116$, est désigné sous le nom de *cinabre*, de *vermillon*. On réserve, en général, le nom de *cinabre* (V. ce mot) au produit naturel; nous n'avons pas à revenir sur ce sujet, mais nous avons à indiquer comment on fabrique artificiellement le bisulfure de mercure. On peut l'obtenir de deux manières, par voie sèche ou par voie humide. 1° *Voie sèche.* On mélange intimement 75 parties de soufre avec 540 parties de mercure, et on introduit la poudre noire qui se forme, dans des bouteilles en fer que l'on chauffe doucement jusqu'à ce que la masse entre en fusion; à ce moment, on verse le produit dans des vases en terre, placés sur un bain de sable et ouverts en partie, puis l'on pousse le feu, pour sublimer le bisulfure formé. Après refroidissement, on trouve ce corps sous forme de plaques rouges, à cassure fibreuse, et qui, pulvérisées, donnent un produit de nuance écarlate, d'une couleur d'autant plus belle qu'il n'y avait pas de soufre en excès et que les produits employés dans la fabrication étaient plus purs. On a aussi recommandé pour avoir un rouge très vif, d'ajouter au sulfure, avant sa sublimation, 10 0/0, en poids, de sulfure d'antimoine ou de traiter le cinabre broyé par l'acide ou la potasse pour enlever l'excès de soufre. 2° *Voie humide.* Le procédé de Liébig consiste à précipiter le bichlorure de mercure par de l'ammoniaque, pour faire du chloroamidure de mercure (AzH^2HgCl), et alors à décomposer, par une dissolution de soufre dans le sulfure d'ammonium, le précipité blanc obtenu primitivement. Martius obtient le même produit en agitant ensemble, pendant plusieurs jours, 7 parties de mercure, 1 partie de soufre et 2 à 4 parties d'une solution concentrée de trisulfure de potassium. Brauner introduit dans des bouteilles en fer un mélange de 300 parties de mercure, 114 parties de soufre et un peu de potasse; puis il actionne les bouteilles au moyen d'un dispositif quelconque qui produit un mouvement de va-et-vient. On obtient ainsi une poudre noire que l'on additionne d'une solution de 75 parties de potasse dans 400 parties d'eau, puis l'on chauffe au bain-marie, à 45 degrés. La masse devient rouge après quelque temps, on la refroidit en la projetant dans de l'eau froide, on lave sur un filtre, et on dessèche.

On connaît une autre sorte de bisulfure de mercure que l'on désigne sous le nom d'*éthiops minéral*, c'est un produit de composition inconstante, que l'on obtient en triturant 1 partie de soufre pulvérisé avec 2 parties de mercure. Il est isomérique de l'autre et de couleur noire.

Le cinabre artificiel sert à faire le vermillon, dont on connaît trois sortes principales : 1° celui de Chine obtenu par sublimation du soufre et du mercure qui est le plus estimé, sa nuance carminée étant exempte de jaune; il vient par caisses de 80 à 90 petits paquets de 40 grammes environ; 2° celui d'Allemagne et 3° celui de France. Le second vient encore d'Illyrie ou d'Autriche, il offre une nuance orangée et nous arrive en poches de peau, du poids de 14 kilogrammes environ, enfermées dans un baril. Le produit de France offre divers degrés d'intensité ou de finesse, il est toujours de nuance rouge vif, éclatante, et en poches de 14 kilogrammes. Le département de la Seine en fabrique annuellement à lui seul, environ 12,000 kilogrammes d'une valeur de plus de un million de francs.

Falsifications. Le cinabre, surtout à l'état de vermillon, est mélangé avec du minium, du peroxyde de fer, du chromate basique de plomb, du sang-dragon, etc. Le cinabre pur se reconnaît à sa volatilisation complète par l'action de la chaleur, par sa dissolution facile dans le sulfure de sodium. Le produit suspect sera dissous dans de l'acide chlorhydrique : s'il y a dégagement de chlore, c'est l'indice de la présence du minium; il y aura dans la liqueur les caractères des sels de plomb, de fer, de chaux, suivant la nature des matières étrangères introduites dans le produit; on reconnaît encore le minium en arrosant le cinabre soupçonné avec de l'acide azotique: s'il se forme une teinte brune, elle est due à la production de peroxyde de plomb. Le traitement par l'alcool indiquerait la présence de la résine dite *sang-dragon*.

Le cinabre mal préparé est encore quelquefois arsénical, par la présence d'un peu de sulfure d'arsenic. Pour le retrouver, on traite le cinabre pulvérisé par la potasse caustique à l'ébullition; le composé arsénical se dissout, et on le précipite par l'acide chlorhydrique.

Usages. Ce produit sert surtout en peinture, mais il noircit à la lumière et sous l'influence des émanations sulfureuses; il entre aussi dans la composition des cires à cacheter, et s'emploie pour faire des fumigations mercurielles.

Mercure argental. *T. de minér.* — V. plus haut, § *Etat naturel.*

Mercure fulminant. *T. de chim.* Syn. : *Fulminate de mercure* (V. ce mot). Sans revenir sur les propriétés explosives de ce corps, propriétés indiquées au mot *fulminate*, nous ajouterons que ce produit est en aiguilles cristallines blanches, transparentes, qui, à 186 degrés ou par le choc, détonent; mais qui, mélangées avec 30 0/0 d'eau, peuvent être pulvérisées avec une molette en bois. Ce corps, découvert par Howard, en 1800, peut être considéré comme provenant de l'union d'un acide, l'acide fulminique, non encore isolé, et sa formule serait alors $C^2Az^2Hg\,O^2 + H^2O$, avec l'oxyde de mercure ; mais, comme l'on sait fort bien aujourd'hui, que lorsqu'on oxyde l'alcool, par l'acide nitrique, en présence de l'azotate de mercure ou de l'azotate d'argent, on voit l'intervention de l'acide amener des effets des plus curieux, en dehors des produits d'oxydation directe, on admet (Gerhardt, Kékulé) qu'il existe dans la formation du fulminate un groupe nitreux, ayant pour formule $C(AzO^2)Hg^2$, ce qui alors donnerait la formule $C^2(AzO^2)Hg^2, C^2Az$ pour exprimer la composition du produit.

Préparation. Pour obtenir le fulminate de mercure, on dissout, à l'aide de la chaleur, 1,000 grammes de mercure dans 5,000 grammes d'acide azotique, et l'on ajoute au produit une nouvelle quantité égale d'acide azotique. On répartit le tout dans six cornues, et on verse dans chacune d'elles 10 litres d'alcool à 90 degrés centigrades. Après quelques minutes, il se dégage d'abondantes vapeurs et il se dépose un précipité blanc, que l'on recueille sur un filtre et qu'on lave à l'eau froide jusqu'à ce que l'eau soit absolument neutre. On dessèche enfin ce précipité sur une plaque chauffée par de la vapeur d'eau au-dessous de 100 degrés, et on la conserve par petites portions enveloppées dans du papier.

Les produits de la réaction ayant pu être recueillis, on constate qu'ils contiennent de l'alcool, des acides acétique et formique, de l'aldéhyde, et les éthers résultant de l'union de l'alcool avec ces acides, ainsi qu'avec l'acide azotique. Pour utiliser ces corps, on sature par la chaux qui dédouble les éthers, et donne la totalité de l'alcool et des sels de chaux ; on retire, en outre, le mercure qui a pu être entraîné à l'état métallique, et l'on utilise les produits principaux pour de nouvelles opérations.

L'étude et la fabrication du fulminate de mercure ont causé d'innombrables accidents : Barruel, Bellot ont été grièvement blessés en préparant ce corps ; Julien Leroy, fabricant de poudre, le chimiste Hennell, de Londres (5 juin 1842) ont été tués en se livrant à la confection, le premier, de fulminate pour capsules, le second, d'obus du système Dymon commandés par la Compagnie des Indes ; plusieurs capsuleries des environs de Paris (Ivry, Meudon et autres), et d'ailleurs, ont sauté par suite d'explosions survenues en maniant ce corps ; il est donc indispensable de n'y toucher qu'avec les plus grandes précautions, toujours à l'état humide, et de le recouvrir avec une solution alcoolique de gomme laque, de mastic, de sandaraque, ou de résine dans l'essence de térébenthine, pour préserver le plus possible des frottements ainsi que de l'humidité.

Usages. Le fulminate de mercure sert pour la préparation des capsules et des amorces. 1k,280 grammes de ce corps suffisent pour charger 40,000 capsules ou 57,600 amorces de chasse ou amorces sans poudre. — J. C.

MÉTALLURGIE DU MERCURE.

Le mercure était connu des anciens et nous n'avons pas de détails sur les procédés qu'ils employaient à son extraction ; mais leur manière d'opérer ne pouvait différer beaucoup de la nôtre La légende prétend que les Arabes, quand ils possédaient la majeure partie de l'Espagne, employaient le mercure dans les fontaines jaillissantes des palais qu'Abdérame III avait construits au bord du Guadalquivir. Cela prouverait que les mines d'Almaden étaient déjà en exploitation active au xe siècle et les procédés de traitement assez perfectionnés pour permettre des fantaisies pareilles.

Le minerai de mercure, le seul abondant, est le *sulfure* ou *cinabre*. On le traite de trois manières distinctes : par *réaction*, *grillage* et *voie humide*.

La méthode par *réaction* consiste dans le *chauffage avec la chaux*. Il se forme du sulfure de calcium et de l'oxyde de mercure, qui se décompose ensuite en oxygène et en vapeur de mercure.

La réaction finale est donc :

$$HgS + CaO = Hg + O + CaS$$

Cette méthode de traitement, qui était employée dans la Bavière Rhénane, se faisait dans des cornues en fonte qui utilisaient peu la chaleur et ne permettaient pas une bonne condensation des vapeurs mercurielles. A Moschel-Landsberg, cependant, on était arrivé à une marche plus industrielle, en se servant de grandes cornues en fonte, analogues à celles des usines à gaz et condensant le mercure par barbottage dans l'eau.

La charge ne dépasse pas 300 à 350 kilogrammes et la distillation est terminée au bout de trois heures. Le procédé est presque continu, car on débouche la face arrière de la cornue, on extrait avec des ringards le mélange de gangue terreuse et de sulfure de calcium, et on recharge immédiatement la cornue encore rouge.

La deuxième méthode, par *grillage*, est plus généralement employée, comme demandant moins de main-d'œuvre et de combustible et pas d'addition de réactifs.

Sous l'action d'un vif courant d'air, le cinabre se transforme, au rouge, en acide sulfureux et mercure métallique :

$$HgS + 2O = Hg + SO^2$$

Cette réaction simple fut découverte, en 1645, par un espagnol, du nom de Bustamente, et appliquée d'abord aux usines d'Almaden, non loin de Ciudad-Real, en Espagne. Elle présente un caractère beaucoup plus industriel que la réaction par la chaux.

On opère sur 10 tonnes à la fois. Le minerai, au sortir de la mine, est divisé en cinq classes :

Le *gros* n° 1, ayant une teneur de 25 0/0 ; le gros n° 2, 20 0/0 ; le gros n° 3, 10 0/0 ; le *moyen* ou *china* tenant 8 0/0 ; le menu d'une teneur moyenne de 7 0/0 ; le *pauvre* ou *solera* ayant une teneur très variable, entre 4 et 0,75 0/0.

L'appareil de grillage se compose d'un four à cuve CD (fig.224) de 6 à 8 mètres de hauteur sur 1m,30 à 2 mètres de diamètre. Aux deux tiers de sa hauteur se trouve une sorte de voûte percée de trous et qui sert de grille. C'est sur cette sole à jour que l'on charge le minerai, en commençant par la porte D et terminant par l'orifice pratiqué dans le dôme du four ; on ferme ensuite celle-ci avec une plaque de fonte. On charge d'abord les plus gros fragments afin de ne pas boucher les ouvertures de la sole, puis on met le minerai en moyens morceaux et on finit avec le menu aggloméré en briquettes. A la partie inférieure C, se trouve le foyer où l'on entretient un feu vif de bois; la fumée, qui ne peut traverser le minerai, se rend dans l'atmosphère par la cheminée H'.

L'appareil de condensation des vapeurs mercurielles se compose de deux chambres J et d'une série d'aludels ou tubes de poterie, emmanchés les uns dans les autres, lutés avec du ciment et posés sur une terrasse à double pente 0,0. En K (fig. 225) est une rigole, qui aboutit à des réservoirs L, L', L'.

Les vapeurs, qui ne se sont pas condensées dans la pente descendante de la terrasse, continuent leur chemin par les aludels de la pente ascendante, se rendent dans les deux chambres J, et, de là, dans l'atmosphère par la cheminée H. Les vapeurs de mercure qui se condensent aux environs de 350°, trouvent, malgré la température élevée de cette partie de l'Espagne, une surface refroidissante assez considérable dans les aludels qu'elles doivent traverser; aussi, la perte en mercure ne dépasse-t-elle pas 5 0/0.

Le grillage dure quinze heures environ, et quand la distillation est terminée, on laisse refroidir pendant trois jours; les aludels sont démontés, on vide dans la rigole K le mercure qui s'y est rassemblé et on recommence une nouvelle opération.

Le mercure obtenu est mélangé d'un peu de protoxyde, qui lui fait *faire la queue*, c'est-à-dire que les globules qu'il produit, n'ont pas la forme sphérique. Pour purifier le mercure et le débarrasser de cette *suie* grisâtre, on le fait écouler, en nappe mince, sur un plan incliné en planches : les suies se collent au bois et le mercure seul s'écoule.

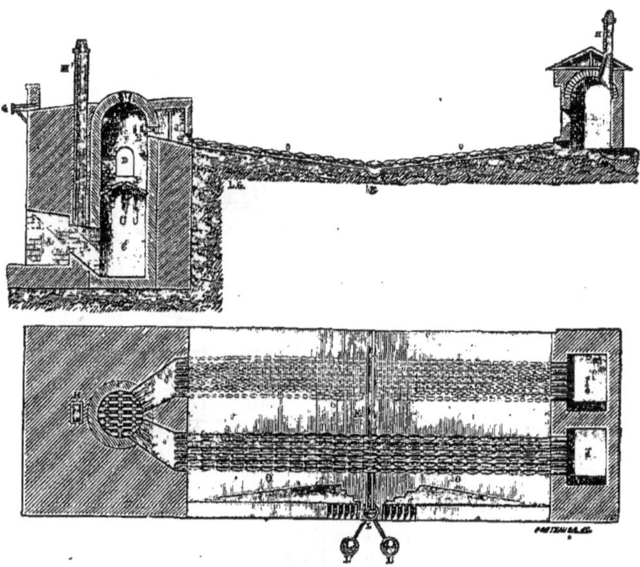

Fig. 224 et 225. — *Four d'Almaden pour l'extraction du mercure.*

— La production d'Almaden est considérable. En 1882, les dépenses se sont réparties de la manière suivante :

Exploitation des mines.	917.000 fr.
Distillation.	462.000
Frais divers	96.000
Main-d'œuvre, frais généraux.	179.000

Depuis 1564, les mines d'Almaden ont produit plus de 100,000 tonnes de mercure. Le procédé, imaginé par Bustamente, est appliqué aux mines de Huanca-Velica au Pérou, avec des modifications insignifiantes. Le combustible que l'on y emploie est une sorte de jonc qui pousse abondamment dans le pays.

La méthode par grillage est appliquée à Idria, en Carniole, avec des appareils un peu différents. La disposition la plus ancienne ressemble à celle d'Almaden. Le four est du même genre; mais la condensation, au lieu de se faire au contact de l'air, a lieu dans une série de chambres verticales ayant alternativement leurs portes de communication en haut et en bas. Le sol de ces chambres est incliné et le mercure condensé s'écoule dans des réservoirs refroidis par un courant d'eau. Le four de distillation ne diffère de celui d'Almaden qu'en ce que, pour éviter le tassement de la charge, il y a deux voûtes superposées; sur l'inférieure, on place le minerai en gros morceaux et sur celle qui est en-dessus, les minerais les plus menus. Pour éviter l'obstruction des carneaux qui font communiquer entre elles ces deux parties du four, on met les menus dans des caisses en terre réfractaire. La distillation dure 3 jours, suivis de 3 jours de refroidissement.

Il existe, à Idria, deux autres sortes de fours, dont nous dirons quelques mots. Les fours à réverbère (*Flammofen*) se composent d'une sole légèrement inclinée EE (fig. 226 et 227) avec un foyer F, placé en contre-bas. En A, se trouve une fosse avec orifice de déchargement par où s'opère le défournement quand la distillation est terminée.

Le chargement se fait par une trémie B, pratiquée dans la voûte. Une première chambre de distillation DD, permet une condensation partielle qui s'achève dans les tuyaux en fonte JJ, arrosés continuellement par un jet d'eau froide s'écoulant des tubes II. Les tuyaux de condensation JJ, débouchent dans une chambre K, à laquelle donne accès une porte L fermée pendant l'opération. De là, les vapeurs montent dans la chambre N et repassent dans des tuyaux JJ pour s'échapper, ensuite, dans l'atmosphère, par la cheminée H. En C se trouve une dernière chambre de condensation. Il est facile de se rendre compte du fonctionnement de l'ensemble. Le minerai jeté sur la sole du four de grillage est remué, avec un outil de fer, par l'ouvrier, pour renouveler les surfaces en contact avec les gaz oxydants; puis, quand l'opération est terminée, toute la charge est précipitée dans le puits A pour être ensuite extraite par un orifice pratiqué à la partie inférieure, lorsque les dernières vapeurs de mercure se sont exhalées.

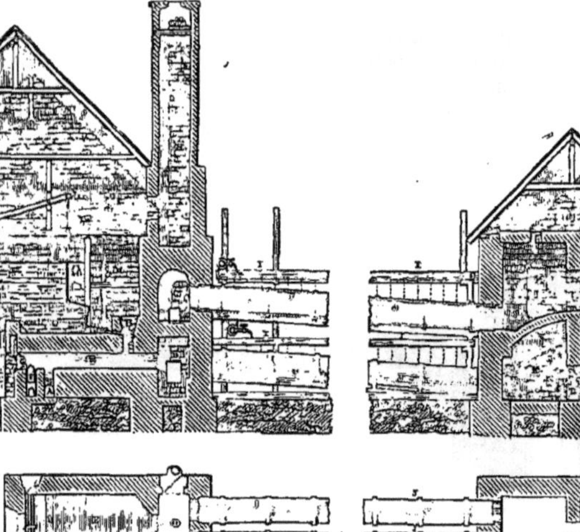

Fig. 226 et 227. — *Appareil à flamme d'Idria.*

Un autre genre de fours, ayant la forme d'un four à chaux à allure continue, a été imaginé en 1852 par M. Habner. Il permet le chargement et le déchargement mécanique, mais pendant cette opération, il y a un dégagement de vapeurs mercurielles que l'on ne peut empêcher; on interrompt la communication du four avec les chambres de condensation, et en même temps, en retirant les barres du foyer, on fait tomber dans des vagons une partie de la matière dont on a extrait le mercure; on remplit alors, par le haut, le vide qui s'est produit, au moyen d'un vagon roulant sur des rails et se déchargeant par le fond.

Ce dernier four, très économique, comme tous les fours continus, est impropre au traitement des minerais fins; ceux-ci ne sont avantageusement traités que dans les *flammofen* que nous avons décrits plus haut.

A Vall'alta, le minerai est grillé dans des fours cylindriques, réunis par paires, garnis de briques réfractaires, et munis de grilles sur lesquelles se placent par couches le cinabre alternant avec du charbon de bois. Toutes les vapeurs se rendent d'abord dans deux chambres, puis de là dans deux séries de condenseurs en bois, situés à l'air libre et laissant écouler une pluie d'eau. Le métal reprend sa forme liquide pendant que les produits de la combustion passent dans des chambres, puis dans la cheminée. Cette usine a livré au commerce environ 1,000,000 de kilogrammes jusqu'à ce jour.

— En Californie les mines de mercure sont exploitées depuis 1845, mais leur rendement ne devint important qu'en 1848, époque de la découverte des riches placers aurifères, car l'extraction de l'or s'y fit par amalgamation. La production, qui était de 889 tonnes de mercure en 1850, fut de 2,800 tonnes en 1877, ayant fourni au total 34,311 tonnes à cette époque, c'est-à-dire le tiers de ce qu'a donné Almaden depuis le milieu du XVIe siècle; sur lesquelles New-Almaden, à elle seule, livrait 16,000 tonnes dès 1865 (plus qu'Almaden), et 22,239 tonnes à l'époque indiquée.

De nouvelles mines furent découvertes récemment tandis que New-Almaden déclinait: Redington, New-Idria, Sulphur Bank, tiennent maintenant la tête, surtout la dernière, où l'exploitation se fait à ciel ouvert.

En 1877, sur une exportation de 1,605 tonnes de mercure, près de 1,100 tonnes sont allées en Chine, pour servir à la fabrication du vermillon; tandis que 280 tonnes seulement étaient achetées par le Mexique et 70 tonnes par l'Amérique méridionale et étaient utilisées pour l'extraction des métaux précieux.

Les minerais californiens sont de teneurs très variables. Exceptionnellement, à New-Almaden, on trouve des minerais à 10 et 15 0/0; la teneur moyenne y est de 3 à 5 0/0 tandis qu'aux autres mines, Redington, Sulphur-Bank, le rendement à l'usine varie de 1 à 3 0/0. Il a donc fallu, vu la faible richesse de ces minerais et leur état principalement menu, apporter certaines modifications aux méthodes de traitement employées sur le continent.

On s'est surtout attaché à diminuer la main-d'œuvre dans le traitement, sans tenir un grand compte des pertes, que le défaut d'analyses chimiques ne permettait pas de suivre d'aussi près que dans nos régions. On n'emploie, actuellement, en Californie, que des fours continus, parce qu'ils demandent moins de main-d'œuvre, et on les a rendus automatiques. Ils permettent de traiter les minerais menus, qui sont les plus abondants, sans être obligé de les agglomérer en adobes ou briquettes mélangées de terre argileuse.

Comme mode de condensation, les américains ont employé des formes nouvelles et des matériaux variés, la brique, la fonte, le bois et même le verre, cette dernière matière surtout, sur une grande échelle et avec succès. Les chambres de condensation en briques sont faciles à construire et d'un entretien peu dispendieux; elles résistent à la chaleur des produits sortant du four et permettent, par leur grande capacité, de détendre les gaz, ce qui les refroidit et facilite, en même temps, le dépôt des poussières. Mais elles présentent peu de surface, conservent beaucoup de chaleur et, par suite, condensent mal.

La fonte, absorbe beaucoup de chaleur et se moule sous toutes les formes; mais l'acide sulfu-

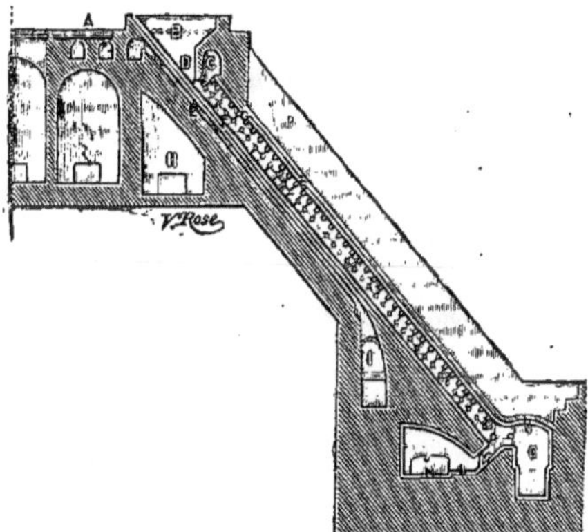

Fig. 228. — *Four Livermore.*

reux qui se dégage, se transforme en partie en acide sulfurique, en présence de la vapeur d'eau, et la fonte est attaquée.

Le bois ne peut être employé dans le voisinage des fours, parce qu'il se carboniserait; et, plus loin, il finit par être attaqué par les vapeurs acides. Le verre est inattaquable, et il permet un refroidissement facile parce qu'il peut s'employer sur une faible épaisseur.

Quant au tirage, les américains emploient de préférence le *ventilateur* par aspiration. Créant un appel vers l'intérieur, on n'a pas à craindre de fuite de vapeurs mercurielles, pas plus du reste que dans les cheminées qui ont un bon tirage, mais le ventilateur a l'avantage de rendre la circulation des gaz indépendante des variations barométriques et de l'afflux d'air froid, amené par des fuites importantes ou des ruptures de condenseurs.

A New-Almaden se trouvent encore quelques fours intermittents, mais ils tendent à disparaître. Ils sont analogues à l'ancien système d'Idria et ne servent que pour les minerais de grosseur moyenne. Un de ces fours traite jusqu'à 100 tonnes à la fois. Les fours continus sont les plus importants parce qu'ils peuvent traiter les menus sans les agglomérer. Parmi les fours continus, le four Livermore est le plus répandu. C'est un four à réverbère à sole plus inclinée que le talus naturel du minerai menu sec (fig. 228). La pente est de 1 de base pour 2 de hauteur. La longueur de cette sole F varie entre 9 et 10 mètres et la voûte GG en est très rapprochée, car elle lui est parallèle à une distance de 33 centimètres seulement. Cette voûte repose sur une série de piliers en brique qui la découpent en 10, 15 et même 20 couloirs ou carneaux par lesquels coule le minerai au fur et à mesure qu'à la partie inférieure M on vient soutirer la partie dont le grillage est terminé. Tous les carneaux ont, à la base, une même chauffe O, et au sommet une même trémie de chargement B. En D, se trouve un étranglement destiné à obstruer le passage du minerai et empêcher le dégagement des vapeurs mercurielles, qui doivent se rendre librement dans la galerie C sous l'action de l'aspirateur. A la partie inférieure, se trouve, comme nous l'avons dit, sous chaque carneau un canal de décharge ML à angle droit de celui-ci et aboutissant à une chambre de refroidissement J commune à tous les carneaux. Par une porte K, on fait tomber le minerai grillé dans un vagonnet, ce qui provoque une chute du minerai sur toute la sole et dans tous les carneaux; cette opération se fait toutes les dix minutes. Pour éviter une descente trop rapide du minerai et son accumulation dans la partie inférieure du four, de la voûte partent des briques en saillie servant de butoir et d'arrêt et dont l'extrémité inférieure sert à régler ainsi l'épaisseur du minerai. Si celui-ci tend à descendre trop vite, il se heurte contre ces butoirs et le frottement aidant, il s'arrête dans sa chute; la petite accumulation de minerai qui se produit devant chaque butoir est détruite à la chute suivante et produit un retournement de la matière, qui est favorable au grillage, car il renouvelle les surfaces. Pour que ce fonctionnement un peu compliqué réussisse automatiquement, il faut que le minerai soit bien sec. Des aires de séchage A sont disposées au niveau de la trémie et au-dessus des chambres de condensation H; grâce, sans doute, au peu d'abondance des pluies, cette disposition permet une dessiccation suffisante.

La production du four Livermore est sensiblement proportionnelle à sa largeur, tandis que la main-d'œuvre et la dépense en combustible augmentent peu avec le nombre de carneaux. Le four à 4 carneaux semble le plus usité, parce que, au delà, il faut augmenter le nombre des ouvriers. Le four Livermore permet de traiter des menus, à raison de 4 francs par tonne de minerai. Avec le four d'Idria perfectionné, ils coûteraient 9 à 10 francs, parce qu'il faudrait les mettre tous à l'état de briquettes.

La condensation se fait généralement, en Californie, avec plusieurs sortes d'appareils. On emploie d'abord des chambres en maçonnerie, telles que celles qui sont représentées en H dans la (fig. 228) et dont le but principal est d'arrêter les poussières, qui ne manquent jamais, surtout dans le traitement des menus. De là, les gaz mélangés de vapeurs mercurielles se rendent dans des condenseurs ayant la forme de grandes caisses rectangulaires en planches, avec de nombreuses et larges ouvertures sur toutes les faces et fermées par des fenêtres avec de minces carreaux en verre. Des chicanes, verticales et horizontales, augmentent le circuit des gaz, tandis que les faces vitrées permettent de juger du moment où le nettoyage sera nécessaire. Ce genre de condenseur porte le nom de « Fiedler et Randol ». Un autre, de l'invention de M. Fiedler seul, est de la même forme, mais il est en fonte et se trouve rafraîchi par un courant d'eau coulant à l'extérieur sur ses faces, outre une injection d'eau pénétrant également dans l'intérieur.

En général, ces appareils de condensation sont très nombreux dans une usine; et, grâce à la bonne ventilation, les ouvriers sont peu sujets à la salivation causée par le mercure.

Il nous resterait encore à parler du *four à revêtement métallique* qui sert au traitement du gros. Nous en dirons peu de choses parce que cette nature de minerai ne se rencontre que dans le seul gisement de New-Almaden. C'est un four à cuve, avec mélange de combustible et de minerai, avec chauffage par trois foyers placés en bas. Les matières solides descendent comme dans un haut-fourneau, tandis que les gaz des foyers et du combustible qui accompagne le minerai se mélangent et assurent à la fois le grillage et la distillation. Le tirage se fait par cheminée et le traitement a lieu à basse température sans frittage du minerai. Un autre genre de four, qui occupe moins de place que le four Livermore, c'est le four Scott et Hutner, spécial aussi pour le traitement des menus. Il présente une certaine analogie avec le four Gerstenhœfer, employé pour le grillage des pyrites. C'est un four vertical rectangulaire, dont l'intérieur est garni de plans inclinés formant cascade et sur lesquels le menu descend par chutes successives et par petits éboulements en renouvelant les surfaces exposées à l'action des gaz. Pour faciliter le passage de ceux-ci, le four est double, ou plutôt il est divisé en deux par une cloison verticale et au moyen de carneaux ménagés dans la paroi, le gaz et les vapeurs mercurielles serpentent en débouchant sous les plans inclinés qui protègent leur passage contre l'obstruction. La chauffe est placée à la partie inférieure, un peu latéralement, pour permettre la chute des minerais grillés dans un vagonnet d'où ils sont conduits au crassier.

Les fours Scott et Hutner ont 14 mètres de hauteur, et leur revêtement métallique empêche les fuites extérieures.

Il nous reste, pour compléter cet article, à indiquer deux procédés assez récents : l'un qui est employé en Bohême, est dû à Horzovitz, c'est une méthode à réaction. Le cinabre de ces régions étant mêlé d'argile ferrugineuse, on y ajoute un quart ou un tiers de battitures de fer, et on place le mélange dans un fourneau à cloches dans des capsules fixées sur une tige verticale. Chaque cloche repose sur une cuve pleine d'eau courante et est chauffée au rouge supérieurement, c'est-à-dire jusqu'au niveau des capsules contenant le minerai, au moyen de houille. Le mercure réduit se condense dans l'eau. Chaque fourneau, comprenant six cloches, permet de traiter en trente à trente-six heures 155 kilogrammes de minerai avec les battitures nécessaires en plus.

Le minerai peut encore être traité par *voie humide*. Patera avait indiqué deux méthodes que l'on a abondonnées comme trop longues et trop dispendieuses; Sieverking, en 1876, a proposé un procédé plus pratique. On pulvérise le minerai et on l'introduit avec de la grenaille de laiton dans des tonneaux contenant une solution chaude de chlorure cuivreux, après douze heures d'agitation le cinabre est décomposé, il y a eu formation de chlorure cuivrique, de sulfure de cuivre et séparation du mercure

$$HgS + Cu^2Cl = CuCl + CuS + Hg...$$
$$\not{H}g\not{S} + \not{C}u^2Cl^2 = \not{C}uCl^2 + \not{C}u\not{S} + \not{H}g \text{ (not. atom).}$$

On ajoute alors de l'amalgame de zinc pour précipiter le cuivre dissous et réunir le mercure pulvérulent, puis on refroidit les tonneaux en y envoyant de l'eau. L'amalgame doublé de zinc et de cuivre est alors séparé et distillé, et le résidu utilisé pour d'autres opérations; ce procédé rend 95 0/0 du métal contenu. — F. G.

Bibliographie : G. Rolland : *La métallurgie du mercure en Californie (Bulletin de la Société d'encouragement pour l'industrie nationale*, 3e série, n° 57; Ch. Huyot : *La métallurgie du mercure à Idria (Annales des mines)*; D. Luis de la Escosura : *Historia del tratamento mettallurgica del azogue en Espana;* D. Fernando Bernaldez y D. Ramon Rua Figueroa : *Memoria sobre las minas de Almaden y Almadanejos*, Madrid, 1861; D. Eusebio Oyarzabal : *Resena historica y descriptiva de las minas de Almaden*, 1883.

*** MERCURE ou HERMÈS.** La forme primitive attribuée par l'art au fils de Zeus et de Maïa est née, semble-t-il, d'une équivoque de langage. Les piliers de bois ou de pierre qui servaient de bornes et de poteaux indicateurs au coin des carrefours portaient le nom d'*hermès* et étaient considérés comme des images du dieu; c'est un véritable jeu de mots sur le terme grec *erma* (borne) et le nom d'Hermès (*ermeias*). Les hermès sont de toutes les époques; c'est dans les monuments d'un autre ordre qu'il faut chercher le développement du type plastique d'Hermès. Jusque vers le milieu du ve siècle, Hermès est représenté comme un homme fait dans tout l'épanouissement de sa force. Les formes du corps sont robustes; la chevelure, ceinte d'une bandelette, est réunie en masse sur la nuque suivant l'ancienne mode grecque, et deux boucles se détachant des tempes, pendent sur les épaules. La barbe longue, soigneusement peignée, s'effile en forme de coin. Le dieu vêtu d'un chiton et d'une chlamyde, est coiffé d'un pilos de feutre ou de la *kunè*, sorte de chapeau à bords très courts; il tient le caducée qui se compose primitivement d'une baguette terminée par deux rameaux entrelacés. Sur les plus anciens monuments, il ne porte d'ailettes qu'aux pieds. Les peintures de vases lui prêtent des bottines à ailes recoquillées, semblables de tous points aux chaussures des génies ailés, tels que Niké ou Eris : ce sont les « belles chaussures » dont parlent les poèmes homériques, « chaussures dorées, qui le portent, soit sur l'élément humide, soit sur la terre immense, soit sur le souffle du vent. »

Tels sont les traits généraux que reproduisent les monuments de l'art archaïque.

Après la guerre du Péloponèse, la nouvelle école attique modifie profondément le type d'Hermès. Eprise de grâce et d'élégance, elle lui prête les formes élancées de la jeunesse, un visage imberbe, une chevelure courte et bouclée; les traits respirent la finesse, les membres dénotent l'agilité et la vigueur. Le dieu qui préside aux exercices du gymnase devient l'idéal parfait de l'éphèbe grec. Ses statues ornent les palestres, et les jeunes gens ont pour lui un culte tout particulier. « Hermès est un dieu, dit une inscription éphébique, et il a toujours été cher aux éphèbes. » N'est-ce pas, en effet, dans le personnage d'Hermès que l'esprit grec résume quelques-unes des plus précieuses qualités de la race hellénique : le génie inventif, l'intelligence alerte, la vigueur physique développée et assouplie par l'éducation de la palestre? Ce nouveau type d'Hermès nous est connu par une œuvre capitale appartenant au IVe siècle; c'est la statue de Praxitèle trouvée à Olympie et représentant Hermès portant Dionysos enfant. Le dieu est nu, suivant la tradition qui prévaut dans l'art grec à partir du IVe siècle; il a dépouillé la chlamyde négligemment jetée sur le tronc d'arbre qui lui sert de soutien; le visage a les yeux un peu enfoncés, la bouche petite, et une expression souriante et fine. L'attitude est celle qu'on retrouve fréquemment dans les œuvres de Praxitèle et de Lysippe : le poids du corps porte sur une jambe et détermine le mouvement ondulé des lignes de la silhouette. Dans la période suivante, l'art multipliera les statues d'Hermès conçues suivant ce type dont il s'écartera peu; nous citerons, en particulier, l'Hermès du Belvédère, au Vatican, dont l'attitude semble inspirée par le souvenir de l'œuvre de Praxitèle.

Dans la mythologie romaine, Mercure est l'intermédiaire entre les dieux et les hommes, entre le jour et la nuit, entre la vie et la mort; il est le dieu de l'échange, le gardien des routes. La symbolique moderne en a fait à peu près exclusivement le dieu du commerce et de l'argent. L'art décoratif le représente sous les traits d'un jeune homme nu, coiffé du chapeau ailé, chaussé des talonnières et portant le caducée.

***MÈRE.** 1° *T. de métall.* On appelle *mère*, dans la coulée de la fonte, la rigole principale qui alimente les différents gueusets ou saumons dans lesquels est coulé le métal. Dans la coulée de l'acier en source, c'est-à-dire quand l'acier s'introduit dans les lingotières par la partie inférieure, le lingot qui a servi à cette introduction et qui a été rempli par le haut porte le nom de *mère*. Généralement, la mère est de qualité moins homogène que les autres lingots, elle présente quelquefois des criques ou fissures et, plus souvent, un retassement dû à ce que le métal de ce lingot a servi à combler les vides produits par la contraction et le refroidissement des autres au moment de la solidification. || 2° Dans certaines professions, titre que les ouvriers d'une même corporation donnent à celui ou à celle qui s'occupe de leurs intérêts. || 3° *T. de céram.* Moule obtenu par le surmoulage du modèle type et qui sert, non pas à faire des pièces de poterie, mais à de nouveaux modèles. || 4° *T. techn.* Tonneau qui reçoit le vin que l'on convertit en vinaigre; dépôt que le vinaigre laisse au fond de ce tonneau. || 5° *Mère-laine.* Sorte de laine du commerce. — V. LAINE. || 6° *Mère artificielle.* Sorte de caisse qu'on emploie dans l'*incubation artificielle*. — V. ce mot.

MÉRIDIEN. *T. d'astr. et de géogr.* On appelle *plan méridien* ou simplement *méridien* un plan mené par la verticale parallèlement à l'axe de la terre. Chaque point du globe a donc son méridien particulier. Ce plan méridien est un plan de symétrie par rapport au mouvement diurne apparent des astres, de sorte que c'est au moment où l'astre traverse le plan méridien qu'il atteint sa plus grande hauteur au-dessus de l'horizon et que, à des intervalles de temps égaux avant et après ce passage, il se retrouve à la même hauteur. De là vient l'importance des observations astronomiques, faites au moment du passage d'un astre dans le plan méridien (V. CERCLE MÉRIDIEN). La trace du plan méridien sur le sol s'appelle la *méridienne* : la direction de cette ligne définit le nord et le sud; celle de la ligne perpendiculaire l'est et l'ouest, d'après des règles bien connues de tout le monde. L'angle que fait le méridien d'un lieu avec celui d'un point fixe, choisi conventionnellement pour servir d'origine, s'appelle la *longitude* de ce lieu. Si l'on admet que la terre est un solide de révolution, ce qui ne s'écarte que fort peu de la réalité, toutes les verticales rencontreront l'axe et tous les méridiens passeront par cet axe, d'où il suit qu'un plan passant par l'axe coupera la surface suivant une ligne courbe passant par les deux pôles et dont tous les points auront pour méridien commun le plan considéré. Cette courbe, qui diffère fort peu d'une ellipse ayant l'axe polaire pour petit axe, est le lieu des points qui ont la même longitude. Ce serait un grand cercle si la terre était sphérique; on l'appelle *une méridienne* de la surface terrestre.

Le mot *méridien* signifie milieu du jour parce que, en effet, on est au milieu du jour quand le soleil traverse le plan méridien. Cependant, à cause des conventions faites sur la mesure du temps, ce n'est pas précisément à cet instant qu'on compte midi. Tous les points de la terre qui sont sur un même méridien ont la même heure au même instant; si deux points se trouvent sur des méridiens différents, celui qui est le plus à l'est a l'heure la plus avancée, et comme la terre tourne de 360 degrés en 24 heures ou de 15 degrés en 1 heure, la différence des heures est égale à la différence des longitudes divisée par 15. De là, vient qu'on a pris l'habitude d'exprimer les longitudes en heures, au lieu de degrés. C'est comme si l'on adoptait une unité d'angle, appelée *heure*, 25 fois plus grande que le degré.

C'est une chose bien connue de tout le monde, et dont on se rend facilement compte, que quand on fait le tour du monde en marchant de l'est à l'ouest on revient au point de départ après avoir compté un jour de *moins* que si l'on était resté immobile: on compterait, au contraire, un jour de *plus* si l'on faisait le tour du monde de l'ouest à l'est. Pour rester d'accord avec le pays d'où ils viennent, les navigateurs sont donc obligés de *changer la date* à un certain moment de leur voyage; l'habitude est de le faire quand on traverse le méridien numéroté 180° ou 12 heures. Malheureusement, les peuples n'ont pas pu parvenir à s'entendre pour le choix du méridien initial. Les Français comptent leurs longitudes à partir du méridien de Paris, les Anglais à partir de celui de Greenwich, etc.

Une conférence internationale s'est réunie, en 1884, à Washington (Etats-Unis) en vue d'établir des conventions relatives au choix du premier méridien, à la manière de compter le temps et à l'installation d'une heure universelle pour toute la terre, dont le besoin se fait de plus en plus sentir à mesure que les moyens de communications (chemins de fer, navigation, télégraphe, etc.) se perfectionnent. La conférence a adopté le méridien de Greenwich comme premier méridien, l'heure de Greenwich comme heure universelle et la méridienne de 180 degrés, à partir de Greenwich, comme ligne de changement de date. Mais il ne paraît pas que les résolutions de la conférence soient de sitôt adoptées par toutes les nations civilisées.

MÉRIDIENNE. *T. d'astr. et de géogr.* — V. Méridien. || *T. de géom.* On sait qu'on appelle *surface de révolution* toute surface engendrée par la rotation d'une ligne quelconque autour d'une droite fixe qui est l'*axe* de la surface de révolution. Il résulte de ce mode de génération que toutes les sections faites dans la surface par un plan qui contient l'axe, sont des courbes égales dont la forme définit celle de la surface. Ces plans, passant par l'axe de la surface, s'appellent les *plans méridiens* de la surface et les sections qu'ils déterminent en sont les *méridiennes* ; toutes les méridiennes étant égales, on dit plus communément la *méridienne* d'une surface de révolution.

MÉRINOS. *T. de tiss.* Etoffe de laine pour châles et vêtements de femmes, dont les centres de fabrication sont, en France, Reims et le Nord. Les fils employés à leur fabrication sont en laine mérinos peignée, provenant principalement de France, d'Australie et d'Amérique du Sud, en numéros 80 à 100 pour la chaîne et 90 à 160 pour la trame. La réduction comporte de 20 à 30 fils au centimètre en chaîne, et en trame, de 50 à 120 duites ; les largeurs des pièces varient de 0m,80 à 2 mètres et au delà. L'armure est un *croisé* ou *batavia* dans lequel les duites, passant sous deux fils et sur les deux fils suivants de la chaîne, déterminent des côtes allant diagonalement d'un bord à l'autre de la pièce. — Pour l'exécution, V. Tissage.

La qualité du tissu s'indique généralement par la réduction de la chaîne et le nombre de *côtes* ou *croisures* contenues dans une certaine longueur (habituellement le quart de pouce), mesurée perpendiculairement à leur direction. Ce nombre de croisures dépend des réductions en chaîne et en trame, et il est utile que les fabricants puissent établir facilement les relations qui existent entre ces trois quantités. Quoique des formules aient déjà été données dans ce but, au mot Cachemire de l'Inde, nous croyons utile de les reprendre ici, pour les ramener à leur forme simple et en rendre l'application facile.

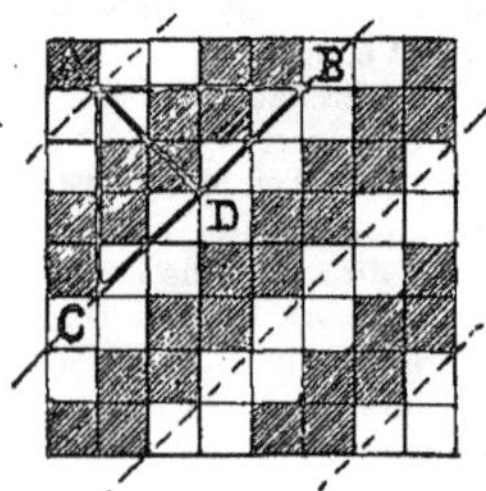

Fig. 229. — *Armure des mérinos et croisures.*

Ces formules se rapportent, du reste, à tous les tissus à côtes diagonales, tels que les mérinos, cachemires, etc.

La figure 229 fait voir immédiatement que la largeur d'une côte est la hauteur AD d'un triangle rectangle dont les côtés AB et AC ont pour longueurs les espaces occupés par les fils et les duites d'un rapport d'armure.

Représentons par : k le nombre des croisures par unité de longueur ; f et d le nombre des fils et des duites contenues dans la même longueur ; m le rapport de l'armure, égal à 4 dans les mérinos et à 3 dans les cachemires.

Les longueurs AD, AB, AC et BC auront alors pour valeurs :

$$AD = \frac{1}{k};\ AB = \frac{m}{f};\ AC = \frac{m}{d}$$

et

$$CB = \sqrt{\overline{AB}^2 + \overline{AC}^2} = \sqrt{\frac{m^2}{f^2} + \frac{m^2}{d^2}} = \sqrt{\frac{m^2(f^2+d^2)}{f^2d^2}}$$

ou encore

$$CB = \frac{m\sqrt{f^2+d^2}}{fd}$$

En comparant les deux triangles semblables, ABC et ABD, on a :

$$\frac{AD}{AC} = \frac{AB}{CB} \quad \text{ou} \quad AD = \frac{AC \times AB}{CB}$$

Et en remplaçant les longueurs par les valeurs

$$\frac{1}{k} = \frac{\frac{m}{d} \times \frac{m}{f}}{\frac{m\sqrt{f^2+d^2}}{fd}} = \frac{m}{\sqrt{f^2+d^2}}$$

d'où

$$mk = \sqrt{f^2+d^2}$$

Le produit mk, étant égal à la racine carrée de la somme des carrés des quantités f et d, est représenté par l'hypoténuse d'un triangle rectangle dont les côtés de l'angle droit seraient égaux à ces quantités f et d. Le problème se résout donc par un tracé graphique de la plus grande simplicité :

Porter sur les deux côtés d'un angle droit des longueurs égales à d et f, au moyen d'une échelle arbitrairement choisie, puis mesurer à la même échelle la distance qui sépare les extrémités de ces longueurs et diviser par m (4 pour les mérinos, 3 pour les cachemires) ; le quotient donne le nombre de croisures cherché. On trouverait de la même manière, par la construction du triangle rectangle, la valeur de d ou de f correspondant à des valeurs données des deux autres quantités k, d et f.

Les fabricants, pour lesquels ces problèmes se poseront fréquemment, pourront se construire un petit appareil composé d'une équerre ABC, et d'une règle EF (fig. 230). Les deux branches de l'équerre seront partagées en parties égales et graduées, et la règle sera munie de divisions 4 fois plus grandes s'il s'agit de mérinos et 3 fois plus grandes si l'on fabrique des cachemires. En plaçant le 0 de la règle sur le bord de l'un des côtés de l'équerre, à la division qui indique le nombre des duites à l'unité de longueur, et en faisant passer le bord de cette règle par la division de l'autre branche de l'équerre qui correspond

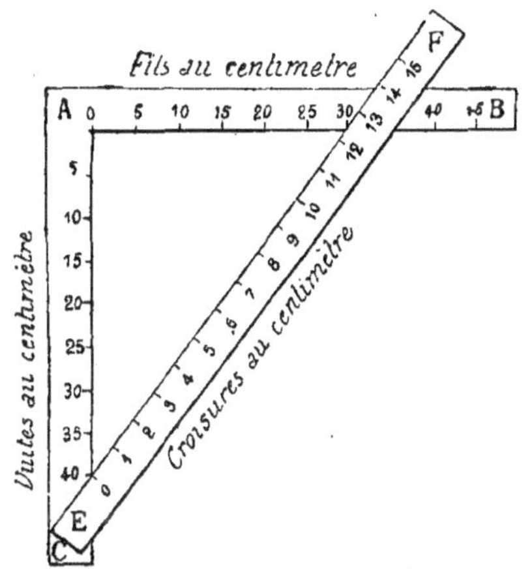

Fig. 230. — *Détermination du nombre des croisures, toutes les unités étant égales.*

au nombre des fils compris en chaîne dans la même unité de longueur, on lira immédiatement le nombre de croisures que le tissu présentera dans la même longueur.

Mais il arrive souvent que l'on se sert d'unités différentes pour évaluer les trois quantités *f*, *d* et

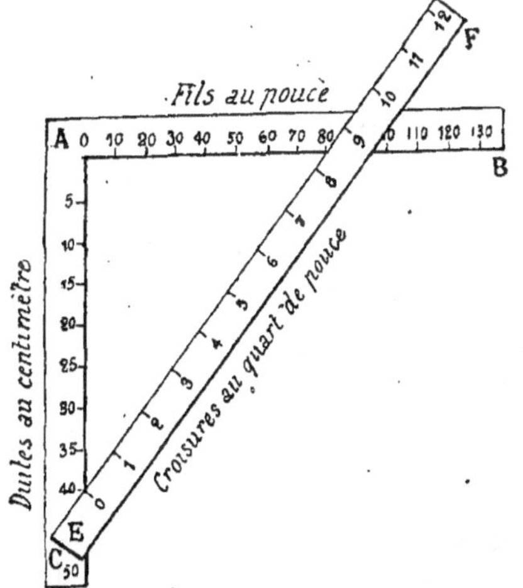

Fig. 231. — *Détermination du nombre des croisures en faisant usage d'unités différentes.*

k, la réduction de la chaîne étant représentée par le compte du peigne ou ros (c'est-à-dire par le nombre de broches qu'il contient par pouce de longueur), tandis que l'on rapporte le nombre des duites au centimètre et celui des croisures au quart de pouce. Rien n'est plus facile que d'établir les graduations des côtés de l'équerre et de la règle d'après ces considérations; il suffira de donner aux divisions des longueurs inversement proportionnelles aux valeurs relatives des unités employées. Représentons, par exemple (fig. 231), chaque duite de la réduction en trame, évaluée au centimètre, par une longueur de un millimètre sur la branche AC de l'équerre. Rapportons la réduction en chaîne au pouce, qui vaut 2,7 centimètres. Si nous tracions sur la branche AB des divisions espacées aussi de 1 millimètre, chacune d'elles correspondrait à 1 fil au centimètre ou $1 \times 2{,}7$, soit 2,7 fils au pouce. Pour que ces divisions ne correspondent qu'à 1 fil au pouce, il suffira donc de les faire 2,7 fois plus petites. Quant à la règle, s'il s'agit de mérinos ($m=4$), les divisions représentant les croisures par centimètre devraient avoir 4 millimètres; pour qu'elles se rapportent au quart de pouce, il suffira donc de même de les rendre 0,675 fois moindres (0,675 représentant la valeur, en centimètres, du quart de pouce) et de les faire égales à $\frac{4}{0{,}675}$ ou 5,925 millimètres. L'instrument ainsi construit fournira d'une manière aussi simple les solutions de tous les problèmes qui, avec ces unités, pourront se poser sur les croisures. — P. G.

MERISIER. *T. de bot.* Bel arbre commun dans nos bois et dans les pays montagneux; c'est le *Prunus avium*, Desf., famille des rosacées-prunées des botanistes. Il a les branches dressées, les feuilles grandes, ovales, oblongues, acuminées, dentées; les fleurs blanches, longuement pédiculées et sortant au nombre de deux ou trois de chaque bouton; les fruits oblongs, petits, rouges, à pulpe adhérente au noyau et à épicarpe baignant dans un suc coloré.

On en distingue quatre sortes :

(α) *Prunus avium sylvestris*, Ser., ou *merisier sauvage*.

(β) *Prunus avium macrocarpa*, Ser., dont les fruits sont gros et noirs, les feuilles munies de nervures rouges. C'est de beaucoup l'espèce la plus utile, car c'est elle que l'on cultive pour faire par distillation des fruits fermentés le kirschenwasser et le vin de merises, et dont le bois parfumé sert aussi à faire des pipes et des petits travaux artistiques.

(γ) *Prunus avium palluda*, Ser., à fruits blancs jaunâtres.

(δ) *Prunus avium multiplex*, Ser., abondant dans les jardins, où on le cultive à cause de la beauté de ses fleurs blanches qui sont doubles et toujours très nombreuses.

Le bois de merisier se débite en planches et est très employé dans l'ébénisterie à cause de son tissu fin et serré, nuancé de veines d'un dessin agréable et d'une teinte pâle mais rougeâtre. C'est, en général, sur les jeunes merisiers sauvages que les horticulteurs greffent les cerisiers, pruniers ou abricotiers.

MERLETTE. *Art hérald.* Se dit d'un petit oiseau noir, posé de profil, sans pattes ni bec.

MERLIN. Gros marteau de boucher. ‖ Petit câble formé de trois fils de caret commis ensemble et qui sert, sur les navires, à amarrer les petites poulies, à lier le bout des gros cordages, etc.

MERLON. *T. de fortif.* Partie du parapet située entre deux créneaux ou deux embrasures.

***MERLUE.** *T. techn.* Peau séchée après avoir été mise en chaux.

MERRAIN. *T. techn.* Bois de chêne ou de châtaignier débité sous une faible épaisseur, et dont on se sert pour les panneaux de lambris, les parquets, les douves de tonneaux, etc.

***MÉSITYLÈNE.** *T. de chim.* Le mésitylène est un hydrocarbure de la série aromatique. Il doit être envisagé comme la triméthylbenzine symétrique $C^6H^3(CH^3)^3(1:3:5)$. Il se forme en distillant l'acétone avec l'acide sulfurique concentré. Pour 1 volume d'acétone, on emploie 1 volume d'acide sulfurique concentré et 1/2 volume d'eau. Le liquide distillé est lavé à la soude et rectifié en dernier lieu sur du sodium. C'est un liquide incolore, bouillant à 163°. L'acide nitrique le transforme en nitromésitylène, qui, par réduction, fournit l'alcaloïde correspondant, la mégidine.

MESURE. Mesurer une grandeur, c'est chercher combien de fois elle contient une grandeur de même espèce choisie pour terme de comparaison et appelée *unité*, ou combien elle renferme de parties aliquotes de cette unité. Le résultat de cette opération qui est un nombre abstrait s'appelle la *mesure* de cette grandeur : c'est le rapport de cette grandeur à son unité. Mais le mot *mesure* est encore pris dans d'autres acceptions: il désigne l'opération de mesurer, l'instrument qui sert à effectuer l'opération et même l'unité choisie. C'est dans ce dernier sens qu'on dit un *système de poids et mesures.*

Enfin, quand deux grandeurs sont proportionnelles, l'une d'elles peut servir à définir les différents états de l'autre; on dit alors qu'elle lui sert de *mesure*; ainsi on dit qu'un angle au centre a *pour mesure* l'arc compris entre ses deux côtés, que la pression d'un gaz a *pour mesure* la hauteur d'une colonne de mercure qui lui fait équilibre, etc. Il faut cependant reconnaître que les trois dernières acceptions sont abusives. Il serait à désirer qu'on pût substituer au mot de *mesure* d'autres mots pour exprimer ces idées.

Chaque espèce de grandeur doit être mesurée par des procédés particuliers. Les longueurs se mesurent par superposition; par l'application des théorèmes de géométrie, on ramène la mesure des surfaces et des volumes à celles de certaines longueurs (V. LONGUEUR). Le volume d'une masse liquide peut cependant se mesurer directement par l'emploi de vases d'une capacité connue. La mesure des angles se ramène à celle des arcs qui s'effectue au moyen de cercles divisés. Ce sont les observations astronomiques qui fournissent la mesure du temps; l'emploi des horloges et des chronomètres constitue un procédé très commode et souvent très précis pour la même mesure; mais les observations astronomiques sont indispensables pour contrôler la marche de ces appareils. Les poids se mesurent à l'aide de la balance, les forces à l'aide des dynamomètres.— V. FORCE, § *Mesure des forces*, etc.

— Jusqu'à la fin du siècle dernier, les systèmes de poids et mesures usités chez les différents peuples étaient très défectueux. Il n'existait aucun lien entre les unités des diverses sortes de grandeur; ces unités étaient subdivisées d'une manière arbitraire et incommode, et, chose plus grave, elles variaient considérablement d'une ville à l'autre, ce qui introduisait la gêne et le trouble dans les relations commerciales.

Parmi toutes les réformes importantes qu'on doit à la Révolution française, celle des poids et mesures ne doit pas compter parmi les moindres. Colbert avait eu autrefois l'idée d'établir un système uniforme de poids et mesures; mais distrait par d'autres occupations, il n'y donna pas suite. C'est le 8 mai 1790 que l'Assemblée nationale décréta que ce système serait établi et chargea l'Académie des Sciences de l'élaborer. Le 23 avril 1791, celle-ci nomma cinq commissions qui devaient se partager le travail et qui étaient composées des plus grands savants de l'époque. On sait quel fut le résultat de leurs travaux, et quels sont les caractères principaux du nouveau système appelé *système métrique*, du nom de l'unité de longueur :

1° Toutes les divisions et subdivisions des unités principales sont décimales afin de simplifier les calculs.

2° L'unité de longueur est prise dans la nature et égale à la 10,000,000e partie du quart du méridien de la terre. Une nouvelle mesure de la terre fut effectuée pour cet objet spécial.

3° Toutes les unités dérivent du *mètre* par des définitions précises :

L'unité de surface est le mètre carré ou carré d'un mètre de côté. Pour les mesures agraires, on prend de préférence l'*are* qui est un décamètre carré.

L'unité de volume est le *mètre cube*; mais pour les liquides et les grains, on se sert du *litre* qui est un décimètre cube.

L'unité de poids est le *gramme*. C'est le poids qu'aurait dans le vide un centimètre cube d'eau distillée à la température de 4 degrés centigrades.

Enfin, l'unité monétaire est le *franc*; c'est la valeur d'une pièce d'argent pesant 5 grammes au titre de 900 millièmes.

La Commission des poids et mesures avait voulu compléter son œuvre en proposant une division de la circonférence en 400 grades au lieu de 360 degrés; ces grades se divisaient en 100 minutes et les minutes en 100 secondes. Il est à regretter que cette manière de mesurer les angles n'ait pas été adoptée, et que l'ancienne division sexagésimale ait prévalu, car il serait de beaucoup plus commode de diviser l'angle droit en 100 grades qu'en 90 degrés. Enfin, la mesure du temps laisse beaucoup à désirer. La division sexagésimale des heures et celle du jour en 24 heures est une chose fort incommode. Il faut espérer qu'un jour viendra où la mesure des angles et celle du temps seront réformées sur de saines bases.

Les avantages du système métrique sont tellement frappants que presque tous les peuples civilisés l'ont adopté, sinon comme obligatoire, du moins comme facultatif. Il est regrettable que l'Angleterre seule persiste dans un système arriéré, bizarre et incommode. Le jour où, laissant de côté un amour-propre national assez mal entendu, les Anglais comprendront ce qu'il y aurait d'utile pour eux-mêmes à accomplir cette réforme, ils rendront au monde entier un grand service, et le système élaboré par l'Académie des Sciences de Paris deviendra le système universel des poids et mesures dans le monde entier. — V. CAPACITÉ, LONGUEUR, POIDS ET MESURES. — M. F.

* **MESURE ÉLECTRIQUE.** L'*électrométrie* étant la partie de la science électrique qui traite des mesures électriques, nous avons exposé au mot ÉLECTROMÉTRIE les principes de la mesure électrique, défini les unités en usage, classé en trois catégories les méthodes de mesure (réduction à zéro, substitution, comparaison) et énuméré les instruments d'observation, dont la description est donnée aux mots par lesquels on les désigne habituellement. On trouvera, également, au mot ÉLECTRICITÉ, les généralités sur les mesures électro-statiques (§ 46) et électro-magnétiques (§ 55 à 58). Nos études sur les *machines électriques*, les *piles*, la *résistance électrique* et la *télégraphie*, traitent encore la question des mesures usuelles.

En faisant connaître les résolutions prises par le congrès international des électriciens au sujet de la définition des unités pratiques (V. ÉLECTRICITÉ, § 24 et 56, ÉLECTROMÉTRIE), nous avons dit qu'une conférence internationale devait se réunir en avril 1884 pour fixer la longueur de la colonne de mercure de 1 millimètre carré de section qui, à la température de 0 degré centigrade, représenterait, dans la pratique, la valeur de l'ohm. La conférence a fixé cette longueur à 106 centimètres, et donné le nom de *ohm légal* à l'étalon de résistance électrique ainsi défini, pour le distinguer de l'*ohm théorique* dont la définition est 10^9 unités absolues C. G. S. de résistance électrique.

D'après la discussion des expériences, le nombre de 106,25 ou même 106,30 aurait été plus approché de la valeur de l'ohm théorique; mais, pour la pratique, le nombre de 106 constitue une approximation suffisante.

L'intensité d'un courant étant mesurée directement, par le galvanomètre des tangentes, en valeur absolue, on a conservé la définition de *l'ampère* (10^{-1} unité absolue électro-magnétique C. G. S.); mais on a dû créer le *volt légal* : c'est la force électro-motrice qui maintient un courant de un ampère dans la résistance d'un ohm légal.

* **MESUREUR DES COURANTS.** Se dit de tout instrument permettant de mesurer l'intensité d'un courant électrique (V. ÉLECTRICITÉ, § 55). Ces instruments sont décrits en détail dans les articles GALVANOMÈTRE, ÉLECTRO-DYNAMOMÈTRE, VOLTAMÈTRE.

* **MESUREUR DES PRESSIONS.** Sous ce nom, nous comprendrons d'une façon générale les appareils dont on se sert pour déterminer expérimentalement les pressions développées par les gaz de la poudre, soit dans le tir des bouches à feu, soit dans les explosions en vase clos.

Le premier appareil de ce genre qui ait été employé couramment par les commissions d'expériences est l'*appareil poinçonneur* imaginé, de 1857 à 1860, par le major Rodman de l'artillerie des Etats-Unis. Le *poinçon Rodman* consiste en un grain que l'on visse sur la paroi du récipient dans lequel on veut mesurer la pression : dans ce grain est pratiqué un canal communiquant avec l'intérieur du récipient. Un piston en acier peut se mouvoir dans ce canal, il porte à son extrémité extérieure un couteau ou poinçon de forme pyramidale, également en acier ; le tranchant du poinçon est en contact avec une rondelle de cuivre rouge maintenue par une vis qui traverse la partie supérieure du grain. Au moment de l'explosion, la pression des gaz agissant sur la base du piston fait avancer le poinçon qui marque une empreinte dans la rondelle de cuivre, empreinte dont la longueur varie avec la pression.

Par des moyens mécaniques, presse à levier ou presse hydraulique, on a déterminé préalablement les pressions nécessaires pour faire dans des rondelles de cuivre identiques une série d'empreintes dont on a mesuré les dimensions de façon à construire une table permettant de connaître par une simple lecture la force de tarage correspondante à une empreinte donnée.

Le poinçon Rodman, d'un emploi fort commode, n'est pas susceptible de donner une très grande précision; actuellement, on lui préfère généralement l'*appareil d'écrasement* à cylindre de cuivre dû, en 1868, au capitaine Noble, de l'artillerie anglaise, et auquel on a conservé, en France, son nom anglais de *crusher* (fig. 232). Dans le grain en acier se trouve un petit piston en acier dont la tête est en contact avec un cylindre de cuivre appuyé, d'autre part, contre une enclume fixe placée au fond du logement. Un petit ressort spirale ou une rondelle en caoutchouc sert à centrer le cylindre à l'intérieur de la chambre ; l'extrémité inférieure du piston est garnie d'un obturateur en cuivre. Lors de l'explosion, le cylindre est plus ou moins écrasé suivant que la pression est plus ou moins forte ; on mesure la hauteur du cylindre après l'expérience, et de cette hauteur on déduit, à l'aide d'une table, la pression développée. Pour construire cette table, on soumet des cylindres de cuivre identiques, comme dimensions et fabrication, à ceux que l'on doit employer, à l'action de poids progressivement croissants, amenés d'abord simplement en contact avec les cylindres puis qu'on laisse agir brusquement sur eux; on emploie pour cela, en France, une balance équilibrée, sorte de romaine, construite par M. Jœssel, ingénieur de la marine, en vue d'essai sur la résistance des métaux.

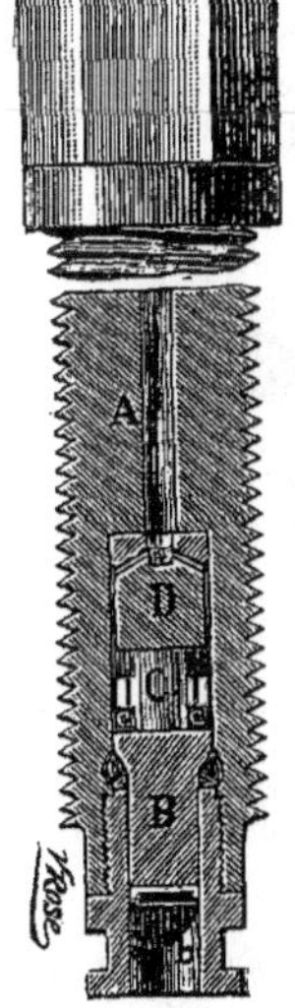

Fig. 232. — *Appareil d'écrasement, dit crusher.*

A Grain en acier. — *B* Piston mobile en acier. — *C* Cylindre en cuivre. — *D* Enclume en acier. — *b* Obturateur en cuivre rouge. — *c* Ressort spirale.

L'appareil d'écrasement, aussi bien que le poinçon Rodman, ne peuvent faire connaître que le maximum de pression développée ; ils ne peuvent, non plus, en donner la valeur exacte, car on ne peut guère admettre que le résultat obtenu soit le même, quelle que soit la façon dont se produit la pression ; ils ne peuvent donc fournir que des valeurs de comparaison pour la mesure des effets des *différentes* poudres faisant explosion dans des conditions aussi identiques que possible. Ces appareils ne peuvent, en outre, fournir aucune indication sur le temps au bout duquel le maximum est atteint et sur la rapidité avec laquelle la pression se développe d'abord puis décroît ensuite.

Dans le but de déterminer la loi des variations des pressions, on a imaginé divers appareils ; mais ces appareils, d'une construction assez compliquée et d'un maniement fort délicat, ne sont guère employés que dans les laboratoires. Tels sont la balance manométrique et l'accélérographe de l'ingénieur Marcel Deprez, construits pour la première fois en 1874, et l'enregistreur du commandant d'artillerie Ricq, dont les prémiers essais remontent à 1874. Avec la *balance manométrique*, on détermine, par le déplacement de pistons différentiels maintenus par des pressions antagonistes graduées, les moments où la pression des gaz passe par ces diverses valeurs ; ces instants sont enregistrés, soit au moyen de l'électricité sur un chromographe spécial, soit mécaniquement sur un cylindre tournant.

L'*accélérographe* enregistre graphiquement les espaces parcourus, à chaque instant, par un piston sur lequel agissent les gaz de la poudre pendant toute la durée de la combustion. On détermine ainsi, par points, la courbe des espaces parcourus par ce piston, en fonction des temps, et on en déduit la loi des vitesses acquises et la loi des forces accélératrices auxquelles il a été soumis.

L'*appareil Ricq* permet d'enregistrer directement et d'une manière continue la loi du mouvement d'un projectile spécial, sorte de petit piston disposé dans un grain vissé sur la bouche à feu. Ce piston trace directement, sur un cylindre tournant, une courbe représentative de son mouvement.

***MÉTACENTRE.** *T. de géom. et d'arch. nav.* Introduit, en 1746, par Bouguer, dans son célèbre ouvrage intitulé *Traité du navire.*

Si on considère un corps flottant, primitivement en repos, puis incliné légèrement autour d'un axe horizontal et abandonné ensuite à lui-même, il est soumis à l'action de la pesanteur appliquée à son centre de gravité et à celle du liquide environnant. Si l'ensemble de ces forces est tel que le corps soit ramené à sa position d'équilibre, quelle que soit la direction de l'axe d'inclinaison, l'équilibre primitif est qualifié de *stable.*

Les dimensions et les formes extérieures du flotteur étant données, l'équilibre est stable ou instable suivant la position occupée par le centre de gravité et suivant la hauteur à laquelle il se trouve, au repos, par rapport au centre du volume immergé de la carène.

D'une façon générale, si le centre de gravité est au-dessous du centre de carène, la stabilité de l'équilibre, définie plus haut, est assurée. En admettant, comme condition restrictive simplifiant l'étude géométrique, que le volume de la carène ne change pas pendant qu'on incline le flotteur d'un angle très petit, autour d'un axe horizontal, Bouguer a fait voir que pour chaque direction de l'axe d'inclinaison, l'équilibre peut encore être stable, le centre de gravité étant en dessus du centre de carène, mais à la condition que sa hauteur soit inférieure à une certaine limite h. Cette hauteur est exprimée analytiquement à l'aide du moment d'inertie I de la flottaison (considérée comme une section plane de la carène) par rapport à un axe parallèle à l'axe d'inclinaison et passant par son centre de gravité, et du volume V de la carène immergée.

$$h=\frac{I}{V}$$

En considérant l'axe d'inclinaison autour duquel le moment d'inertie I a sa plus faible valeur i (dans les navires, c'est toujours l'axe longitudinal), on obtient ainsi la hauteur limite $v=\frac{i}{V}$ que le centre de gravité peut atteindre au-dessus du centre de carène, sans que l'équilibre cesse d'être stable quelle que soit la direction de l'axe d'inclinaison. C'est à cette position limite que Bouguer a donné le nom de *métacentre.*

Au commencement du siècle, le célèbre géomètre Ch. Dupin développa, dans ses *Applications de géométrie*, la théorie géométrique de l'équilibre des flotteurs de la façon la plus heureuse en adoptant la notion du métacentre de Bouguer et la constance du volume immergé.

La théorie de la stabilité a été complétée au point de vue géométrique et au point de vue mécanique. On démontre, dans les cours d'architecture navale, que la condition restrictive de Bouguer n'est pas indispensable ; que la règle posée par cet auteur est encore vraie lorsque l'inclinaison très petite du flotteur est accompagnée de variations de même ordre dans la valeur du volume immergé.

On étend à des inclinaisons de toutes grandeurs la théorie précédente en substituant au métacentre une courbe dite *développée métacentrique* et dont l'étude est du ressort de la théorie du navire. On calcule aussi l'énergie nécessaire pour communiquer brusquement à un navire une inclinaison quelconque. Des tracés graphiques connus sous les noms de *courbes de stabilité statique* et *de stabilité dynamique* sont les résultats d'études théoriques qui accompagnent l'établissement d'un plan de navire.

MÉTAL. *T. de chim.* Corps simple, doué d'un éclat particulier nommé *éclat métallique*, plus ou moins ductile et malléable, généralement opaque, pesant, solide (excepté le mercure). Nous renvoyons à MÉTAUX, pour leur classification, et à chacun d'eux, pour leur étude spéciale. — V.

aussi Métalloïde. || *Métal natif* ou *métal vierge* se dit du métal que l'on trouve pur dans la mine. || *Métal blanc*. Composition métallique qui imite l'argent et avec laquelle on fait une foule d'ouvrages, notamment des couverts de table. — V. Maillechor. || *Métal d'Alger*. Alliage d'étain et d'une petite quantité d'antimoine. || *Métal de Darcet*. Alliage fusible d'étain, de plomb et de bismuth. || *Métal anglais*. Alliage d'antimoine et d'étain. || *Métal du prince Robert*. — V. Laiton. || *Métal des miroirs*. Alliage de cuivre, de plomb et d'antimoine qui prend le poli au point de devenir uni comme une glace. || *Métal Bessemer*. — V. Acier, Métallurgie. || *Métal Gruson*. Fonte trempée. — V. Fonte. || *Métal fondu. T. de métall.* On devrait appeler ainsi tout métal qui a subi la fusion, mais on désigne plus spécialement sous le nom de *métal fondu*, l'acier extra-doux, presque aussi peu carburé que le fer, et qui est obtenu en grandes masses par les procédés Bessemer et Martin-Siemens. Cette variété d'acier fondu s'appelle, en Allemand, *flusseisen* et en anglais, *ingot métal*. Son véritable nom serait *fer fondu*; on a craint la confusion avec la fonte de fer qui est aussi du fer ayant subi la fusion, mais accompagné d'une assez forte proportion de carbone et de quelques autres corps, tels que silicium, manganèse, qui ont été réduits en même temps que le fer. || *Métal antifriction. T. de mécan.* Métal formé généralement d'un alliage fusible d'étain, d'antimoine et de cuivre dont on garnit l'intérieur des coussinets des pièces frottantes animées d'un mouvement rapide, afin de diminuer le frottement des surfaces en contact. Les Compagnies de chemins de fer, en particulier, en font aujourd'hui un usage fréquent sur les organes les plus fatigués des locomotives, comme les coussinets d'essieux, ceux de bielles motrices et d'accouplement, des tiroirs, les semelles de crosse des pistons, les colliers d'excentriques. La composition de cet alliage peut varier d'ailleurs dans certaines limites; ainsi, la Compagnie de Lyon, par exemple, emploie 71 parties d'étain, 24 d'antimoine et 5 de cuivre, tandis que celle du Nord applique 80 parties d'étain, 10 de cuivre et 10 d'antimoine; mais les compositions les plus fréquemment appliquées diffèrent peu, en général, de ces types. Le métal antifriction est enchâssé dans des cavités pratiquées sur la pièce destinée à le recevoir, et le plus ordinairement, il n'occupe pas la totalité de la surface frottante, car on estime qu'il serait trop cassant. Dans ce cas, le coussinet est en bronze, et porte de simples rainures où le métal est coulé. Pour cette opération, on doit avoir soin d'étamer, au préalable, l'intérieur de la cavité pour assurer l'adhérence du métal, puis on chauffe la pièce à température de 100° afin que celui-ci pénètre bien en tous les points de la cavité, et on la coule après l'avoir chauffé à la température de fusion sans la dépasser pour éviter de l'altérer. Dans certains cas, comme pour les colliers d'excentrique, le métal est coulé directement dans la gorge qu'il remplit complètement, mais les précautions à observer restent évidemment les mêmes. Lorsqu'on emploie un revêtement complet de métal antifriction dans des coussinets en fer, il est bon de l'assujettir bien solidement pour prévenir tout déplacement ou choc qui pourrait amener une rupture. Comme ce revêtement pourrait disparaître à la suite d'un chauffage prolongé, on a généralement soin de ménager à l'intérieur du coussinet et sur toute sa longueur, des tasseaux en bronze emmanchés dans le fer qui font saillie à l'intérieur du coussinet et protégent ainsi le métal. En Amérique, on emploie quelquefois des coussinets en métal antifriction connu sous le nom de Babbit et qui ne sont pas obtenus par coulée; ils sont simplement refoulés dans leur logement sous une pression énorme, supérieure à 2,000 kilogrammes par centimètre carré, développée au moyen d'un mandrin exactement semblable à la portée de l'arbre qui est un peu conique. Le métal Babbit se moule d'une manière parfaite sous cette pression et donne une portée qui s'applique exactement avec un poli remarquable. Des rondelles latérales préviennent tout déplacement des coussinets. || *Art hérald.* Se dit de l'or et de l'argent figurés par le jaune et le blanc; le graveur représente l'or par des points et l'argent par une surface complètement unie.

***MÉTALLIFÈRE.** Qui contient un métal.

***MÉTALLISATION.** — V. Dépôt métallique, § *Dépôt sur les matières non métalliques.*

***MÉTALLOCHROMIE.** — V. Dépôt métallique, § *Métallochromie.*

MÉTALLOÏDE. *T. de chim.* Tous les corps de la nature ou ceux que l'art et l'industrie peuvent produire, sont, malgré leur infinie variété, formés d'un très petit nombre de substances élémentaires qu'on nomme *corps simples*, parce qu'on n'a pu de chacun d'eux retirer jusqu'ici, par tous les moyens connus, qu'une seule espèce de matière. Le nombre de ces *éléments* s'est accru avec les progrès de la science; mais il serait possible que plusieurs d'entre eux fussent décomposables par d'autres moyens d'investigation que ceux que nous possédons aujourd'hui. On a même plusieurs raisons de penser qu'il n'y a dans l'univers qu'une seule espèce de matière qui, par ses différents modes de groupements, constitue tous les corps. Dans l'état actuel de la science, on compte 68 corps simples dont 15 *métalloïdes* et 53 *métaux*; division qui toutefois n'a rien d'absolu. (Pour la différence entre les métalloïdes et les métaux, V. Métaux.)

Classification des métalloïdes (d'après M. Dumas) basée sur les propriétés de leurs combinaisons avec l'hydrogène, l'oxygène, sur les propriétés physiques, sur l'isomorphisme de ces combinaisons :

Première famille : *fluor, chlore, brome, iode.* Propriété caractéristique : *1 volume gazeux de chacun de ces corps forme en s'unissant à 1 volume d'hydrogène, 2 volumes gazeux d'un hydracide très énergique* fumant à l'air, très soluble dans l'eau, d'une odeur suffoquante.

Le fluor n'a pas encore été isolé. Les trois autres ont entre eux les plus grandes analogies; ils forment des composés isomorphes, tels que :

chlorure, bromure, iodure de potassium. Leur affinité pour l'hydrogène va en décroissant du premier au dernier, tandis que pour l'oxygène elle va en croissant. Les propriétés physiques de ces quatre corps : densités, points d'ébullition, équivalents, vont en croissant du premier au dernier.

Deuxième famille : *oxygène, soufre, sélénium, tellure.* Propriété caractéristique : *1 volume gazeux de chacun de ces corps forme en s'unissant à 2 volumes d'hydrogène, 2 volumes d'un acide faible.* Les analogies de l'oxygène et du soufre sont remarquables : l'acide sulfocarbonique CS^2 est analogue à l'acide carbonique CO^2. Les trois derniers corps forment avec l'hydrogène des acides doués d'une odeur très désagréable d'œufs pourris ; ils sont très vénéneux et inflammables. Les sulfures, séléniures, tellurures sont tous isomorphes. Les propriétés physiques de ces corps présentent une gradation qui ne se dément pas : les densités, points de fusion, d'ébullition, équivalents, vont en croissant du premier au quatrième.

Troisième famille : *azote, phosphore, arsenic.* Ces corps forment avec l'hydrogène des composés qui jouent le rôle de corps neutres ou de bases. L'ammoniaque (AzH^3) est une base énergique. Les phosphates, les arséniates sont isomorphes. Les densités à l'état solide ou à l'état gazeux, les points de fusion, d'ébullition, les équivalents, vont en croissant du premier au dernier.

Quatrième famille : *carbone, bore, silicium.* Ces trois corps sont *solides*; on les connaît à l'état *amorphe* et à l'état *cristallin* ; ils sont *très peu fusibles, fixes* et *insolubles*, excepté dans les métaux en fusion. Le carbone forme avec l'hydrogène des combinaisons nombreuses, peu stables. Ces trois corps se combinent tous avec l'oxygène pour former des acides faibles. Dans cette famille la densité diminue à mesure que l'équivalent augmente.

Cette classification présente l'avantage que, quand on connaît les propriétés de celui des corps qui joue le rôle le plus important dans une famille, on connaît par cela même, sauf quelques détails, les propriétés de tous les corps appartenant au même groupe. Autant est frappante l'analogie de propriétés entre les corps de chaque famille, autant les différences sont accusées entre les corps de familles distinctes.

L'*hydrogène* n'est pas compris dans cette classification, parce qu'il ressemble plus à un métal qu'à un métalloïde. En effet, il est, comme les métaux, bon conducteur de la chaleur, et forme, en se combinant avec l'oxygène, un composé (l'eau) qui joue le rôle de base avec les acides énergiques, et le rôle d'acide avec les bases puissantes. Il forme avec les métaux de véritables alliages : Ca^2H, K^2H, Na^2H, etc. L'hydrogène est le trait d'union entre les métalloïdes et les métaux; ou plutôt c'est un métal gazeux, comme le mercure est un métal liquide. — C. D.

MÉTALLURGIE. Art d'extraire les métaux des minerais qui les renferment et de leur donner la forme appropriée à l'usage.

Les métaux, comme on le sait, sont des corps simples, possédant un éclat caractéristique spécial. Leur fusibilité et leur malléabilité, qui permettent de les façonner plus ou moins aisément, leur ténacité et leur dureté, ainsi que leur élasticité, les rendent précieux à l'homme; et l'on peut affirmer que la découverte de chaque métal a été une étape de la civilisation dans sa marche progressive.

Historique. La métallurgie s'est formée lentement, car elle demande des connaissances physiques, mécaniques et surtout chimiques, qui ont suivi les progrès de l'humanité. Jusqu'à la fin de l'âge de pierre, point de métallurgie; l'homme ne sait emprunter au règne minéral que les silex dont il arme ses lances et ses flèches; ce n'est que plus tard, par la découverte du *bronze*, que la métallurgie a débuté.

Il est difficile d'expliquer comment on a pu arriver à réaliser cet alliage si curieux du cuivre et de l'étain, qui porte le nom de *bronze* ou *airain*. Le cuivre se rencontre quelquefois à l'état natif, mais ses gisements sont assez rares; cependant, la difficulté principale n'était pas là, et l'on conçoit facilement que l'éclat et la malléabilité du cuivre natif aient attiré l'attention et stimulé le génie inventif des hommes. Il fallait, au contraire, un certain concours de circonstances heureuses pour conduire à l'alliage du cuivre avec l'étain. Nous pouvons en juger par ce fait que dans les exploitations anciennes de cuivre natif du lac Supérieur, dans l'Amérique du Nord, on a retrouvé, dans de vieilles galeries, à côté de poteries grossières, des marteaux et des outils en cuivre. Voilà donc des peuplades, ayant à leur disposition le gisement de cuivre natif le plus étonnant du monde par son abondance et sa pureté, et cependant elles n'ont pu s'élever jusqu'à la création du *bronze*, qui leur aurait rendu, par sa dureté, des services autrement importants et d'une tout autre conséquence pour le progrès de leur civilisation. Les sauvages du Continent américain n'avaient pas, à leur disposition et dans le voisinage, des minerais d'étain pour faire cette découverte.

C'est dans l'Orient qu'il faut chercher l'origine du bronze. A l'époque de la guerre de Troie, c'est-à-dire un millier d'années avant l'ère chrétienne, l'âge de bronze était à son apogée dans la Grèce et l'Asie Mineure, et rien ne prouve que l'airain y fut d'une grande rareté; ce qui n'aurait pas manqué d'avoir lieu, si les éléments qui le composaient, ne s'étaient pas trouvés facilement à la disposition des peuples de ces régions; si ces métaux avaient dû, par exemple, venir de l'Inde ou de l'Asie centrale.

Nous pensons bien que la majeure partie du cuivre venait de l'île de Chypre (κυπρος cuivre), dont le nom se confond avec celui de ce métal, tandis que l'alliage avec l'étain, l'*airain* ou *bronze* s'appelait χαλχος; mais l'étain d'où venait-il?

On a supposé que le Cornouailles, ou la presqu'île de Malacca, les grandes sources actuelles de la production de l'étain, étaient aussi le lieu d'approvisionnement de l'antiquité. Les Phéniciens connaissaient les îles Cassitérides et y allaient chercher l'étain, cela n'est pas douteux; dans ce cas, ce serait la réduction simultanée des minerais de cuivre de l'île de Chypre avec les minerais d'étain des îles Britanniques, qui aurait permis la création de cet alliage si utile à l'homme. C'est l'explication la plus probable, sans doute, pour rendre compte de la *grande quantité de bronze* produite dans les temps anciens, mais sa découverte ne sera éclaircie que par la présence simultanée et bien démontrée, de filons de cuivre et d'étain dans un voisinage de l'île de Chypre plus immédiat que l'Inde ou les îles Britanniques. Si nous avons insisté sur cette difficulté d'expliquer la découverte du bronze, c'est que cet alliage est devenu, par les procédés qu'il a fallu employer pour le produire, la véritable origine de la métallurgie.

Nous sommes réduits à des conjectures pour deviner comment se produisait l'airain ou bronze des anciens. On sait que le minerai d'étain est un oxyde, et il a suffi que l'on jetât dans un foyer un peu ardent, quelques morceaux de ce minerai pour trouver dans les cendres des globules blancs d'étain métallique. Mais ce métal, seul, est presque sans utilité; il a donc fallu que quelque chercheur ait imaginé de l'allier au cuivre natif pour constituer un alliage dur élastique, et différant complètement des métaux qui lui donnaient naissance. Ce problème métallurgique que nous considérons comme insoluble, au point de vue historique, a été résolu en pratique, d'une manière certaine, dès les temps bibliques, et l'homme n'est réellement sorti de la barbarie de l'âge de pierre que grâce à la découverte du bronze.

Quelle que soit l'origine du bronze, il est certain que les anciens, dès les temps les plus reculés, savaient le fondre, le couler, lui donner la trempe ou le recuit convenables. C'est donc, avec l'élaboration de cet alliage précieux, que l'humanité a fait ses premiers essais de métallurgie. Malheureusement, il nous reste peu de documents pour éclaircir le premier âge de cette industrie. On a bien retrouvé les moules de terre cuite, dans lesquels on coulait ce métal, mais comment le fondait-on? Il est probable que l'on construisait des fours en terre, chauffés au bois ou au charbon de bois et que, par une percée, on faisait rendre le métal dans les moules placés à un niveau inférieur. Il est même possible que l'industrie de cette époque se soit élevée jusqu'à la conception du creuset ou du four de galère, ayant une certaine analogie avec nos fours à réverbère. Tout cela est bien vague et, à moins qu'on ne découvre, à Pompéi ou à Herculanum, quelque atelier de fondeur en bronze, nous resterons dans l'incertitude.

Les efforts que l'industrie humaine a dû faire pour réaliser les meilleurs moulages de bronze, qui font l'ornement de certains musées de l'Italie, et qui excitent notre admiration, ont certainement profité à la métallurgie du fer et de l'acier, qui devait jouer, dans l'histoire de la civilisation, un rôle si important.

L'homme n'est devenu véritablement maître de la nature, que lorsqu'il a eu à sa disposition un métal qui lui permit de tailler le bois et la pierre, de se créer des armes tranchantes pour se défendre contre les animaux sauvages, mais qu'il a malheureusement tournées aussi contre son semblable. L'âge du fer, succédant à l'âge du bronze, est donc un pas énorme dans l'industrie naissante et nous ne craindrons pas de dire que le fer a été pour nous le *métal le plus précieux*.

Les minerais de fer sont abondants sur la terre et l'attention de l'homme a dû être vite attirée de ce côté par leur éclat et leur couleur. Si, comme il est probable, l'homme primitif a eu les goûts des peuplades sauvages que nous voyons de nos jours, son premier emploi de certains minerais de fer a été de s'en colorer diverses parties du corps; les hydrates de peroxyde lui fournissaient une couleur jaune, tandis que la poussière d'hématite lui donnait le rouge vif.

Lorsque l'homme eût connu, par la fabrication du bronze, la métallurgie élémentaire du cuivre et de l'étain, son attention a dû se fixer, de préférence, sur les minerais de fer à l'aspect plus franchement métallique que les ocres, dont il se colorait le visage; l'oxyde magnétique pesant et d'un gris d'ardoise, le fer oligiste à l'éclat miroitant ont dû, certainement, être les premiers soumis à un essai de traitement. On peut se demander ce qui a retardé la découverte du fer et en quoi la métallurgie de ce corps était plus compliquée que celle du cuivre et de l'étain. C'est la nécessité de l'introduction du vent soufflé et aussi de la carbonisation. Le minerai de fer, pour se réduire, demande une température élevée que l'on ne peut obtenir d'une manière suivie et régulière, que par le vent forcé et les combustibles carbonisés. Il a fallu un certain degré de génie pour imaginer le soufflet, même à l'état primitif, tel que nous le voyons chez les peuplades de l'Afrique centrale. On dira bien qu'avec des peaux d'animaux, dont on avait su faire des outres pour transporter les liquides, on pouvait bien faire un réservoir d'air; sans doute, mais ce qui constitue le soufflet, c'est la soupape surtout et c'était là le point délicat. Quoi qu'il en soit, l'homme, guidé probablement par le commencement de réduction qu'avaient subi des morceaux de minerai de fer maintenus pendant longtemps dans un foyer, a compris la nécessité d'activer la combustion à la faveur de laquelle se faisait cette réduction; il a facilement pensé à une insufflation d'air, dont il avait appris à connaître l'effet quand il allumait péniblement du feu avec des morceaux de bois sec.

Quant à constater que le charbon de bois donne plus de chaleur que le bois, il a fallu encore un certain talent d'observation, aidé par l'expérience; car, combien de personnes croient encore que le coke, dont on a retiré le gaz, chauffe beaucoup moins que la houille, et s'expliquent peu pourquoi on se donne la peine, dans la métallurgie, de carboniser la houille au lieu de l'employer directement.

Les premiers âges de la métallurgie du fer ont dû ressembler à la méthode primitive que nous voyons appliquée encore dans les régions où la civilisation est peu avancée. Le minerai de fer est mis dans un four en argile avec du charbon de bois, et la combustion est activée par une soufflerie mue à la main. Pour donner au métal réduit la forme utile, il a fallu réaliser le marteau, très probablement, dans le principe, avec une pierre fixée au bout d'un bâton; une autre pierre devait servir d'enclume. Peu à peu, le marteau de fer et l'enclume de fer ont été un premier progrès. L'homme a dû rester longtemps stationnaire à cette période primitive de la métallurgie du fer; c'est même pendant cette longue durée qu'il a appris à façonner, de préférence, le fer allié à une faible proportion de carbone et qui constitue l'*acier*. De la découverte de l'acier à la *trempe* et à la connaissance de la dureté merveilleuse que peut acquérir cette nouvelle forme du produit de la réduction du minerai de fer, il n'y a qu'un pas, sans doute, mais quel progrès!

Il nous est impossible de comprendre la construction des monuments si remarquables de l'Égypte et de l'Assyrie, sans la connaissance de l'acier trempé. Il est naturel de croire que l'acier s'est produit dans des conditions spéciales de réduction du fer, mais on peut supposer aussi qu'il est venu à quelqu'un l'idée de recuire le fer dans un lit de charbon de bois en poudre pour lui communiquer quelque propriété spéciale, et c'est ainsi qu'a pu vraisemblablement naître l'acier.

Le forgeage du fer, sa soudure si merveilleuse, ne sont pas si difficiles à imaginer que la découverte des moyens de l'extraire des minerais, et nous en sommes moins étonnés.

Après les temps fabuleux de la métallurgie du fer, nous arrivons à ce que l'on pourrait appeler la période du moyen âge.

La *méthode catalane* que pratiquaient vraisemblablement les Etrusques, ces ancêtres des Toscans et des Latins, permettait déjà de produire le fer dans des conditions plus économiques. On sait qu'elle se différencie de la méthode primitive en ce que le soufflage est produit d'une manière mécanique des plus simples; quant aux réactions de la réduction, c'est encore l'action directe du charbon de bois sur le minerai.

La soufflerie, dans la méthode catalane, est produite par la *trompe* qui comprime et entraîne de l'air au moyen d'une chute d'eau; cette intervention de la force hydraulique a conduit naturellement au *martinet* ou marteau permettant de forger et d'étirer mécaniquement les loupes provenant de l'affinage et de les étirer en barres. Avec cette nouvelle formule de travail, l'homme n'a plus qu'à surveiller et guider l'opération, dont la partie fatigante est due tout entière au cours d'eau voisin. C'est un progrès notable. La métallurgie du fer est restée ainsi stationnaire pendant de nombreux siècles, se cantonnant dans les régions où se trouvaient réunis le minerai, le combustible végétal et la force motrice hydraulique. Le besoin de perfectionner cette méthode est né de l'épuisement des minerais riches, les seuls qui puissent se traiter pratiquement de cette manière.

On a eu l'idée et, vraisemblablement en Allemagne et en Suède, à peu près simultanément, de chercher à fondre dans un four à cuve les minerais de fer en présence du charbon de bois; en Suède, les minerais étaient riches, mais souvent siliceux, tandis qu'en Allemagne ils étaient plutôt relativement pauvres. En adaptant à la partie inférieure de ces demi-hauts-fourneaux une soufflerie mue par la force hydraulique et formée de caisses en bois avec des pistons garnis de cuir ou de laine, on produisit un corps nouveau, la *fonte* ou fer carburé très fusible, mais incapable de présenter la résistance du fer ou de l'acier. C'était, pour ainsi dire, un métal nouveau, que l'on considéra, surtout à cette époque, comme une matière première dont on pourrait retirer le fer ou l'acier en la travaillant convenablement. Cette révolution, qui permettait de concentrer dans un produit intermédiaire la partie métallique des minerais de fer, même les plus pauvres et les plus chargés de gangue terreuse, était d'une importance capitale, et nous verrons qu'actuellement, la métallurgie, dans sa partie qui concerne l'extraction du fer de ses minerais, de la manière la plus économique, n'a encore rien pu imaginer de plus parfait que le haut-fourneau. — V. FOURNEAU (HAUT-).

Avant de passer au bouleversement capital apporté dans la sidérurgie par l'invention de la fonte ou fer carburé, comme matière première de la fabrication, par *affinage* ou décarburation, des formes les plus utiles sous lesquelles sont employés l'*acier* et le *fer* proprement dit, il faut dire encore quelques mots d'une méthode *semi-directe* de transformation du minerai en fer ou en acier. Dans un de ces hauts-fourneaux de moyenne hauteur et que desservent deux tuyères placées horizontalement à la partie inférieure, supposons que lorsque le creuset est plein de fonte on incline tout à coup fortement les tuyères, de manière à souffler l'air à la surface du bain de fonte. La combustion du charbon de bois ou du coke placé devant ces tuyères va s'arrêter, et, par suite, la descente des charges, pendant que l'air insufflé va faire passer une partie de la fonte à l'état d'oxyde de fer. Cet oxyde réagit sur le carbone en combinaison avec le fer et produit du fer métallique, avec dégagement d'oxyde de carbone. Lorsque le creuset est suffisamment encombré de ce bloc de métal solide, on arrête le vent, on démolit une des parois du four, et, par cette brèche, au moyen de tenailles et de chaînes, on entraîne une *masse* ou *loup* sous un marteau mû hydrauliquement, qui doit en extraire les scories.

Voilà donc un exemple de fer produit en traitant dans un four à cuve les minerais en contact avec le charbon et soufflant mécaniquement l'air nécessaire à l'opération.

Cette méthode se distinguait du procédé catalan par une moindre consommation de combustible et par une production beaucoup plus grande; mais la perte en fer, pendant la période de scorification, quoique plus faible, était très grande encore. Elle devait céder rapidement la place à l'*affinage au bas foyer*, fondé sur la division du travail, et que nous allons expliquer maintenant. Ce qu'il y a de rationnel dans l'affinage au bas foyer, c'est qu'il emploie la *fonte*, et nous avons vu que ce produit intermédiaire était le résultat du traitement le plus parfait des minerais riches ou pauvres; de plus, l'affinage ou décarburation s'obtient au degré voulu, fer ou acier, par l'action d'un courant d'air en présence de charbon de bois. Depuis le XVe siècle jusqu'à la fin du siècle dernier, c'est ainsi que l'on faisait le fer et l'acier, et l'on ne comptait pas moins de quarante variantes de travail, suivant le nombre d'opérations successives pour arriver au produit définitif et suivant les manières dont on conduisait le travail.

Dans un espace rectangulaire, en forme de cuve, et d'une profondeur de 0^m,50 à 1 mètre au plus, et garni de plaques de fonte, on brûlait du charbon de bois sous l'action d'une tuyère. La fonte, en forme de gueuset de plusieurs mètres de longueur, était présentée devant cette tuyère; elle se liquéfiait et perdait en partie son carbone par l'effet doublement oxydant du courant d'air et des scories peroxydées ainsi produites. Comme la température du milieu où se faisait cette opération n'était pas très élevée, la chaleur produite par les réactions chimiques se répartissait sur une longue durée, à cause de l'action relativement lente de l'affinage oxydant en présence du carbone réducteur; le produit se solidifiait et prenait la forme de loupe de fer ou d'acier. On extrayait une *loupe* ou *masse*, imprégnée de scories, et on la portait, toute suante, sous le martinet ou marteau, mû généralement par une force hydraulique.

Une semblable méthode d'affinage pouvait s'appliquer dans les endroits où se trouvait à la fois du charbon de bois et de la force hydraulique, sans que le minerai fût proche, car elle pouvait traiter des fontes venant de fort loin, quand les transports par eau étaient faciles. On comprend donc qu'elle soit restée longtemps classique; il fallut la nécessité et des conditions spéciales pour qu'on ait pensé à imaginer mieux.

Les pays, comme l'Angleterre, où la concentration de la population et le besoin de défricher les forêts pour en faire des terres à blé, avaient rendu le charbon de bois coûteux, se trouvaient dans une mauvaise situation économique pour la production du fer et de l'acier. On avait bien essayé de substituer la houille, ou même le produit de sa carbonisation, le coke, en totalité ou en partie, au charbon de bois qui devenait de plus en plus rare; mais la qualité obtenue était si médiocre, à cause du passage du soufre du combustible dans le produit, qu'on avait dû y renoncer.

Vers le milieu du siècle dernier, un homme de génie, Henry Cort, chercha, en Angleterre, une solution de la métallurgie du fer, sans mettre en contact la fonte et le combustible. Il employa le *four à réverbère*, où, dans une chauffe, séparée par un mur en maçonnerie, le combustible développe sa chaleur, transmise par radiation sur une voûte, à la matière placée sur une aire plane ou *sole*. N'eût-il pas inventé le four à réverbère, que l'on prétend avoir été employé autrefois, à la fusion de la fonte, il a eu, en tous cas, l'heureuse idée de l'appliquer à l'affinage de la fonte. Celle-ci, placée en morceaux ou gueusets passe, avant de fondre, par un état semi-pâteux; en y faisant pénétrer un outil et remuant la masse, on facilite le contact affinant avec le courant gazeux toujours chargé d'oxygène libre, et peu à peu le carbone de la fonte se dégage à l'état d'oxyde de carbone. Ce gaz brûle à la surface en jets bleuâtres par leur transformation en acide carbonique. Bientôt, toute la masse est à l'état de fer; on la découpe en un certain nombre de balles ou loupes spongieuses tout imprégnées de scories. On les porte successivement sous un lourd marteau qui serre le métal, en exprime la scorie et donne lieu à une sorte de parallélipipède ou *bloom*. Pour activer encore le travail, Henry Cort eut l'idée de substituer, à l'action lente du marteau mécanique ou martinet, l'étirage entre deux cylindres portant des entailles ou *cannelures*.

En plusieurs passes, le corroyage était complet et le fer brut transformé en barres.

La sole sur laquelle se faisait l'affinage, dans le *four à puddler* (car cette opération portait le nom de *puddlage*) était primitivement en sable. Cort, non content d'avoir doté ses compatriotes et l'humanité entière d'un procédé qui bouleversait la sidérurgie, voulut encore le perfectionner. Cette sole siliceuse entraînait une grande perte en fer, l'oxyde produit se combinant avec la silice en présence. Il remplaça cette sole de sable par de l'oxyde de fer; il produisit celui-ci en brûlant, dans le four, de menus riblons, qui passaient à l'état d'oxyde fusible, s'étalant comme une nappe sur la sole formée de plaques de fonte. Le travail restait le même, sans doute, mais la perte en fer était diminuée. Pour abréger ce travail pénible du puddlage, un anglais eut l'idée, au commencement de ce siècle, de préparer l'affinage en faisant subir à la fonte l'action d'un vif courant d'air. C'est l'opération du *mazéage* ou *finage*, qui donnait un produit qu'on pouvait affiner près de deux fois plus vite. Que se passait-il? on ne l'a su que dans ces dernières années, quand le laboratoire s'est introduit dans les usines. La *fonte mazée* ou *fine métal* ne diffère de la fonte qui lui a donné naissance, que par l'élimination du silicium qui retarde l'affinage, car la décarburation ne commence qu'après l'oxydation de celui-ci. Ajoutons que, peu à peu, par les progrès obtenus en France, dans la conduite des hauts-fourneaux, on put produire, régulièrement, des fontes blanches, à carbone en totalité combiné au fer et dépourvues pratiquement de silicium. Il ne fut plus nécessaire de passer par l'opération coûteuse de la *mazerie* pour obtenir du fer.

Tel était jusqu'au milieu de ce siècle l'ensemble du *travail à l'anglaise pour la production du fer.*

Les recherches de plusieurs métallurgistes allemands, dans la Styrie et dans la Westphalie et ceux d'industriels de la Loire, permirent de réaliser le *puddlage pour acier.* En traitant des fontes manganésées, on éliminait plus lentement le carbone, le manganèse rendant les scories moins oxydantes et on pouvait s'arrêter au point de décarburation que l'on désirait. La métallurgie du fer semblait donc parfaite et arrivée à un état stable, que des améliorations de détail pouvaient seules modifier. Tout à coup, comme un coup de tonnerre, éclate en 1856 la communication de Henry Bessemer, sur l'*affinage de la fonte* et la *production de l'acier, sans combustible.* Il y avait là quelque chose de paradoxal qui trouva une grande incrédulité parmi les membres de l'Association Britannique réunie à Cheltenham. Cette révolution, annoncée en termes si clairs, était cependant vraie. Les premières applications de la nouvelle méthode furent entravées par la médiocre qualité des fontes traitées; mais, au bout de peu de temps, le procédé réussissait en Suède, puis en Angleterre.

La fonte, renfermée dans un vase cylindro-conique, isolé sur deux tourillons, est traversée, de bas en haut, par un courant d'air à une forte pression. Tout d'abord, on n'aperçoit que des étincelles, qui s'échappent en foule de l'orifice; puis, une flamme, d'abord faible, devient de plus en plus brillante, elle atteint son maximum d'éclat, elle s'abaisse et tout retombe dans l'obscurité, l'opération est terminée. On verse dans le convertisseur, un peu de fonte manganésée ou *spiegeleisen,* ou bien on y projette quelques morceaux de *ferromanganèse* pour corriger l'excès d'oxydation d'un affinage aussi rapide et l'on obtient de l'acier fondu que l'on peut couler dans des lingotières. Un quart d'heure, une demi-heure au plus se sont écoulés et la fonte prise au fourneau est transformée en un produit homogène, à l'état liquide et au degré de carburation que l'on désire. C'est merveilleux de simplicité, et la physique ainsi que la chimie, expliquent très simplement les réactions qui se sont passées. L'air insufflé produit immédiatement de l'oxyde de fer et celui-ci réagit sur les éléments oxydables contenus dans la fonte : silicium, d'abord, puis manganèse et carbone. Si le produit reste liquide et atteint une température élevée, c'est que la chaleur dégagée par ces combustions au sein du liquide ou *combustions intermoléculaires* est supérieure, et de beaucoup, au refroidissement par rayonnement des parois du vase vers l'enceinte où il se trouve. Après un résultat aussi merveilleux, il restait, cependant, un progrès encore à réaliser. L'opération Bessemer ne s'appliquait, jusqu'en 1878, qu'aux fontes ne renfermant pas plus de un millième de phosphore, les neuf dixièmes des fontes que l'on produit à la surface du globe ne pouvaient donc profiter de cet affinage surprenant.

On avait essayé, aux aciéries de Terre-Noire, de doubler ou même de tripler la proportion du phosphore que peut avoir un acier ordinaire, et cela, en diminuant le carbone qu'il renferme. Se fondant sur ce fait que le fer phosphoreux se lamine parfaitement tandis que l'acier phosphoreux ne peut supporter le laminage ni l'étirage, et rapprochant de ces résultats la teneur en carbone des deux produits, très faible dans le fer et dix fois plus forte dans l'acier de dureté moyenne, on était en droit de dire que *le carbone exagérait l'aigreur due au phosphore.* Il fallait donc faire de l'acier aussi doux que possible, et il pourrait alors comporter une plus forte proportion de phosphore.

Cette demi-solution ne contentait personne; les usines, les mieux placées pour traiter les fontes pures, se gardaient bien de diminuer leur qualité, dont elles étaient fières, et les autres étaient trop empoisonnées de phosphore pour profiter de cette nouvelle latitude dans le champ des matières premières à traiter.

Des analyses de scories de mazéage, faites par Berthier, avaient montré une déphosphoration notable dans cette opération qui a lieu en présence d'oxyde de fer et d'une faible proportion de silice. Grüner, dans ses *Etudes sur l'acier*, dès 1867, avait signalé cette propriété basique des scories phosphoreuses du mazéage et l'on pouvait en rapprocher la composition des scories du puddlage, où l'élimination du phosphore est très notablement accusée et accompagnée d'une proportion de silice, souvent inférieure à 10 0/0.

Deux anglais, l'un S. G. Thomas, qui faisait de la métallurgie spéculative, quoiqu'il fût attaché au parquet d'un tribunal de Londres, et son cousin P. Gilchrist, ancien élève de l'Ecole des Mines de cette ville et attaché, comme chimiste, aux forges de Blaenavon dans le pays de Galles, travaillèrent avec persévérance cette question de la déphosphoration. Thomas, dans le laboratoire qu'il s'était improvisé chez lui, faisait des expériences en petit, que M. Gilchrist répétait sur une plus grande échelle.

Ces deux travailleurs infatigables, après avoir déphosphoré et transformé en acier pur, d'abord quelques kilogrammes de fonte, à 1 1/2 0/0 de phosphore, s'élevèrent jusqu'à des opérations de plusieurs tonnes, dans les usines de Blaenavon et de Dowlais, dans le pays de Galles, puis dans celle d'Eston, près Middlesbrough où le procédé devint pratique. Ils semblent avoir été devancés par un autre ingénieur anglais, M. Snelus ancien élève de l'Ecole des mines de Londres, qui prit un brevet pour l'emploi de la chaux dans les opérations métallurgiques et qui réussit dans l'opération Bessemer, la déphosphoration au moyen de cette base. Par des considérations dans lesquelles nous n'entrerons pas, M. Snelus ne fit connaître ses résultats que lorsque Thomas et M. Gilchrist publièrent les leurs.

Le garnissage basique employé par ces derniers, était d'abord la chaux agglomérée par le silicate de soude, puis la dolomie ou carbonate de chaux et de magnésie transformée en briques. Cette dernière opération fut perfectionnée par M. Riley, qui introduisit le goudron et les huiles minérales pour le moulage de briques en dolomie préalablement calcinée. Si nous ajoutons que la pratique fit rapidement découvrir que la chaux et la magnésie, soit seules, soit naturellement mélangées dans la dolomie, acquéraient une stabilité considérable par le *frittage* ou cuisson à outrance, nous aurons épuisé l'état actuel de cette industrie nouvelle et si intéressante, la *déphosphoration*. — V. ce mot.

A la même époque où Henry Bessemer inventait son merveilleux mode d'affinage, deux allemands, Frédérick et William Siemens introduisaient dans l'industrie en général, et tout particulièrement dans la métallurgie, un mode de chauffage d'une intensité remarquable et qui devait rendre les plus grands services. Transformant d'abord les combustibles en un mélange d'azote et d'oxyde de carbone par une combustion partielle dans un gazogène imité de celui qu'avait imaginé Ebelmen, ils commencèrent par s'affranchir ainsi de la présence des cendres, qui par leur plus ou moins grande abondance peuvent influer sur le pouvoir calorifique. Puis, faisant passer les produits de la combustion de ce mélange gazeux dans des chambres placées sous le four à réverbère et remplies de briques entrecroisées, ils les dépouillèrent de la majeure partie de leur chaleur. Renversant le courant gazeux, ils firent traverser à ces chambres d'un côté l'air et de l'autre le gaz produit par les gazogènes. S'échauffant alors, jusqu'à 7 ou 800°, cet air et ce gaz donnèrent par leur combustion une température élevée, que l'on n'avait pu réaliser jusqu'à présent dans aucun four à réverbère.

La métallurgie s'empara de cette invention de premier ordre et réalisa, après les travaux remarquables des frères Martin, la *fusion de l'acier sur sole.*

Nous avons laissé la fabrication de l'acier au point où l'affinage au bas foyer avait permis de la porter dans le siècle dernier. L'acier ainsi produit, ou *acier naturel*, n'avait pas une grande dureté, et la *cémentation* ou carburation du fer par chauffage en vase clos au contact du charbon de bois, avait permis par une méthode nouvelle que les anciens ne semblent pas avoir connue, de réaliser des aciers beaucoup plus carburés. Mais ces aciers manquaient d'homogénéité; on les paquetait, on les soudait et on les corroyait au marteau ou au laminoir pour tâcher de corriger ce défaut; la solution véritable, le produit réellement homogène ne pouvait être que le résultat d'une fusion parfaite. Vers 1775, un fabricant de Sheffield, Benjamin Huntsmann résolut la fusion de l'acier dans des creusets de terre réfractaire chauffés au coke dans un foyer à fort tirage; et, dès lors, on put produire de l'acier fondu, réellement homogène et de tous les degrés de dureté voulue. Cette opération était dispendieuse, à cause de la grande quantité de coke très pur qu'elle nécessitait.

Pour fondre une tonne d'acier au creuset il faut, de 2 à 6 tonnes de coke suivant la dureté de l'acier et le nombre de creusets que l'on chauffe à la fois dans un four.

Le mode de chauffage Siemens s'appliquait tout particulièrement à la fusion de l'acier dans des creusets, ce qui permit d'abaisser notablement la quantité de combustible consommé et surtout de remplacer le coke par la houille. Les creusets pouvaient également durer plus longtemps, car ils n'étaient plus en contact avec le combustible. Mais, sans prévoir l'avenir réservé à la fusion au creuset, avenir qui nous semble devoir se restreindre de plus en plus, il est certain que la fusion de l'acier sur sole devra se développer considérablement. Les frères Martin emploient un bain de fonte auquel on ajoute de la ferraille plus généralement chauffée d'avance dans un four. L'opération se termine, comme au Bessemer, par une addition de spiegel ou de ferromanganèse.

William Siemens a donné une autre formule de travail au four, pour la fabrication de l'acier. Il affine un bain de fonte par une addition de minerai de fer, c'est ce que l'on appelle *l'ore process*, opération plus lente que le scrap process, ou emploi de fonte et de ferraille que nous avons indiqué plus haut, mais qui peut avoir son avantage dans certains cas spéciaux.

Comme couronnement de l'état actuel de la métallurgie du fer et de l'acier, il ne nous reste plus qu'à dire quelques mots de la *déphosphoration sur sole*. Elle est destinée à supprimer le réchauffage des ferrailles pour fer, industrie rendue coûteuse par les grands déchets qu'elle comporte et par le double traitement nécessaire pour produire le *ballé*, puis le métal marchand. Les garnissages employés sont *basiques*, comme dans l'opération Thomas, magnésie et dolomie frittée, ou même *neutres*, comme le fer chromé, mais le principe des opérations est le même qu'au convertisseur, action oxydante sur le phosphore et maintien de la scorie basique par additions convenables de carbonate de chaux.

Jusqu'à présent, nous n'avons parlé, dans ce court historique, que de la métallurgie du fer à tous ses degrés de carburation, fer, acier, fonte : il y a beaucoup moins à dire pour les autres métaux. Sauf cette exception que sur la terre, le bronze a devancé le fer, dans la plupart des pays, les autres métaux n'ont été, depuis, que les satellites de ce métal devenu indispensable à l'homme.

Le *cuivre* a été traité, pendant longtemps, en Norwège et en Allemagne, par une série de grillages en tas et de fusions au four à cuve en présence du charbon de bois; nous n'avons à indiquer dans le cours des siècles, que quelques modifications à cette méthode.

1° La substitution du four à réverbère aux cases de grillage et au four à manche, qui constitue l'essence de la *méthode galloise* employée à Swansea. On peut utiliser ainsi le combustible minéral et opérer plus rapidement que par les grillages en plein air.

2° L'affinage pneumatique ou *Bessemer du cuivre*, qui ne fait que débuter, mais auquel semble réservé le plus grand avenir. On commence par concentrer le cuivre par une fusion qui élimine la majeure partie de la gangue terreuse; puis on traite par l'air la matte fondue qui, en deux opérations, donne du cuivre presque chimiquement pur.

3° Enfin, l'introduction des *procédés de la voie humide* pour l'extraction du cuivre des minerais pauvres. Le principe est de faire passer le cuivre à l'état de sel soluble, sulfate ou chlorure et de précipiter le métal par le fer.

Le *plomb* était connu des anciens, ils s'en servaient pour faire des tuyaux et certains ustensiles.

Le procédé le plus anciennement appliqué pour son extraction était imité, vraisemblablement, de celui qui était employé pour le cuivre, grillage du minerai et fusion au charbon de bois dans un petit foyer : il est naturel qu'on ait opéré ainsi et ce n'est que plus tard que, par l'emploi du four à réverbère, on a pu opérer par la réaction du sulfure sur l'oxyde et le sulfate.

L'argent était aussi connu des anciens; ils en ont exploité probablement à l'état natif, mais la majeure partie provenait certainement des plombs argentifères dont ils avaient appris à séparer l'argent par *coupellation*. La difficulté avec laquelle s'oxyde l'argent et la facilité d'oxydation du plomb ont été utilisées dans cette opération. Les Grecs connaissaient cette séparation de l'argent et du plomb, ainsi que l'attestent les mines du Laurium, qui étaient réellement des mines de plombs argentifères et où les travaux modernes ont montré, avec les *ecvolades* ou minerais rejetés, des débris de fours en terre et de coupelles imprégnées de litharge. La découverte du Nouveau monde nous mit en possession d'une quantité considérable de minerais d'argent d'une grande richesse, mais que l'absence de combustibles et de voies de communications ne permettait pas, la plupart du temps, de traiter par la voie sèche et la fonte plombeuse, il fallut inventer des procédés par voie humide, et c'est alors que se fit une révolution considérable dans cette métallurgie par l'*amalgamation*, ou traitement par le *mercure* : cette opération dut même être perfectionnée encore et l'emploi du *magistral* ou mélange de sulfate de cuivre et de sel marin, permit le traitement des minerais pauvres ou rebelles au mercure par leur composition chimique.

Nous ne dirons qu'un mot de l'*or*, qui se rencontre presque exclusivement à l'état natif. Les anciens ne connaissaient guère que le lavage des sables aurifères, fait à la main. Cependant, on a prétendu que la fameuse expédition des Argonautes à la conquête de la Toison d'or, n'était qu'une émigration de chercheurs d'or se servant de peaux de mouton pour arrêter les parcelles du métal précieux que renfermaient les cours d'eau de la Colchide, ce qui suppose un appareil mécanique de lavage autre que la *batée*.

Le vrai perfectionnement que cette métallurgie a subi depuis les temps les plus reculés, c'est, comme pour l'argent, l'emploi de l'amalgamation. En Californie, on démolit des collines entières de sables aurifères sous l'action d'un puissant jet d'eau, et le torrent de boue, que l'on produit ainsi, doit passer sur un fossé de mercure où il se dépouille de son or. Toute autre méthode n'aurait pas permis l'exploitation de gisements aussi pauvres.

Nous n'avons pu qu'esquisser les grands traits de l'histoire de la métallurgie, car c'est aussi l'histoire de la civilisation dans une de ses manifestations les plus importantes. La construction des fours a suivi les progrès de la céramique, tout comme la construction des machines employées en métallurgie a dû se rattacher aux progrès de la mécanique en général.

Nous avons donné pour chaque métal, en particulier, les procédés actuels, les seuls qui doivent avoir réellement leur place dans le *Dictionnaire*, il nous suffira donc de traiter, d'une manière générale, les méthodes sur lesquelles ils sont basés.

Les métaux sont rarement à l'état natif, sauf l'or, l'argent, le platine et le cuivre. Quand ils se présentent à cet état, il faut les séparer de la partie stérile qui les enveloppe, ce qui se fait par des lavages qui mettent en relief leur densité très grande. Généralement, les métaux sont combinés avec des métalloïdes tels que l'oxygène, le soufre, l'arsenic, etc.; il faut alors les dégager des combinaisons dans lesquelles ils se trouvent.

Avant de passer aux opérations que nécessite leur traitement, pour effectuer la séparation des métalloïdes avec lesquels ils sont combinés, il faut d'abord procéder à une concentration de la partie utile. C'est ce qu'on appelle la *préparation mécanique*. — V. LAVAGE et PRÉPARATION MÉCANIQUE.

On sépare d'abord, à la main, par *triage*, les parties relativement stériles ; puis, par un concassage grossier au moyen de marteaux ou d'appareils spéciaux, on facilite cette opération préliminaire. On est conduit, souvent, à un broyage suivi de lavages dont l'ensemble constitue un art spécial imaginé par les Allemands et perfectionné par les Anglais et surtout par les Américains. — V. LAVAGE et PRÉPARATION MÉCANIQUE.

Métallurgie par voie sèche. TRAITEMENT DES OXYDES. Pour *réduire* les oxydes, on fait intervenir l'affinité du carbone et de l'oxyde de carbone pour l'oxygène. Appelons M un métal et MO son oxyde; on s'appuie sur une des réactions suivantes:

1° *Action du carbone solide*. $MO+C=M+CO$, il se forme de l'oxyde de carbone et le métal est mis en liberté. C'est ainsi que l'on procède pour le manganèse, pour l'étain, pour l'antimoine, etc.

L'action du carbone solide a lieu dans des bas-foyers, où la combustion est activée par une insufflation d'air, comme dans la méthode Catalane pour la production du fer. D'autres fois, mais plus rarement, elle a lieu dans un four à cuve, comme dans la fabrication du ferromanganèse.

2° *Action de l'oxyde de carbone*,

$$MO+CO=M+CO^2$$

il se produit de l'acide carbonique et le métal est réduit.

L'action de l'oxyde de carbone se trouve présenter les meilleures conditions dans les fours à cuve.

La colonne de minerai, mélangée au combustible, est soumise, pendant sa descente, à la colonne ascendante d'oxyde de carbone que produit, dans la partie inférieure, la combustion du carbone activée par une soufflerie puissante.

Le produit de la réduction d'un oxyde n'est pas toujours le métal pur. Dans certains cas, ce métal, ne trouvant pas une température assez élevée pour passer à l'état liquide, se combine au carbone avec lequel il est en contact et acquiert, seulement par cette combinaison, la fusibilité nécessaire à sa séparation d'avec les gangues terreuses. C'est ce qui se passe dans le traitement des minerais de fer au haut-fourneau ; le fer réduit à l'état d'éponge, dans la partie moyenne du fourneau, se carbure, fond dans la partie inférieure et donne lieu à un carbure de fer entraînant quelques-unes des impuretés du lit de fusion ; c'est la *fonte*. Ce produit intermédiaire servira ensuite de matière première à la réalisation du métal pur par l'opération qui porte le nom d'*affinage*. Quoi qu'il en soit, la réduction de la partie métallurgique des minerais oxydés est toujours accompagnée d'un produit accessoire dans lequel passe la *gangue* ou partie terreuse. Ce produit, qui est la *scorie* ou le *laitier*, liquéfié comme le métal, surnage par suite de sa densité moindre et se sépare facilement de celui-ci.

Le *laitier* est un silicate terreux que l'on a rendu fusible par une addition de base et, plus rarement, de silice.

La *scorie* est un silicate renfermant, outre les parties terreuses, une fraction du métal non réduit.

TRAITEMENT DES SULFURES. Certains métaux, tels que le cuivre et le plomb, ont une grande affinité pour le soufre, et l'on utilise souvent cette propriété pour opérer une première séparation du sulfure d'avec les parties terreuses et stériles ; on fait alors une *fonte de concentration*. Lorsque des métaux, généralement alliés au soufre et à l'arsenic, comme le cuivre et le nickel, se trouvent exceptionnellement à l'état d'oxydes, on préfère leur incorporer du soufre et se mettre dans les conditions générales de la métallurgie de ces métaux.

Quand on a affaire à un sulfure simple du métal, on élimine le soufre par grillage, et on se trouve en présence d'un oxyde que l'on réduit par le charbon : $MS+3O=MO+SO^2$ ou bien le métal est mis en liberté : $MS+2O=M+SO^2$, et il suffit alors de donner un coup de feu pour fondre et rassembler le métal.

Quelquefois les réactions sont plus complexes, comme dans le cas du sulfure de plomb traité au four à réverbère. Le grillage donne lieu à du sulfate qui réagit sur le sulfure et met le plomb en liberté : $PbS+4O=PbOSO^3$ puis

$$PbS+PbOSO^3=2Pb+2SO^2$$

Le plus souvent, le sulfure est complexe, comme dans le cas du cuivre, où le sulfure de fer est la partie dominante.

Par le grillage, on transforme le sulfure de fer en oxyde, tandis que le cuivre reste à l'état de sulfure. Alors, dans une fusion au demi-haut-fourneau, on fait passer le fer à l'état de silicate mélangé de chaux et d'alumine, tandis que le sulfure de cuivre surnage. Généralement, il faut plusieurs grillages et plusieurs fontes successives avant d'éliminer le fer qui constitue alors, avec le sulfure de cuivre, une *matte* dont de nouveaux grillages éliminent le fer.

Dans ces dernières années, on a imaginé d'appliquer à la métallurgie du cuivre, l'affinage pneumatique dont Bessemer a si merveilleusement doué la métallurgie de l'acier. Cette méthode, qui n'en est qu'à ses débuts, nous semble vouloir prédominer dans l'avenir.

Une fonte de concentration forme d'abord une matte que l'on affine dans deux opérations successives. La combustion du soufre développe assez de chaleur pour maintenir les matières à l'état liquide tandis que l'oxyde de fer produit se combine avec des fondants, silice, manganèse, que l'on ajoute pendant l'affinage.

TRAITEMENT DES ARSÉNIURES ET DES ARSÉNIO-SULFURES. L'arsenic étant volatil, on utilise cette propriété en grillant les minerais qui le renferment. On arrive ainsi à isoler le métal, soit à l'état d'oxyde, soit à l'état de sulfure quand l'arsenic est mélangé de soufre. Les propriétés vénéneuses de l'acide arsénieux et sa valeur commerciale amènent des précautions spéciales pour condenser et recueillir ce corps.

TRAITEMENT DES CARBURES. Le produit de la réduction d'un oxyde n'est pas toujours le métal pur, il se produit quelquefois un carbure plus fusible que le métal et qui est souvent le mode le plus économique pour le séparer de sa gangue.

Ce que nous allons dire du traitement des carbures s'applique surtout à la *fonte* et à la production du *fer* et de l'*acier*.

Affinage direct sans fusion. Il élimine lentement le carbure par une action oxydante appliquée au carbure. Il se forme de l'oxyde de carbone et le métal est isolé de la combinaison. Les oxydants employés sont le grillage et surtout le chauffage avec des oxydes solides ; c'est ainsi qu'on obtient la *fonte malléable* dans ses diverses nuances de douceur. Cet affinage est forcément incomplet, car il ne peut éliminer que les corps qui, comme le carbone, donnent des produits volatils : le manganèse, le silicium, peuvent être oxydés, mais les produits qui se forment, étant à l'état solide, restent mélangés au métal et diminuent sa malléabilité à froid et à chaud.

Affinage direct avec fusion plus ou moins pâteuse à une température qui ne permet d'obtenir qu'un produit solide. On a ainsi un métal déjà plus épuré que lorsque le carbure n'est pas fondu. Les scories interposées et qui renferment une partie des impuretés en présence, sont éliminées par liquation et surtout par la compression énergique du martelage et du laminage.

Quand on opère au contact du combustible, dans un bas foyer, actionné par une insufflation d'air, on a ce qui constitue les *feux d'affinerie.* L'affinage a lieu à la fois par le jet d'air et par les scories oxydantes qui se produisent, et le travail de l'ouvrier se réduit à l'entretien du foyer, le chargement de la fonte et l'extraction du produit. Quand on emploie des fours à réverbère, ce qui permet d'éviter le contact avec le combustible, le travail est différent. Le carbure, plus ou moins liquéfié, est étendu sur une sole de fonte garnie d'oxyde et, pour activer l'affinage, l'ouvrier doit brasser la masse avec un outil de fer, de manière à renouveler la surface en contact avec l'air et les oxydes affinants. C'est ce qui se passe au puddlage. Au point de vue de la main-d'œuvre, cette opération est beaucoup plus pénible que le travail au bas foyer ; mais la rapidité de l'opération et les masses plus fortes sur lesquelles on peut agir, rendent cette méthode plus économique. De plus, la matière à affiner étant en vue, il est plus facile de régler le travail pour l'obtention d'un produit plus ou moins décarburé.

Affinage direct du carbure liquide avec produits affinés liquides. Cette opération permet d'obtenir l'acier fondu en grandes masses, c'est l'avenir de la métallurgie de ce métal. On peut employer le four à réverbère chauffé par la méthode perfectionnée de Siemens, qui utilise la chaleur perdue de l'opération pour élever la température du combustible réduit en gaz et de l'air destiné à sa combustion. L'action affinante étant faible, il faut ajouter des oxydes ou disséminer le carbone dans la masse, en mélangeant des matières déjà affinées. C'est donc un *affinage par réaction.* Les scories, étant fluides, se séparent facilement du produit liquide, par la différence de densité et le métal a une homogénéité qu'aucun autre procédé n'avait pu donner jusque-là. On le coule dans des moules en fonte, en forme de lingots que l'on soumet ensuite à l'étirage au marteau ou au laminoir.

Le véritable affinage est réalisé en insufflant de l'air à une pression d'une atmosphère ou une atmosphère et demie au sein du carbure fondu renfermé dans un vase qui n'est pas chauffé par l'extérieur. Il faut, pour que cette opération réussisse, que le carbure renferme outre le métal à extraire, des corps qui développent de la chaleur ; autrement, la masse serait projetée hors du vase par la violence des réactions, ou n'atteindrait pas la température voulue. Parmi les corps qui, dans cet *affinage intermoléculaire,* développent la chaleur nécessaire, il faut citer le silicium, le manganèse et le phosphore.

Quand la décarburation est terminée, la flamme d'oxyde de carbone se transformant en acide carbonique et qui sort, volumineuse, de l'orifice du convertisseur, disparaît subitement avec la cause qui l'avait produite, ce qui permet d'arrêter l'opération. Pour réduire l'oxyde de fer formé dans l'opération et qui, après avoir réagi sur les matières étrangères combinées ou mélangées au métal, telles que silicium, manganèse, carbone, reste encore en dissolution, on ajoute du *manganèse métallique* sous forme de spiegel ou de ferromanganèse. Celui-ci fait passer l'oxyde de fer à l'état métallique ou à l'état de protoxyde, qui peut alors, grâce à son affinité pour la silice, passer dans la scorie.

L'opération Bessemer, dont nous venons de donner une idée succincte, est l'affinage le plus énergique, le plus rapide et le plus économique que l'on puisse imaginer. En un temps qui varie de 10 à 35 minutes, suivant la composition de la fonte et l'activité de la soufflerie, une masse de plusieurs tonnes se trouve transformée en acier fondu plus ou moins doux, suivant la proportion d'alliage de manganèse ajoutée et la quantité de carbone que celui-ci renferme. Le produit affiné et la scorie formée, étant tous deux à l'état liquide, se séparent facilement par différence de densité, dans la poche de coulée. Le métal obtenu est ainsi d'une grande homogénéité et possède alors une résistance considérable, comparativement aux produits mélangés de scories et qui portent les noms de *fer* et d'*acier puddlé*.

Nous avons terminé les généralités relatives à la métallurgie par la voie sèche, nous passerons maintenant aux principes sur lesquels est fondée la métallurgie par voie humide ; mais, auparavant, il nous faut dire quelques mots sur différentes méthodes qui jouent un certain rôle dans la séparation ou l'extraction de certains métaux.

La *liquation* met en jeu cette propriété des alliages de laisser écouler le plus fusible des métaux qui les composent, quand on les soumet à un chauffage prolongé ; les moins fusibles de ces éléments restent alors à l'état solide, formant une carcasse que l'on soumet à un traitement spécial. Pour que l'opération réussisse, on donne à l'alliage que l'on veut soumettre à la liquation, la forme de disques, dits *pains de liquation*, et on les porte dans un four à une température suffisante pour amener la fusion du plus fusible des métaux renfermés dans l'alliage. Nous citerons la désargentation des cuivres argentifères, que l'on a préalablement alliés à du plomb ; l'argent entraîné par le plomb s'écoule et laisse le cuivre désargenté sous forme de carcasses solides.

La *coupellation* s'appuie sur l'oxydabilité relative du plomb et de l'argent. Dans un four à dôme mobile, chauffé latéralement comme un four à réverbère, on met en fusion le plomb argentifère. La sole faite d'une argile rendue poreuse par du charbon en poudre ou des os calcinés, a la propriété d'absorber l'oxyde de plomb formé, tandis que l'argent reste seul sous forme d'un culot ou *fond de coupelle*. Il suffit, ensuite, de repasser la coupelle au four à plomb, tandis que l'on fait subir une nouvelle fusion à l'argent pour effectuer la séparation complète des deux métaux.

L'*amalgamation* repose sur la propriété que possède le mercure de dissoudre, à froid, plusieurs métaux parmi lesquels les plus intéressants sont l'argent et l'or métalliques. L'amalgamation est de la plus grande importance dans la métallurgie ; elle permet, seule, dans beaucoup de cas, d'extraire ces métaux précieux qui sont toujours noyés dans une quantité énorme de matières stériles, et dont la fusion nécessiterait une dépense énorme de combustible. L'amalgamation qui s'applique, la plupart du temps, avec adjonction de réactifs salins en dissolution tels que sel marin, sulfate de fer et de cuivre, nous servira de transition naturelle aux procédés métallurgiques par voie humide.

Métallurgie par voie humide. La métallurgie par voie humide, si nous faisons abstraction des procédés d'amalgamation imaginés au XVIe siècle, au Mexique et dans l'Amérique du sud, peut être considérée comme tout à fait moderne.

Elle repose sur des réactions chimiques où la température n'exerce qu'une action secondaire et n'est mise en jeu qu'accessoirement pour produire l'incorporation de certains réactifs.

Comme elle a recours à des moyens de dissolution ou de transformation des produits dissous, d'un prix généralement élevé, elle ne s'applique qu'aux métaux d'une certaine valeur. Nous allons passer en revue les différentes méthodes qu'elle emploie, soit comme préparation, soit comme achèvement du résultat désiré.

Dissolution. Pour amener le métal à l'état de dissolution, on emploie les acides en s'adressant de préférence à ceux qui sont du prix le moins élevé.

L'acide chlorhydrique a été, jusqu'à ces dernières années, pour ainsi dire, sans valeur, car c'était le résidu de la production du sulfate de soude pour la fabrication du carbonate de soude par le procédé Leblanc. Il était donc naturel qu'on s'adressât à ce produit encombrant pour les fabriques de produits chimiques, et qu'on cherchât à l'utiliser dans la métallurgie par voie humide. Plusieurs méthodes de traitement de certains minerais ont, en effet, été basées sur l'emploi de l'acide chlorhydrique ; mais nous devons ajouter qu'actuellement le bouleversement qui vient de se produire par la fabrication de la soude à l'ammoniaque, dans les sources de production de l'acide chlorhydrique, ne permettent plus de fonder, sur son emploi, les mêmes espérances.

L'acide sulfurique a été aussi employé, mais, à moins de se trouver dans des conditions toutes spéciales et particulièrement économiques, il est préférable de le produire dans l'opération même, par un moyen détourné. On sait que la calcination, en vase clos, du sulfate de fer donne un mélange d'acide sulfurique anhydre et d'acide monohydraté connu sous le nom d'*acide fumant de Nordhausen*; on cherchera donc, en général, à se mettre dans des circonstances analogues pour produire économiquement l'acide sulfurique destiné à la dissolution des minerais. C'est ainsi que, dans le traitement des pyrites de fer, pauvres en cuivre, qui se rencontrent en si grande quantité dans la région de Rio-Tinto, en Espagne, on arrive à produire la dissolution du cuivre par l'acide sulfurique, en grillant des énormes tas de pyrites avec accès d'air ménagé.

Les autres acides, ou les corps qui, comme le chlore, en remplissent le rôle, sont d'un prix trop élevé pour qu'on puisse espérer fonder sur leur emploi des procédés réellement économiques.

Précipitation. Un métal étant amené à l'état de dissolution dans un acide, si on y ajoute un métal plus avide d'oxygène, il y a précipitation du métal en dissolution et substitution de l'autre. Cette méthode, connue aussi sous le nom impropre de *cémentation*, est employée sur une large échelle dans le traitement des pyrites cuivreuses pauvres. On obtient aussi, par l'emploi de la fonte ou de la ferraille, un cuivre impur, dit *cuivre de cément*, renfermant la majeure partie des éléments que contient le fer qui a servi à cette précipitation, plus une certaine proportion d'oxyde de cuivre. Il suffit alors de soumettre ce cuivre impur à une opération d'affinage pour obtenir un produit marchand.

Chloruration. Dans le traitement de certains minerais argentifères, on est conduit à chlorurer le métal d'une manière détournée et moins coûteuse que par le chlore lui-même. On opère alors dans un four, en grillant le minerai en présence du chlorure de sodium, le plus économique des chlorures. C'est une opération délicate, car il faut éviter la volatilisation du réactif ou du chlorure produit, tous les chlorures étant plus ou moins volatils; il faut donc ménager la chaleur et brasser pour renouveler les surfaces en contact.

Sulfatation. De même que la chloruration, la sulfatation pourrait être considérée comme une opération de voie sèche. Elle s'obtient par un grillage ménagé de sulfures, dans le but de faire passer à l'état de sulfate le métal que l'on a plus particulièrement en vue.

Lixiviation. C'est la lixiviation ou lessivage méthodique qui relie aux procédés de la voie humide les opérations de chloruration et de sulfatation, dont nous venons de parler plus haut. Elle a pour but de dissoudre les chlorures ou les sulfates produits, de manière à en amener la concentration dans une liqueur qui devra être ultérieurement l'objet d'un traitement de précipitation ou de décomposition.

Les autres réactions chimiques qui sont ou qui pourraient être employées pour l'obtention des métaux, ne sont pas d'une application assez courante pour être du domaine de la vraie métallurgie; elles appartiennent plutôt à l'*industrie des produits chimiques*, et nous n'en parlerons pas.

Electro-métallurgie. Déjà il a été question (V. ÉLECTRO-MÉTALLURGIE) de l'emploi de l'électricité dans la métallurgie, mais à un point de vue général et comme une application de l'électro-chimie.

Nous parlerons ici des tentatives pratiques faites dans cette voie.

Cette courte étude sera divisée en deux parties :

1°. Le raffinage électrolytique des métaux;

2° L'extraction des métaux de leurs minerais.

RAFFINAGE ÉLECTROLYTIQUE DES MÉTAUX. *Raffinage du cuivre.* Les réactions chimiques sont celles de la galvanoplastie; dans un bain de sulfate de cuivre on fait passer un courant électrique, on place le cuivre impur au pôle positif, et il se fait au pôle négatif un abondant dépôt de cuivre à l'état de pureté absolue. Avec des cuivres renfermant 5 0/0 d'impuretés, et en employant les machines de Gramme ou de Siemens, on obtient de très bons résultats.

Raffinage du plomb. On fait un bain de sulfate de plomb en dissolution dans l'acétate de soude. Dans un semblable bain, la plupart des métaux autres que le plomb sont insolubles. On coule le plomb à raffiner en plaques que l'on suspend à des traverses métalliques reliées au pôle positif d'une machine à courant continu; au pôle négatif, on met des plaques de plomb pur. Le sulfate de plomb se décompose; le plomb se porte au pôle négatif et grossit les plaques de plomb pur, tandis que le plomb impur est dissous par l'acide qui se porte à l'autre pôle, en même temps que le fer et le zinc que celui-ci renferme et qui se précipiteront à l'état d'oxydes.

EXTRACTION DES MÉTAUX DE LEURS MINERAIS. En dehors de ces applications de l'électricité à la métallurgie, entrées réellement dans la pratique, il nous faut parler surtout de recherches, plutôt que de procédés en marche courante.

1° *Une des électrodes est soluble.* On s'appuie sur les faits suivants : 1° les sulfures métalliques conduisent l'électricité; il en est de même en présence d'une forte proportion de gangue; 2° dans un bain salin, dont l'acide attaque le sulfure métallique que l'on veut traiter, le métal se dépose, le bain reste neutre et il se fait un dépôt de soufre.

On agglomère le sulfure, par la chaleur et la pression combinées, en forme de plaques. Quand on traite la galène, le bain, dans lequel on suspend ces plaques au pôle positif, est du nitrate de plomb. Quand on traite la blende, ce bain est du nitrate, du sulfate ou du chlorure de zinc. C'est le procédé électro-métallurgique qui semble le plus intéressant; mais la difficulté est dans la bonne agglomération des sulfures.

2° *Une des électrodes est insoluble.* Au pôle négatif se dépose le métal que l'on a préalablement mis à l'état de sulfate par le grillage du sulfure (le cuivre, par exemple). Au pôle positif, il se dégage de l'acide sulfureux et de l'oxygène. En pratique, la dépense d'électricité par cette méthode est assez forte.

Dans un autre procédé, on suspend le minerai entre les deux pôles et dans un bain acide de composition variable (acide sulfurique étendu, sulfate d'ammoniaque, soude caustique, suivant les cas).

Pour empêcher la polarisation de l'électrode sur laquelle ne se dépose pas le métal, on emploie une électrode conique que l'on met en mouvement rapide, afin que la force centrifuge fasse dégager les bulles de gaz qui tendraient à y adhérer.

En ce qui concerne le zinc, on a proposé des modifications à ces méthodes ; mais jusqu'à présent elles ont été loin d'être couronnées de succès. Ce qui semble indiqué dès maintenant, c'est que, en dehors du raffinage des métaux, le traitement des minerais par l'électricité ne présente d'intérêt que si on peut produire celle-ci économiquement par des chutes d'eau ou des transmissions à distance, à l'exclusion de toute consommation de combustible.

TRANSFORMATION MÉCANIQUE DES PRODUITS DE LA MÉTALLURGIE. Dans cet aperçu historique de la métallurgie générale que nous venons de donner, on a remarqué que, à mesure que les procédés se perfectionnaient, il en était de même du travail de l'élaboration mécanique. Tout d'abord, les métaux qui ne pouvaient se couler dans des moules, se forgeaient à la main. Plus tard, et dès la méthode catalane, la soufflerie, le corroyage pour expulser les scories et l'étirage en barres se firent par la force empruntée au cours d'eau voisin. L'ouvrier n'avait plus qu'à alimenter le foyer de combustible et de minerai, et à extraire le fer produit. La même disposition mécanique, plus perfectionnée encore, fut adoptée dans les feux d'affinerie; aussi les forges, à cette époque, se plaçaient-elles sur le bord d'un cours d'eau et à proximité tout à la fois de la mine et de la forêt. Le travail de la forge à l'anglaise, en employant exclusivement le combustible minéral, fit grouper les usines aux environs des bassins houillers et à proximité des arrivages de minerais. Il en résulta qu'on se préoccupa peu ou point de la force hydraulique, assez parcimonieusement répartie, d'ailleurs, dans un pays peu accidenté. Il fallut donc produire de la vapeur en consommant de la houille. Le cinglage, qui élimine les scories, empâtant le fer, se fit d'abord au marteau frontal, puis, plus tard, au marteau pilon; le laminage transformait le fer en barres, il n'y eut plus que l'affinage proprement dit de la fonte qui se fit à bras d'hommes dans le puddlage.

Un premier progrès, dû à l'esprit économe des industriels français, fut de faire servir les chaleurs perdues des opérations métallurgiques à la production de la vapeur. On commença par adapter des chaudières aux fours à puddler et à réchauffer, puis on imagina de brûler les gaz, encore combustibles, qui s'échappent du gueulard des hauts-fourneaux, pour produire, sous de longues chaudières, la vapeur destinée à la soufflerie. Ces mêmes gaz furent employés également pour le chauffage de l'air insufflé, d'abord, en les brûlant autour de tubes de fonte, puis dans des appareils de briques dont nous avons parlé.

Il restait un dernier progrès, c'était de rendre également tout à fait mécanique, l'affinage qui restait encore entre les mains de l'ouvrier, c'est ce qu'on réalise par le Bessemer et la fusion au four Siemens par le procédé Martin. — F. G.

MÉTALLURGISTE. *T. de mét.* Celui qui s'occupe de métallurgie.

* **MÉTATARTRIQUE** (Acide). *T. de chim.* Corps isomère de l'acide tartrique ordinaire $C^8H^6O^{12}$... $C^2H^2(OH)^2(CO^2H)^2$, *et obtenu en fondant* ce dernier à une température voisine de 170°.

MÉTAUX. *T. de chim.* On définissait autrefois les métaux en disant que ce sont des corps simples, solides, doués d'un éclat particulier (*éclat métallique*), opaques, très denses, bons conducteurs de la chaleur et de l'électricité. On croyait les distinguer ainsi des métalloïdes ; mais ces caractères physiques sont insuffisants ; car il y a parmi les métalloïdes des corps qui ont l'éclat métallique, tels que l'arsenic ; d'ailleurs les métaux réduits en poudre sont ternes. L'opacité des métaux n'est pas absolue, car l'or et l'argent réduits en feuilles très minces se laissent traverser par la lumière. Quant à la densité, plusieurs métaux sont plus légers que l'eau c'est-à-dire plus légers que plusieurs métalloïdes (soufre, diamant, etc.). Il est vrai toutefois que les métalloïdes sont mauvais conducteurs de l'électricité et de la chaleur. Enfin le mercure est un métal liquide et l'hydrogène peut être considéré comme un métal gazeux. Il n'y a donc rien d'absolu dans ces caractères des métaux. Mais c'est au point de vue chimique que des différences essentielles peuvent être établies entre les métaux et les métalloïdes. En effet, tous les métaux, en se combinant avec l'oxygène, donnent naissance au moins à un *oxyde basique* ; tandis qu'aucun métalloïde ne possède cette propriété. Les combinaisons de l'hydrogène avec les métaux sont rares, tandis qu'avec les métalloïdes elles sont très nombreuses.

HISTORIQUE. Les anciens ne connaissaient que sept métaux qu'ils désignaient par les symboles des sept planètes auxquelles ils les avaient dédiés :

L'or au Soleil, ☉ ; l'argent à la Lune, ☾ ; le mercure à Mercure, ☽ ou ☿ ; le cuivre à Vénus, ♀ ; le fer à Mars, ♂ ; l'étain à Jupiter, ♃ ; le plomb à Saturne, ♄.

Le zinc, l'antimoine, le bismuth, le platine, le nickel et le cobalt n'ont été décrits qu'au moyen âge. Dans le XVIIIe siècle, on découvrit le manganèse, le tungstène, le molybdène, le titane, le chrome. Dans le XIXe, on en découvrit une quarantaine, dont les plus récents sont le cœsium, le rubidium, le thallium, le gallium. Plusieurs autres ont encore une existence problématique. C'est sur les métaux que se sont exercés les alchimistes dans leurs vaines recherches sur la *transmutation* des métaux communs en métaux précieux : or, argent.

État naturel, gisement. Peu de métaux se rencontrent dans la nature à l'état *natif* ou *vierge* ; ce sont surtout les métaux inaltérables à l'air (or, argent, platine, mercure, palladium, iridium). On en rencontre beaucoup combinés avec l'oxygène, le soufre, l'arsenic (fer, manganèse, zinc, plomb, bismuth, étain, mercure, etc.) ; quelques-uns à l'état de sels insolubles.

I. *Propriétés physiques des métaux. État :* Tous les métaux sont solides à la température ordinaire ; le mercure seul est liquide.

Propriétés organoleptiques : les métaux n'ont,

en général, ni odeur, ni saveur ; cependant plusieurs d'entre eux (l'étain, le fer, le cuivre, le plomb) exhalent une odeur désagréable, surtout quand on les frotte avec les mains. Quelques-uns ont une saveur particulière et désagréable (le fer, l'étain). Il n'y a que peu de métaux colorés : l'or est jaune, le cuivre est rouge; les autres tirent sur le blanc; le zinc est blanc bleuâtre, le fer est gris bleuâtre. La *couleur* des métaux polis peut être considérablement modifiée après plusieurs réflexions du même faisceau de rayons lumineux sur la surface d'un même métal poli. (V. COULEUR par réflexions multiples). Tous les métaux sont blancs sous l'incidence rasante. La couleur se fonce de plus en plus à mesure que l'incidence s'approche de la normale.

Éclat. Les métaux sont doués d'un éclat particulier dit *éclat métallique* qui disparaît quand ils sont réduits en poudre ; celle-ci est terne, noire ou grise ; mais elle prend l'éclat métallique quand on la frotte avec un corps dur, un brunissoir.

Opacité. Sous une épaisseur suffisante, tous les métaux sont opaques, c'est-à-dire qu'ils ne se laissent pas traverser par les rayons lumineux. Mais réduits en feuilles très minces, ils acquièrent de la translucidité. Ainsi, une feuille d'or battu, appliquée avec soin contre une lame de verre, laisse voir au travers une belle couleur verte; il en est de même du cuivre; l'argent est bleu par transmission, l'étain est brun.

Cristallisation. Les métaux peuvent affecter des formes cristallines régulières : en cube, octaèdre, dodécaèdre rhomboïdal. L'or, l'argent, le cuivre se rencontrent sous ces formes dans la nature. On produit aussi artificiellement la cristallisation de certains métaux, par différents moyens. — V. CRISTALLISATION par voie sèche.

Densité. (Pour la définition de la densité et pour les procédés à l'aide desquels on la détermine, V. t. IV, p. 122.) Tous les métaux à l'exception du potassium, du sodium et du lithium, sont plus denses que l'eau ; la densité de beaucoup de métaux varie avec l'état physique, c'est-à-dire suivant qu'ils ont été fondus ou forgés, ou laminés plus ou moins fortement (V. DENSITÉ). Les chiffres du tableau suivant n'ont donc rien d'absolu puisqu'ils peuvent varier d'un échantillon à l'autre du même métal.

Densité des principaux métaux (celle de l'eau étant 1).

Métal	État	Densité
Platine	précipité comprimé	26.14
	fortement écroui	23.00
	laminé	22.07
	fondu	21.15
	passé à la filière	21.04
	forgé	20.34
Osmium		22.47
Iridium		22.30
Or	forgé	19.36
	fondu	19.00
Mercure	solide à —42°	14.40
	liquide à 0°	13.59
Palladium	11.3 à	12.00
Plomb fondu		11.35
Argent fondu		10.45
Bismuth fondu		9.82
Cuivre rouge	en fil	8.88
	fondu	8.79
Cobalt		8.80
Cadmium		8.60
Fer	en barre	7.79
	fondu	7.21
Etain fondu		7.29
Zinc	laminé	7.19
	fondu	6.86
Antimoine fondu		6.71
Gallium		4.70
Aluminium	écroui	2.65
	fondu	2.56
Sodium		0.97
Potassium		0.86
Lithium		0.59

Dilatabilité. Les métaux jouissent de la propriété d'augmenter de volume sous l'influence de la chaleur, de se contracter quand on les refroidit, et de reprendre exactement le même volume quand ils reviennent au même degré de température. — V. DILATATION.

Conductibilité pour la chaleur et l'électricité (V. CONDUCTIBILITÉ THERMIQUE). Ordre de la conductibilité relative de quelques métaux pour la chaleur d'après MM. Wiedemann et Franz :

Argent	1000	Fer	119
Cuivre	736	Plomb	85
Or	532	Platine	84
Zinc	195	Bismuth	18
Etain	145		

La conductibilité des métaux pour la chaleur est prouvée par diverses expériences : 1° par l'action des toiles métalliques sur les flammes qu'elles arrêtent; 2° par l'impuissance d'une flamme à brûler une étoffe appliquée sur une sphère métallique.

Pour la *conductibilité électrique.* — V. ces mots.

Capacité calorifique (ou capacité thermique, ou chaleur spécifique). — V. CHALEUR.

Fusibilité. — V. FUSION.

Volatilité. Le mercure se volatilise à 360°, son point d'ébullition, le cadmium à 860°, le potassium et le sodium au rouge, le zinc et le magnésium à 1040°.

Le plomb, l'argent, l'or sont sensiblement volatils au-dessus de leur point de fusion ; néanmoins on ne peut les distiller. Plusieurs métaux : antimoine, bismuth, plomb, qui sont fixes en vases clos et aux températures très élevées, émettent cependant des vapeurs plus ou moins abondantes quand on les calcine fortement au contact de l'air.

En un mot, il n'y a pas de métal absolument fixe; le platine lui-même a pu être volatilisé. D'ailleurs, sous l'influence d'un très fort courant électrique, tous les métaux peuvent être volatilisés.

État magnétique. Plusieurs métaux sont attirables à l'aimant : fer, nickel, cobalt, manganèse, chrome. — V. MAGNÉTISME.

Élasticité. En subissant des actions mécaniques, la plupart des métaux acquièrent de l'élasticité. Ils ne se plient plus aussi facilement. Par la *trempe* (V. ce mot), les métaux, l'acier surtout, deviennent d'autant plus élastiques que le changement de température a été plus brusque et plus considérable. Le métal redevient mou et ductile quand, après avoir élevé sa température au degré primitif, on le laisse refroidir lentement. — V. Élasticité, Recuit.

Sonorité. La sonorité des métaux dépend de leur élasticité et de leur dureté. On peut les classer sous ce rapport de la manière suivante :

Hauteur des sons rendus par divers métaux en tiges cylindriques, de 0m,20 de longr et de 0m,01 de diam.

		Gamme tempérée v. s			Gamme tempérée v. s.
Platine...	fa_3	690,50	Zinc >...	fa_4	1422,0
Or.....	si_3	976,53	Cuivre...	$sol\#_4$	1642,32
Argent...	ut_4	1034,6	Fonte....	$la\#_4$	1843,64
Antimoine.	$ut\#_4$	1096,1	Fer.....	$ut\#_5$	2192,2
Etain....	$ré_4$	1161,3	Acier....	$ré_5$	2322,6
Laiton...	mi_4	1303,6	Aluminium	fa_5	2762,0
Bronze...	fa_4	1381,0			

La sonorité diminue avec l'élévation de température et finit par se perdre complètement. Chaque métal a ainsi son *point critique* qui paraît être en rapport avec son point de fusion. En se refroidissant, le métal reprend sa sonorité momentanément perdue. (Expériences de M. Decharme.)

Cassure. L'aspect de la cassure d'un métal sert souvent à le distinguer des autres et à juger de sa qualité. La cassure du fer est fibreuse, celle du bismuth, de l'antimoine est lamelleuse, celle de l'étain grenue.

Fragilité. Métaux cassants, par ordre alphabétique : *antimoine, bismuth, cérium, chrome, manganèse, molybdène, rhodium, tungstène, vanadium.*

Dureté. Résistance des métaux à se laisser rayer par une pointe vive.

Ordre de dureté des principaux métaux.

Manganèse	Plus dur que l'acier trempé.
Chrome...	Il raie et coupe le verre.
Fer.....	Sont rayés par le verre. Ils rayent le spath d'Islande.
Nickel...	
Cobalt...	
Antimoine.	
Zinc....	
Palladium.	Sont rayés par le spath d'Islande ou carbonate de chaux.
Platine...	
Cuivre...	
Or.....	
Argent...	
Bismuth..	
Cadmium..	
Etain....	
Plomb...	Rayé par l'ongle.
Potassium.	Peuvent être pétris entre les doigts (sous l'huile de naphte).
Sodium...	
Mercure..	Liquide à la température ordinaire.

La dureté des métaux augmente par leurs alliages, ou par la présence de petites quantités de carbone, d'arsenic, de phosphore. On sait que la trempe durcit l'acier, le fer, etc.

Ductilité. Propriété des métaux de s'étirer en fils plus ou moins fins sans se rompre, lorsqu'on les fait passer à la *filière* (V. ce mot) ; ordre de ductilité : *platine, argent, fer, cuivre, or, aluminium, nickel, cobalt, palladium, zinc, étain, plomb.*

Malléabilité. Propriété des métaux de s'étendre en feuilles minces, sans se déchirer, sous l'action du marteau ou du laminoir. — V. Batteur d'or, Laminage, Malléabilité.

Compressibilité (V. ce mot). Les métaux peuvent être réduits à un moindre volume sous une très forte pression, ou sous l'action du marteau, du laminoir ou de la filière. Ils sont alors écrouis (V. Écrouissage). Les empreintes des monnaies et des médailles s'obtiennent par l'action qu'exerce le balancier sur les flancs. Le métal se moule sous cette énorme pression (comme la cire entre les doigts) et conserve l'empreinte en acquérant un beau poli. La pièce frappée a sensiblement moins de volume qu'avant la compression.

Ténacité. Propriété que possèdent les métaux, à des degrés très différents de résister, avant de se rompre, à une traction plus ou moins forte. La ténacité se mesure comparativement par les poids qui déterminent la rupture de fils de même diamètre. Des fils de 2 millimètres de diamètre rompent sous les poids suivants :

Fer.......	249k159	Or........	68k216
Cuivre.....	137.399	Etain......	24.200
Platine.....	124.000	Zinc.......	12.710
Argent.....	85.062	Plomb......	9.000

La ténacité diminue généralement avec l'élévation de température.

Porosité. La porosité des métaux a été constatée pour la première fois dans une expérience faite par les académiciens de Florence : une sphère d'or pleine d'eau a été soumise à une très forte pression et elle laissa bientôt voir à sa surface des gouttelettes semblables à celles de la rosée. Les baromètres anéroïdes deviennent défectueux à la longue, par suite de la rentrée de l'air dans la boîte métallique où l'on avait fait le vide ; phénomène qu'il faut attribuer à la porosité du laiton mince. C'est pour éviter cet inconvénient qu'on ne fait maintenant le vide dans ces boîtes qu'à un tiers de pression atmosphérique. Le platine obtenu par précipité et nommé *mousse de platine, éponge de platine, noir de platine*, est dans un état particulier de porosité qui lui donne la propriété de condenser les gaz, l'hydrogène surtout, et de le porter à une température capable de l'enflammer, propriété curieuse qui a été signalée pour la première fois en 1823, par Dœbereiner. On l'utilise pour enflammer les mélanges gazeux détonants, et l'on en a fait une application au *briquet à hydrogène* ou *hydroplatinique*. On sait d'autre part que le platine peut condenser ou inclure dans ses pores, par voie électrolytique près de 300 fois son volume d'hydrogène, et que plusieurs autres métaux possèdent, à des degrés divers, cette faculté d'*occlusion* due à leur porosité.

II. *Propriétés chimiques des métaux.* — *Classification*. Les métaux peuvent se combiner avec les métalloïdes. Ceux qui sont doués, sous ce rapport, des affinités les plus fortes, sont les *métaux alcalins* (potassium, sodium). Les métaux *nobles* (or, argent, platine) ont, au contraire, une faible tendance à entrer en combinaison avec les autres corps. Néanmoins tous les métaux se combinent avec l'oxygène et avec le chlore, presque tous avec le soufre, un grand nombre avec l'arsenic, l'iode, le brome. Les combinaisons de l'hydrogène avec les métaux sont rares, tandis qu'avec les métalloïdes elles sont, au contraire, très nombreuses.

Ne pouvant trouver pour les métaux une classification naturelle analogue à celle que M. Dumas a établi pour les métalloïdes, les chimistes en sont réduits à les ranger sous des divisions artificielles d'après leur affinité pour un même métalloïde, l'oxygène; affinité mesurée par la facilité avec laquelle ils absorbent ce gaz, ou décomposent l'eau à diverses températures, et d'après la résistance qu'opposent leurs oxydes à la décomposition par la chaleur. C'est d'après ces propriétés que Thénard a établi une classification qui, modifiée par Regnault et par les chimistes de nos jours, est résumée dans le tableau ci-contre.

Classification des métaux.

Métaux décomposant l'eau	à froid, même aux températures les plus basses.	1re section.	Potassium Sodium Lithium (Métaux alcalins)	Cœsium Rubidium Thallium (Métaux alcalins)	Baryum Strontium Calcium (Métaux alcalino-terreux)	Décomposent l'eau avec dégagement abondant d'hydrogène. Bases énergiques, oxydes alcalins.	Métaux absorbant l'oxygène à toutes les températures.	Oxydes généralement indécomposables par la chaleur seule.
	Pas sensiblement aux basses températures mais facilement au-dessus de 50°.	2e section.	Magnésium, manganèse, auxquels il faut joindre probablement : Yttrium, cérium, lantane, didyme, erbium, therbium, thorium, zirconium.			Oxydes terreux faiblement basiques ou indifférents.	Métaux absorbant l'oxygène aux températures élevées.	
	Au-dessus de 100° au-dessous de la chaleur rouge	3e section.	Fer Zinc Nickel	Cobalt Vanadium Chrome	Cadmium Indium Uranium	Décomposant l'eau à froid en présence des acides forts. Quelques bases et acides.	Métaux absorbant l'oxygène à la chaleur rouge.	
	A la chaleur rouge 600°.	4e section.	Tungstène Molybdène Osmium Tantale	Titane Etain Antimoine Niobium	Ilménium Pélopium Donarium Gallium?	Ne décomposant pas l'eau en présence des acides forts; mais la décomposant en présence des bases énergiques composés acid.	Métaux absorbant l'oxygène à la chaleur rouge.	
	Seulement aux températures les plus élevées et toujours faiblement.	5e section.	Cuivre Plomb	Bismuth	Aluminium Glucynium	Ne décomposant pas l'eau en présence des acides forts ou des bases. Oxydes basiques.	Métaux absorbant l'oxygène à la chaleur rouge.	
Métaux ne décomposant pas l'eau.	Excepté le platine à une température très élevée.	6e section.	Mercure Palladium Rhodium Ruthénium		Argent Or Platine Iridium	Quelques oxydes et acides.	Métaux n'absorbant pas l'oxygène.	Oxydes réductibles par la chaleur à une température plus ou moins élevée

Plusieurs classifications naturelles ou artificielles ont été proposées par les chimistes. On peut citer parmi les plus ingénieuses, celle de Berzélius, laquelle a pour base les propriétés *électro-chimiques* des combinaisons oxygénées. Le corps le plus *électro-négatif*, l'oxygène, commence la série qui se termine par le corps le plus *électro-positif*, le potassium. De sorte que les corps simples intermédiaires sont électro-négatifs par rapport à ceux qui suivent et électro-positifs par rapport à ceux qui précèdent; l'hydrogène est intermédiaire. Pour les classifications naturelles ou artificielles d'Ampère, de Guibourt, de Despretz, d'Hoefer, de Baudrimont et celle qui sert de base aux cours de chimie minérale qui se font à l'école polytechnique et au muséum d'histoire naturelle (Frémy), voir le *Traité de chimie* de Pelouze et Frémy, t. II, p. 3.

Usages et applications des métaux. Parmi les 53 métaux, les uns sont trop altérables pour être employés purs, d'autres sont trop rares ou difficiles à travailler. Il n'y en a qu'un très petit nombre qui peuvent être utilisés seuls dans les arts et l'industrie; ce sont les suivants : fer, cuivre, plomb, étain, zinc, bismuth, nickel, or, argent, mercure, platine, aluminium, antimoine.

Mais c'est surtout par leurs alliages que les métaux se prêtent aux usages industriels les plus variés, par suite des propriétés qu'ils peuvent acquérir ainsi et qu'on fait varier à volonté en changeant les proportions des composants. Sans les métaux, l'industrie serait impossible. On rencontre partout l'emploi du fer dans les machines de toutes sortes. Le cuivre, l'étain, le zinc et le plomb sont d'un usage continuel. L'or, l'argent servent à la fabrication des monnaies, à la bijouterie, etc.

Métaux précieux, métaux nobles ou parfaits. Ce sont les métaux inaltérables, à l'air, à l'humidité et aux températures élevées : or, argent, platine, palladium, iridium. — V. AFFINAGE des métaux précieux.

Coloration des métaux. — V. t. III, p. 642. — C. D.

***MÉTÉOROGRAPHE.** Appareil enregistreur employé en météorologie. Cette désignation ne s'applique pas spécialement à un appareil plutôt qu'à un autre. Elle comprend aussi bien l'enregistrement de la vitesse du vent (V. ANÉMOGRAPHE) que l'indication graphique des variations magnétiques diverses données par les électromètres ou encore celles de la température et de la pression barométrique.

***MÉTHANE.** *T. de chim.* Syn. : *Formène.* — V. ce mot.

***MÉTHYLAMINE.** *T. de chim.* Les méthylamines ont acquis dernièrement une grande importance industrielle, depuis que les travaux de M. C. Vincent ont montré que l'on trouve dans les vinasses de betteraves une source presque inépuisable de ces ammoniaques composées.

La mélasse, résidu de la fabrication du sucre de betterave, contient comme on sait la majeure partie des sels de potasse et de soude que renferme la plante; à côté de ces matières minérales, elle renferme du sucre et des matières azotées et colorantes. Parmi ces dernières la *bétaïne* joue le rôle principal. La mélasse est une des matières les plus précieuses et les plus abondantes pour la fabrication de l'alcool. Le résidu de cette dernière fabrication, qu'on désigne sous le nom de *vinasse*, est un liquide brun foncé, représentant quatre fois le poids de la mélasse employée et marquant environ 4° Baumé; il constitue la matière première de la fabrication des salins de betteraves et des dérivés de la triméthylamine.

On évapore la vinasse jusqu'à 36° Baumé dans des fours à courant d'air et à palettes, connus sous le nom de *fours Porion*; on évapore ensuite à sec et on soumet le résidu à la distillation sèche. Nous avons vu plus haut que les vinasses renfermaient de la bétaïne, cette dernière doit être envisagée comme du triméthylglycocolle.

$$\begin{array}{l} \mathrm{CH^2{-}Az(CH^3)^3(OH)} \\ \quad | \\ \mathrm{CO^2H} \end{array}$$

Par la distillation sèche, le groupement azoté se sépare du reste de la molécule à l'état de triméthylamine. On obtient en outre plusieurs autres corps, du goudron, de l'alcool méthylique, de l'acide acétique, de l'ammoniaque, etc. On sature par un acide le liquide distillé, et on évapore; par cristallisation, on obtient le sel ammoniacal qui est moins soluble que les sels correspondants des méthylamines. L'eau mère renferme surtout de la tri et de la diméthylamine en proportions variables. Dans l'industrie, on n'isole pas les ammoniaques composées à l'état de pureté; soit qu'on veuille fabriquer des cyanures, des chlorures de méthyle ou du carbonate de potasse, on ne se sert que du produit brut dans lequel domine surtout la triméthylamine. Avant de parler de ces applications, nous dirons quelques mots des ammoniaques composées (méthylamines), envisagées comme espèces chimiques.

L'ammoniaque renferme 3 atomes d'hydrogène, qui peuvent être successivement remplacés par du méthyle. On obtient ainsi la mono, di et triméthylamine.

$$\mathrm{Az}\begin{cases}\mathrm{CH^3}\\ \mathrm{H}\\ \mathrm{H}\end{cases} \qquad \mathrm{Az}\begin{cases}\mathrm{CH^3}\\ \mathrm{CH^3}\\ \mathrm{H}\end{cases} \qquad \mathrm{Az}\begin{cases}\mathrm{CH^3}\\ \mathrm{CH^3}\\ \mathrm{CH^3}\end{cases}$$

Monométhylamine — Diméthylamine — Triméthylamine

La *monométhylamine* ou méthylamine ordinaire, $\mathrm{(CH^3), H^2Az \ldots (C^2H^2)AzH^3}$, s'obtient en traitant la *chloropicrine* $\mathrm{CCl^3(AzO^2)}$, par l'hydrogène naissant. C'est un gaz incolore, combustible, se liquéfiant vers 0°. Un volume d'eau dissous à 12°,5, 1,150 volumes de monométhylamine.

$$\mathrm{C^2(AzO^4)Cl^3 + 6H^2 = (C^2H^2)AzH^3 + 3HCl + 2H^2O^2}$$

ou

$$\mathrm{CCl^3(AzO^2) + 6H^2 = (CH^3)H^2Az + 3HCl + 2H^2O}$$

(nouv. théor.).

La *diméthylamine* s'obtient en décomposant par la soude caustique la *nitroso-diméthylaniline*,

$$\mathrm{C^6H^4}<\begin{matrix}\mathrm{AzO}\\ \mathrm{Az(CH^3)^2}\end{matrix}$$

ou par l'action de la monométhylamine sur l'éther méthyliodhydrique :

$$\mathrm{C^2H^3I + (C^2H^2)AzH^3 = (C^2H^2)^2AzH^3 + HI}$$

ou

$$\mathrm{CH^3I + (CH^3)H^2Az = (CH^3)^2HAz + HI} \text{ (nouv. th.).}$$

Elle est liquide et bout vers 8-9°.

Triméthylamine. On l'isole du produit commercial en passant par le chloroplatinate. Pure, elle constitue un liquide incolore, doué d'une odeur insupportable de marée, qui bout à 9,3°. Elle est excessivement soluble dans l'eau. La triméthylamine est contenue dans un assez grand nombre de plantes, entre autres la fleur du poirier et dans le *chenopodium vulvare*, Lin. Ses sels cristallisent difficilement et sont très solubles dans l'eau.

Usages. Les principaux usages de la triméthylamine consistent dans la fabrication du chlorure de méthyle et des sels ammoniacaux, du carbonate de potasse et des prussiates.

Nous donnons la description des procédés employés dans ce but.

I. FABRICATION DU CHLORURE DE MÉTHYLE ET DES SELS AMMONIACAUX. Lorsqu'on soumet le chlorhydrate de triméthylamine à l'action de la chaleur, il se décompose. Jusqu'à 285°, il se dégage de la triméthylamine libre et du chlorure de méthyle; le résidu est composé de chlorhydrate de triméthylamine inaltéré et de chlorhydrate de monométhylamine. A partir de 305 jusqu'à 325° la réaction principale est représentée par l'équation suivante :

$$AzH^2, CH^3, HCl = CH^3Cl + AzH^3$$

ou

$$(C^2H^2)AzH^3, HCl = C^2H^3Cl + AzH^3 \text{ (anc. théor.).}$$

Si donc on chauffe du chlorhydrate de triméthylamine dans un courant de gaz acide chlorhydrique, tout le méthyle est successivement éliminé à l'état de chlorure de méthyle et il se forme du chlorure d'ammonium. Le gaz qui se dégage est débarrassé des produits alcalins par un barbotage à travers un acide, lavé à l'eau, desséché par l'acide sulfurique et liquéfié par compression. On le trouve dans le commerce dans des cylindres en fer forgé de la contenance de 250 litres. Il sert dans la fabrication des matières colorantes artificielles.

Le sel ammoniac, préparé comme il a été dit plus haut, est souillé par des chlorures de fer et de plomb provenant des appareils employés. On le purifie, au point de vue spécial de son application aux piles Leclanché, en le redissolvant dans l'eau, et en précipitant les métaux qu'il renferme au moyen du sulfhydrate d'ammoniaque. Une cristallisation et un essorage le donnent dans un grand état de pureté. Ce produit ainsi purifié est employé par le Ministère des postes et télégraphes. Il n'exhale qu'une très faible odeur de triméthylamine.

II. FABRICATION DU CARBONATE DE POTASSE. Le procédé Solvay pour la fabrication du bicarbonate de sodium n'est pas, comme on le sait, applicable à la fabrication du bicarbonate de potassium. MM. Ortlieb et Muller ont réalisé la transformation du chlorure de potassium en bicarbonate, en remplaçant l'ammoniaque par la triméthylamine. En employant un excès de triméthylamine on arrive à transformer la totalité du chlorure en bicarbonate. L'excès de triméthylamine se retrouve dans les eaux-mères sous forme de *sous-sesquicarbonate*. Il est facile de le régénérer et de le faire rentrer dans la fabrication.

FABRICATION DES PRUSSIATES PAR LA TRIMÉTHYLAMINE. Il y a longtemps déjà, Wurtz a démontré que la méthylamine dirigée à travers un tube de porcelaine chauffé au rouge se décompose en produisant de l'acide cyanhydrique, du cyanhydrate d'ammoniaque et des gaz carburés.

Cette réaction a été utilisée par MM. Ortlieb et Muller pour la fabrication des cyanures. Voici comment s'effectue la transformation dans l'usine de Croix (Nord).

La triméthylamine commerciale, préalablement réduite en vapeur dans de petits bouilleurs de forme spéciale, alimentés d'une façon continue, se rend dans des cornues chauffées au rouge vif dans des fours semblables à ceux qui servent à la fabrication du gaz d'éclairage. Sous l'influence de cette température élevée, la triméthylamine se décompose en produisant des flots continus des produits signalés plus haut. Ces produits se rendent dans un barillet, d'où un gros tuyau les conduit aux absorbeurs dans lesquels s'opère la séparation. La première série d'absorbeurs contient de l'acide sulfurique étendu au point voulu pour empêcher la cristallisation du sulfate d'ammoniaque résultant de la décomposition du cyanhydrate. L'acide cyanhydrique ainsi mis en liberté, avec celui préexistant dans les gaz de la décomposition, et les gaz combustibles, se rend dans une autre série d'absorbeurs dans lesquels il est mis en contact avec un alcali caustique ou un lait de chaux. On obtient ainsi avec une grande facilité les cyanures simples. Si on veut obtenir les ferrocyanures correspondants, on ajoute à la lessive alcaline de l'oxyde ferreux obtenu moyennant la décomposition du chlorure par un lait de chaux. Au fur et à mesure de la formation du cyanure, l'oxyde ferreux se dissout, et un simple filtrage suffit pour obtenir directement des lessives de prussiates immédiatement cristallisables. Quant aux gaz combustibles, absolument débarrassés de vapeurs ammoniacales et d'acide cyanhydrique, ils sont aspirés et refoulés dans un gazomètre pour servir à l'éclairage.

Grâce à la perfection des appareils employés, cette industrie est absolument salubre malgré les torrents d'acide cyanhydrique qu'elle met en jeu. — G. B.

MÉTHYLANILINE. *T. de chim.* Les renseignements suivants complètent l'article paru t. I, p. 172, § *Aniline méthylée.*

Les appareils employés pour la fabrication de la diméthylaniline sont des chaudières en fonte A (fig. 233), épaisses de $0^m,05$, de la contenance de 100 à 200 litres, qui contiennent à l'intérieur une chemise en fonte émaillée mince B, qui sert à recevoir les matières ; le couvercle C est boulonné à la chaudière, et tout l'assemblage est rendu étanche par un joint en plomb. L'appareil est muni d'une soupape de sûreté qui est chargée à 30 atmosphères ainsi que d'un manomètre. Ces autoclaves sont chauffés au bain d'air et la température est régularisée en faisant arriver un courant de vapeur d'eau autour de la chaudière.

On introduit dans l'autoclave

Chlorhydrate d'aniline.	50	kilogr.
Aniline	35	—
Alcool méthylique	50	—

Ces quantités correspondent environ à 1 volume d'aniline, 4 volumes d'alcool méthylique et 1 volume de chlorhydrate d'aniline. En chauffant ce mélange, la réaction suivante se produit :

$$4\,CH^3OH + C^6H^5AzH^2HCl + C^6H^5AzH^2$$
$$= C^6H^4Az(CH^3)^2.HCl + C^6H^5Az(CH^3)^2 + 4H^2O$$

ou

$$C^{12}H^7Az, HCl + C^{12}H^7Az + 4C^2H^4O^2$$
$$=(C^2H^2)(C^{12}H^4)AzH^3, HCl + (C^2H^2)(C^{12}H^5)AzH^3$$
$$+ 4H^2O^2 \text{ (anc. théor.)}.$$

Pour préparer le chlorhydrate, on ajoute à l'aniline de l'acide chlorhydrique en léger excès, dilué de son volume d'eau. On dessèche le produit dans des cuvettes en plomb, chauffées à la vapeur d'eau.

On chauffe le mélange mentionné ci-dessus vers 250-270°, la pression monte rapidement à 20 atmosphères, à ce moment on jette le feu et on laisse refroidir jusqu'à ce que la pression tombe à 5 ou 6 atmosphères ; on chauffe alors de nouveau vers 300°, pendant cinq à six heures, la pression

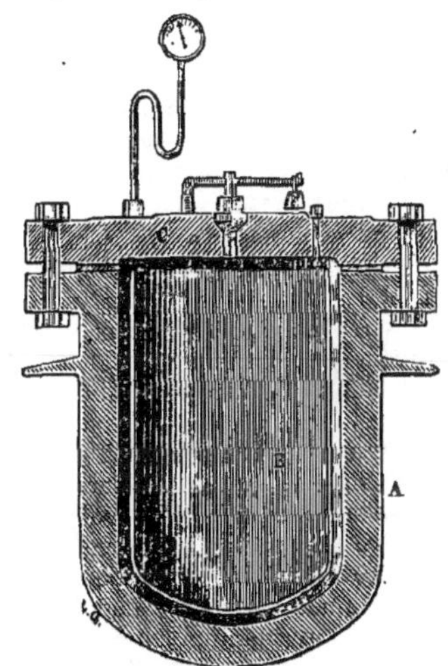

Fig. 233.

remonte à 15 atmosphères. Le contenu de la chaudière est traité à froid par un léger excès de lait de chaux, qui met les bases en liberté. On décante et on rectifie dans des cornues en fer chauffées au bain d'huile, la liqueur alcaline aqueuse renferme une certaine quantité de chlorure de triméthylphénylammonium, formée par une action plus avancée de l'alcool méthylique. On l'évapore à sec et on distille avec de la chaux. Il se forme de l'alcool méthylique et de la diméthylaniline.

$$2\,C^6H^5Az(CH^3)^4Cl + Ca(OH)^2$$
$$= CaCl^2 + 2\,C^6H^5Az(CH^3)^2 + 3\,CH^3OH$$

ou

$$2(C^{12}H^5)(C^2H^2)^4AzH^3, Cl + 2CaO, HO$$
$$= 2(C^2H^2)(C^{12}H^4)AzH^3 + 2CaCl + 3C^2H^4O^2 \text{ (a. th.)}.$$

Préparation de la méthylaniline par le chlorure de méthyle. Depuis quelque temps, la maison Brigonnet et fils fabrique de la diméthylaniline au moyen du chlorure de méthyle. Ce chlorure de méthyle s'obtient d'après le procédé de M. C. Vincent au moyen des vinasses de betteraves (V. Ethers et Méthylamine).

Lorsque ce chlorure de méthyle doit servir à méthyler l'aniline, on l'introduit peu à peu dans un mélange, chauffé à 100°, d'aniline et de lait de chaux en quantité calculée d'après l'équation

$$C^6H^5AzH^2 + Ca(OH)^2 + 2\,CH^3Cl$$
$$= C^6H^5Az(CH^3)^2 + CaCl^2 + 2H^2O$$

ou

$$C^{12}H^7Az + 2CaO, HO + 2C^2H^3Cl$$
$$=(C^2H^2)(C^{12}H^4)AzH^3 + 2CaCl + H^2O^2 \text{ (anc. th.)}.$$

Ce mélange est contenu dans un autoclave non émaillé, chauffé à la vapeur et muni d'un agitateur qui est constamment en marche pendant la durée de l'opération. La pression ne dépasse pas 6 atmosphères. On isole la diméthylaniline comme il a été dit ci-dessus.

Dans la préparation industrielle de la diméthylaniline, de quelque façon qu'elle s'effectue, on a toujours pour but de préparer un alcaloïde aussi exempt que possible de mono-dérivé. Ce dernier, en effet, n'a pas d'emplois et exerce une fâcheuse influence sur les réactions qui permettent de transformer la diméthylaniline en matière colorante. Pour reconnaître la pureté de la diméthylaniline, on l'additionne d'anhydride acétique, elle ne doit pas, si elle est pure, s'échauffer sensiblement. De l'élévation de température, on peut déduire la teneur approximative en monométhylaniline. Pour doser exactement la monométhylaniline dans le produit commercial, on en dissout une certaine quantité dans l'acide chlorhydrique, et on ajoute un léger excès de nitrite de sodium. La monométhylaniline passe à l'état de base nitrosée, on épure par l'éther, on décante, on dessèche sur du chlorure de calcium et on évapore. On dessèche à une douce chaleur, l'huile qui est constituée par la base nitrosée $C^6H^5Az(CH^3)(AzO)$, et on pèse. De ce poids on déduit la quantité de monométhylaniline contenue dans le produit analysé.

Propriétés et usages de la diméthylaniline. La diméthylaniline forme un liquide incolore ou légèrement jaunâtre, bouillant à 192°, sa densité est de 0,955. Elle se solidifie à 0°,5 ; c'est une base bien caractérisée qui se combine aux acides pour donner des sels liquides. Elle est vénéneuse, et il faut éviter de s'exposer à respirer ses vapeurs.

Elle sert à la fabrication de plusieurs matières colorantes dont les plus importantes sont le violet de Paris (V. Violet), le vert malachite (V. Vert) et le bleu de méthylène (V. Bleu). C'est donc une des matières premières les plus importantes pour le fabricant de couleurs artificielles. — T. B.

***MÉTHYLE.** *T. de chim.* Radical que l'on n'est pas encore parvenu à isoler jusqu'ici, mais qui doit constituer un carbure d'hydrogène que l'on représente par C^2H^3 ou CH^3, et dont les diverses combinaisons prouvent qu'il se rapprocherait beaucoup des carbures les plus simples. Ainsi, que l'on combine les éléments de l'eau à ce radical, on formera un hydrate de méthyle, bien connu dans l'industrie sous le nom d'*alcool méthylique*, $C^2H^4O^2 \ldots CH^4O$, dont la formule peut aussi s'exprimer ainsi $C^2H^3(H^2O^2)$ ou CH^3OH ; l'union du même type à l'ammoniaque produira la méthylamine, C^2H^5Az ou $C^2H^2(AzH^3)$...$\bar{C}H^5Az$ ou $\bar{C}H^3(AzH^2)$. Il en est de même des acides qui tous donneront des éthers parfaitement définis, tels sont: pour les acides minéraux, l'éther méthylchlorhydrique ou formène chloré,

$$C^2H^2(HCl)...C^2H^3Cl...\bar{C}H^3Cl,$$

l'éther méthylcyanhydrique,

$$C^2H^2(C^2AzH)...C^4H^3Az...\bar{C}^2H^3Az;$$

pour les acides organiques, l'éther méthylacétique, $C^2H^2(C^4H^4O^4)...C^6H^6O^4$ ou $\bar{C}^3H^6\bar{O}^2$; enfin, les éthers mixtes comme l'éther méthylique,

$$C^2H^2(C^2H^4O^2)$$

résultant de l'union, par action de présence, du radical avec son hydrate.

Le méthyle peut d'ailleurs se combiner avec presque tous les corps; avec le soufre, il donne un sulfhydrate $\bar{C}H^3.HS$ correspondant à l'alcool méthylique (c'est le mercaptan méthylique), et un sulfure $(\bar{C}H^3)^2S^2$; il forme des composés analogues avec le brome, le tellure, le sélénium, l'hydrogène, etc; avec les métaux, des produits non moins bien définis, qui sont en général liquides, et dans lesquels, suivant l'atomicité du métal, les combinaisons peuvent se faire en des proportions différentes; ainsi le mercure donne le mercure diméthyle $Hg(\bar{C}H^3)^2$ et le mercure monométhyle $Hg(\bar{C}H^3)$, qui n'existe pas à l'état de liberté, mais dont les composés sont bien connus. Nous n'insisterons pas davantage sur ce radical, qui n'est intéressant que par ses dérivés. — J. C.

* **MÉTHYLÈNE.** *T. de chim.* Le méthylène commercial est un produit de la distillation du bois en vase clos. Il se trouve dans le commerce dans des états de pureté très différents correspondant à ses emplois. Seule la fabrication des couleurs d'aniline exige l'emploi d'un produit qui se rapproche de la pureté absolue. Nous ne décrirons pas ici les appareils employés pour la carbonisation du bois (V. ALCOOL MÉTHYLIQUE); nous nous bornerons à examiner le traitement des produits de la distillation en vue de l'extraction du méthylène ou alcool méthylique qu'ils renferment.

Les produits liquides provenant de la condensation des vapeurs de la carbonisation, étant recueillis dans une cuve en bois, se séparent en trois couches distinctes : la couche inférieure est formée de goudron chargé d'huiles lourdes créosotées, saturées d'acide acétique ; la couche du milieu est composée d'eau, d'acide pyroligneux, d'esprit de bois, d'acétone, de matières goudronneuses dissoutes à la faveur de l'acide acétique et de l'esprit de bois, d'acétate de méthyle et d'autres éthers; la couche supérieure est formée d'huiles légères, goudronneuses, tenant de l'acide acétique en dissolution. La couche médiane, aqueuse, est introduite dans un alambic en cuivre d'une capacité de 3 mètres cubes environ, chauffée à la vapeur, ou à feu nu, et soumise à la distillation.

Les premières parties qui distillent sont aqueuses et chargées d'esprit de bois, d'acétone, d'éther méthylacétique et d'une petite quantité d'acide acétique. Ces vapeurs, avant de se rendre dans le réfrigérant, traversent trois plateaux rectificateurs en cuivre, sur lesquels coule constamment une quantité d'eau réglée par un robinet; ces plateaux ont pour effet de permettre d'obtenir un liquide alcoolique riche, ce qui abrège les opérations ultérieures. On obtient ainsi des flegmes marquant 30° à l'alcoomètre. On continue la distillation jusqu'à ce que le liquide distillé, qui d'abord était plus léger que l'eau, et marquait des degrés alcoométriques, marque 0° à l'alcoomètre; à ce moment, l'alcool méthylique est passé à la distillation.

Le produit brut ainsi obtenu est un mélange complexe d'alcool méthylique, d'eau, d'acide acétique, d'acétone, d'éthers, et à côté d'autres produits, de quelques carbures d'hydrogène maintenus en dissolution dans le liquide à la faveur de l'alcool méthylique et de l'acide acétique. Il est impossible de séparer ces différents produits par distillation fractionnée d'une manière complète, bien que leur température d'ébullition soit très différente. On a donc recours aux propriétés chimiques de ces corps pour les séparer.

A cet effet, on fait digérer pendant quelques heures, dans un alambic, le liquide complexe sur de la chaux, ce qui amène un dégagement considérable d'ammoniaque et de méthylamine, l'acide acétique se trouve saturé immédiatement; les éthers et autres produits sont décomposés par la chaux. Le mélange ainsi traité est soumis à la distillation, et les vapeurs vont s'analyser dans une colonne de rectification à plateaux. Les alambics employés ont une contenance de 1,000 à 1,200 litres, ils sont chauffés généralement au moyen d'un serpentin de vapeur de 5 centimètres de diamètre et de 10 mètres de développement. Le couvercle porte une tubulure au centre pour la sortie des vapeurs, et sur le côté de la chaudière se trouve une tubulure plus petite, pour permettre le retour des liquides provenant de la colonne. Cette dernière est terminée à la partie inférieure par une capacité ovoïde et communique par la partie supérieure avec un serpentin réfrigérant. La construction de l'appareil à plateaux (colonne de rectification) est tout à fait analogue à celle des appareils usités pour la rectification des alcools. On arrive facilement, en partant d'esprit de bois brut à 30°, à obtenir en une seule distillation, de l'alcool méthylique à 95°. Toutefois, le produit ainsi obtenu ne peut être employé que pour certains usages; il renferme, en effet, une certaine quantité d'acétone et des carbures d'hydrogène qui font qu'il se trouble et blanchit légèrement par l'eau. Pour obtenir le méthylène pur, tel qu'il sert à la fabrication de la diméthylaniline, on l'étend d'eau de façon à le ramener à ne marquer plus que 50° à l'alcoomètre; on laisse reposer pendant quelques jours; les huiles hydrocarburées beaucoup moins solubles dans le liquide pauvre en alcool, se séparent en grande partie, et viennent former une couche huileuse à la surface. On soutire la partie aqueuse inférieure éclaircie et on la soumet à une rectification, dans l'appareil décrit précédemment, en ajoutant de 2 à 3 0/0 de chaux dans l'alambic. L'alcool obtenu est additionné d'une petite quantité d'acide sulfurique qui a pour but de s'emparer de l'ammoniaque et de la méthylamine, et de précipiter complètement les dernières traces de matières goudronneuses. On distille ensuite entre 64 à 67°. Le produit obtenu est presque chimiquement pur, et peut servir pour la fabrication des couleurs d'aniline; le rendement est essentiellement variable, il oscille entre 1 et 9 0/00 de la quantité de bois employée. On obtient en général 2 à 3 litres d'alcool méthylique par stère de bois soumis à la carbonisation. Il nous reste à parler brièvement de l'analyse des méthylènes commerciaux.

Analyse du méthylène du commerce. Le méthylène du commerce renferme comme principale impureté, de l'acétone, dont la présence offre de sérieux inconvénients pour son emploi dans la fabrication de la diméthylaniline. On indiquera ici le procédé de dosage de l'acétone et celui de MM. Bardy et Riche pour le dosage de l'alcool méthylique.

Dosage de l'acétone. Ce procédé, dû à G. Kræmer, repose sur la formation de l'iodoforme aux dépens de l'acétone par l'action de l'hypoiodite de sodium sur ce corps. Dans ces conditions, l'alcool méthylique ne subit aucune transformation, comme l'avait déjà remarqué Liében,

$$CH^3COCH^3 + 6I + 4NaHO$$
$$= CH^3CO^2Na + CHI^3 + 3NaI + 3H^2O$$

Dans une éprouvette graduée en 1/2 centimètres cubes d'une contenance d'environ 50 centimètres cubes, on introduit 10 centimètres cubes d'une solution de soude caustique à 80 grammes par litre, 1 centimètre cube du méthylène à essayer, et 5 centimètres cubes d'une solution bi-normale d'iode; on agite, il se dépose de l'iodoforme; on introduit alors 10 centimètres cubes d'éther, on bouche l'éprouvette avec un bouchon de liège et l'on agite de nouveau afin de dissoudre l'iodoforme. On laisse déposer quelques minutes et l'on prélève 5 centimètres cubes de la couche éthérée dont le volume total se trouvait ramené à $9^{cc},5$ par suite de la dissolution d'une petite portion de l'éther. On fait évaporer à l'air ces 5 centimètres cubes sur un verre de montre taré, on fait sécher sur l'acide sulfurique et l'on pèse.

D'après l'équation indiquée plus haut, 58 grammes d'acétone fournissent 394 d'iodoforme. En ramenant le poids obtenu aux $9^{cc},5$ d'éther, on a le poids total d'acétone contenu dans 1 centimètre cube de méthylène.

Dosage de l'alcool méthylique. MM. Bardy et Riche ont reconnu que l'alcool méthylique peut être transformé intégralement en iodure de méthyle, quand on le traite par une quantité suffisante d'iodure de phosphore et d'acide iodhydrique. On peut, en mesurant la quantité d'iodure de méthyle qui a pris naissance, évaluer facilement la teneur en alcool méthylique du méthylène analysé.

On emploie un appareil tout en verre, composé d'un réfrigérant, d'un petit ballon pourvu d'un entonnoir à robinet, et enfin d'un récipient gradué, le tout réuni par joints rodés. Dans le petit ballon, on introduit 15 grammes d'iodure de phosphore; on fait couler peu à peu 5 centimètres cubes du méthylène à essayer, et enfin 5 centimètres cubes d'acide iodhydrique concentré, d'une densité de 1,7. On incline l'appareil de telle façon que les vapeurs qui se dégagent refluent dans le ballon; on chauffe au bain-marie. Au bout de quelques minutes, on est certain que la réaction est terminée et que tout l'alcool méthylique est transformé. On donne une autre inclinaison à l'appareil, et on distille, en chauffant au bain-marie. On recueille l'iodure de méthyle dans le tube gradué; on le lave avec son volume d'eau, on refroidit à + 15° et on fait la lecture du volume obtenu. On ajoute $0^{cc},25$ pour tenir compte de ce qui reste dans l'appareil.

Lorsque le méthylène renferme de l'acétone, ce corps distille avec l'iodure de méthyle dont il augmente le volume. D'après MM. Bardy et Riche, on décante la première eau de lavage et on agite à nouveau l'iodure de méthyle avec son volume d'eau. Une table dressée par les auteurs permet de déterminer, par la diminution de volume observé, le volume réel de l'iodure de méthyle obtenu.— V. Alcool méthylique.

— V. *Annales de chimie et de physique*, t. XVI [5], p. 565.

***MÉTHYLIQUE** (Alcool). L'alcool méthylique $C^2H^4O^2$... CH^3OH, est le premier terme de la série des alcools monoatomiques de la série grasse. Il se trouve dans la nature à l'état de salycilate, dans l'essence de Gaultheria. Pour obtenir l'alcool méthylique à l'état de pureté, on transforme le produit commercial en oxalate que l'on purifie par cristallisation. En décomposant ce produit par un alcali et en rectifiant sur de la chaux vive, on arrive à obtenir l'alcool méthylique à l'état de pureté absolue. L'alcool méthylique pur est liquide, doué d'une odeur agréable et bout à 66°. Il jouit de toutes les propriétés d'un alcool primaire (V. plus haut à Méthylène). Sa densité à 20° est de 0,796.

I. **MÉTIER.** Dérivé du latin *ministerium*, le mot métier a désigné originairement un *besoin* et une *besogne*. Dans le Recueil d'Etienne Boileau, notamment, il est employé, à chaque page, avec cette double acception; ce qui prouve que les premiers travaux humains ont eu pour but de pourvoir aux nécessités les plus pressantes de notre nature. Il n'y a donc eu, à l'origine, aucune distinction entre les artisans et les artistes: les mêmes ouvriers faisaient d'abord le nécessaire, puis le superflu, quand ils en avaient le temps et la commande, semblables en cela à nos modernes boulangers, dont la principale fabrication est le pain, mais qui y joignent, comme accessoire, la pâtisserie, sans prendre pour cela le titre de pâtissiers.

— A cette époque, le travail était modeste : les architectes s'intitulaient humblement *maçons*; les sculpteurs, *tailleurs d'images*; les ciseleurs en ivoire, en nacre, en bois, *patenostriers*, ou fabricants de chapelets; les auteurs de ces merveilleuses tapisseries des Flandres, qu'on admire tant aujourd'hui, *tisserands en tapis*, ou *tapissiers nostrés*; les grands peintres sur fresques, de l'école de Cimabuë, de Ciotto, de Fra Angelico, de Fiesole, *ymaigiers*; les plus excellents miniaturistes, *enlumineurs*; les meilleurs instrumentistes, *ménestriers*, etc.

La Renaissance et la Réforme opérèrent, non point d'emblée, mais graduellement, une séparation entre l'artisan et l'artiste, entre le produit de la main et celui de l'intelligence; elles aristocratisèrent le travail. Employés par les papes, les doges et les riches bourgeois, les peintres, les sculpteurs, les architectes de Rome, de Venise, de Florence, vécurent dans les cours, furent admis dans l'intimité des grands personnages et cessèrent d'être assimilés aux ouvriers. Il en fut de même des artistes italiens amenés à Fontainebleau par François Ier, et de ceux qui se formèrent à leur contact : les élégances des palais les isolèrent du reste des travailleurs.

Il faut dire aussi que la complexité de leurs travaux ne leur permettait plus, comme autrefois, de faire œuvre matérielle : le même homme qui, comme Michel-Ange était à la fois, architecte, peintre, sculpteur, graveur, ne pouvait sortir de la sphère purement intellectuelle où il se mouvait; la tête avait besoin d'être servie par des membres.

C'est donc du XVIe siècle que date la distinction entre les *arts* et les *métiers*; les uns furent désormais considérés comme un luxe plus ou moins princier; les autres restèrent une nécessité et se bornèrent à la production des choses indispensables à la vie. Une longue habitude de la vie corporative les amena toutefois à se syndiquer, comme les confréries ouvrières : la corporation de Saint-Julien se perpétua entre les musiciens; l'académie de Saint-Luc groupa les peintres et les sculpteurs; puis vinrent les académies et surintendances purement séculières qui achevèrent d'isoler les artistes des artisans.

La Révolution française, en créant le Conservatoire des *arts et métiers*, les gouvernements modernes, en établissant des écoles d'arts et manufactures, ont cherché dans une certaine mesure, à reconstituer l'antique union des travailleurs de la tête et du bras; ils n'y ont point complètement réussi. Cependant, ils ont obtenu un résultat : ils ont créé un lien entre l'ingénieur et l'ouvrier; celui-ci représente le *métier*, celui-là l'*art*, c'est-à-dire la partie intellectuelle du travail : distinction que le moyen âge n'a point connue, comme on peut s'en convaincre en se reportant à l'article CORPORATIONS. — L. M. T.

II. **MÉTIER.** On donne souvent le nom de *métiers* aux machines employées pour la fabrication de certains ouvrages, surtout dans les industries de la filature et du tissage et celles qui en dépendent, et en particulier aux métiers à filer, parmi lesquels on distingue les *métiers continus* et les *métiers renvideurs*. Ces derniers dérivant du mule-Jenny, sont nommés aussi *automates* ou *self-acting* (V. FILER). On dit aussi *métiers à broder*, *métiers à tisser*, *à tulle*, *à tricot*, pour désigner les machines employées à la fabrication à la main ou à la mécanique, des broderies, des tissus, des tulles et des tricots. || *Métier automate. T. de filat.* Nom donné quelquefois aux métiers à filer la laine et le coton, appelés aussi *métiers renvideurs* ou *self-acting*. — V. FILER (Métiers à).

Métier compositeur. Ce métier, inventé par notre excellent collaborateur, M. Edouard Gand, professeur de tissage à la Société industrielle d'Amiens, permet de réaliser instantanément et, pour ainsi dire, d'une façon presque imprévue, une grande quantité d'armures ou combinaisons de grains d'étoffe, sur la chaîne disposée dans le métier. Bien plus, la mise en carte s'exécute en même temps que le duitage. Une petite machine à imprimer, commandée par la mécanique Jacquard même, réalise ce travail de mise en carte. Elle imprime simultanément sur papier blanc, et le quadrillé de l'échiquier et le pointage de l'armure engendrée par le battant à chariot. Ce chariot contient un certain nombre de pistons à verrou, dont chacun peut être maintenu, soit enfoncé dans son alvéole, soit attiré suffisamment pour laisser l'alvéole à moitié vide.

Partout où un piston remplit son alvéole, il présente un disque *repousseur* à l'aiguille qui lui fait face dans la Jacquard. Par contre, là où l'alvéole a été vidée, c'est un trou suffisamment profond qui s'offre à la pointe de l'aiguille. Dans le premier cas, le disque d'un piston équivaut à un *plein* sur un carton Jacquard; dans le second cas, l'alvéole à moitié vide équivaut à un trou sur le carton : donc, un disque égale *un crochet laissé*, et il produit un fil laissé ou rabattu dans la chaîne; un trou égale un crochet levé, c'est-à-dire, un fil pris ou levé dans cette même chaîne.

Le chariot peut, dans le sens horizontal, prendre autant de positions qu'il contient d'alvéoles et conséquemment de pistons. Chaque position donne un résultat spécial. On conçoit alors que si une répartition préalable entre les pleins et les trous, dans le chariot, est faite intelligemment ou d'après *une* duite ayant un pointage aussi rationnel que possible pour éviter les brides trop longues dans le duitage, on conçoit que le balancement ou voyage de gauche à droite du chariot ou réciproquement, et le plaquage de ce chariot contre les aiguilles de la Jacquard, pour chaque position donnée, produiront des combinaisons de façonné inattendues et très variées dans le duitage du tissu. Nous n'entrerons pas dans le détail de construction, d'empoutage et de mise en fonction de cette mécanique génératrice.

C'est la théorie d'un premier appareil appelé *transpositeur* et décrit dans une brochure ayant ce mot pour titre, qui a donné à M. Gand l'idée du métier compositeur, dont il vient d'être rapidement parlé. On trouvera également de plus amples détails sur cet intéressant sujet dans la onzième leçon du *Cours de tissage* (tome II) publié par le professeur amiénois (cours en 75 leçons, trois années d'études, trois volumes, grand in-8°).

Métier Jacquard. *T. de tiss.* Se dit d'un métier à tisser dans lequel les fils de la chaîne sont actionnés par une *mécanique Jacquard*. — V. ce mot et MISE EN CARTE.

MÉTOPE. *T. d'arch.* Intervalle compris entre les *triglyphes* dans la frise de l'ordre dorique.

— Dans les temples grecs appartenant à cet ordre, les métopes étaient rehaussées de peintures ou de bas-reliefs. Dans le premier cas, la métope était d'un rouge plus ou moins vif; dans le second, cet espace était souvent décoré d'un *bucrane* ou tête de bœuf décharnée. Ces bas-reliefs devaient être exécutés dans l'atelier de l'artiste; on les fixait ensuite à leur place, en les faisant couler dans des coulisses ménagées de chaque côté des triglyphes. On a beaucoup discuté pour savoir à quelles parties de la construction primitive correspondaient exactement les triglyphes et les métopes; mais il est juste de dire que le plus grand nombre des savants sont d'accord pour voir dans les triglyphes la représentation des solives du plancher, et dans les métopes, les espaces laissés vides, dans le principe, qui séparaient ces solives. — F. M.

MÈTRE. Unité de mesure de longueur qui forme la base du système des poids et mesures. — V. LONGUEUR, POIDS ET MESURES.

MÉTREUR. *T. de mét.* Nom de celui qui fait le métrage des bâtiments, les états de situation pour les entrepreneurs, et dont les honoraires sont tarifés selon le genre et l'importance des *métrés.*

MÉTRONOME (*de Maelzel*). Petit instrument destiné à indiquer et à battre la mesure d'un morceau de musique. Il se compose d'un pendule mû par un mécanisme d'échappement placé dans une petite boîte de la forme d'une pyramide. On accélère ou on ralentit la vitesse du pendule (qui frappe un coup sec à chaque oscillation) en abaissant ou en élevant un curseur (petite masse métallique) qui peut glisser sur la tige et y être fixé en un point déterminé. Derrière le pendule est une échelle graduée portant sur chaque trait le nombre qui indique combien le pendule fait d'oscillations par minute, quand le curseur est amené vis-à-vis ce chiffre.

***METTAGE EN MAINS.** *T. de teint.* On désigne sous ce nom, dans les ateliers de teinture de soie, la préparation manuelle qu'on fait subir aux flottes avant la teinture. Cette préparation est confiée à des femmes qui, non seulement réunissent ensemble les *pantimes* (V. ce mot) pour en faire des *mains*, mais qui sont encore chargées de reconnaître les soies, de vérifier si elles sont d'égales dimensions et qualités, pour les bien grouper et les choisir. Les metteuses en mains coordonnent alors ensemble soit de petites parties (une ou deux pantimes) qui sont des trames destinées aux fins de pièces et dont l'ouvrier tisseur manque pour finir son travail; soit des parties importantes (trois à six pantimes) qui prennent alors le nom de *quarts*, qu'elles relient ensemble par un fil fort dit *envergure* ou *traverse* pour en former un *matteau.*

Le nombre des pantimes qui forment un matteau varie selon la grosseur des quarts et des charges qui doivent être donnés. Lorsque les quarts sont petits et la teinture non chargée, comme dans les couleurs fines, il y en a 5 ou 6; pour les noirs chargés, grossissant considérablement dans le travail, le nombre est de 4 ou 5.

Pour faire l'opération dont nous parlons, les ouvrières dressent devant elles les quarts sur une barre de bois (reposant sur deux chevalets afin de la rendre susceptible d'une certaine élasticité), et les groupent ensemble en matteaux, avec des contremarques spéciales qui permettent de les suivre constamment en teinture. Ces contremarques se font, pour les couleurs claires, avec des chevellières marquées de numéros au nitrate d'argent; pour les couleurs foncées et les noirs, en reliant les matteaux par des cordons présentant des nœuds dans diverses positions (en dehors du nœud d'attache qui prend alors le nom de *groupe*). — V. TEINTURE. — A.R.

METTEUR, EUSE. *T. de mét.* Mot qui entre dans l'appellation de certains ouvriers. Ainsi le *metteur en pages, T. de typogr.*, est celui qui assemble les paquets de composition, justifie les pages et les dispose pour le tirage (V. IMPRIMERIE TYPOGRAPHIQUE); en *T. de sculpt.*, le *metteur au point* est l'artisan qui dégrossit le travail du sculpteur; en *T. de teint.*, la *metteuse en mains* est celle qui est chargée du travail indiqué à l'article précédent; en *T. de bijout. et de joaill.*, le *metteur en œuvre* est l'artisan qui dispose et monte les perles et les pierres. On donne aussi le nom de *metteur en œuvre* à des artisans qui font l'intérieur des métiers à tulle; ils reçoivent du mécanicien le corps du métier et ils lui donnent les organes du mouvement et de la vie : le chariot, la bobine et les barres destinées au passage de la chaîne. C'est un travail délicat et spécial à la belle industrie de Saint-Pierre-lès-Calais.

MEUBLE. Objet mobile qui entre dans l'ameublement destiné à garnir l'intérieur d'une habitation. || *Art hérald.* Pièce quelconque figurée sur l'eau.

***MEULAGE.** *T. techn.* On sait, sans que nous insistions sur ce point, comment la *machine-outil* s'impose, de plus en plus, dans l'organisation du travail moderne. Chacune a son rôle distinct, sa vitesse, sa précision; elle est donc spécialisée et son rendement ne peut être augmenté qu'au détriment de la perfection du travail. De plus, l'ouvrier qui conduit la machine-outil demande un salaire élevé, sans compter que ces engins sont d'un assez grand prix, à cause de la complication du mécanisme et de la stabilité qu'il faut donner aux organes. Il y avait donc et il y aura, de plus en plus, place pour une industrie, opérant, avec une

Fig. 234.

précision moindre que les machines-outils, l'enlèvement de l'excédent de métal qui constitue la différence entre la pièce finie et la pièce brute. Cette industrie est le *meulage*.

Depuis longtemps, on emploie, à cet usage, la meule en grès naturel, dite *meule de Saverne*. Elle présente de nombreux inconvénients, parmi lesquels, l'insuffisance de dureté et le manque d'homogénéité sont les principaux. Le quartz, dont elles sont formées, est en grains plus ou moins arrondis et qui sont réunis par un ciment souvent à base calcaire. Ces grains tendent à se détacher dès que l'on a dépassé la résistance de la matière qui les lie. Pour suppléer à cette insuffisance de dureté ou de résistance à l'usure, on augmente la vitesse de rotation de ces meules et souvent la force centrifuge amène, par son excès, la rupture subite de ces masses, en tuant et brisant tout sur le passage de leurs débris.

Comme dans la nature il n'existe pas, en masse compacte, de corps d'une dureté plus grande que le quartz, il était naturel que l'on cherchât la solution du meulage dans un produit artificiel. En 1842, M. Malbec eut l'idée de confectionner une *meule artificielle*, en agglomérant du *quartz* en fragments anguleux avec de la gomme laque. Plus tard, il employa de l'*émeri* pulvérisé aggloméré de la même manière.

On avait eu, auparavant, l'idée de déposer du grès et de l'émeri en couches plus ou moins épaisses sur des feuilles de papier, des bandes de toile (c'est ce qui constitue le *papier de verre* et la *toile d'émeri*); on en avait recouvert également des courroies sans fin, des bandes de cuir ou des plaques de corne appliquées sur la jante de roues en bois. On avait surtout en vue le *polissage*, tandis que la *meule massive artificielle*, destinée à *dévorer* l'excédent de métal des pièces brutes de forge ou de fonderie, est bien l'invention de M. Malbec, les Anglais et les Américains n'ont créé, que bien après lui, leurs *meules d'émeri*.

Pour pratiquer l'opération du meulage, les *meules naturelles* ou *artificielles* (V. ces mots) sont montées sur des bâtis et sont animées d'un mouvement de rotation assez rapide. La figure 234 montre une des dispositions les plus adoptées; elle fait comprendre l'installation générale, d'ailleurs assez simple de ces engins.

Meulage (Précautions à prendre pour le). Les meules de grès et les meules artificielles qui sont employées très couramment, depuis un certain nombre d'années, dans les ateliers où l'on travaille les métaux : charpentes, mécanique, ressorts, serrurerie, fonderie, etc.., occasionnent, lorsqu'elles viennent à se rompre, des accidents fort graves, souvent mortels. Nous allons résumer les précautions à prendre et les essais préalables qu'il convient de faire, avant d'utiliser une meule, pour se mettre, autant que possible, à l'abri de ces accidents.

La provenance ou la perfection de fabrication, pour les meules artificielles, donnent, en première ligne, une grande sécurité. A cet égard, certains fabricants ont une légitime réputation.

La vitesse et les dimensions des meules sont deux points fort importants ; elles sont variables avec la nature des meules, mais comme celle-ci est assez difficile à connaître et est assez variable, même dans une carrière déterminée, il est prudent de s'en tenir aux chiffres que la pratique indique.

Les dimensions des meules en diamètre et épaisseur dépendent du genre de travail que l'on veut obtenir. Les meules en grès doivent avoir, en général, comme épaisseur, le septième (1/7) du diamètre ; pour celles en émeri, il convient de ne pas descendre au-dessous du seizième (1/16) du diamètre lorsque celui-ci est supérieur à $0^m,50$.

Le tableau suivant donne les vitesses maxima à la circonférence, qu'il convient de ne pas dépasser pour les différentes espèces de meules employées :

Nature des meules	Vitesse en mètres par seconde
Meules en grès.	16
Meules agglomérées à l'oxychlorure de magnésium.	18
Meules agglomérées à la gomme laque. .	16
— — au caoutchouc. . . .	16
— tanites.	16

La mise en mouvement doit se faire progressivement, sans secousse, et la vitesse de régime doit être régulière ; il y a lieu de s'entourer de certaines précautions, à cet égard, dans les usines où le moteur peut prendre, dans certains cas, une vitesse exagérée. Une vitesse disproportionnée à la puissance de cohésion de la matière dont est formée la meule, soit naturellement, soit artificiellement, amène sa rupture sous l'action de la force centrifuge.

La première précaution à prendre dans l'installation de ces engins est donc de rester dans les limites fixées par le tableau qui précède. Les vitesses maxima sont, d'ailleurs, indiquées pour chaque meule par les fabricants, dont on peut exiger la garantie sur facture, que la meule a été essayée pour la vitesse indiquée. En marche normale, il convient de rester toujours un peu en-dessous de ces chiffres car, si théoriquement, en se rendant compte des efforts auxquels donne naissance la force centrifuge avec le maximum de vitesse et en comparant ces chiffres à la résistance à l'arrachement, on trouve un coefficient de sécurité fort considérable, il ne faut pas oublier que presque tous les accidents sont produits par un manque d'homogénéité, et qu'en certains points la meule peut présenter une résistance à l'arrachement, bien moins considérable que l'indique la nature de la pièce.

Le second point, de la plus grande importance, est donc de s'assurer de l'homogénéité de la meule ; lorsqu'elle est montée sur son axe, un sondage au marteau, par une personne expérimentée, indique assez exactement, par le son qu'il produit, s'il n'y a pas de solution de continuité. Cette précaution est aussi nécessaire pour les meules agglomérées, dont on a des exemples de rupture résultant d'un manque d'homogénéité, que pour les meules en grès qui, outre les défauts inhérents à leur nature, peuvent encore présenter des solutions de continuité accidentelles : par exemple, les meules qui ont supporté l'action de la gelée peuvent présenter des fissures produites par la congélation de leur eau de carrière; il est donc très important de les soustraire à cette action. L'humidité ayant aussi une influence fâcheuse sur le grès, dont elle diminue la densité et la compacité, dès l'extraction il est important de conserver les meules dans des endroits secs et de s'assurer, au moment du montage, qu'elles n'ont pas été extraites récemment.

Les industriels auront une certitude absolue à cet égard en s'approvisionnant de meules à l'avance et en les plaçant horizontalement, sur des traverses, les tenant à une certaine distance du sol, dans un magasin aéré et bien sec.

On n'est pas encore bien fixé sur la valeur des procédés qui ont été indiqués à l'article MEULE ARTIFICIELLE; il reste à faire, sur ce point, des expériences fort intéressantes.

Les précautions, que nous venons d'indiquer, doivent cependant atténuer déjà les chances d'accidents. Il nous reste à examiner les précautions à prendre dans le montage.

Les meules sont fixées sur leurs axes au moyen de deux plateaux serrés par des écrous; pour que ces plateaux donnent un serrage bien régulier, il est nécessaire que leurs faces internes soient dressées normalement à l'axe ainsi que les faces des meules, sans pour cela pratiquer des entailles pour les loger, ce qui aurait l'inconvénient d'affaiblir l'engin.

Les plateaux doivent avoir environ la moitié du diamètre des meules; il est bon d'en posséder de plus petits de rechange pour remplacer les premiers lorsque, par suite d'usure, ils viennent à affleurer la surface travaillante. Leur serrage doit être modéré et demande à être vérifié de temps à autre; pour avoir une adhérence complète et une pression régulière, il faut interposer entre les plateaux et la meule des disques de carton, de cuir ou de caoutchouc, d'environ 5m/m d'épaisseur.

L'œillard doit avoir exactement le diamètre de l'arbre qui doit y entrer sans forcer. S'il est trop grand, on peut centrer la meule avec des coins ou une douille en fer, mais il faut rejeter, d'une manière absolue, les calles en bois, car le bois se gonflant à l'humidité pourrait occasionner des ruptures.

La meule montée, on doit vérifier son centrage, s'assurer qu'elle tourne bien rond et qu'elle est en équilibre, toutes conditions qui acquièrent une grande importance lorsque la meule est en mouvement. Il convient d'apporter un soin tout particulier aux paliers qu'il faut bien graisser et protéger afin d'éviter qu'ils ne chauffent. Les bâtis doivent être très rigides et exempts de toute vibration. Si enfin on adopte, comme cela se pratique quelquefois, des enveloppes protectrices pour arrêter les éclats en cas de rupture, il est nécessaire qu'elles soient construites très solidement, car l'on comprend que, si elles n'étaient pas capables de résister au choc qu'elles peuvent avoir à supporter, elles augmenteraient le danger pouvant produire elles-mêmes des éclats si la meule venait à se rompre.

Lorsque la meule est montée, il est prudent, avant de la mettre en service, de lui faire subir un essai; on n'est pas bien fixé ni même d'accord sur la façon dont cette opération doit être conduite, mais dans quelques ateliers on fait cet essai à une vitesse double de la vitesse normale; dans d'autres on se contente de faire tourner la meule à sa vitesse normale. Quelques ingénieurs estiment que, conformément au principe qui règle l'essai des appareils à vapeur, il y a lieu d'éprouver les meules avec une certaine surcharge, sans qu'elle soit trop importante, ce qui risquerait d'amener la désagrégation.

La vitesse double semble exagérée, elle fait en effet supporter à la meule un effort quadruple de celui qu'elle doit subir normalement. Par contre, c'est passer d'une extrême à l'autre que de ne faire supporter aucune surcharge.

Il paraît donc préférable de s'en tenir à une juste moyenne, et de faire l'essai avec un excédent de vitesse de 1/8 ou de 1/10, pendant un temps assez long, une heure ou deux par exemple, essai pendant lequel on s'assurera que la meule est toujours dans de bonnes conditions de montage et, par des sondages au marteau, qu'elle ne présente pas de défaut. Il sera aussi nécessaire de répéter cet essai après quelque temps de service. La meule peut alors être définitivement employée si elle a bien résisté à toutes ces épreuves.

Mais, ce n'est qu'en renouvelant ces essais souvent, c'est-à-dire trois ou quatre fois par an, que l'on obtiendra une sécurité suffisante. On devra toujours, pendant ces opérations, répéter les sondages au marteau, s'assurer que le centre de gravité de la meule est dans l'axe de rotation, qu'elle tourne rond. Pour les meules en grès, qui s'usent inégalement, il y a lieu de les tourner de temps à autre, car le faux rond peut occasionner des chocs violents dangereux, lorsqu'on approche une grosse pièce.

Le meulage ne doit être confié qu'à des ouvriers expérimentés car, en dehors des ruptures, c'est une opération qui présente quelques dangers. Les industriels, pour couvrir leur responsabilité, doivent exiger que les ouvriers chargés du meulage portent des lunettes; il arrive, en effet, fréquemment que des parcelles métalliques sont projetées et, sans la précaution importante que nous venons d'indiquer, les yeux des ouvriers sont exposés à un danger continuel.

Il est indispensable que le plateau qui sert d'appui à la pièce à travailler puisse se déplacer facilement pour être rapproché de la meule à mesure que celle-ci s'use; il convient d'exiger que l'ouvrier ne travaille pas avec une trop grande distance entre ce plateau et la meule, car si la pièce pouvait s'engager dans cet intervalle, il pourrait en résulter une rupture ou encore, la pièce étant brusquement entraînée, l'ouvrier pourrait avoir les doigts écrasés.

Pour l'emplacement des meules dans l'atelier, si l'on ne peut les isoler complètement, il est bon d'adopter une disposition telle que, dans les cas de rupture, les éclats ne puissent atteindre les ouvriers de l'atelier occupés à des travaux étrangers. Ce sont ces dernières considérations, et non, comme cela se fait trop souvent, la disposition de la transmission de mouvement existante, qui doivent guider absolument dans le choix de l'emplacement.

En résumé, il est utile de faire des essais après le montage, mais il ne faut pas s'en tenir là, car c'est par un examen attentif et fréquent des appareils qu'on se mettra plus sûrement à l'abri des accidents.

Toutes ces précautions sont prises dans beaucoup d'ateliers où l'on s'en est toujours bien trouvé; au contraire, dans certains établissements, on ne fait même pas d'essai avant de mettre les meules en service, et cependant si l'on prenait les précautions que nous venons d'indiquer, le nombre des accidents serait sans doute diminué dans une forte proportion. — ED. B.

* **MEULARD.** *T. techn.* Grosse meule qui sert à moudre ou blanchir divers objets.

I. **MEULE.** Le mot *meule* désigne un organe de machine ordinairement cylindrique et d'un diamètre plus grand que son épaisseur. Quelques meules travaillent en roulant sur une surface plane pour écraser des matières diverses: la plupart travaillent par paires et à plat : l'une est fixe et l'autre tourne autour de son axe assez près de la première pour casser ou râper les matières qui s'y trouvent répandues. Exceptionnellement, les deux meules tournent en sens contraire ou ont leur axe commun horizontal. Jusqu'à ces dernières années, les meules étaient en pierres naturelles; on en a fait en pierres artificielles de diverses natures, en porcelaine, et enfin en pierre et fonte et même tout en fonte de fer. Le présent article se bornera à l'examen des meules en pierres et plus particulièrement en pierres naturelles dites *meulières*.

On emploie les meules en pierre, non seulement pour la mouture des divers grains ou graines à réduire en farine, mais aussi pour pulvériser diverses matières telles que le kaolin, les ciments, etc. Le choix des pierres propres à la fabrication des meules dépend essentiellement des substances à moudre et du mode de réduction adopté.

La France est tout particulièrement riche en carrières de pierres propres à faire des meules, et la petite ville de La Ferté-sous-Jouarre n'a pas de rivale dans le monde entier pour la qualité de ses pierres et la perfection de sa fabrication. Aussi fournit-elle, non seulement la France, mais l'Angleterre, l'Allemagne, l'Autriche, les Etats-Unis, etc. Il y a quelques années l'importance de la fabrication atteignait annuellement *quatre* millions de francs. Nombre d'autres gisements de silex meuliers existent en France, et plusieurs ont une assez grande importance. Leurs pierres diffèrent parfois beaucoup de celles de La Ferté-sous-Jouarre : mais une partie convient aussi à la mouture du froment, d'autres à la réduction en farine des divers grains et graines; enfin quelques silex compacts de certaines carrières sont particulièrement propres à la pulvérisation des matières minérales d'une grande dureté.

Meule à faire farine. Quelle que soit son origine géologique, la pierre destinée à la fabrication de ces meules doit présenter les trois qualités suivantes : 1° une *dureté très grande* et capable d'éviter ou au moins de retarder longtemps l'usure due au frottement de l'écorce siliceuse des grains; 2° une *ténacité* telle que la pierre ne puisse éclater sous le choc des outils d'acier nécessaires pour *raviver* ou *rhabiller* la surface travaillante des meules usées par le travail; 3° une parfaite *uniformité* dans chaque zone annulaire appelée à un travail donné, avec une *contexture particulière* de la pierre pour chaque zone chargée d'une des phases du travail de la réduction du grain en farine. Peu de pierres, en dehors des meilleurs échantillons de La Ferté-sous-Jouarre, satisfont absolument aux deux premières conditions : mais beaucoup s'en approchent assez. Un choix judicieux des diverses pierres formant une meule permet d'obtenir l'*uniformité* de texture par zones travaillantes : la grande variété des pierres de La Ferté permet ce choix et plusieurs fabricants de cette industrieuse petite ville ont un tact et une expérience si grande, dans l'appréciation des diverses textures et qualités des pierres, que leurs meules à froment sont sans rivales.

Il y a des pierres très dures, telles que les grès lustrés, les quartzites, les basaltes, etc., qui ne peuvent faire de bonnes meules parce qu'elles *éclatent* sous l'outil et n'ont pas la ténacité, le nerf et la contexture qui caractérisent les bons silex meuliers compacts ou cariés de La Ferté-sous-Jouarre et de quelques autres rares gisements. Ce silex si précieux, sur ses faces taillées, paraît comme composé de faisceaux de ciseaux siliceux purs, indissolublement unis les uns aux autres quoique distincts, ou comme formé d'un réseau de cloisons siliceuses extrêmement nombreuses et plus ou moins serrées, de sorte que toujours la cassure de ce silex paraît sous le microscope, hérissée d'une multitude de petits coins ou lames siliceuses disposées à peu près normalement à un plan que l'on choisit comme face travaillante. Lorsque, faute d'une dureté absolue qui ne peut être qu'idéale, ces saillies microscopiques pyramidales ou en ciseaux et formant râpe, sont en partie arrondies ou émoussées par le frottement de l'écorce siliceuse des grains, on *ravive* facilement la face travaillante par de petits coups d'un ciseau d'acier trempé dur, ou par les chocs rapides et multipliés des arêtes de *diamants noirs* tournant en s'avançant suivant la direction voulue. Les saillies émoussées sont alors enlevées en partie par ce *ravivage* appelé *rhabillage*, et sont remplacées par de nouveaux petits ciseaux, constituant ce qu'on appelle la *qualité ouvrière* de la pierre.

Si la pierre est parfaite, c'est-à-dire dure, nerveuse et ouvrière, l'épaisseur enlevée par chaque rhabillage est imperceptible, c'est une très petite fraction de millimètre. Aucun éclat dit en grain de sel, ne dépare la surface nouvellement ciselée. Les pierres très dures, mais manquant de nerf ou de ténacité de cohésion, peuvent servir à la mouture, mais elles sont toujours moins *ouvrières* et doivent être très fréquemment rhabillées, parce qu'elles se polissent par le frottement de l'écorce du blé en prenant un aspect savonneux, comme certains grès de la Mayenne plus durs pourtant que le silex meulier.

Outre les saillies dont nous venons de parler et qui constituent ce qu'on appelle l'*ardeur* de la pierre, la plupart des silex meuliers présentent des éveillures, ou creux de carie. Si ces creux ne sont que des espèces de *méats* intercellulaires, à peu près invisibles à l'œil nu, la meulière est dite *compacte* et forme alors une première catégorie de pierre que l'on a eu le tort d'appeler *anglaise*. Ce dernier qualificatif n'indique pas l'origine de la pierre, qui provient des diverses carrières françaises et non de l'Angleterre : il indique que la pierre est propre à ce qu'on a appelé la mouture anglaise, perfectionnement de l'ancienne mouture américaine. C'est, comme nous le verrons, une *mouture basse* ou à *meules rapprochées* s'efforçant d'obtenir dans un seul passage du grain, toute la farine qu'il contient, en sacrifiant plus ou moins la qualité et même le rendement.

Si les éveillures sont nombreuses et visibles, sans atteindre des étendues de quelques centimètres carrés, la pierre est dite *cariée, éveillée*; elle est caverneuse si ces éveillures sont très nombreuses, et inégales si quelques-unes présentent des étendues considérables et des creux spacieux. C'est alors la pierre dite *française*, parce que, d'origine française, elle est propre à l'ancien mode de mouture française. Cette classe de pierre était la plus recherchée jusqu'au commencement de ce siècle.

Entre ces deux extrêmes, silex compact et meulière caverneuse, il y a nécessairement des pierres de constitutions intermédiaires, dites *demi-anglaises, demi-françaises* suivant qu'elles se rapprochent plus des pierres compactes ou des silex caverneux; mais il y a de très nombreuses variétés difficiles à délimiter.

Les pierres demi-françaises sont plus propres à la mouture haute qui exige plusieurs remoulages, car elle s'efforce, dans le premier passage du grain de froment, de ne faire que très peu de farine et, au contraire, le plus possible de gruaux que les remoulages, alternant avec des sassages d'épuration et de classement et des blutages, transformeront en farine pure. Les pierres caverneuses ou à grandes et profondes éveillures, ordinairement très irrégulièrement réparties, sont plus propres à la mouture des grains longs, tels que l'avoine et le seigle.

Outre ce premier classement suivant les variations de leur texture, il convient de répartir les pierres suivant leur dureté. Des pierres éveillées peuvent être en même temps très dures; tandis que des pierres compactes peuvent manquer de dureté; mais les combinaisons inverses se rencontrent aussi, et même les silex les moins cariés paraissent généralement les plus durs.

Lorsqu'on admet la *mouture basse* en principe, c'est-à-dire la *réduction complète en farine, et issues par un seul passage du grain à moudre*, la meule bien fabriquée et convenablement habillée, est certainement un chef-d'œuvre que l'on ne peut trop admirer, bien qu'elle n'ait pas atteint la perfection idéale que la science seule pourrait lui donner. Le travail des meules est, en effet, comme on va le voir très complexe.

Le grain, entré entier au centre des meules, y parcourt et, après lui, chacun de ses fragments successifs, des trajectoires en spirales centrifuges qui conduisent le tout à la circonférence d'où il s'échappe à l'état de boulange : c'est un mélange intime de farine et de sons divers ou issues, que la bluterie séparera. La réduction de ce grain a été graduelle. Mais, comme on ne voit la marchandise qu'à l'entrée dans les meules sous forme de *grains*, puis à l'archure sous forme de *boulange*, on pourrait croire que la réduction est brusque, qu'il y a eu *mort subite* du grain; il n'en peut être ainsi. Comprimé et choqué par des faces obliques opposées, cisaillant en pressant, ce grain est d'abord en partie déshabillé ou décortiqué et grossièrement concassé, en s'éloignant un peu du centre. Les fragments sont immédiatement ou quelque peu plus loin, repris et réduits à leur tour en fragments plus petits, *nus* ou *habillés*, qui, repris encore, sont bientôt des *gruaux* purs ou de la *semoule*. La dernière zone concentrique de la meule, la *feuillère*, comprime et râpe ces fragments farineux par les flancs de ses sillons et de ses ciselures et les réduit en *farine*, en même temps qu'elle râpe et cure les fragments d'écorce ou le son qui ont été enlevés successivement. Ces sons vidés sont étalés et s'échappent en même temps que la farine à la circonférence des meules qui ne sont là séparées l'une de l'autre que de l'épaisseur d'une mince feuille de papier, d'où le nom de feuillère donné à la zone la plus extrême de travail des meules. Le décortiquage, le concassage, la réduction en gruaux puis en farine et le curage des sons doivent se faire successivement dans le parcours du centre ou de l'œillard à la circonférence ($0^m,60$ environ). On comprend que la forme et la direction des sillons creux, appelés improprement *rayons*, ne sont pas indifférents et doivent varier même du centre à la circonférence puisque la marchandise varie; que l'écartement des surfaces travaillantes doit aller en diminuant du centre à la circonférence, ainsi que la profondeur des sillons, que l'étendue des parties râpantes et l'ardeur de leur surface doit aussi varier. En résumé, chacune des zones idéales concentriques des meules devant faire un travail spécial doit être d'une nature spéciale de pierre et habillée d'une manière spéciale. En pratique, on suppose ces zones de travail réduites à trois : le *cœur*, l'*entrepied* et la *feuillère*. L'écartement des meules diminue depuis l'œillard jusqu'à la feuillère; à tort, peut-être, les faces travaillantes sont là absolument parallèles. Pour *faire plus blanc*, il conviendrait de limiter au strict nécessaire, 0,125 au plus, la largeur des feuillères; mais alors, le son pourrait n'être pas suffisamment curé.

Le cœur, l'entrepied et la feuillère exigent chacun une espèce de pierre différente; théoriquement même, le nombre des zones devrait être plus grand et chacune devrait avoir son espèce de pierre et de rhabillage. Nous n'insistons sur ce mode de travail des meules que pour faire comprendre la difficulté *d'en fabriquer de parfaites*.

La fatigue des diverses parties d'une meule va en croissant de l'œillard à la feuillère; la dureté de la pierre doit donc aussi aller en croissant pour que l'usure soit uniforme. Le travail de réduction par compression et cisaillement se faisant sur des fragments de plus en plus petits et de plus en plus nombreux du centre à la circonférence, la qualité ouvrière et l'*ardeur de la pierre* doivent aller aussi en croissant.

Fig. 335. — *Meule en cours de fabrication, avec la règle-compas.*

Le *cœur*, qui renferme souvent presque toute la conicité dite *entrée*, concasse grossièrement le grain en le décortiquant plus ou moins, en le roulant, le comprimant et le cisaillant. On peut faire cette zone en pierre d'une médiocre dureté sans grande ardeur. L'*entrepied* ayant la fin de l'entrée, achève le concassage et le décortiquage, et commence la réduction des gruaux faits précédemment en ne les déshabillant qu'en partie: la pierre doit donc être plus *dure* et plus *ardente* que celle du cœur. La feuillère qui doit réduire en farine par pression et cisaillement, les gruaux et la semoule, tout en curant les sons larges et menus, agit en grande partie comme une râpe. La pierre qui sert à faire les feuillères ne peut donc être ni trop dure, ni trop ardente.

En réalité, les zones, dans la fabrication des meules, ne sont pas séparées par des circonférences concentriques; les joints des pierres sont suivant les rayons géométriques et les droites normales ou obliques à ces rayons, à des distances variables du centre. Il en résulte qu'une pierre peut appartenir d'un bout au cœur et de l'autre à l'entrepied: elle devait donc être de deux qualités différentes; une autre sera tout entière dans la partie moyenne de l'entrepied; une autre pourra appartenir pour un tiers à l'entrepied et pour le reste à la feuillère. Il y a donc lieu de tourner convenablement les pierres suivant la variation de qualité de leur surface travaillante, de façon à rendre les trois zones géométriques idéales, aussi uniformes, chacune, que cela est possible. L'importance de la fabrication consciencieuse d'une meule ne peut donc être surfaite. Loin de chercher comme autrefois à faire des meules du plus petit nombre de morceaux possible, sinon d'un seul, le fabricant ne craint plus, malgré l'accroissement du travail de fabrication qui en résulte, de composer une meule de 12, 20, 30 et même 40 morceaux de pierres, assemblés entre eux par du ciment ou du plâtre, et maintenus par un *cerclage spécial*. Non seulement le fabricant peut ainsi faire des meules dont chaque zone de travail soit uniforme, mais il peut utiliser les moindres fragments de bonnes pierres.

Gisement des meulières. Nous regrettons d'être forcé de ne dire que quelques mots du gisement des pierres meulières. Le premier et le plus riche groupe de carrières de pierres meulières appartient au bassin géologique de Paris, et se trouve dans la couche des argiles à meulières inférieures, la plus moderne du groupe du calcaire lacustre inférieur de l'étage tertiaire inférieur. On rencontre cette couche sur un espace qui va de Vernon aux montagnes de Reims et de Laon à Fontainebleau. Cette couche de 200 sur 150 kilomètres est parsemée d'îlots de l'étage moyen (grès de Fontainebleau, meulières et fahluns). La partie centrale de cette couche d'argiles à meulières inférieures, qui se trouve à une altitude de 75 à 150 mètres, est le village de la Ferté-sous-Jouarre, renommé dans le monde entier par la qualité exceptionnelle de ses pierres meulières plus spécialement propres à la mouture du froment. Sur le reste de cette vaste couche se trouvent d'autres groupes de carrières à meulières, mais en général la qualité n'atteint que très exceptionnellement celle des pierres de la Ferté-sous-Jouarre. Du reste, sur le même gisement les meulières se présentent par étages et de qualités très différentes.

Gisement d'Epernon. On trouve près d'Epernon (Eure-et-Loir) d'assez bonnes pierres à meules dans l'étage tertiaire moyen, dans la couche dite des argiles et meulières supérieures.

Gisements du bassin de la Loire. On trouve à Cinq-mars-la-Pile des carrières de meulières peu différentes de celle d'Epernon, mais de qualités diverses.

Dans la Dordogne, se trouvent de très riches gisements de silex très compacts et quelques autres de silex cariés en œil de perdrix, propres à la mouture des grains du midi. Les silex compacts servent surtout à faire des meules pour les matières minérales, telles que le kaolin par exemple.

Exploitation des meulières. Elle se fait toujours à ciel ouvert. L'enlèvement des terres pour mettre la roche à nu se fait suivant les cas par les moyens ordinaires des petits ou grands terrassements, parfois des épuisements sont nécessaires. Enfin, l'enlèvement et le transport des pierres propres à la fabrication se fait par les moyens connus.

Fig. 236. — *Vue de profil de la règle-compas.*

Lorsque la roche pouvant fournir des pierres de bonne qualité est mise à nu, on l'extrait par les moyens habituels des carriers. On cherche les fentes de superposition ou de clivage naturelles, les royes ou rayes, et on y enfonce des coins, pour faire éclater le banc dans ses divisions naturelles. Si l'on ne trouve aucune fente de stratification ou de clivage, on fait, à l'aide d'un lourd couperet, des entailles à des distances convenables, suivant des plans verticaux; on y enfonce des doubles coins de bois dits, de *garde*, puis entre ces coins des coins de fer sur lesquels on frappe jusqu'à ce que le bloc se fende, parfois à côté des entailles et suivant des fentes naturelles non aperçues jusqu'alors.

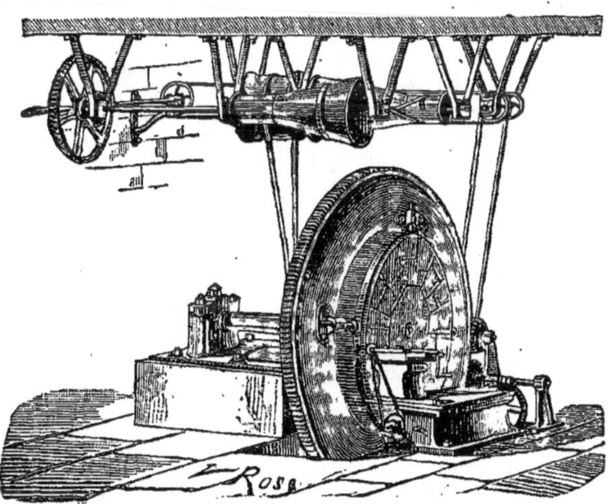

Fig. 238. — *Machine à dresser les meules à l'aide de diamants.*

Fabrication des meules. Comme nous l'avons fait comprendre, chaque meule doit être composée, outre un boitard central ordinairement octogonal, de trois cercles concentriques de pierres de natures convenables. Le premier travail est dans le *choix* des pierres. On fait trois grandes classes: l'une pour faire le cœur, la seconde, pour l'entrepied et la troisième, pour les feuillères; dans chacune de ces classes, on fait un nouveau classement suivant les qualités afin d'assortir par petits tas ou ronds les pierres propres à faire une paire de meules, une courante et une gisante pouvant marcher d'accord pour un travail donné.

De la précision dans ce choix dépend en grande partie la valeur de la paire de meules. L'ouvrier fabricant reçoit alors les pierres qui, pour être mieux appréciées, ont été taillées suivant une face plane, ce qui a donné la mesure de la dureté, de l'ardeur et du nerf. Cet ouvrier est en réalité un appareilleur. Il taillera les pierres qui doivent s'assembler côte à côte de façon à ce que le joint soit le plus mince possible et se fasse par des faces d'équerre avec la face travaillante. Il scelle pierre à pierre et s'aide, pour la pose, de la règle-compas imaginée par M. Roger fils (fig. 235 à 237). Les pierres assemblées ainsi pour former la face travaillante de la meule sont consolidées dans leur assemblage par un cercle de fer mis à chaud. Seule, la face travaillante est plane; l'extérieure présente des saillies et des creux, suivant l'épaisseur et la forme de la queue des pierres, ordinairement plus épaisses au cœur qu'à l'entrepied et qu'à la feuillère. On achève de donner à la meule sa forme cylindrique définitive en faisant ce qu'on appelle le *chargement*. On maçonne avec des pierres sans valeur et du plâtre ou un ciment mieux approprié, puis on *unit* la face dite *contre-moulage*, après avoir fait un second cerclage pour maintenir le chargement.

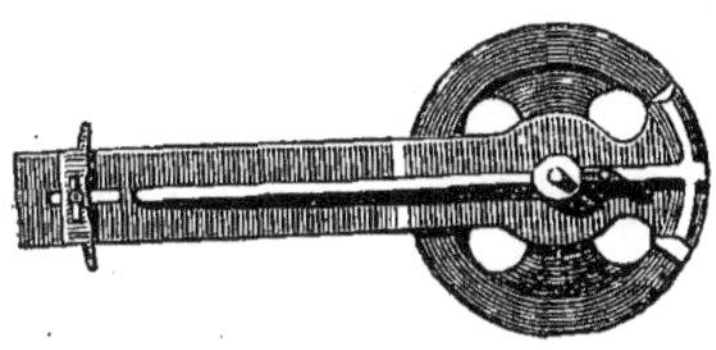

Fig. 237. — *Plan de la règle-compas.*

C'est pendant le contre-moulage qu'on place les 4 boîtes d'équilibrage destinées à recevoir du plomb suivant le besoin, et les boîtes ou douilles qui permettent de saisir les meules par l'arc de la grue pour les relever et les mettre en rhabillage. Pendant le chargement, comme pendant l'appareillage des pierres travaillantes, le fabricant doit s'efforcer de faire une meule bien équilibrée et pour y arriver le mieux possible, on fait parfois l'appareillage ou au moins le chargement et le contre-moulage pendant que la meule est supportée par un appareil à axe lui permettant de tourner.

La meule ainsi achevée doit être *dressée* sur sa face travaillante. Ce dressage a pour but de donner à la face travaillante sa forme exacte, plane pour la feuillère, conique pour l'entrepied et le cœur, suivant un profil qui varie avec les idées des meuniers et les espèces de grains. Il se fait à la main au marteau, ou préférablement avec la machine spéciale imaginée par M. Roger fils, et dont l'outil est un cylindre d'acier tournant avec une grande rapidité et portant des diamants mordant la pierre par échelons successifs, de manière à obtenir une surface plane et conique à volonté, avec une grande précision (fig. 238).

Un dernier dressage est fait ordinairement pour mettre la meule en moulage.

Enfin, la meule est rayonnée, c'est-à-dire que l'on y trace des sillons creux, excentriques, à section ordinairement triangulaire. Ce rayonnage varie beaucoup suivant la destination de la meule; nous en reparlerons à l'article MOUTURE.

Le mot *meule* s'applique aussi à des cylindres en pierres naturelles ou artificielles, propres à aiguiser ou à polir des pièces métalliques.—J. A. G.

Meule artificielle. Il y a, dans une *meule artificielle*, deux choses à distinguer : le *mordant*, l'*agglomérant*.

Les mordants sont au nombre de trois : le grès, le silex et l'émeri. Le grès est formé, comme nous l'avons dit plus haut, de grains de quartz, plus ou moins arrondis, puisqu'ils proviennent généralement de dépôts marins, formés par la consolidation des sables de la mer, et produits eux-mêmes par le roulement des galets quartzeux. Le silex, de nature siliceuse également, a l'avantage de pouvoir présenter des fragments plus anguleux que les sables plus ou moins arrondis.

En France, on emploie beaucoup le grès et le silex, dans la composition des meules artificielles. En Angleterre et surtout en Amérique, on se sert exclusivement d'émeri. — V. ÉMERI.

L'émeri est, au point de vue chimique, de l'alumine, mêlée d'oxyde de fer et de silice. Au point de vue minéralogique, c'est un corindon, c'est-à-dire le corps qui a la plus grande dureté après le diamant, qui seul peut le rayer. L'émeri existe dans un certain nombre de localités, de l'ancien et du nouveau monde, mais les provenances les plus célèbres sont Naxos et Smyrne. Il s'y présente généralement en masses plus ou moins considérables. L'émeri de Naxos (Archipel) a la composition suivante :

Alumine	83.82
Silice	7.82
Oxyde de fer	7.73
Eau et perte	0.63

Le gisement appartient au gouvernement grec, qui en a concédé l'exploitation à une compagnie fermière, à la condition de livrer annuellement un certain mininum d'émeri au commerce. La roche est cassée, à la mine même, en fragments assez gros que l'on transporte jusqu'aux moulins pour les broyer sous des meules horizontales.

Pour le classement des grains les plus gros on emploie les procédés de tamisage ordinaires; mais, pour les sortes fines, on met la poudre en suspension dans l'eau fortement agitée et on considère comme les plus fins les dépôts les plus tardifs.

L'émeri du levant ou émeri de Smyrne, n'a pas une aussi grande dureté que celui de Naxos, mais seulement les 70 à 80 0/0, si on prend l'autre comme unité.

Sa composition est pourtant assez peu différente :

Alumine	80.88
Silice	6.42
Oxyde de fer	11.61
Eau et perte	1.09
	100.00

Chaque grain d'émeri, quelle que soit sa provenance, présente une multitude d'angles et de pointes aiguës, qui, vu leur grande dureté, ne s'usent pas par le frottement, mais coupent comme des lames tranchantes.

L'agglomérant ne constitue que la dixième partie environ de la masse des meules artificielles; mais c'est l'élément le plus important puisque c'est grâce à lui que chaque particule du mordant doit rester en place jusqu'à ce qu'elle soit usée. La gomme laque est le premier agglomérant qui ait été employé. C'est une résine qui provient d'une exsudation de certains arbres de l'Inde. On fait un mélange de gomme laque en fils, préalablement fondue et du mordant employé, quartz, grès ou émeri. Quand la pâte est devenue onctueuse, on la verse dans un moule en fer forgé que l'on ferme par un couvercle épais en fonte tournée. Le moule est conduit sous une presse hydraulique pour réduire la pâte à l'épaisseur déterminée. La pression varie suivant le diamètre et l'épaisseur des meules que l'on veut obtenir, mais ne dépasse pas 5 à 600 atmosphères. Après refroidissement, les produits sont prêts à être employés.

L'inconvénient que présente la gomme laque c'est de fondre à une température relativement basse (130° environ); par conséquent, la meule, dont elle constitue l'agglomérant, peut se liquéfier partiellement par un contact ou une pression trop prolongés de l'objet que l'on travaille. De plus, elle présente une certaine fragilité et demande à ne pas être soumise à des chocs transversaux. Malgré ces défauts, la gomme laque employée primitivement par M. Malbec est restée, longtemps, la seule matière avec laquelle on fit des meules artificielles.

— En 1843, le gouvernement français se rendit acquéreur des brevets Malbec et chargea l'inventeur d'installer, à la manufacture de Châtellerault, une usine sur le modèle de celle qu'il venait de créer à Vaugirard.

En 1857, M. Desplanques employa le *caoutchouc* comme agglomérant, avec vulcanisation de la meule terminée. On mélange le mordant avec le caoutchouc rendu liquide et on soumet le tout à la pression. Les produits que l'on obtient ainsi sont plus coûteux que ceux à base de gomme laque; de plus, ils dégagent pendant le meulage une forte odeur de caoutchouc brûlé; mais les meules obtenues sont d'une grande solidité, aussi est-il possible de leur imprimer une vitesse tangentielle de 30 mètres par seconde sans danger de rupture.

En 1865, M. Sorel découvrit le ciment à l'*oxychlorure de magnésium*; c'est un mélange de magnésie et chlorure de magnésium, qui a la propriété de durcir très rapidement. L'opération est des plus simples : on mélange le mordant au ciment d'oxychlorure et on laisse sécher. Les meules que l'on obtient ainsi sont infusibles; elles ne s'échauffent pas, ne se ramollissent pas par le travail, et leur action est égale pendant toute leur durée.

On a essayé d'autres agglomérants, tels que le soufre qui exhale une odeur suffocante, le ciment hydraulique et actuellement en Amérique, la meule dite *tanite* occupe le premier rang comme qualité; elle est en émeri, aggloméré avec de la colle forte et du tannin.

Pour résumer, nous dirons que, dans tous les cas où l'on aurait à se servir du burin ou de la lime pour user du métal, il est de beaucoup préférable d'employer la meule.

Les meules artificielles ont l'avantage de pouvoir fonctionner à une vitesse bien supérieure à celle à laquelle il est prudent de faire tourner les meules naturelles en grès ou meules de Saverne. Ceci est d'une grande importance, car la vitesse produit le même effet qu'une plus grande dureté.

Les meules en grès n'usent que par le frottement; elles manquent d'homogénéité dans leur grain et dans leur dureté. Elles ne s'usent pas régulièrement et, par conséquent, s'ovalisent; de plus, elles sont fort lourdes et demandent beaucoup de force pour les mettre en marche. Il faut les mouiller constamment parce que leur peu de vitesse et leur faible pouvoir usant, amènent un échauffement rapide du métal. Les ouvriers travaillent alors dans une humidité constante qui, de plus, facilite la rouille des pièces.

Les meules artificielles, au contraire, peuvent être variées de grain suivant le travail que l'on veut obtenir; leur petit diamètre et leur grande solidité n'exigent pas de mesures spéciales contre les dangers de rupture, et il n'y a que pour le meulage de très larges surfaces, que la meule de Saverne peut reprendre un certain avantage.

II. **MEULE.** *T. techn.* Cet instrument qui est le même que celui dont se servent les couteliers, sert à aiguiser et à rendre très tranchante la lancette qui termine l'épée du coupeur de velours, sur table, après tissage (coupe longitudinale). — V. GUIDE. || Tas de bois empilé d'après certaines règles pour la carbonisation en plein air. — V. CHARBON DE BOIS, où nous donnons un type de *meule* et ses différentes méthodes de construction.

***MEULIER.** *T. de mét.* Nom des ouvriers qui exploitent la pierre meulière et fabriquent des meules pour moudre le blé et d'autres substances. Ils sont exposés à des maladies spéciales causées par l'absorption de particules ténues et très dures.

MEULIÈRE (Pierre). On appelle *pierre meulière*, une variété de silex à peu près pur qui forme, dans les terrains tertiaires, une couche que l'on exploite notamment à la Ferté-sous-Jouarre. Anciennement, on taillait cette pierre en forme de disques de $1^m,20$ environ de diamètre et de $0^m,25$ de hauteur, mais actuellement on constitue ces disques avec des fragments de pierre meulière, cimentés entre eux et cerclés en fer. On fabrique ainsi les *meules* décrites à l'article MEULE, § I.

MEUNERIE. Les mots *meunerie* et *minoterie* s'appliquent à l'industrie exercée par le *meunier* ou *minotier* qui achète aux cultivateurs le blé pour le transformer en farine et issues, ou le moud à façon.

A l'origine de la civilisation, la mouture des grains par le pilon ou la meule se fait dans chaque famille : c'est le lot de la femme, puis de l'esclave. L'emploi des animaux, de l'eau et du vent, pour faire tourner les meules, constitue le principal progrès de la mouture au moyen âge. Des moulins à vent ou à eau s'établissent peu à peu dans la plupart des villages. Chacun peut y porter à moudre son blé en en laissant une partie pour le salaire du meunier. L'opposition forcée des intérêts du meunier et de son client rendent leurs relations assez difficiles et le meunier, suspecté toujours, acquiert, à tort ou à raison, une réputation qui s'est conservée jusqu'à nous.

Depuis une soixantaine d'années seulement, de grands moulins se sont établis en des situations favorables pour l'achat des grains et pour la vente des farines. L'industrie meunière ne peut progresser que dans ces grands établissements, aussi nos articles ont-ils surtout en vue leur travail.

Le meunier moderne, habile, devant n'acheter ses grains qu'au moment jugé favorable, doit posséder des greniers à grains pour y faire ses réserves, ses approvisionnements. Il doit alors disposer tout dans cette partie de son usine pour assurer la *conservation* de ses grains, soit par une construction appropriée, soit par des appareils spéciaux. Afin de ne réduire en farine que des blés absolument purs, c'est-à-dire débarrassés de toutes les matières étrangères qui peuvent y être mêlées ou y adhérer, le meunier doit les soumettre à diverses opérations de nettoyage et même de lavage. Une seconde partie de son usine renferme les appareils à *nettoyer*.

Le blé *pur* et *propre* est alors soumis aux appareils spéciaux de mouture, imaginés pour réduire le grain en farine, le produit principal, en mettant de côté les issues d'une valeur moindre bien qu'elles soient très demandées sur le marché pour la nourriture des animaux et quelques autres emplois. Les modes de mouture et, pour chacun d'eux, les nombreux appareils imaginés exigent une étude particulière, dont l'importance est aujourd'hui considérable en présence d'une transformation inévitable des anciens procédés conservés dans la plupart de nos moulins.

Nous renvoyons pour cette étude au mot MOUTURE où nous traitons des divers procédés et appareils.

Suivant les procédés de mouture, les appareils permettant de séparer la farine des issues, travaillent pendant toute la période de réduction du grain ou seulement quand ce grain est tout entier réduit en un produit complexe appelé *boulange*. Les *bluteries* et les *sasseurs* qui effectuent cette séparation des produits et leur classement seront examinés dans l'article auquel nous venons de renvoyer. La troisième partie de l'usine est donc la plus importante, c'est le *moulin* proprement dit, qui renferme les appareils de mouture, meules, cylindres, batteurs, et les appareils de séparation et de classement des produits, les bluteries diverses et les sasseurs, classeurs et épurateurs, etc.

Enfin le meunier habile, devant s'efforcer de ne livrer ses produits que lorsque le prix offert est avantageux, le moulin doit comprendre une quatrième partie, le *magasin aux farines* et aux *issues*. C'est dans cette partie que peuvent se trouver les appareils à peser, à ensacher, automatiques ou non, et les dispositions favorables à l'emmagasinement et à l'enlèvement des divers produits; ceux-ci sont, en France, généralement mis en sacs de toile. En Amérique, pour l'exportation, on met la farine en tonneaux ou barils et le son comprimé, dans des enveloppes appropriées. On a aussi imaginé de mettre la farine en petits sacs de papier très résistant, ce qui économise des frais de transport et d'emballage. Les poids commerciaux des sacs et des barils varient suivant les pays et résultent d'anciens usages : ce qui fait qu'ils s'éloignent fort des unités admises et des multiples décimaux ou duodécimaux. Ainsi le sac de farine des environs de Paris pèse 159 kilogrammes et renferme 157 kilogrammes de farine : le sac de farine, en Angleterre, pèse 280 livres (127 kilogrammes environ). Le baril américain pèse 196 livres ou 88^{k},9. L'industrie de la meunerie et de la boulangerie gagnerait à la disparition de ces usages. Le sac de 159 kilogrammes est d'un maniement très difficile, dangereux même ; le sac d'un quintal (100 kilogrammes) serait préférable. Si le papier remplace la toile, on peut adopter des sacs de 50 et 25 kilogrammes. — V. Mouture. — J. A. G.

MEUNIER, ÈRE. *T. de mét.* Celui, celle qui conduit un moulin, qui en dirige l'exploitation.

***MEURCHIN** (Mines de). Les mines de Meurchin sont situées au nord du bassin du Pas-de-Calais, et leur concession a été instituée en même temps que celle des mines de *Carvin*. — V. ce mot.

— Cette Compagnie possède en exploitation une fosse unique et une fosse double qui ont produit, en 1884, 175,164 tonnes de charbon. Ce charbon contient 12 à 16 0/0 de matières volatiles et donne un coke très friable.

***MEURICE** (Froment), dit Froment-Meurice, fut dans l'art décoratif le représentant le plus illustre du mouvement romantique. Le nom du grand « argentier » est célèbre à l'égal de ceux d'Eugène Delacroix, Théodore Rousseau, David d'Angers, Rude, Baryr, Berlioz, Lassus. Si ses ouvrages sont moins connus que ceux de l'architecte, du musicien, des statuaires et des peintres, cela tient uniquement à leur destination plus discrète, tout intime et personnelle. Comme ses contemporains, plus qu'eux peut-être, car son action s'exerçait sur le goût de la femme, il concourut à dégager l'art moderne de la gaîne étroite et rigide des conventions pseudo-classiques où l'avait enfermé la génération précédente, et à lui rendre le mouvement, la couleur, le sens de l'histoire, le feu de l'imagination, la verve de l'invention dans la curiosité du vrai; en un mot la vie.

Notre excellent collaborateur, M. Philippe Burty, que ses belles études antérieures sur les arts décoratifs et sa connaissance parfaite des maîtres du romantisme désignaient pour une telle tâche, vient d'écrire la biographie de ce maître qui fut aussi un homme de bien. Il l'a fait avec cette précision dans l'ensemble, cette exactitude dans les détails, cette rectitude dans les jugements, cette tranquillité vaillante en matière d'esthétique, cet ordre et cette méthode qui sont les vertus coutumières de ce vaillant esprit.

« Une chimère dans la boutique d'un orfèvre » dit M. Ph. Burty aux premières pages de ce livre « arrête aussi longtemps qu'un fronton dans l'azur ou qu'un buste sous un péristyle ». Voilà qui est parfaitement exact, mais à une condition toutefois, c'est que la chimère sera une création originale. Et c'est précisément le mérite de toutes les œuvres sorties des mains de Froment-Meurice, qu'elles sont des créations. C'est qu'alors, « la doctrine de la copie littérale n'avait pas encore envahi le haut enseignement et le haut commerce », doctrine pernicieuse qui domine aujourd'hui tout notre art décoratif, issue de la plus triste pénurie d'invention, et stérilisante pour l'avenir. Nous ne voulons pas dire que l'habile orfèvre ait inventé son art de toutes pièces; mais si, à l'époque où régnait le style dit grec ou romain avec ses ornements « secs et corrects comme une mollette », il a réhabilité les styles Louis XV, Louis XVI et fait maint essai dans le goût de la Renaissance, voir même du gothique, au moins avait-il la volonté de lutter d'imagination avec ses modèles, et ne s'en tenait-il pas, comme c'est désormais l'usage, à reproduire en fac-simile les ouvrages de ses devanciers.

Né le 31 décembre 1802, fils d'orfèvre, F.-D. Froment-Meurice quitte à seize ans l'atelier de son père pour apprendre la ciselure chez Lenglet, le dessin et la sculpture chez Girodet, travaille avec Fauconnier, profite de l'exemple et des conseils de Wagner, à si bon droit placé le premier dans un art où le jeune homme prend rang à son tour. Les amateurs qui s'adressent à lui, stimulent son talent et le patronnent, sont le duc de Montpensier et le comte de Rambuteau, préfet de la Seine, qui relève pour lui le titre tombé en désuétude d' « orfèvre-joaillier de la ville de Paris », Jules Janin, Listz, Nestor Roqueplan, Victor Hugo, Eugène Suë, Balzac, pour qui il fait une bague, une coupe, des vases et une canne qui n'est pas la fameuse « canne de M. de Balzac » célébrée par Mme de Girardin. Toutes les belles pécheresses à longue taille et à bandeaux longs ou à longues anglaises des romans du temps ne portent de bijoux que de Froment-Meurice, le bijou intelligent, bien supérieur au diamant somptueux et bête. Sa renommée se fait par les littérateurs et, phénomène rare, les artistes y applaudissent : Delaroche, Pradier, Gatteaux, Baltard, J. Feuchères, L. Cavelier, Préault, Klagmann. Ils font mieux; ils protestent énergiquement contre un sot article de Gustave Planche. Fort érudit en outre, le maître orfèvre fournit à M. le duc de Luynes, amateur dont on peut dire sans banalité qu'il fut un véritable Mécène, des *notes* précieuses sur l'orfèvrerie, à l'occasion du « Rapport sur les métaux à l'Exposition universelle de 1851 ». M. Philippe Burty, dans son ouvrage qui est intitulé : *F. D. Froment-Meurice, argentier de la ville 1802-1855*, publie en appendice les « Notes et descriptions des moyens employés pour la fabrication des pièces de joaillerie, bijouterie et orfèvrerie d'art, en prenant en main trois objets au hasard dont le genre se distingue suffisamment pour donner lieu à des explications permettant de suivre facilement et par degrés la marche du travail ». Six eaux-fortes d'après quelques-uns de ses principaux ouvrages, et une planche en couleur d'après un bijou émaillé en forme de pendeloque appartenant aujourd'hui à la reine d'Espagne, donnent un attrait de plus à ce beau livre, imprimé à petit nombre par les soins et pour les amis de M. Emile Froment-Meurice, excellent artiste lui-même et « qui perpétue avec son goût attentif et sa loyauté avenante les hautes traditions de sa maison. »

Le grand orfèvre romantique mourut à Paris le 17 février 1855. Il ne fut pas témoin de son triomphe à l'Exposition universelle. — E. C.

MEURTRIÈRE. *T. de fortif.* Ouverture pratiquée dans un mur, afin de pouvoir, à couvert, tirer sur l'ennemi.

***MEUSNIER** (Jean-Baptiste-Marie), général et physicien né à Tours, le 19 juin 1754, mort au siège de Mayence, le 13 juin 1793. Après de très brillantes études, il voulut se préparer à l'école du génie de Mézières, mais un incident se produisit dans le cours de l'examen, et une réponse assez vive qu'il adressa à l'examinateur le fit refuser. Moins de six mois après cet échec, il présentait à l'Académie des sciences un mémoire sur la courbure des surfaces qui fit époque dans l'histoire des sciences et qui fut imprimé plus tard dans le recueil des savants étrangers. C'est dans ce mémoire que se trouve le fameux théorème relatif à la courbure des sections obliques, connu dans les cours sous le nom de son auteur. En voici l'énoncé : si l'on coupe une surface par une série de plans passant par une même tangente, les centres de courbure de toutes ces sections sont sur une même droite perpendiculaire à celui de ces plans qui contient la normale; de sorte que si r désigne le rayon de courbure de la section normale et r' celui d'une section oblique dont le plan fait un angle θ avec le plan normal, on aura :

$$r' = \frac{r}{\cos}$$

Ce mémoire dénotait un esprit mathématique de grande valeur; mais Meusnier abandonna les études purement théoriques pour se livrer aux sciences expérimentales et à la recherche des applications pratiques. En 1783, il imagina les lampes à cheminée qui furent exécutées pour la première fois par Argand et perfectionnées par Lange et Quinquet. C'est vers cette époque qu'il fut admis dans le corps du génie; l'année suivante, 1783, il entra à l'Académie des sciences. Il inventa une machine pour dessaler l'eau de la mer en la distillant dans le vide, et la saturer d'air afin de lui rendre les qualités nécessaires à son emploi comme boisson. Hassenfratz lui avait communiqué d'Allemagne les résultats de quelques expériences qu'il avait entreprises et qui contenaient une véritable décomposition de l'eau; Meusnier sut en déduire la véritable composition de ce liquide regardé jusqu'alors comme un corps simple ; plus tard, il reprit les mêmes expériences en collaboration avec Lavoisier à l'aide de procédés perfectionnés qui permettaient de réaliser en même temps la synthèse de l'eau. Le soufflet hydrostatique de Lavoisier lui donna l'idée d'un appareil qu'il nomma *gazomètre* et qui servait à mesurer et à régulariser l'écoulement d'un gaz. Meusnier s'occupa ensuite de perfectionner les aérostats inventés par les frères Montgolfier en 1783. Il commença par inventer une machine propre à mesurer la résistance des étoffes; puis, d'après les ordres de l'Académie, il rédigea un mémoire sur la navigation aérienne et son emploi dans les recherches scientifiques. On trouve dans ce mémoire peu connu trois idées principales qui, reprises récemment, n'ont pas peu contribué à l'heureux succès des expériences entreprises à Meudon à la fin de 1884 :

1° La forme allongée de l'aérostat;

2° L'hélice comme agent de propulsion ; peut-être conviendrait-il de faire remarquer que Meusnier a devancé de beaucoup Sauvage et tous ceux qui se disputent la priorité de l'application de cet engin à la mise en mouvement d'un bateau ;

3° Enfin la poche à air ou ballonnet, imaginé de nouveau par Dupuy-de-Lôme pour maintenir la rigidité de l'enveloppe de son ballon et que Meusnier destinait à une fonction plus importante. Il espérait pouvoir monter ou descendre à volonté sans perte de gaz ni de lest, en refoulant de l'air dans la poche, ou en en aspirant au moyen d'une petite pompe placée dans la nacelle.

Vers la même époque, il concourut avec Cossart et Cafarelli à l'exécution des forts de Cherbourg. Meusnier était lieutenant-colonel quand éclata la Révolution dont il embrassa la cause avec ardeur. La machine à graver les assignats était de son invention. Après le 10 août 1792, il était devenu général et fut chargé de l'organisation et du mouvement de nouvelles armées ; puis il alla rejoindre l'armée du Rhin, défendit le fort de Kœnigstein où il se maintint avec honneur, mais fut obligé de se rendre faute de vivres. Presque aussitôt échangé, il fut envoyé à Cassel, faubourg de Mayence, où il éleva rapidement des fortifications; dans une sortie qu'il effectua au commencement de juin 1793, il fut blessé au genou d'un biscaïen, et mourut des suites de l'amputation. Il n'avait pas 39 ans. Si sa carrière avait été plus longue, il faudrait sans doute le compter parmi les savants de premier ordre qui font le plus grand honneur à la France; voici la liste de ses principaux mémoires : *Mémoire où l'on prouve par la décomposition de l'eau que ce fluide n'est pas une substance simple* (avec Lavoisier), dans le *Recueil de l'Académie des sciences* 1781; *Description d'un appareil propre à manœuvrer les différentes espèces d'air dans les expériences qui en exigent des volumes considérables, etc.*, même recueil 1782; *Mémoire sur le moyen d'opérer une entière combustion de l'huile et d'augmenter la lumière des lampes*, même recueil 1782; *Mémoire sur la courbure des surfaces avec deux planches, Recueil des savants étrangers* à l'Académie des sciences, tome X, année 1785; enfin le Mémoire sur la navigation aérienne dont nous avons parlé plus haut. — M. F.

***MEXICAIN** (Art). Les ruines nombreuses encore qu'on trouve au Mexique sont dues à deux civilisations différentes, celle des Toltèques et celle des Atzèques. Les Toltèques, après avoir dominé pendant quatre siècles sur ce pays où ils fondèrent des villes florissantes, notamment Tula, en furent expulsés au XIe siècle et se réfugièrent dans la presqu'île du Yucatan. C'est ce qui explique l'analogie qui existe entre les monuments du Mexique et ceux, si curieux, du Yucatan, dont l'exploration et la description détaillée dues au docteur Charnay, montrent la trace d'un développement artistique déjà très avancé que les Atzèques, d'ailleurs, n'avaient pas laissé perdre au Mexique, où ils ont élevé des monuments remarquables.

On a retrouvé des temples, des sépultures souterraines, des ponts, des aqueducs et quelques fortifications; les plus curieux de ces monuments sont, certainement, les temples ou *téocallis*. Comme on le remarque chez les constructions religieuses de tous les peuples, les téocallis sont édifiés sur un plan uniforme; ce sont des pyramides, exactement orientées, élevées au milieu d'une enceinte carrée qui, souvent, était assez vaste pour renfermer des jardins, des habitations destinées aux prêtres, un trésor et un arsenal. Sur cette pyramide tronquée se trouvait un autel ou une image de divinité devant laquelle on entretenait un feu sacré. On parvenait à cette plate-forme à l'aide d'un escalier colossal qui donne à la construction un aspect véritablement imposant. A l'intérieur des téocallis, on a ménagé souvent des sépultures royales.

On connaissait fort peu de choses des antiquités mexicaines lorsque, à la fin du XVIIe siècle, deux voyageurs, Ant. del Rio et Calderon, ont retrouvé la ville de Palenque ou Culhuacan, perdue au milieu de forêts inaccessibles où il fallut se frayer un chemin avec la hache et le feu pendant près de deux mois. Il y a là plusieurs palais et téocallis dont le plus beau est celui de Guatusco, formé de deux pyramides superposées, d'une hauteur totale de 24 mètres. Un autre téocalli dans la même ville, celui de Papautla, a jusqu'à sept pyramides étagées en pierres de taille parfaitement ajustées. Le plus célèbre téocalli du Mexique est celui de Cholula, construit à 2,200 mètres au-dessus du niveau de la mer, sur un plateau dominé par le volcan d'Oribaza; sa hauteur totale est de 54 mètres et un escalier de 120 marches conduit à la plate-forme.

D'après les descriptions des écrivains espagnols, les palais impériaux du Mexique avaient une très grande analogie avec ceux de Chine. C'était une suite d'enceintes rectangulaires contenant, avec le logis de l'empereur et ceux de ses serviteurs et des fonctionnaires, des jardins et des cours entourée de communs. Des aqueducs y amenaient l'eau en abondance. Il reste des vestiges de ces aqueducs qui dénotent chez les Atzèques des connaissances scientifiques déjà avancées.

Mais où il faut chercher l'art mexicain dans toute sa puissante originalité, c'est dans le Yucatan. Les ruines sont plus complètes et plus variées, et comprennent non seulement des temples, mais des gymnases et des palais dont quelques-uns, surtout le petit édifice de Chichen-Itza, sont bien conservés encore. Une ville de plusieurs lieues de tour, Uxmal, fournit à elle seule tous les monuments qui pouvaient se trouver dans une ville mexicaine, notamment un superbe palais presque intact, le palais du gouverneur couvert de sculptures géométriques superbes. Il ne remonte guère au-delà du XVe siècle après J. Ch. Le palais des Nonnes est plus grand, mais moins bien conservé; enfin la merveille d'Uxmal est le

Fig. 239. — *Peinture mexicaine.*

palais du Nain, situé sur un rocher élevé, qui paraît avoir été plutôt la demeure d'une femme. Là tout est petit et joli, et les ornements sont fouillés avec une surprenante délicatesse. Mitla, dans la province d'Oaxaca, a aussi des ruines très complètes. Il ne faut pas omettre non plus des puits en maçonnerie d'une profondeur de 150 mètres parfois, et au fond desquels on descendait par une suite de pentes douces et d'escaliers; ce sont des travaux très remarquables.

La décoration de ces monuments est touffue, compliquée et bizarre. Cependant, l'abondance des ornements empêche, au premier aspect, de se rendre compte de ces défauts, et l'ensemble de ces façades si surchargées ne manque pas d'harmonie. Si on s'approche et si on regarde plus attentivement, l'œil se perd dans un fouillis incohérent de serpents enroulés, de figures grimaçantes, de monstres hideux avec un accompagnement étrange de méandres, de zigzags, d'entrelacs, d'arabesques et d'inscriptions hiéroglyphiques restées obscures; souvent les colonnes sont employées comme ornements et n'ont rien à soutenir, elles sont cylindriques et à chapiteau carré. Les peintures, dont on a de rares échantillons, sont de couleurs grossières, aux contrastes vifs et brusques. Le dessin est incorrect, et les têtes, de profil, montrent les deux yeux, disposition qu'on ne trouve que chez les peuples les plus barbares.

La peinture dont nous donnons ici (fig. 239) un exemple, date des premiers temps de la conquête espagnole; elle représente des Espagnols massacrant des Indiens au pied de leur temple; c'est sans doute une allusion à ces quatre cents malheureux venus à Mexico pour l'adoration solennelle du soleil, une des plus grandes fêtes de la religion atzèque, et que Pedro d'Alvarado fit égorger, en l'absence de Cortez, pour s'emparer de leurs dépouilles.

La sculpture au Mexique comprend deux groupes bien distincts. La sculpture hiératique, c'est-à-dire dont les éléments étaient fixés par la religion et les prêtres, qui sans doute fournissaient les artistes, affecte des aspects bizarres, des dessins compliqués et enchevêtrés, dont rien ne peut donner une idée. Outre la sculpture appliquée aux monuments, on trouve encore des pierres sculptées de grandes dimensions, destinées aux sacrifices, des

Fig. 240 et 241. — *Quetzalcoatl et Huitzilopochtli.*

bas-reliefs figurant des combats ou des triomphes, des statues de guerriers ou de héros et surtout de dieux; on a retrouvé un assez grand nombre de statuettes des principales divinités atzèques : Elaloc, dieu de l'abondance; Quetzalcoatl, dieu de l'air, que nous donnons figure 240, accroupi sur un petit téocalli; Huitzilopochtli, dieu de la guerre (fig. 241), toujours accompagné d'attributs sanglants, et à qui on faisait souvent des sacrifices humains.

Mais à côté de cet art symbolique et obscur, il en existe un autre tout populaire, qui commence à être mieux distingué et isolé. Ce ne sont plus là des sculptures grossières qu'on croirait dues à des peuples dans l'enfance de la civilisation, mais des œuvres achevées déjà, dénotant une imitation souvent spirituelle de la nature et une recherche d'exactitude et d'expression. Ce sont des vases de formes bizarres, empruntant parfois celle de la tête humaine, des terres cuites émaillées, des caricatures, des masques en terre cuite d'une physionomie curieuse, jamais banale. Aucun pays peut-être ne montre mieux combien le monopole artistique exercé officiellement est une entrave au progrès. Enfin quelques fragments de mosaïques et quelques bijoux complètent ce que nous connaissons actuellement de l'art ancien dans l'Amérique centrale.

Un grand nombre d'éléments de cette architecture et de cette décoration ont fait supposer des communications entre les Toltèques et les habitants de l'Asie et de l'Afrique. Quelque surprenant que ce fait puisse paraître, il est certain que les Toltèques avaient la plupart des connaissances particulières aux Egytiens, connaissances restées inconnues à tous les autres peuples de l'Amérique.

La conquête espagnole arrêta complètement le développement de l'art mexicain pour y substituer les constructions et le goût européen, plus achevé. Cependant, nous tenons à signaler comme étant particulière au sol du Mexique, l'architecture religieuse due aux Jésuites, qui, maîtres absolus du pays et ne trouvant plus les entraves apportées à leurs idées par quelques vestiges de sentiments artistiques et de saines traditions chez les Espagnols, se sont livrés là à toutes les exagérations d'ornementation et de sculpture qui étaient le fond de leur enseignement. Les façades des églises de Mexico, de la Vera Cruz, sont comparables pour la complication des ornements aux palais mexicains dont nous avons parlé. Nulle part sans doute l'imagination des architectes ne s'est montrée aussi déréglée, et nulle part le style *Churriguéresque* n'a étalé avec autant de liberté son faste de mauvais goût. — C. DE M.

Bibliographie : KINGSBOROUGH : *Antiquités du Mexique*, Londres, 1830 ; CHARNAY : *Cités et ruines américaines*; Michel CHEVALIER : *Le Mexique ancien et moderne*, 1863; CHARNAY : *Les anciennes villes du nouveau monde*, 1885.

* **MÉZAIL.** *T. d'arm. anc.* Partie du casque qui défendait le haut du visage; des fentes longitudinales étaient pratiquées à la hauteur des yeux, et le ventail qui correspondait à la bouche était également percé de trous pour que l'homme d'armes pût respirer; on disait aussi *murzail*. — V. ARMURE, fig. 152.

MICA. *T. de minér.* On désigne sous ce nom un groupe de roches appartenant à la famille des phyllites, caractérisées par leur élasticité et leur flexibilité, et dans lesquelles on retrouve de la silice unie à diverses bases; la quantité de l'oxygène de l'acide silicique y est en proportion égale à la somme de l'oxygène des bases variables, et de l'alumine que renferment toujours les micas. Le mica cristallise en prisme droit rhomboïdal de 120 et 60°, mais se présente surtout sous l'apparence de prismes hexagonaux, par suite de la prédominance des faces m et g^1; il est clivable presqu'à l'infini, d'éclat nacré presque métallique, rayé par l'ongle, d'une dureté de 2,5 et d'une densité de 2,78 à 3,10; électrisable par le frottement, et dichroïque, c'est-à-dire offrant la coloration verte ou rouge suivant qu'on le regarde parallèlement ou perpendiculairement à l'axe des lames. Les caractères chimiques et optiques des diverses sortes de mica, les ont fait subdiviser ainsi :

1° Les *micas ferro-magnésiens* ou *biotites* et *phlogopites*, qui sont des silicates anhydres d'alumine, avec fer et magnésie, ordinairement de coloration foncée, verte, brune et noire, n'offrant qu'un seul axe optique au microscope polarisant; attaquables par les acides, et surtout à chaud par l'acide sulfurique; peu fusibles. On les retrouve dans les roches volcaniques (Vésuve, etc.) ;

2° Les *micas potassiques* ou *muscovites*, les plus importants; ils ont une coloration blanc grisâtre ou brunâtre; sont à deux axes optiques dont l'écartement varie de 0 à 76°, l'un perpendiculaire à la surface des lames, l'autre parallèle à ces dernières; dichroïques, indécomposables par les acides forts, très peu fusibles. On les rencontre dans les roches anciennes, surtout en Sibérie, où l'on prétend que l'on en a trouvé des morceaux entiers de plus de 3 mètres; dans l'Amérique du nord, à Litchfield (Maine), par exemple;

3° Les *lépidolites* ou *micas fluorurés*, pouvant renfermer jusqu'à 8 0/0 de fluor. Ils ont une coloration rose claire, ou violacée, sont décomposés par les acides forts, et fondent à la flamme d'une bougie en colorant la flamme en rouge. On en trouve de beaux gisements à Rozena (Moravie);

4° Les *margarites* ou *micas hydratés*; ils sont d'un blanc jaunâtre ou rosé, et tout en offrant les caractères physiques des autres variétés de micas, ils diffèrent des micas anhydres, d'abord par la présence d'une certaine quantité d'eau (5 0/0) et par la présence de chaux dont la teneur peut aller jusqu'à 12 0/0. On en a de beaux échantillons dans le Tyrol, à Sterzing.

Le tableau ci-contre donne l'analyse d'un échantillon de chacun de ces types de mica :

Espèces	Silice	Oxyde d'aluminium	Sesquioxyde de fer	Oxyde de magnésium	Sesquioxyde de manganèse	Oxyde de potassium	Oxyde de sodium	Fluor	Oxyde de calcium	Oxyde de lithium
Biotite, du Vésuve.	44.63	19.04	4.92	20.89	»	6.97	2.05	»	»	»
Muscovite, de Litchfield. . . .	44.60	36.23	1.34	0.37	»	6.20	4.10	»	0.50	»
Lépidolite, de Rozena.	52.40	26.80	»	»	1.66	9.14	»	4.18	»	4.85
Margarite, de Sterzing.	28.55	50.24	1.65	0.69	»	»	1.87	»	11.88	eau 4.88

Les micas sont très abondamment répandus dans la nature; ils font partie constituante des granits, gneiss et micaschistes, mais sont plus rarement en amas assez importants.

Usages. Des micas potassiques en larges lames transparentes ont reçu divers emplois pour remplacer le verre, souvent trop fragile; c'est ainsi qu'on en fabrique des lamelles d'épaisseur parfois variable, pour vitrages (Sibérie, Russie, Amérique du Nord), pour éclairer certaines parties des navires de guerre, où les trépidations du canon ne permettent pas l'emploi du verre ordinaire (Russie); pour remplacer la corne des lanternes, qui peut brûler; pour préserver la flamme du gaz d'éclairage (verres placés dans des courants d'air); pour fabriquer des lamelles minces, moins fragiles que celles en verre (microscopie, transport du vaccin); pour sécher l'encre ou même faire quelques effets décoratifs, avec des liquides gommés sur lesquels on saupoudre de petites lamelles de mica jaune (poudre d'or, mica des bâches d'Autun); pour ajouter à certains vernis destinés à recouvrir des objets de tabletterie ou même des poteries (Belgique). — J. C.

MICASCHISTE. *T. de géolog.* Roche constituante des terrains primitifs, disposée en zones souvent alternantes et formée de quartz et de mica, le premier élément étant fréquemment en cristaux lenticulaires pouvant représenter 40 à 80 0/0 de la masse totale. Le micaschiste est de coloration variable suivant la nature du mica qu'il renferme, et vu son origine, il présente souvent des éléments étrangers, cristallisés dans sa pâte (grenats almandins, tourmaline, disthène, épidote, oligiste, etc.,); parfois il passe au gneiss en se chargeant de feldspath (Massachusetts, Saxe, Styrie, Pays de Galles) et de graphite cristallisé; et aussi à la quartzite, lorsque le mica vient à disparaître. Quand l'un des éléments étrangers qu'il a pu laisser cristalliser en se solidifiant, est prédominant, comme l'oligiste écailleux (Brésil, Caroline du Sud), il peut perdre en grande partie ses caractères typiques, et porter des noms spéciaux, tel est celui d'*oligiste micacé*.

Dans les cristaux de quartz des micaschistes, on trouve toujours au microscope de nombreuses inclusions liquides.

* **MICROFARAD**. *T. d'électr.* Unité secondaire pratique de *capacité électrique* (V. ce mot, tome II, p. 201); c'est la millionième partie de l'unité primaire pratique ou *farad* (V. ce mot, tome V, p. 26). Un microfarad vaut 10^{-15} unités électromagnétiques C. G. S. de capacité. — V. ÉLECTROMÉTRIE.

MICROMÈTRE. *T. de phys.* Le mot *micromètre* (du grec μίκρον, petit, μέτρον, mesure) désigne un appareil délicat que l'on adapte aux lunettes ou aux microscopes pour mesurer de petits angles ou de petites longueurs. Il se compose d'un cadre métallique portant un fil d'araignée ou de platine très fin, que l'on peut déplacer dans son plan à l'aide d'une vis travaillée avec beaucoup de soin qui a reçu le nom de *vis micrométrique*. Ce cadre doit être ajusté très exactement de manière que le fil, en se déplaçant parallèlement à lui-même sous l'action de la vis micrométrique, soit toujours dans le plan focal de l'instrument. L'écrou dans lequel se meut la vis est solidement fixé sur la monture de la lunette ou du microscope, et un ressort antagoniste force la vis à s'appuyer toujours sur la même face du filet de l'écrou, afin qu'aucun ballottement ne puisse se produire par suite du jeu qu'il faut nécessairement laisser, et que le fil se retrouve toujours exactement dans la même position quand la vis a été ramenée elle-même à la même position. Cette vis est terminée par un tambour divisé, mobile devant un index fixe afin qu'on puisse mesurer les fractions de tour dont on la fait tourner. Diverses dispositions sont adoptées pour compter les tours eux-mêmes. L'une des plus employées consiste à munir la vis d'un pignon qui engrène avec un train de roues dentées terminé par un deuxième tambour divisé, le tout disposé de telle sorte que ce tambour tourne d'une division chaque fois que la vis fait un tour complet.

Le micromètre peut servir, soit à mesurer l'angle sous lequel on voit la distance de deux points qui apparaissent dans le champ de la lunette, soit à mesurer les fractions de division d'une règle ou d'un cercle divisé. Dans le premier cas, on amène successivement le fil mobile sur les deux points qu'on veut viser; le nombre et la fraction de tours dont il a fallu faire tourner la vis fait connaître l'angle cherché pourvu qu'on ait déterminé, par des expériences préalables, à quel angle correspond le déplacement qui résulte d'un tour de vis. Il faut seulement observer qu'on mesure ainsi, non pas l'angle des droites qui joignent l'œil aux deux points visés, mais bien l'angle dièdre de deux plans qui se couperaient sur une parallèle au fil mobile, menée par l'œil de l'observateur, et qui passeraient respectivement par les deux points visés. Ces deux angles n'ont la même valeur que si la direction du fil mobile est perpendiculaire au plan passant par l'œil et les deux points visés. Dans le second cas, on vise d'une part le point de la règle ou du cercle dont on veut connaître la position et d'autre part, le trait de division le plus voisin; le nombre de tours et la fraction de tour dont il a fallu faire tourner la vis fait connaître la fraction de division parcourue par le fil, pourvu que, par une expérience préalable, on ait déterminé de combien il faut faire tourner la vis pour passer d'un trait de division au suivant. — M F.

***MICROPHONE.** *T. de phys.* Nom donné par M. Hughes à un appareil destiné à faire entendre les bruits les plus faibles, résultant des vibrations communiquées mécaniquement à l'appareil transmetteur (téléphone) par des corps solides, ordinairement du charbon conducteur de l'électricité. Les systèmes de microphones sont nombreux; en voici le principe : sur une tablette en bois léger, est dressé un prisme de même nature auquel sont fixés deux petits cubes de charbon dans lesquels sont percés deux trous servant de crapaudines à un crayon de charbon taillé en fuseau (d'une longueur de $0^m,04$ environ) et posé à peu près verticalement, dans la position de l'équilibre instable. Les deux charbons munis de contacts métalliques sont mis en rapport avec le circuit d'un téléphone ordinaire dans lequel est interposée une pile d'un ou deux éléments Leclanché ou de trois éléments Daniel. La planchette qui sert de support est posée sur deux tubes de caoutchouc, ou sur de la ouate pour amortir les vibrations étrangères. Le tout est placé sur une table.

Il suffit de parler devant ce système, même à une certaine distance, pour que la parole soit transmise dans le téléphone. Mais ce sont surtout les bruits, même les plus faibles qui sont perçus par ce moyen.

Par exemple, si l'on dispose sur la planchette une montre ou une boîte renfermant une mouche, tous les mouvements sont entendus distinctement. Le *parleur microphonique* de M. Hughes (modification de l'appareil à charbon) reproduit les paroles assez haut pour qu'elles soient entendues dans tout une pièce.

Quant à la théorie du microphone elle est très complexe, comme l'a fait voir M. Ochorowicz qui trouve dans toutes les formes de microphones : 1° un mouvement mécanique des parties constituantes; 2° une variation des *points de conductibilité* (non points de contact); 3° un changement de résistance. Le microphone est particulièrement *un appareil qui transforme les ébranlements mécaniques en sons*; et ceux-là peuvent être amplifiés dans cette transformation. — V. TÉLÉPHONIE.

Les applications du microphone sont déjà nombreuses (et pour cela on a varié de bien des manières les formes de l'instrument). On s'en sert pour constater les bruits à l'intérieur du corps et comme *stéthoscope* pour l'auscultation des poumons et des battements du cœur; pour l'exploration de la vessie (au moyen de la sonde de contact) dans la maladie de la pierre. On l'emploie aussi comme appareil *thermoscopique* très sensible et comme avertisseur des fuites de gaz dans les mines, fuites dont le sifflement, si faible qu'il soit, est facilement reconnu. Le microphone a permis à M. Rossi d'entendre les bruits précurseurs des éruptions volcaniques du Vésuve. L'armée pourra utiliser le microphone pour reconnaître l'approche de l'ennemi à plusieurs kilomètres de distance et distinguer si elle aura à faire à de l'artillerie ou de la cavalerie. Le marin pourra employer le microphone comme avertisseur automatique du passage des navires près des torpilles et déterminer l'explosion à coup sûr. — C. D.

***MICROPHOTOGRAPHIE.** — V. PHOTOMICROGRAPHIE.

MICROSCOPE. *T. de phys.* Instrument d'optique destiné, comme l'indique son nom, à voir les objets très petits, à les montrer amplifiés dans des proportions quelquefois considérables. On distingue plusieurs sortes de microscopes : le microscope *simple* ou *loupe* (V. ce mot), le microscope *composé*, le microscope *solaire*, ou *photo-électrique*; relativement à la disposition du mécanisme, on a construit des microscopes *verticaux, horizontaux, inclinés, universels, binoculaires, stéréoscopiques, photographiques*, à *trois corps*, à *dissection*, à *démonstration*, etc.

Le *microscope composé* est essentiellement formé de deux lentilles convergentes; l'une nommée *objectif*, parce que placée près de l'objet elle en donne une image réelle et amplifiée; l'autre nommée *oculaire* ou *loupe* qui sert à grandir cette première image, en y substituant une image virtuelle placée à la distance de la vision distincte. La figure 242 montre la marche des rayons lumineux dans le microscope. L'objet AB est placé un peu au delà du foyer f de l'objectif; les rayons qui en émanent traversent la lentille L et vont se rencontrer en A'B' où se reproduit l'image réelle et déjà agrandie de l'objet. L'œil placé derrière l'oculaire L' regarde cette image (comme avec une loupe) et en voit une seconde virtuelle en A"B", agrandie et renversée par rapport à l'objet. Le grossissement du microscope est le rapport entre la grandeur de l'image A"B" et l'objet AB ou $G=\frac{A''B''}{AB}$, rapport qui peut s'écrire $\frac{A''B''}{A'B'}\times\frac{A'B'}{AB}$, c'est-à-dire qu'il est le produit des grossissements de l'oculaire et de l'objectif.

Le *grossissement* (V. ce mot) peut être mesuré directement par l'expérience, au moyen de la *chambre claire* (V. CHAMBRE CLAIRE, § *Microscope*

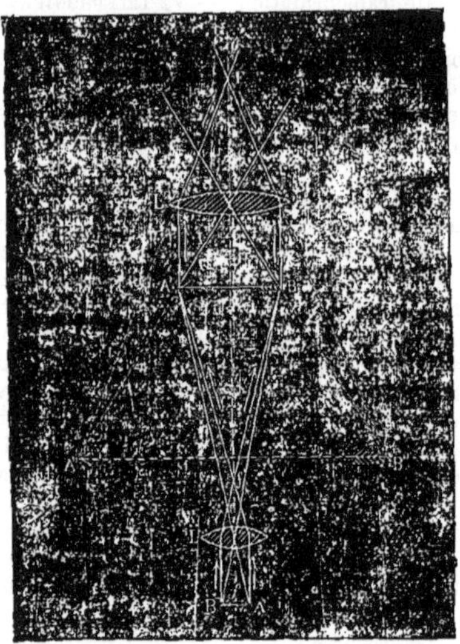

Fig. 242. — *Marche des rayons lumineux dans le microscope composé.*

Nachet). Si *n* divisions du *micromètre* recouvrent *m* millimètres de l'échelle, le grossissant sera $G=\frac{100m}{n}$ (si le micromètre est divisé en 100es de millimètre). Il ne s'agit ici que du grossissement en diamètre. Le grossissement en surface est toujours le carré du nombre qui représente le grossissement linéaire.

L'objectif est ordinairement formé de 2 ou de 3 lentilles achromatiques qui se vissent les unes à la suite des autres, et qui augmentent le grossissement comme le ferait une lentille unique à très court foyer, mais sans en avoir les inconvénients. L'oculaire est achromatique (formé de deux lentilles accolées, l'une en flint et l'autre en crown). Entre l'objectif et l'oculaire se trouve ordinairement un *verre de champ* (V. CHAMP) qui a pour but d'accroître l'étendue de la portion de l'objet visible dans l'instrument, et capable de produire l'achromatisme de l'image. Pour éviter les erreurs de réfraction des rayons lumineux dans leur passage de l'air dans le verre, on fait un usage fréquent d'objectif à *immersion*, dont le verre plonge dans l'eau. Quant à l'éclairage de l'objet, on l'obtient au moyen d'un miroir réflecteur placé au-dessus ou au-dessous de l'objet; celui-ci est fixé entre deux verres minces sur une plate-forme susceptible de recevoir deux mouvements, l'un vertical, l'autre horizontal. La mise exacte au foyer (*au point*) est réalisée à l'aide de vis de rappel dans chaque sens. Des diaphragmes arrêtent les rayons marginaux qui pourraient nuire à la forme et à la netteté de l'image. On se sert aussi de la lumière polarisée qui donne lieu à des effets de coloration remarquables.

(Pour plus de détails, voir le *Traité du microscope* par Robin; l'*Observation au microscope* par Dujardin; l'*Etudiant micrographe* par A. Chevalier.)

Application du microscope. Sans parler des immenses services que le microscope a rendus et rend encore aux sciences naturelles, à l'anatomie, à la physiologie, à la pathologie, à la chimie, on peut citer ses applications quotidiennes à des usages divers qui touchent à l'industrie, à l'hygiène publique, par exemple, à l'étude des filaments et des étoffes, à l'examen des viandes de boucherie, à la recherche des falsifications des farines, du cacao, du café, du beurre, des huiles, à l'étude des microbes dans lesquels M. Pasteur a trouvé la cause des maladies contagieuses, etc. — C. D.

Microscope solaire. Instrument d'optique destiné à projeter, agrandie sur un écran dans la chambre obscure, l'image d'objets très petits éclairés par la lumière solaire réfléchie par un miroir extérieur et concentrée à l'aide d'une ou de deux lentilles convergentes. L'objet est placé à une distance de la lentille un peu supérieure à la distance focale principale. Son image *réelle* apparaît grandie dans des proportions considérables, qu'on évalue en remplaçant l'objet par un micromètre. Quand la lumière solaire est remplacée par la lumière électrique, on a le microscope *photo-électrique*. — C. D.

***MIDI** (*Compagnie des chemins de fer du Midi et du canal latéral à la Garonne*). L'une des six grandes Compagnies entre lesquelles est partagée la plus grande partie du réseau des chemins de fer français. Les lignes qu'exploite la Compagnie du Midi desservent un territoire de 60,000 kilomètres carrés, soit 1/9 environ de la superficie totale de la France, habité par 4,680,000 habitants, et traversent 15 départements. En outre, cette Compagnie exploite le canal latéral à la Garonne qui lui a été concédé et celui du Midi qui lui a été affermé pour une période de quarante années se terminant en 1898.

APERÇU HISTORIQUE DE LA CONSTITUTION DU RÉSEAU. L'utilité d'une ligne de chemin de fer joignant Bordeaux et Marseille, et reliant ainsi l'Océan à la Méditerranée fut signalée aussitôt que l'on comprit que le principal rôle des chemins de fer était d'établir des relations faciles entre les points importants les plus éloignés les uns des autres, en abrégeant, pour ainsi dire, la distance.

L'artère principale de la ligne, celle de Bordeaux à Cette, fut comprise dans la loi de classement du 11 juin 1842 et concédée, en 1846, à une société qui ne put remplir ses engagements et dut abandonner sa concession. Aussi, en 1852, une nouvelle société, la Compagnie actuelle, obtint-elle la concession de cette ligne. Entre autres clauses, la convention intervenue stipulait que l'Etat prêterait son concours financier à la Compagnie pour une somme de 35 millions, en outre il concédait à la Compagnie, le canal latéral à la Garonne, pour éviter, entre les deux voies de communication, une concurrence qui aurait pu être ruineuse pour les deux parties, si le canal et le chemin de fer s'étaient trouvés entre les mains de deux compagnies distinctes. De son côté, la Compagnie s'engageait à accepter la concession définitive des deux lignes de Bordeaux à Bayonne et de Narbonne à Perpignan.

La première ligne ouverte au service par la Compagnie du Midi, fut la section de Lamothe à Dax, faisant partie de la ligne de Bordeaux à Bayonne, le 12 novembre 1854.

De 1852 à 1858, le réseau de la Compagnie du Midi s'augmenta par des concessions successives, comme on pourra le voir plus loin, dans un tableau détaillé.

En 1858, la Compagnie obtint l'affermage du canal du Midi.

En 1859, l'Etat fut amené à conclure, de même qu'avec les autres Compagnies françaises, une nouvelle convention dictée par les circonstances qui ont déjà été signalées à l'article Chemin de fer.

En outre des clauses générales de ce contrat, pour lequel nous renvoyons à la page 128 du 3e volume de ce *Dictionnaire*, la convention signée le 11 juin 1859, comprenait : la concession définitive à la Compagnie du Midi, des lignes de Bayonne à Irun et de Perpignan à Port-Vendres ; l'approbation du traité conclu le 24 décembre 1858, entre la Compagnie du Midi et la Compagnie de Bordeaux à la Teste, pour la cession de cette dernière ligne, le 24 décembre 1858, enfin, le partage du réseau en deux sections distinctes :

1° L'ancien réseau, d'un développement de 798 kilomètres, comprenant les lignes désignées ci-après :

Bordeaux à Cette ; Narbonne à Perpignan ; Lamothe à Bayonne ; raccordement de Bordeaux-St-Jean à Pessac ; Morcenx à Mont-de-Marsan ; la Teste à Arcachon ; raccordement des lignes d'Orléans et du Midi à Bordeaux et Bordeaux-Pessac à la Teste ;

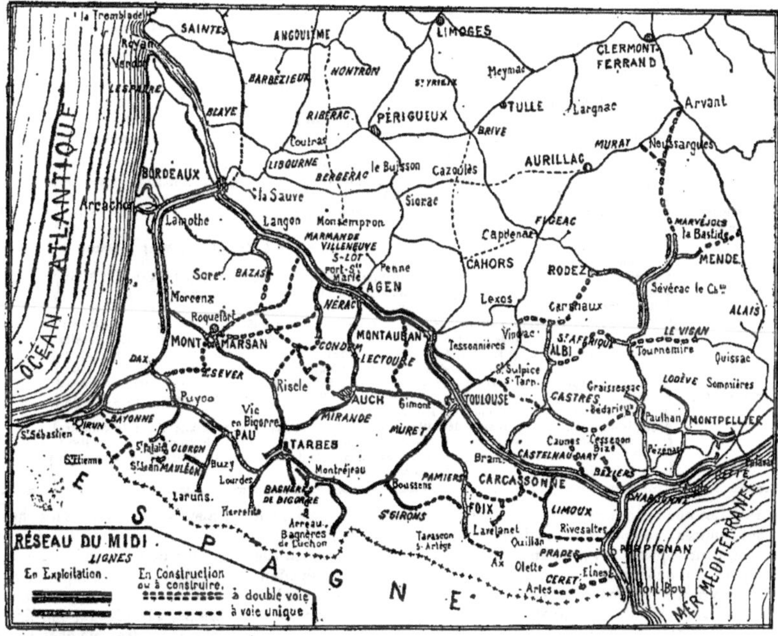

Fig. 243.

2° Le nouveau réseau, d'un développement de 825 kilomètres, comprenant les lignes désignées ci-après :

Toulouse à Bayonne, avec embranchements sur Foix, Dax et Bagnères-de-Bigorre ; Agen à Tarbes ; Mont-de-Marsan à Andrest ; Agde à Clermont-l'Hérault et Lodève ; Bayonne à Irun ; Castelnaudary à Castres, et de Perpignan à Port-Vendres.

L'organisation créée de 1859, a été plusieurs fois modifiée et la longueur concédée s'est augmentée successivement par les conventions de 1863, 1865, 1868, 1870, 1874 et de 1875, sur lesquelles nous n'insisterons pas, la dernière convention passée en 1883, ayant modifié presque totalement l'ancien état de choses.

Aux termes de cette nouvelle convention, l'Etat concède à la Compagnie 1,200 kilomètres environ de lignes nouvelles, tant définitives qu'éventuelles, dont 160 kilomètres sont à désigner d'un commun accord entre les parties contractantes. Contrairement aux stipulations des conventions avec la plupart des autres Compagnies, c'est l'Etat qui se charge d'exécuter l'infrastructure des lignes comprises dans ces concessions nouvelles, après que les tracés et les projets auront été communiqués à la Compagnie. Toutefois, la convention est muette sur les divergences de vues auxquelles cette communication pourrait donner lieu, aucun système d'arbitrage n'ayant été réservé. La Compagnie est chargée du soin d'exécuter tous les autres travaux de construction et devra ouvrir les sections comprises entre deux gares principales, dans un délai de dix-huit mois après la remise par l'Etat des travaux d'infrastructure, jusqu'à concurrence d'un total de 120 kilomètres par an. Les ressources nécessaires à l'exécution de la totalité des travaux sont réalisées par la Compagnie, qui ne contribue à la dépense que pour une part de 25,000 francs par kilomètre, plus le matériel roulant qu'elle s'engage à fournir ; toutefois, la part de l'Etat ne peut excéder 90,000 francs par kilomètre, et l'excédent, s'il y a lieu, reste à la charge de la Compagnie ; celle-ci reste d'ailleurs libérée, à partir de 1884, des sommes dues par elle à l'Etat pour les avances de la garantie d'intérêt stipulée par le conven-

Compagnie du Midi. — Formation chronologique du réseau.

Année	Date de la décision	Désignation des lignes concédées	Longueur totale concédée
1852	24 août	Bordeaux à Cette (480 kil.); Narbonne à Perpignan (concession éventuelle, définit. le 24 mars 1853) (62 k.); Lamothe à Bayonne (concess. évent.) (155 k.); Raccordement de Pessac (id.) (6 k.); Morcenx à Mont-de-Marsan (id.) (38 k.).	741
1854	19 août	Agde à Pézenas (18 k.) et première section du prolongement vers Clermont-l'Hérault (5 k.); deuxième section du prolongement vers Clermont-l'Hérault (évent., définit. le 1er août 1857) (16 kil.); Clermont-l'Hérault à Lodève (évent., définit. le 11 juin 1859) (18 k.).	57
1857	14 avril	La Teste à Arcachon (4 kil.).	
	1er août	Toulouse à Bayonne (319 k.); Tarbes à Bagnères-de-Bigorre (22 k.); Dax à Puyoo-Ramons (30 k.); Portet-St-Simon à Foix (70 k.); Agen à Tarbes (148 k.); Mont-de-Marsan à Vic-en-Bigorre (81 k.); Raccordement de Bordeaux (pr moitié) (3 k.); Castelnaudary à Castres (évent., définit. le 20 juin 1861) (55 k.).	732
1859	11 juin	Détermination des réseaux. Bordeaux (Pessac) à la Teste (fusion) (48 k.); Bayonne à Irun (36 k.); Perpignan à Port-Vendres (évent., définit. le 16 janvier 1861 (30 k.).	114
1863	11 juin	Boussens à St-Girons (33 k.); Port-Vendres à la frontière (12 k.); Paulhan à Montpellier (40 k.); Paulhan à Roquessels (24 k.); Latour à Milhau (72 k.); Milhau à Rodez (74 k.). Castres à Albi (47 k.) et à Mazamet (19 k.), concessions éventuelles, rendues définitives le 9 mars 1864. Carcassonne à Quillan (55 k.); Langon à Bazas (évent., définit. le 2 novembre 1864) (20 k.); Toulouse à Auch (évent., définit. le 17 juin 1865) (82 k.). Montréjeau à Bagnères-de-Luchon (évent. définit. le 14 décembre 1865) (36 k.). Lourdes à Pierrefitte (21 k.).	535
1865	23 décembre	Graissessac à Béziers (52 k.); Carmaux à Albi (15 k.) (fusion).	67
1868	10 août	Foix à Tarascon-sur-Ariège (16 k.); Saint-Affrique à la ligne de Milhau (12 k.); Mende à Sévérac et embranchement de Marvéjols (70 k.). Condom à Port-Ste-Marie (évent., définit. le 31 mars 1869) (39 k.). Oloron à la ligne de Pau à Bayonne (évent., définit. le 23 mars 1874) (35); Mazamet à Bédarieux (id.) (71 k.); Marvéjols à Neussargues (88 k.) (id.).	331
1870	12 Janvier	Raccordement de Vias entre les lignes de Cette et d'Agde à Lodève.	1
1874	23 mars	Pont-de-Montgon à Arvant (concession éventuelle).	48
1875	14 décembre	Cette à Montbazin (13 k.); Moux à Cannes (27 k.); Narbonne à Bize (20 k.); Mont-de-Marsan à Roquefort (24 k.). Marmande à Casteljaloux (25 k.); Condom à Riscle (76 k.); Montauban à St-Sulpice (41 k.); Saint-Sulpice à Castres (47 k.); Puyoo à St-Palais (29 k.); Tarascon-sur-Ariège à Ax (25 k.). Roquefort à Casteljaloux (concession éventuelle).	374
1883	20 novembre	Mende à la ligne d'Alais à Brioude (40 k.); Tournemire au Vigan (61 k.); Carmaux à Rodez (65 k.); Elne à Arle-sur-Tech (34 k.); Prades à Olesse (15 k.); Mont-de-Marsan à St-Sever (19 k.); Albi à St-Affrique (79 k.); Dax à St-Sever (43); Bayonne à St-Jean-Pied-de-Port, avec embranchement d'Ossès à St-Etienne-de-Balgorry (58 k.); St-Martin-Autevielle à Mauléon (26 k); Castel-Sarrazin à Beaumont-de-Lomagne (25 k.); Nérac à Mont-de-Marsan (93 k.); Pamiers à Limoux (41 k.); Quillan à Rivesaltes (70 k.); Bazas à Eauxe (80 k.); Lannemazan à Arreau (25 k.); Lavenalet à Bram (62 k.); Perpignan à Prades (41 k.); Buzy à Laruns (19 k.). St-Girons à Foix (44 k), rendue définitive le 6 août 1884; Eauze à Auch (61 k.); ligne de ceinture à Toulouse (10 k.); Beaumont-de-Lomagne à Gimont (32 k.); Carmaux à Vindrac (25 k.); ligne de jonction à Bordeaux, des chemins de fer du Midi et du Médoc (10 k.), concessions évent. Plus 160 kilomètres de lignes non désignées.	1.238

tions antérieures. Les anciennes lignes de la Compagnie et celles qui sont ajoutées à sa concession ne forment plus qu'un seul réseau, pour lequel il n'y a qu'un compte unique de recettes et de dépenses; cependant jusqu'au 1er janvier qui suivra l'achèvement de l'ensemble des lignes concédées à titre définitif, la Compagnie a le droit de porter les insuffisances de ces lignes au compte de premier établissement.

L'Etat garantit à la Compagnie un produit net, comprenant la somme nécessaire pour faire face tant au service des emprunts afférents aux réseaux unifiés, qu'au paiement d'un revenu de 50 francs par action; les avances qui seraient faites par l'Etat, aux termes de cette garantie nouvelle, lui seront remboursées avec les intérêts simples à 4 0/0, sur les premiers excédents au delà du revenu garanti. Enfin, quand les recettes nettes des lignes portées au compte unique d'exploitation représenteront plus que la somme nécessaire pour le service de tous les emprunts et pour le paiement d'un revenu de 60 francs par action, l'excédent de recettes, au delà de l'ensemble de ces charges sera partagé entre l'Etat et la Compagnie à raison de 2/3 pour l'Etat et 1/3 pour la Compagnie. Les stipulations relatives au nombre maximum de trains à mettre en marche sur les lignes nouvelles, à la réduction des tarifs, au rachat par l'Etat de la concession, aux traités de correspondance, etc., sont les mêmes que celles de la convention avec l'Est. Nous renvoyons le lecteur au mot Est.

Organisation administrative. La situation topographique de cette Compagnie, qui a son réseau complètement séparé de Paris, l'oblige à entretenir, comme les chemins de fer de l'Etat, une sorte de dualisme, dans la composition de son administration. Sa direction générale est à Paris, pour toutes les affaires centrales, pour les rapports avec les ministères, pour la construction et pour les services financiers; et il y a, en même temps, à Bordeaux, une direction de l'exploitation, ayant sous ses ordres, un chef d'exploitation, un ingénieur en chef de la traction et un ingénieur en chef de la voie.

Emile Pereire était le véritable fondateur de la Compagnie du Midi, et a présidé le Conseil d'administration jusqu'en 1873: M. d'Eichthal lui a succédé et il est encore en fonctions, suppléé toutefois par l'éminent M. Aucoc, autrefois président de section au conseil d'Etat.

Les directeurs de la Compagnie ont été successivement: M. Surell, auteur estimé d'un travail sur les torrents des Alpes, aujourd'hui à la retraite et devenu administrateur de la Compagnie; M. Huyot, et en dernier lieu M. Lancelin, victime de son dévouement, et enlevé, en 1884, par une foudroyante attaque de choléra, à la suite d'une visite qu'il venait de faire sur le réseau, pour constater les précautions hygiéniques prises à l'effet de mettre le personnel de la Compagnie à l'abri de l'épidémie. M. Blagé, ingénieur des ponts et chaussées lui a succédé et est le directeur actuel; il a pour adjoints: M. Glasser, ingénieur des ponts et chaussées; Fabignon, secrétaire général, et M. Mathieu, ingénieur en chef du service central, ancien président de la Société des ingénieurs civils et président du comité de la *Revue générale des chemins de fer*. Le service des travaux, longtemps dirigé par l'illustre Flachat est aujourd'hui entre les mains de M. Boutillier, ingénieur en chef, professeur du cours de travaux publics à l'Ecole centrale des arts et manufactures.

Principaux renseignements techniques. Les renseignements spéciaux aux conditions d'établissement de la voie que nous donnons ci-après, sont relatifs à l'année 1882. Au 31 décembre 1882, le réseau de la Compagnie du Midi, entièrement composé de lignes d'intérêt général, comptait 2,340 kilomètres exploités, dont 784 kilomètres à double voie, et 1,556 kilomètres à voie unique, soit environ 33 0/0 de la longueur totale à double voie et 67 0/0 à voie unique. Le Midi est une des Compagnies qui ont la plus faible proportion de lignes à double voie, ce qui s'explique par la nature de ses embranchements qui desservent presque exclusivement un pays de montagnes.

La longueur kilométrique des parties de voie qui sont en alignement droit, représente 67 0/0 environ de la longueur totale du réseau. On compte environ 6,7 0/0 de cette même longueur en courbes, d'un rayon inférieur à 500 mètres. Le rayon minimum des courbes est de 300 mètres. Au point de vue du profil, on trouve 26 0/0 de la longueur totale en palier, 42 0/0 où les déclivités sont inférieures à 0,005 par mètre et 32 0/0 où elles sont supérieures à ce chiffre. La déclivité maxima est de 0,033 par mètre: c'est l'une des plus fortes du réseau français, elle existe sur la ligne de Tarbes à Toulouse, entre les stations de Capvern, Lannemezan et Tournai.

A la date indiquée plus haut, la voie était composée entièrement de rails à double champignon, dont 1/5 environ en acier et les 4/5 en fer. Le nombre des passages à niveau était de 1,881, celui des passages au-dessus ou au-dessous du chemin de fer était de 952, celui des ponceaux, ponts et viaducs jetés au-dessus des cours d'eau pour le passage de la voie était de 5,082, dont 30 formant une longueur de 4,458 mètres ont plus de dix mètres de hauteur et ont coûté, en moyenne, 2,016 francs par mètre courant. Les souterrains étaient au nombre de 70, présentant une longueur totale de 23,841 mètres, et ayant coûté en moyenne 1,496 francs par mètre courant.

L'effectif du matériel roulant de la Compagnie du Midi, au 31 décembre 1884, est donné par le tableau suivant :

Désignation des véhicules	Totaux partiels	Totaux	Moyenne par kilom. exploité
Locomotives.	707	707	0.28
Voitures de luxe.	65		
Voitures de 1re classe . . .	414		
Voitures mixtes (1re et 2e classes)	279	1.959	0.77
Voitures de 2e classe . . .	323		
Voitures de 3e classe . . .	878		
Vagons divers à marchandises.	19.752	19.752	7.81
Fourgons, trucks, écuries.	949	949	0.37
Vagons de service.	606	606	0.24
Total général. . . .	23.973	23.973	»

Résultats de l'exploitation. La Compagnie du Midi est, parmi les quatre Compagnies qui ont fait appel à la garantie d'intérêt, l'une de celles dont la dette est le moins élevée. Elle a même commencé à rembourser l'Etat; mais les résultats peu satisfaisants de l'exploitation, en 1884, ne lui ont pas permis de continuer dans cette voie.

Voici les résultats comparatifs de l'exploitation des deux années :

Notons enfin, que l'Etat, pendant l'année 1883, a retiré un profit de 25,995,353 francs de l'exploitation des lignes du Midi, dont 14,931,498 francs de recettes perçues et 11,063,855 francs d'économies réalisées.

Désignation des articles	1883	1884
Longr moyenne exploitée.	2.339 kil.	2.435 kil.
Recettes totales { grande vitesse.	42.826.574	38.812.316
Recettes totales { petite vitesse.	66.281.868	63.174.973
Total	109.108.442	101.987.289
Dépenses totales.	49.328.574	51.634.502
Comptes d'ordres.	11.785.999	10.707.458
Excédent net. . . .	47.993.869	39.645.329
Recette kilométrique . . .	41.608 57	37.846 58
Dépense kilométrique. . .	21.089 59	21.205 13
Rapport de la dépense à la recette.	50.68 0/0	56.57 0/0
Parcours kilom. des trains	16.258.489	16.070.553
Recette par train kilomét.	5 986	5 680
Dépense par train kilom. .	3 034	3 213
Produit par train kilom. .	2 952	2 467
Nombre de voyag. reçus. .	14.548.393	14.180.085
Nombre de voyageurs reçus à la distance entière	263.431	227.129
Parcours moyen d'un voyageur.	42k,4	39k,0
Produit moyen d'un voyageur.	2 49	2 28
Nombre de tonnes expéd.	9.846.824	9.676.498
Nombre de tonnes expédiées à la distance entière.	363.615	330.524
Parcours moyen d'une tonne	86k,4	83k,2
Produit moyen d'une tonne	6 34	6 16

Pendant l'année 1884, la gare de Bordeaux-St-Jean a fait une recette brute de 12,570,553 francs, celle de Cette une recette brute de 11,606,718 francs, 16 autres gares ont eu une recette supérieure à 1 million, la première gare ayant fait moins de 100,000 francs de recette occupe le 129e rang sur un total de 352 stations.

L'exploitation des canaux a donné un déficit de 210,056 fr. 32.

Terminons par quelques chiffres relatifs au bilan de la Compagnie au 31 décembre 1884 :

Actif.

Dépenses de construction.	1.074.657.122 08
Approvisionnements généraux. . . .	28.503.925 37
Immeubles et domaines de la Compagnie.	5.925.860 70
Avance à l'Etat pour la garantie de 1872.	5.602.359 28
Avance à la Compagnie de Tarragone à Barcelone et France. . . .	883.314 73
Portefeuille.	60.175.551 54
Caisse.	10.588.332 23
Rente immobilisée	93.714 50
Comptes débiteurs.	4.897.562 59
Insuffisance des produits (convention de 1883).	7.630.752 20
Total.	1.198.958.495 22

Passif.

250.000 actions.	125.000.000 »
Prime sur les actions.	21.319.019 72
Obligations.	929.406.811 56
Obligations du chemin de la Teste. .	1.050.000 »
Subventions de l'Etat et des communes.	51.670.000 »
A reporter	1.128.445.831 28

Report.	1.128.445.831 28
Créanciers divers	13.546.837 03
Caisses de retraite	20.655.811 82
Cautionnements	2.176.168 85
Sommes à payer sur l'intérêt des actions et obligations	25.607.448.96
Solde du dividende de 1884	2.559.025 »
Réserve statutaire	4.000.000 »
Réserve disponible au 31 décembre 1884	1.967.372 28
Total	1.198.958.495 22

M. O.

MIEL. Matière sucrée produite par les abeilles ouvrières (neutres) (*apis mellifica*, Lin., hyménoptères de la famille des anthophiles). C'est le résultat de la transformation que font subir les animaux, dans leur premier estomac, au nectar qu'elles ont puisé dans la fleur au moyen de leur languette, et qui, modifié dans sa composition chimique, et régurgité, est ensuite déposé à l'état de miel dans les alvéoles de cire qui constituent les gâteaux des ruches. Le fait a été démontré par Humbert, qui, en nourrissant des abeilles avec de la saccharose, leur a vu fournir du miel.

Caractères. Le miel est un produit mou, quand il est dans les rayons, mais qui durcit avec le temps; il est plus ou moins grenu et lisse; de couleur variable, depuis le blanc parfait (miel du mont Hymette) jusqu'au noir. Dans nos pays, il est ordinairement d'un blanc jaunâtre allant jusqu'au rouge (miel de Bretagne); exceptionnellement, on cite comme rares le miel vert de l'*apis unicolor* de l'île Bourbon et de Madagascar, et celui de teinte noire que l'on rencontre sur les côtes d'Afrique, près du Sénégal. Le miel renferme dans sa masse des parties plus ou moins denses; sa saveur est sucrée, légèrement aromatique, et rappelant celle des plantes qui prédominent dans la région où on l'a récolté; les labiées dans le Midi, la lavande en Provence, le romarin près de Montpellier, l'oranger à Versailles et dans l'île de Cuba, le safran dans le Gatinais, le thym près d'Athènes, le sarrazin dans toute la Bretagne. Cette influence des plantes se fait parfois même sentir d'une manière préjudiciable, c'est ce qui arrive près des champs d'absinthe, et en Corse, où l'if et le buis font acquérir au miel une amertume désagréable; on cite même des miels qui sont doués de propriétés toxiques, et dont l'usage amène les symptômes ordinaires de l'empoisonnement, avec convulsions et parfois la mort, tels sont ceux récoltés près des *azalea pontica*, L., et *rhododendron ponticum*, L., signalés par Tournefort; près du *kalmia angustifolia*, L; *kalmia latifolia*, L; *kalmia hirsuta*, L., de la même famille des rhododendrées, ainsi que sur l'*andromeda mariana*, L. (éricacées), plantes de la Pensylvanie, de la Géorgie et de la Floride; Auguste Saint-Hilaire a été fort gravement indisposé pour avoir mangé du miel butiné sur le *paullinia australis*, Humb.; Seringue a indiqué les propriétés toxiques du miel récolté en Suisse dans le voisinage d'*aconitum napellus*, L., et *aconitum lycoctonum*, L., et Lapillardière, celles semblables, de miel d'Asie mineure provenant de nectars du *cocculus suberosus*, D. C. Le miel est entièrement soluble dans l'eau; il est altéré par l'action de la chaleur ainsi que par celle des alcalis.

Si on examine le miel au microscope, alors qu'il a pris une certaine consistance, on observe qu'il est en grande partie constitué par de petites lamelles minces, brisées, transparentes, qui sont des cristaux de glucose, et par quelques rares grains de pollen appartenant aux fleurs, que les insectes avaient autour d'eux.

Composition chimique. Le miel est constitué par un mélange de deux glucoses ayant tous deux la même composition $C^6H^{12}O^6 \ldots C^{12}H^{12}O^{12}$, mais dont l'un, le sucre de raisin, est solide et dextrogyre ($\alpha j = +57°6$), et l'autre, la lévulose, est liquide, incristallisable et lévogyre ($\alpha j = -106°$). A côté de ces deux éléments prédominants, on retrouve un peu de saccharose (Soubeiran), de mannite (Guibourt), un acide végétal mal connu encore, puis des matières grasses, des principes azotés, des huiles volatiles et des matières colorantes.

Récolte. La récolte du miel se fait en juillet ou en septembre et octobre, mais plus en enfumant la ruche comme cela se pratiquait encore il y a quelques années, et ce qui occasionnait la perte d'une partie de l'essaim; actuellement, on renverse la ruche le soir; pendant le sommeil des abeilles, puis revenant de grand matin on applique contre la ruche une autre ruche vide, enduite de miel. On retourne pour placer supérieurement la nouvelle ruche et l'on frappe légèrement sur les parois pour faire sortir les animaux; la fumée débarrasse de ceux qui ne s'en vont pas d'eux-mêmes. On enlève alors la majeure partie des rayons et on les dépose dans des sacs de toile ou sur des claies, que l'on expose au soleil ou chauffe très légèrement. Il en découle le produit appelé *miel vierge* ou *miel de goutte*: on divise ensuite les rayons et on les laisse également s'égoutter, puis on chauffe doucement; on obtient alors un miel de seconde qualité, mais qui est toujours un bon produit. Le surplus du miel est obtenu par expression en s'aidant de la chaleur, et ayant toujours soin de mettre les gâteaux de cire dans des sacs afin de retenir le couvain (débris animaux) qui prédispose le miel à la fermentation. Le miel est d'autant meilleur qu'il a été moins chauffé.

Variétés commerciales. Sans vouloir parler des miels connus de toute antiquité, et ayant gardé encore actuellement leur réputation, nous citerons comme types de miels vendus en France:

1° Le *miel de Narbonne*, qui est consistant, presque blanc, très grenu, d'odeur et de goût très agréables, avec une saveur parfois un peu piquante. C'est l'espèce la plus estimée, bien qu'elle contienne souvent un peu de cire;

2° Le *miel du Gatinais*, qui est lisse, plus coloré que le précédent et d'une teinte jaune pâle, il a une saveur très agréable, quoique moins aromatique que celle du premier;

3° Le *miel de Normandie*. Il est consistant, d'un

blanc jaunâtre, peu grenu. Celui d'Argences, près Caen, est très recherché ;

4° Les *miels de Bourgogne, de Champagne*, viennent ensuite ; ils sont consistants, d'un jaune un peu doré, onctueux, mais déjà moins agréables au goût que les précédents ;

5° les *miels de Saintonge* sont consistants, lisses, peu colorés, d'odeur aromatique, de saveur agréable ; on les trouve peu dans le commerce, car ils sont d'ordinaire consommés sur place ;

6° Les *miels de Picardie, de Touraine*, commencent à être des produits de qualité secondaire, ils sont presque toujours coulants et spumeux ;

7° Les *miels de Bretagne, de Sologne, des Landes* sont des miels tout à fait inférieurs ; leur coloration est rouge brun, ils possèdent une saveur âcre que l'on attribue au sarrazin, une odeur forte, que l'on retrouve dans le pain d'épice. Ils sont surtout réservés aux usages vétérinaires.

Altération. Le miel qui n'a pas été récolté avec soin renferme du couvain et de la cire ; le premier produit a le grand inconvénient de le prédisposer à la fermentation, ce qui amène des modifications dans la composition du corps ; pour retrouver la présence du couvain, on dissout le miel dans l'eau distillée, et on filtre, puis on ajoute quelques gouttes d'une solution faible d'acide tannique. La formation d'un précipité floconneux, grisâtre, indique la présence du couvain. Quant à la cire qui a été entraînée par l'action d'une trop forte chaleur, elle rend louches les solutions aqueuses de miel ; elle est très désagréable pour la préparation des produits à base de miel, car ceux-ci sont alors très difficiles à clarifier.

Falsifications. Le miel peut contenir un grand nombre de corps ajoutés frauduleusement, tels sont : l'eau, l'amidon, les fécules diverses, la pulpe de châtaigne, le glucose, la gélatine, la gomme ou des mucilages, des matières minérales, comme le sable, la craie, le plâtre.

Le miel devant être entièrement soluble dans l'eau, pour faire un essai on commence par en dissoudre un poids connu dans l'eau distillée ; s'il reste un résidu, on jette celui-ci sur un filtre et on fait l'examen. Le résidu peut être organique et alors destructible par la chaleur. Dans ce cas, il répandra l'odeur de pain grillé, le microscope y montrera l'organisation des matières amylacées, et l'eau iodée le colorera en bleu. Si le produit résiste à l'action de la chaleur, on le reprendra par l'eau et on portera à l'ébullition ; si le produit filtré fait effervescence par les acides et précipite par l'oxalate d'ammoniaque, il y avait du carbonate de chaux ; si précipitant par ce dernier réactif, il précipite aussi par le chlorure de baryum, c'était du sulfate de chaux ; s'il n'est attaqué ni par l'eau ni par les acides concentrés ou l'eau régale, c'était du sable.

La liqueur filtrée est alors additionnée d'alcool absolu. S'il s'y fait un précipité floconneux, on recueille celui-ci sur un filtre, on dessèche, puis on introduit dans un petit tube fermé avec un peu de chaux vive, et on chauffe. La gélatine produira un dégagement d'ammoniaque que l'on reconnaît à l'odeur, et avec un papier rouge de tournesol humide ; la gomme ou les mucilages ne dégagent pas d'ammoniaque. Pour retrouver le glucose, on prend à nouveau un peu de la première dissolution de miel, et on filtre sur du papier Berzélius, ou un papier lavé à l'acide chlorhydrique, puis on recherche dans le liquide clair, la présence de la chaux (par l'oxalate d'ammoniaque) et de l'acide sulfurique (par le chlorure de baryum) ; si l'on retrouve ces corps, comme le miel pur ne contient jamais de sels de chaux, on peut être certain d'une fraude ; de plus, comme dans la saccharification de la fécule, on a employé l'acide sulfurique, puis saturé l'excès de ce dernier par la chaux, on peut déduire de la présence de ces deux corps l'existence du glucose. Dans le cas où l'on craindrait l'addition de saccharose, on peut d'abord rechercher la présence des cristaux de ce corps à l'aide du microscope, puis titrer la quantité de glucose avec la liqueur de Violette, et ensuite, sur un autre échantillon, intervertir le sucre cristallisable, par un acide, et faire un nouveau dosage du glucose ; l'augmentation trouvée indiquerait la quantité de saccharose ajoutée ; on aurait également à rechercher au microscope la présence d'une petite arachnide, l'*acarus sacchari* qui est très commune dans les cassonades brutes.

Importation. Elle a été en France, en 1876, de 448,310 kilogrammes.

Usages. Le miel fut le seul sucre des anciens ; il était employé par eux pour conserver un grand nombre de corps ; il sert encore aujourd'hui comme aliment, puis pour édulcorer des tisanes, faire une boisson très employée en Russie, de nos jours également, l'hydromel ; il entre dans la préparation de quelques liqueurs de table, telles que l'eau-de-vie de Dantzig, le marasquin, le rosolio. En médecine, il sert comme laxatif, comme adoucissant, on en fait des sirops à base de vinaigre, ou d'infusion de rose. Dans l'industrie, on s'en sert pour broyer les métaux précieux, or, argent, platine, que l'on veut employer pour l'enluminure ; mais sa plus grande consommation est pour la fabrication du pain d'épice, et pour la médecine vétérinaire, surtout pour les miels rouges de Bretagne, de Sologne ou des Landes.

Quelques insectes hyménoptères, autres que ceux appartenant au genre apis, fournissent encore une sorte de miel ; telle est une variété de guêpe, la *polybia apicipennis*, Fabr., de l'Amérique tropicale, dont le miel offre de gros cristaux de saccharose ; et une fourmi du Mexique qui donne un liquide consistant en une solution presque pure d'un sucre cristallisable, dont la formule serait $C^{12}H^{14}O^{14}$... ~~$C^6H^{14}O^7$~~. Ce miel est acide et donne par la distillation un liquide réduisant l'azotate d'argent. — J. C.

***MIGNARD** (Nicolas), peintre, architecte et graveur, né à Troyes vers 1608, mort à Paris en 1668, était appelé *Mignard d'Avignon* ou *Mignard l'aîné*, pour le distinguer de son frère par lequel d'ailleurs il a été éclipsé. Il fut un des meilleurs élèves de cette école de Fontainebleau, si féconde en artistes de valeur, et après avoir parcouru la France à la suite de ses protecteurs, notamment du cardinal archevêque de Lyon, frère de Richelieu, il se fixa à Avignon, où il resta jusqu'en 1660. C'est là que Louis XIV, de passage dans cette ville, le remarqua et lui commanda son portrait dont il fut si content qu'il engagea l'artiste à venir à Paris. Mignard y peignit successivement les portraits de la reine et des principaux seigneurs de la cour, fut employé à la décoration des Tuileries, reçut de la chartreuse de Grenoble la commande de deux grandes toiles qui furent très remarquées, et devint, en 1663, membre de l'Académie de peinture. Il était recteur lors de sa mort, en 1668. Peintre froid et correct, N. Mignard devait surtout réussir dans le portrait; ses tableaux de genre ou d'histoire sont bien inférieurs. Dans son œuvre, on remarque surtout le portrait du duc d'Harcourt dit le *Cadet à la Perle* qui a servi de modèle à Antoine Masson pour une gravure qui est aussi un chef-d'œuvre. N. Mignard était lui-même un excellent graveur, il a laissé neuf pièces à l'eau forte qui, à son époque, étaient considérées comme supérieures à tout ce qui se faisait partout, même en Italie.

Il est à remarquer que le Louvre ne possède pas de toile de N. Mignard. Les deux fils de N. Mignard se sont fait un nom dans les arts; *Pierre*, peintre de la reine Marie-Thérèse et architecte du roi, fut reçu à l'Académie, en 1671; *Paul*, qui travailla surtout en Angleterre, fut aussi membre de l'Académie royale, en 1672. Son tableau de réception fut le portrait de son père.

***MIGNARD** (Pierre), peintre, frère de Nicolas, était né à Troyes, en 1610. Elève d'abord de Jean Bouche, graveur de talent mais peintre médiocre, il se trouva en peu de temps aussi habile que son maître, et il travailla seul jusqu'à son départ pour Fontainebleau où il alla se livrer à l'étude des maîtres italiens d'après les chefs-d'œuvre recueillis dans ce palais. De retour à Troyes, il fut chargé de décorer la chapelle du château de Coubert-en-Brie appartenant au maréchal de Vitry; celui-ci satisfait de son travail l'emmena à Paris et lui facilita l'entrée de l'atelier de Simon Vouet, qui était alors le professeur le plus en vogue. Dans la foule de ses élèves, Mignard se fit bientôt remarquer au point qu'après l'avoir placé auprès de Mlle de Montpensier comme maître de dessin, Vouet voulait lui donner sa fille en mariage, alliance inespérée pour Mignard, aussi bien comme situation que comme fortune. Mais le jeune artiste, tout à son désir de voir l'Italie, refusa et partit pour Rome en 1635, il trouva là la plupart des grands artistes qui devaient illustrer le règne de Louis XIV: Poussin, déjà célèbre, Gaspard Duguet, Claude Lorrain, Sébastien Leclerc, Chapron, Naudé, et Dufrénoy avec lequel le nouveau venu se lia d'une amitié étroite qui leur fut fort utile; Mignard donnant de bons conseils artistiques à Dufrénoy qui en retour achevait chez son ami une éducation restée très imparfaite. Mignard eut vite mis en lumière les grandes qualités de son talent qui lui valurent, malgré l'hostilité de Poussin, les portraits de l'ambassadeur de France; des papes Urbain VIII et Alexandre VII, de plusieurs cardinaux et, en outre, des commandes importantes. Il peignit à fresques les églises de Saint-Charles-des-quatre-Fontaines et Sainte-Marie *in Compitelli*. Ces divers travaux l'occupèrent jusqu'en 1653. A cette époque, il visita Venise, où il retrouva Dufrénoy, Florence, Parme, Modène, Mantoue, Bologne où il fut l'hôte de l'Albane. Pendant les quelques mois de son séjour à Venise il peignit les premières toiles de cette série de vierges auxquelles les Italiens donnèrent le nom de *mignardes* et qui firent l'admiration de tous les contemporains.

Déjà en possession d'une réputation justement acquise, marié et fixé depuis vingt-deux ans en Italie, Mignard semblait à jamais perdu pour sa patrie. Cependant il consentit à revenir en France sur les sollicitations du roi et de Mazarin. Dangereusement malade en route, il s'arrêta à Avignon, chez son frère Nicolas et s'y attarda longtemps; il y peignit une de ses plus belles toiles: *Saint Véran terrassant le dragon de la fontaine de Vaucluse*, pour l'église de Cavaillon, et le portrait de la belle marquise de Ganges, qui devait mourir si malheureusement. A Avignon aussi, Mignard connut Molière et se lia d'une étroite amitié avec le grand comédien. Enfin Mignard arriva à Fontainebleau, en 1658, et aussitôt fut chargé de faire le portrait du roi destiné a être envoyé à l'infante d'Espagne Marie-Thérèse sa fiancée. L'artiste par cette faveur inespérée s'attira les commandes de la cour et la haine de Le Brun qui était alors le peintre officiel et tout puissant. La lutte de ces deux hommes de valeur occupa toute leur carrière jusqu'à la mort de Le Brun. L'antagonisme devint même très vif lorsque Mignard ayant refusé de faire partie de l'Académie royale dont son rival était le directeur, fit revivre la corporation de Saint-Luc, et y réunit aussitôt tous les mécontents. Le Brun s'appuyait sur le roi. Mignard, qui savait garder néanmoins les bonnes grâces du monarque, trouva appui près de Louvois, surintendant des Beaux-arts, et jaloux de la suprématie artistique que Le Brun s'était arrogée. Enfin, à la mort de Le Brun en 1690, Mignard resté seul, recueillit toutes ses charges et tous ses honneurs; premier peintre du roi, directeur des Gobelins, imposé à l'Académie par la volonté de Louis XIV et aussitôt nommé directeur de la compagnie, Mignard ne peignit presque plus et ne s'occupa d'aucune autre œuvre importante que de la décoration des Invalides, dont les projets avaient été agréés, et que la mort l'empêcha de commencer, fort heureusement sans doute, car son talent se ressentait de sa vieillesse. Il mourut en 1695, à l'âge de 85 ans.

Il était surtout excellent peintre de portraits et sa touche molle et brillante, son savoir-faire et sa science de disposition du modèle lui avaient assuré la plus grande faveur de ce monde élégant et frivole de la fin du grand règne. Il excella dans les portraits de femme, et celui de madame de Feuquières, sa fille, passe pour son chef-d'œuvre. Dans le genre décoratif, il a peint les plafonds de l'ancien Hôtel des Postes, ceux du Palais de Saint-Cloud et de la petite galerie de Versailles, enfin la coupole du Val-de-Grâce, œuvre discutable, malgré une réelle entente de composition. D'ailleurs cette fresque a beaucoup souffert du temps et de réparations inintelligentes. On lui doit aussi quelques tableaux de sainteté.

***MIGNONNETTE.** *T. techn.* Petit caractère d'imprimerie. || Sorte de dentelle de fil blanc. || Tissu de laine et soie.

***MIGNONNEUSE.** *T. de mét.* Ouvrière qui fait la dentelle d'Alençon.

***MILLE-RAIES.** *T. de tiss.* Genre de tissu à côtes fines. — V. Cannelé, Coteló.

***MILLET** (Eugène-Louis), né à Paris, le 21 mars 1819, mort le 21 février 1879, a été l'un des architectes les plus éminents de notre époque. Issu d'une famille de négociants, il entra, en 1837, à l'atelier de Henri Labrouste. La même année, il fut reçu à l'Ecole des Beaux-Arts. Doué d'une intelligence toujours en éveil, ardent à l'étude, il fit de rapides progrès. Il quitta l'atelier, en 1842. Ce fut à ce moment qu'il rencontra Viollet-le-Duc et, sous sa direction, il chercha sa voie dans l'architecture du moyen âge. Convaincu qu'il n'y a pas de meilleur moyen d'apprendre que d'étudier sur place, Millet entreprit le tour de France. C'est ainsi qu'il put faire une comparaison approfondie de nos monuments ; et c'est dans ses nombreux voyages qu'il se familiarisa avec nos églises de villages, avec nos vieilles cathédrales, avec nos châteaux du moyen âge et de la Renaissance.

L'œuvre de Millet est considérable. Il fut nommé, en 1847, architecte adjoint de Viollet-le-Duc pour le service des monuments historiques, et, en 1848, il devint architecte des édifices diocésains de Troyes et de Châlons-sur-Marne. En 1849, il était attaché à la Commission des monuments historiques et exécutait des travaux de restauration dans les églises de Saint-Menoux, Souvigny, Ebreuil, Provins, Paray-le-Monial, Lisieux, Boulogne-sur-Seine, etc. C'est en 1855 qu'il fut nommé architecte du château de Saint-Germain et, en 1857, il était chargé de l'agrandissement de la cathédrale de Moulins. De 1863 à 1865, Millet fit un cours de construction à l'Ecole des Beaux-Arts qui fut fort remarqué par les hommes pratiques. En 1868, il éleva l'église paroissiale de Maisons-sur-Seine, et un an après, l'hospice Greffulhe, à Levallois-Perret. Mais là où il s'est le mieux affirmé comme constructeur, comme architecte et comme savant, c'est incontestablement dans sa belle restauration du château de Saint-Germain.

MINE. On entend par *mines*, dans le langage usuel, toutes les excavations creusées par l'homme au sein de la terre, jusqu'à une profondeur quelconque, qui atteint déjà en certains points 1200 mètres, pour en extraire des matières utiles à son industrie, à la seule condition que l'entrée de ces excavations au jour ait une projection horizontale beaucoup plus petite que leur étendue totale. Mais au point de vue du droit, la loi du 21 avril 1810 a classé les excavations creusées par l'homme au sein de la terre en mines, minières et carrières, uniquement d'après la nature des matières extraites. Sont considérés comme *mines* les gisements de forme quelconque des matières suivantes : or, argent, platine, mercure, plomb, fer en filons ou couches, cuivre, étain, zinc, calamine, bismuth, cobalt, arsenic, manganèse, antimoine, molybdène, plombagine, autres matières métalliques, soufre, charbon de terre ou de pierre, bois fossile, bitume, alun, sulfate à base métallique. Le sel gemme, omis dans cette énumération, a été classé ultérieurement dans les mines.

— La propriété des mines est une propriété analogue à celle de la surface, mais entièrement distincte, créée par un acte de concession délibéré et rendu en Conseil d'Etat. Les formes diverses que peuvent affecter les mines sont décrites au mot Gisement, et les règles à suivre pour rechercher une mine sont énumérées à l'article Exploitation des mines. Le plus souvent, on commence par foncer un trou vertical de faible diamètre : cette opération sera décrite à l'article Sondage.

Quand le gîte est découvert, on adresse au préfet une demande de concession, avec un plan en triple expédition au 1/10000, dressé ou vérifié par l'ingénieur des mines. Le préfet certifie ce plan, ordonne l'affichage et les publications de la demande, et la fait enregistrer sur un registre particulier. L'affichage a lieu pendant deux mois, dans le chef-lieu du département et de l'arrondissement où la mine est située, dans la commune où est domicilié le demandeur, et dans toutes celles sur le territoire desquelles s'étend la concession demandée. Ces affiches sont insérées deux fois, à un mois d'intervalle, dans les journaux du département et dans le *Journal officiel;* on en fait la publication à la diligence des maires, au moins une fois par mois pendant la durée des affiches, devant la porte de la maison commune et des églises paroissiales et consistoriales, à l'issue de l'office du dimanche. Les oppositions et demandes en concurrence sont admises devant le préfet pendant deux mois à partir de la date de l'affiche; elles sont notifiées à la préfecture par actes extrajudiciaires, et insérées sur le registre. Après la durée de l'affichage, l'ingénieur des mines fait un rapport, et le préfet le transmet avec son avis au ministre des travaux publics, qui prend l'avis du conseil général des mines, et soumet la demande au Conseil d'Etat qui statue définitivement. Jusqu'à l'émission du décret, les oppositions sont admises devant le ministre de l'intérieur ou le secrétaire général du Conseil d'Etat. La concession est donnée par un acte qui en détermine l'étendue : elle est limitée à des plans verticaux, et s'étend théoriquement jusqu'au centre de la terre. Le bornage doit avoir lieu à la diligence du préfet, en présence de l'ingénieur des mines, aux frais du concessionnaire, dans les trois mois qui suivent la signature par le chef de l'Etat de l'acte de concession. Le gouvernement accorde la concession à qui il veut. S'il l'accorde à une autre personne qu'à l'*inventeur*, c'est-à-dire à celui qui a fait connaître la disposition du gîte et démontré l'utilité de son exploitation, il règle dans l'acte de concession l'indemnité que le concessionnaire doit *à* l'inventeur, en outre du remboursement des travaux utiles, c'est-à-dire des travaux qui sont applicables à l'exploitation, qui ont établi la concessibilité du gîte, ou qui ont fourni des renseignements nécessaires à l'exploitation.

En France, l'exploitation des mines n'est pas sujette à patente, mais les concessionnaires paient à l'Etat une redevance fixe de 10 francs par kilomètre carré concédé, et une redevance proportionnelle égale à 5 0/0 du produit net, c'est-à-dire de l'excès de la valeur sur le carreau de la mine des matières extraites chaque année, sur les dépenses faites dans l'année pour les extraire (1). Le mode d'établissement de ces redevances est indiqué à l'article EXPLOITATION DES MINES. En outre, les concessionnaires paient à l'Etat le dixième en plus de ces deux redevances, et ils doivent également aux propriétaires de la surface une redevance généralement très faible, déterminée par l'acte de concession.

Le concessionnaire d'une mine peut être autorisé, par arrêté préfectoral, à occuper dans le périmètre de sa concession, malgré l'opposition des propriétaires, les terrains nécessaires à l'exploitation de la mine, à la préparation mécanique des minerais ou au lavage des combustibles, à l'établissement des routes ou des chemins de fer ne modifiant pas le relief du sol. L'indemnité payée au propriétaire du sol est le double du produit net du terrain occupé. Si l'occupation dure plus d'une année, ou si les travaux faits rendent les terrains impropres à la culture, le propriétaire du sol peut exiger que le concessionnaire achète, au double de la valeur qu'ils avaient avant l'occupation, les terrains occupés, et même la totalité des pièces de terre dont ils font partie, s'ils en constituent une portion considérable (loi du 27 juillet 1880, modification de celle du 21 avril 1810).

Une fois l'acte de concession obtenu, on procède à l'exploitation de la mine à *ciel ouvert* en appliquant les procédés décrits à l'article EXPLOITATION DES CARRIÈRES, ou bien par *piliers abandonnés*, par *foudroyage* ou par *remblai*, en appliquant les procédés énumérés à l'article EXPLOITATION DES MINES, que nous allons compléter ici par quelques exemples des diverses méthodes d'exploitation souterraine, appliquées dans des mines ou dans des carrières.

MÉTHODES PAR PILIERS ABANDONNÉS.

Carrières de craie de Meudon. On établit trois étages d'exploitation séparés par des estaus, et dans chacun d'eux on réserve des piliers qui se correspondent en projection horizontale. A l'étage supérieur, les galeries ont 6 mètres de large, et les piliers 4 mètres; à l'étage intermédiaire, les galeries ont 5 mètres, et les piliers 5 mètres, et à l'étage inférieur, les galeries ont 4 mètres de large et les piliers 6 mètres. Ces piliers sont disposés en quinconce, quand le traçage est fait par deux systèmes de galeries rectangulaires (fig. 244), ils peuvent être aussi disposés en damier (fig. 245), et ce système est préférable quand la carrière présente des *fils* ou *filières*, c'est-à-dire des cassures très étendues intéressant la masse, en même temps que son toit et que son mur. Ce sont de véritables failles remplies de matière argileuse, dont l'orientation dans une carrière est à peu près constante. On trace des galeries parallèles, obliques sur cette orientation, et on recoupe les massifs qui les séparent d'une façon alternative; de la sorte, une filière quelconque rencontre toujours des piliers.

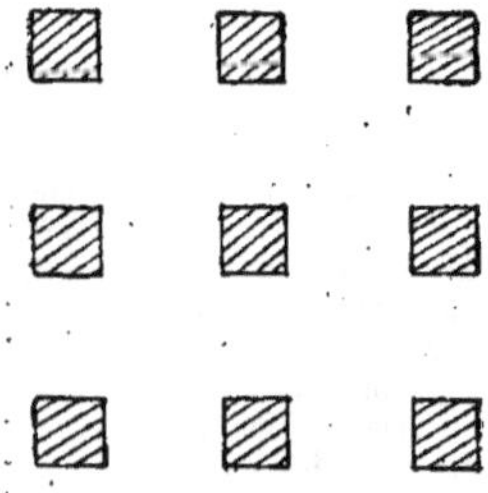

Fig. 244.

(1) Les mines de sel gemme ne paient pas cette redevance proportionnelle, elles ne paient que la redevance fixe et l'impôt du sel.

Carrières de gypse des environs de Paris. La formation gypseuse atteint parfois 20 mètres d'épaisseur, et on l'exploite par la méthode des piliers abandonnés, en réservant au toit des galeries une planche d'un mètre de gypse, pour soutenir les marnes vertes, et au mur une planche de 2 ou 3 mètres pour entretoiser les piliers et maintenir le sol en bon état pour le roulage. Les galeries ont leurs parois verticales à la partie inférieure, mais elles se rétrécissent à la partie supérieure; on les exécute par un avancement fait à la partie supérieure et une série de gradins droits en arrière de cet avancement.

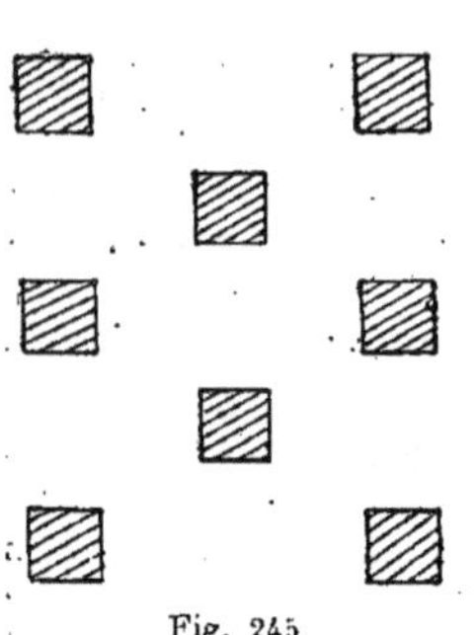

Fig. 245.

Ardoisières de Fumay. On exploite à Fumay une couche inclinée à 30°. On réserve de longs piliers dirigés dans le sens de la direction de la couche, et séparés les uns des autres par une distance de 25 mètres dans le sens de l'inclinaison. On ne recoupe ces piliers qu'à de très grandes distances, et on réserve en outre, entre deux piliers longs voisins, une file de piliers tournés de 6 mètres sur 6 mètres.

Salines de Dieuze. La couche a 5 mètres d'épaisseur; on laisse au mur une planche de $0^m,20$, et on trace deux systèmes de galeries rectangulaires réservant des piliers de 5 mètres sur 5 mètres. Les galeries ont 6 mètres de largeur, $3^m,80$ de hauteur au milieu et $3^m,10$ de hauteur sur les bords.

Salines de Varangéville. La couche a 20 mètres d'épaisseur, mais toute la partie supérieure est impure, et on n'exploite que les 5 mètres inférieurs. On trace des galeries de 8 mètres de large en réservant des piliers carrés de 6 mètres. Le mur de la couche est formé par de la marne.

Mine de fer du Rancié. On prend chaque étage en y laissant de gros piliers qu'on refend en quatre avant d'abandonner l'étage. On laisse en place environ un tiers du gîte; mais les piliers s'effondrent, et au bout d'une dizaine d'années on revient dans les éboulements.

Anthracite de Pensylvanie. On fait de longues tailles en direction, en demi-pente ou en inclinaison, et on réserve entre elles des piliers longs qu'on gratte un peu en revenant.

MÉTHODES PAR FOUDROYAGE.

Mine de fer de Mazenay. On exploite à Mazenay une couche horizontale de 4 mètres d'épaisseur de minerai pisolithique dans les marnes du lias. On fait un traçage en échiquier, par des galeries de 6 mètres laissant des piliers de 20 mètres, que l'on dépile ensuite en soutenant le toit provisoirement par de grandes buttes en sapin vert.

Mine de Roche-Sadoule. On exploite à Roche-Sadoule, une couche mince fortement inclinée.

Le traçage comprend deux systèmes de galeries rectangulaires, inclinées à 45° sur la ligne de direction de la couche. On prend chaque pilier par enlevures parallèles à la ligne d'inclinaison.

Couches d'oxyde de fer de l'Est de la France. Pour exploiter une partie de couche comprise entre deux voies de fond et deux plans inclinés (1), on commence par tracer à partir des plans inclinés une série de voies qui ont d'abord une entrée étroite, puis qui s'élargissent et se rejoignent deux à deux. Ces voies laissent entre elles des piliers longs, que l'on dépile ensuite dans l'ordre descendant par des enlevures successives, en battant en retraite du centre jusque près des plans inclinés, où on réserve un massif de protection.

Mine de charbon de Decize. On exploite de la manière suivante à Decize une partie de couche comprise entre deux costeresses distantes de 10 mètres, et deux plans inclinés distants de 100 mètres. On pratique des enlevures contiguës de $0^{m},60$ de largeur dont on soutient le toit par des files de buttes qu'on enlève de façon à permettre l'éboulement quand on a terminé la 5e enlevure suivante.

Mines de houille de Silésie. On applique en Silésie la même méthode qu'à Decize à des couches de houille qui ont jusqu'à 5 mètres d'épaisseur, mais en réservant au bord de la galerie inférieure un barrage de sécurité.

Etage supérieur des mines de Lens. On exploite à Lens par foudroyage l'étage des couches qui est le plus voisin du tourtiat. On trace jusqu'à l'extrémité du champ d'exploitation, la galerie qui limite cet étage à la partie inférieure. A l'extrémité, on réserve un massif de 3 mètres, on prend une enlevure de 3 mètres de large jusqu'au tourtiat, et on redescend vers la galerie en prenant le massif d'abord réservé et en laissant l'éboulement se faire en amont sur 6 mètres de largeur; puis on répète ce travail successivement en battant en retraite vers le puits.

Mines de houille de Staffordshire. On applique dans le Staffordshire avec une grande imprudence la méthode des éboulements à des couches qui ont jusqu'à 10 mètres d'épaisseur. A partir de la costeresse, on place le long du mur de la couche deux voies que l'on relie par une voie horizontale supérieure, à partir de laquelle on bat en retraite vers la costeresse par la méthode des gradins renversés, en laissant au milieu de la chambre, de gros piliers tournés, à l'intérieur desquels on pratique encore de petites galeries (fig. 246).

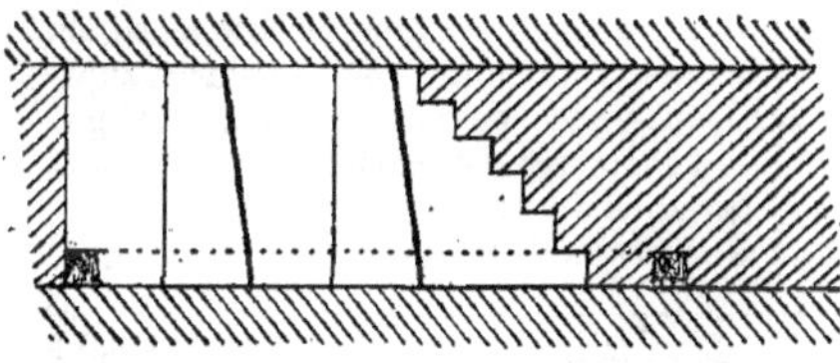

Fig. 246.

Mines de houille de Blanzy. On exploite par éboulement à Blanzy, trois couches inclinées séparées par des nerfs, et on dispose le traçage de façon que les ouvrages montants dans ces trois couches se superposent en projection horizontale. On opère à peu près simultanément dans les trois couches, mais la retraite vers le puits est plus avancée dans la couche supérieure et moins avancée dans la couche inférieure que dans la couche moyenne.

Mines de houille de Rochebelle. Pour exploiter à Rochebelle une partie de couche comprise entre deux chassages et deux plans inclinés, on commence par prendre des enlevures contiguës en battant en retraite du milieu vers les plans inclinés, et on achève en prenant les massifs voisins des plans inclinés par des chassages contigus, successivement de haut en bas. Quand la couche a plus de 4 mètres, on la prend en plusieurs tranches parallèles à son mur, et on met à la base de chaque tranche un plancher qui forme le toit de la tranche suivante.

Mines de fer de Stahlberg. Le gîte est puissant et très incliné. On le partage par des plans horizontaux en étages de 10 mètres, à la partie inférieure de chacun desquels une galerie suit le mur du gîte. A partir de cette galerie, on trace jusqu'au toit du gîte des ouvrages contigus de 6 mètres de haut, puis on bat en retraite vers la galerie en prenant la couronne et en laissant l'éboulement se faire derrière soi.

Schistes alumineux du pays de Liège. Cette couche a environ 20 mètres de puissance et 75 d'inclinaison. Chaque étage de 6 mètres, est pris en deux fois : un ouvrage de 2 mètres et une couronne de 4 mètres. On ne fait pas les ouvrages absolument contigus, mais on réserve entre deux ouvrages consécutifs une planche de 1 mètre qu'on gratte un peu en revenant.

MÉTHODES PAR REMBLAI DANS LES GÎTES MINCES.

Grandes tailles montantes d'Aniche. On construit d'abord un chassage comprenant une voie de roulage et un retour d'air, puis on trace des tailles montantes en retraite les unes sur les autres, et on les remblaie derrière soi en réservant une

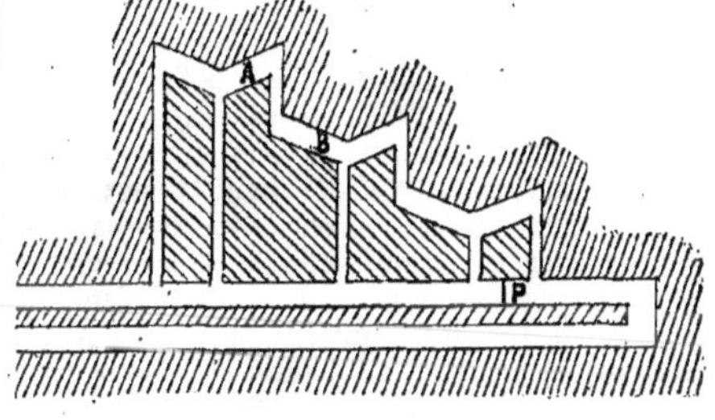

Fig. 247.

(1) Nous rappelons ici que les voies tracées dans une couche suivant la ligne de direction, c'est-à-dire sa trace horizontale, s'appellent *voies de fond, costeresses, chassages, galeries de direction* ou d'*allongement* et que les voies dirigées suivant la ligne d'inclinaison, c'est-à-dire perpendiculairement à la ligne de direction, s'appellent *enlevures, plans inclinés, cheminées* ou *puits inclinés*, suivant que la couche est plus ou moins inclinée — V GALERIE DE MINE.

voie d'accès pour chaque taille; une porte P force l'air à passer le long de tous les fronts de taille. On donne aux chantiers une certaine inclinaison pour faciliter le boutage du charbon (fig. 247).

Grandes tailles chassantes d'Anzin. A partir d'un plan incliné le long duquel on réserve un massif de protection, on trace des tailles chassantes en retraite les unes sur les autres; on les remblaie derrière soi en ménageant les voies du herchage (fig. 248).

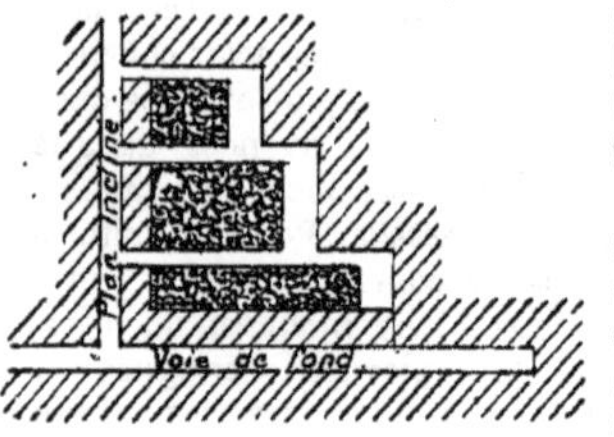

Fig. 248.

Tailles inclinées dans les schistes cuivreux du Mansfeld. Ces schistes forment un horizon géologique très net dans le terrain du *zechstein.* La partie métallifère a 30 centimètres d'épaisseur avec un havrit stérile de 10 centimètres; on enlève, en outre, la roche du toit sur 20 centimètres. Il en résulte que les chantiers d'abatage ont 60 centimètres de haut, que le havrit et le toit donnent après leur foisonnement, une quantité de remblais plus que suffisante, et qu'on doit sortir au jour des matières stériles. On procède par grandes tailles de la manière suivante: on mène au bas de l'étage une voie de fond assez large, que l'on remblaie en y

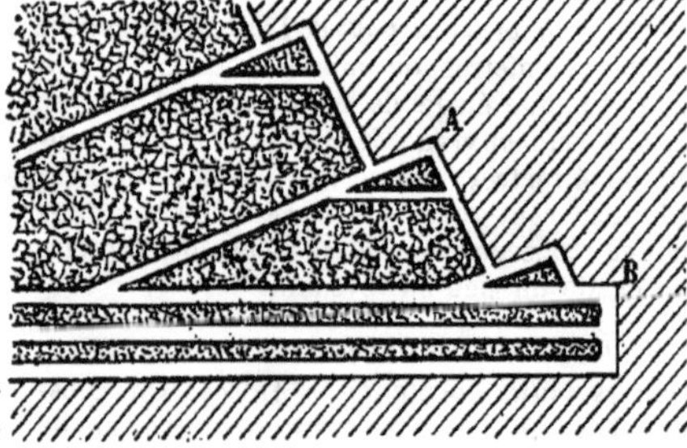

Fig. 249.

réservant trois galeries. La galerie d'aval a 1m,30 de haut et sert à l'écoulement, la galerie du milieu a 2 mètres de haut et sert au roulage, la galerie d'amont a 1m,30 de haut et sert de retour d'air. Au fur et à mesure que la costeresse avance, on prend une série de tailles contiguës de 60 mètres de largeur, disposées en demi-pente ascendante. On remblaie ces tailles en arrière au fur et à mesure qu'elles avancent, et on ménage au milieu des remblais des voies qui viennent déboucher au milieu du front de taille. Chaque front de taille de 60 mètres de long occupe environ 20 piqueurs (fig. 249).

Demi-pentes de Bessèges. On divise chaque étage en lopins par deux systèmes de galeries rectangulaires inclinées de 45° sur la ligne d'inclinaison. Chaque lopin se prend par enlevures successives d'après la méthode en Z; l'ouvrage *bc* est soutenu par trois lignes de buttes. On retire les buttes qui sont en haut du côté des remblais, et on les remplace par du remblai arrivé par le couloir *dc*, on abat le charbon qui est de l'autre côté, on le fait sortir par le couloir *ba*, et on met à sa place une nouvelle ligne de buttes; il en résulte que la ligne *bc* va de *de* en *fa* (fig. 250).

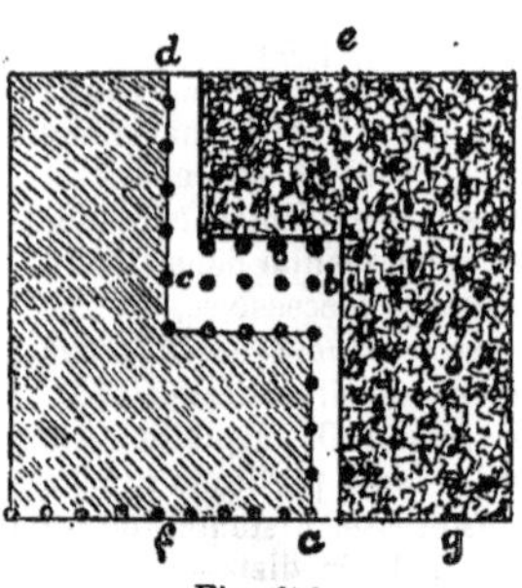

Fig. 250.

Chasses étroites de Pontpean. A Pontpean, on exploite un filon vertical de galène et blende argentifères. On prend un massif compris entre deux chassages et deux puits inclinés par des chasses contiguës, on remblaie successivement chaque chasse et on monte sur ses remblais pour exploiter la suivante. L'un des puits inclinés sert pour l'arrivée des remblais et l'autre pour le départ du minerai.

Gradins droits d'Andreasberg. A Andreasberg, on exploite une mine d'argent par la méthode des gradins droits. On attaque par un des angles supérieurs un massif compris entre deux voies de fond et deux cheminées (fig. 251); chaque ouvrier construit au-dessus de sa tête un plancher, sur lequel il rejette comme remblai les matières stériles abattues. Quelquefois aussi, on attaque le massif au milieu de la galerie supérieure, où on creuse de plus en plus une cheminée, qui sépare les remblais de deux exploitations par gradins droits.

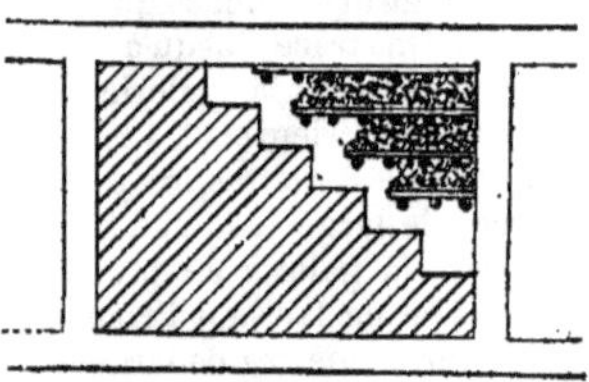
Fig. 251.

Gradins renversés du Cornwall. Dans la méthode par gradins renversés, on attaque, en général, un massif de filon par un de ses angles inférieurs; on jette à ses pieds comme remblai les matières stériles abattues, et on monte sur le remblai (fig. 252). Quelquefois aussi on attaque le massif par le milieu de la galerie inférieure, d'où on fait mon-

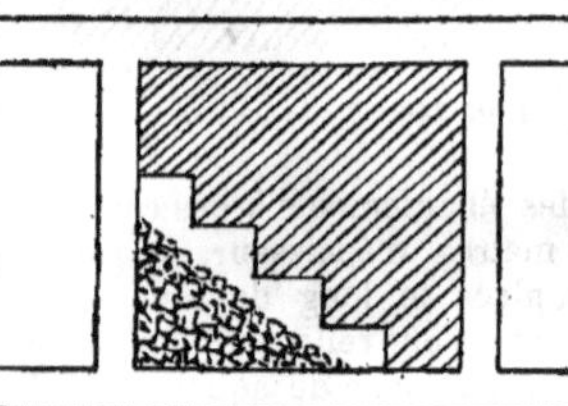
Fig. 252.

ter une cheminée qui sépare les remblais de deux exploitations symétriques par gradins renversés.

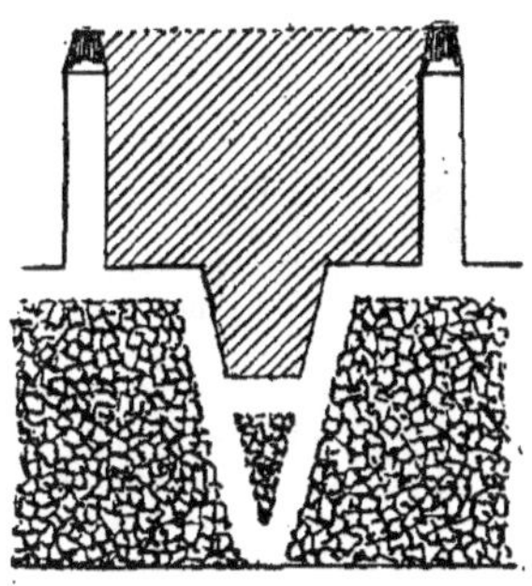

Fig. 253 (1).

Maintenages des mines de houille de Belgique. Ce procédé d'exploitation, applicable aux couches minces voisines de la verticale, diffère du procédé par tailles chassantes en ce que le front de chaque taille est disposé obliquement et en ce qu'on réserve des cheminées dans les remblais (fig. 253).

MÉTHODES PAR REMBLAI DANS LES GÎTES PUISSANTS.

Tranches de la Grand'Combe. On exploite à la Grand'Combe une couche puissante de charbon en quatre tranches parallèles à son mur. Dans chaque tranche, on trace des costeresses à partir d'un plan incliné, on laisse au bord de ce plan incliné un massif de protection, et on exploite au delà de ce massif de protection la partie comprise entre deux costeresses, par des enlevures successives prises en Z.—V. plus haut : *Demi-pentes de Bességes.*

Méthode en travers pour les filons de Schemnitz. Le filon est partagé en étages qu'on prend en descendant, et chaque étage est partagé en tranches qu'on prend en montant. La mère galerie, située au mur de la tranche inférieure, sert au roulage du minerai de tout l'étage. Pour prendre chaque étage, on trace des traverses horizontales depuis la mère galerie jusqu'au toit du filon, on revient à la mère galerie par des traverses contiguës aux précédentes, et on remblaie simultanément les deux traverses contiguës depuis le toit jusqu'au mur. Quand la première tranche est prise, on passe à l'exploitation de la tranche supérieure au moyen d'une mère galerie qu'on trace au-dessus de la précédente, dont on la sépare par un plancher.

Mines de mercure d'Almaden. On exploite à Almaden depuis environ 22 siècles, trois couches redressées de cinabre d'une puissance collective de 25 mètres. Le mètre cube de minerai en place vaut environ 1,200 fr., et cette grande valeur permet d'exploiter cette mine de la manière luxueuse suivante : chaque étage a 25 mètres de hauteur ; on trace le long du mur une descenderie de 3m,40 de largeur et de 2m,50 de hauteur, à droite et à gauche de laquelle on exploite par la méthode des gradins droits une tranche de 2m,50 d'épaisseur parallèle au mur. Quand on est arrivé à la partie inférieure de l'étage, on y conserve une mère galerie, de laquelle on fait partir vers le toit une série de traverses horizontales de 3m,40 de large, séparées par des épaisseurs de 3m,40 de minerai réservé. On recouvre ces traverses par des voûtes en maçonnerie sur lesquelles on monte, pour exploiter des traverses ayant les mêmes projections horizontales. On continue ainsi jusqu'en haut de l'étage. On remblaie avec de véritables maçonneries de sorte qu'on remplace la moitié du minerai par de la maçonnerie. On procède ultérieurement de même à l'exploitation des parties réservées.

(1) Les cheminées réservées dans le remblai ne sont pas toujours dans le prolongement du front de taille.

Amas d'Agordo. On peut appliquer la méthode en travers aux amas, en traçant d'abord à quelques étages des galeries de contour, pour délimiter le gîte, et à chaque étage une galerie rectiligne à partir de laquelle on trace des deux côtés, jusqu'aux limites de l'amas, des traverses qu'on remblaie en reculant.

Couche Elisabeth de Montceau-les-Mines. Cette couche de charbon est puissante et redressée, et on l'exploite par la méthode en travers, en traçant la mère galerie de la tranche inférieure, dans le mur de façon à ne pas avoir à craindre les incendies.

Méthode en travers de Commentry. A Commentry, on exploite en travers une couche peu inclinée avec une mère galerie, située au milieu de la

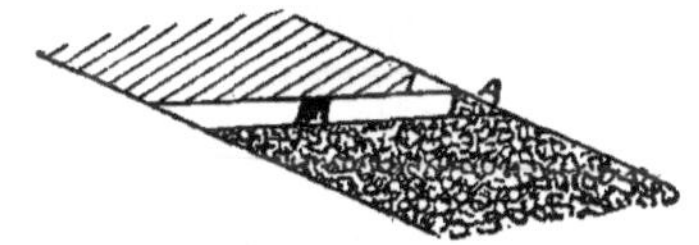

Fig. 254.

couche, et comme les sifflets A voisins du toit seraient difficiles à prendre, on les rattache à la tranche inférieure (fig. 254).

Méthode en travers de Rochebelle. On applique à Rochebelle la méthode en travers à une couche de charbon très inclinée, dont on prend les tranches de haut en bas, en passant sous le remblai.

Recoupes du Creusot. On divise au Creusot chaque étage de 30 mètres en 5 sous-étages, comprenant chacun 3 tranches de 2 mètres. On prend les tranches de chaque sous-étage dans l'ordre ascendant, et dans un étage on prend d'abord le sous-étage inférieur, puis les autres sous-étages en descendant depuis le haut. On a dans chaque tranche : 1° une maîtresse galerie dans le toit, à 30 mètres du gîte ; 2° une galerie dans l'axe de la couche, ou deux galeries à son toit et à son mur ; 3° des travers-bancs espacés de 100 mètres en 100 mètres qui partent de la galerie au rocher ; 4° de petits travers-bancs espacés de 10 mètres en 10 mètres dans l'épaisseur de la couche. Voici comment on procède à l'exploitation d'un lopin compris entre deux de ces petits travers-bancs consécutifs : on trace un travers-banc central, à partir duquel on mène à droite et à gauche des traverses en plein charbon ; on revient au travers-banc central en prenant la planche de charbon laissée contre chaque traverse, et en remblayant simultanément l'espace occupé par la traverse et la planche.

Recoupes de Commentry. On trace à chaque étage deux galeries d'allongement dans le charbon jusqu'aux limites du champ d'exploitation, on les réunit par une traverse, et on bat en retraite vers le puits en remblayant derrière soi. Le front de taille est soutenu par trois lignes de buttes. On replace de nouvelles buttes à la place du charbon qu'on enlève, et on enlève les buttes où on place du remblai. Les deux galeries d'allongement servent respectivement à l'arrivée du remblai et au départ du charbon. Ce procédé s'appelle *ouvrage en U.*

Méthode verticale de Decazeville. On dessert chaque étage par la maîtresse galerie, menée le long du mur de la tranche inférieure de l'étage, et par des cheminées situées le long du mur de la couche, par lesquelles on amène les remblais et on évacue les charbons. Dans chaque tranche, on associe les recoupes parallèles, et les traverses normales à la direction de la couche.

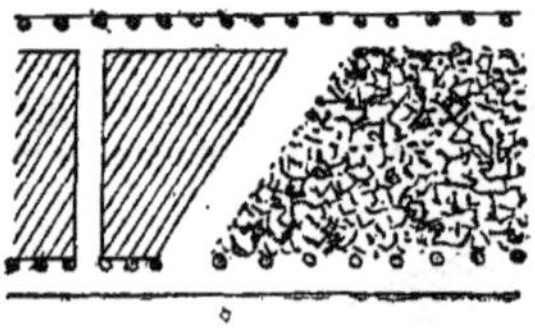

Rabatage en chassage de Lalle. Cette méthode se rapproche de celle des gradins renversés sauf que le front de taille est parallèle au talus naturel des remblais. On refait au fur et à mesure la costeresse inférieure sous les remblais qui avancent (fig. 255).

Fig. 255.

Rabatage de Brassac. A Brassac, le rabatage est limité à une hauteur modérée, et on réserve dans les remblais des cheminées pour les hommes et pour le charbon (fig. 256).

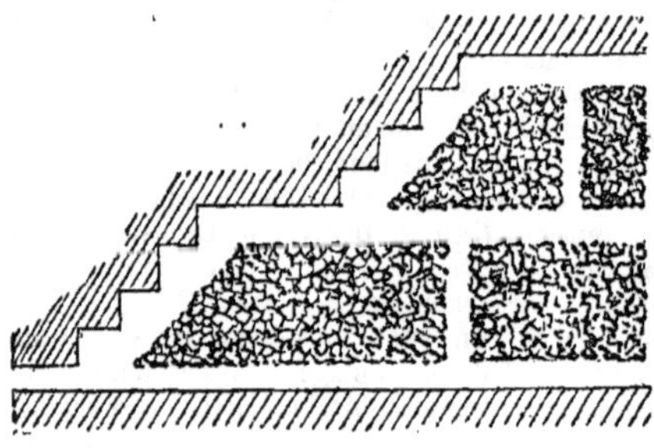

Fig. 256.

Rabatage en travers de Bezenay. On exploite une tranche de 6 mètres de hauteur au moyen d'une costeresse supérieure tracée au mur, et d'une costeresse inférieure tracée au toit, et on la découpe, par des plans verticaux distants de 16 mètres, en lopins qu'on prend en quatre rabatages consécutifs de la manière suivante (fig. 257) : on fait partir de la costeresse inférieure une traverse de 2 mètres de large qui va jusqu'au mur, et qui est suivie par un montage longeant le mur jusqu'à la galerie supérieure. On porte la largeur du montage à 4 mètres, et on rabat vers le toit de la couche, en remblayant derrière soi. On réserve en haut une traverse qui sert à l'arrivée des remblais, et on remblaie en bas, au fur et à mesure, la traverse qui a été faite au début, et qui sert au départ du charbon. Les quatre rabatages qui prennent un lopin de 16 mètres sont séparés les uns des autres, non pas par des plans verticaux, mais par des plans inclinés, de telle sorte que les remblais d'un rabatage, ne gênent pas l'exploitation du suivant.

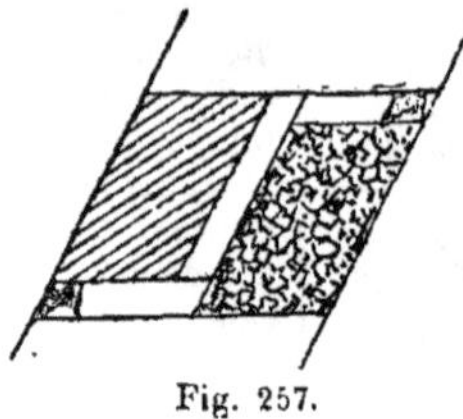

Fig. 257.

Exploitation proprement dite. Nous venons de donner des exemples des principales méthodes d'exploitation des mines. La façon dont elles sont appliquées est indiquée à l'article Exploitation des mines, et dans différents autres articles du *Dictionnaire*. Nous décrivons à Galeries et à Puits les procédés employés pour percer et consolider, suivant la nature des terrains, des ouvrages verticaux ou horizontaux.

L'abatage se fait suivant la nature de la matière, à la main, au feu, à l'eau, à la poudre ou à la dynamite. Les trois premiers procédés sont décrits à l'article Exploitation des mines et les deux derniers au mot Poudre de mine. La perforation mécanique des trous de mine se pratique souvent à l'aide de machines (V. Perforation mécanique). La matière abattue est transportée dans les voies intérieures de la mine, par des procédés qui seront étudiés aux articles Navigation souterraine, Plan incliné, Traction dans les mines. Généralement il faut encore l'extraire au jour par un puits vertical ou incliné (V. Extraction). Les procédés employés pour retenir la cage dans le puits, en cas de rupture du câble, seront décrits au mot Parachute. En outre, les exploitants doivent assurer des services très importants comme l'épuisement des eaux ou *exhaure*, et la *ventilation* (V. ces mots). Ce dernier service prend une importance capitale quand l'air de la mine tend à être souillé de gaz inflammables (V. Grisou). La circulation des hommes dans les puits verticaux est quelquefois assurée par une machine spéciale appelée *fahrkunst*; leur éclairage est obtenu par des *lampes de mine* (V. ces mots). Une fois la matière extraite au jour, il faut généralement, pour pouvoir la vendre, lui faire subir des opérations plus ou moins compliquées, qui ont fait l'objet de l'article Lavage et préparation mécanique.

L'ensemble de ces différents articles constitue une description complète des opérations du mineur. Il faut y joindre les articles Charbonnages et Salines, relatifs aux exploitations minières spéciales, et les monographies d'un certain nombre de mines importantes que le lecteur trouvera dans le *Dictionnaire*.

Accidents de mine. L'exploitation des mines est une industrie très dangereuse, et nous allons donner ici quelques renseignements sur les principaux accidents qui peuvent y survenir.

Il arrive souvent que les mines de charbon et même les mines de sel ou les mines métalliques sont envahies par un gaz inflammable et détonant appelé *grisou* (V. ce mot). Il peut en résulter des accidents terribles; le plus grave des accidents survenus jusqu'ici a fait 361 victimes. Les mines sont exposées, en outre, aux incendies, aux inondations et aux effondrements.

L'incendie d'une mine peut être alimenté par les bois qui servent au soutènement, et par la paille qui se trouve dans les écuries souterraines, mais il est surtout à craindre dans les mines où la matière extraite est combustible, comme la houille, le soufre, les pyrites, le cinabre, etc. Il peut être, comme à la surface, dû à la malveillance ou causé par un accident.

Les accidents qui peuvent le plus fréquemment déterminer un incendie sont la chute d'une lampe ou d'une flammèche sur la paille des écuries intérieures, un coup de mine débourré, un soufflard allumé par une explosion de grisou, etc. Les étincelles d'un foyer d'aérage ou d'une chaudière intérieure mal disposée peuvent aussi provoquer un incendie. L'énorme travail mécanique accompli dans la descente des terrains sur les remblais, ou par le fait de l'éboulement, peut se transformer en chaleur et devenir dangereux, quand il se concentre sur des points limités. Les pyrites ou certaines substances organiques associées à la houille peuvent s'oxyder et dégager assez de chaleur pour l'enflammer spontanément. La dissociation des hydrocarbures, qui donne naissance au grisou, dégage aussi de la chaleur. L'oxygène qui existe dans la houille jusqu'à la proportion de 17 0/0 peut faciliter son inflammation. La condensation de l'air dans les poussières de charbon peut aussi en préparer l'échauffement et l'embrasement.

Pour éviter autant que possible le danger des incendies dans les mines de matières combustibles, la première précaution à prendre est d'enlever complètement la matière et de la fatiguer le moins possible, ensuite, il faut empêcher l'accès de l'air dans les vieux travaux, où il a pu rester néanmoins une petite proportion de la matière.

Quand le feu est déclaré, on peut lutter contre lui par la méthode de l'arrachage, avec des lances d'eau comprimée à plusieurs atmosphères. On avance par recoupes étroites, avec des barrages successifs, et on attaque de préférence le feu par dessous. On fait des coups de sonde à partir de la surface jusqu'à la partie incendiée, afin de permettre la sortie des produits de la combustion. On enverra beaucoup d'air, si l'incendie n'est encore qu'un simple échauffement qu'on peut rafraîchir; si le feu marche plus vite que l'arrachage, il faut l'étouffer en cernant le foyer par des barrages en briques, dont on aveugle toutes les fissures avec de l'argile.

Dans certains cas, on est forcé de faire la part du feu en exploitant une partie du gîte, et en la remplaçant par un remblai argileux étanche; les feux ainsi confinés durent quelquefois pendant plusieurs siècles. Quand l'incendie devient général, on peut recourir à un calfeutrage complet en bouchant tous les puits; on emplit la mine de vapeur d'eau, ou d'acide carbonique, provenant soit de fours à coke, soit de l'action de l'acide chlorhydrique sur la craie.

On peut injecter de la surface, par des trous de sonde, dans les parties embrasées de l'eau argileuse qui éteint le feu et bouche les fissures. Quand les circonstances l'exigent, on inonde toute la mine, soit en arrêtant les machines d'épuisement, soit en établissant un serrement dans les galeries d'écoulement, soit en faisant entrer un cours d'eau dans la mine. Malheureusement il peut rester des cloches où le feu continue dans l'air comprimé, de sorte que l'incendie se rallume parfois au moment où on épuise les eaux. Une mine à Firminy, après avoir été noyée pendant dix-huit ans, s'est retrouvée en feu, une heure après avoir été débarrassée des eaux.

La question des incendies dans les mines de houille présente une grande connexion avec celle des coups de feu. D'une part, le voisinage des incendies aide au dégagement du grisou et gêne la ventilation, et, d'autre part, après un coup de feu, il reste souvent des soufflards allumés qui peuvent provoquer des incendies. Le lecteur trouvera à l'article Grisou la description des moyens propres à pénétrer dans l'acide carbonique, pour aller secourir les victimes d'un incendie ou d'un coup de feu.

L'inondation d'une mine peut être provoquée par l'introduction dans les travaux, soit d'un cours d'eau superficiel, soit d'une nappe d'eau souterraine circulant dans une couche perméable comprise entre deux couches imperméables, soit de l'eau accumulée dans des travaux abandonnés. Quand on sait qu'on marche au-devant d'une couche perméable ou de vieux travaux, il est très bon de se faire précéder par un trou de sonde de 5 à 10 mètres de longueur, et d'établir à une certaine distance, en arrière de soi, un barrage provisoire. Quand l'eau vient par le trou de sonde, on bat en retraite, on ferme le barrage, et on établit derrière lui un serrement étanche, contre lequel l'eau vient progressivement. Quand on est pris à l'improviste par un coup d'eau, il faut se sauver en montant; il arrive qu'on peut échapper à la mort en se retirant au fond d'un cul de sac ascendant, où l'air s'accumule sous pression; il faut dans ce cas frapper de temps en temps de grands coups contre la roche pour se faire entendre des mineurs du voisinage. C'est vers ces culs de sac montants que les ingénieurs doivent faire tendre les efforts du sauvetage, principalement s'ils entendent le *rappel du mineur*; mais il ne faut pas établir brusquement la communication entre ces chambres d'air comprimé et l'extérieur, car en opérant ainsi on risquerait de faire monter l'eau assez pour noyer les mineurs; on pratique une chambre voisine, dans l'intérieur de laquelle on comprime de l'air à une pression au moins égale, puis on la fait communiquer avec la chambre où sont les malheureux à sauver, d'abord par un trou de sonde où on établit un tuyau pour leur faire passer des aliments liquides. A la mine de Lalle, près Bessèges, après une inondation qui a noyé 109 hommes, on a pu, grâce à ces précautions, sauver des mineurs qui avaient été enfermés sous pression pendant 14 jours. La plus longue durée de sauvetage a été celle du puisatier Giraud, qui est resté 30 jours ainsi enfermé.

L'*effondrement* complet des travaux d'une mine est une catastrophe qui peut résulter d'un mauvais aménagement des travaux, ou d'un tremblement de terre. Les tremblements de terre de Cuba ont causé des accidents dans les mines. Mais c'est sur une exploitation vicieuse que retombe la responsabilité des effondrements récents des mines de soufre de Sicile et des mines de sel de Varangéville et des effondrements célèbres survenus, en 1687, à Falun en Suède, en 1620, à Altenberg en Saxe, en 1552, à Idria en Autriche et, au XIVe siècle, à Rancié, dans les Pyrénées.

En dehors de ces catastrophes, il arrive dans les mines d'innombrables accidents dont les plus fréquents sont les suivants : chute d'une partie du toit sur un ouvrier; rupture d'un câble d'extraction; chute d'un ouvrier dans un puits; rencontre d'un ouvrier par une berline dans un plan incliné; coup de mine maladroitement tiré, etc.

Toutes les fois qu'il survient dans une mine un accident causant à un ouvrier une incapacité de travail de plus de 20 jours, les ingénieurs du corps des mines doivent relater, ou faire relater par leurs garde-mines, dans un procès-verbal, les circonstances de l'accident, et proposer s'il y a lieu des poursuites correctionnelles contre les personnes qui l'ont causé par *maladresse*, *imprudence*, *inattention*, *négligence* ou *inobservation des règlements* (art. 319 et 320 du Code pénal). La responsabilité civile des exploitants à l'égard des victimes est toujours mise en jeu, en même temps que leur responsabilité correctionnelle, ou celle de leurs agents; elle peut aussi être engagée dans les cas purement fortuits, mais la jurisprudence n'est pas encore nettement établie à cet égard; le seul cas où cette responsabilité est sûrement indemne est celui où l'accident a eu pour unique cause l'imprudence de la victime, ou sa désobéissance aux règlements.

STATISTIQUE. Il nous reste, pour compléter cet article, à donner quelques renseignements sur la production minérale de la France et de l'étranger en arrondissant un peu les chiffres, de telle sorte que cette statistique n'ait pas une apparence mensongère d'exactitude.

Nous allons d'abord passer en revue la production annuelle de la houille et de l'or dans les principaux pays producteurs.

Production du charbon en 1883 :

Angleterre	166.000.000 de tonnes.
Etats-Unis	94.000.000 (1) —
Allemagne	70.000.000 —
France	21.000.000 —
Belgique	18.000.000 —
Autriche	17.000.000 —
Autres pays, environ	14.000.000 —
	400.000.000 de tonnes.

(1) Ce renseignement est relatif à 1882. La production de 1883 a probablement été un peu plus forte

Production approximative annuelle de l'or :

Australie, Nouvelle-Zélande, Tasmanie	45 tonnes.
Etats-Unis	40 —
Empire Russe	40 —
Asie méridionale	15 —
Autres pays	15 —
	155 tonnes.

France. Renseignements relatifs à 1883 :

Nombre des concessions exploitées	En France	En Algérie
Combustibles minéraux	315	»
Minerais de fer	81	8
Minerais métalliques	53	9
Substances diverses	27	»
Sel gemme	30	»

Ces concessions ont produit les quantités suivantes de matières :

	France	Algérie
	tonnes	tonnes
Combustibles minéraux	21.334.000	»
Minerai de fer	2.391.000	285.000
Pyrite de fer	165.000	7.000
Bioxyde de manganèse	7.000	»
Minerais métalliques	23.000	17.000
Substances bitumineuses	147.000	»
Sel gemme	324.000	»

En outre, les exploitations non concédées ont produit les quantités suivantes de matières :

	France	Algérie
	tonnes	tonnes
Tourbe	201.000	»
Minerai de fer des minières	907.000	272.000
Sel marin, sel des lacs salés d'Algérie	419.000	17.000

La production des combustibles minéraux a été la suivante :

Houille et anthracite.	Nord et Pas-de-Calais	9.945.000 t.
	Loire	3.641.000
	Gard	2.005.000
	Bourgogne et Nivernais	1.636.000
	Tarn et Aveyron	1.153.000
	Bourbonnais	1.036.000
	Autres régions de la France	1.344.000
Lignite.	Provence	520.000
	Autres bassins	54.000
	Extraction totale	21.334.000 t.

D'une valeur brute de 277,000,000 fr., donnant un revenu net de 43,000,000 fr.

Le nombre des ouvriers employés a été le suivant :

	A l'intérieur	A l'extérieur
Hommes	75.581	25.546
Femmes	»	3.869
Enfants au-dessous de 16 ans	5.371	2.636
Salaire moyen journalier	4,21	2,93

La production annuelle par ouvrier (du jour ou du fond) a été de 189 tonnes.

Les accidents survenus dans les mines de combustibles se classent de la manière suivante :

	Tués	Blessés
Eboulement	62	366
Grisou	38	35
Coups de mine	2	32
Asphyxie	3	»
Inondation	1	»
Rupture de câbles, chute de bennes, etc.	16	20
Chute dans les puits	13	14
Autres causes	22	417
Accidents superficiels	15	51

L'importation des combustibles a été la suivante :

	Houille	Coke
	tonnes	tonnes
Belgique	4.217.000	1.026.000
Angleterre	4.351.000	11.000
Allemagne	1.186.000	261.000
Autres pays	6.000	»

L'exportation a été de 510,000 tonnes de houille.

La France a consommé 32,439,000 tonnes de houille.

La production des minerais de fer concédés ou non a été la suivante :

	France	Algérie
	tonnes	tonnes
Minerai hydroxydé oolithique	2.468.000	»
Autre minerai hydroxydé	339.000	»
Hématite rouge et fer oligiste	230.000	272.000
Hématite brune	161.000	»
Fer carbonaté spathique	73.000	»
Fer oxydulé	21.000	285.000
	3.298.000	557.000
Valeur moyenne (la tonne)	4 68	8 79

On a transporté, en France, 308,000 tonnes de minerai d'Algérie, et en outre de ce transport les importations et exportations de minerai de fer ont été les suivantes :

Importation en France . . . . . . 1.293.000 tonnes.

Exportation { de France. . . . 105.000 —
Exportation { d'Algérie. . . . 235.000 —

Les minerais métalliques se classent ainsi :

	France	Algérie
	tonnes	tonnes
Plomb et argent	14.000	1.000
Zinc	5.000	2.000
Cuivre	3.000	14.000
Antimoine	1.000	p. m.
Etain	p. m.	»
Bismuth	p. m.	»
Mercure	»	p. m.
Chrome	»	p. m.

Les substances bitumineuses se classent ainsi :

Schiste bitumineux	113.000 tonnes.
Calcaire asphaltique	31.000 —
Boghead	3.000 —
Sable bitumineux	p. m.
Bitume pur	p. m.

Les mines concédées ont payé à l'Etat, en 1884, 2,708,192 francs de redevances se décomposant de la manière suivante :

		Fixes 10 francs par kilomètre carré	Proportionnelles 5 0/0 du revenu net en 1883	Additionnelles 10 centimes par franc
France	charbon	55.002	2.142.859	219.786
	fer	13.228	74.102	8.733
	diverses	37.738	107.386	14.512
Algérie	charbon	94	»	9
	fer	1.561	9.834	1.139
	diverses	3.916	16.273	2.019

Voici un relevé des accidents survenus, en 1883, dans les mines et les carrières de France, comparativement au nombre des ouvriers employés :

	Ouvriers employés		Victimes	
	souterrainement	à la surface	tués	blessés
Mines de houille	80.952	32.051	172	935
Mines diverses	8.257	3.067	16	68
Carrières souterraines	14.930	8.022	63	90
Exploitations à ciel ouvert	»	97.597	74	97

Espagne. Renseignements relatifs à 1869 :

Minerai de fer	311.000 tonnes
— de plomb	278.000 —
— de plomb argentifère	33.000 —
— d'argent	5.000 —
— de cuivre	307.000 —
— de zinc	113.000 —
— de mercure	28.000 —
— de manganèse	29.000 —
Soude	18.000 —
Alun	16.000 —
Soufre	12.000 —
Phosphorite	18.000 —
Houille	550.000 —
Lignite	39.000 —

Ces renseignements sont malheureusement les plus récents que nous possédions sur l'Espagne, qui est essentiellement un pays producteur de minerais métalliques. Depuis 1869, les mines de Bilbao se sont beaucoup développées, et elles ont exporté, en 1882, 3.692.000 tonnes de minerai de fer. Les mines de cuivre de Rio-Tinto se sont aussi beaucoup développées.

Angleterre. Renseignements relatifs à 1883 :

Charbon	165.737.000 tonnes.
Minerai de fer	17.383.000 —
— de cuivre	46.000 —
— de plomb	51.000 —
— d'étain	15.000 —
— de zinc	30.000 —
Sel	2.326.000 —

Le nombre des ouvriers employés, en 1883, dans les mines anglaises a été le suivant :

		A l'intérieur	A l'extérieur
Mines	de charbon	416,696	98.237
	métalliques	30.492	19.743

Le nombre des ouvriers tués dans les mines anglaises, en 1883, a été le suivant :

	Mines de charbon	Mines métalliques
Explosions de grisou.	134	»
Éboulements.	469	31
Accidents { de puits	97	27
Accidents { divers	246	21
Accidents { de la surface. . .	108	7

Belgique. Renseignements relatifs à 1881 :

Houille.	16.874.000	tonnes.
Minerai de fer lavé.	225.000	—
— de zinc.	24.000	—
— de plomb.	4.000	—
Pyrite de fer.	3.000	—

Suède. Renseignements relatifs à 1875 :

Minerai de fer	822.000	tonnes.
— d'argent et plomb	11.000	—
— de cuivre.	30.000	—
— de nickel.	8.000	—
— de zinc.	32.000	—
Pyrite de fer.	3.000	—
Bioxyde de manganèse.	1.000	—

Allemagne. Renseignements relatifs à 1882 :

Houille.	52.118.000	tonnes.
Lignite.	13.260.000	—
Sel gemme.	322.000	—
Sels de potasse.	1.201.000	—
Minerai de fer.	8.263.000	—
— de zinc.	695.000	—
— de plomb.	178.000	—
— de cuivre.	567.000	—

Autriche. Renseignements relatifs à 1877 :

Houille.	4.886.000	tonnes.
Lignite.	7.126.000	—
Graphite.	12.000	—
Minerai de fer.	538.000	—
— de manganèse	8.000	—
— de cuivre.	5.000	—
— de plomb.	9.000	—
— d'argent.	10.000	—
— de mercure.	32.000	—
— de zinc.	24.000	—
— de soufre.	6.000	—
Schistes vitrioliques et alumi-nifères.	147.000	—
Sel gemme et sel raffiné. . . .	203.000	—

En outre, l'Autriche produit en petites quantités de l'asphalte, des huiles minérales et des minerais divers.

La houille et les minerais de fer, de cuivre, de plomb, d'argent, d'or, etc. produits par la Hongrie, ne sont pas compris dans le relevé ci-dessus.

Italie. Renseignements relatifs à 1880 :

Minerai de fer	289.000	tonnes.
— de manganèse	6.000	—
— de fer et manganèse. . .	20.000	—
— de cuivre.	30.000	—
— de zinc.	85.000	—
— de plomb argentifère . .	37.000	—
— d'argent	2.000	—
— d'or.	12.000	—
Pyrite de fer.	5.000	—
Combustible fossile.	139.000	—
Soufre.	360.000	—
Sel gemme et sel des sources. . .	27.000	—
Asphalte, mastic, bitume	6.000	—
Alunite.	5.000	—
Acide borique.	3.000	—
Graphite.	1.000	—
Strontiane sulfatée	1.000	—

En outre, l'Italie produit en petites quantités du minerai d'antimoine, du minerai d'étain, du mercure et du pétrole.

Russie d'Europe. Renseignements relatifs à 1876 :

Minerai de fer.	1.012.000	tonnes.
— d'argent et plomb. . .	34.000	—
— de cuivre.	104.000	—
— de zinc.	61.000	—
Fer chromé.	1.000	—
Houille.	1.249.000	—
Anthracite.	545.000	—
Lignite	29.000	—
Sel gemme.	65.000	—
— d'évaporation.	238.000	—
— des lacs salés.	318.000	—

On extrait, en outre, en petites quantités, du graphite, et des minerais d'étain, de nickel, de cobalt et de platine. En 1876, on a lavé 170,000 tonnes de sables platinifères qui ont donné 1 tonne de platine, et 16,749,000 tonnes de sables aurifères qui ont donné 33 tonnes d'or.

Résumé. Il résulte de cette statistique qu'en Europe, c'est surtout l'Angleterre qui fournit la houille et le minerai de fer, l'Espagne les minerais métalliques, et la Russie les matières aurifères. En dehors de l'Europe, l'industrie des mines est très développée aux Etats-Unis, surtout pour l'or, l'argent, la houille et le pétrole ; dans l'Amérique du Sud pour les minerais métalliques, et en Océanie pour l'or et l'oxyde d'étain. — A. B.

MINE MILITAIRE. On nomme *mine militaire* le dispositif qui consiste à loger, dans une excavation souterraine, une certaine quantité de poudre ou de dynamite dont l'inflammation et l'explosion doivent produire un effet destructeur prévu à l'avance. Lorsque la chambre de mine est complètement terminée et chargée, elle prend le nom de *fourneau* (V. ce mot). Les communications souterraines qui conduisent jusqu'aux divers fourneaux se nomment : *galeries*, *écoutes*, *rameaux*, *puits*, et l'ensemble de ces communications, lorsqu'elles sont construites à l'avance pour la défense d'une place, constitue ce que l'on appelle un *système de contre-mines*.

C'est dans l'attaque des places fortes que la force expansive des gaz fut employée pour la première fois pour pratiquer une brèche. (Siège du château de l'Œuf par Pierre-Navarre en 1503.) Pour arrêter les travaux de son ennemi, l'assiégé a dû recourir au même procédé en s'avançant contre lui de façon à prendre le dessous de ces travaux, par des galeries et des fourneaux de *contre-mines*. Ces attaques et ces défenses par les explosions alternatives des fourneaux du *mineur* et du *contre-mineur*, constituent cette partie de l'art des sièges désignée sous le nom de *guerre de mines* ou de *guerre souterraine*.

Bien que peu connu ou mal apprécié par beaucoup de militaires, l'art des mines dont le corps du génie français a su conserver les ingénieuses et savantes traditions, a rendu et peut rendre encore les plus grands services dans la défense des places et surtout des petits postes fortifiés. C'est ce que vient de prouver d'une manière éclatante la glorieuse défense du Tuyen-Quan au Tonkin, où le sergent du génie Bobillot a su par un usage habile des mines et à force d'intelligence et d'héroïsme, déjouer toutes les attaques des mineurs chinois.

Historique. L'emploi des travaux souterrains dans les sièges remonte à la plus haute antiquité. Les galeries de mine anciennes prenaient souvent leur point de départ au delà de la contrescarpe du fossé, s'enfonçaient au-dessous de ce fossé, passaient sous les fondations des murs et conduisaient parfois les assiégeants jusque dans l'intérieur de la place. C'est ainsi que les Romains s'emparèrent de Veles et de Fidènes. Le plus souvent, les mineurs assiégeants, arrivés sous les fondations du mur, se retournaient en galerie à droite et à gauche en soutenant les maçonneries par des étançons au milieu desquels on bourrait des fagots de bois sec. A un signal convenu, les mineurs mettaient en plusieurs endroits le feu à tous ces bois et se retiraient; le mur n'étant plus soutenu ne tardait pas à s'écrouler en ouvrant une large brèche. Ce procédé employé par César au siège de Marseille était lent mais d'un résultat presque assuré pour entrer dans une place; aussi fut-il employé très fréquemment pendant les nombreux sièges du moyen âge, où l'on activait la combustion des étais par le feu grégois ou autres compositions incendiaires susceptibles de brûler dans l'intérieur de galeries peu aérées.

Souvent les assaillants pour gagner du temps attachaient directement le mineur au pied même du mur d'escarpe dans un angle mort, en le couvrant à l'aide de madriers inclinés ou d'un abri particulier appelé *chat*. C'est afin de se prémunir contre ce genre d'attaque que les ingénieurs du moyen âge ont successivement adapté aux murs et aux tours des *échauguettes*, des *hourds*, des *mâchicoulis*, etc. (V. Viollet-le-Duc, *Architecture militaire*).

L'invention de la poudre vint apporter à l'art du mineur une puissance nouvelle. Dès le commencement du xve siècle, des ingénieurs italiens proposèrent d'employer de fortes charges de poudre pour faire sauter les portes de ville ou même pour pratiquer des brèches dans les murailles. En 1439, le sultan Amurat fut contraint de lever le siège de Belgrade par suite de l'explosion d'une contre-mine chargée à poudre qui tua un grand nombre de ses soldats. Vers le milieu du xve siècle, Jean-Marie de Sienne, puis Paolo Santini et Francesco de Giorgio proposent dans leurs ouvrages manuscrits plusieurs procédés très précis pour faire sauter les murailles des forteresses et pratiquer des brèches en employant des mines chargées avec de la poudre. En 1487, les mines à poudre furent utilisées aux sièges de Sérézanella et de Malaga. Quelques années après, en 1503, les Espagnols assiégés par les Français au château de Salzes, dans le Roussillon, font sauter une contre-garde en détruisant une partie de la colonne d'assaut. La même année, Pierre Navarre fut chargé par Gonsalve de Cordoue de s'emparer des deux forts de Naples occupés par les Français: le château Neuf et le château de l'Œuf. Cet ingénieur employa la mine pour faire brèche aux deux forteresses. A l'attaque du château Neuf, il mina le mur après avoir brûlé les étais qui soutenaient les fondations suivant l'ancienne méthode; mais pour prendre le château de l'Œuf, il parvint à faire creuser jusque sous le château même, une vaste chambre de mine qu'il fit remplir de barils de poudre auxquels on mit le feu. L'explosion fut terrible et détruisit en partie le fort et ses défenseurs.

Ce succès complet et décisif eut en Europe un immense retentissement, et dès lors, pendant un siècle et demi, la mine à poudre fut employée de préférence à l'artillerie pour faire brèche aux escarpes, jusqu'à ce que les progrès du matériel et de l'art de l'attaque eussent permis d'établir des batteries de brèche sur le sommet même de la contrescarpe du fossé. Les défenseurs pour découvrir et arrêter la marche de l'assiégeant, commencèrent par construire une galerie longitudinale d'écoute derrière l'escarpe dans laquelle le *contre-mineur* épiait l'approche du *mineur* ennemi. Il tâchait d'aller à sa rencontre, soit pour le combattre corps à corps, soit pour détruire, noyer ou *éventer la mine* lorsque celle-ci venait d'être préparée.

C'est en prévision de ces attaques par la mine que les ingénieurs militaires des premières places bastionnées tels qu'Errard et Albert Durer construisaient une *galerie d'écoute* derrière le mur d'escarpe, à hauteur du fond du fossé.

Au siège de Candie par les Turcs contre les Vénitiens, la guerre des mines fut très acharnée et dura plusieurs mois. Parmi les troupes envoyées au secours des Vénitiens, se trouvait un groupe de 8 mineurs commandés par l'ingénieur Castillan qui dirigea la défense souterraine de la façon la plus énergique et fit échouer plus de cinq cents fois les entreprises des mineurs assiégeants.

Mesgrigny, ingénieur, disciple de Vauban, reprenant les idées de Castillan, posa le principe de la défense des places par l'emploi d'un réseau de contre-mines construit à l'avance de toutes pièces, de façon à permettre d'écouter l'adversaire et de se porter au-devant de lui. C'est ainsi qu'il établit un *système de mines défensives* sous les glacis de la citadelle de Tournay, dans laquelle il put, grâce à ses habiles dispositions, soutenir, en 1709, un siège de 66 jours, à la fin duquel il ne capitula que faute de vivres. Avant Mesgrigny, il n'existait que des mineurs volontaires; c'est cet ingénieur qui forma le premier une compagnie de *mineurs militaires* en 1673, le nombre de ces compagnies fut augmenté plus tard, et on les réunit, en 1793, aux troupes du génie dont elle font actuellement partie.

A partir de Vauban et de Mesgrigny, beaucoup de systèmes de mines défensives ont été proposés ou construits pour compléter les moyens de défense des places. On peut citer ceux de Goulon, de Delorme, de Cormontaigne et de la Vallière.

Nous donnons (fig. 258) le plan de défense des galeries formant le système de mines de Cormontaigne qui a surtout pour objet de défendre les glacis à l'aide d'écoutes et d'un grand nombre de chambres à poudre, disposées de manière à pouvoir faire sauter un point quelconque de la surface du sol. Ce système a été exécuté pour protéger la double couronne du fort de Bellecroix à Metz. Ces divers systèmes de contre-mines donnant à l'assiégé l'avantage de l'offensive contre l'assiégeant, celui-ci n'ose plus s'avancer sur les glacis contreminés pour y installer ses tranchées et ses batteries, avant d'avoir détruit les fourneaux préparés, ce qui a pour effet de ralentir considérablement les opérations actives du siège. Les deux adversaires dès lors se combattent avec les mêmes armes, le *fourneau ordinaire* et le *camouflet* (V. ces mots); l'assiégeant cherchant à détruire les mines de la place ou à les inonder, le *contre-mineur* écoutant, aux aguets dans ses galeries, pour saisir la direction des travaux de son adversaire et les détruire en pratiquant rapidement un forage au fond duquel il fait jouer le camouflet. Cette défense souterraine fertile en stratagèmes et en chicanes faisait perdre beaucoup de temps et de monde à l'assiégeant en le retenant longtemps sur les glacis exposé au feu meurtrier des tirailleurs et des petites sorties de la garnison. C'est d'après cette méthode que les Français firent, en 1706, le siège de Turin, et en 1747, celui de Berg-op-Zoom.

Vers la fin du xviiie siècle, l'invention par Bélidor des fourneaux de mine surchargés vint rendre pour quelques temps l'avantage au mineur assiégeant, en lui permettant de détruire à distance les galeries de l'assiégé ou de pratiquer de profonds entonnoirs offrant d'excellents abris pour les attaques ultérieures. Les fourneaux surchargés furent employés pour la première fois, en 1762, au siège de Sweidnitz par l'ingénieur français Lefèvre qui était au service du roi Frédéric de Prusse. Cette place, vigoureusement attaquée par une série de fourneaux surchargés, dut capituler après 42 jours de guerre de mines. L'emploi des fourneaux surchargés établis au fond d'une tranchée pratiquée à hauteur des têtes d'écoute ou même de la galerie enveloppe a permis à l'ingénieur Gillot d'accélérer beaucoup l'attaque en détruisant les parties essentielles du système des contre-mines. C'est alors que l'on voit apparaître les systèmes de mines défensives de Rugy, de Mouzé, de Gumpertz, de Marescot, qui sont dépourvus de galeries enveloppes tout en offrant l'avantage d'avoir plusieurs étages de fourneaux. Mais ces divers dispositifs ne suffirent pas pour rendre aux mines défensives leur ancienne supériorité. Aussi, en présence des moyens variés et imprévus du nouveau système d'attaque, les efforts des mineurs au XIXe siècle ont toujours été dirigés vers la recherche de nouveaux moyens favorables à la défensive.

Parmi ces divers procédés, nous citerons les suivants :

1° Les *fourneaux contre-puits*, imaginés en 1820, par le général de Fleury pour défendre le dessus des écoutes contre les puits de l'attaque à la Gillot ;

2° Les *camouflets contre-puits*, 1828, qui s'exécutent de l'intérieur des galeries de défense avec la machine à camouflets ;

3° Les *fourneaux chargés après bourrage*, qui, étant construits et bourrés à l'avance, permettent aux mineurs de la défense de prendre très rapidement leurs mesures pour repousser les surprises de l'assaillant ;

4° Les *fourneaux-retirades*, qui étant préparés en arrière du fourneau de tête dans le même rameau, permettent au défenseur de faire sauter le mineur ennemi, lorsque celui-ci, après l'explosion du fourneau de tête, cherche à déboucher en rameau en partant du fond de l'entonnoir produit ;

5° Les *rameaux de combat*, adoptés par le général de Fleury ; petits rameaux qui partent des extrémités des écoutes et sont construits rapidement avec des châssis hollandais très solides. Ils permettent au mineur de la

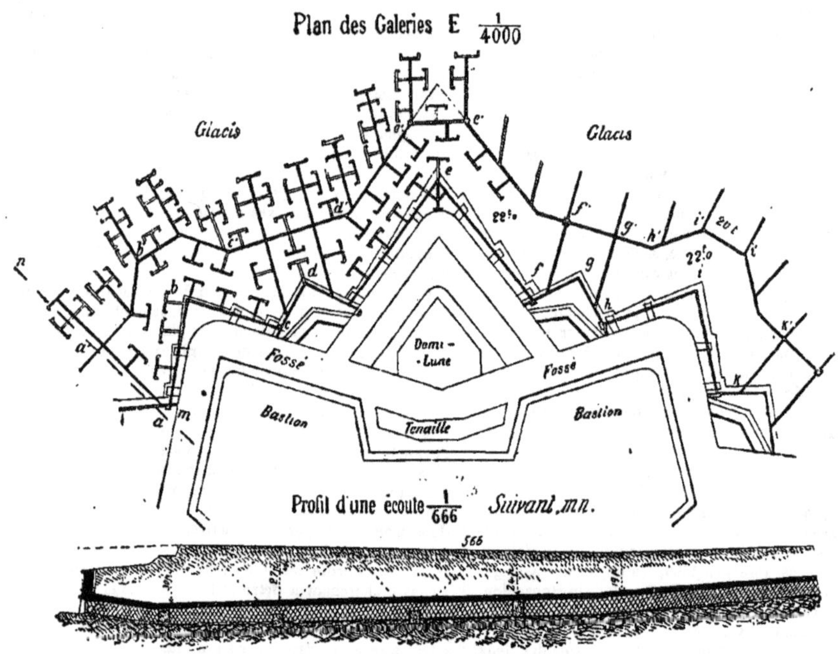

Fig. 258. — *Système de contre-mine de Cormontaigne.*

abcdefghik Galerie de contrescarpe. — *a' b' c' d' e' f' g' h' i' k'* Galerie enveloppe. — *m a a' n* Galerie d'écoute conduisant aux fourneaux.

défense d'établir et de bourrer facilement un fourneau surchargé en avant des têtes d'écoute ;

6° Les *mines forées*, qui sont des trous en rameaux cylindriques de 0,20 centimètres, sans coffrage, au fond desquels on place la charge du fourneau. Ces forages peuvent se creuser très promptement de façon à atteindre une longueur de 20 à 25 mètres en cinq ou six heures ; le bourrage s'exécute à l'aide de cylindres en terre glaise préparés d'avance — V. BOURRAGE, CAMOUFLET, CHAMBRE DE MINE, FORAGE, FOURNEAUX, etc.

Tous ces divers moyens constituent l'arsenal des mineurs militaires modernes qui les emploient suivant le terrain et les circonstances, et en se conformant autant que possible aux principes généraux suivants :

Principes généraux de la guerre de mines. L'assiégeant doit se procurer à l'avance sinon les plans, au moins tous les renseignements qu'il pourra découvrir sur les dispositions et l'étendue du système de mines qu'il doit attaquer, sur la nature du sous-sol, la présence de l'eau ou du roc, etc.

A défaut de renseignements sur la position des écoutes de la place assiégée, l'assaillant devra faire de fausses attaques pour provoquer l'explosion de quelques fourneaux avancés de la défense, ce qui lui indiquera le point où il convient de commencer les travaux. Dès que l'assiégeant a entrepris le creusement des puits et des galeries d'attaque, il doit dissimuler avec le plus grand soin ses travaux à l'assiégé, en les cachant derrière des tranchées et en éparpillant sur le sol les terres extraites des fouilles. En général, il vaut mieux pénétrer sous le sol par des galeries inclinées que par des puits dont les orifices sont toujours exposés aux projectiles des assiégés.

Les cheminements souterrains doivent être dirigés vers les flancs des écoutes de façon à venir ruiner la galerie de contrescarpe. De son côté, le défenseur doit écouter avec soin les travaux de son adversaire et faire jouer à propos les fourneaux de tête, puis les retirades pour arrêter la marche des mineurs et bouleverser le terrain de ses attaques.

Tous les ouvrages de fortification isolés ou avancés doivent avoir leurs glacis minés de façon à permettre aux défenseurs de résister aux surprises et de faire traîner le siège en longueur. Malgré les perfectionnements considérables apportés à l'artillerie, la guerre de mines reste toujours un moyen puissant de prolonger la résistance d'une place lorsque ses défenseurs sont bien décidés à ne pas capituler sous l'action du bombardement. Au siège de Sébastopol, en 1854, la guerre de mines a joué un rôle très important. Les Russes ont construit près de 6 kilomètres de galeries défensives et les Français ont fait environ 1500 mètres de cheminements d'attaque et brûlé 66,000 kilogrammes de poudre dans 136 fourneaux.

Les procédés techniques et les règles pratiques à appliquer pour construire les puits, galeries, écoutes et rameaux de mines en maçonnerie ou en bois sont longuement exposés dans les traités spéciaux de l'art du mineur militaire, dans l'aide-mémoire des officiers du génie, dans le *Guide du mineur* du commandant Saumade et dans le *Cahier d'instruction pratique des mines* à l'usage des écoles régimentaires du génie.

Quant à la mise au feu des fourneaux de mine, elle s'opère par divers procédés dont les plus employés sont : le moine, les fusées et les pyrothèques électriques.

Mine électrique. Expression impropre qu'on emploie quelquefois pour désigner la mise en feu des mines au moyen d'appareils électriques. Cette question de l'application de l'électricité aux mines a fait, depuis vingt ans, l'objet d'études intéressantes que nous renvoyons aux mots PILE et PYROTHÈQUE.

MINE DE PLOMB. — V. GRAPHITE.

***MINE ORANGE.** *T. de chim.* Syn. : *rouge de Paris.* Variété d'oxyde de plomb se rapprochant beaucoup de la composition du *minium* (V. ce mot) mais qui se distingue de ce dernier corps par une couleur rouge moins vive, plus de porosité, et la présence presque constante de 4 à 5 0/0 de carbonate de plomb, resté non décomposé. On la prépare en effet dans les fours à réverbère, à sole pavée de briques, qui servent à l'obtention du minium, en grillant de la céruse à une flamme oxydante et à une température inférieure à celle du rouge. Lorsque le produit a subi trois feux, il constitue le minium le plus pur que l'on obtienne en grand (Dumas), car il ne garde alors en mélange que 4,7 0/0 de massicot, le reste étant du minium pur.

La mine orange se prépare surtout à Clichy (Roard), à Tours et en Angleterre; elle se vend par fûts de 3 à 400 kilogrammes; le produit étranger est plus pâle et moins pesant que le produit français.

Usages. La mine orange s'emploie surtout en peinture et dans la fabrication des papiers de tenture; lorsqu'on la délaie, en effet, avec la colle, elle ne produit pas de grumeaux et ne durcit pas comme le minium, qui donne à peu près les mêmes teintes.

MINERAI. On appelle *minerai* une matière solide que l'homme tire du sein de la terre, et d'où il peut, par des opérations physiques ou chimiques, extraire, *avec bénéfice*, un métal ou un autre corps utile à son industrie. Les opérations physiques, auxquelles on peut soumettre le minerai, consistent habituellement en un broyage et un lavage au sein de l'eau. Elles sont décrites à l'article LAVAGE et PRÉPARATION MÉCANIQUE DES MATIÈRES MINÉRALES. Les opérations chimiques sont décrites à l'article MÉTALLURGIE, et la métallurgie spéciale de chaque métal à sa place alphabétique. Les conditions dans lesquelles les minerais se présentent au sein de la terre sont décrites à l'article GISEMENT, et leur mode d'exploitation aux articles EXPLOITATION DES MINES et MINE.

L'or, l'argent, le platine, le mercure, le cuivre, le bismuth se rencontrent à l'état natif; l'étain, le fer, le manganèse, l'antimoine à l'état d'oxyde; l'argent, le cuivre, le plomb, le zinc, l'antimoine à l'état de sulfure; le nickel et le cobalt à l'état d'arséniure ou d'arséniosulfure; le cuivre, le zinc, le fer à l'état de carbonate; l'aluminium à l'état de chlorure; le zinc, le nickel à l'état de silicate.

La pyrite de fer est un minerai de soufre sous ses trois variétés de pyrite jaune FeS^2, cristallisée en cubes; de pyrite blanche FeS^2, cristallisée en prisme rhomboïdal droit de 106°, et de pyrite magnétique, mélange en proportion variable de Fe^7S^8, Fe^3S^4 et Fe^2S^3. Le mispickel Fe^2AsS^2 est un minerai d'arsenic. La pyrite et le mispickel ne sont pas des minerais de fer, par suite de l'impossibilité de l'en extraire avec bénéfice.

Voici maintenant une liste des principales substances qui peuvent être considérées comme des minerais des différents métaux utiles, à la condition d'être mêlées avec assez peu de matières étrangères.

Aluminium : cryolite, $Al^2Fl^3, 3NaFl$. Ce minerai n'a encore été trouvé qu'au Groënland en veines assez puissantes dans une roche granitique.

Chrome : fer chromé, combinaison de CrO avec Fe^2O^3, contenant, en outre, une petite proportion de Al^2O^3, de SiO^3 et de CaO. La proportion de CrO varie de 35 à 65 0/0. Ce minerai forme des veines ou des amas dans la serpentine.

Urane : pechblende, regardée comme du protoxyde d'urane.

Manganèse : hausmannite ou oxyde rouge anhydre, Mn^3O^4; braunite, Mn^2O^3; manganite, Mn^2O^3 avec 10 0/0 d'eau; pyrolusite, MnO^2; peroxyde hydraté, MnO^2 avec 8 à 16 0/0 d'eau; psilomélane, contient MnO^2, souvent Mn^2O^3, BaO dans la proportion de 0 à 17 0/0, de l'eau et des produits divers : CaO, MgO, Fe^2O^3, NiO, KO, NaO.

Fer : fer oligiste et fer spéculaire, fer micacé, minerai violet, hématite rouge, fer oxydé rouge compact, granulaire ou terreux (Fe^2O^3).

Fer magnétique (mélange de Fe^2O^3 et Fe^3O^4).

Franklinite, combinaison d'oxydes de fer, de manganèse et de zinc qui paraît se rapporter à la formule R^3O^4 et qui contient environ 17 0/0 d'oxyde de zinc.

Hématite brune, minerai compact, terreux, cloisonné, en grains, oolithique, ocre, minerai des marais (Fe^2O^3 avec un peu d'oxyde de manganèse et 8 à 18 0/0 d'eau).

Fer spathique, CO^2FeO, une partie de FeO étant remplacée par MnO, CaO, MgO; fer carbonaté lithoïde des houillères, coloré en noir par des matières organiques.

Cobalt : syépoorite, CoS; sulfure de cobalt, Co^2S^3; cobalt arsenical, CoAs, une partie du cobalt étant remplacée par du fer et du nickel; cobalt gris, Co^2AsS^2.

Ces produits altérés forment de l'arséniate de cobalt, du sulfate de cobalt, et du cobalt oxydé noir.

Nickel : la pyrite magnétique contient parfois 0 à 20 0/0 de nickel et est alors un minerai de nickel. Sulfure de nickel, NiS, en aiguilles ou en petits rhomboèdres; kùpfernickel, Ni^2As; nickel arsenical blanc, NiAs; breithauptite, Ni^2Sb; nickel gris ou gersdorfite, Ni^2AsS^2; antimoniosulfure, Ni^2SbS^2.

Ces matières forment quelquefois des efflorescences d'hydroarséniate et d'hydrocarbonate de nickel. On exploite, depuis peu de temps en Nouvelle-Calédonie, de la garniérite qui est un hydrosilicate de nickel et de magnésie.

Cuivre : cuivre natif; cuivre oxydulé rouge cochenille, Cu^2O; cuivre oxydé noir, CuO; mysorine, CuO, CO^2, brun noir; chessylite ou azurite, $3CuO, 2CO^2, HO$; malachite, $2CuO, CO^2, HO$; dioptase, $2SiO^3, 3CuO, 3HO$ et autres hydrosilicates; cuivre sulfuré, Cu^2S; cuivre pyriteux, Cu^2S, Fe^2S^3, ordinairement disséminé en proportion variable dans des amas puissants de pyrite de fer; cuivre panaché, combinaison en proportion variable de cuivre et de fer au minimum de sulfuration; cuivre gris, minerai de cuivre sulfuré, contenant, en outre, de l'arsenic et de l'antimoine. On l'appelle *bournonite* quand il contient aussi du plomb.

Zinc : brucite ou oxyde rouge, accompagne la franklinite, contient 80 0/0 d'oxyde de zinc avec de l'oxyde de fer et de manganèse; calamine, mélange de carbonate, d'hydrocarbonate, de silicate et d'hydrosilicate de zinc; blende, ZnS, associé à une plus ou moins grande proportion de FeS.

Antimoine : antimoine natif; senarmontite, Sb^2O^3, exploitée en Algérie; stibine, Sb^2S^3; wolfsbergite, Sb^2S^3, Cu^2S; berthierite, $2Sb^2S^3, 3FeS$; haidingérite, $4Sb^2S^3, 3FeS$; zinkénite, Sb^2S^3, PbS; plagionite, $3Sb^2S^3, 4PbS$; jamesonite, $2Sb^2S^3, 3PbS$; hétéromorphite, $Sb^2S^3, 2PbS$; miargyrite, Sb^2S^3, AgS.

Etain : étain pyriteux, combinaison de sulfures d'étain, de cuivre et de fer; cassitérite, SnO^2 mélangé à Sn^2O^3, et à du wolfram (tungstate de fer et manganèse), de l'oxyde de fer, du fer titané (titanate de fer et de manganèse), des pyrites et du quartz.

Mercure : cinabre, HgS, mêlé à du mercure natif en gouttelettes.

Bismuth : bismuth natif; sulfure, tellurure, arséniure de bismuth.

Plomb : oxyde jaune, oxyde rouge; carbonate de plomb, associé à du sulfate et à du chlorure de plomb et à du carbonate de cuivre; chlorure et oxychlorure de plomb; aluminate de plomb contenant, en outre, de l'acide phosphorique, de l'alumine, des chlorures de plomb et de l'eau.

Galène, PbS, mélangée à des sulfures métalliques : blende, pyrite de fer, de cuivre, et arsenicale, cuivre gris, nickel gris, stibine, sulfure d'argent; et à des gangues : quartz, argile, silicates, carbonate de chaux, dolomie, sulfate de baryte, spath fluor, oxyde de fer, fer carbonaté.

Séléniure de plomb avec du cobalt, du cuivre, du mercure ou de l'argent; sulfate de plomb; phosphate et arséniate de plomb.

Argent : argent natif; sulfure d'argent, sulfure d'argent et de cuivre, sulfure d'argent et de fer; antimoniure, arséniure, antimoniosulfure, arséniosulfure (proustite); freislebenite et polybasite (sulfures complexes); séléniure, biséléniure, eukairite, AgSe, Cu^2Se; tellurure, chlorure, bromure, chlorobromure, iodure; arquerite, $HgAg^6$, et amalgame, Hg^2Ag.

La galène, le plomb carbonaté, le cuivre sulfuré, le cuivre gris, les minerais de cobalt et de nickel, la blende, la stibine, etc., sont souvent assez argentifères pour qu'il y ait lieu d'en extraire l'argent.

Or : or natif pur ou combiné à de l'argent, du cuivre, du fer, du palladium, du rhodium. L'or entre aussi dans la composition de divers tellurures et quelquefois de la stibine, du cuivre gris ou de la galène.

Platine : le platine se rencontre dans des sables d'alluvion, d'où on retire d'abord de l'or par amalgamation, puis du platine, de l'iridium, de l'osmiure d'iridium par lavage, et qui laissent comme résidu, du fer chromé, du fer titané, du zircon, du quartz. — V. Minéraux. — A. B.

MINÉRAL. — V. Minéraux.

MINÉRALE (Eau). — V. Eaux minérales et Thermales.

MINÉRALISATEUR. *T. de minér.* Parmi les 68 corps simples (V. Métalloïdes et Métaux), il n'en n'est que 45, tout au plus, qu'on puisse regarder comme essentiels en minéralogie. En comparant la manière d'être de ces 45 corps et leur mode d'action réciproque, on reconnaît que certains d'entre eux se montrent dans un grand nombre de composés et qu'ils semblent chercher incessamment à se combiner avec les autres, ces derniers jouant un rôle passif.

Le principal élément actif est l'*oxygène* qui entre dans 400 espèces minérales sur 500 que l'on connaît; puis vient le *soufre* qui entre dans 80 espèces environ, métalliques pour la plupart; ensuite c'est l'*arsenic* dans 34 espèces, dont 26 métalliques. Il existe, en outre, quelques composés où entrent, à la fois, le soufre et l'arsenic. Les éléments *actifs* ont été désignés sous le nom de *mi-*

néralisateurs, et les corps *passifs* sous celui de *minéralisables*, dénominations qui correspondent aux expressions *électro-négatifs* et *électro-positifs* de la théorie électro-chimique de Berzélius. H. Sainte-Claire Deville qui a réalisé un grand nombre de *volatilisations apparentes* suivies de cristallisation, a donné le nom d'*agents minéralisateurs* à tout corps susceptible de jouer, dans une cristallisation, le rôle de l'acide chlorhydrique dans la production artificielle du fer oligiste. — C. D.

MINÉRALISATION. *T. de chim. hydrolog.* Se dit plus particulièrement des eaux. Les eaux qui tombent à la surface de la terre s'infiltrent parfois très profondément dans les couches terrestres ; elles s'échauffent à mesure qu'elles descendent ; dissolvent, sous l'influence de leur haute température et d'une très forte pression, un grand nombre de substances qui les chargent de plus en plus de matières, c'est-à-dire qu'elles se *minéralisent*. Si, par une cause quelconque, elles sont ramenées à la surface du sol, elles y rapportent les éléments qu'elles ont pris dans leur trajet. Les acides carbonique, chlorhydrique, sulfureux, sulfurique, existant dans les vapeurs émises des profondeurs du globe, par l'effet de la chaleur centrale, sont les principaux agents de *minéralisation* des eaux, les roches sont les seconds. Mais avant d'arriver à la surface du sol, les eaux minérales peuvent et doivent subir des transformations plus ou moins profondes. Il serait même possible que certaines eaux perdissent la presque totalité des substances qu'elles tenaient en dissolution pour en acquérir d'autres, souvent très différentes, par suite de l'abaissement de leur température, de la diminution de pression et de la variété de nature des terrains traversés. Aussi, est-il difficile de conclure avec quelque certitude la nature des terrains sous-jacents d'après la composition des eaux qui sourdent à la surface de la terre.

On donne encore le nom de *minéralisation* à la transformation des métaux en minerais sous l'action des agents, comme l'oxygène, le soufre, l'arsenic, appelés pour cette raison *minéralisateurs*. — V. ce mot. — C. D.

MINÉRALOGIE. Branche de l'histoire naturelle qui a pour objet l'étude des *minéraux* (V. ce mot), c'est-à-dire la connaissance des propriétés des diverses espèces minérales, leur classification, leur gisement, leur mode de formation, leurs usages. Aussi la minéralogie prend-elle différents noms selon le point de vue où l'on se place pour étudier les minéraux. On distingue en effet : 1° la *minéralogie physique* (où il n'est question que des caractères physiques des minéraux ; 2° la *minéralogie systématique* qui traite de leur classification ; 3° la *minéralogie descriptive* ou *historique* comprenant l'histoire de chacune des espèces minérales et la description détaillée de ses diverses variétés ; 4° la *minéralogie géognostique* qui s'occupe des rapports que les minéraux ont entre eux dans le sein de la terre et de leur mode de formation ; 5° la *minéralogie technologique* qui traite des usages des minéraux et des applications que l'industrie et les arts peuvent en faire. On distingue aussi quelquefois la *minéralogie optique* et la *minéralogie chimique* suivant qu'on étudie d'une manière spéciale les propriétés optiques des minéraux ou leurs propriétés chimiques.

Définition du *minéral*. — V. MINÉRAUX.

Le minéral, quand il est à l'état de pureté, doit être considéré comme une masse formée par l'agrégation de *molécules physiques* identiques sous tous les rapports (forme, structure, composition chimique). Par *molécule physique*, il faut entendre ici le dernier degré de division opéré dans un corps par la chaleur seule. C'est la réunion des minéraux qui ont ainsi leurs molécules physiques identiques qui composent l'*espèce* minérale.

On donne le nom de *type minéralogique* au minéral dont la substance est pure, de forme cristalline fondamentale, ayant une densité et une dureté déterminées. Le but de la minéralogie proprement dite est d'étudier et de classer les types minéralogiques et les minéraux plus ou moins imparfaits qui s'y rattachent.

Les minéraux se distinguent les uns des autres par des caractères, les uns *physiques*, les autres *chimiques*. Pour constater les premiers, il faut soumettre le minéral à une observation attentive ou à des mesures précises, véritables expériences de physique. Les seconds exigent qu'on analyse une partie du minéral ou qu'on altère sensiblement sa nature à l'aide du feu ou des réactifs ordinaires de la chimie pour reconnaître sa composition quantitative ou au moins qualitative.

I. *Caractères extérieurs* immédiats (secondaires), rangés à peu près suivant l'ordre où ils se représentent à nos sens ; caractères faciles à constater par l'observation seulement ou à l'aide d'expériences et d'instruments très simples.

Etat d'agrégation : minéraux solides, sablonneux, pulvérulents, liquides. *Couleur* : fixe, changeante (irisation, chatoiement). *Formes communes* (en fragments, en plaques, ou amorphes) ; *imitatives* (en grains, en rognons, coralliféres), pseudomorphiques (se dit des minéraux qui ont pris la place de corps préexistants), régulières, irrégulières, accidentelles, etc. *Eclat* : métallique, demi-métallique, adamantin, nacré, soyeux, céreux, vitreux, plus ou moins brillant ou mat. *Transparence* : corps diaphanes, demi-diaphanes, translucides, opaques. *Cassure* : lamellaire, grenue, saccharoïde, fibreuse, schisteuse, coquilleuse, compacte, conchoïde, conoïde, etc. *Dureté* (constatation approximative) : corps tendres, demi-durs, durs (V. plus loin, pour l'appréciation numérique de la dureté). *Structure* : lamelleuse, feuilletée, massive. *Texture* : homogène, hétérogène, cristalline, terreuse, compacte. *Ténacité* : résistance qu'un corps oppose à être déchiré ou cassé par le choc du marteau. *Raclure* : rayures et poussières souvent caractéristiques. *Tachure* : propriété de laisser une tache colorée sur le papier, sur les doigts. *Onctuosité* : certains minéraux sont doux et gras au toucher, presque savonneux. *Flexibilité* : propriété de la plupart des métaux natifs de se replier sur eux-mêmes sans se briser ;

d'être flexibles et élastiques (mica). *Ductilité* : plasticité (argiles). *Saveur* : amère, douce, salée, astringente, styptique. *Happement à la langue* (calcaires argileux). *Odeur* : bitumineuse, argileuse, sulfureuse. *Froid* : impression qui permet de distinguer, en les touchant, le cristal de roche et les pierres fines du verre et des émaux qui les imitent. *Pesanteur* (appréciation grossière du poids en soupesant le corps). Pour la mesure exacte, V. DENSITÉ.

II. *Caractères cristallographiques* ou *géométriques*. — V. CRISTALLOGRAPHIE.

III. *Caractères physiques essentiels*, déterminés à l'aide d'appareils et d'expériences de physique. *Densité* ou *poids spécifique* (V. DENSITÉ). *Dureté* : résistance que les minéraux opposent à se laisser rayer, entamer, user.

Type de Mohs avec les numéros indiquant les degrés de dureté.

Talc laminaire	1	Orthose	6
Gypse laminaire	2	Quartz hyalin	7
Spath d'Islande	3	Topaze	8
Fluorine	4	Corindon	9
Apatite	5	Diamant	10

Les 6 premiers se laissent rayer par une pointe d'acier, les 4 autres résistent à cette action et raient le verre.

Réfraction. *Réfraction simple* (pour la marche de la lumière à travers les corps diaphanes, V. RÉFRACTION). Les indices de réfraction varient de 2,974 (chromate de plomb) à 1,479 (opale), et peuvent servir à distinguer les minéraux. *Réfraction double*; tous les minéraux appartenant aux cinq derniers systèmes cristallins donnent constamment la double réfraction : c'est-à-dire laissent voir deux images d'un objet à travers leur substance diaphane (spath d'Islande); l'emploi de la pince à tourmaline permet de juger si un minéral, à faces parallèles, placé entre les deux tourmalines est simplement *réfringent* ou *bi-réfringent* à *un* ou *deux axes*, selon qu'en regardant à travers ce système il n'y aura rien de changé, ou qu'on verra un ou deux systèmes d'anneaux irisés.

Parmi les caractères physiques, il en est encore d'autres moins importants qne les précédents, ce sont les suivants : *Dilatabilité* ; la dilatation des cristaux est en rapport avec leurs axes de symétrie, c'est-à-dire qu'elle n'est pas la même parallèlement ou perpendiculairement aux axes. *Conductibilité*; les minéraux sont, en général, bons conducteurs de la chaleur; celle-ci se propage régulièrement dans le système cubique, mais dans les autres, elle est en rapport avec les axes de symétrie. *Diathermie* ou *diathermanéité;* propriété que possèdent certains corps de livrer passage aux rayons de chaleur ou d'en transmettre une partie à travers leur masse; sorte de transparence des corps pour la chaleur. On nomme *diathermanes* les corps qui jouissent de cette propriété et *athermanes* ceux qui en sont privés (V. CHALEUR, § *Corps diathermanes*). *Chaleur spécifique* ou *capacité thermique* (V. CHALEUR) ; on donne ce nom à la quantité de chaleur qu'absorbe l'unité de poids d'un corps pour que sa température s'élève d'un degré. Elle varie de 0,0314 (pour le plomb) à 0,2026 pour le soufre. *Fusibilité* ; il y a des minéraux qui fondent très facilement sous l'action de la chaleur et d'autres qui sont réfractaires. Cette propriété est variable aux différents points des minéraux (V. FUSIBILITÉ et FUSION). *Volatilité* : beaucoup de minéraux sont susceptibles d'être transformés en vapeur partiellement ou totalement; tels sont les suivants et plusieurs de leurs composés : iode, brome, chlore, mercure, cadmium, potassium, sodium, zinc, etc.

Les six caractères précédents dépendent de la chaleur, les suivants se rapportent à l'électricité et au magnétisme ; *Phosphorescence* : cette propriété consiste en lueurs plus ou moins vives qu'on développe dans un grand nombre de minéraux, par le frottement, la percussion, la compression et surtout par la chaleur et la lumière. *Electricité* ordinaire ; sous ce rapport, les minéraux sont divisés en *non conducteurs* de l'électricité ou *idio-électriques* (ayant une électricité propre : succin, soufre, gemmes) et en *bons conducteurs* ou *anélectriques* (métaux). Les uns prennent l'électricité positive, les autres la négative ; l'observation se fait à l'aide d'une aiguille, très légère, métallique, terminée par deux boules et mobile sur un pivot. *Pyro-électricité* ; certains minéraux ont la propriété de manifester une électricité polaire très prononcée quand on les soumet à l'action de la chaleur (tourmaline, topaze, quartz). La pyroélectricité est en rapport avec l'*hémiédrie* (V. ce mot). *Magnétisme* : les minéraux qui sont attirables à l'aimant doivent cette propriété à la présence de quelques métaux et spécialement du fer. — V. MAGNÉTISME.

IV. *Caractères chimiques*. Quand un minéral est cristallisé, l'examen de sa forme suffit presque toujours pour le déterminer ; mais lorsqu'il est à l'état amorphe, compact, il faut recourir à la composition chimique, opération qui exige la connaissance des réactions des différents corps les uns sur les autres et ne peut être exécutée que par un chimiste exercé. En minéralogie, on ne range parmi les caractères chimiques que les *épreuves promptes et faciles*, qui donnent des indications sur la nature des éléments constitutifs d'un minéral ; c'est l'*analyse qualitative*. La détermination exacte des proportions des éléments constitue l'*analyse quantitative* qui est du domaine de la chimie.

On se borne donc ici aux *épreuves* suivantes : *épreuve de l'eau*, solubilité, saveur, déliquescence; *épreuves par les acides*, solubilité, effervescence, résidus ; *épreuve par les alcalis*, solubilité (lessive de potasse) ; *épreuve par le feu*, calcination, torréfaction pour savoir si le minéral renferme des substances volatiles, fusibilité, résultat de la fusion.

Essais au chalumeau. — V. CHALUMEAU, § *Essais*.

Rapports de la forme cristalline avec la composition chimique. — V. CRISTALLISATION, CRISTALLOGRAPHIE.

COMPOSITION DES MINÉRAUX. Il est rare que les minéraux naturels soient parfaitement purs ; de là une difficulté de connaître exactement leur composition. On la résoud en comparant, non pas les nombres bruts résultant de l'analyse chimique, mais les rapports des nombres qui représentent les éléments combinés ; car les corps se combinent dans des proportions définies. Avec cette remarque, on peut distinguer les éléments essentiels d'un minéral des éléments étrangers qui en forment un mélange.

Le nombre des combinaisons possibles des corps simples 2 à 2, 3 à 3, etc., est presque indéfini ; mais la nature n'en a réalisé qu'un petit nombre, par suite des lois de dérivation des formes primitives. En effet, parmi les 68 corps simples, 20 seulement sont toujours un élément essentiel des combinaisons naturelles. Ces corps sont les suivants :

Oxygène.	Iode.	Silicium.	Phosphore.
Hydrogène	Brome.	Titane.	Antimoine.
Soufre.	Fluor.	Tantale.	Tungstène.
Sélénium.	Carbone.	Tellure.	Osmium.
Chlore.	Bore.	Arsenic.	Mercure.

Le nombre des combinaisons de ces corps simples avec les autres éléments est encore restreint par les lois mêmes des combinaisons, qui ne sont que *binaires* ou *ternaires* et bien rarement *quaternaires*, et dont les éléments ne peuvent s'unir que dans des rapports simples. Parmi ces 20 corps qui forment un des éléments essentiels des composés binaires, ceux qui se présentent avec le plus de fréquence sont l'*oxygène* et le *soufre*. Le premier fait les oxydes et les acides. Toutes les roches qui composent la croûte du globe sont à l'état d'oxydes. Les combinaisons binaires sulfurées sont aussi très abondantes et forment un grand nombre de minéraux utiles. Les combinaisons ternaires résultent généralement de combinaisons binaires qui ont un élément commun et se décomposent en combinaisons binaires.

Les formules minéralogiques diffèrent de celles de la notation chimique par équivalent, en ce que l'oxygène n'y est pas représenté par un chiffre en exposant, mais par un ou plusieurs points placés au-dessus de l'élément avec lequel il est combiné ; exemple :

Sulfate cuivrique.	Formule	chimique.	CuO, SO^3
	—	cristallographique.	$\dot{Cu}\,\dddot{S}$
Sulfate ferrique.	—	chimique.	$Fe^2O^3, 3(SO^3)$
	—	cristallographique.	$\dddot{\bar{F}}\,\dddot{S}^3$

Berzélius a encore abrégé cette notation.

Pour la transformation des analyses en formules et la transformation d'une formule en une analyse en poids, nous renvoyons aux traités de minéralogie (Dufrénoy, t. I, p. 386, 2e édition).

Principes dichotomiques pour reconnaître les substances minérales. C'est à Lamarck qu'on doit l'introduction en botanique de cette méthode qui permet d'arriver facilement à la détermination d'une plante en consultant la méthode où l'on a toujours à choisir entre deux caractères bien tranchés. Dufrénoy a disposé sous 1,256 numéros le principe dichotomique applicable aux minéraux (Dufrénoy, I, 534). Cette méthode est le résultat de la comparaison des tableaux où les minéraux sont rangés spécialement d'après leurs formes cristallines et leur mode de texture (Dufrénoy, t. II, p. 30 et 34).

Classification des minéraux. Pour faciliter l'étude des minéraux, on les a divisés en *espèces*, en *genres*, en *ordres*, en *classes*.

L'*espèce* minéralogique est la collection de tous les minéraux qui sont composés de molécules de même nature, quel que soit leur mode d'agrégation.

Les *variétés* d'une espèce sont produites par des différences de forme, de structure, d'aspect, la nature des molécules composantes restant la même. On distingue des variétés cristallines et des variétés amorphes.

La différence des espèces résulte naturellement de la diversité de nature des molécules physiques ou chimiques.

Les espèces analogues constituent les *genres* ; la réunion des genres susceptibles d'être rapprochés forme les *ordres* ; celle des ordres donne les *classes*. L'ensemble de ces groupes est ce qu'on nomme une *classification*.

Les caractères cristallographiques et les caractères chimiques ont tour à tour été prépondérants dans les classifications, suivant que les auteurs avaient fait une étude plus spéciale de la cristallographie ou de la chimie.

Suivant les uns, c'est la cristallographie qui est la véritable base de toute classification ; suivant les autres, c'est toujours la chimie qui doit présider à la classification des minéraux, puisqu'en définitive c'est la composition chimique qui décide de la forme des minéraux. Le mieux est de faire concourir les deux moyens dans le classement des minéraux.

La meilleure classification serait celle qui pourrait grouper les espèces, genres, classes, suivant des analogies naturelles et de manière que les différences entre les espèces, les genres, etc., fussent bien tranchées. Mais une telle méthode dite *naturelle*, employée en zoologie et en botanique, n'est pas possible en minéralogie. On est obligé de recourir à la méthode *artificielle* où l'on ne fait entrer en considération qu'un seul caractère ou un très petit nombre de caractères. Les progrès de la chimie, de la physique et de la cristallographie ont permis toutefois de faire concourir à la classification des minéraux, des caractères de diverses sortes ; c'est la méthode *éclectique* des minéralogistes modernes.

Nous ne pouvons passer en revue les diverses nomenclatures proposées depuis près d'un siècle. Nous donnerons seulement un aperçu des principales en nous arrêtant aux plus récentes, de Dufrénoy, de Delafosse, de Leymerie. Nous dirons auparavant quelques mots de la *nomenclature minéralogique*.

Nomenclature. On ne peut, en minéralogie, procéder comme en chimie et donner aux minéraux des noms qui rappellent leur composition, car il arrive fréquemment que des corps très différents d'aspect, de forme, ont même composition chimique : tels sont le spath d'Islande, les marbres blancs ou noirs, le carbonate de chaux ordinaire, la craie ; de même, le diamant et le carbone, le cristal de roche et la silice. On ne peut, comme en botanique, désigner un minéral par deux noms, celui du genre et celui de l'espèce. On désigne les minéraux par des dénominations univoques consacrées par l'usage, telles sont les suivantes : agate, amiante, argile, bitume, blende, borax, calcaire, cristal de roche, diamant, émeraude, feldspath, galène, graphite, grenat, gypse, houille, lapis, lignite, malachite, marbres, marnes, mica, natron, obsidienne, ocre, onyx, opale, orthose, pyrite, quartz, réalgar, rubis, saphir, silex, spath, spinelle, succin, talc, topaze, etc. D'ailleurs la traduction de l'analyse chimique en mots correspondants serait parfois fort complexe ; on a dû y renoncer.

Résumé des principales classifications. Classification de Werner (1792). L'auteur y fait concourir tous les caractères, elle comprend quatre classes :

1re Terres et pierres; 2e sels; 3e combustibles; 4e métaux.

Chaque classe est partagée en genres et chaque genre en espèces. L'espèce est établie d'après la composition chimique.

Classification de Mohs. Elle est uniquement basée sur les caractères physiques extérieurs, spécialement sur la densité.

Classification de Berzélius. Elle est purement chimique, c'est la division des minéraux en deux grandes classes :

1re Minéraux inorganiques; 2e minéraux de composition organique.

Classification d'Haüy (1801-1822). Où la prééminence est au caractère tiré de la forme. Les minéraux y sont divisés en quatre classes :

1re Acides libres; 2e métaux hétéropsides; 3e métaux autopsides; 4e combustibles non métalliques.

Classification de Beudant (1824-1830). Elle repose sur le principe chimique; elle comporte trois classes :

1re Les gazolytes; 2e les leucolytes; 3e les chroïcolytes.

Classification de Brongniart. L'espèce et la réunion des individus minéralogiques composés des mêmes éléments, dans les mêmes proportions et présentant le même type ou système cristallin. Les minéraux sont divisés en gazolites, métaux autopsides, métaux hétéropsides.

Classification de G. Rose. Où les minéraux sont rangés en six classes qui correspondent aux six systèmes cristallins.

Classification de Delafosse (1846-1852). 1re classe : substances atmosphériques ou gaz; 2e classe : minéraux inflammables ou combustibles; 3e classe : minéraux métalliques ou métaux; 4e classe : minéraux lithoïdes ou pierres.

Classification de Dufrénoy. 1re classe : corps simples formant un des principes essentiels des minéraux composés, comprenant 25 genres : oxygène, hydrogène, azote, chlore, brome, iode, fluor, carbone, bore, silicium, titane, tantale, soufre, sélénium, arsenic, phosphore, vanadium, antimoine, tellure, mercure, molybdène, tungstène, chrome, osmium, rhodium; 2e classe : sels alcalins, 3 genres : ammoniaque, potasse, soude, 3e classe : terres alcalines et terres, 6 genres : baryte, strontiane, chaux, magnésie, yttria, alumine; 4e classe : métaux, 17 genrés : cérium manganèse, fer, cobalt, nickel, zinc, cadmium plomb, étain, bismuth, urane, cuivre, argent, or platine, iridium, palladium ; 5e classe : silicates, 13 genres : silicates alumineux, silicates alumineux hydratés, silicates d'alumine, de chaux ou leurs isomorphes, silicates alumineux et alcalins avec leurs isomorphes, silicates non alumineux, silico-aluminates, silico-fluates, silico-borates, silico-titanates, silicates sulfurifères, aluminates; substance de composition inconnue; 6e classe : combustibles : huiles, résines, bitumes, charbon de terre, tourbe (d'origine organique).

Classification de Leymerie. 1re DIVISION. *Espèces inorganiques.* 1re classe, gaz : non acides, acides; 2e classe, halides, 1er ordre : halogènes; 2e ordre : sels, 5 genres : chlorure, nitrate, sulfate, carbonate, borate; 3e classe, pierres, 1er ordre : haloïdes, 7 genres : sulfate, carbonate, fluorure, phosphate, arséniate, borate, hydrate; 2e ordre, pierres proprement dites, 12 familles : gemmes, quartzeux, feldspathiques, cozéolites, zéolites, prismatiques, trapéens, micacés, talqueux, talcoïdes, terreux, boréens; 4e classe : minéralisateurs : soufre, orpiment, réalgar, arsénite, arsenic natif; 5e classe : métaux, 22 genres : tellure, antimoine, bismuth, étain, plomb, zinc, fer, manganèse, titane, molybdène, tungstène, urane, chrome, nickel, cobalt, cuivre, mercure, argent, or, platine, iridium, palladium.

2e DIVISION. *Espèces organiques* : 1re famille, haloïdes; 2e famille, résines; 3e famille, stéariens; 4e famille, bitumes; 5e famille, charbons.

Après les systèmes de classifications viennent : les tableaux des minéraux rangés d'après leurs formes cristallines, et celui des minéraux rangés d'après leur texture, et enfin la description détaillée et complète des espèces minérales; celle-ci occupe les trois derniers volumes de la minéralogie de Dufrénoy, à laquelle nous renvoyons.

Utilité de la minéralogie. L'histoire naturelle des minéraux est la source où viennent puiser le physicien et surtout le chimiste pour y trouver des sujets de recherches; c'est quelquefois d'après les indications du minéralogiste que s'est faite la découverte de nouveaux corps simples. La minéralogie est la base de la science du mineur à la recherche des métaux utiles; elle fournit au géologue les moyens de caractériser et de classer les roches qui entrent dans la composition des terrains; c'est elle qui guide l'ingénieur, l'architecte, dans le choix des matériaux de construction. L'art du lapidaire repose sur la connaissance des propriétés des minéraux. — V. MINÉRAUX. — C. D.

MINÉRAUX. Le minéral ne consiste pas seulement dans la *substance* inorganique dont il est formé, mais il résulte plutôt de l'emploi de cette matière brute, mise en œuvre d'une façon admirable par la nature, qui fait le diamant avec du carbone, le cristal de roche avec du sable, le spath d'Islande avec de la craie, etc. Pour le minéralogiste, le nom de *minéral* ne s'applique pas aux corps, cristallisés ou amorphes, que l'on produit dans les laboratoires ou dans l'industrie, mais seulement aux corps simples et aux combinaisons qu'ils forment spontanément, qu'on trouve à la surface ou dans l'intérieur de la terre, et qui sont caractérisés par des propriétés assez nombreuses servant à les distinguer entre eux et de tous les autres corps.

Ces caractères sont les suivants : caractères extérieurs; caractères cristallographiques; caractères physiques; caractères chimiques. — V. MINÉRALOGIE.

CLASSIFICATION DES MINÉRAUX. — V. MINÉRALOGIE.

GISEMENT DES MINÉRAUX ou *leurs différentes manières d'être dans l'écorce du globe.* Il est rare que les minéraux forment des roches entières dans les couches terrestres; ils sont ordinairement, les métalliques surtout, disséminés accidentellement en *couches* ou assises régulières, parallèles aux plans de stratification des terrains; en *filons*, en masses aplaties ou en *veines* qui, au contraire, coupent les plans de stratification sous des angles variables; en *amas* de formes irrégulières, ou en *sac* remplissant des cavités superficielles ou des crevasses des terres calcaires. — V. GISEMENT.

Modes de formation des minéraux. On peut les grouper ainsi : la *voie ignée*, *la voie aqueuse*, les *actions électro-chimiques*, la *thermalité*, le *métamorphisme*.

1° La *voie ignée*, par laquelle ont été produits beaucoup de minéraux volcaniques; on y distingue encore la voie ignée par les fondants et la voie ignée par la sublimation directe;

2° La *voie aqueuse* au moyen de laquelle se sont dissous et déposés dans des conditions diverses les minéraux solubles, comme les sels ;

3° Les *actions électro-chimiques*. Il n'est pas douteux que la nature s'est servie de ce moyen très lent, mais puissant, pour produire des cristaux, surtout pour certains minéraux insolubles; procédé imité avec beaucoup de succès par M. Becquerel;

4° La *thermalité*. Il faut entendre par là non seulement l'action des eaux chaudes comme agent de dissolution et de cristallisation, mais encore les réactions chimiques que les substances peuvent exercer les unes sur les autres sous l'empire de ces causes. — V. MINÉRALISATION.

5° *Métamorphisme*. Ce phénomène consiste dans la transformation de texture des terrains, par l'arrivée dans leur masse de matières solubles ou de vapeurs, ou par le voisinage de roches ignées. Un des effets les plus fréquents de métamorphisme est la transformation du calcaire en dolomie ou en gypse.

PRODUCTION ARTIFICIELLE DES MINÉRAUX. Cette question étant du domaine de la chimie, nous n'en dirons ici que quelques mots. La science possède aujourd'hui des méthodes générales pour produire artificiellement un grand nombre de minéraux, par *voie sèche*, par *voie humide*, par *voie moyenne* et par *voie électrique* (V. CRISTALLISATION). Cette synthèse minéralogique est le résultat de longues études d'analyse des minéraux naturels, et de recherches relatives aux conditions propres à favoriser les combinaisons des éléments en présence, en imitant les procédés de la nature.

C'est ainsi que M. Ebelmen, en employant des dissolvants à l'état de fusion (acide borique, borax, phosphates et carbonates alcalins) et pouvant se vaporiser lentement à de très hautes températures, a reproduit des aluminates naturels cristallisés, spinelles, rubis, lapis, péridot, rutile; que M. de Sénarmont a réalisé, en employant l'eau à 300°, un grand nombre de minéraux identiques à ceux qu'on trouve dans la nature (oxydes, carbonates, sulfates, fluorures, sulfures, arséniures, etc.); que M. Durocher a obtenu la blende et la pyrite de fer cristallisée, en faisant réagir des courants de vapeur sur les matières premières; que M. Frémy a réussi à produire des sulfures par l'action du sulfure de carbone sur des oxydes à une température élevée ; que MM. Deville et Caron ont reproduit des apatites et des wagnerites par la fusion des phosphates dans les chlorures à une température rouge; et tandis que M. Becquerel, suivant une autre voie, a réalisé des composés insolubles, au moyen d'actions lentes où l'électricité joue ordinairement le rôle principal (V. ELECTRO-CHIMIE de Becquerel). Pour la production artificielle des minéraux, V. le *Traité de chimie* de Pelouze et Frémy, t. II, p. 910 à 1,014.

Usages des minéraux. Les minéraux fournissent à l'industrie et aux arts les matières premières les plus essentielles. Le fer et la houille sont au premier rang. Le cuivre, l'étain, le zinc qui, par leurs alliages donnent les bronzes et les laitons, sont d'un usage continuel. Les pierres, les argiles, les chaux, les ciments, nécessaires aux constructions; les terres employées à la fabrication des briques, des poteries, faïences, porcelaines; les marnes dont le mélange fertilise les terres cultivables; les marbres, les pierres lithographiques, les pierres meulières, les grès, le silex, les pierres fines, le diamant, sont empruntés à la constitution géologique du sol. C'est là qu'on va chercher l'or, l'argent, le plomb, le mercure, etc.; le soufre ou les sulfures pour la fabrication de l'acide sulfurique (lequel est en rapport direct avec les progrès de l'industrie), la potasse qui donne le salpêtre, la soude qui sert à fabriquer le savon et le verre ; le sel gemme, les eaux minérales, les bitumes, le naphte, le pétrole, etc. L'histoire des minéraux est liée intimement à celle de la civilisation et avec le développement successif du bien-être matériel de la société. — V. MINERAI. — C. D.

* **MINERVE** ou **ATHÉNA**. Les plus anciennes représentations de la déesse avaient une origine légendaire. Certaines idoles tombées du ciel, suivant la tradition, étaient désignées sous le nom de *Palladion*. La légende de la guerre troyenne nous apprend quel prix les cités attachaient à la possession de ces simulacres; c'était pour elles une garantie de salut.

C'est l'école attique du ve siècle qui commence à tempérer par une certaine grâce féminine le type austère de la déesse. En même temps, les formes s'assouplissent, elles se prêtent à l'expression des nuances, elles peuvent traduire les divers aspects auxquels répondent les épithètes de la déesse qui est tantôt la Promakhos, tantôt la Parthénos, tantôt Athéna Ergané, la divinité des arts de la paix. Mais c'est surtout dans l'Athéna Parthénos que Phidias avait prêté à la statue les traits les plus nobles et les plus purs. Le chef-d'œuvre de Phidias était trop populaire pour n'avoir pas été souvent reproduit. Il en existait des copies dans certaines villes grecques comme à Antioche. Les artistes y trouvaient un modèle qu'ils imitaient plus ou moins librement et l'art industriel, celui des médailles, des bas-reliefs, s'en est maintes fois inspiré.

« Au milieu du casque, dit Pausanias, est la figure du sphinx, et de chaque côté sont placés les griffons. » Il y a lieu, semble-t-il, d'écarter dans la restauration les accessoires dont le casque d'Athéna est parfois chargé sur les monuments; par exemple, les huit chevaux lancés au galop que montre la gemme d'Aspasios. Pour la tête et la coiffure, on consultera utilement une petite tête en bronze du Musée britannique. Un très beau fragment de marbre, conservé aux Propylées nous donne le mouvement du torse et le détail du costume. La poitrine est couverte d'une égide garnie d'écailles et bordée de serpents; sur le devant, était fixé un Gorgonéion qui semble tenir le juste milieu entre le type hideux de la Gorgone dans l'art archaïque, et la belle tête de femme mourante qui représente Méduse à une époque plus récente. Le costume d'Athéna se compose de la simple tunique mentionnée par Pausanias : c'est l'ancien chiton hellénique ouvert sur le côté et dont la partie supérieure forme comme une seconde tunique plus courte; il est serré à la taille par une ceinture et les plis se massent sur le côté droit.

Grâce à Phidias, le type de la déesse est désormais créé dans toute sa noblesse. Les artistes le reproduisent librement; mais certains traits appartiennent en propre à la divinité représentant pour les Grecs la plus haute expression du courage guerrier qui donne la paix, et de l'activité intellectuelle qui la rend féconde. Les plus beaux bustes antiques, comme la Minerve portant le casque aux têtes de bélier, lui prêtent un visage fin et grave, une expression pensive; la chevelure divisée en deux masses, et légèrement ondulée encadre un front très pur; la bouche est sévère, la tête un peu inclinée. Quant à l'attitude et au costume, ils traduisent par certains détails les deux aspects qui prédominent dans les représentations sculpturales de la déesse. Vêtue de l'himation qui couvre de ses plis le bas du corps et cache à demi l'égide, elle est la Parthénos, suivant la conception de Phidias; la *Minerve au collier* du Louvre est une de ces nombreuses statues où l'on a reconnu une réplique lointaine de l'œuvre du maître athénien. La statue colossale de la *Pallas* de Velletri, la *Minerve Farnèse* procèdent du même type avec des variantes. Dans une autre série, au contraire, le caractère guerrier est indiqué par l'attitude du combat. La déesse a quitté l'himation et n'est vêtue que du chiton; elle s'avance à pas rapides, la lance levée, comme dans une statue d'Herculanum, de style archaïsant.

Dans l'art moderne, Minerve est devenue le symbole de la sagesse et de l'étude.

MINEUR. On appelle ainsi l'ouvrier qui extrait du sein de la terre la *houille* ou des *minerais*. — V. ces mots.

— Actuellement, il n'y a plus, comme au moyen âge, d'ouvriers mineurs qui restent des semaines entières à l'intérieur des mines; ils passent tous les jours plusieurs heures à l'extérieur. Nous avons décrit à l'article MINE les principaux caractères et les principaux dangers de cette industrie. En revanche, elle est largement rémunératrice pour ceux qui s'y livrent. Ainsi, le salaire moyen annuel des ouvriers mineurs de houille en France (y compris les enfants) a été, en 1883, de 1,125 francs. Les ouvriers ont encore divers autres avantages : une maison confortable à très bas prix, le chauffage gratuit, et souvent tous les objets de consommation vendus au prix de revient. Néanmoins, la plupart des mineurs dépensent toujours d'avance au moins une quinzaine de leur salaire. Cette imprévoyance trouve peut-être son excuse dans le danger constant au milieu duquel ils vivent. Les mineurs ont, en général, les qualités suivantes : ils ne reculent jamais devant un travail pénible ou dangereux s'il s'agit de sauver un camarade; ils sont d'une propreté exemplaire, et tous les jours se lavent le corps avec un seau d'eau chaude; ils ont des familles très nombreuses et combattent énergiquement la dépopulation. La loi française défend aux femmes le travail du fond. Pendant que leurs maris et leurs fils travaillent, elles ont des loisirs considérables, qu'elles emploient le plus souvent à bavarder et à boire, loisirs qu'elles augmentent parfois en prenant des domestiques pour faire la partie la plus pénible de leur ouvrage. Les mineurs sont moins économes que les autres ouvriers des villes et surtout des campagnes, mais ils vivent mieux et sont moins dépravés.

MINEUR MILITAIRE. Dans l'armée du génie, avant 1870, on désignait sous la dénomination particulière de *sapeurs-mineurs*, ou *mineurs*, les soldats des régiments du génie qui étaient spécialement dressés et instruits à l'école régimentaire dans l'art de la guerre souterraine et de la construction des mines militaires. Ils formaient les 1res et 2mes compagnies de chacun des 3 régiments. Aujourd'hui, on ne fait plus de distinction entre le mineur et le sapeur du génie. Tous les soldats du génie prennent part aux écoles de mines et aux exercices spéciaux de l'art du mineur. Toutefois, comme cet art difficile exige pour les chefs de chantier des aptitudes spéciales et une assez longue expérience, on doit s'attacher à former dans les régiments des maîtres-ouvriers et des sergents plus particulièrement destinés à diriger les travaux de mine et à propager les traditions de métier.

Trop longue est la nomenclature des outils, engins et instruments à l'usage des mineurs militaires pour que nous en donnions le détail, bornons-nous à mentionner : les outils pour fouiller la terre ; ceux qui servent à travailler dans le roc ou dans la maçonnerie; les engins pour le transport des terres et des matériaux; les outils et instruments pour la pose et l'extraction des bois de mine; les outils de forage; les ustensiles pour l'éclairage et la ventilation des galeries; les outils et engins pour le bourrage et la charge des fourneaux; et enfin les engins et appareils pour la mise du feu aux fourneaux, qui sont :

La fusée lente (Cordeau Bickford); les piles électriques portatives; les amorces à fil de platine; les appareils d'électricité statique avec amorces à fil interrompu; la machine d'Ebner; les appareils d'induction; machines de Ladd et de Gramme; la pile d'essai et son galvanomètre; les conducteurs en cuivre, câbles; la bobine sur crochet; la boîte d'accessoires pour la mise du feu; et la trousse du mineur.

En temps de guerre, les sapeurs-mineurs peuvent être appelés à exécuter les opérations suivantes :

1° Dans l'attaque des places :

(*a*) Attaque par des puits à la boule d'un système de contre-mines, guerre souterraine contre les mineurs de la défense ; (*b*) exécution de brèches aux escarpes et aux contrescarpes des ouvrages fortifiés, par plusieurs fourneaux pratiqués dans l'épaisseur des maçonneries; (c) établissement des communications souterraines en galeries coffrées et des descentes de fossé; exécution de sapes forées; (d) démolition des ouvrages de fortification par la mine;

2° Dans la défense des places et des postes fortifiés :

(a) Travaux de défense d'un système de contremines et construction de galeries enveloppes; (b) défense des brèches attaquées; (c) destruction des ouvrages d'art qu'on est contraint d'abandonner.

MINIATURE. Le mot *miniature* est un abus de langage manifeste, car la miniature n'est en réalité que l'application de la couleur rouge (minium) à certaines parties de l'écriture ou du livre, et, si elle a constitué primitivement la base de leur décoration, elle en est devenue bientôt le simple accessoire. On prend donc la partie pour le tout en se servant de cette expression, et l'on commet une double méprise lorsque, par un étrange revirement, on attribue à celle d'enluminure une signification plus étroite, celle du dessin d'ornement colorié. Dans quelques textes, à la vérité, les enluminures sont distinguées des *histoires*, c'est-à-dire des scènes ou des figures peintes formant tableau; mais dans d'autres, en revanche, nous trouvons les locutions *enluminé à histoires*, *historié ès marges de haut en bas*, et plusieurs semblables, qui détruisent cette distinction ou du moins nous en montrent le caractère essentiellement arbitraire. Cependant, l'historique du dessin d'ornement appliqué aux manuscrits ayant été traité ici au mot ENLUMINURE (V. ce mot), nous nous conformerons à l'usage adopté. Nous reprendrons donc l'art des enluminures au moment où il entre dans sa seconde phase.

Les produits de cette phase, qui embrasse l'âge d'or de la miniature, ne ressemblent plus à ceux de la première. Au lieu de simples dessins au trait, ils comportent le modelé; au lieu de surfaces coloriées à teintes plates, ils comprennent de véritables peintures. Le pinceau remplace tout à fait la plume; la gouache se substitue à l'aquarelle. Voilà donc une double transformation et un double progrès. Ajoutons que la miniature est complètement émancipée du joug de la lettre initiale, c'est-à-dire que si cette dernière sert encore de cadre à des figures ou à des scènes plus ou moins développées, les sujets indépendants prennent désormais la première place au point de vue du nombre et de l'importance. Enfin l'enluminure s'étendant peu à peu aux livres profanes, les artistes étant plus connus et leurs œuvres plus personnelles, leur pinceau reproduisant plus volontiers la nature, ainsi que les faits de l'histoire ou de la vie journalière, la peinture des manuscrits emprunte à ces modifications profondes une animation, un air de vie qu'elle ne connaissait pas; elle devient plus humaine, plus accessible à l'intelligence des masses, plus conforme aux goûts modernes. C'est un art, en un mot, et non plus une science. Le symbolisme se réduit aux proportions d'un noble idéalisme, et l'on ne sait quel degré de perfection eût atteint la miniature, si elle se fût contentée de joindre à cet élément fécond et nécessaire la recherche raisonnable du naturel, au lieu d'abandonner sa voie propre et traditionnelle pour aller se perdre dans le courant de la grande peinture.

— Malgré la difficulté qu'on éprouve à poser, en pareille matière, des bornes précises, on peut placer l'ouverture de cette phase nouvelle, chez nous du moins, sous le règne de saint Louis. On serait bien embarrassé s'il fallait justifier par des exemples une délimitation aussi absolue : l'art n'est pas sujet, comme la politique, à des révolutions subites; il procède par transitions lentes et insensibles. Mais le fait est que les causes déterminantes de sa transformation se produisirent simultanément vers cette époque, et qu'il existe, en réalité, une différence bien marquée entre les illustrations contemporaines des premières années de saint Louis et celles de la fin de son règne. Ainsi, le psautier qui porte son nom, à la bibliothèque de l'Arsenal, et qui était plutôt celui de la reine Blanche sa mère, ou d'une contemporaine de cette dernière, est encore empreint du caractère hiératique; au contraire, les miniatures du *Credo* exécutées sous la direction du sire de Joinville, après son retour de la croisade d'Egypte, en 1287, appartiennent manifestement au régime naturaliste par les souvenirs personnels et les essais de portraits qu'elles renferment.

La naissance du portrait caractérise, on l'a vu, la période gothique. Cela ne veut pas dire, bien entendu, que l'on n'ait point essayé plus tôt de peindre des visages ressemblants. Les artistes byzantins possédaient depuis longtemps ce talent spécial. Même en Occident, il n'était pas tout à fait inconnu : Héloïse s'était fait donner le portrait d'Abélard; Guillaume, comte de Poitiers, leur contemporain, avait fait exécuter sur son écu celui d'une femme aimée. En Italie, en Espagne, en Angleterre, on en peut trouver des exemples non moins anciens, ou même antérieurs. Mais un fait certain, c'est que la vulgarisation, la mode du portrait est venue de la peinture sur vélin et de la tendance à individualiser les visages, qui caractérise la deuxième phase de cet art fécond. Les figures de Charles le Chauve et de Lothaire, dans les évangéliaires carlovingiens, celles des compagnes de l'abbesse Herrade, dans son célèbre manuscrit, ne peuvent guère passer que pour des types génériques. Il fallait, pour atteindre la ressemblance, que l'artiste fît poser devant lui son personnage. Or, ce n'est qu'à partir du XIVe siècle qu'on le voit pousser jusque-là le souci de la vérité. Il suffit de jeter les yeux sur les œuvres de nos grands miniaturistes pour se convaincre que, dès lors, la majorité de leurs figures est dessinée d'après le modèle. Ce sont des types vivants qu'ils ont reproduits; ils ne pouvaient restreindre aux accessoires, au mobilier, au costume, leur ardent désir d'imiter la nature : ils devaient chercher, ils ont cherché, en effet, à rendre ce qu'elle leur offrait de plus beau, de plus noble et de plus séduisant, le visage de l'homme. Avec quel succès? Nous ne pouvons plus guère en juger; mais la finesse de touche de leurs portraits, le degré d'expression auquel ils sont arrivés nous garantissent que ce ne sont pas là des images de fantaisie, sorties de l'imagination ou du souvenir. Et cette perfection est d'autant plus étonnante qu'il s'agit, en général, de figures extrêmement réduites, occupant à peine la moitié ou le quart d'un feuillet de parchemin; d'où le nom de *miniature* appliqué dans les temps modernes, aux infiniments petits du portrait.

Passons à la peinture d'histoire. Le genre admirable ainsi dénommé par les modernes est largement représenté dans les manuscrits gothiques, et ce nom même est dû, ne l'oublions pas, à ces premiers essais des enlumineurs qui racontaient en peinture l'*histoire* rapportée en regard par l'écrivain. Les scènes à personnages ne sont plus seulement puisées dans la Bible et dans la vie des saints, mais aussi dans l'histoire profane, dans l'histoire contemporaine, dans la littérature, dans la vie privée. Les sujets évangéliques ou bibliques, à partir de la fin du XIIIe siècle, comportent beaucoup moins d'éléments symboliques, et le symbolisme lui-même lorsqu'il y apparaît est plus largement conçu. La même progression s'observe dans les scènes tirées de l'hagiographie. Si les figures de saints, particulièrement celles des évangélistes, se rencontrent fréquemment dans la première phase de la peinture sur vélin, on ne trouve que dans la seconde des séries de sujets reproduisant les principaux épisodes de leur vie, les cérémonies de leur culte, les monuments qui leur sont consacrés.

Fig. 259. — *Bordure tirée des Heures de Louis de France, duc d'Anjou, roi de Naples, de Sicile et de Jérusalem (XIVe siècle).*

Ce que nous appelons le sujet de genre existe aussi dans les miniatures gothiques. Bien des tableaux soi-disant empruntés à l'histoire ou à l'Ecriture rentrent plutôt dans cette intéressante catégorie. Indépendamment de ceux-là, il y en a d'autres qui sont complètement étrangers au texte du livre et constituent de simples études de mœurs, sous la forme de hors-d'œuvre. Telles sont notamment les variantes multiples du frontispice classique qui représente l'auteur faisant hommage de son livre à quelque grand personnage. Autrefois, cet hommage s'adressait à Dieu et aux saints; maintenant, il va d'abord aux princes de la terre qui se sont faits les Mécènes de l'art; ce seul détail permet de toucher du doigt la différence qui sépare les deux grandes phases de l'enluminure. Dans la miniature « de présentation » (c'est le terme adopté), l'auteur est ordinairement agenouillé et présente son ouvrage au dédicataire, qui le reçoit assis sur un trône ou sur une « chaière, » entouré de ses familiers. Excellent prétexte pour les portraits et les scènes de mœurs.

Des sujets de genre non moins intéressants sont les vignettes des douze mois de l'année, dans le calendrier placé en tête des beaux livres d'Heures de la même période. L'enlumineur profite ordinairement de la liberté qui lui est offerte par ce cadre si commode pour introduire, soit en haut des pages, soit dans les larges bordures qui les encadrent, de petites scènes essentiellement naturalistes et parfois très curieuses. Mais ici même, son caprice n'a pas tout à fait la bride sur le cou : il est enchaîné par la tradition et tourne dans un cercle de sujets entre lesquels il a simplement à choisir. Les douze mois sont régulièrement accompagnés de la représentation des occupations, des événements, des jeux ou des plaisirs propres à chacun d'eux, ainsi que des signes du zodiaque. Le plus beau spécimen qui nous reste de cette sorte de miniatures est le *Livre d'Heures de Jean, duc de Berry*, appartenant au duc d'Aumale et représentant en douze admirables peintures les travaux des champs et les jeux des nobles pendant chacun des douze mois de l'année. Notre figure 259 représente une bordure du *Livre d'Heures* du duc d'Anjou.

Voilà donc le paysage introduit dans la miniature. Il y remplace en grande partie, depuis la fin du XIVe siècle et concurremment avec le décor d'intérieur, les champs d'or et les dessins quadrillés qui jusque-là composaient uniformément le fond de toutes les scènes à personnages, aussi bien de celles qui se passaient en plein air que des autres; nouveau pas vers l'imitation parfaite de la nature. Le paysage apparaît d'abord sous un aspect rudimentaire : les arbres sont quelque peu fantastiques; la perspective est absente ou fausse, ni plus ni moins que dans les décors d'intérieur et les vues de monuments. Mais l'intention est là, et bientôt s'y joindra l'expérience. La recherche du vrai conduit au beau; et si l'on se plaint, au point de vue de la couleur locale, de voir les peintres du Nord faire surgir des moulins à vent au milieu des montagnes de la Judée, et de voir Fouquet et ses imitateurs introduire dans les scènes bibliques la cathédrale de Paris, le donjon de Vincennes, les rives de la Loire ou les coteaux du Cher, on n'en admire pas moins la recherche toute nouvelle apportée dans ces parties accessoires; recherche poussée parfois si loin, que le marquis de Laborde n'a pas hésité à mettre le chef de l'école française au-dessus de Jean van Eyck pour ses lointains et ses vues à vol d'oiseau, à côté de Mantegna et de Donatello pour ses batailles aux plans harmonieusement combinés. Qu'aurait-il dit s'il avait connu les tableaux rustiques de livre d'Heures de la collection du duc d'Aumale, ses scènes de chasse, ses perspectives du Louvre, de la Sainte-Chapelle et du Palais de Paris, chefs-d'œuvre d'exactitude et de finesse? Certaines miniatures, par exemple celle du *Pas de la pastourelle*, dans les œuvres du roi René, sont même de véritables bergeries et donnent à une époque où l'amour de la nature champêtre était encore peu développé, comme un avant-goût des pastorales de Watteau.

Le feuillage et les fleurs ont changé d'aspect. Dans les encadrements, dans les larges bordures qui couvrent maintenant toute l'étendue des marges, et surtout de la marge extérieure (l'ornementation envahit même quelquefois la tranche des livres) (fig. 260), ce n'est qu'un fouillis de plantes, de rameaux, de fruits, d'animaux indigènes, se mouvant comme ils peuvent à travers les rinceaux d'or ou d'argent, remplacés quelquefois par des emblèmes, des devises, des flammes, des liens capricieux. La flore conventionnelle cède peu à peu la place à la flore nationale. Elle s'y mêle encore aux XIIIe et XIVe siècles; puis les feuilles adoptées par l'enluminure, la feuille de houx, par exemple, se dépouillent du caractère ornemental pour se rapprocher de la forme et de la couleur naturelles. M. Edouard Fleury a relevé, « dans un quadrilatère de 10 centimètres et demi de longueur, et large à peine de 25 millimètres, une infinie variété de fleurettes, toutes des champs : pensées, chardons, bluets, pavots,

Fig. 260. — *Entrée de Charles VII à Rouen (1450). Miniature d'un manuscrit du XVe siècle.*

ancolies, myosotis, némophiles, valérianes, campanules de toutes formes et de toutes couleurs, parmi lesquelles pendent des fruits, des fraises et des raisins, et s'agite un monde de charmants animalcules, plus beaux et plus pimpants que nature, mouches et papillons, escargots et reptiles, monstres capricieux et inoffensifs, où Grandville eût pu puiser à pleines mains pour l'illustration de son *La Fontaine* et de ses *Animaux peints par eux-mêmes.* »

Les singes recherchés au moyen âge pour leur drôlerie forment toute une série comique : les uns brandissent l'épée comme s'ils allaient en guerre, les autres se contentent de partir en chasse avec un bâton; celui-ci fait le galant, celui-là joue de la cornemuse ou du hautbois. Le goût si prononcé de ce temps pour les fleurs et les jardins, pour les ménageries et les oiseaux rares, fait éclore presque spontanément, sous le pinceau de nos artistes, une foule de motifs de cette catégorie. Il leur fait illustrer des bestiaires, ces étranges manuels d'histoire naturelle où la description physique de l'animal est complètement sacrifiée à celle de ses qualités supposées; des recueils de fables comme celui d'où l'on a tiré, pour le Joinville, des lions, des renards, des cigognes, des ânes pleins de vie, et remontant pourtant au XIIIe siècle; des livres de vénerie comme les *Déduits de la chasse*, de Gaston Phébus, comte de Foix; des traités de botanique, comme ceux qui figuraient dans la bibliothèque de René d'Anjou, amateur passionné de la belle nature. Il leur fait reproduire des séries entières de végétaux, d'animaux, d'insectes ailés avec le nom latin et le nom vulgaire de chaque espèce en regard, comme celle, par exemple, qui couvre les marges du somptueux livre d'Heures d'Anne de Bretagne. Ce goût particulier se perpétuera chez nous jusqu'aux temps modernes : sous son empire, Gaston d'Orléans entreprendra la célèbre collection de sujets d'histoire naturelle points sur vélin, qui est aujourd'hui un des trésors du Muséum de Paris.

La période de la Renaissance, qui s'ouvre vers 1480, peut être considérée comme une période de déclin en dépit des immenses progrès alors réalisés par l'art de peindre en général. Pour la miniature, plusieurs causes réunies l'amènent peu à peu sur la pente de la décadence. La propagation de l'imprimerie est encore du nombre : le manuscrit tout entier s'efface peu à peu devant le livre à caractères moulés et tombe au second rang; le grand art se réfugie ailleurs.

Notre figure 261 reproduit une miniature que le *Magasin pittoresque* a tirée de l'un des meilleurs manuscrits du XVe siècle, avec le paragraphe qui y est relatif.

Fig. 261. — *Miniature d'un Manuscrit du XVe siècle, appartenant à la Bibliothèque royale de Bruxelles.*

« Des trois personnages chevauchant, dit-il, l'un, celui du milieu, est un roi, un grand roi. Le petit jour pointe à peine sur les toits, mais déjà les matineux et les besogneux sont sur pieds; on le voit bien par les silhouettes qui se détachent sur le pavé de la rue. A la fenêtre d'une maison, tout juste au moment où passe la chevauchée, un homme en bonnet de nuit met le nez à la fenêtre, et ce n'est pas pour humer la fraîcheur du matin. » Cette petite anecdote est aussi racontée dans le manuscrit. « Example au propos de humilité. Et cõment saint Loys roi rendy à my estudiant de Paris le bien pour le mal sans contrainte. « Cy nous dist cõment le bon roi saint Loys de France aloit une fois de nuit aux matines aux Cordeliers de Paris et deux sergans d'armes avecques luy. Et ung estudiant par mesprison luy tumba son orinal sur son chief. Et le lendemain il manda l'estudiant et luy donna la prebende de Saint-Quentin en Vermandois pource qu'il estoit coustumier de soy relever à cette heure pour estudier. Mais il peust sur tel, avoir tumbé son orinal quy ne l'eust pas si bien payé. Car ja soit ce qu'il ne le feist mie à escient ne de fait apensé, plusieurs sont quy s'en fussent courouchiés. Mais le très humble roy saint Loys vouloit accomplir les commandemens de nostre Seigneur Dieu qui nous commande que nous rendons bien pour mal. »

Cependant, le portrait et le sujet de genre s'épanouissent toujours, et avec une variété plus grande encore qu'auparavant, dans le calendrier du livre d'Heures. Ce livre lui-même, avant de tomber dans la banalité imposée par les procédés mécaniques, jette au début de la Renaissance un suprême éclat. Les Heures si justement renommées d'Anne de Bretagne sont le couronnement des merveilles de l'âge précédent; on peut les considérer comme le testament de la miniature française expirante.

Les encadrements, durant la période de la Renaissance, sont peut-être encore plus riches que dans la précédente. Néanmoins, le dessin d'ornement, malgré toute son élégance, y prend un caractère étranger au véritable but de l'enluminure. Les motifs empruntés à l'art du sculpteur, du ciseleur, de l'orfèvre, la damasquinure, le cartouche, le camée, le vase, la chimère et par-dessus tout la nudité païenne, la sirène, les amours envahissent les bordures. François Colomb, membre d'une famille d'artistes nantais, déploie dans la combinaison de ces éléments quelque peu disparates un talent remarquable. Jean Cousin lui-même s'en mêle suivant quelques critiques. C'est en vain : ni eux ni leurs émules ne peuvent rendre à cette partie du domaine des enlumineurs son originalité perdue. Il n'y a plus d'ornementation particulière aux manuscrits, et bientôt, il n'y aura plus de manuscrits. Les essais tentés après la fin du XVIIe siècle, comme les petites images peintes sur vélin que la reine Marie-Antoinette avait apportées de Vienne et distribuait à Versailles, et ceux qu'ont renouvelé de nos jours des amateurs moins éclairés que zélés, sont des études rétrospectives; ils n'appartiennent plus à l'art de la vraie miniature. Toutefois, cet art séculaire et national ne s'éteindra pas sans laisser d'héritiers. On l'a déjà remarqué, la grande peinture moderne est la fille de l'enluminure ; après s'être échappée du corps de la lettrine, l'*histoire* a brisé la prison du livre, devenu à son tour un cadre trop étroit, pour s'élancer au dehors et se développer en liberté. L'école française, en particulier, a pour ancêtres directs Fouquet, Beauneveu et leur modeste pléiade, bien plutôt que les maîtres de la Renaissance italienne. Nos fresques, nos peintures sur toile ne sont, à l'origine, que des miniatures agrandies : mêmes idées, même faire, mêmes procédés, même finesse. La juste admiration que nous inspirent les modernes doit donc remonter jusqu'à leurs initiateurs et à leurs premiers modèles. Le mystère qui recouvre le nom de la plupart de ces anciens maîtres, le voile plus épais que le temps a jeté sur leur gloire les ont fait trop souvent négliger; leur astre a pâli devant le soleil du grand art, mais l'éclat du plein midi ne détruit pas le charme de l'aurore et ne saurait en imposer l'oubli. — E. CH.

MINIER, ÈRE. Qui appartient aux mines. || Mine ou carrière, et particulièrement mine qu'on exploite à ciel ouvert.

MINIMUM. — V. MAXIMUM.

MINIUM. *T. de chim.* Syn. : *oxyde rouge de plomb.* Combinaison de protoxyde et de bioxyde de plomb, dont la formule Pb^3O^4 correspond à $2\,PbO + PbO^2$, représentant 65,1 du premier corps et 34,9 du second.

Le minium est en poudre d'un beau rouge, noircissant à la lumière et fonçant seulement par la chaleur; sa densité est de 8,62; il est insoluble dans l'eau. La chaleur rouge le transforme en protoxyde; l'acide azotique le dédouble :

$$\underbrace{Pb^3O^4}_{\text{Minium}} + \underbrace{2(AzO^5, HO)}_{\text{Acide azotique}} = \underbrace{2\,PbO, AzO^5}_{\text{Azotate de protoxyde de plomb}} + \underbrace{PbO^2}_{\text{Bioxyde de plomb}} + \underbrace{H^2O^2}_{\text{Eau}}$$

l'acide chlorhydrique en fait du chlorure de plomb, avec dégagement de chlore et formation d'eau. Il est soluble sans décomposition dans les acides acétique et phosphorique.

Etat natif. Le minium se retrouve en petites quantités dans la nature, notamment à Badenweiler (Eifel); il existe là en enduits, sur quelques minerais de plomb.

PRÉPARATION. Pour obtenir le minium, il suffit de chauffer le massicot à 300° au plus, en présence de l'air, dans un foyer à réverbère dont la flamme passe au-dessus de la sole où est étendu le protoxyde de plomb, et se rend dans la cheminée; ou encore dans un moufle (G. Mercier). On doit éviter dans cette opération un courant d'air rapide, qui ferait de la litharge, par fusion du massicot, et alors ne donnerait que bien moins de minium; il est également indispensable de brasser continuellement la masse avec un rateau en fer, pour faciliter l'oxydation.

Dans les fabriques anglaises, on agit souvent en faisant deux opérations distinctes, et successivement, dans le même four. La première sert à convertir le métal en protoxyde jaune ou massicot, la deuxième à obtenir le minium. Pour cela, dès que le massicot est préparé, on le broie sous des meules et on le lave à l'eau, afin d'enlever le métal non attaqué, puis on turbine pour enlever l'excès d'eau, et on étend sur la sole encore chaude du four, ou dans des cuvettes de tôle. On ferme toutes les issues, et, par l'absorption de l'oxygène, une partie du produit se change en bioxyde et constitue par son mélange le minium, que l'on défourne le lendemain matin. On a vu (V. MINE ORANGE) que l'on prépare depuis quelque temps le produit qui nous occupe par la décomposition de la céruse; un autre moyen proposé tout récemment consiste à chauffer le sulfate de plomb avec du nitrate de potasse natif du Chili et du carbonate de soude; en reprenant la masse par l'eau, on sépare le minium, et le liquide renferme du sulfate de potasse et de l'azotate de soude, que l'on peut recueillir par évaporation et séparer par des procédés convenables.

On distingue dans le commerce des miniums à 1, 2, 3, ... 8 feux. Ces désignations indiquent le nombre de fois que l'on a chauffé le produit dans le but de lui donner des tons plus riches; mais l'action de la chaleur amène forcément des modifications dans la constitution chimique du produit; ainsi, alors que du minium à un feu ne contient que 50 0/0 de minium réel, le reste étant du massicot non décomposé, celui à huit feux ne renferme plus que 25,2 de massicot.

Ces produits sont de fabrication anglaise ou française; les premiers ont une couleur plus vive et nous viennent en barils de 300 à 350 kilogrammes, les autres en barils de 400 à 450 kilogr.

FALSIFICATIONS. Le minium peut garder du carbonate de plomb non décomposé; dans ce cas, c'est une altération qu'un traitement par l'acide nitrique fait connaître, par suite du dégagement d'acide carbonique; il peut être frelaté avec de l'oxyde de fer, de la brique pilée : en calcinant au rouge, le minium pur devient jaune, la brique, l'oxyde de fer, gardent leur couleur; en portant le produit suspect à l'ébullition avec de l'eau sucrée, acidulée par l'acide nitrique, on dissout totalement le minium s'il est pur (Fordos et Gélis); en traitant le corps par une dissolution d'acétate neutre de plomb, on dissout tout le protoxyde et on laisse le bioxyde qui doit offrir une teinte brune, franche.

Usages. Les emplois du minium sont nombreux : il sert à obtenir le strass, le flint-glass, le cristal, par l'oxygène qu'il contient, en se transformant en silicate, il brûle les matières organiques qui accompagnent souvent la soude, et donne des produits très transparents. Il sert à colorer les papiers de tenture, les pains à cacheter; il entre dans la composition des émaux, des faïences, de la couverte des poteries; on prépare avec ce corps des mastics pour luter les tubes en verre, jointoyer les machines et chaudières à vapeur; enfin on l'utilise en peinture, et surtout, pour recouvrir les pièces métalliques devant séjourner dans l'eau de mer; nous devons toutefois signaler que Mercer et Jouvin ont soutenu que le contact de ce corps pouvait détériorer à lui seul, la coque des navires. — J. C.

MINOTERIE. Etablissement qui moud les grains et prépare les farines, et particulièrement celles destinées à l'exportation. — V. MEUNERIE, MOUTURE.

— Au temps où la France jouissait en paix d'un empire colonial habilement administré, nos négociants, pour préserver les farines de la fermentation et les expédier au delà des mers, les passaient à l'étuve et les logeaient dans des *minots* ou barils dont la contenance variait selon les contrées; de là le nom de *minoterie* qui n'a plus la même raison d'être, mais qui s'emploie toujours dans le midi de la France.

MINUTERIE. *T. d'horlog.* Partie d'un mouvement d'horloge destinée à marquer les fractions de l'heure et des minutes. — V. HORLOGERIE.

MI-PARTI. *Art hérald.* Se dit de deux écus coupés par la moitié et joints ensemble pour ne former qu'un seul écu. Les écus mi-partis réunissent ordinairement les armoiries du mari et de sa femme.

MIRAILLÉ. *Art hérald.* Se dit des ailes du papillon ou de la queue du paon, lorsqu'elles sont tachetées de figures d'un émail particulier. || Se dit aussi des oiseaux dont les ailes sont tachetées.

MIRBANE (Essence de). *T. de chim.* Liquide dont l'odeur rappelle assez grossièrement celle de l'essence d'amandes amères, et que l'on substitue à cette dernière dans diverses industries, notamment dans la parfumerie. C'est le produit de la réaction, à froid, de l'acide azotique sur la benzine, c'est, chimiquement parlant, de la benzine nitrée ou *nitrobenzine* $C^{12}H^5(AzO^4)$. — V. ce mot.

MIRE. *T. d'arm.* Bouton ou autre signe placé à l'extrémité du canon d'une arme à feu, et qui sert de guide pour viser. || *T. de géod.* Nom des instruments employés dans les opérations du nivellement pour fixer les points de mires; on donne le même nom aux objets vers lesquels on dirige l'instrument pour fixer la position des lignes dans l'espace. On distingue les mires en deux classes : les *mires à voyant* et les *mires parlantes*.

***MIRECOURT** (Dentelles de). On donne encore à ces dentelles le nom de *dentelles de Lorraine*. Les environs de Mirecourt (Vosges) et quelques localités du département de la Meurthe en sont les principaux centres de fabrication. On se rappelle qu'au mot DENTELLE, nous avons parlé du *passement*, sorte de dentelle grossière qui, autrefois, se fabriquait beaucoup en France. C'est par là qu'a commencé Mirecourt, et l'on désigne encore dans le pays la dentelle par le mot patois *peussemot*, et celui qui achète par celui de *peusse-motier*. Ce fut M. Aubry-Febvrel qui contribua le plus, vers le commencement de ce siècle, à transformer la fabrication et à introduire à Mirecourt un travail similaire à celui qui se faisait alors à Lille et qui y était connu sous le nom de *point de Flandre*. Des dessinateurs qu'on fit venir à grands frais de la Suisse contribuèrent alors beaucoup à la vogue qu'eurent les nouvelles dentelles. Aujourd'hui, Mirecourt a la spécialité des dentelles blanches en coton, à dessins compliqués, et des fleurs de dentelles appliquées sur tulle uni. Les dessins en sont extrêmement variés et les produits se vendent à un assez bas prix. Elle fait aussi depuis 1870 des *dentelles de laine* (mohair) qui paraissent très fines et se vendent à très bon marché; elle commence à se faire une spécialité de ces dentelles, et l'Angleterre, malgré des essais sans nombre, n'a pu encore parvenir à l'imiter.

***MIRETTE.** *T. techn.* Outil de maçon.

I. **MIROIR.** Glace de verre polie et étamée par derrière, qui réfléchit l'image des objets, et dont on se sert comme meuble de toilette pour décorer les murs d'un appartement. — V. GLACE.

HISTORIQUE. Les miroirs sont peut-être ce qu'il y a de plus ancien dans l'arsenal de la coquetterie féminine. En astronomie, en effet, le signe qui sert à représenter Vénus, figure un miroir avec son manche.

Les miroirs de l'antiquité furent d'abord formés d'une plaque de métal composé d'un alliage d'étain et de cuivre. On les trouve déjà représentés sur les monuments égyptiens antérieurs à Moïse. Ceux découverts dans les tombeaux se composent d'un disque de bronze soigneusement poli et vernissé d'or, adhérant à un manche en bois ou en métal, lequel est façonné en fleur, en colonne ou en tige surmontée d'une tête de divinité. (fig. 262). Ce manche a quelquefois la forme d'une déesse debout, ou d'une jeune fille en train de se coiffer.

Fig. 262. — *Miroir égyptien (Musée du Louvre).*

Homère omet de parler des miroirs, même quand il décrit si minutieusement la toilette de Junon. Cependant Euripide, dans son *Hécube*, met des miroirs d'or ou dorés entre les mains des Troyennes captives. Après les temps héroïques, les Grecs firent un plus fréquent usage des miroirs. C'étaient des plaques rondes en bronze très bien poli, sans manche ou munies d'un manche couvert de riches ornements; un étui protégeait ordinairement la surface polie. Ce qui caractérise les miroirs grecs, de même que ceux des Etrusques, ce sont des manches très élégants, représentant souvent la figure d'Aphrodite, idéal de la femme qui se pare.

Chez les Romains, on trouve les miroirs habituellement employés comme meubles de toilette et quelquefois comme ornements. Ils étaient faits d'un métal blanc, mélange de cuivre et d'étain; mais par la suite, on les fit en argent, métal moins cassant que cet alliage. On conservait à la surface métallique son poli et son brillant au moyen de poudre de pierre ponce, que l'on étendait avec une éponge attachée au cadre du miroir par un cordon. Les spécimens trouvés à Pompéi montrent que la forme circulaire était employée de préférence, avec un manche court pour tenir le miroir quand on s'en servait; d'autres, en forme de carré long, étaient destinés à être portés par des esclaves devant leurs maîtresses, tandis que d'autres esclaves s'occupaient de la parer.

De Rome, les miroirs passèrent dans les Gaules. Tels sont les miroirs en cuivre étamé, trouvés, en 1864, par l'abbé Cochet, dans un cimetière gaulois, à Caudebec-les-Elbeuf. En France, jusqu'à la fin du moyen âge, on fit un grand usage de miroirs portatifs, d'abord dans les trousses de barbier ou de toilette, ensuite isolément et de dimensions à les porter dans la poche, puis avec des manches pour les tenir à la main. Tous ces miroirs étaient d'or, d'argent, d'acier et d'étain poli, métaux que protégeaient deux plaques de bois ou d'ivoire. Le *Roman de la rose* parle de ces « yvorins miroers, » petits disques métalliques, enfermés dans de jolies boîtes richement sculptées, que les dames suspendaient à leur ceinture à l'aide d'une chaîne d'argent.

Fig. 263. — *Miroir avec cadre estampé et doré, du règne de Louis XIII (1610-1643), (Musée de Cluny).*

Vers la fin des Croisades, on commença à parler des miroirs de verre. Ceux-ci étaient originaires de Sidon, où, sur la foi du rabbin et voyageur Benjamin de Tudèle, qui vivait au XIIe siècle, des verreries étaient encore en pleine activité. Les miroirs de verre, dont la fabrication s'était perdue pendant les invasions des Barbares, fut retrouvée à Venise au commencement du XIIIe siècle. Un passage de Vincent de Beauvais prouve qu'ils étaient déjà connus en France, en 1250. Ces nouveaux miroirs, appelés alors *verres à mirer* ou *mirouers de cristallin*, et que l'on a depuis nommés *glaces*, se composaient d'une feuille de verre doublée d'une lame de plomb. Suivant Beckmann, ce n'est qu'à la fin du XIIIe siècle qu'on trouve la première mention de miroirs avec feuille d'étain. Quoi qu'il en soit, il se passa encore un long temps avant que l'on découvrît la propriété du mercure de s'amalgamer à l'étain et d'adhérer au cristal de roche et au verre, en leur transmettant toute la limpidité de son éclat (V. ÉTAMAGE). A partir de ce moment, les glaces furent en grande vogue. Venise les fabriquait pour le monde entier, et au moyen du biseautage leur donnait l'apparence des miroirs de métal. Les Vénitiens conservèrent le monopole de cette industrie jusque vers le milieu du XVIIe siècle, où cette industrie pénétra en Allemagne, puis en France. Pour plus de détails nous renvoyons au mot GLACERIE.

Jusqu'au commencement du règne de Louis XIII, la mode ne connut que les miroirs de Venise (fig. 263). En effet, depuis le XVe siècle, les artistes italiens de cette époque privilégiée en avaient fait autant d'œuvres d'art, dans le genre à la fois si riche et si gracieux de la Renaissance. A leurs yeux, le cadre était tout; c'était lui seul qu'ils savaient décorer, soit de splendides sculptures en bois, en ébène et en ivoire, soit de pierreries ou d'ornements en cristaux de roche et en agates rehaussées de pierres gravées. D'après l'inventaire des meubles de Catherine de Médicis, cette reine possédait 119 miroirs de Venise, tous rangés dans un même cabinet ou petit salon.

Quant aux miroirs portatifs ou miroirs de poche, mis en faveur sous François Ier par la reine Eléonore, et que les dames portaient suspendus à la ceinture, ils étaient de deux formes différentes, les uns à manches, les autres presque ronds et de petites dimensions. Ces derniers, qu'ils fussent de métal ou de verre, étaient enclavés dans une boîte ronde, généralement d'ivoire, plate, s'ouvrant en deux parties égales.

Au commencement du XVIIe siècle, les glaces étaient encore très épaisses et d'un prix si élevé, que le cardinal Mazarin donna 20,000 livres (40,000 francs de notre monnaie) pour un simple miroir de Venise. Il est vrai que le cadre entrait pour beaucoup dans ce prix énorme. Dans l'Inventaire de l'hôtel Colbert, novembre 1683, où l'on énumère toutes les glaces, la dimension du plus beau miroir n'est que de 42 pouces sur 26; on en compte d'autres de 32 pouces sur 24, de 29 sur 22, et ainsi de suite en diminuant.

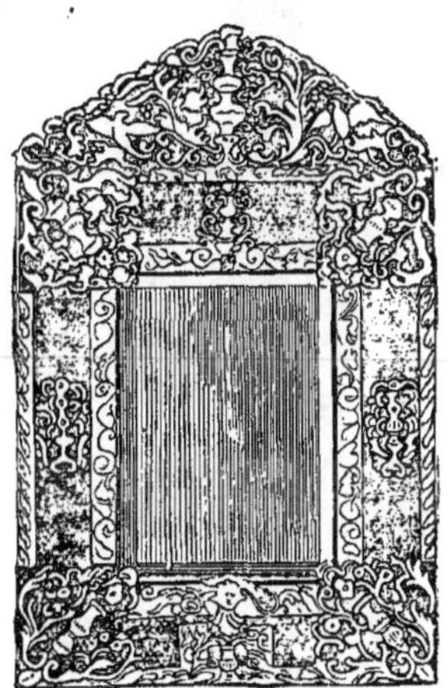

Fig. 264. — *Miroir avec cadre à appliques en cuivre repoussé, du XVIIe siècle (Musée de Cluny).*

Sous le règne de Louis XIV, qui protégeait ouvertement la manufacture de Saint-Gobain et auquel on doit la célèbre galerie des glaces, au palais de Versailles, les miroirs français commencèrent à devenir en faveur. A la cour, les murs des appartements en étaient couverts. Quelques-uns de ces miroirs avaient des cadres d'or et d'argent, dont la façon excédait de beaucoup le prix de la matière; mais la bourgeoisie en employait d'autres, beaucoup plus modestes, à cadre grillé, à cadre émaillé, à cadre de cuivre argenté, ou garnis d'une bordure de bois noirci (fig. 264).

Les femmes de cette époque recherchaient beaucoup les miroirs de poche. Ordinairement de forme ovale, ils étaient enchâssés dans l'or, l'argent ou l'écaille, et même enrichis de pierreries. On ne voyait, sous le grand roi, comme le dit La Fontaine, que .

Miroirs dans les logis, miroirs chez les marchands,
Miroirs aux poches des galants,
Miroirs aux ceintures des femmes.

Au siècle suivant, les énormes tableaux ou les bas-reliefs que l'on plaçait jadis sur les cheminées, furent remplacés par des miroirs, dont la répétition avec ceux qu'on leur opposait, grandissait les appartements, et leur donnait un air de magnificence qu'ils n'avaient pas auparavant. Cette innovation, due à l'architecte Robert de Cotte (1735), a été louée par Voltaire : « Une belle glace de nos manufactures orne nos maisons à bien moins de frais que les petites glaces qu'on tirait de Venise. »

Le XVIIIe siècle répandit également à profusion les grandes glaces, non pas les glaces entourées d'une large bordure ciselée et dorée, mais des glaces assujetties et enfermées dans des baguettes, dont la légère dorure n'attirait point les regards à leurs dépens. Dans les entre-deux des croisées, comme sur les cheminées, en un mot, de quelque côté qu'elles voulussent se tourner, les dames pouvaient se considérer à loisir depuis les pieds jusqu'à la tête. Tel était l'appartement de Mme de Sillery-Genlis, dame d'honneur de la duchesse de Chartres, « appartement bleu avec des baguettes dorées, et orné de 18,000 livres de glaces. » Les appartements des actrices et des femmes richement entretenues offraient surtout des exemples de ce luxe recherché. La chambre à coucher de Mlle Dervieux, située rue Chantereine, avait à elle seule coûté plus de 36,000 francs : les côtés, le plafond et le parquet du boudoir étaient garnis de glaces entre lesquelles il n'existait aucun intervalle.

Fig. 265. — *Miroir de fabrication contemporaine.*

Aujourd'hui, on désigne sous le nom de *miroirs*, les petites glaces, et sous celui de trumeaux les grandes glaces entre deux fenêtres et qui, de la hauteur d'appui, montent jusqu'au plafond. Les qualités essentielles d'une belle glace, dit M. Demmin, sont la blancheur et l'épaisseur. La première se reconnaît dès qu'on y mire un linge blanc; les mauvais miroirs le reflètent dans un ton verdâtre. La seconde qualité éclate aux yeux dès que l'on touche la glace avec n'importe quel objet; l'espace entre le corps et le reflet indique l'épaisseur.

Quant aux miroirs à main, l'art s'est exercé à varier, comme chez les anciens, leurs formes et leurs ornements. On en cite dont le cadre et le manche, exécutés par Rouvenat, Falize ou Boucheron, sont des merveilles d'élégance et de goût artistique. — S. B.

Bibliographie : MÉNARD : *Recherches sur les miroirs anciens*, dans les *Mémoires de l'Académie des inscriptions*, t. XXIII; MYLONAS : *Dissertation sur les miroirs grecs*, Athènes, 1876; GERHARD : *Miroirs étrusques;* BECKMANN : *Histoire des inventions*, ch. *Miroirs*; DEMMIN : *Encyclopédie des arts plastiques*, ch. *Miroirs*; A. SAUZAY : *La verrerie*, ch. *Miroirs et glaces;* Le Père BONAVENTURE : *Amusements philosophiques sur diverses parties des sciences, etc.*, ch. *Sur l'antiquité des miroirs de verre*, Amsterdam, 1763; De LABORDE : *Glossaire français du moyen âge*, V° *Miroir;* VIOLLET-LE-DUC : *Dictionnaire du mobilier*, ch. *Miroir;* Louis FIGUIER : *Les Merveilles de l'industrie, Le verre et le cristal.*

II. **MIROIR.** *T. de phys.* On appelle *miroir* toute surface polie capable de réfléchir les rayons de lumière. Les miroirs sont généralement construits en verre étamé ou argenté, et quelquefois en métal, bronze, argent, etc. Ils peuvent être plans ou courbes et recevoir des formes variées dont dépendent leurs propriétés optiques.

La théorie des effets produits par les miroirs repose sur la loi de la réflexion de la lumière dont nous rappellerons l'énoncé : *Les rayons incidents et réfléchis sont situés dans un même plan avec la normale à la surface du miroir au point où la réflexion s'opère; ils sont situés de part et d'autre de cette normale, et font avec elle des angles égaux.*

Miroirs plans. Il est facile d'établir géométriquement que tous les rayons émanés d'un point A paraissent, après la réflexion sur un miroir plan, émaner d'un point B symétrique de A par rapport au plan du miroir; si donc un point lumineux se trouve placé devant un pareil miroir, tous les rayons qui en partent sembleront, après la réflexion, provenir du point symétrique et produiront, dans l'œil, le même effet que s'ils en provenaient réellement. On croira voir derrière le miroir un second point lumineux qui est appelé l'*image du premier.* Lorsqu'un objet éclairé est placé devant un miroir plan, chacun de ses points se comporte comme une véritable source de lumière et donne lieu à une image symétrique par rapport au miroir. L'ensemble de toutes ces images constitue une figure semblable à celle de l'objet et symétrique par rapport au miroir ; on l'appelle l'*image de l'objet.*

Cette image affecte l'œil exactement de la même

manière que l'objet réel dont elle reproduit rigoureusement la forme, les dimensions et la coloration. Il faut seulement remarquer que les figures d'un objet et de son image dans un miroir plan, quoiqu'ayant toutes leurs parties de mêmes dimensions, ne sont pas superposables parce que ces différentes parties s'y trouvent disposées dans un ordre inverse; les deux figures sont seulement symétriques. Lorsqu'on place plusieurs miroirs plans sur le trajet de la lumière, les rayons en se réfléchissant une ou plusieurs fois sur chacun d'eux, donnent naissance à des images multiples d'un seul objet et la disposition de ces images dépend essentiellement de la disposition des miroirs eux-mêmes; c'est ainsi que deux miroirs plans parallèles produisent une série indéfinie d'images d'un objet; placé entre eux deux, ces images et l'objet lui-même se trouvant rangés régulièrement sur une même perpendiculaire aux plans des deux miroirs. Avec deux miroirs angulaires ou plusieurs miroirs disposés suivant les faces d'un prisme, les images multiples produisent des assemblages symétriques très variés et d'un aspect fort agréable, tels qu'on les observe si facilement dans le *kaléidoscope* (V. ce mot). Les mêmes considérations expliquent le puissant effet décoratif des miroirs plans dans l'ameublement des appartements, sans compter que le soir, en réfléchissant la lumière des lampes ils semblent augmenter le nombre des foyers lumineux, contribuent à augmenter l'éclairage de la salle et paraissent en reculer les limites. Il n'est peut-être pas inutile de remarquer que les miroirs d'appartement étant toujours étamés sur la face postérieure du verre, donnent lieu à des réflexions multiples qui s'effectuent soit sur la face postérieure, soit sur la face antérieure non étamée et, par suite, à une série indéfinie d'images, comme le feraient deux miroirs parallèles; seulement ces images vont rapidement en diminuant d'intensité parce que la réflexion sur la face antérieure du verre est nécessairement très incomplète. On peut observer facilement cet effet en plaçant, le soir, une bougie allumée devant une glace. Les propriétés des miroirs plans sont souvent utilisées dans les appareils de physique, soit simplement pour dévier les rayons lumineux, soit pour la mesure des angles. Il est facile de vérifier que si, le rayon incident restant fixe, le miroir se déplace d'un certain angle, le rayon réfléchi tournera d'un angle double. Ce principe a reçu de nombreuses applications ingénieuses parmi lesquelles nous citerons le miroir tournant de Wheatstone et de Foucault pour la vitesse de propagation des courants électriques et des ondes lumineuses, le petit miroir qu'on adapte à l'aiguille aimantée du galvanomètre pour mesurer plus facilement les déviations de cette aiguille et, par suite, l'intensité des courants électriques, appareil exclusivement employé comme récepteur des lignes télégraphiques sous-marines, le goniomètre à réflexion pour la mesure des angles des faces des cristaux (V. CRISTALLOGRAPHIE), et enfin les cercles à réflexion et sextants qui rendent de si grands services aux navigateurs en leur permettant d'effectuer à bord, malgré le roulis et le tangage, les observations astronomiques qui leur sont nécessaires.. — V. SEXTANT.

Miroirs courbes. Si un faisceau de rayons lumineux émané d'un point fixe vient à se réfléchir sur une surface courbe, les rayons réfléchis n'iront généralement pas concourir en un même point, de sorte que les miroirs courbes ne donnent pas rigoureusement d'image au sens propre du mot. Si, cependant, le miroir a la forme d'un ellipsoïde de révolution allongé, les rayons émanés d'un des foyers A de cet ellipsoïde iront, après réflexion, se croiser à l'autre foyer B qui, pour cette raison, prendra le nom de *foyer réel conjugué* du point B. Si le miroir a la forme d'un hyperboloïde de révolution autour de l'axe transverse, les rayons émanés d'un foyer A formeront, après réflexion, un faisceau divergent; mais leurs prolongements passeront tous à l'autre foyer B, de sorte que le faisceau réfléchi paraîtra émaner de ce point B qui est appelé le *foyer virtuel* conjugué du point A. Ces deux cas sont, avec celui du miroir plan, les seuls dans lesquels un point A possède réellement une image réelle ou virtuelle, et les miroirs qui réalisent ces conditions sont dits *aplanétiques*. Malheureusement, un miroir elliptique ou hyperbolique n'est aplanétique que pour *deux points seulement* qui sont ses foyers. Aussi ces sortes de miroirs ne peuvent donner rigoureusement d'images d'un objet de quelque étendue, puisqu'il faudrait qu'ils fussent aplanétiques pour tous les points de cet objet. Il convient encore de citer le cas du *miroir parabolique* dont la forme est celle d'un paraboloïde de révolution. Dans ce miroir, tous les rayons émanés du foyer de la parabole méridienne se réfléchissent suivant un faisceau parallèle à l'axe et, réciproquement, les rayons arrivant parallèlement à l'axe vont, après réflexion, concourir au foyer. Les miroirs paraboliques sont employés pour concentrer en un point unique tous les rayons d'un faisceau de lumière solaire. Leur forme est celle qu'il convient de donner aux réflecteurs de lampes ou de lanternes quand on veut projeter la lumière au loin. Avant l'invention, faite par Fresnel, des lentilles à échelons, les miroirs paraboliques étaient exclusivement employés dans les phares, pour projeter au loin, sur la mer, un faisceau cylindrique qui pût parvenir à de grandes distances sans s'affaiblir en se distribuant dans tous les sens. Il va sans dire que la lampe du phare devait être placée au foyer du miroir. Enfin, les miroirs des *télescopes* (V. ce mot) sont toujours paraboliques, disposition qui se justifie par ce fait que, d'une part, la lumière des astres, nous arrivant de très loin, doit être considérée comme formée de rayons parallèles et que, d'autre part, la direction de ces rayons parallèles ne diffère que très peu de celle de l'axe du miroir. Il faut seulement observer que si les images ont une netteté parfaite au centre du champ, parce qu'alors elles sont constituées par des rayons parallèles à l'axe, elles perdent assez rapidement cette netteté à une distance notable de ce centre.

S'il est impossible de construire des miroirs aplanétiques pour tous les points d'un objet, on peut, cependant, en construire d'une forme telle que les rayons réfléchis, sans être rigoureusement convergents, aillent cependant se croiser dans une étendue assez petite pour qu'il en résulte des images suffisamment nettes. Il faut, pour cela, que la courbure du miroir soit la même en tous ses points, c'est-à-dire que la forme du miroir soit celle d'une sphère. Les miroirs sphériques donnent des résultats très satisfaisants; on les classe en deux catégories suivant que la surface réfléchissante est concave ou convexe. La théorie approchée des effets qu'ils produisent a été établie par Newton (*Optique*, livre I). Nous allons en rappeler les principales conclusions; mais il ne faut pas oublier que ces conclusions ne sont qu'approximatives et ne peuvent être considérées comme pratiquement exactes que si, d'une part, le miroir ne constitue qu'une petite portion de la surface de la sphère et si, d'autre part, tous les rayons émanés de l'objet qui viennent frapper le miroir ne font que de petits angles avec la ligne qui joint le milieu du miroir au centre de la sphère.

Miroirs sphériques concaves. Soient C (fig. 266) le centre du miroir, O son centre de courbure; la ligne OC est dite *l'axe* du miroir. On démontre que tous les rayons parallèles à l'axe vont, après réflexion, concourir sensiblement en un point F situé au milieu de la distance OC, lequel a reçu le nom de *foyer principal* du miroir. La longueur OF ou CF qui est égale à la moitié du rayon de la sphère et que nous désignerons

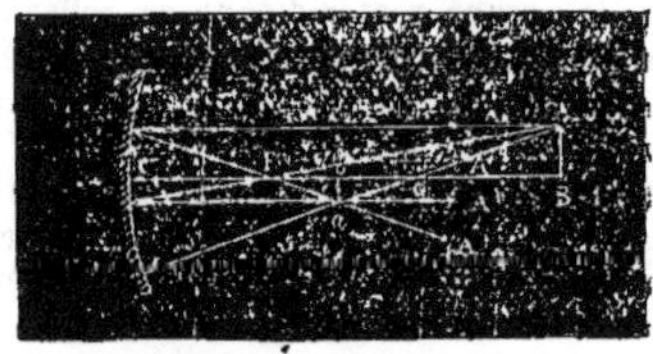

Fig. 266. — *Formation des images réelles dans les miroirs concaves.*

Dans cette figure et dans les deux suivantes, *A* désigne la marche des rayons émanés de *A* qui, après réflexion, semblent venir de *a*.

par *f* est la *distance focale principale*. Le plan perpendiculaire à l'axe mené par F s'appelle le *plan focal principal*. Des rayons parallèles entre eux, mais non parallèles à l'axe, iront sensiblement concourir au point du plan focal situé sur le rayon de la sphère parallèle à leur direction, point qui est appelé un *foyer secondaire*. Enfin, des rayons émanés d'un point A, situé au delà de F, iront sensiblement converger en un autre point *a* et, réciproquement, des rayons émanés de *a* iront converger en A. Ces deux points sont appelés des *foyers conjugués*. On construit facilement le foyer conjugué d'un point donné en se rappelant que tout rayon parallèle à l'axe passe en F après la réflexion, et que tout rayon passant sur O se réfléchit sur lui-même puisqu'il rencontre normalement la surface du miroir. Il résulte de là que deux foyers conjugués sont toujours situés sur un même rayon de la sphère. Si B et *b* sont les pieds des perpendiculaires abaissées sur l'axe de A et *a*, les distances $p = CB$, $q = Cb$ de ces deux points au centre de figure C du miroir sont liées par la formule :

$$\frac{1}{p}+\frac{1}{q}=\frac{1}{f}=\frac{2}{R}.$$

Il résulte de cette formule que si, comme nous l'avons supposé, l'un des deux foyers conjugués est au delà de F, l'autre y sera aussi et les deux foyers conjugués seront de part et d'autre du centre de courbure O. Si le point A s'éloigne, le point *a* se rapproche de F; les deux foyers conjugués se rapprochent, au contraire, si A s'approche de O, et ils se confondent si A vient en O. Si, à la place du point A, on met un objet de dimensions finies, chaque point de cet objet aura son foyer réel conjugué, et l'ensemble de ces foyers formera une *image réelle* (1) et *renversée*, plus petite que l'objet si celui-ci est au delà de O, plus grande s'il est entre O et F.

Quand le point A est situé entre F et C, les rayons réfléchis sortent divergents et semblent émaner d'un *foyer conjugué virtuel a* (fig. 267),

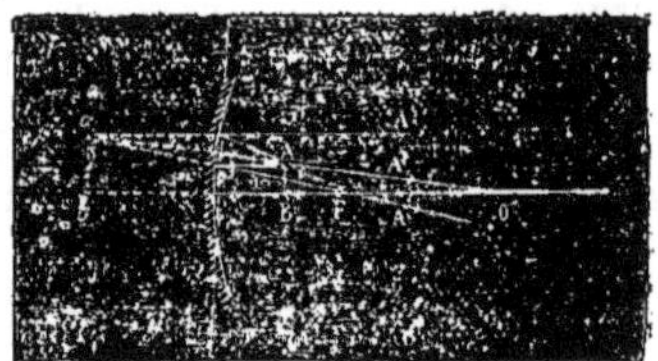

Fig. 267. — *Formation des images virtuelles dans les miroirs concaves.*

que l'on construira de la même manière qu'un foyer réel; seulement il est situé au delà du miroir. La formule précédente peut encore servir pourvu qu'on considère comme négative la quantité *q* qui se trouve du côté de la convexité. Un objet placé en A fournira une image *virtuelle*, directe et agrandie. Pour différents usages, on emploie des miroirs légèrement concaves au lieu de miroirs plans, afin de mettre à profit cette propriété de donner des images agrandies.

Miroirs sphériques convexes. Les miroirs convexes ne peuvent donner que des images virtuelles. Il existe encore un foyer principal, mais virtuel, toujours au milieu du rayon et des foyers conjugués qui se construisent de la même manière; mais l'un d'eux est constamment virtuel. La formule des miroirs concaves peut encore servir, pourvu qu'on considère comme négative la distance *p* de la source lumineuse au miroir parce qu'elle est du côté de la convexité. Si l'on ne veut pas employer de quantités négatives, on écrira la formule :

(1) Comme dans la théorie des lentilles, les foyers et les images sont dits *réels*, si les rayons qui les forment viennent effectivement s'y croiser, *virtuels* si les rayons réfléchis divergent du foyer ou des différents points de l'image.

$$\frac{1}{q}-\frac{1}{p}=\frac{1}{f}.$$

Il est facile de voir que les images virtuelles fournies par un miroir sphérique convexe sont toujours directes et diminuées (fig. 268).

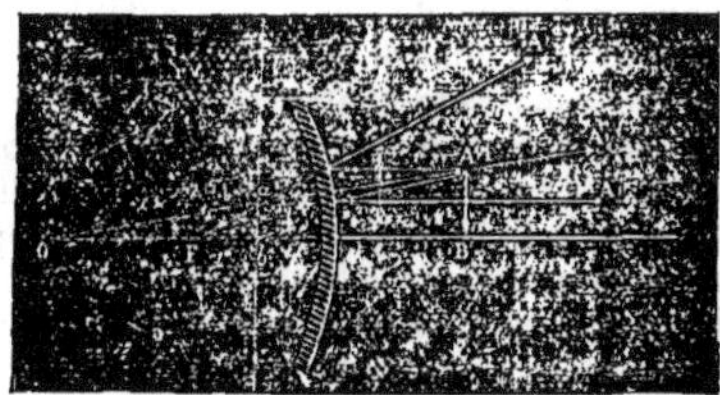

Fig. 268. — *Formation des images virtuelles dans les miroirs convexes.*

Miroirs cylindriques, coniques, etc. On construit quelquefois, dans un but de démonstration ou plutôt de récréation, des miroirs cylindriques, coniques ou de formes plus bizarres. Ces miroirs ne donnent que des images généralement très imparfaites, mais les déformations qu'ils font subir aux formes des objets présentent un certain intérêt. Les miroirs cylindriques conservent la dimension de l'objet dans le sens des génératrices et amplifient ou diminuent les dimensions perpendiculaires suivant qu'ils sont concaves ou convexes. De là, la physionomie bizarre que l'on se trouve quand on se regarde dans un pareil miroir. Les miroirs coniques donnent lieu à une déformation plus compliquée, mais facile à étudier géométriquement. Ce genre de déformation a reçu le nom d'*anamorphose.* On peut construire à l'avance la forme qu'il faut donner à l'objet pour que son image ait une figure déterminée. Tel est le principe de cet espèce de jeu qu'on trouve chez les opticiens et qui se compose de plusieurs dessins circulaires représentant les transformations par anamorphose de figures d'hommes, d'animaux, de maisons, de paysages, etc. Au centre du dessin, on place un miroir conique dans l'intérieur duquel on voit, par réflexion, et dans ses formes véritables, les sujets que la déformation opérée systématiquement par l'artiste a rendu méconnaissables.

Les miroirs réfléchissent aussi suivant les mêmes lois les ondes calorifiques et les ondes sonores. C'est pourquoi les miroirs concaves ont reçu le nom de *miroirs ardents,* puisqu'ils concentrent en leur foyer tous les rayons de chaleur qui viennent frapper leur surface, ce qui peut produire, en ce foyer, une température très élevée. On dit qu'au siège de Syracuse, Archimède parvint à incendier la flotte romaine en concentrant sur leurs vaisseaux la chaleur solaire à l'aide de miroirs ardents. Une expérience analogue, mais toute pacifique, a été réussie par Buffon, au siècle dernier.

Tout le monde connaît la fameuse voûte du Conservatoire des Arts-et-Métiers, à Paris, dont la surface affecte la forme d'une portion d'ellipsoïde de révolution. Des paroles prononcées à voix basse à l'un des foyers sont distinctement entendues à l'autre foyer à cause de la concentration des ondes sonores, tandis qu'il est impossible de les entendre en tout autre point de la salle. — M. F.

*III. **MIROIR.** *T. d'arch.* Petit ornement ovale, taillé dans certaines moulures creuses et quelquefois rempli de fleurons. || *T. de constr.* Cavité produite dans le parement d'une pierre par un éclat qui a pénétré trop profondément. || *T. de min.* Surface polie que présentent certaines failles minces formées par glissement. || *Art hérald.* Meuble de l'écu figurant un miroir.

MIROITERIE. Industrie qui s'occupe de la confection des miroirs.

MIROITIER. Industriel qui ne fabrique pas les glaces, mais qui les taille à angle droit et à biseau, qui les étame, et les dispose dans leur encadrement, etc.

— La communauté des maîtres miroitiers-lunetiers, qui jouissait de ce privilège, s'était accrue sous le règne de Henri III, en 1581, par l'adjonction des bimbelotiers, et, vers le milieu du règne de Louis XIV, par celle des doreurs sur cuir, dont les statuts particuliers dataient de 1594. Les miroitiers eurent plus d'une fois à défendre leurs privilèges contre les prétentions des manufactures de glaces : des arrêts de 1716 et de 1758 leur en maintinrent la jouissance, en faisant une exception pour les glaces destinées aux résidences royales ou à l'exportation. Ils soutinrent aussi de fréquents procès contre les merciers, et plusieurs fois il fut question de réunir ces deux corps ensemble; toutefois, l'édit du mois d'août 1776 incorpora les miroitiers aux tapissiers et aux fripiers en meubles.

MISAINE. *T. de mar.* Mât d'avant, qui se trouve immédiatement après le beaupré. — V. MÂTURE.

***MISE.** *T. techn.* Bassin carré dans lequel on laisse refroidir le savon cuit. || Sorte d'auget en tôle rempli d'huile chaude, dans lequel on immerge les aiguilles pour les tremper. || Pièce de fer soudée exactement, soit à une autre pièce pour la renforcer, soit à un autre morceau de fer qu'elle servira à manœuvrer. || Trou conique par lequel on introduit, dans le moulin, la graine de moutarde. || Ce mot désigne une foule d'opérations industrielles qu'il serait impossible d'énumérer; nous donnons les principales : en *teint.*, mettre *en mise,* c'est disposer les pièces à entrer dans le bain et la *mise* proprement dite est la quantité de pièces immergées; en *sculpt.*, la *mise au point* est l'ensemble des procédés employés pour reproduire dans le bloc de pierre ou de marbre, le modèle en terre sorti des mains du sculpteur; ces opérations sont ordinairement confiées à des artisans qu'on nomme *praticiens*; en *typogr.*, la *mise en pages* consiste à assembler les paquets de composition pour former des pages dans l'ordre de pagination, et la *mise en train* est la préparation du tirage ou impression des formes; en *constr.*, la *mise en ligne* est la construction d'un mur à parement vertical, en se guidant sur les lignes tendues; en *joaill.*, la *mise sur cire* consiste, après avoir reporté le calque du dessin de la pierre sur une surface lisse de cire résineuse noircie, à poser chacune des pierres à la place qu'elle doit occuper dans l'exécution; c'est dans cet état que l'ouvrier reçoit la pièce à exécuter; la *mise à jour* est le travail qui consiste à définir entre chaque pierre les jours nécessaires; dans le travail des peaux, on nomme *mise en chaux*, une préparation qui a pour but de débarrasser la peau de la laine ou du poil que celle-ci porte; *mise au vent*, une opération qui consiste à mettre les peaux sur une table, la chair en l'air, puis à les gratter avec l'étire afin de les étendre; *mise en confit*, l'immersion des peaux dans une cuve contenant de l'eau et du son; en *vitr.*, la *mise en plomb* est l'opération qui consiste à assembler les vitraux de couleur et à les maintenir par du plomb pour procéder à leur enchâssement: en *céram.*, la *mise en couverte* est une opération de glaçage que l'on trouvera décrite à l'article CÉRAMIQUE; en *tiss.*, la *mise en carte* est une des opérations les plus importantes à laquelle nous consacrons l'article suivant.

***MISE EN CARTE.** *T. de tiss.* Les explications données aux mots CARTE (Mise en), CACHEMIRE D'ECOSSE, CACHEMIRE DE L'INDE, CARTON JACQUARD, CASSIN, COURSE, DAMAS DE LAINE, DÉCOCHEMENT, DESSINATEUR INDUSTRIEL, DIX-EN-DIX, EMPOUTAGE, ENLAÇAGE, ESCALETTE, ESQUISSE, HUIT-EN-HUIT, LECTURE, LISAGE ACCÉLÉRÉ, ont pu déjà préparer le lecteur à comprendre ce qu'on entend par *mise en carte*. Mais tout n'a pas été dit sur ce sujet; il importe donc de compléter ici cette étude. Pour cela, commençons par résumer, sous une forme synthétique, les six conditions qui s'imposent à tout fabricant de tissus artistiques (étoffes à dessins). Les voici dans leur ordre de succession : 1° il faut composer le dessin (esquisse ou maquette) qu'il s'agit de reproduire sur le tissu adopté préalablement. L'artiste qui crée ces dessins s'appelle, comme on l'a vu, *dessinateur industriel*. Il doit être au courant des procédés de tissage et, de plus, au courant des caprices de la mode. Il doit s'attacher, lorsqu'il agence une disposition sur un plan déterminé, à observer strictement la loi du raccord des formes, aussi bien aux deux limites transversales qu'aux deux limites longitudinales de ce plan (V. t. III, du *Cours de tissage* professé à la Société industrielle d'Amiens); 2° il faut exécuter la mise en carte du dessin adopté, c'est-à-dire sa reproduction en grand, sur du papier quadrillé, en transformant les lignes courbes et celles obliques en d'autres lignes analogues comme configuration, mais formées de petits gradins, tantôt carrés, tantôt allongés, soit dans le sens latéral, soit dans le sens vertical. Ce travail de transformation s'appelle *mise à la corde*, et les gradins se nomment *décochements*. Celui qui en est chargé doit faire en sorte que jamais les décochements n'altèrent les contours des motifs dont l'ensemble constitue le dessin; 3° il faut traduire la mise en carte en un tissu grossier qu'on obtient à l'aide d'une chaîne de cordes ou chaîne volante qu'on appelle *semple*, et qu'on a antérieurement suspendue à la boîte d'accrochage d'un bâti spécial, dit *bâti de liseuse*. Cette opération s'appelle *lecture*, et l'ouvrière qui *lit* la mise en carte se nomme également *liseuse*; 4° il faut, après lecture faite, décrocher le semple et transporter ce dernier sur un grand métier qu'on appelle *lisage accéléré*. On le suspend de nouveau aux crochets du cassin, puis deux ouvriers, le tireur et le piqueur, concourent à métamorphoser le tissu grossier, quoique artistique, du semple, en autant de cartons qu'il y avait de duites ou de cordes, dites *embarbes*, dans cette chaîne volante, cartons ou bandes d'une longueur et d'une largeur correspondant à la longueur et à la largeur du cylindre de la Jacquard choisie, celle-ci étant appropriée au résultat qu'on veut obtenir; 5° il faut coudre (enlacer ou lacer) les cartons les uns aux autres de manière à en faire un ruban ou plutôt un manchon continu; puis transporter ces cartons sur le métier à tisser et les adapter à la Jacquard de façon à ce que chacun d'eux puisse, à son tour, venir s'appliquer sur l'une des faces du cylindre (parallélipipède à 4 pas en bois et contenant autant de trous ou alvéoles qu'il y a d'aiguilles dans la mécanique employée); 6° enfin, il faut qu'un ouvrier tisserand fasse fonctionner la Jacquard pour déterminer l'apparition du dessin sur l'étoffe que produit le tissage.

Telle est la synthèse des opérations qu'exige la fabrication des tissus artistiques. On a donné, dans l'ouvrage cité plus haut, tous les préceptes qui ont trait à la profession de dessinateur industriel (metteur en carte et liseur). Il y est démontré que la mise en carte n'est autre que l'*indication* fidèle, écrite en grands caractères, non seulement des formes de tous les motifs et détails que comporte le dessin proposé, des divers tons et des couleurs plus ou moins variées qui doivent concourir à rendre son aspect plus attrayant ou plus conforme à la mode qui prédomine, mais encore l'inscription de tous les genres d'entrecroisements qui devront s'opérer entre les fils et les duites du tissu que la Jacquard aura pour mission de réaliser, tantôt seule, tantôt secondée par un remisse (corps de lames) annexé à la tire d'arcades. On est bien obligé d'avoir recours à l'agrandissement des dites formes et des pointages de contextures sur papier quadrillé, pour que la liseuse puisse compter toutes les petites cases que contient chacune des rangées horizontales dans toute la largeur de la mise en carte, chaque rangée de cases correspondant à une duite. Exemple : supposons que le dessin exige, dans sa largeur, 600 fils de chaîne et conséquemment 600 rangées *verticales* de cases dans le rapport-chaîne de la mise en carte; admettons qu'il contienne 1,500 duites dans le rapport-trame de ladite carte, et, conséquemment, 1,500 rangées *horizontales*, ayant 600 petites cases chacune, ce qui revient à dire que chaque rangée verticale ci-dessus aura, pour sa part, 1,500 petites cases dans sa hauteur; lorsque la liseuse aura lu chaque duite de 600 cases et qu'elle aura ainsi fait passer, devant sa règle ou escalette, les 1,500 duites, ses yeux auront compté 1,500 × 600 points soit 900,000 points. Cela démontre avec évidence la nécessité d'avoir des cases qui, bien que petites sur le plan quadrillé, soient assez grandes pour être comptées par la liseuse. Cette dernière pourra ainsi faire aisément et exactement, d'après les couleurs et les pointages qui figurent sur la carte, l'élection entre les cordes à prendre et celles à repousser dans le *semple*, élection qui déterminera, pour chaque lecture de rangée horizontale de points, la voie dans laquelle la main gauche de cette ouvrière introduira l'embarbe.

Il y a, dans une mise en carte, quatre genres de lignes à réaliser, savoir : l'*horizontale*, la *verticale*, l'*oblique*, et la *courbe* (fig. 269). L'oblique et la courbe, seules, nécessitent l'emploi des décochements.

En effet, l'horizontale et la verticale se font tout simplement en les peignant sur un nombre de petites cases imposé par les caprices du dessin (baguettes d'encadrement H'HV'; carrés isolés *c*; damiers *m*; figures géométriques quelconques *g*).

La diagonale D se fait par décochement de *fil à fil, duite à duite*; c'est l'hypoténuse qui divise

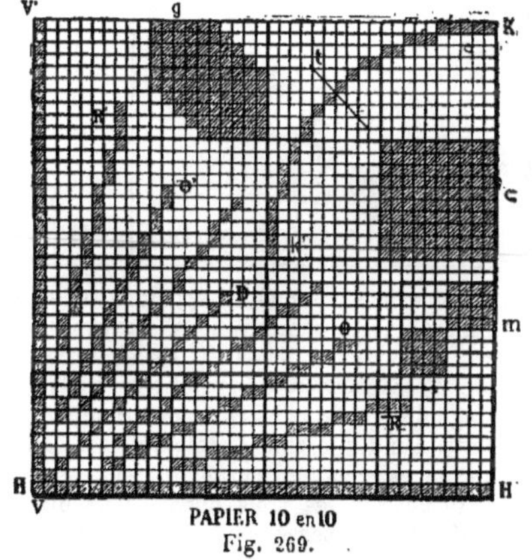

Fig. 269.

un carré en deux triangles rectangles égaux. L'oblique O, intermédiaire entre D et HH', se fait par décochement transversal de *deux fils en deux fils*. L'oblique O', intermédiaire entre D et VV', se fait par décochement longitudinal, de *deux duites en deux duites*. On peut intercaler entre O et HH', ainsi qu'entre O et D, entre D et O', entre O' et VV', beaucoup d'autres obliques, à l'aide d'autres modes de décochements, pourvu que ceux-ci soient rythmiques; les obliques R et R' en sont des exemples : R procède, en effet, par décochement transversal (3 fils, 4 fils) et R' par décochement longitudinal (3 duites, 4 duites). La courbe *kk'*, qui est représentée ici par un arc de 90 degrés (quart de circonférence), montre suffisamment comment on peut obtenir la périphérie d'un disque, d'un anneau, de tous contours curvilignes. Ici le petit trait oblique *t* prouve que pour mettre en carte ce cercle, il suffit d'opérer, avec le pinceau, le décochement de *k* en *t*, c'est-à-dire, le huitième du rond. Il y a, en effet, symétrie entre *tk* et *tk'* comme mode de gradation. On n'a donc plus qu'à copier les décochements par 5, 3, 2, 2, 1, 1, sept fois symétriquement ou, si l'on veut, qu'à procéder par décochements *contredits*, pour obtenir ici le cercle entier dont on met, ensuite, le centre en couleur.

On doit s'attacher à ne composer l'esquisse que quand on connaît bien la largeur de la base du plan sur lequel on doit la tracer; la hauteur peut être arbitraire, car son étendue, plus ou moins grande, est obtenue et reproduite par la quantité voulue de cartons, tandis que la base dépend de la largeur absolue de chacune des répétitions établies dans l'*empoutage* des arcades de la tire, pour constituer la laize de l'étoffe, abstraction faite des lisières, dont on ne tient pas compte dans la mise en carte artistique.

On reproduit les détails de l'esquisse, en grand, sur l'échiquier du papier quadrillé, à l'aide de carrés, petits sur la première, grands sur le second et en nombre égal sur ces deux plans. Ces divisions proportionnelles suffisent pour guider le metteur en carte. Le tracé se fait au fusain. Lorsque ce premier travail est exécuté, un coup de plumeau très légèrement donné sur les traits de fusain, enlève la braise qui s'y trouve en excès et ne laisse plus que le fantôme du tracé; l'artiste passe alors un trait pur de crayon (mine de plomb) sur ce tracé suffisamment perceptible et, quand cela est fait, un coup de torchon d'amadou très doux enlève totalement le fusain et même l'excès de mine de plomb. Il n'y a plus qu'à mettre à la corde, en s'attachant à bien suivre le trait de crayon, de manière à le transformer en gradins qui n'altèrent pas les contours des motifs. Il faut éviter surtout, les bavures de la couleur dans les carreaux qui doivent rester blancs, ou la bavure d'une couleur dans un carreau qui doit être différemment colorié. On ne doit pas oublier que chaque petite case doit être remplie d'une façon très nette et très propre, ou rester toute blanche s'il le faut; car, lorsqu'il y a empiètement de la couleur d'une case peinte sur une autre blanche ou couverte d'une autre couleur, la liseuse ne sait plus si elle doit *prendre* ou *laisser* la corde du semple qui correspond à la case maculée ou au point sali. C'est pour cela, répétons-le, que les décochements doivent être très soigneusement et très consciencieusement faits.

Terminons cette étude par l'indication d'un calcul très simple qui, dans un travail publié en 1867 et intitulé, *Méthode de construction des satins réguliers pairs et impairs* (théorie des nombres premiers appliquée au pointé de ces armures), nous a permis de trouver immédiatement tous les modes de pointage d'un satin sur son échiquier, si, toutefois, le module de ce dernier se prête à la dissémination harmonique de ces points. Voici la règle générale applicable à tous les satins possibles : « Etant donné un *module* M, c'est-à-dire, le nombre de cases comprises dans la première rangée horizontale du plan quadrillé ou échiquier destiné au satin qu'il s'agit de construire, il faut, pour que le pointage *sauté* de ce satin soit possible : 1° que ce module M soit la somme de deux nombres *premiers* entre eux ou n'ayant pas de diviseur commun; et 2° que la première de ces deux quantités partielles, concourant à former le total, ne soit pas le nombre *un*, car 1, aussi bien que M—1 ou x, seconde quantité concomitante, ne produisent, l'un et l'autre, qu'un *sergé* au lieu d'un satin. Donc $1+x$ ou 1 plus toute autre quantité qu'on voudra adjoindre à l'unité pour avoir une somme représentant le nombre transversal de petites cases d'un module quelconque, ne fournissent qu'une diagonale D (fig. 270). Enfin, le pointage satiné n'est possible que si le premier des deux nombres dont la somme égale M est non seulement supérieur à l'unité, mais encore n'a pas de facteur commun avec le second nombre concomitant x.

Tout metteur en carte peut ainsi, sans procéder par tâtonnements et sans perdre un temps précieux, trouver immédiatement et avec une parfaite certitude, le mode de pointage de tous les satins compris entre le module 5 inclusivement et le module 13, puis entre celui-ci et le module 82 pris ici comme extrême limite pratique.

Les grands modules qui dépassent 13 (maximum des satins *usuels*), ne servent qu'à la composition d'*armures-dessin*, comme on le verra plus loin.

Confirmons, par quelques exemples, cette théorie si précieuse pour les pointeurs d'armures satinées.

Le satin de 4 n'est pas possible, parce que $1+3$ donne un sergé de gauche à droite, par décochement de 1 (fig. 270), et un sergé de droite à gauche, par décochement de 3 (fig. 271). D'autre

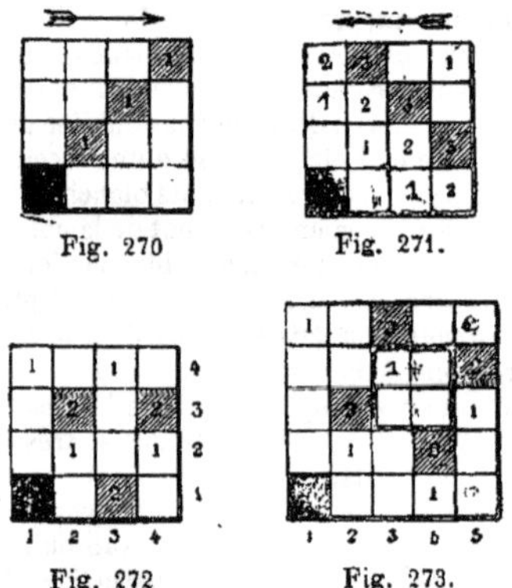

Fig. 270 Fig. 271.

Fig. 272 Fig. 273.

part, $2+2$ ayant un diviseur commun, ne produisent ni sergé, ni satin, puisque les duites 2 et 4 ne sont pas liées, et que deux points de liage tombent sur la duite première et sur la duite troisième, ce qui est absurde (fig. 272).

Le satin de 4-le-5 (fig. 273), dont le module $M=1+4$ donne deux sergés, mais ce module est également la somme de $2+3$; or ces deux nombres, étant premiers entre eux, fournissent chacun une solution, le décochement par 2 comme par 3 donnant une dissémination des points de liage en satin de 5 sur l'échiquier de 5 cases carrées.

Mais, si on examine attentivement cette armure et si l'on compte les décochements en allant du fil 5 au fil 1, on y trouve la solution par 3 (de 3 en 3 cases). Donc, on peut dire qu'il y a ici une solution distincte, laquelle est indiquée par le nombre 2 seulement. L'autre par trois est dite *complémentaire*.

Le satin de 6 est impossible parce que $6=1+5$ (deux sergés); $6=2+4$ ayant un facteur commun; enfin $6=3+3$ (idem).

Tous les modules qui viennent après 6 sont susceptibles d'être pointés en satin. Le tableau suivant donne les solutions distinctes et les solutions complémentaires des satins de 5 à 13, sauf le nombre 6, réfractaire, dont il vient d'être question et qu'il est inutile par conséquent de faire figurer ici.

Satins Modules	Solutions distinctes Décochement par	Solutions complémentaires Même échiquier
M= 5	**2** (satin carré)	3
— 7	2 —	3.4.5
— 8	3 —	5
— 9	2 —	7
M=10	**3** (satin carré)	7
— 11	2 —	5.6.9
»	3 —	4.7.8
— 12	5 —	7
— 13	2 —	6.7.11
»	3 —	4 9.10
M=13	**5** (satin carré)	8

Les solutions que nous appelons ici complémentaires, sont, comme nous l'avons fait observer pour le satin de 5, celles qu'on peut trouver encore sur un échiquier se prêtant déjà au pointage d'un satin construit avec un mode de décochement indiqué dans la colonne des solutions distinctes et, cela, en comptant les cases dans l'un quelconque des trois autres sens que celui primitivement observé. On voit ainsi, en consultant le tableau, que les satins de 5, 8, 9, 10, 12 et 13 (par **5**, solution carrée) n'ont qu'une seule solution complémentaire, tandis que le satin de 11 et celui de 13 ont, *deux fois*, trois de ces solutions complémentaires. Le satin de 7 n'en a que trois.

Les petits chiffres, contenus dans les deux colonnes, ne produisent que des satins dits *rectangulaires*. On ne peut inscrire entre quatre points voisins quelconques de leur pointage, que des rectangles plus ou moins *longs*.

Les gros chiffres **2**, **3** et **5**, qu'on voit seulement dans la colonne des solutions distinctes indiquent que les satins, produits par ces nombres, sont considérés comme *carrés*, c'est-à-dire qu'on peut, entre quatre points *voisins* quelconques de leur pointage, inscrire un carré parfait (fig. 273). Tout satin est carré lorsque son module est la *somme des carrés* de deux nombres, premiers entre eux ou sans facteur commun. Si l'on représente par M le module, par a le premier nombre élevé au carré et par b le second nombre élevé au carré, le satin sera carré lorsqu'on pourra lui faire l'application de cette formule: $M=a^2+b^2$.

En effet, dans le tableau,

$$M5=1^2+2^2; M10=1^2+3^2; M13=2^2+3^2$$

combinaisons qu'on ne trouve pas à effectuer pour les cinq autres modules. On voit donc que les gros chiffres représentent seuls ici les modes de décochements qui engendrent des satins carrés. Enfin, chose curieuse, le nombre 13 a non seulement une solution carrée distincte par 5, mais deux autres solutions distinctes (rectangles allongés, inscrits) par 2 et 3, plus 7 solutions complémentaires (V. notre ouvrage intitulé : le *Transpositeur*, contenant toutes les solutions jusqu'au satin de 82).

Quant aux grands modules qui dépassent 13, ils servent, comme nous l'avons dit plus haut, à produire des combinaisons d'armures-dessin et des mosaïques en quantités considérables ; il suffit d'adjoindre au pointé satiné (point unique) de la *première* duite de la mise en carte, d'autres points ingénieusement disséminés ou répartis sur les autres cases de cette *rangée transversale*. On répète le même pointage supplémentaire en regard et à la suite de chaque point unique du satiné des autres duites, quelle que soit la position occupée par chacun de ces points de liage sur sa propre rangée de cases, et l'on voit naître des armures qui, très souvent, sont fort jolies. — V. SATIN. — E. G.

***MISPICKEL.** *T. de minér.* Arsénio-sulfure de fer, qui cristallise en prisme rhomboïdal droit de 111° 12', mais se trouve plus souvent en prismes surbaissés, surmontés d'un dôme très obtus, à faces striées. Sa cassure est inégale, il est opaque, gris blanc, doué d'éclat métallique, d'une densité de 6 à 6,3 et d'une dureté de 5,5, aussi fait-il feu sous le briquet. Sa formule FeS^2+FeAs^2 correspond à 46,01 0/0 d'arsenic, 19,64 de soufre, et 34,35 de fer (dans la variété dite *danaïte*, le fer est en partie remplacé par du cobalt). Ce minérai se rencontre dans les roches cristallines, associé à l'étain, l'argent et surtout dans la serpentine; il est cristallisé ou en masses compactes et bacillaires. On le trouve notamment en Prusse, à Reichenstein, en Bohême, à Graupen, à Altenberg, en Saxe; dans ce même pays, l'une de ses variétés contenant de 1 à 10 0/0 d'argent, sert à l'extraction de ce métal.

Usages. Le mispickel est surtout employé pour la préparation de l'arsenic et, par suite, des composés arsénicaux, en chauffant le minerai bien bocardé avec une certaine quantité de fer arsénical. Les équations suivantes rendent compte de la réaction :

$$FeS^2+FeAs^2=2FeS+As^2$$
$$\text{et}\quad Fe^4As^6=Fe^4As^2+2As^2$$

MITAINE. Gant qui ne couvre que la première phalange des doigts sans qu'il y ait séparation, excepté pour le pouce. ‖ Plaque de tôle portant une échancrure dans laquelle le souffleur de verre pose la canne pendant son travail.

MITRAILLE. Nom des balles en fer, biscaïens, et ferrailles de toutes sortes dont on s'est servi, autrefois, pour charger les pierriers et quelquefois même les autres bouches à feu lorsqu'on voulait couvrir de projectiles tout le terrain à une petite distance en avant de la pièce. Afin de pouvoir accélérer le tir, on les renferma bientôt dans des sacs de toile ou boîtes en bois et on en fit des paquets de mitraille. Peu à peu, on laissa de côté les caffûts et autres morceaux de fer pour employer exclusivement les balles en fer forgé qui, grâce à leur forme plus régulière, portaient plus loin. On en forma alors des cartouches à *pomme de pin* ou *grappes de raisin* dans lesquels les balles étaient disposées symétriquement sur un plateau autour d'un axe central et recouvertes d'un filet. Le tir à mitraille dégradant les pièces en bronze, on imagina de renfermer les balles dans une enveloppe destinée à préserver l'âme du choc des balles (V. BOITE, § 8, *Boîte à balles*). Aujourd'hui, le mot *mitraille* n'est plus employé que pour désigner les *boîtes à mitraille* ; par analogie et pour distinguer des anciens obus à balles, ceux des nouveaux modèles qui ont été récemment adoptés et qui renferment un beaucoup plus grand nombre de balles, on leur a donné l'appellation officielle d'*obus à mitraille*. — V. OBUS.

Les boîtes à balles ou boîtes à mitraille des canons lisses de l'artillerie et des canons rayés en fonte de la marine, se composent d'une enveloppe en tôle avec culot en fer forgé et couvercle en bois ou en fer. Pour les canons rayés en bronze, on a dû employer, pour ne pas dégrader les rayures, une enveloppe en zinc laminé, avec culot et couvercle en zinc coulé ; les boîtes à mitraille des nouveaux canons en acier sont construites de la même façon. Les balles sont disposées par couche régulière ; les vides étaient remplis autrefois de sciure de bois fortement tassée ; depuis l'adoption des canons rayés, on emploie le soufre fondu. Par suite du choc au départ, l'enveloppe se disloque, le culot continue à chasser les balles devant lui, mais dès la sortie de l'âme, l'enveloppe s'ouvre et les balles se dispersent. Le soufre fondu a pour but de diminuer le plus possible cette dispersion.

MITRAILLEUSE. Une mitrailleuse est une bouche à feu formée par la réunion de plusieurs canons de petit calibre et d'un mécanisme de culasse que l'on manœuvre à l'aide de moyens mécaniques, et organisée de façon à permettre de lancer avec rapidité un grand nombre de projectiles, soit successivement, soit simultanément, ou du moins, à intervalles très rapprochés. Il est essentiel que les bouches à feu de cette espèce soient montées sur un affût tel que les mouvements du levier ou de la manivelle qui servent à la manœuvre du mécanisme ne dérangent pas le pointage de l'arme, et que chaque coup tiré ou même chaque salve, selon que les décharges sont successives ou simultanées, ne produise, par suite du recul, aucun déplacement sensible du système. Si l'on ajoute à cela que dans les derniers modèles de mitrailleuses on est arrivé à réaliser l'alimentation automatique, on peut dire qu'une mitrailleuse est une bouche à feu pour laquelle il n'y a plus de temps perdu pour la mise en batterie et le chargement.

Les canons à orgues ou à grêles et ribaudequins,

qui ont été en usage aux XIVe et XVe siècles, peuvent être considérés comme les premiers essais rudimentaires tentés dans cette voie; essais qui, du reste, par suite de l'adoption du tir à mitraille pour les canons furent, pendant longtemps, à peu près complètement laissés de côté. Ce n'est que dans notre siècle, pendant la guerre de la sécession, alors que la fabrication des cartouches métalliques commençait à entrer dans le domaine de la pratique, et que la science et l'industrie étaient assez avancées pour pouvoir mettre au service de l'esprit inventif des Américains des moyens mécaniques perfectionnés, que l'on a vu surgir les premiers modèles de mitrailleuses réellement dignes de ce nom. Le manque d'hommes et d'armes forçait alors les Etats du nord d'accepter tous les engins de destruction qui leur étaient présentés; la réclame américaine exagérant encore les effets meurtriers des mitrailleuses, celles-ci devinrent bientôt l'espoir des uns et la terreur des autres. La *mitrailleuse Gatling*, employée en Amérique dès 1862, fit sa première apparition en Europe à l'exposition de 1867; depuis lors, elle a été l'objet, dans presque tous les pays, de nombreuses expériences; elle a même été mise en service dans quelques-uns, en Angleterre et en Russie en particulier.

Vint ensuite le *canon à balles* français ou mitrailleuse de Meudon dont l'étude avait été entreprise, dès 1863, par le capitaine d'artillerie de Reffye, sous le patronage de l'empereur, mais dont la construction fut tenue secrète jusqu'au jour où ces pièces furent livrées, en 1870, aux batteries partant en campagne. C'est la seule mitrailleuse qui ait subi l'épreuve d'une grande guerre; les résultats obtenus ne répondirent pas à l'attente générale. Les inventeurs ne se sont pas, quand même, laissés aller au découragement et, depuis la guerre, plusieurs modèles de mitrailleuses, de plus en plus perfectionnés, ont été l'objet d'expériences suivies dans presque tous les pays. Ce fut d'abord la mitrailleuse belge *Christophe Montigny* qui n'était autre qu'une imitation de celle de Meudon, puis les mitrailleuses américaines *Gatling perfectionnée* et *Gardner*, la mitrailleuse suisse d'*Albertini*, la mitrailleuse suédoise *Palmcrantz*, le *canon-revolver Hotchkiss* dont les premiers essais ont été faits par la marine française, et les mitrailleuses *Nordenfelt*, dues à un constructeur anglais acquéreur des brevets Palmcrantz.

Tout d'abord, les mitrailleuses furent surtout expérimentées au point de vue des services qu'elles pouvaient rendre sur un champ de bataille; mais après avoir été introduites à titre provisoire dans la composition des équipages de campagne, elles en furent bientôt complètement écartées. En effet, si les mitrailleuses, dont le calibre est le plus généralement un peu plus fort que celui du fusil, sont supérieures, comme portée et justesse, à la mousqueterie aux grandes aussi bien qu'aux petites distances, et au tir à mitraille des canons, leurs balles produisent bien moins d'effet sur les troupes déployées que les nombreux éclats des obus à balles que lancent aujourd'hui tous les canons de campagne, et n'ont pas, en outre, une masse suffisante pour pouvoir détruire tous les obstacles que l'on rencontre en campagne. De pareilles mitrailleuses peuvent assurément, grâce à leur tir à peu près continu, produire de grands effets aux moyennes distances lorsqu'il s'agit de battre un défilé, une route en remblai ou en déblai, un pont par lequel doivent s'écouler des troupes en colonne profonde, mais, dans aucun cas, elles ne sont susceptibles de pouvoir lutter contre l'artillerie ennemie, puisque pour les contrebattre sans courir aucun danger, celle-ci n'a qu'à prendre position hors de portée de leurs projectiles, ou bien à s'abriter derrière le moindre pli de terrain ou le moindre épaulement. Quant aux mitrailleuses de petit calibre, dont le calibre est habituellement égal à celui des armes à feu portatives, de façon à pouvoir en utiliser les munitions, elles se divisent en deux catégories : les unes, du même poids que les canons de campagne, exigent, pour leur service, le même nombre de servants et de chevaux et sont à rejeter comme les précédentes; les autres très légères, très mobiles, aisément transportables à bras, et n'exigeant que deux servants au plus, pourraient peut-être, dans la défense des places, rendre quelques services pour la lutte rapprochée, la défense des brèches en particulier, et suppléer, au besoin, à l'insuffisance des défenseurs. Bon nombre de spécimens de ce genre ont été proposés par les inventeurs, aucun n'a encore été adopté pour cet usage aussi bien en France qu'à l'étranger. En France, on s'est borné tout d'abord à utiliser, provisoirement, pour le flanquement des fossés, les canons à balles retirés des équipages de campagne, en attendant que l'on ait trouvé un autre engin satisfaisant mieux aux conditions spéciales de ce genre de tir; puis à la suite d'essais comparatifs, entrepris en 1877, avec des mitrailleuses Gatling et Palmcrantz et un canon-revolver Hotchkiss tirant des boîtes à balles, la préférence fut accordée à ce dernier qui a pris place dans le matériel de l'artillerie de terre sous le nom de *canon-revolver modèle* 1879.

D'un autre côté, dès 1870, la question de l'emploi des mitrailleuses à bord des bâtiments et des embarcations a été mise à l'étude dans les différentes marines; il s'agissait alors de voir jusqu'à quel point les mitrailleuses pouvaient être avantageuses, soit pour protéger un débarquement en balayant la plage par de nombreux projectiles, soit pour contribuer à la défense du bord en empêchant les embarcations d'approcher ou couvrant d'un grand nombre de projectiles le pont des navires ennemis. Des nombreux essais comparatifs qui furent alors faits avec des mitrailleuses de différents modèles, des canons et des fusils, on avait conclu que ces mitrailleuses n'avaient ni une portée ni une justesse suffisantes pour pouvoir être substituées à la mousqueterie ou au tir des canons, et l'on renonça à utiliser les mitrailleuses pour l'armement du bord et des embarcations. Mais l'apparition des bateaux-torpilleurs devait bientôt appeler l'attention des puissances maritimes sur la nécessité de protéger les vaisseaux contre de pareils adversaires aussi rapides que terribles ; il fallut, dès lors, rechercher une arme qui, non seulement, eût un tir rapide et une belle justesse aux grandes distances afin de pouvoir commencer l'attaque de loin, mais encore qui lançât des projectiles capables de traverser, de 300 à 500 mètres au moins, les tôles les plus fortes employées pour la construction des torpilleurs et de leurs chaudières. C'est dans ce but que la marine française reprit, en 1876, les essais du canon-revolver Hotchkiss déjà expérimenté à Gavre, en 1873, et dès 1877, elle adoptait un premier modèle de canon-revolver du calibre de 37 millimètres. Pour parer à l'insuffisance relative de cette arme, dont le projectile, parfaitement capable de percer les cloisons d'un torpilleur de 1ère classe, est trop faible pour percer sa chaudière dans l'attaque d'enfilade, un second modèle de canon-revolver du calibre de 47 m/m, a été mis en expérience dès 1878 et rendu réglementaire en 1883 ; tandis que de 400 à 500 mètres l'obus de 37 m/m traverse une épaisseur de tôle d'acier de 15 m/m, celui de 47 m/m traverse dans les mêmes conditions une plaque de 38 m/m environ. Le canon-revolver de 37 m/m, léger et peu encombrant, est également employé dans les hunes, et il rend alors singulièrement difficile et dangereux le service des bouches à feu dans les tourelles des navires ennemis et presque impossible le tir des fusiliers sur le pont. La plupart des marines étrangères, l'Allemagne, la Russie, l'Italie, la Hollande, le Danemark et la Grèce, ont adopté, comme nous, le canon-revolver Hotchkiss; l'Angleterre et quelques autres marines emploient dans le même but la mitrailleuse Nordenfelt de 25 m/m bien que sa puissance de perforation soit beaucoup plus faible.

Passons maintenant rapidement en revue le jeu du mécanisme des principaux types de mitrailleuses. Dans le canon à balles français et la mitrailleuse Christophe Montigny, les canons sont fixes et réunis en un faisceau enveloppé par un manchon en bronze qui se prolonge à l'arrière en forme de cage pour recevoir la culasse mobile toute chargée et le système percutant. Ces mitrailleuses ne peuvent tirer que par salves ou, du moins, à intervalles très rapprochés, un nombre de balles correspondant au nombre de canons ; le tir est donc forcément interrompu pendant tout le temps nécessaire pour remplacer la culasse mobile dont les cartouches ont été tirées, et armer le système percutant. Dans les mitrailleuses Gardner, d'Albertini, Palmcrantz et Nordenfelt, les canons sont fixes également, mais disposés sur un châssis dans un même plan horizontal ; cette disposition est éminemment favorable à l'organisation d'une bonne distribution des cartouches et à la réalisation du tir continu ; aussi, bien que le nombre des canons soit moindre que dans les modèles précédents, le nombre de coups tirés dans le même temps n'en est pas moins beaucoup plus considérable. Le châssis porte à l'arrière une boîte contenant tout le mécanisme qui, dans les mitrailleuses Gardner et d'Albertini, obéit à une manivelle placée sur le côté, et dans les mitrailleuses *Palmcrantz* et *Nordenfelt* est commandé par un levier horizontal. Chaque canon est alimenté par un magasin spécial qui contient un approvisionnement de cartouches et peut être, lorsqu'il est vide, rempli ou remplacé par un autre avec la plus grande rapidité. A chaque révolution de la manivelle ou à chaque double oscillation du levier, correspond une salve composée d'autant de coups qu'il y a de canons. Avec la mitrailleuse d'Albertini, cette salve occupe la moitié, à peu près, de la durée totale du mouvement, et un sixième seulement dans la mitrailleuse Palmcrantz ; avec la mitrailleuse Nordenfelt, on peut, à volonté, tirer soit par salves, soit coup par coup, mais le tir est toujours intermittent, tandis qu'avec la mitrailleuse Gardner, les coups sont régulièrement espacés et le tir absolument continu.

Les mitrailleuses du système Gatling comprennent un certain nombre de canons isolés, groupés autour d'un axe central qui les entraîne dans son mouvement de rotation. Le mécanisme de distribution et de percussion, qui comporte autant d'organes semblables que de canons, suit ceux-ci dans leur mouvement de rotation, chacun des organes fonctionnant d'une manière continue et effectuant, sans arrêt, dans la marche, les différentes opérations nécessaires au service de chaque canon, à savoir : introduction, inflammation et extraction de la cartouche. Le tir est donc successif et continu, la rapidité en est réglée par celle de la rotation de la manivelle qui donne le mouvement à l'appareil. Une trémie surmonte l'appareil, elle est destinée à recevoir les cartouches et à en opérer la distribution, on les y verse, soit à la main, soit à l'aide d'un tambour tournant ; ce dernier système, imaginé pour pouvoir suffire aux plus grandes consommations de cartouches avec les mitrailleuses de petit calibre composées d'un grand nombre de canons, a dû être abandonné à cause des nombreux arrêts dans le tir qu'il occasionnait.

Le canon-revolver (fig. 274 à 277), construit dans les ateliers de la maison Hotchkiss, est aussi à canons séparés ; ces canons, au nombre de 5, sont également groupés autour d'un arbre central monté sur un châssis qui porte les tourillons et relie les canons à la culasse ; l'arbre entraîne les canons dans son mouvement de rotation, mais les opérations successives ne s'effectuent pas, comme dans la mitrailleuse Gatling, pendant qu'ils sont en marche. Il n'y a dans l'engin qu'un organe pour chacune des fonctions à remplir ; chaque canon se transporte successivement devant le piston chargeur, le percuteur et l'extracteur, et s'arrête pendant que ces organes agissent. Il en résulte beaucoup plus de précision dans les mouvements et beaucoup plus de régularité dans le fonctionnement de chaque partie, ainsi que dans le tir. Les cartouches sont placées dans un couloir de chargement fermé à sa partie inférieure par un volet à charnière ; lorsqu'on tourne la manivelle de manœuvre, le piston chargeur recule, le volet laisse tomber une cartouche dans l'auget, en regard duquel vient se placer un des canons. Le piston se reporte en avant, soulève le volet et engage la cartouche dans la chambre. Les canons reprennent leur mouvement, le culot de la cartouche s'appuyant sur une rampe de chargement ménagée à l'avant de la boîte de culasse est poussée à fond. Un canon vient alors se placer à la position de percussion, le ressort qui agit sur le percuteur ne déclanche que lorsque les canons sont immobiles. Pendant le mouvement de rotation qui suit, le bourrelet de la douille vide s'engage dans les griffes de l'extracteur qui la retire pendant la période d'arrêt suivante. Le cinquième mouvement du faisceau ramène le canon vide à la position de chargement. On obtient ainsi un tir continu correspondant à un coup par tour de manivelle.

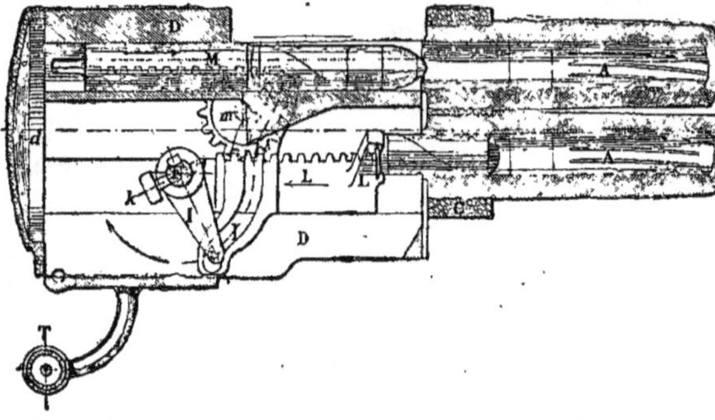

Fig. 274. — *Coupe longitudinale du mécanisme du canon-revolver Hotchkiss.*

A Canons en acier. — *B* Arbre de rotation. — *C* Plateaux en bronze reliant les canons à l'arbre. — *D* Boîte de culasse en fonte. — *E* Châssis en bronze. — *F* Arbre moteur. — *G* Galet calé sur l'arbre. — *H* Filet du galet engrenant avec les fuseaux *b* de la lanterne calée sur l'arbre de rotation. — *I* Petite manivelle calée sur l'arbre commandant l'extracteur. — *L* Extracteur. — *M* Piston de chargement. — *N* Percuteur. — *O* Ressort du percuteur. — *P* Clapet de distribution. — *Q* Couloir de distribution.

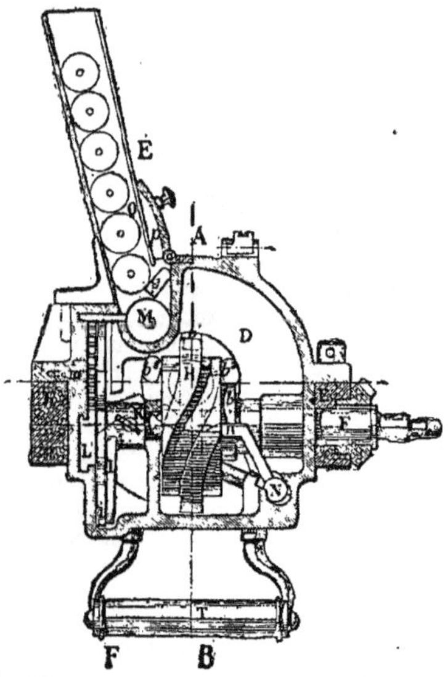

Fig. 275. — *Coupe transversale (Voir la légende de la figure 274).*

Tout le mécanisme est mis en mouvement par l'intermédiaire d'un arbre mû par la manivelle de manœuvre; sur cet arbre est calé un galet en acier dont le côté droit taillé en came ramène le percuteur en arrière en bandant le ressort pour le laisser déclancher au moment voulu et dont la partie gauche porte un filet avec lequel engrènent les fuseaux d'une lanterne qui fait corps avec l'arbre. Le tracé du filet, composé de portions hélicoïdales et d'un secteur perpendiculaire à l'axe, est tel que l'arbre est entraîné tant que les fuseaux sont guidés par les parties hélicoïdales, tandis qu'ils sont immobilisés quand ces fuseaux portent sur le secteur perpendiculaire. Sur l'arbre est calée une petite manivelle qui commande le jeu de l'extracteur par l'intermédiaire d'une crémaillère à laquelle elle communique un mouvement de va-et-vient. La crémaillère de l'extracteur met elle-même en mouvement un pignon qui agit sur une deuxième crémaillère qui entraîne à son tour le piston chargeur dans son mouvement de va-et-vient.

Comme on le voit, le canon-revolver tient de la mitrailleuse par le fonctionnement de son mécanisme, mais il tient aussi du canon par son projectile explosif, véritable petit obus armé d'une fusée percutante; en effet, tandis que les autres mitrailleuses ne lançaient que des balles pleines en plomb ou en acier, l'inventeur imagina le premier de porter le calibre à 37m/m de façon à pouvoir faire usage d'un obus en fonte de 455 grammes environ, la convention de Saint-Pétersbourg interdisant l'emploi de projectiles explosifs d'un poids inférieur à 400 grammes. La partie cylindrique de l'obus est recouverte tout entière d'un manchon en laiton qui produit le forcement. Le canon-revolver du calibre de 47m/m tire des obus en fonte et des obus de rupture en acier, leur poids est de 1,100 grammes environ. L'obus est, comme la balle des cartouches métalliques, réuni à un étui en clinquant ou laiton embouti qui renferme la charge de poudre de 80 grammes pour le 37m/m et 220 grammes pour le 47m/m, et porte l'amorce fulminante. La vitesse initiale est de 402 mètres pour le 37m/m et 452 pour le calibre de 47m/m.

Pour être employé à bord des vaisseaux contre les torpilleurs, il est indispensable que le canon-revolver présente une grande facilité de manœuvre et une grande rapidité de pointage; à cet effet, la pièce est montée sur un affût à chandelier composé de deux bras portant les tourillons et reliés à un axe vertical qui tourne dans une crapaudine; l'affût est, en outre, pourvu d'une crosse qui permet d'épauler comme avec un fusil. La manivelle est disposée de telle sorte que le même homme puisse, la crosse à l'épaule, exécuter le feu continu en tournant la manivelle tout en visant et rectifiant le tir à chaque coup (fig. 277). Dans le canon-revolver de 47$^m/^m$, dont la manœuvre est moins facile, on a ajouté un dispositif à l'aide duquel on peut répartir, si on veut, ces mouvements entre deux servants; l'un pointe et fait feu, pendant que l'autre tourne la manivelle; pour l'un et l'autre calibre un homme est spécialement chargé d'approvisionner la pièce.

Le canon-revolver modèle 1879, destiné au flanquement des fossés, est, comme mécanisme,

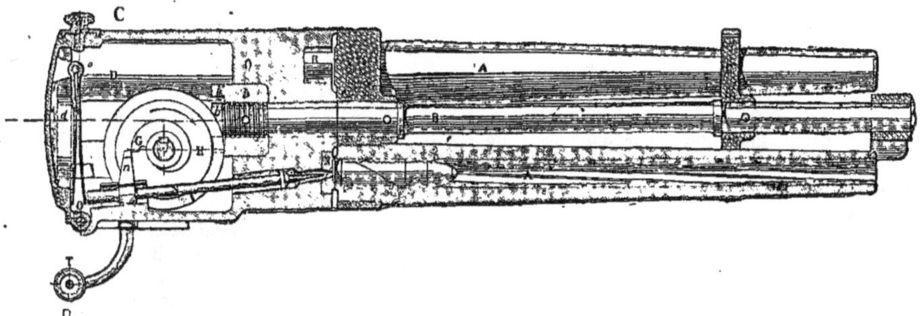

Fig 276. — *Coupe longitudinale du mécanisme du canon-revolver Hotchkiss (Voir la légende de la figure 274).*

en tous points semblable aux modèles de la marine; mais, comme on a eu occasion déjà de le faire remarquer, il ne tire que des boîtes à balles. L'enveloppe de ces boîtes à balles, formée tout d'abord d'un rectangle de tôle de fer-blanc, est actuellement en laiton embouti qui prend mieux la rayure et s'ouvre mieux à la sortie du canon. Les balles sphériques, en plomb durci, du calibre de 17$^m/^m$,8 et du poids de 32 grammes sont au nombre de 24, la charge est de 90 grammes; le calibre des canons est de 40$^m/^m$. Afin d'assurer la dispersion automatique des balles de façon à battre le fossé dans toute sa largeur, sans avoir à recourir comme pour le canon à balles à l'emploi d'un affût pourvu d'un dispositif permettant d'imprimer à la pièce pendant le tir un mouvement de fauchage, les canons sont rayés à des pas différents.

Fig. 277 — *Canon-revolver Hotchkiss, sur son affût, prêt à faire feu.*

Pour le service du canon-revolver dans les caponnières de flanquement on a adopté un affût de casemate analogue à celui des canons de 5 et de 7. — V. Canon, fig. 144.

Pour terminer, nous dirons quelques mots de la vitesse du tir des mitrailleuses; on confond souvent la *vitesse de manœuvre du mécanisme* qui est le nombre de coups qui peuvent être tirés en une minute avec la *vitesse réelle du tir* qui est le nombre de coups qui peuvent être pointés et tirés également en une minute. Sauf le cas où l'on exécute à terre un tir sur un but immobile, pour avoir la vitesse réelle du tir on a beaucoup à réduire les chiffres résultant de la vitesse du mécanisme; on a, par exemple, atteint avec certaines mitrailleuses Palmcrantz une vitesse de mécanisme égale à 650 coups, mais en pointant à chaque salve on n'a obtenu qu'une vitesse réelle de tir de 380 coups, bien inférieure comme on le voit à la précédente; avec le canon à balles, on n'a jamais dépassé 150 coups, 294 avec la mitrailleuse Christophe Montigny, 333 avec la mitrailleuse Gatling, 300 à 400 avec la mitrailleuse Gardner. La vitesse de mécanisme du canon-revolver de 37$^m/^m$ est d'une cinquantaine de coups à la minute, mais la vitesse réelle de tir est comprise entre 30 et 40 coups; quand on dépasse la vitesse de 30 coups, il peut se produire des irrégularités de fonctionnement dues à ce que la cartouche ne se trouve pas toujours en regard de la chambre au moment opportun, par suite des trépidations de la pièce. Pour pouvoir comparer le canon-revolver aux autres mitrailleuses sous le rapport de l'effet produit, c'est-à-dire non pas du nombre de coups tirés mais du nombre de projectiles lancés, il faut prendre pour le canon-revolver non plus la vitesse de tir de cet engin mais ce nombre multiplié par 24, nombre de balles que contient la boîte à balles de canon-revolver modèle 1879, ou par 15, ce dernier nombre étant le nombre moyen des éclats dangereux de l'obus du calibre de 37m/m. On obtient ainsi avec la vitesse de tir de 30 coups : 720 projectiles à la minute dans le premier cas et 450 dans le second, chiffres bien supérieurs à tous ceux obtenus avec les autres mitrailleuses.

La régularité et la vitesse du tir des mitrailleuses dépendent du reste, le plus souvent, non seulement du bon fonctionnement du mécanisme, mais surtout de la bonne qualité des cartouches employées; en effet, si une cartouche fait long feu on risque de la retirer du canon avant ou après l'explosion. Afin d'éviter ce grave défaut, un inventeur anglais du nom de Maxim a imaginé une mitrailleuse automatique dans laquelle la force du recul déterminé par l'explosion serait employée à faire mouvoir le canon et le système de fermeture, en un mot à opérer les divers mouvements de la charge; de cette façon, il deviendrait impossible qu'une cartouche pût sortir de l'arme avant d'avoir fait feu.

Les canons légers à tir rapide, dont il est fort question depuis quelques années et dont les novateurs recommandent l'emploi dans certains cas particuliers, par exemple pour l'armement des batteries à cheval marchant avec la cavalerie, et pour l'armement des embarcations, peuvent encore être classés dans la catégorie des mitrailleuses et canons-revolvers. Deux types ont été proposés et essayés jusqu'ici : le canon Nordenfelt de 1 pouce 7/8 (47m/m) et le canon Hotchkiss de 57m/m. Le premier qui pèse 203 kilogrammes lance à raison de 25 coups par minute un projectile de 1,360 grammes avec une vitesse initiale de 412 mètres; il permet de tirer l'obus ordinaire, l'obus à balles et la boîte à mitraille; son affût n'accuse aucun recul, mais son tir est insuffisant contre les obstacles. Le second pèse 350 kilogrammes et tire, à raison de 10 à 12 coups par minute, avec une vitesse initiale de 560 mètres, un obus ordinaire et un obus de rupture de 2k,720 ainsi qu'une boîte à mitraille, mais on n'a point encore pu adapter à cette pièce un affût sans recul, condition indispensable pour qu'on puisse en tirer tous les avantages dus à la rapidité du tir.

MITRE. 1° *T. du cost. eccl.* Coiffure que portent, dans les cérémonies du culte, les cardinaux, les évêques et les abbés dits *mitrés*. || 2° *T. de constr.* Appareil qui, couronnant les tuyaux de cheminée, est destiné à s'opposer à l'introduction de la pluie ou du vent, tout en facilitant le passage de la fumée; la *mitre*, qui prend quelquefois le nom de *lanterne*, se fait en terre cuite ou en tôle, et on la pose sur un *mitron* généralement en grès, en terre cuite ou en plâtre de formes variées. || 3° *T. de coutell.* Petit rebord de la lame d'un couteau qui s'applique sur l'épaisseur du manche pour la mieux fixer. || 4° *T. de p. et chauss.* Pavé d'une épaisseur double de celle des pavés ordinaires.

***MITREUR.** *T. de mét.* Ouvrier coutellier spécialement chargé de polir et façonner les mitres.

MITRON. — V. MITRE, § 2°.

MIXTION. *T. de pharm.* Action de mêler entre elles, plusieurs substances simples, solides ou liquides, pour en faire un médicament composé, dont toutes les parties sont unies intimement, sans que pour cela cette union soit assez grande pour faire perdre aux corps leurs propriétés chimiques respectives. Lorsque ce dernier phénomène se produit, il y a combinaison. Ce terme se rapproche assez de celui de *mixture*, mais ce mot s'emploie particulièrement pour désigner un mélange liquide de médicaments actifs, destiné à être pris par gouttes, soit sur du sucre, soit dans une boisson appropriée. La trituration de diverses poudres, pour en faire un mélange homogène est une mixtion, la dissolution d'un sel dans de l'eau constitue encore une mixtion, tandis qu'en mélangeant sur le feu du soufre et du fer, on fait une combinaison. || *T. de dor.* Nom donné à un mordant que l'on utilise pour fixer la dorure à l'huile. || *T. de grav.* Mélange gras constitué d'huile et de suif, et qui sert, comme les vernis au bitume, pour préserver, sur une plaque de cuivre, les parties suffisamment mordues par l'eau forte, au moment où l'on va faire une nouvelle attaque des parties devant être plus creusées. || *T. de céram.* Enduit ordinairement composé d'essence de térébenthine additionnée d'un peu de vernis copal nommé aussi *mixtionnage*, avec lequel on mordance des pièces de poterie pour faire le transport d'un dessin imprimé sur papier.

MIXTURE. *T. techn.* Mélange de diverses substances qu'on emploie dans certaines industries. — V. MIXTION.

MOBILE. *T. techn.* Corps qui se meut, qui peut être mû, qui imprime une partie de son mouvement à un autre mobile qu'il rencontre. || Pièce qui se meut autour de l'axe d'une montre, d'une pendule; le *premier mobile* est celui qui a le mouvement le plus lent comme le barillet, la fusée et la grande roue moyenne, le *dernier mobile* est celui dont le mouvement est le plus rapide comme la petite roue moyenne, la roue de rencontre et le balancier. || *T. de typogr.* Se dit des caractères que l'on assemble pour former la composition et que l'on désigne ainsi par opposition à *cliché* ou planche stéréotypée; tirer *sur le mobile*, c'est obtenir l'impression directement sur les caractères eux-mêmes.

***MODE.** — V. COIFFURE, COSTUME et MODISTE. || Dans le point d'Alençon, on donne ce nom aux jours réservés dans le réseau.

MODELAGE. Exécution, soit en cire, soit en terre glaise fine dite « terre à modeler », du modèle de tout objet en relief destiné à être ensuite reproduit en plâtre, en pierre, en marbre, en bronze, en fer, en terre cuite, en verre même, etc. L'artiste exécute cette opération en pétrissant l'argile ou la cire pour donner à son sujet la forme première, puis il rectifie, perfectionne l'ensemble et les détails avec ses doigts, surtout avec le pouce, ou au moyen d'une petite spatule en bois ou en ivoire nommée *ébauchoir*. Les artistes qui font usage de la cire à modeler emploient un mélange d'huile d'olive et de térébenthine pour faire fondre la cire à laquelle ils ajoutent souvent un peu de vermillon ou de brun rouge, afin d'avoir un ton plus chaud. || On dit aussi *modelage* dans le même sens que *moulage*, c'est-à-dire obtenir un moule d'après une œuvre de la statuaire, ou encore pris sur une personne vivante ou morte. || Par extension, on appelle *modelé* la façon dont, par le moyen des couleurs ou simplement des combinaisons du blanc et du noir, on imite sur une surface plane, peinture ou dessin, les saillies et les creux d'un modèle en relief.

Modelage des pièces de mécanique et de fonderie. Ce genre de modelage s'obtient, d'après une épure donnée, en formant d'abord en bois le corps du modèle par autant de parties bien ajustées qu'il doit y en avoir dans le moule entier; ce corps du modèle établi, on le garnit des dents, saillies, moulures indiquées par l'épure et ajoutées également avec la plus grande précision; le modèle est terminé et on le démonte pour faire autant de moulages qu'il y a de pièces qu'on réunit encore pour avoir un moule complet et conforme au modèle. C'est à l'aide de ce moule qu'on obtient les pièces de fonte.

Le *menuisier modeleur* est un ouvrier spécial, qui, outre la connaissance parfaite du travail général du bois, doit posséder encore les principes de la fonderie.

On emploie pour le modelage des bois parfaitement secs et très sains, qui puissent prendre un certain poli; en sortant du contact avec le sable, l'humidité, que ces bois absorbent, est assez faible et la surface du modèle n'entraîne pas les parties des parois du moule, par une adhérence fâcheuse. Le sapin du nord est, parmi les bois qui remplissent ces conditions, le plus économique et le plus employé. On fait, en chêne, les modèles devant subir un moulage répété; et en noyer, les très petites pièces seulement, à cause de la concurrence que l'ébénisterie fait à l'emploi de ce bois excellent. Quand on le peut, on combine ensemble ces diverses essences de manière à contrarier leur effet en présence du sable humide tout en consolidant leurs assemblages. Ceux-ci doivent être aussi simples que possible, à tenon et mortaise généralement.

Les parties courbes, qui ne peuvent être faites qu'en superposant un certain nombre d'épaisseurs de planches, s'obtiennent par entrecroisement des joints, ce qui donne plus de solidité à l'ensemble. On doit éviter de courber les bois par des traits de scie, et l'action du feu, de la vapeur d'eau ou du sable chaud; car il faudrait, pour le maintien de la forme, des étais ou soutiens qui gêneraient dans le moulage et qui ne suffiraient pas toujours à empêcher le gauchissement ou le *dévers*.

La solidité des assemblages peut être accrue par l'emploi de clous et de vis, mais il est préférable d'éviter les collages qui pourraient s'altérer dans l'usage répété du modèle. La colle, au contact de l'humidité, se ramollit dans la partie jointe; elle gonfle et fait saillie en dehors et alors, au démoulage, il se produit des arrachements et des dégradations du sable. Les vis sont préférables aux clous, car elles permettent la séparation momentanée et le démontage de certains éléments des modèles, soit pendant le moulage, soit pour remplacer les parties usées ou déformées.

La construction des modèles, d'après un dessin, demande une sorte d'intelligence que l'on rencontre assez souvent chez les ouvriers modeleurs. Pour tenir compte du *retrait*, c'est-à-dire de la différence entre les dimensions de la pièce, au moment où le métal étant encore liquide remplit toute la cavité et au moment où il est solidifié et refroidi, il faut faire le modèle un peu plus grand que la pièce à produire.

En général, avec un agrandissement de 1 0/0 et une qualité de fonte ordinaire quand la pièce n'a pas une très grande longueur, on arrive très bien à compenser le retrait. Les modeleurs se servent d'un mètre ayant 101 centimètres de longueur, par exemple, et divisé en cent parties égales comme un mètre ordinaire; il est certain, alors, que chaque dimension établie en se servant de ce mètre, est augmentée de 1 0/0.

Pour les moulages d'acier, dont le retrait est double, on emploie des mètres de $0^m,102$, correspondant, par conséquent, à une contraction de 2 0/0.

La question des *boîtes à noyaux* est de première importance dans la confection des modèles; c'est elle qui simplifie le moulage de certaines pièces, en assurant leur bonne exécution pratique, et c'est là une partie difficile de l'art du modeleur, dans laquelle il nous est impossible d'entrer. Telle pièce n'est rendue économique à produire que parce qu'une boîte à noyaux, bien placée, en a simplifié l'exécution. Il y a là un art tout spécial où le génie inventif de l'ouvrier et du praticien peuvent se donner carrière. Il en est de même des *planches à trousser* qui servent de base à la venue de relief, s'étendant sur une surface d'une certaine étendue.

Le modèle en bois, ainsi que nous l'avons dit, est la base du modelage pour fonderie, mais il n'en résulte pas que tous les modèles employés soient en bois.

Souvent il est plus avantageux d'avoir des modèles métalliques; leur permanence de forme absolue, au contact du sable humide, surtout pour les pièces répétées, comme les coussinets et certains autres objets, leur donne une grande valeur pratique. Il en est de même pour les pièces minces, qui seraient trop sujettes aux variations hygrométriques, si elles étaient en bois, même des essences les plus dures. L'avantage des modèles métalliques, c'est qu'ils peuvent avoir un poli favorable au démoulage et qu'ils ont une solidité plus considérable.

Les modèles en plâtre sont peu employés dans les fonderies de fonte de fer; le plâtre sert plutôt à corriger certains modèles en bois; dans tous les cas, il doit être durci en le recouvrant d'huile cuite appliquée à chaud ou en le trempant dans l'alun.

MODÈLE. 1° Exécution, à une échelle généralement réduite, de toute œuvre d'art dont cette œuvre doit être la reproduction. || 2° Outre les hommes et les femmes dont le métier est de *poser* dans les ateliers, servir de modèles aux peintres et aux sculpteurs, les artistes emploient également des poupées mécaniques ou mannequins qui servent de modèles et peuvent prendre toutes les positions. || 3° Dans les constructions, on donne le même nom à la représentation fidèle, mais de petites dimensions, d'une machine, d'un édifice, de tout objet qui doit être exécuté en grand et dont on veut conserver le type, soit pour servir d'étude, soit même à titre de curiosité. || 4° Pièces de bois ou de métal démontables, et destinées au moulage des pièces de fonderie. — V. MODELAGE. || 5° T. *techn.* Grande glace doucie sur laquelle on en fixe d'autres pour les polir ensemble. || 6° Planchette de parcheminier pour équarrir le parchemin. || 7° Paquets de fils de laine ou de soie de couleur pour faire les épreuves de teinture. || 8° *Modèle anatomique.* Se dit des organes, des membres ou du corps entier de l'homme ou des animaux représentés par des procédés anatomiques et destinés à servir aux démonstrations et aux études anatomiques.

MODÈLES ET DESSINS DE FABRIQUE. Le *modèle de fabrique* est tout objet exécuté sur un dessin préalablement conçu par la sculpture, la ciselure, la moulure ou par tout autre mode que le dessin, dans le but exclusif d'être reproduit à l'infini par l'industrie. Le *dessin de fabrique* est toute disposition ou combinaison de lignes ou de couleurs représentant une forme ou une configuration quelconque d'un aspect nouveau. Il est destiné à être reproduit dans l'industrie par le tissage, le brochage ou l'impression. Le dessin de fabrique c'est l'*uni*. Le modèle de fabrique c'est le *relief*.

M. Pouillet, dans son *Traité des dessins de fabrique*, définit ainsi le modèle de fabrique et indique avec netteté ce qui le différencie du dessin de fabrique : « Le modèle de fabrique, dit-il, n'est que le dessin de fabrique en relief. En d'autres termes, tandis que le dessin de fabrique consiste essentiellement dans une disposition de lignes et de couleurs, qui s'applique purement et simplement à un objet pour le décorer, le modèle de fabrique consiste spécialement dans la forme de l'objet, dans sa configuration, dans ses contours extérieurs. »

— La propriété des dessins de fabrique est actuellement protégée par : 1° la loi générale du 19 juillet 1793 ; 2° l'ordonnance du 18 mars 1806 ; 3° les articles 425, 426, 427 et 429 du Code pénal ; et 4° l'ordonnance du 29 août 1825. Nous donnerons plus loin, avec quelques développements, le texte de ces lois et ordonnances qui déterminent également les formalités que les propriétaires de dessins doivent remplir pour s'en réserver le droit d'exploitation à l'exclusion de tous autres. Mais aucun de ces textes ne fait mention spécialement des modèles de fabrique, et on s'est longtemps demandé quelle était la nature de la protection qui leur était assurée par la législation française. Actuellement, la jurisprudence est faite sur ce point et elle est unanime à déclarer que les modèles de fabrique sont régis par la loi du 18 mars 1806. La Cour de cassation a formellement statué en ce sens dans un arrêt du 8 juin 1860. Depuis lors, la jurisprudence a invariablement considéré les sculptures industrielles et les autres modèles de fabrique étrangers à la sculpture comme protégés par la loi du 18 mars 1806, et par suite comme soumis au dépôt exigé par cette loi pour les dessins, en admettant, toutefois, le dépôt sous forme d'esquisse aux lieu et place d'un échantillon de l'œuvre elle-même.

Du dépôt. Les dessins et modèles de fabrique doivent être déposés, aux termes de l'article 15 de la loi du 18 mars 1806 aux archives d'un conseil de prud'hommes. A défaut du conseil de prud'hommes l'ordonnance royale du 29 août 1825 a décidé que ces dépôts seraient effectués au greffe du tribunal de commerce ou du tribunal civil jugeant commercialement. La loi ne précisant pas le Conseil des prud'hommes, où le dessin de fabrique doit être déposé, on admet généralement que c'est la situation de la fabrique et non le domicile de l'industriel qui détermine le lieu du dépôt. Peu importe d'ailleurs que le dessin ou le modèle de fabrique soit exécuté, sous la direction et d'après les ordres du fabricant, par des ouvriers domiciliés dans le ressort d'un autre Conseil de prud'hommes.

Quand l'industriel a deux fabriques situées dans la circonscription de deux conseils de prud'hommes différents, le dépôt à l'un des conseils suffit. Quand les deux fabriques sont établies, l'une dans le ressort d'un tribunal de commerce, l'autre dans la circonscription d'un conseil de prud'hommes, le dépôt est valablement effectué soit au secrétariat du conseil, soit au greffe du tribunal consulaire. Le dépôt a lieu sous enveloppe revêtue du cachet et de la signature du déposant. On appose également sur cette enveloppe le cachet du conseil des prud'hommes ou du tribunal de commerce. Pour les dessins, il faut déposer un échantillon; pour les modèles de fabrique, une esquisse suffit. Une même enveloppe peut contenir plusieurs dessins appartenant au même fabricant.

Le dépôt des dessins est inscrit sur un registre *ad hoc*, et il est délivré aux intéressés un certificat rappelant le numéro d'ordre du paquet déposé et constatant la date du dépôt.

Aux greffes des tribunaux de commerce ou des tribunaux de première instance jugeant commercialement, les dessins de fabrique sont reçus gratuitement (ordonnance des 17-29 août 1825, art. 2) sauf le droit du greffier pour la délivrance du certificat de dépôt. Ce droit est de 1 franc d'après l'article premier n° 18 de l'ordonnance du 9 octobre 1825. Les dépôts effectués aux secrétariats de conseils de prud'hommes sont, aux termes de l'article 19 de la loi du 18 mars 1806, frappés d'une taxe au profit de la commune. Le chiffre de cette taxe est réglé par le conseil de prud'hommes, mais ne peut excéder 1 franc par année pour les dépôts temporaires. Pour les dépôts perpétuels, il est fixé à 10 francs. Les dessins et modèles de fabrique peuvent être déposés pour un an, trois ans, cinq ans ou à perpétuité. La date légale du dépôt court du moment où le greffier a pris note de la déclaration faite par le fabricant. Le dépôt ne crée pas la propriété, il établit seulement une présomption de propriété au profit du déposant jusqu'à preuve contraire.

Nous avons dit plus haut que les dispositions législatives qui protègent la propriété des modèles et dessins de fabrique sont disséminées dans plusieurs lois, décrets ou ordonnances, sur bien des points même, surtout en ce qui concerne les modèles, la jurisprudence a dû suppléer au silence de la loi. A plusieurs reprises, des tentatives ont été faites pour doter les dessins et modèles de fabrique d'une législation spéciale et complète, elles n'ont pas abouti jusqu'à ce jour. Une loi votée par le Sénat sur la proposition de M. Bozérian était à l'ordre du jour de la Chambre des députés, mais elle n'a pu être votée avant la fin de la législature.

Nous ne donnerons ici que les textes des lois et ordonnances actuellement en vigueur.

Loi du 19 juillet 1793, relative aux droits de propriété des auteurs d'écrits en tous genres, des compositeurs de musique, des peintres et des *dessinateurs*.

La Convention nationale décrète :

Article premier. Les auteurs d'écrits en tous genres, les compositeurs de musique, les peintres et *dessinateurs* qui feront graver des tableaux ou *dessins*, jouiront durant leur vie entière du droit exclusif de vendre, faire vendre, distribuer leurs ouvrages dans le territoire de la République et d'en céder la propriété en tout ou en partie.

Art. 2. Leurs héritiers ou concessionnaires jouiront du même droit durant l'espace de dix ans après la mort des auteurs.

Art. 3. Les officiers de paix seront tenus de faire confisquer, à la réquisition et au profit des auteurs, compositeurs, peintres ou *dessinateurs* et autres, chez leurs héritiers et cessionnaires, tous les exemplaires des éditions imprimées ou gravées sans la permission formelle et par écrit des auteurs.

Art. 4. Tout contrefacteur sera tenu de payer au véritable propriétaire, une somme équivalente au prix de trois mille exemplaires de l'édition originale.

Art. 5. Tout débitant d'édition contrefaite, s'il n'est pas reconnu contrefacteur, sera tenu de payer au véritable propriétaire une somme équivalente au prix de cinq cents exemplaires de l'édition originale.

Art. 6. Tout citoyen qui mettra au jour un ouvrage soit de littérature ou de gravure, dans quelque genre que ce soit, sera obligé d'en déposer deux exemplaires à la Bibliothèque nationale et au Cabinet des estampes de la République, dont il recevra un reçu signé du bibliothécaire, faute de quoi, il ne pourra être admis en justice pour la poursuite des contrefacteurs.

Art. 7. Les héritiers de l'auteur d'un ouvrage de littérature ou de gravure, ou de toute autre production de l'esprit ou du génie qui appartient aux beaux-arts en auront la propriété exclusive pendant dix ans.

Les dispositions générales de cette loi s'appliquaient, on le voit, aux dessinateurs sans distinction de genre. Elles ont, d'ailleurs, été complétées, en ce qui concerne plus spécialement les dessins (et par interprétation les modèles) de fabrique, par la loi du 18 mars 1806, dont voici la teneur :

SECTION III.

De la conservation de la propriété des dessins.

Art. 14. Le conseil des prud'hommes est chargé des mesures conservatrices de la propriété des dessins.

Art. 15. Tout fabricant qui voudra pouvoir revendiquer, par la suite, devant le tribunal de commerce, la propriété d'un dessin de son invention, sera tenu d'en déposer aux archives du conseil de prud'hommes, un échantillon plié sous enveloppe, revêtu de ses cachet et signature, sur lequel sera également déposé le cachet du conseil des prud'hommes.

Art. 16. Les dépôts des dessins seront inscrits sur un registre tenu *ad hoc* par le conseil des prud'hommes, lequel délivrera aux fabricants un certificat rappelant le numéro d'ordre du paquet déposé et constatant la date du dépôt.

Art. 17. En cas de contestation entre deux ou plusieurs fabricants sur la propriété d'un dessin, le conseil des prud'hommes procédera à l'ouverture des paquets qui lui auront été déposés par les parties; il fournira un certificat indiquant le nom du fabricant qui aura la priorité de date.

Art. 18. En déposant son échantillon, le fabricant déclarera qu'il entend se réserver la propriété pendant une, trois ou cinq années ou à perpétuité ; il sera tenu note de cette déclaration. À l'expiration du délai fixé par ladite déclaration, si la réserve est temporaire, tout paquet d'échantillons déposé sous cachet dans les archives du conseil, devra être transmis au conservatoire des arts de la ville de Lyon, et les échantillons contenus y être joints à la collection du conservatoire.

Art. 19. En déposant son échantillon, le fabricant acquittera entre les mains du receveur de la commune une indemnité qui sera réglée par le conseil de prud'hommes, et ne pourra excéder 1 franc pour chacune des années pendant lesquelles il voudra conserver la propriété exclusive de son dessin, et sera de 10 francs pour la propriété perpétuelle.

Cette loi ne visait que le conseil de prud'hommes de Lyon, seul créé alors, mais elle a, dans la suite, été rendue applicable à tous les conseils de prud'hommes. Plus tard, à la suite de réclamations élevées par des manufacturiers dont les fabriques étaient situées hors du ressort d'un conseil de prud'hommes, pour qu'il leur fut désigné un lieu de dépôt légal des dessins de leur invention, intervint l'ordonnance royale du 39 août 1825, dont voici les termes :

Article premier. Le dépôt des échantillons de dessins qui doit être fait, conformément à l'article 15 de la loi du 18 mars 1806, aux archives des conseils de prud'hommes, pour les fabriques situées dans le ressort de ces conseils, sera reçu pour toutes les fabriques situées hors du ressort d'un conseil de prud'hommes, au greffe du tribunal de commerce ou au greffe du tribunal de première instance, dans les arrondissements où les tribunaux civils exerceront la juridiction des tribunaux de commerce.

Art. 2. Ce dépôt se fera dans les formes prescrites pour le même dépôt aux archives des conseils de prud'hommes par les articles 15, 16 et 18, section 3, titre 2 de la loi du 18 mars 1806. Il sera reçu gratuitement, sauf le droit du greffier pour la délivrance du certificat constatant ledit dépôt.

La contrefaçon des dessins et modèles de fabrique est punie en vertu des articles 425, 426, 427 et 429 du Code pénal ainsi conçus :

Art. 425. Toute édition d'écrit, de composition normale, de dessin, de peinture ou de toute autre production, imprimée ou gravée en entier ou en partie, au mépris des lois et règlements relatifs à la propriété des auteurs, est une contrefaçon et toute contrefaçon est un délit.

Art. 426. Le débit d'ouvrages contrefaits, l'introduction sur le territoire français, d'ouvrages qui, après avoir été imprimés en France, ont été contrefaits chez l'étranger sont un délit de la même espèce.

Art. 427. La peine contre le contrefacteur ou contre l'introducteur sera d'une amende de 100 francs au moins et de 2,000 francs au plus, et contre le débitant une amende de 25 francs au moins et de 500 francs au plus. La confiscation de l'édition contrefaite sera prononcée tant contre le contrefacteur que contre l'introducteur ou le débitant. Les planches, moules ou machines des objets contrefaits seront aussi confisqués.

Art. 429. Dans les cas prévus par les articles précédents, le produit des confiscations ou les recettes confisquées seront remis au propriétaire pour l'indemniser d'autant du préjudice qu'il aura souffert; le surplus de son indemnité ou l'entière indemnité s'il n'y a eu vente d'objets confisqués ou saisie de recettes, sera réglé par les voies ordinaires.

La loi du 11 mai 1868 a établi des garanties spéciales pour les dessins de fabrique présentés aux expositions publiques. — V. BREVET D'INVENTION.

A l'étranger, les dessins et modèles de fabrique française sont protégés comme les marques de fabrique par des conventions internationales intervenues. La plupart des conventions dont nous avons parlé à l'occasion des marques de fabrique ont trait également aux dessins et modèles. — V. MARQUE DE FABRIQUE. — L. B.

MODELEUR. *T. de mét.* Celui qui exécute des modèles en cire ou en terre; artisan qui, dans l'ébénisterie, exécute les parties qui ont quelque rapport avec la sculpture; *menuisier-modeleur*, celui qui confectionne les modèles en bois destinés au moulage des pièces de fonte. — V. MODELAGE.

***MODÉRATEUR.** *T. de mécan.* Disposition propre à limiter les écarts de vitesse d'une machine dans laquelle les conditions d'équilibre dynamique entre la puissance et la résistance subissent des variations. Lorsque l'hélice d'un navire à vapeur sort de l'eau, par suite d'un coup de tangage, la machine tend à s'emporter; quand la pression diminue aux chaudières ou que la résistance du bâtiment augmente, par l'action du vent ou de la mer, la machine tend à se ralentir. Les organes sur lesquels on peut agir pour contre-balancer ces effets sont : le registre de vapeur, la détente ou encore les deux faces d'un même piston par l'ouverture plus ou moins grande d'un robinet les mettant en communication; les moyens employés sont pour ainsi dire d'une variété infinie. Pour les machines marines, l'appareil le plus simple consiste en un lourd pendule disposé sur un arbre transversal de manière à pouvoir entraîner le registre dans son mouvement. Le pendule conique de Watt a reçu, depuis son apparition, de nombreuses modifications dont les principales ont surtout porté sur l'annulation des effets dus à la gravité, tout en conservant ceux dus à l'action de la force centrifuge (Silver, Foucault, Farcot, etc.); les articulations sont reliées à la valve en agissant sur la détente, pour diminuer ou augmenter le degré d'introduction. Une coupe, assujettie à un mouvement de rotation et contenant du mercure sur lequel flotte un piston, a aussi été essayée dans ce but. Une ou plusieurs petites pompes conduites par la machine refoulant leur eau sur un piston ou une soupape à lanterne commandant le registre (système Belleville et autres); deux disques à ailettes, dont celui relié avec le registre est entraîné dans le sens contraire au disque qui reçoit l'eau des pompes, ont été appliqués par M. Napier dans le même but. M. Dunlop loge, dans une chambre pratiquée à l'arrière du navire, un cylindre dans lequel se meut un piston agissant sous l'influence des pressions ou des dépressions exercées par le tangage, ce piston actionne le registre au moyen de tringles convenablement disposées. MM. Jenkin et Lee, indépendamment de la modification apportée à l'ouverture du registre, agissent en même temps sur un robinet qui met en communication le dessus et le dessous des cylindres à basse pression. Dans les machines industrielles, celles par exemple qui conduisent des trains de laminoir, où la résistance cesse brusquement au moment où la passe entre les rouleaux est achevée, on fait usage de moyens analogues.

La plupart des appareils que nous venons d'énoncer méritent plutôt le nom de *régulateurs* que celui de *modérateurs*, ce dernier terme devrait être réservé aux dispositions à l'aide desquelles le ralentissement de la machine est obtenu par une augmentation de frottement, soit du modérateur lui-même, comme pour le volant des tournebroches et des horloges à contrepoids, soit de la pièce gouvernée, comme les freins qui agissent à la circonférence des volants ou des roues. || *Lampe modérateur*, lampe dans laquelle la vitesse communiquée à l'huile par un piston à ressort est amoindrie par le frottement qu'éprouve l'huile, en passant dans l'espace annulaire formé par un petit tube contenant une tige qui le remplit partiellement.

MODERNE (Art). Le style empire, le dernier en France qui ait mérité ce nom de *style*, était sans doute discutable au point de vue de l'élégance et de la légèreté, mais c'était un tout bien complet, sorti avec son entier développement du crayon de Percier et de Fontaine. Les différentes parties de l'art concouraient au même effet monumental ou décoratif, et l'architecture, dans son retour à l'antique, la peinture et la sculpture, dans leur majesté un peu froide, le mobilier, dans ses profils grecs, vont au même but par des moyens identiques. Ce sont là les qualités maîtresses qui constituent un style, et nous ne les retrouverons plus jusqu'à nous. — V. EMPIRE.

Architecture. A la chute de l'empire, il se fait dans les arts, comme dans la politique, une réaction violente. Mais il était bien difficile de changer brusquement toutes les traditions, sans s'appuyer sur des œuvres précédemment consacrées par l'admiration; aussi ne voit-on partout que des constructions bâtardes, dans lesquelles on sent l'hésitation de l'artiste qui cherche la nouveauté en dehors des règles immuables de l'art. Les plus remarquables sans doute sont : les églises Notre-Dame de Lorette et Saint-Vincent de Paul, à Paris, et ce bizarre monument commémoratif élevé par Percier et Fontaine sur la sépulture de Louis XVI et de Marie-Antoinette. Le règne de Louis-Philippe est plus pauvre encore, car on se contenta d'achever les édifices commencés sous les règnes précédents, et partout où on chercha à modifier les plans primitifs, on obtint des résultats déplorables, notamment dans les malheureuses additions apportées au château de Versailles. Mais il convient de rappeler, à l'honneur de cette époque, le mouvement littéraire et archéologique qui ramène les esprits à l'étude du moyen âge, jusqu'alors si méprisé; on n'avait aucun soupçon, en apparence, des richesses artistiques de notre pays, et il a fallu les efforts de Lenoir, de Laborde, Nodier, Taylor, Caumont, Dusommerard, Mérimée, pour faire admettre, malgré toutes les résistances intéressées, que nous avions un art national comparable à celui de l'antiquité, un art né sur notre sol, à la fois homogène et varié, et qui laissait dans l'architecture, dans le mobilier, dans l'orfèvrerie et la serrurerie, de merveilleux modèles.

Néanmoins, ce prodigieux mouvement de la littérature appliquée à l'art, pour ainsi dire, n'a pas produit immédiatement des résultats féconds. Jusqu'à l'avènement de Napoléon III, on s'est contenté de réparer partout nos monuments du moyen âge, qui pour la plupart tombaient en ruines, ou de les imiter dans des habitations privées, d'un faux gothique déplorable, et le grand développement donné à l'architecture sous l'impulsion du gouvernement impérial, en couvrant la France de monuments nouveaux, n'a pas donné lieu à une seule œuvre originale. C'est de cette époque que datent les embellissements de Paris, où on a construit, en quelques années, les églises Saint-Augustin, de la Trinité, qui ne manque pas de grâce, malgré son défaut de style, de Sainte-Clotilde, construction ogivale remarquable, de Saint-François-Xavier, et les paroisses des faubourgs annexés à la capitale : Ménilmontant, Montrouge, Clignancourt, La Chapelle. Les travaux d'utilité publique sont également très nombreux, notamment les théâtres : le Châtelet et le Théâtre-Lyrique, le Vaudeville, la Gaîté, l'Opéra, et les ponts, dont le plus remarquable est le pont-viaduc d'Auteuil; et enfin il faut compter parmi les plus belles œuvres de cette période, la réunion depuis si longtemps désirée des Tuileries au Louvre sur le bord du fleuve. Mais ce qui caractérise surtout l'architecture de la seconde moitié du XIXe siècle, c'est l'emploi du fer comme matériaux uniques dans la construction. C'est ainsi qu'on en a d'abord fait usage pour les ponts où il réunit les avantages de la légèreté et de l'élasticité, puis tenté comme construction dans les gares de chemin de fer, et enfin dans les Halles centrales de Paris, œuvre parfaitement conçue au point de vue utile aussi bien qu'au point de vue de l'élégance, et qui suffit à rendre célèbre le nom de Baltard.

Dès lors, la direction est donnée, et toutes les villes, à l'exemple de Paris, voient s'élever d'importantes constructions en fer, dont les palais des Expositions universelles en 1867 et en 1878 sont restés les modèles les plus gigantesques. On peut, il est vrai, reprocher à l'emploi du fer, la décadence complète du sentiment artistique, mais il faut se rendre compte qu'il s'agit là d'un genre tout nouveau, qui ne procède d'aucun des principes de construction étudiés pendant de longs siècles, qu'il les bouleverse même complètement, et qu'on s'est, jusqu'ici, préoccupé uniquement des conditions générales de la construction et non du développement artistique de ses différentes parties. La construction en fer est encore dans l'enfance, pour ainsi dire, et on ne peut être qu'émerveillé des progrès qu'elle a réalisés en si peu d'années, au point que certaines de ces productions, notamment la plupart des marchés couverts de Paris, ont déjà une élégance d'aspect qui fait bien présager de l'avenir.

Nous n'insisterons pas davantage sur les édifices élevés depuis quinze ans en France. Nous n'en trouvons aucun qui soit l'indice d'une rénovation de l'art, car ce n'est pas le seul monument dont on n'ait aucun autre exemple dans notre pays, le palais du Trocadéro, œuvre mal conçue, mal construite, élevée sur un terrain dont l'irrégularité ne permettait pas d'établir un grand édifice élégant et durable, que nos architectes prendront pour modèle. Cependant, il ne faut pas passer sous silence les tentatives souvent heureuses faites dans l'architecture privée. C'est là seulement qu'il faut chercher trace de vitalité, et l'espérance que, sortant des imitations maladroites des siècles précédents, nos artistes rétabliront bientôt la supériorité artistique que notre pays a si longtemps conservée en Europe.

Peinture. Au contraire de l'architecture, la peinture comme la sculpture semblent avoir profité du mouvement du Romantisme, ou tout au moins la lutte qui résulte de l'opposition des deux systèmes anciens et modernes paraît-elle avoir produit de grands talents pendant trente ans. Il nous suffira, pour montrer l'importance de cette génération qui, dans la littérature comme dans l'art, porte le nom de génération de 1830, de citer les peintres Ingres, Delacroix, les chefs du classique et du romantique, Delaroche, les orientalistes Decamps, Marilhat, Berchère, Fromentin; les paysagistes, qui ont régénéré cette branche de la peinture par l'étude de la nature : Rousseau, Troyon, Français, Millet, Corot, Daubigny, etc. Mais notre cadre ne nous permet de considérer dans tant de chefs-d'œuvre que ceux qui se rattachent à la peinture décorative. Là, Ingres et son école restent tout-puissants, grâce à ses influences près du gouvernement, et surtout au genre de son talent, qui est d'une convenance parfaite avec l'architecture. Une des entreprises de peinture décorative les plus importantes est celle des plafonds du Louvre, où l'on trouve les noms de Ingres, A. de Pujol, Picou, Heym. P. Delaroche a retracé au palais des Beaux-Arts l'apothéose d'Homère. Ingres lui-même a travaillé à la décoration de l'Hôtel de Ville, ainsi que Lehmann, son élève, qui avait représenté les *Saisons* dans le grand salon. On doit aussi à Ingres la décoration de la chapelle de Dreux, de celle de Saint-Ferdinand, le saint Symphorien de l'église d'Autun ; c'est un des artistes les plus féconds du siècle.

Delacroix avait cherché à prouver que sa peinture convenait également à la décoration ; sa fresque de Saint-Sulpice, malgré ses réelles qualités, n'a pu que montrer l'infériorité d'un art qui ne réside que dans la couleur, au mépris souvent du dessin. Au contraire, H. Flandrin, dans ses suites pour les églises de Saint-Germain-des-Prés et de Saint-Vincent-de-Paul, a peut-être atteint l'harmonie la plus parfaite avec les monuments qu'il était appelé à compléter. A côté de lui, dans la peinture religieuse, on peut placer Signol, qui reçut un grand nombre de commandes officielles. Ces saines traditions sont continuées aujourd'hui par une école dont M. Puvis de Chavannes est regardé comme le chef, tandis qu'au contraire, d'autres artistes, sollicitant des ouvrages analogues, veulent conserver malgré tout une originalité parfois exubérante, et, sans s'inquiéter des peintures voisines, du style du monument, du ton général de la décoration, de la destination de l'édifice, produisent des toiles surchargées de personnages, aux couleurs vives, aux mouvements heurtés, qui, mises en place, sont d'un effet déplorable. C'est qu'on oublie trop souvent que la peinture décorative et la peinture de chevalet sont deux arts dissemblables, et que le public ignorant qui fait en France la loi, ne comprend pas, lorsqu'il voit une toile au *Salon* annuel des artistes vivants, qu'elle fait partie d'un tout qu'il n'a pas sous les yeux et qu'il ne peut juger.

Sculpture. Si la peinture a jeté dans ce siècle un éclat brillant mais passager, la sculpture n'a cessé, du moins, de produire des œuvres remarquables. Elle aussi a bénéficié du Romantisme, et perdant au contact des idées nouvelles qui la ramenaient à l'imitation simple de la nature, cette roideur, cette sécheresse qu'elle avait contractée dans l'étude irraisonnée de l'antique, elle entre dans une voie féconde avec David d'Angers, Cortot, Rude, Pradier. Ce dernier fut surtout le maître de la vogue pendant le règne de Louis-Philippe ; mais, entraîné par ce besoin de grâce et de formes juvéniles qui faisait son succès, il tomba dans le mièvre, l'efféminé, et ses élèves avec lui. Il fallut les efforts de Marochetti et de Clésinger pour relever l'art du modelage par un retour, peut-être trop étroit, au naturalisme. Si eux-mêmes n'ont pas toujours réussi, si même Clésinger a connu à la fin de sa carrière des déboires qu'il devait à l'exagération d'un principe, on doit du moins à ces artistes le mouvement qui a produit les Paul Dubois, les Chapu, les Falguière, les Millet, les Mercié, les Delaplanche, les Saint-Marceaux, qui sont la gloire de notre pays et de notre époque, école vaillante d'artistes, jeunes encore, et à laquelle aucune autre ne peut être comparée dans ce siècle.

Arts industriels. Quand on place les produits de l'art industriel sous la Restauration et sous le règne de Louis-Philippe à côté de ceux du XVIIIe siècle, on est frappé de la décadence rapide et complète qui s'est produite en si peu d'années. En dehors des causes politiques qui ont fermé les ateliers, dispersé les ouvriers, arrêté l'importation des matières premières indispensables, il faut attribuer cette ruine artistique de notre industrie au goût complètement dévoyé, aux besoins croissants de la fabrication à bon marché nécessitée par le luxe à tout prix qui gagne toutes les classes de la société. De là l'emploi des procédés mécaniques qui permettent une production hâtive et uniforme, et la division du travail qui ne laisse plus à un ouvrier la moindre idée de l'objet entier auquel il collabore. Dans un meuble, par exemple, un ouvrier fera les moulures, l'autre les panneaux, un troisième les pieds, etc., et le plus souvent ces parties séparées ne sortent pas du même atelier, et sont assemblées par un industriel qui ne connaît rien à leur fabrication. Cette situation est d'autant plus grave que l'intérêt commercial des fabricants lui est absolument favorable, et qu'il en est ainsi aussi bien pour l'industrie du meuble que pour celle de la serrurerie d'art, qui a presque disparu, pour l'orfèvrerie, la ciselure, la céramique, etc. Ajoutez que les hommes de talent croiraient rabaisser l'art en l'appliquant à l'industrie, sans songer que c'est l'œuvre la plus féconde des grands artistes de la Renaissance, et que les tentatives pour réagir et pour innover ne rencontrent aucun encouragement auprès du public, engoué d'œuvres anciennes plus ou moins authentiques qui pourtant ne s'accordent guère avec nos appartements exigus, avec nos vitres blanches et nos papiers peints. Trop souvent l'acheteur s'en rapporte au goût du fabricant dont la principale préoccupation est d'écouler ses produits *de style* et qui ne connaît rien, s'il est marchand de meubles, par exemple, de la décoration de l'appartement et de la disposition des tentures qui devront encadrer l'ameublement. Si l'acheteur s'en rapporte à son propre goût, c'est pis encore le plus souvent; et c'est ainsi qu'on voit un cartel rocaille, une pendule religieuse, dorés au clinquant, dans un cabinet Renaissance, ou la *Sapho* de Pradier dans un salon Louis-quinze. On a même exagéré ces défauts, surtout pendant le second empire, et on a accumulé dans une même pièce les tapis et les tentures orientales, les gros meubles de la Renaissance, les bonheurs-du-jour et les étagères Louis-seize, les pendules et les cartels Louis-quinze avec les candélabres Empire sur la cheminée d'un modèle banal qu'on rencontre dans tous les appartements, et lorsqu'on a joint à tout cela quelques chaises et poufs en bandes de tapisseries sur fond d'étoffe, quelques supports en peluche, quelques cadres en plâtre doré et quelques bibelots plus ou moins anciens : statuettes de Tanagra, fétiches égyptiens, verreries de Venise et porcelaines de Sèvres, on a atteint le dernier mot de l'ameublement moderne !

Que faudrait-il donc pour relever le goût et le propager jusque dans les classes les plus humbles ? Il faudrait d'abord que le public acheteur abandonnât absolument le goût de l'imitation antique appliquée à des ameublements complets, laissant le véritable *vieux* aux collectionneurs éclairés et aux musées publics, au lieu d'encourager le *truquage*, qui fabrique chaque année des milliers d'objets anciens parfaitement imités. Il faudrait ensuite qu'un ministère des arts, comme on l'avait tenté un instant, fût établi sur des bases assez puissantes pour combattre la routine, encourager toutes les tentatives intéressantes, fussent-elles en dehors des traditions établies jusqu'ici, afin de pouvoir donner un jour à l'art, cette direction partie de haut qui fait les grands styles. Il faudrait enfin créer des musées d'art décoratif, y adjoindre des écoles industrielles et des ateliers d'où sortiraient des contremaîtres instruits qui manquent absolument, dût-on emprunter une partie des fonds appliqués chaque année à des manufactures nationales dont l'utilité n'est pas démontrée, et assurer à cet enseignement théorique et pratique le concours de maîtres éprouvés. C'est ainsi, selon les expressions de notre collaborateur, M. Paul Mantz, que, comme autrefois, l'artiste et l'artisan, obéissant à la séduction d'un même idéal, se réuniront, et, erreur ou succès, réaliseront cette chose si douce à l'esprit et aux yeux : l'harmonie.

***MODESTIE.** *Iconog.* On représente cette vertu sous les traits d'une jeune femme vêtue de blanc, sans autre ornement que ses cheveux. Sa main droite tient un sceptre et les cils de ses yeux baissés projettent leur ombre sur ses joues.

MODEUSE. *T. de mét.* Dentellière qui, dans le point d'Alençon, fait les parties à jour ou points appelés *modes*.

MODILLON. *T. d'arch.* Corps en saillie formant support et ornement sous le larmier de la corniche dans l'ordre corinthien. Le modillon affecte ordinairement la forme d'une console décorée de volutes sur ses faces latérales, d'une feuille en dessous et d'un balustre sur sa face antérieure.

— Dans quelques ordres corinthiens de dimensions colossales, tels que ceux des temples du Soleil et d'Antonin à Rome, on remarque des modillons de forme rectangulaire d'une faible saillie comparative. Cette disposition a été également adoptée pour l'une des corniches extérieures du palais du Louvre et pour celle qui couronne l'arc de triomphe de l'Etoile, à Paris. Les modillons du temple de Nîmes, connu sous le nom vulgaire de Maison-Carrée, présentent une particularité que l'on observe aussi dans l'arc de triomphe d'Orange; ils sont sculptés en sens inverse de ceux qui décorent tous les entablements antiques, c'est-à-dire que leur partie la plus saillante, au lieu de s'appuyer contre le mur pour former console est, au contraire, voisine du larmier. En outre, les modillons de cet édifice sont tous décorés différemment les uns des autres, ce qui est contraire aux sévères traditions des belles époques de l'art. Les modillons sont remplacés par les *mutules* et les *denticules* dans les autres ordres d'architecture.

La variété d'ornementation se remarque dans les corbeaux appelés aussi *modillons* qui supportent fréquemment les corniches dans les édifices du moyen âge. Ils sont carrés ou rectangulaires, ornés de têtes grimaçantes, de monstres et de figures d'hommes dans les positions les plus bizarres. On les trouve employés dans toutes les parties de la France. En Bourbonnais, en Auvergne, en Nivernais, les modillons affectent encore une forme particulière; on ne peut guère les comparer qu'à des consoles assemblées. En Provence, on voit des corniches soutenues sur de véritables consoles, comme dans les monuments d'ordre corinthien; leur partie inférieure est alors ornée d'une feuille d'olivier ou d'acanthe. — F. M.

MODISTE. Personne qui confectionne ou vend des articles de modes, particulièrement des chapeaux et autres objets destinés à la coiffure des femmes.

La modiste a toujours occupé le premier échelon de l'échelle sociale des travailleuses. La raison de cette supériorité est dans le choix, la délicatesse, l'élégance et le goût que déploie la modiste; car le travail des modes est un art, art chéri, triomphant, qui, dans tous les siècles, a reçu des honneurs, des distinctions. Cela explique pourquoi les modes françaises ont toujours été vivement recherchées par les nations étrangères, et il est à remarquer que les commotions politiques les plus violentes, celles qui ont porté au commerce les atteintes les plus graves, ont été sans effet appréciable sur l'industrie qui s'occupe de la parure des femmes.

HISTORIQUE. Dès le XVIe siècle, nos modes envahissaient

les cours d'Allemagne et d'Angleterre; les historiens italiens se plaignaient que, depuis le passage de Charles VIII dans leur pays, on affectait chez eux de ne s'habiller qu'à la française. Au siècle suivant, les modistes, appelées *dorlotières*, mirent en vogue les « cornettes », sorte de coiffure de femme en déshabillé. En 1776, les *faiseuses* de modes avaient le privilège de « garnir et enjoliver les robes, les habits de cour, dominos et autres vêtements de femme et d'enfant, dans lesquels il entrait des crêpes, blondes, gazes, dentelles, réseaux d'or et d'argent, glands, perles, plumes, fleurs, velours, rubans à la crème et autres découpures, broderies, chenilles, etc. » Elles avaient, en outre, le privilège « d'entreprendre, façonner, garnir, enjoliver, vendre et débiter les bonnets de femme, les chapeaux, palatines, fichus, mantelets, mantilles, manchettes, pelisses, ceintures et autres ajustements de pareille nature ».

Marie-Antoinette passait pour l'arbitre des modes; son goût faisait loi et sa loi était toujours gracieuse. Son coiffeur Léonard et sa modiste Rose Bertin la secondaient mutuellement (V. COIFFEUR et COIFFURE). Dès lors le métier de marchande de modes s'établit en grand à Paris. Comme nous le montre une charmante aquarelle de Gabriel de Saint-Aubin, c'était dans le célèbre magasin de Mlle Saint-Quentin, rue Saint-Honoré, où travaillaient constamment trente ouvrières, que s'arrangeaient ces pompons, ces colifichets, ces galants trophées que la mode enfante et varie. Dans l'espace de deux ans, de 1784 à 1786, les chapeaux de femme changèrent dix-sept fois de suite.

Avec 1789 disparaissent les fantaisies légères. La mode se simplifie au fur et à mesure des événements. C'est l'époque du bonnet « à la Charlotte Corday », aujourd'hui si connu, et du bonnet « à la Bastille ». Bientôt la Terreur avec son bonnet rouge fait émigrer modes et modistes en Angleterre : Rose Bertin cesse de régner en même temps que Marie-Antoinette ! Mais voici thermidor, et avec lui toutes les folies du Directoire. Si personne n'a remplacé la belle, brillante et infortunée fille de Marie-Thérèse, deux femmes et un homme de goût, la Despeaux, « ce Michel-Ange des marchandes de mode », Mlle Bertrand et le *modiste* Saulgeot, font oublier la célèbre modiste de la reine, par la création de mille fantaisies élégantes. Sous l'influence de Bonaparte, les modistes donnèrent aux bonnets et aux chapeaux un style plus sévère. De Jouy rapporte qu'en 1811 le nom de Leroi était dans toutes les bouches; « mais combien y a-t-il de gens qui savent qu'il n'est véritablement inimitable que pour les chapeaux, et que Mlle Despeaux lui est très supérieure pour l'invention du bonnet? »

Quoi qu'il en soit, la forme moderne des chapeaux de femme n'a commencé à se dessiner nettement qu'à la fin de la Restauration et au commencement du règne de Louis-Philippe. La célèbre modiste Mlle Beaudrant eut une grande part dans cette œuvre de rénovation.

FABRICATION. Le rotin, le laiton et la baleine destinés à former et à soutenir la carcasse des chapeaux sont faits ordinairement par des fabricants spéciaux; les modistes proprement dites ajustent et assortissent les étoffes, les fleurs, les plumes, les blondes et les dentelles. Dans cette industrie, où le succès dépend du renouvellement continuel de la forme et des ornements du chapeau, l'ouvrière se livre à ses propres inspirations, et la mode naît de la manière dont elle interprète, suivant son goût, les idées qui lui sont exprimées par la clientèle. L'ouvrière, en effet, invente, modifie, améliore en faisant les essais sur elle-même, et l'œuvre terminée constitue une mode nouvelle, originale, qui se produit alors au bois, au théâtre et dans les endroits où les modes trouvent habituellement leur consécration. Le cachet particulier des chapeaux français et surtout parisiens leur assure une supériorité incontestable sur les produits étrangers, supériorité reconnue et consacrée dans le monde entier. — S. B.

Bibliographie : *Statistique de l'industrie à Paris*, 1860, art. *Modistes*; Ed. FOURNIER : *Le vieux-neuf*, art. *Modes*; Ed. et J. de GONCOURT : *La femme au XVIIIe siècle*; A. CHALLAMEL : *Histoire de la mode en France*.

***MODULAIRE.** *T. d'arch.* Se dit de l'architecture qui dérive de l'emploi des trois ordres usités par les artistes de l'antiquité grecque et romaine.

MODULE. *T. d'arch.* Unité de mesure sur laquelle sont basées les proportions des ordres antiques, et qui n'est autre que le rayon de la colonne à son pied. Ces proportions varient avec chaque ordre et n'ont même rien d'absolu pour un ordre particulier; elles dépendent de la nature et du caractère de l'édifice. Cependant on remarque, à chaque période de l'art, une proportion moyenne dont on s'éloigne assez peu et qui répond aux idées générales de l'époque et plus particulièrement à celles qui sont relatives à la stabilité et à la durée dont il convient que les monuments portent l'empreinte.

— A part de rares exceptions, dans les beaux temples de la Grèce, les hauteurs des colonnes des temples ne diffèrent pas plus de 0,75 de module, en plus ou en moins de leur valeur moyenne, qui est 11mod.,25 environ, et les espacements d'une colonne à l'autre, à la base, sont presque toujours de trois modules à peu près. Les Romains ont pris pour moyenne de la hauteur des colonnes, dans les temples élevés depuis la fin de la République jusqu'à la décadence de l'Empire, un peu plus de 19 modules, et ils ne s'en sont presque jamais écartés de plus d'un demi-module ; pour les espacements, la proportion moyenne est de trois modules et demi environ.

Comme la plupart des membres d'architecture, en dehors des colonnes, sont loin d'avoir un module entier de dimension, il a fallu avoir une autre unité de mesure plus petite pour noter la hauteur et la saillie des moulures ; aussi a-t-on divisé ce module en douze parties égales ou *minutes* pour le dorique et en dix-huit parties pour l'ionique et le corinthien. Quant à la grandeur vraie du module, elle est une conséquence de la hauteur totale qu'on veut donner à la construction, depuis le haut de l'entablement jusqu'à la partie inférieure du piédestal. — F. M.

‖ Diamètre d'une médaille; on distingue les médailles en modules de six, dix ou vingt lignes de diamètre (13, 22, 45 millimètres). ‖ *Module d'eau.* Avant l'adoption du système décimal, l'unité ou module adopté en hydraulique était le pouce d'eau; c'était le produit de l'écoulement par un orifice circulaire d'un pouce de diamètre, ayant une ligne de charge sur le sommet de l'orifice.

MOELLON. *T. de constr.* Pierre de petit échantillon, que l'on débite à la carrière et que l'on tire soit directement du banc de carrière, soit du déchet des blocs extraits pour former les pierres de taille. On fait des moellons avec toutes sortes de pierres (V. MATÉRIAUX); les moellons calcaires sont les plus employés dans nos régions, c'est d'eux surtout que nous nous occupons.

Suivant leur nature, on distingue trois espèces de moellons : 1° les *moellons de roche*, que l'on emploie pour les travaux hydrauliques, les murs et les massifs qui doivent avoir une très grande résistance, et les enrochements qui doivent avoir une très grande densité ; 2° les moellons de *banc-franc* ou *moyennement tendres*, qui servent à élever les murs de clôture et ceux des bâtiments en élévation, à cause de la légèreté qu'ils acquièrent en séchant ; 3° les *moellons tendres*, avec lesquels on peut faire économiquement des parements très bien dressés, à cause de la facilité avec laquelle on les taille. Les moellons de roche et de banc-franc qu'on emploie à Paris et dans les environs, viennent des plaines de Vitry, d'Arcueil, de Montrouge, de Vaugirard, etc. ; les moellons tendres, qui sont les plus traitables et qui soutiennent le mieux les arêtes, sont tirés des carrières de Saint-Maur, Créteil, Carrières Saint-Denis, Houilles, Nanterre, Montesson, etc.

Suivant leur mode d'emploi, les moellons se divisent en cinq classes : 1° les *moellons bruts* sont employés tels qu'ils arrivent de la carrière avec la seule précaution de les humecter pendant les grandes chaleurs. On en fait spécialement usage pour les murs, les massifs et les remplissages qui ont une forte épaisseur ou qui sont simplement bloqués et non parementés. Les moellons bruts tendres ont toujours besoin d'être un peu ébousinés. Quand les moellons bruts ont des dimensions qui n'excèdent pas 0m,10 et 0m,15 de côté, ils prennent le nom de *garnis*, et l'on s'en sert pour caler les moellons et remplir les vides occasionnés par les formes irrégulières des moellons bruts ; 2° les *moellons ébousinés* sont ceux que le maçon taille lui-même légèrement sur les lits et les joints avec sa hachette, au fur et à mesure qu'il les emploie ; on en construit ordinairement les murs de fondation et les autres murs qui doivent recevoir un enduit ; 3° les *moellons smillés* sont ceux dont on a taillé assez proprement les parements, les lits et les joints, et qu'on emploie à la construction des voûtes et des murs dont la surface est seulement rejointoyée ; 4° les *moellons piqués* sont taillés comme les précédents, mais avec plus de soin, de manière à en rendre les arêtes vives et bien droites ; 5° on appelle *moellons d'appareil*, les moellons parfaitement équarris et parementés comme la pierre de taille, et que l'on taille sous différentes formes pour *carreaux*, angles et soupiraux, sommiers et voussoirs pour baies de portes cintrées ou en plates-bandes, etc. Les ouvrages faits avec ces moellons ne diffèrent de ceux construits en pierre de taille que par les moindres dimensions de leurs éléments.

Quant aux règles qu'il est nécessaire de suivre pour établir les maçonneries de moellons, employés seuls ou concurremment avec d'autres matériaux, nous les avons données à l'article MAÇONNERIE.

— Les anciens, et particulièrement les Romains, appliquaient très fréquemment la maçonnerie mixte de moellons et de briques ou de pierres de taille. Ils employaient le moellon brut, ou le moellon piqué, mais ce dernier en morceaux présentait extérieurement des surfaces carrées et non barlongues, tradition qui fut suivie dans certaines provinces de France jusqu'au XIVe siècle. D'ailleurs, à cette dernière époque et pendant tout le moyen âge, le moellon piqué de forme barlongue était fréquemment employé dans les constructions de maisons et d'édifices élevés à peu de frais. De nos jours, on emploie ces matériaux sous toutes les formes indiquées ci-dessus. — F. M.

|| Première huile que les chamoiseurs font sortir des peaux soumises au dégraissage. || Dans les manufactures de glaces, nom d'une pierre à polir.

***MOELLONAGE.** *T. de constr.* Construction faite avec des moellons.

***MOELLONIER.** *T. techn.* Outil qui sert à diviser les pierres à moellons ; marteau du cantonnier pour casser les pierres ; on écrit aussi *moellonnier*.

***MOËT** (JEAN-REMY), fils de *Claude-Louis-Nicolas* MOËT qui, en 1743, payait déjà les *impositions de l'industrye* des vins, fut le véritable fondateur de la marque universellement connue, Moët et Chandon ; il naquit à Epernay, le 31 décembre 1758 et fit ses études chez les jésuites de Metz où il révéla des aptitudes remarquables. Il se livra ensuite à de sérieuses recherches sur la viticulture, à la suite desquelles il entreprit la fabrication des vins de Champagne. Sa maison avait déjà un développement considérable, lorsque la moitié de son capital fut engloutie en 1794, par la faillite de la banque Monneron frères. Moët paya toutes les traites portant sa signature et il acquit ainsi un immense crédit. Mais l'Empire augmenta sa fortune, Epernay, situé sur la route d'Allemagne, vit le glorieux va-et-vient de Napoléon, de ses maréchaux, de ses dignitaires, qui se rendaient aux armées, ainsi que des rois et des princes qui venaient à Paris rendre hommage au maître de l'Europe. Pendant cette période de prospérité, Moët qui était maire d'Epernay dota sa ville natale d'un pont, d'un théâtre et de diverses institutions qui le rendirent très populaire ; mais l'invasion amena des jours sombres, Napoléon et ses vaillants soldats défendaient la Champagne ; entre deux batailles l'empereur s'arrêta à Epernay, et en récompense des services rendus par M. Moët, il détacha de sa poitrine la croix de la Légion d'honneur et l'attacha à l'habit du maire. Après Waterloo, Epernay fut saccagée et les caves de Moët mises à sac.

Après une carrière de cinquante années, *Jean-Remy* MOËT laissa sa maison à *Victor* MOËT, son fils, et à M. *Pierre-Gabriel* CHANDON, son gendre. Les descendants de ce grand industriel sont MM. *Victor* MOËT-ROMONT et *Auban*-MOËT-ROMONT son gendre, pour la branche directe Moët, et MM. *Paul* CHANDON DE BRIAILLES, petit-fils de *Jean-Remy* et neveu de *Victor* MOËT, *Raoul* CHANDON DE BRIAILLES et *Gaston* CHANDON DE BRIAILLES, pour la branche Chandon.

Jean-Remy Moët mourut le 31 août 1841.

***MOHAIR.** 1° Nom anglais du poil de la chèvre d'Angora (*hircus angorensis*, Anatolie). C'est une sorte de laine, très blanche et très longue, qui se rapproche, pour la douceur et la finesse, du duvet fourni par la chèvre de Cachemire (V. CACHEMIRE). Quoique belle et soyeuse, elle est généralement mélangée d'une forte proportion de jarre, et salie par beaucoup de poussière ; on la file comme celle du mouton. || 2° Tissu de poil de chèvre, au toucher soyeux, fabriqué spécialement en Angleterre.

***MOIGNO** (François-Napoléon-Marie), savant abbé, né à Guéménée (Morbihan) le 18 avril 1804, descendait d'une ancienne famille noble de la Bretagne. Il fit d'excellentes études au collège de Pontivy, et son noviciat chez les jésuites de Montrouge, après avoir passé par le petit séminaire de Sainte-Anne-d'Auray. La Compagnie de Jésus le nomma, en 1836, professeur de mathématiques dans sa maison de la rue des Postes, et en 1840, il publia le premier volume de ses *Leçons de calcul différentiel et intégral*. Le supérieur des jésuites l'ayant nommé professeur au séminaire de Laval, l'abbé Moigno lutta pendant plusieurs années pour ne point quitter Paris et le monde savant avec lequel il était en relations suivies ; n'ayant pu faire revenir le Père supérieur sur sa décision, le jeune savant préféra quitter l'ordre que de renoncer à ses études favorites. C'est alors qu'il collabora à plusieurs journaux comme rédacteur scientifique. En 1852, il fonda le *Cosmos* qu'il garda jusqu'en 1862, et en 1863 les *Mondes*. De 1848 à 1851, l'abbé Moigno fut aumônier-adjoint du Lycée Louis-le-Grand, plus tard il fut attaché au clergé de Saint-Germain-des-Prés, et enfin le 25 septembre 1873 chanoine du second ordre au chapitre de Saint-Denis. Il parlait douze langues et avait parcouru toute l'Europe, s'entretenant avec toutes les sommités, fouillant toutes les bibliothèques et écrivant sur tout ce qui intéressait chez lui le voyageur et le savant. On a de lui un grand nombre d'ouvrages scientifiques : la *Physique moléculaire*; *Répertoire d'optique moderne* (1847-1850, 4 vol. in-4°); *Traité de la télégraphie électrique* (1849); *Recherches sur les agents explosibles modernes*; *Leçons de mécanique analytique* (1867); *Eclairages modernes* (1868); l'*Art des projections* (1872); *Corrélation des forces physiques*, traduit de l'anglais, etc L'abbé Moigno, qui était chevalier de la Légion d'honneur, est mort le 14 juillet 1884.

MOINE. *T. d'impr.* Défaut d'impression dans une feuille, lorsque les caractères n'ont pas pris d'encre. || *T. de métall.* Boursouflure qui se produit dans le métal que l'on forge. || *T. techn.* Petit meuble domestique contenant un réchaud pour chauffer un lit.

***MOINE** (Antonin), né à Saint-Etienne en 1797, s'est fait connaître comme peintre et comme sculpteur. Artiste de goût et de talent, il avait un esprit chagrin et tourmenté, une sorte de mélancolie amère qui lui rendit la vie insupportable ; comme Gros, dont il avait été l'élève, il se donna la mort le 18 mars 1849. Parmi ses meilleurs morceaux de sculpture, on lui doit à Paris une statue de *Sully* (Luxembourg), les *Tritons* et les *Naïades* des fontaines de la place de la Concorde, la statue de *Saint-Protais* à l'église Saint-Gervais, la *cheminée de la salle des conférences*, à la Chambre des députés, etc. « Sculpteur d'ornements, dit notre collaborateur Paul Mantz, Moine a également modelé un assez bon nombre de pendules et de chandeliers d'un dessin élégant et fin. Il s'était surtout inspiré du style délicat des orfèvres de la Renaissance ; la *Dame au faucon*; le *Sonneur d'oliphan*, et la plupart de ses statuettes ne sont aujourd'hui ignorées de personne. Dans les dernières années de sa vie, Antonin Moine était revenu à la peinture et particulièrement au pastel... Mais perdant de vue la réalité, Moine a trop souvent dans ses pastels sacrifié à la fantaisie et à la manière. Sa couleur même n'est pas toujours harmonieuse. »

***MOIRAGE, MOIRE.** *T. d'appr.* Le *moirage* est un apprêt spécial que l'on donne à certains tissus pour leur communiquer un aspect changeant et chatoyant ; la *moire* est l'étoffe qui a reçu ce genre d'apprêt.

— Jusqu'en 1754, l'industrie du moirage des étoffes de soie a appartenu à peu près exclusivement à l'Angleterre, elle a été introduite en France par un anglais nommé Jean Badger, appelé à cette époque par le gouvernement français et qui vint se fixer à Lyon. La fabrique de cette ville lui dut de ce chef un notable accroissement de prospérité ; aussi, pour reconnaître le service rendu, accorda-t-on à Badger la jouissance de l'établissement construit en vue de l'exercice de son industrie, jouissance qui devait lui profiter, tant à lui qu'à sa famille, pendant une période d'un siècle. Il obtenait alors la moire, qui n'était autre que la *moire antique* ou *moire anglaise*, au moyen d'une grande et forte masse de pierre dont le fond était formé de forts plateaux unis pesant de 30 à 40,000 kilogrammes, et agissant sur une plate-forme solidement assise sur le sol. En raison des proportions gigantesques de cette machine, de nombreux inconvénients étaient attachés au système de Badger. Néanmoins, pour reconnaître le service rendu par celui qui l'avait importé, la ville de Lyon s'obligea à servir à sa fille jusqu'à son décès, une rente viagère de 600 francs, en vertu d'une délibération de la municipalité, approuvée et sanctionnée par un décret de Napoléon Ier daté de 1806, et il y a quelques années la chambre de commerce de la même ville votait encore à sa petite-fille une pension viagère de 400 francs.

Sur les instances de quelques manufacturiers, le gouvernement chargea Vaucanson de chercher une combinaison de machine à moirer d'un usage plus commode. Le fameux mécanicien inventa alors une «calandre cylindrique» dans la forme d'un laminoir, composée de deux cylindres métalliques creux et lourds, intérieurement munis d'une barre de fer rougie remplacée par une autre à mesure qu'elle perdait sa chaleur, et se pressant mutuellement à l'aide de leviers de différents genres. On obtint alors non pas la moire antique, mais la *moire ronde* ou *moire française*.

Ce ne fut qu'en 1854 que deux appréteurs-moireurs de Lyon, MM. Vignet frères, aidés d'un mécanicien de la même ville, M. Barbier, trouvèrent une machine dans laquelle les masses de pierre de Badger et les cylindres de Vaucanson étaient remplacés par des plateaux mobiles entre lesquels devaient être placés les rouleaux d'étoffe, plateaux destinés à exercer sur ces rouleaux, à l'aide d'une vis, une pression mécanique pouvant être augmentée ou diminuée à volonté, au lieu d'une pression résultant de leur propre poids.

D'après ce que nous venons de voir, il y a deux sortes de moires : la moire antique ou anglaise, et la moire ronde ou française. La *moire antique* n'offre pas de caractère parfaitement accusé dans les dispositions de ses effets, et, sur un grand nombre de pièces d'étoffe soumises à ce genre de moirage, on en trouverait très difficilement ceux qui se ressemblassent; ici, ce sont des groupes comme en forment les nuages, là, des ondulations, là encore, des lignes brisées dont les sinuosités ressemblent à l'éclair sillonnant l'espace. La *moire française*, au contraire, offre partout les mêmes effets qui paraissent appartenir à une seule famille; leur caractère ne subissant presque pas de variations. Dans la moire française, on retrouve constamment des formes arrondies (d'où le nom de *moire ronde*) qui imitent assez bien les contours que l'on remarque sur la partie intérieure des troncs d'arbre.

Bien que le calandrage et le moirage s'obtiennent par des moyens similaires, il y a une différence totale entre l'une et l'autre de ces opérations. Le calandrage n'a d'autre but que de donner une tension aux étoffes, afin que la superficie en soit plane et unie, tandis que le moirage fait obtenir, sur un tissu primitivement uni, ces effets que l'on nomme *moirés* et qui produisent les plus gracieux ornements. — A. R.

***MOIRAGE MÉTALLIQUE.** Le *moiré métallique* est une modification superficielle que l'on fait naître sur certains métaux, dans un but décoratif. Le zinc et surtout l'étain sont les plus aptes à recevoir le *moirage*. Voici comment on opère pour l'étain. On prend des feuilles de fer-blanc de bonne qualité et on les passe au décapage dans un bain renfermant de l'eau-forte ou acide nitrique. L'attaque se faisant d'une manière irrégulière, il en résulte des arborescences, des sortes de fleurs d'un blanc brillant et avec éclat métallique. L'étendue et la variété de ces ornements dépendent du plus ou moins grand degré d'homogénéité de la plaque métallique que l'on a recouverte d'étain. Ainsi, le fer-blanc fait avec des tôles d'acier donne un moirage à moins grands ramages que celui qui est obtenu avec des tôles en fer au bois et les dessins sont plus petits, plus analogues entre eux et ressemblent davantage à une sorte de cristallisation.

Pour conserver l'éclat du moirage et empêcher qu'il ne se ternisse à l'air, on le recouvre d'un vernis généralement coloré, qui fait ressortir les parties brillantes, c'est ce que l'on appelle *japaniser* (en anglais *japanese*).

Le zinc se prête aussi à un certain moirage, mais il présente moins d'éclat que celui de l'étain. On l'obtient en déposant le zinc sur le fer par galvanisation; c'est ainsi que sont faites les *ardoises métalliques* de Montataire, qui sont recouvertes sur toute leur surface d'un moirage d'un fort bel effet. Ce moirage se produit facilement avec du zinc de bonne qualité et un bon décapage préalable.

***MOIREUR.** *T. de mét.* Ouvrier qui moire, qui conduit les machines à moirer.

MOISE. *T. de charp.* Nom que l'on donne à des pièces de bois reliées deux à deux par des boulons et entre lesquelles sont prises plusieurs autres pièces, ainsi maintenues à distance fixe les unes des autres. Les moises sont fréquemment employées dans les ouvrages tels que bâtardeaux, pilotis, fermes en charpente à grande portée, etc. Elles ont l'avantage d'une pose rapide et très simple; on les joint ordinairement à mi-bois avec les pièces qu'elles enserrent, et des boulons consolident l'assemblage.

|| *T. techn.* Crochet de fer avec lequel on manœuvre certaines pièces dans un four.

MOISSONNEUSE. L'histoire détaillée des moissonneuses aurait un grand intérêt pour les mécaniciens, elle montrerait combien d'étapes une invention doit parcourir avant d'être adoptée par un petit nombre d'intéressés et quels sont les divers obstacles qui surgissent successivement devant les inventeurs.

La récolte des blés, qui doit récompenser le cultivateur des peines qu'il a prises et lui donner les moyens de rentrer dans les avances qu'il a faites, en lui laissant parfois un bénéfice bien minime, est une des rares phases heureuses de la vie agricole. Tout le personnel de la ferme est sur pied dès l'aube; c'est, en effet, un fort coup de collier à donner. Pour chacun, le travail et la fatigue sont portés à un maximum qu'il serait impossible de dépasser. Aussi, la main-d'œuvre, de plus en plus exigeante et plus délicate, ne s'offre depuis longtemps qu'à des prix excessifs pour ces travaux de moisson, excessifs aussi, et qui doivent se faire dans une saison et par des temps dans lesquels l'homme est le plus accessible à la fatigue.

— Il n'est donc pas difficile de comprendre que depuis longtemps, et surtout depuis la fin du dernier siècle, on ait fait appel à la mécanique pour résoudre le problème de la coupe des blés. Sous l'ancienne constitution de la propriété, lorsque les industries diverses étaient dans l'enfance et non encore cantonnées dans les grandes villes, la population plus également répartie était presque entièrement agricole et suffisait à peu près aux travaux de la moisson. Toute la famille avec des *faucilles*, jeunes et vieux, prenaient une part au travail. La *faux* adoptée un peu plus tard permit à chaque homme fort et habile de couper près d'un demi-hectare par jour. La moisson put donc s'exécuter ainsi annuellement sans trop d'ennuis jusque vers l'année 1845. A partir de ce moment, les exigences de la main-d'œuvre s'accroissent avec une rapidité vertigineuse; les frais de récolte, autrefois relativement bas, s'élèvent à un taux disproportionné : 40 francs par hectare, ou pour 20 hectolitres de blé environ, ce qui grève assez sensiblement le prix de revient du grain pour ne laisser au cultivateur qu'un bénéfice insignifiant. Bien heureux même si la coupe des récoltes et leur rentrée peut être faite à temps et au moment de maturation le plus désirable pour la conservation et la qualité du grain. Les propriétaires se disputent la main-d'œuvre, et l'excès de la demande fait monter les prix à un taux effrayant.

C'est à ce moment précis que les tentatives des inventeurs obtiennent enfin quelque succès. L'apparition de moissonneuses pratiques date, en Europe, de l'Exposition internationale de 1851, à Londres. Dans l'Amérique du Nord, Mac Cormick, le véritable inventeur des moissonneuses, avait vu réussir ses essais depuis quelques années déjà. L'amélioration de ce premier type, qui exigeait un homme sur la machine pour faire la javelle à propos, fut rapide, et dès 1855, on vit, à Paris, trois ou quatre imitations du type Mac Cormick. En outre, cette Exposition internationale fit voir le premier essai de l'adaptation à la moissonneuse d'un bras javeleur automatique, c'était l'invention d'Atkins, sur laquelle nous reviendrons plus loin. En 1855, les constructeurs français exposent aussi des moissonneuses mécaniques; le docteur Mazier, dont les tentatives dataient de 1845, lutta en vain pendant quelques années encore avec un type tout spécial, dont la scie pouvait couper à droite, puis à gauche de la piste de l'attelage; puis vinrent Cournier avec un appareil coupeur à cisailles, et Lallier, avec des bras javeleurs. Dès cette époque, les moissonneuses mécaniques pouvaient faire un bon service et le fermier ou propriétaire pouvait se défendre contre les exigences de la main-d'œuvre des faucilleurs et des faucheurs. Mais il restait après le passage de la machine un travail manuel facile, le *ramassage* et le *liage* des javelles; la main-d'œuvre toujours nécessaire éleva ses prétentions pour cette partie minime du travail de récolte au taux même du travail complet; de sorte que le fermier ne gagnait à l'emploi de la machine que la faculté de couper rapidement au moment voulu.

Le javelage, fait à la main par un homme assis sur la machine, se faisait mal et avec une fatigue excessive pour cet ouvrier. Les inventeurs s'ingénièrent donc à perfectionner les *javeleurs automatiques*. On trouva de nouvelles dispositions, après nombre d'essais infructueux. Le premier bon javeleur a, pour point de départ, le moulinet *rabatteur* incliné, de Robinson de Melbourne, avec le soulèvement par cames de deux de ses bras devenant des râteaux *ramasseurs*. Cette disposition doit ses premières améliorations à la maison Samuelson, de Banbury, qui fournit ainsi aux cultivateurs les premières moissonneuses très pratiques, à javeleurs automatiques assez efficaces et périodiques.

L'emploi régulier de ce genre de moissonneuses en Angleterre et surtout dans le nord de l'Amérique, fit reconnaître aux cultivateurs des besoins nouveaux. Ils exigèrent alors plus encore des machines. Ils voulaient d'abord que le javelage puisse se faire non plus invariablement, tous les 4 mètres, par exemple, mais tous les 3 mètres pour les récoltes *denses* et tous les 5 mètres seulement pour les *maigres*. Ce perfectionnement se montre dans les machines Johnstone.

Ce nouveau progrès semble bientôt insuffisant. Le conducteur de la machine désire pouvoir suspendre à volonté le dépôt des javelles afin de laisser les *cornes* ou *coins* du champ libres pour la tournée de l'attelage : le mécanicien *résout* le problème. Une pédale permet au conducteur de suspendre la projection de la javelle par le râteau ramasseur automatique. La moisson peut alors se faire par un seul homme monté sur une moissonneuse traînée par deux chevaux, qu'il convient de relayer toutes les deux heures. Dans ces conditions, chaque machine peut faire un demi-hectare par heure, soit le travail d'une journée *excessive* d'un ouvrier faucheur habile.

Il semble que les mécaniciens pouvaient alors considérer le problème comme résolu et se consacrer exclusivement à la propagation de leurs inventions. Il n'en est pas aujourd'hui tout à fait ainsi, surtout dans l'Amérique du Nord, puis en Angleterre et enfin quelque peu en France. Le blé, laissé en javelles sur le champ, doit être lié en gerbes, mis en tas à sécher ou rentré dans la grange. Ce liage exige une main-d'œuvre d'autant plus rare et plus exigeante que la machine lui a déjà enlevé son travail le mieux rémunéré. Le cultivateur fait donc un dernier appel au mécanicien. Ne peut-on faire *lier les javelles* par la machine elle-même. On y parvint en imitant quelque peu la machine à coudre. Une bobine, chargée de fil de fer recuit, fournit constamment à une aiguille courbe un fil qui se tend autour de la javelle, la serre et se tord, puis est coupé en même temps que son bout est ressaisi pour un nouveau liage, et la javelle liée est poussée en dehors du *tablier récepteur*. Plus tard, le cultivateur exige que le liage se fasse avec de la ficelle présentant moins d'inconvénients pendant le battage du blé. C'est à ce point que la moissonneuse est parvenue; elle est pratique, et il serait inutile de lui demander davantage.

Mais il ne faudrait pas croire que seules les *moissonneuses-lieuses* aient de l'avenir. Les conditions économiques et de main-d'œuvre varient suivant les localités et même suivant la grandeur et la position des exploitations agricoles. De sorte que l'on trouvera désormais dans les champs des moissonneuses adaptées aux diverses circonstances :

1° Dans les petites fermes, des faucheuses, munies d'un appareil récepteur du blé, que fait manœuvrer du pied, et à sa volonté, un homme assis sur la machine. Dans ce cas, en effet, on peut avoir, dans la famille du cultivateur, assez de main-d'œuvre pour ramasser les javelles jetées derrière la machine et les déposer à l'abri du cheval revenant dans la place coupée, pour faire une nouvelle fauchée;

2° Des moissonneuses à javelage automatique, périodique, régulier, dans les fermes un peu plus importantes. Il suffit alors de mettre à chaque coin du champ une femme ou un jeune homme pour relever et déplacer les javelles qui, en ces points, pourraient être foulées aux pieds par l'attelage continuant son travail;

3° Dans les grandes fermes, où l'on peut compter sur une main-d'œuvre suffisante pour la mise en gerbes des javelles et leur liage, dès que le blé est sec et mûr, on adoptera les moissonneuses à javeleur automatique à périodes réglables et à suspension de dépôt facultative;

4° Enfin, les moissonneuses-lieuses automatiques conviennent plus spécialement aux grandes exploitations qui veulent être à l'abri de toutes les mauvaises chances qui peuvent résulter de l'absence de main-d'œuvre.

La question agricole ainsi résolue, nous aurions à examiner les différentes parties d'une moissonneuse de ces divers systèmes, dans le but de faire comprendre la manière d'agir des divers outils qui la composent.

L'appareil *coupeur*, les *rabatteurs* maintenant les tiges contre les coupeurs pendant la coupe; les *javeleurs* ramassant le blé déposé sur le *tablier* dès qu'il y en a suffisamment pour une javelle. Les deux procédés employés pour régler les intervalles de javelage ou le poids des javelles et pour laisser le ramassage en suspension.

Enfin, pour les moissonneuses-lieuses, le mode de *recueil des tiges* sous forme de gerbes, le liage, le serrage et l'expulsion de ces javelles liées.

C'est la question mécanique. Elle exigerait, pour être bien présentée, de nombreuses pages et des figures d'une exécution très difficile parfois. Nous croyons donc devoir nous borner à donner une idée seulement des procédés essayés successivement et surtout de celui qui résout le mieux le problème.

Appareil coupeur. C'est la partie principale sans laquelle les autres ne peuvent exister; car ce n'a été que très exceptionnellement que les blés ont été arrachés en leur entier.

De tous temps, on a *coupé* les blés pour les récolter; la faucille est le premier outil, elle est, avec la charrue, l'attribut de Cérès, le plus souvent employé pour caractériser l'agriculture. Toutefois, on a parfois arraché les épis, seulement, à l'aide d'une espèce de *peigne* analogue à ceux qu'on emploie encore pour enlever les graines du trèfle et de plantes analogues. Le char gaulois, cité par Pline, était un rafleur d'épis et non une *moissonneuse* au sens moderne du mot.

Dans les premières moissonneuses essayées, les inventeurs prenaient pour outil coupeur la *faux*, à laquelle on donnait, par l'intermédiaire de roues d'engrenages, de poulies ou de bielles, un mouvement circulaire alternatif ou continu.

Les inventeurs échouèrent parce qu'ils étaient incapables de se rendre compte du mode d'action du tranchant de la faux à main qui rase les tiges en se transportant parallèlement à lui-même, sous un angle aigu avec sa trajectoire. Dans les machines où des lames de faux étaient animées d'un mouvement commun de rotation continu, les tranchants agissaient sous des angles variables et parfois trop grands; alors ils ne *sciaient pas comme la faux*, mais cassaient les tiges. Avec de petites faux à tranchants inclinés convenablement, on eût pu couper régulièrement, par un mouvement circulaire alternatif comme celui de la faux à main. Avec un mouvement circulaire continu le problème mécanique étant plus difficile, on le résolut mal.

On imagina ensuite (Smith, vers 1836) de couper par les bords d'un disque d'acier tranchant, animé d'un mouvement rapide de rotation; la coupe peut se faire ainsi dans de bonnes conditions de sciage, mais sur une largeur très restreinte, et la chute régulière des tiges sur le tablier, pour être mises en *andains* ou en gerbes, est difficile. Le coupeur actuel est encore celui qu'imagina Mac Cormick, vers 1850. Sur une tige à laquelle on donne un mouvement alternatif rapide, peu étendu, on fixe de petits triangles d'acier affûtés sur leurs deux côtés, ce qui, en apparence, constitue une scie à grandes dents; les tranchants de droite de tous ces triangles coupeurs, inclinés de 40 à 45 degrés sur leur trajectoire, coupent pendant le mouvement d'*aller* de la scie, et les tranchants de gauche pendant le mouvement de retour. Mais chaque tranchant rase ainsi obliquement une partie de la largeur à couper, soit environ 75 millimètres. Pour couper $1^m,50$ de largeur, il faut donc vingt coupeurs sur la tige unique guidée dans son mouvement de va-et-vient qu'elle reçoit d'un bouton excentré placé sur un petit volant. L'arbre de ce volant reçoit un rapide mouvement de rotation par l'intermédiaire de 2 ou 3 paires de roues d'engrenages transmettant le mouvement d'une ou deux roues portant toute la moissonneuse. La coupe se fait ainsi, en réalité, simultanément par 20 petites faux. Il suffit donc que ces coupeurs soient aiguisés convenablement pour leur inclinaison et aient une vitesse un peu supérieure à celle de la faux à main pour couper convenablement. La seule différence entre la coupe par la faux et par cet appareil, c'est que celui-ci s'avance pendant qu'il coupe. Il en résulte que pour apprécier l'angle d'action des couteaux de moissonneuses il faut, comme nous l'avons le premier indiqué, déterminer le mouvement relatif de ces couteaux; chaque point décrit sur le sol un feston régulier. L'examen de cette trajectoire réelle entraîne diverses conséquences dans le détail de la coupe, qu'à notre grand regret, nous ne pouvons examiner ici, bien qu'ils aient une influence con-

Fig. 278. — *Moissonneuse javeleuse de M. Walter A. Wood.*

sidérable sur la construction des moissonneuses. Au lieu de couteaux triangulaires tranchants qu'il faut aiguiser fréquemment, on peut employer des couteaux dentelés comme certaines faucilles.

Gardes ou *doigts*. La scie passe dans les mortaises de pointes fixes formant un peigne. Elles ont plusieurs bons effets : 1° elles relèvent les tiges de blé couchées et les maintiennent pendant la coupe, puisque ces tiges n'occupent, au moment où elles sont sciées, que les 2/3 au plus de l'espace qu'elles occupaient avant l'introduction des gardes ; 2° le tranchant oblique poussant les tiges de blé les appuie contre l'un des flancs verticaux d'une garde, et le sciage n'a lieu que contre cette garde ; aussi le bord inférieur de la mortaise agit-il sur les tiges de blé comme une lame fixe qui assure la coupe si ce bord est en acier et aiguisé, ce qui se fait aujourd'hui presque généralement, ou si la garde est munie d'une lame d'acier fixe.

Rabatteur. Pour que les tiges de blé tombent directement sur le tablier légèrement incliné situé derrière la scie, il faut qu'un appareil appelé *rabatteur* vienne les pousser légèrement dans ce sens. Le premier rabatteur de Mac Cormick était un moulinet à quatre ailes, légèrement gauches, dont l'axe horizontal était parallèle à la scie et placé assez haut en avant de celle-ci ; chaque aile venait à son tour pousser légèrement le haut des tiges contre le tablier, ce qui déterminait leur chute dans le bon sens.

Fig. 279. — *Moissonneuse-lieuse de MM. Hornsby et fils (Pécard, à Nevers).*

Le rabatteur Robinson est un moulinet conique à quatre ailettes et tournant autour d'un axe oblique à l'horizon et disposé pour que les ailettes viennent tour à tour pousser le blé contre le tablier dans un mouvement lent de haut en bas et d'avant en arrière.

Javeleur. Les essais ont été très nombreux. Le javeleur Robinson, adopté et perfectionné par Samuelson, est un rabatteur qui, tout en tournant autour de l'axe oblique, peut se soulever et s'abaisser par l'effet d'une came dont la forme est telle que pendant un quart de tour environ du moulinet, l'ailette traîne sur le tablier et ramasse le blé tombé en javelle qu'il jette.

Les perfectionnements successifs ont eu surtout trait à la forme des cames du rail circulaire, guide qui permet de faire faire au javeleur tous les mouvements utiles au ramassage sans jamais égrener le blé qu'il choque. La figure 278 représente un des modèles de moissonneuses les plus appréciés et plusieurs fois imité. C'est la moissonneuse Walter A. Wood dont la faucheuse est aussi une des plus recommandables dans sa classe.

Lieur. L'appareil lieur se voit assez bien sur la figure 279, qui représente la moissonneuse-lieuse du nouveau modèle de MM. Hornsby et fils. Elle est de traction légère, quoique très résistante, et a été souvent mise en première ligne dans les concours.

Elle se distingue par un appareil, vu à droite de la figure, sur lequel s'emmagasinent cinq ou six gerbes que le conducteur peut ensuite laisser tomber en file, en prolongement de la file précédemment faite, de sorte qu'après la moisson, les gerbes se trouvent rangées côte à côte, ce qui facilite beaucoup soit le ramassage pour mise en dizeaux, soit le chargement. — J.-A. G.

***MOITTE** (Jean-Guillaume), sculpteur, fils de *Pierre-Etienne* Moitte, habile graveur (1722-1780), naquit à Paris, en 1747, et mourut en 1810, dans la même ville. Elève de Pigalle et de Lemoyne, il remporta le grand prix de sculpture, en 1768. Il a exécuté un grand nombre d'ouvrages qui se distinguent par l'élégance des formes, la variété d'expression et la pureté du style.

***MOIVRE** (Abraham de), géomètre, né à Vitry (Champagne), en 1627, mourut à Londres, en 1754, d'une étrange maladie. Depuis longtemps, il dormait chaque jour un peu plus que la veille, il était même arrivé à dormir plus de vingt-trois heures par jour; le 27 novembre 1754, il dormit les vingt-quatre heures et ne se réveilla pas. Comme il appartenait à la religion protestante, il dut s'expatrier fort jeune à la suite de la révocation de l'édit de Nantes, et se retira à Londres sans autres ressources que celles qu'il put retirer de l'enseignement des mathématiques. Il n'avait pas encore vingt ans. Heureusement, il entra bientôt en relations avec Newton et Halley, et ses ouvrages furent communiqués à la Société royale qui l'admit parmi ses membres, en 1697; plus tard, il fit partie de l'Académie des Sciences de Berlin et enfin de celle de Paris. Newton avait pour lui la plus grande estime. Il le fit choisir comme un des commissaires chargés de juger le grand différend qui s'était élevé entre lui et Leibnitz au sujet de l'invention du calcul différentiel; on raconte même, qu'à la fin de sa vie, le grand géomètre anglais renvoyait à Moivre les personnes qui lui demandaient des explications sur ses ouvrages, en leur disant : « Voyez M. de Moivre, il sait ces choses-là mieux que moi ». Le grand mérite de Moivre consiste en ce qu'il a établi les fondements de la théorie des quantités imaginaires. Son nom est resté classique à cause de la célèbre formule qu'il a découverte :

$$(\cos\varphi+\sqrt{-1}\sin\varphi)^m=\cos m\varphi+\sqrt{-1}\sin m\varphi$$

et qui fournit si facilement la résolution des équations binômes. Les travaux de Moivre sur les quantités imaginaires sont devenus la base des formules d'Euler, qui permettent de représenter les fonctions circulaires par des combinaisons d'exponentielles et montrent ainsi le lien qui rattache ces deux sortes de fonctions dont les origines semblent, *à priori*, si différentes. Ils doivent aussi être considérés comme ayant donné naissance à la trigonométrie imaginaire, car Moivre eut, comme Lambert, l'idée de substituer des arcs d'hyperbole équilatère aux arcs de cercle. On lui doit encore le célèbre théorème qui a conservé son nom et qui est relatif à la représentation géométrique des facteurs du trinôme

$$x^{2m}-2px^m+1$$

Ce théorème n'est, du reste, qu'une généralisation d'un résultat déjà trouvé par son ami Côtes. Enfin, il signala deux conséquences curieuses des lois de Képler relativement au mouvement elliptique des planètes; mais elles sont restées sans application. Il fut l'un des premiers géomètres qui soumirent à l'analyse mathématique les questions de probabilité, et il s'occupa aussi des séries et des quadratures.

Les principaux ouvrages de Moivre sont :

De mensura sortis, refondu plus tard dans *The Doctrines of chances* qui a eu trois éditions (1724, 1738 et 1756); *Miscellanœa analytica de seriebus et quadraturis* (1730); *Annuities on lives* (1724, 1742, 1750) dont Fontana a donné une traduction italienne, et un grand nombre de mémoires insérés dans les *Philosophical Transactions*. Son éloge a été prononcé par l'astronome Grandjean de Fouchy; on le trouvera dans le Recueil de l'Académie des Sciences.

***MOLARD** (Pierre-Claude), ingénieur, né en 1758, mort à Paris, en 1827, prit une part active à la création du Conservatoire des Arts et Métiers dont il devint administrateur en 1801. Il a inventé divers métiers à tisser, des machines à forer, à moudre, etc. Il était, à sa mort, membre de l'Académie des Sciences.

***MOLARD** (François-Emmanuel), ingénieur, frère du précédent, né en 1774, mort en 1829, fut directeur de l'école des Arts et Métiers de Compiègne, transférée, en 1805, à Châlons-sur-Marne. Il organisa, en 1811, l'école d'Angers et prit, en 1817, la sous-direction du Conservatoire des Arts et Métiers, à Paris. On lui doit un grand nombre d'inventions qui ont contribué aux progrès de l'industrie et de l'agriculture.

MÔLE. *T. de mar.* Premier nom donné aux ouvrages construits, dans la Méditerranée, pour abriter le mouillage des navires. C'est à l'aide de môles que les Phéniciens, les Grecs et les Romains ont créé les ports les plus célèbres de l'antiquité. Vitruve et Pline le Jeune ont laissé des renseignements intéressants sur les différents modes de construction; on y trouve, outre le procédé élémentaire, à pierres perdues, l'emploi de blocs artificiels fabriqués dans des coffrages en bois, avec un mélange de blocailles, de pouzzolane et de chaux, qu'on laissait durcir sous l'eau avant d'enlever le coffrage; on employait aussi des blocs artificiels fabriqués sur le rivage et immergés après leur desséchement. Les Romains ont construit des môles en maçonnerie, à claire-voie, dont les piliers isolés étaient reliés par des arches très surbaissées, ayant leurs naissances au niveau de la mer; la proportion des vides aux pleins était réglée de façon à empêcher la houle de se transmettre dans l'intérieur du port, tout en laissant passer les courants afin de combattre les dépôts d'alluvions. Des môles de ce genre existaient à Misène, à Pouzzoles et à Nisita dans la baie de Naples et à l'ancien port d'Antium (Porto d'Anzo). — V. Jetée.

***MOLESKINE** ou **MOLESQUINE.** 1° Toile vernie, imitant le grain des cuirs et maroquins, dont on se sert pour remplacer la peau dans certaines occasions (reliure, tapisserie, couvertures de sièges, buvards, etc.); son nom vient des mots anglais *mole* (taupe) et *skin* (peau), parce que ce tissu a une espèce de velouté qu'on a comparé au poil de la taupe. Ordinairement, ce n'est autre chose qu'une toile de coton fine ou de la percaline solide recouverte d'un enduit flexible et d'un vernis souple, cylindrée ensuite. La moleskine est généralement en couleur unie, mais on en fait aussi à dessins. || 2° Sorte de coutil de coton lustré, dont on se sert pour pantalons.

* **MOLET.** *T. techn.* Petites pinces de l'orfèvre pour prendre de menus ouvrages; on dit aussi *molette.* || Moule de passementier pour la confection des franges. || Morceau de bois à rainures qui sert au menuisier pour vérifier l'épaisseur des languettes d'un panneau.

* **MOLETOIR.** *T. techn.* Outil qui sert au polissage des glaces; on écrit aussi *moletoire.*

* **MOLETTAGE.** *T. techn.* Opération qui consiste à imprimer dans une matière plus ou moins dure les reliefs ou les creux que porte une petite roue en acier trempé, appelée *molette,* qui tourne sur son axe pendant qu'on l'appuie fortement contre l'objet à moletter, qui lui-même est assujetti à un mouvement de rotation sur un tour. || Impression à l'aide d'une molette sur la pâte encore molle d'une poterie.

* **MOLETTE.** *T. techn.* Corps dur qui sert à broyer des couleurs ou autres substances pour les réduire en pâte ou en poudre, et qu'on emploie aussi pour certaines opérations de polissage. || Petite roue avec laquelle on grave les cylindres des imprimeurs sur tissus. || Petite roue de bois creusée en forme de poulie et traversée de divers outils. || Grande poulie en fonte sur laquelle passe le câble d'extraction d'une mine. — V. Extraction. || Morceau de bois du lunettier pour travailler le verre. || Instrument qui sert, dans la fabrication des bouteilles, pour renfoncer le cul et produire la cavité. || Outil du potier pour produire des ornements. || Disque d'acier animé d'un mouvement de rotation et destiné à travailler les corps durs au moyen de la taille qu'on lui a donnée sur le champ et sur le plat. || Partie mobile de l'éperon en forme de roue dentée ou d'étoile, et qui sert à piquer le cheval.

* **MOLETTE MÉTRIQUE.** Petit appareil qui sert à relever, sur les plans, cartes ou dessins, la longueur d'une ligne courbe. Il se compose essentiellement d'une petite roue d'acier ou de cuivre de quelques centimètres de circonférence, pouvant tourner facilement autour d'un axe terminé par un manche qu'on tient à la main. Le pourtour de cette roue, dont la longueur est d'un nombre exact de centimètres, est divisé en centimètres et demi-centimètres. Les demi-centimètres sont indiqués par une petite pointe faisant légèrement saillie, et les centimètres par deux pointes disposées le long d'une des génératrices du cylindre qui forme la jante de la molette. Il suffit alors de faire tourner cette molette sur le papier en la tenant verticalement et en faisant suivre au point de contact la courbe dont on veut mesurer la longueur pour que celle-ci se trouve divisée en centimètres par les trous qu'a produits la pression des pointes. On s'assure de l'exactitude de la longueur des divisions de la molette en faisant rouler celle-ci le long d'une ligne droite préalablement divisée, d'un ou deux décimètres de longueur; si la dernière division ne coïncidait pas exactement avec la dernière marque de pointe, c'est que les divisions de la roulette seraient un peu différentes du centimètre; mais l'expérience précédente ferait connaître les différences et, par suite, la correction qu'il faudrait apporter aux indications de la molette. Cet appareil, qui fonctionne avec une régularité parfaite, peut se construire en si petites dimensions qu'il est possible de le suspendre en breloque à une chaîne de montre. Il a été imaginé par Hermann de Schlagwintleit et présenté à l'Académie des Sciences par le général Morin, en 1863. Le principe qui consiste à relever une longueur en faisant rouler une roue verticale sur le papier se retrouve, quoique engagé dans d'assez grandes complications, dans les *intégromètres* et les *planimètres.* — V. ces mots.

* **MOLLET.** *T. techn.* Petite frange servant à la garniture des meubles. || Nom que les peintres en bâtiment donnent au blanc d'Espagne. || Petites pinces à l'usage des orfèvres; on dit aussi *molette.*

MOLLETON. Il y a deux sortes d'étoffes qui portent ce nom, l'une en laine, l'autre en coton.

Le *molleton de laine* est une étoffe de laine douce chaude et moelleuse, légèrement foulée, tirée à poil soit des deux côtés, soit d'un seul, et ayant l'apparence d'une flanelle épaisse. Les laines légères conviennent à la fabrication de ce tissu dont le caractère essentiel est une certaine qualité spongieuse. On foule les molletons au savon, mais pendant trois quarts d'heure au plus, afin de concilier la beauté de l'étoffe avec l'élasticité moelleuse qui lui est propre. Ils se fabriquent en France, à Sommières (Gard), Castres et Mazamet (Tarn), à Beauvais, etc. Ils sont unis ou croisés et sont employés habituellement en blanc pour camisoles, jupes de dessous, doublures de vêtements, etc., cependant on en teint aussi en vert, en rouge et surtout en gris.

Le *molleton de coton* est un tissu épais, tiré a poil des deux côtés, lisse ou croisé. Cette étoffe, très chaude et beaucoup moins chère que le molleton en laine, s'emploie aux mêmes usages, mais surtout pour jupes et camisoles de femmes, doublures de vêtements, caleçons et pantalons d'hommes, langes d'enfants, etc. On en fait en écru, blanchi et teint, principalement en gris: on en teint aussi en marron, bronze, vert et noir. On les fabrique, en France, à Troyes, Paris, etc.

MOLYBDÈNE. *T. de chim.* Corps simple métallique, isolé par Hjelm, en 1782, de la molybdénite, de laquelle Scheele avait déjà extrait, en 1778, l'acide molybdique. Le molybdène se rencontre surtout dans le sulfure naturel MoS^2 (molybdénite), ainsi que sous forme de molybdate de plomb ou plomb jaune, $PbO, MoO^3 \ldots PbMoO^4$.

Pour obtenir le molybdène, on sublime l'acide molybdique ordinaire dans un tube en platine, on transforme l'acide ainsi obtenu en molybdate d'ammoniaque, puis on calcine ce dernier avec ménagement; il reste alors un acide molybdique dense, que l'on fait passer à l'état d'oxyde rouge et fixe en le chauffant au milieu d'un courant d'hydrogène dans un tube de verre à une température aussi basse que possible, et on achève la réduction en portant à une température très élevée l'oxyde rouge placé dans une nacelle en platine, contenue elle-même dans un tube en porcelaine. Cette opération fournit le molybdène sous forme de petits grains de couleur grise, que l'on peut fondre en les chauffant, à l'aide du chalumeau à gaz oxyhydrique, dans un creuset de charbon entouré d'un autre creuset en chaux vive, bien fermé. Le molybdène ainsi obtenu, est presque aussi blanc que l'argent; il raye facilement le verre et la topaze, et il ne peut être poli ni par la lime, ni par la poudre de bore. Sa densité est égale à 8,6, il fond à une température plus élevée que le platine; son symbole chimique est Mo, son équivalent 48 et son poids atomique 96; sa chaleur spécifique est égale à 0,07218. Il est inaltérable à l'air à la température ordinaire, mais il brûle sans flamme lorsqu'on le chauffe à une haute température et dégage des vapeurs blanches d'acide molybdique; il décompose faiblement l'eau à une température élevée; il est inattaquable par les acides chlorhydrique, fluorhydrique et sulfurique étendus; l'acide azotique le convertit en acide molybdique, le gaz chlore le transforme en pentachlorure.

Le molybdène forme avec l'oxygène plusieurs combinaisons, parmi lesquelles l'*acide molybdique* MoO^3, est la plus importante; l'acide molybdique, sous forme de *molybdate d'ammoniaque*,

$$AzH^4O, MoO^3 \ldots (AzH^4)^2MoO^4,$$

constitue le réactif le plus sensible pour la recherche et le dosage de l'acide phosphorique; une liqueur contenant seulement des traces d'acide phosphorique ou d'un phosphate soluble donne, lorsqu'on la fait bouillir avec une solution azotique ou chlorhydrique de molybdate d'ammoniaque, un précipité jaune-citron de phospho-molybdate d'ammoniaque, soluble dans l'ammoniaque ainsi que dans un excès de phosphate. Pour obtenir le molybdate d'ammoniaque, on grille, à une température ne dépassant pas le rouge, le sulfure de molybdène naturel, on dissout le résidu dans l'ammoniaque, on filtre, on évapore, et laisse cristalliser par le refroidissement.

Les composés du molybdène communiquent à la perle de sel de phosphore, dans la flamme intérieure du chalumeau, une belle coloration verte; ils colorent en brun rouge la perle de borax dans la flamme intérieure. Pour découvrir de petites quantités d'acide molybdique, on ajoute au liquide à essayer quelques gouttes d'une solution étendue de sulfate de protoxyde de fer acidifiée avec de l'acide chlorhydrique; l'acide molybdique est ainsi réduit et il se produit immédiatement une coloration bleue. Le molybdène se dose généralement à l'état de sulfure, par précipitation de ses solutions au moyen de l'hydrogène sulfuré. — Dr L. G.

***MOLYBDÉNITE.** *T. de minér. Molybdène sulfuré.* La molybdénite, combinaison du molybdène avec le soufre, MoS^2, est un minéral d'un gris de plomb bleuâtre, à éclat métallique, en masses lamelleuses ou en petites tables hexagonales très minces et flexibles. Elle laisse sur le papier des traits gris, sur la porcelaine des traits verdâtres; sa cassure est lamelleuse et inégale; sa densité est de 4,6 à 4,9, sa dureté de 1 à 1,5; elle contient 59 0/0 de molybdène et 41 0/0 de soufre. Chauffée au chalumeau dans le tube ouvert, la molybdénite dégage des vapeurs sulfureuses; sur le fil de platine, elle colore la flamme en jaune verdâtre; sur le charbon, elle donne une odeur sulfureuse et un enduit cristallin d'acide molybdique, jaune à chaud, blanc à froid; elle colore en brun foncé, dans la flamme de réduction, la perle de borax mélangée de salpêtre; chauffée avec l'eau régale, elle donne une solution verdâtre, et avec l'acide sulfurique une solution bleue. La molybdénite se rencontre dans le granit, le gneiss, les calcaires cristallisés, etc., à Altenberg, à Zinnwald, Ehrenfriedersdorf, Schlaggenwald, Hœchstætten et en Finlande, ainsi que dans la Cornouaille, le Groënland et l'Amérique du Nord. — Dr L. G.

MOMENT. *T. de mécan. Moment des forces.* On peut considérer le moment d'une force par rapport à un point, à une droite ou à un plan. On appelle *moment d'une force* F par rapport à un point O, le produit de l'intensité de cette force par la distance du point O à la droite suivant laquelle elle est dirigée; ce produit doit être considéré comme positif ou négatif suivant que la force tend à faire tourner autour du point O, dans un sens ou dans l'autre, le plan passant par cette force et le point O. Le point O reçoit le nom de *centre des moments*. On remarquera que la valeur absolue du moment d'une force est égale au double de l'aire du triangle qui aurait pour sommet le point O, et pour base la droite qui représente en grandeur et en direction la force F. Il résulte de là que le moment d'une force par rapport à un point est une quantité algébrique qui s'annule dans deux cas particuliers: 1° lorsque la force F s'annule elle-même; 2° quand la droite suivant laquelle elle agit passe par le point O. La considération du moment des forces par rapport à un point doit son importance au théorème suivant qui a été découvert par Varignon :

Étant données dans un même plan plusieurs forces parallèles ou concourantes, le moment de leur résultante par rapport à un point quelconque de ce plan est égal à la somme algébrique des moments des composantes par rapport au même point. En particulier, si les forces données se font équilibre, leur résultante sera nulle et la somme algébrique de leurs moments par rapport à un point quelconque du plan sera *nulle*. La même somme est encore nulle quand la résultante des forces passe par le centre des moments. Le théorème de Varignon a été généralisé pour des forces qui ne sont pas situées dans un même plan à l'aide des considérations suivantes :

Imaginons qu'on porte à partir d'un point O, sur la perpendiculaire au plan mené par ce point et une force F, une longueur OL représentant à une échelle convenue la valeur absolue du moment de la force F par rapport au point O, et cela dans un sens tel que, pour un observateur couché sur cette droite et ayant les pieds en O, la rotation que la force tend à imprimer au plan OF s'effectue toujours dans le même sens, par exemple de gauche à droite. La droite OL sera dite la droite qui représente le moment de la force F, par rapport au point O. On démontre alors facilement que : *le moment de la résultante de plusieurs forces parallèles ou concourantes par rapport à un point quelconque O de l'espace est représenté par une droite que l'on obtient en composant, suivant la règle ordinaire du polygone des forces, les différentes droites qui représentent les moments des composantes par rapport au même point.*

Le moment d'une force F par rapport à une droite OX n'est pas autre chose que le moment, par rapport à un point O de cette droite, de la projection de cette force sur un plan mené de ce point O perpendiculairement à la droite OX, qui reçoit le nom d'*axe des moments*. Ce moment doit être considéré comme positif ou négatif selon le sens de la rotation que la force F tend à produire autour de l'axe OX. Sa valeur absolue est égale au double de l'aire de la projection du triangle OF sur un plan perpendiculaire à l'axe. On peut représenter le moment d'une force F par rapport à un axe OX au moyen d'une longueur proportionnelle OH que l'on porte sur OX à partir d'un point fixe O, dans un sens tel que, pour un observateur couché sur la droite qui représente le moment et ayant les pieds en O, la rotation que tend à produire la force F autour de OX s'effectue toujours dans le même sens, par exemple de gauche à droite. Alors les moments positifs seront représentés par des droites dirigées dans un certain sens, à partir du point O, les moments négatifs par des droites dirigées en sens inverse, de sorte que le sens positif et le sens négatif de l'axe des moments se trouveront nettement définis par les conventions faites sur le signe des moments; ou bien, on fixera *à priori* le sens positif de l'axe, et les moments positifs seront ceux qui seront représentés par des droites portées sur l'axe dans le sens positif. Il est facile de reconnaître que la droite OH qui représente le moment d'une force par rapport à un axe OX se confond avec la projection sur cet axe de la droite OL qui représente le moment de cette force par rapport à un point quelconque O de cet axe. Il résulte de cette remarque que si, par un point O, on mène trois axes rectangulaires, OX, OY, OZ, la droite qui représente le moment d'une force F par rapport au point O s'obtient en composant suivant la règle du parallélipipède, les droites qui représentent les moments de F par rapport aux trois axes OX, OY, OZ.

D'après la définition du moment d'une force par rapport à un axe, on voit qu'il résulte immédiatement du théorème de Varignon que le moment par rapport à un axe de la résultante de plusieurs forces est égal à la somme algébrique des moments des composantes par rapport au même axe. Cette somme s'annule quand la résistance rencontre l'axe. Tous ces théorèmes ont une grande importance et sont d'une grande utilité pour la mise en équations des problèmes de statique. — V. STATIQUE.

Le moment d'une force par rapport à un plan *qui lui est parallèle* est le produit de l'intensité de cette force par sa distance au plan. Il est considéré comme positif ou négatif suivant que la force est située d'un côté ou de l'autre du plan. On démontre aisément que le moment de la résultante de plusieurs forces parallèles, par rapport à un plan parallèle à leur direction commune, est égal à la somme algébrique des moments des composantes par rapport au même plan. Comme du reste la résultante de plusieurs forces parallèles est égale à leur somme algébrique, le théorème précédent fait immédiatement connaître la position de la résultante. Il fournit très aisément ainsi le moyen de déterminer le centre de gravité d'un système de points matériels quelconques. — V. CENTRE DE GRAVITÉ.

Moment d'un couple. On sait qu'on appelle *couple*, d'après Poinsot, le système de deux forces égales, parallèles et de sens contraire, mais non directement opposées. Il est visible que la somme algébrique des moments de ces deux forces par rapport à un point *quelconque* de leur plan est égale au produit de l'intensité commune de ces deux forces par la distance qui les sépare. C'est ce produit qu'on appelle le *moment du couple*. Poinsot a démontré que deux couples sont équivalents, c'est-à-dire produisent le même effet sur un même corps solide, quand ils sont situés dans des plans parallèles, qu'ils tendent à imprimer au solide une rotation de même sens et qu'ils ont des moments égaux. On peut représenter le moment d'un couple au moyen d'une ligne droite, menée d'un point fixe O de l'espace perpendiculairement au plan du couple, en portant sur cette droite à partir du point O, une longueur proportionnelle à la valeur du moment considéré, dans un sens tel que, pour un observateur couché sur cette droite les pieds en O, la rotation que tend à produire le couple soit toujours de même sens. Alors deux couples dont les moments seront représentés par la même droite pourront être remplacés l'un par l'autre. Il y a plus : plusieurs couples appliqués à un même corps solide pourront être remplacés par un couple unique tel que la droite qui représente son moment s'obtiendra en composant suivant la règle ordinaire du polygone les droites qui représentent les moments des couples considérés; c'est en cela que consiste la règle de Poinsot pour la composition des couples appliqués à un même corps solide.

Moment des quantités de mouvement. Les vitesses, les accélérations, les quantités de mouvement pourront être représentées par des droites, de longueur et de position déterminées; on pourra prendre leur moment par rapport à un point, une droite, ou un plan, comme on prend le moment d'une force. Le moment de la quantité de mouvement d'un point matériel par rapport à un point ou un axe est souvent utile à considérer à cause d'un théorème de mécanique important et commode pour la mise en équation d'un grand nombre de problèmes. — V. MOUVEMENT.

Moment d'inertie. — V. GYRATION, INERTIE.

Moment de stabilité. Lorsqu'un corps pesant repose sur un plan horizontal, il ne peut rester en équilibre que si la verticale abaissée du centre de gravité, tombe à l'intérieur du polygone ou de la courbe de sustentation. On appelle *moment de stabilité* de ce corps pesant, le produit de son poids par la distance du pied de la verticale abaissée du centre de gravité, au côté du polygone ou à la tangente de la courbe de sustentation qui est le plus voisin de ce pied. La stabilité du corps est assurée si les forces qui agissent sur lui sont telles que la somme algébrique de leurs moments, par rapport à l'un quelconque des côtés du polygone ou à l'une quelconque des tangentes de la courbe de sustentation, est inférieure à ce moment de stabilité.

Moment fléchissant. Lorsqu'une pièce solide est encastrée par l'une de ses extrémités, les forces qui agissent sur elle la font fléchir dans un sens ou dans l'autre. On appelle alors *moment fléchissant* la somme algébrique des moments des forces qui lui sont appliquées par rapport à la ligne droite qui sépare la partie encastrée de la partie libre sur la face qui se trouve du côté où la flexion s'opère. La considération de ce moment fléchissant est très importante dans presque toutes les questions de stabilité et de résistance des matériaux. — M. F.

***MOMUS.** *Iconol.* Dieu de la raillerie qu'on représente tenant une marotte d'une main, symbole de la folie, et de l'autre levant son masque pour laisser voir un sourire fin et goguenard.

MONDE. *Art hérald.* Meuble d'armoirie qui représente le globe terrestre. || *T. de pap. Grand monde*, papier de grande dimension.

MONÉTISATION. *T. techn.* Action de transformer les métaux en monnaie.

***MONGE** (GASPARD), comte de PÉLUSE, géomètre français né à Beaune en 1746, mort à Paris le 18 juillet 1818. Il était l'aîné de trois frères. Leur père, pauvre marchand ambulant, s'imposa les plus grandes privations pour leur faire donner une éducation qui pouvait paraître au-dessus de leur condition, mais qui n'était pas même à la hauteur de leur intelligence. Tous trois furent des hommes remarquables, mais Gaspard devint un des plus grands savants d'une époque féconde en hommes de science. Ils furent placés au collège de Beaune dirigé par les Oratoriens. Gaspard Monge s'y fit aussitôt remarquer par sa grande aptitude et son assiduité au travail. Cependant la préoccupation de ses études littéraires ne l'empêcha pas de s'instruire seul et sans guide dans les sciences et les arts, et de développer, dès son enfance, les hautes facultés scientifiques dont l'avait doué la nature. A l'âge de 14 ans, il parvint à construire sans modèle, et presque sans outils, une pompe à incendie qui frappait d'admiration les personnes qui la voyaient fonctionner. Deux ans plus tard, il entreprit de lever le plan détaillé de sa ville natale. Ce plan manuscrit est conservé dans la bibliothèque de Beaune, et l'on a peine à croire, en l'examinant, que ce soit l'ouvrage d'un enfant de 16 ans à qui personne n'avait appris les méthodes et les règles les plus simples de l'arpentage. Les Oratoriens de Lyon, frappés de la réputation que faisaient au jeune Monge les éloges pompeux de leurs frères de Beaune, l'appelèrent auprès d'eux, et après un rapide examen, lui confièrent le cours de physique dans leur collège. Son enseignement eut un prodigieux succès, et les Oratoriens désirèrent se l'attacher; mais il ne voulut pas entrer dans les ordres et revint dans sa famille. Quelque temps après, un officier supérieur du génie à qui on fit voir le plan de la ville de Beaune, comprenant immédiatement tous les services que le jeune savant pouvait rendre à son pays, proposa de le faire entrer à l'école du génie de Mézières. Monge accepta plein d'espérance et d'enthousiasme. Malheureusement l'organisation de la célèbre école se ressentait des préjugés nobiliaires si puissants à cette époque. On n'admettait comme élèves officiers que des jeunes gens de naissance noble. Mais à côté de cette division privilégiée, il y avait à Mézières une école pratique d'appareilleurs, destinée à former des contremaîtres instruits et des conducteurs de travaux; on y exerçait les élèves à tailler des voussoirs et à construire des voûtes avec du plâtre gâché; les jeunes officiers de la division supérieure l'appelaient par mépris la *gâche*. C'est là que fut relégué Gaspard Monge. Heureusement il n'y perdit point son temps. Les travaux quotidiens dont il était chargé consistaient surtout en calculs et épures de stéréotomie et de fortifications. On n'avait alors, pour résoudre les questions complexes qu'imposent les problèmes de ce genre, que des méthodes longues et pénibles, produit d'une pratique inintelligente et d'une ancienne routine, et ne pouvant conduire au but qu'à la suite de tâtonnements fastidieux. Monge ne tarda pas à substituer à ces procédés empiriques une méthode régulière et plus expéditive. Une fois même il encourut un blâme sévère de la part de ses chefs parce qu'il avait remis *beaucoup trop tôt* le résultat d'un travail. On l'accusait de n'avoir fait ni calculs, ni épures et d'avoir inscrit les résultats au hasard. Il lui fallut beaucoup d'insistance et de fermeté pour être admis à se justifier. Alors il put exposer la voie nouvelle qu'il avait découverte et suivie. On fut émerveillé et on le récompensa en le nommant répétiteur du cours de mathématiques que professait Bossut.

Cette méthode remarquable, qui ouvrait à son auteur la carrière du professorat officiel et de la science, n'était autre chose que la méthode des projections, systématiquement réduite en corps de doctrine; c'était la *géométrie descriptive* que Monge venait d'inventer. Cependant les autorités de l'école voulurent conserver à l'armée française le privilège exclusif des nouvelles méthodes. Il fut défendu à Monge de rien publier sur ce sujet, de peur que les officiers étrangers ne s'emparassent des procédés perfectionnés. Mais la géo-

métrie descriptive n'est pas seulement un admirable moyen de résoudre les problèmes de stéréotomie, c'est aussi, et ce point de vue devait vivement frapper l'esprit de Monge, un merveilleux instrument de recherches dans le domaine de la géométrie pure. Le répétiteur du cours de mathématiques ne pouvait manquer de mettre en œuvre les ressources que lui offrait, sous ce rapport, la méthode qu'il venait d'inventer. De belles découvertes vinrent rapidement récompenser ses efforts : la défense qui lui avait été faite lui interdisait de les faire connaître au monde savant, puisqu'il ne pouvait publier les raisonnements qui les lui avaient fait trouver. Il ne consentit cependant pas à se résigner au silence. Pour tourner la difficulté, il dut chercher à vérifier, par l'analyse algébrique, les théorèmes que la géométrie descriptive lui avaient révélés, et les efforts qu'il fit pour y parvenir devinrent l'origine de découvertes analytiques presque aussi remarquables que celles qu'il avait déjà su faire en géométrie pure. C'est ainsi qu'il put faire tourner, au profit de la science même, le silence cruel qui lui fut imposé pendant plus de quinze années; c'est ainsi que les esprits vraiment supérieurs ne se laissent pas décourager par les obstacles que créent autour d'eux l'injustice ou les intérêts des hommes, et y trouvent, au contraire, l'occasion de développer davantage leurs facultés, et de rendre de nouveaux services à cette humanité même dont ils ont si souvent à se plaindre.

En 1768, à la mort de Camus, examinateur des élèves du génie, Bossut lui succéda et Monge fut chargé de la chaire de mathématiques devenue vacante à la suite de cette mutation; trois ans plus tard, en 1771, l'abbé Nollet vint à mourir et Monge le remplaça dans la chaire de physique. Son zèle et son activité lui permirent de professer ces deux cours avec un succès sans précédent. En 1780, il vint occuper une chaire d'hydraulique que Turgot avait créée au Louvre à la demande de d'Alembert et de Condorcet, sans abandonner pour cela l'école de Mézières : il devait passer six mois dans cette ville et six mois à Paris. Il avait déjà publié de nombreux mémoires scientifiques et l'Académie l'admit la même année au nombre de ses membres : il avait alors 34 ans. Ce n'est qu'en 1783 qu'il quitta définitivement l'école du génie : il venait de succéder à Bezout comme examinateur des élèves de la marine.

Monge accueillit avec enthousiasme les idées de justice, de liberté et d'égalité que voulaient faire prévaloir les Etats généraux de 1789. Il embrassa sans hésiter la cause de la Révolution, et fut nommé ministre de la marine dans la Commission exécutive du 10 août 1792. A une époque aussi agitée et aussi sanguinaire, il resta toujours d'une douceur et d'une bienveillance égale pour tous; il ne connut ni les haines ni les passions politiques, et consacra tous ses soins et toute son activité à la défense du territoire. Il ne fit partie d'aucune assemblée délibérante pendant la Révolution et voulut se retirer du ministère, dès qu'après avoir repeuplé les arsenaux, construit et armé plusieurs bâtiments, il crut pouvoir le faire sans que sa retraite ressemblât à une désertion : c'était le 12 février 1793, il fut renommé le 17 et ne se retira définitivement que le 10 avril. Ce fut Dalbarade qui lui succéda.

Pendant son séjour au ministère, Monge parvint, à force de supplications, à faire renoncer l'astronome Borda au projet qu'il avait formé d'émigrer. Ce fut un grand service rendu à la science. On sait le rôle important que joua Borda dans les travaux nécessaires à l'établissement du système métrique. Monge s'occupa aussi de cette grave question. Mais en 1793 des soins plus pressants absorbaient son attention. La Convention venait d'ordonner une levée de 900,000 hommes; il fallait armer rapidement ce million de soldats; on n'avait ni poudre, ni salpêtre, ni fusils, ni canons. Une Commission de savants fut nommée pour étudier les moyens d'effectuer rapidement cet armement. Par son ardeur infatigable, et son activité que n'arrêtait aucun obstacle, Monge devint l'âme de cette Commission. Il montra qu'en fouillant le sol des écuries, des caves, des lieux bas on trouverait le salpêtre qui manquait. « On nous donnera la terre salpêtrée, disait-il, et trois jours après nous en chargerons nos canons. » Il excite le zèle de son ami Berthollet qui découvre des moyens de fabriquer rapidement la poudre; en même temps, lui-même enseigne aux ouvriers comment il faut s'y prendre pour fondre les cloches, forer les canons et fabriquer les fusils. La France se couvre de fonderies et de manufactures d'armes. Réduit à la pénurie la plus complète, ne se nourrissant plus que de pain, il passe ses journées à visiter les ateliers de Paris, et ses nuits à rédiger des manuels à l'usage des contremaîtres et des ouvriers.

Après le 9 thermidor, il fut dénoncé par son portier comme partisan de la loi agraire et décrété d'accusation. Ne croyant pas prudent d'attendre l'issue d'un semblant de procès, il quitta Paris et se cacha quelque temps; mais bientôt les esprits s'apaisèrent, et Monge fut nommé professeur à l'école Normale que venait de créer la Convention. C'est là que pour la première fois il lui fut permis d'enseigner la *Géométrie descriptive*.

Quelques mois plus tard, la Convention votait, sur le rapport de Fourcroy, un projet de loi réglant l'organisation d'une école des travaux publics. Cette école devait bientôt acquérir une célébrité universelle sous le nom d'*école Polytechnique* qui lui fut donné peu après. Le rapport de Fourcroy avait été presque en entier inspiré par Monge; celui-ci avait même rédigé une pièce qui fut annexée au rapport sans nom d'auteur et qui était intitulée : *Développements sur l'enseignement adopté pour l'école des travaux publics*. Dès l'arrivée des élèves, Monge, qui se trouvait le principal, sinon le seul professeur de l'école, commença simultanément plusieurs cours d'analyse, de géométrie et de physique. Son zèle était extrême; il ne pouvait se borner aux leçons données à l'amphithéâtre, mais il suivait les élèves dans leurs salles d'études pour leur donner des conseils et les aider à se débrouiller dans les difficultés qu'ils pouvaient rencontrer. Souvent même ces entretiens, toujours aimables et bienveillants, se prolongeaient après la sortie des élèves, alors externes, jusque dans la rue où il aimait à les accompagner. Quelle que soit la part que d'autres ont pu prendre à la création de l'école Polytechnique, nul n'apporta à cette œuvre plus d'activité et d'énergie: Arago n'hésitait pas à considérer Monge comme le véritable fondateur de cette grande école.

Monge prit encore une part active à la création de l'Institut. Il fit deux voyages en Italie, chargé de missions délicates par le Directoire. C'est là qu'il se lia avec le général Bonaparte d'une amitié que rien ne put altérer, mais dont plus tard il n'abusa jamais. Il ne sollicita de l'empereur ni places, ni honneurs, ni récompenses. Ce fut pour ainsi dire malgré lui que l'empereur le nomma sénateur et comte de Péluze. Souvent même il lui arriva de combattre certains projets de Napoléon, et plusieurs fois il sut arrêter l'homme tout-puissant à qui rien ne résistait, au moment où il allait commettre quelque acte de rigueur contre les élèves de l'école Polytechnique ou les membres de l'Institut.

Monge suivit le général Bonaparte en Egypte, avec plusieurs savants parmi lesquels se trouvaient Fourier et Berthollet. Nous avons déjà dit qu'il était lié d'une grande amitié avec ce dernier. Le géomètre et le chimiste étaient inséparables, et les soldats les confondaient en une seule personne sous le nom de Monge-Berthollet. Monge fut nommé président de l'Institut d'Egypte. Le recueil de cette compagnie s'appelait la *Décade*. C'est dans cette publication que parut pour la première fois l'explication si nette et si précise que Monge sut donner du mirage. Mais les préoccupations de la science ne l'absorbaient pas tout entier. En bien des circonstances, il rendit par son courage et sa fermeté les plus grands services à l'armée française, notamment au combat naval de Chebreys et pendant l'insurrection du Caire. Il accompagna le général dans l'expédition de Syrie où il fit une grave maladie, et revint en France avec lui. Sous l'empire, il put enfin jouir en paix de la gloire qu'il avait si légitimement acquise, et poursuivre ses travaux scientifiques. Mais quand vint l'époque des revers et le triomphe des Bourbons, le vieux savant n'eut plus la force de lutter contre les persécutions que ne pouvaient manquer de lui attirer sa longue et fidèle amitié avec celui qu'on appelait l'usurpateur. Il se cacha quelque temps, craignant une vengeance fatale. On ne chercha pas à lui faire de procès; mais on prit contre lui une mesure qui devait l'humilier au dernier point : on le chassa de l'Institut. C'est alors que, succombant aux fatigues et au chagrin, il tomba dans une sorte de prostration intellectuelle dont rien ne put le faire sortir. Il mourut le 18 juillet 1818, âgé de 72 ans, après être resté plusieurs mois sans prononcer une parole, sans donner le moindre signe d'une émotion quelconque. Pour couronner l'œuvre de haine et de vengeance, on empêcha les élèves de l'école Polytechnique d'assister à ses obsèques.

Trois découvertes capitales caractérisent l'œuvre de Monge : la géométrie descriptive, le principe de continuité dans les recherches de géométrie, et la signification jusqu'alors incomprise des équations aux différentielles partielles, qui lui avait été révélée par ses recherches forcées sur l'application de l'analyse à l'étude des surfaces en général. C'est lui qui donna pour la première fois les équations différentielles des surfaces définies par leur mode de génération et qui découvrit les lignes de courbures avec leurs propriétés importantes, complétant ainsi les célèbres travaux d'Euler sur la courbure des surfaces. Nous ne pouvons nous appesantir sur ses découvertes purement théoriques, quelque belles et remarquables qu'elles soient; mais nous ne saurions trop insister sur l'immense service qu'il a rendu à la science et à l'industrie par son admirable invention de la géométrie descriptive; et nous ne pouvons nous empêcher de rappeler, en terminant, que les réformes qu'il amena dans l'enseignement public, la création de l'école Polytechnique, l'incroyable activité qu'il sut donner à la fabrication des armes pendant les guerres de la Révolution, sont des bienfaits nationaux qui le placent au premier rang parmi les hommes dont la patrie aime à honorer le souvenir.

Monge a publié un grand nombre de Mémoires dans les *Collections de l'Académie des sciences*, les *Journaux de l'école Polytechnique* et de l'*Ecole Normale*, le *Dictionnaire de physique de l'encyclopédie méthodique*, les *Annales de chimie* et la *Décade Egyptienne*. Il a laissé, en outre, les ouvrages suivants : *Traité de statique*, rédigé pour les élèves de l'école de Marine; *Avis aux ouvriers en fer sur la fabrication de l'acier* (1794, in-4°), en collaboration avec Berthollet; *Description de l'art de fabriquer des canons* (1794, in-4°); *Feuilles d'analyse appliquée à la géométrie* (1795, in-fol.), rééditées en 1807 et 1849; *Géométrie descriptive* (1799, in-4°); *Leçons sur le calorique et l'électricité* (1805, in-4°); *Théorie des ombres et de la perspective*, publiée avec la 4e édition de la géométrie descriptive.—M. F.

MONNAIES ET MÉDAILLES. La *monnaie* est une pièce de métal, frappée par une autorité souveraine et destinée aux échanges; la *médaille* a pour but de perpétuer le souvenir de quelque événement extraordinaire, de quelque fait historique ou de représenter les traits d'un personnage célèbre. Dans une pièce de monnaie, on distingue : le côté de la tête ou *face* et le côté opposé ou *revers*; la *légende*, gravée autour de la figure ou sur le champ de la pièce; l'*exergue*, espace réservé du côté du revers pour une inscription quelconque; le *cordon*, qui est le tour de la pièce sur son épaisseur, et le *millésime*, qui indique l'année de sa fabrication.

— De tous temps, les métaux adoptés comme principaux éléments des échanges commerciaux ont été l'or et l'argent, auxquels on a par la suite adjoint le cuivre dont la valeur pour ainsi dire nulle et conventionnelle permet de représenter l'équivalent des objets les plus modiques. Mais dans la plus haute antiquité on pesait, pour les échanges, les matières d'or et d'argent sous forme de lingots, comme on le voit encore en Chine, toujours de vingt siècles en retard sur le monde civilisé auquel elle a fourni plus d'une idée féconde, et ce n'est que vers le VIIe siècle avant J.-C. qu'on voit paraître simultanément, en Grèce et en Lydie, les premières monnaies, c'est-à-dire un petit lingot de poids fixe et portant une marque officielle, connue, servant de garantie. Aussitôt, cette monnaie, dont on avait reconnu les avantages, se répandit en Asie Mineure et dans toutes les contrées où les Grecs avaient des colonies : en Sicile, en Italie, chez les Etrusques, en Egypte un peu plus tard et pour le commerce extérieur seulement. Lorsqu'enfin les Romains, maîtres du monde, eurent fait pénétrer cet usage dans la Gaule septentrionale, dans la Germanie et jusqu'au fond du Pont-Euxin, tout le monde antique se servit de la monnaie, et les transactions à l'aide de lingots furent partout abandonnées.

Fig. 280.
Monnaie de Persée.

Pendant bien longtemps, tous ces pays ne connurent pas de monnaie particulière, ils trouvaient intérêt à se servir des monnaies les plus universellement connues et appréciées, qui étaient, dans le bassin de la Méditerranée, celles des Grecs, principalement les pièces d'argent des rois de Macédoine (fig. 280). Aussi, lorsque le numéraire n'était pas assez abondant et qu'il fallait en fabriquer de nouveau, copiaient-ils le plus exactement possible les monnaies grecques qu'ils avaient entre les mains ; c'est un usage régulièrement établi, en Germanie et dans la Gaule notamment, jusqu'après la conquête romaine, qui, à la longue, parvint à imposer son monnayage dans les contrées soumises à sa domination.

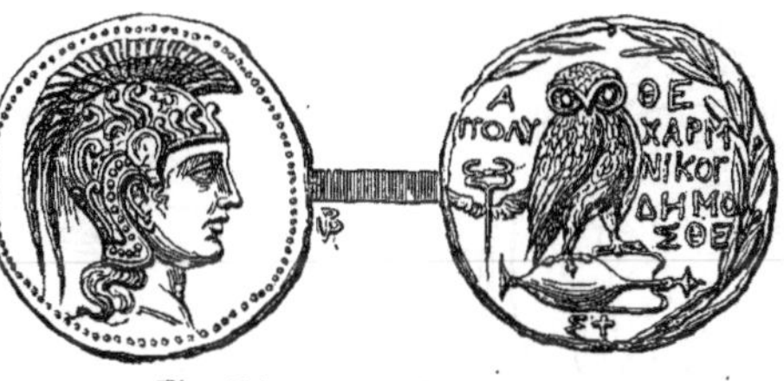

Fig. 281. — *Monnaie d'Athènes.*

C'est donc en Grèce qu'il faut chercher la trace des premières monnaies et suivre les progrès de leur fabrication. Les plus anciennes que l'on connaisse, les pièces d'argent d'Egine, de forme allongée, et les statères de Lydie, plus réguliers et de ce mélange d'or et d'argent qu'on appelait *électrum*, sont bien réellement des lingots portant la marque de poinçons, et ont dès lors le caractère officiel qui constitue la monnaie ; mais il semble qu'on doive réserver ce nom aux pièces plates portant sur leurs faces ou sur une seule une empreinte bien nette. C'est ce que les Grecs avaient compris de bonne heure, car dès le VIe siècle leurs monnaies reçoivent une empreinte allégorique, rappelant la ville qui les a émises. Une seule face est ainsi marquée ; l'autre porte la trace en creux du cran carré qui maintenait le flan pendant la frappe. Ce carré reçoit bientôt un type destiné à masquer ce qu'il avait de disgracieux, puis il disparaît tout à fait pour faire place à une empreinte analogue à celle de l'autre face ; et lorsqu'enfin, avec l'extension de l'écriture, des légendes seront venues s'ajouter aux figures allégoriques pour indiquer le lieu de la fabrication et l'autorité qui apposait sa garantie, nous posséderons le type immuable de la monnaie, tel qu'il s'est maintenu jusqu'à nous. C'est vers la fin du Ve siècle que cette transformation est complète en Grèce.

Cette adjonction de la légende a permis aux artistes de se livrer à toute la fantaisie de leur imagination dans le choix des sujets, car désormais la légende seule est la garantie, au lieu de la tortue d'Egine, du gland de chêne d'Orchomène, du bouclier de Thèbes, du loup d'Argos, du lion de Milet, du pégase de Corinthe, de la chouette (fig. 281) d'Athènes, etc., dont le type ne souffrait jusque-là aucune variation, parce qu'il était conventionnel. Dès ce moment, au contraire, les monnaies grecques sont d'une variété extrême. On y voit, non seulement des effigies de dieux ou de rois, mais des copies d'œuvres d'art et de monuments, des scènes mythologiques et historiques qui sont pour nous du plus haut intérêt archéologique. Mais nous ne pouvons entrer dans ces détails numismatiques, car chaque cité grecque demanderait une étude spéciale.

Les monnaies grecques du IVe et du IIIe siècle sont presque toutes des chefs-d'œuvre véritables, qui n'ont jamais été égalés ; elles sont dignes d'être placées à côté des œuvres immortelles de Phidias et de Praxitèle (fig. 282). Il est probable, d'ailleurs, que la plupart des graveurs en médaille de l'antiquité grecque avaient étudié aussi la sculpture, et c'est ce qui leur a permis de *faire grand et large* dans ces espaces aussi restreints, qualités maîtresses qu'on trouve trop rarement après eux. Les *tétradrachmes* de Macédoine, les monnaies de la ligue chalcidienne et de Clazomène, surtout les *pentékontalitra* de Syracuse sont restés les œuvres les plus parfaites de l'art monétaire. Ces dernières pièces ont été gravées par Cimon et par Evainetos qui sont, avec Théodotos de Clazomène, les plus grands artistes dont on ait retrouvé les noms. Il est vrai que dans les auteurs anciens, qui ne tarissent pas d'éloges sur leurs concitoyens illustres, on ne voit pas mention de graveurs en monnaies, dont l'art était considéré comme inférieur (fig. 283).

Fig. 282. — *Monnaie grecque avec la tête du Jupiter de Phidias.*

L'unité monétaire des Grecs était la *drachme*, qui se divisait en six *oboles* ; cent drachmes formaient une *mine*, et six mille drachmes un *talent*. La drachme variait d'une contrée à une autre, mais très peu ; la plus communément employée était celle d'Attique. Le *statère d'or* valait vingt drachmes d'argent, et le *statère d'argent* quatre. La relation entre les monnaies et les poids était partout établie. La drachme monnaie pesait une drachme poids.

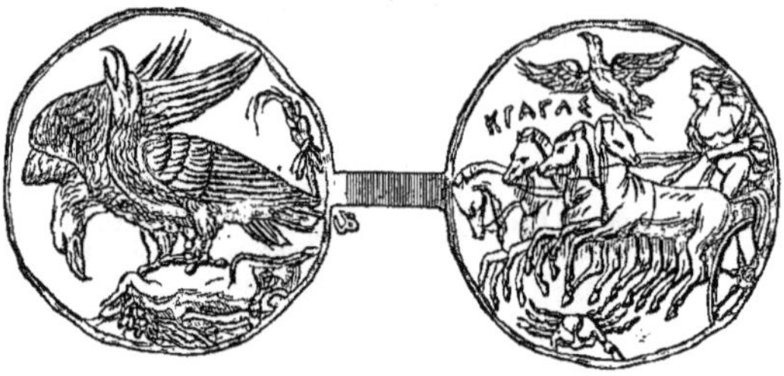

Chez les Romains, la fabrication des pièces destinées aux échanges était réservée aux ateliers de l'Etat, établis au Capitole dans les dépendances du temple de Junon *Moneta*, d'où l'origine du nom *monnaie*. En outre, les provinces avaient la tolérance d'émettre des monnaies d'appoint, et enfin l'*impérium* donnait aux généraux commandant en chef hors de la cité le droit de frapper des pièces d'or et d'argent pour la solde des troupes et l'achat des denrées. Ces règles furent maintenues avec rigueur jusqu'à César. A ce moment, Pompée ayant entraîné les monétaires en Orient et y ayant établi ses ateliers, tandis que César usait de ceux de Rome, il se produisit quelque trouble dans l'émission. Le principe du monopole était donc déjà atteint, lorsque Auguste décida que désormais le droit de battre la monnaie d'or et d'argent serait réservé à l'empereur, le Sénat continuant à frapper les pièces de cuivre, et que des ateliers impériaux seraient établis à Lyon, à Terragone en Espagne, à Carthage, à Alexandrie, à Antioche, à Thessalonique et à Siscia en Pannonie. De là sont sorties toutes les belles pièces romaines à l'effigie des empereurs. Les graveurs en monnaies étaient esclaves ou affranchis, et les ouvriers formaient dans les esclaves publics une famille à part, nommée *monetaria*.

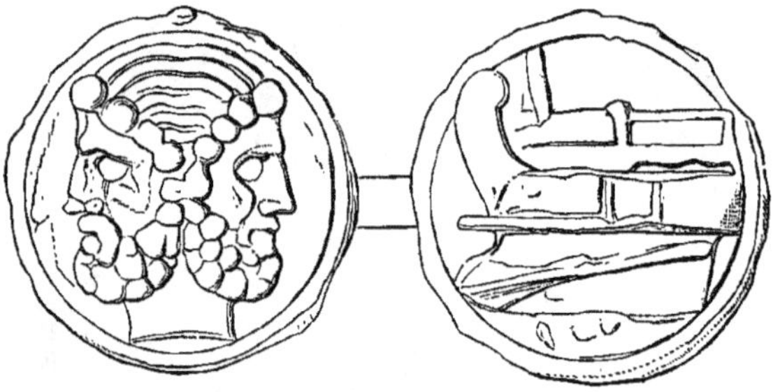

Fig. 283. — *Monnaie d'Agrigente.*

Fig. 284. — *As en cuivre du poids d'une livre.*

Les Romains ont été les premiers à émettre des monnaies de bronze (fig. 284); car, à l'époque de cette invention, les Grecs ne semblent pas avoir fait usage régulièrement du cuivre. Comme les monnaies d'argent, dites *consulaires*, les deniers romains portent, d'un côté, la figure casquée représentative de la cité, et de l'autre une allusion à un fait historique, ou une Victoire, ou les Dioscures à cheval; ce sont les plus curieux et les plus beaux. Plus tard, les magistrats monétaires, enhardis par un défaut de surveillance du Sénat, substituèrent à ces emblèmes, destinés à rappeler le sentiment de la patrie, des types personnels retraçant des aventures particulières ou une allusion à leur nom. Par exemple, Pomponius Musa fait frapper une muse sur les deniers qui lui sont confiés, Vitulus un veau, Asciculus un marteau; enfin les effigies, interdites avec la plus stricte rigueur pendant toute la période républicaine, apparaissent avec César dictateur, et deviennent à partir du règne d'Auguste une règle constante (fig. 285); le revers alors reçoit une allusion flatteuse pour l'empereur, ou la copie d'un monument élevé par ses ordres; le type le plus fréquent est une figure allégorique en pied; rarement on trouve un buste sur chaque face à moins d'une raison importante, telle que celle du pouvoir simultané de Caracalla et de Géta.

Nous trouvons encore chez les Romains, à côté des monnaies destinées à la circulation, différentes pièces dont l'intérêt artistique n'est pas moins grand Ce sont d'abord les grands médaillons destinés, soit à être distribués à l'entourage impérial, soit à rappeler des événements importants, soit enfin à être suspendus aux enseignes, au-dessous des aigles romaines; ces derniers étaient en bronze. Un soin tout particulier a été apporté à l'exécution de ces médaillons, et, la plupart ont une valeur artistique bien supérieure à celle des monnaies. Au temps du bas empire, lorsque les jeux du cirque furent devenus, pour les Romains, la première des préoccupations, on trouve une autre catégorie de médaillons, ce sont les médaillons *contorniates*, ainsi nommés du *contour* ou cercle en creux qu'ils portent sur les deux faces. Ces médaillons sont coulés et non frappés, leur valeur artistique est le plus souvent inférieure et le travail imparfait, ils portent sur la face une effigie qui est très fréquemment celle d'Alexandre-le-Grand, et sur le revers une scène de jeux du cirque.

Fig. 285. — *Monnaie de Vespasien.*

M. Fr. Lenormand attribue aux médaillons contorniates un caractère talismanique; ils auraient été destinés, dans l'esprit du peuple, à porter bonheur aux concurrents; c'étaient des *fétiches*. Beaucoup, ainsi que les médaillons proprement dits, sont enchâssés dans des bordures en métal qui sont elles-mêmes travaillées avec art.

Il faut joindre aussi aux monnaies et médaillons les tessères théâtrales et les jetons, qui sont généralement d'une exécution soignée. Les premières désignaient les places au théâtre où elles servaient de billet d'entrée; elles portent d'un côté le chiffre du rang de gradins auquel elles donnent droit, et de l'autre un petit sujet retraçant une scène des jeux, ou une scène de la vie privée, parfois scabreuse (*lasciva numismata*). Enfin, les Romains connaissaient parfaitement, comme nous, l'usage des jetons pour le jeu, des médailles destinées à la publicité et des imitations de monnaies destinées à être montées en bijoux. Toutes ces différentes pièces, quelles qu'elles soient, se distinguent de la monnaie en ce qu'elles ne portent pas les initiales S. C. (*senatus consulto*), qui étaient la garantie de l'Etat pour la monnaie de cuivre.

L'unité monétaire chez les Romains était d'abord l'*as*, monnaie de cuivre, dont le poids fut successivement réduit; le *sesterce*, en argent, valait deux as et demi; le *quinarius* cinq et le *denier* dix. Cependant, à l'époque de la prospérité de la République, l'as étant d'une valeur trop minime, le sesterce fut considéré comme unité monétaire à dater de la loi Papiria (269 ans av. J.-C.). Le denier valut alors seize as, le quinarius huit et le sesterce quatre. Il fut établi deux pièces d'or, le *quinaire* et le *denier d'or* valant deux quinaires, dont la relation avec l'argent n'est pas exactement établie, elle a d'ailleurs extrêmement varié aux diverses époques de la République et de l'Empire L'as avait en monnaie effective des multiples jusqu'à un denier, et ses divisions : *semi, triens, quadrans, sextans* et l'*uncia* ou *once*, douzième de l'as.

A côté des monnaies grecques et romaines, bien d'autres dans l'antiquité ont leur importance et ne peuvent être passées sous silence, telles les *doriques* d'or des rois de Perse qui, pendant longtemps, eurent cours en Asie et en Grèce, par suite de la rareté de l'or monnayé dans ces contrées; leur dessin est incorrect, leur flan de forme un peu allongée; seules à leur époque, elles portent la légende *basileus* que les rois de Perse tenaient à se réserver comme un titre exclusif.

Les sicles hébreux d'argent pur, et les oboles ou *gérahs* portent d'un côté une coupe rappelant celle qui conservait la manne sacrée dans le tabernacle, et une légende en samaritain indiquant la valeur de la pièce, de l'autre une branche d'amandier en fleurs, symbole de la verge d'Aaron. Dans les pièces postérieures à David, on voit souvent les mots *Jérusalem la Sainte*. Salomon substitua à la branche d'amandier une forteresse, et à la coupe les mots : *David roi, Salomon, son fils, roi*, dans le milieu de la pièce. Les Hébreux ne semblent pas avoir fait usage de l'or.

Le monnayage des Gaulois n'offre d'intérêt que comme archéologie nationale, car ils ont peu fabriqué de monnaies particulières. On en possède d'anciennes qui portent des figures de divinités ou d'animaux, surtout le cheval libre et sans selle. Pendant la guerre d'indépendance on a émis aussi diverses pièces fort curieuses au point de vue historique. Mais pendant fort longtemps avant la conquête romaine, les monnaies gauloises n'ont été qu'une imitation des statères d'or de Philippe de Macédoine qui avaient pénétré par Marseille dans la vallée du Rhône.

Après la chute de l'empire d'Occident, l'empereur d'Orient recueillit son héritage en ce qui concernait la suzeraineté sur les Barbares, suzeraineté toute nominale, qui consistait seulement à accepter ses monnaies ou à mettre son effigie sur celles qu'ils faisaient frapper eux-mêmes. Les monnaies byzantines, surtout les monnaies d'or, ont donc une grande importance au point de vue historique. Elles portent sur la face l'effigie de l'empereur et sur le revers une croix haussée sur des degrés; le dessin de ces pièces est maigre et hésitant, on voit trop souvent que l'artiste s'est plus préoccupé des détails pleins de richesse des vêtements ou de la coiffure, que de la physionomie et de la ressemblance même de l'effigie. L'imitation imposée des monnaies byzantines dura en Occident jusqu'à l'expédition de Théodebert, roi d'Austrasie, en Italie; les conquérants arabes s'en affranchirent seulement à la fin du viie siècle; dans leur monnaie, la croix haussée de revers a perdu ses bras horizontaux. A partir du xie siècle, les monnaies byzantines sont frappées sur des flans minces dont le droit est convexe et dont le revers offre une concavité correspondante; elles ont reçu alors le nom de *scyphates*.

Les monnaies mérovingiennes ne sont d'abord que des imitations grossières des pièces émises par les empereurs d'Orient, principalement de celles à l'effigie d'Anastase et Justinien, avec la Victoire debout au revers; d'imitation en imitation, le type primitif s'altère à tel point qu'on a peine à reconnaître les traits de la figure. Peu à peu la croix haussée sur des degrés ou ancrée se montre sur le revers, ainsi que le monogramme du Christ; à partir de Théodebert, roi d'Austrasie, qui fit des expéditions hardies jusqu'en Italie, le nom des empereurs de Constantinople qu'on copiait servilement est remplacé par celui du roi qui émettait la monnaie (fig. 286); mais l'effigie informe de la face n'a jamais la prétention d'être un portrait, et fort heureusement, au point de vue de l'art, car sur beaucoup on a grand peine à reconnaître une figure humaine. Tels sont les principaux éléments du monnayage mérovingien, qui, d'ailleurs, se borne pour ainsi dire à l'or, les pièces d'argent et de cuivre laissées par les Romains suffisant sans doute aux exigences du commerce.

Fig. 286.
Monnaie mérovingienne.

Au contraire, les Carlovingiens frappent surtout de l'argent, et si on retrouve parfois encore des imitations de pièces étrangères, la monnaie change pourtant d'aspect et devient plus personnelle sous l'administration régulière de Pépin et de Charlemagne. Elle prend déjà la forme qu'elle gardera pendant tout le moyen âge : le flan devient très mince en même temps qu'il s'élargit, et les empreintes n'ont qu'une saillie très faible.

Les monnaies carlovingiennes sont encore très variées. Elles portent souvent sur une face le monogramme du roi, et de l'autre une croix ou l'indication du lieu de fabrication. On n'attachait évidemment qu'une importance très secondaire à l'effigie, qui n'eût été que la copie d'une médaille quelconque antérieure, et non le portrait du souverain. Pourtant on trouve fréquemment des figures sur les monnaies de Charlemagne et de Louis le Débonnaire.

La confusion devient extrême avec l'extension de la féodalité, où les pièces n'ont plus de commun que la croix, qu'on retrouve presque toujours sur une face. L'autre présente la copie du monogramme carlovingien, le nom du seigneur, un temple, dans les seigneuries ecclésiastiques, ou encore des signes bizarres et incompréhensibles, qui sont la copie dégénérée d'un type quelconque ancien, que la maladresse des ouvriers a déformé à ce point qu'on n'y peut plus rien reconnaître. Au milieu de cette confusion, deux types se distinguent déjà, qui pendant toute la période féodale seront con-

Fig. 287. — *Grand aignel d'or (Jean le Bon).*

nus et acceptés partout. C'est d'abord la monnaie *tournois*, émise par l'abbaye de Saint-Martin, de Tours, portant sur la face un *châtel* flanqué de deux tours. Les tournois circulèrent et furent imités dans toute l'Europe et dans la Palestine. Un peu plus tard, sur la fin du XIe siècle, les rois de France donnèrent leur garantie à la monnaie fabriquée à Paris et dite *parisis*, qui fut de plus en plus appréciée avec l'extension du pouvoir royal. Les parisis avaient une valeur plus grande d'un quart que les tournois : 15 deniers tournois équivalaient à 12 deniers ou un sou parisis (fig. 287).

Les choses restèrent en l'état jusqu'à saint Louis, à

Fig. 288. — *Royal d'or (Philippe VI).*

qui est due la première tentative de réforme des monnaies. Il exigea que les types royaux fussent partout acceptés, en défendit l'imitation, le nom des pièces fut fixé, et on vit reparaître la monnaie d'or, qui avait été jusque-là délaissée. Les empreintes sont aussi plus nettes et plus artistiques, bien que toujours de relief très faible. Pendant tout le moyen âge, la figure du roi ne s'y trouve pas encore, car c'est seulement Louis XII qui la rétablit, à l'imitation des Italiens; mais on y voit, comme sur les sceaux, des couronnes royales avec inscriptions, saint Michel ou saint Georges, les fleurs de lys et les *Francs* à cheval, et toujours au revers la croix inscrite dans un ornement à quatre lobes (fig. 288) ou accompagnée de fleurs de lys entre les branches. Notons aussi, parmi les pièces

Fig. 289. — *Ecu d'or au porc-épic (Louis XII).*

françaises, celles frappées pendant la longue occupation anglaise, et qui portent les fleurs de lys jointes aux léopards.

C'est en Italie que se produisirent les premières tentatives du retour aux procédés antiques, c'est-à-dire au flan assez épais pour recevoir des empreintes de fort relief, dont l'une était un portrait. Les premières monnaies modernes de ce genre furent les augustales d'or, émises par Frédéric II, à Naples. Mais la conquête de Charles d'Anjou étouffa cette Renaissance anticipée, et il faut arriver aux médailleurs du XVe siècle pour trouver une réforme complète. La physionomie des monnaies change avec d'autant plus de rapidité que les graveurs en médailles étaient en même temps graveurs en monnaies, et que les procédés nouveaux de la frappe mécanique permettaient de tirer parti de tous les progrès (fig. 289). C'est dans la seconde moitié du XVe siècle que le modèle qui s'est conservé jusqu'à nous, avec l'effigie des souverains, s'établit définitivement en Italie.

De là, il fut apporté en France, sous Louis XII, qui le premier émit des pièces d'argent à son effigie, d'où leur nom de *testons*, à cause de la *teste* du roi qui s'y trouvait gravée (fig. 290). Dès cette époque, les monnaies françaises conservent un aspect régulier avec une valeur artistique

Fig. 290. — *Teston d'argent (Henri II).*

plus ou moins grande, mais toujours inférieure à celle des médailles, pour lesquelles les artistes réservaient tous leurs soins. Un *tailleur général* des monnaies, chargé de fournir les coins primitifs aux ouvriers, avait été institué par Henri II pour Marc Béchot, graveur de talent. Cette charge fut placée peu après sous la dépen-

Fig. 291. — *Franc d'argent (Henri III).*

dance de celle du *contrôleur général des effigies* ; le premier fut Germain Pilon, et Guillaume Dupré en fut un des titulaires, au moment où Nicolas Briot, tailleur général, faisait faire à la fabrication de si grands progrès (fig. 291). Après lui, on ne trouve plus à citer que les Roettiers, Flamands qui gravèrent en France de 1682 à 1772. Mais leurs œuvres sont déjà bien inférieures à celles de la période précédente. Augustin Dupré, chargé de donner les modèles des pièces de la République, a fourni une belle série de monnaies, notamment celle de 5 francs à l'*Hercule*. Tiolier, qui lui succéda sous l'empire, n'a déjà plus son talent, et il est préférable de passer sous silence les pièces plus récentes, dont la gravure aussi bien que la frappe sont au-dessous de tout ce qui a été fait en France depuis la Renaissance. Aussi, le gouvernement de la République, en 1870, a-t-il jugé à propos de reprendre les coins gravés par Dupré, et en 1848 par Oudiné.

Fig. 292. — *Ecu d'argent.*

Il est difficile d'indiquer d'une manière exacte le nom et la valeur des anciennes monnaies françaises, qui variaient souvent au moyen âge d'une contrée à une autre ; elles avaient porté d'abord le nom des types anciens qu'elles rappelaient; par exemple, les monnaies des Mérovingiens sont des deniers et des triens. Puis on adopta longtemps les termes de *sou tournois* et *parisis*; enfin les monnaies des Valois portèrent presque toujours des désignations populaires tirées du sujet de l'empreinte : tels le *royal*, à l'effigie du roi assis sur son trône; l'*aignel* avec l'agneau pascal; le *franc* avec un cavalier armé de toutes pièces; l'*écu* (fig. 292), portant les armes de France à trois fleurs de lys; plus tard le *teston* avec l'effigie royale et enfin le *louis*, sous les Bourbons.

Lorsque la Révolution vint changer le type des monnaies royales, celles-ci étaient : pour l'or, le *louis* et le double *louis* (fig. 293); pour l'argent, la *livre*, l'*écu* de trois livres et l'*écu* de six livres, les pièces de 15 sous et de 30 sous;

Fig. 293. — *Louis d'or.*

enfin, pour la monnaie de cuivre, le *sou* et le *liard*. La livre tournois considérée comme la base de ce système monétaire, était un peu plus faible que le *franc* actuel; car la loi de germinal an IV fixa sa valeur à 0 fr. 9876. La distinction entre la livre *parisis* et la livre *tournois* avait subsisté jusqu'à Louis XIV, qui supprima en 1667, la monnaie *parisis*.

Pendant tout le moyen âge et jusque vers la fin du XVIe siècle, la monnaie en usage dans le grand commerce était internationale, pour ainsi dire, et était acceptée d'autant plus volontiers qu'elle était connue pour être de titre et de poids exact, et il faut croire aussi que l'élégance de son aspect n'était pas étrangère à son crédit. Nous avons vu déjà que les *tournois* français avaient pénétré dans tous les pays du bassin de la Méditerranée. Parmi les monnaies étrangères, plusieurs ont joui d'une

Fig. 294. — *Pièce d'or du pape Alexandre VII.*

faveur plus grande encore, étant acceptées dans tous les ports de commerce : tels sont les *sequins* de Venise, avec le beau type représentant d'un côté saint Marc, patron de la cité, et de l'autre le doge, recevant l'étendard des mains du saint : les *florins* de Florence, portant la fleur de lys et l'effigie de saint Jean-Baptiste, et les *augustales* de Naples, les plus belles pièces peut-être du moyen âge, mais dont la vogue dura moins longtemps. Le grand commerce que ces trois villes faisaient avec le midi de l'Europe et les Indes, contribua beaucoup au monopole monétaire qu'elles ont exercé pendant plusieurs siècles. Les papes firent frapper aussi de belles pièces auxquelles leur grande influence morale créa un moment une circulation en Italie et même dans le reste de l'Europe. Elles ont toujours une grande valeur artistique, et celles de quatre scudi (fig. 294) que nous donnons ici est une des plus remarquables.

Dans le Nord, où on voyait encore beaucoup de pièces italiennes, on employait le plus fréquemment, dans les échanges, les *esterlings* d'argent, en usage en Angleterre depuis Edouard Ier, portant au revers une croix accompagnée de douze besants, et déjà les *bractéates* allemandes; cependant, l'importance de ces monnaies allemandes ne sera réellement appréciable que lorsque les villes hanséatiques auront étendu leurs opérations commerciales.

Médailles. C'est dans les médailles qu'il faut chercher, depuis trois siècles, la manifestation la plus complète du talent des graveurs modernes; seule, la médaille, dans la conception et l'exécution de laquelle ils ont toute liberté, pour laquelle ils peuvent employer un flan plus épais et plus large, a désormais pour eux une valeur artistique, et si les monnaies ont suivi, parfois de près, les progrès de l'art, leur fabrication a toujours été considérée comme une tâche ingrate.

Comme nous l'avons dit plus haut, la médaille, en tant que monument destiné à rappeler un événement ou à honorer un personnage, était absolument inconnue à la Grèce, et elle ne fut employée chez les Romains qu'exceptionnellement sur les enseignes légionnaires; son invention est donc pour ainsi dire moderne, et elle est due à un peintre italien du XVe siècle, Vittorio Pisano, dit Pisanello. Sa première œuvre est la médaille commémorative du Concile de Florence, avec le portrait de l'empereur grec, Jean Paléologue; elle ne porte aucune date, mais le Concile de Florence fut tenu en présence de Jean Paléologue en 1439. Cette médaille est coulée, comme en général celles de la Renaissance. On possède beaucoup d'autres belles pièces de Pisanello, notamment celles d'Alphonse d'Aragon, roi de Naples, de Martin V, de Fr. de Gonzague, de L. d'Este, de Sigismond Malatesta, de Piccinino, de Visconti, de Sforza, etc. Toutes sont signées, et offrent les caractères d'une grande finesse et d'une grande expression de physionomie; les revers sont traités avec originalité et avec goût. Evidemment le fondateur de cette branche nouvelle de l'art en a établi les modèles avec tant d'autorité, que ses élèves n'eurent rien à perfectionner. Pisanello avait gravé en moins de dix ans les personnages les plus illustres de l'Italie, et la mode des médailles se répandit avec tant de rapidité qu'une grande partie des artistes sculpteurs, émailleurs, peintres mêmes, tentèrent, avec plus ou moins de bonheur, la gravure en médailles. Ce concours de véritables talents contribua sans doute beaucoup à maintenir le type des médailles dans toute sa beauté, et à lui apporter, en outre, des éléments d'originalité. Spérandio, Caradosso, V. Gambello, dit Camelio, sont les plus illustres des successeurs de Pisanello. Avec eux, la médaille se rapproche de plus en plus des modèles monétaires romains; dont quelques graveurs, Cavino le Padouan entre autres, font des reproductions d'une exactitude qu'on n'a jamais pu atteindre depuis.

Ce qui a porté un coup mortel à la gravure en médailles, en Italie comme dans tous les pays, c'est la frappe mécanique, dont la sécheresse du trait enlève à la figure l'apparence de vie qu'on admire surtout dans les médailles des XVe et XVIe siècles. De plus, la gravure des coins exigeant de longues études et une grande habileté de main, est confiée à des artistes spéciaux, qui trop souvent sont plutôt des ouvriers; alors, la mode se désintéressa de la médaille-portrait, et les souverains seuls lui donnèrent encore quelques encouragements officiels. Dès les premières années du XVIIe siècle, la décadence est complète en Italie. L'Allemagne également, dont les graveurs avaient brillé avec éclat pendant le XVIe siècle, perd ses ateliers au milieu des troubles de la guerre de Trente Ans. Heinrich Reitz de Leipzig et Fr. Haguenauer d'Augsbourg, ont laissé de fort belles productions. Ces graveurs allemands étaient en même temps orfèvres, et le centre de la fabrication, qui ne laisse pas que d'être importante, paraît avoir été à Nuremberg et à

Augsbourg. On leur doit les premiers essais de la frappe mécanique.

En France, c'est au contraire vers les premières années du XVIIe siècle que l'art du médailleur arrive à son apogée avec Guillaume Dupré. Jusque-là, les souverains avaient employé des artistes italiens, ou des artistes français qui, peu confiants encore dans leurs propres forces, s'inspiraient étroitement des modèles italiens. Seul, Germain Pilon, contrôleur général des monnaies dès 1573, et dont les œuvres d'ailleurs sont incertaines, semble avoir cherché une voie plus indépendante, s'il est vraiment l'auteur des médaillons de Henri II et de Catherine de Médicis, de Charles IX, de Henri III et d'Elisabeth d'Autriche, ouvrages anonymes de la fin du XVIe siècle.

La différence est profonde entre ces médailles et celles de Dupré, bien que quelques années seulement en séparent l'apparition ; nous trouvons dans ces dernières un accent personnel qu'on ne peut méconnaître, et le genre de composition des revers est une création nouvelle, pour ainsi dire, tant il s'éloigne de ce qui avait été fait jusque-là. Aussi Dupré ramena-t-il, en France, la mode des portraits sur médaillons, et les plus illustres personnages de la cour tinrent à honneur de se faire reproduire en effigie. Les médailles de Dupré sont coulées, et coulées par lui, ce qui en assurait la bonne exécution. Warin, de Sedan, mérite d'être placé à côté de Dupré comme graveur, bien qu'il soit moins original comme artiste; mais, partisan convaincu et même militant de la frappe mécanique, qu'il fit adopter malgré la Cour des monnaies, il contribua à faire perdre aux médailles les qualités de la fonte. Le premier, Warin eut à en souffrir, car on ne peut établir aucune comparaison entre ses meilleures œuvres frappées, telles que *Anne d'Autriche*, le *Triomphe de Louis XIII* (fig. 295) et *Louis XIV enfant*, et ses médailles coulées. Malgré son talent et son intelligence remarquable, il ne vit pas que la frappe au balancier n'offrait d'avantages réels que pour la monnaie, étant admis que l'idée artistique était sacrifiée, parce que la précision et la rapidité dues à ce perfectionnement mécanique étaient favorables à des émissions qui devenaient chaque jour plus importantes ; mais, pour les médailles, la fonte est le seul procédé qui rende dans toute sa beauté et sans entraves la conception de l'artiste, et nous n'en voulons d'autres preuves que la décadence qui a partout suivi l'application aux médailles des procédés mécaniques.

Fig. 295. — *Triomphe de Louis XIII, par Warin.*

Le règne de Louis XIV, qui est celui de toutes les idées grandioses, est signalé par l'apparition des *suites*, destinées à rappeler sur un grand nombre de pièces les événements heureux ; pour cette seule période, si agitée, l'entreprise est considérable, et on conçoit la nécessité où l'on s'est trouvé de créer l'Académie des inscriptions pour fournir aux graveurs les sujets et les légendes, qui d'ailleurs, sont le plus souvent de mauvais goût, obscures et laudatives à l'excès. L'exécution de ces médailles, au nombre de 318, est belle et fait le plus grand honneur aux artistes du siècle de Louis XIV, aux noms de Chéron, de Molard, de Mauger, de Breton ; mais la décadence, déjà sensible dès les premières années du XVIIIe siècle, devient irrémédiable sous Louis XV, et la gravure ne doit plus quelque éclat qu'à Jean Duvivier et à son fils Benjamin, dont les efforts furent impuissants à rétablir dans la bonne voie cette branche de l'art désormais perdue.

La Révolution avait fermé l'atelier des médailles. Napoléon l'ouvrit de nouveau, mais il ne semble pas que depuis, malgré *les encouragements officiels*, ce genre de gravure soit sorti de l'ornière où il se traîne dans des réminiscences ou même des imitations des œuvres anciennes. Il faudrait pour cette régénération la main d'un maître de génie. On a cru le voir un instant dans David d'Angers. Mais cet artiste, agrandissant le cadre de ses productions, en a fait plutôt des œuvres de sculpture, sans revers et sans les éléments essentiels de la médaille. Il est donc à craindre que longtemps encore la gravure en médailles ne reste dans un rang inférieur indigne de notre pays.

Jetons. Les jetons ou *méreaux de compte* ont été employés pendant tout le moyen âge et jusqu'au XVIIe siècle comme éléments de calculs. Les chiffres arabes n'avaient été connus, en effet, que vers la fin du XVe siècle, et la connaissance des opérations qu'ils rendaient possibles fut longue à se répandre. On ne connaît pas de jetons remontant au delà de saint Louis mais il devait s'en trouver nécessairement; la plupart de ceux frappés depuis sont en cuivre et en argent, les plus anciens en or, parce que l'argent était réservé exclusivement aux monnaies.— V. Jeton.

D'après le système décimal adopté en 1795, l'unité monétaire en France est le *franc* en argent, pesant cinq grammes. Il se divise en décimes et en centimes. Les pièces de cuivre sont de un, deux, cinq et dix centimes ; les pièces d'argent de vingt et cinquante centimes, de un franc, deux francs et cinq francs; les pièces d'or sont de cinq, dix, vingt, cinquante et cent francs. On trouve encore dans la circulation des pièces d'or de quarante francs, dont la fabrication a été suspendue depuis quelques années.

Fabrication. On a cru longtemps que les monnaies coulées avaient précédé les monnaies frappées, mais il est reconnu maintenant que les pièces les plus anciennes ont été fabriquées au marteau. Le flan était coulé d'abord, avec la dimension et le poids qu'il devait garder, puis, chauffé au rouge, il était placé entre les coins froids, et on obtenait l'empreinte à l'aide de plusieurs coups de marteau, en faisant recuire le flan chaque fois; ces diverses opérations étaient longues et délicates : il fallait que le flan fût exactement replacé au même point, qu'il ne glissât pas sous le marteau, rien ne le retenant entre les coins, qu'il ne se fendît pas sous tant d'efforts répétés. Cependant, on ne connut pas d'autre procédé pendant plus de vingt siècles, et on ne peut que rendre hommage à l'habileté des ouvriers qui nous ont laissé tant de chefs-d'œuvre avec des moyens si imparfaits.

Il ne nous est parvenu aucun coin grec, et on est réduit à des conjectures sur leur fabrication. Il y a lieu de croire qu'ils n'étaient pas en acier trempé, mais en bronze ou en fer doux, comme on en voit chez les Romains des premiers siècles. Les matrices romaines que nous possédons et qui ne remontent qu'au début de l'ère chrétienne, sont en acier trempé et encastrées dans un bloc de fer; les coins ont été gravés au touret, comme les pierres fines, jusque vers le ve siècle après J.-C., où on voit apparaître la gravure au burin et la frappe à froid. Les lettres étaient frappées séparément à l'aide de poinçons, ainsi qu'en témoignent des lettres renversées ou cassées.

Les plus anciennes pièces de bronze des Romains, les *as*, du poids d'une livre, étaient nécessairement coulées dans des moules de pierres réfractaires ou de terre cuite; on n'aurait pu, en effet, frapper au marteau, à cette époque, des flans d'aussi grande dimension, étant donné surtout que le cuivre, bien moins malléable que l'argent et l'or, eût opposé trop de résistance à des coins de métal doux. Mais ce procédé a été restreint à l'*œs grave*; on n'a coulé d'autres monnaies que dans des circonstances pressantes, car alors deux artistes modelant en cire, l'un le droit, l'autre le revers, on pouvait faire un moule et couler la pièce, le tout en un jour. On a encore coulé des monnaies après avoir pris l'empreinte de monnaies frappées, mais presque tous les exemplaires qui nous sont parvenus indiquent l'existence d'un faux monnayage; c'était une plaie de l'empire romain, parfois encouragée par les empereurs.

Jusqu'au XVIe siècle, les procédés de fabrication n'ont pas changé, sauf en ce qui concerne les flans, qui, au lieu d'être coulés, étaient découpés dans des lamelles aplaties au marteau. C'est en Allemagne que furent inventées les différentes machines qui sont restées en usage jusqu'au milieu de notre siècle : le laminoir pour étirer le métal, le découpoir pour y lever le flan, et enfin le balancier. Un mécanicien français, Aubin Olivier, envoyé en Allemagne par Henri II pour étudier la frappe mécanique, établit à Paris un atelier analogue, à la pointe de l'île du Palais, et compléta l'invention des Allemands par la virole brisée qui permet de graver la tranche du flan. Mais les frais d'exécution étaient encore très grands, et c'est Nicolas Briot qui rendit pratique la frappe au balancier, en y apportant de grands perfectionnements. Se heurtant aux privilégiés de la Cour des monnaies, Briot se vit en butte à toutes les persécutions, et ruiné par ses essais et les procès qu'il était obligé de soutenir, il passa en Angleterre, où ses projets furent goûtés et immédiatement appliqués pour les dernières monnaies du règne de Charles Ier. Le monnayage exclusif au marteau avait été rétabli, en France, par une ordonnance de 1585, et il ne céda la place aux procédés mécaniques qu'en 1640, grâce aux efforts du graveur Warin et du chancelier Séguier. La Cour des monnaies dut céder complètement en 1645, mais elle réussit à ne laisser à l'atelier fondé par Warin au Louvre, que la frappe des médailles. Cette distinction dura jusqu'à la Révolution.

Le balancier, auquel Gingembre et Saunier avaient encore apporté, au commencement de ce siècle, de précieuses améliorations, fut abandonné peu après pour la *presse Thonnelier* inventée par D. Ulhorn, mécanicien allemand, et ainsi fut complété l'outillage qui est actuellement celui de tous les ateliers monétaires de l'Europe. — V. BALANCIER MONÉTAIRE.

GRAVURE DES COINS. Nous avons dit que les coins les plus anciens étaient en bronze ou en métal doux gravé au touret, procédé qui n'avait pas, dans les contours du dessin, la sécheresse et la raideur des traits du burin. Plus tard, on frappa avec des coins d'acier gravés directement, et enfin, on est revenu, de nos jours, au *poinçon étalon* en acier trempé, servant à donner l'empreinte sur le coin en fer doux qui est ensuite trempé lui-même. Le modèle de la médaille est d'abord établi en cire dans une dimension quelconque, puis réduit au diamètre exact au moyen du tour à portrait, et on grave ensuite au burin le poinçon étalon; les retouches sont faites avec des rifloirs, des échoppes, des limes et des grattoirs, enfin, les lettres sont frappées séparément à l'aide des poinçons spéciaux. Pour éviter différents accidents pendant la frappe, le coin trempé est adouci par une recuisson dans l'eau bouillante et, de plus, serré dans une virole de métal. Lorsqu'il est nettoyé et poli, il est devenu une *matrice* prête à porter l'empreinte sur le métal. — V. COIN, III, ET GRAVURE.

PRÉPARATION DU FLAN. Le métal n'est pas employé, pour les monnaies, à l'état pur; l'or et l'argent sont mélangés au cuivre afin d'acquérir la dureté suffisante pour résister à l'usure. La proportion est de 9/10 d'or fin et de 835 millièmes d'argent. La tolérance pour l'or est de 2 millièmes et de 3 millièmes pour l'argent. Cet alliage étant préparé, est fondu dans des creusets et coulé en lames minces ayant deux ou trois fois l'épaisseur de la pièce qu'elles doivent fournir, et qui sont ensuite passées au laminoir autant de fois qu'il est nécessaire pour qu'elles soient réduites à l'épaisseur exacte de la pièce; ce que vérifie un ouvrier avec un calibre en acier consistant en une entaille pratiquée dans une plaque. Dans ces lames, un balancier muni d'un emporte-pièce découpe un flan qui est immédiatement soumis à l'essayage. S'il a *le poids et le titre exigé, toute la* lame est ainsi découpée; si le flan est trop lourd, la lame est renvoyée au laminoir, s'il est trop faible, au contraire, elle doit être refondue. Malgré ces précautions, les flans découpés ne sont pas toujours de poids exact, et on est parfois obligé de les soumettre au rabotage, malgré les inconvénients de cette opération. Avant d'être frappés, les flans doivent encore être décapés dans une tonne conique remplie d'acide sulfurique étendu d'eau, où ils sont agités constamment par un axe vertical muni de croisillons, puis *cordonnés*. Le cordonnage a pour effet de relever légèrement la branche du flan de façon à diminuer en grande partie le frottement sur la partie gravée de la pièce. Le cordonnage ne s'effectue que sur les flans assez épais pour supporter cette opération sans déformation : ce sont ceux destinés à former les pièces de 100 francs, 50 francs et 20 francs en or, de 5 francs et 2 francs en argent et de 10 centimes en bronze. La machine à cordonner prend le flan par la tranche entre deux coussinets sablés et aplatit les bords, par un mouvement circulaire combiné avec une forte pression. Sur ce bord relevé seront empreints les listels et les grénetis qui, à la frappe, ne reçoivent la pression qu'en dernier lieu, parce que le coin est légèrement bombé au centre. Enfin, le *blan-*

chiment donne aux flans un brillant mat qui empêche un miroitement fatigant et fait mieux ressortir l'empreinte. A cet effet, après un nouveau recuit, ils sont plongés dans une eau étendue d'acide nitrique pour l'or, d'acide sulfurique ou de crème de tartre pour l'argent. Lavés avec soin et séchés, les flans sont prêts à être monnayés.

Frappe. Le monnayage, nous l'avons vu, a été longtemps pratiqué au balancier qui n'est plus maintenant en usage que pour la frappe des médailles. Dans une fabrication rapide, en effet, le balancier présente plusieurs inconvénients, celui, entre autres, d'exposer les coins à une détérioration rapide, même au bris, si l'ouvrier, omettant de placer un flan entre eux, les laissait se rencontrer. De plus, le travail à bras est lent et fatigant, et les balanciers à vapeur n'ont donné, jusqu'ici, que des résultats imparfaits. La presse monétaire de Ulhorn, perfectionnée par Thonnelier qui lui a laissé son nom, est donc une amélioration précieuse en ce qui concerne les monnaies. La percussion est remplacée par l'action d'un levier vertical, mis en mouvement par une manivelle mue elle-même par une machine à vapeur avec une régularité parfaite et une force constante. Le flan est placé mécaniquement entre les coins par une main-poseur qui chasse en même temps la pièce frappée; le bris des coins est ainsi évité. Le principal perfectionnement apporté par Thonnelier à la presse de Ulhorn consiste dans l'adaptation de la *virole brisée* qui permet de placer sur la tranche une inscription en relief, dont l'utilité est surtout d'entraver le faux monnayage. Les presses Thonnelier sont adoptées par la Monnaie de Paris depuis 1846; elles sont actuellement au nombre de vingt-quatre. Les grandes frappent 40 pièces par minute et les petites 60; si les ateliers fournissaient à la fois tout ce qu'ils peuvent donner, on pourrait frapper, à Paris, 666,000 pièces par jour!

Les pièces frappées sont soumises à la vérification de la Commission des monnaies qui, sur des échantillons pris au hasard, constate le titre et le poids des pièces produites par chaque opération d'ensemble. Lorsqu'elle a rendu son jugement favorable, les vérificateurs, devant le contrôleur de la fabrication, examinent chaque pièce séparément, au point de vue du poids, de la sonorité, de la netteté de l'empreinte et de l'état du flan qui pourrait présenter des corps étrangers, des boursouflures ou des brisures; l'habitude et l'habileté de ces vérificateurs permettent de faire ces différents examens avec une sûreté et une rapidité merveilleuses. C'est seulement après ces opérations que la pièce est prête à être livrée à la circulation. Pour la frappe des médailles, qui varient de poids, de diamètre, d'épaisseur, on trouve avantage à employer le balancier à bras perfectionné par Gingembre, et qui nécessite, pour les pièces à empreintes saillantes, plusieurs coups et plusieurs recuits successifs. Mais la perte de temps a beaucoup moins d'importance en ce qui concerne les médailles, à cause de leur valeur artistique et du petit nombre d'exemplaires qu'on doit en frapper. Le balancier consiste en une cage de fer portant un écrou avec une vis armée d'un des coins, l'autre coin, fixe, formant enclume. Le coin mobile est mû par le balancier dont les longs bras sont armés de boules pesantes de métal, garnies de cordes et tirées à bras d'hommes. Le grand balancier de la Monnaie de Paris exige quatorze hommes pour la manœuvre. — V. BALANCIER MONÉTAIRE.

Le flan est maintenu par une virole circulaire Néanmoins, sous l'effort de coups répétés, le métal des médailles s'étend en largeur, force à l'intérieur de la virole et le diamètre doit en être diminué à l'aide du tour, ce qui n'offre aucun inconvénient puisque le poids de ces pièces n'est pas fixé, comme pour les monnaies, d'une façon absolue.

— Pour les monnaies seulement, la production journalière des ateliers de Paris s'élève à 1,500,000 francs d'or, 500,000 francs d'argent et 50,000 francs de bronze. On peut, d'ailleurs, se faire une idée de l'importance de la frappe française seulement, — car la Monnaie de Paris a souvent fabriqué pour l'étranger, — par les chiffres suivants concernant les émissions d'argent, depuis 1795 jusqu'à ces dernières années. La date de 1795 a été choisie comme point de départ de ce travail, parce que c'est à cette époque que les monnaies ont commencé à être fabriquées suivant le système décimal. En ce qui concerne les monnaies d'or, il faut remarquer que l'on n'a frappé, en 1877, que des pièces de 20 francs seulement. L'émission correspondante à cette année s'est élevée à 255,181,140 francs, soit 12,759,057 pièces. Pour les années antérieures à 1877, voici la valeur nominale des monnaies d'or frappées depuis 1795, par natures de pièces. Pièces de 100 francs, 44,346,400 francs: pièces de 50 francs, 46,568,700 francs; pièces de 40 francs, 204,432,360 francs; pièces de 20 francs, 6,708,890,220 francs; pièces de 10 francs, 1,013,641,610 francs; pièces de 5 francs, 233,440,130 francs. En y ajoutant la valeur des pièces de 20 francs frappées en 1877, on trouve un total général de plus de huit milliards et demi pour l'or monnayé en France, depuis le point de départ que nous avons indiqué.

Quant à l'argent, les espèces frappées, en 1877, proviennent uniquement de commandes données à la Monnaie avant la promulgation du décret du 6 août 1876, qui a suspendu la fabrication des pièces de 5 francs; ces espèces s'élèvent à 16,464,285 francs. On n'a pas frappé de pièces d'argent d'aucun autre module en 1876. De 1795 à 1876, il a été frappé pour 5,510,000,000 de monnaies d'argent; les pièces de 5 fr. y entrent pour 5 milliards; celles de 2 francs pour 152,000,000; celles de 1 franc, pour 193,000,000, et celles de 50 centimes, pour 89,000,000.

Le total de la valeur des monnaies de bronze de 10, 5, 2 et 1 centimes s'est élevé, depuis 1795 jusqu'à ce jour, à 62,702,785 fr. 40. — C. DE M.

Bibliographie : MIONNET : *Description des médailles antiques grecques et romaines*, 6 vol. in-8°; COHEN : *Monnaies consulaires;* VISCONTI et MONGEZ : *Iconographie romaine;* HENNIN : *Manuel de numismatique ancienne*, 1830, 2 vol.; LECOQ-KERNEVEN : *Monnaies du moyen âge*, 1871; HEUZEY : *Les médailleurs de la Renaissance;* LENORMAND : *Monnaies et médailles*, in-8°, 1882.

MONNAYEUR. *T. de mét.* Ouvrier employé au *monnayage*, qui fabrique de la monnaie.

***MONNIER** (HENRY-BONAVENTURE). Henry Monnier naquit à Paris, en 1805. Après des études assez mauvaises, de son propre aveu, qu'il fit au lycée Bonaparte, il fut placé chez un notaire. « Souvent, a-t-il dit depuis dans une autobiographie, en l'absence du petit clerc, je partageai les courses, mais jamais les émoluments. Je suppliai mon père, qui était de la partie, de me faire entrer dans l'administration. » Son vœu fut exaucé. Henry Monnier débuta en qualité de surnuméraire au ministère de la Justice. Les bas employés purent s'en réjouïr, mais non pas les titulaires des grades supérieurs. Le jeune homme, en effet, apportait dans les calmes et mornes bureaux de ce ministère, les germes d'un esprit satirique et mystificateur qui ne demandaient qu'à éclore. « Entré à une époque où toutes les issues étaient ouvertes, dit Monnier, on tenait aux belles mains, aussi ma main fut-elle la cause de mon admission et de ma sortie. Jamais on ne m'eût fait passer à un emploi supérieur, toujours par cette belle raison que les belles mains devenaient de plus en plus rares. » Henry Monnier quitta donc le ministère, mais quel historiographe eurent là les bureaux ! Feuilletez le cahier d'images de 1828, intitulé *Mœurs administratives dessinées d'après nature*, par Henry Monnier, ex-employé au ministère de la Justice.

Alors qu'il était encore attaché au ministère, il avait fréquenté l'atelier de Girodet, puis celui de Gros. Il y apprit à dessiner, là aussi se développa chez lui le goût de ces charges d'ateliers qui étaient autant de préludes à ces créations de *types*, grâce auxquelles Henry Monnier devint rapidement célèbre. Dès 1825, il avait exécuté de nombreuses vignettes pour des éditeurs, et ses dessins à la plume étaient devenus célèbres. En 1826, il exposa quelques gravures au Salon, puis il entreprit l'illustration des fables de La Fontaine et des chansons de Béranger. Entre temps, il écrivit quelques-unes de ces pochades d'un comique un peu trivial, mais d'une gaieté communicative où il excellait, qu'il improvisait à l'atelier, travaillait au point de vue de la publication et qui, pour la plupart, mettaient en scène la portière, le porteur d'eau, le marchand de marrons, le commissionnaire du coin. Henry Monnier, en 1830, dessina, à la plume, ces scènes qui sont devenues un de ses meilleurs titres de gloire, ce sont : le *Roman chez la portière*, le *Dîner bourgeois*, le *Voyage en diligence*, *Jean Hiroux*, *Madame Giboux*, enfin, *M. Joseph Prud'homme*. Tous ces types saisissants se montrent pour la première fois dans cette série. Pourtant, Henry Monnier leur a donné plus d'extension dans d'autres séries, et surtout dans les mémoires de *Joseph Prud'homme*.

Dessinateur et écrivain déjà connu, sinon déjà célèbre, Henry Monnier voulut encore entrer au théâtre. Il débuta en amateur dans la *Famille improvisée*, de Brazier, le 5 juillet 1831. Sur les planches, il montra autant d'humour et d'originalité qu'il en avait la plume et le crayon à la main. S'il était né comédien, ce fut surtout dans les types créés par lui qu'il excella, aussi Brazier avait-il arrangé pour lui quelques-uns de ses types dans la *Famille improvisée* où il remporta un immense succès.

Trop personnel pour se trouver à l'aise dans les créations des autres, Henry Monnier ne resta pas au théâtre, il se contenta d'y faire de temps à autre quelques apparitions et reprit la plume. Il publia successivement : Les *Nouvelles scènes populaires*, le *Chevalier de Clermont*, les *Scènes de la ville et de la campagne*, un *Voyage en Hollande*, les *Bourgeois de Paris*, les *Diseurs de riens*, les *Mémoires de M. Joseph Prud'homme*, la *Religion des imbéciles*. Dans toutes ses œuvres, il décèle le même esprit d'observation qui a fait dire à Balzac, il y a quarante ans : « Henry Monnier s'adresse à tous les hommes assez forts et assez pénétrants pour voir plus loin que les autres, pour n'être jamais bourgeois, enfin, à tous ceux qui trouvent quelque chose en eux après ce désenchantement, car il désenchante. Or ces hommes sont rares, et plus Monnier s'élève, moins il est populaire. Si Monnier n'atteint pas aujourd'hui au succès de vente de ses rivaux, un jour les gens d'esprit, et il y en a beaucoup en France, l'auront tous apprécié, recommandé, et il deviendra un préjugé comme beaucoup de gens dont on vante les œuvres sur parole. »

Au théâtre, Monnier a donné : *Les Compatriotes* (1849); *Grandeur et décadence de M. Joseph Prud'homme* (1852); le *Roman chez la portière* (1855); le *Bonheur de vivre aux champs* (1855); *Peintres et Bourgeois* (1855); les *Métamorphoses de M. Chamoiseau* (1856); *Joseph Prud'homme chef de brigands* (1860). En outre, il a collaboré aux *Cent-un*, à la *Grande ville*, à la *Babel*, à la *Bibliothèque pour rire*, aux *Almanachs charivariques*; il a illustré une partie des œuvres de Balzac.

Henry Monnier est mort pauvre, en 1876, le 2 janvier. L'année précédente, l'Académie avait récompensé d'un prix Montyon sa vie de labeur constant.

MONO... Préfixe qui indique que l'objet auquel il se joint est *unique*, et qui sert à composer beaucoup de termes scientifiques et autres.

MONOCHROME. Qui est d'une seule couleur, ainsi les camaïeus, les grisailles sont des peintures monochromes.

MONOCLE. *T. d'opt.* Lorgnon, lunette qui ne sert que pour un œil. || *T. de chirurg.* Bandage qu'on utilise pour les maladies qui n'affectent qu'un œil; on dit aussi *monocule*.

MONOCORDE. Instrument de musique qui ne possède qu'une seule corde.

MONOGRAMME. On appelle *monogramme* un chiffre ou caractère composé des principales lettres d'un nom, quelquefois même de toutes les lettres de ce nom. En diplomatique, on cite même un certain nombre de monogrammes de rois ou de papes dans la composition desquels entraient plusieurs noms. L'usage du monogramme remplaçant la signature est fréquent chez les peintres. Brulliot a publié un dictionnaire de ces monogrammes. Le plus célèbre de tous les monogrammes est celui du *Christ*, I H S, auquel ce *Dictionnaire* a consacré un article.

Un monogramme est dit *parfait* quand il renferme toutes les lettres d'un nom; *imparfait*, quand il en contient quelques-unes seulement. On appelait, autrefois, *clefs* du monogramme, les lettres qui se présentaient les premières à la vue. On nomme *clefs*, aujourd'hui, les lettres qui composent le monogramme, présentées dans leur ordre alphabétique. Il y a une *première clef*, une *deuxième clef*, etc., etc.

MONOLITHE. Ouvrage quelconque formé d'une seule pierre.

MONTAGE. *T. de mécan.* Opération qui consiste à assembler entre elles les différentes pièces composant une machine, de telle sorte que chacune d'elles occupe la place qui lui est assignée et que les fonctions des pièces mobiles s'accomplissent précisément au moment voulu. Les ouvriers chargés de ce travail sont désignés sous le nom de *monteurs*. Les instruments employés sont : des lignes à tracer, des règles parfaitement dressées de grandes dimensions, des équerres, des fils à plomb, des niveaux, des voyants, des trusquins, des lattes, des compas à verge, des crics ou des vérins, etc. On commence d'abord par la détermination du plan de pose ; l'intersection de deux plans verticaux par un plan horizontal, ou incliné, suivant le cas, donne les traces de ce plan. On établit le massif en bois, en pierres de taille, ou le treillis en fer sur lequel doit reposer la plaque de fondation ; celle-ci est alors présentée *à faux frais*, à peu près à la position qu'elle doit occuper et est soutenue par des coins. On trace alors une ligne parallèle aux diverses sinuosités du dessous de la plaque, au moyen d'un trusquin, et on trique la place des boulons de fondation. On enlève ensuite la plaque, on découpe le plan de pose, de manière à pouvoir bien asseoir la plaque et l'on perce les trous des boulons, ceux-ci sont mis à leur poste avant ou après que l'on affale de nouveau la plaque, selon les modes de jonction adoptés. Les jours qui peuvent exister, entre la plaque de fondation et le plan de pose, sont comblés par des cales en bois, en fer ou par du mastic de fer ; les boulons sont serrés à bloc, et il ne reste plus qu'à suivre les indications données par les repères établis lors du montage primitif à l'atelier, pour la position des bâtis, des paliers et des pièces mobiles de la machine. On doit conserver avec soin les traces du plan de pose, en les projetant sur des portions voisines invariables, afin de pouvoir procéder, plus tard, à la vérification des positions relatives des pièces fixes ou mobiles entre elles. Le montage d'une longue ligne d'arbres, composée de plusieurs tronçons, s'opère à l'aide de *voyants*. || *Halle de montage.* Salle de grandes dimensions, munie de grues roulantes en l'air, dans laquelle on opère l'assemblage des pièces d'une machine entre elles, lorsqu'elles ont été achevées dans les divers ateliers d'une usine. || *Appareil de montage.* Se dit de tout appareil, monte-charge, ascenseur, grue, treuil, etc., employé pour hisser des matériaux ou déplacer des volumes considérables. || *T. de tiss.* Opération d'un tisserand, relative à l'organisation d'un métier, soit qu'on destine ce métier au tissage à bras, soit qu'on l'emploie au tissage mécanique, soit enfin qu'on le consacre à la fabrication des tissus artistiques à l'aide de la mécanique Jacquard.

***MONTALEMBERT** (Marc-René, marquis de), né à Angoulême, en 1714, mort en 1800. Issu d'une famille noble et ancienne, il servit pendant la guerre de Sept Ans et devint général de cavalerie.

Génie novateur et hardi, le général de Montalembert s'attacha avec une intelligence et une énergie remarquables à perfectionner l'art des fortifications. Après avoir assisté à plusieurs sièges et étudié sur place les principales forteresses de l'Europe, il fut nommé gouverneur de l'île d'Oléron, en 1761, et fit établir un camp retranché en avant de la citadelle de cette place forte. A la même époque, il demanda au ministre Choiseul l'autorisation de publier les résultats de ses recherches sur les fortifications, mais cette autorisation lui fut refusée.

Ce n'est que plus tard, vers 1776, que Montalembert livra à la publicité le premier volume de ses œuvres sous le titre de : *Fortification perpendiculaire ou l'art défensif supérieur à l'offensif.* Cet ouvrage considérable, qui ne fut terminé qu'en 1785, comprend 10 volumes in-4°.

Frappé de la faible résistance des places fortes dont il avait étudié les sièges, Montalembert attribua cette faiblesse aux dispositions même du système bastionné, le seul en usage depuis Vauban (V. Fortification). Il fut ainsi conduit, après de laborieuses recherches, à critiquer très vivement les principes en vigueur et à proposer, dans la fortification, une rénovation radicale qui a servi de base à la fortification moderne. A cette occasion, une longue polémique s'engagea entre l'illustre ingénieur et le corps du génie français qui refusa constamment d'adopter des idées dont la nouveauté gênait ses traditions d'école, et se laissa promptement dépasser dans la voie du progrès par les ingénieurs étrangers.

Montalembert ayant posé en principe que la défense des places doit être exclusivement basée sur le bon emploi de l'artillerie de gros calibre, toutes les dispositions de son système de fortification ont principalement pour objet de donner aux batteries de place le développement et la puissance maxima, et de les soustraire, ainsi que la garnison, aux effets destructeurs du tir de l'assiégeant. C'est en partant de ces principes qu'il a proposé successivement :

1° Le *fort tenaillé*, sans bastions, avec murs d'escarpe détachés, formé d'une succession de fossés et de parapets casematés ;

2° Le *fort royal* à front polygonal, avec *caponnière* centrale et grandes casemates pour l'artillerie et la garnison ;

3° Le *front de Cherbourg*, véritable type du front polygonal simple, à grandes lignes, avec *caponnière* centrale ; précédé d'un large fossé plein d'eau et d'un ravelin en terre. Ce front est devenu la base du système polygonal allemand ;

4° *Les grandes tours circulaires* casematées, types qui furent appliqués par les Russes à la défense de Cronstadt et de Saint-Pétersbourg, et par les Autrichiens dans l'établissement du camp retranché de Lintz;

5° *Les camps retranchés à forts détachés.* Origine des forteresses à noyau central et à forts détachés; idée féconde, reprise depuis par le général Rogniat et mise en application dans toute l'Europe par les ingénieurs militaires modernes.

Ces propositions nouvelles d'une importance capitale, conceptions profondes d'un esprit supérieur qui possédait l'intuition de l'avenir des grandes fortifications, ne furent pas acceptées en France. Elles furent même violemment attaquées par deux ingénieurs militaires médiocres et obscurs, Grenier et Fourcroy, qui, dans un mémoire adressé, en 1786, à l'Académie des sciences, eurent la prétention de réfuter complètement les idées de Montalembert, au nom du corps du génie français. Cette polémique, qui fit beaucoup de bruit en son temps, fut impuissante à arrêter l'essor des idées nouvelles, et nos meilleurs officiers du génie, tels que d'Arçon, Boussemard, Carnot, Chasseloup-Laubat, furent les premiers à rendre justice aux innovations de Montalembert en cherchant à les appliquer et à les faire triompher de la routine. A l'étranger, Montalembert fit rapidement école; ce fut d'après ses principes et ceux de Carnot que les officiers du génie allemand, après 1815, établirent leurs fortifications tenaillées et polygonales. On doit donc, aujourd'hui, rendre un juste hommage à la mémoire de l'illustre ingénieur français en reconnaissant qu'il est le véritable rénovateur de la fortification en Europe, au XIXe siècle.

MONTANT. *T. techn.* Nom de toute pièce de bois, de pierre ou de métal posée verticalement et à plomb dans certains ouvrages de menuiserie et de serrurerie, pour servir de pièces de soutien ou de remplissage. || Chacune des pièces dans lesquelles s'enchâssent les échelons d'une échelle. || *Art hérald.* Se dit particulièrement des croissants dont les cornes sont tournées vers le chef de l'écu.

***MONTATAIRE** (FORGES ET FONDERIES de). La *Société des forges et fonderies de Montataire* possède quatre grands établissements métallurgiques :

1° L'*usine de Frouard*, près Nancy, est placée, dans la vallée de la Meurthe, sur le chemin de fer de l'Est, à l'embranchement qui se dirige sur Metz, et sur le canal de la Marne au Rhin. Elle se compose de trois hauts-fourneaux de 15 à 16 mètres de hauteur avec 2m,80 de diamètre au gueulard et des appareils de chauffage perfectionnés.

Elle traite uniquement les minerais oolithiques des deux concessions de *Frouard* et de *Bouxières-aux-Dames* qui confinent à la fonderie.

— Le minerai de Bouxières-aux-Dames rend, en moyenne, 33 0/0 de fer au fourneau et contient du calcaire en excès. Le minerai de Frouard rend un peu moins de 32 0/0 de fer et ne contient qu'une partie du calcaire nécessaire. Avec le mélange des deux minerais on peut marcher sans addition de castine. La production annuelle est de 60,000 tonnes de *fonte blanche phosphoreuse pour affinage*. La consommation de coke est de 60 à 70,000 tonnes provenant de Sarrebruck ou du *centre Belge*. Le nombre des ouvriers employés à la mine et aux fourneaux est d'environ 800.

2° *L'usine de Pagny-sur-Meuse* est encore en construction. Pour pouvoir fabriquer de l'acier déphosphoré par les procédés Thomas et Gilchrist, avec les fontes de Frouard, malgré le privilège des usines de Longwy et de Jœuf pour le département de Meurthe-et-Moselle, la société de Montataire a fondé, dans le département de la Meuse, les aciéries de Pagny. La fonte amenée de Frouard en gueusets sera refondue à Pagny, transformée en lingots d'acier et expédiée, sous cette forme, à l'usine de Montataire, près Paris.

3° L'*usine d'Outreau*, près Boulogne-sur-Mer, comporte trois hauts-fourneaux, des fours à coke et les installations nécessaires pour l'exploitation des minerais du Boulonnais.

— Ceux-ci sont assez purs et d'une richesse de 36 0/0, après lavage; mais ils s'épuisent, et la Société de Montataire a dû entrer en tiers dans une association Franco-Belge pour l'exploitation des minerais de Somorrostro à Bilbao, conjointement avec les Sociétés de Denain et Anzin, en France, et Seraing, en Belgique. Les minerais de Somorrostro sont d'une qualité supérieure et d'un rendement de 52 0/0 au fourneau. L'usine d'Outreau comporte trois hauts-fourneaux et fabrique son coke avec d'excellente houille de Newcastle. Les hauts-fourneaux ont 16 mètres de hauteur et 2m,80 de diamètre au gueulard. La production est de 40,000 tonnes de fonte fer fort, pour puddlage, avec un peu de fontes grises très résistantes obtenues avec Bilbao pur. Le nombre des ouvriers employés aux minières et à l'usine est de 700.

4° L'*usine de Montataire*, près Creil, a été fondée, en 1810, pour le traitement, par paquetage et réchauffage, des ferrailles abondantes à Paris et dans les environs. C'est dans cette usine qu'a été importée, en France, la fabrication du fer-blanc par la méthode anglaise et par affinage des ferrailles au bas foyer avec charbon de bois. Actuellement, cette industrie, qui peut dépasser une production de 4,000 tonnes de tôle étamée, n'emploie plus que de l'acier fait au four Martin Siemens.

— L'usine comporte : 24 fours à puddler, dont 20 doubles, c'est-à-dire à deux portes opposées; 24 fours à réchauffer, 20 fours dormants à recuire, 5 trains à fer, 7 trains à tôle, 1 train universel, 5 trains à fer-blanc.

Comme fabrication spéciale, la Compagnie de Montataire produit des tôles minces pour toiture en fer galvanisé et ondulé, imitant les ardoises. La production générale peut s'élever à 35,000 tonnes ainsi décomposées : fers marchands, 20,000 tonnes; tôles de toutes sortes, 10,000; tôles étamées, 4,000; ardoises métalliques, 1,000.

***MONTCEAU-LES-MINES.** Commune de France, dans le canton de Mont-Saint-Vincent (Saône-et-Loire) près de laquelle se trouvent d'importants gisements de houille qui ont constitué, dès 1782, la concession de Saint-Berain-sur-d'Heune; des extensions accordées, en 1807 et 1808, ont porté sa surface à 12,000 hectares. Depuis, de nouvelles concessions ont été données à ses propriétaires : Ragny, 645 hectares le 27 juillet 1832; les Bardeaux, 591 hectares; les Perreaux, 1651 hectares; la Theurée-Maillot, 697 hectares le 22 avril 1833; les Crépins, 465 hectares, et les Perrins, 450 hectares le 11 juillet 1833.

***MONT-D'OR.** Fromage que l'on fabrique dans les départements du Rhône, du Puy-du-Dôme et dans le Doubs. — V. Fromage.

***MONTE-CHARGE.** Appareil servant à élever les fardeaux d'un niveau à un autre et dont le but est, par conséquent, le même que celui des *ascenseurs* (V. ce mot). En fait, le terme d'*ascenseur* est plus spécialement réservé lorsqu'il s'agit de faire monter des personnes, et celui de *monte-charge* s'applique mieux aux marchandises à élever et encore, dans ce cas, fait-on usage également du mot *élévateur*.

Les monte-charges sont mis en mouvement, à la montée, par la force de la vapeur, ou l'air comprimé, ou l'eau accumulée sous une haute pression; la descente se fait au frein et en équilibrant le poids de l'appareil par un contrepoids. Dans un monte-charge hydraulique, la plate-forme destinée à recevoir le fardeau est généralement fixée à la partie supérieure d'un puissant piston qui a une hauteur égale à la hauteur d'élévation que l'on veut obtenir et qui émerge d'un cylindre à eau encastré dans le sol. L'inconvénient de cette disposition, bien simple en principe, est de nécessiter, au-dessous de l'échafaudage des glissières de la plate-forme, le creusement d'une fosse d'égale profondeur, afin de recevoir le piston quand la plate-forme revient au niveau du sol. On évite cet inconvénient en compliquant un peu la disposition et en faisant usage de renvois par poulies mouflées; on perd, il est vrai, en force et vitesse, mais on n'a pas la dépense de fondations aussi profondes et aussi coûteuses que dans le premier cas. Comme exemple de cette seconde disposition, nous citerons les monte-charges hydrauliques de M. Guyenet, dont notre gravure (fig. 296) donne l'élévation et la vue latérale. Au pied de la cale, en bois ou en métal, desservant la galerie supérieure, sont adossés des cylindres moteurs à vapeur avec des pistons à simple effet commandant une traverse avec palan renversé dont la chaîne s'attache, à l'une de ses extrémités, au plateau de levage. A cette traverse est également fixée la tête du piston à double effet du cylindre qui fait l'office d'un régulateur pendant la montée et d'un frein pendant la descente.

Pour obtenir la montée et la descente des fardeaux, on agit sur une corde qui commande le tiroir pour la distribution de la vapeur aux cylindres et la soupape pour la distribution d'eau au cylindre régulateur. Dans le cas où le conducteur est inattentif, il existe un mécanisme de sécurité qui arrête le mouvement du plateau aux extrémités de sa course. Ce système peut être installé très économiquement dans les usines où l'on ne dispose pas de la force hydraulique.

Pour l'emmagasinage des diverses marchandises dans les ports, ou pour leur transbordement direct de bateau en magasin, on a recours à des monte-charges qui se rapprochent plutôt de l'élévateur que de la forme classique des ascenseurs. La Compagnie des Docks de Marseille a fait construire, dans cet ordre d'idées, un appareil flottant pour le débarquement des céréales, au moyen de la force motrice de la vapeur; le mécanisme est installé sur un ponton en fer à fond plat qui permet d'accoster facilement les bâtiments dans les bassins du port; les organes élévateurs consistent en norias articulées qui peuvent pénétrer dans les navires par leurs panneaux. Mais il existe, aux Etats-Unis, des appareils encore plus perfectionnés dans lesquels le transbordement est plus direct encore.

M. Barry, en 1868, ayant constaté expérimentalement qu'avec un cube de $0^m,35$ de mercure élevé dans un récipient à l'aide d'une pompe, on pou-

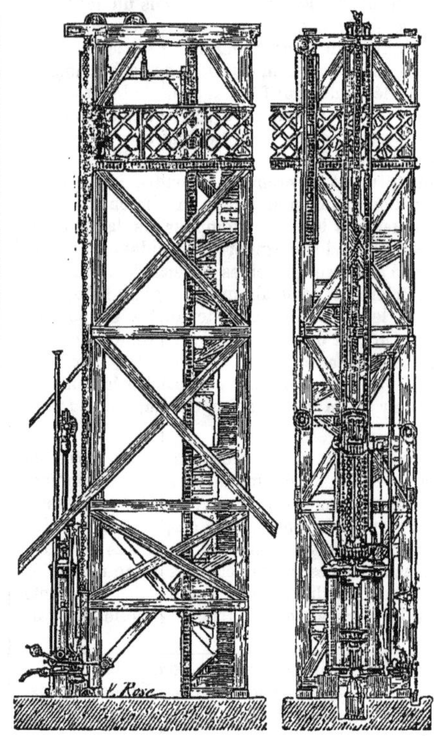

Fig. 296.

vait aspirer verticalement le blé à une hauteur de 17 mètres, a imaginé un appareil composé de deux cylindres verticaux, terminés par des appendices coniques; la partie inférieure de chaque cylindre est munie d'une porte en métal garnie de cuir, destinée à laisser passer le grain quand on veut vider l'appareil. La disposition de ces deux portes est telle que, quand l'une est fermée l'autre se trouve ouverte. Un tuyau télescopique vertical plonge dans la cale du navire et sert d'aspirateur; la partie supérieure de ce tuyau se divise en deux branches qui pénètrent dans les cylindres verticaux, dont il vient d'être question: par des conduites munies de soupapes et placées à la partie supérieure de l'appareil, on fait le vide au moyen d'une pompe aspirante. L'ensemble de ce système s'installe à l'extrémité de la volée d'une grue qui le met juste au-dessus du panneau de charge. On élève ainsi 2 mètres cubes de blé à 9 mètres de hauteur dans l'intervalle de 2 minutes ; une machine de 100 chevaux viderait, en 10 heures, un navire de 1,000 tonneaux. — M. C.

* **MONTE-JUS.** *T. techn.* C'est un appareil destiné à l'élévation des liquides au moyen d'une pression de vapeur, d'air comprimé ou de tout autre gaz. Les premiers monte-jus, ou bouteilles de

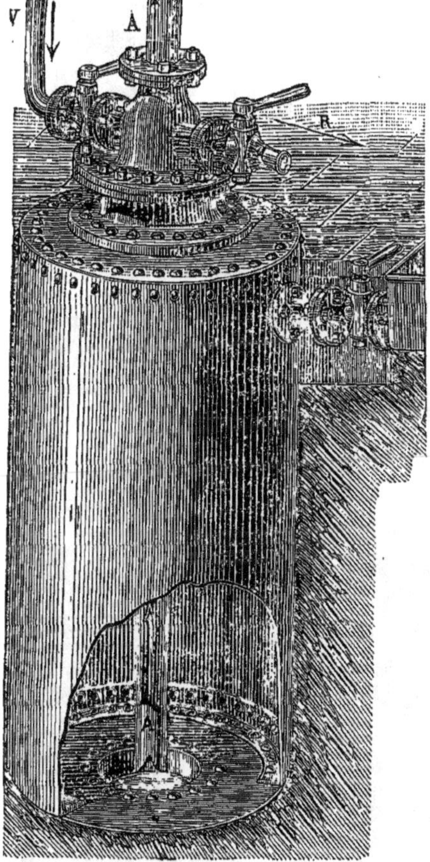

Fig. 297.

pression, ont été employés dans les sucreries indigènes, à l'élévation des jus sucrés sortant des presses hydrauliques pour les refouler dans les appareils de défécation ou d'évaporation. Cet appareil, simple dans sa construction et dans sa manœuvre, peut élever des quantités considérables de liquides, et sa puissance n'a d'autre limite que celle de la compression des gaz employés au refoulement, aussi est-il utilisé maintenant dans toutes les industries et même comme pompe à eau à grand débit, dans des circonstances spéciales.

Un monte-jus se compose toujours d'un vase fermé, construit généralement en tôle, ayant la forme d'un cylindre dont la hauteur serait d'environ deux à trois fois le diamètre. Les deux extrémités du cylindre sont terminées par des fonds légèrement bombés ou par des calottes hémisphériques, de façon à constituer un vase clos, résistant, et muni d'un trou d'homme pouvant donner accès à l'intérieur (fig. 297).

Dans la plupart des cas, ce cylindre se trouve enterré verticalement dans le sol, de façon à pouvoir y introduire, par écoulement naturel, le liquide à élever. Sur le fond supérieur, ou sur le côté du cylindre, on dispose un gros robinet, pour l'introduction du liquide à élever; c'est le *robinet d'entrée.* Ce robinet est relié souvent à une cuvette enterrée au niveau du sol et dans laquelle est versé le liquide à introduire dans le monte-jus. Le fond bombé supérieur reçoit un robinet, dit *robinet de pression,* destiné à l'arrivée de la vapeur ou du gaz, au moyen du tuyau V.

Un second robinet, R débouchant à l'air libre, placé également à la partie supérieure du monte-jus, sert à l'évacuation de la vapeur, après chaque ascension du liquide, ainsi qu'à la sortie de l'air, au moment du remplissage du monte-jus, c'est le *robinet d'air.* Au centre du monte-jus, on dispose un tuyau figuré en AA, ayant un diamètre généralement égal à celui du robinet d'entrée. Ce tuyau, nommé *tuyau d'ascension* ou *plongeur,* est ouvert à ses deux extrémités; il part du fond du monte-jus, traverse, au moyen d'un assemblage à brides, le fond bombé ou calotte supérieure du cylindre et se trouve relié en dehors du monte-jus à la colonne d'ascension du liquide à élever.

Des flèches indiquent dans la figure 297, le sens de la marche de la vapeur ou des gaz et des matières à élever.

Dans un monte-jus bien construit, le robinet de vapeur V, le robinet d'air R et le tuyau d'ascension A se trouvent montés sur une pièce de fonte, en forme de T, la branche verticale recevant le tuyau d'ascension, tandis que les deux branches horizontales reçoivent les deux robinets de vapeur et d'air. Cette pièce nommée *chapeau,* est montée à boulons, sur une collerette, qui se trouve rivée elle-même sur le monte-jus.

L'enlèvement du chapeau permet de pénétrer dans le monte-jus pour le nettoyage, ou pour sa réparation, et fait ainsi fonction de trou d'homme.

Tous les robinets, ainsi que le tuyau d'ascension doivent être à assemblages extérieurs. Le robinet d'entrée doit également être disposé sur une tubulure rivée sur la paroi verticale du monte-jus, de façon à ce que le joint d'assemblage soit extérieur.

L'épaisseur du métal employé à la construction du monte-jus est en raison de sa dimension et de la hauteur à laquelle on veut élever le liquide. Cette épaisseur doit être calculée pour une résistance à la pression dans les mêmes conditions qu'une chaudière à vapeur, et la loi exige que les monte-jus subissent les mêmes épreuves, et reçoivent les mêmes timbres que les appareils à vapeur.

Les monte-jus doivent être munis de soupapes, cependant cet appareil de sûreté n'est pas exigi ble quand les tuyaux d'ascension sont à ouvertures libres. Avant de faire usage d'un monte-jus, tout industriel doit en faire la déclaration à la préfecture de son département; en un mot, les monte-jus sont régis par la loi du 1er mai 1880, dans les mêmes conditions que les appareils à vapeur.

Voici le mode de fonctionnement d'un monte-jus ordinaire : le robinet d'air R et celui d'entrée du liquide étant ouverts, on introduit dans le monte-jus la quantité de liquide à élever. Dès que le monte-jus est rempli, ces deux robinets sont fermés, tandis que l'opérateur ouvre le robinet de pression V. La pression de vapeur, d'air comprimé ou de gaz s'exerce sur la surface du liquide, le refoule dans le tuyau d'ascension AA et le force à s'y élever, pour le distribuer dans les bassins où il doit être réparti.

Le tuyau d'ascension est disposé de façon à ce que le monte-jus puisse se vider entièrement; à cet effet, on ménage souvent, dans le fond inférieur, une petite cuvette destinée à rassembler les dernières traces du liquide, le tuyau plongeur d'ascension doit pénétrer dans cette cuvette et s'arrêter pour laisser entre le bout du tuyau et le fond de la cuvette, une hauteur égale au diamètre du tuyau. Le robinet de pression, placé à la partie supérieure du monte-jus, et destiné à l'arrivée de la vapeur, de l'air comprimé ou de tout autre gaz, devant exercer la pression sur la surface du liquide, doit être disposé de manière que la vapeur n'en sorte pas sous forme de jet droit qui pénétrerait dans la masse du liquide, pourrait condenser la vapeur si le liquide était froid, et, en tous cas, le rejetterait sur les parois du monte-jus, en produisant un brassage inutile ou nuisible. Ce robinet doit être muni, à l'intérieur de l'appareil, d'un tuyau recourbé amenant le jet de vapeur à frapper sur l'intérieur de la calotte supérieure pour amortir le choc et disséminer ou étaler uniformément la pression à la surface du liquide.

La forme de ce tuyau recourbé est indiquée dans la coupe de la figure 298.

Dans le monte-jus à chapeau, la vapeur arrivant par le tuyau V, vient frapper sur le tuyau d'ascension A et s'y étale uniformément.

L'emploi de la vapeur amène toujours un peu de condensation, surtout si les liquides à élever sont froids. Dans certains cas, il y aurait inconvénient à abaisser la densité des liquides ou même à y mélanger l'eau condensée, on remplace donc la vapeur par l'air comprimé, et même, dans certaines industries spéciales, par de l'acide carbonique comprimé, mais ces installations nécessitent l'emploi coûteux de machines à comprimer l'air ou les gaz. Dans le cas où le monte-jus ne peut être enterré dans le sol et où les liquides doivent être pris à un niveau inférieur à celui où se trouve placé l'appareil, on peut le faire fonctionner par aspiration et par refoulement. Il doit alors être muni de robinets d'aspiration et de robinets de refoulement, et le vide est effectué au moyen de la condensation de la vapeur ou par l'aspiration d'une pompe à air ou d'un extracteur à jet de vapeur.

Un monte-jus peut encore fonctionner par simple aspiration, mais sa puissance élévatoire est alors subordonnée à la densité des liquides à élever et ne peut dépasser 8 à 9 mètres pour un liquide de densité égale à celle de l'eau. Dans ce

Fig. 298.

cas, il n'y a nulle condensation de vapeur à craindre, et les liquides peuvent être élevés en conservant toute leur pureté. L'appareil peut être placé verticalement ou horizontalement, il est muni d'un tuyau d'aspiration descendant dans le vase ouvert du liquide à élever, d'un robinet de vidange, d'un niveau indicateur, d'un indicateur de vide et d'un robinet en communication avec une pompe à faire le vide ou avec un appareil le produisant par jet de vapeur.

Le vide peut aussi être produit par la condensation de la vapeur, mais on peut alors redouter un peu d'eau de condensation. Le monte-jus doit avoir son robinet de vidange placé à un niveau un peu supérieur à celui du vase dans lequel le liquide doit être monté.

Les appareils décrits ci-dessus peuvent recevoir toutes les formes imaginables, mais la consommation, et surtout la condensation de la vapeur augmentent en raison de la surface du liquide avec lequel la vapeur est en contact, on a même quelquefois interposé dans le monte-jus, une pièce métallique mobile pour éviter le contact du liquide avec la vapeur.

Les seules conditions indispensables à la construction de ces appareils, sont un vase fermé capable de résister à la pression correspondant à la hauteur du liquide à élever. Ce sont de véritables pompes élévatoires à action directe. Les pulsomètres qui sont maintenant si répandus dans toutes les applications industrielles ne sont que des monte-jus automatiques et perfectionnés.

Voici comment on peut utiliser un monte-jus fonctionnant comme pompe à eau à grand débit. Il a été fait, en 1869, pour la première fois, une installation dans une fabrique d'acide sulfurique, où il n'existait aucun moteur. C'est l'idée première du *pulsomètre* simple. De nombreuses applications en ont été faites depuis cette époque. Ce monte-jus, construit en tôle, a la forme d'un cylindre de $1^m,20$ de diamètre sur $2^m,30$ de hauteur; son cube utile est de 2,000 litres; il est placé verticalement sur le sol. Au fond, sur le côté du cylindre, se trouve disposée une soupape S de 10 centimètres de passage, munie d'un boulet de caoutchouc et reliée à un tuyau plongeur T de même dimension, descendant dans un puits de 6 mètres de profondeur (fig. 298).

Dans ce monte-jus, un tuyau plongeur A part du fond de l'appareil, en traverse la paroi supérieure, et se trouve relié à un tuyau d'ascension de 12 mètres de hauteur, conduisant l'eau dans un réservoir. A la sortie, un gros robinet intercepte à volonté le passage de ce tuyau A et sur une même pièce boulonnée au monte-jus et maintenant ce tuyau rigide, est fixé un robinet d'introduction de vapeur V et un robinet d'introduction d'eau C pour condenser la vapeur. La partie essentielle de cette véritable pompe élévatoire, et ce qui en a assuré la marche industrielle, consiste dans un petit réservoir d'eau froide renfermant les trois robinets VAC ci-dessus, de façon à éviter toutes pertes de vide par suite de l'usure des robinets ou par les joints, s'il y a fuite; c'est de l'eau seule qui pénètre dans l'appareil et accélère la condensation en conservant le vide.

Sa mise en marche est des plus simples. La vapeur, introduite une première fois, chasse l'air renfermé dans le monte-jus. Dès qu'elle a commencé à sortir au sommet du tuyau A, on ferme le gros robinet du tuyau d'ascension et l'on arrête l'arrivée de la vapeur. Quelques gouttes d'eau froide, introduites par l'ouverture du robinet d'eau C placé dans le petit réservoir surmontant le monte-jus, amènent rapidement la condensation de la vapeur et la formation du vide. La soupape S du tuyau d'aspiration T se soulève alors et l'eau du puits remplit l'appareil en quelques minutes, accélérant d'elle-même la condensation et la formation du vide.

Lorsqu'il est rempli d'eau, la soupape S s'abaisse d'elle-même, puis en ouvrant le gros robinet du tuyau d'ascension A et laissant accès à la vapeur par l'ouverture du robinet V, la pression refoule l'eau dans le tuyau A pour l'amener au réservoir. Dès que la vapeur apparaît, on ferme les deux robinets d'ascension et de vapeur, celle-ci se condense à nouveau pour faire le vide dans le monte-jus, et ainsi de suite. Cet appareil élève 2,000 litres d'eau à 20 mètres de hauteur, chaque 8 minutes, avec une très faible consommation de vapeur, puisqu'en moyenne l'eau n'a acquis qu'une augmentation de 2 à 3° dans sa température.

Il suffirait de combiner les robinets du tuyau d'ascension et de vapeur à des soupapes automotrices pour constituer un pulsomètre à simple effet.

Cet appareil constitue la pompe élévatoire la plus simple, et la plus économique. Il est soumis aux mêmes conditions d'épreuve et de timbre que les appareils à vapeur. — L. D.

***MONTE-SAC.** Machine employée dans toutes les industries où l'on manie des matières mises en sac, telles que meunerie, sucrerie, distillerie, brasserie, magasins généraux, entrepôts, chargements de navires, etc. Les monte-sacs se composent en principe d'un treuil sur lequel s'enroule une corde passant sur des poulies. A l'extrémité de la corde s'attache le sac. Un manœuvre se trouve placé à la réception du sac, et lorsque celui-ci est arrivé à son niveau, il débraye le treuil. L'embrayage et le débrayage se font au moyen d'un rouleau de tension qui agit sur la courroie de commande du treuil. Lorsque le sac doit monter, le manœuvre tire sur une corde qui appuie le rouleau de tension; pour l'arrêt ou la la descente, il lâche la corde qui abandonne le rouleau. A la place du rouleau de tension, on emploie, dans les grandes usines, une autre disposition ; l'entraînement du treuil a lieu par une roue à friction, il suffit de lever légèrement le tambour du treuil pour qu'il soit entraîné; abaissé, il frotte contre un sabot fixe de frein. Lorsque la hauteur d'élévation est constante, le débrayage peut être automatique. Le monte-sac anglais, à frein, se fixe sur des poutres au-dessus des sacs à élever; une corde sans fin tirée du sol ou d'un étage supérieur entraîne un volant qui porte une noix sur laquelle s'enroule une chaîne calibrée à deux crochets. Ce monte-sac est à frein automatique; il peut être à descente rapide. Dans certaines installations agricoles, les sacs sont placés sur une plate-forme, et la corde ou la chaîne, par des poulies de renvoi, vient s'attacher à un palonnier; un cheval en tirant sur le sol en ligne droite élève les fardeaux. Dans les systèmes précédents, les sacs se fixent au crochet par une corde double les prenant au milieu. On emploie avec avantage des pinces lève-sacs spéciales qui ne coupent pas les sacs; elles ressemblent assez à des tenailles dont les mordaches sont arrondies, les deux branches sont reliées à un anneau; lorsque la pince est tirée, la serrage se fait automatiquement. Enfin, on emploie des monte-sacs continus verticaux ou obliques formés d'une chaîne sans fin garnie de plateaux sur lesquels on dépose les sacs. — M. R.

***MONTE-PLAT.** Appareil de montage qui facilite le service de la salle à manger lorsque celle-ci est située au-dessus de la cuisine.

MONTER. *T. techn.* Assembler, unir les différentes parties d'une chose; enchâsser une pierre; aviver la couleur d'une étoffe en la teignant; tendre et disposer sur un métier les choses nécessaires pour le mettre en état de travailler. || *Monter une estampe*, la mettre dans un cadre. || *Monter une perruque*, disposer les cheveux dans le sens qu'ils doivent avoir. || *Monter ou dresser une casse*, la mettre dans la position qu'elle doit avoir lorsque le compositeur y travaille.

MONTEUR, EUSE. *T. de mét.* Ouvrier, ouvrière qui assemble et dispose les diverses parties d'un objet.

***MONTGOLFIER** (Les frères), ingénieurs et physiciens français, inventeurs des aérostats. Quoique avant eux de nombreux savants et publicistes aient indiqué nettement la possibilité et proposé même des moyens plus ou moins pratiques de s'élever dans les airs, ce sont les frères Montgolfier qui ont, les premiers, réussi à faire enlever un ballon et, à ce titre, ils doivent être certainement considérés comme les premiers inventeurs de la navigation aérienne. Ils appartenaient à une famille d'industriels célèbres qui, depuis 1572, exploitaient une grande manufacture de papiers à Annonay (Ardèche). Leur père avait neuf fils qui, tous, ont montré du goût pour les sciences et se sont distingués dans l'industrie; mais deux seulement sont restés célèbres, ce sont : *Joseph-Michel* et *Jacques-Etienne.* Quoiqu'ils aient toujours travaillé en commun à leurs recherches scientifiques, ce fut l'aîné, Joseph-Michel, qui eut le premier l'idée de gonfler un ballon avec de l'air chaud, et c'est à lui que doit revenir le principal mérite de l'invention; mais il était d'un caractère modeste et tranquille, et laissa volontiers son frère entreprendre les voyages et les démarches nécessaires pour faire connaître leur découverte; voilà pourquoi Jacques-Etienne, sans aucune mauvaise intention, recueillit le premier les honneurs et les récompenses que l'Académie et le public émerveillés se plurent à lui accorder, car aucune invention n'excita jamais un enthousiasme pareil. L'amitié des deux frères n'en fut, du reste, nullement altérée.

Joseph-Michel naquit à Vidalon-les-Annonay (Ardèche), le 26 août 1740; il mourut d'apoplexie, à Bolaruc, le 26 juin 1810. Après d'assez mauvaises études au collège d'Annonay, il rentra à la maison paternelle pour aider son père dans la direction de sa manufacture de papiers. Il avait l'esprit constamment préoccupé d'inventions et de perfectionnements nouveaux qu'il voulait appliquer avant que l'expérience eût prononcé. La plupart de ces perfectionnements avaient une valeur très réelle et le nom de Montgolfier figure honorablement dans l'histoire de l'industrie du papier. Mais son père, en industriel prudent, entrait rarement dans les vues du jeune homme, et celui-ci, fatigué de luttes continuelles, et voulant jouir d'une plus grande liberté, quitta la manufacture d'Annonay pour aller fonder, dans le département de l'Isère, celle de Voiron, en société avec son frère *Jacques-Etienne.* Cette entreprise réussit d'abord assez mal, ce qui s'explique suffisamment par le caractère de Montgolfier. Il était trop aventureux dans la mise en pratique des innovations que lui suggérait son esprit inventif, et tellement timide avec les hommes, tellement peu entendu aux affaires commerciales, qu'un débiteur de mauvaise foi parvint à le faire emprisonner à sa place.

Il se maria, en 1770, et dès lors, grâce à l'activité et à l'intelligence de sa femme, l'ordre se rétablit dans sa maison. Débarrassé des préoccupations commerciales peu conformes à son caractère et pour lesquelles il se reposait entièrement sur sa femme et son frère, il reprit le cours de ses recherches scientifiques; c'est lui qui imagina les planches d'impression stéréotypées dont les Didot ne firent usage que bien plus tard, pour l'impression des tables de logarithmes de Callet. Mais c'étaient surtout l'hydraulique et la navigation aérienne qui faisaient le principal objet de ses méditations. D'après une anecdote que nous avons rapportée à l'article Aérostation, ce serait une circonstance fortuite qui l'aurait mis sur la voie de la solution du problème. Il aurait vu un jupon, ou une chemise, chauffé à la flamme d'un foyer, s'élever entraîné par le courant d'air chaud et aurait tiré, de cette observation, l'idée de remplir des ballons de papier ou d'étoffe avec les gaz chauds qui s'échappent d'un foyer de combustion. Quoi qu'il en soit, c'est à Avignon qu'il fit sa première expérience sur un parallélipipède de papier. La première expérience publique eut lieu à Annonay en présence des Etats du Vivarais qui s'assemblaient alors dans cette ville. C'était le 5 juin 1783; les frères Montgolfier avaient construit un globe de toile doublé de papier, de 110 pieds de circonférence et d'une capacité de 22,000 pieds cubes. Le globe, ouvert à la partie inférieure, fut placé au-dessus d'un foyer où l'on brûlait de la paille hachée avec de la laine. Il s'éleva à la hauteur de 1,000 toises environ et retomba plus tard si légèrement qu'il effleura à peine les échalas d'une vigne sur laquelle il vint se poser. L'atmosphère était calme, le vent soufflait du midi, et il pleuvait.

Le procès-verbal de cette expérience, rédigé par les Etats du Vivarais, fut envoyé à l'Académie des sciences qui nomma une commission; un enthousiasme indescriptible se répandit dans tout le royaume et chacun voulut répéter l'expérience des Montgolfier, et faire enlever des *montgolfières*, c'était le nom qu'on avait d'abord donné aux ballons; pourtant le procès-verbal était resté muet sur l'*espèce de gaz employé à gonfler le ballon.* Nous avons dit que c'était simplement de l'air chaud. C'est alors que, le 27 août 1783, le physicien Charles et les frères Robert construisirent un ballon de 943 pieds cubes qu'ils gonflèrent avec de l'hydrogène, gaz découvert seulement depuis six ans.

Cependant, le roi et la reine partageant l'admiration générale, voulurent être témoins d'une ascension. Ce fut Jacques-Etienne qui répondit à cette royale invitation. Il se rendit d'abord à Paris pour expliquer à l'Académie des sciences les procédés de son frère. L'Académie jugea que la découverte était « complète quant à ses effets »; elle admit, à l'unanimité, les deux frères parmi ses correspondants, et leur accorda un prix de 600 livres qui avait été fondé pour l'encouragement des sciences et des arts. Enfin, Etienne arriva à Versailles, où il fit enlever, dans le parc du château, en présence de toute la cour, une magnifique montgolfière de 57 pieds de hauteur sur 41 de diamètre. Elle était richement décorée et portait, sur des écussons dorés, les armes du roi et de la reine. A la partie inférieure, on avait suspendu une cage où furent placés un mouton, un coq et un canard. L'aérostat s'éleva à la hauteur de 280 toises environ et alla tomber dans le bois de Vaucresson. Les animaux paraissaient n'avoir nullement souffert, et le mouton continuait à manger tranquillement l'herbe qu'on avait placée dans sa cage. Cette expérience eut un grand retentissement et elle valut le cordon de Saint-Michel à Etienne et des lettres de noblesse à son père, à Joseph une pension et 40,000 livres comptant pour continuer ses expériences. Elle montra, en même temps, la possibilité de voyager, sans danger, dans la nacelle d'un ballon. Les premiers qui s'aventurèrent furent Pilâtre des Roziers et le marquis d'Arlandes : leur ballon était gonflé de gaz hydrogène. Ils s'élevèrent dans les jardins de la Muette, à Passy, le 21 octobre 1783, et vinrent descendre près du moulin de Croulebarbe, à Montrouge. La même année, un monument commémoratif de la découverte fut placé à Annonay aux frais des Etats du Languedoc. Enfin, Joseph Montgolfier se décida à effectuer lui-même un voyage aérien. Il s'éleva à Lyon en compagnie de Pilâtre des Roziers, dans une montgolfière de 126 pieds de hauteur sur 102 de diamètre.

On sait qu'on réserve le nom de *montgolfières* aux ballons gonflés avec de l'air chaud, presque complètement abandonnés aujourd'hui. A part l'emploi du gaz d'éclairage inconnu au siècle dernier, presque tous les perfectionnements des aérostats ont été imaginés par le physicien Charles (V. Aérostation), puis l'aéronautique est restée stationnaire jusque dans ces dernières années où les belles expériences des capitaines Renard et Krebs, postérieures à la rédaction de notre article Aérostation, ont enfin démontré la possibilité de diriger les aérostats en suivant les principes posés depuis longtemps déjà par Meusnier, Dupuy de Lôme, Giffard, etc. — V. Navigation aérienne.

Après divers essais infructueux pour arriver à la direction des aérostats, Joseph Montgolfier revint à ses études d'hydraulique. Il inventa le *bélier hydraulique* (V. ce mot) qui attira vivement l'attention et fut récompensé par l'Académie des sciences comme « se plaçant au premier rang des inventions utiles dont s'était enrichi la mécanique depuis 12 ans ». Ruiné par la Révolution, il fu appelé au bureau des arts et manufactures, nommé administrateur du Conservatoire des arts et métiers, membre de l'Institut (1807) et chevalier de la Légion d'honneur. Il prit une part active à la fondation de la Société d'Encouragement pour l'Industrie nationale.

Il a laissé quelques écrits : *Discours sur l'aérostat*, 1784, in-8°; *Mémoire sur la machine aérostatique*, 1784, avec son frère Etienne; *Ballon aérostatique* avec le même, 1784, in-8°; les *Voyageurs aériens*, 1784, in-8°; *Note sur le bélier hydraulique*, 1804, in-4°, et divers Mémoires insérés dans le *Journal des mines* et le *Journal de l'Ecole polytechnique.*

Jacques-Etienne Montgolfier est né à Vidalon, en 1745, et mort à Serrières, en 1799. Il s'occupa d'abord de mathématiques et d'architecture sous la direction de Soufflot, puis il revint à la manufacture de son père qu'il quitta bientôt pour s'associer avec son frère. Il se fit connaître par l'invention du papier *grand monde* et du papier *vélin.*

Nous avons dit quelle part il prit à la découverte des aérostats et aux expériences destinées à la faire connaître; mais nous n'avons vu nulle part qu'il ait effectué lui-même aucune ascension. La manufacture de papier d'Annonay, à peu près ruinée pendant la Révolution, s'est relevée ensuite. Elle existe encore et est dirigée par les frères Montgolfier, petits-neveux des inventeurs des ballons.

MONTGOLFIÈRE. *T. de phys.* Aérostat qui s'élève au moyen de la raréfaction de l'air que contient l'enveloppe, et qu'on obtient au moyen d'un foyer de chaleur placé en dessous. — V. Aérostation.

MONTRE. Petite horloge, d'or, d'argent ou de métal, qui se porte ordinairement dans une poche destinée à cet usage. Les montres dites à *répétition*, sont celles qui répètent à volonté les heures, les demies et les quarts. Quant aux chronomètres ou montres marines, nous renvoyons le lecteur à l'article spécial qui leur est consacré. — V. Chronomètre.

Historique. C'est vers la fin du xve siècle que furent inventées les premières *horloges de poche* ou montres, merveilleuses petites machines dont Blois, Florence et Nuremberg se disputent l'invention.

Dans les premières années du xvie siècle, ces montres tant admirées n'étaient guère plus grosses que le poing. Elles marquaient les heures, même les minutes. On ne tarda pas, il est vrai, à exécuter en petit des horloges. Pancirolli assure que, du temps de François Ier, on fabriquait de telles horloges de la grosseur d'une amande, que l'on portait au col ou à la ceinture, comme on avait coutume de le faire en Italie. Un horloger du nom de

Myrmécide se distingua à cette époque; il était établi à Paris, et excellait dans ce genre de petites montres. La mode des montres ne tarda pas à se généraliser, comme

Fig. 299. — *Montre ronde de la fin du XVII° siècle, dont le mouvement est signé Senebier.*

le prouve la boutade du célèbre helléniste Isaac Casaubon : « Aujourd'hui, dit-il dans une lettre datée de 1709, les horloges sont de formes extrêmement variées et de la plus grande élégance. Ce sont des objets de luxe et non d'utilité. Les femmes mêmes des prolétaires en portent suspendues à leur ceinture, tant les mœurs publiques sont corrompues, ou plutôt tant il n'y a plus de mœurs (fig. 299). »

Fig. 300. — *Bague dans le chaton de laquelle est une montre dont le cadran n'a pas plus de 8 millimèt. de diamètre.*

Quoique on ait bien ri de ces grosses montres pendant aux côtés de nos pères, il n'en est pas moins vrai qu'on en savait déjà faire à sonnerie et si petites qu'on pouvait les enchâsser dans une bague. En 1542, une montre à sonnerie, contenue dans le chaton d'une bague, fut offerte au duc d'Urbin Gui d'Ubaldo della Rovere; et Robert Arnaud, dans ses Mémoires, donne la description d'une montre également montée dans une bague, qui appartenait à la princesse Anne de Danemark, épouse de Jacques Ier, roi d'Angleterre. « Dans un cristal de grosseur ordinaire, au lieu de la pierre on voyoit une montre avec toutes ses roues, sonnant les heures non pas à la vérité sur un timbre, mais sur le doigt que le marteau frappait doucement par de légères piqûres (fig. 300 et 301). »

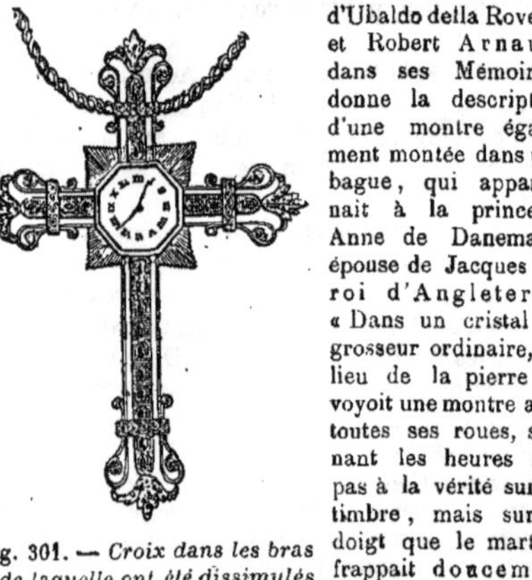

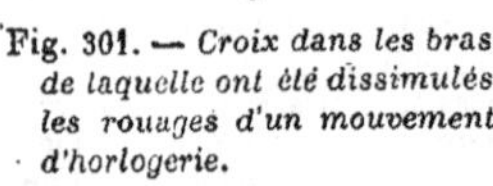

Fig. 301. — *Croix dans les bras de laquelle ont été dissimulés les rouages d'un mouvement d'horlogerie.*

Les horlogers parvinrent dès lors à loger dans le boîtier de quelques montres du plus grand prix, non seulement une excellente sonnerie, mais toute une musique. Une lettre de Henri de Justel à Robert Southwell, datée du 11 décembre 1684, parle d'une montre destinée à Louis XIV, « et qui joue à chaque heure un air d'opéra des concerts de Mlle de Guise. » En 1770, Rasonnet, de Nancy, avait aussi fabriqué une montre qui jouait « un air en duo. » Le *Dictionnaire* de Furetière, au mot « montre », nous apprend que de son temps, en plein XVIIe siècle, il n'était pas rare de voir des montres à trois, à quatre mouvements, des montres ingénieuses appelées *montres d'ivrognes*, parce qu'on pouvait, à volonté, les remonter à droite et à gauche, indifféremment. Enfin, le *Dictionnaire des arts*, par Corneille, cite des montres qui allaient huit ou quinze jours. Ajoutons qu'Arnold fit, en 1764, pour Georges III, une montre pas plus grande qu'une pièce de 20 centimes et qui, avec ses cent vingt pièces, ne pesait que 11 grammes! Le cylindre était en rubis.

A l'époque brillante de la Renaissance, le métier d'horloger était, comme tous les autres, doublé d'un art élégant, qui rehaussait par la délicatesse de l'enveloppe le travail et le mécanisme de la chose enveloppée. Sous Charles IX, le boîtier des montres était le plus souvent en cristal de roche habilement travaillé qui laissait voir, à travers la transparence de ses ciselures, la merveille qu'il recouvrait. Lady Fellows possède dans sa collection, peut-être unique, de montres du XVIIe siècle, une montre dont le boîtier est aussi de cristal. Elle est de Jean Rousseau, d'Orléans, chef d'une nombreuse dynastie horlogère qui fit à l'horlogerie orléanaise une réputation presque égale à celle de l'orfèvrerie de Blois, sa voisine.

D'autres fois, comme aujourd'hui, le boîtier était en or ou en cuivre ciselé et doré, mais d'une forme toujours ingénieuse et façonnée d'après celle que le mécanisme du mouvement, encore volumineux, avait dû prendre. Telles sont les montres pectorales et cruciformes, connues, en France, sous le nom de *montres d'abbesse*, dont on voit plusieurs beaux spécimens à la Société des antiquaires de Londres. L'une d'elles est de 1560, par Finelly, d'Aix. M. Casati, le savant archéologue, possède une montre d'un genre particulier qu'il a trouvée à Venise, et qui n'a d'analogue dans aucun musée. Elle figure un petit missel; les deux plats, en métal doré, sont gravés au trait et représentent d'un côté le Christ en croix avec les saintes femmes à ses pieds, de l'autre le Christ au jardin des Oliviers. En ouvrant le missel, on aperçoit un cadran marquant vingt-quatre heures. Le travail semble d'origine allemande et de la fin du XVIe siècle ou du commencement du XVIIe siècle. Un petit anneau, fixé dans le milieu de la tranche supérieure, indique que l'objet devait se porter à la manière des breloques; la nature des objets gravés sur les plats permet de conjecturer que la montre a pu être fabriquée pour une personne pieuse ou appartenant à la hiérarchie ecclésiastique.

Le prince Soltykoff, dans la collection spéciale qu'il avait formée et qui est restée célèbre, possédait, signé Jolly, de Paris, un boîtier de montre ayant la forme d'une tulipe; un autre de Rugend, horloger d'Auch, avait une forme pareille . fermée, c'était la tulipe en bouton; ouverte, la fleur épanouie.

Mais, vers le milieu du XVIe siècle, les idées riantes firent place à des idées funèbres, et la plupart des montres françaises affectèrent la forme d'un crâne ou d'un cercueil. La mode en commença, dit-on, à la cour de Henri II, dont les courtisans crurent, en adoptant ces montres lugubres, être agréables à Diane de Poitiers, alors récemment veuve de son mari, Louis de Brézé. Moyse, horloger de Blois, ville qui la première fut réputée pour ses montres, où l'on croit même qu'elles furent inventées, en avait fait une de ce genre pour Marie Stuart. Cette montre bizarre, que la célèbre reine d'Écosse légua à sa femme de chambre Mary Setoun, appartient aujourd'hui à sir John Dick Lauden, près d'Edimbourg. Il existe, en Ecosse, une montre octogone, œuvre de Forfaict, de Paris, donnée également par Marie Stuart à son terrible et fanatique adversaire John Knox. Une autre montre de l'infortunée reine était, il y a quelques années, entre les mains d'un ministre écossais; elle porte le nom de Hubert, de Rouen, et n'a qu'un pouce de diamètre.

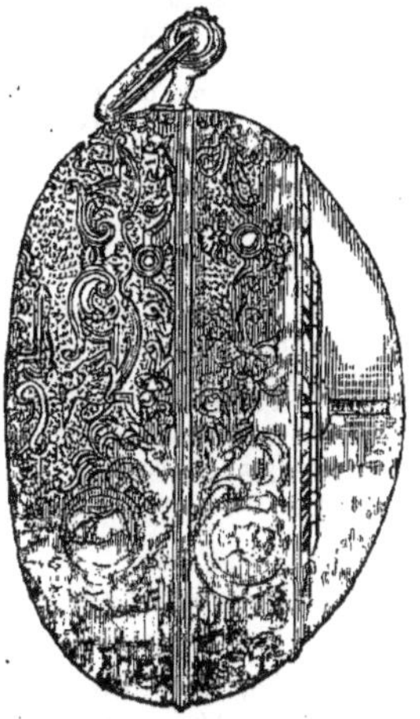

Fig. 302. *Montre du XVIIe siècle.*

Citons encore, parmi les horlogers français, Gribelin, de Blois, dont M. Wilbraham exposa, en 1852, une montre datée de 1600, qui marquait le mouvement des astres et portait un almanach perpétuel sur son cadran. Le South Kensington Museum possède également plusieurs montres de Pierre Combret, de Lyon : l'une, entre autres, donnée par la comtesse d'Arundel à son fils William Howard, de forme ovale, contient un réveille-matin et un calendrier romain, indiquant les jours de la semaine, le quantième du mois, les phases de la lune, les signes du zodiaque.

C'est à des artistes français qu'est due l'application des émaux opaques aux boîtes de montres. Le procédé consiste à employer des couleurs qui se fondent à la

Fig. 303. — *Montre en argent ciselé, du XVIIIe siècle.*

flamme et cependant conservent leur éclat. L'inventeur fut Jean Toutin, de Blois (1630). On a de lui et de son frère des montres d'un travail exquis, une, entre autres, représentant sur émail des *Nymphes au bain*, et une autre des épisodes de *Roland furieux*. On sait d'ailleurs que les Toutin furent bientôt imités par leur compatriote Vauquer et par Morlière d'Orléans, lesquels appliquèrent également avec succès les émaux opaques aux boîtiers des montres.

Sous le règne de Henri IV, les montres devinrent volumineuses, et on les portait sur la poitrine, suspendues au cou (fig. 302). Beaucoup de ces montres avaient une sonnerie. Néanmoins les montres sonnantes étaient assez rares. L'invention anglaise des montres à répétition par Daniel Quare, remonte à 1676; mais c'est l'horloger français Thiout qui fit au XVIIIe siècle sonner les montres à volonté en poussant un bouton de la boîte (fig. 303 et 304).

Fig. 304. — *Montre avec trophées du XVIIIe siècle, à boîte ronde en argent gravé; elle provient de la prise d'Alger et se trouve au Musée du Louvre.*

Fontenelle, dans son *Éloge du Père Sébastien*, raconte que Charles II avait fait présent de deux montres à répétition à Louis XIV. « Ces montres, les premières qu'on ait vues en France, ne pouvaient s'ouvrir que par un secret, précaution des ouvriers anglais pour cacher la nouvelle construction et s'en assurer d'autant plus la gloire et le profit; les montres se dérangèrent, et furent remises entre les mains de M. Martineau, horloger du roi, qui n'y put travailler faute de les savoir ouvrir : il dit à M. Colbert, et c'est un trait de courage digne d'être remarqué, qu'il ne connaissait qu'un jeune carme capable d'ouvrir les montres; que, s'il n'y réussissait pas, il fallait se résoudre à les envoyer en Angleterre; M. Colbert consentit qu'il les donnât au P. Sébastien, qui les ouvrit assez promptement, et de plus les raccommoda, sans savoir qu'elles étaient au roi, ni combien était important par ces circonstances l'ouvrage dont on l'avait chargé. »

Fig. 305. — *Œuf de Nuremberg, marchant encore au moyen d'un boyau, et dont l'invention est due à Peter Hele, vers 1500.*

Les derniers horlogers français célèbres sont Julien et Pierre Le Roy, horloger de Louis XV; Lépine, Berthoud et Bréguet. Ce dernier avait acquis, au commencement de ce siècle, une réputation européenne bien justifiée par la perfection de ses œuvres Alexandre Ier lui acheta plusieurs montres, et lord Wellington donna 8,000 francs d'une de ses montres à répétition. Le duc et la duchesse de Berry et plusieurs lords anglais étaient au nombre des clients de Bréguet, qui fit une grande fortune (V. Bréguet). Il payait ses ouvriers 30 francs par jour et jamais moins de 20. La montre qu'il avait faite pour Napoléon Ier était construite de telle façon qu'elle se remontait d'elle-même au moyen d'un levier qui, à chaque pas qu'il faisait, s'élevait et retombait. C'est sur le même principe qu'est construit le *pédomètre*. — V. ce mot.

L'*Almanach Gotha*, de 1776, rapporte que les premières montres furent faites à Nuremberg, en 1500, par Pierre Hele, et qu'elles reçurent d'abord le nom d'*œufs de Nuremberg* à cause de leur monture gravée et ciselée en forme d'œuf, comme semblent le témoigner plusieurs spécimens de la Gruene-Gevœlbe, à Dresde (fig. 305). Il est temps de rectifier cette erreur, encore accréditée de nos jours. « On a cru, dit M. Pierre Dubois, l'historien français de l'horlogerie, que les montres proprement dites étaient originaires d'Allemagne, de Nuremberg. Rien absolument ne justifie cette croyance générale. Les montres d'un petit volume sont nées en France, elles s'y sont perfectionnées plus que partout ailleurs. Sans doute on a fait des montres à Nuremberg et dans d'autres parties de l'Allemagne, dès le temps de Charles-Quint, mais le nombre en est très restreint : j'en ai acquis la certitude en visitant les collections publiques et particulières de l'Europe, notamment celles de l'Autriche et de la Russie, dans lesquelles on trouve une grande quantité de montres françaises de toutes formes, simples ou compliquées, et fort peu de montres autrichiennes et prussiennes. Donc, les *œufs de Nuremberg* n'existent pas; mais les œufs de France, soit de Paris, de Dijon, de Blois, de Sedan, de Rouen, de Lyon, ne sont pas rares, en supposant qu'on puisse donner le nom d'*œufs* à des montres d'un ovale allongé, mais presque plates des deux côtés. Le cas est différent quand il s'agit d'horloges. Celles-ci sont bien originaires de l'Allemagne, et il s'en est fabriqué dans ce pays, depuis le XVe siècle jusqu'au XVIe inclusivement, une quantité considérable. Les artistes français n'en ont établi relativement qu'un petit nombre, mais elles sont plus gracieuses et plus coquettes en général que celles des Allemands. » — S. B.

Les premières montres qui parurent en Europe étaient pourvues uniquement d'un échappement à palettes, portant sur son axe une barre méplate, ou un balancier annulaire, alternativement poussé à droite et à gauche. Elles se réglaient fort mal et ne pouvaient guère donner l'heure qu'avec des écarts de un quart à une heure par jour. L'adjonction du spiral (ressort réglant) au balancier, en 1675, augmenta beaucoup leur régularité. Les écarts restaient de quelques minutes en vingt-quatre heures. L'invention de l'*échappement à cylindre* (V. HORLOGERIE), en 1720, et celle postérieure de l'*échappement à ancre*, furent des perfectionnements importants. Avec une montre à ancre, de qualité supérieure, on peut avoir aujourd'hui l'heure à deux minutes près par mois. C'est un excellent résultat et qui donne satisfaction à tous les besoins de la vie civile.

A l'origine, le même ouvrier fabriquait le mécanisme et le boîtier, et même ciselait et gravait ce dernier. L'établissement d'une montre exigeait un temps considérable. Les nobles et les prélats pouvaient seuls se donner le luxe de ce bijou qui n'était pas encore un objet d'utilité. Les orfèvres et les horlogers ayant été réunis dans une même corporation, le travail se divisa, et la montre commença à se répandre dans la classe moyenne.

Dans les fabriques suisses, ce travail se subdivisa encore; le campagnard, inoccupé pendant les longues soirées d'hiver, apprit à faire quelques pièces isolées des mécanismes, et il les apportait au marché avec les produits de ses champs. Ces pièces étaient achetées par des fabricants qui les assemblaient, en formaient un mouvement de montre, et l'ajustaient dans un boîtier exécuté par des ouvriers spécialistes, dits *monteurs de boîtes*.

Mais ce mode de production fut bientôt trouvé trop lent au gré de l'industrie moderne; alors se créèrent d'immenses usines, où même les pièces délicates sont faites par des machines. Le plus vaste établissement de ce genre est celui de Waltham, en Amérique; tous les ateliers mis bout à bout, feraient, dit-on, un ruban de 6 kilomètres de longueur! Jadis un horloger avec un atelier d'ouvriers faisait quelques douzaines de montres en un an, aujourd'hui les ateliers de Waltham avec un nombre d'ouvriers relativement très restreint, en fabriquent, au dire des Américains, *1,000 par jour!*

L'emploi des machines dans l'industrie horlogère, en confinant les ouvriers (le plus grand nombre) dans un travail restreint et toujours le même, a fait diminuer le nombre des ouvriers-artistes, aptes à exécuter toutes les pièces, même les plus délicates, d'une montre, mais il a favorisé les spécialistes dont quelques-uns ont acquis une dextérité remarquable.

Aucune profession manuelle ne présente des chefs-d'œuvre d'adresse comparables à ceux des horlogers.

C'est par millions que se font, de nos jours, les montres appelées improprement *en métal*, parce que leurs boîtiers sont formés par des alliages qui imitent l'or et l'argent sans que ces deux métaux entrent dans leur composition.

Au mot HORLOGERIE sont indiqués les différents pays où se font les montres modernes, et le même article donne le dessin du *mouvement* (mécanisme) de ces montres. En outre, il fait connaître leur classification en *montres à cylindre*, *à ancre*, *à remontoir par le pendant*, *à répétition*, *à secondes*, etc., nous y renvoyons le lecteur.

Il donne également une statistique générale de l'horlogerie. La production annuelle des montres est estimée à à plus de 4 millions; environ, 500,000 en France, 250,000 en Angleterre, 7 à 800,000 aux Etats-Unis, et le reste en Suisse. — C. S.

Bibliographie : Pierre DUBOIS : *Collection archéologique du prince Soltykoff* (Horlogerie), *Notice; Les merveilles de l'horlogerie*, dans la *Revue britannique* de juillet 1867; Jules LABARTE : *Introduction au Catalogue Debruge-Duménil*; J. WOOD : *Curiosities of clocks and Watches from the earliest times*, London, 1866.

MONTURE. *T. techn.* Garniture d'un objet en matière quelconque, dans laquelle on enchâsse un autre objet d'une matière différente et ordinairement plus précieuse. || Objet accessoire qui sert à manœuvrer l'objet auquel il est adapté.

MONUMENTS FUNÉRAIRES. Depuis l'antiquité la plus reculée jusqu'à nos jours, on peut distinguer trois catégories bien distinctes dans les usages relatifs aux sépultures. On déposa d'abord les corps dans des tombes taillées au flanc des montagnes et décorées intérieurement avec plus ou moins de soin; selon la religion des différents peuples, selon ce qu'ils avaient à craindre des invasions extérieures, ces tombes sont soigneusement cachées à tous les regards ou, au contraire, s'annoncent par une entrée monumentale. Les peuples qui ont ainsi réuni les sépultures dans un même lieu souterrain sont nombreux dans l'antiquité; ce sont les Egyptiens, les Grecs, les Perses, les Lydiens, les Phéniciens, les Etrusques, les Juifs. Les chrétiens de l'Italie, après une interruption de plusieurs siècles, reprirent cet usage en déposant dans les catacombes de Rome, de Naples, de Syracuse, etc., le corps de leurs martyrs.

Mais ces sépultures intérieures sont une exception; les tombes romaines étaient toujours en dehors de l'enceinte de la ville. La voie Appienne était bordée de magnifiques monuments funéraires, dont le plus célèbre est celui de Cecilia Metella, dont on avait fait au moyen âge une citadelle bien connue des malheureux qui s'aventuraient dans la campagne romaine.

En Europe, c'en est fait dès le moyen âge des édifices élevés sur des sépultures. Celles-ci sont établies à l'intérieur des villes, à l'intérieur même des églises lorsqu'il s'agit de hauts personnages; il a donc fallu se contenter d'une simple dalle recouvrant un caveau, et portant une inscription, souvent avec une figure gravée au trait qui reproduisait les principaux attributs du défunt. Les évêques ont la mitre, la crosse et l'anneau, les abbés la crosse et le froc, les chevaliers la cotte de mailles, les éperons et l'écu armorié; ce n'est que tard qu'on peut voir des portraits dans ces figures gravées. La statue couchée qui orne le tombeau de Philippe III paraît pour la première fois offrir autre chose que des traits conventionnels; or cette tombe nous reporte à la fin du XIIIe siècle, à la belle époque de l'art ogival.

Peu à peu, on remplaça les figures gravées au trait par des bas-reliefs, même des hauts-reliefs, et c'est ainsi que nous sommes conduits aux monuments funéraires de la troisième catégorie, où le cercueil est caché à tous les regards, et où des sculptures représentant soit les personnages défunts, soit des allégories, forment un monument véritablement artistique dans ses proportions restreintes. C'est encore la forme la plus fréquemment employée aujourd'hui pour les sépultures importantes.

La dalle sculptée en haut-relief que nous venons de voir dans les églises du XIIe siècle s'est élevée sur des colonnettes ou sur des parois verticales; les hauts-reliefs sont devenus des statues couchées sommeillant les mains jointes, soutenues aux pieds par des lions ou des chiens. Les grands rois d'Angleterre qui ont régné en France, Richard Cœur de Lion, Henri II, avec Eléonore d'Aquitaine et Isabelle d'Angoulême, reposent encore ainsi à Fontevrault dans leurs sarcophages sculptés.

Saint-Denis a les tombeaux de Philippe IV et Jean Ier mort enfant, de Charles le Bel, Philippe de Valois, Jean II, mort en Angleterre, et des Charles jusqu'à Louis XI, qui fut enseveli à Notre-Dame-de-Cléry, dans l'Orléanais; Limoges possède le curieux monument du *Bon mariage*, élevé à la mémoire de deux époux modèles; la femme, morte la première, se recula dans la tombe, dit la légende, pour faire place au mari, et le groupe rappelle ce miracle; la statue de l'épouse est tournée un peu de côté, la main posée sur son cœur. Ce tombeau est un des plus curieux du moyen âge. Combien d'autres pourrions-nous citer qui sont célèbres à des titres divers: celui de Dagobert, qui remonte au XIIIe siècle seulement; celui dit d'Héloïse et d'Abélard, au cimetière du *Père Lachaise*, qui fut longtemps un but de tendre pèlerinage: ceux d'Agnès Sorel à Loches, des papes à Avignon, de Charles duc de Bourbon, et de sa femme Agnès de Bourgogne, à Souvigny (Allier), qui est certes un des plus beaux, et enfin les merveilles du moyen âge qui sont comme le lien qui rattache cette belle époque du XVe siècle avec celle de la Renaissance: les tombeaux des ducs de Bourgogne à Dijon, et celui de Philibert le Beau, duc de Savoie, à Brou.

Les tombeaux des ducs de Bourgogne, élevés dans la Chartreuse de Dijon ont été transférés au musée de cette ville pendant la Révolution. Celui de Philippe le Hardi porte la statue du duc couché sur une dalle de marbre noir, et soutenu aux pieds par un lion. Au chevet, deux anges agenouillés tiennent le casque du chevalier; les côtés verticaux représentent les arcades d'un cloître où circulent des moines désolés, dont les attitudes et les expressions sont rendues avec une force et une vérité extraordinaires. Jean sans Peur, le fils de Philippe, a un mausolée évidemment copié sur le premier, quant aux lignes générales, mais d'une richesse d'ornementation plus grande; la statue de sa femme, Marguerite de Bavière, a été placée à côté de la sienne, selon un usage très répandu à cette époque.

Philibert le Beau est placé près des tombeaux de sa mère et de sa femme, qui lui a consacré l'église et le mausolée. Il est représenté deux fois, à terre même, dans une sorte de crypte entourée de colonnes, et au-dessus de ces colonnes, sur la dalle funéraire, en armure de chevalier, six anges portent son écusson et ses armes; malgré le cadre ogival, malgré l'ornementation riche et capricieuse de la belle époque flamboyante, on sent là les premières tentatives de la Renaissance, ne fût-ce que dans ces anges debout, tout païens dans leur nudité.

La France n'a pas seule le privilège des beaux monuments funéraires au moyen âge. Nous citerons parmi les plus remarquables en Europe, les tombeaux des rois de Portugal au monastère d'Alcobaça, des rois d'Espagne à la Chartreuse, de Miraflorès près de Burgos, des rois de Sicile à Palerme, des doges de Venise, à san Giovanni e Paolo, et à l'église des *Frari*, des rois de Pologne à Cracovie, des comtes de Neuchâtel dans l'église de Neuchâtel en Suisse, de Warwick à Beauchamp en Angleterre, et d'Arthur fils de Henri VII à Worcester. Tous ces monuments, avec les modifications résultant de l'état des arts dans chaque pays, conservent les dispositions principales que nous avons indiquées en France.

Mais il importe de faire une mention spéciale des tombeaux des Scalinger à Vérone, qui sont d'une richesse dont rien n'approche, jamais pareille demeure n'a été élevée même aux rois les plus puissants. La famille des Scala ou Scalinger a joué un rôle important dans les luttes italiennes et s'était enrichie par le pillage. Le plus beau de ces monuments est celui de Scala Can Signorio. Une pyramide de dais, de clochetons, de pinacles, soutient un léger piédestal supportant le condottiere, à cheval et orné de toutes pièces. Le sarcophage est placé au-dessous, et la statue couchée du défunt est gardée par six guerriers abrités eux-mêmes par des dais. Ce petit édifice est d'un goût parfait, et il peut être considéré comme une des productions les plus originales du moyen âge.

Avec la Renaissance, nous trouvons en France les belles sépultures des cardinaux d'Amboise où l'art ogival lutte encore, et celui de Louis de Brézé, mari de Diane de Poitiers, comme les précédents dans le chœur de la cathédrale de Rouen, ceux de François II, duc de Bretagne, œuvre en marbre de Michel Colomb, des enfants de Charles VIII à Tours, de Louis XII, François Ier, Henri II à Saint-Denis; Jean Juste, Ph. Delorme et Germain Pilon en ont été les auteurs. Ce dernier s'est surpassé dans le monument de Henri II qu'on regarde comme un chef-d'œuvre. Comme nous l'avons vu déjà à Brou, l'usage a prévalu de placer dans une sorte de crypte inférieure des statues dépouillées de tout vêtement luxueux, et au contraire, comme couronnement, des statues d'apparat, pour ainsi dire, couchées, ou le plus souvent agenouillées. De grandes figures allégoriques apparaissent aussi aux angles, ce qui ne s'était jamais fait jusque-là. En Espagne, les mausolées de Ferdinand et d'Isabelle, de Philippe le Beau et Jeanne la Folle, à Grenade; en Portugal, ceux de Alfonso Henriquez et Sanche, à Coïmbre, enfin celui de Charles le Téméraire, à Bruges, tout en adoptant l'ornementation de la Renaissance, sont cependant restés fidèles aux traditions du XVe siècle. Nous passerons rapidement sur les monuments lourds et de mauvais goût dans leur faste, élevés à la mémoire de Guillaume le Taciturne, à Delf, et de Engelbert de Nassau à Bréda, pour arriver aux chefs-d'œuvre de la Renaissance italienne. Une disposition toute particulière les caractérise d'abord: ils s'adossent le plus souvent au mur intérieur de l'église; une arcade avec colonnes, pilastres, frontons, surmonte le sarcophage et la statue du défunt; les inscriptions sont toujours en latin. Ce sont ces dispositions invariables qu'on rencontre à Venise dans l'église San Giovanni e Paolo, où sont déposés ses plus illustres enfants; là Alexandre Léopardo a laissé une œuvre très remarquable, le tombeau du doge Vendramino, mort en 1478. Michel Ange s'est un peu écarté de ces traditions déjà consacrées, lorsqu'à San Lorenzo, de Florence, il a sculpté les admirables mausolées de Laurent et de Julien de Médicis. Julien est assis dans une niche carrée, tête nue, tenant à la main le bâton de commandement; au-dessous, sur un fronton qui surmonte le sarcophage, s'étendent deux figures allégoriques, le Jour et la Nuit. En face, le tombeau de Laurent reproduit exactement les mêmes éléments. Le prince, revêtu d'une armure antique, soutient sa tête avec une main, tandis que l'autre s'appuie sur le genou; cette statue est célèbre sous le nom de *Pen-*

sieroso; les figures allégoriques sont ici le Crépuscule et l'Aurore. Michel Ange devait élever au pape Jules II un superbe tombeau, pour lequel il avait sculpté plusieurs morceaux importants, entre autres les deux captifs qui sont au Louvre, et le célèbre Moïse. La jalousie des successeurs de Jules II a réussi, en employant ailleurs les instants de l'artiste, à empêcher l'achèvement de l'édifice.

Fr. Anguier marque la transition entre la Renaissance et l'art plus sévère, plus lourd du XVIIe siècle, dans les monuments élevés à la mémoire de Sully à Nogent-le-Rotrou, de H. de Longueville à Paris et du maréchal de Montmorency, le dernier du nom, à Moulins; le tombeau de Longueville, avec son obélisque encadré de quatre figures, s'écarte d'une manière absolue des traditions de la Renaissance. Dès ce moment, la figure principale, celle du défunt, est toujours entourée de figures allégoriques qui peu à peu deviendront énigmatiques, pour ainsi dire, et d'un style recherché. Le tombeau du cardinal de Richelieu, élevé à la Sorbonne par Girardon, échappe encore à ces défauts dans sa majestueuse simplicité : le cardinal est soutenu par la Religion, agenouillée au chevet, tandis que la France paraît accablée de douleur et embrasse les pieds du mourant; Richelieu, la main posée sur la poitrine, proteste de son dévouement à la patrie par un mouvement plein de noblesse et de grâce. De même les sépultures de Mazarin, de Colbert, de Turenne, de Louvois, bien qu'inférieures à celle de Richelieu, sont d'un dessin sobre. Mais dès les dernières années du siècle, sous l'impulsion de Lebrun, qui se faisait du grandiose des idées si fausses, et à qui malheureusement furent confiées longtemps les destinées de l'art en France, on tombe dans les plus étranges bizarreries. « Le marbre, dit M. Lucien Augé, est tourmenté, violenté sous un ciseau impitoyable; on veut qu'il réunisse les effets de la peinture à ceux de la sculpture et de l'architecture. Nous voyons des sarcophages, mais c'est trop peu. Un fantôme en soulève le couvercle de ses mains décharnées, et le cadavre, la tête fléchissante, lugubrement s'y enfonce. Il y a des trophées, des amours qui pleurent, des femmes qui se lamentent, des vertus échevelées, des génies chargés d'écussons, d'interminables inscriptions. Au tombeau de la mère de Lebrun, qui fut exécuté d'après les dessins du fils, un ange tourbillonne, fait sonner sa trompette; la pauvre femme se réveille, entr'ouvre son cercueil, murmurant une prière et cherchant au ciel le Dieu qui va la juger. La petite église de Saint-Nicolas-du-Chardonnet, à Paris, renferme ce monument plus curieux que beau. A Notre-Dame, sous l'abri discret des chapelles gothiques, ont pris place quelques monuments de cette époque et de ce style. Les marbres encombrants s'entassent et grimpent jusqu'aux voûtes; l'étroitesse du cadre les agrandit encore, et ce n'est pas sans un vague malaise que l'on voit, à demi perdus dans l'ombre, ces fantômes aux flottantes draperies, ces squelettes découpés tout à jour et brandissant des faux, ces guerriers en perruque, toute cette funèbre mythologie que les vitraux *tachent* de leurs reflets mystérieux. Quelle manie de chérubins, d'ailes, d'anges, de crânes qui grimacent, de guirlandes, de drapeaux, de suaires. Et tout cela remue, s'agite, gesticule, pleure, crie. Si par hasard le défunt est représenté étendu sur sa tombe, nous le voyons se redresser à demi, secouer les flots abondants de sa perruque, lever la main, commençant je ne sais quel geste oratoire, comme s'il voulait haranguer l'Éternel. La mort elle-même leur commande en vain le repos. »

A l'étranger, ces défauts se retrouvent avec plus d'exagération encore, si possible. A Rome, les tombeaux des empereurs d'Autriche, ceux des papes Urbain VIII et Alexandre VII, de la comtesse Mathilde, la grande comtesse, et de Christine de Suède, dus à Bernin ou à ses élèves, sont d'un mauvais goût qui ne laisse plus rien à désirer, et si une réaction se produit en Italie, à la fin du XVIIIe siècle avec Canova et Thorwaldsen, auteurs des mausolées de Clément XIII et de Pie VII, la sculpture grêle et pauvre, sans esprit et sans grandeur, ne s'en relève pas pour cela, et il faut arriver jusqu'à nos jours pour trouver quelques idées originales traitées avec goût.

Pourtant un monument fait exception : celui du maréchal de Saxe dû à Pigalle. Là du moins nous voyons trace d'un talent véritable, si l'artiste n'a pas osé rompre avec le goût de l'époque, et si nous retrouvons encore l'abus de l'allégorie avec la Mort levant la dalle du tombeau, la Force découragée, tandis que la France en larmes cherche à arrêter le héros qui descend d'un pas assuré. Ce beau morceau est à Strasbourg.

Dans les monuments si nombreux élevés dans notre siècle sur la tombe de personnages illustres, nous n'en retiendrons que fort peu. Nous ne parlerons pas du tombeau de Napoléon aux Invalides, c'est l'épargner. Mais nous rappellerons, à des titres divers, celui du général Foy, par David d'Angers, simple de lignes, mais élégant; celui de Casimir Périer, celui de Godefroy Cavaignac, avec la statue par Rude; celui des généraux Clément Thomas et Lecomte, à Paris; enfin, et surtout le superbe mausolée du général Lamoricière, à Nantes, œuvre de M. Paul Dubois, et qui se montre digne des plus belles conceptions de la Renaissance qui l'environnent. Les plus grands artistes de notre époque ont employé leur talent aux monuments funéraires et ont paru trouver une voie féconde dans la simplicité et dans la grâce; c'est à MM. Thomas, Chapu, Mercié, qu'on doit cette résurrection d'un art délaissé, qui va sans doute, avec notre belle école de sculpture, produire de nouveaux chefs-d'œuvre. — C. DE M.

MONUMENTS HISTORIQUES. On donne ce nom aux édifices de toute nature, dans un état de conservation plus ou moins complète, pouvant servir à l'histoire de l'art et, par extension, à faire connaître la religion, le gouvernement, les mœurs, les usages d'un peuple. Dans cette acception étendue, les monuments historiques sont de véritables archives en pierre, en bois, en métal, et l'on comprend qu'une nation éclairée veille sur eux avec un soin jaloux; ce sont des titres de noblesse; c'est le patrimoine que lui ont légué ses pères.

Mais, hélas! il est, dans la vie des nations, comme dans celle des individus, des époques néfastes où l'on renie son passé, où l'on répudie violemment son héritage : ces époques s'appellent les révolutions. Il semble alors qu'il faille rompre avec les âges précédents et le meilleur moyen d'opérer cette rupture paraît être la destruction de tout ce qui les rappelle. Quand un César était mis à mort, les Romains décapitaient sa statue et y *vissaient* une autre tête, celle du nouvel empereur. De nos jours, les foules insurgées qui pénètrent dans les palais, y brisent les bustes de souverains et criblent leurs portraits de coups de baïonnettes. Ainsi en a-t-il été au 10 août 1792, au 29 juillet 1830, au 24 février 1848, au 4 septembre 1870; ainsi, nous le craignons, en sera-t-il plus tard.

C'est pour réagir contre cette fatale tendance qu'ont été créés les bureaux et les commissions de monuments historiques.

— En notre pays, cette institution remonte au célèbre *Musée des monuments français,* fondé dans l'ancien couvent des Petits-Augustins par Alexandre Lenoir;

musée qui a sauvé de la destruction une prodigieuse quantité d'objets d'art, et que la Restauration a eu le tort de détruire, en répartissant entre les villes et les départements les pièces dont il se composait.

Le souci des monuments historiques ne reparut qu'en 1834, époque où, sous l'influence des grands écrivains d'alors, Chateaubriand, Lamartine, Victor Hugo, et par suite de l'immense succès qu'obtint *Notre-Dame de Paris*, les Chambres votèrent une première somme de 80,000 francs « pour subvenir aux réparations les plus urgentes, encourager les administrations locales et les subventionner dans les sacrifices qu'elles s'imposeraient pour la conservation de ces monuments ». Ainsi s'exprime E. du Sommerard, le fils du continuateur d'Alexandre Lenoir, le créateur du musée de Cluny. « L'emploi de ces fonds, ajoute-t-il, fut confié à la direction des Beaux-Arts, placée alors dans les attributions du ministre de l'Intérieur. »

Trois ans plus tard, l'idée avait grandi ; M. Guizot instituait, au ministère de l'Instruction publique, un *Comité des arts et monuments*, ayant pour mission de rédiger une série d'instructions destinées à éclairer les sociétés savantes des départements sur la valeur des monuments anciens, sur leur âge, leur style, leur signification, ainsi que sur les meilleurs moyens de les conserver. Le crédit primitif fut porté successivement de 80,000 francs à 600,000, et bientôt l'adoption de la collection du Sommerard par l'Etat en fit le noyau d'un second et définitif *musée des monuments français*.

Aujourd'hui, la Commission des monuments historiques, composée d'archéologues éminents, servie par les bureaux de la direction des Beaux-Arts, placée dans les attributions du ministère de l'Instruction publique, étend son action à la France entière et exerce, d'accord avec les autorités locales, une protection efficace sur les édifices, ainsi que sur les objets d'art de toute nature, que nous ont légués les âges antérieurs. Instituée dans le principe pour apprécier la valeur artistique de ces édifices et en déterminer l'âge, elle examine, en outre, les projets de restauration, dirige l'exécution par des architectes et des ouvriers de son choix et prend l'initiative du classement, quand un débris du passé lui paraît avoir son importance. Le classement est la mesure préservatrice par excellence : il a pour effet de soustraire le monument classé aux restaurations inintelligentes, et surtout aux appropriations et aux modernisations qui ont défiguré tant d'édifices anciens. Il le place pour cela sous la surveillance des hommes spéciaux : c'est un pupille auquel il nomme des tuteurs.

Les monuments historiques de la France sont très nombreux ; chaque département a les siens, et la liste en est longue. Les moins riches sous ce rapport sont l'Ain, les Hautes-Alpes, les Basses-Alpes, les Alpes-Maritimes, l'Ardèche, les Ardennes, l'Ariège, l'Aude, l'Aveyron, le Cantal, la Corrèze, la Corse, la Creuse, le Doubs, la Drôme, le Gers, l'Ille-et-Vilaine, l'Isère, le Jura, les Landes, la Loire, la Loire-Inférieure, le Lot, la Lozère, la Mayenne, la Meuse, l'Orne, le Pas-de-Calais, les Hautes-Pyrénées, les deux Savoie, le Tarn, le Tarn-et-Garonne, le Var, la Vendée, la Haute-Vienne. Parmi ceux qui possèdent le plus de monuments classés, il faut citer en première ligne, la Seine, l'Aisne, les Bouches-du-Rhône, le Calvados, la Côte-d'Or, l'Eure, la Gironde, l'Indre, l'Indre-et-Loire, le Loir-et-Cher, le Loiret, le Maine-et-Loire, la Manche, la Marne, le Morbihan, l'Oise, le Puy-de-Dôme, la Saône-et-Loire, la Seine-et-Marne, la Seine-et-Oise, la Seine-Inférieure, la Somme, la Vaucluse et l'Yonne.

Rangés par ordre d'époques et de styles, les monuments historiques classés se divisent en : 1° *monuments gaulois, celtiques, ou druidiques ;* 2° *monuments romains et gallo-romains ;* 3° *monuments du moyen âge (art roman et ogival) ;* 4° *monuments de la Renaissance ;* 5° *monuments des deux derniers siècles ;* 6° *monuments contemporains*. Indiquons sommairement les plus remarquables, dans ces diverses catégories.

I. *Monuments gaulois, celtiques ou druidiques*. C'est en Bretagne surtout et dans quelques départements du centre de la France qu'on rencontre ces sortes de monuments. Les plus célèbres sont :

L'*oppidum* gaulois de Changé ; les *cromlechs* de Crozon, de Plomelin et de Poullan ; les *dolmens* de Pujols, Essé, Montchevrier, Saint-Plantaire, Saint-Elbe, Vieille-Brioude, Saumur, Saint-Germain-sur-Ay, Tourlaville : les *ruines* de Landunum ; les fameuses *pierres* de Carnac, de Craca, de Erdeven, de l'Ile-aux-Moines, de l'Ile-longue, de Locmariaker et de Plouarnel ; les *menhirs* d'Auxy, de Quintin, de Sars, de Solre-le-Château, de Poitiers ; les fameuses *galeries druidiques* de l'île de Gavrinnis et de Bretteville ; le *tumulus* de Bougon, etc., etc.

II. *Monuments romains et gallo-romains*. Le midi de la France, l'ancienne *provincia romana* surtout, renferme un assez grand nombre de ces monuments. Les plus connus sont :

Le *pont romain* de Céreste ; le *temple romain* de Chorges ; la *tour d'Auguste* de La Turbie ; les *arènes* de Cimiez ; les *remparts* de Carcassonne ; les restes du *palais de Constantin*, le *théâtre romain*, l'*obélisque*, l'*amphithéâtre*, la *colonne de Saint-Lucien*, à Arles ; les bains de Sextius, à Aix ; le *pont Flavien*, à Saint-Chamas ; les *murailles romaines* de Salon ; les *tombeaux* et le *temple* de Vernègues ; les divers monuments romains de Fréjus (Var) ; l'*arc de triomphe* et le *mausolée* de Saint-Remy ; les *caves* de *Saint-Sauveur*, et les vieilles parties du couvent de Saint-Victor, à Marseille ; la *tour* et le *pont romain* de Gallargues ; les *arènes*, la *maison carrée*, le *château d'eau*, la *porte d'Auguste*, le *temple de Diane*, les *thermes*, la *tour Magne*, à Nîmes ; le *pont du Gard*, à Remoulins ; les *tours* de Biran, de Saint-Lary, de Prussalicon ; le *palais Galien*, à Bordeaux ; le *pont romain* de Saint-Thibéry ; l'*aqueduc romain* du Mont-Pilat ; les *bains romains* de Lyon ; l'arc de *Marius*, le *cirque* et le *théâtre romain* d'Orange ; les arcs de Carpentras et de Cavaillon ; l'*amphithéâtre* et le *pont romain* de Vaison ; les restes de *murailles romaines* d'Avignon, etc.

Moins nombreux dans le reste de la France, les monuments de l'époque gallo-romaine se rencontrent cependant partout où les Romains ont formé des établissements de quelque importance, notamment dans les chefs-lieux de *provinces*, de *diocèses* et de *préfectures*. Ainsi, on remarque un *camp romain*, à Vermand (Aisne) ; un *théâtre romain*, à Soissons ; une *villa romaine*, à Brossac (Charente) ; un arc et un *amphithéâtre romain*, à Saintes ; des *arènes* et une *tour de César* dans la Corrèze ; une *colonne commémorative*, à Cussy (Côte-d'Or) ; un *temple de Mars*, près de Dinan ; des *thermes*, à Evaux (Creuse) ; un *amphithéâtre* et la *tour de Vésone*, à Périgueux ; des *ruines romaines* et le fameux *Capitole*, à Toulouse ; l'*aiguille*, le *théâtre*, le *temple d'Auguste et de Livie*, à Vienne ; la *tour de César*, à Beaugency et l'amphithéâtre de Chennevière (Loiret) ; les *mosaïques* et les *ruines romaines* de Nérac, de Moncrabeau et de Montflanquin (Lot-et-Garonne) ; le *tombeau romain* de Lanuéjouls (Lozère) ; l'*amphithéâtre* de Doué (Maine-et-Loire) : la *ville romaine d'Alauna*, à Valognes ; la *mosaïque*, la *porte de Mars*, le *tombeau de Jovin*, à Reims ; l'*arc de triomphe* de Langres ; l'*enceinte romaine* de Jublains (Mayenne) ; le *camp romain* de Longwy (Meurthe-et-Moselle) ; la ville romaine de *Nasium*, à Naix (Meuse) ; les *thermes*, le *camp*, les *ruines* de Saint-Honoré, Saint-Saulge et Villars (Nièvre) ; les *débris romains* de Famars (Nord) ; les *mosaïques* de Bielle et de Jurançon (Basses-Pyrénées) ; les *thermes*, les *inscriptions romaines* de Luxeuil, les *mosaïques* de Membrey (Haute-Savoie) ; les *portes* d'Arroux et de Saint-André ; le *temple de Janus*, le *théâtre*, à Autun; le *palais des Thermes*, les arènes, à Paris; un reste d'*aqueduc romain*, à Arcueil; l'*enceinte fortifiée* de Provins; les *camps romains* de l'Etoile et de Liercourt(Somme); les *arènes* de Poitiers; l'*amphithéâtre* et le *temple* de Grand (Vosges); les restes de l'*enceinte romaine*, à Sens, etc.

L'Algérie, on le sait, est pleine de monuments : chaque jour nos soldats en découvrent; la province de Constantine, en particulier, offre les *arcs de triomphe* d'Announa, de Djimila, de Lambessa, de Markouna, de Tebessa, de Timegad, de Zana; les *thermes* et les théâtres de Biskra, de Guelma, de Khémissa, de Philippeville; les *camps*, les *ponts*, les *aqueducs* de Batna, de Constantine, d'El-Kantara, etc. Lambessa, notamment, est toute une ville romaine. Le nombre et l'importance des monuments romains d'Afrique s'expliquent par le long séjour des légions romaines en ce pays.

III. *Monuments des styles roman, romano-byzantin et ogival.* Les édifices construits dans ces trois styles ont été répartis par la Commission des Monuments historiques en un certain nombre de *zones*, répondant à autant d'*écoles* et ayant, à des degrés divers, leur part d'originalité. Chaque style conserve ses caractères généraux; mais il se particularise en subissant les influences locales, et produit des édifices qui se ressemblent au fond, tout en différant dans la forme. Ce sont les dialectes d'une même langue.

A l'*école de l'Ile-de-France*, appartiennent la tour Saint-Jacques, Notre-Dame de Paris, Saint-Séverin, Saint-Merry, Saint-Nicolas-des-Champs, les deux Saint-Germain, la basilique de Saint-Denis, Saint-Julien-le-pauvre, Saint-Martin-des-Champs. etc., la cathédrale de Meaux, les églises de Larchant, Melun, Montereau, Nemours, Moret, Corbeil, Saint-Ayoul et Saint-Quiriace de Provins, Notre-Dame d'Etampes, Saint-Maclou de Pontoise, les châteaux de Vincennes, Montlhéry, Maintenon, Montfort-l'Amaury, les cathédrales de Laon, Noyon, Senlis, Beauvais et Soissons, le clocher et le cloître de Saint-Jean-des-Vignes, les châteaux de Coucy, de Pierrefonds, les restes des abbayes d'Ourscamps, de Chaalis et de Maubuisson, les églises et l'hôtel de ville de Compiègne, la cathédrale d'Evreux, les églises de Conches, de Vernon et de Pont-de-l'Arche, le Château-Gaillard aux Andelys, les châteaux de Gaillon, Gisors, Harcourt, Nauphle, Verneuil, Châteaudun, la cathédrale de Chartres, Saint-Pierre de Dreux, etc.

L'*école champenoise*, fort riche en monuments de style ogival, comprend les magnifiques églises de Troyes, les cathédrales de Sens, Langres, Reims, l'église romane de Saint-Remy dans cette dernière ville, les églises de Toul, Réthel, Vouziers, et un grand nombre d'édifices religieux et civils, que les sociétés savantes de cette région ont depuis longtemps signalés à l'attention des archéologues.

L'*école bourguignonne*, s'inspirant des monuments romains d'Autun, a été féconde en édifices de style roman et ogival, parmi lesquels nous citerons les restes de l'abbaye de Cluny, Saint-Philibert de Tournus, Notre-Dame et l'hôpital de Beaune; les cathédrales de Lyon, Mâcon, Autun, Auxerre, Dijon; les églises de Notre-Dame, Saint-Philibert et Saint-Jean dans cette dernière ville ainsi que le château des ducs, les églises de Saulieu, Semur, Saint-Seine, Meursault, Sainte-Sabine, Saint-Florentin, Saint-Julien-du-Sault, Tonnerre, Vézelay; l'abbaye de Pontigny; le palais synodal de Sens; Saint-Germain d'Auxerre, l'église et les portes de Villeneuve-sur-Yonne; les parties anciennes de la célèbre église de Brou; quantité de châteaux parmi lesquels il faut citer ceux de Chastellux, Semur, etc.

Nous ne possédons, hélas! presque plus rien des monuments de l'*école rhénane* qui exerça son influence dans les vallées du Rhin, de la Meuse, de la Haute-Saône et du Doubs; il ne nous reste que les cathédrales de Toul et de Besançon; le palais ducal de Nancy; les châteaux de Blamont, de Pierrefort, de Vaudémont, le cloître et la maison carrée de Luxeuil; les bâtiments conventuels de Morteau, Montbenoit et Septfontaines.

Viennent ensuite les *écoles poitevine et saintongeaise*, qui ont été moins ogivales que romanes et romano-byzantines et dont l'influence s'est fait sentir dans tout le centre, ainsi que dans une partie du sud-ouest de la France. A ces écoles appartiennent les églises de Poitiers, de Chauvigny, de Montmorillon, de Limoges, du Dorat, de Rochechouart, de Saint-Junien, de Saint-Léonard, de Saint-Yrieix; la cathédrale d'Angoulême; un grand nombre d'églises dans les deux Charentes, ainsi que les châteaux de Barbezieux, Châlais, La Rochefoucauld, Taillebourg, Gençay, Chalusset, etc.

Les *écoles auvergnate et périgourdine* se rattachent aux deux précédentes par le style et les tendances générales : c'est le style roman qui prédomine. Les édifices religieux les plus remarquables sont les cathédrales de Périgueux et de Sarlat, ainsi qu'un certain nombre d'églises dans le Puy-de-Dôme. Il faut citer aussi les abbayes de Brantôme et de Cadouin, les châteaux de Bourdeilles, Hautefort, Jumilhac, Mareuil, etc.

Les *écoles languedocienne et provençale* exercent leur influence sur un vaste territoire, depuis les vallées du Rhône et de la Durance, jusqu'à Bayonne; elles franchissent même les Pyrénées et pénètrent en Aragon. Il faut donc ranger dans cette double catégorie la plus grande partie des monuments historiques du midi de la France, et, en particulier, les cathédrales de Vence, Senez, Alet, Narbonne, Rodez, Aix, Die, Uzès, Toulouse, Auch, Condom, Bordeaux, Agde, Cahors, Agen, Bayonne, Albi, Fréjus, Apt, Avignon, Carpentras, Cavaillon, Vaison, Mende; les églises et les abbayes de Valréas, Pernes, Moissac, Montprezat, Caussade, Sorèze, Gaillac, Hyères, le Luc, Saint-Maximin, Arles-les-Bains, Castel, Codalet, Elne, Marcevol, Planès, Iroz, Luz, Saint-Savin, Lescar, Morlaas, Lembeye, Nay, Oloron, Assier, Gourdon, Rocamadour, Souillac, le Mas d'Agenais, Marmande, Mézin, Langogne, Béziers, Lodève, Maguelonne, Pignan, Castries, Saint-Guillem, Valmagne, Saint-Pons-de-Tomières, Bazas, Blasimont, La Réole, La Sauve, Loupiac, Saint-Emilion, Saint-Macaire, Sainte-Croix, Saint-Bruno, Saint-Michel à Bordeaux, Saint-Sernin, le Taur et les Jacobins à Toulouse; l'ancienne cathédrale de Saint-Bertrand de Comminges; la chapelle de Saint-Louis à Beaucaire; les cloîtres de Saint-Papoul, de Belmont, de Bonneval, de Silvanès et de Villefranche; le fameux cloître de Saint-Trophime, à Aix; celui de Saint-Victor, à Marseille, etc.

Les monuments civils sont moins nombreux dans le midi de la France, où l'influence religieuse a toujours été prépondérante : cependant on doit citer les châteaux de l'Ile-Saint-Honorat, des Baux, de Tarascon, de Beaucaire, de Castelnau-Bretenoux, du Montat, de Bonaguil, de Gavaudun, de Nérac, de Xaintrailles, de Coaraze, de Pau, de Bruniquel, de Foix; les palais, tours et hôtels de ville d'Avignon, Carpentras, Saint-Antonin, Albi, Perpignan, Figeac, Aiguillon, Bassouès, Villeneuve-lez-Avignon, Narbonne, etc.

Nous arrivons aux *écoles picarde et normande*, qui ont peu ou pas subi l'influence romane, mais qui ont donné un merveilleux développement au style ogival. Ici les églises monumentales abondent, ainsi que les châteaux et les beffrois; nous sommes en plein épanouissement du gothique simple, rayonnant et flamboyant. Groupons, dans une *énumération rapide* les cathédrales, collégiales, églises et abbayes d'Amiens, d'Abbeville, de Roye, de Saint-Riquier, de Rouen, de Saint-Wandrille, de Saint-Martin, de Boscherville, d'Harfleur, de Jumièges, de Saint-Victor, du Petit-Quévilly, de Valmont, d'Yanoville, de Domfront, de Séez, de Lonlay, d'Avranches, de Coutances, de Carentan, du Mont Saint-Michel, de Mortain, de Périers, de Querqueville, de Saint-Sauveur, de Sainte-

Marie-du-Mont, de Sainte-Mère-Eglise, de Boulogne, de Saint-Bertin à Saint-Omer, de Bayeux, de Caen, de Honfleur et vingt autres églises du Calvados.

Mentionnons plus sommairement encore les châteaux de Fervacques, Falaise, Lasson, Livet, Bricquebec, Semigny, Thorigny, Alençon, Chambois, Mortrée, Arques, Dieppe, Lillebonne, Longueville, Tancarville, Boves, Folleville, Comines, Rambures; les beffrois de Bergues, de Douai, de Dunkerque, d'Arras, de Béthune, etc. Toute cette région, nous le répétons, est, avec la Champagne et l'Ile-de-France, la terre classique du style ogival.

Il ne nous reste plus qu'à mentionner l'*école angevine*, qui a étendu son influence dans toute la Bretagne et dans une partie du centre de la France. C'est à elle, autant qu'aux écoles d'Auvergne et de Poitou, que sont dus les monuments historiques du Bourbonnais, du Nivernais, de l'Orléanais, du Berri et de la Touraine. Mais si ses limites sont indécises vers l'est, si l'on ne peut lui attribuer qu'en partie les églises de Moulins, Souvigny, Corbigny, Cosne, Decize, La Charité, Prémery, Nevers, le château ducal de cette dernière ville, la maison de Jacques Cœur à Bourges, ainsi que les châteaux de la Palisse, de Bourbon l'Archambault, d'Ainay, d'Aubigny, de Meillant, de Mehun-sur-Yèvre, de Sancerre, de Gien, de Sully-sur-Loire, de La Poissonnière, de Lavardin, de Vendôme, de Montoire, etc.; si l'on ne peut surtout lui faire complètement honneur des magnifiques cathédrales de Tours, de Bourges et d'Orléans, il faut du moins reconnaître qu'elle est pour quelque chose dans le style des châteaux d'Amboise, de Loches, de Chenonceaux, du Plessis-les-Tours, de Blois, de Chaumont, de Cheverny, d'Issoudun, de Châteaudun, de Sorel, d'Ussé, et de Chinon; il faut surtout lui attribuer ceux d'Angers, de Brissac, de Poce, du Plessis-Bourré, des Ponts de Cé, de Montreuil-Bellay, de Montsoreau et de Saumur dans l'Anjou; puis tous les monuments du moyen âge construits en Bretagne.

Bornons-nous à citer, comme édifices de style roman ou ogival, les cathédrales de Quimper, Saint-Pol de Léon, Dôle, Nantes, Angers, Tréguier, Le Mans; les églises et abbayes de Curzon, de Fontenay-le-Comte, de Meillerais, de Nieul, de Vouvant, de Bressuire, de Melle, de Saint-Maixent, de Parthenay, de Thouars, de Saint-Calais, de la Ferté-Bernard, de Notre-Dame de la Couture et de Notre-Dame du Pré, au Mans, d'Avesnières, de Château-Gonthier, d'Evron, de Javron, de La Roé, de Laval, d'Olivet, de Beaugency, de Cléry, de La Chapelle-Saint-Mesmin, de Lorris, de Meung, de Puiseaux, de Saint-Brisson, de Saint-Benoit-sur-Loire, de Beaulieu, de Béhuard, de Fontevrault, de Gennès, du Lyon, d'Angers, de Pontigné, de Puy-Notre-Dame, de Saint-Georges, de Saint-Florent-le-Vieil, de Saumur, de Trèves, de Savonnières, de Guérande, de Saint-Gildas, de Lassay, d'Aigues-Vives, de Meslan, de Montrichard, de Nourray, de Romorantin, de Saint-Aignan, de La Selle-Saint-Denis, de La Selle-sur-Cher, de Suèvres, de Vendôme, d'Amboise, d'Azay-le-Rideau, de Beaulieu, de Candès, de Saint-Mesme, de Langeais, de Loches, de Montrésor, de Preuilly, de Rivière, de Sainte-Catherine, de Vernou, de Saint-Martin et de Saint-Julien, de Tours, de Châtillon-sur-Indre, de Fontgombault, de La Châtre, de Levroux, de Neuvy-Saint-Sépulcre, de Saint-Genoux, de Saint-Marcel, de Redon, de Vitré, de Goulven, de Lambader, de Lanmeur, de Locouan, de Loctudy, de Penmarch, de Pleyben, de Plogastel, de Pontcroix, de Quimperlé, de Quelven, de Hennebont, de l'Ile d'Arz, de Kernascléden, du Faouët, de Ploermel, de Beauport, de Dinan, de Lamballe, de Lanleff, de Lannion, etc.

A cette énumération trop longue, quoique abrégée, ajoutons la liste réduite des édifices civils tels que châteaux, tours, remparts, portes, palais, hôtels de ville, etc. Ces divers monuments historiques, entiers ou mutilés, se trouvent à Dinan, Tonquédec, Guerlesquin, Combourg, Fougères, Issoudun, Azay-le-Rideau, Loches, Rochecorbon, Ussé, Amboise, Blois, Beauregard, Vendôme, Brézé, Brissac, Candé, Ecuillé, Trèves, Sarzeau, Le Mans, La Ferté-Bernard, Pouzauges, etc.

IV. *Monuments de la Renaissance*. Le sens de ce mot est fixé depuis longtemps; on appelle improprement *Renaissance* le retour de l'art de bâtir, de peindre et de sculpter, aux traditions grecque et romaine. C'est l'Italie qui sert d'intermédiaire à ce mouvement; par nos incessantes expéditions depuis Charles VIII jusqu'à Henri II, par les fréquents appels que nos rois et nos grands seigneurs font aux artistes italiens, il se produit une modification profonde dans les goûts des nôtres. Pour ne parler que des architectes et des sculpteurs, Serlio et le Primatice suscitent Philibert de l'Orme, Pierre Lescot, Jean Bullant; Ponzio et Benvenuto Cellini inspirent les Jean Goujon et les Germain Pilon. Le mouvement ne se traduit pas, comme au moyen âge, par la création d'écoles locales; il rayonne autour de Paris et des châteaux royaux ou seigneuriaux; il est tantôt en avance, tantôt en retard selon les régions. On fait encore du gothique ici, tandis que là l'ogive est abandonnée pour le plein-cintre.

La transition est plus ou moins longue; en certaines contrées, on marie les deux styles; on achève dans le nouveau des édifices conçus et commencés dans l'ancien; en certaines autres, on construit des monuments Renaissance en entier; mais partout on s'assimile le goût italien; on le francise, on le nationalise. L'architecture de la Renaissance procède de l'Italie; mais le génie français en a fait un style à lui, parfaitement caractérisé et complètement original.

La Renaissance a deux centres principaux, Paris et la Touraine, et quelques centres secondaires, tels que Dijon, Lyon, etc. A Paris, les modèles du genre sont: la cour intérieure, la petite et la grande galerie du Louvre, l'église Saint-Eustache, le portail de Saint-Etienne-du-Mont, la façade du château d'Anet et le portique de celui de Gaillon, transportés à l'école des Beaux-Arts; la maison de François Ier transférée de Moret aux Champs-Elysées, etc. Dans les environs de la capitale, le Palais de Fontainebleau, le château de Saint-Germain-en-Laye, celui d'Ecouen appartiennent à la même époque.

« Le beau pays de la Touraine », comme on l'appelle dans *les Huguenots*, est la terre privilégiée de la Renaissance. D'Orléans à Saumur, dans une zone de quinze à vingt lieues sur chaque rive de la Loire, on construit, dans ce style, des châteaux neufs, ou l'on répare, l'on complète, l'on embellit les vieux manoirs. C'est ainsi que se transforment et se modernisent les châteaux d'Amboise, d'Azay-le Rideau, de Chenonceaux, de Loches, d'Ussé, de Blois, de Chaumont, de Cheverny, de La Poissonnière, de Montsoreau, du Plessis-Bourré, de Saumur, etc. Le type le plus complet et le plus riche de cette grande et belle architecture est le château de Chambord.

Qu'il nous suffise de mentionner, dans le reste de la France, l'admirable portail de Saint-Michel de Dijon, l'église et les tombeaux de Brou à Bourg, le château de Cadillac, et un assez grand nombre d'autres châteaux descendus de la montagne dans la plaine, pour indiquer que les âges féodaux et l'architecture ogivale ont fait leur temps.

V. *Monuments historiques des* XVIIe *et* XVIIIe *siècles*. Nous serons plus brefs encore sur cette catégorie d'édifices; relativement ils sont d'hier, et leur conservation plus complète dispense de les classer. Cependant il en est qui ont déjà beaucoup souffert des appropriations et des modernisations, témoin la place Dauphine à Paris, l'un des plus jolis types, à son origine, du style Henri IV et Louis XIII, aujourd'hui complètement méconnaissable. Il nous reste heureusement un modèle de ce genre, qui fut la transition entre la Renaissance proprement dite, et la pompeuse architecture du règne de Louis XIV; ce sont les pavillons de la Place Royale. Le style Louis XIII a peu produit, mais il a laissé sa trace en France, surtout dans le rayon de Paris.

Vient ensuite l'école des de Brosse, des Lemercier, des Blondel, des Levau, des Mansard, des Boffrand, des Gabriel, école qui a bâti à Paris, le portail de Saint-Gervais, le palais du Luxembourg, la façade méridionale du Louvre, la Sorbonne, le collège des Quatre-Nations (palais de l'institut), l'hôtel des Invalides, l'Ecole militaire, les maisons des places des Victoires et Vendôme, les portes Saint-Denis et Saint-Martin, la façade de l'hôtel Carnavalet appliquée à une maison de la Renaissance, l'hôtel de Soubise, les pavillons de la place de la Concorde, etc.; a Versailles, le somptueux château de Louis XIV; à Maisons-Laffite, à Vaux-Praslin, les châteaux que l'on connaît; à Nancy, les palais de la place Stanislas, etc., etc. Nous le répétons, les monuments historiques de cette époque sont trop connus pour que nous y insistions.

VI *Monuments contemporains*. Ceux-là ne sont point encore entrés dans le domaine historique; ils y viendront plus tard, et, avec d'autant plus de raison, qu'ils appartiennent déjà à l'histoire. L'époque impériale ne nous a-t-elle pas légué l'arc de triomphe du Carrousel et la colonne de la place Vendôme? La Madeleine et l'arc de triomphe de l'Etoile ne s'y rattachent-ils pas également? la colonne de Juillet, l'Opéra, les nouveaux pavillons de Flore et Marsan, le nouveau Louvre, le nouvel hôtel de ville ne sont-ils point autant de pages d'histoire?

Mais laissons à l'avenir le soin de classer ces sortes de monuments; bornons-nous à faire remarquer que notre époque, essentiellement éclectique, manque de style propre, sauf peut-être pour les halles, les ponts et les gares de chemins de fer; mais elle les connaît fort bien tous et les reproduit savamment; ce qui causera quelque embarras aux archéologues futurs, quand ils voudront dater un monument d'après son style seul.

Les monuments historiques de la France exigeraient des volumes pour être énumérés et décrits complètement; la revue rapide que nous venons d'en faire permettra, du moins, au lecteur de s'orienter au milieu des âges et des styles. — L. M. T.

MOQUETTE. *T. de tiss.* Nom donné à un tissu employé pour tapis, carpettes, descentes de lit, etc., et composé d'un velours fourni par une chaîne de poil en laine et lié par un tissu de fond, généralement en forts fils de lin (V. TISSAGE ET VELOURS). On distingue les *moquettes bouclées* et

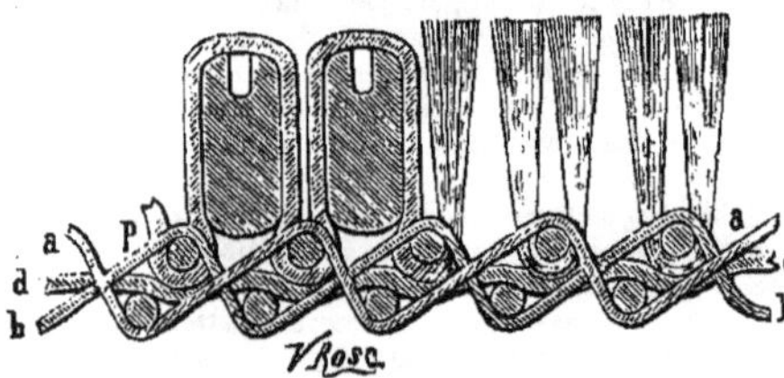

Fig. 306. — *Coupe d'une moquette.*
a b Fils de liage. — *p* Fil de poil. — *d* Fil perdu ou de doublure.

moquettes coupées qui sont obtenues par des procédés de tissage analogues, mais les premières au moyen de fers ronds, que l'on retire simplement du tissu sur lequel ils laissent des boucles formées par les fils de poil restés entiers, et les secondes au moyen de fers à rainures au sommet desquels les boucles sont coupées par les procédés ordinaires, de manière à recouvrir la surface du tissu de ces pinceaux qui caractérisent les velours.

La figure 306 représente la constitution des moquettes bouclées et des moquettes coupées ordinaires, au moyen d'une coupe du tissu qui serait faite dans le sens des fils de la chaîne.

La figure 307 donne le travail au moyen des notations usuelles du tissage. Le tissu, comme on le voit, comporte trois chaînes, savoir : 1° la chaîne de liage, en lin, représentée par les lignes *a* et *b*; 2° la chaîne de poil *p* en laine; 3° une chaîne composée de gros fils de lin *d* qui renforcent le tissu en lui formant une sorte de doublure. Ces trois chaînes, dont les fils s'absorbent différemment dans le tissu, doivent nécessairement avoir été ourdies sur des rouleaux d'ensouple différents. Les peignes ou ros des métiers comportent par pouce (27 millimètres) 7 à 10 dents ou broches dans chacune desquelles on rentre 2 fils de liage, 3 fils de poil et 3 fils de doublure. Les fils de lin sont, en général, noirs ou gris, restant invisibles à l'endroit de l'étoffe, et ceux de laine qui forment le poil sont en une seule couleur pour les moquettes unies ou de couleurs différentes lorsque l'on veut produire des rayures comme cela a souvent lieu pour les sentiers de corridors ou d'escaliers, ou bien encore, on imprime sur cette chaîne le dessin que devra présenter le tissu, mais en l'allongeant dans la proportion de l'embuvage, c'est-à-dire de l'absorption des fils du poil, par suite de leurs ondulations autour des duites et des fers. Les duites sont formées par une trame en forts fils de lin, également noirs ou gris, et le tissage se fait en passant alternativement deux duites et un coup de fer, à raison de 7 à 10 coups de fer par pouce.

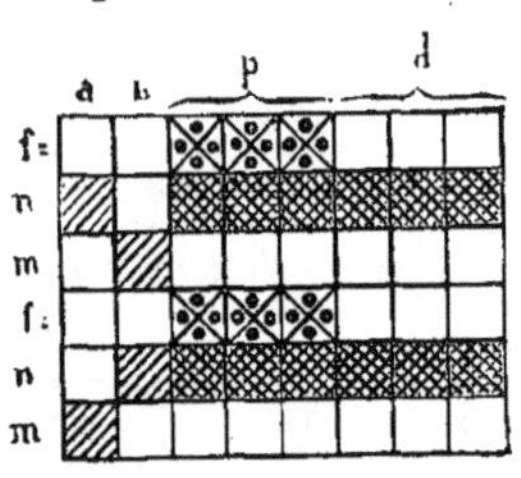

Fig. 307. — *Armure de la moquette.*
a b Fils de liage. — *p* Fils de poil. — *d* fils de doublure. — *m n* Duites de fond. — *f* Coups de fer.

Les moquettes coupées, de belle qualité, se tissent de la même manière, mais les fils de doublure sont supprimés, et chaque fil de poil est remplacé par une *rosée*, composée d'autant de fils de laine qu'il y a de couleurs différentes sur son trajet dans le tissu. Le fil de la rosée qui a la couleur voulue travaille comme l'ont fait les fils de poil dans le cas précédent, tandis que les autres remplacent en même temps les fils de doublure, dont ils ont le mouvement; les différentes couleurs du tissu sont produites par le choix des fils de la rosée qui, successivement, se substituent les unes aux autres pour jouer le rôle de fils de poil, suivant les données du dessin, représenté par la *mise en carte* (V. cet article). A chaque coup de fer, on lève un fil de chaque rosée, mais, par suite de ces substitutions, les levées varient pour les différents fils, qui ne peuvent plus être ourdis sur un même rouleau d'ensouple, mais doivent rester séparés chacun sur une bobine spéciale. Pour la même raison, il est nécessaire de se servir d'une mécanique Jacquard, pour leur transmettre leurs mouvements. Les fils de liage, au contraire, conservant leurs évolutions simples, seront ourdis sur un rouleau d'ensouple et conduits par des lames. Le métier à tisser comportera, par conséquent, un rouleau d'ensouple pour les fils de fond, et un ou plusieurs *cantres* (V. ce mot) dans lesquels les bobines des fils de poil seront régulièrement disposées. Le tissage se fait, ici encore, par deux duites suivies d'un coup de fer avec les mêmes réductions d'environ 10 broches et 10 coups de fer par pouce. — P. G.

MORAILLES. *T. techn.* Sorte de pince en fer ou en bois, avec lesquelles le maréchal ferrant pince le nez, les lèvres ou l'oreille d'un cheval impatient ou vicieux, pour le ferrer plus commodément ou lui faire subir quelque opération. || Tenailles de fer qui, dans les verreries, servent à allonger les manchons de verre.

MORAILLON. *T. de serrur.* Pièce de fer à charnière, fixée contre le couvercle d'un coffre ou d'une malle et que l'on rabat contre la paroi verticale de manière à faire entrer l'anneau qui y est rivé dans le palastre de la serrure, pour en recevoir le pêne. Au lieu d'un anneau, le moraillon peut porter une entaille qui livre passage à un crampon dans lequel on passe un cadenas.

* **MORASSIER.** *T. de mét.* Ouvrier typographe qui corrige la *morasse* ou épreuve d'un journal mis en pages.

* **MORDACHE.** *T. techn.* Sorte de tenaille composée de deux morceaux de bois élastique ou de plomb que l'on place entre les mâchoires d'un étau, pour que celles-ci ne puissent endommager la pièce que l'on veut serrer. || On donne ce nom aux extrémités des grosses tenailles. || Pince d'une machine à peigner le lin.

* **MORDANÇAGE.** *T. d'imp. et de teint.* Opération qui a pour objet d'imprégner une fibre textile d'un corps appelé *mordant*, dans le but de mieux faire prendre la couleur à celle-ci, soit par impression, soit par teinture.

Le mordançage s'exécute de différentes manières, suivant d'abord la nature des fibres textiles que l'on veut colorer, suivant l'état dans lequel se trouvent ces fibres, en laine, filées ou tissées, suivant enfin la composition du corps qui jouera le rôle de mordant. Il peut se faire par une opération spéciale ou conjointement avec l'application de la couleur : à froid pour les soieries; à une température ne dépassant pas en général 40°, pour les fibres de chanvre, coton, jute ou lin ; à l'ébullition (au *bouillon*) pour la laine.

Le mordançage des écheveaux de soie se fait dans la *barque*, sorte de vase en bois, de forme rectangulaire, dans lequel est versé le mordant. On réunit les écheveaux par une ficelle pour en faire des matteaux qui, après dix à douze heures de séjour dans le bain, sont tordus à la main ou à la cheville. Il se fait aussi à la machine.

La laine en toison se mordance à chaud, après avoir été bien imbibée d'eau, en ayant soin de l'agiter continuellement, avec de longs crochets, pendant la durée de l'opération, c'est-à-dire pendant 40 à 45 minutes. Cette *renverse* (c'est le nom qu'on donne à l'opération) est ensuite suivie d'une macération de 12 à 15 heures dans le bain, puis répétée trois ou quatre fois, pour obtenir un mordançage régulier. La laine est ensuite jetée dans une cuve à jour (*bard*) placée au-dessus de la chaudière, afin de bien égoutter, puis introduite dans des paniers en toile métallique, que l'on plonge ensuite dans la rivière ; on facilite l'enlèvement du mordant non fixé par la laine, en agitant celle-ci alternativement dans un sens ou dans un autre. Pour mordancer la laine en pièce, après avoir amené le liquide de la cuve à la température de l'ébullition (au *bouillon*, nom donné par extension à l'opération elle-même, et même au fil ou à l'étoffe mordancée), on y plonge le tissu, puis, au bout d'un temps convenable, on enlève celui-ci en l'enroulant sur un *traquet* (V. Blanchiment) dont l'axe repose sur les montants de la cuve, puis on change l'étoffe de bout, en tournant en sens inverse le traquet, de façon à plonger en dernier, le côté qui avait été d'abord imbibé le premier. On répète ces opérations un nombre convenable de fois, puis on lave à la rivière, soit dans la roue à laver (Dash-wheel) (V. Blanchiment, Impression sur tissus, Teinture), soit avec la *dégorgeuse*, à moins qu'il ne soit nécessaire, ce qui arrive fréquemment, de faire passer le tissu dans des bains de dégorgement (V. Dégorgeage) avant de procéder au lavage définitif.

Le mordançage des fibres végétales s'opère, à peu près pour toutes, de la même façon, pourvu qu'on les envisage ou à l'état de filés, ou sous celui de tissus.

Les écheveaux (*matteaux*) sont tout d'abord bien imprégnés d'eau, puis, ensuite, plongés dans des vases contenant le mordant, et là, foulés contre les parois du vase, lorsque le mordançage se fait à la main ; lorsque l'imbibition est complète, on enlève les écheveaux et on les tord en les accrochant sur une cheville oblique placée directement au-dessus du vase. Après avoir fait plusieurs opérations semblables, suivant la quantité de mordant que l'on veut faire prendre à la fibre, on tord une dernière fois, puis on *évente* les matteaux en les ouvrant (*frisant*) sur une table, et enfin, on les laisse sécher. Dans les établissements un peu importants, ce travail se fait toujours à la machine. La machine à passer, qui sert aussi à laver, a déjà été décrite ; elle est essentiellement constituée par deux cylindres de bois entre lesquels passent les matteaux, et se place, suivant sa destination, au-dessus de cuves à mordants, agencées pour pouvoir être chauffées par la vapeur si cela est nécessaire, ou au-dessus d'un cours d'eau, à une hauteur telle que, dans tous les cas, le tiers de la pante (*matteau*) plonge dans le liquide. Le cylindre supérieur pouvant être, à volonté, plus ou moins écarté du cylindre inférieur, qui est fixe, on obtient, par des déclanchements, la pression nécessaire pour bien mordancer ou bien laver les écheveaux. L'emploi des machines donne non seulement une grande économie de temps, mais aussi, dans la main-d'œuvre, des avantages divers, tels qu'économie dans la quantité de mordant, plus grande régularité dans le mordançage ; mais il a l'inconvénient fréquent d'aplatir le fil.

Quant au mordançage des tissus, en résumant ici les opérations qu'il comporte, nous ne ferions que répéter ce que l'on trouvera aux articles IMPRESSION SUR TISSUS ou TEINTURE. Nous renvoyons donc à ces articles.

MORDANT. Ce mot s'applique non seulement aux liqueurs acides employées pour pratiquer les morsures chimiques et aux agents chimiques qui servent à produire la corrosion superficielle des métaux, mais encore à certains enduits poisseux propres à retenir des poudres colorantes ou métalliques et aussi des feuilles de métal minces utilisées dans la dorure et l'argenture du bois, du papier, du fer, etc. — V. MORSURE.

T. d'imp. et de teint. Nom donné à certains corps qui servent d'intermédiaires entre les principes colorants et les matières qui doivent être colorées, et qui ont la propriété de s'unir avec ces dernières, soit par teinture, soit par impression, en augmentant leur affinité pour les matières colorantes, et en devenant des composés insolubles.

Les mordants sont évidemment connus depuis la plus haute antiquité, puisque les étoffes de Tyr, et d'autres, beaucoup plus anciennes encore, offrent un tel degré de perfection dans la teinture, qu'il est impossible de l'obtenir sans l'emploi de ces corps, et qu'il en résulte forcément, qu'on savait même choisir, à cette époque, ceux qui convenaient mieux à telle ou telle nuance.

Toutes les couleurs, pour être solides, n'ont pas besoin, comme nous venons presque de l'indiquer, de passer de l'état soluble à l'état insoluble ; nous pourrons en signaler divers exemples, aussi bien pour l'impression que pour la teinture. Celles pour lesquelles le fait est nécessaire subissent cette modification au moyen de l'emploi de mordants, et la plus ou moins grande quantité de corps fixé dans la fibre permet d'obtenir des nuances plus ou moins foncées ; ainsi, un tissu quelconque, imprimé en acétate d'alumine à des degrés de concentration différents, se colorera depuis le rose jusqu'au rouge le plus intense, lorsqu'il aura été soumis à une teinture en garance ou en alizarine artificielle.

Bankroft a basé tout un système de classification des couleurs employées dans l'industrie des toiles peintes, sur cette propriété qu'ont les couleurs de se fixer avec ou sans l'intermédiaire des mordants. Il nomme *couleurs substantives* celles qui se fixent seules, comme certains pigments minéraux, l'indigo, le rocou, le curcuma, le carthame, et on peut y ajouter une fort grande quantité de dérivés de la houille; il désigne sous le nom de *couleurs adjectives*, celles avec lesquelles l'emploi d'un mordant est indispensable.

On peut diviser les mordants, car le nombre de corps qui jouent ce rôle est assez élevé, en diverses catégories. Nous signalerons d'abord les *mordants ordinaires*, c'est-à-dire ceux qui servent réellement à combiner la matière colorante à la fibre textile. Ce sont, la plupart du temps, des sels solubles dans l'eau, qui, de plus, peuvent se décomposer assez facilement en permettant à leur base, ou au sous-sel formé, de réagir sur la fibre. Tels sont : parmi les *sels d'alumine*, l'acétate (mordant rouge), le nitrate, le sulfate et même le sulfo-cyanure, puis l'aluminate de soude et l'alun ; parmi les *sels de fer*, l'acétate, le pyrolignite, le sulfate et le nitrate ; pour les *sels d'étain*, le stannate de soude, le chlorure, le bichlorure et les acétates ; pour les combinaisons de l'*oxyde de chrome*, les acétate, nitrate, sulfate et chlorure ; ainsi que les *sels de plomb*, tout naturellement indiqués lorsque l'on veut faire des genres au jaune de chrome.

D'autres bases, telles que le zinc, le cuivre, le manganèse, l'antimoine, pourraient aussi servir de mordants, mais elles sont moins employées, leurs combinaisons avec les fibres textiles étant moins stables, et les laques colorées qu'elles produisent manquant généralement de vivacité. Les sels de cuivre sont cependant fréquemment employés dans la teinture des noirs.

Un autre genre de mordants ordinaires est constitué par ceux qui *aminalisent* les fibres textiles, suivant l'expression consacrée. Parmi ces mordants se trouvent quelques matières organiques azotées, telles que l'albumine, le gluten, la caséine, qui sont fixées par coagulation. Ainsi, par exemple, on forme un *caséinate de chaux* (?) en saturant par un lait de chaux une dissolution de caséine dans de l'ammoniaque liquide très faible. L'application de la chaleur rend la combinaison formée absolument insoluble, et le tissu qui en est imbibé est susceptible de prendre facilement toutes les couleurs que fixent bien la laine, la soie. L'adjonction au caséinate d'un autre mordant, l'*huile tournante*, permet d'empêcher le durcissement du tissu, lequel se produirait après dessiccation, si l'on n'avait fait le mélange indiqué.

Dans la même classe de mordants se trouvent encore : le *tannin*, très employé aujourd'hui pour la fixation des couleurs d'aniline (violet, fuchsine, bleu méthylène, etc.), les huiles oxydées (*huiles tournantes*), les acides gras et leurs dérivés, comme l'acide sulfo-ricinique, sulfo-oléique, etc., et les sulfo-ricinates ou sulfo-oléates d'ammoniaque, de soude, etc., et les produits au pyrotérébinthinate de soude de Müller-Jacob, toutefois ces derniers corps ne peuvent former de précipités colorés qu'avec le concours des métaux.

Les mordants, dans leur application, provoquent souvent des modifications telles, lorsque, par exemple, le tissu a été imprégné de sels métalliques, que les parties imbibées de ces sels semblent incolores lorsqu'on les enlève du bain de teinture. Ces réactions permettent de reconnaître une autre classe de mordants, les *mordants décolorants* (V. ENLEVAGE, RONGEANT). De ce nombre sont divers acides, tels que les acides arsénieux, oxalique, phosphorique, tartrique, et les corps formant en impression ce qu'on nomme des *réserves*.

Enfin, il est une dernière classe de mordants, à laquelle on a donné le nom de *mordants modificateurs*, qui contient les corps que l'on emploie lorsque l'on a pour but de modifier une couleur déjà appliquée sur la fibre, afin de lui donner plus d'éclat ou d'en rehausser la nuance (V. AVIVAGE). C'est ce que l'on obtient en passant cette fibre dans un bain légèrement alcalin, comme en eau de savon.

Il faut d'ailleurs se bien rappeler, toutes les fois qu'il sera nécessaire d'employer des mordants, qu'avant la teinture, la plupart de ceux-ci ont besoin d'être fixés sur la fibre, soit en déplaçant l'acide des sels employés, soit en formant avec la base un sel insoluble qui puisse se combiner avec la matière colorante. A cet effet (V. DÉGORGEAGE), on les traite, selon la nature des épaississants employés ou des mordants eux-mêmes, après les avoir d'abord étendus dans un local chauffé et humide, appelé *étente d'oxydation*, soit par un bain de bouse, de craie, de son, de phosphate de soude, d'arséniate ou de bicarbonate de même base, voire même de silicate de soude; soit pour les tannins, par vaporisation ou traitement en émétique ou en sulfate de zinc.

|| *T. techn.* Petites pinces sans branches employées dans la fabrication des épingles. || Nom de certaines pinces en usage dans divers métiers.

***MORD-A-PÊCHE.** *T. techn.* Gros fil de soie qu'on étire directement de la glande soyeuse du ver et qui sert aux pêcheurs à la ligne à ajuster leurs hameçons; on le désigne aussi sous le nom d'arançon ou *crin de Florence*.

MORDORÉ. Couleur brune mêlée de rouge.

***MOREAU** (JEAN-MICHEL), dessinateur, né à Paris, en 1741, mort en 1814, et désigné sous le nom de *Moreau le jeune* pour le distinguer de son frère Louis, qui s'occupa aussi de peinture et de dessin. De très bonne heure, Moreau se destina à la peinture, entra dans l'atelier de Le Lorrain et suivit, en Russie, son maître qui venait d'être nommé directeur de l'Académie des Beaux-Arts de Saint-Pétersbourg, dont il fut lui-même, à peine âgé de dix-huit ans, nommé professeur. Néanmoins, à la mort de Le Lorrain, le jeune homme abandonna les avantages de cette situation pour revenir dans sa patrie où il se trouva bientôt dans la misère. Le graveur Lebas lui vint en aide en lui confiant quelques travaux, en lui donnant des leçons d'eau-forte, et bientôt après, en le prenant pour collaborateur. C'est que déjà Moreau, grâce à son intelligence et à sa facilité de travail, égalait son maître pour le talent et le surpassait par la légèreté du trait et l'esprit de la composition, qualités qui lui attirèrent de nombreuses commandes pour l'illustration des belles éditions de la fin du XVIIIe siècle. Désigné par Cochin pour le remplacer comme dessinateur des *Menus-Plaisirs*, il a gravé, en cette qualité, les fêtes du mariage du dauphin (Louis XVI), et le sacre de Louis XVI, qui lui valut une place à l'Académie et le titre de graveur du cabinet du roi. Son morceau de réception à l'Académie, en 1789, fut *Appia faisant passer son char sur le corps de son père*, dessin que le Louvre a conservé.

En 1785, Moreau fit le voyage d'Italie pour étudier les merveilles de l'art, et sa manière s'en ressentit à un tel point que les compositions postérieures à cette époque ont un aspect tout différent, plus large, plus chaud, d'un modelé plus savant et d'un trait plus ferme, mais il est, par cela même, moins personnel, et on admire davantage ses premières productions qui représentent l'art du XVIIIe siècle dans ce qu'il a de plus fin et de plus délicat.

La Révolution ruina Moreau, et il dut accepter aux écoles centrales de Paris, la place modeste de professeur de dessin qui le fit vivre pendant plusieurs années. La Restauration venait de lui rendre sa charge de dessinateur au cabinet du roi, malgré ses opinions républicaines avouées, lorsqu'il mourut des suites d'une maladie cancéreuse. L'œuvre gravé de Moreau le jeune est considérable; il se compose de près de 2,400 pièces gravées par lui entièrement, ou terminées par ses élèves et destinées, pour la plupart, à l'illustration. Il a ainsi fourni deux suites pour les œuvres de *Voltaire* et deux pour les œuvres de *Molière*, cent-soixante vignettes pour l'*Histoire de France*, cent pour les *Evangiles* et les *Actes des Apôtres*, vingt-trois pièces très curieuses pour le *Costume moral et physique du XVIIIe siècle*, et enfin, les illustrations si connues de *Racine*, *La Fontaine*, *Regnard*, *Barthélemy*, *Marmontel*, *Montesquieu*, *Delille*, *Gessner*, *Ovide*, de *Psyché*, des *Entretiens* de *Phocion*. Une de ses productions les plus remarquables est la suite d'illustrations pour la *Bible* de Lenormand. Sa fille avait épousé Carle Vernet. On a de Moreau le jeune un beau portrait gravé, en 1787, par Saint-Aubin son élève, d'après un portrait de Cochin.

***MORÉEN.** Tissu de laine, imitant la moire de soie. Cette étoffe, faite dans le principe de pure laine, est aujourd'hui principalement faite en chaîne jute et trame laine; la trame couvre complètement la chaîne. Par l'apprêt et les diverses manipulations que l'on donne, on arrive à produire de forts beaux effets de moiré. Ce tissu, peu usité en France, sert cependant pour jupons, tabliers. En Angleterre, on en fait une énorme consommation, on s'en sert comme rideaux de fenêtres. Les principales couleurs sont : le noir (pour habillement), le rouge (pour meubles), les divers gris et couleurs fantaisie (pour doublures de vêtements de dames).

MORESQUE. — V. MAURESQUE.

MORFIL. *T. techn.* Parties d'acier très ténues, presque imperceptibles, qui restent adhérentes au tranchant d'une lame, après qu'on l'a repassée à la meule, et qu'il faut enlever pour que l'on puisse se servir utilement de l'instrument.

MORGUE. Ce mot lugubre a donné lieu à diverses interprétations : on en a cherché l'étymologie dans toutes les langues, et les dérivations les plus fantaisistes ont été mises en avant. Mercier y voit une altération du qualificatif *morne*, qui convient parfaitement, d'ailleurs, à un tel substantif; Ménage, d'accord avec l'histoire, préfère la vieille acception du mot *morgue*, signifiant aspect du visage et, par extension, air fier et hautain; c'est le sens moderne de l'expression. Il y avait jadis, au guichet des prisons, une salle spéciale où l'on examinait et où l'on faisait examiner par le public la physionomie des gens arrêtés et prévenus d'un crime, afin de pouvoir faire constater leur identité par les personnes qui les connaissaient, ou avaient pu être témoins de leur mauvaise action. Et comme ces gens cherchaient à détourner les soupçons par l'assurance dédaigneuse qu'ils affectaient, on allait, disait-on, contempler leur *morgue*; de là l'application du mot à l'examen du visage des morts trouvés sur la voie publique ou recueillis dans la rivière, bien que les traits de ces malheureux n'aient pas l'expression hautaine des voleurs ou des assassins soupçonnés par la police. De nos jours, une *morgue* est un local dans lequel on expose les cadavres non reconnus, afin d'amener une reconnaissance toujours utile au triple point de vue de l'état civil, de la médecine et de la criminalité.

Toutes les villes de quelque importance ont une morgue établie soit dans un bâtiment spécial, soit dans les dépendances des hospices ou des édifices communaux. La salle des morts, dans les hôpitaux, l'étage inférieur ou les caves des prisons servent généralement à cet usage.

— C'est ainsi qu'à Paris, la Morgue s'est maintenue pendant des siècles dans une des basses geôles du Châtelet. Mercier, dans son *Tableau de Paris*, en fait une description repoussante : les cadavres, dit-il, étaient entassés, empilés les uns sur les autres; le public qui allait les examiner, à la lueur d'une lanterne, était obligé de remuer cette masse hideuse et souvent infecte, pour trouver celui qu'il cherchait.

Cet état de choses subsista jusqu'en l'an XII, époque où l'imminence de la démolition du Châtelet exigea l'établissement d'un asile spécial. On fit choix du Marché-Palu ou Marché-Neuf, dans la Cité, sur la section de quai qui s'étend du pont Saint-Michel au Petit-Pont. La Seine étant alors, comme elle l'est encore aujourd'hui, la grande pourvoyeuse de la Morgue, on crut bon de la placer sur les bords du fleuve, comme elle l'était au Châtelet, comme elle l'est encore aujourd'hui, derrière le chevet de la basilique de Notre-Dame.

La Morgue du Marché-Neuf a son histoire : les insurrections de Paris l'ont plusieurs fois remplie; il existe notamment un tableau représentant les victimes des journées de juillet 1830, qu'on y amena en bateau. Deux ans plus tard, les cholériques tombés morts sur la voie publique y furent aussi transportés. En février, en juin 1848, en décembre 1851, la Morgue du Marché-Neuf a reçu également son funèbre contingent.

Celle du quai de l'Archevêché ne date que de 1864 ; elle a eu cependant ses tristes journées pendant la Commune. Il est question de la déplacer, comme trop peu centrale, et surtout comme mal agencée, mal distribuée pour sa triste destination. On y voudrait, outre les salles d'exposition, de lavage, de dépôt, de greffe, d'autopsie,. etc., de vastes locaux pour les cours de médecine légale qu'on y professe déjà, et qui prendront ailleurs l'extension, l'importance dont ils sont susceptibles.

La reconstruction de la Morgue de Paris, sur un autre point, pose devant le monde des architectes la question du style spécial dans lequel doit être conçu ce monument. Au moyen âge, à la Renaissance, alors que l'art était profondément symbolique, on eût certainement imaginé un mode de construction, des détails, les emblèmes appropriés à un édifice de cette nature; nos bâtisseurs modernes ont fait, au square Notre-Dame, comme au Marché-Neuf, un pavillon vulgaire qui ressemble à tout et ne dit rien au passant.

La police a toujours eu la Morgue dans ses attributions; la découverte d'un cadavre sur la voie publique est, en effet, le point de départ d'une recherche policière, et parfois d'une instruction judiciaire. La salubrité publique exige d'ailleurs des mesures de nature diverse, qui incombent au magistrat chargé de la police de la Cité. C'est ainsi que les cadavres, à leur arrivée dans le funèbre établissement, doivent être déshabillés, lavés, désinfectés, placés dans des cylindres de toile métallique, pour les soustraire aux insectes, quand ils sont dans un état de décomposition avancée, soumis enfin à toutes les manipulations que la prudence et la science exigent.

Les effets, les papiers du défunt doivent être visités avec soin, et l'on doit relever toutes les circonstances de la découverte du corps. En cas de reconnaissance, la personne qui certifie l'identité du mort est conduite chez le commissaire de police du quartier, où elle fait et signe sa déclaration. Si le cadavre n'est pas reconnu après un certain délai, qui varie de un à cinq jours, l'inhumation a lieu, ou le corps est livré aux amphithéâtres d'anatomie.

Les reconnaissances n'avaient lieu autrefois que dans de faibles proportions : 4 sur 10, disent les statisticiens qui voient des chiffres partout; elles seraient aujourd'hui de 9 sur 10.

La statistique, cette grande curieuse, s'est occupée aussi des malheureux exposés à la morgue de Paris, et les a classés par catégories d'âge et de sexe. Selon ses calculateurs, il y a eu, pour une période déterminée : 515 hommes et 115 femmes exposés, de l'âge de 5 à celui de 25 ans ; entre 25 et 45 ans, on compte 1,050 hommes et 192 femmes; de 45 à 65 ans, 599 hommes et 163 femmes; et enfin, 125 hommes et 58 femmes seulement, de 65 à 85 ans.

Nous laissons au lecteur le soin de tirer de ces chiffres les conséquences morales qu'ils renferment; qu'il nous suffise de faire remarquer que la femme, dont la vie est plus sédentaire, paie à la mort violente un tribut moindre que l'homme, et que le milieu de l'existence humaine est la période la plus exposée aux catastrophes. Nos pères, qui voyaient toutes choses avec les yeux de la foi, avaient dans leurs prières un article qui visait la morgue : « de la mort subite et imprévue, délivrez-nous, Seigneur », disaient-ils en leur naïve dévotion. — L. M. T.

* **MORIN** (Arthur-Jules), général et mécanicien français, né à Paris, le 17 octobre 1795, mort le 7 février 1880, à Paris, au Conservatoire des Arts et Métiers qu'il habitait, en qualité de directeur, depuis 1852. Presque tous les travaux du général Morin sont relatifs à la mécanique appliquée. Ils forment la continuation logique et naturelle de ceux de Poncelet, véritable fondateur de la mécanique industrielle; mais ils s'en distinguent par un caractère spécial qui reflète les préoccupations constantes de leur auteur. Peu exigeant en matière de théorie pure, non qu'il méprisât la science pure, mais parce qu'il sentait que sa voie était ailleurs, Morin possédait une admirable entente des besoins de la pratique. S'appuyant sur les principes si nettement posés par Poncelet comme les bases de la mécanique industrielle, il consacra la plus grande partie de sa vie à la détermination expérimentale d'une foule de données numériques dont les ingénieurs ont à chaque instant

besoin, et dont la connaissance exacte peut leur éviter de longues recherches et de dispendieux tâtonnements. Pendant de longues années, il multiplia les expériences souvent très difficiles pour déterminer des coefficients numériques sur le frottement, la raideur des cordes, le tirage des voitures, le choc des corps mous, celui des projectiles, l'effet utile des principaux récepteurs hydrauliques, etc. Grâce à lui, l'usage de ces coefficients devint familier à tous les ingénieurs et constructeurs. Aussi, l'ouvrage dans lequel il a consigné le résultat de ses expériences à côté des formules et des données de toutes sortes qui peuvent intéresser l'industriel, l'*Aide mémoire de mécanique pratique*, a-t-il été traduit en sept langues.

Sorti de l'Ecole polytechnique en 1815, Morin s'adonna quelque temps à l'industrie des forges ; mais il vint bientôt reprendre les épaulettes d'officier d'artillerie, et fut envoyé à l'Ecole d'application de Metz comme répétiteur du cours de mécanique professé par Poncelet; quelque temps après, il fut chargé de ce cours ; puis, en 1839, il vint occuper, au Conservatoire des Arts et Métiers, une chaire de mécanique appliquée qu'on venait de créer exprès pour lui. En 1843, il entra à l'Académie des sciences où il succédait à Coriolis. C'est en 1852 qu'il devint directeur du Conservatoire des Arts et Métiers. Il fut nommé, cette même année, général de brigade, puis général de division, en 1855. En 1862, il devint président de la Société des ingénieurs civils. En 1869, il fit instituer une commission internationale pour l'exécution d'étalons métriques de haute précision, et jusqu'à la fin de sa vie, il s'occupa de toutes les questions délicates que soulèvent la construction et la comparaison des règles et des poids étalons. Il était commandeur de la Légion d'honneur depuis 1854. Parmi diverses inventions originales, on lui doit un dynamomètre et l'appareil classique à indications continues pour l'étude de la loi de la chute des corps. Ses principaux ouvrages sont : *Nouvelles expériences sur le frottement faites à Metz de* 1831 *à* 1833, Paris 1835, 2 volumes in-4° avec 22 planches; *Notice sur divers appareils dynamométriques*, 1836, in-8°; *Expériences sur les roues hydrauliques*, Metz et Paris, 1837, in-4° avec 3 planches ; *Expériences sur les roues hydrauliques à axe vertical appelées turbines*, Metz et Paris, 1838 in-4° ; *Aide mémoire de mécanique pratique*, Paris, 1838, in-8° ; *Mémoire sur la pénétration des projectiles et la rupture des corps solides par le choc*, 1838, in-8° (avec Piobert); *Mémoire sur le pendule balistique*, 1839 ; *Expériences sur le tirage des voitures*, 1840-1842, in-4° ; *Leçons de mécanique pratique*, Paris 1850, 3 vol. in-8° ; *Résistance des matériaux*, 1853, 2 vol. in-8° ; *Hydraulique*, 1858, in-8° ; *Notions géométriques sur les mouvements et leurs transformations*, 1861, in-8° ; *Machines et appareils destinés à l'élévation des eaux*, *à* Paris, 1863, in-8° avec 9 planches. — M. F.

MORION. *T. de coiff. milit. anc.* Casque des arbalétriers, des arquebusiers, des piquiers du XVIe et du XVIIe siècle ; il était en fer et surmonté d'une crête fortement prononcée ; ses bords, abaissés sur les oreilles, se retroussaient devant et derrière. — V. ARMURE.

***MORNÉ, ÉE.** *Art. hérald.* Se dit de l'animal privé de ses armes naturelles et représenté sans bec, ni griffes, ni dents, ni langue, ni queue.

MORPHÉE. *Myth.* C'est le fils ou le ministre du Sommeil et de la Nuit ; on le représente sous les traits d'un jeune éphèbe endormi et couronné de fleurs de pavot, ou encore sous la figure d'un vieillard barbu, tenant une corne d'où s'échappent les songes, les visions, les apparitions nocturnes ; de grandes ailes de papillon indiquent qu'il plane sans bruit dans les ténèbres.

MORPHINE. *T. de chim.*

$$C^{34}H^{19}AzO^{6} \ldots \overline{C}^{17}H^{19}Az\overline{O}^{3}$$

Un des nombreux alcaloïdes contenus dans l'opium, suc concret du *papaver somniferum*. L., famille des papavéracées.

Ce corps a été découvert par Sertuerner, en 1804, mais lui et ses collaborateurs, Séguin et Derosne, ne reconnurent pas alors sa véritable fonction ; ce n'est qu'en 1817, que Sertuerner en démontra l'alcalinité. C'est le premier alcaloïde organique qui ait été isolé.

Caractères. La morphine cristallise en prismes droits rectangulaires ou en octaèdres, gardant une molécule d'eau (6 0/0); elle est amère, inodore, fond par l'action de la chaleur, mais se détruit au rouge; de plus, si on la porte en vase clos, à la température de 150°, en présence de l'acide chlorhydrique, au bout de 2 à 3 heures, elle se transforme en un nouveau corps, l'*apomorphine*,

$$C^{34}H^{17}AzO^{4} \ldots \overline{C}^{17}H^{17}Az\overline{O}^{2},$$

corps doué de propriétés vomitives ; elle est soluble dans 1,000 parties d'eau froide, 400 parties d'eau bouillante, 24 parties d'alcool absolu bouillant, et 40 parties d'alcool absolu froid; dans les corps gras, les huiles essentielles, les alcalis et les acides. Lorsque la morphine est cristallisée depuis quelque temps, elle est presque insoluble dans l'éther ou le chloroforme. Elle dévie à gauche le plan de la lumière polarisée $\alpha_D = -67°,5$. Chauffée en vase clos, à 300°, elle dégage du carbonate d'ammoniaque ; avec la potasse, elle forme, sous l'influence de la chaleur, de la méthylamine $(C^2H^3)AzH^3 \ldots (\overline{C}H^3)H^2Az$, vers 200°.

Caractères spécifiques. La morphine donne, avec les réactifs, les caractères suivants : avec l'*acide azotique*, coloration rouge, ne devenant pas violette par l'action du bichlorure d'étain ou du sulfure d'ammonium ; avec l'*acide iodique* (à 1/10), réduction (l'iode est alors souvent sans action sur l'hydrate amylacé, mais il colore le sulfure de carbone) ; avec l'*acide sulfurique*, coloration brune, vers 100°; avec le *bichlorure d'or*, précipité à teinte bleuâtre (réduction); avec le *bichlorure de platine*, formation d'un précipité jaune; avec l'*azotate d'argent ammoniacal*, précipité blanc, réduit à 100°; avec le *perchlorure de fer*, coloration bleue, fugace; avec l'*eau chlorée* et addition d'ammoniaque, coloration rouge brun, à chaud ; avec l'*iodure de potassium ioduré*, précipité brun; avec le *sulfocyanure de potassium*, précipité blanc; avec le *ferri-*

cyanure de potassium, coloration verte, mais à 100° seulement; avec l'*acide tannique*, précipité blanc léger; avec le *permanganate de potasse*, teinte jaune brun; avec le *réactif de Frœhde*, coloration violette, devenant verte, brune, jaune, et repassant au bleu violacé.

Etat naturel. La morphine se trouve à l'état de combinaison, unie à l'acide méconique, dans les opiums exotiques; dans les opiums indigènes, elle est souvent à l'état de sulfate. Sa proportion varie suivant les provenances de l'opium; l'opium chinois n'en renferme que 3 0/0; celui de Smyrne 12 0/0 en moyenne; celui de France (peu employé) jusqu'à 20 0/0. La plus forte dose qu'on en ait jamais signalé est 22,8 0/0.

Action physiologique. Claude Bernard a démontré que l'action des principaux alcaloïdes de l'opium était triple: ils sont soporifiques, convulsifs et toxiques; sous ce rapport, l'action de la morphine comme soporifique vient en seconde ligne, après la narcéine, mais en cinquième ligne seulement comme convulsivante ou toxique; M. Rabuteau la range en tête des soporifiques et des toxiques isolés de l'opium, et lui accorde le maximum d'action analgésique et anexosmotique.

Préparation. 1° L'opium divisé en petits fragments est épuisé par huit fois son poids d'eau; après 24 heures, on décante le liquide, et on répète deux fois la même opération. Toutes les liqueurs réunies ensemble, on les concentre en consistance de masse molle, puis on reprend l'extrait par douze fois son poids d'eau. Le liquide décanté après repos, est à nouveau chauffé jusqu'à ce qu'il ait une densité de 10° Baumé ($D = 1,036$) à l'ébullition; puis additionné d'un excès de carbonate de soude. La morphine se précipite, on la recueille sur un filtre, on la lave avec de l'acide acétique faible (4° Baumé) qui la transforme en acétate, puis on décompose le sel par l'ammoniaque, et on purifie la morphine précipitée en la redissolvant dans l'alcool bouillant (Merck);

2° Soubeiran a indiqué un procédé dans lequel il transforme la morphine en chlorhydrate avant de la précipiter à nouveau;

3° Dans le procédé de Grégory, on décompose l'extrait aqueux d'opium, amené à faire une solution marquant 1,075, par une solution de chlorure de calcium (120 grammes de ce sel pour chaque kilogramme d'opium); on forme ainsi du méconate de chaux et du sulfate, qui se déposent, et il reste en dissolution du chlorhydrate de morphine et de codéine. Les liqueurs colorées sont agitées avec du charbon animal, puis jetées sur un filtre, et dans la liqueur claire on verse de l'ammoniaque. Ce réactif précipite la morphine et laisse le sel de codéine en solution.

Altérations. La morphine mal préparée garde quelques principes colorants, et est souvent mélangée de narcotine. Pour l'obtenir à l'état de pureté, il suffit de l'agiter, après dissolution, avec du charbon animal lavé, pour la décolorer, ou bien de laver les cristaux avec de l'éther, qui dissout la narcotine sans enlever la morphine.

Falsifications. On a rencontré cet alcaloïde altéré par l'addition de carbonate ou de sulfate de chaux; pour retrouver ces produits, on dissoudra le mélange dans de l'eau acidulée par l'acide chlorhydrique. L'effervescence, qui se produira de suite, montrerait la présence du carbonate, puis, dans le liquide filtré, le chlorure de baryum, l'oxalate d'ammoniaque donneraient des précipités blancs, caractérisant l'acide sulfurique et la chaux.

Usages. La morphine, surtout à l'état de combinaison, sert dans un grand nombre de cas, que ses propriétés physiologiques permettent de prévoir; on l'utilise aussi pour préparer l'apomorphine et ses sels, la méthylamine, etc. — J. C.

MORS. *T. techn.* Ensemble des pièces qui servent à brider un cheval. || Chacune des mâchoires d'une tenaille, d'un étau, etc. || Bord du carton que le relieur loge dans la rainure du même nom, qu'il pratique sur le bord du premier et du dernier cahier d'un volume, du côté du dos.

***MORSURE.** *T. techn.* Ce mot désigne l'opération qu'effectue le graveur lorsqu'il grave une plaque de métal à l'aide d'un mordant. C'est grâce à la morsure qu'on obtient la gravure, dite *chimique*, c'est-à-dire réalisée sans le secours du burin, ou encore, la gravure à l'*eau-forte*. Pour que la morsure se produise seulement dans les parties du métal à creuser, la plaque métallique doit avoir été préalablement recouverte d'un enduit, vernis ou réserve susceptible de résister à l'action du mordant, lequel est formé par de l'eau acidulée, soit d'acide sulfurique, soit d'acide azotique, soit enfin, par du perchlorure de fer en dissolution alcoolique ou aqueuse.

Les vernis protecteurs du métal sont composés d'une matière grasse telle que de la cire ou des matières similaires, ou bien encore de la gomme laque, de la résine, du bitume de Judée ou, enfin, de l'albumine et de la gélatine. Ces trois dernières substances servent surtout aux réserves obtenues par voie photographique. Quel que soit le corps employé à former réserve, on fait agir, suivant les cas, un mordant approprié à l'œuvre à réaliser.

Le degré de force du mordant doit évidemment varier suivant la nature du métal à creuser et aussi suivant la profondeur à atteindre.

On fait, à l'aide de la gravure chimique, des gravures de deux sortes : 1° les gravures en creux, telles que l'*eau-forte* proprement dite, l'*aqua-tinte* et la *gravure en manière noire*; 2° la *gravure en relief* ou *typographique*.

Lorsqu'on emploie l'albumine ou la gélatine bichromatée pour former les réserves, on a recours à la morsure au perchlorure de fer, car l'eau acidulée d'acide sulfurique ou nitrique attaquerait ces enduits formés de matières organiques, peu stables.

L'albumine bichromatée sert pour les gravures de sujets au trait. La gélatine bichromatée est employée pour les gravures en creux d'après des sujets à demi-teintes continues. Dans ce dernier cas, on pratique la morsure avec du perchlorure de fer, liquide à 45°, additionné de quelques traces d'acide chlorhydrique.

Avant de procéder à l'opération de la morsure,

quel que soit le mordant employé, il convient de recouvrir d'un vernis protecteur sur les bords et en dessous, toutes les parties de la plaque, que ne doit pas attaquer le mordant. On se sert, à cet effet, d'une dissolution de bitume de Judée dans de la benzine. — L. V.

MORT. *Iconol.* Les anciens professaient pour la mort une horreur toute spéciale. Sa vue les blessait, ils n'en acceptaient l'idée que comme un stimulant à jouir de la vie ; ils observaient scrupuleusement un proverbe qui résumait toutes leurs idées à cet égard : *vivamus pereundum* ; profitons de la vie, car nous sommes destinés à mourir. En de telles conditions ils devaient représenter la Mort sous un aspect et avec des attributs tout à fait différents de ceux qui lui furent prêtés par les artistes chrétiens, le christianisme ayant toujours recherché la mort pour en savourer d'avance à la fois toutes les horreurs et toutes les délivrances.

Les Hellènes rapprochaient toujours la *Mort* du *Sommeil* son frère. Le meilleur exemple de cette perpétuelle réunion se trouve dans un monument parvenu jusqu'à nous : la Nuit tient dans ses bras deux enfants endormis ; celui de droite, blanc, est le Sommeil ; celui de gauche, noir, et qui guette sa proie à travers ses paupières mi-closes, c'est la Mort. Les Grecs la représentaient aussi fort souvent sous les traits d'une jeune femme douce et triste, les yeux fixés à terre, enveloppée de voiles et tenant à la main une faux. Un camée encore plus symbolique présente un pied ailé, un caducée et un papillon. Le pied ailé rappelle celui qui n'est plus et qui suit Mercure à travers les airs, le papillon, l'âme du mort s'envolant dans le ciel. Chez les Etrusques, la Mort prit des figures horribles de Gorgone, de loups furieux. Les Romains l'imaginèrent comme un jeune génie triste, portant un flambeau renversé. Le squelette cependant leur servit parfois aussi à représenter la Mort. Une sardoine montre rapprochés un crâne et un trépied chargé de mets ; l'intention est expliquée par l'inscription suivante : « Bois et mange et couronne-toi de fleurs, car nous serons bientôt ainsi. » Trimalcion, au milieu des festins, faisait apporter un squelette d'argent en invitant ses amis à jouir du temps présent. Enfin, une autre sardoine, trouvée à Cumes en 1810, représente trois squelettes dansant devant un paysan qui joue de la flûte double.

On ne peut donc pas affirmer que l'idée de la Danse des Morts appartienne au moyen âge. Pourtant c'est lui qui donne ce caractère de terrible philosophie, d'ironie profonde, de cuisante satire arrivées à leur apogée dans l'œuvre d'Holbein. Quelle horreur se dégage de cette suite de tableaux, du désespoir impuissant de l'homme contre la mort, à quelque rang qu'il appartienne, pape, roi ou mendiant !

D'autres danses des morts sont dues à Aldgrever (1541), Jost Amman, J. Danneker (1544), Bodenehr.

Parmi les estampes où la Mort joue un rôle actif nous citerons : *L'Oisellerie de la Mort*, de Torbido del Moro ; *La Mort faisant tomber les mortels dans ses filets*, de Cimerlini ; *La Mort surprenant une jeune mondaine devant sa glace*, de Daniel de Hopfer ; *La Mort surprenant une comtesse couchée avec son amant ; La Mort, les soldats et la femme*, d'Ursus Graf (1524) ; *La Mort surprenant une femme à sa toilette*, de Jacob Gheyre, le vieux ; *La Mort et une femme nue*, de Melchior Nerch (1590) ; *La Mort se saisissant d'une femme*, de Barth. Beham ; *Les deux impudiques et la Mort*, du même ; *Un moine saisi par la Mort*, de Cornélis Bos ; *La Mort sur un cheval ailé tire un coup de pistolet à un cavalier*, de Hondrius le jeune ; *Le soldat vaincu par la Mort*, de Al. Claus ; *La Mort de l'avare*, de M. T. Martin, le jeune ; *La mort de l'usurier*, de B. Claas ; *La Mort qui offre de l'argent à une jeune fille*, de J. Gheyre, le vieux ; *Une jeune fille tentant d'échapper à la Mort qui tue un jeune homme*, de H. de Burgkmair ; *La Mort, le diable et le chevalier*, d'Albert Dürer, etc.

Les anciens artistes allemands n'hésitaient pas à introduire la Mort dans des compositions destinées à plaire. Ainsi, dans un portrait que Hans Burgkmair a peint de lui-même et de sa femme, celle-ci tient à la main un miroir, où les deux époux sont réfléchis avec des têtes de morts. Cornelis Galle a gravé d'après Van der Horst, *Le Temps tirant un rideau et découvrant un miroir où apparaît la Mort* ; Philippe Brinckmann a peint *La Mort embouchant la trompette* ; Giorgio Ghisi, *Un cimetière, et des squelettes sortant du tombeau* : Stefano della Bella, *La Mort enlevant des humains de tout âge* et *La Mort à cheval* ; M. Le Blond, *La Mort en différentes attitudes* ; Barth. Beham, *Un enfant dormant à côté d'une tête de mort* ; C. de Jode, J. Granieri ont traité le même sujet : E. de Caym, *Une tête de mort avec la devise « Ecce quid eris »* ; Valentin Gens, *Un vieillard pleurant la Mort de son âme*. Juan Mendès Léal a peint pour l'hospice de la Charité de Séville, *Les deux cadavres*, dont l'un, l'archevêque en pourriture, faisait dire à Murillo qu'il fallait se boucher le nez devant ce tableau ; Girolamo Ferabosco, *La Mort saisissant une jeune femme par la main*. Orcagna a décoré le Campo Santo de Pise du *Triomphe de la Mort*.

Les contemporains ont souvent aussi mis en scène la Mort. Thorwaldsen a sculpté *La Mort et l'Immortalité*, pour le tombeau du duc Eugène de Leuchtenberg, à Münich. Rethel a montré *La Mort amie*, *La Mort dans un bal masqué* et *La Mort dirigeant la révolution de 1848 en Autriche*. M. Gustave Moreau a peint, *Le jeune homme et la Mort*. Rappelons enfin *La Mort gardant le secret de la tombe*, admirable statue de M. René de Saint-Marceaux (1879).

Nous n'essaierons pas de citer les compositions innombrables inspirées de la réalité et qui ont pour sujet la mort d'un personnage historique.

MORTAISE. *T. techn.* Logement pratiqué dans une pièce de bois ou de métal pour recevoir un tenon, une clavette d'assemblage, ou une clavette guide. Les mortaises peuvent être droites, obliques, rectangulaires, à queue d'aronde, etc. Lorsque l'on veut réunir ensemble deux bouts d'arbres terminés par des plateaux, on perce d'abord un certain nombre de trous de boulons, puis on découpe une mortaise à mi-partie dans chacun des plateaux, suivant un diamètre, pour éviter que l'effort d'entraînement s'exerce uniquement sur les boulons. La fixation d'une manivelle sur son arbre, d'une roue sur son essieu, d'un piston sur sa tige, d'un chapeau de bielle sur sa bielle, etc., s'opère généralement au moyen de mortaises et de clavettes. Les assemblages le plus fréquemment employés en menuiserie sont les assemblages droits ou obliques, à tenon et mortaise, et ceux à plusieurs mortaises. || *T. de mar.* Trou carré que porte la tête d'un cabestan et dans lequel on place une des barres. Vide pratiqué dans la caisse d'une poulie pour recevoir le réa ; dans la muraille d'un bâtiment pour y placer un chaumard ; dans la caisse d'un mât de hune pour livrer passage à la clef ; la mortaise dans laquelle est logée la poulie de la guinderesse (fort filin qui sert à hisser le mât de hune) porte le nom de *clan* du mât de hune.

***MORTAISER** (Machine à). La figure 308 représente un type de machine à mortaiser de Bouhey,

Cette machine se compose d'un solide bâti en fonte, ayant la forme d'un fer à cheval doublé. La branche supérieure du premier fer est fermement reliée aux fondations, établies dans le sol, par des boulons de fixation; elle porte les divers mouvements de commande du chariot sur lequel on centre la pièce à mortaiser, dans la position convenable au-dessous du porte-outil. Celui-ci est guidé dans son mouvement rectiligne alternatif par deux coulisses pratiquées dans les deux branches du fer supérieur; le mouvement est communiqué au porte-outil, par une bielle articulée sur un bouton logé dans la cannelure d'un tourteau assujetti à un mouvement de rotation. La course de l'outil varie en raison de la distance du centre du bouton au centre de figure du tourteau. L'outil a généralement la forme d'un bec d'âne auquel on donne des dimensions en rapport avec la mortaise que l'on veut enlever. Le mouvement de la pièce à mortaiser peut être rectiligne ou circulaire; selon la forme choisie pour la mortaise, on met en jeu l'un ou l'autre des engrenages qui permettent le rapprochement ou l'écartement du chariot, ou sa motion circulaire autour de son pivot. Le plus souvent, lorsqu'une mortaise doit être enlevée dans une partie quelconque d'une pièce, celle-ci passe d'abord sous une machine à percer; l'espace que doit occuper la mortaise y est évidé partiellement par des trous presque tangents l'un à l'autre, et l'outil de la machine à mortaiser n'a plus qu'à enlever l'excédent de matière contenu entre les contours de la mortaise et les trous. La machine à mortaiser que MM. Ducommun et Dubief, ingénieurs à Mulhouse, emploient depuis longtemps pour pratiquer des mortaises dans des roues ou des poulies d'un diamètre quelconque, se distingue par une disposition qui permet d'éviter les encombrants bâtis des machines à mortaiser ordinaires, le porte à faux de l'outil de ces machines et, enfin, quel que soit le diamètre de l'objet à mortaiser, on peut toujours le placer sur le support de la machine.

Fig. 308. — *Machine à mortaiser.*

Les machines à mortaiser le bois sont de formes très diverses. La caractéristique de ces machines est la vitesse considérable imprimée à l'outil tranchant. Celui-ci n'est autre qu'une molette qui donne de trois à quatre mille tours par minute et qui est composée de lames en acier enchâssées dans un petit moyeu en fonte.

I. **MORTIER**. D'une façon générale, on donne le nom de *mortier* à toute matière, ou tout mélange de matières amenées d'abord à l'état de pâte, que l'on interpose entre deux corps que l'on veut faire adhérer. Plus particulièrement, on réserve ce nom de *mortier* aux substances employées à réunir les matériaux dans les constructions; ils ont la propriété de durcir en adhérant plus ou moins fortement aux matériaux qu'ils sont chargés de réunir, de manière à en former des masses solides, et dont la résistance soit, pour ainsi dire, indéfinie. Dans les autres cas, on se sert de *mastics*, de *luts*, etc. — V. ces mots.

Différentes espèces de mortiers. Les mortiers peuvent se diviser en deux grandes classes: les *mortiers simples* et les *mortiers composés.*

Les *mortiers simples* sont ceux dans lesquels il n'est fait usage que d'une matière interposée entre les matériaux à réunir; les *mortiers composés* sont ceux qui sont formés par la réunion de deux ou plusieurs matières réunies entre elles par un procédé quelconque, généralement le *malaxage.*

Dans la première classe se trouvent les mortiers de terre, de chaux, de plâtre, de ciment, etc. Dans les seconds, on rencontre les mortiers de chaux et sable; de chaux, sable et ciment, etc.

On conçoit que la solidité des édifices dépend, en grande partie, de la qualité des mortiers employés dans leur construction. La recherche des procédés employés par les anciens, et notamment par les Romains, dans la fabrication de leurs mortiers qui ont défié les âges; les progrès de la chimie qui ont permis d'acquérir par analyse et par synthèse une connaissance complète de la constitution des mortiers; des observations minutieuses sur les effets des agents physiques auxquels les mortiers peuvent être soumis; tous les procédés enfin d'exploration et d'étude que la science moderne a mis à la disposition des constructeurs, ont apporté dans la confection des mortiers des progrès considérables et qui permettent d'obtenir, par des dosages convenables, des mortiers d'une résistance donnée, quels que soient les éléments dont on dispose.

Mortier de terre. Le mortier de terre s'emploie plus spécialement dans les constructions dites de *pisé* (V. ce mot). Ce mode de construction est très employé encore dans le Midi de la France, et surtout dans les départements de l'Ain, du Rhône, de l'Isère, etc. Ces constructions bien faites sont saines, fraîches et avantageuses. Toutes les terres qui ne sont ni trop grasses ni trop maigres sont convenables. La terre argileuse, dite *terre franche*, un peu graveleuse, est la meilleure. Toutes les fois qu'avec une pioche, une bêche ou une charrue on enlève des mottes de terre qu'il faut briser pour les désunir, cette terre est bonne pour piser. La terre doit être préparée par un passage à la claie où se retiennent les cailloux et les parties trop grosses; on la brasse alors avec un peu d'eau jusqu'à consistance de pâte; puis on achève de la mélanger dans l'auge avec la quantité d'eau nécessaire. On s'en sert au moyen de la truelle pour réunir les briques ou carreaux de terre crue, qui constituent ce genre de constructions.

Ce mortier, bien composé, adhère d'une façon parfaite aux éléments de cette maçonnerie. On laisse sécher très longtemps toute la construction, que l'on enduit ensuite d'un lait de chaux assez épais pour empêcher la pluie de le dégrader trop rapidement. Il ne faut pas craindre de laisser le pisé longtemps à l'air quand il a été bien fait, parce que, plus il est sec, mieux l'enduit s'y attache.

Quelquefois aussi on réunit par du mortier de terre, pour la construction des murs de clôture, des matériaux plus consistants, tels que galets roulés, caillasses, pierres meulières, et même des moellons de roches taillés ou en fragments de toutes grosseurs. Dans ce cas, on ajoute généralement à la terre un lait de chaux avec lequel on fait le gâchage au lieu d'employer de l'eau ordinaire.

Enfin on fait aussi des mortiers composés de terre et de chaux grasse, dans la proportion de 20 à 30 0/0 de chaux sur 100 de mélange : quand on dépasse ces quantités, il est préférable, à moins d'impossibilité absolue, de remplacer la terre par le sable et de se servir des mortiers dont nous allons donner la composition et indiquer le mode de fabrication.

Mortier de plâtre. Nous indiquons à l'article PLÂTRE les procédés de fabrication et les usages de cette matière. Ici nous ne parlerons que de son mode d'emploi comme mortier. Le plâtre, réduit en poudre, n'a pas besoin de l'addition d'autres matières pour former un mortier d'une dureté moyenne; il suffit de le gâcher avec une certaine quantité d'eau pour provoquer sa *prise*, sorte de cristallisation confuse qui lui fait reprendre sa solidité primitive, qui est celle d'une pierre tendre. Il adhère alors parfaitement aux terres crues ou cuites, au bois, à la pierre, etc. Mais il faut éviter de l'employer dans les lieux humides; au sec, il se conserve parfaitement bien.

On *gâche* le plâtre, en l'additionnant d'un volume d'eau à peu près égal au tiers. Cette quantité d'eau varie suivant l'usage auquel le mortier est destiné. On gâche *serré*, c'est-à-dire que la quantité d'eau est plus faible, lorsqu'on a besoin que le plâtre conserve toute son énergie, comme, par exemple, dans les scellements : il faut alors l'employer avec rapidité. On gâche *clair*, lorsqu'au contraire on a besoin que le lien se produise avec plus de lenteur, et que le durcissement se fasse progressivement, comme dans les constructions; alors on met à peu près autant d'eau que de plâtre; enfin lorsqu'on veut faire pénétrer le plâtre dans des trous où la truelle ne peut atteindre, et pour donner de l'homogénéité à la construction, on gâche avec plus d'eau encore; on forme ce qu'on appelle un *coulis* qu'on répand sur la construction après l'avoir entourée, au préalable, d'une sorte de caisson pour que le coulis ne se répande qu'aux endroits où il est utile.

Les sacs de plâtre vendus à Paris sont de 40 au mètre cube; c'est-à-dire qu'ils contiennent 25 litres. L'expérience a indiqué les quantités d'eau suivantes pour le plâtre bien cuit et de bonne qualité : 1° pour gâcher clair : 30 litres d'eau par sac; 2° pour hourdis de maçonneries et pour crépis, on emploie 18 litres par sac.

On doit prendre certaines précautions en gâchant le plâtre : on se sert d'une auge de maçon ordinaire, de forme trapézoïdale ou de pyramide quadrangulaire dont la plus petite base est fermée; on verse d'abord dans l'auge la quantité d'eau nécessaire; on sème alors le plâtre uniformément à l'aide d'une truelle en cuivre. Le maçon remue le mélange avec cette truelle qu'il agite dans tous les sens, en cassant, avec la main gauche, les grumeaux formés par la *mouchette* ou qui naissent par le gâchage même. Si le plâtre a été coulé un peu clair pour l'emploi auquel il le destine, le maçon attend quelques instants et le laisse *couder*, c'est-à-dire prendre une légère consistance; quand il est à point, il faut alors l'employer avec la plus grande rapidité, car dès qu'il a commencé à couder, la prise a lieu très vivement.

Un mètre cube de plâtre en poudre produit environ $1^{m^3},18$ de mortier; après la première heure de mise en œuvre, il s'est produit un léger gonflement de 1/2 0/0 qui augmente ensuite très lentement, et qui atteint à peu près 1 0/0 après 30 ou 35 heures d'emploi. Ensuite, le mortier reste absolument stable. Ce phénomène de gonflement du plâtre doit être très surveillé, car la force d'expansion qui lui est due est quelquefois assez considérable pour détruire la maçonnerie. Aussi, mélange-t-on souvent le plâtre avec des matières inertes, comme, par exemple, dans la pose des carreaux de poteries ou de mosaïques pour vestibules, cuisines, couloirs, etc. On introduit dans l'auge, pendant le gâchage, des débris de vieux plâtres broyés et tamisés, de la terre à poêle, etc. On donne à ces matières inertes qui ont pour but de s'opposer à la force d'expansion du plâtre, le nom général de *musique*.

Le mortier de plâtre est loin d'avoir la dureté et la ténacité des mortiers de chaux que nous allons étudier et qui durcissent avec le temps. Le mortier de plâtre se conduit d'une façon tout à fait inverse. Aussi, les expériences de plusieurs architectes, et celles de Rondelet notamment, ont démontré que le mortier de plâtre qui unit deux briques avec un tiers de plus de force à l'origine qu'un mortier de chaux, perd de sa force à mesure qu'il vieillit. On sait que tout au contraire, la dureté du mortier de chaux va en augmentant par le phénomène de la *carbonatation superficielle* et *progressive* dont nous avons déjà parlé à l'article CHAUX.

Le mortier de plâtre arrive à sa cohésion finale après un mois d'exposition à l'air, sous une température de 20 à 25° centigrades. Sa résistance maxima à la traction varie de 12 à 16 kilogrammes par centimètre carré de section.

Employé dans des lieux humides, le mortier de plâtre n'atteint même jamais une telle cohésion.

On conçoit, d'après tout ce que nous venons de

dire, que l'addition de matières étrangères, des sables par exemple, dans la confection des mortiers de plâtre, masque les propriétés de ce produit, de telle sorte qu'un mortier, composé par exemple, de parties égales, en volume, de plâtre et de sable ne présenterait plus qu'une ténacité de 4 à 2 1/2 kilogrammes. Aussi le plâtre, utilisé comme mortier, est-il presque toujours employé seul, sauf, comme nous l'avons indiqué, dans la pose des dalles et carrelages.

Mortier de chaux. Les chaux employées dans les constructions se divisent en *chaux grasses*, *chaux maigres* et *chaux hydrauliques* (V. CHAUX). Il y a donc des mortiers de chaux grasses, des mortiers de chaux maigres et des mortiers de chaux hydrauliques, auxquels, par une extension naturelle, on a donné les noms de *mortiers gras*, *mortiers maigres*, *mortiers hydrauliques*. Les procédés de fabrication des mortiers sont absolument les mêmes dans les trois cas. Aussi les réunissons-nous dans la même description, en indiquant seulement quelques différences ou précautions spéciales.

La première opération consiste dans *l'extinction de la chaux*, opération qui a pour but de combiner la chaux avec une quantité convenable d'eau.

Il y a trois procédés principaux employés pour éteindre la chaux. Cette opération préliminaire ayant une très grande influence dans la fabrication des mortiers, nous allons entrer dans quelques détails à ce sujet.

La méthode le plus ordinairement employée et dite méthode *par fusion*, consiste à mélanger la chaux à une quantité d'eau convenable pour en faire une bouillie épaisse. La chaux, comme nous l'avons déjà indiqué, développe une grande quantité de chaleur, se fend avec un crépitement particulier, se boursoufle et se réduit en pâte ou en bouillie. Ces phénomènes sont plus ou moins prononcés suivant la qualité de la chaux employée. En général, ce procédé demande une grande surveillance, parce que dans le but de s'éviter la dépense de force qu'exige la fabrication ultérieure du mortier, les ouvriers sont toujours portés à éteindre avec une grande quantité d'eau, à *noyer* la chaux, comme on dit, ce qui lui fait perdre une partie de sa précieuse qualité, son durcissement postérieur à l'air par carbonatation. Certains morceaux plus cuits que d'autres, ou insuffisamment cuits, sont trop lents à prendre l'eau qui leur est nécessaire pour s'éteindre; d'autres morceaux, si le mélange n'est pas suffisamment remué, peuvent être retardés dans leur extinction; ils décrépitent à sec en dégageant une haute température, et lorsqu'on les arrose à nouveau, ils se divisent fort mal. Il faut donc surveiller avec soin l'opération à son début et ajouter de suite l'eau nécessaire avec des arrosoirs qui permettent de toucher les parties du mélange insuffisamment éteintes. On doit rejeter les biscuits et les incuits.

Nous avons dit que la chaux *foisonne* par l'extinction ; que la chaux grasse, éteinte en bouillie fort épaisse, donne deux ou trois volumes pour un; que les chaux maigres ne fournissent que un volume et demi et même un volume un quart; enfin que les chaux hydrauliques donnent au maximum 1,75 à 2 fois leur volume.

La chaux grasse éteinte par ce procédé forme une pâte qui, exposée à l'humidité, peut se conserver molle assez longtemps, indéfiniment même, avant l'emploi, sans que ses propriétés soient altérées. Mais il n'en est pas de même des chaux maigres et surtout de la chaux hydraulique qui durcissent en très peu de temps. Si l'on veut en faire usage, il faut la concasser, la détremper en y ajoutant de l'eau, et la brasser fortement. Mais on conçoit qu'on ne puisse en obtenir que des mortiers détestables, car on opère ainsi sur une chaux déjà *amortie* et qui a perdu conséquemment toutes ses qualités.

Lorsqu'on n'a qu'une faible quantité de chaux à éteindre, on se contente d'opérer sur une aire bien battue que l'on entoure d'une bordure circulaire de sable. Dans l'espèce de bassin formé par ce sable, on mélange la chaux et l'eau en quantité suffisante, et l'on agite avec des rabots jusqu'à ce qu'on soit bien sûr que toutes les parties de chaux sont éteintes. On laisse alors le mélange s'opérer et foisonner en l'abandonnant à lui-même.

Lorsqu'on doit opérer, au contraire, sur de grandes quantités, dans les grands chantiers de construction, on fait, en planches ou en maçonneries, des fosses d'une contenance qui ne doit pas dépasser 14 à 16 mètres cubes. On dispose ces fosses autour et au-dessous d'une fosse plus vaste où se fait l'extinction, et d'où s'écoule la chaux en pâte pour se rendre dans les fosses où le mélange s'achève et se repose; on emploie ensuite la chaux au fur et à mesure des besoins en commençant par la fosse la plus ancienne. Ce procédé convient très bien lorsqu'on se sert de la chaux grasse qui ne perd pas ses qualités après l'extinction ; il se fait même une évaporation d'une partie de l'eau en excès qui est favorable à la fabrication et surtout à l'emploi ultérieur du mortier.

Il n'en est pas de même de la chaux hydraulique. Si l'on appliquait ce procédé, il faudrait ne le faire que dans le cas où la quantité éteinte serait très rapidement employée. Dans ce cas, on peut disposer son atelier de manière que, la fosse d'extinction étant à la partie supérieure, les fosses intermédiaires soient situées justement au-dessus des malaxeurs, de sorte que les chaux éteintes n'aient qu'à descendre au lieu d'être bardées ou brouettées, et puissent arriver plus vite, par l'effet de la gravité, dans les malaxeurs.

Un second procédé est le procédé *par immersion*, qui consiste à plonger la chaux vive dans l'eau pendant quelques secondes, et à la retirer avant qu'elle n'ait fusé. Elle siffle, éclate avec bruit, répand des vapeurs brûlantes et tombe en poussière. On obtient le même résultat par une aspersion d'eau, faite au moyen d'un arrosoir, sur la chaux vive, étalée sur une aire en une couche de 0,10 à 0,15 d'épaisseur. On peut la conserver longtemps dans cet état pourvu qu'on la mette à l'abri de l'humidité. Elle ne perd pas alors ses qualités, et quand on la détrempe au moment de l'emploi, elle ne s'échauffe plus.

La chaux grasse éteinte par ce procédé foisonne de 1/2 à 3/4 de volume; elle reprendra encore environ 25 0/0 de ce nouveau volume à la fabrication du mortier. La chaux hydraulique foisonne de 75, de 80 0/0, et même double de volume suivant son *indice* d'hydraulicité (V. Chaux hydraulique), mais elle ne foisonne plus à l'emploi.

Voici comment se fait industriellement l'opération. La chaux à éteindre est placée par petites quantités dans des paniers en métal ou dans des seaux à fond mobile suspendus à la volée d'une grue. On les plonge un moment dans l'eau, puis on les enlève rapidement; on fait pivoter la grue et on amène la chaux au-dessus d'une chambre en maçonnerie où on la jette. Elle fuse bientôt et se réduit en poussière. On la fait alors tomber au moyen d'une trémie dans un cylindre incliné en tôle percé de trous et animé d'un mouvement rapide de rotation. La chaux pulvérulente passe à travers les trous de cette espèce de blutoir, et les incuits et les biscuits qui n'ont pu s'éteindre sortent en fragments à l'extrémité du cylindre en tôle. Ce procédé donne donc, comme on le voit, le moyen de séparer les incuits et les biscuits d'une manière complète et rapide. La chambre où s'accumule la chaux éteinte et blutée est généralement située au-dessus du magasin de vente ou de distribution; elle y parvient par le moyen de trémies ensachoires qui la déversent dans des sacs de toile bien fermés contenant généralement 50 litres; c'est au moins la mesure ordinaire du commerce.

Pour la chaux grasse, on doit la réduire en très petits fragments et la renfermer rapidement dans des futailles avant qu'elle ne fuse. Sans cette précaution, la chaux ne retient pas assez d'eau et se divise en fragments qui, à la détrempe, sont retardés et ne se réduisent pas bien en pâte, comme nous l'avons indiqué dans le premier procédé.

Enfin il existe un troisième moyen d'extinction qui consiste à abandonner au contact de l'air pendant un temps plus ou moins long, la chaux à éteindre. C'est *l'extinction spontanée*. La chaux se réduit en poussière en dégageant peu de chaleur; mais c'est le procédé qui favorise le plus le foisonnement. Ainsi la chaux grasse acquiert jusqu'à 2 fois et demi son volume primitif, et la chaux hydraulique augmente des trois quarts ou double même son volume.

Il serait intéressant de rechercher quel est le meilleur de ces trois procédés au point de vue du mortier qu'ils doivent fournir. Les opinions sont assez partagées, et il y a sur ce point, parmi les savants, des divergences notables, qui font désirer que des expériences suivies puissent permettre de fixer une théorie. Il y a loin, par exemple, de l'opinion de Vicat qui croit que l'extinction spontanée est la meilleure, surtout pour les chaux grasses, à celle de M. Treussart, général du génie, dont le nom fait autorité en ces matières, qui prétend que ce dernier procédé ne vaut rien dans aucun cas. La théorie du durcissement des mortiers à l'air, basée sur la régénération du carbonate de chaux, que nous avons expliquée à l'article Chaux et que nous avons rappelée ici, nous porte à être de cet avis. Pendant l'exposition prolongée au contact de l'air que nécessite le procédé d'extinction spontanée, le carbonate formé autour de chaque grain de chaux s'oppose à l'action de l'acide carbonique sur la chaux vive qui existe encore au centre de chaque parcelle; de sorte que cette chaux exposée à l'air n'est qu'une poussière, dont chaque grain est composé intérieurement de chaux vive et extérieurement de carbonate de chaux régénéré. Cette chaux doit donc, à l'emploi, présenter les inconvénients des chaux imparfaitement cuites. On semble toutefois être d'accord sur ce point, que le procédé par *immersion* ou par *aspersion* est le meilleur, et qu'il doit toujours être préféré lorsque les circonstances le permettent.

Dosage des matières. Les chaux ne sont jamais employées seules pour la fabrication des mortiers; elles sont toujours accompagnées d'une certaine quantité de sable; en outre, on les mélange souvent entre elles dans certaines proportions suivant l'usage auxquelles elles sont destinées.

Sables. Nous devons d'abord indiquer les qualités des sables qui doivent figurer dans la composition des mortiers. Ces sables ne doivent pas être terreux, ni contenir aucune matière animale; on sait, en effet, que ces matières, en se combinant à la chaux, formeraient avec elle un savon soluble qui retarderait la solidification du mortier. Les signes auxquels on reconnaît un sable propre à la confection des mortiers sont les suivants; il doit être rude au toucher; crier lorsqu'on le serre dans la main; ne laisser aucune parcelle adhérente lorsqu'on le frotte énergiquement sur la manche ou le pan de la redingote; enfin, immergé dans l'eau, il doit la laisser claire et limpide.

Généralement les sables de rivière sont préférés. On est toujours sûr de leurs qualités. Quelques ingénieurs n'hésitent pas à augmenter très sensiblement le prix des maçonneries en exigeant l'emploi des sables de rivières, placées, quelquefois, à de très grandes distances des chantiers.

A défaut de sable de rivière, il faut choisir parmi les sables de carrières ceux qui sont formés de particules calcaires mélangées de grains de quartz; les sables quartzeux et ne contenant que des parcelles de quartz; les sables micacés, formés de débris de granit contenant de la silice et de l'alumine; les sables de carrières lorsque la proportion de silice est au moins la moitié du volume total.

Un sable est considéré comme *fin* lorsque ses grains n'ont pas plus d'un millimètre de diamètre; on le considère comme *gros* lorsque ce diamètre s'élève de 1 à 3 millimètres, au delà c'est du *gravier* qui ne convient pas pour la fabrication des mortiers. Les gros sables, les sables mêlés, les sables fins sont utilisés pour la fabrication des mortiers gras. Avec les chaux hydrauliques il convient, autant que possible, de n'employer que des sables fins ou mêlés.

Il est à remarquer du reste que, grâce aux appareils de concassage perfectionnés que l'on possède aujourd'hui, les concasseurs Carr, Anduze, Burton, Wapart, Bertet et Sisteron, etc., on peut partout se procurer du sable excellent pour les constructions en broyant les silex que l'on rencontre dans toute région, les concasseurs à marteaux mobiles de M. Loizeau broient des silex de toutes grosseurs en poudre impalpable avec une dépense de 4 à 5 francs par mètre cube. Ces concasseurs peuvent se transporter et s'installer partout, au milieu d'un champ, dans une tranchée, etc.; une petite locomobile de 4 à 5 chevaux suffit à leur fonctionnement (fig.309).

On a employé quelquefois des scories de hauts-fourneaux concassées pour remplacer le sable. Si les laitiers ne contiennent pas de sulfures, ils peuvent évidemment faire de bons mortiers, et, dans ce cas, ils agissent comme des pouzzolanes. Si, au contraire, ils contiennent des sulfures, ils doivent être rejetés, car il se formerait du sulfate de chaux qui amènerait la désagrégation. Enfin, dans certains cas, on a employé aussi au lieu de sable des cendres de houille. Si les houilles ne sont pas sulfureuses, il n'y a aucun inconvénient à en utiliser les cendres qui absorbent l'excès d'eau et qui contiennent des silicates de potasse et de soude qui se transforment en silicate de chaux. Comme dans le cas précédent, ces cendres tendent à hydrauliser les chaux grasses, et à augmenter l'indice des chaux hydrauliques. Mais si les houilles sont sulfureuses, il faut se garder d'employer les cendres à cause de la formation du sulfate de chaux.

Fig. 309.

Nous avons indiqué à l'article Chaux quel est le rôle du sable dans la fabrication du mortier. Voyons d'abord pour les mortiers gras. *A priori*, il semble que les molécules de chaux grasse ayant entre elles plus de cohésion qu'avec le sable, la présence de ce dernier devrait diminuer la dureté que seule elle doit acquérir par son exposition à l'air. Mais le sable agit comme diviseur pour multiplier les points de contact entre la chaux et l'acide carbonique dont il facilite ainsi la pénétration. D'un autre côté, son volume compensant un égal volume de chaux d'un prix généralement plus élevé, son utilité au point de vue physique se combine heureusement avec le principe d'économie. Le sable, en outre, empêche le mortier de prendre en séchant un trop grand retrait qui le fendillerait et amènerait vite sa destruction.

Dans les mortiers hydrauliques, ce rôle purement mécanique n'est pas le seul qui doive être attribué au sable. Vicat avait pressenti qu'une partie de la silice se combine, et les expériences de Frémy, celles plus récentes de MM. Rivot et Chatoney, ingénieurs des ponts et chaussées, sont venues confirmer le fait. En présence de l'excès de silice, il se forme très rapidement dans la masse un silicate de chaux d'une dureté considérable et éminemment insoluble. Le sable favorise mécaniquement cette réaction chimique en multipliant à l'infini les points de contact de la chaux et de la silice en excès. Les constructions immergées ou enfoncées n'étant plus en contact avec l'atmosphère, la carbonatation ne s'opère plus, et ne substitue pas un carbonate d'une dureté moyenne à un silicate excessivement dur. Ainsi, les mortiers hydrauliques immergés se transforment rapidement en silicates doubles de chaux et d'alumine, et restent indéfiniment sous cette forme très dure et insoluble. Les mortiers hydrauliques non immergés se couvrent d'abord rapidement d'une couche de silicate qui, plus tard, se transforme en carbonate à cause de la grande affinité de l'acide carbonique pour la chaux. Il en résulte qu'il n'y a aucune nécessité, au point de vue de l'usage et de la durée du mortier, à employer à l'air libre, et dans les constructions en élévation, des mortiers hydrauliques plutôt que des mortiers gras, puisque, au bout d'un certain temps, les deux espèces de mortiers sont transformées en carbonate de chaux. Toutefois, dans les constructions rapides, comme celles qui se font dans les grandes capitales, les mortiers de chaux hydrauliques présentent l'avantage de prendre beaucoup plus rapidement et de ne pas donner lieu à des tassements comme cela se produit lorsqu'on emploie les mortiers de chaux grasse.

Dosages. Il n'y a que des expériences directes qui puissent indiquer les proportions de chaux et de sable qui doivent entrer dans la fabrication d'un mortier. Pour les chaux grasses, ce volume varie de 1,5 à 4 parties de sable pour 1 partie de chaux en pâte. Pour les ouvrages où l'imperméabilité est une condition indispensable, le volume de chaux ne doit jamais être inférieur à celui des vides que laissent entre eux les grains de sable. Le volume final de mortier est alors à peu près égal à celui du sable.

Il arrive souvent que l'on doit mélanger ensemble plusieurs espèces de chaux pour obtenir des effets déterminés. Ainsi dans certaines localités, on peut ne pas disposer, dans des conditions de prix acceptables, de chaux hydraulique et n'avoir à sa disposition que des chaux grasses; il faut alors les mélanger avec d'autres chaux ou d'autres matières, des chaux maigres, des quantités dosées de chaux hydraulique, des ciments, des pouzzolanes, etc. La réflexion indique déjà dans quel sens doit avoir lieu le rapprochement; c'est ainsi qu'il convient de rapprocher les chaux grasses des pouzzolanes les plus énergiques.

Lorsque les mortiers sont destinés à être constamment sous l'eau ou exposés à l'humidité, ils doivent, pour acquérir une grande dureté, être composés de l'une des manières suivantes :

Chaux grasses avec pouzzolanes naturelles ou artificielles très énergiques, ou avec ciments;

Chaux moyennement hydrauliques avec pouzzolanes énergiques, ou avec ciments naturels ou artificiels.

Quant aux proportions à adopter, il faut se rappeler les principes suivants : la résistance des mortiers de chaux grasse *décroît* quand la proportion de sable augmente; la résistance des mortiers hydrauliques *augmente* quand la proportion de sable passe de 0 à 180 parties 0/0 de chaux. Ce résultat tout d'expérience vient corroborer la thèse de Vicat, de Fremy, et les expériences de MM. Rivot et Chatoney sur le rôle de la silice dans la composition du mortier.

Ainsi il n'y a pas de règle absolue pour le dosage. Le constructeur doit se pénétrer de l'effet qu'il veut atteindre, et du prix de revient de tous les matériaux qui doivent entrer dans la composition de ses mortiers. Il doit alors étudier ses dosages au double point de vue du résultat à obtenir et du moindre prix de revient; car le but que doit se proposer tout ingénieur chargé de la construction d'un ouvrage n'est pas d'obtenir la plus grande résistance absolue, mais seulement une résistance suffisante au meilleur marché possible. Lorsqu'il a arrêté un dosage d'après les indications générales de la théorie et les prix élémentaires qu'il a recueillis, il doit faire une série d'expériences sur la résistance, le degré d'hydraulicité de son mortier; en faire, par des tâtonnements successifs, varier les éléments jusqu'à l'obtention du résultat désiré, et ce dosage arrêté, tenir la main d'une façon rigoureuse à ce qu'il n'y soit jamais dérogé.

Voici, d'après M. Raucourt (*Traité de l'art de faire des bons mortiers*), quelques renseignements sur la composition de divers mortiers de chaux :

1° Mortier de chaux grasse et sable : chaux 7, sable 27;

2° Pour murs de clôture, fondations de bâtiments : chaux grasse 0^{m3},370, sable de rivière 0^{m3},950;

3° Réservoirs : chaux grasse 0^{m3},250, sable de rivière 0^{m3},940, pouzzolane 0^{m3},200;

4° Travaux dans l'eau : pour 1 mètre cube de sable de rivière, 0^{m3},360 chaux hydraulique très énergique, avec addition de 0^{m3},040 de pouzzolane.

5° Service des eaux et égouts de la ville de Paris, constructions hydrauliques : pour un tiers de mètre cube de chaux hydraulique ordinaire, on a employé 1^{m3},020 de sable de rivière, ou pour 1 mètre cube de sable de rivière on employait 0^{m3},400 de chaux très énergique;

6° Pour la construction de divers ponts à Paris : on a employé pour 0^{m3},950 de sable de rivière, 0^{m3},370 de chaux hydraulique, d'énergie ordinaire;

7° Maçonnerie du fort de Charenton, avec mortier hydraulique de sable de plaine : 1^{m3},020 de sable pour 0^{m3},380 de chaux de fusion;

8° Pour les travaux maritimes des ports (Cette, Marseille, Toulon, Alger, etc.), on a employé pour 1 mètre cube de sable de plaine, 0^{m3},480 de chaux hydraulique du Theil.

Enfin, Vicat donne les indications suivantes : pour bon mortier hydraulique destiné aux maçonneries hors de l'eau : pour 1 mètre cube de sable de plaine, 0^{m3},350 de chaux moyennement hydraulique; pour bon mortier très hydraulique destiné à être immergé sous une eau profonde : pour 1 mètre cube de sable de plaine, 0^{m3},650 de chaux hydraulique.

On conçoit que dans ces dosages le foisonnement de la chaux joue un rôle important. Il faut donc, dans chaque cas particulier, se rendre compte de cet élément essentiel du problème.

Foisonnement de la chaux. Nous avons indiqué la propriété qu'ont les chaux de *foisonner*, c'est-à-dire d'augmenter de volume pendant l'extinction. Ce foisonnement varie pour chaque nature de chaux, il varie aussi suivant le mode d'extinction. On doit toujours, au moyen d'une expérience directe, connaître la quantité dont foisonne une chaux que l'on veut employer, puisque, comme nous venons de le voir, cet élément influe sur le dosage.

En général, 0^{m3},10 de chaux grasse donnent 0^{m3},25 de pâte si la chaux est de bonne qualité, et 0^{m3},28 si la cuisson est déjà ancienne et si la chaux n'est pas très pure. Les chaux maigres donnent 1,20 à 1,30 de leur volume. Les chaux hydrauliques ont un foisonnement très variable. Le tableau de la page suivante donne les résultats fournis par différentes chaux hydrauliques par mètre cube de chaux vive mesurée à pied d'œuvre.

Fabrication du mortier. Lorsque, par des essais et les considérations développées plus haut, on a arrêté les proportions de chaux et de sable qui doivent entrer dans la composition des mortiers, on fixe en nombre de *brouettes* de capacité déterminée, généralement de 5 à 8 centièmes de mètre cube, les quantités de chacune des deux matières à fournir à l'atelier du mélange. Ce mélange se

Désignation des chaux	Mode d'extinction	Volume après la fusion
Chaux hydraulique de Bourgogne.	fusion	1,55 pâte
Chaux hydraulique de Bourgogne	immersion	1,85 poudre
Chaux hydraulique naturelle, Paris.	fusion	1,50 pâte
Chaux hydraulique naturelle, Paris.	immersion	1,75 poudre
Chaux hydraulique artificielle (Schacher).	fusion	1,59 pâte
Chaux hydraulique artificielle (Schacher).	immersion	1,75 poudre
Chaux hydraulique d'Issy (naturelle).	fusion	1,62 pâte
Chaux hydraulique des Moulineaux (naturelle).	fusion	1,47 pâte
Chaux moyennement hydraulique de la Hève.	fusion	1,75 pâte
Chaux moyennement hydraulique de la Hève.	immersion	2,00 poudre
Chaux du Theil	immersion	1,25 poudre

fait de deux manières : ou *à bras* lorsqu'on agit sur de faibles quantités, ou *mécaniquement* dans les grands chantiers.

Fabrication à bras. On dresse une aire en planches, pour empêcher que la terre ne se mélange au mortier. On dispose les brouettées de sable nécessaires au mélange de manière à former une sorte de digue circulaire laissant dans son milieu un espace libre, sorte de bassin dans lequel on verse le nombre de brouettées de chaux correspondant au nombre de brouettées de sable du dosage. On procède alors au mélange du sable et de la chaux à l'aide d'un *rabot* qu'on pousse en le tenant à plat pour écraser la masse, et qu'on retire en le tournant sur le tranchant afin qu'il soulève la matière et amène avec lui une certaine quantité du sable de la digue sur la partie ramollie. L'ouvrier qui opère avec le rabot marche ainsi en tournant toujours dans le même sens ; il est suivi par deux ou trois autres ouvriers qui effectuent le même travail. Pendant ce temps, un manœuvre relève avec une pelle la matière en tas au fur et à mesure que les autres l'étalent à l'aide de leurs rabots ; généralement un manœuvre suffit pour relever le tas de trois à quatre ouvriers en marche. De cette façon toutes les parties du sable sont bien mélangées avec la chaux et bien touchées par elle, le mélange est parfaitement intime.

Ce moyen réussit complètement lorsqu'il s'agit de chaux grasse, parce que celle-ci reste toujours en pâte molle. Mais il arrive quelquefois, surtout par un temps sec et chaud, que la chaux est trop raffermie et le sable trop sec pour que le mélange en soit possible. Dans ce cas, on ramollit la chaux en la buttant avec des pilons avant de se servir des rabots ; ou bien on jette dessus une certaine quantité d'eau, dans laquelle on a délayé un peu de chaux.

Il est inutile d'insister pour dire que dans ce cas on n'obtient pas toujours un mortier de première qualité; mais, comme le premier moyen est très dispendieux, on emploie très souvent le second de préférence; la chaux hydraulique durcissant rapidement sous l'eau, ne peut perdre que très peu de ses qualités par cette addition de lait de chaux, et, avec un peu de soin, on fabrique encore par ce moyen de très bons mortiers.

Fabrication mécanique. On s'est servi longtemps et l'on se sert encore avec avantage d'un manège faisant tourner deux ou trois roues sur le fond d'une auge circulaire dallée en matériaux très durs et munie d'une vanne pour donner à volonté écoulement au mortier fabriqué. L'une des roues tourne contre le bord extérieur de l'auge, et l'autre contre le bord intérieur. Deux lames de fer de la largeur de la section de l'auge ramassent les matières adhérentes aux parois et au fond de l'auge, les reprennent et les rejettent les unes sur les autres, facilitant ainsi leur mélange. Lorsque celui-ci est terminé, un rabot qui a la forme trapézoïdale de la section transversale de l'auge, descend pour repousser le mortier et le faire sortir par la vanne. Le mortier glisse alors par un plan incliné sur le sol de l'atelier où les garçons viennent directement le charger dans les brouettes ou les oiseaux pour le porter aux maçons.

M. Bernard, inspecteur général des ponts et chaussées, a employé, pour les travaux du port de Toulon, des *tonneaux* en bois de chêne ou en tôle, d'environ $1^m,50$ de hauteur et de $1^m,10$ de diamètre, légèrement évasés par le haut, fermés par le bas, et portant latéralement à leur partie inférieure, une ouverture que ferme à volonté une porte à coulisse et qui sert à l'écoulement du mortier. Intérieurement le tonneau porte, à différentes hauteurs, des croisillons en fonte, tranchants et armés de dents en fer. Un arbre vertical, placé au centre du cylindre, et actionné par un manège, une manivelle à bras ou un renvoi de poulie quelconque, porte des croisillons armés de dents qui sont opposés aux premiers. Par le mouvement de ces croisillons le mélange s'opère, et le mortier, une fois à point, est versé par l'orifice latéral qu'on dégage.

Cet appareil demande une assez grande dépense de main-d'œuvre. M. Roger, architecte, a modifié un peu le tonneau de M. Bernard ; dans son appareil, le mortier s'écoule non seulement par une ouverture latérale, mais encore par des ouvertures pratiquées dans le fond du tonneau, ce qui accélère la vidange ; de plus, l'arbre vertical est muni de disques en fonte qui écrasent le mortier contre le fond du tonneau. On voit donc que par le fait de ces additions, ce nouvel appareil ajoute le broiement au malaxage obtenu dans le tonneau Bernard ; aussi les tonneaux Roger fournissent-ils de meilleurs mortiers. Une autre modification du tonneau Roger consiste à remplacer le fond percé de trous par des grilles formées de barreaux ordinaires dont on peut faire, à volonté, varier l'écartement.

Une grande quantité de constructeurs ont suivi ce mouvement industriel ; il en résulte un très grand nombre de tonneaux malaxeurs, en fonte ou en fer, pour la préparation des mortiers, dérivés des premiers modèles, en multipliant le nombre des agitateurs ; ils ont aussi muni les agitateurs horizontaux de lames verticales entrecroisées, de telle sorte que le mélange est constamment coupé, laminé par son passage aux divers étages du tonneau.

Tous ces appareils, plus ou moins ingénieux, reposent sur le même principe, et ont tous l'inconvénient de demander une grande force, surtout lorsque les sables sont argileux et lorsque les chaux sont fortement hydrauliques. Nous avons expérimenté nous-mêmes un malaxeur de ce système; il faut quatre manœuvres aux manivelles pour une production de 15 à 16 mètres cubes, au maximum, de mortier par appareil et par jour.

Ces malaxeurs mécaniques ne peuvent donc présenter d'avantages sérieux que dans les grands chantiers où l'on peut les disposer en batterie et les actionner par la vapeur au moyen d'une locomobile et d'une transmission convenable. Il faut compter environ sur 7 chevaux-vapeur pour trois appareils. C'est ainsi qu'opèrent les entrepreneurs de grands travaux.

Pour les petits chantiers, on revient toujours à la fabrication à bras qui, consciencieusement faite et bien surveillée, donne d'excellents résultats et d'une façon économique.

Prix de revient de fabrication des mortiers de chaux. En France, on peut donner comme à peu près certains les résultats pour la fabrication des mortiers dans les différents cas.

1° *Fabrication au rabot.*

(a) Petits travaux :

1 chef ouvrier, 1 journée de dix heures.	5 50
4 hommes à 4 fr. 50.	18 »
1 manœuvre à 3 fr. 75.	3 75
	27 25
Intérêt du prix d'établissement du plancher, amortissement du matériel : brouettes, seaux, rabots, pelles, pose et dépose des aires, frais généraux, etc., 20 0/0.	5 45
	32 70
Bénéfice de l'entrepreneur, 10 0/0.	3 30
	36 »

Un atelier ainsi monté peut faire 14 mètres cubes par jour, le mètre cube ressort donc à $\frac{36 \text{ »}}{14} = 2$ fr. 60.

(b) Grands travaux : un équipage de cinq ateliers marchant ensemble peut être surveillé par un chef d'atelier. Le prix s'établira alors comme suit :

1 chef d'atelier.	8 »
16 hommes à 4 fr. 50.	72 »
4 manœuvres à 3 fr. 75.	15 »
1 manœuvre pour le service des plates-formes.	3 75
	98 75
Intérêts et amortissement du matériel, frais généraux 20 0/0.	19 75
	118 50
Bénéfice de l'entrepreneur.	11 85
	130 35

Soit pour 1 mètre cube, $\frac{130,35}{56} = 2$ fr. 35.

2° *Fabrication mécanique.*

(a) Par manège :

1 chef ouvrier.	5 50
1 journée de cheval avec conducteur.	12 »
6 manœuvres à 3 fr. 75.	22 50
	40 »
Intérêts et amortissement du matériel, frais généraux 25 0/0.	10 »
	50 »
Bénéfices de l'entrepreneur.	5 »
	55 »

Soit pour 24 mètres $\frac{55 \text{ »}}{24} = 2$ fr. 30.

(b) Par malaxeurs actionnés par des manœuvres tournant la manivelle (chantiers ordinaires).

6 manœuvres à 3 fr. 75.	22 50
4 manœuvres à 3 fr. 50 (manivelle).	14 »
	36 50
Intérêts et amortissement du matériel, frais généraux 25 0/0.	7 30
	43 80
Bénéfice de l'entrepreneur.	4 40
	48 20

Soit pour 17 mètres en moyenne 2 fr. 80.

(c) Par malaxeurs actionnés par machines à vapeur (grands travaux). Calcul pour une batterie de quatre malaxeurs mis en mouvement par une locomobile de huit à dix chevaux-vapeur.

Dépense de la machine :		
1 mécanicien, chauffeur.	6 »	
Huile, étoupes, chiffons.	1 20	
$0^t,255$ charbon à 38 fr. (prix moyen).	9 70	
		16 90
Fabrication :		
1 chef d'atelier.	7 50	
4 manœuvres pour approcher le sable.		
4 — pour la chaux.		
4 — pour les broyeurs.		
12 manœuvres à 4 fr. 50.	54 »	
		61 50
		78 40
Intérêts, amortissement du capital, frais généraux, etc., 30 0/0.		22 50
		100 90
Bénéfice de l'entrepreneur.		10 10
		111 »

Les quatre appareils peuvent produire 100 mètres cubes par jour, ce qui fait ressortir le prix du mètre cube à 1 fr. 10.

Si l'on compulse les bordereaux de prix des diverses entreprises qui ont été adjugées depuis les six dernières années, on verra que ces résultats sont ceux qui ont été introduits comme éléments dans la composition des prix de mortiers. Dans le cas de grands travaux, on aperçoit l'avantage de l'emploi des tonneaux malaxeurs disposés en batteries et actionnés par la vapeur. On voit, au contraire, le désavantage de ce système dans le cas où les manivelles sont manœuvrées à bras d'hommes.

Additions de ciments dans les mortiers. Dans les travaux sous l'eau, dans les fondations en terrains humides ou immergés, on augmente souvent la rapidité de la prise des mortiers et leur hydraulicité par l'addition d'une certaine proportion de ciment de Portland à prise lente et même de ciment à prise rapide. Cette proportion varie généralement de 10 à 30 0/0 en volume. L'addition se fait pendant le malaxage, sur l'aire, dans l'auge, ou le malaxeur. Il va sans dire que le mortier qui en résulte doit être employé avec la plus grande rapidité.

Mortiers de ciments. Les ciments ne s'éteignent pas avec l'eau, avec laquelle ils ne font pas effervescence ; il faut donc les traiter comme le plâtre pour les employer. L'énergie de la prise, tant sous le rapport de la rapidité que sous celui de la dureté, est très variable et dépend d'une foule de circonstances.

Ciment de Portland (V. Ciment). Par le gâchage avec 38 0/0 d'eau, le ciment de Portland éprouve une contraction de 30 0/0 environ, c'est-à-dire que le mètre cube ne donne que 0^{m3},70 de mortier de ciment pur. La prise du mortier ne s'obtient qu'au bout de 12 à 15 heures. Par conséquent, on peut le gâcher en grandes masses, au rabot, sur une aire en planches. C'est ce qui rend son emploi très commode et très précieux. Il ne nécessite pas d'ouvriers spéciaux.

Le ciment romain, ou ciment de Portland, s'emploie comme mortier sans aucun mélange pour faire les rejointoiements de maçonneries, pour restaurer les édifices dégradés, enduire des citernes, des bassins, des fosses d'aisances, pour faire des chapes de voûtes, pour dallages et carrelages ; pour moulages d'ornements d'architectures. On l'emploie aussi avec avantage dans la fabrication des tuyaux de conduite pour les eaux et pour le gaz d'éclairage. . . .

Mais l'emploi le plus important de ces ciments a lieu dans la fabrication des blocs de béton destinés à être immergés dans les ports sous forme d'énormes enrochements artificiels. On en fabrique des blocs de 20, 30 et jusqu'à 60 mètres cubes, que l'on échoue par de puissants engins mécaniques, pour la défense des jetées, des môles et des digues, et pour les fondations des phares au large.

Les ciments de Portland, et tous les ciments, n'offrent, en général, des garanties de durée que sous l'eau ou dans des lieux constamment humides; à cette condition, ils acquièrent très rapidement une dureté que les meilleurs mortiers hydrauliques n'atteignent qu'au bout d'un ou deux ans dans les mêmes circonstances.

A l'air, le ciment employé comme enduit, ou comme rejointoiements, se fendille souvent à cause du retrait, ce qui le fait détacher du parement du mur. « Tout ciment mis en œuvre contient en effet, dit Vicat, une quantité d'eau qui, après une dessiccation en apparence complète, peut s'élever encore à 16 ou 20 0/0. Cette eau latente n'est pas tellement fixée ou combinée que le temps, et surtout les grandes chaleurs de l'été, ne peuvent en diminuer la quantité par évaporation; de là des gerçures profondes. L'intervention du sable est le seul moyen à opposer au retrait qui produit les gerçures, ainsi qu'aux effets destructeurs de la gelée; encore ne réussit-il pas toujours ». Cette observation de l'illustre savant explique pourquoi l'emploi du ciment de Portland à l'état pur est très limité. On l'emploie, comme nous l'avons indiqué, pour augmenter l'hydraulicité des chaux, ou hydrauliser des chaux grasses. On le mélange aussi au sable comme nous le verrons plus loin.

Mortier de ciment de Vassy. Le ciment de Vassy, ou ciment à prise rapide, s'emploie quelquefois sous la forme de mortier en y ajoutant une quantité d'eau égale environ à la moitié de son volume. Le ciment à prise rapide éprouve aussi une contraction par l'addition de l'eau; il perd 17 0/0 de son volume; ainsi 1 mètre cube de ciment ne fournit que 0^{m3},83 de mortier.

On l'emploie rarement pur comme mortier et seulement dans les cas qui exigent un durcissement instantané, comme, par exemple, l'étanchement de sources dans les radiers des bassins ou des écluses. A Port Sainte-Marie, sur le chemin de fer de Bordeaux à Cette, où nous avons eu à construire, pendant l'exploitation, la voûte d'un petit passage supérieur en arc de cercle très surbaissé, nous avons pu construire en vingt-quatre heures cette voûte dont les matériaux étaient tout préparés; le travail, commencé à 4 heures du matin, a été terminé à 2 heures du soir, et la voûte a pu être décintrée à six heures sans qu'il y ait eu un millimètre d'affaissement à la clef. C'est que la prise du mortier de ciment de Vassy s'opère, en effet, en quelques minutes lorsqu'il est de bonne qualité et de préparation récente. Dans les pays chauds, en été surtout, il faut opérer avec la plus grande rapidité. Le durcissement est retardé avec l'époque de la préparation; c'est un indice de vétusté qu'un retard un peu considérable dans la prise. L'abaissement de la température peut la faire retarder jusqu'à 20 ou 30 minutes sans que le ciment perde ses qualités. Mais au delà, on peut être certain que le ciment est vieux et éventé, qu'il est de qualité inférieure.

Au moment où le durcissement commence, la température s'élève; la combinaison s'opère avec un dégagement de chaleur qui atteint quelquefois 60 à 65° quand le ciment est gâché pur.

Mortier de ciment avec sable. Ce mortier est un mélange de ciment et de sable dans des proportions telles que, comme pour la chaux hydraulique, le ciment combiné doit remplir exactement les vides du sable; c'est-à-dire que le *mortier soit plein*. Pour doser la composition du mortier à employer, on déterminera donc les vides du sable en remplissant d'eau une caisse renfermant exactement un mètre cube du sable à employer; le volume de l'eau que l'on fait écouler donnera le volume du vide. On se rappellera, en outre, que le ciment se contracte au gâchage et que 1 mètre cube ne donne que 0^{m3},83 de pâte.

. . . .

Le gâchage du ciment est une opération très délicate qui demande les plus grands soins. Elle se fait au moyen d'une truelle mince en acier ou en fer à long manche, dans une auge à fond rectangulaire dont une des parois latérales est supprimée et dont les trois autres sont perpendiculaires à la face du fond. L'ouvrier approche cette auge de son ventre en appuyant contre son corps la face ouverte; il dispose alors devant lui, sur l'auge, un mélange de sable et de ciment dans les proportions convenues, et il en fait une petite digue contre la partie ouverte. Il incline légèrement l'auge, verse de l'eau entre la digue et les parois latérales, puis il pousse rapidement, et par petites parties, toute la digue sur l'eau. Le mélange absorbe cette eau très rapidement; l'ouvrier manie alors le mélange avec la truelle, le pousse sur un des côtés de l'auge, puis, la reprenant par petites parties, il l'écrase successivement sous le plat de la truelle pour bien en broyer les moindres parcelles. Il fait ainsi passer rapidement tout le mélange d'un côté de l'auge vers l'autre; il recommence alors en sens inverse, et opère ainsi trois ou quatre fois. Il faut, pendant cette trituration, que l'ouvrier se garde bien d'ajouter de l'eau, afin de ne pas changer les proportions; c'est par *la force du poignet* qu'il doit opérer le mélange et le broyage des parcelles qui ont été un peu trop cuites. La pâte, dure et difficile en commençant, se ramollit peu à peu par la trituration, et lorsque le ciment est bien préparé pour l'emploi, il a l'aspect et la consistance d'un mastic huileux. Le gâcheur le livre alors au maçon.

On a essayé, bien des fois, de gâcher le ciment au moyen des malaxeurs à béton ou à mortier, convenablement appropriés, ou au moyen de machines particulières, telles que l'appareil de Michel Greveldinger, dont la vis sans fin produirait certainement un malaxage suffisant. Cet appareil se compose d'une trémie par laquelle le mélange est transmis à un distributeur à axe vertical qui fait passer la matière à l'extrémité d'une auge dans laquelle se meut une vis d'Archimède. La vis, en tournant, oblige la matière à suivre ses spires; pendant la route, elle reçoit l'eau qui sort d'un tube horizontal percé de petits trous; à l'extrémité opposée, le mélange est opéré et le mortier tombe dans le récipient qui sert à l'emporter. L'inconvénient de ces machines n'est pas surtout de ne donner qu'un mélange incomplet, car en la prolongeant, on finirait par arriver, sous ce rapport, à un bon résultat; mais on est obligé d'employer de trop grandes quantités d'eau dont il est impossible de régler exactement les proportions, ce qui est très important. En outre, on voit que le gâchage se fait surtout, dans ces appareils, par la division des parties, tandis qu'il doit être obtenu, au contraire, par une trituration qui les rapproche. Ces motifs ont, jusqu'ici, fait rejeter tous les appareils imaginés pour le gâchage mécanique des ciments; c'est à l'effort du bras qu'on en demande encore la solution.

Le mortier de ciment étant préparé, son emploi exige des soins très minutieux. Il faut des ouvriers spéciaux, car tous les *limousins* ne savent pas l'employer. Il faut d'abord nettoyer avec beaucoup de soin les surfaces destinées à recevoir une application de ciment; il faut même les *repiquer*, surtout lorsqu'il y a plusieurs jours qu'elles sont à l'air; il faut les *repiquer à vif* pour en ôter les vieux mortiers; on doit, en outre, dégrader les joints à 2 ou 3 centimètres de profondeur. Alors, avec une seringue, on chasse les poussières par un jet d'eau très vif et très soutenu. On lave jusqu'aux dernières parcelles de poussière. Les briques destinées à être hourdées au mortier de ciment doivent être plongées dans l'eau au moins pendant un quart d'heure, et on ne doit les en retirer que quelques minutes avant l'emploi.

On applique alors le ciment ou le mortier de ciment par jets avec la truelle, comme pour le mortier ordinaire; on le pousse avec soin avec le bout de la truelle, en évitant de le lisser, sauf dans le cas d'enduits ou de rejointoiements. Il faut faire le lissage très légèrement et avant que le mortier ait commencé à s'échauffer et à durcir; dès qu'on sent la chaleur et que le mortier devient plus ferme, il ne faut plus y toucher.

Quand le mortier est complètement sec, on peut alors dresser les surfaces si besoin est, les râcler au moyen de la truelle, tailler le mortier de ciment au ciseau pour simuler les joints d'appareils, etc.

Voici, d'après M. Gariel, la composition de quelques mortiers de ciment et de sable :

	Sable		Ciment		
1°	$0^{m3},35$ sable;		$1^{m3},05$ ciment		Enduits de fours, de citernes, de réservoirs, etc., pour lesquels l'adhérence et l'imperméabilité sont les principales conditions réclamées.
2°	0,46	—	0,92	—	
3°	0,55	—	0,82	—	
4°	0,70	—	0,70	—	
5°	0,84	—	0,56	—	Ce sont les ciments les plus employés. Hourdis de maçonneries de meulières, briques et moellons; rejointoiements, chapes; enduits; reprises en sous-œuvre; réparations de pierres de taille, etc.
6°	0,98	—	0,49	—	
7°	1,00	—	0,40	—	
8°	1,00	—	0,33	—	Murs, voûtes, massifs qui peuvent attendre le durcissement complet, ou qui n'ont pas besoin d'être complètement imperméables.
9°	1,00	—	0,29	—	

Mortier bâtard. Lorsqu'on dépasse la proportion que nous venons d'indiquer ci-dessus et qu'on arrive, par exemple, à 1 mètre cube de sable pour $0^{m3},25$ à $0^{m3},20$ de ciment, on obtient des mortiers très maigres, assez analogues à de bons mortiers hydrauliques; on mélange souvent ces sortes de mortiers avec les mortiers de chaux hydrauliques; ou bien, comme nous l'avons dit plus haut, on ajoute directement une proportion convenable de ciment dans le mortier hydraulique pendant sa fabrication.

On désigne souvent les mortiers ainsi obtenus sous le nom de *mortiers bâtards*.

Les durcissements et cristallisations des ciments variant d'un échantillon à l'autre, on ne doit jamais mélanger plusieurs ciments dans le même mortier. Il se produirait une cause absolument mécanique de désagrégation de la masse.

Mortiers de ciments de tuileaux ou de pouzzolanes. Quelquefois, pour obtenir des mortiers très énergiques, on remplace la proportion de sable à mélanger à la chaux, ou une partie quelconque de ce sable, par un volume égal de ciment de tuileaux ou par de la pouzzolane naturelle ou artificielle. Dans ce cas, le malaxage s'opère exactement, soit à bras, soit mécaniquement, comme pour le mélange ordinaire de chaux et de sable

Blanc en bourre. On appelle ainsi un mortier de chaux et de sable ou de chaux et d'argile auquel on mélange de la *bourre*, et dont on fait les plafonds et les enduits. Ce mode de construction est employé surtout dans les endroits où le plâtre fait défaut. Autrement, il est remplacé par l'étendage d'un mortier de plâtre pur, gâché serré sur lattis jointifs, ou bien encore on fait les plafonds sur augets.

Pour préparer ce mortier, on dispose le bassin qui reçoit la chaux éteinte de manière à ce qu'elle traverse une grille qui ne laisse passer ni biscuit, ni pierre, ni autre matière étrangère. On doit employer aussi du sable très fin. A défaut de sable, on le remplace par de l'argile pure et douce. Mais, dans ce cas, le mortier est inférieur au précédent. Lorsque le mélange est fait, on le remue avec un bâton, en y projetant en même temps de la bourre à plusieurs reprises jusqu'à ce que le mélange devienne assez consistant.

On fait les couches inférieures avec de la bourre *rousse*; les dernières couches qui sont apparentes doivent être faites en bourre *blanche*. On emploie les *bourres de veau* et celles qui proviennent de la *tonte des draps*. On bat la bourre avec des baguettes pour bien en séparer toutes les fibres. Les bourres provenant de la tonte des draps sont plus fines et plus élastiques que les autres, elles sont moins floconneuses et fournissent de plus beaux enduits.

Lorsque le blanc en bourre est préparé, on l'applique à la truelle sur un lattis à peu près jointif, laissant des intervalles destinés à permettre au mortier de refluer à l'intérieur et de s'accrocher aux lattes en séchant. On opère alors en trois couches : la première, en bourre rousse, de 18 à 20 millimètres d'épaisseur; la seconde, en bourre blanche, de 7 à 8 millimètres; pour l'appliquer, on n'attend pas que la première soit complètement sèche, afin qu'elles adhèrent mieux l'une à l'autre. On termine, enfin, par une troisième couche de 2 à 4 millimètres d'épaisseur en mortier pur fait avec de la chaux bien tamisée et du sable très fin. On doit lisser chaque couche à la truelle pour en boucher les crevasses. La dernière doit être l'objet de soins tout particuliers : les plafonneurs du nord de la France, de l'Artois, du Pas-de-Calais, où ce genre de travail s'exécute couramment, y sont d'une grande habileté; la surface de leurs plafonds devient aussi lisse et aussi unie qu'un stuccage bien fait. On y exécute, généralement, des peintures, après avoir eu le soin de laisser sécher pendant au moins une année.

Mortiers magnésiens. Des expériences entreprises par M. Vicat fils sur l'action des sels magnésiens de l'eau de mer, sur les silicates et aluminates de chaux des mortiers à base de pouzzolanes, l'ont conduit, par voie de synthèse, à remplacer, dans les mortiers, la chaux par la magnésie. Ses essais lui ont clairement démontré que les pouzzolanes artificielles produites par la cuisson normale des argiles pures réfractaires, des argiles kaolinées et de quelques roches amphiboliques décomposées, ont toujours, avec 15 ou 20 0/0 de magnésie, parfaitement réussi et sont arrivées, en 1 à 5 mois d'immersion, à des ténacités de 5 à 10 kilogrammes par centimètre carré. Dans quelques cas même, la prise de ces nouveaux mortiers s'opère plus rapidement que celle des mortiers correspondants à base de chaux grasse et de pouzzolane.

« Ces mortiers magnésiens, outre que leur durée en mer serait à la fois indépendante des encroûtements et des transformations par substitution de principes, auraient, sur les mortiers à base de chaux, l'avantage de pouvoir être employés frais et immergés à l'état pâteux à des profondeurs quelconques à travers l'eau de la mer. Mais leur emploi, dans les constructions maritimes, ne deviendra possible que lorsque la magnésie pourra s'obtenir à un prix acceptable pour les grands travaux, soit qu'on la sépare des dolomies, soit qu'on l'extraie des eaux-mères des marais salants. »

Qualités de l'eau à employer pour l'extinction des chaux et la fabrication des mortiers. Nous ne pouvons quitter ces notions sur la préparation des mortiers sans donner quelques indications sur la qualité des eaux destinées à l'extinction des chaux et à la fabrication des mortiers.

L'eau doit, autant que possible, être très pure. On doit donner la préférence à l'eau courante des fleuves ou des rivières qui est celle qui contient le moins de matières étrangères ; elle se filtre, en effet, par son passage sur les sables du fond. Lorsqu'on n'a pas d'eau courante à proximité des travaux, on pourra faire usage de l'eau des sources, pourvu que ce ne soient point des sources minérales. Les eaux de puits sont mauvaises à cause de la proportion de sulfate de chaux qu'elles contiennent généralement. Si l'on est obligé de se servir de ces eaux, il faut corriger leur crudité en les laissant séjourner quelque temps à l'air et, mieux encore, en les agitant au contact de l'air.

L'eau de pluie qui a séjourné quelque temps au contact de l'air, est très bonne et fait d'aussi bons mortiers que l'eau de rivière.

Les eaux de lacs non salines, d'étangs ou de mares ayant des écoulements, devront être examinées avant l'emploi ; si elles ne sont pas saumâtres, si elles n'emportent avec elle aucune odeur, elles pourront être employées dans la plupart des cas, à défaut d'eaux de rivières ou de sources. On rejettera absolument les eaux croupissantes des mares, les eaux d'égouts, les eaux sulfureuses, arsenicales ou ammoniacales et, en général, toutes les eaux contenant des sels.

L'eau de mer est d'un emploi médiocre à cause du sel marin qu'elle renferme. Le chlorure de sodium ($NaCl$) est, en effet, une cause de ralentissement dans la dessiccation et, par suite, dans le durcissement des mortiers ; de plus, les efflorescences salines auxquelles elle donne naissance doivent la faire repousser absolument des mortiers destinés à la confection des habitations, des châlets, etc., situés sur le bord de la mer. Mais ces inconvénients ne sont pas de nature à en faire rejeter l'emploi dans les constructions des travaux maritimes : murs de quais, môles, écluses, jetées, etc. L'effet du chlorure de sodium est absolument physique ; il retarde la prise et le durcissement des mortiers, mais il ne produit aucune combinaison, le chlorure ayant plus d'affinité pour le sodium que pour le calcium; la qualité du mortier ne peut donc être altérée.

Outre l'inconvénient de retarder la prise, l'eau de mer employée pour l'extinction des chaux en présente un autre qui touche plus particulièrement les intérêts des entrepreneurs : elle diminue le foisonnement des chaux dans une proportion assez considérable.

Ainsi un volume de chaux éteint avec de l'eau douce et qui foisonnera de 100 0/0, ne foisonnera plus que de 40 0/0 au plus si l'extinction en est faite avec de l'eau de mer.

Enfin, le plus grave inconvénient de l'emploi de l'eau de mer dans la fabrication des mortiers est d'y introduire une certaine quantité de sulfate de chaux.

En effet, l'eau de mer contient, sur 880 kilogrammes nécessaires à la réduction d'un mètre cube de chaux, une proportion de 6k,132 de sulfate de magnésie. Ce sulfate de magnésie se décomposant en présence de la silice, les 3k,954 d'acide sulfurique mis en liberté absorbent immédiatement 6k,720 de chaux; il en résulte donc qu'il y a, à la fois, production d'un sel nuisible et perte d'une portion de la chaux fournie. On voit, toutefois, par les chiffres ci-dessus, que l'inconvénient n'est pas tellement important qu'il faille proscrire l'eau de mer d'une façon absolue.

Solidification des mortiers. Les mortiers de terre se solidifient par la simple évaporation de l'eau qu'ils ont absorbée dans leur gâchage. Il faut que cette évaporation soit aussi lente que possible; par conséquent, il faut faire ces constructions au printemps, afin qu'un soleil trop ardent ne hâte pas trop la dessiccation. Alors ils font corps avec la maçonnerie de pisé à laquelle ils ont servi de lien, et ont la même durée qu'elle, bien que les joints soient plus hygrométriques que le reste de la construction. Il est bon, comme nous l'avons dit, de recouvrir les surfaces d'un bon enduit à la chaux, lorsque la dessiccation est complète.

Les mortiers de plâtre se solidifient par le simple retour du plâtre à la cristallisation confuse. Cette solidification est d'autant plus rapide que le plâtre est de meilleure qualité, et qu'il a été gâché plus serré. L'affinité de l'acide sulfurique pour la chaux étant très énergique, les mortiers ne se carbonatent pas au contact de l'air. Mais aussi ils n'acquièrent que la dureté ordinaire du plâtre dont ils sont formés. Ils sont très hygrométriques et se dégradent rapidement sous l'influence de l'humidité et sous l'action de la pluie. C'est pourquoi il faut expressément les réserver pour l'intérieur.

Nous avons indiqué à l'article Chaux, et nous avons rappelé plus haut le mode de solidification des mortiers de chaux. Le mortier de chaux grasse, en raison de l'affinité de la chaux pour l'acide carbonique, puise rapidement dans l'air ambiant l'acide nécessaire à la transformation de la chaux en carbonate. La surface durcit alors rapidement, et le mortier prend la consistance d'un calcaire de dureté moyenne. La carbonatation gagne de proche en proche, et le mortier augmente de solidité avec les années : ce n'est qu'après deux ou trois cents ans qu'il acquiert sa cohésion finale. Sa résistance à la traction est alors de 1k,75 à 2k,50 par centimètre carré.

Les mortiers hydrauliques se comportent différemment. Sous l'influence de la haute température dégagée par l'extinction, une partie de la silice mise en excès se combine, et il se forme d'abord un silicate double d'alumine et de chaux très dur et très résistant, et qui est insoluble.

Mais bientôt l'intervention de l'acide carbonique, qui tend à se substituer à l'acide silicique, commence à se faire sentir; la carbonatation commence et gagne de proche en proche, et ce phénomène s'accomplit d'autant plus lentement que les parties déjà solidifiées deviennent plus dures et plus épaisses. Au bout de quatre ans, on peut estimer que ces mortiers sont arrivés à leur cohésion complète; leur résistance à la traction varie de 2 à 5 kilogrammes par centimètre carré pour les mortiers faiblement hydrauliques; de 5 à 9 kilogrammes pour les mortiers moyens; et enfin de 10 à 15 kilogrammes pour les mortiers très hydrauliques.

Lorsque ces mortiers sont mélangés de ciments, de ciments de tuiles ou de pouzzolanes, ces phénomènes s'accentuent : la cohésion peut être considérée comme parfaite au bout de la deuxième année, et l'effort de traction que ces mortiers peuvent supporter peut atteindre 18 à 25 kilogrammes par centimètre carré.

Enfin, les mortiers de chaux grasses hydraulisées par les ciments de tuileaux et les pouzzolanes, atteignent au bout de trois ou quatre mois la moitié de leur cohésion, qui n'est guère complète qu'au bout de la troisième année; leur résistance est beaucoup moins grande que celle des mortiers précédents et ne dépasse guère 8 à 12 kilogrammes.

Dans les constructions en élévation, la réaction que nous avons indiquée se produit d'abord et il se forme à l'origine un silicate de chaux solide. Mais bientôt l'acide carbonique de l'air ambiant déplace une partie de l'acide silicique; le mortier se carbonate d'abord à la surface, et la carbonatation gagnant de proche en proche, les mortiers finissent par n'avoir plus que la dureté de la pierre tendre au lieu de celle de la chaux silicatée; ils paraissent donc moins résistants au bout de quelques années qu'à l'origine et ils le sont en effet. Ces mortiers ne sont, d'ailleurs, pas plus sensibles aux influences atmosphériques que les pierres d'une dureté moyenne; ils résistent à la pluie et à l'humidité.

Les mortiers de ciment font généralement prise sous l'eau en quelques minutes, et au plus en deux heures; cela dépend de leur qualité, de leur mode de fabrication, du temps compris entre leur fabrication et leur emploi, du plus ou moins bon gâchage, de la plus ou moins grande habileté de ceux qui les ont employés. Dans tous les cas, dès leur solidification parfaite, on peut estimer qu'ils ont acquis le cinquième de leur dureté finale qui est presque complète au bout de la première année. Ce mouvement se continue quoique d'une façon très insensible pendant les six premiers mois de la seconde année; après dix-huit mois d'emploi, on peut regarder la cohésion comme définitive.

En effet, des expériences faites sur des ciments à diverses époques d'immersion ont donné pour la résistance à la traction par chaque centimètre carré de section : au bout du premier mois 6k,50; après six mois 14k,20; au bout d'un an 17k,70; après dix-huit mois 20k,30; ces essais renouvelés sur ces mêmes ciments après deux ans, trente mois et trente-six mois d'immersion n'ont pas modifié ce dernier résultat.

Les blancs en bourre acquièrent une résistance suffisante en raison de la façon dont ils sont fabriqués et de leur emploi par faible épaisseur.

Signalons, pour clore ces considérations, quelques causes de décomposition des mortiers. Si les calcaires contiennent des dolomies, des pyrites, des sables et des oxydes métalliques, ces substances étrangères sont des causes de désagrégation et de décomposition. Dans le cas où les calcaires contiennent des dolomies, la cristallisation du silicate de magnésie se produit après celle de la chaux. Si les calcaires contiennent des pyrites, il se forme du sulfate de chaux. Les sables et oxydes métalliques agissent comme matières inertes et désagrégeantes.

Les ciments légers, employés à l'extérieur comme enduits par exemple, et exposés à des alternatives de sécheresse et d'humidité, sont sujets à une désagrégation purement mécanique, due à l'avidité de l'argile pour l'eau, lorsqu'elle a été desséchée à la cuisson. Elle absorbe l'eau pendant l'hiver et les temps humides, et la rend pendant l'été en faisant fendiller l'enduit; le mal s'aggrave chaque année, et au bout de trois ou quatre ans, les gelées aidant, l'enduit est complètement à refaire.

Action de l'eau de mer sur les mortiers. C'est une des questions qui préoccupent le plus les constructeurs de travaux à la mer. Il se produit deux sortes d'actions bien distinctes; des actions chimiques et des actions mécaniques. Nous allons tâcher de les indiquer.

Actions chimiques. L'eau de mer contient, outre le chlorure de sodium, une grande quantité de sels dont les principaux sont : des chlorures et des bromures de magnésium et de potassium ; des iodures; des sulfates de magnésie, de soude et de chaux; des carbonates de chaux et de faibles quantités d'acide carbonique; elles renferment aussi des matières organiques. Si l'on place dans un bassin d'eau de mer, à l'état frais, un mortier ou un ciment, on voit se produire aussitôt du chlorure de calcium et du sulfate de chaux, et la magnésie se précipite au fond du bassin à l'état libre. Si l'on répète cette expérience sur un mortier ou un ciment déjà parvenu à une dureté avancée, mais à la surface duquel la carbonatation n'a pas encore eu le temps de se produire, on voit la même réaction avoir lieu de la même manière. Donc, l'acide chlorhydrique et l'acide sulfurique des chlorures et des sulfates alcalins contenus dans l'eau de mer, ont pour la chaux une affinité assez puissante pour la chasser de ses combinaisons avec la silice et l'alumine, et par conséquent pour décomposer et désagréger le mortier.

On en déduit donc, comme première conséquence, et en dehors de toute autre considération, qu'un mortier qui contiendra un excès de silice et de chaux résistera davantage à cette action chimique. En effet, si la chaux est plus siliceuse qu'alumineuse, comme les premiers sels qui se décomposent sont les aluminates, la chaux en excès absorbe rapidement de l'acide carbonique et le mortier n'étant plus perméable, il n'y a plus décomposition. C'est à cette considération que la chaux siliceuse du Theil doit d'être particulièrement recommandée; elle contient 25 0/0 de chaux libre qui se carbonate immédiatement dans l'eau de mer et forme une cuirasse inattaquable.

Sous ce point de vue donc, les meilleurs mortiers à indiquer seront ceux de pouzzolanes naturelles unies aux chaux hydrauliques. Un mortier, qui a très bien réussi et qui a été employé à Saint-Malo par M. l'ingénieur Féburier, se compose d'une chaux artificielle de seconde cuisson d'une grande énergie et de sable de grève. Le ciment de Portland artificiel de première cuisson, composé de craie et d'argile, a donné les meilleurs résultats et doit être préféré, malgré son prix élevé (50 à 60 francs les 100 kilogrammes, sur vagon à Boulogne-sur-Mer), pour les grands travaux à la mer.

Actions mécaniques. La décomposition, ou plutôt la désagrégation des mortiers à la mer est due, comme on le pressent bien, à l'action dynamique des vagues. Dans les premiers moments de l'immersion, l'eau souvent renouvelée dissout l'hydrate de chaux non encore cristallisé; de ce fait, dislocation et entraînement du mortier. Si cet effet a eu le temps de se produire avant la carbonatation la construction est rapidement entraînée.

Si la carbonatation superficielle a eu le temps de s'effectuer, l'effet de désagrégation est plus lent, mais il se produit à la longue, et cela, non plus par dissolution de l'hydrate, mais par un effet d'*aspiration*, de *succion* pour ainsi dire du flot sur les parois des murs. Cet effet a été soupçonné et indiqué par plusieurs constructeurs, par M. Minard entre autres. Nous avons étudié avec soin cette curiosité dans plusieurs travaux à la mer que nous avons dirigés : à Théodosie (Russie), à Diélette (Manche).

Peu sensible lorsque la mer est calme ou furieuse, il a tout son effet désastreux lorsque la mer est *sourde* et *clapoteuse*, que les lames sont soudaines, se précipitent et se retirent avec une rapidité qui défie l'expression. Voici ce qui se produit. En mer calme, le flot monte, lèche lentement la paroi plus ou moins inclinée du mur, et se retire de même; il substitue lentement sa pression à la pression atmosphérique; lentement aussi la pression atmosphérique revient se substituer à la sienne; l'équilibre n'est pas rompu. Si, au contraire, la lame vient brusquement s'aplatir le long du mur et le lécher complètement, puis se retire avec rapidité, on conçoit qu'après avoir pris brusquement la place de la pression atmosphérique, elle laisse revenir subitement cette pression, et que, pendant un temps d'une durée insaisissable, il s'est produit un *vide* complet sur la surface léchée. C'est une sorte de *happement*, de succion de la lame.

Si cet effet de vide se produit sur la surface d'un enrochement, d'un bloc artificiel de béton, on conçoit alors que ce bloc, pendant ce court instant, entraîné vers le centre par la pesanteur, qui agit même d'autant plus énergiquement que son volume est plus grand, se déplace et tend à tomber jusqu'à ce qu'il rencontre un obstacle. Si cette succion se produit le long d'un mur elle agit avec plus d'énergie sur les joints qu'elle sollicite; la moindre fissure, le moindre petit trou devient un centre de désagrégation qui augmente et gagne de proche en proche; les joints se vident et l'effet est d'autant plus désastreux que les vides deviennent plus grands. Cela continue jusqu'à la chute du mur.

C'est ce qui indique également qu'il ne faut pas construire à sec des murs droits exposés à l'action de la mer. A Diélette, pour soutenir un remblai, on avait construit un mur en pierres sèches de 8 mètres de hauteur ayant $3^m,50$ à la base et 1 mètre en couronnement, avec un fruit total de 1 mètre. Ce mur avait été très solidement construit, et avec des blocs de granit pesant en moyenne 2,500 kilogrammes. Dans un *ras de marée*, le 31 décembre 1879, où la mer a fait sourdement d'énormes ravages sur la côte et a même causé des sinistres, le fait que nous indiquons s'est produit; aux premières vagues qui ont atteint ce mur sur $0^m,80$ de hauteur seulement, le vide a eu lieu et le mur s'est *instantanément* écroulé *par son propre poids* avec une rapidité inouïe, il est tombé d'une *seule masse*, et non pas par portions successives. Lorsque la mer est furieuse, le flot, en s'élançant contre les parois, se brise, s'éparpille et retombe en mille pièces; l'effet qu'il produit n'est plus qu'un effet de *choc*. A la longue, il détériore aussi mais avec infiniment moins d'effet que la lame des sourdes tempêtes.

Quant aux matières organiques, végétales ou animales que contient l'eau de mer libre, la pratique a démontré que leur action est plus ou moins conservatrice.

En dehors de ces faits : action dynamique des vagues agissant, suivant les circonstances, dans un temps plus ou moins long, pour opérer la destruction des mortiers; décomposition chimique par la production du sulfate de chaux, à laquelle on remédie par l'emploi de chaux et de ciments où la silice est en excès; il n'a pas été possible de déterminer d'une manière bien positive les causes des détériorations qui se produisent dans un temps plus ou moins long sur les mortiers hydrauliques employés à la mer. Et il n'est possible, par aucune analyse de laboratoire, de fixer des règles pour la composition de ces mortiers, car tel qui réussira bien dans un port, s'altèrera rapidement dans un autre de la même mer.

« Le seul moyen, dit M. Minard, de connaître l'action de la mer sur un mortier, est de l'immerger en mer libre dans les parages où il doit être employé ; vouloir suppléer à la mer par des opérations chimiques, serait s'exposer à des désastres. » C'est donc à l'expérience directe qu'il faut avoir recours. On placera les mortiers à essayer dans des conditions identiquement semblables à celles où doivent se produire les effets à observer.

Généralement, les mers intérieures, la mer Noire, la mer Méditerranée, certains lacs, ayant des tempêtes moins fréquentes, des vagues moins hautes et moins rapides, une température plus élevée et, peut-être, une composition chimique qui diffère de celles de l'Océan ou de la Manche, paraissent agir d'une façon moins désastreuse sur les mortiers. La disposition et l'orientation des côtes battues par la vague a aussi son influence; ainsi, sur les côtes d'Algérie et de Tunisie, l'action destructive de l'eau de mer sur les mortiers est plus considérable que sur les côtes du continent européen. — E. FL.

II. **MORTIER.** *T. d'artill.* Nom que l'on donne aux bouches à feu organisées spécialement pour le tir sous les grands angles ou tir vertical, appelé aussi quelquefois *tir en bombe*.

Les *mortiers lisses*, qui sont actuellement les seules pièces lisses encore en service dans les artilleries européennes, ont, en général, un fort calibre ; ils lancent de gros projectiles creux sphériques appelés *bombes* (V. ce mot) destinés à agir surtout par leur poids et par l'éclatement de leur charge intérieure pour écraser et bouleverser, soit le pont des navires, soit les casemates et autres abris voûtés qui, dans les places fortes, servent de refuge aux défenseurs ou de magasins pour les approvisionnements. La nécessité de faciliter l'introduction de ces lourds projectiles par la bouche de la pièce, d'une part, et l'obligation de ne pas exagérer les dimensions et, par suite, le poids de la bouche à feu d'autre part, ont conduit à ne donner aux mortiers qu'une très petite longueur d'âme, 1 1/2 à 2 calibres, et il en est résulté qu'on ne peut les tirer qu'à des charges très faibles relativement au poids du projectile; ces charges sont placées dans une chambre d'un diamètre inférieur à celui de l'âme et se raccordant avec elle par une portion de sphère. Le tir des mortiers lisses manque de justesse, surtout lorsque la distance devient un peu grande, leurs portées sont insuffisantes, aussi a-t-on cherché à appliquer aux bouches à feu de cette espèce les rayures adoptées avec tant de succès pour les canons. Afin de mieux guider le projectile et de pouvoir utiliser des charges plus fortes de façon à augmenter les portées, on a été amené à donner aux mortiers rayés, qu'ils se chargent par la bouche ou par la culasse, une plus grande longueur d'âme, et on est arrivé ainsi à construire plutôt des obusiers courts que des mortiers véritables. En France, en Allemagne et en Russie ainsi que dans la plupart des autres pays, on continue quand même à les désigner sous le nom de *mortiers*, tandis qu'en Angleterre on les a classés dans la catégorie des obusiers. Les mortiers rayés ne lancent pas de projectiles de forme spéciale, mais des obus oblongs analogues à ceux que l'on emploie avec les autres pièces rayées de même calibre.

Mortiers lisses. L'usage des mortiers remonte à la fin du XVIe siècle; leurs calibres ont été pour la première fois réglementés par Vallière et fixés à 8, 10 et 12 pouces, le calibre des mortiers ayant été de tout temps représenté par le diamètre de l'âme exprimé en pouces, puis plus tard en centimètres. Sous Louis XIV, on fit fondre des mortiers-monstres en bronze, dits à la Comminges, lançant une bombe de 245 kilogrammes; en 1832, on expérimenta au siège d'Anvers un autre mortier-monstre en fonte, dit à la Paixhans, du calibre de 60 centimètres, lançant une bombe du poids de 587 kilogrammes. Mais, malgré l'accroissement du calibre et du poids du projectile, les effets destructeurs obtenus ne furent jamais en rapport avec les difficultés de transport et de manœuvre de bouches à feu de dimensions aussi exagérées, et l'on dut presque aussitôt renoncer à de pareilles exagérations.

En 1785, on adopta, pour les mortiers de 8, 10 et 12 pouces, un nouveau tracé intérieur, la chambre au lieu d'être cylindrique dut avoir la forme d'un cône tronqué; cette disposition avait pour but de faciliter et même de régulariser l'action des gaz de la poudre sur le projectile. Les mortiers à la Gomer sont les seuls mortiers lisses actuellement en service; lors de l'établissement, en 1839, des nouvelles tables de construction des bouches à feu d'après le système décimal, les mortiers de 8, 10 et 12 pouces ont pris la nouvelle dénomination de mortiers de 22 centimètres, 27 centimètres et 32 centimètres ; vers la même époque, on a adopté un autre mortier du calibre de 15 centimètres seulement, assez léger pour pouvoir, lui et son affût, être transporté à bras, dans les tranchées, par deux hommes, et destiné uniquement à être employé dans les sièges pendant la période de la défense rapprochée.

Tous ces mortiers sont en bronze, leur forme extérieure se rapproche de celle de leur tracé intérieur, à savoir : un cylindre court se terminant du côté de la culasse par un cône tronqué et une calotte sphérique; il n'y a qu'une seule anse, placée perpendiculairement au plan de tir. Leurs affûts sont organisés spécialement pour le tir sous les grands angles et présentent une très grande résistance, eu égard non seulement aux réactions violentes du tir provenant de la grandeur de l'angle de projection, mais encore au poids très faible de la bouche à feu relativement à celui de son projectile. Ils se composent de deux flasques épais en fonte, reposant directement par leur semelle sur la plate-forme et réunis entre eux par de fortes entretoises en bois. L'axe des tourillons étant disposé par rapport au centre de gravité de la pièce, de façon à avoir non pas une prépondérance de culasse, mais une prépondérance de volée, on donne l'inclinaison à la pièce en enfonçant plus ou moins sous la volée un coin en bois.

Fig. 310. — *Mortier rayé de 220 millimètres, modèle 1880, sur affût.*

Pour l'armement des batteries de côte, on utilise encore un mortier en fonte, dit mortier à plaque de 32 centimètres, du même calibre que le mortier en bronze de 32 centimètres, mais lançant une bombe d'un poids plus fort. La bouche à feu est fondue avec la plaque qui sert à la fixer, à l'aide de boulons, sur une semelle en bois remplissant l'office d'affût; le mortier ne peut ainsi tirer que sous un angle constant de 42°,30', et pour faire varier les portées il faut augmenter ou diminuer la charge.

Mortiers rayés. Bien qu'ayant été une des premières à entreprendre l'étude des obusiers rayés de gros calibre, la France est une des dernières puissances qui ait introduit dans son armement les mortiers rayés. Tandis que, dès 1870, les Allemands ont employé devant Strasbourg un mortier rayé de 21 centimètres se chargeant par la culasse, on n'a repris, chez nous, les expériences sur les bouches à feu de ce genre, que vers 1878, et ce n'est qu'en 1880 qu'un premier mortier rayé du calibre de 220 millimètres, destiné principalement à entrer dans la composition des équipages de siège, a été adopté par l'artillerie de terre; un autre mortier du calibre de 270 millimètres, plus spécialement destiné à la défense des côtes et à l'armement des places est depuis la même époque à l'étude, mais n'a pas encore été rendu réglementaire. On a mis également à l'étude la question de remplacement du mortier lisse de 15 centimètres par un mortier rayé de petit calibre susceptible d'être transporté à bras avec son affût; dans ce but, on expérimente actuellement un mortier de 90 millimètres qui présente l'avantage d'employer les mêmes projectiles que le canon de campagne du même calibre. Enfin, l'artillerie de terre cherche encore à utiliser certaines pièces rayées en bronze se chargeant par la bouche en les transformant en mortiers rayés se chargeant par la bouche et tirant les anciens projectiles de ces pièces.

De son côté, la marine a entrepris, dans ces dernières années, l'étude de mortiers rayés destinés à la défense des côtes; par raison d'économie et pour faciliter l'entretien de ces bouches à feu qui seront exposées à toutes les intempéries, elle a donné la préférence à des pièces en fonte renforcées par des frettes en acier. Les bouches à feu à l'essai sont des calibres de 24 et 30 centimètres, elles se chargent par la bouche et lancent des obus oblongs pourvus d'une ceinture à expansion qui assure le forcement du projectile de façon à obtenir une justesse comparable à celle que l'on obtient avec les pièces se chargeant par la culasse.

Le mortier rayé de 220, représenté sur la figure 310, est en acier et fretté jusqu'à la bouche; une partie de ces bouches à feu devaient tout d'abord être fabriquées en bronze mandriné, mais on n'a pas, jusqu'ici, donné suite à ce projet. La pièce est pourvue de la fermeture de culasse et de l'obturateur de Bange; son tracé intérieur est peu différent de celui des bouches à feu du système de Bange: la frette tourillon porte une anse perpendiculaire au plan de tir. L'affût se compose de deux flasques en épaisse tôle d'acier ayant à peu près la forme d'un triangle rectangle dont le sommet serait abattu et remplacé par un pan coupé dans lequel est ménagé l'encastrement des tourillons; chaque flasque est renforcé par une semelle et par l'intermédiaire de laquelle il repose sur la plate-forme. Les flasques sont reliés entre eux par plusieurs entretoises. La pièce étant en équilibre sur ses tourillons lorsqu'elle est chargée, il n'y a point de système de pointage. A la partie postérieure, l'affût porte un appareil de chargement destiné à faciliter la mise en place du projectile. A l'avant se trouve un essieu dont les fusées reçoivent deux roulettes montées sur manchons excentrés qui permettent de soulever l'affût et de le faire porter sur les roulettes dans les mises en batterie; on soulève l'arrière à l'aide de leviers à galets. Pour les transports, on remplace les roulettes et leurs manchons par des roues d'affût de siège, et on ajoute une fausse flèche qui sert à réunir l'affût à un avant-train de siège.

Renseignements sur les mortiers en service.

Désignation des calibres		Longueur d'âme	Poids total de la pièce avec fermeture	Poids total de la pièce sur son affût	Charge maximum	Projectile : Poids du projectile chargé	Projectile : Poids de la charge intérieure	Vitesse initiale correspond. à la charge maximum	Portée sous l'angle de 45° à la charge maximum
		millim.	kil.	kil.	kil.	kil.	kil.		mèt.
Mortiers lisses	de 15c	302	70	136	0.140	7.560	0.300	»	600
	de 22c	325	290	740	1.120	23.290	1.000	»	2.000
	de 27c	420	930	2.280	3.670	51.550	2.000	»	2.800
	de 32c	487	1.300	2.700	5.460	75.550	3.000	»	2.800
	de 32c de côté	»	4.300	»	14.000	94.000	3.615	»	4.000(1)
Mortier rayé se chargeant par la culasse de 220		1456	2.000	4.100	6.350	98.000	6.000	260	5.500(2)

(1) Sous l'angle de 42°30'. — (2) Sous l'angle de 44°.

Mortier-éprouvette. Petit mortier en bronze ou en fonte, du calibre de 19 centimètres, uniquement destiné, jadis, aux épreuves des anciennes poudres à canon; il était coulé avec sa semelle et incliné sur elle d'un angle constant égal à 45°. Il tirait un projectile spécial, sorte de globe en bronze dont le poids était taré avec soin.

III. **MORTIER.** 1° *T. techn.* Vase à parois épaisses, en marbre ou autre matière, ayant une cavité hémisphérique évasée par le haut, et dans lequel on concasse, pulvérise ou triture, à l'aide d'un pilon, les substances destinées à la chimie, à la pharmacie, etc. || 2° *T. de coiff.* Sorte de bonnet rond bordé d'un galon d'or ou d'argent que portaient le chancelier de France et les présidents du Parlement, et qui est encore, de nos jours, la coiffure des présidents des cours de justice. || 3° *Mortier électrique. T. de phys.* Petit appareil destiné à montrer l'effet mécanique de l'étincelle électrique. Il se compose d'un morceau d'ivoire (substance isolante) taillé en forme de mortier à projectile et d'une petite bille d'ivoire (de liège ou de sureau) qui s'adapte exactement dans la cavité hémisphérique au-dessous de laquelle est une autre cavité, plus petite, contenant de l'air et où aboutissent deux tiges métalliques en face l'une de l'autre. Au moyen de celles-ci, on fait passer la décharge d'une batterie ou d'une simple bouteille de Leyde à travers cette cavité. L'air qui s'y trouve, refoulé d'abord par l'action électrique, se détend ensuite, à la façon d'un ressort comprimé, et lance la petite bille comme une bombe qui va retomber à quelques mètres de distance. En déposant une goutte d'éther ou de sulfure de carbone dans la petite cavité, l'effet est plus prononcé. Le mortier cylindrique est terminé, inférieurement, en hémisphère et peut prendre, sur son support creusé, diverses positions plus ou moins inclinées.

***MORTILLAGE.** *T. techn.* On donne ce nom aux chardons à lainer déjà usés et ayant servi 8 à 10 fois; on en fait usage lorsqu'on commence à lainer les draps, afin de ne pas les énerver de suite en arrachant violemment leurs poils. En continuant l'opération, on remplace ensuite le mortillage par un chardon plus fort et plus énergique. — V. LAINAGE.

***MORVEAU** (GUYTON DE), chimiste. — V. GUYTON.

MOSAÏQUE. L'expression s'applique à des ouvrages de différentes espèces. La mosaïque de pierres dures, dite « de Florence » est une incrustation de pierres polies; elle donne lieu à des effets curieux mais ne produit pas d'œuvres d'art véritables, c'est-à-dire d'œuvres dont le modèle est une composition d'artiste; le musée du Louvre possède quelques tables en florentine, provenant de la capitale de la Toscane ou de l'atelier fondé par Louis XIV aux Gobelins. On donne aussi le nom de *mosaïque* aux carrelages de terre cuite vernissée ou non, et quelquefois aux dessins dessinés en creux sur les pierres tombales, mais en général cette dénomination se rapporte aux ouvrages faits au moyen de petits cubes d'émail, de terre cuite, ou de pierre, retenus par un ciment contre une surface solide. Ce genre est appelé *mosaïque antique, byzantine, romaine, vénitienne*, selon les pays et selon le style; nous allons en étudier sommairement l'histoire, l'art et la technologie (1).

L'HISTOIRE ET L'ART. Il est question de mosaïque dans plusieurs historiens de l'antiquité et dans les livres sacrés, mais il convient de s'en tenir à Pline l'ancien qui périt en l'an 79 de notre ère, victime de cette éruption du Vésuve qui nous a conservé Pompéi. L'auteur cite des mosaïstes grecs; il semble, en effet, que c'est en Grèce que la mosaïque ait été d'abord pratiquée avec suite, mais il n'est pas probable que l'usage en remonte au delà d'un siècle et demi environ avant l'ère chrétienne (fig. 311). Dans tous les pays soumis à la domination romaine, on trouve des mosaïques en grand nombre, elles sont très généralement fixées sur le sol et représentent des motifs d'ornement, des combats d'animaux, des luttes de gladiateurs, des épisodes de la mythologie, des scènes de genre et des tableaux d'histoire. Certes toutes les mosaïques anciennes ne sont pas parfaites, mais toutes ont un caractère décoratif marqué, et les plus excellentes sont des œuvres d'art d'un ordre élevé.

Il était réservé cependant à la religion nouvelle d'imprimer à la mosaïque sa plus grande extension; les empereurs chrétiens et les papes en ont fait un magnifique et grandiose usage; ils comprirent que la mosaïque se prêtait à merveille au faste et à l'opulence des cérémonies du culte et qu'elle pouvait servir à l'instruction religieuse des fidèles dès lors admis dans l'intérieur du temple; pour atteindre ce but, il fallut abandonner les symboles des mystérieuses catacombes et aborder franchement le genre historique en substituant la figure humaine à la convention. Les artistes n'y manquèrent point, et dès le IVe siècle, les basiliques romaines resplendissent de compositions où le Rédempteur, ses apôtres, les saints apparaissent, dans leur gloire, sur des fonds d'or et d'azur. Ces ouvrages, ou du moins les meilleurs d'entre eux, renferment, selon un maître, M. Vitet, « des trésors tout nouveaux, de chastes expressions, une fleur de vérité, une grandeur morale dont les plus belles œuvres de l'antiquité ne sont jamais qu'imparfaitement pourvues »

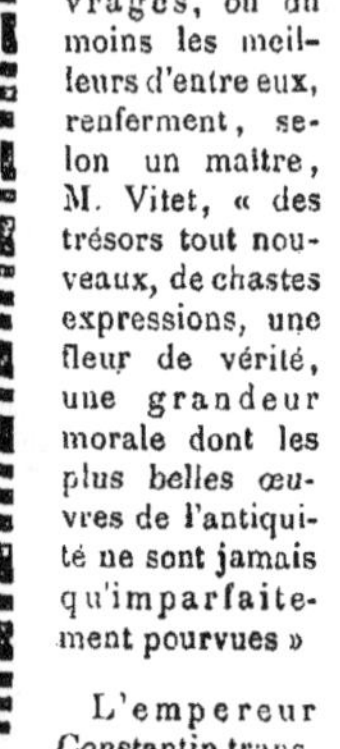

Fig. 311. — *Mosaïque antique. Temple de Jupiter à Olympia.*

L'empereur Constantin transporta le siège du gouvernement à Bysance et réunit autour de lui les chefs-d'œuvre de l'antiquité et des artistes distingués dans tous les arts; les églises d'Orient brillent aussitôt de l'éclat des mosaïques; le mouvement ne se ralentit pas en Occident, au Ve siècle, chez les Francs, à Rome, à Ravenne, les

(1) *La Mosaïque*, par M. Gerspach, Paris, A. Quantin, éditeur.

emples sont revêtus de mosaïques. La figure 312, tirée de la basilique de Saint-Paul à Rome, fait comprendre le procédé; cette tête d'ange s'enlève sur un fond d'or avec

Fig. 312. — *Tête d'ange.*

des tons naturels; les détails très accusés dans le dessin disparaissaient à la hauteur où l'ange était placé. Ce fragment est l'un des rares morceaux du ve siècle, sauvés de l'incendie qui détruisit la basilique de St-Paul-Hors-les-Murs, dans la nuit du 15 au 16 juillet 1823. Au VIe siècle, Justinien fait bâtir Ste-Sophie de Constantinople, et tout l'intérieur est orné de marbres de couleur et de mosaïques sur fond d'or; malgré les conquêtes successives dont Ravenne est l'objet, les églises de la ville, siège de l'exarque, sont magnifiquement décorées de mosaïques religieuses et impériales. La misère est grande dans Rome au VIIe siècle et les travaux de mosaïque s'en ressentent; le style s'affaisse, la décadence arrive à grands pas. On est bien loin déjà des nobles compositions de Constantinople et de Ravenne, le dessin faiblit, et au IXe siècle l'aberration est à son apogée; les personnages n'ont plus rien d'humain, ils sont figés, immobiles, grossiers, la composition est nulle, il ne reste plus que l'éclat des couleurs et la prodigalité des ors. Enfin, les travaux sont arrêtés, on ne pouvait plus descendre davantage. Le XIIe siècle est une magnifique renaissance; à Rome, à Venise, en Sicile, en Orient, des mosaïstes revêtent les voûtes des églises de compositions et de figures où le sentiment et l'expression débordent; ils devancent de plus d'un siècle les premiers peintres de la Renaissance, ces mosaïstes inconnus et dans l'état actuel des investigations il serait téméraire d'indiquer la source où ils ont puisé les principes de leur art. Vers la fin du XIIIe siècle apparaît Giotto, le grand artiste s'inspire de l'antique et de la nature, et crée ainsi la peinture moderne. A la vue de ses ouvrages, on comprend la transformation que la mosaïque va subir. Jusqu'alors les mosaïstes n'étaient que des mosaïstes, Giotto est en même temps mosaïste et peintre, ses élèves suivent encore sa trace, mais bientôt le divorce a lieu, les peintres, et parmi eux on doit citer Raphaël et le Titien, composeront les modèles et laisseront au mosaïste le soin de les mettre en œuvre, mais du moins le modèle sera-t-il encore conçu en vue de la mosaïque; puis la science du mosaïste ne consistera plus qu'en l'imitation des tableaux des maîtres. Réduit à ce rôle subalterne, notre art perdit tout caractère et toute indépendance, il ne cessa néanmoins d'exciter l'admiration, et de nos jours encore, cette mode trouve des partisans. Une réaction cependant s'opère, on revient, en mosaïque, en tapisserie et en céramique, aux véritables principes qui interdisent de chercher à donner le change sur les procédés, c'est-à-dire de faire croire qu'une mosaïque, qu'une tapisserie sont des tableaux peints à l'huile. Chaque matière employée dans les arts doit l'être en raison de ses qualités expressives; c'est la formule à laquelle se rallient de nos jours ceux qui se consacrent à l'enseignement et à la pratique des arts décoratifs.

Fig. 313. — *Cortège de l'impératrice Théodora, exécuté en mosaïque au VIe siècle, dans l'église Saint-Vitale à Ravenne.*

S'il est impossible dans une courte notice de signaler toutes les mosaïques importantes, on peut du moins indiquer les plus célèbres morceaux et mentionner les édifices où la mosaïque règne en souveraine. L'antiquité, parmi tant d'œuvres remarquables, nous a laissé les *Colombes de Pline*, du Musée du Capitole, et la *Bataille d'Arbelles*, du Musée de Naples, qui est certainement la reproduction d'un tableau grec. Rome au IVe siècle produit l'abside de Ste-Pudentienne, œuvre magistrale entre toutes. Ravenne est un centre du plus grand intérêt, ses églises ont été, au ve et au VIe siècle, revêtues de mosaïques d'une magnificence incomparable;

presque tous ces ouvrages sont intacts, ils représentent les cortèges impériaux et des scènes de l'Ancien et du Nouveau Testament (fig. 313). Théodora est ici représentée présidant à la dédicace du monument. L'impératrice s'accordait les honneurs divins, et en fidèle courtisan le mosaïste n'a pas manqué d'entourer la tête du nimbe consacré. Les costumes de l'Impératrice et des femmes de sa suite sont d'une grande richesse de coloration, ils ont servi de modèles pour la mise en scène du drame de M. Sardou récemment joué au théâtre de la Porte Saint-Martin. La basilique de Sainte-Sophie à Constantinople, inaugurée par Justinien en 539, est entièrement décorée de mosaïques, que les musulmans se sont contentés de recouvrir d'une couche de chaux. Les mosaïques de l'église de Saint-Marc, à Venise, tiennent une surface d'environ 4,500 mètres carrés, les premières datent du xe siècle, les plus récentes sont du xixe; un certain nombre d'anciennes mosaïques ont été l'objet de maladroites restaurations. En Sicile, au xiie siècle, Sainte-Marie de l'Amiral, la chapelle Palatine et le dôme de Montréale, ont été entièrement décorés de mosaïques.

En Toscane et à Rome, les travaux furent très actifs au xiiie siècle. Dans la ville des papes nous citerons, entre autres, les mosaïques de l'église de Saint-Clément, de la basilique de Sainte-Marie-Majeure et de la basilique de Saint-Jean-de-Latran; le sujet de la figure 314 montre l'adoration de la croix; au-dessous entre les fenêtres se trouvent des apôtres. Le Saint-Marc d'après le Titien (fig. 315) se ressent de l'époque; en 1545, qui est la date où les frères Zuccati mirent en œuvre la figure, les peintres composaient déjà les modèles de mosaïque comme s'ils peignaient des tableaux à l'huile.

Fig. 314. — *Abside de la basilique de Saint-Jean-de-Latran à Rome, exécutée en mosaïque par Jacobo Torriti, au XIIIe siècle.*

Saint-Pierre de Rome présente des mosaïques du xvie au xixe siècle; elles sont inférieures aux ouvrages antérieurs à la Renaissance; la composition du chevalier d'Arpin (fig. 316) peut donner une idée assez exacte des mosaïques murales de la basilique de Saint-Pierre à Rome; le geste du Père Eternel a de la grandeur, mais l'attitude des anges marque déjà la décadence; dans cette basilique, on admire, à tort, selon nous, les reproductions en mosaïque de tableaux de maîtres, notamment celles de la *Transfiguration*, de Raphaël, et de la *Communion de saint Gérôme* du Dominiquin.

Etat actuel de la mosaïque. Il existe de nos jours trois manufactures officielles de mosaïque : la Revevende, fabrique pontificale du Vatican, fondée en 1727; la manufacture impériale de Saint-Pétersbourg, créée en 1846; et la manufacture nationale de France qui date de 1876; ces grands établissements ne travaillent pas pour le commerce. Les ateliers particuliers de Rome produisent des mosaïques portatives et des bijoux en mosaïque. Venise renferme plusieurs manufactures de mosaïque, et depuis quelques années des fabriques du même genre existent autour de Paris; nos manufactures françaises sont en mesure de suffire à nos besoins et envoient même leurs produits à l'étranger; longtemps tributaire de l'Italie, la France est maintenant affranchie tant pour les matériaux que pour le travail technique. Cette situation est due aux efforts de M. Ch. Garnier, architecte de l'Opéra, et à la fondation de notre manufacture nationale dont les principaux ouvrages sont les mosaïques de l'abside du Panthéon et celles du grand escalier du Louvre.

Comme ces mosaïques et celles du théâtre de l'Opéra marqueront dans l'histoire de nos arts décoratifs, il convient d'en donner une description. M. Ch. Garnier eut d'abord l'intention de couvrir de mosaïques, le plafond de la salle de spectacle; l'effet eût été grandiose, mais bientôt l'ambition de l'éminent architecte se borna au plafond de l'un des foyers du public et à celui de la loggia de la façade. La décoration du foyer comprend des ornements, une inscription commémorative et quatre caissons où l'on voit, d'après les cartons de M. de Curzon : Psyché et Minerve, l'Aurore et Céphale, Orphée et Eurydice, Diane et Endymion. Si cette composition est due exclusivement à des artistes français, le travail technique est vénitien, la France n'étant pas alors en mesure de l'exécuter. Dans la loggia sont des masques tragiques dessinés par M. Garnier, nous en reproduisons un spécimen figure 317. La mosaïque du Pan-

Fig. 315. — *Saint Marc, d'après le Titien, exécuté en mosaïque, en 1545, par F. et V. Zuccati, dans la cathédrale de Saint-Marc à Venise.*

théon couvre la voûte hémisphérique de l'abside. M. E. Hebert, membre de l'Institut, a représenté sur un fond d'or uni, le Christ debout sur les marches d'un trône, il est drapé dans la pourpre souveraine; la main droite est levée, la gauche tient un volume scellé de sept sceaux. A sa droite, la Madone vêtue de blanc présente Jeanne d'Arc agenouillée et en cuirasse; à sa gauche, un ange, l'épée nue à la main, présente sainte Geneviève à genoux, vêtue en paysanne et tenant la nef emblème de la ville de Paris; la composition est d'une grande simplicité et par cela même d'un effet puissant, elle porte le caractère des peintures du maître et a été exécutée selon ses indications précises.

Le projet de la décoration du grand escalier du Musée du Louvre est l'un des plus vastes qui aient été conçus en mosaïque; il laissera loin derrière lui tout ce qui a été entrepris dans le genre depuis la cathédrale de Saint-Marc, à Venise; les voûtes de l'escalier comprennent une suite de coupoles et d'arcs doubleaux où seront figurés, d'après le programme de M. Guillaume architecte: l'art antique, le moyen âge, la Renaissance, l'art moderne; chaque division comprendra les pays où les arts ont été honorés et les portraits et les noms de ceux qui les ont cultivés avec éclat; la France sera noblement représentée. Les cartons de la coupole réservée à la Renaissance ont été confiés à M. Lenepveu, membre de l'Institut; l'époque est marquée par quatre femmes : la France, l'Italie, l'Allemagne, les Flandres et par les effigies du Poussin, de Raphaël, d'Albert Dürer et de Rubens. La France est symbolisée par une jeune femme, grande, fine, élégante, vêtue de rose et de bleu, et parée de bijoux; d'une main elle tient une statuette dans le genre Jean Goujon, et de l'autre un cadre d'émail avec le portrait de François Ier; ce n'est plus sur un fond d'or que s'enlève la figure, mais sur un fond bleu beaucoup plus fréquent en mosaïque qu'on le suppose d'habitude. La partie principale de la coupole de la Renaissance est terminée, elle a été exécutée selon la technique élémentaire et forte des ve et vie siècles; les carnations ont été faites avec quatre tons, les draperies avec trois, l'effet est simple et puissant; les excellents modèles de M. Lenepveu ont facilité la tâche de nos jeunes mosaïstes français, dont nous pouvons montrer le travail avec un juste sentiment de fierté. A côté de ces grands travaux modernes nous pouvons encore citer en France les mosaïques de la cathédrale de Marseille, d'après M. Révoil; des magasins du Printemps, d'après M. Sédille; du Comptoir d'escompte, du casino d'Aix-les-Bains, de l'hôpital de Saint-Germain-en-Laye, de la manufacture nationale de Sèvres, d'après M. Lameire, du cercle de la librairie, du panorama Marigny, d'après M. Ch. Garnier; nous en passons de moins importantes quoiqu'elles témoignent également des progrès très sensibles que la mosaïque fait en France.

La manufacture pontificale du Vatican fonctionne toujours mais avec moins d'activité; elle restaure d'anciennes mosaïques, produit quelques ouvrages portatifs, et a terminé la grande composition décorative de la façade de la basilique de Saint-Paul-hors-les-Murs; sa technique se ressent des anciennes méthodes qui avaient pour objectif l'imitation des tableaux; on ne change pas facilement des habitudes d'atelier invétérées; pour les déraciner, il faut renouveler le personnel. La manufacture impériale de Saint-Pétersbourg tire son origine du Vatican, elle a donc suivi les errements de Rome en cherchant, avant tout, à faire prendre la mosaïque pour la peinture à l'huile; cependant la manufacture a exécuté dans les églises des ouvrages importants, plus francs et mieux caractérisés, les modèles ayant été commandés à des peintres russes qui se sont inspirés de l'iconographie nationale. L'Angleterre a essayé sans grand succès, d'acclimater la mosaïque chez elle; une école a été fondée au South-Kensington muséum, elle a produit une suite de portraits que l'on voit dans le musée, quelques monuments publics ont aussi été décorés de mosaïque, mais pour ce genre de travaux, l'Angleterre a besoin de s'adresser à l'étranger, l'atelier du South-Kensington étant fermé. Il en est de même pour l'Allemagne; lorsqu'il fut question de refaire la mosaïque de la coupole du dôme d'Aix-la-Chapelle détruite en 1770, le chapitre demanda un modèle nouveau à un peintre belge et en confia l'exécution à Venise; l'ouvrage est des plus médiocres.

TECHNOLOGIE. Nous supposons avoir à décorer une surface murale; on compose d'abord le modèle à la grandeur de l'exécution; puis on creuse le mur en le rustiquant, à un centimètre et demi environ de profondeur; dans le creux, on met une couche de plâtre et, après siccité, on dessine à l'encre, sur le plâtre, la composition adoptée. En serrant le dessin au plus près, on enlève ensuite le plâtre par morceaux rationnels et à sa place on met du ciment à la chaux ou du mastic à l'huile, selon que la mosaïque est exposée à l'air ou non; dans cette matière, le mosaïste plante ses cubes légèrement taillés en biseau et reproduit le modèle qu'il a devant lui; la malléabilité du mastic permet les corrections. A cette méthode classique, simple et rationnelle, l'industrie vénitienne en a substitué une autre plus rapide et par suite d'un prix de revient inférieur; le modèle étant peint sur carton, le mosaïste prend les cubes et les colle par la face sur le carton même, lorsque le travail est terminé on prend le carton et on l'applique dans le mastic du mur. Ce système, possible pour des ornements à motifs continus, est impraticable pour un ouvrage d'art, et c'est à lui qu'on doit les très médiocres mosaïques industrielles qui dès à présent mettent en péril un art qui, bien compris, est le plus puissant des arts de la décoration. En effet, avec la méthode sur carton, le mosaïste est presque inconscient de son travail qu'il ne voit qu'à l'envers et sous un tout autre aspect que celui qu'il présentera à la vue, tandis qu'avec la méthode directe le mosaïste est maître de son ouvrage; il le juge à tout moment sous sa forme définitive, calcule ses effets d'ombre et de lumière, combine ses oppositions selon le milieu ambiant, et ne cesse de s'inspirer du modèle qu'il ne quitte pas des yeux; en un mot, il fait œuvre d'artiste et non métier d'ouvrier.

Le cube employé par le mosaïste est du marbre, de la terre cuite, mais très généralement de l'émail, *smalte* comme on dit en Italie. Chimiquement la matière est un verre opaque coloré dans la masse par des oxydes métalliques. Sa formule générale est la suivante :

Sable	1.300
Minium	600
Azotate de potasse	60
Fluate de chaux	300
Carbonate de soude	400
Déchets vitrifiés d'une composition semblable	500

Fig. 316. — *Abside de l'église de Saint-Césarée à Rome, exécutée en mosaïque au XVIIe siècle, par Marcello Provenzale de Cento, d'après le chevalier d'Arpin.*

Les couleurs s'obtiennent par l'addition de manganèse pour le violet, de nickel pour le brun, d'urane pour le jaune et le noir, de cobalt pour le bleu, de cuivre pour le vert et le rouge, de platine pour le gris, etc., etc.

Le cube pour fond d'or est moins simple, il est constitué au moyen d'une feuille d'or appliquée sur l'émail et recouvert par une pellicule de verre blanc. Ces émaux sont coulés en galettes d'environ un centimètre d'épaisseur; pour les débiter en cubes, le mosaïste les pose à plat sur un coupoir et les divise par un coup sec donné avec la marteline qui est un marteau tranchant. Les cubes ainsi débités à la grandeur voulue sont placés par couleurs, dans un casier semblable à la casse en usage dans les imprimeries. Si la chose est nécessaire pour serrer de près le dessin, le mosaïste met le cube à la forme, soit avec la marteline, soit en l'usant sur une petite meule, puis il l'enfonce dans le mastic. La reproduction des tableaux exigeait naturellement plus de soins; après l'achèvement de la mosaïque il était nécessaire de la polir par frottement et d'encaustiquer à la couleur le mastic qui apparaît toujours dans les joints; les menus objets et les bijoux en mosaïque sont traités avec des smaltes très fins, filés en baguettes à la lampe d'émailleur.

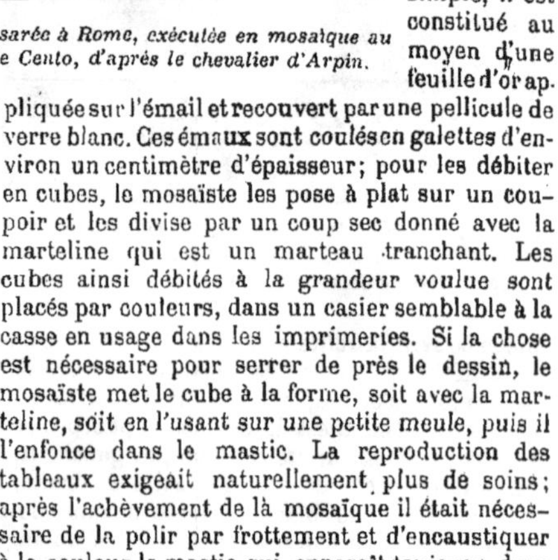

La question des ciments et des mastics est très importante, puisque c'est d'elle que dépend la durée de la mosaïque. La composition du ciment à la chaux peut être faite comme il suit :

Pouzzolane	10 1/2
Brique pilée	4 1/2
Chaux éteinte	8 1/2
Eau	1 1/2

La pouzzolane se trouve en Italie dans les environs de Rome et de Naples, et en France, en Auvergne. Ce ciment est résistant mais il ne reste pas malléable longtemps, il peut être utilisé à l'intérieur aussi bien qu'à l'extérieur des monuments. Le mastic à l'huile a été employé pour la première fois au XVIe siècle dans la basilique de Saint-Pierre à Rome, il doit être réservé exclusivement aux mosaïques qui sont à l'abri des intempéries, son avantage est de s'appliquer sur des fonds de pierre, de métal, de bois et de matières vitrifiées ; il reste malléable pendant plusieurs semaines, ce qui permet les corrections.

Sa formule est :

Poudre de travertin	60
Chaux blanche éteinte provenant du même travertin	25
Huile de lin crue	10
Lie d'huile de lin cuite	6

On le voit, rien de plus simple et de moins dispendieux, que l'outillage d'un atelier de mosaïque; mais la pratique de cet art exige des qualités sérieuses. Nous ne demandons pas que le mosaïste compose lui-même le modèle, mais il faut qu'il puisse l'interpréter; il doit absolument savoir dessiner l'ornement, la plante et le corps humain, car il est tenu d'observer d'une façon rigoureuse le dessin du modèle; il faut aussi qu'il ait le sentiment de la couleur ; selon ses aptitudes et son tempérament, on pourra sur ce point lui laisser une certaine liberté. Les dispositions naturelles de notre race sont excellentes pour la pratique de la mosaïque, et quoi que cet art soit d'origine étrangère, nous pourrons, sans peine, prendre en France dans la mosaïque, le rang distingué que nous tenons dans tous les arts de la décoration ; les tentatives récentes le prouvent surabondamment. — G.

Fig. 317 — *Médaillon de la loggia de l'Opéra de Paris, executé en mosaïque, d'après M. Ch Garnier.*

MOSAÏSTE. Artiste, artisan qui exécute des mosaïques.

MOSETTE. *T. de cost.* Camail que portent les dignitaires ecclésiastiques.

MOTEUR. *T. de mécan.* Les moteurs sont des appareils qui mettent en action des machines réceptrices en recueillant directement l'effort des forces naturelles comme le vent, le mouvement de l'eau, etc., ou même en utilisant l'effort de certains liquides ou de fluides ayant dû subir une préparation préalable, comme la vapeur d'eau, le gaz d'éclairage, l'air chaud, l'air froid raréfié ou comprimé, l'eau sous pression, les liquides émettant des vapeurs, l'eau chaude, le pétrole, etc. Il convient d'y rattacher également certaines catégories de machines électriques qui sont plus spécialement des moteurs et dont nous avons réservé l'étude, ainsi que nous l'avons indiqué à l'article MACHINE.

Nous n'avons pas besoin d'insister ici sur le rôle prédominant que les moteurs mécaniques ont pris, surtout à notre époque, dans les préoccupations et l'histoire de l'humanité. Ils sont devenus les véritables auxiliaires qui nous ont permis d'asservir les forces naturelles et de les employer, suivant nos besoins, pour l'aménagement et l'exploitation de la terre que nous habitons. Nous pouvons dire, en quelque sorte, que nous avons pris possession de notre planète grâce à eux, et si nous nous en trouvions privés tout à coup, il semble que l'humanité, réduite à ses propres forces, se trouverait ramenée à l'état sauvage qui a marqué les débuts de son histoire; nous serions impuissants à satisfaire, pour ainsi dire, aucun de nos besoins et nous devrions renoncer à toute industrie, fermer nos usines privées du moteur qui les anime et supprimer tout mouvement d'échange en arrêtant les machines qui sillonnent nos voies ferrées, ou les bateaux qui traversent les mers.

Les premiers hommes ont su utiliser, dans une certaine mesure, les forces naturelles dont l'exploitation était la plus facile, comme le vent ou le mouvement des cours d'eau; les bateaux qui descendaient les rivières en se munissant quelquefois d'une voile pour diriger leur marche, ont formé sans doute les premiers moteurs qu'employaient nos ancêtres. Plus tard, au moyen des moulins à vent et des roues hydrauliques, ils sont parvenus à tirer de ces forces un mouvement moteur susceptible d'être transmis à un appareil récepteur distinct, comme la meule qui écrasait le blé, ou le marteau de forge qui façonnait les loupes de métal. Mais ces applications des moteurs mécaniques sont toujours restées tout à fait restreintes, et les grands travaux effectués dans l'antiquité l'ont presque toujours été à bras d'hommes. On réunissait en un même point des milliers d'esclaves qui devaient tous s'atteler à la fois sur le fardeau à déplacer, comme pour entraîner, par exemple, ces énormes pierres qui devaient servir à la construction des pyramides d'Egypte; et c'est même là un fait particulièrement étonnant, qu'ils aient pu réussir sans moteurs mécaniques à exécuter ces travaux réellement gigantesques, par l'emploi de moyens que nous avons peine à nous représenter aujourd'hui.

L'étude de l'application des moteurs mécaniques n'a fait ensuite aucun progrès dans les âges suivants, et la plus grande partie de l'histoire de l'humanité s'est écoulée à travers des civilisations diverses, sans qu'on ait songé à la relever du mépris où elle avait toujours été tenue : ce n'est que depuis une époque relativement récente, remontant à peine à deux siècles, que la machine à vapeur, encore à ses débuts, a pu faire pressentir l'immense révolution que les moteurs mécaniques allaient accomplir dans le monde. Cette révolution, non encore achevée, est commencée depuis cinquante années environ, et nous assistons déjà à la prodigieuse extension qu'elle a donnée à ce moteur dont elle a fait l'auxiliaire indispensable de toute industrie. Elle est arrivée ainsi à modifier complètement les conditions économiques de la production industrielle, et elle a même transformé à tous égards, on peut le dire, les mœurs et les habitudes des générations contemporaines. C'est là un phénomène certainement aussi important dans l'histoire de l'humanité que la plupart des grands faits politiques dont elle a conservé le souvenir; il peut être rapproché de la découverte de l'Amérique, par exemple, ou de l'invention de l'imprimerie, dont il a révélé toutes les conséquences latentes, et il a précipité en quelque sorte la marche de l'histoire en nous faisant assister en quelques années à des transformations de toute nature qui auraient exigé autrefois plusieurs siècles. Notre époque a donc pu s'appeler, à juste titre, le siècle de la machine à vapeur, car elle nous montre ce moteur incessamment en action autour de nous, et c'est bien de lui qu'elle prend sa physionomie particulière. Toutes les questions qui s'y rattachent sont considérées par les différentes nations comme étant pour elles d'un ordre vital, et leur suprématie dans la lutte industrielle, devenue bien autrement grave aujourd'hui que les luttes armées, dépendra souvent de la facilité avec laquelle elles pourront se procurer le combustible nécessaire à l'alimentation de cette machine.

A côté des moteurs à vapeur, mais à un degré bien moindre, notre époque a su développer aussi l'application des autres moteurs utilisant les forces naturelles; elle a apporté, comme nous le dirons, des perfectionnements très sensibles à la construction des moteurs aériens ou hydrauliques, qui sont les plus économiques de tous; elle a créé enfin des types de moteurs complètement nouveaux qui fonctionnent sous l'action de certains fluides ou liquides préparés dans des conditions spéciales, comme ceux dont nous résumions l'énumération en commençant, et elle a pu obtenir avec ces moteurs, dans certains cas particuliers, des résultats que n'aurait pu donner la machine à vapeur proprement dite.

Il reste encore d'ailleurs des progrès considérables à réaliser dans cette voie, car il ne faut pas oublier que, au point de vue théorique, la machine à vapeur n'utilise que d'une manière très imparfaite, comme nous le dirons plus loin, l'énergie du combustible qu'elle consomme, et ce faible rendement résulte en grande partie du principe même de sa construction, de sorte qu'on ne peut même pas espérer l'améliorer beaucoup. On ne doit donc pas se dissimuler que cette machine entraîne nécessairement un gaspillage des provisions de combustible minéral accumulé dans les flancs du globe terrestre, depuis des milliers de siècles; et sans aller jusqu'à dire, comme certains auteurs, que, avant un demi-siècle, elle devra aller rejoindre dans nos musées les haches en pierre de nos premiers aïeux, il faut bien reconnaître qu'elle ne doit pas être considérée encore comme le véritable moteur de l'avenir, et dans le siècle prochain, elle fera place sans doute à des moteurs utilisant directement une foule de forces naturelles dont l'action est encore maintenant perdue sans profit. Telle est, par exemple, la force des marées, qui pourrait fournir à elle seule une puissance à peu près incalculable, bien supérieure par conséquent, à celle de toutes les machines à vapeur réunies. On pourrait utiliser également les courants d'un grand nombre de fleuves et de rivières, de chutes d'eau, celui des vents ou même recueillir directement les rayons solaires comme dans les essais si curieux de MM. Mouchot et Ericsson. Tous les moteurs ainsi disposés fonctionneraient d'une manière entièrement gratuite pour ainsi dire, en recueillant une force incessamment renouvelée d'elle-même et empruntée toujours, d'ailleurs, à la chaleur et à l'attraction solaires qui forment la source de tout mouvement sur la terre. C'est l'action du soleil combinée à celle de la lune qui soulève les marées, c'est sa chaleur qui produit les mouvements de l'air et les vents, c'est elle aussi qui détermine l'évaporation des eaux à la surface de la terre pour les y faire retomber ensuite sous forme de pluie et les faire circuler dans nos rivières, et c'est cette chaleur enfin qui, dans les premiers âges de la terre, s'est accumulée dans les végétaux que notre planète produisait alors, en décomposant l'acide carbonique qu'ils respiraient pour y fixer le carbone, et elle a produit ainsi toute la houille que nous consommons aujourd'hui. Seulement le charbon s'épuise en brûlant, tandis que les forces naturelles dont nous parlons se renouvellent continuellement, et c'est ce qui donne un intérêt capital à cette application, puisque le rendement pourrait être négligé en quelque sorte. Une pareille transformation des moteurs amènerait un nouveau déplacement de l'industrie qui, au lieu de se concentrer sur les bassins houillers, serait amenée à se disperser davantage et à se rapprocher des bords de la mer et des cours d'eau. On réussirait sans doute à mettre la force motrice à sa disposition dans un rayon assez étendu autour des moteurs principaux, en recourant à l'intermédiaire de l'électricité. Les études actuellement en cours sur cette question permettent d'espérer, en effet, qu'on en trouvera la solution dans un avenir prochain.

Sur les bords de la mer, on pourrait construire, par exemple, des moulins de marée combinés avec des appareils de retenue d'eau qui leur permettraient de fonctionner d'une façon continue, et le mouvement de ces moulins serait utilisé pour actionner des machines dynamo-électriques; et de même on créerait sur le cours des fleuves des barrages assurant d'immenses retenues d'eau, qui auraient l'avantage d'en régulariser le débit, et qui fourniraient en même temps la force motrice aux machines électriques. Il y a certainement dans cette utilisation des forces naturelles le germe d'une nouvelle révolution économique des plus bienfaisantes, dont les conséquences sont incalculables à tous égards.

Moteur animé. Les moteurs animés le plus fréquemment employés sont l'homme et le cheval. La différence caractéristique entre ces moteurs et ceux uniquement soumis aux lois de la physique est, qu'ils ne peuvent agir d'une manière continue comme ces derniers, il est absolument indispensable qu'ils aient des périodes de repos plus ou moins longues. Le travail journalier que peuvent développer les moteurs animés ne porte donc que sur une portion des 24 heures dont se compose une journée, portion dont l'importance est d'autant plus grande que l'effort qu'ils sont appelés à vaincre est plus modéré. La résistance surmontée, à chaque instant, par un moteur animé n'est susceptible de détermination et de mesure que lorsqu'elle s'exerce en dehors du moteur. Lorsqu'un homme marche, chargé ou non chargé, par exemple, il exerce deux sortes d'effort, l'un consiste dans l'élévation de son centre de gravité au-dessus du sol, à chacun de ses pas, cet effet peut être exprimé en kilogrammètres; l'autre effort le transporte en avant et l'on ignore complètement la valeur de ce dernier, d'où il suit qu'il n'y a aucune mesure absolue de l'action journalière des moteurs animés et qu'elle diffère essentiellement des actions journalières, dans lesquelles on ne considère que l'effort exercé contre un objet extérieur. C'est ce qui explique les différences que l'on remarque dans les travaux des moteurs animés suivant leur mode d'action et la manière de les évaluer. Les moteurs animés s'emploient de deux façons; l'une consiste à les faire marcher chargés ou non chargés, et l'autre à les atteler à une partie de machine sur laquelle ils tirent ou ils poussent. Dans le premier cas, on mesure le travail par l'effet produit lui-même; ainsi le travail d'un manœuvre qui monte un poids en haut d'une rampe, ou d'un escalier, est exprimé par la multiplication du poids porté par la hauteur à laquelle il a été élevé; comme on le voit, on n'a aucune idée de la force musculaire développée par l'homme en cette circonstance. Si ce travail était comparé à celui du même manœuvre employé à un autre travail, à agir sur la tiraude d'une sonnette à enfoncer les pieux, entre autres, les résultats seraient bien différents. Lorsque le moteur animé agit sur une machine, par traction ou par poussée, le travail s'évalue en multipliant l'effort exercé par le chemin parcouru par le point d'application, pourvu que ce chemin soit dans le sens de l'effort.

Il faut bien se garder de considérer le travail à faire produire à un moteur animé, comme étant égal à celui résultant de l'effort maximum qu'il peut soutenir. Lorsqu'un homme maintient en équilibre un poids de 100 kilogrammes, il n'exerce aucun travail, au point de vue mécanique, puisqu'il n'y a aucun chemin parcouru et qu'il peut être remplacé par un poteau ou une force morte quelconque. Pour qu'il puisse prendre et conserver sa vitesse la plus grande, il faut qu'il n'ait aucune charge; dans ce cas encore, il n'y aura aucun travail, sauf celui résultant du transport du poids de son corps. On comprend donc facilement qu'il importe de se tenir dans certaines conditions d'effort et de vitesse pour réaliser la plus grande somme de travail; ces conditions supportent du reste une certaine élasticité suivant la nature du travail à accomplir. D'après les expérimentateurs les plus autorisés, Coulomb, Navier,

Nos d'ordre	Nature du travail	Effort moyen exercé	Chemin parcouru par seconde	Travail par seconde	Durée du travail journalier	Quantité du travail journalier
		kil.	mètre	$k \times m$	heures	$k \times m \times h$
	1° Élévation verticale des poids.					
1	Un homme montant une rampe douce ou un escalier sans fardeau, son travail consistant dans l'élévation du poids de son corps.	65	0.15	9.75	8	280800
2	Un manœuvre élevant des poids avec une corde et une poulie, ce qui l'oblige à faire descendre la corde à vide.	18	0.20	3.60	6	77360
3	Un manœuvre élevant des poids en les soulevant avec la main.	20	0.17	3.40	6	73440
4	Un manœuvre élevant des poids et les portant sur son dos au haut d'une rampe douce, ou d'un escalier, et revenant à vide	65	0.04	2.00	6	56160
5	Un manœuvre élevant des matériaux avec une brouette, montant une rampe au 1/12e et revenant à vide.	60	0.02	1.20	10	43200
6	Un manœuvre élevant des terres à la pelle à la hauteur moyenne de 1m,60.	27	0.04	1.08	10	38880
	2° Action sur les machines.					
	Un manœuvre agissant sur une roue à chevilles ou à tambour :					
1	1° Au niveau de l'axe de la roue.	60	0.15	9.0	8	259200
2	2° Vers le bas de la roue ou à 24°.	12	0.70	8.4	8	251120
3	Un manœuvre marchant et poussant ou tirant horizontalement.	12	0.60	7.2	8	207360
4	Un manœuvre agissant sur une manivelle.	8	0.75	6.0	8	172800
5	Un manœuvre exercé poussant et tirant alternativement dans le sens vertical.	5	1.1	5.5	8	158400
6	Un homme de halage tirant un bateau à la bricole.	10	0.8	3.0	10	110000
7	Un cheval attelé à une voiture ordinaire et allant au pas.	70	0.9	63.0	10	2168000
8	Un cheval attelé à un manège et allant au pas.	45	0.9	40.5	8	1166400
9	Un cheval attelé à un manège et allant au trot.	30	2.0	60.0	4.5	972400
10	Un bœuf attelé à un manège et allant au pas.	65	0.6	39.0	8	1123200
11	Un mulet attelé à un manège et allant au pas.	30	0.9	27.0	8	777600
12	Un âne attelé à un manège et allant au pas.	14	0.8	11.6	8	334800

le général Morin, etc., si l'on représente par V la vitesse dont un homme est capable quand il n'exerce aucun effort et par v la vitesse avec laquelle il travaille, par P l'effort qu'il peut exercer sans vitesse et par p celui qu'il développe en travaillant, on peut poser.

$$p = P\left(1 - \frac{v}{V}\right)^2.$$

La quantité de travail est alors :

$$pv = P\left(1 - \frac{v}{V}\right)^2 v.$$

Le maximum de cette quantité s'obtient lorsque

$$v = \frac{1}{3} V$$

et si l'on substitue cette valeur de v dans la formule, on obtient pour la valeur de p, dans le cas du maximum d'action :

$$p = \frac{4}{9} P.$$

Industriellement, c'est surtout la question du coût du travail que l'on envisage et qui prime toutes les autres. C'est ce motif qui conduit au remplacement des moteurs animés par des machines de tous genres : machines-outils dans les ateliers; traction par câble, par l'air comprimé ou par la vapeur sur les tramways; moteurs hydrauliques pour les machines de levage, de rivetage, etc., etc. Les tableaux de cette page donnent les quantités de travail que peuvent fournir l'homme et quelques animaux dans différentes circonstances.

Efforts qu'un manœuvre de force ordinaire peut exercer pendant un court intervalle de temps.

Désignation des instruments	Efforts en kilogrammes
Une plane.	45
Une tarière avec les deux mains.	45
Une clef d'écrou.	38
Un étau ordinaire en agissant sur la manivelle.	33
Un ciseau ou un foret dans le sens vertical.	33
Une manivelle.	30
Une tenaille ou une pince, en agissant par compression.	27
Un rabot à main.	23
Un étau à main.	20
Une scie à main.	16
Un vilebrequin	7
Un petit tournevis en tournant avec le pouce et les doigts	6

MOTEUR A AIR CHAUD. On a donné cette dénomination à des machines dans lesquelles on a essayé d'appliquer la chaleur à l'échauffement des gaz et notamment de l'air atmosphérique, pour produire par la force expansive que détermine l'élévation de température, un travail moteur dans des conditions plus économiques qu'on ne peut l'obtenir avec les machines à vapeur.

Le calorique est considéré comme une force vive moléculaire, susceptible de se transformer en travail mécanique, principalement dans les corps à l'état gazeux, dont l'échauffement correspond à un accroissement de vitesse du mouvement vibratoire de leurs molécules et à une conversion de ces mouvements moléculaires en forces vives mécaniques. L'unité adoptée pour évaluer le travail de ces forces vives est *la calorie;* elle équivaut à 420 kilogrammètres environ. D'après cela, le cheval-vapeur étant représenté par 75 kilogrammètres par seconde, pour obtenir le travail d'un cheval-vapeur pendant une heure, c'est-à-dire pour produire 270,000 kilogrammètres, il ne faudrait dépenser théoriquement que

$$\frac{270,000}{420}=642 \text{ calories.}$$

S'il en était ainsi, le poids de houille qui suffirait pour développer pendant une heure le travail d'un cheval-vapeur serait seulement d'environ 82 grammes, étant donné qu'un kilogramme de houille représente 8,000 calories. Grande est la différence entre ces nombres théoriques et la dépense effective de houille qu'exigent en pratique les machines à vapeur.

C'est qu'en effet, quelque perfectionnées qu'elles soient aujourd'hui, les machines à vapeur présentent, au point de vue de l'utilisation du calorique, des imperfections et des causes de pertes inhérentes à leur nature même, et auxquelles il est évidemment impossible de remédier.

En premier lieu, nous en trouvons une dans la constitution physique de l'agent employé : pour se transformer en vapeur, avant d'acquérir aucune tension capable de développer un travail moteur, l'eau n'atteint la température de 100° qu'en absorbant, par chaque litre ou kilogramme, 637 calories, qui deviennent *latentes*, c'est-à-dire qui sont entièrement perdues pour la production du travail effectif que la pression de la vapeur développe à partir de la limite de 100°. Nous trouvons une seconde cause de déperdition manifeste du calorique dans la nécessité de donner aux foyers un tirage assez énergique, car les cheminées les mieux étudiées font encore perdre une très notable partie du travail mécanique que pourrait produire la quantité de houille brûlée quotidiennement. Ajoutons à ces imperfections les autres inconvénients inhérents à l'emploi des machines à vapeur, l'approvisionnement d'eau de qualité convenable, les dangers d'explosion, la surveillance incessante qu'elles nécessitent. On conçoit que l'on ait cherché une solution plus économique et plus simple du grand problème de l'application de la chaleur à la production des forces motrices, et les essais tentés en vue de la réaliser par les machines à air chaud remontent déjà bien loin.

Comme tous les fluides aériformes, l'air atmosphérique possède la faculté d'acquérir une tension assez considérable par l'absorption d'une certaine somme de calorique : chaque degré d'élévation de sa température correspond à une dilatation de $\frac{1}{267}$ ou 0,003665 de son volume primitif, ce qui revient à dire qu'un litre d'air, pris à 0°, et chauffé à 267° dans un espace clos, acquiert une tension égale à 2 atmosphères. Cette tension augmentant nécessairement avec la température, toute la chaleur absorbée se transforme en effet dynamique utilisable.

Les beaux travaux de Carnot et de Clapeyron sur le travail mécanique de la chaleur, font ressortir les avantages qu'on peut retirer de l'application de l'air chaud; et nous en trouverions aussi la démonstration dans un savant mémoire publié, en 1854, sous le titre de *Machine à air d'un nouveau système*, par M. F. Reech, alors directeur des constructions navales et de l'Ecole du génie maritime.

Néanmoins, il ne faudrait pas considérer le moteur à air chaud comme la *machine calorique* par excellence; car, si d'une part, au point de vue de l'économie du combustible, il y a intérêt à employer l'air, dont la tension s'accroît avec une minime dépense de chaleur, il faut remarquer, d'autre part, que cette tension diminue très rapidement par l'effet de la moindre détente et que, dès lors, la production d'un travail mécanique utilisable cesse bien avant que la chaleur absorbée ait été aussi complètement utilisée qu'elle devrait l'être, pour justifier en pratique les prévisions de la théorie.

Historique. Les premiers inventeurs qui ont tenté d'utiliser la puissance motrice du calorique au moyen de l'air chaud employaient un mode de chauffage tellement défectueux que leurs essais sont demeurés à peu près stériles. Ce fut en 1821 que Bresson, entrant dans une voie nouvelle, obtint quelques résultats encourageants, et conçut le système de machine qui fut breveté plus tard par lui, en 1837, sous le nom d'*engin-air-feu*.

La première machine à air chaud qui a donné des résultats pratiques est due à Ericsson; elle a fait son apparition dès 1849 en Amérique, et le bruit qui se répandit à ce moment autour de cette invention produisit alors une vive sensation dans le monde industriel. Mais quand on l'expérimenta, elle ne justifia pas les espérances qu'elle avait fait concevoir. Plus tard, en 1861, dans des expériences faites au Conservatoire des arts et métiers par M. Tresca, il fut constaté que la consommation d'une machine Ericsson s'élevait jusqu'à 5k,88 de houille par cheval et par heure, et que le travail disponible sur l'arbre moteur ne représentait que les 0,27 centièmes du travail développé par la chaleur et mesuré à l'indicateur. Et cependant à l'époque où M. Tresca faisait ces expériences on comptait plus de 200 moteurs Ericsson fonctionnant à New-York, et quelques-uns avaient été construits sur des proportions considérables. Malgré les imperfections qu'il lui avait reconnues, M. Tresca n'en disait pas moins du système Ericsson : « La machine conserve toujours ce précieux avantage de n'avoir pas besoin de chaudière et de fonctionner sans eau; c'est ce qui lui assure dans l'industrie certains emplois déterminés. »

Pendant qu'Ericsson s'efforçait en Amérique de rendre pratiques les machines à air chaud, des inventeurs français poursuivaient le même but. MM. Franchot, L. Lemoine et Laubereau, ont tour à tour étudié des systèmes analogues qui n'ont pas reçu de consécration définitive. Ensuite apparut la *machine Pascal*, dont le principe fondamental consistait dans le chauffage et l'évaporation immédiate de l'eau projetée sur un foyer clos, dont une pompe soufflante entretenait la combustion par un courant d'air énergique : le mélange de vapeur surchauffée et de gaz chaud ainsi produit venait agir dans un cylindre analogue à celui d'une machine à vapeur ordinaire. Mais cette invention ne donna pas de résultats satisfaisants, tant sous le rapport de l'économie pratique que sous celui du bon fonctionnement et de la conservation des organes.

M. F. Reech, dans le Mémoire dont nous avons déjà parlé, posait comme principe que « si l'on parvenait à remplacer le mode de chauffage extérieur d'une machine à air par l'introduction d'une certaine quantité de combustible au milieu du volume d'air déjà emprisonné que l'on voudra employer, on réussirait à la fois à pouvoir faire fonctionner ces machines aussi vite que l'on voudrait, à obtenir une plus grande somme de chaleur d'une quantité donnée de combustible, et à utiliser beaucoup mieux la quantité de chaleur produite. »

La *machine Belou*, dont nous allons parler maintenant comme étant la tentative la plus importante et la mieux réussie qui ait été faite en France jusqu'à présent, réalise complètement le principe posé par M. Reech. Elle se présente avec des conditions d'économie et de fonctionnement qui prouvent que les effets dynamiques de la chaleur y sont appliqués d'une manière plus heureuse et plus pratique que dans tous les autres systèmes essayés avant elle.

Gazomoteur Belou. La machine à air chaud désignée sous le nom de *gazomoteur Belou*, se compose de trois parties essentielles : une pompe à air, un foyer fumivore, et un cylindre moteur. Le foyer hermétiquement clos pendant la marche, est de forme cylindrique, verticale ; il est garni intérieurement d'une chemise en terre réfractaire ; il porte à sa partie inférieure une grille sur laquelle le combustible est distribué d'une manière continue, au moyen d'un organe spécial mis en mouvement par le moteur lui-même, et répandant régulièrement une quantité de combustible égale à celle qui se brûle, de sorte que la couche de charbon incandescent, qui se trouve étalée sur la grille, conserve toujours exactement la même épaisseur. La pompe à air lance une partie de son volume d'air sous la grille, et ce volume entretient la combustion en même temps que les produits gazeux qui en résultent acquièrent une température très élevée ; une autre partie de l'air injecté par la pompe vient, par des orifices supérieurs à la grille, se réunir avec les gaz qui s'échappent au-dessus de la couche de charbon incandescent, et forme avec eux un mélange dont le volume serait de beaucoup supérieur au volume primitif de l'air introduit par la pompe, si cette augmentation de volume n'était empêchée précisément par les parois étanches du foyer clos, où le mélange gazeux acquiert une tension correspondant à la température à laquelle il se trouve élevé. C'est en vertu de la pression ainsi développée que le mélange gazeux vient agir sur le piston du cylindre moteur, mis en communication avec le foyer clos par des clapets d'admission. Le cylindre est à double effet, l'introduction de l'air chaud se faisant à chaque coup de piston, comme celle de la vapeur dans les machines ordinaires, et l'échappement se produisant aussi de la même façon.

Le combustible se trouve employé de la manière la plus avantageuse possible, l'alimentation de la grille se faisant avec une régularité parfaite et le volume d'air introduit à chaque coup de pompe étant calculé de façon à obtenir une combustion complète ; aussi le foyer peut-il être considéré comme étant réellement fumivore.

D'autre part, la quantité de chaleur dégagée par la combustion est emportée par le mélange gazeux dans le cylindre moteur, où elle se transforme en travail mécanique, sans autres causes de déperdition que l'absorption par les parois et le rayonnement des surfaces extérieures. La somme de chaleur que possède encore le mélange gazeux au sortir du cylindre moteur peut être utilisée de diverses manières, soit au chauffage préalable de l'air avant son entrée dans le foyer, soit au chauffage d'ateliers, d'étuves, de séchoirs.

La mise en train s'effectue d'une façon aussi simple que rapide : on allume d'abord le foyer, en produisant le tirage par un tuyau spécial qu'on ferme ensuite hermétiquement. Puis, quand la couche de combustible est en pleine ignition, on ouvre un robinet qui établit la communication avec un petit réservoir d'air comprimé : dès que le courant d'air s'échappant de ce réservoir arrive sous la grille, il s'échauffe rapidement, et acquiert une tension suffisante pour agir sur le piston moteur aux mouvements duquel se trouve associée la pompe à air ; dès le premier coup de piston cette pompe refoule de l'air dans le foyer, et la machine se met en marche instantanément. Pour l'arrêter, il suffit d'ouvrir un second robinet qui fait communiquer l'intérieur du foyer avec l'air extérieur, ou bien encore d'intercepter l'admission dans le cylindre moteur, par un débrayage de la distribution.

Une machine Belou, de la force de dix à douze chevaux, a été, en 1862, soumise à l'examen d'une Commission nommée par le Congrès des délégués des Sociétés savantes. Cette Commission, composée de MM. Belgrand, ingénieur des ponts et chaussées, d'Estaintot, d'Albigny, d'Arras, Leroyer et Gomart rapporteur, a consigné ses appréciations dans un document officiel d'où nous extrayons le passage suivant :

« La machine se met en marche avec la plus grande facilité par l'ouverture d'un robinet, elle s'arrête immédiatement par l'ouverture d'un autre robinet pour se remettre en marche et en pression aussitôt qu'on le veut. La combustion s'opère facilement et sans fumée sensible, le foyer est alimenté constamment de charbon pendant la marche avec une régularité parfaite. Le cylindre moteur, le foyer et les autres pièces soumises à une haute température, n'ont éprouvé jusqu'à ce jour aucune altération. »

Nous avons nous-mêmes été appelé à suivre les diverses phases des essais tentés avec cette machine, et nous avons vu un moteur de quatre-vingts chevaux mettre en mouvement tout le matériel de la papeterie de Cusset, près de Vichy (Allier). Cette belle et grande machine, à cylindre vertical, parfaitement étudiée et construite avec les plus grands soins, était vraiment un spécimen capable de faire concevoir les plus brillantes espérances. D'autres applications faites dans plusieurs localités donnaient aussi des résultats encourageants, et nous ne croyons devoir attribuer l'avortement de cette machine qu'au défaut de suite et de persévérance, qui était le caractère propre de l'inventeur, et aux désastres financiers qu'une mauvaise administration fit éprouver aux promoteurs de cette invention.

Depuis lors, peu de tentatives ont été faites pour rendre pratiques les moteurs à air chaud. Il y avait, à l'Exposition universelle de 1878, un type de machine, d'origine anglaise, qui paraissait fonctionner avec régularité et économie. Mais il n'a pas été construit, en France, de nouveaux spécimens de ce genre de moteurs.

Nous citerons, en terminant cette notice sommaire, une disposition ingénieuse de moteur à air chaud, créée, en Angleterre, par M. Rider, et importée, en France, par la maison Daulton.

Cette machine a pour principe l'emploi de l'air froid comprimé et refoulé à travers le foyer sans changement de volume, pour obtenir la tension qui produit le travail moteur. Elle se compose de deux cylindres : le cylindre de compression de l'air, et le cylindre moteur. Des pistons creux se meuvent dans chacun de ces cylindres, et communiquent le mouvement au volant au moyen de manivelles reliées à leurs tiges verticales.

Le bas du cylindre de compression est maintenu froid par un courant d'eau qui circule dans l'enveloppe réfrigérante, tandis que le bas du cylindre moteur est échauffé par l'action d'un foyer établi au-dessus de la chambre de chauffe.

Ce qui caractérise surtout et constitue une des particularités les plus remarquables du fonctionnement de ce moteur, c'est qu'il emploie constamment la même masse d'air, dont le jeu se borne à passer alternativement d'un cylindre à l'autre, et *vice-versa*, sans introduction de nouvelle quantité d'air et sans échappement du fluide employé dans la machine.

L'échauffement ou le refroidissement de l'air est obtenu, en quelque sorte, instantanément, par le passage alternatif sur les surfaces du réchauffeur ou du réfrigérant, où l'air arrive par lames minces. Dans ce but, le piston de compression descend jusqu'à la base de l'appareil et présente un diamètre inférieur à celui du réfrigérant; il laisse ainsi sur sa circonférence un espace étroit par lequel l'air est introduit et se refroidit complètement dans son trajet jusqu'à la partie inférieure. L'air chaud suit ce chemin lorsqu'il vient du réchauffeur et le reprend ensuite après son refroidissement dans l'autre cylindre.

Le piston moteur présente vers le bas une disposition analogue à celle du piston de compression. La chambre du réchauffeur est à fond concave, de manière à offrir à l'action de la chaleur une couronne étroite tout autour de ce fond. Dans le réchauffeur se trouve un cylindre formé d'une tôle de fer, dont le diamètre est inférieur d'environ 6 millimètres à celui du réchauffeur lui-même. Il est monté à l'intérieur du cylindre moteur et peut pénétrer presque jusqu'au fond du réchauffeur.

Cette disposition force l'air, chassé du cylindre de compression, à se présenter en lame mince tout autour de la surface chauffée, principalement en léchant les parties voisines du foyer et dont la température est la plus élevée.

Entre les deux cylindres est installé le régénérateur, composé d'un certain nombre de feuilles métalliques qui, tout en laissant le passage libre, divisent le courant en filets nombreux. L'air le traverse en se rendant d'un cylindre dans l'autre; il y abandonne une certaine quantité de sa chaleur lorsqu'il part du cylindre moteur pour se rendre au cylindre de compression, et il la reprend en partie lorsqu'il revient de ce dernier cylindre au premier.

Les deux pistons sont reliés directement aux manivelles, calées à un angle de 95° environ l'une de l'autre, avec avance du piston moteur.

Une soupape placée généralement à la partie inférieure et sur le côté du cylindre de compression est destinée à permettre la rentrée de la quantité d'air nécessaire au fonctionnement, dans le cas où des fuites viendraient à se produire.

Pour mettre la machine en marche, lorsque le cylindre réchauffeur a acquis, après l'allumage du charbon placé sur la grille, une chaleur que la main ne peut plus supporter, on ouvre le robinet placé sur le régénérateur et celui qui est au bas du socle de la machine; puis on donne une impulsion au volant en le faisant tourner de haut en bas jusqu'à ce que les pistons soient au même niveau supérieur. On ferme alors les robinets, ensuite on imprime au volant un premier mouvement de va-et-vient, qui a pour effet de comprimer l'air, puis on lui fait vivement dépasser le point d'équilibre des deux pistons pour lancer la machine qui se met alors en mouvement.

D'une construction robuste et simple, cette machine se prête à de nombreuses applications, n'exigeant qu'une faible puissance. Il se fait seulement deux types de moteurs, l'un de la force d'un tiers de cheval, et l'autre d'un cheval-vapeur. Le constructeur a disposé aussi un type spécial actionnant directement une pompe, dont le fonctionnement simple, économique, exempt de tous dangers d'incendie et d'explosion se recommande particulièrement aux exploitations agricoles. — G. J.

MOTEUR A AIR COMPRIMÉ. Les moteurs à vapeur, d'un emploi si général, ne peuvent cependant être adoptés dans certains cas spéciaux; par exemple dans les mines d'où, en dehors de toutes considérations relatives à la ventilation, les foyers doivent, le plus souvent, être exclus. Pour la traction dans les grands tunnels, ce n'est qu'au prix de dispositions fort coûteuses, capables de produire une ventilation énergique, que l'on a pu employer des machines à vapeur, munies de certaines dispositions spéciales qui ne font que remédier partiellement aux inconvénients qu'elles présentent pour la traction souterraine. Enfin, dans certaines conditions de fonctionnement, les machines à vapeur sont coûteuses. Citons, par exemple, les petites machines de tramways pour lesquelles les frais de personnel sont élevés, chaque machine nécessitant deux hommes et une forte dépense de charbon, eu égard à la puissance développée, par suite des petites dimensions du foyer et des fréquents arrêts ou stationnements. La pratique a démontré de plus, qu'elles exigent des réparations très fréquentes et sont rapidement mises hors de service. Enfin la vapeur d'eau ne peut agir, sur des organismes moteurs, même à une distance assez restreinte, sans entraîner de fortes pertes par la condensation.

C'est dans le but de remédier aux inconvénients particuliers que nous venons de signaler, que l'on a cherché à substituer l'air comprimé à la vapeur comme fluide moteur dans certains cas spéciaux.

Un moteur à air comprimé est d'ailleurs semblable à un moteur à vapeur pour la disposition du mécanisme, il n'en diffère que par la substitution à la chaudière d'un ou plusieurs réservoirs contenant l'air emmagasiné sous pression. Si le chargement est alternatif, la contenance des réservoirs et la pression à laquelle on les charge sont calculées de façon que le moteur puisse effectuer un travail déterminé, on remplit alors les réservoirs pour une nouvelle période de travail. Dans d'autres cas, la machine peut être alimentée, d'une manière continue, par le compresseur, le réservoir ne sert alors que d'accumulateur.

Ces moteurs deviennent particulièrement économiques lorsqu'il est possible d'utiliser des forces naturelles pour comprimer l'air.

(*a*) ***Moteurs fixes.*** Les moteurs fixes sont employés pour mettre en mouvement des appareils destinés à fonctionner dans des lieux où l'on ne peut tolérer l'échappement de la vapeur, c'est le cas des *perforateurs* (V. ce mot). Ils sont surtout avantageux et s'imposent même, lorsque les appareils doivent fonctionner à une grande distance du point de production de la force. En effet, il est partout reconnu aujourd'hui que jusqu'à présent « l'air comprimé est l'agent le plus souple et le plus avantageux pour transmettre et distribuer la force » et cela avec des conduites d'un diamètre beaucoup plus faible que celui qu'exigent la vapeur et l'eau. — V. TRANSMISSION DE LA FORCE PAR L'AIR COMPRIMÉ.

(*b*) ***Moteurs mobiles, locomotives.*** Les moteurs mobiles sont employés pour faire la traction dans les mines et sur les tramways.

Dans ces cas, on met à profit une propriété toute spéciale de l'air comprimé, qui peut être isolé de la force motrice qu'il doit transmettre, étant accumulé dans des réservoirs permettant de rendre disponible, à un moment voulu, telle fraction nécessaire de la force emmagasinée.

Les premières applications des moteurs à air comprimé n'ont guère qu'un intérêt historique. Nous ne pouvons cependant ne pas signaler les expériences suivantes :

— Dès 1840, MM. Andrand et Tessié du Motay font la première application de la traction par moteur à air comprimé. Ce n'est ensuite qu'en 1858 que M. Sommeiller qui, l'année précédente, avait fait fonctionner des perforatrices par l'air comprimé au Mont Cenis, construisit une petite locomotive. Puis en 1874, M. Favre fit faire, avec succès, le service des transports, au Saint-Gothard, par une locomotive ordinaire dans laquelle il faisait agir sur les pistons l'air comprimé contenu dans un grand réservoir, de 8 mètres de longueur sur $1^m,60$ de diamètre, et dans la chaudière de la locomotive. Il avait obtenu ainsi une capacité de $17^{m3},40$, mais n'avait pu dépasser la pression de 7 kilogrammes; dans ces conditions cet appareil primitif remorquait, sur une longueur de 600 mètres, à la vitesse de 10 kilomètres, 16 vagons pesant ensemble 52 tonnes. Le résultat fut assez satisfaisant pour que l'on construisit spécialement des locomotives permettant d'atteindre une pression double, de manière à réduire le volume des réservoirs.

Mais les grosses difficultés, résultant des phénomènes qui accompagnent l'utilisation de l'air comprimé, auxquelles on s'était heurté dès l'origine subsistaient. La principale résultait du volume d'air considérable qui était nécessaire pour produire un travail de quelque importance, la valeur dynamique représentée par un approvisionnement d'air, employé sans artifice, étant très faible. En effet, lorsqu'on produit un travail extérieur en faisant agir sur un piston par détente une certaine quantité d'air emmagasiné dans un réservoir, cet air se refroidit, c'est-à-dire consomme une partie de son calorique spécifique, si on ne lui en fournit pas d'autre en ce moment. La limite de refroidissement, à laquelle il convient de s'arrêter, mesure le travail que l'on peut obtenir, si l'on fait abstraction de la chaleur cédée par les enveloppes. La limite de refroidissement pratique était d'ailleurs indiquée par la congélation des graisses et de la vapeur d'eau que l'air entraîne avec lui, qui venait entraver les mouvements du moteur.

Le faible rendement que l'on tirait des machines à air tenait à l'impossibilité de faire de la détente. Il y avait donc lieu, pour rendre les moteurs à air comprimé réellement pratiques, de trouver le moyen de faire travailler sans inconvénient à grande détente. C'est ce perfectionnement qui a été résolu de 1872 à 1875 par un ingénieur français, M. Louis Mekarski, dont le procédé « est le seul artifice qui permette d'employer rationnellement de l'air emmagasiné dans des réservoirs à des pressions très fortes ».

Ce procédé consiste à faire agir sur les pistons, comme fluide moteur, non pas simplement de l'air comprimé sec et froid, mais un mélange d'air comprimé et de vapeur d'eau, dont le calorique latent se trouve, pendant la détente, partiellement utilisé pour limiter l'abaissement de température. Nous ferons ressortir clairement l'avantage que l'on retire de ce procédé en exprimant le travail que peut fournir un même poids d'air : 1° sans addition de chaleur; 2° mélangé avec de la vapeur d'eau.

Dans le premier cas, pour un abaissement de température de 1°, le travail fourni par la détente d'un kilogramme d'air est de $0,17 \times 424 = 72$ kilogrammètres (0,17, chaleur spécifique de l'air sec à volume constant; 424, équivalent mécanique de la chaleur). Pour un abaissement de température de 80°, le travail fourni par la détente de 1 kilogramme d'air ne serait encore que de

$$72 \times 80 = 5,760 \text{ kilogrammètres.}$$

Le travail à pleine pression, déduction faite de la contre-pression pendant l'admission et pendant la détente, s'élèverait pour une pression initiale de 5 atmosphères et une température initiale de

15°, à 4,100 kilogrammètres. Le kilogramme d'air ne fournirait donc en tout théoriquement que 9,860 kilogrammètres.

Dans le second cas, si l'on admet que l'air soit employé à la même pression de 5 atmosphères, saturé de vapeur d'eau à 100°, la formule basée sur la loi de Mariotte devient applicable. Un kilogramme d'air, dans ces conditions, fournit $0^{m3},264$ de fluide moteur, dont le travail théorique sur un piston, avec détente 1/3 est de :

$$0{,}264 \times 5 \times 10330 \left(1 + \text{log. hyp. } 3 - \frac{1{,}10 \times 3}{5}\right)$$
$$= 19600 \text{ kilogrammètres.}$$

On double donc, par le réchauffage de l'air, la valeur dynamique de l'air comprimé.

Si, à l'influence de la détente, que rend possible la vapeur d'eau contenue dans l'air, on ajoute encore l'influence de cette vapeur sur le travail proprement dit, on se rend compte de l'avantage du système que nous venons de faire ressortir par des chiffres ; mais il ne faut pas perdre de vue que c'est surtout sur la température finale que la vapeur d'eau a une influence capitale et considérable.

De plus, le tableau de la page 699, t. III, article COMPRESSION DE L'AIR, qui indique si clairement l'influence de la détente et montre combien les fortes pressions diminuent le rendement des machines à air, fait comprendre qu'il est avantageux d'employer l'air à faible pression, même si des considérations de volume ont amené à le comprimer à haute pression, et bien que l'on perde le travail de la détente depuis la pression à laquelle il se trouve dans le réservoir jusqu'à la pression d'introduction dans les cylindres, perte qui d'ailleurs va toujours en diminuant à mesure du fonctionnement. De là l'emploi du régulateur.

Les appareils imaginés par M. Mékarski pour arriver à ces résultats sont :

1° Le réchauffeur-saturateur ou bouillotte qui sert à obtenir le mélange d'air et de vapeur, constituant le fluide moteur ;

2° Le régulateur ou détendeur d'air qui a pour but d'envoyer le mélange gazeux aux cylindres moteurs à une pression de régime automatiquement constante et cependant variable à la main suivant les conditions de résistance ou la vitesse à réaliser.

La *bouillotte* consiste en un récipient cylindrique, placé verticalement ou horizontalement, et contenant de l'eau chaude à 150° ou 160°, jusqu'à un niveau déterminé. L'air comprimé est débité au pied de la colonne d'eau par une crépine, dans le cas du récipient vertical, par un tuyau ayant la longueur du réservoir et percé de trous sur toute sa longueur, dans le cas du récipient horizontal, de telle sorte que l'air, traversant toujours l'eau chaude en filets minces, se réchauffe et se sature de vapeur. L'appareil est sans foyer ; il est rempli d'eau chaude au début de la période de travail ou encore l'eau est réchauffée au moyen d'une injection de vapeur en même temps que les réservoirs sont remplis d'air. Au sortir de la bouillotte, le mélange gazeux passe par le régulateur.

Le *régulateur* (fig. 318) se compose de deux chambres en bronze, superposées et séparées par un diaphragme en caoutchouc. La première constitue une presse hydraulique dont le piston, en descendant, refoule l'eau dans un espace annulaire où se trouve confinée une petite quantité d'air. Le matelas se comprime et joue le rôle d'un ressort auquel on donne facilement le degré de tension nécessaire. Le fluide moteur, pour passer du réchauffeur aux cylindres, traverse l'orifice de la

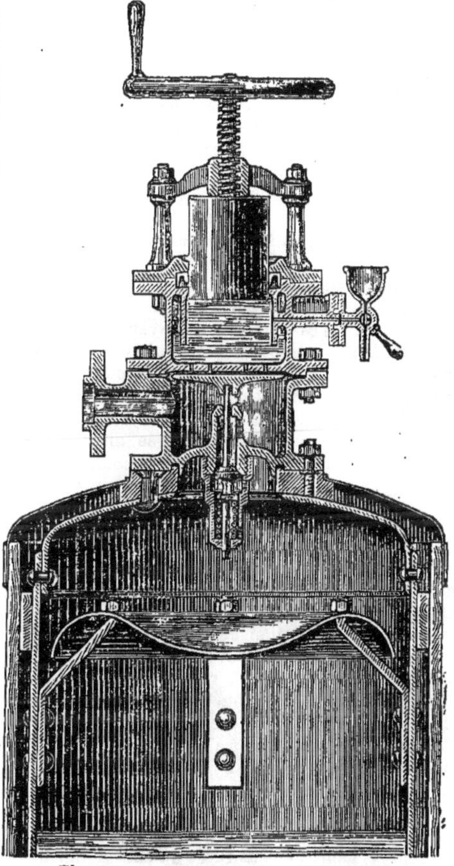

Fig. 318. — *Régulateur de détente monté sur un réchauffeur vertical.*

chambre inférieure, obstrué par un clapet conique. Ce clapet est disposé de telle sorte qu'il se ferme par l'effet de la pression de l'air dans le réchauffeur. Il ne s'ouvre que si l'on exerce sur lui une pression en sens contraire, en agissant sur le volant de la petite presse hydraulique, dont la pression lui est transmise par le diaphragme en caoutchouc qui sépare les deux chambres. On conçoit qu'une fois l'écoulement ainsi déterminé (et si l'on néglige l'action du fluide sur la petite surface du clapet), l'équilibre s'établira de lui-même lorsque la pression sera la même au-dessous et au-dessus du diaphragme. Or, la pression qui agit au-dessus du diaphragme est celle du ressort d'air de la presse hydraulique, tandis que la pression qui agit au-dessous est la pression même d'écoulement du mélange gazeux. Cette dernière restera donc automatiquement constante, aussi longtemps qu'on laissera le ressort d'air bandé à la même pression; elle variera d'ailleurs à volonté en agissant sur le volant de la presse hydraulique.

L'emploi du régulateur présente ce grand avantage qu'il permet de marcher à une faible introduction et de modifier l'effort de la machine dans de fortes limites, sans pour cela faire varier la détente.

En pratique, il faut admettre que 1 kilogramme d'air comprimé, employé dans les conditions qui constituent le système Mékarski, fournit un travail *utile* de 12 à 15,000 kilogrammètres. La compression du même poids d'air à 30 atmosphères exigeant 45,000 kilogrammètres, le rendement des moteurs à air est, dans ce cas, d'au moins 30 0/0 du travail employé à la compression.

Ces appareils, en dehors des cas où ils s'imposent, sont aussi économiques pour certaines applications, car le rendement dont ils sont frappés, même dans les cas les plus désavantageux, par suite de la perte de puissance résultant de l'interposition du compresseur entre la chaudière et le moteur, est largement compensé par les conditions tout à fait désavantageuses dans lesquelles la vapeur est produite et employée directement dans certains appareils. — ED. B.

MOTEUR A AIR RARÉFIÉ. Ces moteurs, basés sur l'application du vide et l'action de la pression atmosphérique, ont été jusqu'à ces dernières années l'objet de diverses tentatives qui ne sont pas entrées dans le domaine de la pratique. On a cependant réalisé récemment à Paris une intéressante application des *moteurs à air raréfié* pour la petite industrie, et les services que cette installation est appelée à rendre placent, dès à présent, ces moteurs à côté des moteurs à gaz, et des moteurs à eau sous pression qui sont usités dans certaines localités où l'eau peut être livrée à bon marché pour cette application industrielle. C'est une solution pratique du problème de la force motrice à domicile, pour des travaux intermittents, n'exigeant qu'une puissance minime qui ne dépasse généralement guère un cheval-vapeur. — V. TRANSMISSION et au *Supplément*.

MOTEUR A GAZ. On désigne sous la dénomination générale de *moteurs à gaz* les appareils qui utilisent pour la production de la force motrice, la puissance d'expansion d'un mélange de gaz d'éclairage et d'air atmosphérique, enflammé subitement dans un cylindre où se meut un piston, présentant une analogie complète avec les dispositions ordinaires d'une machine à vapeur.

HISTORIQUE. La première idée pratique de cette application de la force expansive d'un mélange détonant formé de gaz d'éclairage et d'air fut conçue par le créateur de l'industrie du gaz en France, Philippe Lebon, qui en 1800 (le 6 vendémiaire, an VIII de la République) obtint un brevet d'invention ayant pour titre · *Thermolampes, ou poêles qui chauffent, éclairent avec économie et offrent avec plusieurs produits précieux, une force motric applicable à toute espèce d'industrie.*

Néanmoins, dès 1791, en Angleterre, John Barber avait fait breveter une machine motrice qui fonctionnait par l'inflammation de l'hydrogène avec introduction d'eau dans le cylindre; l'eau et le gaz hydrogène étaient introduits au moyen d'une pompe. Deux autres inventeurs anglais, Mead et Robert Street, ont essayé ensuite des machines où le gaz était produit par des huiles légères, « en laissant tomber sur le fond du cylindre de « l'huile de pétrole, de térébenthine, ou autres matières « analogues pouvant se réduire en vapeur. » Cette idée a été reprise depuis quelques années par l'emploi des carburateurs d'air appliqués aux moteurs à gaz.

Une des tentatives les plus importantes fut celle de Samuel Brown, qui essaya d'appliquer, en 1823, sa machine motrice à gaz pour l'épuisement du canal de Croydon. Cette machine était à simple effet, elle fonctionnait par le *vide résultant de la condensation qui* suit l'explosion du mélange gazeux, comme on l'a fait depuis lors dans les machines dites atmosphériques. Déjà l'on voit appliquée dans la machine de Samuel Brown l'idée de refroidir par l'eau le cylindre où se produit l'explosion. On trouve par conséquent dans ces essais le germe de divers moteurs qui sont basés sur le même principe; on peut en dire autant de la machine de Herskine-Hazard qui, en 1826, fonctionnait aussi par le vide, mais en employant comme mélange détonant de l'air saturé de vapeurs inflammables provenant de liquides volatils, d'alcool, d'essence de térébenthine et autres hydrocarbures.

A la même époque, en 1826, notons les essais tentés par MM. Galy-Cazalat et Dubain; en 1833, ceux de Lemuel Wellman-Wright; en 1838, ceux de Ador qui produisait le gaz hydrogène destiné au mélange détonant par l'action de l'acide sulfurique sur le fer ou le zinc; en 1841, les essais de Demichelis et Monnier, introduisant sous pression l'hydrogène et l'air au moyen d'une pompe dans un gazomètre d'où il se rendait au cylindre moteur. En 1842, le docteur Drahe, de New-York, fit aussi construire une machine à explosion, et l'année suivante Selligue, qui était venu aux Batignolles, dans la banlieue de Paris, créer une usine pour fabriquer le *gaz à l'eau*, proposa l'hydrogène extrait de l'eau par son procédé pour produire une force motrice destinée à la propulsion des bateaux. En 1845, Perry fit un nouvel essai d'une machine motrice marchant par les vapeurs d'hydrocarbures volatils, et la même année Reynolds construisait un moteur à gaz auquel il adaptait un réservoir d'alimentation contenant un mélange d'air et d'hydrogène préalablement comprimé.

Depuis l'année 1851 jusqu'en 1860, nous trouvons encore une liste de vingt-trois inventeurs qui, comme les précédents, ont tourné dans le même cercle sans aboutir à des résultats pratiques. Parmi les derniers, cependant, nous en remarquons deux que nous devons citer, parce que leurs essais paraissaient devoir conduire à des solutions satisfaisantes; ce sont M. Degrand, dont la machine fut brevetée le 1er juin 1858, et M. Hugon, dont le brevet, pris le 11 septembre de la même année 1858, a reçu depuis lors de réels perfectionnements. Les choses en étaient à ce point lorsque M. Lenoir a le premier réalisé l'application pratique des machines à gaz, dont l'histoire antérieure n'avait présenté, en réalité, que des tentatives sans résultat définitif et sans consécration industrielle. Mais cette longue suite d'essais infructueux n'en contenait pas moins, comme nous le verrons plus tard, le germe de toutes les dispositions plus ou moins heureuses qui ont été essayées et réalisées depuis lors. Le moteur à gaz de M. E. Lenoir a été breveté le 24 janvier 1860. Son apparition fit alors grand bruit dans le monde industriel, et si le premier type créé par l'inventeur n'a pas justifié complètement toutes les espérances, nous devrions plutôt dire toutes les illusions, que le premier moment d'enthousiasme avait fait concevoir, il n'en a pas moins le mérite d'avoir contribué puissamment à la solution du problème, et d'avoir été le prélude des perfectionnements successifs qui ont doté aujourd'hui l'industrie d'un certain nombre de types divers de moteurs à gaz qui rendent tous les jours de sérieux et réels services.

Les moteurs à gaz sanctionnés par la pratique et le succès peuvent se classer en quatre catégories :

1° Les *moteurs à explosion sans compression*;

2° Les *moteurs à explosion avec compression*;

3° Les *moteurs à explosion à simple effet*, ou *moteurs atmosphériques*;

4° Les *moteurs à combustion avec compression*.

Nous allons étudier successivement les conditions théoriques de fonctionnement de ces quatre genres de moteurs, puis la description des principaux types se rattachant à chacun de ces groupes distincts.

CONSIDÉRATIONS THÉORIQUES. Nous exposerons d'abord quelques considérations générales sur les propriétés des mélanges gazeux et sur les phénomènes qui résultent de leur application à la production de la force motrice.

Mélanges gazeux. Le gaz d'éclairage tiré de la houille, dont on se sert généralement pour faire fonctionner les moteurs à gaz, est d'une composition très complexe et très variable. Ses trois éléments importants, au point de vue de la somme de calorique développée par sa combustion, sont à peu près dans les proportions suivantes :

Hydrogène.	480¹	produisant	1247	calor.
Hydrogène protocarboné	350	—	2958	—
Oxyde de carbone. . . .	70	—	212	—
Gaz oléfiant (hydrogène bicarboné), hydrocarbures denses, acétylène, butylène, benzine, et homologues . .	80	—	1121	—
Soit pour litres.	1000	de gaz un total de	5538	calor.

Ainsi, l'on peut prendre comme base des calculs, dans l'établissement des moteurs à gaz, le chiffre moyen de 5,500 calories produites par la combustion d'un mètre cube de gaz. Pour obtenir cette combustion complète il faut un volume d'air qui varierait nécessairement avec la proportion des éléments entrant dans la composition du gaz; et pour la composition moyenne que nous avons indiquée ci-dessus, le volume moyen d'air nécessaire à la combustion d'un mètre cube de gaz est de $5^{m3},893$.

Dans le mélange formé par 1 mètre cube de gaz et $5^{m3},893$ d'air, le gaz entre par conséquent pour la proportion de 14,5 0/0 et l'air, 85,5 0/0. Les produits de la combustion provenant de ce mélange, qui forme un volume de $6^{m3},893$ présentent la composition suivante :

Acide carbonique.	$0^{m3}.583$
Vapeur d'eau.	1.347
Azote.	4.691
	6.621

Le volume primitif est par conséquent réduit dans la petite proportion de 6,893 à 6,621, soit seulement $0^{m3},272$.

Nous empruntons à une intéressante étude publiée sur la matière dans le *Journal des usines à gaz* les calculs suivants pour déterminer la *température maxima* et la *tension théorique*, développées par l'explosion du mélange gazeux.

Température produite par l'explosion. Si nous admettons que le mélange soit effectué en pratique dans la proportion de 7 0/0 de gaz pour 93 0/0 d'air, le volume de vapeur d'eau produite par la combustion d'un mètre cube de ce mélange sera de $0,070 \times 1,3473 = 0^{m3},0943$;

Le poids de vapeur résultant de cette combustion sera de $0^{m3},0943 \times 0^{k},8044 = 0^{k},0758$;

Avant l'explosion, le poids du mélange d'air et de gaz était de

$$0,07 \times 0^{k},5097 + 0,93 \times 1^{k},293$$
$$= 0,0357 \times 1,2025 = 1^{k},2382;$$

Après l'explosion, le poids des produits non condensables sera de $1^{k},2382 - 0^{k},0758 = 1^{k},1624$.

Partant de ces données, si nous admettons que la quantité de chaleur dégagée par la combustion de 1 mètre cube de gaz d'éclairage soit de 5,500 calories, et si nous prenons pour chiffre de la capacité calorifique de l'air et des produits de la combustion sous volume constant $0^{cal},1682$, et pour celle de la vapeur d'eau $0^{cal},340$, nous aurons successivement pour déterminer la température T produite par l'explosion:

1° Chaleur produite par la combustion de $0^{m3},070$ de gaz $0,070 \times 5,500 = 385$ calories;

2° Chaleur employée pour porter la vapeur d'eau de 0° à T degrés

$$0^{k},0758 \times 0,340 \times T = 0,02577 \times T$$

3° Chaleur employée pour porter l'air en excès et les autres produits gazeux de 0° à T degrés

$$1^{k},1624 \times 0,1682 \times T = 0,1955 \times T$$

d'où l'on déduit d'une part

385 calories $= T(0,02577 + 0,1955) = T + 0,2213$

et d'autre part

$$T = \frac{385}{0,2213} = 1739° \text{ centigrades.}$$

Si, au lieu d'opérer sur un mélange contenant 7 0/0 de gaz et 93 0/0 d'air, qui est à peu près la limite supérieure admise en pratique, nous appliquons le même calcul à la limite inférieure du mélange gazeux formé de 4 0/0 de gaz et 96 0/0 d'air, nous trouvons de la même façon pour la valeur de la température T_1 produite par l'explosion:

$$T_1 = \frac{220}{0,2196} = 1002° \text{ centigrades.}$$

Ainsi la température résultant de l'explosion de ces deux mélanges maxima et minima, varie de 1,739 à 1,002 degrés, ce qui, dans la pratique, produirait un échauffement des parois du cylindre incompatible avec la bonne marche et la durée des organes; c'est pour cette raison qu'on a été obligé de recourir à l'emploi d'une circulation d'eau froide autour du cylindre. Mais alors l'action de ce courant d'eau déterminant un abaissement de température assez considérable modifie notablement les effets de l'expansion et le rendement des moteurs, surtout pendant la période de détente qui est très longue relativement à celle de l'explosion. C'est un des motifs qui occasionnent la différence, que nous signalerons plus loin, entre le rendement théorique et le rendement pratique des moteurs à gaz.

Tension théorique développée par l'explosion. La température T ou T_1 des produits de la combustion après l'explosion étant déterminée comme nous venons de le voir, il devient facile d'évaluer la tension produite au même moment. Considérant que le volume des gaz ramené à la même température et à la même pression est sensiblement le même avant et après l'explosion, et sachant d'autre part que les tensions d'un même volume de gaz sont proportionnelles à la température absolue de ce volume, on aura après l'explosion à la température T une pression P telle que

$$\frac{1^{atm}}{P}=\frac{273^\circ+0^\circ}{273^\circ+T}$$

d'où on tire

$$P=\frac{273+T}{273}$$

Par conséquent, pour le mélange explosif contenant 7 0/0 de gaz, la valeur de T étant de 1,739 degrés, on aura :

$$1^\circ \qquad P=\frac{273+1739}{273}=7^{atm},37$$

et pour le mélange à *minima*, contenant seulement 4 0/0 de gaz, la valeur de T_1 étant de 1,002, on aura :

$$2^\circ \qquad P=\frac{273+1002}{273}=4^{atm},67$$

Les conditions théoriques de fonctionnement des moteurs à gaz ont été l'objet d'études savantes et laborieuses, qui sont consignées principalement dans deux ouvrages que nous signalons à l'attention des personnes qui veulent approfondir cette intéressante question ; ce sont : le *Traité des moteurs à gaz* par M. G. Richard, et les *Etudes sur les moteurs à gaz tonnant* par M. Aimé Witz; ce dernier ouvrage, beaucoup moins volumineux que le premier, établit avec concision les données théoriques des cycles des quatre genres de moteurs, et des résultats intéressants sur de nombreuses recherches expérimentales exécutées par l'auteur. Nous lui empruntons les considérations suivantes et les figures qui les accompagnent sur les cycles théoriques et les cycles réels, représentés par les diagrammes ci-après, pour les principaux moteurs mentionnés dans ces études.

1° *Moteurs à explosion sans compression.* Le piston aspire le mélange explosif sous la pression constante de l'atmosphère, puis, la communication avec l'extérieur étant interceptée, le gaz est enflammé et il détone. Pour se rendre compte des effets de cette explosion, on admet que le volume reste constant, et que la pression seule augmente. Ce n'est qu'une hypothèse, mais en l'appliquant aux quatre types qu'il s'agit de comparer, on ne court pas grand risque d'être induit en erreur. Dans le cas actuel, les gaz de la combustion se détendent suivant une ligne adiabatique, en produisant du travail, et ils sont ensuite refroidis sous pression constante avant d'être rejetés dans l'atmosphère durant le retour du piston. En prenant pour type de ce genre, l'ancien moteur Lenoir, les deux diagrammes, l'un théorique, l'autre réel, sont représentés par les figures 319 et 320. La série des transformations qui s'effectuent dans la masse gazeuse est ainsi figurée par la ligne ABCDA.

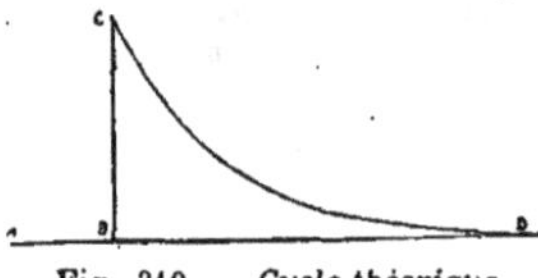

Fig. 319. — *Cycle théorique, moteur Lenoir.*

Fig. 320. — *Cycle réel, mot. Lenoir.*

La détente étant supposée complète, l'adiabatique CD ramène le gaz de la pression P produite par l'explosion à la pression H de l'atmosphère; T est la température de l'explosion, t' celle des produits de la combustion lorsque le piston est à fin de course, et t est la température initiale du mélange détonant; par conséquent on conçoit que t' est plus grand que t.

Fig. 321. — *Cycle théorique, moteur Otto.*

2° *Moteurs à explosion avec compression.* Dans ce second groupe de moteurs, le mélange gazeux est soumis, avant son inflammation, à une compression préalable qui augmente la somme de travail utile par cylindrée. Le mode d'aspiration varie suivant les types de machines; dans les unes, c'est une pompe auxiliaire qui aspire le mélange gazeux, dans les autres, c'est le piston même du cylindre moteur qui produit l'aspiration d'abord et la compression ensuite. Cette dernière disposition est celle qui caractérise le moteur Otto, dont les deux figures 321 et 322 représentent les diagrammes théorique et réel, d'après M. Aimé Witz. La compression s'effectue dans l'intérieur du cylindre moteur, qui présente, à cet effet, un

Fig. 322. — *Cycle réel, moteur Otto.*

espace nuisible égal aux 4/10 du volume total d'une cylindrée, faisant l'office de réservoir intermédiaire.

Que le mélange soit comprimé suivant une adiabatique dans un réservoir intermédiaire, ou qu'il le soit directement dans le cylindre luimême, l'inflammation a pour effet d'échauffer instantanément le mélange gazeux sous volume constant, et d'élever à son maximum la pression P; le piston est ensuite refoulé comme précédemment et, après la détente complète, les gaz sont refroidis et expulsés sous pression constante.

Le chemin parcouru est indiqué par les lignes ACDE-EDFBA, dans le cas où le piston de la pompe auxiliaire de compression arrive en D au moment où le piston du cylindre moteur commence son mouvement de progression; ED et DE sont donc deux chemins parcourus simultanément par les deux pistons supposés de même diamètre; ACDE est ainsi le diagramme de compression, EDFBA le diagramme moteur. Pour la machine Otto, dont le piston remplit tour à tour l'office de compresseur et de moteur, le diagramme reste le même, seulement les portions des lignes droites ED et A$\mathcal{S}$ sont supprimées.

3° *Moteurs atmosphériques, à simple effet.* La dénomination de ces moteurs indique assez que c'est la pression atmosphérique qui sert à effectuer le travail moteur. Le mélange détonant étant introduit sous le piston, à la pression de l'atmosphère, fait explosion en développant une pression élevée qui refoule vivement le piston et lui communique une impulsion à la suite de laquelle il continue sa course pendant que les produits de la combustion se détendent jusqu'à une pression bien inférieure à la pression initiale; leur refroidissement, à volume constant, au contact du réfrigérant, contribue encore à diminuer davantage leur force élastique; alors la pression atmosphérique agissant extérieurement sur la face supérieure du piston, le force à redescendre, en développant un travail utilisable et en comprimant les gaz jusqu'à la pression extérieure sous laquelle ils sont expulsés. Restant libre durant la première période du cycle, le piston est solidaire de l'arbre moteur durant sa course rétrograde. Cette série d'effets est reproduite par le diagramme ABCDEBA, qui s'applique au cycle théorique de la machine Langen et Otto (fig. 323), dont la figure 324 montre le cycle réel.

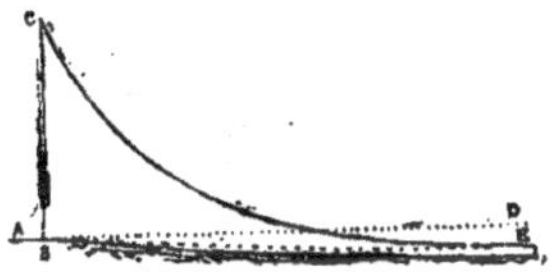

Fig. 323. — *Cycle théorique, moteur Langen et Otto.*

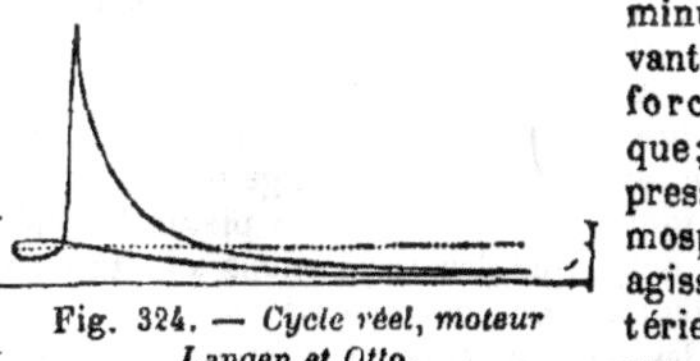

Fig. 324. — *Cycle réel, moteur Langen et Otto.*

4° *Moteurs à combustion avec compression.* Le fonctionnement de ce genre de moteurs dont les types principaux sont ceux de Simon, de Brayton, de Siemens, ne diffère du cycle du second groupe que par la manière dont l'échauffement du gaz se produit : au lieu d'agir sous volume constant, le mélange gazeux agit sous pression constante; il passe sur un brûleur au contact duquel il s'enflamme progressivement, en développant sa force expansive par une combustion graduelle et continue au lieu d'une explosion. Les diagrammes représentés figures 325 et 326 sont ceux des cycles théorique et réel du moteur Simon. Dans le diagramme ACDE-EFBA, la ligne DF est parallèle à l'axe des volumes. La ligne ED est, comme dans le cycle du moteur Otto, décrite simultanément par les deux pistons.

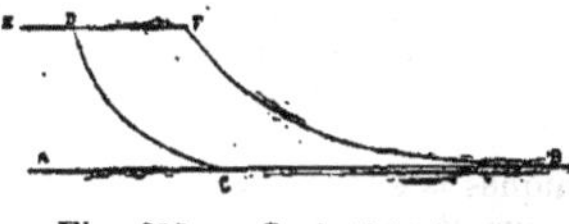

Fig. 325. — *Cycle théorique, moteur Simon.*

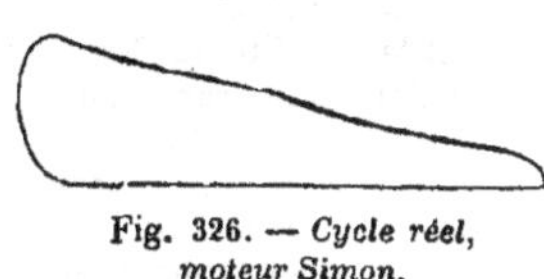

Fig. 326. — *Cycle réel, moteur Simon.*

En réalité, les cycles pratiques des types de moteurs que nous venons de signaler présentent sur les cycles hypothétiques des imperfections évidentes dont il est intéressant d'évaluer l'importance; ils subissent quelques déformations correspondant à un abaissement de rendement. Dans les cycles réels, au lieu d'une parallèle à l'axe des pressions, on voit une ligne courbe, dont l'inclinaison plus ou moins grande témoigne une explosion graduelle au lieu de la détonation instantanée qu'on admet pour le tracé du cycle théorique; il s'ensuit que l'échauffement ne s'opère pas à volume constant, et que la température et la tension se trouvent fortement réduites. Dans des expériences exécutées avec un moteur Otto de 4 chevaux, alimenté par un mélange de 1 volume de gaz et 7^{vol},57 d'air, M. Witz a obtenu des diagrammes dont le point culminant ne dépassait pas 9^{atm},6 au lieu de la pression de 12^{atm},5 déterminée par le calcul théorique.

Une autre cause de diminution du rendement provient de la perte de chaleur; la détente ne se fait pas exactement suivant une adiabatique. Comme on le voit sur les figures 320 et 322 représentant les cycles réels des moteurs Lenoir et Otto, le trait pointillé correspondrait à la détente théorique sans perte de chaleur, tandis que le trait plein du diagramme indique la détente réelle, et l'abaissement de ce trait au-dessous de l'autre montre clairement aux yeux la perte de travail résultant de cette détente. Il y a encore une autre cause d'imperfection sur laquelle l'étude des diagrammes ne fournit pas d'éléments d'appréciation, et qui résulte de la combustion incomplète du mélange gazeux. Elle a été signalée par M. Bousfield qui, dans une communication faite à la Société des Ingénieurs civils de Londres, le 4 avril 1882, a exposé que les gaz d'échappement d'un moteur Otto conservaient encore, à leur sortie du cylindre, une petite force explosive, et pouvaient donner lieu à une légère détonation au contact d'un brûleur.

En résumé, par suite des motifs que nous venons d'énumérer, le coefficient d'économie et de rendement pratique des divers types de moteurs à gaz doit être sensiblement inférieur à leur coefficient de rendement théorique, ce qui fait que ces moteurs n'ont pas sur les autres machines thermo-dynamiques la supériorité que la théorie semble devoir leur attribuer.

Au point de vue industriel, il y a des différences de rendement qui proviennent des variations de composition du gaz, d'une ville à l'autre, et même d'un jour à l'autre dans une même ville.

M. Witz a observé, dans une série d'expériences, que le rendement s'accroît notablement avec la vitesse de la détente et la rapidité de l'explosion. Ainsi pour des durées d'explosion variant de 0",17 à 0",045, et des vitesses de détente variant de $1^m,5$ à $5^m,60$, le travail calculé d'après les diagrammes a varié de 22 à 60 kilogrammètres, ce qui correspond à une utilisation 0/0 variant de 3,2 à 8,7. Cette donnée a par conséquent une grande importance pour les constructeurs de moteurs à gaz. Nous terminerons cette partie théorique de notre étude par les conclusions suivantes tirées encore des observations de M. Witz.

« La combustion du mélange gazeux est d'autant plus rapide, et par suite la pression explosive est d'autant plus élevée que la vitesse de la détente est plus considérable.

« En thèse générale, quel que soit le type du moteur, le rendement pratique diminue avec la force nominale de la machine ; et, d'autre part, le rendement diminue encore à mesure que diminue le rapport du travail effectif à la force nominale. »

De plus, la théorie concorde avec l'expérience pour démontrer l'influence considérable de l'action réfrigérante des parois sur le rendement des moteurs à gaz. Il y aurait 24 0/0 à gagner, dans les moteurs à compression et explosion, en supprimant les déperditions de chaleur à travers les parois. Malheureusement en pratique on ne peut les supprimer, sans exposer le métal à des altérations rapides et graves ; mais on peut en diminuer les effets dans une certaine mesure. « Il faut pour cela, dit M. Witz, transformer la chaleur en travail avec la plus grande rapidité, en réduisant l'étendue et la durée des contacts entre les parois et les gaz chauds, et en élevant le plus possible la température propre de la paroi. »

Évidemment, tel qu'il est actuellement, le moteur à gaz offre déjà une source avantageuse de force motrice, puisqu'il peut arriver jusqu'à une utilisation de 85 0/0 du calorique disponible, tandis que la machine à vapeur n'en utilise généralement pas plus de 35 à 36 0/0. Aussi s'explique-t-on la faveur dont il tend à jouir de plus en plus, et les efforts que font, de divers côtés, les constructeurs pour lui assurer dans l'industrie une large place et de nombreuses applications.

Description des principaux types de moteurs a gaz. Nous abordons maintenant la seconde partie de cette étude, et nous allons passer successivement en revue les types principaux de moteurs à gaz employés actuellement.

Premier groupe. Moteurs à explosion sans compression.

Moteur Lenoir (*type primitif*). Dans cette machine, dont les premières applications industrielles remontent à 1860, et dont l'aspect extérieur ressemble à celui d'une machine à vapeur à double effet, le gaz et l'air sont aspirés pendant la première période de la course du piston ; ils sont introduits *séparément*, *librement* et *sans refoulement*, dans l'intérieur du cylindre, par un tiroir dont les orifices règlent la proportion respective de chaque fluide. Le mélange gazeux ne s'effectue pas à l'avance, et lorsqu'il s'enflamme au contact de l'étincelle électrique, au moment où le tiroir d'admission se ferme, la combustion se fait par une combinaison rapide, mais successive, des veines de gaz et d'air qui sont contenues dans la partie du cylindre que le piston a parcourue ; l'expansion subite qui accompagne l'explosion produit instantanément sur ce piston une pression qui le pousse en avant et lui fait parcourir le reste de sa course. Quand la manivelle a franchi le point mort, le piston, revenant en arrière, recommence à aspirer une nouvelle proportion d'air et de gaz, et les mêmes phénomènes se reproduisent alternativement pendant chaque allée et venue du piston moteur.

Le cylindre est à double enveloppe, pour permettre la circulation d'un courant continu d'eau froide entre les deux parois, fondues d'une seule pièce. De chaque côté de ce cylindre sont les deux tiroirs, l'un servant à l'admission, l'autre à l'échappement. Le premier reçoit le gaz par un tuyau adducteur communiquant avec une petite chambre munie d'une plaque en cuivre percée de trous qui divisent le gaz en minces filets ; l'air atmosphérique, entrant par un chapeau placé au-dessus du tiroir, s'introduit autour des veines de gaz, avec lesquelles il se réunit en pénétrant dans le cylindre. Le tiroir d'échappement, placé à l'opposé du premier, donne issue aux produits de la combustion qui sortent du cylindre après chaque coup de piston. Les tiroirs sont mus par des tiges commandées au moyen d'excentriques calés sur l'arbre moteur. La manivelle, la bielle, la glissière, le stuffing-box de la tige du piston, rappellent tout à fait, ainsi que le piston lui-même qui est métallique, les dispositions adoptées pour la construction des machines à vapeur.

Une des particularités du moteur Lenoir a été son mode d'inflammation du mélange gazeux au moyen d'une étincelle électrique produite par une bobine de Ruhmkorff mise en activité par des piles de Bunsen. Le *distributeur*, qui reçoit le courant électrique venant de la bobine de Ruhmkorff, est formé de deux parties distinctes, le *récepteur* et le *commutateur*. Le récepteur est une tringle en cuivre mise en communication constante par un fil électrique avec l'appareil de Ruhmkorff ; une pièce mobile, sorte de languette en cuivre fixée à un support isolant et reliée à la bielle pour se mouvoir avec elle, reçoit et transmet le courant électrique au commutateur divisé en deux parties, dont l'une correspond à l'avant, l'autre à l'arrière du cylindre. Chacune de ces moitiés du commutateur est reliée par des fils électriques avec chacun des *inflammateurs* placés dans les deux extrémités du cylindre. Le moment précis de l'inflammation du gaz à l'intérieur du cylindre est déterminé par la position du curseur mobile devant l'une ou l'autre partie du commutateur. L'*inflammateur* est un petit manchon en porcelaine dans lequel on a placé parallèlement deux fils de platine, dont les extrémités, correspondant à l'intérieur du cylindre, sont recourbées et rapprochées à distance convenable pour que l'étincelle électrique jaillisse d'une pointe à l'autre. Les manchons en porcelaine se fixent dans le plateau antérieur et postérieur du cylindre, et l'un des deux bouts des fils de platine, saillants à l'extérieur de la porcelaine, est relié avec la bande de cuivre du commutateur pour former le circuit, tandis que l'autre bout est relié au bâti de la machine constituant lui-même une portion du circuit qu'un fil conducteur ramène à la bobine de Ruhmkorff. Les dispositions ingénieuses de ces organes d'inflammation réalisaient parfaitement le but que l'inventeur s'était proposé. Mais l'entretien d'une pile était une complication et une dépense que les constructeurs des types suivants de moteurs à gaz ont évitées avantageusement par l'emploi d'une petite flamme de gaz enflammant le mélange détonant.

Pour rendre l'alimentation du gaz plus régulière, M. Lenoir avait eu l'idée d'interposer sur le tuyau d'amenée une poche en caoutchouc d'un volume assez grand pour régulariser l'écoulement du gaz. Cette disposition a été depuis lors imitée par tous les constructeurs.

Le reproche le plus sérieux qu'on ait pu faire au premier type du moteur Lenoir, c'était la trop forte dépense de gaz qu'il consommait par cheval, et, par suite, la mauvaise utilisation de la chaleur produite par la combustion de ce volume de gaz. Dans un moteur Lenoir consommant $2^{m3},715$ de gaz par cheval et par heure, la quantité totale de chaleur développée correspondant à 16,272 calories, le travail utile ne représentait en réalité que 635 calories, c'est-à-dire un rapport de 4,2 0/0 seulement de la chaleur utilisée à la chaleur totale dégagée par le volume gazeux consommé. Néanmoins, avec ses imperfections, le type primitif du moteur Lenoir n'en conserve pas moins le mérite d'avoir été le premier dont l'application industrielle ait ouvert la voie des perfectionnements et montré les services que les moteurs à gaz étaient appelés à rendre désormais.

Moteur Hugon. Breveté deux ans avant celui de Lenoir, le moteur Hugon en diffère surtout par l'emploi d'un récipient dans lequel l'air et le gaz sont préalablement mélangés avant d'être aspirés par le piston moteur.

Moteur Ravel. Après avoir construit d'abord un type de moteur à simple effet, à cylindre vertical oscillant, dans lequel l'explosion produisait des chocs et des vibrations considérables, qui rendaient difficile le bon entretien du mécanisme, M. Ravel a créé un type de moteur à cylindre horizontal, qui rentre dans la catégorie des moteurs à aspiration sans compression. Comme dans le type primitif du moteur Lenoir, l'air est aspiré librement dans le tiroir et le gaz est injecté dans la chambre du mélange en traversant une plaque percée de petits orifices qui divisent le courant; puis le mélange est introduit, par une seconde plaque également perforée, dans une seconde chambre où il devient parfaitement homogène, et de là il se rend dans le cylindre, où il est enflammé par le moyen d'une petite flamme produite par un bec Bunsen.

Moteur Bénier. Le moteur Bénier se recommande au premier abord par la simplicité de ses formes, la solidité de ses organes, le peu d'emplacement qu'il occupe et la facilité avec laquelle on peut l'installer partout, aussi bien aux étages supérieurs d'une maison qu'au rez-de-chaussée.

Son bâti rectangulaire évidé, reposant sur une pierre ou sur un châssis en bois par un rebord formant patin, porte un cylindre vertical ouvert par le bas; le piston, du type dit *à fourreau*, est relié par une tige articulée à un balancier qui oscille sur deux paliers reposant sur la base du bâti. Une bielle attachée vers le milieu du balancier, en un point placé entre l'axe d'oscillation et l'axe vertical du cylindre, commande la manivelle et fait tourner l'arbre qui porte la poulie motrice. Le tiroir, placé sur la partie antérieure du moteur, glisse entre une portée dressée sur le côté du cylindre et un contre-tiroir dont le serrage est réglé par quatre écrous à crans, maintenus en place par des butoirs en lames de ressort. Le contre-tiroir reçoit le gaz nécessaire à l'alimentation du cylindre et à celle de l'inflammateur. L'allumoir fixe est placé sur le côté du cylindre, et la cheminée en fonte qui le surmonte suffit à entretenir la combustion du brûleur. Une came de forme appropriée et solidement calée sur l'arbre moteur, à côté du volant, commande un levier qui fait lever la soupape d'échappement, soumise elle-même à l'action d'un ressort assez puissant. La figure 327 représente l'ensemble du moteur, vu du côté correspondant au tiroir d'admission du gaz et de l'air.

Fig. 327. — *Vue longitudinale du moteur Bénier.*

Pour apprécier le fonctionnement du moteur Bénier, supposons le piston arrivé à l'extrémité de sa course et tout près du point où, après avoir parcouru le cylindre sous l'impulsion d'une explosion, il va commencer son mouvement rétrograde et remonter dans le cylindre.

L'échappement, dont l'orifice est muni d'une soupape au lieu d'un tiroir, s'ouvre progressivement au moyen d'une came calée sur l'arbre; l'ouverture de cette soupape est complète quand le piston arrive à moitié de sa course, puis, le mouvement inverse se produisant, la soupape se referme graduellement de façon à produire l'obturation complète au moment où le piston atteint l'extrémité de sa course. Le point mort étant franchi, le piston recommence à descendre jusqu'au 1/4 de sa course : à ce moment, la came qui met le tiroir en mouvement commence à agir et le repousse en arrière, de façon à l'amener vis-à-vis des orifices d'introduction du gaz et de l'air, qui pénètrent dans les chambres intérieures du tiroir lorsque le piston arrive à la moitié de sa course : le tiroir a deux chambres de grandeur différente, la plus grande contient le mélange détonant d'air et de gaz qui s'est formé par l'aspiration simultanée des deux fluides en proportions convenables; la plus petite ne renferme que du gaz qui doit venir s'enflammer au contact du petit bec d'allumage et qui communiquera cette inflammation au mélange introduit dans le cylindre pendant que le piston opère sa descente jusqu'au milieu de sa course. Au moment où il atteint ce point, le mélange détonant occupe par conséquent la moitié du volume engendré par la descente du piston; un mouvement brusque imprimé par la came au tiroir détermine la communication de la petite chambre contenant le gaz enflammé avec l'intérieur du cylindre, et le mélange détonant fait explosion. L'impulsion pousse alors le piston jusqu'à l'extrémité de sa course, et l'échappement recommence quand le piston remonte, comme nous l'avons dit précédemment. Les mêmes phases se renouvellent par conséquent, en produisant à chaque descente une explosion et l'échappement à chaque montée.

La mise en marche de ce moteur est des plus faciles; il n'y a pas à se préoccuper de la position de la came actionnant le tiroir; il suffit d'imprimer au volant une impulsion assez forte pour lui faire effectuer un tour complet. L'arrivée du gaz se fait au moyen d'une tuyauterie disposée comme nous la décrivons plus loin pour le moteur Otto; l'emploi d'une poche en caoutchouc ou d'un petit gazomètre régulateur assure une alimentation régulière. Le réglage de la vitesse s'obtient au moyen d'une vis à pointe conique pénétrant dans un orifice de même forme, agissant sur l'admission du gaz dans le contre-tiroir. Pour les moteurs d'une certaine force, la vis est remplacée par un papillon, qui est actionné lui-même par un régulateur à boules, dans le genre de ceux qu'on emploie pour les machines à vapeur.

Le refroidissement du cylindre à double enveloppe s'effectue par une circulation d'eau, soit sous pression, soit à l'aide d'un réservoir supérieur, comme pour le moteur Lenoir. Nous donnerons quelques détails sur cette installation, de même que sur l'alimentation du gaz, à la suite de la description du moteur Otto, dont les accessoires d'installation, étudiés avec soin, ont été généralement imités pour la plupart des autres moteurs qui, comme celui dont nous venons de parler, n'ont été créés qu'après lui.

Moteur Forest. Le moteur Forest présente, comme le moteur Bénier, des dispositions simples et une forme peu encombrante. Comme le précédent, il a un piston à fourreau dont la tige articulée actionne un balancier; seulement, la position des organes est modifiée, le cylindre, au lieu d'être vertical, est horizontal et, par conséquent, le balancier se trouve dans une position inverse, son axe d'oscillation étant placé sur le socle de la machine, et son extrémité opposée commandant par une bielle en retour l'arbre moteur. A première vue, ce sont les dispositions du moteur Bénier renversées; mais il y a une différence essentielle dans la disposition du tiroir, qui sert en même temps à l'introduction du gaz et de l'air et à l'échappement des produits gazeux après l'explosion. Ce tiroir réunit, par conséquent, les trois fonctions de l'admission du mélange détonant, de l'inflammation de ce mélange dans le cylindre et de l'évacuation des gaz brûlés; il se trouve, par cela même, dans des conditions de fonctionnement désavantageuses, il est plus susceptible de s'échauffer et de gripper; cependant, grâce à une construction très soignée et à l'emploi de matières premières d'excellente qualité, le tiroir résiste généralement bien à ces causes de frottement, pour les petits moteurs que le constructeur établit depuis la force de 4 et 10 jusqu'à 75 kilogrammètres.

La distribution se fait au moyen d'une came calée sur l'arbre moteur; le tiroir de distribution est constamment buté contre cette came par un ressort qui le ramène aussitôt que la pression de la came tend à cesser d'agir. Le gaz arrive par un tuyau sur lequel on intercale une poche en caoutchouc; un robinet d'admission en règle le passage; il pénètre dans le contre-tiroir où il se divise en trois filets correspondant à trois fentes pratiquées dans la paroi antérieure du tiroir, ces fentes sont garnies de plaques percées de petits trous qui divisent le courant de gaz à mesure qu'il s'introduit dans la cavité interne du tiroir. Le contre-tiroir a aussi trois fentes verticales, dont la largeur se règle par le recul ou l'avance d'une plaque mobile, et qui livrent passage à l'air; elles sont alternées avec celles de l'introduction du gaz, de sorte que par l'effet de cette alternance et des petits trous qui divisent le courant de gaz à son entrée dans la chambre du tiroir, le mélange se fait d'une façon complète. L'inflammation est produite, à peu près comme dans le moteur Bénier, au moyen d'une autre petite chambre ménagée dans le tiroir, pour emmagasiner une petite quantité de gaz et d'air qu'un allumeur fixe, formé d'un brûleur à jet, enflamme au moment où la course du tiroir démasque l'orifice de cette chambre; puis, par un mouvement brusque de la came, l'ouverture se trouve amenée vis-à-vis l'orifice d'entrée du cylindre au moment où le mélange détonant remplit le quart, à peu près, de sa capacité; l'explosion pousse alors le piston en avant et lui fait parcourir le reste de sa course. Quand il revient en arrière, l'échappement s'ouvre et les mêmes effets se renouvellent à chaque allée et venue du piston. L'évacuation des gaz brûlés se fait par un autre orifice ménagé dans le même tiroir, comme pour les machines à vapeur dont le tiroir sert à la fois à l'admission et à l'échappement.

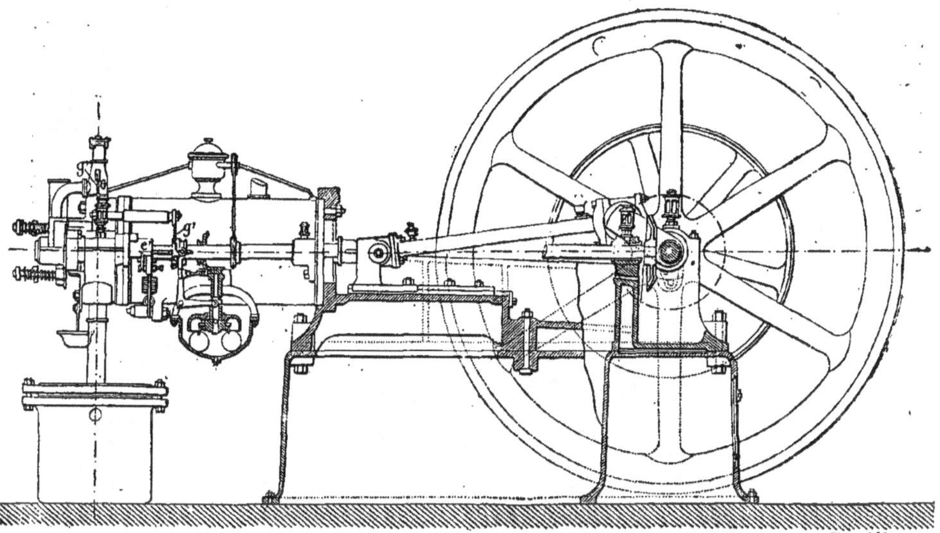

Fig 328. — *Élévation latérale d'un moteur Otto, le bâti étant supposé coupé suivant l'axe de la bielle D qui commande le tiroir.*

Le refroidissement s'effectue sans avoir recours à une circulation d'eau; c'est le point le plus original de ce moteur. Le cylindre est fondu avec une nervure saillante, en forme d'ailette à hélice, imitant exactement celles des tuyaux de chauffage et des cloches de calorifères, et produisant comme elle une surface de rayonnement considérable qui suffit à déterminer une émission de chaleur assez grande pour maintenir la température des parois au-dessous de 100°. L'admission du mélange d'air et de gaz se fait, comme dans les moteurs Lenoir et Bénier, sous la pression at-

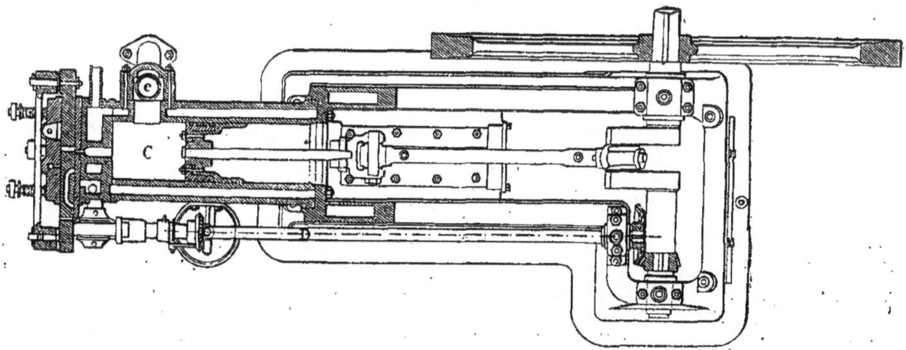

Fig. 329. — *Moteur Otto vu en plan et coupe horizontale suivant l'axe du cylindre C.*

mosphérique; mais elle n'a lieu que pendant un quart de la course totale du piston. A ce moment, l'explosion détermine une élévation de pression qui atteint progressivement son maximum pendant 1/10 environ de la course totale, puis reste constante pendant un autre dixième. La détente commence donc quand le piston a parcouru à peu près les 43 centièmes de sa course, et elle se prolonge pendant les 57 centièmes suivants, de sorte que les gaz brûlés reviennent à la pression atmosphérique au moment où l'échappement commence. Dans ces conditions, tout le travail moteur est utilisé aussi complètement que possible.

Parmi les moteurs à gaz construits à l'étranger se rattachant au premier groupe, nous devons signaler le moteur Baker et le moteur Schweizer qui se distinguent l'un et l'autre par quelques détails originaux dans leur construction.

Moteur Baker. Le moteur Baker, créé en Angleterre sous le nom de *The Universal*, est horizontal comme les moteurs Lenoir, Ravel, Forest, mais il n'a pas de tiroir servant à l'aspiration du gaz et de l'air et à l'inflammation du mélange; l'air et le gaz s'introduisent simultanément par deux soupapes dans une chambre placée sur un des côtés du cylindre; le piston aspire le mélange détonant et, quand il est à la fin de sa course, une autre soupape, disposée sur le côté opposé du cylindre, s'ouvre par le moyen d'une came pour donner issue aux gaz brûlés.

L'inflammation se fait par une disposition neuve et originale qui consiste dans l'emploi d'une plaque circulaire adaptée extérieurement sur le fond du cylindre et percée de petites fentes rayonnantes de 25 à 30 millimètres de largeur; le fond du cylindre porte lui-même une fente qui correspond à une des fentes de la plaque, et cette dernière est animée d'un mouvement de rotation au moyen d'un rochet qui la fait avancer d'une dent à chaque tour de l'arbre du volant.

Moteur Schweizer. Le moteur Schweizer comporte deux cylindres verticaux superposés; l'explosion du mélange détonant se produit dans le cylindre supérieur qui communique avec le cylindre inférieur par une valve livrant passage à l'air comprimé par l'explosion dont la tension agit sur le piston du second cylindre. Le gaz et l'air pénètrent dans le premier par un tiroir d'admission et se mélangent dans l'espace compris au-dessus du piston qui opère sa descente; l'inflammation est produite par deux petits brûleurs à jet.

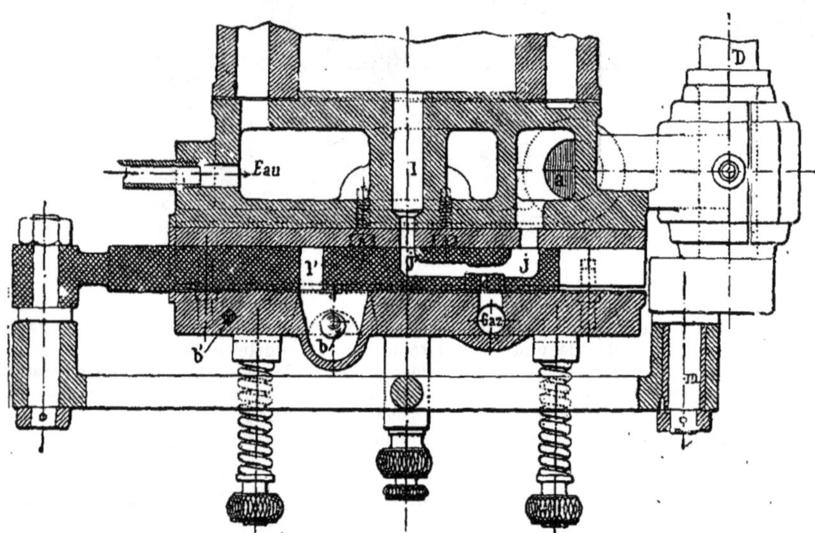

Fig. 330. — *Coupe horizontale du tiroir du moteur Otto.*

Deuxième groupe. Moteurs à explosion avec compression.

Ce groupe de moteurs à gaz est basé sur le principe de la compression préalable ou de l'introduction sous pression du mélange gazeux dans le cylindre moteur. Nous signalerons d'abord celui dont le succès a été consacré depuis un certain nombre. d'années par un chiffre considérable d'applications industrielles.

Moteur Otto. L'ensemble d'un moteur Otto à un cylindre est représenté en élévation latérale par la figure 328, et en plan par la figure 329. L'admission et l'allumage du mélange d'air et de gaz se font par un tiroir que met en mouvement la bielle D de distribution; le mélange est introduit dans le cylindre par la lumière *l*, qu'on voit sur les figures 330 et 331 qui représentent les coupes horizontale et verticale du tiroir. La sortie des produits gazeux après l'explosion a lieu par la soupape *e* actionnée au moyen d'une came *e'* placée sur l'arbre de distribution. L'admission du gaz au tiroir de distribution se fait par une autre soupape G que commande une came *g'* montée également sur l'arbre de distribution, mais susceptible de se déplacer sous l'action du régulateur dont la machine est pourvue.

Le mode de fonctionnement peut se décomposer de la manière suivante : le piston étant à fin de course après avoir chassé les produits de la combustion, en laisse subsister une petite partie dans l'espace compris entre sa face intérieure et le fond du cylindre; cet espace constitue une sorte de chambre ayant environ les 2/5 de la capacité totale du cylindre. Le piston reprenant sa marche en avant aspire alors le mélange d'air et de gaz par les orifices dont le tiroir est muni; et ce mélange se trouve mis en contact avec la petite quantité de produits de la combustion restés dans la chambre du cylindre; c'est la présence de cette fraction de gaz brûlés qui a pour effet de ralentir la combustion et de lui laisser le temps de dégager la plus grande quantité possible de calorique.

Lorsque le piston, continuant sa course, arrive à l'extrémité opposée du cylindre, le tiroir a fermé l'admission, et le piston revenant en arrière comprime le mélange d'air, de gaz et de produits de la combustion, jusqu'à ce que le volume de ce mélange soit réduit à l'espace laissé libre au fond du cylindre, c'est-à-dire aux 2/5 du volume qu'il occupait quand le cylindre a été rempli. C'est alors que se produit l'inflammation, qui imprime au piston une énergique impulsion et lui fait exécuter une nouvelle course complète sous l'action des gaz dilatés ; c'est la période du travail utile de l'expansion des gaz et de leur détente. Puis le point mort étant franchi, le piston revient en arrière en chassant devant lui les produits de la combustion jusqu'à ce qu'il soit revenu à son point de départ. Ainsi l'action se décompose en quatre phases correspondant aux quatre coups de piston : pendant la première phase, le piston va en avant et aspire le gaz et l'air qui remplissent le cylindre; pendant la seconde, il revient en arrière et comprime le mélange gazeux; pendant la troisième, le travail moteur déterminé par l'explosion est utilisé et transmis; enfin, pendant la quatrième, le piston expulse les produits de la combustion. Il n'y a, par conséquent, qu'une impulsion donnée sur quatre coups de piston; durant les trois autres c'est la force vive du volant qui entretient le mouvement, le régularise, et restitue la quantité de travail nécessaire pour la compression.

Ces quatre périodes du cycle du moteur sont représentées par le diagramme *abcd*, figure 332, dont les longueurs sont proportionnelles aux espaces parcourus et dont les hauteurs représentent les pressions correspondantes. Pendant la période *ab* l'aspiration du gaz et de l'air se fait sensiblement à la pression atmosphérique: la ligne *bc* montre la compression du mélange ; au point *c* l'explosion se produit, la pression s'élève tout à coup, puis elle décroît suivant une courbe à peu près adiabatique jusqu'en *d'* et de *d'* à *d* l'échappement anticipé des produits de la combustion abaisse immédiatement la ligne; enfin, de *d* en *a*, durant le retour en arrière du piston, l'échappement librement ouvert des gaz brûlés nous ramène à la pression atmosphérique initiale. La pression maxima correspondant au sommet de la courbe après l'explosion est de $9^{atm},25$; elle se réduit à $3^{atm},50$ au point *d'* et quand le piston est à la fin de sa troisième course, au point *d* la pression s'est abaissée à 1 atmosphère. On remarque la rapidité de la décroissance de *d'* à *d*, qui correspond à une perte assez notable de travail et de chaleur. On pourrait l'éviter, mais il faudrait allonger la course du piston, par conséquent augmenter la longueur de la machine, et la petite économie qu'on retirerait de cette modification ne compenserait pas les complications qu'elle entraînerait dans l'ensemble de la construction. L'introduction de l'air et du gaz dans le moteur Otto se fait progressivement et avec des proportions différentes pour chaque phase de cette introduction : d'abord c'est un mélange de 15 parties d'air pour 1 partie de gaz, puis un mélange de 7 parties d'air pour 1 de gaz; le premier est explosif, le second l'est beaucoup plus. Ces mélanges introduits dans le cylindre, où ils rencontrent encore, comme nous l'avons dit, une petite portion des gaz brûlés du coup précédent, s'enflamment successivement, et prolongent autant que possible la combustion pour maintenir la

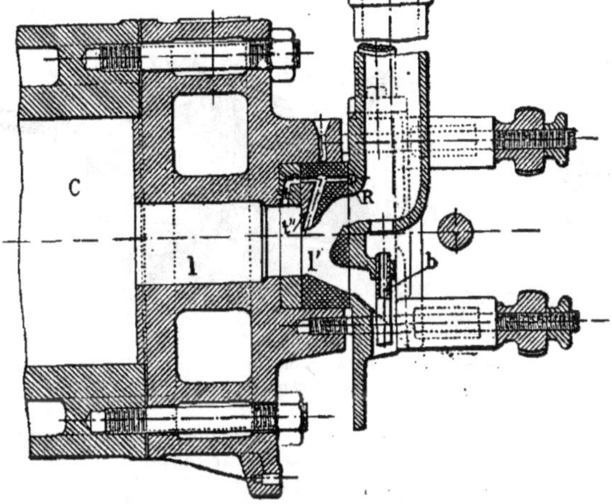

Fig. 331. — *Coupe verticale du tiroir suivant l'axe de la lumière d'introduction du mélange explosif dans le cylindre du moteur Otto.*

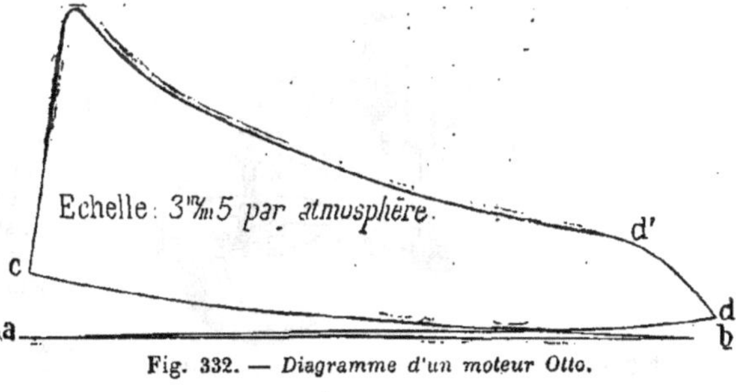

Fig. 332. — *Diagramme d'un moteur Otto.*

tension pendant la première partie de la course et utiliser plus complètement l'effet utile de la chaleur.

La consommation moyenne de gaz est de 5,25 0/0 et celle de l'air est de 94,75 0/0. En pratique, la dépense moyenne de gaz est de 1 mètre cube environ par cheval et par heure pour les types de 1 et 2 chevaux.

Des expériences faites sur des moteurs de 4 chevaux, par les membres du jury de l'Exposition d'électricité, en **1881**, ont constaté une consommation de **897** litres par cheval et par heure.

Fig. 333. — *Type de moteur Otto, à deux cylindres accouplés, s'appliquant spécialement aux installations d'éclairage électrique.*

D'autres expériences faites sur un type de moteur de 8 chevaux, à 2 cylindres accouplés, que représente dans son ensemble la figure 333, ont accusé une consommation de gaz de 900 litres environ par cheval et par heure, et pour le refroidissement des cylindres une consommation de 187 litres par heure, portés de la température initiale de 16° à 70°,5. La figure 333 montre, en avant des cylindres moteurs, le régulateur à une seule boule appliqué par M. Otto pour régulariser l'introduction du gaz.

Le détail du mécanisme de cet ingénieux régulateur est représenté par la figure 334. Il sert aussi à la mise en marche pour laquelle on opère de la manière suivante : quand le marteau qui termine le levier d'admission du gaz r se trouve placé sur la petite came V, le gaz peut arriver dans le cylindre par le robinet P. On a soin de placer le levier X horizontalement comme le montre la figure, puis en tournant le volant à la main on amène le marteau du levier r à quelques millimètres en avant du coin de la came V placée sur le manchon du régulateur ; si alors on continue à donner une impulsion au volant, la came fait jouer le levier qui ouvre l'admission du gaz, et la machine se met en mouvement dès la première explosion produite dans le cylindre.

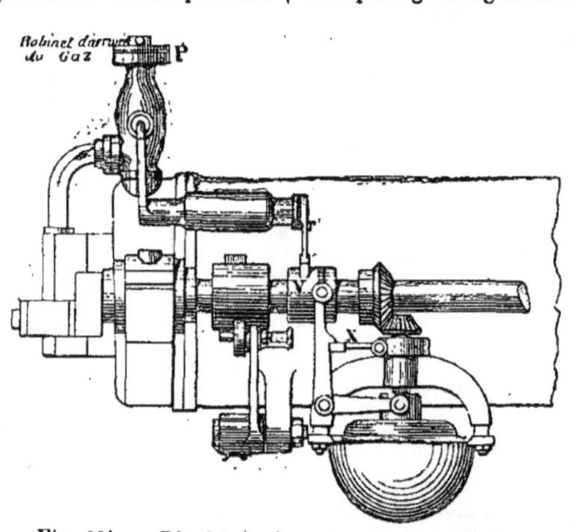

Fig. 334. — *Régulateur du moteur Otto, vu de face.*

L'échappement des produits de la combustion se fait au moyen d'une autre came calée sur le petit manchon b (fig. 335) ; cette came rencontrant à chaque tour le galet a placé à la tête du levier d'échappement fait osciller ce levier à l'extrémité opposée duquel est fixée la soupape g qui livre passage aux gaz brûlés. Cette soupape a remplacé avantageusement le tiroir d'échappement employé dans le premier type du moteur Lenoir. Elle exige peu de surveillance et d'entretien. Aussi voit-on, depuis lors, les constructeurs de moteurs à gaz adopter la soupape d'échappement de préférence au tiroir.

Au point de vue de l'installation, le moteur Otto n'exige, comme le moteur Lenoir et comme les autres moteurs à gaz en général, qu'une simple pierre de fondation, un massif en briques, ou un socle en fonte. Ce dernier support est préférable pour les moteurs placés dans un étage, sur un plancher. La mise en place est facile et s'opère comme celle d'une machine à vapeur horizontale.

L'alimentation du gaz doit être faite sous une pression suffisante pour assurer une introduction assez abondante ; cette pression ne doit pas être inférieure à 10 millimètres auprès du moteur, et il vaut mieux la maintenir à la limite maxima de 20 millimètres. Si le gaz passe d'abord par un compteur il faut que cet appareil soit d'une capacité suffisante et que son tuyau d'alimentation soit d'un calibre convenable pour assurer une pression assez forte. Le tableau ci-dessous indique les dimensions à adopter pour les diverses forces de moteurs :

Force	Compteur	Diamètre intérieur du tuyau d'alimentation
		millim.
1/2 cheval	5 becs	0.020
1 —	10 —	0.027
2 chevaux	20 —	0.033
4 —	30 —	0.040
6 et 8 —	60 —	0.050
10 et 12 —	80 à 100 —	0.060
16 et 20 —	150 —	0.080
25 et 40 —	150 et 250 —	0.090
50 —	300 —	0.100

Lorsque la distance entre le compteur et le moteur devra excéder 30 mètres, il conviendra d'installer un compteur et un tuyau d'alimentation d'un calibre supérieur à celui qui est indiqué pour la force nominale du moteur.

Sur le tuyau d'alimentation, et à petite distance du moteur, on intercale ordinairement une poche en caoutchouc, formant réservoir à parois élastiques qui doit conserver toujours un volume de

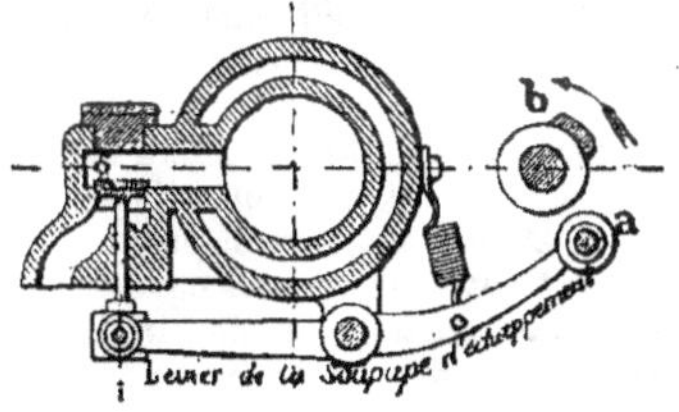

Fig. 335. — *Mécanisme mettant en jeu la soupape d'échappement du moteur Otto.*

gaz plus que suffisant, pour que l'aspiration ne produise pas de vide dans la tuyauterie. Quand la conduite desservant le moteur doit en même temps alimenter des becs d'éclairage, le diamètre du tuyau est augmenté en proportion du débit de ces becs ; de plus, pour éviter les oscillations que l'aspiration du gaz produirait sur l'intensité des flammes, on intercale sur la conduite d'amenée un régulateur de pression, ou bien un réservoir ayant des dispositions analogues à celles des petits gazomètres de laboratoire composés d'une cuve et d'une cloche guidée par deux ou quatre montants verticaux.

A la sortie de la soupape d'échappement, M. Otto a placé un récipient en fonte, qui remplit l'office de réservoir, pour dilater le mélange des gaz brûlés, et supprimer le bruit que leur brusque sortie produisait au contact de l'air. Deux ouvertures venues de fonte sur les côtés de ce récipient sont mises en communication, l'une avec le tuyau venant du moteur, l'autre directement avec l'air au dehors de la salle où se trouve le moteur. Quand on peut mettre également au dehors de cette salle le réservoir d'échappement, les produits gazeux se détendent plus facilement et plus promptement, la vapeur d'eau se convertit en liquide condensé, qu'un petit robinet purgeur placé à la base du cylindre permet de faire évacuer. On peut aussi intercaler sur l'arrivée de l'air, un récipient de même forme et de mêmes dispositions, qui amortit le bruit déterminé par l'aspiration de l'air.

Quand on dispose d'eau sous pression, l'installation destinée à refroidir le cylindre consiste simplement en un tuyau d'arrivée de l'eau, muni d'un robinet d'arrêt, et venant aboutir à la tubulure placée, à cet effet, sur le dessus du cylindre, l'écoulement se produit ensuite par un tuyau partant de la tubulure de sortie qui est en dessous de ce cylindre. Mais quand on n'a pas d'eau sous pression, on a recours à un réservoir disposé à un niveau tel que la base soit un peu au-dessous de la tubulure de sortie d'eau, et dont la hauteur soit assez élevée pour déterminer une pression suffisante à l'écoulement. La base de ce réservoir étant reliée avec la tubulure inférieure du cylindre, le haut est relié avec la tubulure supérieure ; les choses se passent alors comme dans un thermosiphon, l'eau s'échauffant autour du cylindre s'élève dans le tuyau supérieur, tandis que l'eau plus froide venant du bas du réservoir retourne dans l'enveloppe ; il s'établit ainsi une circulation continue entre le réservoir et l'enveloppe du cylindre, l'eau chaude se refroidissant du haut en bas du réservoir et produisant ainsi un courant descendant, tandis que l'échauffement de celle qui circule dans l'enveloppe produit le courant ascendant qui remonte au niveau de l'eau dans le réservoir. Ce réservoir peut être placé à une distance quelconque du moteur ; il suffit seulement de prendre, dans tous les cas, les dispositions nécessaires pour assurer une circulation aussi active que possible. Le tableau suivant indique les dimensions convenables à donner aux réservoirs et aux tuyaux d'alimentation :

Force	Diamètre intérieur du tuyau	Capacité du réservoir
		litres
1/2 cheval	0m021	250 à 300
1 —	0.027	450 à 500
2 chevaux	0.027	750 à 850
4 —	0.033	1.500 à 1.600
6 —	0.040	2.500 à 2.800
8 —	0.040	3.000 à 3.500

Quand on refroidit les cylindres au moyen de l'eau sous pression, on peut réduire notablement le diamètre des tuyaux ; il suffit qu'ils débitent normalement 30 à 35 litres d'eau par heure et par cheval.

Le graissage est une des principales précautions à prendre pour assurer le bon fonctionnement d'un moteur à gaz. Avant la mise en marche, il faut d'abord examiner avec soin si le tiroir, le piston, les glissières, les coussinets, les articulations, en un mot toutes les surfaces frottantes, sont lubrifiées soigneusement et abondamment; il faut s'assurer aussi que tous les orifices et conduits des graisseurs automatiques sont en bon état. Le tiroir surtout, et le piston aussi, demandent à être graissés avec une huile de première qualité, exempte d'acide. On diminue ainsi autant que possible l'encrassement qui se produit par le mélange de l'huile et les résidus de la combustion du gaz. Cet encrassement mettrait assez vite les organes hors d'état de fonctionner; aussi faut-il avoir soin de visiter fréquemment le tiroir, le couvercle, et les principales surfaces frottantes. Le nettoyage et l'entretien sont des conditions essentielles de bonne marche, pour les moteurs à gaz bien plus encore que pour les moteurs à vapeur.

Tout ce que nous venons de dire de l'alimentation de gaz, de l'échappement, du refroidissement des cylindres, du graissage et de l'entretien, s'applique à tous les genres de moteurs à gaz en général. Aussi n'en parlerons-nous plus en donnant les descriptions sommaires des divers autres types de moteurs que nous allons passer maintenant en revue.

Moteur Seraine. En considérant l'utilisation de la pression et de la température développées dans le cylindre du moteur Otto, nous avons fait remarquer qu'à la fin de la course du piston elles sont encore l'une et l'autre assez élevées pour constituer une perte notable d'effet utile. Il est certain qu'en prolongeant la détente jusqu'à ce que la pression des gaz brûlés n'excède plus la pression atmosphérique, on récupérerait environ 30 0/0 du travail théoriquement réalisable avec la somme de calorique dépensée. Pour remédier à cette cause de perte, Seraine a opéré la compression dans un cylindre composé de deux parties, ayant chacune leur fonction distincte. Sa machine est à cylindre vertical, divisé en deux chambres, dont l'inférieure est employée à l'explosion et la détente, tandis que la supérieure effectue l'aspiration du gaz et de l'air, et la compression du mélange détonant formé par leur introduction simultanée. La chambre de compression est munie à sa partie supérieure de deux soupapes qui donnent accès à l'air et au gaz pendant que le piston rétrograde; puis, lorsque l'explosion du mélange se produit au-dessous du piston, sa face supérieure refoule et comprime dans l'espace restant au-dessus d'elle, le mélange détonant qui passe par une autre soupape dans le socle de la machine, remplissant l'office de réservoir. Ce mélange comprimé pénètre ensuite dans le cylindre moteur par un tiroir de distribution; son introduction se règle au moyen d'un robinet spécial. Le réservoir de mélange comprimé et la chambre de compression communiquent entre eux par un tuyau, et sont munis d'une soupape de sûreté qui prévient toute élévation anormale de tension au delà de la limite voulue.

La présence d'un réservoir de mélange détonant comprimé, dans le socle de la machine, constitue, *à priori*, une objection au devant de laquelle l'auteur a su aller en disposant l'inflammation, qui se fait par une étincelle électrique, de façon qu'elle se produise après l'entrée du mélange dans le cylindre, à l'abri d'un écran protecteur composé de toiles métalliques qui empêchent cette inflammation de se produire à l'arrière et de se communiquer au mélange.

Moteur Delamarre, Deboutteville et Malandin. Ce type de moteur, que les inventeurs ont désigné sous le nom de *simplex*, se rapproche plus que le précédent du moteur Otto, dont il rappelle la forme par son cylindre horizontal. Son fonctionnement est fractionné aussi en quatre périodes, un aller aspirant le mélange détonant, un retour comprimant ce mélange, l'aller suivant utilisant l'effet moteur de l'explosion, le retour donnant issue aux produits gazeux de la combustion. Mais au lieu d'opérer le mélange de l'air et du gaz dans un tiroir de construction compliquée comme l'est celui du moteur Otto, on n'emploie ici qu'un tiroir d'une grande simplicité effectuant seulement l'admission du mélange dans le cylindre; le gaz s'introduit par le contre-tiroir dans des canaux auxquels viennent aboutir perpendiculairement d'autres canaux partant de l'extrémité du tiroir et amenant l'air aspiré en même temps que le gaz; les filets d'air et de gaz ainsi mélangés pénètrent dans le cylindre par une ouverture pratiquée au centre du tiroir.

L'inflammation se fait au moyen d'une étincelle électrique, comme dans le moteur primitif de Lenoir, mais l'étincelle, au lieu d'agir sur le mélange après son introduction dans le cylindre, se produit à l'intérieur d'une petite chambre ménagée à cet effet dans le tiroir, et d'où elle enflamme par communication le mélange détonant.

Incidemment nous devons signaler ici une adjonction qui constitue un des traits caractéristiques de ce moteur. Dans les cas où l'on n'a pas à sa disposition du gaz d'éclairage, on a employé déjà des carburateurs et on a pu alimenter des moteurs à gaz avec de l'air carburé au moyen d'essences volatiles. Ce procédé n'est assurément pas économique, et nous pensons qu'on pourrait plus avantageusement produire à bon marché, et avec un appareil simple, du gaz non éclairant, d'une qualité parfaitement appropriée aux moteurs. Mais, à défaut de cette installation, on a eu recours maintes fois à l'emploi de l'air carburé dont nous avons eu déjà occasion de parler à propos de l'éclairage. — V. Carburation, Gaz d'éclairage.

Le moteur *simplex*, dont nous venons de donner une description succincte, peut se construire, pour le cas spécial où l'on veut employer l'air carburé, avec un carburateur disposé dans son socle même et formé de tubes en zinc à l'intérieur desquels se trouve une spirale déterminant une sorte de conduit hélicoïdal qu'on remplit d'éponges imprégnées de carbure, et au travers desquelles on fait circuler un courant d'air qui se charge des vapeurs inflammables dégagées par la volatilisation du liquide. Le carbure coule goutte à goutte sur les éponges de façon à les maintenir toujours suffisamment humectées ; et si la température en hiver est trop basse, on peut faciliter la carburation en disposant l'appareil dans une petite bâche où l'on fait arriver l'eau chaude qui sort de la double enveloppe du cylindre, après en avoir opéré le refroidissement comme nous l'avons déjà vu pour la plupart des moteurs existants.

Moteur de Kabath. Ce type de moteur rappelle à première vue l'idée d'une machine Compound ; il a deux cylindres verticaux superposés, de diamètres différents, séparés entre eux par un espace auquel on a donné le nom de *chambre à vide* et qui est muni d'une soupape d'échappement. C'est dans le petit cylindre, faisant l'office de cylindre moteur, que se meut un piston plongeur qui en remplit toute la capacité inférieure ; la tête de ce piston porte une garniture qui constitue le piston mobile dans le grand cylindre dont la section est à peu près double de celle du premier, et dont le rôle est de faire le vide dans la chambre interposée entre les deux. Le petit cylindre, à double enveloppe avec circulation d'eau, porte tous les organes d'admission et d'inflammation qui consistent en valves d'entrée pour l'air et le gaz sur un des côtés, une autre valve d'air sur le fond, et un tiroir avec chambre d'allumage sur le côté opposé aux premières valves.

Moteur Clerk. Ce moteur, qui a fait son apparition à l'Exposition d'électricité en 1881, se distingue d'abord par l'adjonction d'une pompe aspirante et foulante qui effectue la compression du mélange détonant, et qui se trouve montée sur le bâti, à côté du cylindre moteur, telles que sont souvent placées, dans les machines à vapeur, les pompes alimentaires. La tige du piston est articulée à une bielle que met en mouvement une manivelle calée sur l'arbre moteur. La pompe aspire d'abord un mélange d'air et de gaz, qui constitue le mélange détonant, puis elle n'aspire que de l'air pur, et quand le piston opère son retour, il pousse d'abord en avant l'air seul, qui refoule devant lui dans le cylindre moteur les produits gazeux de l'explosion précédente, et les force à sortir avec lui par l'échappement ouvert à ce moment. Après l'introduction de l'air pur, le mélange détonant pénètre à son tour dans le cylindre ; dès que l'échappement se ferme, il s'y répand jusqu'à ce que le piston revienne en arrière pour le comprimer, et quand le piston arrive à fin de course, la compression atteint à peu près 3 atmosphères. L'inflammation se produit alors, et le piston poussé en avant reçoit l'impulsion du travail moteur développé par la combustion. Il y a par conséquent une explosion à chaque tour de manivelle, c'est-à-dire à chaque aller du piston, et une période d'échappement à chaque retour. L'inflammation se propage d'un seul coup dans la masse gazeuse, au lieu d'être progressive comme dans le moteur Otto. Aussi le cycle de la machine Clerk présenterait-il sur celui-ci des différences notables qui dénoteraient sans doute une utilisation meilleure du travail moteur. Mais l'adjonction d'une pompe spéciale pour produire l'aspiration et le refoulement du mélange explosif, dans le cylindre, nous paraît être une complication de nature à rendre ce nouveau type de moteur moins pratique que le moteur Otto opérant la compression dans son cylindre même.

Moteur Lenoir, *nouveau type.* M. Lenoir a créé récemment un nouveau type de moteur dans lequel il a réalisé d'importants perfectionnements. Le principal consiste dans la réduction de la consommation du gaz, qui, pour une force de deux chevaux s'abaisse au chiffre de 1,450 litres par heure, et 2,900 litres pour quatre chevaux. La suppression du tiroir constitue aussi une amélioration importante, en supprimant le graissage, l'usure et les risques de grippage de l'organe le plus difficile à entretenir en bon état de fonctionnement. Les tiroirs sont remplacés par des cames d'introduction et d'échappement.

Fig. 336. — *Moteur Lenoir, nouveau type*

La figure 336 représente la vue d'ensemble du nouveau type de moteur Lenoir, tel que le construisent MM. Rouart frères à Paris. Le bâti en fonte, reposant sur un socle de même métal, est fondu d'une seule pièce avec le cylindre et les paliers. L'articulation qui relie la tête de la tige du piston avec la bielle motrice est guidée au moyen de la glissière à fourreau qu'on voit dans l'axe du bâti.

A l'arrière du cylindre, on remarque une partie entourée de nervures parallèles, destinées à faciliter par le rayonnement externe l'abaissement de température des parois intérieures. Cette partie de l'appareil renferme une chambre placée dans le prolongement du cylindre et faisant fonctions de réchauffeur pour élever, au moyen de la chaleur perdue de l'échappement, la température du mélange gazeux, en conservant aux parois de ce réchauffeur une chaleur permanente d'environ 200 à 300°. C'est dans cette chambre que le mélange d'air et de gaz aspiré par le piston est ensuite refoulé et comprimé avant son inflammation; pendant cette compression il acquiert aux dépens de la chaleur emmagasinée par les parois du réchauffeur une température d'environ 100°, qui lui permet de s'enflammer facilement même avec une proportion relativement plus faible de gaz par rapport à l'air. C'est à la possibilité d'employer un mélange contenant une moindre quantité de gaz que ce nouveau type de moteur doit la notable économie qu'il présente sur ses devanciers et qui constitue son principal mérite.

Troisième groupe. Moteurs à simple effet, dits atmosphériques.

Moteur Otto et Langen. Ce type de machine est le premier qui ait appliqué le vide produit par la combustion du mélange détonant, et la pression atmosphérique, pour mettre en marche un moteur à gaz.

Les dispositions adoptées par les inventeurs sont simples. Le cylindre est vertical et surmonté d'une colonne en fonte qui porte l'arbre moteur; le piston, dont la tige porte une crémaillère engrenant avec un pignon denté calé sur cet arbre, s'élève brusquement sous l'impulsion de l'explosion produite au-dessous de lui, dans la capacité inférieure du cylindre ; il achève sa course ascendante sous l'influence de cette impulsion, mais en ralentissant sa vitesse à mesure que les gaz brûlés se dilatent et que leur tension revient à la pression atmosphérique; il s'arrête au moment où son poids, augmenté des résistances passives des organes en mouvement, n'est plus équilibré par la pression intérieure, devenue plus faible que la pression atmosphérique; à ce moment, celle-ci s'exerçant sur la face extérieure du piston, devient prédominante et fait redescendre le piston avec une vitesse qui s'augmente par le poids même de la pièce et de ses accessoires facilitant la descente. Durant cette descente, la crémaillère, qui pendant la montée se trouvait indépendante de l'arbre moteur, vient s'engrener avec le pignon calé sur cet arbre et lui imprime un mouvement de rotation.

Ainsi dans ce moteur, le travail produit par l'explosion du mélange détonant ne consiste que dans l'élévation du piston et n'a d'autres résistances à vaincre que le poids de cet organe et de ses accessoires, avec les frottements, et la pression atmosphérique. Après la combustion, lorsque la détente a produit le refroidissement des gaz brûlés et, par suite, un vide partiel dans le cylindre, l'échappement se trouvant ouvert, la pression atmosphérique unie au poids du piston, détermine le travail moteur utilisé par la machine. Ce mode de fonctionnement explique pourquoi ce type de moteur ne consomme qu'une quantité de gaz notablement inférieure à celle qu'exigent ceux des deux premiers groupes que nous avons examinés.

Mais le bruit que produisent la montée brusque du piston et surtout l'action de la crémaillère sur le pignon de l'arbre, rendent fort désagréable le voisinage de ces moteurs; en outre, leur entretien est assez coûteux, leur mécanisme agissant par chocs est sujet à une usure rapide, et ces inconvénients sont la principale cause du peu de faveur dont ils ont joui dans l'industrie, malgré l'économie de gaz qu'ils présentaient.

Moteur Bisschop. Comme le précédent, ce moteur est basé sur l'élévation du piston par

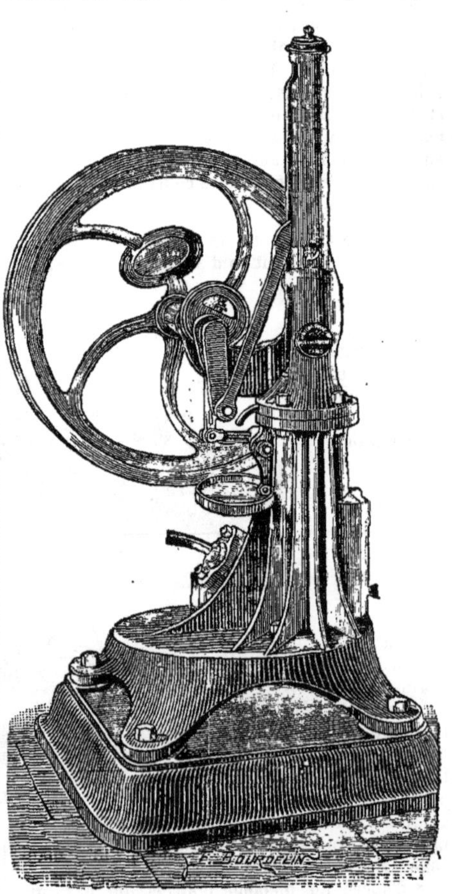

Fig. 337. — *Vue d'ensemble du moteur Bisschop.*

l'explosion, et sa descente sous l'action de la pression atmosphérique; mais le bruit et les chocs résultant de l'emploi d'une crémaillère ont été évités par l'emploi d'une tige articulée avec une bielle en retour qui actionne la manivelle de l'arbre moteur, comme le montre la figure 337, représentant une vue d'ensemble de ce type de moteur.

Il se compose d'un bâti vertical dont la partie inférieure constitue le cylindre moteur et dont la partie supérieure forme une sorte de colonne, à l'intérieur de laquelle se meut, entre deux glissières circulaires, la tête de la tige du piston. La surface extérieure du cylindre porte des ailettes verticales qui augmentent la surface de rayonnement et suffisent à opérer le refroidissement des parois; cette application, imitée depuis lors dans plusieurs moteurs, a été pour la première fois employée par M. Bisschop, afin d'éviter l'emploi de l'eau pour refroidir le cylindre de son moteur. La bielle I (fig. 338) articulée à la tête de la tige oscille dans une large rainure ménagée entre les deux côtés du bâti. Un des côtés de ce bâti porte les paliers dans lesquels tourne l'arbre moteur E, ayant à son extrémité un volant et une poulie. Le distributeur est d'une simplicité remarquable. Il consiste en un petit piston en bronze, se mouvant dans un cylindre dont la paroi interne est également en bronze sur la hauteur correspondant à la course du piston. Celui-ci est formé de deux parties de même diamètre, sur un même axe vertical, dont la portion supérieure, creusée comme un piston à fourreau, est fixée à une petite bielle articulée; la portion inférieure, séparée de l'autre par un petit espace, porte latéralement une ouverture circulaire qui sert à l'échappement des gaz brûlés. Le petit espace ménagé entre les deux parties de ce piston laisse passer l'air et le gaz pendant l'ascension du piston moteur. L'introduction de l'air se fait par une plaque percée de petits trous, fixée à l'extrémité d'un ajutage venu de fonte en avant de la gaine cylindrique du piston distributeur. Une simple rondelle en caoutchouc, recouvrant ces trous, remplit l'office de soupape d'aspiration.

L'introduction du gaz se fait par un tuyau en caoutchouc C disposé à côté du tuyau d'entrée de l'air, et muni d'un clapet d'admission. Deux poches *a* et A, également en caoutchouc, servent de régulateur pour l'admission du gaz; les brides doubles BB' et B", fonctionnent comme robinets de réglage. L'inflammation est produite par deux becs alimentés par un tube R*cb* et disposés sur le côté du cylindre moteur opposé à celui des entrées d'air et de gaz; le premier bec joue le rôle d'un allumoir, pour assurer toujours la combustion du second, qui sert à enflammer le mélange détonant; à cet effet, il se trouve placé vis-à-vis d'une ouverture ménagée dans la paroi du cylindre et garnie d'un petit clapet qui s'ouvre de dehors en dedans et que l'on est parfois obligé de décoller en le poussant légèrement avec une petite tige en bois *t*.

Lors de la mise en marche, pour éviter que le contact des parois froides du cylindre nuise à l'inflammation immédiate du mélange détonant, on allume, pendant quelques minutes, un petit brûleur à champignon J placé sous le fond du cylindre moteur pour l'échauffer préalablement. Le mode de fonctionnement de ce moteur est très simple. Quand le piston commence sa course ascendante, il aspire le gaz et l'air qui s'introduisent par leurs tuyaux d'amenée et viennent se mélanger dans le cylindre, dans la proportion de 95 parties d'air contre 5 parties de gaz. Au moment où le piston arrive à peu près au tiers de sa course, à la hauteur correspondant à l'allumoir *r*, l'aspiration a déterminé dans le cylindre un vide partiel qui favorise une rentrée d'air par l'orifice S de l'allumage, dont la soupape s'ouvre pour laisser affluer le courant d'air qui entraîne avec lui, à l'intérieur du cylindre, le petit jet de flamme du brûleur placé devant cet orifice. Alors l'explosion se produit, la soupape de l'inflammateur se referme ainsi que les clapets d'entrée d'air et de gaz, et le piston, suivant l'impulsion donnée, s'élève jusqu'en haut de sa course, pendant que les gaz brûlés achèvent de se détendre jusqu'à ce qu'ils reviennent à la pression atmosphérique. Le distributeur *h*, au moment où le piston va atteindre l'extrémité de sa course, s'est déjà ouvert et a mis l'intérieur du cylindre en communication avec l'échappement T. Le piston redescend alors sous l'influence de la pression atmosphérique et chasse les produits gazeux résultant de la combustion. Mais l'échappement se referme un peu avant que le piston n'atteigne le bas de sa course, et la petite quantité de gaz brûlés qui reste encore dans le cylindre se comprime pour maintenir fermés les clapets d'admission de l'air et du gaz. Ce n'est que lorsque le piston reprend sa course ascendante que la pression s'abaisse alors et qu'il se produit un vide partiel déterminant l'ouverture des clapets et l'introduction d'une nouvelle quantité d'air et de gaz pour former le mélange détonant qui va s'enflammer comme au coup de piston précédent, et reproduire exactement les mêmes

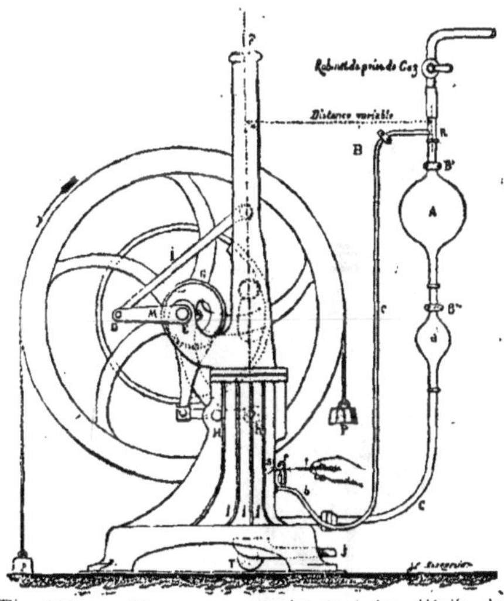

Fig 338. — *Diagramme représentant les détails du mécanisme et les accessoires d'installation du moteur Bisschop.*

phases de fonctionnement. Durant la marche, il est indispensable de graisser toutes les deux heures le tourillon D de la manivelle M, l'arbre E et le trou supérieur F de la glissière, et une fois par jour le trou de l'excentrique G et le trou de l'axe du levier H.

Le moteur Bisschop peut être essayé au frein à l'aide d'une corde et des deux poids p et P, il utilise dans les meilleures conditions pratiques le travail produit par la combustion du gaz, et se recommande, en outre, par la simplicité de ses organes, par la facilité d'entretien et d'installation. Il constitue un moteur précieux pour la petite industrie à laquelle les constructeurs, MM. Rouart frères, livrent des moteurs de la force de 3, 6, 9, 12, 25 et 75 kilogrammètres.

Moteur Laviornery. Comme le précédent, ce nouveau moteur ne dépasse pas des forces variant de 15 à 75 kilogrammètres, et présente une grande analogie, dans ses dispositions principales, avec les machines à vapeur du type dit *à pilon.*

Moteur François. Comme le moteur Bisschop, le premier type de celui-ci (fig. 339) se compose d'un bâti vertical, dont la partie inférieure, formant socle, renferme le cylindre moteur et dont la partie supérieure est une sorte de colonne dans laquelle se meut la tête du piston qui transmet son action à l'arbre moteur par deux bielles symétriquement disposées de chaque côté de la colonne. Le cylindre fixé sur le socle est muni d'une double enveloppe pour la circulation de l'eau, dans la moitié inférieure de sa hauteur; l'autre moitié de cette hauteur est garnie de nervures qui augmentent la solidité des parois en même temps que la surface de rayonnement. Les bielles symétriques transmettent le mouvement à deux arbres moteurs au moyen d'un plateau-manivelle calé sur chacun d'eux, avec une roue d'engrenage et un volant. Les deux roues dentées sont solidaires et tournent avec la même vitesse; un seul des arbres porte la poulie de commande.

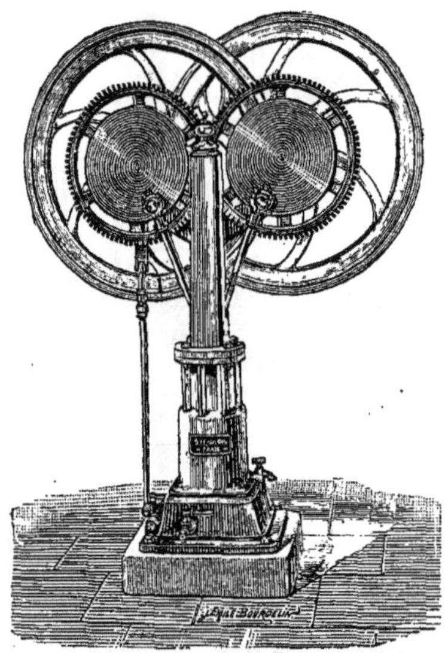

Fig. 339. — *Moteur François, premier type, à deux bielles inclinées.*

Le distributeur est actionné par un des plateaux-manivelles, au moyen d'une bielle en retour reliée au mécanisme par un petit levier d'équerre avec la position verticale de cette bielle quand elle est au repos. Les mouvements de déplacement successifs de ce mécanisme produisent les trois phases de l'introduction du mélange d'air et de gaz, de l'inflammation et de l'échappement. Un bec allumé en avant du distributeur lance obliquement sa flamme dans la chambre d'inflammation que renferme le distributeur par lequel l'air et le gaz s'introduisent dans le cylindre où ils se mélangent comme dans le moteur Bisschop. Dans une nouvelle disposition de son moteur, M. François n'a conservé qu'une bielle, actionnant un seul plateau-manivelle calé sur l'arbre moteur. Cette forme est celle que représente la figure 340. Nous la croyons préférable à la précédente à cause de la simplification des organes et de la suppression du double engrenage dont le jeu nécessaire et l'usure pouvaient nuire au bon fonctionnement et au bon entretien de ce type de machine.

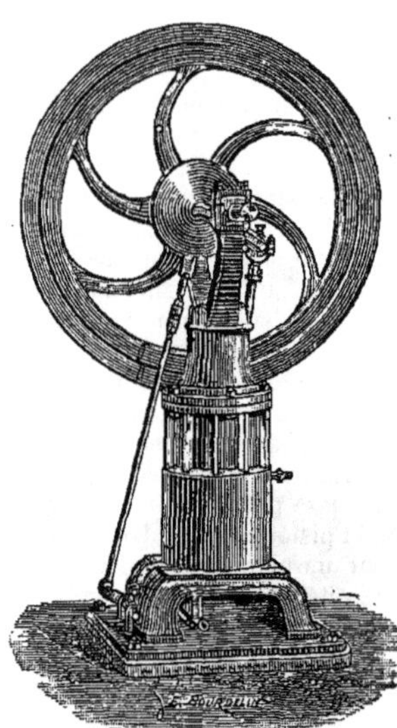

Fig. 340. — *Moteur François, dernier type, à une seule bielle et à un seul plateau-manivelle.*

Quand le piston commence sa course ascendante, le tiroir admet l'air et le gaz, puis, par l'effet de la came commandant ce tiroir, l'inflammateur se trouve brusquement placé vis-à-vis l'orifice d'admission dans le cylindre, et l'explosion se produit. Les tiroirs revenant alors à leur position primitive, l'inflammateur se rallume à un bec placé à proximité. La détente est assez prolongée pour qu'il se produise par le refroidissement un vide partiel grâce auquel l'action de la pression atmosphérique ramène le piston au bas de sa course, tandis que l'échappement, ouvert au moment voulu, livre passage aux produits de la combustion.

Une des particularités à noter dans ce moteur,

c'est l'inclinaison des bielles qui a été réglée de façon que lors de l'explosion, l'effort transmis atteint sa limite maximum, la manivelle et la bielle se trouvant à ce moment dans deux positions rectangulaires. L'effet utile se trouve ainsi considérablement augmenté au bénéfice de la consommation de gaz qu'on peut réduire dans une assez notable proportion.

L'arbre étant éloigné de l'axe du moteur dans une position qui permet d'imprimer une grande vitesse au piston sans augmenter le rayon de la manivelle et le nombre de tours, l'utilisation de la chaleur par l'effet d'une grande détente, ainsi que l'utilisation du vide et de la pression atmosphérique, se font dans des conditions tout à fait favorables pour l'obtention d'un rendement et d'un effet utile aussi élevés que possible. Le dernier modèle, dont la figure 340 montre l'ensemble, ne présente plus les complications du précédent et conserve tous les avantages des types Otto et Langen, Bisschop et autres, au point de vue de la bonne utilisation du travail moteur produit par la chaleur de la combustion du mélange détonant.

Nous ne parlerons ici que pour mémoire de l'ancien type de moteur atmosphérique de M. Ravel, auquel cet inventeur a substitué avantageusement son dernier modèle à cylindre horizontal dont nous avons parlé parmi les moteurs du premier groupe. Citons encore, pour terminer cette énumération des moteurs atmosphériques, les moteurs Gilles, Barsanti et Matteuci, qui se rapprochent plus ou moins dans leurs détails accessoires des principaux types que nous avons examinés.

Quatrième groupe. Moteurs à combustion avec compression préalable.

Nous étudierons seulement deux types de ce genre, les moteurs Simon et Siemens.

Moteur Simon et fils. Ce moteur, construit à Manchester, a été désigné sous le nom de l'*Éclipse* qu'il n'a pas, nous devons le dire, justifié complètement jusqu'à ce jour.

La compression préalable du mélange détonant existe dans le moteur Simon, mais elle se fait dans un cylindre spécialement affecté à cette fonction: le travail de la compression est produit par l'arbre moteur actionnant directement le piston de ce cylindre; puis, le mélange comprimé arrive dans le cylindre moteur dans lequel il s'enflamme à mesure qu'il entre, subissant par conséquent la dilatation qui résulte de l'élévation de sa température par la combustion, mais sans augmentation de pression, puisque la force élastique des gaz dilatés pousse en avant le piston dont le déplacement augmente graduellement le volume occupé par la masse gazeuse. L'inflammation du mélange détonant étant progressive, il n'y a pas d'explosion proprement dite, pas d'élévation subite de température et de pression. Le travail développé par la combustion du mélange se produit sous la pression initiale, jusqu'au moment où l'introduction du gaz ayant cessé, le volume engendré commence à se détendre et finit par revenir à la pression atmosphérique, quand le piston a terminé sa course et que l'échappement va s'ouvrir.

Si on adopte la limite de 3 atmosphères pour la compression du mélange détonant dans le cylindre compresseur, pour que la combustion se fasse dans le cylindre moteur sous la même pression initiale, il faudra que le volume engendré par la course du piston moteur soit 4,75 fois plus grand que le volume primitif; le calcul donnerait alors pour valeur du coefficient théorique d'effet utile le chiffre de 0,27, tandis que celui du moteur Otto est de 0,33. Mais si le mélange détonant était comprimé préalablement à 5 atmosphères, le coefficient d'effet utile s'élèverait à 0,37, ce qui démontre que dans ce genre de moteurs il y a intérêt à augmenter la pression initiale autant que possible.

Une autre particularité à signaler dans le fonctionnement du moteur Simon, c'est l'utilisation d'une petite quantité de vapeur d'eau qui se forme dans la double enveloppe destinée au refroidissement du cylindre moteur. Si on règle la circulation de l'eau de façon à laisser produire un peu de vapeur dont la tension atteigne celle du mélange comprimé, cette vapeur peut être introduite en même temps que le mélange gazeux dans le cylindre, où sa force élastique accrue par la chaleur que développe la combustion du gaz, augmente le volume du mélange et rend plus complète l'utilisation du travail produit par le calorique. Il en résulte que la consommation de gaz peut être réduite dans une certaine proportion, et ce genre de moteurs est, à ce titre, un des plus économiques qui aient été construits. Les deux caractères distinctifs sur lesquels il a été établi, sont l'application de la force élastique développée par la combustion progressive du mélange gazeux sous pression constante, et la récupération d'une partie de la chaleur perdue par les parois du cylindre pour obtenir une petite quantité de vapeur augmentant l'effet utile de la machine. En outre, cette vapeur, absorbant une certaine portion du calorique, abaisse par conséquent la température dans le cylindre, ce qui constitue un sérieux avantage pour le fonctionnement et le graissage des organes.

Moteur Siemens. M. C. W. Siemens, dont on retrouve le nom dans toutes les applications ayant pour but la récupération de la chaleur perdue, a proposé aussi un moteur qui est basé, comme le moteur Simon, sur la compression préalable du mélange détonant dans un réservoir spécial, son introduction et sa combustion graduelles dans un cylindre moteur; mais le système employé pour la récupération d'une partie de la chaleur perdue est tout à fait différent. Au lieu d'utiliser cette chaleur à la production d'une certaine quantité de vapeur, M. Siemens l'emploie à échauffer préalablement un régénérateur, composé de toiles métalliques, à travers lequel se fait ensuite l'introduction du mélange détonant.

Nous retrouvons dans la constitution de cette machine le principe du double régénérateur que M. Siemens a appliqué dans tous les genres de foyers industriels auxquels il a adapté ses gazogènes. Son moteur est à deux cylindres verticaux, placés l'un à côté de l'autre sur le bâti qui porte tout le mécanisme moteur. Les cylindres sont divisés en deux parties : la partie supérieure, qui est la chambre de combustion, est garnie intérieurement d'une chemise réfractaire ; la partie inférieure, dans laquelle se meut le piston, est analogue au cylindre des autres genres de moteurs à gaz, et présente, comme la plupart, une double enveloppe avec circulation d'eau. Chaque piston est relié par une bielle aux deux manivelles formant entre elles sur l'arbre moteur un angle de 180°, de manière que l'un des pistons se trouve au haut de sa course quand l'autre est au bas de la sienne.

Le récipient destiné à contenir le mélange détonant comprimé est placé à la partie supérieure de la machine, et mis en communication alternativement avec chaque cylindre par un tiroir rotatif. L'aspiration de l'air et du gaz se fait par les pistons, durant leur course rétrograde, et la compression se produit durant leur marche en avant. Le conduit qui met en communication le récipient du mélange comprimé avec les cylindres, présente, à la partie supérieure de chaque cylindre, un *appareil régénérateur* formé de toiles métalliques, à travers lesquelles passe le mélange détonant qui vient ensuite s'enflammer dans le cylindre moteur au contact d'un fil de platine incandescent. Chacun de ces régénérateurs est successivement traversé par l'échappement des produits de la combustion, jusqu'à ce qu'il ait atteint sa limite maxima d'échauffement, puis par le mélange gazeux avant sa combustion, pour restituer à ce mélange la chaleur absorbée pendant la période précédente. Ces alternatives de fonctionnement se reproduisent par intervalles réguliers pour chaque régénérateur, servant tour à tour à reprendre pendant l'échappement une partie de la chaleur perdue des gaz brûlés, et ensuite à échauffer préalablement le mélange détonant avant son entrée dans chaque cylindre. L'élévation de température de ce mélange avant sa combustion permet évidemment de diminuer dans une certaine proportion la quantité nécessaire pour obtenir une même somme de travail ; de là résulte par conséquent l'économie qu'on peut réaliser sur le volume de gaz à consommer pour obtenir un effet utile déterminé. Mais le refroidissement des gaz brûlés ne s'effectuant que dans le régénérateur, en dehors par conséquent du cylindre, on conçoit que la température dans celui-ci atteigne une limite bien plus élevée que dans le cylindre du moteur Simon, où l'introduction d'une petite quantité de vapeur d'eau abaisse notablement la chaleur des produits de la combustion. Cette différence nécessite une circulation d'eau plus active autour du cylindre moteur, et la perte de chaleur qui en résulte n'est pas utilisée. La complication des organes qu'entraîne la double action des régénérateurs n'est peut-être pas suffisamment compensée par l'économie de gaz qu'ils produisent en augmentant la température préalable du mélange détonant avant son introduction dans le cylindre. Les résultats pratiques ne paraissent pas avoir répondu jusqu'à présent aux espérances que la théorie avait fait concevoir.

Moteur Niel. Nous décrirons encore ce dernier moteur en le rangeant dans la catégorie des moteurs à gaz, bien qu'il puisse être également classé parmi les moteurs à air chaud. Il tient, en effet, à l'une et à l'autre de ces deux classifications par son principe essentiel et son mode de fonctionnement. Il se compose de deux cylindres accouplés de diamètres différents. Dans le plus petit, on fait agir l'explosion d'un mélange détonant d'air et de gaz d'éclairage ; dans le second, on utilise le travail moteur que produit l'expansion d'un volume d'air échauffé par la chaleur empruntée aux gaz résultant de la combustion. Comme dans le moteur Siemens, c'est au moyen d'un régénérateur que la chaleur est reprise aux gaz brûlés et restituée à l'air pendant que le piston achève sa course.

L'emploi d'un second cylindre dans lequel on peut faire subir aux gaz brûlés une détente aussi prolongée qu'on le veut et abaisser en conséquence leur température autant que possible avant leur évacuation dans l'atmosphère, remplit à peu près le même but et produit le même avantage que le système compound pour les moteurs à vapeur.

Toutefois, les complications que la réalisation des données théoriques les plus parfaites introduit nécessairement dans la construction des moteurs à gaz nous paraît être une difficulté pour leur application pratique ; et nous croyons que les solutions qui prévaudront en industrie seront celles qui, comme le moteur Otto, comme le nouveau moteur Lenoir, comme les moteurs Ravel et Bénier, présentent, avec un fonctionnement tout à fait satisfaisant, une simplicité de formes, d'installation, de conduite et d'entretien, qui en fait réellement des appareils pratiques, à la portée de la petite industrie pour laquelle surtout les moteurs à gaz offrent des avantages incontestables de plus en plus appréciés. — G. J.

MOTEUR A PÉTROLE. Construits sur les mêmes données que les moteurs à gaz, ces appareils emploient, au lieu du mélange d'air et de gaz d'éclairage, un mélange d'air et de vapeurs d'hydrocarbures légers, susceptible de produire comme le précédent une explosion quand il est enflammé brusquement dans un cylindre.

Les moteurs à gaz ordinaires peuvent fonctionner au moyen de l'air carburé ; cependant il a été construit quelques types plus spécialement appropriés à ce mode d'alimentation. Nous rappellerons à ce sujet les premiers essais tentés, en 1862, par M. Lenoir, qui avait dès cette époque construit une voiture à quatre roues, et un canot à hélice, que nous avons vu expérimenter. La voiture échoua complètement alors ; mais le petit canot navigua sur la Seine et la Marne avec succès, et nous sommes étonnés que cette application ne se soit pas développée pour la navigation de plaisance à laquelle le moteur à air carburé conviendrait au moins aussi bien qu'un moteur à vapeur.

Les hydrocarbures légers employés pour la carburation de l'air sont, en général, des essences provenant de la rectification des huiles de pétrole. De là vient la dénomination de *moteurs à pétrole* appliquée aux machines marchant par l'air carburé au moyen de ces essences. La plus intéressante innovation que nous voulions signaler dans cette catégorie de moteurs est due encore à l'esprit inventif de M. Lenoir; c'est un appareil spécialement destiné à l'agriculture, monté sur un chariot comme une locomobile, et pouvant, comme elle aussi, être transporté et mis en action sur tous les points où son service est nécessaire.

Dans le *moteur agricole* à pétrole de M. Lenoir, tel que le construisent MM. Rouart frères, le moteur proprement dit est basé sur les principes et les dispositions du nouveau type du moteur à gaz de Lenoir que nous avons précédemment cité. Le chariot en bois, monté sur deux roues, porte le bâti en fonte sur lequel sont placés le cylindre et tous les organes de la transmission de mouvement. L'arbre moteur porte à ses deux extrémités des volants-poulies pour recevoir les courroies. Le cylindre est muni extérieurement d'ailettes parallèles à son axe, comme celles de certaines cloches de calorifères; à l'arrière du cylindre se trouve le réchauffeur dans lequel la combustion du gaz entretient une température de 200 à 300°. Comme dans le type de moteur fixe, le tiroir est remplacé par une soupape. Le carburateur est placé à la suite du moteur sur le devant du chariot; il est formé d'un récipient cylindrique disposé horizontalement, et mobile sur son axe maintenu par deux coussinets; ce récipient est divisé en plusieurs compartiments remplis d'éponges. Une petite bielle mise en jeu par le moteur imprime, par l'intermédiaire d'un rochet, un mouvement de rotation à une roue dentée commandant celle qui est fixée sur l'axe du carburateur, de façon à faire exécuter à celui-ci un tour environ par cinq minutes. Le récipient contient un cinquième de son volume de liquide carburateur, avec lequel les éponges sont continuellement en contact. L'air aspiré par le piston traverse le carburateur et s'y charge des vapeurs inflammables remplissant l'office de gaz d'éclairage. L'inflammation se fait au moyen de l'étincelle électrique.

Le fonctionnement étant le même que celui du nouveau type de moteur Lenoir que nous avons décrit, l'appareil locomobile réalise une économie équivalente dans la consommation d'hydrocarbures et présente, par conséquent, des avantages sérieux au point de vue de la facilité du transport, de la simplicité de l'alimentation, et de la réduction de dépense correspondant à la force motrice obtenue.

Nous rappellerons également ici le type de moteur à air carburé de MM. Delamarre, de Boutteville et Molandin, dont nous avons précédemment parlé dans le second groupe des moteurs à gaz; construit avec son carburateur dans le socle même de son bâti, il rentre ainsi dans la catégorie des moteurs à pétrole. — G. J.

MOTEUR A VAPEUR. *T. de mécan.* Parmi tous les types de moteurs, le plus important sans contredit, en raison de la place prédominante qu'il a prise dans les applications industrielles, est celui qui utilise la force d'expansion de la vapeur d'eau sous pression. Il présente, en effet, sur les moteurs actionnés directement par les forces naturelles, l'avantage de pouvoir toujours fonctionner en toute circonstance; et de pouvoir se transporter avec la plus grande facilité. Sur les bateaux et les voies ferrées, il fournit le moteur mobile le plus puissant et le plus rapide qu'on ait jamais connu. Ajoutons enfin, qu'il est doué d'une élasticité merveilleuse grâce à laquelle il peut s'adapter aux circonstances les plus variées; et on le rencontre, en effet, sous toutes les formes et à tous les degrés de puissance, actionnant, en un mot, les machines les plus lourdes que la grande industrie ait jamais appliquées, ou donnant au travail domestique le moteur souple et léger de force réduite dont il a besoin. Il a l'inconvénient, sans doute, d'exiger une dépense de charbon considérable et qui, appréciée au point de vue purement théorique, est même beaucoup trop élevée; et on ne saurait nier que, si nos ancêtres avaient gaspillé comme nous ce précieux aliment de notre industrie, nous serions fort embarrassés aujourd'hui pour entretenir celle-ci; mais, d'autre part, il faut considérer que, parmi les moteurs consommant du charbon d'une manière plus ou moins directe, la machine à vapeur est celui qui donne souvent le rendement le plus avantageux, et elle conserve, en outre, ses qualités merveilleuses de simplicité et d'élasticité de production qui expliquent la préférence dont elle est l'objet.

Ainsi que nous le disions plus haut (V. MOTEUR), c'est seulement à une époque peu éloignée de nous que la machine à vapeur a pris naissance et revêtu une forme industrielle, préparant ainsi la prodigieuse extension qu'elle a prise de nos jours; mais il n'est pas sans intérêt, toutefois, de rappeler brièvement les études préalables dont elle avait été l'objet antérieurement.

HISTORIQUE. Les propriétés de la vapeur d'eau avaient été entrevues par les Grecs, et on trouverait même quelques réflexions intéressantes à ce sujet dans la *Météréologie* d'Aristote; mais cependant les anciens n'ont construit aucun appareil où ils aient essayé de les utiliser.

Toutefois, le savant écrivain Héron qui vivait à Alexandrie vers l'an 200 avant Jésus-Christ, indique dans ses ouvrages différents projets de machines, fondés sur l'application de la vapeur d'eau alternativement dégagée ou condensée. Il avait proposé, par exemple, le dessin d'un temple dont les portes devaient s'ouvrir automatiquement par le jeu de la vapeur d'eau dès qu'on allumait le feu sur l'autel, celui d'une fontaine à vapeur coulant dans des conditions analogues sous l'action des rayons du soleil, celui d'un éolipyle, etc.; mais il ne paraît pas que ces machines, fort ingénieuses d'ailleurs, si elles ont jamais été réalisées, aient constitué autre chose que des objets d'amusement ou de pure curiosité destinés à impressionner le vulgaire.

Plusieurs siècles s'écoulèrent encore après les Grecs, et il faut arriver pour ainsi dire à l'époque moderne, en traversant l'époque romaine et tout le moyen âge, pour rencontrer des physiciens capables de soupçonner la puissance énorme que la vapeur d'eau serait susceptible de développer. Il peut paraître étonnant d'ailleurs qu'une force si considérable ait pu rester aussi longtemps sans attirer l'attention, lorsqu'elle se manifestait cependant dans une infinité de phénomènes naturels, mais il faut remarquer, d'autre part, que cette question ne présentait alors qu'un intérêt bien secondaire dans les préoccupations des contemporains; les historiens anciens et même les chroniqueurs restent toujours muets de détails au sujet des expériences dont la vapeur d'eau a pu être l'objet. Nous ne rappellerons pas ici les essais du chevalier della Porta, de Naples, qui réussit, vers 1601, le premier probablement, à disposer une fontaine élévatoire fonctionnant par la vapeur d'eau suivant un projet analogue à celui de Héron. L'ingénieur français, Salomon de Caus, avait d'ailleurs aussi, vers la même époque (1615), imaginé une disposition de fontaine peu différente, et François Renault, précepteur du roi Louis XIII, avait révélé de son côté la force d'expansion énorme de la vapeur d'eau en montrant qu'elle était en état d'amener la rupture d'une bombe, quelle que fût l'épaisseur des parois. Nous pourrions citer également l'éolipyle de Branca et quelques autres appareils sans application pratique qui remontent également au commencement du XVIIe siècle.

La période d'application proprement dite est inaugurée par Papin, vers 1690. Nous connaissons tous, en France, les efforts persévérants si mal récompensés par la destinée de notre illustre compatriote en qui nous devons saluer le précurseur de la machine qui a transformé le monde moderne. Les Anglais, au contraire, attribuent, comme on sait, au marquis de Worcester l'honneur d'avoir construit la première machine à vapeur ayant pu fonctionner pratiquement, et après lui viendrait Savery qui, suivant la voie tracée par Worcester, perfectionna les types déjà créés par celui-ci et eut la gloire d'introduire définitivement la machine à vapeur dans l'industrie; malgré leur imperfection, les appareils de Savery rendirent en effet des services signalés pour l'épuisement des mines, comme nous le disons plus haut.

En Angleterre, le marquis de Worcester aurait exécuté, paraît-il, vers 1650, une fontaine à vapeur qui aurait servi à un usage public, elle aurait été employée pour élever l'eau à Vauxhall, près Londres. On n'a pas le dessin de cette machine dont le brevet fut publié en 1663, mais on est parvenu néanmoins à en reconstituer les dispositions essentielles d'après les rainures existant encore aujourd'hui sur le mur de Raglan Castle où elle était fixée, et on en trouvera la reproduction dans l'intéressante *Histoire de la machine à vapeur* publiée par Thurston. Cette fontaine devait se composer d'une chaudière communiquant avec deux réservoirs intermédiaires de vapeur, rattachés eux-mêmes au tuyau d'aspiration et au tuyau de refoulement d'eau. La vapeur venant de la chaudière était admise alternativement dans chaque réservoir dont elle soulevait l'eau par sa pression dans le tuyau de refoulement, puis la condensation qui se produisait, lorsqu'on interrompait la communication avec la chaudière, déterminait dans ce réservoir un vide qui produisait l'appel de l'eau d'alimentation, et le refoulement était assuré pendant le même temps par le second réservoir, de manière que cette fontaine pût fonctionner pour ainsi dire sans interruption. L'appareil ainsi disposé put bien donner quelques résultats, mais cette application resta isolée, et le type de Worcester était encore trop imparfait d'ailleurs pour qu'il pût réussir à la développer comme il l'espérait. Il mourut dans la pauvreté dans la seconde moitié du XVIIe siècle, sans avoir pu entrevoir le résultat qu'il avait poursuivi au prix de dépenses et d'un labeur continus.

Après Worcester, la machine à vapeur commence à devenir un appareil industriel, les inventeurs, profitant de l'expérience déjà acquise par leurs devanciers, connaissent mieux la force qu'ils essaient d'utiliser, leurs engins ne sont plus tout à fait de simples appareils d'essai et méritent plus proprement le nom de machines. D'ailleurs les savants de l'époque commencent à s'intéresser à ces recherches, et vers la fin du XVIIe siècle ces études sont déjà poursuivies dans toute l'Europe. Pendant que Papin préparait son *digesteur*, la première chaudière à vapeur qui fût munie d'une soupape de sûreté, d'autres inventeurs, comme Jean Hautefeuille et le savant Huyghens, cherchaient de leur côté à utiliser la force d'explosion de la poudre à canon, et Hautefeuille eut même le premier l'idée de produire cette détonation dans un cylindre obturé par un piston mobile qui se soulèverait sous l'action de la pression développée. Dans un mémoire présenté à l'Académie des sciences en 1680, Huyghens donna également un dessin de machine fondée sur cette disposition, et l'appareil qu'il proposa peut même être considéré comme le prototype de nos machines à gaz actuelles. En Angleterre, les essais sur la machine à vapeur sans piston et la fontaine de Worcester furent continués, avec l'appui du roi Charles II, par le docteur Samuel Morland qui a dû construire également quelques pompes d'épuisement en France pour le roi Louis XIV pendant un séjour qu'il fit à Paris vers 1683; toutefois, Morland paraît s'être borné plutôt à étudier l'action des machines de Worcester sur lesquelles il était arrivé à posséder des notions particulièrement exactes pour son temps; mais il n'y apporta aucune modification essentielle. Il faut remarquer d'ailleurs que la machine de Worcester, convenablement construite, était susceptible de donner de bons résultats comme pompe d'épuisement, et les pulsomètres, tels qu'on les prépare aujourd'hui, fonctionnent encore avec un mode de distribution analogue, différant seulement par l'automaticité. Savery, qui appliqua le premier la pompe à vapeur à des usages industriels, put donc conserver en entier le type de Worcester, et les perfectionnements qu'il y apporta consistèrent surtout dans des progrès de construction; il faut noter cependant l'application de la condensation par surface qui augmenta beaucoup la rapidité d'action de la machine. Les appareils créés par Savery furent appliqués dans les mines de Cornouailles, où ils rendirent des services très précieux pour l'épuisement, car l'exploitation d'un grand nombre d'entre elles aurait dû être arrêtée en raison de l'abondance des eaux qu'on n'avait pas de moyen économique de rejeter au dehors. On n'employait, en effet, que l'épuisement au moyen des seaux qu'il fallait alternativement descendre et remonter dans les puits, et qui étaient commandés par des manèges à chevaux. On comprend immédiatement quel progrès une pompe à vapeur, même aussi imparfaite que celle de Savery, pouvait réaliser sur un mode d'épuisement aussi défectueux. Toutefois, comme elle fonctionnait, ainsi que nous l'avons dit, par le vide résultant de la condensation de la vapeur, la hauteur d'aspiration était limitée nécessairement par la pression atmosphérique, et ne pouvait guère dépasser pratiquement 7 à 8 mètres. Savery essaya d'ailleurs d'appliquer également des pompes *foulantes*, tant pour l'épuisement des mines que pour l'alimentation des villes et différents usages particuliers. Il se trouva ainsi amené à employer des pressions de vapeur fort élevées eu égard à la construction grossière de ses chaudières, mais comme celles-ci n'étaient pas munies de soupapes de sûreté, bien que cet organe essentiel des chaudières eût été inventé déjà par Papin, il en résultait des dangers d'explosion fort graves, en même temps que des difficultés d'entretien de toute nature, car la haute température de la vapeur entraînait la fusion des soudures. Cette difficulté entrava beaucoup le développement des pompes à vapeur de Savery, mais Desaguliers y remédia plus tard dans une certaine mesure, vers 1718, par l'application de la soupape de sûreté de Papin, et il simplifia en outre la construction de la machine, dont il remplaça les deux réservoirs à vapeur par un réservoir unique.

Nous représentons (fig. 341), une pompe à vapeur de ce type. On voit en B la chaudière communiquant par le canal D muni du robinet c, avec le réservoir intermédiaire S. Le robinet c étant fermé, l'eau venant du niveau inférieur soulève la soupape b et est aspirée dans le reservoir, intermédiaire, quand on y détermine la condensation de la vapeur par l'injection sur la surface exté-

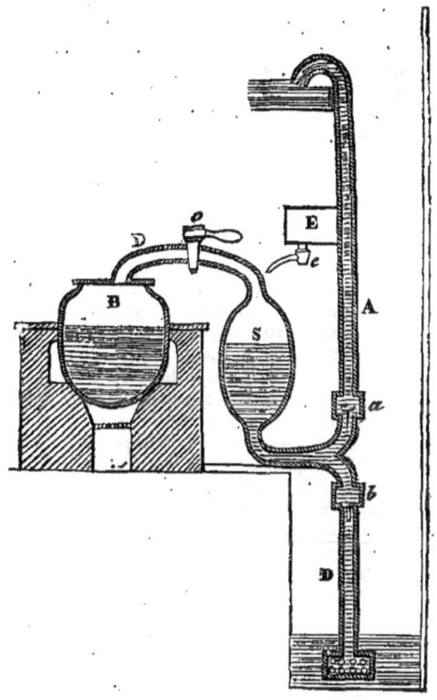

Fig. 341. — *Pompe à vapeur de Savery.*

rieure de l'eau tombant du réservoir A. L'eau est ensuite refoulée par le tube D en soulevant la soupape a quand on admet la vapeur dans le réservoir en ouvrant le robinet c.

Ces tentatives, toutefois, permettaient d'étudier l'action de la vapeur, mais elles n'auraient pu aboutir à la création d'une machine industrielle proprement dite, et c'est à Papin, comme nous l'avons dit, que doit revenir l'honneur d'avoir créé le premier appareil à vapeur capable de fournir un mouvement mécanique utilisable, par la machine à piston. Cette machine fut décrite par lui dans les *Acta eruditorum* de Leipzig, publiés en juin 1690, sous le titre de *Nova methodus ad vires motrices validissimas levi pretio comparandas* (Nouvelle méthode pour acquérir à peu de frais des forces motrices très puissantes). Papin déclare dans cet ouvrage qu'il a repris la machine d'Huyghens; mais l'emploi de la poudre à canon présente cet inconvénient, dit-il, qu'il est impossible de chasser complètement l'air sous le piston moteur, et au moment où celui-ci redescend dans le cylindre sous l'effort de la pression atmosphérique, l'air retenu s'oppose à ce mouvement et diminue grandement l'effort moteur qui va ainsi en s'annulant avant la fin de la course. Il a donc substitué l'emploi de l'eau chauffée qui, en se changeant en vapeur, fait bien ressort comme l'air, mais celle-ci se condense ensuite par le froid et perd complètement cette force de ressort. L'eau fournit ainsi ce vide parfait que la poudre à canon ne saurait donner. La machine disposée par Papin se composait d'un cylindre vertical, ouvert à la partie supérieure, et à l'intérieur duquel oscillait un piston étanche avec une tringle formant tige soutenu par une corde qui venait passer sur des poulies de renvoi, et supportait à son autre extrémité le fardeau à soulever. On mettait un peu d'eau dans le cylindre et on la vaporisait en chauffant au-dessous, extérieurement au cylindre dont la paroi était en métal mince. Le piston se soulevait, et venait s'arrêter en haut du cylindre où il était retenu par une tige engagée dans une encoche de la tringle. On enlevait ensuite le feu, et la vapeur se condensait progressivement en faisant le vide sous le piston, on laissait alors descendre celui-ci, et il retombait en tirant la corde à l'extrémité libre de laquelle était attaché le fardeau qui se trouvait ainsi remonté d'une quantité égale à la course. Cette machine avait un cylindre de 6 centimètres de diamètre, et soulevait un poids de 25 kilogrammes une fois par minute. Papin se proposait d'ailleurs de construire des types de machines beaucoup plus puissants, et il espérait leur donner une foule d'applications; il comptait s'en servir pour l'épuisement des mines, et même pour faire tourner les roues à aubes, et il signalait qu'il conviendrait d'en employer plusieurs travaillant simultanément pour assurer la continuité du mouvement. Ce grand inventeur était même arrivé plus tard, en 1693, à l'idée d'avoir une chaudière isolée avec un foyer spécial, chauffé à flamme renversée pour assurer, dit-il, la combustion complète, et il a indiqué ainsi la première boîte à feu, et la première chaudière dont l'histoire fasse mention. Il est aussi le premier qui ait appliqué la soupape de sûreté, dont il munissait son digesteur vers 1680.

Il ne lui fut pas donné de voir le succès de la machine à laquelle il avait consacré son génie et sacrifié sa fortune, et il en resta seulement le précurseur: mais il en avait fourni du moins les principaux éléments, et ceux qui vinrent après lui, dans un pays comme l'Angleterre où l'industrie était plus libre, n'eurent qu'à les combiner en quelque sorte pour obtenir un appareil réellement industriel. Cet honneur échut à un simple ouvrier forgeron de Darmouth, nommé Newcomen, qui parvint, en 1703, à construire une machine à cylindre, analogue à celle de Papin, mais actionnant une pompe distincte. Dans cet appareil, le cylindre était ouvert à la partie supérieure, et le piston qui oscillait verticalement, transmettait son mouvement à la tige de la pompe par l'intermédiaire d'un balancier. Les bras de celui-ci présentaient la forme de secteurs circulaires sur lesquels venaient s'appliquer dans leur mouvement alternatif les chaînes articulées qui terminaient les tiges de la pompe et du piston. Dans les premières machines, la condensation de la vapeur contenue dans le cylindre exigeait trop de temps après chaque course du piston, et donnait ainsi à la machine une marche intermittente coupée par de longs intervalles, mais Newcomen les perfectionna en appliquant une disposition analogue à celle de Savery, il injecta directement un courant d'eau dans le cylindre pour assurer la condensation, et il réussit par là à réaliser une marche beaucoup plus rapide atteignant 7 ou 8 coups par minute. C'est sur ce type de machine que l'apprenti Humphrey Potter, chargé de la surveillance, appliqua le déclic ou *scoggan* manœuvré par le balancier lui-même pour assurer automatiquement l'injection d'eau dans le cylindre en temps utile. Cette disposition fort ingénieuse était réalisée au moyen de simples ficelles qui furent remplacées bientôt par la tringle à déclic due à l'ingénieur Henry Reighton. Elle améliora grandement la marche de la machine qui put donner ainsi 15 à 16 coups de piston à la minute.

La machine atmosphérique créée par Newcomen était la seule susceptible de faire un usage industriel, et elle se répandit bientôt dans toutes les mines de Cornouailles où elle ne tarda pas à supplanter l'emploi des manèges à chevaux pour l'épuisement. Ce type fut conservé intégralement pendant plus d'un demi-siècle; mais il reçut cependant des perfectionnements considérables qui en conservèrent le principe, mais en améliorant la construction mécanique. L'ingénieur Smeaton s'attacha à calculer les proportions à donner aux différentes pièces, et il apporta ainsi de grands progrès dans la construction. Il appliqua également, suivant l'idée proposée par Reighton, l'eau de condensation pour la faire servir à l'alimentation de ses chaudières, ou simplement pour réchauffer le courant alimentaire qu'il amena par un serpentin traversant la boîte de condensation. Ajoutons enfin que la première application de la fonte pour remplacer le laiton dans la fabrication des cylindres remonte aussi à cette époque (1743). Smeaton étudia plus complètement qu'on ne l'avait fait avant lui, le fonctionnement de ces machines, et il fit de nombreuses expériences pour en déterminer le rendement, il trouva ainsi que la dépense moyenne de charbon par cheval et par heure atteignait environ 25 kilogrammes. Ce chiffre, qui paraissait alors très économique, nous fait mesurer immédiatement les progrès accomplis depuis ces premières tentatives, puisque aujourd'hui dans toutes nos machines actuelles cette consommation est descendue à 1k,5 à 1 kilogramme environ, et elle s'abaisse souvent au-dessous.

Les véritables modifications qui devaient transformer complètement la machine à vapeur, sont dues à James Watt, qui peut être considéré à juste titre comme le père de la machine à vapeur moderne, car c'est lui qui en a fixé en quelque sorte les caractères essentiels toujours conservés depuis dans les types les plus perfectionnés. Ce grand ingénieur qui a exercé indirectement une influence si considérable sur l'histoire de l'humanité, naquit à Greenock, dans une origine très modeste, en 1736, et il était attaché à l'Université de Glasgow lorsqu'il se trouva amené à faire des recherches sur un modèle de machine de Newcomen dont la chaudière ne produisait pas assez de vapeur pour assurer le fonctionnement. Il entreprit à cette occasion des études théoriques sur la formation de la vapeur d'eau, et découvrit bientôt, à peu près en même temps que le docteur Black, ce fait capital de l'absorption de chaleur qui se produit au moment de la vaporisation et produit ainsi la chaleur latente. Il reconnut par là la nécessité d'économiser la vapeur qui représentait une quantité de calorique beaucoup supérieure à celle de l'eau liquide à la même température. En poursuivant ses recherches sur le fonctionnement de la machine à vapeur, il arriva à assigner exactement les causes de la consommation exagérée du combustible, et reconnut que la nécessité de refroidir le cylindre à chaque coup pour y condenser la vapeur obligeait à en dépenser trois ou quatre fois plus qu'il n'aurait été nécessaire pour le remplir s'il était resté à la même température; il fallait donc avant tout éviter ce refroidissement, et effectuer la condensation en dehors du cylindre. Il construisit par suite une première machine à condenseur séparé, puis il eut l'idée de fermer le fond supérieur du cylindre pour éviter le refroidissement dû au contact de l'air. Il se trouva ainsi amené progressivement au type de machine à double effet qu'il ne put réaliser que bien plus tard cependant, car ses recherches continuelles avaient épuisé ses modestes ressources, et il se trouva bientôt, vers 1765, dans un état de pauvreté qui l'empêcha de les continuer. Il s'associa, en 1769, avec Mathew Boulton, industriel éminent qui possédait à Soho, près Birmingham, un atelier important occupé à la fabrication et à l'argenture des objets en métal, et cette situation lui permit ainsi de disposer de capitaux importants, et surtout d'ouvriers expérimentés qui lui avaient fait défaut jusque là. La première machine créée vers 1774 par les deux associés dont les noms réunis devaient acquérir plus tard tant de célébrité, actionnait une pompe au moyen d'un balancier, elle était à double effet en quelque sorte, la vapeur venant de la chaudière se répandait dans une chemise entourant le cylindre, puis elle pénétrait à l'intérieur et arrivait au-dessus du piston qu'elle obligeait à descendre en entraînant le balancier qui soulevait la tige de la pompe; lorsque le piston était arrivé au bas de sa course, un jeu de soupapes actionnées par des tringles mobiles admettait la vapeur venant du fond supérieur au-dessus du piston qui se trouvait alors sollicité par des pressions égales, et remontait par l'entraînement dû au poids de la tige des pompes. La vapeur ainsi répandue dans la chambre inférieure du cylindre était expulsée à la course suivante pendant la descente du piston, et elle se rendait dans le condenseur, où elle était aspirée par une pompe spéciale en même temps que l'air entraîné avec elle.

Watt continua à travailler sans relâche au perfectionnement de ses machines, et il arriva successivement à y apporter ces perfectionnements qui ont arrêté définitivement les traits caractéristiques de nos machines actuelles. Pour actionner le balancier oscillant qui commandait la tige des pompes, il était nécessaire de transformer le mouvement rectiligne de la tige du piston en un mouvement circulaire, problème difficile de cinématique dont il trouva une solution presque parfaite en pratique par l'emploi du parallélogramme articulé. La solution théorique n'a été trouvée que de nos jours, grâce aux progrès de la géométrie pure par la théorie des transformations des rayons vecteurs réciproques, et elle est due à M. le colonel Peaucellier. Watt reconnut également que le dégagement direct dans le condenseur de la vapeur conservant encore toute sa pression entraînait une aggravation sérieuse dans la dépense de combustible, car il était impossible d'utiliser toute la force d'expansion de la vapeur; il fut donc conduit à imaginer la détente, c'est-à-dire à interrompre l'admission de vapeur avant la fin de la course du piston, de manière à obliger la vapeur à se dilater dans le cylindre en laissant tomber graduellement la pression tout en continuant à exercer un effort moteur. Ce perfectionnement capital ne put pas toutefois être accepté immédiatement, car le fonctionnement de la machine devenait alors un peu plus délicat et se trouvait fréquemment entravé, surtout en raison de la construction défectueuse des soupapes qui se dérangeaient continuellement. Toutefois, les ouvriers de l'atelier de Soho réussirent bientôt à triompher de ces difficultés, et l'application de la détente ne tarda pas à se généraliser. Watt indiqua même dans un de ses brevets le principe de la machine Compound, qui est aujourd'hui l'objet d'une faveur si justifiée, mais il ne paraît pas avoir essayé d'en construire aucun modèle.

L'invention de la machine à double effet avec distribution par tiroir, telle que nous la connaissons maintenant, résultait en quelque sorte des progrès déjà réalisés, puisqu'il suffisait d'admettre la vapeur sur la seconde face du piston pour y développer un effort moteur pendant que la face résistante était en communication avec le condenseur. Ce dernier perfectionnement régularisait l'effort moteur, il doublait, pour ainsi dire, la puissance de la machine, et lui donnait en même temps une élasticité qu'elle n'aurait jamais pu acquérir autrement, puisqu'elle pouvait fournir un effort considérable avec des dimensions réduites et quitter la position verticale qu'elle avait toujours conservée dans les types antérieurs. Watt compléta cette machine par l'application des glissières qui servaient à guider en ligne droite la crosse du piston, et il put articuler directement sur celle-ci la bielle actionnant par une manivelle l'arbre moteur. C'est la disposition toujours appliquée toutes les fois qu'on n'a pas recours au balancier avec le parallélogramme. Sous cette nouvelle forme, la machine à vapeur pouvait recevoir une infinité d'applications auxquelles on n'avait pu songer jusque-là; fournir en un mot un mouvement moteur qu'on pût utiliser à actionner un récepteur quelconque, et devenir enfin le véritable moteur industriel après avoir été spécialisée aux pompes. Comme dans ces applications, la régularité de mouvement devenait une condition essentielle, Watt imagina pour l'assurer, le régulateur qui porte son nom et qui est devenu le type des nombreux appareils imaginés depuis à cet effet. Il arrivait ainsi par l'emploi des boules mobiles susceptibles de s'écarter plus ou moins sous l'action de la force centrifuge résultant de la vitesse de marche, à utiliser ce mouvement pour obturer ou découvrir la prise de vapeur, jusqu'à ramener le régime normal de la machine (V. Régulateur). Citons enfin l'application du manomètre à mercure pour reconnaître à chaque instant la valeur de la pression de vapeur, celle des tubes indicateurs du niveau de l'eau, qui sont devenus un organe essentiel de toutes les chaudières, et enfin l'appareil qui complète vraiment la machine à vapeur, qui permet d'en étudier le fonctionnement intime et d'en apprécier le rendement, l'indicateur de pression qui a formé le point de départ de tous les appareils actuels. — V. Indicateur.

Watt mourut le 29 août 1819, après avoir eu la gloire de donner sa forme définitive à la machine à laquelle il s'était consacré, il a pu contempler en quelque sorte l'aurore de la révolution économique qu'elle allait entraîner dans le monde. Il fut enterré à Westminster, au nombre des grands hommes dont l'Angleterre s'honore.

A côté de Watt, dont la gloire a rejeté dans l'ombre tous ses contemporains, il convient de citer néanmoins Hornblower, et surtout Wolf, qui construisit, vers 1804, une machine à deux cylindres types Compound, avec laquelle il obtint des résultats économiques supérieurs à ceux de Watt; il serait même arrivé, dit-on, à abaisser la consommation de charbon de ses machines à 1 kilogramme et demi environ par cheval et par heure, tandis que celles de Watt exigeaient en moyenne 2k,5. La machine à vapeur fut perfectionnée également par des inventeurs qui poursuivaient des applications spéciales : Murdoch, et plus tard Trévilhick cherchèrent à l'appliquer à la traction sur les chaussées ordinaires et les voies ferrées, et plus tard enfin Stephenson donna à la machine-locomotive sa forme définitive. De même pour la navigation à vapeur, Symmington, Henry Bell, l'américain John Evans reprirent les essais de l'illustre et malheureux Papin; puis Fulton, Stevens, Roosevelt, dans les premières années du xixe siècle créèrent le type distinctif de la machine marine.

Dès 1830, la machine à vapeur était donc préparée en quelque sorte pour le merveilleux développement qu'allaient entraîner les exigences de l'industrie, et il se créa, à cette époque, dans différents pays du continent, de grands ateliers pour la construction de ces machines. Nous devons citer en première ligne, ceux de Seraing, en Belgique, fondés dès 1810, par deux ouvriers anglais, naturalisés français, Williams, et son fils John Cockerill, qui se consacrèrent à la fabrication de ces machines; ceux du Creusot en France, etc. Ils y appliquèrent des procédés mécaniques qu'ils perfectionnèrent graduellement et arrivèrent ainsi à préparer des moteurs susceptibles d'un fonctionnement régulier, dont les cylindres étaient bien alésés, les pistons bien circulaires, les pièces frottantes bien rodées, et dont tous les organes étaient bien calculés pour l'effort qu'ils avaient à supporter, sans aucun travail inutilement absorbé. Les progrès ainsi réalisés dans la construction, surtout depuis l'application des machines-outils, ont exercé une influence énorme sur le prix et le développement de la machine à vapeur, et même sur les études dont elle a été l'objet depuis, car ils ont permis de réaliser plus exactement les conditions théoriques du fonctionnement de ces machines, et d'étudier mieux les modifications de principe à y apporter pour en améliorer le rendement. A côté des grands ateliers que nous venons de citer et qui se sont créé dans le monde industriel une situation hors de pair qu'ils ont due précisément au développement de la machine à vapeur, il convient aussi de citer les constructeurs qui, en France, se sont consacrés également à ces travaux, et dont les noms ne doivent pas être omis non plus dans l'histoire de la machine à vapeur : tels sont, par exemple, M. Cail, Cavé, Gouin, Calla, etc., dont nous reproduisons d'ailleurs les biographies dans ce dictionnaire.

Les progrès récents dont la machine à vapeur a été l'objet sont résultés surtout des recherches théoriques entreprises au cours de ce siècle par des physiciens et des ingénieurs illustres comme Joule, Rumford, Carnot, Clausius, et plus tard Zeuner, Hirn et Ranken; et qui ont servi à fonder la théorie mécanique de la chaleur. Ces études ont permis d'établir les lois nécessaires du fonctionnement des machines thermiques, elles ont montré le rendement théorique qu'on pouvait espérer, et indiqué en même temps la voie à suivre pour s'en rapprocher. Elles ont établi d'une manière indiscutable ces grandes lois de la transformation de l'énergie, en montrant comment la machine à vapeur permettait seulement de récupérer sous une autre forme, et pour une bien faible partie, l'énergie dépensée dans le foyer par la combustion du charbon. Et pour ce qui est de la vapeur d'eau proprement dite, les magnifiques travaux de Regnault ont permis de vérifier la loi déjà indiquée par Watt, de déterminer la chaleur latente de vaporisation, de mesurer la quantité de calorique dégagée ou absorbée à chaque température; enfin les travaux de Hirn et de Zeuner ont permis d'analyser plus complètement les phénomènes qui s'opèrent dans le cylindre pendant les différentes phases de la distribution, admission, détente, échappement, compression, etc.

Théorie générale de l'action de la vapeur dans la machine. Nous avons résumé à l'article Chaleur les principes qui servent de fondement à la théorie mécanique de la chaleur, et nous en avons même donné l'application aux machines à vapeur, de sorte que nous n'avons pas à y revenir ici. Nous rappellerons seulement le cycle décrit par la vapeur et l'expression qui permet de calculer le rendement de ces machines, en se reportant aux lois établies par Clausius et Carnot. L'eau se vaporise d'abord dans la chaudière et se dilate sous la pression correspondant à la température t_1 de la chaudière, puis la vapeur arrive dans le cylindre, elle s'y détend sans recevoir ni perdre de chaleur pour atteindre la pression réduite correspondant à la température t_0 du condenseur, ce qui constitue la deuxième période du cycle; elle se condense pendant la troisième à la température constante du condenseur, et l'eau est ramenée enfin dans la chaudière pendant la quatrième période de la température t_0 à la température t_1. On reconnaît ainsi que la machine à vapeur est soumise aux mêmes lois que les machines thermiques, et que le rendement maximum C qu'elle peut atteindre est donné aussi par l'expression établie à l'article Chaleur,

$$c=\frac{Q_1-Q_0}{Q_1}=\frac{T_1-T_0}{T_1}=\frac{t_1-t_0}{a+t_1},$$

dans laquelle Q_1 est la chaleur empruntée à la source chaude qui est la chaudière, et Q_0 la chaleur restituée au condenseur; T_1 et T_0 sont les températures absolues de la chaudière et du condenseur, a est, comme on sait, la température du zéro absolu. Si on suppose dans les cas les plus favorables que la température de la chaudière, soit de 180°, et celle du condenseur de 50°, en remarquant que a, température du zéro absolu, est égal à —273, on voit qu'on arrive ainsi à la fraction :

$$c=\frac{130}{453}=\frac{1}{3,5}.$$

Ce nombre est même, comme nous le disions, un maximum qu'on ne peut pas atteindre, car la vapeur est loin de décrire absolument le cycle de Carnot, et on démontre, d'autre part, que parmi tous les cycles qu'on peut imaginer, celui-ci représente le rendement le plus avantageux.

Il faut ajouter enfin que l'action de la vapeur dans le cylindre, qui produit le travail utile, est loin de s'opérer dans un milieu complètement adiabatique, comme le suppose la théorie, et qu'il y a toujours des pertes inévitables par rayonnement qui diminuent d'autant le rendement.

Les courbes de pression relevées par l'indicateur dans les cylindres, donnent la figuration pratique du cycle décrit par la vapeur et permettent d'apprécier dans une certaine mesure, par les écarts qu'elles présentent avec les tracés théoriques, les différences qui se produisent effectivement. Elles permettent enfin, comme nous l'avons dit, en fournissant une mesure du travail dans les cylindres, de calculer le rendement de la machine; et on voit, par là, tout l'intérêt qui s'attache à l'étude de ces diagrammes de pression, comme nous l'avons souvent signalé déjà. On reconnaît ainsi, par l'examen de ces courbes, que l'admission de vapeur qui correspond à la première période du cycle (mise en communication du cylindre avec la source chaude à température t_1) est représentée par une ligne horizontale, quelquefois même légèrement inclinée, si la communication avec la chaudière n'est pas parfaite, et même cette ligne reste toujours au-dessous de la ligne de pression de la vapeur dans la chaudière, ce qui tient au laminage de la vapeur et à l'influence des parois refroidies pendant la course précédente. La courbe de détente qui correspond à la seconde période se tient habituellement, au contraire, au-dessus de la courbe de détente adiabatique, et se rapproche davantage de la courbe de détente à température constante dite de Mariotte; la vapeur se trouve, en effet, réchauffée dans cette période par la présence des parois, comme nous le dirons plus bas. Vient enfin la période d'échappement, mise en communication avec la source froide de température t_0 qui n'est pas réalisée non plus d'une manière parfaite, car la pression résistante est souvent supérieure à celle du condenseur ou de l'atmosphère, il se produit toujours, en un mot, une certaine contrepression. Toutes ces influences tendent, comme on voit, à diminuer le rendement, en réduisant l'écart des températures extrêmes t_0 et t_1. Enfin, dans la quatrième période, la vapeur restée encore dans le cylindre est comprimée et ramenée à la pression de la source chaude par l'arrivée de la vapeur vive préparant l'admission suivante. Connaissant, d'après les expériences de Regnault, les lois physiques qui règlent la formation et la détente de la vapeur, on peut calculer le rendement propre du cycle ainsi décrit, comme nous l'avons fait à l'article CHALEUR, en se reportant au théorème de Clausius $\int\frac{dQ}{t}=o$, et évaluant directement les quantités de chaleur absorbées ou dégagées pendant les différentes périodes. En faisant ce calcul pour de la vapeur supposée sèche, portée à des températures extrêmes de 50° et 150°, on reconnaît que le rendement doit être ramené à 1/6 environ, nombre qui se rapproche, en les dépassant encore toutefois, des résultats obtenus dans les relevés pratiques de M. Hirn et dans ceux plus récents du Creusot dont nous parlerons plus bas.

Ce calcul montre, d'autre part, que la période de détente est accompagnée de la condensation d'une certaine quantité d'eau dont la proportion atteint 0g,177 pour 1 kilogr. de vapeur supposée sèche. Combes a généralisé ce résultat, et prouvé qu'aux différentes températures il y avait une proportion à observer entre les poids d'eau et de vapeur pour obtenir qu'il n'y ait ni condensation, ni vaporisation pendant la détente. Au-dessous de cette proportion, dite de permanence, c'est une condensation qui se produit, et au-dessus, c'est une vaporisation. Entre les températures de 100 à 150°, auxquelles s'opère généralement la détente, la proportion de permanence varie de 0,528 à 0,461 du poids total pour l'eau entraînée, c'est-à-dire que la vapeur devrait renfermer un poids d'eau égal au sien pour qu'il n'y ait pas condensation; mais comme cette proportion n'est pas atteinte en pratique, c'est toujours la condensation qui doit accompagner la détente. Ce fait améliore beaucoup le rendement des machines à vapeur, puisque la vapeur ainsi condensée restitue, pendant la détente, sa chaleur interne de vaporisation, et il a été vérifié, comme nous l'avons dit, par M. Hirn, en opérant sur des cylindres dont les fonds étaient garnis de vitres. M. Combes a montré, en outre, que cette condensation était un fait particulier à la vapeur d'eau résultant des coefficients physiques qui la caractérisent, et que le phénomène se produirait d'une manière différente avec d'autres fluides. Avec l'éther, par exemple, ainsi que l'a vérifié M. Hirn, il y a vaporisation et non condensation pendant la détente ; avec le chloroforme, il y a vaporisation, si on opère à une température inférieure à 120°, et condensation si on passe à une température supérieure. Cette prévision a été confirmée par les expériences de MM. Athanase Dupré et Cazin qui ont trouvé avec ce fluide comme température de passage, l'un 121°, et l'autre 123°,38.

Ces phénomènes de condensation et de vaporisation pendant la détente, qui exercent d'ailleurs une grande influence sur le rendement, sont donc purement relatifs et dépendent absolument de la nature du fluide expérimenté et même de la température de l'expérience. En ce qui concerne la pratique, il faut observer, d'ailleurs, que ces calculs ne peuvent fournir qu'une donnée purement approximative, car les phénomènes sont profondément modifiés par l'influence des parois du cylindre. Celles-ci sont refroidies, en effet, pendant l'échappement de la course précédente, et elles déterminent, par suite, une condensation importante de vapeur au moment de l'admission suivante. Elles arrivent, néanmoins, à la température de la vapeur, et au moment de la détente, elles restituent une partie de la chaleur qu'elles ont absorbée; elles déterminent, en effet, la vaporisation des gouttelettes d'eau qui les tapissent, et elles produisent ainsi une vaporisation qui, dans certains cas, peut être supérieure à la condensation qu'entraîne la détente dans la masse de vapeur. Les deux phénomènes peuvent arriver à se contre-balancer exactement, mais le plus souvent, c'est la vaporisation qui prédomine, ce qui explique l'allure des courbes des diagrammes presque toujours fortement relevées au-dessus des courbes adiabatiques.

On voit, par là, combien il est difficile d'obtenir d'une manière précise le rendement théorique des machines à vapeur, puisqu'il faudrait arriver à connaître exactement la quantité de vapeur dépensée à chaque coup de piston, et surtout la proportion d'eau qu'elle entraîne. On peut réussir, cependant, à dresser d'une manière un peu approximative toutefois, d'après les diagrammes de pression, la courbe donnant à chaque instant la proportion de vapeur présente dans les cylindres, par le tracé que nous avons indiqué au mot INDICATEUR, et on reconnaît ainsi que cette proportion est souvent maxima pendant les premiers instants de la détente, ce qui montre bien l'influence des parois pour la vaporisation. Quoi qu'il en soit, dans les expériences exécutées à ce sujet, on se borne souvent à évaluer en bloc le rendement de la chaudière et celui de la machine, en rapprochant le travail indiqué, mesuré à l'aide des diagrammes, de la consommation de vapeur et de charbon. Pour avoir le rendement de la machine isolée, on défalque celui de la chaudière qui n'est toujours connu, toutefois aussi, que d'une manière approximative.

On admet, par exemple, qu'une chaudière bien installée peut vaporiser 8 kilogrammes d'eau environ par kilogramme de charbon brûlé, et le rendement correspondant se détermine en considérant qu'un kilogramme de houille fournit en moyenne 8,000 calories par sa combustion, tandis qu'un kilogramme de vapeur porté à 6 atmosphères en renferme environ 650. Les 8 kilogrammes de vapeur produits par la chaudière représentent donc environ 5,200 calories, soit les $\frac{5,2}{8}$ de la chaleur dépensée, et le rendement propre de la chaudière est, par suite, d'environ 65 0/0.

Or, les expériences récemment exécutées au Creusot et dont nous parlerons plus bas, confirmant, d'ailleurs, les résultats généralement observés sur les bonnes machines, montrent qu'une dépense de chaleur de $0^k,85$ à 1 kilogramme, correspondant, comme on voit, à une production de vapeur de 7 à 8 kilogrammes, fournit une puissance, indiquée sur les diagrammes, d'un cheval par heure.

Le travail correspondant pendant cette durée, exprimé en kilogrammètres, est de $75\times60\times60=$ 270,000 kilogrammètres, et si on l'exprime en calories, en divisant par 425, on obtient 635 calories qu'il faut rapprocher des 5,200 calories fournies par les 8 kilogrammes de vapeur dépensés. Le rendement obtenu dans ces conditions par le seul intermédiaire de la vapeur, sans tenir compte de la chaudière, est donc de $\frac{635}{5200}=\frac{1}{8,2}$ ou 12 0/0 environ; il atteint un peu plus de la moitié du rendement théorique de 1/6. Si on veut, enfin, tenir compte de la résistance du mécanisme recueillant l'effort de la vapeur pour actionner l'arbre moteur, on devra mesurer, au moyen du dynamomètre, le travail effectif réellement développé, et on reconnaît, d'après les expériences du Creusot, que la consommation de vapeur qui atteignait 8 kilogrammes par cheval indiqué, est portée de 9 kilog. à $9^k,5$ par cheval effectif, le rendement du mécanisme est donc de $\frac{8}{9,5}$ soit 0,84 à 0,9.

Partant de là, on peut établir le rendement définitif d'une machine à vapeur et de sa chaudière, et évaluer le rapport du travail effectif recueilli sur l'arbre moteur à l'énergie dépensée sous forme de chaleur par la combustion du charbon, et en multipliant l'une par l'autre les fractions donnant les rendements de la chaudière, de la machine et du mécanisme, on arrive à un résultat de $0,65\times0,12\times0,85=0,07$ environ. On trouvera, toutefois, dans le *Bulletin de la Société des ingénieurs civils*, séance du 3 juillet 1885, le compte rendu d'expériences exécutées sur une machine verticale, type de M. Queruel, de 65 chevaux, pour laquelle la consommation d'eau d'alimentation se serait abaissée à $5^k,52$ par cheval, ce qui réaliserait, comme on voit, une économie de 25 0/0 sur la consommation des bonnes machines Corliss; voir aussi, dans la chronique du *Bulletin* de cette Société (n° de mai 1885), le compte rendu des expériences exécutées sur des machines élévatoires type Corliss Compound, récemment établies à Alleghany, en Pensylvanie, et qui ont donné un travail utile de 321,000 kilogrammètres par kilogramme de charbon dépensé, ce qui constitue un rendement définitif de 1/10,6, soit 9,6 0/0.

Quoi qu'il en soit, l'utilisation de l'énergie du combustible par la machine à vapeur, ne dépasse jamais 8 à 12 0/0, elle est donc bien imparfaite, comme on le voit, mais il est impossible de l'améliorer beaucoup, car elle résulte en quelque sorte des propriétés physiques de la vapeur d'eau dont la pression de saturation croît très rapidement avec la température, ce qui ne permet pas d'augmenter beaucoup t_1, température de la source chaude; il était donc intéressant d'examiner si, par l'emploi de vapeurs ou de fluides différents, on n'obtiendrait pas un résultat plus avantageux. Cette idée a formé le point de départ de tous les essais pratiqués sur les machines à air chaud, à gaz, etc. Nous n'insisterons pas ici sur ces moteurs auxquels nous consacrons un article spécial, disons seulement que, malgré les avantages qu'ils présentent à certains égards, aucun d'eux n'a pu encore remplacer la machine à vapeur d'eau, surtout pour les grandes puissances. L'air atmosphérique, par exemple, présente cet inconvénient que sa capacité calorifique est beaucoup plus faible que celle de la vapeur d'eau; et pour entraîner la même quantité de chaleur, on se trouverait obligé d'augmenter beaucoup le poids d'air traité et, par suite, le volume des machines. Il paraîtrait donc préférable d'utiliser un mélange d'eau et de vapeur qui permettrait d'atteindre plus facilement et sans danger les hautes températures; mais les essais pratiqués jusqu'à présent sur ce type de moteur par M. Warsop et M. Belou, en 1860, n'ont pas donné des résultats bien satisfaisants; les principales difficultés pratiques qu'on a rencontrées sont résultées des escarbilles entraînées avec les gaz dégagés, qui venaient roder les surfaces frottantes et mettaient ainsi bientôt la machine hors de service.

Distribution. Nous avons étudié, à l'article DISTRIBUTION, les diverses phases de la distribution de la vapeur à l'intérieur des cylindres, dans les machines à tiroir qui forment encore le type le plus fréquemment appliqué, et nous les rappellerons seulement, ici, en complétant les indications déjà fournies sur les phénomènes de vaporisation et de détente qui influent si grandement sur la consommation de vapeur.

La distribution comprend, comme on le sait, les périodes suivantes : l'admission de la vapeur derrière la face motrice du piston qui se poursuit jusqu'au moment où le bord du tiroir vient recouvrir la lumière correspondante. La détente commence alors, et se poursuit tant que la lumière reste fermée, l'élongation du tiroir, à partir du bord extrême de la lumière, étant inférieure au recouvrement. Pendant cette période, la vapeur se détend dans le cylindre, c'est-à-dire qu'elle augmente graduellement de volume en chassant le piston devant elle, et sa pression diminue d'une manière correspondante.

L'échappement suit la détente, il commence aussitôt que la lumière est découverte sous le tiroir, et ouvre ainsi la communication avec l'atmosphère ou le condenseur. Il y a échappement anticipé quand cette période commence avant la fin de la course motrice du piston. Dans la course en retour, l'échappement se prolonge sur la face résistante jusqu'au moment où le tiroir vient encore recouvrir la lumière et fermer la communication du cylindre avec l'atmosphère ou le condenseur. La période de compression qui commence à cet instant se prolonge, comme la détente, pendant que le tiroir maintient la lumière fermée en avançant d'une quantité égale à ses recouvrements extérieur ou intérieur s'il y en a, elle amène un relèvement graduel de la pression de la vapeur, qui prépare l'admission et amortit en outre la vitesse du piston à la fin de sa course. Souvent même, l'admission commence avant que le piston ne soit complètement arrivé à fond de course, elle fournit ainsi une sixième période d'admission anticipée évitant tout laminage de vapeur dans la période d'admission qui va commencer la course motrice suivante.

Les phénomènes intérieurs qui s'opèrent dans la masse de vapeur pendant chacune de ces périodes exercent une influence prépondérante sur le rendement de ces machines, et on s'est attaché à les observer aussi exactement que possible pour obtenir sur ce sujet des données précises que la théorie seule est impuissante à fournir. Nous avons signalé, plus haut, les expériences entreprises par M. Hirn à ce sujet, dont nous avons parlé déjà à l'article DISTRIBUTION, celles-ci ont fourni le point de départ de toutes les notions actuellement admises, mais elles ont été rectifiées et complétées dans une certaine mesure par les recherches récemment faites au Creusot et dont on trouvera le compte rendu dans le mémoire publié par M. Delafond dans les *Annales des mines*, 5e livraison 1884; nous croyons devoir résumer ici brièvement ces dernières en raison de l'importance du sujet.

Expériences récentes sur le rendement des machines à vapeur. Les observations du Creusot ont été pratiquées sur une machine Corliss qu'on a fait travailler dans des conditions aussi variables que possible en conservant ou supprimant la condensation, l'enveloppe de vapeur, prolongeant ou réduisant la détente, etc.; on s'attachait toujours à obtenir le travail développé par la vapeur sur les pistons de la machine en relevant de nombreux diagrammes de pression, le travail réellement effectué qui était mesuré au frein de Prony, et enfin la consommation de vapeur dans chacun des cas expérimentés. Nous n'exposerons pas ici l'installation détaillée de ces expériences qui est complètement décrite dans le mémoire précité.

Disons seulement que, pour éviter toute erreur dans l'appréciation de la dépense de vapeur, la machine était mise en marche à l'aide d'une conduite de vapeur extérieure, et l'expérience ne commençait qu'au moment où, le régime de marche étant bien établi, elle était mise en relation avec la chaudière alimentaire dont on relevait la consommation d'eau. Le frein employé, du type Prony, avait été perfectionné au Creusot de manière à obtenir un réglage automatique et assurer à la machine une vitesse de marche bien constante. La machine employée avait les dimensions suivantes : diamètre des cylindres, $0^m,55$; course des pistons, $1^m,10$; les cylindres avaient une enveloppe de vapeur qu'on pouvait isoler à volonté, et une enveloppe extérieure formée par une couche d'air. Le volume des espaces nuisibles qui fut mesuré très exactement en introduisant de l'eau par les lumières, lorsque le piston était à fond de course, fut trouvé égal à $0^{m3},0092$, soit 3,58 0/0 du volume du cylindre du côté avant et à $0^{m3},0096$, soit 3,74 0/0 du côté arrière. La machine était à condensation, mais on fit aussi de nombreux essais en supprimant la communication avec le condenseur et dirigeant la vapeur d'échappement dans l'atmosphère. La vitesse de marche varia de 50 à 60 tours à la minute, et la pression dans le cylindre de 2 à 6 kilogrammes dans les différentes expériences.

On s'attacha à déterminer les résultats suivants, en faisant varier dans ces limites les conditions d'essai:

1° Relation entre le travail effectif et le travail indiqué;

2° Influence sur la consommation de vapeur du degré de détente, du condenseur et de l'enveloppe;

3° Influence de la compression dans les espaces nuisibles;

4° Influence de la vitesse du piston;

5° Influence, dans l'enveloppe, de la présence de la vapeur portée à une pression supérieure à celle de la vapeur admise.

1° Les expériences ont montré que le travail effectif T_e variait proportionnellement au travail indiqué par les diagrammes T_i, et qu'il pouvait être rattaché à celui-ci par une expression linéaire de la forme suivante : $T_e = -\alpha + \beta T_i$. Dans les machines à condensation, on a :

$$T_e = -16 + 0{,}902\,T_i$$

et dans celles sans condensation

$$T_e = -12 + 0{,}955\,T_i$$

(ces dernières, qui utilisent moins complètement l'effort de la vapeur ont, comme on le voit, un rendement meilleur en ce qui concerne le mécanisme). Cette loi n'est vraie, d'ailleurs, que dans les limites des expériences, et elle ne serait pas applicable pour des puissances très réduites, ni surtout pour la marche à vide.

2° On a cherché à déterminer de diverses manières la proportion d'eau condensée pendant les différentes périodes de distribution, et on a reconnu que, pour l'admission en particulier, la condensation pouvait varier dans des limites très considérables depuis 3 0/0 jusqu'à 50 0/0 dans les machines à condensation sans enveloppe. Ces chiffres paraissent, d'ailleurs, un peu élevés, car il est difficile d'apprécier l'influence de l'eau entraînée. Pendant la détente, il y a presque toujours évaporation, sauf pour les machines sans condensation ni enveloppe où la condensation paraît continuer dans le plus grand nombre des cas. Un pareil résultat ne pourrait pas s'expliquer dans l'hypothèse d'une détente purement adiabatique, mais il doit être attribué, comme nous l'avons dit plus haut, à l'influence des parois qui restituent, pendant la détente, la chaleur absorbée pendant l'admission, ce fait augmente ainsi d'autant le travail développé par la vapeur, et cet effet devient particulièrement sensible sur les machines à enveloppe dont les parois se trouvent maintenues à une température plus élevée. Cette considération explique l'influence paradoxale, en apparence, de l'enveloppe de vapeur, puisque, autrement, elle ne ferait que développer la surface extérieure exposée au refroidissement, et elle devrait augmenter, par suite, la proportion de vapeur condensée. L'enveloppe de vapeur intervient pour modifier les phénomènes qui s'opèrent à l'intérieur du cylindre en fournissant à l'eau condensée le petit excédent de chaleur dont la vapeur détendue a besoin pour se vaporiser, et on récupère ainsi une quantité de vapeur bien supérieure à celle qui est condensée dans l'enveloppe. M. Zeuner a repris, plus tard, cette théorie qu'il a confirmée dans ses points essentiels, mais en attribuant surtout cette action à l'eau en gouttelettes qui doit, selon lui, tapisser continuellement les parois plutôt qu'aux parois elles-mêmes comme l'avait d'abord indiqué M. Hirn.

Les expériences exécutées au Creusot confirment, en principe, les idées émises par ces deux ingénieurs éminents, elles montrent, en même temps, que la condensation pendant l'admission joue un rôle particulièrement grand, et elles font voir ainsi combien il importe de maintenir les parois à une température aussi constante que possible pour les réduire. On voit par là que les grandes détentes ne sont pas aussi avantageuses qu'on l'avait cru d'abord parce qu'elles obligent à descendre à la fin de cette période à une température très basse comportant ainsi une forte proportion d'eau condensée dans l'admission suivante. Cette considération justifie bien la faveur actuellement accordée aux machines Compound qui reportent l'admission et la détente chacune dans un cylindre spécial dont les parois restent ainsi continuellement à une température plus uniforme.

Nous avons reproduit dans les figures 342 et 343, deux diagrammes qui résument, sur ce point important, les observations faites au Creusot; on voit qu'ils ont été établis de manière à donner le poids absolu de vapeur condensée pour chaque pression et chaque degré d'admission. On remarquera que la proportion de vapeur condensée pour un même degré d'admission varie dans le même sens que la pression, les poids absolus augmentent également au-dessus de la pression de 4k,5, mais à des pressions plus faibles, la différence est peu sensible. A partir d'un degré d'admission supérieur à 4 0/0, la condensation absolue va d'abord en diminuant, puis elle augmente pour diminuer de nouveau, et elle atteint une valeur très faible dans une admission complète. L'enveloppe diminue beaucoup les condensations à l'admission, et les expériences faites conduiraient à conclure qu'en condensant 3gr,1 dans l'enveloppe on aurait augmenté le poids de vapeur de 27 grammes. La présence du condenseur ne paraît pas modifier beaucoup les condensations initiales dans le cylindre. Pendant la détente, il y a tantôt évaporation, tantôt condensation aux faibles admissions et, comme nous le disions plus haut, c'est surtout l'écart des températures extrêmes au commencement et à la fin de la détente qui détermine la proportion de vapeur condensée, et il convient de le réduire autant que possible.

On devra préférer d'autre part les systèmes de distribution qui assurent l'ouverture rapide des lumières et tendent à diminuer le laminage de la vapeur dans les premiers instants de l'admission comme c'est le cas, d'ailleurs, dans le type Corliss. Il faut remarquer, en effet, qu'en diminuant la pression de la vapeur, le laminage entraîne bien une augmentation de volume qui ferait compensation au point de vue du travail absolu, mais, d'autre part, la pression motrice moyenne est diminuée surtout dans les machines sans condensation et, par suite, la contre pression due à la marche en retour en représente alors une fraction plus importante, et, à ce point de vue, le travail utile subit donc une réduction.

Dans les expériences faites au Creusot, les espaces morts qui d'ailleurs occupaient un volume très réduit n'exerçaient pas d'influence fâcheuse en dehors de la perte de la chaleur qu'y subit nécessairement la vapeur alternativement détendue ou comprimée; et on a reconnu qu'il convenait d'y poursuivre la compression de manière à se rapprocher autant que possible à la fin de cette période de la pression même d'admission.

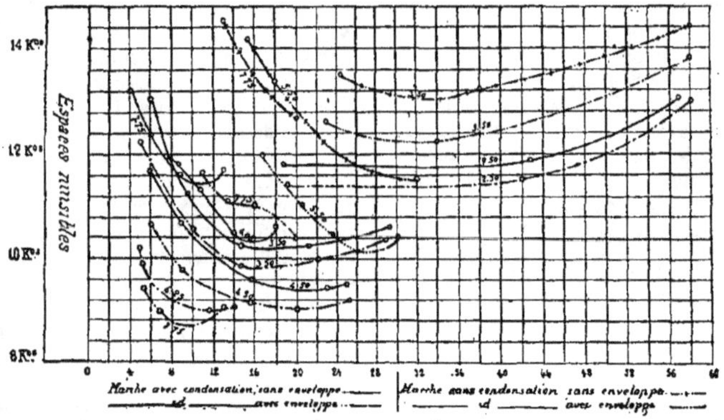

Fig. 342. — *Diagramme des consommations de vapeur par cheval effectif pour diverses pressions en fonction des détentes. Abscisses, centièmes d'admission; ordonnées, kilogrammes de vapeur par cheval effectif. La pression de marche est indiquée par le chiffre inscrit sur chaque courbe.*

4° La vitesse de marche du piston exerce de son côté une influence considérable sur la distribution, car avec les machines rapides, les parois du cylindre n'ont pas le temps de se mettre en équilibre de température avec la vapeur à chaque instant de la distribution, et, par suite, la condensation à l'admission et la consommation de vapeur se trouvent sensiblement diminuées. L'échappement anticipé et la compression sont particulièrement utiles avec ces machines, pour diminuer, d'une part, la contre pression dans la marche en retour, et de l'autre, pour amortir graduellement la vitesse du piston et préparer l'admission dans la course suivante. Il est même bon d'avoir une admission anticipée pour assurer la pleine ouverture des lumières au moment de l'admission. La vapeur trouve ainsi égalité de pression en arrivant, et il doit en résulter une réduction dans la condensation. Toutefois, d'après les expériences du Creusot, la compression n'aurait pas exercé d'influence sensible sur la proportion de vapeur condensée à l'admission.

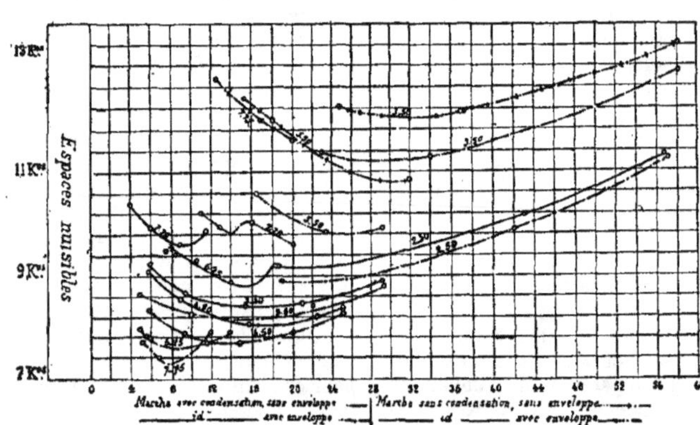

Fig. 343. — *Diagramme des consommations de vapeur par cheval indiqué. Abscisses, centièmes d'admission; ordonnées, kilogr. de vapeur consommée.*

5° En ce qui concerne l'enveloppe de vapeur, les expériences ont établi l'influence qu'elle exerce sur la distribution surtout avec les machines lentes, à grande détente et à faible diamètre; elles ont même fait voir qu'il y aurait avantage à dépasser dans l'enveloppe la pression d'admission.

Pour faciliter l'intelligence de l'application des données numériques fournies par ces intéressantes recherches, nous reproduisons, d'après le *Bulletin de la Société des ingénieurs civils*, les trois tableaux de la page 605 qui résument les résultats observés par M. Delafond.

On voit que l'enveloppe produit un effet plus élevé dans la marche sans condensation. Ainsi que le remarque M. Mallet, ces conclusions ne sont pas absolument rigoureuses, car l'enveloppe n'existe que sur la partie cylindrique, les fonds de cylindre en sont dépourvus.

Nous résumerons les indications précédentes en rappelant les traits principaux dont il convient de se rapprocher pour obtenir une machine économique donnant le maximum de rendement (tableaux A et B de la page 605).

Si on cherche à rapprocher les cas où les éléments de pression d'introduction et de nombre de tours seraient sensiblement les mêmes, on obtient le tableau C de la page 605 donnant les consommations de vapeur, et qui permet de mieux apprécier l'influence de l'enveloppe.

Pratiquer la détente dans un cylindre spécial

Tableau A. — Coefficient de rendement de la machine résultant du rapport $\frac{T_e}{T_i}$

Numéros des essais	Pression au commencement de l'admission	Admission	Nombre de tours	Travail		Rapport $\frac{T_e}{T_i}$
				indiqué	effectif	
			Marche avec condensation.			
1	0k,64	0.039	64	27ch,8	1ch,63	0.586
5	6.20	0.065	61	138.5	106.3	0.767
7	7.60	0.065	64	185.0	144.6	0.741
10	2.82	0.100	57.3	87.2	61.0	0.738
12	4.82	0.128	58.3	154.5	124.8	0.808
16	2.60	0.147	61.6	100.0	78.2	0.782
19	2.55	0.197	57.2	110.8	83.3	0.752
20	0.40	0.273	62.3	50.2	33.8	0.676
24	4.76	0.260	58	209.4	138.0	0.869
25	0.25	0.335	59	47.2	32.5	0.688
27	2.97	0.338	61	161.8	133.0	0.822
			Marche sans condensation.			
34	6.00	0.120	60	132.5	107.5	0.811
37	4.57	0.150	55	102.3	86.5	0.845
38	4.50	0.262	59	149.2	132.3	0.887
40	4.40	0.371	50	195.3	177.2	0.907
42	2.75	0.348	58.5	84.8	71.1	0.838
43	3.48	0.440	62	151.0	134.3	0.889

Tableau. B. — Consommation de vapeur.

	Machines à condensation		Sans condensation	
	avec enveloppe	sans enveloppe	avec enveloppe	sans enveloppe
Consommation minima.	kilogr.	kilogr.	kilogr.	kilogr.
Par cheval indiqué et par heure	7.38	8.08	9.62	10.82
Pour une pression effective de	7.75	4.50	7.75	5.50
Pour une admission de	0.067	0.155	0.200	0.32
Et un nombre de tours de	59.9	59.0	62.7	60.6
Travail indiqué correspondant	157.0	151.8	240.0	212.0
Consommation maxima.				
Par cheval indiqué et par heure	11.35	11.30	12.86	13.50
Pour une pression effective de	2.50	2.50	3.50	3.50
Pour une admission de	0.58	0.567	0.580	0.580
Et un nombre de tours de	61.1	61.0	60.3	60.9
Travail indiqué correspondant	182.5	183.7	170.8	175.7

Tableau C.

Numéros des essais	Pression effective	Admission	Nombre de tours	Consommation		Différence
				avec enveloppe	sans enveloppe	
			Marche sans condensation.			
27 et 4	7.75	0.125	58.1 et 53.7	7.83	9.84	25 0/0
31 et 8	6.25	0.140	60.0 et 59.1	7.83	8.90	13
36 et 14	4.50	0.250	59.0 et 59.2	8.30	8.43	1
41 et 19	3.50	0.290	59.5 et 59.4	8.80	8.85	0
			Marche avec condensation.			
58 et 46	7.75	0.130	62.0 et 61.7	9.90	12.7	29 0/0
62 et 51	5.50	0.235 et 0.245	61.6 et 60.0	9.75	11.0	13
64 et 53	3.50	0.230 et 0.245	60.5 et 61.4	11.32	12.20	8
66 et 55	3.50	0.580	60.3 et 60.9	12.86	13.50	5

comme dans le type Compound en interposant un réservoir servant de détendeur; ne pas chercher à développer la détente d'une manière exagérée, au delà de 80 0/0 par exemple; munir les cylindres d'enveloppes de vapeur; avoir un système de distribution qui assure bien l'ouverture rapide des lumières et prévienne tout laminage de la vapeur. On devra s'attacher, évidemment, à rendre la distribution aussi parfaite que possible au point de vue du travail fourni, en réduisant les périodes de travail résistant; mais il convient, comme nous l'avons dit, de conserver, dans une certaine mesure, l'échappement anticipé, la compression et l'admission anticipées, surtout avec une machine à marche rapide.

Il y aurait intérêt à surchauffer la vapeur puisqu'on diminuerait la condensation, mais il n'est guère possible de le faire en l'absence de toute disposition pratique à cet effet. Théoriquement, il conviendrait d'élever la température de la vapeur et, par suite, la pression, autant que possible, mais on est limité, comme on sait, par la sécurité des chaudières, et, en pratique sur certains types spéciaux de machines qui ont besoin d'une grande puissance sous un faible volume, comme les locomotives, on ne dépasse pas encore aujourd'hui, 12 à 13 atmosphères, et sur les machines industrielles, on obtient un rendement satisfaisant avec une pression moyenne de marche de 4 à 6 kilogrammes. Les distributions par déclic sont plus avantageuses au point de vue théorique, puisqu'elles assurent, en général, l'ouverture rapide des lumières; mais on préfère souvent les distributions par tiroirs qui sont plus simples et plus robustes, surtout sur les machines rapides.

Nous avons démontré à l'article INDICATEUR que le travail développé par la vapeur sous une pression p, avec une pression résistante p', pour une course l du piston, était représenté par l'expression suivante :

$$\pi \frac{d^2}{4}\left(\int_0^l p\,dl - \int_0^l p'\,dl\right);$$

et en appelant p_1 l'ordonnée moyenne fournie par le planimètre, on obtient $\pi \frac{d^2}{4} p_1 l$. Le travail par course complète dans les machines à double effet s'obtient en doublant cette expression, et la puissance en chevaux vapeur P, d'une machine effectuant un nombre N de tours par seconde est donnée par l'expression

$$P = \frac{N}{75} \pi \frac{d^2 p_1 l}{2}.$$

On voit qu'au simple aspect d'une machine, on peut se rendre un compte exact de sa puissance, en observant les dimensions du cylindre, la vitesse et la pression de marche de la chaudière, qui, souvent, diffère peu du double de la pression moyenne dans les cylindres, si la détente est un peu prolongée.

Le travail effectivement développé par la machine s'obtient par des relevés directs effectués sur l'arbre moteur au moyen du dynamomètre. Nous avons parlé de ces instruments à l'article spécial, et nous n'y reviendrons pas ici.

CLASSIFICATION DES DIVERS TYPES DE MOTEURS. Les moteurs à vapeur présentent une variété infinie, pour ainsi dire, de types étudiés chacun en vue d'une application déterminée, et pour lesquels on s'est attaché, par suite, à réaliser certaines qualités spéciales, au détriment souvent d'autres avantages. La nature du travail demandé, qui doit être absolument continu et bien constant, comme dans les machines soufflantes des hauts-fourneaux, ou tout à fait irrégulier, comme pour les machines de laminoirs, etc..., ou qui peut varier d'une manière périodique, comme pour les machines d'extraction, etc., toutes les conditions spéciales d'application, en un mot, comme la pression de la vapeur dont on dispose, la force et la vitesse dont on a besoin, le prix du combustible, l'abondance de l'eau, l'emplacement même du moteur, conduisent à adopter, dans chaque cas, des dispositions spéciales de moteurs qui présentent, entre eux, des différences quelquefois essentielles.

Nous ne pouvons évidemment pas entrer ici dans une étude détaillée de ces appareils, nous devrons nous borner à donner les traits généraux des différents types qu'on peut distinguer.

On emploie encore assez fréquemment les dénominations de basse, moyenne et haute pression pour les désigner ; et, dans ce cas, on admet en général que les basses pressions sont limitées à une atmosphère et demie, les moyennes sont comprises entre 1 1/2 et 5 atmosphères, et les pressions élevées sont supérieures à ce dernier chiffre. Les premières sont évidemment celles qui conviennent aux moteurs de petite puissance qui remplacent le travail de l'ouvrier dans les petits ateliers et s'installent même quelquefois à domicile. Les moteurs à moyenne pression sont appliqués surtout dans la marine, et dans la plupart des ateliers pour la conduite des machines-outils. On rencontre aussi toutefois, dans ce dernier cas, surtout parmi les machines récentes, des moteurs dont la pression de marche dépasse 10 atmosphères, mais ces pressions s'appliquent plus spécialement aux moteurs qui ont besoin de fournir un grand effort sous un faible volume, comme les locomotives par exemple.

On distingue aussi les machines avec ou sans condensation. Les premières sont plutôt destinées à marcher à faible pression, ce sont des machines généralement économiques, mais exigeant beaucoup d'eau, et dont l'installation est souvent fort encombrante. Les machines sans condensation consomment davantage, mais l'installation en est plus simple, et ce sont celles qu'on rencontre aujourd'hui le plus fréquemment.

On distingue aussi les machines munies d'une détente fixe établie une fois pour toutes, en vue d'un travail supposé toujours constant, et les machines à détente variable qui permettent de proportionner à chaque instant la durée de la détente au travail effectif que la machine doit exécuter. La détente est quelquefois commandée à la main par le mécanicien, comme sur les locomotives ; mais le plus souvent, surtout sur les machines fixes, l'action se produit automatiquement, d'après la vitesse de marche, par l'intermédiaire du régulateur, relié directement à la tige de distribution, et elle s'exerce pour ramener la vitesse de marche à sa valeur normale, aussitôt quelle vient à varier. Il arrive également que le régulateur est rattaché à un papillon commandant la prise de vapeur, qu'il peut obturer plus ou moins, suivant les cas. Cette dernière disposition a l'inconvénient d'introduire un étranglement qui entraîne toujours, comme on sait, une chute de pression dans la boîte de distribution et, par suite, dans les cylindres. Dans certains cas, la détente variable est réglée à l'aide d'une coulisse type Stephenson, Gooch, etc., comme dans les locomotives ou dans les machines d'extraction, détente Guinotte, etc.

En ce qui concerne la forme des machines, on distingue souvent les machines à balancier qui ont conservé les dispositions des premiers appareils de Watt. On retrouve encore cette forme dans la plupart des machines d'épuisement, pour lesquelles l'emploi du balancier présente l'avantage de reporter la machine en dehors du puits dont l'orifice se trouverait complètement obstrué par une machine à connexion directe ; aussi, les machines de Cornwall sont fréquemment munies de balanciers, bien que cette disposition soit un peu encombrante.

L'une des extrémités du balancier est rattachée au piston moteur par l'intermédiaire d'un parallélogramme articulé, et l'autre extrémité commande les tiges de la pompe d'épuisement. Les tiges des pompes d'alimentation et du condenseur de la machine sont rattachées en certains points du parallélogramme, qui se déplacent aussi en ligne droite. Dans le type de Cornwall, la machine est verticale et à simple effet, la vapeur agit de haut en bas pour soulever les tiges avec l'eau aspirée, et les tiges descendent ensuite seules par leur propre poids. La marche est intermittente, la distribution est réglée, selon les besoins de l'épuisement, par un appareil spécial appelé *cataracte* (V. ce mot). La machine de Cornwall, qui a été le point de départ des moteurs à vapeur, a toujours conservé aussi la consommation la plus réduite, car elle ne dépensait pas plus de 1 kilogramme par cheval et par heure, et ce n'est que dans ces dernières années qu'on a réussi à atteindre des chiffres analogues avec les machines rapides à connexion directe. Ainsi que le remarque M. Davey dans une communication à l'*Institution of Civil Engineers*, cette consommation si réduite peut s'expliquer par une particularité de leur fonctionnement, car la partie supérieure du cylindre où s'effectue le travail de la vapeur à pleine pression et à détente n'est jamais en communication avec le condenseur, et on avait donc déjà, sur ces machines, la disposition qui a fait le succès du type Compound.

On préfère généralement aux machines à balancier, les moteurs à connexion directe, comme étant moins encombrants, d'installation plus facile que celle des machines à balancier. On adopte souvent, sur les machines marines, des dispositions qui permettent de réduire l'emplacement occupé et de ramasser la machine sur elle-même, en reportant, par exemple, l'arbre moteur entre le fond du cylindre et la tête de la tige du piston ; celle-ci est formée, dans ce cas, par un cadre évidé embrassant l'arbre moteur, qui est commandé par une bielle en retour. On applique également des tiges à fourreau permettant d'attacher directement la bielle sur le piston lui-même, la tige est ainsi supprimée en quelque sorte, et la bielle oscille à l'intérieur du fourreau mobile. Enfin, on peut supprimer la bielle de transmission en rattachant directement à la manivelle motrice la tête de la tige du piston, qui doit alors avoir la liberté de suivre les mouvements de la manivelle. Le cylindre est monté, à cet effet, sur deux tourillons qui lui permettent d'osciller librement, ce qui a fait donner à ce type le nom de machine oscillante. La distribution de vapeur s'opère par les tourillons eux-mêmes, qui sont creux, l'un servant à l'admission et l'autre à l'échappement, elle est commandée par des tiroirs circulaires avec lesquels on reproduit les mêmes périodes que sur les machines à tiroir plan.

Les machines à piston à connexion directe sont généralement à double effet ; mais on rencontre actuellement, toutefois, un grand nombre de machines à simple effet disposées de manière à marcher à grande vitesse pour actionner les machines électriques. Ces moteurs, dont l'emploi se généralise beaucoup, comprennent généralement plusieurs cylindres, quelquefois trois, disposés à 120° autour de l'axe moteur, comme dans le type Brotherhood, pour bien équilibrer le mouvement; les bielles sont alors toujours soumises à des efforts dirigés dans le même sens, ce qui permet de réduire les dimensions des pièces et d'obtenir un moteur léger et économique. Les petites machines à marche rapide sont généralement plus avantageuses que les grands moteurs à marche lente, l'installation en est plus facile, les frottements sont généralement moindres, et il y a moins de perte de chaleur par rayonnement et par condensation sur les parois. Toutefois, les machines rapides deviennent en quelque sorte des moteurs de précision, elles exigent une construction plus soignée, un ajustage plus précis, des coussinets à longue portée pour empêcher les grippements, un équilibrage plus parfait des pièces à mouvement alternatif. Il ne paraît pas non plus qu'il soit facile d'y adapter les distributions par déclics et ressorts, car ces appareils ne peuvent plus fonctionner régulièrement au delà de 200 tours par minute, il est préférable d'employer des distributions par tiroirs ou robinets. Sur les moteurs à grande vitesse, il y a généralement avantage à augmenter le diamètre des cylindres et à réduire de préférence la course du piston pour diminuer les pertes de rayonnement, etc.

Les machines qui ont un travail bien régulier ne possèdent généralement qu'un seul cylindre, mais il est souvent préférable d'en avoir deux actionnant simultanément le même arbre moteur ; on obtient ainsi un mouvement bien plus régulier, en ayant soin de les accoupler à 90°, ce qui permet de réduire le volant, et on supprime toute difficulté de passage aux points morts. On sait, en effet, qu'avec un piston unique, on est obligé de tourner l'arbre à la main en agissant sur le volant, pour mettre la machine en marche, si elle s'est arrêtée avec le piston à fond de course.

L'emploi de doubles cylindres permet aussi d'appliquer sans difficulté la détente Compound, et on peut disposer, suivant la pratique anglaise, le cylindre de détente à 90° du cylindre d'admission, avec un réservoir intermédiaire. Les machines d'extraction employées dans les mines possèdent généralement deux cylindres conjugués, et on sait que cette disposition devient absolument indispensable sur les locomotives par exemple.

Dans les machines Compound dites *tandem*, les deux cylindres sont situés sur le même axe, et les deux pistons correspondants n'ont qu'une tige unique.

Les machines sont souvent distinguées d'après la position qu'occupe le cylindre : les machines horizontales sont plus stables, mieux assises sur leurs fondations, et surtout plus faciles à surveiller ; mais, d'autre part, elles ont l'inconvénient d'exiger plus de place, en outre, les cylindres s'ovalisent toujours un peu dans la partie inférieure par le frottement continu du piston. Toutefois ce dernier inconvénient est plutôt secondaire, et c'est la question d'emplacement qui décide presque toujours la préférence à accorder aux machines horizontales ou verticales.

Le mode de distribution fournit aussi une distinction plus catégorique des divers types de moteurs. Les machines à tiroir, établies d'après le type classique en quelque sorte, ont un fonctionnement très sûr, et forment encore le type le plus fréquemment adopté, la détente est commandée souvent par une coulisse, comme dans les locomotives, ou par un régulateur de vitesse. On emploie aussi fréquemment des distributions par double tiroir type Farcot, Meyer, etc., dont nous avons parlé à l'article Distribution, et depuis quelques années, comme nous l'avons dit, les distributions par cames ou déclic commandant des organes distincts, soupapes, robinets ou tiroirs pour l'admission et l'échappement, caractérisées par l'indépendance réciproque des périodes motrice résistante, comme les types Sulzer, Corliss, etc., tendent à supplanter les distributions par tiroir unique qui ne jouissent pas, comme on sait, de cette propriété.

Enfin, à côté des machines à mouvement alternatif qui comprennent la presque totalité des moteurs employés dans l'industrie, il convient de rappeler les moteurs rotatifs et les moteurs à réaction fondés sur le principe des turbines hydrauliques, qui n'ont jamais pu se répandre dans la pratique, malgré les avantages théoriques qu'ils peuvent présenter.

Chacun des types que nous venons de signaler présente ses avantages et ses inconvénients correspondants ; aussi, dans chaque application particulière, rencontre-t-on habituellement des dispositions différentes, appropriées aux avantages qu'on avait en vue, et on peut même citer, dans chaque industrie, les types qui, d'après l'expérience, paraissent le mieux lui convenir.

Dans l'exploitation des mines, par exemple, pour les machines d'épuisement et surtout pour celles d'extraction, on emploie en général les types les plus perfectionnés, et ceux qui, après les moteurs appliqués dans la marine, fournissent la plus grande puissance. Les machines d'épuisement se rapprochent souvent du type de Cornouailles, dont la marche est la plus économique, elles sont souvent à simple effet à balancier avec régénérateur Bockholtz à marche intermittente, à détente et à condensation, et quelquefois à traction directe ; la pression de marche est de 4 à 5 atmosphères. Les machines d'extraction sont généralement à deux cylindres conjugués à haute pression, et souvent même à condensation. Elles ont aussi une marche assez lente, une distribution à tiroir, et un changement de marche à coulisse, dont la disposition est étudiée souvent pour proportionner continuellement le travail de la vapeur à celui qu'elle doit développer à chaque instant, d'après la position de la cage d'extraction dans le puits.

Les machines soufflantes des hauts-fourneaux sont souvent établies sur un type analogue, avec marche à faible vitesse, à condensation et à balancier ; toutefois, MM. Thomas Laurens ont appliqué également, avec succès, des types d'allure plus rapide à traction directe, dont la tige supportait à la fois le piston à vapeur et le piston à vent. Ces machines effectuent généralement 100 tours environ par minute au lieu de 15 à 20. La construction doit alors en être particulièrement soignée, car elles sont destinées à marcher d'une manière continue sans aucune interruption : on y utilise souvent, pour chauffer les chaudières, les gaz chauds sortant du gueulard des hauts-fourneaux.

Dans les grandes forges, on emploie actuellement, dans un même atelier, plusieurs machines différentes desservant chacune un groupe d'opérations connexes. Les machines des marteaux-pilons sont à traction directe et à simple effet, celles des laminoirs sont des machines horizontales à connexion directe avec détente. Elles ne portaient pas habituellement de changement de marche, mais l'emploi devenu fréquent des cylindres réversibles, oblige à leur en donner, on emploie souvent, surtout pour les laminoirs de grosses tôles, des machines à cylindres conjugués avec changement de marche à coulisse. On a réussi également à appliquer sur ces machines le type de distribution Corliss.

Dans les ateliers analogues aux grandes forges qui emploient plusieurs moteurs, il y a généralement intérêt, toutefois, à n'employer qu'un condenseur unique pour toutes ces machines, et la pompe de ce condenseur est mise en mouvement, dans ce cas, par un moteur spécial.

Dans les ateliers industriels, on emploie souvent, comme moteur, des machines à connexion directe à double effet qu'on dispose horizontalement quand l'emplacement le permet ; l'arbre moteur dont il importe de régulariser le mouvement autant que possible, surtout s'il doit commander des machines-outils ou des métiers dont la vitesse doit rester bien uniforme, est toujours muni d'un volant, et la machine elle-même comporte un régulateur qui fait varier l'admission de vapeur, de manière à rétablir l'uniformité de la marche. Les distributions à came ou à déclic, type Corliss ou Sulzer, etc., qui sont commandées directement par le régulateur sont particulièrement appropriées à ce travail.

Pour les applications domestiques, il faut de petits moteurs d'une grande simplicité, sans condensation, ni détente. Malgré tous les efforts des inventeurs, il n'existe pas de type de moteur à vapeur réellement économique, et les moteurs à gaz dont l'installation, beaucoup plus simple et moins dangereuse, supprime tout entretien de chaudière, restent toujours appliqués de préférence toutes les fois qu'on peut se relier à une canalisation existante. Nous décrirons cependant plus bas quelques types de petits moteurs à vapeur particulièrement intéressants, comme le moteur Davey, etc.

Pour l'élévation de l'eau dans les villes, les machines de Cornwall n'ont pas donné de résultats aussi avantageux que dans l'épuisement des mines, et il est préférable d'employer les moteurs à double effet, en n'appliquant toutefois qu'un cylindre unique, de manière que le mouvement se ralentisse toujours d'une manière bien prononcée à la fin de la course du piston de la pompe.

Pour la conduite des machines électriques, on emploie de préférence des moteurs à marche rapide qui puissent les actionner directement, et on arrive à leur donner des vitesses atteignant 5 à 600 et même 1,000 à 1,500 tours à la minute; ce sont souvent des machines à simple effet à deux, trois ou même quatre cylindres dont les bielles agissent toujours dans le même sens.

Pour les travaux publics et agricoles, on emploie des machines qui ont besoin d'être fréquemment déplacées, il faut les prendre aussi légères que possible, d'une disposition simple et robuste, analogue à celle des locomobiles.

Les machines employées pour les transports sur les voies ferrées, et même sur les routes ordinaires se rattachent toutes à un type consacré en quelque sorte, représenté par la locomotive, et nous n'avons pas à y revenir ici, en raison des détails que nous avons donnés dans l'article spécial.

Nous terminerons cette étude sur les moteurs à vapeur en donnant la description et le dessin de quelques types particulièrement intéressants choisis parmi ceux que nous venons de signaler.

Machines à condensation. Les machines à condensation forment un type économique mais fort encombrant, qui a en outre l'inconvénient de consommer une grande quantité d'eau. La température obtenue au condenseur est généralement de 40° environ, il y aurait inconvénient d'ailleurs à dépasser ce chiffre, car on compromettrait le fonctionnement des pompes aspirant l'eau échauffée; d'autre part, on ne pourrait pas non plus descendre au-dessous sans augmenter outre mesure la dépense d'eau déjà fort élevée, car la condensation d'un kilogramme de vapeur à 40° exige un poids d'eau de 22 kilogrammes au moins. Les condenseurs employés sont de deux types, selon qu'ils opèrent par transmission à travers les parois ou par injection d'eau dans la masse de vapeur. Ces derniers sont plus efficaces, en raison du mélange intime qui se produit entre la gerbe d'eau et le courant de vapeur; mais il est nécessaire de munir le condenseur d'une pompe spéciale pour enlever l'eau ainsi amenée et en même temps l'air qui se dégage. L'eau renferme toujours, en effet, une certaine proportion d'air qui se répand librement en arrivant dans le condenseur en raison de la pression réduite qu'il y rencontre, et il y fait obstacle à la condensation de la vapeur. Cet air gêne beaucoup le fonctionnement de la pompe d'aspiration, à laquelle il faut donner un grand volume et une marche généralement fort lente. L'eau chaude que recueille la pompe est versée par elle dans une bâche, munie d'un trop-plein où vient puiser la pompe alimentaire de la chaudière. On voit par là que le condenseur à injection exige une installation relativement compliquée et comprenant nécessairement trois pompes différentes: une pompe à eau froide pour alimenter la bâche où est installé le condenseur, puis une pompe à air attelée au parallélogramme du balancier de la machine, aspirant l'eau échauffée, et la versant, comme nous l'avons dit, dans la bâche d'alimentation où puise la troisième pompe.

Les condenseurs à surface imaginés par Hall en 1840, n'avaient pas donné à l'origine des résultats bien satisfaisants, mais on est arrivé depuis à améliorer leur fonctionnement, et ils sont appliqués fréquemment aujourd'hui sur les machines marines, pour lesquelles ils présentent l'avantage d'isoler la vapeur condensée, et de permettre ainsi d'employer toujours la même eau d'alimentation. On peut dire qu'à ce point de vue ils ont réalisé pour ces machines un perfectionnement des plus importants, en supprimant les extractions de dépôts de la chaudière qu'il fallait nécessairement exécuter pendant la traversée, lorsqu'on alimentait avec de l'eau de mer. Les condenseurs à surface exigent beaucoup plus d'eau que les condenseurs à injection, cette quantité, qui dépend d'ailleurs de l'étendue de la surface condensante, varie, en général, de 35 à 40 kilogrammes par kilogramme de vapeur. Comme l'équilibre de température demande toujours un certain temps pour s'établir entre le cylindre et le condenseur, ces appareils ne peuvent s'appliquer que sur des machines à marche très lente, et présentant même dans la distribution une certaine avance à l'échappement. Ces condenseurs sont constitués généralement par un faisceau tubulaire ouvert aux deux bouts, traversant les parois opposées de la bâche où se rend la vapeur. Ce faisceau est traversé par un courant d'eau froide entretenu par une pompe de condensation. On retrouve là encore les trois pompes auxiliaires qui sont indispensables avec les appareils de condensation. Toutefois, le rôle de la pompe à air devient considérablement simplifié, car l'eau qu'elle puise dans le condenseur est pour ainsi dire complètement purgée d'air, sauf celui qui peut rentrer par les joints, les presse-étoupes, etc., et celui qu'amène la petite quantité additionnelle d'eau nécessaire pour compenser les fuites de vapeur. Par contre, la pompe de circulation a généralement plus de travail, puisqu'elle doit lancer dans les orifices réduits du faisceau tubulaire un volume d'eau plus considérable.

Le condenseur à surface est presque exclusivement appliqué, comme nous le disons plus loin dans l'article spécial aux MACHINES MARINES, pour lesquelles il permet l'alimentation continue avec la même eau ; le principal inconvénient que présente cette disposition tient à la rentrée des graisses entraînées par le courant de vapeur, qui pénètrent dans la chaudière où elles agissent souvent d'une manière dangereuse.

On a réussi récemment à simplifier les condenseurs d'injection en supprimant la pompe à air, qu'on a remplacée par un éjecteur actionné par la vapeur d'échappement. Nous n'insisterons pas d'ailleurs sur ces diverses dispositions, car nous en avons donné une étude détaillée à l'article CONDENSEUR.

MACHINE, TYPE CORLISS. Nous complétons les indications que nous avons déjà données à l'article DISTRIBUTION sur le type Corliss, en représentant, dans les quatre figures 344 à 347, une vue complète avec coupes d'une machine Corliss à condensation, construite dans les ateliers du Creusot. Cette machine est à un seul cylindre, et on y retrouve tous les caractères essentiels du type Corliss sur lesquels nous avons déjà insisté précédemment (V. DISTRIBUTION DE VAPEUR). L'admission et l'échappement s'opèrent par quatre tiroirs cylindriques ou obturateurs placés aux extrémités du cylindre ; les lumières pénètrent, comme on le voit figure 345, dans les fonds même du cylindre pour réduire au strict minimum l'espace nuisible. Les obturateurs du haut servent à l'admission, et ceux du bas à l'échappement pour assurer plus facilement l'écoulement de l'eau condensée.

Les quatre obturateurs sont entraînés par un excentrique unique avec des dispositions cinématiques assurant la brusque et large ouverture des orifices d'admission et d'échappement, et évitant ainsi tout laminage de la vapeur.

La fermeture des orifices d'admission s'opère brusquement au moyen du déclic et du piston pneumatique de rappel que nous avons décrit à l'article DISTRIBUTION ; la durée de l'admission qui peut varier dans de très grandes limites, est commandée par un régulateur à force centrifuge agissant sur le mécanisme de déclanchement.

L'action de ce régulateur est particulièrement sensible et permet d'obtenir de très grandes variations de puissance pour de légers déplacements des boules, on a même cherché à en diminuer la rapidité d'action en interposant une cataracte à huile qu'on peut régler à la main en cas de besoin.

En cas d'arrêt du régulateur résultant d'un accident ou de la chute de la courroie par exemple, les boules s'aplatissent immédiatement, mais la machine ne s'emporte pas comme c'est souvent le cas dans les dispositions ordinaires, elle s'arrête au contraire totalement, ce qui présente une garantie sérieuse contre tout danger ; l'admission se trouve, en effet, brusquement fermée grâce à une disposition particulière de la came agissant sur le déclic.

L'excentrique commandant les obturateurs peut être débrayé, et on peut faire marcher le mécanisme à la main pour aider, s'il en est besoin, à la mise en marche. Le cylindre est muni d'une enveloppe de vapeur avec purgeur automatique. Les pistons et les obturateurs sont parfaitement étanches, ainsi qu'on a pu le constater aisément en enlevant un des fonds du cylindre et faisant marcher la machine à simple effet. Ces organes sont lubrifiés par des graisseurs à condensation, les presse-étoupes de tiges d'obturateurs de distribution sont remplacés par des garnitures métalliques soumises à la pression même de la vapeur.

Tous les organes soumis à un travail de frottement sont munis de graisseurs à huile, avec des godets de sûreté remplis d'une graisse spéciale fondant à basse température et destinée à prévenir tout échauffement anormal. Disons enfin que le bâti et les paliers sont particulièrement robustes, et toutes les pièces sont établies dans des conditions de fini et de précision qui rendent l'entretien de cette machine d'une grande facilité.

Le condenseur est placé à l'intérieur du cylindre C', et la pompe à air est commandée directement par le prolongement même de la tige du piston, comme l'indique la figure 344. Les clapets, d'une disposition spéciale, sont guidés, dans leur levée, par des ressorts à boudin qui servent à les rappeler sur leur siège. Ils sont formés de rondelles minces en cuivre phosphoreux et présentent ainsi sur les clapets en caoutchouc, l'avantage de pouvoir fonctionner à température élevée sans détérioration, tout en conservant une grande légèreté ; l'usure est très faible ; les sièges sont en bronze, et les ressorts de rappel en cuivre phosphoreux. Des plateaux sont ménagés à la partie supérieure pour permettre de les visiter. Tous les conduits d'arrivée de vapeur, d'injection et d'évacuation d'eau sont logés à l'intérieur du condenseur et venus de fonte avec lui.

Les dimensions principales de cette machine sont les suivantes :

Diamètre du cylindre à vapeur. . . .	$0^m,450$
Course du piston	$1^m,000$
Nombre de tours par minute.	70
Diamètre de la pompe à air.	$0^m,20C$
Pression initiale de vapeur.	5 kil.
Puissance maxima en chevaux. . . .	120

La figure 344 donne la vue extérieure de la machine, on voit l'arbre moteur O avec la bielle motrice B, l'excentrique unique I conduisant les quatre obturateurs LL_1, EE_1, par l'intermédiaire de la tige tT, celle-ci commande les obturateurs d'échappement EE_1, par les renvois L, et ceux d'admission par les bielles de connexion AA'_1, qui entraînent les cames de déclanchement sur lesquelles agit, de son côté, le régulateur par la tige b_1, pour l'obturateur de droite, et par b pour l'obturateur de gauche (fig. 347). On retrouve ici l'arbre du distributeur d'admission sur lequel est calée une came à couteau, sollicitée par la tige de rappel A', celle-ci ouvre ou ferme l'admission en entraînant le distributeur suivant qu'elle est soulevée ou abaissée. Nous avons représenté en détail la disposition de ce déclic assurant le brusque déclanchement des distributeurs dans la figure 196 du tome IV de ce *Dictionnaire*, en la décrivant à l'article DISTRIBUTION, et nous ne le reprendrons pas ici, nous prions donc le lecteur de s'y reporter; nous avons conservé autant que possible dans cette figure les lettres indiquées dans celle-ci, nous y avons donné également (fig. 197) la coupe du piston P' placé à l'extrémité inférieure de la tige de rappel et nous n'y reviendrons pas non plus.

Le cylindre de la machine est représenté en coupe dans la figure 345, il reçoit la vapeur arrivant par la conduite V, celle-ci se bifurque comme il est indiqué pour aboutir aux distributeurs d'admission LL_1 ménagés aux extrémités du cylindre, et pénétrant même, comme nous l'avons dit, dans l'épaisseur des parois. Une soupape à lanterne S, disposée sur le tronc commun de la conduite de vapeur est manœuvrée par un volant qui permet d'arrêter l'arrivée de vapeur en cas de besoin. L'échappement s'opère par les deux distributeurs EE_1 communiquant avec la conduite commune V_1 V' qui ramène la vapeur dans le condenseur C'; mais on peut, toutefois, la faire déboucher dans l'atmosphère en V' quand on veut marcher sans condensation.

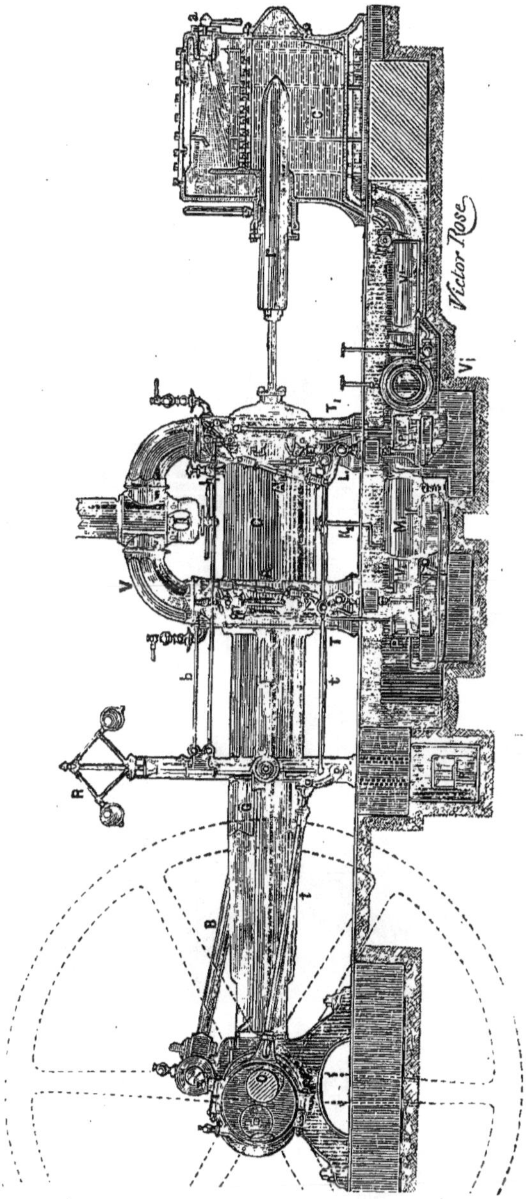

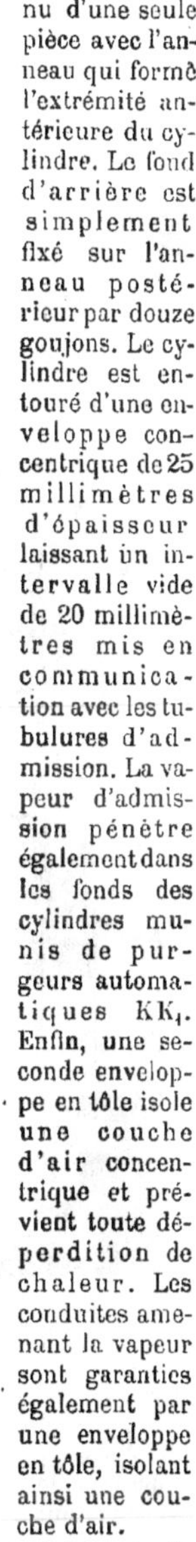

Fig. 344 — Vue extérieure de la machine Corliss.

Le cylindre est formé d'un corps C, en fonte, de 22 millimètres d'épaisseur, de $1^m,020$ de longueur comprenant deux anneaux extrêmes; il est alésé au diamètre de $0^m,450$. Le fond d'avant est venu d'une seule pièce avec l'anneau qui forme l'extrémité antérieure du cylindre. Le fond d'arrière est simplement fixé sur l'anneau postérieur par douze goujons. Le cylindre est entouré d'une enveloppe concentrique de 25 millimètres d'épaisseur laissant un intervalle vide de 20 millimètres mis en communication avec les tubulures d'admission. La vapeur d'admission pénètre également dans les fonds des cylindres munis de purgeurs automatiques KK_1. Enfin, une seconde enveloppe en tôle isole une couche d'air concentrique et prévient toute déperdition de chaleur. Les conduites amenant la vapeur sont garanties également par une enveloppe en tôle, isolant ainsi une couche d'air.

La purge de l'enveloppe du cylindre s'opère par le tube K_2 dans le purgeur automatique M_1 qui reçoit aussi l'eau de condensation venant de la conduite V_1.

Le cylindre repose sur les deux supports TT_1, fixés chacun sur une pièce de fondation par quatre boulons de 35 millimètres de diamètre. Le piston est creux et ne porte qu'un seul segment; il a 180 millimètres de hauteur, et se trouve fixé sur la tige Q dont le diamètre est de 80 millimètres, par un fort écrou qui l'appuie contre une embase en fer. La tige traverse le fond du cylindre par un presse-étoupe, et elle est clavetée avec la crosse G qui glisse à l'intérieur des glissières de forme dite *à baïonnette*. Les glissières sont réunies au fond du cylindre par douze boulons de 24 millimètres de diamètre, et au palier de l'arbre moteur par quatre boulons de 40 millimètres; elles sont soutenues en leur milieu par deux colonnettes dont l'une sert également de support au régulateur.

Les obturateurs LL_1, EE_1 sont en fonte et ont une longueur totale de 565 millimètres; ils sont terminés à leurs extrémités par des disques circulaires dont une partie formant tasseau est en

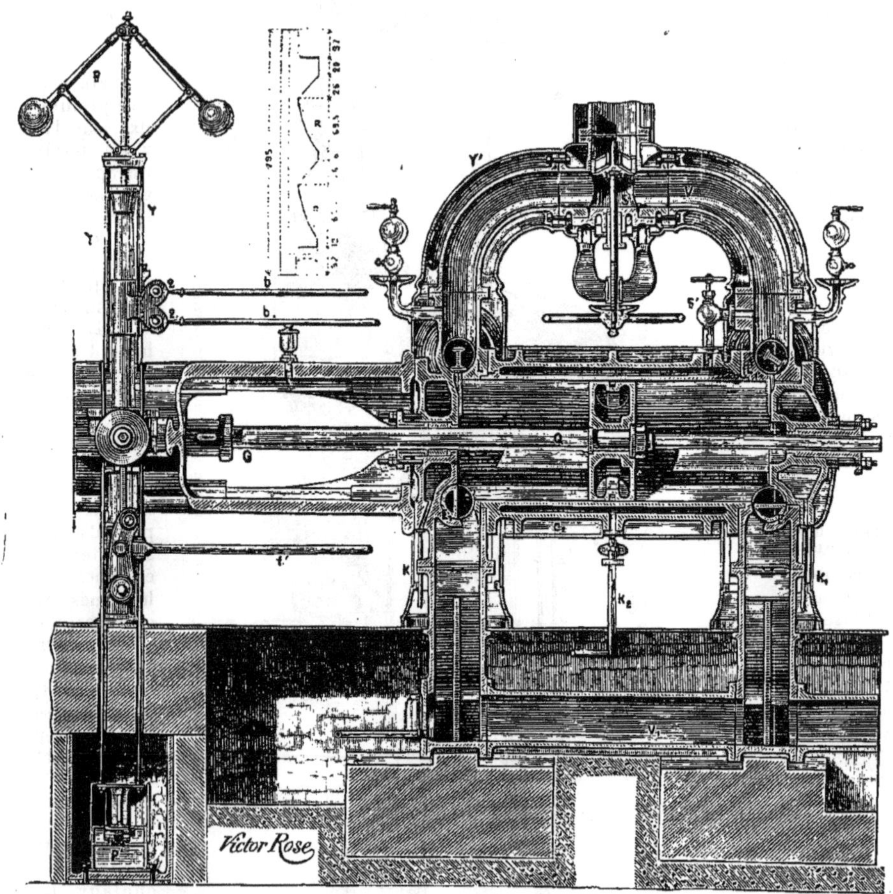

Fig. 345 et 346. — *Coupe du cylindre de la machine Corliss, et vue de la came du régulateur.*

bronze; ils sont repoussés par un ressort de manière à s'appliquer toujours exactement sur leurs sièges, et sont disposés de façon à pouvoir être remplacés facilement quand ils sont usés. Les obturateurs d'admission LL_1 ont la forme d'un rail dont le patin serait arrondi, ceux d'échappement EE_1 sont formés par des demi-cercles. Ces obturateurs sont calés sur des axes animés de mouvements alternatifs qui les entraînent avec eux ainsi que nous l'avons dit plus haut.

Les paliers de l'arbre moteur sont disposés de manière à permettre le remplacement des coussinets sans qu'on ait besoin de déplacer cet arbre. Celui-ci a 210 millimètres de diamètre, le volant qui sert en même temps de poulie a 4 mètres de diamètre; la jante est munie d'une denture intérieure que l'on peut actionner au moyen d'un levier à cliquet, pour assurer la mise en marche au point mort.

Le régulateur exerce son action, comme nous l'avons dit, par les tiges bb_1 qui, en refoulant la glissière G, viennent déterminer le déclanchement de la plaque d'acier sur laquelle repose la came à couteau.

L'action de ces tiges bb_1 est réglée elle-même par deux cames de distribution RR (fig. 346) qui sont fixées sur la tige verticale Y entraînée par le déplacement des boules, et elles agissent ainsi pour repousser les tiges plus ou moins rapidement selon qu'elles sont elles-mêmes soulevées ou abaissées. L'action et par suite le profil de ces cames présentent donc une importance capitale pour la distribution, puisque ce sont elles qui règlent la détente. Ces profils sont établis très soigneusement d'après les positions qu'occupe le régulateur aux différentes vitesses, ils ne sont pas les mêmes pour les deux cames, car on s'est attaché à obtenir, malgré l'obliquité des bielles, des avances à l'admission égales de chaque côté du piston. Ces cames sont disposées, en outre, de manière à assurer un grand écart dans le travail pour de faibles variations dans la vitesse de la machine. Elles agissent pour déterminer, par déclic, la fermeture des obturateurs d'admission pour des admissions inférieures à 0,40; au delà, la position moyenne du régulateur est dépassée et le déclic n'agit plus, les distributeurs restent donc ouverts pour une admission de 0,95.

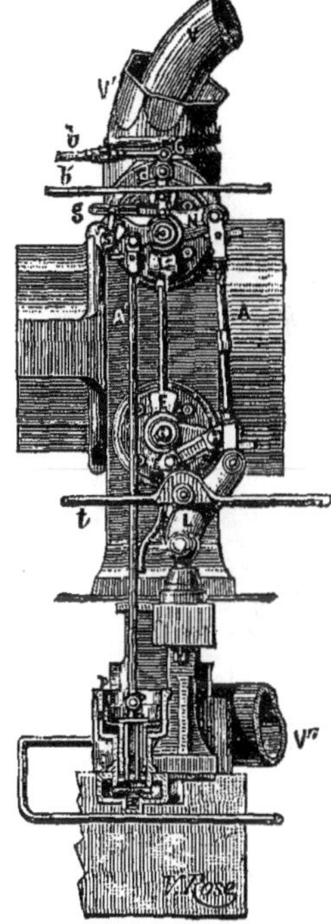

Fig. 347. — *Mécanisme commandant les distributeurs d'admission et d'échappement de la machine Corliss.*

Nous signalerons enfin, le frein à huile dont il est muni et dont on voit la coupe en P' (fig. 345). Les tiges YY supportent en effet ce piston P' qui se déplace dans un cylindre vertical plein d'huile. Le piston est percé d'un orifice d'écoulement que l'on peut étrangler plus ou moins à l'aide d'un robinet selon qu'on veut augmenter ou réduire l'action de ce frein.

Grâce à cette disposition, on évite les chocs résultant du déclanchement brusque du distributeur d'admission qui autrement font osciller le régulateur, et troublent ainsi la distribution.

Le condenseur C' représenté fig. 344, est formé d'une grande caisse en fonte divisée en deux compartiments par une cloison horizontale percée de trous, et le compartiment supérieur est divisé lui-même en deux chambres par une cloison longitudinale non représentée sur la figure, comme étant située en avant du plan de coupe. La vapeur d'échappement arrivant par le conduit V', pénètre dans le compartiment supérieur et se condense au contact de l'eau froide injectée par le robinet *a*. Le mélange d'eau de condensation et d'injection est aspiré par le piston *r* qui le refoule dans la seconde chambre d'où il s'échappe par une conduite spéciale. Ce piston est allongé en forme de fuseau pour éviter le remous, il est creux à l'intérieur, et son diamètre est de 200 millimètres. Les orifices d'aspiration comme ceux de refoulement sont au nombre de 28; ils sont fermés par des clapets formés de rondelles minces en cuivre phosphoreux buttant sur des sièges en bronze et guidés par des ressorts à boudin en cuivre phosphoreux comme ceux des distributeurs.

Indépendamment de ce type de machine à cylindre unique, le Creusot a construit également des machines Corliss à plusieurs cylindres, accouplées en compound, et il en a fait figurer aux Expositions de Vienne, en 1873, et de Paris, en 1878; montrant ainsi que cette distribution pouvait s'adapter également sans difficulté au type Corliss.

Machine a balancier, type compound avec détente Correy. Le moteur que nous représentons figures 348 et 349 comme type de machine à balancier comprend deux cylindres d'inégal volume marchant en compound, et il est muni de la détente à déclic système Correy dont nous avons déjà donné la description à l'article Distribution. Cette machine construite par M. Powell, de Rouen, est un type fréquemment appliqué dans les filatures, pour lesquelles il présente l'avantage d'assurer toujours une grande régularité d'allure à marche lente avec une consommation très réduite; le seul inconvénient qu'on peut lui reprocher tient au grand emplacement et à la forte dépense de premier établissement qu'il exige. Les dispositions adoptées diffèrent du type primitif de Woolf en ce que la détente s'opère déjà dans le petit cylindre et non par la simple sortie de la vapeur dans le grand cylindre. Cette distribution est réglée, comme nous l'avons dit, par le déclic système Correy qui permet de faire varier l'admission dans des limites fort étendues tout en l'arrêtant exactement à l'instant désiré sans laminage de la vapeur, suivant une disposition analogue à celle qui a fait le succès des machines Corliss.

La figure 348 représente la vue extérieure de l'ensemble de la machine, et la figure 349 l'installation du mécanisme de distribution (ces figures sont reproduites d'après la *Publication industrielle* de M. Armengaud).

Le balancier G n'est pas rattaché directement aux murs voisins comme c'est le cas le plus fréquent sur les machines à balancier, il repose par les deux paliers F sur une grosse colonne en fonte E supportée comme les deux cylindres C et D par une plaque de fondation unique B. Le balancier est muni d'un parallélogramme de type ordinaire auquel sont rattachées les tiges des pistons des deux cylindres; par son autre extrémité, il commande la manivelle motrice I' par la bielle I. Le parallélogramme est soutenu par l'entablement H en forme d'U allant de la colonne E à la colonnette de support H' fixée elle-même sur une oreille venue de fonte avec l'enveloppe des cylindres.

L'arbre moteur dont les paliers reposent directement sur le massif de maçonnerie est muni d'un volant J' de $5^m,60$ de diamètre formant roue dentée et servant à assurer la transmission du mouvement.

L'arrivée de vapeur s'opère directement dans l'enveloppe même des cylindres, disposition qui paraît à éviter, comme nous l'avons signalé déjà à l'article DISTRIBUTION, car elle présente l'inconvénient de fournir de la vapeur trop humide. La vapeur se rend de là dans la boîte du petit cylindre, représentée en coupe figure 349, en passant par le conduit *b* muni du robinet *b'* ; elle pénètre par le compartiment *c* ménagé au-dessus de la colonne L jusqu'au tiroir de distribution N O et aux lumières d'admission *dd'*. En sortant du petit cylindre, elle se rend par le conduit *e* dans la boîte de distribution du grand cylindre d'où elle est rejetée par le tuyau K^2, dans le condenseur K suspendu à la plaque de fondation B. Celui-ci est muni d'une pompe à air qui emprunte directement son mouvement sur le parallélogramme.

La distribution dans le petit cylindre comporte, ainsi que nous l'avons dit plus haut, une détente variable commandée par le régulateur ; cette distribution est opérée au moyen du tiroir N représenté en coupe figure 349 ; c'est un tiroir plat percé

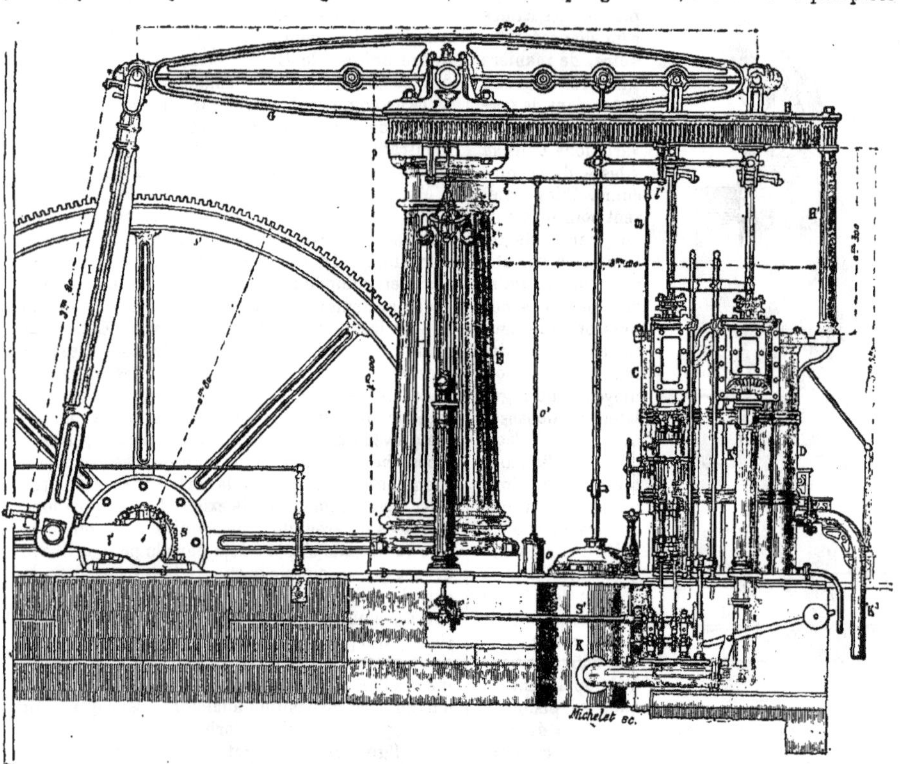

Fig. 348. — *Vue extérieure de la machine à balancier, type compound.*

de deux lumières *f'* qui peuvent être obturées elles-mêmes par des registres indépendants O glissant sur le dos du tiroir, suivant une disposition analogue à celle des tiroirs Meyer. Le tiroir et les registres sont mis en mouvement par des excentriques calés sur deux arbres auxiliaires S' montés au-dessous de la plaque de fondation sur un dé en pierre spéciale, et entraînés eux-mêmes par l'intermédiaire de roues dentées qui les relient à l'arbre moteur. L'arbre S' se termine, comme l'indique la figure 348, par un plateau sur lequel est montée une came d'un type ordinairement employé pour la commande des tiroirs Woolf. Celle-ci est entourée par un cadre dont la tige entraîne les deux tringles verticales situées entre les deux cylindres auxquelles elle est rattachée par une traverse inférieure, et le mouvement d'oscillation dont elles sont animées se communique enfin simultanément aux tiges des tiroirs des deux cylindres oscillant dans les boîtes à vapeur M et M' par la seconde traverse située au haut des tiges.

Les deux registres O sont animés d'un mouvement indépendant, mais la disposition du mécanisme de commande est la même pour tous deux ; chacun d'eux est relié à l'un des excentriques P calés sur l'arbre auxiliaire qui lui communique ainsi un mouvement oscillatoire. Ce mouvement est transmis par l'intermédiaire des tiges P^1 P^2 *g*, sur lesquelles est interposé le mécanisme de détente QQ' qui isole le registre correspondant d'une manière intermittente. Tant que cette séparation n'est pas opérée et que les tiges P^2 et *g* continuent à osciller comme un ensemble solidaire, le registre conserve son mouvement régulier bien continu, et la distribution s'opère comme avec un simple tiroir ordinaire, l'admission étant ouverte lorsque la lumière f' du tiroir plat se trouve en face de celle du cylindre d', et qu'elle est découverte elle-même par le registre O. Ce registre arrive, comme on le voit, en face de la lumière du cylindre quand il est au bas de sa course, et il ferme ainsi toute admission dans cette position. L'admission se trouvera donc interrompue à un moment quelconque de la course de l'excentrique O qui le conduit, si on vient briser la solidarité des tiges g et P^2 de manière à ce que le registre et sa tige gi n'étant plus soutenus, puissent retomber d'eux-mêmes par l'action de la pesanteur, et arriver ainsi brusquement au bas de leur course. Ce résultat est obtenu au moyen du déclic Q Q' dont nous avons donné une vue détaillée avec la description figure 261, p. 368, t. IV, et nous la rappellerons seulement ici en quelques mots, en priant le lecteur de s'y reporter.

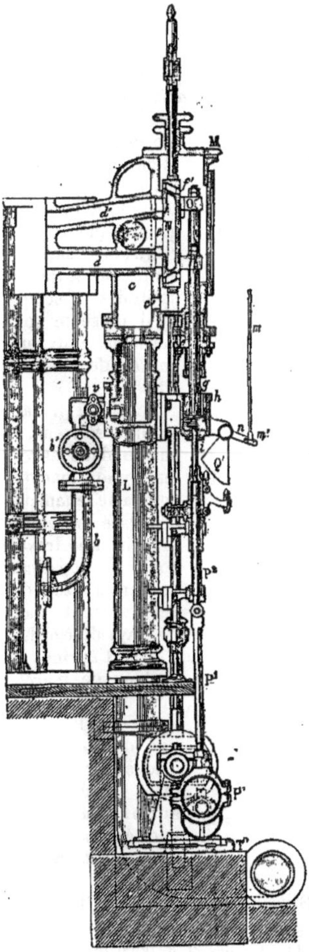

Fig. 349. — *Vue du mécanisme de la détente Correy.*

La tige i que prolonge g se termine par un manchon Q qui emboîte la tige inférieure P^2 rattachée à l'excentrique de commande. La liaison est établie entre eux par un simple taquet à ressort reposant sur l'épaulement que porte cette tige à son extrémité, et tant que ce taquet n'est pas repoussé, la tige P^2 soulève avec elle par son intermédiaire le manchon Q et par suite la tige ig et le registre correspondant. Or, le taquet est rattaché à l'une des extrémités d'un levier coudé Q entraîné avec le manchon et dont l'autre extrémité porte une pointe verticale comme l'indique la figure 349. Ce levier coudé partage le mouvement oscillatoire du manchon, et la pointe qui le termine vient butter contre une des dents de la came Q' que nous supposons fixe pour l'instant. A ce moment, l'autre bras du levier refoule aussitôt le taquet dans son logement, celui-ci se dérobe en abandonnant l'épaulement de la tige qui continue donc à monter librement sans entraîner le manchon; la tige ig n'étant plus soutenue, tombe au bas de sa course avec le registre, un petit piston à air oscillant dans le cylindre ouvert h est ménagé au bas de la tige g pour amortir le choc; l'air aspiré dans le mouvement ascendant se comprime en effet au moment de la chute, car il ne trouve pas une issue immédiate par les ouvertures du cylindre qu'on peut régler d'ailleurs à volonté, et il forme ainsi matelas; c'est, en un mot, une disposition analogue à celle que nous avons signalée déjà pour la distribution Corliss. La tige P^2 continue son mouvement oscillatoire après la chute du registre, et lorsque dans sa descente l'épaulement qui la termine repasse en face du taquet, celui-ci, repoussé par le ressort, vient s'y reposer immédiatement et rétablit ainsi la solidarité de la tige et du manchon pour la course ascendante qui suit. La came Q' qui détermine le déclic n'est pas fixe elle-même comme nous l'avions supposé plus haut, elle est portée aussi par un levier coudé dont l'autre extrémité n est commandée par le régulateur, et la détente se trouve ainsi réglée par les différentes positions qu'elle prend sous l'influence du régulateur. La tige m reçoit son mouvement (fig. 348), sur la tringle horizontale ll' rattachée elle-même à la tige verticale qui porte le régulateur. Celle-ci est reliée enfin à l'arbre S' par l'intermédiaire des roues d'angle p.

Ce mode de commande de la distribution présente, comme on le voit, une sensibilité des plus remarquables, le mouvement des registres s'opère en effet sous la seule action de la pesanteur sans exiger aucun contrepoids, et le régulateur, de son côté, n'a aucune résistance à vaincre pour interrompre l'admission. Comme la sensibilité deviendrait trop forte dans ces conditions, on est même obligé d'interposer un frein spécial pour amortir les oscillations continuelles que prendrait la came Q' sous l'influence des moindres variations de vitesses. On a disposé, à cet effet, un petit piston rattaché par la tringle verticale o' à la tige l et qui oscille dans un cylindre o plein d'huile.

Ce mécanisme de détente n'est appliqué qu'au petit cylindre, le grand cylindre étant muni seulement d'un tiroir ordinaire suspendu à la traverse dont nous avons parlé plus haut. L'admission en pleine vapeur dans le petit cylindre peut varier depuis 0 jusqu'à 0,8 de la course, et la détente peut être poussée ainsi jusqu'à 25 fois le volume de la vapeur d'admission, en tenant compte de ce que le grand cylindre a un volume égal à 5 fois celui du petit.

Ainsi que nous l'avons dit, les deux registres

réglant la détente, ont un mouvement distinct, on aurait pu n'employer qu'un registre unique, mais on aurait obtenu ainsi une détente beaucoup moins forte allant seulement jusqu'aux 0,4 de la course, soit un volume atteignant 12 fois celui de la vapeur d'admission.

Les essais pratiqués sur des machines de ce type ont montré que la consommation de vapeur par cheval et par heure atteint environ 6^k,5 en service constant ce qui correspond à une dépense inférieure à 1 kilogramme de charbon, soit 0^k,8.

Nous représentons dans la figure 350 la vue en coupe d'une machine verticale type Compound à deux cylindres conjugués, sur laquelle on distinguera facilement tous les organes essentiels des moteurs à vapeur. La vapeur, sortant du petit cylindre A, où elle s'est déjà détendue, est dirigée dans le réservoir intermédiaire P, et de là dans le grand cylindre B où elle achève sa détente. La distribution est commandée par un tiroir à recouvrement *y* comme dans les types ordinaires, et comme cette machine ne présente d'ailleurs aucune particularité spéciale, nous ne nous y arrêterons pas autrement en raison des détails que nous avons donnés déjà à l'article Distribution de vapeur.

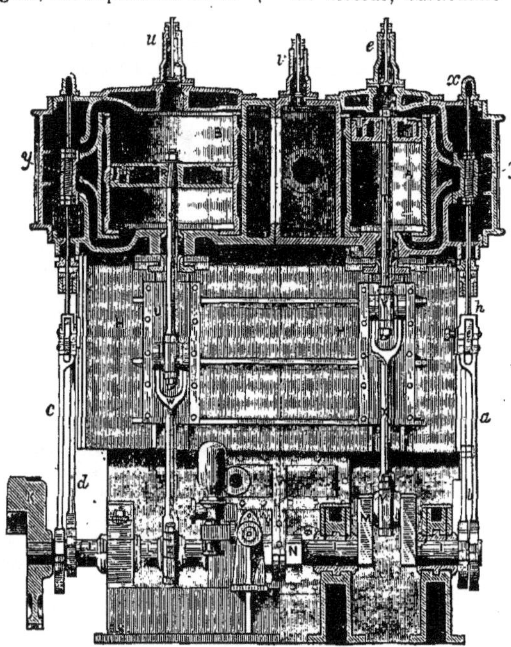

Fig. 350. — *Machine compound horizontale.*

A B Cylindres moteurs. — *R Q* Piston. — *T S* Tiges des pistons. — *Y Z* Bielles motrices — *H H* Glissières. — *I J* Arbre moteur. — *P* Réservoir intermédiaire. — *a c* Tiges des tiroirs *y*. — *e u l* Soupapes réglant la pression de vapeur dans les cylindres et la boîte de distribution.

Parmi les nombreux types de machines compound dont on trouvera la description dans les publications techniques, nous signalerons par exemple comme modèle d'un moteur fixe à pilon type tandem, celui de la machine construite par M. Paul Marguet, de Rouen, et étudié dans le *Génie civil* (n° du 10 octobre 1885).

Ce type se recommande, comme on sait, par sa grande simplicité de construction, puisqu'il comprend seulement une tige et une manivelle motrices ; il peut marcher à grande vitesse admettre et ainsi des distributions simples et robustes d'un fonctionnement sûr et économique.

Moteur a grande vitesse de John et Henry Gwynne. Il y a encore peu d'années les machines à vapeur à grande vitesse étaient presque inconnues en France. Cependant, après l'apparition des pompes centrifuges à vapeur actionnées directement, et celle, plus récente, des machines dynamos électriques, qui exigent des moteurs rapides, le public s'est accoutumé à l'emploi de ces nouveaux appareils, qui sont devenus aujourd'hui, dans beaucoup de cas, d'une nécessité quasi-absolue.

Ces moteurs sont construits suivant différents types qui se préparent dans les ateliers de MM. J. et H. Gwynne à Hammersmith, près Londres :

1° Ceux à simple cylindre ;

2° Ceux à doubles cylindres ou compound ;

3° Ceux à trois cylindres.

Nous représentons comme spécimen (fig. 351) le moteur à cylindre unique type Gwynne.

Ce moteur, surnommé l'*Invincible*, a été l'un des premiers employés en Angleterre et en Autriche pour les éclairages électriques, et il a donné généralement des résultats satisfaisants, par suite des aptitudes spéciales qu'il présente pour faire face aux exigences de l'électricité.

En effet, il faut le plus souvent, et surtout dans les villes, une machine compacte tenant peu de place et apte à fournir un travail continu dépassant souvent douze heures, surtout dans les pays du Nord.

Il faut surtout un moteur de marche absolument régulière, et dont la vitesse rapide permette d'actionner directement les dynamos, supprimant ainsi une dépense de force pour les transmissions, renvois, etc., devenus inutiles.

Le moteur Gwynne remplit ces conditions, et il a servi à un grand nombre d'installations importantes pour la marine, et à bord des grands steamers transatlantiques français et anglais.

A Londres même, une petite station centrale d'environ quinze cents lampes fonctionne d'une façon très satisfaisante, et depuis plusieurs années, à l'aide de deux compound Gwynne de cent chevaux chacun. Ces moteurs travaillent quatorze heures par jour en actionnant les dynamos installées dans des sous-sols.

Toutes les parties forgées de ces machines sont en acier d'une qualité exceptionnelle, et l'arbre coudé a ses contrepoids solidement forgés avec les bras de la manivelle. Les surfaces des coussinets sont très larges, et chaque pièce reçoit de fortes dimensions en vue de pouvoir supporter sans danger un effort exceptionnel.

Le régulateur est excessivement sensible, et il maintient la vitesse du moteur bien constante. Ce dernier point est d'une grande importance en éclairage électrique, et on reconnaît en effet, aujourd'hui, combien un éclairage saccadé devient désagréable par suite des irrégularités de marche et des secousses de la machine motrice.

Le moteur enfin est construit de façon à actionner directement, ainsi qu'il a été dit, la machine dynamo, au moyen d'un seul arbre, qui est celui prolongé de la bobine. Pour des installations plus économiques, le moteur peut être modifié pour actionner la dynamo au moyen de volant et de poulies à gorges, avec un câble sans fin fonctionnant au moyen d'un guide-poulie; la poulie de la dynamo doit être, dans ce cas, nécessairement remplacée par une petite poulie à gorges.

Cette disposition permet une installation sur peu de surface. On peut, par exemple, parfaitement monter la dynamo et le moteur en laissant simplement entre eux, et d'axe en axe, une distance de $1^m,20$ à 2 mètres au plus; les distances courtes sont même préférables.

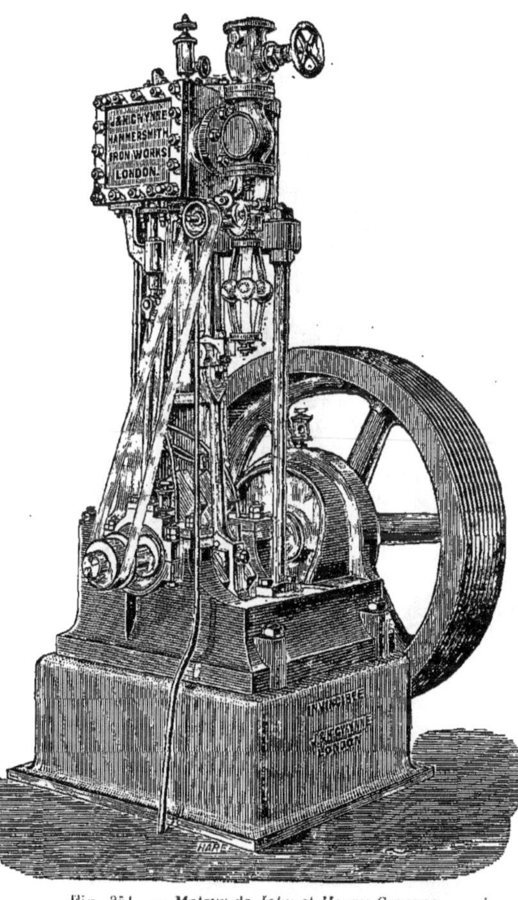

Fig. 351. — *Moteur de John et Henry Gwynne.*

Le câble *sans fin* est enroulé autour du volant du moteur et de la poulie de la dynamo, autant de fois qu'il y a de gorges. Un guide-poulie formé de deux galets est fixé à la base du moteur, et le câble passe entre ces deux galets. De cette façon, la machine dynamo, étant convenablement placée sur deux bouts de rails, peut au moyen de deux vis de rappel, être éloignée ou rapprochée du moteur; le câble peut donc être très facilement et très uniformément tendu, ce qui est une garantie d'excellent et régulier fonctionnement.

Moteur a grande vitesse a double effet, système Tangye. Comme machine rapide à double

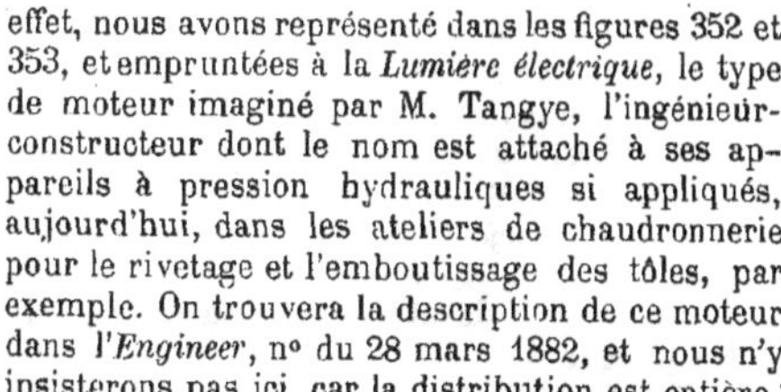

effet, nous avons représenté dans les figures 352 et 353, et empruntées à la *Lumière électrique*, le type de moteur imaginé par M. Tangye, l'ingénieur-constructeur dont le nom est attaché à ses appareils à pression hydrauliques si appliqués, aujourd'hui, dans les ateliers de chaudronnerie pour le rivetage et l'emboutissage des tôles, par exemple. On trouvera la description de ce moteur dans l'*Engineer*, n° du 28 mars 1882, et nous n'y insisterons pas ici, car la distribution est entièrement conforme à celles des machines ordinaires à double effet; le tiroir de détente est du type connu de Meyer, et on peut le déplacer à la main pour faire varier la détente à volonté au moyen d'un volant agissant sur la tige filetée qui commande son mouvement. Le régulateur qu'on voit à gauche de la figure au-dessus de la boîte de vapeur est muni de bras mobiles supportant des boules dont le déplacement est contrebalancé par un ressort à boudin disposé à l'intérieur. Il agit sur la prise de vapeur ménagée au bas de la boîte, en soulevant plus ou moins la lanterne équilibrée qui la ferme, et dont la figure 353 donne la coupe détaillée. On peut faire régler l'action du régulateur en faisant varier la position des boules et la tension du ressort antagoniste.

Machine horizontale a double effet, type Porter Allen. MM. Porter et Allen se sont acquis depuis longtemps une renommée méritée pour la construction des moteurs horizontaux à grande vitesse dont ils se sont fait une spécialité; le type créé par M. Allen et qu'ils n'ont cessé de perfectionner, a reçu de très nombreuses applications en Amérique, et il se distingue d'ailleurs avantageusement par la correction de ses lignes et la simplicité des mouvements, de la plupart des autres machines des constructeurs de ce pays, trop souvent surchargées d'ornements d'un goût discutable. On en trouvera la description complète dans l'ouvrage publié par M. Porter *On the Porter Allen steam engine* (Philadelphie 1880); cette machine est aussi étudiée avec détail dans l'intéressante notice que M. G. Richard lui a consacrée dans la *Lumière électrique* (V. nº du 15 mars 1884): nous nous bornerons à en rappeler ici les traits essentiels, en reproduisant quelques figures empruntées à cette Revue.

Le bâti en forme de boîte creuse est très rigide tout en conservant une grande légèreté, il porte le cylindre assemblé, comme on voit (fig. 354), en porte à faux à l'extrémité, disposition caractéristique des machines Allen, qui a été souvent imitée depuis, et qui a l'avantage d'assurer au cylindre toute liberté de dilatation.

La *distribution*, particulièrement simple (fig. 355) fonctionne très bien aux grandes vitesses et n'absorbe enfin que fort peu de travail; elle s'opère au moyen de quatre tiroirs reportés aux extrémités du cylindre dont deux, *a* et *a'*, pour l'admission, et deux, *e* et *e'* pour l'échappement. Ces quatre tiroirs sont commandés par l'intermédiaire des bielles e^1, a^1, e^2, par un excentrique à coulisse qu'on voit sur la gauche de la figure suspendu à des tourillons oscillant autour du pivot *p* fixé au bâti de la machine. Les tiroirs d'admission sont commandés par la coulisse mobile dont le coulisseau entraîne la tige *e'*, la disposition de cette transmission que nous ne pouvons pas décrire en détail, assure toujours l'ouverture large et rapide des lumières tout en réduisant la course totale du tiroir, et on arrive ainsi à diminuer de près de moitié le recouvrement du tiroir en raison de la petitesse de son déplacement après la fermeture de l'admission, ce qui permet de réduire les frottements en employant des tiroirs plus petits. L'admission et la detente varient d'après la position du coulisseau, mais l'avance à l'admission reste toujours constante à tous les degrés de la détente. Quant aux tiroirs d'échappement, ils sont commandés par le coulisseau fixe, et conservent un mouvement invariable et indépendant de la détente; ils ouvrent l'échappement en grand sur la face motrice vers la fin de la course et le ferment pareillement d'une manière brusque au même point de la course en retour, l'échappement n'est jamais étranglé.

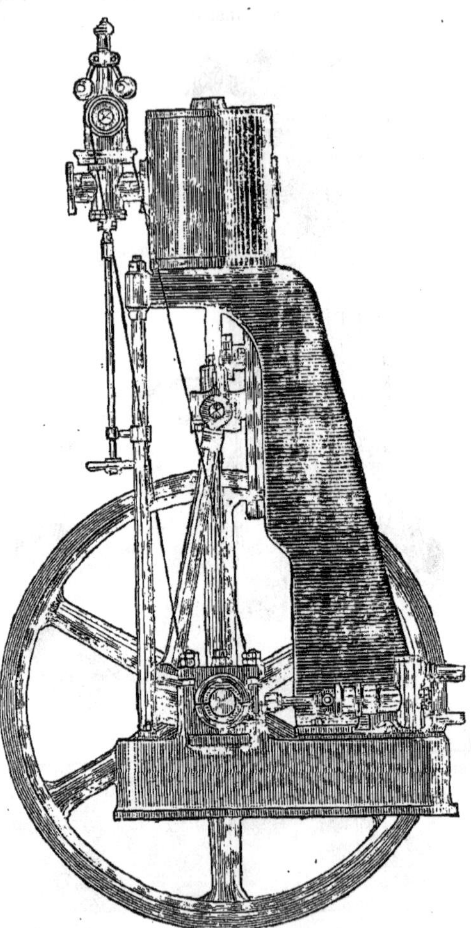

Fig. 352. — *Moteur rapide à double effet, système Tangye. Vue extérieure.*

Les tiroirs *ee'* d'échappement sont entièrement équilibrés, et ceux d'admission le sont seulement en partie; les plaques d'équilibre *z* de ceux-ci sont appuyées par la vapeur sur des plans inclinés ménagés sur les glaces, et maintenues par des tasseaux *t* venus de fonte avec le couvercle des boîtes, qui leur laissent un faible jeu. Grâce à cette disposition, le tiroir conserve un certain jeu tout en ayant la faculté de se soulever, si la pression dans le cylindre arrivait à dépasser la pression d'admission. Le tiroir d'échappement est équilibré par un cadre à diaphragme de cuivre *cc'* appuyé par la pression même venant du cylindre et qui cesse ainsi son action pendant l'échappement. Les tiroirs sont percés chacun de quatre lumières, assurant autant de passages à la vapeur d'admission ou d'échappement.

Comme détails de construction, citons le disque manivelle équilibré par un contrepoids caché sur la figure qui affleure le corps de la bielle pour réduire au minimum le porte à faux. Les paliers à longue portée sont particulièrement robustes et munis de coussinets en quatre parties ajustables par des coins; la bielle a un serrage disposé de manière que la longueur totale ne varie que d'une quantité insignifiante égale à la différence des usures de ses coussinets, ce qui permet de réduire les espaces nuisibles au strict minimum. Le piston très épais est muni de deux segments, et il est très faiblement ovalisé à sa partie supérieure, ce qui prévient tout coincement dans le cylindre, car il ne peut jamais porter sur deux points diamétralement opposés. Le régulateur à force centrifuge A est caractérisé par l'emploi d'une grosse masse de fonte reliée à son manchon et qui lui assure une sensibilité toute particulière. Il agit sur la bielle des tiroirs d'admission pour déplacer le coulisseau.

Les machines Porter Allen peuvent être munies d'un condenseur ou accouplées, et même disposées en compound; on réalise ainsi une économie sensible tout en conservant une grande régularité de marche, même aux plus grandes vitesses, et on atteint ainsi, sans difficulté, 200 à 600 tours par minute.

Fig. 353. — *Moteur Tangye. Coupe de la lanterne d'admission de vapeur.*

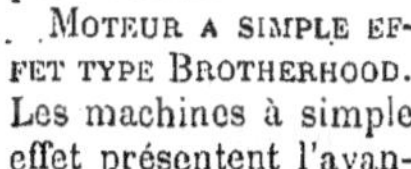

MOTEUR A SIMPLE EFFET TYPE BROTHERHOOD. Les machines à simple effet présentent l'avantage de soumettre leurs bielles à des efforts de compression toujours dirigés dans le même sens, la construction en est ainsi grandement simplifiée, et en employant plusieurs cylindres, généralement trois quelquefois quatre dans certains types récents, elles fournissent un mouvement de rotation à peu près constant sur l'arbre moteur, et elles peuvent réaliser, dans des conditions de marche très satisfaisantes, les grandes vitesses nécessaires pour les machines électriques. Parmi ces machines, dont l'emploi s'est beaucoup répandu ces dernières années, le type le plus connu, devenu classique en quelque sorte, est celui de M. Brotherhood qui a été d'ailleurs, depuis sa création, l'objet de nombreuses imitations.

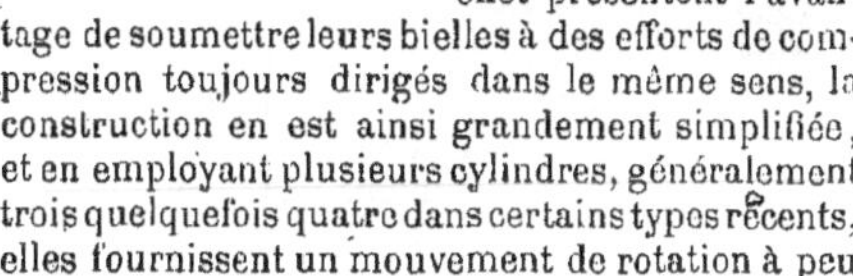

La machine comprend, comme l'indique la figure 356, trois cylindres rayonnant autour de l'arbre moteur avec un écartement de 120°; les bielles motrices rattachées à un bouton de manivelle unique sont articulées directement sur les pistons sans intermédiaire de tiges. Dans la plupart des types créés par M. Brotherhood, la distribution est opérée par un tiroir unique de forme circulaire tournant avec l'arbre moteur. Ce tiroir renferme deux chambres dont l'une est en communication permanente avec la vapeur vive amenée par le conduit annulaire représenté sur la figure, et l'autre avec l'échappement, par le conduit extérieur. Le mouvement de rotation du tiroir amène les deux chambres successivement en communication avec les lumières de chacun des trois cylindres et assure ainsi la distribution; la vapeur d'admission pénétrant par la lumière du cylindre correspondant, percée au contact du fond supérieur, et la vapeur d'échappement sortant par la lumière pratiquée à l'autre extrémité de la course. Cette disposition des conduites de vapeur est la dernière à laquelle M. Brotherhood s'est ar-

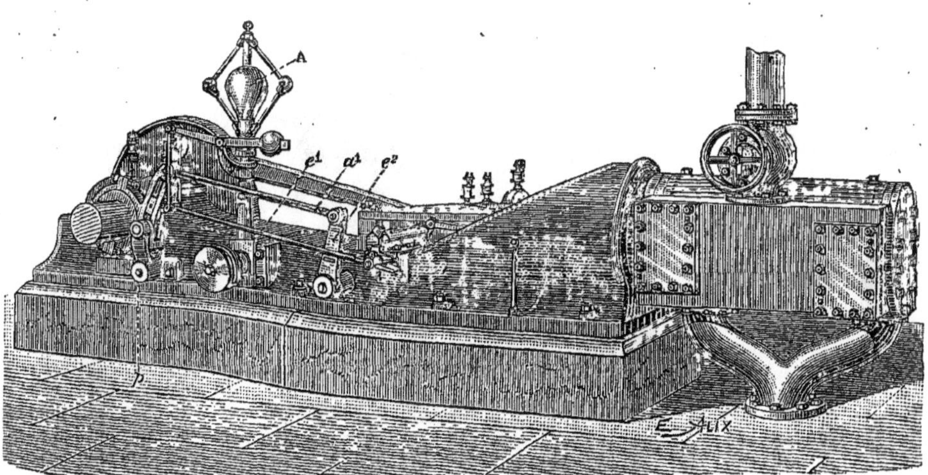

Fig. 354. — *Vue extérieure de la machine horizontale, type Porter Allen.*

rêté; mais les types précédents ne portaient pas les conduites annulaires représentées, et la vapeur d'échappement était dirigée dans l'espace libre entre les trois pistons. L'admission est arrêtée au moment où le mouvement du tiroir obture la lumière d'admission, et la vapeur se détend pendant la fin de la course motrice du piston. Celle-ci correspond à un demi-tour de l'arbre moteur, et l'échappement s'opère pendant le demi-tour suivant. Une disposition spéciale permet de faire varier la détente en agissant sur le tiroir qu'on déplace en tournant à la main une tige filetée sur laquelle il fait écrou. La machine est munie, d'ailleurs, d'un régulateur à force centrifuge agissant sur la valve d'admission de vapeur.

Pour les moteurs un peu importants, M. Brotherhood est revenu récemment à l'emploi de tiroirs oscillants au lieu du distributeur à mouvement circulaire qu'il est difficile de réparer et de maintenir bien étanche. Dans ces nouveaux types, chaque cylindre est muni d'un tiroir spécial en forme de piston creux commandé par un excentrique conique pour les trois tiroirs. On obtient ainsi une ouverture plus prompte et mieux dégagée des lumières.

Comme les lumières d'échappement débouchent au bas des trois cylindres au commencement de la course en retour, les pistons sont percés eux-mêmes d'un petit canal central, non représenté sur la figure, et qui coïncide vers la fin de l'échappement, par le tiroir, avec une ouverture percée dans le tube formant tourillon de la tête de bielle. Cette disposition assure l'évacuation continue de la vapeur d'échappement et prévient toute contrepression.

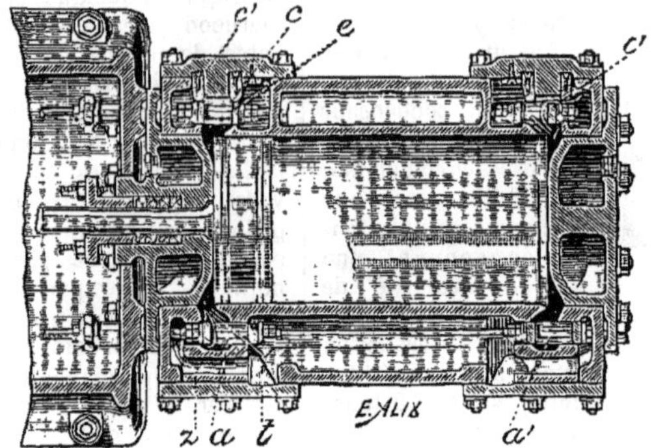

Fig. 355. — *Machine Porter Allen. Coupe du cylindre.*

Les bielles travaillent toujours par compression, ainsi que nous l'avons dit plus haut, et on a pu remplacer les coussinets des grosses têtes de bielles autour du tourillon de la manivelle motrice par de simples butées cylindriques en bronze maintenues par des frettes en acier. Les pièces oscillantes sont toutes soigneusement équilibrées, et l'allure de la machine est très régulière, même aux vitesses excessives de 1,200 à 2,000 tours par exemple qu'elle atteint sans difficulté.

La consommation de vapeur des moteurs Brotherhood reste toujours assez élevée, malgré l'emploi de la détente, et elle atteint habituellement 18 à 20 kilogrammes par cheval aux vitesses de 500 à 600 tours par minute.

Fig. 356. — *Moteur Brotherhood.*

On rencontre aujourd'hui un grand nombre de types de moteurs à plusieurs cylindres à simple effet, d'une disposition analogue à celles des machines Brotherhood ; nous citerons seulement les moteurs à trois cylindres de James et Wardrope, les moteurs à quatre cylindres d'Abraham et ceux de Parsons; on en trouvera l'étude détaillée dans la savante notice de M. Richard, *Lumière électrique*, n° du 12 avril 1884, à laquelle nous avons déjà fait de nombreux emprunts.

Machine rapide a simple effet de M. Westinghouse. M. Westinghouse, l'ingénieux inventeur du frein à air comprimé, est l'auteur d'une machine rapide à simple effet, d'une disposition particulièrement simple et bien étudiée où l'on retrouve, dans la parfaite disposition des mécanismes, toutes les qualités qui ont fait le succès de ses autres appareils; nous en résumons la description d'après la notice publiée par la *Lumière électrique*.

Cette machine comprend deux cylindres verticaux A ouverts à la partie inférieure, représentés en coupe dans la figure 357, et dont les pistons actionnent simultanément l'arbre moteur HH. La distribution est opérée par un tiroir-piston *k* oscillant dans le cylindre B qui présente une légère obliquité sur la verticale; la figure 358 donne la coupe détaillée de ce distributeur. La vapeur arrive en M, et se répand dans l'espace annulaire ménagé autour du corps du tiroir *i*, elle se rend de là dans les deux cylindres AA par les ouvertures *pp* qui débouchent au contact des fonds supérieurs, et elle agit alternativement sur chacun des pistons pour le presser de haut en bas. L'échappement s'opère vers la fin de la course motrice par les lumières *e* (fig. 357) qui débouchent dans les conduits annulaires E et de là, dans l'atmosphère par le tuyau N. Le tiroir distributeur, en forme de piston, est constitué, (fig. 358) par l'assemblage de cinq pièces *ijk* maintenues par un boulon *m* qui sert de tige; il oscille dans une glissière cylindrique J; la garniture de celle-ci est constituée, comme pour les pistons du tiroir, par deux segments en fonte d'une épaisseur double de leur largeur. Le tiroir est parfaitement équilibré et n'absorbe presque pas de frottement, la tige est commandée par l'excentrique L calé sur l'arbre moteur; les sections des lumières d'admission et d'échappement sont fort larges, grâce à la disposition annulaire des conduites, bien que la course du tiroir soit très faible, et elles donnent des sections de passage atteignant respectivement 8 et 13 0/0 de la surface du piston moteur; l'admission est coupée du 1/3 au 1/4 de la course, l'échappement s'opère sans contrepression avec une compression vers la fin de la course qui ramène la pression à une valeur égale à la moitié environ de la pression d'admission.

La transmission de mouvement présente une disposition remarquable qu'on retrouve également sur les machines à gaz de Turner; l'axe de l'arbre moteur HH n'est pas placé dans le prolongement de l'axe vertical des cylindres, mais il est excentré de manière que l'obliquité de la bielle soit moins grande pendant la course motrice 1-4 (fig. 359) en suivant le sens de la flèche, que pendant l'échappement 4-1. Grâce à cette position excentrique de l'arbre moteur, on arrive à éviter les points morts, bien que les deux pistons soient calés à 180°. AB étant la course du piston, la période motrice qui comprend l'admission, représentée par l'arc 1-2, la détente 2-3 et l'échappement anticipé 3-4, s'étend ainsi pour chaque piston sur un arc 1-4 plus long que l'arc 4-1 correspondant à la course en retour, et il y a toujours un effet moteur exercé.

Les pistons D, d'une longueur supérieure d'un quart à leur course, sont creux et munis d'un double fond pour éviter la condensation sur la face active. Les fonds supérieurs des cylindres sont munis de disques de sûreté calculés de manière à se briser si la pression venait à atteindre une valeur trop élevée (de 14 atmosphères environ), par l'accumulation de l'eau de condensation. Cette disposition permet de réduire, sans danger, l'espace nuisible. L'installation des manivelles à 180° facilite beaucoup l'équilibrage des pièces en mouvement de la machine; les bras extérieurs G sont seulement prolongés au delà de l'axe moteur pour former contrepoids, et l'excentrique L est muni de contrepoids O; les pièces sont d'ailleurs fabriquées en acier et reçoivent une forme creuse qui leur donne une grande légèreté.

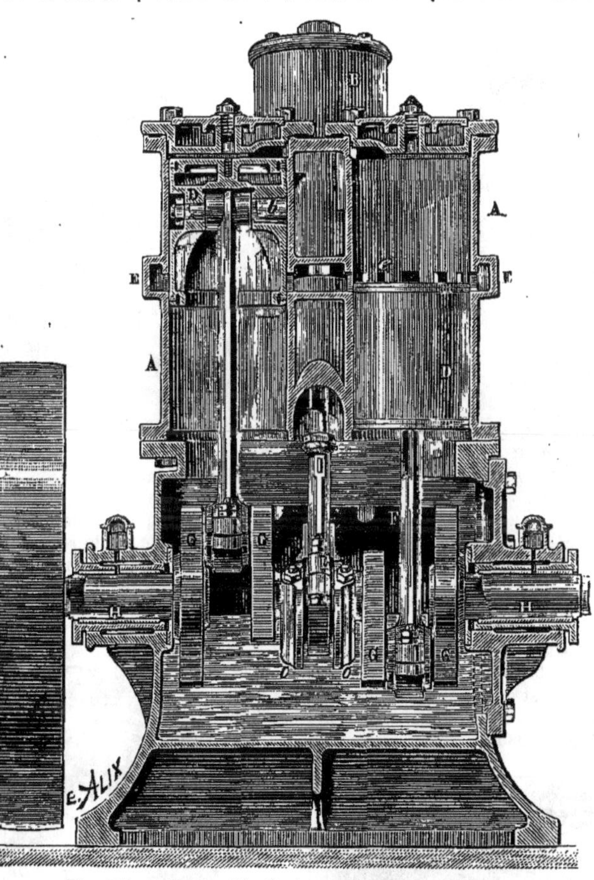

Fig. 357. — *Moteur Westinghouse. Coupe des cylindres.*

Les coussinets de l'arbre moteur en H sont revêtus d'une garniture complète en métal fusible, dit Babbit, appliqué sans jeu et avec un poli parfait, obtenu en refoulant le métal directement dans son logement sous la pression de 2,400 kilogrammes par centimètre carré. Des rondelles de plomb assemblées aux extrémités empêchent d'ailleurs tout déplacement du coussinet qui entraînerait un chauffage.

Signalons enfin la disposition curieuse du bâti qui renferme un bain d'eau alimenté par un tuyau spécial et surmonté d'une couche d'huile assurant le graissage des manivelles et des excentriques, qui viennent y plonger à chaque tour. Les portées de l'arbre sont munies d'un graissage spécial avec une roue à palettes pour recueillir l'huile qui tendrait à en sortir et la ramener dans le bâti.

Moteur Jacomy. Nous compléterons cette revue des principaux types de machines, par la description du moteur système Jacomy, qui se recommande par son originalité, l'action de la vapeur y est utilisée, en effet, dans des conditions toutes spéciales. Ce moteur permet, en outre, de réaliser sans difficulté les grandes vitesses qu'exigent les machines électriques, et comme il est fort léger,

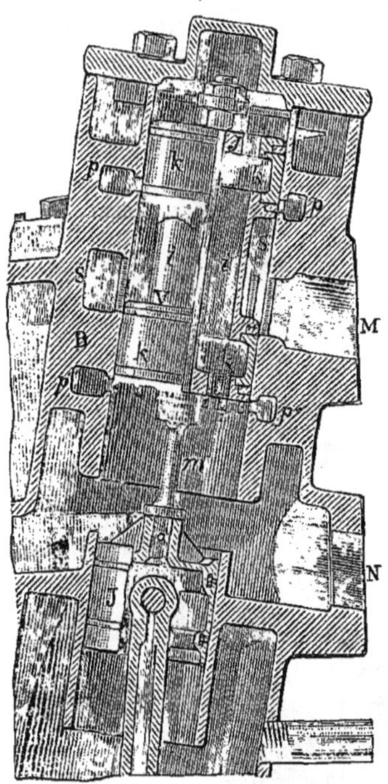

Fig. 358. — *Moteur Westinghouse. Coupe du tiroir.*

peu volumineux, d'installation très facile, il peut se déplacer sans difficulté et travailler dans une position quelconque; il est donc particulièrement bien approprié aux besoins de la petite industrie. (V. *Nature* n° du 27 juin 1885.)

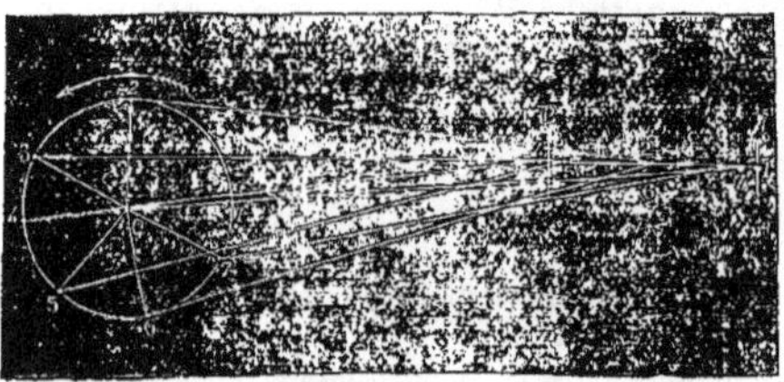

Fig. 359. — *Moteur Westinghouse. Diagramme du mouvement de la manivelle et de la bielle motrices.*

Le moteur est représenté en vue extérieure dans la figure 360 et en coupe dans la figure 361; il se compose de deux boîtes symétriques C et D accolées sur un plateau intermédiaire et constituant deux machines distinctes, actionnant chacun les deux coudes du même arbre moteur.

La distribution n'est pas rotative comme dans certains types dont nous avons parlé à l'article DISTRIBUTION, mais l'effort de la vapeur est utilisé néanmoins pour obtenir directement le mouvement rotatif sans intermédiaire d'organe extérieur. Les deux boîtes sont complètement symétriques, et nous avons représenté la coupe de l'une d'elles dans la figure 361. Celle-ci est for-

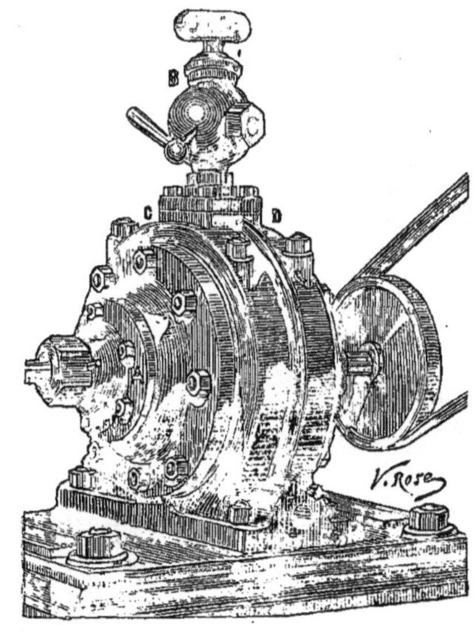

Fig. 360. — *Moteur Jacomy. Vue extérieure.*

mée par un disque en fonte à l'intérieur duquel est ménagée une cavité rectangulaire *a b c d* qui est fermée hermétiquement par les deux plateaux formant les fonds de la boîte. L'un est le plateau extérieur de la machine, l'autre est le plateau intermédiaire commun à la fois aux deux boîtes

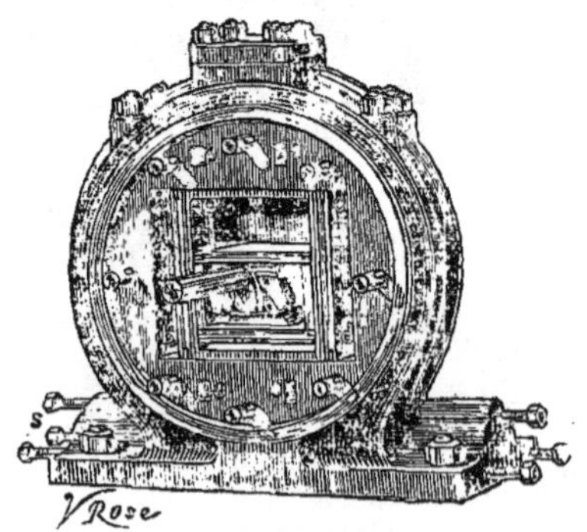

Fig. 361. — *Moteur Jacomy. Coupe verticale d'une des boîtes.*

symétriques. A l'intérieur de cette chambre, se meut horizontalement un premier piston en forme de cadre évidé, à l'intérieur duquel oscille verticalement un second piston, également évidé en forme de rectangle allongé qui renferme en son milieu le bouton de la manivelle formée par le coude de l'arbre moteur. En combinant convenablement les mouvements de translation respectifs des deux cadres, on fait décrire un cercle au bouton de manivelle maintenu continuellement au contact des glissières formées par les parois intérieures du second cadre, et dans ces conditions, l'arbre moteur exécute une rotation complète. L'arbre traverse les plateaux en leurs centres comme l'indique la figure 360, il est supporté par les pièces A fixées au moyen de boulons sur les deux fonds; il transmet son mouvement à l'extérieur sans qu'on aperçoive aucune autre pièce mobile. Les efforts exercés sur les deux manivelles restant toujours rigoureusement égaux et diamétralement opposés, on voit que cet arbre peut être considéré comme sollicité par un couple qui ne produit aucun mouvement de torsion, à cause du rapprochement des supports. La vapeur s'introduit dans la machine par le tube F, elle se répand autour de l'enveloppe et vient se charger de matières lubrifiantes en traversant le graisseur supérieur B. Elle sort ensuite du plateau représenté par les orifices 1 et vient pénétrer dans le plateau qui fait face, lorsque la boîte est en place, par des conduites intérieures, ménagées en face des trous 1; ceux-ci l'amènent à un trou disposé au centre du plateau autour de l'arbre moteur. Là elle rencontre un appareil *distributeur* qui joue le rôle du tiroir dans les machines ordinaires, c'est une sorte de petit tronc de cône creux calé sur l'arbre moteur qui l'entraîne avec lui, et percé de différentes ouvertures. Celles-ci viennent se présenter successivement devant l'orifice des différents conduits analogues ménagés dans l'épaisseur du plateau et débouchant en différents points de la chambre *a b c d*. La vapeur arrivant par les conduits 1 peut donc se diriger jusque dans cette chambre par les canaux intérieurs, lorsque les lumières d'admission correspondantes sont ouvertes par le jeu du distributeur. Cet appareil est disposé de telle sorte que la vapeur exerce toujours son action simultanément sur les deux cadres, et leur communique ainsi le déplacement nécessaire pour assurer le mouvement rotatif du centre. Quand le cadre est arrivé à fond de course, le jeu du distributeur amène la vapeur vive sur la face opposée, et la vapeur détendue se dégage par les lumières 6 6 communiquant avec la conduite d'échappement S. On assure la détente comme dans les machines ordinaires en coupant l'admission avec le distributeur avant la fin de la course oscillante du piston, et on peut même varier la détente, en modifiant à la main ou sous l'action d'un régulateur, la position du distributeur sur l'axe moteur. On peut transformer ce moteur en machine compound en admettant la vapeur vive sur l'un des cadres exclusivement, et la lançant ensuite sur le second cadre après qu'elle a exercé son action sur le premier. On arrive ainsi à réduire un peu la dépense de vapeur de cette machine qui reste d'ailleurs fort élevée comme on peut facilement s'y attendre. On admet, par exemple, que pour des petits moteurs de la force nominale d'un cheval, marchant à 1,800 tours à la minute, et à la pression de 5 kilogrammes, la consommation de vapeur atteint environ 22 kilogrammes par cheval et par heure. Ces moteurs sont appelés néanmoins à rendre de réels services dans certains cas spéciaux, car ils sont très bien appropriés aux marches rapides; ils permettent en effet d'atteindre sans difficulté les vitesses excessives de 3,000 tours par minute sans crainte de rupture, et sans imposer aux pièces oscillantes des frottements excessifs, car même dans ce cas, la vitesse des pistons ne dépasse pas $1^m,50$ à la seconde, le déplacement des cadres étant presque insignifiant, et elle reste encore inférieure à celle des pistons des machines locomotives par exemple.

Nous signalerons, en terminant, la curieuse machine imaginée par MM. Paul et Auguste Dou, dont on trouvera la description dans le *Génie civil* (numéro du 10 octobre 1885), sous le nom de *transformateur de force à rotation directe*. Ce moteur si intéressant utilise en effet directement l'effort de la vapeur pour obtenir un mouvement rotatif sans aucune transmission; le piston qui reçoit l'effort de la vapeur tourne continuellement sur lui-même dans un sens unique, en conservant toujours sa face motrice en communication avec l'orifice d'admission de la vapeur vive, tandis que la face résistante communique au contraire avec la lumière d'échappement. Ce problème qui avait paru insoluble jusqu'à présent, est réalisé au moyen de dispositions cinématiques spéciales fort simples. Le piston tourne autour de son axe en glissant sur celui-ci pendant que son milieu décrit une circonférence autour d'un point fixe. On reconnaît par l'étude géométrique que la courbe décrite par les extrémités d'une droite fixe tournant dans de pareilles conditions, en passant continuellement par un point fixe est une des formes du limaçon de Pascal, et le cylindre de la machine est taillé en effet suivant cette courbe, au lieu d'être circulaire. Dans la disposition de mécanisme indiquée par les auteurs, le piston peut tourner sans être guidé par les parois du cylindre, ce qui ramène les frottements à la valeur de ceux des machines à mouvement rectiligne. Nous n'insisterons pas ici sur les détails de construction de cette machine destinée à assurer notamment la transmission du mouvement, l'étanchéité du piston, etc., nous dirons seulement qu'on peut y appliquer tous les perfectionnements des moteurs ordinaires, notamment la détente, le changement de marche et l'installation en compound. Ce moteur paraît de beaucoup le plus simple de tous les appareils rotatifs, il fonctionne dans des conditions très satisfaisantes ainsi qu'on a pu le constater sur un spécimen construit récemment à Lorient par M. Auguste Dou, et il y a donc lieu de penser qu'il est appelé à donner aux machines rotatives un développement qu'elles n'ont pu recevoir encore, en raison des complications inévitables qu'elles présentaient.

Moteurs domestiques. On a essayé, à différentes reprises déjà, d'établir avec la vapeur, de petites machines qu'on puisse utiliser, comme moteurs domestiques, et installer, en un mot, sans aucun danger, dans les maisons habitées, pour y remplacer la main-d'œuvre de l'ouvrier en chambre, actionner un petit tour, par exemple, conduire une machine à coudre, etc. Ces tentatives si intéressantes dont le succès présenterait tant d'importance pour les ouvriers travaillant à domicile dans les petites industries, n'ont pas encore réussi cependant, avec les moteurs à vapeur tout au moins; dans les villes surtout, où l'on peut disposer facilement des distributions de gaz ou même d'eau sous pression, et quelquefois même d'installations pour la distribution de la force motrice par l'électricité, l'air comprimé ou raréfié, on préfère presque toujours revenir à ces moteurs spéciaux. Ceux-ci ne demandent, en effet, aucune surveillance particulière, ne créent, en un mot, aucun danger, et peuvent être arrêtés ou mis en marche à volonté par la simple manœuvre d'un robinet sans jamais rien dépenser alors qu'ils ne travaillent pas. Nous décrivons, d'ailleurs, dans les articles spéciaux, différents types de ces moteurs, on pourra ainsi apprécier plus facilement les nombreux avantages pratiques qu'ils présentent sur la machine à vapeur. Il y a lieu de penser, enfin, que si la question de transmission de la force par l'électricité trouve bientôt une solution, les petits moteurs électriques recevront là de nombreuses applications et arriveront à supplanter dans bien des cas la machine à vapeur. Il faut considérer en effet que, pour les petits moteurs, l'application de cette machine perd la plupart de ses avantages économiques sur les autres types, car il est impossible d'y utiliser la vapeur dans des conditions satisfaisantes sans les compliquer outre mesure, et surtout les pressions qu'on est obligé d'admettre pour améliorer le rendement, créent un danger permanent d'explosion aussitôt qu'elles sont un peu élevées. Les ouvriers qui les dirigent ont leur attention absorbée par leur travail, ils n'ont pas le temps ni souvent les connaissances nécessaires pour surveiller la machine comme le ferait un mécanicien de profession, alimenter en temps utile, prévenir les pressions exagérées, etc., et le moteur reste toujours un peu abandonné à lui-même. Malgré ces inconvénients, l'application des petits moteurs à vapeur s'impose cependant dans tous les points écartés des villes où on ne peut pas disposer d'une distribution de gaz et d'une transmission spéciale, seulement il convient alors, pour se mettre sûrement à l'abri de tout accident, d'adopter des moteurs fonctionnant à la pression la plus réduite, inférieure même, si possible, à la pression atmosphérique. La consommation de combustible est alors un peu augmentée, mais on obtient, par contre, même avec les agents les plus inexpérimentés, une entière sécurité de marche qui compense et au delà cet inconvénient.

Cette idée a fourni le principe des essais les plus récents de petits moteurs, et nous citerons, notamment, l'appareil Davey construit, en France, par M. Albaret, de Liaucourt, qui a figuré, à Paris, à l'Exposition agricole de 1885; nous en représentons les coupes dans les deux figures 362 et 363 reproduites d'après la *Nature* (V. n° du 4 avril 1885). La machine est à piston avec distribution par tiroir d'un type assez semblable, toutefois, à celui des premières machines de Papin, c'est-à-dire que la vapeur produite à l'air libre n'agit pas dans le cylindre E pour soulever le piston, mais simplement pour faire le vide par condensation sur la face résistante en permettant ainsi à la pression atmosphérique de déplacer le piston en exerçant son action sur la face motrice. La machine est à double effet néanmoins, le piston et son cylindre E fermé aux deux bouts, tous deux en bronze, baignent directement dans la chaudière B à la partie supérieure de celle-ci, et le tiroir de distribution est commandé par une manivelle mue par un excentrique calé sur l'arbre moteur. Chacune des deux faces du piston se trouve mise alternativement par le jeu du tiroir, en communication avec l'air extérieur, tandis que l'autre communique avec le condenseur, et la distribution s'établit ainsi dans les mêmes conditions que sur les machines ordinaires où la vapeur fournit la pression motrice.

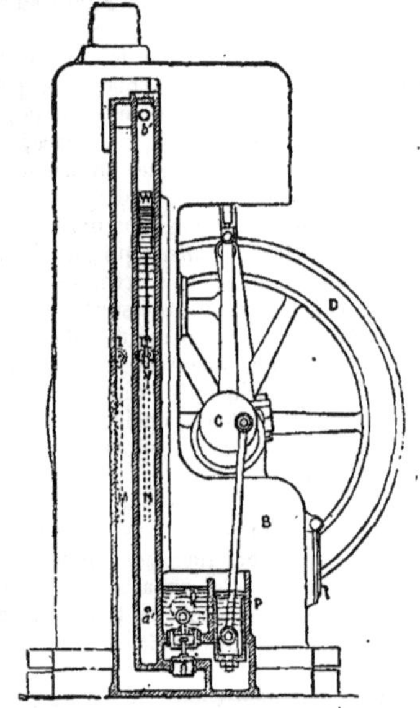

Fig. 362. — *Moteur Davey. Coupe verticale du condenseur.*

Le condenseur est formé par une longue caisse de fonte M disposée verticalement ainsi que le réservoir d'alimentation à côté de la chaudière, et faisant corps avec elle; il reçoit l'eau froide arrivant d'un réservoir extérieur par le tube M et débouchant par le robinet I. La pompe à air P est actionnée, comme l'indique la figure, par une manivelle calée sur l'arbre moteur C; elle déverse l'eau aspirée avec l'air du condenseur, dans un récipient extérieur, par la bouche Q, d'où l'eau s'échappe latéralement. A côté du condenseur est disposée la bâche d'alimentation WN dont on voit aussi la coupe figure 362, celle-ci est en communication avec la chaudière proprement dite, par deux canaux situés, l'un au bas *a'*, et l'autre *b'* au haut de la chaudière. Dans ces conditions, le niveau se maintient toujours le même dans la chaudière et la bâche qui en fait partie essentielle pour ainsi dire. L'alimentation est assurée dans la bâche par le tuyau N muni d'un robinet I'. Un flotteur W assure l'alimentation automatique de la chaudière, il porte à cet effet un bouchon conique V qui pénètre dans l'orifice du tuyau d'alimentation et l'obture plus ou moins suivant que l'eau monte ou descend au-dessous de son niveau normal. La chaudière BG, représentée en coupe fig. 363, est en fonte; elle est formée d'une enveloppe annulaire entourant le foyer A, et elle est munie en outre de plusieurs bouilleurs qui traversent celui-ci. Elle porte enfin une soupape V' disposée au-dessus du cylindre et qui n'est jamais chargée, la chaudière devant toujours marcher sans pression. Mentionnons enfin une disposition particulière fort intéressante de la pompe à air du condenseur: celle-ci est à simple effet avec un piston P sans garniture; mais pour éviter toute fuite, ce piston découvre en arrivant au bas de sa course un petit orifice ménagé dans la cloison qui le sépare du récipient Q, comme le représente la figure, et il admet ainsi, sur la face supérieure, l'eau venant de la bâche d'alimentation qui forme une sorte de joint hydraulique en s'écoulant entre le piston et son cylindre. Grâce à cette disposition, la pompe peut fonctionner dans des conditions satisfaisantes, même aux grandes vitesses.

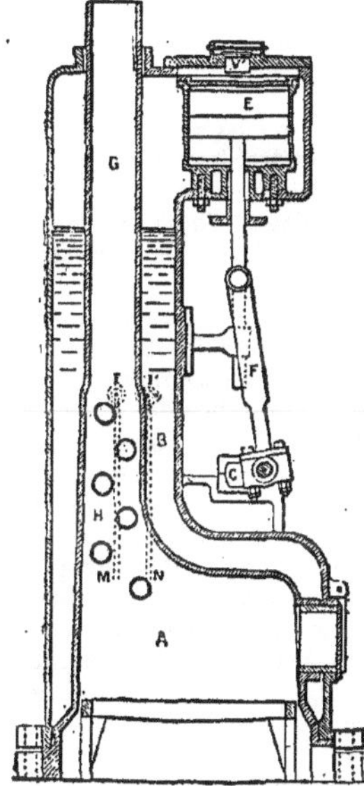

Fig. 363. — *Moteur Davey. Coupe verticale du cylindre de la chaudière.*

Ce petit moteur excessivement simple est, comme on le voit, tout à fait exempt de dangers, et peut s'installer partout sans autorisation; il peut fournir une puissance variant de 1/4 de cheval à 3 ou 4 chevaux suivant les types; les types plus puissants sont munis toutefois d'un régulateur à boules, agissant sur la valve d'admission de la vapeur dans le condenseur.

Pour une machine ainsi disposée, de la force d'un cheval, effectuant 125 tours par minute, la consommation de coke par cheval et par heure s'élève en moyenne à $3^k,700$, y compris celui de la mise en marche. La consommation d'eau d'alimentation atteint en moyenne 33 litres, et 570 litres pour le condenseur. L'eau d'alimentation arrive à la chaudière à une température de 35°, celle qui s'écoule du condenseur est portée à 48° environ.

A côté du moteur Davey, il convient de citer le moteur Abel Pifre qui se recommande aussi par sa grande simplicité. La chaudière y est installée autour du foyer analogue à un poêle calorifère, disposé toutefois de manière à assurer une vaporisation abondante. Le feu s'allume au bas d'une colonne qu'on remplit ensuite de coke, et la combustion se maintient avec la plus grande régularité sans aucune surveillance tant qu'il reste du coke dans la colonne, et il suffit d'y verser du charbon de temps à autre pour obtenir une production de vapeur absolument continue et bien régulière. Nous n'insisterons pas davantage sur la description de ce moteur qu'on trouvera dans la *Nature* (voir le numéro du 15 août 1885); disons seulement que la machine est du type à pilon, le cylindre et le tiroir, baignés de vapeur, fonctionnent sans avoir besoin d'être lubrifiés par aucun corps gras. La machine est munie d'un condenseur à surface formé par une simple circulation d'eau autour du tuyau d'échappement; l'eau de condensation est reprise par la pompe alimentaire et réintroduite, bien aérée et exempte de matières grasses, dans la chaudière. Un avertisseur électrique prévient d'ailleurs de toute interruption qui pourrait se produire dans l'alimentation.

Un petit moteur ainsi disposé, de la force de 1/4 de cheval, pèse 350 kilogrammes et n'occupe qu'un emplacement de 1 mètre sur 0,60 de large avec une hauteur de $0^m,70$. Il peut être appliqué avec avantage à tous les besoins de la petite industrie, et même à ceux de la petite navigation à vapeur, car M. Pifre a pu l'installer sur un canot de $6^m,50$ de longueur, qu'un homme seul peut ainsi chauffer et diriger sans difficulté.

Machines marines (Considérations générales sur les). Le rôle de l'ingénieur qui fait le projet d'une machine marine consiste à loger la machine la plus puissante possible dans un espace donné. Il trace ce projet en grandes lignes et abandonne aux dessinateurs l'exécution des détails; ceux-ci, peu familiarisés avec les exigences du service à bord, ne se préoccupent pas trop de contribuer à la commodité de la conduite de cette machine, lorsque, plus tard, les mécaniciens devront en tirer le meilleur parti, dans toutes les circonstances de temps ou de mer, suivant les ordres que leur donne le commandant du navire. Il en résulte que sur nombre de bâtiments les coursives sont ridiculement étroites, l'accès des pièces en mouvement est difficile et parfois dangereux, les échelles de descente dans les chambres de chauffe exigent des mécaniciens de corpulence spéciale, pour pouvoir y circuler, les parquets sont parsemés d'embûches que le plus souvent il aurait été facile d'éviter.

On ne tient pas assez compte, dans les projets, du rôle important que joue la facilité des démontages et des visites, cependant il peut se présenter tels cas dans lesquels l'économie de quelques heures peut contribuer à la perte ou au salut du bâtiment.

On s'attache à produire les machines les plus puissantes et en même temps les moins lourdes que faire se peut; cela se conçoit assez, puisque l'on ne dispose que d'un exposant de charge donné, mais il faut cependant que la légèreté ne soit pas réalisée au détriment de la sécurité et qu'il reste un facteur de sûreté suffisant pour qu'en lançant la machine à son allure maximum, on n'atteigne pas un point trop rapproché de la limite de résistance des divers organes.

Le constructeur, de son côté, essaie de réaliser toutes les économies compatibles avec les conditions du marché. Ainsi, pour épargner des travaux d'ajustage, il fait, parfois, fondre d'un seul morceau le cylindre et son fond, ou le cylindre et la boîte à tiroirs. On met ainsi en présence, dans le même moule, des masses énormes de fonte qui sont contiguës avec des parties très déliées, dans le voisinage des orifices et vers les parois des boîtes à tiroirs. Pendant le retrait, cette fonte est tiraillée en tous sens, il en résulte qu'à la sortie du moule, certaines molécules sont dans un état de tension peu éloigné de la rupture, que cette rupture d'équilibre existe pour ainsi dire à l'état latent, et qu'elle se révèle par des criqûres d'abord, puis par des fêlures qui passent à l'état de fentes, lorsque la pièce est soumise à des efforts successifs, de dilatation ou de contraction, selon que la machine est en marche ou au repos. C'est à des faits de ce genre que l'on doit imputer le changement forcé des cylindres des premiers cuirassés, *Normandie, Solférino*, etc., et que l'on devra peut-être le remplacement des cylindres de la *Dévastation*, si la réparation qu'on y a faite n'arrête pas la propagation des fêlures, entre les boîtes à tiroirs et le cylindre.

Depuis plusieurs années, les circulaires ministérielles prescrivent que toutes les pièces de rechange doivent être livrées prêtes à être mises en place; c'est une excellente mesure à l'exécution de laquelle on ne saurait trop tenir la main. En dehors des conditions particulières imposées par de nombreuses dépêches ministérielles et généralement insérées à la suite des marchés passés pour les fournitures par l'industrie, voici quelques précautions qu'il serait fort utile d'observer :

Machines. Laisser un certain jeu, lors de la liaison des pièces entre elles, pour que les effets irrésistibles de la dilatation puissent se produire sans entraîner le bris des organes. A cet effet, lorsque les cylindres sont reliés entre eux par les hauts au moyen de fortes entretoises, ne serrer ces entretoises, *à bloc*, qu'après que les machines ont fonctionné quelque temps sur place et pendant qu'elles sont encore chaudes. Ajuster les fonds et les couvercles munis de tuyaux réchauffeurs, avec le jeu nécessaire pour que leur dilatation puisse s'effectuer librement dans les cylindres.

Paliers. Pourvoir les paliers, en général, de vis permettant de ramener les axes des arbres dans les lignes primitives du montage.

Arbres. Lorsque l'arbre de la machine est en trois morceaux, le disposer en trois tronçons symétriques, de manière à les rendre interchangeables en cas d'avaries.

Ligne d'arbres. Rendre facile le démontage et la réparation des cales de touche du tourteau d'embrayage, en emmanchant les dés en bronze par l'arrière du tourteau, au lieu de les enfiler par l'avant, méthode qui conduit à l'enlèvement d'un bout d'arbre et quelquefois au démontage d'une cloison pour pouvoir sortir ces dés (fig. 370).

Bielles. Placer entre les joues du chapeau et de la bielle, et entre les lèvres des coussinets, des cales d'épaisseurs variées, depuis celles en clinquant jusqu'à celles de 2 ou 3 millimètres, afin de permettre de régler le serrage des coussinets sur la portée, sans être obligé de sortir les boulons et de limer l'épaisseur voulue sur une cale unique ou sur les lèvres des coussinets. Appliquer des freins d'un modèle efficace sur les écrous de serrage.

Couvercles en général. Munir les couvercles, les fonds, les bouchons de cylindre, les portes de visite et les coquilles de casse-joints, en nombre suffisant, pour éviter le décollage à l'aide de coins, procédé auquel on doit la rupture de nombreuses fermetures.

Pistons. Adopter un mode de retenue des bouchons des trous de sable, tel que les boulons ne puissent se désemparer et laisser tomber les bouchons dans le cylindre, circonstance qui a déterminé plusieurs défoncements de couvercles et de fonds ou le faussement des tiges du piston. Installer une méthode commode pour le centrage des pistons dans les machines à cylindres horizontaux. Préférer l'augmentation de hauteur du piston à l'addition d'une contre-tige pour atténuer l'ovalisation des cylindres horizontaux, ces contre-tiges entravent la circulation, le plus souvent, peu commode sur les parquets; cette augmentation de hauteur peut-être obtenue par un talon qui viendrait se loger dans une rainure pratiquée dans le fond du cylindre. Fournir une échelle exacte de la tare des ressorts qui pressent la garniture ou les garnitures.

Condenseurs. Pour les grands appareils, faire les coquilles au moins en deux morceaux. Faciliter la visite des tubes, des clapets, et l'enlèvement des graisses du fond des condenseurs.

Pompes de circulation. Installer une disposition qui permette de débarrasser les crépines d'arrivée d'eau des algues marines qui peuvent venir les obstruer, soit en refoulant de l'eau, soit en dirigeant un jet de vapeur entre le robinet et la crépine.

Pompes à air. Rendre facile le remplacement des clapets, sans être obligé d'effectuer préalablement de longs démontages, cas qui se présente trop fréquemment.

Démontages en général. Faciliter les démontages par l'établissement d'une poutre roulante de section convenable, au-dessus des machines à pilon et de quelques bouts de chemins de fer munis de ridoirs à galets, au-dessus des principales pièces lourdes que l'on doit visiter fréquemment.

Tuyautage. Indépendamment des teintes conventionnelles que doivent recevoir les tuyaux selon l'usage auquel ils sont destinés (*Bulletin officiel*, 2e semestre, 1881, p. 231), pourvoir chaque tuyau d'un baptême gravé sur une plaque en cuivre appliquée dans l'endroit le plus apparent du parcours. Installer sur chaque tuyau de refoulement, une soupape de sûreté de section suffisante pour éviter la rupture du tuyau, en cas d'oubli d'ouverture de l'orifice de sortie (accident du *Laclocheterie* à Cherbourg, mars 1885).

Robinets. S'assurer que, pour les robinets creux, il existe assez de matière autour du tournant, afin que le robinet puisse être manœuvré, dans toutes les circonstances, sans crainte de décoller ce tournant. Munir de brides de sûreté tous les robinets de prise d'eau appliqués directement contre la muraille du bâtiment, ainsi que les robinets d'extraction. Dans le cas de robinets à plusieurs voies, conserver assez de portée autour des divers orifices du boisseau, pour ne pas s'exposer à des fuites, lors même que le robinet n'est pas ouvert de ce côté. Avoir des indications très nettes pour l'ouverture ou la fermeture du robinet.

Nous complèterons ces indications en résumant d'après les cahiers des charges de la marine, les conditions techniques applicables à toutes les fournitures d'appareils à vapeur marins, commandés à l'industrie privée par le département de la marine ; nous omettrons seulement les clauses purement administratives.

Dispositions générales des machines principales. Les cylindres à basse et à haute pression, leurs couvercles et leurs fonds seront munis d'une enveloppe dans laquelle la vapeur sera admise à la pression des chaudières. Les corps de tous les cylindres seront rapportés ; ils seront en fonte dure, à grain serré, boulonnés avec soin avec les cylindres à l'une des extrémités, et ajustés de l'autre par un joint permettant la dilatation du métal. La largeur de l'espace qui reçoit la vapeur formant enveloppe ne sera pas inférieure à 20 millimètres. Les surfaces intérieures des fonds et des couvercles seront bien dégauchies au tour, ainsi que celles des deux côtés des pistons moteurs. Le jeu des pistons dans le fond des cylindres ne sera pas supérieur à 15 millimètres du côté de l'arbre et à 10 millimètres du côté opposé. La table des cylindres à haute pression sera rapportée ; elle sera faite en fonte et fixée au cylindre avec grand soin par un nombre de vis suffisant à tête fraisée. Les cylindres seront pourvus à chaque extrémité de soupapes de sûreté renfermées dans des boîtes convenablement disposées, pour prévenir tout danger occasionné par l'eau chaude qui pourrait s'en échapper. Le fournisseur établira les installations nécessaires pour la mise en place des indicateurs dans le haut et dans le bas des cylindres. Il y aura, en outre, des robinets avec des tuyaux aboutissant dans la cale pour purger les cylindres, et des trous d'homme pour visiter les pistons.

Les purges des cylindres détendeurs aboutiront aux condenseurs. Tous les tuyaux de purge de toutes les enveloppes communiqueront avec les condenseurs ou les bâches.

Tiroirs. Les tiroirs seront en fonte dure à grain serré et garnis d'antifriction. Ils seront, en général, installés avec des compensateurs destinés à diminuer la charge résultant de la pression de la vapeur. Les tiges des tiroirs seront en acier. La course des tiroirs et la grandeur des orifices seront réglées suivant les usages de la marine.

Mécanisme de détente. L'appareil de détente sera disposé de manière à diminuer le plus possible l'importance des espaces morts. Si, pour cet appareil, on a recours à l'emploi de tiroirs, ces tiroirs seront garnis d'antifriction. Tout sera disposé pour permettre de se débarrasser facilement des appareils de détente, sans que l'on soit obligé d'avoir recours, pour cela, à des démontages d'autres parties de la machine.

Mise en train. Le système de mise en train sera disposé pour pouvoir être manœuvré à volonté, soit à bras d'homme, soit par un mécanisme spécial à vapeur. On installera les valves ou soupapes nécessaires pour que la mise en train, en avant ou en arrière, puisse toujours être effectuée quelle que soit la position des pistons.

Graissage. Les principaux organes, les tiroirs de détente, aussi bien que les tiroirs de garniture, ou autres organes d'admission, seront pourvus de moyens efficaces de graissage permettant de faire varier les consommations d'huile suivant les besoins et eu égard au nombre de tours. L'huile minérale sera seule employée pour le graissage des divers tiroirs et des cylindres.

Habillement des principaux organes. Les cylindres et leurs couvercles, les boîtes à tiroirs fixes et de détente et leurs couvercles, les boîtes d'admission en général, les condenseurs et toutes les surfaces chauffées par la vapeur seront revêtus de feutre protégé par une enveloppe en bois ou en tôle mince, proprement tenue par des bandes de cuivre partout où cela sera nécessaire.

Pistons. Les pistons seront construits d'après des plans préalablement acceptés ; leur garniture sera pressée sur la circonférence par une série de ressorts. Les bagues des pistons seront garnies d'antifriction. Les écrous de la couronne du piston seront en bronze et les boulons maintenus avec des freins.

Tiges de piston. Les tiges de piston seront en acier avec double presse-étoupe. Des dispositions seront prises pour que l'on puisse les serrer sans stopper la machine. Les surfaces des coulisseaux des tiges du piston seront aussi grandes que possible, et les coulisseaux seront disposés de manière à permettre de corriger le jeu.

Bielles. Les bielles seront en acier ; la longueur entre les centres sera au moins égale à deux fois la course du piston. Leurs coussinets seront en bronze et garnis d'antifriction ou de métal blanc. Les coussinets de pied de bielles seront revêtus de métal blanc ou bronze Bugnot.

Arbres. L'arbre à manivelles sera en acier ; avant d'être mis en place, il sera spécialement examiné par l'officier chargé du contrôle ; il sera, à moins d'une indication contraire relatée au marché, divisé en trois parties séparées, réunies par des plateaux venus de forge avec elles et solidement boulonnées ensemble. Le diamètre des tourillons de manivelles sera au moins aussi grand que celui des tourillons de l'arbre et leur longueur égale au diamètre, si cela est praticable.

Les coussinets de l'arbre à coudes seront en bronze revêtus de métal blanc ou bronze Bugnot, et disposés pour être enlevés sans que l'on soit obligé de démonter l'arbre.

A moins d'indications contraires, les arbres intermédiaires, en acier fondu, seront assemblés avec des joints fixes, pour les navires en fer; mais, pour les navires en bois, un des arbres intermédiaires sera suspendu par un double joint à la Cardan.

Les coussinets de la ligne d'arbres pourront être en fonte garnie de métal antifriction ou de métal blanc.

Les arbres porte-hélice, en acier fondu, seront garnis, dans toute la partie exposée à l'eau de mer, d'une chemise en bronze au partage des coussinets et du presse-étoupe, et d'une chemise en cuivre rouge sans soudure appliquée conformément aux usages de la marine. La butée n'aura pas moins de neuf collets; les coussinets seront revêtus de métal blanc. Tous les arbres auront les dimensions fixées au devis-annexe du marché.

Chaque machine sera pourvue d'un frein, d'un appareil à virer et d'un système de désembrayage.

Tube d'étambot. Les tubes traversant l'arrière de chaque bord seront, en général, établis par les soins de la marine; mais les coussinets garnis de gaïac des extrémités et les presse-étoupes nécessaires, ainsi que les coussinets des supports d'hélice extérieurs seront exécutés par le fournisseur.

Hélice. Les hélices seront établies conformément au plan de détail qui sera ultérieurement dressé par le fournisseur. Elles seront en bronze. Le diamètre de chaque hélice, le pas et la fraction de pas seront déterminés sous sa responsabilité, après entente avec l'Administration de la marine. Pour la marche en avant, le pas de l'hélice de la machine sera à droite quand il n'y aura qu'une hélice. Pour les navires à deux hélices, il sera à droite pour la machine de tribord, et à gauche pour celle de babord.

Condenseurs. Les condenseurs à surface seront munis d'une injection spéciale, de telle sorte qu'ils puissent fonctionner comme des condenseurs ordinaires; ils seront disposés pour que les tubes puissent être facilement garnis par leurs extrémités et enlevés sans qu'il soit nécessaire de démonter une partie quelconque des machines qui ne puisse être déplacée et replacée avec facilité. Des trous d'homme seront pratiqués pour visiter l'intérieur de chaque condenseur et permettre d'examiner l'état des tubes. En outre, on mettra des robinets dans le but de vider l'eau de circulation quand les machines sont stoppées. On fera les installations nécessaires pour nettoyer les condenseurs par l'eau chaude des chaudières, et pour permettre d'injecter de l'alcali dans les bâches. Il ne sera mis aucune pièce de fer dans l'intérieur des condenseurs.

Les tubes seront en laiton, étamé intérieurement et extérieurement; ils devront contenir au moins 70 0/0 de cuivre pur. On en soumettra une partie formant au moins un poids de 1k,80 aux mêmes épreuves et analyses que celles qui sont faites pour les tubes des chaudières. Les plaques à tubes seront en bronze; on ajoutera, si cela est nécessaire, des plaques intermédiaires de support également en bronze. Les tubes seront assemblés avec les plaques par des garnitures en fil de coton, ou en caoutchouc, serrées par des presse-étoupes à vis; l'eau de circulation passera par les trous du faisceau, à l'intérieur des tubes.

Le vide dans chaque condenseur sera indiqué par un manomètre du système Bourdon.

Pompes à air. Les plongeurs ou les corps et pistons des pompes à air seront en bronze. Ces pompes seront assez grandes pour permettre de se servir des condenseurs, comme de condenseurs ordinaires, à une allure réduite. Les tiges des pompes à air seront en bronze; les sièges et les butoirs des clapets de pied et de décharge seront également en bronze, les clapets seront en caoutchouc de la meilleure qualité.

Pompes alimentaires de cale. Il y aura au moins deux pompes alimentaires et une pompe de cale par chaque groupe de machines principales, les deux pompes alimentaires de chaque groupe seront capables de fournir, à l'ensemble des chaudières, la quantité d'eau nécessaire à la marche de tous les groupes à la puissance maximum.

Les pompes de cale seront silencieuses. Des robinets d'arrêt seront adaptés sur les tuyaux d'aspiration et de refoulement de ces pompes, pour qu'on puisse visiter leurs clapets en marche. Des manomètres seront installés sur les pompes d'alimentation, ils seront gradués au double de la pression des chaudières. L'une des pompes de cale pourra aspirer, s'il y a lieu, dans les puisards ou dans le tuyau principal du drain. Toutes ces pompes et leurs boîtes seront en bronze.

Machines auxiliaires. Chaque machine auxiliaire pour circulation d'eau dans les condenseurs sera à pilon et pourvue d'un mécanisme de détente; l'échappement de la vapeur se fera dans le condenseur.

Pompes. Les pompes de circulation seront centrifuges et actionnées directement par les machines auxiliaires. Les pales des turbines seront en bronze. Chacune des pompes rotatives sera installée pour pouvoir aspirer à la mer et à la cale, et envoyer de l'eau dans le condenseur correspondant. Les dimensions des machines auxiliaires de circulation seront calculées de telle sorte que chacune d'elles puisse refouler 450 litres d'eau par cheval et par heure, en aspirant à la cale et refoulant à une hauteur de 8 mètres au-dessus de la crépine d'aspiration, quand ces machines fonctionneront à pleine introduction.

Toutes les précautions seront prises, pour empêcher les saletés de la cale d'être entraînées dans la pompe ou dans le condenseur et pour prévenir la rentrée d'eau de l'extérieur à l'intérieur.

Les tuyaux de refoulement, les robinets d'entrée et de sortie, les manchons de prise d'eau, les crépines, les clapets de retenue font partie de la fourniture.

Les appareils de circulation seront pourvus d'une disposition spéciale qui permette de s'assurer, dans le cas d'épuisement des eaux de la cale, si la pompe fonctionne réellement. Les dimensions des machines auxiliaires pour circulation d'eau dans les condenseurs seront données au devis-annexe du marché.

Les ventilateurs, quand il y en aura, seront d'un système admis par la marine. Les tuyaux d'arrivée et de sortie de vapeur et leur robinetterie font partie de la fourniture; l'échappement se fera dans le condenseur; les conduits d'air seront fournis par la marine.

Petits chevaux. Les pompes à vapeur spéciales, destinées à pourvoir à l'alimentation des chaudières, pendant que la machine sera arrêtée, seront pourvues d'un tuyautage de refoulement complet et indépendant des pompes alimentaires attenant à la machine. Les corps de pompe seront en bronze.

Ces pompes seront installées pour aspirer à la mer et à la cale, et aussi pour refouler sur le pont. Elles seront pourvues de soupapes de sûreté; des clapets de retenue sur l'aspiration à la cale seront installés pour prévenir tout danger qui pourrait provenir de ce que l'on aurait laissé les robinets ouverts à la mer. Le nombre et les dimensions des petits chevaux seront donnés au devis-annexe.

Manchons de prise d'eau. Les manchons qui passent dans les côtés ou dans les fonds du navire seront en bronze pour les navires en bois et en fonte de fer pour les navires en fer; les grillages d'aspiration d'eau de mer seront en cuivre dans le premier cas et en tôle zinguée dans le second.

Aspiration des tuyaux à la cale. L'extrémité des tuyaux d'aspiration à la cale sera garantie par des grillages convenables en tôle zinguée, qui seront installés pour prévenir l'engorgement.

Fermeture des prises d'eau. Toutes les ouvertures à la mer seront fermées par un robinet de bronze, il sera ajouté un second robinet, dit *de sûreté*, quand cela sera demandé.

Tuyaux. Tous les tuyaux, y compris ceux d'aspiration des pompes rotatives, ceux de refoulement aux condenseurs et ceux d'évacuation à la mer seront en cuivre rouge. Jusqu'au diamètre de $0^m,15$, les tuyaux seront sans soudure ; ils peuvent être soudés pour les chaudières au-dessus de $0^m,15$; toutefois, le tuyau d'alimentation sera en cuivre rouge sans soudure. L'épaisseur de ces tuyaux sera de $0^m,0035$ pour tous ceux de $0^m,10$ à $0^m,20$; de $0^m,005$ pour tous ceux de $0^m,20$ à $0^m,30$; de $0^m,006$ pour tous ceux de $0^m,30$ à $0^m,50$ et de $0^m,007$ pour les tuyaux de $0^m,50$ et au dessus. Pour tous les tuyaux d'alimentation, l'épaisseur sera augmentée d'un demi-millimètre; pour les tuyaux d'évacuation des soupapes de sûreté, au contraire, l'épaisseur ne sera que de $0^m,0035$.

Tous les tuyaux auront des collerettes en bronze; ils seront munis, au besoin, de joints à presse-étoupes en bronze, partout où l'ingénieur chargé de la surveillance et du contrôle des travaux jugera utile qu'il en soit établi, pour éviter les ruptures qui pourraient être occasionnées par un effet de contraction ou de dilatation du métal, ou par le jeu de la charpente du bâtiment.

Robinetterie, boulonnage. Les brides, boulons et robinets sont exécutés conformément aux règles suivies dans les arsenaux de la marine; il en sera de même du filetage de tous les boulons et écrous, sans aucune exception, en ce qui concerne la forme des filets et leur pas, par rapport au diamètre. Le boulonnage des tuyaux sera en fer, sauf celui des tuyaux exposés à être mouillés par les eaux de la cale, lequel sera en bronze.

Habillement des tuyaux. Tous les tuyaux de vapeur et d'échappement aux condenseurs seront revêtus de feutre et de toile, suivant l'usage, ou protégés de toute autre manière qui sera approuvée par l'ingénieur chargé du contrôle et de la surveillance des travaux.

Horloge. Une horloge par appareil spécial, du modèle Collin, adopté par la marine, marchant huit jours, sera installée dans la chambre des machines.

Compteur. Il y aura, par appareil spécial, un compteur du système Daschiens, grand modèle.

Bassins à huile. Des bassins seront installés pour toutes les parties frottantes des machines et pour les coussinets de l'arbre de l'hélice; l'huile des parties centrales des machines sera recueillie dans un grand bassin formant puisard à sa partie basse. On fournira une petite pompe à main aspirant dans ce puisard, de telle sorte que son contenu puisse être enlevé pendant que les machines fonctionnent.

Essais des pièces. Les cylindres à haute pression et les boîtes à tiroirs, toutes les boîtes de vapeur, enveloppes, tuyaux et autres pièces qui ont à supporter la pression de la vapeur des chaudières, aussi bien pour les machines principales que pour les machines auxiliaires, seront éprouvés à l'eau sous une pression de $8^k,30$ par centimètre carré; les boîtes à soupapes et les réservoirs d'air à la pression de 9 kilogrammes; les cylindres à basse pression et les réservoirs à la pression de $4^k.500$; les condenseurs, les bâches et autres pièces à celle de $2^k,100$. Les condenseurs seront essayés à la pression indiquée, dans les chantiers de construction et, pour cette épreuve, ils seront placés de telle sorte que toutes les parties en soient accessibles et puissent être examinées par l'officier chargé du contrôle.

Chaudières. L'appareil évaporatoire sera installé conformément aux plans spéciaux qui s'y rapportent. Chaque corps sera disposé pour être mis en service indépendamment des autres. Les foyers, quand ils seront cylindriques, seront construits par tronçons dans le sens de la longueur, avec des tôles à collerettes rabattues entre lesquelles on logera une cale annulaire; les collerettes seront ensuite rivées ensemble. Les autels seront percés, et les dispositions seront prises pour régler, au degré d'ouverture qui sera reconnu nécessaire, le passage de l'air à travers ces orifices. Les autels seront disposés de manière à pouvoir réduire, au besoin, la surface de grilles dans le cas d'un tirage forcé. Chaque chaudière sera pourvue d'un manomètre, d'une soupape de sûreté, d'une soupape d'avertissement et d'un tuyau de prise de vapeur intérieur, pour s'opposer aux projections d'eau. Ce tuyau, en laiton, de $0^m,0035$ d'épaisseur, s'étendra dans toute la longueur des chaudières, et sera percé transversalement de fentes étroites pour laisser passer la vapeur.

Il y aura des indicateurs de niveau d'eau du système Dupuch perfectionné, au nombre de un par corps, des robinets de jauge, des thermomètres pour déterminer la température de la vapeur dans les tuyaux de vapeur des cylindres, enfin, un système de tuyaux pour jets de vapeur dans la cheminée. Les tuyaux d'alimentation seront prolongés dans l'intérieur.

Dans chaque corps, trois plateaux ou lames de zinc, de $1^m,20$ à $1^m,30$ de longueur, $0^m,25$ de largeur et 7 à 8 millimètres d'épaisseur, seront suspendus pour prévenir la corrosion.

Les foyers, les plaques à tubes, les boîtes à feu, les cornières seront en fer ; toutes les autres parties seront en acier fondu. Les dimensions principales des chaudières seront indiquées au devis-annexe.

Les rivures longitudinales des enveloppes cylindriques seront assemblées à double rang de rivets. Tous les abouts longitudinaux de l'enveloppe seront à clin avec triple rang de rivets. Le matage des joints ne sera exécuté qu'après une visite de ces joints faite par l'ingénieur contrôleur qui s'assurera que les tôles sont bien accostées. Les entretoises, en fer à grain de premier choix, seront mises en place avec le plus grand soin, elles seront taraudées dans la tôle et rivées en gouttes de suif.

Les tubes seront en laiton sans soudure. Ils ne devront pas contenir moins de 68 0/0 de cuivre de la meilleure qualité; ils devront être soumis à telles épreuves que la marine indiquera; ces épreuves seront faites sur des échantillons d'un poids égal au moins à $4^k,50$. L'épaisseur moyenne des tubes sera de $0^m,0025$, et leur écartement ne sera pas inférieur à 111 millimètres de centre en centre ; ils seront tenus sur les deux côtés des plaques de tôle avec des bagues. Les tubes-tirant seront également en laiton de 5 millimètres d'épaisseur.

Dans la construction des chaudières, on prendra soin de réserver la place des trous d'homme ou de regard, au-dessus ou au-dessous des foyers, tant en vue du nettoyage que pour les réparations. Tous les trous de visite et de nettoyage aux extrémités des chaudières seront renforcés par des viroles. Les tirants seront disposés suivant un plan préalablement accepté, de manière à faciliter l'accès dans l'intérieur de la chaudière.

Un appareil d'extraction de surface et des robinets d'extraction de fond seront adaptés à chaque corps, et les tuyaux seront disposés pour que l'extraction dans chaque corps puisse être faite séparément.

Les soupapes de sûreté seront chargées avec des ressorts suivant un plan approuvé, et pourvu de mécanisme permettant de les soulager; elles devront pouvoir être manœuvrées du parquet des chauffeurs. La soupape d'avertissement supplémentaire, d'environ 20 millimètres de diamètre, chargée par un levier et un poids, sera adaptée de manière à être facilement aperçue. L'eau condensée de chaque boîte à soupape sera recueillie dans un réservoir qui sera placé dans telle partie qui lui sera assignée.

Tous les robinets d'alimentation, d'extraction, les soupapes d'arrêt et de sûreté, y compris leurs boîtes seront faits en bronze. Tous les tuyaux dans l'intérieur des chaudières seront en laiton. Tous les mécanismes intérieurs pour manœuvrer les soupapes de sûreté seront en bronze ou garnis en bronze aux articulations et aux collets pour prévenir la rouille ou l'adhérence. Des appareils avec lances, tuyaux mobiles et robinets seront fournis pour nettoyer les tubes par jets de vapeur. Les chaudières seront soigneusement peintes au minium; elles seront revêtues, suivant l'usage, de feutre épais et de toile incombustible ou d'une feuille de tôle zinguée de $0^m,0015$ d'épaisseur. Les parties de la chaudière qui avoisinent les conduits de fumée ou la cheminée, à une distance de $0^m,60$, ne seront pas revêtues de feutre; mais

	Cuivre	Etain	Zinc	Antimoine	Plomb
Coussinets de grande bielle sans antifriction, grains pour crapaudines. . .	84	16	2		
Coulisseaux, coussinets des lignes d'arbres et autres sans antifriction. plaques de frottement, touches pour tiroirs et pour manivelles, tiroirs, glissières, etc.	86	14	2		
Boîtes à étoupes, cadres pour compensateurs, colliers et chariots d'excentriques, cylindres des pompes à air, coussinets portant antifriction, douilles de presse-étoupes, engrenages, fourreaux pour pistons et pistons plongeurs de pompes alimentaires, presse-étoupes, robinets, clapets et sièges de clapets métalliques, soupapes, valves, cylindres et pistons de détentes, etc.	88	12	2		
Hélices, boîtes pour tuyautage, boulons, chapeaux de paliers, couvercles de pompes à air, sièges pour clapets en caoutchouc et butoirs, corps de pompes alimentaires et de cales sans frottement métallique, écrous, volants, garnitures de niveaux d'eau, boîtes d'alimentation, tiges de pistons, etc.	90	10	2		
Brides pour tuyautage, crépines, collerettes, récipients, calottes et tubulures pour tuyautage, tuyaux, etc.	94	6	2		
Antifriction	4	96	2		
Bronze Bugnot.	2.3	7.6	83.3	3.8	3

ces parties et toutes celles qui sont exposées à être chauffées à sec seront recouvertes d'un mastic incombustible. Les portes des conduits de fumée seront recouvertes de bois. Les plaques-parquets des chambres de chauffe seront en tôle de fer à relief de 0m,0095.

Quant aux détails qui ne sont pas particulièrement fixés, le fournisseur restera libre, sous sa responsabilité, de les exécuter de la façon qui lui paraîtra la meilleure pour satisfaire aux conditions de bon fonctionnement; mais, dans tous les cas, pour ceux d'entre eux qui intéressent particulièrement le rendement économique ou la solidité et la durée de l'appareil, tels que les pistons, les tiroirs, les compensateurs, les joints des tubes, les condenseurs, les garnitures en général, les presse-étoupes, etc., ils devront être, préalablement à l'exécution, agréés par l'ingénieur chargé de la surveillance et du contrôle des travaux, qui aura le droit de repousser toute disposition qui ne lui paraîtrait pas offrir de garanties suffisantes.

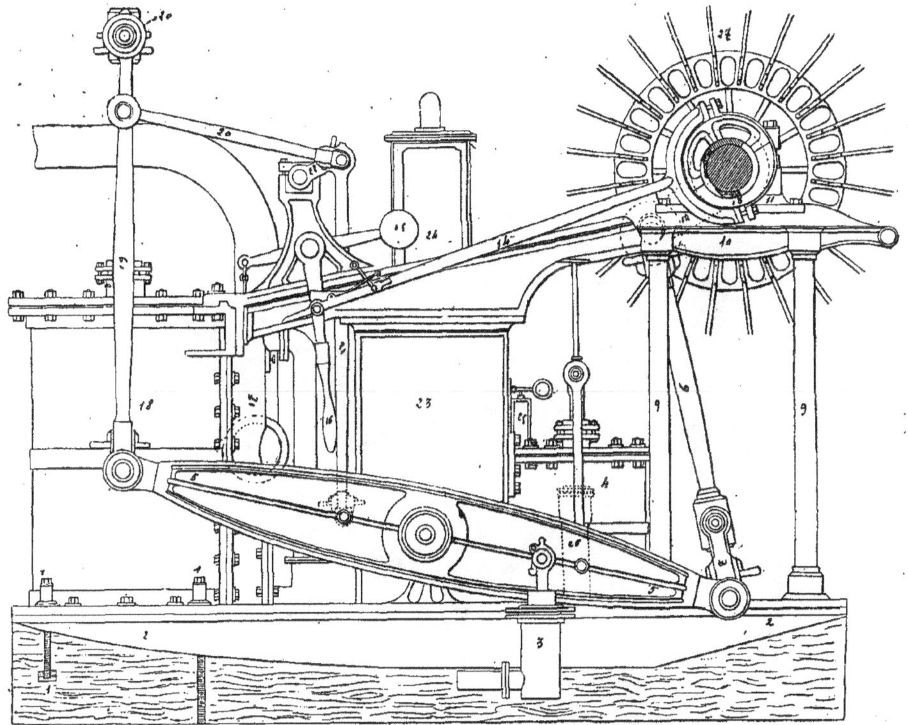

Fig. 364. — *Vue d'une ancienne machine à balancier.*

1, 1 Boulons de fondation. — 2, 2 Plaque de fondation. — 3 Pompe de cale. — 4 Pompe à air. — 5, 5 Balancier. — 6 Grande bielle. — 7 Menottes de la grande bielle. — 9, 9 Colonnes supportant l'entablement. — 10 Entablement. — 11 Palier de l'arbre — 12 Manivelle. — 13 Chariot d'excentrique. — 14 Bielle d'excentrique. — 15 Contrepoids du tiroir. — 16 Levier de manœuvre pour le renversement de marche. — 17 Boîte à tiroir. — 18 Cylindre à vapeur. — 19 Bielle pendante du T. — 20 T vu par côté. — 20, 21 Bielles du parallélogramme. — 22 Bras régulateur du parallélogramme. — 23 Condenseur. — 24 Bâche. — 25 Boîte de la pompe alimentaire. — 26 Pompe alimentaire. — 27 Moyeu et rayons de la roue.

Qualité et composition des matériaux. Tous les matériaux seront de bonne qualité et exempts de défauts préjudiciables. Les alliages des métaux entrant dans la composition des pièces de bronze devront être faits conformément au tableau de la page précédente.

Les pièces en acier de la machine seront fabriquées dans les fours Siemens-Martin. Conformément aux prescriptions de la circulaire ministérielle du 17 février 1868, les tôles de fer qui entrent dans la composition des chaudières seront des quatre catégories dénommées : tôles fines, tôles supérieures, tôles ordinaires et tôles communes, et les cornières d'une seule qualité désignée sous la dénomination de *cornières supérieures.*

Essais des tôles. Préalablement à la mise en œuvre, les tôles et cornières de fer seront soumises aux essais à chaud et à froid détaillés dans ladite circulaire du 17 février 1868, et dans celle du 6 mars 1874.

Les tôles d'acier proviendront de la fabrication des fours Siemens-Martin. Elles seront de la qualité indiquée dans la circulaire du 11 mai 1876 et seront soumises aux épreuves indiquées dans cette circulaire et dans celles du 7 mai 1877 et du 9 février 1885. Les essais à froid seront au nombre de un au moins, par deux corps de chaudières pour les cornières, et de deux au moins dans chaque sens, par corps, pour les tôles, savoir : moitié pour celles en acier et moitié pour celles en fer.

Ces essais seront faits par un ingénieur de la marine, soit dans les ateliers du constructeur, soit dans les forges où il s'approvisionnera, pourvu que ces forges soient situées dans les localités où la marine entretient des agents et où elle a des recettes à opérer, et que la totalité des tôles et cornières soit présentée en un seul lot, s'il n'y a que deux corps ou moins de deux corps, et, au plus, en autant de lots qu'il y a de fois deux corps dans la fourniture. Le fournisseur ne pourra arguer des retards qui seront apportés dans les opérations à faire dans les forges, pour obtenir une prorogation des délais qu'il aura acceptés, ou une exonération des pénalités qu'il aura encourues.

Surveillance. Aucune pièce ne pourra être recouverte de peinture, vernis ou mastic, qu'après avoir été visitée par la Commission chargée de constater les droits au paiement des acomptes.

Le ministre pourra faire contrôler l'exécution du travail par des ingénieurs et des agents de la marine qui s'assureront, tant dans les ateliers, pendant la construction, que dans le port, pendant le montage, de la bonne qualité des matériaux employés et des soins apportés à la fabrication des diverses pièces; ils vérifieront, quand ils le jugeront convenable, l'exactitude des pesées enregistrées sur les états. Les ingénieurs chargés de ce contrôle auront le droit de rejeter toute pièce qu'ils jugeraient de mauvaise qualité ou de fabrication défectueuse. Il demeure entendu, toutefois, que malgré l'exercice de ce droit, la Commission de recette conservera celui de rebu-

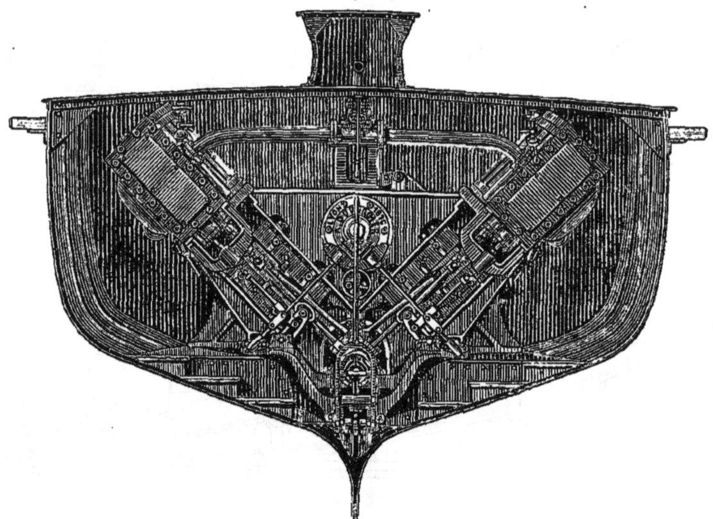

Fig. 365. — *Disposition des machines de la Compagnie des bateaux omnibus du service de Paris. Vue d'avant.*

ter toute pièce dont les essais auraient fait reconnaître les défauts, ou qui ne serait pas conforme aux stipulations du traité.

Pour les détails qui ne figurent ni dans les dispositions générales précédentes, ni dans les plans annexés au marché, le fournisseur restera libre, sous sa responsabilité, de les exécuter de la façon qui lui paraîtra la meilleure pour satisfaire aux conditions de bon fonctionnement. Toutefois, préalablement à l'exécution, ils devront être agréés par l'ingénieur chargé du contrôle des travaux; ce dernier aura le droit de repousser toute disposition qui ne lui paraîtrait pas offrir de garantie suffisante pour un bon fonctionnement, la faculté d'en référer au ministre restant toujours réservée au constructeur.

Essai des corps de chaudières. Les corps de chaudières seront essayés à l'eau froide, dans les ateliers du constructeur, sous la direction du service de la surveillance, qui s'assurera qu'ils peuvent supporter une pression double de celle qui correspond à la charge des soupapes de sûreté. Cet essai n'aura lieu que lorsque toutes les ouvertures destinées à recevoir les accessoires ou autres pièces auront été percées. Ils seront ensuite essayés à chaud dans les mêmes ateliers. Pendant cet essai, qui sera fait à la pression maximum des soupapes de sûreté, il ne devra se produire aucune fuite. L'essai à froid sera obligatoirement renouvelé en présence de la Commission de recette, avant ou après l'embarquement, au choix du fournisseur. Toutefois, dans le cas où après la mise en place à bord, celui-ci se trouverait dans la nécessité de pratiquer de nouvelles ouvertures, la marine se réserve le droit de renouveler l'essai à l'eau froide. Les entretoises ne doivent donner lieu à aucune fuite pendant ces essais.

Indicateurs. Les indicateurs de Watt seront fournis par la marine et vérifiés en présence du fournisseur. Le robinet attenant à l'indicateur aura une section au moins égale à 35 0/0 de la surface de son piston. Les indicateurs seront mis le plus directement possible en communication avec l'intérieur des cylindres, soit directement, soit par des tuyaux dont les sections et celles des tubulures dépasseront au moins de moitié celle du robinet attenant à l'indicateur. Les tuyaux seront livrés par le fournisseur, garnis de leurs robinets et prêts à recevoir les indicateurs; ils seront soigneusement enveloppés pour éviter les déperditions.

Pour rester dans les limites du cadre de ce *Dictionnaire*, nous ne donnerons ici que la description abrégée de quelques machines de types divers :

1° Une ancienne machine à balancier (fig. 364). qui n'a pour ainsi dire plus qu'un intérêt rétrospectif, attendu que depuis vingt-cinq à trente ans, ce genre de machine a été délaissé dans la marine ; elles occupaient beaucoup trop d'espace et étaient trop lourdes. La transformation du mouvement rectiligne alternatif du piston en mouvement circulaire pour les roues s'opérant comme suit : un té fixé à la tête de la tige du piston recevait deux bielles latérales qui venaient s'articuler sur un balancier de chaque bord du cylindre, l'autre extrémité du balancier était reliée à la manivelle de l'arbre des roues par une grande bielle. Pour conserver le mouvement rectiligne de la tige du piston, on employait le dispositif imaginé par Watt, et qui a conservé le nom que lui avait donné ce célèbre inventeur : le *parallélogramme*. Les tiroirs, en D, étaient conduits par une bielle d'excentrique, partant du chariot mobile ajusté sur l'arbre intermédiaire des machines à roues. Deux tocs solidement fixés sur l'arbre et contre lesquels venaient buter deux projections ménagées sur le chariot, permettaient la marche en avant ou en arrière. Nous ne nous étendrons

Fig. 366. — *Disposition des machines de la Compagnie des bateaux omnibus du service de Paris. Vue d'arrière.*

pas davantage sur cette description, la légende complète de la figure en rend la compréhension facile :

2° La vue avant et arrière des machines des bateaux omnibus de la Seine. Ces machines sont composées de deux cylindres égaux inclinés à 45° entre lesquels se trouve la pompe à air. Elles sont munies d'une détente variable, ce qui les rend assez économiques, bien que le degré de détente ne soit pas poussé aussi loin qu'il aurait pu l'être, en faisant usage de machine à détente séparée. Tous les divers organes sont soigneusement revêtus de feutre et de bois pour éviter toute déperdition de chaleur par radiation ; ainsi qu'on le voit sur les figures 365 et 366, l'arbre de l'hélice est placé au milieu, sous les cylindres. Les différentes manœuvres de renversement de marche s'opèrent facilement et rapidement par un seul homme ;

3° La machine d'un cuirassé de 1er rang, le « Redoutable » ; celle d'un éclaireur d'escadre, le « Milan », d'un type tout nouveau, dont les essais ne sont pas encore terminés, et enfin celle d'un des plus grands transports de la Compagnie générale Transatlantique, la « Normandie ».

Voici les principales dimensions de ces trois navires :

	Redoutable	*Milan*	*Normandie*
	mètres	mètres	mètres
Longueur totale	100.40	95	143.60
Largeur.	19.76	10	15.215
	tonneaux	tonneaux	tonneaux
Déplacement en charge	8.858	1.545	9.657

Les principales dimensions sont données page 642, et les résultats des essais page 643.

Description de la machine du Redoutable. L'appareil moteur du *Redoutable* se compose (fig. 367) de 3 machines complètes à deux cylindres horizontaux, dont un admetteur et un détendeur, attelées sur un arbre en acier en trois morceaux, dont les manivelles sont calées à 120° l'une de l'autre. Les cylindres sont placés à tribord, en regard de chacun d'eux se trouve le condenseur à surface dans lequel se rend la vapeur d'échappement. Chacun des condenseurs comporte une pompe à air à double effet, et une bâche munie d'une décharge accidentelle. L'eau de circulation est fournie à chaque condenseur par une machine auxiliaire qui actionne trois pompes centrifuges placées sur le même arbre. Le pointillé représente la direction des tuyaux d'arrivée d'eau dans les condenseurs ; cette eau passe dans les tubes, ceux-ci sont entourés par la vapeur à condenser.

A l'aide de la disposition générale prise sur tous les bâtiments qui ont des machines indépendantes pour la motion des pompes de circulation,

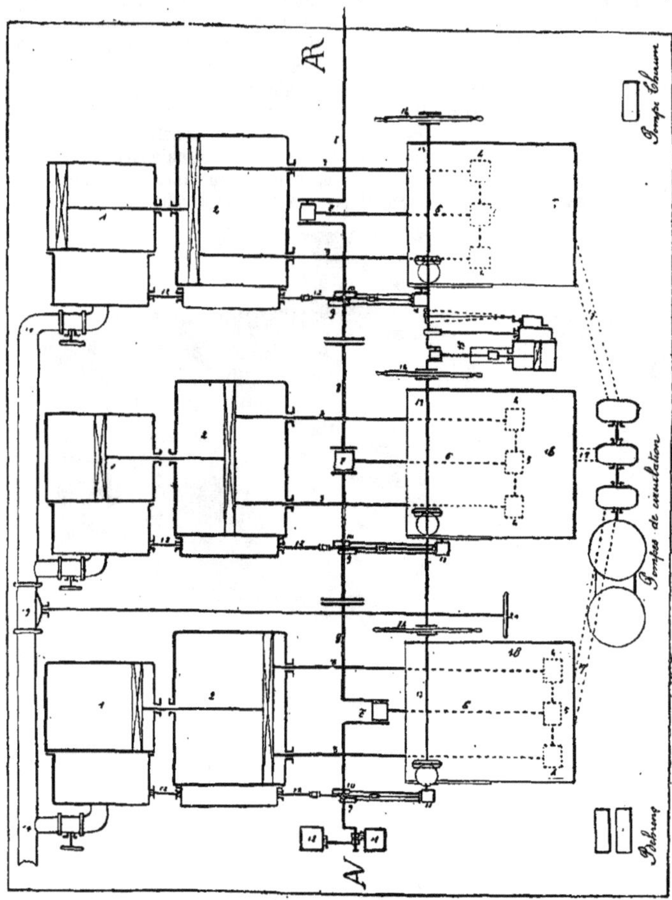

Fig. 367. — *Plan géométrique de la machine du « Redoutable ».*

1, 1, 1 Petits cylindres. — 2, 2, 2 Grands cylindres. — 3, 3, 3 Tiges des grands pistons. — 4, 4, 4 Traverses. — 5, 5, 5 Tourillons des pieds de bielles. — 6, 6, 6 Grandes bielles. — 7, 7, 7 Manivelles. — 8, 8, 8 Arbre de la machine. — 9, 9, 9 Excentriques pour la marche avant. — 10, 10, 10 Excentriques pour la marche arrière. — 11, 11, 11 Secteurs Stephenson. — 12, 12, 12 Tiges des tiroirs. — 13, 13, 13, 4, 14, 14 Arbre et volants pour le renversement de marche. — 15 Machine de mise en train. — 16, 16, 16 Condenseurs. — 17, 17, 17 Arrivées de l'eau de la circulation. — 18, 18 Pompes de cale. — 19 Tuyau d'arrivée de vapeur. — 20 Volant de manœuvre du registre de vapeur.

ces dernières peuvent, au besoin, prendre leur eau dans la cale au lieu de la prendre à la mer. On a ainsi un puissant moyen d'épuisement à sa disposition.

Les deux pistons sont réunis entre eux par une seule tige ; du côté de l'arbre, le grand piston porte deux tiges qui sont fixées dans une traverse au milieu de laquelle se trouve le tourillon du pied de bielle. Ces traverses sont guidées par deux glissières dans lesquelles elles parcourent un chemin naturellement égal à la course des pistons, c'est-à-dire à 2 fois le rayon de la manivelle. Chacune des bielles relie le tourillon d'une traverse à la soie de la manivelle correspondante ; leur longueur est égale à 4 fois celle de la manivelle.

Les tiroirs sont en coquille et à double orifice, ils ont même course et sont reliés ensemble par deux tiges : ils sont menés par deux excentriques, à bielles non croisées, dont chacune d'elles est articulée vers les extrémités d'un secteur Stephenson. Le changement du point de suspension de ce secteur détermine le renversement de marche de la machine. Ce changement peut s'opérer à bras, au moyen de trois volants clavetés sur l'arbre de mise en train, ou à la vapeur, par la petite machine figurée dans le tracé géométrique de la machine et représentée à plus grande échelle (fig. 368 et 369). L'arbre de mise en train porte trois engrenages coniques dont chacun d'eux fait mouvoir une vis en acier qui fait monter ou descendre un écrou mobile, en bronze, guidé par une glissière pratiquée dans le bâti et qui porte un tourillon en saillie sur lequel est emmanchée la bielle de suspension du secteur. L'arbre A ne porte qu'un seul excentrique, à calage fixe, qui mène le tiroir cylindrique D et la machine de mise en train. Un second tiroir à coquille *t*, placé sur l'avant de celui cylindrique est actionné par le levier coudé L, conduit par l'écrou mobile E'. Suivant la position occupée par le levier L, le tiroir *t* introduit la vapeur en D, par ses arêtes intérieures comme dans un tiroir ou par celles extérieures comme dans un tiroir en coquille. On opère ainsi un changement des courants dans le tiroir cylindrique D, l'orifice d'évacuation devient orifice d'introduction, et vice-versa, il en résulte un renversement de marche de la machine de mise en train. C'est

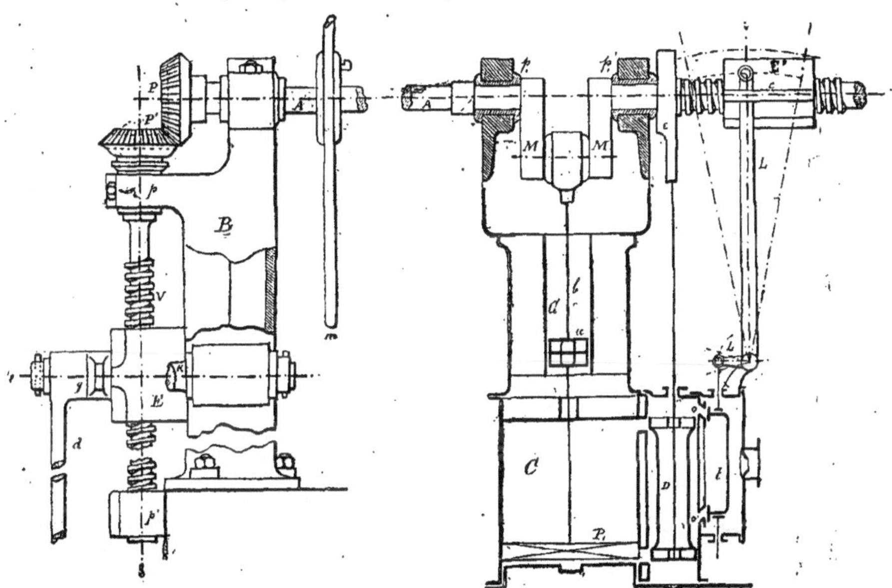

Fig. 368 et 369. — *Mise en train à vapeur de la machine du « Redoutable ». Echelle agrandie du n° 15 du tracé géométrique. Coupe et projection verticale de l'appareil de suspension des secteurs.*

d Bielle de suspension d'un secteur. — *E* Ecrou mobile. — *V* Vis de rappel de cet écrou. — *q* Contrepoids des secteurs. — *K* Point d'oscillation des contrepoids. — *p*, *p'* Paliers. — *B* Bâti. — *A* Arbre de mise en train. — *P*, *P'* Engrenages coniques (3) commandant les vis *V*. — *m* Volant (3) de 1m,60 de diamètre permettant le changement à bras du point de suspension des secteurs, en cas d'avarie dans la petite machine à vapeur. — *C* Cylindre vertical dont le piston P_1 est conduit directement. — *u* Traverse de la tige du piston. — *G* Glissière. — *b* Bielle. — *M* Manivelle. — p_1, p'_1 Paliers de l'arbre *A*. — *D* Tiroir cylindrique de distribution, à recouvrements nuls, tant à l'introduction qu'à l'évacuation. — *o*, *o'* Orifices de vapeur. — *L* Levier de manœuvre du tiroir *t*. — *c* Coulisse du levier *L*, fixée sur l'écrou fileté E'.

N. B. — Lorsque la grande branche du levier *L* est verticale, le tiroir *t* est fermé, et la machine de mise en marche est stoppée. Si dans cette position du levier *L*, l'écrou *E'* se trouve placé de telle sorte que la branche supérieure de *L* soit au milieu de la coulisse *c*, les secteurs sont à mi-suspension.

grâce à cet artifice, qui est commun à de nombreux systèmes de treuils à escarbilles ou de chargement, à certains servo-moteurs pour gouvernail et à quelques appareils hydrauliques, que l'on peut, avec un seul excentrique à calage fixe, obtenir la marche d'une machine dans les deux sens. Les renversements de marche de la machine motrice du *Redoutable* s'opèrent en 15 secondes à la vapeur, et en moins de 60 secondes, en manœuvrant à bras.

Chacune des pompes à air est conduite par une tige fixée dans une crosse faisant corps avec la tige avant des grands pistons. Une autre tige sert pour la motion des pompes alimentaires. Les deux pompes de cale sont menées par un maneton, en porte à faux, ménagé sur le bout avant de l'arbre de la machine.

Sur le parquet supérieur, au même niveau que les pompes de circulation, on voit sur l'arrière une pompe Thirion, d'un débit de 44 mètres cubes à l'heure, qui peut être affectée au service général en refoulant l'eau de la mer dans un collecteur, d'où l'on peut la distribuer dans toutes les parties du bâtiment, soit pour combattre un incendie, laver les ponts, etc., ou servir pour l'asséchement de la cale. Sur l'avant se trouvent deux Behrens, pour l'alimentation des chaudières; ces Behrens peuvent aussi refouler leur eau dans le collecteur. (Il existe, en outre, une pompe Thirion dans chacune des quatre chambres de chauffe.)

A l'extrémité du tronçon arrière de l'arbre de la machine, on a claveté une roue striée en fonte (fig. 370) avec laquelle s'engrène, facultativement, une vis sans fin, solidement maintenue. Un grand levier à rochet est placé sur chacune des extrémités de l'arbre de la vis, cet ensemble constitue ce que l'on nomme le *vireur*. Il permet de faire

Fig. 370. — *Vue et coupe de la ligne d'arbres d'un bâtiment en fer à deux hélices.*

CC Joint à la Cardan. — **V** Vireur. — **SG** Vis servant à embrayer ou à désembrayer. — **BB'** Boulons ou soies d'entraînement, fixés dans le tourteau mobile actionné par la vis *SG*, le dé de celui inférieur est emmanché par l'arrière dans le tourteau d'embrayage, le dé supérieur est emmanché par l'avant. Le frein agit sur la circonférence extérieure du tourteau d'embrayage, ainsi qu'on le voit dans la vue de face (fig. 371). — **E** Palier de butée. L'arbre de l'hélice occupe toute la longueur du tube d'étambot et se termine au tourteau d'embrayage, il porte un manchon en bronze à son partage dans le presse-étoupe et dans la chaise d'étambot, et une chemise en cuivre rouge entre ces deux manchons; ces parties ne sont pas représentées sur la figure. Les hachures croisées représentent les lames de gaïac du coussinet de la chaise d'étambot. Les deux vis en saillie, sur la boîte du presse-étoupe (la coupe n'en montre que deux, il en existe quatre ou six), servent à permettre de recharger le presse-étoupe à la mer.

tourner la machine *à blanc*, pour lui faire occuper toutes les positions nécessaires pour effectuer un démontage, une visite, la réparation d'un organe, ou pour procéder à la vérification de la régulation des tiroirs. Sur certains bâtiments : l'*Amiral-Duperré*, la *Dévastation*, etc., et sur les transports de la Cochinchine, le paquebot la *Normandie*, etc., le vireur est à vapeur; une petite machine spéciale actionne la vis sans fin qui agit à son tour sur la roue striée; dans ce cas, l'extrémité de l'arbre de la vis sans fin porte un engrenage conique qui reçoit son mouvement d'un autre engrenage fixé sur l'arbre de la petite machine.

La roue striée sert de manchon d'accouplement avec le bout d'arbre intermédiaire qui est placé entre l'arbre de la machine et l'arbre de l'hélice. Deux forts boulons traversent le corps de la roue, dans des bossages ménagés à cet effet, et passent par les œils pratiqués dans un fort manchon ovale, en fer, claveté sur le bout avant de l'arbre intermédiaire; celui-ci est supporté par deux paliers. A l'extrémité arrière se trouve un manchon mobile qui porte deux boutons ou soies d'entraînement; ces soies traversent d'abord un manchon fixe claveté sur le bout de l'arbre, et s'engagent pendant la marche dans deux cales de touche en bronze logées dans un tourteau en fonte fixé à demeure sur le bout avant de l'arbre de l'hélice, et qui porte le nom de *tourteau d'embrayage* ou de *tourteau du frein*. Deux forts demi-colliers en fer, articulés à charnière sur une semelle fixée contre la carlingue au-dessous du tourteau et garnis de lamelles en bois, peuvent être serrés par une vis qui relie les pattes supérieures des demi-colliers entre elles. Cette disposition a pour but de maintenir l'arbre de l'hélice, immobile, lorsque l'on veut embrayer l'hélice, après que celle-ci a été *affolée*, pour effectuer une marche à la voile seule.

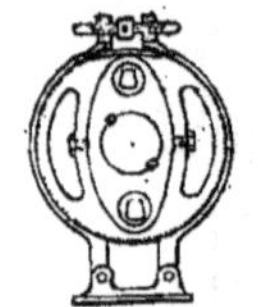

Fig. 371.
Vue du tourteau d'embrayage et du frein.

Les soies d'entraînement entrent dans les dés en bronze, ou en sortent, lorsque l'on veut affoler l'hélice, au moyen du mécanisme représenté (fig. 370).

Mentionnons ici, qu'il est incomparablement préférable d'emmancher les dés par l'arrière du tourteau, au lieu de les loger par l'avant comme on le fait habituellement; le bronze s'use aux points de partage des soies; au bout d'un certain temps, on est obligé de rapporter des cales à l'intérieur des dés ou de mettre en place les dés de rechange, et il faut conséquemment enlever ceux qui sont en place. Lorsqu'ils sont emmanchés par l'avant, la sortie de ces dés entraîne le démontage de l'arbre intermédiaire, et parfois d'une cloison étanche, opération longue et difficile; tandis que lorsqu'ils sont enfilés par l'arrière, il existe entre le palier de butée et le tourteau un espace suffisant pour qu'on puisse enlever les dés en quelques heures, sans autre démontage additionnel. L'arbre de l'hélice est recouvert sur toute sa longueur d'une chemise en cuivre, sans soudure, que l'on enfonce au moyen d'une presse hydraulique; aux points de portage dans le presse-étoupe, sur l'avant du tube d'étambot et sur l'arrière de ce tube dans la chaise d'étambot, il est recouvert

Fig. 372.
Palier à tourillon

d'un manchon en bronze, pour empêcher le contact de l'eau de mer avec le métal, fer ou acier, de cet arbre.

La figure 370 montre la disposition générale d'une ligne d'arbres, depuis le bout d'arbre arrière de la machine, jusqu'à l'hélice. Le palier de butée se trouve immédiatement sur l'arrière du tourteau d'embrayage; l'arbre de l'hélice porte dans cette partie une série de collets, dont le nombre varie avec la puissance de la machine; ces collets s'engagent dans un nombre égal de cannelures venues de fonte avec le palier de butée et recouvertes, tant sur la marche avant que sur la marche arrière, d'une couche de métal antifriction de quelques millimètres d'épaisseur. C'est ce palier qui transmet l'effort de poussée de l'hélice au navire, et c'est afin de répartir cet effort sur une plus grande surface que l'on multiplie les collets de l'arbre.

Sur certains bâtiments de construction récente, les cannelures du palier de butée sont formées de parties mobiles, il est ainsi beaucoup plus facile de remplacer celles qui sont avariées par suite d'un échauffement ou de grippement. Avec les paliers ordinaires, lorsque cette avarie se produit, on est obligé de couler à nouveau l'antifriction du palier, opération que l'on exécute à l'aide d'un mandrin en fonte, portant le même nombre de collets que l'arbre et de même diamètre que ce dernier, que l'on centre convenablement dans le palier et autour duquel on fait couler l'antifriction liquide, après avoir débarrassé le palier de l'antifriction avariée.

L'effort exercé sur un palier de butée se détermine par la formule: $P = KB^2V^2 \times 0{,}514^2$, formule dans laquelle P représente l'effort en kilogrammes sur le palier; B^2, la maîtresse section immergée en mètres carrés; V, la vitesse du bâtiment en nœuds à l'heure; $0^m{,}514$, le chemin parcouru en une seconde par un navire filant un nœud à l'heure; K, le coefficient de résistance du bâtiment et que l'on peut prendre égal à

$$\frac{V}{\sqrt[4]{B^2}} + 2\text{kil.}$$

D'après le chiffre de l'effort maximum, on fixe le nombre et le diamètre des boulons qui doivent relier la semelle du palier au massif sur lequel il repose, ou à la carlingue du bâtiment. Les trous de ces boulons sont ovalisés dans le sens de la longueur; le palier est maintenu dans sa position par un clavetage transversal, clavetage que l'on peut augmenter au moyen d'une cale de dimension appropriée, lorsque, à la suite d'usure de l'antifriction sur la marche avant, il est nécessaire de reporter le palier un peu vers l'arrière.

Le manchon en bronze qui recouvre l'arbre de l'hélice, cesse à quelques centimètres de la sortie du presse-étoupe qui a pour but de s'opposer à l'entrée de l'eau dans le navire, pendant la rotation ou le repos de l'arbre, et qui doit être garni avec un soin tout particulier. La boîte à étoupe est généralement en deux parties que l'on boulonne contre la cloison, dite du presse-étoupe, et contre laquelle se fixe l'extrémité avant du tube d'étambot. Dans le fond de cette boîte, on loge une première bague métallique dont le diamètre extérieur est égal au diamètre intérieur de la boîte et qui a un peu de jeu sur l'arbre; une deuxième bague, sans jeu sur l'arbre et avec un peu de jeu dans la boîte, est ensuite enfilée; la garniture se complète avec des tresses carrées en chanvre en nombre convenable, surmontées par deux bagues métalliques semblables à celles du fond et inversement disposées, sur la dernière desquelles vient appuyer le chapeau du presse-étoupe. Le chapeau presse les garnitures au moyen de 4 ou 6 boulons de serrage fixés à demeure dans les oreilles de la boîte.

Trois ou quatre vis traversant le corps de la boîte, ont pour but de permettre de recharger le presse-étoupe, le navire étant à flot. A cet effet, on rend le chapeau à bloc, et l'on serre ensuite ces vis pour qu'elles s'opposent au refoulement des tresses à l'intérieur du navire, par la poussée de l'eau, lorsque l'on enlève le chapeau. Les tresses sont préparées à l'avance, on se hâte de les présenter et de les mettre à leur poste en serrant de nouveau le chapeau.

La portée de la chaise d'étambot est garnie de lames de gaïac, entre lesquelles on ménage un certain jour, pour que l'eau de la mer puisse agir comme lubrifiant.

La jonction de l'arbre de la machine avec la ligne d'arbres s'opère, sur les bâtiments en bois, au moyen d'un bout d'arbre suspendu par des joints à la Cardan (fig. 370) afin que la ligne d'arbres puisse se prêter aux déformations que peut subir le navire. Dans le même but, on emploie parfois des coussinets à tourillons (fig. 372).

L'appareil évaporatoire du *Redoutable* se compose de 8 chaudières rectangulaires du type haut renforcé, à 5 foyers chacune; la charge des soupapes de sûreté est de $2^k{,}250$. Elles forment 4 chambres de chauffe distinctes, isolées entre elles et séparées de la machine par une cloison étanche. Aucune porte n'est percée dans les cloisons de séparation, ce qui rend la surveillance très difficile. La chambre des machines est, sans contredit, la plus belle de toute la flotte militaire française; elle a 15 mètres de long sur 12 mètres de large; le volume qu'elle offre entre ses cloisons étanches crée un danger pour le bâtiment dans le cas de voie d'eau dans ce grand compartiment. L'égalité d'effort tangentiel pendant une rotation complète avec 3 machines calées à 120° l'une de l'autre, permet de marcher *régulièrement* jusqu'à la vitesse extrêmement réduite de 6 tours par minute.

Nous donnons, plus loin, le résumé des résultats principaux obtenus lors des essais de recette de la machine de ce cuirassé.

L'appareil moteur et évaporatoire du *Redoutable* pèse 1,109,080 kilogrammes en y comprenant l'eau des chaudières et des condenseurs, ce qui fait ressortir le poids par cheval indiqué à 162 kilogrammes, pour l'allure maximum.

Description de la machine du Milan. La qualité essentielle d'un éclaireur d'escadre est la vitesse. Le problème à résoudre pour le *Milan* consistait à loger dans un navire d'une largeur de 10 mètres seulement, des machines capables de lui imprimer une vitesse de 17 nœuds environ, au tirage naturel, et de 18 nœuds en faisant usage du tirage forcé. Le plan géométrique (fig. 373) montre la disposition qui a été adoptée.

La coque et la machine du bâtiment ont été fournies par les Forges et Chantiers de la Loire.

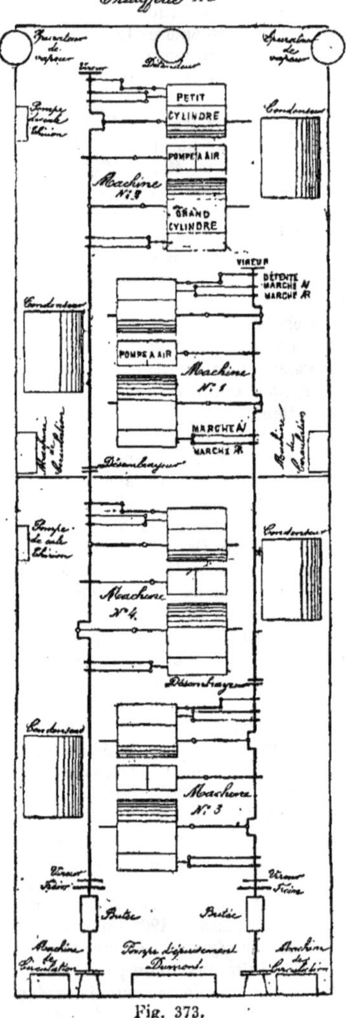

Fig. 373.

Quatre machines à deux cylindres, l'un admetteur, l'autre détendeur, sont attelées deux à deux sur un arbre d'hélice situé de chaque bord; les manivelles sont calées à 90° l'une de l'autre. Un embrayage portant trois boutons d'entraînement permet l'isolement du groupe des machines avant de celles arrière, le bâtiment peut ainsi marcher avec la moitié ou même le quart de l'ensemble de son appareil moteur; ce fait constitue une innovation dans la marine militaire française. Par suite du peu de largeur du navire, les groupes de machine sont disposés en échiquier; chaque

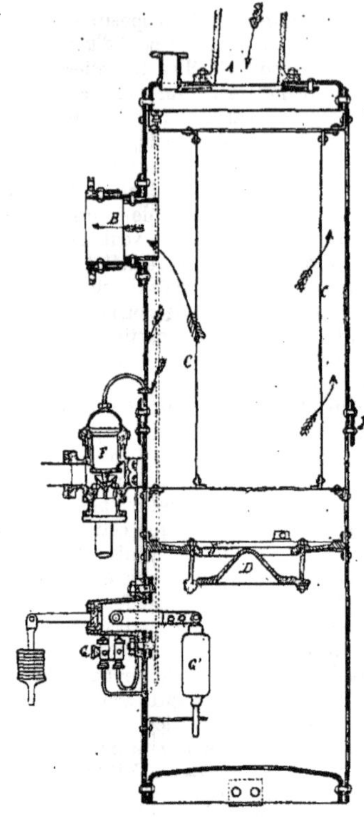

Fig. 374. — *Epurateur et purgeur automatique, système Belleville. Vue et coupe.*

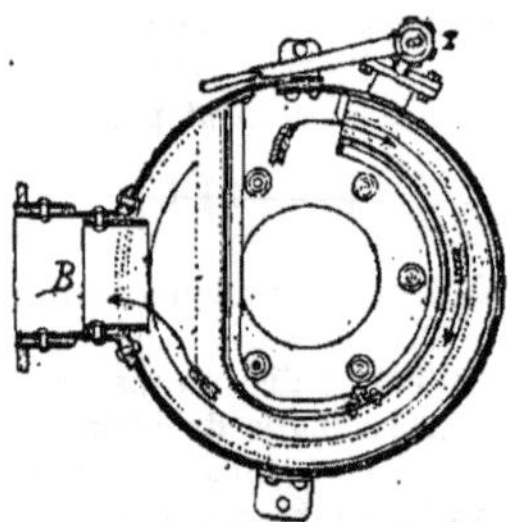

Fig. 375. — *Coupe diamétrale par l'axe de la tubulure de sortie de vapeur B.*

A Arrivée de vapeur. — *B* Sortie de vapeur. — *C* Cloisonnement circulaire par lequel s'écoule la vapeur se rendant à la sortie *B*; c'est dans le circuit formé par ce cloisonnement que les vésicules d'eau entraînées avec la vapeur, se séparent de celle-ci, sous l'action de la force centrifuge développée par la vitesse du courant. — *D* Cloison mobile isolant la chambre de l'épurateur de *la chambre de vapeur*; cette cloison est formée d'un clapet qui se ferme sous un excédent de pression venant de la partie inférieure de l'épurateur, elle a pour but d'obvier aux convulsions qui peuvent se produire dans la masse d'eau amassée à la base de l'épurateur, lors des brusques changements d'allure. — *E* Siège de la cloison mobile ou clapet *D*. — *F* Purgeur automatique. — *G* Robinet de la purge automatique et son flotteur *G'* — *I* Robinet de purge à la main. — *J* Autoclave pour le nettoyage.

groupe comprend une machine complète, c'est-à-dire, en outre des deux cylindres, une pompe à air, menée par un excentrique claveté sur l'arbre, et un condenseur. L'eau de circulation est fournie par une petite machine auxiliaire indépendante. Les tiroirs sont à coquille et à double orifice, le petit cylindre seul comporte un organe de détente variable, système Meyer; l'introduction peut se faire depuis les 0,25 jusqu'aux 0,50 de la course du piston; les tiroirs sont conduits par une coulisse Stephenson et les mouvements de marche peuvent être opérés à bras ou à la vapeur. Les machines sont à bielle directe; en raison de la grande vitesse de rotation, 150 tours par minute avec le tirage forcé, le constructeur a jugé convenable de munir chaque piston d'une contre-tige qui fait saillie dans la coursive entre l'arbre et les machines, il en résulte qu'on ne peut faire deux pas de plein pied dans ces machines. Le but cherché par cette addition; celui d'atténuer l'ovalisation des cylindres, aurait été atteint d'une façon beaucoup plus commode, en augmentant un peu la hauteur des pistons. Indépendamment de la gêne considérable qu'occasionne la présence de ces contre-tiges, il est à craindre qu'elles ne soient une source d'ennuis pour les mécaniciens.

On remarque dans la chambre des machines, à bâbord, une pompe de cale indépendante du système Thirion, de chaque bord un épurateur avec purgeur automatique de la vapeur (fig. 374 et 375) dont le but est d'empêcher toute arrivée d'eau dans les tiroirs des machines. Lorsque l'eau entraînée des chaudières avec la vapeur s'est accumulée en quantité suffisante dans la partie inférieure, le contrepoids C se soulève et donne ainsi accès à cette eau vers les bâches additionnelles dans les chaufferies.

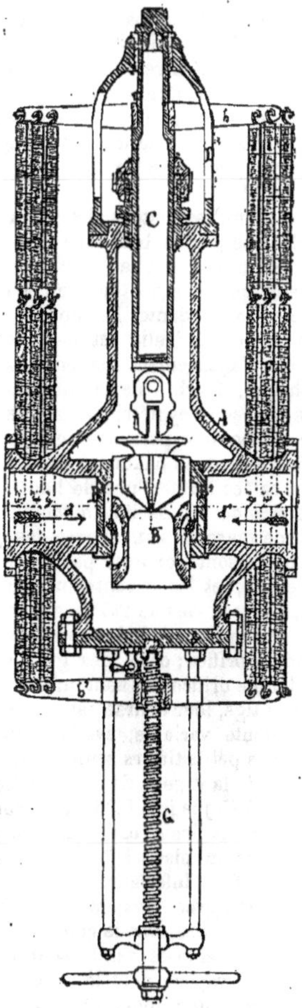

Fig. 376. — *Régulateur détendeur, système Belleville. Élévation, coupe*

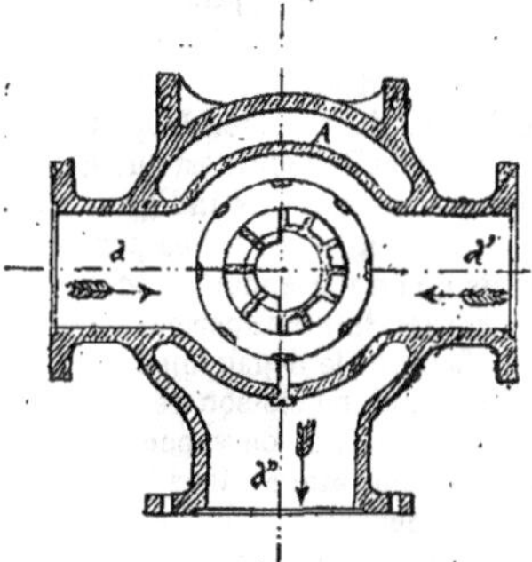

Fig. 377. — *Vue en plan. Coupe suivant A B.*

A Cuvette en fonte du régulateur-détendeur portant les tubulures *a*, *a'* d'arrivée et de sortie de vapeur, et la bride *b* pour démontage et visite de la soupape équilibrée. — *B* Soupape équilibrée et son double siège en bronze *B'*. — *C* Piston plongeur portant des articulations de raccordement avec la soupape *B* — *D* Guide de la partie supérieure du piston. — *E* Boîte de garniture du piston. — *F* Ressorts contrepoids attelés aux extrémités des bras des croisillons *h*, *h'*. — *G* Vis de tension des ressorts *F*, agissant sur ceux-ci par l'intermédiaire du croisillon inférieur *h'*. — *I* Robinet de vidange de la cuvette. Selon que les ressorts sont plus ou moins serrés, la section des orifices pratiqués dans la boîte *B'* augmente ou diminue; on est ainsi maître de la régularisation de la pression de la vapeur avant son arrivée dans les machines.

Au milieu, contre la cloison étanche de séparation, entre les machines avant et les chaufferies arrière, se trouve un appareil dit *détendeur régulateur* (fig. 376 et 377), dont la fonction est de régler la pression uniforme de 10 kilogrammes, quelle que soit d'ailleurs l'élévation de la pression au-dessus de ce chiffre dans les 12 chaudières Belleville qui constituent l'appareil évaporatoire du *Milan*. Ce détendeur régulateur se compose essentiellement d'une soupape équilibrée sur laquelle agissent des ressorts à tension variable; selon que la soupape s'élève ou s'abaisse, sous l'influence des pressions inégales aux chaudières, les orifices à lanterne qui entourent le siège de la soupape sont diminués ou augmentés et ainsi faisant, la pression d'admission demeure sensiblement constante pour le taux choisi. Les chaudières sont placées sur l'avant des machines et forment 4 chaufferies composées chacune d'un groupe de 3 chaudières; il y a deux cheminées, l'une desservant les deux groupes arrière, l'autre les deux groupes avant.

C'est à cause des avantages de prompte mise en pression inhérents à ce type de chaudières, que la marine a voulu faire un nouvel essai de ce système. Quelques compagnies maritimes paraissent vouloir suivre cette voie, entre autres les messageries qui tentent en ce moment un essai sur l'*Ortegal*; si cet essai réussit, le système Belleville sera appliqué sur 10 paquebots de la ligne de Chine. Ce que l'on reprochait surtout à l'ancien système de ce constructeur, c'était la facilité extrême des fluctuations de la pression, dues à la petite quantité d'eau contenue dans les chaudières de ce genre. Par l'adoption du détendeur régulateur, on remédie à peu près à ce défaut, puisque l'on peut chauffer à 14, 15 kilogrammes et plus aux chaudières, et qu'en n'introduisant dans les boîtes à tiroir qu'à 10 kilogrammes, l'excédent de pression dans les chaudières fournit le volant de chaleur qui manquait à ce type. Mais il faut que le fonctionnement de ce régulateur, et celui des épurateurs automatiques, soit absolument régulier pour que l'on puisse s'y fier sans indécision; il reste encore quelque chose à faire de ce côté. L'agencement des nouvelles chaudières Belleville est quelque peu différent de celui que nous avons indiqué à l'article CHAUDIÈRE A VAPEUR, p. 898. Les principaux perfectionnements qu'on y a apportés consistent: dans l'inclinaison des tubes supérieurs de chaque rangée pour faciliter le dégagement de la vapeur; dans l'addition d'une cloison de séparation dans le collecteur supérieur de vapeur qui joue le rôle d'un premier épurateur; dans l'adjonction d'un déjecteur pour débarrasser la chaudière des différents sels qui peuvent être tenus en suspension dans l'eau d'alimentation et enfin dans l'alimentation automatique par un petit cheval, d'un système spécial, placé dans chaque angle des chaufferies.

— Le *Milan* tout emménagé coûte 2,085,000 francs qui se répartissent ainsi : 1,009,000 francs pour la coque emménagée, les accessoires de coque, objets spéciaux et matériel d'armement; 782,000 francs pour la machine proprement dite avec son tuyautage, ses parquets, son outillage et ses rechanges; 294,000 francs pour les chaudières, leurs tuyaux d'échappement, les cheminées et leur parquet de chauffe. En outre, il sera payé une prime de 150 francs par chaque cheval de 75 kilogrammètres, produit en sus de la force normale de 3,060 chevaux, pendant l'essai de trois heures à tirage forcé.

Le poids des machines et des chaudières se divise comme suit :

Poids des machines proprement dites jusqu'à la jonction avec le premier arbre, avec tous les accessoires, le tuyautage complet y compris les machines auxiliaires	166.700 kil.
Poids des propulseurs, des lignes d'arbres, des arbres porte-hélices, des coussincts, paliers et supports	56.600
Poids des chaudières et des accessoires de chaudières, y compris les tuyaux d'échappement	151.000
Poids des cheminées et des enveloppes	17.000
Poids des parquets des chaudières et des machines, des rechanges, outillage, outils de chauffe, etc.	10.700
Poids de l'eau dans les chaudières	8.000
Poids de l'eau dans les condenseurs et les bâches	11.000
Disponible	1.500
Total	422.500 kil.

Ce qui donne 109 kilogrammes seulement pour le poids du cheval indiqué prévu, pour l'allure maximum.

La consommation de charbon par heure et par cheval indiqué ne doit pas dépasser $0^k,950$. On aurait eu sans doute avantage à employer des machines à triple détente, au point de vue économique, surtout avec des pressions de 10 kilogrammes dans les boîtes à tiroir, c'est évidemment le peu d'espace disponible qui a fait rejeter ce genre de machines.

On remarquera le nombre considérable de chevaux disponibles par mètre carré de la surface immergée du maître couple du *Milan*; cette surface n'étant que de 26 mètres carrés et les machines principales devant développer 3,800 chevaux, il y a donc 146 chevaux par mètre carré. Cette proportion n'est jusqu'à présent dépassée que sur les torpilleurs et les lance-torpilles.

Le *Tourville* a 76 mètres carrés de section immergée, sa machine peut développer 7,200 chevaux, il n'a donc que 95 chevaux par mètre carré. La *Normandie*, lors de son essai du 24 avril 1883, à Cherbourg, avait 85 chevaux par mètre carré.

Le *Redoutable*, à son allure maximum, n'a que 50 chevaux environ par mètre carré.

Description de la machine de la Normandie, *paquebot de la Compagnie générale transatlantique.* La coque et la machine de la *Normandie* ont été construites, en 1881-82, à Barrows in Furness (Lancashire). La coque est en fer et comporte 17 compartiments étanches, 7 dans le double-fond et 10 pour la coque proprement dite. La mâture se compose de 4 mâts dont les deux de l'avant seuls sont carrés. L'appareil moteur comporte 3 machines verticales complètes à pilon, formées chacune : de 2 cylindres à vapeur, dont celui supérieur est à haute pression et celui inférieur à basse pression; d'un condenseur avec pompe de circulation indépendante; d'une pompe à air à simple effet conduite par un balancier oscillant sur le bâti de tribord, et attelé d'un côté sur la traverse du piston et de l'autre sur la traverse de la pompe à air, cette dernière traverse porte, à l'extrémité avant, le piston plongeur d'une pompe alimentaire, et à l'extrémité arrière, le plongeur d'une pompe de cale; ces deux pompes sont également à simple effet.

La même tige réunit les pistons des deux cylindres et est clavetée par le bas dans une traverse sur le tourillon de laquelle vient s'ajuster le pied de la bielle qui relie ce tourillon à celui de la manivelle correspondante. Le rapport de la bielle au rayon de la manivelle est de 4, 6 (la figure 378 montre l'agencement démonstratif de l'une des machines). L'arbre de la machine est formé de trois tronçons symétriques, en acier, assemblés par des boulons passant dans des plateaux venus de forge avec chaque tronçon. Les manivelles sont calées à 120° l'une de l'autre, ce qui assure une grande régularité de fonctionnement et permet de marcher aux allures les plus réduites. Les tiroirs sont conduits par la même coulisse Stephenson, et les excentriques de ces coulisses forment des angles de 125° avec la manivelle. Les tiroirs des petits cylindres sont en coquille et à simple orifice; ceux des grands cylindres sont à double orifice; ils sont menés tous deux par la même tige, leur course est de $0^m,254$. Un organe de détente variable, système Meyer, placé sur le dos des petits tiroirs seulement, permet l'introduction de la vapeur dans les petits cylindres depuis les 0,25 jusqu'à 0,75 de la course du piston. Le poids des tiroirs est équilibré (fig. 379) par un petit piston placé à la partie supérieure de la tige; la face inférieure de ce piston est en communication avec la vapeur de la boîte à tiroirs et celle supérieure avec le conduit d'évacuation. Les renversements de marche sont opérés par un petit piston à vapeur dont le mouvement est contrôlé par un piston modérateur agissant dans un cylindre rempli d'huile; le renversement à bras se fait à l'aide d'une pompe qui refoule de l'huile sur l'une des faces du piston modérateur.

La surface réfrigérante des 3 condenseurs est de 1,082 mètres carrés ; l'eau de circulation accomplit deux parcours à l'intérieur de tubes d'un diamètre de 19 millimètres sur une longueur de 2m,570. Un tuyau spécial permet, au besoin, de marcher avec la condensation par mélange.

La ligne d'arbres comprend quatre tronçons formant un ensemble rigide : 1° un petit bout d'arbre relié à l'arbre de la machine et à l'arbre intermédiaire, ce tronçon porte le palier de butée, qui est formé par des rondelles mobiles en fonte recouvertes de chaque côté de métal antifriction; 2° un arbre intermédiaire supporté par 3 paliers ; 3° un 3e tronçon entre l'arbre intermédiaire et l'arbre porte-hélice. L'enlèvement de ce troisième tronçon dispense du démontage de l'arbre intermédiaire, lorsque l'on doit rentrer l'arbre de l'hélice.

L'appareil évaporatoire se compose de 8 chaudières, divisées en 4 groupes, formant chacun une chambre de chauffe. Les chaudières extrêmes sont chauffées des deux côtés, celles du milieu sont des chaudières cylindriques ordinaires ; chaque façade comprend 3 foyers de 1m,067 de diamètre, soit 36 foyers. Deux cheminées de 2m,667 de diamètre et d'une hauteur de 22m,700 au-dessus du plan des grilles desservent les 4 chaufferies. Le volume total de la vapeur est de 120m3,077, et celui de l'eau de 204m3,776. Les soupapes de sûreté sont chargées à 6 kilogr. par centimètre carré. Le poids de l'appareil moteur se divise comme suit: machine, 660 tonneaux ; chaudières, 570 ; eau des chaudières, 205, total 1,435 tonneaux, soit plus de 200 kilogr. par cheval indiqué de l'allure maximum.

Coque et matériel d'armement. .	3.000.000 fr.
Machine et chaudières.	2.000.000
Objets divers.	500.000
Total.	5.500.000 fr.

La Compagnie donne la proportion indiquée dans le tableau ci-dessus pour l'évaluation de la valeur du bâtiment.

La *Normandie* possède, en outre, deux chaudières auxiliaires horizontales à retour de flamme qui ont une surface de grille totale de 4m2,258 et 81m2,44 de surface de chauffe; elles ont chacune deux foyers et fournissent la vapeur nécessaire aux appareils suivants :

5 treuils à vapeur pour les cales de chargement; 3 treuils et 1 pompe à escarbilles; 3 petits chevaux alimentaires pour les grandes chaudières, dont l'un peut servir de pompe de cale; 2 petits chevaux alimentaires pour les petites chaudières; 1 pompe centrifuge pour l'épuisement en cas de voie d'eau; 1 servo-moteur pour le gouvernail; 1 pompe à vapeur pour le waterballast (lest d'eau); 1 vireur à vapeur pour la machine propulsive; 1 guindeau à vapeur pour les ancres; 1 machine réfrigérante pour la conservation des aliments; 3 éjecteurs de cale de 50 millimètres, et enfin 3 machines à vapeur pour l'éclairage électrique des diverses parties du bâtiment. Le nombre total des cylindres à vapeur est de 44.

L'installation pour l'éclairage électrique a été fait par la maison Siemens, de Londres. Cet éclairage comprend 390 lampes Swan, à incandescence, de la force de 20 bougies chacune. Ces lampes

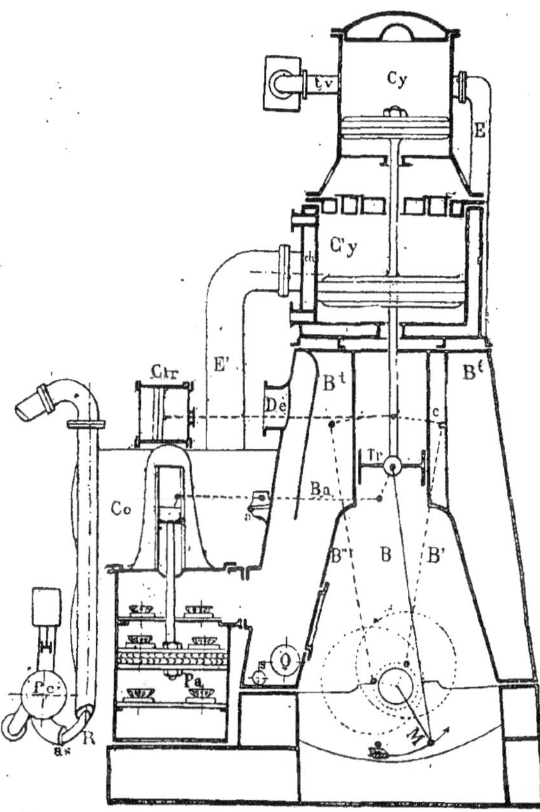

Fig. 378. — *Vue et coupe de la machine de la « Normandie »*

Cy Petit cylindre. — *C'y* Grand cylindre. — *Tr* Traverse de la tige des pistons. — *B* Bielle. — *M* Manivelle. — *B'* Bielles d'excentrique pour la marche avant. — *B''* Bielles d'excentrique pour la marche arrière. — *c* Coulisse conductrice des tiroirs. — *Bt* Bâtis, celui de gauche sert de bêche et porte la décharge accidentelle *De*; celui de droite sert de caisse à huile. — *E* Tuyau de conduite de la vapeur d'échappement du petit cylindre dans la boîte à tiroir du grand cylindre. — *E'* Tuyau de conduite de la vapeur évacuée du grand cylindre vers le condenseur. — *Co* Condenseur — *Pa* Pompe à air. — *Ba* Balancier transmettant le mouvement de la traverse au piston de la pompe à air. — *Pc* Pompe des cales. — *as* Aspiration de cette pompe. — *R* Refoulement. — *tv* Tuyau d'arrivée de vapeur. — *ch* Chemise de vapeur. — *Ctr* Cylindre à vapeur de la machine de mise en train.

exigent une force électro-motrice de 100 volts et absorbent 0,6 d'ampère chacune. On estime qu'il faut un cheval-vapeur pour 6 à 7 lampes. Il y a, de plus, 16 lampes à arc, dont 4 pour l'éclairage de la machine, 4 pour les chaufferies, 4 pour les feux de position et 4 pour éclairer les panneaux de chargement. Les lampes à arc absorbent environ un cheval-vapeur chacune. Le personnel de la machine est composé de 72 personnes, savoir : 1 chef et 3 seconds mécaniciens; 4 aides mécaniciens; 50 chauffeurs et graisseurs ; 18 soutiers. L'effectif total de l'équipage est de 179 personnes.

Le tableau ci-dessous résume les données relatives à ces trois navires, rapportées sur un spécimen des tableaux imprimés qui sont toujours annexés pour les machines de tous les navires aux rapports dressés à la suite des essais de puissance dont elles sont l'objet lors de la recette.

PORT d | *Le* (1) | ANNÉE 188 .

(1) Nom, espèce et rang du bâtiment.
(2) Chaque feuille doit être consacrée à l'enregistrement des résultats des essais d'une seule journée.
(3) La force nominale est le quart de la puissance indiquée prévue.

TABLEAU

annexé au rapport sur les expériences de l'appareil moteur faites à

Modèle approuvé par décision ministérielle du 14 février 1870.

Journée du (2) *188* .

DONNÉES RELATIVES A L'APPAREIL MOTEUR.

	Redoutable	*Milan*	*Normandie*
Nombre de cylindres A.	6	8	6
Diamètre des cylindres { D.	$1^m,38$	$0^m,532$	$0^m,90$
Diamètre des cylindres { D'.	$2^m,16$	$1^m,050$	$1^m,90$
Course des pistons C.	$1^m,25$	$0^m,600$	$1^m,70$
Nombre de tours maximum prévu N.	73	150	60
Rapport du nombre de tours à celui de l'hélice r.	1	1	1
Puissance en chevaux nominaux (3) F.	1.500	970	1.500
Puissance en chevaux indiqués prévus $F' = \frac{AD^2CNp}{0,28647}$	6.000	3.880	6.000
Nombre total de foyers en huit corps du type rectangulaire haut renforcé.	40	24 foyers 12 corps, syst. Belleville	36 foyers 4 corps doubl. 4 corps simpl.
Surface de grille totale.	$73^{m2},60$	34^{m2}	76^{m2}
Surface de chauffe totale.	1.860^{m2}	1.025	1.828
Surface du sécheur.	»	»	»
Charge des soupapes de sûreté en kilogr. par centimètre carré.	$2^k,25$	15 kil.	6 kil.
Diamètre de l'hélice	$6^m,30$	2 hél. de $3^m,60$	$6^m,70$
Pas de l'hélice { à l'entrée sur / à la sortie sur de la largeur de l'aile.	$7^m,336$	$3^m,90$	$9^m,45$
Fraction de pas de chaque aile { à l'extrémité de l'aile.	0.038	»	0.15
Fraction de pas de chaque aile { au milieu de l'aile.	0.066	»	0.31
Fraction de pas de chaque aile { au moyen	0.080	»	0.44
Nombre d'ailes simples ou doubles.	4	4	4 ailes courbes
Système d'installation de l'hélice.	en porte à faux	porte à faux	porte à faux

DONNÉES FIXES DE L'EXPÉRIENCE.

	Redoutable	*Milan*	*Normandie*
Tirant d'eau arrière	$7^m,71$	$4^m,61$	$7^m,08$
Différence de tirant d'eau	$1^m,01$	$1^m,55$	$1^m,53$
Surface immergée du maître couple B^2.	123^{m2}	26^{m2}	$81^m,88$
Nature et qualité de charbon employé.	b. briq. d'Anzin	briq. d'Anzin	Cardiff
Nombre de foyers allumés.	40	24	36
Fraction de la course représentant la durée de l'introduction.	0.70	0.50	»
Longueur de la base parcourue.	$5^{milles},329$	6	»
Etat de la voilure.	nul	»	»
Hauteur barométrique.	»	»	»
Direction du vent.	»	»	»
Intensité du vent.	»	»	»
Etat de la mer.	»	»	»
Direction de la route.	»	»	»
Température de la chambre de chauffe.	$22°,5$	»	»
Température de la chambre des machines	$23°,4$	»	»

Résultats d'expériences. Voici quels sont les principaux résultats obtenus, ou prévus, sur les trois navires dont nous venons de décrire les machines :

	Redoutable				*Milan* (1)			*Normandie*		
						12 chaudières				
	2 chaudières	4 chaudières	6 chaudières	8 chaudières	6 chaudières 2 machines	tirage naturel.	tirage forcé	8 chaudières (2)	36 foyers (3)	Tirage naturel (4)
Nombre de tours	42.2	55.8	64.9	70.2	106.3	138	150	60.94	56.97	54.2
Puissance moyenne totale	1337	2874	4504	6230	1364	3060	3880	6947	5366	5200
Consommation de charbon par heure et par cheval	1.303	1.245	1.203	1.100	»	0.950	»	1.021	»	»
Consommation de charbon par mille	185	296	396	460	»	»	»	»	»	424
Vitesse du navire en nœuds par heure	9.8	12.089	13.72	14.89	»	17	18	17.27	16.4	15.35
Val. de M dans la formule $V=M\sqrt[3]{\frac{B^2}{F}}$	4.25	4.256	4.17	4.055	»	»	»	3.93	4.06	3.95

(1) Les chiffres inscrits pour le *Milan* sont les résultats prévus; les essais de la machine ne sont pas terminés.
(2) Essais de la *Normandie* le long de la digue de Cherbourg. (3) Essais du cap Lizard à la Corogne et retour au cap Lizard. (4) Premier trajet du Hâvre à New-York et retour au Hâvre. Distance, 3,100 milles pour le trajet simple. Consommation de charbon pour l'aller 1,272 tonneaux; pour le retour, 1,355 tonneaux.

L'examen des résultats avec le 1/4, la 1/2, les 3/4 et la totalité des feux, sur le *Redoutable*, fait ressortir combien la vitesse coûte cher en marine. Ajoutons, qu'en se bornant à filer 6 ou 7 nœuds, avec deux chaudières, on aurait une consommation par mille beaucoup plus économique et, conséquemment, une distance accessible plus grande, surtout si, dans ces circonstances, on dételait une des machines. A quoi bon faire mouvoir tout un attirail capable de produire 6,000 chevaux et plus, lorsqu'il n'est besoin que de quelques centaines ou d'un millier de chevaux pour atteindre la vitesse désirée. Les surfaces refroidissantes ne varient pas, que l'on fasse 1,000 ou 6,000 chevaux, par suite, la proportion de perte est plus grande en marchant à une vitesse réduite. C'est pourquoi il y aurait un avantage considérable à adopter, sur les croiseurs de premier rang et sur les grands cuirassés, une petite machine à grande vitesse capable d'actionner seulement l'arbre de l'hélice et laissant au repos la machine ou les machines motrices principales, pendant tout le temps d'une croisière qui pourrait ainsi être singulièrement prolongée. L'*Alexandra*, cuirassé anglais, est, croyons-nous, pourvu d'une disposition de ce genre. Le cadre de ce *Dictionnaire* ne nous permet pas de nous étendre sur l'économie et l'emploi le plus judicieux du combustible (V., à ce sujet, un travail publié dans la *Revue maritime* de mars et avril 1881, par M. Roque, mécanicien principal de la marine).

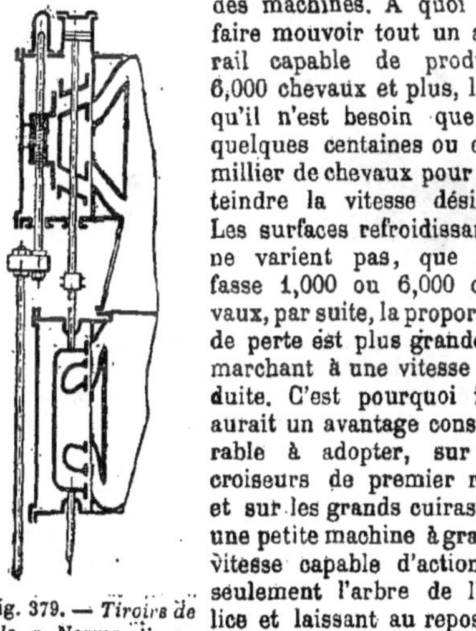

Fig. 379. — *Tiroirs de la « Normandie », avec détente Mayer pour le petit cylindre et un piston d'équilibre du poids des tiroirs.*

L'essai des éjecteurs Friedman, sur le *Redoutable*, a fourni les chiffres suivants : durée de l'expérience, 6'40"; volume de l'eau refoulée $22^{m3},896$; pression à la chaudière, 2 kilogrammes; température de l'eau dans la cale, 7°; température de l'eau refoulée, 19°. De ces observations, on déduit : poids de l'eau rejetée par heure $Q+q=211^t,081$; poids de la vapeur dépensée, $q=3,922$; poids de l'eau épuisée, $Q=207^t,109$; en admettant que 1 kilogramme de charbon produise 8 kilogrammes de vapeur, le poids de vapeur dépensé correspond à 490 kilogrammes de charbon par heure. La hauteur à laquelle l'eau est élevée étant de 8 mètres, le travail effectué est égal à $207,109\times 8=1,656,872$ kilogrammètres par heure, ou 460 kilogrammètres par seconde, soit 6,13 chevaux de 75 kilogrammètres. La dépense de combustible par cheval utile est donc de $\frac{490}{6,13}=$ $81^k,50$. Or, une machine à haute pression consomme au maximum 5 kilogrammes par cheval mesuré sur l'arbre; une bonne pompe utilise au moins les 0,50 de ce travail. La consommation avec une pompe à vapeur serait donc au grand maximum de 10 kilogrammes par cheval utile, *soit 1/8 seulement de ce que consomme un éjecteur.* La pompe centrifuge Dumont, essayée sur le même bâtiment et mesurée d'après les mêmes procédés, n'a consommé que $6^k,3$ par cheval utile.

MOTEUR A VENT. — V. TURBINE ATMOSPHÉRIQUE.

MOTEUR ÉLECTRIQUE. Un moteur électrique est un appareil qui transforme l'énergie électrique en énergie mécanique; cette transformation constitue l'un des phénomènes qui se produisent lorsque l'on met en présence deux pièces mobiles possédant, soit deux champs galvaniques, soit deux champs magnétiques, soit mieux encore un champ galvanique et un champ magnétique. Le premier cas correspond aux actions réciproques des courants électriques, découvertes par Ampère; malheureusement ces actions sont très faibles et n'ont pas reçu, jusqu'à présent, d'applications industrielles. Le second cas a été la conséquence de la découverte, par Arago, de l'aimantation par les courants; cette merveilleuse puissance de l'électro-aimant, que l'on peut faire naître ou supprimer à volonté, fut immédiatement mise à contribution par les inventeurs; on essaya tous les genres de mouvement: rectiligne alternatif, oscillant et circulaire, et l'on n'obtint, en définitive, que des résultats insignifiants; le travail recueilli atteignait à peine quelques kilogrammètres et coûtait extrêmement cher.

— Les premiers moteurs électriques furent, en effet, basés sur l'attraction qui s'exerce entre les électros et leurs armatures, ou mieux encore entre les pôles d'électros mobiles vis-à-vis les uns des autres; c'est sur ce système que Jacobi avait construit, en 1839, à Saint-Pétersbourg, un moteur entraînant des roues à palettes, avec lequel il essaya de faire marcher une barque sur la Néva. Ce moteur était formé de plusieurs séries d'électros montés circulairement, les uns sur des plateaux fixes, les autres sur des plateaux mobiles tournant entre les précédents sous l'influence des attractions et des répulsions successives des pôles en regard. Le courant d'aimantation des électros mobiles était renversé, à chaque passage, au moyen d'un commutateur formé par des espèces d'engrenages dont les dents, en laiton, étaient isolées à l'aide de pièces de bois; ce courant était fourni par 64 éléments de Grove. La vitesse était à peine de 3,600 mètres à l'heure. Les dynamos de Wilde et de Niaudet ont une grande analogie avec le moteur de Jacobi.

L'attraction des armatures a été utilisée dans un grand nombre de moteurs, entre autres ceux de Froment, Cazal, Chutaux, Camacho et Cance. Dans la machine de Froment (fig. 380), 8 armatures de fer doux M sont fixées sur deux roues en fonte montées sur un même axe horizontal, et forment un tambour à claire-voie, mobile au centre de 4 électro-aimants puissants ABCD, fixés sur un bâti de fonte X. Le courant arrive par la borne K, monte dans le fil E et gagne l'arc métallique O. Cet arc est muni de 3 galets métalliques *e*, qui s'appuient l'un après l'autre sur des cames de métal montées sur un disque en ivoire *a*, et font passer le courant successivement dans chaque électro-aimant de manière que les attractions sur les armatures M soient toujours de même sens. Le retour du courant a lieu par la borne H; P est la roue qui sert à transmettre le mouvement du tambour. Dans quelques modèles, les armatures oscillent simplement devant les pôles et leur mouvement alternatif est transformé en mouvement de rotation par des bielles et une manivelle. Le moteur de Roux, qui figurait à l'Exposition universelle de 1855, appartenait à cette catégorie, ainsi que celui avec lequel de Molins renouvela, en 1866, sur le lac du bois de Boulogne, à Paris, l'expérience de Jacobi. Enfin dans les moteurs de Page et de M. Bourbouze, on avait utilisé l'attraction d'un solénoïde sur un barreau de fer doux; la course était un peu plus longue, et le mouvement de va-et-vient du barreau était assez semblable à celui du piston d'une machine à vapeur. On obtiendrait certainement des résultats intéressants avec ce dernier système en sectionnant le solénoïde, comme l'a fait M. Marcel Deprez dans le marteau-pilon électrique qu'il a présenté à la Société de physique en juillet 1880. Toutes ces tentatives ont échoué parce que l'électricité produite par la pile coûte beaucoup trop cher, et que l'on n'avait pas encore trouvé d'autre mode de production; mais en dehors de cette cause principale et inévitable de leur insuccès, tous ces moteurs présentaient encore de graves inconvénients: comme les attractions ne s'exercent, avec quelque puissance, qu'à une distance très limitée, on est obligé de multiplier les électros pour obtenir la continuité et la régularité du mouvement; ces attractions devant cesser aussitôt que les armatures sont arrivées en face des pôles, il faut, à chaque fois, supprimer l'aimantation en interrompant le passage du courant; mais cette

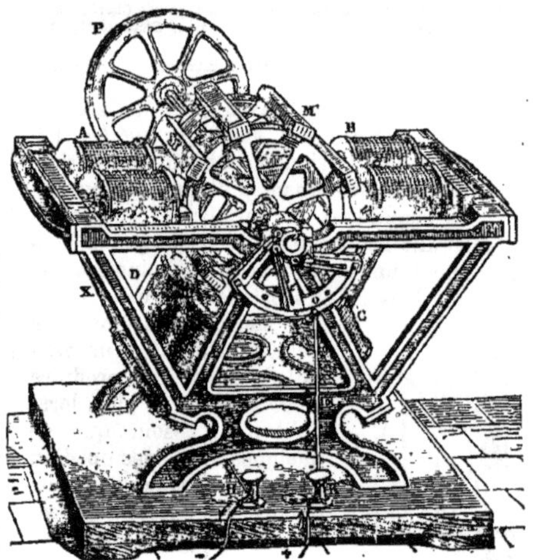

Fig. 380. — *Moteur de Froment.*

aimantation ne disparaît jamais complètement, par suite de la force coercitive du fer et de la rapidité du mouvement, de sorte que le magnétisme rémanent diminue l'effet utile. En outre, les changements de polarité entraînent l'échauffement des noyaux et une perte d'énergie correspondante, Les interruptions de courant produisent des étincelles d'extra-courant qui oxydent les commutateurs et rendent leur fonctionnement irrégulier. La dépense d'électricité est augmentée par la nécessité de renouveler à chaque fois l'aimantation et le courant est imparfaitement utilisé parce que les pièces marchent très vite et n'ont pas le temps de s'aimanter complètement; on est par suite conduit à augmenter les dimensions des électros, afin d'obtenir plus de puissance, et on arrive à des efforts considérables qui entraînent la flexion ou le déplacement des organes.

Tous ces inconvénients sont proportionnels aux causes qui les font naître; avec des courants peu intenses et des machines de petites dimensions, ils sont assez faibles pour permettre de fonctionner avec une apparence de succès; mais leur importance croît tellement vite qu'il est impossible de faire produire à ce genre de moteurs plus de quatre à cinq kilogrammètres, et cela avec des appareils dont le poids atteint 5 à 600 kilogrammes. D'après les expériences de MM. Tresca et Becquerel, le meilleur des douze moteurs électriques qui figuraient à l'Exposition universelle de 1855 dépensait 30 grammes de zinc par kilogrammètre.

On peut considérer comme fonctionnant sur les mêmes principes le moteur à bobine, en forme de navette, de Siemens; c'est même celui qui a donné les meilleurs résultats, depuis que M. Marcel Deprez a eu l'idée de placer la bobine entre les branches d'un aimant en forme d'U. C'est ce que montrent les chiffres suivants, obtenus par M. d'Arsonval, avec un moteur Deprez dont la bobine, de 35 millimètres de long sur 30 de diamètre, était garnie avec du fil de un millimètre; l'aimant pesait 1,700 grammes.

Nombre d'éléments de Bunsen..	4	5	6
Nombre de tours par minute. .	140	205	»
Travail par minute en kilogrammètres.	35	51	60
Intensité du courant, en ampères	4.1	4.41	5
Différence de potentiel aux bornes, volts.	4.05	5.1	6
Energie électrique fournie au moteur, par minute.	99	135	180
Rendement mécanique	0.378	0.353	0.333
Travail produit par gramme de zinc en kilogrammètres . . .	107	134	100

Comme un gramme de zinc brûlé dans la pile équivaut à 510 kilogrammètres (1,2 calorie), on voit que ce moteur transformait jusqu'à 26 0/0 de l'énergie calorifique produite par l'action chimique de la pile.

Ces moteurs ont l'inconvénient d'avoir un point mort, correspondant au moment où les pôles de l'induit et de l'inducteur sont exactement vis-à-vis les uns des autres, et où doit se produire le changement de sens du courant qui renverse les pôles du noyau de la bobine. Pendant un instant très court, le noyau n'est plus aimanté; les attractions opposées auxquelles il se trouve soumis sont égales et tendent à l'empêcher de tourner; il ne peut franchir cette position que grâce à l'inertie et aux dépens du travail utile. M. Trouvé a fait disparaître le point mort, en donnant (fig. 381). un peu d'excentricité, soit aux surfaces polaires *ff* de la bobine, soit à la surface intérieure des pôles *aa* de l'inducteur *b*. Le moment d'équilibre est déplacé pour la bobine dont le mouvement se

Fig. 381.

prolonge assez pour amener le frotteur sur la lame suivante du commutateur; le passage du courant est rétabli; le magnétisme du noyau reparaît, mais renversé, et la répulsion qui se produit continue le mouvement. Un moteur Trouvé, pesant 3,300 grammes, a fourni, avec six éléments Bunsen en tension, 225 kilogrammètres. La consommation était de 144 grammes de zinc par heure, et le travail produit par gramme de zinc consommé atteignait 93 kilogrammètres.

Pour obtenir plus de puissance, M. Trouvé installe plusieurs bobines semblables dans un même champ magnétique; plus elles sont nombreuses, plus le rendement augmente, sans doute parce que l'on se rapproche davantage de la continuité; c'est ainsi qu'avec la même intensité du courant, (six éléments pour chaque bobine), la machine à deux bobines conjuguées (fig. 382) peut fournir

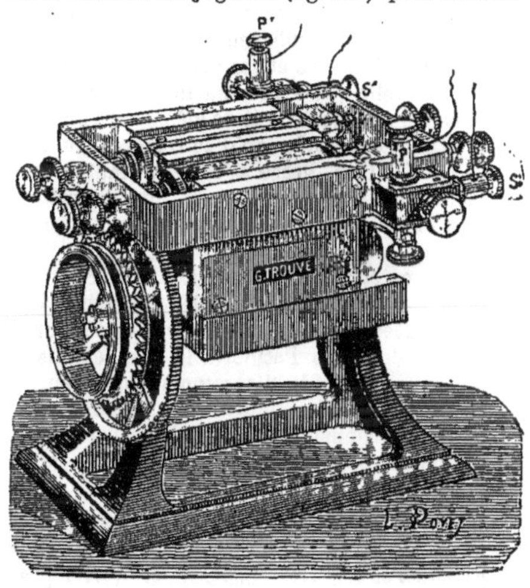

Fig. 382. — *Machine à deux bobines conjuguées, de M. Trouvé.*

8 kilogrammètres; 4 bobines donnent 20 kilogrammètres et 8 bobines en donnent 56; le travai par bobine s'élève ainsi successivement à 4, 5 et 7 kilogrammètres, résultats bien supérieurs à ceux que l'on obtiendrait si l'on employait les mêmes poids de fer et de cuivre sur une seule bobine. Dans le dernier cas, un gramme de zinc donne 200 kilogrammètres. On a remarqué, à l'Exposition d'électricité de Paris en 1881, un moteur minuscule construit par cet ingénieur pour le ballon dirigeable de M. G. Tissandier; il ne pesait que 220 grammes et fournissait, avec un élément secondaire de M. Planté, un travail de 90 grammètres à la vitesse de cinq tours par seconde. Avec deux éléments en tension et une vitesse de 12 tours, le travail s'élevait à 420 grammètres et avec trois éléments, à près d'un kilogrammètre.

M. Cloris Baudet a modifié la bobine de Siemens; le noyau est fractionné et constitué par une rangée de petits électros droits logés entre deux lames polaires communes; l'hélice unique de la bobine ordinaire est remplacée par autant d'hélices distinctes enroulées sur les petits électros et reliées en quantité: cela permet d'employer plus de fil et de diminuer la résistance totale de la bobine; l'action magnétisante du courant est plus efficace et l'influence de la force centrifuge sur les fils n'est plus à craindre. Deux bobines semblables sont placées à angle droit sur le même axe et tournent entre deux barreaux droits et parallèles munis d'hélices magnétisantes en leur milieu; le moteur est par conséquent dynamo-électrique, et la disposition à angle droit de ses bobines supprime le point mort.

Le petit moteur de M. Griscom est également dynamo-électrique, avec une bobine de Siemens pour organe mobile. Seulement les noyaux des inducteurs sont recourbés en demi-cercle et recouverts de fil d'un pôle à l'autre; l'ensemble forme un anneau à l'intérieur duquel tourne la bobine, qui est un peu excentrée pour éviter les points morts. Avec ce système d'inducteurs tubulaires, on doit établir entre la direction des fils sur les inducteurs et les polarités du noyau, une relation telle que le courant induit par ce dernier dans ces mêmes fils soit de même sens que le courant excitateur, afin qu'il le renforce au lieu de l'affaiblir. C'est grâce à cette précaution que le moteur Griscom, qui n'a que dix centimètres de long et ne pèse que 1140 grammes, peut fournir de 3 à 4 kilogrammètres.

Les moteurs de MM. Ayrton et Perry se composent également d'une bobine Siemens légèrement excentrée, qui tourne dans l'intérieur d'un anneau du genre Pacinotti. Ils sont établis pour fournir environ 25 kilogrammètres, et sur trois types d'un poids uniforme de 16 kilogrammes, mais fonctionnant avec une différence de potentiel de 25, 50 ou 100 volts, dans les conditions suivantes :

Volts aux bornes	23	48	98
Courant en ampères	25	14.2	6.1
Tours par minute	1.800	2.000	2.100
Travail disponible en kilogram.	22.5	24.75	26.25
Rendement	0.38	0.36	0.43

Quoique l'on soit arrivé à établir des moteurs de ce système qui peuvent fournir environ 2 chevaux sur l'arbre, sans que leur poids dépasse 55 à 60 kilos, on conçoit que la bobine de Siemens ne convient pas pour de grands efforts, parce que la masse du noyau atteint rapidement des dimensions exagérées; il faudrait alors la transformer, comme l'avait fait M. Lontin dont l'induit primitif ou pignon d'induction n'était en résumé qu'une bobine de Siemens à noyaux multiples. On pourrait, avec les machines à courants continus de cet inventeur, comme avec celles de Burgin, créer des moteurs puissants, mais qui conserveraient encore tous les défauts des induits dans lesquels le magnétisme du noyau joue un rôle prépondérant.

L'expérience a montré que c'est le troisième système, action d'un champ magnétique sur un champ galvanique, qui est le plus avantageux, et c'est en cherchant à obtenir, par l'application des lois de Faraday, un générateur d'électricité que M. Gramme a réalisé en même temps un des meilleurs moteurs, le même que celui qui avait été inventé, puis abandonné par M. Pacinotti. La supériorité de cette combinaison sur la première, tient à la puissance du champ magnétique inducteur; elle a, sur la seconde, l'avantage de n'exiger ni changement de polarité, ni renversement de courant; il n'y a plus d'étincelle de rupture, et les pertes dues à la discontinuité, à l'échauffement et au magnétisme rémanent peuvent être presque entièrement supprimées. Cette supériorité fut constatée par les premiers essais de force motrice exécutés avec une petite machine Gramme (modèle de laboratoire), dont les aimants permanents étaient constitués avec un faisceau d'une machine de l'Alliance. M. d'Arsonval obtint les résultats suivants :

Nombre d'éléments Bunsen	4	6
Différence de potentiel aux bornes, volts	4.95	7.5
Intensité du courant en ampères	3.3	3.4
Energie électrique fournie par seconde	1.63	2.59
Travail du moteur, par minute en kilogrammètres	60	100
Rendement	0.61	0.64
Travail produit par gramme de zinc en kilogrammètres	225	250

Le moteur transformait en travail 50 0/0 de l'énergie calorifique produite par l'action chimique de la pile. Une autre machine de Gramme, de plus grand modèle, a fourni avec 8 éléments Bunsen, 12 volts aux bornes et un courant de 1,72 ampères, un travail de 92 kilogrammètres par minute et jusqu'à 368 kilogrammètres par gramme de zinc; elle transformait en travail 73 0/0 de l'énergie calorifique totale et 75 0/0 de l'énergie électrique fournie aux bornes. Les moteurs de ce genre ne sont plus limités aux faibles puissances des systèmes précédents; M. Marcel Deprez a obtenu jusqu'à sept chevaux de force avec la machine Gramme, type D, transformée, qui servait de réceptrice, c'est-à-dire qui fonctionnait comme moteur aux expériences du chemin de fer du Nord, à Paris, et à celles de Vizille-Grenoble. Enfin, indépendamment de son moteur cylindrique et de sa machine octogonale décrits dans le *Dictionnaire*. — V. Machines électriques.

M. Gramme a construit, spécialement pour les applications de force motrice, une machine multipolaire qui a donné au frein 3,037 kilogrammètres, soit un peu plus de 40 chevaux, à la vitesse de 645 tours par minute. Cette machine a pour induit un anneau, du genre Gramme, mais aplati et tournant entre deux séries d'inducteurs, de façon qu'il est influencé sur ses faces latérales. Les inducteurs sont des électros montés sur deux plateaux parallèles, avec des noyaux allongés et cintrés en arc de cercle; les pôles de chaque série sont alternativement de noms contraires, mais ceux qui sont en regard sont de même nom.

Les machines Pacinotti-Gramme ne sont pas, du reste, les seules dont on exploite la réversibilité, et les dynamos à tambour de Siemens ont déjà reçu, comme moteurs, de nombreuses applications.

Les moteurs électriques ne sont, en résumé, que

les machines électriques dont la description a été donnée dans le *Dictionnaire* (V. MACHINES ÉLECTRIQUES), mais qui présentent, dans ce mode de fonctionnement, une particularité remarquable dont il faut tenir compte parce que son influence règle précisément le rendement de ce genre d'appareils.

En effet, si la réversibilité des phénomènes qui se produisent dans un champ magnétique permet d'exploiter l'un d'eux à volonté, autrement dit de transformer une dynamo en moteur, et réciproquement, elle présente en même temps l'inconvénient que ces phénomènes sont inséparables; aussitôt qu'une machine fonctionne comme dynamo, le courant engendré dans l'induit tend à lui faire prendre, conformément à la loi de Lenz, un mouvement de sens contraire à celui qu'elle reçoit extérieurement; c'est cette réaction opposée à la force mécanique actionnant la machine qui oblige à augmenter la dépense d'énergie à mesure qu'augmente le travail électrique.

Inversement, dès qu'un moteur électrique est mis en mouvement par les réactions que fait naître entre les champs, le passage du courant qui l'alimente, il commence, par le fait même de sa rotation, à fonctionner comme dynamo et tend à développer dans le circuit un courant de sens contraire à celui qui détermine son mouvement. Cette réaction opposée à la force électro-motrice du générateur (pile ou machine) qui fournit le courant moteur s'appelle force contre-électro-motrice; elle a pour effet de diminuer l'intensité du courant qui traverse le moteur, et c'est ce qui a fait supposer, à l'origine, que la résistance (électrique) d'un moteur était plus grande pendant le mouvement qu'au repos. Le diagramme ci-joint (fig. 383) peut servir à montrer les rapports qui s'établissent entre deux dynamos identiques servant, l'une de générateur et l'autre de moteur; on leur suppose à chacune une résistance de 5 ohms, soit 50 ohms de résistance totale, et on admet qu'elles sont reliées par un circuit de résistance négligeable. La verticale de gauche indique les accroissements, en volts, de la force électromotrice du générateur; celle de droite, les accroissements, en sens inverse, de la force contre-électro-motrice du moteur; les horizontales mesurent, en kilogrammètres, le travail dépensé; la courbe I indique les intensités correspondantes du courant en ampères, et la parabole verticale limite le travail électrique du moteur. Tant que ce dernier ne fonctionne pas, toute l'énergie électrique du générateur est transformée en chaleur. Dès qu'il se met en mouvement, la force contre-électro-motrice apparaît, et la production du courant devient proportionnelle à l'excès de la force électro-motrice du générateur sur cette force contre électro-motrice du moteur, soit $I = \frac{E-e}{R+r}$. Il faut, naturellement, que la valeur E reste constante; le travail dépensé par le générateur, travail transformé en énergie électrique, devient alors $T = \frac{EI}{g}$; le moteur qui reçoit le courant d'intensité I produit un travail électrique $t = \frac{eI}{g}$, et la quantité d'énergie transformée en chaleur est exprimée par $\frac{I^2(R+r)}{g}$. $E=100$ volts: en supposant $e=70$ volts, $T=40$ kilogrammètres; $I=3$ ampères; $t=21$ kilogrammètres et 9 kilogrammètres d'énergie sont transformés en chaleur. La figure montre que le travail maximum du moteur est obtenu quand E ou I sont réduits à la moitié de la valeur qu'ils peuvent atteindre lorsque le moteur ne fonctionne pas. Dans ce cas, le rapport $\frac{t}{T}$, ou le rendement est égal à 1/2. L'exemple numérique précédent fait voir que le rendement peut dépasser 50 0/0 (il est alors de 70 0/0), mais à mesure que le rendement augmente, les travaux dépensés et recueillis diminuent rapidement. A la limite théorique, lorsque $E=e$, le rendement serait égal à l'unité; mais le travail produit serait nul. En tout cas, il faut, pour réaliser les meilleures conditions, que les changements de vitesse aient lieu au delà de celle qui correspond au travail maximum, puisqu'alors le rendement augmente avec la vitesse; lorsque celle-ci descend au-dessous de cette limite, le travail du moteur décroît rapidement et la plus grande partie de l'énergie est transformée inutilement en chaleur. Reprenant l'exemple précédent, mais en doublant la force électro-motrice du générateur et en maintenant la même différence entre elle et la force contre-électro-motrice du moteur, c'est-à-dire la même valeur de $E-e$, sans changer les résistances, l'intensité du courant ne changera pas et restera égale à 3 ampères; l'énergie transformée en chaleur ne variera pas non plus et sera toujours égale à 9 kilogrammètres; mais T s'élèvera à 60 kilogrammètres et t à 51 kilogrammètres; le rendement atteindra 85 0/0; il y a donc avantage à employer les forces électro-motrices aussi élevées que possible (V. TRANSMISSION DE L'ÉNERGIE). Les moteurs électriques se

Fig. 383.

prêtent facilement au renversement de marche, indispensable dans un grand nombre d'applications, il suffit d'employer deux jeux de frotteurs, mobiles chacun autour d'un axe commun, et de disposer un levier qui permette d'appliquer à volonté l'une ou l'autre des deux paires de frotteurs sur les collecteurs, de façon à renverser le passage du courant dans l'induit.

Comme il est important que les moteurs électriques puissent tourner à une vitesse uniforme, quel que soit l'effort qui leur est demandé à chaque instant, on a imaginé divers systèmes de régulateurs dans le but d'obtenir ce résultat d'une façon automatique; ce sont, en général, des interrupteurs du courant d'alimentation, soit à ressort, comme celui de M. Marcel Deprez, soit actionnés par un modérateur à force centrifuge ou par un système dynamométrique. Le procédé le plus simple consiste à employer l'enroulement double des machines compensées ou compound dynamos. Dans ce cas, les enroulements doivent être en opposition, l'un tendant à aimanter les inducteurs, l'autre à les désaimanter, de façon qu'une augmentation de la vitesse détermine l'affaiblissement du champ magnétique, et réciproquement. Les enroulements des moteurs autorégulateurs diffèrent suivant leur mode d'alimentation, à intensité de courant constante ou à différence de potentiel constante. Dans les deux cas, on peut déterminer, par tâtonnement, les conditions de l'enroulement régulateur, en se basant sur ce que la valeur d'un champ magnétique ne change pas tant que le produit du nombre de spires enroulées par l'intensité de courant qui les traverse reste le même (c'est à ce produit nI que M. Thompson a donné le nom d'*ampère-tour*). On cherche, à l'aide d'un enroulement provisoire et d'une source indépendante d'électricité (pile ou accumulateurs), quel est le nombre d'ampères-tours nécessaires pour maintenir la vitesse régulière, soit à vide, soit en charge; la valeur $n'I'$ ainsi déterminée permet de calculer, pour chaque cas, la puissance de la dérivation à emprunter au courant principal et l'enroulement définitif correspondant. La théorie et les déterminations pratiques de l'enroulement compound ou différentiel ont été parfaitement exposées par MM. Ayrton et Perry, par M. Marcel Deprez (*Lumière électrique*) et par M. Sylvanus Thompson (*Traité des machines dynamos-électriques*).

Depuis l'Exposition d'électricité de Paris (1881), les moteurs électriques sont chaque jour mieux appréciés et ont reçu de nombreuses applications; ils sont surtout remarquables par leur légèreté, c'est ainsi qu'un petit moteur multipolaire de M. Gramme, employé aux essais d'aérostats dirigeables, à Meudon, a pu, quoique ne pesant pas plus de 10k,500, développer jusqu'à 40 kilogrammètres par seconde, c'est-à-dire un peu plus de 4 kilogrammètres par seconde et par kilogramme. Leur installation est des plus faciles, grâce à la souplesse des conducteurs, et leur grande vitesse de rotation est précieuse dans la plupart des applications, ventilateurs, machines à coudre, etc. Elle n'offre aucun inconvénient lorsque l'outil à commander a une marche très lente, comme les treuils ou les ascenseurs; dans ce cas, la dynamo-réceptrice, à rotation rapide, actionne une vis sans fin qui transmet le mouvement au tambour.

Leur emploi pour la traction des voitures de chemins de fer a été exposé dans le *Dictionnaire* (V. Chemins de fer électriques); la figure 384, ci-jointe, montre l'une des formes sous lesquelles on a essayé, en reprenant l'idée caressée par les premiers inventeurs, de les employer à faire mouvoir des embarcations.

Dans cette disposition, imaginée par M. Trouvé, le moteur *a* est placé sur le gouvernail *mm* dont *s* et *l* sont les charnières; il commande, par l'intermédiaire des roues dentées *g* et *n* et d'une chaîne de Gall *p*, l'arbre *q* sur lequel est fixé l'hélice *r*. Le courant est amené par les conducteurs *uv*, qui servent en même temps de tire-veilles pour manœuvrer le gouvernail. Ce système, par-

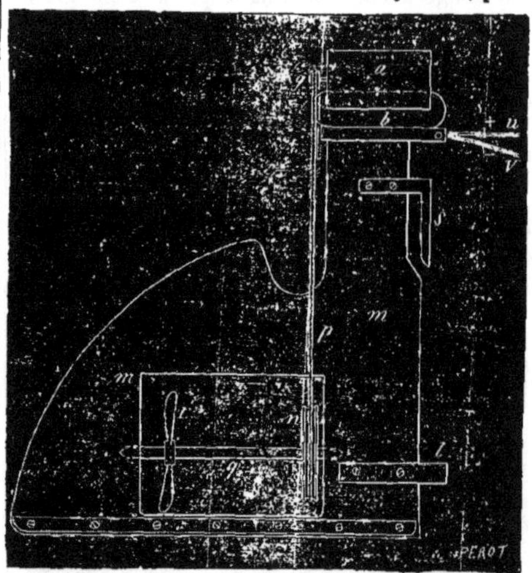

Fig. 384. — *Application du moteur de M. Trouvé, à un navire.*

faitement adapté pour un bateau de plaisance et très propice pour naviguer dans un cours d'eau sinueux, est resté un objet de luxe et de curiosité parce que, si le moteur est excellent, la source d'électricité est encore à trouver. La pile au bichromate, quoique supérieure à celles des premiers inventeurs, en présente encore tous les inconvénients, et la question n'est guère plus avancée qu'au temps de Jacobi. Les accumulateurs seraient plus avantageux, et des essais ont eu lieu, en Angleterre, avec une chaloupe dont l'hélice était actionnée par deux dynamos de Siemens, alimentées par une batterie d'accumulateurs; malheureusement, même avec une surcharge importante, la provision d'énergie est limitée et la difficulté de son renouvellement supprime l'indépendance du système. Ce sont des difficultés du même genre, jointes à l'élévation de la dépense, qui ont arrêté les essais de traction électrique faits, à Paris, avec des voitures de la Compagnie des Omnibus. On se trouve donc réduit à demander aux machines la production des courants; mais alors l'électricité n'est plus une nouvelle ressource pour l'obtention du travail mécanique, c'est simplement un mode de transmission de la force qui ne présente d'intérêt que dans deux cas spéciaux : le transport à grande distance de l'énergie fournie par les sources naturelles avec un prix de revient assez faible pour supporter la dépense des conducteurs et les pertes inhérentes aux transformations successives qu'elle doit subir; ou bien la transmission de la force développée par les autres systèmes de moteurs avec sa distribution entre un grand nombre d'outils, distribution que les moteurs électriques peuvent seuls réaliser, grâce à leur propriété de s'adapter aussi bien aux très petits efforts qu'aux très grandes puissances. Ces deux cas rentrent dans l'étude d'ensemble de la *transmission* et de la *distribution de l'énergie*. — V. ces mots. — J. B.

Bibliographie : Machines électriques, par NIAUDET; *Machines et moteurs électriques*, par J. BOULARD; *L'électricité comme force motrice*, par Th. du MONCEL et Frank GÉRALDY; *Théorie des machines électriques*, par MASCART (*Journal de physique*, 1877, t. IV) et JOUBERT (*Journal de physique*, t IX, 1881, et t. II, seconde série, 1883); *Théorie graphique des machines dynamoélectriques*, par Marcel DEPREZ (*Lumière électrique*, t. XI, XVII et XVIII); *Traité théorique et pratique des machines dynamoélectriques*, par Sylvanus P. THOMPSON, 1886, traduit par M. BOISTEL, Paris, Baudry.

MOTEUR HYDRAULIQUE. D'après la classification adoptée dans le *Dictionnaire*, les *moteurs* ou *récepteurs hydrauliques* sont les appareils qui empruntent la force de l'eau en mouvement, pour la transformer en travail mécanique disponible. Nous avons donné, en parlant de l'hydraulique appliquée, leur classification en *roues*, *turbines*, *machines à colonne d'eau* et *moteurs à eau sous pression*; on trouvera les premiers à leurs places respectives (V. ROUES, TURBINES), et nous n'avons à examiner ici que les deux dernières catégories.

I. L'invention des pompes à élever l'eau devait naturellement conduire à renverser leur fonctionnement, c'est-à-dire à faire mouvoir le piston dans la pompe sous l'action d'une colonne d'eau; on obtenait ainsi un mouvement de va-et-vient, analogue à celui du piston des machines à vapeur et facile à utiliser. Les moteurs ainsi réalisés ont reçu le nom de *machines à colonne d'eau*; ils sont à simple effet ou à double effet, suivant que l'eau agit seulement sur l'une des faces du piston, ou sur les deux faces alternativement. On les a presque exclusivement appliqués à l'épuisement des mines, parce qu'ils offrent l'avantage d'actionner directement les tiges des pompes. La machine à colonne d'eau à simple effet a été inventée par Bélidor, en 1736; mais ce n'est que vers 1800 qu'elle est devenue réellement pratique, grâce aux perfectionnements qu'y apporta M. de Reichenbach, ingénieur bavarois. Il en existe un certain nombre dans les mines de la Hongrie et du Harz; leur rendement qui, d'après Hachette (*Traité des machines*), n'était que de 35 à 45 0/0, atteint aujourd'hui de 70 à 75 0/0. En France, les plus remarquables sont les machines à simple effet, construites pour la mine de Huelgoat, concession de Poullaouen (Finistère), par M. Juncker, ingénieur français; elles sont établies pour utiliser une chute motrice de 60 mètres, en élevant, d'un seul jet, 30 litres d'eau par seconde à 230 mètres de hauteur. M. Juncker a publié dans les *Annales des Ponts et chaussées* de 1836, une étude complète de ces machines dont le *Dictionnaire* ne peut que résumer la description.

Ainsi que l'indique la figure 385, qui représente en coupe verticale la machine à colonne d'eau, le moteur se compose : d'un grand cylindre en fonte BB, ouvert à sa partie supérieure, dans lequel se meut un piston en bronze A, avec une simple garniture en cuir. Le cylindre a $1^m,03$ de diamètre et $2^m,75$ de hauteur; le piston a $2^m,30$ de course, et il peut battre jusqu'à cinq coups et demi par minute; la tige traverse le fond du cylindre et descend jusqu'au fond du puits où elle s'adapte directement sur le piston de la pompe. Pour équilibrer en partie le poids de cette tige, qui atteint près de 16,000 kilogrammes, on a placé le cylindre du moteur à 14 mètres en contre-bas de la galerie d'écoulement, ce qui oblige à élever à cette même hauteur l'eau qui a servi à soulever le piston; c'est la tige qui, en descendant, produit ce travail. Cette disposition porte à 74 mètres la hauteur du tuyau de chute. A la partie inférieure du cylindre se trouve une tubulure latérale D qui sert alternativement à l'introduction et à l'évacuation de l'eau motrice; devant cette tubulure est fixé un second cylindre vertical, beaucoup plus petit, dont la partie supérieure communique avec le tuyau d'arrivée de l'eau C, et la partie inférieure, avec le tuyau d'évacuation G; ces tuyaux ont 0,38 de diamètre; la tubulure D débouche dans un renflement annulaire réservé au milieu de l'espace qui sépare les deux tuyaux, et dans lequel se meut un piston E qui sert de distributeur; lorsqu'il est descendu au bas de sa course, comme le montre la figure 385, la communication est fermée entre le cylindre B et le tuyau d'évacuation G, tandis qu'elle est ouverte entre ce même cylindre et le tuyau G; l'eau pénètre sous le piston A et le soulève. Lorsqu'au contraire le piston distributeur E est ramené au haut de sa course, comme l'indique la figure 386, l'admission de l'eau est fermée et l'évacuation est ouverte; le cylindre se vide et le piston A redescend.

Pour faire mouvoir sans effort le distributeur E, il fallait d'abord contre-balancer la pression considérable que l'eau de la colonne de chute exerce sur la face supérieure; à cet effet, on a placé, au-dessus du distributeur et dans le même axe, un autre piston qui se meut dans un second cylindre formant le prolongement du cylindre de distribution, mais présentant un diamètre un peu plus grand, de telle sorte que les pressions exercées sur les faces en regard des deux pistons ne sont pas égales, mais qu'il existe sur la face inférieure du second piston un excédent de pression tendant continuellement à relever tout le système de bas en haut. Pour combattre cette tendance et forcer le distributeur à descendre, on a ménagé, autour du fourreau qui sert de tige au second piston, une chambre annulaire, fermée dans le haut par le presse-étoupe, et on a mis cette chambre en communication avec le tuyau de chute par un tube vertical HK qui débouche dans la chambre à travers une tubulure I; l'eau motrice qui pénètre par cet orifice presse la surface annulaire supé rieure du piston dont les deux faces sont à peu près équilibrées; la pression sur le distributeur E redevient prépondérante et l'oblige à descendre. Pour ramener les choses dans leur premier état, il suffit d'empêcher l'accès de l'eau motrice dans la chambre annulaire et, en même temps, de permettre à celle qui s'y trouve de s'échapper par le tube MM qui aboutit au tuyau général d'écoulement. Tout le système remontera spontanément et le cylindre principal se videra à son tour. Tout se réduit, en définitive, pour obtenir les deux mouvements du distributeur, à faire entrer un filet d'eau motrice dans la chambre annulaire ou à vider cette chambre en temps utile. Un robinet à trois orifices, placé en avant de la tubulure I, aurait été suffisant; on a préféré un petit distributeur à double piston établi sur les mêmes principes que le grand; ce petit distributeur, logé dans la partie K du tuyau HK, est équilibré non seulement par rapport à la pression de la chute, mais en outre par rapport à la contre-pression produite par le relèvement du tuyau général d'écoulement, de sorte que ses déplacements, dont l'amplitude est très petite, peuvent être réglés presque sans effort, par les mouvements mêmes du piston moteur A. Le petit distributeur est relié par sa tige L à un levier TS articulé au point S; ce premier levier est rattaché par une bielle FQ à un second levier OP, articulé en O et terminé en P par un secteur; deux mentonnets, de sens inverse, sont fixés sur les faces opposées du secteur. D'autre part, une tige verticale NN est fixée sur la face supérieure du piston A; cette tige cylindrique est munie sur sa longueur d'une tringle rectangulaire, bien dressée, dont l'épaisseur est la même que celle du secteur P auquel elle reste toujours tangente. Deux cames, de sens inverse, sont vissées sur les faces opposées de la tringle, qui porte une série de trous à l'aide desquels on peut faire varier la distance d'une came à l'autre; ces cames correspondent respectivement aux mentonnets du secteur. Il en résulte qu'à chaque montée et à chaque descente du piston moteur, l'un des mentonnets agit sur l'une des cames et imprime, par l'intermédiaire des leviers, le mouvement convenable au petit distributeur; la machine se règle donc automatiquement. Deux robinets placés, l'un sur le tuyau H, avant l'admission, l'autre sur le tuyau K, avant l'évacuation, permettent de modérer l'entrée ou la sortie de l'eau de la chambre annulaire et par suite, en faisant varier la vitesse du distributeur, de régler avec précision la course du piston moteur. Enfin, il suffit de fermer l'un de ces robinets pour arrêter la machine ou de l'ouvrir pour la remettre en marche, en ayant soin de manœuvrer le premier pendant la montée du piston, ou le second pendant la descente.

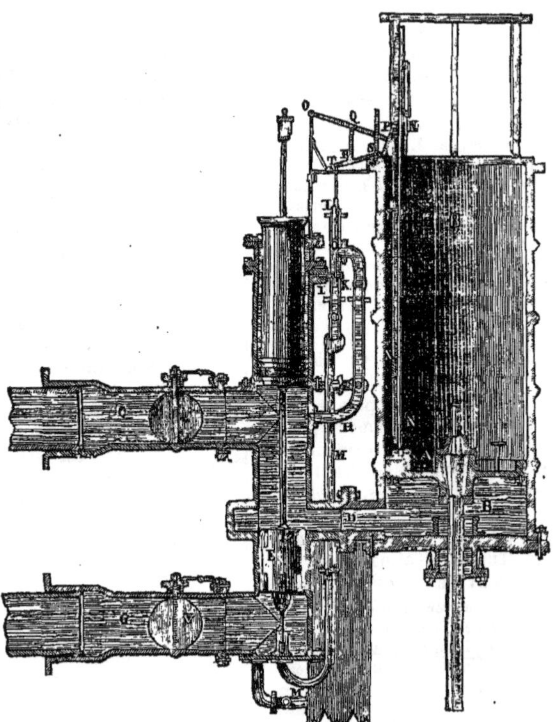

Fig. 385. — *Machine à colonne d'eau. Première période de la distribution.*

Pour prévenir les chocs dangereux qu'entraîneraient les arrêts brusques de colonnes d'eau aussi puissantes, on a donné au distributeur E une forme telle qu'il ne ferme que par degrés insensibles les orifices d'admission et d'évacuation; le cylindre en bronze qui constitue ce distributeur est découpé, à chaque bout, par huit entailles verticales qui présentent une section croissante ou décroissante, suivant le sens du mouvement, de sorte que l'eau prend ou perd sa vitesse progressivement; celle du piston moteur se ralentit en même temps et se trouve éteinte aux extrémités de la course, c'est-à-dire aux instants où son mouvement change de direction. La distribution ingénieuse de Reichenbach a été, depuis, appliquée avec succès à quelques moteurs à vapeur, parmi lesquels on peut citer les pompes de compression d'air des freins Westinghouse et Wenger.

La machine à colonne d'eau à double effet ne diffère de la précédente que par l'adjonction d'un second distributeur pour régler l'arrivée de l'eau sur l'autre face du piston; les deux distributeurs sont placés sur le même axe et solidaires l'un de l'autre; la distribution sur le piston compensateur est faite par un robinet à trois orifices, actionné par un jeu de leviers articulés sur le prolongement de la tige du piston moteur. Il existe une machine de ce genre aux salines de Saint-Nicolas (Meurthe). Le cylindre moteur est horizontal; la chute est de 171 mètres et le relèvement de l'évacuation, de 11 mètres, ce qui réduit la chute effective à 163 mètres; avec une dépense de 14 mètres cubes à l'heure, le travail moteur est de 8,45 chevaux, et le rendement atteint 0,771. Le tuyau de chute a $0^m,10$ de diamètre intérieur.

II. Pour les faibles puissances et les fortes charges, les machines à colonne d'eau sont de beaucoup supérieures aux turbines et autres appareils analogues; aussi est-ce avec des moteurs de ce genre que l'on utilise l'eau sous pression distribuée par des conduites pour l'alimentation des villes. L'altitude des réservoirs, dans lesquels cette eau est emmagasinée, crée souvent en effet une chute artificielle assez importante; malheureusement cette eau coûte généralement fort cher par suite des dépenses faites, tant pour l'amener aux réservoirs que pour établir et entretenir la canalisation de débit. En outre, le volume d'eau à dépenser est toujours considérable; sous une charge, déjà élevée, de 50 mètres, un cheval vapeur consomme de 70 à 100 mètres cubes au moins par journée de travail, de sorte que cette ressource n'est applicable qu'à de très petites forces et surtout pour des travaux intermittents. D'un autre côté, les petits moteurs hydrauliques ont l'avantage d'être simples et exempts de dangers; il suffit de tourner un robinet pour les mettre en marche et la consommation cesse en même temps que le travail.

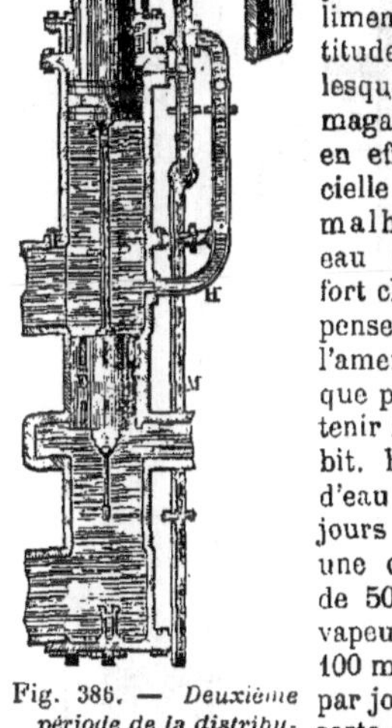

Fig. 386. — *Deuxième période de la distribution*

Ces moteurs sont, en général, établis sur le type des machines à vapeur; un piston étanche, mobile dans un cylindre oscillant, reçoit alternativement sur ses deux faces la pression de l'eau motrice dont la distribution est produite par le mouvement même du cylindre; seulement la densité et l'incompressibilité du fluide moteur exigent que l'on donne à tous les orifices de très grandes dimensions afin que la vitesse de l'eau qui les traverse ne dépasse pas quelques décimètres par seconde; par contre, les espaces, dits nuisibles dans les machines à vapeur, peuvent être fort grands, sans aucun inconvénient; la distribution est toujours réglée avec pleine admission et plein échappement pendant toute la course du piston; enfin un réservoir A doit être installé à l'entrée de la boîte de distribution, afin d'éviter les coups de bélier que produiraient les variations du débit qui est continuellement proportionnel à la vitesse du piston.

La figure 387 représente, en coupe verticale, l'un des moteurs domestiques construits par M. Schmid, de Zurich; le cylindre oscillant est appuyé sur une glace fixe, découpée en arc de cercle ayant pour centre le centre d'oscillation du cylindre; deux leviers articulés CD, terminés par des vis E, permettent de rapprocher les deux surfaces de contact jusqu'à ce que l'eau cesse de suinter; la distribution est ainsi produite par les oscillations du cylindre. Pour les puissances un peu grandes, on conjugue, sur un même arbre, deux de ces moteurs qui sont fort répandus en Suisse où la configuration du terrain permet d'établir, à peu de frais, des distributions d'eau sous forte charge.

Les autres modèles de ce genre de moteurs ne

Fig. 387. — *Moteur oscillant à eau sous pression.*

diffèrent entre eux que par le mode de distribution; l'entrée et la sortie de l'eau se font par l'intérieur de l'un des tourillons d'oscillation; pour les petites machines, la distribution est encore réglée automatiquement par une petite boîte fixée, en dehors du palier, entre l'extrémité du tourillon et celle des tuyaux de conduite; pour les forces plus considérables, on emploie un tiroir ordinaire actionné par un excentrique. Les tiroirs de grandes dimensions doivent être pourvus d'un piston compensateur, afin de diminuer leur usure.

Il existe, aux Docks de Marseille, des moteurs

Nombre de chevaux-vapeurs.	8	10	16
Nombre de cylindres	3	3	3
Diamètre des plongeurs. . . .	$0^m,061$	$0^m,066$	$0^m,088$
Course des plongeurs.	$0^m,285$	$0^m,300$	$0^m,356$
Nombre de tours.	45	65	60
Vitesse des plongeurs, par seconde	$0^m,440$	$0^m,650$	$0^m,712$
Section des orifices du tiroir. .	$198^m/^{m2}$	$250^m/^{m2}$	$520^m/^{m2}$
Course du tiroir	$0^m,018$	$0^m,020$	$0^m,024$
Vitesse, par seconde, du tiroir	$0^m,027$	$0^m,043$	$0^m,048$
Diamètre des pistons compensateurs.	»	$0^m,034$	$0^m,038$
Course de ces pistons. . . .	»	$0^m,010$	$0^m,015$

de ce genre, avec trois cylindres conjugués, travaillant à simple effet, dont M. Barret a publié les principales dimensions (V. tableau, p. 651).

On emploie aussi, comme moteurs hydrauliques, les machines à trois cylindres du système Brotherhood, et l'on a même remarqué qu'elles fonctionnent beaucoup mieux avec l'eau sous pression qu'avec la vapeur. Les cabestans hydrauliques employés pour la manutention des vagons à la gare de la Chapelle (Nord français) sont actionnés par des moteurs Broterhood alimentés avec de l'eau comprimée à 50 atmosphères.

III. On peut, dans un grand nombre d'applications, éviter de transformer le mouvement alternatif du piston en mouvement circulaire et l'utiliser directement; dans ces cas, le moteur hydraulique se trouve ramené à la presse ordinaire de Pascal (V. Presse hydraulique) dont le plongeur agit sur la résistance, soit directement comme dans les ascenseurs, soit par un intermédiaire comme dans les grues; un système de moufles permet de donner à la chaîne l'amplitude de course nécessaire; seulement le moufle est constitué en sens inverse; dans les palans ordinaires, la force agit sur le brin de chaîne, ce qui fait qu'avec peu de puissance, on élève une grande charge avec une petite vitesse; dans les appareils hydrauliques funiculaires, la résistance agit sur le brin de chaîne, et la force agit directement sur les moufles par l'intermédiaire du plongeur; il faut une grande puissance pour soulever de petites charges avec une grande vitesse. En général, le fonds du cylindre et la tête du plongeur portent chacun les poulies à gorge autour desquelles s'enroule la chaîne; l'eau, agissant sur le plongeur, écarte les deux systèmes de poulies; l'extrémité de la chaîne portant le crochet auquel on adapte la charge parcourt un espace égal à autant de fois la course du plongeur qu'il y a de brins dans le moufle; l'effort que l'eau sous pression doit exercer sur le plongeur est égal au produit de la résistance par le nombre des brins, augmenté des résistances passives dues à tous les frottements.

Si la charge reste toujours la même, les appareils sont de simples presses ordinaires à plongeur, dont la dépense est invariable; mais lorsque la charge varie entre un maximum et un minimum, on emploie des appareils différentiels dits à double pouvoir, afin de diminuer la dépense d'eau motrice; ces derniers ont, au lieu de plongeurs, un piston dont la tige est calculée de façon que la section annulaire, entre elle et l'intérieur du cylindre, soit, avec la section totale de ce même cylindre, dans un rapport égal à la différence entre les limites extrêmes de la charge; autrement dit, si le minimum est égal au tiers du maximum, la section annulaire de la partie antérieure du cylindre sera les deux tiers de la section totale. Pour la charge maximum, on introduit l'eau sous pression derrière le piston, et la chambre annulaire de l'avant est mise à l'évacuation; l'appareil fonctionne avec toute sa puissance; pour la charge minimum, on introduit l'eau en même temps sur les deux faces du piston; l'effort produit, ainsi que la dépense, sont réduits dans le rapport des deux surfaces. Les figures 388 et 389 représentent, à l'échelle de 1/30, l'élévation et la coupe longitudinale d'un de ces moteurs funiculaires, à effet différentiel, servant d'élévateur pour une grue de 1 et 3 tonnes.

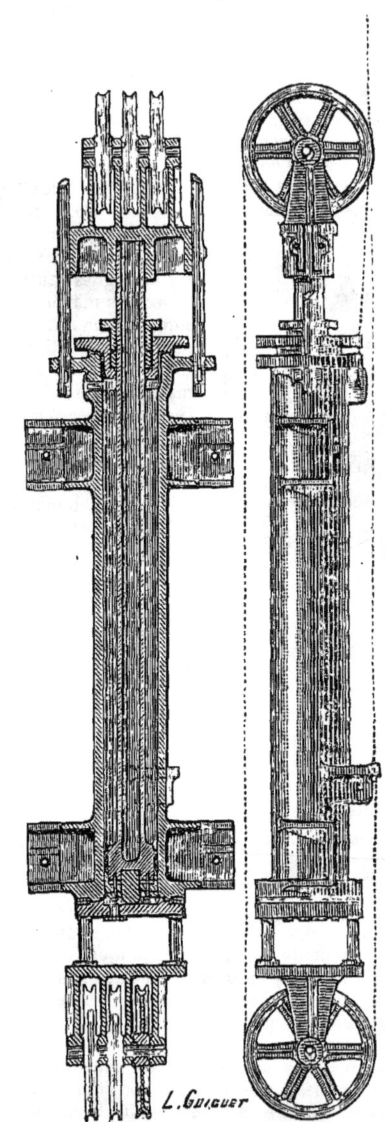

Fig. 388 et 389. — *Moteur funiculaire, à eau comprimée et à double pouvoir.*

Ses principales dimensions sont : course du piston, 2^m,108; diamètre intérieur du cylindre, 0^m,264; diamètre de la tige du piston, 0^m,152; diamètre des poulies, 0^m,620; course du crochet élévateur, 12^m,648; section des ouvertures des soupapes de distribution, en millimètres carrés : introduction, 615; évacuation, 1,134; communication, 804; décharge, 804; soupape à choc, 1,134; diamètre de la chaîne, $0^m,185$; vitesse de la charge par seconde, $1^m,30$; pression de l'eau dans la canalisation, 52 atmosphères.

La distribution de l'eau dans ces appareils se fait au moyen de soupapes, mues à la main par l'intermédiaire d'un levier, à l'extrémité duquel se trouve une petite chaîne de manœuvre équilibrée par deux contrepoids de façon à conserver toujours la position du levier; pour les appareils simples, il n'y a que deux soupapes, l'une d'introduction et l'autre d'évacuation, plus une soupape de sûreté ou de choc qui permet d'arrêter ou de mettre en marche instantanément, sans avoir à craindre les effets des coups du bélier. Pour les appareils différentiels, il faut deux soupapes de plus, une soupape de communication et une soupape de décharge, pour l'entrée et la sortie de l'eau lorsqu'elle doit agir dans la chambre annulaire du cylindre. Tous les appareils sont munis d'un dispositif de sûreté qui arrête automatiquement l'introduction avant que le plongeur n'arrive à la fin de sa course. On évite ainsi les dégâts que causerait sa sortie hors du cylindre.

IV. La propagation de tous ces engins est due à sir W. Armstrong qui les a fort heureusement complétés par l'invention de l'accumulateur. Les distributions d'eau des villes n'ayant, le plus souvent, qu'une chute insuffisante, on en était arrivé à se procurer la colonne d'eau nécessaire en se servant d'une machine à vapeur pour élever cette eau dans un réservoir installé à une très grande hauteur; mais on était encore limité par les difficultés pratiques de cette installation; c'est M. Armstrong qui a remarqué qu'il suffisait d'obtenir une pression considérable dans les conduites et que cette pression pouvait être réalisée autrement que par une colonne d'eau. Cette observation lui a servi de point de départ pour établir tout un système qui consiste à emmagasiner, sous la forme d'eau comprimée dans un vase à paroi mobile, le travail continu d'un moteur, et à dépenser cette provision d'une façon intermittente, au besoin à une distance considérable du moteur; c'est, en réalité, un emmagasinement et une distribution de l'énergie au moyen de l'eau sous pression, mais sous une pression bien supérieure à celle de n'importe quel réservoir, puisque 50 atmosphères représentent une colonne d'eau d'environ 500 mètres qui serait irréalisable. Avec l'accumulateur, il suffit que le maximum de travail à effectuer dans une période quelconque, ne dépasse jamais la quantité de travail qui peut être emmagasinée, augmentée de celle que le moteur peut fournir pendant cette même période. Cette condition permet de déterminer la puissance du moteur et les dimensions de l'accumulateur. On remarquera, en passant, que c'est à tort que l'on emploie le même mot pour désigner les piles secondaires employées pour emmagasiner l'énergie chimique destinée à la production de l'électricité. La confusion qui peut en résulter serait facilement évitée en conservant à ces dernières leur appellation naturelle.

Un accumulateur (fig. 390) se compose d'un cylindre en fonte vertical, dans lequel se meut un plongeur dont l'extrémité supérieure soutient une caisse de charge en tôle. Le poids contenu dans la caisse et le poids du plongeur sont calculés pour exercer sur l'eau, enfermée dans le cylindre, la pression nécessaire aux appareils en service; cette pression est généralement fixée à 50 atmosphères.

La machine à vapeur qui actionne les pompes de refoulement est placée auprès de l'accumulateur, et le tuyau d'arrivée de la vapeur F est muni d'une valve dont l'ouverture et la fermeture sont réglées par l'accumulateur lui-même de la manière suivante : cette valve est munie d'un levier qui porte à son extrémité un poids P suffisant pour maintenir la valve continuellement fermée.

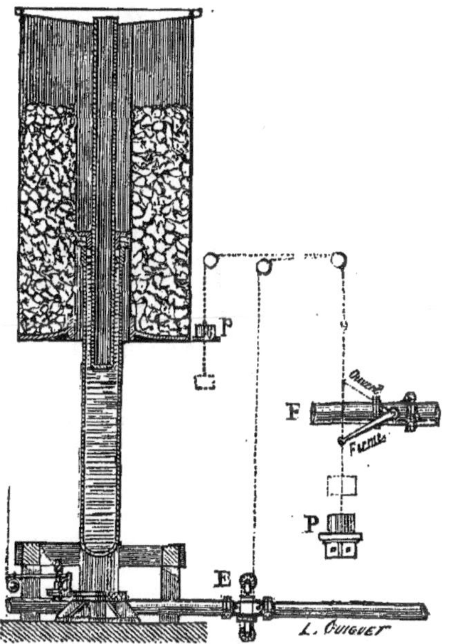

Fig. 390. — *Accumulateur Armstrong.*

L'effort nécessaire pour soulever ce levier et ouvrir la valve afin de mettre la machine en marche est exercé par une chaîne sur laquelle doivent agir simultanément deux forces distinctes; un petit plongeur de sûreté E est fixé à l'extrémité de la conduite générale, près de l'accumulateur; lorsque la pression existe dans cette conduite, le plongeur est repoussé, il tire sur la chaîne et tend à soulever le levier; mais son action est insuffisante et doit être complétée par celle d'un poids supplémentaire p solidaire de la caisse de charge. Celle-ci est, en effet, munie d'un taquet qui soulève le poids p quand la caisse monte, ou qui l'abandonne quand elle descend. Dans ce dernier cas, ce poids s'ajoute à l'effort exercé par le plongeur de sûreté, et leur somme étant supérieure au poids de fermeture P, la valve s'ouvre. Si l'accumulateur arrive au haut de sa course, le poids p est soulevé et cesse d'agir sur la chaîne, la valve se referme. La machine à vapeur ne marche, par conséquent, que proportionnellement à la dépense d'eau dans la conduite et l'accumulateur. Quant au plongeur de sûreté E, il a pour rôle d'empêcher la machine de s'emporter en cas de rupture dans les conduites; cette rupture provoquerait, en effet, l'écoulement de l'eau de l'accumulateur et, par suite, sa descente et l'ouverture de la valve d'introduction de vapeur; mais comme, au même instant, la pression n'existe plus sur le plongeur de sûreté, il cesse de tirer sur la chaîne du levier que le poids supplémentaire p est incapable d'ouvrir à lui seul; la machine reste en repos.

Pour éviter que le plongeur de l'accumulateur ne sorte de son cylindre, la conduite de refoulement est munie d'une soupape d'évacuation S que la caisse de charge ouvre, à l'aide d'une chaîne et d'un levier, lorsque cette caisse est arrivée à la hauteur réglée d'avance. Cette précaution est nécessaire parce que, malgré la fermeture de la valve d'introduction de vapeur, la machine peut faire encore quelques tours, par suite de l'inertie du volant, ce qui suffirait pour occasionner de graves dégâts. En raison des intermittences de marche de la machine à vapeur, il faut munir le tuyau de communication entre les chaudières et les cylindres d'un appareil purgeur automatique qui évacue l'eau condensée pendant les arrêts. Enfin une seconde soupape de sûreté est placée à l'origine de la conduite, pour empêcher qu'en cas de rupture de cette dernière, la caisse de charge ne tombe brusquement sur ses appuis; à cet effet, le levier qui supporte le contrepoids de cette soupape est maintenu soulevé par un petit plongeur actionné par la pression de la conduite; si par accident cette pression se trouve détruite, le levier s'abaisse; la soupape, en se fermant, empêche le cylindre de l'accumulateur de se vider et, par conséquent, la caisse de descendre.

Indépendamment de l'accumulateur principal, on est souvent conduit à en placer d'autres en différents points de la canalisation, auprès d'appareils dont le débit ferait prendre à l'eau une trop grande vitesse dans les tuyaux; ces accumulateurs secondaires doivent être moins chargés que le premier, afin de ne pas l'immobiliser, puisqu'il est chargé de régler, par son mouvement, la marche des pompes foulantes.

Afin de rendre uniforme le travail de la machine à vapeur, on emploie, pour refouler l'eau, des pompes différentielles à simple effet (V. Pompes). En donnant à la tige du piston une section égale à la moitié de celle du cylindre, la résistance à vaincre est la même dans les deux sens du mouvement; mais le volume théorique d'eau refoulée à chaque coup de piston n'est que la moitié du volume engendré par la course. Enfin, pour assurer le fonctionnement régulier des pompes, il convient de placer le réservoir d'alimentation plus haut que les soupapes d'aspiration; on ramène dans ce réservoir le tuyau d'évacuation des appareils et on le remplit, au besoin, au moyen de pompes élévatoires spéciales, du même type que les précédentes.

Les tuyaux de la distribution sont de deux sortes : pour la conduite générale et les embranchements principaux, ce sont des tuyaux en fonte assemblés à emboîtement, avec brides et boulons; l'étanchéité est assurée par un anneau en gutta-percha comprimé dans l'emboîtement dont les deux parties sont ajustées au tour. Les tuyaux qui vont aux appareils sont en fer soudé à recouvrement. Les coudes doivent avoir un grand rayon, parce qu'ils augmentent beaucoup les pertes de charges dues aux frottements de l'eau en mouvement. Tous les 80 ou 100 mètres, on établit un joint de compensation, avec presse-étoupe pour faciliter les changements de longueur dus aux variations de température; enfin, tous les 150 à 200 mètres, on place sur la conduite une soupape de sûreté pour combattre les coups de bélier résultants de l'arrêt instantané des appareils; l'augmentation de pression due à la réaction de l'eau en mouvement soulève la soupape qui laisse échapper une petite quantité d'eau suffisante pour rétablir l'équilibre. Il va de soi que tous les tuyaux doivent être essayés, avant la pose, à une pression au moins double de la pression du régime. Les tuyaux en fonte de bonne qualité résistent ordinairement à 300 atmosphères.

Dans ces transmissions hydrauliques, les pertes dues aux frottements et aux résistances passives sont très importantes; elles augmentent rapidement avec la pression et la vitesse de l'eau dans les conduites et les appareils; ceux-ci présentent en outre, cet inconvénient que la dépense d'eau motrice reste toujours la même, quelles que soient les variations de la résistance à vaincre; le rendement de l'ensemble est tellement médiocre que l'emploi de l'eau comprimée est ordinairement limité aux travaux intermittents, parce qu'alors les récepteurs ne consomment que pendant leur période d'activité; la principale dépense cesse aussitôt que le travail s'arrête, ce qui serait impossible si chaque appareil était actionné par une machine à vapeur spéciale; dans cette condition, les défauts du système sont rachetés: par la facilité d'installation de la distribution; par la puissance considérable des appareils sous un très petit volume; par la facilité et la précision de leur manœuvre; enfin par l'avantage de pouvoir installer la machine à vapeur où l'on veut, et d'éloigner les chances de danger que peut présenter son voisinage pour un grand nombre de travaux. Aussi l'emploi de l'eau comprimée a-t-il reçu, depuis une vingtaine d'années, un développement sans cesse croissant; elle est appliquée aux travaux les plus variés, grues, cabestans, machines à mâter, monte-charges, ascenseurs, appareils pour la manœuvre des vannes et des portes d'écluse, des ponts tournants ou roulants, des énormes canons de la marine et des lourdes tourelles qui les protègent; dans les usines, elle actionne les machines à river, à cisailler, à poinçonner, etc. En un mot, le système Armstrong est devenu l'un des plus puissants et des plus précieux auxiliaires de l'industrie moderne. — J. B.

*MOUCHE. *T. de mécan.* Roue dentée fixée sur

une bielle articulée à l'extrémité du balancier de certaines machines à vapeur, pour transformer le mouvement circulaire alternatif de ce balancier en un mouvement circulaire continu. La roue engrène avec une roue mobile autour de son axe, lequel est ordinairement celui du *volant* destiné à régulariser la marche de la machine. || *T. techn.* Petit crampon d'un fer à cheval, pour relever le talon. || Morceau de peau au bout d'un fleuret.

***MOUCHETÉ, ÉE.** *Art hérald.* Se dit des pièces honorables chargées de mouchetures d'hermine. || Se dit aussi des reptiles ou des poissons qui présentent des taches d'un émail particulier.

MOUCHETTE *T. de constr.* Résidus de plâtre passé au sas, mêlé avec d'autre plâtre et quelquefois du noir de charbon ou de l'ocre pour faire des crépis mouchetés, noirs ou rouges. || *T. d'arch.* Partie saillante du larmier, destinée à empêcher l'eau de couler en dessous. || *T. techn.* Rabot du menuisier, avec lequel il fait et arrondit les baguettes.

MOUCHETURE. *T. d'arch.* Genre de décoration qui sert à orner les espaces vides de certains ouvrages de sculpture. || *Art hérald.* Se dit des queues d'hermine en nombre déterminé, lorsqu'elles ne sèment pas l'écu.

MOUCHOIR. Ce nom s'applique à des tissus de destinations très diverses, dont les désignations varient, suivant l'usage auquel ils sont consacrés : c'est ainsi qu'on dit *mouchoir de cou*, *mouchoir de poche*, etc. Dans le commerce, on entend généralement par ce mot un article en coton ou en fil, ou mélangé de ces deux matières, blanc ou de couleur. Ces couleurs ont ordinairement bon teint, mais les dispositions varient : parfois le fond uni est encadré d'une bordure, parfois elles sont disposées en carreaux coupés par des filets. Il n'y a pas pour les mouchoirs de largeur déterminée. Chollet, Bolbec et Rouen se sont acquis, le premier surtout, une grande réputation pour les mouchoirs de couleur; à Cambrai se font des mouchoirs blancs ou de fine batiste; à Mayenne, on fabrique le mouchoir de coton; à Valence (Drôme), des mouchoirs de coton, dont le fond blanc est quadrillé par de petits filés de couleur rouge, etc. On fait aussi des mouchoirs en jaconas, en mousseline, etc. Ces articles se tissent toujours en taffetas ; la réduction de chaîne et de trame est carrée.

MOUFLE. *T. de mécan.* Ce mot, qui est ici employé au féminin, désigne un assemblage de plusieurs poulies dans une même chape. Le plus souvent les poulies sont égales et tournent dans un même axe encastré dans des brides latérales qui font corps avec la chape. Dans d'autres cas au contraire les poulies sont de diamètres inégaux, et chacune à son axe particulier ; elles sont alors superposées et tous les brins de cordes sont dans un même plan; c'est ce qu'on appelle une *moufle plate* ou une mouflette. Les poulies assemblées dans une même moufle, sont dites *poulies mouflées*. Un *palan* (V. ce mot) se compose de deux systèmes de poulies mouflées, égaux et opposés, que l'on met en mouvement par une même corde passée alternativement sur la poulie de chaque moufle. || Barre de fer qu'on emploie pour empêcher l'écartement des murs. || Four dans lequel on fait cuire la céramique; petit arc de terre sous lequel on fait fondre des émaux; petit four de coupellation; dans ces dernières acceptions, le mot est masculin.

***MOUFLETTES.** *T. techn.* Système de moufles. || Poignée mobile, composée de deux demi-cylindres creux, à l'usage des plombiers ou autres métiers pour prendre le fer à souder quand il est chaud.

***MOUILLAGE.** *T. techn.* Opération préparatoire, que nécessitent certaines fabrications : ainsi on mouille les mauvaises chaînes de soie pour en faciliter le tissage, on mouille l'orge pour la faire germer; on humecte les peaux pour les disposer à l'apprêt. || Dans le commerce des boissons destinées à la consommation, le mouillage a pour but d'augmenter la quantité, à l'aide de l'eau, au détriment de la qualité.

MOUILLOIR. *T. techn.* Dans les papeteries, cuve remplie de solution de gélatine dans laquelle on colle le papier. || Vase rempli d'eau dans lequel la fileuse mouille le bout de ses doigts ou humecte son fil.

MOULAGE. Opération qui exige moins d'art que le modelage, mais cependant beaucoup de soin et d'adresse; on distingue le *moulage des métaux* et autres matières fusibles auquel nous consacrons une étude spéciale, et le *moulage* du plâtre, du *carton*, de la *terre*, etc., c'est-à-dire de matières employées à l'état plus ou moins liquide. On moule en plâtre, par exemple, en appliquant sur une œuvre de statuaire ou autre ouvrage quelconque, une substance propre à en retenir l'empreinte et à servir de moule s'il en est besoin; on se sert pour cela de plâtre cuit au four, bien tamisé et délayé dans l'eau qu'on étend en surface à peu près unie au moyen d'une spatule, sur le moule imbibé d'huile, afin d'empêcher l'adhérence; on évite avec soin les bulles d'air, les soufflures qui produiraient de petites cavités difficiles à faire disparaître. Les moulages de figure en ronde bosse s'exécutent en plusieurs pièces ajustées et maintenues solidement, car autrement le plâtre employé en grands morceaux serait exposé à des fendillements et à des ruptures.

— C'est à Verocchio ou Verochio, qui vivait au XIVe siècle, qu'on attribue l'idée d'obtenir une ressemblance parfaite en appliquant du plâtre sur le visage d'une personne morte; de nos jours, on a réussi à appliquer ce procédé aux personnes vivantes ; on a pu voir, à l'Exposition de 1878, dans la salle de la maison de Pierre-le-Grand, le moulage du corps tout entier d'une paysanne polonaise; l'opération avait été conduite avec une si grande perfection que l'on distinguait très nettement la chair de poule que produisit sur la peau la sensation du plâtre froid.

Moulage des métaux. La *fonte* d'un métal, quel qu'il soit, comporte plusieurs opérations, que nous avons décrites succinctement à l'article FONDERIE DE FONTE DE FER. Ce sont : le *moulage*, la *coulée* et l'*ébarbage*.

Le *moulage* est l'opération par laquelle l'ouvrier prépare le creux que doit remplir le métal liquide. Pour cela, il se sert d'un *modèle* de la pièce à fabriquer. A de rares exceptions près, le modèle est en bois, surtout dans les fonderies de fer; et, quand il n'est pas employé sous cette forme, il a dû l'emprunter d'abord pour devenir modèle métallique ou de plâtre. Les modèles en cire, ou en autres matières plastiques sont plûtot employés dans la fonderie du cuivre et du bronze.

Nous avons dit, à l'article MODELAGE, les conditions nécessaires à la constitution du modèle pour le moulage et de quelle façon le modeleur doit tenir compte du retrait du métal; outre ce retrait, il faut également tenir compte de la *dépouille*; on nomme ainsi l'évasement donné aux modèles pour faciliter leur sortie du sable. Dans certaines pièces, de forme cylindrique, conique ou sphérique, la dépouille est naturelle et le démoulage s'obtient tout seul. Dans les autres, même ceux qui sont parfaitement d'équerre, le gonflement inégal du bois par l'humidité, ou l'oxydation du métal rendent indispensable de ménager un évasement dans tous les sens où doit avoir lieu le démoulage. Les modèles sortent d'autant plus facilement du sable, qu'ils y ont séjourné moins longtemps et que celui-ci a été tassé moins fortement; il en résulte que la *dépouille* est une quantité variable que l'on ne peut assujettir à des règles fixes. D'ailleurs, pour les pièces mécaniques, il est toujours facile de modifier légèrement la forme, de manière à permettre le démoulage; et, quand une difficulté se présente, on la tourne par l'emploi de parties spéciales ou *boîtes à noyaux*. Pour certains objets, fréquemment répétés et qui présentent des saillies s'opposant au démoulage, comme, par exemple, les projectiles à ailettes, on a été conduit à imaginer des moules très ingénieux où les parties saillantes peuvent rentrer et permettre un facile démoulage; dans ce cas, il n'y a pas lieu de se préoccuper de la dépouille.

La manière, dont sont compris et exécutés les modèles, a une grande influence sur la réussite des moulages; on ne saurait donc apporter un trop grand soin à cette opération préliminaire de la fonderie.

Lorsque les pièces moulées doivent être soumises à un travail extérieur, d'ajustage ou de finissage, il faut leur donner une surépaisseur que l'expérience apprendra. Quand une pièce doit être formée de plusieurs morceaux ajustés, il est également nécessaire de laisser venir de fonte des portées de contact ou d'ajustement, que l'on travaille ultérieurement à la raboteuse et qui permettent un dressage parfait.

Il est des cas où l'on peut se passer complètement du modèle, c'est dans le *moulage en coquille*, mais alors, il faut cependant un modèle primitif qui serve à faire le *moule métallique*. Le moulage en coquille, c'est-à-dire dans un moule en fonte ou en fer, est peu usité, quand on ne recherche pas un durcissement spécial des surfaces. Dans ces dernières années, les objets en fonte dure ou *fonte trempée* se sont beaucoup multipliés, comme projectiles destinés à la perforation des blindages et comme cuirassements des forts fixes. La fonte doit posséder certaines qualités physiques et chimiques pour amener le durcissement. Elle doit être aussi exempte de silicium que possible ainsi que des impuretés ordinaires, telles que le soufre et le phosphore. L'absence de silicium facilite le blanchiment en amenant tout le carbone à l'état combiné, tandis que l'absence de soufre et de phosphore maintient la résistance et empêche la fragilité. De plus, la fonte doit être coulée peu chaude, dans les coquilles, pour éviter l'échauffement de celles-ci et rendre plus considérable la chute de chaleur jusqu'au moment de la solidification, le moule restant plus froid.

Dans le laminage des tôles minces et pour la transformation que subit actuellement la meunerie, on emploie exclusivement les cylindres en fonte dure ou trempée en coquille. En dehors de cette industrie spéciale, le moulage se fait au moyen d'un modèle dont on prend l'empreinte dans du sable.

Le *sable de moulage* est de composition très variable, mais il doit remplir certaines conditions qui assurent sa consistance et son infusibilité.

Il doit y avoir, dans un bon sable de moulage, un peu d'argile pour lui donner de la solidité à l'état humide; le reste peut être exclusivement de la silice. Les oxydes métalliques et les alcalis doivent être évités autant que possible, pour ne pas amener la fusibilité ou le frittage des parois au contact du métal liquide.

Un bon sable de moulage peut être formé de

Silice.	92 à 94
Argile	4 à 5
Oxyde de fer.	4 à 1

Les praticiens reconnaissent au pétrissage à sec ou à l'état humide, si un sable pourra servir au moulage; mais son infusibilité ne peut être vérifiée que par un essai à la coulée.

Le sable de moulage doit avoir du *grain*; c'est-à-dire que, comprimé fortement dans la main, il doit former une motte solide dont on sente les grains sous les doigts; il ne faut pas qu'il soit terreux ou glaiseux comme la terre à briques. Naturellement, plus le métal que l'on doit couler possède un point de fusion élevé, plus le sable doit être réfractaire et plus ses grains doivent être fortement liés entre eux.

On mélange au sable de fonderie du poussier de houille ou de charbon de bois. On ameublit ainsi le sable et on facilite le décapage des pièces ainsi que le dégagement des gaz; une partie de ce carbone, ainsi incorporé, brûle plus ou moins au contact de la pièce coulée et rend le sable du moule plus friable et plus facile à détacher. On emploie, dans le même but, du crottin de cheval et de la tannée ou poussier de mottes. En un mot, le sable de fonderie est toujours un mélange plus ou moins artificiel et ne s'emploie généralement pas tel qu'il sort de la carrière, après avoir reçu un broyage et un tamisage. De plus, on mélange le sable neuf à celui qui provient du débris des moules et que l'on a passé au tamis; les proportions des éléments de ce mélange dépendent de la grosseur et de la forme plus ou moins compliquée des pièces, aussi bien que du mode de moulage, suivant que ce sable doit être employé, avec ou sans séchage à l'étuve.

C'est dire que la considération du sable est capitale dans une fonderie, et beaucoup d'établissements ont dû leur bonne réputation à la qualité de leur sable, plus encore qu'à celle de leur fonte; la netteté des contours, le bel aspect des surfaces jouent un rôle important dans la valeur commerciale des moulages.

Une bonne organisation de fonderie comporte une préparation mécanique du sable, avec broyeurs, tamiseurs et mélangeurs. On fournit alors très économiquement aux mouleurs le sable qui leur convient, et on évite de leur laisser faire, coûteusement et à la main, ces manœuvres qui sont mieux faites et plus économiquement par les machines.

Les broyeurs sont à meules, le plus généralement; cependant on obtient un travail préparatoire très économique, avec les moulins à noyaux analogues aux moulins à café : la pulvérisation fine ne réussit bien qu'avec les molletons, dont le débit, malheureusement, est assez faible.

On incorpore beaucoup au sable de fonderie, sous forme de *noir* tout préparé par des industriels spéciaux, les matières charbonneuses dont nous avons parlé plus haut. Les usines simplifient ainsi leur travail, mais il est préférable, en général, pour les fonderies importantes, de faire soi-même les différentes préparations; on est plus sûr de la composition de son noir et la dépense est moindre, du moins, dans les grands établissements qui marchent d'une manière continue.

Nous passerons maintenant aux procédés de moulage proprement dits.

Le *modèle* étant fait, comme nous l'avons expliqué plus haut, il s'agit d'obtenir le *creux* ou le *moule*, au moyen du sable convenablement choisi.

Moulage en sable vert; c'est celui dans lequel le moule reçoit le métal aussitôt après sa confection. Il demande un très bon sable, bien homogène et au degré d'humidité convenable; comme on ne donne, par aucun recuit ni séchage, la solidité dont le moule a besoin, on doit, à la coulée, éviter de faire tomber le métal de trop haut et, dans le foulage, de trop comprimer le sable. Le moulage en sable vert se fait beaucoup *à découvert*, quand une des surfaces de l'objet n'a pas besoin de netteté et doit être tout simplement plane. Prenons, par exemple, une plaque de dallage de forme carrée.

On se sert d'une épaisseur de sable à laquelle on donne le nom de *couche*; on la dresse, on la nivelle en se servant d'une règle que l'on promène sur deux autres règles ou *chantiers* parallèles. On tamise, sur cette surface ainsi préparée, quelques centimètres de sable frais, et on met le modèle à plat bien horizontalement. On bourre alors du sable, à la main, tout autour du modèle, et pour dresser les bords on emploie la truelle qui glace le sable au niveau de l'épaisseur du moule. On ébranle le modèle dans le sens de la largeur et de la longueur, pour qu'il sorte bien, sans dégrader les parois verticales, puis on démoule d'un seul coup et avec un peu d'adresse. On saupoudre toute la surface de noir fin, très divisé, et on polit au moyen de la truelle en aspergeant d'eau au besoin, si l'humidité n'était pas suffisante. Il va sans dire qu'on a eu soin de faire tout autour du moule des trous d'air avec l'*aiguille à tirer de l'air*, sur tous les points où l'on a pu atteindre jusqu'au modèle. On ménage l'arrivée de la fonte au moyen d'une rigole large et peu profonde, et un ou plusieurs dégorgeoirs assurent, par la fixation du niveau de la fonte liquide, l'épaisseur de la pièce.

On comprend, sans qu'il soit besoin d'autre explication, que l'on pourrait mouler une plaque rectangulaire, sans modèle; il suffirait de se servir d'équerres et de règles dont la hauteur fixerait l'épaisseur de l'objet; cependant, quand on a plusieurs plaques à faire, il vaut mieux se servir d'un modèle, ce qui est incontestablement plus rapide. Le nombre des pièces que l'on coule à découvert n'est pas très considérable, car il faut que ces pièces soient assez simples de forme et aient une de leurs surfaces qui puisse n'avoir pas besoin d'être parfaitement unie.

Quand une pièce possède des reliefs sur toutes ses faces ou que ses parties planes doivent être bien lisses, on se sert de châssis dont le but est de reproduire exactement l'empreinte des surfaces qui ne peuvent être moulées sur la couche.

Le châssis est un parallélipipède de fonte, ayant quatre faces pleines et une cinquième remplacée par des traverses quadrillées destinées à retenir le sable ; on augmente encore cette adhérence au moyen de crochets en S qui se fixent à ces traverses. La sixième face est ouverte et sert à recouvrir l'empreinte de la couche.

Ce genre de moulage, partie dans le sol et partie avec un châssis, s'est appelé, pendant longtemps, le *moulage à l'anglaise*. On l'applique aux engrenages, aux volants, aux bâtis, flasques, etc.

Le *moulage à deux châssis*, dont l'ensemble renferme tout le modèle, est le procédé qui donne les plus beaux résultats et qui est usité pour les pièces d'une complication ordinaire. Quand les saillies du modèle sont plus compliquées encore, on se sert de châssis superposés, dont chacun porte une partie de l'empreinte et dont le repérage s'obtient au moyen de tenons, traversant des oreilles trouées, et rendus rigides par des clavettes.

Ce que nous disons pour un châssis peut s'appliquer à deux ou plusieurs.

On conçoit facilement comment on doit disposer le modèle sur le sable du fond, déjà préparé; on bourre, on tasse le sable tout autour du modèle jusqu'à ce qu'on soit assuré que la partie inférieure se raccordera bien avec la partie supérieure qui viendra dans l'autre châssis.

Moulage en sable vert séché. Il comporte l'emploi du sable vert, moins tassé et plus perméable que celui dont nous parlerons plus loin, quand il s'agira du sable *étuvé*; on opère une dessiccation superficielle, plus ou moins complète, soit au moyen de flambages à la fumée de résine ou de goudron, soit encore au moyen de circulation d'air chaud, ce qui est préférable incontestablement, mais peu usité jusqu'ici.

Sauf que le sable doit présenter une qualité un peu différente du sable vert ordinaire, renfermer moins de noir, par exemple, et un peu plus de sable neuf, les procédés de moulage ne diffèrent pas beaucoup de ce que nous avons indiqué déjà. Naturellement, il n'y a pas lieu de lisser les moules au poussier, mais on applique, avec un pinceau, sur toutes les faces qui doivent recevoir la fonte, une couche de *noir liquide*. C'est un mélange de poussier de charbon de bois, avec un peu de terre argileuse et d'eau, le tout lié avec de l'amidon cuit. Pour effacer les coups de pinceau, on peut, quand on désire de belles surfaces, passer encore au poussier.

Moulage en sable d'étuve. Le sable employé dans ce moulage est plus gras, plus résistant que le sable vert ordinaire. Il en résulte qu'on lui donne un serrage assez considérable pour pouvoir résister aux manipulations précédant la coulée, le transport à l'étuve, etc. Plus le sable sera argileux et aura été fortement serré, plus la dessiccation à l'étuve devra être considérable, et expulser toute l'eau.

Il faut consolider, par tous les artifices possibles, les parties des moules qui pourraient manquer de solidité ou se gercer à l'étuve et se détacher.

On moule, en sable étuvé, toutes les pièces compliquées, ayant des parties à noyaux, et pour lesquelles, au travail ultérieur du tour ou de l'alésage, on pourrait craindre le durcissement ou trempe partielle de la fonte, au contact du sable humide. Il en est de même de toutes les pièces où la multiplicité des châssis et le grand nombre des reliefs rendent le démoulage difficile.

Les *noyaux* doivent d'abord être séchés et recuits, puis on les assujettit dans les moules encore humides avant leur passage à l'étuve, en ayant soin de bien les consolider, au moyen de ligatures ou d'étançons, qui, étant généralement métalliques, se noieront dans la masse de la pièce.

La fonderie est si variée et l'esprit ingénieux des ouvriers peut s'y donner tellement carrière, que nous n'entrerons pas dans plus de détails sur le moulage en sable étuvé appliqué aux pièces d'une grande complication.

Moulage en terre. On pratique ce genre de moulage pour les pièces circulaires que l'on peut exécuter sans modèles et par la révolution autour d'un axe vertical, d'une trousse qui doit donner le profil. On s'en sert pour les pièces qui ne doivent être moulées qu'une fois et qui demanderaient des châssis coûteux et très longs à établir. Naturellement le sable ou la terre que demande ce genre de moulage est d'une nature plus argileuse; et, pour éviter, au séchage, le retrait et le gerçage, on y incorpore une assez forte proportion de crottin de cheval ou de bourre qui peut aller jusqu'à 50 0/0, et qui se brûle à l'étuvage ou à la coulée.

Le séchage des moules en terre demande de grands soins; le chauffage doit être progressif pour éviter l'expulsion trop rapide de l'humidité. Les noyaux employés doivent être très solides et présenter toutes les dispositions pour permettre le dégagement des gaz dans l'intérieur de leur masse, autrement, il pourrait se faire des explosions par accumulation de gaz dans certaines parties du moule et inflammation au contact de la fonte.

Les axes de gros diamètres, auxquels on donne le nom de *lanternes*, sont recouverts à leur circonférence d'une certaine épaisseur de cordes en foin ou en paille, qui allège ces pièces et facilite beaucoup leur séchage ainsi que le dégagement des gaz.

La fabrication des noyaux est très variée, on en fait en terre, à la trousse sur axes, d'autres sont troussés et montés en briques, d'autres enfin sont en métal recouvert de noir, etc.

La *coulée* doit, également, être soumise à certaines règles pour bien réussir. On place, généralement, les *jets* dans les endroits les plus massifs et les moins délicats en évitant de faire tomber la fonte d'une trop grande hauteur. L'inclinaison à donner aux jets, a aussi une grande importance pour ne pas détériorer les parois ou les angles et entraîner les noyaux. De plus, les jets doivent être proportionnés à la grosseur des pièces; ils doivent fournir assez de métal pour que le retassement ne se fasse pas sur la pièce même, mais il ne faut pas non plus écraser les pièces par de trop gros jets, qu'il faut ensuite casser et couper au burin.

Les *masselottes* sont des parties supplémentaires, destinées à augmenter le poids de la colonne liquide qui presse sur les parties inférieures.

Le coulage en *source* a lieu quand le métal est introduit à la partie inférieure et remonte ensuite de manière à se mettre de niveau dans le chénal ou *mère de coulée* et dans le moule. — V. BRONZE, § *Bronze d'art*; CÉRAMIQUE, § *Technologie*.

* **MOULARD** ou **MOULARDE.** *T. techn.* Terre qui produit le frottement du fer sur une meule à aiguiser.

MOULE. *T. techn.* Appareil creux qui a reçu une forme déterminée et dans lequel on introduit un métal en fusion, du plâtre ou d'autres matières liquides ou pâteuses pour que ces matières puissent prendre, par la solidification, et dans toutes les cavités de l'appareil, les moindres détails qui doivent être reproduits. Dans un grand nombre de métiers, on se sert de moules qui prennent d'autres noms, tels que *calibres*, *formes*, etc., nous ne pouvons les énumérer tous, les noms changeant selon le métier, et souvent même selon les pays; nous ne donnerons ici que les définitions les plus usitées. || Instrument du fondeur en caractères d'imprimerie; il est composé de quatre parties dont deux, immobiles, règlent la force du corps et deux autres, mobiles, sont destinées à déterminer l'épaisseur de la lettre. — V. CARACTÈRES D'IMPRIMERIE. || Cadre de l'ouvrier mouleur dans les tuileries et les briqueteries, pour la confection des carreaux, des briques et des tuiles. || Cuve du maroquinier pour mettre les peaux en couleur. || Planche gravée des cartes à jouer. || Petit bouton de coton cardé qui sert au fleuriste artificiel pour former la base des boutons de fleurs. || Instrument avec lequel l'éventailliste divise et forme les feuilles de l'éventail. || Petit morceau de bois ou d'os qu'on recouvre d'étoffe pour faire les boutons de vêtement. || Etui qui sert au moulage des chandelles et des bougies, des pains de savons. || Ustensile de forme variable en fer-blanc ou en cuivre, et avec lequel on confectionne et l'on fait cuire certaines préparations culinaires ou des pièces de pâtisserie. || Cahier composé de morceaux de baudruche entre lesquels le batteur d'or place les feuilles de métal au sortir du chaudret. — V. BATTEUR D'OR.

***MOULERIE.** *T. techn.* Atelier où s'exécute le moulage des ouvrages de métal.

***MOULET.** *T. techn.* Calibre de bois avec lequel, dans les ateliers de menuiserie, on règle l'épaisseur des languettes qui doivent entrer dans les rainures.

MOULEUR. *T. de mét.* Artisan qui exécute les moulages d'ouvrages de sculpture, de produits céramiques, etc.; l'ouvrier qui fabrique les moules de boutons prend, dans certains ateliers, le nom de *moulier.* || Appareil qui sert au moulage.

***MOULIÈRES.** On désigne sous ce nom de vastes établissements pour la culture et l'engraissement des moules, dont les premiers furent établis sur les côtes de Saintonge. A l'article BOUCHOT, le lecteur en trouvera l'historique complet; nous nous occuperons ici de donner quelques renseignements complémentaires sur la construction et l'exploitation des moulières.

La moule est hermaphrodite comme l'huître; elle se reproduit de février à avril. On la rencontre dans les parties vaseuses de l'Océan et dans les étangs salés de la Méditerranée. Elle vient en un an; on en a distingué une soixantaine de variétés.

Les différentes sortes de bouchots ne sont pas uniformément répartis sur la plage; ils sont échelonnés sur 4 étages successifs plus ou moins rapprochés du rivage. Ils sont désignés sous les noms de bouchots du *bas* ou d'*aval*; de *bâtards*; de *millouins* et de bouchots d'*amont*.

Bouchots du bas ou d'aval. Ils sont les plus éloignés du rivage et ne découvrent qu'aux grandes marées de syzygies. Ce sont de simples pilotis écartés de $0^m,35$ environ. Ils reçoivent le naissain et jouent le rôle de collecteurs (V. HUÎTRIÈRES). Les jeunes moules viennent s'y fixer en février et mars. En avril, la moule a la grosseur d'une graine de lin; en mai, elle est grosse comme une lentille et elle atteint la taille d'un haricot en juillet; elle prend alors le nom de *renouvelain* et peut se transplanter. C'est en juillet que les boucholeurs, montés sur les *acons*, viennent les décrocher par plaques à l'aide d'un crochet à manche. Les plaques sont ensuite portées aux bouchots bâtards.

Bouchots bâtards. Ceux-ci sont formés de pilotis en aulne de 4 mètres de long et $0^m,18$ à $0^m,20$ de diamètre, enfoncés de moitié dans la vase à $0^m,40$ ou $0^m,50$ d'écartement. Ils sont échelonnés de façon à former en plan un V dont la pointe est dans la direction du large. Entre les pieux, on établit un clayonnage en fortes perches de 8 à 10 mètres de longueur. Le clayonnage s'arrête à quelques centimètres au-dessus de la vase. Les deux branches du V ont jusqu'à 200 et 250 mètres de longueur, et forment entre elles un angle de 40°. Ces bouchots ne découvrent que lors des marées de vives eaux ordinaires. C'est sur ces bouchots bâtards que l'on vient placer les plaques de renouvelain enlevées à ceux d'aval : c'est ce qui s'appelle faire la *bâtisse.* Chaque plaque est placée dans le clayonnage et est retenue par des morceaux de vieux filets de pêche. Les filets pourrissent rapidement mais les moules ayant alors développé leur pied ou *byssus* se maintiennent seules. Elles grossissent, et on est obligé d'éclaircir les rangs en en enlevant pour les transporter aux bouchots millouins.

Bouchots millouins. Ils sont établis comme les précédents mais avec de moins grandes dimensions; ils doivent se découvrir à toutes les marées de mortes-eaux. La transplantation des moules se fait de la même façon que la première.

Bouchots d'amont. Etablis comme les bouchots millouins, ils sont les plus rapprochés du rivage et découvrent deux fois par jour. On y *repique* les moules lorsqu'elles ont atteint les dimensions voulues, ce qui a lieu, ordinairement, après dix à douze mois. Elles restent sur ces bouchots qui sont comme un lieu d'entrepôt jusqu'au moment de la vente. Les moules s'y conservent, elles prennent l'habitude de fermer leurs valves en temps de marée basse et peuvent ainsi supporter les transports. Les moules de première qualité sont celles venues à la partie supérieure du clayonnage. Celles d'en bas sont de qualité inférieure, elles sont souillées de vase à chaque marée.

— Un bouchot bien peuplé fournit par mètre courant une *charge* de moules (150 kilogrammes). En 1875, les 4,046 bouchots donnaient du travail à 4,400 personnes. Cette même année, la récolte a été de 345,991 hectolitres de moules qui ont été vendues 2,088,130 francs. — M. R.

MOULIN. La première machine *tournante* ayant été le moulin à réduire les grains en farine, on a donné le même nom à toute machine tournante plus récente, surtout quand le travail de l'*outil* rappelait celui de la meule *tournante.* On a eu ainsi le moulin à huile, à tan ou à écorce, à plâtre, à ciment, etc. Puis toute une classe de moulins broyeurs : pour os, couleurs, etc. Le ventilateur, chargé d'expulser du grain récemment battu les balles et la poussière, a même été appelé *moulin à vanner.* Il en est bien d'autres encore, le moulin à café, à poivre, etc.

Actuellement, la véritable définition du mot *moulin* est la suivante : *le bâtiment ou l'ensemble des bâtiments dans lesquels s'exerce l'industrie de la meunerie* (nord de la France) *ou de la minoterie* (midi).

Les divers appareils de nettoyage des grains, de réduction des grains en farine, de séparation et classement des farines et des sons, etc., sont mis et maintenus en mouvement par un moteur qui varie suivant les localités et les circonstances économiques.

— Dans les temps primitifs, la femme, puis l'esclave font mouvoir des moulins à bras à petites meules; plus tard, on fit mouvoir de plus grandes meules par un âne, une jument, un mulet. Les premiers moulins à eau sont originaires de l'Orient. Vers le temps de Jules-César, les romains avaient des moulins mus par des roues hydrauliques à palettes, et c'était une grande nouveauté. Les romains introduisirent ce genre de moulins en France vers le IVe siècle.

Depuis, les *moulins à eau* se sont répartis peu à peu sur la plupart des petits et des moyens cours d'eau. Les petits moulins à eau sont donc en très grand nombre; ils nuisent à l'agriculture française en empêchant l'irrigation des terres et des prés, ou en y mettant de graves empêchements. Ces moulins d'une à deux paires de meules, même, avec un peu de pêche et de culture, ne peuvent plus faire vivre un ménage de meunier. Ils font forcément la mouture dite au *petit sac* pour les cultivateurs et autres particuliers de leur *localité*. Les grands moulins à eau se sont établis sur de moyens ou grands cours d'eau à pente assez forte pour donner, par un barrage et une courte dérivation, une force utile de 30 à 100 chevaux. Ils ont ainsi de 6 à 20 paires de meules ou *tournants*, suivant l'expression habituelle. Ce sont des *moulins de commerce*: car le meunier, qui les possède ou les loue, *achète* du grain et *vend* de la farine. C'est un industriel, commerçant ordinairement. Parfois, c'est même un spéculateur, parce qu'il achète, au besoin, plus de blé qu'il n'en moudra, ou vend plus de farine qu'il n'en a produit. C'est pour permettre cette spéculation, qui se traduit neuf fois sur dix par le paiement d'une différence comme profit ou perte, que l'on a imaginé les *marques* ou *types*. On spécule sur la marque Darblay, les huit marques, les neuf marques, etc.

Lorsque le moulin est un moulin dit de *pays, d'usage, à façon* ou au *petit sac*, il ne renferme que quelques rares appareils de nettoyage, deux ou trois paires de meules et une ou deux bluteries. Le meunier y consacre tout le travail de main-d'œuvre dont il est capable. *Tant vaut le meunier, tant vaut la farine.* Ses appareils étant des outils arriérés, ce n'est que par une rare habileté, et souvent de l'intelligence, que le meunier peut produire d'assez bonne farine.

Les sacs de blé, de farines et d'issues, et les divers appareils mécaniques sont dans un unique bâtiment à deux, trois, quatre ou cinq étages. Parfois même, le logement de la famille du meunier est dans le même bâtiment ou dans un bâtiment contigu, ce qui est fâcheux au point de vue des chances d'incendie. Ces moulins disparaîtront et le pays, l'agriculture surtout, ne peut les regretter. Ne pouvant adopter les divers appareils perfectionnés nécessaires pour obtenir de très bonne farine au plus bas prix de revient réel, les propriétaires de ces petites usines seront forcés de les transformer, sinon de les abandonner.

Les moulins à eau, dits *de commerce*, plus ou moins importants ont seuls de l'avenir. Ils doivent promptement se remonter en appareils perfectionnés, afin de lutter contre l'importation des belles farines étrangères venant surtout de Hongrie et du nord de l'Amérique. Seuls, les grands moulins, montés avec tous les perfectionnements modernes et établis à portée des grands ports d'arrivée des grains étrangers, Marseille, le Hâvre, Bordeaux, etc,. peuvent permettre à la France d'exporter *à nouveau* des farines, en achetant les grains d'Odessa, de l'Inde et de l'Amérique, jusqu'à ce que le perfectionnement parallèle des systèmes de culture et de l'outillage des fermes françaises ait porté le rendement du blé, en France, de 14 hectolitres au produit possible, au *double*. La France pourrait être alors un pays d'entrepôt de grains, de transformation de ces grains et d'exportation de farines en assurant aux consommateurs français un prix constant et assez bas du kilogramme de pain de la première qualité. Cent-cinquante millions bien employés suffiraient à payer cette transformation de nos moulins, transformation inévitable et dont les bons effets seraient incalculables.

Au bord de la mer, dans les grandes plaines et sur les plateaux, on ne trouve aucun cours d'eau *dérivable* ou capable de faire tourner une paire de meules; mais en revanche, il y règne assez fréquemment des courants d'air représentant un travail moteur gratuit que l'on peut capter par les récepteurs ou moteurs aériens, vulgairement *moulins à vent*. En bonne brise, dix mètres carrés d'ailes bien exposées donnent un cheval-vapeur de force utilisable.

Le pays d'origine des moulins à vent est l'Orient, berceau probable du genre humain. Les premiers croisés importèrent, en France, les moulins à vent vers le XIe siècle. Jusqu'au commencement de celui-ci, ce genre de moulins se multiplia beaucoup. Sur les coteaux voisins des villes et des villages, on établissait un ou plusieurs *moulins à vent*. Leur situation agréable, leur aspect très pittoresque séduisirent les peintres : en Hollande, cela était tout naturel, du reste, car les moulins à vent épuisent l'eau des polders, font des planches, de l'huile, etc.

Les nombreux chômages de ces moulins, voués au caprice des vents, en avaient fait des lieux de rendez-vous pour les villageois et les citadins; ils étaient même le plus souvent flanqnés de cabarets, etc. Aussi les poètes les ont-ils célébrés jusqu'à nos jours; que de chansons sur le moulin, le meunier et surtout la *meunière* du moulin à vent. Combien de musiciens ont imité, dans leurs mélodies, le *tic-tac* si joyeux du vieux moulin. Il paraît même que le voisinage des ailes du moulin à vent enlevait souvent les bonnets, puisque *jeter son bonnet par dessus les moulins* est une locution adoptée. Paris, jadis, était entouré de moulins : ceux de Montmartre, de la butte des Moulins (avenue de l'Opéra), de Javel, de Montrouge, de la Butte-aux-Cailles, de la barrière des Deux-Moulins, etc. Tous ont disparu et, sauf en quelques situations de plus en plus rares, tous disparaissent; et le moulin à vent *faisant farine* (comme disent les notaires) sera bientôt une des plus rares curiosités.

Les moulins à vent les plus grands, à quatre ailes, tels qu'on les peut voir en Hollande et près de Lille (Nord), ne peuvent donner, par les vents les plus favorables, qu'une dizaine de chevaux pour leurs 96 mètres carrés de voiles. Ils ne peuvent donc faire tourner qu'une ou deux paires de meules à la française, trois paires au plus. Le plus souvent, ces moulins n'ont qu'une paire de meules, et l'on fait par heure plus ou moins de kilogrammes de *mouture à la grosse* en faisant varier l'alimentation en grain suivant la force du vent.

Les moulins à vent étaient généralement, pour ne pas dire toujours, des moulins à façon ou à petit sac.

Dans les situations où l'eau et le vent ne peuvent être employés comme moteurs, on a recours à la vapeur. Le premier moulin à vapeur a été monté, à Londres, vers 1786, par l'illustre Watt. Depuis, les machines à vapeur se sont multipliées. Le moteur à vapeur est, en effet, de beaucoup le plus commode, parmi ceux qui sont couramment employés. On peut l'établir partout. On le fait à volonté pour toutes les forces désirables de 3 chevaux à 500 chevaux pour les moulins. On peut, au besoin, donner un coup de collier en l'employant presque à pleine vapeur bien que fait pour une longue détente. On a pu établir de grands moulins dans les villes mêmes. On peut choisir pour un moulin à vapeur l'emplacement le plus favorable au point de vue des communications, de l'achat des grains et des débouchés pour la farine et les issues, et même au point de vue de la spéculation. On peut aussi confondre la meunerie avec la boulangerie dans les villes.

Aussi, les *moulins à vapeur de commerce*, grâce à leur favorable situation et malgré le prix élevé de leur force motrice, font-ils une vive concurrence aux petits et moyens moulins à eau, et *a fortiori* aux moulins à vent qui n'ont à leur actif que le bas prix de leur force motrice et qui ont contre eux, les derniers surtout, l'inconstance et la variabilité de leur agent moteur même. Quand, faute d'eau, ou par suite de grandes crues, les moulins à eau ne peuvent fonctionner ou fabriquent peu; quand le vent cesse complètement, ou est trop faible et même pendant les tempêtes, il n'y a plus que les moulins à vapeur! Ils marchent alors seuls et peuvent même fonctionner avec excès de débit.

Les grands moulins à eau bien situés resteront, car leur moteur, moins coûteux, et ordinairement de bon modèle, leur donnera, pendant longtemps encore, une petite supériorité au point de vue de l'économie sur les moulins à vapeur. Cependant, la plupart des moulins à eau, pour éviter tout chômage, ont, depuis longtemps, recours à l'aide d'une machine à vapeur qui ne fonctionne que lorsque la roue hydraulique ou la turbine ne suffit plus à faire tourner l'ensemble du moulin.

Les moulins destinés surtout à la consommation intérieure, doivent être placés à portée des voies de fer et des canaux apportant les grains et remportant les farines et les issues. Les points de jonction de divers chemins de fer sont d'enviables positions, surtout s'ils sont peu distants des grands centres de consommation.

Si l'on peut, en même temps, s'établir sur un cours d'eau avec une chute importante ce sera pour le mieux, la force motrice de l'eau étant à plus bas prix que celle de la vapeur. Toutefois, la différence tend à diminuer; le prix des grandes chutes d'eau tendant à augmenter, tandis que le prix des machines à vapeur et leur consommation en charbon par cheval baissent d'année en année. Aujourd'hui, la mouture complète donnant un quintal de farine exige à peine 9 kilogrammes de houille ou un peu plus de 30 centimes. Or, la moindre différence de qualité du quintal de farine se traduit par une différence d'un franc au moins par quintal. De sorte que le meunier doit spécialement avoir en vue la production de belle farine, les autres questions étant secondaires.

Un grand moulin comporte en bâtiments, quatre parties distinctes, outre la place affectée à la roue hydraulique ou à la machine à vapeur avec ses générateurs : 1° le *grenier à grains*; 2° le *nettoyage*; 3° le *moulin proprement dit* et 4° le *magasin aux farines et issues*. En vue de diminuer les chances d'incendie, ces cinq parties doivent être isolées l'une de l'autre, ou plutôt ne se greffer l'une à l'autre que par de gros murs. Si, pour la facilité du service, on est amené à percer dans ces murs de communication quelques portes ou conduits, ils doivent se fermer aisément par des portes ou rideaux en fer, clos en tout temps, sauf aux instants de services obligatoires. — J. A. G.

MOULIN A BATTES. *T. de filat.* Sorte de foulon composé de 12, mais plus généralement de 16 pilons. Chaque pilon ou batte est fixé entre deux montants à coulisse et enlevé par un excentrique, à col de cygne et à échappement, fixé sur un arbre de couche; toute rotation de l'excentrique enlève le pilon et le laisse retomber, d'une hauteur de 30 centimètres environ, sur une pièce de fil retors en lin dite *pièce de batte*, fixée sur un bloc de pierre. L'emploi de cette machine cause un bruit assourdissant, et plusieurs primes ont déjà été offertes pour la remplacer par une batte muette. — V. FILS A COUDRE EN LIN.

MOULIN A CANNES A SUCRE. Les appareils exclusivement employés jusque dans ces derniers temps, à extraire le jus de la canne, sont désignés sous le nom de *moulins à cannes*.

— La première machine qui fut employée à cet usage consistait en une meule verticale placée sur une aire circulaire et mise en mouvement par une pièce de bois ou arbre horizontal fixé à un pivot ou arbre vertical, tournant sur lui-même, placé au centre de l'aire; l'une des extrémités de l'arbre horizontal passait au centre de la meule, à l'autre extrémité était attelé un cheval ou tout autre animal d'attelage devant imprimer le mouvement circulaire à la meule. La canne placée sur l'aire était écrasée par la meule, et le jus s'en échappait par des rigoles ménagées dans l'aire. Cet appareil, très imparfait, fut remplacé par un moulin composé de trois cylindres placés verticalement par Gonzalès de Velusa.

En 1839, M. Peligot avait établi que la canne contient 10 0/0 de ligneux et 90 0/0 de jus. Cette composition de la canne avait été confirmée par M. Avequin, et les moulins à trois cylindres horizontaux, alors généralement en usage, ne pouvaient extraire que 50 à 55 0/0 de jus

En 1855, M. Léonard Wray décrit un moulin à deux jeux de rouleaux qui peut rendre de 70 à 75 0/0 de jus.

Ce procédé, désigné d'abord sous le nom de *saturation*, est le premier exemple d'un procédé aujourd'hui connu sous le nom d'*imbibition* qui a servi de point de départ et de base à tous les perfectionnements apportés, depuis cette époque, aux moulins à cannes. Ce moulin, avec ses cylindres ou rouleaux broyeurs supplémentaires, est celui le plus généralement en usage dans la province de Welesley, à Maurice et à Bourbon.

M. le Docteur Iséry, dans une brochure publiée en 1865, établit que les moulins les plus perfectionnés, employés à cette époque à l'île Maurice ne peuvent extraire de jus plus de 72,6 0/0 de la canne contenant réellement, en jus 88,5 et en tissu ligneux, 11,5.

Malgré tous ces perfectionnements apportés aux moulins à cannes, on perdait encore, dans la bagasse, 15,9 0/0 du jus contenu primitivement dans la canne, et la bagasse sortant du moulin contenait encore, en jus, 58 0/0 de son poids.

En 1875, M. Basset décrit un moulin à cinq cylindres placés horizontalement, dont trois inférieurs et deux superposés; les cannes se trouvent ainsi soumises à quatre pressions successives; des moulins semblables, sur les conseils de M. Payen, ont été construits par M. Nilus du Hâvre, et ensuite par la Maison Derosne et Cail; M. Payen a, en outre, conseillé de chauffer l'intérieur des cylindres par de la vapeur d'eau, à la manière des cylindres de papeterie, et d'injecter également de la vapeur d'eau à l'extérieur sur la canne en pression.

En 1875, sur la proposition de la Chambre d'agriculture de la Pointe à Pitre, le conseil général de la Guadeloupe fonda un prix de 100,000 francs à décerner à l'inventeur d'un procédé qui produirait une quantité de jus supplémentaire à 68 0/0 du poids de la canne, correspondant à une augmentation de rendement en sucre de 1,152 0/0 du poids de la canne de la quantité extraite par les procédés ordinaires. Le prix de 100,000 francs fut décerné, l'année suivante, à M. Duchassaing, fabricant de sucre au moule (Guadeloupe).

Le procédé de M. Duchassaing, désigné sous le nom de système d'*imbibition*, consiste à prendre deux moulins ordinaires à trois cylindres, du type de ceux construits par la Compagnie de Fives-Lille et de Cail, à les relier entre eux par un plan incliné mû à la manière du conducteur de cannes, à monter la bagasse qui a passé dans le premier moulin jusqu'au second moulin identique au premier et, dans ce parcours d'environ 30 mètres, à injecter sur la bagasse, transversalement au conducteur, trois jets d'eau chaude empruntés aux eaux de retour de la machine.

Le procédé de M. Duchassaing fut appliqué, dès l'année 1876, aux usines d'Arbousier, Beauport, Glugny, Blanchet, Marly, Duchassaing, Courcelles, Zevallos et l'usine de la Basse-Terre, et le résultat fut, dans ces diverses usines, une augmentation, en sucre, de plus de $1^{k},500$ par 100 kilogrammes de cannes. (*Rapport de M. Valleton au conseil général de la Guadeloupe*).

En 1878, à l'Exposition universelle de Paris, il fut exposé, par divers constructeurs, des moulins à cannes très perfectionnés et d'une grande puissance qui sont aujourd'hui répandus, pour la fabrication du sucre de canne, par la Compagnie de Fives-Lille; un moulin à 3 cylindres de $0^{m},80$ de diamètre, de $1^{m},60$ de longueur de table, pouvant extraire le jus de 240 à 250,000 kilogrammes de cannes en vingt-quatre heures; ces cylindres, mus par une machine à vapeur de 55 chevaux, faisaient seulement deux tours à la minute; par la maison Cail et Cie, un moulin également à trois cylindres, pouvant extraire, en vingt-deux heures, le jus de 300,000 kilogrammes de cannes et donner de 70 à 75 0/0 de jus; par M. Rousselot, un moulin composé de quatre couples presseurs placés à la suite les uns des autres et sur le même plan. Un couple presseur comprend deux cylindres presseurs et un cylindre alimentateur entraînant, placé en avant, et préparant la matière à presser; entre chaque couple presseur est installé un distributeur de bagasse, et l'écartement d'axe d'une pression à l'autre est de 4 mètres, et chaque couple presseur forme ainsi une pression séparée et distincte; la première pression broie et presse les cannes, comme le fait le moulin à trois cylindres, et la bagasse de cette première pression est déversée successivement dans les pressions qui suivent au moyen de chaînes sans fin à augets.

L'extraction du jus ou *vesou* dans les trois dernières pressions est facilitée par une légère imbibition préalable de la bagasse à chaque répression. MM. Bissonneau frères et Cie, de Nantes, ont également exposé un moulin à cannes de huit cylindres, faisant subir à la canne quatre pressions successives et graduelles; on peut, entre chaque pression, projeter sur les cannes de l'eau chaude ou de la vapeur. Cette disposition permettrait d'augmenter de 1 0/0 de sucre le rendement ordinaire de la canne; l'appareil exposé peut écraser 240,000 kilogr. de cannes en vingt-quatre heures.

On voit, par cette énumération des différents moulins qui ont été successivement appliqués à l'extraction du jus de la canne, que leurs inventeurs ont eu surtout pour but d'en extraire une plus grande quantité de jus.

Le procédé de l'imbibition a amené un progrès que la puissance et le nombre des cylindres n'avait pu réaliser; mais, malgré tous les perfectionnements qui y ont été apportés, ces appareils laissent dans la bagasse (résidu de la pression) de 10 à 15 0/0 du jus primitif contenu dans la canne.

En présence de cette insuffisance des moulins à cannes d'extraire tout le jus de la canne, de leur prix très élevé et de la force qu'ils exigent, de nouveaux appareils basés sur l'extraction du jus par déplacement sont à l'étude, et il arrivera certainement, dans un avenir prochain, dans la fabrication du sucre de canne, ce qui arrive en ce moment dans la fabrication du sucre de betterave, le remplacement de la pression par la diffusion; des presses hydrauliques, des presses continues et des moulins à cannes par des diffuseurs. En effet, on lit dans le *Journal des fabricants de sucre*, à la date du 29 juillet dernier (1885) :

« Depuis plusieurs années, la Compagnie de

Fives-Lille poursuit avec persévérance l'application de la diffusion, soit directement à la canne, soit à la bagasse sortant du moulin.

» Des essais ont été faits par elle en Espagne, en 1883 et en 1884. A la suite de ces essais, une usine a été construite à Almeria et installée avec la diffusion de la canne à l'exclusion des moulins. Cette usine a fonctionné cette année; le succès a été complet. » — V. Sucre.

MOULIN A HUILE. Cet appareil se compose de deux meules en granit dont une, inférieure, *dormante*, et l'autre, supérieure, *courante*, au broyage desquelles on soumet les tourteaux de graines oléagineuses ayant déjà subi une première pression. Le broyage régulier de toutes les parties de la masse a lieu par l'intermédiaire d'agitateurs et de râteaux mécaniques qui renouvellent continuellement les surfaces de la matière soumise au broyage. Dans quelques moulins, l'ordre des meules est interverti, c'est-à-dire que la meule *courante* est inférieure aux *dormantes*. Pour plus de détails, V. Huile.

MOULIN A NOIX. *T. d'exploit. des min.* Appareils employés au broyage du charbon destiné à la fabrication du coke, concurremment avec les cylindres et les broyeurs Carr, et décrits à l'article Lavage et préparation mécanique des matières minérales, § IV.

MOULIN A SEL. Ces moulins très employés dans les fromageries sont quelquefois des cylindres cannelés tournant en sens contraire. On préfère les petits moulins Dumesnil en ciment de portland. Ils sont composés de deux petites meules de $0^m,12$ de diamètre et $0^m,30$ d'épaisseur qui s'emboîtent l'une dans l'autre; on peut régler leur écartement. Un bouton de manivelle est fixé à la meule supérieure. Avec ces dimensions, une femme peut moudre 15 kil. de gros sel à l'heure.

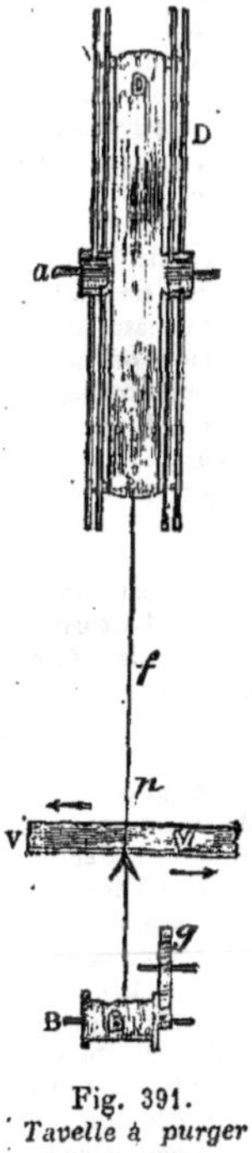

Fig. 391. *Tavelle à purger la soie grège.*

MOULIN A TABAC. — V. Tabac.

MOULINAGE. *T. de filat.* Le moulinage est une opération que l'on fait subir au fil de soie grège pour le consolider. Il comprend généralement trois opérations que l'on désigne sous les noms de : 1° *tavelage* et *purgeage*, 2° *doublage*, et 3° moulinage proprement dit ou *retordage*. Le *tavelage* n'est autre que la transformation de l'écheveau de soie grège sur une bobine, c'est en somme un simple dévidage (fig.391). L'écheveau D, provenant du tour porté sur un léger dévidoir tournant autour de l'axe *a*, est attiré par la bobine B en état de rotation continue par le frottement du galet *g*. Un va-et-vient V guide le fil *f* sur la bobine, et sa tige porte un purgeur *p*, qui n'est autre qu'une espèce de pince garnie de drap où le fil vient se frotter et s'égaliser en passant pour se rendre sur la bobine. Ce purgeur effectue le *purgeage* du fil. Le *doublage* s'opère sur une autre machine (fig. 392). Deux fils *ff* provenant des bobines précédentes BB, se réunissent dans un guide commun *i*, pour de là se rendre dans un second guide *c'* placé sur la tige d'un va-et-vient V, d'où ils s'envident parallèlement sur la bobine B", mue encore comme précédemment par le galet *g* agissant sur son collet.

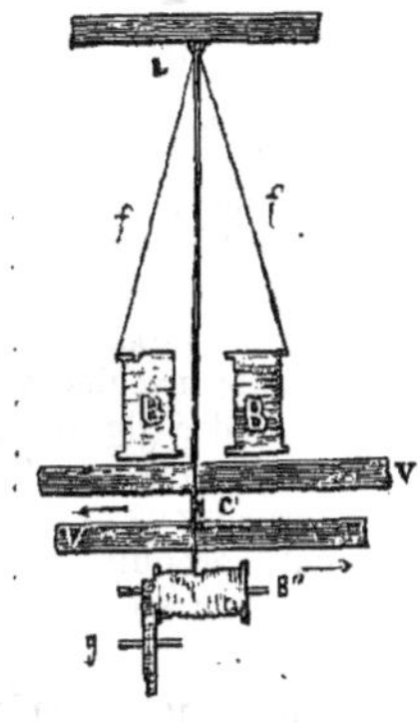

Fig. 392. *Machine à doubler.*

Pour le moulinage proprement dit ou *retordage* (fig. 393), deux bobines BB mues par la friction d'une courroie R, contenant les fils doublés, sont fixés sur des broches *bb* dont le pivot inférieur repose dans la petite crapaudine *n* d'une traverse fixe du bâti. Ces broches coiffées de petits chapeaux *o* sont garnies d'ailettes légères V en fil de fer, munies d'un œil pour laisser passer le fil *f*. Chacun des chapeaux *o* peut tourner librement autour

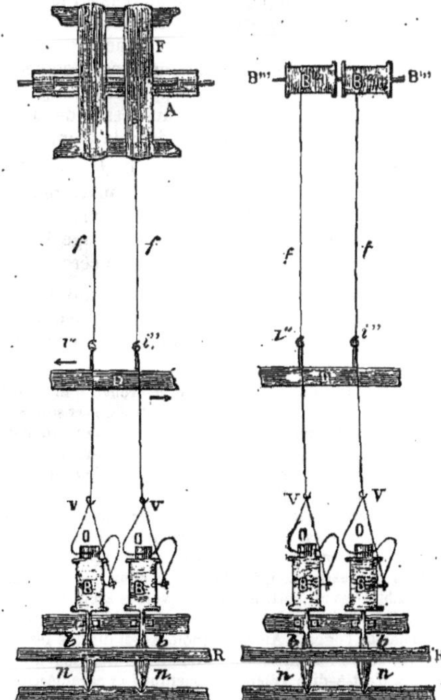

Fig. 393 (*a*) et 394 (*b*). — *Machines à retordre.*
(*a*) La trame, (*b*) la chaîne ou organsin.

de son axe pour guider le fil en montant dans les conducteurs $i''i''$ du va-et-vient D qui les sème convenablement en écheveaux F sur un ensouple tournant autour de son axe A. La tension imprimée à chacun des deux fils réunis est en raison directe du nombre de tours imprimés aux broches *b b*, et en raison inverse de la vitesse avec laquelle se meut le dévidoir A. Ceci est pour la trame.

Lorsqu'on veut fabriquer de la chaîne ou organsin (fig. 394), on prend deux bobines dont les fils ont reçu la torsion précédente, on les réunit ensuite par un doublage sur la machine représentée figure 392, puis on les place sur les broches du métier représenté figure 394. Cette machine ou moulin à retordre ne diffère de l'autre (fig. 393). que par les récepteurs ou la forme sous laquelle les fils sont disposés : au lieu d'écheveaux ce sont des bobines B'''B''' que le moulin produit, cette forme étant plus commode pour les transformations ultérieures. — A. R.

***MOULINER.** *T. techn.* Dégrossir le marbre en le passant au grès avec une molette. || Faire subir à la soie l'opération du moulinage.

MOULINET. *T. d'hydraul.* Appareil qu'on emploie pour mesurer la vitesse d'un cours d'eau. — V. JAUGEAGE. || Treuil traversé par des leviers et qui s'adapte aux appareils destinés à élever des fardeaux. || *T. de typogr.* Pièce de bois en forme de croix dont les bras servent à imprimer le mouvement à la presse. || *T. de fumist.* Machine que l'on place dans la hotte d'une cheminée pour empêcher la fumée de pénétrer dans l'appartement. || *T. de teint.* Sorte de dévidoir placé au-dessus de la cuve pour faire circuler les pièces dans le bain.

MOULINEUR ou **MOULINIER.** *T. de mét.* Celui qui fait le moulinage de la soie, l'ouvrière prend quelquefois le nom de *moulinière*; ouvrier qui fait manœuvrer le moulin destiné au broyage des matières premières dans les ateliers de céramique.

MOULURE. Ornement creux ou saillant employé dans la décoration des édifices, des meubles, de la serrurerie, etc. La réunion de plusieurs moulures forme un *profil*.

— L'usage de la moulure ne se trouve que dans les architectures qui s'élèvent à la hauteur d'un art supérieur, et de plus on semble avoir été conduit à leur invention par les constructions en bois. Aussi les peuples les plus anciens ne les connaissaient-ils pas, les Egyptiens eux-mêmes ne les ont pas employées, et il faut arriver à l'architecture grecque pour les voir établies par des règles positives, comme l'est en général l'art grec tout entier. Les moulures sont l'accessoire le plus important dans la construction, à tel point qu'elles peuvent servir à établir des rapports entre les diverses architectures; le profil romain diffère essentiellement du profil grec, le roman de l'ogival. Aussi Vignole a-t-il dit que les moulures sont à l'architecture ce que les lettres sont à l'écriture, c'est-à-dire l'élément constitutif et caractéristique.

On divise les moulures antiques en *moulures simples* et *moulures composées*. Les moulures simples sont : le *réglet*, *filet* ou *listel*, moulure carrée qui sert ordinairement d'encadrement à une autre; le *bandeau* dont la largeur est très grande par rapport à sa saillie ; le *larmier*, qui est un filet de grande saillie ; le *quart de rond* ou *échine*, moulure demi-cylindrique; l'*ove*, formée de deux arcs de cercles se coupant: le *cavet*, moulure concave; le *congé*, petit cavet; le *boudin* ou *tore*; la *baguette* et la *gorge*, moulure en creux. Les moulures composées sont le *talon*, formé d'un cavet et d'un quart de rond ; la *doucine*, talon renversé fourni par les mêmes éléments; la *scotie*, moulure concave présentant une section d'ellipse; la *bravette* ou *tore corrompu*, qui est le contraire de la scotie. Chaque moulure courbe peut être doublée dans des dimensions variables pour former une nouvelle décoration; elles reçoivent aussi des ornements sculptés gravés ou peints, grecques, entrelacs, palmettes, oves, raies de cœur, etc. Elles entrent dans la composition de l'entablement et de la colonne, et sont ainsi un des éléments les plus importants de l'architecture grecque, étrusque, romaine et moderne. Les moulures de l'entablement n'ont pas seulement une utilité décorative, elles servent encore à éloigner des parois du monument les eaux pluviales. Les Romains n'ont pas compris comme les Grecs la valeur des moulures; ils les ont presque toujours négligées, et à la fin de l'Empire elles sont indécises, lourdes, empâtées ; on y sent la négligence.

Les moulures si nombreuses employées par les artistes du moyen âge n'ont pas reçu de dénomination bien arrêtée. Il est vrai que leur variété est extrême comme tracé, comme dimensions, comme accouplement de moulures différentes. Pourtant on retrouve chez toutes, les principes des profils anciens, une seule exceptée, le *biseau* ou *sifflet*, d'un usage très fréquent au moyen âge, et qui semble n'avoir pas été connue auparavant. Mais dans l'application, la méthode de ces architectes est toute différente. Au lieu de doubler les éléments lorsque le monument s'agrandit, ils les emploient simples, mais en les proportionnant à la hauteur. Au contraire, lorsque l'édifice est de proportions modestes, ils restreignent tout le profil à un ou deux éléments, le larmier, par exemple. C'est d'ailleurs une tendance qu'on observe, même sans que la nécessité intervienne, chez les architectes des XIIIe et XIVe siècles, les corniches se contractent, pour ainsi dire, la frise se rétrécit, finit par se confondre avec le larmier; il résulte de ce parti pris un amaigrissement général des moulures. Il est vrai que les ouvriers de cette époque qui savaient si bien se rendre compte des conditions des différents membres de l'architecture, et tirer parti des effets de lumière, ont, par des tracés bien compris, donné à leurs profils l'apparence d'une saillie très grande avec des reliefs très faibles en réalité. L'insuffisance de la solidité des matériaux rendait nécessaires ces expédients auxquels on peut dire que les constructeurs de l'art ogival ont excellé, et qui ont donné tant de variété à leurs œuvres. Viollet-le-Duc le constate dans son *Dictionnaire d'architecture* : « Ce n'est que vers la fin du XIIe siècle, alors que l'architecture tend à s'affranchir des traditions abâtardies et à chercher de nouvelles voies, que l'on peut constater, dans la façon de tracer les profils, certaines méthodes empruntées au seul art auquel on pouvait alors recourir, l'art byzantin. Ces emprunts toutefois ne sont pas faits de la même manière sur la surface de la France actuelle. Déjà des écoles apparaissent, et chacune d'elles procède différemment quant à la façon de continuer les traditions locales. Ainsi, par exemple, si les gens de Périgueux bâtissent dès la fin du Xe siècle leur église byzantine par le plan et la donnée générale, ils conservent dans cet édifice les profils de la décadence romaine, le sol de Vésonne étant couvert encore à cette époque d'édifices gallo-romains; si les architectes du Berry et du haut Poitou, au commencement du XIIe siècle, conservent dans la disposition de leurs édifices les traditions romaines de l'empire, leurs profils sont évidemment empruntés à l'architecture gréco-romaine de Syrie; en Provence, sur les bords du Rhône, de Lyon à Arles, les profils de la période romaine paraissent calqués sur ceux des byzantins; en Auvergne, il s'établit une sorte de compromis entre les profils des monuments gallo-romains et ceux apportés d'Orient; en

Bourgogne, les édifices, bâtis généralement en pierre tendre et d'un fort échantillon, ont une ampleur et une puissance que l'on ne retrouve pas dans l'Ile de France et la Normandie, où alors on bâtissait avec de petits matériaux tendres. Et cependant, malgré ces différences marquées entre les écoles, on reconnaît à première vue un profil du XIIe siècle parmi ceux qui sont antérieurs ou postérieurs à cette époque. Les caractères tenant au temps sont encore plus tranchés, s'il est possible, pendant les XIIIe, XIVe et XVe siècles. »

Des moulures de la Renaissance nous ne dirons rien; elles sont l'imitation exacte de celles de l'époque romaine, bien plutôt que de celles de l'architecture grecque, qui n'était connue que par les monuments d'Italie et de Sicile. Depuis, les moulures ont suivi le caractère général de l'architecture, tout en gardant pour origine les éléments classiques; lourdes et d'une saillie exagérée dans les monuments grandioses du règne de Louis XIV, elles se cintrent, se contournent, se gondolent avec le style *rocaille*, où leur importance est très grande, pour se simplifier à la fin du règne de Louis XV; mais bien qu'elles contribuent encore pour une large part à la physionomie du monument, leur étude spéciale n'offre plus autant d'intérêt, parce qu'elles ne s'écartent pas des types consacrés que nous avons énumérés plus haut.

Quant aux moulures modernes, elles suivent la décadence générale de l'art; on leur reproche leur peu de saillie et leur manque de netteté, et le plus souvent elles sont rapportées, surtout dans les intérieurs. Les anciens connaissaient aussi les moulures rapportées, mais n'en usaient qu'exceptionnellement, tandis que maintenant on en fait en bois, en fer, en fonte, en bronze, en cuivre, en pierre artificielle, en carton-pierre, en terre cuite, etc., on comprend, dès lors, que les modèles soient de formes et de dimensions restreintes, que trop souvent ils ne se trouvent pas à l'échelle du mouvement ou du panneau qu'ils décorent, et que l'effet produit devienne insuffisant ou exagéré.

La moulure dans le mobilier suit les mêmes phases que dans l'architecture et la décoration. Pendant tout le moyen âge, on les prend à plein bois et on les sculpte avec finesse; les ouvriers s'en servent habilement pour varier les effets de lumière, pour alléger les panneaux, pour diminuer l'épaisseur des grosses pièces en profilant des moulures sur les bords. Leur nombre se restreint successivement pendant les époques suivantes, en même temps que leur saillie diminue, sauf pour le mobilier Louis XV, où elles accompagnent fort heureusement l'ornementation souvent exubérante de cette époque. Maintenant, surtout depuis la mode des meubles plaqués, les moulures sont faites séparément, à la mécanique, et rapportées. Il est très rare qu'on les prenne dans le bois en ce qui concerne les gros meubles. Une machine sépare le bois en lames, une autre le dresse, et une troisième pousse la moulure d'un seul coup avec un fer dessiné suivant le modèle voulu. On obtient ainsi des moulures de tous échantillons en bandes de deux mètres environ, qu'on découpe suivant les besoins. Ce procédé a permis de produire le meuble à bon marché, mais on lui doit certainement la décadence complète de cette branche de l'art industriel.

***MOULURIER.** *T. de mét.* Artisan qui exécute spécialement les moulures.

MOUSQUET. *T. d'arm.* Arme à feu qui précéda le fusil et qu'on faisait partir à l'aide d'une mèche allumée. — V. ARME, § *Armes à feu de guerre*.

MOUSQUETON. Arme à feu portative dont le canon est encore plus court que celui des carabines et dont, par conséquent, le poids est beaucoup plus léger que celui d'un fusil; elle sert à l'armement des troupes spéciales, telles que l'artillerie, la gendarmerie.

— Le mousqueton, diminutif du mousquet, fut tout d'abord destiné uniquement à la cavalerie, il était garni d'une tringle qui servait à le suspendre à un baudrier en buffle au moyen d'une boucle à ressort allongée formant crochet et qu'on appelait *porte-mousqueton*. Les mousquetons de cavalerie se chargeant par la bouche ont été remplacés par les carabines de cavalerie, modèle 1866, puis 1874 se chargeant par la culasse. Le mousqueton de gendarmerie, adopté en 1825, a cédé également la place aux carabines de gendarmerie, modèles 1866 et 1874. Seul le mousqueton d'artillerie, modèle 1829, a été remplacé par un autre mousqueton, modèle 1866, puis 1874. Le mousqueton d'artillerie, modèle 1874, ne diffère du fusil du même modèle que par la diminution de longueur du canon; il tire la même cartouche, il est armé du sabre-baïonnette, modèle 1866. Voir pour les dimensions et les différents modèles en usage à l'étranger, au mot FUSIL.

MOUSSE. *T. de teint.* On désigne sous ce nom des taches blanchâtres que prennent, dans les ateliers de teinture, les étoffes de soie noire sous l'influence de la chaleur et de l'humidité. D'après les observations de M. Lembert, ce phénomène est dû à une végétation cryptogamique et non, comme on l'a cru longtemps, à la formation d'un savon calcaire. Le meilleur moyen de détruire cet effet et d'en prévenir le retour, consiste à passer lentement les pièces déroulées au-dessus d'une bâche en plomb contenant de l'acide chlorhydrique légèrement chauffé; sous l'influence du gaz chlorhydrique concentré, ces mousses disparaissent, et, dans ces conditions, le tissu et la nuance ne sont nullement altérés. — A. R.

***MOUSSELINAGE.** *T. techn.* Opération qui consiste à orner le verre et le cristal des dessins imitant la mousseline brodée.

MOUSSELINE. *T. de tiss.* Sorte d'étoffe de coton, plus claire que le jaconas et le nansouk, et dont la réduction comprend ordinairement autant de fils en chaîne qu'en trame, bien que certains fabricants, pour rendre le tissu plus beau, mettent quelquefois un fil de trame en plus au centimètre; les numéros de fils employés pour cette trame sont de 5 à 10 plus fins que pour la chaîne. La largeur de ces tissus est des plus variables, depuis 90 centimètres jusqu'à 2^m,40, ces dernières laizes étant employées spécialement pour rideaux.

On fabrique surtout les mousselines à Tarare et Saint-Quentin, et on les distingue en unies, lancées et découpées ensuite, brochées et brodées. Le plus remarquable de ces articles est celui que nous appelons « lancé et découpé ensuite ». C'est une mousseline gaze tour anglais (V. GAZE), tramée par un coup à un bout et un coup à trois bouts, alternativement; la partie tramée à trois bouts produit le façonné, tandis que la partie tramée à un seul bout forme le fond du tissu; la grosse trame flotte à l'envers dans les parties où elle ne fait pas corps avec l'étoffe, et lie en tour anglais dans la partie façonnée. On fait subir à ce tissu l'opération du découpage après fabrication, soit à la main et à l'aide de ciseaux, soit au moyen d'une tondeuse mécanique; la grosse trame étant très serrée dans la partie où elle est fournie, il en résulte que le tissu a suffisamment de solidité et supporte bien le lavage malgré sa légèreté apparente. Les autres genres de mousseline n'exigent pas d'explications, leur dénomination indique suffisamment leur composition.

— Le mot *mousseline* dérive de la ville asiatique de *Mossoul*, qui fait actuellement partie de la province turque d'Ali-Djézirch, où il en existait autrefois d'importantes fabriques.

|| *Mousseline de laine*. Etoffe de laine fabriquée comme la mousseline de coton. || *T. de verr*. On donne ce nom à des verres de table très fins, et aussi à une sorte de verres opaques employés au vitrage de châssis de portes, de passages, de cabinets, etc. || *Mousseline* ou *verre mousseline*. Verre très mince orné de dessins imitant la broderie sur mousseline.

* **MOUSSELINIER, IÈRE.** *T. de mét.* Ouvrier, ouvrière qui fabrique la mousseline unie ou façonnée.

MOÛT. On donne ce nom au jus de raisin qui n'a pas encore fermenté et, par extension, aux jus extraits des pommes et des poires pour la préparation du cidre et du poiré, à l'infusion ou à la décoction du malt destiné à la préparation de la bière, ainsi qu'aux différents liquides sucrés préparés en vue de la fabrication de l'alcool. — V. BIÈRE, BRASSERIE, CIDRE, DISTILLATION, POIRÉ, VIN.

Le *moût de raisin* est un liquide jaune verdâtre clair, rendu trouble par les particules végétales qu'il tient en suspension, d'une saveur sucrée et d'une densité de 1,040 à 1,150. Il renferme, en solution dans l'eau, 20 à 25 0/0 de son poids de matières solides, qui sont du sucre (mélange de glucose et de lévulose), des substances albuminoïdes et gommeuses, des acides végétaux libres ou combinés (acides tartrique et malique) et des substances minérales (potasse, chaux, soude, magnésie, alumine, oxyde de fer, acides sulfurique, chlorhydrique et silicique). Abandonné à lui-même, le moût de raisin fermente spontanément, sans addition de levure, et le produit de cette fermentation est le *vin* (V. ce mot). Pour se rendre compte de la valeur d'un moût, on détermine d'abord sa densité à l'aide d'un aréomètre (aréomètre de Baumé, mustimètre ou gleuco-œnomètre), puis sa teneur en sucre, qui est la substance la plus importante, parce que c'est le sucre qui fournit l'alcool du vin (V. GLUCOSE), sa richesse en extrait et enfin son acidité (V. VIN). La densité fournit de précieux renseignements; suivant Chaptal, le moût de raisin doit, pour donner un vin de bonne qualité, marquer au moins 10° à l'aréomètre de Baumé (=1,075 de densité), et il conseille d'ajouter du sucre au moût jusqu'à ce qu'il marque 10°. Par suite d'une coïncidence toute fortuite, les degrés Baumé représentent approximativement la proportion d'alcool qu'aura le vin après la fermentation du moût, de sorte qu'un moût marquant, par exemple, 11°,5, donnera un vin avec 11,5 0/0 d'alcool (V. J. Post, *Traité d'analyse chimique appliquée aux essais industriels*, trad. de L. Gautier, p. 852).

Le *moût de bière* renferme surtout, après l'eau, du sucre (maltose), de la dextrine, des matières albuminoïdes, des sels, des substances aromatiques, des acides organiques, des matières colorantes, etc. L'essai d'un moût consiste le plus souvent à déterminer son degré de concentration; on se sert pour cela du saccharimètre de Balling, ou simplement de l'aréomètre de Baumé (V. BRASSERIE). On peut doser la maltose seule à l'aide de la liqueur de Fehling (V. GLUCOSE), l'extrait par évaporation et les éléments minéraux par incinération de l'extrait (V. BIÈRE); 100 parties d'extrait de moût renferment 92 à 94 0/0 de sucre, 4 0/0 de dextrine et 2 0/0 d'albumine, gluten et sels inorganiques. Dans l'analyse des moûts de bière, on détermine l'extrait total et l'on établit le rapport entre le sucre et les autres substances (non sucrées) de l'extrait. Dans un bon moût, par décoction, le rapport entre le sucre et les principes non sucrés, doit être de 1/1,2 à 1/1,3 (V. J. Post, *Traité d'analyse chimique*, p. 815). — Dr L. G.

MOUTARDE. Assaisonnement fait avec de la graine de sénevé broyée, à laquelle on ajoute du moût, du vinaigre et quelque autre liquide.

HISTORIQUE. L'usage de la moutarde remonte à une antiquité fort respectable. Les Grecs l'employaient réduite en poudre dans leurs ragoûts, comme nous employons le poivre.

Les Romains, au contraire, préparaient une pâte liquide en broyant la moutarde sous le pilon dans un mortier ou à l'aide d'une petite meule, puis en la délayant ensuite avec du vinaigre, *cum aceto*, dit Pline. Un cuisinier, personnage du *Pseudolus* de Plaute, appelle ce mucilage un « affreux poison, qui ne se laisse pas piler sans faire pleurer les yeux des pileurs. »

Importée par les Romains dans les Gaules, où croissait en abondance le sénevé, la moutarde ne s'y naturalisa pas tout d'abord. Ce n'est guère qu'à l'époque carlovingienne (751-987) que l'on commença, en France, à assaisonner les viandes d'une infinité d'épices, de sauce au poivre, et, comme l'indique le *Carmen de mensibus*, par le moine Wandalbert, de moutarde broyée et mêlée avec du moût.

Pendant la période capétienne (XIe, XIIe et XIIIe siècles), nos pères furent de plus en plus gourmands et gastronomes; mais la moutarde avait perdu la supériorité du rang qu'elle occupait, surtout à la suite des croisades, où les épices devinrent plus abondantes que jamais.

Ces épices qui couvraient la table des riches se vendaient alors très cher, et la majorité de la population parisienne resta fidèle à la moutarde. Tout porte à croire que cette moutarde faite à Paris était une imitation de la moutarde dijonnaise, car depuis longtemps Dijon avait accaparé la fabrication de la moutarde comestible et s'en était fait une spécialité.

En effet, dès le XIIIe siècle, Dijon était déjà la métropole sans rivale de la fabrication de la moutarde. Dans chaque moulin à blé de la contrée, il y avait un moulin spécial où les marchands et les habitants allaient à tour de rôle moudre la moutarde dont ils avaient besoin. De plus, le *Dit de l'Apostoile*, manuscrit du XIIIe siècle, parle de la *moutarde de Dijon*. On fait dériver avec vraisemblance le mot *moutarde* de *multum ardet* (qui brûle beaucoup).

C'est au XIVe siècle seulement que quelques villes de France se mirent à fabriquer de la moutarde à l'instar de Dijon. Celle de Paris était une des meilleures. Les Chroniques de Saint-Denis la mentionnent pour la première fois dans une occasion solennelle : lors des fêtes que le duc de Bourgogne, Eudes IV, donna au roi Philippe de Valois à Rouvres (1336), on consomma dans un seul jour *300 livres de moutarde !* Le pape avignonnais Jean XXII, qui siégeait en France au XIVe siècle, raffolait également de la moutarde ; il en mettait dans tous les mets. Ce fut lui qui créa, pour un de ses neveux, la charge de *premier moutardier*. De là le dicton, appliqué aux sots vaniteux, de *premier moutardier du pape*.

D'après les comptes de J. Riboteau, receveur général de Bourgogne (1477-1478), le rusé Louis XI, qui en définitive était un joyeux compère, fit en l'année 1477, à un apothicaire dijonnais, une forte commande de moutarde pour son usage personnel. Ce prince savait par expérience que :

Il n'est ville, sinon Dijon,
Il n'est moustarde qu'à Dijon.

comme disent les *Proverbes* de Jehan Mielot, son contemporain. La moutarde est donc essentiellement d'origine française, et la découverte de sa fabrication revient, en particulier, aux Dijonnais. Nos vieux auteurs du XVIe siècle sont unanimes pour reconnaître cette origine.

A Calays est le bon poisson,
Et bonne moustarde à Dijon.

lit-on dans le *Dit des Pays* (XVIe siècle). Alors la moutarde de Dijon passait pour la *meilleure de France* ; ce sont les propres expressions de Liébault.

Mais Dijon ne fabriquait encore que la moutarde sèche ; ce ne fut que plus tard qu'elle se mit à en confectionner en pâte liquide.

Savalette, vinaigrier qui vivait à Paris vers le milieu du XVIIe siècle, a été le premier qui ait fait des moutardes fines et aromatiques. Jusqu'à lui, elles avaient été moulues grossièrement. Il imagina des moulins d'une construction nouvelle qui la broyèrent beaucoup mieux et lui procurèrent ainsi une couleur plus agréable. Il devint le fournisseur en titre de Louis XIV et de la cour, et fit en peu de temps une grande fortune. C'est alors que la moutarde devint en France l'objet d'un commerce considérable. Selon le *Dictionnaire de Savary des Bruslons*, il n'y avait pas à Paris moins de six cents moutardiers, tous roulant leur brouette.

Les gourmets du XVIIIe siècle connaissaient deux sortes de moutardes, l'une grise, composée avec du vinaigre blanc, et l'autre rouge, dans laquelle on faisait entrer du moût de vin, et qui, par conséquent, n'était propre qu'aux pays vignobles. Pendant longtemps, en France, on ne connut que cette dernière.

Vers 1742, le vinaigrier Le Comte trouva le premier l'art de faire entrer dans la moutarde des câpres et des anchois. Mais celui qui, dix ans plus tard, fit faire le plus de progrès à cet assaisonnement, est le sieur Maille, dont les inventions nouvelles lui firent obtenir le titre de vinaigrier-distillateur ordinaire du Roi et de leurs Majestés les empereurs d'Autriche et de Russie.

Ses moutardes étaient au nombre de vingt-quatre : celles qu'il vendait le plus, étaient les moutardes à l'ail, aux truffes, à la ravigotte, à l'estragon et aux anchois.

Maille trouva un rival dangereux dans le sieur Bordin, l'un de ses confrères. Ce dernier, commerçant également habile, inventa en 1762 et presque dès l'origine de son établissement, la moutarde de santé, qui fut constamment préférée à toutes les autres, tant par sa bonté et la délicatesse de son goût, que par ses propriétés hygiéniques et antiscorbutiques. Le nombre des moutardes de Bordin s'élevait à quarante.

Ceci se passait sous le premier Empire, époque où la moutarde impériale, inventée par Maille fils, habile chimiste et élève de Vauquelin, eut un immense succès de 1806 à 1815. Cependant, le fournisseur breveté pour vinaigre et moutarde de Napoléon était un sieur Raffort, qui demeurait rue d'Argenteuil. Il n'avait inventé que sept moutardes, tandis que ses confrères étaient auteurs d'un nombre considérable de vinaigres, moutardes, sirops, etc. Ce choix particulier de l'Empereur tenait sans doute à ce que les autres fabricants mettaient leur point d'honneur à faire le plus grand nombre de moutardes et à leur donner des noms pompeux, empruntés à la botanique ou à la mythologie. Ce mélange arbitraire et souvent mal combiné de fleurs, de plantes aromatiques, dénaturait et faisait même disparaître les qualités essentielles de la moutarde et empêchait qu'elle pût se conserver longtemps. En la traitant comme un article de parfumerie, on lui retirait ses qualités hygiéniques, on la privait du stimulant qu'elle doit contenir pour agir efficacement sur l'économie. Au lieu de produire trente à quarante sortes de moutardes aux poétiques étiquettes, il eût été en effet plus rationnel de n'en faire que deux ou trois qui répondissent à tous les goûts comme à toutes les conditions.

Tandis que la moutarde parisienne allait grandissant en réputation, la moutarde de Dijon, au contraire, perdait peu à peu son antique renommée. Aucun perfectionnement n'avait été depuis longtemps appliqué aux diverses manipulations de ce produit ; on en était resté aux procédés employés pendant le moyen âge. Un jour, un bourguignon plus avisé, plus ingénieux et plus entreprenant que ses confrères, imagina de perfectionner les anciens ustensiles, ou plutôt de les transformer. Paris seul pouvait lui offrir un développement sérieux ; il y installa une usine et devint le premier et le plus important des fabricants de moutarde. Dès lors, le nom de Bornibus fut fameux en Europe, et il ne tarda pas à devenir universel. C'est à cet industriel que l'on doit la fabrication de la *moutarde nature*, et de la moutarde en tablettes sèches, comprimées mécaniquement et revêtues d'une feuille d'étain. Pour en faire usage, on gratte avec un couteau la quantité nécessaire sur son assiette, on l'humecte de quelques gouttes d'eau, et l'on obtient aussitôt le condiment qui, selon la spirituelle expression de Grimod de la Reynière, est « la pierre à aiguiser de l'appétit, le digestif par excellence. »

TECHNOLOGIE. A une époque où les arts mécaniques étaient encore dans l'enfance, les moulins portatifs qui avaient remplacé les moulins à blé pour broyer la moutarde, consistaient en deux petites meules, presque toujours en granit, d'un peu plus de 33 centimètres de diamètre, de différentes épaisseurs, dont l'une, convexe, placée horizontalement dans la cavité de l'autre. Elles étaient maintenues par un cerceau en bois appelé *tore*, et la graine placée dans la cavité de celle inférieure était broyée par le mouvement circulaire de celle supérieure que l'on nommait *meule* (*môle* autrefois), tandis que l'autre était appelée *mortier*.

Ces petits moulins mus par le bâton avaient le grave inconvénient de faire respirer, pendant de longues heures, aux ouvriers chargés de ce travail, un air saturé de vapeurs ammoniacales. Un pareil outillage laissait donc beaucoup à désirer sous ce rapport et sous celui de la promptitude du tamisage.

Grâce aux appareils inventés par M. Bornibus, l'ingénieux fabricant si connu, les procédés du tamisage et de la mouture n'ont pas tardé à se perfectionner. Aujourd'hui, cette opération s'opère simultanément avec une vélocité qui tient du prodige. Il résulte de là que la pâte provenant de la moutarde n'a pas le temps de s'altérer au contact de l'air, qu'elle devient instantanément moutarde possédant un bouquet, un montant et une piquante saveur.

La moutarde fine se prépare avec la *moutarde blanche*, et la moutarde commune avec la *moutarde noire*. On fait tremper la semence de moutarde dans le vinaigre; au bout de vingt-quatre heures on la broie, on la délaye dans du moût de raisin, de la bière ou du vinaigre. S'il s'agit de moutarde fine, on hache du persil, du cerfeuil, des ciboules, de l'ail, du céleri; on fait infuser quinze jours dans du vinaigre blanc auquel on ajoute des quatre épices, des essences de thym, de cannelle et d'estragon; on broie le tout au *moulin à moutarde* avec de la moutarde blanche déjà concassée et de l'huile d'olive; on délaye avec le vinaigre qui a servi à l'infusion, et l'on met, au bout de deux jours, dans des pots bouchés soigneusement. — S. B.

Bibliographie : LEGRAND D'AUSSY : *Vie privée des Français*; GRIMOD DE LA REYNIÈRE : *Almanach des gourmands*; Alexandre DUMAS : *Dictionnaire de la cuisine*, V° *Moutarde*; LA BÉDOLLIÈRE : *Mœurs et vie privée des Français dans les premiers siècles de la monarchie*; CHÉRUEL : *Dictionnaire historique des institutions, mœurs et coutumes de la France*, V° *Moutarde*; *Monographie de la moutarde, moutarde de Dijon*, Paris, Dentu; *Ce qu'il y a dans un pot de moutarde*, par un Bourguignon, id., 1875; JOBARD : *Essai sur l'histoire de la moutarde de Dijon*, Dijon, 1854.

MOUTON. *T. techn.* Masse de fer ou de fonte qu'on élève et qu'on laisse retomber sur des pieux pour les enfoncer. — V. DÉCLIC, SONNETTE. || Pièce qui descend avec la vis de la presse à papier. || Charpente dans laquelle on engage les panses d'une cloche pour la suspendre. — V. CLOCHE. || Masse d'estampeur. || *Art hérald.* Il est représenté toujours passant, et diffère de la brebis en ce que celle-ci est toujours paissant.

MOUTURE (Principes et systèmes). Nous appelons *système de mouture* une *succession particulière d'opérations mécaniques* ayant pour but et pour effet la *réduction du grain en farine*. Les *principes de mouture* sont donnés par l'étude de l'organisation des grains à moudre et par l'appréciation des qualités demandées à la farine par les commerçants, les boulangers et les consommateurs de pain. Un système de mouture est donc, en principe, indépendant des appareils employés.

En pratique, on distingue les divers modes de mouture par des noms plus ou moins appropriés aux faits qu'ils doivent rappeler. Si l'on s'en rapportait aux anciennes dénominations, on aurait : en France, les moutures *septentrionale*, *lyonnaise* et *méridionale*; ailleurs, les moutures *anglaise* ou *américaine*, *française* et *saxonne*; partout, la mouture à *la grosse* et la mouture à *l'économique*; la mouture *basse* et la mouture *haute*, la mouture *plate* et la mouture *ronde*, etc.

Il faudrait même distinguer les moutures suivant les meuniers; chacun d'eux appliquant en effet, à sa façon, l'un ou l'autre des divers modes précités. En réalité, il n'y a que deux systèmes de mouture distincts; et même il faut, pour qu'il en soit ainsi, que leurs principes soient poussés à l'extrême, ce qui n'a jamais été possible, en pratique.

Dans le premier système, dit de la *mouture basse*, on veut, en principe, opérer la réduction du blé en farine par un seul passage du blé dans un seul appareil *réducteur* : on veut obtenir *d'un seul coup toute la farine*, dite alors de *premier jet* ou *de blé*.

Dans l'autre système, dit de la *mouture haute*, on veut au contraire ne faire aucune farine de premier jet, ou de blé; on ne cherche qu'à réduire d'abord l'amande en *gruaux* et à mettre de côté l'écorce du blé. La farine est obtenue ensuite par la réduction des gruaux; c'est de la *farine de gruaux*. On fait passer plusieurs fois le blé ou la marchandise dans un seul appareil, diversement réglé, ou dans de nombreux appareils réducteurs se suivant.

En pratique, on ne peut jamais réaliser absolument ces deux principes de mouture.

En mouture basse, quelque serrées que soient les meules, il restera dans la farine quelques gruaux que l'on aura intérêt à remoudre; mais les trois quarts de toutes les farines seront de premier jet.

En mouture haute, quels que soient les appareils employés, on ne peut éviter de faire un peu de farine de blé, les gruaux du centre des grains étant très facilement réduits en farine; mais on peut restreindre la portion de farine de blé au septième de toutes les farines, ou au moins au cinquième : de façon que les six septièmes ou, au moins, les quatre cinquièmes de la farine proviennent de gruaux blancs.

Un des principes de la mouture rationnelle se dégage du contraste de ces deux manières d'opérer. Dans la mouture basse, on fait toute la farine, ou au moins les trois quarts, en présence du son et du germe qui, soumis aux appareils réducteurs, en même temps que l'amande, sont nécessairement plus ou moins divisés et en partie pulvérisés. La véritable farine est alors salie, ou au moins *discolorée*, par des piqûres jaunes, rouges ou noires qui proviennent des écorces du blé et des matières étrangères emprisonnées dans le sillon de chaque grain de froment. Dans la véritable mouture haute, *par réduction graduelle du blé*, on ne fait la farine, ou du moins les quatre cinquièmes de toutes les farines, qu'après avoir isolé, des fragments d'amande, les écorces et les germes du blé. La farine, pour les quatre cinquièmes au moins, n'est que la réduction, en poudre organisée, des gruaux nus; c'est la vraie farine, la farine pure. La farine de premier jet est elle-même à très peu près pure, si le système est bien appliqué, avec de bons appareils réducteurs.

Les principes de mouture se déduisent de l'étude du grain de blé, dans son entier et dans ses diverses parties.

Le grain de blé, le fruit entier de la plante ainsi

nommée, est un organisme composé de trois parties très distinctes : 1° la semence proprement dite, le germe ou l'embryon de la plante que donnerait ce grain mis en terre : il se trouve au bas du grain derrière et près du sillon central, attaché à l'écorce même par un ligament.

2° L'amande proprement dite, destinée à nourrir l'embryon pendant son développement : c'est un amas de grandes cellules « *à parois transparentes, toutes remplies d'une masse compacte de gluten, au milieu de laquelle, les granules de matière amylacée sont empâtés.* »....« Vers la périphérie de cette amande, les grains d'amidon se montrent toujours d'une petitesse extrême.... 1/100 à 1/150 de millimètre de diamètre, mais aussitôt que l'on s'en éloigne et qu'on pénètre vers le centre du grain, on voit les granules amylacés augmenter de volume et se présenter avec leurs dimensions maxima.... 1/40 de millimètre au grand axe » (1).

« Du fait de la petitesse plus grande des grains d'amidon logés près de la périphérie, résulte nécessairement l'existence, entre ces grains, d'espaces plus considérables. Ces espaces, c'est le gluten qui les remplit; d'où cette conséquence nécessaire que les portions de l'amande situées directement au-dessous du tégument séminal doivent être les plus riches en gluten. »....« C'est là un fait depuis longtemps établi par la pratique.... qui d'ailleurs justifie pleinement l'opinion par laquelle on voit, au point de vue de leur richesse en gluten, attribuer aux blés allongés et à grande surface une supériorité marquée sur les blés à grains ronds dont la surface sphérique est nécessairement moindre. »

Mège-Mouriès attribuait aux farines des cellules ou gruaux, pris au centre du grain, 8 0/0 de gluten seulement; à la première couche entourant cette sphère centrale, 9,5 0/0; à la seconde couche, 11 0/0, et enfin 13 0/0 aux gruaux placés immédiatement sous le tégument séminal. Cela tient à ce qu'entre les globules d'amidon, il y a une certaine épaisseur de gluten interposé. Pour des globules de 1/40 de millimètre de diamètre supposés sphériques, s'ils sont en contact, les vides intercalaires remplis par le gluten ne seraient que du cinquième environ du volume total ou exactement 0,193,867. Il en serait de même pour les globules de 1/150 de millimètre. Mais si, aux points de tangence des globules, on suppose dans les deux cas une interposition de gluten de 1/1,000 de millimètre d'épaisseur seulement, le gluten, qui empâte les globules d'amidon, entre alors pour les trois dixièmes du volume si les globules ont 1/40 de millimètres de diamètre, et pour moitié si les globules ont seulement 1/150. Ainsi s'explique la distribution inégale du gluten du centre à la périphérie, bien que l'épaisseur de gluten de 1/1,000 de millimètre soit peut-être exagérée et que les globules ne soient pas sphériques.

Il est essentiel de faire remarquer que la *réduction du grain en farine*, ce qu'on appelle à tort, la *fabrication de la farine*, est une opération absolument mécanique. La farine existe, toute faite, dans le grain de blé : les granules d'amidon enchâssés dans le gluten peuvent être mis en liberté par l'écrasement ou le râpage des diverses cellules qui constituent l'amande. Réduire rationnellement le grain en farine ce n'est pas le pulvériser, c'est mettre les écorces et le germe de côté et désagréger l'amande en la réduisant en poudre sans la désorganiser; c'est-à-dire sans rompre les granules d'amidon par une trop forte pression et sans détériorer les granules ou pellicules de gluten produits par la désagrégation des cellules. Le plus petit diamètre des granules d'amidon étant d'environ 1/150 de millimètre, aucune partie de la farine ne doit être plus petite. Par une trop fine pulvérisation, on s'expose à désorganiser les granules d'amidon et à modifier le gluten, ou, comme on le dit pratiquement, à *tuer* la farine. En réalité, chaque grain de farine est un amas de granules d'amidon et de gluten adhérant encore ensemble, puisque les tissus les plus fins ont seulement 200 mailles au pouce, soit des orifices de plus de 5 centièmes de millimètres de côté, le double des plus gros granules d'amidon.

Le meunier n'emploie donc que de la *force motrice*, donnée par le vent, l'eau ou la vapeur, pour faire cette réduction mécanique; ce n'est que par exception qu'il mouille légèrement certains grains pour rendre leur décorticage plus facile, ou qu'il passe à l'étuve des grains trop humides

Le goût du consommateur de pain, de l'ouvrier, engage le boulanger à demander au meunier une farine absolument pure, de couleur surtout. L'intérêt du consommateur exige que cette farine soit absolument exempte de toute poussière de son ou de germe. Il en est de même du marchand de farine qui doit la conserver pendant un certain temps. Pour en être convaincu, il suffit de lire le travail de M. A. Girard dont la conclusion, que nous allons transcrire, doit être la règle du meunier.

« C'est à rejeter, autant que les moyens mécaniques dont elle dispose le lui permettent, l'enveloppe et le germe, à réserver pour l'alimentation humaine l'amande farineuse, et l'amande seulement, que doit tendre aujourd'hui la meunerie; et c'est par conséquent sur les engins et les procédés qui, du produit de la mouture, éloignent, dans la plus large mesure, les débris autres que ceux fournis par cette amande, qu'elle doit de préférence porter son choix.

« Quant aux enveloppes et aux germes enlevés de ce fait à l'alimentation humaine, ce serait une erreur que de les considérer comme perdus. Ce que l'appareil digestif de l'homme ne sait pas faire, paraît, d'après les recherches des physiologistes modernes, être chose possible pour l'appareil des animaux, et ce que l'homme aura ainsi perdu sous forme de pain, il pourra le retrouver sous la forme de viande. »

Avec des procédés de réduction insuffisants, le meunier demande actuellement au cultivateur des variétés de blé pauvres en gluten; comme le boulanger, réduit au pétrissage manuel, demande des farines faciles à travailler, de préférence à des farines meilleures. Il convient donc que le consommateur ne se laisse plus prendre à la prétendue supériorité, au point de vue du goût et de la valeur nutritive, des farines de mouture basse aux meules, pas plus qu'à la difficulté de pani

(1) *Le grain de blé*, par A. Girard, chez Gauthier-Villars.

fier les farines pures. Toutes ces erreurs sont destinées à masquer l'insuffisance de l'outillage actuel de la meunerie et de la boulangerie françaises.

La mouture basse par les meules a sa représentation pratique la plus nette dans la mouture par meules rayonnées, dites *à l'anglaise*, qui de Saxe ont pénétré en Amérique; et de là, sont venues en Angleterre puis en France : mais elle se faisait autrefois par des meules *à la française*, naturellement éveillées, et non rayonnées. La mouture haute par meules a sa représentation la plus nette, dans la mouture dite *à gruaux blancs*, imaginée en France au XVIIe siècle, appliquée seulement en 1760, adoptée plus tard en Allemagne, et surtout en Hongrie, il y a un demi-siècle et conservée en France plus ou moins pure dans quelques situations exceptionnelles.

Les qualificatifs *basse* et *haute* indiquent que la meule courante, la supérieure ordinairement, qui presse sur le grain en tournant, est *basse* ou *haute*.

Dans le système américain, comme dans la mouture à la grosse par meules françaises, la meule courante est mise aussi bas que possible pour réduire d'un seul coup le grain en farine. A leur circonférence, les meules ne sont écartées que de l'épaisseur d'une feuille de papier, d'où

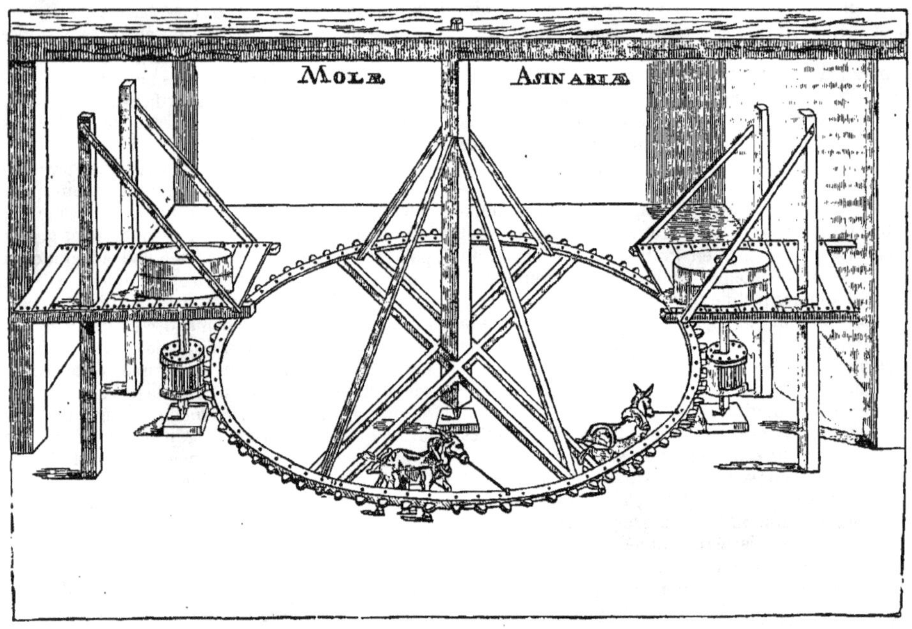

Fig. 395. — *Vue perspective d'un moulin antique à deux paires de meules, mues par deux ânes, d'après Faust Veranzio.*

probablement le nom de *feuillère* donnée à la couronne travaillante de chaque meule, où ce faible écartement est maintenu.

Dans la mouture à gruaux blancs, la meule courante était mise assez haut pour ne faire que *frôler* et rouler les grains pendant leur premier passage. Elle était ensuite de plus en plus rapprochée pour les remoulages successifs.

La mouture basse peut être dite à *réduction instantanée* : c'est pour le grain une *mort subite*. La mouture haute, c'est la réduction *graduelle*, la *mort lente* du grain. Dans la mouture basse poussée à l'extrême, le grain entrant dans l'appareil de réduction, quel qu'il soit, n'en sort qu'à l'état de *boulange*, mélange de farine de toutes grosseurs, de gruaux divers et de sons, menus et grands. Le blutage suit cette unique réduction.

Dans la mouture haute, le grain n'est réduit que graduellement par des passages plus ou moins nombreux, 8 à 12 ordinairement et parfois davantage. Chaque phase de la réduction est suivie d'un blutage spécial, de classements et d'épurations de *marchandises*.

Des divers appareils de mouture ou de réduction des grains en farine. Le *moulin* primitif a dû se composer, comme celui de quelques tribus nègres actuelles de l'Afrique équatoriale, de deux pierres, l'une un peu convexe et l'autre légèrement concave, la première balancée avec pression dans toutes les directions rayonnantes sur l'autre. Plus tard, on emploie le *pilon*, concassant et broyant le grain dans un mortier. Les Grecs broyaient le grain à l'aide d'un cylindre de pierre dure roulant sur une plaque de marbre. Les meules tournantes en pierre ne viennent que plus tard. Les anciens Romains avaient des moulins à bras, à âne et même à eau. Le moulin à bras employé pour faire de la farine de blé, de fèves et de lupins, était composé de deux meules, très différentes de nos meules actuelles. La gisante, l'inférieure était massive et avait une face travaillante analogue à l'extérieur d'une large cloche; elle était munie à son sommet d'un court axe en fer. La courante avait aussi, mais en creux, la forme d'une cloche; elle s'emboîtait sur la gisante et tournait librement autour de son axe en débordant par un bord mince. On la faisait tourner directement à la main par une poignée.

Le moulin à âne était fait de même, sauf que les meules toujours coniques étaient relativement beaucoup plus plates. La meule supérieure portait un bras qu'un esclave poussait en tournant à défaut d'âne. Le moulin à manège donné par Veranzio (fig. 395) est un perfectionnement puisque la meule peut tourner beaucoup plus vite que dans l'attelage direct primitif. Le moulin à eau eut des meules plus grandes et plus plates; le mouvement de la roue hydraulique à palettes était communiqué à la courante par une paire d'engrenages. Le moulin à eau est originaire de l'Asie; il apparaît à Rome du temps de César : Vitruve, sous Auguste, fait la description d'un moulin à eau, et Pline, soixante ans plus tard, en parle comme d'une machine remarquable et encore fort rare. Ce n'est qu'au IVe siècle, sous Honorius et Arcadius, que Rome vit les premiers moulins publics à eau. D'Italie, les moulins à eau vinrent en France dès le Ve siècle. Les moulins à vent furent apportés en France au retour des croisades en 1040, plutôt, peut-être, par la Russie, la Pologne ou la Hongrie; mais ils sont bien d'origine orientale. Le premier moulin à vapeur fut établi à Londres en 1780 par Watt.

Les meules de pierre furent successivement perfectionnées jusqu'à nos jours, et c'est quand leur construction était près d'atteindre la perfection que de nouveaux appareils de réduction furent proposés. Dès 1839, on fit l'essai de cylindres en fonte ordinaire pour commencer la réduction des grains, puis vinrent les cylindres de porcelaine de Wegmann; enfin les cylindres en fonte trempée, cannelés ou lisses, pour commencer et finir la réduction. D'autres appareils de réduction vinrent simultanément : le batteur Toufflin, dérivé du broyeur Carr, et les appareils analogues de Nagel et Kaemp, de Hambourg; de Bordier, de Senlis, de Touya et de Tarbes. On imagina aussi divers systèmes de meules ou disques métalliques rayonnés, placés, comme les batteurs, verticalement ou horizontalement; enfin, les coupeurs ou granulateurs par chocs du blé contre des surfaces planes ou des systèmes de lames (système Saint-Réquier), etc.

Modes d'emploi des divers appareils de réduction. Quels que soient les appareils de réduction, ils peuvent être employés en mouture *basse* ou en mouture *haute*. Toutefois, les uns se prêtent plus à un genre de mouture qu'à l'autre; et il ne faut pas croire que la mouture haute ne peut se faire que par des appareils compliqués : le contraire est plus près de la vérité.

Prenons, par exemple, l'appareil de mouture certainement le plus simple, le *pilon*. « Ce fut Pilumnus qui, à Rome, inventa les pilons et la manière de piler et de broyer les grains dans les mortiers: les Pisons, l'une des plus illustres familles de Rome, dûrent leur nom à l'art de piler les grains, perfectionné par leurs ancêtres. » On comprendrait difficilement que l'annoblissement de l'inventeur eût pour seule raison l'invention du pilon proprement dit, instrument tout à fait primitif: nous croyons plutôt que l'invention réelle était celle d'une *méthode d'emploi du pilon* permettant d'avoir beaucoup de belle farine. Employé simplement pour broyer le grain par des chocs répétés en une seule et longue opération, le pilon fait de la mouture basse. Mais s'il est employé d'abord avec précaution pour fendre seulement le grain de façon à faire de gros gruaux et un peu de farine; si, après séparation et classement des marchandises, il fait un second et un troisième concassages alternant avec des blutages, et s'il reprend les gruaux jusqu'à leur réduction en farine, il est certain que la pureté de celle-ci dépendra surtout de la marche des opérations et de la perfection des blutages. Il en devait être ainsi, au moins pour les meules, chez les anciens romains, si les chiffres suivants de Pline, tirés d'une traduction de M. Dupré de Saint-Maur, ne sont pas exagérés.

Une medimne ou mine de froment pesant environ 108 livres, donnait :

Farine première (*similago*)	50 livres	ou	46.30	0/0 du grain	90.13 belle farine, d'après Rollet.
— deuxième (*pollen*)	17	ou	15.75	—	
— première de gruaux (*farina tritici*)	30 ⅓	ou	28.08	—	
— deuxième de gruaux (*secundarii panis*)	2 ½	ou	2.31	—	4.62 recoupes.
— troisième de gruaux (*cibarii panis*)	2 ½	ou	2.31	—	
Gros son de rebut (*furfurum*)	3	ou	2.78	—	2.78 gros son.
Déchet	2 ⅔	ou	2.47	—	2.47 déchet.
	108 livres		100.00		

Or, le maximum de poids de l'amande pure est de 85,6 0/0 du grain. La farine était donc mélangée de son en poudre.

Les meules, comme nous l'avons vu, peuvent être employées en mouture haute comme en mouture basse : mais le travail entre ces meules, de l'œillard jusqu'à la circonférence, est forcément complexe, de sorte que la graduation dans le degré de réduction fait par des meules n'est pas facile à régler, si le rayonnage et l'entrée restent les mêmes, c'est-à-dire si l'on emploie, pour toute la réduction, la même paire de meules.

Il en est à peu près de même pour les meules ou disques métalliques imaginés pour remplacer les meules de pierre. Mais on peut avoir autant de paires de meules que l'on veut avoir de degrés de réduction ou de passages des marchandises pour l'obtention de la farine.

Les batteurs à chevilles, dérivés du broyeur Carr, sont plus spécialement propres à la mouture basse, mais peuvent cependant faire une mouture mi-haute. On en peut dire autant des coupeurs-granulateurs qui, du reste, ne peuvent faire que les premiers passages.

Les cylindres sont, en principe, les appareils les plus propres à la réduction graduelle des grains; par cela même que chaque paire de cylindres ne peut faire qu'un travail simple, bien défini, suivant la forme et l'écartement de leurs cannelures, la grandeur de leur pression et la différence de leurs vitesses. On a cependant, parfois, employé les cylindres pour une mouture mi-haute, en changeant les vitesses et les pressions dans une même paire de cylindres. Enfin, il est facile de comprendre que la mouture peut se faire rationnellement par des cylindres et des meules, des granulateurs ou des batteurs avec des cylindres et des meules.

De la mouture par les meules. La mouture basse, avec des meules de pierre, s'est faite d'abord avec des meules non rayonnées. A l'origine de l'emploi des meules et jusqu'à la fin du XVIIIe siècle, les meules étaient *rhabillées à coups perdus*; c'est-à-dire qu'on renouvelait, de temps en temps, la surface travaillante des meules qui tend à se polir par l'usage. Ce rhabillage ou *remise à vif*, se faisait à l'aide de coups de marteaux rhabilleurs distribués uniformément sur toute la surface. La face travaillante de chaque meule est alors analogue à celle d'une *râpe*. Celle de la meule-gite, gisante, fixe, ou *flanière*, est légèrement conique, convexe, tandis que celle de la *courante* ou *boudinière*, est concave ou présente de l'*entrée*. Le grain arrive par le centre de l'œillard de la courante, il s'étale sur la gisante et bientôt atteint l'entrée, au rebord inférieur de l'œillard de la courante, où l'écartement est de 2 3/4 à 3 millimètres au moins. Dès que la gisante appuie sur un grain, celui-ci est entraîné ou reçoit une légère impulsion qui tend à le lancer, suivant la tangente au cercle passant par le point d'impulsion. Le grain s'éloigne ainsi un peu du centre. A son nouvel écartement, il reçoit une seconde impulsion de la courante et s'écarte, par suite, à nouveau du centre. La trajectoire du grain de blé entre les meules est donc la résultante des chemins tangentiels dus aux impulsions successives, en tenant compte des vitesses acquises et des retards de vitesse dus aux frottements divers de la meule gisante contre le grain en mouvement. Cette trajectoire est donc une *spirale* : sa forme dépend du coefficient de frottement des meules avec le grain, c'est-à-dire de l'*ardeur actuelle* de la surface qui râpe le grain pendant son mouvement. Plus est grand le coefficient de frottement, moindre est la vitesse d'éloignement du centre possédée par le grain. Si le grain s'écarte d'une même quantité absolue par chaque degré de rotation, c'est une spirale d'Archimède; si l'écartement, après chaque impulsion, est toujours la même fraction du rayon actuel, c'est une spirale logarithmique ayant en chacun de ses points une même inclinaison sur le rayon. La trajectoire la plus probable est une spirale particulière, dont les éléments linéaires font avec le rayon un angle de plus en plus petit à partir de l'œillard où il est droit. En effet, l'énergie de l'impulsion de la meule gisante croît avec l'éloignement du centre.

Mais comme le grain, pendant son mouvement, se fractionne sous la pression de la courante, ou diminue de grosseur par le râpage des deux meules, le coefficient du frottement (qui est mixte) augmente lorsque l'on s'éloigne du centre. Les trajectoires spirales des fragments sont donc, probablement, de plus en plus près d'être logarithmiques que l'on se rapproche plus de la circonférence des meules. Le grain entier suit la spirale qui lui est propre, ses deux moitiés suivent alors leurs spirales; chacune de ces moitiés se divisant ensuite en deux et de même pour chacun des fragments successifs, on voit que les fragments d'un seul grain suivront des spirales particulières et de plus en plus nombreuses au fur et à mesure qu'ils s'approcheront de la circonférence. Comme la fragmentation du grain ne se fait pas nécessairement par moitiés égales, pas plus que par tiers ou par quarts des mêmes dimensions, et qu'il en est de même des fragments successifs, il est évident que dans le cœur et l'entrepied peuvent stationner des fragments trop petits pour être là serrés et entraînés par la courante; ils peuvent, par suite, y être soumis à des râpages jusqu'à ce que les gros fragments les entraînent finalement à l'écartement nécessaire pour leur réduction. Un caractère de la réduction du grain par les meules est donc, incontestablement, le long séjour des divers fragments des grains entre deux surfaces râpeuses qui les compriment. Un autre caractère, c'est la variabilité de l'action des meules qui agissent différemment au cœur, à l'entrepied et à la feuillère. La réduction se fait graduellement de l'œillard à la circonférence extérieure, mais sans précision. La réduction peut être poussée plus ou moins loin dans un passage entre les meules, mais dans chaque passage il y a une réduction graduelle et incertaine : c'est dire que l'on fera, malgré soi, à chaque passage, des fragments de toutes les dimensions possibles et même de la poussière impalpable.

Enfin, le poids de la meule courante est comme soulevé par la marchandise en cours de réduction, grains, granules, farines et sons. Comment cette pression, égale, au maximum, au poids réel de la meule courante, se répartit-elle entre les divers fragments de grains? Cela dépend essentiellement du profil des meules, de ce qu'on appelle l'*entrée*, et de l'abondance de l'alimentation.

Pour un diamètre de meules de $1^m,7866$ (cinq pieds et demi), la conicité saillante de la gisante était de 20,3 millimètres et la conicité concave de la courante de 27,07 à 29,326 millimètres; de sorte qu'au bord de l'œillard, de $0^m,3624$ de diamètre, l'entrée est de 2,783 à 3,015 millimètres, non compris l'écartement des meules à la feuillère. Cet écartement dépend du serrage des meules ou de la trempure et de l'abondance de marchandise qui passe, par seconde, en soulevant ou soulageant plus ou moins la meule. Il est en mouture basse une fraction de millimètre mais au minimum $0^{mm},15$. L'écartement entre les surfaces travaillantes des meules va donc en diminuant *régulièrement* de 2,78 ou 3,015 millimètres à $0^{mm},15$. Ce qui suppose que la marchandise diminue régulièrement de grossenr en s'éloignant du centre. L'épaisseur de la meule courante était de $0^m,365$, celle de la gisante de $0^m,325$ seulement.

D'après Fabre (1783), le poids d'une meule courante tout équipée, de $1^m,6242$ de diamètre, devait être de $1,958^k,020$ (4,000 livres), un poids de $704^k,892$ (1,440 livres) ne serait pas suffisant. Avec le premier poids, on fait $190^k,9075$ de farine en rames ou *boulange*. La meule courante ne devant faire que 48 tours par minute, bien que sans trop d'inconvénient on puisse lui faire faire jusqu'à 61.

La résistance peut être supposée due au frottement de chaque granule de blé chargé d'un poids p. Si le poids de la meule se répartit uniformément entre toutes les particules en réduction, ou proportionnellement aux surfaces, et si le coefficient de frottement peut être supposé le même en tous les points de la meule, on aurait pour une meule de rayon R et d'un poids P total supposé réparti uniformément :

$$\frac{P}{\pi R^2} = \text{pression par mètre carré.}$$

Donc, pour un anneau de rayon r et d'une largeur infiniment petite dr, la pression sera :

$$\frac{P}{\pi R^2} \times 2\pi r\, dr \quad \text{ou} \quad \frac{P.2r\,dr}{R^2}$$

et si f est le coefficient de frottement, la valeur du frottement sur cet anneau élémentaire est

$$\frac{f.P2r\,dr}{R^2}.$$

Le travail de ce frottement pour un déplacement angulaire $d\omega$ sera par suite égal à cette intensité du frottement multipliée par le chemin $r\,d\omega$ parcouru, soit :

$$\frac{fP.2r.\,dr}{R^2} \times r.\,d\omega \quad \text{ou} \quad \frac{fP.2r^2.\,dr}{R^2}\,d\omega.$$

Pour un tour complet, le chemin élémentaire $d\omega$ doit être remplacé par le développement d'une circonférence de 1 mètre de rayon ou par 2π, soit donc, pour le travail, par tour, d'un anneau élémentaire :

$$\frac{fP.2\pi \times 2r^2\,dr}{R^2}.$$

Comme il y a un nombre infini de ces anneaux, dont les rayons vont en croissant de 0 à R, on aura le travail total du frottement en faisant la somme des travaux sur ces anneaux élémentaires, ou en intégrant l'expression ci-dessus du travail élémentaire du frottement ; on a ainsi :

$$\frac{fP.2\pi 2.}{R^2} \int_0^R r^2.\,dr \quad \text{ou} \quad \frac{fP.4\pi}{R^2} \times \frac{1}{3} R^3$$

$$\text{ou} \quad T_r = \frac{2}{3} \times 2\pi R \times fP.$$

Pour une meule ayant un rayon R' et un poids P', on aurait :

$$T'_r = \frac{2}{3} \times 2\pi R' \times fP'.$$

Cela revient à dire que, dans les hypothèses faites, le travail du frottement sous une meule pleine du centre à la circonférence peut être représenté par celui du frottement total fP appliqué aux 2/3 du rayon de la meule.

Prenons les chiffres de Fabre : P = 1,958 kilogrammes pour une meule de $1^m,6242$ de diamètre dont la surface totale, si elle était pleine, serait de $2^{m2},0719$. Mais l'œillard ayant un diamètre de $0^m,3624$, sa surface est de $0^{m2},1031493$, il reste une surface travaillante de $1^{m2},968,751$. Et comme le poids de la meule équipée est de $1,958^k,02$, cela fait, par mètre carré, $997^k,400$. Donc la pression de la meule supposée pleine, ou P, serait égal à $2,060^{kil},607$, et la pression p' de l'œillard, supposé plein et travaillant, de $102^k,587$. Adoptons $f = 1/22$ comme Fabre.

Le travail de la meule, supposée pleine, est donc égal à $318^{kgm},6182$ par tour. Celui de l'œillard supposé plein serait de $3^{kgm},539294$. Soit donc pour la meule annulaire réelle, $315^{kgm},0789$ par tour. Si la meule fait 48 tours, le nombre qui paraît convenable à Fabre, c'est par minute $15,123^{kgm},787$ ou en chevaux-vapeur, $3^{chev},3608$ pour moudre $190^k,9075$ par heure ou par minute $3^k,318$; soit, par kilogramme de blé moulu, $4,743^{kgm},217$. S'il faut faire 61 tours, c'est que le coefficient de frottement est moindre, parce que l'*ardeur* de la meule a diminué, et le travail par kilogramme de blé reste le même, f seul a diminué et n'est plus que 1/28 par exemple. Lorsque l'on faisait faire 61 tours, cela tenait donc au faible poids de la meule ou à l'usure du rhabillage si le poids était suffisant. Le poids de la meule dont parle Fabre, en admettant la densité moyenne 2,000 des silex meuliers éveillés, serait de $1,437^k,188$; l'épaisseur étant de 0,365 et le cube de $0^{m3},718594$, c'est que le harnais pesait 521 *kilogrammes, cercles compris*, ou au moins 300 kilogrammes si la pierre est plus dense.

On a admis, sur la foi de quelques observations, que le produit du nombre de tours d'une meule par son diamètre est un nombre constant. Pour la meule étudiée par Fabre, ce serait 48 tours et $1^m,6242$ ou 77,9616 en bonne marche, et 61 tours, par $1^m,642$, comme extrême, ou 99,076. Il y a une assez grande différence entre ces deux nombres.

D'après les observations des auteurs qui l'ont précédé, Navier admettait une vitesse de 4 mètres aux deux tiers du rayon, soit 6 mètres à la circonférence ; c'est un produit de 114,59 au lieu de 77,9616 de Fabre ou de son maximum 99,076. Nous croyons qu'il convient de rester dans la limite $nD = 90$, lorsque les meules ne sont pas rayonnées.

Le coefficient de frottement moyen idéal admis par Fabre, 1/22, est très probablement fort variable : plus grand, si les meules ont beaucoup d'ardeur et sont fraîchement rhabillées, plus petit, si les meules sont peu ouvrières et en rhabillage usé. Comme la plus grande résistance est vers la circonférence, à la feuillère, et que celle-ci est relativement plus importante dans les petites meules que dans les grandes, nous croyons pouvoir admettre que le coefficient de frottement f est donné par la formule empirique

$$f = 0,2382 - 0,15\,D^{0.4}$$

Navier admet que la meule doit avoir un poids de 850 kilogrammes par mètre carré : ce chiffre correspond aux observations de Fabre, mais il ne s'accorde pas avec la pratique. Plus petite est la meule, plus faible est son poids par mètre carré, ce qui est compensé par un plus grand coefficient de frottement, dû à la plus grande ardeur des meules et à la plus grande proportion de feuillère. En désignant par Π le poids par mètre carré, il peut être déterminé par la formule empirique :

$$\Pi = 210^k + 305D - 27D^2 \ldots$$

Le produit $f\Pi$ varie moins que f et Π pris à part; car ces deux facteurs varient en sens contraire. On peut déterminer $f\Pi$ par la formule empirique :

$$f\Pi = \frac{34}{D^{2/}}.$$

Le travail résistant d'une meule est donné par la formule :

$$T = \frac{2}{3}.2\pi R. fP$$

ou en remplaçant 2R par le diamètre D par

$$T = \frac{2}{3}\pi D. fP$$

pour un tour et pour n tours ou une minute par

$$\frac{2}{3}\pi n. DfP.$$

Comme aussi P est proportionnel à très peu près à l'aire de la meule $\frac{\pi D^2}{4}$, on peut représenter le travail résistant d'une meule, par minute, par $5033^{kgm},5 \times D^{4/3}$ si $n.D = 90$.

Pour les diamètres.	1.624	1.5	1.00	0.5
Le travail résistant serait égal (sur l'arbre même de la meule) à. . . .	9610^{kgm}	8643^{kgm}	5033^{kgm}	1998^{kgm}
Ou en chevaux-vap.	$2^{ch},135$	$1^{ch},92$	$1^{ch},119$	$0^{ch},444$

Enfin, le poids de blé moulu par heure est donné assez bien par la formule $90.D^{4/3}$, en marche ordinaire, et 1/9 en plus en marche forcée, ou par meules *récemment* rhabillées.

La meule courante a été parfois, surtout dans des moulins récemment établis, placée en dessous de la gisante. Le travail mécanique est, en principe, absolument le même. La trajectoire du grain est due, en effet, aux mêmes causes; le grain, que son poids fait adhérer plus ou moins à la meule courante, est entraîné par celle-ci, mais, comme il reçoit à chaque instant une réaction de la meule fixe, il tend à s'écarter constamment du centre et décrit ainsi une spirale. La seule différence, c'est que les petits fragments de grain, les gruaux qui peuvent être faits au cœur de la meule ou au commencement de l'entrepied, n'y séjournent pas; ils sont entraînés par la meule courante et atteignent vite la place où la meule fixe peut agir sur eux pour les réduire; c'est un avantage de cette position peu habituelle de la courante. En revanche, le grain et la marchandise ne la supportent pas, ne la *soulagent* pas, suivant l'expression des meuniers; la pression sur le grain dépend essentiellement de l'écartement des meules, de la puissance vive de la courante et de celle de la marchandise entraînée, qui vient choquer la meule fixe ou plutôt les saillies que présente sa surface travaillante. Cependant, MM. Knowlton et Dolan, de Longansport, dans l'état d'Indiana (Etats-Unis), font des moulins où la meule *inférieure courante* est poussée par un système de leviers à contrepoids contre la meule fixe dont elle s'écarte spontanément plus ou moins.

Meules rayonnées. Dans les meules non rayonnées, le grain, entré entier, doit peu à peu, par râpage ou par compression de la courante, diminuer de grosseur pour passer du centre à la circonférence. Cette réduction est très lente, et les trajectoires des divers fragments très développées. En rayonnant les meules, on a eu pour principal but l'accélération de la réduction. Le grain entier qui est parvenu dans un sillon est placé sur la face doucement inclinée de cette rigole et saille un peu; la face symétrique d'un sillon de la courante vient presser contre ce grain et lui fait subir un choc qui tendrait seulement à le faire grimper jusqu'au *portant* qui avoisine le sillon, si celui-ci était dans la direction d'un rayon géométrique de la meule (fig. 396). La figure représente une section particulière des sillons. Habi-

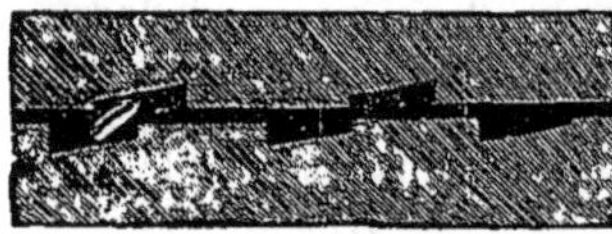

Fig. 396. — *Coupe d'une paire de meules en pierre, normalement à un rayon géométrique.*

tuellement, la face en pente douce du sillon rencontre le plan horizontal dit *portant* et forme avec lui un angle dièdre obtus. Ici on a recoupé verticalement d'une fraction de millimètre la partie haute du plan incliné. Dans cette ascension, pour la forme ordinaire des sillons, le grain est comprimé de plus en plus et se casse. Avec la forme de la figure, les arêtes d'arrière bord tendent à couper ou déshabiller le grain, ce qui accélère le travail mais doit entraîner une pulvérisation de l'écorce. Si la direction du sillon est oblique en arrière du rayon qui marche, pour la meule courante, et symétrique pour la meule gisante, le choc, tout en tendant à faire monter le grain et à le rompre, le chasse par cisaillement vers la circonférence. Cette *chasse* a plusieurs avantages : 1° les fragments produits, s'ils sont assez fins, atteignent les portants ou parties planes laissées entre les sillons creux et s'y trouvent réduits; les fragments plus gros sont lancés excentriquement et reçoivent bientôt, dans une partie moins creuse du sillon, un nouveau choc qui opère une nouvelle réduction suivant le même principe; 2° l'air circule grâce aux sillons avec une certaine vitesse entre les meules et les rafraîchit. Les sillons sont donc des canaux de répartition rapide des fragments de grains qui, au lieu d'avoir à parcourir une longue trajectoire spirale entre deux surfaces qui les râpent, *coulent* dans les sillons, y sont concassés et lancés, en fragments, à de nouvelles places de réduction. On accélère ainsi le travail de la mouture en le divisant. En très peu d'instants, un grain entier se fragmente et déborde d'un sillon à toutes les distances du centre pour se faire réduire par les ciselures des faces planes dites *portants*. Plus est grande l'excentricité d'un sillon, plus énergique est la chasse centrifuge et moindre le choc concasseur. Pour faire beaucoup de travail, il faut beaucoup d'excentricité; mais on risque de ne pas réduire suffisamment le grain. Il y a donc, pour chaque zone travaillante de la meule (*cœur, entre-pied* et *feuillère*), une excentricité qui convient à chaque degré de réduction désiré, et même à chaque nature de pierre meulière, etc. Aussi la diversité des *rayonnages* proposés est-elle infinie. Doivent-ils être droits ou courbes? L'excentricité doit-elle être la même pour toute la longueur, en chacun des éléments d'un rayon géométrique; c'est-à-dire à toutes les distances du centre? Ces questions ne sont pas résolues : elles n'ont été traitées qu'empiriquement; aussi chaque fabricant de meules ou plutôt chaque *meunier ou rhabilleur* a son *mode de rayonnage*.

La solution mécanique exige que le mode d'action soit précisé et, pour cela, il faut éviter de déterminer la direction d'un sillon droit par son excentricité, ce qui n'indique rien au point de vue du travail. En effet, un sillon droit qui a une excentricité *e* fait avec le rayon géométrique à une distance *e* du centre un angle droit, à une distance 2*e* du centre, l'angle ayant pour tangente *e*/2*e* ou 1/2 est de 26°,34', à la distance 3*e*, la tangente n'étant plus que 1/3, l'angle est de 18°,16', à la distance 4*e*, ce n'est plus que 14°,02' et ainsi de suite; la chasse du sillon rectiligne va donc en diminuant constamment, tandis qu'il semble que la marchandise étant de plus en plus menue, il faudrait la chasser de plus en plus, ou au moins la chasser avec une même force. Dans ce dernier cas, le sillon devrait être un arc de spirale logarithmique dont l'inclinaison est en chacun de ses points la même avec le rayon géométrique. Oliver Evans donne un tracé courbe.

Le premier rayonnement qui ait été tenté, d'après Rollet, sur une meule de six pieds (1m,949), se composait de 8 sillons rectilignes passant par le centre et allant de l'œillard à la circonférence. Entre ces principaux sillons, on en faisait 4 ou 5 pour chaque secteur; mais ils ne commençaient qu'à 12 centimètres du contour de l'œillard; la largeur des sillons était d'un pouce (27m/m,07) à la circonférence de la meule et diminuait jusqu'à l'œillard où elle était réduite à 0,015. On rencontrait, en Allemagne et en Suisse, ce mode de rayonnage sur des meules de quatre pieds (1m,299).

Un mode de rayonnage anglais, présenté par M. Bryan Corcoran, le principal avocat de la mouture par meules, en Angleterre, peut se résumer ainsi. La meule de 4 pieds (1m,2192) est divisée en dix secteurs. L'arrière bord du grand sillon du secteur, dit *maître sillon*, est tangent à une circonférence de 3 pouces 1/2 (0m,0889) de rayon; il est donc incliné sur le rayon, à l'œillard de 0m,2926 de diamètre, de 37°,25'; et, à la circonférence, de 8°,23', seulement : l'angle de chasse va donc en diminuant. Le sinus étant, pour un secteur de 36°, égal à 0,358314, les sillons ont 1 pouce 1/8 de large (28mm,575) et les portants 44mm,45 ou 1 pouce 3/4. Le second sillon a pour angles, à son origine, 48°,24, et 15°,25 à la circonférence; les 3e et 4e ont, respectivement, 44° et 22°,50' et 42° et 31°. Ainsi, pour les quatre sillons, l'arrière bord a un angle de chasse décroissant de l'œillard à la circonférence. La moyenne de l'angle de chasse à la circonférence est de 19°,24',30"; et aux origines, de 43°,57',15".

Mais le modèle qu'il semble proposer aurait deux zones de sillons rectilignes ayant tous, du reste, la même excentricité; puisque leur avant-bord (l'arête) prolongé est tangent à une même circonférence de 10 pouces (0m,254) de diamètre. C'est une inclinaison sur le rayon de près de 90° à l'œillard, qui a 12 pouces de diamètre (0m,3048) et de 12°,02' à la circonférence. Un sillon sur deux seulement va de l'œillard à la circonférence, les autres sont compris dans une zone annulaire *feuillère* de 7 pouces (0m,1778) de largeur : leur inclinaison sur le rayon à l'origine est de 17°,50'. L'inclinaison moyenne des sillons dans la feuillère est donc de 14°,56', tandis que dans le cœur et l'entrepied, ce serait 52°,50'. L'angle de chasse va donc en décroissant assez vite du centre à la circonférence.

Des figures seraient nécessaires pour montrer les effets de sillons ayant des inclinaisons de moins en moins grandes sur les rayons géométriques. Quand l'angle de chasse est grand, il faut un arc de rotation de la meule plus grand que si l'angle de chasse est petit, pour pousser le granule d'une même quantité le long d'un rayon; mais, en revanche, il éprouve beaucoup moins de résistance à fuir, de la part du sillon de la meule fixe : il grimpe moins sur la face oblique de ce sillon : on concasse moins la marchandise. Il y a un angle de chasse si petit (le double de l'angle de frottement) 5°,42' au moins, qui ne peut provoquer la fuite des granules. *A fortiori*, si l'angle de chasse est nul ou si les sillons sont tracés suivant les rayons géométriques. Si l'inclinaison des sillons avec le rayon était de sens contraire, le cisaillement des sillons aurait pour effet de ramener la marchandise vers le centre. Il semble donc que pour faire beaucoup de travail, les sillons devraient avoir un angle de chasse allant en croissant du centre à la circonférence. Si l'on fait généralement le contraire, c'est pour ne pas faire trop de gruaux. On voit de suite que le rayonnage ne peut être fait pour la mouture basse avec la même inclinaison que pour la mouture haute. La fuite du granule dans le creux du sillon étant moins facile avec certaine inclinaison que son ascension sur la face inclinée du sillon, ce granule se brise en montant ainsi et arrive sur un portant de la meule fixe où il est réduit en farine.

Tout ce que nous venons de dire montre combien est délicat le tracé du rayonnage.

Si l'on veut que la réduction du grain en farine se fasse en un seul passage, il faut que dans le cœur des meules les grains soient fendus et concassés grossièrement, puis finement rompus dans l'entrepied et enfin moulus de plus en plus fin dans la feuillère. Aussi, ce n'est que dans le cas où l'on aurait un rayonnage parfait que l'on pourrait vanter les meules comme le faisait M. Touaillon, récemment enlevé à la meunerie.

« Si, écrivait-il le 19 septembre 1878, jusqu'à présent on s'était servi exclusivement de cylindres et de broyeurs, et qu'un inventeur ait présenté pour la première fois au Champ de Mars un moulin à meules horizontales en bonnes pierres de La Ferté-sous-Jouarre, on ne se serait pas borné à le décorer, mais on l'eût canonisé. »

Nous avons pour devoir de réagir contre cette opinion, publiée à l'occasion de l'Exposition de 1878, de Paris, où l'on pût admirer les qualités exceptionnelles des farines hongroises, provenant de la mouture par cylindres, à côté de ces appareils, datant déjà alors de cinq ou six ans. La parole autorisée de M. Touaillon a eu pour mauvais effet de laisser aux meuniers français toute confiance dans leurs procédés, tandis que la Hongrie et les Etats-Unis progressaient rapidement et tendaient à se substituer aux meuniers français sur les marchés où ces derniers, pendant longtemps, avaient tenu la tête. La perte de nos exportations de farine a seule pu réveiller la meunerie française qui comprend, enfin, qu'elle doit changer ou fortement modifier son outillage si elle veut au moins conserver le marché national. Mais elle doit agir promptement et étudier les principes de la mouture rationnelle sans prévention.

Le rayonnement hollandais, pour des meules de 1^{m},5 à 1^{m},6 de diamètre, comporte 108 sillons courbes, creux, de section arrondie de 30 millimètres de large à la circonférence et de 3 millimètres de profondeur, tandis que près de l'œillard la profondeur atteint 5 millimètres pour une largeur de 6 millimètres. Un rayon sur deux va jusqu'à l'œillard, les autres s'arrêtent à 0^{m},25 du centre. Ces rayons sont des arcs de cercle de 0^{m},6 à 0^{m},7 de rayon. L'angle de chasse par rapport aux rayons géométriques est de 6°,51 près de l'œillard, 20°,49 dans la partie moyenne de la meule et 36°,24' à la circonférence. La chasse va donc en croissant du centre à la circonférence, tandis qu'avec un sillon rectiligne excentré, elle va en diminuant.

Le rayonnement courbe d'Olivier Evans peut être ainsi résumé : la règle supposant un diamètre de 1^{m},524.

La zone travaillante est comprise entre un œillard, d'un diamètre égal au cinquième de celui de la meule, et la circonférence extérieure. Cette zone est divisée en 5 parties d'égales largeurs. Le sillon est formé de 5 parties droites se soudant, une pour chaque zone; la première, partant de la circonférence, est tangente à un petit cercle dont le rayon est égal au cinquième de celui de la meule; la deuxième portion du sillon est tangente à un cercle plus petit (0,175 de r); la troisième à un cercle encore plus petit (0,15 r); la quatrième et la cinquième partie sont respectivement tangentes à des cercles plus petits (0,125 r et 0,1 r). Par suite, le sillon est une ligne brisée dont les inclinaisons avec les rayons géométriques sont, en partant de la circonférence, 11°,33', 12°,02', 12°,45', 13°,55' et 16°,08'. Ainsi l'angle de chasse va en diminuant de l'œillard à la feuillère, mais moins que lorsque les sillons sont rectilignes.

On voit qu'elle différence existe entre le rayonnage hollandais et celui d'Olivier Evans ; dans le premier, les angles de chasse croissent du centre à la circonférence; c'est le contraire dans le second. En prenant un sillon courbe intermédiaire, c'est-à-dire à angle constant, on peut donc croire être dans la vérité. L'inclinaison constante peut être, croyons-nous, de 17°.

Les rayonnages les plus communs sont faits par secteurs égaux de 2, 3, 4 ou 5 rayons rectilignes et parallèles entre eux. Voici celui que recommande M. Paradis. On divise la meule en 10 secteurs égaux. De l'extrémité d'un des rayons de division, on abaisse une perpendiculaire sur le rayon voisin; c'est le sinus de l'angle du secteur, si le rayon est pris pour unité : les trois ou quatre rayons de ce secteur sont menés à égale distance perpendiculairement à ce sinus. En appelant R le rayon de la meule, on a évidemment: pour le sinus 0,5877853 R ; le cosinus 0,809 R et le sinus verse 0,191 R. Pour le plus petit rayon du secteur, l'avant-bord part du pied du sinus du secteur précédent et est perpendiculaire au sinus du secteur présent ; tandis que l'avant-bord du plus long sillon est mené perpendiculairement du point de l'œillard où passe le rayon de division. Or, l'œillard a 0^{m},1624 de rayon lorsque celui de la meule est de 0^{m},8121. On a donc, pour largeur du grand portant, le cinquième du sinus ou 0,117557 de R ou enfin 0^{m},095 : la largeur des sillons est de 30 à 32 millimètres. Le grand sillon fait, avec le rayon passant par son origine, un angle de 36°, et à la circonférence, un angle ayant un sinus cinq fois plus petit, ou 6°,45'. Donc l'angle de chasse de ce rayon va en diminuant de 36° à 6°,45. Chacun des rayons suivants commence aussi par un angle de chasse de 36° et finit par un angle dont le sinus est égal à 2/5, 3/5 et 4/5 de celui du secteur, soit 13°,36', 20°,39' et 28°,03. Ainsi, il n'y a aucune uniformité dans les angles de chasse d'une même zone annulaire de travail. Dans la feuillère, les angles de chasse d'un bout à l'autre du secteur sont de 28°,03, 20°,39', 13°,36 et 6°,45'. Si l'on travaille bien ainsi, c'est que là un angle moyen conviendrait et ce serait 17°,40',45". Ce qui s'accorde avec notre détermination précédente.

M. Paradis, pour une meule ainsi rayonnée, de 1^{m},634 de diamètre, comptait sur 80 à 90 tours par minute ; son épaisseur devait être de 0^{m},32 à 0^{m},35, ce qui, suivant la densité de la presse, correspond à une pression de 630 à 840 kilogrammes par mètre carré. Le produit du diamètre par le nombre de tours varie de 130.72 à 147.06.

Il faudrait un volume pour décrire une petite partie des milliers de systèmes de rayonnages pratiqués ou proposés ; car il y en a presque autant que de meuniers. Quelle est donc la meule dont l'inventeur devrait être canonisé d'après M. Touaillon ? Chacun des mille inventeurs dira naturellement: c'est la *mienne*. Que de canonisations à faire !

D'après nous, le seul rayonnage rationnel est celui qui donne des rayons de même inclinaison pour la zone de travail dite *feuillère*, que ces rayons soient droits ou plutôt courbés en spirale logarithmique de 17° d'inclinaison au plus; les rayons pairs sont seuls prolongés dans l'entrepied avec une inclinaison un peu moindre; enfin, un sur deux de ces seconds rayons est prolongé dans le cœur de la meule jusqu'à l'œillard.

Les rhabilleurs de meules varient beaucoup aussi sur la largeur absolue et relative des sillons creux et des portants qui les séparent. Dans le midi de la France, pour des meules de $1^m,624$, l'œillard a de $0^m,5$ à $0^m,8$ de diamètre. Les rayons sont au nombre de 5, 6 ou 8 : ils vont de l'œillard à la circonférence, et ont 10 centimètres de largeur et 2 de profondeur à l'œillard, et 16 et 3 à la circonférence : leur section est triangulaire.

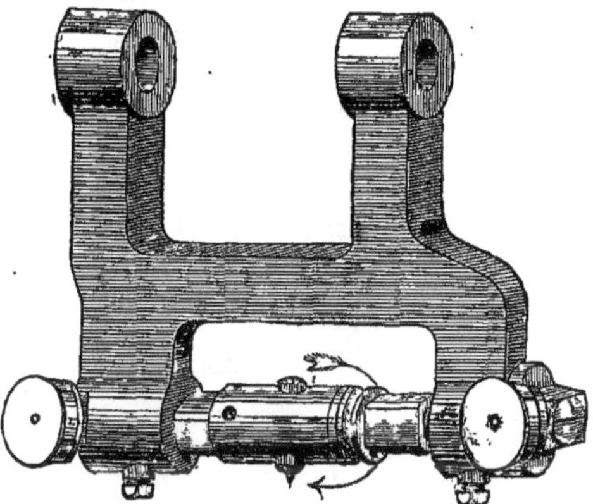

Fig. 397. — *Cylindre porte-diamant, élément-outil des machines à dresser les meules, à les rhabiller et à les rayonner.*

Les portants sont rainurés par des ciselures également distantes, parallèles aux rayons : elles sont plus ou moins serrées et, en moyenne, ont un millimètre d'écartement avec une profondeur insignifiante. Parfois la feuillère seule est ciselée.

Pour le dressage des meules de silex, on se sert encore assez généralement de marteaux à main dits *marteaux à rhabiller*. Il en est de même pour le creusement des sillons. Toutefois, depuis près de vingt ans, le marteau d'acier a été remplacé par un burin formé d'un diamant noir. Ce burin bien guidé est promené en ligne droite et fait les ciselures, ou mieux encore plusieurs pointes de diamant sont fixées à la périphérie d'un cylindre d'acier que l'on fait tourner très rapidement et qui se promène en tournant dans la direction du sillon à creuser. A chaque choc du diamant, une parcelle de silex est enlevée.

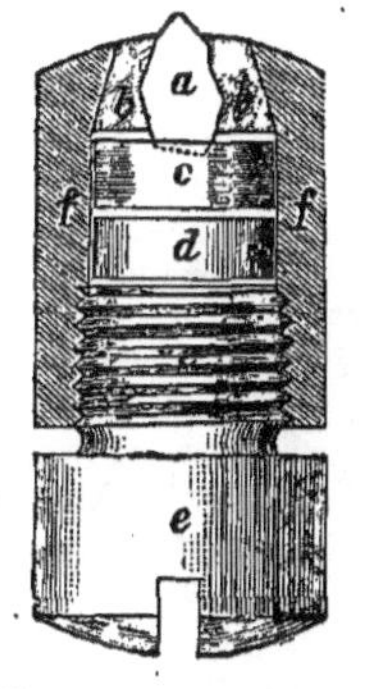

Fig. 398. — *Un des tubes à pointe de diamant.*

La figure 397 représente ce cylindre; et la figure 398 le tube dans lequel est enchâssé le diamant *a* : *b b* plomb, *c d* rondelles, *ff* tube taraudé, *e* vis permettant de régler la saillie de la pointe du diamant.

Le rayonnage des meules permet de leur donner une plus grande vitesse de rotation et de leur faire faire plus de mouture par heure. Le produit du diamètre par le nombre de tours doit être compris entre 130 et 160. Les autres règles sont analogues à celles données précédemment pour les meules non rayonnées. On peut calculer le poids de blé à moudre par la formule $P = 80^k \times D^{4/3}$, lorsque l'on fait les remoulages ordinaires. MM. Brisson, Fauchon et Cie, qui ont une grande pratique des meules, indiquent un litre de blé par centimètre de diamètre et par heure, soit 750 grammes ou $75^{kgm} \times D$.

Lorsque l'on fait avec les meules une mouture mi-haute, il convient de n'employer que des meules de petit diamètre et à grand œillard pour les premiers passages des marchandises. Le rayonnage sera fait suivant les principes que nous avons indiqués en restreignant la largeur des portants dont le rôle est à peu près nul dans les premiers passages. Ces principes sont appliqués dans les meules spéciales de M. Al. Fauqueux, et surtout dans les meules métalliques verticales ou horizontales qui ont le mieux réussi, celles de Jonathan et celles de Higginbottom. Malgré tous les soins dans le choix des meules de pierre, pour la mouture haute, on ne pourra obtenir d'aussi bons résultats qu'avec les cylindres, parce que la meule ne peut faire un travail simple, à moins que sa surface travaillante ne soit réduite à un anneau de quelques centimètres seulement de largeur.

De la mouture graduelle ou rationnelle par les cylindres. Le mode de mouture des anciens Grecs, par un cylindre de pierre roulant en écrasant le grain par son poids sur une plaque de marbre,

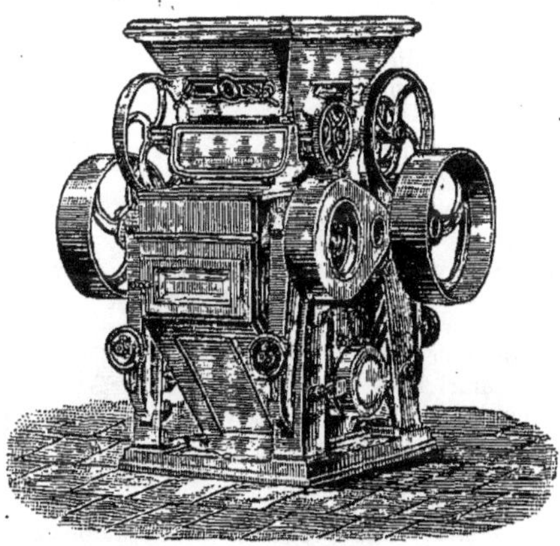

Fig. 399. — *Cylindres fendeurs-broyeurs, système Ganz. Sur le même bâti, il y a deux paires de cylindres faisant chacune une des phases de la réduction.*

peut être considéré comme l'appareil primitif de la mouture par cylindre. On trouve aussi employée dans une vallée des Basses-Alpes, une meule roulant dans une auge circulaire, pour fendre le blé avant de le donner aux meules. Enfin, il y a une quarantaine d'années, on employait dans nombre de moulins une paire de cylindres lisses en fonte pour comprimer le grain et le fendre légèrement avant de le donner aux meules. Le rôle des cylindres lisses apparaît déjà. A un autre point de vue, on emploie, depuis un siècle, des cylindres cannelés à vitesses différentes pour concasser les grains, l'orge principalement, destinés à l'alimentation des animaux de ferme; on emploie aussi les aplatisseurs d'avoine à cylindres lisses, depuis quarante ans environ. Avec des cannelures fines, on faisait de la farine grossière d'orge. Vers 1850, pendant la fièvre de l'or, on fit pour les émigrants des moulins à noix d'acier, coniques, cannelées par zones, de plus en plus finement à partir de l'entrée. Tous ces appareils peuvent être considérés comme les ancêtres des appareils à cylindres modernes employés dans la meunerie. Mais ils en diffèrent sensiblement. Tant que l'on demande à des appareils de ce genre une mouture basse, c'est-à-dire instantanée ou faite par un seul passage, ils sont de beaucoup inférieurs aux meules, et feu M. Touaillon avait raison. Mais il n'en est pas ainsi lorsque les cylindres sont employés pour une réduction graduelle du grain en farine. La simplicité du travail ou plutôt de l'action d'une paire de cylindres permet d'avoir, pour chaque degré de réduction, la paire de cylindres qui convient. Pour convaincre nos lecteurs, nous devons entrer dans quelques détails que mérite bien une industrie aussi importante que la meunerie, aujourd'hui en pleine crise de rénovation de son matériel.

Supposons deux cylindres lisses : les tourillons de l'un reposent dans des paliers fixes, tandis que ceux du second cylindre peuvent s'écarter plus ou moins : soit en glissant dans des coulisses, où des ressorts les repoussent; soit en s'écartant avec l'extrémité d'un levier à contrepoids ou à ressorts. Si l'on fait tourner ces deux cylindres en sens contraire et de haut en bas sous la trémie alimentaire, ils attirent le grain ou les granules par cela seul qu'entre ce grain et la surface cylindrique il y a une résistance de glissement : l'entraînement est d'autant plus assuré que le diamètre des cylindres est plus grand. Le grain ou la marchandise à réduire passe donc, sous forme de nappe, et se trouve soumise à une compression que limitent les ressorts ou les contrepoids qui poussent le cylindre à axe mobile contre le cylindre à axe fixe.

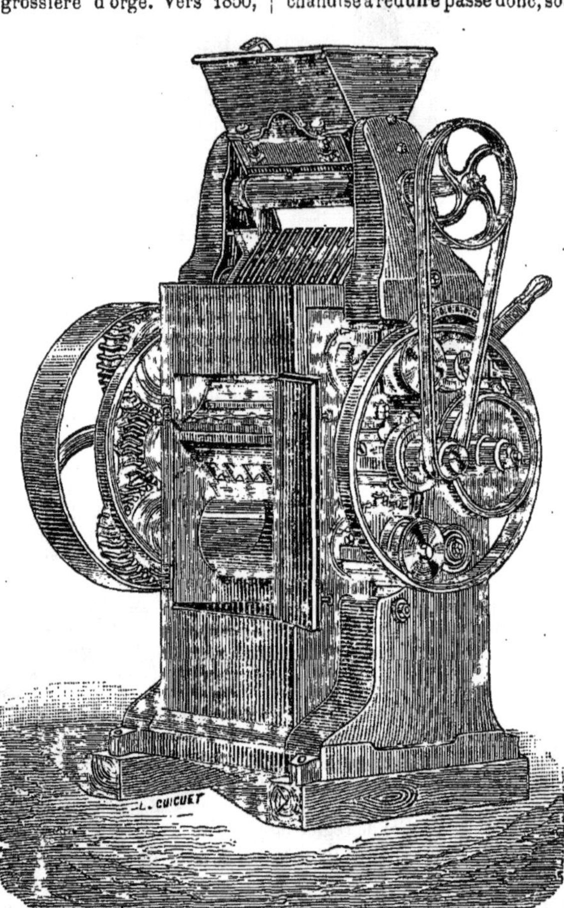

Fig. 400. — *Convertisseur, système Ganz, à trois cylindres.*

On peut adopter une pression assez grande pour écraser absolument le grain et faire beaucoup de farine. On aurait ainsi une espèce de mouture basse. Les comprimeurs ou aplatisseurs d'avoine employés dans les fermes permettent de faire ce genre de mouture. On aurait ainsi de très mauvais résultats, fort inférieurs même à ceux des plus mauvaises meules.

Si l'on modère assez la pression et que le grain passe en nappe aussi mince que possible, on peut arriver à fendre seulement le blé; c'est ce que l'on fait encore dans quelques moulins avec les cylindres Cartier. Mais la seule pression ne suffit pas pour faire fendre les grains. On y arrive mieux en faisant tourner les deux cylindres avec des vitesses différentes : soit par exemple l'un avec une vitesse double de l'autre.

Pour bien faire comprendre l'effet de ces paires de cylindres, cherchons le mouvement relatif de l'un (celui dont l'axe est mobile) par rapport à l'autre, à axe fixe. Pour déterminer le mouvement relatif de deux points d'abord tangents de ces cylindres, il faut nous supposer entraînés avec l'un d'eux et alors, pour nous, le second point roule avec la circonférence dont il fait partie, sans glisser, sur le cylindre fixe, si les cylindres ont la même vitesse tangentielle : et, si ces vitesses diffèrent, le roulement est accompagné de glissement. Ainsi, quand des granules sont attirés par deux cylindres égaux, de même vitesse, tout se passe comme si l'un des cylindres roulait sans glisser sur l'autre, fixe, en écrasant de son poids ces granules. Si l'un des cylindres a une vitesse moitié plus petite, c'est comme s'il roulait sur l'autre fixe, mais en glissant à reculons à chaque élément de chemin, d'une quantité double de la rotation : les granules sont alors comprimés et étirés. Dans le premier cas, cylindres d'égales vitesses, on fait un travail analogue à celui d'un cylindre roulant sur un plan ; dans le second, tandis que l'on fait rouler ce cylindre, on le fait glisser en arrière. On voit de suite quel doit être l'effet de la différence de vitesse des deux cylindres.

Lorsque les cylindres sont cannelés, le mouvement relatif est le même. Mais les arêtes saillantes des cannelures supportant, l'une après l'autre, toute la pression, leur effet est plus grand pour une même pression que si les cylindres étaient lisses, et le glissement des arêtes du cylindre roulant sur l'autre a aussi un effet plus considérable; c'est un *râclage par arrête*.

Il convient de faire remarquer que l'action d'une paire de cylindres est très simple, et que l'on peut la régler absolument suivant le degré de réduction à accomplir. En faisant varier la grandeur ou le bras de levier des contrepoids, ou la tension du ressort, on règle à volonté la pression que subira la marchandise attirée par les cylindres. En faisant varier la différence de vitesse on limitera le glissement ou râclage à ce qu'exigera la réduction à accomplir.

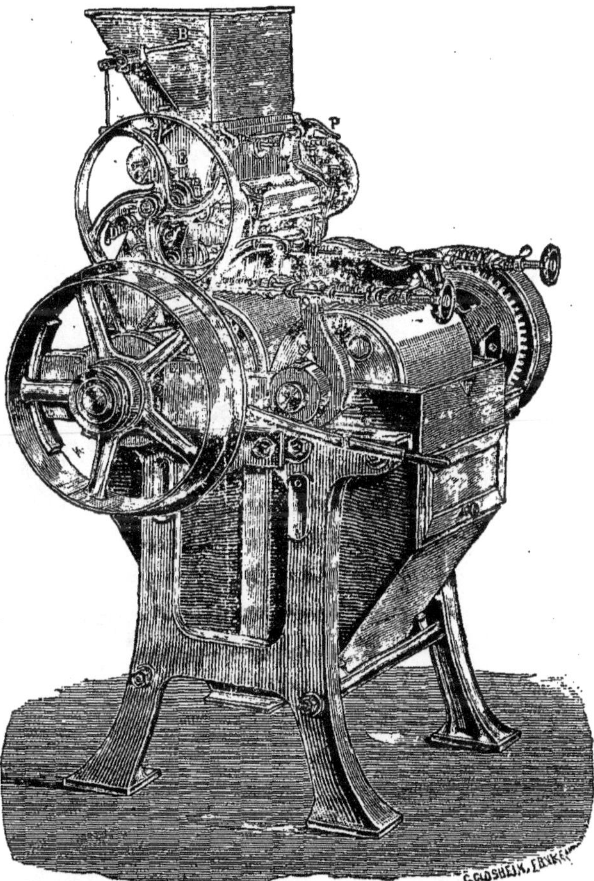

Fig. 401. — *Convertisseur à cylindres en porcelaine, de Wegmann.*

Les divers appareils réducteurs à cylindres qui peuvent être employés dans la mouture rationnelle, graduelle ou haute, peuvent être rangés en deux grandes classes : 1° ceux dont les cylindres travaillants sont en fonte trempée et dont la superficie est régulièrement cannelée. Ils sont employés pour fendre, concasser, broyer le grain graduellement, ou pour désagréger ou déshabiller les gruaux que l'on veut épurer; 2° les cylindres à surface lisse, employés pour réduire en farine les gruaux purs, blancs, ou même les bas gruaux. Ils peuvent être en fonte trempée (pour les gruaux épurés), en même matière, ou en porcelaine très dure, pour les bas gruaux ou fins de mouture.

Pour la première phase de la réduction du grain en gruaux et sons finis, les cylindres doivent être cannelés. Ils seront disposés pour arriver au curage des sons soit en quatre passages, au moins, 8 au plus. La largeur des cannelures ira naturellement en décroissant à chaque passage. Les cylindres curant les sons auront des cannelures très serrées et très peu profondes : pour le désagrégeur, les cannelures seront encore plus serrées, et même on pourra à la rigueur employer des cylindres lisses.

La figure 399 montre, en perspective, un appareil du système Ganz portant sur le même bâti, deux paires de cylindres cannelés faisant chacune une phase de la réduction du grain. Chacune des poulies larges, extérieurement visibles sur la figure, reçoivent, par une courroie, la vitesse de rotation voulue. Elles sont calées sur les cylindres fixes des deux paires : les cylindres à axe mobile reçoivent leur mouvement, plus lent, par l'intermédiaire d'engrenages à dents en chevron à contact continu. On voit sur les pieds du bâti, saillir les petits volants à l'aide desquels on limite par une vis d'arrêt le rapprochement des cylindres, en arrêtant la branche verticale des leviers dont un des contrepoids curseurs est vu entre les deux pieds du bâti.

La machine à canneler de MM. Escher, Wyss et Cie, se compose d'un tour sur lequel on monte le cylindre. Le burin qui trace les cannelures avance uniformément par la rotation d'une vis micrométrique pendant que le cylindre tourne uniformément : les cannelures sont donc hélicoïdales.

La figure 400 représente le convertisseur à trois cylindres lisses de la maison Ganz. Les trois cylindres sont l'un au-dessus de l'autre, mais leurs axes ne sont pas dans le même plan vertical : le cylindre intermédiaire a son axe un peu en avant du plan vertical qui contient les axes des cylindres extrêmes.

Les trois tourillons d'un côté, sont ensemble enveloppés par un anneau d'acier librement retenu par les jantes de trois galets ; le galet du cylindre intermédiaire est le plus grand, et il est solidaire du petit bras d'un levier qui permet d'écarter

Fig. 402. — *Convertisseur à cylindres en porcelaine.*

plus ou moins du plan vertical des axes des cylindres extrêmes l'axe du cylindre intermédiaire. On peut donc ainsi régler simultanément l'écartement des trois cylindres qui font le travail de deux paires pour un même numéro de gruaux passant et repassant, ou pour deux numéros différents, grâce à un ingénieux système de croisement des tubes conduisant les gruaux.

L'anneau d'acier joue donc le rôle d'un énergique ressort qui limite en même temps l'écartement et la pression entre les cylindres, grâce au levier régulateur que l'on voit à droite de la figure, ainsi que l'arc percé de trous réglant son déplacement angulaire.

La transmission du mouvement du cylindre intermédiaire à axe fixe qui est seul commandé par le moteur, aux deux autres cylindres, se fait par engrenages à dents en chevrons très visibles à gauche de la figure. Les cylindres extrêmes à axe mobile sont plus lents que le cylindre intermédiaire. Les gruaux dans leurs passages entre les cylindres sont donc soumis à une très forte pression avec étirage par suite de la différence des vitesses.

Le beau convertisseur à cylindres en porcelaine de M. Wegmann est représenté par la figure 401. On voit distinctement les ressorts attirant l'un des cylindres contre l'autre, et les engrenages transmettant la vitesse plus faible au cylindre mobile.

MM. Beyer frères font un convertisseur à cylindres en porcelaine ayant, outre la rotation différentielle, un très léger mouvement longitudinal du cylindre mobile contre la fosse. Il est vu figure 402.

Ces préliminaires établis, nous allons indiquer la marche d'une mouture faite exclusivement avec

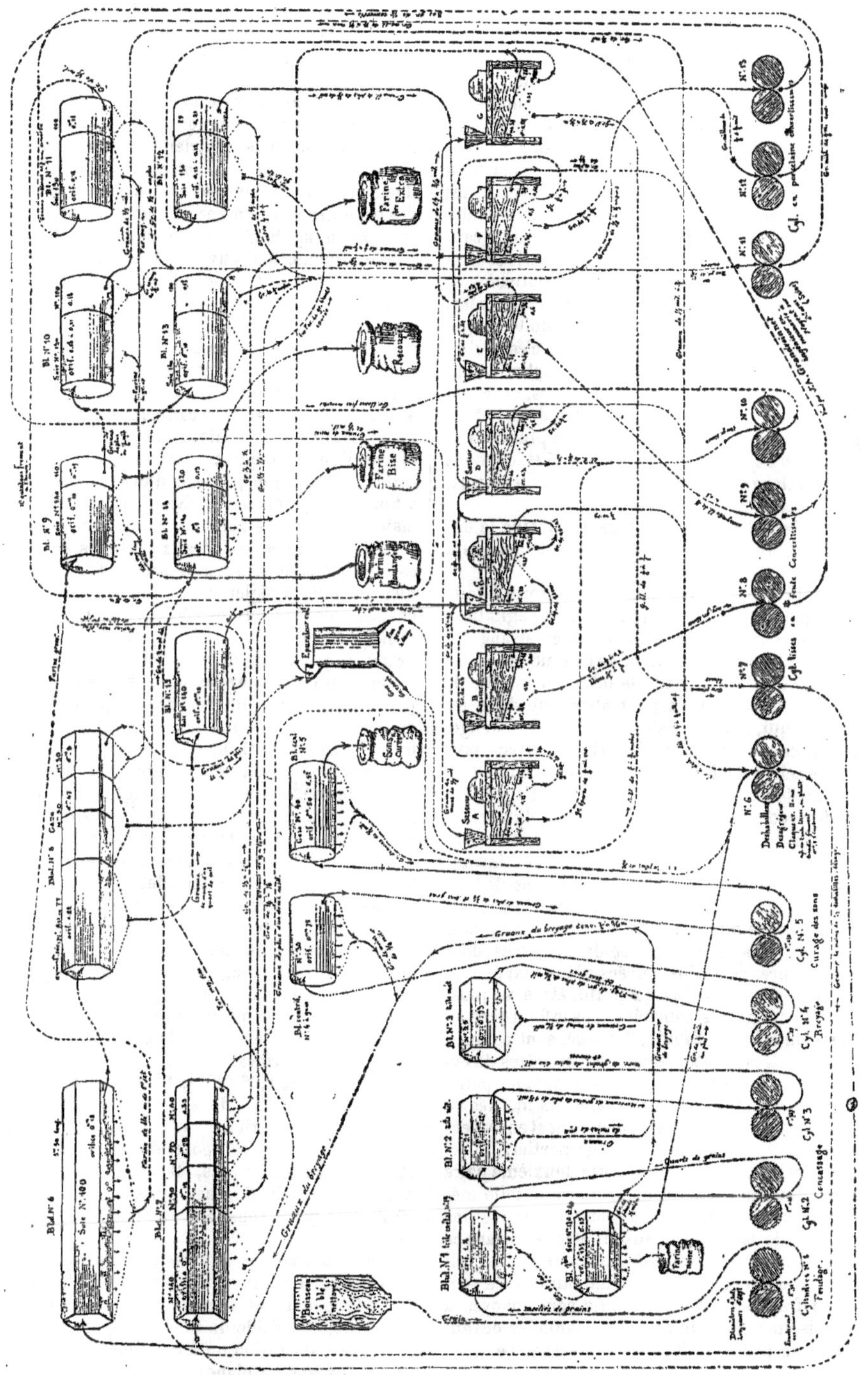

Fig. 403. — *Diagramme détaillé de la marche d'une mouture rationnelle aux cylindres.*

des cylindres en fonte trempée, de quelques constructeurs qu'ils puissent provenir (fig. 403).

Première phase de la réduction. Le grain nettoyé est emmagasiné dans un boisseau, il arrive par un tuyau dans la trémie alimentant la première paire de cylindres destinés à fendre les grains de froment par leur sillon longitudinal. Les deux cylindres sont du même diamètre et cannelés identiquement : la section des cannelures est un triangle rectangle, et les arêtes sont écartées de 2 millimètres à 2 millimètres 1/3 suivant que l'on doit traiter de petits ou de gros grains. Le cylindre rapide à axe fixe peut être considéré comme *étaleur de grains* : ceux-ci sont à moitié enterrés de toute leur longueur dans les cannelures ; le cylindre lent, que le ressort ou le contrepoids presse convenablement, roule (relativement) sur les grains qu'étale l'autre cylindre, et les arêtes comprimantes fendent le blé, car il doit rompre par sa section de moindre résistance, c'est-à-dire par le plan passant par le sillon. Le cylindre rapide de $0^m,22$ de diamètre fait 250 tours, et le lent 100 seulement. La pression peut être de 3,100 kilogrammes par mètre de longueur au plus : on la règle par le déplacement des contrepoids, dans les cylindres Ganz ; par une vis de tension du ressort, dans d'autres modèles.

Le fendage du grain de froment entraîne le détachement du *germe* : aussi nombre de fendeurs sont-ils appelés *dégermeurs.*

Le grain fendu arrive dans une bluterie à toile métallique à très petites mailles. Par l'agitation, ce grain se débarrasse des poussières étrangères que pouvait contenir le sillon de chaque grain. On retire ainsi ordinairement de 0,75 à 1 1/3 0/0 de poussière noire qui ne peut aller que dans les issues, et qui, faute de cette opération de fendage, aurait nécessairement sali la farine. Les partisans les plus acharnés des meules de pierre admettent la nécessité du fendage qui peut être fait par des cylindres, comme nous venons de l'expliquer, ou par de petites meules en fonte trempée, convenablement sillonnées, comme les meules horizontales de Jonathan ou les meules verticales de Higginbottom. Les moitiés de grains, sortant propres de la première bluterie, vont, par un tuyau, dans la trémie de la seconde paire de cylindres dont les cannelures sont plus serrées : leur écartement varie de 1 millimètre 3/4 à 2 millimètres au plus. Les moitiés de grains, couchées dans le fond des cannelures du cylindre rapide, l'*étaleur*, sont comprimées et râclées (relativement) par les arêtes du cylindre lent. C'est un grossier concassage, les petits grains restés entiers sont fendus, et les moitiés de gros grains fendues à nouveau en long et en travers avec déshabillage ou décortiquage partiel.

La marchandise sortant de cette deuxième paire de cylindres, passe dans une bluterie à toile métallique dont les mailles laissent passer les fins gruaux ou la farine qui peuvent être faits dans ce passage, malgré la volonté du meunier. Ce qui tombe en queue de la deuxième bluterie ce sont de gros fragments de grains. Ils sont envoyés à une troisième paire de cylindres cannelés devant pousser un peu plus loin le concassage. Les cannelures sont larges de $1^{mm},38$ à $1^{mm},53$. On blute pour extraire la farine et les gruaux. On envoie les fragments de grains à une quatrième paire de cylindres qui fait un concassage assez complet pour justifier presque le nom de *broyage* souvent donné à cette opération : les cannelures ont un peu moins de 1 millimètre de largeur ($0^{mm},987$). La troisième et la quatrième paire de cylindres donnent une assez forte proportion de gruaux et même de farine de premier jet. Les fragments de grains sortant de la quatrième bluterie sont envoyés à une cinquième paire de cylindres, plus finement cannelés ($0^{mm},86$) qui achèvent le broyage des granules et commencent même le curage des *sons.* Enfin, après blutage, les sons gras qui tombent en queue, sont envoyés à une sixième paire de cylindres très finement cannelés ($0^{mm},76$ d'écartement) qui curent le son. En effet, dans leur mouvement relatif, les arêtes du cylindre lent râclent réellement chaque écaille de son qui passe. Ces six paires de cylindres cannelés que l'on peut réduire à cinq, comme dans la figure, ou même à quatre, ont tous leurs cannelures obliques par rapport à l'axe de rotation, à seule fin de répartir le travail uniformément sur toute la longueur et éviter qu'à chaque passage d'une cannelure il y ait un choc comme cela arriverait si les cannelures étaient parallèles à l'axe.

La pression nécessaire aux passages successifs est difficile à déterminer *a priori.* C'est le meunier qui doit la régler jusqu'à ce qu'il obtienne à chaque paire le degré de réduction graduelle qu'il désire. Nous croyons que 1,500 à 2,000 kilogrammes par mètre de longueur de cylindre suffisent pour le premier passage. Le second exige un peu plus ; le troisième davantage puis de moins en moins jusqu'au sixième (le curage des sons), qui doit exiger de 2,800 à 3,200 kilogrammes.

Si, par une raison quelconque, l'une des opérations intermédiaires, de concassage ou de broyage, ne se fait pas aussi bien qu'on le désire, cela ne peut influer sur la fabrication de la farine. En effet, l'insuffisance du deuxième ou du troisième passage disparaît par un effet plus grand des troisième ou quatrième. L'essentiel, c'est que le fendage se fasse bien, pour se débarrasser de la poussière noire du sillon et de la barbe des grains, et que le curage des sons soit complet : la farine qu'il donne est mise à part. Les deuxième, troisième, quatrième et cinquième passages ont donné, dans nos essais de la chambre syndicale des grains et farines, 18 0/0 de farine de blé. Le fendage du blé, 1,26 0/0 de farine noire, et le curage des sons 1 0/0 de farine bise. Le reste du produit, du deuxième au cinquième passage inclusivement, se compose de 56,77 0/0 de semoules nues ou vêtues, et le sixième passage donne 22,9 0/0 d'issues (gros sons propres, 10,17 0/0 ; petits sons, 5,27 0/0 ; et 3,1 0/0 en remoulages).

Deuxième phase de la réduction. Par un blutage convenable, on extrait la farine de blé et l'on sèche les gruaux et semoules. On les classe par grosseurs, et à l'aide de sasseurs-épurateurs mécaniques à aspiration ou à insufflation, on sépare les gruaux nus ou blancs des gruaux et semoules vêtus. Ces derniers sont déshabillés par leur passage entre une paire de cylindres plus finement cannelés que ceux qui curent le son, et ayant des vitesses différentes. On blute la boulange de ces *déshabilleurs* (improprement appelés *désagrégeurs*), qui donne de la farine plus ou moins blanche et des gruaux plus ou moins fins, nus ou habillés, que l'on classe et épure par un sasseur épurateur spécial. Une succession d'épurations, de déshabillages, par compression entre des cylindres, alternant avec des sassages de classement et d'épurations, conduit à emmagasiner dans des boisseaux spéciaux les divers numéros de gruaux blancs à convertir en farine.

Troisième phase de la réduction. Convertissage des gruaux. Cette opération se fait à l'aide de paires de cylindres lisses en fonte trempée. Il convient de ne convertir dans un passage que des gruaux de même grosseur et de même dureté. C'est un principe que nous posons et qui doit être absolument suivi. Tous les gruaux d'un même grain de froment ne sont pas également résistants : ceux du centre du grain sont les plus tendres, et ceux qui sont immédiatement sous le tégument séminal, la plus interne des six écorces, sont les plus durs. Si l'on passe au convertisseur un mélange de gruaux tendres et durs, on est porté à régler la pression pour écraser les plus durs. Alors, les plus tendres sont soumis à un excès de pression qui, avec le lissage dû à la différence des vitesses, dans certains modèles de convertisseurs, donne des plaques minces de farine. Il faut désagréger ces plaques ou galettes par un petit appareil spécial, le *détacheur*, avant de les bluter (fig. 404).

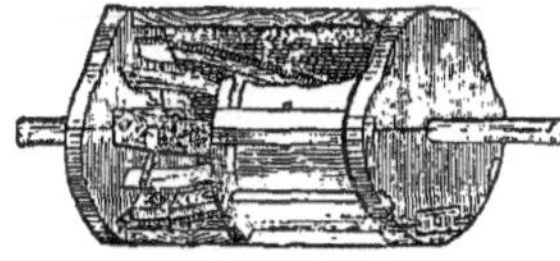

Fig. 404. — *Détacheur.*

Des ailettes hélicoïdales agitent la farine sortant des cylindres convertisseurs lisses, et émiettent les feuilles formées par une trop forte pression.

Les sasseurs-épurateurs à aspiration parfaitement constante en vitesse, classent les gruaux par densité ; les plus denses qui sont aussi les plus durs traversent les soies les premiers, à égalité de grosseur, bien entendu.

En convertissant dans un passage aux cylindres lisses, des gros et des petits gruaux de même densité ou dureté, on a un inconvénient analogue. Les plus gros gruaux exigeant moins de pression que les plus petits, on règle pour écraser les plus fins, ce qui produit avec les gros des galettes, qu'il faut aussi désagréger.

En résumé, le convertissage, par la pression, des gruaux blancs ou nus entre deux cylindres, ne se fait dans d'excellentes conditions qu'autant qu'on les sasse et les épure avec exagération. *Un meunier doit passer la moitié de sa vie active à sasser.* Le convertissage commence en principe par les gros gruaux nus et finit par les plus fins, ce qu'on appelle les *fins finots.* Au cours de ces convertissages, les sasseurs donnent des gruaux vêtus et des queues de sassages que l'on doit déshabiller et qui peuvent revenir aux convertisseurs. Ces fins de mouture se prolongent plus ou moins, suivant le bénéfice qu'en peut espérer le meunier.

La boulange blanche sortant des convertisseurs passe aux bluteries qui extraient la farine et les gruaux que l'on classe pour les convertir. Toutes ces opérations de convertissage et de blutage alternent, on peut en suivre la marche sur le diagramme (fig. 403).

La pression qu'exige le convertissage par des cylindres lisses en fonte trempée est assez considérable, et c'est un des reproches que font aux cylindres les partisans des meules. Les cylindres, disent-ils, tuent la farine. Cela peut être vrai seulement des convertisseurs mal conduits, surtout par insuffisance de sassages, d'épurations et de classement.

Il y a des convertisseurs dans lesquels les cylindres sont en porcelaine assez dure pour n'être rayée que par le diamant. On doit leur premier emploi à M. Wegmann. A Paris, MM. Beyer font de ces convertisseurs ayant, au besoin, outre la rotation avec étirage, un balancement longitudinal de l'axe du cylindre mobile. La surface de ces cylindres ayant un certain *grain*, dû à la porosité spéciale de cette porcelaine, une pression assez faible leur suffit pour la conversion des gruaux blancs en farine. Ils font aussi, dit-on, beaucoup mieux les gruaux rouges ou les gruaux dits de *fins de mouture.*

Aussi les cylindres en porcelaine sont-ils fort employés pour les fins de mouture des moulins à meules de pierre.

Nous avons examiné très sommairement la marche d'une mouture rationnelle et graduelle par les cylindres en fonte unie. Il nous resterait à examiner les divers appareils à cylindres dits *fendeurs*, concasseurs, broyeurs, désagrégeurs ou déshabilleurs, convertisseurs en fonte trempée ou en porcelaine. La place qui nous est réservée ne nous permet que l'examen sommaire fait précédemment.

Comme transition, on peut améliorer les moulins modernes en les remontant suivant un système mixte. En principe, on adopterait un fendeur, soit à cylindres cannelés de Ganz, ou autre, Brault et Teisset, etc., etc.; soit un fendeur à meules en fonte trempée, horizontales, de Jonathan ; soit la paire de meules coniques en acier de M. Schweitzer.

Le grain fendu serait concassé (mouture haute) par des meules convenablement rayonnées. On classerait et épurerait les gruaux produits à l'aide de sasseurs. On convertirait les gruaux blancs par des meules de pierre; et les fins de mouture seraient faites par une paire de cylindres en porcelaine, de Wegmann ou de Beyer.

On peut également adopter les cylindres de MM. Brault et Teisset ou autres, disposés pour faire, par une même paire, tous les fendages et broyages, en variant les vitesses et les écartements. Une autre paire de cylindres, cannelés très finement, désagrégerait les bas gruaux ou curerait les sons. Enfin, les meules convertiraient les gruaux épurés, et l'on pourrait même faire les fins de mouture par des cylindres en porcelaine.

Nous passerons rapidement sur les appareils réducteurs autres que les meules de pierre et les cylindres.

Les meules en porcelaine, blutantes ou non, les meules ou disques, sillonnés, métalliques, ne diffèrent des meules en silex que par la matière dont elles sont composées. Leur mode d'action est le même. Nous n'avons pas grande foi *dans leur avenir*.

Le batteur Toufflin, dérivé du broyeur Carr, peut réduire le grain en farine par un seul passage. Il se compose de deux plateaux verticaux tournant en sens contraire l'un de l'autre et portant des rangs circulaires de chevilles alternant. Le grain qui arrive par le centre est choqué par les chevilles et lancé de l'une à l'autre en zigzag jusqu'à ce qu'il sorte à la circonférence, réduit en farines, gruaux et sons. C'est une mouture très basse qui, par suite, expose la farine à un échauffement assez considérable, auquel on peut parer en partie par le violent appel d'air qui se fait par les disques tournant avec une extrême vitesse (fig. 405).

« A l'encontre de ce qui se produit avec les meules », dit M. Toufflin, « la désagrégation est obtenue sans compression, sans friction, par une série de chocs répétés sur la matière libre dans l'intérieur de l'appareil, dont le mouvement de rotation détermine, concurremment, un courant continu d'air, sans cesse renouvelé, prévenant toute élévation possible de température dans la chambre de travail. Le blé, ainsi traité, sort réduit en une boulange sinon complètement froide, tout au moins d'une tiédeur sèche à peine sensible, n'ayant rien de comparable à la chaleur produite par les meules. Cette boulange, au blutage, donne de la farine, des gruaux, des sons, dans des proportions variant suivant la nature des blés traités. Les *germes* que leur élasticité a garantis contre les chocs de l'appareil, se retrouvent tous intacts dans les cases de son. » Avec les blés tendres de pays, M. Toufflin obtient... une moyenne, comptée sur blé nettoyé, d'environ :

Farine de boulange ou de premier jet, pour cent de blé.	49
Sons, gros, moyens et petits	14
Gruaux 37 0/0 qui, après sassage, rendent en recoupettes moyennes et fines	5
Il reste donc à remoudre (sauf déchet) 100k—68k ou	32

« A l'origine de ses travaux, M. Toufflin faisait repasser dans le moulin batteur seul les parties à remoudre. L'expérience a prouvé depuis que, si les résultats, en ce qui concerne la qualité des produits obtenus, ne laissaient rien à désirer, par contre, l'appareil avait besoin, pour agir dans des conditions économiques avantageuses, sur des matières que leur nature rend moins facilement réductibles aux chocs des broches, du concours d'un travail intermédiaire, modifiant, sans l'altérer sensiblement, l'état physique de ces matières. A cette intention, M. Toufflin a adjoint au moulin batteur le cylindre comprimeur (en porcelaine ou en fer, suivant les sortes de blés à traiter, tendres ou durs), pour aplatir légèrement les gruaux blancs et les gruaux bis restant à remoudre après les premières opérations de blutage et de sassage de la boulange. »

« Sur gruaux de blés tendres, le cylindre comprimeur rendant 25 à 30 0/0 en farine, il reste à traiter 70 à 75 qui ont perdu dans leur passage au cylindre leur rugosité première et sont complètement terminés par un second et dernier passage au moulin batteur. » (fig. 405)

M. Bordier place horizontalement les deux disques armés de broches. Cette position nous paraît préférable au point de vue de l'alimentation uniforme du blé et de son égale répartition en toutes directions dans l'intérieur, où il doit recevoir les chocs conjugués des chevilles.

M. Touya, de Tarbes, place aussi horizontalement ses disques à broches, mais l'inférieur seul tourne avec une vitesse que l'on peut ralentir ou accélérer à volonté, suivant le degré de réduction que l'on veut obtenir. L'action des broches choquées ou choquantes n'est ni un écrasement avec étirage, comme dans les cylindres, ni un écrasement avec râpage, comme dans les meules, c'est une espèce de *clivage* des grains, dont l'enveloppe élastique échappe à peu près intégralement à l'action de l'appareil, après toutefois avoir abandonné les parties de l'amande qui peuvent y adhérer. M. Pedroni dit que l'on a obtenu des sons pesant à peine 25 kilogrammes à l'hectolitre. Rappelons que le gros son de meules ne pèse que 18 à 19 kilogrammes l'hectolitre comble, et le petit son 20 kilogrammes. Les gruaux sont réduits en farine dans le même appareil. En ne faisant tourner que le plateau inférieur avec une vitesse double, il est vrai, de celle des batteurs Toufflin ou Bordier, M. Touya a l'avantage d'appeler l'air par le centre du disque supérieur fixe, et de le chasser dans une seule direction, ce qui produit un courant d'air très rapide utile au refroidissement de la boulange. En outre, la répartition des gruaux par la force centrifuge est parfaite, puisque toute la vitesse relative agit dans le même sens. Le nombre de tours à faire faire à l'arbre vertical unique est double de celui des appareils Toufflin ou Bordier, ce qui est une difficulté et un inconvénient mécaniques, compensés en partie par la simplicité du graissage et de la transmission. Le son, comme dans tous les batteurs ou coupeurs, est plus court que celui des meules, mais peut être aussi bien curé.

La maison Nagel et Kaemp, de Hambourg, a pris le 16 octobre 1877 un brevet pour un *désintégrateur* à axe horizontal. C'est, en principe, le batteur à chevilles de Toufflin, dont un des plateaux est fixe.

Le 2 octobre 1878, une addition à ce brevet a été faite, pour l'emploi d'un plateau mobile à chevilles, tournant entre deux plateaux fixes; c'est doubler l'action d'une manière très simple et évidemment avantageuse. En outre, MM. Nagel et Kaemp commencent la réduction du blé par un fendage et un grossier concassage du blé avec des cylindres d'égales vitesses. On a fait faire au disque à chevilles jusqu'à 900 tours pour un mètre de diamètre; mais alors les coussinets de l'arbre souffrent.

Le froment à moudre passe d'abord entre deux cylindres de fonte trempée exerçant une pression qui peut aller jusqu'à 6,000 kilogrammes par 0m,609 de longueur, soit 9,842 kilogrammes par mètre. Les inventeurs soutiennent que cette pression ne peut donner un développement de chaleur capable de nuire, parce que les cylindres tournent avec la même vitesse. Ce blé, bluté, est passé au *démembreur* ou *désintégrateur* à chevilles dans lequel la chaleur, dit-on, ne peut s'élever beaucoup par suite de l'appel d'air : la pratique semble justifier ces assertions. Lorsque le disque mobile n'a que 0m,6096 de diamètre, on lui fait faire jusqu'à 3,000 tours par minute et en une heure il y passe 2,721 kilogrammes de grain préalablement comprimé.

Les batteurs à chevilles sont extrêmement séduisants par leur simplicité. Toutefois, nous n'oserions les recommander de préférence aux cylindres. Peut-être n'ont-ils pas dit leur dernier mot. D'après le professeur Kick, une autorité en meunerie, le *désintégrateur à chevilles* dépense plus de force que les appareils de réduction qui agissent par *concassement, pression, broyage* ou *râpage*. Le son est moins ménagé par le batteur que par les cylindres ou les meules. Le batteur est plus applicable aux blés tendres d'abord passés aux cylindres et alors surtout pour le curage des sons. Pour M. Kick, il est essentiel de préparer par les cylindres, à l'exemple de Nagel et Kaemp et Kraus, les blés que l'on veut soumettre au batteur à chevilles. Le décollement des écorces est réellement effectué par les cylindres compresseurs, et le batteur n'a plus alors qu'à faire l'office d'un *détacheur* énergique. Le batteur à chevilles monté à Zurich, chez M. Maggi, n'est plus employé qu'au curage des sons.

Coupeur-granulateur Saint-Réquier. Dans le mode de mouture imaginé par M. Saint-Réquier, le seul appareil réellement nouveau employé pour la réduction est un *coupeur-granulateur*. « Il se compose d'un arbre vertical tournant de 1,000 ou 1,700 tours à la minute, suivant le besoin, et porteur d'un disque horizontal dont la disposition intérieure permet à 146 conduits de distribuer un peu plus de 110 millions de grains de blé à l'heure, sur une couronne faite de lames écartées les unes des autres de un millimètre et demi à l'entrée et de deux millimètres à la sortie. Par la force centrifuge, la rotation de l'arbre et du disque imprime au blé une vitesse de 112 mètres à la seconde, et par la disposition des lames, dont l'angle est calculé pour recevoir normalement le grain projeté, celui-ci vient isolément et sans être gêné par celui qui le précède, ou par celui qui le suit, se couper et se briser sur le taillant des lames en passant par les intervalles ménagés dans ce but entre chacune d'elles (1). »

« Le produit est alors un mélange de *granules* divers, de *semoules*, de *gruaux*, de *farine* et de *sons* qu'il suffit de classer pour les opérations ultérieures du laminage et du blutage. »

Ce premier appareil de réduction, dans le système Saint-Réquier, avait donc en apparence pour but de remplacer les *fendages*, les *concassages* et *broyages*, et le *curage des sons* confiés dans la mouture par cylindres à une série de paires de cylindres au nombre de 5, au moins, et de 8 au plus. Pour un débit de 30 quintaux à l'heure, le travail moteur nécessaire est, suivant nous, d'environ 15 chevaux vapeur : soit un demi-cheval par quintal à l'heure pour la première phase de la réduction. C'est plus que moitié de ce que nous avons trouvé pour les six paires de cylindres Ganz essayées au dynamomètre dans le moulin de la Société de construction de Passy, en y comprenant la force prise par les élévateurs divers et les bluteries propres à chaque passage.

Fig. 405. — *Batteur du genre Toufflin, d'un fabricant de Manheim.*

Or, dans l'unique *coupage* fait par M. Saint-Réquier, il n'y a rien qui ressemble au fendage et permette de se débarrasser immédiatement de la poussière ou farine noire. Il n'y a rien non plus qui ressemble à un curage de larges sons, comme le fait la sixième paire de cylindres : les sons sont nécessairement plus ou moins brisés.

Cet appareil ne fait donc pas une réduction progressive. C'est de la mouture presque basse. Le travail présente une certaine analogie avec celui du batteur Toufflin, bien qu'il soit beaucoup moins loin poussé. Peut-être y aurait-il avantage à ne donner au coupeur-granulateur que des grains fendus préalablement en deux et blutés, pour en extraire la farine noire. Il resterait ensuite à reprendre les gruaux habillés, et à les passer à une paire de cylindres *deshabilleurs* ou *désagrégeurs*.

Le reste de la mouture dans le système Saint-Réquier se fait par des convertisseurs à cylindres

(1) Mémoire présenté par l'inventeur au jury de l'exposition de meunerie.

lisses en fonte trempée qu'il appelle lamineurs : ils ne présentent d'autre particularité qu'un mode d'alimentation ingénieux et efficace. Mais la première opération donnant des produits extrêmement divers, les opérations de convertissage et de sassage sont plus minutieuses que dans le système des cylindres pour toute la réduction.

Les essais de meules métalliques capables de remplacer les meules en silex datent d'assez longtemps. Dès 1855, nous faisions connaître aux cultivateurs français le moulin Hurwood dans lequel les meules de pierre étaient remplacées par des meules en acier sillonnées et composées de trois anneaux d'acier formant respectivement les trois zones habituelles dites *cœur*, *entrepied* et *feuillère*. Les sillons étaient un peu courbes dans le cœur, moins dans l'entrepied et presque droits dans la feuillère. Naturellement les cannelures du cœur sont les plus espacées et celles de la feuillère les plus serrées. Comme il n'y a pas de portants râpeurs comme dans les meules de pierres, on peut les appeler des *meules cannelées*; et elles ne peuvent faire qu'un concassage graduel du grain entrant par le centre. Ce moulin, proposé aux agriculteurs, ne se répandit pas.

Fig. 406. — *Coupe d'une paire de meules avec aspiration d'air par l'œillard.*

Les flèches montrent comment l'air extérieur entre par l'œillard, passe entre les meules, sort à la circonférence, se tamise au travers de flanelles en larges plis, en abandonnant la farine folle, et passe dans l'aspirateur *f* qui l'expulse.— *r* Tuyau d'alimentation des meules. Autour de ce tuyau, un tuyau plus grand clôt l'œillard et laisse pénétrer l'air frais entre les meules. — *b b* Flanelles en grands plis qu'un mécanisme automatique secoue de temps en temps pour en faire tomber la farine

Les autres essais de meules métalliques sont contemporains des diverses tentatives pour remplacer les meules de pierre par les cylindres de fonte ordinaire, de porcelaine et enfin de fonte trempée.

La solution qui nous paraît la meilleure est celle de Jonathan. C'est une série de petites paires de meules en fonte trempée n'ayant guère qu'une feuillère, convenablement cannelées pour faire chacune une part de la réduction graduelle comme les cylindres cannelés. La première paire fend le grain et, sous ce rapport, elle peut être recommandée presqu'à l'égal des cylindres bien disposés.

MM. Higginbottom, de Liverpool, fort experts en meunerie, mettent leurs meules, en fonte trempée, verticalement. Nous croyons que malgré la grande vitesse donnée à la meule courante, le travail de réduction ne se répartit pas aussi uniformément sur toute la surface des meules que lorsque celles-ci sont placées horizontalement.

MM. Mariotte frères et Boffy ont étudié des meules en fonte d'un diamètre assez considérable. Leur mode de rayonnage a beaucoup varié et a presque toujours eu le tort d'être fait par secteur, ce qui est irrationnel. Si on opère ainsi pour les meules de pierre c'est en raison de la difficulté de faire à la main des rayons courbés rationnellement pour chacune des trois zones de travail; mais ce tracé ne peut guère s'excuser lorsqu'il s'agit de meules venues de fonte avec leurs cannelures, ou pouvant et devant être rayonnées mécaniquement.

Enfin M. Schweilzer, un jeune meunier très intelligent, à Einville (Meurthe-et-Moselle), a imaginé des meules coniques métalliques qui ont fait une certaine sensation à l'exposition de meunerie de 1885. Leur mode d'action ne diffère pas sensiblement de celui des autres meules métalliques. La première opération de la réduction, le fendage des grains de froment, est faite par une paire de meules spécialement rayonnées dans ce but. Chaque meule a son arbre et tourne; elle est formée d'un disque en fonte calé sur l'arbre et sur lequel on visse deux secteurs ou segments coniques en acier fondu. Ces segments, qui forment la partie travaillante de la meule, sont cannelés d'une façon toute particulière en direction, comme en section, dans le but de ne permettre au grain qui a pénétré par le centre que de s'échapper longitudinalement entre les cannelures, jusqu'à ce qu'il atteigne le point où il est fendu par le cisaillement très aigu des arêtes des meules. Le règlement de l'écartement des deux meules se fait par une trempure à vis comme dans les meules de pierre. Les plateaux ou meules font 120 tours chacun par minute en sens contraires. Le fendage, dans l'essai fait sous nos yeux, se faisait bien.

D'autres paires de meules coniques sont cannelées pour faire un deuxième, troisième et quatrième passages et même un désagrégeage. Mais les cylindres en fonte lisse trempée et en porcelaine, sont employés pour le convertissage des gruaux épurés et des fins de mouture.

Nous aurions encore plusieurs autres appareils de réduction à examiner, si le cadre de cet ouvrage nous permettait de nous étendre plus longuement. Nous aurions voulu faire connaître les nombreux essais pour améliorer les meules en pierre ordinaire; pour les rafraîchir par aspiration ou refoulement d'air (fig. 406); de même pour les meules ventilantes, blutantes, etc. Nous sommes forcés de les passer sous silence en prenant, comme seconde excuse, que les meules cèdent le pas aux cylindres.

Appareils de séparation et de classement des produits. Dans la mouture absolument basse, la boulange qui sort des meules ou de tout autre appareil de réduction est un mélange de farines de diverses finesses, de gruaux divers en petite quantité et de fragments grands et menus de l'écorce du blé. L'opération qui suit la mouture est le blutage, qui a pour but principal de séparer la farine des sons et par cela même aussi les gruaux à remoudre; si, comme cela arrive généralement, la réduction en farine n'a pu être complète dans un seul passage.

La séparation se fait par la différence de grosseur qui existe entre la farine, les gruaux et les sons.

— Les premiers appareils de séparation de la farine furent des espèces de paniers finement tressés, puis des tissus à mailles plus ou moins fines, des tamis. D'après Pline, les Égyptiens employaient les tamis qu'ils fabriquaient avec des filaments de *papyrus* et des *joncs* très minces. Les anciens habitants de l'Espagne garnissaient leurs tamis de tissus de fil, et les Gaulois y employaient le crin des chevaux. Les anciens juifs avaient des moyens d'extraire la fine fleur de farine de la boulange de leurs moulins, puisque les gâteaux d'offrande ne pouvaient être faits qu'avec la fleur de farine.

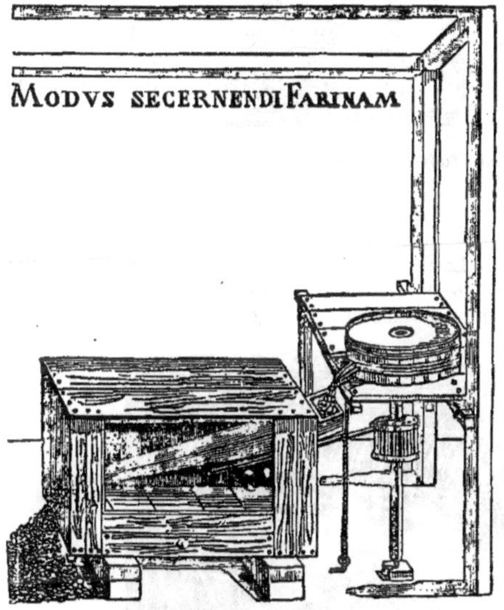

Fig. 407. — *Blutoir mécanique inventé vers 1552, d'après Faust Veranzio.*

On employa aussi, dès les premiers temps, des sacs faits en poils. Un ou deux hommes donnaient à ces sacs un mouvement de va-et-vient avec secousses qui faisaient passer la farine, et le son restait à l'intérieur.

Ce *sas* à main donna l'idée du premier *bluteau* lâche. La figure 407 montre d'après Faust Veranzio, un bluteau, lâche inventé vers 1552. Une lanterne en bois à fuseaux fixée sur le fer de meules, joue le rôle de came pour faire osciller une batte qui va frapper le sac à bluter et est ramené par la torsion de la corde qui le maintient. Plus tard, c'est une espèce de sac en tissu clair de laine dit *étamine*. Il est placé dans une position inclinée, aplati et ouvert en haut, et ouvert en rond à la partie inférieure; la boulange en passant d'un bout à l'autre dans ce sac laisse passer la farine, tandis que le son sort tout au bout. L'échappement de la farine au travers du tissu était favorisé par des chocs d'une grande règle auquel un mouvement d'oscillation était communiqué par un arbre à came ou par tout autre moyen. A la suite du bluteau se trouvait un autre sac, appelé *dodinage*, auquel on communiquait un mouvement de *berçage* d'où probablement le nom de ce sac, dérivé de *dodiner*. Le tissu blutant, maintenu tendu par des cerceaux intérieurs, était à mailles plus grandes que celui du bluteau, et il y avait ordinairement trois numéros de tissu de laine. Le premier tiers, le plus fin, ne laisse passer que la fleur de farine, le second tiers laisse passer une farine moins fine, dite *deuxième*, et le dernier tissu, plus clair encore, laisse passer la farine grossière, mais non les sons qui ont pu rester après le passage au bluteau. Ce dodinage était enfermé dans un coffre à trois compartiments.

On fit usage ensuite, de préférence, du bluteau ou blutoir cylindrique tournant, à carcasse, en *cerces* et barres longitudinales, garni de zones de tissus à mailles de plus en plus grandes à partir de l'entrée. Ce cylindre blutant avait ordinairement 8 pieds de long (2m,60) et 20 à 22 pouces de diamètre (0m,541 à 0m,595); il était ouvert aux deux extrémités et enfermé dans un coffre à compartiments.

Les bluteries dites *américaines*, encore employées aujourd'hui, diffèrent du bluteau cylindrique en ce que leur surface extérieure est prismatique; ils sont à 6, 8 ou 10 faces; et, comme chaque face avait ordinairement une largeur d'un pied, les diamètres étaient de 2 pieds (0m,649) à 2 pieds 7 pouces (0m,848) et 3 pieds 3 pouces (1m,051). Leur longueur était de 8 pieds (2m,598), 13 pieds (4m,22) et 23 pieds ou 24 pieds (7m,47 à 7m,80). L'axe de ces blutoirs est incliné sur l'horizon, de façon que la marchandise entrant en tête descende lentement jusqu'à la queue. Dans ce trajet, la boulange est élevée par les faces prismatiques et retombe plusieurs fois, ce qui facilite la sortie des parties assez fines pour traverser les mailles des tissus de plus en plus lâches qui se succèdent. Les jantes sont réunies à l'arbre en bois par des rais en bois, cylindriques, sur lesquels sont enfilés des *boules de bois durs* qui, en retombant brusquement, lorsque chaque rai revient à la position verticale ascendante ou descendante, donnent des secousses à l'ensemble de la bluterie. On facilite ainsi le passage de la farine. D'autres fois, des marteaux, soulevés régulièrement par des arbres à cames, frappent sur la bluterie. On a successivement fait les bluteries de plus en plus grandes. On en trouve aujourd'hui ayant plus de 1m,20 de diamètre et 8 à 9 mètres de longueur.

Les Anglais ont le *bolting-mill*, espèce de sac en tissu sans couture, enfilé sur une carcasse de dévidoir dont l'axe fait 200 tours par minute, et a près de 6 pieds de long (1m,825). Ce sac dans lequel passe la boulange est renfermé dans un coffre et vient frapper contre des barres fixes, ce qui provoque la sortie de la farine.

Le second genre de bluterie anglaise est la bluterie à brosses. Elle se compose de deux carcasses demi-cylindriques, garnies de toiles métalliques de mailles convenables; à l'intérieur, tourne un arbre armé de brosses qui peuvent être plus ou moins rapprochées des toiles métalliques. L'axe est fortement incliné (21° environ) et tourne assez vite, chaque brosse remonte la farine qui retombe ainsi continuellement tout en descendant lentement. Ce blutage est énergique, mais *un peu forcé*, ce qui fait craindre que des pellicules fines puissent traverser les mailles aussi bien que la farine. Ces bluteries ont ordinairement 6 pieds et demi de long (1m,98), et 2 pieds 4 pouces (0m,711) de diamètre.

Avec les bluteries américaines rotatives ordinaires, on emploie aujourd'hui des bluteries dites *centrifuges.* En principe, leur carcasse rappelle celle des bluteries à brosses : mais elle est garnie le plus souvent de tissus de soie. Cette carcasse a son axe horizontal et, dans son intérieur, tourne un batteur formé d'ailettes longitudinales aussi légères que possible, quoique assez rigides pour ne pas se déformer. La farine entrant en tête ne parcourt la longueur de cette bluterie horizontale que par l'effet de la faible inclinaison héliçoïdale donnée aux ailettes du batteur, qui passent près de la soie sans la toucher. Le transport de la marchandise peut aussi être provoqué, par exception, par la forme en hélice des cerces continues de la carcasse. La farine est ainsi lancée un peu en avant mais surtout contre le tissu blutant; elle retombe des centaines de fois avant d'atteindre l'extrémité. On comprend qu'avec cette manière d'opérer, une faible étendue de surface blutante puisse suffire pour un poids énorme de boulange.

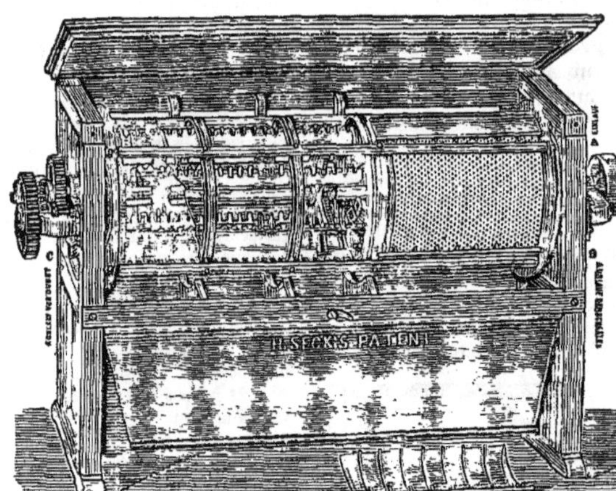

Fig. 408. — *Bluterie centrifuge de H. Seck.*

On a varié beaucoup les dispositions de la bluterie centrifuge :

1° On a fait tourner lentement la carcasse : en sens contraire du batteur ou dans le même sens ;

2° On a multiplié plus ou moins le nombre des ailettes et varié leurs inclinaisons.

Dans quelques unes, l'inclinaison des ailettes peut être réglée sans arrêter la bluterie, ou après son arrêt ;

3° Les ailettes sont pleines ou ajourées, ou dentelées comme dans la bluterie centrifuge de H. Seck (fig. 408) ;

4° La forme de la carcasse et le placement des soies varient aussi beaucoup.

La figure 409 montre ouverte la bluterie centrifuge de Luther. On voit que le batteur à battes hélicoïdales réunies par des arcs, forme un squelette sans arbre central et seulement muni de tourillons à ses extrémités.

Fig. 409. — *Bluterie centrifuge de Luther.*

On attribue à la bluterie centrifuge une part d'action séparative basée sur la différence de densité des marchandises. Les granules farineux sont lancés plus loin que les particules d'écorces aussi fines; parce qu'ils sont plus denses, ils atteignent le tissu blutant et le frappent même, tandis que les particules de son n'atteignent jamais le tissu et parcourent ainsi tout l'intérieur de la bluterie, jusqu'à la sortie en queue. Dans la bluterie ordinaire lente, cet effet est à peine sensible. La bluterie centrifuge peut présenter des inconvénients pour les boulanges lourdes, c'est-à-dire chargées de gruaux : le choc de ces matières peut user rapidement le tissu. On évite cet inconvénient en mettant à l'intérieur de la bluterie, à l'entrée, une toile métallique séparant immédiatement les gruaux que les ailettes du batteur n'ont plus à lancer (fig. 408).

Dans un moulin, il y a des bluteries pour *extraire* la farine de la boulange ou *sécher les gruaux* : d'autres sont destinées à classer les gruaux par grosseurs et même les farines proprement dites. Enfin, d'autres bluteries servent à classer les issues, ordinairement en cinq cases : remoulages, recoupettes, puis petits, moyens et gros sons.

Les diverses bluteries peuvent être garnies de tôles perforées, de toiles métalliques, de tissus de laine et surtout de soie. Les tissus ou toiles

Numéros des tissus de soie correspondants		Nombre de fils au décimètre linéaire	Largeur de maille fil compris en millimèt.	Largeur approximative des orifices	Numéros correspondants anglais de la gril-gauze
français	suisses				
8	»	29.55	3.38375	3.08	»
12	»	44.33	2.25583	2.00	10
15	»	55.41	1.80467	1.60	»
17	»	62.80	1.59212	1.40	»
+19	0000	70.19	1.42474	1.22	»
20	»	73.88	1.35350	1.16	17
+22 ⅓	000	82.50	1.21227	1.00	»
25	»	92.35	1.08280	0.90	»
30	»	110.82	0.90233	0.75	25
+31	00	114.51	0.87322	0.70	»
35	»	129.30	0.77343	0.65	»
+38	0	140.37	0.71237	0.60	»
40	»	147.76	0.67675	0.50	33
50	»	184.72	0.54140	0.40	41
+51	1	188.40	0.53078	0.39	»
+55	2	203.18	0.49218	0.36	»
+60	3	221.65	0.45117	0.33	50
+64	4	236.43	0.42297	0.30	»
+68	5	251.20	0.39809	0.28	»
70	»	258.59	0.38671	0.27	58
75	»	277.06	0.36093	0.25	»
+77	6	284.45	0.35156	0.24	64+
80	»	295.53	0.33837	0.23	66
+85	7	314.00	0.31847	0.215	»
+89	8	328.78	0.30415	0.205	»
90	»	332.47	0.30078	0.20	75
+100	9	369.41	0.27070	0.17	83
110	»	406.35	0.24609	0.15	»
+113	10	417.43	0.23956	0.145	»
115	»	424.82	0.23539	0.14	»
120	»	443.29	0.22558	0.13	100
+121	11	446.99	0.22372	»	»
130	»	480.23	0.20823	0.11	»
+132	12	487.62	0.20507	0.105	»
+139	13	513.48	0.19475	0.10	»
140	»	517.17	0.19335	0.10	»
+148	14	546.73	0.18290	0.09	»
150	»	554.11	0.18046	0.09	»
+158	15	583.67	0.17133	»	»
160	»	591.05	0.16919	0.08	»
165	»	609.52	0.16406	0.075	»
+166	16	613.22	0.16307	0.073	»
170	»	628.00	0.15923	0.07	»
+174	17	642.76	0.15557	0.065	»
180	»	664.94	0.15038	0.06	»
186.5	18	688.95	0.14515	»	»
190	»	701.83	0.14247	0.05	»
200	19	738.82	0.13535	0.04 ½	»
+220	»	812.70	0.12304	0.04	»

sont classés par numéros indiquant ordinairement le nombre de fils au pouce linéaire français ou anglais, ou des numéros arbitraires. Tous les tissus ne sont pas tissés de même : il y a la gaze de soie façon Zurich, non susceptible de s'érailler; la gaze façon tour anglais ne s'éraillant pas facilement mais plus exposée cependant que la précédente ; enfin il y a la gaze simple ou de soie unie qui peut s'érailler.

On emploie des toiles métalliques en laiton ou fils de fer pour les bluteries spéciales des broyeurs, pour les classeurs de gruaux.

Les numéros indiquent le nombre de fils au pouce de 27mm,07.

On fait en laiton jusqu'au n° 65, au 170 même, suivant la largeur (0m,66 ou 0m,50).

En fil de fer recuit, en 0m,5 et 0m,6 de largeur, on fait jusqu'au n° 60; pour de plus grandes largeurs, on ne fait que jusqu'au n° 40. Les toiles en fil de fer clair, dites *canevas*, en diverses largeurs, de 0m,5 à 1m,02, se font du n° 14 au n° 55.

Elles coûtent naturellement moins que les tissus de soie.

Par mètre carré, le prix des gazes de soie de Zurich va de 4 fr. 41 ou 4 fr. 60 pour le quadruple zéro en largeur de 1m,02 et 0m,87 ; à 11 fr. 57 et 12 fr. 18 pour le n° 16 desdites largeurs. Le n° 19 en grande largeur coûte 18 francs le mètre carré.

La qualité extra-forte ne se fait qu'en largeur de 1m,02, et coûte 1/7 de plus. On ne va pas au delà du n° 16 suisse.

En double extra-forte, on ne fait que du n° 5 au n° 15, et on la paie 3 francs de plus par mètre linéaire.

Les gazes françaises n'ayant pas les fils croisés durent moins, mais blutent mieux que les suisses, car les fils sont moins forts ; du 140 au n° 200, elles coûtent par mètre carré, en largeur de 0m,58 à 0m,60, de 7 francs à 9 fr. 75.

En soie gaze-double, les nos 18, 24, 30, 36, 44, 50, 56 et 60, correspondent aux soies gazes de Zurich des nos 0000, 000, 00, 0, 1, 2, 3 et 4.

Ces gazes doubles sont plus élastiques et, par suite, laissent mieux passer les gruaux que les toiles métalliques.

Sassage et épuration des gruaux. Comme nous l'avons vu, la mouture haute a dû exister presque de tous temps, concurremment avec la mouture basse. En tamisant les produits successifs d'une mouture graduelle faite par un appareil quelconque de réduction, on arrive à séparer la farine du son, ou les parties digestives des parties non alimentaires, ce dont on se contentait dans la mouture à la grosse primitive et basse. Mais en outre, on veut séparer actuellement, dans les premières, les parties fines des grossières, c'est-à-dire la farine des gruaux. On veut même classer les gruaux, non seulement par grosseur, mais aussi par densité, les tendres ou légers, des durs ou lourds, les gruaux purs ou blancs, des vêtus ou rouges.

Aussi, en même temps que, de nos jours, on améliore les appareils de réduction, on est entraîné à perfectionner et multiplier le matériel destiné à la séparation et au classement des divers produits. MM. Rose disent très justement : « Un fait exact à signaler, c'est que la meunerie a jusqu'ici trop négligé le blutage des farines et surtout l'épuration et le sassage des gruaux qui sont cependant si nécessaires, si indispensables pour obtenir de beaux produits. Mais les nouveaux genres de mouture ont donné récemment une vive alerte, et l'épuration des gruaux est entrée dans une phase nouvelle ; des résultats bien supérieurs aux anciens ont été déjà constatés. »

Nous avons fait comprendre quelle importance il y a à ne donner aux cylindres convertisseurs, qu'ils soient en fonte trempée ou même en porcelaine, que des gruaux de même grosseur et de même dureté ou densité. Si par exemple on fait quatre grosseurs de gruaux et, dans chaque grosseur, deux numéros de densité, on aura huit passages différents à faire; mais dans chacun de ces passages réglés *ad hoc*, on aura un travail parfait avec le minimum de pression. On économise ainsi la force motrice, et on évite de tuer une partie de la farine. De même, en séparant les gruaux vêtus, par leur plus grande résistance au cheminement dans l'air, des gruaux nus, on se donne la faculté de déshabiller ou désagréger ces gruaux vêtus, à l'aide d'un passage aux cylindres lisses ou très finement cannelés, et on arrive alors à réduire au minimum les rougeurs incapables de donner utilement de la farine, même bise.

De tous temps probablement, ou au moins depuis l'invention de la mouture à l'économique et de la mouture haute à gruaux sassés, on a su passer à des tamis spéciaux les gruaux pour les classer et les épurer. Ces tamis étaient mus à la main, et il fallait un long apprentissage pour arriver à classer, et surtout à épurer les divers gruaux. Pour séparer les particules fines de son que les tamisiers ne pouvaient enlever par sassages malgré d'habiles *tours de main*, on imagina d'abord des espèces de tarares à gruaux et le *lanturelu*, dont nous dirons quelques mots. C'est une machine fort ancienne et que l'on a pu voir il y a trente ans dans quelques moulins faisant la farine de gruaux.

Le lanturelu se compose de trois étoiles composées chacune d'ailettes obliques au plan de rotation. Elles sont enfilées librement à distance l'une de l'autre sur une même tringlette suspendue au plafond d'une chambre au centre d'un trou de 2 pouces 1/4 de diamètre (0^m,061), par lequel s'écoulent les gruaux fins à épurer. Ces gruaux tombent sur un cône précédant la première roue à ailettes obliques, la plus petite. Le choc des gruaux fait tourner cette roue dans un sens, puis la seconde roue un peu plus grande dans l'autre sens, et enfin la troisième, la plus grande, dans le même sens que la première. Ces roues à ailettes font l'effet de petits ventilateurs qui chassent, des nappes de gruaux, les plus petites particules de son.

Les gruaux fins les plus purs tombent presque sous l'axe de rotation, et les particules de sons chassées par la rotation des roues à ailettes tombent au loin sous la forme d'un anneau brunâtre entourant diverses zones de gruaux dont la densité augmente jusqu'au centre.

Le lanturelu peut donc être considéré comme le premier épurateur de gruaux à insufflation d'air. Il épure les gruaux sans les classer par grosseurs. Pinet, habile charpentier du célèbre meunier Buquet, vers 1775, inventa les premiers ventilateurs à gruaux. C'était probablement un ventilateur ordinaire de tarare lançant un courant d'air sous un tamis sasseur, ce qui faisait tomber à une certaine distance les gruaux habillés puis les fragments d'écorce, tandis que les gruaux nus tombaient verticalement sous les tamis qui pouvaient être à mailles de plus en plus grandes pour classer les gruaux nus par grosseurs.

Aujourd'hui, on a des sasseurs-épurateurs à insufflation : le courant d'air est forcé par un ventilateur sous les tamis classeurs vibrant rapidement, au travers de la masse agitée des gruaux. Les plus légers, les gruaux vêtus et les fragments d'écorces s'élèvent au-dessus de cette masse, tandis que les plus lourds, les gruaux nus ou blancs, tombent au travers du tamis, aux places où ils rencontrent des mailles assez grandes. On peut dire que les rapides vibrations aidées du courant d'air forcé, maintiennent constamment en l'air tout ce qui est plus léger que les gruaux purs et le mènent peu à peu jusqu'au bout du tamis. Les sasseurs Cabannes, si répandus en France, sont les premiers employés de ce genre. Au lieu de lancer sous le tamis un courant d'air, on peut, dans une chambre, inférieure ou supérieure, maintenir une espèce de vide par l'aspiration, au travers de ses joues, par un ventilateur ordinaire.

L'air extérieur est ainsi appelé et passe au travers du tamis de bas en haut et ensuite dans des conduits, où des cloisons transversales permettent de classer les parties légères, afin de pouvoir reprendre celles qui contiennent encore des fragments d'amande farineuse : les plus légères, les soufflures, pellicules de son, tombent en queue ou entrent par les joues du ventilateur avec les folles poussières, et sont lancées par les ailettes de ce ventilateur dans une chambre ayant un orifice d'échappement extérieur, que l'on peut régler ou garnir de collecteurs de poussière.

Le nombre actuel des modèles de sasseurs-épurateurs est extrêmement grand. Ils sont pour la plupart assez perfectionnés pour ne rien laisser à désirer. Avec de bons appareils de réduction, de bonnes bluteries et de bons sasseurs, on arrive à extraire toute la farine de l'amande du blé sans la salir, à l'état de farine première comme elle est naturellement dans l'amande. Il n'y a plus de farine bise à proprement dire.

Les figures 410 et 411 représentent le sasseur universel de M. A. Millot, de Zurich. Il comporte 6 tamis sasseurs G, G^1, G^2... et 2 toiles sans fin HH pour conduire en tête d'un nouveau tamis.

On voit en V les ailettes du ventilateur qui tourne autour de l'axe L et aspire par ses joues l'air intérieur, ce qui appelle l'air extérieur, comme le montrent les flèches à droite de la figure 410.

Les gruaux à nettoyer sont reçus dans la trémie F ; l'arrivée de la marchandise est réglée par le distributeur D.

Les tamis G à G^5 sont garnis de soies de plus en plus fines ; ils sont animés d'un mouvement spécial continu. Solidaires, par paires, ils ont des secousses très énergiques, adoucies par chocs sur lames de caoutchouc.

Les gruaux sont soumis, à leur sortie du distributeur, en D, puis sur les tamis G, G^1, G^2..., à l'aspiration de l'air qui entre par les ouvertures RR. Tandis que les rougeurs légères sont entraînées par l'aspiration, les gruaux tombent du tamis G sur le tamis G[1] : ceux qui sont trop gros pour traverser les mailles du tamis G tombent ainsi que les sons dans une vis sans fin Q qui les déverse de côté. Avec des tamis divers de rechange, ce sasseur peut suffire dans un petit moulin. Les figures 412 et 413 représentent en coupes, longitudinale et transversale, le modèle de sasseur *Regina*, construit par M. A. Millot, de Zurich. Les gruaux à sasser arrivent dans la trémie F, au bas de laquelle est un distributeur cylindrique rotatif donnant une nappe régulière de gruaux dont une vanne règle l'épaisseur. Ces gruaux coulent sur 2 grands tamis K que l'on peut changer à volonté suivant la nature des gruaux à épurer. Sous ces tamis, animés d'un grand mouvement d'oscillation, se trouvent les deux corps symétriques de l'épuration. Celui de droite est vu en coupe, celui de gauche montre sa face extérieure. Dans chaque corps se trouve une série de canaux superposés L, L, L..., formés par des cloisons verticales.

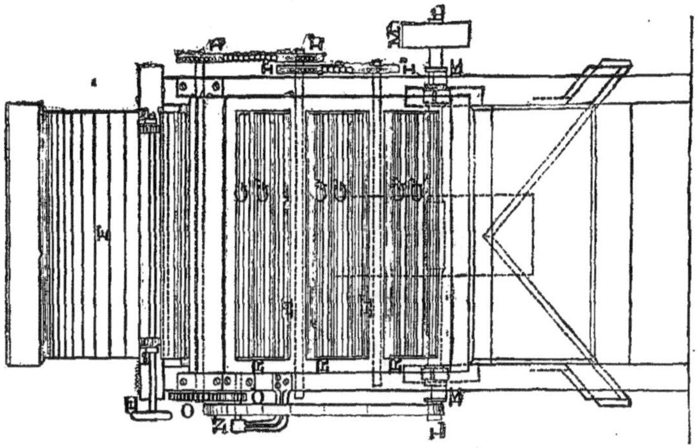

Fig. 411. — *Vue de bout du même sasseur.*

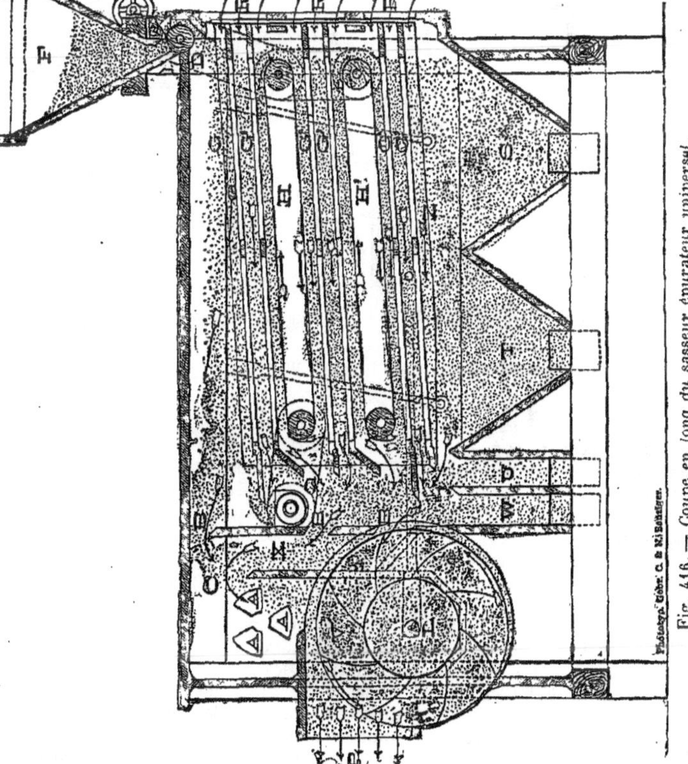

Fig. 416. — *Coupe en long du sasseur épurateur universel.*

L'air extérieur, aspiré par les joues du ventilateur Q, entre en M, M..., dans les canaux verticaux. Les gruaux qui ont traversé le premier tamis coulent en H et, de là, dans le canal le plus haut dans lequel le courant d'air ascendant entraîne les parties légères, tandis que les gruaux lourds tombent au fond, et de là au bas du second canal en nappe mince que traverse un nouveau courant d'air ascendant qui entraîne aussi les parties légères et les abandonne en partie dans l'espace NR; les plus légères allant en N traverser les couloirs d'où l'air pénètre enfin, par U, dans les joues du ventilateur Q comme l'indiquent les flèches. Les gruaux plus denses que précédemment tombent en nappe au bas du troisième canal où un courant d'air ascendant les traverse, entraînant les parties légères. Cette épuration ou concentration se renouvelle à chacun des canaux (au nombre de 7); de façon que les gruaux les plus lourds tombent en S, d'où un tuyau, ou une buse, les conduit à un *boisseau* spécial. Il est facile de comprendre qu'à la partie supérieure de chaque canal d'épuration, les gruaux qui ont pu être entraînés avec les parties légères retombent aussitôt dans le canal, immédiatement inférieur, et qu'ils sont épurés à nouveau. En T tombent les gruaux que les courants d'air ont pu soutenir: ce sont des gruaux habillés.

La seconde partie, vue extérieurement, est absolument symétrique de la première: elle reçoit pour les épurer des gruaux plus gros puisque le premier tamis a les mailles les plus fines. En Y s'échappent toutes les parties qui n'ont pu traverser le tamis, parce que les courants d'air ascendants qui traversent ces tamis, comme le montrent les flèches en X, les ont soutenues, ou parce qu'elles sont trop grosses pour traverser les mailles. On fait ainsi deux grosseurs ou numéros de gruaux épurés. En changeant les tamis, on peut faire deux autres grosseurs. Dans les moulins peu importants, il est donc possible, avec un ou deux de ces sas-

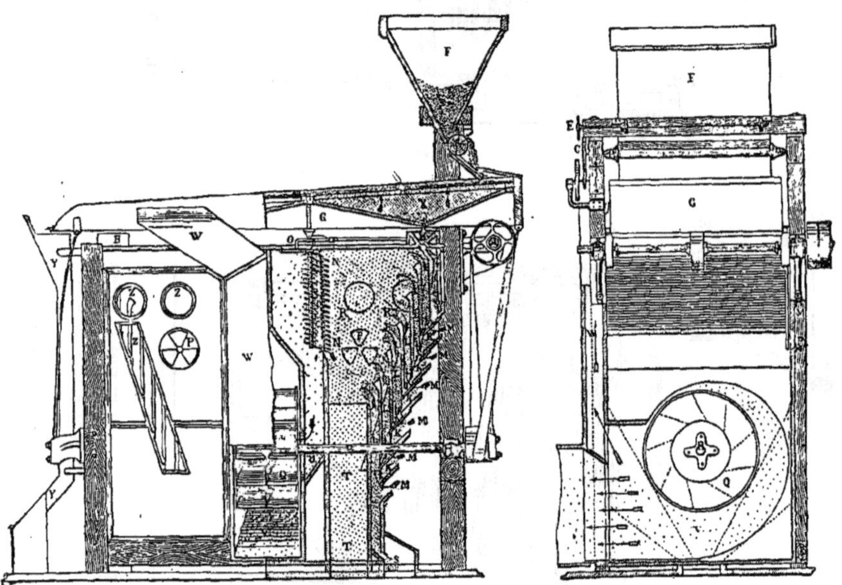

Fig. 412 et 413. — *Coupes en long et en travers d'un sasseur-épurateur.*

seurs épurateurs, de suffire à épurer les gruaux avant de les convertir. Les gruaux tombés en T sont envoyés au désagrégeur ou déshabilleur, puis séchés dans une bluterie convenablement garnie de soie, et ces nouveaux gruaux reviennent à l'épurateur muni de tamis spéciaux.

En Z sont des glaces permettant de voir le travail d'épuration, et en P un papillon permet de régler la vitesse des courants en faisant varier la grandeur des ouvertures d'entrée de l'air extérieur. Le conduit expulsant l'air par le jeu du ventilateur, peut aller jusqu'à une chambre dans laquelle on peut tamiser l'air et recueillir les soufflures.

S'il nous était possible de traiter, comme elle le mérite, cette grande question de la meunerie, nous aurions à examiner en détails les divers modèles de meules, les unes ventilantes, les autres blutantes ; les appareils disposés pour rafraîchir les meules par un courant d'air forcé ou par une aspiration et les divers modes de secouages des flanelles qui retiennent la farine dans ces aspirations; puis les divers modèles de fendeurs : à cylindres, à disques, à cônes, etc.; les divers concasseurs graduels de grain, sous forme de meules métalliques horizontales ou verticales, de cônes divers, de cylindres cannelés, etc.; les coupeurs-granulateurs, les batteurs à chevilles, etc.

Ensuite viendrait l'examen des cylindres cannelés pour le curage des sons, le désagrégeage des semoules et des gruaux habillés; l'examen théorique et descriptif des divers *convertisseurs* de gruaux épurés : meules en pierres spéciales, cylindres en fonte trempée, cylindres en porcelaine, en silex même, meules, disques ou cônes métalliques, etc., etc.; les détacheurs, petits agitateurs à chevilles désagrégeant les plaquettes de farine qui se forment parfois dans certains convertisseurs en fonte lisse.

Les appareils de blutage, si variés aujourd'hui, n'ont pu être examinés que sommairement. Il en est de même des sasseurs-épurateurs divers, qui chaque jour deviennent plus variés.

Enfin, on trouve encore dans les moulins, les élévateurs de grains, de gruaux, de farine, etc.; Les vis conductrices de ces diverses marchandises, qui permettent de réduire la main-d'œuvre au minimum. Nous aurions aussi à examiner les poches, empocheuses, ensachoirs, simples ou mécaniques, les balances automatiques, etc.

L'empocheuse nouvelle dont la figure 414 montre la disposition, se compose d'un tube A dans lequel arrive la farine venant de la chambre

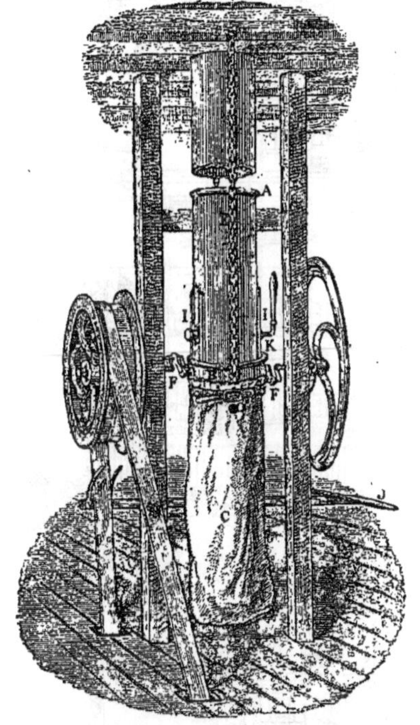

Fig. 414. — *Empocheuse ou ensacheuse mécanique de M. J. Milliat, directeur des moulins de Perrache.*

à mélange. A l'extrémité inférieure de ce tube est ajusté, à frottement doux, un second tube B qui reçoit le sac C, maintenu comme d'habitude par une courroie à serrage automatique D.

Ce tube B est suspendu au plafond par deux chaînes E; et il porte, sur le diamètre normal à celui qui va de l'une à l'autre chaîne, deux tourillons auxquels s'articulent deux bielles opposées FF. Celles-ci sont actionnées par les vilebrequins opposés FF d'un arbre portant à un bout une poulie, et à l'autre un volant.

Cet arbre reçoit par une courroie un mouvement de rotation continu de 150 tours par minute. Il donne au tube B et au sac C, par l'effet des deux bielles opposées, un mouvement d'oscillation autour de leur axe vertical. Comme les chaînes qui supportent le tube B suivent son mouvement d'oscillation, elles se trouvent obliques à la fin de chaque oscillation et ont ainsi élevé le tube et le sac qui au retour retombent. L'oscillation est donc accompagnée d'un secouage vertical, qui tasse énergiquement la farine avec une parfaite régularité.

Une vanne mobile à papillon K placée au bas du tube B, permet d'interrompre la descente de la farine et de régler le remplissage du sac.

Pour cela, les tourillons de la vanne K sont portés par deux plaques II, mobiles dans des coulisses, et pouvant s'arrêter à la hauteur voulue par des vis de pression.

On détermine cette hauteur par tâtonnement, en pesant les premiers sacs ainsi remplis. Dès lors, il n'y a plus à modifier cette hauteur tant que l'on n'emploie que des sacs du même modèle.

Un débrayage J permet d'arrêter et de remettre en marche l'empocheuse à volonté.

On emplit un sac par minute et on économise un homme.

Les coffres et chambres pour les diverses marchandises, avec leurs distributeurs, leurs râteaux rafraîchisseurs, les mélangeurs, etc., les collecteurs de poussières, évitant des pertes de farine et des accidents (incendies spontanés), mériteraient aussi d'être examinés.

Nous avons dû nous borner à ce qu'il y a de plus intéressant à connaître pour les meuniers, embarrassés actuellement pour remonter leurs moulins d'une façon rationnelle. Ils ont à choisir entre divers systèmes et entre divers modes de montage. Nous avons essayé de leur donner les moyens d'apprécier les divers systèmes au point de vue de *la perfection de la mouture*.

Mais, peuvent dire les meuniers, nous avouons que la réduction graduelle du blé ou la mouture progressive avec les nouveaux appareils, de bonnes bluteries, des sasseurs-épurateurs, etc., etc., nous permettra d'avoir une farine de premier choix dont une portion ferait prime sur le marché, et qui tout au moins serait une première extra pour la boulangerie; mais, gagnerons-nous davantage? C'est un accroissement de capital d'établissement, peut-être un accroissement de la force motrice nécessaire, plus de main-d'œuvre, etc.

Ne pouvant examiner en détail ces divers points de vue, nous y ferons seulement de courtes réponses.

En principe, un grand moulin suivant un système quelconque de mouture, *cylindres* ou *meules*, s'il est monté sur le principe d'*automaticité*, c'est-à-dire pour réduire la main-d'œuvre le plus possible, coûtera, de premier établissement, à peu près la même somme, si les plans sont faits par un ingénieur compétent dans chaque mode, et si l'on veut avoir les meilleurs produits que comporte le système de mouture.

En second lieu, la force motrice nécessaire par quintal à l'heure, sera aussi sensiblement la même, si la transmission est faite pour les appareils et non pas *raccordée*.

Un moulin à meules, à mouture basse, exige un peu moins de force qu'un moulin à meules à mouture haute, pour la réduction du grain, et pour les divers appareils blutants, lès élévateurs, etc. Mais un moulin monté à cylindres n'exigera pas plus de force qu'un moulin à meules en mouture haute, avec les élévateurs, etc. Quelques ingénieurs croient même à une économie de force par l'emploi des cylindres.

L'entretien des meules exige des ouvriers spéciaux à long apprentissage, qui seront de plus en plus rares. Il est plus coûteux que l'entretien des cylindres qui se fait par des machines-outils à la portée des grands moulins.

La main-d'œuvre nécessaire pour un moulin

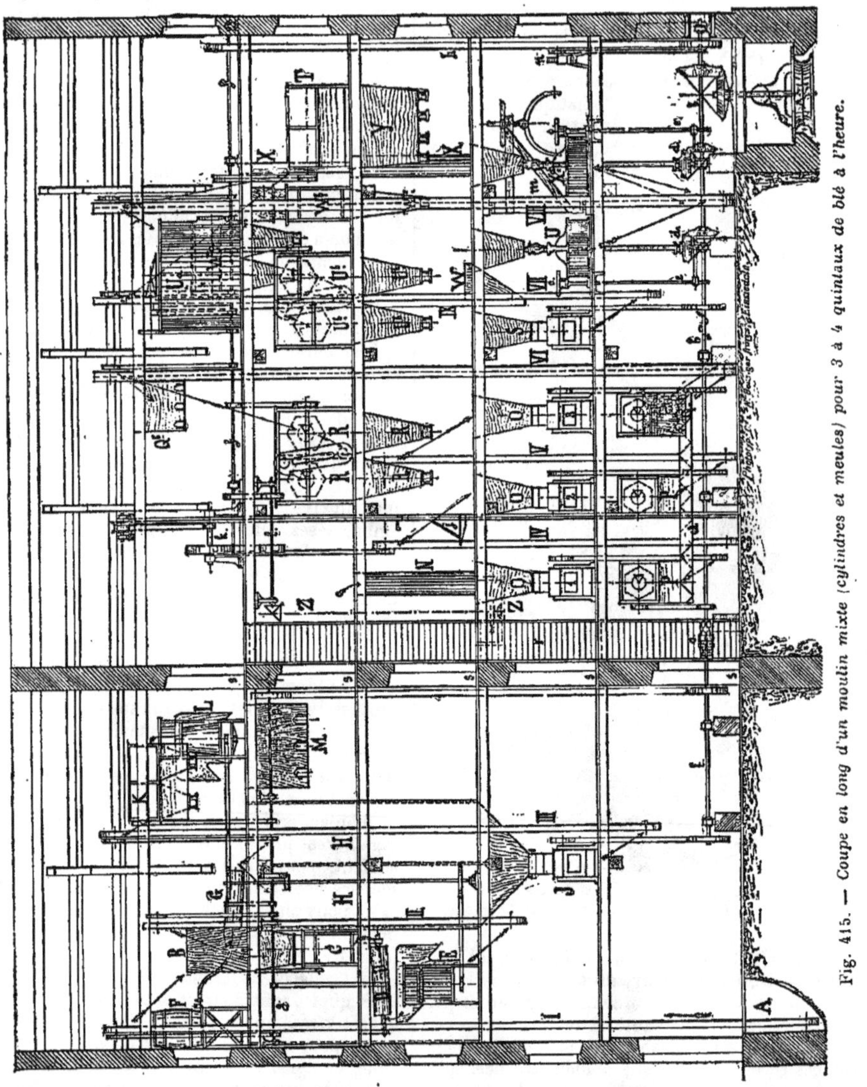

Fig. 415. — *Coupe en long d'un moulin mixte (cylindres et meules) pour 3 à 4 quintaux de blé à l'heure.*

dépend absolument de la manière dont le moulin est monté, au point de vue de la circulation des marchandises dans les divers appareils. Elle est la plus petite possible dans les moulins à cylindres : et l'apprentissage des ouvriers est plus court.

Ne pouvant donner par de grands dessins les divers aspects de l'intérieur d'un moulin, pour les divers systèmes de moutage, nous choisissons un cas de moutage mixte acceptable pour tous les petits moulins, puis nous terminerons ce travail par quelques diagrammes de mouture montrant la circulation des marchandises pendant la réduction du grain en farine.

Ce moulin est monté d'après M. A. Millot, pour la nouvelle mouture. Il est, cependant, d'un système mixte. L'ensemble du matériel comprend des cylindres, des meules, les blutoirs ordinaires et centrifuges, les diviseurs et les sasseurs nécessaires. L'agencement est projeté pour une force d'environ 20 chevaux, pouvant moudre 500 à 60 quintaux métriques de blé par semaine. Dans la journée, on marcherait au complet, c'est-à-dire avec le nettoyage, les cylindres ou les meules; de nuit, on supprimerait le nettoyage. On arriverait ainsi à pouvoir faire le travail avec quatre hommes et un chef meunier.

Le bâtiment est divisé en deux parties : la première est exclusivement réservée à la réception et à l'emmagasinage des blés à moudre, elle contient, toutefois, un nettoyage de reprise du blé. Ce nettoyage se compose d'un tarare diviseur aspirateur C (fig. 415 et 416), d'un trieur double à alvéoles DD (fig. 415 et 416); d'une colonne du genre américain dit *eureka* E. En outre, on voit, en F, un réservoir d'eau alimentant un mouilleur G pour les blés trop secs. Lorsqu'on traite du blé tendre qui n'a pas besoin d'être mouillé, on le fait passer aussi par le mouilleur, sans eau, afin de pouvoir le faire couler à volonté, comme l'indiquent les flèches au-dessous de G (fig. 416), dans l'un ou l'autre des grands boisseaux à blé HH contenant chacun 50 quintaux. Le second nettoyage, d'après la méthode proposée par M. Millot, commence par une compression entre deux cylindres lisses en fonte trempée J; les blés fendus ou plutôt très légèrement aplatis, passent alors dans un cylindre cribleur K, puis dans une brosse conique L spécialement construite pour ce travail. Les blés propres tombent dans le grand boisseau M disposé pour jeter le blé dans des sacs que l'on dépose et range au troisième étage.

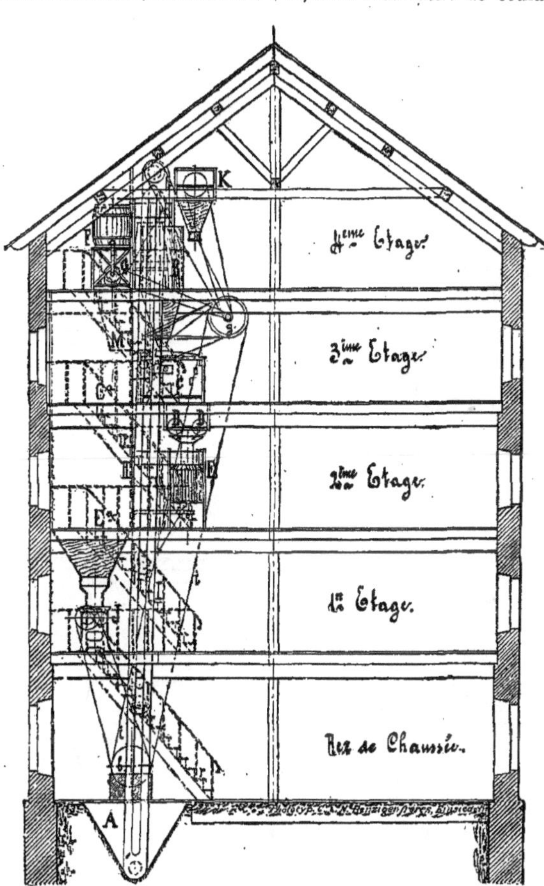

Fig. 416. — *Coupe en travers du même moulin dans la partie du bâtiment destinée au nettoyage.*

La seconde partie du bâtiment, double de la première, est le moulin proprement dit. Il contient : 1° trois concasseurs O,O,O (fig. 415 et 417), ayant chacun leur bluterie spéciale P,P,P, directement au-dessous d'eux; 2° un désagrégeur S qui peut être composé de deux cylindres lisses en fonte trempée, ou d'une paire de cylindres en porcelaine; 3° deux paires de meules U et X (fig. 415 et 417); 4° deux bluteries R et U*b* ordinaires; 5° deux bluteries centrifuges simples T et Y; 6° une bluterie à sécher W*a* située au 4e étage; 7° un sasseur épurateur de gruaux W*b* (au troisième étage).

Le moteur supposé est une turbine en dessus *a*; mais il est facile de commander l'arbre horizontal par une machine à vapeur conduisant une poulie placée près du mur au-dessus de la turbine. Le principal arbre de couche *b* se trouve au rez-de-chaussée et commande, par deux paires de roues d'angle d_1 d_2, les deux paires de meules, ensuite; en marchant vers la gauche, par une poulie, le désagrégeur S; puis, par diverses poulies, les trois appareils à cylindres concasseurs O, O, O, et leurs bluteries P, P, P.

A son origine, tout à fait à droite, ce premier arbre de couche *b* conduit, par une très longue courroie, un arbre de couche *f*, placé sur le plancher du quatrième étage. Cet arbre commande directement, ou par l'intermédiaire de petits arbres tels que *l*, tous les appareils des deuxième, troisième et quatrième étages.

L'arbre de couche *b*, du rez-de-chaussée du moulin, est prolongé dans le bâtiment du nettoyage qu'il commande directement, ou par l'intermédiaire d'un arbre de couche *g*, placé sous le plafond du troisième étage. En *q*, au rez-de-chaussée, un cône de friction forme embrayage et permet d'arrêter le nettoyage pour la nuit.

Les divers élévateurs sont indiqués par les chiffres romains I, II,..... IV.....

Voici maintenant la marche de l'opération. Les blés sales sont versés en A (fig. 416) d'où l'élévateur I les porte au boisseau B du tarare-diviseur-aspirateur C. En sortant de celui-ci, le grain tombe dans les cylindres D, D, à alvéoles, puis dans l'*eureka* E qui le jette à l'élévateur II, qui les porte à nouveau au tarare B pour reprendre le même trajet, ou au mouilleur G. De ce dernier appareil, le grain s'emmagasine dans les deux boisseaux H,H, qui alimentent le cylindre compresseur. Celui-ci verse le grain aplati dans l'élévateur III qui le porte au cylindre cribleur K, d'où il tombe dans la brosse conique L qui achève le nettoyage.

Les sacs de blé nettoyé, emplis sous le boisseau M, sont brouettés au troisième étage et vidés dans le tube en tôle N surmontant le boisseau du premier concasseur à cylindre cannelé O.

Celui-ci, d'après M. A. Millot, doit être réglé pour faire 4 à 5 quintaux à l'heure, en produisant 25 à 40 0/0 de gruaux et farine, qui traversent la toile métallique de la première bluterie P et, pris par la vis Q, sont conduits à l'élévateur VI alimentant la bluterie à *boulange* RR. Les fragments de grains qui n'ont pu traverser la toile métallique P de la bluterie sont jetés dans l'élévateur IV qui les porte dans le boisseau O du deuxième broyeur que l'on règle encore de façon qu'il donne à peu près la même proportion de gruaux et farine que le premier. L'extrait de la deuxième bluterie P va à la vis Q, et la queue de cette bluterie est jetée à l'élévateur V qui la conduit au boisseau O du troisième broyeur. Les cylindres de celui-ci sont réglés pour achever le broyage du grain; c'est-à-dire pour que la queue de la troisième bluterie P soit des sons finis, curés. Cela peut s'obtenir avec des blés durs ou de nature sèche, dits mitadins ou mi-durs. Si l'on traite des blés tendres, la queue de la troisième bluterie P donne des sons qu'il faut curer avec la paire de meules Xa.

Les gruaux et farines des trois concasseurs recueillis, après blutage, par la vis Q, sont versés dans le premier conduit de l'élévateur double VI qui les porte dans la bluterie à boulange R, destinée à extraire la farine; puis un petit élévateur prend les gruaux et les donne à la bluterie diviseuse R placée à côté de la bluterie à extraire.

Les sons, plus ou moins bien finis, sortant en queue de la troisième bluterie P, sont reçus dans une caisse ou boisseau Q*a*, ou vont au deuxième couloir de l'élévateur double VI qui les porte au boisseau Q*g*, muni de trois vannettes ensacheuses.

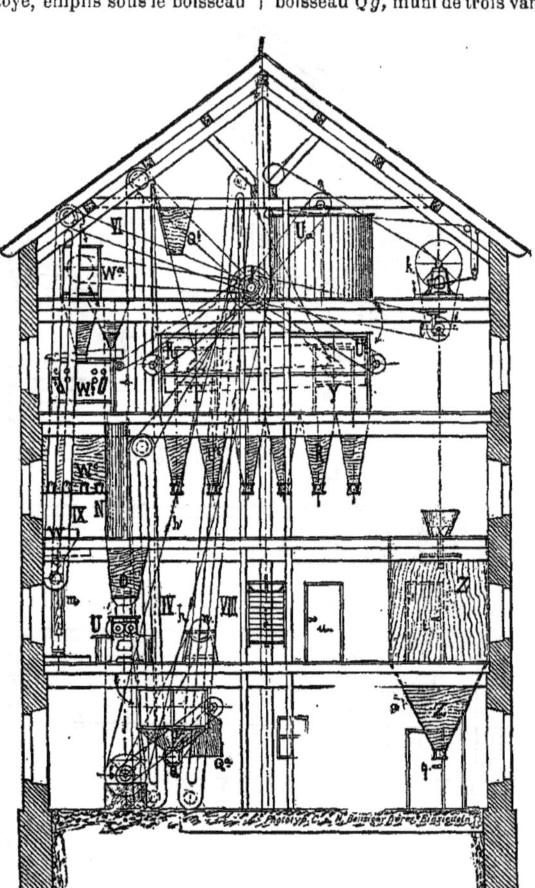

Fig. 417. — *Coupe du même moulin.*

Les gruaux des premières cases de la diviseuse R et tous les gruaux ultérieurement classés et épurés, doivent être réduits en farine par la paire de meules à gruaux U. En sortant des meules, à l'état de boulange, ils sont pris par la première moitié de l'élévateur double VIII qui les élève au quatrième étage dans une chambre à râteau U*a* qui les distribue, lorsque cela est opportun, à la bluterie U*b*, la plus élevée, qui les sèche. La seconde bluterie U*b* reçoit les gruaux de la précédente et les divise.

Tous les gruaux qui ne seront pas pure amande devront être empochés et conduits au désagrégeur S. Les gruaux sont là comprimés, ou *claqués*, plus ou moins fortement, suivant leur nature. La boulange de ce désagrégeur est prise par l'élévateur VII qui la verse à la bluterie centrifuge T, celle-ci sèche et fait deux sortes de gruaux. Ceux des gruaux qui contiennent des rougeurs décollées et des déchets sont envoyés à la bluterie W*a* pour être séchés, puis au sasseur-aspirateur dit *Régina* W*b*.

Les issues et les gros sons, non assez finis, et mélangés de *boutons* ou culots de grains non finis, doivent être passés à la meule à sons X*a* puis pris par le second des élévateurs VII qui les porte à la seconde bluterie centrifuge Y disposée pour cette fin de mouture.

La figure 417 montre la chambre Z à mélanger mécaniquement la farine.

On peut faire à ce montage divers changements suivant que l'on veut avoir de la farine première plus ou moins belle et suivant la variété de blé à traiter.

Si, par exemple, on veut plus de fleur de farine, il conviendra d'employer quatre concasseurs.

Si l'on veut avoir de la farine extra blanche, on remplacera le compresseur J, du nettoyage, par une colonne épointeuse, et on ajoutera dans la machine, avant le premier broyeur, un *fendeur* à cylindres cannelés ou de tout autre espèce.

Tableau synoptique de la mouture basse aux meules bien conduite à la française (1). Le blé du commerce passe aux divers appareils de *nettoyage* qui forment une des parties principales du matériel d'un moulin. Ce blé, supposé du poids de 75 kilogrammes à l'hectolitre, perdra au nettoyage (sur 102^{k},4) 0^{k},40 de poussière, et 2 kilogrammes de *petit blé*. Il restera 100 kilogrammes de *blé nettoyé* à transformer en *farine* et *sons*.

Premier coup de meules. Du boisseau à blé propre, le grain passe à la *meule à blé*.

Ce premier passage aux meules donne une boulange pesant sensiblement autant que le blé. Pourtant l'évaporation, due à l'accroissement de la chaleur du blé, et l'*envolage* en poussière impalpable, donnent un premier déchet qui est de 0^{k},70.

Les 99^{k},3 de boulange refroidie, au besoin, dans une chambre à râteau, passent dans une première bluterie qui les divise en trois portions :

	Kilogr.
En tête, la farine de blé ou de premier jet .	55.60
Au travers du reste de la soie, passent les gruaux divers à classer ensuite, soit . . .	31.10
En queue de la bluterie, tombent les sons *finis*.	12.60
	99.30

Les gruaux sont classés par une bluterie spéciale : la première moitié, en tête, laisse passer les gruaux dits *premiers* : trois lés de soie à mailles de plus en plus grandes laissent passer les gruaux A dits *deuxièmes*, d'abord, puis les *troisièmes* gruaux, ou B, enfin les gruaux *bis* (C). En queue de cette bluterie peuvent s'échapper quelques fragments d'écorce, dits *recoupes*.

Deuxième coup de meules. Les premiers gruaux (20^{k},71 environ) sont envoyés à la paire de meules à gruaux.

La boulange qui sort des meules perd un peu de son poids : elle est envoyée à une bluterie destinée à extraire la farine de premiers gruaux, qui passe par les premiers lés de soie en tête ; puis les derniers lés laissent passer des gruaux à bluter et à classer ensuite ; soit :

	Kilogr.
Farine de premiers gruaux	14.50
Gruaux à classer.	6.21
	20.71

Ces gruaux sont donnés à une bluterie qui, comme la précédente, les classe en deuxièmes gruaux (D), troisièmes gruaux (E), gruaux *bis* (G) et *remoulages*.

Il peut y avoir environ 4^{k},65 de ces trois sortes de gruaux et 1^{k},56 de remoulages et peut-être recoupettes en queues.

Le troisième coup de meules (meules à gruaux) est donné aux deuxièmes gruaux A, du premier coup de meules. Ces gruaux sont seulement décortiqués par les meules. Pesant à peu près 2^{k},265 ils donnent environ 1^{k},50 de farine de deuxièmes gruaux, 0^{k},700 de gruaux à classer et quelques recoupettes, plus fines que précédemment, 0^{k},065.

Les gruaux traversant cette bluterie, après la farine, sont envoyés à la bluterie diviseuse qui les classe aussi en deuxièmes gruaux (D'), troisièmes gruaux (E'), gruaux bis (G') et remoulages. En queue, n'ayant pu traverser les soies, il peut tomber quelques recoupettes.

Le quatrième coup de meules est fait pour les *deuxièmes gruaux* de remoulages, c'est-à-dire provenant du deuxième et du troisième coup de meules, D et D', qui peuvent peser environ 2^{k},75. La boulange de ces meules passe à une bluterie d'extraction qui sépare, en tête, de la farine de deuxièmes gruaux, puis des gruaux à bluter et en queue quelques recoupettes. Ces deux coups de meules donnent de la farine de deuxièmes gruaux d'origine (A) et de deuxièmes gruaux de reprise (D et D'). Soit, en farine de deuxièmes gruaux, ensemble 2^{k},60.

Du quatrième coup de meules, il passe 1^{k},65 environ de gruaux divers à classer.

Ceux-ci sont envoyés à la bluterie qui extrait, en tête, des troisièmes gruaux (E''), puis des gruaux bis (G'') et enfin des remoulages (0^{k},55 environ) et en queue quelques recoupettes.

Le cinquième coup de meules traite les troisièmes gruaux d'origine (B) pesant environ 2^{k},487.

La boulange de ces meules donne, à la bluterie d'extraction, de la farine de troisièmes gruaux (1^{k},40 environ), des gruaux divers à classer (1^{k},077 environ) et quelques recoupettes en queue.

Les gruaux sont classés dans la bluterie à diviser en troisièmes gruaux (E'''), en tête ; en gruaux bis (G''') et en remoulages (0^{k},50 environ), et en queue quelques recoupettes.

Le sixième coup de meules traite les troisièmes gruaux de reprises (E, E', E'', E''') pesant 2^{k},75 environ. De la boulange de ces meules, la bluterie extrait de la farine de troisièmes gruaux de repasse (1^{k},10 environ) et des gruaux à classer (1^{k},65 environ). Ceux-ci sont classés par la diviseuse en *gruaux bis* (G^{IV}), en tête, et en remoulages (0^{k},75 environ).

Le septième coup de meules traite les gruaux bis d'origine ou du premier coup de meules (C). La bluterie extrait, de la boulange, de la *farine bise* (d'origine) et des gruaux à classer (environ 1^{k},6). La diviseuse les classe en gruaux bis (G^{V}) et en remoulages (0^{k},964 environ).

Enfin *le huitième coup de meules* traite les gruaux bis de repasse (G, G', G'', G''', G^{IV}, G^{V}). De

(1) Nous nous appuyons sur les chiffres exposés à Paris, en 1878, par un très habile meunier, M. Dumont-Carpentier, de Gisors.

la boulange, la bluterie extrait de la *farine bise* et 1 kilogramme environ de remoulages.

Résumé : 102^k,40 de grain du commerce donnent après nettoyage, 100 kilogr. de grain nettoyé.

		kilogr.	kilogr.	kilogr.	kilogr.	kilogr.	kilogr.	kilogr.
1er coup de meules..	Farine de blé ou de 1er jet. . .	55.60	»	»	»	»	»	»
	Sons.	»	»	»	»	»	12.60	»
2e coup de meules. . .	Farine de 1er gruaux.	»	14.50	»	»	»	»	»
3e et 4e coups de meules	Farine de 2e gruaux.	»	»	2.60	»	»	»	»
5e et 6e coups de meules	Farine de 3e gruaux.	»	»	»	2.50	»	»	»
7e et 8e coups de meules	Farine bise.	»	»	»	»	1.30	»	»
Des divers coups de meules, les recoupettes et remoulages mélangés		»		»	»	»	»	8.60
		55.60	14.50	2.60	2.50	1.30	12.60	8.60
En farine première de blé et de premiers gruaux . . .		70.1		6.40			21.2	
En toutes farines.				76.50				76.50
En toutes issues.								21.2
Les déchets dans les diverses opérations par évaporation et envolages sont donc de								2.3
								100.00

Nous avons indiqué suffisamment la marche de la mouture haute par les meules. Nous pouvons donc nous contenter de la résumer ici en indiquant les produits de l'essai fait pour la chambre syndicale des grains et farines à Renchen (Grand duché de Bade) avec les petites meules Fauqueux, sur 2,500 kilogrammes de blé nettoyé.

1er *passage du blé* dans une petite paire de meules en grès, de 0m,65 de diamètre, éboutant et fendant le grain.	44k00	de farine poussiéreuse pouvant être mise aux bises.	
2e *passage du blé* dans une petite paire de meules en silex meulier de La Ferté-sous-Jouarre.	29.50	de farine bise.	
3e *passage du blé*	»	farine blanche.	58k,50
4e —	»	—	123.00
5e —	»	—	212.50
6e —	»	—	141.00
7e —	»	—	100.00
1er curage des sons dans une paire de meules plus grandes.	»	—	71.50
2e — — — —	41.50 (?)	—	»
Soit en farine de premier jet, ou de blé, bises.	115.00	et blanches	706.50

Les 1er et 2e désagrégeages des semoules, à l'aide de cylindres en porcelaine de Wegman, donnent 32^k,50 et 49 kilogrammes de farine blanche, soit ensemble. 81.5

Les convertissages de semoules et de gruaux épurés se font par deux paires de meules spéciales de 1m,10 de diamètre; les 1er, 2e .... 7e passages donnent respectivement 193^k,5, 122,50, 141, 200,5, 137, 70,5 et 40 kilogrammes, ensemble en farine blanche. 905.00

Le 8e passage donne en farine bise. . . . . 21.0 et blanche 57.00

Le 9e passage donne de la farine bise seulement . . . . 41.5 (?)

En tout, désagrégeage et convertissage, farine bise. . . . . 62.5 et blanche. 1043.50

C'est en toutes farines. . . . . 1,927^k,50

Les remoulages provenant des divers passages pèsent . . . . 103^k,50

Les sons *mélangés* . . . . 409^k,50

Enfin les déchets (estimés par différence des poids) s'élèvent à . . . . 59^k,50

En résumant et rapportant à 100 kilogrammes de grain nettoyé, on a :

Farines	*blanches* ou premières	de blé ou de premier jet.	25k40	28.26	70.00	75.34	de toutes farines
		de curage des sons.	2.86				
		de désagrégeage.	3.26	41.74			
		de convertissage des gruaux. . . .	38.48				
	bises	de premier jet..	2.84		5.34		
		de convertissage des bas gruaux.	2.50				
Issues	Farine poussiéreuse du premier passage du blé.		1.76	5.90		22.28	
	Remoulages proprement dits		4.14				
	Sons mélangés.			16.38			
Déchets.						2.38	
						100.00	

Dans la mouture basse aux meules nous avions 55^k,6 0/0 de farine de premier jet sur 76,50 de toutes farines.
Dans la mouture haute que nous venons de détailler, il n'y en a eu que 25,40 sur 75,34 de toutes farines.
La différence des deux systèmes de mouture est donc bien tranchée.

La mouture graduelle du même blé par les cylindres du système Ganz, de M. Gillet, a donné les résultats suivants pour 3,500 kilogrammes :

Opérations diverses de la mouture	Produits avant le reblutage	Farines noires ou poussiéreuses	Farines bises partielles	Farines bises totales	Farines blanches partielles	Farines blanches totales
		kilogr.	kilogr.	kilogr.	kilogr.	kilogr.
Fendage du blé par la première paire de cylindres cannelés	»	44.00	»	»	»	»
Concassage du blé par les 2e et 3e paires de cylindres. *Broyage du blé* par les 4e et 5e paires de cylindres	»	»	»	»	631.00	631.00
Curage des sons par la 6e paire de cylindres	»	»	16.50		18.50	
Déshabillage ou désagrégeage des queues de semoules	»	»	»		42.00	
Déshabillage ou désagrégeage des petits sons et soufflures de sassage	»	»	39.00	104.00	»	182.00
Reblutage ou séchage des gruaux fins	»	»	»		121.50	
Déshabillage ou désagrégeage des queues de gruaux	»	»	48.50		»	»
Convertissage des semoules et gruaux purifiés :						
1er passage	»	»	»	»	413.00	
2e —	»	»	»	»	229.00	
3e —	»	»	»	»	259.50	
4e —	»	»	»	»	154.00	
5e —	»	»	»	»	150.00	
6e —	136.5	»	»	»	118.00	
7e —	110.0	»	»	»	95.00	1637.00
8e —	64.0	»	»	»	55.00	
9e —	59.5	»	»	»	52.00	
10e —	56.5	»	»	»	49.50	
11e —	30.5	»	»	»	26.00	
12e —	41.5	»	»	»	36.00	
13e —	»	»	59.00	59.00	»	»
Totaux des farines séparément	»	44.00	»	163.00	»	2450.00
En toutes farines	2,657 kilogr.					

100 kilogrammes de blé donnent donc :

Farines blanches	de blé ou de premier jet	18.02857	0/0 70.00	0/0 74.6571	
	de curage des sons du désagrégeage et du séchage des gruaux	5.2000			
	de convertissage des gruaux	46.77129			
Farines bises	de curage des sons (premier jet)	0.47143	4.6571		
	de désagrégeage des queux de semoules	1.38571			
	de désagrégeage des petits sons et soufflures	1.38571			
	du convertissage des fins de gruaux	1.68571			
Farine noire, comme issue		1.25714	4.5714		24.3714
Fins de reblutage		0.48571			
Remoulages		2.82857			
Sons	gros	14.52857	19.8000		
	fins	5.27142			
Déchets					0.9715
	Total				100.0000

Les différents modes de réduction du grain peuvent-ils tirer du même froment des farines de compositions chimiques différentes? On le croyait, et on le disait avant l'examen consciencieux, fait par M. A. Girard, des produits donnés par neuf systèmes différents de réduction agissant sur le même blé. Citons notre auteur :

« C'est.... un préjugé très répandu que d'attribuer à tel ou tel procédé de mouture, la faculté de détruire certaines parties du grain, notamment de *faire disparaître le gluten*; c'est l'expression usitée. La production d'un phénomène aussi considérable est impossible cependant; la chimie ne saurait l'admettre *à priori*, et les résultats fournis précisément par l'analyse des farines obtenues d'un même blé, au même rendement et avec des procédés de mouture très différents, doivent contribuer à faire cesser l'erreur qui, à ce propos, subsiste encore aujourd'hui. »

L'étude des divers produits des neuf systèmes différents de mouture faite par M. A. Girard pour la chambre syndicale des grains et farines, et les expériences de panification, etc., de M. Lucas et les appréciations des divers produits par des commissions compétentes mettront fin à ces idées fausses.

Nous résumons le tout dans les tableaux des pages suivantes.

En n'admettant, comme gruaux, que les matières qui n'ont pu traverser la soie du numéro 50, on voit que dans la mouture par les cylindres Simon, la première phase, le fendage, donne une boulange dont 98,04 0/0 ne peuvent traverser la soie du numéro 50. Dans les 6 broyages suivants, la

Numéros des soies des tamis		Grosseur probable des extraits en millim.	Cylindres fendeurs et broyeurs de Simon — 7 passages							Petites meules Fauqueux en silex — 7 passages							Cylindres fonte Ganz (Gillet) — 6 passages					
			1er	2e	3e	4e	5e	6e	7e	1er	2e	3e	4e	5e	6e	7e	1er	2e	3e	4e	5e	6e
		millim.	gr.	gr.	gr.	gr.	gr.	gr.	gr.	gr	gr.	gr.	gr.	gr.	gr.	gr.	gr.	gr.	gr.	gr.	gr.	gr.
Blé humide	120 . . .	0.11	0.58	10.12	16.42	13.33	12.89	12.43	10.08	0.39	1.79	1.83	7.12	10.35	14.32	24.03	2.24	8.96	16.17	8.69	30.00	12.96
	100 . . .	0.16	0.48	1.01	1.67	1.26	0.93	1.41	1.01	0.06	0.29	0.22	0.76	1.20	1.46	1.07	0.46	1.19	2.13	1.43	2.98	0.84
	90 . . .	0.20	0.55	1.14	2.95	2.04	1.43	1.35	0.78	0.03	0.30	0.31	0.99	1.45	2.14	1.12	0.31	1.71	2.96	1.83	2.29	0.79
	50 . . .	0.40	0.35	2.77	7.36	4.94	2.25	2.17	2.72	0.05	0.61	0.75	2.63	4.52	4.29	2.44	0.65	3.62	8.41	3.87	2.96	2.75
	Résidu .	plus d'un demi-millim.	98.04	84.96	71.60	78.43	82.50	82.64	85.41	99.47	97.01	96.89	88.50	82.48	77.79	71.34	96.34	84.52	70.33	84.18	61.77	82.66
			100.00	100.00	100.00	100.00	100.00	100.00	100.00	100.00	100.00	100.00	100.00	100.00	100.00	100.00	100.00	100.00	100.00	100.06	100.00	100.00
Blé sec	120 . . .	0.11	0.37	8.44	15.45	14.39	21.74	12.85	7.85	0.17	0.39	2.74	6.28	12.71	9.89	19.04	1.31	2.91	23.07	27.03	13.92	15.70
	100 . . .	0.16	0.06	0.83	1.74	1.40	1.68	1.02	0.78	0.12	0.28	0.56	0.29	1.44	0.84	3.38	0.22	0.48	1.17	2.98	1.34	1.57
	80 . . .	0,20	0.16	0.70	1.96	2.06	2.50	0.92	0.76	0.06	0.21	0.60	0.40	1.21	1.38	1.99	0.35	0.84	1.22	4.20	2.26	1.70
	50 . . .	0.40	0.25	2.58	5.16	4.78	5.62	1.76	2.27	0.09	0.18	0.81	1.42	3.25	5.49	2.68	0.34	2.00	3.13	9.12	5.50	6.86
	Résidu. .	plus de 0m,4	99.16	87.36	75.69	77.37	68.46	83.45	88.34	99.56	98.94	95.29	91.61	81.39	82.40	72.91	97.78	93.77	71.41	56.67	76.98	74.11
			100.00	100.00	100.00	100.00	100.00	100.00	100.00	100.00	100.00	100.00	100.00	100.00	100,00	100.00	100.00	100.00	100.00	100.00	100.00	100.00

Numéros des soies des tamis		Batteur Bordier un seul passage	Meules blutantes en porcelaine de M. Devilliers — 3 passages			Coupeur-granulateur Saint-Réquier — 2 passages		Meules métalliques verticales de MM. Rose (Higginbottom) — 6 passages						Meules métalliques horizontales de MM. Mariotte et Boffy — 7 passages						
			1er feuillère	2e entropied	3e cœur	1er	2e	1er	2e	3e	4e	5e	6e	1er	2e	3e	4e	5e	6e	7e
		gr.	gr.	gr.	gr.	gr.	gr	gr.	gr	gr.	gr.	gr.	gr.	gr.	gr.	gr.	gr.	gr.	gr.	gr.
Blé humide	120 . . .	48.48	74.34	37.73	44.96	9.98	14.96	0.30	9.41	13.41	13.44	25.87	6.41	»	2.24	6.92	9.58	13.02	12.09	10.22
	100 . . .	4.48	5.06	4.44	2.19	1.58	2.06	0.08	0.65	1.46	1.23	1.47	0.33	»	0.28	0.73	0.89	1.03	0.85	0.47
	80 . . .	4.75	5.49	0.92	2.43	1.68	3.41	0.06	0.82	1.99	1.25	1.85	0.29	»	0.27	0.57	1.07	1.28	0.85	0.94
	50 . . .	11.04	7.42	16.73	6.17	5.28	9.40	0.08	2.08	5.62	3.78	3.02	0.88	»	0.80	1.37	3.61	3.42	1.52	0.92
	Résidu .	31.25	7.69	34.18	44.25	81.48	70.17	99.48	87.04	77.52	80.30	67.79	92.09	»	96.41	90.41	84.85	81.25	84.09	87.45
		100.00	100.00	100.00	100.00	100.00	100.00	100.00	100.00	100.00	100.00	100.00	100.00	»	100.00	100.00	100.00	100.00	100.00	100.00
Blé sec	120 . . .	42.95	74.22	31.98	42.52	5.79	8.96	0.58	9.79	11.56	15.60	7.17	5.06	»	1.34	4.50	7.15	10.31	12.72	8.95
	100 . . .	3.42	4.26	4.24	1.74	0.94	0.92	0.15	0.84	0.64	1.62	0.34	0.64	»	0.14	0.54	0.52	0.42	0.81	0.53
	80 . . .	4.38	4.60	5.72	2.01	1.59	1.10	0.14	1.21	1.26	1.99	0.62	0.49	»	0.20	0.48	0.93	0.49	1.52	0.42
	50 . . .	11.99	6.79	18.01	4.14	3.62	3.34	0.12	3.22	2.61	6.76	1.03	0.83	»	0.20	1.54	2.28	1.98	3.08	0.64
	Résidu .	37.26	10.13	40.05	49.59	88.06	85.68	99.01	84.94	83.93	74.03	90.84	92.98	»	98.12	92.94	89.12	86.80	81.27	89.46
		100.00	100.00	100.00	100.00	100.00	100.00	100.00	100.00	100.00	100.00	100.00	100.00	»	100.00	100.00	100.00	100.00	100.00	100.00

moyenne de ces gruaux et résidus est de 80,923 0/0. Par opposition, en farine traversant le numéro 120, on a 0,58 0/0 pendant le fendage et 12,565 en moyenne dans les six autres passages.

Avec les petites meules en silex, en mouture haute, le premier passage donne 99,47 0/0 et les six autres en moyenne 85,668 0/0. En farine de la soie 120, c'est 0,39 0/0 pour le premier passage et en moyenne 9,9066 0/0 dans les autres passages.

Les cylindres en fonte trempée, de Ganz, don-

		Meules ordinaires M. Guyot à Charenton	Cylindres fonte et porcelaine M. Simon	Meules de pierre en mouture haute M. Fauqueux	Cylindres en fonte M. Gillet système Ganz	Batteur à chevilles de M. Bordier à Senlis	Meules en porcelaine blutantes de M. Devilliers à St-Denis	Système coupeur-granulateur et cylindres Saint-Riquier	Meules métalliques verticales de MM. Rose à Charenton	Meules métalliq. horizontales de MM. Mariotte et Boffy	Moyennes
Blé humide	Eau	15.39	14.90	14.57	15.27	16.80	16.42	16.86	16.14	15.78	15.79222
	Enveloppes	11.05	11.37	11.30	11.47	10.03	10.89	10.11	10.75	11.65	10.94667
	Amande et germe (dont 1,43 et 1,38 germe, et 72,13 et 72,35 amande)	73.56	73.73	74.13	73.26	73.17	72.69	73.03	73.11	72.57	73.25 (1)
		100.00	100.00	100.00	100.00	100.00	100.00	100.00	100.00	100.00	99.98889
	Azote pour cent de blé	1.31	1.77	»	»	»	»	»	»	»	1.79
	Matières minérales id.	1.58	1.68	»	»	»	»	»	»	»	1.64
Farine de blé ou de 1er jet.	Eau	13.66	14.34	14.02	14.94	14.85	15.20	»	»	15.55	14.6514
	Gluten sec	8.35	8.71	8.71	7.82	8.04	6.22	»	»	8.04	7.9843
	Matières azotées solubles et débris azotés	1.46	1.04	1.10	2.24	1.83	2.90	»	»	2.08	1.8071
	Matières non azotées (amidon, etc.)	75.84	75.35	75.53	74.54	74.62	74.92	»	»	73.75	74.9357
	Matières minérales	0.69	0.56	0.64	0.46	0.66	0.76	»	»	0.58	0.6214
		100.00	100.00	100.00	100.00	100.00	100.00	»	»	100.00	99.9999
	Azote pour cent de farine	1.57	1.56	1.57	1.61	1.58	1.46	»	»	1.62	1.5671
Farine première à 70 0/0 du blé.	Eau	13.90	14.06	13.88	14.06	14.75	15.25	15.85	15.80	15.65	14.8000
	Gluten sec	9.12	8.84	8.76	8.52	8.69	8.68	8.56	8.81	8.59	8.7300
	Matières azotées solubles et débris azotés	0.63	0.92	1.05	1.54	1.56	1.57	1.69	1.69	1.53	1.3533
	Matières non azotées (amidon, etc.)	75.66	75.66	75.67	75.40	74.32	73.88	73.26	73.10	73.61	74.5189
	Matières minérales	0.69	0.52	0.64	0.48	0.68	0.62	0.64	0.60	0.62	0.6100
		100.00	100.00	100.00	100.00	100.00	100.00	100.00	100.00	100.00	100.0022
	Azote pour cent de farine	1.56	1.53	1.57	1.61	1.64	1.64	1.64	1.68	1.62	1.6100
Sons.	Eau	12.78	13.02	12.70	14.24	15.50	14.50	15.00	14.70	15.00	14.1600
	Enveloppes sèches	46.50	52.00	50.00	47.00	50.00	49.00	44.00	53.00	51.00	49.1667
	Farine sèche adhérente	40.72	34.98	37.30	38.76	34.50	36.50	41.00	32.30	34.00	36.6733
		100.00	100.00	100.00	100.00	100.00	100.00	100.00	100.00	100.00	100.0000
	Azote pour cent de son	2.42	2.68	2.47	2.80	2.26	2.58	2.82	2.64	2.52	2.5767
	Matières minérales id.	5.60	5.20	5.54	5.40	4.68	5.52	4.22	5.78	5.46	5.2667
Date de la mouture		2 août 1883	17-21 août	22-28 août	20-27 sept.	28 sep. 6 oct.	7-17 octob.	19-31 octob.	2-9 nov.	12-17 nov.	2 août 84 17 nov.
Date des analyses		15 août 30 sep.	10-30 sept.	1er oct. 1 nov.	1er au 28 nov.	1er au 15 déc.	15-31 déc.	25 déc. 10 jan.	10-25 jr 1884	15-30 jr 1884	15 août 84 30 janv.
Farine première à 70 0/0 (Blancheur et couleur même classement que pour le blé sec.)	Gluten humide	22.00	22.20	21.60	22.50	22.50	23.00	22.90	24.30	24.30	22.8111
Farine bise : classement d'après leur valeur commerciale		2e	1re	6e	3e	8e	5e	9e	7e	4e	»
Remoulages : classement d'après leur valeur commerciale		1er	3e	9e	4e	6e	7e	5e	2e	8e	»
Pain	Aspect et blancheur : classement	8e	1er	6e	2e	9e	7e	3e	5e	4e	»
	Rendement par 100 kilogr. farine (net)	133.223	132 408	131.911	130 229	130.814	130.719	136.500	130.131	130.519	132.162

(1) Dont 1,405 de germe, soit 71,845 d'amande pure

Avec une même farine, une panification peut donner 2k,208 de pain de plus qu'une autre sur 100 kil. de farine.

	Meules ordinaires Mouture mi-haute M. Guyot	Cylindres en fonte et en porcelaine M. Simon		Meules de pierres en mouture haute de M. Fauqueux		Cylindres en fonte système Ganz M. Gillet		Batteur à chevilles de M. Dordier	Meules en porcelaine blutantes de M. Devilliers		Coupeur-granulateur et cylindres en fonte M. St-Réquier	Meules métalliques verticales de MM. Rose Higginbottom	Meules métalliques horizontales de MM. Mariotte et Boffy		Moyennes
Proportion de la farine première	70 0/0	68 0/0 - 70.15		68 - 70.15		68 et 70.25		68 0/0	68 et 70		68.8 0/0	68 0/0	68 et 70		68 94714 0/0
Blé sec — Eau	14 70	14.92		14.13		14 85		16.44	16.44		16.20	15.66	15.68		15 46889
Blé sec — Enveloppes	11 60	11.30		11.70		11.58		10.00	10.73		10.57	10.69	10.53		10,96607
Blé sec — Amande et germe dont 1,26 de germe et 72,44 et 72,52 amande	73.70	73,78		74 17		73.57		73,56	72,83		73.23	73 45	73,79		73,58444 (1)
	100 00	100 00		100 00		100.00		100 00	100 00		100 00	100 00	100.00		100.00000
Blé sec — Azote pour cent de blé	1.61	1 69		»		»		»	»		»	»	»		1.665
Blé sec — Matières minérales pour cent de blé	1 52	1.56		»		»		»	»		»	»	»		1.540
Farine premier jet — Eau	13,42	14,90		14,01		14.78		14.90	15.15		»	»	15.15		14.63143
Farine premier jet — Gluten sec	8.21	8.32		8.79		8 57		9.16	8.69		»	»	7.52		8.47000
Farine premier jet — Matières azotées solubles et débris azotés	1.14	0.93		0 52		0 90		0 84	1.06		»	»	1.73		1.03000
Farine premier jet — Matières non azotées (amidon, etc.)	76.52	75 26		75.99		75.10		74,36	74.38		»	»	75 06		75.23857
Farine premier jet — Matières minérales	0.68	0.59		0.66		0.56		0.74	0.72		»	»	0.54		0.64143
	100 00	100.00		100 00		100.00		100 00	100 00		»	»	100 00		100 01143
Farine premier jet — Azote pour cent de farine	1.50	1 48		1.49		1.53		1 60	1.56		»	»	1.48		1.52
Farine première à 70 0/0 — Eau	13.90	13 84	3.84	13,24	13.48	14.36	14.24	14,50	15.15	15.05	14 85	15.70	15.12	15.40	14.47613
Farine première à 70 0/0 — Gluten sec	9.12	8 63	8 44	8.61	8 62	9 04	9 33	9.04	9 16	8.61	8.65	8.68	8.63	8.78	8.79285
Farine première à 70 0/0 — Matières azotées solubles et débris azotés	0.63	0 74	1.40	0.70	1 19	1 02	0 85	1.21	0.94	1.14	1.72	1.07	1.49	1.52	1 115714
Farine première à 70 0/0 — Matières non azotées (amidon, etc.)	75.66	78.31	75 83	76 83	78 11	74 94	76.16	74 59	74 17	74.58	74.18	73.97	74.18	73.79	75.025000
Farine première à 70 0/0 — Matières minérales	0.69	0.45	0.49	0 62	0 58	0 64	0.42	0 66	0.58	0.62	0.60	0.58	0.58	0 56	0 576429
	100 00	100.00	100 00	100 00	100 00	100 00	100 00	100 00	100 00	100.00	100 00	100 00	100 00	100 00	99,99286
Farine première à 70 0/0 — Azote pour cent de farine	1.56	1.50	1 56	1.49	1.57	1.61	1 63	1.64	1.12	1.56	1.66	1 56	1.62	1 64	1.58714
Son — Eau	12.64	12.86		12.48		14.60		14 95	»		14 75	14 65	16 40		14.17375
Son — Enveloppes sèches	60.30	55 00		53.00		56 00		58 00	»		51 00	54 80	56.00		55 01250
Son — Farine sèche adhérente	27.06	32.14		34 52		27.34		32 05	»		34.25	30.55	27.60		30 91875
	100 00	100 00		100 00		100.00		100 00	»		100.00	100 00	100.00		100 12500
Son — Azote pour cent de son	2.26	2.10		2.17		2.34		2 18	»		2 50	2.84	2.42		2 29875
Son — Matières minérales pour cent de son	5.48	5.62		5 70		5.60		4.84	»		4.54	5.84	5.58		5.40000
Remoulages : classement d'après leur valeur commerciale	3e	2e		9e		6e		8e	4e		7e	1er	5e		»
Farine première à 68 0/0 — Gluten humide dans farine première à 68 0/0	21,30	22 20		22.00		22.80		22.20	23.25		23.00	23.80	23.00		22.61667
Farine première à 68 0/0 — Gluten humide dans farine première à 70 0/0	»	22.35		22 20		22.80		»	23.10		»	»	23.10		22.71000
Farine première à 68 0/0 — Blancheur — Ordre de classement	7e	1re		8e		2e		9e	6e		3e	4e	5e		»
Farine première à 68 0/0 — Blancheur — Couleur	jaunâtre	blanc pur		jaunâtre		blanc pur		grisâtre	jaunâtre		un peu jaunâtre	très peu jaunâtre	très peu jaunâtre		»
Farine première à 68 0/0 — Piqûres	nombreuses & fines	traces		nombreuses et fines		très peu		grosses, débris son	nombreuses et fines		quelques-unes	quelques-unes	Piqûres éparpillées		»
Farine première à 68 0/0 — Classement d'après la faible partie de résidu cellulosique	7e	1er		8e		2e		9e	6e		3e	4e	5e		»
Farine bise : classement d'après leur valeur com	2e	3e et 5e		11e et 12		1er et 4e		14e	7e et 10e		13e	6e	8e et 9e		»
Pain — Aspect et blancheur — classement (de la far. à 68 0/0) entre les pains qui en proviennent	8e	1er		6e		2e		9e	7e		3e	4e	5e		»
Pain — Aspect et blancheur — classem. (farine à 70 0/0 seuls)	»	1er		4e		2e		»	5e		»	»	3e		»
Pain — Rendement pour cent de farine	132,826	132 568		132,067		131 939		130 449	133 177		135 522	129.730	132 581		132,417 2/3

(1) Dont 1.26 de germe et 72.304 d'amande pure.

nent dans le premier passage (le fendage), 96,34, et pour les cinq autres passages, la moyenne est de 76,69 0/0. En farine du numéro 120, on a 2,24 0/0 pendant le fendage, et en moyenne 15,356 0/0 dans les autres passages.

Avec les meules métalliques verticales de M. Rose, on a, dans le premier passage (le fendage), un résidu de 99,48 0/0 et, en moyenne, dans les autres passages, 80,048 0/0. En farine, du numéro 120, on a, pendant le fendage, 0,3 0/0 seulement et dans les broyages 13,708 0/0.

Enfin, les meules métalliques horizontales de MM. Mariotte et Boffy ont donné, pour les six derniers broyages, 87,51 et, en farine de 120, on a eu 9,01166 0/0.

Ainsi, dans ces cinq procédés de mouture haute, le caractère de la première phase de la réduction, c'est de faire une très faible proportion de farine.

Au contraire, dans la mouture basse, avec le batteur Bordier, le premier passage donne 48,48 0/0 de farine du numéro 120 et 31,25 0/0 seulement de résidu.

Dans les meules blutantes de M. Devillers, les trois passages se font dans le même coup de meules. Le cœur des meules fait un premier concassage qui donne 44,96 0/0 de farine du 120; dans l'entrepied, un broyage donnant 37,36 0/0 de la même farine; mais dans la feuillère, se fait la vraie mouture puisque la boulange qui en provient contient 74,34 0/0 de farine du numéro 120.

Le cœur donne 44,23 de résidu sur le numéro 50; l'entrepied, 34,18, et la feuillère 7,49 0/0 seulement.

La marche de la réduction dans le système Saint-Requier peut être considérée comme analogue à une mouture haute dans laquelle la granulation se fait par une seule opération qui constitue l'originalité du système. Toutefois, dans l'essai qui a été fait pour la chambre syndicale, on a fait deux passages. Dans le premier, le résidu a été de 81,48 0/0 et de 70,17 dans le second. La proportion de farine a été de 9,98 0/0 dans le premier passage et 14,96 dans le second.

Ainsi, en mouture haute, les cinq boulanges du premier passage ou fendage ne donnent que 0,8775 0/0 en moyenne de farine du numéro 120 et les autres broyages 12,109 0/0.

Tandis que les deux systèmes de mouture basse donnent une boulange contenant 50,41 0/0 de farine du numéro 120 et 29,94 0/0 de résidu sur le numéro 50.

Cette opposition entre les deux systèmes de mouture est donc bien tranchée.

Pour le blé sec, les chiffres sont analogues.

Les chiffres des deux derniers tableaux montrent bien que la composition chimique des produits ne change pas par le fait des appareils de mouture. C'est donc l'état physique surtout qui décide de leur valeur commerciale et de la qualité du pain. — J. A. G.

Mouture. — V. Bière, Brasserie.

*MOUVANT, ANTE. *Art. hérald.* Se dit d'un meuble qui semble sortir du flanc ou de l'angle de l'écu; des pièces qui se joignent à quelques autres.

I. **MOUVEMENT.** La notion du mouvement semble d'abord être une de ces idées simples et primordiales qui se rencontrent au début de toutes les sciences et de toutes les spéculations intellectuelles et qu'il est illusoire de chercher à définir, parce qu'il est impossible de les ramener à des idées plus simples. Cependant, en allant au fond des choses, on ne tarde pas à reconnaître que notre conception du mouvement implique, *nécessairement*, une relation entre les positions de deux ou plusieurs corps. S'il n'existait qu'un seul corps dans l'univers, il serait impossible de dire s'il est en repos ou en mouvement; et même ces deux mots ne pourraient plus avoir aucun sens pour notre esprit. Nous concevons parfaitement que les astres soient en mouvement les uns par rapport aux autres, mais quel sens pourrait attacher à sa question celui qui s'aviserait de demander si l'ensemble de *tout ce qui existe dans l'univers* ou, pour préciser, si le centre de gravité de ce système universel est en repos ou en mouvement? Pour éviter toute discussion métaphysique nécessairement stérile et oiseuse, et pour rester dans le domaine accessible à la raison, il faut abandonner la prétendue notion du *mouvement absolu* au sens propre du mot, et se borner à considérer le mouvement d'un corps *par rapport* à d'autres qui l'environnent, ce qui constitue le mouvement qualifié de *relatif*. Cette conception du mouvement relatif se rattache alors à la notion purement géométrique de la déformation des figures; mais elle est plus générale que les conceptions géométriques puisqu'elle fait intervenir un élément, le *temps*, qui ne figure jamais dans les spéculations géométriques.

Pour la préciser, nous commencerons par faire abstraction des dimensions des corps ou des particules qui les composent et, par ne considérer que des systèmes de points. Un système sera dit *invariable* si la figure géométrique formée par les différents points qui le composent reste avec le temps égale à elle-même ou, ce qui revient au même, si les distances mutuelles de ces différents points restent constantes. Un point matériel m sera dit *en repos* ou *en mouvement*, par rapport à un système invariable S, suivant que la figure formée par le point m et le système S restera égale à elle-même, ou se déformera avec le temps, et l'on définira de la même manière le repos ou le mouvement d'un système invariable S' par rapport à un autre système invariable S. Un corps solide peut être considéré comme un système invariable si on le suppose composé de particules infiniment petites et si l'on fait abstraction des petites déformations qu'il peut subir. On voit alors que le mouvement d'un corps solide par rapport à un autre corps solide ou à un système de corps solides en repos relatif se trouve nettement défini. Les mots de *mouvement absolu* ou *mouvement relatif* pourront cependant être conservés à la condition qu'on les prenne dans chaque cas particulier en opposition l'un avec l'autre et sans leur attacher toute la signification qu'ils comportent. Par exemple, un corps se déplace sur un bateau qui suit un cours d'eau. On pourra qualifier de *mouvement relatif* le mouvement de ce corps par rapport au bateau, et de *mouvement absolu* le mouvement du même corps par rapport à la rive, lequel résulte de la combinaison du mouvement du corps sur le bateau et du mouvement de celui-ci. Mais ce n'est là qu'un *mouvement relatif par rapport à la Terre.* De même, on pourra dire que le mouvement *absolu* de la Lune dans le système solaire, résulte du mouvement relatif de la Lune autour de la Terre et du mouvement de celle-ci autour du Soleil ; ce ne sera encore qu'un mouvement relatif. En résumé, le mouvement pourra être qualifié d'*absolu* toutes les fois que le système auquel on le rapporte sera supposé fixe, c'est-à-dire toutes les fois qu'on voudra faire abstraction du mouvement de ce système.

Nous avons expliqué, au mot Mécanique, comment l'étude du mouvement naturel des corps tel que nous l'observons dans l'Univers et qui constitue, à proprement parler, la mécanique, devait être séparée et précédée de l'étude abstraite du mouvement. Cette science du mouvement considéré en lui-même, abstraction faite des propriétés de la matière, a reçu d'Ampère, le nom de *cinématique* (V. ce mot). Contrairement à la mécanique qui est une science expérimentale, la cinématique est une science abstraite au même titre que la géométrie. Elle n'invoque aucun autre principe que ceux qui servent de base à la géométrie et n'exige qu'une seule notion nouvelle : c'est celle du temps avec la conception assez vague, du reste, et impossible à définir d'une manière précise, de l'égalité et de l'addition des durées.

Mouvement le plus général d'une figure plane ou d'un corps solide. On conçoit même qu'on puisse étudier à part toutes les propriétés du mouvement, qui ne dépendent pas du temps ; c'est une étude d'un grand intérêt et qui est pour ainsi dire à la cinématique ce que celle-ci est à la mécanique. Quoique enseignée dans les traités de mécanique et de cinématique, cette partie de la science n'est qu'un chapitre de la géométrie qui a reçu le nom d'*étude géométrique du déplacement*, le mot *déplacement* étant substitué à celui de *mouvement* qui implique presque forcément l'idée de temps. Dans cet ordre d'idées, il n'y a plus à considérer dans le déplacement d'un point, que la ligne formée par le lieu des positions successives qu'il occupe, ligne qui a reçu le nom de *trajectoire*. On distingue naturellement le *mouvement rectiligne* et le *mouvement curviligne* suivant la forme de la trajectoire. Parmi tous les mouvements dont un système invariable est susceptible, on distingue le *mouvement de translation*, dans lequel tous les points du système décrivent des trajectoires parallèles ; le *mouvement de rotation*, dans lequel le système tourne autour d'un axe fixe ; et le *mouvement hélicoïdal* (V. Hélicoïdal). On se trouve alors amené à rechercher comment on peut concevoir le mouvement le plus général d'un système invariable. On démontre aisément qu'on peut toujours amener une figure plane d'une de ses positions à une autre par une simple rotation autour d'un point fixe du plan. Ce théorème si simple, qui s'établit à l'aide des deux premiers livres de la géométrie élémentaire, conduit à considérer tou déplacement d'une figure plane comme formé par une suite de rotations infiniment petites s'effectuant autour d'un centre variable d'une rotation à l'autre, et qui a reçu le nom de *centre instantané de rotation*. On peut concevoir que la figure mobile entraîne avec elle tout son plan, lequel se déplace alors par rapport au plan fixe, et tracer sur chacun de ces deux plans, le lieu des centres instantanés de rotation. On reconnaît alors que ces deux courbes sont constamment tangentes, et roulent, sans glisser, l'une sur l'autre de telle sorte que le mouvement le plus général d'une figure plane dans son plan peut être considéré comme défini par le roulement d'une courbe tracée dans le plan de la figure mobile sur une certaine courbe fixe. Le centre instantané se trouve à chaque instant au point du contact des deux courbes. La théorie du centre instantané de rotation est due à Descartes et Roberval ; elle fournit une méthode extrêmement commode pour la détermination des normales et des tangentes aux courbes, car la normale à la trajectoire d'un point de la figure mobile doit nécessairement passer par ce centre instantané de rotation (V. Centre, § *Centre instantané*). Au point de vue des applications, elle est la base de l'étude du tracé des dents d'engrenages. Par des considérations analogues, on reconnaît que le mouvement le plus général d'un corps solide, fixé en un de ses points, se compose d'une suite de rotations infiniment petites autour d'un axe instantané qui se déplace d'une rotation à l'autre. Les lieux de ces axes instantanés, dans l'espace et dans le corps mobile, forment deux cônes qui définissent le mouvement du système, le cône mobile roulant, sans glisser, sur le cône fixe, et l'axe instantané étant à chaque instant la génératrice du contact.

Enfin, le mouvement le plus général d'un corps solide libre se compose d'une succession de mouvements hélicoïdaux infiniment petits, le corps tournant à chaque instant autour d'une certaine droite en même temps qu'il subit un déplacement de translation dans le sens de cette droite, laquelle a reçu le nom d'*axe instantané de rotation et de glissement*. Les lieux de ces axes instantanés dans l'espace et dans le système mobile forment deux surfaces réglées ; la surface mobile roule et glisse à la fois sur la surface fixe, et l'axe instantané est à chaque instant la génératrice commune aux deux surfaces. Cette théorie est due à Poinsot, Chasles et Poncelet.

Mouvement uniforme, varié, uniformément varié, etc. Dès qu'on fait intervenir l'idée de temps, la trajectoire ne suffit plus à définir le mouvement d'un point matériel ; il faut encore faire connaître la *loi du mouvement* qui permet de déterminer la position qu'occupe à chaque instant le point mobile sur sa trajectoire. Les différentes espèces de mouvement doivent alors être classées d'après la forme de cette loi. Le mouvement est dit *uniforme* si le mobile parcourt des espaces égaux pendant des temps égaux, et la *vitesse* est le chemin décrit pendant l'unité de temps, de sorte que la loi d'un pareil mouvement est définie par l'équation :

$$s=vt$$

où s désigne le chemin parcouru, v la vitesse et t le temps. Tout mouvement qui n'est pas uniforme est dit *varié*. La vitesse dans le mouvement varié est représentée par une droite tangente à la trajectoire au point où se trouve le mobile à l'instant considéré, et égale à la dérivée du chemin décrit par rapport au temps :

$$v=\frac{ds}{dt}$$

Un autre élément fort utile à considérer est *l'accélération*, qui indique comment la vitesse varie par rapport au temps. Lorsque le mouvement est rectiligne l'accélération γ est simplement la dérivée de la vitesse, ou la dérivée seconde de l'espace par rapport au temps.

$$\gamma=\frac{dv}{dt}=\frac{d^2s}{dt^2}$$

Si cette accélération est positive, la vitesse s'accroît, et le mouvement est dit *accéléré*; si elle est négative, la vitesse diminue et le mouvement est dit *retardé*. Enfin, on dit que le mouvement rectiligne est *uniformément varié* lorsque l'accélération est constante. Dans ce cas, la vitesse varie de quantités égales pendant des temps égaux. Par une intégration très simple, on démontre que dans un pareil mouvement la vitesse est proportionnelle au temps et l'espace parcouru au carré du temps. On a alors les deux équations :

$$v=v_0+\gamma t$$

$$s=v_0 t+\frac{1}{2}\gamma t^2$$

où v_0 désigne la vitesse initiale à l'origine du temps et s l'espace parcouru. Un exemple de mouvement uniformément accéléré nous est fourni par la chute libre d'un corps pesant, et, en géné-

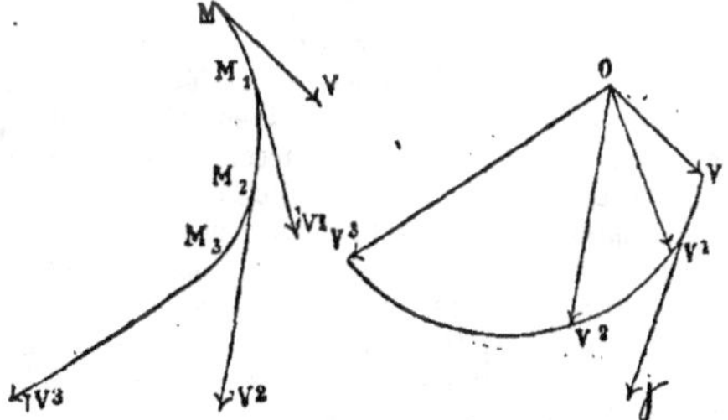

Fig. 418 et 419. — *Définition de l'accélération d'un point mobile dans le mouvement curviligne.*

ral, ce mouvement est celui d'un corps soumis à l'action d'une force constante de grandeur et de direction, pourvu que sa vitesse initiale soit dans la direction de cette force.

Lorsque le mouvement d'un point mobile est curviligne, l'accélération se définit de la manière suivante. Par un point O (fig. 418 et 419) de l'espace, menons une droite OV égale et parallèle à celle qui représente à chaque instant la vitesse du mobile. Cette droite varie avec le temps, et le point V décrit une certaine trajectoire $V V_1 V_2 V_3$. C'est la vitesse de ce point V qu'on appelle *l'accélération* du mobile. L'accélération sera donc, comme la vitesse, représentée par une droite. On démontre que si l'on projette sur un axe fixe le chemin parcouru par le mobile, la vitesse et l'accélération de ce mobile, la projection de la vitesse sera la dérivée par rapport au temps de celle du chemin parcouru, et celle de l'accélération, la dérivée de celle de la vitesse. Si donc on rapporte le mouvement du mobile à trois axes fixes de coordonnées rectangulaires Ox, Oy, Oz, et qu'on appelle x, y, z, les coordonnées du mobile, v_x, v_y, v_z, les projections respectives de la vitesse sur ces trois axes, γ_x, γ_y, γ_z celles de l'accélération γ, on aura:

$$v_x=\frac{dx}{dt} \quad v_y=\frac{dy}{dt} \quad v_z=\frac{dz}{dt}$$

$$v=\sqrt{\left(\frac{dx}{dt}\right)^2+\left(\frac{dy}{dt}\right)^2+\left(\frac{dz}{dt}\right)^2}$$

$$\gamma_x=\frac{d^2x}{dt^2} \quad \gamma_y=\frac{d^2y}{dt^2} \quad \gamma_z=\frac{d^2z}{dt^2}$$

$$\gamma=\sqrt{\left(\frac{dx^2}{dt^2}\right)^2+\left(\frac{d^2y}{dt^2}\right)^2+\left(\frac{d^2z}{dt^2}\right)^2}$$

On peut aussi projeter l'accélération sur la tangente et la normale à la trajectoire. On obtient alors ce qu'on appelle *l'accélération centrifuge* et *l'accélération centripète*. — V. CENTRIFUGE, CENTRIPÈTE.

Mouvements simultanés. Composition des mouvements. Pour concevoir l'existence de plusieurs mouvements simultanés attribués au même point matériel, il suffit de se représenter celui-ci comme se déplaçant par rapport à un système qui serait lui-même en mouvement de *translation* par rapport à un deuxième système et ainsi de suite. La détermination du mouvement absolu du mobile dans des conditions semblables s'appelle la *composition des mouvements simultanés.* Imaginons qu'un point mobile M (fig. 420) décrive une ligne droite AB pendant que celle-ci est animée d'un mouvement de translation parallèle à la direction AC. Si, pendant que le mobile va de A en B, la ligne droite qu'il décrit s'est transportée de AB en CD, il est visible que la position finale du point M est le point D, quatrième sommet du parallélogramme construit sur AB et CD qui sont les *déplacements composants*. En partant de cette remarque extrêmement simple, on reconnaîtra aisément que si les deux mouvements sont uniformes, le mobile M ne quittera pas la diagonale AD, et la décrira d'un mouvement uniforme, et que, de plus, la vitesse de ce mouvement *résultant* ou, suivant l'expression consacrée, la *vitesse résultante* est re-

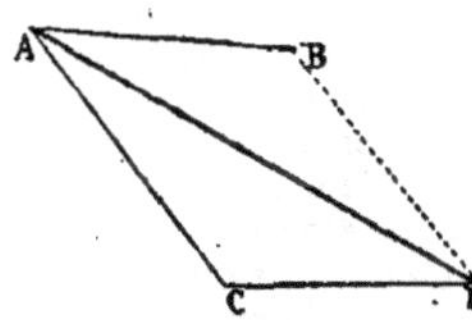

Fig. 420. — *Composition de deux mouvements rectilignes.*

présentée en grandeur et en direction par la diagonale du parallélogramme construit sur les droites qui représentent les vitesses composantes. Tel est le principe de la théorie de la composition des mouvements qui se résume finalement dans la règle du polygone pour la composition, non seulement des vitesses, mais des accélérations simultanées d'un même point mobile. En somme, les vitesses, les accélérations et les forces sont représentées par des droites, et se composent suivant les mêmes règles. — V. FORCE.

Mais on ne peut se borner à la considération d'un simple point mobile, il faut aussi étudier le mouvement d'un corps solide. On dit que le mouvement d'un corps solide est la résultante de plusieurs mouvements composants, lorsque le mouvement de chaque point du corps, dans ce mouvement résultant, est la résultante des mouvements qu'aurait le même point dans chacun des mouvements composants. On a déjà démontré que tout déplacement d'un corps solide pouvait être considéré comme hélicoïdal, c'est-à-dire qu'il résulte d'une rotation et d'une translation parallèle à l'axe s'effectuant simultanément. Si donc, un corps solide se trouve animé de plusieurs mouvements simultanés, on aura à composer plusieurs rotations et plusieurs translations. On démontre qu'une rotation unique autour d'un certain axe, peut être considérée comme la résultante d'une rotation de même vitesse autour d'un axe quelconque parallèle au premier, et d'une translation qui dépend du choix du nouvel axe. On peut alors, en introduisant de nouvelles translations, ramener toutes les rotations à s'effectuer autour d'axes passant par un même point; ces nouvelles translations se composent en une seule, avec les anciennes, comme si le corps était réduit à un simple point. La vitesse et l'accélération de la translation résultante sont données par la règle du polygone. Les rotations autour d'axes concourants se composent également en une seule, d'après la règle suivante qui est due à Poinsot: on représente chaque rotation par une longueur portée sur l'axe correspondant à partir du point de concours O, dans un sens tel que, pour un observateur couché le long de cette ligne et ayant les pieds en O, le mouvement s'effectue toujours dans le même sens, par exemple en sens inverse des aiguilles d'une montre, et l'on prend cette longueur proportionnelle à la vitesse angulaire, c'est-à-dire à l'angle dont le corps tourne pendant l'unité de temps. On compose ensuite, d'après la règle du polygone, les droites qui représentent les rotations composantes, et l'on obtient la droite qui représente, en grandeur et direction, la rotation résultante. Enfin, une fois le mouvement ramené à une simple rotation et une simple translation, on déplace l'axe de rotation de telle manière que la translation qu'il faut ajouter pour opérer ce déplacement donne, avec l'ancienne, une translation résultante parallèle à l'axe. Dès lors, le mouvement se trouve ramené à un mouvement hélicoïdal puisque la translation définitive s'opère dans la direction de l'axe de rotation, et l'on obtient l'axe instantané de rotation et de glissement dans le mouvement résultant, les vitesses de ces deux espèces de mouvement se trouvant parfaitement déterminées.

Nous n'avons pas besoin d'insister sur l'importance de toute cette théorie. Au point de vue scientifique, elle est la source d'une foule de conséquences géométriques extrêmement remarquables; elle fournit avec la plus grande facilité la détermination des centres de courbures des courbes planes et gauches, et se montre très féconde dans la théorie si difficile des surfaces. Au point de vue industriel, la théorie de la composition des mouvements est la base nécessaire de l'étude des mécanismes; elle fournit la solution de cet important problème : étant donné un système de pièces articulées, déterminer la vitesse et l'accélération d'un point quelconque de ce système, connaissant la loi du mouvement des parties du système qui sont suffisantes pour entraîner le déplacement de toutes les autres. Chacun comprendra l'utilité de savoir résoudre ce problème pour traiter les questions si complexes que soulève la construction et l'établissement d'une machine ou d'une simple transmission. Une pareille étude est le seul moyen qui se présente, pour s'assurer qu'un organe imaginé dans un but déterminé pourra remplir avec régularité l'objet qu'on avait en vue.

— La théorie de la composition des mouvements a été fondée par Galilée, et complétée par les efforts successifs de tous les grands géomètres qui sont venus après lui depuis Newton jusqu'à Poinsot et Coriolis. Mais Galilée avait surtout en vue le mouvement d'un corps pesant et la composition du mouvement de translation d'un corps entraîné par une impulsion initiale avec le mouvement vertical que lui imprime la pesanteur. Son élève Torricelli appliqua le premier les idées de Galilée à l'étude du mouvement d'un projectile. Il montra que la résultante du mouvement rectiligne et uniforme produit par l'impulsion initiale avec le mouvement uniformément varié que fait naître la pesanteur dans le sens vertical, est un mouvement parabolique. — V. BALISTIQUE, MÉCANIQUE.

Mouvement relatif. Après ce que nous avons dit au début de cet article, nous n'avons que peu de choses à ajouter à propos du mouvement relatif. Le problème principal qui se pose au sujet du mouvement relatif, consiste à déterminer la vitesse et l'accélération absolues d'un mobile, connaissant sa vitesse et son accélération par rapport à un système mobile (*vitesse et accélération apparentes*), ainsi que la vitesse et l'accélération du point du système mobile qu'il occupe (*vitesse et accélération d'entraînement*) et le mouvement général de ce système. Ce problème a été complètement résolu par Coriolis au moyen de l'intervention de l'accélération centrifuge composée. — V. CENTRIFUGE.

Mouvement périodique. On appelle ainsi tout mouvement d'un système dans lequel les positions et les vitesses des différents points du système se retrouvent les mêmes à la suite de périodes égales de temps. Les mouvements *oscillatoire* et *vibratoire* sont des cas particuliers du mouvement périodique, toutes les fois que l'amplitude des oscillations et vibrations reste constante. L'idéal du bon fonctionnement d'une machine, serait qu'elle marchât avec une vitesse uniforme;

mais la force du moteur et la grandeur de la résistance variant forcément d'un instant à un autre, cet idéal est irréalisable, et l'on doit se borner à chercher à établir un mouvement périodique dont la période dépend tantôt du moteur (oscillation d'un piston moteur, par exemple) tantôt de la nature du travail résistant (oscillation d'un piston de pompe, par exemple). Le volant, dont la masse considérable est susceptible d'emmagasiner et de restituer de grandes quantités de forces vives sans grandes variations de vitesse, a pour objet de diminuer les écarts de vitesse pendant la durée de chaque période, tandis que le *régulateur* (V. ce mot) a pour but de faire varier la force motrice, si la résistance vient elle-même à changer, de manière à maintenir la permanence du régime périodique. Malheureusement, l'emploi du régulateur amène souvent, surtout dans les machines hydrauliques, la production d'oscillations de la vitesse à très longues périodes qui se reproduisent pour ainsi dire indéfiniment, et constituent souvent un régime pire que l'état naturel avec les irrégularités naturelles qu'il comporte. Le moyen d'éviter, ou tout au moins d'atténuer ces oscillations à longues périodes, fut l'objet d'un mémoire théorique, de M. Léauté, présenté à l'Académie des sciences le 19 janvier 1885, et d'expériences entreprises par M. Bérard sur deux turbines de la poudrerie de Pont-de-Buis dans le but de vérifier les conclusions des travaux de M. Léauté. La théorie et l'expérience se sont trouvées d'accord pour montrer que les oscillations à longues périodes disparaissent ou tout au moins s'atténuent considérablement : 1° quand on diminue l'isochronisme du régulateur ; 2° quand on augmente le travail résistant ; 3° quand on diminue le moment d'inertie total ; 4° quand on diminue la vitesse relative du vannage (*Comptes rendus* t. C, n° 3, p. 154 et n° 19, p. 1,211).

Mouvement perpétuel. Le problème chimérique du mouvement perpétuel a malheureusement, de tout temps, absorbé les efforts d'un grand nombre de personnes qui ne manquaient ni de savoir ni d'intelligence, et encore aujourd'hui nous n'oserions affirmer qu'il n'existe plus de chercheurs de mouvement perpétuel. On sait qu'il s'agit de trouver une disposition mécanique capable de produire du travail utile *sans moteur*. Le théorème des forces vives, joint à la notion de la permanence de l'énergie dans l'univers, suffit à démontrer l'inanité d'une pareille recherche. Après tous les développements que nous avons donnés à cette question aux mots Dynamique, Energie, Force, Mécanique, et les détails que nous donnerons au mot Travail, nous ne croyons pas nécessaire d'insister sur la démonstration de l'impossibilité du mouvement perpétuel. On pourra visiter avec intérêt, dans les galeries du Conservatoire des Arts et Métiers, divers appareils plus ou moins ingénieux imaginés par différents inventeurs, dans ce but chimérique.

Mouvement du centre de gravité. Un théorème important de mécanique rationnelle qu'il est utile de ne jamais perdre de vue dans les applications, consiste en ce que, dans le mouvement d'un système matériel *quelconque*, le centre de gravité de ce système se meut comme si la masse de tout le système y était concentrée, et comme si toutes les forces qui agissent sur lui s'y trouvaient appliquées avec leur intensité et leur direction véritable. En particulier, si le système n'est soumis qu'à des forces intérieures s'exerçant entre ces différents points, celles-ci sont égales et opposées deux à deux d'après le principe de Newton sur l'égalité de l'action et de la réaction ; elles se feront donc équilibre si on les transporte au centre de gravité, et celui-ci doit demeurer en repos ou se mouvoir en ligne droite d'un mouvement uniforme. Pour mieux faire ressortir la signification de cette importante proposition, Delaunay, dans son *Traité de mécanique*, fait remarquer qu'un homme isolé dans l'espace ne saurait, par la seule action de ses forces musculaires, déplacer d'un seul millimètre son centre de gravité. Pour opérer ce déplacement, il faut faire appel à des forces extérieures ; presque toujours c'est au *frottement* qu'on demande le secours nécessaire, car en empêchant le recul des organes qui s'appuient sur le sol, le frottement oblige le centre de gravité à s'avancer dans le sens du mouvement donné aux organes restés libres. Dans la navigation à rames ou à vapeur, et dans la navigation aérienne, c'est la résistance que le fluide oppose au mouvement du propulseur qui joue ce rôle important.

Quantité de mouvement. On appelle *quantité de mouvement* d'un point matériel le produit de sa masse par sa vitesse ; on la représente par une droite proportionnelle à ce produit, et dirigée dans le sens de la vitesse. Deux théorèmes très généraux de la dynamique donnent à cet élément une importance considérable.

1° Si l'on suppose toute la masse d'un système matériel quelconque condensée en son centre de gravité, et toutes les forces qui agissent sur lui appliquées en ce centre de gravité, la résultante de ces forces est égale en grandeur et direction à la vitesse de l'extrémité de la droite qui, menée par un point fixe, représente la quantité de mouvement de ce centre de gravité. *En d'autres termes* : le centre de gravité se meut comme un point matériel libre dont la masse serait égale à celle de tout le système, et qui serait sollicité par des forces égales et parallèles à celles qui agissent sur le système.

2° Imaginons qu'on prenne les moments des quantités de mouvement des différents points d'un système par rapport à un point fixe, et qu'on les compose d'après la règle que nous avons indiquée à l'article Moment. Alors la vitesse du point qui marque l'extrémité de l'axe de ce moment résultant, représentera en grandeur et direction l'axe du *moment résultant de toutes les forces qui agissent sur le système*.

En particulier, si le système n'est soumis qu'aux seules actions et réactions de ses parties, sans aucune force extérieure, le moment résultant des forces sera nul puisque celles-ci sont deux à deux égales et opposées, et par suite l'axe du moment résultant des quantités de mouvement sera toujours le même. Le plan perpendiculaire à cet axe a reçu de Laplace le nom de *plan invariable*. La quantité de mouvement a été introduite pour la première fois dans la science par Descartes à propos de la théorie du choc, dans laquelle cet élément joue en effet un rôle capital (V. CHOC). Les deux théorèmes qui précèdent sont d'une grande utilité dans toutes les questions de mécanique; le dernier contient, comme cas particulier, la fameuse loi des aires dans le cas des forces centrales, et fournit de la manière la plus commode, dans le cas général, les équations générales données autrefois par Euler pour le mouvement d'un corps solide fixé en un point.

Enfin, l'un et l'autre ne doivent jamais être perdus de vue dans les applications de la mécanique, sous peine de s'exposer à des erreurs grossières et à des mécomptes désastreux.

Transmission et transformation de mouvement. — V. MÉCANISME, TRANSMISSION. — M. F.

II. **MOUVEMENT**. Partie active du service de l'exploitation d'un chemin de fer.

Le chef du mouvement dirige la marche des trains, veille à leur sécurité, dirige et suit le personnel qui leur est attaché, répartit le matériel roulant conformément aux besoins signalés par les gares, surveille l'emploi de tout ce qui constitue le menu matériel d'exploitation, mobilier des gares, bâches, agrès, chauffage, éclairage, télégraphe, etc. Les mesures de sécurité et, parmi elles, au premier chef, l'usage des *signaux* (V. ce mot), constituent la plus importante des attributions du chef de mouvement. La composition des *trains* (V. ce mot), qui est un élément essentiel de la régularité de leur marche, est l'objet de règlements intérieurs, spéciaux à chaque administration et à l'application desquels doit veiller le service du mouvement. L'espacement des trains, leur ordre de succession, les précautions à prendre dans le choix de leur itinéraire, pour qu'il n'y ait aucune chance qu'ils se rencontrent en sens inverse, sur une ligne à simple voie, sont des questions que le service central du mouvement règle à l'aide de *graphiques* (V. CINÉMATIQUE) qui sont distribués à tous les agents du service actif, et qui leur servent, non seulement à observer l'itinéraire régulier de chaque train, mais aussi à apporter les modifications urgentes que réclament certains incidents ou accidents de service; sans le graphique qui résume synoptiquement la marche de tous les trains de la journée, en un point de la ligne, le pilote, responsable de la circulation à contrevoie, en cas d'obstruction de l'une des deux voies, serait fort embarrassé pour donner passage, avec le minimum de retard, aux trains qui s'accumulent à chaque bout de l'étranglement accidentel dont il a seul la clef. Le *block-system* (V. ce mot) qui augmente, dans une large mesure, la capacité de circulation des lignes, les *enclenchements* (V. ce mot) qui permettent de laisser passer les trains sans aucun danger aux bifurcations, les *cloches d'annonce* (V. CLOCHE ÉLECTRIQUE) qui, de gare en gare, tintent avant l'arrivée du train, sont autant d'installations dont le programme, si ce n'est l'exécution, est élaboré par les soins du service du mouvement, qu'il est utile de consulter, même quand il s'agit d'étudier la disposition à donner aux gares, attendu qu'il est logique que l'outil soit accommodé aux besoins de celui qui doit s'en servir. Si l'exploitation d'un grand réseau peut être comparée à un corps gigantesque, il est exact de dire que le mouvement en est le cœur, car il commande à la circulation de toute l'étendue du réseau. On trouvera d'ailleurs, à chacun des mots auxquels nous renvoyons le lecteur, des indications sommaires avec les détails qui préciseront les attributions de ce service d'une manière plus complète qu'il ne serait possible de le faire dans une définition générale.

III. **MOUVEMENT**. *T. d'horlog.* Ensemble des rouages qui font mouvoir les aiguilles des montres et des horloges.

***MOUVER**. *T. techn.* Agiter, remuer un liquide ou un corps en fusion; dans les sucreries, on se sert, pour mouver, d'un couteau en bois qu'on nomme *couteau à mouver* ou *mouveron*.

***MOUVOIR**. *T. techn.* Ustensile qu'on nomme aussi *mouvet* ou *mouvette*, selon les métiers, et qui sert à agiter et à remuer certains liquides.

MOYEN ÂGE (Art au). L'histoire de l'art au moyen âge peut être divisée en trois périodes principales : la première, nettement définie comme dates, est comprise entre les ve et xe siècles, c'est une période de troubles et, nous ne dirons pas de décadence, mais de disparition de l'art; la seconde, du xe siècle au milieu du XIIe, est signalée par une régénération artistique due aux écoles et aux ateliers monastiques; enfin la troisième, du XIIe au XVe siècle, comprend l'épanouissement complet de l'art ogival, malgré les malheurs de la guerre de Cent ans, avec son apogée dans la dernière partie du XIVe siècle, qui eût mérité, à tant de titres, d'être appelé le siècle de Charles V.

Des six grandes invasions qui assaillirent l'empire romain, quatre avaient traversé la Gaule et l'avaient ravagée de fond en comble, il n'était resté que peu de chose des merveilles laissées dans notre pays par les trois siècles de la domination romaine (V. GAULOIS); la rivalité des Francs établis définitivement entre le Rhin et la Garonne acheva la ruine de l'art qui avait été une des gloires de la Gaule; les VIe et VIIe siècles furent des époques désastreuses. Luttes incessantes, brutales violences entre conquérants barbares et gallo-romains révoltés de la tyrannie de leurs vainqueurs, entre chrétiens et païens, plus tard entre chrétiens de différentes sectes; incendie des églises, destruction des statues par les iconoclastes, mutilation par les petits roitelets des effigies rappelant les hauts faits de leurs rivaux, rien ne fut épargné pour détruire toute tentative de renaissance intellectuelle. Pendant quelque temps encore, les barbares vivent dans les villas, dans les meubles des Romains; ils se servent de leurs fortifications ou les imitent, ils utilisent leurs basiliques pour le nouveau culte et ils peuvent encore trouver des ouvriers parmi les vaincus pour entretenir ou réparer. Mais bientôt, au milieu de cette anarchie, rien n'étant assuré, ni le pain du lendemain, ni la liberté, ni la vie, il n'y a plus d'existence possible en dehors de l'esclavage que pour celui qui porte une épée. Au VIe siècle, on se flatte de ne savoir pas lire, et les historiens eux-mêmes de cette époque, tels que Frédégaire, le continuateur de Grégoire de Tours, n'ont plus qu'un style inculte, informe même, malgré leur bonne volonté, parce que nul n'a les connaissances nécessaires pour enseigner.

Une tentative intéressante a lieu sous Charlemagne pour faire venir d'Italie, d'Espagne, d'Angleterre même, des savants et des littérateurs capables de former des élèves. C'étaient l'anglo-saxon Alcuin, Clément, de la même contrée, Pierre de Pise, et Paul Diacre le Lombard qui apportait en France les belles traditions artistiques de sa patrie, Théodulfe, le poète espagnol, et Eginhard, le seul Franc qui brille parmi eux. Mais plus encore que ces écoles fondées avec tant de peine, les expéditions de Charlemagne furent utiles à l'industrie de l'empire. Par elles, les Francs se trouvèrent en contact avec les Italiens, alors bien plus avancés dans la civilisation, avec les Byzantins, qui avaient seuls conservé toutes les traditions de l'art, avec les Arabes et les Maures qui déjà cherchaient à nouer avec le monde barbare des relations commerciales. C'est là qu'il faut chercher les débuts de l'art et de l'industrie en France, car si les successeurs de Charlemagne ne surent pas continuer son œuvre, s'ils renouvelèrent par leur faute l'anarchie des siècles précédents, du moins ces germes jetés par le grand empereur, ces modèles importés dans les palais et les couvents, ces premiers éléments empruntés à l'Orient ne furent pas perdus, et lorsque le lent développement de l'art l'aura porté, après deux siècles, à sa maturité, on retrouvera dans les constructions et dans l'ornementation romanes, ces éléments byzantins, lombards, arabes, fournis par la prévoyance de Charlemagne aux artistes obscurs qui, à l'ombre des cloîtres, les ont peu à peu modifiés, achevés, amalgamés, dans une longue éclosion, pour en faire sortir d'une pièce et tout d'un coup un art véritablement nouveau et national. C'est le lien insaisissable qui rattache cette première période, négative pour ainsi dire, à la seconde déjà si remarquable.

Malgré les luttes qui suivirent l'établissement de la féodalité au IXe siècle et les ravages des Normands qui dans les premières années du Xe siècle saccagèrent le pays, de Toul à Saint-Lô et à Troyes, et causèrent des famines désastreuses, la société avait encore assez de vitalité pour progresser; mais un passage mal interprété de l'Apocalypse vint la frapper d'une universelle terreur pendant tout le Xe siècle par la croyance que la fin du monde était fixée à l'an 1000. Pendant que les méchants se battaient pour profiter des dernières années qui leur restaient à vivre, les bons se pressaient dans les églises pour racheter leur âme par des offrandes. Entre ces deux extrêmes, il n'y a place encore une fois pour aucune occupation intellectuelle. De nouveau les écoles se ferment, les ouvriers disparaissent, les traditions se perdent, et entre temps, on achève la destruction des édifices qui avaient résisté jusque-là.

Au milieu de toutes ces ruines, l'Église seule reste debout. Elle fait et défait les rois, elle règle la justice, elle réprime le crime et l'abus dans la limite du possible, et cette supériorité qu'on ne peut qu'admirer parce qu'elle sauve la société, l'Église la doit à ses richesses et à l'instruction relative de ses membres. Ces richesses s'accroissent encore pendant le IXe siècle, des dépouilles des laïques qui ne cherchent plus à amasser, qui abandonnent les héritages, les terres, les maisons, parce que le monde va disparaître : *mundi fine appropinquante*.

Mais l'an 1000 passé, et avec lui le danger qu'on redoutait, les esprits se réveillent avec d'autant plus d'ardeur qu'ils étaient restés longtemps assoupis. On avait peu et mal construit jusque-là, quelques basiliques en bois et en brique, rarement en pierre, et dont il reste à peine des vestiges à Poitiers, à Beauvais, à Jouarre, et dans plusieurs localités du Midi qui se maintint toujours dans une tranquillité relative (V. LATIN). La voie est maintenant ouverte. Partout on répare ou on réédifie; plus de trois cents églises s'élèvent au XIe siècle, et huit cents au XIIe. Selon la belle expression du moine Raoul Glaber, on eût dit que le monde entier, d'un commun accord, avait dépouillé ses antiques haillons pour se revêtir comme d'une blanche parure d'églises nouvelles; les fidèles ne se contentèrent pas de reconstruire les basiliques, mais ils restaurèrent et décorèrent aussi les monastères dédiés aux saints, et jusqu'aux chapelles des villages. C'est donc en quelques années que ce mouvement se produit, et la direction en est maintenue, dès le début, par les ordres monastiques de Cluny et de Citeaux. Cluny, fondé au Xe siècle, avait sous sa dépendance, au XIe, une partie des plus riches abbayes de France, celles de Vézelay, de Saint-Gilles, de Moissac, de Saint-Martial de Limoges, de Saint-Martin d'Auxerre, de Saint-Bertin de Lille. Lors donc que la maison mère eut pris la tête du mouvement artistique, les règles fixées par les artistes de Cluny se répandirent en un instant dans tout le royaume, et déterminèrent une architecture religieuse unique, savante déjà et suffisamment monumentale, dont la physionomie ne changea guère jusqu'à l'apparition de l'ogive. Cluny règne souverainement sur les constructions du XIe siècle; au XIIe c'est Citeaux qui en prend la direction par l'influence de ses soixante mille religieux répartis dans plus de deux mille monastères; mais comme Citeaux sort de Cluny, c'est toujours le même style et les mêmes traditions. L'église est de plan régulier, en forme de croix, voûtée à plein cintre, formée d'une nef centrale, avec des collatéraux généralement moins élevés, une crypte se trouve presque toujours au-dessous; les façades sont plus élancées, plus légères, les ouvertures se multiplient, la pierre se décore, se fouille de statues, d'ornements, surtout aux portails; enfin des tours couvertes de toits pyramidaux, mais bas encore, s'élèvent sur la façade principale, sur l'intersection de la croix; les toits bas, les porches, les ouvertures cintrées, les contreforts apparents, sont les éléments caractéristiques de l'architecture romane (V. ROMAN). A côté de l'église se trouve toujours un cloître, puisque, ne l'oublions pas, les architectes clunisiens et cisterciens construisaient surtout des monastères, et dans ce cloître vivait toute une nombreuse famille de maçons, de tailleurs d'images, de décorateurs, d'orfèvres, qui, recueillis par l'abbaye, n'avaient sans doute qu'une rétribution bien modeste, mais jouissaient de l'avantage inestimable à cette époque troublée, d'être assurés de la vie et de la paix, à l'abri de murailles inviolables. Aussi, jusqu'à la fin du XIIe siècle les écoles monastiques se maintiennent-elles avec une union et une discipline sans exemple, malgré l'introduction lente, mais progressive, d'éléments laïques d'où sortira plus tard la franc-maçonnerie. — V. MAÇON

Veut-on savoir comment on bâtissait une cathédrale au XIIe siècle? L'emplacement choisi, le plan établi, le seigneur, l'évêque ou la communauté fournissait les premiers fonds, et on appelait les volontaires en promettant des indulgences à ceux qui apporteraient leur concours; les ouvriers accouraient en foule à l'endroit désigné, et travaillaient sans autre salaire que la nourriture. Dès que le chœur était assez avancé pour abriter une châsse, on se procurait une relique, on l'y déposait en grande pompe, et l'empressement des fidèles assurait par des dons nombreux l'avenir de l'édifice. Le gros œuvre achevé, il fallait décorer l'église. Bien que les constructions romanes n'offrent pas la richesse d'ornementation de celles des siècles suivants, la sculpture est déjà intéressante à étudier. C'est aux clunisiens qu'on en doit la renaissance; ils cherchèrent leurs modèles auprès des byzantins qui seuls étaient capables de leur en donner. Mais ceux-ci n'usaient guère des statues et des bas-reliefs à sujets qui étaient surtout réclamés par les populations chrétiennes d'occident, tandis qu'ils excellaient dans la décoration. De là pour les artistes de Cluny, la nécessité de s'inspirer des miniatures qui étaient parvenues jusque dans notre pays par le commerce des villes italiennes, et alors la sculpture chrétienne prend dans sa forme et sa raideur hiératique l'aspect de véritables tableaux, avec des plans différents superposés. On voit encore des traces de cette influence byzantine dans le costume, dans le mobilier, dans l'orfèvrerie. Les objets précieux d'importation orientale formèrent pendant toute la première partie du moyen âge le fond du mobilier des châteaux et des églises. Seul, le Midi reste encore romain dans sa décoration souvent empruntée d'ailleurs aux monuments anciens.

Dès le début du développement artistique, cinq écoles de sculpture se manifestent en France. La première en date est l'école rhénane, qui se rattache aux fondations de Charlemagne à Aix-la-Chapelle, où il avait réuni les artistes orientaux chassés par les iconoclastes, puis viennent celles de Toulouse, de Limoges, de la Provence et de la Bourgogne. Celle-ci, qui se concentre à Cluny, et qui complète et perfectionne l'imitation byzantine par une étude consciencieuse de la nature, a seule de l'avenir; c'est de ses ateliers que sortiront les tailleurs d'images qui ont couvert de merveilles les constructions ogivales. — V. SCULPTURE.

Aucune époque n'a été aussi favorable à l'orfèvrerie que le moyen âge, et on doit aux artistes de cette époque des œuvres supérieures comme fabrication à tout ce qu'a donné l'antiquité, et qui même à notre époque n'ont pu être égalées; leurs cires perdues surtout sont inimitables; on y voit fondues d'un seul jet des parties épaisses tenant a d'autres d'une extrême ténuité, essais hardis qu'on ne tente plus dès le XIVe siècle où les pièces sont rivées ou soudées. L'habileté des fondeurs français du XIIe siècle était renommée dans toute l'Europe, où on trouve souvent leurs œuvres mentionnées comme françaises dans les inventaires. Les centres de fabrication se trouvaient à Limoges, à Paris, à Arras, à Lyon, à Avignon, à Auxerre, à Montpellier. On peut signaler, comme un genre particulier à notre pays, les belles pièces d'orfèvrerie de l'époque carlovingienne avec leurs tons neutres, leur forme un peu indécise, leur mélange d'éléments empruntés à toutes les civilisations : étampage, verres colorés et cloisonnés, pierreries embâtées, etc. L'art est sans doute d'autant plus personnel et original que l'insuffisance des moyens de fabrication laisse plus à faire à l'artiste et excite davantage son esprit inventif. C'est là tout le secret de la supériorité des ouvriers du moyen âge sur ceux de notre époque, qui se fient à leur habileté de main plus qu'à leur imagination. — V. CISELURE, ORFÈVRERIE.

La discipline hiératique imposée à l'art par les monastères avait évidemment contribué pour beaucoup à son réveil et à son développement premier; mais si la direction leur en était restée longtemps, nul doute qu'il en fût résulté une nouvelle décadence; car encourager une forme de l'art, c'est tuer l'art, et nous avons vu que les règles établies par la maison mère n'admettaient dans l'application que des modifications insignifiantes. Ce fut donc une circonstance heureuse que cette émancipation des ateliers monastiques, s'unissant pour une résistance commune dans la franc maçonnerie. Longtemps on leur voit garder une organisation secrète, car ils se heurtaient à une des puissances les plus redoutables du moyen âge; mais peu à peu ils s'enhardissent, avec l'appui des princes et du clergé séculier, et tirant parti d'éléments connus depuis peu et négligés par les architectes des couvents, ils créent en quelques années un style entièrement nouveau avec l'ogive pour base, et qui est bientôt universellement adopté. — V. OGIVAL.

Ainsi, au début de l'art ogival, il y a une lutte non seulement artistique, mais politique et sociale; nous assistons à une révolution qui est comme le pivot d'un monde nouveau; les communes prennent leur place dans l'État, le clergé séculier affirme sa suprématie sur les moines. Ceux-ci avaient longtemps gardé la prépondérance; dans ces siècles si agités, ils avaient seuls défriché les âmes barbares et les terres incultes, bâti les églises, logé et nourri les pauvres, donné asile aux persécutés et même aux malfaiteurs qu'ils essayaient de ramener au bien. Leur rôle est désormais fini, leur puissance passe aux mains des évêques, et la franc maçonnerie, en leur enlevant la plus précieuse de leur supériorité morale, achève leur ruine. Mais le clergé séculier, en encourageant la révolte, ne voit pas le danger de cet affranchissement. C'est le premier coup porté à sa propre puissance.

Les églises nouvelles sont donc bâties par les évêques. La ferveur religieuse ne s'était pas ralentie, au contraire, l'érection d'une cathédrale était un événement heureux pour une ville, car elle attirait une foule innombrable de travailleurs et de pèlerins.

C'est ainsi que dans notre cher Strasbourg, cent mille personnes, accourues de toutes les parties du royaume, travaillèrent à l'édification de la cathédrale. L'art devient fécond avec de tels encouragements!

Les architectes et les ouvriers laïques abandonnent complètement et par parti pris les traditions monastiques, aussi bien pour le plan et le gros œuvre que pour l'ornementation et la statuaire. Toute trace d'origine byzantine a disparu. Les modèles de sculpture ornementale sont empruntés à la nature, et les artistes parviennent à une habileté merveilleuse dans cette imitation (V. FLORE ORNEMENTALE); quant à la statuaire, beaucoup plus importante que dans l'art roman, elle reste encore symbolique et mystique; la pensée est matérialisée sous certaines formes de convention : la création, le combat des vertus et des vices, la synagogue et l'église personnifiées, les vierges folles et les vierges sages, la généalogie du Christ sont les sujets les plus fréquents. Comment se reconnaître dans tous ces symboles laissés à la fantaisie de l'artiste? Au XIVe siècle cependant, les portraits deviennent plus fréquents, l'expression plus parfaite. Si les figures ont rarement cette sérénité qui fait la beauté des œuvres antiques, on sent sous leur enveloppe de pierre l'âme du sculpteur. C'est là la supériorité de l'art du moyen âge, il est toujours personnel et varié.

La peinture murale encore très simple, est d'un grand usage. On l'emploie pour décorer les voûtes d'un ciel bleu parsemé d'étoiles; les fûts de colonnes sont souvent peints en rouge et rehaussés de dessins dorés; des imitations d'étoffes couvrent les murs, et cette ornementation s'harmonise bien avec les vitraux et les carrelages multicolores; il résulte de cet ensemble une convenance parfaite avec la destination de l'édifice; les voûtes ogivales, selon une expression restée célèbre, semblent s'élever à Dieu comme une prière. Ce sentiment a été partagé par chacun de nous, et de Caumont, dans son *Abécédaire d'archéologie*, l'a traduit en artiste : « Il faudrait être, dit-il, dépourvu de sens et de sensibilité, pour contempler sans émotion l'effet magique de nos églises du XIIe siècle; les heureuses proportions observées par les architectes, la vaste étendue de ces nefs, les murs aériens sur lesquels on a semé les découpures et les élégantes broderies, toutes ces merveilles de sculpture et de hardiesse, rehaussées par la clarté somptueuse d'un jour que les vitraux peints ont adouci, impriment à l'âme un sentiment éminemment religieux. Et lorsque, placé sous le portique d'une cathédrale, l'œil saisit tout l'espace du temple, parcourt la nef centrale, glisse avec étonnement sous ces voûtes à la fois légères et gigantesques, pour venir se perdre dans le lointain, où apparaît le rond-point des voûtes, on ne peut se défendre d'une vive exaltation, d'une sorte de tressaillement : l'aspect d'une basilique frappe les sens comme le ferait une poésie sublime ou une belle mélodie. »

Avec l'affranchissement des communes, un art nouveau se montre, c'est la construction civile. Jusque-là on n'avait guère construit en pierre que les châteaux-forts, où l'art n'a qu'une importance secondaire parce que tout est sacrifié à la défense. Les cours étroites et sombres, les murailles élevées, percées de rares ouvertures, les escaliers étroits et roides, le donjon toujours là pour rappeler qu'un jour pouvait venir où l'on s'y réfugierait pour une lutte suprême, devaient rendre le séjour de ces demeures assez tristes (V. Château-fort). A leur exemple, les maisons bourgeoises gardent quelque temps encore un aspect fermé et sévère, on y trouve même parfois des créneaux. Mais dès le xiiie siècle, l'habitation prend les formes qu'elle conservera pendant tout le moyen âge: les étages en encorbellement, les pignons en sont la physionomie la plus frappante. L'usage du bois est toujours fréquent au Nord, et les poutres apparentes forment une décoration originale; on les peint, on les recouvre d'ardoises ou de tuiles; au xve siècle, on les sculpte souvent avec une grande richesse, et les boutiques apparaissent directement sur la chaussée, le mur extérieur de la maison s'arrêtant à hauteur d'appui et servant à la fois de clôture et de soutien pour l'étalage. Beaucoup de maisons en bois ou en pierre de cette époque sont des merveilles artistiques; l'ébénisterie n'a rien produit de plus achevé que quelques façades de maisons de Rouen, et la maison des musiciens, à Reims, est une des plus jolies créations de la sculpture en dehors de l'art religieux. — V. Maison.

Avec la décadence du système féodal et la disparition des guerres de seigneur à seigneur, le château-fort se modifie pour devenir le manoir ou l'hôtel. Il ne nous reste aucun hôtel qui soit antérieur au xve siècle, mais ceux qui nous sont parvenus, l'hôtel de Jacques Cœur à Bourges, l'hôtel de la Trémouille, l'hôtel de Cluny à Paris, montrent que l'art français n'avait nul besoin des modèles de la Renaissance italienne pour produire des chefs-d'œuvre. — V. Hôtel.

Une étude spéciale très curieuse est celle des cheminées qui prennent chaque jour une importance plus grande. D'abord simple niche creusée dans le mur, à leur apparition vers le xie siècle, elles s'agrandissent, se décorent; au xve siècle, elles sont ornées de panneaux avec écussons et arabesques, sentences, devises, peintures allégoriques. Des galeries à jour, des figurines, des armoiries sculptées les surmontent; telle la cheminée du palais des ducs de Bourgogne à Dijon, qui existe encore. Le luxe des cheminées était poussé si loin dans les châteaux que parfois elles occupaient une tour entière, et que tous les habitants pouvaient se réunir sous son manteau et s'y chauffer. La disposition intérieure des habitations était d'une simplicité toute primitive. Le corps de logis ne comprenait guère que deux étages: à rez-de-chaussée la cuisine, où on mangeait le plus souvent, sinon une salle à manger se trouvait à côté, et le *parlouër* ou lieu de réception décoré de nattes de jonc et de paille. Au-dessus se trouvaient les chambres à coucher, les communs, les greniers, auxquels on accédait par un escalier fort peu commode, ou même par une simple échelle de meunier, car ce n'est qu'au xve siècle qu'on rejeta dans des tourelles ces dégagements toujours si gênants pour les architectes du moyen âge. Le confortable était inconnu, même dans les palais royaux; jusqu'à François Ier, on ne voyait au Louvre que des bancs et des tréteaux, les sièges pliants étaient réservés aux appartements de la reine. Tout le luxe des intérieurs consistait dans les tentures et la peinture des plafonds.

Mais à l'extérieur rien n'était pittoresque comme ces maisons du moyen âge. Le voyageur qui apercevait de loin la ville était frappé tout d'abord par les trois symboles de l'autorité: la cathédrale, dont l'emplacement avait été plutôt déterminé par des circonstances fortuites ou surnaturelles que par une idée préconçue de symétrie; puis le beffroi et la maison de ville, élevés au centre de la cité; enfin, à part, isolé pour la défense, enfermé dans de sombres murailles, le château, situé sur le lieu le plus élevé, semblant menacer la ville autant que la défendre. Ces tours, si différentes d'aspect, se détachaient sur le ciel, dominant les toits multicolores garnis de briques, d'ardoises brillantes ou de tuiles à l'émail éblouissant. Au-dessus s'étendait comme une forêt de dentelures: pignons découpés, pinacles, clochetons aigus, flèches garnies d'ornements de plomb ou de fer doré. Cet aspect riant et varié était bien loin de nos cheminées noires et fumeuses, de nos toits de zinc, uniformes, ternes et grisâtres. Certes nos villes ont bien perdu sous le rapport du pittoresque ce qu'elles ont gagné en confortable et en salubrité.

Telle était, vue de loin, la cité du moyen âge. Entrez-vous? C'est le pittoresque encore qui vous arrête à chaque pas. Dans ces rues étroites et sombres, il est vrai, fangeuses ou couvertes de poussière, selon la saison, pas une maison peut-être ne ressemble à sa voisine. La symétrie étant de parti pris complètement exclue, chaque coin, chaque détour de rue nous ménage une surprise nouvelle. Les encorbellements et les auvents vous abritent quelque peu de la pluie ou du soleil; sur vos têtes se balancent les enseignes sculptées ou peintes de vives couleurs et qui grincent autour de leur tringle.

Tout à coup, inopinément, parce que les pignons et les encorbellements ne laissent voir qu'une partie du ciel, vous vous trouvez sur une place étroite, où s'élève dans les airs le portail et les tours de la cathédrale, qui paraît d'autant plus grandiose qu'elle est vue de plus près, car c'est un non sens commis trop fréquemment de nos jours que de dégager complètement ces cathédrales ogivales qui ne conservent que de près leurs proportions gigantesques. Plus loin vous longez les sombres murailles d'un monastère, et enfin, sur une place plus grande, entourée souvent de portiques et des maisons des plus riches négociants, encombrée de marchands et de la foule du peuple, vous voyez l'hôtel de ville et la tour du beffroi. C'est, aux jours non fériés, la partie la plus animée de la ville. Ainsi conçue, la cité du moyen âge était sans doute exposée à toutes les épidémies et les pestes qui désolèrent si souvent l'Europe jusqu'au xve siècle, mais elle était pittoresque, riante et d'une défense facile, préoccupation que l'on retrouve constamment dans les constructions de ces époques troublées.

Dans un pareil milieu, comment ne pas devenir artiste? Aussi tous les ouvriers du moyen âge sont-ils capables de faire et de comprendre les belles choses; et nous ne parlons plus des architectes, des sculpteurs, des décorateurs, mais des ouvriers de corporations. L'art industriel ne semble pas avoir gagné à la suppression des corporations, qui ont été si longtemps le guide et le frein des métiers. Elles avaient pour avantage d'unir tous les artisans d'une même profession, de les faire profiter tous des perfectionnements apportés par chacun, d'exiger des preuves de capacité des maîtres, et d'asservir les débutants à un long et étroit apprentissage fort utile pour la base de leur instruction technique. Mais l'indépendance de l'artiste n'était pas pour cela entravée. Elle se manifeste dans toutes les parties de l'art décoratif, dans la serrurerie, dans la menuiserie qui complétaient si bien l'architecture, dans le meuble couvert de sculptures, dans l'orfèvrerie, où peu à peu la statuaire se substitue à l'imitation architecturale qui avait été la marque distinctive des pièces du xiie et du xviiie siècle; dès lors, l'orfèvrerie tend à devenir une branche de la sculpture. C'est dans ces détails surtout que l'art ogival est merveilleux, inimitable. Une grille, une clôture de fenêtre, un marteau de porte prennent une importance considérable; un banc est un sujet d'études, une stalle de bois sculpté résume l'art de toute une époque. Et dans tant de pièces qui nous sont parvenues, il ne s'en trouve pas deux semblables; vivant ensemble, rapprochés qu'ils étaient par les corporations et par l'habitude de se grouper dans une même rue par genre de métier, les artisans du moyen âge ne copiaient pas le voisin, car ils n'eussent pas trouvé le placement d'une œuvre non originale. Voilà qui n'est pas à l'honneur de notre époque. — V. CORPORATIONS OUVRIÈRES.

D'ailleurs, ainsi que nous l'avons dit plus haut, l'art, dans son ensemble, était parvenu dès la fin du XIVe siècle à un haut degré de perfection. Le roi, les seigneurs étaient capables d'apprécier les belles choses et les encourageaient. Le confortable se manifestait déjà sous Charles VII par bien des améliorations apportées aux meubles; les sièges sont rembourrés, les chaises garnies, des dais richement sculptés s'élèvent au-dessus des fauteuils d'apparat, les lits prennent la forme qu'ils ont actuellement; jusque vers le XIVe siècle ils étaient tellement surhaussés au chevet par des coussins, qu'on s'y trouvait bien plutôt assis que couché. Néanmoins, le mobilier est encore bien sommaire: le bahut, le fauteuil à dais, le lit en bois sculpté, très élevé au-dessus du sol, le dressoir et la crédence, en sont les uniques éléments, avec quelques tentures; de nombreux couvercles de coffres sculptés qui nous sont parvenus, témoignent de l'importance qu'on attachait alors à ces accessoires.

Le XVe siècle marque également l'apogée de la miniature, avec Jean Fouquet et ses disciples. C'est encore un art charmant du moyen âge, qui va finir avec lui. L'imprimerie va le tuer en même temps que se créera la peinture de chevalet qui en est la transformation. Enfin une industrie toute française dans son développement spécial, celle de la tapisserie, va perdre aussi, au contact de la Renaissance italienne, son originalité et une partie de sa vitalité, qui avait été si grande un moment que de nombreux artisans français et flamands avaient été appelés en Italie, en Espagne, en Angleterre, jusqu'en Hongrie, pour y établir des métiers. Les écoles du Nord et de la Bourgogne avaient atteint, comme harmonie de couleur, comme élégance de dessin, comme distribution de personnages, un degré de perfection qui n'a jamais été dépassé depuis, même pendant la belle époque de Louis XIV. — V. MINIATURE.

On peut donc se demander, en face de cet ensemble de productions qui certes plaçait la France à côté de l'Italie, si la Renaissance antique tant vantée était nécessaire dans notre pays, et si les expéditions auxquelles on attribue son introduction ont été réellement un bienfait. Certes nos monuments de la Renaissance au XVIe siècle, dus en partie à des artistes italiens, sont merveilleux, mais ils n'ont plus leur caractère français qui appartenait si bien aux œuvres sorties de l'école ogivale. L'art était dans une voie féconde au XVe siècle, il l'a quittée pour suivre les sentiers déjà battus : il y a perdu sa grâce, sa profusion de détails où se révélait si bien le génie propre de l'ouvrier; il y a perdu sa légèreté, son caractère adapté à nos mœurs et à notre goût. Ses écoles de sculpture, de peinture sur verre, de serrurerie, de menuiserie, qui avaient mis quatre siècles à se former, y ont trouvé leur ruine rapide. Ce sont là des avantages précieux à peine compensés, à notre avis par ceux qu'il retirait de l'importation étrangère. Les maîtres français qui ont élevé les beaux palais de la Renaissance, sans s'inquiéter le plus souvent du voisinage choquant d'une œuvre ogivale, eussent sans doute produit des chefs-d'œuvre comparables en assurant le développement de l'art ogival, qui avait déjà perdu de son mysticisme obscur, et qui peu à peu fût devenu plus large et plus sobre d'ornements au contact de la Renaissance italienne. — C. DE M.

Bibliographie : DU SOMMERARD ; *L'art au moyen âge*; P. LACROIX : *L'art au moyen âge*; VERDIER et CATTOIS : *Architecture civile au moyen âge et à l'époque de la Renaissance*; VIOLLET-LE-DUC : *Dictionnaire d'architecture* et *Dictionnaire du mobilier*; G. CERFBERR DE MÉDELSHEIM : *L'architecture en France*.

MOYEU. *T. de mécan. et de charronn.* Partie centrale de la roue des véhicules, percée d'un trou circulaire pour recevoir l'essieu, et qui se prolonge extérieurement par les rais dans les roues qui en comportent, ou par une *toile* continue dans les roues à centres pleins. Les moyeux des roues de véhicules ordinaires roulant sur des chaussées empierrées sont ordinairement en bois de même que les rais et la jante, ils tournent au contact de l'essieu qui reste immobile, les parois du trou intérieur dont ils sont percés formant coussinets. Le bois employé est compact et résistant, chêne vert ou certaines variétés d'ormes (V. CHARRONNAGE)); les moyeux reçoivent une forte épaisseur pour faciliter l'insertion des rais de la roue et diminuer la pression par unité de surface sur l'essieu. On emploie souvent aussi, surtout sur les tramways, des roues coulées d'une seule pièce en acier, le moyeu est formé simplement, dans ce cas, d'un fort renflement à la partie centrale.

Les moyeux de roues de vagons de chemin de fer sont toujours calés sur les essieux. Ces pièces étaient formées, autrefois, d'un bloc de fonte enchâssant des rais en fer; mais on renonce généralement à ce métal pour adopter des moyeux en fer plus légers et plus résistants ou même en acier (roues à rais, type Arbel, Deflassieux, Brunon, etc., ou roues à centre plein). On a renoncé également à la forme conique qu'on donnait autrefois à la partie intérieure du moyeu pour assurer le serrage, il en résultait en effet, des ruptures cachées de l'essieu, impossibles à reconnaître extérieurement, et qui ne se décelaient que par un accident en service. On avait même essayé, dans certains cas, de prolonger le moyeu par une sorte de manchon destiné à maintenir quelque temps les deux tronçons de l'essieu après séparation. Toutes ces dispositions compliquées sont abandonnées maintenant, on arrive à prévenir les accidents en donnant aux portées de calage dont le diamètre a été d'ailleurs augmenté, une forme entièrement cylindrique. Le serrage, qui se trouve ainsi rigoureusement fixé au moment de la pose, résulte du léger excédent de diamètre, 3/10 de millimètre environ pour une portée de 140 millimètres, donné à l'essieu sur le trou intérieur du moyeu.

MUCILAGE. Substance de nature gommeuse, répandue dans la plupart des végétaux, et coagulable en gelée par l'alcool ; on emploie des mucilages de diverses sortes en pharmacie, dans la préparation des médicaments, dans la fabrication des pastilles pour obtenir, entre elles, la liaison des substances qui n'ont aucune cohésion ; les mucilages servent dans l'industrie comme épaississant.

MUFLE. *T. d'art.* Masque ou tête d'animal, et particulièrement la tête du lion.

MUID. Mesure dont on se servait autrefois pour les liquides, les grains et diverses matières, et qui variait de capacité selon les pays et les marchandises à mesurer. — V. CAPACITÉ (Mesures de).

* **MULE.** *T. de pap.* Planche qui reçoit les feutres ou flôtres que le coucheur prend lorsqu'il en a besoin, dans la fabrication manuelle du papier. ||

T. de cordon. Pantoufle, chaussure sans quartier. — V. Chaussure.

* **MULLEQUINERIE** ou **MULQUINERIE.** Nom ancien qu'on emploie encore quelquefois pour désigner la fabrication des toiles fines (batistes et linons) et des fils de lin de qualité supérieure destinés à faire de la dentelle. On dit *toile de mulquinerie, fil de mulquinerie.*

* **MULL-JENNY.** *T. de filat.* Nom donné au métier renvideur usité pour le filage du coton et de la laine peignée ou cardée. Le mull-jenny s'est substitué pour ces textiles au métier continu, qui n'est plus usité que pour les fortes chaînes et s'emploie surtout pour le travail d'autres matières fibreuses. On lui a adjoint le nom de *self-acting* lorsqu'on a réussi à le faire mouvoir d'une façon automatique. Il se compose de deux parties principales : l'une fixe, l'autre mobile, et la torsion des fibres s'y effectue non seulement pendant la marche de la machine, mais encore quand elle est au bout de sa course. Le lecteur trouvera la description détaillée et complète du mécanisme, et la théorie du renvideur au mot Filer (Métier à), § *Métiers renvideurs ou self-actings.* On a aussi indiqué au mot Filature, § *Filature de coton, Historique,* les données relatives à l'invention du mull-jenny.

* **MULTIPLICATEUR.** *T. de phys.* Nom donné à certains instruments de physique destinés à amplifier un phénomène dans une proportion déterminée ou à multiplier ses effets. Ainsi, dans l'électricité, les multiplicateurs d'électricité statique multiplient une charge électrique qui leur a été préalablement communiquée, en transformant par induction l'énergie mécanique en énergie statique ; tels sont les duplicateurs de Nickelson (V. Électricité, § 2), les machines de Holtz, Carré, etc. et les divers multiplicateurs de Sir W. Thomson : reptenisher, mouse-mill, collecteur à gouttes d'eau (V. Électricité, § 47). Les machines dynamo-électriques sont également des multiplicateurs d'induction (V. Électricité, § 16 et Excitateur). Les *galvanomètres* (V. ce mot) sont désignés quelquefois sous le nom de *multiplicateurs,* parce qu'on amplifie les effets du courant électrique sur l'aiguille aimantée, en lui faisant parcourir un circuit composé d'un certain nombre de tours, et, dans une certaine limite, l'effet du courant est proportionnel à ce nombre de tours. On a défini, au mot Galvanomètre, le sens de l'expression *pouvoir multiplicateur* d'une dérivation.

* **MUNGO.** Terme emprunté au vocabulaire anglais, et qu'on applique spécialement, en France, aux filaments laineux obtenus par l'effilochage des chiffons de drap foulé. — V. Renaissance.

I. **MUR.** *T. de constr.* Ouvrage formé de pierres de taille, de moellons, de briques, de pierres meulières, de cailloux, de pisé, de bois, de fer et maçonnerie, ou simplement de terre, et qui sert à supporter, clore ou diviser les différents étages d'un bâtiment, à soutenir et revêtir des terrassements, à former l'enceinte d'un espace quelconque.

Murs d'édifices. Ces sortes d'ouvrages se divisent en : *murs de fondation, murs extérieurs, murs de refend, cloisons.*

Les *murs de fondation* ont à supporter toute la charge d'une construction ; aussi doit-on les établir en bons matériaux, sur un sol naturellement résistant ou rendu tel par des procédés artificiels, et leur donner une forte épaisseur. Les matériaux liaisonnants que l'on emploie, doivent être choisis de manière à empêcher l'humidité de pénétrer ces murs ; la chaux hydraulique ou le ciment sont ici nécessaires. Dans un grand nombre de constructions, aujourd'hui, on emploie, pour les fondations, la pierre meulière qui fait bien prise avec le mortier, forme de l'ensemble une masse compacte et peu coûteuse, et résiste bien au passage de l'humidité (V. Fondation, Maçonnerie). Les murs de fondation sont généralement enterrés dans le sol. Quelquefois, cependant, on les continue jusqu'à une certaine hauteur au-dessus du niveau des terres avec la même épaisseur ou une retraite, et on les nomme alors *murs de soubassement.* Le cas se présente dans les habitations où les sous-sols sont utilisés pour les cuisines et autres services.

Les *murs extérieurs* sont les *murs de face* et les *murs latéraux.* Un bâtiment isolé a quatre murs de face auxquels on donne les noms de *façade principale, façade latérale* et *façade postérieure.* Une construction comprise entre deux autres bâtiments qui lui sont contigus, comme c'est le cas le plus fréquent des habitations de nos grandes villes, possède ordinairement deux murs de face, l'un antérieur sur la voie publique, l'autre postérieur sur cour ou jardin, et deux murs latéraux susceptibles de devenir *mitoyens,* c'est-à-dire appartenir aux deux propriétaires voisins. On appelle *mur pignon* un mur dont la partie supérieure affecte la forme des rampants du comble, et qui reçoit les extrémités des pièces principales de la charpente telles que les *pannes.* Au moyen âge et jusqu'au xviiie siècle, les habitations des villes avaient leurs pignons sur la voie publique, aujourd'hui les murs pignons sont ordinairement les murs latéraux extérieurs. Les murs de face sont construits en pierre de taille ou en petits matériaux, tels que moellons, meulières, briques, etc. (V. Brique, Maçonnerie, Moellon). Les murs séparatifs des habitations contiguës se font aussi en moellon, en brique ou en meulière.

Les *murs de refend* sont ceux qui limitent, à l'intérieur, les divisions principales des bâtiments, et qui supportent, avec les murs extérieurs, les extrémités des solives et des planchers. Ces deux catégories de murs reçoivent une forte épaisseur et prennent le nom de *gros murs.* Ils sont reliés les uns aux autres, à chaque étage, par un système de *chaînage* (V. ce mot) qui assure la stabilité de la construction. Les murs peu épais qui complètent la distribution intérieure, et forment les pièces des appartements et qui n'ont à supporter que leur propre poids sont les cloisons. On les fait en briques, en pan de bois, en carreaux de plâtre ou même en planches. Il est bon, dans une maison à loyer par exemple, où les distributions sont pareilles à tous les étages, de disposer ces cloisons exactement les unes au-dessus des autres, c'est-à-dire *montant de fond.* Dans le cas contraire, il faut placer sous chaque cloison, dans l'épaisseur du plancher, une solive plus forte que les autres. Si le plancher est en fer, on met une solive à *larges ailes* ou deux solives ordinaires, accouplées.

Si l'on recherche quelles sont les proportions à donner aux murs des édifices, il faut considérer, tout d'abord, que si, d'une part, les principales poutres des planchers ainsi que les entraits des combles sont habituellement disposés de manière à maintenir l'écartement de ces murs, d'autre part, ces pièces communiquent, à raison de leur élasticité, des ébranlements aux maçonneries qui les supportent, de manière que le surcroît de stabilité qu'elles procurent décroît à mesure que leur longueur ou la distance des murs parallèles augmente. Il en résulte que, toutes choses égales d'ailleurs, l'épaisseur d'un mur doit être d'autant plus grande qu'il est plus élevé, qu'il est plus éloigné des murs qui lui sont parallèles, et que les murs incidents sont plus espacés. Il est difficile d'établir une formule générale, tenant compte de toutes les circonstances qui sont de nature à influer sur la détermination de l'épaisseur des murs dans les édifices composés de plusieurs étages. On se borne à adopter, dans la pratique, des épaisseurs à peu près constantes pour chaque nature de matériaux et pour tous les édifices qui peuvent être rangés dans une même catégorie. A Paris, il est d'usage de donner environ 0m,50 d'épaisseur aux murs de face, et de 0m,40 à 0m,45 aux murs de refend pour les maisons qui ont jusqu'à 18 mètres de hauteur, mais dont les murs sont assez rapprochés et dont les planchers ne sont pas espacés de plus de 4 à 5 mètres. Quant aux murs de refend, leur épaisseur étant presque toujours déterminée par les tuyaux de cheminée qu'ils renferment, elle est la même dans toute la hauteur de l'édifice. Dans les hôtels, où les salles sont de plus grandes dimensions et les étages plus élevés, on donne plus d'épaisseur aux murs bien qu'ils aient généralement moins de hauteur. Cette épaisseur varie de 0m,60 à 0m,80 pour les murs de face, et de 0m,45 à 0m,50 pour les autres. Les murs supportant des voûtes sont soumis à des pressions verticales et à des actions horizontales, ces dernières tendant à les faire glisser ou à les renverser en totalité ou en partie. L'épaisseur à adopter se déduit de l'intensité de ces actions et de la position de leur application, qui dépendent de la forme, des dimensions et du système de construction de la *voûte* — V. ce mot.

Murs de soutènement. Les murs qui soutiennent des terres sont appelés *murs de terrasse*, de *soutènement* ou de *revêtement.* On les construit en talus à l'extérieur avec ou sans contreforts et à redents, à l'intérieur, également avec ou sans contreforts. La disposition dans laquelle des contreforts sont appliqués du côté des terres a l'avantage de ne pas entraîner à un plus grand développement de parements vus, et elle ne produit aucune saillie apparente, condition souvent recherchée, lorsqu'il s'agit, par exemple, de murs, de quais, de remparts, etc. Le système des contreforts extérieurs offre, sous le rapport de la stabilité, un plus judicieux emploi des matériaux et permet, par suite, une plus forte réduction sur le cube de la maçonnerie. L'espacement, la largeur et la saillie qu'il convient d'attribuer aux contreforts dépendent essentiellement de la nature de la construction; s'ils sont trop espacés, le mur peut se détacher et être renversé sans les entraîner dans son mouvement; si ces points d'appui sont, au contraire, très rapprochés, ils perdent beaucoup de leur effet économique. Quelquefois, on les termine, à leur partie supérieure, par des plans inclinés ou on les réunit par des arcades, ce qui contribue à augmenter la solidité. Ces dispositions conviennent également aux murs destinés à résister à la pression des liquides, aux murs de réservoirs. Une règle applicable en beaucoup de circonstances consiste à donner pour épaisseur à un mur de soutènement le tiers de la hauteur des terres à soutenir. Mais elle conduirait quelquefois à des épaisseurs ou trop fortes ou insuffisantes. Les éléments dont il faut tenir compte sont nombreux : forme et hauteur du mur; cohésion et pesanteur spécifique des terres, ainsi que de la maçonnerie; frottement des terres ou inclinaison du plan sur lequel elles se tiennent en équilibre par l'effet seul de ce frottement; leur frottement contre la face du mur; adhérence et frottement des maçonneries sur l'assiette des fondations; enfin, surcharges permanentes et éventuelles, en terre ou toute autre matière, qui peuvent exister au-dessus du plan horizontal passant par le sommet du mur. Nous nous bornerons à citer la formule donnée par Navier dans son ouvrage sur l'*Application de la mécanique à l'établissement des constructions* :

$$x=0{,}59ht\sqrt{\frac{\pi}{\Pi}}$$

dans laquelle

x est l'épaisseur du mur supposée constante dans toute la hauteur;

t, la tangente de la moitié de l'angle formé avec la verticale par le plan sur lequel les terres se tiendraient en équilibre par l'effet seul du frottement;

h, la hauteur du mur, supposée égale à celle des terres à soutenir;

Π, le poids de l'unité de volume de la maçonnerie;

π, le poids de l'unité de volume du massif à soutenir.

Cette formule, qui néglige les cohésions des terres et des maçonneries et leur frottement réciproque, donnant ainsi une résistance supérieure à celle qu'exigerait impérieusement l'équilibre, résout la question avec une exactitude suffisante pour la plupart des circonstances. Au cas où, au lieu de terres, on aurait de l'eau à soutenir, il suffit de donner à π et à t les valeurs qui conviennent à cette nouvelle matière, c'est-à-dire l'unité.

Il est d'usage, pour faciliter l'écoulement des

Dans le cas de eaux que l'on ne peut éviter, de pratiquer des barbacanes au pied des murs de soutènement, et même d'en ouvrir sur divers points de la hauteur quand elle est considérable.

Murs de clôture. Ces murs, destinés à clore un terrain se font en petits matériaux, moellons, plâtras, briques, pierres sèches, pisé, etc... Très souvent, ils sont construits en terre avec chaînes verticales en moellons et plâtre ou mortier. Leur hauteur est réglée dans les villes par des usages locaux. En France, à défaut de règlements et d'usages, le Code civil détermine la hauteur du mur de clôture de la manière suivante : 3m,20 au moins en élévation, y compris le chaperon, dans les villes de 50,000 âmes et au-dessus; 2m,60 dans les villes de moins de 50,000 âmes. Il y en a beaucoup de plus élevés.

L'épaisseur des murs isolés, chargés seulement de leur propre poids, peut être déduite de la formule

$$e = 12\sqrt{\frac{h}{\pi}},$$

dans laquelle l'épaisseur e et la hauteur h sont exprimées en mètres, et le poids du mètre cube de maçonnerie en kilogrammes. Quand le mur n'est pas très élevé, on lui donne la même épaisseur dans toute sa hauteur, mais, lorsqu'il a plus de 4 à 5 mètres, il est préférable de l'élever en talus, et l'on doit prendre alors pour épaisseur moyenne l'épaisseur déduite de la formule. Quelquefois aussi, on consolide ces murs isolés par des contreforts. — V. Brique, Maçonnerie, Moellon, Pan de bois, Pan de fer. — F. M. || *T. d'exploit. des min.* Partie inférieure, par opposition à la partie supérieure ou *toit.*

II * **MUR.** *Art hérald.* Meuble d'armoiries représentant un mur qui occupe toute la largeur de l'écu; le *mur maçonné* est celui qui montre les liaisons des pierres par des lignes d'un émail particulier.

MURAILLE. Mur d'enceinte d'une ville. — V. Enceinte. || *Art hérald.* Ce meuble diffère du *mur* en ce qu'il est plus haut et tient ordinairement les deux tiers du champ.

* **MURAILLEMENT.** *T. d'exploit. des min.* On est souvent obligé dans les mines, de protéger par une véritable maçonnerie les ouvrages qui sont destinés à avoir une longue durée, et qui sont situés dans des terrains peu solides, dont la poussée détruirait en peu de temps un simple boisage. Le lecteur trouvera aux articles Galerie et Puits, la description des procédés employés pour murailler des ouvrages verticaux ou horizontaux. || Enveloppe extérieure d'un haut-fourneau.

* **MUREAU.** *T. de métall.* Maçonnerie de la tuyère des fourneaux.

* **MUREXIDE.** *T. de chim.* La murexide est une matière colorante pourprée (*carmin de pourpre*) qui a joui d'une certaine vogue avant la découverte des couleurs d'aniline. C'est un dérivé de la *série cyanique*; il doit être envisagé comme le sel *acide d'ammonium* de l'*acide purpurique*, $C^8H^5Az^5O^6$, qui n'est pas connu à l'état libre. On peut obtenir la murexide cristallisée par le procédé de Camille Kœchlin, en traitant une dissolution d'acide urique dans l'acide nitrique par de l'ammoniaque à 60°.

Par le refroidissement, le produit formé cristallise. La murexide a pour formule :

$$AzH^4.C^8H^4Az^5O^6 + H^2O \ldots C^{16}H^8Az^6O^{12}, H^2O^2$$

elle cristallise en prismes d'un rouge grenat, vert métallique par réflexion. Comme aspect, elle ressemble aux couleurs d'aniline. Elle est peu soluble dans l'eau froide. Elle n'est plus employée aujourd'hui à cause de son peu de stabilité.

En effet, les acides et les alcalis décolorent rapidement les tissus teints en murexide.

MURIATE. *T. de chim.* Mot anciennement employé pour désigner les chlorures. — V. Chlorure.

MURIATIQUE (Acide). *T. de chim.* Syn. : *Acide chlorhydrique* (V. ce mot). Pour compléter les renseignements qui ont été déjà donnés sur ce corps, nous dirons que depuis quelques années, on obtient assez facilement l'acide chlorhydrique, d'une manière industrielle, au moyen des solutions aqueuses de chlorure de magnésium. Dans les établissements où l'on prépare la soude par le procédé à l'ammoniaque (méthode Solvay), où l'on régénère le peroxyde de manganèse (procédé Weldon), où l'on extrait de la potasse au moyen de la carnallite, on a d'abondantes quantités de ces solutions : il suffit de les évaporer à siccité, puis de calciner légèrement le résidu, pour obtenir tout le chlore que le sel contenait, mais sous forme d'acide chlorhydrique gazeux, que l'on n'a plus qu'à recueillir et dissoudre dans l'eau, par les procédés habituels.

Purification. L'acide obtenu par n'importe quel procédé, contient des matières étrangères, surtout du perchlorure de fer, qui lui donne une coloration jaune, puis des chlorures de sodium, d'étain, d'arsenic, des acides sulfureux, sulfurique, azotique, iodhydrique, bromhydrique, du sulfate de soude, des matières organiques, etc. Pour le purifier, divers procédés ont été proposés; le plus simple est celui indiqué par M. Engel; il consiste à additionner la solution du gaz chlorhydrique, d'hypophosphite de baryte. Ce corps précipite immédiatement l'acide sulfurique à l'état de sulfate de baryte; le chlore forme avec l'eau, de l'acide chlorhydrique, et l'oxygène, dégagé de sa combinaison, oxyde l'acide hypophosphoreux, mais celui-ci, avant de se transformer, avait eu le temps de réagir sur les composés arsenicaux et d'en séparer l'arsenic sous forme de flocons noirs. On décante alors le liquide clair et on le distille; les sels fixes et le perchlorure de fer ne passent pas à la distillation, et on obtient ainsi, par une seule opération, un acide presque complètement pur.

Usages. En dehors des différents emplois de l'acide chlorhydrique, qui ont été signalés lors de l'étude de ce corps, il en est d'autres qui, depuis quelques années, ont pris une si grande importance, que nous croyons devoir les relater ici.

De ce nombre sont : son utilisation pour purifier le noir d'os dans les fabriques de sucre de betterave, et son emploi pour intervertir les sucres dextrogyres qui existent encore dans les mélasses que l'on destine à faire de l'alcool ; sa substitution à l'acide sulfurique, dans le blanchiment ; son application comme désincrustant pour les chaudières à vapeur, comme dissolvant du fer dans les sables destinés à la fabrication du verre, ou comme déphosphorant de quelques minerais de fer. La métallurgie l'emploie pour l'extraction hydrométallique du nickel, du cadmium, du bismuth, du zinc, du cuivre ; il sert également à préparer le chlorate de potasse, le phosphore, les superphosphates destinés à l'agriculture, etc. — J. C.

MÛRIER. *T. de bot.* On connaît différents arbres portant ce nom. Ils appartiennent à la famille des ulmacées, tribu des morées, et sont originaires des régions tropicales. Ils ont un suc laiteux ; des feuilles distiques, dentées, entières ou lobées (elles sont polymorphes dans le mûrier à papier) ; une inflorescence axillaire mixte, avec un réceptacle allongé, chargé, dans l'organe femelle, de glomérules qui donnent un fruit charnu, composé, formé dans le mûrier noir de petites drupes pourvues de leurs calices devenus charnus. Les espèces les plus utiles sont : 1° le *mûrier noir* (*morus nigra*. L.) de l'Inde, cultivé pour son fruit que l'on emploie comme aliment et comme astringent et acide. Son écorce, et surtout celle de la racine, est purgative et vermifuge, son bois est jaune foncé (l'aubier est blanc) dur, inattaquable aux insectes, susceptible de prendre un beau poli ; il sert à faire des meubles ou des ouvrages divers, des tonneaux ; on l'emploie dans la charpente et les constructions navales ; avec les branches, on prépare des cercles de barriques, des treillages, des échalas.

2° Le *mûrier blanc* (*morus alba*, L.) qui est originaire de la Chine, et s'est répandu dans l'Inde, puis en Perse, et de là à Constantinople, en Sicile et en Italie, d'où Charles VIII le rapporta en France, après la conquête de Naples (1494) ; son fruit est comestible, doux et sans astringence ; son écorce donne des fibres assez longues pour servir à faire des étoffes. Sa grande utilité est de posséder des feuilles qui servent à la nourriture des vers à soie (*sericaria* [Bombyx] *mori*. L.). Son bois est d'un jaune pâle, et brunit moins à l'air que celui du mûrier noir. On pourrait s'en servir avec avantage dans l'ébénisterie.

3° Le *mûrier à papier* (*broussonetia papyrifera*. Wild.) qui est originaire de Chine, et dont l'inflorescence femelle est formée par des glomérules réunies sur un réceptacle globuleux, commun. Il émet de nombreuses racines adventives et possède une écorce qui, par simple ébullition dans eau, donne une filasse avec laquelle on fait des tissus, des chapeaux et aussi du papier.

4° Le *mûrier jaune* ou *des teinturiers* (*morus* [*Broussenetia*] *tinctoria*. L.) qui croît au Mexique et aux Antilles. Il nous vient, en France, principalement de Cuba et de Tampico, en bûches du poids de 150 kilogrammes environ, brunes à l'extérieur, nettoyées à la hache, d'un beau jaune vif avec filets orangés à l'intérieur ; il est dur et prend une couleur mordorée à l'air, ce qui permettrait de l'utiliser pour faire des meubles. Il sert en teinture et pour faire des archets ; ses feuilles peuvent aussi être données en nourriture aux vers à soie.

A ce bois se rattachent ceux dits : *bois de Cuba*, *bois de Tampico*, *bois de Tuspan*, *bois de Côte-ferme*, *bois de Zapote*, *de Carthagène*, *de Maracaïbo*, *de Saint-Domingue*, de *Fernanbourg* et des *Indes-Orientales*. M. Chevreul a isolé de tous ces bois deux principes colorants cristallisés, le morin blanc ou acide morique $C^{24}H^{8}O^{10}$... $C^{12}H^{8}O^{5}$, combiné à la chaux, et le morin jaune (maclurine) ou acide morintannique $C^{26}H^{10}O^{12}$... $C^{13}H^{10}O^{6}$, une variété de tannin. Ces bois s'utilisent surtout sur laine, pour avoir des nuances jaunes avec les sels d'alumine ; ou des verts purs ou olive, avec l'indigo et le bleu de cuve ; des noirs avec le campêche, le tartre et les sulfates de fer impurs. L'extrait connu sous le nom d'*extrait de Cuba* est fait avec le mûrier jaune. — J. C.

MUSC. *T. de mat. méd.* Produit aromatique sécrété par les chevrotains porte-musc mâles (*Moscus moschiferus*, L.), ruminants sans cornes, armés de deux petites défenses supérieures, que l'on rencontre au Thibet, en Chine, en Mongolie, aux Indes, en Tartarie, sur les montagnes, à 1,000 à 2,300 mètres au-dessus du niveau de la mer. La glande qui donne le musc est située entre l'organe génital et l'ombilic, elle offre un orifice garni de poils en pinceau, et sa poche ou réservoir est ronde ou ovalaire, de 6 à 7 centimètres de longueur environ, plan-convexe et recouverte de deux faisceaux musculaires avec trois membranes distinctes : une fibreuse, une nacrée et épidermoïdale, et la dernière à extérieur argenté et contenant les glandes sécrétantes, avec coloration rouge brun à l'intérieur. Chaque poche renferme environ 60 grammes de produit (musc) chez l'adulte, 6 à 8 grammes chez le jeune.

Le musc nouvellement recueilli, a une consistance sirupeuse, est rouge brun, d'odeur très forte ; avec le temps, il devient grenu et noir brun ; sa saveur est amère, et il fond par la chaleur ; il est en grande partie soluble dans l'eau bouillante, moins dans l'alcool et presque pas dans l'éther ou le chloroforme. Sa solution aqueuse traitée par la potasse dégage de l'ammoniaque ; il précipite par le tannin, par l'acétate de plomb et se décolore sous l'action de l'acide azotique dilué.

COMPOSITION. Le musc est un produit très complexe ; on y a trouvé, en effet, de la cholestérine, des principes gras (oléine, stéarine, et principes non saponifiables), une résine amère qui semble être la partie douée d'odeur, de la gélatine, de l'albumine et de la fibrine ; de l'acide lactique, des sels d'ammonium, de potasse et de chaux, de l'eau, etc.

Variétés commerciales. Il nous arrive deux sortes bien distinctes de musc : 1° le *musc Tonkin* qui est en poches lenticulaires, à poils très courts, blanchâtres, disposés concentriquement et offrant sur le côté qui adhérait au ventre une coloration brune ; la membrane est sèche et peu épaisse. Il est recouvert d'une efflorescence blanchâtre, est sec, non ammoniacal. Il vient dans des boîtes rectangulaires, en carton, doublées de plomb, enveloppées dans des feuilles de papier couvertes d'inscriptions et fixées par des cachets, de l'Annam et de la Cochinchine, par Canton, et est, d'ordinaire, expédié directement en Angleterre. Le *musc d'Assam* est une variété du précédent, ses poches sont variables quant à leur forme, souvent rétrécies ; elles sont recouvertes de poils gros, cassants, blanchâtres ; elles sont très dures, très pleines, et probablement remplies artificiellement. Ce musc est d'un brun noir et offre une odeur de civette qui disparaît par la dessiccation ; il nous vient du Bengale, dans des sacs de cuir renfermés dans des boîtes de bois ou de fer-blanc. Le *musc de Yun-nam*, se rapproche du précédent, la forme des poches est arrondie, même du côté dépourvu de poils, ce qui leur donne un aspect globuleux, de plus, les poils sont d'un gris cendré, courts et serrés, et le vortex qu'ils forment à la partie médiane est obstrué par un tampon de paille de riz. Cette sorte est d'un brun fauve, en grains à odeur très forte. Nous ne citons que pour mémoire le *musc de Nankin*, qui est le plus estimé de tous, mais qui ne se trouve guère dans le commerce.

2° Le *musc Kabardin* ou de *Sibérie*, qui se trouve en poches plus petites, allongées d'arrière en avant, plates, offrant un sillon longitudinal apparent; les poils de la face libre sont d'un blanc argenté, ondulés, et la peau nue de coloration jaune brun, sèche et recouverte d'efflorescences blanchâtres. Le musc est grumeleux, roux, d'odeur forte, tenace, mais non ammoniacale ; c'est le moins recherché et le moins cher. Il nous vient des régions sibériennes que traversent les monts Altaï, par la voie de Pétersbourg. C'est le moins sujet aux falsifications.

3° A côté de ces sortes se trouve dans le commerce le *musc* vendu *hors vessie* ; il est presque toujours frelaté.

Falsification. En vertu de son prix fort élevé (2,000 francs le kilogramme, pour les premières sortes), le musc est sujet à offrir un grand nombre de falsifications ; depuis le pays d'origine, jusqu'au lieu d'importation, et chez le vendeur. On trouve d'abord des poches qui ont été vidées, puis remplies après coup et recousues en recollant les poils ou leur donnant l'aspect contourné; en enveloppant ces poches d'un linge mouillé, on verra après quelque temps les poils se redresser et l'on apercevra les coutures ; on fabrique de plus des fausses poches avec de la peau de chevrotain, mais ces dernières n'offrent plus l'aspect caractéristique des poches vraies qui ont les poils enroulés en cercle pour laisser libre, l'ouverture normale de la glande. Les poches vraies peuvent, en outre, avoir été mouillées pour en augmenter le poids. On reconnaît ces fraudes de la manière suivante : l'*eau*, par la dessiccation à 100° : le produit naturel ne perd que 45 0/0 de son poids environ ; la poche mouillée offrira souvent des traces de moisissures ; les *matières étrangères*, par l'incinération : le bon musc ne donne que 4 à 6 0/0 de cendres. De plus, si on le dissout dans l'eau, il devra céder un certain nombre de membranes, insolubles dans ce liquide.

Parmi les matières étrangères que l'on peut rencontrer dans le musc, il faut citer : le sang, le foie, la rate du chevrotain; le café moulu, le tabac, le charbon animal, le fiel, la gélatine ; les corps gras, la cire, la noix de galle, les grains de plomb, la limaille de fer, le sable, etc. On peut retrouver facilement ces diverses matières. Le *sang* est mélangé bouilli ; après que la dessiccation en a fait une pâte ferme, on peut concasser celle-ci pour obtenir des petits grains. On ne peut espérer y retrouver les globules sanguins, que l'ébullition dans l'eau aura totalement altérés, mais on pourra rechercher la matière colorante du sang ; pour cela, on fait une dissolution de musc suspect dans de l'eau, et on y ajoute son volume d'une dissolution au millième de chlorure de sodium ; on met le mélange sur une lame de verre, on recouvre d'une lamelle mince et on introduit un peu d'acide acétique. On chauffe alors. Par l'action de la chaleur, il se produit, s'il y a du sang, des cristaux de chlorhydrate d'hématine, qui sont en aiguilles rhombiques, de couleur rouge brun, solubles dans l'acide chlorhydrique et insolubles dans l'acide azotique. L'infusion aqueuse de musc contiendrait dans ce cas, de l'*albumine* qui coagulerait par la chaleur. Les tissus du *foie*, de la *rate*, desséchés et granulés, seraient également retrouvés par l'examen microscopique ; il en serait de même du *café moulu épuisé* et du *tabac*. Un moyen bien simple de signaler la présence de ces deux derniers corps, consiste d'ailleurs à enfoncer dans la poche suspecte, une aiguille rougie à blanc ; l'odeur caractéristique de café ou de tabac, indique de suite la nature de la fraude. Ce procédé est encore employé pour retrouver la présence de *résines* et de *baumes résines* ; en outre de l'odeur, on pourrait séparer ces corps par l'alcool bouillant, qui les dissout et les cède par évaporation. La *gélatine* serait reconnue dans une macération de musc dans l'eau, ainsi que la *noix de galle* ; le premier corps donnerait un précipité floconneux, par l'addition d'alcool ; le second un précipité noir, avec un persel de fer. Les *corps gras*, la *cire*, se retrouvent par l'épuisement du musc au moyen de l'éther, ce véhicule n'enlevant rien au produit pur. La calcination d'un échantillon suspect permet de retrouver le charbon animal, le plomb, le fer, le sable. Les cendres reprises par l'eau acidulée contiennent du phosphate de chaux, lorsqu'il y avait du *charbon animal* ; leur solution précipite-t-elle par l'iodure de potassium, en donnant un dépôt jaune, c'est qu'il y avait du *plomb* ; si elle prend une teinte rouge avec le sulfocyanure de potassium, c'est l'indice du fer ; le résidu qui reste inattaqué par les acides concentrés est formé par du *sable*.

Commerce. Nous ne pouvons dire exactement quelle est la quantité de musc Kabardin qui est importée par la Baltique, mais pour le musc venant de Canton, les droits de douane qui s'élèvent à 3 marcs par cattie ou boîte de 25 poches, permettent d'évaluer à 300,000 poches, la quantité expédiée annuellement de la sorte.

Usages. Le musc s'emploie fréquemment en médecine. La parfumerie en fait le plus grand usage, et on peut dire que toutes les eaux de toilette, de senteur, etc., en contiennent, lorsqu'elles sont obtenues avec des mélanges de parfums.

Bibliographie : BREHM : *Vie des animaux*, t. II, p. 463; GUIBOURT : *Matière médicale*, t. IV, p. 51, Paris, 1851; Colon. Fréd. MARKHAM : *Adventures and travel in Chinense Tartary of Thibet, Jor. of Sporting*; A. MILNE-EDWARDS : *Recherches sur la famille des chevrotains*, thèse de pharmacie, Paris, 1854 ; PIESSE et RÉVEIL : *Des odeurs, parfums et cosmétiques*, Paris, 1865; L. SOUBEIRAN et De THIERSAINT : *Matière médicale des chinois*, Paris, 1873. — J. C.

MUSCADE (Beurre de). — V. BEURRE, § *Beurres végétaux*.

MUSÉE ou en latin **MUSÉUM**. Edifice destiné à rassembler les monuments des beaux-arts, des sciences et de l'industrie, et que le public est admis à visiter; toute collection considérable d'objets rares et curieux, prend également le nom de *musée*.

Musée d'Artillerie. Actuellement installé à l'Hôtel des Invalides, ce musée possède une des plus belles collections d'armes et armures anciennes, un grand nombre de bouches à feu françaises et étrangères d'anciens et nouveaux modèles, la série à peu près complète de modèles représentant, à échelle réduite, les divers systèmes de matériel d'artillerie qui ont été successivement en service dans notre pays. Trois nouvelles galeries ont été créées récemment et représentent, l'une, les principaux types de guerriers des peuplades sauvages ou des pays encore peu civilisés, l'autre, les types des guerriers des antiquités grecque et romaine, et enfin, la troisième, la série complète des types des hommes d'armes ou soldats français, depuis le règne de Charlemagne jusqu'à la première République. Le visiteur peut ainsi suivre pas à pas l'homme de guerre dans ses transformations successives depuis les époques primitives jusqu'au commencement de notre siècle, époque à partir de laquelle l'uniforme et l'armement ont cessé de dépendre l'un de l'autre. Depuis lors, tandis que les uniformes suivant les modes du temps, changent souvent, l'armement, qui ne comporte plus pour ainsi dire d'armes défensives, ne se transforme que lentement en suivant les progrès de la science et sans plus influer en rien sur le costume militaire. Grâce à ces nouvelles créations plus n'est besoin, au visiteur désireux de s'instruire ou à l'artiste qui a besoin de reconstituer l'homme de guerre à une date déterminée, d'aller rechercher dans les différentes parties du Musée les armes et accessoires se rapportant à cette période pour en faire un ensemble, travail long, difficile et quelquefois même à peu près impossible pour ceux qui n'ont point entre les mains tous les documents authentiques.

On peut faire remonter l'origine du Musée d'artillerie à l'année 1684, époque à laquelle le grand maître de l'artillerie obtint du roi l'autorisation de placer dans les salles d'armes du magasin de la Bastille, une collection des modèles du matériel d'artillerie alors en usage pour servir à l'enseignement des jeunes officiers de l'arme. Au moment de la Révolution, le Musée commençait à peine à prendre son essor sous l'impulsion qui lui avait été donnée par Gribeauval; il fut dévasté, et ses collections détruites ou dispersées le 14 juillet 1789, jour de la prise de la Bastille.

Les réquisitions d'armes faites, de 1791 à 1794, par toute la France dans les hôtels et châteaux abandonnés par les émigrés avaient amené dans les arsenaux un grand nombre d'armes et armures anciennes qu'on ne pouvait songer à utiliser à l'armée. Beaucoup d'armes précieuses disparurent alors; mais un certain nombre furent réunies dans une des salles de l'ancien couvent des Feuillants, par les soins d'un sieur Regnier, alors adjoint à l'administration de la fabrication des armes, à Paris, qui réussit ainsi à sauver, entre autres, les débris du célèbre cabinet d'armes de Chantilly et de celui du Garde-Meuble. Lors de la création, en 1795, du Comité de l'artillerie et du Dépôt central placé sous ses ordres, le Comité de salut public décida que cette collection d'armes serait transportée dans le même local, c'est-à-dire dans le couvent des Dominicains-Jacobins de Saint-Thomas d'Aquin; cet ordre ne fut exécuté qu'en 1796. La même année on décida la création d'une nouvelle collection de modèles d'armes et de machines de guerre, qui reçut les quelques anciens modèles sauvés lors de la destruction de la Bastille.

Les victoires de la République et de l'Empire contribuèrent à enrichir le Musée. En 1814, lors de la première occupation de Paris par les alliés, le Musée fut respecté, mais il ne put en être de même en 1815. Le conservateur, prévenu à temps, put heureusement renfermer à la hâte dans quelques caisses les objets les plus précieux; presque toutes ces caisses suivirent l'armée au delà de la Loire et furent envoyées à La Rochelle où elles restèrent jusqu'en 1820. Quelques-unes, pour lesquelles les moyens de transport avaient fait défaut, furent reçues et cachées chez un coutelier de la rue du Bac, qui eut le courage et l'honneur de conserver à l'État ce précieux dépôt.

Le Musée ne fut rouvert au public qu'en 1820. A la Révolution de 1830, après avoir été sauvé dans la journée du 27 juillet, il fut mis au pillage le 28; le conservateur ne put mettre à l'abri que les armes les plus précieuses renfermées dans les armoires. Ajoutons toutefois, à l'honneur de la population parisienne, que la majeure partie des objets enlevés furent rendus le lendemain et jours suivants. En 1848, le Musée fut respecté. En 1856, toutes les armures, qui, depuis la première Révolution, étaient conservées à la Bibliothèque de la rue de Richelieu vinrent accroître ses richesses, mais il dut, plus tard, en céder quelques-unes au Musée des Souverains, au Louvre

Pendant la Commune, le Musée put être préservé du pillage et de l'incendie; du reste, avant l'investissement de Paris, les pièces les plus précieuses avaient été par mesure de précaution expédiées à Cherbourg, Brest et La Rochelle.

Après la guerre, les agrandissements nécessités par la nouvelle installation du Dépôt central de l'artillerie nécessitèrent le transfert du Musée aux Invalides; cette mesure, qui fut exécutée au mois d'août 1871, loin de lui nuire, lui fut très favorable en lui permettant de prendre un plus grand développement. Un décret de 1872 lui rendit toutes les armes et armures déposées au Musée des Souverains; en 1880, on y versa également la collection d'armes du château de Pierrefonds déclarée, après un long procès, propriété de l'État. Enfin, c'est en 1876 que fut ouverte la galerie des costumes de guerre français, en 1878 la galerie ethnographique, et en 1879, celle des guerriers grecs et romains.

Bibliographie : Catalogue du Musée d'artillerie, par O. PENGUILLY L'HARIDON, officier supérieur d'artillerie, conservateur du Musée, 1862; *Notice sur les costumes de guerre*, par le colonel LECLERC, conservateur du Musée, 1876; *Galerie ethnographique*, par le colonel LECLERC, conservateur du Musée, 1878.

Musée des Arts décoratifs. — V. ARTS DÉCORATIFS.

Musée Carnavalet (Musée municipal de Paris dit). Le Musée municipal a pour but de recueillir les objets qui intéressent l'histoire de Paris, et surtout les débris provenant de démolition. Par suite d'achats, de dons, de legs, il possède déjà de nombreuses richesses, entre autres des antiquités gallo-romaines découvertes dans des fouilles du nouvel Hôtel-Dieu, des arènes de la rue Monge, de l'ancienne église Saint-Marcel. Dans le jardin du Musée on a reconstruit divers monuments, entre autres un arc datant de Henri II qui se trouvait rue de Nazareth dans la Cité, la façade de la maison syndicale des drapiers, et celui de l'hôtel de Choiseul. Dans les salles sont placées des fresques et des galeries peintes provenant de divers hôtels particuliers de Paris. La bibliothèque, qui contient 45,000 volumes et 30,000 estampes, est entièrement composée d'ouvrages relatifs à l'histoire de Paris. La salle de travail est installée dans l'ancien salon de Mme de Sévigné. Il ne faut pas l'oublier, le Musée Carnavalet ne vaut pas seulement par les richesses qu'il contient, mais aussi par la beauté propre de l'hôtel qui l'abrite, qui fut commencé par Jean Bullaut, sur les dessins de Pierre Lescot, et à la décoration duquel travailla Jean Goujon.

Musée Céramique de Sèvres. Le Musée céramique de Sèvres a été fondé, en 1824, par Brongniard, avec des éléments tirés de sa collection particulière, et a été enrichi par des achats, des dons nombreux et des pièces fabriquées à Sèvres même. Lorsque la Manufacture a été transférée, en 1875, dans les nouveaux bâtiments qu'elle occupe actuellement, le Musée a reçu la place d'honneur, dans le pavillon principal dont il occupe le premier étage. C'est une longue galerie étroite avec deux petites salles aux extrémités, et au milieu une grande salle rectangulaire où sont placés les grands vases qui ont remporté les prix de Sèvres. Ils ont tous été exécutés à la Manufacture; des tapisseries en ornent les murs. Dans les galeries, une vitrine double occupe le centre et donne un développement très considérable rendu nécessaire par le grand nombre de pièces exposées.

Dans le vestibule sont plusieurs pièces curieuses, entre autres des fragments de pavages orientaux et des grands chauffoirs en porcelaine du château de Versailles. Le développement historique de l'art céramique suit ensuite régulièrement à partir du commencement de la galerie de droite. Nous y trouvons d'abord les premières poteries, les briques non cuites de Babylone, les fragments trouvés dans les fouilles de Ninive, les curieux bibelots émaillés égyptiens, puis les poteries grecques, étrusques et romaines, avec leur fond rouge historié en noir, pièces mates, légèrement lustrées, bien qu'on n'ait connu à cette époque l'usage d'aucun émail. C'est encore un aspect analogue que nous présentent les poteries gallo-romaines qui suivent. Avec le moyen âge apparaissent les pièces émaillées et vernissées avec des éléments plombifères, encore bien imparfaites comme forme, comme dessin, comme fabrication, tandis qu'à la même époque les Maures d'Espagne et les Persans arrivaient, en partant d'autres principes, à des résultats bien supérieurs dont le Musée expose de superbes spécimens couverts d'un émail véritable, d'un émail blanc qui est l'origine de toutes les faïences artistiques modernes. D'Espagne, les procédés de l'art mauresque sont passés en Italie où les Robbia notamment en ont tiré un grand parti, et enfin en France plusieurs centres s'établirent où la faïence se fabriqua couramment, à Rouen, à Nevers, à Moustier, à Marseille, etc. Quant aux faïences italiennes proprement dites, avec sujets en relief, dont le secret était gardé avec un soin jaloux, on sait que c'est B. Palissy qui trouva un émail transparent permettant de les imiter avec une variété et supériorité incontestables. Palissy et son école occupent une grande place dans les vitrines du Musée de Sèvres, et c'est justice, car rien n'est plus curieux que ces superbes plats d'une couleur restée si vive après plus de trois siècles.

Les belles pièces en faïence française ne manquent pas à Sèvres; Rouen surtout y est représentée par des spécimens hors ligne, des plats, des assiettes, des fontaines, une table à ouvrage, le pavage et la cheminée du manoir de Lintot; à l'extrémité de la galerie de droite, on a placé une réduction de la Bastille offerte à la Convention par Ollivier, et un superbe poêle de Nuremberg, modèle de ces poêles si communs en Allemagne et dont quelques-uns sont de véritables monuments.

Une section tout entière est consacrée à la porcelaine de la Chine et du Japon, dont les produits si originaux et si parfaits, ont mis sur la trace de la porcelaine européenne, qu'on parvint enfin à fabriquer en Saxe, à la fin du XVIIe siècle. Les spécimens de la Chine et du Japon, porcelaine dure et grès, occupent plusieurs vitrines. C'est en cherchant à imiter cette porcelaine dure, faite avec du kaolin, que différents industriels français furent amenés à trouver la porcelaine tendre, où n'entre pas le kaolin, et qui est à beaucoup de points de vue bien supérieure. Les premiers produits des fabriques de Vincennes, de Saint-Cloud, sont déjà très remarquables, et il n'y a qu'un pas à faire pour atteindre à la perfection que nous trouvons enfin avec la fabrique de Sèvres; nous assistons à une série complète de merveilles dans le détail desquelles nous ne pouvons entrer, vases, plats, assiettes, tasses et soucoupes, encriers, etc., couverts d'une décoration admirable, comme on n'en peut établir que sur la porcelaine tendre, bien plus transparente et plus fusible. Mais un gisement de kaolin est découvert à Saint-Yrieix, la Manufacture de Sèvres entreprend la porcelaine dure, et en peu d'années la porcelaine tendre est abandonnée au point que les procédés n'en ont pu être retrouvés. Les vitrines suivantes ne contiennent donc plus que de la porcelaine dure, peinte et dorée, d'ailleurs d'un décor lourd et de formes souvent peu gracieuses. Une très curieuse exposition est celle des tableaux peints sur grandes plaques de porcelaine, et qui sont d'une exécution très remarquable; la plupart sont dus à des femmes, surtout à Mme Jaquotot. Maintenant la vogue est plutôt à l'émail grand feu; MM. Michel Bouquet et Deck ont donné au Musée de belles peintures qui font voir le parti qu'on peut tirer de ce procédé. Au milieu de tous ces tableaux se trouve provisoirement placé un vase en *porcelaine nouvelle*, cette matière dont la composition est encore tenue secrète, et qui paraît devoir donner de beaux résultats; en face, sont installés les travaux d'Ebelmen sur la cristallisation de l'alumine pour la reproduction des corindons, des saphirs, des rubis, etc., et enfin la galerie est terminée par les échantillons de tous les essais tentés à Sèvres, et que la Manufacture a publiés; cette partie du Musée s'adresse spécialement aux fabricants de céramique.

Dans la petite salle, au fond de cette galerie de gauche, on a placé une reproduction moderne de la grande tour de porcelaine de Nankin, et un grand tombeau moderne en faïence, rapporté de Bombay, puis des biscuits et pièces en blanc envoyées par les fabriques de Limoges.

Au rez-de-chaussée, une salle spéciale de vente comprend les pièces fabriquées à Sèvres, montées ou non montées, que la Manufacture livre à la circulation. C'est comme un Musée de l'art céramique moderne, qui n'a pas un moindre intérêt au point de vue pratique, car il permet de suivre au jour le jour les progrès réalisés dans le dessin et la fabrication à la Manufacture de Sèvres.

Musée de Cluny. Le noyau du Musée de Cluny est formé des collections que M. du Sommerard, conseiller à la Cour des comptes, avait réunies et que, lui mort (1842), sa veuve laissa dans des conditions très modiques à l'Etat, de préférence à tout autre acquéreur. Ces collections d'objets de la Renaissance et du moyen âge, sont merveilleusement installées dans un cadre que l'on aurait fait exprès pour leur exposition : l'hôtel de Cluny et les Thermes de Julien. L'hôtel fut construit au XIVe siècle par Pierre de Chaslus, abbé de Cluny, sur l'emplacement d'une partie du Palais des Thermes, et presque entièrement réédifié par Jacques d'Amboise, frère du ministre de Louis XII, à la fin du XVe siècle. Il devint propriété nationale en 1790, fut vendu comme propriété particulière, et fut acquis enfin, en 1836, par M. Du Sommerard. L'hôtel de Cluny, marquant la transition entre l'art ogival et l'art renaissant est complet en son genre. Sa chapelle est un bijou de délicatesse et d'élégance.

Le Musée de Cluny renferme plus de 10,000 objets, sculptures en marbre, bois ou pierre, ivoires, émaux, terres cuites, bronzes, meubles, tableaux, vitraux, faïences, serrureries, tapisseries, horlogeries, orfèvreries, armes, bijoux, manuscrits, etc.

Ces reliques, qui pour la plupart appartiennent aux XIVe, XVe et XVIe siècles, sont disposées plutôt suivant les convenances du local que suivant un ordre systématique. On y voit le jeu d'échecs de Saint-Louis, en cristal et pierreries, le lit de François Ier avec ses colonnes représentant des chevaliers sculptés en vieux chêne; des miroirs de Venise rapportés par les Médicis ; le couteau qui servit à découper le cerf au gala du sacre de Charles VI, la première fourchette qui ait paru dans un festin donné par Henri III; l'épée damasquinée de La Hire; les saints de plomb que Louis XI priait avec tant de ferveur; le verre si hospitalier qui circulait sur la table de Charles V et qui pouvait désaltérer 30 convives; le prie-Dieu et le bahut de la reine Blanche; des stalles, des meubles d'église merveilleusement sculptés; des faïences de Lucca della Robbia ; un plafond de l'hôtel Lambert peint par Le Sueur ; quinze morceaux de Bernard Palissy, des tapisseries de haute-lisse, un devant d'autel en or fin repoussé du XVIe siècle donné par l'empereur Henri II à la cathédrale de Dôle.

Les collections se sont récemment enrichies d'une foule d'objets qui font du Musée de Cluny une galerie sans rivale en Europe. Des collections entières ont été acquises et une grande quantité d'objets aussi intéressants sous le rapport de l'art industriel que sous le rapport de l'archéologie, figurent dans le nouveau catalogue. Les plus importantes de ces acquisitions sont, sans contredit, les magnifiques voitures des XVIIe et XVIIIe siècles pour lesquelles des salles spéciales ont été construites. Une riche collection de faïences françaises, dix-sept panneaux de costumes historiques; des ivoires du XVe, du XVIe et du XVIIe siècle; un portrait de Bernard Palissy, très beau et le seul qu'on possède; des fragments mérovingiens, des bracelets de la même époque trouvés à Villers-Coterets sur les domaines de M. de Cambacérès; une rare collection de faïences de Rhodes, etc.

Dans le jardin qui entoure les Thermes, on a disposé une foule de sculptures, fragments d'architecture, etc., précieux monuments de l'art roman, gothique et renaissant.

A la mort du fils du fondateur, en 1885, la direction du Musée de Cluny a été confiée à notre collaborateur, M. Alfred Darcel qui procède à un classement méthodique des collections et à un agrandissement des locaux d'exposition, notamment en faisant couvrir les anciens Thermes.

Musée du Conservatoire des Arts et Métiers. Le Musée du Conservatoire des Arts et Métiers peut être considéré comme la partie principale de cet important établissement. Il est visé le premier dans le décret du 19 Vendémiaire, an III (10 octobre 1794), rendu par la Convention sur le rapport de Grégoire, et dont l'article 1er dit qu'il « sera formé à Paris, sous le nom de *Conservatoire des Arts et Métiers*, et sous l'inspection de la Commission d'Agriculture et des Arts, un dépôt public de machines, modèles, outils, dessins, descriptions et livres de tous les genres d'arts et métiers. » Mais ce décret ne reçut sa pleine exécution que sept ans après le vote de la Convention, et ce fut seulement le 12 germinal an VII (2 avril 1799) que le Conservatoire put prendre possession des bâtiments de l'ancien prieuré de Saint-Martin-des-Champs, qui avaient été affectés à son établissement par la loi du 22 prairial an VI (10 juin 1798).

En l'an VIII, tous les modèles des machines, instruments et outils, réunis par les soins de Vaucanson à l'hôtel de Mortagne, rue de Charonne, dès 1775 ; les instruments précieux, les machines utiles à l'agriculture, aux manufactures et aux arts industriels, déposés à l'hôtel d'Aiguillon, rue de l'Université, par les soins de la Commission temporaire des Arts, créée par décret de la Convention du 23 pluviôse, an II (11 février 1794), furent transportés dans les salles de l'ancien prieuré de la rue Saint-Martin, où avait été établie d'abord une manufacture d'armes, qu'on venait de transporter ailleurs, et le Conservatoire fut définitivement fondé. Les travaux d'appropriation destinés à mettre l'édifice religieux en état d'être utilisé pour sa nouvelle destination, furent dès lors entrepris, et continués, à peu près sans interruption, mais à l'aide de crédits insuffisants, jusqu'à nos jours. Ils sont loin d'être achevés. Nous allons décrire les salles occupées par les collections dans leur état actuel, en indiquant sommairement les changements qui se préparent, et dont quelques-uns sont en voie d'exécution.

L'entrée du Musée est en face de la porte principale du Conservatoire ; après avoir traversé la cour d'honneur, on monte un escalier de 22 marches et l'on arrive au palier sur lequel s'ouvre la porte massive en bois sculpté qui donne accès dans les galeries. Après avoir traversé cette porte, le visiteur a devant lui l'escalier simple à l'aide duquel on descend au rez-de-chaussée, et la double rampe, œuvre de l'architecte Antoine, construite en 1786, restaurée de 1860 à 1862, par M. Vaudoyer, qui conduit aux galeries du premier étage.

En descendant au rez-de-chaussée, on rencontre d'abord la salle dite *de l'Echo*, et qui est bien connue de tous les visiteurs. Immédiatement après cette première salle, qui sert de point de départ à notre excursion, et en tournant à droite, on arrive aux salles où sont placés les modèles relatifs à l'exploitation des mines et à la métallurgie ; puis viennent l'agriculture et les constructions agricoles, dont une partie est exposée dans la galerie perpendiculaire au bâtiment principal, et qui s'étend en longeant la face sud du jardin, jusqu'à la rue Vaucanson. En revenant au point de départ, c'est-à-dire à la salle de l'Echo, et en parcourant les salles placées à la gauche du visiteur qui entre au Musée, on trouve les poids et mesures, l'astronomie, la géodésie et l'horlogerie, puis, dans l'aile faisant retour sur le jardin, parallèlement à la galerie de l'agriculture, aile qui était autrefois affectée au logement du directeur, les appareils de géométrie descriptive, et les modèles de constructions civiles.

Les galeries affectées aux poids et mesures, à l'exploitation des mines et à la métallurgie ont dû être étançonnées récemment dans la crainte d'un accident dont les suites eussent été des plus déplorables. Construites au XVIIe siècle, dans des conditions de solidité très imparfaites, elles ont été déjà l'objet de plusieurs réparations. Les voûtes qui les surmontent et qui servent de plancher aux galeries du premier étage, menaçant de se disjoindre et les murs s'écartant d'une façon appréciable, M. Molard, administrateur en chef du Conservatoire des Arts et Métiers, de 1801 à 1816, les fit réunir au moyen de barres de fer, placées de distance en distance, au sommet des murs, à la naissance de la voûte, chauffées au rouge, puis fixées au dehors, à l'aide de forts écrous en forme de boucliers arrondis. Le fer refroidi devait, en se contractant, ramener les murs à l'aplomb; mais on ne saurait affirmer que ce résultat ait été obtenu dans une mesure appréciable. L'expérience de M. Molard n'en eut pas moins une conséquence heureuse, elle consolida, momentanément, des salles qui menaçaient déjà, au commencement de ce siècle, de s'écrouler dans un bref délai.

A l'extrémité de la galerie occupée par le matériel d'exploitation des mines se trouve l'entrée qui conduit à l'ancienne église du prieuré, occupée, aujourd'hui, par une série de machines, naguère encore mises en mouvement par la force hydraulique. Cette église, dont la nef de style ogival est d'un bel effet, est remarquable par quelques détails d'ornementation et surtout par son abside du roman le plus pur, mais dont une partie seule, malheureusement, a été restaurée, tandis que le reste tombe littéralement en ruines. La solidité de la nef elle-même paraissant compromise par le mouvement des machines, celles-ci, depuis plusieurs mois, ne fonctionnent plus, comme elles l'avaient fait jusqu'à ce moment, trois fois par semaine, les dimanches, mardis et jeudis, jours où le Musée est ouvert aux visiteurs, de dix heures à quatre heures. Ces machines seront transportées, dans un avenir prochain, dans un hall construit sur l'emplacement du jardin actuel, et qui sera adossé à une galerie nouvelle, qui doit s'élever également dans le jardin, en face de la façade de l'Ecole centrale qui longe la rue Vaucanson.

Dans la nouvelle galerie seront transportées, après son achèvement, les collections occupant encore les galeries étançonnées qui, devenues libres, pourront être l'objet de réparations sérieuses. L'église, débarrassée des machines et des bassins hydrauliques qui compromettent sa solidité, deviendrait un lieu d'expositions permanentes.

Un escalier moderne conduit le visiteur, de l'église au premier étage; en y arrivant, il trouve d'abord, à sa droite, les galeries affectées à la physique, placées au-dessus de l'agriculture, dans une des ailes qui se prolongent sur le jardin, et qui contiennent le cabinet de physique de l'habile et savant expérimentateur Charles. Parvenu au bout de cette galerie sans issue et revenant sur ses pas, on a devant soi une double galerie, à gauche la cinématique, à droite l'acoustique et l'optique; puis les chemins de fer, la fabrication du papier, la chimie industrielle. Perpendiculairement à cette dernière salle, dans une galerie richement ornée qui fait pendant à la bibliothèque, sont installés les instruments et les produits de la filature et du tissage. C'est là que se trouve le fameux métier de Vaucanson, qui donna à Jacquard l'idée première du métier qui porte son nom. En revenant à la galerie des produits chimiques, et en continuant sa promenade dans l'aile gauche du Musée, le visiteur trouve, à la suite des produits chimiques, à sa droite, la céramique et la verrerie, placées dans l'aile en retour sur le jardin, au-dessus des constructions civiles; à sa gauche, la fabrication du papier, et les arts graphiques, impression, gravure, lithographie, lithochromie, photographie, exposés dans une galerie récemment installée sur l'emplacement occupé, il y a quelques années, par les appartements du sous-directeur.

D'après le dernier inventaire (1885), la valeur des objets de toute espèce faisant partie des collections réunies dans le Musée du Conservatoire des Arts et Métiers serait de 2,755,204 francs. Ce chiffre, relativement élevé, paraît cependant bien faible en comparaison de la somme de 25 millions de francs à laquelle étaient évaluées, en 1876, les collections du South-Kensington Museum de Londres, dont la plus-value annuelle est d'environ 500,000 francs.

Les galeries reçoivent en moyenne : de 500 à 1,000 visiteurs le mardi, de 2 à 4,000 le jeudi, de 5 à 6,000 le dimanche. Soit de 405,000 à 594,000 visiteurs par année. — FR. F.

Bibliographie : Catalogue des collections du Conservatoire des Arts et Métiers; *Notice historique*, par E. Levasseur, membre de l'Institut, et professeur au Conservatoire des Arts et Métiers; *Encyclopédie d'architecture*, année *1883*, *Le Conservatoire des Arts et Métiers*, par G. Frantz.

Musée du Louvre. C'est à François Ier qu'il faut faire remonter l'origine des collections rassemblées maintenant au Louvre, collections qui eurent pour premiers joyaux les peintures italiennes, pour écrin le palais de Fontainebleau. Partout le monarque fit recueillir et acheter des objets d'art à grand frais : antiquités, médailles, camées, orfèvrerie, bijoux, peinture, sculpture, tout ce qui porte l'empreinte d'un beau style, il veut le posséder.

Les objets d'art ont été pendant longtemps enregistrés et surtout décrits avec si peu de soin, qu'il est fort difficile, même quand on a le bonheur de rencontrer des documents qui ne se contentent pas de les classer en bloc, de pouvoir les reconnaître et de suivre leurs traces. Remarquons en passant que les tableaux portatifs ou de cabinet, consacrés principalement à la représentation des sujets pieux ou à des portraits, étaient à cette époque beaucoup plus rares qu'ils ne le sont maintenant. La grande peinture, la peinture murale principalement, avait seule le droit, avec les tapisseries, les boiseries et les sculptures, de décorer les vastes appartements habités par les rois et les seigneurs. Tous ces objets, tous ces meubles, si usités depuis un siècle, ces glaces, surtout, si rares et si petites alors, si communes maintenant, et qui ont chassé impitoyablement la peinture de nos pièces étroites et sombres, n'étaient pas connus dans ces temps où le confortable et l'utile n'avaient pas encore détrôné l'art. La collection de la couronne commencée par François Ier, quoique la plus riche de France, était loin d'être nombreuse, et jusqu'à Louis XIII elle reçut peu d'accroissements. Le cabinet du roi de France, à l'avènement de Louis XIV, ne renfermait pas 200 tableaux; à sa mort, le nombre des peintures s'élevait à plus de 2,000. Colbert fut chargé de veiller à l'accroissement de cette collection, et il n'épargna ni soin, ni argent pour répondre aux vœux du monarque qui s'était déclaré protecteur des artistes et des savants.

Les principales sources où le ministre puisa sont : le cabinet du financier Jabach, qui avait acheté une partie de la collection du roi Charles Ier et laissé l'autre au cardinal de Mazarin. A la mort de celui-ci, les tableaux provenant de la collection de Charles Ier, furent rachetés par Louis XIV. L'inventaire général des tableaux du roi, fait en 1709 et 1710 par Bailly, garde desdits tableaux, suivant les ordres qui lui en furent donnés par le duc d'Antin, surintendant des bâtiments et jardins du roi, arts et académies, et manufactures royales, indique un total de 2,403 numéros.

Louis XV ajouta de nouvelles richesses au trésor que lui avait légué son prédécesseur. Par son ordre, Rigaud fit un choix dans la superbe collection du prince de Carignan dont la vente eut lieu le 18 juin 1743. Enfin les peintres de l'Académie furent chargés de l'exécution d'un grand nombre de tableaux pour les résidences royales. Jusqu'à l'époque dont nous parlons, tant de chefs-d'œuvre rassemblés à grands frais étaient entièrement perdus pour le public et ne servaient que comme objets d'ameublement dans le palais de Versailles, lorsqu'ils ne gisaient pas abandonnés dans la poussière des greniers. On aurait peine à croire à une si coupable négligence d'objets recherchés avec tant d'ardeur si l'on n'en avait pas les preuves les plus formelles.

Un homme dont le nom est peu connu, quoiqu'il soit un critique des plus distingués et qu'il ait eu l'initiative de toutes les réformes qui se sont réalisées plus tard, La Font de Saint-Yenne écrivait : « Le moyen que je propose pour l'avantage le plus prompt et en même temps le plus efficace pour un rétablissement durable de la peinture, ce serait donc de choisir dans ce palais du Louvre, ou quelque part, un lieu propre à placer à demeure les chefs-d'œuvre des plus grands maîtres de l'Europe, et d'un prix infini, qui composent le cabinet des tableaux de Sa Majesté, entassés aujourd'hui et ensevelis dans de petites pièces mal éclairées et cachées dans la ville de Versailles, inconnus ou indifférents à la curiosité des étrangers par l'impossibilité de les voir. Avec quelle satisfaction les curieux et les étrangers les verraient en liberté, exposés dans une habitation convenable à des ouvrages dont la plus grande partie est sans prix. Telle serait la galerie que l'on vient de proposer, bâtie exprès dans le Louvre, où toutes les richesses immenses et ignorées seraient rangées dans un bel ordre, et entretenues dans le meilleur état par un artiste intelligent et chargé de veiller avec attention à leur parfaite conservation. Par là elles seraient préservées de tomber dans la honteuse destruction de ceux du palais du Luxembourg, ce triomphe de la peinture, et dont la possession nous est enviée par tous les étrangers, qui donneraient des sommes considérables pour avoir chez eux ces ouvrages divins, et qui font le plus grand honneur au pinceau de l'immortel Rubens. Quel motif d'émulation serait plus piquant pour nos peintres d'à présent que l'honneur d'obtenir des places dans cette galerie royale à côté de tant d'hommes illustres de tous les pays et surtout d'Italie, qui composent l'immense et savante collection des tableaux des cabinets du roi ? Ce serait au titre seul d'une réputation décidée et appuyée sur plusieurs excellents ouvrages marqués au sceau d'un suffrage général et de l'admiration publique, que cette précieuse distinction serait accordée. » L'auteur de ces réflexions si judicieuses était traité de satirique par les artistes privilégiés de l'époque. Pourtant on finit plus tard par se rendre à ses conseils ; seulement un autre, plus privilégié que lui, eut les honneurs de l'invention.

En 1750, le roi ayant permis que les trésors jusque-là enfermés dans les appartements de la surintendance de Versailles fussent transportés à Paris et livrés à l'admiration des amateurs et des artistes, M. de Tournehem eut l'idée de placer les tableaux dans l'appartement qu'occupait la reine d'Espagne au Luxembourg. La mort l'empêcha de réaliser ce projet, et le marquis de Marigny, *directeur des bâtiments*, s'appropria l'idée de son prédécesseur. L'arrangement fut fait par les soins de Bailly, garde des tableaux, et le cabinet s'ouvrit pour la première fois, le 14 octobre de la même année. Le cabinet renfermait 110 tableaux de maîtres italiens, flamands et français, choisis parmi les plus beaux de l'ancienne collection de la couronne. On y admirait la *Sainte-Famille*, de Raphaël, la *Charité*, d'André del Sarte, récemment transportée de bois sur toile par Picaut, et dont les panneaux primitifs étaient à côté de la toile où l'on avait fixé la peinture par un procédé inconnu avant cette époque.

Jusqu'à Louis XVI les choses restèrent en cet état, et la collection que le roi avait accrue considérablement par l'acquisition de tableaux flamands, dont elle ne possédait encore que de rares échantillons, continua à être divisée en deux sections principales : l'une placée au Luxembourg et visible pour le public à certains jours, l'autre mise en réserve à Versailles pour renouveler la décoration des appartements.

En 1775, le comte d'Angiviller succéda à M. de Marigny dans la direction des bâtiments, et conçut à son tour le projet de rassembler tout ce que la couronne possédait de beau en peinture et en sculpture dans la grande galerie où étaient exposés alors les plans et modèles des forteresses et villes de France construits par Jean Berthier et d'habiles ingénieurs. Ces plans transportés aux Invalides, devaient faire place aux chefs-d'œuvre des écoles anciennes et modernes, dont la réunion prendrait le nom de *Muséum*. Une pareille conception fit beaucoup d'honneur à M. d'Angiviller. D'Argenville et les contemporains la louèrent en prose et en vers : une voix seulement prétendit que l'idée première de ce *Muséum* appartenait à M. de la Condamine. Quant à La Font de Saint-Yenne, personne ne daigna penser à lui. Quoi qu'il en soit, il était dans les destinées du Muséum de rester à l'état de projet pendant plusieurs années encore, et le public allait être privé même de la vue des tableaux offerts à son admiration au Luxembourg. En effet, vers 1785, un changement ayant été opéré par ordre du roi dans la distribution de ce palais, la collection de tableaux et toute la galerie de Rubens furent enlevées et réunies presque entièrement au dépôt de la surintendance de Versailles. Dès le 30 décembre 1784, Louis-Jacques Dûrameau, *peintre ordinaire du roi*, avait dressé de ce dépôt un nouvel inventaire dont voici le résumé :

Cabinet, 369 tableaux ; *magasin*, originaux 287 ; copies 287 ; inconnus 179 ; total général, 1,122, plus 106 bordures dorées de diverses grandeurs.

Le 26 mai 1791, un décret constitutionnel, fixant la liste civile de Louis XVI, ordonne que le Louvre recevra le dépôt des monuments des arts et des sciences. Ce décret fut renouvelé et confirmé par un autre décret du 26 août 1791. L'Assemblée nationale, après avoir décrété que les biens du clergé appartenaient à la chose publique, avait chargé son comité d'aliénation de veiller à la conservation des monuments d'arts conservés dans ces domaines. Cette Commission, enflammée au début d'une belle ardeur, ne réalisa pas, surtout pour les arts, les espérances qu'on en avait conçues. Aussi le 14 août 1792, choisit-elle dans son sein une Commission pour le rassemblement des chefs-d'œuvre épars dans les maisons royales. Le 27 septembre de l'an I (1792) la Convention, à peine âgée de six jours, suspendit le décret d'apporter à Paris les monuments d'art placés sous la royauté au palais de Versailles. En effet, ne possédant aucun territoire, enclavé de bois et de promenades sans utilités agricoles, Versailles privé de la cour, n'aurait pu subsister sans le concours des étrangers que la magnificence des monuments et la réunion des objets d'art y attiraient sans cesse.

Roland, ministre de l'intérieur, écrit le 18 octobre 1792 à M. David, *peintre député* à la *Convention*, qu'un *Muséum* aux galeries du Louvre est décrété ; il lui annonce que comme ministre de l'intérieur il en est l'ordonnateur et le surveillant. Ce Muséum doit être le développement des grandes richesses possédées par la Nation en dessins, peintures, sculptures et autres monuments d'art. Il sera ouvert à tout le monde et chacun y pourra travailler à son gré ; le ministre ajoute que les arts seuls devant loger au Louvre, il accorde à David le logement occupé par M. Minière, orfèvre. Enfin un décret du 27 juillet 1793 organisa définitivement le *Muséum*. Le *Muséum* français appelé quelque temps après *Musée central des arts*, ouvrit en 1793, conformément au décret du 27 juillet que nous venons de citer. La disposition des œuvres d'art n'était que provisoire ; 537 tableaux de maîtres de toutes les écoles y furent exposés.

La Commission des monuments, après avoir débuté avec zèle, montra, nous l'avons dit, une négligence préjudiciable aux travaux qu'on était en droit d'attendre d'elle. Le comité d'instruction publique de la Convention, chargé de dresser un inventaire des richesses d'art pouvant servir à l'instruction, et chargé de leur conservation, ayant rempli sa mission à la satisfaction générale, fut institué sous le nom de *Commission temporaire des arts* en remplacement de la *Commission des monuments* supprimée. La Commission temporaire elle-même devait avoir une existence éphémère. Le 28 frimaire an II, elle fut dissoute, à la demande de David, ainsi qu'une foule d'autres commissions provinciales qui avaient détourné, pour achat d'objets inutiles, des fonds fournis par la République.

Un *Conservatoire* du Muséum lui succéda, il fut composé de Fragonard, Bonvoisin, Wicar, Dupasquier, Launay, Picault, Varon, Lesueur (11 pluviôse, an II).

Bientôt un rapport de Varon adressé au ministre concluait à l'éclairage de la voûte, à la création de salles spéciales et distinctes pour la sculpture antique, la sculpture moderne, les plâtres moulés sur l'antique, les médailles, les camées, les pierres antiques, les gravures, pour une bibliothèque spéciale de livres d'art, jugée indispensable. A mesure que la classification de ces richesses s'opérera, ajoute Varon, on commencera le catalogue descriptif, qui ne sera plus comme par le passé une nomenclature sèche et aride de numéros, mais une histoire détaillée et raisonnée de la vie et des ouvrages des artistes célèbres.

Bientôt les richesses de l'ancienne surintendance de Versailles, revendiquées par le Conservatoire, viennent s'ajouter à celles déjà réunies au Muséum, puis nos armées marquent chacune de leur victoire en Italie par un envoi de chefs-d'œuvre, dont la conservation n'est due très souvent qu'aux soins que leur donnèrent les administrateurs de nos musées, car la plupart leur parvinrent dans un état qui témoignait de toute l'incurie italienne. Les conquêtes de 1806 et de 1807 amenèrent au Louvre de nouveaux chefs-d'œuvre qui furent installés le 14 octobre 1807, premier anniversaire de la bataille d'Iéna.

La province aussi put se réjouir de ces conquêtes, car de 1803 à 1805, 12 Musées départementaux furent créés qui s'enrichirent de 950 peintures, le trop plein du Louvre. Les choses demeurèrent en cet état jusqu'à l'avènement de Louis XVIII au trône. Les traités de 1814 et de 1815 qui consacraient formellement le respect de la propriété, du plein gré des vainqueurs, furent brutalement violés, et les Alliés, à main armée, dépouillèrent le Louvre.

Il nous reste peu de choses à ajouter pour terminer l'histoire abrégée du Musée. Il fit partie jusqu'en 1848 de l'apanage de la couronne. Louis XVIII, au commencement de son règne, distribua entre les églises de Paris et de la banlieue près de 300 tableaux, et partagea 120 objets d'art entre les divers Musées et écoles des départements. Afin de combler ces vides, la galerie de Rubens et quelques autres peintures quittèrent le Luxembourg pour rentrer au Louvre.

Le roi Louis-Philippe, si généreux pour le Musée de Versailles, contribua peu à l'accroissement du Louvre. Une collection nombreuse de tableaux espagnols, acquis à grands frais, la collection Standish y fut déposée, mais à la suite des événements de 1848, ils firent retour au domaine privé.

La Révolution de Février changea les destinées des Musées qui devinrent propriétés de l'État. Sous l'Empire et la troisième République, mais surtout sous le premier de ces gouvernements, le Louvre ne cessa de s'enrichir d'œuvres achetées, par son Conservatoire, données par le souverain ou des amateurs généreux.

Maintenant que nous avons indiqué l'origine des collections de peintures du Musée du Louvre, il nous reste à montrer l'adjonction à ce fonds principal de diverses collections qui en ont fait un Musée d'une richesse et d'une variété sans égales.

Il faut noter d'abord la *Collection des Inscriptions grecques*. Les premiers marbres épigraphiques sont entrés en France avec le marquis de Nointel, ambassadeur à Constantinople sous le règne de Louis XIV. A la mort du marquis de Nointel, ils furent achetés par Thévenot, bibliothécaire du roi, et à la mort de Thévenot, par Baudelot de Doirval, un antiquaire passionné. Baudelot légua sa collection à l'Académie des Inscriptions, pendant la Révolution elle passa au dépôt provisoire des monuments français réunis par Alexandre Lenoir, d'où ils eurent quelque peine à être réintégrés au Louvre. Les monuments de la même nature dont le Musée s'est successivement enrichi, proviennent de l'acquisition des marbres de Camille Borghèse (1807) et des documents épigraphiques rapportés en France par le comte de Choiseul-Gouffier, par le comte de Forbin, alors directeur du Musée, par M. Despréaux de Saint-Sauveur, par l'illustre épigraphiste Philippe Le Bas, par le vice-amiral Massieu de Clerval, et plus récemment, depuis 1850, par MM. Wattier de Bourville, Victor Langlois, Waddington, Mariette Bey, Léon Heuzey, Ernest Renan, etc.

Les *Antiquités asiatiques, phéniciennes, étrusques* ont été pour la plupart données au Louvre par les personnes que nous venons de nommer; il convient d'ajouter que la plus grande partie de la collection de *Céramique antique* provient de l'acquisition de la célèbre *Collection Campana*, ainsi d'ailleurs que de nombreuses fresques trouvées à Herculanum et à Pompéi.

Le *Musée égyptien* (V. Egyptien [Art]) est dû aux travaux de Champollion, du vicomte Emmanuel de Rougé et de Mariette.

On sait que la collection des *Sculptures grecques et romaines* a son origine dans les acquisitions que Primatice fit pour François Ier en Italie, d'où il rapporta 124 statues antiques et une grande quantité de bustes. Les souverains qui succédèrent à François Ier continuèrent ces acquisitions, nos consuls et nos missionnaires scientifiques en Grèce et en Italie n'ont cessé d'accroître cette collection. Les musées de *Sculpture française de la Renaissance et moderne* se sont formés comme les collections de peinture et en même temps qu'elles. Il en est de même encore des collections de *Dessins* qui contiennent plus de trente-six mille pièces.

Nous ne dirons rien des collections de gravure ou de la *Chalcographie* à laquelle un article a été consacré dans ce *Dictionnaire*.

La formation au Louvre d'une collection de *Terres émaillées* ne remonte pas au delà de 1825. Les inventaires antérieurs à cette date signalent la présence de vingt-neuf pièces dont l'origine n'est pas connue, mais qui proviennent vraisemblablement de l'ancien mobilier de la couronne, dont une partie des objets fut envoyée au Muséum national en 1792.

Au mois d'octobre 1817 eut lieu, au Louvre, une exposition des objets d'art conquis par la grande armée à la suite des campagnes de 1805 et de 1806. Le catalogue de cette exposition porte la désignation suivante sous le n° 708 : « On a joint plusieurs tableaux précieux peints par Bernard Palizi (sic). L'un des premiers potiers et chimistes du xve siècle (sic). » C'est la première et la plus ancienne mention d'une exposition publique des faïences de Palissy.

L'acquisition de la collection formée par M. Durand (mars 1825), augmenta ce premier fonds de soixante-six pièces auxquelles vinrent se joindre dix pièces provenant de la collection Révoil, acquise en avril 1838. Quelques autres pièces furent acquises de 1847 à 1856, enfin en 1856 la *Collection Sauvageot* accrut le dépôt des faïences françaises de cent dix pièces des plus remarquables à tous égards.

Les *Objets du moyen âge et de la Renaissance*, en bronze, cuivre, fer, étain, etc., faisant partie des collections du Louvre ont été réunis en 1882 seulement dans une salle spéciale et suivant une méthode rationnelle. Le programme qu'on s'était tracé a été singulièrement facilité dans son exécution par le nombre et la disposition des salles destinées à recevoir les collections. C'est ainsi qu'on a pu consacrer une pièce à la collection des ivoires, réunir dans une autre les bois sculptés, les albâtres, les grès; exposer dans une troisième les verreries; dans la quatrième, les objets en bronze, cuivre, étain, fer; grouper dans la cinquième les faïences françaises que domine l'œuvre national de Palissy, et dans les trois dernières, mettre en lumière les terres émaillées et les faïences italiennes.

Ils proviennent de six sources différentes : l'ancien mobilier de la Couronne; l'ancienne collection (datant des règnes de Napoléon Ier, Louis XVIII, Charles X, Louis-Philippe Ier); les collections Revoil, Durand, Sauvageot, et de quelques dons particuliers.

Musée du Luxembourg. Le Musée du Luxembourg, consacré aux ouvrages des peintres et sculpteurs contemporains, et formant à distance la continuation naturelle des galeries de l'école française au Louvre, n'a été dans son origine qu'une compensation de richesses pour le palais qu'il décore.

Le palais de Marie de Médicis fut, en effet, dès sa fondation et n'a jamais cessé d'être un sanctuaire d'art. La reine régente que son sang et son nom prédestinaient à protéger les artistes, avait appelé à le décorer et Duchesne, et Jean Mosnier, et Quentin Varin, et Ph. de Champaigne; le Poussin, dans sa jeunesse, fut employé à quelques petits ouvrages dans certains lambris des appartements. Mais ce qui fait pour toujours et à bon droit oublier le reste, ce fut cette galerie de Médicis, où le maître respecté du Poussin manqua l'occasion de sa gloire, et où Rubens déroula vingt-quatre toiles splendides qui devaient rester pendant deux siècles l'école la plus suivie de nos peintres.

Dans les derniers jours de 1779, le Luxembourg ayant été donné en apanage à Monsieur, comte de Provence, on retira du palais le bien du roi, c'est-à-dire les tableaux de son cabinet et les grandes toiles de Rubens; on les destina alors à faire partie de la collection qui enrichira le Musée du Louvre.

Vingt ans se passèrent, le palais tombé en pleine dégradation fut restauré d'abord pour le Directoire, puis pour le Sénat. L'architecte Chalgrin n'acheva ses travaux qu'en 1804; mais dès 1801, Chaptal, ministre de l'intérieur, décida la création du Musée du Luxembourg. Naigeon, qui avait rendu de grands services comme membre de la Commission des arts en 1802, en fut nommé conservateur. L'année 1802 n'était pas terminée que Naigeon avait réuni les éléments de son Musée, avec beaucoup de discernement d'ailleurs. Les Rubens en formaient la tête, puis il avait choisi cinq tableaux de ce Philippe de Champaigne qui avait tant travaillé à la décoration du palais; il était allé chercher à Versailles la suite de tableaux formant la vie de Saint-Bruno, peints par Le Sueur pour décorer le cloître des Chartreux, voisins très proches du Luxembourg; puis il avait trouvé dans ce cloître même deux autres Le Sueur, en outre vingt paysages peints sur les volets destinés à couvrir les tableaux de Le Sueur; enfin il s'était fait livrer au ministère de la Marine la suite des ports de France par Jos. Vernet et par Hue. Pour compléter son Musée, Naigeon recueillit à droite et à gauche, un Raphaël, un Poussin, un Rembrandt, un Titien, un Ruysdael, un Terburg, un Van de Velde, et la collection dura ainsi jusqu'à 1815.

En 1815, les lacunes du Louvre, dépouillé par les alliés, furent comblées à l'aide des collections du Luxembourg où bientôt ne restèrent plus que 17 tableaux anciens, qui eux-mêmes retournèrent en 1821 au Musée royal.

Pourtant la galerie de la Chambre des Pairs ne pouvait rester sans tableaux, et, de ce moment, date la vraie création du Musée actuel. Louis XVIII ordonna que cette galerie fut consacrée aux ouvrages des artistes nationaux vivants, et le 14 avril 1818 elle se rouvrait avec 74 tableaux de l'école française contemporaine. Depuis cette époque, de nouvelles salles ont été ouvertes souvent pour la peinture, puis pour la sculpture, la gravure e la lithographie, les dessins et les aquarelles.

Dans sa destination nouvelle, le Luxembourg a toujours été un Musée de passage; dans les vingt dernières années il a même pris le caractère d'un dépôt des meilleurs ouvrages acquis par la direction des Beaux-Arts. Les œuvres qui l'ont traversé sont entrées au Louvre ou bien dans les grandes résidences de l'Etat après la mort de leurs auteurs. Une tradition qui n'est confirmée par aucune décision officielle, et qui est au contraire violée à la mort de chacun des artistes un peu renommés de notre siècle, prétendait que « dix ans seulement après la mort de leurs auteurs, les ouvrages les plus remarquables acquis pour le Luxembourg par la liste civile et l'Etat, seraient choisis pour les galeries du Louvre, où ils viendraient prendre place à côté de leurs illustres prédécesseurs et continuer l'histoire de l'art français. » Cette tradition était saine et bonne, et son délai n'avait rien d'exagéré au point de vue de l'absolue justice. Dix années sont un bien court intervalle de temps quand il s'agit de mûrir le jugement de la postérité; et humilier par des œuvres médiocres l'école moderne au Louvre n'est ni nécessaire ni patriotique.

En 1885, sur les revendications du Sénat, réclamant la libre disposition des salles occupées par les ouvrages des artistes vivants, le musée du Luxembourg a été transféré dans l'orangerie du Palais aménagée à cet effet et augmentée d'une aile en retour vers la rue de Vaugirard.

Musée de Saint-Germain. Il reçoit, soit en originaux, soit en *fac simile*, tous les monuments écrits ou plastiques, relatifs à nos origines, depuis les temps anté-historiques jusqu'à la fin de l'époque mérovingienne. Ces monuments sont distribués selon l'ordre chronologique dans des salles distinctes, de manière à en faciliter l'étude aux visiteurs qui peuvent ainsi remonter méthodiquement le cours des siècles.

Les premières salles ouvertes au public contiennent les souvenirs de l'époque antérieure à la période historique. Presque tous les documents qu'on possède sur cette époque étant des instruments en silex, on la caractérise par le nom expressif d'*âge de pierre*. Dans cette série ont pris place l'importante collection offerte par M. Boucher de Perthes (cette collection occupe une salle entière) et les collections de même nature données par MM. de Brevery, Lastet, Aubertin, Léveillé, de Boislinard, etc. A proximité de ces objets trouvés en France, on remarque, à titre de documents comparatifs, la belle série d'objets analogues offerts par les deux derniers rois de Danemark. D'autres salles ont reçu des documents d'une époque moins reculée, que l'histoire rejoint déjà, sans cependant l'éclaircir d'une façon complète; haches en bronze de toute forme et de toute grandeur; épées, lames de faucilles, couteaux, bracelets, tosques, monnaies, inscriptions, vases, objets divers de provenance lacustre. Les objets semblables venus de l'étranger amènent l'étude comparative des armes et instruments domestiques de même style, dont la fabrication a fait donner à l'époque qui les a produits le nom d'*âge de bronze*.

L'*âge de fer*, contemporain de la conquête, fournit nécessairement une somme de documents plus riches en monnaies, armes et souvenirs de toute espèce. Les fouilles faites à Alise (Côte-d'Or) ont amené entre autres résultats la découverte d'une quantité considérable de pointes de lances, de *pilum*, de traits, d'épées trouvées dans les lignes de circonvallation et de contrevallation de l'antique *Alesia*. Les bords du Rhin et l'Allemagne fournissent à cette série une belle suite de documents comparatifs.

L'époque gallo-romaine a pour témoins des monuments plus variés et en bien plus grand nombre encore, des monnaies dont il serait superflu de signaler l'importance, des bas-reliefs et des inscriptions de tout genre, qui apportent de nouvelles révélations sur les idées religieuses, les coutumes et les mœurs du temps; des meules, des tuiles, des poteries, qui complètent ces civilisations, tant par leurs formes plus ou moins pures que par les dessins dont elles portent la trace. On trouve pour cette série de précieux éléments de comparaison, particulièrement dans les moulages de la colonne Trajane et les bas-reliefs de l'arc de Constantin. La dernière série, enfin, commençant à l'invasion des barbares, embrasse toute la période mérovingienne et conduit l'ensemble des collections jusqu'au règne de Charlemagne. Comme complément à de telles collections, il existe une série de documents d'un autre genre et non moins importants; documents écrits, textes grecs et latins des historiens et des poètes, qui expliquent l'usage, la fonction et l'origine des objets réunis à Saint-Germain.

Musée de Versailles. Nous avons indiqué dans la notice consacrée au Musée du Louvre, les vicissitudes subies par le Musée de Versailles. Le Louvre eut primitivement pour fonds principal les tableaux composant le cabinet du roi et les œuvres conservées à Versailles à la surintendance. « Le 16 prairial an II, les membres de la Commission temporaire des arts, adjoints au comité d'Instruction publique de la Convention nationale, unis aux artistes du district de Versailles, se transportèrent aux cabinets des tableaux du ci-devant roi, à la surintendance, rue du Vieux-Versailles, et s'étant adressés au citoyen Dûrameau, gardien du cabinet, après lui avoir donné communication des pouvoirs à eux confirmés, procédèrent à une reconnaissance générale. Versailles précédemment s'était défendu avec vigueur contre une première commission qui avait déjà essayé de lui enlever une partie de ses richesses au profit de Paris; le département de Seine-et-Oise était même arrivé à obtenir de la Convention un décret qui suspendait tout déplacement. Un nouveau décret décida du sort de la surintendance. Varon, dans son rapport préliminaire, représentait « que les richesses de Versailles sont immenses et de nature, si elles étaient exposées aux regards, à laisser ignorer qui, de Paris ou de Versailles, renferme le Muséum de France. » Varon réclama ces richesses. Cependant, comme Versailles avait compté sur ces objets d'art, établi une commission conservatrice, mis son Musée en ordre, ç'aurait été arracher à ce pays ruiné la seule ressource qui lui restât que de lui ôter ses monuments et de raser ses jardins, comme il en avait été question. Versailles qui réunissait le plus grand nombre de productions de l'école française, en réclama une suite non interrompue en échange des tableaux de l'école italienne et des statues antiques qu'elle livra au Louvre. Cette dernière demande renferme le germe du Musée de l'école moderne qui ne fut créé que plus tard, au Luxembourg. Quant au palais de Versailles, il demeura abandonné, dans un pitoyable état de ruines jusqu'à l'avénement du roi Louis-Philippe qui résolut de lui rendre son ancienne splendeur. En 1831, la pensée d'établir à Versailles des invalides militaires fut reproduite et faillit triompher. Il ne fallut rien moins que la volonté nettement exprimée du roi, aidée de l'opinion de quelques-uns de ses ministres, pour faire abandonner ce projet. Louis-Philippe résolut de sauver pour toujours le palais de son arrière-grand-père, et de le mettre par une destination nouvelle à l'abri de toutes les surprises des révolutions. Le Musée de Versailles est son œuvre personnelle. Lui-même a discuté le plan de toutes les salles et des galeries qui contiennent plus de 4,000 tableaux et portraits. Les sommes dépensées par le roi dépassèrent vingt-trois millions, sur lesquels six millions et demi furent consacrés à l'achat des œuvres nouvelles. L'emplacement d'un nouveau musée consacré à la gloire politique et aux vertus civiles était désigné dans la partie du palais qui s'étend parallèlement à la grande aile du Midi, sur l'un des côtés de la rue de la Surintendance. La Révolution de février a mis obstacle à la réalisation de cette pensée. Les toiles du Musée de Versailles, exposées dans un palais dont les ailes portent à leur fronton la dédicace : *A toutes les gloires de la France*, sont toutes consacrées à la représentation de scènes importantes de l'histoire de France ou de portraits historiques. — E. CH.

Musée du Trocadéro. A la suite de l'Exposition universelle de 1878, on a décidé l'installation dans les ailes du palais du Trocadéro d'un Musée de sculpture comparée qui d'abord ne devait comprendre que l'art national, avec des termes de comparaison empruntés aux civilisations antérieures, mais qui depuis a été étendu à l'art antique tout entier. D'après le projet actuel, le Musée de la *sculpture comparée appartenant aux divers centres d'art et aux diverses époques*, comprendra dans l'aile droite du palais, l'art antique tout entier depuis les Khmers, les Assyriens, les Egyptiens, jusqu'aux Grecs et aux Romains, et dans l'aile gauche, le moyen âge, la Renaissance et les temps modernes. On aura ainsi dans une suite de moulages et même parfois de pièces originales, une histoire complète de l'art de la sculpture à toutes les époques. Des photographies montées et d'un maniement facile permettent de reconstituer l'ensemble des monuments auxquels sont empruntés les morceaux exposés, et de se faire une idée exacte de l'architecture des différents styles, car il ne faut pas oublier qu'un lien étroit unit ces deux grandes branches de l'art : l'architecture et la sculpture, et que celle-ci n'a pas eu pendant longtemps d'existence propre et de raison d'être en dehors de l'application monumentale.

En ce qui concerne le Musée de la sculpture antique organisé par les soins de l'Académie des Beaux-Arts, qui ne sera pas sans doute ouvert au public avant l'année de l'Exposition du centenaire, une seule partie présente actuellement un ensemble, c'est l'art *Khmer* (V. ce mot). Une portion importante du palais d'Angcorvat a été moulée et montée au-dessus du vestibule; c'est un grand portique trop chargé peut-être d'ornements, mais dont les lignes principales sont sobres et régulières; des pilastres élégants, avec des chapiteaux un peu courts, mais dessinés avec goût, soutiennent un entablement d'une richesse inouïe et dont les proportions sont heureusement calculées. Dès l'entrée se révèle le génie propre aux artistes Khmers, qui sont avant tout décorateurs, et ce ne sont plus là ces animaux fantastiques, ces saillies exagérées, cette ornementation torturée qu'on rencontre chez les peuples de l'extrême Orient, mais de gracieux entrelacs, des oves, des feuillages, qui se rapprochent bien davantage de l'art hindou, même parfois de l'art arabe que de l'art chinois. D'où sortaient donc ces merveilleux artistes dont il y a trente ans on ne connaissait rien, et à quelle école se rattachent-ils? Avec quels moyens ont-ils exécuté dans des blocs immenses de grès des travaux aussi gigantesques que cette figure de leur dieu, sous la forme d'un serpent à plusieurs têtes dont le corps, long de plusieurs centaines de mètres, est soutenu par une suite de personnages beaucoup plus grands que nature? Le Musée comprend parmi les pièces originales rapportées du palais de Compiègne, un grand lion, des statuettes de dieux en grès et même en bronze *à cire perdue*, et une curieuse frise où des bayadères exécutent une danse d'un ensemble très gracieux; les figures en sont évidées et rattachées au fond par des procédés qui sont ceux dont nous nous servons encore aujourd'hui et auxquels nous ne sommes parvenus que par une suite de laborieux tâtonnements.

L'art assyrien comprendra les moulages d'après les sculptures et bas-reliefs rapportés de Ninive par Layard et Botta ; l'art grec un grand nombre de morceaux dont les plus curieux seront les frises et les métopes du Parthénon, d'après les originaux de Londres, et pour le développement desquelles il ne faut pas moins que ces vastes galeries du Trocadéro. Pour ce qui est de l'art romain si fécond en belles productions, les organisateurs du Musée de sculpture n'auront que l'embarras du choix ; mais il n'est pas encore question même de son installation.

Au contraire, l'aile gauche du palais qui a été donnée à la Commission des monuments historiques, est ouverte au public dans presque toute son étendue, et cette partie du Musée répond sur tous les points à l'intention des fondateurs qui avaient ainsi formulé leur programme : 1° relations entre les sculptures appartenant aux différentes époques et civilisations ; 2° pour la France, divisions par écoles aux différentes époques ; 3° application de la sculpture suivant le système d'architecture employé.

La première salle comprend donc des moulages empruntés à des sculptures égyptiennes archaïques, de l'époque comprise entre les 6e et 18e dynasties, à des sculptures grecques éginétiques et à des sculptures françaises du XIIe siècle, et cet ensemble montre d'une façon saisissante comment ces trois expressions de l'art, si éloignées qu'elles soient entre elles, par le temps et les conditions sociales, procèdent d'un même principe et conduisent à des résultats à peu près identiques. Cette relation est même si frappante que quelques moulages seulement suffisent à la faire apprécier. Ce sont pour l'école française les tympans de Moissac et de la cathédrale d'Autun, une porte de N.-D.-du-Port, à Clermont, des statues du portail de Notre-Dame de Chartres et la porte de l'église de Sainte-Madeleine à Vézelay ; on a placé à côté des dieux égyptiens, des guerriers grecs dans leur raideur toute hiératique, qui rappellent beaucoup par l'interprétation de la nature et le choix des procédés les sculptures que nous venons de citer.

Mais à la fin du XIIe siècle, avec le développement des écoles laïques, les formes hiératiques s'affranchissent de leur raideur, on revient à l'étude et à l'imitation de la nature, évolution qu'on remarque aussi en Grèce à l'époque de Phidias. Alors les différentes écoles romanes de sculpture se fondent et obéissent à des principes communs que toutes tendent à améliorer. Dans les trois centres de production : l'Ile de France, la Champagne et la Bourgogne, s'élèvent de magnifiques monuments couverts des sculptures les plus originales. La deuxième salle de Musée comprend quelques fragments dans lesquels il est facile de suivre cette transformation si importante dans l'histoire de l'art. Ce sont les tympans de Notre-Dame de Paris (porte de gauche et porte de la façade méridionale), le trumeau de la porte centrale de la cathédrale d'Amiens, et le linteau si gracieux avec la Vierge et l'enfant Jésus. Des soubassements d'Amiens, de Reims complètent ces exemples de l'art au XIIIe siècle. La transition du XIIIe au XIVe siècle est marquée par le trumeau de la porte centrale de la façade occidentale à la cathédrale d'Amiens, grande pièce dont la figure la plus importante est Saint-Marc et le lion. La cathédrale de Strasbourg y est représentée par un beau pilier orné de statues, et celle de Reims par une suite de bas-reliefs et de figures très remarquables. La salle 3 contient de Reims également un chapiteau de pilier bien curieux avec une riche ornementation de fleurs et d'oiseaux ; mais le morceau le plus original est le Saint-Georges de la cathédrale de Bâle, monté avec son cheval sur un lourd pilier, et qui perce de sa longue lance le dragon placé en face sur un autre piédestal.

Au XIVe siècle, il n'y a plus que deux écoles de sculpture en France, l'école bourguignonne, pénétrée d'éléments flamands, et l'école de l'Ile de France ; à côté de celles-là se développe lentement l'école Languedocienne qui prend une grande importance au XVIe siècle avec l'appui de la Renaissance à ses débuts, et qui s'étend peu à peu sur tout le midi de la France. Les salles 4 et 5 comprennent la fin de l'art ogival et les origines de la Renaissance. Ce sont d'abord les statues ornant les portes et les contreforts de Laon et d'Amiens, la porte du transsept méridional de la cathédrale de Bordeaux, avec la figure centrale du Pape, ce qui ne se serait jamais vu au Nord, le puits de Moïse à Dijon, la porte du transsept méridional de la cathédrale de Beauvais, puis les œuvres où se sent l'imitation italienne, les splendides portes de Saint-Maclou à Rouen, une chaire à prêcher de Lisbonne, une porte du palais Doria à Gênes, des bas-reliefs du château d'Ecouen et le tombeau monumental de Louis de Brézé à Rouen. D'autres fragments d'une moindre importance architecturale méritent pourtant d'attirer l'attention par les beautés de leur exécution. Ce sont surtout les stalles du chœur d'Amiens avec leur dais ogival, les stalles du chœur du château de Gaillon et les célèbres figures de Jean Goujon pour la fontaine des Innocents à Paris.

La salle 6, très exiguë, est consacrée uniquement à la Renaissance. La pièce principale est un grand tombeau fort bien orné, tiré de l'église de St-Just, à Narbonne, et au milieu se trouve la jolie fontaine de Beaune-Semblançay, à Tours. La salle 7, non encore ouverte, mais dont l'installation est terminée, comprend surtout les sculptures du parc de Versailles, des Nymphes, les vases de Coysevox, des trophées de Girardon, des armes par Dedieu, des bustes et des statues, par Houdon, Puget, Caffieri ; nous sommes, maintenant, dans la sculpture officielle, réglée par Lebrun d'après les idées de Louis XIV ; l'art s'en ressent, il devient froid et monotone, malgré l'habileté des grands artistes du XVIIe siècle ; il y a peut-être une originalité plus remarquable dans les beaux bas-reliefs, si peu connus, du parterre d'eau et du bassin de Diane qui occupent la cymaise de cette salle. Après, et jusqu'au vestibule, on a accumulé, sans ordre, un grand nombre de moulages qui doivent prendre place dans les salles que nous venons de parcourir ou former la partie du musée qui comprendra le XVIIIe siècle. Les morceaux les plus importants sont la porte romane de Sainte-Marie-des-Dames, un pinacle de Saint-Pierre de Caen, la cheminée Renaissance du château d'Ecouen et un très curieux bas-relief de Robert le Lorrain, emprunté à l'hôtel de Rohan où se trouve actuellement l'Imprimerie nationale.

Au-dessus du vestibule, on a installé déjà les dessins de Viollet-le-Duc, où se trouvent tant de détails utiles pour l'histoire de l'architecture, de grandes pièces d'ensemble telles que la réduction de la crypte de Saint-Denis avec tous les tombeaux, celle du Mont Saint-Michel, et des modèles de charpentes en bois pour les flèches de plusieurs cathédrales. Le milieu de chaque salle est occupé par une suite de tombeaux depuis les pierres tombales jusqu'aux chefs-d'œuvre de la Renaissance, et qui forment une monographie très curieuse de l'art appliqué aux tombeaux. — V. Monuments funéraires.

Tel qu'il doit être, d'après les projets du Ministère des Beaux-Arts, le Musée de sculpture comparée offrira donc un ensemble complet de l'histoire de l'art. L'empressement du public à visiter les salles déjà ouvertes permet de bien augurer de ses résultats utiles. Les conservateurs sont MM. Delaporte, pour le Cambodge ; Ravaisson, pour l'antiquité classique et Geoffroy-Dechaumes, pour la partie moderne. Les moulages Khmers ont été exécutés au Cambodge même, par M. Ghérard, artiste italien.

qui avait accompagné la mission française, et à Paris, en ce qui concerne les autres, par M. Jean Pouzadoux.

Musée ethnographique. Au premier étage du Palais du Trocadéro, on a installé, dans des conditions d'ailleurs déplorables de lumière et d'emplacement, un musée des mœurs de toutes les nations. La plus grande partie, comprise dans le vestibule et le long de la cage de l'ascenseur, au premier étage, est consacrée aux expéditions françaises dans l'Océanie, au Mexique et dans la presqu'île de Yucatan; aux missions envoyées dans l'Amérique méridionale, entre autres, les objets envoyés par le malheureux Crevaux dont le buste orne une des salles. On a joint un grand nombre de poteries et autres menus objets provenant des missions dans l'Amérique centrale et méridionale, envoyées par les gouvernements étrangers. La mission autrichienne de Wiener y tient une grande part, et elle a rapporté des momies trouvées dans des tombeaux, qui sont exposées là, munies encore à moitié de leurs bandelettes et de leurs bijoux, spectacle peu agréable à contempler et qui est cependant un des attraits de l'exposition. Nous nous demandons s'il est utile d'exposer ces restes aux plaisanteries de mauvais goût qu'inspirent leurs postures bizarres. Combien nous aimons mieux ces moulages en cire coloriée qui représentent différents types sauvages, cette jeune fille des bords de l'Amazone se rendant à une fête avec un collier pour tout costume, ces guerriers océaniens, cette autre indienne qui ressemble à un général de République, ce Peau-Rouge superbe et ce squatter voisin devant lesquels on se demande, à bon droit, quel est le sauvage, et dans une grande salle, celle-là bien éclairée, quelques femmes bretonnes et frisonnes, et un intérieur breton de grandeur naturelle, frappant de vérité. Tout y est, pots, lits en forme d'armoires de bois ouvragé, et le vieux grand-père, toujours gelé, assis dans l'âtre même du foyer. Ce décor, très bien réglé, a le don d'attirer la foule.

Dans des vitrines malheureusement très exiguës, on a accumulé des objets de ménage et de travail des anciennes provinces françaises et des pays d'Europe. Cette section est un peu délaissée, tout l'intérêt se portant sur l'intérieur breton, au grand détriment de ces détails qui remplissent le vrai but du musée d'ethnographie, qui est de montrer à nos artisans des modèles auprès desquels ils puissent chercher des inspirations et, au contraire, il nous semble que les sculptures rapportées du Mexique, telles que la pierre du soleil, le montant de porte de Chichen Itza et le rocher sculpté de Téotihuacan dont il est d'ailleurs impossible de rien distinguer dans l'obscurité de la galerie, trouveraient mieux leur place au rez-de-chaussée où on finira, sans doute, par les descendre. — C. DE M.

Musées commerciaux. Nous avons déjà démontré, notamment dans notre article EXPOSITION, l'utilité de l'enseignement par les yeux au point de vue du développement industriel et commercial d'un pays. C'est pour donner à cet enseignement un caractère permanent que des *Musées commerciaux* s'organisent, en ce moment, dans un grand nombre de centres industriels. Nous résumerons plus loin l'organisation spéciale de chacun d'eux.

Qu'est-ce qu'un *Musée commercial?* Comment doit-il fonctionner? Dans un rapport adressé le 15 mars 1884 au ministre du commerce, la Commission spéciale, qui avait été instituée pour étudier les moyens pratiques de les organiser, expose les conditions qu'un musée de ce genre lui paraît devoir remplir pour rendre de réels services à l'industrie de la région où il est établi.

« Il devra, dit ce rapport, être une exposition de matières premières et de produits ouvrés étrangers intéressant plus particulièrement la région. Il fera connaître aux négociants les matières premières qu'ils pourraient importer en France avec avantage; aux ouvriers et aux industriels les procédés de fabrication usités à l'étranger; enfin, et c'est là le point important, il renseignera notre commerce d'exportation sur les produits étrangers accueillis avec faveur sur les marchés du monde. Ces musées faciliteront à nos industriels l'imitation ou le perfectionnement des produits fabriqués par l'étranger et mettront nos nationaux en mesure de lutter contre la concurrence étrangère en leur faisant connaître les goûts et les besoins du consommateur. »

Ainsi compris, un musée commercial aurait évidemment une utilité pratique incontestable. A notre avis, cependant, il serait incomplet et pourrait être avantageusement complété par une exposition, en quelque sorte, rétrospective et historique montrant les progrès réalisés aux différentes époques par les industries locales et contenant les spécimens des produits locaux les mieux fabriqués, les chefs-d'œuvre de chaque corps de métier. L'enseignement serait ainsi plus complet et, en même temps qu'il montrerait les genres de produits qu'il faut fabriquer pour obtenir une vente rémunératrice, il formerait le goût du fabricant et de l'ouvrier.

Lorsque l'idée de créer des musées commerciaux commença à être discutée, quelques personnes crurent qu'il serait suffisant de fonder un musée unique, à Paris. Cette pensée fut reconnue peu pratique. Un musée unique ne serait journellement accessible qu'à un très petit nombre de commerçants et industriels français, et ne rendrait, par conséquent, que des services restreints. En outre, il prendrait fatalement des proportions considérables par la nécessité d'exposer tous les genres de produits. Aussi, on se heurterait, dans la pratique, à de grandes difficultés et on serait entraîné à des dépenses hors de proportion avec les résultats qu'on obtiendrait.

Un musée spécial dans chaque région aura, au contraire, l'avantage de pouvoir être exclusivement destiné à certaines branches du commerce et de l'industrie intéressant, seules, cette région. Il sera ainsi plus facilement et plus sûrement pourvu de tous les échantillons, de tous les modèles et de tous les documents nécessaires pour offrir un enseignement complet.

Les avantages d'institutions de ce genre ont été immédiatement reconnus par la plupart des Chambres de commerce lorsque, en 1883, elles furent consultées, à ce sujet, par le gouvernement. Elles ont toutes, à quelques exceptions près, émis l'avis que l'on procédât le plus promptement possible à l'installation des musées. Un certain nombre d'entre elles ont même offert de voter immédiatement une partie du crédit nécessaire.

En présence de cet empressement significatif, le gouvernement ne voulut pas rester en arrière et il fit inscrire au budget de 1885 un crédit destiné à subventionner les musées commerciaux que les Chambres de commerce organisaient et surtout à couvrir, dans une certaine mesure, les frais de premier établissement. Sans doute, ce crédit n'est pas très élevé et la plus large part des frais qu'occasionneront les musées commerciaux restera aux Chambres de commerce, aux municipalités, aux Sociétés industrielles ou aux chambres syndicales qui procéderont à leur installation. L'Etat, néanmoins, a compris qu'il ne devait pas rester étranger au développement d'institutions éminemment utiles à notre commerce extérieur.

Son appui pécuniaire, même ainsi limité, n'a pas été inefficace et a certainement contribué à activer le mouvement qui se dessinait en faveur des musées commerciaux. Déjà une exposition permanente est organisée au Ministère du commerce. Elle contient quelques échantillons intéressants envoyés par nos consuls et une collection de produits du Tonkin, rapportés par un de nos compatriotes, M. Calixte Imbert. Onze autres musées ont été également ouverts dans diverses régions; à Amiens, Aubusson, Clermont-Ferrand, Troyes, Elbeuf, Tarare, Angoulême, Reims, Rouen, Saint-Quentin et Lille; d'autres sont en voie de formation, et bientôt chaque centre industriel important aura le sien.

Nous avons vu que ces musées ne sont nullement placés sous l'autorité et le contrôle direct du gouvernement. Ils sont administrés, le plus souvent, par les chambres de commerce ou des sociétés industrielles locales, qui peuvent leur donner une organisation répondant plus complètement aux besoins de la région. L'Etat n'intervient que pour fournir une subvention généralement peu élevée et procurer aux musées, par l'intermédiaire des consuls, les échantillons les plus variés.

Quelle sera l'organisation définitive de ces musées? Il est évident qu'ils ne seront pas installés sur un modèle uniforme et qu'il faudra, pour chacun d'eux, tenir compte des besoins particuliers de la localité où il sera établi; comme indication générale, nous donnons ici quelques extraits du projet d'organisation que la Commission spéciale, qui avait été instituée par le ministre du commerce et dont nous avons déjà parlé, a fait figurer à la suite de son rapport.

Emplacement du Musée. Un établissement de ce genre devra être installé dans un local situé, autant que possible, au centre des affaires, par exemple près des bourses de commerce ou dans les bâtiments où siègent les Chambres de commerce.

Les Musées pourront être placés, avec avantage, dans le voisinage des écoles professionnelles de commerce et d'industrie.

Administration. Les Musées seront administrés par les Chambres de commerce, suivant le désir qu'elles en ont exprimé. Toutefois, l'initiative d'institutions analogues ayant été prise, dans certaines villes, par les municipalités ou des sociétés industrielles, le caractère de Musée commercial sera reconnu à tout établissement de ce genre auquel une Chambre de commerce prêtera son concours.

Approvisionnement des Musées. Il sera pourvu de la manière suivante à l'approvisionnement des Musées :

1° Les échantillons reçus gratuitement par le Ministère du Commerce seront distribués par lui, dans les mêmes conditions, aux Musées commerciaux, suivant les intérêts des régions dans lesquelles les Musées seront établis.

2° Les échantillons dont les Musées commerciaux feront la demande au Ministère du Commerce leur seront procurés, à leurs frais, par l'intermédiaire des agents consulaires de France à l'étranger. Le Ministère du Commerce communiquera aux administrations des Musées les renseignements qu'il aura reçus lui-même sur la nature et le choix des échantillons qu'il y aurait intérêt à se procurer;

3° Les Musées pourront, en outre, exposer des échantillons qui leur viendraient d'une source autre que celles ci-dessus relatées, par exemple de commissionnaires étrangers, de négociants ou d'industriels.

Dispositions intérieures et classement. 1. Les produits exposés dans les Musées commerciaux seront divisés en quatre grandes catégories, comme suit :

1° *Produits d'importation*, qui comprendront les matières premières venant de l'étranger susceptibles d'être achetées, avec avantage, par notre commerce et pouvant même, dans certains cas, abaisser, par leur emploi, le prix de revient d'un produit fabriqué ou provoquer une industrie nouvelle;

2° *Produits d'exportation*, qui comprendront les produits fabriqués par l'étranger et importés sur des marchés où les nôtres pourraient les concurrencer ;

3° *Emballages et apprêts*, qui concernent la façon à donner aux marchandises destinées à tel ou tel point du globe ;

4° *Produits locaux*, qui comprennent les produits du sol et de l'industrie de la région.

Les échantillons devront être exposés autant que possible par ordre de produits et par ordre géographique.

L'ordre géographique sera relatif aux pays d'origine pour les produits d'importation et aux marchés de vente pour les produits d'exportation, les emballages et apprêts et les produits locaux.

On devra chercher à former, au moyen d'une telle classification, une sorte de tableau synoptique qui permette au visiteur de trouver facilement les articles pouvant l'intéresser.

2. Une place pourra être réservée pour l'affichage des annonces relatives aux adjudications de grands travaux publics à l'étranger.

Etiquettes des échantillons, répertoire, publicité. Chaque échantillon devra être pourvu d'une étiquette sur laquelle seront inscrites la nature et l'origine du produit exposé.

Les étiquettes devront porter un *numéro d'ordre particulier*, afférent à la date d'entrée des objets dans la catégorie par nature de produits à laquelle ils appartiennent et en outre un *numéro d'ordre général* renvoyant à un *répertoire à fiches mobiles* qui devra être installé dans le local à la disposition des visiteurs.

Les fiches de ce répertoire devront faire connaître, d'une façon aussi complète que possible, outre la nature et l'origine du produit consignées sur l'étiquette, son marché de vente, son mode de fabrication, les matières qui le composent, ses dimensions, son prix de vente, son prix de revient et les conditions de transport le concernant.

Eventuellement elles devront donner le numéro de telle autre fiche relative à la catégorie des emballages et apprêts qui édifiera le visiteur sur la façon qu'il importe de donner à certains produits d'exportation. De plus, il sera intéressant de donner dans certains cas une indication qui permette de retrouver les lettres du Ministère du commerce, des consuls ou des correspondants qui auront adressé les échantillons au Musée, ou encore tel numéro du *Moniteur officiel du Commerce* ou de tout autre organe commercial, contenant des renseignements sur les produits exposés.

Le répertoire par fiches devra être tenu constamment au courant.

Des annonces publiées par le *Moniteur officiel du Commerce*, par la presse de la région, par des affiches apposées dans les bourses ou autres lieux publics, à la porte du local affecté au Musée, feront connaître les nouveaux échantillons exposés. Ces annonces devront indiquer, en même temps, à quelle classe appartiennent ces objets.

L'organisation indiquée dans le rapport ci-dessus, se rapproche beaucoup de celle des Musées commerciaux qui existent déjà ou qui sont en formation à l'étranger.

En Belgique, celui de Bruxelles a un organe spécial, le *Bulletin du Musée commercial Belge*, qui publie chaque semaine les numéros des échantillons parvenus, indique la classe dans laquelle ils sont placés, la provenance, le marché de vente et les droits de douanes afférents à l'article représenté.

Dans le Musée, les échantillons sont divisés en trois catégories : les échantillons de produits d'exportation, ceux des produits d'importation, et les échantillons d'emballage et d'apprêts.

Le catalogue de ce Musée a été imprimé et forme un volume assez important.

A Berlin, le Musée commercial a été fondé sous le patronage de la *Société de géographie commerciale et de protection des intérêts allemands à l'étranger*. Il n'existe pas de catalogue imprimé; les renseignements concernant les produits sont écrits à la main et placés dans les vitrines à côté des objets qui composent la collection. Ces indications consistent, le plus souvent, dans les notes mêmes adressées par les consuls ou par les commerçants qui ont fait les envois. L'Etat accorde à cette institution une subvention annuelle de 7 à 8,000 francs.

Leipsig et Stuttgard possèdent des commencements de collections de ce genre, et les représentants de l'industrie dans ces deux villes désirent vivement leur voir donner un plus grand développement.

Un Musée commercial est également en voie d'organisation à Francfort. Voici, d'après le rapport de la Chambre de commerce de cette ville, comment il fonctionnera. Il aura trois sections : le Musée d'exportation, le Musée d'importation, et un bureau de renseignements auquel se rattachera une bibliothèque.

Le Musée d'exportation comprendra les échantillons des produits industriels demandés sur les marchés étrangers, notamment sur les marchés d'outre-mer et provenant des Etats qui sont en concurrence avec l'Allemagne. La qualité, la couleur et la forme de ces articles, la matière et le genre de fabrication ainsi que les indications relatives au prix, à la consommation, etc., permettront au fabricant allemand d'examiner s'il peut entrer en lutte, et en même temps ces échantillons lui fourniront l'occasion de se renseigner sur le goût dominant du pays importateur.

La deuxième section, le Musée d'importation, contiendra l'indication d'articles propres à être introduits en Allemagne, notamment des matières premières telles que minéraux, cotons, etc. Ces produits seront accompagnés d'indications faisant connaître au commerçant et au fabricant allemand les conditions les plus avantageuses d'achat.

La troisième section, bureau des renseignements, comprendra tous les journaux commerciaux et spéciaux, les Annuaires du commerce et de l'industrie, les livres d'adresses de toutes les métropoles commerciales des Deux Mondes, les rapports des Chambres de commerce, les avis des bureaux de douanes, en un mot, tous les renseignements qu'il sera possible de réunir sur la situation commerciale des pays étrangers.

La France, nous l'espérons, ne restera pas en arrière. Les Musées commerciaux que les Chambres de commerce organisent actuellement sont appelés à rendre de sérieux services à l'industrie et au commerce. Mais il faut que les échantillons exposés soient choisis avec soin et surtout renouvelés en temps utile. Pour cela, le concours permanent de nos consuls est indispensable. Le gouvernement doit veiller à ce qu'il ne fasse pas défaut. — L. B.

MUSES (Les). Le nombre des Muses n'est pas déterminé dans les poèmes homériques. C'est seulement dans la *Théogonie* d'Hésiode que ces divinités apparaissent au nombre de neuf, et qu'elles portent les noms consacrés par la tradition : Clio, Euterpe, Thalie, Melpomène, Terpsichore, Erato, Polymnie, Uranie et Calliope. Mais pas plus que la poésie ancienne, l'art hellénique des premiers siècles ne donne aux Muses des attributions bien distinctes. Les déesses de Piérie, filles de Zeus et de Mnémosyné, protectrices des aèdes ou poètes auxquels elles communiquent l'inspiration poétique, sont longtemps représentées par l'art comme formant une sorte de chœur musical; aucune d'elles n'est distinguée par des attributs qui lui soient propres. Sur un vase peint d'ancien style, le vase François, les Muses qui assistent aux noces de Thétis et de Pélée sont désignées par des inscriptions; ce secours est nécessaire pour les reconnaître dans ces femmes qui relèvent leur peplos comme pour s'en voiler la tête. Les artistes ne s'astreignent même pas à respecter le chiffre de neuf, qui, d'ailleurs, n'est pas constant dans les diverses traditions locales. Les Muses étaient au nombre de trois dans le groupe exécuté par les maîtres archaïques, Agéladas, Kanakhos et Aristoklès, et décrit par une épigramme métrique : « Nous sommes les trois Muses : l'une de nous tient les flûtes, une autre porte en main le barbiton, une troisième la lyre. » A en juger par deux statues conservées à Venise et trahissant l'imitation tardive du style archaïque, les vieux maîtres grecs donnaient uniformément aux Muses un type qui rappelle celui des Kharites (V. Graces); la chevelure tombant en tresses, le long et sévère costume dorien, aux plis rigides et réguliers. La peinture de vases à figures rouges les représente tantôt seules, tantôt guidées par Apollon Musagète, suivant une ancienne tradition qui apparaît déjà sur les premiers monuments de la toreutique grecque.

Il faut arriver jusqu'à la période alexandrine pour trouver les attributs des Muses fixés d'une manière à peu près invariable. On voit alors apparaître à côté des instruments de musique, les emblèmes scéniques, tels que les masques et ceux qui font allusion aux lettres et aux sciences, comme les tablettes à écrire, le style, le globe, le compas, la ciste pleine de rouleaux. Peut-être le classement des attributs s'est-il opéré sous l'influence du Musée d'Alexandrie, tout au moins dans les peintures d'Herculanum et de Pompéi, dont le caractère alexandrin n'est pas douteux, les Muses ont des attributs spéciaux; chacune d'elles est désignée non seulement par son nom, mais par celui du genre littéraire, de l'art ou de la science qu'elle représente. Cette répartition des attributs est constante dans les monuments de l'époque romaine parmi lesquels nous citerons surtout la table de marbre d'Arkhélaos de Priène, connue sous le nom d'*Apothéose d'Homère*; ajoutons les statues du Musée de Berlin, les bas-reliefs d'une base de marbre d'Halicarnasse et ceux qui décorent les sarcophages romains. Clio, la muse de l'Histoire tient un manuscrit et l'écritoire; Euterpe a la double flûte; Thalie, la muse de la Comédie, porte le *pedum* pastoral en forme de bâton recourbé et le masque comique; elle est vêtue de la tunique de laine. La muse de la Tragédie, Melpomène, tient le masque tragique et la massue d'Héraklès. A Terpsichore, qui préside à la Danse appartient la lyre; c'est aussi l'attribut d'Erato, déesse de la Poésie érotique. Polymnie, la déesse des Hymnes héroïques est debout, dans une attitude méditative, enveloppée des plis de son manteau. Uranie tient le globe céleste et le radius ou compas. Enfin, Calliope, Muse de la poésie épique et de l'Eloquence, a pour attributs le style à écrire et les tablettes.

La représentation des Muses est devenue depuis la Renaissance un des sujets décoratifs le plus souvent exploités par l'art moderne, et récemment encore avec éclat par Paul Baudry dans la décoration du foyer du Nouvel Opéra.

MUSETTE. *T. de tiss.* Ce mot est le synonyme de demi-portée. On appelle *demi-portée* la quantité de fils à ourdir, fournie par le nombre de bobines placées sur la cantre ou cadre d'un ourdissoir. S'il y a, par exemple, 40 bobines, la demi-portée ou musette sera de 40 fils. Lorsqu'on aura, sur le moulin à ourdir, fait faire aux 40 fils une première spire descendante, puis une seconde spire ascendante, on aura ainsi réalisé, avec ces 80 fils, juxtaposés, ce qu'on appelle une *portée.* || *Inst. de mus.* Nom que l'on donne, dans certains pays, à la *cornemuse.* — V. ce mot. || Sac en toile qu'on suspend à la tête d'un cheval pour lui servir de mangeoire.

MUSIQUE. Débris de plâtre broyés que l'on introduit dans l'auge pendant le gâchage du plâtre. || *Pièce à musique* — V. PIÈCE.

MUSIQUE. *Iconog.* On connaît la passion que les anciens éprouvaient pour la musique. Il n'est donc pas étonnant qu'elle ait joué un rôle dans une foule de mythes religieux, et qu'elle en ait même fait naître quelques-uns; que par exemple Orphée, Linus, Amphion, musiciens célèbres des âges héroïques aient été placés au rang des demi-dieux.

L'Olympe ne dédaignait point non plus de s'occuper de très près des choses de la musique, puisque Apollon, Pan et Minerve passent pour avoir inventé certains instruments. Parmi les Muses, Euterpe présidait spécialement à la Musique. On voit au Musée du Capitole un marbre antique représentant cette Muse jouant de la lyre. Les peintres et les sculpteurs ont généralement représenté la musique sous les traits d'une gracieuse jeune femme, couronnée de lauriers et tenant une lyre à la main.

Parmi les allégories, nous trouvons un bas-relief de Lucca-della-Robbia, au campanile de la cathédrale de Florence; une statue en marbre de Falconet, au Louvre; le *Génie de la Musique* de Giuseppe Gaggino, au théâtre Carlo-Felice à Gênes; une statue en pierre de H. Chevalier au théâtre du Châtelet, à Paris; un groupe en pierre de Guillaume à la façade du Nouvel-Opéra; une statue de Delaplanche; des peintures du Guide, de Carle Van Loo, de G. Cipriani, du Guerchin, d'Andrea Schiavone, d'Edouard Dubufe, d'Emile Lévy; la Muse dans le portrait de Chérubini, par M. Ingres, etc., etc., On représente aussi quelquefois la musique sous les traits de Sainte-Cécile, la patronne chrétienne des musiciens.

Nous ne pouvons que mentionner sans en faire la nomenclature une foule de tableaux représentant des musiciens en action.

***MUSOIR.** *Techn.* Tête d'écluse. || Extrémité d'une *digue.* — V. ce mot.

***MUSSITE.** *T. de minér.* Variété de chaux silicatée magnésifère, se rapprochant beaucoup du diopside, et qui se trouve en masses laminaires d'un gris verdâtre, d'un clivage facile. On la rencontre en Piémont, à Ala, et dans le Valais, à Zermatt.

MUSULMAN (Art et style). La civilisation arabe commence à Mahomet: après quelques ébauches mal réussies, c'est sous sa main qu'elle a pris forme. Par lui, les Arabes deviennent une nation que ses successeurs et ses disciples lancent à la conquête du monde. En quelques années, la Syrie, la Mésopotamie, l'Egypte sont soumises, le royaume perse des Sassanides est renversé. Un siècle après la mort du prophète, l'Islamisme, de ses bras étendus à l'Occident et à l'Orient, tient l'Afrique jusqu'à l'Océan, l'Espagne et la Gaule jusqu'aux Cévennes, l'Asie mineure et l'Asie centrale jusqu'à l'Indus. Des guerres civiles surviennent qui brisent cette formidable unité; mais chaque tronçon du colosse est vivant, chacune de ses parties devient un grand empire. Les Khalifes de Bagdad ont un gouvernement organisé, une administration régulière, un revenu fixe de 200 millions, comme ferait un état moderne, ils exécutent des travaux d'utilité générale, éblouissent l'Orient des splendeurs de leur cour, et reçoivent à leurs audiences, en même temps que les envoyés de Charlemagne et de Constantinople, des ambassades tartares, hindoues et chinoises.

A l'autre extrémité du monde musulman, les califes de de Cordoue règnent sur l'Espagne enrichie et fécondée, qui leur fournit sans peine un budget de 300 millions; le pays qu'ils gouvernent est le premier de l'Europe par sa prospérité agricole, par son activité industrielle aussi bien que par l'éclat des arts, des lettres et des sciences. En Afrique, le centre de la puissance et de la civilisation se déplaça plusieurs fois, mais, entre toutes les cités, la capitale nouvelle de l'Egypte régénérée, le Caire (El Kahirat), la résidence « victorieuse » des princes Fatimites tient le premier rang et rivalise avec Bagdad et Cordoue.

Sur le champ immense de leur parcours, les Arabes rencontraient une infinie variété de spectacles, ils se mêlaient aux peuples les plus différents, ils pouvaient contempler, imposantes encore dans leur ruine ou leur décadence, les civilisations qui les avaient précédés, celle de Rome, celle de Byzance, celles de la Perse et de l'Inde. Ainsi s'éveilla l'intelligence de cette race bien douée, ignorante plutôt que barbare, qui sentait vivement et qui savait admirer. Les moines nestoriens, les philosophes et les rhéteurs d'Alexandrie et d'Athènes, que l'intolérance byzantine avait bannis et qu'avaient recueillis les Sassanides, furent les premiers maîtres des Arabes.

Renonçant à les suivre dans le développement de leurs études purement poétiques et littéraires, nous les suivrons sur le terrain spécial de l'industrie et des arts industriels. Les Arabes prirent les sciences au point où les avaient laissées les derniers maîtres grecs de l'école d'Alexandrie. On sait les immenses progrès qu'ils ont fait accomplir aux mathématiques et à l'astronomie. Ils furent les fondateurs de la chimie, à laquelle ils ont donné jusqu'à son nom. Avec un génie d'application qui n'a guère été dépassé que par l'industrie moderne, les Arabes empruntent aux Chinois des inventions demeurées jusque là stériles ou inconnues au reste du monde, les perfectionnent, les fécondent et les répandent partout. Les Chinois savaient préparer le salpêtre, mais ils n'en faisaient usage que pour des feux d'artifice, les Arabes fabriquèrent des armes à feu.

En 1205, l'émir Yakoub assiégeait, avec des canons, la ville de Méhédia, en Afrique; en 1342, Algésiras attaquée par un prince espagnol, se défend en lançant « des tonnerres, des balles de fer, grosses comme de très grosses pommes et projetées si loin de la ville que quelques-unes passent par-dessus l'armée ». Les Chinois faisaient du papier de soie, mais on n'avait alors de soie ni en Europe ni dans l'Asie mineure; les Arabes, les premiers, firent du papier de coton et de chiffon. Les plus anciens manuscrits sur papier de chiffon sont les manuscrits arabes; la bibliothèque de l'Escurial possède un manuscrit arabe, sur papier de coton, qui remonte aux environs de l'an mil. Ce furent encore les Chinois qui inventèrent la boussole, mais ce furent les Arabes qui l'appliquèrent à la navigation; ils se servaient aussi de l'astrolabe, instrument ingénieux et d'un maniement facile sans lequel Christophe Colomb n'aurait pu se guider sur l'immensité de l'Océan.

Les prescriptions du Coran, qui interdisent de représenter la figure humaine, n'ont pas toujours été respectées. Cependant, les Arabes n'ont rien laissé de remarquable en peinture et en sculpture, mais, sans parler de leurs pierres taillées, de leurs médailles gravées, de leurs ivoires, de leurs faïences, ce qui subsiste de leurs monuments suffit à attester leur génie artistique. Là, comme partout, ils furent d'abord des imitateurs, ils s'essayèrent à l'architecture en copiant les modèles qu'ils rencontraient aux premiers pas, surtout les Byzantins. Timides au début, ils s'enhardissent bientôt, corrigent, modifient, innovent, transforment; un art nouveau apparaît, tout original et indépendant. Suivant les ressources des divers pays qu'ils occupent, ils bâtissent en briques, ou en béton, ou en marbre, mais quels que soient les matériaux employés, le soin minutieux des détails, le fini de l'exécution sont les mêmes et assurent la solidité des édifices. Leurs constructions les plus légères et de la plus frêle apparence, ont résisté pendant des siècles (1).

On peut distinguer, dans l'histoire de l'architecture arabe, plusieurs âges assez nettement déterminés. Le style arabe, antérieur à Mahomet, n'est représenté que par quelques ruines; peut-être des découvertes ultérieures le feront-elles mieux connaître. Le style Byzantin-Arabe est celui des bâtiments, élevés depuis l'Egire jusqu'au xe siècle, la mosquée d'Omar, à Jérusalem, la grande mosquée de Damas, la grande mosquée de Cordoue. L'influence byzantine est manifeste, elle apparaît dans les dômes surbaissés, les chapiteaux à feuillages, les ornements d'or; mais déjà les artistes musulmans ont imaginé l'ogive, les arabesques, les pendentifs. Au xe siècle, le style arabe pur est constitué. Sa période de fécondité s'arrête au début des temps modernes, à peu près lorsque commença la Renaissance italienne. L'Egypte et l'Espagne surtout furent décorées de ses chefs-d'œuvre. L'Egypte a la mosquée de Kalaoun qui rappelle la Sainte-Chapelle de Paris, la mosquée de Kaitbey, au dôme allongé, tout brodé d'arabesques, l'immense mosquée de Hassan, aussi vaste que les cathédrales gothiques et dont le grand minaret, deux fois haut comme la colonne Vendôme, se dresse à 86 mètres du sol. L'Espagne a la gracieuse tour de la Giralda, ancien minaret d'une mosquée disparue, l'Alcazar de Séville, avec ses magnifiques plafonds sculptés, peints et dorés et, enfin, dominant Grenade et le paysage superbe de la Véga, l'Alhambra, le « palais rouge » tant de fois décrit et toujours supérieur, en beauté, à toutes les descriptions. — V. MAURESQUE.

Le caractère de cette architecture, c'est l'aversion, l'horreur de la régularité géométrique, des lignes droites, des angles brusques, des surfaces unies. Ceux qui l'ont créée étaient des hommes d'imagination, se plaisant aux trouvailles de l'imprévu, aux prodigalités d'une fantaisie puissante, mais avec un sentiment exquis de l'élégance et de la grâce. Voyez ce qu'ils ont fait de l'arcade byzantine, l'arcade à plein-cintre, monotone, lourde et froide; ils brisent l'arc au sommet, l'allongent en ogive; à la base, ils le resserrent, l'étranglent en fer à cheval; ils obtiennent ainsi une courbe svelte, harmonieuse et hardie. Le dôme romain, cette pesante calotte sphérique, devient une coupole élancée à la base, rétrécie au sommet. Au-dessus des mosquées montent dans l'azur du ciel, les minarets légers d'où le muezzin jette aux croyants ses appels aériens. A la jonction des murs, sous les voûtes circulaires qui viennent s'y appuyer, les angles disparaissent, masqués, étouffés par des niches en encorbellement qui s'accumulent en ruches d'abeilles ou pendent dans le vide en stalactites. Pas une surface qui apparaisse dans sa nudité; partout, ciselées dans la pierre ou appliquées en fines moulures de plâtre, courent des inscriptions, des sentences du Coran, dont les arabesques aux lignes capricieuses semblent une délicate et admirable broderie. Le sol et la base des murailles étaient revêtus de mosaïques et de faïences vernissées; au dedans et au dehors, des couleurs habilement nuancées décoraient les parois. Comme les Egyptiens et les Grecs, comme la plupart des peuples qui bâtissaient sous le bleu profond du ciel méditerranéen, les Arabes ont employé la décoration polychrome. En plein jour, quand un soleil ardent ruisselait sur la surface polie des faïences, il allumait les tons vifs des façades, les rouges, les verts, les ors, ce décor devait être un éblouissement, et la nuit, quand les lampes à l'huile parfumée jetaient partout leurs mille reflets, c'était encore une joie des yeux et une fête de la lumière.

(1) A la suite des tremblements de terre qui se sont produits dans le nord de l'Espagne, en décembre 1884 et janvier 1885, on a remarqué que les constructions qui avaient résisté étaient les plus anciennes pour la plupart et dataient de l'occupation des Maures.

***MYARGYRITE** ou **MIARGYRITE.** *T. de minér.* Sulfure d'argent antimonio-cuprifère, SbS^3Ag. Il se présente en petits prismes rhomboïdaux obliques, d'un noir foncé, brillants, d'une dureté de 2,5 et d'une densité de 5,40. Leur poussière est rouge cerise, comme d'ailleurs les cristaux en lames transparentes.

On trouve ce minerai en Saxe, à Bræunsdorf; à Hiendelencina, Espagne; en Bohême, au Mexique, etc. D'après M. Pisani, la miargyrite d'Espagne contient: soufre 21,7; argent 35,6; antimoine 40,2; cuivre 0,6; plomb 1,9.

Il sert surtout pour l'extraction de l'argent.

***MYOGRAPHE.** — V. ENREGISTREUR EMPLOYÉ EN PHYSIOLOGIE.

***MYRISTINE.** *T. de chim.* — V. BEURRE, § *Beurre de muscade.*

MYRRHE. *T. de mat. méd.* Gomme-résine fournie par un arbre de la famille des térébinthacées et très employée en parfumerie. — V. GOMME, § *Gommes-résines.*

MYRTE. *T. de bot.* Nom des plantes des pays tropicaux qui comprennent des arbres ou des arbustes, à feuilles opposées, ponctuées, à fleurs axillaires, isolées ou réunies en petit nombre pour constituer une cîme. Ces fleurs sont à réceptacle concave avec 4-5 sépales et autant de pétales, l'ovaire est pluriloculaire (2-5 loges) et multiovulé; il se transforme en un fruit (baie) que surmonte un calice persistant.

Parmi les espèces de myrte les plus employées, il faut indiquer:

1° Le *myrte commun* (myrtus communis, L.) qui se retrouve sur les bords de la Méditerranée et est cultivé en serre. Les feuilles et les fruits sont utilisés en médecine; en parfumerie, on se sert des feuilles et des fleurs pour préparer l'*eau d'ange*, cosmétique un peu délaissé; les baies, en

Toscane, remplacent notre poivre; en Illyrie, en Calabre, à Naples, on utilise les feuilles pour la préparation des peaux; les baies servaient en teinture. L'arbre jeune est recherché dans quelques jardins en Provence; ses branches servaient à faire des couronnes aux vainqueurs des jeux isthmiques et aux triomphateurs, à Rome. Quant à son bois, qui est très dur, il est surtout recherché pour les ouvrages de tour.

2° Le *myrte piment* dit *toute-épice, piment couronné, poivre de la Jamaïque* (*myrtus pimenta*, L.,) qui peut atteindre dix mètres, a des feuilles opposées, oblongues, entières, et offrant à la face inférieure de nombreuses petites glandes; ses fleurs tétramères sont blanches; le fruit est globuleux, pyriforme, avec calice et style persistants, brun-noir et très odorant. Cet arbre est commun aux Antilles, au Mexique, au Vénézuela et a été acclimaté dans l'Asie tropicale; on utilise beaucoup ses fruits que l'on cueille encore verts, alors qu'ils ont 1 centimètre au plus. Après dessiccation, ils ont une saveur chaude, aromatique, rappelant celle du girofle; par distillation avec l'eau, on en retire 4 à 6 0/0 d'une huile volatile, qui, comme les fruits, est stimulante, carminative et antiodontalgique. Outre son emploi comme condiment, il s'utilise encore en parfumerie; l'essence sert parfois à falsifier l'essence de girofle. La Jamaïque exporte annuellement environ 3 millions et demi de kilogrammes de fruits, d'une valeur de 75,000 francs.

3° Le *piment âcre* (*myrtus acris*, Sw.,) des Antilles et du Vénézuela, se rapproche beaucoup de l'espèce précédente, mais quoique très employé par la médecine et la parfumerie américaines, pour ses propriétés qui le rapprochent du girofle, il ne parvient guère chez nous qu'à titre d'échantillon. — J. C.

MYTICULTURE. Nom employé pour désigner les procédés d'élevage et d'engraissement des moules; c'est en définitive la culture de ces mollusques. On a trouvé à l'article BOUCHOT l'historique de la question dont l'origine remonte à 1035. Ce fut par hasard que l'Irlandais Walton découvrit que le frai des moules se fixait et se développait sur les piquets qu'il avait enfoncés dans la vase pour maintenir ses filets (allouret) destinés à attraper les oiseaux de mer. Les bouchots s'installèrent solidement et servirent en même temps de pêcheries. L'établissement et la construction des bouchots a été traité à l'article MOULIÈRE. Cette industrie a beaucoup prospéré et s'est perfectionnée en même temps que son analogue l'*ostréiculture*, qui s'occupe des huîtres. Les moulières se sont peu développées sur les côtes normandes où les étoiles de mer, très friandes du naissain, en dévorent des quantités considérables; à ces destructeurs il faut ajouter les turbots. La moule aime les vases de l'océan et les tranquilles étangs salés de la mer Méditerranée. Les principaux bouchots sont cantonnés dans l'anse de l'Aiguillon; ceux situés en pleine rade de Toulon ont parfaitement réussi. — M. R.

N

***NABOT.** *T. techn.* Pièce de jonction de deux bouts de chaîne.

NACARAT. Couleur rouge clair, qui tient le milieu entre les couleurs rose et cerise.

NACELLE. Outre qu'il désigne un petit bateau sans mât et à rames, ce mot s'applique aussi à une sorte de panier suspendu au-dessous d'un aérostat, et destiné à recevoir les aéronautes pendant leurs ascensions. || Genre de moulure creuse dont le profil est un demi-cercle.

NACRE. Matière cornée et calcaire, c'est-à-dire animale et minérale, qui s'étend annuellement en couche épaisse dans l'intérieur d'un certain nombre de mollusques, tant univalves que bivalves, principalement dans les mullettes et les anodontes, plus connus sous le nom d'*huîtres perlières*.

Les coquilles, connues dans l'industrie par leur provenance, nous sont apportées du golfe Persique, de l'Inde, des côtes de l'île de Ceylan, du Japon, des côtes de certaines îles de l'Océanie, du golfe de Panama, du golfe du Mexique, etc.

On distingue entre autres:

1° La *nacre franche argentée*, qui vient de l'Inde, de Ceylan, de Madagascar, de la Chine et du Pérou. Elle est ainsi nommée, parce que sa couleur est d'un blanc éclatant. Ses dimensions sont parfois surprenantes.

2° La *nacre bâtarde blanche*, de la mer Rouge: l'intérieur de la coquille qui la produit est d'un blanc jaune et quelquefois verdâtre; son iris se compose de reflets rougeâtres et verts.

3° La *nacre bâtarde noire*, d'un blanc bleuâtre tirant sur le noir, avec des reflets rouges, bleus, verts. On la tire de Sydney.

4° L'*oreille de mer* ou *haliotide*, à coquille irisée, qui se trouve dans toutes les mers, et la *burgaudine*, au reflet verdâtre, qui vient de Sumatra, de la Corée et des Antilles.

Toutes ces nacres sont expédiées en Europe à l'état brut. Elles se vendent au poids, et leur prix varie suivant leur beauté et leur grandeur.

— Une grande quantité de nacre est importée en France; en 1836, l'importation était arrivée à 430.000 kilogrammes, d'une valeur d'un million de francs, et elle s'est énormément accrue depuis cette époque, en raison de l'augmentation du débit des articles de nacre, et surtout de ceux qui servent à la parure. En Angleterre, en Amérique et dans les autres pays, la vente des objets de nacre a pris aussi plus d'importance; la nacre est par suite devenue de plus en plus chère.

Historique. L'antiquité a connu et employé la nacre. On se servit d'abord des coquilles qui la produisent pour en faire des vases à boire.

Etienne Boileau, dans son *Livre des Métiers*, nous apprend qu'il existait, au XIIIe siècle, des corporations de tourneurs, tabletiers et tailleurs d'images, qui sculptaient, tournaient et construisaient en os, en ivoire, en corail et en nacre, des figures de saints, des crucifix, des chapelets et des manches de couteaux. Quantité de documents des XVe et XVIe siècles constatent également le fréquent emploi d'objets de toute sorte exécutés en nacre. Ce sont des cuillers, des couteaux, de petites tables de jeu, des coffrets, des croix pour pendre au col, et autres menus ouvrages de bijouterie.

L'Inventaire de Gabrielle d'Estrées, dressé en 1599, montre que la belle maîtresse de Henri IV avait un faible pour les objets en nacre. On trouve décrits, dans cette riche collection, « un fruictier de nacque de perles, à escailles de poisson, bordé d'argent doré, servant à laver les mains »; plusieurs vases ou « gondoles de nacque de perles »; deux salières, un vinaigrier et deux cuillers, « une de nacque de perles et l'autre de quelques escailles, les manches de corail, etc. »

Ces précieux objets, que leur fragilité et la richesse de leur monture n'ont pu mettre à l'abri des injures du temps et des révolutions, ont été pour la plupart perdus ou détruits. Aussi les beaux spécimens de la Renaissance véritablement authentiques sont-ils très rares. On cite, en ce genre, une jolie conque de nacre de perle gravée, conservée dans la collection de M. Spitzer.

Les objets de nacre exposés dans les Musées sont presque tous de travail moderne, c'est-à-dire ne remontant pas plus haut que le XVIIe siècle. La collection Sauvageot, au Louvre, renferme deux *Nautiles* montés en coupe, dont l'un représente, gravées en noir, les *Vendanges* (Silène et Bacchus), et de l'autre côté, la *Toilette de Vénus*. On y voit encore deux médaillons ovales, gravés en relief sur nacre; le premier, sculpté avec la plus extrême délicatesse, représente Henri III, « roi des Français et de Pologne »; le second offre les traits de Frédéric, comte Palatin du Rhin, mort en 1610.

On remarquait jadis, au Musée des Souverains, au Louvre, l'épée de Mariage du roi Henri IV, laquelle est ornée de douze médaillons ovales en nacre placés sur le pommeau, sur la garde et sur la face antérieure de la lame; ils représentent les douze signes du zodiaque.

Le Musée de Cluny possède également une coquille de nacre du XVIIe siècle sculptée en bas-relief, représentant Jupiter, Junon et l'Amour; une autre grande coquille gravée au trait, la *Sanctification de la Vierge*, ouvrage espagnol de la même époque, et enfin une plaque de nacre gravée, représentant une danse de personnages mauresques, d'après Callot.

TECHNOLOGIE. La composition de la nacre, bien que superposée par couches, est tellement dure, qu'on est forcé de la tailler à l'aide de petites scies, de lames fines et d'acide sulfurique affaibli. Elle passe successivement par les mains du *scieur*, du *débiteur*, de l'*émouleur*, du *redresseur*, du *découpeur*, du *façonneur* et du *graveur*. Son poli s'obtient au moyen de la ponce et du tripoli, et l'on termine avec le colcotar.

Le travail de la nacre de perle se fait principalement en Chine, au Japon, en Hollande, en Angleterre et surtout en France, où la nacre est d'un fréquent usage dans les ouvrages de marqueterie, de tabletterie, de bijouterie et de coutellerie. Elle sert, en outre, à garnir la poignée des épées de luxe, à couvrir des bonbonnières, à faire des étuis, des jetons, des boutons et autres objets d'utilité ou de parure.

Les écailles de nacre destinées aux bijoux et à l'incrustation des meubles sont extraites de l'*avicule perlière* ou grosse huître des mers des Indes, nommée *avicula margaritifera*, « mère aux perles », parce que ce mollusque produit en quantité des perles admirables. Les plus belles de ces coquilles ont de huit à dix ans et atteignent jusqu'à 10 centimètres de diamètre sur 0m,02 d'épaisseur. Mais c'est surtout dans la fabrication des éventails que la belle matière est plus recherchée. Les montures sont découpées principalement dans la *nacre blanche* dite *poulette*, provenant de Madagascar, ainsi que dans la *nacre noire*, originaire de Sydney. On emploie aussi la nacre d'Orient, la nacre *haliotide verte* et enfin les *burgaudines*, écailles du *burgau*, qui toutes trois se tirent des mers du Japon. Les Japonais semblent avoir légué à nos ouvriers d'Andeville (Oise) le talent d'amener la nacre de ces admirables coquilles en feuilles minces comme du papier, et de les couvrir des sculptures les plus fouillées.

Les éventaillistes emploient également des nacres d'un blanc nuancé, d'un bel effet argenté et provenant des amers des coquilles; mais aucune de ces nacres n'est appelée à un plus grand succès que la nacre d'Orient dite *goldfish*, qui depuis une vingtaine d'années a fait une révolution dans l'éventaillerie de luxe. Au moyen d'un procédé obtenu par l'emploi des couleurs d'aniline et dont M. Meyer est l'inventeur, on est arrivé à donner toutes les nuances de l'arc-en-ciel à ce produit remarquable. — S. B.

Nacre (Coloration de la). Les belles nuances irisées que présentent certaines coquilles de mollusques marins ou d'eau douce, soit à leur surface interne, soit à l'extérieur lorsqu'elles ont subi un poli convenable, sont produits par la réflexion de la lumière sur les bords affleurants de plaques plissées, très minces, en partie transparentes, sécrétées par les bords du manteau de l'animal. Ces lames sont formées de couches alternatives d'une membrane très mince et de carbonate de chaux (V. COULEUR, § *Modes de génération des couleurs*). Mais cela seul ne suffit pas pour expliquer l'éclat irisé, parfois très vif qu'on remarque sur la nacre.

Cette coloration, changeante avec la position de l'œil de l'observateur, est due surtout à des stries très fines (lignes noires distantes les unes des autres de moins de 0mm,015), sortes d'ondulations qui règnent sur toute la surface et produisent les effets des *réseaux*, connus en optique. Pour en avoir la preuve, il suffit, comme Brewster l'a fait le premier, d'appliquer sur la nacre polie une substance plastique : de la cire (noire) d'Espagne, du mastic ou un alliage fusible; la substance, ayant pris l'empreinte des stries ondulées, produit les mêmes couleurs que la nacre, sauf l'intensité, qui dépend du pouvoir réflecteur. On a même imité avec succès les effets d'irisation de la nacre sur des boutons d'acier, en produisant à leur surface des stries artificielles très serrées et ondulées. Les perles, qui ne sont autre chose que de la nacre, étant attaquables par les acides, on s'explique pourquoi elles perdent, à la longue tout leur éclat (Orient) au cou de certaines personnes. — C. D.

Bibliographie : Spire BLONDEL : *Hist. des éventails, suivie de notices sur l'écaille, la nacre et l'ivoire*; Ed. RENARD : *La pêche et la pisciculture dans l'extrême Orient*, art. *Nacre*; J.-L. SOUBEIRAN et Aug. DELONDRE : *De la nacre et des localités qui nous en approvisionnent*; LAMIRAL : *Mémoire sur l'acclimatation, la pêche et le commerce des coquilles à nacre.*

***NACRIER, IÈRE.** *T. de mét.* Celui, celle qui fait des objets en nacre.

***NACTAGE.** *T. techn.* Opération qui se fait à la main, et qui consiste à débarrasser le duvet des laines fines des impuretés que le peignage n'a pas enlevées.

***NAGEANT, ANTE.** *Art hérald.* Se dit d'un poisson posé horizontalement ou en travers de l'écu.

***NAGEOIRE.** *T. de pap.* Sorte de caisse placée à côté de la cuve du papier fabriqué à la main, et que permet à l'ouvrier d'opérer plus commodément.

***NAGEUR.** *T. techn.* Vase en tôle étamée de forme cylindrique ou conique et rempli de glace que, dans la fabrication de la bière, on laisse surnager dans la cuve en fermentation.

NAÏADES. *Iconog.* Nymphes qui présidaient aux fontaines et aux rivières dans la mythologie; elles étaient filles de Jupiter et mères des satyres, et n'étaient pas toujours attachées à la source qu'elles personnifiaient: souvent, au contraire, elles folâtraient dans les forêts ou dans les prairies. Elles sont représentées sous les traits de jeunes filles couronnées de roseaux et couchées sur une urne d'où sort l'eau. On leur met encore en mains des perles et des coquilles, et on les place dans les grottes, souvent en compagnie d'Hercule, de Pan, ou des Dioscures couchés à leurs pieds. Enfin, lorsqu'elles personnifient une source d'eau thermale, un serpent, symbole de la santé, est roulé à terre devant elles. Les figures de Naïades sont très fréquentes dans l'antiquité où les eaux étaient l'objet d'un culte tout particulier. Une des plus belles est la Naïade du Vatican, qui a été trouvée près de Rome dans une vigne; une autre du même Musée, découverte près du temple de la Paix, est également très remarquable. Les sculpteurs de la Renaissance ont très souvent confondu les Naïades avec les Néréïdes, divinités maritimes, de là une difficulté pour définir leurs attributs. Cette erreur a été commise notamment par Jean Goujon dans ses admirables sculptures de la fontaine des Innocents. Une statue très connue, bien que sa valeur artistique soit discutée, est la Naïade du palais de Fontainebleau, par Benvenuto Cellini; elle représente une femme couchée auprès d'un cerf sur le bord de l'eau, allusion à la découverte de la fontaine de Belle Eau, signalée dans une chasse par la meute royale. Les sculpteurs du XVIIIe siècle ont souvent traité ce sujet, notamment Bouchardon. Nous citerons enfin la *Naïade se réveillant au son de la lyre de l'Amour*, par Canova, composition un peu maniérée et d'une facture un peu molle, comme tout ce qui sortait du ciseau de cet artiste, mais qui pourtant a de la grâce et du style, et la *Naïade versant de l'eau*, par Brion, au jardin des Plantes de Paris. En peinture, ce sujet n'a été traité que tard, du moins comme figure isolée. On connaît une très belle toile de Dufresnoy qui est au Louvre, ainsi que la *Source* de Ingres, qui est bien une Naïade, versant de son urne l'eau pure de la source qu'elle symbolise.

***NAISER.** Synonyme de *rouir*. — V ROUISSAGE.

NAISSANCE. *T. de constr.* Synonyme de pierre d'attente ou de harpe. || Bande ou raccord de plâtre fait après une reprise ou une tranchée dans l'enduit recouvrant un mur. || *Naissance de colonne*: commencement du fût au-dessus du listel qui le joint à la base. || *Naissance d'arc*: point de départ d'un arc sur les pieds-droits. En faisant abstraction de l'épaisseur horizontale de l'arc, les naissances sont deux points, et la ligne qui les joint est dite *ligne des naissances*. Dans une voûte, chaque naissance est formée par une série de points, et le plan qui contient ces points est appelé *plan des naissances*.

***NAISSANCE.** *Iconog.* Dans l'iconographie romaine, la Naissance est le plus souvent représentée sous les traits de la déesse Lucine; une couronne de dictame, plante qu'on supposait aider à l'accouchement, orne sa tête, et elle tient en mains une coupe et une lance, attributs qui sont aussi ceux de Junon, car primitivement *Lucina* n'était qu'un surnom de la compagne de Jupiter, et ce n'est que plus tard qu'on a créé une divinité particulière. On trouve encore Lucine portant un enfant et tenant un flambeau, symbole de la vie. C'est ainsi que Rubens a peint sa figure de la Naissance dans la *Naissance de Marie de Médicis*, qui est au Louvre. La Naissance est une des peintures allégoriques le plus fréquemment adoptées pour les décorations d'édifices municipaux. Enfin dans la peinture mythologique, la *Naissance de Vénus* a été traitée un grand nombre de fois par les plus illustres artistes : Botticelli, Raphaël, Boucher, de Troy; de même que la *Naissance d'Adonis* et celle de Bacchus, et dans la peinture sacrée, la naissance de Jésus et celle de la Vierge. Une énumération est ici impossible, car ces sujets sont les plus fréquents dans l'histoire de la peinture. On peut dire que tous les grands peintres ont traité la Naissance ou plutôt la Nativité de Jésus et de la Vierge.

***NAISSANT, ANTE.** *Art hérald.* Se dit des animaux dont on ne voit qu'une partie du corps et le bout de la queue.

NANKIN. Etoffe lisse et serrée fabriquée avec du coton de couleur. On l'a employée longtemps pour les corsets des dames, puis pour pantalons, vestes et gilets, à certaines époques où elle a été de mode. L'armure des nankins est en taffetas, la réduction est carrée; dans les qualités ordinaires, il y a 30 fils de chaîne et 30 passées de trame au centimètre.

***NANSOUK.** Tissu léger en coton, un peu plus fin que le *jaconas* (V. ce mot) dont il se rapproche beaucoup, il est à peu près aussi serré. La réduction de chaîne est subordonnée à la quantité de fils que comporte la largeur de l'étoffe : dans un nansouk de 90 centimètres, par exemple, ayant 20 fils de chaîne au centimètre, le nombre des passées de trame est de 25 au centimètre, et en règle générale, tous les nansouks ont un quart ou un cinquième de trame de plus que de fils de chaîne. Le tissage s'en fait par l'armure taffetas. Le nansouk est plus particulièrement employé pour la lingerie, soit pour garniture d'objets de toilette, soit pour applications de broderie. Il se fabrique dans les mêmes centres producteurs que le jaconas. — A. R.

***NANTEUIL** (CÉLESTIN). Peintre et lithographe français, né à Rouen en 1813. La vie de Célestin Nanteuil fut peu accidentée. Jusqu'en 1840 il combattit pour la noble cause romantique; mais à quelques années de là, entre 1844 et 1845, devait se produire une réaction. Déjà vers 1839 on constatait trop de métier dans les eaux-fortes qu'il livrait au public; l'alerte, le clair, le blond de la première manière si libre et si colorée n'apparaissent plus que par échappée. Théophile Gautier, préoccupé du travail matériel de Célestin Nanteuil, a dit : « Tout moyen lui était bon, le pinceau, la plume, le crayon, le grattoir. Nous l'avons vu, pour arriver à rendre le grain d'une vieille muraille, poser un morceau de tulle sur son papier et tamponner du bistre sur les murailles. » Les moyens qu'employait Célestin Nanteuil pour les fonds de ses gravures les alourdirent, les amollirent à la fois, et leur firent perdre la transparence des premiers jours. Vers 1839 le graveur abusa de la roulette expéditive, du vernis mou, et il n'y a guère à citer dans cette nouvelle manière que la *Butte Montmartre*, publiée par l'artiste en 1838, une merveille de grâce et de délicatesse. Avant de se plonger pour toujours dans les eaux troubles du commerce, il semble que Célestin Nanteuil ait voulu se faire regretter de son époque.

Les ouvrages de 1830 à 1840, contenant des frontispices à l'eau-forte de Célestin Nanteuil, sont actuellement très recherchés et l'apport du graveur n'a pas peu contribué à ajouter à leur prix. C'est qu'en effet une pointe capricieuse et raffinée a traduit fidèlement les tendances des auteurs jaloux de cette collaboration.

Victor Hugo, Alexandre Dumas durent à Célestin Nanteuil une vive interprétation des choses diverses qui s'agitaient dans leurs œuvres; la pointe conserva les palpitations, les ombres, le tourmenté, les violences, le passionné qui faisait le fond des drames et des romans des deux grands rivaux d'alors. Des combattants de second rang, Roger de Beauvoir, Pétrus Borel, Théophile Gautier, Paul de Musset, Joseph d'Ortigues étaient presque admis aux honneurs du premier, grâce aux eaux-fortes de l'artiste ; mais combien d'autres resteraient ignorés, Lassailly, Gustave Albitte, Poujoulat, Chaudesaigues, si Célestin Nanteuil n'avait, grâce à une vignette, insufflé la vie à des poèmes, des romans, des récits de voyages médiocres. C'est beaucoup qu'un dessinateur qui ne reste pas au-dessous du texte. Célestin Nanteuil y apporta toujours une forte part d'ingéniosité, de décors et de paillons pour enjoliver l'œuvre. L'art qu'appliquait le graveur à ces produits intellectuels de diverse nature combinait les inventions de la fantaisie avec des accessoires factices empruntés au domaine du théâtre et du roman; c'était tout un personnel de personnages fictifs, d'archanges et de figures démoniaques des deux sexes qui pourtant avaient un ragoût bien particulier. Pour encadrer ce petit monde, Célestin Nanteuil trouva un style gothique et renaissance qui tient du rêve ; il créa des allongements maniérés, vaporeux, pour des attitudes de femmes qui lui appartenaient en propre, qui ont leur charme et qu'on ne peut oublier. Ce n'est certes pas le monde réel, c'est une danse de Willis romantiques qui peuvent troubler l'esprit de ceux qu'elles regardent avec leurs yeux allongés se promenant parmi des architectures chimériques.

Célestin Nanteuil avait possédé une grande qualité en art : le peu de préoccupation du produit de son talent. L'argent n'existait pas pour les romantiques; l'art d'abord; un salaire quelconque plus tard, salaire qui dans sa modération passait pour excessif et imprévu. En gravant des eaux-fortes pour les livres des romanciers, des dramaturges et des poètes, Célestin Nanteuil obéissait à un sentiment qui lui mettait une pointe en main et qui la poussait sur le cuivre, pour la plus grande gloire du romantisme. Quand l'âge venant, il fallut songer à une vie plus régulière, Célestin fit de l'art de commerce. Il devint le fournisseur attitré des éditeurs de romances, mais de romances sages qui n'avaient rien à démêler avec celles de Monpou. Les violentes oppositions de noir et de blanc, les gitanos aux yeux qui n'étaient jamais d'ensemble, les diableries avec Messire Satanas pour chef d'orchestre, les anges séraphiques, les verrues de Clopin Trouillefou, les marquises d'Amaègui et les fous de Tolède furent impitoyablement écartés comme personnages invraisemblables qui ne pouvaient que troubler la vue des jeunes demoiselles apprenant à chanter.

Une belle pierre lithographique proprement travaillée, des hachures normales, un grainé soigné, des personnages à physionomie « gracieuse » devinrent le lot de ce frénétique, qui jadis avait commandé à l'eau-forte de mordre ses planches à outrance, dussent-elles en crever. Les secousses politiques se succédaient, la besogne industrielle en souffrit, les jeunes demoiselles chantèrent un peu moins de romances, le commerce de Célestin Nanteuil baissa; il fut trop heureux de trouver à Dijon une place de conservateur du musée, la même qu'avait occupé un autre romantique également assagi, Louis Boulanger.

Le 4 décembre 1873, l'artiste âgé de soixante ans mourait à Marlotte entouré de quelques amis. — E. CH.

***NANTEUIL** (CHARLES-FRANÇOIS LEBOEUF dit), sculpteur né à Paris en 1792, mort en 1865, étudia sous la direction de Cartellier et remporta le grand prix de Rome, en 1817, avec un *Ajax mourant* ; son dernier envoi de Rome fut très remarqué, c'était la statue d'*Eurydice piquée par un serpent* qui se trouve actuellement dans le jardin du Palais-Royal. Exposée au salon de 1824, elle fut très remarquée par la vérité du mouvement, la grâce de l'ensemble et la correction des formes. Cette œuvre est la plus connue de Nanteuil; il a pourtant reçu de nombreuses commandes officielles : *Sainte-Marguerite* pour l'église de ce nom à Paris; *Saint-Jean et Saint-Leu* en bronze pour l'église Saint-Gervais; une *Naïade* colossale pour le palais de Saint-Cloud; le fronton de l'église N.-D. de Lorette ; des bas-reliefs pour le dessus des portes du péristyle du Panthéon ; les bustes de *Prud'hon* pour le musée du Louvre, de *Quatremère de Quincy*, de *Boucher Desnoyers*. On remarque dans toutes ces œuvres de style plus de correction que d'originalité, et certainement Nanteuil n'a pas tenu, au point de vue artistique, toutes les promesses que semblait donner son *Eurydice*.

Cependant sa haute situation officielle le fit arriver à l'Institut, en 1831, où il remplaça son maître Cartellier. Il avait été décoré de la Légion d'honneur en 1837.

***NANTEUIL** (ROBERT). Peintre et graveur de portraits, né à Reims à une date incertaine, probablement vers 1623, mort à Paris en 1678, était fils d'un marchand de Reims qui le destinait au barreau. Mais chez les jésuites où le jeune homme avait été placé pour achever ses études, il ne songeait qu'à l'art et il dut quitter ses maîtres qui contrariaient sa vocation. Il trouva des encouragements chez les bénédictins de sa ville natale qui lui confièrent de précieux modèles anciens, et le prieur Etienne Villequin consentit à poser devant l'artiste ; ce portrait de Villequin parut bientôt sous le titre de *Buste d'un religieux* (1644). L'année suivante il grava les ornements de sa thèse de philosophie, d'après le dessin d'un peintre de Reims nommé Armand, représentant la *Piété*, la *Justice* et la *Prudence qui vont saluer l'Université*. Cependant il manquait de direction, et en sentant lui-même la nécessité, il entra dans l'atelier de Nicolas Regnesson, dont il épousa la sœur, et, là il étudia les maîtres en réputation à cette époque : Boulanger, C. Mellan, Gilles Rousselet. Mais il semble que Nanteuil n'ait fait que reconnaître dans ces études l'infériorité des moyens employés par ses devanciers, car il abandonne bientôt les procédés anciens et se crée une manière propre. Il dessine d'abord d'après le modèle vivant à l'aide de pastels et de crayon noir pour empâter les demi-teintes et accuser les vigueurs, puis il grave d'après ce dessin qui a toutes les qualités de la peinture, et dont son burin garde les tons chauds et la puissante allure ; c'est dans cette vérité, dans ce réalisme pour ainsi dire, de l'expression et de la physionomie, que R. Nanteuil est inimitable. C'est certainement le plus grand graveur de portraits du XVIIe siècle. Aussi les plus grands noms de son époque se sont-ils succédé dans son atelier.

Son œuvre authentique, classé dans l'ordre adopté par Robert Dumesnil et conservé à la Bibliothèque nationale, comprend 234 pièces, dont 216 portraits. On voit que c'est surtout dans ce genre qu'on doit admirer ce graveur qui a tracé la voie aux maîtres des XVIIIe et XIXe siècles.

***NAPHTACÉTÈNE.** *T. de chim.* Carbure d'hydrogène ayant pour formule $Ȼ^{12}H^{10}$... $C^{24}H^{10}$... $C^4H^2(C^{20}H^8)$, découvert par M. Berthelot. Il cristallise en longues aiguilles blanches, fondant à 93°, bouillant à 285°, mais commençant à se sublimer dès 100°. Il est un peu soluble (1/80) dans l'alcool froid, et cette solution mélangée avec une solution alcoolique d'acide picrique, donne une nouvelle combinaison cristallisant en aiguilles orangées $C^{24}H^{10}, C^{12}H^3(AzO^4)^3O^2$. L'acide sulfurique en fait un acide sulfo-conjugué, et l'acide nitrique fumant, des dérivés nitrés solides. Il existe dans le goudron de houille, et se dépose des huiles lourdes bouillant entre 270 et 300° ; on l'obtient par synthèse au moyen de l'action, au rouge, de l'acétylène ou de l'éthylène sur la naphtaline.

$$C^4H^2 + C^{20}H^8 = C^{24}H^{10} \ldots Ȼ^2H^2 + Ȼ^{10}H^8 = Ȼ^{12}H^{10}$$

(nouv. not.), et :

$$C^4H^4 + C^{20}H^8 = C^{24}H^{10} + H^2$$
$$\text{ou } Ȼ^2H^4 + Ȼ^{10}H^8 = Ȼ^{12}H^{10} + H^2$$

***NAPHTALINE.** *T. de chim.* Syn. : *Hydrure de naphtyle*, $Ȼ^{10}H^8$... $C^4H^2(C^4H^2[C^{12}H^4])$ ou $C^{20}H^8$. Ce carbure d'hydrogène, découvert en 1820 par Garden, dans le goudron de houille, fut analysé en 1826 par Faraday, puis fit l'objet des travaux de W. Hofmann, Fittig, Ballo et surtout de Laurent. On n'a bien compris la façon fréquente dont il se produit qu'à partir des travaux de M. Berthelot sur la synthèse des hydrocarbures. Cet éminent chimiste a, en effet, montré que toutes les fois que des carbures d'hydrogène, mais surtout les carbures fondamentaux, sont portés à la température du rouge, ils peuvent donner naissance à de la naphtaline ; c'est ce qui explique pourquoi les conduites de gaz à éclairage sont souvent obstruées par ce carbure. Le formène, l'acétylène, l'éthylène, le styrolène, la benzine, donnent facilement de la naphtaline. Ainsi pour le styrolène :

$$\underset{\text{Éthylène}}{C^4H^4} + \underset{\text{Styrolène}}{C^{16}H^8} = \underset{\text{Naphtaline}}{C^{20}H^8} + 2H^2$$

$$\text{ou } Ȼ^2H^4 + Ȼ^8H^8 = Ȼ^{10}H^8 + 2H^2 \text{ (nouv. théor.)}$$

de même que pour la benzine :

$$2C^4H^4 + C^{12}H^6 = C^{20}H^8 + 3H^2$$
$$\text{ou } 2Ȼ^2H^4 + Ȼ^6H^6 = Ȼ^{10}H^8 + 3H^2$$

ou pour la benzine et l'acétylène :

$$2C^4H^2 + C^{12}H^6 = C^{20}H^8 + H^2$$
$$\text{ou } 2Ȼ^2H^2 + Ȼ^6H^6 = Ȼ^{10}H^8 + H^2$$

Elle se produit encore par condensation de l'acétylène.

La naphtaline se forme aussi dans la distillation des goudrons de pétrole, de boghead, de lignite, etc., mais en bien moindre quantité que la paraffine.

Propriétés. La naphtaline est un carbure solide, cristallisé en lamelles rhomboïdales, minces, blanches, d'aspect nacré, d'odeur forte rappelant le styrax ; elle est légèrement volatile et a une saveur brûlante. Elle fond à +79° centigrades, en donnant une masse cristalline, légèrement translucide dont la densité est de 1,151, mais en paillettes elle flotte sur l'eau. Elle bout à 218°, et brûle avec une flamme claire et fuligineuse. La naphtaline est insoluble dans l'eau, à laquelle elle cède cependant son odeur, à 0° ; elle se dissout un peu à l'ébullition, mais ses meilleurs dissolvants sont l'alcool bouillant, l'éther, les huiles fixes et volatiles, l'acide acétique.

Par la chaleur, elle donne au rouge du *dinaphtyle* : $2(C^{20}H^8) = C^{40}H^{14} + H^2$, corps solide et résineux. L'action de l'hydrogène naissant la transforme en carbures nouveaux : deux hydrures, du *diéthylbenzine*, et de l'*hydrure de décylène*. Le chlore, le brome attaquent la naphtaline ; les acides faibles n'ont pas beaucoup d'action sur elle, mais à l'état de concentration ils réagissent parfois très énergiquement. L'acide picrique, en solution alcoolique, donne lieu à une réaction caractéristique : la formation d'aiguilles jaunes de *picrate de naphtaline* ; l'acide chlorique, l'acide sulfurique monohydraté, l'eau régale exercent sur ce corps une action oxydante, et forment des composés qui, comme dérivés, sont absolument comparables à ceux que les mêmes corps fournissent avec la benzine. Il en est de même de l'action de l'acide azotique, qui, suivant la façon dont il agit, à froid, à chaud, pendant un temps plus ou moins long, ou avec le concours de l'acide sulfurique concentré, donne des produits cristallisés dans lesquels la condensation du composé nitré est de plus en plus grande : la *naphtaline nitrée* $C^{20}H^7(AzO^4)$, la *naphtaline binitrée*,

$$C^{20}H^6(AzO^4)^2,$$

la *naphtaline trinitrée* $C^{20}H^5(AzO^4)^3$, la *naphtaline quadrinitrée* $C^{20}H^4(AzO^4)^4$.

L'acide chromique agit lui, comme oxydant, en fixant seulement de l'oxygène, pour faire de l'acide phtalique :

$$\underset{\text{Naphtaline}}{C^{20}H^8} + \underset{\text{Oxygène}}{9O^2} = \underset{\text{Ac. phtalique}}{C^{16}H^6O^8} + \underset{\text{Ac. carboniq.}}{2C^2O^4} + \underset{\text{Eau}}{H^2O^2}$$

$$\text{ou } Ȼ^{10}H^8 + 9O = Ȼ^8H^6O^4 + 2ȻO^2 + H^2O$$

lequel deshydraté par l'action de la chaleur et de la chaux à 300°, engendre de l'acide benzoïque :

$$C^{16}H^{6}O^{8}=\underset{\text{Acide benzoïque}}{C^{14}H^{6}O^{4}}+C^{2}O^{4}$$

ou $C^{8}H^{6}O^{4}=C^{7}H^{6}O^{2}+CO^{2}$.

Ces réactions sont des plus importantes à noter à cause de l'utilisation industrielle de l'acide phtalique qui donne toute une série de matières colorantes, et de la production par synthèse de l'acide benzoïque, lequel Emmerling et Eugler ont transformé en bleu d'indigo.

Constitution et composition. Nous avons déjà signalé qu'il existait de grands rapports entre la benzine et la naphtaline. Nous allons montrer ici ces analogies. Si nous avons indiqué comme formule rationnelle de la naphtaline

$$C^{4}H^{2}.C^{4}H^{2}.C^{12}H^{4},$$

puisqu'elle peut être obtenue aux dépens du benzol et de l'éthylène, avec élimination d'hydrogène, on peut encore considérer ce corps comme un hydrure de naphtyle $C^{10}H^{7}.H...$ $C^{20}H^{7}.H$, comme la benzine est un hydrure de phényle

$$C^{6}H^{5}.H...C^{12}H^{5}.H.$$

Mais, en plus, si nous envisageons les propriétés du corps lui-même, nous verrons que sous ce rapport, sous celui des réactions, de la composition, des dérivés, l'analogie est toujours constante : à la naphtaline nitrée ou nitronaphtaline correspond la nitrobenzine; à la naphtylamine correspond l'aniline; au rouge de naphtaline correspond la rosaniline; de telle sorte que l'on peut aussi envisager la naphtaline comme constituée par la soudure de deux anneaux benzéniques, qui auraient deux atomes de carbone communs

$$C^{10}H^{8}=H^{4}C^{4}, C^{2}, C^{4}H^{4}$$

(Erlenmeyer et Graebe). On peut donc considérer la naphtaline comme appartenant à la série aromatique, c'est un isologue des carbures de la série générale $C^{2n}H^{2n-6}...C^{n}H^{2n-6}$ et le terme principal de la série $C^{2n}H^{2n-12}$ ou $C^{n}H^{2n-12}$, car

$$C^{20}H^{8}=2(C^{12}H^{6})-2(C^{2}H^{2}).$$

A côté de cette série s'en trouvent d'autres,

$C^{2n}H^{2n-18}$ Anthracène $C^{28}H^{10}=3(C^{12}H^{6})-4(C^{2}H^{2})$
$C^{2n}H^{2n-24}$ Chrysène. . $C^{36}H^{12}=4(C^{12}H^{6})-6(C^{2}H^{2})$
$C^{2n}H^{2n-30}$ Idrialène. . $C^{44}H^{14}=5(C^{12}H^{6})-8(C^{2}H^{2})$

Ces séries homologues ne se produisent pas en substituant à de l'hydrogène de la benzine, des résidus divers, ils se forment par condensation directe de la benzine, 2,3,4,5 fois, avec élimination de $C^{2}H^{2}$, comme on a pu le remarquer ; ils jouent donc le rôle de carbures fondamentaux aromatiques, de même que la benzine constitue le carbure fondamental de la série aromatique saturée. Comme la benzine, ces corps ne donnent pas d'acides ayant le même nombre d'atomes de carbone qu'eux, par oxydation; leurs produits de substitution hydroxydés, sont des phénols, comme avec la benzine; ils ne donnent pas d'alcools proprement dits, etc. ; on voit donc qu'ils sont identiques comme propriétés à la benzine.

Jusqu'à présent, on a peu étudié les homologues supérieurs de la naphtaline, tandis que le toluène, qui est le premier terme de la série benzénique, a été très travaillé; il est à supposer qu'en vertu de l'importance que ce corps a pris dans l'industrie des couleurs, l'étude des homologues de la naphtaline conduirait à des découvertes non moins intéressantes et non moins importantes.

Préparation. Nous avons déjà indiqué que la naphtaline se retire des goudrons de houille. On peut d'abord commencer par exposer au froid, pendant 5 à 6 jours, les résidus de distillation des huiles légères et les huiles lourdes; il ne tarde pas à se former des cristaux de naphtaline que l'on n'a plus qu'à essorer pour les séparer des liquides

Pour retirer ce qui existe de naphtaline dans les huiles lourdes, on traite celles-ci par l'acide sulfurique, puis par la soude, et enfin par une solution de sulfate ferreux, pour enlever les composés sulfureux qu'elles pourraient contenir, puis on les distille en fractionnant les produits, et en réunissant toutes les parties qui passent au-dessous de 200°. On recueille ce qui distille entre 215 et 230°, et jusqu'à ce que le liquide cesse de se solidifier par refroidissement, ce qui indique que toute la naphtaline a été enlevée. La masse pâteuse est alors soumise à l'action de la presse hydraulique, puis les gâteaux obtenus sont enfin épuisés par la lessive de soude chaude et par l'acide sulfurique, puis lavés à l'eau chaude. On obtient ainsi la naphtaline ordinaire; pour l'avoir pure, on la redistille à 200°, dans des cornues en fonte. Il passe à cette température de la naphtaline et de l'eau, mais si l'on élève à 210°-220°, on obtient un produit très pur, que l'on condense dans des serpentins maintenus au-dessus de 79°, et que l'on coule dans des moules.

Lorsqu'on préfère avoir la naphtaline sublimée, en belles paillettes nacrées, on met la dinaphtaline ordinaire dans une marmite, sur la partie supérieure de laquelle on colle une feuille de papier buvard ; on place sur l'appareil ainsi disposé un cône en carton que l'on colle également aux rebords du vase, et l'on chauffe au bain de sable. Les vapeurs de naphtaline se purifient en passant au travers du papier et se condensent en cristallisant par refroidissement sur les parois du cône.

On pourrait enfin laver à l'alcool, si l'on voulait avoir des cristaux absolument débarrassés de tous produits pyrogénés.

Usages. La naphtaline sert, à cause de son odeur, pour préserver les pelleteries, les fourrures, les collections d'histoire naturelle, des petits insectes. Elle est fort employée pour la préparation de diverses matières colorantes et des naphtols, de la naphtylamine, de l'acide phtalique. C'est un antiseptique puissant. Enfin elle a été utilisée pour carburer le gaz d'éclairage, au moyen d'une lampe dite *albo carbon-gaslight*, dans laquelle le gaz traverse un petit réservoir contenant 5 grammes de naphtaline, fondue par la chaleur du gaz. D'après les inventeurs, 83 litres de gaz ordinaire carburés ainsi équivaudraient à 183 litres de gaz.

DÉRIVÉS DE LA NAPHTALINE. Les seuls dérivés importants de la naphtaline sont ceux obtenus par l'action de l'acide nitrique, et les produits secondaires obtenus avec ces corps.

Nitronaphtaline. Elle a été découverte par Laurent qui lui a donné le nom de *nitronaphtalase*; c'est la mononitronaphtaline, $C^{20}H^7(AzO^4)$... $C^{10}H^7, AzO^2$. Elle est en aiguilles jaunes, cristallisées en prismes à 6 pans, et fond à 45°. Elle est insoluble dans l'eau, les bases, ou les acides étendus; très soluble dans l'alcool, l'éther, la benzine; elle se sublime par une élévation faible de température, mais détone par une brusque chaleur. Sous l'influence des corps réducteurs ou de l'acide acétique et du zinc, elle se change en *naphtylamine*, $C^{20}H^9Az$ (V. ce mot); l'acide azotique la transforme en *binitronaphtaline* ou encore en *jaune de naphtaline*; l'acide sulfurique fumant, en *acide nitrosulfonaphtalique*, $C^{20}H^7AzO^4, 2SO^3$; le sulfite d'ammoniaque, en *acides naphtionique*,

$$C^{20}H^6, AzH, S^2O^6H$$

et *thionaphtamique*, $C^{20}H^6, AzH^2, S^2O^6H$.

PRÉPARATION. Verser sur 1 partie de naphtaline pulvérisée, un mélange de 5 à 6 parties d'acide azotique, avec 1 partie d'acide sulfurique concentré, et agiter le mélange sans chauffer. Après quelques jours, on lave à l'eau la nitronaphtaline obtenue.

La nitronaphtaline sert à obtenir les matières suivantes :

(*a*) *Jaune de naphtaline*. Il s'obtient en faisant bouillir de la naphtaline avec de l'acide azotique, laissant refroidir, enlevant la partie acide et traitant le résidu à l'ébullition par de l'ammoniaque étendue. On précipite la matière colorante par un acide. Ce produit donne avec la laine et la soie une couleur jaune d'or solide.

(*b*) *Acide nitroxynaphtalique*. Syn. : *Acide chryséique, jaune français*. $C^{20}H^8(AzO^4)O^2$

$$\text{ou } C^{20}H^8AzO^6 \ldots C^{10}H^8AzO^3.$$

Il cristallise en aiguilles jaunes, fondant à 100°, non volatiles; il est soluble dans l'eau chaude, l'alcool ordinaire, l'alcool méthylique, l'acide acétique; forme avec les bases des sels cristallisés solubles, donnant, comme l'acide, des nuances jaune d'or ou jaune rougeâtre, sur laine et sur soie. Pour le préparer, on mêle 100 parties de nitronaphtaline avec 250 parties d'hydrate de chaux sec, et on humecte la masse avec 75 parties d'hydrate de potasse dissous dans un peu d'eau. On chauffe à 150° pendant dix à douze heures, on fait arriver un courant d'oxygène, jusqu'à production d'une couleur jaune rougeâtre. On étend alors d'eau, on filtre et on décompose le sel de potasse obtenu par un acide fort; l'acide nitroxynaphtalique se précipite sous forme de flocons jaunes.

Binitronaphtaline. Syn. : *Nitronaphtalèse.*

$$C^{20}H^6(AzO^4)^2 = C^{20}H^6Az^2O^8 \ldots C^{10}H^6(AzO^2)^2$$

Elle a été découverte par Laurent, est solide et jaune, elle est insoluble dans l'eau, peu soluble dans l'alcool, bien dans l'éther, l'acide azotique. Chauffée doucement, elle se sublime, mais détone souvent; sa solution alcoolique est seule facilement attaquée par les alcalis; le chlore la transforme en naphtalines bi et tri-chlorées. Avec les corps réducteurs, on obtient d'abord de la *nitronaphtylamine*

$$C^{20}H^8Az^2O^4 \ldots C^{10}H^6 \left| \begin{matrix} AzO^2 \\ AzH^2 \end{matrix} \right.$$

puis de la *biamidonaphtylamine*

$$C^{20}H^{10}Az^2 \ldots C^{10}H^6 \left| \begin{matrix} AzH^2 \\ AzH^2 \end{matrix} \right.$$

On l'obtient en dissolvant, peu à peu, de la naphtaline dans un mélange d'acide azotique et sulfurique concentrés, puis, portant à l'ébullition. Après refroidissement, on ajoute beaucoup d'eau, on filtre et on lave à l'eau chaude.

Ce corps sert à préparer divers produits industriels :

(*a*) La *naphtazarine*. — V. ce mot;

(*b*) La *naphtylamine* (V. ce mot) et ses dérivés colorés.

Mais de toutes ces couleurs, les plus importantes sont celles qui sont préparées avec les dérivés sulfo-conjugués des naphtols, dont la nuance devient plus intense, en passant du jaune au rouge, à mesure que le poids moléculaire des corps diazoïques devient plus élevé. Nous ne pouvons, sans donner par trop d'étendue à cet article, les décrire ici, nous donnerons seulement la composition des principales couleurs, celle-ci étant toujours très complexe.

1° *Couleurs rouges ou orangées* :

(*a*) Tropéoline 000 (orangé n° 1), c'est de l'α-naphtolazobenzolsulfonate de potasse;

(*b*) Tropéoline 00 (orangé n° 2), c'est du β-naphtolazobenzolsulfonate de potasse;

(*c*) Rocelline (orseilline, rouge solide), c'est du β-naphtolazo-α-naphtaline-sulfonate de soude;

(*d*) Ponceau R, c'est du xylolazo-β-naphtol-β-disulfonate d'ammoniaque;

(*e*) Ponceau 2 R, c'est du métaxylidoazo-β-naphtol-β-disulfonate d'ammoniaque;

(*f*) Ponceau 3 R, c'est du cymolazo-β-naphtol-R-disulfonate d'ammoniaque;

(*g*) Bordeaux R et G, c'est de l'α-naphtalineazo-β-naphtol R ou G disulfonate de soude;

(*h*) Coccinine, c'est de l'anisol-azo-β-naphtoldisulfonate de soude;

(*i*) Rouge d'anisol (ponceau 3 G), c'est de l'anisolazo-β-naphtolsulfonate de soude;

(*j*) Ecarlate de Biebrich (écarlate 3 B., ponceau 3 B. extra), c'est la β-naphtolazo-benzolazobenzol-A-disulfonate de soude;

2° *Couleurs jaunes* :

(*a*) Jaune de naphtol S (Badisch), c'est du dinitro-α-naphtolsulfonate de potasse;

(*b*) Jaune de crocéine (Bayer), c'est du nitro-β-naphtol-α-sulfonate de soude;

(*c*) Héliochrysine (Meister, Lucius), c'est du tétranitro-α-naphtolsulfonate de soude;

3° *Couleurs bleues* :

Ces dérivés des naphtols ont été déjà étudiés. — V. INDOPHÉNOL.

Quant aux dérivés quinonés, aux acides sulfonaphtaliques, à l'acide phtalique, il en sera question à chaque mot en particulier. — J. C.

***NAPHTAMÉINE.** *T. de chim.* Nom d'une matière colorante bleue, découverte par Piria, et qui aurait pour formule $C^{20}H^{9}AzO^{2}$... $\text{G}^{10}H^{9}Az\text{O}$ Elle est amorphe, de couleur pourpre foncé; elle est insoluble dans l'eau, la potasse, l'ammoniaque, et soluble partiellement dans l'alcool, mais mieux dans l'éther, l'acide sulfurique, l'acide acétique. Elle s'obtient en traitant une solution alcoolique de chlorhydrate de naphtylamine, par l'eau, en quantité voulue pour ne pas la troubler, puis en y versant goutte à goutte une solution faible de perchlorure de fer et en agitant continuellement. Après repos, on filtre, on lave le dépôt à l'eau, puis à l'alcool, et on dessèche dans le vide. D'après Kopp, la naphtaméine peut se réduire et se réoxyder comme l'indigo. — J. C.

***NAPHTAZARINE.** *T. de chim.* Syn.: *Dianthine* de L. Scott. Ce corps, qui a pour formule

$$C^{20}H^{6}O^{8}...\text{G}^{10}H^{6}\text{O}^{4}$$

(Liebermann), peut être considéré comme de la *bioxynaphtaquinone*, c'est-à-dire qu'il est l'alizarine de la série naphtalique, et qu'il est à la naphtaline, ce que l'alizarine vraie est à l'anthracène.

La naphtazarine est solide, cristallisée en aiguilles rougeâtres, sublimables vers 230°, peu soluble dans l'eau, soluble dans l'alcool, l'éther, les alcalis caustiques et carbonatés, en donnant une liqueur bleu pourpre, d'où les acides précipitent des flocons rouge jaunâtres de matière colorante, et dans l'ammoniaque où les sels de chaux et de baryte font naître un précipité bleu violacé; elle est soluble dans les acides chlorhydrique et sulfurique, sans décomposition, même si l'on porte la température à 200°. Sous ces divers points de vue, elle ressemble bien à l'alizarine, mais elle en diffère, en ce qu'elle teint en violet rouge, le coton mordancé en acétate d'alumine, et en gris, celui mordancé en fer; elle en diffère, en plus, par sa solubilité dans l'acide sulfurique étendu, et dans l'alcool, avec coloration rouge, et non jaune, comme avec l'alizarine; par sa laque plombique qui est d'un violet bleu, et non rouge, comme celle d'alizarine.

La naphtazarine en contact avec l'acide hypochloreux n'éprouve pas de modification s'il y a peu d'acide, mais elle vire au jaune si ce dernier est en notable quantité, et se décolore en présence d'un excès d'acide. Avec les sulfures, sulfhydrates, cyanures et sulfocyanures, la naphtazarine donne des matières colorantes rouges, violettes ou bleues, teignant la laine et la soie sans mordant, mais peu solides; avec le cyanure de potassium et l'action de la chaleur, elle donne un précipité bleu foncé lorsqu'on verse le mélange dans l'eau froide.

PRÉPARATION. On commence par chauffer à 200° de l'acide sulfurique concentré, trois ou quatre fois en poids, celui de la binitronaphtaline à traiter. Après dissolution complète, on ajoute peu à peu de la grenaille de zinc jusqu'à dégagement d'acide sulfureux, puis on porte 10 minutes à l'ébullition, ou plus tôt, jusqu'à ce qu'une goutte du produit, en tombant dans l'eau froide, la colore en rouge violacé intense. Alors on verse le liquide bouillant, et en filet mince, dans 8 à 10 fois son volume d'eau, on porte le tout à 100°, et on filtre. Il se dépose, par refroidissement, des aiguilles fines de naphtazarine, qui baignent au milieu d'un liquide rouge. On sépare les cristaux par essorage, et l'on peut garder la liqueur comme bain de teinture (Roussin). — J. C.

NAPHTE. *T. de chim.* L'un des noms sous lesquels on désigne, dans certains pays, comme au Caucase, par exemple, le pétrole brut. Comme ce dernier nom est plus universellement employé, et pour ne pas nous répéter, nous renvoyons au mot PÉTROLE, qui comporte tous les renseignements qu'exige la grande utilisation de ce produit.

***NAPHTOL.** *T. de chim.* Syn.: *Naphtylol.* On désigne sous ce nom les phénols monoatomiques de la naphtaline; ils appartiennent à la famille naphtilénique $C^{2n}H^{2n-14}H^{2}O^{2}$, et ont pour formule

$$C^{20}H^{8}O^{2} \text{ ou } C^{20}H^{6}(H^{2}O^{2})... \text{G}^{10}H^{7}H\text{O}.$$

Les naphtols peuvent être obtenus de différentes façons; d'abord comme Griess, qui les a découverts, en faisant réagir l'eau bouillante sur l'azotate de diazonaphtol.

$$\underbrace{C^{20}H^{6}Az^{2}, AzO^{6}H}_{\text{Azotate de diazonaphtol}} + \underbrace{H^{2}O^{2}}_{\text{Eau}}$$

$$= \underbrace{C^{20}H^{8}O^{2}}_{\text{Naphtol}} + \underbrace{2Az}_{\text{Azote}} + \underbrace{AzO^{6}.H}_{\text{Ac. azotique}}$$

$$\text{ou } \text{G}^{10}H^{6}Az^{2}, Az\text{O}^{3}H + H^{2}\text{O}$$

$$= \text{G}^{10}H^{8}\text{O} + 2Az + Az\text{O}^{3}.H;$$

ou, suivant la méthode de Merz, en traitant la naphtaline par l'acide sulfurique, ce qui donne des acides naphtosulfuriques, c'est-à-dire des acides sulfoconjugués isomères, que l'on reprend par la potasse fondante, dans un creuset d'argent, ce qui donne des sels potassiques de naphtol, avec des sulfates et sulfites, plus de l'hydrogène. Un de ces corps est analogue à celui découvert par Griess, aussi les désigne-t-on sous les noms de *naphtol-α* et *naphtol-β*.

Naphtol-α. Ce corps cristallise en aiguilles brillantes, à odeur de créosote et à saveur de phénol; elles fondent à 94°, et distillent avec la vapeur d'eau. Il est fort peu soluble dans l'eau froide, un peu dans l'eau bouillante et bien soluble dans l'alcool, l'éther, le chloroforme. Traité par l'acide chlorhydrique, sous l'influence des rayons lumineux, il colore le bois de sapin en vert, puis en brun; sa solution aqueuse donne une coloration violette avec l'hypochlorite de chaux; avec l'acide chlorhydrique et le chlorate de potasse, il engendre de la *dichloronaphtoquinone*. C'est le corps découvert par Griess.

Naphtol-β. Il est en lamelles brillantes, incolores et inodores, fusibles à 122°, colorant le bois de sapin en bleu verdâtre; sa solution aqueuse devient jaune par l'hypochlorite de chaux; avec l'acide chlorhydrique et le chlorate de potasse, il donne des produits résineux et oléagineux, sans dichloronaphtoquinone.

Ces deux corps possèdent donc toutes les propriétés des phénols. En les traitant par l'acide sulfurique, puis saturant par un carbonate, Schœffer a formé des *naphtolsulfites* : ceux correspondant au naphtol α restent incolores par l'action de l'acide azotique, ceux correspondant au β-naphtol prennent une coloration rose. Ils donnent assez facilement des composés nitrés; le *mononitronaphtol*, $C^{20}H^7(AzO^4)O^2$... $\not{C}^{10}H^7(Az\not{O}^2)\not{O}$, est obtenu par l'action, à 140°, de une partie de potasse et 2 parties de chaux éteinte, sur 1 partie de nitronaphtaline, dans un courant d'oxygène. Il est solide, jaune, soluble dans l'eau, l'alcool, l'alcool méthylique, l'acide acétique. Le *dinitronaphtol*, $C^{20}H^5(AzO^4)^2O^2H$... $\not{C}^{10}H^5(Az\not{O}^2)^2\not{O}H$ est en cristaux jaunes, très peu solubles dans l'eau, un peu dans l'alcool, mieux dans l'éther et la benzine; il est décomposé par les carbonates alcalins. On l'obtient en ajoutant à une solution faible de chlorhydrate de naphtylamine une solution légère de nitrite de potasse, jusqu'à ce que l'addition d'un alcali y provoque la formation d'un précipité rouge. On ajoute alors de l'acide azotique et on fait bouillir. Le dinitronaphtol se prend en une masse cristalline qui surnage. Ce corps est employé en teinture sous le nom de *jaune d'or, jaune de Martius*.

Nous rappellerons ici que les *tropéolines*, les *orangés de naphtaline* résultent de l'action d'un dérivé diazoïque de l'acide sulfanilique sur les naphtols α et β ; que la *rocelline* est obtenue par l'action d'un dérivé sulfoconjugué de la diazonaphtylamine sur le β naphtol. — J. C.

***NAPHTOMÈTRE.** *T. de phys.* Instrument destiné à faire connaître le degré d'inflammabilité des pétroles ou naphtes. Il en existe deux surtout employés dans l'industrie.

Appareil Granier. Il est constitué essentiellement par une cuvette en laiton, munie d'un couvercle ouvert en son centre, et au milieu de laquelle est un petit réservoir garni d'une mèche, ne dépassant le bord que de un millimètre au plus. Pour faire un essai d'inflammabilité, on commence par prendre la densité de l'huile à essayer. Un pétrole bien rectifié, pour un éclairage parfait et inoffensif, doit être d'une densité de 800, minimum exigé, en France, par la loi; les schistes doivent avoir 815. Cette densité prise, on remplit le réservoir central de l'appareil avec l'huile de pétrole que l'on examine, et on laisse déborder le liquide jusqu'à ce qu'il affleure un petit déversoir situé sur le côté, ce qui permet d'avoir un même volume d'hydrocarbure pour toutes les expériences. On ferme alors le couvercle et sa plaque mobile, on introduit le thermomètre dans l'ouverture qui lui est réservée. Par précaution, on présente une allumette enflammée au niveau de la plaque mobile, pour voir si le liquide ne renferme pas d'essence très volatile; dans ce cas, l'hydrocarbure s'enflammerait et on devrait s'empresser de l'éteindre en soufflant dessus; si le pétrole ne contenait seulement qu'une certaine quantité de vapeurs inflammables, au-dessous de la température de la pièce où se fait l'expérience, la présence de l'allumette enflammée provoquera une assez forte explosion qui éteindra le tout. L'essai n'ayant amené aucun phénomène du genre de ceux indiqués, cela prouve qu'il faut chauffer le liquide : alors on soulève la plaque mobile et on allume la mèche, en ayant soin d'éviter tout courant d'air. La flamme échauffant l'huile par conductibilité du métal, les gaz se dégagent, se répandent dans l'espace vide de la cuvette, puis prennent feu au contact de la flamme, en provoquant une légère explosion qui éteint tout. On lit alors le degré indiqué par le thermomètre.

Appareil Parrish. Il se compose d'un support A que l'on surmonte d'un bain-marie B, susceptible d'être échauffé par une lampe C. Dans le bain-marie se place un récipient à pétrole D muni d'un couvercle hermétique. Une chambre cylindrique E est soudée dans ce couvercle, elle est ouverte supérieurement et communique avec le récipient par un petit trou *a* qui laisse passer l'air et par deux autres trous inférieurs *bb* qui permettent au pétrole qui remplira le récipient de pénétrer dans la chambre E. Un thermomètre *t* fixé sur une plaque métallique, peut s'introduire dans la chambre E. On trouve en plus, sur le couvercle, une tubulure *c* laissant dépasser une douille munie d'une mèche plongeant dans le récipient à pétrole et un étrier *d* permettant d'isoler le thermomètre, au moyen d'une lame de verre, et d'éviter l'action calorifique de la lampe (fig. 421).

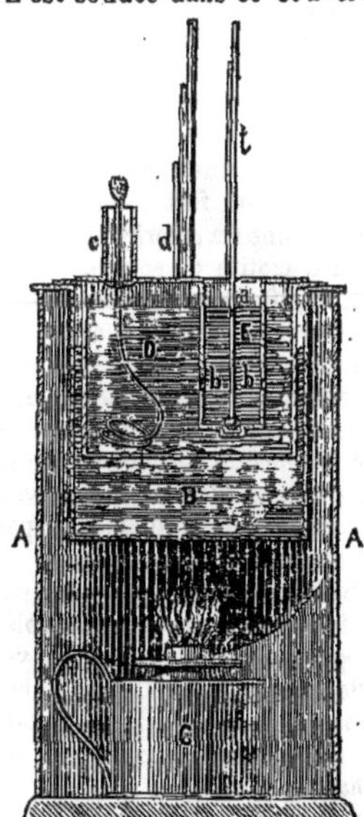

Fig. 421. — *Appareil Parrish.*

Pour faire l'essai, on remplit le récipient de pétrole, jusqu'à un centimètre au-dessous du bord, on place le couvercle, on adapte le thermomètre, et on met de l'eau dans le bain-marie. Allumant alors la lampe à alcool C, on a soin de régler la flamme de façon à ce qu'elle ne touche pas le fond du bain-marie, puis on allume ensuite la mèche du récipient à pétrole, en réglant la hauteur de la flamme de 6 à 7 millimètres. Le fonctionnement de cette petite lampe force l'air à pénétrer par l'ouverture *a* et à s'échapper par *c* en entraînant la vapeur de pétrole que la chaleur développe, de telle sorte que dès que ce mélange est inflammable, il s'allume à la petite lampe en éteignant celle-ci. On note alors le degré thermométrique. Il est indispensable, pour avoir des résultats précis, d'avoir toujours le même volume de pétrole, très exactement, et une flamme de lampe à pétrole, toujours de même hauteur.—J. C.

***NAPHTOSCHISTE.** *T. de min.* Syn. : *Schiste à Kérosène.* Variété de schiste feuilleté employée pour fabriquer, par distillation, les huiles minérales appelées *huiles de schiste.*

***NAPHTYLAMINE.** *T. de chim.* Syn. : *Azoture de naphtyle.*

$$C^{20}H^{9}Az...(C^{20}H^{6})AzH^{3}=(C^{10}H^{7})H^{2}Az.$$

Alcali artificiel, à fonction simple, découvert par Zinin, et qui est le type de la famille $C^{2n}H^{2n-11}Az$. On connaît actuellement deux corps isomères de ce nom; ils correspondent à l'α et au β-naphtol.

α-naphtylamine. C'est le produit le plus anciennement connu, et trouvé par Zinin; il cristallise en prismes fins et incolores, devenant violacés par une exposition à l'air, ils fondent à 50°, sont sublimables, entrent en ébullition à 300°. Ce corps est de saveur piquante et amère, d'odeur forte et désagréable; il est presque insoluble dans l'eau, mais soluble dans l'alcool et l'éther. Il forme avec les métalloïdes, avec les acides, etc., des composés dont quelques-uns sont fort intéressants. Ainsi, avec le chlore il donne un *chlorhydrate* qui, traité par une solution d'azotite de soude, contenant un excès de soude, fournit l'*azodinaphtyldiamine* $C^{40}H^{15}Az^{3}$, laquelle, chauffée avec l'acétate de naphtylamine, engendre un composé triammoniacal, la *rosanaphtylamine* $C^{60}H^{21}Az^{3}$ dont le chlorhydrate est appelé *rouge de magdala* ou *rose de naphtaline.* (Il ne faut pas confondre ce corps avec le *rouge de naphtylamine,* de Clavel, qui offre avec lui quelque analogie, mais n'est pas encore suffisamment connu.)

L'acide azotique chargé de vapeurs nitreuses donne avec la α-naphtylamine, un produit volatil, qui est l'*azodinaphtyldiamine,* que nous venons de citer; l'acide azoteux réagit également sur ce corps: si l'on traite par cet acide l'azotate de naphtylamine, on obtient un corps explosible, l'*azotate de diazonaphtaline*; les agents oxydants, comme le perchlorure de fer, le chlorure d'or, de platine, de mercure (*bi*), l'azotate d'argent ou de mercure (Wilder), la rosaniline (Ballo), etc., on obtient des *matières colorantes bleues* (*naphtaméine* de Piria); tandis que par l'action d'autres agents, comme le perchlorure de cuivre, le chlorate de potasse, ceux, enfin, qui fournissent du noir d'aniline, avec l'aniline, on obtient des *violets de naphtylamine.* Blumer-Zweifel, Keilmeyer, ont depuis quelque temps préparé ces nuances sur coton et sur lin.

Préparation. L'*α-naphtylamine* s'obtint d'abord par une réaction analogue à celle que l'on fait subir à la nitrobenzine pour avoir l'aniline, c'est-à-dire, en traitant la naphtaline par un mélange d'acides azotique et sulfurique, ce qui donnait de la nitronaphtaline, laquelle était réduite, à une douce chaleur, au moyen de la limaille de fer, et de l'acide acétique faible (Béchamp); on enlevait ensuite la naphtylamine au moyen de la distillation, avec l'aide d'un courant de vapeur d'eau (Ballo). Wilder a indiqué une modification plus simple de ce procédé : on fond dans une capsule 3 parties de nitronaphtaline, avec 2 parties de limaille de fer fine, puis, retirant du feu, on ajoute au mélange 2 parties d'acide acétique concentré. Il se produit une réaction assez vive, et lorsqu'elle est terminée, on ajoute 1 partie 1/2 de chaux vive et l'on introduit le mélange dans une cornue, puis on distille. On recueille la naphtylamine que l'on purifie par une nouvelle distillation dans un courant d'hydrogène.

M. Roussin obtient encore ce produit, en chauffant au bain-marie 6 parties d'acide chlorhydrique, 1 partie de nitronaphtaline et de la grenaille d'étain, en quantité suffisante pour affleurer le niveau du liquide. Dès que la réaction est terminée, on a une liqueur claire, que l'on verse dans un grand vase contenant un excès d'acide chlorhydrique. On obtient ainsi un chlorhydrate, que l'on égoutte et comprime, puis on purifie par dissolution dans l'eau, précipitation par l'hydrogène sulfuré, et filtration bouillante, pour séparer les matières résinoïdes formées.

Usages. L'α-naphtylamine sert à préparer le *jaune de Martius,* le *rouge de magdala,* les *violets et bleus de naphtylamine.*

β-naphtylamine. Cet isomère a été récemment découvert par Liebermann et Scheiding. Il est sous forme de lamelles blanches, brillantes, fondant à 120°, et entrant en ébullition à 294°. En solution, il donne une fluorescence bleue; l'alcool contenant de l'acide azoteux, le perchlorure de fer, l'acide chromique, l'hypochlorite de chaux, sont sans action sur lui.

Préparation. Pour l'obtenir, on réduit, par l'étain et l'acide chlorhydrique, l'α-bromo-β-nitronaphtaline (Liebermann), ou l'on chauffe pendant vingt-quatre heures, à 200°, le β-naphtolate de soude avec 4 parties de chlorure d'ammonium (Œhler); Merz et Weith chauffent le β-naphtol avec le chlorure de zinc ammoniacal; enfin, on peut encore le préparer en mêlant au β-naphtol 4 parties de chlorure de calcium ammoniacal, portant pendant deux heures entre 230 et 250°, puis chauffant six heures à 270-280°. On reprend alors le produit obtenu par l'eau acidulée bouillante, puis on précipite par la soude, on chauffe, et on fait cristalliser la partie insoluble dans la benzine bouillante. — J. C.

NAPOLITAINE. Tissu de laine cardée, famille des flanelles, chaîne et trame pure laine, lisse, ras, non foulé, et fabriqué, soit au métier mécanique, soit par les procédés manuels, tissé par l'armure taffetas; on le fait surtout à Reims.

NAPPE. *T. techn.* Outre que ce mot désigne le linge qu'on étend sur une table pour prendre ses repas et dont l'usage ne remonte guère au delà du xe siècle, il s'applique encore à une longue surface de plomb destinée à couvrir et à garantir de la pluie, des terrasses, de grands chéneaux, etc.; dans les filatures, on nomme ainsi le coton qui sort de la carde sous la forme d'une large bande d'égale épaisseur.

***NARCÉINE.** *T. de chim.* Alcaloïde végétal, existant dans l'opium, dans la proportion de 5 à 6 0/0 et découvert par Pelletier, en 1832. Sa formule est $C^{46}H^{29}AzO^{18}$... $C^{23}H^{29}AzO^{9}$. Il cristallise en aiguilles prismatiques, soyeuses et allongées, est peu soluble dans l'eau froide, un peu plus dans l'eau bouillante, soluble dans l'alcool, le chloroforme, les alcalis, mais il est insoluble dans l'éther. Il fond à + 92°.

Caractères particuliers. Traitée par l'*acide azotique*, la narcéine donne une coloration brune, devenant jaune rougeâtre; par l'*acide sulfurique*, il se forme une coloration gris-bleuâtre, qui devient jaune rougeâtre et qui passe au brun, à 100°; avec l'*eau chlorée*, coloration jaune verdâtre, devenant jaune rouge par addition d'ammoniaque; avec l'*iodure de potassium*, coloration bleu foncé, détruite par la potasse à 100°; le *tannin* fait naître, dans les solutions de narcéine, un précipité blanc qui n'est bien visible qu'après un certain temps.

PRÉPARATION. On suit, pour l'obtenir, la marche qui a été indiquée au mot MORPHINE pour la préparation de cet alcaloïde, et l'on recueille l'eau-mère, après séparation de la morphine et de la codéine. Alors on ajoute de l'ammoniaque. La narcotine et les résines se déposent. On filtre, on traite par l'acétate de plomb, et on filtre à nouveau. On précipite l'excès de plomb par du sulfate de soude, et on évapore à pellicule après une nouvelle filtration. La narcéine cristallise, on la lave à l'eau froide, puis on reprend les cristaux par l'alcool et le charbon animal pour les purifier. — J. C.

***NATOIRE** (CHARLES-JOSEPH), peintre, né à Nîmes, en 1700, mort à Castel-Gandolfo, près Rome, en 1777, était fils de *Florent* NATOIRE, architecte et sculpteur qui fut consul de Nîmes. Après avoir donné à son fils les premières notions du dessin, Florent Natoire le fit entrer, à Paris, dans l'atelier de Galloche, d'où il ne tarda pas à passer dans celui de François Lemoyne. Très jeune encore, Natoire remporta le prix de Rome, en 1721, avec le sujet de *Manué offrant un sacrifice au Seigneur pour obtenir un fils*. C'est le plus ancien des tableaux de la collection dite des prix de Rome, que conserve l'Ecole des Beaux-Arts. A Rome même, il obtint le grand prix de l'Académie de Saint-Luc avec *Moïse apportant les tables de la loi*. Natoire resta longtemps en Italie et y prit le goût de la décoration intérieure des appartements, dans laquelle il excella et qui lui fit aussitôt, en France, une grande réputation. Aussi fut-il chargé, dès son retour, de commandes importantes pour le château de Versailles, où il exécuta, notamment, dans la chambre de la reine, un très beau plafond allégorique : *La jeunesse et la vertu présentant deux princesses à la France*, qui lui ouvrit l'Académie royale de Peinture (1734); il y fut nommé professeur l'année suivante. On lui doit aussi des décorations intérieures à l'hôtel de Soubise, à la Bibliothèque nationale, à la chapelle des Enfants-Trouvés. Ces dernières peintures ont disparu, mais ont été gravées par Fessard. Natoire a fourni également plusieurs cartons aux Gobelins et à la manufacture de Beauvais, parmi lesquels des suites représentant les *Amours de Cléopâtre et d'Antoine*, trois sujets (1735) et l'*Histoire de Don Quichotte* (1740-1748). Malgré ses défauts, à cause d'eux peut-être, Natoire tient un rang distingué dans l'école française du XVIIIe siècle, et pendant plus de vingt ans, il dirigea l'école française de Russie, de 1751 à 1775; il avait remplacé de Troy, et il y fut remplacé par Vien, à la suite d'une histoire scandaleuse où l'avait entraîné son ardeur religieuse. Sous l'influence des jésuites, surtout du fameux abbé de Caveirac, expulsé de France, et auquel il avait offert un asile, il exigeait de ses élèves une discipline religieuse très sévère. En 1767, il prit même sur lui d'expulser de l'école l'architecte Mouton qui n'avait pas accompli à Pâques ses devoirs religieux. Mouton l'attaqua devant les tribunaux, et après plusieurs années de procès, il obtint enfin du Châtelet une sentence qui condamnait Natoire à vingt mille livres de dommages-intérêts. La situation devint très difficile pour Natoire, et après avoir lutté encore quelque temps, il dut demander son remplacement à la tête de l'école. Il ne rentra pas en France et finit ses jours dans des pratiques de dévotion de plus en plus exagérées.

NATRON. *T. de minér.* Carbonate de soude neutre, naturel, que l'on trouve dans quelques lacs situés à l'ouest du Nil, dans la vallée des lacs de Natron, et qui cristallise en prisme rhomboïdal oblique de 76°,26', mais se trouve surtout en masses translucides, blanches ou jaunâtres, et efflorescentes, lorsque, par suite de la chaleur de l'été, l'eau rouge violacé qui a transsudé l'hiver à travers le fond des lacs, s'est complètement évaporée. Il renferme dix équivalents d'eau et est très alcalin ; sa composition est la suivante: acide carbonique, 15,38; soude, 21,78; eau, 62,94, avec traces de sulfate de soude, de chlorure de sodium et de matières terreuses.

Celui d'Egypte est quelquefois souillé de fer provenant des barres qui ont servi à le briser pour le livrer au commerce. Il en est exporté annuellement par Alexandrie, 50,000 quintaux d'une teneur de 31 0/0 en carbonate de soude. Il en existe encore dans l'Afrique centrale (province de Munio, dans le royaume de Bomu), sur les bords des mers Noire et Caspienne, en Californie (lac Owen), au Mexique, dans l'Amérique méridionale, enfin dans la Hongrie, où la couche efleurie est livrée au commerce sous le nom de *székso*, mais dont la production diminue, puisque l'exportation qui était de près de 900,000 kilogrammes, en 1850, n'était guère que de 300,000 kilogrammes, en 1870. Il sert dans la fabrication du verre, du savon; dans la teinture, absolument comme le carbonate artificiel.

On donne le nom de *thermonatrite* à une variété de carbonate neutre de soude produite par suite de l'efflorescence du sel, qui cristallise en prisme rhomboïdal droit, mais n'a plus qu'un équivalent d'eau.

***NATROMÈTRE.** Instrument inventé par M. Pésier et destiné à faire reconnaître les falsifications des potasses par la soude. Il consiste en un aréomètre de graduation spéciale, dont on lit les indications à une température donnée. M. Pésier a constaté, en effet, que le sulfate de soude ajouté à une solution saturée de sulfate de potasse pur, augmente la densité de la liqueur.

Pour faire un essai, on prend 50 grammes de la potasse à essayer, et on les dissout dans un flacon d'une capacité de 600 centimètres cubes environ, avec 200 centimètres cubes d'eau distillée. On sature par l'acide sulfurique, puis, après refroidissement du liquide, on agite et on filtre. On reçoit le liquide dans une éprouvette, on lave le filtre avec une solution saturée de sulfate de potasse pur, puis on complète avec elle 300 centimètres cubes. On mélange les solutions, et on prend la densité avec le natromètre. Cet instrument porte deux échelles : une thermométrique, qui indique, pour chaque degré, les points d'affleurement dans une solution titrée de sulfate de potasse pur; une sodique, indiquant des centièmes d'hydrate de soude. Dans une potasse pure, le natromètre affleure aux degrés thermométriques; si la potasse est frelatée, l'indication est plus élevée et l'échelle sodique indique à combien de centièmes d'hydrate correspond l'augmentation trouvée. Supposons qu'on fasse un essai de potasse impure, à 15°, le natromètre marquera 28°, il y a une différence de 13°. Sur l'échelle sodique on lira 4, ce qui signifie que la potasse essayée contient 4 0/0 d'hydrate de soude.

Nous donnons, ci-dessous, deux tables, dressées par M. Pésier, qui donnent immédiatement, pour chaque degré sodique, le degré alcalimétrique (degrés Descroizilles) correspondant, ainsi que les proportions de carbonate, chlorure ou sulfate également correspondantes. On verra à combien de chacun de ces corps le chiffre sodique 4 correspond, par exemple. Notons, cependant, que la table s'arrêtant à 58°, si une potasse en avait 59,

Degrés de l'échelle sodique	Degrés alcalimétriq. (Descroizilles)	Carbonate de sodium (sec)	Chlorure de sodium	Sulfate de sodium
1	1.57	1.70	1.87	2.28
2	3.14	3.41	3.75	4.58
3	4.71	5.12	5.63	6.84
4	6.28	6.83	7.50	9.13
5	7.85	8.53	9.38	11.41
6	9.42	10.24	11.26	13.69
7	10.99	11.95	13.13	15.97
8	12.35	13.66	15.01	18.25
9	14.12	15.36	16.89	20.54
10	15.69	17.07	18.76	23.82
15	23.54	25.61	28.15	34.23
20	31.39	34.14	37.53	45.64
25	39.24	42.68	46.91	57.05
30	47.09	51.22	56.29	68.46
35	54.93	59.75	65.67	79.87
40	62.78	68.29	75.06	91.28
45	70.63	76.83	84.44	»
50	78.48	85.36	93.82	»
55	86.33	93.90	»	»
58	91.03	99.02	»	»

Quantités de carbonate de potasse correspondant aux degrés alcalimétriques.

Degrés alcalimétriques	Carbonate de potasse	Degrés alcalimétriques	Carbonate de potasse	Degrés alcalimétriques	Carbonate de potasse
1	1.41	12	16.92	35	49.36
2	2.82	13	18.83	40	56.41
3	4.23	14	19.74	45	63.47
4	5.64	15	21.15	50	70.52
5	7.05	16	22.56	55	77.57
6	8.46	17	23.97	60	84.62
7	9.87	18	25.38	65	91.67
8	11.28	19	26.79	70	98.73
9	12.69	20	28.21	71	100.13
10	14.10	25	35.26		
11	15.51	30	42.31		

il faudrait retrancher 6,28 de 59, ce qui fait 52,72 correspondant à 74,355 de carbonate de potasse, d'après l'autre table. — J. C.

NATTE. Sorte de paillasson tissé, qui sert, le plus souvent, à couvrir le sol ou les murailles.

On distingue les *nattes de jonc*, les *nattes de bambou* et les *nattes de sparterie*.

Nattes de jonc. Ces nattes nous viennent, en France, de Chine. On les fabrique dans ce pays avec une cypéracée, le *lepironia mucronata*, plante cultivée dans le Shnihing, sur la Wert-River, à 75 milles environ à l'intérieur du côté de Canton. Le jonc arrivé à la fabrique est trié et assorti avec soin; on en fait des bottes d'un faible diamètre qu'on met dans de grandes jattes en terre, contenant environ 50 litres d'eau; on laisse tremper ces bottes pendant trois jours; après quoi, on les fait sécher au soleil pendant un jour. Les nattes qu'on en fabrique sont unies, à damiers ou à dessins rayés, et de couleurs noire, rouge, grenat et paille naturelle; on a essayé de faire de la nouveauté avec des couleurs bleue, blanche, rouge et violette, mais ces essais n'ont guère eu de succès à cause du peu de solidité de la teinture. La couleur rouge s'obtient en faisant macérer dans l'eau des copeaux de bois de sapan rouge; la couleur jaune n'est autre qu'une solution des graines et des fleurs d'une plante commune en Chine, le *huî-fa*, ou encore une macération bouillante de *saphora japonica* et d'alun; la couleur bleue s'obtient avec les brindilles et les fleurs de la *lamyip* ou plante bleue, de l'ordre des acanthéacées, qui croît abondamment près de Canton. Pour teindre en ces couleurs, on fait tremper la paille dans l'eau pendant sept jours, puis on l'immerge dans la solution bouillante de matière colorante pendant quelques heures.

Le tissage des nattes, très simple, rappelle celui des étoffes de crin. La chaîne se compose de ficelles de chanvre chinois de 2^m,50 de longueur environ. Chaque natte, une fois tissée, a 2 mètres de long, mais comme on la fait sécher au soleil et à feu lent, cela la rétrécit d'environ 10 0/0. Lorsqu'elle est sèche, on l'étend sur un cadre et on l'étire avec les mains de manière à la rendre uniforme; puis on l'envoie au magasin où des hommes s'occupent de réunir ensemble des longueurs de 2 mètres pour faire un *rouleau* de 20 mètres; la liaison s'opère en faisant passer, au moyen d'une grosse aiguille en bambou, les fils libres de la chaîne d'une pièce à travers les pailles de l'autre natte, ce qui constitue une véritable couture. On recouvre ensuite soigneusement chaque rouleau d'une natte en paille grossière et compacte, et après les avoir marqués et numérotés, on les expédie aux navires chargés de l'exportation. Les largeurs ont depuis 48 centimètres jusqu'à $1^m,35$.

Nattes de bambou. Les nattes de bambou et de rotin nous viennent aussi de Chine, mais elles servent surtout, chez nous, à faire des stores, des portières et des panneaux, Elles arrivent de Tchang, Tchou-fou (province de Fou-Kian), Nankin et Canton; ces dernières sont les plus estimées, elles sont fond noir et vert avec peintures originales (paysages, personnages ou oiseaux du pays). Les largeurs sont de 92 centimètres à $1^m,20$ sur $1^m,80$ à 2 mètres de longueur. La vente en est peu importante en France.

Nattes de sparterie. Ces nattes sont importées, en France, d'Espagne, de Portugal et d'Algérie, elles sont faites de sparte ou d'alfa.—V. SPARTERIE. — A. R.

NATURALISTE. *T. de mét.* Se dit, non seulement de celui qui se livre à l'étude de l'histoire naturelle, mais encore de celui qui prépare les animaux pour les préserver de la destruction et les conserver dans leurs formes naturelles. Les préparations naturalistes ou *taxidermiques* sont nombreuses, nous allons les résumer brièvement.

Oiseaux. Si l'oiseau est taché de sang, il faut détremper la tache avec de l'eau tiède et laver jusqu'à ce que les plumes soient bien nettes. Elles sont alors séchées avec du plâtre ou au soleil, ou devant le feu, ou même à l'air en les agitant.

On garnit le bec avec un peu de plâtre et de coton, et les narines se bouchent avec du coton dans le but d'éviter les déjections de sang ou de tout autre matière que l'oiseau peut rendre par le bec ou par les narines. On passe ensuite, dans ces dernières, un fil un peu fort qui sert à attacher le bec, et on laisse ce fil assez long pour permettre de s'en servir plus tard, quand on voudra retourner l'oiseau.

Celui-ci est placé devant l'opérateur la tête dans sa main gauche. Au moyen d'un scalpel, ou de ciseaux, on pratique une incision du haut du sternum jusqu'à l'anus, puis, à l'aide de la main gauche, on soulève la peau de chaque côté de l'ouverture, et avec le manche du scalpel, on la dégage du corps, jusqu'à la rencontre de l'os du fémur qui se détache de l'os du tibia au moyen de ciseaux. L'oiseau peut alors se placer à la commodité du préparateur pour achever de dégager le corps de la peau que l'on saupoudre de plâtre, afin de préserver les plumes des taches de sang et de graisse qui pourraient les détériorer.

Arrivé à la queue, c'est-à-dire, au moment de couper les vertèbres qui tiennent cette partie au corps, il faut opérer avec soin pour éviter de déchirer la peau; cette partie du travail est facilitée en disposant l'oiseau de manière à ce que la tête soit en face du préparateur qui, avec la main gauche, presse sur la queue et, de la main droite, la sépare du corps. Pour l'aile, on fait glisser la peau en la détachant du corps, jusqu'à l'humérus qui est désarticulé et séparé de la peau. On opère de même pour la seconde aile, et on continue le dépouillage jusqu'à la tête. Ici se présente une difficulté : les têtes osseuses sont souvent très fortes, et pour retirer certaines d'entre elles on est obligé de faire une incision derrière l'occiput.

Il faut également exercer des pressions accentuées sur la peau, retenue par la membrane des oreilles. Ces membranes peuvent être arrachées ou coupées avec des ciseaux, en prenant des précautions pour ne pas les déchirer; il en est de même pour les yeux. On ne saurait trop recommander toutes les parties de la tête; ce sont elles qui donnent à l'oiseau tout son caractère. L'opération du dépouillement doit être poussée, autant que la peau le permet, presque jusqu'aux narines; on coupe alors et on détache entièrement les dernières vertèbres en entamant un peu le crâne. Cette ouverture facilite l'enlèvement de la cervelle que l'on retire à l'aide de brucelles ou d'une petite palette appelée *cure-crâne*. Les mêmes précautions doivent être prises pour enlever les yeux et éviter de les crever, ce qui tacherait les plumes. Le vide des orbites est remplacé par de l'étoupe, pour les gros oiseaux, et par du coton pour les petits.

Pour retourner la peau, on se sert du fil passé dans le bec, et qui, au début, a servi à le fermer. A l'aide de ce fil, que l'on tire doucement, et en pressant légèrement sur la peau, tout en évitant de froisser les plumes, on retourne l'oiseau en rendant, le mieux possible, la forme de la tête et en ayant soin de bien lisser les plumes et d'arrondir les paupières; on passe ensuite aux ailes.

Après avoir enlevé toute la chair de l'os humérus à l'articulation des deux os radius et cubitus, on exerce une pression avec l'ongle du pouce pour détacher les grandes plumes adhérentes à l'un de ces deux os et faire glisser la peau. Pour un oiseau de forte taille, l'ongle ne donnerait pas assez de force, on prend alors un manche de scalpel ou un fragment de bois.

Après avoir enlevé la chair et passé dans les vides de la pâte arsenicale, on garnit le dos d'étoupe pour les gros oiseaux et de coton pour les petits; puis, ces os remis en place, on fait jouer l'aile pour s'assurer qu'elle ferme bien et qu'elle a repris ses formes naturelles.

Pour les cuisses, on procède de la même manière que pour les ailes, mais le travail est moins difficile et moins long; il faut, cependant, avoir bien soin de rendre les mêmes proportions, de remettre les cuisses à leur place, et de lisser les plumes qui se sont souvent relevées en retournant la peau. On termine enfin en enduisant celle-ci de pâte arsenicale, à l'aide d'un pinceau proportionné à la grosseur de l'oiseau.

On bourre, d'ordinaire, le cou avec de l'étoupe

coupée, mais pour les oiseaux à long cou, on laisse cette étoupe dans sa longueur, et même on l'enroule sur un fil de fer ou sur un morceau de bois.

Le reste du corps se bourre avec de l'étoupe, du coton ou du varech, suivant les dimensions de l'oiseau.

Préparation des peaux. Cette préparation ne convient que pour les oiseaux atteignant au moins la grosseur d'un merle. Si la partie la plus belle de la peau, celle que l'on veut conserver, est le dos, comme chez les hérons, on ouvre l'oiseau en dessous; si c'est le ventre, comme chez le grèbe, on ouvre le dos jusqu'à la queue; s'il n'y a pas intérêt à conserver les ailes, on les coupe avant de commencer, ce qui donne plus de facilité à l'opération.

Pour les peaux que l'on veut conserver entières, on fait une ouverture en dessous en suivant l'humérus et le cubitus dans toute la longueur de l'aile, afin d'enlever les chairs et les os; les pattes, n'étant d'aucun intérêt, sont toujours coupées.

Si la peau est grande de dimension, elle est fixée sur une planche, de manière à lui donner une forme régulière et avantageuse, mais sans cependant trop étendre les ailes, dans le but d'éviter les difficultés d'emballage. On passe de la pâte arsenicale étendue d'eau, et lorsqu'on détache les peaux de la planche et que l'on doit en mettre plusieurs dans une même caisse, on dispose une feuille de papier entre ces deux peaux placées l'une sur l'autre, de telle manière que la plume soit en dehors. Si les peaux sont grosses, il est plus facile de les nettoyer avant de les étendre. Il y a des oiseaux qui ont plusieurs parties belles à conserver et pour lesquels il serait gênant de garder le tout; en ce cas, on détache ces parties séparément, et on les étend sur la planche comme on ferait de l'oiseau entier.

Mammifères. La préparation naturaliste des mammifères, est, à peu de chose près, la même que celle des oiseaux; l'ouverture du corps et le lavage du sang sont identiques, et la seule différence consiste à ne pas séparer le fémur du tibia; en général, les peaux sont plus résistantes, ce qui rend le travail beaucoup plus facile. Pour dépouiller la plupart des têtes, on est obligé, à cause des cornes ou autres appendices, de faire une incision derrière le crâne. Les lèvres, le nez, les paupières doivent être dédoublés avec beaucoup de précautions, car les coupures se réparent très difficilement dans les endroits dépourvus de poils. Pour enlever la chair des pattes de certains mammifères tels que singes, chiens, ours, etc., il faut faire une incision au milieu de la patte et la poursuivre aussi loin que possible, sans cependant détacher les ongles. On passe ensuite de la pâte arsenicale, on garnit d'étoupe et l'on recoud. Il ne serait pas suffisant, pour la conservation des grands mammifères, de les dépouiller et de les passer à la pâte arsenicale, il faut employer l'alun, ou les laisser pendant quelques jours dans un bain composé d'alun, de gros sel et de tannin en parties égales; à la sortie de ce bain, on laisse égoutter et sécher la peau; on garnit légèrement les membres d'étoupe suivant la grosseur du sujet. Les peaux de mammifères peuvent n'être que très légèrement bourrées pour leur donner les formes, et quelques jours après, on peut les débourrer presque totalement, afin de restreindre le volume et rendre le transport plus facile et moins coûteux.

Reptiles. Les couleuvres se dépouillent par la bouche; au moyen de ciseaux, on coupe les vertèbres qui tiennent à la tête, jusqu'à ce que cette dernière soit détachée, sans cependant toucher à la peau; le travail se fait par la bouche. Après avoir dégagé la partie située du côté du corps, on l'attire à soi en la prenant avec des pinces que l'on tient de la main gauche, tandis que de la main droite, on prend un linge pour maintenir, le plus solidement possible, le reptile, puis on presse en tirant. Le corps cède, la peau se retourne à l'envers jusqu'auprès de l'anus. Arrivé là, des précautions sont nécessaires, et souvent, pour certains sujets, il est indispensable de pratiquer une incision en long, afin de faire sortir le reste de la queue.

Quand le corps est enlevé, la peau est passée au savon arsenical, puis retournée pour être mise à l'endroit, et on termine en dépouillant la tête. Pour les vipères, comme la présence des crochets rend dangereux le dépouillage par la bouche, on fait, au moyen du scalpel, sous le cou, à cinq centimètres de la tête, une incision de huit à dix centimètres de long.

Les grenouilles se dépouillent par la bouche. On peut laisser les vertèbres, si on a le soin de bien détacher la chair, car elles conservent les formes et donnent la longueur du sujet.

Les lézards sont ouverts du sternum à l'anus. Le travail s'opère de la même manière que pour les mammifères, mais les doigts qui sont souvent longs et minces, obligent l'opérateur à couper la peau de la main pour enlever les chairs.

De même que pour les grenouilles, le savon arsenical doit être employé très clair.

Papillons. Les papillons doivent être pris avec beaucoup de soin: il faut les saisir sous les ailes, entre le pouce et l'index, jamais, en aucun cas, par les ailes. Ceux qui sont recueillis à l'étranger et que l'on expédie au loin, seront placés immédiatement après capture dans un papier carré, plié en deux, et dont on a rabattu les bords. On a donné à ce genre d'emballage le nom de *papillote*.

Les papillons en papillotes qui n'ont pas été préparés peuvent être détruits par les insectes; aussi est-il bon de mettre dans la caisse qui les contient, de la benzine, du poivre, du camphre ou autre substance à odeur forte et pénétrante.

Les papillons à gros corps, tels que les sphinx, les bombix, les cossus, etc., doivent être ouverts en dessous; on enlève la matière intérieure pour ne laisser que la peau, et on enduit celle-ci de pâte arsenicale un peu épaisse; on bourre ensuite avec du coton, et on recoud l'ouverture.

On les rapporte dans une boîte en fer-blanc, lorsqu'ils sont vivants, et dans une boîte en carton, à fond garni en liège, quand on les a piqués, avec une longue épingle passée au travers du corps, du côté droit.

Insectes. On peut également expédier les insectes dans une bouteille au fond de laquelle on verse quelques gouttes de benzine ou de pétrole.

CONSERVATION DES SUJETS TUÉS A LA CHASSE. Les filets ou les petits pièges sont préférables pour prendre les tout petits oiseaux, à la condition de les retirer de suite, car ils perdent bien vite leurs plumes en se débattant.

La chasse aux gluaux donne de très mauvais résultats pour la conservation de l'oiseau. Sa plume reste collée et très souvent elle est arrachée par le gluau, aussi cette manière de chasser n'est-elle employée que pour les oiseaux de la grosseur d'un geai, qui possèdent des plumes en abondance, de sorte que la perte de quelques-unes d'entre elles ne porte pas grand préjudice à la beauté du sujet. La chasse au fusil est certainement la meilleure, et si l'oiseau n'est pas tout à fait mort en tombant, il faut d'une main lui serrer le bec et de l'autre presser le corps entre deux doigts de façon à lui faire perdre la respiration.

Ensuite on met l'oiseau dans un cornet de papier, jusqu'au retour, où il doit être sorti et placé dans un endroit frais, en attendant la préparation. Si celle-ci ne peut être faite sur place, ou s'il faut attendre ou faire voyager le sujet, on prend le soin de lui mettre quelques gouttes d'acide phénique dans le bec à l'aide d'un petit pinceau, que l'on enfonce aussi profondément que possible dans le cou, en ayant soin de ne pas tacher les plumes des bords du bec, puis on retire le gros intestin à l'aide d'un petit crochet en bois que l'on introduit dans l'anus, que l'on retourne légèrement. Il est bon après cette opération de passer les pinces avec très peu d'acide phénique. Pour faire voyager les oiseaux on les emballe dans des orties; on peut procéder de même pour les petits mammifères, mais pour les gros tels que le renard, il est indispensable d'enlever les intestins et de badigeonner l'intérieur avec de l'acide phénique ou à défaut d'y mettre du gros sel en petite quantité.

Quant au cerf, au chevreuil, au sanglier dont la chair est bonne, on fait la curée simple, puis on sèche bien avec un linge et on sale très légèrement; on peut alors expédier sans emballage.

Lorsqu'on désire conserver la tête d'un cerf ou d'un chevreuil, on ouvre la peau à partir du bois, et on continue l'ouverture jusqu'aux épaules en suivant la ligne plus foncée qui se dessine derrière le cou qu'on laisse le plus long possible; dans aucun cas, il ne faut ouvrir le cou sur le devant, car la couture resterait toujours visible. Pour les têtes de sanglier, on peut se dispenser de pratiquer une ouverture sur le cou, il suffit simplement de le couper assez long, c'est-à-dire à la naissance des épaules.

I. NAVETTE (Huile de). L'extraction et l'épuration de l'huile de navette se font exactement de la même façon que celles de l'huile de colza, de laquelle elle se rapproche beaucoup comme couleur et comme fluidité: toutefois, elle en diffère par sa saveur douce et son odeur caractéristique.

Exposée à l'air, l'huile de navette s'altère peu à peu et rancit, mais elle ne durcit pas, c'est-à-dire n'est pas siccative; elle a les mêmes usages que l'huile de colza. Sa pureté est assez délicate à démontrer; cependant, traitée par l'ammoniaque, elle fournit un savon blanc pur, tandis que ce dernier est coloré en jaune plus ou moins accentué, lorsque l'huile de navette est mélangée aux huiles de cameline, moutarde, œillette ou baleine. — V. HUILE. — A. R.

II. NAVETTE. *T. de tiss.* Ce mot dérive du latin *navis* (vaisseau), à cause de la forme; c'est, en effet, une sorte de petite nacelle, évidée à son centre, et terminée, à chacune de ses extrémités, par une pointe en métal, sorte de cône simulant la poupe et la proue. La canette sur laquelle s'enroule le textile, est introduite dans la partie creuse de ce véhicule. Or, suivant la conformation de la navette, celle-ci sert, tantôt à dérouler la trame enroulée sur de petits tubes, tantôt à défiler la trame enroulée sur des tuyaux coniques, fuseaux ou bobines. Il y a plusieurs genres de navettes : celle avec roulettes, la plate ou sans roulettes, celle à main, dont les extrémités ou pointes sont cintrées en devant, la volante ou droite, celle à espouliner pour battant brocheur et qui n'a ni roulettes, ni ferrure, l'arcade des passementiers, etc., etc. La navette, quelle que soit sa forme, a pour mission de dérouler la trame, depuis une lisière, jusqu'à l'autre, en passant, aussi rapidement que possible, dans l'angle d'ouverture des fils de la chaîne. Cette longueur de trame s'appelle *duite*. — V. DUITE. || *T. de men.* Sorte de guillaume dont le fût ressemble à la navette du tisseur. || *Charrue navette.* — V. CHARRUE.

NAVIGATION. On distingue la *navigation maritime* et la *navigation intérieure*.

« La *navigation maritime*, comme la pêche maritime, s'entend de celle qui se pratique sur la mer ou dans les fleuves, rivières ou canaux jusqu'à la limite où remonte la marée et, là où il n'y a pas de marée, jusqu'au point où les bâtiments de mer peuvent remonter. »

Ce n'est pas ici le lieu d'énumérer les diverses découvertes qui ont tant contribué au développement de l'art de naviguer. Nous devons nous borner à des indications très générales.

La navigation fut la condition essentielle de l'existence de certains peuples. Elle dut être pratiquée d'abord dans les bassins naturels où la mer était plus calme, où la solution du problème était facile.

« Si le navire, écrit un spécialiste, ne perd pas la terre de vue ou s'il la perd seulement pendant un temps très limité (*cabotage*), le problème de la route à suivre n'existe pas à proprement parler au point de vue scientifique, il suffit de gouverner de façon à maintenir la direction qui est donnée par les points de repère, phares ou autres que la côte présente.

« Mais, lorsqu'on doit naviguer, pendant un temps plus ou moins long, hors de la vue des côtes (*long cours*), il faut savoir estimer à chaque instant, et le point où l'on se trouve, et la direction que l'on suit effectivement à la surface du globe».

On doit donc distinguer la *navigation au cabotage* de la *navigation au long cours*, ou mieux, la *navigation côtière* de la *navigation hauturière*.

— D'abord la navigation côtière elle-même fut toute locale. Chaque mer, chaque golfe avait ses navires spéciaux, appropriés à certaines traversées toujours les mêmes. Il y eut une architecture navale particulière pour chaque région, dont les lois, suggérées par des nécessités physiques inéluctables, ont été respectées à travers les siècles, malgré les perfectionnements successivement apportés aux navires primitifs. Les praws de l'Océanie, les jonques chinoises, de même que les navires de l'Adriatique et de l'Archipel, les boutres de la mer des Indes sont des types dont les traits caractéristiques n'ont pas été sensiblement modifiés par le temps.

Ces navires dureront aussi longtemps que les navigations pour lesquelles ils ont été créés.

La navigation côtière a une histoire aussi dramatique et aussi variée que la navigation hauturière. Si l'on prend au pied de la lettre les légendes de la Bible, l'arche de Noé servit à la première navigation au long cours dont il ait été fait mention. C'est aussi une navigation hauturière que celle que fit le navire de Vichnou remorqué par un poisson monstrueux; mais le voyage des Argonautes fut une campagne de caboteurs. Le navire halé à terre chaque soir ne perdait jamais la côte de vue. L'Odyssée est le récit d'une campagne analogue. On ne doit pas classer Ulysse parmi les navigateurs hauturiers.

Quoique suivant Raymond Lulle, les Majorcains et les Catalans aient su prendre hauteur et dresser des cartes, dès 1286, on peut, croyons-nous, affirmer que jamais la navigation hauturière ne se serait développée si l'activité maritime de l'Europe n'avait pas franchi les limites de la Méditerranée. Jusqu'au XVIIIe siècle, les pilotes français de la Méditerranée dédaignèrent les connaissances astronomiques qui permettent de faire le point. Il fallut leur envoyer des marins de l'Océan, des *Ponantais*, pour les initier à l'art de prendre hauteur.

Aucun des événements maritimes de l'histoire de la Grèce et de Rome n'appartient en réalité à l'histoire de la navigation hauturière. L'épopée de la marine à rames depuis les trières antiques jusqu'aux galères modernes, supprimées en France au milieu du XVIIIe siècle, appartient à l'histoire de la navigation côtière, quoique dans l'Antiquité et aux temps modernes des navires à rames aient passé le détroit de Gibraltar et qu'on ait vu des galères françaises au Hâvre et à Rouen au XVIIIe siècle.

Les grands voyages de découvertes des Portugais, entrepris sous le patronage de Don Henri, le navigateur, et qui ont abouti à la fondation des comptoirs du golfe de Guinée, à la découverte du cap des Tempêtes et de la route de l'Inde, ne furent d'abord qu'un cabotage plus hardi, analogue à celui qui, près d'un siècle auparavant, avait conduit sur la côte occidentale d'Afrique, les fondateurs dieppois de Petit-Dieppe et de Petit-Paris d'Afrique.

En réalité, le voyage de Gonneville au Brésil (1503) est une navigation hauturière involontaire.

Les premiers européens qui aient osé tourner la proue de leurs navires vers le large et courir de propos délibéré les chances d'une navigation hauturière proprement dite, sont peut-être les Scandinaves, hardis chasseurs de baleines, qui abordèrent en Amérique. Mais le premier grand navigateur hauturier est assurément Christophe Colomb.

Pour les besoins de la navigation, des lois spéciales ont été faites dans divers pays.

En France, l'état de navigateur entraîne des charges et des privilèges assez considérables. Une étroite solidarité a été établie entre la navigation *au Commerce* et la navigation *à l'État*. Les populations des côtes sont astreintes à l'*inscription maritime*, tous les marins valides demeurent à la disposition du Gouvernement jusqu'à l'âge de cinquante ans. En échange, ils peuvent prétendre à une sorte de retraite à *demi-solde* pour l'obtention de laquelle les années de navigation au Commerce entrent en ligne de compte. Une institution qui date de Colbert, la *caisse des invalides*, a été spécialement créée pour subvenir aux frais des pensions maritimes.

Des encouragements sont prodigués par la plupart des nations maritimes à la navigation des bâtiments de commerce. L'*acte de navigation* de Cromwel, qui interdisait presque entièrement les ports d'Angleterre aux pavillons étrangers, a été le point de départ de la puissance colossale que les Anglais ont acquise sur mer. Quelques économistes modernes contestent toutefois cette opinion, et soutiennent que la marine anglaise s'est développée non pas, grâce à la politique protectionniste de Cromwel, mais malgré cette politique.

Les divers Etats de l'Europe ne se bornent pas à encourager par des primes leurs marines nationales, ils se préoccupent également de rendre les navigations plus faciles et plus sûres, au moyen de travaux divers exécutés dans les ports et sur les côtes, et de relevés hydrographiques. En France, le *Dépôt des cartes et plans* délivre à de très bas prix aux navigateurs des instructions nautiques et d'excellentes cartes constamment revues et corrigées.

Des traités ont été passés pour assurer la liberté et la police des mers, la sécurité des voyages maritimes. Ce n'est pas sans de longues luttes, parfois sanglantes, que les règles internationales du droit maritime moderne ont pu être fixées.

Tout d'abord l'océan fut considéré comme un domaine analogue à celui de la terre ferme ; l'Espagne et le Portugal firent valoir leurs admirables découvertes de la fin du XVe siècle comme un titre à la propriété, non seulement des pays barbares entrevus par leurs marins, mais encore de l'océan tout entier qui les baignait. Le pape, duquel seul pouvaient, suivant les croyances du temps, émaner les droits légitimes, fit le partage du monde entre l'Espagne et le Portugal. Des protestations énergiques s'élevèrent parmi les peuples exclus de ce partage, l'Angleterre, la Hollande, la France surtout. Les premières guerres maritimes modernes eurent pour résultat de battre en brèche les monopoles sanctionnés par la papauté. Ce long débat dont le *mare liberum* de Grotius et les ouvrages de Freitas, marquent l'une des phases principales, ne s'est terminé que de nos jours. Les rois d'Angleterre et de France dépassèrent parfois le but en tentant de rétablir partiellement à leur profit les abus contre lesquels ils avaient pris les armes. Les innombrables règlements relatifs aux saluts en mer ont subi des remaniements profonds depuis l'époque de Richelieu et de Colbert.

Aujourd'hui, on reconnaît à chaque nation des privilèges sur une zone maritime de peu d'étendue, située le long des rivages qu'elle possède, qui est considérée, par une fiction juridique, comme une prolongation de ces rivages.

Toutes les mers ne sont pas soumises au même régime. Des conventions internationales ont interdit par exemple la navigation des navires de guerre dans le Bosphore.

D'autres conventions ont été passées pour la répression de la piraterie, de la traite, pour l'abolition de la course.

En général, les commandants des stations navales entretenues sur les divers points du globe, sont chargés de prendre les mesures de police nécessaires, de représenter auprès des navigateurs l'autorité de la patrie absente.

Les intérêts techniques de la navigation n'ont pas

été négligés. Ainsi, il existe un code international des signaux et, dans les conventions passées avec certaines puissances, telles que la Chine, des clauses spéciales sont insérées en vue d'assurer le développement et l'entretien des travaux nécessaires à la sécurité de la navigation, tels que le balisage et l'éclairage des côtes.

Jusqu'au commencement du XVIIIe siècle, presque tous les géographes adoptèrent pour premier méridien celui de l'île de Fer, la plus occidentale des Canaries. Puis, sous prétexte de donner plus de rigueur aux déterminations de longitudes, chaque peuple adopta un méridien particulier : les Français, celui de Greenwich ; les Russes, celui de Pulkowa; les Allemands, celui de Berlin; les Américains, celui de Washington. Une réforme, conforme à l'esprit qui inspira, à la Constituante et à la Convention nationale, les bases du système universel des poids et mesures, et qui avait dû faire partie du programme de la commission du mètre, devint indispensable. Le Gouvernement français n'en ayant pas pris l'initiative, le sénat des Etats-Unis invita le président Arthur à provoquer la convocation à Washington, d'un congrès scientifique international chargé de fixer le méridien à employer comme zéro commun de longitude et étalon de la supputation de l'heure dans le monde entier.

La navigation a contribué aux progrès des sciences. L'œuvre immense de la reconnaissance du globe terrestre, aujourd'hui presque achevée, n'aurait pu être accomplie sans les secours de la navigation. C'est la solution du problème de la navigation hauturière qui a permis la découverte de l'Amérique. La navigation a aussi tiré profit des applications de la plupart des sciences.

Nous croyons devoir citer, en terminant, deux institutions privées qui ont un caractère international et fournissent sur la navigation du monde entier, de précieux renseignements périodiquement renouvelés, corrigés ou complétés. Nous voulons parler du *Lloyd* anglais et du bureau *Veritas*.

« Le *Lloyd* anglais est une association de négociants qui a son siège à Londres et son lieu de rendez-vous à la Bourse, où l'on traite de diverses questions maritimes telles que assurances, expertises ou réparations de navires. Elle a des représentants dans tous les ports du monde, et sa correspondance est par suite colossale. La nomenclature dite *Llyo'ds list*, annonce le départ et l'arrivée des navires sur chaque point du globe et fournit des renseignements précieux pour le commerce et les assurances. »

« Vient ensuite le bureau *Veritas*, institution internationale qui est chargée de surveiller la construction et les réparations de navires dans tous les pays du monde, et de leur donner une cote conforme à ses appréciations. C'est d'après ces cotes que les assureurs, en Europe, règlent leurs primes d'assurances. Le *Lloyd* et le *Veritas* ont donc beaucoup d'analogie ; seulement le premier s'occupe principalement des navires anglais, n'importe où ils se trouvent, tandis que le *Veritas* est international et sa cote s'attache plutôt aux navires étrangers qu'à ceux de l'Angleterre.

« Le siège principal du *Veritas* est, pour l'Angleterre, Londres et Liverpool, où résident des experts fonctionnant dans le Royaume-Uni. La direction générale est à Bruxelles, à Paris et à Hambourg. Le *Veritas* a des agents et des experts dans les principaux pays » (Caffarena, *Etude critique sur les abordages*, 246).

Le répertoire général de la marine marchande de tous les pays publié par le bureau *Veritas* pour 1885-86, fournit les renseignements suivants : le tonnage général des navires de commerce s'est élevé à 50,586,476 tonnes : dont 6,719,101 pour les navires à voiles et 12,867,375 pour les navires à vapeur. La France n'arrive, pour le tonnage, qu'au sixième rang, parmi les nations maritimes, après l'Angleterre, l'Amérique, l'Allemagne, la Norvège et l'Italie. Elle figure dans le tableau publié par le bureau *Veritas* pour 505 voiliers (498,646 tonnes) et 2,173 vapeurs (398,561 tonnes), en tout 2,678 navires et 897,207 tonnes.

Navigation intérieure. C'est-à-dire la navigation des lacs et étangs, des canaux et des fleuves jusqu'au point voisin de leur embouchure où la marée se fait sentir.

La navigation intérieure est peut-être encore plus variée que la navigation maritime, eu égard au matériel qu'elle emploie, depuis les pirogues au moyen desquelles les noirs de l'Afrique franchissent les rapides courants de leurs fleuves, jusqu'aux véritables navires de mer qui promènent leur pavillon sur les grands lacs et les fleuves immenses de l'Amérique. — V. BATELLERIE, CANAL.

— La navigation des fleuves a une histoire comme la navigation maritime.

Les diverses peuplades ou tribus échelonnées sur les cours d'eau navigables, à l'époque où il n'existait guère d'autres moyens de pénétration que les voies d'eau naturelles, n'ont autorisé le passage de leurs voisins d'aval ou d'amont que moyennant de lourdes redevances. Ce que l'on désigne de nos jours sous le nom de *droits de navigation* est une institution contemporaine de la barbarie la plus reculée. Ce qui se passait hier et se passe encore sur certains fleuves de nos colonies, n'a pas complètement disparu en Europe.

Le principal obstacle que les voyageurs européens rencontrent en bien des points du globe, provient des monopoles établis sur les avenues naturelles des régions où ils essayent de pénétrer. C'est en négociant de véritables traités de navigation avec les peuplades de l'Ogôoué que l'explorateur Savorgnan de Brazza a réussi là où Mage, Quintin, le docteur Lenz et tant d'autres avaient échoué.

Les entraves apportées à la navigation des fleuves par les tribus riveraines ont été, dans bien des régions, le motif de guerres sans cesse renaissantes. On peut dire que les batailles livrées pour la liberté de la navigation intérieure ont été plus nombreuses et non moins sanglantes que les batailles livrées pour la liberté de la navigation maritime.

L'histoire de la navigation intérieure pourrait enregistrer des événements plus considérables que les luttes dont nous venons de parler. Les fleuves ont servi de grands chemins aux invasions des barbares. Les Normands ont remonté la plupart des grands cours d'eau de France.

L'importance exceptionnelle de certains fleuves, arrosant plusieurs Etats, tels que le Rhin, le Danube, le Congo, a donné à des questions de navigation intérieure, l'importance de questions internationales. Des conventions ont fixé les droits de chacun, des commissions composées de représentants des grandes puissances ont été chargées de veiller à l'observation de ces conventions. Il existe une commission du Danube. La liberté de la navigation du Congo et du Niger a été l'objet de décisions spéciales de la Conférence de Berlin, en 1885.

En France, le régime auquel est soumis la navigation intérieure, a été très simplifié en 1880. Une loi du 19 février de cette année porte suppression des droits de navigation.

En vertu du décret réglementaire du 17 novembre suivant, l'administration des ponts et chaussées a été chargée de recueillir désormais les éléments nécessaires à l'établissement des relevés statistiques du tonnage des marchandises circulant en France sur les fleuves, rivières et canaux.

Autrefois, les voies navigables étaient classées dans quatre catégories : 1° fleuves et rivières ; 2° canaux assimilés aux rivières; 3° canaux; 4° rivières assimilées aux canaux.

Par suite de la suppression des droits de navigation, cette classification n'a plus eu de raison d'être, et l'on n'a plus distingué que deux groupes : 1° les fleuves, rivières, lacs et étangs; 2° les canaux.

L'industrie de la navigation intérieure est demeurée prospère, malgré le développement des voies ferrées. L'économie qu'elle permet de réaliser en assure les progrès. La navigation intérieure est même considérée aujourd'hui comme une ressource importante de la défense nationale. Des navires de guerre de petit échantillon, qui semblent destinés à jouer un grand rôle dans les guerres navales de l'avenir pourront, grâce à notre système de rivières et de canaux, passer, suivant les besoins militaires, de la Manche à la Méditerranée. L'expérience a été faite, et elle est concluante.

Le tableau suivant indique la longueur en kilomètres, des voies navigables de la France, en 1885 :

	Flottage	Navigation	Ensemble
Fleuves, rivières, lacs et étangs.	2.486	8.151	10.637
Canaux	»	4.718	4.718
	2.486	12.869	15.355

D. N.

***NAVIGATION AÉRIENNE.** Il y a quelques années à peine, le grand problème de la navigation aérienne paraissait à peu près insoluble avec les ressources actuelles de la science, et bien des hommes éclairés n'hésitaient pas à affirmer leur conviction que jamais l'homme ne parviendrait à se maintenir et à se diriger à son gré dans l'atmosphère. Le succès si complet et si inattendu des récentes expériences de Meudon est venu démentir ces prévisions pessimistes, et montrer une fois de plus qu'il ne faut jamais désespérer de la puissance du génie humain. Toutes les fois qu'un problème n'est pas insoluble *par sa nature même*, c'est-à-dire absurde et contradictoire dans son énoncé, il est téméraire d'affirmer qu'on n'en trouvera *jamais* la solution. Dans bien des cas, sans doute, il est possible de démontrer l'insuffisance des ressources dont disposent à une époque déterminée la science et l'industrie; mais comment deviner d'avance jusqu'à quel point ces ressources pourront s'accroître ? La navigation aérienne n'a jamais pu être considérée comme constituant un problème *absolument insoluble* puisqu'elle est réalisée dans la nature par le vol des oiseaux dans des conditions de précision et de rapidité bien propres à nous faire envie. Il était donc permis, il était même sage de conserver l'espérance qu'un jour viendrait où l'industrie humaine parviendrait à faire ce que font les oiseaux, soit en imitant plus ou moins fidèlement la structure et le mécanisme moteur de ces animaux, soit par quelque moyen détourné.

L'observation de la nature a été la première école industrielle de l'humanité, et de tout temps l'homme a cherché à reproduire et à imiter les phénomènes qu'il voyait s'accomplir autour de lui. Si les poissons et les oiseaux aquatiques lui ont vraisemblablement fourni la première idée de la navigation fluviale ou maritime, et donné les premières leçons d'art nautique, les oiseaux au vol puissant devaient l'inviter à chercher la navigation aérienne par l'application d'ailes artificielles à son corps; et de fait, des tentatives de ce genre paraissent avoir été effectuées à toutes les époques.

— Sans remonter aux récits plus anciens qui tiennent plus de la légende que de l'histoire, nous savons qu'au XIII° siècle, Roger Bacon, dans son *Traité de l'admirable puissance de l'art et de la nature*, décrit une machine volante qui, du reste, ne fut jamais construite. A la fin du XV° siècle, l'homonyme d'un grand poète, Jean-Baptiste Dante, mathématicien de Péronne, parvint, paraît-il, à faire fonctionner des ailes artificielles. Il finit pourtant par tomber et se cassa la cuisse. Un accident semblable arriva plus tard à un savant bénédictin anglais, Olivier de Malmesbury, qui s'était avisé de se fabriquer des ailes d'après la description qu'Ovide nous a laissée de celles de Dédale. Il se cassa les deux jambes et resta infirme toute sa vie; mais il se consola de son infortune en affirmant qu'il aurait certainement réussi s'il avait pris la précaution de se munir d'une queue. On trouve dans le *Journal des savants*, Paris, 12 septembre 1679, la description d'une machine à voler construite par un nommé Besnier, mécanicien à Sablé, et qui consistait en quatre ailes fixées à l'extrémité de leviers qu'on manœuvrait alternativement avec les mains et avec les pieds. Tout ce que l'inventeur put faire, ce fut de ne pas tomber trop vite en se lançant du haut d'un toit. Le célèbre peintre Léonard de Vinci, homme d'un génie universel, s'occupa également, mais sans aucun succès, du problème du vol. En 1772, le chanoine Desforges construisit une machine volante avec laquelle il se lança du haut de la tour Guitet à Etampes; il parvint à faire mouvoir ses ailes avec une grande vitesse, « mais, dit un témoin, plus il les agitait et plus sa machine semblait presser la terre. » Enfin, en 1782, l'année même qui précéda celle où les frères Montgolfier firent enlever le premier ballon, un navire volant avait été imaginé par Blanchard, qui bientôt abandonna ses tentatives d'aviation pour se livrer à l'étude plus sérieuse de l'aérostation.

C'est qu'en effet l'invention des aérostats venait renouveler la face de la question. Du moment qu'il fut démontré qu'un ballon pouvait s'élever au sein de l'atmosphère, par la simple application du principe d'Archimède, il était naturel de penser qu'on venait de trouver la partie la plus difficile et la plus importante du problème. Il ne restait plus qu'à diriger à volonté ces machines déjà soutenues par elles-mêmes, ce qui devait paraître infiniment plus aisé que de voler à la manière des oiseaux. Aussi l'enthousiasme qui saisit le public tout entier, les savants aussi bien que le vulgaire, à l'annonce du succès des expériences de Montgolfier fut-il indescriptible. L'histoire des sciences tout entière ne nous offre aucun exemple d'un pareil élan d'admiration, quoique un grand nombre de découvertes, surtout parmi les plus récentes, soient en réalité plus dignes d'émouvoir le penseur et donnent une bien plus haute idée de la puissance du génie humain. On se croyait déjà les maîtres de l'air, et personne ne mettait en doute que la navigation aérienne ne dût à bref délai remplacer avec avantage tous les moyens de transport connus. Hélas ! La déception ne se fit pas longtemps attendre. La question de direction des aérostats se trouva beaucoup plus difficile qu'on ne l'avait supposé, et de fait, elle est certainement plus compliquée que la simple application d'un principe élémentaire connu depuis Archimède. Blanchard, le 2 mars 1784 et Guyton de Morveau, le 25 avril de la même année, s'enlevèrent dans des ballons munis de rames; mais leurs tentatives restèrent complètement infructueuses et ne furent point renouvelées. Bientôt Joseph

Montgolfier se convainquit de l'impossibilité de diriger un ballon par la force des bras, et il écrivit plusieurs lettres pressantes à son frère Etienne pour l'inviter à cesser de s'occuper de ce problème insoluble. Il calcule que dans un globe de 100 pieds de diamètre, la puissance de trente hommes employés à faire des efforts qu'ils ne soutiendraient pas cinquante minutes, ne suffirait pas à obtenir une vitesse de deux petites lieues à l'heure. « Je ne vois un moyen efficace de direction, poursuit-il, que dans la connaissance des courants d'air dont il faudrait faire une étude; il est rare qu'ils ne varient suivant les hauteurs. »

Malheureusement, Montgolfier se faisait illusion en ce sens; les courants atmosphériques sont beaucoup moins variables avec l'altitude qu'on se plaisait à le supposer, et de plus on n'a pas encore trouvé de moyen pratique pour monter et descendre à volonté sans sacrifier du gaz ou du lest. Cependant, en dehors même de toute préoccupation de recherche de courants favorables, cette question des mouvements de l'aérostat dans le sens vertical devait préoccuper vivement les aéronautes. Dès le début, elle attira l'attention du général Meusnier qui ne cessa de s'occuper de la direction des ballons, malgré l'insuccès complet de sa première tentative. Pour obtenir ce moteur vertical qui paraissait si désirable, Meusnier imagina une disposition qui fut réinventée plus tard par Dupuy de Lôme, mais pour un tout autre objet. C'était une poche à air ou ballonnet installée dans l'intérieur de l'aérostat et dans laquelle on pouvait, à l'aide d'une pompe placée dans la nacelle, soit comprimer de l'air pour descendre, soit faire un vide partiel pour monter. Meusnier eut aussi l'idée de donner à l'aérostat une forme allongée afin de lui assurer un axe de moindre résistance dans le sens du mouvement, et, chose plus remarquable, il proposa de déterminer la propulsion par la rotation d'une hélice. Son procédé d'ascension ou de descente par l'emploi du ballonnet gonflé ou dégonflé était illusoire, mais par l'indication si nette de la forme à donner au ballon et de la nature du propulseur à employer, Meusnier mérite d'être considéré comme ayant posé les premiers principes de la navigation aérienne, sans compter qu'il est le véritable auteur de l'invention de l'hélice qu'on attribue le plus souvent à Sauvage et que son ballonnet même, employé, il est vrai, autrement qu'il ne le pensait, est devenu un organe important des ballons dirigeables, sur lequel nous aurons à revenir. Remarquons que ces travaux ne sont postérieurs que de quelques années à la découverte de Montgolfier, puisque le général Meusnier est mort au siège de Mayence, en 1793.

Devant les insuccès répétés de tous les chercheurs, la direction des ballons fut abandonnée pendant plus de cinquante ans. Mais les progrès de l'industrie mécanique et les ressources nouvelles que la machine à vapeur semblait devoir fournir comme moteur, firent reprendre cette recherche vers le milieu de ce siècle. En 1847, Marey Monge essaya d'appliquer les idées de Meusnier; bientôt après, M. Vallé proposa l'emploi de la vapeur; mais c'est Giffard qui expérimenta le premier, en 1852, un ballon allongé muni d'un gouvernail et d'une hélice qu'actionnait une machine à vapeur placée dans la nacelle. Nous ne reviendrons pas sur les détails de cette expérience déjà décrite à l'article Aérostation, et qui fut renouvelée en 1855 avec un ballon plus gros. Quoique incomplet, le succès fut, cependant, plus marqué que la première fois; la vitesse obtenue était de 2 à 3 mètres par seconde. Si l'air avait été calme, l'aérostat eût pu revenir à son point de départ; néanmoins Giffard est le premier qui réussit à faire dévier un ballon de la ligne du vent. Il aurait suffi de construire un ballon de dimensions suffisantes pour pouvoir enlever un moteur plus puissant et obtenir de plus grandes vitesses, car il en est des navires aériens comme des bateaux; quand les dimensions augmentent, la résistance pour une même vitesse s'accroît moins vite que la puissance du moteur qu'il est possible d'emporter, de sorte qu'il y a un excédent de force motrice qu'on peut employer à accroître la vitesse. Giffard le savait bien et le disait souvent. Pourquoi n'a-t-il pas fait un ballon dirigeable à grande vitesse?

Cependant l'emploi de la vapeur dans la nacelle d'un ballon est loin d'être sans inconvénients. Outre que la proximité du foyer et du gaz éminemment inflammable qui gonfle le ballon est un danger permanent d'incendie, le moteur à vapeur n'est pas un système à poids constant. Le charbon brûlé se transforme en produits gazeux qui se dissipent dans l'atmosphère et abandonnent l'aérostat. Celui-ci se déleste à chaque instant; il possède donc une tendance continuelle à s'élever, et l'on ne peut rétablir l'équilibre qu'en sacrifiant incessamment du gaz. Cette perte continuelle de gaz offre un double inconvénient; d'abord la dépense; ensuite le ballon se dégonflant progressivement, sa forme, calculée pour offrir le minimum de résistance, s'altère; l'étoffe cesse d'être tendue à la partie inférieure; elle forme voile ou drapeau, présente une plus grande surface à l'action de l'air ambiant et la résistance au mouvement s'accroît très vite. Aussi lorsque Dupuy de Lôme reprit, en 1870, l'étude de la question, il proscrivit complètement l'emploi de la vapeur. L'aérostat exige un moteur à poids constant travaillant sans feu. Mais à cette époque un pareil moteur n'existait pas dans l'industrie mécanique. Dupuy de Lôme dut se résigner à l'emploi de la force musculaire d'une équipe de manœuvres, malgré le poids considérable de cette sorte de moteur. L'expérience fut retardée par les tristes événements de 1870 et 1871, et n'eut lieu que le 2 février 1872. L'aérostat avait été construit avec l'aide de MM. Zédé et Yon. Il était gonflé d'hydrogène pur, muni d'un ballonnet intérieur à air et mis en mouvement par une hélice de 6 mètres de diamètre, actionnée par huit hommes (V. Aérostation). La stabilité a été parfaite ainsi que l'obéissance au gouvernail; la vitesse obtenue a été de 2^{m},80 par seconde, soit 10 kilomètres à l'heure. Malheureusement il régnait ce jour là un vent violent d'environ 15 mètres par seconde contre lequel il était évidemment impossible de lutter. Dupuy de Lôme s'était préoccupé, et c'est là ce qu'il y avait de plus nouveau dans ses études, d'obtenir la permanence de la forme du ballon sans ondulations appréciables de sa surface, condition essentielle pour assurer le minimum de résistance. C'est dans ce but qu'il avait imaginé de nouveau le ballonnet intérieur de Meusnier; mais il ne s'agissait plus d'en faire une sorte de vessie natatoire. Voici le rôle nouveau qui lui était assigné : on sait qu'un aérostat ne doit pas être complètement gonflé au départ. La pression extérieure diminuant avec la hauteur, le gaz se dilate à mesure qu'on s'élève, et s'échappe par l'appendice inférieur aussitôt que le ballon est complètement rempli. Il est même arrivé que des aéronautes ont péri asphyxiés par les flots d'hydrogène dont ils se sont trouvés inondés dans une ascension trop rapide. Mais, comme nous l'avons déjà fait remarquer, un ballon dirigeable doit être constamment tendu; il faut donc le gonfler complètement au départ. Dans ces conditions, la perte de gaz est inévitable dès le début du voyage, entraînant avec elle, outre la dépense, une diminution continuelle de la force ascensionnelle, et la nécessité de jeter de grandes quantités de lest. Qu'ensuite la température vienne à s'abaisser ou que l'aérostat descende, le gaz se contractera et le ballon se trouvera dégonflé. Le ballonnet intérieur remédie à ce double inconvénient. Si le gaz se dilate sous l'influence de la diminution de pression, ou sous l'action calorifique des rayons solaires, il comprimera la surface extérieure du ballonnet et ce sera l'air de celui-ci qui s'échappera; la force ascensionnelle ne diminuera point. S'il se contracte, on rétablira la tension de l'étoffe en envoyant de l'air dans le ballonnet à l'aide d'une pompe placée dans la nacelle.

L'expérience du ballon à hélice de Dupuy de Lôme et surtout le beau mémoire communiqué à l'Académie des sciences le 10 octobre 1871, dans lequel il exposait les principes et les exigences de la navigation aérienne, ont vivement frappé les esprits éclairés et rappelé l'attention sur cette importante question. Pénétré des avantages que les perfectionnements de l'aérostation pouvaient présenter au point de vue militaire, le colonel Laussedat demanda, en 1875 et obtint, en 1877, du ministre de la guerre, qui était alors le général Berthaut, la création d'un atelier spécial à Meudon dans l'ancien palais de Chalais. C'est là que pendant six années consécutives, le capitaine du génie Renard et le capitaine d'infanterie Krebs poursuivirent dans le silence leurs patientes études qui ont fini par les conduire, vers la fin de 1884, à un succès complet. En même temps, la science de l'électricité faisait des progrès rapides et put fournir aux aéronautes le moteur léger fonctionnant sans feu et sans variation de poids, qui avait fait défaut à Dupuy de Lôme. De tous les moteurs connus, la machine dynamo-électrique actionnée par une pile ou une batterie d'accumulateurs est incontestablement le meilleur, sinon le seul, qui soit propre à donner le mouvement au propulseur d'un aérostat. Aussi est-ce dans cette voie de l'application de l'électricité à la navigation aérienne qu'il a fallu chercher et qu'il a été possible de trouver la solution du problème. Les officiers de Meudon n'étaient pas les seuls à poursuivre cette recherche; MM. Gaston et Albert Tissandier se sont occupés de la même question presque sans interruption depuis 1881. A l'Exposition d'électricité de 1881 on a pu voir fonctionner un petit modèle de ballon dirigeable de $3^m,50$ de longueur et $1^m,30$ de diamètre au milieu; mais ce ballon était gonflé d'air et attaché à un manège. Cette sorte d'expérience publique n'avait d'autre but que de vulgariser, pour ainsi dire, les résultats d'expériences plus sérieuses effectuées auparavant, dans les ateliers de l'aéronaute Lachambre à Vaugirard, à l'aide d'un ballon semblable, mais gonflé d'hydrogène pur. Ce petit aérostat a pu atteindre et conserver pendant 10 minutes, une vitesse de 2 mètres par seconde, sous l'action d'une hélice de $0^m,60$ de diamètre, que mettait en mouvement une petite machine dynamo-électrique genre Siemens, construite par M. Trouvé. L'électricité était fournie par deux éléments secondaires Planté montés en tension et pesant 500 grammes chacun. Ces essais étaient encourageants, et MM. Tissandier résolurent de continuer leurs études et d'expérimenter un grand ballon monté.

Ainsi la solution du problème se trouvait recherchée en même temps avec ardeur, d'une part dans l'établissement militaire de Chalais, d'autre part à Auteuil où MM. Tissandier avaient installé leurs ateliers et leurs laboratoires. Il n'est que juste de faire remarquer que les deux inventeurs travaillaient dans des conditions bien différentes. MM. Tissandier n'avaient d'autres ressources que celles qu'ils ont pu se procurer en sacrifiant une partie de leur patrimoine, tandis que les officiers de Meudon disposaient d'un budget assez élevé et d'un nombreux personnel. Avec les mêmes avantages, et les mêmes facilités, il est probable que MM. Tissandier auraient beaucoup mieux réussi. Il n'en est pas moins vrai que MM. Renard et Krebs sont, jusqu'à présent, les seuls qui aient pu ramener un ballon dirigeable à son point de départ, ils ont de plus le mérite d'avoir réalisé des vitesses propres de 5 à 6 mètres par rapport à l'air ambiant, vitesses qui n'ont jamais été atteintes par d'autres. Leur ballon est certainement construit d'une manière plus rationnelle que celui des frères Tissandier, et ils semblent s'être guidés sur des principes plus sûrs, des calculs plus scientifiques. Mais le secret qu'on leur a imposé au nom de l'intérêt militaire a été rigoureusement gardé; on ne connaît de leurs travaux et de leurs procédés que ce qu'ils ont bien voulu publier, et c'est fort peu de chose.

Le succès inattendu de l'expérience du 9 août 1884 fut annoncé dès le lendemain au public par un article paru dans le *Petit moniteur universel*, numéro du 10 août et intitulé : *Une magnifique découverte, la direction des aérostats*. C'était le récit de l'ascension exécutée par les deux officiers de l'armée française dont les travaux et le nom même étaient inconnus la veille.

Le 18 août suivant, la réussite de cette belle expérience était annoncée officiellement à l'Académie des sciences par M. Hervé Mangon qui présentait en même temps une communication sur ce sujet de MM. Charles Renard et Krebs. Nous voudrions pouvoir citer en entier cet intéressant document; le défaut d'espace nous oblige à nous restreindre aux parties principales :

« Le 9 août, à quatre heures du soir, après un parcours total de $7^k,6$, effectué en vingt-trois minutes, le ballon est venu atterrir à son point de départ, après avoir exécuté une série de manœuvres avec une précision comparable à celle d'un navire à hélice évoluant sur l'eau.....

« Nous avons été guidés dans nos travaux par les études de M. Dupuy de Lôme, relatives à la construction de son aérostat de 1870-72, et, de plus, nous nous sommes attachés à remplir les conditions suivantes :

« Stabilité de route obtenue par la forme du ballon et la disposition du gouvernail;

« Diminution des résistances à la marche par le choix des dimensions;

« Rapprochement des centres de traction et de résistance pour diminuer le moment perturbateur de stabilité verticale;

« Enfin, obtention d'une vitesse capable de résister aux vents régnant les trois quarts du temps dans notre pays.....

« Les dimensions principales du ballon sont les suivantes : longueur $50^m,42$, diamètre $8^m,40$, volume 1,864 mètres cubes.....

« La machine motrice a été construite de manière à pouvoir développer sur l'arbre 8,5 chevaux représentant, pour le courant aux bornes d'entrée, 12 chevaux.

« La pile, d'une puissance et d'une légèreté exceptionnelle, constitue l'une des parties essentielles du système; elle est divisée en quatre sections pouvant être groupées en surface ou en tension de trois manières différentes. Son poids, par cheval-heure mesuré aux bornes, est de $19^k,350$.....

« Le 9 août, les poids enlevés étaient les suivants (force ascensionnelle totale environ 2,000 kilogrammes) :

Ballon et ballonnet.	369 kil.
Chemise et filet.	127
Nacelle complète	452
Gouvernail.	46
Hélice.	41
Machines	98
Bâtis et engrenages.	47
Arbre moteur.	30,500
Pile, appareils et divers	435,500
Aéronautes	140
Lest.	214
	2.000 kil.

« Par un temps presque calme,.... la route fut d'abord tenue nord-sud, se dirigeant sur le plateau de Châtillon et de Verrières; à hauteur de la route de Choisy à Versailles, et pour ne pas s'engager au-dessus des arbres, la direction fut changée et l'avant du ballon dirigé sur Versailles.

« Au-dessus de Villacoublay, nous trouvant éloignés de Chalais d'environ 4 kilomètres, et entièrement satisfaits de la manière dont le ballon se comportait en route, nous décidions de revenir sur nos pas et de tenter de descendre sur Chalais même, malgré le peu d'espace découvert laissé par les arbres. Le ballon exécuta son demi-tour sur la droite avec un angle très faible (environ 11°) donné au gouvernail. Le diamètre du cercle décrit fut d'environ 300 mètres.....

« Le ballon exécuta, avec autant de facilité que précédemment un changement de direction sur sa gauche; et bientôt il venait planer à 300 mètres au-dessus de son point de départ..... Il fallut, à plusieurs reprises, faire machine en arrière et en avant, afin de ramener le ballon au-dessus du point choisi pour l'atterrissage. A 80 mètres au-dessus du sol, une corde larguée du ballon fut saisie par des hommes, et l'aérostat fut ramené dans la prairie même d'où il était parti.

Chemin parcouru avec la machine, mesuré sur le sol.	7 kilom. 600
Durée de cette période	23 minutes
Vitesse moyenne à la seconde (1)	$5^m,50$
Nombre d'éléments employés	32
Force électrique dépensée aux bornes de la machine	250 kilogr.
Rendement probable de la machine. . . .	0,70
Rendement probable de l'hélice	0,70
Rendement total environ	1/2
Travail de traction	125 kilogrammètres.
Résistance approchée du ballon .	$22^k,800$

(1) Le vent étant presque nul, la vitesse absolue se confond sensiblement avec la vitesse propre par rapport à l'air, d'autant plus que l'aérostat a décrit une trajectoire fermée.

« A plusieurs reprises, pendant la marche, le ballon eut à subir des oscillations de 2° à 3° d'amplitude, analogues au tangage; ces oscillations peuvent être attribuées, soit à des irrégularités de forme, soit à des courants d'air locaux dans le sens vertical..... »

La figure 422 représente le tracé de ce voyage en projection sur le sol. L'expérience fut renouvelée le 12 septembre suivant; mais après 10 minutes de navigation, un accident se produisit qui empêcha le moteur de fonctionner. L'aérostat dut s'abandonner au vent et alla tomber au village de Vélizy, à deux ou trois kilomètres à l'ouest de Villacoublay. Il fut remorqué à bras d'hommes jusqu'à Chalais. Le 8 novembre 1884 le ballon s'enleva de nouveau, et cette fois le succès fut complet et supérieur encore à celui de la première expérience.

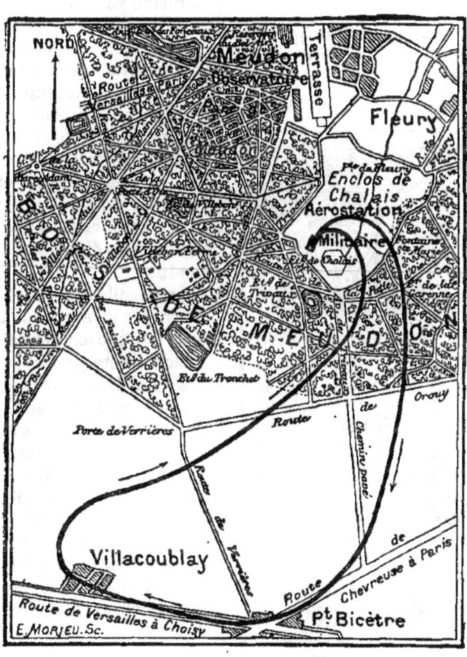

Fig. 422. — *Voyage du ballon dirigeable « La France », le 9 août 1884 (gravure extraite de l'*Astronomie*).*

Deux ascensions furent effectuées ce jour-là; dans la première, commencée à midi un quart, l'aérostat marche contre le vent jusqu'au-dessus du village de Billancourt avec une vitesse propre de 23 kilomètres à l'heure, réduite à 15 kilomètres de vitesse effective par le vent qui soufflait à raison de 8 kilomètres à l'heure. Après avoir décrit un cercle de 160 mètres de diamètre environ, le ballon revint atterrir sur la pelouse même. Dans la seconde, on se borne à des évolutions autour du point de départ, une brume épaisse arrêtant la vue et empêchant de s'éloigner.

Le mardi 22 septembre 1885 une expérience, plus décisive encore que les autres, vint confirmer le succès de l'année précédente; dès le surlendemain, les journaux en rendaient compte en ces termes :

« A quatre heures de l'après-midi, l'aérostat, monté par les capitaines Paul et Charles Renard, et par M. Duté-Poitevin, aéronaute civil attaché à l'établissement de Chalais, s'élevait au-dessus du bois de Meudon, évoluait pendant quelques instants, changeait de direction au gré de ses conducteurs, puis, vers quatre heures et demie, mettait franchement le cap sur le Nord: il arrivait en quelques instants au-dessus de la gare de Meudon.

« Poursuivant ensuite sa route, le ballon passait au-dessus de la Seine à hauteur de l'île de Billancourt et s'arrêtait au Point-du-Jour.

« Les constructeurs de Meudon ont réalisé des progrès tout à fait remarquables. Sitôt l'hélice mise en mouvement, l'aérostat fendait les airs avec une précision et une rapidité qu'on ne saurait trop faire ressortir.

« Au Point-du-Jour, l'aérostat vira de bord et mit le cap sur le bois de Meudon. Il avait cette fois pour auxiliaire le vent, qui lui avait été contraire dans la première partie de son voyage; aussi la distance qui sépare le Point-du-Jour du camp de Chalais fut-elle franchie en quelques minutes.

« A six heures, l'aérostat arrivait au-dessus du camp. Il descendit sans secousses et sans incidents, juste au milieu du parc.

« Le lendemain 23 septembre l'ascension fut renouvelée en présence du ministre de la guerre, et réussit encore complètement, mais cette fois le vent portait vers Paris. »

Les divers organes avaient été allégés, de manière à permettre l'ascension de trois voyageurs au lieu de deux, et, cependant, grâce au perfectionnement du moteur, la puissance de

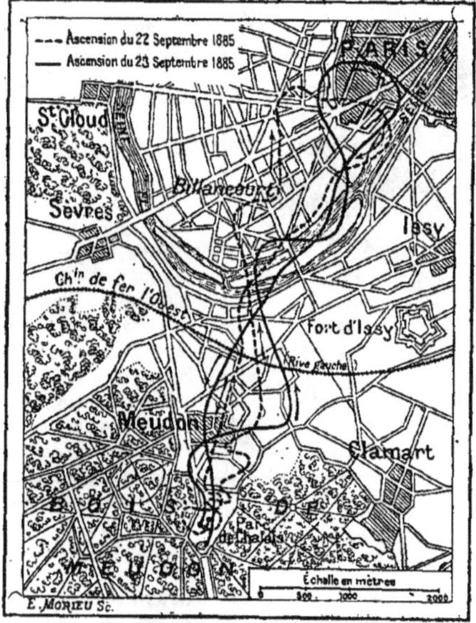

Fig. 423. — *Voyages de l'aérostat dirigeable « La France » les 22 et 23 septembre 1885.*

propulsion se trouva augmentée, car on atteignit une vitesse propre de 6 mètres à la seconde sur un parcours total de 13 kilomètres; la vitesse du vent dépassait 3 mètres à la seconde. La figure 423 donne le tracé de ces deux ascensions.

Voici maintenant quelques détails de nature à compléter la note du 18 août 1884, et que nous empruntons à M. Tissandier qui a pu examiner de près l'aérostat le jour de sa descente à Vélizy. Le ballon de Chalais que nous représentons figure 424 est plus allongé qu'aucun de ceux qui ont été construits; ses deux extrémités ne sont pas semblables, l'avant étant plus gros et l'arrière plus effilé. Cette forme, qui rappelle celle du saumon, paraît éminemment propre à diminuer la résistance au mouvement. Il est enveloppé dans une housse de suspension à laquelle est suspendue la nacelle. Celle-ci est formée de quatre perches rigides de bambous, reliées entre elles par des montants transversaux. Elle a environ 33 mètres de longueur et 2 mètres de hauteur au milieu. Trois petites fenêtres latérales sont réservées vers le milieu, afin que les aéronautes puissent voir l'horizon et distinguer la terre. Cette nacelle, très légère et de forme élégante, est recouverte de soie de Chine tendue sur ses parois. Cette enveloppe a pour but de diminuer la résistance de l'air, et de faciliter le passage du système à travers le milieu ambiant. Le propulseur est à l'avant de la nacelle; il se trouve ainsi placé à peu près sur la même verticale que le centre de résistance, disposition favorable à la diminution du moment perturbateur de stabilité verticale dans le cas où des mouvements de tangage viendraient à se produire. C'est évidemment dans le même but que la nacelle a été placée très près du ballon, comme on peut le voir sur la figure 424. Ce propulseur est une hélice formée de deux palettes; elle a environ 7 mètres de diamètre, et est faite à l'aide de deux tiges de bois rattachées l'une à l'autre par des lattes recourbées suivant épure géométrique et recouvertes d'un tissu de soie vernie, parfaitement tendue.

La nacelle est reliée à l'aérostat par une série de cordes de suspension très légères réunies entre elles au moyen d'une corde longitudinale qui, attachée vers le milieu, donne de la rigidité au système. Le gouvernail, placé à l'arrière, est à peu près rectangulaire, ses deux surfaces, en étoffe de soie, bien tendues sur un châssis de bois, sont légèrement saillantes, en forme de pyramides à quatre faces de très faible hauteur. Le navire aérien est muni de deux tuyaux qui descendent dans la nacelle; l'un de ces tuyaux est destiné à remplir d'air le ballonnet compensateur, au moyen d'un ventilateur que l'on fait fonctionner dans la nacelle; le second tuyau sert probablement à assurer une issue à l'excès de gaz produit par la dilatation. A l'arrière de la nacelle, deux grandes palettes en forme de rames sont fixées horizontalement; nous ne savons pas quel est l'usage de cet organe; il est possible qu'il soit utilisé dans le but de modérer la descente. L'hélice est actionnée par une machine dynamo-électrique, et le générateur d'électricité est une pile au sujet de laquelle M. le capitaine Renard garde le secret, et qui constitue bien certainement la partie la plus originale de son invention.

Il nous resterait maintenant à parler des expériences de MM. Tissandier qui, quoique n'ayant pas complètement réussi, ont cependant démontré qu'il serait sans doute possible d'arriver à la solution avec une construction un peu différente et plus simple que celle de l'aérostat de Meudon. Ainsi l'aérostat électrique de MM. Tissandier est symétrique à l'avant et à l'arrière; il n'a pas de ballonnet intérieur, et l'hélice est à l'arrière; elle est mue par une machine Gramme actionnée par le courant d'une pile au bichromate de potasse.

Avec cet appareil, MM. Tissandier ont renouvelé le 26 septembre 1884 une expérience sans succès qu'ils avaient déjà tentée l'année précédente. Cette fois la disposition du gouvernail ayant été modifiée, la stabilité fut parfaite, ainsi que l'obéissance au gouvernail, quel que fût la direction de l'axe de l'aérostat par rapport au vent. A certains moments même, le navire aérien put tenir tête au vent et rester immobile; mais sa vitesse n'était pas assez grande pour le remonter. Partis d'Auteuil à 4 heures de l'après-midi, les voyageurs descendaient à Marolles-en-Brie au coucher du soleil.

Ne voulant pas ici nous étendre davantage sur ces dernières expériences, nous renvoyons le lecteur à un petit livre où M. Gaston Tissandier a donné le récit de toutes ses tentatives : *Les ballons dirigeables* (Paris, Gauthier-Villars, 1885).

Il y aurait aussi beaucoup à dire au sujet des appareils volants, aéroplanes, etc., qui conservent encore aujourd'hui un assez grand nombre de partisans, malgré l'insuccès complet de toutes les tentatives effectuées dans cette voie. Jusqu'ici, on n'a réussi à faire voler que de petits jouets d'enfants. C'est pourquoi nous ne nous y arrêterons pas davantage.

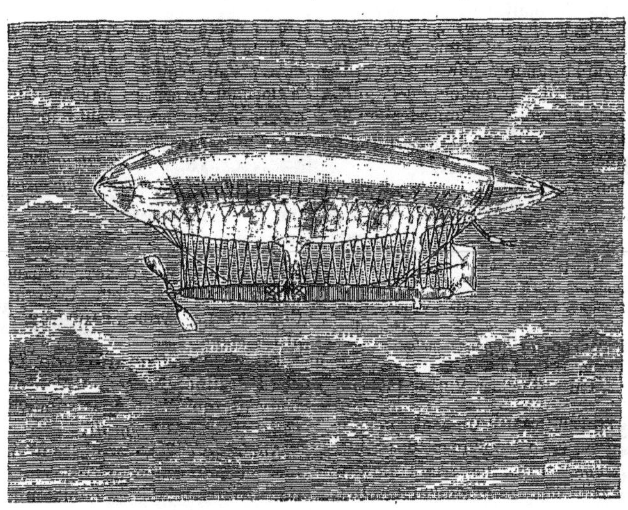

Fig. 424. — *L'aérostat dirigeable « La France », de MM. les capitaines Renard et Krebs (gravure extraite de l'*Astronomie)

En résumé, la navigation aérienne est un art tout français; depuis Montgolfier jusqu'à nos jours tous les perfectionnements ont été accomplis dans notre pays. La solution définitive et pratique du problème paraît assurée; mais il reste encore beaucoup à faire. Un ballon dirigeable ne doit jamais être dégonflé; il faut qu'il puisse être remisé, toujours prêt à partir. Il convient de le gonfler à l'hydrogène pur qui possède une force ascensionnelle bien plus considérable que le gaz d'éclairage. Deux questions importantes se posent alors d'elles-mêmes :

1° Celle de l'enveloppe qui doit être imperméable;

2° Celle de la production économique de l'hydrogène.

Giffard a beaucoup fait pour la solution de la première; on sait que le grand ballon captif de 1878 était gonflé à l'hydrogène (V. Aérostation). A l'heure actuelle, cette difficulté est presque entièrement surmontée et ne saurait plus constituer un obstacle.

Le gaz hydrogène généralement fabriqué avec du fer et de l'acide sulfurique, revient très cher; il faut de plus le soumettre à des lavages minutieux afin qu'il n'entraîne aucune trace d'acide capable d'attaquer le tissu du ballon. Il y a, dans la cherté de ce gaz, un obstacle sérieux contre la pratique, sur une grande échelle, de la navigation aérienne. Cependant cet obstacle même semble sur le point de disparaître. Dans une des dernières séances de l'Académie des sciences (26 octobre 1885), MM. Félix Hembert et Henry ont communiqué une note relative à un nouveau procédé de fabrication de l'hydrogène : on fait passer de la vapeur d'eau surchauffée sur du coke chauffé au rouge, et on réduit ensuite, au moyen de l'oxyde de carbone, une nouvelle quantité de vapeur d'eau fortement surchauffée. D'après les inventeurs, l'hydrogène ainsi fabriqué ne reviendrait qu'à 0 fr. 15 le mètre cube.

Il est difficile de prévoir l'avenir de la navigation aérienne. Il n'est plus douteux qu'on puisse arriver quand on le voudra à construire des navires aériens marchant à grande vitesse et capables de remonter, sinon les ouragans, du moins les vents même forts qui soufflent habituellement dans nos climats. Comme nous l'avons déjà fait remarquer, ce n'est qu'une question de dimensions, et par suite de finances. Un navire cuirassé coûte souvent plus de deux millions. Pour le même prix, on aurait certainement un aéronef doué d'une très belle vitesse et pouvant évoluer malgré les vents violents. Mais la navigation aérienne deviendra-t-elle jamais pratique comme moyen de transport? c'est là une tout autre question.

Il est toujours téméraire de faire le prophète et de vouloir prévoir l'avenir; mais il est sage de ne pas se laisser aller trop vite à l'enthousiasme. Arriverait-t-on à obtenir la vitesse de nos trains express qu'on rencontrerait encore les jours de tempête des vents contre lesquels il serait difficile de lutter. La vitesse serait essentiellement variable avec la direction même puisqu'elle serait la résultante de celle de l'aérostat et de celle du vent.

La pluie serait encore un obstacle des plus sérieux à cause de l'eau dont elle chargerait le ballon et du lest qu'elle obligerait à perdre. Les variations de température auraient un effet analogue.

Ces difficultés sont extrêmement graves; et, malheureusement, elles dépendent plus du domaine météorologique que du domaine industriel, et elles conduisent à se demander s'il sera jamais possible d'organiser un service régulier de transports par ballons. Dans tous les cas, il ne semble pas que les aéronefs soient appelés de sitôt à remplacer nos bateaux et nos chemins de fer.

Malgré tout, la navigation aérienne, bien supérieure à la simple aérostation, n'en est pas moins une découverte de premier ordre, digne de tous les encouragements, et capable de rendre les plus grands services à la science, à l'industrie et même aux beaux-arts par la nouveauté des spectacles qu'elle permettra de contempler, sans compter qu'elle constitue certainement l'une des plus belles conquêtes de l'humanité sur la nature, et l'un des exemples les plus frappants de la puissance de l'homme à suppléer à l'imperfection de ses organes pour accomplir des actes qui lui paraissaient à jamais interdits. — M. F.

Bibliographie : Outre les ouvrages déjà cités à l'article Aérostation, on pourra consulter : *Comptes rendus de l'Académie des sciences*, t. XCIX, 1884, 2e semestre, nos 7, 8, 9 et 19, 1885, 2e semestre, no 23; *L'Astronomie*, t. II, 1883, no 7, t. III, 1884, no 20; *Collection de mémoires sur la locomotion aérienne*, publiés par le vicomte Ponton d'Amécourt, Paris, Gauthier-Villars, 1884; Tissandier : *Les ballons dirigeables*, Paris, Gauthier-Villars, 1884; C. Flammarion : *Voyages aériens*, Paris, Marpon et Flammarion, 1881; *La locomotion aérienne*, étude par A. Goupil, Paris, Gauthier-Villars, 1884.

***NAVIGATION SOUTERRAINE.** On peut quelquefois utiliser les galeries d'écoulement des mines comme voies de transport des matières à extraire. Ce procédé a été appliqué par l'ingénieur Bradley, dans la mine Worsley, où il a tracé 64 kilomètres de canaux souterrains, répartis en trois étages dont l'étage moyen se raccordait avec des canaux de la surface et permettait aux bateaux d'aller de l'intérieur de la mine jusqu'à Manchester. Ces bateaux étaient halés par des hommes couchés sur le dos, qui de leurs pieds repoussaient le plafond. Le canal était partagé en travées par des vannes, et, en les ouvrant successivement devant un train de bateaux, on déterminait un courant qui aidait à l'entraînement du train. Le niveau supérieur et le niveau inférieur étaient reliés au niveau moyen par des puits où circulaient des bennes, qu'on chargeait sur des bateaux pour le transport horizontal.

A Clausthal, les galeries navigables débouchaient au pied du puits d'extraction. Un homme debout se halait avec une main courante et menait deux barques contenant ensemble 6,700 kilogrammes; il faisait par jour deux voyages de 1,900 mètres et les deux voyages de retour avec les bateaux vides, ce qui fait un rendement journalier de 25 tonnes kilométriques. On a encore appliqué le même procédé à Fuchsgrube, à Zabrze, à Vialas, etc.

Ce système offre les inconvénients suivants : 1° le prix de premier établissement est considérable et ne permet de l'établir que quand on a un massif assuré d'un long avenir; 2° il faut avoir de grandes longueurs à parcourir pour que le chargement et le déchargement ne prennent pas une importance prédominante; 3° il faut que la roche soit compacte et ne se laisse pas infiltrer par les eaux; 4° les voies navigables ne peuvent pas se ramifier pour conduire jusqu'aux tailles; 5° un bateau coulé désorganise tout le service; 6° les réparations sont difficiles et coûteuses. Ces inconvénients rendent ce système de transport à l'intérieur des mines rarement applicable, mais quand il l'est il peut donner lieu à de grandes économies.

NAVIRE. On désigne, sous cette dénomination générale, l'engin flottant sur mer et destiné à porter des passagers, des marchandises ou des soldats; en général, le navire est le *bateau de mer*, par opposition au *bateau de rivière*.

On peut diviser les navires en plusieurs catégories principales suivant leur rôle et leur destination : *navires de commerce* (comprenant les navires de pêche), *navires de guerre*, *navires de plaisance*, *navires de petites dimensions*, dont le rôle est plus modeste ou qui servent d'auxiliaires aux plus grands navires.

Pour cette dernière catégorie, nous renverrons aux mots Barque, Canot, Embarcation, et pour l'ensemble, aux mots Construction navale, Gouvernail, Mâture, Paquebot, etc., traités dans le *Dictionnaire*.

Navires de commerce. Les types des navires destinés au commerce sont nombreux et peuvent, tout d'abord, se subdiviser en *navires à voiles* et *navires à vapeur*.

Navires à voiles. Parmi les navires à voiles, les uns, de petites dimensions, servent aux transactions commerciales de faible importance entre des ports assez rapprochés; ces navires, dits *caboteurs*, s'éloignent peu des côtes et, grâce à leur faible tirant d'eau, peuvent pénétrer dans la plupart des petits ports. Leurs formes, leur gréement, leur voilure, varient avec les pays et changent peu, en chaque région, avec le temps. En général, ces navires n'ont que leur voilure pour propulseur et s'appellent, suivant le cas, *chasse-marées*, *cutters* ou *côtres*, *sloops*, *lougres*, *bisquines*, *barques*, *chebeks*, *balancelles*, etc.

Les bisquines, barques et chasse-marées reçoivent, en général, trois mâts verticaux et un beaupré; la voilure consiste en *voiles à bourcet* portées par des vergues légèrement inclinées sur l'horizon et fixées au mât, au tiers de sa propre longueur. Le mât d'artimon, de petites dimensions, est installé à l'extrême arrière du navire et porte le nom de *tape-cul*.

Les côtres, cutters, sloops ont un seul mât vertical, et comme voilure une voile goëlette portée par une corne et tendue par un gui ou baume, un ou deux focs et une voile d'étai. Les lougres, côtres à tape-cul, etc., ont, en outre, un petit mât à l'arrière. Les chebeks et balancelles se rencontrent dans la Méditerranée; ils ont de grandes voiles triangulaires, dites *latines*, portées par de longues vergues inclinées à peu près à 45° sur l'horizon et appelées *antennes*. Le tonnage des petits caboteurs ne dépasse guère une centaine de tonneaux, et leur équipage cinq à six hommes; leur charpente est généralement construite en bois. Dans cette catégorie, on peut faire entrer les bateaux de pêche dont les dimensions varient depuis celles de la petite embarcation jusqu'à celles des grands caboteurs; et aussi les bateaux-pilotes de construction soignée et d'une assez grande finesse de formes.

Les navires destinés à effectuer des transactions entre des pays voisins, portent le nom de *grands caboteurs;* leurs types varient déjà beaucoup moins d'une région à l'autre; ce sont des *goëlettes, brick-goëlettes, bricks, trois-mâts-goëlettes, trois-mâts-barques*. Leur tonnage varie de cent à six cents tonneaux, leur équipage, de six à vingt hommes environ.

La *goëlette* franche ne comporte que deux mâts verticaux ou un peu inclinés sur l'arrière et un beaupré; sa voilure est composée de focs, misaine-goëlette, grand-voile-goëlette ou brigantine et quelques voiles d'étai. Ses formes sont généralement affinées, ses fonds acculés, l'ensemble destiné à faciliter la marche au plus près, c'est-à-dire, à permettre au navire de louvoyer dans des conditions avantageuses. Ce type est fréquemment usité chez les Américains du Nord, principalement pour la grande pêche (Terre-Neuve) et pour le grand pilotage.

Fig. 425 — *Brick de commerce au plus près du vent.*

Pour faciliter les allures du *grand-largue* et du *vent-arrière*, les goëlettes reçoivent aussi une sorte de petit-hunier au mât de misaine.

Le *brick-goëlette* est, en général, de dimensions plus fortes et de formes plus ramassées; sa mâture se compose de deux phares dissemblables; le phare de l'avant (ou de misaine) est carré (V. Mâture), le phare de l'arrière est analogue à celui de la goëlette et ne reçoit qu'une voile-goëlette, la brigantine; le beaupré porte quelques focs. Le *polacre* est un brick-goëlette qui se rencontre sur la Méditerranée, et dont la mâture est décomposée différemment : le mât d'hune et le bas-mât étant d'une seule pièce. Le *brick*, proprement dit, diffère du précédent, par ce fait que le phare de l'arrière est carré. La figure 425 représente un navire de ce type sous voiles, sous l'allure du plus près.

Le *trois-mâts-goëlette* a une mâture très simple : trois bas mâts très élevés reçoivent des voiles-goëlettes, et sont prolongés par des mâts de flèche de petites dimensions portant des voiles de flèche. Ce type de navire, rare en Europe, se rencontre surtout aux Etats-Unis où il atteint quelquefois de grandes dimensions (1,800 tonneaux). Le *trois-mâts-barque* est le type le plus répandu parmi les voiliers de grand cabotage et les longs-courriers, il possède trois mâts verticaux; les phares de misaine et de grand-mât sont carrés; le mât d'artimon ne possède que la brigantine et une voile de flèche. La figure 426 représente un trois-mâts-barque *en panne*.

Les navires de *long-cours* destinés aux plus longues navigations ont presque toujours trois-mâts et lorsque leurs dimensions sont excessives, le mât d'artimon porte un phare carré : le navire est dit alors *trois-mâts carré*. Les clippers sont des voiliers de fort tonnage, qui, grâce à une mâture et une voilure exagérées, peuvent effectuer de longues traversées avec une grande rapidité et faire ainsi concurrence aux navires à vapeur. Quelques-uns d'entre eux portent même quatre mâts. Leur déplacement varie de 1,500 à 3,000 tonneaux. En général, les navires que nous venons de citer sont construits en bois; cependant, on fait en fer, et même en acier, un certain nombre de trois-mâts et de clippers, lorsque les bois sont rares et surtout lorsqu'il est difficile d'allier une solidité suffisante avec d'aussi grandes dimensions.

Les emménagements des navires à voiles sont simples; la cale, destinée aux marchandises, n'est subdivisée qu'en un petit nombre de grands compartiments séparés par des cloisons que l'on cherche à rendre étanches, opération aisée dans les navires en fer, difficile dans les navires en bois. Aux extrémités, de petits compartiments sont réservés aux approvisionnements de l'équipage et aux objets indispensables pour l'armement du navire; tels sont les cales à eau, cales à vin, puits aux chaînes, soutes à provisions, soutes à voiles, soutes aux cordages ou cales à filin, etc.

Le plus souvent, dans le sens de la hauteur, la cale est divisée par une plate-forme et un faux-pont continus ou discontinus (V. CONSTRUCTION NAVALE). Il n'y a pas d'entrepont régnant sur

Fig. 426. — *Trois-mâts en panne.*

toute la longueur et destiné à recevoir des logements; ceux-ci sont répartis aux extrémités du navire; à l'avant est le poste de l'équipage, à l'arrière les appartements des officiers et les cabines des passagers (peu nombreux sur les voiliers). Souvent les logements sont disposés sous des *roofs* sur le pont même des gaillards et dans la dunette à l'arrière.

Les navires à voiles ne sont pas munis de passerelle; la roue du gouvernail et les habitacles renfermant les compas de route (c'est-à-dire les boussoles sur lesquelles se guide le timonier) sont disposés à l'arrière. A l'avant, la teugue sert d'abri aux hommes de quart et reçoit les engins qui servent à manœuvrer les ancres.

La navigation à la voile a naturellement souffert de l'apparition des navires à vapeur, mais le rôle des voiliers n'a pas été aussi anéanti qu'on pourrait le croire; ceux-ci peuvent accomplir, à peu de frais, de longues traversées sans effectuer les relâches indispensables aux navires à vapeur dont l'approvisionnement de combustible est limité. Le charbon, si abondant en Europe et aux Etats-Unis, est rare en Afrique, aux Indes, en Océanie, en Chine; les dépôts de charbon de l'Isthme de Suez, de la mer Rouge, de Singapour, etc., sont souvent approvisionnés de charbons anglais par des navires à voiles doublant le Cap de Bonne-Espérance.

Navigation à la voile. Le propulseur des navires à voiles est le vent dont la direction et l'intensité sont extrêmement variables, au moins dans nos régions. Dans les pays tropicaux, le régime des vents est plus constant, tant au point de vue de la direction que de l'intensité. Ces vents réguliers dont la navigation à la voile tire un grand parti et qui règnent pendant des saisons entières, portent divers noms : *alizés*, dans l'Atlantique; *moussons*, dans la mer des Indes et sur les côtes de la Chine. La route que le navire doit suivre coïncide rarement avec la direction du vent; si cela a lieu, le navire est dit *marcher vent-arrière* (fig. 427). Sous cette allure, les phares de l'arrière masquent ceux de l'avant, la route est peu stable, difficile à régler, et l'on est obligé de supprimer une partie de la voilure à l'arrière. Il n'en est pas de même sous *l'allure du grand largue* (fig. 428), le vent soufflant de l'arrière et de côté, gonfle toutes les voiles carrées et les voiles-goélettes, la route est plus stable et la vitesse plus grande. C'est l'allure la plus avantageuse.

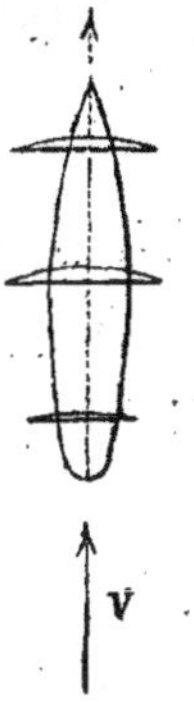

V

Fig. 427.

Sous l'allure du *largue* et du *travers* (fig. 429), le vent agit sur toute la voilure; celle-ci doit être convenablement orientée pour que la poussée du vent fasse le plus petit angle possible avec la route que suit le navire, route qui diffère toujours un peu de l'axe même du navire. L'angle de ces deux directions est la *dérive*.

Dans l'allure du *plus près* (fig. 430), le vent vient de côté et de l'avant; les voiles carrées sont orientées de manière à recevoir encore l'action du vent; l'angle de dérive est un peu plus grand que dans le cas précédent. Quand l'angle que font les vergues avec le plan longitudinal du navire est aussi faible que possible, l'incidence du vent sur la voile étant réduite à son minimum, le navire est dit sous *l'allure du plus près*. L'angle que fait alors la route réelle du navire avec la direction du vent, varie avec les types de navires, avec l'intensité du vent, l'état de la mer; il est intéressant d'en observer la décomposition dans la figure 431.

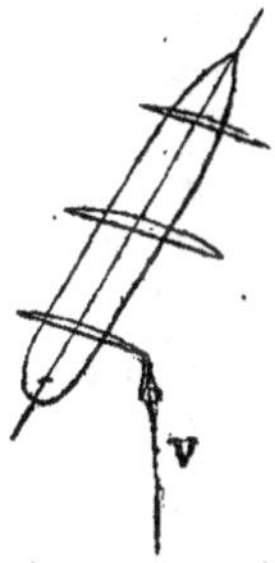

V

Fig. 428.

A'*o*A est l'axe du navire, l'avant en A; *o*V est la direction du vent réel; *o*V' celle du vent apparent (*o*V serait la direction prolongée d'une girouette placée sur un navire immobile; *o*V' serait celle de la girouette du navire en marche; on obtient *o*V' en composant la vitesse du vent et celle du navire prise en sens inverse). La direction du vent apparent est toujours plus voisine de l'avant du navire que ne l'est celle du vent vrai : leur différence est α sur la figure 431, β est l'angle du vent apparent avec la voile supposée plane; en réalité, la voile est toujours gonflée et l'angle d'incidence du vent sur la voile est inférieur à β.

ε est l'angle d'orientation de la vergue et du plan longitudinal du navire; il a, pour les voiles carrées, une limite inférieure imposée par les installations du gréement; pour les voiles-goélettes, cet angle peut être réduit à une très petite valeur. δ est l'angle de dérive provenant de ce que le navire, sollicité par une force poussante OP (normale au plan de la voile et dû à l'action du vent), suit une route OR oblique, à la fois, par rapport à OP et par rapport à l'axe OA.

δ est d'autant plus petit que la résistance du navire à la marche par le travers est plus grande par rapport à la résistance à la marche directe.

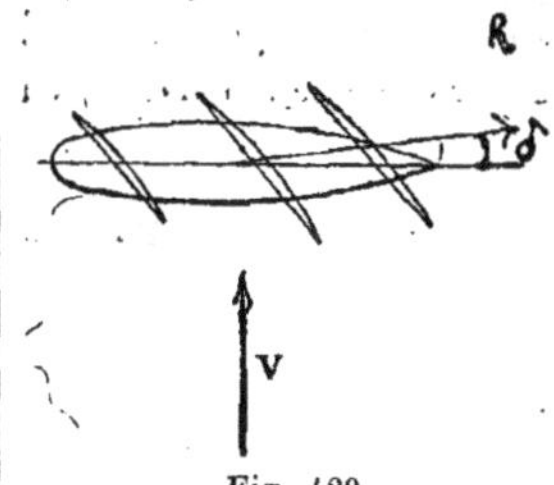

Fig. 429.

L'angle ω de la route avec le vent réel est la somme des divers angles ci-dessus mentionnés, on le réduit en diminuant, dans la mesure du possible, chacun des éléments composants.

$$\omega = \alpha + \beta + \varepsilon + \delta$$

α et β ont en général des valeurs voisines de 15°; ε varie entre 15 et 20°, sur les navires à voiles carrées; descend à 10° environ sur les goélettes et les côtres; δ a une valeur voisine de 15° pour les navires à grande résistance latérale, à grand plan de dérive; de telle sorte que ω se rapproche d'une soixantaine de degrés. L'angle γ, de la route et du travers du vent, c'est-à-dire l'angle dont la route s'élève au vent, est d'une trentaine de degrés environ sur la plupart des bons voiliers.

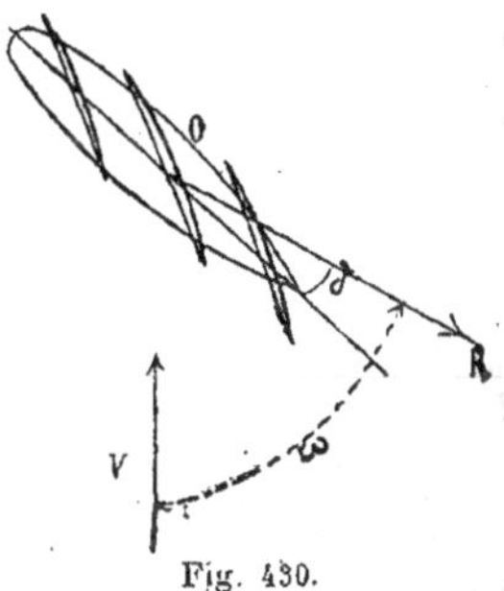

Fig. 430.

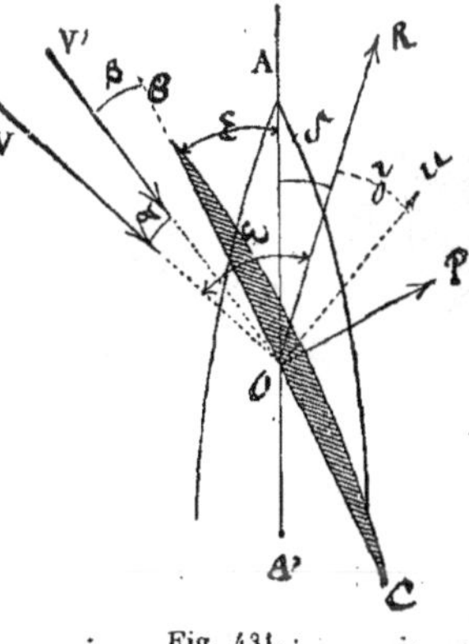

Fig. 431.

Certaines goëlettes, spécialement taillées et gréées pour la course, arrivent à s'élever de 40° sur le travers du vent; c'est une valeur rarement atteinte par les gros navires à voiles qui restent même souvent au-dessous de 30°.

Cette propriété curieuse qu'ont les navires à voiles de s'élever au vent en marchant au plus près, leur permet de *louvoyer* (*courir des bords ou bordées, etc.*) pour se rendre en un point que la direction du vent ne leur permettrait pas d'atteindre directement. Ainsi, supposons (fig. 432) un navire placé en A et voulant se rendre en B, le vent souffle dans la direction VA et dans le sens de la flèche : traçons la ligne du travers du vent V'AV", et menons les directions AH' et AH" faisant avec V'AV" l'angle γ (30° par exemple). Le navire, en marchant au plus près, pourra faire les routes AH' et AH", mais ne peut faire une route plus voisine de AB. En orientant les voiles de manière à recevoir le vent par le côté de tribord, c'est-à-dire en prenant les *amures à tribord*, le navire se rendra de A en H', puis en changeant les amures en H', il suivra la route H' B symétrique par rapport à la direction du vent. On aurait pu effectuer d'abord une bordée *babord-amures*, suivant la route AH", et ensuite courir le bord H"B, *tribord-amures*. Les deux chemins sont équivalents et indifférents, à moins que des obstacles naturels ne fassent donner la préférence à l'un d'eux.

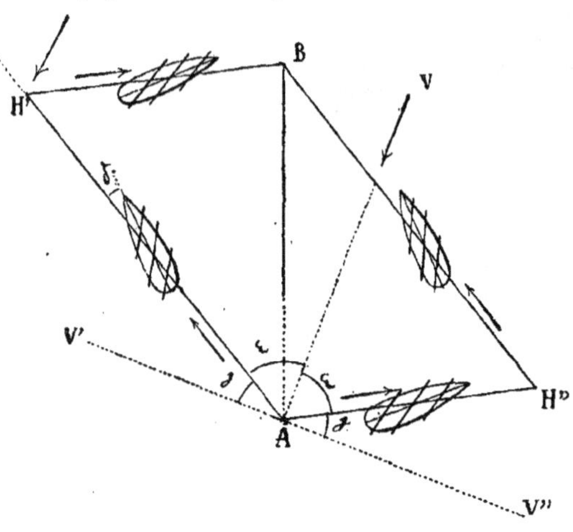

Fig. 432.

La figure 433 montre comment un navire peut franchir un détroit *vent debout*, en *courant* une série de *bordées*.

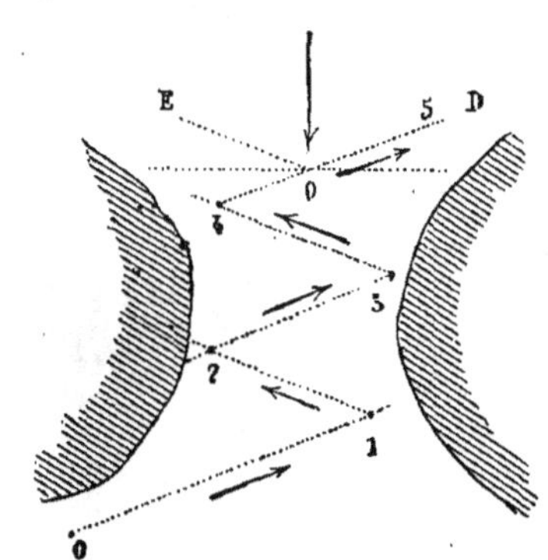

Fig. 383.

La manœuvre qui consiste à changer l'orientation des voiles pour recevoir le vent du côté opposé à celui où il souffle actuellement, porte le nom de *virement* de bord. On peut l'effectuer de deux manières différentes, suivant le sens dans lequel on fait tourner le navire. Dans le virement de bord *vent devant* ou *debout au vent*, on profite de la vitesse acquise par le navire dans la marche au plus près pour faire franchir à l'avant du navire le *lit du vent* en se servant du gouvernail, et en faisant jouer convenablement les voiles. Dès que le vent souffle du côté opposé et que le navire est assez orienté pour que la voilure puisse agir, le virement de bord est achevé et l'on se remet en route. Cette évolution exige de l'habileté, de la précision et une connaissance complète des qualités nautiques du navire; elle est difficile par un mauvais temps, lorsque la mer est grosse.

Le virement de bord *vent-arrière* ou *lof-pour-lof*, s'effectue dans le sens opposé : on cherche, en jouant des voiles et du gouvernail, à augmenter l'angle du navire avec la direction du vent; on passe par le vent de travers, le vent arrière, puis de l'autre bord par le vent de travers, et enfin on atteint le plus près. Cette évolution est plus aisée à réaliser par tous les temps, mais elle a l'inconvénient d'exiger plus de place, de faire perdre de la route par rapport au vent et aussi, elle fait passer le navire deux fois par l'allure du travers, ce qui exige que l'on réduise la voilure si le vent est très fort.

Lorsque l'on cherche à rapprocher l'avant du lit du vent, on dit que le navire *loffe*; dans le cas contraire, il *arrive*. Lorsque, abandonné à lui-même, le navire tend à loffer, par suite de la position respective des voiles et de la carène, on dit qu'il est ardent; dans le cas où il tend à arriver, on le dit *mou*. Lorsqu'il conserve sa route, on le dit équilibré. En général, on cherche, dans la marche au plus près, à donner un peu d'*ardeur* au navire, et un peu de *mollesse* dans la marche vent arrière ou grand largue.

Nous avons représenté, plus haut, un navire à voiles *en panne*, cette manœuvre consiste en ce que l'on dispose la voilure de manière que l'action du vent sur les voiles de l'avant contrebalance l'action du vent sur les voiles de l'arrière, de telle sorte que le navire étant orienté sensiblement en travers au vent, reste à peu près immobile. Cette manœuvre s'exécute en cours de navigation pour mettre une embarcation à la mer, pour prendre un pilote, communiquer avec un autre navire, etc. Pour *faire servir*, c'est-à-dire pour se remettre en route, il suffit d'orienter convenablement les voiles.

Les navires à voiles ne portent toute leur voilure que lorsque le vent n'est pas trop fort, lorsque l'intensité de la brise et l'état de la mer l'exigent, on supprime les voiles hautes et l'on diminue la surface des voiles principales en *prenant des ris* (V. VOILURE). Enfin, lorsque le temps est très mauvais, et que le navire ne peut continuer sa route sans danger, on réduit la voilure au minimum, et en s'orientant sensiblement en *travers au vent*, on se laisse dériver lentement; c'est l'allure de la *cape courante*. Dans la *cape sèche*, le navire est à sec de voiles et subit l'action du vent sur les œuvres mortes, la mâture et le gréement.

Navires à vapeur. Les navires à vapeur destinés au commerce peuvent se classer en *remorqueurs*, navires à marchandises ou *cargo-boats*, navires à passagers (accomplissant le service postal) appelés communément *paquebots*. Nous renvoyons à PAQUEBOT, à REMORQUEUR et à PROPULSION, PROPULSEUR pour plus amples détails; nous contentant ici de décrire les navires à vapeur, en général, et de donner quelques renseignements sur leur fonctionnement.

Les navires à vapeur ont, comme propulseur, des *roues* ou des *hélices* (V. ces mots). Le premier genre, très nombreux au début de l'adoption de la vapeur, tend à se restreindre dans des services particuliers. Le principal avantage des roues comme propulseur, est de n'exiger que peu de profondeur, et de convenir, par là, à la navigation sur les fleuves ou dans les rades et ports peu profonds; leurs inconvénients principaux sont d'augmenter beaucoup la largeur du navire, d'être trop exposées aux coups de mer, de fonctionner d'une manière désavantageuse lorsque le navire est allégé ou à la bande, c'est-à-dire incliné sous l'action du vent, de mal se prêter à la marche à la voile.

Au point de vue de l'utilisation, il est difficile de se prononcer entre les deux genres de propulseurs, on réalise actuellement les plus grandes vitesses, aussi bien avec les navires à roues qu'avec les navires à hélice. Les types les plus intéressants de navires à roues sont les *ferry-boats* et les *river-boats* des Etats-Unis et les paquebots qui relient l'Angleterre à l'Irlande et au continent.

On rencontre également un grand nombre de remorqueurs à roues; mais ce propulseur est rarement adopté aujourd'hui sur les grands navires de commerce *cargo-boats* ou *paquebots*.

Un autre inconvénient des roues qu'il est bon de signaler est que l'on ne peut dépasser avec ce propulseur une allure assez modérée (40 à 50 tours au plus). Si le moteur est attelé directement sur l'arbre, et c'est le cas général à cause des difficultés que présente l'installation de roues à engrenages de grandes dimensions, il en résulte un encombrement et un poids beaucoup trop considérables.

Les *navires à hélice* du commerce n'ont, en général, qu'une hélice; quelques paquebots ou remorqueurs néanmoins ont reçu deux hélices. Ce dédoublement du propulseur, fréquent dans la marine de guerre, a l'avantage d'exiger moins de tirant d'eau, à puissance égale développée dans la machine; mais il a l'inconvénient d'augmenter sensiblement le poids du moteur et surtout les dépenses de premier établissement et d'entretien. Les éléments à considérer dans un navire à vapeur sont les suivants :

Immersion convenable du propulseur; *allure limite* qu'il convient de ne pas dépasser, au point de vue de la sécurité des organes du moteur; *allure maximum*, que la machine motrice permet de réaliser; *allure de route*, que les chaudières permettent de soutenir pendant longtemps en chauffant d'une manière normale; *consommation de combustible* par *mille* parcouru, à diverses allures et notamment à l'allure de route; *approvisionnement de combustible*, réglé par la capacité des soutes à charbon et la nécessité de ne pas dépasser la flottaison en charge prévue; *distance franchissable* à une vitesse déterminée, par exemple à l'allure de route, et représentant le trajet que le navire peut effectuer sans être obligé de relâcher pour prendre du charbon.

Nous allons entrer dans quelques développements en prenant, pour fixer les idées, le cas d'un navire à hélice.

L'hélice doit toujours être complètement immergée, avec une couche d'eau de 30 à 50 centimètres au-dessus de son point le plus élevé : son diamètre doit être aussi grand que le permet le tirant d'eau arrière du navire, il doit être aussi en rapport avec la puissance du moteur; il en résulte que lorsque la puissance est considérable, il est difficile de descendre pour le diamètre de l'hélice au-dessous d'une certaine valeur, de telle sorte que le tirant d'eau se trouve souvent déterminé par cette considération. La répartition de la puissance sur deux hélices jumelles permet de réduire le tirant d'eau.

Le diamètre étant ainsi adopté; il faut se donner l'allure extrême du moteur, qui est limitée par la crainte de fatiguer les organes en mouvement : l'allure extrême, comptée ordinairement en nombres de tours par minute, diminue quand les dimensions et la puissance augmentent; pour les machines de 8,000 chevaux, elle ne dépasse guère 70 tours.

La valeur du *pas* de l'hélice se règle d'après l'allure, le recul supposé (prévu par le constructeur d'après les données d'expériences récentes sur des navires munis de propulseurs analogues) et la vitesse que l'on espère réaliser. Celle-ci est liée à la puissance du moteur et à la grandeur de la coque par une formule tenant compte soit de la surface de la portion immergée du couple milieu (B^2), soit du déplacement même du navire. En France, on emploie généralement

$$V=M\sqrt[3]{\frac{F}{B^2}}$$

dans laquelle V est la vitesse exprimée en nœuds, c'est-à-dire en milles marins (de 1,852 mètres) à l'heure; F est la puissance en chevaux de 75 kilogrammètres développés sur les pistons de la machine motrice, B^2 la surface du couple milieu en mètres carrés, M un coefficient variant d'un type de navire à l'autre, d'autant plus grand que les formes sont plus fines et les dimensions plus grandes, et diminuent pour un même navire quand la vitesse augmente ou quand la résistance de la coque devient plus grande par suite de dépôts d'herbes ou de coquillages sur la surface de la carène.

En général M varie de 3,5 à 4,2 pour la plupart des navires. Si le choix de la valeur probable du coefficient d'utilisation M, a été judicieux, le constructeur en déduit la valeur de F nécessaire pour réaliser une vitesse V. Si N est l'allure correspondante du moteur, ρ la valeur probable du recul de l'hélice, le pas se calculera par

$$V = NH(1-\rho).$$

L'allure maximum réalisée dépend de plusieurs éléments : la pression de la vapeur à son entrée dans la machine, le coefficient d'introduction de la vapeur dans les cylindres et de coefficients particuliers au propulseur et à la coque. Pour un même navire, conservant la même immersion et dont on ne fait varier que l'allure, on vérifie expérimentalement que la pression moyenne de la vapeur sur les pistons est proportionnelle au carré du nombre de tours

$$\frac{n^2}{p} = \text{constante, ce qui entraîne } \frac{n^3}{F} = \text{constante},$$

de telle sorte que le maximum de p entraîne le maximum de n : l'allure du propulseur et par suite la vitesse du navire atteignent la limite supérieure lorsque p est maximum, c'est-à-dire quand l'introduction dans les cylindres est à la plus grande valeur possible et que la pression de la vapeur atteint son maximum, c'est-à-dire la valeur imposée par la charge des soupapes de sûreté.

L'allure de route, c'est-à-dire l'allure que le navire peut réaliser longtemps, tout le temps que durera l'approvisionnement de combustible, dépend de la puissance des chaudières et de la facilité de la chauffe : elle peut différer notablement de l'allure maximum dont il a été question plus haut ; c'est ce qui arrive généralement dans les navires de guerre. La puissance de vaporisation dépend d'abord des dimensions des chaudières dont l'élément de comparaison est tantôt la *surface de chauffe*, tantôt la *section tubulaire*, tantôt la *surface de grille*, puis de la quantité d'air que l'on peut fournir dans un temps donné. On compte le plus souvent qu'il faut de 12 à 15 mètres cubes d'air par kilogramme de charbon brûlé, vaporisant de 8 à 8,5 litres d'eau. Quand le tirage est naturel, c'est-à-dire quand l'arrivée d'air s'opère naturellement par les panneaux, mouches à vent, etc., on n'arrive guère à brûler en moyenne plus de 60 à 80 kilogrammes de charbon par mètre carré de surface de grille. Il faut ralentir et même supprimer presque complètement la combustion pour décrasser les grilles de temps en temps : une fois au moins par période de 6 heures. Il va sans dire que l'on ne décrasse pas tous les foyers à la fois, mais bien successivement pour influencer le moins possible le régime de la machine.

On a ainsi les éléments nécessaires pour relier l'allure de route à la puissance des chaudières. Les machines modernes de puissance moyenne ne dépassent pas en service courant une consommation de 1 kilogramme de charbon par heure et par cheval ; de telle sorte qu'un navire qui aurait 100 mètres carrés de couple milieu immergé, une vitesse de 12 nœuds et dont le coefficient d'utilisation serait 4, développerait

$$F = B^2 \frac{V^3}{M^3} = 2{,}700 \text{ chevaux}$$

sur les pistons, et consommerait par heure au plus 2,700 kilogrammes ; ce qui ferait une consommation de 225 kilogrammes par mille parcouru. Pour ce navire, le trajet du Hâvre à New-York qui est d'environ 3,200 milles, exigerait un approvisionnement de 720 tonneaux pour un trajet de 11 jours 2 heures.

La même formule montre bien la diminution rapide de la distance franchissable quand la vitesse augmente : ainsi supposons que, grâce à un changement dans le moteur et les chaudières, on arrive à atteindre une allure de route de 16 nœuds qui réduirait la durée du trajet à 8 jours 8 heures ; le coefficient d'utilisation M baissera très vraisemblablement de 4 à 3,8 : la puissance à développer atteindra 8,750 chevaux : la consommation par heure dépassera 8,700 kilogrammes et la consommation par mille parcouru deviendra 543 kilogrammes, c'est-à-dire presque deux fois celle de l'exemple précédent ; par suite, l'approvisionnement de combustible sera plus que doublé. Inversement, le même navire ne pourrait plus, avec la même quantité de charbon que dans le premier cas, parcourir plus de 1,600 milles à la vitesse de 16 nœuds.

La même formule indique assez bien l'avantage que présentent les grands navires sur les petits au point de vue de la vitesse et de la distance franchissable. Pour faciliter la comparaison, nous allons considérer deux navires semblables mais de dimensions différentes, possédant des machines analogues dont les poids et les puissances sont proportionnels aux déplacements, de telle sorte que le quotient $\frac{F}{B^2}$ est proportionnel au rapport des longueurs.

En admettant la même valeur pour le coefficient M (hypothèse désavantageuse pour le plus grand des deux navires), on voit d'après la formule que les vitesses seront dans le rapport des racines carrées des dimensions homologues. Si donc, on se contente de la même vitesse pour le grand navire que pour le petit, on pourra réserver une plus grande place pour le chargement et en particulier pour l'approvisionnement du combustible.

En faisant usage de la formule précédente, il faut bien remarquer qu'elle est très imparfaite en elle-même et que son adoption n'est rendue excusable que grâce à l'élasticité du coefficient M. Tout d'abord, elle semble faire supposer que pour un même navire la puissance développée croît proportionnellement au cube de la vitesse : cette loi n'est vraie que pour des vitesses modérées ne dépassant guère 12 nœuds : au delà, l'exposant doit être augmenté, ou, ce qui revient au même, M doit être diminué.

D'autre part, elle semble faire croire que la

mesure de la surface de la portion immergée du couple milieu B^2 suffit pour définir la résistance que la carène éprouve à se déplacer dans l'eau. Cette supposition est erronée, car si on allonge un navire sans changer ses dimensions en largeur, c'est-à-dire sans changer B^2, on augmente sa résistance à la marche. Il faudrait faire entrer dans la formule un terme représentant l'influence de la surface immergée de la carène et tenant compte aussi des formes aux extrémités.

Dans l'établissement d'un projet de navire à vapeur répondant à un programme donné, l'emploi de cette formule tend à faire adopter une grande longueur et de faibles dimensions transversales, à réaliser par suite des navires présentant une longue partie sensiblement cylindrique. Il faut se prémunir contre cette tendance qui n'a été que trop marquée dans ces dernières années. Les constructeurs de grands navires à vapeur ont donné jusqu'à 170 mètres de longueur à des paquebots rapides, sans augmenter beaucoup la largeur. Depuis peu il s'est produit une réaction, et on revient pour les plus grands types à des longueurs de 150 mètres au plus.

Il n'est peut-être pas superflu de donner ici un aperçu rapide de la manière dont on établit un projet de navire à vapeur, pour faire comprendre l'influence des divers éléments du programme imposé *à priori*.

Supposons que l'on veuille construire un navire à vapeur destiné à transporter du Hâvre à New-York un chargement de 2,000 tonneaux (équipage, vivres, etc., compris) en réalisant une vitesse de route de 13 nœuds. Le tirant d'eau à l'arrière ne devant pas dépasser 8 mètres.

En se basant sur les poids de coque et coefficients d'utilisation de navires analogues déjà construits et que l'on se propose d'imiter comme charpente et comme formes, on pourra adopter par exemple 0,40 pour le rapport du poids C, de la coque, au déplacement P ; et M=4. Nous serons ainsi conduits aux relations

$$C = 0{,}40\,P = 0{,}40 \times 1{,}026\,V$$

$$\frac{F}{B^2} = \left(\frac{13}{4}\right)^3 = 34$$

34 chevaux par mètre carré de B^2, 1,026 étant le poids spécifique de l'eau de mer et V le volume en mètres cubes de la carène; C et P les poids en tonneaux de la coque et du navire complet. En adoptant $0^t,120$ pour le poids de la machine et des chaudières par cheval indiqué, nous aurons par mètre carré du couple milieu $34 \times 0{,}12 = 4^t{,}10$ pour l'appareil moteur et évaporatoire. A la vitesse de 13 nœuds, le trajet de 3,200 milles imposé, exige une durée de $\frac{3{,}200}{13} = 245$ heures. Si la consommation par cheval et par heure peut être assignée à $0^k,900$, on sera conduit à embarquer $34 \times 245 \times 0{,}9 = 7^t{,}500$ par mètre carré de B^2.

Nous pouvons alors établir une relation algébrique entre ces divers éléments en écrivant que le déplacement total est égal au poids de la coque plus celui du chargement, celui de la machine et celui du combustible :

$$P = 1{,}026\,V = 0{,}41\,V + 2{,}000 + (4{,}1 + 7{,}5)B^2$$

ou bien en réduisant

$$V = 3{,}250 + 18{,}9\,B^2 \quad (1)$$

D'autre part, on peut se donner par comparaison avec les navires qui servent de types, des rapports relatifs aux formes géométriques, tels que celui du volume de la carène au parallélipipède circonscrit $\frac{V}{Llp}$ (L étant la longueur, l la argeur et p la profondeur de la carène); de même le rapport $\frac{V}{B^2L}$, du volume au cylindre circonscrit au couple milieu (B^2 étant la surface de ce dernier en mètres carrés); enfin le rapport $\frac{L}{l}$.

La limite imposée au tirant d'eau arrière et la nécessité de donner au navire une différence de tirant d'eau convenable pour permettre au navire de bien gouverner, conduit à choisir pour p une valeur de 7 mètres par exemple. Soient :

$$p = 7{,}00 \quad \frac{V}{Llp} = 0{,}6 \quad \frac{V}{B^2L} = 0{,}7 \quad \frac{L}{l} = 8 \quad (2)\,(3)\,(4)$$

On a ainsi entre les 4 inconnues V, B^2, L, l, les 4 relations ci-dessus ; ce qui permet de les déterminer. Voici les résultats obtenus en arrondissant légèrement les nombres :

Longueur, $L = 96^m{,}00$; largeur, $l = 12^m{,}00$; volume, 4,850 mètres cubes; déplacement total, 4,975 tonneaux ; surface du couple milieu, $B^2 = 84$ mètres carrés; puissance de la machine, 2,850 chevaux ; charbon brûlé par heure, $2^t{,}550$; poids de la coque, 2,000 tonneaux ; chargement, 2,000 ; machine, $340^t = 2{,}850 \times 0^t{,}12$; charbon,

$$625 = 2^t{,}550 \times 255\,;$$

poids total, 4,975 tonneaux qui correspond bien au poids de 4,850 mètres cubes d'eau de mer.

En reprenant les mêmes calculs après avoir successivement modifié dans le programme la valeur de chacun des éléments, on se rendra un compte exact de leur influence sur le résultat final, c'est-à-dire sur la grandeur du navire et sur la dépense en combustible.

On voit par là l'intérêt capital qu'il y a, en marine, à adopter des systèmes de construction rationnels réunissant la légèreté à la solidité; à faire usage d'acier au lieu de fer ; à construire des machines légères et surtout économiques. On a fait de grands progrès dans cette voie depuis une vingtaine d'années : les poids de coque oscillent entre 0,35 et 0,40 au déplacement, le métal est plus judicieusement employé, les liaisons mieux réparties. Les machines sont plus légères par suite de la substitution de bâtis en tôles aux massifs de fonte, surtout à cause des grandes allures que l'on ose affronter aujourd'hui. L'emploi de grandes détentes, machines à introductions successives, a réduit la consommation par cheval et par heure notablement au-dessous de 1 kilogramme. Certains constructeurs garantissent $0^k,800$ seulement et promettent encore moins. — V. CHAUDIÈRE A VAPEUR, § *Chaudière marine*, MOTEUR, § *Machines marines*.

Si l'on devait reprendre le programme du fameux *Great-Eastern*, on ne serait pas conduit aujourd'hui à ses dimensions stupéfiantes (22,000 tonnes de déplacement, 212 mètres de longueur, 24 mètres de largeur, etc.). La construction, le lancement même, de ce géant des mers firent le plus grand honneur à ses constructeurs Brunel et Scott Russell.

La proximité des relâches permet de réduire la distance franchissable imposée dans les programmes et de diminuer la taille des navires : c'est ce qui explique la différence notable entre les dimensions des grands navires qui font la ligne de Chine avec ceux qui doivent se rendre aux Etats-Unis.

Au point de vue de la navigation proprement dite, les navires à vapeur sont dans des conditions beaucoup plus avantageuses que les navires à voiles, puisqu'ils n'ont pas besoin d'attendre les vents favorables, et traversent aisément les régions de calme. En général, on munit les navires à vapeur destinés aux longues navigations de mâture et de voilure leur permettant non seulement de s'appuyer au vent pour diminuer les roulis, mais aussi d'aider un peu la machine lorsque le vent est favorable et de ne pas se trouver à la merci des flots en cas d'avaries du propulseur. Dans les très gros temps, il vaut mieux, pour le navire à vapeur, marcher debout au vent et à la lame en modérant la vitesse pour éviter les affolements de l'hélice et les coups de mer : c'est ainsi que les vapeurs tiennent la cape généralement.

L'installation de *water-ballast* (ou compartiments à eau) aux extrémités du navire permet, en cours de navigation, d'agir sur l'assiette de manière à augmenter loin des côtes l'immersion de l'hélice pour favoriser son action et réduire au contraire le tirant d'eau arrière, en annulant même au besoin la différence de tirant d'eau, à l'entrée des rivières, des ports, etc.

La présence à bord de puissants générateurs à vapeur a conduit à multiplier les engins mécaniques, à les étendre à la manœuvre des ancres, des roues de gouvernail, au chargement et au déchargement des marchandises, etc. Tous les navires à vapeur possèdent un ou plusieurs treuils à vapeur répartis sur le pont à proximité des panneaux de chargement : leur concours est fort utile pour la manœuvre des amarres et autres cordages.

Depuis une dizaine d'années, la conduite des roues de gouvernail des grands navires est effectuée de la façon la plus heureuse par des treuils à vapeur d'un maniement très facile grâce à l'admirable invention de MM. Farcot et Duclos. — V. Servo-moteur.

Avant de terminer la partie technique relative aux navires à vapeur, il n'est pas sans intérêt de reprendre l'exemple numérique ci-dessus et de faire remarquer que dans la traversée choisie (Hâvre à New-York), la variation de charge atteint 600 tonneaux, c'est-à-dire la huitième partie du déplacement total. La diminution de tirant d'eau moyen atteindrait au moins pour ce navire (de dimensions moyennes) une hauteur de 66 centimètres. Par une disposition convenable des soutes à charbon, on pourra obtenir que la variation soit peu sensible dans le tirant d'eau arrière, et par suite que l'hélice reste sensiblement dans les mêmes conditions au point de vue de l'immersion. Les roues, au contraire, subiraient forcément un changement notable dans leur mode d'action puisque, placées au milieu, elles participent aux variations du tirant d'eau moyen. Le fonctionnement du moteur serait altéré ainsi pendant une partie de la traversée.

Nous renverrons, pour l'*historique des premières tentatives de navigation à vapeur*, à l'article Bateau a vapeur.

Pour favoriser la navigation commerciale en France, le gouvernement a, par une loi édictée en janvier 1881, établi des avantages spécialement réservés aux constructeurs et aux armateurs. Nous en résumerons les principales dispositions :

La franchise de pilotage est accordée aux voiliers ne jaugeant pas plus de 80 tonneaux et aux navires à vapeur au-dessous de 100 tonneaux, à la condition que ces bâtiments fassent la navigation de port à port et à l'embouchure des rivières.

Les actes et procès-verbaux relatifs aux mutations ne sont passibles que d'un droit fixe de 3 francs pour l'enregistrement.

Il est alloué aux constructeurs, pour compenser les charges que le tarif des douanes impose, une prime calculée de la façon suivante :

Navires en fer et en acier.	60 fr.	Par tonneau de jauge brute.
— en bois de 200 ton. et plus. .	20 fr.	
— — inférieurs à 200 ton.	10 fr.	
— — mixtes.	40 fr.	

Machines, chaudières, accessoires, appareils auxiliaires, etc., 12 francs par 100 kilogrammes.

Toute transformation conduisant à une augmentation dans la jauge donne droit à la prime relative à la différence de tonnage.

Tout changement de chaudières procure au propriétaire une allocation de 8 francs par 100 kilogrammes de chaudières neuves, pesées sans accessoires et de construction française bien entendu.

A titre de compensation des charges imposées à la marine marchande pour le recrutement et le service de la marine militaire, il est accordé pour une période de dix années, 1881-1891, une prime de navigation pour le long cours.

Cette prime est de 1 fr. 50 par tonneau de jauge nette et par 1,000 milles parcourus pour les navires de construction française et sortant du chantier. Cette prime décroît par année de :

0 fr. 075 pour les navires en bois et composites;

0 fr. 05 pour les navires en fer.

Cette prime est réduite de moitié pour les navires de construction étrangère. Les navires francisés avant le 29 janvier 1881 sont assimilés aux navires construits en France.

La prime est augmentée de 15 0/0 pour les navires à vapeur construits sur les plans préalablement approuvés par le département de la marine, et peuvent en temps de guerre être utilisés comme navires de guerre à titre auxiliaire. (La première application en a été faite au *Château-Yquem*, paquebot de la Compagnie bordelaise de navigation, affrété par le ministère de la marine pendant l'expédition du Tonkin.)

Le nombre des milles parcourus est calculé d'après la distance comprise entre les points de départ et d'arrivée, mesurée sur la ligne directe maritime, et inscrite dans un tableau officiel.

En cas de guerre, les navires de commerce peuvent être réquisitionnés par l'Etat.

Sont exceptés de la prime, les navires affectés à la grande et à la petite pêche, les lignes subventionnées et les navires de plaisance. Les navires primés doivent le transport gratuit des correspondances qui leur sont confiées par l'administration des postes et au besoin des agents de ce même service.

Navires de guerre. De tous temps, les peuples possédant des ports de mer ont eu des navires spécialement destinés aux combats, munis d'engins de guerre et portant des soldats destinés soit à combattre sur mer dans les abordages, soit à exécuter des descentes sur les côtes ennemies.

Jusqu'au moyen âge, les luttes maritimes ont eu pour principale scène le bassin de la Méditerranée; les navires de guerre étaient ordinairement des galères ayant pour principal propulseur des rames sur la disposition desquelles on ne s'accorde pas encore aujourd'hui. Un ou deux mâts recevaient de grandes voiles pour soulager les rameurs quand le vent était favorable. Les avants étaient terminés en pointe et munis d'éperons métalliques facilitant la perforation, car le combat par choc était le but principal des manœuvres d'alors, les armes de jet n'ayant qu'une portée très limitée. Latéralement les guerriers étaient protégés par une série de boucliers formant une armature continue. Deux énormes avirons placés à l'arrière et de chaque bord remplaçaient les gouvernails actuels et constituaient un engin d'évolution très efficace auquel s'ajoutait à l'occasion le jeu des rames convenablement manœuvrées.

Fig. 434. — *Le « Henri grâce de Dieu » vaisseau de guerre (XVe et XVIe siècles).*

La plus grande obscurité plane sur la marine du moyen âge; les rames régnèrent toujours sur la Méditerranée (et ne disparurent que vers le milieu du siècle dernier); dans l'Océan et dans la mer du Nord, les voiles se substituèrent aux avirons. Les navires d'alors étaient de bien petites dimensions, une centaine de tonneaux au plus. Vers la fin du XVe siècle commencèrent les grands voyages de découvertes, qui eurent un si grand retentissement. Les premiers navigateurs partirent sur de bien faibles barques: il fallut bientôt en accroître les dimensions et en perfectionner l'armement. Sous Louis XII, Henri VIII, François Ier et Charles-Quint, on se livra à des tentatives intéressantes; au beau vaisseau *la Cordelière* construit dans la rivière de Morlaix et lancé devant Anne de Bretagne, correspond le « Henri grâce de Dieu » mis en construction sur l'ordre de Henri VIII. La figure 434 représente ce beau vaisseau que les écrivains de l'époque louèrent à l'envi. On remarquera la hauteur démesurée donnée aux œuvres mortes et surtout au château de l'arrière ou château de poupe. La mâture et la voilure étaient un premier acheminement vers les navires modernes. Plusieurs forts bas-mâts étaient munis de haubans et d'enfléchures, et portaient chacun une grande basse-voile. Les mâts d'hune et de perroquet étaient relativement très courts, le rôle des voiles supérieures se trouvait très effacé. Les hunes circulaires garnies de balcons recevaient des soldats armés d'armes à jet et à feu.

Les flottes de la Méditerranée se composaient presque exclusivement de galères à un seul rang de rames, actionnées par des forçats (d'où le nom de galériens qui a subsisté jusqu'à nos jours); les galères portaient un ou deux mâts avec antennes et voiles latines. A la bataille de Lépante, qui a été le grand événement militaire sur mer dans la seconde moitié du XVIe siècle, il n'y avait du côté des Vénitiens et du côté des Turcs, que des galères, en très grand nombre, il est vrai.

Les renseignements sur la construction des navires de cette époque sont bien rares. Plusieurs savants ont attribué quelques chapitres à l'art naval dans des ouvrages d'érudition universelle, mais plutôt au point de vue de la navigation, tels sont : Snellius (*Typhis Batavus*); Bayf (*de re navali*) Meibomins, Schefferus, etc., Médine (*arte del navigar*). Ce n'est qu'au XVIe siècle que l'art de la construction fit des progrès et eut ses écrivains. En 1621, parut une petite description de la *Gallaire* et de son équipage par Hobier; en Allemagne, le savant Furtenbach, célèbre par ses écrits sur l'art militaire et la fortification, publia, en 1620, une *Architectura navalis* (en Allemand). Cet ouvrage remarquable, fruit des études de l'auteur pendant un long séjour à Venise, abonde en renseignements techniques, plans, coupes, dimensions, etc. Il est à noter que tous les termes techniques et mesures sont en italien et en caractères latins, au milieu du texte imprimé en gothique.

Quelques années plus tard, un savant jésuite, le P. Fournier, publia, en 1643, un ouvrage énorme sur tout ce qui concernait la navigation, et ayant pour titre *Hydrographie*. Nous lui avons emprunté le dessin de la *Couronne* (fig. 435), splendide vaisseau de guerre construit vers la fin du règne de Louis XIII. La mâture et la voilure se sont singulièrement développées depuis le *Henri grâce de Dieu*; on y trouve presque avec leurs proportions actuelles les huniers et perroquets. Les mâts d'hune et de perroquets sont très élevés. Le beaupré, rudimentaire au siècle précédent, est muni d'une voile appelée *civadière* et qui a disparu de nos jours. A l'extrémité du beaupré se dresse verticalement un petit mât portant la voile appelée *perroquet de beaupré*, et qui a été abandonnée au milieu du siècle dernier pour faire place aux focs. Des ornements de toutes sortes donnent à ce navire destiné à porter le pavillon du grand amiral, une magnificence digne de la cour de Versailles. On remarque enfin que la brigantine moderne n'a pas encore fait son apparition; la basse voile d'artimon est à antenne.

Les arsenaux étaient encore mal organisés, mal outillés; il faut arriver à Colbert pour voir se fonder définitivement la marine française. La réglementation de la marine marchande date de 1681, et l'organisation des arsenaux et du service à bord date des fameuses ordonnances de 1689.

Jusqu'à cette époque, l'art de constructeur de navires n'avait pas atteint, en France, l'importance et l'éclat qu'il avait chez les Hollandais dont la suprématie sur mer était incontestée et dont les flottes de guerre et les navires de commerce sillonnaient les mers et tenaient presque tout le trafic avec les colonies. Le plus célèbre constructeur de cette époque était Nicolas Witsen, sénateur et bourgmestre d'Amsterdam, l'hôte de Pierre-le-Grand pendant son séjour en Hollande. L'ouvrage qu'il publia en 1677, sur la *Construction navale ancienne et moderne* eût un retentissement énorme; les états généraux de Hollande craignant les conséquences de la publicité donnée aux pratiques de leurs concitoyens, interdirent la sortie de ce fameux livre dont un exemplaire seulement parvint en France et fut déposé à la bibliothèque du Louvre. A la fin du XVIIIe siècle (1697), le savant P. Hoste, chapelain de Tourville et professeur à l'école de Toulon, fit paraître l'*Art des armées navales*, orné de nombreuses figures représentant les évolutions introduites par le célèbre chef d'escadre et accompagné d'un traité de construction des vaisseaux contenant des idées neuves et originales.

Fig. 435. — *La Couronne (1643)*

La marine française eut des pages glorieuses à cette époque, et dès les premières années du XVIIIe siècle, nos navires firent preuve d'une supériorité incontestée due à la bonne organisation des arsenaux et aux remarquables travaux scientifiques des savants que les problèmes relatifs à la navigation ou à l'architecture navale captivèrent longtemps. Nous citerons les travaux d'Huygens, Renaud, Bernouilli, Euler, Bouguer, etc. Le *Traité du navire* de Bouguer, l'*Architecture navale* de Duhamel du Monceau, furent les premiers ouvrages absolument techniques appliquant à l'art du constructeur de navires les données de la science pure. On commença alors à calculer à l'avance avec soin les volumes des carènes, la position de leurs centres, l'influence de l'inclinaison sur la stabilité; l'influence des formes sur la dérive, sur la facilité d'évolutions, etc.

Les vaisseaux de guerre cessèrent de représenter des châteaux flottants pour prendre une forme plus rationnelle, mieux appropriée à leur rôle. Les sculptures ornant l'avant et surtout l'arrière subsistèrent mais furent réduites et mieux coordonnées. La figure 436 représente la poupe d'un vaisseau du règne de Louis XV : sur le haut de la poupe, trois fanaux servaient de marque distinctive à l'amiral, dont les appartements étaient complétés par une galerie et un balcon richement ornés. Au-dessous, un écusson avec les emblèmes et le nom du vaisseau masquent l'entrée de la mèche du gouvernail dans la batterie haute. De chaque côté du gouvernail sont les deux sabords de la batterie basse, qui étaient généralement les seuls sabords de l'arrière munis de canons. La figure 437 montre une frégate sous voiles : les basses voiles et la civadière carguées, un ris pris dans les huniers; les perroquets serrés. Le beaupré portait déjà un bout dehors de foc au lieu du mât de perroquet de beaupré dont nous avons parlé plus haut. La guibre est ornée d'une sculpture emblématique formant un motif d'ornement fort gracieux. Il ne faut pas oublier que les artistes les plus appréciés travaillaient à l'ornementation des vaisseaux, et que Puget était le maître sculpteur de l'arsenal de Toulon.

La seconde partie du XVIIIe siècle, vit paraître une foule d'ouvrages scientifiques remarquables, au milieu desquels l'art de la marine ne fut pas oublié. Nous citerons le splendide ouvrage du célèbre constructeur suédois Henry Chapman, intitulé *Architectura navalis mercatoria*, donnant dans 72 planches magnifiquement gravées les plans complets des navires les plus remarquables de l'époque; un traité de construction accompagnait l'ouvrage. Il fut traduit en anglais et en français. Vial du Clairbois et Blondeau collaborèrent à la partie *marine* de la collection des arts et métiers de l'*Encyclopédie méthodique*, compilation fameuse de 285 gros volumes qui fit suite à la grande *Encyclopédie* de Diderot et d'Alembert. Romme, Vial du Clairbois, Lescallier, etc., firent paraître des traités, restés longtemps classiques, sur la construction des vaisseaux et sur le gréement. En Espagne, don

Géorges Juan publia l'*Examen maritime* traduit aussitôt en français et présentant les théories scientifiques relatives à toutes les parties de l'art naval.

Dans la première partie du XIXe siècle, la navigation à vapeur fit son apparition, mais ses débuts furent timides, au moins dans la marine de guerre (V. BATEAU A VAPEUR). La vulnérabilité des roues, seul propulseur employé au début, était un obstacle sérieux à son adaptation aux bâtiments de combat. Les premiers navires à vapeur employés par les marines militaires ne furent pas à proprement parler des navires de combat mais plutôt des auxiliaires de peu d'importance. On se décida peu à peu à s'élever dans l'échelle des grandeurs, et vers 1840, on construisit des corvettes et des frégates à roues ne portant qu'un petit nombre de canons et munies d'une voilure suffisante pour venir en aide au propulseur et au besoin se substituer à lui. La figure 438 montre l'une de ces corvettes à vapeur. La pensée dominante à cette époque était de conserver les vaisseaux à voiles pour la constitution des escadres et le combat, et d'employer les navires à vapeur comme auxiliaires, marches, transports, remorqueurs, etc. En principe, dans chaque division, une frégate à roues était adjointe à deux vaisseaux de ligne, avec mission de les remorquer en calme ou en cas d'avaries. Les navires de guerre se composaient alors de :

Vaisseaux de 1er rang à 3 ponts ou batteries (120 canons et 1,200 hommes);

Vaisseaux de 2e rang à 2 ponts (80 canons environ);

Vaisseaux de 3e rang à 2 ponts (70 canons environ);

Frégates de divers rangs à 1 pont;

Corvettes à batterie à 1 pont;

Corvettes à batterie barbette, avec toute l'artillerie sur le gaillard;

Bricks, goëlettes, avisos, cutters, etc.;

Frégates et corvettes à vapeur.

En 1850, Dupuy de Lôme, célèbre ingénieur de la marine française, fit adopter un projet de vaisseau de ligne à hélice (à 2 batteries) portant 80 canons, une forte mâture et une machine lui permettant d'atteindre en calme 11,5 nœuds. Le succès du *Napoléon* fut immense et décida la transformation complète de la flotte de guerre.

La *Bretagne*, superbe vaisseau à 3 ponts, à hélice, de 120 canons, construit sur les plans de M. Marielle, fut le spécimen le plus grandiose de construction militaire en bois. On s'empressa de modifier profondément la constitution de la flotte de combat en mettant sur chantier plusieurs vaisseaux du type Napoléon et en transformant les vaisseaux à voiles dont la charpente présentait des conditions de durée. Cette transformation fut très intéressante car elle exigea l'allongement des côques dans la partie centrale pour le logement de l'appareil moteur et évaporatoire et pour procurer l'augmentation de déplacement nécessitée pour l'introduction du nouvel engin et de l'approvisionnement de combustible.

Pendant la guerre de Crimée, on avait expérimenté les premières batteries flottantes cuirassées et reconnu l'efficacité de la protection métallique contre les projectiles de l'époque.

L'idée d'étendre ce mode de protection aux plus grands navires ne tarda pas à se faire jour, et quelques années plus tard, Dupuy de Lôme fit mettre en chantier la première frégate cuirassée la *Gloire* (V. BATTERIE et CUIRASSÉ). Parallèlement aux cuirassés, on vit naître la flotte complète à hélice, composée de frégates, corvettes, avisos, transports, etc., dont l'armement se modifiait continuellement par suite du progrès incessant de l'artillerie. — V. CROISEUR.

Dès 1864, les canons rayés se chargeant par la culasse s'introduisirent dans l'armement de la flotte sous les calibres de 24 centimètres, 19 centimètres, 16 centimètres, et 14 centimètres. Ces pièces en fonte, tubées et frettées étaient remarquables pour l'époque; peu de temps avant la guerre de 1870 on donnait même à l'*Océan* des pièces de 27 centimètres.

Fig. 436. — *Poupe d'un vaisseau de guerre (XVIIIe siècle).*

Depuis une quinzaine d'années, les changements ont été incessants, les progrès réalisés dans la confection des canons, l'élévation croissante de leur puissance de perforation ont conduit les constructeurs à donner, aux cuirassés, des épaisseurs énormes qui ne sont limitées que par les ressources de l'industrie métallurgique. Les plaques de 60 centimètres, en fer, ou 55 centimètres, en acier, conduisent à des dimensions tellement colossales pour les vaisseaux qui les portent et à des dépenses si excessives, sans que l'invulnérabilité soit assurée contre les projectiles des canons de 42 centimètres, pesant 800 kilogrammes et munis de vitesse de plus de 500 mètres, que l'on se demande aujourd'hui si la voie dans laquelle on s'est engagé est la meilleure. Si un mode de protection si dispendieux est inefficace, ne devient-il pas dangereux? D'ailleurs, l'apparition, depuis une dizaine d'années, de la *torpille* et des *torpilleurs* (V. ces mots) augmentent le nombre des partisans du décuirassement et la valeur de de leurs arguments (fig. 439).

Si l'on veut bien se reporter à l'étude du navire à vapeur de commerce, dans laquelle nous avons présenté, d'une manière rapide, au lecteur la marche suivie, dans l'établissement d'un projet, pour déterminer la valeur des dimensions principales, du déplacement et de la puissance des machines, etc., on comprendra sans peine que lorsque l'on veut réaliser un bâtiment de combat

Fig. 437. — *Frégate de guerre (XVIIIe siècle).*

doué simultanément de toutes les qualités, artillerie puissante, protection efficace, vitesse, distance franchissable, on est obligé d'atteindre des déplacements considérables.

Les cuirassés adoptés dans ces dernières années possèdent, en général, une ceinture blindée de peu de hauteur et au niveau de la flottaison ; un petit nombre de canons de gros calibre sont placés dans des tourelles barbettes sur le pont des gaillards ; les plus fortes pièces sont de 37 et de 42 centimètres et pèsent jusqu'à 100 tonnes avec leurs affûts (V. Cuirassement des navires). La vitesse est au moins de 15 nœuds, la longueur de 100 mètres environ, et le déplacement atteint 1,200 tonneaux (fig. 440).

A côté des cuirassés se place la catégorie des gardes-côtes cuirassés, dont le chef de file a été le *Taureau*, 1866, également de Dupuy de Lôme.

Aujourd'hui, ces bâtiments sont confondus avec les cuirassés et entrent dans la composition des escadres; ils se distinguent par une grande invulnérabilité, de grandes facultés gyratoires, mais

Fig. 438. — *Navire de guerre à roues (1840).*

leurs formes et le peu de hauteur de leur platbord au-dessus de l'eau, les rendent peu propres aux navigations de haute mer. Leur rôle était, dans le principe, et doit toujours être, de participer à

Fig. 439. — *Cuirassé à réduit central* (Dévastation).

la défense des rades comme de véritables forts flottants. En ne perdant pas de vue l'idée qui a servi à établir leurs programmes, on évitera de graves mécomptes. En Angleterre, le type des garde-côtes est la *Dévastation;* en France, le *Tonnerre;* en Russie, le *Pierre le Grand.*

Avant de supprimer la cuirasse, on procède au décuirassement partiel en protégeant le plus possible les organes vitaux, machines, chaudières, appareils de manœuvre des canons, et en multipliant les compartiments de petites dimensions ou cellules, soit vides, soit remplies de matières légères, auxquels on donne le nom de *cofferdam*.

Ce mode de protection, fort efficace, a le grand avantage de la légèreté; il a été mis en avant, dès 1872, par M. Bertin, ingénieur de la marine. Aujourd'hui, il est presque exclusivement adopté dans la construction des croiseurs à grande vitesse qui sont en grande faveur dans toutes les marines

Les derniers cuirassés italiens ont atteint les plus grands déplacements réalisés dans les marines de guerre, et sont un exemple intéressant de l'accumulation sur un même navire, de la plus grande puissance offensive et défensive, et d'une grande vitesse (16 nœuds).

La plupart des marines importantes ont encore aujourd'hui, en chantier, un certain nombre de navires cuirassés, mais les études se portent surtout du côté des grands croiseurs rapides. La nécessité de leur assurer une plus grande vitesse que celle des torpilleurs, conduit à leur demander plus de 20 nœuds; d'autre part, leur protection contre les projectiles est à peu près nulle, mais on se prémunit contre les conséquences d'une voie d'eau par l'emploi du cofferdam.

La décomposition des forces navales des grandes puissances peut se faire de la manière suivante :

Cuirassés d'escadre, avec ou sans mâture, portant un petit nombre de pièces de gros calibre, soit dans des réduits cuirassés, soit dans des tourelles barbettes, doués de qualités nautiques suffisantes pour affronter les mers d'Europe.

Fig. 440. — *Coupe d'un cuirassé à deux batteries et à réduit central.*

Cuirassés garde-côtes, fortement cuirassés, armés d'un très petit nombre de pièces du plus gros calibre, placées dans des tourelles barbettes ou des tours mobiles fermées, moins rapides, en général, que les cuirassés d'escadre et ne possédant qu'une distance franchissable plus faible. En général, moins élevés sur l'eau, ils ne présentent pas les mêmes qualités nautiques que les précédents. Les cuirassés dits *sans mâture*, possèdent cependant deux ou trois bas-mâts avec des voiles-goëlettes et des focs pour s'appuyer au vent et faciliter les évolutions dans les appareillages et les mouillages. Ces mâts servent aussi pour faire des signaux, et leurs têtes portent des hunes à un ou deux étages, munies de mitrailleuses ou de canons-revolvers. Cette petite artillerie à tir rapide peut être très efficace contre les torpilleurs et contre le pont des gaillards de l'ennemi. Quand ces mâts sont en tôle et, par suite, creux, ils servent à la circulation du personnel et à la ventilation.

Cuirassés de station, à mâture assez forte pour pouvoir naviguer à la voile et effectuer des croisières sans épuiser leur approvisionnement de combustible, bien précieux dans les mers lointaines où les dépôts de charbon sont rares et le combustible considéré comme contrebande de guerre. Ces bâtiments n'ont qu'un blindage modéré (25 centimètres environ) et des canons de moyen calibre (19 et 24 centimètres).

Croiseurs rapides de 1re classe, réalisant une vitesse de 19 à 20 nœuds, possédant une artillerie nombreuse (14 et 16 centimètres), deux hélices indépendantes et une tranche cellulaire à la flottaison; mâture réduite. *Croiseurs de 2e classe*, n'atteignant que 15 à 16 nœuds, fortement armés et munis d'une mâture complète pour naviguer à la voile et croiser longtemps dans les mers lointaines. *Croiseurs de 3e classe*, à vitesse modérée (13 nœuds), dimensions réduites, destinés aux campagnes lointaines. *Croiseurs cuirassés*, classe peu nombreuse de petits cuirassés sans mâture et à grande vitesse, construits récemment en Angleterre pour quelques puissances de l'Amérique du Sud.

Canonnières cuirassées, petits cuirassés de 15 à 1800 tonneaux de déplacement, à ceinture cuirassée, et armés d'une ou de deux pièces d'assez fort calibre (24 ou 27 centimètres) en tourelle barbette à l'avant; vitesse modérée (13 nœuds environ), faible tirant d'eau. Ce sont, en quelque sorte, de petits garde-côtes cuirassés, précieux pour les ports et les fleuves des colonies. *Canonnières de station*, petits croiseurs ou avisos, à faible tirant d'eau, destinés aux colonies. Vitesse 10 à 12 nœuds, forte voilure, armement 4 à 6 pièces de 14 centimètres. *Canonnières de rivière*, petits bâtiments à très faible tirant d'eau (50 à 60 centimètres); vitesse réduite 8 à 9 nœuds, armement une ou deux pièces de 10 centimètres et plusieurs canons-revolvers ou *mitrailleuses*. — V. ce mot.

Avisos de flottille, à hélice ou à roues, pour le service des colonies.

Fig. 441. — *Garde-côtes à tourelle.*

Croiseurs-torpilleurs, bâtiments rapides, 18 à 20 nœuds, 1,200 tonneaux, n'ayant pour armes offensives que des canons de 10 centimètres, des canons-revolvers et surtout des torpilles automobiles Whitehead. *Avisos-torpilleurs*, service analogue au précédent, dimensions plus faibles, vitesse un peu plus faible et approvisionnement de combustible moindre.

Torpilleurs de haute mer et *torpilleurs garde-côtes*. — V. Torpilleur.

Transports (V. ce mot). Les plus grands transports, destinés au service de Cochinchine, ressemblent aux paquebots par leurs dimensions et leurs installations. Les uns, transports-hôpitaux, ont une batterie transformée en hôpital, pouvant contenir jusqu'à 400 malades, les autres, transports-écuries, ont une batterie disposée pour recevoir des chevaux. *Avisos-transports*, navires de taille modérée, 1,800 à 2,000 tonneaux, armés comme les canonnières de station de 4 ou 6 pièces de 14 centimètres, et possédant des emménagements et une cale de chargement. Ils rendent de grands services dans les mers lointaines par la possibilité de transporter du personnel et du matériel; à l'occasion, grâce à leur artillerie, ils peuvent prendre part à une opération de guerre.

Transports de matériel; ce sont de véritables vapeurs de commerce ou *cargo-boats* que la marine emploie à effectuer des voyages, plus ou moins réguliers, entre les arsenaux et les ports de commerce pour transporter des objets de matériel, chaudières, pièces de machines, etc.

Vaisseaux, frégates et corvettes écoles; ce sont, en général, d'anciens navires, démodés comme bâtiments de combat, que l'on approprie à la destination d'écoles. En France, nous citerons :

Le Borda, mouillé en rade de Brest, vaisseau-école pour les élèves de marine; *Austerlitz*, vaisseau-école des mousses; *Bretagne*, vaisseau-école des apprentis marins; *Résolue*, corvette-école des gabiers et timoniers; *Iphigénie*, frégate-école d'application des aspirants de 2e classe; *Couronne*, vaisseau-école des canonniers, en rade des îles d'Hyères; *Elan*, aviso-école des pilotes; *Japon*, école des torpilles auto-mobiles, en rade des îles d'Hyères;

La possession d'une marine de guerre est une charge bien lourde pour le budget d'un pays. On a dit, à tort, que c'était un objet de luxe que peuvent s'offrir les peuples riches; malheureusement, c'est une nécessité dont ne peuvent se passer les nations qui jouent un rôle important dans la politique universelle, qui ont des côtes et des ports de commerce à protéger, des intérêts à sauvegarder et des nationaux à secourir sur toutes les mers, des colonies à défendre et à relier à la mère-patrie.

***NÉBULÉ, ÉE.** *Art. hérald.* Se dit de l'écu et des pièces qui présentent la forme des bords d'un nuage.

NÉCESSAIRE. Petit meuble, en forme de coffret, qui renferme tout ce qui est nécessaire à la toilette. On donne également ce nom à une petite cassette ou étui contenant les objets dont on a besoin pour travailler à l'aiguille. Ce petit meuble se trouve dans toutes les mains. L'entretien de la propreté nécessite des rasoirs, des miroirs, des peignes, des brosses, des ciseaux, etc., enfin une quantité d'ustensiles qui ont valu le nom de *nécessaire* à la boîte qui les renferme. Outre les nécessaires de toilette, il en existe d'autres contenant toute la série des objets à l'usage des gens qui, en voyage, préfèrent prendre leurs repas en voiture, aux savants qui se déplacent avec leurs instruments, etc., etc. Citons encore les petits nécessaires ou nécessaires de poche, destinés aux fumeurs, aux dames qui cousent, brodent ou tricotent.

— Le XVIIIe siècle a connu le nécessaire : il consistait alors en une petite boîte, divisée en compartiments, et renfermant différentes choses indispensables en voyage, telles qu'aiguières, chocolatières, cafetières, tasses, soucoupes, etc. Quant aux nécessaires de poche, à l'usage des dames, contenant un miroir, un dé à coudre, des ciseaux et autres ustensiles propres à la confection des menus ouvrages féminins, c'étaient souvent de véritables objets d'art. Tel est le petit nécessaire en nacre incrustée d'or, orné d'un joli médaillon en miniature portant ces mots : *Nécessaire d'amour.* Ce ravissant bijou, qui faisait partie de la collection de Mme Achille Jubinal, appartient aujourd'hui à sa fille, Mme Georges Duruy.

Au commencement de ce siècle, les nécessaires et les petits meubles en bois précieux n'étaient accessibles qu'aux personnes riches. C'est seulement depuis une cinquantaine d'années environ que ces objets ont diminué de prix et que leur usage a commencé à se répandre. Le goût croissant du luxe a particulièrement favorisé l'industrie de la petite ébénisterie, dont les produits trouvent accès aujourd'hui dans tous les intérieurs aisés; tandis que la facilité avec laquelle on voyage, depuis l'invention des bateaux à vapeur et des chemins de fer, a considérablement aidé au développement de la fabrication des trousses et des nécessaires.

La fabrication des nécessaires en bois recouverts de cuir et celle des nécessaires en bois, des coffrets et autres petits meubles d'ébénisterie, dépendaient autrefois de plusieurs communautés. Les *layettiers-escriniers* et les boisseliers confectionnaient le fût des objets destinés à être recouverts de cuir; les gainiers façonnaient le cuir, le maroquin, le chagrin, les appliquaient sur les boîtes en bois, doublaient ces objets et y fixaient les charnières, les boutons, les gorges et les calottes en or, en argent ou autre métal; enfin, les doreurs sur cuir doraient les mêmes ouvrages et leur donnaient divers enjolivements. Quant aux petits meubles en marqueterie, ils étaient faits par les menuisiers de placage appelés depuis *ébénistes*, et les gainiers se chargeaient de les garnir et de les doubler.

Aujourd'hui, il y a deux sortes de nécessaires : le nécessaire en cuir nommé *trousse* ou *boîte-peau*, et le nécessaire en bois de chêne ou de peuplier recouvert de cuir, ou bien en bois des îles, plaqué et incrusté. Le fabricant de nécessaires en cuir ne confectionne chez lui que les boîtes-peau; les boîtes en bois sont faites, d'après ses modèles, par des ébénistes fabricants de nécessaires.

On ne compte dans Paris, dit M. Emile Cottenet, qu'un très petit nombre de maisons qui fassent exécuter dans leurs ateliers tout ce qui constitue l'industrie du nécessaire. La boîte étant confectionnée, le fabricant a recours à des serruriers spéciaux qui font et placent les serrures et les ferrures; il s'adresse ensuite à des doreurs sur cuir, à des doreurs sur métaux, à des doreurs sur bois, à des graveurs et à des ciseleurs sur métaux. Il occupe, au dehors également, des découpeurs et des incrusteurs en bois, en cuivre, en ivoire, en nacre, en écaille ou en imitation de cette matière; il charge les gainiers de faire l'intérieur du nécessaire, c'est-à-dire d'en établir les divisions en bois ou en carton recouvert de velours, de soie, de cuir, etc. Enfin, des orfèvres, des couteliers, des brossiers, des miroitiers et des fabricants de cristaux exécutent, d'après ses commandes, les divers ustensiles qui doivent garnir le nécessaire. Cette division du travail donne de très bons résultats.

Les nécessaires d'origine française sont aujourd'hui aussi solides que ceux de fabrication anglaise; ils ne sont pas moins habilement travaillés, et ils l'emportent par l'élégance, la nouveauté de la forme, le choix de l'ornementation et le soin avec lequel sont établies les dispositions intérieures. Le prix des articles français a également diminué, néanmoins c'est dans les objets de luxe que se révèle toute la supériorité des fabricants de la capitale.

En effet, la petite ébénisterie parisienne n'a pas de rivale; ses produits sont vivement recherchés depuis les plus simples nécessaires en bois d'acajou, en bois de palissandre, en bois noir et en bois de rose, etc., plaqués ou incrustés, jusqu'aux plus riches étuis ou petits coffrets qui sont garnis d'écaille, de nacre, de sujets émaillés, de camées coquille, d'aluminium ciselé, de petits bronzes, etc.

Bibliographie : Aug. Luchet : *L'art industriel à l'Exposition universelle de 1867*, ch. XVI : *Les petits meubles*; *Statistique de l'industrie à Paris*, 1860, art. *Fabricants de nécessaires.*

*** NÉCESSITÉ.** *Myth.* Divinité allégorique, adorée par toute la terre et dont la puissance était si grande que Jupiter lui-même était forcé de lui obéir; on la représentait souvent à côté de la Fortune, sa mère, tenant en ses mains de bronze de longues chevilles et de grands coins de fer, symboles de son inflexibilité.

NEF. Dans le sens que lui donnent les architectes, la nef est un vaisseau, ou salle plus longue que large percée de fenêtres ou d'arcades, ordinairement ajourée par une ou plusieurs galeries superposées, et terminée par un comble. La nef principale est tantôt seule, tantôt accompagnée de deux ou quatre nefs secondaires; dans ce dernier cas, les petites nefs accolées à la grande prennent le nom de *collatéraux*, *nefs collatérales*, ou *bas-côtés*.

— La basilique romaine, type des églises primitives, se composait d'une sorte d'abside, ou hémicycle, dans laquelle siégeaient les juges, et d'une salle ou prétoire, dans lequel se tenait le public. Construits sur ce modèle, les premiers temples chrétiens n'eurent généralement qu'une nef. L'affluence des fidèles obligea les architectes à joindre deux autres vaisseaux aux premiers; de là les premières nefs collatérales; puis deux nouveaux bas-côtés, sur lesquels s'ouvraient les chapelles consacrées à la mémoire des martyrs. Le nombre des nefs a toujours été subordonné à l'importance de l'édifice religieux et au nombre des fidèles appelés à s'y réunir; celui des chapelles s'ouvrant sur les nefs collatérales, ou bas-côtés, est en rapport avec les corporations, les confréries qui avaient un patron à fêter, et les familles riches ou nobles, qui accolaient à l'église un oratoire où elles avaient leur sépulture.

Il y a peu d'exemples d'édifices religieux à deux nefs : ce type était propre aux édifices civils. Il en existe, à Paris, deux types bien connus; la grande salle du Palais de justice, réédifiée par Du Cerceau, après l'incendie de 1618, sur le plan de l'ancienne qui comportait une double nef avec une rangée de piliers formant la ligne séparative, et le réfectoire du prieuré de Saint-Martin-des-Champs (aujourd'hui Conservatoire des arts et métiers). Les églises conventuelles des Dominicains, ou Jacobins, avaient généralement deux nefs; c'était la caractéristique de l'architecture religieuse de cet ordre.

Le chiffre trois est symbolique dans l'église; aussi compte-t-on par milliers les édifices chrétiens pourvus d'une nef principale et de deux collatéraux, ou bas-côtés. Ceux qui en ont cinq sont beaucoup plus rares; dans ce nombre, deux sont toujours plus basses et servent de trait d'union entre la nef principale et les deux collatéraux, sur lesquels s'ouvrent les chapelles.

Il faut encore ranger parmi les nefs le *narthex* ou porche, ainsi que le *transsept*. Le premier de ces vaisseaux est une sorte d'*avant-église*, ouverte ou fermée, dont les proportions sont parfois tellement considérables qu'on croit, en la parcourant, avoir vu l'édifice lui-même, tandis qu'elle n'en est que le vestibule. Le second est le bras de la croix, qui coupe la grand'nef à angle droit et forme une nef ou vaisseau, du nord au sud, tandis que les nefs principale et secondaires vont d'occident en orient.

Un grand édifice chrétien peut donc avoir sept nefs : un porche ou *narthex*, une grand'nef, quatre nefs collatérales et un transsept; autant de vaisseaux symboliques destinés à transporter le fidèle de cette plage d'exil au port du salut. — L. M. T.

NÉFLIER. Arbre peu élevé, tortueux et difforme, dont le bois est très dur et le grain égal; on l'utilise dans la construction de machines, de dents d'engrenages, pour la menuiserie et le tour, mais il a le défaut de se tourmenter et de se fendiller.

NÉGATIF. *T. de phys.* Dans l'hypothèse des deux fluides électriques, on donne le nom de *fluide négatif* à celui qu'on développe sur un bâton de résine en le frottant avec une étoffe de laine. Par opposition, on nomme *fluide positif*, celui qui se manifeste sur le verre frotté avec une fourrure. A l'origine des observations de phénomènes électriques, dans le siècle précédent, on a donné le nom de *fluide résineux* et de *fluide vitré* aux électricités développées sur la résine et sur le verre. Après avoir remarqué qu'un même corps peut donner l'une ou l'autre électricité, suivant la nature du corps frottant, et que deux corps de même nature frottés l'un contre l'autre dégagent de l'électricité, résineuse sur l'un des corps et vitrée sur l'autre: après que Franklin eut cherché à expliquer les phénomènes électriques par l'hypothèse d'un seul fluide, en excès ou *en plus* sur l'un des corps en contact, et en défaut ou *en moins* sur l'autre corps frottant ou frotté, on désigna ces états électriques sous les noms de *positif* et de *négatif*, le passage de l'électricité de l'un des corps sur l'autre rétablissant l'équilibre, ou, comme on le dit dans l'hypothèse des deux fluides, reconstituant le fluide neutre. — V. Électricité. || *T. de photog.* Lorsqu'on expose au foyer de la chambre obscure une lame de verre sensibilisée (par les procédés actuellement usités en photographie) et que cette plaque, après avoir reçu l'impression de la lumière, est soumise aux réactifs chimiques qui révèlent et renforcent l'image, on a un *cliché*, une empreinte, une sorte de moule *inverse* de l'objet, non seulement par symétrie, mais dans lequel les clairs sont représentés en noir et les ombres ou les noirs sont représentés en blanc. Ainsi, le cliché représentant le portrait d'un homme vêtu d'un habit noir, le montrera avec la figure d'un nègre vêtu d'un habit blanc. Ce cliché se nomme, pour ces raisons, un *négatif;* il sert à obtenir les épreuves *positives* ou directes. — V. Épreuve.

C'est à Niépce de Saint-Victor, neveu de Nicéphore Niépce, l'inventeur de l'héliographie, qu'est dû ce procédé des *négatifs* photographiques. Il imagina d'étendre sur une lame de verre une légère couche d'albumine (blanc d'œuf) et de la sensibiliser au moyen de l'iodure d'argent, en la plongeant d'abord dans une dissolution d'iodure de potassium, puis dans une dissolution d'azotate d'argent. La plaque sèche était mise au foyer de la chambre obscure et donnait, après un temps assez long, une image *négative* servant à produire sur papier des épreuves positives.

L'albumine est maintenant remplacée par le collodion qui donne des résultats plus rapides. — V. Impression par la lumière, Photographie. — C. D.

* **NÉMÉSIS.** *Iconog.* Fille de la Nuit ou de l'Océan, déesse redoutable, qui représentait chez les anciens l'idée toute morale de la justice et de la vengeance par la conscience et le remords; elle résidait au plus haut du ciel et distribuait de là l'équité sur les hommes, les empêchant de s'élever jusqu'aux dieux par leur orgueil. Grâce à ces attributions un peu vagues de Némésis, on peut dire que l'antiquité païenne a représenté cette divinité partout où une faute morale appelait un châtiment, et elle l'a souvent confondue avec le Destin, la Fortune, Thémis, Proserpine, Hécate, Chloto et autres personnifications de la justice et de la fatalité. Cette déesse punit l'orgueil et l'impiété, elle châtie les enfants qui outragent leurs parents et les amants infidèles. On la représente ordinairement sous les traits d'une vierge au front calme et sévère, à la démarche assurée; ses attributs sont aussi nombreux que variés. Elle a des ailes, parce que nul ne peut éviter

sa présence, un doigt sur sa bouche parce qu'elle frappe mystérieusement, et en main une lance, symbole de sa puissance. On lui donne aussi une couronne de narcisses surmontée d'une corne de cerf pour rappeler sa rapidité dans le châtiment, une roue comme à la Fortune, un frein pour maîtriser l'orgueil et les passions des humains, un compas pour mesurer leurs peines et leurs récompenses; un gouvernail, un glaive, des serpents, un voile, un miroir et un cerf, symbole de longue vie, sont encore les attributs de Némésis. On voit que les artistes anciens n'étaient pas d'accord sur le caractère précis de cette divinité, fait très rare dans la mythologie où grâce à la multiplicité des dieux, chacun avait ses attributions bien distinctes.

On avait élevé à Némésis un grand nombre de temples en Perse et en Egypte, où sans doute il faut chercher son origine. Adraste lui avait construit un superbe sanctuaire, d'où son surnom d'*Adrastée*; celui de *Rhamnusie*, qu'on lui donne encore, venait du temple superbe de Rhamnonte en Attique, où Agoracrite, d'autres prétendent Phidias, avait taillé dans un seul bloc de marbre de Paros une statue haute de soixante pieds. Les Perses avaient apporté ce monolithe à Marathon pour en faire un trophée de la victoire qu'ils espéraient, mais leur orgueil ayant été puni, d'après les idées païennes, par Némésis, il était juste que cette déesse en recueillît l'honneur. De cette statue, très célèbre dans l'antiquité, il ne nous reste que la description de Pausanias. Sur le piédestal, l'artiste avait représenté Léda conduisant Hélène à Némésis, Tyndare et ses fils, Agamemnon, Ménélas et Pyrrhus. Les figures de cette déesse se trouvent sur un grand nombre de médailles grecques et sur des mosaïques dont l'une, fort belle, trouvée à Herculanum, la représente consolant Ariane abandonnée.

NÉNUFAR ou **NÉNUPHAR**. Plante aquatique à fleurs jaunes, *nymphea lutea*, L., ou blanches, *nymphea alba*, L.

Scheiz, de Vienne, a le premier appelé l'attention des teinturiers, sur les rhizomes du nénufar blanc avec lesquels il a obtenu des teintes grises. La racine a aussi été essayée conjointement avec la garance et, d'après les essais de H. Schlumberger, une addition de 1/30 à un bain de garance augmenterait le rendement de la teinture de 27 0/0. On l'emploie en racines, fréquemment en Allemagne, pour la teinture des écheveaux en gris, olive, noir. Les couleurs obtenues sont fort pures, et les noirs ont plus de résistance que ceux à base de campêche. C'est la matière colorante qui se rapproche le plus de la noix de galles, sur laquelle elle a l'avantage d'être beaucoup moins chère à rendement égal. En Italie, on s'en sert aussi, pour le tannage et la teinture des cuirs en noir. — J. D.

***NÉOPLASE.** *T. de minér.* Sulfate ferroso-ferrique hydraté, contenant de la chaux et de la magnésie. Il est en cristaux de couleur jaune rougeâtre, partiellement solubles dans l'eau; D=2,04; dureté=2 à 2,5. Il se trouve sur les cristaux de pyrite, surtout à Fahlun (Suède).

La *rœmerite* est très voisine de ce corps, elle contient moins de fer; on la rencontre principalement à Rammelsberg, près Goslar.

***NÉORAMA.** Sorte de panorama circulaire représentant l'intérieur d'un temple ou de tout autre édifice, éclairé par des effets de lumière changeants et animé par des groupes de personnages au milieu desquels se trouve placé le spectateur.

***NÉPHÉLOSCOPE.** *T. de météor.* Miroir orienté, destiné à l'observation des nuages. C'est une glace de forme circulaire sur laquelle on a gravé une rose des vents. Après avoir disposé cette glace horizontalement, on l'oriente, à l'aide d'une boussole, de manière que son diamètre Nord-Sud coïncide avec le méridien terrestre du lieu. Les nuages se réfléchissant sur ce miroir, il est facile d'observer, sans fatigue, leurs formes, leur direction, et d'évaluer, même avec une certaine approximation, leur vitesse.

***NEPTUNE** ou **POSEIDON**. Toutes les divinités marines secondaires sont soumises à l'empire du maître de la mer, Poseidon, « le grand dieu marin qui ébranle la terre et la mer inépuisable ». La plupart des représentations archaïques de Poseidon ne nous sont connues que par les textes; on ne possède pas de statue ou de bas-relief véritablement archaïque où l'on puisse avec certitude retrouver le type de Poseidon pour la période antérieure aux dernières années du VIe siècle. C'est aux peintures de vases et aux monnaies qu'il faut demander ces renseignements. La conception mythologique de Neptune se rapproche trop de celle de Jupiter, pour qu'il n'y ait pas entre les types de ces deux dieux quelques traits communs. Sur les vases d'ancien style, Poseidon est à peu près figuré comme Zeus, complètement vêtu, portant, sur sa tunique talaire, un himation richement brodé, sa longue chevelure et sa barbe sont peignés avec soin; souvent son front est ceint d'une couronne ou d'une bandelette. C'est sous cet aspect que le montrent des plaques de terre cuite peinte, trouvées près de Corinthe; ces tablettes votives, consacrées dans un sanctuaire du dieu, ne sont pas postérieures au VIe siècle. Le dieu est tantôt seul, tantôt, monté sur son char, il est accompagné d'Amphitrite. Les habitudes des peintres de vases sont trop constantes pour qu'on ne reconnaisse pas un emprunt fait à la céramique dans les bas-reliefs de style hiératique qui montrent Poseidon vêtu et tenant un dauphin; par exemple, sur une base de candélabre du Vatican. Au contraire, les anciennes monnaies de Posidonia semblent reproduire un type sculptural qui était en vigueur à l'époque archaïque.

A quelle époque et dans quelle région de la Grèce, l'art donne-t-il au type de Poseidon un caractère idéal qui s'impose désormais comme la plus haute expression plastique du dieu? Otfried Müller attribue cette création à un artiste corinthien. On sait, en effet, à quel point le culte du dieu était populaire à Corinthe; les Grecs avaient choisi l'isthme pour y consacrer à Poseidon, après la bataille de Platées, une statue colossale, signalée par Hérodote. Toutefois, on a peine à croire que l'école attique ait été étrangère à la formation de ce type canonique. Phidias avait représenté le dieu de la mer sur la base du trône de Zeus à Olympie; on le retrouve sur la frise de la Cella au Parthénon. La dispute de Minerve et de Neptune formait le sujet du fronton occidental du temple, le torse du dieu est au nombre des fragments conservés. On peut admettre tout au moins que l'école de Phidias avait conçu un idéal de Poseidon qui n'a pu être sensiblement modifié par la suite.

Si l'on consulte les monuments, plusieurs caractères très précis concourent à distinguer nettement Poseidon de Zeus. Si l'on compare aux bustes de Zeus celui de Poseidon conservé au musée Chiaramonti (Vatican) on est frappé de la différence. Les traits n'ont pas au même degré l'expression de douceur et de force calme qui caractérise le visage du maître de l'Olympe; la physionomie est plus mobile, et la chevelure, tombant en mèches drues et raides, comme si elle était mouillée, achève de donner au dieu de la mer un aspect plus sévère : c'est le dieu à la chevelure sombre (κυανοχαίτης). Les sculpteurs lui prêtent des formes robustes et ramassées. On connaît l'épithète de dieu à la large poitrine (εὐρύστερνος) attribuée à Poseidon, elle est pleinement justifiée par le magnifique torse du Parthénon. Mais la vigueur de Poseidon est moins sereine que celle de Zeus : c'est celle de l'homme de mer qui lutte contre un rude élément. Le plus souvent Poseidon est nu; c'est ainsi qu'il apparaît sur plusieurs peintures de vases, et si quelques peintres céramistes le représentent vêtu, il ne porte qu'une simple tunique plissée comme dans la scène de la *Gigantomachie*, qui décore la coupe du musée de Berlin. Dans les monuments de la plastique, Poseidon porte quelquefois comme Zeus l'himation drapant le bas du corps ou rejeté sur l'épaule, ainsi le montre une statue colossale trouvée à Madrid. Mais la nudité complète, beaucoup plus fréquente, semble être l'un des signes caractéristiques du dieu. Un bronze du musée de Naples, trouvé à Herculanum, nous offre à ce point de vue un exemple digne d'attention, le dieu debout, au repos, s'appuie sur son trident, c'est l'attitude la plus ordinaire. Les artistes le représentent aussi volontiers le pied posé sur un rocher ou sur une proue de navire, comme dans les statues du Latran et de la villa Albani. Ailleurs, son pied repose sur un dauphin. Considéré sous cet aspect. Poseidon est le dieu dont la domination tranquille s'exerce sur le vaste domaine qui lui est attribué.

Le trident et le dauphin sont ses attributs habituels; ils figurent au revers d'une monnaie de Messine, et le dauphin est fréquemment placé sur la main du dieu dans les peintures de vases. Le cheval est aussi un de ses attributs. Il est à peine besoin de rappeler l'épithète d'*Hippias* que porte parfois Poseidon et la légende d'après laquelle il fait naître le cheval d'un coup de trident. Les représentations où cet animal est associé à Poséidon sont fréquentes sur les monnaies et font allusion au mythe de la naissance du cheval. On saisit facilement la relation que la vive imagination des Grecs avait créée entre le cheval et le dieu de la mer. Les lignes onduleuses des vagues, leur crinière d'écume, leur allure rapide appelaient une comparaison toute spontanée avec certaines formes de la nature animale. Aussi l'aspect des vagues agitées éveille-t-il de bonne heure l'idée de l'attelage impétueux qui entraîne à la surface des flots le char de Poseidon. « Le dieu revêt son armure d'or, saisit un fouet brillant, d'un travail merveilleux, monte sur son char et le lance sur les flots. Au-dessous de lui bondissaient les monstres sortis en foule de leur retraite et reconnaissant leur souverain. La mer pénétrée de joie s'ouvrait sur son passage. Les chevaux volaient rapidement, et, sur leur route, l'onde ne mouillait pas l'essieu d'airain. » (*Iliade*).

***NEPVEU** ou **NEVEU** (Pierre, dit Trinqueau), fut l'architecte, ou l'un des architectes du château de Chambord, en 1536; il est certain qu'il a conduit les travaux les plus importants et que l'œuvre était fort avancée lorsqu'il l'abandonna à son successeur Jacques Coqueau. D'après des actes retrouvés à Amboise, par l'abbé Chevalier, on serait fondé à croire que Nepveu était originaire d'Amboise. D'autres prétendent, au contraire, qu'il appartenait au Blésois, où il habitait certainement lorsqu'il fut appelé à Amboise par Charles VIII. Il travailla au château de cette ville pendant le règne de Louis XII. On perd ses traces après son passage à Chambord, bien que cet artiste ait pu encore concourir à des œuvres importantes; sa réputation était établie, sans doute, car il était payé, pour les travaux de Chambord, à raison de 27 sous 6 deniers par jour, salaire considérable pour l'époque.

***NERF.** *T de métall.* Filaments allongés qui déterminent la ténacité et la malléabilité d'un métal. — V. Grain. || *T. d'arch.* S'est dit pour *nervure.* — V. ce mot. || *T. de rel.* Cordelettes sur lesquelles passent le fil servant à coudre les feuilles d'un volume ; ce nom rappelle les cordes à boyaux qui servaient autrefois au même usage. || *T. d'exploit. des min.* Dans une couche, banc lenticulaire d'une matière étrangère.

NÉRIUM. Arbrisseau qui peut fournir un très bon indigo. D'après Roxburg, c'est le *nérium tinctorium*, Lin. Pour en extraire l'indigo, on fait bouillir les feuilles avec de l'eau, le bain est ensuite bien battu, puis on ajoute de l'eau de chaux, la matière colorante se précipite. D'après Leschenault, l'indigo obtenu serait moins solide que celui produit par les isatis. Le même auteur indique un procédé de préparation qui diffère un peu du précédent. Il fait bouillir les feuilles vertes jusqu'à ce qu'elles deviennent jaunes, puis il ajoute à la décoction de l'eau de chaux; le bain est ensuite bien battu pour favoriser l'oxydation, enfin la matière colorante est précipitée par une infusion d'écorce astringente. On prépare aussi une sorte d'indigo avec le *nérium oleander*, Lin., ou laurier rose des teinturiers, apocynée qui croît dans la Nouvelle-Hollande et dans l'Inde. C'est surtout à Salem ou Tchel'am, dans le district de Madras, que l'on cultive cette dernière sorte de nérium. — J. D.

NÉROLI. *T de parfum.* Essence obtenue par la distillation, au sein de l'eau, des fleurs fraîches du bigaradier (*citrus vulgaris*, Risso), famille des aurantiacées. Cette essence est incolore, mais brunit à l'air, elle a un goût amer et aromatique, une odeur fine; elle est neutre, d'une densité de 0,88, elle dévie à droite la lumière polarisée de $+6°$, bout à 185-195°, dissout la fuchsine sans la réduire par la chaleur, est soluble dans l'alcool avec une fluorescence violette, et se colore en cramoisi par le bisulfure de sodium.

Elle paraît constituée par deux carbures d'hydrogène, l'un soluble dans l'eau, se colorant en rouge par l'acide sulfurique; l'autre insoluble, constituant presque seul le néroli, oxygéné et fluorescent (Gladstone). L'essence donne par le repos ou le refroidissement un stéaroptène peu soluble dans l'alcool, mais soluble dans l'éther. Ce corps, appelé *aurade* ou *camphre de néroli*, a été découvert par Boullay, en 1828; il fond à 55°.

Le néroli est fréquemment falsifié, soit avec d'autres essences, soit avec l'alcool. L'*essence de petit grain* se reconnaît en imbibant du produit un morceau de sucre, que l'on dissout ensuite dans l'eau; l'essence de petit grain (de feuilles d'oranger et de citronnier) donne au liquide un goût amer; l'*essence d'aurantiacées* communes se reconnaît en mêlant 3 gouttes du produit suspect à 50 gouttes d'alcool et y ajoutant doucement le 1/3 du volume, en acide sulfurique concentré. En agitant doucement, il se produit avec l'essence pure une teinte brun foncé rougeâtre, une teinte claire ocreuse, s'il y a des essences analogues ajoutées une teinte très brune quand il y a de l'huile de ricin; quant à l'*essence de copahu*, elle se retrouve à l'odeur, en allumant un peu de coton imbibé d'alcool chargé de l'essence suspecte.

Le néroli est très employé en parfumerie. Il se fait surtout dans le midi à Nice, Nîmes, Montpellier, Grasse et Cannes ; ces deux dernières villes en fabriquent annuellement 250 kilogrammes correspondant à 20,000 kilogrammes de fleurs d'oranger amer.

NERPRUN. On désigne sous ce nom les fruits de plusieurs espèces de plantes du genre *rhamnus*. Les variétés principales sont le *rhamnus catharticus*, Lin., qui croît en Europe, le *rhamnus infectorius*, Lin., dans le sud de la France, en Espagne et en Italie, le *rhamnus frangula*, Lin., et *alaternus*, Lin., en Europe, le *rhamnus saxatilis*, Lin., en Suisse, en Hongrie et en Italie, le *rhamnus amygdalinus*. Desf., en Turquie, et le *rhamnus oleoïdes*, Desf., qui se récolte à Smyrne et à Alep. Ces graines forment les diverses espèces de graines dites de *Perse*, d'*Avignon*, etc., qu'on emploie dans la teinture des étoffes et pour la fabrication des couleurs appelées, *vert de vessie* et *stil de grain*.

***NERVÉ, ÉE.** *Art hérald.* Se dit des feuilles d'arbres ou de plantes dont les nervures sont d'un émail différent.

***NERVOIR.** *T. techn.* Outil avec lequel le relieur détache les nerfs de l'encollage sur le dos d'un livre. || Outil de certaines professions servant à imiter les nervures des feuilles.

NERVURE *T. de constr.* En général, partie d'ouvrage faisant saillie sur le fond et présentant l'aspect d'une côte. On distingue plusieurs sortes de nervures : 1° ce nom s'applique aux arêtes saillantes qui séparent les pendentifs des voûtes ogivales. Ce sont des arcs appareillés en claveaux, qui répartissent la charge de l'ensemble sur leurs points d'appui, et qui forment, pour ainsi dire, la carcasse de la voûte, tout le reste n'étant que remplissage en petits matériaux; 2° les menuisiers appellent *nervure* une feuillure triangulaire que l'on pratique sur les faces des poteaux de remplissage du côté des plâtres, pour y fixer les lattes de la cloison; 3° les serruriers nomment ainsi un filet saillant réservé sur une pièce pour la renforcer; par exemple, un *pêne à nervure* est un pène dont le chanfrein est renforcé de deux filets. || *T. de rel.* Partie saillante que forment les cordes ou *nerfs* sur le dos d'un livre.

NETTOYAGE DES CHAUDIÈRES. Nous avons déjà donné, aux différents articles spéciaux (V. CHAUDIÈRES A VAPEUR, CORROSION, DÉSINCRUSTANT, INCRUSTATION, etc.), les indications relatives au nettoyage des chaudières, et nous y revenons seulement ici en raison de l'intérêt du sujet, car le nettoyage résume, en quelque sorte, les soins d'entretien des chaudières à vapeur, et présente une importance capitale pour la sécurité de ces appareils.

Le travail principal de nettoyage consiste évidemment à débarrasser la chaudière des incrustations provenant du dépôt des sels contenus dans les eaux d'alimentation, mais à côté de ce nettoyage intérieur, absolument indispensable d'ailleurs, il ne faut pas oublier non plus les soins de propreté extérieure qui peuvent aussi influer grandement sur la durée des chaudières et la confiance qu'on peut leur accorder.

Le nettoyage intérieur s'effectue toujours en lançant un courant d'eau sous pression qui doit traverser complètement la chaudière avant de trouver une issue au dehors. On introduit, en même temps, un ringard par les différentes ouvertures en s'efforçant d'atteindre tous les points de la chaudière pour y détacher le tartre s'il est adhérent, comme le fait se produit souvent, sur les chaudières fixes notamment. Les trous de vidange sont toujours pratiqués de préférence dans les parties où les dépôts sont abondants et le plus adhérents, comme dans le voisinage du foyer ou dans la boîte à feu pour les chaudières locomotives, par exemple, mais on doit toujours se préoccuper, dans le dessin de l'appareil, d'assurer l'accès du ringard en tous les points. L'injection d'eau doit être poursuivie jusqu'à ce que l'eau, ayant entraîné tous les dépôts, sorte absolument claire par l'issue la plus éloignée de son point d'entrée. La quantité d'eau dépensée pour le nettoyage dépend évidemment du volume et de la propreté des chaudières, de l'état plus ou moins pulvérulent des dépôts, etc. A la Compagnie de Lyon, par exemple, on dépense 10 mètres cubes d'eau environ, lancée sous une pression de 10 à 12 mètres, pour le nettoyage d'une chaudière locomotive alimentée avec de l'eau de Seine dont les dépôts sont généralement assez pulvérulents.

Le nettoyage intérieur ne doit jamais s'opérer que sur des chaudières complètement refroidies pour éviter de faire criquer les tôles. Certaines Compagnies de chemins de fer prescrivent même d'attendre douze heures au moins avant d'ouvrir les robinets de vidange et les autoclaves, et de n'introduire ensuite l'eau froide qu'au bout de huit heures après avoir vidé la chaudière.

Les nettoyages doivent être renouvelés aussi fréquemment que possible, et il est bon de profiter, à cet effet, de toute interruption de service un peu prolongée, car il arrive, autrement, que les dépôts adhèrent sur les parois avec une telle consistance qu'il devient difficile de les détacher, et c'est ordinairement dans de pareilles conditions que se produisent les coups de feu, lorsque la paroi métallique recouverte d'une épaisse croûte de dépôt n'est plus baignée par l'eau de la chaudière.

Ainsi que nous l'avons dit à l'article CHAUDIÈRE A VAPEUR, les Compagnies de chemins de fer prescrivent, en général, ce nettoyage chaque fois que les locomotives rentrent au dépôt, après avoir épuisé leur roulement, soit au bout d'une période de douze jours environ. La Compagnie de Lyon impose, en outre, un lavage supplémentaire pour les machines qui se sont trouvées soumises à un travail exceptionnel, et elle applique, à cet effet, la formule donnée à la page 922 du tome II de ce *Dictionnaire.*

En dehors de ce lavage, on peut assurer aussi l'enlèvement du tartre, en disposant à l'intérieur, toutes les fois que l'installation de la chaudière le permet, des bacs mobiles où s'accumulent les dépôts qu'on peut ainsi enlever plus facilement. C'est surtout dans le voisinage du ciel du foyer, aux points où la vaporisation est la plus active que cette application donne les résultats les plus efficaces.

Il ne faut pas oublier, d'ailleurs, que la meilleure précaution à prendre pour assurer la propreté intérieure des chaudières, consiste à purifier, au préalable, l'eau d'alimentation en employant des désincrustants appropriés à la nature des sels en dissolution. Nous avons déjà traité cette question à l'article spécial (V. INCRUSTATION) et nous n'y reviendrons pas ici. On ajoute aussi, quelquefois, dans la chaudière, des désincrustants spéciaux qui ont surtout pour effet de maintenir les dépôts à l'état pulvérulent et d'en faciliter ainsi la séparation.

Il importe également de prévenir, dans la chaudière, la rentrée des matières grasses qui sont entraînées souvent avec l'eau résultant de la condensation de la vapeur d'échappement. Celles-ci se décomposent, en effet, sous l'action de la chaleur et donnent naissance à des produits acides qui peuvent attaquer directement les parois et corrodent ainsi la chaudière. Un effet analogue se produit sur les chaudières neuves ou nouvellement réparées dont les parois sont ordinairement enduites de matières grasses, et il en résulte un entraînement d'eau très considérable qui peut même obliger parfois les mécaniciens à jeter bas leur feu. Pour prévenir cet inconvénient, la Compagnie de Lyon prescrit de laver les chaudières neuves ou sortant de réparation avec de l'eau alcaline tenant 12 0/0 de carbonate de soude.

En ce qui concerne le nettoyage extérieur des chaudières, il importe aussi de maintenir les parois dans un état de propreté absolument parfait, ce qui permettra de distinguer plus facilement les fuites, les érosions, les avaries de toute nature, en un mot, qui pourraient s'y déclarer. Le foyer de la chaudière, les tubes et toutes les parties traversées par le courant gazeux devront être aussi nettoyés très soigneusement et débarrassés des cendres et des crasses dont elles sont recouvertes. Ces précautions permettent de réaliser une économie de combustible en assurant la meilleure transmission de la chaleur à travers les parois, et elles fournissent, en outre, des indications précieuses sur l'état exact de la chaudière; il importe donc de ne pas les négliger.

Nous ne saurions trop insister, en terminant, sur l'utilité de ces visites périodiques des chaudières, pour lesquelles un nettoyage soigné est indispensable, car c'est le seul moyen d'en tirer tous les fruits qu'elles comportent. La loi en fait actuellement une obligation, et on sait qu'il s'est formé, depuis quelques années, des associations de propriétaires d'appareils à vapeur dont les ingénieurs sont chargés de visiter toutes les chaudières après nettoyage. Ainsi que nous l'avons indiqué à l'article CHAUDIÈRE, ces associations remettent aux intéressés des procès-verbaux de ces visites et signalent les réparations à faire. Elles sont appelées ainsi à rendre les plus grands services aux industriels, elles diminuent effectivement le nombre des sinistres dans une forte proportion; il y a donc un avantage précieux à recourir à leur intervention.

Nous complétons ces indications en donnant, ci-dessous, un extrait du règlement appliqué dans certaines forges pour le nettoyage des chaudières :

— A chaque arrêt de la forge, le chef du service des chaudières indique au chef alimenteur les chaudières qu'il faut piquer ou nettoyer. Toutes les chaudières seront refroidies par un courant continu d'eau froide, et vidées six heures au moins après l'arrêt des feux; après la vidange, les carneaux de circulation des flammes seront ouverts. Les chaudières qui ne sont pas débouchées ne seront remplies d'eau froide que lorsque le nettoyage extérieur à la lame sera fait, soit huit heures au moins après que les chaudières auront été vidées.

Toutes les parties extérieures des chaudières devront être soigneusement débarrassées des cendres qui les couvrent, et spécialement la partie supérieure des bouilleurs. Après que le lavage intérieur à la lance aura été fait, l'alimenteur chargé du lavage devra entrer dans la chaudière pour s'assurer qu'il ne reste point de dépôt de boue ou de tartre. Après chaque piquage, on relèvera le poids des dépôts détachés qui seront inscrits par le chef du service sur un carnet de contrôle.

Les outils tranchants employés pour le piquage doivent être à tranchant arrondi et sans angle vif. Le piquage aura lieu dans toutes les parties de la chaudière et du bouilleur. On ne doit point négliger les têtes de rivets et les interstices entre les têtes ainsi que la partie supérieure des bouilleurs.

Il est interdit aux ouvriers chargés du piquage des chaudières verticales d'y travailler sans être munis d'une ceinture spéciale rattachée à la corde à nœuds qui les soutient.

Avant de faire commencer le piquage, le chef alimenteur doit faire dévisser les joints des robinets de communication de la chaudière avec la conduite générale afin de supprimer toute communication possible avec le groupe des autres chaudières.

Le chef alimenteur chargé de visiter la chaudière après chaque piquage, demandera aux ouvriers chargés du nettoyage s'il n'ont aperçu aucun défaut dans les tôles ou rivures piquées. Il visitera avec soin toute la chaudière en sondant les tôles au marteau, il examinera l'état des rivures, il vérifiera si les flotteurs des sifflets et appareils indicateurs du niveau de l'eau sont bien réglés. Il s'assurera si les robinets, tuyaux de prise de vapeur, tuyaux de purge et d'alimentation ne sont pas bouchés. Enfin, il examinera avec soin les soupapes en s'assurant que les leviers fonctionnent bien. Il ne quittera la chaudière qu'après s'être rendu compte par lui-même qu'il n'y reste aucun amas de tartre, boue, etc.

Chaque fois que le contremaître alimenteur ordonne le piquage d'une chaudière à gaz, il doit par avance s'assurer que le clapet de prise de gaz de cette chaudière est parfaitement clos.

En outre, le piquage d'une chaudière à gaz ne doit jamais être pratiqué sans qu'un ouvrier surveillant soit placé à l'extérieur près d'un des orifices de la chaudière piquée, restant ainsi en cas de danger en communication permanente avec l'ouvrier piqueur.

NETTOYAGE DES FAÇADES. En vertu d'un

décret du 26 mars 1852, les propriétaires de maisons, à Paris, sont soumis à l'obligation de tenir constamment leurs façades en bon état de propreté. Ces façades doivent être grattées, repeintes ou badigeonnées au moins une fois tous les dix ans, sur l'injection qui est faite au propriétaire par l'autorité municipale. Les contrevenants sont passibles d'une amende qui ne peut excéder 100 francs.

Dans le cas où la façade est en pierre de taille, plusieurs procédés peuvent être employés pour le nettoyage : 1° si cette façade est fortement détériorée, on emploie le *ravalement* et le *ragréement*, qui consistent dans la réfection, avec le marteau et le fer, des surfaces, moulures et sculptures dégradées, puis dans le frottage de ces surfaces avec du grès pulvérisé ou du sable fin qui enlève les dernières traces de l'outil ; 2° si la pierre n'est que salie, on fait le ragréement simple ou passage au grès et à la brosse de chiendent ; 3° on emploie aussi le *lavage*, qui s'exécute avec de l'eau ordinaire projetée sur la pierre au moyen de lances analogues à celles dont se servent les pompiers dans les incendies. L'eau est amenée à la hauteur des différents étages par un tuyau flexible qui aboutit à des échafaudages volants, et s'y divise en plusieurs conduites armées de lances que manœuvrent les ouvriers placés généralement, au nombre de quatre sur l'échafaudage. La projection de l'eau est suivie d'un brossage exécuté avec des brosses de duretés différentes.

Lorsque la façade est revêtue en plâtre, tantôt on refait l'enduit complètement, c'est-à-dire le ravalement, tantôt on se contente de le nettoyer au grattoir ou à la brosse et de le badigeonner à l'huile ou à la chaux.

A ces divers procédés s'ajoute celui de la *silicatisation*, qui s'emploie fréquemment après le lavage d'une façade en pierre ou en plâtre pour durcir la surface en bouchant les pores. On emploie, à cet effet, une dissolution siliceuse que l'on applique soit par arrosement, soit à la brosse molle. Pour faciliter la pénétration de cette dissolution dans la pierre, un grattage à vif est préférable à un simple lavage. En général, trois applications du silicate faites dans trois journées successives suffisent pour durcir la pierre. — F. M.

NETTOYAGE DES GRAINS ET GRAINES. (*Agriculture, meunerie, graineterie, brasserie*, etc.) Le nettoyage des grains et graines est une opération très complexe qui s'impose d'abord aux cultivateurs, puis à diverses industries, employant des blés ou des graines, et finalement au meunier. En étudiant le nettoyage des grains et graines au double point de vue de l'agriculture et de la meunerie, nous aurons forcément, en même temps, indiqué les principes nécessaires à l'appréciation des moyens de nettoyer toutes espèces de graines quelles que soient les industries qui les emploient. Il nous restera ensuite à examiner les divers appareils de nettoyages : *brosses, colonnes, cribles, ébarbeurs, ébouteurs, eureka, sasseurs, laveurs, tamis, tarares, trieurs, vans* et *vanneurs*.

Le cultivateur est forcé de *purger* et de *nettoyer* son blé, son colza, etc., afin de les pouvoir présenter avantageusement sur le marché ; il doit pousser ce nettoyage à un plus haut degré et faire même un triage lorsqu'il s'agit de grains ou de graines destinés à l'alimentation de ses animaux et surtout à l'ensemencement de ses champs.

Le commerçant en grains ou graines est soumis aux mêmes nécessités ; c'est-à-dire qu'il doit purger, nettoyer et trier ses diverses graines, s'il veut conserver sa clientèle en ne lui livrant que des semences d'une pureté absolue. Sa tâche, pour certaines graines, présente même des difficultés toutes particulières : il suffira de citer le nettoyage et le triage des graines de trèfle et de luzerne.

La meunerie ne peut, de nos jours, livrer à ses meules du blé contenant la moindre graine étrangère et la moindre ordure. Les appareils de nettoyage constituent donc actuellement une partie très importante de l'outillage des moulins et on peut, sans exagération, dire que le *blé réellement nettoyé est à moitié moulu.*

Bien que le degré de nettoyage varie suivant l'emploi des grains et graines ; c'est-à-dire suivant les diverses industries, le principe des appareils à *purger*, *nettoyer* et *trier*, reste le même pour le cultivateur, le grainetier, le meunier, etc. Les différences dans la composition des appareils de même but resteront toujours secondaires. Notre étude peut donc intéresser diverses industries bien que nous devions la restreindre aux industries de la meunerie et de l'agriculture. En outre, nos recherches s'appliquent à tous les grains et graines ; bien que le plus souvent et implicitement nous nous restreignions au nettoyage du froment.

L'opération extrêmement complexe insuffisamment désignée par le mot *nettoyage* comporte trois opérations principales souvent confondues et dont voici le but :

1° *Extraire* réellement, de la masse des graines utiles en traitement, toutes les matières étrangères nuisibles ou inutiles, de quelque nature qu'elles soient : pierres, mottes de terre, poussières minérales ou végétales, insectes, déjections animales, etc. Purger ainsi la masse du grain est, si l'on veut, un nettoyage, bien que ce mot ait une acception un peu différente.

2° *Séparer de la masse des graines utiles*, toutes les graines différentes, qu'elles soient utilisables, sans valeur, ou nuisibles. S'il s'agit de froment, par exemple, cette phase de l'opération du nettoyage a pour but d'extraire tous les grains d'avoine, d'orge ou de seigle qui peuvent y être mélangés ; aussi bien que toutes les mauvaises graines, telles que la nielle, les vesces, l'ivraie, la folle avoine, etc. Cette opération est un *triage de nettoyage* ou d'*épuration*.

3° Séparer et classer les graines utiles en plusieurs grosseurs, qualités ou échantillons : c'est le triage proprement dit, ou un *triage de classement*.

4° Le grain utile, ainsi purgé de toutes matières étrangères, peut encore être sale : son épiderme peut être chargé de boue séchée et d'ordures diverses ; quelques parties de cet épiderme, des replis, ou des poils, peuvent receler des matières étrangères d'origines minérales des spores ou sporules de cryptogames, etc. C'est un débarbouillage qui peut généralement se faire à sec, mais exige parfois l'emploi de l'eau ; c'est alors un *lavage*.

Il est rare qu'une de ces opérations se fasse isolément. Ainsi il est difficile d'expulser les matières étrangères telles que les pierres, les mottes de terre, etc..., sans enlever aussi, certaines graines de fort échantillon ; ou d'enlever la poussière sans extraire aussi certaines graines très petites.

Dans tous les cas, le lavage excepté, le nettoyage des grains et graines se traduit par une ou plusieurs séparations de la masse : en graines utiles et matières étrangères, ou en grains de choix et grains de deuxième qualité, et d'autres de rebut, etc.

Pour effectuer ces diverses séparations, on ne peut que se baser sur les *différences* qui peuvent exister entre les *graines utiles* et les matières diverses qui peuvent s'y trouver mélangées. Ces différences quelquefois complexes et plus ou moins tranchées, peuvent toujours être rangées dans l'une des classes suivantes :

1° Différences de *densités*.

2° Différences de *volumes*, pour des matières de formes semblables; corps sphériques plus ou moins gros, corps ellipsoïdes plus ou moins volumineux, etc.

3° Différences de *formes géométriques* à grosseurs égales. Celle que présente une sphère et un ellipsoïde du même diamètre transversal maximum; une graine ronde et une graine lenticulaire, etc.

4° Différence de *peau* ou d'*habit* : des graines à peau lisse, de celles à peau ridée, rugueuse, velue et même épineuse.

Entre ces quatre classes de différences, il y a de nombreuses combinaisons, qui, dans la presque généralité des cas, favorisent la séparation.

La séparation est naturellement d'autant plus facile que les différences entre la bonne graine et les matières étrangères sont plus accusées, et réciproquement. Ainsi, la balle et la menue paille du blé sont facilement séparées du grain parce que les densités sont très différentes. Mais il est très difficile de séparer, des bons grains de froment, ceux qui sont maigres ou charançonnés; parce que les différences de formes et de densités sont très faibles.

On enlève très facilement, des bons grains de blé, les graines de coquelicot, de moutardon ou analogues, parce que la différence de volume ou de grosseur entre le bon grain et ces mauvaises graines est très accusée : c'est le contraire lorsqu'il s'agit d'extraire du blé, les grains de seigle et même la nielle.

L'étude spéciale de chaque mode de nettoyage montrera du reste la vérité de cette proposition.

Séparations faites en vertu des différences de densité. Lorsque le blé sort du batteur de la machine à battre, ou est enlevé de l'aire sur laquelle les chevaux ont piétiné les gerbes, ou de l'aire de battage au fléau, etc., le grain est mêlé à une masse de balles, d'épillets, de fragments d'épis, de brins de paille, etc., tous d'une très faible densité, par rapport à celle du bon grain de blé. On se débarrasse facilement de ces matières légères, en soumettant le grain sale à un courant d'air naturel ou artificiel. Dans les temps primitifs, on versait de haut le blé en un courant d'air naturel, on l'y projetait même ; puis on a fait un ventilateur sans enveloppe, embryon du ventilateur moderne.

Le *moulin à vanner simple* est bien connu : c'est un ventilateur soufflant à 4 ou 5 ailettes tournant rapidement dans une enveloppe cylindrique, percée au centre de ses bases de deux trous circulaires d'aspiration. Tangentiellement à cette enveloppe un court tuyau refoule l'air aspiré. Le courant d'air produit par ce ventilateur est employé depuis longtemps pour chasser du grain, tombant en nappe, les matières très légères. M. Théodore de Waraksine, ancien officier de marine russe, a proposé de l'employer aussi pour assortir les graines de toutes sortes destinées à l'ensemencement, soit dans la petite soit dans la grande culture. Son appareil n'est pas autre chose, en principe, que le *vanneur* ou soufflet des petits cultivateurs de l'est de la France. Les graines à classer par ordre de densité sont versées dans la trémie. Une vannette permet de régler l'épaisseur de la nappe de graines que l'on veut laisser s'écouler d'une manière continue. Le ventilateur, à cinq ailettes, reçoit un très rapide mouvement de rotation, par l'intermédiaire d'une manivelle et d'une paire d'engrenages multipliant la vitesse. Il produit un violent courant d'air horizontal qui traverse la mince nappe de graines tombant de la trémie. La graine de première qualité, la plus dense, tombe à très peu près suivant la verticale sur un plan incliné qui la conduit à gauche; les graines moins denses, ou de seconde qualité, tombent au delà de ce plan incliné, et les plus légères au delà d'une planchette isolante à droite. On peut ainsi classer la graine en trois lots d'inégales densités; et, si elle contient des matières notablement plus légères, elles tombent très loin à droite. M. Waraksine admet que les graines les plus denses et par suite les plus pleines sont les meilleures pour les semis. On peut, à volonté, réduire la proportion des trois lots. En effet, si, à l'aide d'un pignon actionnant une crémaillère, on élève le sommet du plan incliné, on augmente la proportion du premier lot (graines les plus denses); mais il est moins parfait; c'est-à-dire que la densité moyenne des graines de ce lot a diminué. Si l'on fait le contraire, on réduit la proportion des graines les plus denses à une très faible fraction de la masse; mais on a un choix supérieur; c'est-à-dire que la densité de ces graines est plus forte. On peut de même limiter le second lot en élevant la cloison mobile isolante, à l'aide d'une vis à poignée.

Ce principe de classement des grains par ordre de densité par le seul effet d'un courant d'air n'est acceptable qu'à la condition de conserver au courant d'air une vitesse absolument constante. Si, en effet, la vitesse varie sensiblement, le classement ne peut plus être précis : tantôt de bons grains passent dans le second lot par excès momentané de vitesse, ou bien de mauvais grains tombent dans le premier lot par insuffisance de vitesse du courant d'air.

Comme trieur, le ventilateur soufflant ne peut donc pas être conseillé, surtout s'il est mû à la main et sans volant régulateur. Mais lorsqu'il ne s'agit que d'expulser de la masse du bon grain les *balles* et autres matières notablement plus légères, cet appareil suffit.

On emploie aujourd'hui une disposition particulière du ventilateur ordinaire qui le transforme en ventilateur aspirant ; avec la possibilité de régler la vitesse du courant d'aspiration avec assez de précision pour que le classement des grains par ordre de densité soit satisfaisant.

Les perfectionnements apportés, dès 1864, à ce tarare américain Childs par MM. Rose, de Poissy, sont : 1° la suppression de la trémie attenante, remplacée par une trémie distincte à soupape équilibrée par un contrepoids réglant la quantité de grain ou l'alimentation de l'appareil ; 2° le prolongement du canal d'aspiration dans le but de n'avoir plus qu'une seule prise d'air constamment close, quand même le grain viendrait à manquer : 3° un mode d'équilibrage donnant à la soupape régulatrice de l'aspiration une puissance constante.

Ce qui fait la supériorité du ventilateur aspirant, c'est la possibilité, par le règlement de la position du contrepoids de la soupape, de maintenir la vitesse du courant d'air aspiré, malgré la variation de la vitesse du moteur. En effet, comme la mécanique appliquée aux gaz le démontre, le courant d'air intérieur a une pression en rapport avec sa vitesse ; c'est-à-dire avec celle qui peut aspirer les mauvais grains et graines à éliminer. Si le ventilateur marche trop vite, la pression diminuant à l'intérieur, la soupape s'abaisse et il rentre assez d'air extérieur pour rétablir la pression du courant au chiffre voulu, et par suite la vitesse d'aspiration au chiffre normal. Si, au contraire, le ventilateur va plus lentement, la soupape se ferme jusqu'à ce que la pression intérieure se soit assez abaissée pour que la vitesse nécessaire soit rétablie. Ce règlement est automatique. La seule difficulté consiste dans le tâtonnement nécessaire pour trouver la position du contrepoids de la soupape régulatrice, qui donne la vitesse d'aspiration propre au degré d'épuration voulu.

Avec cet appareil, on sépare du bon blé, par aspiration : l'ail, le blé germé, le blé noir, la cloque, le glouton, la nesle, la rougerolle, les paillettes, poussières, etc., c'est-à-dire tout ce qui, à volume égal, est plus léger que le bon grain bien plein et sain. Le degré d'épuration de celui-ci peut être réglé à volonté en faisant plus ou moins de déchet, c'est-à-dire de second blé.

Si, par exemple, nous supposons que le grain aspiré se tienne debout, la section du courant qui le supporte est celle d'un cercle d'un diamètre d'environ 3 ^{mm}, 1/4, ou de 8^{mm},29^2.

Pour un courant de 5 mètres de vitesse, le poids du grain, ayant cette section transversale de 8 ^{mm} 29^2, qui pourrait être entraîné serait égal à 0^{m2},00000829 × 2,908 ou 0^k,024.

Pour une vitesse de 6 mètres, ce serait 0^{mm},00000829 × 4^k,87 ou 4,04 centigrammes.

Enfin, par 8 mètres de vitesse, ce serait 0^{mm},00000829 × 7^k,443 ou 6,17 centigrammes. Avec cette vitesse le courant d'aspiration entraînerait donc un grain d'une densité supérieure d'un cinquième à celle du très bon grain de froment. La vitesse d'aspiration ne doit donc pas dépasser de beaucoup 6 mètres par seconde, lorsque l'on ne veut aspirer que le grain de médiocre qualité.

La figure 442 montre le modèle de tarare aspirateur simple pour meunerie (Rose frères). Il ne diffère que par la transmission du modèle agricole pouvant être mû à la main : sur l'arbre de la manivelle est alors calée une roue dentée qui conduit un pignon très petit fixé sur l'arbre du ventilateur. Dans le modèle de meunerie, un distributeur rotatif est placé au-dessous de la trémie A pour donner un volume constant de grain par tour de ma-

Fig. 442. — *Tarare agricole.*

nivelle. Sur le bout de l'arbre de la manivelle opposé à celle-ci, on peut mettre une poulie commandée par une transmission de moulin, ou autre, faisant le nombre de tours convenable. En haut se trouve une vis réglant la hauteur de la cloison intérieure séparant le second blé du blé de tête qui tombera en B. Le second blé tombe en C et forme ce qu'on peut appeler un premier déchet, bien qu'il soit utilisable. Un second déchet, réel, tombe en D lorsqu'il s'est accumulé au point de faire basculer la soupape qui empêche l'air extérieur de pénétrer. Les matières les plus légères qui ont pénétré par les joues du tarare, situées dans la caisse fermée de toutes parts, sont rejetées avec l'air aspiré par le canal de refoulement très court du tarare en E.

On voit que le ventilateur aspirant et soufflant est la partie principale du tarare dit *américain*, employé pour nettoyer et classer les grains par ordre de densité. La bonne disposition du ventilateur importe donc beaucoup à la réussite de ces appareils.

Le ventilateur se compose d'un arbre portant des ailettes, et tournant rapidement dans une enveloppe cylindrique, ouverte seulement au centre de ses deux bases, ou joues, pour aspirer l'air de la boîte fermée, dans laquelle il est logé. La caisse n'est d'ailleurs ouverte qu'en B pour l'entrée de l'air aspiré, et en E pour la sortie de l'air poussé par les ailettes. Ce ventilateur est donc aspirant puisqu'avant ses joues se trouve une caisse d'aspiration et le canal B. Si en E, à la sortie de l'air, il existe un canal conduisant cet air plus ou moins loin, le ventilateur est tout à la fois aspirant et soufflant.

La théorie, encore incomplète, du ventilateur n'offre pas de données bien nettes pouvant guider sûrement le constructeur. Voici le résumé de ces données. Dans le but d'économiser la force motrice nécessaire, l'air doit entrer sans choc entre les ailettes et en sortir sans vitesse absolue; ce qui exige que les ailettes soient courbes et présentent en avant leur convexité; leur section longitudinale devrait aussi présenter une courbure qu'il n'est guère possible de préciser. L'air intérieur de la caisse pénètre par les joues parallèlement à l'axe, derrière les ailettes, et doit tourner d'un quart de tour pour s'écouler vers la circonférence, refoulé par l'ailette qui suit. Il prend peu à peu la vitesse de l'extrémité des ailes, et par suite sort par le tuyau d'échappement avec cette vitesse, ou en réalité, une vitesse un peu moindre. Pour que l'air ait réellement la vitesse de l'extrémité de l'aile il faudrait que celle-ci se terminât tangentiellement à la circonférence, ce qui est impossible. Les aires des orifices d'entrée par les joues doivent être en rapport avec la vitesse des ailes, et l'aire de l'orifice de sortie par refoulement. Il convient donc que ces aires puissent être réglées suivant la vitesse du courant d'air.

Le ventilateur aspirant, dont il est parlé ci-dessus, n'est pas autre chose qu'un ventilateur soufflant dont les joues s'ouvrent dans une caisse dite d'aspiration. Celle-ci ne peut recevoir l'air extérieur que par un orifice éloigné du tuyau d'échappement du ventilateur et le plus souvent placé à l'opposé de ce tuyau.

Le véritable ventilateur aspirant se compose d'un moulinet à ailettes tournant entre deux disques dont l'un surmonte le tuyau d'aspiration. Le rapide mouvement des ailettes aspire l'air du tuyau et le rejette aussitôt dans l'atmosphère par tout son contour. Pour restreindre au minimum la dépense de force motrice, il faut que les ailettes de ce ventilateur dont la rotation produit le courant d'air, aspiration au centre et refoulement à la circonférence, aient une forme telle que l'air entre sans chocs et sorte sans vitesse absolue. Le premier élément de l'aile doit donc être dirigé suivant la vitesse relative de l'air, résultante de la vitesse de cet air, parallèlement à l'axe du tuyau, puis suivant le rayon, et de la vitesse d'entraînement, égale et directement opposée à celle de l'origine de l'aile. Le dernier élément devrait être aussi près que possible de la tangente au cercle décrit par l'extrémité de l'aile. Celle-ci marcherait en frappant l'air par une face doublement convexe. Les aires de passage de l'air entre les ailettes doivent être en rapport avec l'aire du tuyau d'aspiration et avec celle des orifices d'échappement. On a donc dû penser à remplacer la boîte ou enveloppe cylindrique qui donne des aires croissantes par une boîte tronconique: de façon que les ailes soient trapézoïdales. L'avantage obtenu n'a pas été sensible.

Le rapport entre le travail moteur nécessaire et le travail utile est représenté par la fraction

$$\frac{W_0^2+V_1^2+\frac{2g}{P}.T.f}{W_0^2}$$

que l'on peut écrire ainsi :

$$1+\frac{V_1^2}{W_0^2}+\frac{2gT.f}{P.W_0^2}.$$

Dans cette formule, V_1 est la vitesse absolue d'échappement de l'air; W_0 la vitesse relative d'entrée de l'air aspiré. Cette vitesse dépend évidemment de la pression de l'air dans le tuyau et de la vitesse des ailettes. $T.f$ est le travail des frottements de l'air contre les parois des canaux dans lesquels il circule; et P est le poids de l'air entraîné.

Le travail moteur est donc supérieur au travail utile. Pour diminuer le plus possible la première partie additionnelle $\frac{V_1^2}{W_0^2}$, il est clair qu'il faut diminuer le plus possible V_1 en adoptant des ailettes terminées presque tangentiellement à la circonférence. Le second terme additionnel croît avec le nombre des ailettes qui doit par conséquent être assez faible.

On adopte en général pour ces ventilateurs, un diamètre extérieur d'un à deux mètres; le diamètre intérieur étant moitié : le nombre d'ailettes croît avec le diamètre mais reste compris entre six et douze. La largeur du tambour cylindrique dans lequel se meuvent les ailettes, varie du cinquième au quart du diamètre extérieur. Enfin, la vitesse varie de 120 à 1,000 tours par minute, le plus grand nombre de tours s'appliquant aux ventilateurs du plus petit diamètre.

Dans la pratique, les ventilateurs de tarares agricoles ont souvent quatre ailettes seulement, dirigées à tort suivant un plan passant par deux rayons. C'est une faute à éviter. Les ventilateurs des grands nettoyages laissent souvent aussi fort à désirer.

On a parfois employé pour aspirer l'air, ou le refouler, une surface hélicoïdale. Il convient qu'elle ait un assez gros noyau pour éviter la formation de courants d'air opposés. Ces ventilateurs ont un très faible effet utile.

Le travail qu'exige le refoulement de l'air dans un tuyau d'échappement comprend celui qu'exige le ventilateur pour donner à l'origine de ce tuyau la vitesse de sortie, et, en outre, le travail moteur nécessaire pour vaincre le frottement, travail proportionnel à la surface frottante et au carré de la vitesse. Il y a donc avantage, pour un volume d'air donné à refouler par minute, à employer des tuyaux de refoulement circulaires et d'un assez grand diamètre.

Au lieu de laisser le grain à nettoyer s'écouler en nappe verticale traversée par un courant d'air artificiel qui entraîne les matières légères plus ou moins loin, suivant leur densité, on peut faire le contraire : c'est-à-dire lancer avec une grande vitesse le grain sale dans l'air immobile. On le fait parfois à la main comme les anciens romains le faisaient à l'aide de pelles larges.

Sassage ou vannage. Lorsqu'une caisse plate contenant une petite épaisseur de grains est animée d'un mouvement transversal de va-et-vient, le grain, par inertie, tend à rester immobile dans l'espace, tandis que le fond de la caisse suit son mouvement. Toutefois, à chaque fin d'oscillation une paroi verticale de la caisse choque la couche de grain immobile et lance ainsi les premiers grains contre la masse : il en résulte une ascension de ces premiers grains sur les autres, ou la formation d'un flot de grain amenant à la surface les matières les plus légères : lorsqu'un flot, venant de gauche à droite, va se terminer, un flot en sens contraire commence et produit un effet semblable.

Si donc la caisse reçoit pendant un temps prolongé des secousses régulières d'une durée et d'une étendue constante, l'effet produit sera l'appel à la surface des matières les plus légères et une espèce de stratification des grains et graines par ordre de densité.

Si les parois latérales sont obliques à la direction du mouvement de va-et-vient et convergent, les flots, au lieu d'être parallèles comme précédemment, seront convergents. De cette façon, lorsqu'un flot vient de droite à gauche il coupe en biais le flot contraire précédent ; il y a une espèce de cisaillement, ou plutôt le flot nouveau râcle obliquement le flot ancien et tend par suite à pousser les parties légères du côté de la divergence des parois ; le nouveau flot, de sens contraire, produit sur le précédent un effet analogue, de sorte que l'effet constant produit est une espèce d'écoulement des parties légères suivant l'axe longitudinal de la caisse vers le grand côté du trapèze. Toutes les couches stratifiées auraient le même mouvement ; mais les vitesses iraient en croissant du fond à la surface ; de sorte que les matières les plus légères arriveraient les premières à la grande base du trapèze. Mais si on incline légèrement la caisse de façon que la grande base du trapèze soit au sommet du plan incliné, on rendra plus difficile le mouvement de progression reconnu précédemment. Si la pente est sensible, la couche la plus inférieure, les grains les plus denses et par suite les plus pleins, les plus ronds, pourront s'écouler vers la petite base au lieu de s'élever ; seules les matières légères auront encore un mouvement vers la grande base. De sorte que les matières sassées se partageront en deux couches très distinctes : la plus dense s'écoulera lentement vers le bas et la plus légère remontera. Tel est le principe de l'appareil dit *cribleur Josse*, qui n'est d'ailleurs qu'un sasseur-vanneur, faisant le travail de l'ancien *van*, que l'on retrouverait peut-être encore dans quelques fermes. D'origine inconnue, cet appareil primitif est une espèce de panier plat en forme de grande coquille semi-elliptique, ouvert sur son contour antérieur. L'ouvrier le tenait à deux mains et lui donnait un mouvement tout particulier de sassage, pour extraire du bon blé les parties légères.

L'appareil imaginé vers 1863 par M. Josse, fonctionne mécaniquement sur le même principe que l'ancien *van*, et d'après la théorie que nous venons de donner du sassage : mais l'homme, la femme ou l'enfant qui peuvent faire mouvoir l'appareil Josse n'ont plus besoin de force ni d'apprentissage. Il suffit, en effet, d'imprimer au van mécanique un mouvement alternatif régulier et rapide.

Le sasseur Josse est représenté par la figure 443. La caisse est triangulaire et a son sommet plus bas que la base de quelques centimètres seulement. Elle repose, par l'intermédiaire de quatre minces

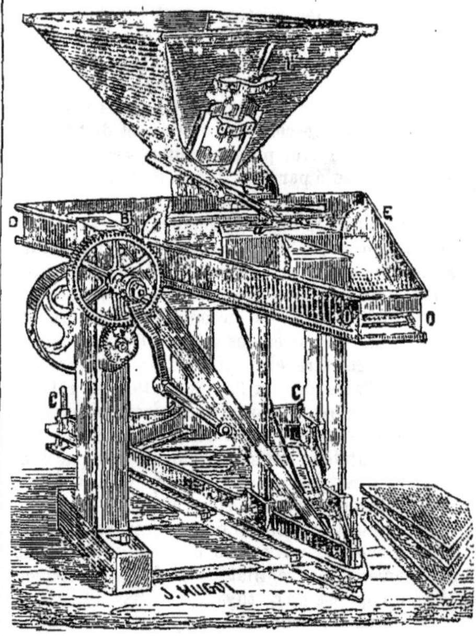

Fig. 443. — *Sasseur Josse perfectionné par M. Hignette.*

a Agitateur assurant l'écoulement du grain. — *CCC* Vis de calage sur la semelle fixe. — *OO* Sortie du bon grain. — *B* Sortie des matières légères. — *T* Trémie de changement. — *DE* Grande base du trapèze.

lames de bois formant ressorts, sur un châssis triangulaire muni de vis de règlement à chacun de ses sommets. On peut ainsi régler l'horizontalité transversale et la pente longitudinale de la caisse. Dans le rebord d'arrière, on a ménagé deux larges échancrures B par lesquelles les matières légères tombent d'une manière continue. La pointe inférieure O de la caisse est percée pour la sortie du grain ainsi vanné. La trémie alimentaire T reposant sur un poteau, fournit, par un petit conduit *a*, le grain vers le centre de gravité *l* de la caisse. Ce grain descend sur le fond à droite et à gauche et tend à s'écouler lentement vers le bas. Mais les courtes, rapides et régulières secousses imprimées à la caisse, directement à la main, ou par l'intermédiaire d'une bielle, agitent la masse descendante et y déterminent les flots convergents dont nous avons essayé, ci-dessus, d'expliquer l'effet. L'épierreur de M. Hignette (fig. 444) est fait sur le même principe. Pour la meunerie, il est triangulaire ou rectangulaire. Dans ce dernier cas, la caisse roule sur des galets et son inclinaison peut être réglée.

Séparations faites en vertu des différences de volumes ou de grosseurs. Lorsque, par un courant d'air, naturel ou artificiel, un ventilateur aspirant ou soufflant, et même un sasseur Josse, on est parvenu à enlever du blé toutes les matières étrangères notablement plus légères que le grain, et même celles dont la densité diffère peu de celle de ce grain, le nettoyage est loin d'être achevé. En effet, il peut encore se trouver, en mélange avec le bon grain, des matières étrangères ou des graines d'une densité à très peu près égale à celle du grain; elles peuvent être de même grosseur que le bon grain, ou sensiblement plus petites ou plus grosses. Pour séparer du bon grain les deux dernières catégories de matières étrangères, on profite de la différence des dimensions. On fait couler le grain à purger sur un plan ajouré laissant passer facilement tout ce qui est de la grosseur du grain; puis, sur un autre plan, plus finement percé, on fait couler le blé purgé des matières de gros volumes. Dans ce second passage, les matières notablement plus petites que le grain passent au travers des orifices. De sorte que, après ces deux passages on a trois lots : le premier composé de matières diverses plus grosses que le grain; le second, des matières étrangères, ordures ou graines, plus petites que le grain; le troisième lot est le bon grain qui, malheureusement, peut encore être mélangé de graines ou d'autres matières différant peu du grain, soit en densité, soit en volume.

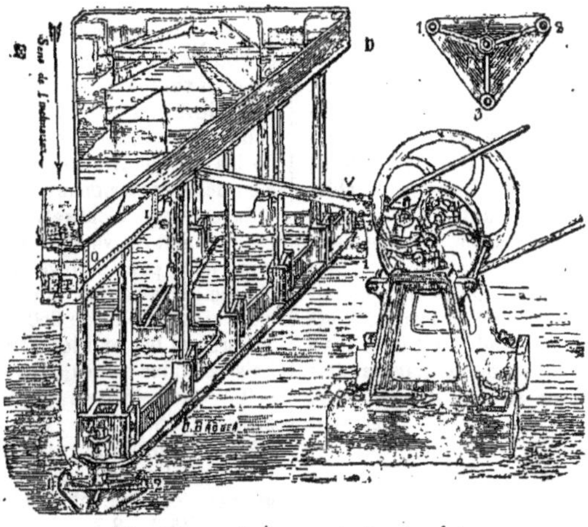

Fig. 444. — *Epierreur de M. Hignette.*

1, 2, 3 Plaques à trois boulons à scellements. — *V V V* Trois vis réglant l'inclinaison de l'appareil (de 10 à 40 millimètres). — *P* Vannette que l'on tient fermée jusqu'à ce que la partie *O I* de la caisse soit pleine de pierres jusqu'au premier triangle. Alors on peut ouvrir la vannette pour que les pierres s'écoulent sans arrêter le travail.

Les plans ajourés qui donnent le moyen de faire cette séparation sont des *cribles* ou des *tamis*, et ils se présentent sous des formes très variées. On distingue trois catégories de *cribleurs* : 1° cribleurs fixes; 2° cribleurs à mouvement rectiligne alternatif; 3° cribleurs cylindriques ou rotatifs.

Cribleurs fixes. On emploie des cribleurs fixes dans un grand nombre d'industries ou de métiers. Pour le blé, c'est une grille ou une tôle perforée, dont les mailles, les fentes ou les trous ont des dimensions et même des formes en rapport avec les séparations à effectuer. La partie criblante forme le fond d'un châssis qui peut être plus ou moins incliné; ordinairement, l'appareil est muni, à sa partie supérieure, d'une trémie qui reçoit le grain à cribler.

Le crible fixe de Penney de Lincoln (fig. 445), est du genre des cribles dits *allemands*. C'est un châssis cribleur porté par deux pieds articulés, en haut, permettant d'en régler l'inclinaison. Le blé à cribler arrive dans la trémie d'où il s'écoule sur la grille inclinée sous forme de nappe mince. L'épaisseur de cette nappe est réglée par une vanne glissante que l'on ouvre plus ou moins, et que l'on maintient à l'écartement voulu par deux vis. Une traverse en bois, placée de champ, régularise à nouveau la nappe et empêche l'accélération de l'écoulement, en ne laissant entre son bord inférieur et la grille que l'espace nécessaire au facile passage du grain. Toutes les matières d'une moindre grosseur que le bon grain traversent la grille et ce dernier seul arrive au bas du plan, où il est recueilli.

Au lieu de cette grille, qui extrait du grain tout ce qui est plus petit que lui, on peut avoir une grille à mailles assez larges pour que le bon grain y passe facilement. Cette grille, *émotteuse*, retient toutes les matières d'un volume supérieur à celui d'un bon grain.

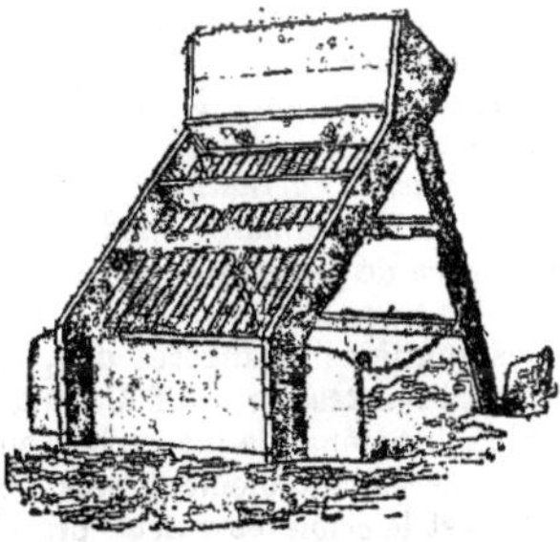

Fig. 445. — *Crible fixe de Penney.*

Comme nous l'avons dit à l'article Mouture, l'adoption de la réduction graduelle du grain en farine par une série de cylindres en fonte trempée, entraîne un classement préalable du blé en deux ou trois grosseurs. En effet, il est reconnu par les meuniers que pour le premier passage du blé, le fendage, il est absolument nécessaire que le froment, mis dans la trémie du fendeur, soit de grosseur uniforme, afin que chaque grain soit également bien fendu, ce qui permet d'extraire, par la première bluterie, la farine noire qui vient du sillon de chaque grain. Quand les grains donnés au fendeur sont irréguliers, les gros peuvent être réduits en poussière, tandis que les petits sont à peine touchés et passent même intacts à la deuxième paire de cylindres, en emportant avec eux la sale poussière du sillon que le fendage aurait dû enlever.

Le crible à cascades est un classeur rapide et économique. Il ne demande que la force motrice nécessaire pour élever, jusqu'à la trémie, le blé à classer ou à purger. C'est une série de petits cribles égaux formant un escalier d'inclinaison réglable. A chaque cascade, la nappe de grain est maintenue ou dirigée par une cloison réglable, inclinée, contre le crible suivant. Ce qui roule tout en bas, sur le dernier crible, c'est le beau grain de froment.

Le degré d'épuration varie pour un appareil donné, avec son inclinaison sur l'horizon qu'il est facile de régler. En effet, moindre est l'inclinaison, plus est forte la pression de la marchandise contre les cribles, surtout au bas des couloirs, on peut évidemment avoir, en outre, divers cribles, suivant les grains à traiter. On pourrait enfin avoir des cribles dans lesquels l'écartement des barreaux pourrait varier, à volonté, comme dans les cribles alternatifs dont nous parlerons plus loin. Ces cribles peuvent être composés d'un seul panneau criblant, ou de deux, trois ou quatre, mis côte à côte : chaque panneau peut cribler de 21 à 28 hectolitres par heure, et coûte 129 fr. 50. Ce roi des cribles fixes est fait par la *Du King manufacturing* Cie de Rochester.

Dans nombre d'instruments complexes de nettoyage, on trouve des grilles cribleuses fixes de diverses espèces, plus ou moins inclinées. Parfois des coups de marteaux périodiques nettoient ces cribles en forçant les matières arrêtées dans les mailles à les traverser ou à rouler par dessus. D'autres fois, des cames soulèvent périodiquement ces cribles à charnières en les laissant ensuite retomber brusquement dans le même but que les coups de marteau.

Cribleurs à mouvement alternatif. 1° *Cribles à main.* Le crible à main ordinaire moderne a pour origine une espèce de panier plat en osier à mailles assez ouvertes pour laisser passer le bon grain et retenir les matières étrangères de plus grand volume : c'est l'*émotteur* primitif. Un autre panier à treillis plus fin retenait le blé, en laissant passer toutes les matières notablement plus petites que le grain. C'est le *crible épurateur* primitif, dit aussi à petites graines.

Lorsque le criblage se fait à la main, il est toujours complexe; c'est-à-dire que l'on doit : 1° émotter en deux opérations; 2° enlever les petites graines de mauvaises herbes, les crottes de souris, les blés retraits ou ridés, de manière à n'avoir sur le crible que du bon grain propre.

Dans la première opération, l'émottage, on voit que le bon grain doit passer rapidement au travers des mailles. Pour qu'il en soit ainsi, les mailles doivent avoir des dimensions en rapport avec la grandeur des divers grains; et le mouvement le plus convenable est un va-et-vient rectiligne court et brusque. Dans la seconde opération, finissant l'émottage, on veut encore que le bon grain traverse les mailles, mais en n'entraînant avec lui rien que des matières d'un plus petit volume. Il faut alors donner au crible, à plus petites mailles, un mouvement moins dur, et presque doux, de va-et-vient, en décrivant une large ellipse dont le plan soit très légèrement incliné vers la main droite, si l'ouvrier est droitier; le mouvement doit être plus vif vers la gauche afin de jeter de ce côté, le plus élevé, les grains les plus légers, ceux qui sont encore vêtus et même la menue paille, tout en les amassant vers le milieu du crible, pour s'en débarrasser ensuite.

Le criblage d'épuration se fait encore par un mouvement de va-et-vient ondulé, et souvent en deux fois, pour enlever les matières légères, la cloque ou carie, etc. Un homme exercé et habile peut ainsi cribler de 360 à 580 litres à l'heure.

Lorsque les mailles sont faites en lanières de bois, les vides carrés ont 18,4... 15,5... 11,7... 11,3. 9,15... 7,5... 5,7 et 4,55 millimètres, avec des brins de 3,8.... 3,4.... 2,7.... 3,0.... 2,45.... 2,5.... 2,2 et 1,55 millimètres de largeur.

Les mailles en fil de fer sont légèrement lozangées et l'écartement minimum entre fils est de 22 1/4... 12,7... 8,2... 6,2... 5,1 et 4,8 millimèt. Les mailles longues en fils de fer réunis] par tringles tous les 50 à 76 millimètres ont 6,35, 5,7 et 3 millimètres de largeur. Les zincs sont perforés de trous de 8 et 6,3 millimètres de diamètre avec 2 ou 1,75 millimètre de plein entre eux. Pour cribles à froment, les mailles en bois ont 5 ou 4,5 d'ouverture; en zinc, les trous ont 3 millimètres de diamètre; les grilles ont leurs barreaux écartés de 3 millimètres, sont à mailles de 5,7 et 3 millimètres.

La grandeur la plus habituelle des mailles est de 5,1 à 5,7 millimètres, mais 4,55 millimètres n'est pas plus petit pour du blé Chidham, que 7,5 pour du Talavera.

Les mailles pour l'orge ont de 6,2 à 9,5 : en moyenne 8; et 6,35 si elles sont en fils de fer; pour avoine 10. Les cribles à poussière sont en fils de fer et ont des mailles de 1mm,5 de côté. Pour ôter avec la poussière les mauvaises petites graines, les mailles ont au moins 1,5 millimètres et au plus 3 pour le froment, 3,5 pour l'orge et pour les avoines, 2,5 au plus.

Pour diminuer la fatigue de l'homme, qui est excessive, puisqu'il doit supporter un poids d'une dizaine de kilogrammes, tout en lui communiquant un mouvement complexe assez rapide, on suspend les grands cribles, par trois cordes, aux poutres de la grange ou du grenier. L'ouvrier n'a plus alors qu'à s'occuper de donner au crible les mouvements convenables en observant les effets qu'ils produisent. Ce sont tantôt des sassages brusques et rapides, tantôt des mouvements de va-et-vient ondulés en plan comme en hauteur. On a même imaginé des mécanismes donnant aux cribles à main ces mouvements compliqués. Les cribleurs mécaniques, dont nous allons nous occuper, sont préférables, bien qu'ils n'aient que des mouvements simples pour une seule opération.

Cribles mécaniques à mouvement alternatif. La plupart des appareils complexes de nettoyage des grains ont, parmi leurs opérateurs combinés, des châssis cribleurs pour émotter, épurer, classer ou trier; ils sont tantôt fixes, tantôt mobiles. Les appareils mécaniques, exclusivement consacrés au criblage simple ou composé, sont assez peu nombreux. Le type le plus remarquable est certainement le crible imaginé, en mai 1856, par Bridgemann, et connu sous le nom du constructeur Boby. Il était destiné d'abord plus spécialement aux malteurs qui, payant un droit sur l'orge qu'ils emploient, ont intérêt à n'employer que la meilleure orge, absolument propre et de bel échantillon. Mais le principe et les détails du cribleur Boby s'appliquent naturellement au froment comme à l'orge et aux autres grains.

Le grain, d'abord débarrassé de toutes les matières d'une densité moindre que la sienne, est versé dans la trémie. L'aire de sortie, au bas de cette trémie, est réglée par l'élévation d'une vanne à coulisse, à l'aide de crémaillères actionnées par des secteurs à poignées. La nappe mince de grains roule d'abord sur une grille émotteuse qui retient toutes les parties notablement plus grosses que le bon grain qui traverse cette grille avec toutes les matières d'un volume égal au sien ou moindre. Les mottes et autres matières volumineuses, ainsi retenues, s'écoulent sur un côté de l'appareil par une buse. Le grain, ainsi débarrassé, roule sur le crible oscillant dont les barreaux parallèles équidistants ne laissent passer que les grains avortés ou mal venus, les petites graines, poussières, etc. Le bon grain arrive donc seul au bas du plan incliné oscillant.

Le criblage du froment ou de l'orge, par cet appareil, suffit à donner un bel échantillon; sans laisser passer trop de grains médiocres avec les criblures, à la condition que les barreaux ronds de la grille aient exactement l'écartement voulu pour l'espèce de grain à purger. Malheureusement, comme nous l'avons déjà fait observer, les froments des diverses variétés ont des grosseurs assez différentes; en outre, les grains d'une même variété sont, suivant les années ou les conditions de culture, plus ou moins pleins ou gros. Il faudrait donc avoir des séries de grilles pour toutes les grosseurs de bons grains. Ce serait coûteux et embarrassant. Il était plus simple, comme l'ont imaginé depuis longtemps quelques constructeurs, de faire des grilles dont les barreaux puissent s'écarter tous, plus ou moins, simultanément et à volonté. Le cribleur est alors *réglable.* Dès 1862, M. Boby présentait une grille réglable par un moyen excessivement simple dont voici le principe. Les barreaux impairs forment, dans un cadre particulier, une grille fixe; les barreaux pairs font de même une autre grille fixe emboîtée exactement dans la précédente, mais pouvant s'écarter plus ou moins de celle-ci et parallèlement. Lorsque ces deux grilles sont à leur plus grand rapprochement, tous les barreaux, pairs et impairs, ont leurs axes dans un même plan, et le vide entre deux barreaux contigus est partout le plus petit possible et convient au plus petit échantillon de bon grain. Si l'on veut avoir des intervalles un peu plus grands, il suffit d'écarter du châssis fixe, le châssis des barreaux pairs dont les axes sont alors dans un plan parallèle inférieur à celui des barreaux impairs. Si, par exemple, e est l'écartement minimum des axes de deux barreaux voisins quand tous, pairs et impairs, sont dans un même plan, le passage entre deux barreaux du diamètre d sera alors $e-d$. Si ensuite on écarte les deux grilles d'une petite quantité f, les espaces ou passages entre les barreaux voisins seront alors partout de $\sqrt{e^2+f^2}-d$, quantité évidemment plus grande que $e-d$; et il est clair que les passages seront d'autant plus grands que l'écartement f des grilles sera plus grand.

Bien que le cribleur Boby ait été, à son origine, destiné plus spécialement aux malteurs, pour échantillonner l'orge à soumettre aux droits fiscaux, il est applicable à l'agriculture et à la meunerie, pour toutes espèces de grains; et, depuis le perfectionnement que nous venons de décrire, il peut être considéré comme un bon classeur de grains. Lorsqu'on le destine aux fermes, on y ajoute le plus souvent un ventilateur qui coupe la nappe de blé sortant de la trémie, par un courant d'air qui enlève toutes les parties légères. Le grain, ainsi purgé, passe sur la grille émotteuse et, enfin, sur le véritable crible alternatif. Ainsi complété, c'est un tarare.

Cribles rotatifs. Les saccades des cribles à mouvements alternatifs ont pour bon effet de hâter la chute des matières ou graines capables de traverser les orifices; mais, en revanche, elles entraînent une certaine perte de travail moteur, et fatiguent beaucoup les divers organes de transmission. On a donc cherché, depuis longtemps, à remplacer les cribles à mouvement alternatif par des cylindres animés d'un mouvement continu de rotation. Les premiers cribles rotatifs se composaient d'une grille, à mailles plus ou moins grandes, enroulée sur une carcasse tronconique ou cylindrique reliée par quelques croisillons à un arbre de même axe que cette carcasse. On trouve de ces cribles, pour l'extraction des petites mauvaises graines, dans certains anciens modèles de tarares. Leur axe est assez incliné sur l'horizon pour que le grain à épurer y roule par son propre poids. On a fait de très grands cylindres de ce genre pour débarrasser la menue paille, destinée à l'alimentation, de la poussière et des très petits fragments de paille qui pourraient nuire ou blesser les animaux. Quelquefois, et dans ce dernier cas surtout, l'axe du cylindre cribleur est périodiquement soulevé par une ou plusieurs cames qui le laissent retomber brusquement, ce qui dégage des mailles les matières qui s'y trouvent engagées.

Lorsque le crible est destiné à des matières assez grosses, le coke, les pierres cassées, etc., il est fait de barreaux formant une cage cylindrique. Ce mode de construction est même adopté pour les cribleurs cylindriques à grains, mais assez rarement. Les inventeurs se sont fort ingéniés pour construire des cylindres cribleurs dont les vides puissent être réglés d'après la grosseur du bon grain à purger, comme l'a fait Boby pour son crible plan alternatif. Celui de Penney est le plus connu.

Sa surface criblante est formée d'un fil d'acier sans fin, contourné en nombreuses spires du même pas, fermement attachées par un menu fil de fer aux spires de douze ressorts à boudins placés extérieurement.

Une vis à filets carrés, placée dans l'arbre creux, peut être mue à la main. Suivant le sens de la rotation, la vis attire ou repousse le moyeu-écrou d'un plateau auquel aboutissent les douze ressorts. Chacun de ceux-ci est maintenu par un tube, avec embase, boulonné au plateau mobile, tandis que ce tube peut glisser sur une tringle boulonnée au plateau fixe. Lorsqu'on tourne la vis de façon à attirer le plateau jusqu'à la position extrême, le serpentin s'allonge de 2/15 de sa longueur minima; l'écartement des fils formant les spires s'est donc accru. Un large filet hélicoïdal intérieur qui, par dix spires, pousse le grain d'un bout à l'autre de ce crible, s'est allongé de même par des ressorts spéciaux, placés à l'intérieur.

La meunerie peut se procurer de ces cribles réglables, avant leur montage. Il convient d'indiquer leur minimum de longueur, c'est-à-dire lorsque les espaces vides entre les spires sont les plus petits possibles et doivent servir à épurer et classer le blé du plus petit échantillon. Ces cribles sont munis, en haut, d'une brosse qui nettoie les vides. Les fabricants ont aussi des modèles ayant leurs ressorts de règlement à l'intérieur. Il y a aussi des cribles en deux parties ayant chacune leur longueur minima et leur expansion distinctes, pour faire deux échantillons de bon blé, gros et menu. C'est un modèle de ce genre qui peut surtout convenir aux meuniers pour préparer le blé au fendage, en le classant en deux ou trois grosseurs.

Il y a aussi des modèles de cribles simples tout montés et pouvant être mus à la main.

Lorsque le blé est sec et en assez bon état de propreté, le crible de 0m,406 de diamètre fait environ 16 hectolitres à l'heure; celui du diamètre moyen, 0m,508, fait 26 hectolitres, et celui du plus grand diamètre (0m,762), 47 hectolitres. Le nombre de tours à faire, par minute, décroît : c'est 45, 40 et 35; soit $n = \frac{31.1}{d\,2/5}$, si n représente le nombre de tours par minute et d le diamètre.

Le dernier perfectionnement, apporté à ce crible réglable, consiste dans le remplacement du fil d'acier rond par du fil de section triangulaire qui donne un meilleur dégagement des matières étrangères plus petites que le bon grain; parce que les orifices sont plus étroits à l'intérieur qu'à l'extérieur.

Dès 1860, paraît dans les Expositions le crible rotatif ajustable de Ransomes, par un moyen analogue à celui de Boby. MM. Coleman, dès 1867, faisaient un crible prismatique, rotatif, ajustable par le principe de réglettes parallèles. MM. R. Hornsby, depuis 1869, ont un crible rotatif ajustable simplifié (fig. 446).

Il est facile de comprendre que des combinaisons convenables de surfaces criblantes de diverses largeurs de vide, réglables ou non, permettront de nombreuses et diverses séparations. On pourra ainsi : 1° faire les classements de graines en graines de diverses grosseurs, de formes semblables, comme le classement d'un blé propre en deux grosseurs; 2° on pourra séparer, des grains ou graines utiles, les matières étrangères et les mauvaises graines, dont la grosseur est moindre ou supérieure. Après le ventilateur et le vanneur, le crible peut donc achever ce que l'on appelle le nettoyage du grain pour le marché; on peut même faire deux qualités ou échantillons : un très beau blé marchand, et un second blé.

Cependant les opérations de ventilation, de vannage et de criblage que nous venons de détailler peuvent être impuissantes à purger complètement le grain. De sorte que, si celui-ci est destiné à l'ensemencement, ou à la meunerie, l'agriculteur et le meunier peuvent être entraînés à faire de

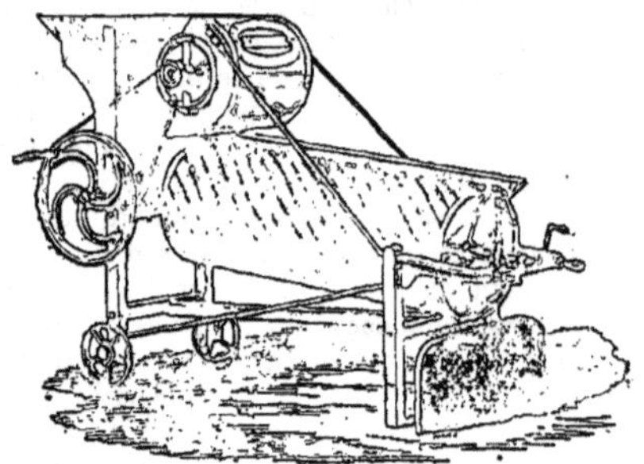

Fig. 446. — *Tarare à crible ajustable de Hornsby.*

nouvelles tentatives pour n'avoir absolument que du froment pur. Quelles sont donc les matières étrangères que le ventilateur et le crible ont pu laisser en mélange avec le blé? Des matières ou des mauvaises graines aussi denses que le bon grain et d'une grosseur sensiblement égale. Dans le froment, il peut rester des grains d'orge, de seigle et de belle avoine, ainsi que des graines rondes telles que la nielle, certaines vesces ou pois gras, etc. Les différences de densité et de grosseur étant insuffisantes à séparer ces grains et graines du froment, il faut avoir recours à d'autres différences : en premier lieu vient la différence des formes.

Séparations en vertu de la différence de formes. Une graine sphérique de 3 millimètres de grosseur tombera avec le grain de la même densité et passera dans le crible avec ce grain s'il a le même diamètre transversal : ce grain et cette graine resteront aussi sur un crible dont les orifices allongés auraient une largeur un peu moindre que 3 millimètres. Mais si la surface criblante est une tôle percée de trous ronds d'un peu plus de 3 millimètres de diamètre, les graines sphériques y passeront tandis que le bon grain de froment aussi gros roulera au-dessus de ces trous à la façon d'un cylindre, et n'y pourra tomber que s'il se place debout. Pour rendre impossible cette position du grain de froment, il suffit de ne laisser rouler sur la tôle perforée qu'une très mince couche du grain à épurer. Alors, en vertu d'un principe de mécanique rationnelle, tous les grains roulent au-dessus des trous ronds sans pouvoir se mettre debout pour y passer. Cette impossibilité sera d'autant plus certaine que la tôle perforée sera plus unie.

De même, des trous oblongs, un peu plus étroits que le diamètre d'un beau grain de froment, laisseront passer l'avoine mince roulant, tandis que le beau grain franchira ces trous. Des trous triangulaires pourront laisser passer des grains de froment cassés et seront franchis par les grains entiers de même grosseur.

Pour que des tôles perforées fassent ces séparations, il est nécessaire, avons-nous dit, que le blé à épurer ou à trier roule en nappe assez mince pour que tous les grains soient isolés. Des mouvements de va-et-vient saccadés seraient nuisibles; aussi ces cribles trieurs sont généralement rotatifs. Les plus connus, en France, sont ceux de M. Pernollet, qui datent de 1855 ou 1854.

Les cribles de ce genre, dits *trieurs*, ne doivent recevoir que des grains ou graines ayant été préalablement purgés de toutes matières plus légères ou notablement plus lourdes, par un coup de ventilateur, de vanneur ou de sasseur Josse. Le cylindre porte sur sa carcasse des zones de tôle diversement perforées suivant les graines à épurer et trier. Pour le froment, la première zone, sur laquelle passe d'abord le grain, est une tôle percée de trous longs et assez étroits pour qu'un grain de froment, même de qualité inférieure, n'y puisse passer, tandis que les poussières, les petites mauvaises graines, la folle avoine et les graines longues analogues y passent facilement. La seconde zone est en tôle percée de trous circulaires d'un diamètre à peu près égal ou un peu supérieur à celui d'un bon grain de froment; ils laissent passer les graines rondes d'une grosseur à peu près égale à celle du beau grain. On peut ensuite avoir une tôle à trous triangulaires, laissant passer les plus grosses graines sphériques et les bons grains cassés, les petits grains de seigle, etc. Enfin, on peut faire deux échantillons de bon froment en terminant le cylindre par une tôle percée de trous longs, trop étroits pour laisser passer le très beau froment, tandis que le second blé peut y passer avec le seigle et même l'avoine.

Comme les échantillons d'un même froment varient avec les années, et qu'il y a des variétés à grains gros ou petits, longs ou courts, il est indispensable d'avoir des tôles perforées de rechange pour faire avec succès le triage dans tous les cas. Actuellement, la carcasse des cribles-trieurs Pernollet est disposée de façon à ce que chaque feuille de tôle puisse être changée instantanément et facilement. On a ainsi la possibilité, avec un seul trieur, de varier les orifices lorsque l'échantillon de blé à nettoyer varie, ou lorsque l'on veut épurer d'autres grains ou graines. On peut donc, avec un seul appareil, nettoyer, diviser et classer tous les grains depuis le plus petit jusqu'au plus gros, à la seule condition d'avoir toutes les séries de tôles perforées nécessaires, suivant les graines à trier et le degré d'épuration à atteindre.

Il est essentiel, pour que le triage se fasse bien que le cylindre tourne lentement : 8 à 10 tours par minute seulement, soit 35 à 40 tours à la manivelle, dont l'arbre porte un pignon diminuant la vitesse en commandant une roue dentée, quatre fois plus grande, calée sur l'arbre du cylindre. Lorsque la vitesse dépasse 10 tours, on a plus d'épaisseur de grain à l'extrémité du cylindre et l'opération est imparfaite sur toute la longueur. La pente du cylindre est réglée par le constructeur pour le criblage ou triage du froment. Si l'on doit opérer sur l'orge, l'avoine, le sainfoin ou les graines fines, il faut diminuer la pente en glissant deux petites cales sous les pieds, du côté de la sortie. Ces cales varient de 2 à 5 centimètres en épaisseur suivant les graines à trier. Il convient aussi de ne pas chercher à faire passer trop de blé : 2 hectolitres à l'heure, pour le petit modèle, et 4, pour le grand, sont des chiffres qu'il ne faut pas dépasser sensiblement. L'opération même sera d'autant meilleure que l'alimentation sera plus faible.

L'emploi des tôles diversement perforées pour le triage des grains et graines laisse quelque chose à désirer parce que le passage des graines par un orifice donné ne dépend pas seulement de la forme et de la grosseur de ces graines, mais de la manière dont elles se présentent au-dessus de l'orifice. Soit, par exemple, un grain de froment roulant sur une tôle percée de trous ronds d'un diamètre égal ou un peu supérieur à celui du grain; si le grain roule réellement avec son axe longitudinal normal à la direction de la pente, il franchira, sans y tomber, les trous ronds qui se trouvent dans la ligne médiane (menée au milieu de sa longueur), mais que le gros bout du grain aille un peu en avant, il peut atteindre un trou rond et y passer. De sorte qu'après le passage au trieur à tôle perforée, on pourra trouver avec la graine ronde quelques grains de bon froment, et c'est un grave inconvénient; d'autant plus que si l'on veut séparer les graines sphériques aussi grosses que le grain, les trous seront assez grands pour que le bon grain et surtout le moyen y passe facilement pour peu qu'en descendant il se présente la pointe un peu en avant. Seuls, les grains de blé, qui roulent comme de vrais cylindres perpendiculairement à la direction de la pente, pourront arriver au bas du cylindre trieur sans risquer de passer au travers des trous ronds.

Une meilleure utilisation de la différence de formes des grains et graines à leur séparation, a été imaginée vers 1841, par M. Vachon, qui a rendu ainsi un immense service à l'agriculture et à la meunerie.

Une plaque alvéolée inclinée, et animée d'un mouvement alternatif de sassage, voilà le premier trieur de Vachon, destiné à l'agriculture et dispensant du *triage sur le volet*.

Dès que le principe du trieur Vachon fut mis dans le domaine public, en 1855, par l'abandon que fit l'inventeur de son privilège, cinq ans avant l'échéance du brevet, les constructeurs s'efforcèrent d'en améliorer les détails.

Le perfectionnement proposé d'abord par M. Vachon se trouve aussi dans le trieur de M. Lhuillier de Dijon. Le cylindre est fait d'une feuille de laiton ou de zinc de quatre millimètres d'épaisseur, les alvéoles y sont creusés par un moyen breveté; une petite fraise tournant rapidement fait facile-

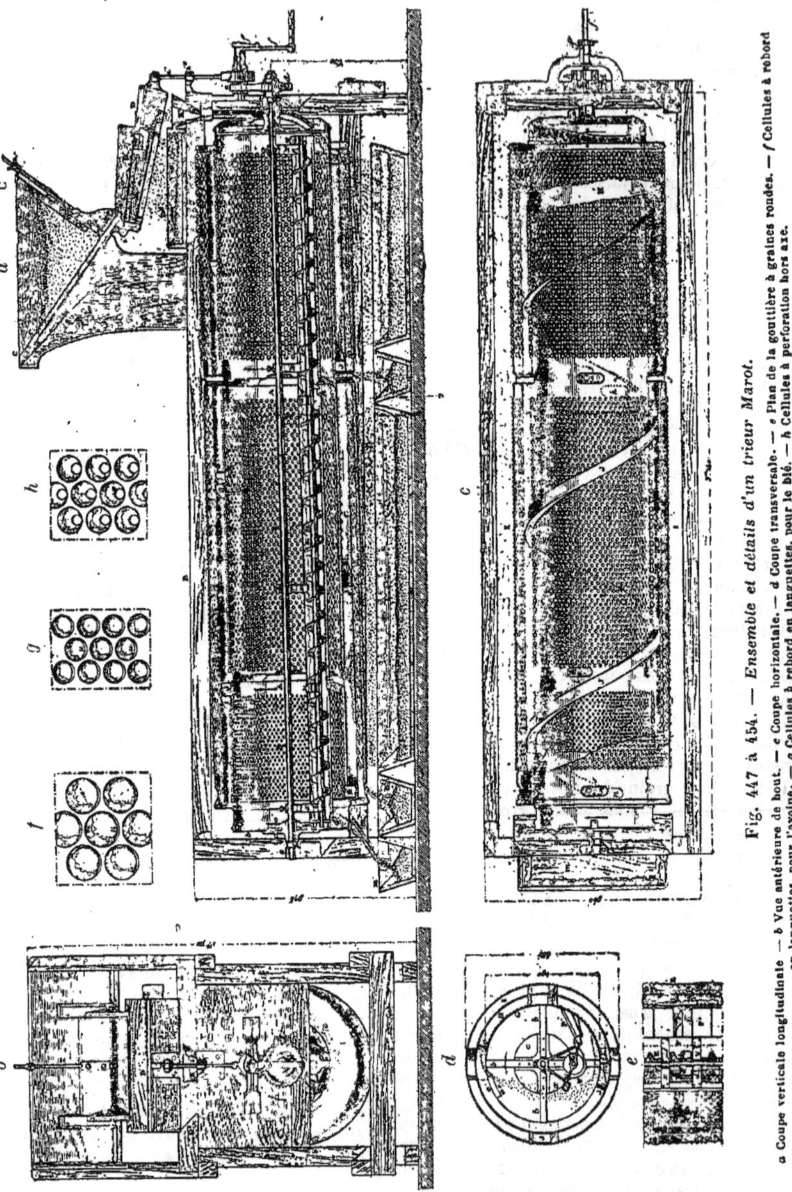

Fig. 447 à 454. — *Ensemble et détails d'un trieur Marot.*

a Coupe verticale longitudinale — b Vue antérieure de bout. — c Coupe horizontale. — d Coupe transversale. — e Plan de la gouttière à graines rondes. — f Cellules à rebord en languettes, pour l'avoine. — g Cellules à rebord en languettes, pour le blé. — h Cellules à perforation hors axe.

ment ce travail. Ils sont exactement hémisphériques et peuvent être presque contigus sans inconvénient. De sorte que chaque mètre carré en contient le nombre maximum; soit peut être deux fois plus qu'en tôle perforée doublée. M. Lhuillier avait d'abord adopté l'arbre oscillant qu'il semble abandonner aujourd'hui. Ce constructeur a livré beaucoup de trieurs à alvéoles à l'agriculture comme à la meunerie.

Dès 1858, M. Marot, de Niort, présentait au concours régional de cette ville un trieur à alvéoles. Il avait le mouvement de trépidation du trieur cylindrique de Vachon et des alvéoles hémisphériques repoussés dans une feuille mince de zinc.

Depuis l'Exposition de 1867, qui valut à M. Marot le premier prix, ce constructeur a fait de nombreux perfectionnements. Les figures 447 à 454 représentent, d'après une planche de la publication de M. Armengaud, le trieur Marot moderne avec tous ses perfectionnements.

Le cylindre trieur à alvéoles se compose de trois compartiments ayant des alvéoles différents : d'abord de très grands alvéoles, dans lesquels un bon grain de froment peut rester stablement couché; tandis que l'avoine qui peut s'y placer debout est bientôt enlevée par l'arrivée d'autres grains ou la simple rotation. Le second compartiment a des alvéoles ordinaires pouvant contenir stablement les nielles et autres graines rondes; le troisième, des alvéoles un peu plus petits, dont nous indiquerons la fonction.

Ce grand cylindre est enveloppé d'un ou deux autres cylindres à alvéoles perforés d'une manière particulière pour compléter le triage comme nous l'allons voir. L'ensemble de ces cylindres concentriques est animé d'un lent mouvement de rotation continue.

Le blé à nettoyer est versé dans la trémie C munie d'une vanne d'alimentation dont l'ouverture se règle par une vis. La nappe de grain tombe sur l'émotteur D' dont la grille ne laisse passer que le grain et les matières étrangères d'une moindre grosseur : les mottes, pierres, etc., roulent sur la grille et s'échappent de côté par un conduit D². Le grain qui a traversé l'émotteur se débarrasse des petites graines et de la poussière en roulant sur la grille à petits trous K et tombe, ainsi émotté et épuré, dans l'entonnoir K' qui le conduit en tête du trieur à alvéoles. Le sabot émotteur-épurateur a un mouvement vertical de rapides secousses.

En roulant dans le premier compartiment de ce cylindre trieur, le blé se loge dans les grands alvéoles et, entraîné dans la lente rotation du trieur, il retombe bientôt dans la gouttière où la vis le pousse jusqu'en K, d'où il se rend dans le second compartiment. Pendant ce trajet du froment, l'avoine qu'il pouvait contenir n'ayant pu rester dans les alvéoles a roulé jusqu'en K' où quatre ajutages *j* lui assurent un écoulement périodique dans la boîte *j*.

Le blé ainsi débarrassé de l'avoine et de toutes graines plus longues que lui, l'orge par exemple, roule tout le long du second compartiment du cylindre. Les alvéoles étant ici d'environ 4 millimètres de diamètre ne peuvent conserver que les graines rondes qui, entraînées par la rotation, retombent bientôt dans la gouttière suspendue à l'intérieur du cylindre trieur et sont poussées par la vis E, jusqu'au troisième compartiment dans lequel elles tombent.

Ce compartiment, dit de reprise, est parcouru lentement par la graine ronde mélangée des petits grains de froment qui ont pu rester dans les alvéoles du second compartiment. Les alvéoles du troisième étant un peu plus petits, la graine ronde seule peut s'y loger : elle est entraînée dans le mouvement de rotation, et seule enfin elle retombe pour la seconde fois dans la gouttière où la vis la pousse au dehors dans la caisse *m'*, tandis que le petit froment qui n'a pu se loger dans les petits alvéoles du troisième compartiment s'écoule dans l'orifice *n*, qui n'est autre chose que l'extrémité d'un long canal hélicoïdal J. Ce petit blé étant encore mêlé de graines rondes trop grosses pour rester dans les alvéoles du troisième compartiment, il est nécessaire de le repasser. Pour cela il tombe, comme nous venons de le dire, dans le canal hélicoïdal J, qui le ramène en tête du deuxième compartiment trieur où il finit par se débarrasser, par des reprises successives, de toutes les graines rondes; il tombe alors par les orifices *l'* entre l'enveloppe en tôle pleine et le fond du cylindre trieur. Ce petit grain s'arrête sur la face extérieure et d'amont du canal hélicoïdal qui le ramène jusqu'en tête du cylindre trieur, où il rencontre une ouverture *p* par laquelle il passe dans la seconde enveloppe ou cylindre extérieur garni d'alvéoles percés de petits trous comme on le voit dans les figures de détail. Ces trous, qui ne sont pas au sommet des hémisphères, sont de côté, de façon que les grains de seigle qui ont un diamètre moindre que celui du froment, s'y engagent et tombent dans la caisse *q*, s'étendant dans toute la longueur du premier compartiment. Il en est de même dans l'enveloppe extérieure des grains, petits et moyens, entraînés avec le bon grain parce qu'ils n'ont pu séjourner dans les alvéoles comme les graines rondes : ces seconds grains de froment tombent dans le long récipient *r*. Tout le gros froment, qui ne peut passer par ces orifices, arrive en roulant jusqu'au bout du cylindre extérieur et tombe dans la caisse *t*.

Ainsi complet, le trieur Marot sépare le grain à trier en cinq lots qui tombent dans l'ordre suivant : 1° orge et avoine dans le récipient *j*; 2° graines rondes en *m'*; 3° seigle en *q*; 4° grains moyens et petits de froment en *r*; 5° enfin, beau froment, pour semence ou mouture, dans la caisse *t*.

Nous n'avons pas voulu interrompre la description de la marche du nettoyage par l'examen des quelques détails suivants qui ont cependant une grande importance.

La manivelle faisant de 25 à 30 tours, le cylindre-trieur en fait de 12 à 15 par minute. Cette manivelle peut évidemment être remplacée par une poulie conduite par un moteur. La manivelle n'entraîne l'arbre du pignon que si l'ouvrier tourne dans le sens voulu, grâce à un encliquetage. La gouttière à graines rondes est suspendue à l'arbre fixe par des espèces d'étriers : elle est prolongée, du côté où la rotation fait tomber les graines rondes, par une plaque allant très près de la paroi intérieure alvéolée : des clapets râcleurs très légers sont articulés à charnière sur cette plaque. Le sabot-émotteur, par un rochet-came, fait 15 oscillations par tour de manivelle. La vis conduite par engrenages fait trois tours pour un de cylindre. Les alvéoles à graines rondes ont aujourd'hui au bord d'aval une lèvre saillante empêchant la graine ronde lisse de tomber trop tôt, et retenant des graines à poils hérissés, à peu près rondes dites *ardentes* (luzerne tachetée). Un nettoyeur de graines de luzerne utilise les alvéoles perforés hors axe de M. Marot pour enlever la cuscute.

Séparation basée sur la différence de poli de l'épiderme. Lorsqu'on fait glisser sur un plan incliné un corps quelconque, on observe que le mouvement de descente n'a lieu qu'au-dessus d'une certaine inclinaison qui dépend en même temps de l'état et de la nature des surfaces en contact. Si le plan incliné est très poli et le corps à surface unie, il suffit d'une très petite inclinaison. Si au contraire les surfaces sont très rugueuses, l'inclinaison doit être très sensible. Si le corps peut rouler, il en est de même en ce qui a rapport à l'état et à la nature des surfaces, mais en outre, la grosseur du corps a une plus grande influence.

Par suite, sur un plan d'inclinaison et de nature données, le corps le plus poli et le plus roulant descendra le plus rapidement; de sorte que si l'on place sur un plan incliné un mélange de divers corps, les plus polis et les plus gros descendent avec vitesse, et les plus minces, les plus rugueux ne descendront, que très lentement s'ils doivent le faire; mais si, au lieu d'un seul plan incliné, on a une série de plans parallèles séparés par un très petit vide, il ne tombera dans ce vide que les matières glissant ou roulant lentement; tandis que les matières polies et roulantes franchiront aisément ces espèces de fossés. Comme on peut faire varier l'inclinaison commune de tous ces plans et même l'état plus ou moins rugueux de leur surface, il est clair que l'on pourra régler un appareil de ce genre pour faire telle séparation que l'on voudra.

Le séparateur et nettoyeur de grains et graines de MM. Stidolph et Agio, que nous avons vu en 1877 à l'exposition de Liverpool et qui date du commencement de 1876, est fait sur le principe que, le premier, nous avons exposé et précisé. L'appareil se compose de planchettes parallèles, inclinées, formant une espèce d'escalier à marches en pente douce. Entre le bas d'une des marches et le haut de celle qui vient ensuite est un petit espace vide dans lequel ne peuvent tomber que les mauvaises graines arrivant sans vitesse sensible au bas de la marche; tandis que les graines roulant un peu franchissent cet étroit fossé. Au lieu de planchettes garnies de papier ou d'étoffe plus ou moins rugueuse, on peut employer, comme MM. Stidolph et Agio, des toiles tendues sur de petits rouleaux; la mauvaise graine rugueuse, plate ou peu roulante, suit la toile dans la partie plane tendue, puis dans la partie arrondie et arrivé dans le vide.

Cet appareil enlève parfaitement la graine de plantain de celle de trèfle. Il en doit être de même de la cuscute, que sa forme en quartier d'orange rend moins roulante que la bonne graine de trèfle et de luzerne, et dont la surface est même rugueuse; le tissu entourant les rouleaux et formant les plans inclinés successifs peut être choisi plus ou moins rugueux et même pelucheux, de façon à réduire la vitesse des mauvaises graines assez pour que, seules, elles puissent tomber dans les intervalles. La folle avoine peut être facilement extraite par ce moyen du froment ou autres grains. Cet appareil ne présente aucun mécanisme.

En combinant, dans le même appareil, le principe des plans inclinés rugueux avec le principe des cribles fixes, on a le *challenger*.

TARARES. Les divers modes de séparation que nous venons d'examiner, avec les nettoyeurs spécialement basés sur chacun d'eux, peuvent être combinés dans un seul appareil complexe. Lorsque la séparation par ordre de densité est combinée avec le criblage d'émottage et d'épuration, on a ce qu'on appelle ordinairement un *tarare*. Si le premier mode est le plus important dans le travail complexe à exécuter, on a un tarare-ventilateur qui peut être soufflant ou aspirant. Si au contraire, le criblage d'épuration et de classement prime la ventilation, on a un *crible-ventilateur*. Les trieurs peuvent même être munis de petits cribles et d'un ventilateur.

Les tarares simples, c'est-à-dire composés d'un ventilateur et d'un ou deux cribles, sont surtout employés dans les fermes. Toutefois, on trouve dans les meuneries de véritables tarares à ventilateur aspirant.

La plupart des machines à battre sont munies de tarares. S'il n'y en a qu'un, il est nommé *débourreur* parce qu'il a pour fonction de débarrasser le grain de la masse de matières légères, balles, mottes, pailles, épillets, etc., qui l'accompagnent à sa sortie du contrebatteur. Lorsque le tarare débourreur

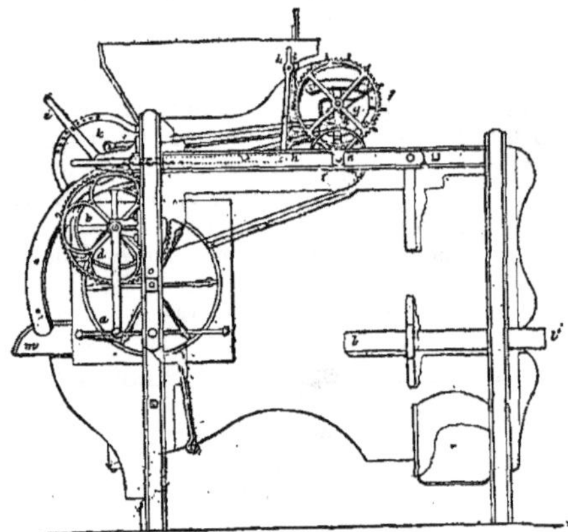

Fig. 455. — *Vue du tarare Hornsby.*

est distinct de la machine à battre, il est fait pour être mû par un homme, tournant la manivelle pendant qu'un autre apporte et jette le blé dans la trémie. On peut donner comme un des meilleurs modèles, le tarare de Hornsby (fig. 455 et 456).

Sous la trémie *n* qui reçoit le grain, se trouve le crible-sasseur *op*, d'une seule pièce; il porte deux grilles : la supérieure, l'*émotteuse*, a des mailles assez grandes pour que les grains de blé, d'orge ou d'avoine, y passent très facilement; la grille inférieure présente des ouvertures moins grandes permettant seulement au grain d'y passer sans trop de difficulté. Le ventilateur, à six ailettes planes, produit un courant d'air dirigé de façon à passer au travers des deux grilles, mais non trop directement et plutôt en dessous. Toutes les matières sensiblement plus légères que le grain sont entraînées par l'air au delà d'une planchette *s*, qui peut être plus ou moins haussée suivant la nature du grain et le degré de nettoyage désiré. Le grain léger ou de qualité inférieure ne pouvant être entraîné aussi loin que les balles et la menue paille, tombe un peu avant la planchette dans un couloir oblique *r*. Le bon grain, le plus dense, tombe presque verticalement au-dessous du crible sur un plan incliné *q*.

Le sabot cribleur, à deux grilles, oscille autour d'un axe avec une planche formant une partie du fond de la trémie; son mouvement de va-et-vient aide à la chute du grain à nettoyer tout en la régularisant. La bonne alimentation est assurée par un cylindre *g* armé de 13 rangs longitudinaux de dix

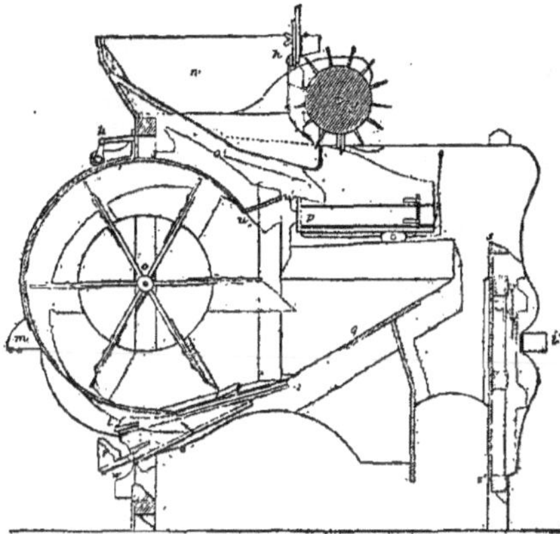

Fig. 456. — *Coupe en long du tarare Hornsby.*

dents chacun. La vanne *h* devant laquelle tourne ce hérisson est presque verticale et peut être plus ou moins soulevée: sa partie inférieure a la forme d'un peigne entre les dents duquel passent celles du hérisson pour se nettoyer, tout en attirant sur le sabot-cribleur la masse des balles, menue paille et grains, qu'il s'agit de séparer. Cette vanne terminée en peigne peut aussi être poussée plus ou moins contre le hérisson à l'aide d'une tringle horizontale *k*. Le cylindre, denté lui-même, peut être plus ou moins rapproché du peigne. Ses tourillons reposent, en effet, par l'intermédiaire de coussinets, dans deux paliers tournant autour d'un axe et réglés de position à l'aide d'une tringle reliée par articulation avec le petit bras du levier. La poignée *i* de ce levier peut être fixée plus ou moins haut grâce à un arc régulateur.

Au pied du plan incliné sur lequel roule le bon grain, avec les mauvaises graines aussi denses que lui, est une grille cribleuse ne laissant de passage qu'aux graines notablement plus petites que le bon grain qui roule sur cette grille jusque dans un canal incliné *v* qui le jette sur le flanc du tarare.

L'enveloppe fixe dans laquelle tournent les ailettes est légèrement excentrée par rapport au cercle décrit par l'extrémité de ces ailettes. Un volet à charnière *u* permet de régler la direction du courant d'air tout en accroissant ou diminuant l'aire du passage entre ce volet et le plan incliné.

Sur l'arbre de la manivelle motrice est calée une roue dentée qui conduit un pignon fixé sur l'arbre du ventilateur, qui fait ainsi 220 tours par minute, pour 40 à la manivelle. A côté de la grande roue dentée, est une poulie *d* qui, par une courroie, conduit une autre poulie plus petite placée sur l'arbre de rotation des paliers du hérisson. A côté de cette petite poulie, qui fait 4 tours pour 3 de la manivelle, est calé aussi un pignon denté qui commande la roue *f* fixée sur le cylindre-hérisson débourreur. Cette roue ne faisant qu'un tour pour 5 du pignon va assez lentement puisqu'elle fait moins de 11 tours par minute. Des poignées *m*, *l*, permettent de soulever le tarare lorsqu'il doit être déplacé. Tous les règlements propres à assurer un bon travail, en toutes circonstances, ont été prévus dans ce tarare. Ainsi: 1° on peut régler l'alimentation en ouvrant plus ou moins la vanne dont la tringle horizontale de poussée porte des crans, qui permettent aussi de la pousser plus ou moins contre le cylindre denté; de même que celui-ci peut être plus ou moins rapproché de cette vanne par le levier régulateur. Cette disposition de l'alimentation, jadis brevetée par MM. R. Hornsby, a été depuis adoptée par nombre de constructeurs; 2° on peut régler l'étendue de l'oscillation du sabot-cribleur en faisant varier l'excentricité de la bielle horizontale qui, de l'arbre du ventilateur, commande ce crible; 3° on peut régler la direction et l'intensité du courant d'air par le clapet décrit; 4° on règle la proportion de blé de tête ou beau blé en élevant plus ou moins la planchette inclinée *q*; 5° on fait plus ou moins de petit blé, ou l'on obtient un petit blé plus ou moins beau, en réglant la hauteur de la planchette *s*, citée. C'est un excellent instrument: son seul défaut est d'être forcément d'un prix élevé.

MM. R. Hornsby et fils font une machine à nettoyer complète, comprenant: un séparateur de pierres, un ventilateur et un crible rotatif ajus-

Noms des concurrents	Temps en secondes	Débit à l'heure en hectolitres	Temps en secondes par hectolitre	Travail moteur en kilogrammèt.	Nombre de tours par minute	Travail en kilogrammèt. par seconde	Travail moteur dépensé par hectolitre
Boby	145	18.05	199.45	906.135	34.345	6.249	1246.40
Penney	233	11.23	320.49	928.944	29.099	3.987	1277.77
Poyser	238	11.00	327.37	548.104	34.286	2.303	753.92
Coleman	220	11.90	302.61	836.326	34.364	3.801	1150.38
Ransomes	211	12.40	290.23	377.384	34.408	1.788	519.10
Hornsby	64	40.85	00.00	401.675	22.760	6.275	552,37

table. Cet appareil a obtenu le prix aux essais de Bury, dont les résultats sont indiqués dans le tableau de la page précédente; la quantité de blé à nettoyer par chaque concurrent était de deux boisseaux (Bushels) ou 72 litres 70 de froment.

Les éléments d'un bon tarare sont donc connus et du domaine public depuis plus de quarante ans. Cependant l'esprit d'invention n'a pas pour cela abdiqué. Toutes les parties du tarare ont été depuis soumises à des études et à des tâtonnements raisonnés, tendant à perfectionner le travail de l'appareil, ou à simplifier sa construction :

1° Le ventilateur a varié dans le nombre et la forme de ses ailettes que l'on a faites successivement planes, concaves ou convexes, aussi bien en travers qu'en long, et sans arriver à une solution mathématique. La position de ce ventilateur a varié en hauteur; son diamètre a été tantôt exagéré, tantôt trop réduit. On a fait le canal de refoulement avec des parois mobiles permettant de diriger convenablement le courant d'air;

2° Le mouvement de rapide rotation a été donné au ventilateur par une paire d'engrenages ou de poulies. L'arbre moteur à manivelle a été placé au-dessus ou au-dessous de l'arbre du ventilateur, afin d'être à portée de la main motrice; il a été placé en avant ou en arrière de l'axe du ventilateur, parallèlement à cet axe, normalement ou obliquement. Exceptionnellement, la vitesse à l'extrémité des ailes a pu être réglée par la variation du nombre de tours fait par l'arbre du ventilateur, afin de proportionner la vitesse du courant d'air au travail à faire.

La manivelle motrice a été placée de façon à permettre à l'homme, qui la fait tourner, de surveiller l'alimentation dans la trémie, et, au besoin, de se mettre à l'abri des poussières entraînées par le courant d'air;

3° Les dispositions propres à assurer une alimentation convenable et régulière, à la régler suivant le degré de saleté et des buts à atteindre, comportent : l'étude de la forme de la trémie, de la vanne réglant l'ouverture de sortie de cette trémie, des agitateurs assurant l'écoulement, des nettoyeurs maintenant toujours libre l'ouverture d'échappement du grain, du distributeur mesurant le volume de grain fourni par tour de manivelle, etc., etc.;

4° Le criblage, pour l'émottage et l'expulsion des petites mauvaises graines, comporte l'étude du nombre des grilles, de leur emplacement; des moyens de faire varier leur inclinaison ou d'opérer leur remplacement;

5° Les moyens généraux de règlement du travail complet ont beaucoup varié. Tantôt c'est le déplacement en hauteur de planchettes de séparation, ou leur inclinaison; tantôt des valves se rabattant d'un côté ou d'un autre, etc.;

6° Enfin, la forme extérieure et les dimensions d'ensemble doivent être étudiées au point de vue du déplacement facultatif de l'instrument. Les portes ayant une largeur parfois trop limitée.

On voit combien de questions à résoudre se présentent aux constructeurs de tarares. Lorsque ces derniers appareils sont solidaires des machines à battre, le problème cinématique est plus simple; mais, en revanche, il convient de tout disposer pour que le travail moteur à dépenser soit le moindre possible. Le nettoyage complet par la batteuse est désirable pour éviter des manutentions coûteuses. Aussi les grandes machines à battre actuelles, et surtout celles qui doivent aller battre de place en place, sont-elles munies d'un ou deux ventilateurs, de cribles rotatifs ou alternatifs, et suffisants pour rendre le grain, en sacs, propre à être conduit au marché. Les tarares à bras ont alors un rôle plus restreint; mais dans les localités où la batteuse ne fait que l'égrenage et le secouage, on a forcément encore des tarares-débourreurs pour le premier nettoyage et des tarares finisseurs. Pour le petit cultivateur, le même tarare doit à volonté pouvoir débourrer le grain, puis achever son nettoyage.

On trouve donc trois genres de tarares à bras : 1° le débourreur; 2° le finisseur, et 3° le tarare à deux fins. En France, la fabrication du tarare est très répandue; nos constructeurs, pour la plupart, visent un peu trop exclusivement à l'abaissement du prix de revient, en exagérant la simplicité. Il est vrai que cette qualité est très appréciée dans un instrument indispensable, même aux plus petites exploitations rurales.

Malgré la difficulté de faire un bon tarare mixte pouvant se vendre à bas prix, on peut affirmer que quelques constructeurs français ont approché de la solution.

Les tarares anglais sont en général plus complets que les appareils français de mêmes destinations. Il y en a de très remarquables.

Tarares dits américains ou aspirants. Les meuniers ne recevant habituellement que du grain vanné et criblé, c'est-à-dire marchand, emploient très rarement les tarares-vanneurs ordinaires. Mais ils sont forcés, pour obtenir une bonne farine, d'extraire de ce blé marchand les grains légers ou avariés, et quelques mauvaises graines que les tarares agricoles habituels n'enlèvent pas.

MM. Rose frères, qui ont, vers 1866, amélioré l'aspirateur américain, l'ont complété par l'addition de cribles suffisants pour en faire un tarare complet.

Les appareils que nous venons d'étudier donnent à l'agriculteur une semence pure, au brasseur, de bonne orge à malter; au grainetier, des graines qu'il peut garantir pures. Seul le meunier, qui a dû employer la plupart de ces appareils, n'a pas terminé sa tâche préparatoire; il faut qu'il la pousse plus à fond. En effet, on a dit : « Froment bien nettoyé est à moitié moulu. » Cette assertion est peut être quelque peu exagérée; mais on ne peut nier qu'avec un froment insuffisamment nettoyé, on ne pourra jamais faire de bonne mouture. Certes, on pourra moudre le grain, tout impur et sale qu'il soit; on pourra bluter la boulange produite, et mettre en sacs l'extrait de ce blutage. Mais sera-ce réellement de la farine? En apparence! oui. Mais, en réalité, ce ne sera qu'un mélange de véritable farine de froment et de toutes sortes d'ordures et de graines étrangères à l'état pulvérulent, même dans l'hypothèse d'une mouture idéale dans sa perfection. Il est donc absolument certain que rien de bien ne peut être fait, dans le moulin proprement dit, si les appareils de nettoyage sont insuffisants. Or jusqu'ici nous n'avons pas nettoyé le blé, dans le sens propre du mot. Toutes les opérations que nous avons examinées avaient un but unique, malgré la diversité de leurs aspects : *enlever de la masse du grain toutes les matières étrangères qu'il peut contenir*. C'étaient des opérations de séparation, d'épuration, de classement ou de triage ayant un but unique, définitif... l'*isolement*, des grains sains de froment, de toutes les autres matières reçues dans la masse vendue sur les marchés, sous le nom de blé.

Il résulte de l'étude que nous venons de faire que ces opérations pourront être efficaces à deux conditions : 1° adoption des appareils qui conviennent le mieux à chaque séparation, et 2° emploi intelligent et raisonné de ces appareils et dans l'ordre voulu. L'agriculteur, à l'aide des appareils précédents, pourra donc se préparer une semence de blé, de trèfle ou de toute autre plante, absolument pure : il ne resèmera pas chaque année les mauvaises graines qui épuisent ses champs. Le grainetier pourra donc, sans mentir, garantir la pureté des semences qu'il livrera. Le meunier lui-même ayant isolé son froment ne moudra que du froment. Il semble donc que le meunier n'a plus qu'à livrer son froment épuré à ses meules ou à tout autre appareil de réduction qu'il aura choisi. Malheureusement le grain de froment tout isolé qu'il soit peut encore être sale : il peut être couvert d'une mince croûte de boue séchée; son extrémité velue peut contenir des sporules de divers cryptogames, et enfin sur toute sa périphérie et dans son sillon, il peut se trouver des ordures minérales, végétales et animales adhérentes à l'épiderme du grain. Pour le meunier, qui a déjà émotté, épierré, vanné, criblé, classé et trié son blé, il y a donc une dernière phase dans l'importante et complexe opération que nous avons dû appeler *nettoyage*, pour nous conformer à l'usage. Il a isolé son froment, il faut actuellement *débarbouiller chaque grain englué de diverses ordures*. Suivant la provenance du blé, et son état actuel, ce nettoyage peut se faire à sec ou nécessiter un lavage. Nous avons donc à examiner actuellement ces appareils de débarbouillage à sec et les laveurs à blé, entraînant naturellement des sécheurs.

Le nettoyage ou l'*écurage* à sec de la périphérie des grains ne peut se faire que par un frottement, un râclage ou un brossage, capables de désagréger et de détacher les saletés adhérant à l'épiderme.

On peut obtenir le frottement simple en plaçant le grain dans une caisse prismatique tournant autour de son axe; le grain entraîné est choqué obliquement et successivement par les diverses faces. Les chocs et, par suite, le frottement qui en résulte, sont d'autant plus énergiques que le nombre des faces est plus petit, et le minimum est évidemment trois faces. Mais une caisse à quatre ou cinq pans peut produire un bon effet.

A l'agitation du blé dans une caisse tournante on peut substituer l'agitation, par un batteur rotatif, dans une caisse fixe prismatique ou cylindrique. On peut même adopter un agitateur tournant rapidement dans une caisse tournant aussi, mais lentement, dans le même sens, ou en sens contraire.

Lorsque la paroi intérieure de la caisse est lisse mais ondulée, les chocs sont plus nombreux et l'effet des frottements plus accusé. A *fortiori* si la surface intérieure est striée, armée de pointes, etc.

Comme il convient de se débarrasser des saletés aussitôt que le frottement ou le râpage les a détachées du grain, il est tout naturel de faire à

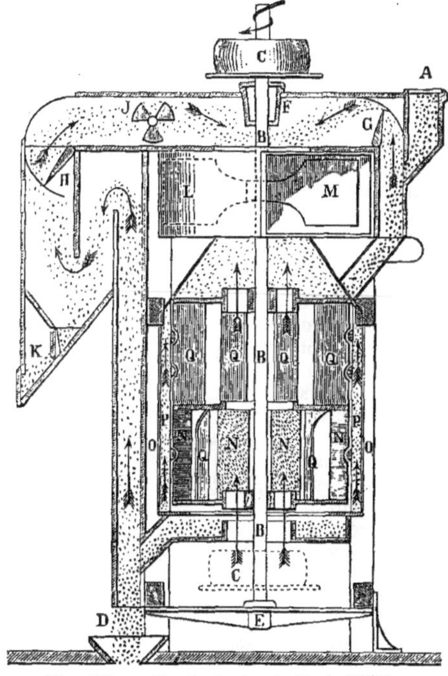

Fig. 457. — *Euréka-brosse de M. A. Millot.*

claire-voie les parois de la caisse : soit sous forme de grillages, soit en tôle perforée ou piquée. Les agitateurs ou batteurs peuvent être lisses, striés ou râpeux : ils peuvent choquer normalement ou obliquement. On les place de façon à faire avancer le grain d'un bout à l'autre de la caisse ou du cylindre, pour assurer la continuité et la régularité du travail et les parois de cette caisse sont disposées pour jouer le même rôle.

On peut aussi, pour assurer l'enlèvement des impuretés détachées, ajouter un ventilateur soufflant ou aspirant.

La caisse et l'agitateur peuvent tourner autour d'un arbre horizontal ou d'un arbre vertical; ce qui forme deux grandes classes.

Il est évident que les combinaisons diverses qu'il est possible de faire dans ce genre d'appareils, sont très nombreuses. Aussi les modèles sont eux-mêmes, dans chaque grande classe, fort nombreux et connus sous des noms divers : *écureurs* simples (scouring), *écureurs-épousseteurs* (scouring and smutting), *brosseurs* (brushing), et les combinaisons des écureurs-épousseteurs et brosseurs. En outre, des émotteurs et cribles accompagnent ces nettoyeurs spéciaux.

Ce travail d'écurage est modéré ou exagéré. Dans ce dernier cas, on peut arriver au *décortiquage*, travail inutile pour le froment, mais en usage pour l'orge à perler, le riz et diverses autres graines.

Depuis longtemps, la meunerie s'est préoccupée de ce nettoyage des grains épurés; mais c'était surtout au point de vue restreint, de ce qu'on appelle l'*éboutage* ou l'*épointage*. Dans les récoltes de froment, on trouve, en certaines années, nombre de grains charbonnés, cariés, et qui, extérieurement, à leur bout velu surtout, sont noirs ou bruns: les grains sains eux-mêmes ont leur extrémité salie par des matières étrangères, ou par la poussière détachée des grains malades. Comme il est impossible avec de tels grains d'obtenir une farine blanche, on s'est efforcé de débarrasser les grains de ces saletés, qui semblaient se loger de préférence au petit bout ou à la pointe des grains. Les appareils mécaniques imaginés dans ce but ont été d'abord des meules en grès, en pierre et en bois, garnies de brosses, et puis sont venus les écureurs à caisse et batteurs, les colonnes épointeuses ou ébouteuses de diverses dispositions.

Les cylindres ébouteurs à axe horizontal sont assez répandus dans certaines parties de la France. A Amiens, et dans les environs de cette ville, on trouve les ébouteurs à tôle piquée très répandus, des Jérôme et autres constructeurs.

La figure 457 représente en coupe un eurêka-brosse de M. A. Millot, recommandé par la Société meulière de La Ferté-sous-Jouarre. Le grain à nettoyer arrive en A et descend par son propre poids jusque dans le cylindre creux formé par l'enveloppe en tôle d'acier perforée P. Le grain arrivant par le haut de ce cylindre est soumis aux chocs des palettes Q qui, si leur direction est convenable, le projettent sous une faible inclinaison contre la surface écureuse et polisseuse. Mais, pendant cette descente, le grain doit traverser un courant d'air ascendant appelé par la joue supérieure B du ventilateur M. Comme ce courant est très violent, il peut entraîner tout grain n'ayant pas exactement la densité du grain de froment plein et sain, le plus lourd. Un clapet G permet de faire varier l'ouverture par laquelle le grain léger est aspiré, de façon à permettre de régler le degré d'épuration. Le grain léger trouve sur le côté une buse d'échappement à clapet qui ne s'ouvre que lorsque le grain est en masse suffisante pour pousser ce clapet, retenu ainsi suffisamment fermé pour éviter toute rentrée d'air. Le bon grain, lourd, projeté par les palettes Q du batteur contre la chemise métallique polisseuse, descend lentement en décrivant de nombreuses spires autour des ailettes batteuses, et arrive à la partie supérieure des brosses N alternant avec des battes. Le choc de celles-ci et le frottement contre la tôle perforée, et entre

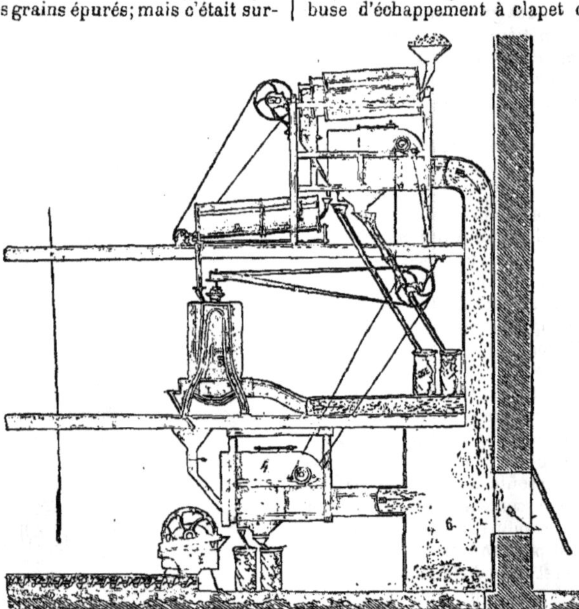

Fig. 458. — *Ensemble de nettoyage de M. Rose. Crible-émotteur, alimentant un premier tarare aspirateur, dont le blé de tête alimente le trieur rotatif. Le grain tiré va à la brosse, puis dans un deuxième tarare aspirant. Le blé de tête passe au besoin au mouilleur représenté figure 459 convoyé par une vis horizontale, puis élevé au boisseau à blé propre.*

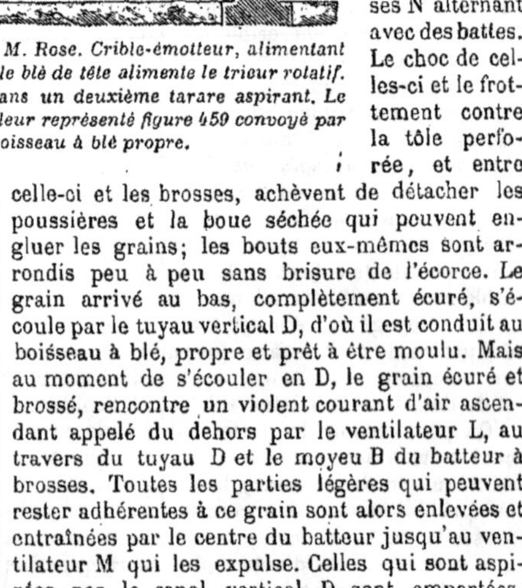

celle-ci et les brosses, achèvent de détacher les poussières et la boue séchée qui peuvent engluer les grains; les bouts eux-mêmes sont arrondis peu à peu sans brisure de l'écorce. Le grain arrivé au bas, complètement écuré, s'écoule par le tuyau vertical D, d'où il est conduit au boisseau à blé, propre et prêt à être moulu. Mais au moment de s'écouler en D, le grain écuré et brossé, rencontre un violent courant d'air ascendant appelé du dehors par le ventilateur L, au travers du tuyau D et le moyeu B du batteur à brosses. Toutes les parties légères qui peuvent rester adhérentes à ce grain sont alors enlevées et entraînées par le centre du batteur jusqu'au ventilateur M qui les expulse. Celles qui sont aspirées par le canal vertical D sont emportées, comme l'indiquent les flèches, jusque dans les joues supérieures de l'aspirateur D, d'où elles sont aussi expulsées en M. Mais dans ces courants ascensionnels, les parties moyennement lourdes tombent plus ou moins tôt et parviennent en K où elles peuvent s'échapper en poussant le clapet K. Entre la chemise polisseuse perforée P, et une enveloppe pleine ou manteau O, est un conduit étroit (environ 25 millimètres) en couronne cylindrique, dans laquelle l'aspirateur L produit un violent courant ascendant qui entraîne la poussière, les barbes et autres impuretés, détachées par les battes et les brosses, et qui ont traversé les perforations.

Le bon grain est donc soumis à son entrée à une première aspiration énergique, qui le débarrasse du grain léger. Puis il est battu, frotté, poli dans le cylindre par les battes, puis brossé et, au moment où il va sortir, il est soumis, sur un long parcours, à de violents courants d'aspiration qui le débarrassent de tout ce qu'il peut contenir de léger. Entre temps, la poussière aussitôt détachée est enlevée par le courant d'aspiration.

Si donc tout est disposé pour que l'aspiration soit aussi violente qu'on peut le désirer, sauf à la régler suivant l'utilité, si la vitesse des ailettes et des brosses, leur inclinaison et leur rapprochement de la surface polisseuse, sont bien étudiées, on peut être certain que le blé, sortant de l'euréka, est propre et peut être réduit en farine pure, en supposant que les appareils de réduction sont ce qu'ils doivent être. — V. Mouture.

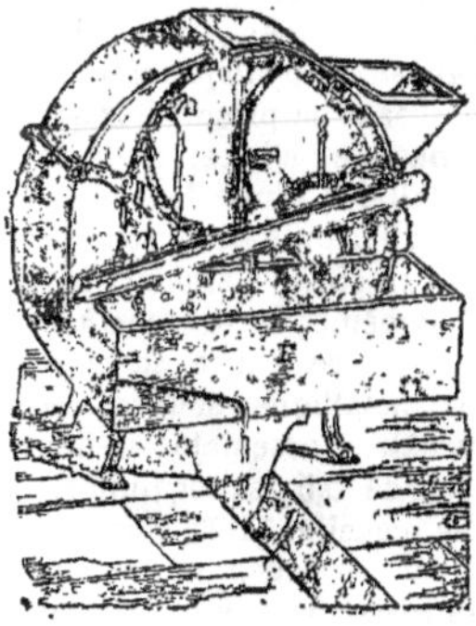

Fig. 459. — *Mouilleur automatique*

Le principe de l'euréka étant dans le domaine public, comme celui des colonnes épousseteuses, et des brosses horizontales ou verticales, nombre de constructeurs fabriquent des euréka, des écureurs et des brosses. Les détails diffèrent parfois beaucoup, et quelques-uns ont une importance considérable. Nous donnons un exemple de l'ensemble d'un nettoyage (fig. 458 et 459).

Le nettoyage dans les moulins comporte encore un appareil dont l'utilité est incontestable, bien qu'il soit rare dans nos usines françaises. C'est le *collecteur* de poussières. Un aspirateur spécial attire en une chambre particulière les poussières éparses dans le moulin et celles que produisent les divers appareils. Ces poussières sont entraînées par le courant d'air sur des flanelles qui les retiennent et que des mécanismes particuliers, très variés, secouent périodiquement.

Depuis l'emploi des moissonneuses-lieuses mécaniques, les meuniers sont exposés à rencontrer dans leurs blés des fragments de fil de fer. Les appareils divers pouvant entraîner aussi des fragments de fer ou d'acier, des clous, etc., on a imaginé des nettoyeurs magnétiques. Le blé nettoyé traversant la trémie de ces appareils coule librement dans le boisseau à blé propre. Tous les fragments de fer sont maintenus par des aimants et râclés d'une manière continue, puis jetés de côté.

Les machines à laver les blés n'ont de raison d'être, que pour les grains séparés de la paille par les antiques procédés du dépiquage par le pied des chevaux, ou le traînage, sur les gerbes, d'une planche armée de saillies. Ces machines à laver entraînent des sécheurs.

Enfin, un dernier appareil préparatoire pour la mouture de certains blés, c'est le *mouilleur*. Le plus ingénieux est le mouilleur automatique de MM. Rose frères. Le poids du grain à mouiller agit comme moteur pour faire tourner une roue munie de petites cuillères qui puisent l'eau dans la proportion voulue et la versent sur le blé roulant dans une hélice ou vis. S'il passe beaucoup de blé, l'eau vient en proportion. Si le blé cesse de couler, l'eau n'arrive plus. On peut régler la proportion du mouillage à 1, 2, 3... et même 10 0/0. — J.-A. G.

NETTOYEUR. Se dit du débourreur de la *carde*. — V. ce mot.

NEUFCHATEL. — V. Fromage.

* **NEUF-EN-HUIT.** *T. de tiss.* L'explication des formules qui s'appliquent aux papiers quadrillés, employés pour la mise en carte des dessins Jacquard, a été donnée au mot Dix-en-dix et au mot Huit-en-huit. La formule *neuf-en-huit* indique que chaque carré moyen de papier quadrillé aura neuf petites cases en travers et huit cases en hauteur, soit neuf fils en chaîne pour huit duites.

NEZ. *T. techn.* Petite éminence aménagée sur les tuiles plates, pour les accrocher à la latte. || Partie d'un soufflet d'orgue qui se termine en pointe. || Partie d'un tour sur laquelle on visse le mandrin qui doit porter la pièce à tourner. || Scories accumulées qui s'attachent au museau de la tuyère et rendent le vent inégal. || Partie d'un fusil formant un ressaut près de la poignée. — V. Fusil. || Sorte de rabot du menuisier qui sert à arrondir le devant des marches, et qu'on nomme *nez de marche*. || Extrémité du conduit dans lequel on introduit la fonte liquide destinée à la fabrication des caractères d'imprimerie. || *T de mar.* L'avant, la proue d'un navire.

* **NICARAQUE** (Bois de). *T. de bot.* Variété de bois de Fernambouc, de qualité inférieure, et venant du Nicaragua. Elle nous arrive en petites bûches à angles rentrants, lesquels atteignant souvent le centre de la bûche, divisent le bois. Son écorce est grise, et l'aubier blanc. Ce bois assez dur et se rapprochant un peu du Sainte-Marthe, est également fourni par un *cæsalpinia* (légumineuses).

NICHE. On définit la niche, un retrait peu profond réservé sur le nu ou dans l'épaisseur d'un mur, d'une pile, d'un contrefort, à l'extérieur ; dans les absides, les frises et les galeries à l'intérieur, pour y placer une ou plusieurs statues. La niche est donc un encadrement : elle entoure la statue, comme le cadre entoure le tableau, et lui donne plus de relief. La niche se distingue des arcatures, lesquelles sont généralement ornées de figures en ronde bosse, elle n'est pas un simple détail architectonique où la figure ne joue qu'un rôle accessoire; elle est faite pour la recevoir, et présente un vide à l'œil, quand elle en est dépourvue.

— Le style ogival, avec ses ornements multiples, se prêtait parfaitement à la multiplication des niches, au moment même où les canonisations et les béatifications multipliaient le nombre des saints. Les cathédrales et les grandes églises abritent alors tout un monde de statues. Les architectes leur ménagent des places à l'extérieur et à l'intérieur des édifices; ils en placent en haut des contreforts ou piliers et arcs-boutants, dans les galeries, sous les voussures, partout où elles peuvent être un motif de décoration et un objet de piété.

Dans ces conditions, les statues et leurs niches, soit creuses, soit à plat, constituent un ensemble de saints, de saintes, de rois, comme à la façade de Notre-Dame-de-Paris, de bienfaiteurs et autres hauts et dévots personnages. Ce n'est pas un saint en particulier, qu'on veut honorer, comme dans les chapelles latérales ou absidales; c'est la Toussaint que l'on célèbre,

La remarque a son importance dans l'histoire de l'art: les grands édifices religieux du moyen âge ne présentent point de statues isolées, à part celles de Dieu le père, du Christ, de la Vierge, qui occupent toujours une place d'honneur, soit à la porte principale en haut du pilier qui la divise, soit au jubé, soit dans l'abside. Partout ailleurs, la statuaire est collective et les niches ont le caractère de collectivité; elles forment dans les galeries des grandes églises, une sorte de frise continue.

La statue unique n'apparaît qu'au XVIe siècle, et alors on fait une niche plus ou moins profonde pour la recevoir. Cette niche, on la creuse dans la muraille, tantôt en forme de cintre, ou de cul-de-four, tantôt en forme de fenêtre carrée ou rectangulaire, mais bouchée. La façade des Tuileries sur la rue de Rivoli et les galeries extérieures de l'église de la Madeleine, à Paris, offrent ce double type. Les églises construites aux XVIIe et XVIIIe siècles présentent généralement des niches assez profondes, pratiquées dans leurs façades, et destinées à recevoir les statues des saints patrons. A Paris, Saint-Gervais, Saint-Roch, Saint-Paul, Saint-Louis en sont des exemples bien connus.

La niche, discrètement employée, est un moyen ingénieux de dissimuler la nudité des murailles et de varier les lignes architecturales en les décorant. Un architecte judicieux saura toujours tirer bon parti de ce motif. — L. M. T.

NICKEL. *T. de chim.* Corps simple, de nature métallique, ayant pour symbole Ni, pour équivalent 29,5 et pour poids atomique 59. Il est connu des Chinois depuis fort longtemps, mais il n'a été découvert, en Europe, qu'en 1751, par Cronstedt; il fut isolé et décrit comme métal, par Bergmann, en 1775; puis ensuite étudié, d'abord par Richter, en 1805, qui l'obtint à l'état pur, et enfin par un grand nombre d'autres chimistes.

Propriétés. Il est d'un blanc légèrement grisâtre, très dur, ductile, susceptible d'un beau poli; malléable, mais il encrasse la lime, laminable puisqu'on peut le réduire en feuilles de $0^{mm},02$; étirable puisqu'on en fait des fils de $0^{mm},01$ d'épaisseur. Il est plus tenace que le fer, dans la proportion de 9:7; du reste, il offre une très grande analogie avec ce dernier métal quoi qu'ayant une aptitude plus grande à résister aux agents chimiques, à l'air, à l'eau, aux acides; il fond à une température très élevée, mais uni au charbon, il donne une véritable fonte très fusible; sa chaleur spécifique est de 0,1108; comme le fer, il est bon conducteur de l'électricité, il est d'ailleurs magnétique, mais perd cette propriété lorsqu'on le chauffe à 350°. Lorsque le nickel est échauffé, il brûle dans l'oxygène; il s'oxyde dans l'eau oxygénée; il se dissout lentement dans les acides chlorhydrique et sulfurique, en dégageant de l'hydrogène; il se dissout également dans l'acide azotique étendu, mais le contact de cet acide concentré le rend passif; il s'unit au chlore, au phosphore, à l'arsenic, au séléninm, au soufre, ainsi qu'à l'hydrogène. Cette dernière propriété se manifeste surtout lorsque l'on décompose par la pile un sel de nickel: l'hydrogène s'unit alors au métal, le rend plus dur, comme le carbone donne cette propriété au fer en le transformant en acier; mais, si l'on chauffe le nickel dans de l'eau portée à 65-70° centigrades, l'hydrogène se dégage aussitôt en présentant souvent 200 fois et plus, le volume du métal. Le nickel est diatomique.

Etat naturel. Le nickel se retrouve souvent dans la nature, mais toujours uni à des métalloïdes, ou alors simplement mélangé en petites proportions à différents autres métaux.

Parmi les minerais de nickel, nous devons d'abord citer: 1° la *nickeline* ou *kupfernickel*, arséniure de nickel cristallisant en prisme hexagonal, mais plus souvent massive; elle est d'un rouge cuivreux, à aspect métallique, d'une densité de 7,5, d'une dureté de 5,5. Sa formule NiAs correspond à 44,02 de nickel, pour 55,98 d'arsenic. Elle se trouve en Saxe, en Bohême; 2° la *cloanthite* ou *nickel arsenical blanc*, qui se trouve en cristaux cubiques, d'un blanc métallique, souvent recouverts d'un enduit verdâtre d'arséniate; sa densité est de 6,6, et sa dureté de 5,5; sa formule $NiAs^2$ répond à 28,23 0/0 de nickel et 71,77 d'arsenic. Il contient souvent un peu de cobalt ou de fer, en place de nickel. Il se rencontre surtout en Hesse, en Saxe, ainsi que la *rammelsbergite*, qui en diffère très peu, mais est en cristaux prismatiques droits, d'une densité de 7,1; 3° la *disomose* ou *nickelglanz*, arsénio-sulfure d'un gris plombé métallique, en cristaux cubiques ou octaédriques; sa dureté est de 5 à 5,5, et sa densité de 6,1. Sa formule $NiAs^2+NiS^2$ représente 31,82 0/0 de nickel, 48,02 d'arsenic et 20,16 de soufre. Il a été trouvé en Styrie, dans le Hartz, et contient souvent un peu de fer; 4° *l'annabergite* est un arséniate d'un blanc verdâtre ou vert pomme, formé par l'altération des arséniures, et déposé souvent à la surface de ceux-ci en petits cristaux ou en masses terreuses; il contient 37,6 0/0 d'oxyde de nickel, et 38,4 d'acide arsenique, avec 24 0/0 d'eau; 5° la *millerite* ou *haarkies* est un sulfure se trouvant d'ordinaire en cristaux capillaires, d'un jaune laiton; sa densité est de 5,28, sa dureté 3,5; NiS correspond à 64,83 de nickel et 35,17 de soufre et se trouve dans le Nassau, aux Etats-Unis, etc.; 6° la *linnéite* est un sulfure double de cobalt et de nickel, qui cristallise en cubes d'un blanc rougeâtre, d'une densité de 4,8 à 5, d'une dureté de 5,5, et contient 33,64 0/0 de nickel, 22,09 de cobalt, 41,98 de soufre et 2,29 de fer; on l'a rencontrée à Müsen, près Siegen; 7° la *nicopyrite* est un autre sulfure double, brun, en masses cristallines; il est exploité en Norwège et contient 18,35 0/0 de nickel, 42,70 de fer, 36,45 de soufre et 1,6 de cuivre; 8° la *grünauite* est un sulfure encore plus complexe; il est en petits cristaux cubiques d'un gris d'acier, d'une densité de 5,13, d'une dureté de 4,5; elle a donné à l'analyse, 40,6 0/0 de nickel, 14,1 de bismuth, 3,4 de fer, 28,5 de soufre, puis du cuivre et du plomb; 9° la *breithaupite*, antimoniure couleur de cuivre, en cristaux tabulaires, métalliques, d'une densité de 7,54, d'une dureté de 5; sa formule NiSb représente 32,6 de nickel et 67,4 0/0 d'antimoine; on le trouve à Andreasberg, dans le Hartz; dans la montagne d'Ar (Basses-Pyrénées); 10° l'*ulmannite* ou antimonio-sulfure, cristallise en cubes d'un gris d'acier ; sa densité est de 6,35, sa dureté 5 à 5,5. Il a pour formule $NiS^2 + Ni(SbAs^2)$ correspondant à 26,10 0/0 de nickel, 47,56 d'antimoine, 16,40 de soufre et 9,94 d'arsenic. On le rencontre à Siegen, dans le Hartz, à Sayn-Altenkirschen, etc.; la *rewdanskite* ou *genthite*, est un silicate d'hydrate de protoxyde de nickel, contenant 12,6 0/0 de métal, et que l'on trouve dans l'Oural, enfin 12° la *garnierite*, le plus abondant de tous les minerais de nickel, qui est un silicate double de magnésie et de nickel hydraté; il contient : protoxyde de nickel, 19 0/0 (soit 14,95 de métal), magnésium 16,3, alumine et oxyde de fer 0,6, silice 44,0 et eau 20,0. Il a été trouvé en Nouvelle-Calédonie, et, en 1876, par M. Meissonnier, dans la province de Malaga, en Espagne; ce dernier gisement ne donne que 8,96 de métal, mais sans soufre et sans cobalt, ainsi que celui de la Calédonie. Ce minerai est vert pomme et très doux au toucher, sa cassure est écailleuse.

A côté de ces minerais riches en nickel, qui sont choisis de préférence pour l'exploitation métallurgique, il en est d'autres qui contiennent moins de nickel, mais sont également utilisés; tels sont les deux oxydes naturels la *bunsenite* NiO et la *nicomélane* Ni^2O^3, qui sont d'ailleurs assez rares; puis la *téxasite*, carbonate hydraté que l'on trouve en enduits sur le fer chromé, de Texas, en Pensylvanie; il est d'un vert émeraude; la *pyroméline*, sulfate de nickel, qui se trouve en petites masses fibreuses d'un vert clair, solubles dans l'eau; sa formule est $NiO^3, SO^3, 7H^2O^2$, on la trouve en Espagne, et à Riechelsdorf (Hesse), etc.; la *pimélite* ou *comarite*, silicate alumineux en petits cristaux tendres, d'un vert variable, et qui contient jusqu'à 35,8 de nickel, avec 4,6 d'alumine, 43,6 de silice et 11,1 d'eau; elle se trouve en Saxe.

A la suite de ces minerais de nickel, il en est quelques-uns qui, tout en appartenant à d'autres familles minéralogiques, renferment assez de nickel, pour que leur exploitation, sous ce dernier rapport, soit rémunératrice, tel est le *fer sulfuré magnétique nickelifère* de Pragaten (Tyrol), qui contient 1,76 0/0 de nickel; quelques *pyrites de fer*, le *fer hydroxydé* de l'Australie; quelques *schistes cuivreux*, comme ceux que l'on traite à Mansfeld, et qui donnent du sulfate de nickel, comme produits accessoires; quelques *peroxydes de manganèse* d'Australie, traités en Angleterre, pour faire du chlore, et qui donnent par tonne 2k,500 de nickel et 5 kilogrammes de cobalt; le *platine* de Nischne-Tajilsk (Oural), qui donne 0,75 0/0 de nickel; enfin et surtout le *speiss* des fabriques de couleurs bleues.

COMBINAISONS DU NICKEL. On connaît deux combinaisons oxygénées du nickel, l'une le protoxyde NiO, qui forme des sels, l'autre le sesquioxyde dont on ne connaît pas encore de combinaisons.

Le *protoxyde de nickel*, NiO, se retrouve à l'état natif (*Bunsenite*), en cristaux octaédriques, verts, d'une densité de 6,39 et d'une dureté de 5,5. On l'obtient artificiellement en calcinant l'hydrate, le carbonate ou l'azotate; il est alors en poudre gris verdâtre, non magnétique, réductible par l'hydrogène à 270°, et par le charbon au feu de forge, ou même par la seule action de la chaleur; son hydrate, que l'on a également trouvé en Pensylvanie, à l'état natif, contient deux équivalents d'eau; celui que l'on obtient artificiellement à l'aide de la chaleur, avec une solution ammoniacale d'oxyde ou de carbonate de nickel, n'a qu'un équivalent d'eau. Celui obtenu par précipitation d'un sel au moyen de la potasse ou de la soude, ne se déshydrate que par la calcination; l'ammoniaque dissout rapidement cet hydrate en donnant une solution bleue, tirant au violet s'il y a excès d'ammoniaque; cette liqueur peut servir pour reconnaître la soie, qu'elle gonfle et finit par dissoudre en jaune brun.

Sesquioxyde de nickel. Naturel c'est le corps que l'on désigne sous le nom de *nicomélane*; il s'obtient artificiellement en calcinant modérément à l'air, le carbonate ou l'azotate de nickel. Cet oxyde Ni^2O^3 est noir.

Caractères des sels de nickel. Les sels de protoxyde en dissolution, donnent avec les réactifs les caractères suivants : par la *potasse*, précipité vert pomme, insoluble dans un excès de réactif et inaltérable par la chaleur; par l'*ammoniaque*, précipité vert pomme, soluble dans un excès de réactif et donnant une liqueur bleue (caract.) d'où la potasse précipite le métal à l'état d'hydrate; avec l'*hydrogène sulfuré*, rien, ou trouble, si la liqueur est acide; avec le *sulfhydrate d'ammoniaque*, précipité noir, insoluble dans un excès, et difficilement soluble dans l'acide chlorhydrique; avec le *cyanure de potassium*, précipité jaune verdâtre, et en présence d'une lame de zinc, coloration rouge; avec le *carbonate de soude*, précipité vert pomme; avec le *carbonate d'ammoniaque*, précipité vert pomme, soluble dans un excès, avec coloration bleu verdâtre; avec le *carbonate de baryte*, rien, excepté avec le carbonate de nickel; avec le *ferrocyanure de potassium*, précipité blanc verdâtre, insoluble dans l'acide chlorhydrique; avec le *ferricyanure de potassium*, précipité jaune vert, insoluble dans l'acide chlorhydrique; avec l'*azotite de potasse*, rien; avec les *sulfocarbonates* en présence d'ammoniaque, coloration groseille. Les sels de nickel donnent dans la flamme oxydante, une perle de borax colorée en violet, à chaud, en rouge brun, à froid; et une perle grise dans la flamme de réduction.

Les sels de nickel employés industriellement sont peu nombreux, ce sont les suivants :

Azotate de nickel. NiO,AzO^5. Il est en cristaux verts, monocliniques et renfermant six équivalents d'eau lorsqu'il a cristallisé dans ce liquide; ils fondent à 56°,7, et le liquide bout à 136°,7 en perdant moitié de son eau de cristallisation. Il est soluble dans deux parties d'eau froide, dans l'alcool, s'effleurit à l'air et tombe en déliquescence quand le temps est humide. Chauffé à une température élevée, il se décompose en donnant d'abord de l'azotate basique jaune verdâtre, puis il devient sesquioxyde Ni^{2}O^3, et passe enfin à l'état de protoxyde. On l'obtient en dissolvant le métal ou son oxyde dans l'acide azotique.

Chlorure de nickel. NiCl. Il est en cristaux vert émeraude, formés de petits prismes quadrangulaires, efflorescents ou tombant en déliquescence suivant la proportion d'humidité contenue dans l'air, mais contenant 9 équivalents d'eau. Il est soluble dans 1,5 à 2 parties d'eau, moins dans l'alcool. A une température élevée, il devient anhydre et jaune, puis se sublime au rouge naissant, en paillettes brillantes d'un jaune d'or, et d'une densité de 2,52; il est soluble dans l'ammoniaque en donnant une dissolution bleue, et est réduit au rouge, à l'état métallique par l'hydrogène. Il s'obtient en traitant le nickel par l'eau régale, ou bien son oxyde ou son carbonate par l'acide chlorhydrique.

Sulfate de nickel. NiO,SO^3,7H^{2}O^2. C'est le plus employé des sels de nickel, car c'est lui qu'on utilise pour le nickelage. Il est comme les précédents, d'un vert émeraude, en prismes renfermant plus ou moins d'eau, suivant la température à laquelle s'est faite la cristallisation. Ces cristaux s'effleurissent à l'air, deviennent anhydres à 280°; sont solubles dans 3 parties d'eau froide, et insolubles dans l'alcool et l'éther. La solution de sulfate de nickel mélangée avec une solution de sulfate d'ammoniaque, donne par évaporation les cristaux de sulfate double souvent employés par l'industrie, et qui sont, eux, solubles dans 1 fois 1/2 leur poids d'eau. Le sulfate de nickel se prépare en traitant le nickel par l'acide sulfurique dilué, ou l'hydrate ou le carbonate par le même acide faible.

PRÉPARATION DU NICKEL. — V. plus loin MÉTALLURGIE DU NICKEL.

SÉPARATION DU NICKEL D'AVEC LE COBALT. Comme ces deux métaux sont presque toujours associés dans les minerais, il est indispensable de savoir les isoler l'un de l'autre pour obtenir des sels purs. Cette séparation est assez difficile à obtenir d'une manière parfaite, aussi existe-t-il un certain nombre de procédés :

1° *Procédé Pisani*: les deux métaux étant en solution acide, on y ajoute de l'ammoniaque, du sel ammoniac et enfin de la potasse caustique, puis on abandonne au repos dans un vase bien bouché; le nickel se précipite seul, sous forme d'oxyde, mais il en reste toujours un peu en dissolution avec le cobalt.

2° *Procédé H. Rose*: les deux métaux étant transformés en sulfates, on porte leur dissolution à l'ébullition, et on y ajoute du bioxyde de plomb. Il se forme du sulfate de plomb et de l'oxyde de cobalt, qui se précipitent, et le nickel reste en solution et peut être précipité par un procédé convenable.

3° *Procédé Fischer*: la liqueur contenant le cobalt et le nickel ayant été soigneusement débarrassée de la baryte, de la strontiane, de la chaux, ainsi que du fer, on la rend alcaline par la potasse, et on y ajoute de l'azotite de potasse neutralisé par l'acide acétique. Le mélange fait, on y verse un excès d'acide acétique, et on laisse en repos 24 heures, à une douce température. Il se dépose une poudre jaune d'oxyde de cobalt, qu'on lave sur un filtre avec l'eau ammoniacale, et dans la liqueur claire on ajoute de la potasse pour obtenir l'hydrate d'oxyde de nickel.

4° *Procédé Terreil*. On ajoute un excès d'ammoniaque à la solution des deux métaux, puis on y verse doucement une solution de permanganate de potasse, jusqu'à obtention d'une teinte rosée persistante. On porte à l'ébullition, puis on redissout l'oxyde de manganèse, qui s'est précipité, au moyen de l'acide chlorhydrique. Au bout d'un jour, tout le cobalt est précipité à l'état de chlorure roséocobaltique violacé. On l'enlève, on le lave à l'eau ammoniacale, puis à l'alcool et on dessèche; il contient 22,76 0/0 de son poids de cobalt. La liqueur filtrée est réunie aux eaux de lavage, puis additionnée d'ammoniaque, traitée par le permanganate en léger excès, puis chauffée à l'ébullition. Tout le manganèse se précipite, on filtre, et on précipite le nickel à l'état de sulfure.

DOSAGE DU NICKEL. Il s'effectue à l'état de protoxyde, soit en le précipitant à l'état d'hydrate, soit sous celui de sulfure.

1° A l'*état d'hydrate*. On ajoute un excès de potasse et on porte quelque temps à l'ébullition. Lorsque le précipité s'est bien formé, on le jette sur un filtre et on le lave à l'eau bouillante pour enlever toute trace de potasse. On sèche alors le précipité, on le calcine avec le filtre (on a facilement des filtres dont le rendement en cendres est connu) dans un creuset de platine et l'on pèse. On déduit alors le poids du filtre et le résultat multiplié, par 0,7867 donne le poids du nickel. Le dosage du nickel en solution azotique, ou à l'état de carbonate, de sel organique, se fait de la même façon, sans qu'il soit nécessaire de le précipiter, car la calcination donne toujours de l'oxyde pur; s'il restait du charbon, il suffirait d'ajouter de l'acide nitrique, jusqu'à disparition du charbon par la calcination, et jusqu'à ce que le poids du résidu reste le même.

2° A l'*état de sulfure*. Cette opération, plus délicate, s'effectue quand le nickel est mélangé à d'autres métaux. La solution acide est étendue de beaucoup d'eau, puis additionnée d'ammoniaque, mais de façon à laisser encore un peu d'acidité; alors on y ajoute goutte à goutte du sulfhydrate d'ammoniaque incolore, en ayant soin de n'en pas mettre en excès. On recueille le précipité sur un filtre mouillé, et on le lave avec précaution, avec de l'eau contenant un peu de sulfhydrate. Le liquide filtré doit être clair, s'il est teinté de brun c'est qu'il renferme un peu de sulfure de nickel, qui se déposera alors très lentement. Le précipité est desséché dans l'entonnoir, on en détache le plus possible de sulfure que l'on met dans une capsule de porcelaine, puis on calcine dans un creuset de platine le filtre avec le sulfure qu'il retenait; on ajoute alors ces cendres au contenu de la première capsule, puis on y verse de l'eau régale. On chauffe très doucement pendant quelque temps, le sulfure cède son soufre qui donne une couleur jaune au liquide, on étend d'eau, on filtre pour enlever le soufre, et on précipite le nickel par la potasse, pour opérer ensuite comme il a été indiqué.

Dosage volumétrique. Il existe plusieurs méthodes, la plus simple est celle de M. Wicke, basée sur la réduction du sesquioxyde en protoxyde, par l'acide arsénieux :

$$2Ni^2O^3 + AsO^3 = AsO^5 + 4NiO...$$
$$2Ni^2\mathrm{O}^3 + As^2\mathrm{O}^3 = As^2\mathrm{O}^5 + 4Ni\mathrm{O}.$$

On forme d'abord l'hydrate de protoxyde en précipitant le sel de nickel par la potasse, puis on peroxyde celui-ci en le faisant bouillir avec de l'hypochlorite de soude jusqu'à cessation de dégagement de chlore. On verse alors dans le liquide refroidi un volume déterminé d'une solution titrée d'acide arsénieux, et l'on dose l'excès de ce dernier par l'iode, après que tout le sesquioxyde a été réduit et que l'on a dissous l'arséniate de nickel formé, par l'acide tartrique.

Production et consommation. La découverte de la garnierite est venue augmenter d'une façon considérable la production du nickel, en même temps qu'elle a fait baisser des deux tiers la valeur de ce métal. D'après les chiffres que nous avons pu nous procurer, il y aurait eu de versés sur les marchés, en 1884, environ 10,000,000 de kilogrammes de nickel fournis par les pays suivants :

Australie.	9.000.000 kilogr.
Allemagne	475.000 —
Amérique du Nord	175.000 —
Autriche	100.000 —
Brésil.	100.000 —
Suède et Norwège.	70.000 —
France.	40.000 —
Belgique.	25.000 —

On remarque dans ce tableau, que deux pays n'ayant pas chez eux de mines exploitables de nickel, fournissent cependant une petite quantité de ce métal : la France traite, surtout à Paris, la garnierite de la Nouvelle-Calédonie, et la Belgique traite dans l'usine du Val-Benoît, près Liège, le fer sulfuré magnétique, qu'elle tire de Varallo (Italie supérieure) et qui contient de 2,5 à 5 0/0 de nickel et de cobalt.

Quant à la consommation, nous n'avons que des chiffres fort incomplets à donner, car la vulgarisation du nickelage fait employer, chaque année, ce métal en bien plus grandes proportions. En 1883, il a été consommé :

En Angleterre.	500.000 kil. de nickel.
En Allemagne	300.000 —
En Amérique.	200.000 —
En France	100.000 —

Mais ces chiffres se sont bien augmentés depuis que le métal peut revenir en gros, à environ 5 francs le kilogramme.

Usages. Le grand usage du nickel est de servir à faire des alliages blanchâtres, qui sont de beaucoup supérieurs au laiton pour les emplois relatifs à l'orfèvrerie de table, et qui ont surtout l'avantage, quand l'argenture est usée, d'être plus inoffensifs que les alliages utilisés autrefois. Tous les mélanges métalliques désignés sous le nom de *ruoltz*, d'*alfénide*, de *packfong*, de *maillechort*, d'*argentan*, de *tiers-argent*, sont à base de nickel; nous donnons ci-contre la composition de quelques-uns de ces alliages :

Noms des métaux	Argentan	Electrum	Alliage en plaques de MM. Christofle et Bouilhet	Tiers-argent	Cuivre blanc de Suhl	Monnaies de Suisse (20 cent.) 1850	Monnaies de Allemagne 1874 Belgique 1857	Monnaies de Honduras 1870 (1/2 réaux)	Monnaies de Etats-Unis	Monnaies de Chili 1872
Cuivre. . .	50 à 66	8	50	62.5	88	50	75	50	88	70
Zinc. . . .	19 à 31	4	»	10.0 (Zinc et Nickel)	»	25	»	30	»	10
Nickel. . .	13 à 18.5	3.5	50		8.75	10	25	20	12	20
Argent. . .	»	»	»	27.5	»	15	»	»	»	»
Antimoine	»	»	»	»	1.76	»	»	»	»	»

Une autre quantité fort importante de nickel est employée, pour déposer galvaniquement sur d'autres métaux plus oxydables, une légère couche de nickel, c'est à l'état de sulfate et parfois de chlorure, que ce corps s'emploie alors. Nous venons d'indiquer dans le tableau précédent la composition des monnaies de billion des pays qui ont remplacé la monnaie de bronze par les alliages de nickel; on sait qu'en France cette substitution a été également décidée par les Chambres, et que bientôt on mettra la nouvelle monnaie en circulation. La confection des articles de Paris, la sellerie, la carrosserie, le bâtiment, la chirurgie emploient actuellement pour bien des objets, soit l'alliage Christofle et Bouilhet qui est fort blanc, très malléable et susceptible d'un beau poli, soit le nickel pur; enfin, en dehors des applications galvaniques ordinaires, il nous faut spécialement citer l'application faite à la typographie et au moulage, par la maison Boudreaux, qui a constaté qu'un dépôt de $0^{mm},2$ à $0^{mm},3$ d'épaisseur de nickel, égalait pour la résistance une couche de 1 millimètre de cuivre, et se prêtait surtout d'une façon toute particulière, à l'impression en couleur, comme celle qui est utile pour le tirage des timbres-poste, des billets de banque, des titres d'actions, d'obligations, etc. — J. C.

MÉTALLURGIE DU NICKEL

TRAITEMENT DES ARSÉNIURES ET DES ARSÉNIO-SULFURES DE NICKEL. La meilleure méthode de traitement de ces minerais est due à M. Wöhler, et met en jeu la solubilité du sulfure d'arsenic dans les sulfures alcalins. On fait un mélange d'une partie d'arséniure pulvérisé finement, de trois parties de carbonate de potasse et de trois parties de soufre. On chauffe au rouge, dans un creuset de terre réfractaire. La masse fondue est refroidie et traitée par l'eau bouillante ; l'arsenic et l'antimoine, transformés en sulfures, se dissolvent dans le sulfure alcalin, et il reste insoluble un mélange de nickel, de fer et de cuivre, à l'état de sulfures. On dissout ce mélange de sulfures, dans un acide ; on précipite le fer par le carbonate de soude ; puis le cuivre par l'hydrogène sulfuré, et il reste le nickel que l'on précipite par la chaux.

A Birmingham, on fond le speiss avec de la chaux et du spath fluor ; le résidu métallique est pulvérisé et grillé pendant douze heures, puis dissous par l'acide chlorhydrique. On peroxyde le fer par le chlorure de chaux, et on le précipite, avec précaution, au moyen d'un lait de chaux. Le cuivre est séparé par l'hydrogène sulfuré et il reste le nickel avec un peu de cobalt. On suroxyde le cobalt par du chlorure de chaux, et il se dépose sous forme de sesquioxyde, tandis que le nickel resté en dissolution est transformé en hydrate de protoxyde par l'eau de chaux.

Quel que soit le procédé employé, le nickel se présente finalement, sous forme d'hydrate de protoxyde, très volumineux. On lave ce précipité, on l'étale sur des filtres, et sa dessiccation, commencée à l'air libre, se termine à l'étuve. On le sépare ensuite en petits fragments, soit sous forme de cubes, soit sous forme irrégulière, en ajoutant préalablement un peu de farine pour donner de la cohésion à la masse et fournir un réducteur mélangé intimement. On opère ensuite la réduction dans des creusets, en présence d'un excès de charbon de bois.

TRAITEMENT DES MINERAIS DE NICKEL EN NOUVELLE-CALÉDONIE. Le minerai de nickel fut découvert en Nouvelle-Calédonie il y a quelques années. C'est un hydrosilicate ayant la composition suivante :

Eau	22
Silice	38
Peroxyde de fer	7
Protoxyde de nickel	18
Magnésie	15

et qui se trouve dans des bancs serpentineux. Les premiers échantillons furent pris pour du carbonate de cuivre à cause de leur couleur verte, mais on ne tarda pas à reconnaître qu'ils constituaient un minerai de nickel d'une abondance et d'une richesse qu'on n'avait pas rencontrées jusqu'ici.

Les premiers lingots de nickel provenant de la Nouvelle-Calédonie furent obtenus au creuset par M. Herrenschmidt, mais le traitement en grand ne commença qu'en 1874, après la formation de la société le « Nickel ».

Dans un haut-fourneau, situé à Nouméa, on obtenait une fonte nickélifère ayant en moyenne la composition suivante :

Carbone	1.72
Silicium	2.40
Soufre	0.55
Fer	23.30
Nickel	71.50

Ce mode de traitement, imaginé par M. J. Garnier, était suivi, à l'usine de Septêmes, près Marseille, d'un affinage sur sole, destiné à éliminer la majeure partie du fer et tout le silicium.

Il ne semble pas que cette assimilation du traitement du nickel à l'affinage de la fonte dans le four à puddler, fut des plus rationnels, et ce procédé, peu conforme aux affinités chimiques du nickel, fut peu à peu modifié pour revenir à la sulfuration qui, seule, permet la concentration du nickel sous une forme moins compacte et plus facile à pulvériser avant l'emploi définitif des acides.

Actuellement, les usines de Nouméa et de Septêmes sont fermées, en attendant que le stock de nickel produit, et qui est considérable, trouve son écoulement commercial. Il est probable que l'on aurait obtenu de meilleurs résultats en fondant simultanément, en Nouvelle-Calédonie, les minerais oxydés de nickel avec les sulfures de cuivre que l'on rencontre abondamment dans l'île. On aurait obtenu, ainsi, très économiquement, des mattes de cuivre et de nickel, très propres à la fabrication des alliages de ces deux métaux ; l'emploi du nickel pur étant jusqu'à présent très limité.

On a proposé, dans ces dernières années, des procédés, par voie humide, pour l'extraction du nickel ; mais ils n'ont pu être encore appliqués.

TRAITEMENT DU MINERAI DE NICKEL AUX USINES DE MM. CHRISTOFLE. L'usine de MM. Christofle, à Saint-Denis, est la seule, en France, qui traite directement le minerai de nickel de la Nouvelle-Calédonie. On emploie concurremment la voie sèche et la voie humide. On commence par amener à l'état de sulfure le nickel qui se trouve à l'état de protoxyde dans le minerai de la Nouvelle-Calédonie ; pour cela, le minerai grossièrement concassé est passé dans un four à cuve avec une addition de plâtre ou sulfate de chaux. Il se forme un sulfure de fer et de nickel et un silicate de chaux et de magnésie avec un peu de fer. La matte obtenue est cassée en morceaux, broyée sous des meules, puis envoyée dans un four de grillage. C'est un four à réverbère, à voûte surbaissée, muni de portes mobiles autour d'une charnière horizontale et assez rapprochées pour que l'on puisse, à l'aide de ringards, faire avancer successivement la matte pulvérisée depuis l'extrémité du four jusqu'à la partie la plus rapprochée du foyer. L'opération doit être menée très lentement pour obtenir un grillage complet, sinon la matte aurait une tendance à se grenailler ; aussi, pour faire parcourir à la matte cette sole qui a une longueur de dix mètres environ, l'opération ne dure pas moins de cinq à six heures ; de plus, afin d'avoir un grillage parfait, on fait repasser encore une ou deux fois la matte sous le broyeur, en la soumettant, chaque fois, à un grillage nouveau.

Il se produit ainsi de l'oxyde de fer; quant au nickel, il reste à l'état de sulfure. La matte grillée est traitée par l'acide chlorhydrique, dans des vases en grès d'une teneur de 100 litres environ, que l'on place dans un bain-marie, chauffé à la vapeur, pour activer l'attaque. La majeure partie de l'hydrogène sulfuré et de l'acide chlorhydrique entraînés se condense dans une série de bonbonnes contenant de l'eau.

Le nickel et le fer passent à l'état de chlorures; on décante le liquide et on l'envoie dans de grands bacs en bois surmontés de hottes pour empêcher tout dégagement de gaz dans l'atelier. On peroxyde le fer à l'aide du chlorure de chaux, et on précipite le peroxyde de fer, ainsi formé, par du carbonate de chaux. On facilite cette précipitation par une insufflation d'air qui produit, en même temps, une agitation. Des pompes entraînent toute la masse dans d'immenses cuves en bois où le précipité se rassemble; le liquide est séparé par décantation et refoulé dans des réservoirs en bois, d'une capacité de 25 mètres cubes et destinés à la précipitation du nickel. Quant aux boues ferrugineuses, elles sont filtrées et le liquide est réuni au précédent. Le nickel est précipité par un lait de chaux et l'opération est accélérée par l'agitation. On laisse reposer, on décante le liquide clair, puis on filtre. Le précipité obtenu est jeté dans de petits chariots en bois, qui circulent sur des rails et sont amenés au niveau de la partie supérieure de ces fours, où commence la dessiccation au moyen des chaleurs perdues.

On dispose l'oxyde de nickel, encore humide, sur une aire en briques formant la partie supérieure de ces fours et la dessiccation commence; puis on ouvre des trémies pratiquées sur la voûte, ce qui fait tomber l'oxyde desséché, sur la sole du four de calcination.

Au sortir de ces fours, l'oxyde de nickel est finalement lavé à l'eau chaude, pour enlever les dernières traces de chaux qu'il peut contenir; on le met à égoutter sur une toile et il est prêt à être soumis à la réduction.

Au lieu de traiter la matte grillée par l'acide chlorhydrique, on peut aussi l'additionner de fondants convenables, scorifier le fer, dans un four à réverbère, séparer le sulfure de fer, et, après pulvérisation, soumettre le sulfure à l'action de l'acide chlorhydrique et aux réactions ultérieures. La réduction de l'oxyde de nickel, encore humide à la suite du lavage à l'eau chaude, qui lui a enlevé la chaux entraînée, se fait par mélange avec de la farine et du charbon en poudre. On triture la masse dans une auge parcourue par deux molettes, de manière à obtenir une pâte bien homogène, que l'on découpe au moyen d'une règle et d'un couteau. La pâte a l'épaisseur d'un centimètre et fournit des cubes que l'on sèche jusqu'à ce qu'ils soient tout à fait secs. On les place, alors, dans des creusets en plombagine, en ajoutant du poussier de charbon de bois, et on les chauffe au-dessus de la température de fusion du cuivre. Cette réduction dure sept à huit heures et n'amène pas la fusion du métal; il est simplement ramolli, ce qui empêche les cubes de se souder ou de se fondre.

L'opération est continue, le creuset étant immédiatement rechargé après avoir été vidé. La durée d'un creuset est de huit jours.

Le nickel métallique en cubes ou en grenailles est ensuite fondu avec du cuivre, de manière à obtenir un alliage à 50 0/0 qui sert de base à la fabrication des alliages moins riches, employés dans l'industrie des couverts alfénides.

On transforme aussi le nickel métallique en sels simples ou sels ammoniacaux employés dans le nickelage électrique.

Traitement des pyrites nickélifères en Norwège et en Suède. Il existe, en Norwège et en Suède, de grandes quantités de pyrite de fer ne renfermant que de 1 à 6 0/0 de nickel, et qui se trouvent en amas volumineux, mais très irrégulièrement minéralisés, dans des amphibolites et gneiss anciens. On traite ces minerais pour nickel, sans utiliser la grande quantité de soufre qu'ils renferment et qui pourrait donner lieu, comme dans les pyrites cuivreuses de l'Andalousie, à une production économique d'acide sulfurique, si on les transportait en Angleterre ou en France. Le minerai, classé à la main, est trié en trois qualités; le riche, qui est porté au grillage; le pauvre, qui est broyé et lavé; et enfin le stérile, qui est rejeté.

Le minerai est grillé en tas allongés sur une couche de bois et à l'air libre. Ces tas contiennent jusqu'à 250 tonnes de minerai et l'opération dure deux mois environ. La majeure partie du fer s'oxyde, tandis que le nickel se concentre dans le sulfure restant; de sorte que lorsqu'on fond le résultat du grillage avec des matières siliceuses, il se forme du silicate de fer et un sulfure de fer et de nickel. La fusion se fait dans de petits fourneaux au coke ou au charbon de bois. Ils ont six mètres de hauteur et deux ou trois tuyères. Le minerai, à 3 0/0 de nickel, donne une matte qui en a 8 0/0. Cette première matte est grillée de nouveau au bois, dans des stalles en maçonnerie et on recommence ce grillage jusqu'à trois fois pour bien oxyder le fer. On fait une seconde fusion au haut-fourneau, avec addition de quartz, et on obtient une matte à 20 et même 25 0/0 de nickel.

On grille, de nouveau, cette *matte seconde*, et on refond le produit grillé de manière à obtenir une *matte blanche* à 35 et 40 0/0 de nickel.

La matte blanche est affinée dans un four analogue au bas foyer du procédé Comtois. On chasse ainsi une partie de soufre et on ne laisse qu'une faible proportion de fer. Le métal obtenu renferme 50 à 55 0/0 de nickel, environ 0,5 0/0 de fer et le reste se compose de cuivre. Cet affinage se fait au charbon de bois et, plus économiquement, à la houille.

Voici, pour une exploitation de 10,000 tonnes de minerai, les quantités de matières obtenues successivement :

Minèrai brut à 1 0/0 de nickel.	10.000	tonnes.
— trié à 2,5 0/0 de nickel	4.000	—
— après grillage en tas.	3.760	—
Matte première à 8 0/0 de nickel. . . .	1.240	—

Matte après grillage.	1.160	tonnes.
— seconde à 20 ou 25 0/0 de nickel	540	—
— — après grillage.	520	—
— blanche à 35 ou 40 0/0.	265	—
— — raffinée à 50 ou 55 0/0 de nickel.	190	—

On voit comme l'enrichissement est long à se produire. On peut compter que dans les conditions de travail de la Norwège, le kilogramme de nickel peut coûter 4 francs 75 dans la matte raffinée.

Avant la découverte des minerais de la Nouvelle-Calédonie, on traitait, avec avantage, en Suède et Norwège, des minerais ne renfermant que 0,6 0/0 de nickel et 0,7 0/0 de cuivre. Actuellement, les mines les plus importantes et, pour ainsi dire, les seules exploitées sont celles de Flaa, en Norwège, qui fournissent annuellement 500 tonnes de minerai ayant une teneur en nickel, variant de 1,5 à 3,5 0/0. La mine de Senjen (Norwège), appartenant à la Société, Vivian, de Swansea, ne donne que du minerai à 1,5 0/0, mais le gisement est très abondant. En Piémont, le traitement des pyrites nickélifères est analogue à celui qui est employé en Suède et Norwège.

Nouveau traitement des sulfures de nickel et de cobalt. Par analogie avec les procédés directs que nous avons fait connaître pour la production du cuivre, on a essayé, dans ces dernières années, de traiter, par *affinage pneumatique*, les sulfures de nickel et de cobalt préalablement fondus.

Des mattes, à 16 0/0 de nickel et ayant la composition suivante :

Cuivre.	5.86
Nickel.	16.30
Fer et soufre.	77.84

furent chargées, à l'état liquide, dans un convertisseur employé par MM. Manhes et Cie, pour le traitement direct des sulfures de fer et de cuivre (V. Cuivre). Une flamme rougeâtre et abondante se produisit, indice de la combustion du fer, tandis qu'une odeur pénétrante d'acide sulfureux indiquait la combustion du soufre. Il y avait des bouillonnements, mais pas de projection.

Au bout de 5 minutes de soufflage, on renversa le convertisseur et on constata les résultats suivants :

	Composition de la matte	Scorie
Cuivre.	11.00	0.05
Nickel.	30.73	1.51
Fer et soufre.	58.27	»

La matte primitive, à 16 94 0/0, chargée dans le convertisseur et soufflée pendant 10 minutes indiqua un enrichissement presque proportionnel.

	Matte primitive	Matte après 10 min.	Scorie
Cuivre.	5.86	14.13	0.6
Nickel.	16.94	51.80	3.0
Fer et soufre. .	77.20	35.07	»

Enfin, dans une troisième expérience, on poussa le soufflage pendant 16 minutes et on obtint une matte à 70 0/0 de nickel. L'enrichissement de la scorie n'engagea pas à essayer la désulfuration complète.

	Matte primitive	Matte après 10 min.	Scorie
Cuivre	5.86	11.30	0.30
Nickel.	16.94	70.06	10.05
Fer.	77.20	1.20	»
Soufre.		17.44	»

On remarquera que le nickel a beaucoup plus de tendance à s'oxyder à chaud que le cuivre ; ce qu'il était facile de prévoir. Quant au fer, il a presque complètement disparu, ce qui est très important, vu la difficulté que l'on a à le séparer du nickel, dans le traitement ordinaire par voie sèche ou même par voie humide. Une semblable matte, obtenue en quelques minutes et d'un traitement ultérieur facile pour la production du nickel pur ou allié au cuivre, constitue un progrès notable dans la métallurgie de ce métal. La matte propre au traitement pneumatique s'obtient par fusion, au four à manche, avec 16 à 20 0/0 de coke, suivant la richesse du minerai.

Quant aux frais de soufflage, ils varient suivant que l'on dispose ou non d'une force hydraulique, mais on peut compter qu'une soufflerie de 25 chevaux peut, en partant de minerai à 2 1/2 0/0 de nickel, produire facilement, en douze heures, une tonne de matte à 70 0/0 de nickel.

Les scories pourront se repasser au four à manche et ne donneront lieu qu'à un déchet insignifiant. Il semble établi que, par cette nouvelle méthode, proposée par MM. Garnier et Salomon et dans des conditions moyennes, le kilogramme de nickel passerait de 0 fr., 80 dans le minerai, à 1 fr., 70 dans la matte à 70 0/0. Il est probable qu'un semblable procédé pourrait s'appliquer aux sulfures de cobalt. Cependant, ce métal ayant pour l'oxygène une plus grande affinité que le nickel, il serait à craindre que l'on ne put dépasser une teneur de 50 0/0 de cobalt dans la matte.

Des moyens de rendre le nickel et le cobalt malléables. Le nickel et le cobalt n'ont guère été, jusqu'ici, employés à l'état métallique que dans de rares occasions. Cela tient à plusieurs causes, parmi lesquelles il faut ranger avant tout, peut-être, le prix élevé de ces métaux, mais où le défaut de malléabilité à chaud et à froid, et l'oxydabilité relative sous l'action prolongée de l'air humide, jouent un rôle important.

Il n'y a rien à faire contre l'action de l'air humide ; ajoutons, à ce sujet, qu'on a beaucoup exagéré l'inaltérabilité du nickel, et que c'est sur cette illusion qu'est fondée toute l'industrie du nickelage. Quant à la malléabilité du nickel, à froid et à chaud, elle était nulle jusqu'à ces dernières années, et on ne travaillait guère que des alliages de nickel et de cuivre. Ce défaut de malléabilité du nickel pur et que partageait, au même degré, le cobalt, a été expliqué par une absorption de gaz au moment de la fusion. Si nous tenons compte des moyens employés pour combattre cette aigreur naturelle, moyens essentiellement *réducteurs*, nous pensons qu'elle est due, avant tout, à une absorption d'oxygène et à la formation d'une quantité minime d'oxyde en dissolution dans le métal. Il y aurait donc là une certaine analogie avec ce qui se passe dans l'emploi du silicium et du manganèse, comme réducteurs, dans la fabrication de l'acier fondu.

C'est le Dr Fleitmann, d'Iserlohn (Westphalie), qui a réussi le premier à rendre le nickel et le cobalt malléables et soudables, par l'addition, dans le creuset, de 1/20 0/0 de magnésium métallique. Plus tard, M. Wiggin, de Birmingham, est arrivé à un résultat analogue par l'addition de 2 à 5 0/0 de manganèse métallique. M. J. Garnier a proposé l'addition de phosphore; mais ce moyen semble inférieur aux autres.

Il est incontestable que le nickel malléable possède des qualités beaucoup plus précieuses que le nickel oxydé. Il est plus inaltérable à l'air et sa résistance à la traction devient égale à celle de l'acier Bessemer.

Le nickel se soudant au fer, on peut substituer à la couche mince obtenue par les procédés galvanoplastiques, un placage d'une certaine épaisseur. En soudant un lingot d'acier avec deux lingots de nickel, un sur chaque face, et passant le tout au laminoir, on peut obtenir des feuilles de n'importe quelle épaisseur, composées d'une feuille d'acier entre deux feuilles de nickel. On peut également produire, par les procédés ordinaires d'étirage, du fil de fer entouré de nickel.

L'addition de nickel métallique à l'acier en fusion semble très avantageuse à la résistance et à l'allongement. On a cherché, récemment, sous le nom de *ferro nickel*, à produire des alliages très résistants et possédant, cependant, de grands allongements à la rupture. — F. G.

Bronze de nickel. Le prix relativement élevé du nickel et la difficulté que l'on éprouve à le rendre parfaitement malléable, ont conduit à employer des alliages de nickel et de cuivre auxquels on peut donner le nom de *bronze de nickel.* Le *maillechort* (V. ce mot) est un véritable bronze de nickel et sert dans la fabrication des couverts argentés sur métal blanc.

NICKELAGE ou **NICKÉLURE.** Les objets nickelés étaient, il y a quelques années, fort peu répandus, et c'est en s'affirmant par d'importantes applications que l'industrie du nickelage s'est tout à coup révélée. MM. Delval et Pascalis qui ont rendu de très grands services aux industries électro-métallurgiques ont bien voulu nous communiquer divers renseignements que nous allons exposer, en empruntant également des formules pratiques à leur excellent *Guide du doreur, de l'argenteur et du galvanoplaste.*

Nickelage sur cuivre, laiton, fer, acier et maillechort. Le cuivre, le laiton, le fer, l'acier et le maillechort peuvent être nickelés dans un même bain, composé comme suit :

Eau.	10 litres.
Sulfate double de nickel.	600 grammes.
Sel excitateur.	300 —

Pour composer ce bain, on fait dissoudre simplement, en chauffant légèrement, les deux sels dans une partie des 10 litres d'eau; on verse la dissolution, filtrée ou décantée, dans la cuve destinée à contenir le bain, on ajoute le complément des 10 litres d'eau, et on mélange en agitant.

Ce bain s'emploie à froid et demande un courant électrique un peu supérieur à celui que nécessitent les bains d'or et d'argent. On se sert comme anodes des plaques de nickel fondues ou laminées; on préfère de beaucoup ces dernières, la fonte de nickel contenant des quantités souvent considérables de charbon qui, au fur et à mesure de la dissolution du nickel, tombent en poussière dans le bain et le salissent.

Ici nous ferons remarquer que les bains neufs ne fonctionnent jamais bien. Ils ont besoin d'être électrolysés, c'est-à-dire traversés pendant quelque temps par le courant électrique pour donner un dépôt satisfaisant. Cette remarque s'applique aux bains de nickel plus qu'à tous autres : il ne faut donc pas, quand on vient de monter un bain, s'étonner que les premières pièces en sortent noires; il faut surtout éviter ce que font quelques impatients, qui, cherchant à l'améliorer par des additions d'acides ou d'alcalis, ne réussissent qu'à le gâter. Un procédé bien simple, lorsqu'on se trouve en présence d'un bain neuf, consiste à y plonger une pièce de cuivre sacrifiée, et à l'y laisser vingt-quatre heures. Au bout de ce temps, le bain s'est électrolysé, et les pièces qu'on y porte se recouvrent d'une belle couche brillante de métal blanc.

Mais ici, comme pour tous les dépôts métalliques, il est de toute nécessité que les pièces aient été, au préalable, soigneusement préparées. Celles qu'on veut recouvrir d'un nickel brillant sont polies avant nickelage : il n'est plus besoin alors que de les dégraisser avant de les porter au bain. Pour le fer, l'acier, le maillechort, ce dégraissage se fait à la potasse et au cyanure de potassium; on plonge les pièces dans une dissolution de potasse tiède jusqu'à ce que le liquide les mouille bien; puis on les passe dans un bain de cyanure très étendu; enfin, on rince à grande eau, et on porte au bain. Les pièces non polies sont décapées par les procédés ordinaires. Quand un bain de nickel est en bonne marche, le courant peut varier dans des limites assez larges sans que la qualité du dépôt ait à en souffrir. Cependant, si le courant devient trop faible, les pièces se couvrent mal, le dépôt est d'un gris terne tirant sur le noir. Si, au contraire, le courant est trop fort, des bulles de gaz se dégagent sur l'objet à nickeler; il se couvre d'un dépôt noirâtre plus accentué sur les bords, qui est caractéristique. On dit alors que la pièce est brûlée.

Si les sels que l'on emploie sont acides, il faut neutraliser le bain par l'addition de quantités variables d'ammoniaque ou de carbonate d'ammoniaque. Ces additions sont souvent nuisibles, car faute d'une grande expérience, on peut en abuser et dépasser le but, aussi est-il préférable de n'employer que des sels neutres.

Il sera donc utile d'indiquer ici les résultats que donnent des bains trop acides ou des bains alcalins : dans ces derniers, le dépôt est toujours noir, quelle que soit la force du courant.

Dans les bains trop acides, au contraire, le dépôt est blanc brillant, mais il prend un aspect cristallin et manque de solidité, le bruni l'enlève par écailles. En outre, si l'on nickèle des pièces de fer, elles peuvent être attaquées par l'acide libre du bain.

En résumé, le bain ne doit être ni alcalin ni trop acide, il faut pour un bon fonctionnement qu'il se rapproche de la neutralité, tout en conservant une légère acidité; il faut, en un mot, qu'il rougisse légèrement le papier bleu de tournesol.

Une fois les pièces nickelées, il est toujours nécessaire de les aviver, c'est-à-dire de les frotter d'une poudre fine pour rendre le brillant parfait. Ce travail assez difficile pour les objets d'un certain volume, ne l'est plus pour les petits objets, boucles, boutons, œillets qu'on nickèle à la passoire ou enfilés. On emploie pour ces objets ce qu'on appelle le bain au nickel vif : c'est un bain qui donne un dépôt assez brillant, pour permettre de supprimer l'avivage; mais il est moins solide, la couche de métal déposé étant moins forte. Il a perdu d'ailleurs de son importance à mesure qu'on est parvenu à obtenir par la méthode ordinaire, des résultats de plus en plus parfaits. Ce bain s'emploie à chaud; il est contenu comme le bain d'or dans une chaudière de fonte émaillée; sa composition est la même que celle du bain à froid. La différence essentielle consiste dans la durée de l'immersion, qui doit être presque instantanée pour obtenir le nickel vif : dès lors, on comprend pourquoi nous avons dit plus haut que ce bain ne donne aucune épaisseur. Souvent les objets nickelés à froid sont passés vivement, après rinçage dans le bain à chaud qui leur donne le brillant.

Un autre procédé consiste à préparer un mélange d'étain pur en grains, de tartre et d'eau, et à ajouter, lorsque ce bain est en ébullition, une faible quantité d'oxyde pur de nickel porté au rouge; celui-ci se dissout, et donne au liquide une coloration verte; les objets de cuivre ou de laiton plongés dans ce bain, sont rapidement couverts d'une couche brillante de nickel presque pur.

Nickelage sur zinc. La formule indiquée plus haut ne convient pas au nickelage sur zinc : il a donc fallu en rechercher une autre. La façon d'opérer est d'ailleurs la même que précédemment, sauf la nécessité d'un courant un peu plus fort.

Voici une formule dont les résultats sont excellents :

Eau	10 litres.
Sulfate de nickel double.	600 grammes.
Sel excitateur.	200 —
Acide sulfurique pur	25 —

Ce bain, comme le précédent, doit être électrolysé; tant que le courant ne l'a pas bien traversé le dépôt est marbré et veiné de noir.

Les pièces doivent être bien dégraissées au préalable ; mais on ne peut employer la potasse qui attaque le zinc. Voici comment on opère : on fait une solution de carbonate de soude (cristaux de soude), on y ajoute du blanc de Meudon, de manière à faire une bouillie très claire, et dans cette bouillie on frotte les pièces à l'aide d'une brosse douce. Le dégraissage est achevé, lorsque, après rinçage, l'eau adhère bien à toute la surface de la pièce.

***NICKÉLINE.** *T. de minér.* — V. NICKEL, § *Etat naturel.*

***NICKÉLIFÈRE.** Qui contient du nickel.

***NICKLÈS** (FRANÇOIS-JÉRÔME), chimiste, physicien, né à Ermstein (Bas-Rhin), en 1820, mort, le 3 avril 1869, à Nancy, professeur de chimie à la Faculté des sciences. Nicklès fut fils de ses œuvres; il dut tout à sa vive intelligence et à sa volonté. Dixième enfant d'une famille peu fortunée, il ne reçut qu'une instruction fort incomplète. Il s'imposa bien des privations pour aller suivre, à Giessen, les cours de Liebig, et à Paris, ceux de Dumas, dans le laboratoire duquel il fut admis et distingué bientôt par le maître. Reçu licencié, puis docteur, il fut enfin nommé, à l'âge de 34 ans, professeur de chimie à la Faculté de Nancy, position qui comblait ses vœux. Aussi se voua-t-il tout entier à ses fonctions, menant de front, avec ses cours, des conférences fort suivies, des leçons aux ouvriers de Nancy, ses travaux de laboratoire, continuant ses revues mensuelles de travaux de chimie, envoyant des articles au *Moniteur scientifique*, des mémoires à l'*Académie des sciences*, aux *Annales de chimie et de physique* et faisant des communications à l'Académie de Stanislas de Nancy, etc. Ces occupations multiples, écrasantes, ont usé ses forces. Sa mort, presque subite, est attribuée non seulement à ses fatigues, mais encore aux vapeurs de phosphore et surtout d'acide fluorhydrique auxquelles il était souvent exposé dans ses recherches sur le fluor.

Nicklès était chevalier de la Légion d'honneur (1867), correspondant du ministère de l'Instruction publique; il avait été nommé professeur de 1re classe en 1869, et chargé en même temps de la direction d'un laboratoire de recherches ressortissant à l'École des hautes études de Paris.

Il a publié, dans divers recueils, de nombreux travaux originaux de chimie pure, de physico-chimie et de physique; voici les principaux : *Découverte de la solidification des huiles par le chlorure de soufre* (1849); *Découverte de la liguline*, matière colorante (rouge cramoisi) extraite des baies du troëne (1852); *Recherches cristallographiques* (thèse, 1853); *Perméabilité des métaux par le mercure; Passivité du cobalt et du nickel; Sur l'isomorphisme des combinaisons homologues* (1855); *Recherches sur la diffusion du fluor* (1860); *Relation d'isomorphisme entre les métaux du groupe de l'azote* (1862) ; *Nouveau dissolvant de l'or* (l'iode naissant), d'où un procédé de dorure; *Feu lorrain ou feu liquide*, mélange de sulfure de carbone et de phosphore amorcé par l'ammoniaque; *Physique moléculaire*; *Découverte d'une cause de variation dans les angles des cristaux et d'une cause de polymorphisme*, etc. Le travail de physique le plus important de Nicklès a pour titre : *Les électro-aimants et l'adhérence magnétique*, in-8°, 1860, véritable monographie, avec classification des électro-aimants parmi lesquels il faut remarquer les espèces suivantes : électro-aimants circulaires, paracirculaires et trifurqués, qui ont reçu des applications. Puis vient le détail des expériences sur l'adhérence magnétique appliquée à la traction sur les chemins de fer; expériences qui ont été vivement combattues par ceux mêmes qui auraient dû les encourager. *Rapport des couleurs avec les lumières artificielles*, avec application à la peinture et à la tapisserie, etc. — C. D.

***NICOLO.** Sorte d'*agate*. — V. ce mot.

NICOTINE. *T. de chim.* Alcaloïde naturel qui se trouve dans le tabac (*nicotiana tabacum*, Lin., *nicotiana rustica*, Willd, solanées) et peut être aussi dans quelques plantes de la même famille, dont deux croîtraient en Hongrie, et une autre dans l'Australie. Elle s'y trouve à l'état de malate, citrate ou tannate, dans des proportions variables; le tabac du Lot en donne 7,96 0/0; celui de Virginie, 6,87; celui d'Alsace, 3,21; celui de Maryland, 2,29. La nicotine a pour formule

$$C^{20}H^{14}Az^{2}\ldots \text{Ȼ}^{10}H^{14}Az^{2};$$

elle a été entrevue par Vauquelin, en 1809, mais isolée seulement, en 1820, par Reimann et Posselt; elle a été surtout étudiée, depuis, par Buchner, Boutron, Henry, Barral, Schlœsing.

Propriétés. C'est un liquide oléagineux, incolore, mais brunissant à la lumière, sa densité est de 1,02 et celle de sa vapeur de 5,60; elle se solidifie à —9° centigrades; chauffée, elle répand d'abord des fumées blanches abondantes, puis bout vers 250° et commence à se décomposer au delà; son odeur, qui est très forte, est celle du tabac, mais rend alors l'air absolument irrespirable; elle brûle avec une flamme blanche. Elle est lévogyre et $\alpha_D = -161,55$. Elle est hygrométrique et peut former, par absorption d'eau, un hydrate cristallin; elle est très soluble dans l'eau, l'alcool et l'éther, peu dans l'essence de térébenthine et les solutions salines. Avec le permanganate de potasse et l'acide chromique, elle s'oxyde en se transformant en *acide nicotique*, $C^{12}H^{5}AzO^{4}\ldots \text{Ȼ}^{6}H^{5}Az\text{Ꝋ}^{2}$; mais oxydée par le ferricyanure de potassium, elle donne de l'*isodipyridine*,

$$C^{20}H^{10}Az^{2}\ldots \text{Ȼ}^{10}H^{10}Az^{2},$$

et chauffée à 170° avec le soufre, de la *thiotétrapyridine*, $C^{80}H^{18}Az^{4}S^{4}\ldots \text{Ȼ}^{40}H^{18}Az^{4}\text{S̶}^{2}$, ce qui montre l'analogie de cette base avec la pyridine.

Caractères. Par le *chlore*, elle se colore en rouge sang, puis brunit; par le *cyanogène*, coloration brune; par le *chlorure de platine*, précipité cristallisé rougeâtre, soluble à chaud; par l'*acide gallique*, précipité floconneux; une goutte versée sur l'*acide chromique*, s'enflamme en répandant une odeur camphrée de tabac; avec l'*acide sulfurique*, coloration rouge; avec l'*acide azotique*, production à chaud de vapeurs rouges; avec l'*acide chlorhydrique*, dégagement de vapeurs blanches (comme avec les solutions d'ammoniaque); en solution aqueuse, elle donne, par les *sels de cobalt*, un précipité bleu, passant au vert, et soluble dans l'ammoniaque; avec les *sels de cuivre*, un précipité verdâtre; avec ceux de *plomb* et de *zinc*, un précipité blanc; sa solution éthérée mélangée avec une solution éthérée d'iode donne des aiguilles cristallines de un centimètre environ.

PRÉPARATION. On peut obtenir la nicotine de diverses manières : 1° Barral distille le jus concentré de tabac sur de la chaux et enlève la nicotine, mise en liberté, par de l'éther. On purifie par de nouvelles distillations sur de la chaux, en ayant bien soin d'opérer dans une atmosphère inerte, comme dans l'hydrogène;

2° On peut faire passer de la vapeur d'eau sur le tabac, puis recueillir les liqueurs condensées et les acidifier par l'acide sulfurique, puis concentrer à nouveau. En ajoutant de l'ammoniaque au liquide, on sépare la nicotine sous forme de gouttelettes huileuses, que l'on purifie comme on l'a déjà dit;

3° On peut encore épuiser le tabac par l'eau, et faire un extrait que l'on reprend ensuite par l'alcool qui sépare un produit noir et dissout la nicotine. On évapore, on reprend par l'eau, puis on agite avec de la potasse caustique et de l'éther. La nicotine mise en liberté par la base est aussitôt dissoute par l'éther (Schlœsing). Pour la purifier, on peut ajouter de l'acide oxalique au liquide éthéré, l'oxalate qui se forme est insoluble, on le lave à l'éther, puis on reprécipite par la potasse et on redissout dans l'éther. On distille une dernière fois ce liquide à 180°, dans un courant d'hydrogène.

Remarques. La quantité de nicotine contenue dans le tabac étant en raison directe du plus ou moins grand degré de maturité, il arrive qu'il doit y avoir des moments où les feuilles sont trop âcres pour pouvoir servir directement. On leur fait subir diverses préparations qui abaissent le taux de l'alcaloïde, les lavages d'abord, puis une fermentation, qui produit, aux dépens de la nicotine, des sels ammoniacaux, des oxydes d'azote, des acides acétique, formique, etc. En général, les produits fabriqués et mis en vente par la régie française contiennent :

Tabac à priser.	2.5 à 3 0/0	de nicotine.
Scaferlati ordinaire. . . .	2 à 2.25	—
— de Maryland. .	2.50	—
Cigares de 5 centimes. . .	1.75 à 2	—
— de 10 centimes. .	2.25 à 2.50	—

Les tabacs ou cigares blonds sont moins riches en nicotine que ceux plus colorés; la nicotine s'y conserve bien, dans des locaux peu aérés. Avec l'ammoniaque, elle se dégage du tabac à priser à l'état de vapeur; elle distille, au contraire, lorsqu'on fume le tabac, surtout avec la pipe, mais elle se détruit en partie si la combustion est vive (cigares à robe intacte, pipes peu tassées) ; mais, malgré cela, elle est aspirée dans les poumons et peut s'y retrouver, fort longtemps après la mort, chez les grands fumeurs. La nicotine exerce surtout son action toxique sur le cerveau et les muscles inspirateurs.

Dosage. Il est quelquefois utile, dans les manufactures de tabac, de connaître la quantité de nicotine existant dans un produit quelconque. On y arrive par le procédé de dosage suivant : on prend 10 grammes de tabac pulvérisé et desséché au dessous de 35°, et on l'introduit, en plusieurs fois, dans une allonge A (fig. 460) dont le fond a été garni de coton C, en ayant soin de verser quelques gouttes d'ammoniaque sur chaque lit de tabac. On introduit la portion recourbée de l'allonge dans un bouchon *n* entrant à frottement dans le col d'un ballon B que l'on peut chauffer au bain-marie D. Cela fait, on verse de l'éther dans l'allonge et dans le ballon, puis on termine le montage de l'appareil en fixant en *m* et en *l* les deux extrémités d'un tube en verre *t*S, recourbé plusieurs fois sur lui-même. Pour éviter les soubresauts, on met quelques fragments de fil de platine ou de porcelaine dans l'éther du ballon. On chauffe alors de manière à avoir une ébullition régulière de l'éther qui, en passant continuellement sur la poudre, ne tarde pas à l'épuiser. Après cinq à six heures, en ayant soin de vérifier si l'éther est toujours bien ammoniacal, on démonte l'appareil, on distille l'éther, en recueillant, cette fois, le produit dans un ballon, puis on verse le liquide obtenu dans une capsule de porcelaine et on lave le ballon avec du nouvel éther. Après avoir évaporé à l'air libre ce dissolvant, on dose la quantité de nicotine avec une solution titrée d'acide sulfurique que l'on verse au moyen d'une burette divisée en dixièmes de centimètres cubes. Pour connaître avec certitude le moment exact de la saturation, on ajoute l'acide goutte à goutte et, chaque fois, on trempe dans la liqueur un papier de tournesol bleu et un rouge (Schlœsing). — J. C.

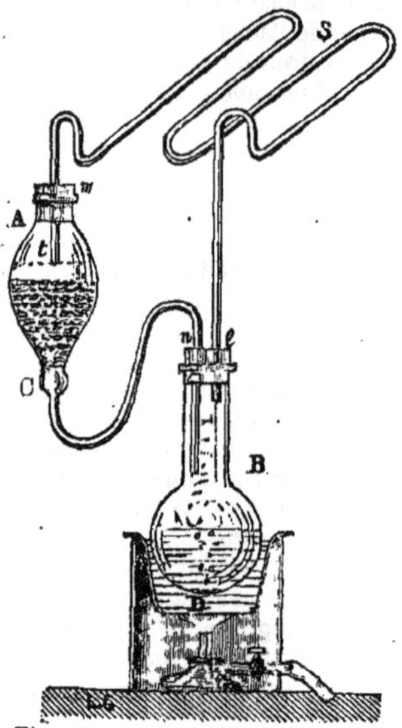

Fig. 460. — *Appareil de Schlœsing pour le dosage de la nicotine dans les tabacs.*

NIELLE. *T. d'orfèv.* On appelle *nielles* des incrustations noires sur fond clair, obtenues en coulant un émail spécial dans les entailles et les ciselures de certaines pièces en métal d'orfèvrerie de haut luxe, de bijoux précieux ou d'armes damasquinées. Les dessins ainsi obtenus ne sont ni en relief ni en creux et s'enlèvent sur le fond grâce à leur couleur plus foncée que celle des parties métalliques. Souvent aussi, comme dans les modèles que nous reproduisons, l'émail noir sert de fond sur lequel les dessins se détachent en clair (fig. 461 à 463). On obtient l'émail noir, également appelé *nielle*, en fondant 38 parties d'argent, 72 de cuivre, 50 de plomb, 36 de borax et 384 de soufre. Les sulfures ainsi obtenus sont coulés dans l'eau ; il se forme alors une grenaille qu'on pulvérise et qu'on lave avec une légère dissolution de sel ammoniac, puis avec de l'eau faiblement gommée. On emplit les parties gravées et qui sont destinées à venir en noir avec l'émail réduit en bouillie compacte. La pièce ainsi préparée est portée au moufle d'émailleur. L'émail fond, se boursoufle, et la cuisson est reconnue complète quand les globules ont disparu de la pâte. On retire alors le nielle, on le laisse refroidir, puis, à la lime, on use l'émail jusqu'à ce que réapparaissent nettement les traits de la gravure. La pièce est ensuite polie, reprise par le graveur qui, parfois, retouche certains détails, enfin elle est remise au doreur, s'il y a lieu.

Fig. 461 et 462. — *Nielles d'après Daniel Marot.*

Fig. 463. — *Boîtier de montre gravé en nielle (XVIIe siècle).*

Les qualités des nielles russes, dont les traditions ne se sont pas un moment égarées depuis

Byzance, sont infiniment supérieures à celles du nielle français et du nielle italien. Soumis subitement à une forte température, ceux-ci éclatent. Les nielles russes, d'une dilatabilité plus grande, résistent.

On a souvent cherché à imiter les nielles. On y est parvenu en sulfurant fortement l'argent à l'aide des procédés d'oxydation. On dessine aussi à l'aide de l'émail, mais sans faire d'entailles; le résultat qu'on obtient est à la fois superficiel, moins coûteux et presque satisfaisant. Il ressemble assez bien au nielle véritable. Le nielle est encore imité au moyen d'un mélange d'oxyde de plomb et de soufre broyés ensemble, mouillés de vinaigre et appliqués sur la pièce à nieller.

— Les *nielles* (du latin *nigellum* à cause de sa couleur noire) paraissent avoir été connus de l'antiquité. Des candélabres romains en portent la trace. Ils furent surtout employés par les orfèvres byzantins. Le *ciborium* situé au-dessus de l'autel à Sainte-Sophie, de Constantinople, était d'argent niellé; il y a une croix niellée dans le trésor de la cathédrale de Monza. Des ornements d'or niellés enrichissaient le tombeau de Jean Zimisus. Les orfèvres du IXe siècle employèrent souvent le nielle, le duc Tassilon de Bavière possédait une coupe de cuivre doré et d'argent niellé. A Hanovre, on conserve une patine d'or niellé. Au XIIe siècle, le moine Théophile, dans son *Diversarum artium schedula*, recommande aux orfèvres l'emploi du *nigellum*. Le moine Hugo, de l'abbaye d'Oignies, près Namur, passe pour le plus habile nielleur du XIIIe siècle. Au XIVe, mais surtout aux XVe et XVIe siècles, le nielle n'est qu'une annexe de l'orfèvrerie. Très généralement usité comme moyen de décoration, il orne les calices, les reliquaires, les poignées d'épées, les bijoux, les meubles incrustés d'argent et d'or. Les artistes italiens les plus habiles dans l'art de nieller sont Finiguerra, Pollainolo, Turini, Francia, Taradosso, etc. Le musée des Offices, à Florence, conserve une paix niellée par le premier, et la Bibliothèque nationale à Paris, une épreuve tirée par lui sur papier avant la fonte du nielle (V. GRAVURE). C'est de là que sortit l'impression en taille douce. L'art du nielleur ne s'est pas maintenu en Occident au point où l'avaient porté ces artistes. Benvenuto Cellini lui-même ne put le galvaniser. En Orient, il se perpétuait, couvrant des objets de petite dimension, des ustensiles de cuivre, vases, lampes, etc., et surtout des armes de luxe. Deux artistes français, MM. Wagner et Mention, frappés, en 1830, de la beauté des nielles du moyen âge, ont fait revivre pour quelque temps parmi nous cet art charmant.

Aujourd'hui, nos grands orfèvres artistes, les Froment-Meurice, les Falize, les Christofle, emploient encore ce mode de décoration lorsqu'ils le jugent nécessaire au style, au caractère et à la beauté d'une pièce d'orfèvrerie ou d'un bijou.

NIELLEUR. *T. de mét.* Celui qui pratique l'art de nieller, qui fait des *niellures*.

* **NIÉPCE** (JOSEPH-NICÉPHORE), inventeur de l'héliographie, associé de Daguerre; né à Châlon-sur-Saône, en 1765, mort à Châlon, le 5 juillet 1833. Il était fils de Claude Niépce, écuyer, receveur des consignations au bailliage de Châlon, et vivait dans une certaine aisance. A l'âge de 27 ans, Nicéphore n'avait pas encore fait choix d'une profession. Il se décida pour la carrière militaire, fut admis, en 1792, comme sous-lieutenant au régiment de Limousin, passa bientôt lieutenant à la 83e demi-brigade, fit une campagne en Italie où il fut atteint d'une épidémie qui affecta gravement sa vue. Il vint à Nice pour rétablir sa santé et s'y maria, puis donna sa démission d'officier, en 1794. Il s'occupa, avec son frère Claude (qui vint le rejoindre), d'une sorte de machine à air chaud qu'ils nommèrent *pyréolophore*. Malgré le rapport flatteur qu'en fit Carnot à l'Académie des sciences, ils ne réussirent pas à réaliser pratiquement leur invention. Claude passa en Angleterre, pensant qu'elle y serait mieux appréciée, elle n'y eût pas plus de succès qu'en France.

Nicéphore s'occupa alors de l'extraction, très difficile, de la couleur du pastel ainsi que de sa culture. Il échoua dans ses tentatives.

Fixé dans sa maison de campagne des Gras, près de Châlon; il y vivait, dans une grande aisance, des revenus de sa terre qui lui rapportait une quinzaine de mille livres par an. Vers 1815, ses idées se reportèrent sur un sujet nouveau. L'importation, en France, de l'invention de la lithographie, qui supprimait le travail si lent du graveur, lui suggéra l'idée de supprimer, de même, le travail du dessinateur, en faisant produire le dessin par la lumière. Ses essais, dans cette voie, l'occupèrent pendant dix ans. Il substitua les métaux à la pierre lithographique. Il arriva à copier des estampes rendues transparentes par un vernis et appliquées sur une substance impressionnable à la lumière. Il fit usage, ensuite, de la chambre obscure pour produire des images qu'il fixa, non sans peine; elles avaient des tons inverses. On ignore quelles étaient, à cette époque, les substances impressionnables dont il faisait usage dans ses procédés *héliographiques*. On sait, cependant, qu'il employa successivement le chlorure d'argent, le phosphore qu'il abandonna pour s'arrêter au *bitume de Judée*. Il songea alors à transformer ses plaques en planches propres à la gravure. Mais son procédé était peu pratique.

Il fallait une exposition de huit à dix heures pour obtenir une épreuve, très pâle d'ailleurs. Il dût renoncer à son projet d'héliogravure. Niepce n'eût pas l'idée des *agents révélateurs* ni des épreuves *négatives* et *positives*. Malgré les résultats déjà remarquables qu'il avait obtenus, on n'en était encore qu'au prélude de la *photographie* que Daguerre et Talbot devaient bientôt créer de toutes pièces. A la fin de 1825, l'opticien Charles Chevalier mit Daguerre en rapport avec Niépce (V. DAGUERRE). Après échange très réservé de lettres et d'épreuves, les deux inventeurs passèrent un acte d'association (V., pour la suite, DAGUERRE et DAGUERRÉOTYPE, t. IV, p. 1 et 2). Ce n'est qu'après la mort de Niépce, en 1833, que Daguerre fit ses plus belles découvertes : emploi de l'iodure d'argent, des vapeurs de mercure et de l'hyposulfite de soude, qui créèrent réellement la photographie. Le Gouvernement acheta les procédés de Daguerre moyennant une rente viagère de 6,000 francs pour Daguerre et 4,000 francs pour Isidore Niépce, fils de Nicéphore. Dans le rapport qui fut fait à ce sujet par Arago, à la Chambre des députés et à l'Académie des sciences, il fut spécifié que cette *récompense nationale* était accordée à Niépce pour avoir inventé le procédé héliographique et à Daguerre pour l'avoir perfectionné. — C. D.

— *L. Figuier*, t. III, p. 5 à 64.

* **NIÉPCE DE SAINT-VICTOR** (Abel), photographe très distingué, neveu (ou cousin, selon M. Victor Fouquet) de Nicéphore Niépce, l'associé de Daguerre. Né à Châlon-sur-Saône, le 26 juillet 1805, mort, à Paris, le 7 juin 1870, Niépce de Saint-Victor soutint dignement le nom de cette famille d'inventeurs; il débuta, comme Nicéphore, par la carrière des armes. Il entra à l'Ecole de cavalerie de Saumur, en sortit, en 1827, avec le grade de maréchal-des-logis. En 1842, il fut nommé lieutenant au 1er régiment de dragons, à Montauban. C'est à cette époque qu'il commença à se livrer aux expériences de physique et de chimie.

En 1845, il fut admis dans la garde municipale de Paris et caserné au faubourg Saint-Martin. C'est là qu'il établit un petit laboratoire dans la salle de police (toujours vide) des sous-officiers. Tous les instants que son service lui laissait, il les consacrait aux recherches photographiques. Doué d'une ténacité à toute épreuve, multipliant à l'infini ses expériences et ses essais, il enrichissait fréquemment la science de ses découvertes utiles et pratiques. Il découvrit les curieux phénomènes dus à l'action de la vapeur d'iode sur les corps solides diversement colorés, dont les résultats attirèrent sur lui l'attention. Il imagina bientôt le *négatif* sur verre au moyen de l'albumine, invention précieuse et féconde qui conduisit à l'emploi du collodion, par Legray, procédé qui est la base de toute la photographie actuelle.

A la révolution de 1848, sa caserne fut saccagée, incendiée; son laboratoire, élevé avec tant de soin, ses produits, les spécimens de ses travaux, tout fut perdu. Après avoir repris son grade au 10e dragons, il fut appelé, en 1849, dans la garde républicaine (garde de Paris), y reçut le grade de capitaine et, en 1854, celui de chef d'escadron. En 1855, il fut appelé, par l'empereur, au poste de commandant du Louvre. Ce fut, pour lui, une retraite où il trouva des loisirs pour se livrer à ses études de photographie.

Attiré par les recherches de M. Becquerel sur la reproduction des couleurs naturelles, il se lança bientôt, avec ardeur, dans cette voie nouvelle. M. Becquerel avait découvert qu'une lame d'argent plongée dans une dissolution aqueuse de chlore devenait apte à reproduire les couleurs du spectre solaire. Niépce de Saint-Victor substitua, avec avantage, à la dissolution aqueuse de chlore, des dissolutions de chlorure de cuivre et de deutochlorure de fer. Il constata que les couleurs obtenues par ce moyen varient avec la proportion de chlore. Il réussit à reproduire, par la photographie, les couleurs jaune, bleu, vert et noir, mais pour une courte durée. Il eût plus de succès dans la production d'épreuves monochromes, rouges, vertes, bleues, jaunes, par le moyen des sels d'urane.

Dans ses recherches variées, Niépce de Saint-Victor découvrit, en 1859, la propriété singulière et inexpliquée que possèdent certains corps poreux (papier, fils, tissus, bois, ivoire, terre végétale, plâtre, biscuit de porcelaine) exposés à la lumière solaire, de conserver pendant un certain temps, d'*emmagasiner* la lumière qu'ils ont reçue et d'agir, dans l'obscurité, comme la lumière elle-même sur les composés chimiques usités en photographie.

On lui doit aussi un *photomètre chimique* fondé sur l'action de la lumière diurne sur une dissolution d'azotate d'urane (V. l'*Année scientifique*, par L. Figuier, 5e p. 155, 1860).

En 1853, il réussit à transporter sur acier, pour la gravure, un cliché photographique, par l'emploi du bitume de Judée, procédé qu'il perfectionna jusqu'en 1856, époque à laquelle M. Ad. Poitevin leva toutes les difficultés en faisant usage des chromates mélangés aux substances gommeuses et gélatineuses.

Chercheur consciencieux et infatigable, savant intègre et désintéressé, il livrait à tous ses découvertes qui pouvaient l'enrichir ; son désintéressement n'a pas été récompensé. Il est mort dans sa retraite de commandant du Louvre, laissant une veuve et deux enfants sans ressources, car tous ses appointements étaient dépensés en expériences. Une souscription publique, ouverte à sa mort, ne produisit qu'une somme modique bien insuffisante pour secourir cette détresse.

Niépce de Saint-Victor a été nommé chevalier de la Légion d'honneur, en décembre 1849. Il a reçu, la même année, le prix de 2,000 francs de la Société d'encouragement. En décembre 1861, l'Académie des sciences lui décerna le prix Trémont qui lui fut conservé en 1862 et 1863.

Parmi les *Notes* et *Mémoires* qu'il a adressés à l'Académie des sciences, on remarque les suivants : sur *l'Action des vapeurs* (1847-1853); sur la *Photographie sur verre* (1847-1848); la *Gravure héliographique sur verre et sur acier* (1853-1854) ; *Persistance de l'activité lumineuse; Emmagasinement de la lumière* (1859). Ses travaux ont été réunis en un volume in-8o (1855), sous le titre de *Recherches photographiques*. — C. D.

* **NIGROSINE.** *T. de chim.* $C^{72}H^{27}Az^{3}$...$C^{36}H^{27}Az^{3}$, principe colorant noir, amorphe, soluble dans l'eau avec une teinte un peu violacée. Elle se rapproche assez des indulines, et a été obtenue par J. Wolff en traitant l'aniline par divers oxydants.

* **NILLE.** *T. techn.* Petite gaine de bois entourant le manche d'une manivelle; sorte de bobine enfilée dans la poignée d'une manivelle et mobile autour d'elle, de sorte que le frottement a lieu, non dans la main, mais dans la bobine. || Petite roue de bois, allongée, servant aux boyaudiers pour retordre les boyaux. || Piton carré de fer, rivé aux croisillons et aux traverses des panneaux des vitraux d'église pour les retenir.

NIMBE. Le mot *nimbe* vient du latin *nimbus*, nuage, sorte de vapeur ou cercle lumineux, que les poètes et les artistes de l'antiquité figuraient autour de la tête des personnages divins ou héroïques. Le nimbe est mentionné dans plusieurs passages de l'*Eneide* ; Virgile en place un autour de Minerve, de Vénus et de Junon ; c'est le signe distinctif de la divinité.

On sait que le christianisme a emprunté au paganisme beaucoup de cérémonies, de pratiques et d'attributs ; il s'est approprié également plusieurs usages profanes et notamment le nimbe lumineux ou rayonnant qui figure sur un certain nombre de médailles impériales. Ce nimbe signifiait une déification : l'Auguste ou le César, représenté avec cette auréole, était considéré comme admis au rang des dieux, ainsi que l'avait été Hercule après sa vie mortelle. Dans le même ordre d'idées, les martyrs et autres saints recevaient le nimbe comme témoignage de leur béatification.

C'est à ce signe qu'on reconnaît les personnes divines et les saints dans les anciens tableaux, dans les figures et dans les miniatures où les unes et les autres apparaissent souvent mêlés à la foule des mortels. A ne le considérer que comme un motif pictural, le nimbe est un ornement qui a sa valeur décorative, il encadre avantageusement les physionomies divines et saintes ; il leur donne un éclat, un reflet tout particulier, il les tire du monde réel et les idéalise. — L. M. T.

* **NINIVITE** (Art et style). Ninive est la première des trois grandes capitales de cette antique Assyrie qui fut le berceau d'un style particulier, d'un art très vivace auquel se rapporte une série de monuments qui comptent parmi les plus considérables de l'antiquité asiatique. L'art assyrien peut se diviser en trois périodes, la première à Ninive, la seconde à Babylone et la troisième à Persépolis.

Ninive était située sur le Tigre à peu près à l'endroit où s'élève aujourd'hui Mossoul. Fixer son étendue n'est point possible, car on ne retrouve pas trace de mur d'enceinte. C'était sans doute une succession de villes et de palais. Le prophète Jonas nous dit que Ninive était une grande cité devant le Seigneur et qu'il fallait trois journées pour la traverser. On a retrouvé l'emplacement de la cité royale à Koyoundjik, sur les bords du Tigre. Le palais, reconstruit par le roi Sennachérib, comme l'indiquent les inscriptions, offre un véritable labyrinthe de salles. Une d'elles de 27 mètres de longueur sur 6 de largeur est entièrement entourée de plaques sculptées qui représentent les campagnes du roi dans l'Arménie. D'autres palais déblayés comme celui-ci, par les Anglais, étaient plus riches encore en bas-reliefs et en inscriptions.

Khorsabad fut aussi une résidence royale, mais en dehors et assez loin de Ninive (au nord). La ville et le palais de Khorsabad furent fondés par Sargon, vers l'année 710. Le mur de Khorsabad est intact dans ses bases ; il constitue un rectangle oblong de 1,800 et de 1,700 mètres. Huit portes donnaient accès dans cette ville. M. Place en trouva deux dont la voûte était ornée de rosaces et de taureaux exécutés en briques bleues et blanches. Au milieu de la plaine, en deçà de l'enceinte, on voit encore la trace de grands édifices et surtout de beaucoup d'habitations. Cette surface, renfermée par les murs, monte à 320 hectares et égale presque en étendue la ville actuelle de Mossoul. Sur le côté nord-ouest se trouve le château royal.

A Nimroud (29 ou 30 kilomètres sud de Ninive), on a trouvé également un grand nombre de ruines, de murs, de circonvallations, des palais, une pyramide à étages, des temples.

A Babylone, la nécessité où se trouvèrent les Babyloniens de se protéger contre les inondations, les poussa à exécuter depuis les temps les plus reculés des ouvrages architectoniques considérables. Le sol d'alluvion sur lequel Babylone était bâtie ne fournissant pas les pierres qu'on était obligé d'aller chercher jusqu'en Arménie, on employa des briques faites avec une argile très fine, séchées au soleil ou cuites au four.

L'étendue de Babylone, d'après le récit d'Hérodote, aurait été vraiment prodigieuse. Mais Quinte-Curce dit qu'elle n'était pas tout entière couverte de maisons et qu'elle contenait des terres cultivées en très grand nombre. D'après Diodore, deux cent cinquante tours, placées deux à deux en face l'une de l'autre, s'élevaient sur la muraille. Deux chars pouvaient passer de front entre les tours. Ces murailles, dont la hauteur était immense, ont excité l'admiration des anciens qui les ont placées au nombre des sept merveilles du monde.

On croit avoir retrouvé la trace des fameux jardins suspendus que l'antiquité comptait aussi parmi les merveilles, C'est une butte qui à une époque moins ancienne a servi de nécropole. Autrefois, c'était un édifice présentant la forme d'une pyramide tronquée et composé de douze terrasses sur lesquelles étaient disposés des escaliers. Ces terrasses étaient couvertes de riches ombrages ; les jardins de Babylone étaient encore dans tout leur éclat quand Alexandre entra dans la ville. M. Oppert, qui a fait des recherches sur les ruines de Babylone, a reconnu les vestiges du temple de Bélus. C'est une pyramide de huit étages, terminée par une plate-forme où l'on conservait les archives de la nation : sur la plate-forme se dressaient les statues divines. Ce temple aussi servait d'observatoire ; c'est là que les prêtres chaldéens étudiaient les révolutions célestes. L'intérieur était orné de sculptures symboliques. Xerxès à son retour de Grèce s'empara des immenses richesses que renfermait le temple.

Les ruines qu'on a retrouvées sur son emplacement consistaient en un immense amas de briques cuites au four et revêtues de caractères cunéiformes. Les Juifs prétendent que c'est le tombeau de Nabuchodonosor et quelques auteurs ont voulu y voir les traces de la fameuse tour de Babel. On y a découvert un très grand nombre de pierres taillées, de cylindres et d'amulettes : le cabinet des médailles de la Bibliothèque nationale en possède une riche collection. Ce n'est que par les cylindres que nous pouvons nous faire une idée de la sculpture babylonienne. Mais tant que nous n'aurons pas une idée plus positive de la religion des Babyloniens, il sera bien difficile de comprendre les sujets qu'ils représentent.

Les ruines de Persépolis se trouvent à une dizaine de lieues de Schiraz dans une des plus belles plaines de la Perse. Quelques familles de Turcomans ou de Kurdes sont aujourd'hui les seuls habitants qu'on rencontre dans le palais de Xerxès. Parmi les parties qui subsistent encore, la plus importante est celle qui est appelée Tschil-Minar ou les quarante colonnes. Un immense escalier des colosses analogues à nos taureaux assyriens du Louvre, de nombreux bas-reliefs parmi lesquels on remarque des *doryphores* ou gardes du roi du temps de Darius et de Xerxès et des processions de personnages dont on ignore les fonctions, des chapiteaux brisés, des colonnes debout ou renversées, tout atteste la grandeur et la magnificence de ce palais. Dans la grande salle hypostyle qui servait aux réceptions officielles, on a retrouvé les traces de cent colonnes qui soutenaient le plafond : il y en avait seize pour le vestibule. Les montants des portes sont rehaussés de bas-reliefs dont la partie supérieure représente un roi sur son trône, entouré de ses serviteurs ; la partie inférieure comprend des figures plus petites qui forment plusieurs rangées. Il y a aussi des sculptures symboliques, telles qu'un grand personnage vêtu d'une longue robe, qui plonge son épée dans les flancs d'un monstre qui se dresse devant lui.

Sous les terrasses qui portent le palais de Persépolis, on trouve de vastes souterrains qui se croisent en tous sens et dont on n'a pu encore vérifier ni l'étendue ni la destination. On a fait à propos des bas-reliefs de Persépolis la remarque assez singulière qu'il ne s'y trouve aucune figure de femme.

Fig. 464. — *Roi assyrien dans le combat.*

A deux lieues environ du palais, dont nous venons de parler, se trouvent des tombeaux taillés dans le rocher et qui portent le nom de Nakchi-Roustain. La façade de ces monuments, qui a près de 30 mètres de hauteur, présente une excavation profonde en forme de croix grecque et est divisée en trois étages. Le premier est lisse et semble avoir été destiné à recevoir une inscription. La porte du tombeau s'ouvre sur le second qui est orné de quatre colonnes dont le chapiteau est un double taureau unicorne. Dans l'étage supérieur, un double rang de figures en forme de cariatides supporte une corniche ornée de moulures sur laquelle est debout un personnage tenant un arc bandé, symbole de la Force, et vis-à-vis de lui un autel au-dessus duquel est figuré un globe qu'on regarde comme l'emblème du soleil. Un génie dont la figure est semblable à celle du personnage et dont le corps est enveloppé dans de grandes ailes ouvertes, vole entre l'homme et l'autel. On a cru pouvoir reconnaître dans ces monuments les tombeaux de Darius, d'Artaxerxès, etc.

Fig. 465. — *Figure ailée à un portail. Nimrud.*

Les sculptures, en bas-relief, trouvées à Ninive témoignent du haut degré auquel était arrivé l'art assyrien. Sans parler du musée de Londres, le musée du Louvre est riche en bas-reliefs où les scènes les plus différentes sont reproduites avec un soin très digne d'attention. Dans la première salle de notre musée, de nombreux bâtiments conduits à la rame transportent de fortes pièces de bois qui semblent destinées à servir à l'attaque d'une place forte construite sur un rocher. Des animaux aquatiques de toute espèce sont sculptés sur le champ de ces bas-reliefs, des crabes, des crocodiles, des serpents, des poissons et des coquilles. Parmi ces monuments, il en est un qui présente l'image du dieu poisson ou de Dagon; sur un autre paraît un taureau ailé, animal symbolique ou plus vraisemblablement l'image d'une divinité assyrienne; sur un troisième, des matelots tirent au rivage des pièces de bois, des guerriers conduisent des chevaux bien campés et très convenablement dessinés. On est frappé tout d'abord de l'extrême ressemblance de ces chevaux avec ceux que l'on retrouve sur les *sculptures grecques de l'époque archaïque*. Les guerriers assyriens tenant à la main des javelines ont les épaules et les reins couverts d'une peau de mouton; une tunique leur entoure le corps, et leurs chaussures à pointe relevée comme les chaussures indiennes sont lacées sur le devant de la jambe. Chacun d'eux porte à la ceinture une sorte de petit sachet elliptique dont il est fort difficile de deviner l'usage. Sur une énorme plaque de revêtement paraissent deux guerriers portant à l'épaule un char de guerre faisant peut-être partie du butin enlevé à l'ennemi. Ce char est exactement construit comme tous les chars de guerre égyptiens sculptés à Karnac et à Medinet-Habou, c'est-à-dire que l'essieu se trouve placé à la partie postérieure de la plate-forme, sur laquelle se tenaient debout deux hommes de guerre et le cocher qui guidait les chevaux (fig. 464).

En pénétrant dans la seconde salle du musée assyrien, on se sent saisi d'admiration à la vue de l'une des portes colossales du palais, qu'on a reconstruite avec un très grand soin. Il est impossible de se faire une idée exacte de l'effet prodigieux que produisent ces énormes taureaux ailés à face humaine qui se trouvent placés à droite et à gauche de la porte. Les proportions en sont réellement magnifiques, et les parties du corps sont toutes accusées avec un soin qui dénote une étude fort attentive et fort avancée de la nature. Les muscles sont bien sentis, les tendons et les veines sont exprimés avec justesse, en même temps que dans un sentiment décoratif d'un goût parfait; le tout ciselé avec un talent réel. Les têtes sont d'un beau caractère et la coiffure affecte une forme très noble : c'est une tiare cylindrique ornée de belles rosaces et de laquelle s'échappe une ample chevelure bouclée. Une triple corne monte de part et d'autre de la tiare; et la barbe même est frisée en petites boucles très multipliées

Fig. 466. — *Bas-relief trouvé à Khorsabad.*

qui lui donnent comme à la chevelure ce caractère tout particulier qu'on remarque dans les monuments persépolitains. Les vastes ailes de ces colosses tapissent les parois intérieures de la baie à laquelle ils servent de pieds-droits; entre les jambes des taureaux sont gravés, avec une délicatesse extrême, de longs textes cunéiformes d'une conservation parfaite (fig. 465) où la coiffure seule offre une légère différence avec celle des taureaux du Louvre.

L'espace n'ayant pas permis de placer les deux colosses humains à côté des taureaux ailés qu'ils accompagnent, on a dû les appliquer en retour aux massifs de maçonnerie formant les pieds-droits de la porte reconstruite au Louvre. Ces énormes statues ne sont pas moins curieuses. Que l'on se figure des géants de quinze à dix-huit pieds de haut, la tête et le corps de face, tandis que les jambes sont sculptées de profil et en marche vers les taureaux, auprès desquels ils sont placés. De la main droite, ils tiennent une arme tranchante fortement recourbée et à la poignée ornée d'une tête de génisse; de la main gauche, ils serrent la patte gauche antérieure d'un lion qu'ils étreignent contre leur poitrine en l'étouffant sous la pression de leurs bras. La douleur et les crispations de l'animal sont rendues avec une admirable énergie. Les colosses ont la chevelure et la barbe artistement tressées comme les têtes humaines des taureaux ailés; comme eux, ils portent d'élégants pendants d'oreilles. Leurs bras sont ornés de bracelets massifs d'un beau dessin et terminés par des têtes de lion. Il faut le dire, néanmoins, l'aspect général de ces figures est choquant par suite de la malheureuse disposition des jambes de profil avec un corps entièrement de face. Les proportions, d'ailleurs, paraissent un peu écrasées et dans les formes de ces corps gigantesques, il n'y a rien de svelte, rien de dégagé, par conséquent, rien d'élégant (fig. 466).

On remarque encore à notre musée des bas-reliefs représentant des divinités assyriennes, reconnaissables à leurs quadruples ailes; un autel de pierre à table circulaire supportée par un pied dont les trois arêtes se terminent en griffes de lion, œuvre que ne renierait pas l'art grec; un lion de bronze qui a été retrouvé scellé sur le seuil d'une porte intérieure du palais et qui est admirablement modelé; puis une foule de sujets sculptés qui sont pour nous le plus intéressant des livres, car ils nous donnent les détails les plus exacts sur la civilisation des Assyriens, sur leur vie civile et militaire. Nous pouvons mieux comprendre, aujourd'hui, ce que nous disent les livres saints de la splendeur de la cour des rois d'Assyrie.

Les ameublements, dit M. Botta, par leur richesse et leur nature, différaient complètement de ceux que nous voyons aujourd'hui en Orient; les Assyriens, en effet, s'asseyaient sur des fauteuils ou sur des tabourets, et ils mangeaient comme nous sur des tables; la représentation du banquet ne peut laisser aucun doute à cet égard. Les tables et les chaises étaient décorées avec autant de richesse que de goût, et chose singulière, nous présentent les mêmes motifs d'ornementation que nos meubles actuels, des pattes de lion, des têtes d'animaux, etc.; on pourrait encore, aujourd'hui, étudier avec fruit ces modèles et s'en inspirer avec avantage. Les vases de diverse nature n'étaient pas moins remarquables par leur élégance.

Les vêtements, au moins ceux des personnages appartenant à la cour, nous donnent également la preuve d'un grand luxe : ils étaient, en général, amples et flottants, mais différaient par la forme de ceux des Égyptiens ou des Perses. C'étaient des tuniques ou des robes plus ou moins longues, des manteaux de diverses formes, des écharpes à longues franges, des ceintures brodées.

Comme tous les Orientaux, les Assyriens semblent avoir pris un soin extrême de leur barbe, qu'ils laissaient croître. Leur chevelure n'était pas moins soignée et toujours rassemblée sur les épaules en rangées régulières de boucles. Leurs paupières, selon l'antique et universel usage en Orient, étaient teintes en noir. Leurs bras et leurs poignets étaient ceints de bracelets de diverses formes, mais toujours très gracieux et d'un goût très pur; les hommes même portaient des pendants d'oreilles d'un dessin plus ou moins riche, qui la plupart pourraient encore, aujourd'hui, servir de modèles pour des ornements semblables.

L'industrie des Assyriens avait atteint un grand degré de perfection; ils savaient travailler les matières les plus dures comme les plus tendres pour les employer, soit à la bâtisse, soit à d'autres usages, c'est ce que nous démontrent les cylindres de jaspe ou de cristal, comme les bas-reliefs de Khorsabad, sculptés sur gypse ou sur basalte siliceux. Ils connaissaient diverses espèces d'émaux, ils savaient cuire l'argile pour en fabriquer, soit des briques, soit des vases dont la pâte était plus ou moins fine, suivant l'usage auquel ils étaient destinés. C'est ainsi encore que les grandes urnes funéraires n'avaient qu'une médiocre consistance, et, qu'au contraire, les cylindres de terre cuite portant des inscriptions étaient faits d'une pâte très fine et très dure. Enfin, l'art de vernisser les poteries et de les recouvrir de peintures exécutées au moyen d'émaux colorés était connu à Ninive.

Les découvertes récentes, de M. de Sarzec en Chaldée, sont aujourd'hui installées en partie dans la grande salle assyrienne du musée du Louvre, par les soins de la Conservation des antiquités orientales. Grâce à ces heureuses trouvailles, nous entrevoyons l'art de l'antique Babylone naguère perdu dans l'obscurité des temps, et nous nous expliquons mieux l'art assyrien qui n'en est que la suite et le prolongement. Nous ne pouvons plus les séparer l'un de l'autre : c'est ce que M. Perrot a fort bien mis en lumière dans son chapitre sur la sculpture chaldéenne. « Ce sont des moments successifs d'un même art, deux phases de son développement. » Les statues de Goudéa remontent probablement aux débuts mêmes de la civilisation chaldéenne, aussi ancienne que celle de Memphis, tandis que les monuments assyriens datent au plus de la fin du XIIe siècle et la plupart du Xe et du VIIIe avant J.-C. Entre les mains des Assyriens, la sculpture chaldéenne a subi en quelque sorte la même transformation que l'art grec avec les Romains. C'est le même art, mais les formes en sont devenues beaucoup plus lourdes.

M. Perrot a fait une remarque fort judicieuse, c'est que l'usage des lourds vêtements dissimulait aux yeux le modelé du corps, et que les artistes n'ont pu étudier le nu sur le vif comme en Egypte et en Grèce, ni même comme en Chaldée, où le manteau était porté simplement sans tunique, et laissait beaucoup de parties à découvert. Il est donc certain que dans l'ensemble cet art assyrien est bien inférieur à celui de l'Egypte.

Toutefois, il est remarquable par la puissance et la grandeur des constructions, et c'est un trait commun de plus avec Rome. Les immenses palais de Nimroud et de Khorsabad bâtis sur terrasses, les enceintes des villes fortifiées, les tours à étages, tous ces édifices étudiés et restaurés par M. Chipiez offrent à l'œil des masses imposantes et grandioses. L'emploi de la voûte, dont on a fait longtemps honneur aux Romains, est un des plus heureux traits du caractère architectural des Assyriens. De même pour la représentation des animaux et surtout des grands fauves, qu'on chassait avec passion, le sculpteur placé en face de la nature libre et nue a trouvé de singuliers accents d'énergie et de vérité. Enfin, l'usage de la brique a donné naissance à l'art de l'émailleur, qui est resté supérieur dans ces contrées et qui, dans la plus haute antiquité, a tapissé les parois des murs de tons éclatants et harmonieux, dont la magnificence devait être pour l'œil une véritable fête. En somme, cette civilisation chaldéo-assyrienne mérite de prendre place au second rang à côté de l'Egypte; elle a dû transmettre aux Grecs beaucoup d'idées, de connaissances scientifiques, même de formes artistiques dont ils ont amplement profité. On s'en aperçoit bien aujourd'hui qu'on étudie de près l'archaïsme grec; beaucoup de ses formes et de ses procédés ont leur origine dans la vallée du Tigre et de l'Euphrate plutôt que dans celle du Nil. — E. CH.

*** NIOBÉ.** *Iconog.* D'après la légende, Niobé, fille de Tantale, roi de Lydie et femme d'Amphion, qui bâtit les remparts de Thèbes aux accords de sa lyre, fut mère de quatorze enfants, sept fils et sept filles, et, fière de sa fécondité, railla Latone de n'avoir mis au monde que deux enfants. Irrités de l'outrage fait à leur mère, Apollon et Diane percèrent à coups de flèches les enfants de Niobé, dont deux filles seulement furent épargnées, et la mère, éperdue de douleur, fut changée en rocher au sommet du mont Sipylus, en Lydie; deux sources qui s'échappent du flanc de la montagne sont formées des pleurs qui s'écoulent encore de ses yeux. Cette légende très dramatique a inspiré souvent les poètes et les artistes. On possède trois beaux groupes anciens sur ce sujet dans la villa Borghèse, au Vatican et à la villa Albani, et le musée de Florence a *tout un monument en marbre* attribué, soit à Scopas, d'après le style général des figures, soit à Praxitèle, d'après cette inscription grecque placée sur le piédestal de la statue de Niobé : « Les immortels, de mon vivant, me changèrent en marbre; le ciseau de Praxitèle m'a rendue à *la* vie. » Ce groupe se compose de dix-huit statues dont quatorze seulement sont considérées comme authentiques et formaient sans doute la décoration d'un fronton. Les sentiments les plus divers exprimés par ces figures sont traités avec une vérité saisissante, mais l'intérêt se concentre sur Niobé et les deux filles qui *ont été* épargnées par Diane, et qui forment le groupe central. Les draperies sont belles et bien jetées, et le visage de Niobé, dans sa douleur concentrée, est une des plus belles productions de l'art antique. Le musée de Munich possède deux fragments qu'on suppose avoir appartenus au *même* groupe. Le sujet de Niobé a été souvent traité par les peintres, notamment par Jules Romain, Louis David, Wilson; Annibal Carrache a peint une *Niobé méprisant Latone*; enfin, Pradier a exposé, en 1822, une remarquable figure de *Niobide mourant.*

*** NIOBIUM.** *T. de Chim.* Corps simple, métallique, son symbole Nb correspond à l'équivalent 47 et au poids atomique 94. Entrevu par Hatchett, en 1801, et désigné d'abord sous le nom de *columbium*, il fut plus tard confondu avec le tantale, jusqu'à 1846, où H. Rose réconnut la différence existant entre les oxydes isolés des columbites d'Amérique, et de la tantalite de Bavière. Les propriétés distinctes de ces deux oxydes lui firent croire avoir séparé deux métaux nouveaux, le *niobium* et le *pélopium*, mais il reconnut plus tard que ce dernier n'existait pas, qu'il n'avait eu que deux degrés d'oxydation différents. Roscoé a obtenu le niobium pur, il y a peu de temps.

Etat naturel. Les minerais de niobium sont toujours rares et toujours unis à une forte proportion de tantale; nous citerons: la *niobite* ou *columbite*, niobate ferro-manganique, contenant 76 0/0 d'acide niobique, D=5,4; la *samarskite*, niobate d'urane (55,1 0/0 de Nb^2O^5, D=5,65); la *fergusonite*, niobate d'Yttria (40,1 à 44,8 de Nb^2O^5, D=5,6); la *tyrite*, niobate analogue (45 0/0 de Nb^2O^5, D=5,5); le *pyrochlore*, niobate de chaux (53 à 75,7 0/0 de Nb^2O^5; D=4, 2 à 4,3); la *pyrrhite*, niobate de zircone; enfin l'*euxénite*, niobo-titanate d'yttria et d'urane (38,5 0/0 de Nb^2O^5, D=4,6 à 4,9); et l'*æschynite*, niobo-titanate de cérium et de thallium (33,2 0/0 de Nb^2O^5, D=5,2). On extrait encore le niobium des résidus de wolfram, après l'enlèvement du tungstène; ceux de Zinnewald en contiennent jusqu'à 76,3 0/0.

Propriétés. Le niobium se présente en petits cristaux assez fragiles, d'un gris d'acier, D=7,06; il brûle lorsqu'on le calcine à l'air, en donnant une poudre blanche anhydre d'acide niobique Nb^2O^5, après avoir produit un oxyde intermédiaire bleu; il brûle aussi dans le chlore, mais avec l'intermédiaire de la chaleur; il est insoluble dans l'acide chlorhydrique, l'eau régale, soluble dans l'acide sulfurique concentré. Le seul composé un peu intéressant est l'acide niobique qui forme des sels dont quelques-uns (ceux alcalins) sont solubles; ils ont pour caractères de donner : avec l'*acide sulfurique* étendu, précipité; avec l'*acide chlorhydrique*, précipité abondant, soluble dans la potasse (caract. différent, d'avec l'acide tantalique); avec les *acides azotique, acétique*, précipité insoluble à chaud; avec l'*acide cyanhydrique*, précipité immédiat (car. différent. d'avec l'acide tantalique); avec le *chlorure d'ammonium*, précipité lent, incomplet; avec le *sulfure d'ammonium*, rien; avec les *chlorures de baryum*, de *calcium*, précipité blanc, insoluble dans l'eau et les sels ammoniacaux; avec l'*azotate d'argent*, précipité blanc jaunâtre, un peu soluble à chaud; avec l'*azotate mercureux*, précipité jaune vert; avec le *tannin*, précipité orange foncé, dans les liqueurs acidulées par l'acide sulfurique ou chlorhydrique, mais que l'acide tartrique empêche; avec une lame de zinc, dans une solution acidulée par l'acide chlorhydrique, coloration bleue passant au brun.

NITRATE. *T. de chim.* — V., AZOTATE. || *Nitrate de glycéryle. T. de chim.* — V. NITROGLYCÉRINE.

***NITRATINE**. *T. de minér.* Azotate de soude naturel, cristallisant en rhomboèdres, translucides, incolores ou jaunâtres, d'une saveur fraîche et amère, d'une densité de 2,09 et d'une dureté de 1,5 à 2. Elle fond sur les charbons, est très soluble dans l'eau, colore la flamme en jaune. Sa formule

$$NaO, AzO^5 \dots AzO^3Na$$

correspond à 63,53 0/0 d'acide azotique, pour 36,47 de soude. Il existe au Chili et au Pérou des gisements considérables de ce corps, que l'on exporte maintenant dans tous les pays, pour la fabrication de l'acide azotique et de l'azotate de potasse. Cette exportation qui, en 1830, n'était que de 935,000 kilogrammes, atteignait le chiffre de 312 millions et demi de kilogrammes, en 1873, lorsque le gouvernement du Pérou a mis un monopole sur le salpêtre de soude. Depuis, l'exportation s'est encore notablement accrue.

NITRE. *T. de chim.* Syn. : *Azotate de potasse.* — V. ce mot et SALPÊTRE.

NITREUX (Acide). *T. de chim.* Syn. : *Acide azoteux.* — V. t. I, p. 410.

NITRIÈRE. *T. de chim.* Endroit où l'on produit le nitre ou azotate de potasse. Lorsque nous avons exposé les principales conditions dans lesquelles se fait la nitrification (V. AZOTATE DE POTASSE), nous avons indiqué que tantôt on recueille le sel spontanément formé dans le sol, et que tantôt on s'efforce de réaliser les conditions qui peuvent permettre sa production. D'où la subdivision à établir entre les *nitrières naturelles* et celles *artificielles*.

Nitrières naturelles. On donne ce nom à de vastes étendues de terrain, situées sous des latitudes bien différentes, aussi bien dans le désert, que dans les plaines recouvertes par le limon du Gange, lors des crues de ce fleuve; ou dans les pays tempérés offrant un sol d'origine volcanique et contenant parmi ses éléments du feldspath désagrégé. On rencontre, en effet, de ces nitrières dans les plaines de Chine et de l'Inde, sur les bords de la mer Caspienne, en Perse, en Arabie, en Egypte, dans la basse Hongrie, l'Ukraine, la Podolie, l'Espagne, etc. Pourvu que l'air soit sec, et qu'il y ait dans le sol une certaine quantité d'humus ou de matières végétales, de feldspath, et surtout d'organismes figurés, comme nous le dirons plus loin (V. NITRIFICATION), on voit apparaître des efflorescences givrées, par suite de la capillarité terrestre, de la non hygroscopicité des matériaux et de la sécheresse atmosphérique. Le produit, que l'on récolte par simple balayage des terrains nitrifères, est dit *nitre de houssage*. Pour le débarrasser des poussières entraînées, on le reprend par l'eau et on concentre jusqu'au degré voulu pour obtenir la cristallisation. Il en vient d'Egypte, de Chine et de l'Inde; ce dernier renferme souvent de 3 à 20 0/0 de matières étrangères, surtout des chlorures.

Nitrières artificielles. Elles sont toujours construites en vue d'obtenir la rapide décomposition des matières organiques azotées, soit par des corps poreux, soit en présence de ferments, et toujours dans tous les cas, de sels de métaux alcalins.

En France, on fait dans quelques pays des nitrières, en réunissant en tas les détritus de fermes, les boues des chemins ou des réservoirs, les herbes, feuilles, ou fannes de pommes de terre, betterave, jusquiame, ortie, soleil, bourrache, les cendres de bois ou de houille, les marcs de pomme ou de raisin, les chairs ou tendons gâtés, les vieux chiffons, et surtout ceux de laine, etc., puis en versant de temps à autre sur ces tas, les eaux de ménage, les urines ou les purins; au bout de deux ans, le terreau formé contient, d'après les analyses de Boussingault, jusqu'à 6^{kg},600 de nitre, par mètre cube de 1,200 kilogrammes, c'est-à-dire la proportion de produit renfermé dans les vieux plâtras que traitaient jadis les salpêtriers. A Longpont (Seine-et-Oise), on a fait des expériences, en disposant alternativement des couches de terre et de fumier, puis arrosant avec du purin. Au bout de deux ans, on a enlevé la masse et on l'a laissée exposée à l'air pendant un même espace de temps, puis on a procédé au lessivage. Le rendement a été de 500 à 600 kilogrammes de salpêtre brut, pour le fumier fourni par 25 vaches.

(*b*) En Suède, où tous les propriétaires ruraux sont tenus annuellement de fournir à l'Etat une certaine quantité de nitrate de potasse, on agit à peu près comme à Longpont, mais les fumiers sont placés dans des caisses de bois et souvent brassés à la pelle. On fait le lessivage après trois ans.

(*c*) En Suisse, on dispose les nitrières dans le sous-sol des étables. Pour cela, on construit ces bâtiments sur un terrain montagneux offrant une forte déclivité, de façon à ce que la porte étant au niveau du sol, le plancher de l'étable soit soutenu en arrière par des poteaux, puis on creuse en dessous une fosse large comme le bâtiment, mais n'ayant qu'une profondeur maximum de 1 mètre. On remplit ensuite la fosse avec une terre calcaire poreuse, que l'on tasse bien. Les urines étant absorbées, à mesure de leur émission, par cette terre poreuse, il en résulte qu'après deux ou trois années, il s'est produit une notable proportion de nitrates, que des salpêtriers viennent recueillir par lessivage. Chaque étable fournit de 25 à 100 kilogrammes de nitre, voir même jusqu'à 500 kilogrammes d'après certains auteurs, et proportionnellement bien entendu, au nombre d'animaux qu'elle abrite.

(*d*) En Prusse, de même encore qu'en certains points de la Suède, on agit autrement; on provoque la formation du nitre, en construisant dans un milieu humide, mais abrité du vent et de la pluie, de petits murs, faits avec de la terre calcaire poreuse, que l'on gâche avec des charrées ou de la paille. En arrosant ces murs avec du purin ou de l'urine, il se forme à la surface des murs, des efflorescences blanches que l'on n'a qu'à balayer.

Depuis la connaissance du procédé rapide de transformation de l'azotate de soude naturel en azotate de potasse, la production du nitre dans les nitrières artificielles a bien perdu de son importance.

NITRIFICATION. *T. de chim.* Nous avons déjà indiqué en parlant de la formation de l'*azotate de potasse* (V. ce mot) les principales conditions qu'il faut voir réunies pour qu'il se produise du nitre, mais nous avons également signalé, qu'à l'époque où cet article paraissait, quelques points restaient encore obscurs. Nous devons aujourd'hui compléter l'histoire de la théorie de la nitrification.

Schlœsing a en effet montré, que cette formation peut se faire, non seulement par combustion lente et par l'action des seules forces physiques et chimiques, mais encore que la production due à la présence, dans le sol, d'organismes inférieurs, est bien plus active et bien plus considérable que celle provenant des autres causes.

MM. Pasteur et A. Müller avaient entrevu cette fermentation il y a déjà quelques années, les travaux de Helsner, Warrington, Wolly, Fodor, etc., servirent de contrôle aux expériences de Schlœsing et Muntz. Mais si ces derniers avaient montré (*Comptes rendus de l'Institut*, LXXXIV p. 301, LXXXV p. 1,018, LXXXVI p. 892, LXXXIX p. 84 et 1,074) que lorsqu'on arrose régulièrement avec de l'eau d'égout du sable fin calciné au rouge, on obtient la nitrification complète de l'azote des matières d'égout, pourvu que la dose journalière versée sur le sable soit telle que le liquide mette huit jours à parcourir l'épaisseur de la masse, ils n'avaient pas encore trouvé le *ferment nitrique*. Depuis, ces auteurs pensent l'avoir reconnu ; ce serait un micrococcus, ayant l'aspect de corpuscules punctiformes, assez semblables aux « corpuscules brillants » que M. Pasteur regarde comme les spores des bactéries ou plutôt des bacilles.

Fodor, de Buda-Pest, ne partage pas cette opinion ; les corpuscules brillants (spores) ne proviennent habituellement que des bacilles (desmobactéries) et non de bactéries vraies (microbactéries). Or, les bacilles président à la putréfaction sans oxygène libre, plutôt qu'à l'oxydation rapide ; il doit en être de même dans le sol. L'organisme nitrifère serait pour lui le *bacterium lineola*. Il est probable qu'il en existe plusieurs autres, des bactéries ou des bacilles, mais toujours des organismes aérobies.

Ces propriétés des ferments nitriques sont aujourd'hui très utilisées pour produire l'épuration des eaux d'égout, par le sol, et on obtiendra toujours *facilement* cette purification, pourvu que l'air puisse pénétrer le sol et que l'eau ne soit pas amenée en trop grande abondance, ou qu'elle ne séjourne pas trop longtemps sur la terre ; il est encore urgent de remuer la surface du terrain par des labours ou par bêchage, pour éviter l'action réductrice qui pourrait se produire en place de l'oxydation, c'est-à-dire la formation d'ammoniaque. Fodor, d'ailleurs, a montré ces faits expérimentalement à l'Exposition de Berlin, en 1883. Ce qu'il faut noter en sus, c'est que l'action de ces ferments du sol ne s'arrête pas là ; ils peuvent annuler d'autres ferments, décomposer des poisons, des virus, des produits chimiques (émulsine, ptyaline, indol, virus de la tuberculose, virus charbonneux, poison sceptique des égouts, etc.). (Folk ; Soyka ; Archiv. für hygiene, 1884, II, p. 381). Soyka, de Munich, a en effet montré que si le sol peut absorber de la strychnine, et par ce fait devenir toxique, lorsque le liquide traverse ce sol, sur une épaisseur de $0^m,80$, au bout de peu de jours (7) le terrain commence à fournir la réaction de l'acide nitreux, puis après (au 12e jour) celle de l'acide nitrique ; après 18 jours, il n'y a plus que des nitrates, et après 167 jours, il ne restait plus que 60 0/0 du poids de la strychnine mise dans le sol. Son azote par suite de décomposition s'était transformé en nitrates.

Ces modifications sont importantes à connaître, surtout pour l'application qu'on en peut faire à l'épuration des détritus des grandes villes, mais elles ont encore de l'importance à d'autres points de vue, ce qui nous fera ajouter que tous les composés azotés n'agissent pas de la même façon. Ainsi, avec l'eau contenant de la quinine, de la quinoléine, de la cinchonine, de la pyridine, de la pipéridine, on obtient d'abord de l'ammoniaque (après 2 mois), par suite de la décomposition des alcaloïdes ; ce n'est qu'au 150e jour qu'apparaissent les nitrates. Ce fait permet de conclure que ces corps étaient des poisons pour les organismes inférieurs ; ils ont entravé l'action des ferments nitriques.

Nous ne quitterons pas l'étude de la nitrification au moyen des micro-organismes, sans signaler ce fait qu'il existe également dans le sol un ferment antagoniste du ferment nitrique, c'est le *ferment butyrique*, le *bacillus amylobaster* de Van Tieghem, *bacillus butyricus* de Pasteur. D'après Dehairain et Maquenne (*Comptes rendus*, 8 octobre 1882), ce ferment est anaérobie, car les gaz qui se dégagent des terres arables absolument à l'abri de l'air, sont l'acide carbonique, le protoxyde d'azote, l'hydrogène et l'azote, et comme la quantité de nitrates contenus dans un terrain donné, diminue lorsque ce ferment existe dans le sol, les gaz signalés viennent de cette décomposition. Il était utile de signaler le fait afin de montrer que pour obtenir aussi bien la nitrification que l'épuration de certains liquides résiduaires, il est indispensable de remuer le sol, d'aérer en un mot, puisque le ferment butyrique, antagoniste du ferment nitrificateur, ne peut fonctionner au contact de l'air.

NITRIQUE (Acide). *T. de chim.* Syn. : *Acide azotique* (V. t. I, p. 21). On a donné au mot ACIDE le procédé le plus généralement employé pour préparer l'acide nitrique; depuis quelques années, M. Kuhlmann avait indiqué : (*a*) que dans les fabriques de chlore, on peut utiliser le protochlorure de manganèse qui reste comme résidu, pour obtenir cet acide, par la décomposition de l'azotate de soude. En effet, ces corps portés ensemble à 230° réagissent l'un sur l'autre, et il y a dégagement d'acide hypoazotique et d'oxygène

$$5MnCl^2 + 10NaAz\Theta^3$$
$$= 2(Mn\Theta + 3Mn\Theta^2) + 10NaCl + 10Az\Theta^2 + \Theta^2$$

ou

$$5MnCl^2 + 10NaO, AzO^5$$
$$= (2MnO^2 + 3MnO^4) + 10NaCl + 10AzO^4 + O^4$$

En faisant arriver de l'eau dans l'appareil à condensation, on obtient de l'acide azotique, et si l'acide hypoazotique est en excès, il se dédouble en nouvel acide azotique et en bioxyde d'azote, lequel, s'il y a assez d'air dans l'appareil, reforme de l'acide hypoazotique et provoque de nouveau la réaction précédente, ou sans cela se dissout de l'acide nitrique, puis se dégage dans l'air. On obtient ainsi, avec 100 parties d'azotate de soude, 125 parties d'acide, et l'oxyde de manganèse restant comme résidu peut être repris pour la fabrication du chlore; (*b*) que certains sulfates, même très stables, ne jouent pas le rôle d'acide, et peuvent servir à la fabrication de l'acide nitrique, en décomposant les azotates alcalins. Les sulfates de manganèse, de zinc, de magnésium, et même de calcium sont de ce nombre.

On peut encore faire réagir le charbon, l'acide silicique, l'alumine sur l'azotate de soude. Dans le premier cas, on forme de l'acide azotique et de l'acide hypoazotique, lequel est suroxydé par l'air ou l'eau, et il reste du carbonate de soude comme résidu; dans les autres, on a du silicate ou de l'aluminate de soude comme résidus, on les transforme ensuite en carbonate.

L'acide azotique du commerce ayant souvent des densités variables, et une richesse différente en acide, nous croyons utile de compléter ces nouveaux détails sur la fabrication, par le tableau de la colonne suivante.

Densités		Degrés Baumé	Degrés Twaddle	Point d'ébullition	Richesse	
à °	à +15°				en $AzO^5.HO$ à 0°	en AzO^5 à 0°
1.485	1.460	47°	96°	98°	80.00	68.57
1.470	1.441	46	92	111	76.10	65.20
1.454	1.424	45	88	115	72.20	61.90
1.420	1.400	43	84	123	65.00	55.70
1.393	1.374	42	80	119	60.00	51.43
1.365	1.346	38	70	118	55.00	47.14
1.341	1.323	34	60	117	50.99	43.70
1.267	1.251	29	50	112	40.00	34.28
1.210	1.189	25	40	108	31.40	26.90
1.161	1.155	20	30	104	24.20	20.70
1.132	1.120	14	20	»	20.00	17.14
1.052	1.049	7	10	»	8.00	6.90
1.044	1.039	6	8	»	6.70	5.70

ESSAI DE L'ACIDE AZOTIQUE. L'acide pur évaporé sur une lame de platine ne doit pas laisser de résidu, dans le cas contraire, il contient des *sels*; étendu d'eau, il ne se trouble ni par l'acide chlorhydrique (*sels d'argent*), ni par l'acide sulfurique (*sels de baryte*), ni par ces mêmes azotates, s'il ne renferme ni acide chlorhydrique, ni acide sulfurique. La coloration orangée indique la présence des produits nitreux; pour retrouver l'iode (de l'azotate de soude naturel), on le sature par la potasse, puis on met un peu de liquide dans un tube et on y ajoute de l'acide sulfurique; s'il colore un papier imprégné d'hydrate amylacé et s'il se forme une couleur bleue, elle est due à l'iodure d'amidon produit.

PURIFICATION. Pour enlever l'*acide sulfurique* entraîné par la distillation, on ajoute un peu d'azotate de baryte qui produit du sulfate de baryte insoluble et de l'acide azotique :

$$SO^3, HO + BaO, AzO^5 = BaO, SO^3 + AzO^5, HO$$
$$\text{ou } SHO^4 + BaAzO^6 = BaSO^4 + AzHO^6;$$

on précipite l'acide chlorhydrique, par l'azotate d'argent, qui fait un chlorure insoluble; pour enlever les produits nitreux on fait passer un courant d'acide carbonique dans le liquide chaud, ou bien on distille avec 1/100e de bichromate de potasse, ou un peu d'urée. Quant à l'iode et aux sels, ils ne sont pas volatils et restent dans la cornue après distillation. — J. C

* **NITRITES.** *T. de chim.* Syn. : *Azotites.* Sels formés par la saturation de l'acide nitreux ou azoteux, par les bases.

Ceux solubles se reconnaissent aux caractères suivants : avec l'*acide sulfurique* étendu d'eau : dégagement d'acide azotique dans les liqueurs concentrées seulement; avec l'*acide sulfhydrique*, dans une liqueur légèrement acidulée par l'acide azotique, dépôt de soufre et formation d'ammoniaque; avec les *chlorures de baryum*, de *calcium*, rien; avec *azotate d'argent*, précipité blanc, soluble à chaud et dans un excès d'eau; avec le *permanganate de potasse*, décoloration, si la liqueur est acide; avec l'*hydrate amylacé ioduré*, formation d'iodure bleu d'amidon dans les liqueurs acides; avec le *sulfate ferreux*, et une goutte d'acide sulfurique concentré, coloration rose ou rouge.

Les nitrites, jadis sans emploi, sont actuellement utilisés, surtout le *nitrite de soude*, pour la production des matières colorantes azoïques. Pour cette étude, nous renvoyons au tome III, page 631. Il en est encore un dont l'emploi est industriel, c'est le *nitrite de cobalt et de potassium*; nous en avons parlé (V. t. V, p. 945) à l'article JAUNE DE COBALT.

***NITROALIZARINE.** *T. de chim.* Syn.: *Mononitroalizarine, orange d'alizarine.* Corps résultant de la réaction de l'acide nitreux sur l'alizarine, et qui a pour formule $C^{28}H^{7}(AzO^{4})O^{8}...C^{14}H^{7}O^{4}(AzO^{2})$. Il a été découvert per Rosensthiel, en 1876; ce chimiste a en effet montré que la réaction, qu'avait reconnue Strobel, en 1874, lequel signala que les étoffes teintes en alizarine, devenaient d'un jaune orangé, par l'action du gaz nitreux, était due à ce que la purpurine et l'isopurpurine étaient détruites par l'acide nitrique.

Propriétés. La nitroalizarine est en paillettes orangées à reflets verts; elle est peu soluble dans l'eau, mais soluble dans le chloroforme, dans les alcalis, avec une teinte violet rouge; dans l'acide acétique cristallisable, dans l'acide sulfurique; elle fond vers 230°, et se sublime au delà en se détruisant en grande partie.

PRÉPARATION. On obtient la nitroalizarine de différentes manières: 1° en faisant arriver des vapeurs nitreuses sur de l'alizarine déposée en couches minces, dans un flacon, ou dans une chambre suivant le besoin, jusqu'à transformation en un produit jaune orangé (Rosensthiel); 2° en dissolvant de l'alizarine dans de l'éther, de l'acide acétique cristallisable, de l'acide sulfurique (d=1,84), du pétrole, de la nitrobenzine, puis chauffant légèrement le mélange, et y faisant arriver un courant de gaz nitreux. On emploie surtout dans l'industrie l'acide acétique, l'acide sulfurique ou la nitrobenzine; dans le premier cas, on ajoute 1 partie 1/2 d'acide azotique (d=1,38), on porte à 35-50°, et on laisse la réaction se faire pendant vingt-quatre heures (Grawitz); dans le second, on ajoute encore ce même acide, ou un azotate, en prenant 20 parties d'acide pour une de nitrobenzine, et on continue le dégagement de gaz nitreux jusqu'à la saturation; on évapore, puis on précipite par la lessive de soude et on décompose après le précipité de nitroalizarate de soude par un acide. Si l'on veut purifier le produit, on le redissout dans la soude, et on précipite à nouveau, en répétant plusieurs fois ces opérations, ou bien on fait cristalliser la nitroalizarine dans le chloroforme (Caro).

D'après M. Caro, il y a trois nitroalizarines isomères, celle de Perkin, celle de Rosensthiel et Caro, et celle de Grawitz et Caro; la première, seule, fournit de la purpurine par l'action de l'acide sulfurique (Graebe).

Usages. La nitroalizarine sert à obtenir, en teinture ou en impression, avec les mordants d'alumine, une nuance orangée rougeâtre, que le savonnage avive; des tons grenat, avec les mordants de chrome; des tons violet-rouge avec ceux de fer. Par réduction avec le zinc pulvérisé, à 135°, et en présence de la glycérine et de l'acide sulfurique, elle donne du *bleu d'alizarine* (Prud'homme) ou *bleu d'anthracène.* — J. C.

***NITROBENZINE.** *T. de chim.* Syn.: *Benzine nitrée.* — V. t. I, p. 630.

NITROGLYCÉRINE. *T. de chim.* On connaît aujourd'hui deux produits portant ce nom: 1° la *mononitroglycérine*

$$C^{12}H^{7}O^{4}.AzO^{6}...C^{6}H^{7}O^{2}.AzO^{3}$$

liquide jaunâtre, épais, soluble dans l'eau et l'alcool, peu dans l'éther, non distillable, ne faisant pas explosion par le choc, et que l'on obtient en versant de la glycérine dans de l'acide nitrique étendu de dix fois son volume d'eau, puis saturant par du carbonate de soude, épuisant par de l'alcool éthéré, enfin évaporant pour avoir le produit; 2° la *trinitroglycérine* ou *pyroglycérine, éther nitrique de la glycérine, trinitrine, glonoïde.* Ce corps a été découvert dans le laboratoire de Pelouze, par M. Sobrero, en 1847; il a été étudié par Williamson, Berthelot, puis dans ces derniers temps par MM. Sarrau, Roux et Vieille. En 1862, M. Alf. Nobel a donné un procédé industriel de préparation, qui en a considérablement augmenté l'emploi.

La trinitroglycérine a pour formule

$$C^{6}H^{2}(AzHO^{6})(AzHO^{6})(AzHO^{6})=C^{6}H^{5}Az^{3}O^{18}$$

ou $\left.\begin{matrix}C^{3}H^{5}\\(AzO^{2})^{3}\end{matrix}\right| O^{3}$, c'est-à-dire de la glycérine,

$$C^{6}H^{8}O^{6}...C^{3}H^{8}O^{3},$$

dans laquelle $3AzO^{2}$ remplacent 3H. On peut encore, si l'on admet l'hypothèse du radical glycéryle $C^{3}H^{5}$, la considérer comme un nitrite de ce corps $C^{3}H^{5}(AzO^{3})^{3}$.

Propriétés. C'est un liquide oléagineux, légèrement teinté de jaune, inodore, de saveur douceâtre, d'une densité de 1,60; insoluble dans l'eau, soluble dans l'alcool ou l'éther, d'où l'eau la sépare à nouveau; cristallisable à —8° en longues aiguilles fines, mais se prenant en une masse blanchâtre, compacte, par le froid produit avec un mélange d'anhydride carbonique et d'alcool (Gladstone). Elle est surtout célèbre par ses propriétés explosives; elle détone, en effet, par le plus léger choc (excepté celle préparée avec la glycérine anhydre [Gladstone]), mais répandue en couches minces, elle s'enflamme difficilement; si on applique doucement sur elle, l'effet de la chaleur, on voit qu'elle se volatilise vers 185°, en répandant des vapeurs nitreuses; vers 200°, sa volatilisation est rapide, sans décomposition, mais si elle arrive à l'ébullition (217°), elle détone très brusquement en se décomposant. Si l'on fait l'expérience en versant une goutte de glycérine sur une plaque de fonte échauffée, le même phénomène se produit, mais si la température arrive au rouge, la nitroglycérine s'enflamme et brûle sans bruit. La nitroglycérine est très toxique, son odeur seule peut déterminer de la céphalalgie, et 3 à 4 gouttes introduites dans l'estomac d'un jeune porc suffisant pour provoquer la mort; en contact avec la potasse, la nitroglycérine se décompose lentement à froid, facilement à chaud, en présence surtout des alcalis étendus; elle fixe de l'eau et régénère de la glycérine et de l'acide nitrique. Avec l'acide iodhydrique fumant, au-dessous de 90°, elle donne de la glycérine, du bioxyde d'azote et de l'eau (Mills).

Pour se conserver, la nitroglycérine doit être neutre, car sans cela, elle peut se décomposer spontanément, surtout quand elle est acide, et alors produire des gaz et vapeurs (eau, acide carbonique, oxygène, azote), puis de l'acide oxalique,

$$C^6H^5Az^3O^{18} = 3(C^2O^4) + 21/2H^2O^2 + 3Az + O$$

lesquels comprimés dans les vases ayant renfermé la nitroglycérine, exercent sur les parois une pression considérable, puisque 1 litre de nitroglycérine donne 10,400 litres de gaz et vapeurs (Nobel), et peuvent produire une explosion par le plus léger choc. De très nombreux accidents survenus dans des fabriques de nitroglycérine, n'ont pas d'autre cause. Cette facile décomposition du produit explosif a provoqué de nombreuses recherches, dans le but de trouver un moyen pratique de transporter la nitroglycérine d'une manière inoffensive. Divers procédés ont été proposés, tels que le refroidissement constant des vases, qui empêche la décomposition; ou l'emploi de vases munis de soupapes de sûreté, lesquelles cèdent lorsque la pression atteint une certaine force. Nobel a conseillé de dissoudre la nitroglycérine dans de l'alcool méthylique, puis d'étendre d'eau pour isoler ensuite la nitroglycérine. Ce procédé a dû être abandonné à cause du prix du dissolvant et de sa facile volatilité, ce qui peut amener des vapeurs inflammables par suite du mélange avec l'air. On a également proposé le mélange avec des solutions d'azotate de zinc, de calcium, de magnésium, offrant la même densité que la nitroglycérine (Wurtz); l'émulsion obtenue est ensuite décomposée par l'eau; le mélange avec la silice ou le verre pilé (Gale), est généralement préféré.

Préparation. Divers procédés sont en usage pour préparer la nitroglycérine : 1° on mêle 1 partie d'acide azotique fumant, à 50° Baumé, avec 2 parties d'acide sulfurique concentré, puis on prend 3,300 grammes de ce mélange refroidi et on les place dans un vase posé lui-même dans une cuve contenant de l'eau froide, on y fait tomber par petites portions, et en agitant continuellement, 500 grammes de glycérine à 31° Baumé (Kopp emploie 3 parties SHO^4 à 66°, 1 partie $AzHO^6$ et prend 2,800 grammes de ce mélange pour traiter 350 grammes de glycérine). Il est indispensable dans cette opération de rafraîchir le vase, afin d'éviter que le mélange n'arrive à 25°, ce qui provoque la formation d'acide oxalique; après un repos de cinq à dix minutes, on verse le tout dans un autre vase contenant un grand excès d'eau (10 volumes environ), et l'on imprime au liquide un mouvement giratoire. La nitroglycérine se dépose au fond de l'eau, on la décante alors dans un vase étroit, puis on la lave à l'eau pure et ensuite à l'eau alcalinisée avec du bicarbonate de soude pour enlever toute trace d'acidité; 100 parties de glycérine donnent ainsi 194 parties de nitroglycérine (Champion et Pellet); 2° on commence par préparer de l'acide sulfoglycérique en mêlant 1 partie de glycérine avec 3 parties d'acide sulfurique à 66° Baumé, puis on mélange séparément 2,8 parties d'acide azotique et 3 parties d'acide sulfurique. Lorsque tous ces mélanges sont refroidis, on réunit le tout, la température s'élève peu, et la réaction se fait doucement. Au bout de vingt-quatre heures, on trouve la nitroglycérine séparée au-dessus des acides, on la décante et on purifie comme nous l'avons indiqué (Boutmy et Faucher); 3° on dissout 1 partie d'azotate de potasse dans 3 parties 1/2 d'acide sulfurique (D=1,83); on a par refroidissement un sel qui renferme 1 partie de potasse pour 4 parties d'acide et 6 parties d'eau; on le sépare avec soin de l'acide qui reste, et dans ce dernier on verse goutte à goutte la glycérine. Il se forme immédiatement de la nitroglycérine que l'on décante et purifie (Nobel). Ce procédé est rapide et peu dangereux, il a de plus l'avantage de laisser pour résidu une liqueur acide qui contient encore 14 0/0 de composés nitreux, et que l'on utilise dans les fabriques de superphosphates pour traiter les os pulvérisés ou les phosphorites.

Essais. Dans certaines fabriques (de dynamite), il est important d'essayer la pureté de la nitroglycérine. Cette analyse s'effectue d'ordinaire en déterminant seulement la teneur en azote; cette opération peut se faire de plusieurs manières, soit en convertissant le produit en gaz, parmi lesquels se trouve l'azote, que l'on mesure; soit en transformant ce dernier corps en acide azotique ou en ammoniaque :

1° La proportion d'azote gazeux se trouve en pratiquant l'analyse organique. On opère sur 0gr,15 de nitroglycérine que l'on mélange avec 15 à 20 grammes d'oxyde de cuivre, et on introduit avec précaution dans un petit ballon de verre. On doit obtenir de 18,5 à 18,9 0/0 d'azote, quantité correspondant exactement à la proportion d'azote indiquée par la formule; mais cette méthode ne peut être employée sans s'exposer aux chances d'une explosion dangereuse, surtout lorsqu'on distille trop vite la nitroglycérine. Il faut chauffer avec la plus grande lenteur et mettre environ trois heures à opérer la combustion du corps;

2° Le dosage de l'azote peut se faire à l'état d'azotate de potasse. On pèse dans un ballon 0g,50 de nitroglycérine et on y ajoute 20 centimètres cubes de solution alcoolique de potasse, pour avoir un excès de cette dernière. On chauffe pour dissoudre la nitroglycérine, puis on titre ensuite la quantité de potasse non combinée. La solution alcaline est préparée de façon à ce que 1 centimètre cube de la liqueur saturée représente 0g,014 d'azote (Beckerhim). Ce procédé n'est pas toujours d'une exactitude rigoureuse, et il exige la comparaison de plusieurs opérations et la prise d'une moyenne;

3° On forme avec l'acide azotique du bioxyde d'azote, au moyen du protochlorure de fer acide, en excès. On recueille ensuite le gaz dans de la lessive de soude et on le mesure, puis pour plus d'exactitude on le transforme, soit en acide azotique, par le contact de l'oxygène, et alors on en déduit la proportion par le procédé acidimétrique; soit en ammoniaque, en traitant la solution alcaline par le zinc et des copeaux de fer, puis on dose le degré d'alcalinité de la liqueur ordinaire par le procédé connu. Cette méthode, comme la précédente, n'est pas dangereuse, mais elle n'est pas non plus d'une rigueur absolue.

Usages. La nitroglycérine est surtout employée comme succédané de la poudre de mine, mais sa force explosive est beaucoup plus considérable ; par rapport au volume, elle est de 13:1, puisque la poudre ne dégage que 800 fois son volume gazeux au lieu de 10,400 volumes; par rapport au poids, cette relation est :: 8 : 1. La glycérine trinitrée ne s'emploie guère seule maintenant, à cause des dangers auxquels on s'expose en la transportant, aussi sert-elle surtout à fabriquer la dynamite par son mélange avec du charbon pulvérisé, du tripoli, du sable fin, de l'alumine. Dans certaines carrières, on la fabrique sur place au moment du besoin, mais son emploi a été interdit par différentes nations, notamment la Belgique (1868) à la suite d'expériences ordonnées après les accidents de Quernat; dans plusieurs pays, on l'emploie comme médicament homœopathique, sous le nom de *glonoïne*, contre les affections névralgiques et spasmodiques. — J. C.

***NITROLINE.** *T. de chim.* Mélange de 25 à 30 parties d'acide azotique, 50 à 75 parties d'acide sulfurique et 5 à 20 0/0 de sucre, miel, mélasse ou sirop, qui entre dans la composition d'un nouveau produit explosif appelé *vigorine*, par Bjorkmann (de Stockholm).

***NITROMANNITE.** *T. de chim.* Syn. : *mannite fulminante.* Corps découvert par Domonte et Ménard et qui a pour formule

$$C^{12}H^{2}(AzHO^{6})^{6}\ldots \text{C̶}^{6}H^{2}(AzH\text{O̶}^{3})^{6}.$$

Il est en aiguilles blanches, soyeuses, fusibles à 70°, et détonant par le choc avec énergie, ce qui l'a fait proposer dans la pyrotechnie militaire, pour remplacer le fulminate de mercure. On l'obtient en délayant peu à peu 1 partie de mannite dans un mélange de 4 parties et demie d'acide nitrique et 10 parties d'acide sulfurique. Après un quart d'heure, on projette dans une grande quantité d'eau et on recueille la partie insoluble que l'on purifie par cristallisation dans l'alcool. C'est la mannite héxanitrique.

***NITROMÈTRE.** *T. de phys.* Appareil inventé par Lunge, et qui sert à déterminer la totalité des acides de l'azote, contenus dans l'acide sulfurique du commerce. Il est essentiellement formé par un tube de verre de 50 centimètres cubes environ de capacité, étranglé et effilé en pointe vers la base, muni d'un robinet à la partie supérieure et surmonté d'un entonnoir. Ce tube, qui est divisé de haut en bas, est fixé par une pince mobile à une tige verticale, laquelle porte encore un autre tube de même capacité, effilé également, mais ouvert par le haut.

Pour faire un dosage, on commence par réunir les deux tubes par un tube épais, en caoutchouc, puis on élève le second tube jusqu'à ce que la partie effilée corresponde à peu près au robinet de l'autre tube, que l'on ouvre; on verse dans le tube ouvert du mercure jusqu'à ce que celui-ci ayant chassé l'air devant lui pénètre dans l'entonnoir. Or, comme le robinet est muni d'un petit canal latéral, en fermant ce robinet on peut faire écouler le métal qui est contenu dans l'entonnoir. On abaisse alors le tube ouvert, puis on verse, au moyen d'une pipette effilée, l'acide à essayer, dont on prend 5 centimètres cubes, dans l'entonnoir. Si l'on ouvre alors le robinet avec précaution, l'acide peut entrer dans le tube sans entraîner d'air, on lave ensuite le vase à deux ou trois reprises avec de l'acide pur. Détachant alors le tube de son support, on agite fortement : l'acide azoteux se dégage de suite, et l'acide se colore en violet; le dégagement gazeux demande une à deux minutes d'agitation lorsqu'on a affaire à de l'acide azotique. On remet le tube en place, puis on amène le second tube à une hauteur telle que le niveau du mercure dépasse le niveau du métal renfermé dans le premier tube, d'une quantité correspondant à celle de l'acide sulfurique; puis on lit le nombre de centimètres cubes de bioxyde d'azote dégagés, en les ramenant à 0° et à la pression de 760 millimètres, au moyen de tables dressées par Bunsen.

1 centimètre cube de bioxyde d'azote = 1,343 milligrammes de bioxyde d'azote; 1 centimètre cube de bioxyde d'azote = 2,417 milligrammes d'anhydre azotique; 1 centimètre cube de bioxyde d'azote = 1,701 milligrammes d'anhydre azoteux; 1 centimètre cube de bioxyde d'azote = 4,521 milligrammes d'azotite de potasse; 1 centimètre cube de bioxyde d'azote = 3,805 milligrammes d'azotite de soude.

Il ne reste plus après qu'à vider le tube et à le nettoyer pour une autre opération. — J. C.

***NITRONAPHTALINE.** *T. de chim.* Sur quatre dérivés nitrés que fournit la naphtaline, deux seulement sont employés industriellement.

Mononitronaphtaline. Syn.: *nitronaphtalase.* Corps découvert par Laurent, et qui a pour formule $C^{20}H^{7}(AzO^{4})\ldots \text{C̶}^{10}H^{7}(Az\text{O̶}^{2})$. Il cristallise en longs prismes à 6 pans terminés par des pyramides, est d'un jaune soufre, fond à 58° (Beilstein et Kuhlberg), distille à 304°, mais si on le chauffe brusquement, il se décompose subitement en donnant une lumière rouge sombre. Il est neutre, insoluble dans l'eau, peu soluble dans l'alcool à 87° (2,8 0/0), mais soluble dans l'éther, la benzine, le pétrole. Sous l'influence du chlore ou du brome, il y a déplacement du groupe AzO^{4} et formation de dérivés chlorés ou bromés; l'acide azotique bouillant en fait de la *binitronaphtaline*; l'acide sulfurique la dissout en la transformant en *acide nitronaphtylsulfureux*; le sulfhydrate d'ammoniaque et les agents réducteurs comme l'acide acétique et le fer, l'acide chlorhydrique et l'étain modifient la nitronaphtaline en donnant de la *naphtylamine* (Zinin); lorsqu'on la chauffe avec 7 à 8 fois son volume de chaux, on obtient de la *naphtase* $C^{40}H^{14}O^{4}\ldots \text{C̶}^{20}H^{14}\text{O̶}^{2}$; avec le perchlorure de phosphore on produit de la *naphtaline chlorée*; enfin avec le sulfite d'ammoniaque on fait des *acides naphtionique* et *thionaphtamique*.

PRÉPARATION. En outre du procédé décrit t. III, p. 636, on fait encore très rapidement la mononitronaphtaline en dissolvant la naphtaline dans de l'acide acétique cristallisable, y ajoutant de l'acide azotique concentré, et terminant en portant à l'ébullition pendant une demi-heure. On purifie en faisant cristalliser le corps dans de l'alcool (d'Aguiar) afin d'entraîner le produit huileux rougeâtre qui s'est formé pendant la réaction.

Usages. La mononitronaphtaline sert à obtenir le jaune de naphtaline, l'acide chryséique ou jaune français, etc.

Binitronaphtaline. Syn. : *nitronaphtalène* $C^{20}H^{6}Az^{2}O^{8}$ ou $C^{20}H^{6}(AzO^{4})^{2}$... $\text{Є}^{10}H^{6}Az^{2}\text{Θ}^{4}$. C'est un corps cristallin, de couleur jaune, insoluble dans l'eau, peu soluble dans l'alcool, mais bien dans l'éther ou l'acide azotique concentré; il se sublime par la chaleur, et détone si on le chauffe trop brusquement. Les alcalis décomposent sa solution alcoolique et sont sans action sur la solution aqueuse; il est modifié par le chlore et transformé en naphtaline chlorée (bi ou tri); avec les agents réducteurs, il fournit de la *nitronaphtylamine*, $C^{20}H^{8}Az^{2}O^{4}$... $\text{Є}^{10}H^{8}Az^{2}\text{Θ}^{2}$, puis ensuite de la *biamidonaphtylamine*, $C^{20}H^{10}Az^{2}$... $\text{Є}^{10}H^{10}Az^{2}$.

PRÉPARATION. Pour l'obtenir, on dissout 1 partie de naphtaline dans un mélange d'acide azotique concentré et d'acide sulfurique, puis on chauffe; dès que l'opération est terminée, on laisse refroidir, puis on mêle avec un excès d'eau et on jette enfin sur un filtre pour laver le produit solide, d'abord à l'eau chaude, puis à l'alcool, et finalement on le purifie par des cristallisations dans ce dissolvant. Ce produit peut se dédoubler en trois isomères, la binitronaphtaline α, qui fond à 214° et est peu soluble dans l'alcool bouillant; la binitronaphtaline β, fondant à 170°; la binitronaphtaline γ fondant à 160°.

Usages. Ce produit sert à obtenir la naphtazarine, la naphtylamine, etc. — J. C.

* **NITROPYLINE.** *T. de chim.* Poudre de mine proposée par Volkmann, et formée de charbon, de salpêtre et prussiate de potasse.

* **NITROTOLUÈNE.** *T. de chim.* Corps découvert par H. Sainte-Claire Deville, en 1841, et qui résulte de l'action de l'acide azotique fumant sur le toluène; suivant la durée de la réaction, on obtient du toluène mononitré, $C^{14}H^{7}(AzO^{4})$... $\text{Є}^{7}H^{7}(Az\text{Θ}^{2})$, ou du toluène binitré, $C^{14}H^{7}(AzO^{4})^{2}$... $\text{Є}^{7}H^{7}(Az\text{Θ}^{2})^{2}$.

Mononitrotoluène. Les travaux entrepris pour étudier le corps préparé par Deville, ont montré que ce produit était complexe; s'il est employé à l'état de mélange par l'industrie, on doit y reconnaître :

1° Le *paranitrotoluène*, corps isolé par Jaworsky, qui est en cristaux blancs, prismatiques, brillants, fondant à 52°, entrant en ébullition à 235°, et caractérisés par une odeur qui tient de l'anis et de l'essence d'amandes amères; il est insoluble dans l'eau, à laquelle il communique cependant son odeur, soluble dans l'alcool, l'éther, l'huile de naphte. L'action des oxydants le transforme en *acide paranitrobenzoïque*; celle de l'acide sulfurique en *acide paranitrocrésylsulfureux*, enfin celle de l'hydrogène naissant ou des réducteurs, comme l'acide chlorhydrique avec l'étain, etc., en un alcali la *paratoluidine*. L'amalgame de sodium et l'eau transforment le paranitrotoluène en *azoxy* et *azoparatoluol*.

On l'obtient en versant goutte à goutte le toluène dans de l'acide azotique fumant (D=1,5), ou l'acide dans le toluène, puis mêlant à un excès d'eau qui précipite le nitrotoluène; on lave ce corps, puis on le distille (à 230°), jusqu'à ce que le produit qui passe se solidifie par refroidissement. On presse alors la masse solide obtenue entre des feuilles de papier buvard, puis on reprend par l'alcool et on fait cristalliser;

2° L'*orthonitrotoluène*, liquide isolé du mononitrotoluène par Rosensthiel, en 1864; il est de coloration jaune clair, très réfringent, non solidifiable par le froid, d'une densité de 1,162 à 23°; son odeur rappelle celle de la nitrobenzine, il bout à 222-223°; ce corps est détruit par l'acide chromique mélangé d'acide sulfurique étendu; l'acide azotique le transforme en *orthoparadinitrotoluène*, et l'acide sulfurique en *acide orthonitrocrésylsulfureux*. L'action de l'hydrogène naissant ou des réducteurs le change en un alcali isomère, l'*orthotoluidine*.

Pour le préparer, on introduit, avec un entonnoir effilé, 1 partie de toluène dans 1 partie 1/2 d'acide azotique (d=1,5), et l'on agite fréquemment en refroidissant le mélange pour que sa température ne dépasse pas 15°. Au bout de dix heures, on verse dans l'eau, puis on décante la couche huileuse, on la sèche et on la soumet à un grand nombre de distillations fractionnées, sous pression réduite, pour éviter la décomposition. On obtient un produit qui renferme encore 14 0/0 de paranitrotoluidine, et que l'on purifie partiellement, par l'action du bichromate de potasse et de l'acide sulfurique; on arrive ainsi à le débarrasser de 5 0/0 des corps étrangers.

Il existe encore un isomère de ces mononitrotoluènes, le *métanitrotoluène*, découvert par Beilstein et Kuhlberg; c'est un liquide cristallisant par le froid, fondant à +16°, bouillant à 230°,5, et d'une densité de 1,168.

Binitrotoluène. Il existe aussi deux corps isomères. Le seul qui s'emploie est en longues aiguilles blanches, brillantes, fragiles, fondant à 71°, bouillant à 300°, en se décomposant partiellement. Il a pour formule, $C^{14}H^{6}(AzO^{4})^{2}$... $\text{Є}^{7}H^{6}(Az\text{Θ}^{2})^{2}$. Il s'obtient en chauffant le mononitrotoluène dans l'acide nitrique concentré, ou le toluène dans l'acide azotosulfurique, en lavant, et en faisant cristalliser dans l'alcool.

Usages. Les nitrotoluènes servent à obtenir les diverses toluidines, etc. — J. C.

NIVEAU. *T. de phys. et d'arpent.* On appelle *niveau* tout instrument destiné, soit à vérifier l'horizontalité d'une ligne droite ou d'un plan, soit à mesurer l'angle de cette ligne ou de ce plan avec le plan horizontal, soit enfin à mesurer la distance de deux plans horizontaux. Le plus précis et, en même temps, le plus employé de tous les niveaux est le *niveau à bulle d'air*. Dans les constructions, on se sert souvent du *niveau à perpendicule*, tandis que dans l'arpentage et le levé des plans, on emploie le *niveau d'eau*, le *niveau Charles* et les *niveaux à lunette* d'Egault et de Bourdaloue, appelés quelquefois *théodolites-niveaux*.

Niveau à bulle d'air. Le niveau à bulle d'air est la base de tous les appareils destinés à effectuer un nivellement précis; c'est le seul qui puisse être employé dans les expériences scientifiques. Il se compose essentiellement d'un tube de verre légèrement courbé, fixé dans une monture en cuivre, la convexité dirigée vers le haut. Ce tube est rempli d'un liquide quelquefois coloré en rouge ou en vert, qui ne remplit pas la totalité de la capacité, de manière qu'une bulle d'air restée dans le tube en occupe toujours la région la plus élevée. Des divisions équidistantes sont tracées sur le verre, dans la partie supérieure qui émerge à travers un évidement ménagé dans la monture en cuivre. Les niveaux communs, qui ne sont pas destinés à réaliser des mesures très précises, sont formés d'un tube de verre simplement courbé à la lampe, et les divisions dont nous venons de parler sont remplacées par deux simples traits, appelés *repères*, parce que, dans les opérations, on s'attache à faire en sorte que la bulle d'air vienne se placer entre ces deux traits : enfin, le liquide est simplement de l'eau. Mais dans les instruments très précis et qui doivent servir à mesurer les inclinaisons, il est indispensable que la courbure du tube soit très régulière, résultat qu'on ne saurait atteindre en le courbant simplement à la lampe. Aussi, le tube est-il rodé à l'intérieur à l'aide d'une tige de fer portant à son extrémité une rondelle d'émeri. De plus, l'eau n'est pas un liquide assez mobile; on la remplace par de l'alcool ou, mieux encore, de l'éther.

Pour qu'un niveau soit bien construit, il faut que, si on l'incline en le faisant tourner autour d'une droite horizontale, la bulle se déplace d'un nombre de divisions proportionnel à l'angle dont on a fait tourner le niveau. Il faudra toujours vérifier le niveau avant de le mettre en service. Il suffit, pour cela, de l'installer sur un plan dont on peut varier à volonté l'inclinaison, ou mieux encore, sur un grand cercle divisé vertical, analogue aux cercles muraux des observatoires. On pourra ainsi non seulement vérifier le niveau, mais encore déterminer la valeur, en secondes d'arc, de chaque division du niveau, constante indispensable à connaître pour traduire en mesures angulaires les indications du niveau. Le plus souvent, le niveau à bulle d'air est employé, non à mesurer des inclinaisons, mais à rectifier un plan qui doit être horizontal, ou un axe de rotation qui doit être vertical. Dans ce cas, une aussi grande perfection n'est plus nécessaire; il suffit que la courbure du tube soit à peu près symétrique par rapport à son milieu. On peut aussi remplacer les divisions du niveau par deux repères symétriques ou mieux par plusieurs couples de repères, parce que les dimensions apparentes de la bulle varient avec la température. Enfin, on dispose le niveau sur une plaque de cuivre à laquelle il est relié, d'un côté, par une monture à charnière, de l'autre, par une ou deux vis de sorte qu'on peut faire varier à volonté l'inclinaison du tube par rapport à cette plaque, et régler ainsi le niveau. Pour que celui-ci soit bien réglé, il faut, en effet, que la bulle vienne se placer entre ses repères si la plaque est horizontale. La place nous manque pour décrire les opérations à l'aide desquelles on emploie cet appareil à la rectification d'un plan horizontal ou d'un axe vertical; nous nous bornerons ici à faire observer que cette rectification s'opère en retournant le niveau, soit à la main, soit par une rotation autour de l'axe à peu près vertical, et à s'assurer que dans les deux positions la bulle revient entre ses repères. S'il en est autrement, on corrige l'écart en agissant moitié sur les vis qui soutiennent le plan ou l'axe à rectifier, moitié sur celles qui fixent le niveau. Pour plus de détails, nous renverrons le lecteur à un traité de physique.

Niveau à perpendicule. Ce niveau, très employé par les maçons et les architectes, se compose d'un triangle isocèle formé par trois règles de bois; celles qui constituent les côtés dépassent légèrement la base et sont taillées obliquement à leur extrémité de manière que les sections soient dans un même plan parallèle à cette base. Au sommet du triangle est fixé un fil à plomb, tandis qu'une ligne de repère est tracée sur la base. Si le niveau est bien construit, en le plaçant sur un plan horizontal, le sommet du triangle en haut, le fil à plomb viendra se placer le long du repère. On vérifie à la fois l'appareil et l'horizontalité d'une ligne droite, en plaçant le niveau sur cette ligne et en le retournant ensuite pour le replacer sur la même ligne; il faut que dans les deux positions le fil à plomb retombe vis-à-vis le repère. S'il en est autrement, on rectifie en agissant par moitié sur la position de la ligne droite et par moitié sur le niveau, en déplaçant, par exemple, la ligne de repère ou en rabattant légèrement l'extrémité d'un des côtés. Une fois le niveau rectifié, on vérifiera l'horizontalité d'un plan en vérifiant celle de deux lignes droites non parallèles de ce plan, c'est-à-dire en plaçant le niveau sur ce plan dans deux positions différentes.

Le niveau à perpendicule peut devenir un instrument de mesure, si l'on fixe le long de la base un arc de cercle divisé ayant son centre au point de suspension du fil à plomb, et si l'on remplace celui-ci par une aiguille que termine un vernier, venant glisser sur le cercle divisé; mais le frottement empêche que cette aiguille vienne se mettre d'elle-même dans la position verticale. Il faut la munir d'un niveau à bulle d'air, et la déplacer à la main jusqu'à ce que la bulle vienne se placer entre ses repères; il va sans dire qu'il est indispensable de rectifier l'appareil avant de s'en servir. Un niveau de ce genre a été employé pour déterminer l'inclinaison des règles qui ont servi à mesurer les bases de Melun et de Perpignan dans la grande triangulation effectuée à la fin du siècle dernier, à propos de l'établissement du système métrique. — V. Géodésie.

Niveau d'eau. Il se compose essentiellement de deux tubes en verre placés verticalement et reliés par un tube de fer-blanc à peu près horizontal. Le tout est rempli d'eau et monté sur un trépied en bois. D'après le principe des vases communiquant, les niveaux du liquide dans les deux tubes de verre sont dans un même plan horizontal, et fournissent ainsi une ligne de visée horizontale. On place l'œil dans la direction des deux ménisques de manière que ceux-ci semblent coïncider, et tous les points qu'on voit coïncider avec eux sont dans leur plan horizontal. Cet appareil, assez peu sensible, n'est plus employé que pour des nivellements où l'on ne recherche pas une grande précision; il est avantageusement remplacé par les suivants, surtout par les niveaux à lunette.

Niveau Charles. Il est formé d'un tube de cuivre ouvert à ses deux extrémités et dans lequel se trouve un système à pinnules munies de fils horizontaux, mobile autour d'un axe horizontal et réglé par un contrepoids inférieur de manière que les deux fils se placent d'eux-mêmes dans un plan horizontal; ces deux fils fournissent une ligne de visée horizontale plus commode que celle des deux ménisques concaves du niveau d'eau. Cet appareil est encore bien inférieur aux suivants.

Niveaux à lunette. Les niveaux à lunette sont les seuls qui conviennent lorsqu'on veut obtenir une certaine précision; ils sont à peu près exclusivement employés aujourd'hui par le corps des ponts et chaussées. Leur disposition varie quelque peu avec les constructeurs; mais leur principe est toujours le même. La figure 467 représente le niveau Egault, c'est le modèle le plus répandu. Il se compose essentiellement d'une lunette horizontale L, accompagnée d'un niveau à bulle d'air NN; il est mobile autour d'un axe vertical relié à un pied de cuivre qui repose, par trois vis calantes, sur la plate-forme d'un trépied. La lunette est munie d'un réticule et fournit ainsi la ligne de visée. Les opérations nécessaires pour le réglage de l'appareil sont au nombre de quatre, il faut :

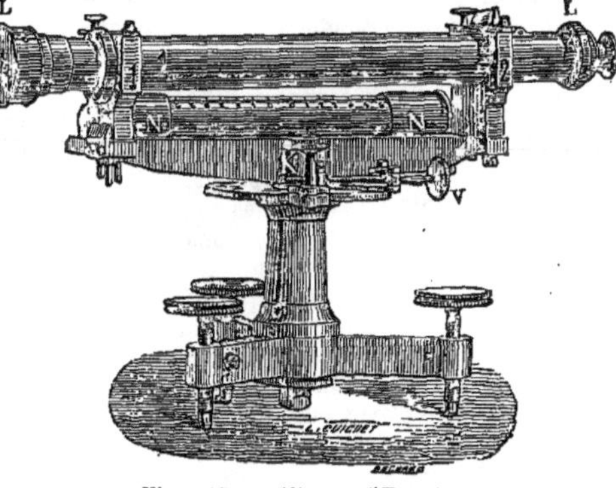

Fig. 467. — *Niveau d'Egault.*

1° Faire coïncider l'axe optique de la lunette avec l'axe géométrique des colliers 1, 2, qui la supportent, ce qui se fait en déplaçant le réticule jusqu'à ce que le point visé reste le même quand on fait tourner la lunette sur elle-même dans ses colliers;

2° Rendre l'axe optique de la lunette parallèle au plan tangent au sommet du niveau. Il faut, pour cela, qu'en retournant la lunette bout pour bout, avec le niveau qui l'accompagne, la bulle revienne occuper des positions symétriques dans les deux cas; il est bon de remarquer que le niveau ayant été retourné, ces positions symétriques, par rapport au niveau, sont identiques par rapport à l'observateur;

3° Rendre l'axe optique de la lunette perpendiculaire à l'axe de rotation; il faut, pour cela, qu'en faisant faire un demi-tour à l'appareil autour de son axe, la bulle du niveau revienne au point symétrique du tube;

4° Assurer la verticalité de l'axe, ce qui se fait en agissant sur les vis calantes du pied; il faut, qu'en faisant tourner l'appareil, la bulle du niveau ne cesse pas de rester entre ses repères.

Les trois premières opérations peuvent être effectuées une fois pour toutes; il suffit seulement de les renouveler de temps à autre pour s'assurer que l'instrument ne s'est pas dérangé; la quatrième doit être évidemment répétée avant chaque opération faite à l'aide du niveau.

Cathétomètre. Le cathétomètre est un véritable niveau de laboratoire, puisqu'il a pour objet de mesurer la différence de hauteur de deux points. Il ne diffère du niveau à lunette que parce que la lunette peut glisser le long d'une règle divisée verticale, de manière qu'on puisse obtenir, par deux lectures, la course verticale qu'a décrit la lunette en passant de l'une à l'autre des deux positions qu'il a fallu lui donner pour viser deux points différents. C'est, pour ainsi dire, la réunion sur un même appareil d'un niveau et d'une mire parlante (V. NIVELLEMENT). Le cathétomètre se règle par les mêmes opérations que les niveaux à lunettes.

Niveau. *T. techn.* Parmi les niveaux employés dans les constructions, nous citerons en première ligne : le *niveau de maçon*, qui sert à constater l'horizontalité des lits dans les assises de maçonnerie, dans la pose des pierres, etc... Cet instrument, de forme triangulaire ou rectangulaire, n'est autre que le *niveau à perpendicule* décrit ci-dessus. La ficelle tendue par un plomb, et dont la direction est naturellement verticale, constitue ce qu'on appelle la *ligne de foi*. L'instrument est réglé de cette façon : on en place les pieds sur une ligne horizontale déterminée à l'avance, et l'on marque par un trait, sur la traverse, la direction verticale de la ligne de foi. L'application est alors très simple : pour s'assurer de l'horizontalité d'une droite ou d'un plan, on y pose les pieds du niveau, que l'on incline un peu en avant, et l'on voit, en le ramenant en arrière, si le fil vient battre la ligne de foi.

Le niveau rectangulaire est employé, non seulement par les maçons, mais aussi par les charpentiers et les menuisiers. La construction de cet instrument repose sur le même principe que celle du niveau triangulaire; il présente seulement deux traverses horizontales, par le milieu desquelles passe le fil à plomb. Il peut s'appliquer, par sa partie supérieure, en dessous des pièces horizontales ou, par sa partie latérale, contre une pièce dont les faces doivent être verticales.

Les maçons font encore usage, pour le même objet, du *niveau à bulle d'air*, dont la description a été également donnée plus haut. Veut-on, avec cet instrument, rendre un plan, un lit de pierres horizontal? On pose le niveau sur ce plan, dans une direction quelconque; si la bulle d'air se dirige vers une extrémité, cela veut dire que ce plan relève trop de ce côté; on l'incline alors peu à peu jusqu'à ce que la bulle vienne se placer entre les repères centraux. Une opération identique est effectuée en posant le même niveau sur le plan, dans une direction à peu près perpendiculaire à la première, et, comme le mouvement du plan, cette seconde fois, pourrait avoir dérangé l'horizontalité déjà obtenue dans la première direction, on replace le niveau dans sa position initiale et, par une suite de tâtonnements, on arrive à réaliser cette condition : que deux lignes qui se coupent dans le plan soient horizontales l'une et l'autre; le plan l'est alors nécessairement. Souvent, les extrémités de la bulle ne correspondent pas aux repères qui ne sont alors que deux traits arbitraires marqués à égale distance du milieu du tube, mais qui sont suivis de traits équidistants; et le niveau est horizontal lorsque les extrémités de la bulle dépassent les repères du même nombre de divisions de chaque côté. Dans les niveaux ordinaires, ces divisions n'existent pas; le coup d'œil de l'ouvrier y supplée. Quelquefois, l'instrument porte, à l'une de ses extrémités, une vis qui permet d'élever ou d'abaisser un des bouts du tube, c'est-à-dire de rectifier le niveau.

Les maçons emploient aussi pour établir les lignes horizontales, dites *traits de niveau* qui servent à repérer la hauteur des différents étages d'une construction, le *niveau d'eau* soit monté sur trois pieds et qui a été décrit ci-dessus, soit formé d'un tube de caoutchouc de grande longueur portant deux cylindres de verre à ses extrémités et que l'on remplit d'eau. Mais ce dernier appareil ne donne pas toujours des résultats exacts par suite de l'introduction des bulles d'air dans le tube en caoutchouc. Il vaut mieux se servir d'instruments plus précis, tels que les *niveaux à lunettes*, dont il a été fait mention plus haut.

Niveau d'eau (V. CHAUDIÈRE et INDICATEUR). Pour éviter les inconvénients occasionnés par la rupture d'un tube indicateur du niveau de l'eau dans une chaudière, on munit les colonnes des nouveaux appareils évaporatoires de deux tubes pourvus chacun, d'un système Dupuch perfectionné, c'est-à-dire dont le jeu des soupapes obturatrices, au moment de la brisure d'un tube, n'empêche nullement de purger le tube dans toutes les circonstances où cela est nécessaire.

Niveau des gaz et des vapeurs. *T. de phys.* Les gaz, malgré leur force expansive et leur diffusibilité, ne se mêlent que très lentement les uns avec les autres, dans certaines conditions, spécialement quand ils ont entre eux une grande différence de densité; ils présentent alors de véritables *surfaces de niveau* horizontales, comme les liquides. On peut en citer divers exemples : l'acide carbonique dans une grande cloche ouverte et à demi-pleine de ce gaz (c'est l'image de la grotte du chien, près de Naples); les lourdes vapeurs d'iode, de brome, de phosphore, de soufre, d'arsenic, de mercure, etc., dans un flacon, occupent la partie inférieure du vase, et l'on voit leur surface de niveau osciller comme celle des liquides quand on incline le vase. Les nuages de même classe présentent, en général, quand l'atmosphère est calme, de véritables surfaces de niveau à leur partie inférieure; tandis que la surface supérieure est, au dire des aéronautes, très accidentée. Les gaz dans les liquides tendent toujours, en vertu de leur densité, à occuper la partie la plus élevée du vase qui les renferme. C'est pour cette propriété, et aussi à cause de leur grande mobilité dans les liquides qu'on les applique à la construction des *niveaux à bulle d'air* qui sont d'une extrême sensibilité.

Surfaces de niveau. *T. de mécan.* Imaginons qu'un système de points matériels soit sollicité par des forces qui varient avec la position de ces points, mais qui se retrouvent les mêmes quand les points reprennent les mêmes positions. Supposons, de plus, que si un point du système décrit une courbe fermée, le travail total des forces qui agissent sur lui, soit nul lorsqu'il est revenu au point de départ. Concevons enfin une série de surfaces qui soient, en chacun de leurs points, normales à la résultante des forces qui agiraient sur un point matériel occupant cette position. Ces surfaces ont reçu le nom de *surfaces de niveau*, parce que l'exemple le plus simple du cas qui nous occupe est fourni par la pesanteur. La force qui agit sur un point quelconque étant alors toujours verticale, les surfaces de niveau sont des plans horizontaux. Dans le cas général, la surface libre d'une masse liquide en équilibre doit être une surface de niveau, parce que les lois de l'hydrostatique exigent que cette surface soit, en chaque point, normale à la résultante des forces qui agissent sur la molécule liquide placée en ce point. Le travail des forces, dans le mouvement d'un point, ne dépend que des deux surfaces de niveau sur lesquelles se trouvent la position initiale et la position finale du mobile, et ce travail est nul toutes les fois que le point revient sur la même surface de niveau. Quand les hypothèses précédentes sont vérifiées, on dit qu'il existe une *fonction des forces* parce que l'expression du travail élémentaire :

$$X\,dx + Y\,dy + Z\,dz$$

où X, Y, Z, désignent les composantes, suivant trois axes rectangulaires de la résultante des forces qui agissent sur le point xyz, est la différentielle exacte d'une certaine fonction V des trois coordonnées xyz. On reconnaît alors facilement que les surfaces de niveau ont pour équation :

$$V(x, y, z) = K$$

où K est une constante arbitraire. Par chaque point de l'espace passe une de ces surfaces et une seule, et quand le point se déplace de M_0 en M_1 le travail des forces est égal à

$$V_1 - V_0$$

en désignant par V_0 et V_1 les valeurs que prend la fonction V aux points M_0 et M_1. La fonction V s'appelle aussi quelquefois le *potentiel* et les surfaces de niveau,

$$V(x, y, z) = K$$

sont dites surfaces *équipotentielles*.

La théorie du potentiel joue un rôle considérable dans une foule de questions de mécanique appliquée, notamment dans l'étude des phénomènes électriques — V. POTENTIEL. — M. F.

***NIVELETTE.** *T. de constr. de chem. de fer.* Instrument qui sert à déterminer exactement la situation des rails dans la pose d'une voie de chemin de fer. On distingue : la *nivelette simple*, jalon ou tige de bois à section rectangulaire portant une plaque à une ou deux couleurs, et la *nivelette à pieu*, semblable à la précédente, mais glissant le long d'un pieu armé en pointe à sa base et contre lequel la nivelette est serrée par des vis de pression. On établit les nivelettes à pieux à côté et dans l'alignement de deux cours de rails, la position du pieu étant assurée par une fiche convenable, et l'on serre la nivelette à la hauteur voulue pour donner aux rails la cote déterminée d'après les projets d'axe.

NIVELLEMENT. On appelle *nivellement* l'opération qui consiste à déterminer les différences de niveau de plusieurs points.

Lorsque deux points donnés sont peu éloignés l'un de l'autre, la différence de leurs niveaux est la distance qui sépare les plans horizontaux menés par chacun d'eux. Mais si ces deux points occupent des positions notablement différentes à la surface de la terre, on ne peut plus admettre que leurs plans horizontaux soient parallèles. Il faut alors entrer dans quelques développements pour définir avec précision la différence de leurs niveaux. La direction suivant laquelle agit la pesanteur définit en chaque lieu la *verticale de ce lieu*. Une surface normale à toutes les verticales de la terre constitue une surface de niveau (V. NIVEAU, § *Surfaces de niveau*). C'est la surface avec laquelle doit coïncider la surface libre d'une masse liquide en équilibre. On peut concevoir une infinité de surfaces de niveau situées à des distances variables du centre de la terre. Imaginons alors que par l'un des deux points donnés A et B, on fasse passer la surface de niveau correspondante, la portion de la verticale du point B, comprise entre ce point et la surface de niveau qui passe par A, est la différence de niveau de B au-dessus ou au-dessous de A ou encore l'*altitude* de B par rapport à A. Les surfaces de niveau ne sont pas nécessairement parallèles ; aussi peut-il se faire que l'altitude de B par rapport à A ne soit pas égale et de sens contraire à celle de A par rapport à B. Pour éviter les difficultés qui résultent des considérations précédentes, les géodésiens définissent l'altitude de la manière suivante. Parmi toutes les surfaces de niveau qu'on peut imaginer autour de la terre, il y en a une qui doit spécialement attirer notre attention, c'est la surface libre des mers; on peut imaginer qu'on la prolonge à travers les continents en la traçant de manière qu'elle coupe normalement toutes les verticales. On appelle alors *altitude* d'un point A *au-dessus du niveau de la mer*, la portion de verticale comprise entre ce point A et cette surface des mers ainsi prolongée. Si l'on suppose la terre sphérique, toutes les surfaces de niveau seront des sphères équidistantes, et les deux altitudes de A par rapport à B et de B par rapport à A seront égales et de sens contraire. Si l'on suppose que la terre ne soit pas sphérique, mais qu'on lui attribue la forme d'une surface de révolution, les surfaces de niveau ne sont plus équidistantes en tous points ; mais elles le sont, cependant, *tout le long d'un même* parallèle, parce que la distance de deux surfaces de niveau le long d'une même verticale ne dépend que de l'intensité de la pesanteur le long de cette verticale, et que, si la terre est de révolution, l'intensité de la pesanteur reste la même tout le long d'un même parallèle. Si la surface terrestre n'est pas exactement de révolution, elle s'écarte néanmoins très peu de cette forme, et l'on peut la supposer telle dans toutes les applications. Si donc on veut obtenir l'altitude d'un point A, il suffira de prolonger la surface de niveau qui passe par ce point *en suivant un parallèle*, jusqu'à ce qu'on arrive au-dessus de la surface de la mer, et là, de mesurer la distance entre les deux surfaces de niveau. Cette double opération constitue le *nivellement géodésique*. Ajoutons qu'il n'est pas absolument nécessaire d'effectuer le nivellement le long d'un parallèle; on peut aussi l'effectuer dans une direction quelconque, pourvu qu'on tienne compte de la forme des surfaces de niveau, laquelle peut se déduire soit de la connaissance qu'on a de la valeur de l'aplatissement polaire, soit des mesures de l'intensité de la pesanteur, effectuées en différents points. Du reste, ces précautions ne sont utiles que dans les cas où l'on désire une grande précision ; le plus souvent, surtout si le nivellement n'occupe pas une très grande étendue, on peut se borner à considérer la terre comme sphérique et les surfaces de niveau comme équidistantes, ce qui simplifie beaucoup le travail.

Nivellement ordinaire. Le nivellement ordinaire, tel qu'il est pratiqué pour la construction des cartes et plans, ou pour l'établissement des routes et chemins de fer, s'opère à l'aide d'un des *niveaux* décrits dans l'article précédent et d'une *mire*. Cette mire est une règle divisée qu'on place verticalement sur le sol et qui sert à mesurer la distance de celui-ci à la ligne de visée horizontale fournie par le niveau. Les mires se partagent en deux classes : les *mires à voyants* et les *mires parlantes*. Les premières portent une plaque rectangulaire, appelée *voyant*, divisée par les deux médianes en quatre rectangles peints de différentes couleurs et qui peut glisser le long de la règle divisée. La médiane horizontale de ce rectangle s'appelle la *ligne de foi*. L'opérateur, après avoir placé son niveau, fait transporter la mire, par un aide, à une distance de 100 ou 200 mètres, puis il la vise et fait signe à son aide d'élever ou d'abaisser le voyant jusqu'à ce que la ligne de foi se trouve sur le prolongement du rayon visuel. L'aide lit alors sur la mire la hauteur de la ligne de foi au-dessus du sol et l'inscrit sur un carnet. La mire parlante, représentée figure 468, est destinée aux niveaux à lunette et permet d'opérer plus rapidement: c'est une règle divisée à partir du bas, dont les divisions, très apparentes, sont numérotées en chiffres *renversés* afin qu'on puisse les lire dans la lunette du niveau qui, comme les lunettes astronomiques, ne porte pas d'appareil optique redresseur et renverse l'objet. L'opérateur fait transporter la mire au point du sol qu'il désire et n'a plus qu'à viser cette mire avec la lunette du niveau; le nombre qu'il lit derrière le fil horizontal du réticule lui fait connaître immédiatement la différence de niveau entre sa ligne de visée et le point du sol sur lequel repose la mire.

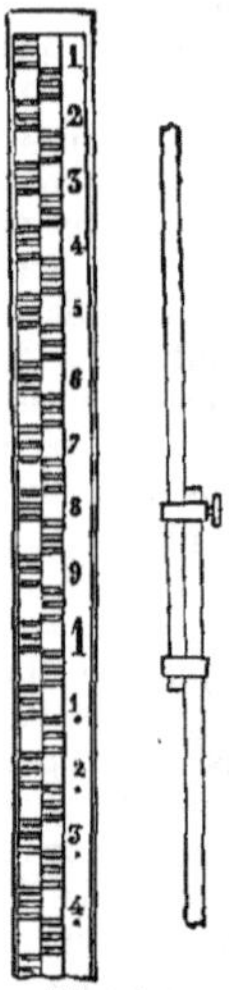

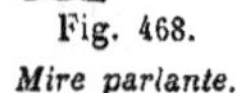
Fig. 468.
Mire parlante.

Nivellement simple. Lorsqu'on veut obtenir les différences de niveau de plusieurs points visibles d'un même endroit, il suffit de transporter le niveau en cette station, et de faire successivement porter la mire aux différents points correspondants. En tournant autour de la verticale, la ligne de visée du niveau décrit un plan horizontal, et l'observation de la mire fait connaître les différences de niveau de chacun des points considérés avec ce plan horizontal. De simples soustractions permettent alors d'obtenir les différences de niveau de ces points.

Nivellement composé. Le plus souvent, les points qu'on veut niveler ne sont pas visibles d'une même station, ou bien il est nécessaire de déterminer l'altitude d'un très grand nombre de points, afin de se faire une idée du relief général du terrain. On arrive à ce résultat par une série de nivellements simples; mais à chaque fois qu'on déplace le niveau, on laisse la mire immobile de manière à la viser dans les deux positions successives du niveau; la différence de ces deux indications successives fait connaître la différence de niveau des deux lignes de visée et permet de relier, par une soustraction ou une addition, les altitudes observées dans la seconde opération avec celles qui ont été relevées dans la première. Pour simplifier le calcul, on rapporte toutes les hauteurs à un plan horizontal idéal, situé assez bas pour laisser tous les points observés au-dessus de lui. D'autres fois, on les rapporte, au contraire, à un plan qui laisse tous les points au-dessous de lui. En tous cas, il est visible que la réduction des nombres observés ne comporte jamais que des additions et des soustractions. La plupart du temps, on trouvera assez fréquemment, dans les villes, des repères marqués sur les monuments et indiquant l'altitude au-dessus du niveau de la mer. Ces repères sont les résultats de nivellements effectués auparavant avec un soin tout spécial. Il faudra comprendre plusieurs de ces repères dans le nivellement général qu'on entreprend, en mesurant, toujours de la même manière, la distance verticale du repère à la ligne de visée du niveau. On atteindra ainsi un double but : 1° on se ménagera des vérifications, puisque les différences de niveau de ces repères sont connues; 2° on pourra rapporter toutes les hauteurs au niveau d'un de ces repères et, en ajoutant l'altitude de celui-ci, on obtiendra les altitudes de tous les points observés *au-dessus du niveau de la mer*.

S'il s'agit de la construction d'une carte géographique ou d'un plan topographique, après avoir ainsi déterminé les altitudes d'un grand nombre de points, on joindra, sur la carte, par un trait continu, tous les points qui présentent la même altitude, et l'on obtiendra ainsi les *courbes de niveau* qui définissent le relief du terrain et permettent de tracer la carte définitive suivant le système adopté pour figurer la *montagne*. S'il s'agit d'étudier le projet d'une route ou d'un chemin de fer, on effectuera le nivellement en suivant le tracé du projet, ce qui fera connaître le *profil en long*: mais, de distance en distance, il faudra effectuer des nivellements de peu d'étendue dans le sens perpendiculaire pour obtenir le *profil en travers*. Dans tous les cas, il conviendra de vérifier toute l'opération de la manière suivante: on continuera le nivellement en revenant au point de départ, par un autre chemin autant que possible. Il est évident qu'on devra trouver une différence nulle entre les niveaux du point de départ et du point d'arrivée. Mais si l'on réfléchit qu'on n'obtient cette différence pour les deux points extrêmes du nivellement que par l'intermédiaire d'un très grand nombre d'opérations, on conçoit qu'on n'arrivera jamais à un accord absolument satisfaisant. Un nivellement ordinaire est considéré comme bon, si l'écart obtenu ne dépasse pas $0^m,01$ par kilomètre parcouru. Mais lorsque les opérations sont conduites avec un soin spécial, à l'aide d'instruments très précis, comme il convient de le faire pour les recherches géodésiques, on peut arriver à la précision de $0^m,001$ par kilomètre.

Nivellement géodésique. Les niveaux fournissent des lignes de visée horizontale; lorsque la distance entre le niveau et la mire ne dépasse pas 100 ou 200 mètres, on peut admettre, sans erreur sensible, que cette ligne de visée est une droite horizontale et qu'elle se trouve contenue dans une même surface de niveau; de sorte que la continuation de ces opérations de nivellement équivaut à la prolongation, par petites portions successives, d'une même surface de niveau. Mais si l'on voulait opérer par des coups de niveau à plus grande portée, il deviendrait nécessaire de tenir compte de la courbure de la terre et, par suite, de celle des surfaces de niveau; il est évident qu'une ligne droite horizontale, prolongée un peu loin, s'éloigne de la surface de la terre et s'écarte de la surface de niveau. Il faudrait aussi tenir compte de l'influence de la réfraction qui dévie les rayons lumineux et par suite de laquelle la ligne de visée, au lieu d'être une ligne droite, est, en réalité, une ligne courbe. On faisait, autrefois, les nivellements géodésiques en s'appuyant sur un tout autre principe que celui qui sert de base au nivellement ordinaire. Pour mesurer les différences de niveaux des deux stations A et B, l'observateur placé en A mesurait, à l'aide du *théodolite* ou de l'*éclimètre* qui n'est qu'une sorte de théodolite simplifié, l'inclinaison du rayon visuel AB sur l'horizon ou, ce qui revient au même, la distance zénithale du point B. *Au même instant*, l'opérateur placé en B mesurait de la même manière l'inclinaison du rayon visuel BA. De cette double observation, il était possible de conclure, d'une part, la réfraction atmosphérique, de l'autre, la différence des niveaux des deux stations. Le calcul suppose, il est vrai, 1° que la terre soit sphérique; 2° que la ligne courbe visuelle fait des angles égaux avec sa corde à ses deux extrémités: mais ces hypothèses sont bien suffisantes pour l'objet qu'on se propose. Cependant, la précision de ce nivellement, qu'on pourrait qualifier de *trigonométrique*, est environ vingt fois plus faible que celle d'un nivellement ordinaire à petite portée, effectué avec soin par les méthodes de M. Bourdaloue. Aussi, actuellement, tous les nivellements géodésiques sont-ils effectués par ce procédé, bien qu'il soit plus long et plus coûteux que l'ancienne méthode des distances zénithales. — M. F.

NŒUD. Système d'entrelacement de cordes, employé soit pour réunir ces cordes entre elles, soit pour relier divers objets et les maintenir l'un avec l'autre. Il y a plusieurs sortes de nœuds employés dans l'industrie ou le commerce: les principaux sont les *nœuds simples*, les *nœuds de jointure*, les *liens*, les *nœuds de raccourcissement*, les *nœuds d'amarrage* et les *nœuds pour échelle de corde.*

1° Pour faire le *nœud simple*, on forme d'abord une ganse, c'est-à-dire une boucle, amenée par la superposition d'un point sur l'autre, puis on y passe l'extrémité de la corde. On distingue les nœuds simples, triples, quadruples, sextuples, etc., suivant que la corde est passée trois, quatre, six, etc., fois dans la ganse;

2° Les *nœuds de jointure* sont de plusieurs espèces. Les plus connus sont le *nœud de tisserand* ou *nœud de filet*, employé par les tisserands pour relier les fils cassés pendant la fabrication des tissus; et le *nœud droit ordinaire* encore appelé *nœud marin* ou *nœud plat*, dont on se sert pour relier les petites cordes entre elles;

3° Les *liens* ont aussi des formes très variées. Le lien peut n'être qu'un nœud droit, fait avec la même corde qui entoure l'objet à lier (c'est ce qui le différencie du nœud droit ordinaire fait avec deux cordes); ce peut être encore le nœud dit d'*artificier*, ainsi appelé parce qu'il est fréquemment employé par les artificiers (il ne peut être desserré); enfin, ce peut être encore le nœud dit *coulant* sur *double clef*, c'est-à-dire sur une boucle tordue deux fois sur elle-même;

4° Les *nœuds de raccourcissement* ou nœuds de chaînette, usités lorsqu'on peut réduire la longueur d'une corde sans la couper, se composent d'une suite de boucles passées l'une dans l'autre. On distingue parmi eux le raccourcissement à boucles et à ganses, le raccourcissement à nœud de galère, le raccourcissement à jambes de chien, le raccourcissement par double boucle passant dans les nœuds, etc.;

5° Les *nœuds d'amarrage* sont aussi très divers: il y a surtout les amarrages sur organeaux et les amarrages sur pieux; les premiers, usités pour attacher (on dit souvent *amarrer*) les cordages par un bout aux anneaux de fer dits *organeaux*, afin de retenir les objets auxquels ils sont fixés par l'autre bout, et dont les principaux sont l'amarre en tête d'alouette, l'amarre par nœuds croisés, le nœud de marine, le nœud de réverbère, le nœud de cabestan, etc., les seconds, employés pour arrêter les bateaux au moyen de pieux enfoncés sur les bords des rives, et dont les plus connus sont le *nœud de batelier* et l'*amarre à clef*.

6° Enfin, pour les *échelles de corde*, on emploie soit des nœuds simples, soit le nœud spécial dit d'*échelon*, mais dans l'un ou l'autre nœud, on place toujours un billot pour servir d'échelon. — A. R.

Nœud. *T. techn.* Partie saillante qui reçoit la broche dans une charnière, une fiche, etc. || *Nœud de soudure.* Renflement que produit la soudure de deux tubes métalliques. || *T. de mar.* L'une des divisions principales de la ligne de *loch*. — V. ce mot. || *T. de cost.* Objet de parure ayant la forme d'un nœud de ruban.

***NŒUX-VICOIGNE.** La concession de Nœux (7,979 hectares) a été accordée, en 1853, dans le Pas-de-Calais, aux propriétaires de la concession de Vicoigne (Nord), où ne se trouvent que des houilles maigres. Elle occupe toute la largeur du bassin houiller, et est bornée à l'est par la concession de Grenay et à l'ouest par les concessions de Bruay et de Vendin. Elle comprend six sièges d'exploitation dont deux sont des fosses doubles, et dont un troisième sera bientôt doublé. On ouvrira prochainement dans le midi une nouvelle fosse pour exploiter les houilles très grasses de Bruay qu'un sondage y a découvertes. Il y a dans la concession de Nœux un grand atelier de lavage, très bien installé, où on a traité, en 1883, 181,000 tonnes de menus invendables, qui ont donné des produits excellents.

Voici quelques renseignements sur l'exploitation, en 1883, de la concession de Nœux:

Ouvriers { au fond, 2.233 hommes et 234 enfants. au jour, 539 hommes, 62 femmes et 40 enfants.

27 machines à vapeur (1,803 chevaux).

Extraction	5.841	tonnes	gros.
	704.270	—	tout-venant.
	25.730	—	escaillage.
Vente	13.056	—	par voitures.
	263.814	—	par bateaux.
	384.891	—	par chemins de fer.

I. **NOIR.** On désigne sous ce nom un nombre si considérable de corps absolument différents, que, pour en faire une étude intéressante, il est nécessaire de les subdiviser par catégories bien tranchées. Nous les diviserons donc, suivant leur nature, en trois groupes, les *noirs d'origine minérale*, d'*origine animale* et d'*origine végétale*, ne nous occupant pas pour le moment de leur propriété colorante.

NOIRS D'ORIGINE MINÉRALE.

Il en existe surtout deux qui ont de l'importance au point de vue industriel.

Noir de mercure. On désigne sous ce nom une poudre noire que l'on obtient par le lavage des minerais de mercure réduits au moyen de la chaux (procédé du Palatinat). Cette poudre formée de métal et de sulfure est à nouveau distillée avec de la chaux pour fournir du mercure.

Noir de platine. C'est du platine métallique excessivement divisé, qui se présente sous la forme d'une poudre noire remarquable par la propriété qu'elle a d'absorber un volume considérable d'oxygène (745 volumes d'après Liebig), en élevant la température jusqu'au rouge. C'est la raison qui fait que ce corps provoque l'inflammation des gaz combustibles dans l'air, l'explosion des mélanges détonants, la conversion des vapeurs d'alcool en acide acétique. Il agit par sa porosité, car si l'on vient à faire bouillir de la pierre ponce dans du bichlorure de platine, on obtient par calcination un enduit noir de platine qui donne au produit les propriétés que nous avons indiquées. On fait du noir de platine en faisant bouillir du sulfate de platine avec du carbonate de soude et du sucre. On a une poudre noire qu'on lave à chaud avec de l'alcool, puis avec de l'acide chlorhydrique, de la potasse et enfin de l'eau; on le prépare encore en fondant du zinc avec du platine, puis en traitant par l'acide sulfurique étendu. On a essayé, en Allemagne, d'utiliser le noir de platine à la fabrication industrielle du vinaigre, en plaçant du noir imbibé d'alcool, au-dessus de vases renfermant ce liquide, et exposant le tout à la lumière dans un appareil clos :

$$C^4H^6O^2 + O^4 = C^4H^4O^4 + H^2O^2 \ldots$$
$$\text{ou } C^2H^6O + O^2 = C^2H^4O^2 + H^2O$$

mais la formation simultanée d'aldéhyde, $C^4H^4O^2$, et d'acétal, $C^{12}H^{14}O^4$, avec perte de vapeur d'acide quand on renouvelait l'air, ont forcé à abandonner ce procédé, qui entraînait trop de déperdition.

NOIRS D'ORIGINE ANIMALE.

Noir animal ou **noir d'os.** On donne le nom de *noir animal* au produit obtenu par la calcination des os en vase clos; ce charbon est accompagné de la production d'une huile empyreumatique et de carbonate d'ammoniaque.

C'est en 1812 que Derosne a recommandé l'emploi du noir d'os pour l'industrie sucrière, mais il n'a été appliqué en grand qu'en 1828, par Dumont.

Nous n'avons pas besoin de revenir sur ce qui a déjà été dit sur ce corps, à l'article CHARBON ANIMAL, nous signalerons seulement un nouveau four à revivification du noir, le four Blaise qui est actuellement monté dans un très grand nombre d'établissements, en France. Le modèle le plus généralement adopté a deux foyers et contient 64 tuyaux, ce qui permet en 24 heures de revivifier au minimum 138 hectolitres de noir (fig. 469).

Ce four comprend en A une touraille ou séchoir, garnie de tuyaux en fonte B, qui sèche le noir par la chaleur perdue du four, sans le remuer, ni le détériorer, et par conséquent sans aucuns frais; ces tuyaux reposant sur des briques C, laissent tomber le noir desséché, lorsque l'on retire les registres D placés au bas de la touraille.

Le dessous du séchoir est formé de manchons en terre réfractaire, il sert à mettre le noir séché de la touraille. Lorsque le fourneau N est allumé, la chaleur circule entre des tuyaux F, en terre réfractaire, émaillés, lesquels reçoivent le noir et après calcination peuvent le laisser retomber dans des tuyaux refroidisseurs en fonte I, lorsque l'on fait manœuvrer la plaque de tôle qui sépare ces derniers des tuyaux F; cette plaque étant percée de trous, ferme les registres et permet la sortie du noir revivifié, lequel tombe dans les tuyaux refroidisseurs et de là dans les tiroirs L.

A côté du noir animal, il faut ranger :

Le *noir d'ivoire*, obtenu comme le noir d'os, en se servant des rognures ou des résidus de tabletterie.

Les *noir de Cassel*, *de Cologne*, *de Velours*, qui sont obtenus par la calcination des os de pied de mouton bien nettoyés. Ces diverses sortes de noirs, réduites en poudre fine, servent surtout à la préparation du cirage et pour la peinture.

A côté de ces produits, il faut encore signaler ceux qui ont été proposés comme succédanés du noir animal. Tels sont : le *noir de schiste*, obtenu par la calcination des schistes bitumineux, et qui, par l'alumine qu'il renferme, est propre à enlever aux jus sucrés les matières colorantes que ceux-ci contiennent. Malheureusement ce produit est sans action sur les sels de chaux, et comme parfois les schistes renferment du sulfure de fer, il en résulte que pour ces deux derniers motifs, le charbon de schiste n'a pas été très employé; le *noir de varechs*, obtenu par la calcination des plantes marines; il est d'un emploi préférable. Quant aux charbons artificiels, préparés, soit en calcinant un mélange de cendres d'os et de sucre ou de gélatine (Schwartz), soit avec des fragments de branches imprégnés d'une solution de cendres dans l'acide chlorhydrique (Melsens), puis produisant un charbon; soit avec du charbon imprégné d'alumine (Meyer), ils n'ont pas encore pu arriver à remplacer d'une façon complète et surtout économique, le noir animal.

On se sert encore dans l'industrie d'un charbon qu'il faut ranger à la suite de ceux qui nous ont occupé jusqu'ici, le *charbon de prussiate* ou *noir de prussiate*, et qui, par conséquent, a une origine semblable aux précédents. C'est un résidu charbonneux provenant de la fabrication du prussiate jaune de potasse. Il sert surtout pour le dernier blanchiment de la paraffine, il est depuis quelque temps préféré au noir d'os. Il est en poudre fine, noire, ne doit pas contenir plus de 10 0/0 d'eau hygroscopique, et renferme d'ordinaire 15 à 20 0/0 de carbone. Cependant le commerce fournit quelquefois des noirs de prussiate, donnant jusqu'à 80 0/0 de carbone, et ayant par suite un pouvoir décolorant très considérable ; ces derniers sont obtenus en traitant le noir par l'acide chlorhydrique qui entraîne le sesquioxyde de fer et les sels de potasse ; mais il n'est pas plus recherché malgré cela, à cause de son prix par trop élevé, et ensuite parce qu'il se sépare très lentement de la paraffine fondue.

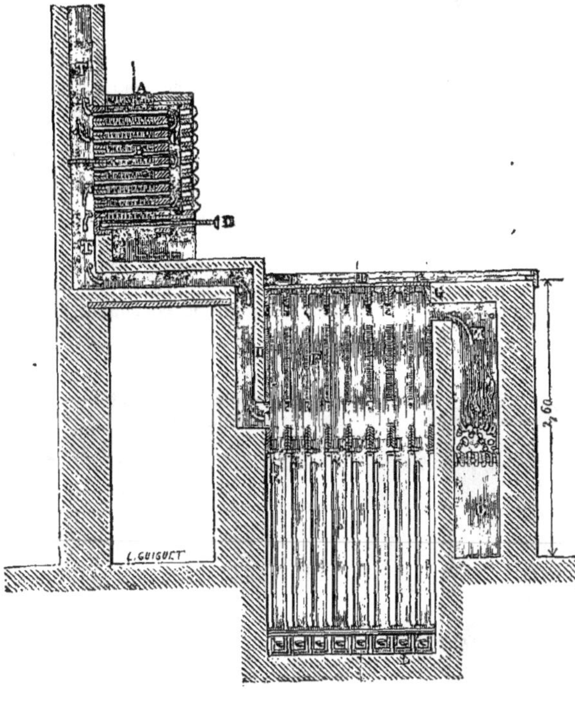

Fig. 469. — *Four Blaise*

D'ailleurs, pour en bien connaître la valeur, on devra y doser le carbone, par l'analyse élémentaire, puis essayer son pouvoir décolorant et sa richesse en matière colorante, par les procédés que l'on trouvera décrits à l'étude que nous avons faite du *charbon animal*. — V. ce mot.

Fig. 470. — *Four pour la fabrication du noir de fumée.*

A Fourneau. — *B* Marmite en tôle contenant le goudron. — *C* Tuyau en tôle conduisant aux chambres *EE*. — *D* Tuyau de condensation amenant les produits liquides dans un baquet. — *F* Cheminée d'appel.

NOIRS D'ORIGINE VÉGÉTALE

Le plus important de ces produits est celui que l'on désigne sous le nom de **noir de fumée, noir de goudron** ou **noir de résine.** C'est une variété de charbon qui se présente sous forme de flocons se réduisant bientôt en une poudre très fine, excessivement légère et d'un beau noir. Il ne renferme environ que 80 0/0 de carbone, et contient toujours des sels et des matières résineuses ou grasses qu'on est souvent obligé de lui enlever pour rendre le produit apte à être employé dans certaines industries, celle de la fabrication des encres lithographiques, par exemple.

Il s'obtient par la combustion des matières résineuses, grasses, bitumineuses, ou même de la houille. Lorsqu'on utilise les goudrons divers ou les résines, on introduit ces matières dans des vases de fonte disposés au-dessus d'un fourneau, puis, après les avoir chauffées on enflamme les vapeurs en dirigeant les produits de la combustion dans une chambre cylindrique en briques, terminée en cône, et à l'intérieur de laquelle peut se mouvoir de l'extérieur un cône en tôle percé de trous, que l'on soulève dès le début de l'opération, de façon à ce qu'il serve de cheminée pendant le temps de la combustion. Lorsque toutes les matières sont brûlées, il suffit d'abaisser le cône, pour que ses parois, qui ont juste la même circonférence inférieure que celle de la chambre, détachent tout le noir qui s'y trouve. En frappant légèrement sur les parois du cône ainsi que sur les toiles qui sont fixées sur les murailles, on recueille la totalité du noir de fumée.

Dans les établissements importants, la fabrication se fait dans des chambres en maçonnerie, voûtées et communiquant les unes avec les autres; la combustion s'opère toujours dans un fourneau, recevant les matières goudronneuses placées dans une marmite en fonte, et les produits de dégagement n'arrivent dans les chambres qu'après avoir traversé un tuyau de tôle assez long (fig. 410). Cette disposition permet de retenir les produits pyrogénés liquides qui se forment, et comme les chambres possèdent une aspiration d'air, par suite de la communication de la dernière pièce avec une cheminée, il en résulte que le noir préparé est d'autant plus fin et pur qu'il s'est déposé dans une pièce plus éloignée du fourneau. La houille se brûle dans des fours analogues. C'est surtout aux environs de Sarrebruck, que ce combustible est utilisé pour cet usage. Cette disposition n'est pas complètement adoptée partout; ainsi en Angleterre, après avoir traversé la première chambre, les fumées qui alors sont déjà refroidies, sont dirigées dans une série de sacs en forte toile, ayant la forme de cylindres de 1 mètre de diamètre et de 2 à 3 mètres de hauteur, communiquant entre eux par des tubes de métal, puis finalement avec une cheminée d'appel. Un couvercle à poignée fermant inférieurement chaque sac, on peut facilement en extraire le noir qui s'y est déposé (fig. 471).

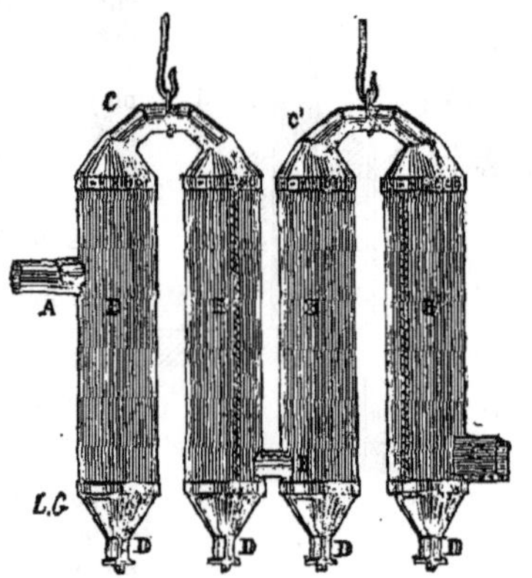

Fig. 471. — *Appareil anglais pour fabriquer le noir de fumée.*

A Tuyau en cuivre communiquant avec la chambre. — *B B'* Sacs en toile. — *C C'* Calottes en cuivre faisant communiquer les sacs. — *D D'* Couvercles mobiles servant à enlever le noir. — *E* Tuyau d'appel réunissant les sacs, pour établir la communication avec la cheminée par le dernier tube *F*.

A côté du noir de fumée doivent se ranger, comme produits similaires: le *noir de lampe* obtenu en brûlant de l'huile dans des quinquets placés sous une lame de métal, puis recueillant le charbon par un simple choc; le *noir de bougie* préparé en remplaçant les lampes par des bougies; le *noir de Russie* qui se fait en brûlant sous des tentes des bois résineux, puis secouant l'étoffe pour faire tomber le noir.

Lorsque l'on veut purifier le noir de fumée on le calcine dans des petits cylindres en tôle; de cette façon, les sels ammoniacaux qu'il renferme et les produits pyrogénés sont totalement détruits, il ne reste plus qu'à le broyer à l'eau ou à l'huile pour l'avoir prêt à servir pour les divers usages auxquels on le destine, peinture en bâtiments, impression, etc.; le *noir de houille* est surtout employé par la marine pour peindre la coque des navires.

Un très grand nombre de noirs végétaux sont obtenus par la calcination en vase clos; de ce nombre sont les *noirs de châtaigne, noir de hêtre, noir de liège* ou *d'Espagne, noir de Francfort, noir de pêche, noir de vigne*; ce sont de forts beaux noirs obtenus avec les sarments de vigne, les noyaux de pêche, les branches de hêtre, l'épicarpe et l'épisperme des châtaignes, les rognures de liège ou la lie de vin lavée: de plus, on désigne, sous le nom de *noir d'Allemagne*, le noir obtenu par mélange des précédents, pour avoir des tons plus bleus ou plus jaunes. Ils servent tous pour la peinture à l'huile ou à la colle.

Signalons enfin que l'on désigne aussi sous le nom de *noir de fusain*, des charbons légers que l'on emploie pour le dessin, et qui sont préparés comme les charbons pharmaceutiques, en calcinant en vase clos, au milieu de sable ou de poussier de charbon, de jeunes branches de bourdaine, de saule, de tilleul, de coudrier, de tremble, etc.

Noir animalisé. *T. d'agric.* Nom donné à l'engrais que l'on fait en mélangeant les produits de vidange des fosses d'aisance, avec du charbon de bois pulvérisé.

Noir de fer. Poudre noire, métallique, obtenue en plongeant une lame de zinc dans une solution acide de chlorure d'antimoine. Après avoir été lavée et séchée, elle sert à enduire les objets de plâtre auxquels on veut donner l'aspect de la fonte grise.

II. **NOIR, E.** *T. techn.* Ouvrage de métal qui n'est pas blanchi ni poli à la lime ou à la meule. || *Fer noir.* Nom que l'on donne à la tôle, par opposition à *fer-blanc.* || *T. de grav. Manière noire.* Genre de gravure en taille-douce dans lequel on couvre d'abord le cuivre de points uniformes, puis on use ensuite les aspérités de façon à obtenir des tons plus ou moins clairs. — V. GRAVURE. || *Chambre noire* ou *obscure.* — V. CHAMBRE NOIRE. || *Noir antique.* Beau marbre noir. — V. MARBRE.

NOIRE (Couleur). Depuis les temps les plus reculés, les Indiens, les Chinois, les Perses ou les Egyptiens ont connu le moyen de teindre les étoffes en noir, et comme matière première ils employaient surtout les écorces de noyer (*juglans regia*, L., juglandées), du châtaignier (*castanea vulgaris*, Lk., amentacées), les feuilles du henné (*lawsonia alba*, Lk., salicariées), et du *tsao-kie* (*mimosa fera*, légumineuses), le brou de noix, les gousses de bablah (*acacia vera*, Lin., légumineuses), le myrobalans, le cachou, la noix de galles, etc., c'est-à-dire qu'ils employaient les matières astringentes connues, lesquelles, avec les sels de fer, donnaient des précipités noirs. Dans bien des circonstances on n'agit pas autrement aujourd'hui.

Les procédés que l'on emploie pour obtenir des nuances noires sont en somme peu nombreux. On peut diviser en deux groupes assez bien tranchés les noirs obtenus : ceux *par teinture*, et ceux *par impression*.

NOIRS PAR TEINTURE.

Noirs au tannate et au gallate de fer. Ces couleurs sont celles que connaissaient les anciens; ce sont des tannates de fer associés ou non avec des gallates de même base. Pour les obtenir, on emploie souvent la noix de galles, que l'on remplace parfois en totalité ou en partie par du sumac, du campêche, de l'écorce d'aulne ou de châtaignier, et des sels de fer, souvent le sulfate et quelquefois le sulfate mixte, c'est-à-dire contenant du sulfate de cuivre. Les noirs au tannin ou à la noix de galles, se reconnaissent aisément : l'étoffe calcinée donne un peu d'oxyde de fer; trempée dans l'acide chlorhydrique, dans l'acide azotique, dans le sel d'étain additionné de parties égales d'eau et d'acide chlorhydrique, elle se décolore, et la couleur devient rouille par l'addition d'ammoniaque.

Noirs au campêche. Ils s'emploient surtout pour la teinture de la laine, toujours avec mordant de sel de fer. Lorsqu'on ne tient pas à avoir une teinte fort solide ou d'un beau noir, le campêche suffit. On reconnaît ce genre de noir par l'incinération, qui donne une cendre ferrugineuse; en plongeant une bande de tissu teint dans l'acide chlorhydrique, l'étoffe devient rouge, puis se décolore et la liqueur est rouge; le tissu plongé dans l'hypochlorite de chaux rougit, se décolore également, mais la liqueur ne change pas; avec le sel d'étain la nuance rougit, puis passe au violet et la liqueur est violette. Lorsque l'on veut avoir des nuances d'un noir franc, on donne aux étoffes de laine un pied de bleu de cuve (indigo), c'est ce que l'on nomme les *noirs de Sedan, d'Elbeuf*; l'essai de ces nuances se fait de la même manière : en plongeant l'étoffe dans l'acide, on enlève la nuance noire et la teinte bleue reste seule; après lavage, on pourra donc rechercher également la nature du bleu; dans le sel d'étain les noirs piqués de bleu prennent une teinte vert bleu. Les noirs au campêche faits comme nous l'avons dit en premier lieu, ne peuvent servir à fabriquer les étoffes dites *de nouveauté*, avec noir, parce que cette nuance décharge et salit alors les couleurs voisines; dans ce cas, on emploie toujours le campêche pour faire du noir, mais on remplace le sulfate de fer, par le bichromate de potasse additionné de tartre. On donne à ces noirs inventés par Leykauf, le nom de *noirs au chrome*; on les reconnaîtra à la cendre qui donnera de l'oxyde de fer et du sesquioxyde de chrome; à l'action de l'acide chlorhydrique, qui fait prendre au noir une teinte rougeâtre; et à celle du sel d'étain qui colore d'abord en violet, puis enlève partiellement la couleur. Ces deux dernières sortes de noirs sont quelquefois désignées, en teinture, sous le nom de *noirs de bois*.

Noirs de garance. Ils s'obtiennent surtout sur coton, quelquefois en animalisant la fibre avec de l'albumine ou de la caséine, et en mordançant presque toujours en tannin. Les noirs de garance donnent une cendre alumino-ferrugineuse; l'étoffe plongée dans l'acide chlorhydrique devient orangé rouge, et la couleur revient par l'ammoniaque; l'hypochlorite de chaux jaunit le tissu, puis le décolore; l'alun agit de même, mais très lentement; enfin le sel d'étain donne à la couleur une nuance brune.

Noirs de garancine. Ils se distinguent surtout des précédents, par l'action de l'alun qui fait virer la nuance au violet, et par celle de l'étain qui, après avoir d'abord bruni l'étoffe, lui donne ensuite une teinte orangée.

Noirs chargés. On donne ce nom à des noirs obtenus sur soie, en faisant d'abord un engallage plus ou moins prolongé avec une solution de concentration variable, puis en passant ensuite dans un bain de matière sucrée, comme le glucose, enfin dans un autre de pyrolignite ou de nitrate de fer à 4 ou 5° Baumé. La soie ayant beaucoup d'affinité pour le tannin en absorbe de grandes quantités, se gonfle, et condense alors dans sa fibre assez de sel de fer, insoluble après son passage dans le bain de fer, pour que l'on puisse lui faire absorber jusqu'à trois fois et demi son poids de matières étrangères, c'est-à-dire qu'une pièce de 100 kilogrammes en sortant de chez le teinturier pèse jusqu'à 450 kilogrammes (Kopp).

Noirs de Laval. On donne ce nom, ou bien celui de *sulfures organiques*, à des matières découvertes en 1873, par MM. Croissant et Bretonnière, et qui résultent de l'action des sulfures ou des polysulfures, à 100° ou 300°, sur des substances organiques peu colorées, comme les déchets de tissus, de papier, la sciure de bois, etc. Ces produits sont très légers, boursouflés, friables, d'un très beau noir, et solubles dans l'eau. Leur constitution est encore mal connue, mais ils donnent des nuances très solides sur lin, chanvre, etc., en foulardant simplement les fils ou tissus dans une solution de sulfure organique, puis fixant par un bain de bichromate de potasse. Ces noirs se reconnaissent facilement par la calcination qui donne un dégagement d'odeur sulfureuse, et par l'action des acides qui développe soit une odeur alliacée, soit l'odeur d'hydrogène sulfuré.

Noirs d'aniline. Depuis quelques années on teint également avec les sels d'aniline, qui par oxydation fournissent du noir. La soie se teint très bien avec l'oxalate, en présence du chromate de cuivre, mais le coton offre une plus grande difficulté. On emploie dans ce cas, la plupart du temps, un mélange de sulfate et de chlorhydrate d'aniline à volume égal, et on fait arriver le bichromate de potasse en solution pulvérisée sur le coton. Mais nous traiterons plus longuement cette question du noir d'aniline dans le paragraphe suivant.

NOIRS PAR IMPRESSION.

Dans l'industrie de la toile peinte, on a fait, jusqu'à une époque qui remonte à 1862 environ, les noirs par l'un des procédés qui ont été indiqués dans le chapitre précédent; mais à partir de cette époque une découverte nouvelle, bientôt perfectionnée, a permis d'obtenir des noirs, très beaux et très solides, par l'oxydation des sels d'aniline.

Noirs d'aniline. S'il nous fallait résumer seulement tous les travaux qui ont été publiés sur ce sujet, depuis quelques années, il nous faudrait y consacrer une très grande place; nous ne donnerons donc sur ce produit que les indications les plus importantes.

Le noir d'aniline a été entrevu en 1843, par Fritzsche, mais surtout préconisé par John Lightfoot d'Accrington. Tel qu'on l'obtient dans l'industrie, c'est un mélange de divers corps; il ne s'applique pas après formation, mais doit se produire sur le tissu ou la fibre. On doit admettre qu'il résulte de l'action du chlore et de l'oxygène sur l'aniline prise à l'état de sel, et le premier mélange qui a servi à l'obtenir étant formé de chlorhydrate d'aniline. chlorate de potasse, chlorure cuivrique, sel ammoniaque, acide acétique et empois, on a longtemps cru que la présence des métaux était indispensable pour sa production. Actuellement, cette opinion n'est plus soutenue.

Constitution. On n'est pas encore absolument fixé sur la constitution du noir d'aniline, bien que depuis quelque temps les travaux de MM. Nietzki, Coquillon, Goppelsroëder, aient bien avancé la solution de cette question. M. Rosensthiel avait déjà montré qu'un tissu imprégné de sels d'aniline purs noircissait à l'air mélangé d'ozone ou de chlore, lorsque M. Coquillon, par d'autres expériences, fit voir que les métaux n'étaient pas indispensables pour la formation du noir; il conclut comme M. Rosensthiel, que cet effet était dû à une oxydation de l'aniline. M. Goppelsroëder parvint à obtenir l'électrolyse des sels d'aniline, et en faisant passer l'étincelle électrique entre des anodes de charbon, il parvint à produire au pôle positif, un dépôt boueux, formé de diverses matières colorantes, lesquelles après lavages successifs à l'eau, l'alcool, l'éther et la benzine, puis dessiccation à 110°, laissèrent des cristaux d'un beau noir et à éclat métallique. L'analyse élémentaire de ce produit lui fit assigner pour formule

$$C^{48}H^{21}Az^{4}Cl = (C^{12}H^{5}Az)^{4}HCl$$

c'est-à-dire que le produit analysé doit être considéré comme le chlorhydrate d'une triamide $C^{12}H^{5}Az$. Reineck a de plus trouvé que ce sel contenait 8,9 0/0 d'acide chlorhydrique. D'un autre côté Nietzki lui a trouvé pour formule

$$C^{26}H^{5}Az^{3}.HCl$$

formule qui est également celle de l'azodiphényle et de la violaniline, aussi ce chimiste considère-t-il le noir comme un isomère de ces produits; il le croit engendré par la condensation de 3 molécules d'aniline avec élimination de 6 atomes d'hydrogène $3\,C^{6}H^{5}H^{2}Az = (C^{6}H^{4}H)^{3}Az^{3} + 6H$.

Mais d'autres travaux sont venus, comme ceux de Kayser, modifier peut-être ces idées; c'est ainsi que ce chimiste a montré que, suivant la manière dont il est obtenu, le noir d'aniline n'a pas toujours la même composition.

Dans la pratique, le noir n'a évidemment pas la composition simple que nous venons d'indiquer, car il se forme en même temps que lui d'autres matières colorantes foncées. C'est ainsi que par l'oxydation de l'orthotoluidine on obtient une matière violette, soluble dans le chloroforme, et donnant des sels verts; cette base aurait pour formule $C^{7}H^{7}Az$, et appartiendrait au groupe des indulines, tandis que le noir proprement dit, serait le seul représentant, jusqu'alors connu, d'un nouveau groupe de matières colorantes.

Production du noir. Nous avons déjà signalé que dès les premiers travaux industriels entrepris dans le but d'obtenir du noir par impression, on avait reconnu la nécessité de modifier la composition du mélange amenant la production du noir, les râcles en effet étaient profondément altérées; par le chlorure de cuivre, aussi Lauth proposa-t-il de remplacer ce sel par le sulfure, puis Cordillot substitua au chlorate de potasse et au chlorure de cuivre le ferricyanure d'ammonium. On reconnut, en outre, que le cuivre n'était pas nécessaire dans le mélange, et que ce qu'il fallait réaliser pour avoir du noir c'était un mélange d'agents oxydants comme les chlorates, avec un sel d'aniline, puis d'un corps capable de décomposer ces produits. C'est ce qui a fait généraliser l'emploi du sulfure, du sulfocyanure de cuivre ou des sels correspondants à base de fer, de manganèse, de vanadium, etc.

En indiquant la composition des mélanges servant journellement à imprimer pour faire du noir, nous verrons les réactions qui peuvent se passer. On commence par délayer dans une quantité convenable d'épaississant (amidon grillé et gomme adragante) le sel d'aniline, le chlorate de potasse et le sel ammoniac, puis d'un autre côté, le sulfure de cuivre en pâte, avec un épaississant; quand les mélanges sont refroidis on les agite ensemble, et l'on imprime avec cette composition, en portant ensuite dans la chambre d'oxydation maintenue entre 25 et 30°; on a le noir formé, après vingt-quatre heures. D'après Rosensthiehl, le sulfure de cuivre produit avec le chlorate une double décomposition qui forme du sulfure de potassium et du chlorate de cuivre, et comme la décomposition de ce dernier commence à se faire dès 35°, en présence des tissus et de sels d'aniline, et devient totale à 60°, il en résulte que les composés oxygénés du chlore se dégagent et oxydent l'aniline en produisant le noir.

L'action des sels de vanadium est encore très intéressante à citer. C'est M. Lightfoot qui l'a signalée le premier, mais elle ne devint industrielle qu'en 1875, époque à laquelle on découvrit des sources de vanadium capables de produire le métal à un prix abordable. Mélangés en proportion infinitésimale dans la couleur à imprimer, ils font monter le noir avec rapidité. M. G. Witz a indiqué qu'il suffit d'en prendre 1/67 millième, pour les couleurs contenant 80 grammes de sel d'aniline par litre. Cette propriété qui rend le sel vanadique plus de mille fois supérieur au cuivre, est due, sans doute, à ce que, de tous les métaux, le vanadium est celui qui passe le plus facilement de l'état d'oxydation maximum à l'oxydation minimum, et réciproquement. Les chlorates sont décomposés par le chlorure de vanadium, il se forme de l'acide vanadique et il se dégage du chlore; d'autre part, le vanadate est immédiatement réduit par le chlorhydrate d'aniline et les réactions indiquées se reproduisent jusqu'à décomposition totale du chlorate et transformation de l'aniline en noir. (Guyard, *Bulletin de la Société industrielle de Rouen*, 1876, page 128.)

Le noir d'aniline, obtenu par les procédés que nous avons indiqués, a un inconvénient; s'il est excessivement stable, et résiste à l'action des acides, des alcalis, du chlorure de chaux, il verdit superficiellement, au contact d'émanations légèrement acides. Cette modification, bien que facile à corriger, puisqu'il suffit de passer l'étoffe dans un bain légèrement alcalin, pour reproduire un très beau noir, n'a pas été sans gêner beaucoup dans l'impression, aussi a-t-on cherché à rendre les *noirs inverdissables*. On explique ce changement de couleur par plusieurs moyens: Rosenstiehl admet que le noir ordinaire est un mélange d'éméraldine et de noir vrai; si l'éméraldine n'a pas été transformée en noir par une oxydation ultérieure, elle verdit par les acides, et devient noir bleu par les alcalis, d'où les phénomènes observés. Si l'on admet qu'il y a dans le noir deux couleurs diverses, comme Brandt (*Bulletin de la Société industrielle de Rouen*, 1874, page 152), l'une due à l'action des composés oxygénés du chlore sur l'aniline, et l'autre provenant de l'oxydation de l'aniline elle-même, on doit attribuer le verdissage à la modification de la seconde couleur qui, moins stable que la première, verdit au contact des acides.

Différents procédés peuvent être employés pour avoir des noirs inverdissables: l'emploi du ferricyanure de potassium (Cordillot); celui du peroxyde de manganèse comme mordant (Ch. Lauth) avec virage dans un bain bouillant de sels de chrome, de fer, de cuivre; celui du bichromate de potasse (Coquillon); celui du nitrate acide de fer (Kœchlin frères), etc. D'après G. Witz (*Bulletin de la Société industrielle de Rouen*, 1877, page 238), c'est l'acide chromique libre qui rend surtout le noir inverdissable, mais il faut que l'action s'exerce à 100°, car le noir traité par les agents oxydants au-dessous de 75° n'est pas modifié, et il conserve la propriété de verdir par les agents réducteurs.

A côté du noir d'aniline proprement dit, il faut également citer quelques couleurs analogues:

Le *noir de Müller*, de Zurich, obtenu par la réaction des agents oxydants sur le chlorhydrate d'aniline;

Le *noir de Lucas* ou *de Péterson*, qui se prépare en mélangeant du chlorhydrate d'aniline avec de l'acétate de cuivre, imprimant avec cette couleur épaissie convenablement, et développant le noir par un passage en étuve humide à 40°;

La *jetoline*, sorte de noir d'aniline anglais, connu depuis 1873;

Le *noir de Heyl*, toujours à base de sel d'aniline, mais épaissi avec de l'albumine, etc.

La présence de l'aniline est facile à reconnaître dans tous les échantillons de noir, mais comme on emploie surtout les noirs au chlorhydrate et au tartrate, et que les noirs inverdissables sont somme toute des noirs au chromate d'aniline, on les reconnaîtra aux caractères suivants: tous, par incinération, ne donnent qu'une faible quantité de cendres; le *noir au chlorhydrate* verdit par l'acide chlorhydrique; devient brun, puis se décolore dans l'hypochlorite de chaux, et la liqueur est brune; il n'est pas modifié par l'alun; il verdit lentement dans l'acide acétique; enfin, il verdit par le sel d'étain et la couleur n'est pas restituée par l'eau, mais par l'ammoniaque; le *noir au tartrate* verdit, après quelque temps, dans l'acide chlorhydrique; brunit, puis se décolore, dans l'hypochlorite de chaux; n'est pas modifié par l'alun ou l'acide acétique, verdit enfin et se décolore un peu par l'action du sel d'étain. Quant au *noir au chromate d'aniline*, il n'est modifié par aucun des réactifs que nous avons cités pour les autres.

On emploie encore dans l'impression des étoffes quelques couleurs plastiques qui donnent des tons noirs lorsqu'on les emploie pures ou des gris plus ou moins foncés par des mélanges. De ce nombre sont: le *noir au charbon animal*, qui, par la calcination du tissu, donnera des cendres blanches contenant du phosphate de chaux, auquel l'action de l'acide chlorhydrique ou de l'acide azotique n'amènera aucun changement dans la couleur, tout en dissolvant le phosphate de chaux contenu, et sur lequel l'ammoniaque est sans action; le *noir au graphite* qui n'est modifié ni par les acides chlorhydrique ou azotique, ni par l'ammoniaque, et qui donne par incinération des cendres noires dans lesquelles on retrouve les caractères du graphite, car ce corps brûle très difficilement. — J. C.

NOISETIER. T. *de bot.* C'est le *corylus avellana*, L., le coudrier, arbrisseau de nos bois, bien connu par son fruit qui est un achaine dont la graine est mobile dans le péricarpe. Il appartient à la famille des castanéacées, ainsi que le *corylus striata*, Wild., dont le fruit porte le nom d'*aveline*, et le *corylus rubra*, Art., dont les fruits sont rouges. Ces arbrisseaux sont utilisés pour plusieurs raisons; en dehors de leurs fruits qui sont comestibles et se mangent frais ou secs, ou sous forme de dragées, on extrait encore de l'embryon charnu une huile comestible très agréable qui sert en outre dans la parfumerie, la peinture, la lutherie. L'écorce des jeunes branches est tonique et même fébrifuge; sa décoction donne avec les mordants alunés une teinte jaune clair, et avec les sels de fer, du gris noir. Son bois sert pour faire des cercles, des fourches, des échalas; les longues branches pour faire la chandelle à la baguette, des lignes (la branlette) pour pêcheurs; les courtes branches, des arcs, des flèches, des pièges pour prendre les oiseaux, des objets de vannerie, des étuis, etc.

NOIX. *T. de bot. et de mat. méd.* Nom désignant un certain nombre de fruits, d'abord et principalement, le fruit du *noyer cultivé* (V. ce mot), quand le mot est employé seul, et ceux d'autres arbres, quand il est accompagné de désignations diverses. Ces fruits sont en général oléagineux; les principaux sont :

a) La *noix d'acajou* ou d'*anacarde*, fournie par l'*anacardium occidental*, L., de la famille des térébinthacées. C'est un fruit sec (achaine), indéhiscent, réniforme, de 4 à 5 centimètres de longueur, et de teinte gris brun. Il est supporté par un renflement en forme de poire, comestible, et servant à obtenir une liqueur alcoolique ; le fruit offre un péricarpe ligneux qui dans ses vacuoles contient du cardol, liquide oléo-résineux, vésicant, avec de l'acide anacardique, de saveur brûlante mais non vésicant ; ce liquide sert comme caustique pour brûler les cors, les verrues, et comme odontalgique; quant à l'amande, elle est constituée par un gros embryon charnu et blanc, comestible et contenant une huile douce, alimentaire.

b) *Noix d'arec* ou de *bétel*. C'est le fruit de l'*areca catechu*, L. (palmiers); elle est ovale, lisse, du volume d'un petit œuf, à péricarpe épais, formé à maturité de fibres disposées en longueur, et recouvrant une enveloppe mince et crustacée, laquelle renferme une graine unique.

c) La *noix de bancoul*. Elle provient du *juglans Camirium*, Louv. (euphorbiacées), et présente une graine à tégument pierreux qui est douée de propriétés purgatives, et une amande à embryon huileux, donnant 62 0/0 de son poids d'huile. Cette huile est très siccative et peut servir pour la peinture et la fabrication des vernis, mais elle contient un principe spécial qui altère si rapidement les métaux qu'elle ne peut même servir pour l'éclairage. Nos colonies en fournissent considérablement, mais jusqu'à présent on ne sait comment l'utiliser.

d) La *noix de ben* est la semence du *moringa aptera*, Gœrtn. (moringées) ; elle est ovoïde, trigone, grêle et est constituée par deux enveloppes recouvrant un embryon huileux et de saveur amère. L'huile qu'on en retire par expression est d'un blanc jaunâtre, inodore et douce ; elle rancit difficilement.

e) La *noix de coco* nous arrive de tous les pays tropicaux. L'arbre qui la donne (le *cocos nucifera*, L.) est le plus précieux de tous ceux de ces régions, car toutes ses parties sans exception sont utilisées. Le fruit est une drupe ovale, trigone, à mésocarpe fibreux et donnant en abondance des fibres textiles très résistantes (V. Coir); son endocarpe, osseux, sert à faire une masse d'objets tournés, d'une dureté grande, d'aspect agréable et susceptibles de prendre un beau poli. A l'intérieur de cet endocarpe se développe une amande, mais avant la formation de celle-ci, on y trouve une matière laiteuse, sucrée, agréable à boire fraîche (c'est le lait de coco), et qui, fermentée, donne un vin très alcoolique; l'amande formée sert de nourriture aux indigènes, et contient une huile, comestible quand elle est récente, mais qui rancit très vite et sert alors pour l'éclairage; elle nous vient aussi sous le nom de *beurre de coco*, et se vend pour faire des savons très mousseux.

f) La *noix de cola* est très recherchée sur la côte occidentale d'Afrique, où elle atteint parfois un prix élevé. Elle provient du *cola acuminata*, R. Br. (malvacées).

g) La *noix de cyprès* est récoltée dans nos pays. C'est le fruit (cône) à écailles épaisses du *cupressus sempervirens*, L. (cypéracées).

h) La *noix de galba* est recherchée aux Antilles à cause de la grande quantité de bonne huile d'éclairage qu'elle fournit. C'est le fruit du *colophyllum calaba*, R. et P. (guttifères).

i) La *noix de galles* et ses variétés, a été étudiée au mot Chêne, auquel nous renvoyons.

j) La *noix de palmier*. On désigne plus particulièrement sous ce nom le fruit du *phytelephas macrocarpa*, R. et P., de l'Amérique méridionale. Elle est encore appelée *noix de tagua* ou *de corozo*. Ce sont les graines, et non le fruit de l'arbre, car elles sont réunies par quatre dans un épicarpe hérissé; elles offrent trois faces à angles arrondis et deux faces faisant un angle aigu, et ont de 4 à 5 centimètres ; leur albumen, blanc, dur, et susceptible d'un beau poli, est travaillé sous le nom d'*ivoire végétal*.

k) La *noix de ravensara* est le fruit induvié du *ravensara aromatica*, Souner (lauracées). Elle sert comme condiment, stimulant et digestif, par suite de l'odeur prononcée de girofle qu'elle répand. Elle nous vient souvent de Madagascar, et sert à l'extraction d'une huile essentielle plus épaisse que celle du giroflier, et qui rendue fluide sert à frelater cette dernière. — J. C.

Noix (Huile de). Cette huile se retire du fruit du *noyer royal* (juglans régia L.). Les noix doivent être récoltées quand elles tombent d'elles-mêmes, et on ne les porte au pressoir que lorsqu'elles sont bien sèches, deux ou trois mois après la cueillette. Il est inutile de dire qu'on doit enlever avec soin les coques et les membranes formant les cloisons internes qui en séparent les quartiers. Les noix ainsi préparées et bien broyées donnent une huile qui, lorsqu'elle est séparée avec soin, au lieu d'être nauséabonde, est douce, limpide et bonne à manger. Si l'on a recours à la chaleur et qu'on néglige certaines précautions, le contraire a lieu. D'un kilogramme de noix cassées et dégagées de leurs cloisons et pellicules, on retire un demi-kilogramme d'huile. On doit la préparer en novembre, décembre et janvier, et l'on peut appliquer à cette extraction les divers pressoirs que nous avons indiqués.

L'huile de noix tient un rang distingué parmi celles dont on fait usage, en Europe, comme alimentaires et pour les usages domestiques. Cette huile, tirée sans feu, est presque incolore, d'une odeur agréable et d'une saveur analogue à celle des noix, sa consistance est presque sirupeuse; par son exposition à l'air, elle rancit promptement et devient très claire, surtout quand on la met dans des vases très larges et peu profonds avec de l'eau au fond. Cette huile, ainsi altérée, s'emploie pour la composition des couleurs fines.

Les amandes doivent être portées au moulin le plus tôt possible, car lorsque les noix sont cassées et émondées, elles rancissent promptement.

La première huile obtenue est la meilleure, on la nomme *huile vierge*. Quand elle a cessé de couler des sacs ou cabas, on en retire la pâte, on la délaye avec de l'eau bouillante, on la fait chauffer dans une chaudière, et on la remet dans les sacs pour les soumettre à une nouvelle pression. L'huile que l'on obtient alors est connue sous le nom d'*huile cuite, huile seconde, huile tirée à feu*, elle est très colorée, d'une odeur très forte, elle est très chargée de mucilage et n'est employée que pour les arts ou l'éclairage. Quelquefois, on soumet la pâte à une troisième opération; le résidu sert à engraisser la volaille. L'huile de noix vierge a une densité, à 12°, de 0,9283, à — 15°, elle devient visqueuse, et à — 27°,5 elle se prend en une masse blanche. L'huile de noix est siccative.

Les noix donnent jusqu'à 50 0/0 d'huile qui se fabrique principalement dans les départements du centre et du midi de la France. — V. Huile. — ALB. R.

II. **NOIX.** *T. techn.* Roue dentelée de toute espèce de moulin employé au broyage des graines. || Poulie de fer disposée de façon à recevoir les maillons des chaînes de fer. || Axe de la roue du potier. || Petite rondelle qui reçoit les baleines d'un parapluie ou d'une ombrelle. || Petite poulie à travers laquelle passe l'axe d'un fuseau ou d'un dévidoir. || *T. de mar.* Partie plus forte d'un mât de hune ou de perroquet qui lui sert de renfort et reçoit les barres. || Tête du cabestan, dans laquelle sont engagés les barres ou leviers qui servent à le manœuvrer. || *T. d'arqueb.* Sorte de rouet qui se trouve dans la platine d'une arme à feu, et dont les deux crans, l'un pour le repos, l'autre pour la détente, s'engrènent dans la mâchoire de la gâchette. || Partie du ressort de l'arbalète où la corde tendue est arrêtée. || *T. de constr.* Les menuisiers donnent à la fois ce nom à une rainure de forme demi-circulaire ménagée dans certains ouvrages, et à une languette de même forme entrant dans cette rainure. C'est ainsi que les vantaux de croisée portent, sur un de leurs montants, une languette demi-circulaire qui entre dans une rainure pratiquée sur le bâti dormant. La fermeture d'une croisée est dite *à noix* et *à gueule de loup*, lorsque l'un des montants milieux est arrondi et entre dans l'autre montant creusé en gorge. Ce mode de fermeture est le plus usité. — V. Fenêtre. || Outil à fût, à l'usage du menuisier, pour faire les rainures et les languettes.

***NOLAU** (François-Joseph). Né à Paris, le 1er octobre 1804. Il occupait, parmi les architectes, un rang distingué, lorsqu'il épousa la fille du célèbre peintre-décorateur Cicéri. Quand celui-ci, fort âgé, cessa de travailler, Nolau s'associa avec M. Rubé, son beau-frère, et sous la direction de ces deux artistes, l'atelier de Cicéri vit croître encore ses succès et sa réputation. L'association de MM. Nolau et Rubé fut des plus prospères. Il est sorti de leur atelier une multitude de décorations que l'on a admirées à l'Opéra, à l'Opéra-Comique, au Théâtre-Lyrique et sur plusieurs autres scènes parisiennes. La décoration de diverses grandes salles de France et de l'étranger leur a été confiée, et partout leur goût fin et leur exécution brillante ont été appréciés. Nolau ne mania jamais la brosse du décorateur, mais il était un remarquable dessinateur, surtout pour l'architecture et il a laissé nombre de maquettes qui sont de petits chefs-d'œuvre. Son association avec M. Rubé prit fin en 1868, alors que d'importants travaux d'architecture qu'il venait d'exécuter à l'hôtel de la préfecture de Marseille, le décidèrent à se consacrer exclusivement à l'art qu'il avait cultivé tout d'abord. Il a laissé quelques notices; il avait, en outre, réduit en une édition portative très estimée le grand ouvrage de Stuart de Revelt sur les *Antiquités d'Athènes et autres monuments grecs*.

Nolau avait été décoré de la Légion d'honneur, en 1854. Il est mort à Paris, en 1883.

***NOLIN** (Jean-Baptiste), graveur, né à Paris, en 1657, était élève de Poilly et étudia quelque temps à Rome, où il copia la *Multiplication des pains*, d'après Raphaël, et l'*Adoration des bergers*, d'après Poussin. De retour à Paris, il grava le *Renouvellement d'alliance avec les Juifs*, d'après un dessin fait par Le Brun pour une tapisserie, le *Frontispice* du Glossaire, de Du Cange, 1678; le *Portrait d'Isaac Lemaistre de Sacy*, 1684, et une suite de *Vues du château de Versailles*, pour le cabinet du roi, en plusieurs grandes planches in-folio, travail considérable qui n'ajouta rien, cependant, à sa réputation; on lui reproche de la sécheresse dans le trait; Nolin, d'ailleurs, était plus habile graveur que véritablement artiste, et sa principale qualité est la netteté. Il ne tarda à joindre à son atelier un magasin d'estampes, à l'enseigne de la Place des Victoires, rue Saint-Jacques, puis s'associa au géographe Coronelli qui, après lui avoir cédé son privilège, en 1687, se sépara de lui et lui intenta un procès. Nolin continua seul avec un privilège spécial daté de 1690, et le titre de graveur du roi, géographe de feu Mgr. le duc d'Orléans, qualités qu'il n'avait nullement le droit de prendre et auxquelles il dut renoncer après une condamnation. Ses cartes, gravées avec soin, sont surtout remarquables par les encadrements et bordures. Sa *carte de France*, en 6 feuilles (1692), est ornée des médaillons de tous les rois de France jusqu'à Louis XIV et elle eut plusieurs éditions. Ce luxe d'enjolivements est parfois même poussé à l'excès, par exemple, dans son *Globe terrestre*, en 7 feuilles, qui lui valut une condamnation en plagiat sur la plainte de Guillaume Delisle qui avait édité antérieurement cette même carte.

Nolin mourut, en 1725, à Paris. Son commerce de cartes fut continué par son fils, mort en 1762.

***NOLLET** (L'abbé Jean-Antoine). Né, en 1700, à Pimpré, près de Noyon, il est un des savants qui ont le plus vulgarisé l'étude de la physique. Il fit, avec Defay, des recherches sur l'électricité et fut aussi le collaborateur de Réaumur. Admis, en 1739, à l'Académie des Sciences, on créa pour lui, au collège de Navarre, une chaire de physique expérimentale, et il reçut le brevet de maître de physique et d'histoire naturelle des Enfants de France. Il mourut, en 1770, au Louvre, où le roi l'avait logé. L'abbé Nollet a publié : *Leçons de physique expérimentale* (1743, 6 vol. in-12); *Essai sur l'électricité des corps* (1750, in-12); *Recherches sur les causes particulières des phénomènes électriques* (1749); *L'art des expériences* (1770, 3 vol. in-12), de nombreux *Mémoires* dans les recueils de l'Académie des sciences, etc.

NOMENCLATURE CHIMIQUE. *T. de chim.* On désigne sous ce nom l'ensemble des principes et des règles, imposés dans le langage chimique, pour former les noms à donner à tous les corps qui sont susceptibles d'être étudiés au point de vue chimique.

— Avant l'invention de règles fixes servant à désigner les corps, chaque alchimiste ou chaque individu s'occupant d'un produit lui donnait un nom spécial, de sorte que ce même produit pouvait facilement avoir reçu une douzaine de noms différents; de là une synonymie fort difficile, pour ne pas dire impossible, à retenir. C'est même à cause de la confusion qui se produisait justement toutes les fois que maîtres et élèves avaient besoin de s'entendre, que Guyton de Morveau, en 1782, voulut chercher un moyen de se faire sûrement comprendre; dès lors il se mit à ébaucher un projet basé sur ce principe que le nom d'un corps doit faire connaître sa nature chimique, en rappelant les éléments qui le constituent et les proportions respectives de chacun d'eux.

Guyton de Morveau venu à Paris, présenta son projet à l'Académie des sciences, laquelle nomma Lavoisier, Berthollet et Fourcroy, pour étudier le travail de l'auteur. Il résulta des études que firent en commun les quatre chimistes français, un ensemble de règles qui constitue la nomenclature actuelle et qui fût acclamé par tous les chimistes, sans exception de nationalité. L'adoption de ces principes, dès 1787, doit être considérée comme la cause des progrès si rapides que la chimie a faits à la fin du XVIIIe siècle; ce langage clair et précis permettant à tous de s'entendre et de contrôler les faits observés. Depuis, la nomenclature a bien été modifiée par quelques savants, mais malgré les changements, admis parfois, parfois aussi non acceptés, qu'on a pu ou voulu lui faire subir, on lui a toujours conservé le côté philosophique qui a servi à sa création.

La plus simple des combinaisons est celle qui s'effectue entre deux corps, simples eux-mêmes, et de tous ceux-ci, celui qui s'unit le plus facilement aux autres corps, étant l'oxygène, c'est par l'étude des noms que l'on doit donner aux nouveaux produits que forme ce corps, que nous allons commencer.

Lorsque l'oxygène s'unit aux corps combustibles, il oxyde ces derniers pour en faire des composés divers, qui ont des propriétés différentes, puisqu'on les range en deux grands groupes opposés. Dans un cas, il se forme des produits (anhydrides) qui, mis au contact de l'eau, ont en général une saveur aigre ou piquante, et qui rougissent la couleur bleue du tournesol. On donne à ces corps le nom d'*acides*. Dans le second, on obtient des produits de saveur nulle ou bien âcre et même caustique, qui sont sans action sur cette même couleur, mais qui la ramènent au bleu si elle a été rougie, ou font passer au vert la teinte du sirop de violette. On désigne ces nouveaux corps sous le nom d'*oxydes*.

Suivant l'atomicité des corps simples, il peut y avoir un ou plusieurs acides ou oxydes.

On forme le nom des acides, en faisant suivre le nom du corps simple de la terminaison *ique*, pour celui qui est le plus oxydé, et de la finale *eux*, pour celui qui l'est le moins, en précédant ce mot du terme acide. Exemples : acides azotique, sulfurique... acides sulfureux, azoteux; puis, s'il y a des termes acides intermédiaires, on fait précéder le nom des corps simples du mot *hypo* : exemples, acide hypoazotique, acide hypochloreux.

Pour faire le nom des oxydes, si un corps simple ne fournit qu'une seule combinaison de ce genre, on fait suivre le mot *oxyde* du nom du corps oxydé, exemple : oxyde de calcium, oxyde d'argent; si, au contraire, il y a plusieurs combinaisons oxygénées, pour les différencier, on fait précéder le mot *oxyde* du nom de numéros d'ordre qui rappellent les proportions de l'oxygène combiné au métal ou au métalloïde. Ces proportions étant comme 1 : 1 1/2 : 2 : 3 : 4, on aura à se servir des mots *proto*, *sesqui*, *bi* ou *deuto*, *tri*, *quadri*, pour former les mots *protoxyde*, *sesquioxyde*,... *quadrioxyde*; puis, pour indiquer que le maximum d'oxydation que peut offrir un corps simple, est obtenu, on réserve le nom de *peroxyde* ou de *suroxyde* à ce dernier terme; ainsi, le sesquioxyde de fer est le peroxyde du fer, le bioxyde de manganèse, le peroxyde de ce métal.

Ces premières règles ne sont toutefois pas sans certaines exceptions. Les oxydes, par exemple, sont parfois appelés *alcalis*, par abréviations des mots *oxydes alcalins*, quand ils appartiennent aux métaux de la première famille, et on a donné pendant quelque temps celui de *terres*, aux oxydes des métaux de la seconde famille, par abréviation d'oxydes terreux, parce qu'avant 1789, ces corps étaient presque toujours désignés sous le nom de *terres* par les alchimistes. Ces deux sortes d'oxydes sont d'ailleurs encore l'objet d'une nouvelle exception; ils portent souvent dans le langage, un mot abrégé qui rappelle le métal qui les a formés, aussi les voit-on journellement désignés sous les noms de *potasse*, *soude*, *lithine*, *baryte*, *strontiane*, *chaux*, *magnésie*, *yttria*, *glucine*, *zircone* et *alumine*, au lieu d'*oxyde de potassium*, etc.

Lorsqu'au lieu d'oxygène ce sont d'autres métalloïdes qui s'unissent aux métaux, on désigne ces combinaisons nouvelles, en donnant la terminaison *ure* au nom du métalloïde, et on fait suivre ce nom composé, de celui du métal. On aura ainsi des arséniure, azoture, borure, bromure, carbure, chlorure, fluorure, hydrure, iodure, phosphure, séléniure, sulfure et tellurure de fer, par exemple; et si plusieurs combinaisons d'un métalloïde, peuvent s'effectuer avec un même métal, on devra faire précéder le nom du composé du préfixe *proto*, *sesqui*, *bi*, etc.; exemple : du protochlorure de cuivre, du bisulfure de fer. De plus, si les composés formés ont des propriétés analogues à celles des acides, on substitue la finale *ide* à celle *ure*. Ainsi on connaît un chloride et un chlorure de mercure, un iodure et un iodide de même base.

Quelques métalloïdes en se combinant à l'hydrogène forment également des acides, ces composés prennent la terminaison *hydrique* qui porte sur l'élément électro-négatif. On connaît les acides chlorhydrique, sulfhydrique, etc.

Quand les corps acides et alcalins sont placés en contact, ils se saturent, en totalité ou en partie, pour former des produits qu'on nomme des *sels*. L'acide qu'ils contiennent détermine le genre du sel, et la base, l'espèce. Les acides dont le nom se termine en *ique* forment des sels dont le nom de genre est terminé en *ate*; les acides sulfurique, azotique, carbonique, forment donc des sulfates, azotates, carbonates; ceux des acides qui ont leur nom finissant en *eux*, forment des sels dont le nom se termine en *ite* : l'acide sulfureux donne les sulfites, l'acide hypophosphoreux, les hypophosphites. D'un autre côté, relativement à l'espèce du sel, si la base peut avoir plusieurs degrés d'oxydation, la terminaison *ique* indique la plus oxydée, et la terminaison *eux* celle qui l'est le moins : le chlorure cuivreux est le chlorure de protoxyde de cuivre, le chlorure cuivrique celui du bioxyde de la même base.

Mais comme un même acide peut s'unir à une base en diverses proportions, il se forme ainsi des sels acides, neutres ou basiques; pour indiquer ces proportions d'acide, on se servira des expressions *sesqui*, *bi*, *tri*, *quadri*, qui nous sont déjà familières. Exemple : à côté du carbonate de soude neutre, il y aura un sesquicarbonate, un bicarbonate; de même que si une même quantité d'acide se retrouve avec des proportions variables de base, on se servira du même moyen pour indiquer les nouvelles combinaisons. Il y a un azotate de plomb neutre, et aussi un azotate biplombique, un azotate triplombique, un azotate quadriplombique. Une exception existe pour les sels formés avec les acides hydrogénés; comme dans ces combinaisons il y a élimination d'eau et que le métal se combine alors comme s'il était en présence d'un métalloïde, on a donné à ces sels la même finale *ure*, que nous avons vu indiquer pour l'union directe de ces métaux; le fer et le soufre unis directement forment du sulfure de fer, aussi bien que l'acide sulfhydrique mis en présence d'hydrate d'oxyde de fer.

On nomme *sels doubles* ceux qui contiennent deux sels dans lesquels l'acide et la base sont au même point de saturation que dans les sels neutres simples; ces sels portent quelquefois des noms spéciaux comme celui d'*aluns*, d'*émétiques*, dans lesquels un des sels reste toujours; ainsi, on dit alun de potasse, par abréviation de sulfate double d'alumine et de potasse, et le tartrate double de potasse et de soude, sera un émétique, bien qu'il ne renferme pas le tartrate d'antimoine, qui uni au tartrate de potasse, constitue le sel double que l'on désigne d'ordinaire sous le nom d'*émétique*.

Les métaux en se combinant entre eux forment ce que l'on appelle des *alliages*; il n'y en a qu'une seule sorte qui ne porte pas ce nom, c'est l'alliage à base de mercure. On lui réserve le nom d'*amalgame*, et on dit un amalgame d'or, de potassium, pour indiquer l'union du mercure avec chacun de ces deux métaux.

Tout ce que nous venons d'indiquer relativement aux règles qui s'imposent lorsque l'on veut créer un nom nouveau, s'applique à la chimie minérale, et aucun des corps trouvés ou à découvrir encore, n'échappe ou n'échappera à ces principes. Il n'en est malheureusement pas de même pour tout ce qui touche la chimie organique qui, malgré quelques essais plus ou moins heureux, n'a pas encore pu être assujettie aux lois de la nomenclature. La cause en est à l'infinie variété de combinaisons, substitutions ou fixations que l'on peut faire subir aux trois ou quatre corps simples : carbone, oxygène, hydrogène et azote, qui représentent à eux seuls les éléments constitutifs du plus grand nombre des composés organiques. Quelques chimistes cependant ont fait leurs efforts pour obtenir l'adoption de désinences finales identiques, propres à représenter certains types, ou les fonctions chimiques. Ce sont ces désinences qu'il nous faut maintenant indiquer.

Pour représenter un corps que l'on voit souvent entrer dans des combinaisons variées, et qui pourra, par exemple, jouer le rôle d'un métal, on a l'habitude de donner la terminaison *yle*, aux corps qui offrent ce radical; tels sont le benzoyle, l'éthyle, qui forment des oxydes, des chlorures, des sels oxygénés, etc.

Depuis qu'en chimie organique on range les corps d'après la fonction qu'ils remplissent, on a cherché à donner une terminaison identique, à tous les corps ayant la même fonction. Cette terminaison est *ène* pour les carbures d'hydrogène; cependant Hoffmann, en se servant des cinq voyelles, a voulu former des mots qui indiqueraient en plus à quelle famille de carbures appartient un corps quelconque, c'est ainsi qu'il nomme méth*ane*, le formène; éthyl*ène*, l'éthylène des autres chimistes; éth*ine*, l'acéthylène; tétr*one*, le diacétylène, et finit en *une* ceux de la série suivante; malheureusement il n'y a pas que cinq séries, et il ne donne pas de moyen de distinguer celles qui suivent, de sorte qu'il vaut mieux, en résumé, adopter la terminaison *ène*, à laquelle tout le monde revient dans bien des cas, c'est-à-dire, quand on ne parle pas des carbures des cinq premières séries. La fonction acétone est représentée par la finale *one*; exemples : butyrone, benzone, etc.; les aldéhydes prennent la terminaison *al*, exemples : acétal, chloral; les alcools, la désinence *ol*, exemples : phénol, crésol, glycol, carbinol, etc.; quant aux sucres, on termine leur nom par les syllabes *ose*, *ine* ou *ite* indistinctement, ainsi on dit aussi bien lactine que lactose, dulcite, mannite, etc.; les alcaloïdes naturels et quelques glucosides que l'on avait considérés parfois comme étant de véritables alcalis (au lieu d'être des sucres), par les terminaisons *ine*, exemples : quinine, strychnine,... inuline, arbutine; cette confusion est regrettable, car les derniers corps n'ont nullement les propriétés des premiers; et les alcaloïdes artificiels par la terminaison *amine* qui rappelle la substitution de l'ammoniaque : éthylamine, phénylamine, naphtalamine, ou simplement la finale ordinaire *ine* : aniline, etc.

En dehors de ces règles de nomenclature, on forme les noms en chimie organique en réunissant dans un même mot tous les noms des corps constituants. On arrive ainsi à faire les mots les plus baroques et les plus longs qu'il soit possible de rencontrer, mais on n'a guère d'autre moyen d'indiquer clairement leur constitution; le dérivé mercurique du monosulfoglycolate d'éthyle, sera par exemple un *éthylchlorhydrargyromercaptoglycolate*, un mot de *trente-sept lettres*, mais les chimistes allemands ne s'arrêtent pas là, il y en a encore de bien plus difficiles à prononcer; ce n'est certes pas un progrès, quand on a vu avec quelle clarté et quelle précision, un ensemble de quelques mots pouvait tout désigner en chimie minérale. — J. C.

NOMENCLATURE DES COULEURS. La nomenclature des couleurs, en général, est l'exposé de la méthode employée pour désigner les couleurs par des noms, des symboles particuliers qui permettent de les distinguer facilement et sûrement les unes des autres. Sous ce rapport, la *classification méthodique des couleurs*, imaginée par M. Chevreul, est la nomenclature la plus complète que l'on possède. Son *cercle chromatique* avec ses 72 secteurs de *couleurs franches*, ses *couleurs rabattues*, ses *gammes* et ses 14,420 *tons*, classés méthodiquement, embrassent toute l'échelle des nuances. Une couleur donnée y trouvera, sans hésiter, sa place et son nom, réciproquement son nom symbolique fera retrouver sa nuance exacte. — V. COULEUR.

Outre ces désignations méthodiques des couleurs, M. Chevreul a donné à un très grand nombre de nuances fréquemment usitées, des noms qui rappellent leur provenance ou leur ressemblance avec des êtres de la nature : fleurs, feuilles, fruits, racines, animaux, minéraux, noms usités spécialement dans les ateliers de teinture, de peinture, de fabrication de couleurs, etc. La nomenclature des couleurs comprend aussi leur division en couleurs naturelles (couleur du spectre, de l'arc-en-ciel, etc.), couleurs artificielles, couleurs vitrifiables (pour la peinture sur porcelaine, sur faïence, sur verre, etc.). — C. D.

NOMENCLATURE MINÉRALOGIQUE. — V. MINERAI, MINÉRALOGIE.

NONNETTE. Sorte de pain d'épice de forme ronde ou en cœur, qui se fabrique surtout à Reims et à Dijon, et qui s'est fait d'abord dans les couvents de religieuses, d'où son nom.

* **NON-OUVRÉ.** *T. techn.* Se dit des produits fabriqués, mais qui sont restés à l'état brut.

NONPAREILLE. *T. de typogr.* Petit caractère dont la force de corps est de six points.

* **NOPAGE.** *T. techn.* Action de *noper*, c'est-à-dire rapprocher, dans la fabrication du drap, les fils trop espacés, ou retirer les *nopes* ou nœuds qui se trouvent dans le drap fabriqué. — V. ÉPINCETAGE.

NOPAL. Espèce de cactus (*cactus opuntia, opuntia cochenillifera*), qui croît à l'état sauvage au Mexique, et que l'on cultive aussi d'une manière régulière; les champs ainsi cultivés portent le nom de *nopaleries*. C'est sur ce végétal que vit l'insecte dont le corps desséché constitue la cochenille du commerce. Le nopal est une plante grasse, droite, composée d'articles dressés verticalement, de forme ovoïde allongée, aplatie, avec quelques pointes réunies par places sous forme de brosses. Sa hauteur atteint 2 à 3 mètres, la longueur des articles 50 centimètres, leur largeur 15 centimètres et leur épaisseur 1 à 2 centimètres. Ses fleurs sont petites, jaunes ou rouges; les fruits ont la forme de figues rougeâtres, munies de petites pointes. — V. COCHENILLE. — Dr L. G.

* **NOPEUSE.** *T. de mét.* Ouvrière qui fait le nopage des draps.

* **NOQUET.** *T. de constr.* — V. NOUE.

* **NORD** (Compagnie du chemin de fer du). L'une des six grandes Compagnies entre lesquelles est partagée la plus grande partie des lignes du réseau des chemins de fer français. Les lignes exploitées par la Compagnie du Nord desservent un territoire de 332 myriamètres carrés, soit environ 1/15e de la superficie totale de la France, habité par une population de 3,800,000 habitants; elles traversent dix départements. En outre, la Compagnie du Nord exploite, en Belgique, les deux lignes de Namur à Liège et de Namur à Givet, ainsi que le prolongement des lignes françaises vers Mons et Charleroi, qui forment, avec les deux autres, une longueur totale de 169 kilomètres, sur le territoire belge.

Aperçu historique de la constitution du réseau. Dès 1837, un projet de loi fut présenté à la Chambre des députés, concernant l'établissement d'une ligne de chemin de fer de Paris à la frontière belge, mais des difficultés d'ordre divers retardèrent considérablement l'exécution des travaux qui, votés par la loi du 11 juin 1842, furent seulement commencés par l'Etat, en 1843. En 1845, l'Etat adjugea à MM. de Rothschild frères, Hottinguer et Cie, Charles Laffitte, Blount et Cie, fondateurs de la Compagnie du Nord, la concession, pour une période de 38 ans, des lignes de Paris à Lille, à Valenciennes et à la frontière belge, de Lille à Calais et d'Hazebrouck à Dunkerque. Les sections de Lille et de Valenciennes à la frontière étaient déjà exploitées par l'Etat depuis 1842. Le fonds social de la nouvelle Compagnie était de 200,000,000 de francs formé par 400,000 actions de 500 francs chacune.

En 1847, la concession de la Compagnie du Nord s'accrut de la ligne de Creil à Saint-Quentin, et, en 1852, de la ligne d'Amiens à Boulogne qui était exploitée par une Compagnie spéciale.

Successivement, en 1858 et en 1859, des conventions intervinrent entre l'Etat et la Compagnie du Nord, pour la concession et les conditions d'exploitation de nouvelles lignes. La convention de 1859 contenait, en particulier, un classement amené par les causes que nous avons indiquées en détail à l'article CHEMIN DE FER, et qui divisait en deux catégories les lignes concédées définitivement.

1° La première catégorie ou ancien réseau comprenait les lignes : de Paris à la frontière de Belgique par Lille et Valenciennes; de Lille à Calais et Dunkerque; d'Amiens à Boulogne, avec embranchement de Noyelles à Saint-Valery; de Creil à Saint-Quentin et à Erquelines, avec embranchement de Busigny à Somain par Cambrai; de Tergnier à Laon; de Paris à Creil par Chantilly; d'Hautmont à la frontière de Belgique; d'une partie du chemin de fer de Ceinture de Paris.

2° La seconde catégorie ou nouveau réseau était formé des lignes : de Paris à Soissons; de Boulogne à Calais, avec embranchement sur Marquise; de Rouen à Amiens (pour 2/3); d'Amiens à la ligne de Creil à St-Quentin; des Houillères du Pas-de-Calais; de Chantilly à Senlis; de Pontoise à la ligne de Belgique; d'Ermont à Argenteuil, et de Villers-Cotterets au Port-aux-Perches.

La même convention concédait, à titre éventuel, les lignes de Soissons à la frontière de Belgique; de la ligne de Saint-Quentin à Erquelines à un point à déterminer sur la ligne précédente; de Senlis à un point à déterminer sur la ligne de Paris à Soissons et de Beauvais à un point à déterminer sur la ligne de Pontoise à Dieppe (V., à ce sujet, le tableau chronologique de la page 838, indiquant la formation du réseau).

Ces différentes clauses furent modifiées plusieurs fois par les conventions successives de 1862, 1869, 1873, 1875 et enfin du 20 novembre 1883.

En même temps que la Compagnie du Nord se constituait comme nous venons de le voir, il s'était formé, dans les mêmes régions, plusieurs Compagnies secondaires, telles que celles de Lille-Valenciennes, de Lille-Béthune, du Nord-Est et d'autres Compagnies d'intérêt local. Quelques-unes de ces Sociétés, telles que celles d'Enghien à Montmorency, d'Achiet à Bapaume, d'Hermes à Beaumont prenant franchement le caractère d'affluents des artères du grand réseau, créées par conséquent avec l'appui moral et financier de la grande Compagnie, se présentaient dans des conditions favorables à une existence sinon prospère, du moins matériellement accep-

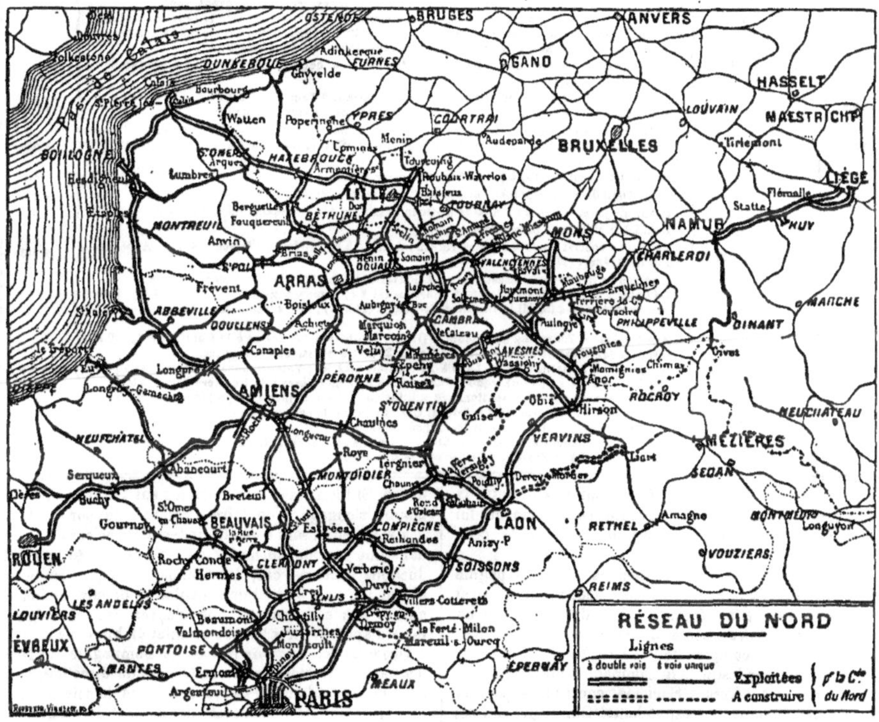

Fig. 472.

table. La plupart arrivent, aujourd'hui, à rémunérer le capital engagé dans leur formation, grâce au concours primitivement prêté par le Nord et grâce aussi à une exploitation sage et économique.

Les autres Sociétés créées, au contraire, dans un but de concurrence et de lutte que trahissait le tracé même de leurs concessions, formées de lignes qui, jointes ensemble, devaient constituer peu à peu un réseau à mailles parallèles à celles du réseau du Nord, rencontrèrent dès le début des difficultés qui devaient aboutir, en 1875, à des traités de fusion avec la Compagnie du Nord; ces traités ont été ratifiés par la convention de 1883.

La convention intervenue, en 1883, entre l'Etat et la Compagnie du Nord diffère sensiblement du type appliqué, à quelques variantes près, aux conventions conclues avec les autres Compagnies, sous la pression des circonstances que nous avons indiquées au mot Est. En vertu de l'article premier de cette convention, l'Etat concède à la Compagnie un ensemble de lignes comprenant une longueur de 198 kilomètres à titre définitif et de 62 kilomètres à titre éventuel. En outre, l'Etat fait abandon de six lignes qu'il avait déjà construites et que la Compagnie exploitait, à titre de fermière, d'après des traités antérieurs. Toutes les lignes rachetées par elle dans les conditions indiquées plus haut, à diverses Compagnies sont également incorporées à son réseau, à la condition que l'Etat hérite, à la fin de la concession, des charges y afférentes. La longueur du réseau français du Nord se trouve ainsi porté à 3,395 kilomètres, toutes lignes comprises. Pour faire face aux dépenses de construction ou d'achèvement des lignes nouvelles concédées, qui étaient déjà, soit en construction, soit à l'étude par l'Etat, la Compagnie met à sa disposition un fonds de concours de 90,000,000, et fournit à ses frais le matériel roulant, le mobilier et l'outillage des gares. La Compagnie s'engage à exécuter les travaux restant à faire sur ces lignes, moyennant le remboursement par l'Etat des avances qui dépasseraient le fonds de concours

Compagnie du Nord. — Formation chronologique du réseau.

Année	Date de la décision	Désignation des lignes concédées	Longueur totale concédée
1845	10 septembre	Paris à la frontière de Belgique par Lille et Valenciennes (337 kilom.); Lille à Calais (106 k.); Hazebrouck à Dunkerque (40 k.).	483
1847	1er avril	Creil à Saint-Quentin (fusion) (102 k.).	585
1852	19 février	Amiens à Boulogne (fusion) (123 k.); St-Quentin à Erquelines (87 k.); Tergnier à Laon (30 k.); Reims à Laon (51 k.); Noyelles à St-Valery, concession éventuelle rendue définitive le 17 octobre 1854 (6 k.); Le Cateau à Somain, concession éventuelle (38 k.).	920
1853	13 août	Busigny à Somain (49 k.), remplace Le Cateau à Somain (38 k.), soit 11 kil.; St-Denis à Creil par Chantilly (43 k.).	974
1857	26 juin	Reims à Laon (51 k.), cédée aux Ardennes en échange de Creil à Beauvais (37 k.), soit 14 kil. à déduire; Paris à Soissons (101 k.); Boulogne à Calais (40 k.); Amiens à Tergnier (71 k.); Arras à Hazebrouck (69 k.) et embranchements (17 k.); Chantilly à Senlis (11 k.); St-Ouen-l'Aumône à Pontoise (4 k.); Rouen à Amiens (131 k.) pour 2/3, soit 87 k.; Ermont à Argenteuil (5 k.); Villers-Cotterêts au Port-aux-Perches (9 k.); Beauvais à Gournay, concession évent. rendue définit. le 5 juin 1861 (28 k.); Senlis à Crépy, concession éventuelle, rendue définitive le 14 juin 1861 (23 k.); Soissons à la frontière belge, concession éventuelle, rendue définitive le 22 septembre 1861 (105 k.); Aulnoye à Anor, concession évent. rendue défin. le 6 juin 1862 (31 k.).	1.564
1859	11 juin	Détermination des réseaux. — Hautmont à la frontière belge, fusion éventuelle rendue défin. le 26 septembre (10 kil.).	1.571
1862	6 juillet	Arras à Hazebrouck et embranchements (86 k.) passent à l'ancien réseau. Valenciennes à Aulnoye (35 k.); Lille à la frontière belge vers Tournay (13 k.).	1.619
1869	22 mai	Boulogne à Calais, St-Ouen-l'Aumône à Pontoise, Ermont à Argenteuil (49 k.) passent à l'ancien réseau; Arras à Etaples (99 k.); Béthune à Abbeville (88 k.); Luzarches à la ligne de Saint-Denis à Pontoise (26 k.).	1.832
1872	15 juin	Montsoult à Amiens (106 k.); Cambrai vers Dour (51 k.).	1.989
1873	21 novembre	Gare d'eau de Saint-Ouen au chemin de Ceinture (rive droite).	1.991
1874	6 juin	Chem. de jonct. entre les Docks de St-Ouen et la gare des marchand. de la Plaine de St-Denis.	1.995
1875	3 août	Douai à Orchies et à la frontière.	
1875	30 décembre	Le réseau spécial passe à l'ancien réseau; Amiens à la vallée de l'Ourcq (108 k.); Abbeville à Eu et au Tréport (37 k.).	2.161
1883	20 novembre	L'ancien et le nouveau réseau, avec les nouvelles lignes, forment un réseau unique. Le Cateau à Laon (73 k.); Thiant à Lourches (11 k.); Ormoy à Mareuil-s.-Ourcq (21 k.); Laon à Liart, vers Mézières (58 kil.); Denain à St-Amand (14 kil.); Don à Templeuve (21 k.), concessions définitives. Armentières à Tourcoing et à Roubaix (19 k.); Roubaix à Wattrelos à la frontière belge (2 k.); Avesnes à Sars-Poterie (11 k.); Wimy à Guise (30 k.); concessions éventuelles. Compiègne à Soissons (38 k.); Lens à Armentières (33 k.); Valenciennes au Cateau (35 k.); Busigny à Hirson (54 k.); Dunkerque à Furnes (15 k.); Armentières à la frontière belge (3 k.). Lille à Valenciennes et extensions (80 k.), fusion; Lille à Béthune et prolongement (51 k.), fusion; Picardie et Flandres (46 k.), fusion; Chemin de fer de ceinture de Lille (6 k.). Anciennes Compagnies d'intérêt local incorporées : Lille à Valenciennes et extensions (51 k.); Picardie et Flandres (116 k.). Le Tréport (57 k.); Frévent à Gamaches (74 k.); Nord (321 k.).	3.395

si, au contraire, les 90,000,000 ne sont pas atteints, la Compagnie acceptera toute nouvelle concession qui lui serait faite jusqu'à concurrence de l'emploi de cette somme.

Les lignes ajoutées aux concessions de la Compagnie et celles qui constituaient antérieurement son nouveau et son ancien réseau ne forment plus, désormais, qu'un compte unique de recettes et de dépenses d'exploitation, dans lequel sont compris tous les traités de correspondance ou ceux par lesquels la Compagnie prête son concours financier à diverses Sociétés, constituées pour la création de chemins correspondants. Sur le produit net de ce compte unique, la Compagnie prélève les charges de ses emprunts, y compris celles des travaux complémentaires, les redevances diverses, l'intérêt à 4 0/0 de ses actions et une somme de 20,000,000 formant un dividende minimum et garanti. L'excédent est appliqué à couvrir la garantie de l'Etat, et lorsque le produit net dépassera ces prélèvements et une somme de 38,062,500 francs, le surplus sera partagé à raison de 2/3 pour l'Etat et de 1/3 pour la Compagnie. En résumé donc, le dividende des actionnaires peut, intérêt compris, osciller entre 54 francs et 88 fr. 50, non compris le bénéfice de l'exploitation des lignes Nord-Belges qui appartient en propre à la Compagnie et qui représente actuellement environ 5 francs par an et par action.

Sur chacune des lignes nouvelles concédées, le nombre des trains exigés de la Compagnie est fixé à raison de un pour 3,000 francs de recette kilométrique locale, avec minimum de trois trains par jour dans chaque sens; aucune circulation de train ne pourra être exigée entre dix heures du soir et six heures du matin, tant que la recette locale n'aura pas atteint 15,000 francs par kilomètre. Si l'Etat fait des réductions sur l'impôt, la Compagnie s'engage à en faire d'équivalentes sur les taxes des voyageurs, sauf à en être indemnisée en cas de rachat dans une période de moins de cinq ans après cette réduction. Dans ce cas, la Compagnie peut, en outre, demander que toute ligne exploitée depuis moins de quinze ans soit évaluée, non d'après son produit net, mais d'après le prix réel de premier établissement.

Organisation administrative. La Compagnie du Nord n'a pas de directeur, mais un Comité de direction, composé de sept administrateurs pris dans le sein du Conseil. Du Comité dépendent directement le secrétariat général, le contentieux et le domaine, la comptabilité générale, la caisse centrale et le service des titres. Trois ingénieurs chefs de division dirigent respectivement l'exploitation, le matériel et la traction, la construction, l'entretien et la surveillance de la voie. Au chef d'exploitation sont adjoints un sous-chef, un ingénieur du service actif, un chef et un sous-chef du mouvement, sept inspecteurs principaux, à Paris, à Amiens, à Lille, à Arras, à Saint-Quentin, à Boulogne et à Beauvais. Les lignes Nord belges ont à leur tête un inspecteur général dépendant du service de l'exploitation. L'ingénieur en chef du matériel et de la traction a deux ingénieurs principaux, l'un pour la traction, l'autre pour le matériel; quatre ingénieurs de la traction, un ingénieur des ateliers, etc. Le service des travaux comporte, sous les ordres de l'ingénieur en chef, d'une part, deux ingénieurs principaux de la construction des lignes nouvelles; d'autre part, un ingénieur en chef de l'entretien, et, outre le personnel central des études, sept ingénieurs de la voie en résidence sur le réseau.

Le Conseil d'administration, présidé par le chef de la famille de Rothschild, le baron James d'abord, puis actuellement par son fils, le baron Alphonse, a compté et compte encore dans son sein des hommes éminents, tels que MM. Delebecque, Emile Pereire, le baron de Saint-Didier, Léon Say, Griolet, le général Morin, etc. Pétiet et Maniel ont, presque au début, pris la direction des trois services dont il vient d'être question; MM. Mathias, Boucher et E. Delebecque ont succédé à ces illustres maîtres et en continuent dignement la tradition. Parmi leurs collaborateurs les plus connus, nous citerons M. Thouin qui était au chemin du Nord, quand il était encore à l'Etat, en 1845; M. Sartiaux, ingénieur en chef des ponts et chaussées; M. Contamin, professeur de résistance des matériaux à l'Ecole centrale; M. Ferd. Mathias, qu'on a surnommé le *père des mécaniciens*, etc. Le secrétaire de la Compagnie est M. Castel, dont l'accueil affable et bienveillant est connu de tous ceux qui ont le plaisir de l'approcher.

Principaux renseignements techniques. Au 31 décembre 1883, le réseau d'intérêt général de la Compagnie du Nord comptait 2,996 kilom. exploités, dont 1,701 kilomètres à double voie, et 1,295 kilom. à voie unique. Cette forte proportion des lignes à double voie s'explique facilement par la nature d'un trafic où le transit domine. A la même époque, 3,254 kilomètres de voie principale et 286 kilomètres de voie accessoire étaient formés de rails Vignole, en acier, pesant 30 kilogrammes le mètre courant; 538 kilomètres de voie principale et 1,089 kilomètres de voie accessoire étaient en fer. Aujourd'hui, la proportion des rails en acier est encore plus élevée, car la Compagnie du Nord remplace les rails en fer hors de service par des rails en acier, non seulement sur les voies principales, mais encore très souvent sur les voies accessoires.

La longueur kilométrique de voie en alignement droit était de 67 0/0 de la longueur totale; la longueur en courbes de rayon supérieur à 500 mètres était de 32 0/0, et celle des courbes de rayon inférieur à 500 mètres était de 0,79 seulement. Le rayon minimum des courbes est de 180 mètres. En ce qui concerne le profil, 24 0/0 de la longueur totale étaient en palier, 50,8 en rampe inférieure à 0,005 par mètre, 25,2 0/0 en rampe supérieure à 0,005. Enfin, 117 kilom. 2 ont une déclivité comprise entre 0,010 et 0,020 par mètre.

Les passages à niveau étaient au nombre de 1,461, le nombre de passages sous rails pour routes ou chemins était de 775, dont 69 ont une longueur de plus de 20 mètres et forment un développement total de 4,612^{m},97; le nombre total des aqueducs ou ponceaux pour les cours d'eau était de 1,983; les viaducs de plus de 10 mètres de hauteur moyenne étaient au nombre de 10, formant une longueur totale de 2 kilom. 130, 31 dont le prix de construction a été en moyenne de 2,150 francs par mètre courant; les souterrains, au nombre de 11, avaient un développement de 7 kilom. 666,84 et ont coûté environ 1,103 francs par mètre courant.

Parmi les grands ouvrages d'art on peut citer :

1° Les grands travaux exécutés en 1867, aux abords de Paris et successivement remaniés en 1876 et en 1885, pour supprimer les bifurcations entre les trois branches de Pontoise, de Chantilly et de Soissons, et pour faire passer les voies de départ des marchandises par dessus les voies de retour de ces trois directions. Grâce à ces travaux qui comportent, en un point, trois étages superposés de voies (à cause de la voie du chemin de fer des Docks-Saint-Ouen qui passe sous toutes les autres) la circulation de sept trains peut se faire simultanément, sans qu'ils se gênent mutuellement;

2° *L'estacade* (V. ce mot) de Saint-Valery, viaduc en charpente qui traverse toute la baie de la Somme dans sa largeur et qui n'a pas moins de 1,300 mètres de développement et de 10^{m},75 de hauteur au-dessus du niveau du sable à marée basse. Elle est faite pour une voie et elle va incessamment recevoir deux rails de voie étroite de 1 mètre, à l'intérieur de la voie normale, pour la circulation directe, entre Noyelles, Saint-Valery et Cayeux, des trains de la Société générale des chemins de fer économiques.

Au point de vue de l'exploitation, nous signalerons que 848 kilomètres de lignes à double voie sont munis de Block System et que les cloches électriques d'annonce sont établies sur toutes les lignes à voie unique, ainsi que sur 107 kilomètres de lignes à double voie.

L'effectif du matériel roulant de la Compagnie du Nord au 31 décembre 1884 est donné par le tableau suivant :

Désignation des véhicules	Totaux partiels	Totaux	Moyenne par kilom. exploité
Locomotives.	1.585	1.585	0.45
Voitures de luxe.	11		
Voitures de 1re classe . . .	725		
Voitures mixtes (1re et 2e classes)	167	2.907	0.82
Voitures de 2e classe . . .	818		
Voitures de 3e classe . . .	1.186		
Fourgons, trucks, écuries.	1.393	1.393	0.39
Vagons divers à marchandises.	42.256	42.256	11.95
Totaux généraux. .	48.141	48.141	»

Principaux résultats statistiques de l'exploitation en 1884. Résultats comparés de l'exploitation des années 1883 et 1884 :

Désignation des articles	1883	1884
Long^{r} moyenne exploitée.	3.264 kil.	3.514 kil.
Recettes totales — grande vitesse.	61.019.000	60.850.000
Recettes totales — petite vitesse. .	112.164.000	105.746.000
Recettes totales — diverses. . . .	»	»
Totaux	173.183.000	166.596.000
Dépenses totales.	93.482.000	85.460.000
Excédent net. . . .	79.701.000	81.136.000
Recette kilométrique . . .	55.917 »	49.804 »
Dépense kilométrique. . .	30.194 »	25.548 »
Rapport de la dépense à la recette.	0.539 0/0	0.512 0/0
Parcours kilom. des trains	37.510.514	36.402.664
Recette par train kilomét.	4 616	4 576
Dépense par train kilom. .	2 492	2 347
Produit par train kilom. .	2 124	2 229
Nombre de voyag. reçus. .	27.078.074	28.756.842
Nombre de voyageurs reçus à la distance entière	342.872	318.830
Parcours moyen d'un voyageur.	37^{k}	37^{k}
Produit moyen d'un voyageur.	1 77	1 70
Nombre de tonnes expéd.	18.876.762	17.690.721
Nombre de tonnes expédiées à la distance entière.	629.671	557.200
Parcours moyen d'une tonne	103^{k}	105^{k}
Produit moyen d'une tonne	5 60	5 69

La gare de Paris-Nord a fait à elle seule une recette de 16,447,822 fr. 18, la gare de La Chapelle une recette de 9,408,996 fr. 47; la première gare dont les recettes n'ont pas atteint 1,000,000 occupe le 34e rang; celle dont les recettes sont inférieures à 100,000 francs est au 192e rang, sur un total de 586 haltes ou stations ayant été livrées à l'exploitation antérieurement au 1er janvier 1884.

Les profits résultants, pour l'Etat, de l'exploitation du réseau du Nord se sont élevés pendant l'année 34,671,642 fr. 88, soit 24,419,032 fr. 16 d'impôt et 10,252,610 fr. 72 d'économies de diverses natures.

Terminons par quelques chiffres relatifs au bilan de la Compagnie au 31 décembre 1884.

Actif.

Compte de premier établissement (excédent des dépenses sur les ressources)	23.215.864 86
Domaine de la Compagnie	13.473.490 99
Débiteurs divers	21.919.864 95
Caisse et portefeuille	33.628.078 03
Total	92.237.298 83

Passif.

Fonds de réserve	10.071.111 92
Créanciers divers	36.606.775 11
Intérêts et dividendes échus et arriérés à payer	45.559.411 80
Total	92.237.298 83

Notons enfin que le total des dépenses d'établissement faites au 31 décembre 1884 s'élevait à 1,216,094,126 fr. 47.

NORIA. Les norias sont des machines que l'on emploie principalement pour élever l'eau destinée aux arrosages; le type le plus simple est celui que les Maures ont introduit dans le midi de l'Espagne et dont l'origine remonte aux Egyptiens. La figure 473 représente une de ces machines qui se compose de vases en poterie attachés sur une double corde sans fin et formant un chapelet dont la partie supérieure s'enroule sur une poulie verticale tandis que la partie inférieure plonge dans l'eau; les vases ont, en général, 30

Fig. 473. — *Noria égyptienne.*

centimètres de hauteur sur 11 centimètres de diamètre; une gorge circulaire est ménagée aux deux tiers de la hauteur, pour loger la corde qui sert à les fixer. Le fond de chaque vase est percé d'un petit trou, d'un demi-millimètre, qui facilite l'immersion en donnant issue à l'air contenu dans le vase. On place souvent deux rangs de vases sur la même poulie. Une noria de ce genre, établie aux environs de Lorca, en Espagne, présente les dimensions suivantes: rayon du manège, 3 mètres; diamètre de la roue horizontale, 1m,90; diamètre de la roue verticale du chapelet, 2m,40; capacité des godets, 2 litres 85; nombre des godets, 90; profondeur du puits, 32m,50. Deux mules attelées sur cette machine élèvent, en 40 heures, près de 200 mètres cubes d'eau, soit environ 1 litre 40 par seconde; en admettant, pour le travail d'une mule attelée à un manège, le chiffre de 27 kilogrammètres, on trouve, pour l'effet utile, de 75 à 80 0/0.

Dans le midi de la France, on emploie des norias plus solidement établies. Les pots en terre sont remplacés par des godets en tôle galvanisée ou en cuivre mince, auxquels on donne de 8 à 15 litres de capacité. Ces godets sont maintenus entre deux chaînes sans fin, en fer plat, qui s'enroulent sur des disques en fonte, actionnés par un manège. Pour faciliter l'immersion des godets, on dispose, au fond, une petite soupape qui s'ouvre par son propre poids pendant la descente et qui reste fermée pendant l'ascension. Le rendement de ces appareils est également de 80 0/0; c'est-à-dire qu'il ne dépasse pas celui des grossières norias égyptiennes, dont l'entretien est si facile.

Les norias présentent cet inconvénient qu'elles élèvent l'eau plus haut qu'il n'est nécessaire, au moins d'une quantité égale au diamètre du tambour supérieur, 50 à 75 centimètres; il faut donc que la hauteur totale à laquelle on élève l'eau soit assez considérable pour que cette perte de travail soit peu sensible. Un autre défaut de ces machines, c'est la perte d'eau des godets par suite du balancement des chaînes; cette perte, qu'on nomme baquetage, peut être évaluée à un dixième de la capacité du godet.

La noria est employée dans plusieurs industries comme appareil élévatoire; ainsi, dans les moulins, la farine est montée d'un étage à l'autre par des norias formées d'une courroie en cuir sur laquelle sont fixés de petits augets en cuir. C'est également la noria qui a donné naissance à la *drague*. — V. ce mot. — J. B.

NORMAL. *T. de géom.* Si par le point de contact d'une tangente à une courbe plane, on mène une droite perpendiculaire à la tangente, cette droite sera dite *normale* à la courbe. Le point où la normale rencontre la courbe perpendiculairement à la tangente s'appelle le *pied* de la normale. Il y a donc une normale et une seule en chaque point d'une courbe plane, à l'exception des points singuliers qui peuvent présenter deux ou plusieurs normales, suivant le nombre des branches de courbe qui viennent s'y croiser.

Si

$$f(x,y)=o$$

est l'équation de la courbe donnée, la normale au point x, y, aura pour équation:

$$\frac{X-x}{f'_x}=\frac{Y-y}{f'_y}$$

La position limite du point d'intersection de deux normales infiniment voisines est le *centre de courbure* de la courbe correspondant au point considéré. Le lieu de ces centres de courbure est une courbe tangente à toutes les normales dont elle est l'enveloppe, et qui a reçu le nom de *développée* de la courbe donnée. — V. CENTRE DE COURBURE, DÉVELOPPÉE.

Si par un point M d'une courbe gauche on mène

un plan perpendiculaire au plan tangent, ce plan est dit *normal* à la courbe. Toutes les droites situées dans ce plan et passant par le point de contact de la tangente sont perpendiculaires à celle-ci et s'appellent des *normales* à la courbe donnée. Il y en a une infinité en chaque point de la courbe. Parmi elles, on distingue spécialement la *normale principale* qui est située dans le plan osculateur, et qui contient le *centre de courbure*, et la *binormale* qui est perpendiculaire au plan osculateur et renferme le *centre de torsion*. — V. CENTRE DE COURBURE, OSCULATEUR, TORSION.

Si les coordonnées de chaque point de la courbe sont données en fonction d'un paramètre t :

$$x=\varphi(t)$$
$$y=\psi(t)$$
$$z=\theta(t)$$

les cosinus directeurs du plan normal seront proportionnels aux trois dérivées x', y', z', et l'équation du plan normal sera :

$$(X-x)x'+(Y-y)y'+(Z-z)z'=o$$

les équations de la binormale seront :

$$\frac{X-x}{A}=\frac{Y-y}{B}=\frac{Z-z}{C}$$

ou

$$A=y'z''-z'y''$$
$$B=z'x''-x'z''$$
$$C=x'y''-y'x''$$

et celles de la normale principale :

$$\frac{X-x}{Bz'-Cy'}=\frac{Y-y}{Cx'-Az'}=\frac{Z-z}{Ay'-Bx'}$$

Si le paramètre variable est l'arc de la courbe s, compté à partir d'une origine quelconque, les équations de la normale principale se simplifient et deviennent :

$$\frac{X-x}{x''}=\frac{Y-y}{y''}=\frac{Z-z}{z''}$$

On appelle *normale* à une surface la droite menée par le point de contact du plan tangent perpendiculairement à ce plan.

Si

$$f(x,y,z)=o$$

est l'équation de la surface, les équations de la normale sont :

$$\frac{X-x}{f'_x}=\frac{Y-y}{f'_y}=\frac{Z-z}{f'_z}$$

Si les coordonnées de chaque point de la surface sont données en fonction de deux paramètres u et v, les équations de la normale seront :

$$(X-x)\frac{dx}{du}+(Y-y)\frac{dy}{du}+(Z-z)\frac{dz}{du}=o$$

$$(X-x)\frac{dx}{dv}+(Y-y)\frac{dy}{dv}+(Z-z)\frac{dz}{dv}=o$$

Deux normales infiniment voisines d'une surface ne se rencontrent généralement pas. Il suit de là que le lieu des normales à une surface tout le long d'une courbe tracée sur cette surface est une surface réglée, généralement *gauche*, qui a reçu le nom de *normalie*. On peut cependant, par chaque point de la surface, faire passer deux lignes telles que les normalies correspondantes soient des surfaces développables; leur ligne de striction est l'enveloppe des normales. Ces lignes particulières jouent un grand rôle dans la théorie des surfaces; elles ont été rencontrées pour la première fois par Monge qui leur a donné le nom de *lignes de courbure*. Les lignes de courbure sont, en chaque point, tangentes aux axes de l'indicatrice, de sorte qu'elles se coupent toujours à angle droit et tracent sur la surface un réseau de rectangles infiniment petits.

La considération de la normale aux courbes et aux surfaces est extrêmement importante en mécanique, parce que, si un point matériel est assujetti à décrire une courbe ou une surface, la réaction de cette courbe ou surface fixe lui est constamment normale quand on fait abstraction du frottement. — M. F.

***NORMAND** (LOUIS-MARIE), graveur, né à Paris, en 1789, était fils de *Charles-Pierre-Joseph* NORMAND, architecte et graveur d'ornements auquel on doit un grand nombre de publications très estimées, notamment le *Guide de l'ornemaniste* et les *Principaux monuments, palais et maisons de Paris*, en cent planches. De bonne heure, le jeune Normand fut placé dans l'atelier de Lafitte, pour y apprendre le dessin, en même temps que son père lui donnait des leçons de gravure. Il s'essaya d'abord dans la gravure artistique, donna quelques planches importantes, parmi lesquelles on remarque les *Noces de Cana*, d'après Véronèse; mais bientôt il abandonna cette voie pour se consacrer au genre spécial où son père s'était fait connaître. Normand n'a donc plus donné que des gravures techniques d'architecture ou de décoration : *bas-reliefs*; *plan et coupe de l'Arc de triomphe de l'Etoile*, d'après les dessins de Lafitte, 1810; *Entrée triomphale du duc d'Angoulême à Paris*, d'après les dessins de Lafitte, 1825; *Monuments français choisis dans les collections de Paris et dans les principales villes de France*, 1829 et 1847; *Cours de dessin industriel*, 1833; *Paris moderne* ou choix de maisons construites dans les nouveaux quartiers de la capitale et de ses environs, 1re partie, 1834-1838, 2e partie, 1838-1842, 3e partie, 1845-1850; *Manuel de géométrie, de dessin linéaire, d'arpentage et de nivellement*, 1841, avec M. Rebout: *Vignole ombré*, avec le même, 1845. Normand avait, en outre, collaboré aux ouvrages de son père : *Souvenirs des monuments français*; les *Modèles d'orfèvrerie* et les *Principaux monuments de Paris*, et à beaucoup de publications importantes du commencement du siècle : la *Revue moderne*; l'*Univers pittoresque*; la *Galerie mythologique*, de Millin; les *Fontaines de Paris*, par Moisy; au *Baptême du duc de Bordeaux*, par Hittorff; à la *Galerie chronologique et pittoresque de l'histoire ancienne*, qu'il a gravée en entier. Louis-Marie Normand est mort, à Paris, en 1874. Son fils, Charles-Albert Normand, est un architecte distingué, prix de Rome et officier de la Légion d'honneur, à qui on doit, notamment, le petit palais pompéien de l'avenue Montaigne.

***NORVÈGE** ou **NORWÈGE**. — V. SUÈDE ET NORWÈGE.

***NOTAGE.** *T. techn.* Opération qui consiste à noter des airs sur le mécanisme des pianos et des orgues mécaniques.

NOTATION CHIMIQUE. Méthode pour exprimer par écrit la composition des corps ainsi que quelques-unes de leurs propriétés.

La première idée d'une écriture chimique est due à Lavoisier; sous sa direction, Adet et Hassenfratz firent de premiers essais qui démontrèrent l'utilité de l'idée et la possibilité de sa réalisation; mais la chimie n'était pas alors assez bien constituée pour que la tentative réussit. C'est à Berzélius que nous devons l'écriture chimique telle que nous l'employons encore de nos jours, à quelque chose près, car on a substitué déjà, depuis quelque temps, à l'unité anciennement admise, c'est-à-dire à l'oxygène O ayant pour équivalent 100; l'hydrogène H, dont l'équivalent 1 permet des simplifications de calcul, et l'on a définitivement abandonné l'abréviation qui consistait à remplacer l'oxygène par des points.

Pour montrer la façon dont les corps simples s'unissent pour former tous les corps complexes connus, on représente chacun d'eux par un symbole qui indique leur équivalent ou leur atomicité. Ce sont, habituellement, la ou les premières lettres du nom de ces corps, lorsque les noms de plusieurs métaux ou métalloïdes commencent par une même lettre; ainsi, on écrit O ou Ꝋ pour représenter l'oxygène, H pour représenter l'hydrogène, et C ou Ꞓ pour le carbone, Ca pour le calcium, Cd pour le cadmium, Ce pour le cérium, Co pour le cobalt, Cu pour le cuivre, etc.; ces abréviations indiquent, comme on peut le voir, les noms français des corps simples; parfois, cependant, elles portent sur le nom latin du produit, comme Sn pour l'étain (stanum), Sb pour l'antimoine (stibium), Hg pour le mercure (hydrargyrum), Na pour le sodium (natrium), et K pour le potassium (kalium). Une seule exception est à signaler pour le tungstène, dont le symbole W vient de son nom allemand, wolfram. Nous avons donné, au mot ÉQUIVALENT, la liste des corps simples connus, avec leurs symboles et leurs équivalents par rapport à l'oxygène et par rapport à l'hydrogène; on sait donc déjà que ces symboles représentent, en poids, les quantités suivant lesquelles ils se combinent.

Maintenant, pour indiquer un corps composé, on rend compte de sa constitution en écrivant côte à côte les symboles des atomes constituants, en y ajoutant, lorsque cela est nécessaire, un exposant en chiffres qui indique le nombre d'atomes de chaque corps entrant dans une combinaison. Ainsi nous écrirons HCl pour représenter l'acide chlorhydrique, H^2O^2 ou H^2Ꝋ pour figurer l'eau, AzH^3 pour indiquer l'ammoniaque. Pour exprimer la constitution d'un corps plus complexe, comme un sel, qui résulte de la saturation d'un acide par une base, tel que le sulfate de potasse, nous écrirons KO,SO^3. Dans cette formule, nous voyons apparaître une virgule ou un point dont nous ne connaissons pas encore le sens; les virgules sont employées pour indiquer la constitution de ce corps composé. Ainsi au lieu de KO,SO^3, nous pourrions mettre KSO^4; dans ce cas, on voit toujours bien que la substance, que KSO^4 représente, est formée de un équivalent de potassium et de soufre et de quatre d'oxygène, mais cela ne nous indique pas que les éléments étaient primitivement réunis en groupes distincts. L'emploi des virgules est donc utile, sinon indispensable, pour ceux qui emploient la notation par équivalents, en ce sens qu'elles disent comment on suppose que les molécules constituantes d'un corps sont arrangées entre elles. C'est pourquoi on donne le nom de *formules rationnelles* aux formules qui expriment ce groupement. Mais, font remarquer les partisans de l'atomicité, ce n'est là qu'une hypothèse. Hypothèse tellement admise, il est vrai, qu'elle est regardée comme une vérité incontestable, mais hypothèse quand même, en ce sens qu'elle préjuge le groupement moléculaire, et que les données de la science sur la position des atomes dans les molécules des corps composés, ne sont rien moins que positives. Dès lors, pour représenter la composition atomique d'un corps composé à l'aide d'une formule, il faut exprimer simplement cette composition et placer les symboles les uns à la suite des autres en les affectant des coefficients qui indiquent le nombre de ces équivalents. Ainsi la formule du sulfate de potasse s'écrira tout aussi bien KSO^4 ou SKO^4, et cela n'a rien d'hypothétique et ne préjuge en rien du groupement moléculaire. Ces *formules brutes*, comme on les appelle, ne sont pas toujours sans inconvénients, en ce qu'elles ne parlent pas toujours aussi bien à l'œil que les formules rationnelles; ainsi, par exemple, s'il n'y a pas d'inconvénients à exprimer l'acide sulfurique monohydraté SO^3,HO par SHO^4, lorsque l'on voudra rendre la formule du même acide à 3 équivalents d'eau $SO^3,3HO$, la formule SH^3O^6 sera moins nette; si nous envisageons la composition du phosphate tribasique de chaux $3(CaO),PhO^5$, nous indiquerons bien que dans ce corps il y a 3 équivalents d'oxyde de calcium pour saturer un d'acide phosphorique, tandis que la formule brute du même corps Ca^3PhO^8, ne donnera pas immédiatement, à des yeux peu exercés, une indication aussi précise que la précédente. On voit donc que l'emploi d'une hypothèse, admise d'ailleurs comme une réalité, facilite considérablement l'étude de la chimie, surtout pour ceux qui commencent à se livrer à cette science.

Pour constituer la formule d'un corps, on suit une règle que nous n'avons pas encore indiquée et qu'il est d'autant plus utile de connaître qu'elle est absolument opposée au langage chimique parlé. On met en première ligne, dans la notation, l'élément électro-positif. On sait que dans un corps composé, l'élément électro-négatif est désigné, dans le langage ordinaire; ainsi, on dit chlorure de soufre et non sulfure de chlore, sulfate d'oxyde de zinc et non oxydozincate d'acide sulfurique; de sorte que l'expression qui désigne la nature d'un produit complexe, montre en même temps le rapport électro-chimique des parties constituantes. Eh bien, c'est l'inverse dans la notation écrite, on formulera CCl et non ClC, et ZnO, SO^3 au lieu de SO^3, ZnO ; mais cette idée de simplification n'est plus toujours suivie et nous voyons dans quelques ouvrages, adoptant la notation atomique, faire concorder dans les formules le langage écrit avec le langage parlé. Cependant, l'ancienne règle de Berzélius n'expose pas parfois, comme l'idée opposée, à un défaut de clarté. Précisons : en général, le corps électro-négatif, associé en différentes proportions au même corps électro-positif, engendre une série de combinaisons. Si, dans les formules, on suit la règle adoptée dans le langage courant, les exposants se trouveront enclavés entre les lettres : ainsi, l'on aurait cette nouvelle formule O^3S pour représenter l'acide sulfurique, au lieu de SO^3; il est certain qu'on finirait par s'y perdre, et qu'il vaut bien mieux suivre la règle formulée, qui a le mérite d'être fort claire dans ses applications et universellement adoptée.

Lorsqu'il s'agit maintenant de se rendre compte par une formule des réactions qui se sont produites dans une opération chimique, la notation chimique continue de se servir de la forme algébrique qu'elle a déjà acceptée en partie pour indiquer la constitution des corps. On établit une équation dans le premier terme de laquelle on place tous les corps mis en présence, séparés par les signes + ou — suivant qu'il y a addition ou soustraction d'un ou de plusieurs corps, et le second terme de l'équation doit être égal au premier, c'est-à-dire, comprendre non seulement les mêmes symboles, mais aussi avec les mêmes exposants. Ainsi, si l'on forme du sulfate de plomb et de l'azotate de soude en décomposant du sulfate de soude par de l'azotate de plomb, on exprimera la réaction par les équations suivantes :

$$NaO, SO^3 + PbO, AzO^5 = PbO, SO^3 + NaO, AzO^5$$
$$\text{et } NaSO^4 + PbAzO^6 = PbSO^4 + NaAzO^6$$

dans lesquelles il y aura toujours 1 équivalent de sodium, de soufre, de plomb et d'azote, pour 10 d'oxygène dans chaque terme de l'équation. La seule exception qu'il pourrait y avoir à cette règle, serait la formule dans laquelle on ferait disparaître l'oxygène, pour le remplacer par des points placés horizontalement, sans pour cela négliger l'équivalence des autres symboles dans les deux termes de l'équation. La nouvelle notation chimique à laquelle nous venons de faire allusion est celle proposée par Berzélius, pour abréger encore l'écriture chimique. Ainsi les formules précédentes deviendraient :

$$\dot{Na}, \dddot{S} + \dot{Pb}, \overset{\cdot\cdot\cdot\cdot\cdot}{Az} = \dot{Pb}, \dddot{S} + \dot{Na}, \overset{\cdot\cdot\cdot\cdot\cdot}{Az}$$
$$\text{et } \dot{Na}\dddot{S} + \dot{Pb}\overset{\cdot\cdot\cdot\cdot\cdot}{Az} = \dot{Pb}\dddot{S} + \dot{Na}\overset{\cdot\cdot\cdot\cdot\cdot}{Az}$$

Cette notation semble totalement abandonnée maintenant; elle avait cependant quelques avantages, en outre de l'abréviation qu'elle produisait, elle permettait d'introduire de nouveaux exposants sans apporter de confusion. Ainsi, si l'on écrit $\dot{K}, \dddot{S}^2$, cela indique que $\dddot{S}$ doit être multiplié par deux. Dans la formule ordinaire, l'introduction de l'exposant 2 force à renfermer SO^3 entre deux parenthèses $2(SO^3)$, ou à mettre le nouvel exposant au bas de la lettre SO^3_2, d'où des complications avec confusion possible. Mais, ainsi que nous l'avons indiqué, depuis une trentaine d'années, la notation de Berzélius n'étant plus employée, nous n'avons pas à entrer dans de plus grands détails à ce sujet. — J. C.

***NOUAGE.** *T. de tiss.* Lorsqu'une pièce d'étoffe est terminée, on l'enlève, en laissant, en avant du peigne et en arrière des lames ou de la tire, une longueur de chaîne, courte mais suffisante. Cette précaution dispense l'ouvrier d'un *remettage* chaque fois qu'il a achevé, soit une coupe entière, soit un coupon ou fragment de longueur. En effet, c'est aux fils qui restent ainsi passés dans le peigne et dans les mailles, œillets ou maillons des lisses, qu'on noue ceux d'une nouvelle chaîne. Le nouage est donc une opération qui consiste à nouer, un à un, tous les fils nouveaux à l'extrémité de ceux qui ont été conservés dans le peigne et le remisse.

***NOUAILHER.** Famille d'émailleurs connue à Limoges depuis le XVe siècle. Un des plus anciens membres de cette famille paraît être *Nicolas* ou COULY NOUAILHER, classé longtemps parmi les artistes anonymes, et rétabli dans son véritable nom, grâce aux recherches de Maurice Ardant. Léon de Laborde se montre sévère pour cet émailleur : « Il y a, dit-il, deux parts à faire dans ses ouvrages, une, bonne et peu remplie, c'est le léger bagage de l'artiste, l'autre, mauvaise et très fournie, c'est la lourde charge de l'industriel ; » il reconnaît à Couly Nouailher une certaine originalité de composition et un goût particulier pour colorier les grisailles en tons bleus, violets et jaunâtres se détachant vigoureusement sur un émail noir. Maurice Ardant donne une explication très plausible des inégalités qu'on remarque dans les diverses pièces signées du monogramme de cet artiste : c'est qu'il y aurait eu deux Couly Nouailher, le grand-père et le petit-fils, celui-ci bien inférieur comme talent.

Le premier NOUAILHER sur lequel on ait des informations précises est *Jacques*, né à Limoges en 1605, mort en 1673. Cet artiste eut au commencement de la décadence, dit Léon de Laborde dans sa *Notice des émaux du Louvre*, l'idée de modeler en relief d'émail des sujets de piété; il dépensa quelque talent, mais sans doute plus de temps et d'argent à cette ingrate besogne; son procédé était ingénieux, c'était un moulage d'émail. Le sujet étant gravé en creux sur une planche de cuivre, il plaçait au fond une légère feuille d'or pour éviter l'adhérence, et ayant rempli d'émail blanc ce moule ainsi formé, il cuisait légèrement pour faire prendre consistance à l'émail, puis enlevait l'or au moyen d'acides et colorait ensuite le relief avec des émaux légers d'une fusion facile, afin de ne pas déformer l'image. On a de cet artiste un beau chandelier en émail avec des amours et des arabesques en relief, couleur or. Il porte cette inscription : *Fait par Jacques Noalher, rue Magninie,* et se trouve actuellement au musée de Limoges. L'ensemble en est gracieux et élégant, le modèle des amours est fait avec soin, et des arabesques composés avec goût servent d'encadrement aux figures. Léon de Laborde connaissait-il bien ce petit chef-d'œuvre lorsqu'il a porté sur Jacques Nouailher un jugement aussi sévère ?

D'ailleurs de Laborde semble avoir été injuste pour toute cette famille. De *Pierre* Nouailher, né en 1657, mort en 1717, il dit : « médiocre, comme tous les émailleurs de sa famille, il appliquait son art aux objets usuels et ordinaires de la vie privée ». Il est tout d'abord très discutable que l'art s'abaisse en s'attachant aux objets usuels, et un chandelier de Nouailher peut être aussi remarquable qu'une plaque de Léonard. Mais, de plus, on ne connaît de Pierre qu'un seul émail, qui est non pas un objet ordinaire de la vie privée, mais bien une plaque représentant un *Saint Jean-Baptiste*, et qui ne manque pas de valeur ; d'Agincourt la cite comme étant, des plus anciens émaux, l'un des plus beaux qu'on puisse voir.

Enfin, le plus connu des Nouailher, *Jean-Baptiste*, né en 1742, mort en 1804, se consacra à la peinture religieuse sur de petits émaux, qui se vendaient difficilement et ne suffisaient pas à assurer son existence. Désireux de se perfectionner dans son art, il vint à Paris, ne trouva aucune ressource dans cette ville, où sa manière ne pouvait guère être appréciée, et rejoignit à grand peine sa ville natale où il mourut dans la gêne, travaillant pour vivre, beaucoup plus que pour l'art. Les autres membres de sa famille, qui avaient suivi la même voie, étaient dans une situation aussi précaire « *Jean-Baptiste, Bernard-Jean et Joseph* Nouailher, dit l'abbé Texier dans son *Essai sur les émailleurs*, descendent une pente qui aboutit à l'extinction totale de l'art. On reconnaît au trait, incertain et toujours fortement accusé du plus grand nombre de leurs compositions, qu'ils ont calqué des gravures au moyen d'un carton percé à l'aiguille, sur lequel ils ont promené un oxyde de fer. Peut-être au reste ce dessin négligé n'accuse-t-il qu'une précipitation excessive, et le désir de suppléer par la quantité de leurs produits à la qualité des grandes pièces, mal payées et peu recherchées. Le portrait de Turgot pourtant n'est pas sans mérite, et lorsqu'ils le voulaient, les derniers Nouailher savaient peindre correctement. Oublions d'ailleurs leur inhabileté : ils étaient avant tout des peintres populaires, et les émaux sortis de leurs mains établissent qu'ils se consacrèrent les derniers au service des confréries, à l'exemple de leurs glorieux prédécesseurs du XVIe siècle. On a de Jean-Baptiste, un *Jésus portant sa croix*, émail de 11 centimètres de hauteur; le fond du tableau est une forêt de croix avec des inscriptions de ce genre : *maladie, procès, jeune martyre*, etc. Sur un autre émail, commandé par une confrérie de pénitents, il a peint le *Néant du monde*. Le meilleur de tous, sans doute, est une copie de la *Vierge à la chaise*, d'après Raphaël. Néanmoins Léon de Laborde qualifie ses peintures de verres de lanterne magique, mais nous savons qu'il dépasse souvent la mesure dans ses jugements. Si les œuvres des derniers Nouailher sont inférieures à celles des maîtres de la Renaissance, elles sont encore ce qui se faisait de mieux au XVIIe siècle. Ne fût-ce qu'à ce point de vue, leur intérêt est considérable. Leur nom s'écrivait aussi Noylier. On le trouve ainsi orthographié sur un tableau de Jean, le dernier de la famille : *Jean Noylier peinxit*, 1780. — C. DE M.

NOUE. *T. de constr.* On désigne ainsi tout à la fois l'angle rentrant formé par la rencontre de deux pans de couverture, la pièce de charpente qui constitue l'arête de cet angle et la disposition des tuiles, des ardoises ou du zinc qui en forment la couverture. Si, au contraire, deux combles se rencontrent sous un angle saillant ; celui-ci reçoit le nom d'*arêtier*. L'établissement de la noue n'offre aucune difficulté pour le charpentier. La pièce de bois commune aux deux toitures est creusée en canal à sa partie supérieure, c'est-à-dire qu'elle présente elle-même un angle rentrant dont les faces appartiennent respectivement aux plans des lattis supérieurs des deux combles. L'opération effectuée pour obtenir cette gorge s'appelle le *délardement* de la noue. Si les deux combles sont de hauteurs différentes, il faut placer le long de la couverture la plus élevée une sorte de ferme ayant même inclinaison pour recevoir le faîtage et les pannes de la couverture la plus basse. Cette ferme s'appelle *noulet*. On dit que ce noulet est *droit* lorsque les lignes de faîtage des deux combles sont perpendiculaires entre elles ; il est *biais*, si ces deux lignes sont obliques l'une par rapport à l'autre.

Si la construction d'une noue est sans difficulté pour le charpentier, il n'en est pas de même pour le couvreur, qui doit user ici de toute son habileté pour éviter les infiltrations d'eau. Dans les couvertures en tuiles, on établit au fond de l'angle une série de tuiles, creuses que l'on assujettit avec du plâtre ou du mortier, et l'on fait aboutir sur cette espèce de gouttière les tuiles des deux toits convenablement taillées. Dans les couvertures en ardoises, la noue se fait en plomb ; c'est alors une suite de tables de 2 à 3 mètres de longueur, établies sur une pente en plâtre et bordées latéralement d'un ourlet maintenu

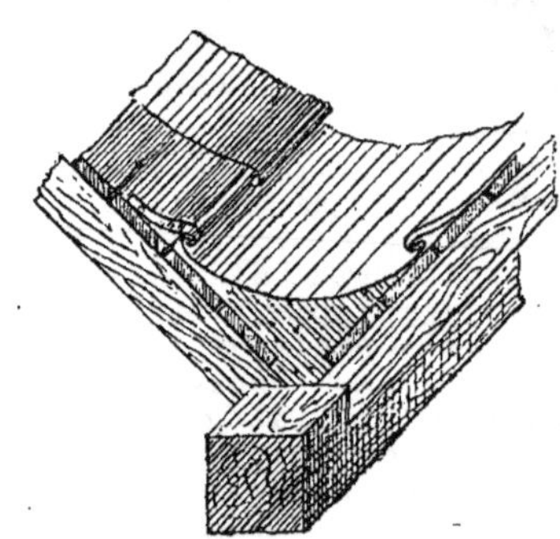

Fig. 474.

par des pattes clouées sur le voligeage. Les ardoises qui se raccordent avec la noue sont découpées obliquement, c'est-à-dire en *tranchis biais*. Souvent on les remplace (fig. 474) par un *noquet*, bande de plomb ou de zinc qui s'assemble avec la noue par un joint en ourlet. Dans les couvertures en zinc les noues sont formées de feuilles de même métal qui se raccordent par de simples agrafures avec les feuilles de couverture ou qui sont fixées par des pattes à agrafe clouées sur le voligeage. || Lame de plomb ou de cuivre servant de rigole à la noue. || Tuile creuse qui sert à l'écoulement des eaux. || Partie de pavé composée de deux revers au milieu desquels est un ruisseau.

***NOUÉ, ÉE.** *Art hérald.* Se dit de la queue du lion quand elle est terminée par un nœud en forme de houppe; pièces entourées d'un nœud d'un autre émail.

***NOUETTE.** *T. de constr.* Tuile munie d'une arête sur son bord.

NOUGAT. Gâteau de pâte solide ou demi solide, faite d'amandes brûlées et de miel. — V. CONFISERIE.

NOULET. *T. de constr.* — V. NOUE.

***NOURRI, IE.** *Art hérald.* Pièce d'arbre coupé. || Fleur sans queue.

NOURRIR. *T. de teint. Nourrir un bain*, c'est y mettre les drogues qui lui manquent; *nourrir une teinte*, c'est la charger de teinture.

I. NOYAU. *T. d'arch.* Saillie laissée brute pour être travaillée sur place. || Partie intérieure d'une construction enveloppée d'un revêtement. || Partie centrale qui, dans un escalier, reçoit les bouts des marches opposés à ceux qui sont engagés dans le mur. || *Noyau central.* — V. FORTIFICATION. || *T. de grav.* Dans la gravure en pierres fines, partie de la pierre entrée dans la charnière, c'est une sorte de bouterolle. || *T. d'art.* Ebauche d'une figure de terre ou de plâtre. || Partie pleine dans l'intérieur d'un moule qui, à la fonte, doit produire un vide correspondant; *porte-noyau*, saillie du modèle qui indique la place du noyau, mais que la fonte ne reproduit pas. — V. MODELAGE, MOULAGE. || *Noyau d'assemblage. T. de charp.* Pièce de bois conique, de peu de hauteur, recevant les abouts des chevrons d'un comble conique, sphérique ou elliptique. Le noyau remplit ici le rôle du poinçon dans les fermes à entrait.

II. NOYAU. *T. de liquor.* Nom d'une liqueur de table obtenue en laissant macérer dans de l'alcool les noyaux cassés de certains fruits d'arbres appartenant à la famille des rosacées-amygdalées, comme l'abricotier, le pêcher, l'amandier (variété amère), le cerisier, le mérisier, etc. L'acide cyanhydrique qui se forme alors, sous l'influence de l'eau, par la décomposition de l'amygdaline en présence de l'émulsine, donne au produit une saveur agréable de noyau ou d'acide cyanhydrique faible, qui rapproche cette liqueur de celle dite *kirsch*. Après quelque temps de contact on distille et on sucre convenablement.

NOYER. *T. de bot. Juglans régia*, L., de la famille des juglandées, bel arbre originaire de Perse, et qui, dans nos climats, croît très bien dans les terrains calcaires. Son tronc est lisse et de couleur cendrée; il peut acquérir jusqu'à 3 et 4 mètres de circonférence. Les feuilles sont larges, ailées, avec impaire, d'odeur forte; les fleurs mâles sont portées sur de longs chatons simples, les fleurs femelles sont solitaires, ou en petit nombre, à l'extrémité des rameaux. Le fruit (noix) est un caryone globuleux, à sarcocarpe succulent (brou), à endocarpe ligneux, renfermant une semence huileuse, dont l'amande est à deux cotylédons très développés, divisés en 4 lobes par le bas, et à surface très inégale.

Toutes les parties de l'arbre sont utilisées. Sa sève contient un sucre cristallisable; l'écorce est employée pour le tannage; le bois sert aux ébénistes et aux menuisiers pour faire des meubles, il est encore recherché par les mécaniciens, les armuriers, les tourneurs, les carrossiers, les sabotiers, les fabricants de tambours, et même par les couteliers, pour leurs polissoirs; les feuilles sont très astringentes et employées comme telles en médecine; les chatons mâles servent à obtenir, par distillation, l'eau de noix; enfin les fruits sont recherchés à plus d'un titre: jeunes, et alors que l'endocarpe ligneux n'est pas encore développé, ils sont comestibles et appelés *cernaux*, on les assaisonne au verjus ou au vinaigre et on les confit également; le brou du fruit mûr est séparé et utilisé, soit pour faire une liqueur de table, soit pour faire de l'encre, pour la teinture, ou encore en le laissant fermenter en tas, pendant un an et plus, pour faire une matière colorante brune, que l'on emploie dans la peinture à l'eau; il renferme un principe amer qui s'oxyde et noircit à l'air; enfin l'embryon se mange frais ou desséché, ou bien après trois ou quatre mois de récolte sert à obtenir une huile siccative, verdâtre, d'une densité de 0,928 qui, malheureusement, rancit très vite. Le tourteau après expression sert à engraisser la volaille ou les porcs.

***NOYURE.** *T. techn.* Se dit d'un creux ménagé dans quelque chose pour y loger la tête d'une vis. || Creux pratiqué au devant d'un pignon, pour le détacher d'une roue au centre de laquelle il est rivé.

***NU.** *T. d'art.* Partie de figure ou figure entière qui n'est pas couverte de draperies. || *T. de constr.* Devant d'une partie quelconque d'un ouvrage de menuiserie. || *Nu d'un mur.* Partie d'un mur qui est plane et dépourvue d'aucune saillie ou d'ornement.

***NUAGÉ, ÉE.** *Art hérald.* Se dit des pièces représentées avec des ondes, des sinuosités ou lignes courbes.

NUANCE. *T. de phys. et de techn.* Dans le langage ordinaire, ce mot a une signification vague: *nuance claire, pâle, foncée, sombre*, etc. M. Chevreul, dans sa classification méthodique des couleurs en a précisé le sens. Il donne le nom de *nuance* d'une couleur pure, aux produits de son mélange, en diverses proportions, avec une autre couleur pure qui la change sans la ternir. En indiquant ces proportions, il caractérise numériquement les nuances et assigne leurs places dans l'échelle des couleurs, réservant le nom de *couleurs rabattues* ou de *couleurs élevées* à celles qui sont mélangées de blanc ou de noir en certaines proportions qui servent à les caractériser. — V. COULEUR. — C. D.

*** NUCINE.** *T. de chim.* Matière colorante que l'on extrait du brou de noix (*juglans regia*). D'après Bernthsen et Semper, la nucine contiendrait de la juglone qui est une oxyanthraquinone. C'est un corps cristallin insoluble dans l'eau, peu soluble dans l'alcool, très soluble dans les alcalis, sa dissolution est d'un beau rouge. L'acide chlorhydrique précipite la dissolution alcaline en rouge brun. Sa composition est encore à établir, Lin. On prépare la nucine en épuisant, par de l'éther, le brou de noix frais, on ajoute à l'extrait éthéré de l'azotate de cuivre neutre jusqu'à coloration rouge, on décante la couche éthérée, et après filtration de la solution cuivrique, on ajoute peu à peu de l'acide nitrique jusqu'à coloration bleu verdâtre. On traite par l'éther, qui dissout la nucine que l'on obtient pure par évaporation. — J. D.

NUMÉROTAGE. On entend par ce mot la classification par numéros, donnée aux fils de diverses natures.

Les systèmes qui servent de base à cette classification, sont au nombre de trois : l'un qui consiste à prendre une unité de longueur de fil pour en déterminer le poids ; le second qui consiste à prendre un poids constant de fil, pour en déterminer la longueur ; le troisième fondé sur la détermination du diamètre. Le premier système est employé pour les fils de soie, le second pour tous les autres fils faits de matière textile, le troisième pour les fils métalliques.

Pour les fils fabriqués avec des matières textiles, le mesurage se fait au moyen de dévidoirs d'un périmètre donné, qui indiquent automatiquement le nombre de tours à enrouler pour obtenir une longueur convenue ; cette longueur s'appelle *écheveau*, et le nombre des écheveaux contenus dans l'unité de poids représente le numéro. Pour faciliter le contrôle, on fractionne toujours chaque écheveau en un certain nombre de parties égales dites *échevettes*, séparées par un fil qui sert d'entrelacs.

En comparant les deux méthodes de numérotage usitées pour les fils textiles, on constate que d'après la méthode adoptée pour la soie, plus le fil est fin, plus le numéro est bas ; tandis que d'après la méthode adoptée pour tous les autres fils textiles, plus le fil est fin, plus le numéro est élevé.

Nous allons indiquer sommairement quels sont les différents systèmes de numérotage adoptés pour les diverses espèces de fils.

Numérotage des fils de coton. Le numérotage des fils de coton comprend trois systèmes : français, anglais et belge.

Le *numérotage français*, le seul employé en France, a été prescrit chez nous par un décret du 14 décembre 1810, puis par une ordonnance du 26 mai, confirmée par une autre ordonnance en date du 8 avril 1829. Le numéro y indique le nombre de fois mille mètres que contient le demi-kilogramme (500 grammes). La vente s'en fait au kilogramme. La circonférence du dévidoir est de 1m,42857 (70 tours pour 100 mètres). Lorsque dans 500 grammes on a un écheveau de 1,000 mètres, c'est du n° 1 ; lorsque dans le même poids, on a deux écheveaux de 1,000 mètres c'est du n° 2 ; dix écheveaux de 1,000 mètres, c'est du n° 10 et ainsi de suite. Dans le *numérotage anglais*, employé en Angletere, en Autriche et en Allemagne, le numéro est égal au nombre d'écheveaux de 840 yards (768m,08) contenus dans une livre anglaise (0k,453 grammes). La vente se fait par livres anglaises. La circonférence du dévidoir est de 1 1/2 yard. Lorsque dans une livre anglaise il y a un écheveau de 840 yards, c'est du n° 1, deux écheveaux, du n° 2 ; dix écheveaux, du n° 10, et ainsi de suite. Les paquets anglais se font généralement de 10 livres anglaises (4k,325), excepté lorsqu'ils sont destinés à la fabrication des tulles où ils ne sont composés que de 2 livres (907 grammes) ; tout écheveau est de 5 échevettes. Enfin, dans le *numérotage belge*, employé en Belgique et en Hollande, le numéro est égal au nombre d'écheveaux de 840 yards (768m,08) contenus dans une livre française (500 grammes). La vente se fait au kilogramme. La circonférence du dévidoir est de 1m,37157 (560 tours pour 768m,08). Lorsque dans 500 grammes il y a un écheveau de 768m,08, c'est du n° 1 ; deux écheveaux dans le même poids, du n° 2 ; 10 écheveaux, du n° 10, et ainsi de suite. Les paquets sont généralement de 5 kilogrammes, et chaque écheveau s'y décompose en 5 échevettes. La filature belge ne dépasse pas le n° 70.

Numérotage des fils de laine peignée. Le numérotage des fils de laine peignée comprend quatre systèmes : allemand, alsacien, anglais et français, chacun de ces systèmes se subdivisant eux-mêmes en différents autres dans leurs pays d'adoption.

Dans le *numérotage allemand*, employé en Autriche et un peu en Allemagne, le numéro indique le nombre d'écheveaux de 840 yards (768m,08) que contient l'ancienne livre commerciale de Berlin (Berliner handelspfund) de 467 grammes. La vente se fait par paquets de 10 livres de Berlin. La circonférence du dévidoir est de 1 1/2 yard (1m,3714), ce qui donne 768 mètres pour 560 tours. La subdivision par écheveau est de 7.

Il y a deux *numérotages d'Alsace* : l'un pour la vente en Allemagne, l'autre pour la vente dans la contrée. Dans le numérotage d'Alsace pour l'Allemagne, le numéro indique le nombre d'écheveaux de 750 mètres contenus dans une livre saxonne (467 grammes) ; la circonférence du dévidoir est de 1m,34 (2 ellen de Berlin), ce qui exige 560 tours pour la formation d'un écheveau. Dans le numérotage d'Alsace pour la contrée, le numéro indique le nombre d'écheveaux de 700 mètres contenus dans 500 grammes ; la circonférence du dévidoir est de 1m,40, ce qui demande 500 tours par écheveau.

Dans le *numérotage anglais*, employé en Angleterre et pour la filature des trames sur le continent, le numéro indique le nombre d'écheveaux de 560 yards (1,534 mètres) que contient 1 livre anglaise (0^k,453). La vente se fait par livre anglaise. La circonférence du dévidoir est suivant les filatures de 1 yard (0^m,9143), 1 yard 1/2 (1^m,371) ou 2 yards (1^m,828) de circonférence. L'écheveau de 1,534 mètres est généralement divisé en trois écheveaux de 512 mètres, mais quelques établissements divisent en 14 écheveaux de 80 tours de 1 yard 1/2 ($80 \times 1,37 \times 14 = 1,534,4$) ou en 8 échevettes de 140 tours de 1 yard 1/2

$$(140 \times 1,37 \times 8 = 1,534,4)$$

Enfin, le *numérotage français* comprend les systèmes de Fourmies, Roubaix et Reims. A Fourmies, l'unité de poids est le demi-kilogramme, l'écheveau a 710 mètres, et le dévidoir a une circonférence de 1^m,42 (500 tours par écheveau). A Roubaix (comme à Tourcoing et Amiens), l'unité de poids est le kilogramme, l'écheveau a 714 mètres et le dévidoir a une circonférence de 1^m,428 (500 tours par écheveau). Enfin, à Reims et au Cateau, on emploie presque généralement depuis plus de trente ans l'échée de 1,000 mètres et l'unité de poids de 1 kilogramme.

Numérotage des fils de laine cardée. Le numérotage des fils de laine cardée comprend 9 systèmes : viennois, bohémien, saxon, berlinois, cokerill, anglais, sedanais, elbeuvois et viennois français.

Dans le *numérotage viennois*, employé dans presque toute l'Autriche, le numéro indique le nombre d'écheveaux de 1,760 aunes de Vienne (1,371^m,39) que contient une livre de Vienne (560 grammes). La vente se fait par livre de Vienne. La circonférence du dévidoir est de 2 aunes de Vienne. La filature ne dépasse pas dans le pays le n° 50.

Dans le *numérotage de la Bohême*, employé seulement dans une partie de la Bohême, le numéro indique le nombre d'écheveaux de 800 aunes de Leipzig (548^m,48) que contient une livre anglaise. La vente se fait par livre anglaise (0^k,453), et la circonférence du dévidoir est de 2 aunes de Leipzig. Dans le *numérotage saxon*, employé dans une partie de la Saxe, le numéro indique le nombre d'écheveaux de 1,200 aunes de Leipzig que contient une livre anglaise. La vente se fait par livre anglaise. La circonférence du dévidoir est de 3 aunes de Leipzig. Dans le *numérotage de Berlin*, employé dans une partie de l'Allemagne et en Belgique, le numéro indique le nombre d'écheveaux de 2,150 aunes de Berlin (1.434 mètres) que contient un Zolpfund (livre de l'union douanière), de 500 grammes. La vente se fait par zolpfund. La circonférence du dévidoir est de 2 aunes 1/2 de Berlin (1^m,667). Dans le *numérotage cokerill*, employé avec le précédent en Belgique et en Allemagne, le numéro indique le nombre d'écheveaux de 2,240 aunes de Berlin (1,494 mètres) que contient un zolpfund de 500 grammes. La vente se fait aussi par zolpfund. La circonférence du dévidoir est de 4 aunes de Berlin (2^m,668). Dans le *numérotage anglais*, employé en Angleterre et en Ecosse, le numéro indique le nombre d'écheveaux (hantes de 560 yards, 512 mètres) que contient une livre anglaise (0^k,453). La circonférence du dévidoir est suivant les contrées de 1 yard (0^m,914), 1 yard 1/2 (1^m,371) ou 2 yards (1^m,828); plusieurs établissements divisent en 14 écheveaux de 80 tours de 1 yard 1/2 ($1^m,37 \times 80 \times 14 = 1,534^m,4$) ou en 14 écheveaux de 140 tours de 1 yard 1/2

$$(1^m,37 \times 140 \times 8 = 1,534^m,4).$$

Dans le *numérotage d'Elbeuf*, employé dans le rayon de cette ville, le numéro indique le nombre d'écheveaux de 3,600 mètres que contient le demi-kilogramme. La vente se fait par demi-kilogramme. La circonférence du dévidoir est de 2 mètres.

Dans le *numérotage de Sedan*, en usage dans cette ville et ses environs, le numéro indique le nombre d'écheveaux de 1,256 aunes (l'aune de Paris = 1^m,188) que contient une ancienne livre de Paris (489 gr. 51). La vente se fait par livre de Paris ou par demi-kilogramme. La circonférence du dévidoir est de 1 aune 297. Le filé le plus fin encardé ne dépasse pas le n° 40.

Enfin, dans le *numérotage de Vienne (Isère)*, le numéro s'exprime par le nombre de « marques » (écheveaux de 66 mètres) contenus dans 1 kilogramme. Le périmètre du dévidoir est de 1^m,50, ce qui exige 44 tours pour la formation de la marque.

Numérotage des fils de lin et de jute. Le numérotage des fils de lin et de jute comprend deux systèmes : anglais et autrichien.

Dans le *numérotage anglais*, employé en Angleterre, en Allemagne, en France et en Belgique, le numéro indique le nombre d'écheveaux (*leas*) de 300 yards que contient une livre anglaise. La vente se fait au paquet de 360,000 yards dont le poids varie suivant le numéro. La circonférence du dévidoir est de 2 1/2 yards sur le continent et de 3 yards en Angleterre.

Dans le *numérotage autrichien*, employé en Autriche seulement, le numéro indique le nombre d'écheveaux de 3,600 aunes de Vienne (l'aune de Vienne est de 0^m,779) contenus dans 10 livres anglaises. La vente se fait au schock de 864,000 aunes. La circonférence du dévidoir est de 3 aunes.

Quelques filateurs ont préconisé l'emploi d'un *numérotage français* identique à celui employé pour le coton, c'est-à-dire dans lequel le numéro indiquerait le nombre de fois 1,000 mètres que contiendrait le demi-kilogramme, avec une circonférence de dévidoir de 2 mètres et demi; mais ce système n'a jamais pu être couramment employé.

Numérotage des fils de chanvre. On emploie pour le chanvre, soit le numérotage anglais des fils de lin, soit un système spécial dit *numérotage d'Angers* ou métrique, employé spécialement dans cette ville pour les fils destinés à la fabrication des ficelles, et pour lequel les bases adoptées sont le kilogramme (1,000 grammes) comme unité de poids, et le kilomètre (1,000 mètres) comme longueur de l'écheveau : le numéro désigne donc le nombre de kilogrammes nécessaires pour former un poids de 1,000 grammes. On ne fabrique pas au delà du n° 12 métrique.

Numérotage des fils de bourre de soie, schappe ou filoselle. On emploie deux systèmes : anglais ou français.

Le *numérotage anglais*, employé en Angleterre et un peu sur le continent, est identique à celui adopté pour le coton.

Dans le *numérotage français*, employé en France et en Autriche, le numéro indique le nombre de mètres que contient 1 gramme. Dans la majeure partie des filatures françaises, on dévide sur un dévidoir de 1m,428 et les écheveaux se font de 500 mètres; cependant, dans les établissements des environs de Paris, le périmètre des dévidoirs pour la même longueur, varie entre 1m,28 et et 1m,43, et dans ceux qui travaillent pour la fabrique de tulle de Saint-Pierre-les-Calais, les dévidoirs ont de 1m,28 à 1m,50 pour une longueur d'écheveau de 768 mètres.

Numérotage des fils de soie (soie grège, organsin et trame). Pour titrer la soie, on mesure un certain nombre de mètres que l'on pèse, le nombre de grains (un grain = 0 gr. 0,53) que représente le poids donne le numéro; plus il y a de grains ou deniers, plus la soie est grosse.

On distingue les numérotages lyonnais, français et italien.

Dans le *numérotage lyonnais*, employé à Lyon, le numéro est égal au nombre de grains que renferme un écheveau de 500 mètres. La vente a lieu d'après le poids du pays. La circonférence du dévidoir est variable.

Dans le *numérotage français*, employé dans le reste de la France, le numéro indique le poids en grains d'un écheveau de 476 mètres (précédemment 400 aunes ou 475 3/8 mètres). La circonférence du dévidoir est variable.

Enfin, dans le *numérotage italien*, employé en Italie de concert avec le précédent, le numéro est égal au poids en demi-décigramme d'un écheveau de 450 mètres. La circonférence du dévidoir est encore variable.

Numérotage des fils métalliques. Jusqu'en 1844, les numéros établis, soit par les forges, soit par la quincaillerie, n'avaient aucune uniformité; c'est aux efforts louables d'un fabricant, M. Frédéric Pétrement, qu'on a dû leur unification. Constatant journellement des écarts considérables et arbitraires entre les mêmes numéros vendus par différentes maisons, il rechercha pendant quatorze ans tous les calibres du commerce pour les comparer entre eux et, à l'Exposition de 1844, exposa le premier un type uniforme basé sur la section des fils. Petit à petit ce calibre s'imposa dans le commerce avec la force d'une idée pratique, mais ce fut seulement en 1857 qu'il fut adopté dans une réunion de maîtres de forge : il fut statué à cette époque que les transactions en fil de fer, cuivre, zinc ou laiton, seraient basées sur le calibre Pétrement qu'on appellerait *jauge de Paris*. Cette jauge est un disque d'acier au pourtour duquel sont des entailles rectangulaires; chaque entaille porte sur une face le numéro ancien de convention, sur l'autre, la relation en dixièmes de millimètres; le zéro de l'échelle est la lettre P, première du mot Pétrement. Le P vaut cinq dixièmes de millimètre, et le numéro 30, dernier de l'échelle, cent dixièmes. Voici la relation entre les numéros et les mesures métriques :

Numéros	Diamètre en dixièmes de millimèt.	Numéros	Diamètre en dixièmes de millimèt.	Numéros	Diamètre en dixièmes de millimèt.
P	5	11	16	22	54
1	6	12	18	23	59
2	7	13	20	24	64
3	8	14	22	25	70
4	9	15	24	26	76
5	10	16	27	27	82
6	11	17	30	28	88
7	12	18	34	29	94
8	13	19	39	30	100
9	14	20	44		
10	15	21	49		

Les fils plus fins que P, appelés *fils carcasse*, parce que dans l'origine ils étaient exclusivement employés par les modistes pour former la carcasse des chapeaux de femme, reçoivent un numérotage analogue. Le calibre des fils carcasse est percé à la circonférence, de trous circulaires, dont le diamètre est un nombre exact de centièmes de millimètre.

Le tableau suivant en donne l'échelle complète :

Numéros	Diamètre en centièmes de millimèt.	Numéros	Diamètre en centièmes de millimèt.	Numéros	Diamètre en centièmes de millimèt.
10	60	19	32	28	22
11	55	20	30	29	21
12	50	21	29	30	20
13	46	22	28	31	19
14	43	23	27	32	18
15	40	24	26	33	17
16	38	25	25	34	16
17	36	26	24	35	15
18	33	27	23	36	14

Les numéros des fils carcasse croissent donc en raison inverse des diamètres : le numéro 10, qui est le premier de la série, vaut 60 centièmes de millimètre, et le dernier, le numéro 36, en vaut seulement 74.

M. Pétrement, tout en conservant le calibre des fils carcasse, a créé pour la fabrication des *fils d'or et d'argent* quatre calibres successifs qui portent chacun 25 numéros : le numéro 1 est égal à un centième de millimètre, le numéro 100 à cent centièmes. — A. R.

En Angleterre, dit M. E. Vivant, dans son excellent *Dictionnaire technique, anglais, français*, les fils métalliques, les tôles et les épaisseurs de tubes sont désignés par un numéro correspondant à l'une des 40 divisions d'une jauge qui porte le nom de *jauge de Birmingham* et que l'on indique généralement par les trois lettres B. W. G. (*Birmingham, Wire, Gauge*) précédées ou suivies d'un numéro. Le tableau ci-dessous donne en millimètres la valeur de ces numéros correspondants :

Jauge de Birmingham pour la section des fils métalliques, les tôles et les épaisseurs de tubes.

Numéros	Fractions décimales de pouce	Diamètres en millimètres	Numéros	Fractions décimales de pouce	Diamètres en millimètres	Numéros	Fractions décimales de pouce	Diamètres en millimètres	Numéros	Fractions décimales de pouce	Diamètres en millimètres
0000	0 454	11.53	7	0.185	4.57	17	0.058	1.47	27	0.016	0.41
000	0.425	10.78	8	0.165	4.19	18	0.049	1.24	28	0.014	0.35
00	0.480	9.63	9	0.148	3.76	19	0.042	1.06	29	0.013	0.33
2	0.340	8.63	10	0.134	3.47	20	0.035	0.89	30	0.012	0.30
1	0.308	7.62	11	0.120	3.05	21	0.032	0.81	31	0.010	0.25
2	0.284	7.21	12	0.109	2.77	22	0.028	0.71	32	0.009	0.23
3	0.259	6.58	13	0.095	2.41	23	0.025	0.63	33	0.008	0.20
4	0.238	6.01	14	0.083	2.11	24	0.012	0.56	34	0.007	0.18
5	0.220	5.59	15	0.072	1.83	25	0.020	0.51	35	0.005	0.13
6	0.203	5.16	16	0.065	1.65	26	0.018	0.46	36	0.004	0.10

NUMÉROTEUR. Instrument en forme de cachet, universellement adopté aujourd'hui pour le *numérotage* des effets et des livres de commerce, des titres et des papiers de toutes sortes, etc., et auquel son créateur, M. Trouillet, a apporté des perfectionnements qui le rendent aussi pratique qu'indispensable. Il est formé de disques gravés de chiffres, au pourtour; et ces disques, représentant les divers ordres d'unités, ont la propriété de se marier ensemble pour reporter aux unités d'ordre supérieur les retenues précédentes, et de se disjoindre ensuite. Ce résultat est obtenu au moyen de pistons à ressorts ou d'engrenages différentiels, de telle façon que, pour produire la suite naturelle des nombres, il suffit de faire tourner le disque des *unités*, qui engendre successivement l'entraînement décimal des *dizaines*, *centaines*, *mille*, etc., au fur et à mesure que l'exige la loi de la numération. La rotation est produite par manivelle, manette ou poussoir, armés d'un cliquet à ressort qui engrène sur un rochet rivé au flanc des unités. L'exiguïté du volume de cet instrument donne lieu à des applications innombrables. Monté sur manche, il a la forme et le poids d'un timbre ordinaire (fig. 475 et 476). Sans manche, il se réduit à un bloc ayant la hauteur des caractères d'imprimerie, ce qui a permis à l'inventeur de juxtaposer, dans un châssis, autant de ces blocs qu'il y a de coupons dans un titre d'action et d'en faire une composition, puis une forme typographique, après les avoir mariés entre eux de façon à ce qu'ils puissent être actionnés simultanément par un levier et des

Fig. 475 et 476.

bielles commandant les tiges de réunion de ces numéroteurs. Ce *châssis de numérotage*, qui constitue un *texte numérique*, mobile et variable à chaque feuille du tirage, a comblé une lacune dans l'art typographique (fig. 477). Il fonctionne sur toutes les presses et machines d'imprimerie et, non seulement il imprime à la fois les numéros de tous les coupons, mais il peut même donner l'impression du texte avec les numéros. Il s'applique au numérotage des titres de rente, des actions, des obligations, des billets de banque et de loterie, et offre un précieux moyen de contrôle des opérations de confection des titres-valeur. Le *numéroteur Trouillet* a transformé les machines à fabriquer les tickets de chemins de fer, les folioteuses et les autres machines à numéroter, à pédale, à manivelle ou à levier, et a engendré des *perforeuses* (emporte-pièce numérique ou alphabétique) qui chiffrent, à jour, le montant des chèques, ou impriment, à jour, le nom du bénéficiaire, ce qui en évite la falsification. Une sorte de machine à numéroter, avec disques ou molettes de chiffres, à très grand diamètre, préexistait depuis longtemps en Angleterre et avait été importée en France; on en peut voir des spécimens à Londres, dans les ateliers de la *Bank*. Mais c'est une machine d'atelier, lourde, volumineuse, non portative ni manuelle, et d'un prix élevé. D'ailleurs, l'immense numéroteur qu'elle contient n'est pas susceptible d'être restreint à la hauteur typographique ni à la largeur d'un coupon. Le système des petites molettes du numéroteur Trouillet a engendré, en même temps que le *timbre à numéros*, le *timbre à date perpétuelle*. Il est formé de molettes de chiffres et de mois, tournant autour d'un arbre, et surmonté

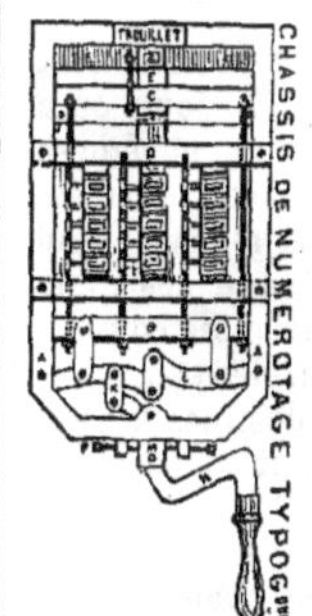

Fig. 477. — *Les dix-sept cartouches blancs représentent dix-sept numéroteurs.*

d'un timbre gravé, avec ouverture fraisée pour l'évolution des molettes dans son épaisseur, comme pour le timbre à numéros : grâce à ces deux séries de timbres, chacun peut avoir en main le moyen de dater et de numéroter successivement les pièces sur lesquelles il a besoin d'imprimer son nom, son adresse ou une griffe quelconque ; c'est un article de bureau, utile à tous, employé partout.

NUMISMATIQUE. Comme l'héraldique, la numismatique est grammaticalement un adjectif transformé en substantif par l'ellipse du mot *science* : elle a, en effet, pour objet l'étude des monnaies et des médailles au point de vue de l'histoire, de même que l'héraldique est la connaissance, que possédaient jadis les hérauts d'armes, des signes distinctifs de la chevalerie et de la noblesse, figurés sur les hauberts, les écus, les blasons ou armoiries des personnages ayant droit à cette distinction.

L'une et l'autre de ces deux sciences ont été et sont encore aujourd'hui de précieux auxiliaires pour l'histoire. Aidée par l'épigraphie et la symbolique, ou science des attributs, la numismatique a rendu d'immenses services aux annalistes. Elle a permis de vérifier et de rectifier des faits, des dates, des noms de lieux inexactement rapportés par les historiens ; elle a même, dans une certaine mesure, suppléé au silence des chroniqueurs, en interprétant les emblèmes et en expliquant les figurations qu'on remarque sur les monnaies et les médailles.

La numismatique est une science relativement moderne ; elle a fait un pas décisif le jour où a disparu, devant l'évidence, l'ancienne et fausse distinction entre les monnaies et les médailles. On a reconnu enfin que l'antiquité n'avait, sauf quelques rares exceptions, frappé que des monnaies auxquelles elle donnait un caractère commémoratif, en y plaçant des attributs, des symboles, des emblèmes de diverse nature destinés à rappeler les événements dont on voulait conserver le souvenir : ainsi en a-t-il été dans l'Asie Mineure, en Egypte, en Grèce, en Etrurie, à Rome. Les empereurs romains, en particulier, avaient soin, à chaque émission de monnaie nouvelle, de faire graver sur les coins certains signes connus de leurs contemporains et servant à rappeler les faits importants du règne. C'est donc avec raison qu'on donne aux monnaies romaines le nom de *médailles*.

Le champ de la numismatique est immense : pour les monnaies et les médailles de chaque peuple, parvenues jusqu'à nous, les numismates ont à *classer*, à *dénommer*, à *décrire*, à *déchiffrer*, à *constater les dates*, à *vérifier les signatures*, à relever enfin tous les détails attestant l'authenticité des pièces. Ils doivent, de plus, se mettre en garde contre les pièces fausses, car il y a de fausses monnaies et de fausses médailles, comme il existe de faux manuscrits, de faux objets d'antiquité, le tout fabriqué par des gens cupides et indélicats, mais assez savants pour donner à leurs imitations toutes les apparences de la vérité. — V. MONNAIES et MÉDAILLES.

NYMPHES. Bien que les Nymphes, dans la mythologie courante, se confondent avec les Dryades et les Hamadryades, et aient souvent pour séjour les forêts et les montagnes, elles n'en sont pas moins, par leur origine, des divinités des eaux. Ces déesses rieuses, qui se plaisent aux chœurs de danse, habitent les grottes humides où jaillissent les sources : « Dans cet asile sont renfermés des cratères et des amphores de pierre. Les abeilles y déposent leur miel, et sur de grands métiers de roche, les Nymphes tissent des voiles de pourpre merveilleux à voir (*Odyssée*). » Si elles dérivent de la même conception que les dieux des fleuves, l'art respecte leur caractère gracieux, et prête aux divinités des sources des formes de jeunes filles.

Dans les monuments purement helléniques, les Nymphes n'ont aucun attribut spécial. Rien ne les distingue des Saisons ni des Kharites. Sur les bas-reliefs de Thasos, qui datent de la première moitié du ve siècle, on pourrait les confondre avec les Kharites, si une inscription ne désignait comme des Nymphes ces jeunes femmes couronnées de perles, vêtues du peplos dorique ou du diploidion, et tenant des bandelettes et des fleurs. La même confusion est possible, si l'on considère les ex-voto attiques représentant le dieu Pan dans une grotte, en face d'un chœur de trois jeunes femmes dansant, drapées dans de longs voiles ; on les a interprétées comme les Cécropides, les Saisons ou les Kharites. Pourtant l'association habituelle de Pan avec les Nymphes, divinités champêtres comme lui, permet de reconnaître les déités des sources.

Les Nymphes forment un chœur impersonnel : toutefois, la divinité d'une source déterminée est souvent représentée isolément. Les monnaies de Syracuse montrent la tête de la Nymphe Aréthuse, entourée de poissons, suivant le type adopté pour les dieux des fleuves. Un bas-relief de Naples, représentant les Nymphes Télonnésos, Isméné, Kykaïs et Eranno, associées aux Kharites, fait sans doute allusion aux déités de sources particulières. Mais il est permis, pour l'étude du type général, de négliger ces particularités. D'abord complètement vêtues, les Nymphes sont par la suite représentées demi-nues. Une draperie voile le bas de leur corps ; quelquefois, dans l'art le plus récent, elles tiennent à la main une coquille ou une urne d'où l'eau s'échappe. L'art gréco-romain multiplie les statues des Nymphes, qui sont souvent adorées comme divinités des eaux thermales ; il n'est pas rare de les voir réunies au nombre de trois sur les bas-reliefs qui servent à décorer les Nymphées, construites sur l'emplacement des fontaines ou des sources d'eaux chaudes.

O

OBERKAMPF (Christophe-Philippe). Manufacturier, fondateur, en France, de l'industrie des toiles peintes; né à Wissembach, dans le marquisat de Brandebourg-Anspach, le 11 juin 1738, et naturalisé Français en septembre 1770, mort à Paris, le 4 octobre 1815. D'une famille de teinturiers, il se familiarisa de bonne heure avec tous les détails de la profession de son père, qui avait été successivement directeur de plusieurs établissements de teinture, à Klosteirheibronn et à Bâle, et finalement avait fondé, à Aarau, un atelier de toiles peintes à ses frais. Dès l'âge de dix-sept ans, il était contre-maître dans la fabrique de ses parents. A dix-neuf ans, désirant s'instruire en visitant d'autres ateliers plus considérables, il vint à Mulhouse où il séjourna six mois comme graveur dans la fabrique de MM. Samuel Kœchlin, Schwalzer et Cie (V. Koechlin); mais il quitta bientôt cet établissement pour se rendre à Paris où un sieur Cottin faisait appel aux ouvriers de bonne volonté pour fonder, dans cette ville, une fabrique d'impression. A cette époque, toute étoffe de coton ne pénétrait, en France, que par contrebande, mais par une exception que peut seule expliquer la législation incohérente de l'époque, deux emplacements au sein de Paris même jouissaient d'une sorte de franchise, et la police n'avait pas le droit d'y pénétrer; c'étaient l'enclos de l'ancienne abbaye de Saint-Germain-des-Prés et l'Arsenal : c'est dans le second que Cottin voulait fonder sa fabrique. Oberkampf en fut le directeur et l'organisateur, il y resta jusqu'à la fin de l'année 1759, époque à laquelle l'usine fut fermée par suite du manque d'argent de l'entrepreneur Cottin.

Cette année même, un édit de Louis XV ayant levé la prohibition des indiennes, Oberkampf voulut, à son tour, fonder un établissement d'impressions sur tissus. Il le fit, dans les proportions les plus modestes, sur les bords de la rivière des Gobelins, dans la vallée de Jouy, s'établissant dans un local si petit, qu'il était obligé d'installer chaque soir son matelas dans l'atelier, à côté de ses instruments de travail. Aidé de son frère, et de deux de ses anciens compagnons d'atelier, il arriva, dans le courant de la seconde année, à imprimer 3,600 pièces d'indienne, chiffre considérable pour l'époque. Sa première pièce avait été imprimée le 1er mai 1760, et il avait dû faire lui-même ses dessins, ses gravures, ses couleurs et préparer toute son organisation. Il excita bientôt l'envie de ses voisins et fut en butte aux attaques de toutes sortes ; mais il agrandit sa fabrique et prospéra quand même, grâce surtout à la protection du duc de Beuvron, seigneur de Jouy, qui, reconnaissant son mérite, le défendit envers et contre tous. En 1762, il contracta une association, et sa maison prit comme raison sociale, *Sarrazin-Demaraize, Oberkampf et Cie*. Certain de la réussite de son entreprise, Oberkampf construisit, en 1764, un vaste établissement où il réunit toutes les conditions voulues pour en faire le premier du monde dans ce genre d'industrie; la construction de cette fabrique dura trois années. Le duc de Beuvron aidant, et sur sa recommandation dans les salons de Versailles, les commandes arrivèrent en foule à Jouy, soit pour l'ameublement des châteaux royaux, soit pour la parure des dames les plus opulentes. La réputation des « toiles de Jouy » franchit les frontières, l'Angleterre, elle-même, ne tarda pas à devenir tributaire du goût et de l'industrie française, et bientôt la Normandie, le Beaujolais et le Lyonnais se couvrirent de fabriques d'indiennes. Pour récompenser Oberkampf, Louis XVI donna à l'établissement de Jouy le titre de *Manufacture royale*, et accorda à son fondateur, en 1787, des lettres de noblesse.

Ce furent les événements politiques de l'époque qui entravèrent la marche de l'industrie des toiles peintes, en France. Bientôt, en effet, arriva la tourmente révolutionnaire. Oberkampf, nommé maire de Jouy, en 1791, fut dénoncé comme suspect, arrêté, puis relâché après une chaleureuse défense du conventionnel Amar, devant le comité de sûreté générale. La fabrique cependant continua à grandir, mais avec plus de difficultés. En 1797, il commença à imprimer au rouleau Son neveu Widmer, Chaptal, Berthollet, lui prétèrent le concours de leurs lumières ; sa réputation s'étendit à l'étranger; il reçut, à l'Exposition de 1806, la médaille d'or, dépassant à ce concours les industriels d'Alsace; enfin, plus tard, Napoléon visita sa fabrique et le décora de la Légion d'honneur en présence de ses ouvriers. Oberkampf fonda, en 1810, à Essonnes, un autre établissement pour la filature et le tissage du coton, il en confia la direction à M. Louis Féray qui avait épousé sa fille aînée, et l'on put voir alors, en France, le coton brut filé et tissé à Essonnes, puis imprimé à Jouy.

La fabrique de Jouy traversa, non sans difficulté, la période des longues guerres de l'empire. Vers 1805, les deux chimistes de sa fabrique, Samuel Widmer et Hendry, trouvèrent le moyen de faire le genre rongeant, procédé qui, comme on le sait, consiste à teindre d'abord et à imprimer ensuite un rongeant qui fait ressortir le dessin en blanc; cette découverte amena une activité inouïe dans les affaires des deux usines d'Essonnes et de Jouy qui, à cette époque, occupaient 1,322 ouvriers. En 1815, quelques années plus tard, il fit ses premières applications de la machine à deux couleurs. Jusqu'en 1814, une grande activité régna dans les établissements d'Oberkampf, mais en 1815, il fut, pour la première fois, obligé de cesser tout travail. Il espérait que la paix de l'année permettrait aux manufactures françaises de prospérer sous une ère de calme, mais l'invasion de la même époque vint lui apporter un coup de mort. Il vit alors ses ateliers vides, ses métiers condamnés à l'inaction : « Ce spectacle me tue » répéta-t-il plus d'une fois dans ses derniers jours. Bientôt ses forces l'abandonnèrent peu à peu, il mourut au sein de sa famille, à l'âge de 77 ans. A sa mort, son fils Emile continua les affaires avec Samuel Widmer et son beau-frère Jules Mallet. En 1821, à la mort de Widmer, les deux établissements furent séparés, M. Feray conserva la filature d'Essonnes, et Emile Oberkampf s'associa à J. Barbet qui, plus tard, continua seul la gestion de la fabrique. — A. R.

OBJECTIF. L'objectif d'un instrument d'optique est une lentille ou une combinaison de lentilles destinée à fournir une image réelle de l'objet qu'on doit observer avec l'instrument; l'oculaire transforme ensuite cette image réelle en une image virtuelle amplifiée qui est directement observée (V. INSTRUMENTS D'OPTIQUE, LUNETTE, MICROSCOPE). Les miroirs des télescopes, qui fournissent également des images virtuelles des objets éloignés, peuvent aussi s'appeler des *objectifs* quoiqu'en général on réserve ce nom aux lentilles. Dans un instrument d'optique construit avec quelque soin, l'objectif doit être *achromatique*, afin de faire converger au même foyer les rayons des différentes couleurs et d'éviter les irisations des images. On sait qu'on obtient ce résultat en fabricant l'objectif par la juxtaposition de deux lentilles de courbures convenables, l'une convergente, l'autre divergente, faites avec deux espèces de verres différentes, le *crown-glass* et le *flint-glass*, dont les pouvoirs dispersifs sont notablement différents (V. ACHROMATISME, DISPERSION). Un objectif est dit *simple* quand il est formé d'une seule lentille, *composé* quand il est constitué par l'ensemble de plusieurs lentilles. Dans les lunettes où l'on n'utilise jamais que des rayons faisant un très petit angle avec l'axe, et où, de plus, l'objectif est forcément une lentille à long foyer, il n'y aurait que des inconvénients à employer des objectifs composés; aussi ces sortes d'instruments sont-ils toujours munis d'objectifs simples. Dans les microscopes, au contraire, l'objectif doit être très convergent et placé très près de l'objet. Dans ces conditions, une seule lentille donnerait lieu à une aberration de sphéricité énorme et, par suite, à des déformations considérables des images. Aussi l'objectif d'un microscope est toujours composé et formé de deux ou trois lentilles achromatiques, très petites et inégales, placées l'une à la suite de l'autre, à des distances réglées expérimentalement; la plus petite lentille est toujours la plus rapprochée de l'objet. En général, tout microscope est accompagné de plusieurs systèmes d'objectifs numérotés d'après leur puissance (V. MICROSCOPE). Les chambres noires des photographes sont également munies d'objectifs composés, constitués par deux ou même trois lentilles achromatiques juxtaposées dans la même monture en cuivre. Ces lentilles ont la forme dite *concavo-convexe* (V. LENTILLE) ou *périscopique*, afin de diminuer l'aberration de sphéricité, d'augmenter l'étendue du champ, et de rapprocher le plus possible les plans focaux correspondant à des distances variables. — V. CHAMBRE NOIRE. — M. F.

Objectif au point de vue photographique. L'objectif est dit *simple*, *double* ou *triple* (triplet), suivant qu'il se compose d'une, de deux ou de trois lentilles. La disposition des montures varie suivant la destination des objectifs.

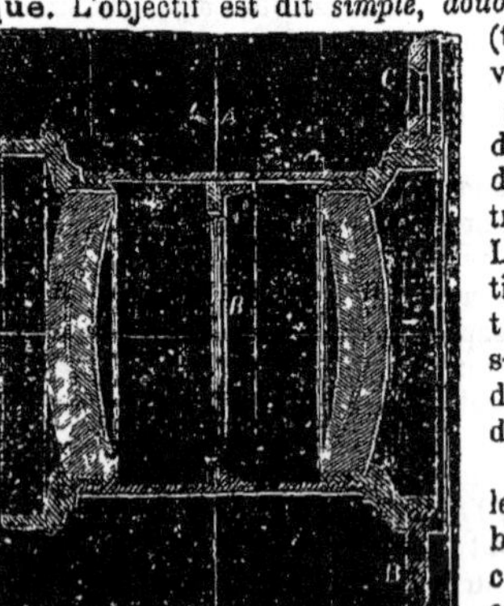

Fig. 478. — *Aplanat de M. Steinheil.*
HH' Lentilles divergentes achromatiques. — *B* Diaphragme. — *BC* Rondelle de l'objectif.

Les meilleures combinaisons recommandées actuellement par les hommes compétents, sont celles dites *rectilinéaires*. Ce sont les objectifs qui déforment le moins les images parce qu'ils ont subi une correction pour diminuer l'aberration de sphéricité.

Les objectifs simples, ou à une seule lentille, servent surtout aux reproductions de sujets, à l'intérieur ou à l'extérieur, permettant une durée d'exposition relativement longue, attendu qu'on ne peut les employer qu'avec des diaphragmes d'un diamètre assez réduit, ce qui enlève une grande partie de la lumière réfléchie. Les images obtenues à l'aide des objectifs simples sont généralement plus parfaites que celles données par les lentilles combinées, mais celles-ci permettent de travailler avec plus de rapidité parce qu'elles supportent, toutes choses égales d'ailleurs, des diaphragmes plus grands.

Il est des combinaisons, celles notamment de l'aplanat et de l'antiplanat de M. Steinheil, ainsi que les objectifs de même sorte exécutés par d'autres constructeurs, à l'aide desquelles on arrive au plus haut degré de perfection dans la reproduction des objets divers, tout en employant une large ouverture. L'aplanat de Steinheil (fig. 478) possède deux lentilles H et H'; B est le diaphragme; il embrasse un angle de 43°, et il est plus rapide que le triplet de H.-J. Dallmeyer, par exemple (fig. 479), car il permet d'opérer avec une plus grande ouverture.

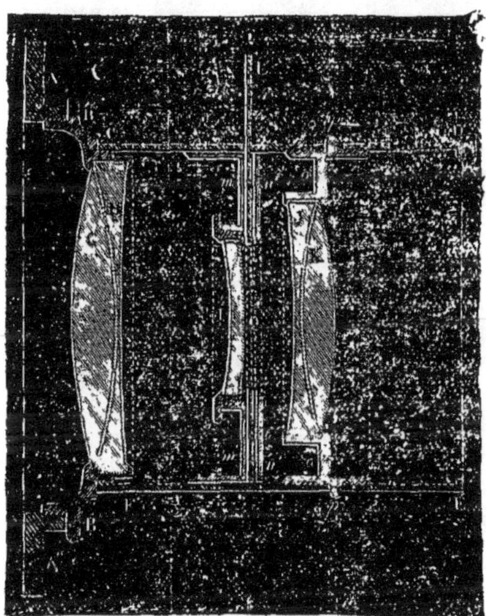

Fig. 479. — *Triplet de M. H.-J. Dallmeyer.*

G H Lentille postérieure composée de deux lentilles *G* convergente et *H* divergente. — *IQ* Lentille médiane. — *JK* Lentille antérieure. — *L* est l'extrémité de la plaque du diaphragme. Cet objectif embrasse un angle de 44°.

L'idéal, en fait d'objectifs, est celui qui donne l'image la plus complète, la plus artistique avec l'ouverture la plus grande possible, et la distance focale la plus courte possible.

V. le *Traité d'optique photographique*, de Van Monckhoven ou le *Manuel du Touriste*, de M. Léon Vidal (1re partie). — V. Photographie. — L. V.

OBLIQUE. *T. de géom.* Ce mot s'emploie par opposition avec *perpendiculaire* ou *rectangulaire*. Ainsi, on dit qu'une droite est *oblique* sur une autre ou sur un plan quand elle ne lui est pas perpendiculaire. On sait que, si d'un point on mène sur une droite ou sur un plan, la perpendiculaire et différentes obliques : 1° la perpendiculaire est plus courte que toutes les obliques; 2° deux obliques qui tombent à égale distance du pied de la perpendiculaire sont égales; 3° deux obliques qui tombent à des distances inégales du pied de la perpendiculaire sont inégales, et la plus longue est celle qui en tombe le plus loin. Un triangle est dit *obliquangle* s'il n'est pas rectangle. Un cône à base circulaire est dit *oblique* quand son sommet ne se trouve pas sur la perpendiculaire élevée au centre de sa base; de même un cylindre à base circulaire est *oblique* si ses génératrices ne sont pas perpendiculaires au plan de la base. Un système de coordonnées est dit *oblique* si les axes ne sont pas perpendiculaires entre eux, etc.

OBSIDIENNE. *T. de minér.* Syn.: *Marékanite.* Sorte de verre volcanique, à cassure conchoïdale, à esquilles minces et tranchantes, de couleur noire, brune ou gros vert; à éclat vitreux, translucide; inattaquable par les acides, et fondant au chalumeau, après boursouflement, pour donner un émail blanc, D=2.41 à 2.57; dureté 6 à 7.

L'obsidienne diffère de l'orthose, de l'albite, etc., en ce qu'elle renferme beaucoup de silice et peu d'alcalis. Celle du Mexique a fourni à Vauquelin : silice 78,0; alumine 10,0; oxyde de fer 2,0; oxyde de manganèse 1,6; potasse 6,0; chaux 1,0; elle contient souvent en outre 0,5 0/0 d'eau. Cette roche se trouve dans le voisinage des volcans, auprès de ceux éteints et dans les terrains trachytiques; elle est très pauvre en inclusions cristallines, n'offre pas de quartz, comme cela se voit dans les échantillons venant d'Islande ou des Açores; mais possède quelquefois des microlithes pyroxéniques avec trichites (à Milo, en Grèce), ou des pores gazeux (celle d'Islande); en dehors des pays déjà indiqués, on la trouve à Tokay (Hongrie), aux îles Lipari, au Mexique; en France, on en rencontre dans le Cantal, surtout près du Puy Grion; à la Bourboule; au Mont-Dore, etc.

— Plusieurs peuples anciens travaillaient l'obsidienne pour en faire des lames de couteau, des fers de flèches, des miroirs. Tels étaient les miroirs des anciens Péruviens, c'est cette raison qui a fait donner à l'obsidienne le nom de *miroir des Incas*. Un des plus beaux spécimens de ces miroirs existe au Muséum de Paris. — J. C

I. **OBTURATEUR.** *T. de mécan.* Dans les machines en général, les obturateurs sont de formes très diverses : sur les tuyaux de prise d'eau, les obturateurs sont habituellement des robinets dont le portage dans leur boisseau doit être assez parfait pour assurer l'étanchéité, tout en permettant la manœuvre du robinet. Sur les tuyaux de vapeur, on rencontre des registres de différentes sortes ou des soupapes; lorsque ces obturateurs atteignent une certaine dimension, il est difficile d'arriver à une fermeture absolue, on a alors recours à un registre spécial formé de deux parties coniques glissant l'une sur l'autre et désigné sous le terme de *Peet-valve* (valve ou registre de M. Peet) du nom de son inventeur. Ce mode d'obturation est fréquemment appliqué aux vannes des cloisons étanches des navires. Pour les pompes de tous genres, l'obturation à l'aspiration et au refoulement est obtenue par l'usage de clapets de forme appropriée, convenablement rodés sur leur siège. Dans les machines hydrauliques, où les pressions dépassent parfois des centaines de kilogrammes par centimètre carré, l'obturation entre le dessus et le dessous du piston, ou entre la tige et le presse-étoupe, est assurée par une garniture en cuir embouti, en forme d'U, dont les deux branches s'appliquent d'autant plus hermétiquement contre les parois des cylindres que la pression exercée sur l'eau est plus forte.

II. **OBTURATEUR.** *T. de phot.* Depuis que l'on a trouvé des préparations sensibles, susceptibles de recevoir l'impression photographique dans un très court espace de temps, il a fallu imaginer des appareils permettant d'ouvrir et de fermer l'objectif très rapidement. Ces appareils ont reçu le nom d'*obturateurs instantanés*; il en est déjà un nombre considérable, tous créés dans le même but, bien qu'ils diffèrent essentiellement les uns des autres par leurs dispositions.

On peut cependant les classer en plusieurs catégories :

1° Les obturateurs *à déclenchement pneumatique*, à durée d'ouverture facultative. Ceux-là sont mus à la main autant pour l'ouverture que pour la clôture; de cette sorte est l'obturateur Guerry.

A l'aide d'un déclenchement pneumatique, on fait agir un soufflet, lequel ouvre le volet qui se referme ensuite automatiquement par l'attraction d'un ressort en caoutchouc.

2° Les obturateurs dits *à guillotine* (fig. 480), dans lesquels la planchette (ou guillotine) PP' étant remontée, une partie pleine se trouve en face de l'objectif qui est ainsi fermé. Si on fait agir le déclenchement pneumatique, cette plaque PP' tombe aussitôt d'elle-même, entraînée soit par son poids, soit par des ressorts BA B'A' accélérateurs de la vitesse, et l'ouverture O' passe devant l'objectif, puis est remplacée par la partie pleine P. De cette façon, l'objectif a été ouvert puis fermé dans un espace de temps égal à environ 1/50 de seconde. On augmente plus ou moins la vitesse suivant que l'on tend davantage les ressorts latéraux en les accrochant à divers points de B en D et de B' en D'.

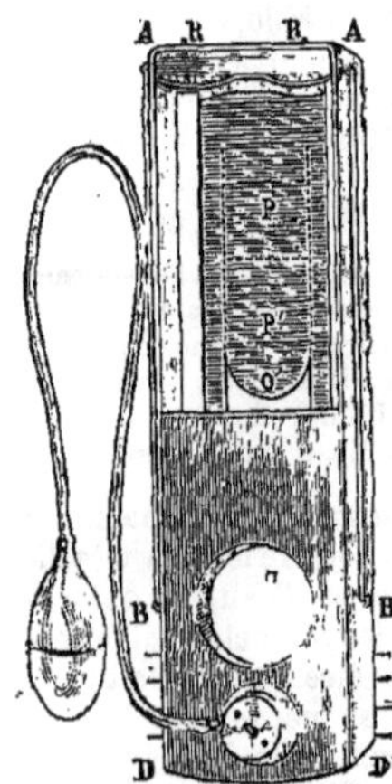

Fig. 480. — *Obturateur à guillotine.*

3° Les obturateurs *circulaires*, dont nous donnons un exemple figure 481 qui représente l'obturateur circulaire de M. Français (détail du mécanisme intérieur) : un disque N N' N" N'" en métal ou en ébonite, tourne autour d'un axe, et dans ce disque a été ménagée une ouverture que l'on voit en O. Par rotation, on amène le disque sur son axe jusqu'à ce qu'une partie pleine se trouve en face de l'objectif; dans ce mouvement, on tend le ressort à boudin ARPP', et dès qu'on fait agir le déclenchement S, le disque revient sur lui-même sous l'action du ressort; sa partie ouverte passe devant l'objectif, puis arrive une partie pleine qui ferme à son tour.

Fig. 481. — *Obturateur circulaire.*

On donne au ressort une tension plus ou moins grande suivant qu'on l'enroule plus ou moins autour du pignon P. C'est une sorte de guillotine, mais agissant circulairement au lieu de tomber verticalement.

4° Les obturateurs à *ouverture centrale*. Toujours à l'aide d'un déclenchement pneumatique, on actionne des ressorts qui font aller et venir dans un sens opposé, deux lames de métal ayant chacune, à l'extrémité de croisement, une échancrure à angle droit.

Ce mode d'obturation constitue une sorte de diaphragme à accroissements et à décroissements successifs; on place un obturateur de ce genre sur l'objectif, à la place même où se mettent d'habitude les diaphragmes, ainsi qu'on le fait avec l'obturateur Thury et Amey, un des plus appréciés.

On peut, à l'aide d'un frein à frottement, ralentir de beaucoup la vitesse de cet obturateur qui fonctionne durant une série de fractions de seconde variant de un quatre centième de seconde à une seconde, en passant par un grand nombre de durées intermédiaires. On règle la vitesse suivant la rapidité du mouvement de l'objet à reproduire instantanément, suivant qu'il est plus ou moins rapproché de l'opérateur, qu'il se meut en face ou en travers, etc.

Bref, l'obturateur, ainsi que l'indiquent les divers modèles que nous venons de décrire, est l'instrument indispensable des reproductions photographiques instantanées, et comme l'instantanéité est d'autant plus parfaite que la reproduction du sujet en mouvement a eu lieu plus vite, le constructeur s'attache à exécuter des obturateurs doués d'une très grande vitesse; il en est ainsi de ceux qui servent aux reproductions du soleil à Meudon, et qui donnent la vue dans un 40 millième de seconde. — V. PHOTOGRAPHIE. — L. V.

III. **OBTURATEUR.** *T. d'artill. et d'armur.* Dispositif qui permet, dans les armes à feu se chargeant par la culasse, de rendre la fermeture hermétique en empêchant tout échappement des gaz, par les joints et fissures des différentes pièces du mécanisme de culasse.

Voir, pour la description et la comparaison des divers systèmes d'obturateurs actuellement en usage, au mot Culasse pour les bouches à feu, et au mot Fusil pour les armes portatives.

Citons toutefois le nouveau système d'obturation (fig. 482) proposé par le colonel de Bange et adopté pour le canon de 155 court, qui permet de fixer dans la vis de culasse, le grain de lumière dont la partie postérieure du canal est recourbée, de manière que l'étoupille soit projetée en l'air. Sur le grain de lumière s'engage un bloc central qui ne peut tourner dans la vis de culasse et empêche le grain de tourner; sur ce bloc vient prendre appui un obturateur *intérieur*; la tête mobile maintenue sur le grain par une clavette et sa goupille porte un second

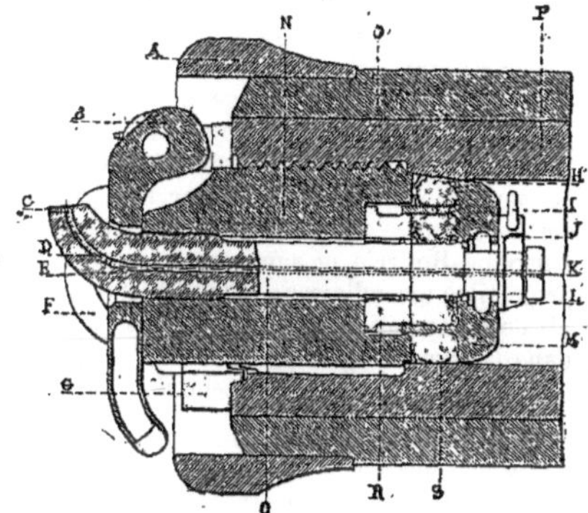

Fig. 482. — *Mécanisme de culasse et obturateur du canon court de 155 millimètres.*

A Frette de culasse. — *B* Levier poignée. — *C* Dégagement du logement de l'étoupille. — *D* Logement de l'étoupille. — *E K* Canal de lumière. — *F* Poignée fixe. — *G* Volet. — *H* Obturateur externe. — *I* Goupille de clavette. — *J* Obturateur interne. — *L* Clavette ovale. — *M* Tête mobile annulaire. — *N* Vis de culasse. — *O* Frette cylindrique. — *P* Tube. — *Q* Grain de lumière. — *R* Bloc central. — *S* Trous de communication.

obturateur dit *extérieur*. Chacun de ces deux obturateurs est organisé comme l'obturateur simple du système de Bange déjà décrit. Des trous de communication remplis avec de la composition d'amiante et de suif sont percés dans la tige annulaire de la tête mobile qui est interposée entre les deux obturateurs. Lorsque le coup part, la pression produite sur le champignon de la tête mobile se transmet aux deux obturateurs; celui qui est à l'intérieur s'applique contre le grain de lumière, l'autre contre les parois de la bouche à feu. Si l'un des obturateurs venait à être plus comprimé que l'autre, la pression se répartirait bientôt également grâce aux trous de communication.

OBUS. *T. d'artill.* Projectile creux, chargé, de forme sphérique ou oblongue. Les *obus sphériques*, en usage seulement avec les anciennes bouches à feu lisses, sont d'un calibre inférieur à celui des bombes qu'on lance avec les mortiers, mais supérieur à celui des grenades que l'on jette à la main; ils n'ont ni mentonnets, ni anneaux, ni renforcement du culot. Destinés plus spécialement au tir des obusiers, ils sont cependant employés avec les mortiers de petit calibre et aussi avec les caronades et les canons-obusiers; ces dernières bouches à feu pouvant tirer à volonté soit des obus soit des boulets. Les *obus oblongs*, au contraire, sont les projectiles par excellence des bouches à feu rayées, de tout calibre; depuis le canon-revolver Hotchkiss, dont l'obus se rapproche comme poids de la limite inférieure de 400 grammes imposée aux projectiles explosifs par la convention internationale tenue à Saint-Pétersbourg, en 1868, jusqu'aux plus gros mortiers de côte et aux plus puissants canons de la marine.

Le tracé extérieur des obus oblongs varie suivant le modèle des bouches à feu et le système de rayures adopté; pour l'étude de ce tracé et les procédés de fabrication, on se reportera au mot Projectile, de même on trouvera au mot Canon les renseignements numériques concernant les obus des différents canons rayés. Il ne sera question ici que de l'organisation intérieure des obus considérés au point de vue des effets qu'ils produisent. Ces effets sont de diverses sortes: *effets de pénétration* dans les obstacles résistants, tels que terres, maçonneries, cuirassements, suivis d'*effets d'explosion* lorsque l'obus reste dans l'obstacle; *effets d'éclatement* se produisant à l'air libre et utilisés surtout pour le tir contre les troupes.

La pénétration varie à la fois avec la résistance du milieu et avec la forme extérieure de la partie antérieure de l'obus, son poids et sa vitesse restante, elle est la même qu'avec un projectile plein, qui remplirait les mêmes conditions, pourvu toutefois que le choc ne détermine pas la rupture de l'obus; mais l'explosion de la charge intérieure, qui remplit l'office d'un véritable fourneau de mine, augmente de beaucoup l'effet total produit. Tout dépend, dans ce cas, de la résistance des parois et de la puissance explosive de la charge.

Les effets d'éclatement, au contraire, sont d'autant plus meurtriers que le nombre des éclats est plus grand; toutefois ces éclats, pour être réellement dangereux, doivent avoir une certaine grosseur et se répartir de façon à battre une zone de terrain suffisamment étendue.

Trouver pour chaque bouche à feu un projectile unique capable de donner dans tous les cas des effets satisfaisants, tel est le desideratum que les artilleurs cherchent à atteindre, mais qu'ils n'ont pu encore réaliser. Jusqu'ici, on a été forcé de créer divers types d'obus dont les principaux sont: l'*obus ordinaire*, l'*obus incendiaire*, l'*obus de rupture*, l'*obus à fragmentation systématique*, l'*obus à balles*, aussi appelé *shrapnel*, principalement à l'étranger.

Suivant le mode de fonctionnement de la fusée dont ils sont armés, ces obus de différentes sortes sont encore dits *percutants* ou *fusants*. Dans le premier cas, l'éclatement n'a lieu qu'après le choc, alors que le projectile a rencontré le sol, ou tout autre obstacle; dans le second, il se produit, au contraire, au bout d'un temps déterminé par la durée de combustion de la fusée, cette fusée étant réglée le plus habituellement de telle sorte que l'éclatement se produise lorsque le projectile est encore en l'air.

Obus ordinaires. L'emploi des obus sphériques est postérieur à celui des bombes; ils ne furent introduits en France qu'après la bataille de Nerwinde (1693), alors qu'ils étaient déjà d'un usage assez répandu en Allemagne, Angleterre et Hollande. L'usage des obus devint, à partir du XVIIIe siècle, de plus en plus fréquent dans l'artillerie de terre; mais la marine hésita longtemps avant de se décider à employer les obus ou *boulets creux* comme elle les appelait alors, et ce n'est qu'en 1836 qu'elle les a introduits à bord.

Le calibre des obus sphériques mis successivement en service en France, aussi bien dans l'artillerie de terre que dans la marine est de 27 centimètres, 22 centimètres, 16 centimètres, 15 centimètres et 12 centimètres.

Avec les bouches à feu rayées apparaissent en 1858, les obus oblongs, destinés à remplacer à la fois les boulets et les obus sphériques. Le vide intérieur, qui tout d'abord était en forme de bouteille ou d'œuf, a maintenant une forme à peu près semblable à celle du projectile lui-même (fig. 483); l'épaisseur des parois dans sa partie la plus faible varie de 1/6 à 1/8 du calibre; le culot qui reçoit directement l'action des gaz est renforcé de même que l'ogive, qui la première doit rencontrer l'obstacle à démolir. Afin d'augmenter la solidité du projectile dans le tir contre les maçonneries, on a proposé en Angleterre, des obus dits *de brèche* dont l'ogive est pleine, le trou de chargement est pratiqué dans le culot, la fusée est vissée dans le culot.

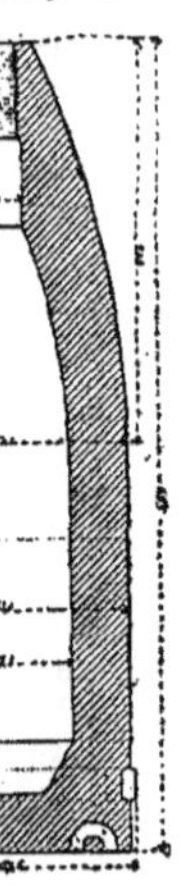

Fig. 483. — *Obus ordinaire de 155 millimètres, modèle 1877.*

On a également cherché, principalement pour les obus destinés à être employés contre les terrassements, à accroître la charge de poudre, soit en augmentant la capacité du vide intérieur, soit en ayant recours à l'emploi de poudres comprimées. L'emploi de poudres comprimées permet de loger dans une même capacité des charges beaucoup plus fortes; le chargement du projectile devient alors, il est vrai, plus compliqué. Enfin, on a expérimenté des poudres au picrate, la dynamite, le coton-poudre et autres substances explosives; la difficulté de trouver une fusée permettant d'assurer d'une façon certaine l'inflammation de ces substances d'une part, celle d'éviter les éclatements dans l'âme ou au choc à l'arrivée d'autre part, ont fait donner jusqu'ici la préférence à l'ancienne poudre ordinaire. Même avec cette poudre, on a quelquefois constaté des éclatements prématurés que l'on attribue au frottement de la poudre sur les parois de l'obus; ces éclatements sont d'autant plus à craindre que les obus possèdent une vitesse initiale plus grande, et sont de plus gros calibre. Pour les empêcher, on a recours soit au vernissage intérieur des parois, soit à l'emploi d'un sachet en serge dans lequel on renferme la charge.

Les effets d'éclatement des obus ordinaires sont insuffisants, les éclats utiles sont en trop petit nombre : il y en a généralement 2 ou 3 gros dont le culot qui se brise rarement, quelques moyens et un grand nombre de petits; de plus, l'éclatement de la charge qui est relativement forte les disperse sur une trop grande surface.

Les premiers obus oblongs furent tout d'abord armés d'une fusée fusante; mais cette fusée ne permettant de faire éclater le projectile qu'en un certain nombre de points déterminés de sa trajectoire, on songea bientôt à mettre à profit la particularité qu'offre l'obus oblong, par suite de son mouvement de rotation, de se présenter toujours la pointe en avant, pour armer cette pointe d'une fusée percutante, de façon à le faire éclater soit au moment où il rencontre un obstacle, soit à son point de chute. Depuis lors, les obus ordinaires ont presque toujours été armés d'une fusée percutante.

Obus incendiaires. Il n'existe pas en France à proprement parler d'obus incendiaires, on admet que l'explosion de la charge suffit pour allumer des incendies; cependant, pour exalter les propriétés incendiaires des obus des bouches à feu de siège en particulier, on peut ajouter à la charge, un certain nombre de morceaux de roche à feu. En Autriche-Hongrie, on a mis en service de véritables projectiles incendiaires; le vide intérieur est rempli de composition incendiaire, des trous percés dans l'ogive pour le passage des jets de flamme sont amorcés avec de la mèche à étoupille.

Obus de rupture. Les obus en fonte ordinaire se briseraient comme du verre en arrivant sur une plaque de cuirasse; seuls, ceux en fonte durcie ou en acier ont une ténacité et une dureté suffisantes. Les premiers obus de rupture, que l'on ait fabriqués, étaient en acier, coulés pleins, martelés, creusés à l'outil, puis trempés. Ce n'est que depuis 1865 que l'on fabrique des obus de rupture en fonte dure, dont il existe deux types principaux: les obus Gruson, ainsi appelés parce que les premiers projectiles de ce genre sont sortis de l'usine allemande de ce nom, près Magdebourg, ils sont entièrement coulés en coquille; les obus Palliser, du nom de l'inventeur qui est anglais, l'ogive seule est coulée en coquille et trempée énergiquement à la pointe. Depuis 1876, on expérimente des obus en acier, obtenus par le procédé de l'acier coulé sans soufflures.

Les obus en fonte dure ne peuvent résister au tir oblique, même dans le tir normal ils se fendent et se brisent dès que la plaque atteint une certaine épaisseur; dans le tir contre les navires cuirassés, comme on ne peut que très rarement compter sur la superposition des coups, en raison de la mobilité du but, on doit chercher non point à briser les plaques mais à les perforer; aussi, la marine est-elle forcée, actuellement, de ne plus mettre en commande que des obus en acier. L'artillerie de terre, au contraire, qui, dans le tir contre les ouvrages de fortification, peut chercher à obtenir des effets destructeurs suffisamment satisfaisants par l'accumulation des projectiles sur un même point, s'est contentée jusqu'ici, par raison d'économie, d'avoir recours à l'emploi des obus en fonte dure.

Dans les obus de rupture (fig. 484), le vide intérieur est tracé de manière que l'épaisseur de la paroi aille constamment en croissant depuis le culot jusqu'à la pointe; son extrémité antérieure ne dépasse guère la naissance de l'ogive, afin de n'en pas compromettre la solidité. L'épaisseur minimum ne doit pas être inférieure au 1/4 du calibre, souvent même elle va jusqu'au 1/3. L'ogive est pleine et le trou de chargement, ménagé dans le culot, est fermé par un bouchon à vis; dans les obus en acier, coulés pleins, puis forés à l'outil, ce bouchon prend les proportions d'un véritable culot rapporté. Ces obus n'ont pas de fusée, la chaleur développée par le choc contre la plaque est suffisante pour déterminer l'inflammation de la charge intérieure.

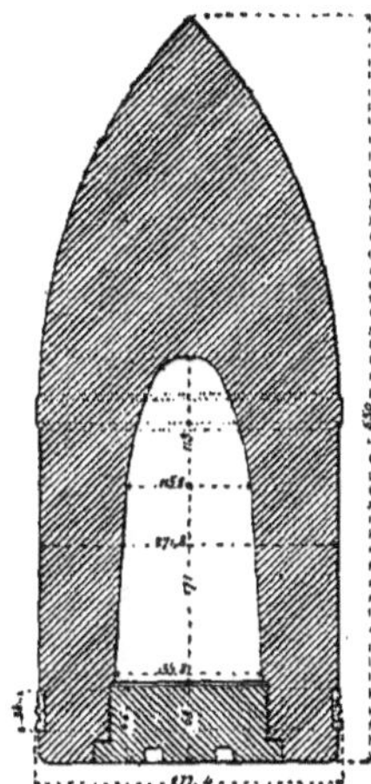

Fig. 484. — *Obus de rupture de 27 cent., en acier.*

Obus à fragmentation systématique. Régulariser le nombre et la grosseur des éclats en les déterminant à l'avance au moyen d'un réseau formé par deux séries de lignes de moindre résistance, telle est l'idée qui a donné naissance aux projectiles de ce genre. Ne pouvant tracer ces lignes sur la surface extérieure, ce qui aurait géné le mouvement du projectile dans l'air, on a songé tout d'abord à creuser, sur la surface intérieure, des rainures suivant des méridiens et des parallèles; des projectiles de ce genre ont été mis en service en Suisse et en Italie.

On imagina, ensuite, l'*obus à double paroi* formé, pour ainsi dire, de deux projectiles emboîtés l'un dans l'autre. La paroi extérieure du projectile interne présente un certain nombre de saillies, en forme de pyramides quadrangulaires, deux à deux réunies par un des côtés de leur base; autour de cette paroi extérieure est coulé le projectile externe qui présente, en creux, des pyramides de même forme.

Les obus à double paroi ont remplacé, dans presque toutes les artilleries étrangères, l'obus ordinaire dans les approvisionnements des bouches à feu de campagne et de montagne; on en a fabriqué également, en France, pour les canons de 5, de 7 et de 95. Mais ces projectiles, par suite même de leur mode de fabrication, sont sujets à éclater dans l'âme ou se briser contre les obstacles; de plus, s'ils se fragmentent assez bien suivant les lignes de rupture verticales, ils se brisent fort mal suivant les lignes horizontales. C'est pour remédier à ce dernier défaut, que le général autrichien Uchatius a proposé et fait adopter, non seulement en Autriche, mais encore dans presque tous les autres pays, un obus différant de l'obus à double paroi en ce que le projectile intérieur est remplacé par un certain nombre de couronnes dentées superposées; la rupture suivant les lignes horizontales se trouve ainsi préparée à l'avance. Dans le modèle d'obus de ce genre, adopté en Russie, les dents des différentes couronnes, au lieu d'être superposées, ont été contrariées.

En Angleterre, on a construit des obus, dits à *segments*, dans lesquels le projectile intérieur est remplacé par des segments formant des sortes de voussoirs rangés suivant des couronnes horizontales et des piles verticales; les joints sont remplis avec un alliage cassant. Les obus présentés par M. Gronner, maître de forge à Pont-sur-Saulx, et expérimentés, en France, en 1877, dérivent de la même idée; seulement, les segments prismatiques, dont la forme était peu favorable au point de vue du mouvement dans l'air, avaient été remplacés par des balles sphériques en fer reposant les unes sur les autres par des méplats: ces balles étaient mises en place après coup, ce qui rendait le chargement assez compliqué. Aussi a-t-on donné la préférence, pour l'approvisionnement de nos canons de 90 et de 80, aux obus à couronnes de balles ou obus du colonel Voilliard, qui ont été mis en service sous le nom d'*obus à balles* de 90, modèle 1879 (fig. 485 et 486), et de 80, modèle 1880. Bien qu'ayant reçu l'appellation officielle d'*obus à balles*, ces obus, par leur mode de construction, rentrent plutôt dans la catégorie des obus à fragmentation systématique. Le noyau intérieur est formé par la superposition d'un certain nombre de couronnes de balles en fonte, qui se trouvent emprisonnées dans la paroi extérieure. Dans chaque couronne, les balles sont aplaties aux pôles et présentent à l'équateur une zone cylindrique; elles sont réunies entre elles par des jets de fonte.

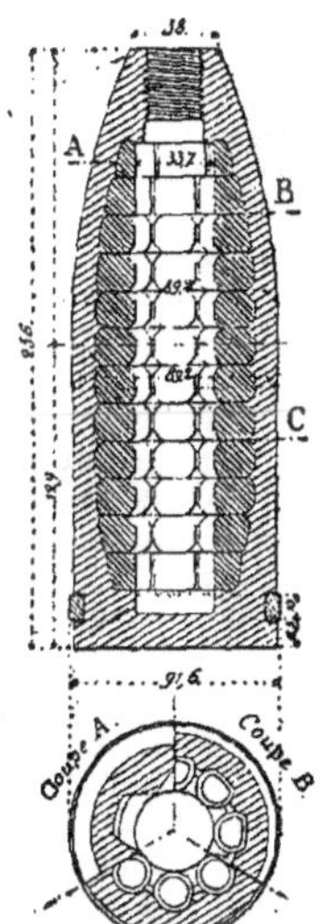

Fig. 485 et 486. — *Obus à balles de 90, modèle 1879.*

On a essayé aussi des obus à parois multiples, dits *obus à double paroi* et *à balles*, dérivant des modèles précédents; ces projectiles qui, avec les petits calibres n'ont pas donné de résultats satisfaisants, sont peut-être destinés à être adoptés un jour pour les gros calibres.

Des expériences comparatives faites avec des obus ordinaires et des obus à balles de 90 et 80, on a conclu que ces derniers, bien supérieurs aux premiers comme effets d'éclatement, dans le tir contre les troupes, pourraient également les remplacer dans le tir contre les parapets, les maçonneries et autres obstacles du champ de bataille.

De même que les obus ordinaires, les obus à fragmentation systématique sont, pour la plupart, armés d'une fusée percutante; toutefois, les obus français à couronnes de balles, dont les effets sont presque comparables à ceux des obus à balles proprement dits, ont été d'abord armés d'une fusée fusante à durée continue; ils sont, maintenant, armés de la fusée à double effet qui permet de les utiliser à volonté pour le tir percutant ou le tir fusant.

Obus à balles ou Shrapnels. C'est le général anglais Shrapnel qui le premier imagina, en 1803, de réduire au minimum la charge d'éclatement des obus et d'achever de remplir le vide intérieur avec des balles de plomb. Des projectiles de ce genre furent employés par l'artillerie anglaise, en 1808, pendant la campagne du Portugal; les Français qui eurent beaucoup à souffrir du tir de ces nouveaux projectiles essayèrent alors, mais sans succès, d'en fabriquer. Le seul obus à balles sphérique qui ait été réglementaire en France est celui de 12 centimètres qui fut adopté, en 1856, pour le service du canon-obusier.

L'emploi d'obus oblongs à balles fut décidé, en principe, dès les premières études sur les canons rayés; les essais, faits en 1855, montrèrent que le tir de ce genre de projectiles était encore plus efficace avec les canons rayés qu'avec les bouches à feu lisses. Pour les obus à balles des canons rayés se chargeant par la bouche, modèle 1858, on adopta le même mode de chargement que pour les obus sphériques; les balles sont maintenues par du soufre fondu coulé dans leurs intervalles, et la charge de poudre se trouve placée dans le vide ménagé en avant des balles; afin d'augmenter le plus possible la capacité du vide intérieur et, par suite, le nombre de balles qu'il pouvait recevoir, on réduisit l'épaisseur des parois au strict minimum nécessaire pour leur assurer une solidité suffisante. Enfin, pour distinguer plus complètement ces obus des obus ordinaires de même calibre, on donna à leur partie antérieure, au lieu de la forme ogivale, une forme en goulot de bouteille; cette forme était peu convenable au point de vue de la résistance de l'air, aussi a-t-on donné aux obus à balles adoptés, en 1875, pour les canons de 5 et de 7, de Reffye, le même tracé extérieur qu'aux obus ordinaires.

La vitesse initiale des nouvelles bouches à feu se chargeant par la culasse étant beaucoup plus grande, le choc au départ est beaucoup plus violent, et la couche de soufre fondu n'aurait plus été assez résistante pour empêcher le mélange de la poudre et des balles; on dut diviser l'intérieur du projectile en deux chambres séparées par une cloison venue de fonte. La charge fut placée à l'avant, près de la fusée, et les balles à l'arrière; les balles en plomb pur étant trop sujettes à se déformer et à s'agglutiner entre elles et contre le fond du culot, on les remplaça par des balles en plomb durci, alliage formé de 9/10 de plomb et 1/10 d'antimoine. Mais avec les balles en plomb durci, aussi bien qu'avec les balles en plomb pur, on a à redouter les poussées latérales qui tendent à gonfler le projectile et occasionnent quelquefois des éclatements dans l'âme. En effet, si, par suite du choc au départ, les balles en plomb pur s'écrasent dans le fond de l'obus, celles en plomb durci, tendant à rester en arrière en vertu de l'inertie, font coin entre celles contre lesquelles elles s'appuient et les écartent latéralement; à ces effets s'ajoute, dans l'un comme dans l'autre cas, celui de la force centrifuge qui est d'autant plus à craindre que la vitesse initiale est plus grande. Pour éviter le gonflement de l'enveloppe, les parois des obus de 5 et de 7 ont été renforcées par des nervures; dans certains modèles adoptés à l'étranger, les parois se décomposent en lobes qui contournent les balles et les maintiennent.

Dans les *obus à mitraille*, adoptés depuis l'année 1883, pour les canons de 90 et de 80, et souvent désignés sous le nom d'*obus de l'école de pyrotechnie*, la charge est, comme dans les modèles précédents, placée à l'avant, mais le chargement intérieur du projectile est constitué de façon à empêcher tout écrasement et gonflement pouvant résulter du choc au départ; l'enveloppe est en tôle d'acier. Déjà à plusieurs reprises on avait essayé, en France et à l'étranger, des douilles en fer forgé ou en acier, mais les enveloppes de ce genre n'avaient pas une solidité suffisante pour pouvoir résister aux poussées latérales des balles.

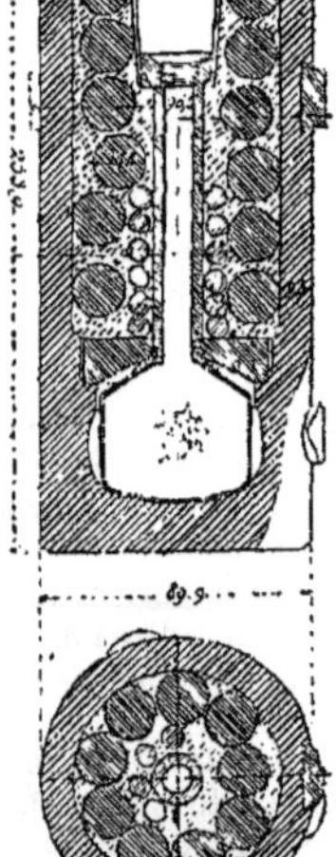

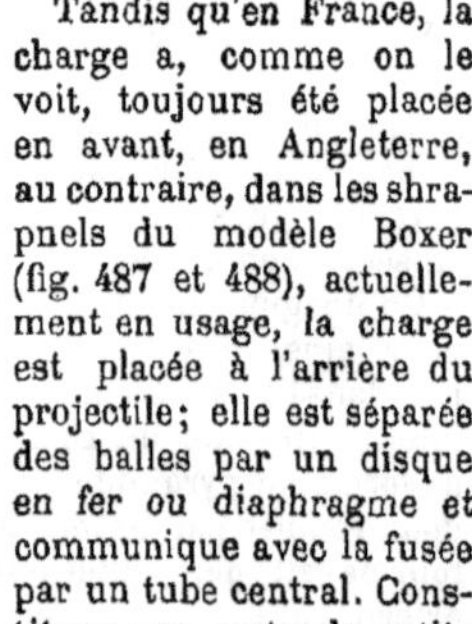

Fig. 487 et 488.
Shrapnel anglais, modèle Boxer, canon de 16 liv.

Tandis qu'en France, la charge a, comme on le voit, toujours été placée en avant, en Angleterre, au contraire, dans les shrapnels du modèle Boxer (fig. 487 et 488), actuellement en usage, la charge est placée à l'arrière du projectile; elle est séparée des balles par un disque en fer ou diaphragme et communique avec la fusée par un tube central. Constituer une sorte de petite bouche à feu vomissant une gerbe de mitraille, telle est l'idée qui a guidé l'inventeur dans la confection de cet obus; afin de s'opposer aussi peu que possible à la projection des balles, la partie antérieure du projectile est formée par une ogive en bois pouvant se détacher sous le moindre effort. Dans les modèles d'obus à balles, dits à *diaphragme*, adoptés depuis en Autriche et en Russie, la charge est, de même, placée à l'arrière; la partie antérieure de l'enveloppe, bien que métallique, est également disposée de façon à pouvoir se briser ou se détacher aisément.

Au lieu de mettre la charge à l'avant ou à l'arrière, les Allemands l'ont enfermée dans un tube formant le prolongement de la fusée et placé au centre même du projectile au milieu des balles (fig. 489 et 490).

Comme on le voit, il existe actuellement trois types d'obus à balles définis par la position de la charge ; la disposition qui consiste à placer la charge à l'arrière, bien que la plus compliquée au point de vue de l'organisation intérieure du projectile, paraît, au premier abord, la plus rationnelle, puisque, avec la charge à l'avant, la vitesse qu'elle imprime aux balles doit se retrancher de celle dont elles sont animées au moment de l'explosion, et que, avec la charge centrale, son action s'unit à la force centrifuge pour augmenter la dispersion des balles. Les inconvénients, fort graves avec de fortes charges, n'ont qu'une importance secondaire maintenant qu'on cherche à réduire la charge au minimum juste suffisant pour briser l'enveloppe et permettre aux balles de se disperser, uniquement en vertu de leurs vitesses acquises de translation et de rotation.

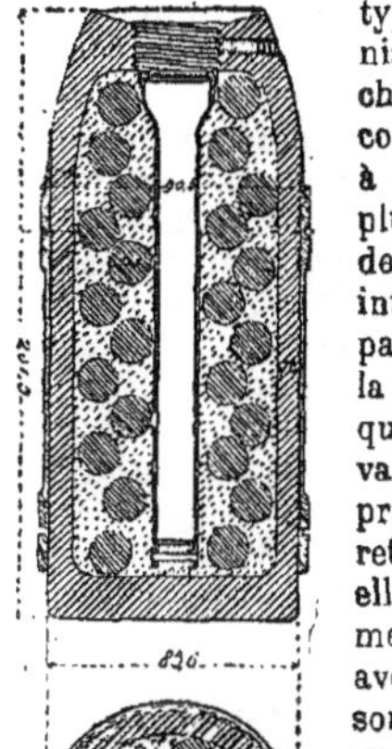

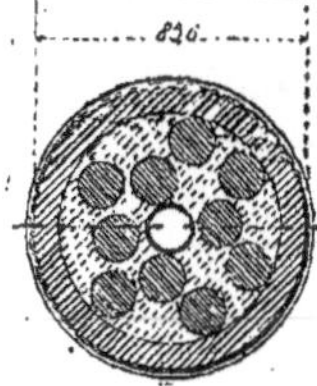

Fig. 489 et 490.
Shrapnel allemand, canon de campagne lourd.

L'obus à balles le meilleur paraît donc devoir être celui qui sera organisé de façon à contenir le plus grand nombre possible de balles ou éclats utiles ; afin d'augmenter le nombre des balles, on emploie, de préférence aux balles en fonte ou fer forgé, celles en plomb qui à poids égal ont un moindre volume, et on a été amené à substituer aux balles de 27 grammes et plus, des balles ne pesant que 13 grammes, l'expérience ayant montré que de pareilles balles étaient encore suffisamment meurtrières.

Tous les obus à balles, sans exception, sont actuellement armés d'une fusée fusante ; l'obus à mitraille français, de même que l'obus à couronnes de balles, a reçu la fusée à double effet. On a été ainsi conduit à étudier les effets produits par ces deux sortes de projectiles dans le tir percutant aussi bien que dans le tir fusant, et on a constaté que si, dans le tir fusant, les obus *à gerbe étroite* donnaient les meilleurs résultats, les obus *à gerbe ouverte*, au contraire, étaient ceux qui convenaient le mieux pour le tir percutant.

Au moment de l'éclatement, balles et éclats, que nous confondrons sous le nom d'éclats, bien que les éclats soient, en général, bien moins efficaces que les balles, par suite de leur forme irrégulière et de leur trop grande dispersion, décrivent des trajectoires plus ou moins tendues; c'est le faisceau de ces trajectoires que l'on nomme la *gerbe d'éclatement*; l'enveloppe des tangentes à l'origine à ces diverses trajectoires forme un cône de révolution qui a reçu le nom de *cône d'éclatement*, son angle au sommet mesure l'ouverture de la gerbe. Pour un même projectile, l'ouverture de la gerbe augmente avec la distance de tir; elle augmente aussi à une distance déterminée avec la charge d'éclatement, et dépend de la disposition de cette charge à l'intérieur du projectile. En effet, quand la charge de poudre est placée au centre et que, en outre, elle est relativement considérable, comme dans les obus à couronnes de balles, tous les éclats, au moment de l'éclatement, sont animés d'une grande vitesse perpendiculairement à l'axe du projectile ; la gerbe est alors comprise entre deux cônes, le cône intérieur étant dépourvu d'éclats ; on dit dans ce cas que la gerbe est *creuse*. Lorsque, au contraire, la dispersion des éclats n'a pour cause que la rotation du projectile, les balles situées près de l'axe n'étant que ralenties ou accélérées, suivant que la charge se trouve à l'avant ou à l'arrière, mais non déviées, parce que leur force centrifuge peut être considérée comme négligeable, il n'y a pas de cône intérieur dépourvu d'éclats, et la gerbe est dite *pleine*. Lorsque la gerbe est pleine elle est habituellement étroite ; au contraire, lorsqu'elle est creuse elle est ouverte ; l'obus à mitraille, modèle 1883, est un obus à gerbe pleine et étroite, tandis que l'obus à balles, modèle 1879, est à gerbe creuse et ouverte. Le premier convient donc mieux pour le tir fusant, le second pour le tir percutant.

On cherche actuellement s'il ne serait pas possible de trouver un projectile permettant d'obtenir à volonté une gerbe ouverte dans le tir percutant et une gerbe étroite dans le tir fusant. Dans ce but, on a essayé dans ces derniers temps un obus à mitraille dans lequel il existe deux charges de poudre: une forte charge centrale communiquant avec une fusée percutante, et une faible charge qui, placée à l'avant et en communication avec une fusée fusante, s'enflammerait seule dans le tir fusant.

OBUSIER. *T. d'artill.* Bouche à feu organisée pour le tir à faible charge, intermédiaire comme longueur d'âme entre les canons et les mortiers. Les *obusiers lisses* ne lancent que des obus sphériques, ils ont une chambre à poudre de diamètre inférieur à celui de l'âme ; les *obusiers rayés*, plus souvent appelés en France *canons courts*, lancent les mêmes projectiles que les canons de même calibre, dont ils ne se distinguent que par leur plus faible longueur d'âme et l'emploi de charges moins fortes; leur affût est disposé de façon à faciliter le tir sous les grands angles.

— Les premiers obusiers dont on se servit en France avaient été pris aux alliés (Anglais et Hollandais) à la bataille de Nerwinde, en 1693. Ce n'est que vers 1749 que Vallière fit couler à Douai quelques obusiers de 8 pouces (22 centimètres) en bronze. En 1828, lors de la réorganisation du matériel de campagne, les deux obusiers de 6 pouces et de 24 qui étaient fort courts et avaient été créés le premier par Gribeauval, le deuxième en l'an XI, furent remplacés par deux nouveaux obusiers allongés de même calibre qui, à partir de 1839, prirent la nouvelle dénomination d'*obusiers de 15 et 16 centimètres*. En 1828, fut adopté également un obusier de montagne du calibre de 12 centimètres. Enfin, en 1853, parut le *canon-obusier*, pouvant servir aussi bien pour le tir des projectiles pleins que pour le tir des projectiles creux.

De son côté, la marine n'a adopté qu'en 1827 son premier obusier de côte du calibre de 80, plus souvent appelé *obusier de* 22 centimètres; en 1831, le canon-obusier de 30, et, en 1841, l'obusier de 50, ou de 27 centimètres; toutes ces bouches à feu étaient en fonte, tandis que les obusiers de l'artillerie de terre étaient en bronze.

Les premiers canons rayés, lançant des obus oblongs, reçurent tout d'abord la dénomination officielle de *canons obusiers*, mais bientôt on se contenta de les appeler *canons*. Depuis lors, l'artillerie de terre a adopté et appelé *canons courts* : en 1865, le canon de 24 court ou 24 rayé de siège, en bronze, se chargeant par la bouche; en 1881, le canon court de 155 millimètres, en acier fretté, se chargeant par la culasse. La marine, au contraire, a conservé la dénomination d'*obusier* à l'obusier en fonte rayé de 22 centimètres se chargeant par la bouche, du modèle 1858-60.

Le seul obusier lisse qui soit encore en service est l'obusier de 16 cent. que l'on utilise pour le flanquement des fossés; le canon rayé de 24 court entre encore dans l'armement de certaines places fortes, de même l'obusier rayé de 22 cent. est encore en service dans quelques batteries de côte.

Le canon court de 155 lance le même projectile que le canon long de même calibre; plus léger, il est plus maniable, il tire à faible charge et peut être employé pour le tir courbe. Cette bouche à feu établie d'après les tracés du colonel de Bange est en acier fretté sur toute sa longueur, y compris la volée; le mécanisme de culasse et l'obturateur sont du système de Bange (fig. 482). Il est monté sur un affût spécial métallique (fig. 491), permettant le tir sous les plus grands angles et n'élevant l'âme des tourillons qu'à une faible hauteur au-dessus de la plate-forme. Chaque flasque est formé de deux feuilles de tôle d'acier découpées en col de cygne et reliées à leur partie supérieure par une entretoise; ils sont réunis par des plaques de dessous et de dessus. L'appareil de pointage se compose de deux arcs dentés reliés aux tourillons et actionnés à l'aide de volants à manivelle par l'intermédiaire de pignons. Pour les transports, l'affût est monté sur roues au moyen d'un essieu spécial servant aussi d'arbre aux balanciers qui portent les roulettes, et ne les laissent reposer sur la plate-forme que lorsqu'on soulève la crosse. Une fausse flèche permet dans les transports, de relier l'affût à un avant train de siège. Le canon court de 155 a une longueur d'âme de 2m,115; le poids de la pièce avec fermeture est de 1025 kilog.; le poids total de la pièce sur son affût de 2,275 kilog.; la charge peut varier de 2k,800 à 0k400, la vitesse initiale variant de 291 à 90 mètres.

Fig. 491. — *Canon court ou obusier de 155 millimètres, sur affût.*

*** OCCLUSION.** *T. de chim.* Propriété qu'ont certains métaux de pouvoir condenser dans quelques circonstances, et surtout sous l'influence de la chaleur, divers gaz, comme l'hydrogène, l'oxygène, l'oxyde de carbone, l'acide carbonique. La production de ce phénomène a été signalée pour la première fois par Graham; elle change les propriétés des gaz et des métaux; ainsi ces derniers augmentent de volume, mais leur densité, leur ténacité et leur conductibilité électrique diminuent, pendant qu'ils acquièrent souvent des propriétés magnétiques.

L'antimoine, l'osmium, le zinc, n'offrent pas les phénomènes d'occlusion. La dissolution des gaz est facilitée par la chaleur et par l'état naissant des corps; l'hydrogène cependant peut être occlus à froid. L'argent réduit (du chlorure) absorbe au rouge 7vol,47 d'oxygène (V. COUPELLATION), 0v,938 d'hydrogène, 0v,545 d'acide carbonique, et 0v,15 d'oxyde de carbone; en feuilles, il n'absorbe que 1v,37 d'oxygène; et pur (vierge) seulement 0v,745 et 0v,211 d'hydrogène. Le cuivre réduit (de l'oxyde) absorbe 0v,6 d'hydrogène. Le fer, au rouge sombre, occluse 0v,46 d'hydrogène et 4v,15 d'oxyde de carbone : ce fait est important à connaître en métallurgie, car le fer chargé d'oxyde de carbone ne peut être trempé. L'or absorbe au rouge 0v,48 d'hydrogène, 0v,29 d'oxyde de carbone, 0v,16 d'acide carbonique. Le platine condense, s'il est forgé, 5v,53 d'hydrogène; la mousse de platine 1v,48, et le fil 0v,17. Ce fait est encore à noter, car si une lame de platine est unie au pôle négatif d'un voltamètre, il y a occlusion de 2v,19 d'hydrogène et pas d'occlusion d'oxygène au pôle positif. Le palladium est le métal qui offre la plus grande occlusion : elle est de 376 volumes d'hydrogène à la température ordinaire, de 643 volumes à 90-97°, de 526 volumes à 245°, et ici, l'hydrogène a des propriétés très actives. L'occlusion est également grande avec les alliages de palladium et d'argent, d'or ou de platine. — J. C.

OCRE. *T. de chim.* Nom donné à certaines argiles colorées de façon variable par de l'oxyde de fer, et contenant presque toujours assez de ce produit pour pouvoir être utilisées en peinture. Elles se trouvent en lits, dans l'intérieur du sol, à une profondeur qui va parfois jusqu'à 80 mètres et plus, au-dessous de sables ou de bancs de terre glaise ou de grès, et elles reposent fréquemment sur du calcaire oolithique. Quelques naturalistes ont admis qu'elles se formaient lentement, surtout sous l'influence des eaux thermales; on a pu montrer pour quelques ocres rouges, qu'elles provenaient de sulfures de fer, dans lesquels l'oxygène avait totalement remplacé le soufre.

Caractères. Ces matières ont un toucher doux, presque savonneux; elles sont sèches, ternes, opaques, friables, prennent un aspect luisant par le frottement d'un corps poli; elles happent à la langue et exhalent, quand on les humecte, une odeur argileuse. Souvent quand on les extrait des galeries et des puits, elles sont mouillées, d'autres fois elles sont sans consistance, presque pulvérulentes. Quant à leur coloration, elle varie suivant leur composition : celles qui contiennent de l'hydrate de fer sont jaunes, celles qui contiennent du peroxyde naturel, ou résultent d'une calcination, sont rouges, celles qui contiennent un mélange d'oxydes de fer et de manganèse sont brunes.

Le tableau suivant indique la composition des principales ocres employées dans l'industrie:

Nom des matières	(Cher) St-Georges-sur-la-Prée	(Yonne) Pourrain	(Nièvre) St-Amand	(Pas-de-Calais) Boulogne-sur-Mer	(Puy-de-Dôme) Pontgibaud	Nouvelle-Zélande	(Nouvelle-Zélande) Sanfels	(Savoie) Combal	(Italie) Terre d'Ombre (Nocera)
Oxyde de fer	23.00	20.58	2.61	28.00	55.00	59.56	3.15	19.00	48.00
Silice	34.75	65.34	92.25	»	»	14.56	46.11	44.00	13.00
Alumine	34.75	9.03	1.91	»	»	traces	30.53	20.00	»
Chaux	»	5.05	3.23	»	»	traces	»	2.00	»
Carbonate de fer	»	»	»	63.10	»	»	»	»	»
Acide phosphorique	»	»	»	»	18.40	»	»	»	»
Matières végétales	»	»	»	»	»	4.72	»	»	»
Acide chromique	»	»	»	»	»	»	4.28	»	»
Soude	»	»	»	»	»	»	0.40	»	»
Potasse	»	»	»	»	»	»	3.44	»	»
Magnésie	»	»	»	»	»	»	»	1.00	»
Oxyde de plomb	»	»	»	»	»	»	»	3.00	»
Oxyde de cuivre	»	»	»	»	»	»	»	1.50	»
Oxyde de manganèse	»	»	»	»	»	»	»	»	20.00
Eau	7.00	1.00	»	8.60	25.80	20.20	12.52	7.00	14.00
Perte	0.50		»	0.30	0.80	0.06	»	2.50	5.00

Ocres jaunes. Les ocres jaunes sont des variétés de limonite terreuse que l'on rencontre dans un assez grand nombre de pays. En France, on les trouve à Vierzon, Moranges, Saint-Georges-sur-la-Prée, dans le Cher ; à Bitry, et à Saint-Amand, dans la Nièvre ; à Pourrain, Diges, Toucy (Yonne), à Taunay (Brie), à Boulogne (Pas-de-Calais), à Pontgibaud (Puy-de-Dôme), à Combal (Savoie), à la Nouvelle-Zélande, en Saxe, etc. Lorsque l'ocre a été extraite des puits, on l'épure mécaniquement par un lavage, pour séparer les pierres ou autres matières étrangères, puis on la foule avec les pieds ou à la machine, et enfin on la fait sécher. Elle est alors mise dans le commerce, sous les noms d'*ocre jaune*, de *terre de montagne*, *terre d'Italie*, *ocre de rue*. Les plus estimées en France sont celles de Vierzon, puis celles qui viennent aussi du Cher; on les emploie broyées à l'eau, ou à l'huile, pour la peinture en bâtiment, ou à la détrempe, et pour faire l'ocre rouge artificielle.

Ocres rouges. On doit distinguer dans ces sortes, celles qui sont d'origine naturelle, d'avec celles qui sont le résultat de la calcination de l'ocre jaune. Les premières sont des variétés de sesquioxyde de fer (fer oligiste) mélangé d'argiles, les autres ne contiennent plus d'hydrate, l'oxyde de fer étant devenu un peroxyde anhydre par la calcination.

Parmi les premières, il faut citer : la *sanguine* ou crayon rouge, qui a une cassure terreuse, une texture compacte et une structure schisteuse. Elle est douce au toucher et tendre, elle tache les doigts, et trace sur le papier des traits d'un rouge vif. Elle se trouve en amas ou en petites couches, dans des schistes argileux, à Thalliter (Hesse), à Blankenbourg, et à Kœnitz (Thuringe), etc. Elle sert à faire des crayons employés pour le dessin ou par les menuisiers.

Le *bol d'Arménie* est une argile rouge qui nous venait d'Arménie ou tout au moins d'Orient; depuis longtemps déjà nous employons en France, celle que l'on trouve à Blois ou à Saumur. Elle est douce au toucher, moins rouge que la précédente, et aussi plus dure, plus compacte et plus difficile à délayer dans l'eau. Elle contient beaucoup de gravier et a besoin d'être bien lévigée avant de servir; celle, jadis célèbre, de Lemnos, avait été très bien préparée, elle avait souvent la forme de petits pains orbiculaires, portant un cachet; elle était jadis employée en médecine ainsi que la *terre sigillée*, qui est de couleur pâle, d'un blanc rosé, et contient très peu d'oxyde de fer. Comme elle n'est plus utilisée, on n'en voit que dans les collections, aussi n'est-on pas très sûr de sa provenance.

Les *terres rouges* de la Cafrerie, de l'île d'Ormutz, d'Armagra (province de Murcie, Espagne) sont tout à fait analogues au bol d'Arménie.

Parmi les variétés d'ocre rouge obtenues artificiellement, il faut surtout citer celles qui, dans le commerce, portent les noms de *brun rouge*, de *terre rouge d'Italie*, de *terre de Nuremberg*, de *rouge indien*, de *rouge à polir*, de *rouge d'Angleterre*; les variétés les plus belles sont désignées sous les noms de *rouge de Prusse*, de *Venise*, d'*Anvers*. Elles s'obtiennent en calcinant sur des plaques de tôle portées au rouge, l'ocre jaune purifiée; lorsque celle-ci s'est presque totalement désagrégée, et qu'elle a pris la teinte voulue, on la jette dans l'eau pour la refroidir brusquement, puis après plusieurs lévigations, on la sèche à l'air. Les belles sortes sont obtenues ainsi, mais parfois, on a rencontré des ocres rouges qui contenaient du chlorure de calcium; ce sel avait été ajouté volontairement à l'ocre, pour lui faire garder une certaine humidité, et lui donner en même temps une teinte rouge intense plus estimée. Il y a dans la Meurthe-et-Moselle, plusieurs fabriques d'ocre rouge.

Les ocres rouges servent pour la peinture commune à l'huile et à la détrempe; pour polir les glaces et certains métaux (or, platine, etc.,); pour préserver les grosses pièces de fer de l'humidité; chez les joailliers et les bijoutiers, lorsqu'on porte à plusieurs reprises une pièce au feu, pour couvrir les anciennes soudures et les empêcher de jouer; pour marquer les moutons, colorer le tabac, certains mets; on les emploie aussi pour faire des poteries.

Ocres brunes. Ces couleurs sont, comme nous l'avons déjà dit, des argiles contenant un mélange d'hydrates d'oxydes de fer et de manganèse. Elles s'emploient naturelles ou après calcination. Cette seule opération permet même d'obtenir quelques ocres brunes avec l'ocre jaune; le *brun de Van-dyck* ordinaire se prépare de cette façon, en France et en Italie, en calcinant jusqu'à obtention de la teinte brune voulue; le brun de Van-dyck, de Suède ou d'Angleterre est préparé avec le colcothar. La *terre d'ombre*, la *terre de Sienne* renferment de l'oxyde de manganèse. La première est fine au toucher, de couleur bistre, inaltérable par la chaleur, elle a l'aspect terreux et absorbe l'eau avec une telle facilité qu'elle s'y délaie aussitôt. Elle nous vient de Nocera, dans la province d'Ombrie (Italie), de l'île de Chypre, ou du Levant, par la voie de Marseille; puis de Sahlberg (Suède) et enfin des Cévennes. La terre de Sienne vient des environs de cette ville, elle est en petites masses brunes, ou plus ou moins jaune rougeâtre lorsque la terre a été calcinée; la cassure est luisante. Ces ocres servent pour faire des pastels, pour la peinture à l'huile et à la détrempe, pour la fabrication des papiers peints, ainsi que pour la coloration des toiles, des poteries et des porcelaines.

Nous avons donné, en faisant l'énumération des différentes ocres, leurs applications principales, disons, en outre, que pour ce qui a trait à leur utilisation à la décoration, leur emploi remonte à une époque fort éloignée, puisque Théophraste, Pline, Vitruve, indiquent dans leurs ouvrages que l'on brûle la terre de Sinope, d'Arménie, ainsi que l'ocre jaune d'Afrique, pour faire des rouges artificiels. Les Hollandais ont eu longtemps le monopole de cette fabrication des rouges, par la calcination de nos ocres jaunes, qu'ils nous retournaient sous le nom de *rouge de Prusse*; mais cette industrie a cessé, dès que l'on a pu mieux connaître la composition de ces produits. — J. C.

***OCRÉ.** Couleur du fil de lin ou de chanvre crémé, auquel on a communiqué une nuance jaunâtre au moyen de l'ocre jaune. — V. CRÊMAGE.

OCTAÈDRE. *T. de géom.* Ce mot signifie proprement polyèdre à huit faces; mais on réserve généralement ce nom à des polyèdres dont on peut se représenter la forme comme constituée par deux pyramides quadrangulaires de même base, juxtaposées par la base qui prend alors le nom de *base de l'octaèdre*. L'octaèdre a donc huit faces, 12 arètes et 6 sommets. Par chaque sommet passent 4 arètes; les faces sont des triangles. Il existe un octaèdre régulier dont les huit faces sont des triangles équilatéraux, et qu'on peut se représenter comme formé de deux pyramides égales à base carrée, régulières et juxtaposées par la base.

Si a désigne la longueur de l'arète de l'octaèdre régulier, la distance de deux sommets opposés est $a\sqrt{2}$, la surface totale du polyèdre $2a^2\sqrt{3}$, et son volume $\frac{a^3\sqrt{2}}{3}$. L'angle dièdre de deux faces contiguës est égal à 109° 28′ 16″,4. Le rayon de la sphère inscrite est $a\frac{\sqrt{6}}{6}$ et celui de la sphère circonscrite est $\frac{a\sqrt{2}}{2}$.

Il n'y a pas d'octaèdre régulier étoilé.

L'octaèdre, régulier ou non, est une forme qu'on rencontre fréquemment dans les cristaux. Ainsi l'octaèdre régulier est une des formes principales du premier système de cristallographie; l'octaèdre à base carrée, mais non régulier, dont les faces sont des triangles isocèles et non équilatéraux, appartient au second système; enfin l'octaèdre à base rhombe ou losange, dont les faces sont des triangles scalènes appartient au troisième système. — V. CRISTALLOGRAPHIE. — M. F.

OCTANT. *T. de phys. et de navig.* L'octant est un instrument portatif destiné à la mesure des angles. Comme on s'en sert en le tenant simplement à la main, il est inutile de l'installer sur un support fixe, et cette circonstance le rend précieux à la mer, car il permet de faire des observations malgré les mouvements du navire. Le principe de sa construction est le même que celui du cercle à réflexion et du sextant ; il ne diffère d'ailleurs de ce dernier instrument qu'en ce que le limbe divisé sur lequel se fait la lecture des axes ne s'étend que sur un huitième de circonférence, tandis que dans le sextant il en comprend la sixième partie. De là le nom de ces deux instruments, absolument semblables d'autre part. — V. Sextant.

OCTOGONE. *T. de géom.* L'octogone est un polygone à huit côtés. On peut construire un octogone régulier en inscrivant d'abord un carré dans une circonférence, puis en divisant chacun des quatre quadrants en deux parties égales, et enfin en joignant les points de division consécutifs. La même construction fournit évidemment le moyen de diviser une circonférence en huit parties égales. L'angle de deux côtés consécutifs de l'octogone régulier est égal à $\frac{12}{8}$ ou $\frac{3}{2}$ d'angle droit, soit 135°.

Il existe un octogone régulier étoilé qu'on obtient en joignant de trois en trois les points de division d'une circonférence divisée en huit parties égales. On reconnaît aisément que les côtés des octogones réguliers, convexe et étoilé, inscrits dans un même cercle de rayon r forment, avec le diamètre de ce cercle, un triangle rectangle dont la surface est $\frac{r^2\sqrt{2}}{2}$. On déduit de là que les côtés c et c' de ces deux polygones ont respectivement pour valeur :

$$c=r\left[\sqrt{1+\frac{\sqrt{2}}{2}}-\sqrt{1-\frac{\sqrt{2}}{2}}\right]$$

$$c'=r\left[\sqrt{1+\frac{\sqrt{2}}{2}}+\sqrt{1-\frac{\sqrt{2}}{2}}\right]$$

L'apothème de l'octogone régulier convexe est égal à la moitié du côté de l'octogone régulier étoilé inscrit dans la même circonférence, de sorte que la surface S de l'octogone est égale à :

$$S=2cc'=2r^2\sqrt{2}$$

On peut recouvrir complètement un plan avec des octogones réguliers assemblés avec des carrés. De là résulte un système de dallage, carrelage ou parquetage assez souvent employé. Aussi, trouve-t-on facilement dans le commerce des dalles et carreaux de terre cuite ou de faïence en forme d'octogone régulier. — M. F.

***OCTYLÈNE** (Hydrure). *T. de chim.* Carbure liquide ayant pour formule : $C^{16}H^{18}$... $\not{C}^{8}H^{18}$, appartenant à la série forménique, et qui bout à 118°. On l'obtient par l'action de l'acide iodhydrique qui cède de l'hydrogène à d'autres corps, comme le styrolène ou la naphtaline, ou encore par la décomposition de corps oxygénés, tels que l'acide camphorique ou l'indigo, que l'on chauffe à 280°, avec l'acide iodhydrique ; dans le premier cas, on a avec l'acide camphorique :

$$C^{20}H^{16}O^{8}+2H^{2}=C^{2}O^{4}+C^{2}O^{2}+H^{2}O^{2}+C^{16}H^{18}\ldots$$
$$\not{C}^{10}H^{16}\not{O}^{4}+2H^{2}=\not{C}\not{O}^{2}+\not{C}\not{O}+H^{2}\not{O}+\not{C}^{8}H^{18}$$

et avec l'indigo :

$$C^{16}H^{5}AzO^{2}+9H^{2}=C^{16}H^{18}+AzH^{3}+H^{2}O^{2}\ldots$$
$$\not{C}^{8}H^{5}Az\not{O}+9H^{2}=\not{C}^{8}H^{18}+AzH^{3}+H^{2}\not{O}$$

J. C.

OCULAIRE. On appelle *oculaire* la partie d'un instrument d'optique qui a pour but d'amplifier l'image réelle fournie par l'objectif ou, pour parler plus exactement, de transformer cette image réelle en une image virtuelle considérablement agrandie. L'oculaire peut être formé d'un seul verre, et alors il est dit *simple*. Il est dit *composé* quand il est constitué par un système de plusieurs lentilles (V. Instruments d'optique). Les premières lunettes qui ont été construites, soit en Hollande, soit par Galilée, portaient un oculaire formé d'une lentille divergente qui devait être placée entre l'objectif et son foyer, de sorte que l'image réelle ne se formait pas. Cette disposition, qui est encore employée pour les jumelles de spectacle, a l'avantage de raccourcir notablement la longueur de l'instrument et de le rendre ainsi plus maniable ; mais elle a l'inconvénient de ne pas permettre l'application d'un réticule et de réduire le champ. L'oculaire simple convergent doit être placé au delà du foyer de l'objectif ; c'est une véritable loupe avec laquelle on observe l'image réelle formée au foyer de l'objectif. Mais les instruments bien construits ne portent jamais d'oculaire simple, par la raison que l'achromatisme de l'objectif n'est jamais assez parfait et doit toujours être complété par une disposition spéciale de l'oculaire. Le problème qu'il s'agit de résoudre consiste à dévier les rayons lumineux de telle sorte que les images d'un même point, produites par les rayons de différentes couleurs, viennent se former non pas précisément au même point, ce qui serait irréalisable, mais sur un même rayon visuel, de sorte que la superposition de toutes ces images colorées donne la sensation du blanc. Il existe deux manières principales d'atteindre ce but ; l'une a été imaginée par Huyghens (*Philosophical Transaction*, 1665, p. 98) ; l'autre par Ramsden (*Philosophical Transaction*, 1783, p. 94).

L'oculaire d'Huyghens se compose de deux lentilles biconvexes montées dans la même monture ; mais, quand l'instrument est au point, la première de ces deux lentilles se trouve entre l'objectif et le foyer de celui-ci ; elle a pour but de dévier les rayons lumineux avant la formation de l'image réelle, afin de substituer à celle-ci une autre image réelle plus petite, mais présentant cette particularité importante que les différents foyers colorés d'un même point, au lieu de se trouver sur une ligne droite aboutissant au centre de l'objectif, se placent, au contraire, sur une ligne droite inclinée en sens inverse et venant couper l'axe de la lunette en un point situé au delà du foyer principal. C'est en ce point que se trouve la seconde lentille qui sert de loupe pour examiner cette image réelle. Cet oculaire est appelé *oculaire négatif*. Il a l'inconvénient grave de faire disparaître l'image réelle telle que la fournirait l'objectif, et de ne point permettre l'application d'un réticule. C'est pour remédier à ce défaut que Ramsden imagina l'*oculaire positif* qui se compose de deux lentilles concavo-convexes dont les concavités se regardent, et qui se placent toutes deux au delà du foyer principal. L'oculaire positif est le seul qu'on puisse employer dans les instruments destinés à la mesure des angles. L'oculaire négatif d'Huygens est presque toujours employé pour les microscopes, lesquels ne portent jamais de réticule. Les oculaires composés ont encore un autre avantage, c'est que leur aberration de sphéricité est très faible. Dans cet ordre d'idées, nous citerons le *doublet*, de Wollaston, qui se compose de deux lentilles convergentes, séparées par un diaphragme, de manière à ne laisser passer que les rayons voisins de l'axe. Ajoutons, pour terminer, que l'oculaire des lunettes terrestres porte un système de deux verres pour redresser les images, que certaines lunettes astronomiques ont des oculaires munis de prisme à réflexion totale, pour rejeter les rayons de côté et permettre d'observer au zénith dans une position plus commode, et enfin qu'on construit des microscopes à *vision binoculaire* en déviant une partie des rayons lumineux à l'aide de deux prismes à réflexion totale. Enfin, les microscopes n'ont qu'un seul oculaire et plusieurs objectifs de rechange, tandis que les lunettes bien construites sont toujours livrées avec plusieurs oculaires de puissance optique différente ; on adapte l'un ou l'autre suivant le grossissement qu'on désire obtenir. — M. F.

* **ODIOT.** Célèbre famille d'orfèvres dont l'origine remonte à *Jean-Gaspard* ODIOT, mort en 1778, et père de *Jean-Baptiste-Claude* ODIOT, né le 8 juin 1763, à Paris, où il mourut, le 23 mai 1850. Claude Odiot a fait les ouvrages les plus remarquables de la période impériale. Tout ce qui sortait de ses ateliers fut marqué du cachet rigide de l'école de David. Il fit, entre autres grandes pièces, la toilette de Marie-Louise, d'après un dessin de Prudhon. Cette toilette complète, à laquelle étaient joints une psyché et un fauteuil, le tout en vermeil, était très remarquable, disent les écrits du temps ; mais comme le comporte le style de cette époque vouée à l'antique, c'est toujours la ligne droite, le carré ou les formes triangulaires, qui n'offrent guère de ressources pour faire de l'élégance.

En 1811, Claude Odiot fit, en collaboration avec le ciseleur-bronzier Thomire, d'après les dessins de Prudhon, le fameux berceau du roi de Rome. Les figures (une Victoire ailée, un jeune aiglon, deux cariatides d'enfants), les bas-reliefs des balustrades, ainsi que le bouclier qui soutenait la tête du berceau, avaient été modelés par le sculpteur Radiguet, exécutés en orfèvrerie par Odiot et ciselés enfin par Thomire. En 1815, Claude Odiot était colonel d'une des légions de la garde nationale et, comme tel, contribua très honorablement, sous les ordres du maréchal Moncey, à la défense de la place Clichy. Sous la Restauration, la vogue de Claude Odiot ne fit que s'accroître. Mais la mode avait changé, la Restauration ayant trouvé tout naturel de prendre le contre-pied de la Révolution et de l'Empire. La noblesse française, pendant un si long séjour à l'étranger, avait contracté des goûts nouveaux. En fait d'orfèvrerie surtout, l'anglomanie était devenue un signe d'aristocratie et de bon ton. La vogue de l'orfèvrerie anglaise engagea Claude Odiot à imiter nos voisins, et il prouva, en effet, qu'il savait faire aussi bien qu'eux. Son succès fut grand et mérité. Malheureusement, s'il produisit beaucoup, peu de ses œuvres eurent un véritable caractère d'art. On ne peut cependant lui refuser d'avoir mis un talent professionnel incontestable au service de la mode du jour. *Charles* ODIOT, mort à quatre-vingts ans, le 31 décembre 1868, a été l'orfèvre de Charles X et de toute la famille royale, principalement de la duchesse de Berry, ainsi que de toute la noblesse de l'époque. Louis-Philippe en fit plus tard son fournisseur habituel. C'était un industriel habile, malgré ses tendances anglaises, mais il n'avait pas la valeur artistique de son père Claude. — V. ORFÈVRERIE CIVILE.

ODOMÈTRE ou **HODOMÈTRE.** Instrument destiné à mesurer le chemin parcouru par une personne, à pied ou en voiture.

Dans le premier cas, l'odomètre porte improprement le nom de *podomètre*. L'instrument a la forme et la grosseur d'une montre épaisse et se met dans le gousset comme elle, mais suspendu bien verticalement. Le podomètre a deux cadrans et trois aiguilles solidaires. Chaque cadran porte 100 divisions numérotées de 10 en 10. La grande aiguille, qui est diamétrale, très légère, blanche, parcourt une division à chaque pas que fait le marcheur, par suite d'une disposition particulière de l'échappement et du balancier ou marteau. Lorsque cette aiguille a parcouru 10 divisions, la seconde aiguille, simple, bleue, s'avance d'une division sur le même cadran. Quand la grande aiguille a fait le tour du cadran, la seconde a parcouru 10 divisions, ce qui correspond à 100 pas. Alors la troisième aiguille avance d'une division sur son petit cadran. On voit par là que la troisième aiguille va 10 fois moins vite que la deuxième et celle-ci 10 fois moins vite que la première. En d'autres termes, chaque division parcourue par la première aiguille représente un pas ; chaque division parcourue par la deuxième aiguille représente dix pas ; chaque division parcourue par la troisième aiguille représente cent pas. En sorte que : la première aiguille indique les pas de un à cent ; la deuxième aiguille indique les pas de dix à mille ; la troisième aiguille indique les pas de cent à dix mille.

Pour évaluer, en mètres, le chemin parcouru, on note les nombres de divisions sur lesquelles les aiguilles se sont arrêtées, soit, par exemple, pour la première, 15 divisions ; pour la deuxième, 56 ; pour la troisième, 27 ; on aura :

$$15 + 56 \times 10 + 27 \times 100 = 3{,}275 \text{ pas},$$

nombre qu'il faudra multiplier par la longueur d'un pas, par exemple, $0^m,66$ qui est celle du pas moyen ; ce qui donne $2161^m,50$. On se sert aussi d'un podomètre à un seul cadran et à une seule aiguille. L'instrument se règle sur le pas du marcheur et indique les kilomètres parcourus. On dit aussi *compte-pas*.

Dans le second cas, le compteur est disposé de manière qu'à chaque tour de roue de la voiture la première aiguille avance d'une division et après 100 tours, elle fait avancer une deuxième aiguille, etc.

On donne aussi, et improprement, le nom d'*odomètre* à un instrument analogue au précédent, pour compter le nombre de tours de roue d'une machine mue à bras d'homme. — C. D.

ŒIL. Petite ouverture. || *T. de typogr.* Dans le caractère d'imprimerie, relief qui s'imprime; quand ce relief est plus gros que dans les autres lettres du même corps, on le nomme *gros œil*; quand, au contraire, il est plus petit et laisse, par conséquent, plus de blanc entre les lettres, on le nomme *petit œil.* || *T. techn.* Ouverture par laquelle on fait passer certaines choses, comme le fer d'un outil, d'un marteau, d'une pioche, etc. || *Œil de pertuis.* Partie étroite du trou conique de la filière. || *Œil du fourneau.* Ouverture par laquelle s'écoule la matière en fusion, dans un fourneau de fonderie. || *Œil de la tuyère.* Ouverture de la buse par où sort le vent. || Fente qui termine le grand ressort d'une montre ou d'une pendule, et tient les crochets du barillet et de son arbre. || *T. d'arch.* Ouverture ronde dans le haut de la coupole d'un dôme ou de tout autre édifice. || *T. d'arch. Œil de volute.* Petit cercle qui, placé au milieu de la volute, dans le chapiteau ionique, sert à déterminer les centres au moyen desquels on trace les enroulements de cette volute; *œil du tailloir*, la rose qui est sculptée sur chaque côté de l'abaque dans le chapiteau corinthien. || *Œil artificiel.* La fabrication des yeux artificiels est arrivée à un tel degré de perfection que l'œil de verre, avec sa mobilité, imite l'œil naturel au point de faire illusion; disons cependant que cette illusion ne résiste pas à l'attention d'un observateur, car ce globe qui se meut dans le vide, fausse l'expression du visage et en détruit l'harmonie. On forme la cornée avec un cristal inattaquable, et la coque externe de l'œil, la sclérotique, est obtenue au moyen d'une couche d'émail blanc à laquelle on donne la teinte de l'œil à remplacer; l'iris et la pupille sont l'objet d'un travail particulier qui exige du fabricant de l'habileté, de la science et du goût.

I. **ŒIL-DE-BŒUF.** *T. d'arch.* Baie de forme ronde ou ovale, percée dans un comble, un dôme, un fronton, un pignon, etc.

— Dans les basiliques chrétiennes primitives, la partie supérieure de la façade forme un pignon encadré par des moulures, comme les frontons des temples païens, et indiquant les deux pentes du toit. Le centre de ce pignon est souvent percé d'une fenêtre circulaire (*oculus*), dite aussi *œil-de-bœuf*, tandis que l'espace qui reste entre la base de ce pignon et le rez-de-chaussée de l'édifice présente un ou deux étages de trois fenêtres cintrées. Telles sont les façades de Saint-Laurent et de Sainte-Agnès, à Rome. Sur les façades romanes, on rencontre : soit les trois fenêtres de front de la basilique, surmontées ou non de l'œil-de-bœuf, soit ces mêmes fenêtres dans une autre disposition, soit enfin une grande baie circulaire à meneaux massifs et rayonnants, motivée, ou par la forme carrée de l'étage de la façade dans lequel elle est inscrite ou par le souvenir de cet ancien œil-de-bœuf du fronton primitif dont nous venons de parler. C'est là aussi l'origine des belles roses du style ogival. A l'époque de la Renaissance, on employa fréquemment les baies en *œil-de-bœuf*, ovales ou circulaires, pour les attiques et même pour les parties inférieures des constructions.

De nos jours, on fait souvent usage d'*œils-de-bœuf*, pour éclairer des pièces de petites dimensions, cabinets, loges de concierge, etc. Les ouvertures circulaires, quelquefois surmontées de lanternes, que l'on voit au sommet des dômes de certaines églises, sont des *œils*. Des ouvertures de ce genre peuvent servir à l'éclairage de salles dépourvues de fenêtres dans leurs parois verticales. Un grand nombre de lucarnes, dans les combles ordinaires, présentent une forme ovale ou circulaire, et reçoivent le nom d'*œils-de-bœuf*. On appelle enfin *œils-de-bœuf d'aérage*, les chatières à orifice demi-circulaire qui servent à aérer l'intérieur des combles. Une disposition spéciale est nécessaire pour ces ouvertures; on ne doit jamais en placer deux en face l'une de l'autre, sur deux versants opposés, car alors il s'établit par eux, en ligne directe, un courant d'air extérieur qui n'intéresse aucunement l'air renfermé dans le grenier. Il faut donc placer les œils-de-bœuf de manière à ce qu'ils forment des courants obliques et, à cet effet, les mettre dans le haut et dans le bas des toitures et non pas au milieu, mais tous à la même hauteur.

II. ***ŒIL-DE-BŒUF.** *T. de joaill.* Variété de *labradorite* (V. ce mot) à reflets brunâtres, utilisée en bijouterie. || Petite horloge ronde que l'on accroche à une muraille.

ŒIL-DE-CHAT. *T. de joaill.* Pierre précieuse, à reflets chatoyants, constituée par du quartz. Elle est de coloration brune, grise ou gris verdâtre, et l'on admet que les reflets qu'elle possède sont dus, ou à un groupement particulier des molécules constituantes, ou, dans d'autres cas, à la présence de corps étrangers comme des fibres d'asbeste, disposées en lamelles parallèles et contournées, laissant un point central plus clair. Cette pierre nous vient surtout d'Egypte, d'Arabie, de Ceylan ou du Malabar; lorsqu'on la taille, on réserve toujours, pour former le centre du bijou, la partie chatoyante la plus claire.

***ŒIL-DE-PERDRIX.** *T. de minér.* Variété de pierre meulière offrant de très petites cavités. On la trouve surtout dans la carrière de Domme (Dordogne). || *T. de tiss.* Sorte de toile damassée qui présente des petits dessins ronds.

***ŒIL-DE-POISSON.** *T. de joaill.* Syn. : *Pierre de lune.* Variété de *feldspath* (V. ce mot) adulaire présentant un fond blanchâtre avec des reflets d'un blanc nacré ou d'un bleu céleste, qui semblent flotter dans l'intérieur de la pierre, surtout lorsque l'on fait miroiter celles taillées en cabochon. Ces effets sont dus aux nombreuses fissures qu'offrent les cristaux. On trouve principalement ce produit dans le Saint-Gothard; il est parfois en échantillons volumineux offrant des faces profondément striées.

ŒIL-DE-SERPENT. *T. de bijout.* Deux produits bien différents, quoique ne provenant ni l'un ni l'autre de reptiles, portent ce nom :

1° Les dents molaires hémisphériques ou oblongues de la dorade (*coryphœna hippurus*, L.) que l'on polit et monte en bijoux ;

2° L'agate ondulée, à petits cercles concentriques, que l'on taille de façon à simuler, plus ou moins bien, un œil arrondi. — J. C.

* **ŒIL-DU-MONDE.** *T. de joaill.* Nom donné anciennement à la croûte superficielle qui recouvre les opales et les calcédoines. Actuellement, c'est un résidu de la taille de ces pierres fines.

* **ŒILLARD.** *T. de meun.* Ouverture par laquelle passe l'arbre de la roue d'un moulin ; ouverture centrale d'une meule ; l'œillard est traversé par l'anille dans la meule courante, il renferme le boîtard dans la meule gisante.

ŒILLÈRE. *T. de sell.* Partie du harnais du cheval, composée de deux morceaux de cuir qui, posés à côté des yeux, les garantissent des coups de fouet et obligent le cheval à regarder devant lui. || *T. techn.* Petit bassin ovale, monté sur un pied, destiné aux bains oculaires.

* **ŒILLETON.** *T. de phys.* On appelle ainsi un petit tube que l'on visse en avant d'une lunette et qui sert à fixer la position où l'on doit placer l'œil. Le diamètre de l'œilleton à sa partie antérieure doit être égal à celui de l'anneau oculaire (V. LUNETTE) afin que tous les rayons qui ont traversé les verres de l'instrument et concouru à la formation de l'image puissent pénétrer dans l'œil; sa longueur est égale à la distance focale principale de l'oculaire. Le plus souvent, l'œilleton est fixé à demeure à la pièce qui porte l'oculaire, de telle sorte qu'il se trouve mis en place dès qu'on a vissé l'oculaire. Si la lunette est accompagnée de plusieurs oculaires correspondant à des grossissements différents, et qu'on visse à volonté sur le tube, chaque oculaire se trouve ainsi muni de son œilleton. Généralement aussi l'œilleton se termine à sa partie antérieure par un évasement sur lequel vient s'appuyer l'arcade sourcilière et l'ossature inférieure de l'œil.

ŒILLETTE. Huile comestible. — V. HUILE, § *Huile d'œillette.*

* **ŒNOBAROMÈTRE.** *T. de phys.* Sorte de densimètre spécial, inventé par Houdart, et destiné à donner, par un simple essai, la quantité d'extrait sec contenu dans les vins. Son échelle est divisée en 16 degrés, subdivisés eux-mêmes en 5 parties égales ; le premier degré correspond à la densité 0,987, et le sixième à la densité 1,002.

Pour faire un essai, on commence par chercher la richesse alcoolique du vin à $+15°$, puis on prend la densité du liquide à la même température, au moyen de l'œnobaromètre. Le résultat cherché est donné par la formule :

$$p = 2,062\,(D - D')$$

dans laquelle le poids p de l'extrait sec s'obtient: avec D', la densité d'un mélange d'alcool pur et d'eau distillée ayant la même densité que celle du vin essayé (c'est ce que l'on a obtenu avec l'appareil Salleron); avec D, la densité œnobarométrique du vin, toujours ramenée à 15°, et avec 2,062, un coefficient qui dépend de la densité des sels du vin (E. Houdart, *Nouvelle méthode pour le dosage de l'extrait sec du vin*, Paris 1877). Pour éviter ces calculs, E. Houdart a donné des tables indiquant les corrections à effectuer suivant la température et par suite desquelles on retranche un certain chiffre, lorsque la température est inférieure à $+15°$, ou l'on ajoute un chiffre donné si la température est supérieure à 15° ; une autre table donne immédiatement la valeur de p, pour les différents degrés œnobarométriques et alcooliques des vins. Cette table peut encore se remplacer par une sorte de règle à calcul au dos de laquelle est imprimée une petite table donnant les corrections relatives à la température. Si, maintenant, on veut transformer les résultats obtenus par l'œnobaromètre, en chiffres indiquant les quantités d'extrait sec, *dans le vide*, il faut multiplier le poids trouvé par le coefficient 1,222 ; de même que, réciproquement, le poids de l'extrait sec multiplié par 0,819, donne le chiffre représentant l'essai œnobarométrique. — J. C.

* **ŒNOLINE.** *T. de chim.* Nom donné à l'une des matières colorantes que Glénard, en 1858, a signalé comme existant dans les vins rouges. Cette matière desséchée se présente sous la forme de grains noirâtres fournissant une poudre d'un rouge violacé, peu soluble dans l'eau, soluble dans l'alcool avec une teinte rouge cramoisi ; insoluble dans l'éther, le chloroforme, le sulfure de carbone, la benzine, l'essence de térébenthine ; sa formule est $C^{40}H^{40}O^{20}$. D'après Arm. Gautier, elle proviendrait d'une oxydation lente de l'*œnocyanine*, la matière colorante bleue de ces mêmes vins, et, comme les acides font passer l'œnocyanine bleue à l'état d'*œnoline rouge* (Mauméné), on s'explique pourquoi les vins, étant toujours acides, offrent des teintes rouges, tirant un peu sur le violet. Ce second principe colorant proviendrait à son tour d'un autre principe plus stable, la matière colorante jaune qui existe toujours dans les vins, et qui apparaît seulement dans les vins rouges, lorsque ceux-ci prennent une teinte pelure d'oignon, par suite du dépôt qui se forme avec le temps sur les parois des vases.

Ces théories ont été modifiées par les travaux postérieurs d'Arm. Gautier. Ce chimiste a indiqué en effet (*Bulletin de la Société chimique*, XXVII, p. 496) que tous les principes colorants peuvent être réunis sous le nom d'*acides œnoliques* ; ils varient avec les cépages, et sont des acides faibles appartenant à la classe des tannins, dont ils ont les propriétés. Leur composition varie peu comme le montre l'analyse des acides œnoliques des cépages suivants :

Carignan. . . . . $C^{42}H^{20}O^{20}$
— . . . . $C^{43}H^{28}O^{20}$

Carignan. . . . . $C^{47}H^{21}O^{20}$ (principe se trouvant seulement dans les lies).
Grenache. . . . . $C^{43}H^{24}O^{20}$
Aramon. . . . . . $C^{46}H^{34}O^{20}$
Teinturier. . . . . $C^{45}H^{38}O^{20}$
Petit-Bouschet. . $C^{45}H^{36}O^{20}$
— . . $C^{47}H^{38}O^{20}$
Gamay . . . . . . $C^{40}H^{40}O^{20}$

par l'action de la potasse fondante à 240°, les acides œnoliques se dédoublent et donnent des acides acétique, caféique, hydroprotocatéchique, protocatéchique et de la phloroglucine; en effet, on a :

$$\underbrace{C^{42}H^{20}O^{20}}_{\text{Acide du Carignan}} = \underbrace{C^{18}H^{8}O^{8}}_{\text{Acide caféique}} + \underbrace{(C^{12}H^{6}O^{6})^{2}}_{\text{Phloroglucine}}$$

et

$$C^{42}H^{20}O^{20} + 2(H^{2}O^{2}) = \underbrace{C^{14}H^{6}O^{8}}_{\text{Acide protocatéchique}} + \underbrace{C^{4}H^{4}O^{4}}_{\text{Acide acétique}} + \underbrace{(C^{12}H^{6}O^{6})^{2}}_{\text{Phloroglucine}}$$

J. C.

ŒNOMÈTRE. *T. de phys.* Aréomètre employé surtout dans la préparation des vins de Champagne, et qui donne approximativement la richesse alcoolique et saccharine des vins. Son échelle offre en son milieu un O représentant la densité de l'eau pure; en dessus se trouve une échelle divisée en degrés Cartier, subdivisés en dixièmes; en dessous, l'échelle de Baumé, également divisée en degrés et dixièmes de degré, mais il n'y a généralement que deux degrés inférieurs et supérieurs de marqués, parce que les indications à noter suffisent dans ces limites pour indiquer les résultats d'une fermentation de quelques heures. L'usage de cet instrument diminue de jour en jour, à cause de sa difficile construction (O Cartier = 0,999425 et O Baumé = 1,000), aussi le remplace-t-on beaucoup aujourd'hui par un densimètre ordinaire, indiquant facilement 0,1 par litre. Les liqueurs sucrées, préparées pour compenser la perte de sucre due à la fermentation, sont faites de telle sorte qu'un litre ajouté à une barrique, augmente la densité de une division de l'œnomètre. — J. C.

* **ŒTITE.** — V. Géode.

ŒUVRE. 1° *T. de constr.* On emploie quelquefois ce mot comme synonyme de *bâtisse*, et en parlant de la construction à différents états, ainsi l'ensemble des murs principaux prend le nom de *gros œuvre*; *dans œuvre* et *hors œuvre* signifient les dimensions prises à l'intérieur et à l'extérieur des murs; *reprendre en sous-œuvre*, s'applique à la reconstruction en dessous, en soutenant les parties supérieures par des étais; à *pied d'œuvre*, c'est transporter les matériaux de construction à proximité du bâtiment à élever. || Autrefois, on donnait le titre de *maître de l'œuvre* à l'architecte qui dirigeait les ouvrages de charpenterie et de maçonnerie. || 2° *T. techn.* Enchâssure d'une pierre, chaton dans lequel une pierre est encadrée. || 3° *Mettre en œuvre.* Emploi d'une matière quelconque pour lui donner, par le travail, la forme qu'elle doit avoir. || 4° *Main-d'œuvre.* Façon que l'ouvrier donne à la chose mise en œuvre. || 5° *Œuvres blanches*, se dit des gros outils à fer tranchant, à l'usage des taillandiers. || 6° En *métall.*, se dit du plomb argentifère. || 7° *T. de constr. nav. Œuvres mortes.* Nom donné à toute la partie du navire située au-dessus de la flottaison. Les formes de cette partie sont subordonnées au rôle que l'on destine au bâtiment; les murailles peuvent être droites, inclinées, avoir de la rentrée, être élevées ou rases, au-dessus de l'eau, etc. Leur influence sur la marche du navire varie avec la force et la direction du vent régnant. || *Œuvres vives.* On désigne sous ce nom toute la partie de la carène située au-dessous de la flottaison. C'est surtout de la forme donnée aux œuvres vives que dépend l'accroissement ou la diminution de résistance à la marche du navire. Avec un avant renflé et des inflexions brusques pour le raccord avec les diverses lignes d'eau, on refoule la mer au lieu de la sillonner; le soulèvement ainsi produit sur l'avant, et quelquefois renouvelé par le travers des bossoirs, constitue un nouvel élément de résistance à la marche. Pour les bâtiments à grande vitesse, on s'attache à avoir des extrémités aussi fines que possible reliées par des courbes adoucies aux différents contours de la carène.

OFFRE ET DEMANDE. On désigne ainsi la lutte qui s'établit à l'occasion de toute marchandise, entre deux intérêts différents en présence : celui des vendeurs qui *offrent* et celui des acheteurs qui *demandent*. Elle sert à fixer le prix courant de la marchandise, le *cours*. C'est cette lutte dont la science économique a formulé en ces termes les résultats : *Les prix sont en raison directe de la demande et en raison inverse de l'offre*; c'est-à-dire plus une marchandise est demandée, plus son prix est élevé, plus au contraire elle est offerte et plus sa valeur commerciale diminue.

Cette formule a besoin d'être bien définie, et il faut examiner sur ce qu'on entend exactement par les mots *offre* et *demande*.

La demande a son principe dans le désir qu'on éprouve d'obtenir un produit; mais il ne faut pas confondre le désir et la demande. Pour que cette dernière, considérée au point de vue économique, influe sur le marché et fasse monter les prix, il faut qu'elle se produise dans des conditions de solvabilité. On a beau désirer une chose, en avoir besoin; si on est hors d'état de l'acheter on ne compte pas parmi ceux qui, commercialement, la demandent, on ne compte pas pour en faire monter le prix.

« La demande, dit Rossi, n'exprime pas seulement la quantité isolément considérée, mais la quantité dans ses rapports avec la nature et l'intensité du désir qui la fait rechercher, et avec la force des obstacles que ce désir voudrait et pourrait surmonter pour se satisfaire. Tout le monde peut désirer une voiture, un hôtel; à coup sûr, si l'achat et l'entretien de ces choses ne coûtait que quelques écus, il n'est peut être pas un de nous qui ne voulût se les procurer. Mais si, au lieu d'un léger sacrifice, il faut dépenser des sommes considérables, le nombre de ceux qui voudraient réaliser cette demande diminuera en proportion de la grandeur de la dépense. Sans doute on désirera encore la voiture, mais c'est là une demande qui ne figure pas sur le marché, parce que les uns ne voudraient pas et les autres ne pourraient pas faire le sacrifice qu'elle exige, surmonter l'obstacle qui s'oppose à la réalisation de leur désir. »

Ainsi, la demande est limitée par les facultés de chacun. Cela est si vrai que, si les objets de première nécessité enchérissent, la demande pour les autres diminue, car toute la puissance d'achat des consommateurs se porte d'abord vers les premiers. L'histoire des prix atteste que, à l'élévation du prix du blé, correspond une diminution du prix des produits manufacturés.

Il en est de même pour l'offre. Sans doute tout ce qui est produit par chacun au delà de ses besoins personnels est destiné à être vendu, porté sur le marché, offert. Mais est-ce là la mesure de l'offre? Non, elle est à la fois moins et plus que cela. En effet, pour certaines choses qui ne peuvent être produites à volonté, dans un délai assez court, comme le blé et les denrées alimentaires en général, le stock existant constitue le maximum de l'offre; mais pour les objets manufacturés qui peuvent être fabriqués et livrés en très peu de temps, l'offre comprend non seulement l'approvisionnement actuel mais encore la production ordinaire.

« L'offre, dit Rossi, n'exprime pas seulement la quantité offerte, mais encore cette quantité combinée avec la difficulté ou la facilité de la production. En effet, s'il existe aujourd'hui sur le marché dix mille paires de bas, ou bien un million d'aiguilles, pouvez-vous affirmer que c'est là l'offre tout entière? Mais personne n'ignore que, si la demande est pressante, il arrivera assez promptement une quantité considérable de bas et d'aiguilles; car ce sont choses dont la production est facile. En conséquence, il ne serait pas exact de dire que le prix est déterminé uniquement par la quantité de ces denrées qui se trouve sur le marché; il l'est aussi par la facilité que l'on a d'augmenter la mesure des choses offertes. »

Il faut donc, pour établir le prix d'une chose, arriver à connaître le rapport qui existe entre la demande effective, c'est-à-dire les besoins, et l'offre réelle ou ensemble des moyens destinés à satisfaire cette demande. Cela est bien difficile, surtout lorsqu'il s'agit, non d'un marché local, restreint, mais du grand marché du monde.

Mais une fois fixé sur ce point, c'est-à-dire sur la quantité demandée et offerte, pourra-t-on en tirer une conclusion mathématique? Fixer non seulement un prix, mais les conditions exactes de la croissance et de la décroissance du prix? Evidemment non.

Supposons une marchandise dont le prix est déterminé; tout à coup l'offre diminue; il y a déficit d'un tiers, d'un cinquième: les prix vont hausser très certainement; mais hausseront-ils dans la même proportion? Un déficit de moitié fera-t-il doubler le prix? Non. Il faut tenir compte en même temps de la nature de la marchandise. S'il s'agit d'objets de luxe dont on peut se passer facilement, à mesure que les prix augmenteront, les demandes diminueront, et il y aura donc à la hausse un contrepoids en sens inverse. Pour les objets de première nécessité, au contraire, la hausse suivra plus exactement les conditions de l'offre, les dépassera même parfois. Ainsi, on a constaté que pour le blé, les prix varient dans une proportion bien plus grande que les quantités.

Il ne faut donc pas, sous peine de tomber dans une erreur profonde, faire dire à la formule de l'offre et de la demande plus qu'elle ne dit réellement. Il est impossible d'en tirer, pour la fixation des prix, une conclusion absolument exacte, chiffrée, mais elle montre néanmoins quelles circonstances influent sur la variation des prix et déterminent la hausse ou la baisse. — L. B.

OGIVAL (Style et art). Ce mot s'applique à tout un ensemble de construction et de décoration soumises à certaines règles générales, mais présentant dans l'application la plus grande variété, l'originalité la plus complète. Nulle part ailleurs petite cause ne produisit de si grands effets: la substitution de l'arc en tiers point au plein cintre n'eut pas seulement pour résultat de modifier les voûtes: elle amena graduellement une révolution radicale dans l'art de bâtir, de décorer, de meubler; elle fit éclore, par voie de conséquence et sous des influences diverses, une architecture, une statuaire, une peinture, une sculpture sur pierre et sur bois, une orfèvrerie toutes nouvelles; elle rompit enfin avec les vieilles traditions et consacra une esthétique en harmonie avec les croyances, les idées, les sentiments d'un monde nouveau.

Il y a un siècle à peine que le style, ou plutôt l'art multiple dont nous parlons, a pris la qualification d'*ogival*; le mot *ogive*, qu'on écrivait *augive*, était seul connu, et on le faisait dériver du latin *augere*, augmenter, parce que l'arc ainsi appelé est, en effet, une augmentation ou surélévation du plein cintre. Mais l'ensemble architectonique et décoratif que désigne aujourd'hui l'adjectif *ogival* était universellement appelé *gothique*, c'est-à-dire barbare: dénomination aussi contraire à l'histoire qu'au bon sens, puisque les Goths, de l'est et de l'ouest, n'ont rien bâti, se contentant de ravager et de détruire. Dans notre France, en particulier, c'est précisément au nord, où les Wisigoths n'ont fait aucun établissement, que le style ogival s'est le plus magnifiquement développé, tandis que le sud, où leur race s'est implantée, est resté fidèle aux traditions de l'art romain, et n'a fait que de rares emprunts au style ogival.

L'épithète de *gothique* était donc une injure, et l'on sait avec quelle ardeur Victor Hugo et son école l'ont relevée: dans leur langage, gothique devint synonyme de beau, de grand, et quand ils voulaient qualifier quelque chose de sublime, ils disaient fièrement: c'est gothique! En ceci, les admirateurs passionnés de l'art ogival dépassaient le but; le débat se compliquait, d'ailleurs, de plusieurs autres questions d'art, d'histoire et de littérature; il constituait l'un des côtés, l'une des formes de la grande querelle des classiques et des romantiques.

Les détracteurs, il faut bien le dire, étaient de leur côté nombreux et ardents; maîtres de la place depuis l'époque de la Renaissance, ils ne supportaient pas l'attaque et résistaient à des contradicteurs, tels que Chateaubriand et Victor Hugo. Les auteurs du *Génie du christianisme* et de *Notre-Dame de Paris* avaient, en effet, à lutter contre trois siècles de dénigrement: pour justifier la condamnation de l'art ogival, ils citaient les grands architectes, et les grands sculpteurs de l'époque de François Ier et de Henri II; ils mettaient en avant la majestueuse architecture, la statuaire correcte, la peinture classique du siècle de Louis XIV; ils invoquaient même les élégances et les coquetteries de cet art du XVIIIe siècle qui fut si gracieux, si pimpant dans toutes ses créations décoratives; à l'esthétique de Chateaubriand et de Victor Hugo, ils opposaient celle de Fénelon entiché, lui aussi, de l'art grec et romain, au point de comparer les mille détails sculpturaux de l'art ogival « aux subtilités barbares de la scholastique ». Enfin, la rude école de David, qui se continua sous le premier empire et les *Romains*, c'est-à-dire toute la génération des architectes, des sculpteurs et des peintres, sortie de l'Académie de France à Rome, opposait sa masse compacte à la phalange enthousiaste des gothiques.

Aujourd'hui, la lutte est terminée: le XIXe siècle, éclectique en toutes choses, a fait la part des exagérations et reconnu que le style ogival est l'une des grandes évolutions de l'art. Evidemment il n'a point la simplicité, la régularité de lignes que présente l'art gréco-romain; essentiellement symbolique et varié, il laisse libre carrière à la fantaisie, tout en la contenant dans les limites d'un dogmatisme bien arrêté; il réalise donc l'éternel problème de la conciliation entre la nouveauté et la tradition, entre la liberté et la règle.

Examinons successivement:

1° *L'art ogival dans ses origines*;

2° *L'art ogival, nouvel art de bâtir*;

3° *L'art ogival, ensemble décoratif*;

4° *L'art ogival, expression d'un symbolisme complètement étranger à l'antiquité classique.*

I. Considéré dans ses origines, l'art ogival a donné lieu à de savantes recherches et à de vives discussions. Poétiquement, on a cru voir l'ogive, élément générateur de ce style, dans les voûtes des cavernes et dans les arceaux formés par les branches des grands arbres. Géographiquement, on l'a rencontrée, à l'état isolé, en Asie, en Grèce, en Italie, et employée soit dans la construction, soit dans la décoration de monuments de la plus haute antiquité. Historiquement, il est hors de doute qu'elle nous est venue d'Orient, et que les Croisés l'en ont rapportée avec beaucoup d'autres choses. Une fois naturalisée en Europe, et plus particulièrement dans l'Europe centrale, l'ogive a porté ses fruits : l'Eglise s'en est emparée; le génie civil et militaire l'a pliée à ses besoins; le monde monastique, alors tout puissant, l'a fait servir à ses usages; tout un art nouveau en est sorti. Un architecte éminent, qui fait autorité en pareille matière, arrive exactement à la même conclusion : « L'arc brisé, appelé ogive, dit Viollet-le-Duc, a été d'abord une importation d'Orient... En France, il a été le point de départ de tout un système de construction parfaitement logique et permettant une grande liberté dans l'application... Si l'ogive a pris naissance hors de France, comme forme d'arc, nous sommes les premiers qui ayons su l'appliquer à l'une des plus fertiles inventions dans l'histoire de la construction, et qui ayons su tirer de cette forme, issue d'un sentiment des proportions, des conséquences d'une valeur considérable, puisqu'elles ont produit la seule architecture originale qui ait paru dans le monde depuis l'antiquité. »

II. Envisagé comme un nouvel art de bâtir, le style ogival n'a pas procédé par explosion ; il s'est mêlé d'abord à l'architecture, à la sculpture, à la peinture antérieures, puis il s'en est détaché peu à peu, et, après avoir constitué un art parfaitement distinct, il a subi, à son tour, l'influence renaissante des styles qu'il avait remplacés. Son histoire comprend donc trois périodes bien délimitées : l'*époque romano-ogivale*, ou de transition; l'*époque ogivale pure*; l'*époque de lutte avec l'art grec et romain renouvelés.*

La première période embrasse le XIIe siècle et, dans certains pays, la première moitié du XIIIe siècle. Dès 1140, dit Viollet-le-Duc, on voit l'ogive apparaître dans la basilique de Saint-Denis, et ce n'en fut probablement pas la première application. Pour que les architectes, habitués aux procédés de l'art romano-byzantin, consentissent à faire emploi de l'ogive, il fallait qu'ils l'eussent étudiée, qu'ils connussent sa force de résistance, et qu'ils y vissent un moyen de satisfaire aux aspirations de leur époque. A ce moment, en effet, une foi ardente cherchait à s'exprimer, et les formes un peu lourdes de l'architecture romane ne lui suffisaient plus : le chœur était trop étroit pour le déploiement des pompes religieuses; les bas-côtés ne pouvaient loger les nombreuses chapelles que les seigneurs, les confréries, les riches bourgeois voulaient faire construire au pourtour des églises; l'ogive permit de réaliser tous ces *desiderata*. On put allonger le chœur par l'addition d'une chapelle de la Vierge, élargir et élever en même temps la nef principale, de manière à placer, sous les deux retombées, des bas-côtés et des chapelles collatérales.

Mais ces importantes modifications, qui exigèrent l'emploi des contreforts, piliers ou arcs-boutants, et de tous les ouvrages extérieurs qui en sont la conséquence, se produisirent le plus souvent dans les édifices en cours de construction. Le nouveau style s'y mêla donc à l'ancienne architecture romano-byzantine : l'arcade romane resta au niveau du sol, comme on peut le voir en plusieurs édifices de cette époque, et notamment autour du chœur de la cathédrale de Sens, tandis que le besoin d'éclairer l'église agrandie, et d'ajourer la partie supérieure de la nef surélevée, obligeait l'architecte à remplacer l'œil-de-bœuf roman par la haute et étroite fenêtre ogivale, dite à *lancette*. Les principaux édifices de cette période de transition sont les cathédrales de Noyon, du Mans, certaines parties de celle de Sens, de la basilique de Saint-Denis, etc.

Le mélange des deux styles cesse, dans le nord de la France tout au moins, vers la première moitié du XIIIe siècle. C'est l'époque où la civilisation chrétienne arrive à son plus complet développement: les sentiments chrétiens inspirent toutes les manifestations de la pensée humaine, et, pour rester dans le domaine de l'architecture, l'art ogival est celui qui se prête le mieux à l'expression des croyances et des enthousiasmes de ce temps. Le style, dont l'ogive est l'élément générateur, se dégage alors de tout ce qui l'a précédé, et parcourt un cycle de trois siècles environ, marqué par trois périodes distinctes sur lesquelles tous les archéologues sont d'accord.

1° *Ogive à lancette*, ou *style ogival primitif*. La caractéristique de cette époque est la baie en fer de lance, qui lui a donné son nom. Les croisées à lancette sont tantôt isolées, tantôt réunies deux à deux dans une arcade principale. A côté, dit M. de Caumont, qui fut avec Viollet-le-Duc l'un des révélateurs du style ogival, s'ouvrent les roses qui n'atteindront leur épanouissement complet qu'au XIVe siècle : formées d'ogives trilobées, de rosaces, de trèfles, et affectant généralement la forme de roue, elles étincellent avec leurs vitraux à la pointe de l'étroite ogive, en attendant qu'elles remplissent de leurs compartiments le grand portail occidental, ainsi que les façades méridionale et septentrionale du transept.

Ces évidements, ces hardiesses sont, aux yeux des « Romains », des classiques, le côté vulnérable du style ogival primitif : les contreforts, les arcs-boutants, les arcades ou galeries aériennes, projetés audacieusement en l'air et servant à neutraliser la poussée des voûtes, leur paraissent avoir été de simples *étais*, servant de correctif à une architecture imprudente. Pour dissimuler leur ignorance des lois de la gravité, les architectes du moyen âge, toujours au dire des fanatiques du style gréco-romain, auraient imaginé les clochetons, les pinacles, les niches, les gargouilles, les choux ou crosses végétales, la flore et la faune lapidaires, et toute cette dentelle de pierre ou de plomb, qui enveloppe l'édifice de ses festons.

Les maîtres de l'archéologie moderne ont vengé, sous ce rapport, leurs confrères d'autrefois : la voûte ogivale, qu'on a le plus attaquée, parce qu'elle est l'essence même du style, témoigne, dit M. de Caumont, d'une habileté extraordinaire. Il en est qui n'ont que six pouces d'épaisseur et qui sont jetées d'un mur à l'autre de la nef, à plus de cent pieds d'élévation; faites, non en pierres de taille, mais en petits cubes noyés dans du mortier, elles résistent, après cinq ou six siècles, aux efforts des hommes et des éléments.

La science des vieux maîtres maçons, dit le célèbre archéologue normand, fit la voûte; leur génie fit la tour », autre caractéristique du style ogival primitif. Les tours de cette époque, percées comme les nefs de fenêtres à lancette, offrent une base carrée à une pyramide généralement octogone qui se dresse, flanquée de quatre clochetons, et perce le ciel de sa pointe. Quelquefois la tour est seule et s'élève au centre de la façade occidentale; plus souvent, on en construit deux, qui encadrent la porte principale correspondant à la grande nef et les deux portes secondaires sur lesquelles s'ouvrent les bas-côtés. Les voussures de ces portes sont peuplées d'un monde de figures et d'ornements symboliques, dont nous parlerons plus loin.

Comme la voûte, la colonne est caractéristique du style ogival primitif : autour du chœur, elle garde les traditions de l'art roman; mais partout ailleurs, elle s'allonge, s'amincit, s'immatérialise en quelque sorte; par un artifice fort ingénieux, on réunit de minces colonnettes en faisceaux; on en flanque les lourds massifs destinés à supporter les voûtes, et elles les dissimulent en s'enroulant autour d'eux.

Les édifices religieux de cette première période de l'art ogival pur sont fort nombreux; qu'il nous suffise d'en mentionner quelques-uns pouvant être cités comme types : la Sainte-Chapelle de Paris (fig. 492), les cathédrales de Coutances, de Bayeux, de Laon, d'Evreux, de Bourges, *etc.*, *etc.* Quant aux *édifices civils*, ils se construisent pendant longtemps encore selon les traditions de l'art romain; ce style offrait, en effet, beaucoup plus de garanties de solidité. L'ogive n'apparaît donc dans les beffrois, les parloirs aux bourgeois, les châteaux et les riches maisons des villes, qu'à l'état de décoration. Les établissements monastiques tardent eux-mêmes à l'adopter pour leurs chapelles, leurs cloîtres, leurs réfectoires et leurs chapitres; et, quand ils en font usage, comme les moines du prieuré Saint-Martin-d.-Champs (fig. 493), c'est en lui laissant toute sa simplicité, toute son austérité primitives. C'est donc la cathédrale qui l'épouse, et qui, par la vigoureuse impulsion des évêques, lui fait accomplir de rapides progrès.

Fig. 492. — *La Sainte-Chapelle.*

2° *Ogive rayonnante*, ou *style ogival secondaire*. Cette seconde période de l'art que nous étudions comprend environ un siècle, le XIVe, avec les retards et les avances qui se produisent dans le mouvement, selon les régions, les ressources et les influences prédominantes. Le midi de la France, par exemple, en est encore au style roman, ou à l'ogive du XIIIe siècle, alors que le domaine royal et le nord du royaume ont déjà élargi l'étroite fenêtre à fer de lance et égayé, par de nombreuses « ymaiges et histoires », la sévérité du style primitif.

Ce n'est point, il faut le dire, un art nouveau qui s'éveille; c'est un ensemble de modifications que le goût individuel, la fantaisie, le désir de faire plus grand, plus riche, inspirent aux constructeurs. Limitées d'abord au pourtour du chœur, les chapelles se développent le long des bas-côtés : les familles et les confréries qui les font bâtir veulent avoir leurs noms, leurs armoiries, les images de leurs patrons dans les vitraux, et sont obligées d'élargir la baie de la fenêtre qui les contient. La lancette primitive, dit M. de Caumont, est remplacée par « deux ogives géminées, surmontées d'une rose polylobée occupant toute la fenêtre. Les meneaux sont plus nombreux, et les amortissements formés de figures rayonnantes de tréfles et de quatre-feuilles » C'est à cette disposition que le style de cette époque doit son nom d'ogival *rayonnant.*

Comme les fenêtres, les roses du grand portail et du transsept élargissent leur diamètre et multiplient leurs meneaux, pour recevoir les roues trilobées ou quadrilo-

Fig. 493. — *Réfectoire du prieuré de Saint-Martin-des-Champs, à Paris.*

bées et tout le *rayonnement* nouveau. Il en est de même des fenêtres ajourant les tours, des arcatures, niches, balustrades et galeries extérieures, des clochetons, des pinacles, des gargouilles, des fiches et autres pièces de charpente supportant les flèches; les ornements rayonnants se glissent partout et forment des motifs de décoration plus ou moins richement développés; la flore est plus variée; l'ensemble des édifices gagne en élégance ce qu'il perd en sévérité.

Plus nombreuses que dans l'âge précédent, les constructions civiles de cette époque commencent à s'humaniser; on bâtit moins lourdement; on décore extérieurement l'habitation, et on la meuble à l'intérieur d'objets moins simples. Le XIVe siècle est, en architecture, une période de transition entre l'austérité peut-être excessive du XIIIe et les élégances non moins exagérées de la fin du XVe. Il compte de nombreux édifices religieux, monastiques et civils qu'il ne nous est pas possible d'énumérer.

Bornons-nous à placer sous les yeux du lecteur le grand portail de la cathédrale d'Amiens, et l'intérieur de l'église Saint-Ouen, à Rouen (fig. 494 et 495).

3° *Ogive flamboyante*, ou *style ogival tertiaire*. Les signes distinctifs que présente cette période sont beaucoup plus tranchés ; l'art ogival subsiste toujours, mais il est profondément atteint dans son essence même. A la simplicité du premier âge, à la richesse du second succèdent une recherche, un maniéré, une affectation de formes qui annoncent la décadence; le style est tourmenté; architectes, statuaires, ciseleurs semblent avoir épuisé toutes les ressources de leur art et cherchent autre chose. Entrons dans le détail de ces modifications.

Extérieurement, dit M. de Caumont, les contreforts, soit qu'ils supportent des arcs-boutants, soit qu'ils soutiennent immédiatement les murs, ont leurs faces ornées de pinacles en application. Les portes ne s'ouvrent plus en ogive pure ; elles sont flanquées de pilastres divisés en plusieurs panneaux et surmontés d'aiguilles. Les tours sont moins sveltes, mais plus ornementées; les voûtes ne montent plus vers le ciel; elles semblent, au contraire, avec les pendentifs en forme de stalactites dont elles sont hérissées, vouloir se rapprocher de la terre. A l'intérieur, les colonnes subissent de fâcheuses altérations: les grêles colonnettes de la première et de la seconde période s'amincissent encore, jusqu'à dégénérer en simples nervures prismatiques, faisant corps avec les piliers et se ramifiant dans les voûtes. Les chapiteaux, déjà très ouvragés, le deviennent davantage encore; tout un monde de fleurs et de fruits les envahit, au point de valoir à ce style si luxuriant le nom de *gothique fleuri*.

Mais la caractéristique véritable de la période est celle qui lui a valu son nom; les meneaux des fenêtres, des roses, des portes, des impostes et des voussures semblent *flamboyer*, tant ils se contournent. Il semble que la flamme les lèche, et qu'ils se tordent comme des branches d'arbre au milieu d'un brasier; tous les trèfles, tous les quatre-feuilles des deux époques précédentes aiguisent leurs lobes et flamboyent dans tous les sens.

Fig. 494. — *Cathédrale d'Amiens.*

Les grandes églises ayant été pendant de longues années en construction, il en est peu qui n'aient payé leur tribut au style ogival flamboyant, dans les parties de leur œuvre qui ont été bâties les dernières ; mais ce sont les constructions civiles qui s'en accommodèrent le mieux, et c'est là qu'est le véritable épanouissement du style ogival flamboyant. Les maisons de ville, les châteaux, les hôtels urbains lui empruntent les plus charmants motifs de leur décoration.

Commencé dès le XIe siècle, le mouvement communal n'avait encore rien produit, au point de vue architectonique et monumental : quelques beffrois fort simples sur de vulgaires « maisons aux piliers. » Les XIIe et XIIIe siècles, tout à la chevalerie, à l'église, aux croisades, n'avaient guère permis à l'élément marchand et bourgeois de se développer, en France surtout; mais les XIVe et XVe lui sont infiniment plus favorables, par suite de l'abaissement de la noblesse et de la royauté. C'est alors que les « maisons de ville » se construisent et affectent, dans le Nord principalement, la forme de véritables palais. Nous n'en citerons qu'un seul exemple, et il suffit : l'hôtel de ville de Bruxelles, élevé vers 1450, est bien le type de ces splendides édifices qui ont toutes les hardiesses du style ogival rayonnant et toutes les élégances du « gothique fleuri ».

Tandis que les bourgeois des villes industrielles et commerçantes se font bâtir des palais, les hauts barons, à qui les guerres privées sont désormais interdites et qui n'ont plus à se tenir en garde derrière leurs murailles, commencent à égayer leurs sombres demeures. Tout en conservant leurs tours et leurs créneaux, ils font construire, dans le vaste pourpris formé par l'enceinte fortifiée, des bâtiments spacieux, aux larges fenêtres, aux balcons ouvragés, aux galeries tout ouvertes régnant sur le pourtour de l'édifice. Le style ogival rayonnant et flamboyant se prête fort bien à l'agencement et à la décoration de ces nouvelles résidences. Tantôt on les maintient sur la montagne, que couronnait jadis le vieux château féodal, tantôt on les descend à mi-côte et presque dans la vallée ou dans la plaine; c'est l'époque où ils s'épanouissent sur les bords de la Loire et couvrent toute la Touraine d'une merveilleuse végétation architecturale. Blois, Chenonceaux les représentent dans cette région, comme Pierrefonds, si brillamment restauré par Viollet-le-Duc, en est le type dans la France du Nord. Chaumont et Coucy gardent leurs vieilles tours si sévères d'aspect; mais les châteaux des XIVe et XVe siècles n'auront plus désormais que de gracieuses tourelles d'angle, à encorbellement, décorées de toutes les arabesques enfantées par l'imagination des architectes.

Enfin les hôtels urbains doivent également au *rayonnement* et au *flamboyement* du style ogival, un développement, une ampleur de forme, un luxe de détails que ne comportait pas l'architecture antérieure, si peu favorable aux commodités de l'habitation. Le nombre en est considérable encore, malgré les démolitions et les appropriations modernes; qu'il nous suffise de citer le palais ducal de Nancy, celui de Dijon, avec leurs magnifiques salles des gardes, l'Echiquier de Normandie à Rouen, la maison de Jacques Cœur à Bourges, les hôtels Barbette, de Clisson, de La Trémouille à Paris (fig. 496), qui ne sont plus qu'un souvenir; celui de Cluny, qui appartient, par sa date, à la période extrême de l'art ogival. A toutes ces grandes habitations seigneuriales, décorées selon les procédés du style ogival rayonnant ou flamboyant, on peut appliquer ce qu'un chroniqueur des premières années du XVe siècle, Guillebert de Metz, dit de l'hôtel de Jacques Ducy situé à Paris, dans la rue des Prouvaires : « Portes entaillies de art merveilleux... fenestres faictes de merveillable artifice... moult pinacles par dessus lesquels estoient ymaiges dorées, etc., etc. »

Les trois périodes que nous venons d'énumérer constituent le règne de l'ogive pure, soit qu'elle ait gardé sa rigidité, son élancement primitif, soit qu'elle ait élargi sa baie pour admettre toutes les richesses sculpturales de l'époque rayonnante et flamboyante. La période suivante est mixte ; ainsi que nous l'avons déjà fait remarquer, elle comporte des avances ou des retards selon les régions; mais ce qui la distingue des autres, c'est le mélange du plein-cintre, remis en honneur par Palladio et les architectes italiens, avec l'ogive dégénérée, l'ogive à doucine, c'est-à-dire très surbaissée et se relevant brusquement en pointe, à son milieu.

Ce mélange se traduit très diversement : tantôt on applique, comme à Saint-Michel de Dijon, ou à Saint-Gervais de Paris, un portail Renaissance et même purement grec, à un édifice ogival du XVe siècle; tantôt, comme à Saint-Eustache, on copie tout le style ogival de cette dernière époque, moins l'ogive, de telle sorte que l'édifice, à n'en juger que par l'emploi exclusif de l'arc, appartient matériellement à un nouvel art, tandis que, en réalité et dans son esprit, il se rattache au style ancien, dont il a toutes les hardiesses et toutes les élégances. Le monument parisien que nous venons de citer est une éclatante démonstration de ce fait; il n'y a pas une seule ogive à Saint-Eustache, et cependant tout y respire l'art ogival, que les architectes semblent abandonner à regret et auquel ils empruntent la plupart des détails de leur construction, colonnettes, roses, galeries, meneaux des fenêtres, décoration des portes, vitraux, bas-reliefs, etc. Cette période mixte finit avec le XVIe siècle.

Fig. 495. — *Intérieur de Saint-Ouen, à Rouen.*

III. Considéré comme un *ensemble décoratif*, le style ogival comprend une infinie variété de motifs. Nous en avons indiqué un grand nombre qui font partie intégrante de l'architecture proprement dite. Le reste, et il est considérable, appartient à l'ameublement dans le sens le plus étendu du mot. L'art ogival s'étend à tout cet ensemble et le pénètre intimement, il suffit, pour s'en convaincre, de parcourir, texte et illustration, le savant ouvrage intitulé : *Dictionnaire raisonné du mobilier français de l'époque carlovingienne à la Renaissance*. Là, Viollet-le-Duc montre le génie de la décoration se donnant libre carrière, tout en se renfermant dans les règles générales qui caractérisent le style ogival; les ornements sont multiples, mais la pensée qui les inspire a son unité, et un sentiment commun, une esthétique convenue est le lien qui rattache entre elles toutes ces apparentes singularités.

Fig. 496. — *Tourelle de l'hôtel de la Trémouille.*

Le bois, les métaux, les peaux et tissus, la céramique, la verrerie, etc. forment autant de divisions et de subdivisions dans l'histoire de l'art décoratif au moyen âge ; nous ne pouvons que les parcourir très sommairement, en renvoyant aux articles spéciaux de ce *Dictionnaire*.

Le *bois* nous donne, par ordre alphabétique, les armoires, avec leurs panneaux, leurs vantaux, leurs portes, corniches consoles et moulures, les marmousets et figurines diverses qui les décorent, les scènes dont elles étaient « historiées », etc., les bahuts, sortes d'armoires plus ornementées encore; les bancs d'église et d'appartement, avec leurs dossiers ouvragés et armoriés, leurs supports, marchepieds et agenouilloirs, les dais et autres ornements qui les surmontaient : les buffets, crédences et dressoirs, avec leurs tablettes et étagères, meubles qui jouaient un rôle important dans les salles à manger et les chambres de parade; les chaîères, ou grandes chaises à bras, à dossier, à dais, beaucoup plus ornées encore que les bancs; les coffres et coffrets, à anses et poignées, qui affectaient tant de formes et comportaient tant d'ornements; les escabeaux, qui participaient à la décoration des bancs et des chaîères; les fadesteuils, ou fauteuils (fig. 497), également à dossier, dont on a conservé quelques rares spécimens, ceux dits de Dagobert, de Charles-le-Chauve, de Charles V, etc ; les huches, moins riches que les bahuts et les dressoirs, mais comportant cependant un assez grand nombre de décorations; les lutrins, ambons et pulpitres mobiles de bibliothèques, à roue, à vis, où le métal se mêlait au bois; les lits, à colonnes, à baldaquins, ciels et dais, sur les panneaux et au chevet desquels s'épanouissait tout un ensemble sculptural; les lutrins de chœur, si variés d'aspect, si riches d'ornements, qui constituaient l'un des plus beaux meubles d'église (V. Ebénisterie); les paravents en usage dans les vastes chambres de châteaux, et dont les larges feuilles ou panneaux offraient un vaste champ à la fantaisie décorative; les prie-dieu, sorte de stalle détachée de l'ensemble, décorée, armoriée, historiée selon le rang et le goût du personnage qui s'y agenouillait; le retable, ou meuble d'autel, tantôt fixe avec ses volets, ses frontons et couronnements, et affectant la forme d'un triptyque, tantôt mobile, comme les célèbres chapelles portatives des ducs de Bourgogne, qui forment, à elles seules, tout un sanctuaire; les stalles qui sont, dans nos vieilles cathédrales de véritables édifices en bois; les tables (fig. 498) qui affectaient toutes les formes et comportaient tous les ornements, rondes pour la chevalerie, carrées et oblongues pour la bourgeoisie et le peuple, à un ou plusieurs pieds, à rebords,

Fig. 497. — *Fauteuil du XIVe siècle.*

à figures, à dais, etc; les vertevelles servant tout à la fois d'armoire, de bahut, de coffre et de vestiaire

Le *fer*, aussi employé que le bois dans les trois grandes périodes ogivales, comprend surtout l'outillage, l'ustensillage, l'armure et la ferronnerie décorative. C'est un domaine fort étendu, que nous devons nous borner à parcourir très rapidement.

On fabriquait et l'on décorait plus ou moins grossièrement les outils de fer dont les noms suivent alphabétiquement : bêche, besaiguë, bigorne ou enclume, burin, charrue, ciseau et ciseaux, coignée, compas, doloire, étrille, faucille, faux, forces, forceps, haches, herminette, ou petite hache recourbée, houe, laye, marteau, masse, pelle, pince, pioche, poinçon, rabot, rasoir, scie, serpe, tarière, tenailles, truelle, etc.

Parmi les ustensiles dont le fer était la matière et qui recevaient une décoration plus ou moins riche, selon leur destination et la fortune ou le rang de ceux qui les faisaient fabriquer, on distinguait, toujours dans le même ordre : les balances, certains bénitiers communs, les broches, cadenas, canifs, contre-cœurs de cheminées, couteaux, chandeliers communs, chaufferettes, crémaillères, cuillères et fourchettes communes, fers à repasser, grils, lampes, landiers, lanternes, mortiers, mouchettes, pelles et pincettes, poêles, trépieds, tranchoirs, etc. On ne soupçonne pas l'art délicat, la fantaisie multiple déployés par les artisans de l'époque ogivale dans la fabrication de ces divers ustensiles; il faut avoir vu les collections de ce genre qui existent aux Musées de Cluny et de l'hôtel Carnavalet, et examiné en détail les landiers, les crémaillères, les grils, les pelles et pincettes, par exemple, pour être frappé de leur richesse décorative et du bon goût qui présidait à cette fabrication. Nous ne disons rien de l'armurerie, qui exigerait un article à part, et de la ferronnerie décorative, qui demanderait un égal développement.

Les *peaux* et les *tissus* ont reçu, pendant les différentes périodes de l'art ogival, des applications non moins nombreuses que le bois et le fer, tant dans le domaine de l'outillage et de l'ustensillage, que dans celui du vêtement et de la parure. Les bornes de cet article ne nous permettant pas d'entrer dans le détail de ces applications; qu'il nous suffise de dire que l'art dont elles sont l'expression se montre partout et leur donne un caractère d'homogénéité, malgré l'infinie variété de leurs formes.

Mais c'est dans le domaine de l'orfèvrerie que l'art ogival se déploie et se caractérise d'une façon plus élégante. Soit qu'on emploie les métaux précieux réservés généralement aux princes et seigneurs, ainsi qu'à « sainte Eglise », soit qu'on fasse usage du cuivre et de l'étain, dont la bourgeoisie, le peuple et les religieux devaient se contenter, tous les objets fabriqués portent l'empreinte du goût qui présidait alors aux diverses manifestations de l'art. Le style ogival, qui régit les constructions, s'étend et se ramifie partout; les motifs architecturaux qui constituent l'ornementation fixe des églises et des châteaux, se retrouvent dans les mille détails de la décoration mobile et de l'ameublement. Viollet-le-Duc a consacré des volumes aux procédés et aux produits de l'orfèvrerie du moyen âge; il a décrit, dans une série de savants articles, la *bijouterie*, le *brunissage*, la *ciselure*, le *damasquinage*, la *dorure*, l'*émaillage*, l'*étampage*, le *frisé*, le *granulé*, le *guilloché*, le *niellé*, le *repoussé*, le *sertissage*, la *soudure*, qui sont des procédés, ainsi que l'*acérofaire*, l'*aiguière*, l'*ampoule*, le *bassin*, la *burette*, le *calice*, le *ciboire*, le *chandelier* de luxe, la *coupe*, la *custode*, le *dé*, le *drageoir*, l'*écrin*, l'*encensoir*, l'*éventail*, la *fontaine*, la *gaîne*, le *gobelet*, le *hanap*, le *miroir*, la *nef*, l'*ostensoir*, la *paix*, la *patène*, le *plat*, et autres objets à usages religieux ou profanes. Nous renvoyons le lecteur à ses savants traités, ainsi qu'aux nombreux articles contenus dans ce *Dictionnaire*; obligé, à notre grand regret, de renoncer à poursuivre les applications de l'art ogival dans le domaine de la céramique et de la verrerie, nous ne pouvons que renouveler l'observation déjà faite, à savoir que cet art a tout inspiré, tout imprégné, tout pénétré, et qu'il a créé non seulement une architecture originale, mais un ensemble décoratif, usuel et mobilier, sans analogie avec le passé grec et romain.

Fig. 498. — *Table du XVe siècle.*

IV. Envisagé comme un vaste *symbolisme*, c'est-à-dire comme l'expression variée de doctrines religieuses et de principes sociaux qui lui sont propres, l'art ogival a encore sa place à part dans l'histoire générale du mouvement artistique. Qu'on pénètre dans l'une de nos grandes cathédrales, savamment restaurée ou sauvée de la dévastation : là comme dans la mythologie antique,

Tout a un corps, une âme, un esprit, un visage,
Chaque vertu devient une divinité,

ou plutôt chaque vice devient un péché mortel : demandez-le plutôt aux gargouilles et aux chapiteaux. « Dans l'architecture ogivale, dit Viollet-le-Duc, le symbolisme de la lutte entre le bien et le mal est tracé avec une puissance remarquable; chaque sujet a son contraire; la représentation de la vertu entraîne la représentation du mal; sous les personnages saints sont figurés les personnages malfaisants qu'ils ont dû dominer par la pureté de leur vie, de leur foi ou par leurs travaux; cette antithèse que l'on rencontre également dans la peinture et dans la sculpture, donne la vie et le mouvement à tout l'art du moyen âge. » Ces animaux fantastiques empruntés aux *Bestiaires* du temps, ces plantes et ces fleurs étranges fournies par une flore idéale, et reproduites à profusion dans les édifices sacrés et profanes de la période ogivale, ne sont donc pas, ajoute l'éminent archéologue, « des produits du caprice ou de la fantaisie; ils ont une signification, ils sont destinés à imprimer dans la mémoire, à l'aide d'un symbolisme admis alors par tous, des vertus, des qualités, des vices et des égarements. »

Mais le symbolisme de l'art ogival se révèle surtout dans l'architecture, la peinture et la statuaire.

Le style ogival, dit un critique d'art contemporain, est la plus mystique et la plus complète expression du catholicisme chrétien; son caractère se manifeste dans l'élancement indéfini des voûtes et des colonnades, par la prééminence de la ligne verticale sur la ligne horizontale, par une hardiesse de formes sans précédent jusqu'alors en architecture, par la richesse des ornements et des sculptures symboliques, enfin par tout ce qui peut saisir l'esprit d'une sainte terreur et le pénétrer d'étonnement et d'admiration. Le même écrivain appelle les clochetons « des poèmes de pierre » et les colonnettes « des prières lapidaires », tendant à Dieu, montant dans leur jet sublime jusqu'au ciel bleu étoilé d'or, formé par les voûtes de l'église, et image du ciel véritable.

L'auteur oublie la flèche, alors surtout qu'elle s'élève directement au-dessus du maître-autel, comme celle de Saint-Bénigne de Dijon, et qu'elle symbolise ainsi l'oraison dite *jaculatoire*, parce qu'elle s'élance vers Dieu comme un javelot. Dans ces conditions, la flèche est un trait d'union entre la terre et le ciel; la prière partant de l'autel, où le sacrifice de la croix se renouvelle chaque jour, monte, semblable à l'électricité circulant le long de la tige métallique, et va droit au cœur de Dieu.

Autre détail d'un symbolisme non moins expressif : dans plusieurs églises des XIIIe et XIVe siècles, le chevet de l'édifice à l'endroit du maître-autel, c'est-à-dire là où repose la tête du Christ, — puisque toute église est une croix formée par la nef et le transsept, et représente matériellement l'instrument de notre rédemption, — les architectes ont fait biaiser les murs, les colonnes et les fenêtres pour figurer l'inclinaison de la tête du Christ, au moment où il rendait le dernier soupir :

Supremamque auram, ponens caput, expiravit,

a dit, en effet, le poète Vida, d'après les évangiles. Certains critiques n'ont vu là qu'un artifice de construction ; mais on est généralement d'accord à faire au symbolisme chrétien honneur de cette ingénieuse disposition.

Nous ne pousserons pas plus loin l'étude du symbolisme chrétien dans l'architecture ogivale ; quelques mots nous suffiront pour le faire comprendre dans la peinture et dans la statuaire. Ce n'est ni par la richesse du coloris ni par la grâce des contours que se distinguent les figures peintes ou sculptées ; les artistes chrétiens ne cherchent pas à faire valoir la beauté de la forme humaine, mais à représenter l'homme tantôt en adoration, tantôt en action de grâces, toujours en prières et en supplications devant son créateur. Les fresques et les retables, seuls cadres que la peinture affectait alors, nous montrent des visages pâles, des yeux extatiques ou suppliants, dirigés vers le ciel, dans l'attitude que Ary Scheffer a donnée à sainte Aglaé, à saint Augustin et à sainte Monique. Les statues placées dans les niches ou sur les tombeaux ont les mains jointes, et respirent le même sentiment. Nul souci des draperies, nulle préoccupation analogue à celle des statuaires modernes, qui veulent avant tout qu'on devine et qu'on retrouve le nu sous le vêtement. « Ce sont des bûches habillées », ont dit les détracteurs des statues du moyen âge ; comparées aux chefs-d'œuvre de l'art antique, elles leur sont évidemment fort inférieures ; mais la Minerve de Phidias, la Vénus de Milo, l'Apollon du Belvédère, l'Hercule du palais Farnèse, ne pouvaient évidemment être les types des statuaires chrétiens : ceux-ci ne songeaient point à rendre l'élégance, la grâce, la force physiques ; ils n'ont voulu exprimer que les sentiments de l'âme. Ce n'est pas dans la beauté des formes qu'ils ont vu l'idéal humain, mais dans la pureté du cœur, ou dans l'ardeur du repentir, sentiments qu'ils ont traduits par la tranquillité des lignes du visage, l'inclinaison de la tête et l'expression suppliante du regard.

Etudié dans son ensemble et dans ses détails, considéré dans ses origines, dans ses procédés de construction et de décoration, dans les formes diverses qu'il a successivement adoptées, ainsi que dans les idées symboliques dont il s'est fait l'expression, le style ogival est donc, selon le mot de Viollet-le-Duc, la seule grande originalité qui se soit révélée dans le monde artistique, depuis l'antiquité. — L. M. T.

OGIVE. *T. d'arch.* Arcade formée par deux arcs de cercle d'un rayon égal, qui se croisent à leur sommet et forment un angle curviligne.

— L'ogive, dans les constructions de la fin du XIIe siècle, en France, est d'abord un plein cintre très légèrement brisé, formant un angle très évasé, comme on l'observe, par exemple, au portail de l'église de Moissac et à Saint-Trophyme d'Arles ; plus tard elle s'élève, devient aiguë, et les arcs qui la constituent ont un rayon plus grand que l'ouverture de l'arcade ; cette ogive, dite *en lancette*, est employée si généralement pendant le XIIIe siècle qu'elle a donné son nom à la première période de l'art ogival. Au XIVe siècle, qui est celui du purisme dans l'architecture du moyen âge, l'ogive est à *tiers-point, équilatérale* ou *normale* ; les arcs ont leur centre chacun à la naissance de l'arc opposé, et leur rayon est égal à l'ouverture de l'arcade ; on peut donc inscrire dans cette ogive un triangle équilatéral. Enfin au XVe siècle, on emploie beaucoup l'ogive *surbaissée* tracée avec un rayon moins grand que l'ouverture de l'arcade, c'est une forme évidemment de décadence. Exceptionnellement, on trouve encore l'ogive *surhaussée*, qui est une ogive élevée sur deux montants parallèles ; l'ogive *lancéolée* formée de deux arcs dont la courbure se prolonge au delà de la ligne des centres ; l'ogive *arabe*, qui est un fer à cheval brisé, ne se rencontre guère en dehors de l'architecture arabe ou mauresque, où elle est employée à l'exclusion de toute autre.

L'ogive a dans l'histoire de l'art une importance exceptionnelle, car elle est l'élément constitutif du seul mode de construction original qui se soit manifesté depuis l'antiquité. Il est donc intéressant de rechercher à quelle époque et dans quelles conditions cette modification a été introduite dans l'architecture d'une manière systématique et raisonnée : mais la question offre d'autant plus de difficultés que, dès une antiquité très reculée, l'ogive a été employée accidentellement en Asie, en Grèce, en Italie. Au VIe siècle, elle apparaît en Egypte, et depuis elle a toujours été employée par les Orientaux simultanément avec le plein cintre. Mais, comme ils ont élevé au-dessus, des pendentifs et des calottes sphéroïdales empruntés à l'art byzantin, il n'en est pas résulté un style nouveau. L'art arabe s'appuie sur d'autres données et reconnaît comme point de départ d'autres éléments.

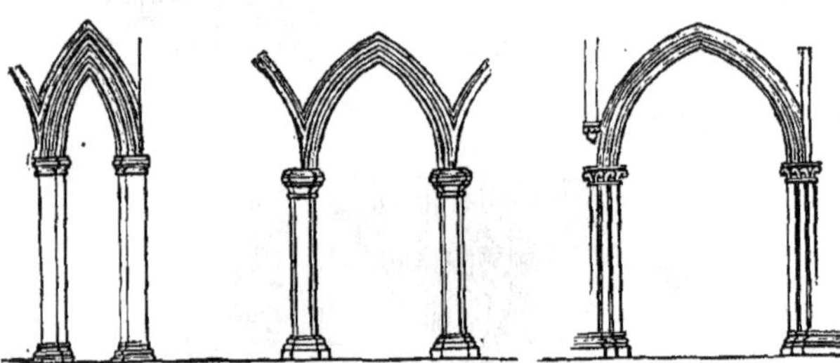

Fig. 499. — *Formes d'ogive.*

Au contraire, sitôt après les croisades, que ce soit au contact des Orientaux que les architectes aient imaginé ces constructions nouvelles, ou qu'elles soient le résultat d'une transformation progressive de l'art roman, ce qui est plus vraisemblable, puisque l'art ogival ne ressemble en rien à l'art arabe, un style nouveau se développe en même temps en France et en Allemagne. En France, les moines de Cluny, qui étaient à la tête du mouvement artistique du XIIe siècle, furent les premiers à appliquer l'arc ogive aux voûtes. Mais leurs constructions restent encore romanes par le plan, la forme cintrée des ouvertures et la décoration toute entière, et c'est seulement aux architectes laïques de la franc-maçonnerie qu'on doit le développement complet de l'art ogival ; et encore la lutte entre les deux systèmes dura-t-elle près d'un demi-siècle.

Voyons donc par quelle suite d'idées et par quels tâtonnements les architectes laïques du XIIe siècle ont dû passer avant de créer de toutes pièces un style nouveau. Le premier besoin qui se manifestait à cette époque était la nécessité de l'espace et de l'air. Les agglomérations déjà très importantes d'une population religieuse à l'excès exigeaient des édifices d'une dimension inusitée jusqu'alors. Les nefs des églises allaient avoir communément 15 mètres, parfois même 20 mètres de largeur, et il fallait arriver à une hauteur proportionnelle, sinon les intérieurs fussent devenus sombres et disgracieux. Les Orientaux avaient tourné cette difficulté à l'aide de la coupole, mais les voûtes romanes en berceau ne pouvaient s'élever sans amener le déversement des murs, sur lesquels la poussée devenait trop forte. L'ogive vint apporter une solution à cette difficulté, lorsque les architectes

Fig. 500. — *Cathédrale d'Amiens. Coupe transversale.*

eurent imaginé de substituer aux sections semi-circulaires des arcs brisés. Au lieu de deux demi-cylindres se pénétrant à angle droit, ils bandèrent des arcs plein-cintre suivant des diagonales, et leur rencontre devint le sommet de la voûte; ces arcs ogives, qui sont apparents dans la plupart des constructions dues aux artistes laïques, devinrent comme l'ossature de la voûte, supportant le poids des matériaux légers avec lesquels on remplissait les espaces laissés vides entre les nervures saillantes, et à la retombée de ces arcs qui supportait toute la poussée, on appliqua un contrefort extérieur qui ne porta que sur ce point. Dès lors, peu importa que la voûte fût établie sur un mur plus ou moins élevé, puisque ce mur devenait une simple clôture, et qu'un contrefort recevait par un *arc-boutant* toute la poussée des voûtes; les nefs pouvaient donc avoir toute la hauteur désirable (fig. 500). Ce contrefort demandant une très grande force de résistance, on imagina presque aussitôt de le charger d'une masse de maçonnerie appelée *pinacle*, qui devint un motif d'ornementation; dans ces murs devenus inutiles, on tailla à plaisir des ouvertures de grandes dimensions, et afin de soutenir les belles verrières qui devenaient si fréquentes, on imagina les meneaux ouvragés, les grandes roses aux lobes multiples, qui accompagnent si heureusement les galeries à jour et les balustrades. En même temps les piliers s'élancent, s'amincissent, les lignes verticales dominent et montent vers le ciel comme les prières des fidèles. L'art ogival est fondé, puisque voilà ses éléments distinctifs qui dérivent d'une seule amélioration : la pos-

Fig. 501. — *Fenêtre ogivale de la fin du XVe siècle en arc tiers-point à trois meneaux, terminés par un réseau flamboyant.*

sibilité d'élever les voûtes et de diriger leur poids sur des points isolés. Peu à peu sont venues les améliorations indiquées par l'expérience, telles que l'adoption de l'arc brisé pour les formerets, l'élévation des clefs des formerets au niveau des clefs des arcs ogives, la construction des grandes voûtes par travées très barlongues, de façon à répartir la charge sur toutes les piles. On ne peut d'ailleurs qu'admirer la science profonde avec laquelle les maîtres des œuvres ont tracé les épures de leurs ogives, résolvant des difficultés réelles, comme par exemple, de tracer tous les arcs, arcs ogives, arcs doubleaux, formerets, archivoltes d'un même édifice, à l'aide d'un même rayon.

Les arcs-boutants ont dans l'architecture ogivale, dès la fin du XIIIe siècle, un autre rôle que celui de soutien; ils supportaient les canaux d'écoulement pour les eaux pluviales qui se déversent alors par les gargouilles, assez loin des murs extérieurs pour ne pas les atteindre et les détériorer. Pour circuler plus aisément le long de ces chéneaux, on éleva des balustrades évidées en ogive et qui devinrent bientôt le couronnement nécessaire de toute église ogivale à tous les étages: ces balustrades sont pour les constructeurs des XIIIe et XIVe siècles un sujet inépuisable de fantaisie et de caprice d'imagination. Pourtant elles conservent toujours la forme en ogive ou en lobes, et de l'extérieur passent bientôt à l'intérieur, où elles se répètent aux galeries, au *triforium*, à tous les passages à découvert, et là où la balustrade est impossible, le décorateur la remplace par une arcature, tant ce motif est devenu indispensable dans l'ornementation générale.

Aux débuts de l'art ogival, lorsqu'on était encore habi-

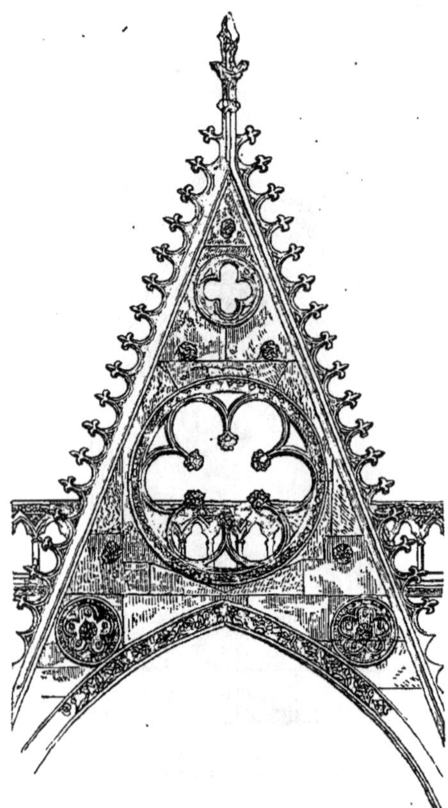

Fig. 502. — *Gâble au portail sud de Notre-Dame-de-Paris.*

tué aux intérieurs sombres de la période romane, les fenêtres furent simples, étroites, sans ornements; leur seul caractère distinctif était l'ogive du sommet; puis on ajouta des colonnettes et quelques ornements en zigzags ou dents de scie, et on accoupla deux ogives dans une seule baie, en remplissant l'espace laissé libre entre la grande baie et les deux petites ogives par un cercle, ou plutôt un trèfle, un quatre-feuilles ou une rose. Au milieu du XIIIe siècle, les fenêtres sont déjà divisées en meneaux de pierre, afin de soutenir les vitraux de plus en plus importants: mais ces meneaux sont simples, sobres d'ornements, formés seulement de cercles et de lobes; à la période suivante les découpures se multiplient, s'entremêlent, au grand détriment des vitraux qui perdent leur élégance pleine de noblesse, et enfin lorsqu'arrive avec l'art ogival flamboyant, l'abus des ornements en S, on les accumule pêle-mêle dans les ouvertures sans grand souci de l'ordonnance générale des vitraux, puis comme cette accumulation de vitraux opaques retirait une partie de la lumière, il fallut élargir les baies des fenêtres au point que l'ogive distendue prit le plus souvent la forme d'une anse de panier. Nous donnons figure 501 une fenêtre du XVe siècle, et qui conserve encore de belles proportions. Les bases de la façade suivent les mêmes phases architecturales que les fenêtres.

Un élément nouveau dans l'art religieux suit de près l'introduction de l'ogive dans la construction, nous voulons parler du *gâble*, grand angle formant une sorte de pignon au-dessus des fenêtres et des portails. D'abord simple artifice provisoire pour établir des couvertures légères sur les édifices inachevés faute de ressources suffisantes, le gâble devient dès la moitié du XIIIe siècle un motif important de décoration. Au-dessus du portail principal son rôle est même remarquable : c'est une représentation symbolique de la Trinité, qui prend une place et un développement plus grand dès la disparition des porches saillants. La forme hardie de cette figure appelait une décoration originale; les artistes du moyen âge l'ont compris, et l'étude spéciale des gâbles de nos grandes églises offre un réel intérêt. Complétés à la belle époque par des ornements à jour, tel celui du portail méridional de Notre-Dame de Paris, que nous donnons ici (fig. 502), ils reçoivent en outre dans plusieurs cathédrales des figures rappelant le symbolisme de l'art chrétien, comme on peut le voir à Reims, à Rouen; comme les fenêtres, qu'ils complètent, les gâbles sont au XVe siècle, maigres, surchargés de découpures et de moulures, les rampants deviennent même à la fin de l'art ogival des angles curvilignes en forme d'accolades allongées, dont l'aspect flexible est un non sens dans une figure destinée à rappeler un soutien.

Les dais, les crochets, les fleurons, les redans, complètent l'architecture ogivale, dont un des mérites, le premier peut-être, est cette unité absolue qu'elle doit à l'existence d'un seul principe : l'ogive. Entre un dais et un pinacle, par exemple, la différence est grande comme formes, comme ornementation, comme destination; on y reconnaît pourtant les mêmes éléments, et pour ainsi dire une physionomie commune, c'est que tout dans leur construction est ramené à l'ogive avec une habileté dont l'étude raisonnée des chefs-d'œuvre du moyen âge peut seule donner idée. C'est ce qui fait qu'aucun autre style ne forme, avec autant de variété dans les détails, un tout aussi original et aussi homogène. — C. DE M.

***OGNETTE.** *T. techn.* Ciseau de marbrier et dont le tranchant est très étroit.

***OHM.** *T. d'électr.* Le nom de *Ohm*, physicien allemand, a été donné à l'unité pratique de résistance électrique (V. ÉLECTRICITÉ, § 24 et 56, ÉLECTROMÉTRIE, MESURES ÉLECTRIQUES). Théoriquement, le ohm est égal à 10^9 unités électro-magnétiques C. G. S. La conférence internationale de 1884 a défini l'*ohm légal* comme la résistance, à la température de la glace fondante d'une colonne de mercure de 1 millimètre carré de section, et de 106 centimètres de longueur.

La pratique emploie également comme unités secondaires de résistance électrique, le meghom, qui vaut un million de ohms et le microhm, qui est la millionième partie de l'ohm.

OISEAU. *T. techn.* Petite caisse ouverte, munie de deux bras, que les manœuvres mettent sur leurs épaules, et qui sert à porter le mortier aux maçons. ‖ Chevalet que les couvreurs accrochent à la charpente d'un comble pour former un échafaud sur un toit. || *Oiseau chanteur.* — V. AUTOMATE.

***OKHRA.** *T. de bot.* Syn. : *Gourbo*. Nom de l'*hibiscus esculentus*, L., famille des malvacées, cultivé en grand en Egypte, en Syrie et aux Indes, à cause de la plante qui est potagère, mais surtout des excellentes fibres textiles qu'elle contient.

***OLÉFINE.** *T. de chim.* Terme générique employé quelquefois pour désigner les carbures de la série éthylénique, parce que leur type, l'éthylène, mélangé à volumes égaux avec le chlore, dans une éprouvette placée au-dessus de l'eau, donne du chlorure d'éthylène qui est un liquide oléagineux, d'où le nom de *gaz oléfiant* (oléum fit) donné à l'éthylène et, par extension, d'*oléfines* à tous les carbures de la même série.

OLÉINE. *T. de chim.* Ether de la glycérine formé avec cet alcool et l'acide oléique. On en connaît trois :

La monoléine,

$$C^6H^2(H^2O^2)(H^2O^2)(C^{36}H^{34}O^4)$$
$$\text{ou } \mathrm{C}^3H^5(H\mathrm{O})^2,(\mathrm{C}^{18}H^{34}\mathrm{O}^2)$$

La dioléine,

$$C^6H^2(H^2O^2)(C^{36}H^{34}O^4)(C^{36}H^{34}O^4)$$
$$\text{ou } \mathrm{C}^3H^5(H\mathrm{O})(\mathrm{C}^{18}H^{34}\mathrm{O}^2)^2$$

La trioléine,

$$C^6H^2(C^{36}H^{34}O^4)^3 \text{ ou } \mathrm{C}^3H^5(\mathrm{C}^{18}H^{34}\mathrm{O}^2)^3$$

la dernière seule est intéressante, c'est la partie liquide de l'huile d'olive, obtenue par compression, et à l'aide des dissolvants. Elle est neutre, liquide à —10°, incolore, insipide, d'une densité de 0,92 à 0; insoluble dans l'eau, peu soluble dans l'alcool, soluble dans l'éther, le chloroforme, le sulfure de carbone, etc.; par la chaleur, elle se décompose en donnant de l'acroléine, des acides gras et des carbures gazeux. Elle s'oxyde à l'air et rancit en devenant acide ; avec l'acide hyponitrique, elle devient de l'*élaïdine*, composé isomère, cristallisé. Elle s'obtient en coagulant l'huile d'olive et en soumettant à la presse; ou encore en chauffant la monoléine avec 15 à 20 fois son poids d'acide oléique dans un tube scellé, à 240°, et pendant quatre heures. On extrait la matière neutre par la chaux et l'éther, puis on ajoute du noir animal à la solution éthérée, on concentre, puis on mélange avec 8 à 10 volumes d'éther. La trioléine se précipite, on la filtre et on dessèche dans le vide. — J. C.

OLÉIQUE (Acide). *T. de chim.* L'un des principes constitutifs des corps gras ; il a pour formule $C^{36}H^{34}O^4 \dots \mathrm{C}^{18}H^{34}\mathrm{O}^2$, et a été découvert par M. Chevreul.

Il est liquide, d'une densité de 0,808, solidifiable par le froid, en aiguilles blanches; il fond à +14°, est insoluble dans l'eau, soluble dans l'alcool et l'éther ; il fournit de l'acide sébacique par distillation sèche (caract.); il s'altère à l'air en absorbant l'oxygène, et devenant rance, mais à 100°, cette absorption est beaucoup plus considérable, et il se dégage de l'acide carbonique. L'acide oléique distillé avec la chaux donne de l'*olcone*, avec le soufre, de l'hydrogène sulfuré et du *sulfure d'odmyle* (Anderson); il est attaqué par le chlore, le brome, par l'acide azotique concentré, qui donne naissance à des acides de la série $C^{2n}H^{2n}O^4$ (acides acétique, butyrique, caproïque, caprique, caprylique, œnanthylique, propionique, valérique, etc.) et de la série

$$C^{2n}H^{2n-4}O^4$$

(acides adipique, azélaïque, lipique, pimélique, subérique) ; par l'acide azoteux, en acide *élaïdique*, son isomère, mais qui est solide, et fond à +44°. Cet acide forme, avec les bases, des oléates dont ceux alcalins sont seuls solubles; mais fondu avec de l'hydrate de potasse, il se transforme en acide margarique, $C^{32}H^{32}O^4 \dots \mathrm{C}^{16}H^{32}\mathrm{O}^2$ et acétique.

PRÉPARATION. C'est le résidu industriel de la fabrication de l'acide stéarique, lorsque l'on soumet à la presse hydraulique, les produits de la saponification des acides gras, par ébullition, par pression, ou à l'aide de la vapeur d'eau surchauffée. Lorsque ces savons calcaires ont été séparés de la glycérine et de l'eau, on les décompose par l'acide sulfurique étendu ; il se forme du sulfate de chaux qui se dépose, puis on met en liberté des acides gras qui viennent gagner la surface du liquide et se solidifient par refroidissement. On introduit alors les acides gras dans des sacs en crin que l'on sépare par des plaques de fonte, puis on soumet à la presse hydraulique en agissant d'abord à froid, et enfin à une température de 40° environ, produite au moyen de la vapeur amenée par des tuyaux mobiles. L'acide oléique, seul liquide parmi les acides gras, s'écoule à cette température, entraînant des matières colorantes brunes; mais comme les acides gras sont solubles dans l'acide oléique, ce dernier en garde de notables quantités. Pour le purifier, on l'expose d'abord à une basse température qui permet la cristallisation des acides solides dissous; puis on la transforme en oléate alcalin, en la faisant chauffer avec du massicot qui forme de l'oléate mêlé d'un peu de stéarate de plomb; on dessèche le résidu, et lorsqu'on veut avoir l'acide oléique pur, on reprend la masse par l'éther qui dissout seulement l'oléate de plomb. L'addition d'acide chlorhydrique au liquide décanté, sépare ensuite le métal sous forme de chlorure, et dans la liqueur on ajoute de l'eau pour séparer l'acide oléique de sa solution éthérée. Dans cet état, l'acide contient encore de l'*acide oxyoléique* qui s'est produit par altération de l'acide oléique ; alors on le reprend par l'ammoniaque, puis par voie de double décomposition, et on détruit le savon ammoniacal par le chlorure de baryum. Le sel de baryte séché est enfin épuisé par l'alcool bouillant; l'oléate de baryte se sépare par le refroidissement, alors que l'oxyoléate reste dans l'eau. On décompose l'oléate par l'acide tartrique dissous dans de l'eau légèrement chaude, en ayant soin d'opérer dans une atmosphère d'hydrogène ou d'acide carbonique, pour éviter l'altération provoquée par le contact de l'air.

L'acide oléique ordinaire provenant de la fabrication des bougies stéariques, est loin d'être pur;

souvent il est désigné dans le commerce sous le nom impropre d'*oléine*, dont on distingue deux sortes, celle obtenue par saponification calcaire, et celle provenant de distillation des acides gras, quand la saponification a été obtenue par l'action de la vapeur surchauffée. L'oléine distillée est moins chère que la première sorte, parce qu'elle contient parfois de grandes quantités de matières non saponifiables, dues à une action trop énergique de l'acide sulfurique concentré. Or, comme l'emploi des oléines est de servir surtout à la fabrication des savons, on comprend le discrédit dans lequel était tombée l'oléine distillée. Pour distinguer les oléines (acides oléiques de saponification), de celles de distillation, on emploie deux procédés : 1° on les traite par l'acide azoteux : l'acide oléique de saponification se transforme en acide élaïdique et durcit, tandis que l'acide de distillation ne change pas de consistance; 2° on détermine sa teneur en produits non saponifiables. Pour cela, on fait un mélange de 5 grammes d'acide oléique, 2 grammes de potasse, et 24^{c3} d'alcool à 90°, on chauffe un peu pour favoriser la saponification, puis on évapore l'alcool, en portant à une température de 50° au bain-marie, et enfin on reprend par l'eau bouillante. La partie saponifiée s'y dissout, tandis que celle insoluble restera après décantation.

Usages. L'acide oléique sert surtout à faire des savons, auxquels on donne de la dureté par l'addition de sel marin aux lessives alcalines employées dans l'opération. — J. C.

OLÉOGRAPHIE. — V. CHROMOLITHOGRAPHIE.

***OLÉO-MARGARINE.** *T. techn.* Syn.: *Beurre artificiel, Beurrine, Margarine Mége.* — V. BEURRE, t. I. p. 652.

***OLÉOMÈTRE.** *T. de phys.* On donne ce nom à divers instruments qui servent, soit à indiquer le poids spécifique des huiles, soit à donner la quantité d'huile qui est contenue dans un produit oléagineux quelconque. Dans la première catégorie d'instruments se placent les oléomètres de Lefebvre et de Laurot.

Oléomètre, à froid, *de Lefebvre.* C'est une sorte d'aréomètre ordinaire, à longue tige et à grand réservoir cylindrique; son échelle porte des divisions à gauche desquelles sont inscrits les noms des principales huiles, et à droite, des traits colorés correspondants. La graduation est faite à +15°, mais, comme la densité des principes gras liquides est comprise entre les chiffres 8000 et 9400, la densité de l'eau étant 10000, et qu'il est impossible d'inscrire, sur une aussi petite tige, un nombre de quatre chiffres, on est convenu de supprimer le premier et le dernier, de telle sorte que la densité de l'huile d'olive, qui est de 9170, par exemple, sera représentée sur l'échelle par le nombre 17; quant à la raie colorée dont nous avons parlé, elle représente, autant que possible, la coloration que donne l'huile pure que l'on essaie, lorsqu'on la mélange à l'acide sulfurique. Cet instrument ne sert, en général, que pour indiquer la nature d'une huile pure, ou voir si elle n'a pas été mélangée; si on ne peut opérer à + 15°, on fait des corrections de température qui rétablissent l'exactitude des chiffres que l'on aurait eus à +15°.

Supposons qu'une huile d'olive pure ait été frelatée, d'une manière certaine, par de l'huile d'œillette. Comme celle-ci marque 25° à l'oléomètre, il en résulte qu'il y a entre les deux densités, un écart de 8°, et si notre huile mélangée donne, à 15°, une densité représentée par 18°, elle renferme 1/8 d'huile étrangère, c'est alors 12,5 0/0 d'huile d'œillette qu'on y a ajoutée; si elle avait marqué 20°, cela aurait indiqué une addition de 3/8, soit 37,5 0/0. De même l'huile de coton marque 30,6, c'est donc un écart de 13,6; alors chaque degré au-dessus de 17 représente 1/13,6 d'huile de coton.

Quant aux corrections de température, elles se font ainsi : Lefebvre a reconnu que la correction pour toutes les huiles est de 1°,5 pour un millième de densité, en plus ou en moins de 15°. C'est donc 3° pour 0,002, 6° pour 0,004, etc. Si la densité est prise à 18°, on lira donc un chiffre qui sera inférieur de 0,002 à la densité réelle, aussi bien qu'à 12°, on aura une densité apparente qu'il faudra augmenter de 0,002. Sur l'oléomètre de Lefebvre, on lit que les corps suivants marquent :

Huile de cachalot. . (soit 8840).	84°	Huile d'amandes douces. . .	18°
Huile de suif . . . . (soit 9003).	3°	— de faîne. . . .	20°7
Huile de colza d'hiver.	15°0	— de ravison. . .	21°
Huile de navette d'hiver.	15°4	— de sésame. . .	23°5
Huile de navette d'été	15°7	— de baleine. . .	24°
— de pieds de bœuf. . . .	16°	— d'œillette . . .	25°3
— de colza d'été.	16°7	— de chènevis . .	27°
— d'olive	17°	— de foie de raies. . . .	27°
— d'arachide. . .	17°	— de foie de morues	27°
		— de cameline. .	28°2
		— de coton. . . .	30°6
		— de lin	35°

Oléomètre à chaud, *de Laurot.* Cet instrument sert pour reconnaître les falsifications de l'huile de colza. C'est un aréomètre basé sur ce principe signalé par l'auteur, que à 100°, les huiles n'ont plus les mêmes rapports de densité entre elles, qu'à +15°, et que même, elles offrent de grandes différences. Son 0 est au point où l'aréomètre s'enfonce dans l'huile de colza à 100°, il possède 35 divisions au-dessus de 0, et 200 en dessous.

Dans l'huile de poisson	à 100°,	il indique	83°
— d'œillette	—	—	124°
— de chènevis	—	—	136°
— de lin	—	—	210°

Pour faire un essai, on introduit l'huile dans un vase cylindrique en fer-blanc, que l'on chauffe au bain-marie. Quand l'eau bout, on prend la densité, et on lit sur l'oléomètre le nombre de degrés indiqués. Une table, qui accompagne l'instrument, indique la proportion d'huile étrangère correspondant au degré noté. Les degrés supérieurs à 0 ne servent que pour l'huile de cachalot ou de suif, qui sont plus légères que celles de colza; quant aux mélanges avec l'acide oléique, leur odeur désagréable le signalerait de suite.

Dans la seconde sorte d'oléomètres se placent des instruments dont l'un est déjà connu sous le nom d'*élaiomètre*, et l'*oléomètre de Vohl*.

Oléomètre de Vohl. Comme les élaïomètres, cet appareil est employé pour donner la richesse en huile d'une matière oléagineuse quelconque. Dans ces derniers, on emploie comme dissolvant des principes gras, le sulfure de carbone ou l'éther; dans l'instrument de Vohl, on se sert du canadol, carbure d'hydrogène que l'on retire des pétroles de Pensylvanie, et qui bout à 60°.

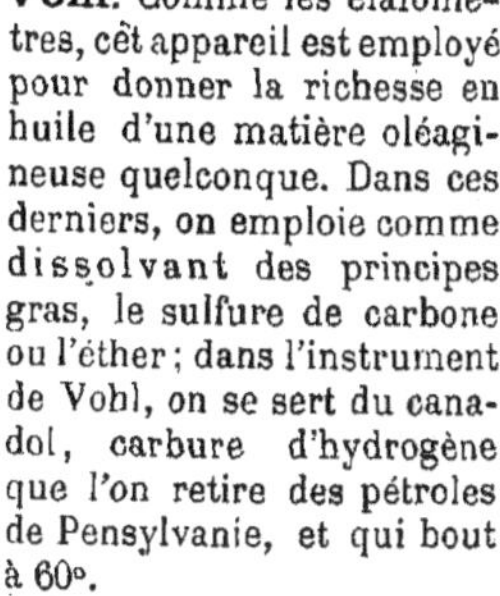

Cet instrument, tout en verre, comprend : un ballon A, un extracteur B, un chapiteau C et un réfrigérant D (fig. 503).

Après avoir concassé finement la graine à examiner, on introduit dans l'extracteur un tampon de coton en *a*, puis on bouche avec un bouchon contenant un tube de verre *b* qui peut se rendre dans le ballon A. Par la tubulure latérale *c*, on introduit la graine, concassée et pesée, dans l'extracteur, jusqu'à ce que celui-ci soit à peu près plein, puis on verse du canadol jusqu'à ce que ce liquide (le ballon A ayant été ajusté au tube *d* qui termine l'extracteur, et avec *b*), ayant totalement imbibé la matière pulvérisée, forme, au fond du ballon, une couche de deux centimètres d'épaisseur. On ajoute alors le chapiteau C, puis le réfrigérant D que l'on remplit d'eau ou de glace, et l'on maintient l'appareil en place au moyen d'un support. Cela fait, on porte le canadol à l'ébullition. Les vapeurs passent d'abord par un tube central *e* qui traverse l'extracteur, puis redescendent de celui-ci par *a*, pour revenir dans le ballon, jusqu'à ce que la matière oléagineuse atteigne le point d'ébullition du canadol; alors les vapeurs pénètrent, par *f*, dans le chapiteau et s'y condensent d'abord, puis finissent par s'échauffer, reprennent la forme gazeuse et reviennent par *g* dans la tubulure *c*; la chaleur augmentant toujours, les vapeurs tendent à s'élever en D, mais, y trouvant un corps froid, elles redescendent condensées dans le chapiteau, par le tube *h*, pour s'écouler au travers de l'extracteur, jusque dans le ballon A.

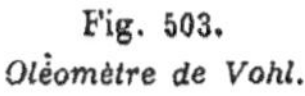

Fig. 503.
Oléomètre de Vohl.

Pour éviter les ruptures et les différences de pression, un petit tube latéral *i* permet l'entrée et la sortie de l'air atmosphérique. Lorsque le liquide revient dans le ballon complètement clair et incolore, l'opération est terminée. On n'a plus qu'à séparer l'huile du canadol, par distillation de celui-ci, et à peser le résidu huileux. — J. C.

***OLÉONE.** *T. de chim.* 1° Liquide oléagineux, non saponifiable, neutre, obtenu, par Bussy, en distillant de l'acide oléique avec 1 fois 1/2 son poids de chaux. || 2° Matière grasse destinée à l'éclairage et préparée par Vohl en précipitant les eaux de savon par du chlorure de calcium et en distillant, avec de la chaux, le sel de chaux, à base d'acide gras, ainsi obtenu.

OLIBAN. *T. de mat. méd.* Gomme résine de la famille des térébinthacées. Elle contient environ 35 0/0 d'une gomme analogue à l'arabine, une résine ayant pour formule $C^{80}H^{30}O^{12}$ (Hlasiwetz), environ 5 0/0 d'une huile essentielle, carbure dimère, $C^{20}H^{16}$, d'odeur agréable, une huile essentielle oxygénée. — V. ENCENS.

OLIGOCLASE. *T. de minér.* — V. FELDSPATH.

***OLIGISTE** (Fer). *T. de minér.* Sesquioxyde de fer anhydre, cristallisé en octaèdres de 86°; sa cassure est conchoïdale ou inégale, il est opaque en masses, et translucide en lames minces, noir ou gris d'acier, à éclat métallique et souvent irisé. Dureté, 5,5 à 6,5; densité, 5,26; il est parfois magnétique et parfois aussi titannifère. Il contient 30 0/0 d'oxygène et 70 0/0 de fer.

Il sert comme minerai de fer; pour le polissage et le brunissage des métaux (variété dite *hématite rouge*), pour la peinture (oligiste terreux, ou ocre rouge).

OLIVE. Ornement en forme de grains oblongs et enfilés, employé dans la décoration architecturale, dans la joaillerie, la bijouterie, le costume, etc. || Moulure, pièce de serrurerie ou de quincaillerie ayant la forme d'une olive. || Couleur qu'on obtient en mélangeant du jaune avec du bleu ou du noir.

OLIVE (Huile d'). Cette huile s'extrait de la pulpe du fruit de l'olivier (genre olea).

Les olives, au fur et à mesure de la cueillette, sont portées dans un cellier sur le plancher duquel on a placé des sarments afin que les fruits ne touchent pas le sol et que, sous l'influence de la fermentation qui ne tarde pas à se produire, l'eau de végétation s'écoule librement. Après un séjour de deux semaines que trop de propriétaires poussent à tort jusqu'à quatre et même six, les olives sont portées au *moulin*, instrument rustique composé de deux fortes meules verticales qui se meuvent sur une aire en pierre. Lorsque la trituration est jugée suffisante, on introduit la pâte dans des poches en sparterie qu'on va soumettre à une première pression; le liquide s'écoule dans des cuves en pierre dites *trégeos*, où l'huile, dite *vierge*, se sépare en partie de l'eau entraînée. Les poches sont alors enlevées de la presse, le contenu en est égrugé, puis arrosé d'un certain volume d'eau bouillante et soumis de nouveau à l'action de la presse. On continue l'action de l'eau bouillante jusqu'à ce que la pression n'extraie plus d'huile; à ce moment, le *tourteau* est fréquemment mis de côté pour être brûlé, mais les exploitations bien montées, possèdent des moulins dits à *pressoir fort* ou à *récense* où le résidu des poches est soumis à un nouveau broyage; par la pression à chaud, on extrait une dernière portion d'huile inférieure très apte à l'éclairage et à la fabrication du savon.

Enfin, les *pulpes* qui restent et contiennent encore 20 à 25 0/0 de corps gras plus ou moins altérés sont traitées, dans de grands établissements, par le sulfure de carbone qui extrait une graisse verte très propre à la fabrication du savon.

Quant aux *huiles de bouche*, elles sont abandonnées au repos dans de grandes jarres en terre vernissée où l'huile se dépouille peu à peu de l'eau laiteuse qu'elle tenait en suspension; cette eau, décantée dans des citernes nommées *enfer*, se dépouille des dernières portions de corps gras qui portent alors le nom d'*huile d'enfer*. — V. Huile, § *Huile d'olive*.

***OLIVÉNITE**. *T. de minér.* Arséniate de cuivre, de coloration vert olive, cristallisé en prismes droits de 92°30', petits et allongés, à éclat résineux, et un peu translucides; sa dureté est de 3, sa densité 4,1 à 4,38. Il renferme, d'après Robell, pour celui qui vient de Cornouailles, au moins 36,7 0/0 d'acide arsenique; 56,43 d'oxyde de cuivre ; 3,3 d'oxyde plombique et 3,50 0/0 d'eau.

OLIVIER. *T. de bot.* Arbre de la famille des oléacées, tribu des oléées, cultivé sur les bords de la Méditerranée, et qui est originaire de l'Asie-Mineure et de la Syrie; c'est l'*olea europœa*, L. Il atteint ordinairement de 2 à 10 mètres de hauteur, mais il y en a de gigantesques. Le fruit est une drupe allongée ou subglobuleuse, il est d'un vert sombre ou d'un pourpre noirâtre, à épicarpe lisse, membraneux; à mésocarpe charnu et gorgé d'huile, avec un noyau fusiforme très épais et très dur, contenant une graine à téguments mous.

L'olivier est surtout cultivé pour son fruit qui peut donner jusqu'à 70 0/0 d'huile (V. Olive, [Huile d']), mais il s'en mange aussi conservé dans la saumure ou dans l'huile; le marc provenant des travaux d'extraction de l'huile et appelé *grignon*, ne servait jadis que comme combustible; maintenant il est très employé pour frelater les poivres moulus. La racine et le bois de l'olivier servent aux tabletiers, aux ébénistes et aux sculpteurs, pour faire des meubles ou des statuettes; quant aux rameaux, on sait que chez les Grecs, ils étaient l'emblème de la sagesse, de l'abondance et de la paix. L'infusion de feuilles est quelquefois employée comme fébrifuge; quant à la gomme qui découle du tronc et que l'on appelle souvent *gomme de Lecca*, elle sert surtout à frelater la gomme élemi. — J. C.

***OLIVINE**. *T. de minér.* Syn. : *Péridot*. Silicate de magnésie ferrugineux, cristallisant en prisme rhomboïdal droit de 119°13'; il est transparent ou translucide, à cassure conchoïdale, à éclat vitreux, et de coloration verte, jaune, ou brune. Sa densité est de 3,35, sa dureté de 6,5 à 7.

On le trouve en France, dans le basalte de Langeac (Haute-Loire); puis dans le basalte de Vogelsberg.

OLLAIRE (Pierre). *T. de minér.* Variété de serpentine; c'est du silicate de magnésie hydraté qui forme parfois des masses ou des couches considérables dans les terrains de transition; elle est toujours à la base des amas serpentineux, et ne renferme jamais ni fossiles, ni filons métallifères. Elle rappelle les propriétés physiques du talc; sa cassure est à la fois cireuse et esquilleuse, elle est le plus souvent verte, rarement rouge; elle n'est presque pas dure, sa densité est de 2,6. On s'en sert pour faire des marmites, des poêles, des fourneaux et autres objets, qui résistent d'autant mieux à l'action du feu qu'ils sont infusibles et durcissent par son action prolongée. C'est cette propriété du reste qui a fait donner à cette variété de serpentine le nom de *pierre ollaire*.

OMBRE (Terre d'). Terre brune qui sert en peinture. — V. Brun.

OMBRÉE. Sorte de *marqueterie*. — V. ce mot.

OMBRELLE. Petit meuble portatif, appelé aussi *parasol*, dont se servent généralement les dames, pour se garantir la tête des ardeurs du soleil.

Historique. C'est aux Orientaux que l'on doit la première origine de l'ombrelle ou *parasol*.

Déjà, plus de deux mille ans avant notre ère, on faisait usage du parasol dans l'Inde, où il était un des insignes de la royauté.

Au Japon, l'ombrelle joue le même rôle qu'en Chine, mais c'est surtout dans l'Inde que cet élégant accessoire du costume est devenu un véritable objet de luxe. On peut voir dans l'admirable galerie indienne du South-Kensington Museum, à Londres, une vingtaine de parasols rapportés par le prince de Galles, dont chaque type particulier vaudrait une description.

De l'Orient, le parasol passa en Grèce. Comme en Asie, son rôle y fut très important, aussi bien dans la vie privée que dans les grandes fêtes publiques ou religieuses. Les peintures des vases grecs nous ont conservé les formes élégantes des parasols que portaient alors les nobles dames d'Athènes pour se préserver du hâle qui eût flétri leur épiderme.

A Rome, on porta très loin le luxe des ombrelles. Au milieu du Forum et dans les jeux du Cirque, l'usage du parasol *particulier à chaque individu*, s'établit peu à peu, à cause du mauvais entretien habituel du *velum* tendu pour protéger les spectateurs. « Accepte cette ombrelle qui te garantira des rayons d'un soleil trop ardent, dit une épigramme de Martial, quelque vent qu'il fasse, elle te tiendra lieu de voile. »

Le parasol était encore fort peu connu en France, même dans la seconde moitié du xvie siècle. Il fut apporté d'Italie, sous Catherine de Médicis. En effet, les Italiens avaient conservé la tradition du parasol, mais il était devenu d'une grandeur démesurée. « Cela est soutenu d'un baston, et tellement faict, dit Henri Estienne dans ses *Dialogues du nouveau langage françois italianizé*, 1572, qu'estant ployé et tenant bien peu de place, quand ce vient qu'on en a besoin, on l'a incontinent ouvert et estendu en rond, jusqu'à couvrir trois ou quatre personnes. » Aussi ce genre de parasol, auquel en France on donnait déjà le nom d'*ombrelle*, était-il d'une lourdeur désagréable.

C'étaient surtout les cavaliers qui en faisaient usage, quand ils allaient à cheval, fixant l'extrémité du manche à une de leurs cuisses, pour se garantir des atteintes du soleil.

Il n'y a donc rien de surprenant à ce que les ombrelles italiennes fussent recherchées partout en Europe. Déjà, sous le règne de Louis XIII, c'étaient des parasols *à l'orientale*, de façon de Venise, que les pages tenaient au-dessus de la tête des grandes dames, lorsqu'elles allaient à pied à la promenade.

C'est vers le milieu du XVIIe siècle que les parasols de petites dimensions se multiplièrent chez nous. Dans la relation de son *Voyage en France*, en 1675, Locke, parlant des ombrelles, dit : « Ce sont de petits ustensiles forts légers, que les femmes emploient ici pour se garantir du soleil, et dont l'usage me semble très commode. » Les estampes du temps nous montrent que ces parasols affectaient la forme de petits dais ronds. Le *Dictionnaire* de Furetière relate qu'on les faisait d'un rond de cuir, de taffetas, de toile cirée. Ils étaient suspendus au bout d'un bâton ; on les pliait et on les étendait par le moyen de quelques côtes de baleine qui les soutenaient.

Avec la Régence, une renaissance s'opère dans la fabrication. L'ombrelle, montée sur des bambous des Indes, se décore de crépines d'or et d'effilés de perles; elle se rehausse de panaches de plumes, se couvre de soies changeantes. Comme tous les objets de parure entre les mains des femmes, elle devient un léger hochet ingénieusement appelé le « balancier des Grâces. » Aussi l'auteur du *Voyage au Parnasse* (1716) pouvait-il écrire sans crainte d'être démenti : « Quand une femme porte un parasol et a des vapeurs, cela dénote une femme de qualité. »

Comme on le voit, un grand progrès fut réalisé au XVIIIe siècle dans la fabrication des ombrelles pour dames, les petits parasols ordinaires devinrent d'une légèreté coquette et d'une décoration charmante.

Madame la baronne Gustave de Rothschild possède une ombrelle intéressante ayant appartenu à Madame de Pompadour. Elle est en soie bleue, décorée de miniatures chinoises sur mica et d'ornements en papier très finement découpés et appliqués sur le fond.

Brisés sous le souffle terrible de la tempête révolutionnaire, les parasols reparurent plus coquets que jamais avec les journées de Thermidor, abritant sous leurs coupoles bizarres les têtes ébouriffées des Muscadins, des Incroyables et des Merveilleuses du Directoire. C'étaient des verts tendres, brochés d'or, des nuances claires avec des grecques écarlates, des bleus d'azur et des turquoises relevés d'argent, des cachemires ou tissus des Indes, le tout monté sur des manches d'une grossièreté affectée ou d'un travail exagéré de délicatesse.

L'Empire jeta un froid glacial sur cette efflorescence de la mode. L'ombrelle devint grecque et romaine, puis elle disparut presque complètement du costume pendant les guerres sanglantes et désastreuses qui précédèrent 1815. Ce n'est qu'avec la paix, sous la Restauration, qu'elle pu enfin se montrer favorablement. Les innombrables gravures de mode, parues de 1815 à 1830, remarque le récent historien de l'ombrelle, permettent de suivre, de saison en saison, les variations apportées dans la décoration des petits parasols féminins.

Dix-huit ans après, sous la seconde République, l'ombrelle multipliait de nouveau ses innombrables variétés. M. Augustin Challamel, dans son *Histoire de la mode*, dit qu'au moindre rayon de soleil, les dames de cette époque se munissaient, pour aller en visite ou à la promenade, de petites ombrelles toutes blanches, ou roses, ou vertes. Quelquefois les ombrelles, dites *marquises*, étaient entourées d'une haute dentelle, ce qui leur donnait l'air un peu *chiffon*.

Les innovations d'un meilleur goût qui eurent lieu sous le second Empire produisirent un changement notable ; les ombrelles droites furent délaissées pour les ombrelles *Pompadour* à manche brisé, principalement pour celles que l'on faisait en satin et en moire antique bordées d'effilés ou garnies de volants ; on les brodait au passé, or et soie, et, sur la richesse des étoffes, on jetait ou *bouillonnait* du Chantilly, du point d'Alençon, de la guipure ou de la blonde. Les manches brisés étaient d'ivoire sculpté, de nacre ouvragée, de rhinocéros ou d'écaille.

Aujourd'hui, l'ombrelle se trouve entre toutes les mains. Il n'est point de femme ou de fille du peuple qui n'ait son ombrelle ; c'est le complément indispensable de toute toilette de promenade. Il y a l'ombrelle de la grande dame, de la jeune personne, de la bourgeoise, de la *demi-mondaine*, de la petite ouvrière, de même qu'il y a l'ombrelle de ville, de campagne, de jardin, de calèche, etc., etc. Son influence sur la mode est si grande, qu'elle donne souvent le ton à nos fabricants de tissus pour robes et à nos grands couturiers ; c'est ainsi qu'on a vu dans ces dernières années l'adoption pour la robe de certaines couleurs, du rouge par exemple, que nos fabricants d'ombrelles avaient adoptées tout d'abord dans la confection de cet article.

De 1830 à 1840 l'ombrelle a été l'objet d'une foule de perfectionnements (V. PARAPLUIE). Depuis cette époque, les progrès ne se sont pas ralentis. Aussi l'ombrelle parisienne est-elle restée sans rivale, les étrangers n'ayant pu donner encore à ce genre d'articles le cachet de goût et d'élégance que les ouvriers de Paris savent lui imprimer.

L'exportation a lieu pour l'Angleterre, l'Espagne, l'Italie, l'Amérique, la Russie, l'Allemagne, l'Asie et l'Afrique. — S. B.

***OMBROMÈTRE.** *T. de phys.* Instrument destiné à mesurer la quantité de pluie tombée pendant un temps et dans un lieu donnés. — V. HYDROMÈTRE.

***OMBREUR.** *T. de mét.* Ouvrier qui, chez le fleuriste artificiel, peint les parties nuancées et accuse les nervures.

OMNIBUS. Voiture publique qui parcourt les différents quartiers d'une ville, et s'arrête en un point quelconque de son trajet, pour prendre ou laisser des voyageurs.

— La première concession de voitures publiques de ce genre, à Paris, date de 1672 ; elle fut donnée par le gouvernement de Louis XIV au marquis de Roanne qui en tenait l'idée du grand Pascal. Les seules voitures connues à cette époque étant les *carrosses* (V. ce mot) et les *coches*, et ceux-ci étant jugés trop lourds, on adopta pour le service public, les premières (carrosse était à cette époque du féminin), et l'inauguration eut lieu le 18 mars 1672. Ces voitures n'étaient en réalité qu'à demi-publiques, les préjugés de l'époque, consacrés par le Parlement dans les lettres patentes qui donnaient la concession, en interdisaient en effet l'accès à diverses catégories de citoyens. Ainsi, il était défendu d'y laisser monter « les soldats, pages, laquais et autres gens de livrée, même les manœuvres et gens de bras. » Cela rappelle assez l'interdiction longtemps officielle et encore aujourd'hui restée dans les mœurs, aux Etats-Unis d'Amérique, des voitures publiques aux gens de couleur, nègres et métis; singulière liberté américaine !

Le prix des places était de 5 sols ; on réalisait donc

déjà d'importantes économies sur les prix ordinaires des véhicules de l'époque qui revenaient facilement à une pistole ou deux par jour, la pistole valant environ 11 livres. Les mêmes lettres patentes disaient aussi formellement que ces voitures étaient établies « pour la commodité d'un grand nombre de personnes peu accommodées, comme plaideurs, gens infirmes et autres, n'ayant pas le moyen d'aller en chaise ou en carrosse. »

Ces omnibus embryonnaires eurent peu de succès; l'entreprise se traîna péniblement jusqu'en 1678. Les différentes lignes allaient du Luxembourg à la Porte Saint-Antoine; de la place Royale (rue Saint-Antoine) à Saint-Roch (rue Saint-Honoré). De nombreuses autres voitures effectuaient autour de Paris un service circulaire. Au début, il y eut cependant pour ces nouveaux moyens de transport un véritable engouement : les voitures étaient d'ailleurs agencées de manière à attirer les regards et à faire pour l'époque une sérieuse réclame; peintes en bleu d'azur, parsemées de fleurs de lys d'or, conduites par des cochers galonnés et par des laquais à casaques bleues garnies de riches passementeries multicolores, elles étaient bien faites pour flatter la vanité des classes auxquelles elles s'adressaient. Cela n'empêcha point, comme nous l'avons dit plus haut, la mode d'en passer et l'usage d'en disparaître assez rapidement.

En 1819 seulement, une nouvelle demande de concession de voitures publiques fut adressée à l'Administration municipale par un nommé Godot; il ne choisissait comme trajet que les grandes artères, c'est-à-dire les quais et les boulevards. Le préfet de police mit la plus grande mauvaise grâce à prendre en considération cette proposition qui, finalement, fut repoussée sous prétexte que ces voitures, s'arrêtant à chaque pas sur la voie publique, y causeraient un trop grand embarras.

Et cependant, dès 1817, un service régulier d'omnibus installé par un M. Baudry circulait dans Bordeaux où il rendait les plus grands services. M. Baudry néanmoins essuya, en 1817, un premier refus pour l'installation d'un service d'omnibus dans Paris; ce n'est qu'en revenant à la charge, et en s'appuyant sur le succès des entreprises similaires en province qu'il réussit à enlever l'autorisation du préfet de police, alors M. de Belleyme. Cela prit les proportions d'un événement de première importance : l'autorisation comportait la mise en circulation de cent voitures prenant pour la première fois le nom d'*omnibus*, et ouvertes à tous, petits et grands, sans aucun privilège, moyennant la somme de 5 sous par place.

Les premiers omnibus circulèrent sur les boulevards en deux lignes distinctes partant de la rue de Lancry et se dirigeant, l'une vers la Bastille et l'autre vers la Madeleine. Il n'y avait pas de conducteur; le cocher ouvrait à sa volonté, au moyen d'un ressort, une portière située à l'arrière de la caisse et le signal lui était donné au moyen d'une corde placée sous la toiture, à la portée de la main des voyageurs. Ce genre d'omnibus est d'ailleurs resté en usage dans la banlieue et dans la province. Au moyen d'une pédale, le cocher annonçait en outre le départ, en mettant en jeu une espèce d'orgue qui se trouvait sous ses pieds et jouait un air de fanfare. Aujourd'hui, une trompe disposée d'une manière analogue est adaptée à toutes les voitures de tramways.

Bientôt le public comprit l'utilité de ces omnibus; un certain nombre de Compagnies suivirent l'exemple, et l'on vit bientôt paraître à la suite du succès de l'opéra-comique de Boieldieu, les *Dames blanches* à caisses blanches, attelées de chevaux blancs coiffés de panaches; les *Ecossaises*, inspirées par le même succès musical et bariolées comme l'étoffe de ce nom; les *Hirondelles*, à fond jaune semé d'hirondelles noires; les *Parisiennes*, de couleur verte; les *Béarnaises*, chocolat, etc. En 1835, on rencontrait, en plus des précédentes, les *Favorites*, les *Orléanaises*, les *Diligences*, les *Citadines*, les *Batignollaises*, les *Gazelles*, les *Excellentes*, les *Constantines*, inspirées par un succès militaire.

Toutes ces voitures étaient à quatorze places, plus une quinzième sur un strapontin placé dos à dos avec le cocher; la Compagnie actuelle des omnibus supprima ce strapontin comme gênant dans les anciennes voitures trop étroites; elle vient récemment d'introduire à nouveau dans ses grandes voitures à 40 places et ses tramways, cette place supplémentaire dont l'idée n'est pas neuve comme on le voit. Au-dessus du conducteur, une girouette aux couleurs de la voiture indiquait la destination. Le contrôle était fait par des *compteurs à cadran* (V. COMPTEUR DE VOITURE), vérifiés comme aujourd'hui par des inspecteurs de bureaux.

Cette multiplication de lignes semblerait indiquer un état prospère des différentes entreprises; il n'en était rien cependant, et, devant le besoin de s'ingénier pour tirer le meilleur parti possible des choses, on imagina la correspondance, ce qui fut un véritable trait de génie. Une seconde innovation des plus heureuses fut celle des impériales à 15 centimes la place. Créées en 1853, elles furent longtemps accessibles seulement aux hommes, au moyen d'une série de marche-pieds assez roides fixés sur le côté droit de l'arrière de la voiture. Avec les omnibus actuels de plus grandes dimensions, ces marche-pieds ont été remplacés par un escalier, et l'impériale est devenue libre, même pour les femmes et les enfants.

C'est le 12 février 1855 qu'eut lieu la fusion de toutes les lignes précédentes dans une seule entreprise qui prit le nom de *Compagnie générale des omnibus*, et dont la création fut fortement favorisée par l'Administration municipale de l'époque, qui pensait préférable de n'avoir affaire qu'à une seule Société. Le cahier des charges annexé imposait la création de certaines lignes et le strict maintien de 30 centimes par personne pour l'intérieur et 15 centimes à l'impériale. La Compagnie devait en outre payer à la Ville au lieu de l'ancien droit de stationnement de 400 francs par numéro, une redevance annuelle de 640,000 francs pour la circulation de 350 voitures, chaque voiture en plus étant passible d'un droit de 1,000 francs. Ce traité fut d'ailleurs revisé en juin 1860 à la suite de l'extension considérable du service des omnibus qui suivit l'annexion des communes suburbaines; la redevance annuelle fut portée à 1 million pour 500 voitures.

La Compagnie actuelle des omnibus dessert 36 lignes urbaines dont quelques-unes ont plus de 7 kilomètres. Les plus fréquentées sont, par ordre d'importance, celles de Bastille-Madeleine par les anciens boulevards, de l'Odéon à Batignolles, des Ternes au boulevard des Filles-du-Calvaire, de Montparnasse, de Charenton. Ceux qui font le moins de recette sont ceux de Charonne à la barrière de Fontainebleau et de la Petite-Villette aux Champs-Elysées.

Les bureaux de correspondance où s'opèrent les plus grands mouvements de voitures sont, également par ordre d'importance, celui de la Tour Saint-Jacques, de la Bastille, du Palais-Royal et de la Madeleine.

Le réseau comprend en outre 3 lignes de banlieue allant à Saint-Maur, à Grenelle et à Romainville, et 19 lignes de tramway, sur rails à gorge noyés dans la chaussée; 3 tramways desservent, en outre, Saint-Cloud, Sèvres et Vincennes. — V. TRAMWAY.

Quelques chiffres démontreront la prospérité croissante des omnibus.

En 1854, année qui précéda la fusion, les différentes Compagnies, avec 400 voitures et 3,728 chevaux transportaient 34 millions de voyageurs.

En 1860, lors de l'agrandissement de Paris, la Compagnie générale possédait 506 voitures et 6,716 chevaux; elle transportait plus de 76 millions de voyageurs.

En 1865, le nombre des voitures s'était élevé à 621,

celui des chevaux à 7,376; enfin le chiffre des voyageurs transportés atteignait plus de 101 millions.

Depuis, les chiffres n'ont cessé de s'élever encore; en 1884, le nombre de voyageurs transportés atteignait 192 millions. Le bilan de 1867 accusait 42,376,360 francs de recettes et 33,940,693 francs de dépenses, soit un bénéfice pour les actionnaires de 8,500,000 francs.

Le nombre des voitures, primitivement d'environ 400 pour Paris et la banlieue, est aujourd'hui de 1,900. Il est bon d'ajouter que depuis quelques années surtout, la contenance de ces voitures a considérablement augmenté, elle atteint presque partout aujourd'hui 40 places et 50 sur les tramways roulant sur voie ferrée; le nombre des chevaux a augmenté également dans une proportion assez grande, il est actuellement de 12,341, au lieu de 3,728 à l'origine.

Les recettes totales de la Compagnie se sont élevées pour 1884 à 113,603,699 fr. 92, et les dépenses à 108,970,076 fr. 04, laissant un solde créditeur de 4,613,623 fr. 88.

Voici maintenant quelques détails sur le matériel :

Les 12,341 chevaux représentent un capital de 15,392,982 fr. 83, c'est-à-dire environ 1,191 fr. 31 par tête.

Chaque omnibus à 3 chevaux et à 40 places coûte environ 6,250 francs; l'omnibus à 26 places, 5,200 francs.

La nourriture des chevaux a exigé, en 1884, 10,088,081 fr. 82 pour 4,553,702 journées de présence, soit un prix moyen de 2 fr. 2154.

On comprend d'ailleurs que, pour les effectifs de la Compagnie, les approvisionnements atteignent des chiffres considérables. Ainsi en 1884, on a consommé les quantités suivantes :

Foin	929.864	bottes,	soit	490,721f,73
Paille. . . .	672.498	—		220,478.23
Avoine. .	13.673.054	kilog.,	soit	2,473,938.60
Son.	78.841	—	—	10,855.23
Orge	87	—	—	21.00
Maïs.	6.379.441	—	—	997,691.50
Féverolles. .	1.231.236	—	—	243,061.05

La dépense de ferrage s'élève à 0 fr. 1539 par journée de cheval, en prenant également la moyenne de 1883 et 1884.

Les chevaux malades et convalescents sont en outre gardés dans une ferme où ils reviennent à environ 2 fr. 50 par journée de présence.

La crise qui sévit sur toutes les branches du commerce et de l'industrie n'a d'ailleurs pas épargné la Compagnie dont les recettes, en 1884, ont été inférieures de 800,000 fr. au chiffre de 1883. Cette différence paraît encore s'accentuer, en 1885, et les trois premiers mois de l'exercice donnent, sur 1884, une différence de recette qui atteint déjà 704,633 fr. 75. La Compagnie, d'ailleurs, a supprimé un certain nombre de ses départs, surtout à certaines heures de la journée, à la suite d'une diminution constatée d'environ 16 0/0 dans le nombre des voyageurs. A ces heures spéciales du jour, les voitures présentaient, paraît-il, jusqu'à 80 0/0 de vide.

Le dividende de 1884 a été de 55 francs par action.

Voici encore quelques chiffres utiles à consulter :

Le parcours journalier moyen des voitures à 26 et 28 places varie entre 76 et 96 kilomètres selon les lignes, la moyenne est 89,625. La recette kilométrique varie entre 0 fr. 24 et 1 fr. 21; le plus souvent elle oscille aux environs de 0 fr. 70 à 0 fr. 80; la moyenne exacte est de 0 fr. 83. Le nombre moyen de voyageurs par voiture et par jour, intérieur et impériale, est de 384, et la recette moyenne par journée de voiture 74 fr. 10.

L'actif de la Compagnie, y compris le matériel, les immeubles, les chevaux, etc., s'élève aujourd'hui à 127,374,812 fr. 46, non compris 8,136,485 fr. 10 représentant la valeur des voies ferrées suburbaines.

Depuis l'origine, il faut bien le reconnaître, la Compagnie des omnibus n'a réalisé que très peu de progrès et peu d'améliorations répondant aux besoins du public. Ainsi, on attendit quinze ans que les bancs de l'impériale qui, à la moindre pluie, formaient réservoir d'eau, fussent remplacés par des tringles de bois à claire-voie. On a toujours demandé que les impériales fussent couvertes, comme celles des omnibus des chemins de fer, mais quand y parviendra-t-on? C'est un des inconvénients de ces monopoles absolus qui protègent une entreprise; la Compagnie n'ayant aucune concurrence à redouter, n'a aucun intérêt à satisfaire le public qui est obligé de passer par ses fourches caudines. Le seul progrès réalisé à la suite de la mort de plusieurs voyageurs tombés de l'impériale, a été l'exhaussement des tringles de fer soutenant la lisse du garde-corps. Signalons encore les petits cartons propres remplaçant les incommodes feuilles de papier que l'on donnait en guise de correspondance; la suppression, dans l'intérieur des voitures de certaines annonces pharmaceutiques éhontées qui embarrassaient singulièrement les mères quand leurs filles leur en demandaient l'explication. Mais pour cela il a fallu que la presse s'en mêlât.

Il reste encore d'immenses distances à franchir pour arriver à un semblant de perfection. Mais, comme cette distance serait vite franchie si, le privilège tombant tout à coup, la concurrence pouvait se développer. On a pu s'en rendre compte à toutes les Expositions en comparant le matériel des Omnibus et surtout des tramways des autres nations avec celui de la Compagnie des omnibus de Paris.

Dans ces dernières années seulement, les voitures à 40 places ont réalisé un sensible progrès sur l'ancien type; on y est plus à l'aise, le couloir central est plus large, les banquettes plus propres et mieux entretenues, les marchepieds de l'impériale remplacés par des escaliers. Mais dans toutes les autres voitures, encore très nombreuses, où il n'y a que 26 et 28 places, il y aurait lieu de réaliser les modifications suivantes que le public demande depuis longtemps : 1° le changement de système de l'ascension et de la descente si périlleuses de l'impériale; 2° l'élargissement de l'étroit couloir de l'intérieur, où les femmes ne peuvent s'engager sans que leurs jupes se promènent sur les genoux et même sur le visage des voyageurs, inconvénients appréciables surtout en temps de pluie et de boue; 3° le renouvellement des draps des banquettes, généralement fort crasseux; 4° l'aérage de cette caisse où, quand les vasistas sont fermés, la quantité d'air respirable est tout à fait insuffisante; 5° la création d'omnibus-postes qui parcourraient les lignes sans prendre ni déposer les voyageurs en route, et qui ne s'arrêteraient qu'à certaines stations; 6° l'émission de cachets de parcours à 15 et 30 centimes, système appelé à diminuer sensiblement la besogne des conducteurs et qui amènerait une encaisse anticipée et très considérable pour la Compagnie, en même temps qu'elle satisferait le public.

Depuis 1855, tous les journaux ont tour à tour réclamé ces réformes et n'ont obtenu que les faibles résultats cités plus hauts. Ils en ont peut-être obtenu d'autres ignorés du public, car on en a vu souvent, après une campagne acharnée, se taire tout-à-coup comme par enchantement, et sans qu'on puisse s'en expliquer le motif réel. — A. M.

ONDE. *T. de phys.* 1° *Onde liquide.* Une pierre tombant dans une eau tranquille et de quelque étendue, produit autour du point de chute une *onde circulaire* dont le diamètre va sans cesse en augmentant. La vitesse uniforme de cette onde est de $0^m,34$ par seconde (d'après les expériences de M. Decharme), tandis que la vitesse de l'onde sphérique qui transmet le son à l'intérieur du liquide est de 1,435 mètres, c'est-à-dire environ 4,000 fois plus grande. Si plusieurs pierres tombent au même point dans le liquide, à des intervalles égaux, chacune d'elles fera naître une onde particulière, et toutes ces ondes concentriques garderont entre elles la même distance. Les ondes produites par plusieurs pierres tombant successivement ou simultanément dans l'eau, à petites distances les unes des autres, se propagent comme si elles étaient seules, ne se gênent pas dans leur développement et se coupent les unes les autres. Il est à remarquer que dans toutes ces ondes qui se poursuivent, les molécules du liquide ne se déplacent pas, depuis les points frappés jusqu'aux distances où ces ondes restent apparentes, elles ne font que vibrer verticalement autour de leur position d'équilibre, leur mouvement se transmettant de proche en proche. || 2° *Ondes sonores*. Un son est toujours produit par un mouvement vibratoire d'un corps solide, liquide ou gazeux, mouvement transmis à l'organe de l'ouïe par un milieu élastique intermédiaire, solide, liquide ou gazeux, ordinairement l'air atmosphérique. Pour le mode de propagation des ondes *condensées* ou *dilatées*, V. ACOUSTIQUE. || 3° *Ondes lumineuses*. Un corps lumineux produit, au sein de l'éther universel qui l'environne, des ébranlements qui ne sont pas sans analogie avec ceux qu'un corps élastique vibrant produit dans l'air. Ces mouvements, dans les deux cas, se propagent en *ondes sphériques* d'une vitesse uniforme. Mais cette vitesse des ondes lumineuses est incomparablement plus grande que celle des ondes sonores. Une autre différence qui existe entre ces deux modes vibratoires, c'est que l'ondulation de la lumière se propage dans le sens normal aux rayons lumineux, tandis que l'ondulation sonore s'effectue dans le même sens de la propagation. || 4° *Ondes thermiques*. La chaleur rayonnante se propage comme la lumière en ondes sphériques. La chaleur qui se transmet par conductibilité dans un milieu homogène suit des lois analogues ; mais la propagation thermique qui se fait ici de molécule à molécule à travers le milieu liquide ou solide, s'effectue avec une extrême lenteur. — V. CHALEUR RAYONNANTE et CONDUCTIBILITÉ. || 5° *Ondulation électrique*. D'après MM. El. Gray et G. Bell, c'est par des *courants ondulatoires* que se transmet la parole dans les téléphones. Ces courants, non brusques, sont obtenus par les variations de résistance qu'éprouve l'électricité à se transmettre par les conducteurs. Les ondes liquides, sonores, lumineuses, thermiques, se réfléchissent, se réfractent, interfèrent. Jusqu'à présent, on n'a pas constaté le phénomène d'interférence dans les ondes électriques. D'autre part, on sait que les ondes liquides, dans certaines circonstances, n'interfèrent pas, par exemple, quand elles sont produites par deux filets liquides continus s'écoulant sur une lame de verre ; les ondes voisines se repoussent et ne se coupent pas (Expériences de M. Decharme, *Annales de chimie et de physique*, nov. 1885). || 6° *T. techn.* Masse de matière qui double l'épaisseur du cerveau d'une cloche. || Défaut du verre, constitué par des lignes sinueuses formées par des inégalités d'épaisseur. || *Outil à ondes*. Outil à l'usage du menuisier pour pousser des moulures ondées. || *Ondes d'échappement*. Sorte de peigne qui fonctionne à la partie supérieure d'un métier à tricot.

ONDÉ. Fil de soie composé de quatre ou cinq brins grèges, joints et tordus fortement ensemble dans un sens (ce qui forme le fil crème), réunis à une grège dite *âme*, puis finalement tordus ensemble en sens inverse. Cette soie convient à la passementerie. — V. GRÈGE.

***ONDÉ, ÉE.** *Art hérald.* Se dit de certaines pièces qui présentent des sinuosités alternativement concaves et convexes.

***ONGLÉ, ÉE.** *Art hérald.* Se dit des animaux dont les griffes, les cornes sont d'un autre émail que celui du corps.

ONGLET. 1° *T. de géom.* Ce mot a été imaginé par Pascal pour désigner certains solides compris entre une surface cylindrique et deux plans qui se coupent suivant une droite parallèle aux génératrices. Pascal étudia avec soin ces sortes de solides, et apprit à déterminer leur volume, leur centre de gravité et l'étendue de la portion de surface cylindrique qu'ils comprennent. En même temps, la considération des onglets l'a conduit à d'importantes remarques théoriques que l'on démontre aujourd'hui par le calcul intégral. Plus tard, la notion d'onglet a été généralisée, et l'on distingue, pour nous borner à la géométrie élémentaire : 1° l'*onglet cylindrique*, ou portion de cylindre circulaire droit comprise entre la surface latérale et deux plans passant par l'axe; 2° l'*onglet conique*, ou portion du cône droit circulaire comprise entre la surface latérale et deux plans passant par l'axe; 3° l'*onglet sphérique*, ou portion de la sphère comprise entre deux plans passant par un même diamètre. || 2° *T. de broch. et de rel.* Repli d'un feuillet de papier ou de parchemin sur lequel on colle, dans un livre, un ou plusieurs feuillets imprimés, des estampes, des cartes; on désigne aussi l'onglet sous le nom de *carton*. || 3° *T. de men.* Lorsque deux pièces de bois sont réunies par leur extrémité, elles peuvent être assemblées d'*onglet* ou à *onglet*, c'est-à-dire que leurs faces de joint se confondent suivant une ligne coupant à 45° l'axe de ces pièces. Le tenon et la mortaise affectent la forme triangulaire. On emploie particulièrement cet assemblage dans la menuiserie pour unir des pièces de bois ornées de moulures sur leurs bords. || 4° *T. techn.* Echancrure pratiquée sur le plat d'une règle de bois ou de métal, au couvercle d'une boîte à coulisse, pour le tirer facilement; à la lame d'un couteau ou d'un canif, pour tirer cette lame hors du manche.

ONGLETTE. *T. techn.* Sorte de burin ou d'échoppe dont l'extrémité est triangulaire, à l'usage des graveurs, des bijoutiers et autres métiers ; on dit aussi *onglet*.

ONYX. *T. de minér. et de joail.* On donne ce nom

à la plus célèbre des variétés d'agates à plusieurs teintes, caractérisée par ses couches alternatives, de couleurs très tranchées et souvent disposées concentriquement.

Cette sorte d'agate a reçu primitivement son nom, du grec ονυξ, ongle, parce que l'on n'appelait ainsi que celle d'une teinte blanc rosé, se rapprochant de la couleur chair; le mot plus tard a pris de l'extension, et s'est appliqué à toutes les agates zonées ayant de deux à trois couches superposées de couleurs bien tranchées, le blanc et le brun, le blanc et le noir ou le noir bleuâtre. A Champigny, près Paris, sur les bords de la Marne, on a trouvé, il y a quelque temps, des onyx à trois teintes, deux brunes et une bleuâtre, qui donnaient de très beaux effets.

Quand ces agates sont régulières, ont des nuances s'assortissant bien, ce sont des pierres d'une certaine valeur, par suite de gravures en relief que l'on peut faire, et l'opposition des couleurs. — V. Camée.

Depuis quelques années, en effet, la chimie est parvenue à colorer artificiellement les agates à une teinte, de manière à leur donner l'aspect des onyx.

Pour leur donner cet aspect, on choisit de préférence les pierres qui ne semblent pas trop homogènes, puis on les fait tremper dans l'huile. Par porosité, cette dernière pénètre dans la pierre, et après quelques heures on enlève celle-ci et on l'essuie bien. Ensuite, on la plonge dans l'acide sulfurique, de manière à ce que toutes les parties de la pierre soient recouvertes, puis on chauffe jusqu'à cessation de dégagement d'acide sulfureux. On retire alors du vase et on lave à pleine eau, et ensuite avec une eau légèrement alcaline pour être sûr d'avoir entraîné toutes les parties d'acide qui pourraient rester dans l'agate. Comme les pierres ont été choisies aussi peu homogènes que possible, la couche noire qui s'est formée n'est pas uniforme, certaines places sont plus foncées, elles permettront au graveur de s'en servir pour obtenir des oppositions de teinte. On sait que l'acide sulfurique concentré est très avide d'eau et qu'il s'empare de celle-ci toutes les fois qu'il en trouve, ou même ses éléments unis dans un corps, dans la proportion voulue pour en former. C'est ce qui s'est produit ici aux dépens de l'huile qui a imbibé les pores de l'agate, et comme le charbon très dilué qui a été mis en liberté est resté dans ces pores, il leur communique sa teinte noire.

Ce procédé donne d'excellents résultats, malgré cela, et bien que l'on soutienne le contraire, les pierres artificiellement colorées ne doivent pas être complètement assimilées aux pierres colorées naturellement.

On donne aussi le nom d'*onyx* à un marbre blanc veiné de jaune, très abondant en Afrique, et qui sert pour l'ameublement, faire des cheminées, vases, etc. — J. C.

OOLITHIQUE. Adjectif qui tantôt s'emploie pour indiquer la formation d'une période caractéristique de notre planète, et tantôt signifie que le terrain ou les minerais que l'on désigne sont constitués par une agglomération de petits grains ronds, assez semblables à des œufs, comme l'indique l'éthymologie. La formation oolithique se retrouve en France, en Angleterre, en Allemagne, etc. Les calcaires, les minerais de fer prennent souvent la forme oolithique.

OPACITÉ. *T. de phys.* Propriété que possèdent certains corps d'intercepter la lumière, même quand ils ont une faible épaisseur; tels sont les métaux. L'opacité de ces corps n'est cependant pas absolue, car l'or, l'argent, réduits en feuilles très minces laissent passer la lumière qui paraît verte avec le premier et bleue avec le second (V. Métaux, § *Opacité*). Les corps qui semblent les plus transparents, l'eau, par exemple, sous une épaisseur suffisante, arrêtent complètement la lumière. Certains corps opaques deviennent transparents quand on remplit leurs pores d'une substance qui réfracte la lumière comme eux. C'est ainsi que le papier devient transparent quand on l'imbibe d'huile, et que la pierre nommée *hydrophane* devient transparente quand elle a séjourné dans l'eau. — C. D.

***OPALAGE.** *T. techn.* Dans les raffineries de sucre, on donne ce nom à l'opération qui a pour but, après qu'on a brisé la croûte formée à la surface du sucre en fusion, de remuer la masse pour obtenir une cristallisation régulière.

OPALE. *T. de minér.* Variété de silice hydratée, renfermant de 3 à 12 0/0 d'eau et des traces d'oxyde de fer, d'alumine, de chaux, de magnésie et d'autres alcalis. Elle est amorphe, à cassure conchoïdale, transparente ou seulement translucide, à éclat vitreux, ou surtout résineux; il y en a d'incolores ou de blanchâtres (ce sont les plus chères) et d'autres, communes, qui peuvent offrir des teintes jaunes, rouges, vertes, brunes, etc.; les plus belles présentent une teinte laiteuse blanche, sur laquelle se détachent des irisations vraiment remarquables; tantôt isolées sur certaines parties de la pierre, tantôt directement associées.

Diverses espèces d'opales sont connues:

L'*opale noble* ou *orientale* est celle recherchée parce qu'elle offre les irisations dont nous venons de parler. Cet aspect est dû à la présence d'une multitude de petites fissures qui se croisent en tous sens, et emprisonnant des lames minces d'air et d'eau, empêchent la lumière de se propager régulièrement, ce qui donne aux feux une disposition triangulaire tout à fait spéciale. Cette opale se retrouve sur les porphyres, surtout en Hongrie, à Tcherwenitzka, à Dubuik; c'est de ce pays que provenaient les belles opales apportées, en 1878, à l'Exposition de Paris; on en trouve encore de très belles au Mexique, à Zimapan; au Guatemala, aux îles Feroë.

L'*hyalite*, qui est d'un gris perle, transparente, mamelonnée, botryoïde, offre aussi des feux irisés quand elle est taillée; elle se trouve surtout, en Bohême, à la surface des basaltes, à Bohuniez (Hongrie); au Kaserstuhl, etc.

L'*opale feu* est transparente avec reflets rouge carmine ou vineux, parfois même jaunes. Elle vient surtout de Zimapan (Mexique) et de Washington ; c'est elle qui offre le maximum d'hydratation, aussi présente-t-elle l'inconvénient grave de s'altérer facilement à l'air ou l'humidité. On a dit que toutes les opales avaient cet inconvénient, il n'est appréciable que pour l'opale feu.

Après ces variétés, viennent les *opales communes*; il y en a de plusieurs sortes. On les distingue commercialement des autres par le nom de *semi-opales*; on en rencontre en Hongrie, en Moravie, en Saxe, en Bohême, en Islande, en France, etc.; celles de Quincy (Cher) sont recherchées pour leur teinte rouge; elles se présentent en masses ou disséminées, en rognons ou en concrétions plus ou moins volumineuses, parfois même sous la forme de bois pétrifiés, dans les calcaires ou argiles des terrains tertiaires, mais elles proviennent toujours, comme les précédentes, des dépôts liquides qui se sont condensés en certaines places.

Il faut surtout citer : la ***résinite girasol***, la ***résinite cacholong*** et la ***ménilite***.

Usages. Les opales servent aux lapidaires pour monter une infinité de bijoux : l'opale noble est la plus recherchée, tant à cause de la beauté de ses feux que de son peu d'altérabilité. En France, cette belle pierre est un peu délaissée. En Autriche, en Allemagne et surtout en Angleterre, où la reine en a de magnifiques spécimens, elle est au contraire fort estimée. La gravure de cette pierre est très difficile à cause des nombreuses fissures que nous avons signalées. On connaît cependant de beaux spécimens d'opales gravées, telle est celle que possède la Bibliothèque nationale, qui représente Louis XII.

|| Couche cristalline qui se produit dans les formes à la surface du sucre en fusion. — J. C.

OPÉRATEUR. *T. de mécan.* On appelle ainsi la pièce d'une machine-outil qui accomplit le travail utile que l'on demande à cette machine; c'est sur l'opérateur que s'exécutent directement les résistances qu'il s'agit de surmonter. Toute machine, considérée dans son ensemble, est composée de trois parties : 1° l'*opérateur*; 2° le ***moteur***, qui reçoit directement l'action des forces qui produisent le mouvement; 3° la ***transmission*** ou le ***mécanisme*** qui transmet le mouvement du moteur à l'opérateur (V. MÉCANISME, MÉCANIQUE INDUSTRIELLE). L'opérateur s'appelle aussi l'*outil*. Les opérateurs employés dans l'industrie sont variés à l'infini, comme les ouvrages qu'ils sont destinés à accomplir.

OPHICLÉIDE. ***Instr. de mus.*** Instrument à vent, en cuivre, à embouchure et muni de clefs, et dont le son, d'un caractère sombre et grave, donne de fortes basses. — V. INSTRUMENTS DE MUSIQUE.

OPHTALMOSCOPE. *T. de chim.* Instrument spécial destiné à explorer l'œil éclairé artificiellement, de manière à obtenir une image nette des particularités que renferme cet organe.

C'est à Helmotz que l'on doit la découverte de cet instrument (1851), mais, depuis cette découverte, un grand nombre d'ophtalmoscopes ont été proposés. On peut les diviser en deux classes : les uns dits *ophtalmoscopes à main*, parce que le praticien peut les tenir à la main : ce sont ceux généralement préférés à cause de leur construction plus simple et de leur maniement facile; ils sont uni ou bioculaires; et les *ophtalmoscopes fixes*, qui comportent de nombreuses pièces accessoires, et qui sont placés à demeure sur une table. Ils sont à préférer lorsqu'on veut avoir les mains libres, soit pour dessiner ce qu'on observe, soit pour faire des démonstrations cliniques. Dans cette catégorie, se placent les instruments inventés par Follin et Vachet, par Liebreich, etc. Enfin, il existe encore des *auto-ophtalmoscopes* qui permettent à l'opérateur d'examiner lui-même un de ses yeux; celui de Coccius est unioculaire, ceux de Giraud-Teulon, de Heymann, permettent à l'un des yeux d'examiner leur voisin.

Il ne suffit pas d'éclairer le fond d'un œil pour le rendre visible, il faut, en général, recourir à quelque artifice dioptrique particulier, si l'on veut voir nettement. Pour distinguer le fond de l'œil, on doit réaliser deux conditions essentielles : 1° éclairer les parties que l'on désire observer, et cela, de manière à ce que l'opérateur puisse placer son œil sur le trajet des rayons émergents; 2° reporter l'image obtenue à une distance en rapport avec le pouvoir accommodatif de cet opérateur; de telle sorte, qu'un appareil ophtalmoscopique quelconque devra toujours se composer absolument, d'une partie catoptrique (appareil d'éclairage) et d'un appareil dioptrique (lentilles diverses).

Un miroir concave, une lentille objective, telles sont les pièces indispensables qui constituent un ophtalmoscope à main, et unioculaire; ceux plus complexes, comme les appareils binoculaires ou les ophtalmoscopes fixes, sont trop nombreux pour que nous entrions dans des détails à leur sujet; nous ne pouvons non plus, dans un ouvrage de la nature de ce *Dictionnaire*, donner la marche des rayons lumineux dans tous les appareils, nous renvoyons pour ce sujet aux *Traités de physique médicale*.

OPIAT. *T. de pharm. et de parf.* Nom primitivement donné à des préparations pâteuses formées de différentes poudres et parmi lesquelles se trouvait la poudre d'opium. Ils différaient des électuaires et des confections par l'absence de principes sucrés dans leur préparation. Actuellement, cette dénomination s'applique à tout électuaire fait extemporanément. — V. DENTIFRICE.

***OPIANIQUE** (Acide). *T. de chim.* Acide trouvé par Liébig et Wœhler, en faisant réagir un mélange d'acide sulfurique et d'oxyde puce de plomb ou de bioxyde de manganèse sur la narcotine. Sa formule est $C^{20}H^{10}O^{10}$... $\not{C}^{10}H^{10}\not{O}^{5}$. C'est par suite de sa décomposition dans le pavot en train de se développer que doit se former la méconine et son acide, car chauffé avec un excès de potasse, il se dédouble en méconine et en acide hémipinique.

$$\underbrace{(C^{20}H^{10}O^{10})^{2}}_{\text{Ac. opianique}} = \underbrace{C^{20}H^{10}O^{8}}_{\text{Méconine}} + \underbrace{C^{20}H^{10}O^{12}}_{\text{Ac. hémipinique}}$$

OPIUM. *T. de mat. méd.* Nom donné au suc épaissi des capsules du pavot. Ce corps est d'un emploi universel, comme sédatif, mais les Orientaux en font un usage considérable, en le fumant comme le tabac.

Caractères. Actuellement, on produit surtout l'opium dans l'Asie-Mineure, la Perse, l'Inde, la Chine, l'Egypte, l'Europe, l'Algérie, l'Amérique du Nord et l'Australie.

Il est fourni par le *papaver somniferum*, Lin. (fig. 504); ou plutôt par ses deux variétés, les variétés *β-glabrum*, Bois., et *γ-album*, Bois. C'est en général un produit pâteux, un peu mou, laissant encore voir dans sa partie médiane, des larmes qui sont les portions non agglutinées et telles que les présente la récolte; il est brunâtre, d'odeur fade et vireuse, de saveur amère, âcre, nauséeuse et persistante. Il est en pains ordinairement plats et arrondis, plus bruns et plus durs à la surface, et enveloppés dans des feuilles de pavot, souvent accompagnées, dans quelques sortes, de semences de rumex.

Les pavots sont semés de novembre à mars, pour avoir une maturité successive de mai à juillet.

Après la chute des pétales de la fleur, on incise les capsules, sans toutefois les perforer, soit avec un canif, soit avec un instrument spécial appelé *nushtur* (fig 505 et 506), en faisant des traits obliques ou verticaux, dans lesquels, au bout de vingt-quatre heures, s'est réuni le suc laiteux recherché. On le recueille avec un couteau ou grattoir, sur lequel on met parfois un peu d'huile pour empêcher l'adhérence de se faire sur la lame, puis on réunit l'opium dans un vase en terre, que le collecteur porte attaché à la ceinture. On fait ainsi successivement plusieurs fois des incisions aux capsules, et l'on doit procéder chaque jour à la récolte. Le suc est ensuite comprimé entre les mains, après avoir été desséché au soleil, puis on en fait des pains de forme variable, que l'on enveloppe de feuilles sèches de pavot, et qu'on renferme parfois dans des sacs avec des semences de patience (rumex) pour éviter le ramollissement et l'adhérence des pains, jusqu'au moment de la vente ou du dépôt entre les mains des représentants de l'administration, dans les pays où l'Etat a mis un monopole sur cette matière.

Fig. 504. — *Papaver somniferum.*

Variétés commerciales. On distingue parmi les principales sortes d'opium : l'*opium de Smyrne*, le plus estimé et dont on expédie annuellement environ 5,650 caisses d'une valeur de 19 millions 1/2; l'*opium de Turquie*, moins estimé parce qu'il est souvent falsifié; l'*opium d'Egypte* consommé sur place; l'*opium de Perse* qui s'exporte soit en Chine, soit en Turquie; l'*opium de l'Inde* qui fait dans ce pays l'objet d'un trafic considérable; l'*opium de Chine*, qui est inférieur aux précédents, mais devient pour ce pays un objet de grand commerce; enfin l'*opium d'Europe*. On a fait des essais de culture de pavot en Grèce, en Italie, en France, en Suisse, en Allemagne, en Angleterre et en Suède, et partout on a obtenu un très bon résultat, sans pour cela que les expériences aient produit une culture dirigée dans un but industriel. L'opium d'Auvergne s'est vendu quelque temps dans le commerce sous forme de pains enveloppés de feuilles d'étain; on en a récolté dans le département du Nord qui a donné cependant jusqu'à 22,88 0/0 de morphine, et 16 0/0 dans les environs d'Amiens.

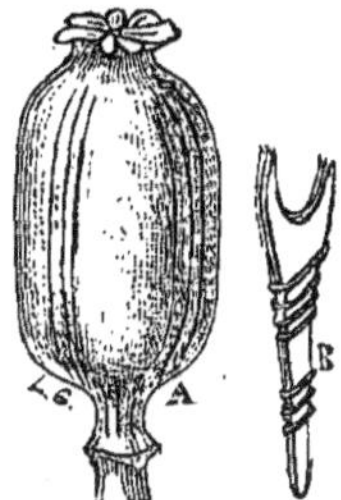

Fig. 505 et 506.
A Capsule. — *B* Nushtur.

Composition. L'opium est un produit très complexe, qui contient, en outre de plusieurs alcaloïdes, de l'eau (12,5 0/0 environ), une gomme précipitable par l'acétate neutre de plomb, du mucilage, des acides, de l'albumine, un sucre incristallisable (6,5 à 8 0/0), de la cire, de la pectine, des sels calcaires (4 à 8 0/0 de cendres, etc.) Comme les alcaloïdes ou leurs dérivés sont les parties essentielles de l'opium, nous en donnons la liste dans le tableau de la page 890.

Dosage des alcaloïdes. *Procédé Guilliermond.* On délaie 15 grammes d'opium dans 60 grammes d'alcool à 70°, puis on exprime à travers un linge et on reprend le marc par 50 grammes du même alcool; on verse les liqueurs réunies dans un flacon à large ouverture dans lequel on a pesé 4 grammes d'ammoniaque. On abandonne au repos pendant quarante-huit heures, et après ce temps on trouve la morphine et la narcotine cristallisées; on dessèche ce dépôt, on le pulvérise, puis on le traite par l'éther pur qui enlève la narcotine. On pèse la morphine desséchée et après évaporation de l'éther, la narcotine. L'alcool donne avec le temps un nouveau dépôt d'alcaloïdes que l'on ajoutera au poids trouvé dans le premier essai, si l'on veut avoir une exactitude assez grande.

Falsifications. L'opium est fréquemment fre-

Produits isolés de l'opium ou dérivés	Auteurs de la découverte et date	Formules	Quantité p. 100	Observations
+ Narcotine	1803. Derosne.	$C^{44}H^{23}AzO^{14}$	1.3 à 10.9	+ indique un alcaloïde.
+ Morphine	1816. Sertürner.	$C^{34}H^{19}AzO^{4}$	2.2 à 22.88	
+ Narcéine	1832. Pelletier.	$C^{46}H^{29}AzO^{18}$	5 à 6	
+ Codéine	— Robiquet	$C^{36}H^{21}AzO^{6}$	0.7	
+ Thébaïne	1835. Thiboumery.	$C^{38}H^{21}AzO^{6}$	0.15	
+ Pseudomorphine	— — et Pelletier.	$C^{34}H^{19}AzO^{8}$	0.02	
Cotarnine	1844. Wöhler.	$C^{24}H^{13}AzO^{6}$	»	Narcotine oxydée.
+ Papavérine	1848. Merck.	$C^{40}H^{21}AzO^{8}$	1.0	
+ Cryptopine	1864. H. et T. Smith.	$C^{46}H^{25}AzO^{10}$	traces	
+ Rhœadine	1865. Hesse.	$C^{42}H^{21}AzO^{12}$	traces	
Rhœagénine	— —	$C^{42}H^{21}AzO^{12}$	»	Alcaline, dérive de la précédente
Nornarcotine	1868. Matthiessen et Foster.	$C^{38}H^{17}AzO^{14}$	»	
Méthylnornarcotine	— — —	$C^{40}H^{19}AzO^{14}$	»	
Apocodéine	1869. — —	$C^{36}H^{21}AzO^{4}$	»	Action sur la codéine de ZnCl.
Thébénine	1870. Hesse.	$C^{38}H^{21}AzO^{6}$	»	
Thébaïcine	— —	$C^{38}H^{21}AzO^{6}$	»	Action de HCl sur la thébaïne.
+ Laudanine	— —	$C^{40}H^{25}AzO^{6}$	»	
+ Codamine	— —	$C^{38}H^{23}AzO^{6}$	»	
+ Méconidine	— —	$C^{42}H^{23}AzO^{8}$	»	
+ Lauthopine	— —	$C^{46}H^{25}AzO^{8}$	»	Non alcalin.
+ Hydrocotharmine	1871. —	$C^{24}H^{15}AzO^{6}$	»	
Apomorphine	— Matthiessen et Wright.	$C^{34}H^{17}AzO^{4}$	»	Action de HCl sur la morphine.
Désoxymorphine	— Wright.	$C^{34}H^{19}AzO^{4}$	»	
Désoxycodéine	— —	$C^{36}H^{21}AzO^{4}$	»	
+ Protopine	— Hesse.	$C^{40}H^{19}AzO^{10}$	»	
Deuteropine	— —	$C^{40}H^{21}AzO^{10}$	»	
Diméthylnornarcotine	— Armstrong.	$C^{42}H^{21}AzO^{14}$	»	
+ Laudanosine	— Hesse.	$C^{42}H^{27}AzO^{8}$	»	
Gnoscopine		$C^{68}H^{36}Az^{2}O^{22}$	»	
Acide méconique	1805. Sertürner.	$C^{14}H^{14}O^{14}$	4.0	Acide-alcool.
Acide lactique	1862. T. et H. Smith.	$C^{6}H^{6}O^{6}$	»	Acide-alcool.
Méconine	1832. Dublanc.	$C^{20}H^{10}O^{8}$	»	Neutre (Alcool-Ether).

laté, même lorsqu'il arrive du pays de production. On y a trouvé : des capsules et pétales de pavot broyées, de la boue, du sable, du charbon, de la suie, de la bouse de vache, des farines, pulpes, et extraits végétaux (tabac, datura, séné, chanvre indien, cachou, cactus, glaucium luteum, réglisse, etc.), de la gomme adragante, de la cire, de l'argile et du plâtre, de la poix, de la sciure de bois, du goor (variété d'ail), etc. Ce ne sont que les analyses chimiques et microscopiques, qui peuvent permettre de retrouver toutes ces falsifications. Un essai toujours à faire est l'incinération; le bon opium pur et sec ne doit donner que 4 à 8 0/0 de son poids, en cendres.

Bibliographie : Fluckiger et Hambury : *Histoire des drogues d'origine végétale*; Planchon : *Détermination des drogues simples d'origine végétale*; Chevallier : *Adultération des opiums* (*Journal de chimie médicale*, 1855, p. 92 et d°, 1849, t. VI); Figari-Bey : *Sur l'opium d'Egypte et ses falsifications* (*Journal de pharmacie et de chimie*, 1868, VII, p. 37); Firscke : *Des opiums d'Orient* (*Journal de pharmacie et de chimie*, 1869, p. 377); Gaultier de Claubry : *Rapport sur des opiums suspects* (*Annales d'hygiène, et de médecine lég.*, XXII, p. 374), etc. — J. C.

***OPOPONAX.** Ce nom est celui d'une gomme-résine qu'on récolte en Syrie, principalement, et qui est produite par une plante appartenant à la famille des ombellifères, l'*opoponax chironium*, Koch.

Cette résine, a été déjà étudiée au mot Gommes-résines.

***OPPENORD** (Gilles-Marie). Architecte et dessinateur, né à Paris en 1672, mort en 1742, était fils d'un ébéniste du roi et devait suivre la carrière de son père, mais ayant montré bientôt de grandes dispositions pour le dessin, il entra chez J. Hardouin Mansart et fut envoyé avec une pension en Italie, où il resta huit années. Dès son retour de Rome, le jeune artiste fut chargé d'élever le portail latéral de l'église Saint-Sulpice, sur la rue Palatine, production insignifiante et sans style, dans laquelle il fit preuve plutôt d'un talent sobre et sans originalité; puis il donna les dessins de l'autel de Saint-Germain-des-Prés et ceux de la galerie du Palais-Royal avec le salon qui la précède. Le régent, qui le protégeait, le nomma peu après directeur des manufactures et intendant des jardins royaux. Lorsque le roi fit le voyage de Reims pour son sacre, en 1722, le régent tint à le recevoir dans son château de Villers-Cotterets qui était beaucoup trop petit pour la suite nombreuse de la cour. Oppenord, chargé d'augmenter les bâtiments et de décorer le château, se tira à son honneur de cette tâche difficile, et sa réputation devint aussitôt très grande. Depuis, il construisit fort peu et se consacra à la décoration des appartements où il créa le genre bizarre et extravagant qu'on a nommé *rocaille* ou *rococo*, et qui, malgré de déplorables efforts de goût, a pourtant une valeur par son absolue unité (V. Rocaille). On doit à Oppenord, outre le chœur de l'église Saint-Victor, la décoration intérieure de plusieurs hôtels à Paris, surtout de l'hôtel du Grand Prieur de France au Temple; il a laissé un grand nombre de dessins très curieux publiés en partie par Huquier: le musée du Palais-Royal de Stockholm en possède 159 originaux; son habileté de dessinateur ne reculait devant aucune difficulté, et ses projets d'architecture, le plus souvent inexécutables, plaisaient au public par l'élégance du dessin, et contribuaient à sa réputation par leurs défauts mêmes. On ne peut que regretter qu'il ait mis un talent véritable au service d'une mauvaise cause.

***OPPOSÉ, ÉE.** *Art. hérald.* Se dit de deux pièces disposées de telle façon que la pointe de l'une regarde le chef, et celle de l'autre le bas de l'écu.

OPTICIEN. *T. de mét.* Celui qui fabrique ou vend des lunettes, des instruments d'optique et de précision.

OPTIQUE. L'optique est la science qui étudie les phénomènes capables d'affecter l'organe de la vue, et que l'on rapporte à l'action d'un agent particulier appelé *lumière*. C'est une branche de la physique, mais une branche dont l'importance s'accroît de jour en jour, à mesure que les progrès de la science nous révèlent l'extrême variété des phénomènes lumineux, les nombreuses modifications qu'ils subissent suivant l'état et la nature des corps qu'ils affectent, et le rôle considérable que semble jouer la lumière dans l'univers physique aussi bien que dans le monde organique.

— Les anciens philosophes grecs connaissaient le phénomène de la réflexion de la lumière et avaient certainement observé celui de la réfraction, ne serait-ce qu'en plongeant un bâton dans l'eau. Mais là se bornèrent, jusqu'au siècle de Jésus-Christ, leurs connaissances en optique. Au reste, ils avaient une singulière manière de comprendre la vision, et leurs idées à ce sujet devaient être bien tenaces, car on les retrouve jusqu'à Descartes. Ils s'imaginaient que l'œil lançait, pour ainsi dire dans l'espace, un rayon visuel qui s'en allait saisir l'objet observé. C'était ce rayon parti de l'œil qui se réfléchissait sur les surfaces polies et se réfractait en changeant de milieu. L'étude de l'astronomie, qui fut très florissante en Grèce, devait amener bien vite à la découverte de la réfraction atmosphérique, sans que pour cela les astronomes grecs fussent capables de donner aucune explication du phénomène; cependant ce n'est que dans un ouvrage de Cléomède, né vers 80 avant Jésus-Christ, qu'on en trouve la première mention. L'*optique* de Ptolémée (IIe siècle de notre ère) est le seul livre sérieux que nous aient laissé les Grecs sur ce sujet. Malheureusement cet ouvrage ne nous est connu que par de mauvaises traductions latines faites sur des manuscrits arabes peu complets. On y trouve énoncées correctement les lois de la réflexion et la théorie des miroirs plans; Ptolémée termine par des tables de réfraction de 10° en 10° pour le passage d'un rayon de l'air dans l'eau et dans le verre, et enfin par une table des réfractions astronomiques dont les valeurs sont suffisamment exactes pour le temps.

Pendant les siècles qui suivent, les progrès de l'optique sont à peu près nuls et se bornent à des mesures plus exactes des réfractions atmosphériques, question de la plus haute importance pour les astronomes; à peine pouvons-nous citer l'ouvrage d'Alhazen écrit vers l'an 1000 et traduit en latin sous le titre d'*Opticæ thesaurus*, livre qui ne contient à peu près rien de plus que ce qui se trouvait déjà dans l'optique de Ptolémée. Au XIIIe siècle, quelques idées justes et profondes se font jour dans l'esprit de Roger Bacon, dont le génie a paru tellement devancer son époque, qu'on lui a presque attribué l'invention du microscope et du télescope. Il est certain que Roger Bacon connaissait l'usage des bésicles : peut-être même est-ce à lui qu'on doit cette admirable application des lois de la réfraction qui constitue sans contredit l'un des plus grands services pratiques que la science ait rendus à l'humanité. Quand aux lunettes proprement dites, il est sûr qu'il n'en a point fait construire; mais on peut dire qu'il a deviné leur fonctionnement, car voici textuellement ce qu'on lit dans l'un de ses ouvrages : « Nous pouvons tailler des verres de telle sorte, et les disposer de telle manière à l'égard de notre vue et des objets extérieurs, que les rayons soient brisés et réfractés dans la direction que nous voudrons; et ainsi, à la plus incroyable distance nous lirions les lettres plus menues... à cause de la grandeur de l'angle sous lequel nous les verrions; car la distance ne fait rien directement par elle-même, mais seulement par la grandeur de l'angle. »

Il nous sera permis de manifester toute notre admiration pour cette remarque judicieuse d'un penseur du moyen âge au sujet de l'importance exclusive de l'angle sous lequel on voit un objet éloigné. Malheureusement, les idées de Bacon ne devaient porter aucun fruit pendant plus de 300 ans. Dans ce long intervalle, nous ne pouvons signaler d'autres progrès que la tentative de Fletcher (XVIe siècle) pour expliquer les colorations de l'arc-en-ciel; mais l'auteur, sans rien dire de net sur le phénomène de la dispersion qui ne devait être élucidé que par Newton, croyait que le rayon lumineux, après avoir traversé une goutte d'eau où il se réfractait, allait ensuite se réfléchir sur une deuxième goutte située derrière la première pour revenir enfin à l'œil de l'observateur.

Le XVIIe siècle est l'époque de la rénovation des sciences. L'humanité savante commence à comprendre, avec le chancelier Bacon, que l'expérimentation est la clef des découvertes dans le domaine de la physique; en même temps de puissants génies, Galilée, Descartes, Newton, Huyghens, viennent renouveler les idées et débarrasser l'esprit humain du joug accablant de la tradition aristotélique. Il était impossible que l'optique ne profitât pas de ce vigoureux courant d'idées nouvelles et, de fait, les progrès de cette branche de la physique ont marché à cette époque avec une rapidité surprenante. Nous ne reviendrons pas sur l'invention des lunettes (1606) dont l'histoire a été donnée avec détails au mot LUNETTE; quant au microscope, on l'attribue généralement, peut-être à tort, à Galilée; mais il faut bien reconnaître qu'après les lunettes il restait bien peu de chose à faire pour arriver à la construction de cet instrument.

Nous arrivons enfin à la découverte importante qui inaugura l'ère des grands progrès de l'optique, celle de la loi de la réfraction, ou loi des sinus. D'après Huyghens elle serait due à Snellius (né à Leyde, en 1591, mort en 1626) qui l'aurait consignée dans un ouvrage resté manuscrit. Cependant cette loi est généralement connue sous le nom de *loi de Descartes*. C'est qu'en effet, d'une part, rien ne prouve que Descartes ait eu connaissance des travaux optiques de Snellius dont le résultat ne nous est connu que par le témoignage de Huyghens, et que d'autre part il a donné de cette loi une démonstration théorique et a su en tirer les plus belles conséquences, tandis que Snellius ne l'a probablement énoncée que comme loi empirique et ne paraît pas en avoir saisi toute l'importance. Descartes est considéré, et à juste titre, comme l'un des rénovateurs de l'optique. L'ouvrage qu'il a écrit à ce sujet, la *Dioptrique* (1637) (1) a excité l'admiration la plus légitime de ses contemporains. L'auteur y démontre les lois de la réflexion, en assimilant le mouvement de la lumière à celui

(1) Au moyen âge, et jusqu'à Descartes, on divisait l'optique en *catoptrique*, ou théorie de la lumière réfléchie, et *dioptrique* ou théorie de la lumière transmise et de la réfraction.

d'un corps élastique qui rebondit sur une surface fixe; puis il passe à la réfraction, et établit la loi des sinus en admettant que la composante tangentielle de la vitesse totale est modifiée dans un rapport constant par le changement de milieu; il indique du reste les expériences qui doivent servir à la vérification expérimentale de cette loi. Enfin, il en tire les applications les plus intéressantes au sujet de la meilleure forme à donner aux lentilles. Nous avons expliqué au mot LENTILLE pourquoi les idées de Descartes à ce sujet n'ont pu être acceptées dans la pratique; mais on ne saurait lui en faire un reproche, puisqu'il ignorait les lois de la dispersion des couleurs; c'est encore à Descartes qu'on doit la véritable explication du phénomène de l'arc-en-ciel, en y comprenant l'arc secondaire. Enfin, malgré le discrédit où est tombée sa fameuse hypothèse des *tourbillons* par laquelle il prétendait rendre compte de presque tous les phénomènes naturels, il n'est que juste de reconnaître que cette idée grandiose contenait en germe la théorie des vibrations qui constitue le fondement de l'optique moderne.

De la même époque date une découverte capitale dont l'importance fut longtemps méconnue et qui était pourtant de nature à jeter un jour tout nouveau sur les phénomènes de l'optique et la véritable constitution de la lumière. C'est celle de la diffraction de la lumière, observée pour la première fois par Grimaldi, en 1663. Elle fut d'ailleurs toute fortuite. Grimaldi ayant placé par hasard un cheveu dans le petit trou d'une chambre obscure remarqua avec étonnement que ce cheveu projetait une ombre beaucoup plus large qu'il n'aurait dû le faire d'après la marche rectiligne de la lumière, et en y regardant de plus près, il reconnut dans cette ombre un certain nombre de stries alternativement blanches et noires. C'était la première fois qu'on observait un phénomène que les simples lois de la réflexion et de la réfraction étaient impuissantes à expliquer. La marche des rayons lumineux se présentait ainsi sous une forme beaucoup plus compliquée qu'on ne l'avait cru jusqu'alors, et la nécessité d'une théorie nouvelle en découlait naturellement. Cependant on se borna à dire que les rayons lumineux subissaient une déviation quand ils rasaient la surface des corps, et quand, plus tard, Huyghens établit les premières lois de la théorie des ondes, ce fut un autre phénomène, celui de la double réfraction, qui lui servit de point de départ.

Erasme Bartholin avait remarqué qu'un cristal nommé *spath d'Islande*, offrait la propriété singulière de dédoubler pour ainsi dire la lumière qui le traversait au point de montrer double un objet qu'on regardait au travers. Huyghens commença par étudier les lois qui président à la marche de ces deux rayons réfractés. Il reconnut que l'un d'eux, celui qu'on appelle le rayon *ordinaire* suit la loi ordinaire des sinus, tandis que l'autre, le rayon *extraordinaire*, est soumis à des règles spéciales qu'il sut élucider et renfermer dans des énoncés précis. Passant alors à l'explication théorique, Huyghens assimile la propagation de la lumière à celle du son, et considère les phénomènes lumineux comme produits par les vibrations ou les ondulations d'un milieu répandu partout dans l'univers; mais il remarque bien vite que ce milieu, auquel il donne le nom d'*éther*, est tout différent de la matière ordinaire des corps, qu'il est répandu indéfiniment dans l'espace, et pénètre à l'intérieur des corps les plus compacts, dans les intervalles laissés par leurs molécules constituantes. Dans le vide, dans l'air et dans les milieux ordinaires, l'ébranlement optique se propage avec la même vitesse dans toutes les directions, donnant ainsi lieu à des ondes sphériques et concentriques qui s'élargissent progressivement comme ces vagues circulaires que produit une pierre en tombant dans une eau tranquille. Cette manière de voir permet de rendre compte des phénomènes de la réflexion et de la réfraction pourvu qu'on admette que la *vitesse de propagation est d'autant moindre que la réfringence du milieu est plus considérable*. Quant au spath d'Islande et aux autres cristaux qui présentent à un degré moindre, il est vrai, la double réfraction, mais dans lesquels Huyghens a su la mettre en évidence, ils sont constitués bien différemment, et deux sortes d'ondes s'y propagent simultanément : l'une sphérique et donnant naissance au rayon ordinaire, l'autre elliptique et provenant du fait que l'ébranlement lumineux ne se propage pas avec la même vitesse dans toutes les directions; c'est cette onde elliptique qui donne naissance au rayon extraordinaire, et les lois qu'on en déduit, pour la marche de ce rayon, sont absolument conformes aux indications de l'expérience. Toute cette théorie est admirable de rigueur et de précision; elle rend parfaitement compte du phénomène qu'il s'agissait d'expliquer et n'introduit aucune hypothèse sur la nature des vibrations lumineuses. La science de nos jours n'y a rien changé, et elle reste la véritable base de l'optique moderne.

Cependant les idées de Huyghens ont été bien longtemps méconnues, éclipsées par l'éclat qui s'attachait au grand nom de Newton. C'est que quelques années même avant que parût le *Traité de la lumière* (1690) de Huyghens, Newton s'était déjà fait connaître par de magnifiques travaux mathématiques et de très belles découvertes optiques; il expliquait les phénomènes lumineux par la projection de certaines particules se mouvant en ligne droite avec une très grande vitesse; c'est ce qu'on a appelé la théorie de l'*émission*. Plus tard, la découverte si importante de la gravitation universelle, valut à son auteur une immense renommée et une gloire devant laquelle la postérité n'a pu que s'incliner. De là est résulté, pour tout ce qui est sorti de ce puissant esprit, un caractère d'autorité qui a pour ainsi dire imposé les idées de Newton aux hommes de science les plus indépendants; la théorie de l'émission, soutenue et développée par le plus grand génie des temps modernes, fut acceptée sans conteste, et les travaux d'Huyghens restèrent pendant un siècle et demi dans l'oubli. La doctrine préconisée par Newton était pourtant loin d'être simple; mais on se faisait sans doute illusion sur la faiblesse de la théorie, grâce à la beauté des découvertes réalisées dans le domaine des faits. La décomposition de la lumière blanche à l'aide du prisme en ses éléments colorés, l'inégale réfrangibilité des rayons colorés du spectre, le phénomène des anneaux colorés observés par transparence ou réflexion dans le passage de la lumière à travers des lames très minces, mais d'épaisseur variable sont, en effet, des découvertes de premier ordre qui ajoutent aux titres considérables de Newton, comme philosophe et comme géomètre, celui d'un observateur et d'un physicien hors ligne. Ajoutons que la théorie de Huyghens ne rendait pas compte des anneaux colorés qui n'ont pu être expliqués qu'après que Young eut découvert le phénomène des interférences. Après la découverte de la dispersion de la lumière, Newton avait affirmé que la dispersion était toujours proportionnelle à la déviation des rayons, d'où résultait naturellement l'impossibilité de construire des lentilles achromatiques, c'est-à-dire ne produisant pas d'irisations colorées autour des objets vus au travers. C'était encore une erreur, et Dollond trouva plus tard le moyen de supprimer les irisations en construisant les objectifs avec deux espèces de verre différentes. — V. ACHROMATISME.

Vers la fin du XVIIe siècle, l'optique s'enrichit encore d'une découverte capitale, celle de la vitesse de propagation de la lumière effectuée par Rœmer, en 1675. C'est par l'observation des éclipses des satellites de Jupiter, que l'astronome Danois prouva que la lumière met un certain temps à nous parvenir de cette planète; il put même calculer une valeur approchée de cette vitesse; au siècle suivant, Bradley devait retrouver, dans le phénomène de l'aberration, une nouvelle influence de la vitesse de la lumière et un nouveau moyen d'en mesurer la valeur;

mais toutes ces mesures astronomiques sont effectuées en prenant pour unité de longueur le rayon de l'orbite terrestre; pour avoir cette vitesse en mètres, il faut connaître la distance du soleil à la terre, et l'on voit ainsi comment l'un des problèmes les plus importants de l'astronomie se rattache à l'une des notions fondamentales de l'optique. L'astronomie fournit différents moyens de mesurer cette distance du soleil à la terre d'où l'on peut déduire la vitesse cherchée; mais, réciproquement, s'il est possible de déterminer cette vitesse par des expériences effectuées à la surface de la terre, on en pourra déduire la distance du soleil à la terre. On verra plus loin comment l'optique moderne a su résoudre la question.

Restée stationnaire pendant presque tout le XVIIIe siècle, l'optique reprend un nouvel essor au commencement de celui-ci. Mais alors les découvertes se succèdent avec une grande rapidité. En 1808, Malus découvre la polarisation par réflexion et par simple réfraction, complétant et développant ainsi l'étude des propriétés singulières que Huyghens avait déjà remarquées dans les deux rayons réfractés par le spath d'Islande. En 1812, Arago découvre la polarisation rotatoire, c'est-à-dire la propriété que possède une lame de quartz de faire tourner le plan de polarisation d'un rayon de lumière; quelques années plus tard, Biot retrouve la même propriété dans une foule de substances et de dissolutions organiques. A la même époque, Young observe le phénomène des interférences qui consiste en ce que deux rayons de lumière peuvent, sous certaines conditions, produire l'obscurité là où ils se réunissent, circonstance bien difficile à expliquer dans le système de l'émission, toute naturelle, au contraire, dans la théorie des ondes. Les travaux de Young commencèrent ainsi la ruine de la doctrine qui avait jusqu'alors si complètement régné dans la Science. Le physicien anglais rattacha aux interférences les phénomènes de diffraction découverts autrefois par Grimaldi, et les anneaux colorés observés par Newton. Huyghens avait déjà expliqué le phénomène de la double réfraction. Restait la polarisation dont il fallait faire la théorie. Telle fut la tâche de Fresnel dont les admirables recherches ont enfin établi sur de solides bases, la théorie vibratoire de la lumière, en même temps que les belles et nombreuses expériences d'Arago multipliaient le nombre des faits inconciliables avec le système de l'émission.

Beaucoup de savants, cependant, résistaient encore à accepter les idées nouvelles et restaient fidèles à la doctrine de Newton. Il était à souhaiter qu'une expérience décisive pût trancher définitivement la question. Arago trouva dans la vitesse de la lumière au travers de différents milieux le critérium désiré. D'après la théorie de l'émission, la lumière devait se propager plus vite dans les milieux plus réfringents, tandis que c'est le contraire qui a lieu si la théorie des ondes est véritable. Dès lors, il ne s'agissait plus que de savoir si la lumière se propage dans l'eau, par exemple, plus ou moins vite que dans l'air. Malheureusement, l'expérience présentait des difficultés énormes en raison de la prodigieuse grandeur de cette vitesse qui atteint 300,000 kilomètres par seconde. Cependant, grâce au génie inventif de Foucault, on parvint à construire un appareil dont l'organe principal était un petit miroir tournant avec une grande rapidité. On put ainsi vérifier que, conformément à la théorie de Huyghens, la lumière se propage moins vite dans l'eau que dans l'air. Cette expérience mémorable, projetée par Arago en 1838, a été réalisée au mois d'avril 1850, par Foucault et par M. Fizeau, chacun séparément; depuis ce jour, le *système de l'émission est définitivement condamné*. Remarquons, toutefois, que si l'on a pu prouver ainsi la fausseté de la théorie de l'émission, il ne s'ensuit pas que la théorie de Fresnel soit définitivement établie. Tout ce qu'on peut dire, c'est que cette dernière théorie est d'accord avec l'observation, mais rien ne prouve, *à priori*, qu'on n'en puisse imaginer une troisième qui se trouverait, elle aussi, d'accord avec les expériences. En réalité, nous pourrions citer plusieurs phénomènes qui paraissent difficiles à concilier avec la théorie des ondes telle qu'elle a été développée par Fresnel et, tout récemment, M. Maxwell, frappé de ce fait inattendu que la valeur de la vitesse de la lumière se retrouve comme coefficient nécessaire quand on veut passer des mesures de l'électro-statique à celles de l'électro-dynamique, a imaginé une théorie électro-magnétique de la lumière qui, sans détruire la notion des ondes lumineuses, rattachait les phénomènes lumineux aux actions électriques, et semble préférable à la doctrine de Fresnel. Les expériences de Foucault et de Fizeau eurent encore un autre résultat; en perfectionnant son appareil, Foucault parvint, en 1862, non plus seulement à comparer les vitesses de la lumière dans l'air et dans l'eau, mais bien à mesurer cette effroyable vitesse de 300,000 kilomètres par seconde, dans un laboratoire de peu d'étendue. De son côté, M. Fizeau avait essayé, dès 1849, d'effectuer les mêmes mesures par un procédé très différent et à l'aide d'un appareil dont l'organe principal était une roue dentée; un rayon de lumière était lancé dans l'un des vides laissés entre deux dents, il allait se réfléchir sur un miroir placé à quelques kilomètres, et quand il revenait sur la roue, celle-ci ayant tourné, la dent voisine avait pris la place du vide et le rayon était arrêté. Cette expérience, qui n'avait pas complètement réussi, fut reprise, en 1872, par M. Cornu qui, par une modification presque insignifiante de l'appareil même qui avait servi à M. Fizeau, parvint à un succès complet et obtint dans ces mesures un accord et une précision tout à fait remarquables.

A tous ces progrès, il faut encore ajouter deux découvertes, tout aussi importantes en théorie, mais d'un caractère qui se prêtait beaucoup mieux aux applications industrielles, et qui ont fini par conduire d'une part à l'analyse spectrale, de l'autre à la photographie. C'est vers 1810 que Frauenhofer découvrit les raies du spectre solaire; bientôt, il retrouva des raies analogues dans les spectres de la lumière produite par la combustion de certains métaux, et reconnût que ces raies sont caractéristiques de telle ou telle substance, si bien que, dès 1822, Herschel déclarait qu'elles pourraient servir à analyser les matières en combustion; mais ce n'est qu'en 1855, que parut le fameux mémoire de Bunsen et Kirchhoff, qui classait et reliait entre eux tous les faits déjà connus sur cette question, et donnait définitivement aux chimistes un nouveau moyen d'analyse, d'une délicatesse et d'une sensibilité extrêmes (V. ANALYSE SPECTRALE). Quant à l'action chimique que la lumière exerce sur certaines substances, elle était connue depuis Scheele qui avait découvert, en 1770, que le chlorure d'argent noircit à la lumière; on apprit plus tard qu'il était décomposé par les radiations lumineuses. Nicéphore Niépce savait, en 1813, que le bitume de Judée exposé à la lumière devient insoluble dans les essences, ce qui tient à ce qu'il a subi une oxydation. Tels sont les deux phénomènes qui ont servi de base à cet art de la photographie qui constitue bien certainement l'une des applications les plus surprenantes et les plus admirables de la science à l'industrie. — V. PHOTOGRAPHIE.

Aujourd'hui, l'étude de l'optique se divise généralement en deux parties : l'*optique géométrique* qui comprend les lois de la réflexion et de la réfraction et la théorie des instruments d'optique établie en assimilant les rayons lumineux à des lignes droites géométriques; 2° l'*optique physique* où l'on décrit, avec détails, les phénomènes d'interférences, de diffraction, de polarisation, etc., et, en général, toutes les propriétés de la lumière. Quant aux applications de l'optique, il suffit d'un instant de réflexion pour en saisir toute l'importance. Les instruments d'optique ont centuplé la puissance visuelle de l'homme, et lui ont permis de porter ses investigations jusque dans les profondeurs de l'espace et jusque dans le monde des infiniment petits. L'analyse spectrale, outre qu'elle constitue un instrument précieux pour le chimiste, a permis à l'astronome d'acquérir des notions exactes sur la constitution chimique du soleil et des étoiles et, chose peut-être plus étonnante encore, de mesurer leur déplacement dans le sens du rayon visuel. La photographie n'est pas seulement un art merveilleux, c'est encore, dans bien des cas, un précieux moyen d'investigation scientifique surtout en astronomie. Même les propriétés intimes de la lumière qui paraissent d'abord ne présenter qu'un intérêt de théorie, se sont déjà montrées susceptibles d'application. La polarisation rotatoire fournit le moyen le plus sûr et le plus rapide pour mesurer le titre de certaines dissolutions et rend ainsi de très grands services à l'industrie du sucre. Les minéralogistes et les géologues ont souvent recours aux propriétés optiques des rayons qui ont traversé certaines substances cristallisées pour reconnaître et classer ces nombreux cristaux qu'on trouve au milieu des roches les plus diverses.

Quel que soit le jugement qu'on veuille porter sur ces applications encore bien restreintes, il ne faut, cependant, pas oublier que les découvertes de l'optique moderne nous font pour ainsi dire pénétrer dans les parties les plus intimes des corps, et nous donnent l'espoir d'acquérir quelques connaissances précises sur la constitution des derniers éléments des corps. C'est assurément dans la science de la lumière et dans celle de l'électricité qu'il faudra chercher les progrès futurs de la physique moléculaire, et il est impossible que les découvertes qu'on réalisera dans cette voie ne conduisent pas, rapidement, à de belles et utiles applications. — M. F.

* **OPTOMÈTRE, OPSIOMÈTRE** ou **OPSIMÈTRE.** *T. de phys.* Instrument au moyen duquel on détermine la distance focale, la *force* ou le numéro du verre qui convient à une vue, myope ou presbyte. — V. LUNETTES, pour les formules qui donnent la distance focale.

OR. *T. de chim.* Corps simple, métallique, accepté comme étalon monétaire par toutes les nations civilisées.

HISTORIQUE. L'or a été connu de toute antiquité à cause de sa couleur, de son éclat et de son inaltérabilité; aussi l'a-t-on proclamé le *roi des métaux*. On possède de forts beaux bijoux provenant des anciens Incas, et parmi les trésors célèbres, il faut rappeler celui du roi Priam, et les bijoux trouvés, aussi par M. Schlmann, dans le cercueil d'Agamemnon; ceux des fouilles de Pompéi, ainsi que tant d'autres pièces de joaillerie d'origine égyptienne, assyrienne, lydienne, étrusque ou grecque. Pline et Vitruve ont décrit les propriétés du métal et le moyen de dorer par l'intermédiaire du mercure. Les alchimistes, qui en faisaient le principe de tous les êtres, ont, dans leurs nombreux travaux, trouvé, non pas le moyen de le produire, mais celui de le dissoudre avec ce que l'on a appelé *l'eau régale*; ils ont également inventé l'or fulminant, et André Cassius a su le combiner à l'étain pour en faire une couleur pourpre qui a gardé son nom (1685), peu après, Kunkel l'a appliqué à l'art de colorer le verre.

Propriétés. L'or, Au, a pour équivalent et pour poids atomique 196,5. Il est d'un jaune rouge que modifie la présence de traces de métaux étrangers; il est très éclatant, surtout lorsqu'il a été poli, très malléable et très ductile; il peut être réduit en feuilles de 1/12,000 de millimètre, et un poids de cinq centigrammes de ce métal peut donner un fil de 162 mètres de longueur; son élasticité est faible, aussi est-il assez peu sonore; il en est de même de sa ténacité, car un fil de 2 millimètres de diamètre se rompt sous un effort de 68k,216. La chaleur spécifique de l'or est de 0,029, et sa conductibilité calorifique de 981, celle de l'argent étant de 1,000; sa dureté est de 2,5 à 3, sa densité de 19,4 à 19,6, quand il a été écroui; il fond à 1,037° (Deville) et se soude à lui-même; quand il est en fusion, il paraît vert; du reste, l'or examiné par transparence laisse passer une lumière verte, et quand, précipité en poudre très fine, il est mis en suspension dans l'eau, il laisse passer une couleur bleue, violacée et même rouge. Sa poudre très tenue peut également être d'une couleur pourpre.

Comme propriétés chimiques, l'or est inoxydable dans l'air, dans l'eau ou dans l'oxygène; il est inattaquable par les acides sulfurique, chlorhydrique ou azotique, à froid ou à chaud; son véritable dissolvant est *l'eau régale*, c'est-à-dire un mélange de 4 parties d'acide chlorhydrique pour 1 partie d'acide azotique; il est inattaquable par l'acide sulfhydrique. Le chlore le dissout facilement, surtout quand le métal est en feuilles minces; le brome a une action plus faible et l'iode pas d'action à froid, mais seulement à 50° et sous pression; l'acide iodhydrique n'agit pas sur l'or à froid ou à chaud, mais seulement en présence de l'éther; il en est de même des perchlorures, perbromures, periodures. Les acides sélénique, iodique, chromique, mêlés à l'acide chlorhydrique attaquent l'or par suite du chlore qu'ils mettent en liberté. Le phosphore, l'arsenic, l'antimoine se combinent à lui, avec l'aide de la chaleur. N'étant pas attaqué par l'oxygène, il forme, cependant, avec ce corps, deux combinaisons intéressantes : un protoxyde Au^2O, qui correspond au protochlorure, et dans lequel il est *monoatomique*, et un peroxyde Au^2O^3, dans lequel il est *triatomique*. L'or est, avec le thallium, le seul métal qui offre cette atomicité double.

Etat naturel. L'or se présente presque toujours dans la nature à l'état natif contenant toujours de l'argent, et parfois du palladium, du ruthénium, de l'iridium et du tellure.

L'or natif peut être cristallisé, il est alors en cube ou en octaèdre, dodécaèdre rhomboïdal, ou en masses filiformes, en lamelles, en paillettes, ou en grains; quand ceux-ci atteignent une certaine dimension, on les désigne sous le nom de *pépites*. Lorsqu'il est allié à l'argent, sa nuance devient d'autant plus pâle qu'il en renferme davantage, et s'il en contient de 5 à 20 0/0, il prend le nom d'*électrum*. La *porpezite* contient 4,17 0/0 d'argent et

9,85 0/0 de palladium (le reste étant de l'or), on la rencontre à Porper, dans l'Amérique du sud, et à Gongo-Socco (Brésil); la *rhodite* peut renfermer jusqu'à 43 0/0 de rhodium; la *maldonite* est un minerai contenant 1 partie de bismuth pour 2 d'or. On donne le nom d'*or telluré* ou d'*or graphique* à un minerai d'un gris d'acier, en prismes rhomboïdaux droits de 107° 40′ et d'une densité de 8,28, que l'on trouve dans les dépôts aurifères de Nagyag (Transylvanie) et à Offenbanya; il contient 60 0/0 de tellure, 10 0/0 d'argent et 20 0/0 d'or; l'*or telluré plombifère* ou *or de Nagyag*, est blanc jaunâtre, en prismes semblables de 105° 30′, mais il ne renferme que 44,75 0/0 de tellure, joint à 26,75 d'or, 19,50 de plomb, 8,50 d'argent et 0,50 de soufre.

L'or se rencontre dans deux conditions différentes; ou dans les terrains d'alluvion, et alors il peut être charrié par les cours d'eau ou dans les filons quartzeux se faisant jour dans des roches éruptives; ce n'est, du reste, que par l'altération progressive de ces roches qu'on le rencontre dans les alluvions.

Dans les Amériques, on le trouve dans la partie des montagnes rocheuses qui est dans la Californie, dans le Colorado, puis dans la Géorgie, les deux Carolines, le Canada, le Mexique, le Vénézuela, le Pérou, le Chili, la Bolivie, la Plata et le Brésil.

En Asie, il s'exploite surtout en Sibérie, pays qui en donne pour plus de 100 millions par an, puis dans l'Inde, la Chine, le Japon, les îles de la Sonde et les îles Philippines.

En Afrique, il n'a guère été retrouvé qu'en Guinée, au Congo et le long du Niger, Natal et la république Transvaalique; mais il y en a certainement dans beaucoup d'autres pays, puisque bien des peuplades sauvages échangent de la poudre d'or contre nos produits de fabrication.

En Australie, l'or a été découvert à Victoria, en 1851, à quelque distance de Sydney, puis dans la Nouvelle-Galles du Sud, Queensland, l'Australie occidentale et méridionale, et enfin dans la Nouvelle-Zélande et la Tasmanie. La production océanienne est beaucoup plus considérable que celle de l'Amérique, qui vient elle-même avant la Sibérie. La Nouvelle-Calédonie contient plusieurs filons assez riches de quartz aurifère.

En Europe, on trouve l'or en certains pays, mais en quantités minimes; l'Espagne en contient le long du cours de l'Ebre et dans les Asturies; l'Italie, dans le Piémont, dans les environs du Mont-Rose, les vallées d'Aoste et d'Auzarque, la Ligurie; en Russie, dans la Sibérie, les monts Ourals (400,000 kilogrammes de sable donnent en moyenne 1 kilogramme d'or); l'or se rencontre encore en Hongrie, et surtout en Transylvanie où certaines contrées, comme Nagyag, sont célèbres. En France, on retrouve des paillettes d'or dans le courant de certains fleuves ou rivières: l'Ariège et la Garonne, près Toulouse; le Rhin, près Strasbourg; le Rhône jusqu'à Genève; l'Arve, le Gardon, la Céze, l'Ardèche, l'Hérault, c'est-à-dire dans des cours d'eau venant des Pyrénées, des Alpes ou des Cévennes. Ces paillettes, quoique très petites, puisqu'il en faut 17 à 22 pour faire 1 milligramme, sont tellement disséminées dans le sable, qu'il faut remuer environ 7,000,000 de kilogrammes de ce dernier pour séparer 1 kilogramme de métal. On retrouve encore de l'or en filons à la Gardette (Isère), dans les cuivres gris de Pontvieux (Puy-de-Dôme), de Plancher-les-Mines (Haute-Savoie), et dans les mines d'étain de Cieux et Vaulny (Haute-Vienne).

MÉTALLURGIE DE L'OR

Exploitation des filons aurifères. La roche est abattue, amenée au jour et broyée en présence de l'eau, de manière à former une bouillie plus ou moins claire. Le plus ordinairement, la préparation de ces boues aurifères est nulle, et l'on procède directement par l'amalgamation. Nous ne passerons pas en revue les nombreux *amalgamateurs* qui ont été imaginés et employés dans ces dernières années; aucun n'est parfait, et ils laissent tous des résidus plus ou moins aurifères auxquels on a donné, aux Etats-Unis, le nom de *tailings*. L'amalgame d'or est filtré dans des peaux de chamois, puis distillé; le résidu de cette séparation est fondu avec quelques alcalis et du nitrate de potasse, dans des creusets en terre ou en graphite.

On a attribué l'imperfection de l'amalgamation des boues aurifères, à la présence de l'eau qui produisait une sorte d'émulsion amenant une perte en mercure et en or. Dans cet ordre d'idées, M. Harrison a imaginé de broyer *à sec*, les quartz aurifères et de les introduire dans une trémie débouchant sur une cuve à mercure chauffée, et animée d'un mouvement de rotation assez rapide. La poussière aurifère descend au travers du mercure par la partie centrale, traverse le liquide et remonte à la surface d'où la force centrifuge l'expulse au dehors.

Exploitation des sables aurifères. La séparation de l'or métallique d'avec les sables auxquels il est mélangé, se fait par la *préparation mécanique*. Nous avons décrit, au mot Lavage, les différents appareils qui servent à cette opération (V. Lavage et Préparation mécanique des minerais), et qui ont été très variés depuis une trentaine d'années. Ils fonctionnent, soit seuls, soit accompagnés d'amalgamateurs. En général, le broyage naturel des quartz aurifères et le transport par les cours d'eau du gravier et des sables qui en résultent, amènent, dans certaines parties, une sorte de première préparation mécanique, et une concentration du métal précieux, très favorable à une exploitation fructueuse. C'est avec l'appauvrissement des *placers* (gisements de sables aurifères déposés par d'anciens cours d'eau) que l'on a dû imaginer les appareils les plus perfectionnés et les plus puissants.

Le mode d'extraction le plus répandu, en Californie surtout, dans les régions où le minerai est peu riche, mais très abondant, est l'*abatage hydraulique*. On commence par se procurer, au moyen de conduites, quelquefois longues de plusieurs kilomètres, un courant d'eau abondant et à une pression de plusieurs atmosphères, ce qui nécessite une dénivellation de 40, 50 et même quelquefois 100 mètres, et l'emploi de tuyaux métalliques. Cette eau est amenée, sous pression, dans une sorte de lance, et dirigée contre des collines de sables aurifères de manière à les désagréger et les transformer en une boue liquide, qui doit passer en couche peu épaisse sur un fossé plein de mercure et destiné à arrêter l'or par amalgamation.

Au moyen de cette disposition, à laquelle on a donné le nom de *géant*, on peut traiter économiquement de grandes masses de sables aurifères dont la teneur en or n'a pas besoin d'être élevée. Des montagnes entières ont ainsi disparu dans certaines parties de la Californie, et le relief du sol y a été changé dans ces régions. Le grand avantage de ce mode de traitement, c'est le peu de main-d'œuvre nécessaire quand les travaux d'aménagement de l'eau sont bien établis. Il ne s'applique, naturellement, qu'aux gisements élevés et qui permettent l'écoulement, dans un cours d'eau voisin, des boues rendues stériles par l'amalgamation.

Traitement des minerais renfermant de l'or combiné. Les pyrites aurifères se traitent souvent sans opération préalable, par l'amalgamation directe après pulvérisation. D'ordinaire, ces pyrites sont grillées à mort pour enlever la majeure partie du soufre, et c'est seulement le résidu de ce grillage que l'on met en contact avec le mercure.

On voit que le traitement est simple, mais, généralement, il y a des pertes en or assez considérables. Aussi, a-t-on imaginé des procédés où l'emploi du mercure métallique est remplacé par son chlorure ; au moyen d'une action électrolytique, on fait passer le mercure à *l'état naissant*, et l'amalgamation est plus énergique.

Les *tellurures aurifères* de Transylvanie, provenant de Nagyag et d'Offenbanya, sont d'abord traités pour tellure, au moyen de l'acide sulfurique concentré. On se sert d'une chaudière en fonte que l'on chauffe par la vapeur. Quand l'attaque est terminée, on fait passer la liqueur dans une cuve doublée en plomb, on ajoute de l'acide chlorhydrique, et on précipite le tellure par des lames de zinc. Le résidu de cette attaque est fondu avec des minerais crus non tellurifères et des matières plombeuses, pour concentrer, dans du plomb métallique, tout l'or et tout l'argent du lit de fusion. Il se produit également une matte cuivreuse que l'on traite à part. Pour que l'entraînement de l'or et de l'argent dans le plomb soit complet, il faut 250 kilogrammes de plomb par kilogramme d'argent aurifère, et pour éviter le passage du sulfure de plomb dans la matte, ce qui la rend difficile à traiter ultérieurement, il est préférable de passer au fourneau du plomb métallique.

On emploie, pour cette opération, des fours cylindriques soufflés par deux tuyères placées diamétralement.

Le plomb aurifère et argentifère est coupellé à la manière ordinaire, et le métal obtenu, mélange d'or et d'argent, est affiné par les méthodes qui ont été décrites déjà. — V. Affinage des matières d'or et d'argent.

Séparation de l'or. Obtenu par la méthode du lavage direct ou par l'amalgamation, l'or n'est jamais pur, il contient toujours de l'argent, et souvent, des métaux étrangers. Pour séparer ces divers métaux, on emploie plusieurs méthodes.

1° La *cémentation*. On met dans un creuset des couches alternatives de l'alliage contenant de l'or et d'une poudre formée de 1 partie de sel marin, 1 partie de sulfate de fer desséché et 4 parties de poudre de briques; puis on chauffe plusieurs heures en élevant la température. Du chlore se dégage par l'action du sulfate sur le sel marin et forme du chlorure d'argent, celui-ci est absorbé par la poudre de briques. On fait alors bouillir avec de l'eau pour séparer les grains d'or.

M. F. Miller (de Sydney) sépare l'or pur par un courant de chlore gazeux, qui transforme tous les métaux étrangers en chlorures, mais n'agit pas sur l'or. En faisant arriver le gaz dans le métal fondu, on obtient des scories chlorurées qui gagnent la surface du bain métallique, alors que l'or fondu reste en dessous. Cette méthode, décrite par M. Heurteau (*Ann. des mines*, 1875, p. 208), est employée par les monnaies de Sydney, Melbourne, Philadelphie, Londres, etc.

2° L'*inquartation*. Ce procédé repose sur l'idée anciennement admise, que pour séparer l'or de l'argent, par voie humide, il fallait trois parties d'argent pour une d'or. Il faut simplement traiter un alliage de deux parties d'argent pour une d'or, par l'acide azotique suffisamment concentré, pour enlever tout l'argent (Pettenkofer); l'alliage granulé est attaqué dans un vase de platine par de l'acide azotique d'une densité de 1,3 et exempt de chlore. L'or est insoluble, on précipite la solution d'argent par du zinc, ou du cuivre, puis on fond l'or dans un creuset avec du salpêtre et du borax.

3° L'*action du sulfure d'antimoine*. Le minerai enrichi par des lavages, ou l'amalgamation, et contenant au moins 50 0/0 de métal précieux, est fondu avec le double de son poids de sulfure d'antimoine, puis coulé dans une lingotière. Après refroidissement, on a un lingot qui présente une couche inférieure d'or antimonié et une supérieure formée de sulfures d'argent, de cuivre et d'antimoine; on refond la partie contenant de l'or pour l'enrichir, puis pour enlever l'antimoine, on chauffe la masse dans un moufle, et avec des tuyères, de façon à entraîner l'antimoine sous forme de vapeurs. L'or restant comme résidu est purifié par fusion avec du nitrate de potasse, du borax et du verre pilé.

4° L'*action du soufre*. Cette opération sert seulement à séparer l'or des métaux étrangers, en le concentrant dans la plus petite quantité possible d'argent. Elle s'opère surtout en vue de l'inquartation. On chauffe l'alliage aurifère dans un creuset de graphite avec 1/7e de son poids de fleur de soufre, en ayant soin de recouvrir le mélange de poussier de charbon, puis après deux heures ou deux heures et demie, on porte à la température de fusion de l'or. Si l'alliage n'est pas riche en or, la séparation du métal précieux se faisant difficilement, on est obligé d'y ajouter de la litharge, laquelle désulfure l'argent en produisant de l'acide sulfureux. Le plomb et les sulfures se séparent en scories, tandis que l'aurure d'argent se précipite avec l'or.

5° L'*affinage* ou *départ, par l'acide sulfurique.* Cette méthode, très pratique, s'emploie pour les alliages qui ne contiennent pas plus de 20 0/0 d'or et 10 0/0 de cuivre. L'alliage granulé est traité, dans des chaudières en fonte, recouvertes d'un chapiteau en même métal, doublé de plomb, et munies d'un tuyau de dégagement en plomb, par de l'acide sulfurique d'une densité de 1,84, en quantité double du poids de l'alliage. L'argent et le cuivre sont dissous environ au bout de douze heures; quant aux produits volatils de la réaction, ils sont ou brûlés et entraînés dans une cheminée, ou transformés en acide sulfurique, en sulfites ou en hyposulfites :

$$AuAg^2Cu + 4SHO^4 = Au + Ag^2O,SO^3$$
$$+ CuO,SO^3 + 2SO^3,HO + H^2O^2$$

On décante la solution acide dans une chaudière de plomb, le sulfate d'argent s'y prend en masse cristalline que l'on enlève, et on porte à l'ébullition avec de grandes quantités d'eau pour l'y dissoudre (solubilité = 1/88°); enfin on le précipite à l'état métallique par des lames de cuivre. Cet argent réduit est alors lavé à l'eau chaude, comprimé à la presse hydraulique, puis fondu et coulé, mais il contient souvent du sélénium, qui provient de l'acide sulfurique, et qu'il faut enlever par une nouvelle fusion avec de l'azotate de potasse; quant à la solution acide de sulfate de cuivre qui reste après la séparation de l'argent, on l'additionne d'oxyde de cuivre pour saturer l'acide, et on concentre pour avoir des cristaux de sulfate. L'or, resté comme résidu du traitement par l'acide, contient des traces d'oxyde de fer, de sulfure de cuivre, de sulfate de plomb; on le fait bouillir avec du carbonate de soude, puis avec de l'acide azotique, pour enlever ces matières étrangères, puis on le lave, on dessèche, et on fond enfin avec du nitrate de potasse, pour le couler en lingots. Pour l'avoir absolument pur, il faut le reprendre par l'eau régale, puis précipiter par le protochlorure de fer (Rœssler), sans quoi il contient encore des traces de platine et d'argent qu'une fusion avec du bisulfate de potasse ne suffit pas pour enlever.

Toutes les anciennes monnaies d'argent, et même les anciennes pièces de cinq francs, ont été retirées de la circulation et affinées, pour en séparer l'or qu'elles contenaient, car ce procédé est encore pratique, industriellement parlant, lorsque le métal ne contient que 1/12e 0/0 d'or.

En Allemagne, l'affinage se fait de la même manière, mais on évite souvent la préparation du sulfate de cuivre; pour cela, on opère, soit en précipitant l'argent de la liqueur sulfurique, au moyen du sulfate de protoxyde de fer et retransformant le sulfate de peroxyde de fer formé, en sulfate de protoxyde au moyen de fragments de tôle (Gutzkow), soit en délayant le sulfate d'argent cristallisé avec de la tournure de fer, qui réduit l'argent et le précipite avec les corps étrangers; ces derniers restant dans les scories après fusion de l'argent.

Préparation de l'or pur. Dans la nature, l'or n'est jamais pur, de plus, lors de sa séparation, il garde encore presque toujours des traces d'argent et même de platine. Lorsqu'on veut l'obtenir chimiquement pur, il faut le redissoudre dans l'eau régale et le reprécipiter en n'entraînant pas les métaux étrangers.

1° Nous avons déjà signalé le moyen du sulfate de protoxyde de fer, indiqué par Gutzkow, on a :

$$2AuCl^3 + 6FeS\!\!\!/\Theta^4 = 2Au + 2Fe^2,3S\Theta^4 + Fe^2Cl^6$$
$$\text{ou } 2AuCl^3 + 6FeO,SO^3$$
$$= 2Au + 2(Fe^2O^3,3SO^3) + Fe^2Cl^6 \text{ (anc. théor.)}.$$

2° On obtient encore un résultat analogue en portant à l'ébullition le chlorure d'or avec du carbonate de potasse et de l'acide oxalique cristallisé (Jackson)

$$2AuCl^3 + 3(\text{C}^2H^2\Theta^4) = 2Au + 6HCl + 6\text{C}\Theta^2,$$
$$\text{ou } 2AuCl^3 + 3C^4H^2O^8$$
$$= 2Au + 6HCl + 6C^2O^4 \text{ (anc. théor.)}.$$

3° Enfin, au moyen de l'eau oxygénée qui précipite l'or en paillettes miroitantes (Reynolds)

$$2AuCl^3 + 3H^2\Theta^2 = 2Au + 6HCl + 6\Theta,$$
$$\text{ou } 2AuCl^3 + 3H^2O^4 = 2Au + 6HCl + 6\Theta^2.$$

Combinaisons. On n'emploie industriellement qu'un petit nombre de sels d'or que nous allons indiquer.

Chlorure d'or. On connaît deux combinaisons de l'or avec le chlore : un protochlorure AuCl inusité, et un trichlorure $AuCl^3$ qui a différents emplois. C'est un sel cristallisant en prismes jaunes, déliquescents, solubles dans l'eau, l'alcool, l'éther; décomposable par la chaleur à 160° en donnant du protochlorure; il réduit les matières organiques ou les corps avides d'oxygène, aussi tache-t-il la peau en violet. On le prépare en dissolvant une partie d'or dans 4 parties d'eau régale, puis évaporant à pellicule pour obtenir des cristaux.

Pure, la solution de trichlorure d'or sert comme réactif des matières organiques, et en médecine comme caustique ou contre les accidents syphilitiques; mais son grand emploi est d'être utilisé pour le virage des épreuves photographiques sur papier; dans ce cas, on le mêle souvent avec des chlorures alcalins, comme ceux de sodium;

$$(AuCl^3,NaCl + 2H^2O^2)$$

ou de potassium $(2AuCl^3,KCl + 5H^2O^2)$. On a désigné sous le nom d'*or potable* une solution de trichlorure d'or dans l'éther; Guyton de Morveau l'employait pour dorer le fer et l'acier, en chauffant d'abord la pièce métallique bien décapée, puis passant la solution éthérée sur l'endroit à dorer et brunissant. Ce procédé de dorure n'est pas solide.

Sulfure d'or. Le chlorure d'or sert encore à obtenir sur porcelaine une dorure rosâtre et chatoyante qu'on désigne sous le nom de *lustre de Burgos*, c'est un *sulfure d'or* que l'on prépare en versant du monosulfure de potassium dans une dissolution faible de chlorure d'or. Il constitue une poudre d'un brun chocolat, qui s'applique en couches excessivement minces, sur le vernis des porcelaines, après avoir été délayée dans l'essence de lavande.

Oxydes d'or. L'or se combine à l'oxygène : c'est ainsi que l'on prépare l'*acide aurique*, Au^2O^3, en faisant bouillir une solution de chlorure d'or, avec du carbonate de soude en excès; on obtient alors une poudre d'un brun foncé, qui contient 8 équivalents d'eau; avec l'ammoniaque, en formant de l'*or fulminant*, $Au^2O^3,2(AzH^3),H^2O^2$. Ce produit jaune-brun, décrit déjà par Bazile Valentin, détone par la chaleur, la pression, ou la percussion, ce qui n'a pas empêché de l'employer pour la décoration des porcelaines, dissous, alors qu'il est encore humide, dans de l'essence de térébenthine; on l'étend en couches minces sur le vernis, et on chauffe doucement les pièces qui en ont été décorées.

Pourpre de Cassius. On désigne sous ce nom un produit découvert à Leyde, en 1683, par Cassius, et qui résulte de l'action du chlorure stanneux sur le trichlorure d'or. C'est une poudre hydratée, et perdant son eau par calcination; qui peut varier, comme couleur, du rouge pourpre, au brun, et aller jusqu'au noir. Deux théories peuvent être actuellement admises sur sa véritable nature : celle de Figuier, qui le considère comme du stannate aureux, $(SnO^4)^3Au^2O^2,4H^2O^2$; puis celle de Debray, qui envisage ce corps comme étant une laque d'acide stannique, colorée par de l'or très divisé. On le prépare en faisant digérer 10,7 parties de perchlorure d'étain ammoniacal, avec de l'étain, jusqu'à dissolution de celui-ci, ajoutant 18 parties d'eau, puis une solution de trichlorure d'or étendue. Ce produit contient 39,68 0/0 d'or, lorsqu'il est bien préparé.

Caractères des sels d'or. Les sels auriques se reconnaissent aux caractères suivants : avec l'*hydrogène sulfuré*, précipité noir brun, insoluble dans les acides, soluble dans l'eau régale ou le sulfhydrate d'ammoniaque; avec le *sulfhydrate d'ammoniaque*, précipité noir brun, soluble dans un excès de réactif; avec la *potasse*, précipité jaune rouge, soluble dans un excès de réactif; avec l'*ammoniaque*, précipité jaune rouge, insoluble dans un excès; avec le *carbonate de potasse*, précipité à chaud, d'acide aurique; avec le *carbonate d'ammoniaque*, précipité d'or fulminant, avec dégagement d'acide carbonique; avec l'*acide oxalique*, précipité d'or métallique, rapide à chaud, avec coloration verte et dégagement d'acide carbonique; avec le *ferrocyanure de potassium*, coloration ou précipité vert émeraude; avec le *ferricyanure*, rien; avec le *sulfate ferreux*, dépôt brun, d'or métallique; avec le *chlorure stanneux* et quelques gouttes d'acide azotique, précipité rouge brun; avec l'*iodure de potassium*, précipité jaune et mise en liberté d'iode qui colore la liqueur; avec le *zinc* métallique, dépôt d'or précipité.

DOSAGE DE L'OR. Lorsque l'on a purifié l'or, il ne reste plus, pour le doser, que de le précipiter à l'état métallique, soit par le protosulfate de fer, soit par l'acide oxalique, à laver le précipité, à le calciner, puis à le peser. S'il y avait un excès d'eau régale ou d'acide azotique dans la liqueur, il serait nécessaire d'y ajouter de l'acide chlorhydrique et de faire bouillir jusqu'à cessation de dégagement du chlore. On peut encore faire passer un courant d'hydrogène sulfuré dans la liqueur acide, on recueille immédiatement le précipité, on le lave, sèche et calcine pour avoir l'or métallique.

ESSAI DES MATIÈRES D'OR. — V. ESSAI, § *Essai des matières d'argent et d'or.*

Alliages d'or. L'or est trop malléable pour pouvoir être employé pur, aussi le mélange-t-on, en général, avec d'autres métaux, à moins qu'on ne s'en serve pour la peinture sur porcelaine, la décoration du verre ou sa transformation en feuilles.

Pour l'orfèvrerie, la bijouterie, les monnaies, les proportions d'alliages de cuivre et d'or sont souvent régies, notamment en France, par des lois spéciales. L'union monétaire latine, du 23 décembre 1865 a fixé à 900/1,000 le titre de la monnaie d'or, avec une tolérance de 2 millièmes, et une valeur de 3,093 fr. 30 pour le kilogramme d'or. Ce titre est également adopté par l'Allemagne, les Etats-Unis, le Pérou, le Chili, la Colombie; il n'est que de 916,6/1,000 en Angleterre, en Russie et au Brésil, puis de 980/1,000, pour les ducats seulement, en Autriche-Hongrie, car les florins ont le titre de la convention latine.

Pour les objets d'orfèvrerie ou de bijouterie, les titres sont plus bas dans beaucoup de pays, mais presque partout on admet plusieurs titres.

	France	Autriche	Angleterre	Allemagne
Orfèvrerie, 1er titre	920/1000	767	917	750
— 2e —	840	546		583
— 3e —	750	226		353
Joaillerie	750			
Médailles	916			

En France, il est accordé une tolérance de 3/1,000 au-dessous, pour l'orfèvrerie et la bijouterie, de 2/1,000 en dessus et en dessous pour les médailles.

Les alliages d'or ayant, en général, une couleur blanc rougeâtre ou jaune pâle, pour leur donner la teinte du métal pur, *on les met en couleur* en les faisant bouillir dans une solution d'azotate de potasse, chlorure de sodium et acide chlorhydrique. Ce mélange, dégagoant un peu de chlore, dissout des traces d'or qui se déposent aussitôt à la surface de l'objet; on obtient un résultat analogue par la dorure galvanique.

Usages. L'or est surtout employé comme monnaie; il y a actuellement en circulation plus de 35 milliards d'or, soit environ 2,000 tonnes. De 1852 à 1875, il en a été produit 14 milliards 600 millions, surtout par l'Australie, la Californie et la Sibérie. En dehors des emplois de l'or en bijouterie et en orfèvrerie, l'or est encore utilisé pour la dorure, soit réduit à l'état de feuilles minces, comme lorsqu'il s'agit de dorer le bois, la pierre, le plâtre; soit par voie d'amalgamation ou d'électrolyse, lorsqu'on fait de la dorure sur métaux. Pour son application à la dorure sur porcelaine, l'or est employé à l'état de poudre fine obtenue par précipitation, et amené à l'état de pâte, soit avec du sous-azotate de bismuth (Sèvres), soit avec de la céruse (Chine, Japon), puis de la gomme ou de la colle de peau; les matières minérales agissent ici comme fondants. Enfin, dans l'art de la verrerie, on se sert du chlorure d'or pour obtenir des teintes d'un beau rouge, comme celles de la verrerie de Bohême; le sel est ajouté en solution à des matières vitrifiables, puis fondu avec elles; il donne un produit transparent qu'une nouvelle cuisson au rouge sombre livre, seulement alors, avec la teinte rouge désirée. La peinture et l'enluminure emploient également de l'or très divisé. Nous avons dit que l'or sert en photographie, comme révélateur; on l'emploie aussi en médecine, ou pour la confection de certains appareils, notamment de prothèse dentaire. — J. C.

OR. *T. techn. Or argental.* Nom donné aux alliages d'or et d'argent naturels, dans lesquels il y a moins de 16 0/0 d'or. || *Or fulminant. T. de chim.* Ammoniure d'or.—V. OR, § *Combinaisons.* || *Or de Manheim.* — V. LAITON. || *Or mussif. T. de chim.* Bisulfure d'étain.—V. ETAIN. || *Or vierge*, celui qui est pur. || *Or fin*, celui qui est au titre de 1,000 millièmes, pur de tous alliages; l'*or au titre* est au 920 millièmes, et l'*or bas* est au-dessous de 750 millièmes. || *Or faux.* Métal doré imitant l'or. || *Or en coquille*, pâte soluble faite de rognures d'or, broyées avec du miel et dissoutes dans de l'eau de gomme; on la met dans des coquilles à l'usage des peintres et des coloristes. || *Or couleur.* Mixtion d'or jaune obtenue avec des résidus de couleurs broyées dans l'huile, à l'usage des peintres en bâtiment et des doreurs, qui s'en servent pour appliquer les feuilles d'or; ils emploient également de l'*or en chaux*, oxyde d'or précipité de sa dissolution par les acides. || *Or vert*, alliage employé par les bijoutiers et qui est formé de 702 parties d'or et 292 d'argent. || *Or battu*, celui qu'on a réduit en feuilles. — V. BATTEUR D'OR. || *Or bruni, or mat, or battu, or rouge.* — V. DORURE. || *Or basané.* Tenture de cuir doré. V. CUIR D'ORNEMENT. || *Or de coupelle*, celui qui est obtenu par coupellation. || *Or de cément*, or raffiné par la cémentation. || *Fil d'or.* — V. FILS MÉTALLIQUES, § *Fils d'or.* || *Art. hérald.* Dans la symbolique du blason, l'or signifie la force, la richesse et la foi; dans les armoiries peintes, il est représenté par l'or ou le jaune, et dans la gravure par des pointillés. — V. EMAUX.

Or (Commerce de l'). L'or fut regardé de tout temps comme l'un des plus précieux, sinon le plus précieux des métaux. On sait le rôle important qu'il joua et joue encore, comme monnaie, dans les transactions commerciales (V. MONNAIES). Dès la plus haute antiquité, il fut également employé dans les arts et dans l'industrie; on en fabriquait des vases, des bijoux, en même temps qu'on l'employait, en lames minces, à incruster ou décorer des meubles, des armes et autres objets, dont parlent souvent la Bible et Homère. On disposait déjà d'une quantité d'or considérable; mais il est matériellement impossible de déterminer cette quantité. La difficulté de connaître, même approximativement, la production de l'or dans l'antiquité, n'est pas moindre. On peut dresser une liste presque complète des mines d'or, des fleuves et autres gîtes aurifères, mais comment évaluer leur production? Ici, la statistique nous fait défaut; nous nous bornerons donc à quelques citations.

Europe. Les mines d'or, les rivières, fleuves et torrents de l'Ibérie, notamment la Bétique, furent longtemps exploités par les Phéniciens et les Carthaginois. Aristote, Diodore, Strabon en parlent. La Gaule renfermait des filons d'or, et quelques-uns de ses fleuves en roulaient des paillettes.

Pline met au nombre des fleuves roulant de l'or, le Pô, ainsi que son affluent le Tenare. D'après Polybe, dans la Norique, les Taurisques n'avaient qu'à enlever deux pieds de terre pour trouver l'or en morceaux; la terre qui le recélait était assez riche pour ne perdre qu'un huitième de son poids et donner 7/8 d'or pur.

Grèce. Les mines de l'Attique ou mines du Laurium étaient, selon les conjectures les plus probables, exploitées dès l'an 1500 avant J.-C.; elles produisaient, par an, une moyenne de 30 à 40 talents. Les Thassiens possédaient sur la côte de la Thrace, dans la mer Egée, des mines d'or et d'argent qui leur rapportaient 80 talents, et d'autres, dans leur île, qui rapportaient un peu moins. A Siphnos, on extrayait tant d'or et tant d'argent, et les monnaies que l'on frappait étaient si nombreuses que la dixième partie, déposée à Delphes, y formait un énorme trésor qu'aucun autre ne dépassa jamais en magnificence.

Asie et Afrique. En Asie, il faut citer le fleuve Chrysorras, dans la Bithynie, le village d'Astyre, dans la Troade, et le Pactole charriant des paillettes d'or qui devaient être abondantes si l'on en croit sa réputation devenue proverbiale. « Il roulait, dit Varron, des ondes d'or », ainsi que le fleuve Hermès dans lequel il se perdait. Cyrus, selon Pline, trouva, dans sa conquête de l'Asie, 34,000 livres d'or, sans compter celui qui était employé en vases et autres objets.

Les Egyptiens ont dû, dès les temps les plus reculés, travailler les métaux. Chez eux, l'or était si abondant que les outils et les armes y étaient de ce métal; les murs des sanctuaires en étaient recouverts; les trônes, les chaînes des prisonniers étaient en or (*Moreau de Jonnès, l'océan des anciens*, II, p. 217; *Diodore de Sicile*, II, p. 50, III, p. 12 et 14, *Hérodote*, III, p. 114, 23); les diadèmes et les bijoux trouvés dans les tombeaux sont, en général, d'or massif. Dès les premières dynasties, les cercueils en sont recouverts; le Louvre possède des figurines d'or d'une haute antiquité. L'or était extrait, suivant les inscriptions, de Niphaïat et de Couch, c'est-à-dire de la Lybie et de l'Ethiopie.

Des gîtes aurifères existaient également à l'est de la mer Caspienne. L'Oxus, le Jaxartes, le Karason contenaient dans leurs sables des paillettes d'or. Mais il faut spécialement citer la Colchide comme pays de l'or par excellence.

Indes. L'Inde abondait en mines d'or. Dans la Capitolie, les hautes montagnes recélaient de riches filons, ainsi que le fertile pays des Dardes. Chez les Gangarides, l'Hypanis et le Mégarsus roulaient de l'or, au dire de Dyonisius Afer. Pline met le Gange au nombre des fleuves aurifères; il cite les îles de la Trœpobane (aujourd'hui Ceylan) comme renfermant, l'une de l'or, l'autre de l'argent. Mais les Indiens étaient fort ignorants dans l'art de traiter les métaux.

Telles sont les principales indications que nous trouvons dans les auteurs anciens, sur la production et l'usage de l'or dans l'antiquité et jusqu'à la fin de l'empire Romain.

Au moyen âge, les voyageurs et les géographes citent encore l'Afrique comme renfermant de grandes richesses aurifères et notamment l'Egypte, l'Arabie, l'Ethiopie, Napata, sur les bords de la mer Rouge. Mais la plupart de toutes les exploitations si célèbres, dont nous avons parlé plus haut, avaient été épuisées ou avaient perdu de leur importance. D'autres, situées en Europe, avaient été abandonnées à la suite de l'invasion des barbares.

C'est en 1492 que la découverte de l'Amérique fit entrer le commerce de l'or dans une période nouvelle. Quelle était, à cette époque, la valeur totale de l'or possédé par l'ancien monde? Ici, nous ne pouvons donner que des chiffres très approximatifs et dont on ne peut contrôler l'exactitude. Landrin, dans son remarquable *Traité de l'or*, dit qu'à la fin de XVe siècle « la valeur totale des métaux précieux est assez généralement portée à 3 milliards et demi dans l'ancien monde, c'est-à-dire en Europe et dans une faible partie de l'Asie. L'or y entrait pour 800 millions, ou à peu près le quart. Le montant de l'or et de l'argent monnayé ne formait que le quart de la totalité, environ 900 millions. »

Si, depuis la découverte de l'Amérique et surtout depuis 1550, la production des métaux précieux augmenta dans de notables proportions, jusqu'au XIXe siècle, celle de l'or resta, cependant, de beaucoup inférieure à celle de l'argent.

Pour l'ensemble du nouveau monde, Humboldt estime que la production moyenne en or et en argent qui, pendant la première moitié du XVIe siècle, n'avait été que de 3 millions de piastres, était montée à 11 millions (58,700,000 francs) pendant la seconde moitié. L'accroissement est donc de 267 0/0. Dans le cours du siècle suivant, de 1600 à 1700, la moyenne annuelle est de 16 millions de piastres. L'or n'entrait dans ce chiffre que pour 1/10. Pendant le XVIIIe siècle, la progression continue; de 1700 à 1750, le chiffre annuel des importations, en Europe, d'or et d'argent, s'était élevé à 22,500,000 piastres. On remarque un accroissement plus considérable encore de 1750 à 1810, la production annuelle s'élève à 35,300,000 piastres dans lesquelles l'or entre pour une bonne part, grâce à l'exploitation des mines du Brésil, du Chili et de la Nouvelle-Grenade.

A la même époque, l'Europe ne produisait, annuellement, qu'environ 1,050 kilogrammes d'or.

En 1810, commence, pour l'Amérique, une nouvelle période beaucoup moins prospère que la précédente. La guerre civile qui éclata dans toutes les colonies espagnoles, peu après l'invasion de la métropole par l'empereur Napoléon, exerça sur l'exploitation des mines une influence désastreuse. La production rétrograda immédiatement, selon les localités, de moitié, des deux tiers, des trois quarts. Ce ne fut que vers l'année 1825 qu'elle commença à se relever. En ce qui concerne l'or, elle avait repris et même un peu dépassé son ancien niveau, lorsque furent découvertes les mines de la Californie, en 1848.

Mais à la production de l'Amérique et des mines de l'Europe, vient s'ajouter l'or récolté en Russie et en Sibérie. L'exploitation n'en devint productive que vers 1823.

Les totaux généraux pour la période comprise entre

Provenance	Poids en kilogrammes	Valeur en francs
Amérique	15.200	52.356.000
Europe (sans la Russie et avec la Turquie)	2.650	9.128.000
Russie y compris la Sibérie	30.000	105.335.000
Afrique	4.000	13.777.000
Asie (sans la Russie et la Turquie)	20.000	68.889.000
Totaux	71.850	247.483.000

la première et la dernière date donnent: 125,892 pour l'Oural et 148,604 pour la Sibérie, soit 274,496 kilogrammes.

C'est en 1848 que la découverte des riches gisements aurifères de la Californie vint augmenter, dans des proportions considérables, la production de l'or américain. Avant d'entrer dans la nouvelle période qui s'ouvre alors, nous empruntons à l'ouvrage de M. Michel Chevalier, *La monnaie*, le tableau de la colonne précédente indiquant la quantité approximative d'or produite annuellement, à cette époque, par les différents pays.

Dans les huit années qui suivirent leur découverte, les mines d'or de la Californie jetèrent sur le marché des quantités d'or allant toujours s'augmentant. Leur production s'éleva :

En 1848 à	8.100 kilog.	En 1852 à	90.900 kilog.
En 1849 à	59.400 —	En 1854 à	107.100 —
En 1850 à	74.700 —	En 1856 à	120.600 —

A partir de cette époque, elle diminua; en 1858, elle ne fût plus que d'environ 70,000 kilogrammes, de 75,000 en 1860.

D'après Michel Chevalier, de 1860 à 1865, la production annuelle de l'or dans toute l'Amérique, fut d'environ 83,000 kilogrammes, valant 285,852,000 francs. De 1865 à 1875, cette production resta à peu près stationnaire. Depuis cette époque, elle paraît entrée dans une nouvelle période de décroissance. Voici ce qu'elle fut, pour les Etats-Unis, de 1877 à 1882 :

1877....	70.565 kilogr.	évalués	248.556.000 fr.
1878....	77.048 —	—	271.395.000
1879....	58.531 —	—	206.169.000
1880....	54.320 —	—	190.800.000
1881....	52.210 —	—	183.910.000
1882....	48.900 —	—	172.250.000

Ces chiffres sont extraits des rapports de M. Horatio Burchard, directeur des hôtels des monnaies, aux Etats-Unis.

Peu de temps après la découverte des mines d'or de la Californie, commença, en 1851, l'exploitation de celles de l'Australie. Voici quelle fut leur production pendant les huit premières années :

1851...	18.000 kilog.	évalués	60.000.000 de fr
1852...	118.800 —	—	396.000.000 —
1853...	90.000 —	—	300.000.000 —
1854...	88.200 —	—	294.000.000 —
1855...	90.000 —	—	300.000.000 —
1856...	103.500 —	—	345.000.000 —
1857...	90.000 —	—	300.000.000 —
1858...	89.000 —	—	297.000.000 —

Comme celles de la Californie, les mines d'or de l'Australie montrèrent peu à peu une décroissance dans leur production. En 1866, elles donnaient encore, par an, 155 millions; en 1870, 128 millions; en 1873, 124 millions; actuellement, l'extraction annuelle peut être évaluée à 120 millions.

Nous pourrions donner successivement la statistique de la production en or des divers pays d'où on retire ce précieux métal, notamment de la Sibérie. Il nous a paru plus intéressant de montrer, par périodes décennales, la production annuelle de l'or dans le monde entier, de 1852 à 1882.

1852.........	912.500.000 fr.
1862.........	537.500.000
1872.........	507.500.000
1873.........	517.500.000
1880.........	568.000.000
1881.........	570.000.000
1882.........	505.000.000

Ces chiffres sont, naturellement, très approximatifs.

L'or a varié de valeur à diverses époques, suivant sa plus ou moins grande rareté comparativement aux autres métaux. Nous empruntons à un important travail de

M. Bernardakis, le tableau suivant qui indique, depuis les temps les plus reculés jusqu'à nos jours, la valeur proportionnelle ou rapport de l'or à l'argent.

Dates	Pays	Rapport	Sources et indications
De 1600 à 600 av. J.-C.	Inde.	1 : 2,5	Lois de Manou.
600	Monde ancien.	1 : 6	(Dureau de la malle)
600	Grèce.	1 : 10	Gronovius.
460	—	1 : 12	Platon.
400	Asie.	1 : 13	Hérodote.
350	Macédoine.	1 : 10	Sous Alexandre.
311	Rome.	1 : 13	
300	Grèce.	1 : 10	Xénophon.
207	Rome.	1 : 13	Gronovius.
104	—	1 : 11,90	Sous Marius.
De 53 à 48 apr. J.-C.	—	1 : 8,90	Lutte de Pompée et de César.
1er siècle	Arabie.	2 : 1	Strabou.
90	Rome.	1 : 11,30	Sous Domitien.
310	—	1 : 12,50	Sous Constantin.
367	—	1 : 14,40	Sous Arcadius.
442	—	1 : 16	Sous Honorius.
850	France.	1 : 12	Sous Charles-le-Chauve.
920	Angleterre.	1 : 10	Sous Edouard-l'Ancien.
1230	France.	1 : 10	Sous Louis IX.
1252	Italie.	1 : 8	Vilani.
1339	France	1 : 12	Sous Philippe VI.
1409	Europe.	1 : 11,66	(Hirsch).
1500	—	1 : 12	
Vers 1550	Pays-Bas.	1 : 10	(Schérer).
1589	—	1 : 11,75	—
Vers 1700	Espagne.	1 : 14	—
1700	France.	1 : 13	
1700	Hollande.	1 : 12,30	(Schérer).
Jusqu'à 1800	Chine et Japon	1 : 8	
1850	Europe.	1 : 15,50	
1857	Japon.	1 : 3,16	

Pendant les dernières années, le rapport de l'or à l'argent était, pour l'Angleterre, comme 1 à 14,32; aux Etats-Unis, 1 à 16,15; en Russie, 1 à 17,49; en Espagne, 1 à 15,46; en Allemagne, 1 à 16,78; en France 1 à 15,50.

L'or, nous l'avons vu, est principalement employé à la confection des monnaies et dans les arts et l'industrie, à la fabrication de mille objets de luxe ou d'utilité. Mais pour ces deux emplois, il n'est plus à l'état pur et subit un alliage avec d'autres métaux. La quantité proportionnelle d'or pur entrant dans ces alliages est ce qu'on appelle le titre. Pour les monnaies d'or françaises, le titre a été fixé, par la loi du 7-17 germinal an XI, à neuf dixièmes de fin et un dixième d'alliage, avec une tolérance de deux millièmes.

En ce qui concerne les ouvrages d'orfèvrerie fabriqués en France, la loi du 19 brumaire an VI avait créé trois titres : le premier à 920 millièmes d'or ou 22 carats 1/2; le second à 840 millièmes ou 20 carats 522; le troisième avec 750 millièmes ou 18 carats; avec, pour chaque titre, une tolérance de 3 millièmes.

Afin de permettre au public de reconnaître immédiatement le degré de pureté des objets d'or mis en vente, la loi du 19 brumaire an VI a affecté des marques spéciales à la désignation de chaque titre. Elle a, en outre, assujetti chaque fabricant à présenter tous ses ouvrages d'or à un bureau où ils sont essayés et revêtus d'une des marques légales ou poinçons de garantie, moyennant le paiement d'un droit, à moins qu'ils ne se trouvent au-dessous du dernier titre permis. Dans ce dernier cas, ils sont brisés et le fabricant en est pour sa main-d'œuvre.

Les dispositions de la loi de brumaire an VI créant les trois titres dont il vient d'être parlé, sont encore actuellement en vigueur. De ces titres, un seul, le plus faible, est usité dans l'industrie. L'élévation de ce dernier titre créait à la bijouterie française, pour l'exportation, une situation qui lui permettait difficilement de lutter contre la concurrence étrangère. La Suisse, l'Allemagne et les autres pays ont abaissé le titre à 14, 12, 8 et même 5 carats; tandis que nous l'avons maintenu à 18 carats. Afin de porter remède à cette situation et de faciliter à notre bijouterie le commerce d'exportation, la loi du 25 janvier 1884 a institué un quatrième titre pour les objets d'or et d'argent destinés à l'exportation. Voici les articles de cette loi relatifs aux objets d'or :

« Article premier. Par addition à l'article 4 de la loi du 19 brumaire an VI, il est créé, pour la fabrication des boîtes de montre d'or seulement, destinées exclusivement à l'exportation, un quatrième titre légal à 583 millièmes, lequel sera obligatoire.

« Un poinçon spécial indiquant le titre et une empreinte particulière montrant qu'elles sont destinées à l'exportation, seront appliqués sur ces boîtes par le bureau de la garantie.

« Art. 2. Par dérogation aux dispositions dudit article 4, et en dehors de celles énoncées en l'article 1 ci-dessus, les fabricants seuls d'orfèvrerie, joaillerie, bijouterie et boîtes de montre sont autorisés à fabriquer à tous autres titres des objets d'or et d'argent exclusivement destinés à l'exportation.

« Les objets ainsi fabriqués à tous titres ne recevront en aucun cas l'empreinte des poinçons de l'Etat; mais ils devront être marqués, aussitôt après l'achèvement, avec un poinçon de maître dont la forme sera déterminée par un règlement ultérieur d'administration publique, et qui indiquera, en chiffres, le titre de l'alliage, lequel sera reproduit sur la facture.

« Art. 3. Les fabricants qui voudront user des facultés accordées par la présente loi, les négociants et commissionnaires exportateurs qui voudront exercer le commerce des ouvrages d'or et d'argent, à tous titres avec l'étranger, devront en faire la déclaration à la préfecture de leur département et à la mairie de leur commune.

« A Paris, la déclaration sera faite à la préfecture de police et au bureau de la garantie ».

Ce quatrième titre n'est applicable qu'aux objets destinés à l'exportation; il ne peut en être fait usage pour la consommation intérieure. — L. B.

ORANGE. La couleur *orange* ou *orangé* est l'une des sept couleurs primitives dont se compose la lumière, elle a sa place entre le jaune et le rouge. — V. Couleur.

Nous n'avons pour ainsi dire rien à ajouter à ce qui a déjà été dit dans cet ouvrage, pour indiquer la nature des couleurs présentant la nuance qui devrait être traitée ici. Pour le démontrer, nous n'avons qu'à rappeler les noms des principales matières qui servent à obtenir cette teinte.

Parmi les substances minérales, nous n'avons que l'*orange de chrome*. C'est, comme nous l'avons indiqué, un chromate de plomb neutre, mélangé de chromate basique. — V. Chromate et Jaune.

Les matières végétales peuvent également donner par teinture ou par impression des couleurs orangées; ce sont la plupart du temps des mélanges faits avec des teintes jaune et rouge en proportion convenable, ou des nuances obtenues par superposition. On trouvera donc les caractères de ces couleurs aux mots Jaune et Rouge.

Quant aux matières colorantes dérivées de la houille, elles ont été déjà étudiées également, comme nous allons le montrer : l'*orange d'alizarine* est la *mononitroalizarine*, on en trouvera la préparation et les propriétés au mot NITROALIZARINE et à GARANCE, § *Alizarine artificielle*; l'*orange d'aniline* est la *chrysaniline*, cette matière a été décrite parmi les produits jaunes (V. JAUNE); l'*orange d'anthracène* de Bottger est la *diamidoanthraquinone*, étudiée aussi sous le nom de *jaune* (V. ce mot); l'*orange de Poirrier n° 2* ou sel alcalin sulfoconjugué du diazobenzol et du β-naphtol, la *tropéoline 00*, de Witt, ou *orangé d'aniline N extra*, de Bindschedler et Busch, sel de potasse sulfoconjugué du phenil amidoazobenzol, ont aussi été signalés au même mot; ainsi d'ailleurs que l'*orangé Victoria* ou trinitrocrésylate d'ammoniaque, contenant du dinitrocrésylate de même base.

Nous n'avons donc, après avoir rappelé ces différents noms, qu'à renvoyer le lecteur aux divers chapitres où ces produits ont été traités. — J. C.

ORANGEADE. Boisson rafraîchissante que l'on fait avec de l'eau sucrée et du jus d'orange, et qui a de l'analogie avec la *limonade*. — V. ce mot.

ORANGER. *T. de bot.* Nom d'un arbuste appartenant à la famille des rutacées-aurantiacées, et dont on connaît deux types bien distincts :

1° L'*oranger doux* (*citrus aurantium*, L., var. *dulcis*) qui est originaire de l'Indo-Chine, et n'est pas connu à l'état sauvage; il fut introduit en Europe au XVe siècle, par les Portugais. C'est un arbuste souvent épineux, dont les fruits sont globuleux, de couleur jaune orangé, à pulpe sucrée et douce. Cet arbre est cultivé en Espagne, en Portugal, en Algérie, à Malte, en Sicile, à Madère, aux Açores, en Chine, dans l'Inde, ainsi que dans l'Amérique équatoriale.

Les feuilles et les fleurs contiennent, ainsi que l'épicarpe du fruit, des cellules remplies d'huile volatile, aussi peuvent-elles servir pour faire des infusions antispasmodiques; le bois est utilisé pour meubles, mais c'est surtout le fruit que l'on recherche comme comestible et pour faire des liqueurs sucrées acidules (*orangeades*) que l'on boit fraîches ou après cuisson. On trouve différentes sortes d'oranges douces, telles sont celles d'Espagne, de Portugal, désignées sous le nom ordinaire d'*orange de Valence*; les *mandarines* qui viennent surtout de Malte et de la Sicile, etc.

2° L'*oranger amer* (*citrus aurantium*, L., var. *amara*); cet arbuste est plus petit que le précédent, et ses fruits offrent aussi une coloration plus foncée; leur épicarpe (zeste) est plus rugueux, il est amer ainsi que la pulpe qu'il renferme. Cet arbre qui n'est qu'une forme du précédent, sans en être une variété distincte, a été introduit par les Arabes en Europe; il est cultivé dans les mêmes pays que le précédent.

S'il ne fournit pas de fruits comestibles, il donne, dans toutes ses parties, des produits recherchés. Ses feuilles sont surtout préconisées comme digestives, sudorifiques et stimulantes; elles contiennent une huile volatile très appréciée, que l'on prépare surtout dans la Corniche et qui est connue sous le nom d'*essence de petit grain*, elle a une valeur triple de celle préparée avec les feuilles de l'oranger doux; son bois sert à faire des meubles, des étuis; les fleurs sont recherchées pour faire, par distillation, l'*eau de fleur d'oranger*, utilisée comme aromate, et de laquelle on sépare l'essence dite de *néroli*. On en fabrique de grandes quantités à Grasse, Nice, Cannes, etc.; les fruits non mûrs sont quelquefois employés comme assaisonnement, et avec la pulpe on fait dans quelques pays un vin estimé; à Rio-Janeiro, on en prépare une eau-de-vie agréable; tout petits, ces fruits servaient jadis à faire des pois pour cautères. Le plus grand emploi des fruits est de fournir une écorce qui nous arrive privée de la pulpe, et desséchée par quartiers ou en lanières spiralées; ces produits qui nous sont envoyés de Malte ou d'Espagne, et même parfois de Londres, où l'on en prépare aussi de grandes quantités, sont connus sous le nom de *curaçao*, et servent à préparer la liqueur de ce nom, à cause de la grande quantité d'essence qu'ils renferment. On fabrique du reste cette essence, qui porte les noms d'*essence de Bigarade* ou *de Portugal*, dans la Corniche et à Messine. Ces diverses huiles volatiles sont très employées en parfumerie pour faire des eaux de toilette, notamment l'eau de Cologne; on s'en sert également chez les liquoristes, en pharmacie; les fruits confits et jeunes, sont connus sous le nom de *chinois*. — J. C.

ORCANÈTE ou **ORCANETTE.** *T. de bot.* Plante de la famille des borraginées, l'*anchusa tinctoria*, L., croissant en abondance dans les sables des bords de la Méditerranée, et que caractérisent : une tige étalée, velue, à inflorescence scorpioïde; des feuilles sessiles et oblongues, une fleur à calice à cinq divisions, poilue, à corolle régulière, dilatée en gorge, pubescente, des carpelles grisâtres, et surtout une racine ridée, grosse comme le doigt, de couleur rouge violacé, et comprenant une écorce fibreuse, se détachant assez facilement, et une partie centrale plus ligneuse et plus blanche.

La matière colorante contenue dans cette racine est l'*anchusine*, principe découvert par Pelletier, en 1818, et insoluble dans l'eau, mais soluble dans l'alcool, l'éther, les corps gras, le sulfure de carbone; l'action des alcalis modifie cette nuance en un bleu superbe; l'anchusine est précipitée de ses solutions alcooliques faibles par les sels métalliques, en donnant des laques de coloration très variable : violette avec les sels stanneux, ferriques et d'aluminium; rouge cramoisi, avec les sels stanniques; chair, avec les sels de mercure; bleu gris, avec le sous-acétate de plomb.

Usages. La racine d'orcanette sert à colorer en rouge, tous les principes gras; la solubilité de sa matière colorante dans le sulfure de carbone, la fait utiliser pour teinter les petits ballons en caoutchouc que distribuent les magasins de nouveautés; enfin, on l'a appliquée à l'industrie des toiles peintes, pour faire des violets (Haussmann), en mordançant en alumine, puis après bousage, teignant à 100° dans une solution alcoolique faible d'anchusine, ou dans une solution savonneuse (Ch. Lauth); on fait également des impressions avec réserves, sous violet, avec la gomme, qui, étant précipitée par l'alcool, formera réserve. — J. C.

***ORCÉINE.** *T. de chim.* Matière colorante rouge, qui a pour formule $C^{14}H^{7}AzO^{6}$, et qui a été découverte par Robiquet, en traitant l'orcine par l'ammoniaque. Elle est incristallisable, peu soluble dans l'eau, et dans l'éther, soluble dans l'alcool. Les sels neutres la précipitent de ses solutions aqueuses; elle est réduite par l'hydrogène naissant, mais se reforme au contact de l'air.

L'orseille, le cudbear, le persio, employés dans l'industrie comme matières tinctoriales, contiennent de l'orcéine. Liebermann admet deux matières colorantes dans l'orcéine : la première se ferait par l'action de l'ammoniaque et de l'oxygène de l'air sur l'orcine :

$$2C^{14}H^{8}O^{4} + AzH^{3} + 6O = C^{28}H^{13}AzO^{8} + 3H^{2}O^{2}$$

puis l'ammoniaque et l'oxygène agissant sur la première matière colorante formeraient la seconde

$$C^{28}H^{13}AzO^{8} + AzH^{3} + O^{2}$$
$$= C^{28}H^{12}Az^{2}O^{6} + 2H^{2}O^{2}.$$

ORCHIS. *T. de bot.* Genre de plantes de la famille des orchidacées, et dont un grand nombre, notamment les *orchis mascula*, Lin., *morio*, L., *purpurea*, Huds., *militaris*, L., *ustulata*, L., *coriophora*, L., *pyramidalis*, L., *latifolia*, L., *maculata*, L., *conopsea*, L., qui croissent en Europe, servent à préparer la fécule analeptique appelée *salep*. — V. ce mot.

ORCINE. *T. de chim.* Substance découverte par Robiquet, et étudiée par Stenhouse et de Luynes, dont on connaît deux isomères, ayant pour formule, $C^{14}H^{8}O^{4}$ ou $C^{14}H^{4}(H^{2}O^{2})^{2}$.... $C^{7}H^{6}(HO)^{2}$.

Orcine α. C'est le premier produit connu; il cristallise en prismes rhomboïdaux droits, incolores mais rougissant à l'air, solubles dans l'eau, l'alcool, l'éther; de saveur sucrée, fondant à 56° et retenant toujours deux équivalents d'eau de cristallisation, qu'ils peuvent perdre à 86°. Elle distille vers 290° sans s'altérer. Les solutions d'orcine s'oxydent à l'air et avec les alcalis; sont précipitées par l'acétate basique de plomb, par le perchlorure de fer; elles réduisent l'azotate d'argent ammoniacal, mais forment de l'orcéine avec l'ammoniaque.

On obtient l'orcine par synthèse en traitant l'aloès par la potasse fondante, ou les chlorotoluénosulfates par la même base (Vogt et Henninger). On la prépare en traitant un lichen tinctorial, le *rocella montagni*, Bellang., par un lait de chaux, en vase clos, et à la température de 150°. On filtre sur des linges, puis on fait disparaître l'excès de chaux par le passage d'un courant d'acide carbonique. On évapore et l'on obtient des cristaux d'*orcine* que l'on enlève, puis d'autres d'*érythrite*. On purifie l'orcine par une nouvelle cristallisation dans l'eau, et en évaporant doucement.

Orcine β. Cet homologue de l'orcine α s'obtient en traitant le *rocella fuciformis*, D. C., par des dédoublements analogues à ceux donnant l'orcine α.

L'isorcine obtenue par l'action de la potasse sur les toluénodisulfates est encore un isomère de l'orcine α, fondant à 87° et bouillant à 260°; il en est de même du liquide appelé *hémopyrocatéchine*. — J. C.

ORDONNANCE. *T. d'arch.* 1° Ensemble et arrangement des parties dont se compose un édifice; 2° application d'un *ordre* (V. ce mot) à la décoration d'une façade. Il y a ainsi : les *ordonnances dorique, ionique, corinthienne*, etc.; 3° suivant enfin qu'un édifice, un temple, par exemple, a sur sa façade principale quatre, six ou dix colonnes, on dit qu'il a une ordonnance *tétrastyle, hexastyle, décastyle.*

ORDONNÉE. On sait que Descartes a proposé de fixer la position d'un point sur un plan par ses distances à deux droites ou *axes* rectangulaires fixes tracés dans ce plan. Ces deux distances s'appellent les *coordonnées* du point. Le point d'intersection O des deux axes prend le nom d'origine des coordonnées. Si du point M, nous abaissons une perpendiculaire MP sur l'un des axes, les deux coordonnées du point M seront les longueurs OM et MP affectées des signes + ou — selon le sens des directions OM et MP. L'axe sur lequel on abaisse cette perpendiculaire prend le nom d'axe des abscisses; OM, affectée du signe convenable est appelé l'abscisse du point M; MP en est l'*ordonnée*, et l'axe parallèle à MP est l'axe des ordonnées. Généralement, l'abscisse est désignée par la lettre x, l'ordonnée par la lettre y. On peut aussi employer des axes obliques (V. COORDONNÉES). Les dénominations d'*abscisse* et d'*ordonnée* permettent de traduire en langage ordinaire les équations ou les propriétés de certaines courbes simples. Ainsi la parabole est une courbe telle que l'abscisse de chacun de ses points est proportionnelle au carré de l'ordonnée du même point, etc.

ORDRE. *T. d'arch.* Pris dans son acceptation générale, ce mot s'applique à l'arrangement harmonieux et régulier des diverses parties d'un édifice. L'ordre est surtout mis en évidence dans les édifices pourvus de *colonnes* (V. ce mot). Là, en effet, il est facile de juger les rapports et d'apprécier les motifs des proportions et dispositions adoptées, tant pour ce qui résiste que pour ce qui agit. Cette recherche de l'harmonie dans les formes et dans les proportions, appliquée aux supports isolés et maintenue dans de certaines limites, a conduit à l'adoption d'un certain nombre de types de colonnes, qui constituent ce qu'on appelle des *ordres d'architecture.*

— Parmi les peuples de l'antiquité, les Grecs et les Romains sont surtout ceux dont l'architecture a été soumise à des règles positives, à des lois rationnelles et dont les édifices offrent, dans toutes leurs parties, une forme voulue et des proportions déterminées. Loin de nous la pensée de nier l'influence exercée par l'Egypte et l'Orient sur la civilisation des Hellènes; nous pourrions même citer les anciennes colonnes qui se voient encore aujourd'hui en Egypte, et qui offrent une analogie frappante avec la colonne dorique grecque, tant par leurs proportions que par leurs cannelures, par l'absence de bases et même par leurs chapiteaux. Mais il faut reconnaître que ce sont les

Grecs qui les premiers soumirent leurs édifices à une mesure commune, qui leur donnèrent des *proportions*; ils choisirent un des membres de l'architecture pour servir d'étalon, de régulateur à tous les autres, de telle façon qu'étant donnée la mesure d'une seule partie, on pût reconstruire les autres parties et le tout. Cet étalon, qu'on appelle *module*, fut, chez les Grecs, le diamètre de la colonne.

Mais ce peuple ne se contenta pas d'adopter un seul ordre de colonnes avec lequel il eût pu obtenir diverses expressions, en faisant varier entre certaines limites les proportions ainsi que les ornements, il trouva avantage à

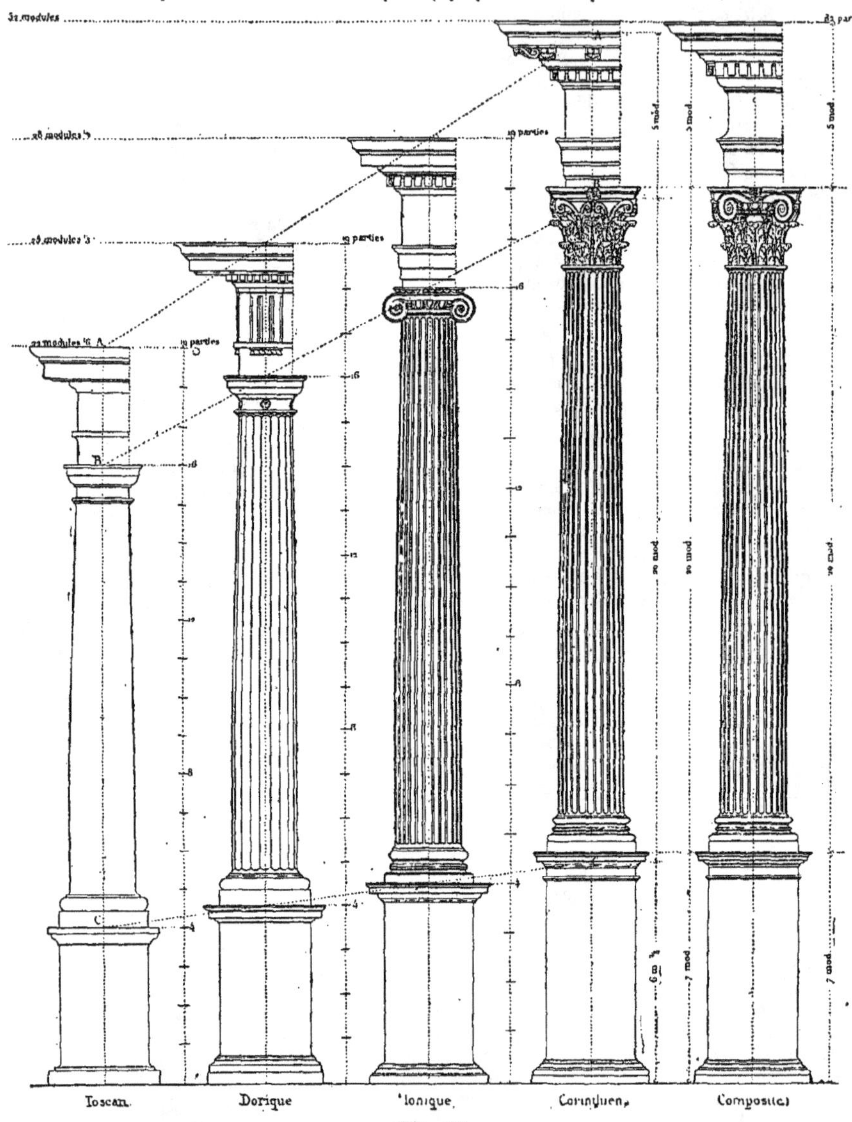

Fig. 507.

en adopter plusieurs. De là, trois principaux systèmes de proportions : le *dorique*, l'*ionique* et le *corinthien* (V. ces mots); auxquels les Grecs affectèrent trois modes caractéristiques d'ornementation, présentant divers degrés de richesse. Le besoin de la variété se trouva ainsi concilié avec la règle. Le premier de ces trois ordres représente l'association des idées de force et de simplicité; le second répond au sentiment de la délicatesse et de la grâce; le troisième, à une intention de magnificence et de richesse. Il semble, au premier abord, que c'était peu de trois ordres pour nuancer le caractère de tous les édifices. Et pourtant, ce triple système a suffi, dans l'antiquité classique, à toutes les expressions de l'architecture. Toutes les variantes peuvent, en effet, trouver place dans les intervalles marqués par ces trois points : deux extrêmes et un milieu.

Aussi est-il permis d'affirmer qu'il n'y a, en réalité, que trois ordres d'architecture : si les Romains ont, par leur rude génie, grandement altéré l'ingénieuse création des Grecs, si la plupart des auteurs modernes ont établi cinq ordres, cela provient de ce que les uns et les autres, trop préoccupés de la forme, considérée en elle-même, n'en ont pas suffisamment saisi l'esprit. Les deux adjonctions qu'ils ont adoptées, ne sont pas assez caractérisées pour constituer des ordres; l'une, le toscan, est un cas particulier de l'ordre dorique; l'autre n'est qu'une variété de l'ordre corinthien.

C'est Jacques Barozio de Vignole, né à Vignole dans le Milanais, en 1507, qui, dans un *Traité des cinq ordres*, a posé, pour les proportions à donner à ces divers systèmes, les règles appliquées encore de nos jours par la plupart des architectes.

La figure 507 offre un parallèle des cinq ordres d'architecture donnés par Vignole. En allant de gauche à droite, on y voit: le *toscan*, remarquable par son extrême simplicité et dépourvu de tout ornement dans ses diverses parties; le *dorique*, décoré sur sa frise, de *triglyphes* (V. ce mot); l'*ionique*, caractérisé par les *volutes* qui ornent le chapiteau et ressemblent à des cornes de bélier; le *corinthien*, reconnaissable aux feuilles d'acanthe des chapiteaux; le *composite*, qui réunit le chapiteau corinthien aux volutes de l'ionique. Cette dernière désignation s'applique aussi à toutes les ordonnances arbitraires qui s'éloignent des règles. Nos lecteurs trouveront dans des articles spéciaux, consacrés à chacun de ces ordres, des détails aussi développés que le comporte le cadre de cet ouvrage.

On voit, par la ligne de division de hauteur en 32 parties, cette partie étant considérée comme le *module*, la proportion que les ordres ont entre eux: le toscan, le dorique et l'ionique ont les mêmes proportions relatives, comme l'indiquent les lignes AA, BB, CC, c'est-à-dire que pour ces trois ordres le piédestal a le tiers de la colonne et l'entablement le quart. Il n'y a que pour les ordres corinthien et composite que Vignole a cru devoir changer cette proportion; tout en conservant à l'entablement le quart de la hauteur de la colonne, il a exhaussé le piédestal de un tiers de module, afin de rendre ces deux ordres encore plus élégants. Il en résulte que ce piédestal, au lieu d'avoir 6 modules deux tiers de hauteur, comme il conviendrait en suivant la même proportion que celle indiquée pour les trois premiers ordres, a un tiers de module de plus ou 7 modules en tout. Le module se divise en 12 parties pour les deux premiers ordres, et en 18 parties pour les trois derniers.

On emploie encore des dénominations particulières: on appelle *ordre persique* ou *caryatide* celui où l'on voit des figures d'esclaves ou de femmes supportant un fronton ou remplaçant des colonnes; *ordre attique* un petit ordre de pilastres de la plus courte proportion, ordinairement placé au-dessus d'un ordre principal pour former la partie supérieure d'un édifice. Nous citerons seulement comme particularité historique le nom d'*ordre français*, appliqué par Philibert de l'Orme à l'ordre ionique à bossages dont il avait décoré les façades du pavillon central au Palais des Tuileries, pavillon aujourd'hui disparu. — F. M.

OREILLE. On donne ce nom, figurément, aux appendices de certains objets qui permettent de les saisir, de les remuer, de les transporter. || Saillie qu'on laisse ou qu'on ajoute sur une pièce pour lui donner plus d'empâtement ou pour recevoir une autre pièce. || Se dit des deux dents qui forment l'extrémité d'un peigne et qui servent à maintenir les autres. || Petites lames de plomb minces et flexibles soudées des deux côtés de la bouche des tuyaux d'orgue.

***ORELLINE.** *T. de chim.* Matière colorante jaune, soluble dans l'eau et dans l'alcool, moins dans l'éther, qui existe dans le rocou, avec la *bixine* (V. ce mot); elle a été découverte par Chevreul, et s'emploie avec l'alun.

ORFÈVRE. *T. de mét.* Artiste qui crée des ouvrages d'orfèvrerie; artisan qui travaille à la confection des matières d'or et d'argent; par extension, celui qui vend des joyaux ou des bijoux. — V. BIJOUTIER et JOAILLIER.

— Dans l'antiquité, les *aurifices* ou orfèvres étaient déjà réunis en corporation. Diverses inscriptions portant: *Aurifex Augustæ. Aurifex Tib. Cæsaris, Aurifex Liviæ*, etc., prouvent en effet que, depuis Auguste et Livie,

Fig. 508. — *Atelier d'orfèvre au XVIe siècle.*

les empereurs romains et les impératrices avaient des orfèvres en titre attachés à leur service. Mais on ne voit pas qu'il soit nulle part question d'orfèvres romains. Parmi les orfèvres de la ville impériale, on ne trouve cités que des noms grecs.

Au moyen âge, il existait à Paris une ancienne corporation d'orfèvres dont les privilèges, reconnus en 768, avaient été confirmés, en 846, par un capitulaire de Charles-le-Chauve; elle se composait des monétaires, des fermailleurs, des fabricants de hanaps et des orfèvres-joailliers. Ces derniers, dont le nombre avait beaucoup augmenté, se séparèrent, vers la fin du XIe siècle, des métiers avec lesquels ils se trouvaient autrefois confondus, et formèrent une communauté particulière. On comptait cent-seize orfèvres dans la capitale en 1292, et deux cent cinquante-et-un en 1300, comme le prouvent les *Rôles de la taille de Paris sous Philippe-le-Bel.* Leurs statuts, rédigés en 1260 d'après les ordres d'Etienne Boileau, furent confirmés par Philippe de Valois, en 1330 ; par le roi Jean, en 1355, et par Charles V, en 1378. C'était autrefois à la corporation des orfèvres de Paris qu'était confié le poinçon pour la marque des matières d'or et d'argent. Cette marque avait été établie, dès 1295, par Philippe-le-Hardi. En vertu d'une ordonnance de Henri III, rendue en 1581, les orfèvres reçus à Paris purent, dès lors, exercer dans toute la France. Parmi les prérogatives du corps des orfèvres de Paris, figurait celle de porter le dais des rois de France et des princes à leur entrée dans cette ville — V. CORPORATIONS OUVRIÈRES, § *Six corps*.

ORFÈVRERIE. Industrie de luxe qui consiste dans la fabrication et l'ornementation des ouvrages d'or et d'argent destinés soit à la décoration des intérieurs ou des temples, soit à des usages domestiques.

Il existe deux genres d'orfèvrerie bien distincts : l'*orfèvrerie civile* et l'*orfèvrerie religieuse*. Les diverses spécialités de l'orfèvrerie civile se partagent en grande et en petite orfèvrerie : les grandes pièces d'art, telles que vases, candélabres, surtouts, services à thé et à café, corbeilles à pain, seaux à rafraîchir, cuillers et fourchettes, et généralement toutes les pièces d'argenterie qui figurent sur les tables et les buffets dans les grandes réceptions, constituent la *grande orfèvrerie*. La *petite orfèvrerie* comprend les truelles à poisson, les timbales, les poêlons, les couteaux, les manches à gigot, et beaucoup d'autres ustensiles en argent ou en vermeil destinés également au service de la table.

L'orfèvrerie religieuse est celle qui fabrique les croix, les reliquaires, les calices, les encensoirs, les candélabres, les bénitiers, les crosses pastorales et autres objets réservés au culte.

Quant à l'orfèvrerie de plaqué, à l'orfèvrerie de cuivre et à l'orfèvrerie d'étain, nous renvoyons le lecteur aux articles spéciaux que nous consacrons plus loin à chacune de ces industries.

Orfèvrerie civile. HISTORIQUE. L'art de l'orfèvre (*auri faber*, forgeron d'or), qui implique nécessairement la richesse et les superfluités de la civilisation, est considéré à bon droit comme la plus noble des industries. L'orfèvrerie est le premier luxe des peuples barbares que son éclat fascine ; et les grands de la terre ne négligent guère, à toutes les époques, de lui demander un élément de prestige. Aussi faut-il remonter le cours des âges pour en découvrir les vestiges originaires.

On voit déjà, dans la Bible, les premiers témoignages écrits concernant l'orfèvrerie. Salomon ne buvait que dans des coupes de l'or le plus pur, et toute sa vaisselle du mont Liban était également en or, « et non pas en argent, » fait remarquer le texte sacré.

Ce dernier métal, au dire de Jérémie, était apporté en lingots de Tarsis à Tyr, c'est-à-dire de Sicile en Phénicie, où il était étendu en plaques et mis en œuvre par des orfèvres adroits qui en fabriquaient des vases, des coupes et autres ustensiles. La coupe que Joseph fit mettre secrètement dans le sac de son frère Benjamin à son départ d'Egypte était d'argent. Cette argenterie, comme nous l'apprend l'*Exode*, avait été par les Juifs « empruntée aux Egyptiens, » qui, dès la plus haute antiquité, ont su fondre les métaux précieux et les mettre en œuvre.

Ce développement et cette perfection dans le travail des métaux précieux se répandit de bonne heure chez les autres peuples de l'Orient.

Les splendeurs de l'orfèvrerie asiatique n'avaient assurément rien de nouveau pour les Grecs des temps homériques.

De la Grèce, l'art de l'orfèvrerie s'introduisit en Italie et surtout en Sicile. L'orfèvrerie sicilienne passait pour la première du monde. Il n'y avait pas à Rome une maison un peu aisée qui n'en possédât quelques échantillons de prix, soit pour la décoration intérieure des appartements, soit pour l'ornement de la table.

Quant aux Etrusques, ils excellaient dans le travail des métaux précieux. C'est par leur intermédiaire que l'orfèvrerie grecque pénétra en Italie.

Mais c'est surtout sous les empereurs que l'art du forgeron argentier (*faber argentarius*) fut porté le plus loin. Dans le fameux *Palais d'or*, élevé par Néron, les bains étaient garnis de baignoires d'argent recevant l'eau par des robinets de même métal. De son côté, Poppée, femme de Néron, se faisait traîner dans un char d'argent, tandis que l'or et l'argent ruisselaient sur tous ses meubles. Au dire de Plutarque, Héliogabale se faisait servir ses repas sur une table d'argent; les sièges des convives étaient en argent, le tout habilement ciselé et décoré d'ornements d'or.

Fig. 509. — *Coupe creuse du trésor d'Hildesheim, avec la figure de Minerve en haut relief.*

De Rome, l'orfèvrerie se vulgarisa dans les Gaules et jusque dans la Germanie. On en a des preuves dans les magnifiques pièces connues sous la dénomination de *patère de Rennes*, *vase de Bernay*, *patère d'Hildesheim*, etc. (fig. 509).

Mais bientôt le monde romain va être envahi par les Barbares, et avec eux l'art antique disparaîtra pour faire place à une orfèvrerie d'un genre tout nouveau, se distinguant, entre autres signes caractéristiques, par l'emploi de grenats en tables, en lamelles, quelquefois même en cabochons, soit enchâssés, soit sertis dans le métal ou cloisonnés (V. JOAILLERIE, fig. 533). Telles sont les pièces du trésor de Pétrossa (musée de l'Ermitage), en Valachie, un des plus beaux spécimens connus de l'orfèvrerie des Goths des bords du Danube. Les ornements d'orfèvrerie cloisonnée découverts à Pouan, en Champagne, et attribués à Attila, montrent à quel degré cette orfèvrerie originale était répandue à l'époque barbare.

L'usage de la vaisselle d'or et d'argent que les Romains avaient introduit dans la Gaule ne disparut pas entièrement avec eux. Pendant la période mérovingienne et carlovingienne, la table des rois chevelus était splendidement parée de bassins d'or et d'argent, de coupes où la richesse de la matière le disputait à la perfection de l'art.

Saint Eloi, né en Limousin et élève du célèbre monétaire Abbon, donna un grand élan à l'orfèvrerie, cet art national des Francs. C'est lui, au rapport de son biographe saint Ouen, qui fabriqua pour le roi Clotaire II, roi de Neustrie, deux fauteuils d'or massif « sans soustraire un seul grain de l'or qui lui était confié, ne suivant pas en cela l'exemple des autres ouvriers, qui se rejettent sur les parcelles qu'emporte la lime rongeuse ou la flamme dévorante du fourneau. » Saint Eloi devint par la suite orfèvre de Dagobert, pour lequel, dit la chronique, il fit « un grand nombre de vases à boire en or, enrichis de pierres précieuses, » ainsi que de nombreux objets à l'usage du roi, tels que bourses ou escarcelles, des ceintures ou autres ornements corporels qu'il enrichissait d'or et de joyaux.

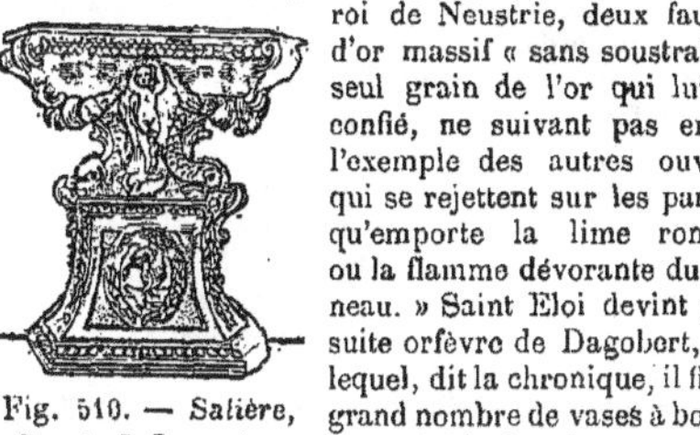

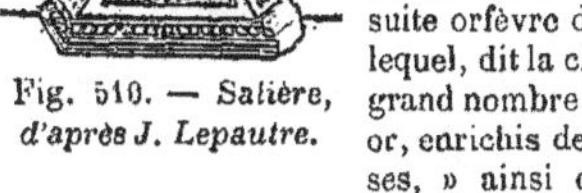

Fig. 510. — *Salière, d'après J. Lepautre.*

Par la suite, Limoges devint la cité mère des orfèvres, d'où sortirent les plus remarquables ouvrages. Tel serait le siège d'or sur lequel Charlemagne était représenté assis, lors de sa canonisation, en 1166, ainsi que le diadème constellé d'émeraudes, de saphirs, d'agates et de perles, conservé actuellement dans le Trésor impérial de Vienne (Autriche).

A mesure que l'on s'éloigne du siècle de Charlemagne et que les ténèbres de la barbarie s'épaississent sur l'Occident, la prospérité de l'orfèvrerie diminue et l'art tombe en pleine décadence. Les métaux précieux deviennent rares; les orfèvres sont réduits à ne plus travailler que l'argent et même le cuivre. La main-d'œuvre devient lourde, grossière; les types n'ont plus ni grandeur ni élégance. Une sorte de renaissance de l'art commença avec le XIe siècle, mais c'est surtout sous le règne de saint Louis que les orfèvres parisiens, qui presque tous habitaient le Pont-au-Change, constituèrent une riche et puissante corporation.

Paris, néanmoins, n'était pas la seule ville où il y eût des orfèvres. A Limoges, Toulouse, Montpellier, l'orfèvrerie était florissante. Bien que l'industrie de l'émaillerie sur cuivre pratiquée à Limoges s'appliquât à la fabrication des coffrets, des plats creux, des vases à laver, des aiguières, etc., le faste déployé par les souverains et les princes de la maison de Valois donna un grand développement au luxe des objets d'or et d'argent à l'usage de la vie privée. Le trésor de Charles V, où figurent en première ligne les objets fabriqués par Hannequin Duvivier, son orfèvre ordinaire, a été évalué à près de dix-neuf millions de notre monnaie.

L'orfèvrerie eut beaucoup à souffrir des dissensions intestines qui troublèrent la France pendant une grande partie du XVe siècle. Les ducs d'Orléans et de Bourgogne firent néanmoins de grandes dépenses en orfèvrerie, en vaisselle d'or et d'argent, en tableaux d'or exécutés au marteau ou fondus dans des moules. Le duc Louis d'Orléans possédait plusieurs de ces images en ronde-bosse, des statuettes en or sur des piédestaux en argent.

Fig. 511 à 514. — *Diverses pièces d'un service de table, d'après Pierre Germain.*

C'étaient alors les ouvrages de Bruges et de Gand qui avaient le plus de réputation en Europe, grâce à l'influence protectrice des ducs de Bourgogne. Mais l'orfèvrerie flamande et l'orfèvrerie italienne ne tardèrent pas à s'inspirer et à se modifier l'une par l'autre. Il en résulta un abus d'ornementation dans les détails et dans les couleurs : on colorait les métaux, on les chargeait d'émaux, de nielles, de gravures, de gaufrages. La découverte de l'Amérique, en multipliant les matières d'or et d'argent, donna un grand essor à l'orfèvrerie : aussi cette industrie se multiplia beaucoup en France, et surtout à Paris.

Ces goûts de luxe, déjà si répandus en France aux XIVe et XVe siècles, s'épurèrent de plus en plus au contact de l'Italie, après les expéditions de Charles VIII, de Louis XII et de François Ier qui, comme on sait, attira en France plusieurs artistes italiens, entre autres Benvenuto Cellini. Mais le célèbre orfèvre florentin n'eut pas, à proprement parler, toute l'influence qu'on lui attribue : bien avant lui, comme il le reconnaît lui-même, l'orfèvrerie française était très florissante, la *grosserie* surtout, c'est-à-dire la vaisselle de table fabriquée au marteau avec une perfection qu'on n'égalait en aucun autre pays. C'est plutôt aux grands maîtres de la sculpture française, qui fournirent des modèles aux orfèvres de leur temps, qu'est due la transformation progressive du style élégant et quelque peu maniéré de cette époque.

Un des artistes contemporains qui nous a laissé peut-être les modèles les plus parfaits est Etienne Delaulne, né à Orléans, en 1520. — V. Delaulne.

Le règne de Henri II passe généralement pour être l'époque où l'art français de la Renaissance atteignit son plus haut degré de perfection. L'historien Sauval prétend que les orfèvres du pont Saint-Michel étaient alors les meilleurs orfèvres du monde, et, au rapport de Montfaucon, tous se livraient à l'étude du romain, de l'étrusque et du grec. C'était une fureur que l'antique. Mais les guerres de religion et les discordes civiles qui attristèrent les règnes suivants, arrêtèrent la production de l'orfèvrerie tout en contribuant à sa décadence.

Quelques belles œuvres produites au commencement du XVIIe siècle et qui ne sont pas sans grandeur, montrent qu'à cette époque l'orfèvrerie française se transforma de nouveau. Au style de la Renaissance franco-italienne succéda un style plus lourd, mais ayant un caractère plus français qu'italien. L'orfèvrerie de table prit de plus en plus d'importance; l'emploi du vermeil devint plus fréquent. Alors florissaient Merlin et René de la Haye, célèbre par sa vaisselle à godrons.

Mazarin encouragea beaucoup les orfèvres; il avait réuni dans son palais des curiosités du plus grand prix, dues au talent de Lescot, son orfèvre particulier.

Ce luxe était une des recherches de l'époque, tant à cause du faste de la cour que du goût qui pénétrait dans la nation. Un recensement général du mobilier de la bourgeoisie parisienne, fait en 1700, constate qu'on trouve à cette date, chez les simples particuliers, des chenets et des encadrements de cheminée en argent, de la vaisselle plate, des soufflets, des grils, des écritoires, des salières en argent, etc. (fig. 510).

Louis XIV se passionna de bonne heure pour l'orfèvrerie; il employait souvent ses sculpteurs à modeler des meubles que l'on coulait en argent, que l'on ciselait avec une délicatesse infinie. Cependant l'art s'éloignait de plus en plus de la grâce du siècle précédent : les dernières traces de l'élégance italienne s'étaient perdues dans le style Louis XIII, et, sous le roi Soleil, le caractère pompeux et théâtral imprimé par Lebrun à la peinture et à la sculpture s'étendit pareillement aux ouvrages d'orfèvrerie. A cette époque, Claude Ballin, que Perrault, dans ses *Hommes illustres*, appelle non pas « un orfèvre, » mais bien « un sculpteur en argent et en or, » porta au plus haut degré de perfection la fabrication de ces meubles d'argent : guéridons, tables, consoles, fauteuils, cabinets, tabourets, pots à fleurs, caisses d'orangers, toilettes, baldaquins, baignoires, balustrades de lit, grandes tables, grands bahuts de huit à neuf pieds, bassins de dix à douze pieds de tour, cadres de miroir en or massif, pesant jusqu'à 15 ou 20 livres. C'était, en un mot, la résurrection du faste romain dans toute sa ruineuse somptuosité.

Montarsy, Alexis Loir, Laurent Texier, marchaient de pair avec Ballin, quand arriva Pierre Germain (fig. 511 à 514). Germain était doué d'une imagination facile et d'une main savante; il fit de l'orfèvrerie de table, dont la plupart des pièces montrent à quel degré d'habileté on était parvenu de son temps (V. Ciselure, fig. 298). Malheureusement le style de Germain et de ses confrères devait se ressentir du mauvais goût contemporain. La ligne droite, les surfaces planes, les courbes régulières elles-mêmes, la symétrie, la régularité sous toutes ses formes étaient absolument proscrites. — V. Rocaille.

Fig. 515. — *Aiguière et sa cuvette, d'après Jean-Antoine Leclair.*

Mais un sort plus funeste était réservé à l'orfèvrerie. Pendant la guerre de la succession d'Espagne, le Trésor se trouvant épuisé, il fallut faire argent de tout. Saint-Simon rappelle qu'en 1689, les précieux meubles d'argent massif qui faisaient l'ornement des appartements de Versailles, partirent pour la Monnaie sans exception, et tout passa au creuset.

Les dernières années de Louis XIV furent tristes et sévères. Aussi le rire jeune et sonore de la Régence fut-il accueilli avec une joie universelle. Ne pouvant rester moroses, les orfèvres se débarrassèrent de la lourdeur grandiose du règne de Louis XIV et accueillirent la légèreté nouvelle. La Régence ne fut pas de longue durée; mais son style est marqué par l'élégance des ornements et mille fantaisies dans les arabesques qui préparent le style Louis XV.

Avec Louis « le Bien-Aimé » renaît la grande orfèvrerie. Les orfèvres s'appellent Delaunay, Dominique et Thomas Germain.

Un dessinateur de l'époque, Meissonnier, a composé pour les orfèvres beaucoup de pièces dont le style rocailleux est souvent extravagant. Pourtant, dans divers dessins de surtouts de table, de candélabres et de flambeaux, il a fait preuve d'un grand savoir d'arrangement.

De plus en plus en faveur parmi les orfèvres de ce temps, le style rocaille produisit néanmoins des pièces très bien faites et d'une composition remarquable. Elles représentent bien l'opulence; la forme en est gracieuse, l'ornementation coquette; les plats sont à bords contournés, les soupières ventrues et les bosses ou côtes intercalées de canaux; elles sont couronnées de sculptures à grands reliefs (fig. 515).

Le goût s'était tellement dépravé, qu'il fallut une réaction : Mme de Pompadour la commença; elle unit ses efforts à ceux du comte de Caylus, de Cochin et du sculpteur Bouchardon, et un orfèvre nommé Micalef fut le premier qui exprima les idées de cette rénovation. Jamais révolution ne s'effectua avec plus de promptitude. L'argent et même l'or s'assouplissaient sous la main des orfèvres et prenaient les formes les plus élégantes même quand il s'agissait des objets les plus vulgaires. Le 2 août 1738, Voltaire écrivait à l'abbé Moussinot : « Voulez-vous m'envoyer un bâton d'ébène, long de deux pieds ou environ, pour servir de manche à une bassinoire d'argent? Je suis un philosophe très voluptueux. »

Peu à peu le genre rococo fut abandonné, et les gens de goût contribuèrent à la renaissance de l'art grec, qui fit éclore le style Louis XVI. Avec ce nouveau venu on fit des choses charmantes. Quand il est bien compris, ce style, quoique un peu lourd, a des détails qui l'allègent et plaisent aux regards. Auguste, habile orfèvre de ce temps, devint le fournisseur préféré de la cour (fig. 516).

Ainsi renouvelée, l'orfèvrerie se maintint avec honneur jusqu'au moment où la Révolution vint à éclater. La corporation des orfèvres fut alors dissoute, les ateliers se fermèrent, et les artistes qui avaient exécuté les élégantes argenteries du règne de Louis XVI furent obligés de se disperser et d'aller vivre à l'étranger.

Il faut arriver aux dernières années du Directoire et au début du Consulat, pour voir refleurir l'orfèvrerie anéantie par la crise révolutionnaire. Aux expositions de l'an VI et de l'an IX les orfèvres se hâtèrent de prendre part. Là se firent remarquer Auguste fils et Claude Odiot, l'orfèvre du premier Empire, dont les descendants tiennent encore aujourd'hui une si grande place dans l'orfèvrerie de luxe. Outre le service du duc de Galiera, du prix de 400,000 francs, et dont les modèles ont été brisés, la maison Odiot a aussi exécuté, pour le vice-roi d'Egypte, un service en or, dont le plateau seul, comme poids d'or, a une valeur de 100,000 francs; puis, enfin, vers 1845, la statue en pied, de grandeur naturelle, de la marquise d'Aligre, œuvre d'art du plus haut intérêt.

Au retour de la campagne d'Egypte, l'orfèvrerie fut un mélange de grec et d'égyptien. Pour salières, bouts de tables, sucriers, on employait indifféremment des sphinx, des palmettes grecques, des cygnes; pour colonnes, des obélisques et aussi des colonnes carrées ou rondes avec anneaux, aux ornements impossibles : tout cela était en estampé. Pour moulures, des raies de cœur, des feuilles d'eau, des feuilles de persil, etc., faites à la molette sur le tour, tout cela monté sans aucun goût. C'était le commencement du bruni.

Telle fut la décadence de l'orfèvrerie de table au commencement du siècle actuel. Les seules maisons Odiot, Auguste fils, Thomire et Biennais exécutèrent de nombreuses pièces d'orfèvrerie d'après les dessins de Percier et Fontaine, de Lafitte, de Prud'hon et d'Isabey. Sauf les compositions de Prud'hon, dont la grâce native sut adoucir la raideur du style grec intronisé par l'école de David, tous les modèles employés alors par l'orfèvrerie furent uniformément froids, grêles et compassés.

Sous la Restauration, Fauconnier, orfèvre du duc d'Angoulême, tenta de faire sortir l'orfèvrerie du mauvais goût où elle était tombée. Ce fut lui qui s'appliqua le premier à restituer les ornements du style renaissance. Le mouvement qui se manifesta dans la littérature et les beaux-arts fut très favorable à ces idées de rénovation. Wagner remit ensuite à la mode le travail du repoussé délaissé depuis que, à l'exemple d'Auguste, on adaptait les ornements à froid; enfin, Froment-Meurice et plusieurs autres orfèvres firent revivre, avec le concours de Chenavard, de Feuchère et de Klagmann, tous les anciens styles et tous les procédés employés aux divers âges de l'orfèvrerie.

De nos jours, cette noble industrie s'est élevée à un niveau qu'elle n'avait pas atteint depuis bien des années, grâce aux recherches de MM. Gustave et Ernest Odiot, Vaquer, Morel, Duponchel, Froment-Meurice, Gueyton, Bapst et Falize, Fontenay, Duron, les frères Fannière, etc., dans les magnifiques travaux desquels se résume l'orfèvrerie d'art du XIXe siècle. — V. CISELURE, fig. 306.

Fig. 516. — *Sucrier d'argent, style Louis XVI.*

Orfèvrerie religieuse. HISTORIQUE. La plus ancienne mention d'ouvrages d'art appartenant à l'orfèvrerie religieuse remonte au temps de Moïse. L'*Exode* nous apprend que le grand législateur hébreu fit placer, au-dessus de l'arche sainte, revêtue de plaques d'or, une couronne de même métal, et, à côté, deux chérubins d'or; il fit aussi fabriquer deux tables dorées, sur lesquelles reposaient des plats, des encensoirs, des coupes, des vases pour les libations, sept lampes avec des mouchettes et des vases destinés à recevoir la mouchure des lampes, le tout en or très pur, battu au marteau, et, enfin, le fameux chandelier à sept branches (V. CISELURE, fig. 286). Les principaux auteurs de l'œuvre appartenaient au peuple juif : ils s'appelaient Béséléel et Ooliab.

Un second témoignage se rapporte au temple de Jérusalem, élevé par Salomon. D'après l'historien Josèphe, qui nous donne l'énumération des richesses du temple, il y avait entre autres merveilles des plats et des patènes d'or, au nombre de vingt-mille, et quarante mille d'argent. L'Écriture nous le fait croire, en disant que le nombre de ces objets était infini, et que le poids du métal qu'on y employa *ne peut se savoir*.

L'orfèvrerie religieuse prit avec le christianisme un développement plus considérable encore. Au rapport d'Anastase le Bibliothécaire, dans son *Liber Pontificalis*, l'empereur Constantin donna à la seule église de Saint-Laurent, à Rome, un nombre considérable d'objets en or et en argent.

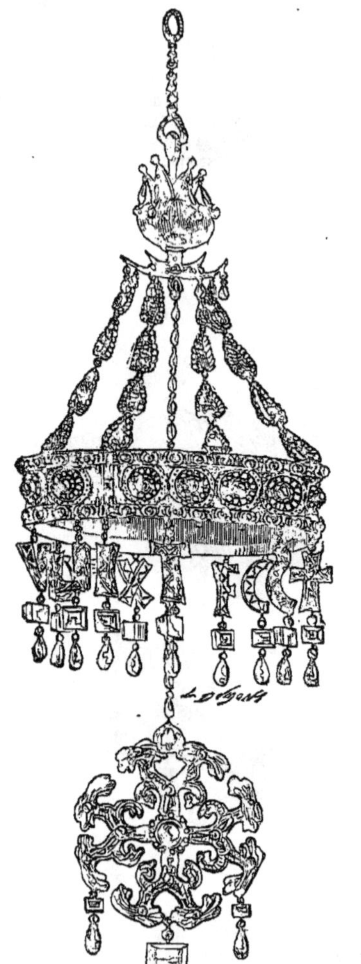

Fig. 517. — *Couronne votive de Suintila, roi des Visigoths.*

Le même auteur fait aussi le dénombrement des dons de Symmaque à douze églises de Rome, qu'il construisit ou restaura.

Tels furent les commencements de l'orfèvrerie chrétienne. Quand Constantin mourut, après avoir transporté à Byzance le siège de l'empire romain, pour laisser le pape régner sans partage et y instituer le siège de l'Église, les orfèvres reconnaissants envers leur plus grand protecteur lui rendirent les derniers devoirs en fabriquant le cercueil d'or dans lequel il fut exposé sur une estrade environnée d'une multitude de chandeliers d'or. L'exemple de ce prince avait été le signal des dons d'orfèvrerie qui affluaient de toutes parts dans les trésors des églises. Constance, fils de Constantin, et surtout Théodose, ne furent pas moins magnifiques.

Pendant les invasions des Barbares, l'orfèvrerie religieuse disparaît complètement du monde romain, avec les derniers vestiges de l'art antique. Ce n'est que plus tard, sous les rois visigoths, qu'elle produisit des monuments dignes d'intérêt, dont d'admirables spécimens sont parvenus jusqu'à nous. Tels sont, avec la belle croix de la cathédrale d'Oviedo, en Espagne, la fameuse couronne votive de Suintila, roi des Visigoths de 626 à 636 (fig. 517) (*Armeria real*, de Madrid), et les couronnes semblables de Guerrazar, près de Tolède, conservées au Musée de Cluny. « Ce précieux trésor, dit M. de Lasteyrie, se compose de huit magnifiques couronnes en or, ornées de pierreries et accompagnées de croix également gemmées. A la partie inférieure de la plus grande couronne est suspendue une série de lettres d'or incrustées de grenats, dont l'assemblage compose le nom du roi visigoth Reccesvinthus, monté sur le trône en 649 et mort en 672. »

Sous les rois francs, Limoges était devenu le centre de l'orfèvrerie reilgieuse, grâce au talent de saint Eloi, orfèvre de Clotaire II et de Dagobert. Saint Ouen cite parmi ses œuvres les plus importantes, la châsse toute couverte d'or et de pierreries qu'il fit pour saint Martin de Tours; et l'auteur de la chronique anonyme intitulée *Gesta Dagoberti* (IXe siècle), mentionne également comme étant l'œuvre du saint orfèvre, la croix d'or haute de plus de cinq pieds, d'un travail exquis, entièrement gemmée de pierres précieuses, qui devait être placée derrière l'autel de la basilique de Saint-Denis. On attribue encore à saint Eloi la croix double de Saint-Martial de Limoges, dont l'abbé Legros nous a conservé un dessin qui, à défaut de monuments authentiques, donne du moins un type intéressant de l'orfèvrerie sacrée au VIIe siècle dans notre pays. Le filigrane, comme on peut le voir, y joue un grand rôle; employé tantôt en fleurons et en simples ornements, tantôt en bordures, tantôt enfin comme sertissures des cabochons.

Il semble que l'orfèvrerie religieuse du temps de Charlemagne ait encore renchéri sur la grandeur et la valeur pondérale des objets fabriqués sous les rois de la race mérovingienne. La fabrication de l'orfèvrerie religieuse était au plus haut degré de splendeur. On en peut juger par le magnifique autel d'or ou *paliotto* de la basilique de Saint-Ambroise, de Milan, exécuté en 835, et qui, malgré sa grande valeur, existe encore aujourd'hui.

Aux approches de l'an 1000, les industries de luxe tombèrent dans une décadence complète. Cependant, l'orfèvrerie religieuse survéçut presque seule à tous les arts manuels. On en a des exemples dans la statue de sainte Foy, de l'abbaye de Conques, en Rouergue, ainsi que dans l'autel d'or offert à la cathédrale de Bâle par l'empereur Henri II, au commencement du XIe siècle, et conservé aujourd'hui au Musée de Cluny. C'est un bas-relief travaillé au repoussé par les artistes byzantins, représentant plusieurs figures d'archanges et de saints autour du Christ : il contient plus de cent mille francs de métal (fig. 518).

Avec le XIe siècle, la renaissance de l'art ne tarda pas à se faire sentir dans l'orfèvrerie, qui devint architecturale. Le moine Théophile, dans son traité : *Diversarum artium schedula*, dont 79 chapitres sont exclusivement consacrés à l'orfèvrerie religieuse, donne des instructions techniques qui pourraient être encore suivies aujourd'hui, et qui suffisaient alors pour l'exécution des principaux ouvrages. On trouve un remarquable exemple de l'application de ces procédés dans la coupe connue sous le nom de calice de saint Rémy, à Reims. « Rien n'égale, dit M. de Lasteyrie, la richesse ou l'élégance de cette coupe qui, malgré la profusion des ornements, n'en conserve pas moins une pureté de ligne admirable. La décoration principale, consistant en une bande d'or sur laquelle alternent, conformément aux préceptes de Théophile, les pierres fines entourées de perles et de cabochons d'émail, est complétée par des bordures en relief et des enchâssures de filigrane, heureusement rappelées sur le pied du calice. — V. Calice.

La patrie de saint Eloi était toujours célèbre par son orfèvrerie. Du XIe au XIIIe siècle, elle remit en honneur l'émaillerie à taille d'épargne jadis pratiquée par les Celtes. — V. Emaux.

Avec le XIIIe siècle, une révolution s'opère dans l'architecture. Au style roman succède le style ogival. Dès lors, un modèle nouveau s'offre à l'orfèvrerie : à l'ancienne arcade à plein cintre se substitue l'arc brisé ou trilobé encadré de contreforts terminés en pyramide, et d'élégants pinacles découpés à jour s'élèvent au-dessus des châsses comme les clochers au-dessus des églises.

L'une des plus célèbres pièces d'orfèvrerie de cette époque, l'une des plus remarquables par sa richesse et sa beauté, était la grande châsse de sainte Geneviève terminée en 1212, après deux années de travail, par l'orfèvre Bonnard, de Paris, qui y employa 93 marcs d'argent et 7 marcs et demi d'or, outre beaucoup de pierreries. Elle était de style ogival, en forme d'église, ornée de statues, de saints et de bas-reliefs.

L'orfèvrerie sacrée des XIVe et XVe siècles se modifie au contact de l'art italien et flamand ; de même que celle de table, elle était en argent doré, assez mince, et chargée d'*histoires* relevées au marteau, ou gravées et niellées, ou peintes en émail ; elle avait un caractère moins religieux que profane ; elle n'imposait plus par la sévérité de ses formes, elle séduisait par le goût de ses ornements, elle éblouissait par la richesse de ses détails. Cette splendide orfèvrerie n'a pas laissé plus de souvenirs matériels que l'orfèvrerie laïque, et nous sommes réduits à regretter les magnifiques ouvrages qui témoignaient de sa perfection (fig. 519). Un des plus célèbres, la châsse de Saint-Germain, fut pourtant conservé dans l'église de Saint-Germain-des-Prés, jusqu'à la révolution. — V. Chasse.

L'éclosion de la Renaissance, en Italie, fut bientôt suivie de son complet épanouissement dans tout le midi de l'Europe et jusqu'en Allemagne (V. Ciselure, fig. 294). Sous le règne de François Ier, l'orfèvrerie religieuse régénérée donna naissance à plusieurs œuvres remarquables telles que, la belle châsse que le cardinal de Bourbon donna à l'église de Saint-Denis. Félibien en a laissé un dessin d'après lequel on peut se faire une idée exacte du monument. L'orfèvrerie religieuse perdit, dès lors, son caractère spécial et traditionnel ; la plupart des vases sacrés n'étaient plus, en réalité, que d'élégants joyaux. On en trouve un exemple dans le calice de Saint-Jean-du-Doigt, en Bretagne.

Fig. 518. — *Autel d'or du XIe siècle (Musée de Cluny).*

Mais les guerres de religion et les iconoclastes huguenots allaient bientôt porter un coup fatal à l'orfèvrerie religieuse. La plupart des reliquaires et des vases sacrés furent détruits, ainsi que tous les *instruments de messe*, aussi bien par les rebelles que par les voleurs.

Le déclin de l'orfèvrerie religieuse, qui se continua pendant le XVIIe siècle, s'arrêta un moment sous le cardinal de Richelieu. Le grand ministre, en sa qualité d'homme d'église, fit exécuter quelques beaux ouvrages, entre autres, une magnifique *chapelle d'or*, dont il fit don à Louis XIII. Cette chapelle (on appelait ainsi l'ensemble des pièces composant la garniture d'un autel) comprenait une croix, un ciboire, un calice et sa patène, deux burettes, deux statuettes (la Vierge et Saint-Louis), deux grands chandeliers, etc. Le tout était orné de 224 rubis et de 9,000 diamants. L'église de la Sorbonne qu'il avait fait construire et où se trouve encore son tombeau, reçut, de lui également, un soleil d'or (un ostensoir) évalué à plus de 20,000 écus.

On cite aussi, sous le règne de Louis XIV, le beau reliquaire que les religieuses de Saint-Germain-des-Prés firent exécuter, en 1685, sur le dessin de Lebrun. Il y eut bien, pendant le XVIIIe siècle, d'autres remarquables ouvrages d'orfèvrerie offerts aux églises, d'une grande valeur comme poids, si ce n'est comme travail d'art (fig. 520) ; mais, en général, dans les objets destinés au culte comme dans les types de l'orfèvrerie civile, le maniérisme le plus affecté avait effacé le sentiment religieux. Les soleils ostensoirs d'argent doré, entre autres, étaient particulièrement à la mode (fig. 521 et 522). Thomas Germain, les Ballin en exécutèrent plusieurs, dont celui de Saint-Germain-des-Prés, donné à la célèbre abbaye par Mlle de La Rochefoucault de Marcillac, montre ce qu'était devenu l'art chrétien à cette époque de décadence. Philippe Caffieri est le dernier orfèvre du XVIIIe siècle qui se consacra un moment à relever l'orfèvrerie religieuse ; elle n'en mourut pas moins dans la suite, pendant la période de convulsions sociales, de luttes terribles, où les chefs-d'œuvre de l'orfèvrerie sacrée vinrent s'engloutir, avec les cloches des églises, dans le creuset révolutionnaire.

Aujourd'hui, avec Froment Meurice on cite MM. Poussiègle-Rusand, Bachelet, Chertier et Armand Calliat, dont les produits d'orfèvrerie religieuse sont répandus dans toute la chrétienté. — V. CISELURE, fig. 305.

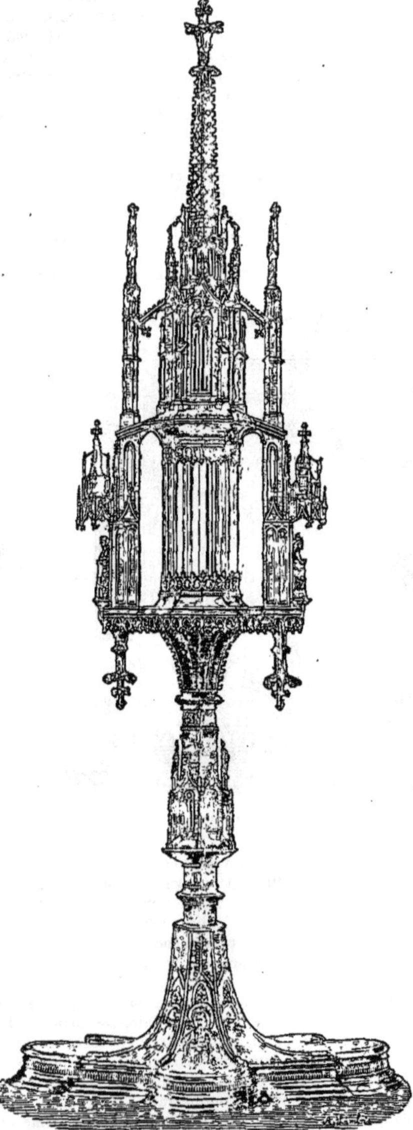

Fig. 519. — *Ostensoir gothique du XVe siècle.*

Orfèvrerie de plaqué. Il résulte de la découverte d'objets trouvés simultanément en France et à l'étranger, que le plaqué aurait été connu des anciens. On sait, en outre, qu'en l'année 1420, Henri V, roi d'Angleterre, rendit une loi pour obliger les orfèvres qui se servaient de cuivre plaqué d'or et d'argent à mettre une marque spéciale sur leurs ouvrages. Mais quelle que soit l'antiquité du plaqué, sa fabrication n'a pris une réelle importance qu'à partir de 1742, lorsque Thomas Bolsover, compagnon de la corporation des couteliers de Sheffield, retrouva les procédés des orfèvres du moyen âge.

Appliquée par Joseph Hancock, qui la fit connaître et apprécier en Angleterre, l'invention de Bolsover s'introduisit en France vers 1759, époque où Vincent Huguet présenta à l'Académie des Sciences un mémoire sur la vaisselle plate de cuivre doublée d'argent. Il y avait disette de métaux précieux, et cependant le goût du luxe augmentait sans cesse; les inventeurs cherchaient à imiter l'or et l'argent par des compositions dont le prix fût accessible aux fortunes moyennes, et déjà l'on fabriquait nombre de pièces d'orfèvrerie en *similor*. Apparaissant dans ces circonstances, le plaqué fut accueilli avec faveur et devenait, en peu d'années, l'objet d'une fabrication assez active. En 1770, une manufacture royale de vaisselle de cuivre doublée d'argent fin, « par *adhésion parfaite* et sans soudure », fut fondée à Paris, rue Beaubourg, à l'hôtel de la Fère. Une seconde manufacture, portant le même titre, s'installa sur le boulevard, près la Porte Saint-Martin. Deux autres manufactures privilégiées fonctionnaient également, en 1690; l'une, transportée de Lyon à Paris, rue Saint-Denis, dès 1785, s'intitulait : *Manufacture royale de quincaillerie et de plaqué et doublé d'or et d'argent*; l'autre était la *Manufacture royale de plaqué et de doublé d'or et d'argent*, fondée, en 1777, rue de la Verrerie, à l'hôtel de Pomponne, par les orfèvres Turgot et Daumy. La Révolution arrêta le travail de toutes ces manufactures et interrompit brusquement les progrès de l'industrie du plaqué dans notre pays.

Fig. 520. — *Calice, d'après Pierre Germain.*

Les expositions industrielles organisées par le Consulat et l'Empire n'aboutirent qu'à démontrer l'infériorité des objets fabriqués en France. C'est alors que la Société d'encouragement proposa un prix pour l'amélioration du plaqué. De nouveaux progrès ne tardèrent pas à se manifester; entre autres perfectionnements, la soudure à l'étain fut remplacée par la soudure d'argent. Mais, malgré les différentes expositions qui eurent lieu de 1815 à 1850, l'industrie du plaqué ne prit un certain développement que sous le règne de Louis-Philippe. A cette époque, les fabricants mirent à profit les perfectionnements introduits récemment dans les procédés d'estampage; ils apportèrent des soins plus minutieux à leur fabrication, choisirent des formes favorables à la conservation et à la durée du plaqué, garnirent d'argent les bords et les parties saillantes de leurs pièces d'orfèvrerie, et s'attachèrent à maintenir la matière à un titre convenable. Malheureusement, beaucoup d'entre eux cessèrent, plus tard, d'être aussi rigoureux sur ce dernier point et se laissèrent entraîner à abaisser progressivement le titre du plaqué, en sorte qu'aujourd'hui la proportion de l'argent varie entre le 10e et le 120e. Il en est résulté une dépréciation des produits français sur les marchés étrangers, au moment même où l'orfèvrerie argentée allait lui faire une terrible concurrence. Cette dépréciation acheva la ruine de l'industrie du plaqué, qui ne se fait plus, aujourd'hui, qu'en Angleterre. — V. ARGENTURE.

Orfèvrerie de maillechort et de cuivre. De 1830 à 1849, d'habiles fabricants exploitèrent le *maillechort* (V. ce mot), dont les pièces d'orfèvrerie et les couverts estampés furent récompensés aux expositions nationales; néanmoins, ce métal luttait péniblement contre le plaqué, lorsque sa fabrication prit tout à coup un développement imprévu, par suite de la découverte des procédés d'argenture électro-chimique et de leur application à l'orfèvrerie d'imitation. A partir de ce moment, la parfaite blancheur du maillechort ayant été considérée comme moins utile, les proportions de nickel furent réduites. Cet alliage si connu sous le nom d'*alfénide*, ne renferme que 12 0/0 de nickel; mais un industriel de mérite, M. Adolphe Boulenger, dont l'usine de Créteil est consacrée à la fabrication du nickel, reconnût, depuis, l'utilité du maillechort blanc, et il donna à son produit le nom de *métal blanc, couleur argent*, à cause de sa supériorité sur les autres jusqu'à ce jour. C'est ce dernier métal que l'on fait servir maintenant à la fabrication des pièces d'orfèvrerie destinées à être argentées par la pile.

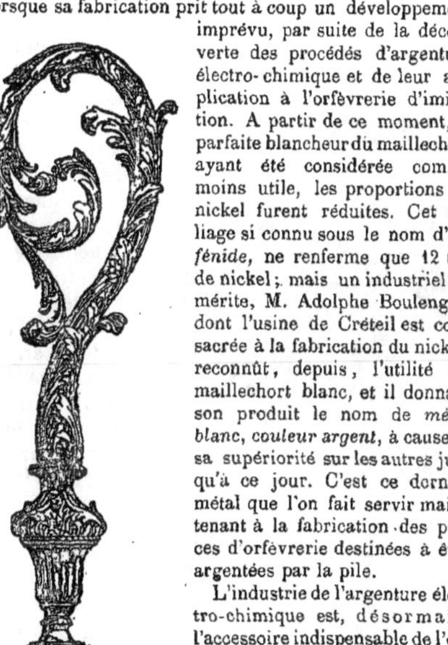

Fig. 521. *Crosse, d'après Pierre Germain.*

L'industrie de l'argenture électro-chimique est, désormais, l'accessoire indispensable de l'orfèvrerie de maillechort et de cuivre. L'histoire de cette industrie ne date que d'une quarantaine d'années. Mais celle de ses produits commence avant les premières observations scientifiques faites sur l'action des courants électriques. — V. ARGENTERIE ET GALVANOPLASTIE.

C'est à MM. de Ruolz et Ellington que l'on doit les progrès de la dorure et de l'argenture électro-chimique; de nos jours, MM. Christofle d'une part, M. Boulenger d'autre part, ont apporté de grands perfectionnements à cette belle industrie d'art, et l'on peut citer non seulement leurs plateaux, leurs candélabres, leurs flambeaux qui offrent une heureuse juxtaposition de l'or et de l'argent sur le maillechort, soit poli, soit mat, soit oxydé, soit émaillé, mais encore des surtouts de table et des vases admirables sur lesquels ils varient indéfiniment les effets en mariant la dorure, l'argenture, le cloisonnage et certaines colorations d'alliages et de compositions dont l'Américain Tiffany sait tirer un si bon parti (fig. 523).

L'orfèvrerie argentée s'est substituée en grande partie au plaqué; elle vend ses produits en quantité considérable, tant en France qu'au dehors et ne redoute aucune concurrence étrangère. L'avilissement de son titre par des fabricants peu jaloux de la bonne qualité de leurs produits pourrait seul lui porter préjudice; aussi les principaux fabricants demandent, depuis longtemps, que le poinçon de l'Etat soit appliqué comme garantie de fabrication; quelques-uns d'entre eux ont même pris l'initiative et indiquent par leurs propres poinçons, à 5 0/0 près, la quantité d'argent déposée par objet ou par douzaine de couverts.

Orfèvrerie d'étain. La fonte de l'étain, qui a longtemps produit de vrais chefs-d'œuvre d'art décoratif durant l'époque de la Renaissance et la première moitié du XVIIe siècle, était très répandue chez les anciens.

Au moyen âge, l'étain servait principalement à confectionner les écuelles, les vases et les ustensiles de table en usage chez les petits bourgeois. Le luxe de l'orfèvrerie d'or et d'argent était réservé à la noblesse riche, et plus particulièrement à la cour.

Les ustensiles d'étain, d'abord grossièrement fabriqués, furent, avec le temps, mieux confectionnés. Vers la fin du XVe siècle, le goût de la forme s'était tellement répandu, et il s'établit entre toutes les classes une rivalité de luxe si vive, qu'on voulut en faire parade même avec la vaisselle d'étain. C'est alors qu'apparaît le rôle de l'étain comme orfèvrerie de luxe, et l'on voit cette orfèvrerie prendre un tour artistique plus particulier et servir à l'exécution de magnifiques pièces.

Fig. 522. — *Croix, d'après Pierre Germain.*

Les *estaymiers* avaient fait de grands progrès au XVIe siècle. Non seulement ils planaient la vaisselle qui sortait de leurs mains, mais encore ils la doraient. Au reste, quand on entrait chez un riche bourgeois, on voyait tout d'abord briller, sur son dressoir, sa vaisselle d'étain, qui avait l'éclat et les élégantes formes de la vaisselle d'argent ou d'or.

La poterie d'étain était de plus en faveur; il ne lui manquait plus que de devenir un art. C'est sous le règne de Henri II que cet événement se produisit, et le promoteur de cette conquête, ce fut le français François Briot, habile maître, dont le nom même serait inconnu s'il n'avait pas pris soin de signer ses pièces.

François Briot, dont les buires et les plats ornent, aujourd'hui, les principales collections de l'Europe, ne fut pas orfèvre; il était graveur en médailles, mais il eut été bien digne de l'être par le goût qu'il apporta dans l'invention et l'élégance des formes. Les ouvrages du célèbre artiste ne sont pas très rares : lorsqu'il avait obtenu, à l'aide du moule gravé dans un métal ou dans la pierre lithographique (comme pour une médaille), un modèle qui lui plaisait, il le reproduisait à plusieurs exemplaires sans avoir besoin de les ciseler ni même de les reprendre en ciselure après la fonte. On peut en juger par les admirables pièces de la collection Sauvageot, au Louvre, et par celles du Musée de Cluny : toutes révèlent chez leur auteur, un des plus remarquables exécutants de l'époque, un dessinateur exquis dans le détail, un graveur plein d'esprit, de liberté et de grâce. Aussi, l'orfèvrerie d'étain dut-elle à Briot un moment d'éclat et de vogue, qui se prolongea au delà de la vie de l'ingénieux artiste. Malheureusement il ne laissa pas de successeur, et l'étain, annobli tout à coup au point de se mesurer avec l'or et l'argent, retomba après lui au rang modeste qu'il avait occupé pendant les siècles précédents. — V. CISELURE.

Les procédés de Briot étaient oubliés depuis longtemps, lorsqu'il y a quatre ans environ, un sculpteur de talent, M. Brateau, parvint à reconstituer cette vieille fabrication française du XVIe siècle. Tout le monde a pu admirer, à l'Exposition de l'Union centrale, en 1880, les deux assiettes qu'il présentait au public.

Fig. 523. — *Le Crépuscule, orfèvrerie électro-chimique (Exposition de 1867).*

TECHNOLOGIE. L'orfèvrerie, en général, comprend un certain nombre de professions spéciales telles que dessinateurs, modeleurs, décorateurs, graveurs, ciseleurs, monteurs, orfèvres, fondeurs, lamineurs, estampeurs, planeurs, ajusteurs, soudeurs, mouleurs, tourneurs, limeurs, repousseurs, reperceuses, brunisseuses et polisseuses.

Dans l'orfèvrerie d'or et d'argent, il y a lieu de distinguer entre les pièces moulées et repoussées, et celles qui ne sont qu'estampées. Les premières, habituellement commandées au fabricant par le client lui-même, ne se trouvent point dans les magasins de Paris; les secondes, au contraire, sont commandées par les marchands et par les commissionnaires, et font l'objet d'une vente courante, soit à l'intérieur, soit à l'étranger.

Quant à l'orfèvrerie de cuivre ou électro-chimique, on fait d'abord subir aux objets, avant l'application des métaux précieux, une opération chimique ou mécanique qui s'appelle le *décapage*. — V. ce mot.

Une fois décapées, les pièces sont séchées dans de la sciure de bois chauffée; on les pèse minutieusement, on les lie avec des fils de cuivre rouge se terminant par un crochet, puis on les suspend dans un bain argentifère (V. GALVANOPLASTIE). Au bout de quatre heures ou plus, suivant le degré d'argenture que l'on désire donner aux pièces, l'opération est terminée et on peut les retirer. Elles sont alors d'un blanc mat ressemblant beaucoup à du biscuit de porcelaine, ou brillantes et polies suivant la combinaison du bain.

En sortant de la cuve, la pièce doit être gratteboessée, c'est-à-dire frottée de toutes parts au moyen d'une brosse humectée d'une eau légèrement mucilagineuse. Ce frottement n'enlève pas la moindre parcelle d'argent, mais il met dans un même plan les différentes surfaces moléculaires irrégulièrement disposées. On prépare ainsi la surface à recevoir le brunissage qui doit la rendre tout à fait brillante et polie comme un miroir. Ce travail est confié aux brunisseuses. Après le brunissage, les pièces sont envoyées aux monteurs; elles sont ensuite pesées une seconde fois, puis marquées et livrées au commerce. — S. B.

Bibliographie. — V. CISELURE.

ORGANDI. *T. de tiss.* On désigne sous ce nom toute mousseline unie ayant reçu un apprêt. Pour l'organdi appelé *fort*, l'apprêt est tout simplement plus fort que pour l'organdi *souple*. Dans cette dernière espèce, la mousseline ne casse pas, lorsque l'acheteur la manie, elle résiste au frottement; il n'en est pas de même pour l'organdi fort. La réduction est carrée dans l'une et dans l'autre étoffe, comme pour les mousselines, c'est-à-dire que le nombre des passées de trame est égal au nombre des fils de chaîne au centimètre. Le principal mérite de ces sortes de tissus consiste dans une fabrication régulière, et dans un emploi de matières de première qualité. Ils sont produits dans les mêmes localités que les mousselines; en France, à Tarare et à Saint-Quentin, en Suisse, à Saint-Gall principalement.

ORGANE. *T. de mach.* L'énumération de tous les organes, dont l'ensemble constitue une machine, équivaudrait à peu près à la nomenclature des différentes pièces qui la composent, puisque chacune d'elles a une fonction particulière à remplir, et que c'est ainsi que se définit l'expression *organe*. Si l'on veut restreindre la classification aux principaux organes que l'on rencontre dans toutes les machines, on aura d'abord trois grandes divisions : l'*organe producteur*, la chaudière; l'*organe intermédiaire*, récepteur ou transformateur, la machine et l'*organe opérateur* ou *utilisateur*, le propulseur ou l'outil conduit par la machine. Dans une machine photo-électrique, l'organe producteur est encore la chaudière dont la vapeur sert à faire mouvoir la machine à vapeur qui actionne l'anneau Gramme, ou autre, destiné à fournir une quantité d'électricité suffisante pour l'éclairage d'une ou plusieurs lampes, qui seront les organes utilisateurs ou opérateurs de ce genre de machines.

ORGANEAU. *T. de mar.* Anneau solide en fer, fixé à l'extrémité supérieure de la verge d'une ancre, sur lequel on manille la chaîne de l'ancre. — V. Nœud, § *Nœud d'organeau.* || Boucle en fer solidement maintenue sur un piton logé dans la maçonnerie d'un quai. Elle sert à l'amarrage ou au halage des navires dans un port.

* **ORGANIER.** *T. de mét.* Facteur d'orgue.

ORGANSIN. *T. de tiss.* Mot qui vient de l'italien et signifie « tordu ». Il désigne un fil de soie qui reçoit deux torsions successives ou apprêts : la première qui prend le nom de *filage*, la seconde celui de *tors*. Ce fil est toujours destiné à former la chaîne des étoffes.

Pour le fabriquer, ainsi que nous l'avons expliqué au mot Moulinage, on prend deux bobines dont les fils ont reçu une torsion, on les réunit par un doublage sur la machine à doubler (fig. 392), puis on les place sur les broches d'un moulin à retordre qui ne diffère de l'ordinaire que par les récepteurs ou la forme sous laquelle les fils sont disposés : au lieu d'écheveaux, ce sont des bobines que le moulin produit (fig. 394), cette forme étant plus commode pour les transformations ultérieures.

Les deux apprêts sont calculés selon les tissus auxquels sont destinés les organsins, qui constituent les soies du prix le plus élevé, et qui doivent être faits avec les plus belles grèges : dans les organsins de satin, par exemple, la beauté de l'étoffe comme coloris et brillant est toute due à l'effet de la chaîne, tandis que dans le taffetas la trame y contribue pour beaucoup.

Par suite de ses deux torsions, l'organsin supporte évidemment moins facilement la charge que la trame. Le brillant étant également affaibli pour la même raison, il demande en teinture plus de ménagements, pour les noirs principalement, et c'est avec beaucoup de soin que l'on doit procéder à l'opération finale du lustrage. — A. R.

* **ORGANSINEUR.** *T. de mét.* Fabricant d'organsin, celui qui fait l'*organsinage* de la soie.

I. **ORGUE.** Instrument de musique à vent, composé de tuyaux de différentes dimensions, communiquant d'une part à un ou plusieurs claviers à mains et jeux de pédales, d'autre part à l'air comprimé fourni par un ou plusieurs soufflets. L'orgue est le plus grandiose, le plus harmonieux, le plus complet et le plus varié des instruments de musique. Il forme à lui seul un orchestre par la variété des sons qu'il produit et par la diversité des instruments qu'il imite; il réunit le jeu tendre de la flûte, le cri perçant du fifre, les sons champêtres des musettes, des hautbois, des clarinettes, des bassons; il rend les effets de l'écho et semble même emprunter les accents des voix humaines. C'est de cette puissance collective de l'orgue que lui vient son nom latin d'*organum*, nom qui, primitivement, désignait tous les instruments en général, et qui, appliqué à l'orgue, signifie l'*instrument par excellence*.

Historique. L'invention des orgues est aussi ancienne que le mécanisme en est ingénieux. Suivant Adrien de La Fage, on retrouve ses premiers rudiments chez tous les peuples qui ont eu l'idée de rapprocher les uns des autres plusieurs tuyaux de longueurs différentes : ainsi la flûte de Pan, dont l'usage se perd dans la nuit des temps, offre l'élément principal de l'orgue, l'idée mère qui a réellement donné lieu à sa création. L'idée secondaire fut celle de recueillir l'air dans un récipient et de l'y conserver avant qu'il s'introduisît dans les tubes; la cornemuse paraît avoir été la première mise en pratique de cette méthode; on s'aperçut ensuite que l'on pouvait remplacer l'air des poumons par l'air artificiel d'un soufflet : l'orgue, dès lors, fut constitué, et l'on n'eût plus qu'à chercher les moyens d'obtenir des tuyaux produisant des sons différents, non plus sous le point de vue de la tonalité, mais aussi sous celui du timbre.

Les anciens connaissaient deux espèces d'orgues : l'orgue *hydraulique* et l'orgue *pneumatique*. Ce dernier est probablement plus ancien; mais il finit par remplacer entièrement l'orgue hydraulique, qui avait été en usage exclusivement pendant plusieurs siècles. L'invention de l'orgue hydraulique, « dont l'eau fournit le souffle, » suivant Tertullien, est par lui attribuée à Archimède; mais si l'on en croit Athénée, les perfectionnements apportés dans la facture de cet instrument sont dus à Ctésibios, mécanicien d'Alexandrie (235-247 avant J.-C.).

Soit que l'*hydraulis* fut demeuré trop imparfait, soit que dans ce temps là, comme aujourd'hui, les innovations n'eussent pas eu le mérite de plaire, toujours est-il que l'orgue hydraulique disparut vers le XIIe siècle, et dès lors son rival, l'*organum pneumaticum* conserva seul les privilèges attachés à l'orgue et à ses fonctions.

L'origine de l'orgue pneumatique a été fixée longtemps à tort, d'après Platina, écrivain du XVe siècle, au pontificat de Saint-Vitalien, qui, l'an 660, décréta son emploi obligatoire dans les églises. En effet, cet instrument figure déjà sur un bas-relief de l'obélisque de Théodose à Constantinople (IVe siècle), et les premières mentions écrites se trouvent au psaume LVI de saint Augustin, composé à la même époque; au psaume CL de Cassiodore (Ve siècle), où il parle « d'une tour composée de tuyaux (*fistalis*), dans lesquels les soufflets (*flatu follium*) introduisent l'air pour les faire parler (*vox copiosissima*) »

A la date de 757, on lit dans les *Annales* d'Eginhard que le roi Pépin, père de Charlemagne, reçut une de ces orgues en présent de l'empereur d'Orient, Constantin Copronyme; c'était probablement un orgue portatif, comme celui qui fut exécuté par un arabe nommé Giafar, et envoyé à Charlemagne par le calife de Bagdad.

Malgré les ténèbres qui règnent sur les circonstances qui ont amené le perfectionnement des orgues, on sait, suivant les indications de Michel Prætorius, qu'il existait au XIe siècle des orgues en Allemagne, à Munich, Aix-la-Chapelle, Magdebourg, Halberstadt et Erfurt.

Quoi qu'il en soit, les souffleries de ces instruments primitifs devaient être bien grossières et bien imparfaites, puisque, au dire de certains auteurs contemporains, plusieurs hommes employés à les mettre en mouvement n'en venaient à bout qu'avec peine. La tâche des organistes n'était guère plus facile, car les touches des claviers, larges palettes de 5 à 6 pouces, présentaient une telle résistance, qu'il fallait les enfoncer à grands coups de poings. Les expressions allemandes : *orgel schlagen, clavier schlagen* (battre l'orgue, le clavier), usitées encore actuellement, tirent leur origine de cette manière de toucher les anciennes orgues.

La facture des grandes orgues était déjà très avancée au XIVe siècle, époque où le système de la soufflerie devenait moins incommode, moins pénible à manier et d'un mécanisme moins imparfait. Mais ce fut en 1550 seulement que le facteur allemand Jean Lobsinger, de Nuremberg, inventa les soufflets à éclisses, employés encore aujourd'hui avec bien des perfectionnements. Avant lui, les soufflets des grandes orgues avaient quelque analogie avec ceux dont se servent les forgerons. Ils n'étaient point chargés de poids pour régler la force du vent, mais on attachait un *sabot* de bois à l'extrémité supérieure de la table; le souffleur se tenant suspendu à une perche horizontale, mettant un pied dans le sabot d'un soufflet et l'autre pied dans le sabot du soufflet voisin, et portant tantôt le poids de son corps à droite, tantôt à gauche, il faisait baisser un soufflet tandis que l'autre remontait.

Parmi les premiers grands instruments établis selon le système des soufflets à éclisses, on cite notamment l'orgue de Ste-Marie-Madeleine, à Breslau, lequel, composé de 36 jeux, 3 claviers et pédales, fut achevé en 1596.

Fig. 524. — *Disposition des claviers de l'orgue de Saint-Sulpice.*

Il s'y trouvait 114 tuyaux en étain, 1,567 en métal et 53 en bois; en tout 1,734 tuyaux. Il faut donc reconnaître qu'au XVIe siècle le plan de l'orgue était définitivement arrêté et que depuis, s'il a reçu d'immenses accroissements, ils ne consistent que dans la partie mécanique et dans ses détails.

Les moines et les religieux qui cultivaient les arts et les sciences au moyen âge, s'appliquèrent avec beaucoup de zèle à la fabrication de l'orgue; mais bientôt l'Allemagne et l'Italie purent compter beaucoup d'habiles facteurs séculiers. Dans le XVIIIe siècle, leur nombre devenait très considérable, et l'Europe se trouva remplie d'une quantité de magnifiques instruments.

Ce fut surtout en Allemagne et dans la Saxe que l'art de la construction des orgues fut porté à un haut degré.

En France, Pierre Thierry, Clicquot, auteur de l'orgue de la Sainte-Chapelle de Paris, Lépine, Joseph Cavaillé, grand-oncle de nos facteurs contemporains de ce nom, Isnard, les frères Dallery, ont surpassé les Allemands, surtout pour la beauté des jeux d'anches et la suavité moelleuse des jeux de fonds.

François Clicquot a peuplé la France de magnifiques instruments, parmi lesquels on vante avec raison ceux de la chapelle du palais de Versailles; ceux de Saint-Gervais, de Saint-Merry, de Notre-Dame, de la Sainte-Chapelle, de Saint-Nicolas-des-Champs et de Saint-Sulpice, à Paris, le plus considérable de ses ouvrages.

Enfin, c'est à l'un des Dallery (Louis-Paul) que l'on doit la reconstruction de l'orgue de Saint-Ouen, à Rouen, terminé en 1828; la réparation, dans la même année, de l'orgue de la cathédrale de Paris; en 1842, celle de l'orgue de Saint-Thomas-d'Aquin, et en 1844, la reconstruction de l'orgue de Saint-Germain-l'Auxerrois.

Non seulement les facteurs dont nous venons de parler ont joui d'une juste réputation pendant le XVIIIe siècle, mais on peut dire que c'est aussi en France que la science de l'*organier* a été fixée et arrêtée sur des bases inattaquables, par l'excellent et vaste traité du bénédictin dom Bédos de Celles, intitulé l'*Art du facteur d'orgues* et publié de 1776 à 1778.

Pendant la Révolution, beaucoup d'orgues furent détruites, et les facteurs français se trouvèrent forcés d'abandonner leur profession. L'Angleterre fut alors le seul pays où la fabrication des orgues accomplit encore quelques progrès. Quelques facteurs d'Outre-Manche jouirent même d'une certaine réputation. Mais ceux à qui la facture d'orgues est le plus redevable de nouveaux perfectionnements sont MM. Willis, auteurs de l'orgue qui orne la vaste et magnifique salle Saint-Georges, à Liverpool, Flight fils et Robston. Ces derniers ont construit l'orgue colossal de Londres, auquel on a donné le nom d'*Apollonion*. Cet instrument, un des plus considérables qui aient été faits jusqu'à ce jour, était aussi le meilleur qu'on eût entendu en Angleterre. Six organistes pouvaient jouer simultanément sur ce géant des orgues, lequel coûta à établir plus de 250,000 francs.

Aujourd'hui, grâce à leur expérience consommée, il faut citer parmi les organiers contemporains, Stein, Barker, Ducroquet, John Abbey, Merklin, à qui l'on doit la restauration de l'orgue de Saint-Eustache (1877-1878). Mais au premier rang des facteurs français qui, comme on l'a dit avec raison, joignent à la science du physicien et du mathématicien le goût et la sensibilité de l'artiste, il faut placer M. Aristide Cavaillé-Coll, dont l'histoire a enregistré les glorieux travaux. C'est surtout à lui que nous devons la supériorité, la suprématie sans réserve que notre facture a acquise sur celle de tous les autres peuples de l'Europe. C'est à cet éminent facteur que l'on doit les belles orgues de la basilique de Saint-Denis, de Saint-Vincent-de-Paul, de la Madeleine, et surtout de l'église métropolitaine Notre-Dame-de-Paris. Composé de 86 jeux, près de 6,000 tuyaux, 5 claviers à main et un clavier de pédales, avec 22 pédales de combinaison pour accoupler et combiner les jeux, ce dernier instrument est considéré comme l'un des plus beaux qui existent. La maison Cavaillé-Coll a également construit le grand orgue de la nouvelle salle de concert de Sheffield, en Angleterre, inauguré en 1873, et, pour l'Exposition universelle de 1878, le grand orgue de la salle des fêtes, au Trocadéro.

Mais l'orgue de St-Sulpice, à Paris, lequel n'a pas moins de 7,000 tuyaux, reste le chef-d'œuvre de M. Cavaillé-Coll. L'ancien orgue de cette église, construit par Clicquot (1776-1781) avait *soixante-quatre* jeux distribués sur cinq claviers et un pédalier (fig. 524). Les réparations faites à cet instrument depuis son origine, avaient eu pour résultat de réduire les claviers à quatre et de porter le nombre des jeux à *soixante-six*. La restauration, ou pour mieux dire la reconstruction de cet instrument, faite par M. Cavaillé-Coll (1862), a rétabli le nombre des claviers à cinq, comme cela existait anciennement, et porté le nombre des jeux à *cent*. On a d'ailleurs reconnu d'une manière unanime que cet orgue non seulement ne le cède en rien aux instruments les plus complets et les plus renommés de l'Europe, mais encore il leur est de beaucoup supérieur sous le rapport de la variété des sons, aussi bien que sous le rapport de la perfection du mécanisme et des proportions exceptionnelles de l'instrument.

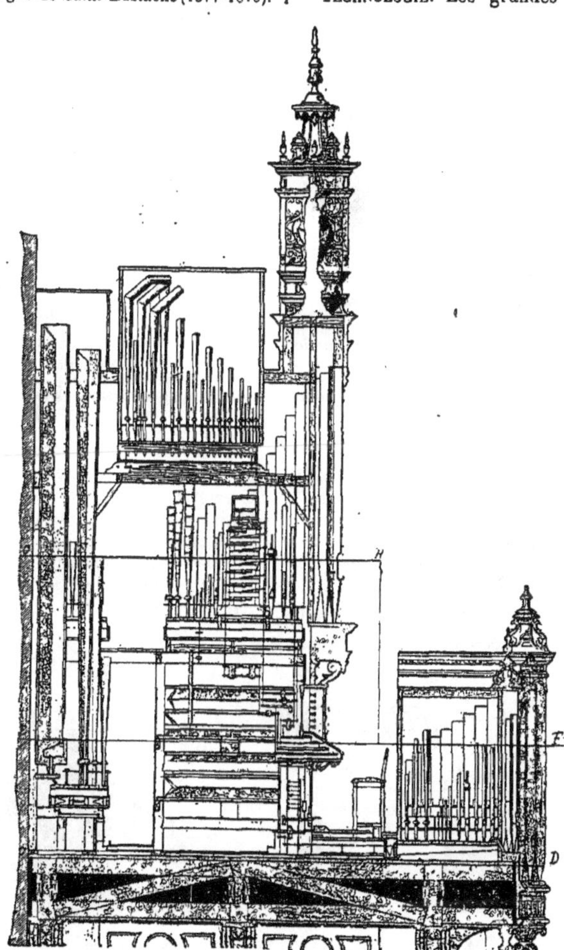

Fig. 525. — *Coupe de l'orgue de la cathédrale de Saint-Brieuc.*

TECHNOLOGIE. Les grandes orgues ont subi, depuis plus d'un siècle, de telles améliorations, et elles sont en général aujourd'hui si riches, si compliquées, si remplies d'organes de toutes sortes, qu'on ne parviendrait pas à les décrire en peu de mots.

L'orgue, dit Georges Kastner, se compose d'une infinité de tuyaux imitant approximativement les sons des instruments de tout genre qui furent successivement inventés, et surtout des instruments à vent, quelquefois aussi les voix humaines. Les uns sont de bois, les autres faits avec un mélange d'étain et de plomb. Il y en a deux modèles principaux : le premier est construit comme les flûtes à bec, c'est-à-dire à *bouche ouverte*, et le second porte à son ouverture des languettes de cuivre ou *anches*. On divise les tuyaux par *jeux*, et on appelle *registre* un jeu quelconque dont les intonations sont mises à la disposition de l'organiste lorsque celui-ci après en avoir fait jouer le mécanisme, presse et enfonce les touches du clavier. Ces touches correspondent à des soupapes qui ouvrent et ferment à volonté les trous du sommier auquel aboutit l'orifice des tuyaux. Les ouvertures pratiquées dans le sommier sont destinées au passage de l'air fourni par l'action des soufflets. Si le registre est tiré, les tuyaux de ce registre parlent selon la note ou les notes touchées.

On peut faire usage de plusieurs registres à la fois, et il y a autant de registres que l'orgue a de jeux différents.

Le registre duquel on part pour mesurer la grandeur des autres, soit en augmentant, soit en diminuant, se nomme *principal*. Dans les orgues ordinaires, parmi les registres de 32 pieds, on rencontre le plus communément la bombarde, le bourdon, le basson, le trombone et autres. Parmi les registres de 16 pieds, on rencontre la cornemuse, la bombarde, le bourdon, le trombone, la contrebasse, le violoncelle et autres. Parmi les registres de 8 pieds, on rencontre la basse de viole, la cornemuse, la bombarde, le bourdon, la

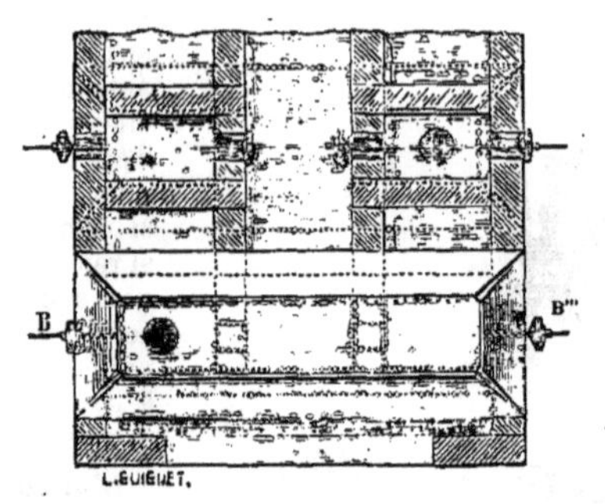

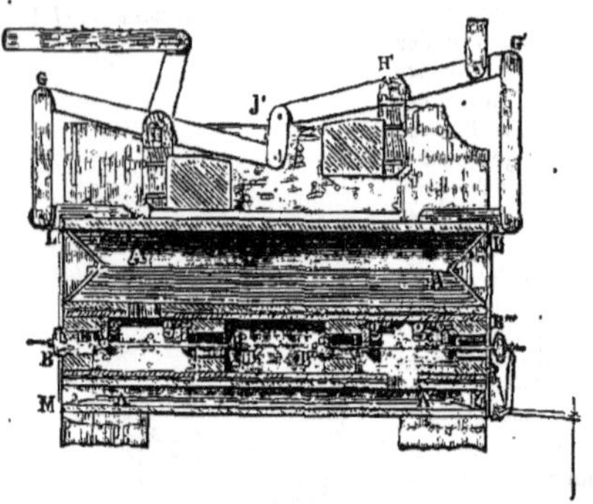

Fig. 526 et 527. — *Coupes du moteur pneumatique à double effet pour opérer la traction des registres.*

A A Récipient supérieur ouvert. — *A' A'* Récipient inférieur fermé. — *B B' B'' B'''* Soupapes distributrices de l'air comprimé. — *c* Ressort à boudin ayant pour but de maintenir les soupapes dans la position normale. — *L L'* Table du récipient *A A'*, s'élevant ou s'abaissant parallèlement à elle-même à l'aide du parallélogramme *G H J G' H' J'*. — *L M, L' M'* Tiges reliant la table mobile du récipient inférieur à celle du *récipient* supérieur.

clarinette, le cornet, le cromorne (ou cor courbé), le basson, la flûte douce, le hautbois, le chalumeau, le trombone, la sourdine, la trompette, la voix humaine, le *styx* (qui fait le dessus des trombones), la flûte des forêts et autres, etc. Parmi les registres de 2 pieds, on rencontre le flageolet, la flûte villageoise, la cymbale, le sifflet, la flûte des forêts et autres. Quant à la combinaison nommée *grand jeu*, ou *grand chœur*, c'est tout simplement la réunion de tous les jeux d'anches.

Il y a encore dans l'orgue un registre appelé *tremblant* : c'est une espèce de plaque mobile qu'on introduit dans le principal canal du ventilateur. En tirant ce registre, la plaque se dégage, s'agite au moyen du vent, et imprime à tout le jeu de l'orgue un tremblement très sensible. Il en existe de deux sortes : le *tremblant doux* et le *tremblant fort*.

L'art du facteur d'orgue mentionne le *trémolo*, appelé *tremblant anglais*, comme un tremblant à vent perdu, dont les oscillations faibles et rapides imitent assez bien la vibration d'une voix expressive.

Tous ces registres sont disposés à droite et à gauche de chaque côté du chœur ; ils peuvent se tirer et se rentrer à volonté. Quand on veut qu'un registre sonne, on le tire à soi ; quand on veut qu'il ne sonne plus, on le pousse en sens inverse, et la fermeture instantanée des soupapes empêche le vent de pénétrer dans les tuyaux. L'orgue a ordinairement un, deux, trois, quatre ou cinq *claviers* (V. ce mot), sans compter celui des pédales, ainsi nommé parce qu'il se compose de touches de bois qu'on fait mouvoir avec les pieds.

Les principaux perfectionnements modernes, inaugurés pour la plupart par M. Cavaillé-Coll dans le grand orgue de l'abbaye de Saint-Denis, achevé en 1841, dans celui de Saint-Sulpice, dans l'orgue plus petit du Palais de l'Industrie d'Amsterdam et dans celui de la cathédrale de Saint-Brieuc dont nous donnons la coupe (fig. 525), consistent en un système de soufflerie à diverses pressions ; en nouveaux sommiers à doubles laies de soupapes, et dans la création d'une nouvelle famille de jeux harmoniques. Indépendamment de ces inventions, M. Cavaillé-Coll a introduit le

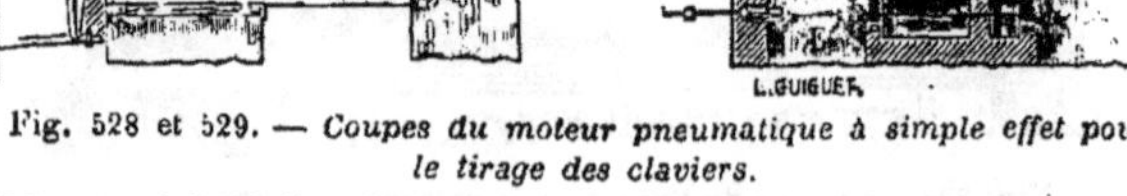

Fig. 528 et 529. — *Coupes du moteur pneumatique à simple effet pour le tirage des claviers.*

E E Ouverture de la laie des petits sommiers. — *E' E' E'* Plan de cette laie. — *G* Porte-vent conduisant le vent dans les diverses laies. — *a* Soupape d'introduction. — *b* Soupape de fuite. — *c* Soupape d'arrêt — *d e* Tirage agissant sur les soupapes.

premier dans les orgues un système de moteurs pneumatiques à simple effet, imaginé par M. Barker, pour adoucir le tirage des claviers et les rendre aussi faciles à jouer que ceux des pianos les plus parfaits. D'autres moteurs, également pneumatiques et à double effet, servent à opérer la traction des registres (fig. 526 à 529). Enfin, c'est à M. Cavaillé-Coll que l'on doit les premières études expérimentales sur les tuyaux d'orgues, études qui lui ont permis d'appliquer une nouvelle formule scientifique pour la détermination des dimensions des tuyaux à bouche, par rapport à leur intonation. Cette formule résout, d'une manière exacte, toutes les questions relatives à ces tuyaux, soit pour obtenir le son fondamental, soit pour déterminer la position des nœuds de vibration dans les tuyaux harmoniques, soit, enfin, pour fixer la position et les dimensions des ouvertures latérales des tuyaux dits *à entaille*. Tous ces perfectionnements ont été adoptés non seulement en France, mais en Angleterre et dans les autres pays où la musique est en honneur. Comme on le voit, les travaux du grand facteur français ont exercé une réelle influence sur la fabrication de l'orgue en Europe.

La fabrication des grandes orgues d'église s'effectue dans les ateliers de construction où l'on occupe des ouvriers spéciaux et des ouvriers appartenant à toutes les professions, tels que menuisiers, ébénistes, serruriers, ajusteurs, tourneurs en bois et en métaux, etc. Plusieurs parties du travail se font à façon dans les ateliers du facteur et sous sa surveillance : ce sont les sommiers (sortes de caisses plates, propres à recevoir de l'air comprimé, et chargées de distribuer cet air à ceux des tuyaux que l'on veut faire parler sans en envoyer aux autres), les tuyaux de bois et de métal, la mécanique et le montage des instruments; la dernière main, ou la mise en harmonie et l'accord de l'orgue, sont toujours faits par des *harmonistes*, véritables artistes auxquels on donne un traitement annuel. L'exportation des grandes orgues est peu considérable : son chiffre peut être évalué à environ un dixième de la production totale, que l'on estime être à Paris d'un million de francs. L'Espagne et l'Amérique du sud sont les principaux débouchés de cette industrie.

Orgues expressives, harmoniums. Le principe de l'anche libre sur lequel repose la construction des orgues expressives est connu depuis longtemps. Trigault, *Expedio christiana apud Sinas*, assure que les Chinois ont eu, bien avant les autres peuples, une sorte d'orgue (*cheng*), assez petit toutefois pour qu'on pût le porter à la main.

L'abbé Vogler, en 1795, et d'autres facteurs après lui, avaient essayé déjà de tirer parti de lames métalliques vibrant en liberté dans une ouverture, mais ce mécanisme, encore bien imparfait, ne permettait pas, autant qu'il aurait fallu, de nuancer, d'augmenter ou de diminuer graduellement l'intensité du son. Cela suffit, toutefois, pour donner l'idée de l'orgue expressif, dont l'invention, quoi qu'en disent les Allemands, est encore, comme tant d'autres, une *invention française*, que nul n'a le droit de revendiquer.

C'est Claude Perrault qui le premier en a conçu l'idée, en s'occupant de la reconstruction de l'orgue hydraulique des anciens, d'après la description que Vitruve en a laissée. Depuis cette époque, un nommé Jean Moreau, puis Schraeter et André Stein construisirent des orgues expressives dont le renflement et la diminution dépendaient de la pression des doigts. Enfin, Sébastien Erard, après d'innombrables essais, crut avoir réussi à résoudre ce grand problème, et il chercha à appliquer son procédé à un orgue qu'il était chargé de construire pour la reine Marie-Antoinette, quelques années avant la Révolution. Au dire de Grétry, dans ses *Essais*, c'était « la pierre philosophale que cette trouvaille. » Les événements qui se succédèrent empêchèrent Erard de donner suite à son invention, bientôt mise à profit par le facteur anglais John Abbey.

En 1810, Grenié produisit son premier instrument à anches libres, qu'il nomma *orgue expressif*, dont la sonorité était due à des lames métalliques mises en mouvement par un courant d'air. L'inventeur donnait à cet orgue l'épithète d'*expressif*, parce que, par la disposition du mécanisme intérieur, il permettait de diminuer ou d'augmenter l'intensité du son. Achille Müller, élève de Grenié, a continué avec succès la fabrication de l'orgue expressif, auquel Marie de Sourdun, plus connu sous le nom de Martin de Provins, apporta plus tard un changement total. M. Alexandre (1844), bien connu par ses orgues expressives, se fit également une réputation en apportant quelques améliorations dans la construction de ces instruments, ayant pour objet de changer la nature des sons. M. Debain produisit aussi l'*harmonium*, qui ne tarda pas à conquérir une vogue immense; mais c'est surtout le facteur d'orgues Mustel qui porta l'harmonium à la dernière perfection : les instruments sortant de sa maison sont actuellement reconnus pour les meilleurs.

Par suite de ces dernières inventions, la fabrication de l'orgue expressif a pris en peu d'années un très grand développement à Paris, où elle est organisée comme celle des pianos. Toutes les parties du travail se font à façon, même la dernière main, qui a moins d'importance dans la construction de ces instruments que dans celle des grandes orgues. La reproduction multiple des mêmes modèles a permis d'établir une fabrication courante pour laquelle on a pu employer les moteurs à vapeur, et tous les engins que la mécanique moderne a mis à la disposition de l'industrie.

Orgues à cylindre. Les orgues mécaniques à cylindre, autrement dites *orgues de Barbarie*, et leurs diminutifs connus sous le nom de *serinettes*, firent leur apparition en France sous le règne de Louis XVI. Vers la fin du XVIIIe siècle, les orgues de Barbarie, — ce mot paraît être une corruption de *Barberi*, nom d'un facteur de Modène qui inventa cet instrument — faisaient l'admiration des Parisiens.

Les orgues mécaniques à cylindres se fabriquent principalement dans le département des Vosges, à Mirecourt et dans quelques villages aux environs de Neufchâteau et d'Epinal. Ceux de ces instruments que l'on fait à Paris sont les plus estimés. On peut surtout citer l'orgue de Giavoli, dit *harmoniflûte*, pour la douceur et l'ampleur de ses sons. — S. B.

II. **ORGUE.** *T. de fortif.* Sorte de herse qui sert de fermeture à une porte de ville fortifiée; elle diffère de la herse ordinaire, en ce qu'elle est composée de grosses pièces de bois, détachées l'une de l'autre, que l'on fait descendre séparément.

ORIENTAL (Art et style). Dans la langue spéciale de l'art, l'Orient est une fiction géographique; nous le montrerons tout à l'heure; mais l'art, le style oriental est une entité parfaitement réelle, absolue, fondée sur le grand nombre des principes esthétiques communs aux peuples les plus divers sur tous les points de l'immense périmètre que nous allons tracer.

Par une convention tacite, mais généralement consentie, les mots *Orient* et *Oriental* servent à désigner un ensemble de contrées beaucoup plus étendu qu'ils ne servent à le faire dans la langue des géographes. Pour ces derniers, l'Orient embrasse uniquement le groupe des grands Etats et des provinces de l'Asie : l'Asie Mineure, la Syrie, l'Arabie, la Perse, le Turkestan, l'Afghanistan, le Beloutchistan et l'Inde; mais l'Inde même est, le plus souvent, considérée comme appartenant au groupe de l'Extrême-Orient qui est, en outre, plus étroitement composé des contrées que baigne l'Océan Pacifique : le Siam, le Cambodge — qui a produit ce prodigieux art Khmer récemment découvert, — la Chine et le Japon.

Mais au point de vue de l'art, l'Orient comprend de plus, d'une part, les côtes d'Afrique en bordure sur la Mer Rouge et sur la Méditerranée, c'est-à-dire le cours du Nil et, dans l'intérieur des terres, le Darfour et le Kordofan, la Basse-Egypte (le Caire), les anciens Etats barbaresques, la Tripolitaine, la Tunisie, l'Algérie et le Maroc qui jette, de Tanger, de Mequinez et de Mogador, un regard vers l'Atlantique. Ensuite, procédant par affinité, nous sommes forcés de concéder à l'Orient, qui mord ici une première fois sur le continent européen, la partie méridionale de l'Espagne, Grenade, Séville, Cordoue, voire Tolède, mais surtout cette merveilleuse Andalousie, toute peuplée encore des magnifiques vestiges que la domination des Maures y a laissés. D'autre part, entamant ce même continent par une nouvelle brèche, l'Orient artiste s'annexe Constantinople (l'antique Byzance) et la Turquie d'Europe, d'où, par le Danube, la voie familière des invasions ottomanes pendant de longs siècles, il agit sur le goût du peuple magyar; il envahit également le littoral de la mer Noire, celui de la mer Caspienne et finalement, par la Péninsule Taurique, s'empare de la Russie slave où l'architecture russe, partant du style byzantin, se développe dans le même sens que les architectures orientales. Il n'est pas, dans l'Adriatique, jusqu'à Venise elle-même qui n'ait subi la même influence.

Aux mots Byzantin, Egyptien, Mauresque, Musulman, Persan, Phénicien, Russe, Vénitien, on trouvera dans ce *Dictionnaire* l'étude esthétique et historique de l'art et du style chez les divers peuples de l'Orient; et de même, aux mots Chinois, Hindou, Indien, Japonais, Khmer, celle de l'art et du style chez les divers peuples de l'Extrême-Orient. Par conséquent, nous devons ici nous borner à présenter une sorte de synthèse des traits essentiels qui se rencontrent en commun dans l'art et dans le style de chacun de ces pays si différents et, le plus souvent, si distants les uns des autres, traits dont l'ensemble constitue le caractère évident, aisément reconnaissable de l'art comme du style oriental.

Bien qu'il ne soit pas impossible de rattacher à une antiquité très reculée un certain nombre de ces traits caractéristiques, surtout dans l'Extrême-Orient (Inde, Chine et Japon), l'art oriental, en réalité, ne date que d'une époque relativement moderne. Il ne semble pas, en effet, que les Arabes aient eu une architecture avant Mahomet; or c'est des Arabes, race guerrière et conquérante par excellence, que procède tout l'art de l'Orient, à qui ceux-ci l'imposèrent par le cimeterre, avec le Coran. Il est vrai que, selon toute apparence, les artistes byzantins ont été les véritables fondateurs de l'architecture de l'Islam. Mais la différence du service religieux dans l'islamisme et dans le christianisme apporta, nécessairement, bien des modifications dans le plan et dans la décoration des édifices destinés au culte.

Les plus anciennes mosquées arabes sont bâties avec des matériaux enlevés à des édifices antiques. Presque toutes les colonnes qui en soutiennent les plafonds ou les dômes appartenaient à des monuments grecs ou romains. C'est pourquoi les chapiteaux offrent une imitation plus ou moins dégénérée de la corbeille corinthienne. Les arcades sont construites en pierre appareillées ou en pierre blanche et en briques rouges de deux couleurs. Les plafonds sont établis, presque partout, en bois peint et doré; mais, quelquefois, aux plafonds sont substituées des séries de petites coupoles. Quant aux ornements, ils se couvrent d'inscriptions en caractères arabes d'une forme plus ou moins ancienne. Nulle part au monde on ne multiplia d'une manière plus variée et plus ingénieuse, les innombrables combinaisons de figures géométriques associées à des fleurs et à des fleurons pour engendrer des formes applicables à la décoration des édifices. Les Orientaux suppléèrent par ces divers enlacements de lignes et de feuillages, qui sont si bien en harmonie avec le caractère de leur écriture, à la représentation des êtres animés qui leur était souverainement interdite par la loi mahométane. Tous ces ornements qui semblent avoir été imités de ceux qu'offraient les tapis de l'Inde et de la Perse, sont rehaussés de couleurs éclatantes. Les marqueteries en pierres de diverses sortes, ont occupé aussi une place importante dans le système décoratif de l'ancienne architecture orientale. Plus tard, les revêtements de briques émaillées, dont il existait des fabriques considérables en Perse, ont été très recherchés. On taillait ces pièces en polygones variés de manière à en former toutes sortes de dessins. Un autre élément architectonique que l'on retrouve dans presque tous les monuments orientaux, consiste en cette série de petites coupoles en pendentifs, dont nous parlons un peu plus haut, de petites niches superposées et non seulement remplissant le vide des angles rentrants que présentent les constructions, mais encore formant quelquefois l'entablement supérieur des édifices.

C'est en Egypte que l'architecture arabe s'est développée d'abord. La plus ancienne mosquée du Caire est celle d'Amron qui fut élevée l'an 21 de l'hégire (643 de J.-C.). Mais elle a été tellement agrandie, restaurée après un incendie, et réparée à différentes époques, qu'elle n'est plus ce qu'elle était à l'origine. Nous prenons de préférence, comme type de mosquée, celle de Touloun, élevée en l'an 877, et considérée comme l'œuvre d'un architecte chrétien qui la bâtit par ordre d'Ahmed-Bey-Touloun. Elle se compose d'une grande cour environnée de portiques sur trois côtés; le quatrième, qui constitue la mosquée proprement dite, est composé de plusieurs nefs. Les arcades sont en ogives et supportées par des piliers ornés, à leurs quatre angles, de demi-colonnes engagées avec des chapiteaux arabes. Mais parmi les 400 mosquées du Caire, celle qu'on s'accorde à regarder comme la plus belle, est la mosquée d'Hassan, qui fut élevée au XIVe siècle.

Les maisons de l'Orient rappellent souvent, par le plan, les habitations privées des Anciens. Elles sont divisées en deux parties, l'une pour les hommes, l'autre pour les femmes et la famille. Les chambres, en général, donnent sur une cour intérieure, tandis que l'extérieur de l'habitation ne présente bien souvent que des murailles nues, dépourvues de fenêtres. En Egypte, la disposition est différente; au Caire, on voit beaucoup de maisons à deux ou trois étages. Les appartements des femmes sont disposés à l'étage supérieur, et quand ils donnent sur la rue, ils sont munis de fenêtres grillées, garnies de vitraux coloriés, avec des balcons en saillie et en bois taillé à jour qu'on appelle moucharabieh.

Nous ne reviendrons pas, ici, sur le caractère de l'art oriental en Espagne, il a été très complètement étudié au mot Mauresque auquel nous renvoyons le lecteur, et nous passons à d'autres parties de l'Orient qui n'ont pas été l'objet d'une analyse spéciale.

Venus après les autres peuples musulmans, les Turcs n'ont pas apporté dans l'art un goût bien particulier. Le style byzantin dégénéré qui régnait de leur temps, modifié par le goût arabe et persan, caractérise les monuments élevés sous leur domination. Les mosquées de Constantinople, bâties bien après celles de l'Egypte, sont généralement imitées de Sainte-Sophie. Les coupoles y sont beaucoup plus abondantes que chez les Arabes, et les minarets turcs, très différents de ceux de l'Egypte, sont de hautes tours, avec deux ou trois étages de galeries circulaires surmontées d'un cône de couleur noire qui les a fait comparer, par les touristes, à des chandeliers coiffés d'un éteignoir.

Le sultan Achmet Ier, voulant, dit-on, prouver que sa religion pouvait aussi bien, et même mieux que celle des chrétiens, inspirer de beaux édifices, fit élever, en 1610, la grande mosquée qui porte son nom. Elle est entourée d'une vaste enceinte plantée d'arbres, et tandis que les plus grandes mosquées ont droit seulement à quatre minarets, celle-ci en a six comme la Kâaba de la Mecke. Aussi les dévots crièrent-ils au scandale et, pour les faire taire, le sultan fut obligé de promettre qu'il élèverait un septième minaret à la Kâaba. On entre dans la mosquée d'Achmet par une cour qu'entoure un portique surmonté de quarante petits dômes; ils sont soutenus par des colonnes de granit égyptien qui forment vingt-six arcades. Au milieu de cette cour, pavée en marbre, se dresse une belle fontaine entourée de colonnes formant six arcades en ogives. La grande coupole de la mosquée, plus élevée et d'une forme moins écrasée que celle de Sainte-Sophie, repose sur quatre énormes colonnes cannelées qu'entoure, à la moitié de leur hauteur, une bande couverte d'inscriptions pieuses. Quatre demi-coupoles latérales donnent à l'édifice la forme d'une croix grecque. Les minarets, pourvus chacun de trois galeries circulaires, sont coiffés d'un cône pointu, selon l'usage turc.

Sans nous arrêter à l'art persan, qui est étudié à sa place, nous devons dire ici pourtant, qu'un certain nombre de ses monuments, est d'une date antérieure à la naissance de l'art arabe et occupent, par suite, une place à part dans l'art oriental.

Le travail des métaux formait une partie très importante des industries artistiques de l'Orient. Damas y était célèbre pour ses armes, c'est là aussi qu'on fabriquait ces belles lampes de mosquées si recherchées par nos collectionneurs. Des inscriptions circulaires en grands caractères émaillés de bleu ou réservés sur fond d'émail portent les titres des sultans qui ont consacré la mosquée et s'encadrent dans de gracieuses arabesques rehaussées d'or.

Une des pièces les plus connues et les plus précieuses du musée des souverains, au Louvre, était celle qui porte le nom de *baptistère de Saint-Louis*. Cet admirable bassin, en cuivre rouge damasquiné d'argent, est de fabrication arabe, ainsi que l'atteste l'inscription déchiffrée par M. de Longpérier, qui avait été méconnue jusqu'ici à cause des écussons d'argent aux armes de France scellés postérieurement par-dessus. « Le doute, dit M. Barbet de Jouy, dans son *Catalogue du Musée des Souverains*, n'est en aucune façon fondé sur le plus ou moins d'antiquité du bassin oriental; sous ce rapport, rien ne lui manque; les sujets qui y sont représentés et qui le recouvrent presque en entier, tant à l'intérieur qu'à l'extérieur, sont ceux que l'on retrouve sur les monuments orientaux de la plus haute antiquité et que les familles d'artistes ont répété traditionnellement; c'est la vie du prince sarrazin partagée entre les combats, la chasse et les festins; ce sont les différents animaux attaqués et ceux qui sont dressés pour les poursuivre. Lorsque le bassin est destiné à contenir un liquide, des poissons sont le plus souvent figurés sur le fond, et nous les trouvons à profusion à l'intérieur de ce cratère ».

Le savant conservateur fixe aux approches de 1150 l'introduction, en France, de ce bassin fait en Orient, mais il met en doute la question de savoir s'il a servi au baptême de Saint-Louis. Ce serait postérieurement que l'usage se serait introduit de baptiser dans ce bassin les enfants de France, usage qui aurait commencé historiquement à Charles V, fils du roi Jean.

La céramique orientale a produit des chefs-d'œuvre de goût décoratif trop complètement décrits, au mot CÉRAMIQUE, pour nous arrêter de nouveau; nous dirons seulement, en terminant, quelques mots des tissus.

Les tissus fabriqués dans tout l'Orient ont eu, de tout temps, de la célébrité. Les Anciens les recherchaient avec autant d'avidité que le font les modernes. Dans ses tapis, dans ses tissus, dans ses châles, l'Oriental, même le plus barbare, est vraiment artiste, si sa trame savante ne produit pas l'éclat rutilant des étoffes chinoises, il possède, d'instinct, le don d'une coloration chaude et mystérieuse où nulle forme, nul ton ne s'affirme aux dépens des autres et où tous concourent à produire une harmonie pleine de charme. Cette profusion de motifs enlacés les uns dans les autres qui, dans l'architecture, fatiguent l'œil parce qu'elle détruit toute ligne dominante, est, au contraire, d'un heureux effet dans un tissu, parce qu'alors les plis se chargent d'établir, par l'ombre et la lumière, des directions variées qui, dans certains cas même, accusent la forme générale, non plus de l'étoffe, mais de la personne qui en est parée. — V. CHALE, PERSAN, TAPIS.

En résumé, du Pacifique à l'Atlantique, l'art oriental est un art de décor et d'ornement où les formes de la vie sont rares et tout accessoires, reposant sur l'emploi, merveilleusement fécond des formes géométriques librement traitées, secondé par l'enchantement des puissantes harmonies de la couleur.

ORIFICE. Ouverture qui sert d'entrée ou d'issue à un objet quelconque, qui donne l'écoulement à un fluide contenu dans un récipient (V. HYDRAULIQUE). En *T. d'exploit. des mines*, on appelle *orifice équivalent*, d'après M. Murgue, ingénieur de la compagnie de Bessèges, la surface de l'orifice en mince paroi à travers lequel la même dépression ferait passer dans le même temps la même quantité d'air qu'à travers une mine. Cet orifice équivalent descend à $0^{m2},16$ pour le charbonnage du grand Hornu en Belgique (1844), il est inférieur à $0^{m2},80$ pour les mines étroites, compris entre $0^{m2},80$ et $1^{m2},20$ pour les mines moyennes, supérieur à $1^{m2},20$ pour les mines larges, et il s'élève jusqu'à $4^{m2},30$ pour la mine de Hetton en Angleterre (1865). La grandeur de l'orifice équivalent tient surtout à l'épaisseur des couches, et c'est pour cela qu'elle est supérieure dans les mines anglaises et inférieure dans les mines Belges. Mais elle tient aussi à l'aménagement des travaux. Ainsi, en rectifiant le courant d'air dans la mine de Créal, on a pu porter son orifice équivalent de $0^{m2},63$ à $1^{m2},13$. Nous avons indiqué à l'article GRISOU l'intérêt qu'il y a à exploiter des mines le plus larges possible.

ORIFLAMME. Cet étendard national a son histoire, qui ne peut trouver place ici: nous devons nous borner à en indiquer l'origine, la forme, les vicissitudes et la disparition.

— D'abord simple bannière de dévotion, puis enseigne militaire toute locale, comme la célèbre chape de saint

Martin, l'oriflamme ou oriflambe, ainsi qu'écrivent les vieux chroniqueurs, appartenait à l'abbaye de Saint-Denis, dans la basilique de laquelle elle était placée et dont elle décorait l'autel. Pour qu'on vînt la *lever*, il fallait qu'une grande guerre éclatât, que la France et la monarchie fussent en péril imminent. L'une et l'autre se mettaient alors sous la protection de ce *palladium* vénéré; le roi venait en grande pompe « querre » l'oriflamme et la confiait au plus vaillant de ses gentilshommes quand il ne la portait pas lui-même.

Raoul de Presles, qui vit, en 1328, l'oriflamme revenir de la bataille de Cassel, où Philippe-de-Valois avait vaincu les Flamands, s'écriait : « Et si, portez seul, le Roy, l'oriflambe en bataille : c'est assavoir ung glaive tout doré, où est atachiée une banière vermeille, laquelle vos devanciers ont acoustumé venir prendre et querre en l'église de Monseigneur Sainct-Denys, en grant solennité et devocion. »

Souvent décrite par les chroniqueurs, l'oriflamme n'a pas toujours été figurée de la même façon, soit qu'il y en ait eu deux, ainsi que l'affirment Raoul de Presles et Guillebert de Metz : « J'en ay veu deux de mon temps sur lautel des glorieux martirs, en chascune partie de lautel, et estoient enhantées de deux petites hantes d'argent doré, où pendoient à chascune une bannière vermeille »; soit que la fantaisie des miniaturistes et des peintres verriers se soit donné carrière ici, comme ailleurs. Un manuscrit de Froissart la représente sous la forme d'une banderole se bifurquant à son extrémité et portant ces mots : *Montjoye Sainct-Denys*. Enfin, une miniature, provenant de la bibliothèque des Célestins de Paris, lui donne la forme carrée de nos drapeaux modernes, et l'étoffe est une soie brochée. Ces trois types la montrent vermeille, c'est-à-dire rouge, couleur traditionnelle de cet étendard.

L'oriflamme n'est plus qu'un souvenir; mais ce souvenir est inséparable de notre histoire. — L. M. T.

ORILLON. *T. techn.* Tenon ménagé sur le pourtour d'une chaudière de plombier. || Versoir d'une charrue.

ORLE. *T. d'arch.* Rebord ou filet placé sous l'ove d'un chapiteau; quand il est au bas du fût, il prend le nom de *ceinture*. || *Art hérald.* Pièce honorable faite en forme de bordure, mais qui ne touche pas les bords de l'écu.

ORLET. *T. techn.* Petite moulure qui forme le couronnement de la cymaise.

ORME. *T. de bot.* Arbre des régions tempérées et froides, qui croît dans les forêts d'Europe et dans celles de l'ouest de l'Asie ou du nord de l'Afrique.

Deux variétés d'ormes sont surtout intéressantes :

1° L'*orme champêtre* (*ulmus campestris*, L., famille des ulmacées) est encore désigné sous le nom d'orme pyramidal, ou d'ormeau, lorsqu'il est jeune. C'est un bel arbre pouvant atteindre de 25 à 27 mètres de hauteur, et offrir à la base de son tronc une circonférence de 4 à 5 mètres; on en cite un exceptionnel qui, en Irlande, avait atteint une circonférence de 38 pieds et 6 pouces anglais (13^m,5). Son tronc est élancé, il est recouvert d'une écorce brunâtre, raboteuse et crevassée, mais assez tenace, elle est astringente et fébrifuge, et renferme un principe particulier l'*ulmine*; les racines latérales de cet arbre s'étendent fort loin, surtout lorsque le sol est léger et profond; le bois est dur et rougeâtre, assez tenace, et se conservant bien sous l'eau; quelques espèces d'ormes sont caractérisées par la propriété d'offrir à la base du tronc de très nombreuses nodosités, ce qui a fait donner le nom de *tortillards* aux arbres de cette espèce; malheureusement ce bois est attaqué par un assez grand nombre d'insectes qui vivent entre l'écorce et le bois, et altèrent l'arbre en produisant des maladies qui amènent la formation de grands trous dans le tronc; aussi est-il souvent nécessaire d'abattre ces arbres quand ils sont arrivés à 70 ou 80 ans.

L'orme est un arbre dont le bois a de nombreux emplois. Les variétés dites *tortillards*, s'utilisent surtout en ébénisterie pour faire de beaux meubles; elles sont aussi recherchées pour faire les moyeux et les jantes des roues, des vis de pressoirs, des presses, des manches d'instruments; l'orme ordinaire sert pour les charpentes et dans les constructions navales; sa résistance à l'eau le fait utiliser pour faire des pilotis, des tuyaux de conduite. Comme bois de chauffage, c'est après le chêne, celui que l'on préfère.

Une espèce d'orme, l'*ulmus suberosus*, Wild., offre une écorce épaissie, qui constitue un véritable liège.

2° L'*orme fauve* (*ulmus fulva*, Miet.) est de provenance américaine. Cet arbre se retrouve partout, depuis le Canada jusqu'à la Louisiane, et il est très estimé des Indiens, d'abord à cause de son écorce, qui, réduite en poudre, est utilisée pour panser les blessures et sert dans les maladies de la peau, puis surtout à cause de son bois qui a la particularité d'offrir, au milieu du ligneux, des canaux remplis de fécule et de sels, de telle sorte que ce bois, soumis à l'action de l'eau chaude, donne un mucilage abondant, qui fait employer les fibres comme émollientes. Ce bois du reste sert en outre pour faire des clôtures, des boîtes à poulies, des charpentes et des constructions navales. — J. C.

ORNEMANISTE. On donne le nom d'*ornemaniste* ou d'*ornementiste* à l'artiste qui compose et à l'artisan, dessinateur, peintre, sculpteur, graveur, etc., qui exécute l'*ornement* (V. ce mot). Aujourd'hui, le principe de la division du travail, qui, dans l'industrie, produit des résultats économiques si importants et si précieux, s'étant malheureusement propagé et se répandant chaque jour davantage dans les ateliers d'art industriel, l'ornemaniste joue un rôle considérable dans la pratique des innombrables applications de l'art à l'industrie; son éducation doit donc être des plus complètes. Il doit posséder la connaissance parfaite de tous les styles, de tout ce que ses devanciers ont inventé, pour le reproduire au besoin, et aussi pour se bien pénétrer des méthodes qui ont présidé à leur invention. Mais cela même ne suffit pas. Le génie créateur, l'imagination sont des facultés peut-être plus nécessaires encore au peintre ou au sculpteur ornemaniste qu'au peintre de figure ou au statuaire. Ceux-ci, en effet, trouvent tout formés dans le dictionnaire de la nature, la totalité des mots de la langue qu'ils doivent parler, l'entier répertoire des formes et des couleurs qu'ils mettront en mouvement; pour eux, imaginer, créer, consiste uniquement dans la combinaison plus ou moins neuve, intelligente, expressive, passionnée d'éléments connus, qu'ils sont tenus de reproduire aussi fidèlement que possible.

Pas une des formes, au contraire, pas un des mots de la langue de l'ornemaniste ne se rencontre exactement dans la nature. Cependant, en vertu de l'axiome *de nihilo nihil*, comme l'homme ne saurait rien créer de rien, c'est à la nature que l'ornemaniste demande, c'est chez elle qu'il découvre le germe de toute forme ornementale. Il n'y a pas dans la nature un seul objet inanimé, un seul être vivant qui ne puisse fournir le point de départ d'un type d'ornement; à la condition toutefois qu'à l'inverse du peintre de tableaux et du statuaire, le sculpteur et le peintre ornemanistes, bien loin de chercher à imiter fidèlement l'aspect de cet être vivant ou de cet objet inanimé, appliqueront tout leur effort à modifier, altérer et même dénaturer son aspect réel selon certaines lois d'ordre, d'harmonie et de simplification savante qui, dans la plupart des cas, se résout par une combinaison géométrique (V. Décoration). L'écart entre la forme naturelle et la forme ornementale qui en dérive est tel, parfois, que toute ressemblance entre elles a disparu dans le travail d'élimination.

Il est bien certain, par exemple, que l'ornement appelé *grecque*, composé d'une suite de lignes brisées à angles droits et rentrant sur elles-mêmes, connu dans tous les pays du monde dès l'antiquité la plus reculée, dans l'Inde et en Egypte, au Pérou comme en Chine, n'a pas gardé la plus petite analogie avec l'appendice filiforme appelé *cirre, vrille, main*, au moyen duquel certaines plantes s'accrochent aux corps voisins, et qui a inspiré la *grecque* par une série de transformations des plus simples. L'ornement auquel on donne le nom de *postes* ou de *flots* n'a pas non plus de rapports beaucoup plus proches avec une succession de vagues ou de chevaux dont les crêtes ou les crinières également échevelées se poursuivraient en s'inclinant dans le même sens.

Examinons les procédés de simplification employés par l'ornemaniste pour ramener une forme naturelle à une forme ornementale. Prenons un objet simple, une feuille de chêne. Il est facile de représenter en peinture une telle feuille assez fidèlement d'abord pour procurer au regard l'illusion de la réalité, c'est-à-dire que la feuille et la peinture engendreront la même impression visuelle. Cette première reproduction sera de la peinture imitative ou un trompe-l'œil. Mais le regard déjà ne sera plus déçu si, ne reproduisant de la feuille que sa forme et sa coloration générales, le peintre néglige absolument l'infinie variété de verts dont se compose le ton vert de la feuille de chêne et résume toutes ces nuances en un seul ton vert posé en teinte plate. Cette seconde reproduction ressemblera bien encore à une feuille de chêne, mais il y manquera quelques-unes des qualités optiques de l'objet représenté. On a commencé d'appliquer le procédé d'élimination ou d'abstraction.

Poursuivons. On peut aussi rendre soigneusement la forme de la feuille de chêne avec ses parties d'ombre et de lumière, abstraction faite de la couleur, qui, étant claire à divers degrés, sera traduite seulement par des intensités correspondantes de noir et de blanc ou de toute autre couleur, pourvu que ce ne soit pas celle de la feuille de chêne. La simplification sera aisément menée plus loin encore, en supprimant la lumière et l'ombre, et en respectant uniquement la forme exacte du contour. Et encore plus loin en imposant aux dents arrondies du contour une disposition rigoureusement symétrique. Et plus loin, plus loin encore, au point de rendre l'objet méconnaissable, soit en modifiant le caractère des dents, en leur donnant la forme aiguë au lieu de la forme arrondie, soit en les supprimant tout à fait et en ramenant le contour à n'être plus qu'un simple ovale. Est-ce donc tout? Non pas. L'ovale peut être converti en cercle parfait, en polygone et successivement en toute figure géométrique qui sera elle-même combinée avec d'autres figures obtenues par la même méthode.

Et tel est, en effet, le procédé à suivre pour obtenir un ornement nouveau dans une forme générale donnée. Il suffit de choisir un objet naturel dont le contour s'inscrive dans la forme souhaitée et d'appliquer les moyens d'élimination, de simplification et d'abstraction qui viennent d'être expliqués ou tous autres de même sorte.

Une suite de monnaies des anciens Bretons, exposée au musée de Kensington, à Londres, fournit un naïf et curieux exemple d'une telle et tout d'abord involontaire dégradation. Le modèle de cette ancienne monnaie est un stater d'or à l'effigie de Philippe de Macédoine à la tête laurée. La première imitation montre le champ de la pièce envahi en entier par les détails de la couronne de lauriers et de la chevelure, à la réserve près d'un profil d'une étrange barbarie et d'une exiguïté extraordinairement disproportionnée. Dans le second essai d'imitation, fait certainement d'après le précédent et non pas d'après l'original, le profil, même le tout petit profil a disparu, et l'arrangement de la couronne et des cheveux a pris une disposition cruciale préméditée, quoique irrégulière. Le troisième essai, tenté par un artiste déjà plus savant, régularise la croix et la compose de quatre feuilles alternant avec quatre petits tracés circulaires qui rayonnent autour d'un cercle un peu plus grand. Du stater macédonien il semble que le troisième coin breton n'ait rien conservé, et pourtant tous les éléments de ce dernier se retrouvent dans le premier.

Malgré les altérations que l'ornemaniste fait subir à ses modèles, la source inépuisable, toujours ouverte, toujours féconde de toute invention d'ornement est la nature. Dans ces modifications du type, l'artiste est libre, absolument maître de sa fantaisie; celle-ci n'est limitée que par une seule loi, beaucoup plus impérieuse pour l'ornemaniste que pour le peintre de tableaux ou le statuaire, la loi très mystérieuse de la beauté. Or la beauté, dans cette sorte d'idées, est inséparable de l'harmonie qui elle-même a son origine dans un accord de lignes et de couleurs associées de façon à satisfaire certaines exigences de notre esprit, déterminées, à notre insu, par la construction de notre organe visuel. Le principe physiologique de ces exigences psychologiques nous étant encore inconnu, c'est empiriquement, par l'étude des exemples accumulés du passé, que l'ornemaniste y obéit, ou en vertu de son propre instinct qui s'appelle le don d'invention et peut aller jusqu'au génie.

ORNEMENT. Motif peint, ou sculpté, gravé, tissé, etc., décorant une surface délimitée par des lignes régulières ou irrégulières, et contribuant à rendre un objet plus riche et plus orné. Les ornements sont, ou absolument de fantaisie, ou formés de la libre interprétation des feuillages ou des figures; mais ils consistent toujours en des agencements conventionnels qui varient suivant l'imagination de l'artiste.

L'ornementation procède par *alternance*, par *symétrie*, par *répétition*, par *intersécance*, par *consonance* ou par *contraste*.

Le système de l'*alternance* repose sur l'emploi de deux motifs spéciaux se succédant l'un à l'autre et se répétant à l'infini dans le même ordre comme la métope et le triglyphe dans l'architecture grecque.

La *symétrie* est le système de décoration ou d'ornementation dans lequel les motifs se reproduisent exactement de chaque côté d'une ligne d'axe fictive ou réelle passant par le centre de la composition. « Un plan d'une symétrie parfaite. » Dans le style gothique, la symétrie absolue n'existe presque jamais. A l'extrémité d'une façade, on élevait parfois un beffroi tandis qu'à l'autre extrémité on construisait un simple pignon. Bien des portails d'église sont flanqués à leurs extrémités de tours ou de cloches de styles divers, d'époques et de proportions différentes. Pendant la Renaissance et jusqu'à nos jours, les principes de la symétrie sont toujours appliqués aux façades des édifices.

On appelle *répétition* le système d'ornementation qui consiste à décorer une surface en y représentant un même motif un très grand nombre de fois et suivant des dispositions géométriques. Ce motif est habituellement désigné sous le nom d'*ornement courant*. Tel est, par exemple, le principe des *postes* ou *flots*, des *grecques*, etc.

L'*intersécance* consiste à faire intervenir régulièrement, mais non alternativement, un motif de décoration entre des motifs répétés; comme le faisceau disposé à intervalles réguliers dans le développement d'une grille formée de lances.

La *consonance* est un mode d'ornementation d'après lequel l'ensemble d'une décoration est subordonné à une forme ou une couleur dominante.

On appelle *contraste* enfin, le système par lequel on oppose dans un motif de décoration les couleurs claires aux couleurs sombres, et les lignes droites aux lignes courbes.

Nous avons, aux différents mots Chrétien, Grec, Musulman, etc., étudié le style général de l'art des diverses civilisations; nous rappellerons succinctement ici les traits caractéristiques de l'ornement dans les principaux styles.

Les motifs de décoration les plus employés dans le style égyptien consistent en hiéroglyphes, globes ailés, scarabées, animaux symboliques, feuilles, fleurs de lotus, palmes, etc.

Les motifs principaux de l'ornementation grecque se composent de feuillages appliqués d'une façon régulière aux diverses parties de l'entablement décorant soit la courbe des chapiteaux, soit la rosace placée sur les frises, etc. Ces divers motifs sont devenus classiques. L'architecture romaine et l'architecture de la Renaissance s'en sont inspirées en les modifiant légèrement.

Les motifs de décoration appliqués à l'architecture romaine sont à peu près les mêmes que ceux de l'architecture grecque. Mais dans la décoration des surfaces murales et des pavages, les mosaïques et les peintures à fresques sur fond diversement coloré comportent souvent un motif central autour duquel règnent des rinceaux se détachant en clair sur le fond. Les fragments de peinture retrouvés à Pompéi offrent de nombreux exemples de surfaces murales décorées ainsi de rinceaux, de figurines, d'édifices fantaisistes et de labyrinthes.

L'ornementation architecturale très riche dans l'art byzantin se contenta pendant la période romane de reproduire, mais en les alourdissant singulièrement et en les transformant, les motifs classiques qui entraient dans la composition des ordres antiques, grecs et romains. Au XIe siècle, l'ornementation s'inspire d'une flore conventionnelle et devient typique; puis elle reproduit avec une scrupuleuse exactitude les plantes particulières à chaque contrée, crée des animaux chimériques et se développe en ce sens jusqu'au XIIIe siècle. Au XIVe, elle décroît; au XVe, au contraire, elle est très touffue et, perdant la pureté des lignes, devient d'une richesse excessive.

Les ornements arabes ont pour base des combinaisons géométriques de cercles et de polygones, de trapèzes, de rayons, de triangles, de losanges et autres figures dont les compartiments ou les intervalles d'étendue variable sont diversement colorés, mais toujours avec une harmonie incomparable.

En matière de blason, les ornements sont les pièces accessoires entourant l'écu. Les *ornements de charge* servaient à particulariser les armes des dignitaires ecclésiastiques, des notables revêtus de charges de la couronne et de la maison du roi. Ces ornements consistent en attributs : livre d'azur pour le grand aumônier; flacons pour le grand échanson, épée nue pour les connétables.

Les *ornements de dignité* constatent le droit à porter un titre de noblesse, et consistent en couronnes et en casques.

Les *ornements d'hérédité* se transmettent dans les familles par ordre de succession, et comprennent les lambrequins, les cimiers, les supports et les devises.

On désigne enfin sous le nom d'*ornements pontificaux* la mitre, la crosse et l'anneau de l'évêque, exerçant ses fonctions épiscopales, et d'*ornements sacerdotaux*, les vêtements que portent les ecclésiastiques pendant les offices divins ; on comprend aussi sous le nom d'*ornements d'église* tous les objets du culte, *tabernacles*, *encensoirs*, *reliquaires*, *lampes*, etc., tout ce qui, en un mot, concourt à la décoration du temple.

ORPAILLEUR. L'*orpailleur* est celui qui cherche à extraire les paillettes d'or qui se rencontrent dans les cours d'eau, en en lavant les sables. Ce nom ne s'applique qu'au travailleur isolé, employant les moyens les plus primitifs de lavage, tels que la sébile en bois ou *batée* employée au Brésil et au Mexique; on fait aussi usage (en Californie et en Australie, notamment) d'une sébile en tôle ou en zinc, de forme très aplatie et dont la base mesure environ 50 centimètres. Au sommet de ce cône est une petite cavité chargée de recevoir le dépôt des matières lourdes. Cet instrument est plus léger et plus commode à manier que l'autre, et son usage tend à se répandre de plus en plus.

* **ORPHÉE.** Certaines légendes thraces ou asiatiques donnent aux artistes anciens l'occasion de représenter des personnages au type étranger, comme Orphée. Toutefois, la recherche de l'exactitude dans le costume ou les attributs ne préoccupe pas l'art le plus ancien. Qu'ils soient Thraces, Mèdes ou Phrygiens, les étrangers reçoivent des artistes primitifs le type et le costume helléniques à peine altérés par des détails presque insignifiants. Pour Orphée, en particulier, nous savons que Polygnote l'avait représenté en costume grec dans les peintures de la Lesché de Delphes : Pausanias relève ce fait non sans étonnement. Plus tard, on voit souvent le héros thrace revêtu de vêtements phrygiens : il porte la tiare appelée *cidaris* d'où s'échappe une longue chevelure flottante, la tunique brodée et les anaxyrides. Les peintres de vases de l'époque la plus récente le montrent ainsi, tantôt jouant de la lyre, assis sur un rocher, tantôt en proie aux fureurs des femmes thraces. Sur un beau bas-relief de la villa Albani, dont il existe plusieurs répliques, il porte un costume à demi-hellénique, la tunique, le bonnet de fourrure appelé *alopekis*, et les hautes bottines que les Grecs empruntaient quelquefois aux Thraces.

Dans la symbolique de l'art chrétien, Orphée, attirant les animaux sauvages par les accents de sa lyre, représente Jésus-Christ attirant les hommes par sa parole de charité.

Dans l'art moderne, Orphée est choisi au même titre qu'Apollon, comme figure allégorique de la Musique et surtout de la Poésie.

ORPIMENT. *T. de chim.* C'est le trisulfure d'arsenic, $AsS^3 \ldots As^2S^3$, ou *arsenic jaune*. Nous avons indiqué qu'on le trouve à l'état natif (V. ARSENIC, § *Minerais d'arsenic*), mais celui que l'on emploie le plus souvent dans l'industrie, est fabriqué artificiellement, soit en fondant du soufre avec du bisulfure d'arsenic ou de l'acide arsénieux, soit en distillant un mélange approprié de pyrite de fer et de fer arsenical, ou encore, en faisant fondre de l'acide arsénieux et y projetant 2 0/0 de soufre ou 1 à 4 0/0 de sulfure rouge et sublimant. Ainsi préparé il est en masses jaunâtres, striées, transparentes par places, et porcelanées ; elles contiennent parfois des quantités telles d'acide arsénieux, qu'il n'y a guère que 3 à 4 0/0 de trisulfure.

Le trisulfure employé en peinture sous le nom de *jaune royal* est en poudre d'un beau jaune, d'une composition bien plus constante. Il s'obtient : 1° en précipitant une solution d'acide arsénieux dans l'acide chlorhydrique, par l'hydrogène sulfuré; 2° en faisant bouillir la même solution chlorhydrique d'acide arsénieux avec de l'hyposulfite de soude; 3° en décomposant le sulfure double d'arsenic et de sodium ($[AsS^3 + NaS]$ obtenu par fusion d'acide arsénieux, de soufre, et de carbonate de soude) par l'acide sulfurique dilué.

Usages. Outre son emploi en peinture, le sulfure jaune d'arsenic sert encore en teinture, ou dans l'impression, comme réducteur de l'indigo. Il entre aussi dans la composition du *rusma* (chaux 9 parties, orpiment 1 partie, eau quantité suffisante) pâte épilatoire très employée par les Orientaux ; pour peindre sur marbre, après l'avoir dissous dans l'ammoniaque.

ORPIN. *T. de chim.* Syn. : *trisulfure d'arsenic naturel.* — V. ARSENIC.

ORSEILLE. *T. de mat. méd.* Matière pâteuse, d'un rouge violacé foncé, qui, depuis le commencement du XIVe siècle, sert à la teinture de la laine. Elle vint d'abord exclusivement de Florence, et était préparée avec les lichens croissant sur les côtes des îles méditerranéennes ; puis, au XVe siècle, des îles du Cap-Vert et des Canaries. Nous avons indiqué au mot LICHEN, quelles sont les plantes qui fournissent ce produit, aussi divise-t-on les sortes commerciales d'orseille en *orseille de mer* et *orseille de terre*. Les premières sortes comprennent : les produits venant des Canaries, elles forment des amas de petites tiges brunes, dures, arrondies, réunies par la base et offrant par places de petits points blancs ; puis celles du Cap-Vert qui ont les tiges de couleur fauve d'un côté et noirâtre de l'autre : celles de Madère, de Sardaigne, de Madagascar, que l'on reconnaît à la présence de frondes membraneuses, lisses, coriaces et d'un gris cendré ; enfin, celles d'Angola, de la mer du sud (Chili et Pérou), de Mozambique et de l'Inde.

Les orseilles de terre proviennent d'Auvergne, des Pyrénées, de Suède ou de Norwège. Ces plantes renferment des acides qui, se modifiant par le contact des alcalis, donnent naissance à une matière colorante rouge, par suite de l'altération de l'orcéine qui s'est produite. — V. ORCÉINE, ORCINE.

PRÉPARATION. L'orseille s'obtient en pétrissant les lichens nettoyés et pulvérisés, avec de la chaux et de l'urine, puis laissant fermenter au contact de l'air, agitant fréquemment. Quand la matière se dessèche, on ajoute de la chaux nouvelle et de l'urine putréfiée ; après un mois le produit peut servir, mais l'orseille d'un an est préférable, parce qu'elle est plus riche en matière colorante.

L'*orseille en pâte*, préparée ainsi que nous l'avons indiqué, est soluble dans l'eau, l'alcool et surtout l'ammoniaque, en donnant une teinte cramoisi violacé, que les acides font virer au rouge, et qui forme des laques, brune avec l'alun, rougeâtre avec les sels d'étain, et que l'acide sulfhydrique décolore, ainsi d'ailleurs que la conservation en vase clos ; l'ébullition ou l'agitation à l'air font reparaître la couleur.

L'*orseille épurée* est celle obtenue simplement par l'action de l'ammoniaque faible, elle a remplacé peu à peu la précédente.

L'*orseille pure* s'obtient de diverses manières : 1° *procédé Frézon.* On passe au moulin les lichens mondés, en y faisant arriver un filet d'eau; par suite des frottements produits, la partie utile des lichens se sépare et se dissout en partie pendant qu'une autre portion reste en suspension. On filtre au travers d'une étoffe de laine, puis on ajoute dans la liqueur du bichlorure d'étain qui précipite les acides organiques. Le dépôt est lavé, mis à égoutter, puis introduit dans des cuves avec de l'ammoniaque, et agité fréquemment. L'orcéine se produit peu à peu, et après un mois on recueille le dépôt pâteux, pour le livrer au commerce; 2° *procédé Guinon, Marnas* et *Bonnet.* On traite à froid les lichens par l'ammoniaque ou la chaux, pour dissoudre les acides, puis on exprime pour séparer la partie ligneuse, et on verse dans l'eau de lavage un léger excès d'acide chlorhydrique, ce qui produit un précipité que l'on lave et laisse égoutter; enfin on traite à chaud par l'ammoniaque. En maintenant la température à 60° environ, pendant vingt jours, et réajoutant de l'ammoniaque, pour avoir toujours un excès de cette matière, on a un liquide violet-pourpre qui, traité par le chlorure de calcium ammoniacal, donne une laque violette, laquelle, lavée et desséchée avec soin, porte le nom de *pourpre française*, et que l'on modifie en laque à base d'alumine, lorsqu'on la destine à l'impression sur tissus.

L'*orseille* de M. *Helaine* est de l'orseille en pâte, purifiée par vingt fois son poids d'eau distillée bouillante, puis addition d'ammoniure d'étain dans la liqueur bouillante. Le précipité est lavé et exprimé, puis les eaux de décantation et de lavage sont traitées par de nouvelles quantités d'ammoniure, pour obtenir l'orseille qu'elles contenaient encore.

Essais. Pour connaître la valeur des orseilles, on opère de différentes manières : 1° on fait macérer 100 grammes d'orseille dans un lait de chaux pendant dix minutes, on filtre et on reprend le produit par du lait de chaux pendant le même temps; les liqueurs réunies sont saturées par l'acide chlorhydrique qui précipite les acides que l'on lave sur un filtre; on dessèche et on pèse; 2° on épuise l'orseille par un lait de chaux, comme précédemment, puis on titre les liqueurs filtrées avec l'hyposulfite de soude ou le chlorure de chaux. Pour cela, on ajoute la liqueur titrée à l'extrait alcalin en agitant, tant que la coloration rouge produite disparaît immédiatement. La plus ou moins grande quantité de liqueur titrée employée indique la richesse comparative.

L'orseille est parfois mélangée avec des extraits de bois (campêche ou Brésil); pour reconnaître la fraude, on épuise l'orseille par l'eau, puis on ajoute de l'acide acétique et du sel d'étain, et on porte à l'ébullition. L'orseille pure se décolore par ce traitement, la liqueur reste rouge s'il y a du bois de Brésil, ou gris bleu, s'il y a du campêche.

On reconnaît qu'une étoffe est teinte en orseille à ce que l'acide chlorhydrique fait virer la nuance au rouge jaune clair; à ce qu'il y a décoloration dans un mélange à parties égales d'acide chlorhydrique, sel d'étain et eau; et à ce que l'ammoniaque donne à la fibre une teinte bleue violacée. — J. C.

***ORSEL** (André-Jacques-Victor). Peintre, né à Oullins (Rhône) en 1795, mort à Paris le 31 octobre 1850, fut élève de l'école des Beaux-Arts de Lyon et de Pierre Revoil. Ses études classiques avaient été très complètes, et il avait même paru se diriger d'abord vers les lettres; on a de lui une tragédie sur la mort d'Abel, et il se signala toute sa vie par un travail opiniâtre; c'était avant tout un chercheur. Etant encore élève, à Lyon, son talent s'était déjà assez affirmé pour qu'on lui confiât la direction de l'atelier de Revoil, en l'absence de ce dernier. Mais, sans se laisser éblouir par cette fortune inespérée, l'artiste, sentant qu'il avait encore à apprendre, vint à Paris, entra dans l'atelier de Pierre Guérin, et se fit assez aimer de ce maître difficile, pour être admis à l'accompagner lorsqu'il fut nommé directeur de l'Ecole française à Rome, en remplacement de Thévenin. Là il trouva Cornelius et Overbeck, qui cherchaient à rendre à la fresque sa splendeur passée. Le jeune peintre s'enthousiasma pour cette idée vers laquelle le portait d'ailleurs la nature de son talent, religieux et mystique, et il ne cessa depuis d'étudier les procédés des anciens pour ce genre de peinture décorative. Il envoya de Rome plusieurs toiles, mais ses œuvres les plus remarquables sont le *Bien et le mal* (1833), vaste composition évoquant l'idée d'opposition entre le mal, représenté par le libertinage, le mépris, l'angoisse, le désespoir, et le bien, que figurent la pudeur, le mariage, la maternité, le bonheur; et la décoration de la chapelle de la Vierge, dans l'église Notre-Dame de Lorette. Commencée en 1836, cette entreprise occupa toute la vie de l'artiste, et il ne s'agit pas moins que de soixante tableaux sur le sujet des *Litanies de la Vierge.* Alphonse Perrin, son ami, mit la dernière main à cette œuvre interrompue par la mort du peintre.

***ORSELLINIQUE** (Acide). *T. de chim.* Acide provenant du dédoublement de quelques-uns des lichens constituant l'orseille. Cette réaction a lieu sous l'influence de l'eau ou des alcalis, comme on peut le voir par les formules suivantes :

$$\underbrace{C^{40}H^{22}O^{20}}_{\text{Erythrine}} + (H^2O^2)^2 = \underbrace{C^8H^{10}O^8}_{\text{Erythrite}} + \underbrace{2C^{16}H^8O^8}_{\text{Ac. orsellinique}}$$

ou $C^{20}H^{22}O^{10} + 2H^2O = C^4H^{10}O^4 + 2C^8H^8O^4$

et

$$\underbrace{C^{32}H^{14}O^{14}}_{\text{Ac. lécanorique}} + H^2O^2 = \underbrace{2C^{16}H^8O^8}_{\text{Ac. orsellinique}}$$

ou $C^{16}H^{14}O^7 + H^2O = 2C^8H^8O^4$

Il cristallise en aiguilles étoilées, est amer, acide, fond à 176° en donnant de l'orcine; il est assez soluble dans l'éther; dans l'alcool ou l'eau à l'ébullition. Pour l'obtenir, on traite l'érythrine par la soude bouillante, puis on ajoute de l'acide chlorhydrique; il précipite, mélangé à de l'érythrite.

ORTHODROMIE. *T. de navig.* On désigne ainsi la courbe la plus courte qu'on puisse tracer entre deux points du sphéroïde terrestre. Si l'on suppose la terre sphérique, ce qui est bien suffisant pour les besoins de la navigation, cette courbe est un arc de grand cercle. Autrefois, les navires s'attachaient à suivre sur la surface de l'océan une courbe appelée *loxodromie* qui jouit de la propriété de couper tous les méridiens sous le même angle; mais les nécessités de la navigation à vapeur, surtout en ce qui concerne l'économie du charbon et le transport des voyageurs, obligent les marins à abréger leurs voyages le plus possible, et à suivre par conséquent le plus court chemin.

***ORTHOÉDRIQUE.** *T. de minér.* On nomme *orthoédriques* toutes les formes cristallines dont les axes sont perpendiculaires entre eux (cube, prisme droit à base carrée, prisme droit à base rectangle et leurs dérivés).

Par opposition, on nomme cristaux *klinoédriques* ceux dont les axes sont obliques entre eux.

ORTHOGONAL. *T. de géom.* Se dit de deux lignes ou de deux surfaces qui se coupent à angle droit.

La théorie des lignes et des surfaces orthogonales est extrêmement importante en géométrie; elle fait l'objet des recherches de plusieurs géomètres contemporains. Le lieu des centres des cercles orthogonaux à deux cercles fixes C et C', est l'axe radical de ces deux cercles. Deux coniques qui ont les mêmes foyers sont orthogonales; mais pour que leur intersection soit réelle, il faut que l'une soit une ellipse, l'autre une hyperbole. Ces théorèmes se généralisent dans la géométrie à trois dimensions et deviennent le point de départ de remarques intéressantes au sujet des sphères orthogonales et des surfaces de second degré homofocales. C'est la base de la théorie des coordonnées elliptiques de Lamé. Un autre théorème, d'une grande généralité et d'une grande importance est dû à Dupin; en voici l'énoncé: si trois familles de surfaces sont telles que chaque surface de l'une d'elles coupe orthogonalement toutes les surfaces des deux autres, la ligne d'intersection de deux surfaces de familles différentes, sera une ligne de courbure de chacune d'elles. Remarquons enfin que si l'on donne dans l'espace une famille de lignes droites ou courbes, il n'existe généralement pas de surface qui leur soit à toutes orthogonales, quoiqu'inversement, à chaque famille de surfaces corresponde toujours un système de lignes ou trajectoires orthogonales.

L'application la plus importante de ces considérations géométriques est la théorie mécanique des lignes de force et des surfaces de niveau qui rend de si grands services dans l'étude des phénomènes électriques et magnétiques. — M. F.

ORTHOGRAPHIE. Dessin d'une construction à une échelle donnée et suivant le rapport géométrique de toutes ses parties; on dit mieux *élévation géométrale.* || Profil ou coupe perpendiculaire d'une fortification.

ORTHOPÉDIE. *T. de méd.* D'après son éthymologie, (de ὀρθός, droit, et παῖς, enfant), ce mot créé par Audry, signifierait l'art de prévenir et de corriger, chez les enfants, les difformités du corps. Actuellement cette signification est prise dans un sens beaucoup plus large, et on désigne sous ce nom, cette partie de la thérapeutique qui peut s'étendre à toutes les difformités et déformations compatibles avec la vie, chez l'adulte, comme chez l'enfant, quelles que soient d'ailleurs l'origine ou la nature de ces déformations. Comme l'a fait remarquer Dally, ainsi définie, l'orthopédie s'appellerait bien plus justement l'orthomorphisme, mais l'usage ayant consacré le premier mot, il n'est pas nécessaire de faire de nouveaux changements.

Ne pouvant entrer dans les applications diverses de l'orthopédie, nous nous contenterons de signaler que l'application de cette méthode comporte trois phases bien distinctes au point de vue des soins à appliquer pour combattre une déformation quelconque. La période préventive est celle pendant laquelle on tâche de prévenir chez l'enfant une difformité pouvant se produire dans la taille, ou le bassin, ainsi que dans la vue. C'est une question d'hygiène scolaire qui surtout, actuellement, préoccupe nos gouvernants et nos spécialistes. A cette même période se rattachent aussi les soins que l'on doit donner, dès la naissance, aux enfants qui présentent soit une faiblesse des membres, due au rachitisme soit à une autre cause, ou qui ont déjà des difformités congéniales. L'application de certains bandages ou appareils orthopédiques appropriés à la partie qu'il faut redresser, ou qu'il faut contenir, est ici indispensable, et on sait que la France a sous ce rapport des constructeurs des plus habiles; les noms des Charrière, des Mathieu, etc., sont justement renommés pour l'ingéniosité des appareils qu'ils ont inventés. L'usage de ces appareils est encore nécessaire lorsqu'il y a tendance à la déformation et qu'il est prudent de maintenir certaines parties jusqu'à ce que les lésions des articulations du rachis ou des membres semblent guéries depuis quelque temps. La gymnastique, l'exercice des muscles ayant besoin de fonctionnement, les frictions, les massages, la faradisation localisée qui a donné de si bons résultats à Duchêne (de Boulogne), l'hydrothérapie sont des moyens que l'on emploie en plus pour prévenir les déformations ou pour combattre celles qui, comme le spasme ou la contracture nerveuse, amènent des modifications de nature musculaire.

Pour corriger les déformations congéniales ou acquises, l'intervention chirurgicale est nécessaire; mais alors on peut agir avec lenteur à l'aide de mouvements spontanés ou d'appareils ramenant graduellement les organes dans la position qu'ils devraient occuper, moyens qui ne sont pas toujours suffisants; ou brusquement, en pratiquant certaines opérations, comme la ténotomie ou section des tendons (pieds-bots divers); la myotomie ou section des muscles (dans le torticolis, le strabisme); l'ostéotomie ou section des os, lorsque par exemple un membre est plus allongé qu'un autre; l'ostéoclasie ou rupture des os dans des cas de déformation produite par des luxations mal réduites, etc. Cette seconde phase des méthodes orthopédiques est celle qui donne les résultats les plus rapides, bien qu'ils ne soient pas tangibles immédiatement par suite de la nécessité dans laquelle on se trouve de laisser reformer des tissus cicatriciels qui maintiendront l'organe dans la position qu'il devra avoir. Pour maintenir les rectifications opérées, ce qui est difficile pour les déviations de cause articulaire ou osseuse, on doit encore se servir d'appareils inamovibles, amovibles ou amovo-inamovibles, c'est-à-dire d'appareils immobilisant totalement une partie du corps, ou permettant de faire certains mouvements que l'on croit nécessaires pour rétablir le fonctionnement des parties qui ont été opérées. Ces appareils sont, ou des bandages que l'on applique sur l'organe rectifié en enduisant des bandes de toile de dextrine ou de plâtre, ou des appareils métalliques plus ou moins compliqués, et alors construits par des fabricants spéciaux. Ces derniers appareils ont souvent besoin d'être portés longtemps, mais il ne faut pas oublier que pour assurer une guérison complète, il est, en plus de l'intervention chirurgicale, nécessaire d'ajouter un traitement interne, de donner à l'individu placé dans un air pur, une nourriture substantielle, surtout chez les scrofuleux ou les rhumatisants, et de surveiller les sujets pendant la période d'immobilisation pour éviter les accidents nouveaux que pourrait provoquer l'atrophie musculaire.

***ORTHOSE.** *T. de minér.* Variété de *feldspath.* — V. ce mot.

ORTIE. En règle générale, on désigne sous le nom d'*ortie* la ramie proprement dite (V. China-grass, Ramie). Mais c'est là une erreur, le botaniste Gaudichaut a reconnu le premier que la ramie était non une *urtica*, mais une *bœhmeria*.

Toutes les variétés d'ortie, qui sont utilisées dans leurs pays de production soit d'une manière suivie, soit d'une façon intermittente, ne donnent une fibre que par la décortication à la main. L'écorce séchée, râclée ensuite par les indigènes et soigneusement nettoyée, est le plus souvent débouillie soit dans l'eau pure, soit dans l'eau alcalinisée par la cendre de bois, une ou plusieurs fois; elle est employée directement par le filage à la main lorsqu'on la juge suffisamment attendrie.

OS. *T. techn.* Parties du corps qui, par leur assemblage, constituent dans les animaux vertébrés la charpente interne, ou ce que l'on appelle le squelette. Ces organes sont essentiellement constitués par des principes différents, l'un d'origine organique que l'on désigne sous le nom d'*osséine*, et les autres minéraux, formés par la réunion de plusieurs sels.

L'osséine est un corps isomère de la gélatine, et ayant pour composition : carbone 50; hydrogène 3 à 7; azote 17,5 à 18,5; oxygène 24,5 à 26,0; elle constitue une trame cellulaire au milieu de laquelle se trouve condensée la matière minérale, sans qu'il ait été jusqu'à présent possible de découvrir comment se fait ce dépôt; débarrassée des sels, qui seuls donnent la dureté aux os, on voit que c'est une substance molle, transparente, élastique, qui, sous l'influence simultanée de l'eau et de la chaleur se transforme en *gélatine*, et qui, avec l'hydrate de baryte, donne comme produits de dédoublement, de la *glycolamine* et de l'*alanine.*

Il existe environ 28,76 0/0 d'osséine dans les os, comme on peut le voir par l'analyse suivante qui porte sur un fémur humain :

Osséine		28.76
Matières minérales 71g,24	Phosphate tribasique de chaux.	61.42
	— — de magnésie	1.21
	Carbonate de chaux	6.48
	Fluorure de calcium	2.13
		100.00

Quant à la matière minérale, d'après la composition précédente, elle est surtout formée par des phosphates tribasiques, dont le phosphate de chaux est de beaucoup le plus abondant, puis par des carbonate et fluorure de calcium. Cette matière minérale est fort peu abondante, au moment où le tissu osseux commence à se former, mais elle est déjà en proportion notable lors de la naissance, quoique les os gardent, pendant toute la jeunesse, une certaine flexibilité; au contraire, pendant la vieillesse, les os sont tellement surchargés de sels calcaires, qu'ils deviennent cassants.

Lorsque l'on destine les os à la tabletterie, à la fabrication de *boutons* (V. ce mot), etc., on ne doit leur faire subir aucun traitement susceptible d'altérer leur composition. Il suffit de les débarrasser des matières grasses et du sang qu'ils peuvent retenir, c'est ce que l'on obtient en les faisant bouillir dans de l'eau; on sépare ainsi un produit qu'on nomme *graisse d'os* et qui est utilisé pour la fabrication des savons; il ne reste plus qu'à blanchir le produit, ce qui s'obtient par des expositions successives à l'air et à la rosée, et fort vite au moyen de l'eau oxygénée.

Lorsqu'au contraire, on veut extraire la matière organique des os, pour la transformer en *gélatine*, il faut se débarrasser de la matière minérale; c'est ce que l'on fait dans les fabriques de colles d'os, soit en traitant ceux-ci par de l'eau acidulée par son dixième d'acide chlorhydrique et en renouvelant l'acide jusqu'à ce que toute la matière minérale soit enlevée (procédé d'Arcet), soit en concassant les os et les soumettant sous une pression de 2 à 3 atmosphères, et pendant trois heures environ, à l'action de l'eau à 121-135° (procédé Papin).

Si l'on veut, par exemple, utiliser l'osséine, comme on l'a fait, en 1870, pendant le siège de Paris, pour la transformer en un produit alimentaire, il suffit de retirer aux os durs et longs, dont le dégraissage est facile, les dernières traces de graisse, puis de les laisser dans des bains acides pendant quelque temps, et de laver ensuite avec une liqueur alcaline pour enlever toute odeur désagréable. On les soumet alors à une cuisson d'une heure dans de l'eau salée et aromatisée par des épices, pour obtenir une matière molle, qui, mêlée aux légumes, est facilement mangée et rappelle d'ailleurs certains aliments où prédominent les tendons ou les os de jeunes veaux.

La matière organique des os est encore utilisée lorsqu'on transforme ceux-ci en *noir d'os* par une calcination en vase clos, en séparant le charbon des matières minérales par des lavages acides. Cette même matière organique est recherchée aussi pour l'azote qu'elle renferme, ainsi que les matières minérales, quand on utilise les os réduits en poudre pour l'amendement des terres; c'est un engrais sûr et d'autant plus constant que la matière animale se désorganise peu à peu, et que les matières minérales ne se désagrègent qu'au bout d'un long espace de temps.

Les *os fossiles* retrouvés parfois en si grandes quantités dans certains gisements, sont employés, du reste, comme phosphates, dans le même but. Il nous faut encore rappeler, que par la distillation sèche des os on obtient quelques produits également utilisés pour diverses raisons : de l'*huile animale de Dippel*, mélange très complexe, jadis employé en médecine, et qui contient de l'eupione, de la paraffine, de la naphtaline, des alcaloïdes, des acides gras, des sels ammoniacaux, etc.; des *sels ammoniacaux*, 100 kilogrammes d'os calcinés, après dégraissage, et contenant alors 5 1/2 0/0 d'azote, donnent environ de 7 à 8 kilogrammes de sulfate d'ammoniaque, parce que l'on transforme, généralement, en sulfate ou en chlorhydrate, les produits directs obtenus par l'action de la chaleur, et qui sont surtout du carbonate, puis de l'azotate, du cyanhydrate et du sulfhydrate de cette base.

Les matières minérales des os servent surtout pour la fabrication du *phosphore* ordinaire, en transformant le triphosphate de chaux en phosphate acide, puis en décomposant ce dernier par du charbon. — V. Phosphore. — J. C.

OSCILLATION. *T. de mécan.* On appelle *mouvement oscillatoire* un mouvement dans lequel le mobile se déplace alternativement dans un sens et dans l'autre, de manière à repasser toujours par les mêmes positions et à ne jamais s'éloigner beaucoup d'une position moyenne. Tel est le mouvement du pendule ou balancier qui sert à régler les horloges. Le mouvement oscillatoire ne peut se produire que lorsqu'un corps a été quelque peu dérangé d'une position d'équilibre stable; il revient alors à cette position d'équilibre, la dépasse en vertu de sa vitesse acquise, puis sa force vive s'épuisant, il s'arrête à une certaine distance, revient en sens inverse à sa position d'équilibre, la dépasse de nouveau et ainsi de suite. On appelle *oscillation simple* cette portion du mouvement qui s'étend entre deux passages consécutifs du mobile par sa position d'équilibre, et *oscillation double* ou *complète*, la portion du mouvement qui se compose de deux oscillations simples consécutives, et comprend, par conséquent, toutes les positions que peut occuper le mobile des *deux côtés* de la position d'équilibre. Lorsque les oscillations sont *isochrones*, c'est-à-dire s'effectuent toutes dans le même temps, le mouvement est *périodique*, et la *période* du mouvement est égale à la durée de l'oscillation double (V. Pendule). On emploie encore le mot oscillation dans l'expression *centre d'oscillation*. — V. Centre.

***OSCULATEUR.** *T. de géom.* Lorsque deux lignes sont tangentes en un point A, il arrive généralement qu'elles se coupent en un ou plusieurs autres points. Concevons que l'une des deux lignes se déforme de telle manière que l'un de ces points d'intersection B se rapproche indéfiniment du point A. Il arrivera, le plus souvent, que la courbe mobile tendra, dans ces conditions, vers une courbe limite qui est dite *osculatrice* à la première au point A. Deux courbes osculatrices au point A ont donc en ce point trois points communs confondus, puisque deux courbes tangentes en ont déjà deux confondus au point de contact. En général, deux courbes osculatrices se traversent au point de contact; il n'y a d'exception que dans le cas où les deux courbes admettraient, en ce point, un nombre de points communs confondus supérieur à trois et pair; le contact serait alors évidemment d'un ordre supérieur. En un point quelconque d'une courbe plane, on ne peut généralement pas mener de droite osculatrice, puisqu'il n'y a qu'une tangente. Il y a exception lorsque cette tangente se trouve d'elle-même osculatrice; le point de contact est alors un point d'inflexion (V. Inflexion), ou présente une singularité d'ordre plus élevé. Par chaque point d'une courbe plane on peut toujours faire passer un *cercle osculateur* dont le centre n'est autre chose que le centre de courbure de la courbe proposée, et le rayon, le *rayon de courbure* (V. Centre de courbure, Courbe, Courbure). Ce cercle osculateur devient une ligne droite qui se confond avec la tangente lorsque celle-ci est osculatrice, ce qui arrive aux points d'inflexion. Le rayon de courbure est alors infini. Pour les courbes gauches, on peut définir d'une manière analogue les surfaces osculatrices. C'est ainsi qu'en chaque point d'une courbe gauche il existe un *plan osculateur* et une *sphère osculatrice*. Il existe des relations remarquables entre le rayon et le centre de cette sphère osculatrice, et les rayons de courbure et de torsion de la courbe. — V. Courbe.

Pour que deux surfaces soient tangentes en un point A, il suffit qu'elles aient en ce point le même plan tangent; mais pour qu'elles soient *osculatrices*, il faut, de plus, que toutes les sections faites par des plans normaux aux deux surfaces, soient elles-mêmes osculatrices, ce qui exige qu'au point A, les deux surfaces aient la même *indicatrice*, c'est-à-dire que les deux rayons de courbure principaux doivent être les mêmes, dans les deux surfaces, et correspondre aux mêmes sections normales. — V. Surface.

De là résulte qu'il ne peut y avoir de sphère osculatrice à une surface qu'aux points où l'indicatrice est un cercle. Ces points particuliers, en lesquels toutes les sections normales ont la même courbure, ont reçu le nom d'*ombilics*. Le rayon de la sphère est alors égal au rayon de courbure commun de toutes les sections normales. M. F.

OSEILLE. *T de bot.* Plantes de la famille des

polygonacées et que l'on cultive à cause de l'oxalate de potasse qu'elles contiennent.

Les feuilles de ces plantes (*rumex acetosa*, L., et *rumex acetosella*, L.), sont employées comme aliment, et servent à préparer le sel d'oseille, mélange de bioxalate, C^4HKO^8, H^2O^2, et de quadroxalate de potasse, $C^4HKO^2, C^4H^2O^8 + 4H^2O^2$. Une grande partie du sel d'oseille naturel, livré au commerce, est préparé en Suisse.

OSIER. *T. de bot.* Variété d'arbres du genre *saule*, type de la famille des salicinées; ils habitent les localités aquatiques, ont des feuilles alternes, stipulées; les fleurs sont en chatons axillaires qui s'épanouissent avant la poussée des feuilles; les fleurs mâles ont un nombre variable d'étamines glanduleuses; les fleurs femelles ont un gynécée libre et un ovaire uniloculaire; le fruit est une capsule à deux valves; les graines sont ascendantes et supportées par une sorte de pied pourvu d'une aigrette de poils; leur embryon est charnu et sans albumen. On en distingue plusieurs espèces: l'*osier blanc* (*salix alba*, L.), l'*osier franc* ou *jaune* (*salix vitellina*, L.), l'*osier vert* (*salix viminalis*, L.), l'*osier rouge* (*salix amygdalina*, L.). Ces arbres sont cultivés pour leurs jeunes branches qui sont très flexibles et servent à faire des liens, des ouvrages de vannerie, des corbeilles, des paniers; les plus grosses branches s'emploient pour faire des cercles et des échalas. Le bois se débite bien et est transformé, en planches, qui prennent un beau poli, ou en sabots; on s'en sert aussi pour le chauffage et pour faire un charbon très léger qui peut être employé à la confection de la poudre. L'écorce des jeunes branches est astringente et peut servir au tannage ou à la teinture en brun et en jaune; elle contient un principe spécial, la *salicine* ou glucoside saligénique

$$C^{26}H^{18}O^{14} \ldots C^{12}H^2O^2(H^2O^2)^4(C^{14}H^8O^4) \ldots$$
$$C^6H^7O(HO)^4(C^7H^7O^2),$$

découverte en 1830, par Leroux, et que l'on prépare en épuisant l'écorce par l'eau bouillante, en concentrant, laissant en contact avec de la litharge, filtrant, puis évaporant consistance convenable pour avoir des cristaux. Cette substance fondue avec de l'hydrate de potasse s'oxyde, dégage de l'hydrogène, et donne de l'acide salicylique et de l'acide oxalique.

$$\underbrace{C^{26}H^{18}O^{14}}_{\text{Salicine}} + \underbrace{8KHO^2}_{\text{Potasse}} = \underbrace{C^{14}H^4K^2O^6}_{\text{Salicylate de potasse}} + \underbrace{3C^4K^2O^8}_{\text{Oxalate de potasse}} + \underbrace{11H^2}_{\text{Hydrogène}}$$

$$\text{ou } C^6H^{10}O^5(C^7H^8O^2) + 8KHO$$
$$= C^7H^4K^2O^3 + 3C^2K^2O^4 + 11H^2$$

Chauffée avec une solution étendue d'acide sulfurique et de bichromate de potasse, la salicine donne de l'aldéhyde salicylique, de l'acide formique et de l'acide carbonique, avec élimination d'eau :

$$\underbrace{C^{26}H^{18}O^{14}}_{\text{Salicine}} + \underbrace{10O^2}_{\text{Oxygène}}$$
$$= \underbrace{C^{14}H^6O^4}_{\text{Aldéhyde salicylique}} + \underbrace{3C^2H^2O^4}_{\text{Acide formique}} + \underbrace{3C^2O^4}_{\text{Acide carbonique}} + \underbrace{3H^2O^2}_{\text{Eau}}$$

$$\text{ou } C^6H^{10}O^5(C^7H^8O^2) + 10O$$
$$= C^7H^6O^2 + 3CH^2O^2 + 3CO^2 + 3H^2O.$$ — J. C.

* **OSMIRIDIUM.** *T. de minér.* Syn. : *Osmiure d'iridium.* Minerai formé de proportions variables d'osmium (44 à 77 0/0) et d'iridium (17 à 48 0/0), qui se trouve en lamelles ou en grains aplatis, d'une densité de 19,3 à 21,1, d'une dureté de 6,5; il est d'un blanc d'étain, cristallise parfois en tables, et contient souvent du rhodium, du ruthénium, du platine, du fer et du cuivre. Il n'est pas attaqué par les acides, et chauffé au chalumeau, il dégage l'odeur d'acide osmique.

On le trouve avec le minerai de platine, dans les sables platinifères de l'Oural, de la Californie, du Canada, de l'Australie. La variété contenant 4 0/0 d'iridium porte le nom de *newjanskite*, et celle qui n'en renferme pas plus de 30 0/0 celui de *sisserskite*.

OSMIUM. *T. de chim.* Corps simple ayant pour symbole Os, pour équivalent 99,5, et pour poids atomique 199. Il a été découvert par Tennant, en 1803, parmi les métaux dits de la mine de platine, et dès lors considéré lui-même comme un métal; les travaux de H. Sainte-Claire Deville et Debray tendent à le faire regarder comme un métalloïde qui, d'après eux, serait voisin du silicium, ou plutôt de l'arsenic et de l'antimoine, d'après Mallet.

C'est un corps solide, pulvérulent ou compact, parfois cristallisé; sous ce dernier état, il se présente sous forme de trémies très fines, constituées de cubes ou de rhomboèdres d'un bleu gris, paraissant violacés sous certaines incidences; ils sont très durs, raient le verre et ont une densité de 22,47; pulvérulent, l'osmium est en petits grains d'un blanc clair, inodores, d'une densité de 21,85; compact, il offre la forme d'une masse caverneuse bleue.

C'est le plus dense et le plus fusible des corps trouvés dans la mine de platine; c'est également lui qui a le poids atomique le plus élevé. Sa chaleur spécifique est de 0,03113; il se volatilise sensiblement sous l'action de la flamme du chalumeau oxyhydrique. L'acide azotique dissout l'osmium en donnant de l'acide osmique anhydre, à moins qu'il n'ait été fortement chauffé, ce qui le rend inattaquable par cet acide; la potasse et l'azotate de potasse en fusion le transforment en osmiate alcalin. Calciné à l'air, il répand une odeur forte, rappelant celle du raifort et qui caractérise l'acide osmique; c'est ce caractère qui lui a fait donner le nom qu'il porte, dérivé de ὀσμη, odeur.

Pour l'avoir cristallisé, on fait passer des vapeurs d'acide osmique, au milieu d'un courant d'azote, dans un tube de porcelaine contenant du charbon pur, obtenu en décomposant au rouge des vapeurs de benzine; ou en chauffant de l'osmium amorphe avec de la pyrite : il se forme du sulfure d'osmium que la chaleur réduit ensuite. On le prépare à l'état amorphe, soit par la calcination du sulfure d'osmium, soit en faisant passer dans un tube rouge de feu, des vapeurs d'acide osmique, en même temps que de l'acide carbonique et de l'oxyde de carbone; enfin, on l'obtient à l'état compact, en dissolvant de l'osmium par du zinc fondu. En reprenant par l'acide chlorhydrique qui enlève le zinc, on obtiendrait l'osmium sous forme d'une poudre; mais si on distille le mélange restant, à la température de fusion du rhodium, le zinc se sépare et l'osmium se présente sous forme d'une masse caverneuse, compacte.

Etat naturel. L'osmium se trouve toujours, dans la nature, à l'état d'osmiure d'iridium (V. OSMIRIDIUM), qui contient, suivant la provenance, de 17,20 à 48,85 0/0 d'osmium.

L'osmium forme divers composés avec les corps simples. Les seuls qui soient employés sont les produits d'oxydation, dont cinq sont connus. Celui qui peut nous intéresser est le peroxyde.

Acide osmique. Syn. : *Peroxyde d'osmium, anhydride osmique,* OsO^4. Il est en longs prismes réguliers, verdâtres, flexibles, répandant une odeur très forte de raifort; se ramollit dans la main et fond à +40° en un liquide qui bout vers 100°. Il s'altère facilement à l'air, aussi le conserve-t-on dans des tubes scellés; sa vapeur est très vénéneuse, elle excite la toux et exerce sur les yeux une action spéciale que l'on a comparée à celle que l'on éprouverait si l'on frappait un violent coup sur ces organes. C'est un oxydant énergique qui décolore l'indigo, transforme l'alcool en aldéhyde et en acide acétique, et les hydrates de carbone en acide oxalique; il tache le linge, la peau, en noir, et réduit les solutions de tannin en les colorant en bleu, puis en pourpre.

On l'obtient par le grillage de l'osmiure d'iridium, ou en traitant ce minerai par l'eau régale, ou même l'acide azotique concentré, et distillant plusieurs fois le produit. Il se condense, soit en solution très concentrée, soit en cristaux très solubles dans l'eau, de saveur âcre et brûlante. Il est également soluble dans l'alcool et l'éther, mais s'y altère en déposant de l'osmium pulvérulent.

Il sert fréquemment comme réactif pour les préparations microscopiques, par suite de la propriété qu'il a de colorer la graisse ou les tubes nerveux en noir par la réduction de l'acide à l'état métallique.

Caractères des sels d'osmium. Les chlorosmites (sels correspondant au sesquioxyde, et renfermant Os^2Cl^6), donnent avec la *potasse*, l'*ammoniaque* ou les *carbonates alcalins*, un précipité rouge brun (de Os^2O^3), soluble dans l'ammoniaque; l'*azotate d'argent*, un précipité gris brun, soluble dans l'ammoniaque; le *tannin*, l'*alcool* y forment du chlorure osmieux coloré en bleu; l'*hydrogène sulfuré* donne un précipité brun, insoluble dans les sulfures alcalins.

Les chlorosmiates donnent, avec les réactifs, les caractères suivants : par la *potasse*, précipité noir; par l'*ammoniaque*, précipité brun, soluble à chaud; par l'*iodure de potassium*, coloration pourpre foncé; par le *tannin*, coloration bleue; par le *chlorure stanneux*, précipité brun; par l'*azotate d'argent*, précipité vert olive; par l'*hydrogène sulfuré*, précipité jaune brun, insoluble dans les sulfures alcalins.

De plus, tous les composés de l'osmium dégagent, avec l'*acide azotique* bouillant, l'odeur d'anhydride osmique; chauffés avec l'hydrogène, ils fournissent de l'osmium; le *zinc* précipite l'osmium de ses dissolutions. — J. C.

* **OSMOGÈNE** ou **OSMOMÈTRE.** *T. techn.* Appareil à l'aide duquel on applique l'osmose ou l'analyse osmotique. — V. OSMOSE, SUCRE.

* **OSMOSE.** *T. de phys. et de chim.* Dubrunfaut, en plaçant de la mélasse de fabrique de sucre de betterave dans l'endosmomètre de Dutrochet plongé dans l'eau, reconnut que la mélasse augmentait de volume et diminuait de densité, tandis que le contraire se produisait dans l'eau dont le volume diminuait et la densité allait en augmentant. Il se produisait donc, dans ces conditions, avec la mélasse, les mêmes faits que ceux observés, en 1826, par Dutrochet avec diverses dissolutions salines; il y avait double courant à travers la membrane de l'endosmomètre, l'un, courant fort de l'eau vers la mélasse, l'autre, courant faible de la mélasse vers l'eau.

La mélasse, comme on l'a vu à ce mot, est un liquide épais qui constitue un résidu dans la fabrication et le raffinage des sucres; elle contient encore une grande quantité de sucre, soit près de 50 0/0 de son poids, et des matières salines, particulièrement des sels, à base de potasse et de soude à acides minéraux; tels que nitrate de potasse et chlorure de potassium, et acides végétaux, tels que des acétates, des malates des mêmes bases. Dubrunfaut, en suivant par l'analyse chimique, les changements qui pouvaient se produire dans la mélasse contenue dans l'endosmomètre, reconnut qu'elle avait perdu une partie de ses sels, sans perdre une quantité proportionnelle de sucre et que ces sels se retrouvaient dans l'eau de l'endosmomètre avec une quantité relativement très faible de sucre; parmi ces sels étaient surtout les sels cristallisables, nitrate et chlorure.

Dubrunfaut désigna cette opération sous le nom d'*analyse osmotique* ou d'*osmose*, pour la distinguer de l'*endosmose* de Dutrochet.

L'osmose ou l'analyse osmotique de Dubrunfaut est donc basée sur des phénomènes d'endosmose et d'exosmose de Dutrochet. Mais ces désignations portent avec elles l'idée d'une analyse chimique, d'une séparation de plusieurs produits de composition différente.

D'un autre côté, Graham avait découvert en 1849, que tous les liquides de densité différente qui peuvent, par l'agitation, former un mélange intime, quelle que soit la différence de leur densité, placés dans certaines conditions et à l'abri de toute cause d'agitation, arrivent après un temps plus ou moins long, à se mélanger et à fournir un mélange uniforme dans toutes ses parties. On a désigné la force qui détermine le mélange, sous le nom de force de *diffusion*. — V. ce mot.

Dubrunfaut, constamment occupé de l'étude des progrès à réaliser dans la fabrication du sucre, vit, dès 1854, tout le parti que l'on pourrait tirer de l'application de l'osmose à l'extraction du sucre des mélasses; mais la difficulté de cette application était grande, la quantité de sels éliminés de la mélasse étant très petite par rapport à la surface des membranes. Il fallait donc trouver des appareils pouvant présenter de grandes surfaces osmosantes et une membrane susceptible de se prêter à ce grand développement. Ce ne fût qu'après neuf années de recherches nombreuses, en 1863, que Dubrunfaut arriva à faire construire un appareil véritablement manufacturier qu'il désigna sous le nom d'*osmogène* et qui représentait sous les dimensions d'environ 1/2 mètre cube une surface osmosante de plus de 44 mètres carrés. Le papier parchemin, ou parchemin végétal, fut reconnu comme devant être préféré à toute autre membrane osmosante.

Vers la même époque (1862), Graham entrait dans la même voie que Dubrunfaut et faisait connaître également un procédé d'analyse basé sur les mêmes principes que l'analyse osmotique de Dubrunfaut, et auquel il donna le nom de *dialyse* (V. ce mot), il désigna sous celui de *dialyseur*, l'appareil de laboratoire avec lequel il réalisait cette opération.

L'osmogène Dubrunfaut arrivant une année plus tard produisit une impression aussi vive dans l'industrie du sucre, mais comme savants et industriels n'étaient pas encore bien initiés aux phénomènes de l'osmose Dubrunfaut, on ne vit dans l'osmose que de la dialyse et dans l'osmogène qu'un dialyseur. Cette opinion répandue dans l'industrie contribua singulièrement à fausser les idées sur l'application de l'osmose, à jeter le doute sur ses résultats, et à en retarder l'application. On fit de la dialyse en croyant faire de l'osmose.

Cette confusion provoqua une discussion scientifique fort intéressante entre Dubrunfaut et Graham devant l'Académie des sciences, discussion qui éclaira la question et démontra que la dialyse diffère essentiellement de l'osmose, par les conditions pratiques des opérations et par leurs résultats; mais malgré cette discussion et quoique l'osmogène Dubrunfaut soit répandu dans plus de 300 sucreries en France et un plus grand nombre dans tous les pays producteurs de sucre de betterave, cette confusion existe encore dans beaucoup d'esprits, et c'est pour la faire disparaître qu'il est nécessaire de bien établir les caractères distinctifs de l'osmose et de la dialyse.

L'osmose ou l'analyse osmotique de Dubrunfaut est basée sur la différence de diffusibilité dans l'eau, des différentes matières en dissolution dans le liquide qui lui est soumis. Si donc on arrête l'opération de la diffusion à travers la membrane, avant que l'équilibre ne soit établi entre les deux liquides, on observe une différence entre la constitution des deux liquides, la dissolution placée en dessous de la dissolution la plus dense, contiendra les matières les plus diffusibles.

On pourra donc obtenir à volonté dans l'eau extérieure dans laquelle est plongé l'endosmomètre, c'est-à-dire dans l'eau d'exosmose, selon que l'on arrêtera la diffusion à une époque ou plus rapprochée ou plus éloignée du moment où l'équilibre s'établit, des dissolutions de matières salines ou autres matières variant entre elles selon leur degré de diffusibilité.

Il peut donc s'opérer ainsi une véritable analyse, une séparation de produits qui, appliquée aux liquides sucrés provenant de la betterave, élimine des sels diffusibles, nuisibles à la cristallisation du sucre. Telle est l'idée fondamentale de l'analyse osmotique de Dubrunfaut.

Lorsqu'on met en osmose une dissolution saline contenant plusieurs sels tous diffusibles, mais à des degrés différents en opposition avec de l'eau pure en exosmose, les deux liquides tendent constamment à se mettre en équilibre de composition, et cet équilibre s'établit à travers le papier parchemin pourvu que l'expérience soit prolongée pendant un temps suffisant.

L'expérience arrivée à ce terme extrême où l'action des deux liquides l'un sur l'autre est complète, peut servir de type à la dialyse de Graham. Mais si, au lieu d'attendre que l'équilibre soit établi entre les deux liquides, on suspend et arrête à un moment donné le courant qui s'établit entre les deux liquides, on arrive à opérer une véritable analyse entre les principes qui passent le plus vite et ceux qui passent moins vite à travers la feuille de papier parchemin, analyse qui permet de séparer à volonté, selon la durée de l'expérience, une quantité plus ou moins grande de l'un ou de plusieurs des principes mis en présence, et cela en raison de leur diffusibilité.

L'expérience ainsi arrêtée dans sa marche constitue l'analyse osmotique de Dubrunfaut.

Ces deux procédés, osmose et dialyse, diffèrent donc essentiellement entre eux dans leur pratique, dans leurs résultats et dans leurs principes. Jamais la pratique de la dialyse de Graham ne peut donner le résultat de l'osmose, tandis que la pratique de l'osmose de Dubrunfaut, mal comprise, négligée, conduit à la dialyse de Graham.

Exemple. Si l'on prend de la mélasse de sucre de betterave, telle que la fournit la fabrication du sucre à la distillerie, c'est-à-dire à 40° Baumé, dont on a déterminé la composition et le coefficient salin, c'est-à-dire le rapport du sucre aux sels représentés par les cendres provenant de l'incinération sulfurique, et que l'on en place une quantité déterminée dans l'endosmomètre de Dutrochet, osmogène de laboratoire de Dubrunfaut, dialyseur de Graham, ou dans tout autre vase sans fond mais dont le fond est remplacé par une feuille de papier parchemin et qu'on l'abandonne ainsi pendant un temps même très long, aucune parcelle de la mélasse et de ses composants ne passera à travers le papier parchemin.

Si, au lieu de la mélasse, on y mettait de l'eau simple, aucune parcelle de l'eau ne passerait également à travers le papier parchemin.

On peut conclure de là que le papier parchemin n'est perméable ni à la mélasse ni à l'eau elle-même. Mais si on place le vase contenant la mélasse dans un autre vase contenant de l'eau, et qu'on le fixe de manière à ce que la feuille de papier parchemin sur laquelle la mélasse se trouve étendue dans l'intérieur du vase, plonge de 1 à 2 centimètres dans l'eau du vase extérieur, il s'établit immédiatement un double courant à travers le papier parchemin, de l'eau vers la mélasse qui est le courant fort, et de la mélasse vers l'eau qui est le courant faible.

Un des premiers changements immédiatement apparents dans les deux liquides, est que la densité de la mélasse va successivement en décroissant et la densité de l'eau va successivement en augmentant.

Si on examine par l'analyse chimique, à un moment donné, la composition des deux liquides, on trouve que le rapport du sucre aux sels accusés par les cendres a augmenté dans la mélasse et que le rapport du sucre aux sels passés dans les eaux d'exosmose est bien moins grand que dans la mélasse primitive.

Le papier parchemin qui n'était perméable ni à l'eau, ni à la mélasse prises isolément, est donc devenu, au contact des deux liquides, perméable à deux courants différents opérant en sens contraire, l'un entraînant l'eau vers la mélasse, l'autre entraînant certains composants de la mélasse vers l'eau.

Ces effets sont dus, comme Dubrunfaut l'a établi, aux phénomènes de diffusion, mais la membrane ou le papier parchemin qui sépare les deux liquides peut jouer un certain rôle en opposant un obstacle plus ou moins grand à l'accomplissement parfait du phénomène de la diffusion.

Jusqu'à présent, le rôle que semble jouer les membranes animales et particulièrement le papier parchemin dans l'osmose, ne paraît pas avoir fixé l'attention de la science. Ainsi, le papier parchemin ne peut donner passage à ces deux courants qu'à travers les pores ou espaces vides qu'il contient : ces pores peuvent être plus ou moins grands, plus ou moins nombreux, et donner ainsi passage dans l'unité de temps, à une plus ou moins grande quantité de principes contenus dans la mélasse, et il est possible, à l'aide de papier parchemin préparé dans ce but, de restreindre ou d'augmenter les effets de diffusion ou d'analyse osmotique.

La diffusion ne s'opérant que sur des matières complètement dissoutes et par conséquent à l'état de *division moléculaire*, il en résulte que si la diffusion se trouve, dans l'analyse osmotique, subordonnée aux nombres et aux dimensions des pores du papier parchemin, ces dimensions pourraient servir de mesure pour déterminer les dimensions relatives des molécules des différents corps en dissolution.

Ainsi, dans l'osmose de la mélasse, les sels minéraux, chlorure de potassium et nitrate de potasse, diffusent plus vite et en plus grande quantité que les sels à acides végétaux, et que le sucre; on peut donc conclure de là que la molécule du nitrate de potasse et du chlorure de potassium est plus petite que la molécule du sucre.

L'osmogène Dubrunfaut, muni de son papier parchemin, considéré au seul point de vue de ses effets sur les sirops et mélasses de betterave, peut donc être comparé à un espèce de trieur mécanique destiné à séparer les corps des dimensions différentes : mais avec cette différence qu'au lieu d'agir sur les matières solides, son action s'exerce sur des matières en dissolution dans l'eau dont les dernières particules, c'est-à-dire les molécules, sont de dimensions différentes. C'est un trieur moléculaire dans lequel le papier parchemin joue le rôle de la toile métallique des trieurs ordinaires, et dont le tissu serré ne se laisserait traverser que par des molécules d'une certaine dimension. Ce passage à travers le papier parchemin sera d'autant plus accéléré que les molécules des différents corps contenus dans ces liquides, seront relativement entre elles de plus petite dimension et en plus grande quantité.

Cette différence de vitesse dans leur passage à travers le papier parchemin permet de pouvoir opérer une séparation plus ou moins complète de ces différentes matières, et c'est là ce qui constitue un des points importants de la découverte de Dubrunfaut de l'analyse osmotique.

Lorsqu'on applique l'analyse osmotique aux sirops et mélasses de la fabrication et du raffinage du sucre de betterave, on remarque que de toutes les matières qui entrent dans la composition de ces liquides sucrés, c'est le sucre qui passe le moins vite, tandis que les sels de potasse et de soude, et parmi ceux-ci les sels à acides minéraux tels que nitrate de potasse et chlorure de potassium, passent le plus vite. Nous faisons exception à cette règle pour quelques produits qui ne se trouvent qu'accidentellement dans ces liquides, tels que certains sels de chaux à acides végétaux, et les matières colorantes et visqueuses qui sont presque toujours des produits formés pendant la fabrication.

Mais pour le papier parchemin ce trieur moléculaire n'est pas d'une perfection telle qu'il ne laisse passer en même temps que les sels cités ci-dessus, des molécules de dimensions différentes. Ainsi, en même temps que les sels, il passe toujours une certaine quantité de sucre. Cette particularité est une imperfection dans l'application de l'osmose comme procédé d'épuration des liquides sucrés; et l'on comprend que s'il était possible de calibrer les pores du papier parchemin de manière à ne pas permettre le passage de la molécule de sucre, on arriverait à séparer d'un côté les sels et de l'autre le sucre, et à éviter ainsi la perte en sucre qui accompagne les sels dans les eaux d'exosmose.

L'application industrielle de l'osmose dans la fabrication et le raffinage des sucres consiste donc à déterminer les conditions économiques dans lesquelles l'osmose élimine la plus grande quantité de sels avec la moins grande quantité de sucre.

Nous décrirons ces différentes conditions et les divers osmogènes à l'article SUCRE. — H. L.

***OSSERIE.** Industrie qui s'occupe de la fabrication d'objets en os.

OSTENSOIR. Etymologiquement, le mot, avec une racine identique, a le même sens que celui de *monstrance*, ou *remonstrance*, dont on faisait usage avant le XVIe siècle, pour exprimer la même idée : objet servant à exposer l'hostie consacrée et à la présenter à l'adoration des fidèles. Sous son ancienne comme sous sa nouvelle forme, l'ostensoir a toujours fait partie de l'orfèvrerie religieuse et du mobilier des églises. A ce titre, il se rattache aux arts décoratifs et doit avoir sa petite place dans ce *Dictionnaire*.

— On comprend que l'objet dont il s'agit, intimement lié au dogme de la présence réelle, a dû subir les variations de confession et de liturgie qui se sont succédé dans le cours des siècles.

L'église grecque ne séparant point l'Eucharistie de la célébration de la messe, n'a jamais exposé l'hostie consacrée, en dehors du saint sacrifice; elle n'a donc eu ni monstrance ni ostensoir.

L'église latine, au contraire, conservant l'une des deux espèces eucharistiques, s'est servie pour cela d'une tour, ou tabernacle, qu'on plaçait près de l'autel; elle a employé également des suspensions analogues à celles qui contiennent la lampe allumée devant le Saint-Sacrement, pour symboliser la foi et la prière ardente des fidèles.

Les plus anciennes monstrances, fixes ou suspendues, représentent tantôt deux anges soutenant le Saint-Sacrement, comme les colombes de la primitive église, tantôt un évêque portant l'hostie dans une tourelle d'or ou d'argent, tantôt un Saint-Jean-Baptiste avec son agneau et ces mots qui sont restés dans l'article du rituel relatif à la Communion : *Ecce agnus Dei!* L'agneau portait sur la tête l'hostie enchâssée dans un cercle d'or.

La forme actuelle de l'ostensoir, un soleil rayonnant, au centre duquel apparaît l'hostie, est toute moderne; elle ne remonte pas au delà du XVIIe siècle, et rappelle la décoration un peu théâtrale des églises d'Italie, où les rayons dorés jouent un grand rôle. L'église Saint-Roch, à Paris, peut en donner une idée.

Pour affirmer, en face des négations du protestantisme, la foi de l'église à la présence réelle, les catholiques ont imaginé les expositions et les saluts; il leur a donc fallu un objet d'orfèvrerie riche et éclatant, où l'hostie consacrée pût resplendir au milieu d'un brillant luminaire. — V. ORFÈVRERIE RELIGIEUSE.

***OSTRÉICULTURE.** Mot tiré du latin *ostrea*, huître. C'est une industrie qui consiste à recueillir par des procédés artificiels, au moment même de la ponte, le frai des huîtres auquel on a donné le nom de *naissin*, puis d'en faire l'*élevage* et l'*engraissement*. — V. HUÎTRIÈRE.

— Il ne faut pas confondre l'ostréiculture proprement dite avec l'*élevage* qui est une industrie très ancienne. Deux vases funéraires en verre, découverts l'un dans la Pouille, l'autre aux environs de Rome, ont leur paroi extérieure couverte de dessins représentant des viviers où, les Romains entretenaient des huîtres; parmi les inscriptions topographiques qui s'y trouvent, on lit le mot *ostrearia*. D'après ces monuments, on peut faire remonter les origines de cette industrie au siècle d'Auguste, ou, comme l'avance Pline, au temps de Crassus avant la guerre des Marses. Du temps de Cicéron, un nommé Sergius Orata, organisa des parcs à huîtres dans les lacs de Lucrin et de l'Averne, au fond du golfe de Baïa; les huîtres provenaient de Brindes.

L'ostréiculture proprement dite prit naissance en 1820 sur les côtes de Saintonge, ou un saulnier de Marennes observa qu'une douzaine d'huîtres parquées avait repeuplé tout son établissement. La question fut sérieusement reprise, en 1845, par de Quatrefages, Ackermann, Coste, de Bon, etc. On fit des expériences officielles, en 1858 et 1860, dans la rade de Saint-Brieuc et au bassin d'Arcachon. Après plusieurs insuccès, en 1865, dus à l'imprévoyance et à l'oubli des lois naturelles qui président à la formation et à la permanence des gisements huîtriers, les établissements ostréicoles firent de rapides progrès. A Arcachon, à la fin de 1871, il y en avait 724 comprenant une superficie de 588 hectares. En 1874, ils étaient au nombre de 1,706 comprenant 1,733 hectares. Le quartier maritime de Vannes suivit l'exemple d'Arcachon. On peut affirmer que l'ostréiculture est, à présent, sortie de la période de tâtonnements, et qu'elle est devenue une industrie importante occupant un très grand nombre de personnes et de capitaux. — M. R.

***OTELLE.** *Art hérald.* Meuble d'armoiries qui représente des petites figures ovales et pointues qui ont la forme du fer de lance.

OUATE. *T. de filat.* Les ouates fines se font principalement avec les beaux déchets de coton qui proviennent de la carderie et des ventilateurs de filature; pour les ouates communes, au contraire, on emploie les mauvais déchets et la matière appelée *coton chiffonnier*, retirée de l'effilochage des vieux chiffons. Le coton neuf n'est guère employé que pour la fabrication des cotons cardés, pour pansements et douleurs, que la médecine et la chirurgie ont adoptés depuis quelque temps comme parfaits isolants.

Le commerce de la ouate a une certaine importance. Il s'en fait à Paris seulement pour un million environ, et dans presque toutes les grandes villes telles que Lyon, Lille, Bordeaux, Marseille, Nancy, etc., on trouve des fabricants de cet article.

Ouate minérale. — V. II. LAINE, § *Laine de scorie.*

OUBLIE. Sorte de pâtisserie légère, dans le genre des gaufres, cuite entre deux plaques de fer très chaudes, et roulée en forme de cornet.

— On nommait autrefois cette pâtisserie *oublée* ou *oblaye*, et ceux qui la vendaient *oublieurs* ou *oblayeurs*. Depuis la moitié du siècle dernier, le vieux cri : Oublie! oublie! des oubloyers a été remplacé par *Voilà l'plaisir, Mesdames!* que l'on entend toujours pour la plus grande joie des enfants sages.

* **OUEST** (Compagnie des chemins de fer de l'). L'une des six grandes Compagnies françaises entre lesquelles est partagée la plus grande partie du réseau français. Les lignes exploitées par la Compagnie de l'Ouest traversent quinze départements, desservent, en chiffres ronds, une population de 5,300,000 habitants et un territoire de 62,600 kilomètres carrés, non compris le département de la Seine, soit 1/9e de la superficie totale de la France.

Aperçu historique de la constitution du réseau. Ainsi que la plupart des grandes Compagnies françaises, la Compagnie des chemins de fer de l'Ouest s'est formée par des fusions et des concessions successives. Avant l'année 1855, durant laquelle s'est fondée la Compagnie actuelle, les diverses lignes situées dans la région nord-ouest de la France étaient concédées à diverses sociétés telles que : la Compagnie du chemin de fer de Paris à Saint-Germain, fondée en 1835; la Compagnie de Paris à Versailles, rive droite, fondée en 1836; de Paris à Versailles, rive gauche, fondée également en 1836, et dont la concession fut cédée à la Compagnie de l'Ouest (ancienne Compagnie), laquelle s'était constituée en 1851 pour continuer l'exploitation de la ligne de Versailles à Rennes, construite par l'Etat, sous le régime de la loi du 11 juin 1842 et exploitée par lui depuis 1849; la Compagnie de Paris à Rouen; la Compagnie de Paris à Cherbourg, etc. La situation financière de ces Compagnies était peu brillante, les dépenses de construction avaient dépassé toutes les prévisions, et le trafic n'avait pas réalisé les espérances conçues au début; il en résulta des embarras de toute nature, accrus encore par le peu d'union des sociétés et la concurrence qu'elles se faisaient entre elles, et toutes ces causes amenèrent une fusion générale.

En 1859, la situation ne s'était guère améliorée, aussi, la convention que l'Etat fut amené à conclure avec la Compagnie de l'Ouest en même temps qu'avec les autres grandes Compagnies (V. Chemins de fer), contenait-elle l'engagement, pris par l'Etat, d'exécuter à ses frais l'infrastructure de la ligne de Rennes à Brest, ce qui équivalait à une subvention de 23 millions, en même temps que la classification en deux catégories, des concessions faites à la Compagnie de l'Ouest.

1° L'ancien réseau, d'un développement de 1,192 kilomètres, fut composé des lignes suivantes :

Paris à Saint-Germain et Versailles, avec embranchements sur Argenteuil et Auteuil; de Paris à Rouen et au Hâvre, avec embranchements sur Dieppe et Fécamp; de Versailles à Rennes; de Nantes à Caen et à Cherbourg, avec embranchement sur St-Lô, de Mézidon au Mans;

2° Le nouveau réseau, d'un développement de 1,112 kilomètres, dont 17 kilomètres seulement en exploitation, était formé des lignes de :

Rennes à Brest, à Saint-Malo et à Redon; de Lisieux à Honfleur; de Serquigny à Rouen; du Mans à Angers; de Saint-Cyr à Surdon et d'Argentan à Granville; de Rouen à Amiens pour 1/3; de Paris à Dieppe, par Pontoise et Gisors; de Pont-l'Evêque à Trouville et de Laigle à ou près Conches.

Nous n'insisterons pas sur les autres clauses du traité relatives à la garantie d'intérêt, qui furent modifiées ainsi que les précédentes, par les conventions successives de 1863, 1865, 1868 et 1875, et en dernier lieu par la convention du 20 novembre 1883.

Nous passons donc à l'analyse sommaire des clauses principales de la convention du 20 novembre 1883. Indépendamment des lignes concédées à titre définitif ou à titre éventuel et énumérées au tableau de la page 936, la Compagnie s'engage à accepter la concession, qui lui serait faite par l'Etat, d'environ 200 kilomètres de chemins de fer, situés dans les départements qu'elle dessert et à désigner par l'Administration, la Compagnie entendue. L'Etat cède, d'autre part, à la Compagnie toutes les lignes qu'il avait antérieurement construites ou rachetées dans la région de l'Ouest, et la Compagnie s'engage à exploiter toutes les lignes d'intérêt local que l'Etat viendrait à incorporer au réseau d'intérêt général dans cette région. Comme pour les autres Compagnies, la dépense de construction des lignes nouvelles reste à la charge de l'Etat; mais la Compagnie contribue aux dépenses de superstructure à raison de 25,000 francs par kilomètre, et fournit le matériel roulant, le mobilier et l'outillage des gares.

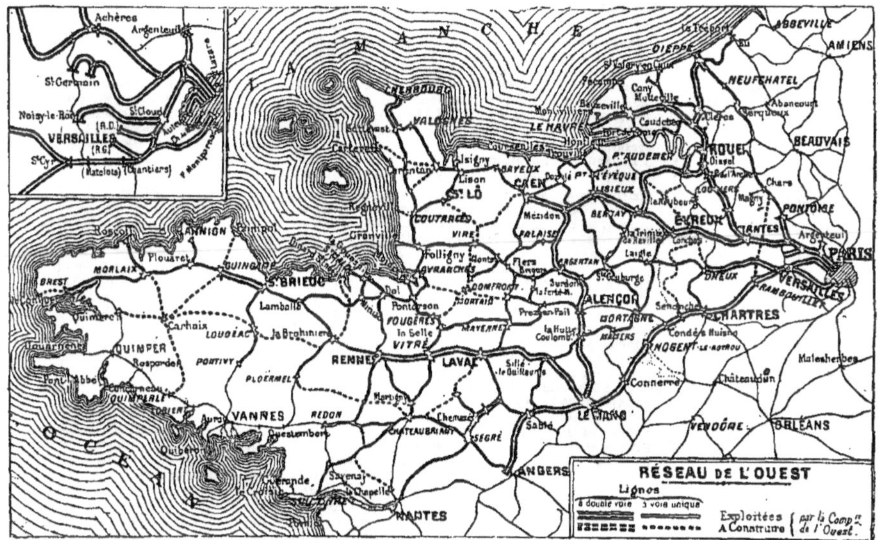

Fig. 530.

Pour compenser la dette antérieurement contractée par la Compagnie envers l'Etat, par suite du fonctionnement de la garantie d'intérêt stipulée en 1859, dette qui s'élevait au chiffre de 189,000,000 pour le capital, et de 50,000,000 pour les intérêts, la Compagnie prend à son compte, jusqu'à concurrence de 160,000,000, les dépenses à la charge de l'Etat, soit pour l'agrandissement des gares communes à l'ancien réseau et aux nouvelles lignes, soit pour le doublement des voies, soit pour la superstructure ou même l'infrastructure de ces lignes, soit pour les travaux de consolidation des lignes cédées par l'Etat.

Il n'est plus dressé, pour chaque exercice, qu'un compte unique de recettes et de dépenses; les recettes comprennent les annuités payées par l'Etat à divers titres, des dépenses comprenant l'intérêt et l'amortissement des emprunts contractés à divers titres. Si les recettes sont insuffisantes pour couvrir ces dépenses, augmentées d'une somme de 11,500,000 francs représentant le revenu réservé aux actionnaires, l'Etat en fait l'avance à titre de garantie d'intérêt, remboursable à 4 0/0 sur les premiers excédents libres; les excédents de revenu net qui ne sont pas nécessaires pour couvrir des insuffisances ou rembourser des avances, sont distribués à titre de dividende aux actionnaires, jusqu'à ce que le revenu net dépasse 15,000,000; au delà de cette limite, l'excédent serait partagé à raison de 2/3 pour l'Etat et 1/3 pour la Compagnie.

Les articles relatifs au nombre maximum des trains à mettre en marche sur les lignes concédées, aux réductions éventuelles de tarifs, aux conditions de rachat, sont semblables à ceux des conventions du *Nord* et du *Midi*; nous renvoyons le lecteur à ces deux mots. Mais les stipulations suivantes sont spéciales à la Compagnie de l'Ouest; la Compagnie partage avec l'Administration des chemins de fer de l'Etat, le trafic entre Paris et la région desservie par cette administration, à charge pour la Compagnie de ne faire ni de subventionner aucun ser-

Compagnie de l'Ouest. — Formation chronologique du réseau.

Année	Date de la décision	Désignation des lignes concédées	Longueur totale concédée
1855	7 avril 2 mai	Paris à Saint-Germain, fusion (32 kil.); Paris à Rouen, fusion (127 k.), Rouen au Hâvre, fusion (94 k.); Dieppe à Fécamp, fusion (70 k.); Ouest ancien, divers, fusion (395 k.); Le Mans à Mézidon (138 k.); Coulibœuf à Falaise (7 k.); Paris à Caen et Cherbourg : Mantes à Caen, fusion (182 k.), Caen à Cherbourg (131 k.) et Lison à Saint-Lô (19 kil.), fusion; Lisieux à Honfleur (43 k.); Serquigny à Rouen (57 kil.); Le Mans à Angers (95 k.); Rennes à Brest (249 k.); Rennes à Saint-Malo (81 k.); Rennes à Redon (70 k.); St-Cyr à Surdon (160 k.); Argentan à Granville (129 k.).	2.079
1859	11 juin	*Détermination des réseaux. Colombes* à la limite de la Compagnie du Nord (2 k.); Pontoise à Dieppe (138 k.); Rouen à Amiens pour 1/3 (44 k.); Pont-l'Evêque à Trouville (11 k.); Laigle à Conches (35 k.).	2.309
1863	11 juin	Caen à Flers (65 k.); Mayenne à Laval (20 k.); Saint-Pierre-de-Vauvray à Louviers (7 k.); Saint-Brieuc à Pontivy (72 k.); Flers à Mayenne, concession évent., rendue définit. le 13 août 1864. Abandon sur la ligne d'Argenteuil, rive gauche, 6 juillet 1863, 1 kilomètre à déduire.	2.531
1865	10 et 18 juillet	Ceinture, rive gauche (11 k.); raccordement de Ceinture rive droite avec la ligne d'Auteuil, concession éventuelle, rendue définitive le 18 septembre 1865 (2 k.).	2.544
1868	4 juillet	Saint-Lô à Lamballe (184 k.); Laval à Angers (69 k.); Sablé à Châteaubriant (95 k.).	2 892
1873	9 janvier	Motteville à Clères (20 k.).	2.912
1875	6 juillet	Chemazé à Craon (15 k.).	
1875	17 août	Conflans à Pontoise (12 k.).	
1875	31 décembre	Harfleur à Montivilliers (5 k.); raccordement à Rouen des lignes de Paris à Rouen et de Rouen à Amiens (2 k.); Beuzeville à Lillebonne et Port-Jérôme (19 k.); Motteville à Saint-Valery-en-Caux et embranchement (38 k.); raccordement de la ligne de Paris à Rouen à celle de Paris à Argenteuil, près Colombes, d'une part, et à celle de Paris à Versailles, rive droite, vers Courbevoie, d'autre part (3 k.); du pont de l'Alma aux Moulineaux (7 k.); des Moulineaux à Courbevoie (10 k.); de la gare d'Auteuil à la porte de Boulogne (1 k.); Sillé-le-Guillaume à la Hutte (26 k.); La Hutte à Mamers (24 k.); Châteaubriant à Redon (45 k.); Plouaret à Lannion (16 k.); Barentin à Duclair et à Caudebec (28 k.); prolongement de la gare de Versailles, rive gauche, (1 k.); Sottevast à Coutances (72 k.).	3.236
1878	9 décembre	Raccordement de la gare de Redon avec le bassin à flot de cette ville.	3.237
1883	20 novembre	*L'ancien et le nouveau réseau forment un réseau unique :* Avranches à Domfront (58 k.); Beslé à Guéméné et La Chapelle-sur-Erdre (55 k.); Carentan à Carteret (40 k.); Carhaix à Morlaix (49 k.); Châteaubriant à Ploërmel (88 k.); Châteaubriant à Saint-Nazaire (74 k.); Dreux à Auneau (47 k.); Eu à Dieppe (38 k.); Evreux à la Loupe (83 k.). Evreux au Neubourg (22 k.); Evreux-Ville à Evreux-Navarre (5 k.); *Fougères à Vire* (75 k.); Guingamp à Paimpol (35 k.); La Brohinière à Dinan et à Dinard (56 k.); Le Neubourg à Caudebec-les-Elbeuf (21 k.); Le Neubourg à Clos-Montfort (24 k.); Pont-Audemer à Quetteville (16 k.); Pouancé à Laval (58 k.); Sablé à Sillé-le-Guillaume (44 k.); Saint-Brieuc au Ligné (7 k.); Saint-Georges à Evreux (37 k.); Saint-Méen à Loudéac et à Carhaix (121 k.); Segré à Nantes (section de Candé à Nantes (60 k.); Vire à Saint-Lô et à Caen (95 k.). Argenteuil à Mantes (50 k.); Dieppe au Hâvre (105 k.); Pont-Audemer à Port-Jérôme, avec traversée souterraine de la Seine et prolongement jusqu'au Hâvre (50 k.); raccordements de Rouen (7 k.), concessions éventuelles. Alençon à Domfront (68 k.); Caen à Dozulé (23 k.); Châteaubriant à Rennes (58 k.); Couterne à La Ferté-Macé (15 k.); de la limite du département de l'Eure (vers Elbeuf) à Rouen (26 k.); Dives à Trouville (20 k.); Echauffour à Bernay (46 k.); embranchement du port d'Isigny (7 k.; Laigle à Mortagne (34 k.); L'Etang-la-Ville à Saint-Cloud (15 k.); Lisieux à Orbec (18 k.); Mamers à Bellême et Mortagne (38 k.); Mayenne à Fougères (52 k.); Mézidon à Dives (28 k.); Miniac à La Gouesnière (12 k.); Morlaix à Roscoff (28 k.); Mortagne à Sainte-Gauburge (34 k.); Orbec à la Trinité-de-Réville (13 k.); Ploërmel à La Brohinière (41 k.); Pré-en-Pail à Mayenne (39 k.); raccordement à Pontorson, de la ligne de Vitré à Fougères avec la ligne de Lison à Lamballe 1 k.); raccordement des deux gares de Saint-Germain (3 k.); raccordement près Elbeuf des lignes d'Elbeuf à Rouen et de Serquigny à Rouen (2 k.); Sainte-Gauburge à Mesnil-Mauges (62 k.); Saint-Georges à Dreux et à Chartres (50 k.); Segré à Condé (19 k.); Vitré à Fougères et prolongement (31 k.); Vitré à Martigné-Ferchaux (40 k.).	5.528

vice de concurrence ou de détournement; les chemins de l'Etat peuvent faire circuler leurs trains sur les rails de l'Ouest, entre Chartres et Paris, moyennant un péage de 0,4 de la recette, et sans contribuer aux frais des gares communes, par aucune redevance de loyer; la Compagnie renonce à la perception des prix spéciaux des dimanches et fêtes, pour la banlieue, et s'engage à faciliter le déplacement des ouvriers en établissant, pour eux, des billets d'aller et retour, avec réduction de 50 0/0 sur le tarif plein.

La Compagnie de l'Ouest a, depuis cette époque, conclu avec l'Etat une nouvelle convention relative à la concession d'un réseau de chemin de fer à voie étroite dans la Bretagne.

Aux termes de cette convention, approuvée par la loi du 10 décembre 1885, la Compagnie prend l'engagement de construire avec une voie de 1 mètre de largeur, et de faire exploiter les lignes de Carhaix à Morlaix, de Guingamp à Paimpol, de St-Méen à Loudéac et à Carhaix, de Guingamp à Carhaix, de Carhaix à Rosporden et de Carhaix à Châteaulin (ces deux dernières à titre éventuel). L'exploitation de ces lignes a été affermée, par un traité en date du 5 mars 1886, à la Société générale des chemins de fer économiques, moyennant une dépense maxima de 1 fr. 40 par *train-kilomètre*, et avec un minimum de 3,000 fr. par kilom. exploité; le transbordement dans les gares communes aux deux réseaux, doit être fait par la Compagnie de l'Ouest, *moyennant une redevance* de 0,20 par tonne. Enfin, la Compagnie abandonne à la Société 5 0/0 des recettes brutes et lui alloue une prime d'économie égale à la moitié de l'écart entre le maximum et le prix de revient réel.

Organisation administrative. Comme la plupart des Compagnies, celle de l'Ouest est divisée en trois services, l'exploitation, la traction et la voie; mais au-dessus des chefs de ces services, a été récemment maintenue une subdivision entre le directeur de la Compagnie et le directeur de la construction qui n'en dépend pas complètement, de même que le secrétariat général, qui forme comme l'annexe du Conseil d'administration.

L'exploitation comprend un chef, un sous-chef et sept agents divisionnaires, de même rang que les inspecteurs principaux de la Compagnie du Nord, par exemple; l'un d'eux est spécialement chargé de la banlieue, les autres sont à Paris (Saint-Lazare et Montparnasse), à Rouen, au Mans, à Caen et à Rennes. Le service des travaux comporte, sous les ordres du directeur, d'une part, la construction, avec un ingénieur en chef, un ingénieuradjoint, deux ingénieurs principaux et cinq ingénieurs ordinaires; d'autre part, l'entretien et la surveillance de la voie et des bâtiments, avec un ingénieur en chef et deux adjoints, huit ingénieurs divisionnaires. Le matériel et la traction sont dirigés par un ingénieur en chef, son adjoint, un ingénieur de la traction, son adjoint, et un ingénieur des ateliers.

La Compagnie ayant été formée par une série de fusions, l'histoire de ses origines compte beaucoup de noms connus, qui après avoir dirigé chacune des entreprises partielles, ont composé les premiers conseils du chemin de l'Ouest; on y voit figurer les noms de MM. de l'Espée, d'Eichthal, Thurneyssen, Tarbé des Sablons, de Chasseloup-Laubat, et plus récemment, comme présidents, MM. Alfred Le Roux et Blount, ce dernier encore en fonctions. Comme secrétaires généraux de la Compagnie, à M. Coindard, qui a conservé vingt-deux ans ses fonctions, a succédé M. Frère, le sympathique secrétaire actuel de la Compagnie. Les directeurs ont été des hommes éminents et universellement connus. Le premier, M. Jullien, l'un des fondateurs de l'industrie des chemins de fer, était d'une originalité qui n'avait d'égale que sa bonté, car il a laissé une partie de sa fortune à répartir entre les employés qui avaient travaillé sous ses ordres. MM. Piérard, Delaître et actuellement M. Marin, lui ont succédé; au dernier mouvement qui a suivi la mort de M. Delaître, l'avancement s'est fait dans les cadres mêmes de la Compagnie, et M. Marin qui était ingénieur en chef de l'exploitation à fait place à son sous-chef, M. Protais, celui-ci au chef du mouvement, M. Chardon, et ainsi de suite. M. Clerc est actuellement directeur de la construction: quant au service de la traction, autrefois dirigé par l'entrepreneur Buddicom, après avoir été longtemps entre les mains de M. Mayer, aujourd'hui ingénieur-conseil de la Compagnie, il a actuellement pour chef M. Clérault, ingénieur en chef des mines.

Principaux renseignements techniques. Les renseignements ci-après, relatifs aux conditions d'établissement de la voie s'appliquent à l'année 1882. Au 31 décembre de cette année, le réseau d'intérêt général de la Compagnie de l'Ouest comptait 3,096 kilomètres livrés à l'exploitation, dont 1,333 kilomètres étaient établis à double voie et 1,763 kilomètres à voie unique. La proportion est donc pour la double voie de 43,1 0/0 de la longueur totale et de 56,9 0/0 pour la voie unique. Au point de vue du tracé en plan, 59,3 0/0 de la longueur totale sont en alignements droits, 39,3 0/0 sont en courbes de rayon supérieur à 500 mètres et 1,4 0/0 en courbes de rayon inférieur à 300 mètres, cette dernière proportion est la plus faible des grandes Compagnies. Le rayon minimum des courbes, situées sur les voies principales, est de 300 mètres. Au point de vue du profil : 624 kilomètres, soit 20,2 0/0 sont en palier, 35,5 0/0 sont en déclivité inférieure à 0,005 et 44,3 0/0 en déclivité supérieure à 0,005. Le maximum des déclivités est $0^{m},015$ par mètre.

Le nombre des passages à niveau était de 2,018; celui des passages sous la ligne, établis pour les routes et chemins, était de 4,421. Il existait 101 ponts sous rails de plus de 20 mètres d'ouverture, formant une longueur totale de $7,455^{m},28$, ayant coûté en moyenne 4,969 francs par mètre courant; 53 viaducs de plus de 10 mètres de hauteur ayant un développement total de $7,295^{m},99$ et dont le prix de revient moyen a été de 3,489 francs par mètre. Les souterrains, au nombre de 53, avaient une longueur totale de $31,528^{m},84$ et ont coûté en moyenne 1,393 francs par mètre; enfin, le nombre total des ponceaux et aqueducs établis pour le passage des ruisseaux était de 4,060. Parmi les principaux travaux d'art, nous pouvons citer le pont de l'Europe établi, à l'entrée de la gare de Paris, à la croisée de six rues convergentes et formant une véritable place publique; le viaduc de Barentin au delà de Rouen, le souterrain de Rolleboise au delà de Mantes, etc., etc.

L'effectif du matériel roulant de la Compagnie de l'Ouest, au 31 décembre 1884, est donné par le tableau suivant :

Désignation des véhicules	Totaux partiels	Totaux	Moyenne par kilom. exploité
Locomotives.	»	1.299	0.32
Voitures à voyageurs. . .	»	3.399	0.83
Vagons divers.	1.563	21.785	5.31
Vagons à marchandises. .	19.736		
Vagons de terrassement. .	486		

Résultats comparés de l'exploitation des années 1883 et 1884 :

Désignation des articles	1883	1884
Longr moyenne exploitée.	3.684 kilom.	4.031 kilom.
Recettes totales grande vit.	64.214.630 04	66.595.433 90
Recettes totales petite vites.	64.701.358 37	64.837.494 72
Totaux	128.915.988 41	131.432.928 62
Dépenses totales. . . .	64.215.480 65	69.645.885 73
Excédent net. . .	64.700.507 76	61.787.042 89
Recette kilométrique .	45.297 26	35.686 38
Dépense kilométrique	22.563 42	18.910 10
Rapport de la dépense à la recette. . . .	49.81 0/0	52.99 0/0
Parcours kilomét. des trains	30.157.798	33.070.755
Recette par train kilométrique.	4.409 »	4.120 »
Nombre de voyageurs reçus.	49.055.144	51.267.134
Nombre de voyageurs transportés à la distance entière.	332.893	307.781
Parcours moyen d'un voyageur.	$25^{k},0$	$24^{k},2$
Produit moyen d'un voyageur.	1 15	1 12
Nombre de tonnes expédiées	7.038.251	7.422.505
Nombre de tonnes expédiées à la distance entière.	264.146	236.246
Parcours moyen d'une tonne	$127^{k},4$	$128^{k},3$
Produit moyen d'une tonne	7 80	8 »

Pendant l'année 1884, la gare de Paris-Saint-Lazare a fait à elle seule, une recette de 16,801,067 fr. 24; celle de Paris-Montparnasse, 6,619,354 fr. 67; celle de Batignolles, 6,213,248 fr. 96, et celle de Vaugirard, 2,509,137 fr. 10; 228 stations ont fait, pendant l'année 1884, une recette supérieure à 100,000 francs.

Parmi les transports les plus importants, on peut citer : la houille et le coke ayant fourni ensemble un tonnage de 1,010,135 tonnes, soit 1/7 du total des transports; les matériaux de construction, 893,168 tonnes; les céréales, 929,359 tonnes.

Citons encore quelques chiffres relatifs au bilan de la Compagnie de l'Ouest au 31 décembre 1884.

Actif.

Caisse, banque et portefeuille	65.367.062 12
A reporter.	65.367.062 12

Report.		65.367.062 12
Domaine privé de la Compagnie		8.952.809 85
Débiteurs divers		4.925.993 88
— du trafic		5.343.316 30
Insuffisance des produits du nouveau réseau (1865 à 1882) :		
Solde restant à rembourser		155.546.388 77
Insuffisances des produits des lignes en exploitation complète :		
Exercices 1883 et 1884.	17.124.651 21	
Intérêt des avances faites par l'Etat	153.632 38	
		17.278.283 59
Total		257.413.854 51

Passif.

Excédent du capital sur des dépenses d'établissement	19.624.512 10
Réserves	23.217.038 54
Intérêts, dividendes et amortissements échus à payer	23.469.713 13
Dépenses à payer	17.546.760 59
Sommes à disposition et créanciers divers	6.555.809 »
Garantie d'intérêt de l'Etat	160.700.021 15
Solde disponible	6.300.000 »
Total	257.413.854 51

Enfin, pour terminer, signalons que les dépenses d'établissement des lignes concédées à la Compagnie de l'Ouest, s'élevaient au 31 décembre 1884 à 1 milliard 393.513.763 fr. 62.

OURDIR. *T. de cord.* Etendre les fils qui doivent composer une corde et les disposer de façon à faire les torons. || *T. de constr.* Premier enduit de mortier ou de plâtre sur un mur de moellons. || *T. de tiss.* — V. Ourdissage.

OURDISSAGE. *T. de tiss.* Opération préparatoire du tissage par laquelle on rassemble, les uns à côté des autres, tous les fils qui doivent concourir à la formation de la chaîne d'un tissu, en les rangeant bien parallèlement entre eux, dans le même ordre qu'ils occuperont dans l'étoffe, et avec des tensions aussi uniformes et régulières que possible. L'ourdissage se fait à la main lorsqu'il s'agit de tissus nouveauté pour lesquels on n'a généralement à produire que peu de pièces d'un même dessin ou d'un même tissu. Les établissements, au contraire, qui confectionnent des étoffes classiques, opèrent mécaniquement.

Dans l'un et l'autre cas (sauf quelques rares exceptions), les fils ont été préalablement rassemblés sur des *bobines*, ou *bobineaux* (V. ces mots ainsi que Bobinage, Bobinoir) que l'on dispose dans des cadres ou *cantres* (V. ces mots) placés à proximité de l'appareil à ourdir. Lorsque l'on opère à la main, ces cadres ne renferment que 40 ou 80 bobines, dont les fils constituent une *portée.* L'ouvrier, après avoir fait passer ces fils dans un guide et avoir indiqué leur rang au moyen d'une *croisure* ou *envergure* (V. ce mot), les rassemble en un boudin qu'il enroule en hélice du haut en bas d'un moulin à ourdir, constitué par une sorte de grand dévidoir à axe généralement vertical, de 2 à 3 mètres de diamètre et auquel il communique, soit directement, soit au moyen d'une manivelle, un mouvement de rotation uniforme et assez lent. A la première portée de fils ainsi ourdie, il en superpose une seconde, puis une troisième, etc., jusqu'à ce qu'il ait rassemblé tous les fils dont la chaîne doit se composer. Quand il y a lieu, on change les bobines du cantre entre les ourdissages de deux portées successives. Lorsque la chaîne est ainsi formée, on passe des ficelles dans la croisure, afin qu'on puisse retrouver toujours l'ordre suivant lequel les fils doivent se succéder, puis on l'enlève du moulin pour la transporter à l'endroit, quelquefois assez éloigné, où doit s'effectuer le tissage. Là, il faut la développer et l'enrouler sur le rouleau d'ensouple (V. Ensouple) du métier à tisser. A cet effet, on passe des lattes dans la croisure, puis on répartit les fils entre les dents d'un râteau, dont la largeur est égale à celle de l'ensouple entre ses plateaux, et que l'on maintient dans une position invariable près de ce rouleau. Il suffit alors, après avoir fixé les extrémités des fils à l'ensouple, de faire tourner lentement celui-ci, pendant qu'un homme retient la chaîne pour que les fils s'y enroulent d'une manière parfaitement régulière et uniforme. Dans les ateliers, le mouvement de rotation est donné à l'ensouple par le moteur, et la chaîne est retenue dans des conditions convenables par un frein; l'opération prend alors le nom de *dressage.*

L'ourdissage mécanique s'effectue au moyen de machines appelées *ourdissoirs* (V. ce mot), qui déterminent directement l'enroulement des fils autour des rouleaux d'ensouple. Il n'est cependant possible d'opérer dans de bonnes conditions que lorsque les fils sont assez espacés les uns des autres, de sorte que l'on a été amené à fractionner la chaîne totale, sur plusieurs ensouples provisoires (généralement 6 ou 8), appelés *rouleaux d'ourdissage*, et dont la largeur est égale à celle que devra avoir la chaîne; c'est-à-dire un peu supérieure (8 à 10 0/0) à celle du tissu. Le premier fil de la chaîne s'ourdit ainsi sur le premier de ces rouleaux, le second sur le second, et ainsi de suite, de manière à obtenir une répartition bien régulière. La réunion des fils s'effectue lors de l'encollage ou du parage, ou bien par une opération spéciale, dans le cas des fils retors qui ne sont pas encollés. Pour la description des machines employées, V. Ourdissoir. — P. G.

OURDISSEUR, EUSE. *T. de mét.* Ouvrier, ouvrière qui fait l'ourdissage.

OURDISSOIR. *T. de tiss.* Nom donné aux machines employées pour effectuer mécaniquement l'opération de l'ourdissage. Les ourdissoirs pourraient se composer uniquement : 1° d'un cadre ou cantre fixe supportant les bobines qui fournissent les fils; 2° du rouleau d'ourdissage animé d'un mouvement de rotation pour enrouler ces fils; et 3° d'un peigne ou ros ou râteau fixe destiné à les guider et à maintenir leur parallélisme pendant leur enroulement. Cependant, afin d'obtenir une tension bien régulière de tous les fils, et en raison des ruptures qui peuvent se produire, on a été amené à leur ajouter différents organes dont la figure 532 et la légende explicative suivante rendront suffisamment compte.

A, cantre. B, peigne-guide d'arrière. CC'C", rouleaux tendeurs. D, peigne-guide de devant. E, Rouleau d'ourdissage. F, tambour produisant la rotation du rouleau d'ourdissage et portant sur son axe, de chaque côté de la machine, une paire de poulies fixe et folle; les deux paires de poulies reçoivent des rotations de sens contraires, l'une par une courroie droite, l'autre par une courroie croisée. G, poulies motrices. H, guides courroies en relation avec les poignées J, au moyen desquelles on peut amener les courroies : 1° sur la poulie fixe de gauche en même temps que sur la poulie folle de droite pour déterminer l'enroulement des fils; 2° à la fois sur les poulies folles des deux côtés, et produire l'arrêt de la machine;

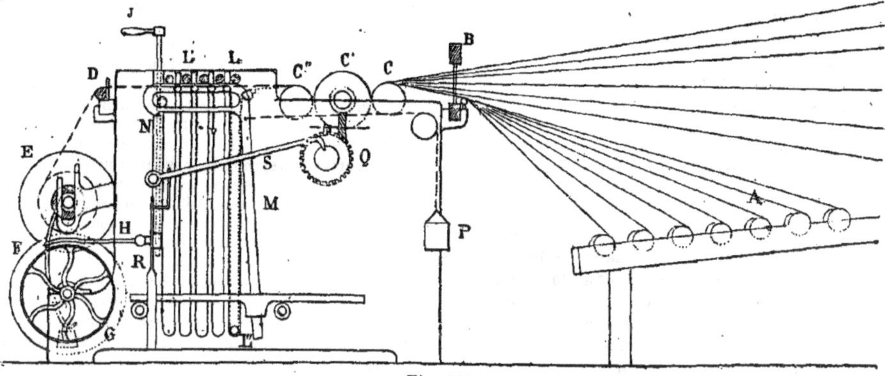

Fig. 532.

3° sur la poulie fixe de droite et sur la poulie folle de gauche et déterminer le déroulement des fils, dans le cas où l'un deux se serait cassé. LL', tringles légères en fer creux, qui pendant la marche normale sont placées un peu plus haut que la nappe que forment les fils et soutenues à leurs extrémités dépassant les bâtis, par des glissières M. Au moment où, par suite de la rupture d'un fil, l'ouvrier amène les courroies sur la poulie fixe de déroulement, un petit levier N en relation avec des cames portées par les arbres des poignées J, repousse les glissières M vers la gauche de la figure, et dégagent ainsi la première des tringles L qui vient reposer sur la nappe des fils, puis l'emmagasine à mesure de son développement en s'abaissant verticalement par son poids. Pendant ce mouvement, elle glisse le long des parois inclinées de la glissière M, et continue à la faire reculer de manière à ce que la seconde des tringles L soit dégagée au moment où elle arrive à la limite inférieure de sa course en L". De petites traverses fixes soutiennent les fils entre les tringles L. L'ouvrier peut ainsi, sans craindre aucune perturbation, dérouler la chaîne jusqu'à ce qu'il ait retrouvé le bout du fil cassé, puis opérer la rattache. M, glissière qui soutient les tringles L. N, levier opérant le dégagement de cette glissière; ces pièces se reproduisent symétriquement des deux côtés de la machine. P, contrepoids destiné à ramener la glissière M, quand on enroule de nouveau la partie déroulée de chaîne, et que les tringles L se relèvent. Q, compteur des tours du rouleau C', qui indique la longueur de chaîne ourdie. R, ressort qui, sous l'action d'un levier S, en relation avec le compteur, et, au moment où la chaîne est terminée, agit sur le guide-courroie pour déterminer automatiquement l'arrêt de la machine en ramenant les courroies sur les poulies folles des deux côtés.

Afin de rendre plus rapide les rattaches des fils cassés, on construit des ourdissoirs à casse-fils qui s'arrêtent automatiquement aussitôt qu'une rupture se produit. Ces machines s'appliquent très bien au coton, plus difficilement aux autres matières. La figure 533 représente une coupe longitudinale du type le plus récent. Une seule paire de poulies donne au tambour F le mouvement qui correspond à l'enroulement des fils. Le guide courroie est en relation avec un ressort R qui tend à le ramener sur la poulie folle, mais qui, pendant la marche, est retenu par une encoche d'un guide K qu'il traverse. On place à cheval sur chacun des fils, dans leur trajet horizontal entre les rouleaux C et I, une épingle *a*, semblable aux épingles à cheveux, mais plus large, et

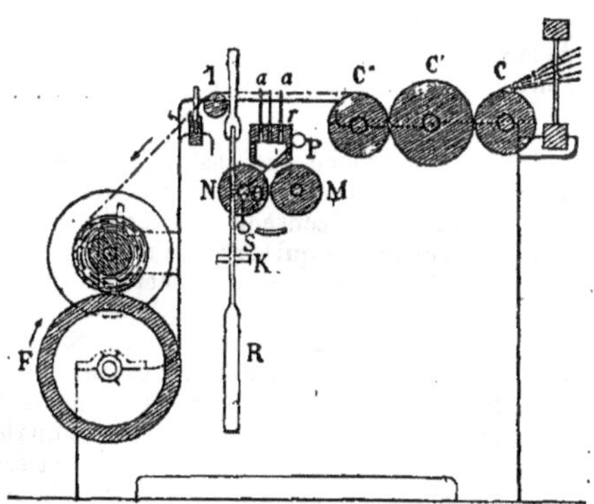

Fig. 533.

dont les extrémités s'engagent dans des rainures d'une traverse T. Au-dessous de cette traverse se trouvent deux rouleaux M et N, dont le premier reçoit un mouvement de rotation autour d'un axe fixe, tandis que le second est porté par des bras de levier PQ disposés des deux côtés de la machine et invariablement fixés, tous deux, sur un arbre P.

Tant que tous les fils restent entiers, ils soutiennent leurs aiguilles, mais aussitôt que l'un d'eux vient à se casser, son aiguille tombe et se trouve dirigée vers les rouleaux M et N qui l'entraînent par suite de leur mouvement de rotation; mais, en passant entre eux, elle les écarte, et alors le prolongement S de l'un des leviers PQ pousse le ressort R hors de l'encoche du support K dans laquelle il était retenu. Immédiatement alors, ce ressort ramène la courroie sur la poulie folle et la machine s'arrête. Généralement un frein agit en même temps pour hâter cet arrêt et permettre de retrouver le bout cassé du fil, encore en avant du rouleau d'ourdissage. La rattache se fait alors rapidement.

Enfin, pour le cas où l'on ourdit des chaînes à rayures de couleurs, on fait usage quelquefois d'ourdissoirs fractionnant en quelque sorte la chaîne par sections transversales, c'est-à-dire permettant d'ourdir d'abord les deux ou trois cents premiers fils, puis les suivants, etc. Cela rend plus faciles les combinaisons de couleurs. Les machines se composent alors d'un ourdissoir de forme et de largeur ordinaires, à la suite duquel s'en trouve un second dont la largeur est égale à celle de la fraction de chaîne que l'on veut former. La nappe de fils formée sur le premier se condense en largeur, en passant dans un peigne, puis s'enroule sur un rouleau du second ourdissoir. La chaîne est formée par la juxtaposition de ces rouleaux partiels. — P. G.

OURLET. *T. de couv. et plomb.* Rebord arrondi d'un chéneau ou d'une cuvette, qui empêche l'eau de glisser le long des parois. Dans la couverture, on réunit les feuilles de plomb ou de zinc par des ourlets, disposés en sens inverse de manière à s'agrafer mutuellement. || *T. techn.* Pli cousu sur le bord d'un morceau d'étoffe, pour l'empêcher de s'effiler. Pli que l'on fait sur le bord d'une plaque de métal, dans le but de la renforcer ou de la lier avec une autre pièce. || Bord relevé sur l'aile du plomb, destiné à maintenir les panneaux de verre.

OUTIL. Nom donné aux instruments que les ouvriers emploient pour travailler la matière; ce nom représente par conséquent la catégorie spéciale des instruments qui servent d'intermédiaires entre la main de l'ouvrier et la matière mise en œuvre; certains artistes, comme le sculpteur et le graveur, emploient des outils pour exécuter la partie matérielle de leurs travaux. C'est aussi pourquoi les machines qui remplacent la main de l'ouvrier sont des machines-outils, tandis que les instruments proprement dits sont ceux qui servent aux opérations scientifiques ou artistiques, tels que les instruments de précision, de dessin, de musique, etc.

— Les outils sont, comme les armes, des instruments créés par l'homme pour suppléer à la faiblesse et à la délicatesse de ses organes. Des branches d'arbres, des pierres tranchantes, des coquillages ont été sans doute ses premiers instruments; mais il n'a pas tardé à découvrir la matière qui convenait à ses besoins. Le silex joint à la dureté un mode de cassure qui permet, avec un peu d'habileté, de lui donner la forme que l'on veut; son choix et la façon de le travailler ont été les premiers témoignages des facultés qui devaient assurer le triomphe de l'homme. A l'époque la plus ancienne où l'on trouve des traces de son existence, il parvient déjà, avec cette seule ressource, à fabriquer des haches, des couteaux, des scies, des poinçons. Le bois, la corne, les défenses de certains animaux lui fournissent le complément d'un outillage qui se perpétue pendant des centaines de siècles, sans autre progrès que l'aiguisage et le polissage des instruments. Et, cependant, à cet âge reculé que l'on appelle l'âge de pierre, on voit déjà se manifester le goût de la parure qui est un des caractères de l'espèce humaine; avec les armes et les outils, on trouve des ornements et même des essais de gravure et de sculpture. Dans ces conditions, l'homme serait resté indéfiniment à l'état sauvage dans lequel les navigateurs ont trouvé les peuplades de l'Australie et de l'Océanie, dont beaucoup étaient encore, il n'y a pas un demi-siècle, restées à l'âge de pierre; c'est la découverte du bronze qui est venue briser le cercle étroit dans lequel l'industrie humaine était enfermée. La facilité avec laquelle ce métal entre en fusion permit de reproduire tous les anciens instruments et d'en créer de nouveaux; les civilisations de l'Asie et de l'Egypte nous montrent déjà la plupart des outils manuels qui sont encore employés de nos jours. On ignore à quelle époque et de quelle façon on parvint à obtenir le bronze.

On ne sait pas davantage quand et comment le fer est venu s'ajouter aux ressources de l'industrie; en tout cas, l'art du forgeron a présenté plus de difficultés que celui du fondeur, et le nouveau métal est resté longtemps rare et précieux. On sait, d'après Diodore de Sicile, que les Ethiopiens fabriquaient des haches et des outils en fer vers le XVIIe siècle avant J.-C. On trouve, au VIIIe siècle, le soufflet de forge représenté par des outres que l'on gonflait et dégonflait avec les mains et les pieds. Néanmoins, le bronze servait toujours à la fabrication des armes, des outils tranchants et des ornements; les poèmes d'Hésiode et d'Homère semblent indiquer que le siège de Troie eut lieu au moment de la transition entre l'âge du bronze et celui du fer. La découverte de l'acier devait apporter aux outils leur dernier perfectionnement; il paraît avoir été connu depuis longtemps dans l'Inde, en Chine et au Japon; on a même cru trouver la trempe de l'acier indiquée dans le neuvième livre de l'Odyssée, quoi qu'il paraisse plus probable qu'Homère a voulu parler du recuit que l'on faisait subir au fer lorsque le martelage à froid l'avait rendu aigre et cassant. En tous cas, l'acier était réservé pour la fabrication des armes, et ce n'est que beaucoup plus tard que les progrès de la métallurgie ont assez diminué sa valeur pour le mettre entre les mains des artisans.

Le développement de l'industrie a nécessité la création d'une multitude d'outils, dont on a varié les formes à l'infini pour les adapter aux propriétés de la matière et aux exigences du travail qu'on lui fait subir; cependant, ce travail peut être ramené à un petit nombre d'opérations élémentaires, qui consistent à diviser, dresser ou façonner, percer et assembler les matériaux mis en œuvre.

Le premier des outils à diviser a sans doute été le couteau sur lequel on agissait par pression; pour les matières dures, la pression ne suffisait pas; on l'a remplacée par le choc et du couteau on a fait le coin, puis le ciseau. Pour augmenter la force du choc, on a emmanché la pierre qui servait à frapper, et on a créé le marteau; enfin, pour obtenir un choc encore plus énergique, en se servant des deux mains, on a réuni dans un seul outil le ciseau et le marteau, et on a obtenu la hache. Pour les objets délicats qui n'auraient pas résisté au choc et qui étaient trop durs pour céder à la pression, on a dentelé le couteau qui est devenu la scie, dont la forme et le mouvement permettent d'attaquer la matière successivement sur un grand nombre de points. L'action de la scie se retrouve, du reste, dans divers outils dont le taillant se compose, en réalité d'un nombre infini de dents extrêmement fines; c'est ainsi qu'agissent la plane, le couteau, le canif et même le rasoir.

Les outils de dressage différaient suivant la nature de la matière ; pour le bois, on s'est d'abord contenté de la hache, du ciseau et de la gouge ; le travail était long et imparfait, de sorte que la création du rabot devrait être considérée comme un trait de génie, s'il était possible de l'attribuer à un seul inventeur ; il semble plus probable que cet outil est, comme les autres, le résultat de perfectionnements successifs dus à l'expérience et à la sagacité de plusieurs générations d'ouvriers. Du reste, l'obscurité qui enveloppe l'origine des outils les plus parfaits et les plus répandus s'explique, parce que les travaux manuels ont été d'abord abandonnés aux esclaves, et que plus tard, sous l'influence du préjugé qui en avait été la conséquence, les artisans sont restés aux derniers rangs de l'état social, ne préoccupant guère les poètes ni les historiens.

Les matières dures ont été dressées ou façonnées en les usant suivant le procédé employé pour l'aiguisage et le polissage. On imagina, pour faciliter le travail à la main, différents outils, comme le grattoir, la lime et la râpe, auxquels le travail mécanique a permis de substituer la meule et la fraise ; c'est un retour au procédé primitif, mais avec la précision et la rapidité qui lui avaient manqué ; l'intervention de la machine-outil a produit le même résultat dans un grand nombre d'opérations industrielles ; le travail du bois à la machine en est un exemple frappant.

Pour façonner le métal, on n'eut pendant longtemps d'autre ressource que de le couler dans des moules ; ce n'est que plus tard que l'on a utilisé sa malléabilité et qu'on est parvenu, par l'emploi raisonné du marteau, à l'emboutir ou le rétreindre de façon à obtenir les formes les plus compliquées. Ici ce n'est pas le perfectionnement des outils, mais bien celui de leur emploi qui a joué le rôle le plus important ; c'est une autre propriété de la matière qui a permis à la machine-outil d'exécuter en partie les travaux que l'on demandait au marteau ; le laminoir et les machines similaires sont basées principalement sur la ductilité des métaux.

Le poinçon et l'alène ont servi pour percer les trous nécessaires aux premiers assemblages, obtenus avec des ligatures ou une couture très simple ; percer le sas d'une aiguille était une opération plus difficile. Cependant, on a retrouvé dans les cavernes des aiguilles en os, aussi fines que les nôtres et percées d'un trou très petit, si régulier que son exécution était restée un problème, jusqu'au jour où un archéologue habile l'a reproduit en se servant de l'un des outils en pierre qui avaient été découverts en même temps.

Au poinçon a succédé le foret, dont la tige recevait un mouvement de rotation alternatif au moyen d'une corde enroulée, mouvement qui se retrouve dans l'archet et le drille et qui suggéra l'idée du tour. Avec les métaux, on a pu réaliser la vrille, la tarière et enfin la mèche à laquelle on donna un mouvement de rotation continu, grâce à l'invention du vilebrequin. Le clou et la cheville fournirent alors des assemblages plus rigides que la ligature ; quant aux métaux, ils étaient assemblés au moyen de rivets ; les anciens ne connaissaient ni la vis, ni les divers procédés de soudure employés aujourd'hui. Parmi les outils élémentaires qui remplacent la main de l'homme, il faut encore ranger la pelle qui fut le premier instrument de transport, et la tenaille qui est un instrument de préhension. Il serait intéressant de suivre ces outils primitifs dans les transformations qu'on leur a fait subir pour les approprier à différents usages ; on verrait ainsi la pelle devenir la bêche, l'écope, la cuiller, la truelle ou la fourche ; la hache donner naissance à l'herminette, au pic et à la pioche ; la tenaille fournir la cisaille, la pince et le sécateur.

Lorsque l'on examine les outils, on est frappé de la perfection avec laquelle l'expérience a conduit à leur donner les formes et les dimensions qui répondent le mieux aux lois de la mécanique. Dans les nombreux types de marteaux, le poids est toujours proportionné à l'intensité du choc que l'on veut obtenir et à la fatigue qui résulte de son emploi. Lorsque le coup doit être dirigé avec précision, la tête est reportée presque entièrement d'un côté du manche, de sorte que le centre de gravité est abaissé et que le point d'impact se trouve plus facilement ramené au centre de percussion, condition nécessaire pour éviter les réactions sur l'extrémité du manche. Dans les marteaux que l'on veut employer indifféremment d'un côté ou de l'autre, la forme est symétrique et le centre de gravité se trouve dans l'axe du manche ; l'équilibre qui en résulte permet de s'en servir dans toutes les directions. Les mêmes dispositions se retrouvent dans la cognée, la hache, la doloire, et dans les outils qui en dérivent comme la pioche, la hachette, etc.

La théorie du coin explique les formes du ciseau ; les faces du coin sont les biseaux du taillant et la tête est prolongée pour être tenue dans la main, soit directement, soit au moyen d'un manche qui présente un volume suffisant avec moins de poids. L'angle des biseaux est réglé par la dureté de la matière que le ciseau doit d'abord détacher, puis soulever pour compléter la séparation. Pour les matières dures, cet angle augmente ou diminue suivant qu'elles sont de nature cristalline ou fibreuse ; il peut être très aigu pour les matières tendres, ce qui conduit souvent à supprimer l'un des biseaux. Cette dernière forme est également celle des outils mécaniques qui sont maintenus par un support beaucoup plus énergique et plus rigide que la main, et pour lesquels le choc intermittent du marteau est remplacé par une pression puissante et continue. La largeur du taillant est aussi proportionnelle à la résistance ; le bédane, plus étroit, avance davantage avec le même choc et résiste mieux à la rupture ; le ciseau large, qui enlève moins de matière, se dirige plus facilement et facilite le dressage. Pour les corps très durs, le taillant diminue encore de largeur et finit par se réduire à une petite pyramide, comme dans la pointe du tailleur de pierres.

Les outils tranchants à percussion directe, comme la hache, l'herminette ou la pioche, sont établis sur les mêmes principes. Des considérations semblables ont servi de guide dans la construction de la scie dont les dents sont : tantôt crochues et inclinées, ne coupant que dans un sens et attaquant par la pointe ; tantôt en forme de triangle équilatéral, formant une succession de couteaux également inclinés, avec un seul biseau dirigé alternativement en sens contraire, ce qui leur permet de couper en allant et en revenant. On s'explique aussi aisément le nombre et la grandeur des dents, les vides qui sont ménagés entre elles pour loger la matière détachée, l'inclinaison des dents de chaque côté du plan de la lame pour frayer le passage de l'outil et supprimer la résistance due au frottement.

Nous devons arrêter ici ces indications sommaires ; la description complète des outils, leur histoire, leur fabrication et leurs usages dépasseraient les limites du *Dictionnaire*; nous observerons seulement que l'outillage, en apparence si compliqué, des industries modernes, peut être ramené à quelques outils généraux dont l'étude ferait mieux comprendre pourquoi la perfection de l'outil exerce une si grande influence sur la bonne exécution du travail en même temps qu'elle permet d'économiser le temps et la fatigue de l'ouvrier. Dans l'enseignement du travail manuel, cette étude rendrait plus facile le maniement des outils qui en sont la base, comme le marteau, le ciseau, la scie, la lime et le rabot; elle expliquerait le travail de ces deux machines élémentaires, la machine à percer et le tour, qui servent en quelque sorte d'introduction à l'emploi des machines-outils. L'enseignement pratique ainsi éclairé par des notions théoriques élémentaires, serait la meilleure préparation à tous les apprentissages. — V. MACHINE-OUTIL. — J. B.

OUTILLAGE. Dans son acception la plus simple, *outillage* désigne l'assortiment des outils employés par un artisan pour exécuter les travaux de sa profession, aussi bien ceux qui sont réservés à son usage personnel que ceux qui sont communs à tous les ouvriers d'un même atelier. L'outillage du serrurier comprend la forge et ses accessoires; celui du charpentier comprend les chèvres qui servent au levage des matériaux. Par extension, les machines inventées pour remplacer le travail manuel par le travail mécanique ont été considérées comme des outils, et on a désigné sous l'expression d'outillage l'ensemble des appareils qui composent une usine ou qui servent à exploiter une industrie; on dit : l'outillage d'une filature; l'outillage de la meunerie. L'outillage agricole comprend l'ensemble des machines employées dans les différentes cultures et dans la préparation de leurs produits. Enfin, on est allé encore plus loin, et on a réuni sous le terme d'outillage national tous les ouvrages d'utilité générale, créés soit par l'Etat, soit par des associations ou des syndicats pour favoriser l'agriculture, l'industrie et le commerce. Les routes, les canaux de navigation, de desséchement et d'irrigation font partie de l'outillage national; il en est de même pour les quais, les bassins à flot, les formes de radoub qui constituent l'outillage des ports de commerce; on pourrait ajouter que les ports maritimes, les chemins de fer, les canaux et rivières canalisées doivent être considérés comme un outillage international, dont l'étranger profite autant et quelquefois plus que l'indigène.

L'outillage ainsi défini est un facteur important des industries modernes ; il coûte très cher à établir et demeure exposé à des transformations fréquentes par suite des inventions et des perfectionnements. Un exemple suffit pour donner une idée de son influence; en 1876, une compagnie américaine était parvenue à produire, grâce à la perfection de son outillage, 190 montres par ouvrier et par an, tandis qu'en Suisse, le travail à la main n'en produisait que 40; en outre, dans l'usine américaine, les trois quarts des ouvriers étaient des femmes. Cependant l'introduction en Suisse d'un pareil système exigerait des capitaux considérables et entraînerait un bouleversement complet dans l'industrie horlogère de ce pays.

Au début, on a été séduit par les avantages incontestables de l'outillage mécanique; non seulement la production augmentait énormément, mais elle était plus régulière et plus économique; en outre, on était affranchi des exigences toujours croissantes de la main-d'œuvre, et la diminution des prix de vente amenait aux fabricants une nouvelle et nombreuse clientèle. Derrière ces avantages on ne vit pas les inconvénients; la concentration du travail dans d'immenses usines modifia profondément les conditions sociales de la classe ouvrière; l'apprentissage disparut. La facilité que présente la mise en œuvre de cet outillage permit aux peuples qui n'avaient pas encore d'industrie de rattraper et souvent même de dépasser les nations européennes dont le monopole paraissait le mieux établi; la spéculation en a profité pour multiplier, bien au delà des besoins, des usines qui ne peuvent s'arrêter sans être ruinées, de sorte qu'après avoir été la source d'une prospérité inouïe, le développement incessant de l'outillage est devenu la principale cause des crises actuelles. Le plus grand nombre de ces usines, imprudemment créées, doit disparaître pour que l'équilibre se rétablisse entre la production et la consommation normale; la création de nouveaux débouchés pourrait atténuer cette fatale liquidation en la prolongeant de quelques années; mais on verra se produire en Chine ce qui s'est passé aux Etats-Unis et ce que l'on peut déjà observer au Japon, de sorte que si l'on n'y prend garde, la crise reparaîtra plus violente et plus désastreuse.

On peut admettre que la situation dangereuse dans laquelle on s'est laissé entraîner tient en grande partie, à l'ignorance des progrès accomplis chez nos voisins, à une appréciation inexacte de leur puissance de production et surtout des besoins de la consommation, il faut en demander le remède à une science toute moderne dont on commence à peine à utiliser les ressources; c'est la *statistique* qui doit non seulement rassembler et coordonner tous les renseignements, mais les comparer et les discuter pour éviter aux agriculteurs, aux commerçants et aux industriels de nouvelles déceptions. — J. B.

OUTREMER. *T. techn.* On connaît sous ce nom deux produits d'origine différente, mais de composition analogue, et qui ont probablement aussi une constitution semblable.

Outremer naturel. C'est une poudre que l'on obtenait par la pulvérisation de la *lazulite*, d'une magnifique couleur bleue, résistant à l'action des acides et de l'alun, et qui à un très grand degré de finesse, s'employait en peinture. Pour préparer cette couleur, on commençait par chauffer au rouge le produit naturel, puis on plongeait dans l'alcool ou le vinaigre pour l'étonner, et pouvoir ensuite le pulvériser facilement. Cette opération terminée, on malaxait la poudre dans de l'eau tiède, avec un mélange de poix, cire et huile de lin. L'eau se colorait en bleu, on décantait et laissait la poudre fine se déposer ; c'est ce qui constituait l'outremer n° 1, dont on faisait payer l'once jusqu'à 125 francs, et le kilogramme 3,000 francs.

Outremer artificiel. La cherté de cette matière colorante attira l'attention des chimistes. En 1824, la Société d'encouragement de Paris proposa un prix pour la production artificielle et industrielle de l'outremer ; ce prix fut remporté par J. B. Guimet. — V. ce nom.

Caractères. C'est généralement une poudre d'un bleu pur foncé, ou d'un bleu plus clair, parfois teinté de vert, et à très vif éclat, mais depuis quelques années, on sait qu'il existe des outremers bruns, verts, violets, rouge pourpré, roses, gris et blancs. L'outremer n'est donc pas un produit unique; il en existe de colorés (ceux au soufre, au sélénium et au tellure) et d'incolores (outremers à la soude, à la chaux, à la potasse, à la lithine, etc.) ainsi que l'a démontré E. Guimet fils.

Les outremers bleus peuvent être atténués par leur mélange intime avec des matières blanches, comme le sulfate de chaux ou de baryte, le blanc de Meudon, le talc ; mais il est une matière de cette couleur qui ne peut s'y mêler sans inconvénient, c'est l'oxyde de zinc, lequel affaiblit la teinte d'une manière tout à fait exceptionnelle, par simple mélange, sans que l'on puisse dire s'il s'est produit une réaction quelconque.

Composition. Si l'on sait très bien qu'il existe comme produits indispensables dans l'outremer, de la silice, de l'alumine, du sodium, du soufre et de l'oxygène, et que les autres n'ont qu'une importance insignifiante, on ne connaît pas encore comment sont groupés ces corps dans la matière qui nous occupe. L'expérience montre que c'est l'oxygène qui produit la couleur bleue et qu'en son absence les sulfures ne peuvent former d'outremers ; que peu de soufre donne un bleu clair et une plus forte proportion un bleu foncé; que la soude est toujours dans la proportion de 20 0/0 (en moyenne) et la silice dans celle moyenne de 38 0/0 ; que de la proportion d'alumine dans le mélange primitif, dépend la nuance du bleu. M. E. Guimet a prouvé, en outre, que l'on pouvait substituer au soufre du sélénium et du tellure, mais que dans ce cas on n'a plus d'outremers bleus ; que ceux au sélénium sont bruns, rouge pourpré, roses ou blancs, que ceux au tellure sont jaunes, verts, gris ou blancs; et que ceux faits avec d'autres bases que la soude sont toujours blancs; mais tous ces faits n'expliquent pas la constitution de l'outremer. Quelques chimistes ont avancé que l'outremer renferme du silicate d'aluminium, et que son sodium est à l'état d'oxyde et de sulfure, ce dernier devant très probablement former une combinaison avec le silicate, car il résiste mieux aux agents désulfurants ou oxydants que les sulfures alcalins libres (Gentele, Breunlin); d'autres chimistes admettent l'existence de sulfures sans dire si ce sont des mono ou polysulfures, puis d'acide sulfureux (Schützen berger, Stein) ou d'acide hyposulfureux (Ritter, R. Hoffmann) ; enfin, M. Stein a été jusqu'à annoncer que la coloration bleue ordinaire de l'outremer est indépendante de sa composition; que c'est du sulfure d'aluminium noir qui le colore, et que la teinte bleue est due au *rôle optique* des parties constitutives du corps. On voit donc qu'il n'y a rien de plus incertain encore que la constitution de ce produit.

Préparation. Différents procédés servent à obtenir l'outremer, en ne parlant que du produit bleu foncé, sans vouloir nous préoccuper des autres, produits par substitution.

Nous avons déjà en grande partie décrit cette préparation au mot Bleu, § *Bleu Guimet*, nous n'y reviendrons pas; nous n'ajouterons qu'un mot relatif au procédé de fabrication de l'usine de Fleurieux-sur-Saône. D'après le procédé Guimet, la matière finit par acquérir une teinte bleue prononcée, après 7 à 10 heures; on arrête alors le feu, on laisse refroidir hors du contact de l'air, puis on introduit la masse dans des vases où on la traite par l'eau chaude pour lui enlever tous les sels solubles qu'elle contient. On la porte alors sous des meules horizontales où on la pulvérise en présence de l'eau, puis on la sépare enfin en poudres de grosseur variable, au moyen de la lévigation.

Essai. L'outremer peut être mélangé avec différentes substances, incolores, ou même de teinte bleue. On y a trouvé des matières minérales, comme du sulfate de chaux, du sulfate de baryte, du speiss ; puis de l'indigo affaibli, et parmi les outremers livrés en pâte, de la glycérine, du sirop.

Pour reconnaître ces deux derniers corps, on n'a qu'à chauffer ; l'odeur de caramel qui se produira, indiquera la présence du sucre, et celle d'acroléine, celle de la glycérine.

Les outremers étant de couleur et de finesse variables, on recherchera d'abord s'ils sont purs, par l'action de l'acide chlorhydrique qui fera dégager l'odeur due à l'acide sulfhydrique ; puis on essaiera avec l'alun, les acides faibles qui décolorent facilement les outremers purs, tandis que l'indigo, le speiss ne seront pas modifiés; par contre, l'outremer pur ne change pas avec la soude. Pour juger la pureté de la nuance, on compare sur un papier blanc, un échantillon type avec celui à examiner, en aplatissant la masse par une légère pression ; la richesse de la nuance se reconnaît en divisant l'outremer avec une matière blanche et comparant avec un autre échantillon, pour voir combien il faut mélanger de corps étranger, avant d'obtenir la teinte comparée. Quant à la finesse, elle peut se juger au toucher, ou en délayant 2 grammes d'outremer pulvérulent ou 4 grammes d'outremer en pâte, dans un peu d'eau chaude, puis complétant un certain volume de liquide. Le mélange étant introduit dans un verre, on y fait plonger une petite bande de calicot écru que l'on suspend pour qu'elle ne touche nullement le vase ; par capillarité, le liquide entraîne la poudre bleue, qui monte d'autant plus haut sur la bande d'étoffe, que l'outremer est plus fin (Denner). Quant à la stabilité du produit, on s'en rend compte par un essai par impression sur tissu; certains outremers s'altèrent assez vite, lorsqu'ils sont mélangés à de l'albumine, pour qu'il se forme une masse visqueuse qui ne peut plus être imprimée, en même temps qu'il se dégage une odeur sulfhydrique.

Usages. Ils ont été indiqués au mot Bleu Guimet. — J. C.

I. OUVRAGE. *T. de métall.* On appelle *ouvrage*, la partie d'un haut-fourneau qui se trouve immédiatement au-dessus des tuyères, tandis que le creuset, où se rassemblent le métal et le laitier, est situé au-dessous de celles-ci.

C'est au niveau des tuyères que s'achève, par la fusion des éléments du lit de fusion, le travail, auquel est destiné le fourneau, et c'est de là que vient le nom de cette partie de l'appareil.

Il est incontestable qu'il y a une relation entre l'écartement des tuyères, ou *diamètre de l'ouvrage*, et la température que l'on veut réaliser dans cette région; mais ce diamètre peut varier avec le nombre des tuyères, la pression du vent, la vitesse que l'on désire imprimer au fourneau.

Ce n'est donc qu'empiriquement et dans des conditions données, que l'on peut déterminer la largeur de l'ouvrage.

Pour un diamètre déterminé d'ouvrage d'un haut-fourneau, il faudra varier, soit le nombre des tuyères, soit leur diamètre, soit la pression du vent, suivant la température que l'on désirera obtenir et la vitesse à laquelle on voudra marcher. En général, pour un débit de vent donné, on devra rétrécir l'ouvrage ou l'élargir, suivant qu'on voudra augmenter ou diminuer la température dans cette partie du fourneau.

La région qui est immédiatement au-dessus de l'ouvrage et où le profil s'élargit, s'étale pour ainsi dire, s'appelle les *étalages*.

II. OUVRAGE. *T. de fortif.* S'applique, en général, à toute construction défensive faisant partie d'une grande place forte, d'une ligne ou d'une position fortifiée. On doit distinguer les *ouvrages permanents* et les ouvrages *improvisés* ou *passagers*.

Les *ouvrages permanents* sont : 1° les dehors tels que : ravelins, demi-lunes, contre-gardes, couronnes, lunettes qui couvrent le corps de place d'une ville fortifiée; 2° les forts détachés, les redoutes, batteries avancées, etc., qui entrent dans la composition des camps retranchés modernes; 3° les forts isolés, les têtes de pont, les forts d'arrêt, destinés à protéger les routes, les voies ferrées et les défilés. Tous ces ouvrages sont des constructions importantes, édifiées pendant les loisirs de la paix, sur des points stratégiques ou tactiques choisis avec soin, auxquelles on consacre toutes les ressources de l'art et de l'industrie. — V. Fortification, Forteresse et Fort.

Les *ouvrages improvisés* sont ceux qu'une armée de défense ou une armée en campagne improvise pour accroître la valeur défensive des positions qu'elle occupe, pour fortifier une ligne de bataille, ou bien pour appuyer solidement les travaux d'approche dirigés contre une place assiégée.

Ces ouvrages sont généralement construits très rapidement par les troupes, à l'aide de terrassements dont les parapets sont soutenus par des gabions, des fascines ou des sacs à terre.

Certains ingénieurs militaires estiment que les places fortes du *moment*, formées d'ouvrages improvisés et habilement utilisés, constituent un des moyens de résistance les plus puissants de la guerre moderne. Ils leur attribuent, même sur les places fortes permanentes, une supériorité que la défense récente de Plewna a justifiée en grande partie.

L'importance toujours croissante des ouvrages improvisés, pour la défense d'une région stratégique, a donné naissance à des combinaisons très dignes de fixer l'attention des ingénieurs modernes, et qui constitue cette nouvelle branche de la fortification que l'on a désignée sous le nom de *fortification mobile*. — V. cet article.

OUVRAGE D'ART. On désigne sous ce nom général, les travaux de maçonnerie ou de métal que comporte la construction des lignes de chemins de fer. Les *ponts*, les *viaducs*, les *souterrains*, les *murs de soutènement*, de *défense* ou de *canalisation*, les *grands remblais* et les *tranchées* difficiles (V. chacun de ces mots), doivent être considérés comme les types des ouvrages d'art exécutés sur les chemins de fer; dans les pays accidentés, ils ajoutent souvent un élément pittoresque au tracé de la ligne, et laissent loin en arrière les travaux beaucoup moins importants que nécessitait, autrefois, la construction des simples routes. Ce n'est pas pour le plaisir onéreux d'exécuter ces travaux que les ingénieurs ont dû émailler le tracé de certains chemins de fer de montagnes : le profil d'une voie ferrée ne pouvant, dans la pratique, atteindre à beaucoup près les déclivités et les sinuosités d'une route pour voitures; là où celle-ci pouvait impunément passer un col au prix d'une tranchée peu profonde, ou descendre dans une vallée moyennant quelques lacets, le constructeur d'un chemin de fer doit percer la montagne ou jeter un viaduc hardi sur le thalweg qu'il lui faut traverser. Ces travaux viennent grever les frais kilométriques de construction de certaines lignes, surtout lorsque ce sont des embranchements de petite longeur, dans des contrées où la pose de la plate-forme de la voie au ras du sol, n'est qu'une rare exception. Ce n'est guère qu'en pays plat qu'on peut construire une ligne à voie unique, de largeur normale, au prix de 100 à 150,000 francs par kilomètre; pour peu que l'on ait à traverser un grand fleuve ou une ligne de faîte, et à exécuter des ouvrages d'art qui coûtent plusieurs milliers de francs par mètre courant, le prix du kilomètre s'élève incontinent à 300 ou 400,000 francs; aux abords des grandes villes, où la valeur des terrains vient encore s'ajouter à celle des travaux, il n'est pas rare que le kilomètre revienne à un ou plusieurs millions, et même à vingt ou à 30 millions s'il s'agit, par exemple, d'un chemin de fer métropolitain.

OUVRAGÉ. *T. techn.* — V. Ouvré.

***OUVRAISON.** *T. techn.* Manière de mettre en

œuvre, de faire un judicieux emploi des matières premières.

OUVRÉ. Se dit de ce qui est travaillé, des bois, des métaux, du linge façonnés ; quand le travail a exigé des soins particuliers, une grande minutie, comme les objets en fer forgé, les pièces de joaillerie, de bijouterie, etc., on dit mieux *ouvragé*.

OUVREAU. *T. techn*. Ouvertures latérales ménagées dans les parois des fourneaux de verrerie, et destinées à livrer passage aux gaz, à la flamme et à la fumée. || Canaux pratiqués dans les meules de carbonisation pour y activer la combustion en y attirant l'air.

***OUVREUR**. *T. de mét*. Dans la fabrication manuelle du papier, on donne ce nom à l'ouvrier qui prend la pâte dans la cuve avec la forme.

***OUVREUSE**. *T. techn*. Machine destinée à désagréger les cotons courts au sortir des balles où ils sont pressés; elle a pour fonction d'isoler et de nettoyer les fibres avant de les soumettre à la batteuse.

OUVRIER, IÈRE. *Ouvrer* ou *œuvrer*, c'était, dans le langage du moyen âge, faire œuvre de quelque chose, quel que fût le caractère du travail auquel on se livrait. On ne distinguait donc pas entre *ouvrier* et *artiste* ou *artisan*, traductions de l'*opifex* et de l'*artifex* latins. Jusqu'au XVIIe siècle, ces termes étaient employés concurremment, qu'il s'agît d'un acte de l'intelligence ou d'une besogne matérielle : un bon livre était dit « fait de main d'ouvrier », — c'est le mot de La Bruyère, — et La Fontaine, renouvelant un vieux proverbe, déclarait que :

A l'œuvre, on connaît l'artisan.

De nos jours, le mot *ouvrier* a pris et gardé une signification précise ; l'ouvrier du XIXe siècle peut être un artiste, mais ne s'appelle point *artisan*, mot qui désigne un travailleur établi; c'est un auxiliaire salarié, travaillant à la journée, à l'heure, ou « à ses pièces », apportant à l'établissement qui l'emploie le concours de son intelligence et de sa force physique, de son habileté et de sa vigueur professionnelles, moyennant un prix quotidien, mensuel ou annuel, mais n'ayant d'autres droits que ceux qui résultent de son contrat de louage, et ne pouvant prétendre à aucun avantage en dehors de son salaire.

— Cette situation de l'ouvrier moderne a peu ou pas d'analogie avec celle du travailleur dans l'antiquité. Chez les Grecs, chez les Romains surtout, le travail était généralement *servile*; sauf certains métiers d'art et de luxe, qui étaient exercés par des hommes libres constitués en *collegia opificum*, les esclaves exécutaient tous les gros travaux, tous les ouvrages pénibles, tant à la ville qu'à la campagne.

Lorsque, sous l'influence des idées chrétiennes, la servitude antique se transforma en servage, toute la *familia*, c'est-à-dire le groupe d'esclaves vivant dans la maison, passa chez le seigneur, chez l'évêque ou chez l'abbé; beaucoup de travailleurs libres, écrasés d'impôts, rançonnés et maltraités par les gens de guerre, aimèrent mieux aliéner leur liberté que de courir le risque d'œuvrer au dehors et pour leur propre compte ; ils se donnèrent aux monastères. L'abbaye de Saint-Martin de Tours compta par milliers ces serfs volontaires, et les fit longtemps travailler industriellement sous son patronage, tandis que les barons occupaient le serf proprement dit au travail agricole.

L'ouvrier des villes, plus libre assurément, mais beaucoup moins protégé, continua les anciens *collegia opificum*, et se fit à lui-même un vaste protectorat, en organisant le système corporatif, que nous avons exposé dans son ensemble et dans ses détails (V. CORPORATION). Mais il acceptait volontiers la condition de travailleur interne et à demeure, quand on la lui offrait. Un descripteur de Paris, Guillebert de Metz, qui écrivait sous le règne de Charles VI, nous apprend que les riches bourgeois de son temps avaient « serviteurs et artisans bien moriginés et instruis, qui ouvroient et besoingnoient assiduelment en leur ostel. »

Cette vie familiale et complètement irresponsable, était, à certains égards, celle du valet, du compagnon ou homme de métier, ayant accompli son apprentissage dans un atelier et y restant comme ouvrier célibataire, en attendant qu'il épousât la fille ou la veuve du patron ; la responsabilité commençait du jour où le valet se mariait, avant d'avoir pu ouvrir boutique, et restait ouvrier tout en devenant père de famille.

La question ouvrière, qui est la grosse préoccupation de notre temps, est née dès cette époque : l'esprit de fiscalité, qui fut le vice des anciens gouvernements, l'esprit d'égoïsme qui sera toujours celui des corporations, s'étant développés au point de fermer l'accès des diverses professions aux aspirants à la maîtrise, il en résulta qu'une masse d'ouvriers, sans argent pour ouvrir un nouvel atelier, ou sans autorisation pour s'établir, quand l'argent y était, se virent réduits à la condition de salariés perpétuels, alors que la condition ouvrière n'était primitivement qu'un passage pour arriver à la maîtrise.

Si douloureuse que fût cette situation, elle avait un correctif : il existait une autorité régulatrice, les jurés ou prud'hommes, et des protecteurs du métier parmi les officiers royaux ; à Paris, le prévôt de Paris et ses lieutenants étaient les tuteurs-nés du travailleur. Les questions de salaire avaient donc chance d'être tranchées à son avantage.

Elles ne se compliquaient point, d'ailleurs, des problèmes de chômage et de variation des prix. Jusqu'au dernier siècle, la fabrication était généralement restreinte aux besoins locaux ; il ne se formait donc point de stocks, et l'on n'avait pas besoin de recourir au fâcheux expédient des *soldes*, qui tuent le travail aussi bien que le commerce. Quant aux prix, ils étaient traditionnels, ou fixés, de loin en loin, soit par les maîtres, soit par les jurés, soit par le public lui-même, et ils entraînaient, par voie de conséquence, le salaire de l'ouvrier. Le même objet se vendant habituellement une somme de..., le prix des matières premières restant le même, et la consommation demeurant stationnaire, il n'y avait pas de raison pour augmenter le salaire ou pour le diminuer. Enfin, si l'Université tarifait les chambres des clercs, — et le fait est absolument historique — tout porte à croire qu'il en était de même pour les logements d'ouvriers. D'ailleurs, il régnait alors, en dépit des distinctions sociales, un esprit de solidarité et de véritable fraternité que notre société moderne ne connaît guère, malgré l'usage immodéré qu'elle fait de ces deux mots.

Un Parisien célèbre, copiste et enlumineur, dont le nom rappelle à tort les rêves de l'alchimie, Nicolas Flamel, logeait les ouvriers à prix réduit, et avait imaginé pour cela une double et très ingénieuse combinaison ; Guillebert de Metz, le descripteur que nous avons déjà cité, dit de lui : « Flamel l'aisné, escripvain qui faisoit tant d'aumosnes et hospitalitez, fist pluseurs maisons ou gens de mestiers demouroient en bas, et du loyer qu'ilz paioient estoient soutenus poures laboureurs (ouvriers) en haut ». Le charitable propriétaire établissait donc une sorte de compensation entre les « louages » du rez-de-chaussée, c'est-à-dire les boutiques, et ceux des logements supérieurs qu'il avait divisés en chambres et petits logements. Les bénéfices réalisés sur les commerçants et chefs d'ateliers lui permettaient de dégrever d'autant les petits journaliers qui n'avaient que leur salaire. C'était là sa première combinaison; voici la seconde : le loyer très réduit auquel il taxait ses locataires ouvriers, était payable moitié en argent, moitié en prières, ainsi que le témoigne l'inscription qu'on lisait encore, il y a peu d'années, au-dessous de la frise sculptée de l'une de ses maisons sise rue de Montmorency, n° 51 : *Nous hõmes et fêmes laboureurs du porche de ceste maison sõmes tenuz, chascun en droit soy, dire tous les jours une patrenostre et ung ave maria... Amen.* »

Nous n'avons rappelé cette étonnante histoire que pour montrer combien la condition de l'ouvrier d'aujourd'hui diffère de celle de l'ouvrier d'autrefois, et quelle gravité nos mœurs modernes ont ajoutée aux difficultés que présente le problème du travail. Ces difficultés tiennent à des causes multiples; les principales paraissent être :

L'individualisme ouvrier, avec toutes ses faiblesses et toutes ses témérités, avec tous ses isolements et toutes ses coalitions, substitué à l'antique patronage des communautés;

La disparition progressive du travail en famille, par suite de la décadence de la petite industrie, du petit atelier, et de la prédominance de la grande usine;

La suppression de l'apprentissage et la diminution de la valeur ouvrière, conséquence fatale d'une spécialisation excessive, qui condamne le travailleur à ne jamais pouvoir être patron, parce qu'il n'est qu'un ouvrier incomplet;

La fabrication hâtive, les intermittences de travail, et l'excès de production, avec les chômages et les réductions de salaires qui en résultent;

Le régime économique et social sous lequel nous vivons, et que la force des choses nous a fait.

En dehors de l'esclavage et du servage, il y a toujours eu une question ouvrière, et chaque âge a essayé de la résoudre. Le régime corporatif a été l'une de ces solutions : par la constitution de la famille ouvrière, par l'application en grand du principe de la solidarité, ce régime a exercé une action considérable sur le monde du travail. Son efficacité a cessé du moment où il est devenu plus oppressif que protecteur : en laissant se constituer une aristocratie de maîtres exclusifs et une démocratie de valets turbulents, il s'est décrédité lui-même et exposé à toutes les attaques.

Le XVIIe siècle essaya de remédier au mal, mais autoritairement, comme il faisait toutes choses. Il crut pouvoir résoudre la question ouvrière en édictant une foule de règlements et en créant, moyennant finances, de nombreux titres d'offices. Les manufactures d'Etat ne furent qu'un vain palliatif : elles donnèrent du travail à quelques centaines d'ouvriers, et en laissèrent en dehors des milliers, qui n'avaient aucun espoir d'arriver à un établissement. Le XVIIIe siècle et la Révolution, Turgot et la Constituante furent frappés de cet état de choses : en 1776 et en 1791, on crut à la solution de la question ouvrière par l'émancipation du travailleur. L'abolition du monopole corporatif, la destruction de tous les obstacles fiscaux et réglementaires qui s'opposaient à la liberté du travail, la proclamation du principe de l'individualisme opposé à celui de la collectivité, l'accessibilité de tous au titre de chef d'atelier et de maître de maison, parurent des remèdes efficaces au mal dont le monde du travail souffrait depuis si longtemps. C'était une illusion : les habiles, les forts, les persévérants, les prévoyants et les économes surtout, bénéficièrent seuls du régime de la liberté, et ce fut le petit nombre. La masse ouvrière, qui a toujours eu et qui aura toujours besoin de protection, parce qu'elle est faible, inhabile, imprévoyante, sans but fixe et sans esprit de suite, est restée livrée à elle-même et n'a pu suppléer, par l'effort individuel, au défaut du patronage collectif.

La question d'argent, que les réformateurs croyaient avoir définitivement écartée, a reparu sous une autre forme. Sans doute, il n'y a plus de maîtrise à payer et plus de métier à acheter au roi; mais il y a un fonds à acquérir ou à créer, et pour cela un capital est nécessaire, surtout dans les grands centres de population. Impuissante à se le procurer par voie d'épargne ou d'emprunt, la masse ouvrière reste au régime du salariat, en face d'une législation libérale qu'elle ne sait pas ou ne peut pas mettre à profit.

Alors sont survenus d'autres réformateurs qui ont apporté, eux aussi, leur solution : les différentes écoles socialistes, rompant complètement avec le libéralisme industriel du XVIIIe siècle, ont préconisé, d'une part, le principe d'association, et cherché, d'autre part, pour les travailleurs libres, une formule qui donnât satisfaction à tous les intérêts. *A chacun selon sa capacité*; *une part proportionnelle au capital, au travail, au talent*, telle a été cette formule conçue dans un véritable esprit d'équité, et considérée par ses auteurs comme devant réaliser sur terre le dogme de la justice distributive.

Mais, d'accord sur le principe, les diverses écoles socialistes se sont divisées sur l'application : quelle sera, pour chaque cas particulier, la part du talent, du capital et du travail ? Qui fixera le tantième ? Qui assurera au travailleur faible, inhabile, imprévoyant, chargé de famille, le bénéfice de cette répartition ? Autant de questions auxquelles on n'a pas encore fait de réponses définitives. En attendant, la liberté est partout, et la protection nulle part; de telle sorte que les masses ouvrières ont senti le besoin de reconstituer, sous une autre forme, le régime corporatif. Les anciennes corporations étaient de grandes familles : les modernes syndicats sont des corps armés.

La question ouvrière, telle qu'elle se pose aujourd'hui devant la sociologie et la science économique, a été amenée par une seconde cause : la disparition progressive du travail en famille, par suite de la suppression de la petite industrie, du petit atelier et du petit magasin. Le travail en famille, qui existe encore dans les petites villes et qui s'est maintenu dans les grands centres, au moins pour certaines industries, était, il y a peu d'années encore, une solution du problème ouvrier.

A Paris, le faubourg Saint-Antoine pour le

petit meuble, les quartiers Saint-Martin et du Temple, pour la tabletterie, les jouets, la bimbeloterie, la bijouterie en doublé, l'article de Paris en général, comptaient par milliers des ateliers de cet ordre. Le « petit marteau » retentissait partout dans cette région, et les contestations étaient rares entre ouvriers et petits patrons. Ceux-ci, en effet, soit qu'ils travaillassent sur commande, soit qu'ils aimassent mieux confectionner de petits objets destinés à être vendus sur la voie publique aux approches du jour de l'an, dans les bazars ou sur les marchés, avaient peu d'*aléas* à courir. Dans le premier cas, ils savaient sur quoi compter; dans le second, ils associaient à la vente les ouvriers et les apprentis dont ils s'étaient fait aider.

A Lyon, le *canut*, ou façonnier en soieries, avait une situation différente de celle de l'ouvrier parisien travaillant en chambre : en réalité, il louait et loue encore son temps, son métier Jacquart et son goût, quand on lui laisse une certaine latitude dans l'exécution du travail. Ce n'est point un salarié proprement dit; c'est un sous-entrepreneur obligé de sous-traiter avec des ouvriers, quand sa famille ne suffit point à la tâche. De là des difficultés particulières, inconnues du « petit marteau » parisien. Le façonnier lyonnais, ayant à débattre ses prix, d'une part, avec le fabricant ou négociant qui lui donne de la besogne, d'autre part, avec les ouvriers qu'il emploie, quand il ne travaille pas seul, contraint, en outre, de subir les chômages inséparables d'une industrie de luxe, perd une grande partie des bénéfices du travail en famille; comme avantages, il a pour lui le chez soi et échappe à la promiscuité de la manufacture; il est de plus, irresponsable, sauf des malfaçons.

Mais le petit atelier, le travail en chambre tendent chaque jour à disparaître : pour diminuer ce qu'on appelle « les frais généraux », l'industrie moderne groupe et condense le travail. Le grand atelier a donc succédé au petit pour une foule de choses; quant à la mine, à la forge, à l'usine, qui sont la forme la plus ordinaire de l'industrie moderne, elles exigent le travail collectif, et c'est là que le problème ouvrier se pose avec toutes ses inconnues.

Là, en effet, point de famille, point de parents, point de relations d'amitié et de voisinage; le recrutement du personnel se fait, comme celui de l'armée, avec tout le monde. Les ouvriers, simples auxiliaires des machines, sont des instruments, des outils, ou plutôt des rouages; nulle initiative ne leur est laissée. Une haute direction préside à tout; des ingénieurs et des savants sont l'âme de ce grand corps; un monde d'actionnaires et d'obligataires a fourni les capitaux; l'ouvrier n'apporte que ses bras bien inférieurs, comme force productrice, aux engins mécaniques.

Dans ces conditions, comment devra-t-on appliquer la fameuse formule : *A chacun selon sa capacité; une part proportionnelle au talent, au travail et au capital?* Les savants et les ingénieurs ont généralement de beaux traitements; les capitalistes reçoivent des intérêts fixes et des dividendes variables; quant aux travailleurs, ils n'ont d'abord reçu que des salaires; mais on a compris qu'on leur devait davantage. On s'est occupé de leur logement, de leur alimentation, de l'éducation de leurs enfants. On a cherché, par la création de sociétés coopératives de consommation, à diminuer leur budget de dépenses, ce qui naturellement augmente d'autant leur salaire. On a songé à les assister dans leurs maladies, à les soutenir dans leur vieillesse, à les rendre propriétaires d'une maison et d'un jardin, à leur constituer un pécule; enfin quelques établissements ont eu la pensée de les faire participer, dans une certaine mesure, aux bénéfices qu'ils réalisent: autant de solutions, plus ou moins incomplètes, de la question ouvrière.

Le travail collectif n'a pas seulement détruit l'atelier de famille; la fabrication en grand, la nécessité de produire vite et économiquement ont encore tué l'apprentissage, cette initiation paternelle à la vie ouvrière, et obligé les chefs d'industrie à fractionner la besogne, de telle façon que l'ouvrier, borné à un détail, ne peut jamais embrasser l'ensemble du métier.

Ainsi se reforme chaque jour cette masse ouvrière, qu'on a tant reprochée au régime corporatif; et cependant il ne s'agit plus aujourd'hui d'acheter la maîtrise; ce qu'il faut, c'est savoir complètement le métier. Or, cette science manque à l'ouvrier moderne plus encore que l'argent: on ne l'a pas pris d'enfance; on ne lui a point enseigné successivement et méthodiquement, les divers procédés techniques. Tout au plus a-t-il acquis une certaine habileté manuelle; il fait plus vite, mais plus routinièrement; le seul résultat vraiment appréciable de cette manière de procéder, c'est que le produit fabriqué a coûté moins cher. Le consommateur en profite, cela est vrai; mais l'ouvrier-machine reste tel, et la distance entre lui et les chefs d'atelier, les directeurs d'industrie, va sans cesse en s'accentuant; ce qui est assurément fort peu démocratique.

L'ancien régime l'était davantage, selon l'affirmation d'un maître en art et en archéologie : « Au moyen âge, dit Viollet-Le-Duc, qui s'est beaucoup occupé de la question ouvrière, entre le maître de l'œuvre et le simple ouvrier, il n'y avait pas la distance immense qui sépare aujourd'hui l'architecte des derniers exécutants. Ce n'était pas certes l'architecte qui se trouvait placé plus bas sur les degrés de l'échelle intellectuelle, mais l'ouvrier qui atteignait un degré supérieur. Pour ne parler que de la maçonnerie, la manière dont les tracés étaient compris par les tailleurs de pierre, l'intelligence avec laquelle ils étaient rendus, indiquent chez ceux-ci, une connaissance de la géométrie descriptive, des pénétrations de plans, que nous avons grand peine à trouver de notre temps chez les meilleurs appareilleurs ». L'éminent archéologue constate avec regret l'abaissement général du niveau des ouvriers de bâtiment, par suite de la division excessive du travail; il ne fait exception qu'en faveur des charpentiers « le seul corps, dit-il, qui ait conservé l'esprit des ouvriers du moyen âge ». Ce sont, ajoute-t-il, des ouvriers complets; « ils sont organisés, ils ont gardé l'initiative; n'est pas charpentier qui veut; ils sont solidaires sur un chantier, très soumis au savoir du chef, quand ils l'ont bien reconnu, mais parfaitement dédaigneux pour son insuffisance, si elle est bien constatée; ce qui n'est pas long ».

Voilà, évidemment un type d'ouvrier qui tend à disparaître : « le charpentier complet » existe encore; mais la fabrication mécanique des pièces de bois et de fer l'amènera graduellement à n'être plus qu'un *emboîteur* ; les futurs maîtres des œuvres ne trouveront donc plus en lui ce concours intelligent dont Viollet-le-Duc lui fait honneur.

Aux graves inconvénients résultant de la suppression de l'apprentissage, de l'excessive division du travail et du défaut d'initiative qui en est la conséquence, s'ajoutent ceux qu'enfantent une fabrication hâtive et un excès de production. De nos jours, avec les incertitudes qui pèsent sur toutes les industries, le travail est devenu irrégulier, intermittent, fiévreux comme le pouls d'un malade.

Une commande survient dans quelque grand atelier; elle est pressée, parce que le patron l'a arrachée à des concurrents, et qu'il veut se faire un mérite de la célérité avec laquelle il l'exécutera. Grâce à une activité dévorante, la commande est prête dans le temps voulu ; mais les ouvriers sont sur les dents, et le travail cesse après la livraison, soit qu'une seconde commande ne succède pas immédiatement à la première, soit que le personnel surmené ait besoin de repos.

Mais ce repos se prolonge souvent au delà de ses besoins et de ses désirs; et, comme l'ouvrier a dépensé en proportion de la peine qu'il avait et de l'argent qu'il gagnait, il se trouve bientôt au dépourvu, si la direction ne fait pas travailler à l'avance. Alors un excès de production peut amener le même résultat: le stock de marchandises s'accroît; il y a pléthore dans les magasins; la direction se voit donc obligée de recourir soit à l'expédient ruineux des soldes, soit à la réduction des salaires, soit à une suspension plus ou moins longue du travail.

Et la question ouvrière continue à se poser, en se compliquant d'un élément nouveau que l'industrie ancienne ne connaissait pas : la concurrence étrangère, avec les différences de prix résultant de l'état social et économique des pays concurrents, des tarifs de transport et de douane, de tout ce qui peut enfin influer sur la main-d'œuvre et les salaires. Là est la plus grosse difficulté à résoudre, car la périodicité des crises est une conséquence inévitable de l'établissement du marché international qui a universalisé la lutte entre le capital et le salariat. Mais ce n'est point en divisant plus profondément encore ces deux facteurs de la production, que l'on arrivera à la solution du problème, c'est au contraire en faisant disparaître cet antagonisme qui ne peut être que profitable à la concurrence étrangère.

Jadis les divers pays n'échangeaient entre eux que les produits propres à leur sol ou à leur industrie, et non des denrées ou des objets similaires.

De nos jours, toutes les barrières se sont abaissées; la facilité, la rapidité, le bon marché des transports favorisent la circulation de produits absolument identiques, et l'avantage appartient alors aux peuples qui produisent ou fabriquent à meilleur marché, soit que la nature les ait mieux traités en leur donnant un sol plus riche en dessous ou à la surface, soit que des mœurs plus simples et un autre climat créent, chez eux, de bien moindres besoins. Dans des conditions aussi inégales, la lutte industrielle est entre le sol et le sol, le climat et le climat, les mœurs et les mœurs, et c'est la main-d'œuvre qui en souffre, dans les pays les moins bien armés pour soutenir cette lutte.

A l'heure présente, le problème ouvrier se présente avec toutes ces données, et la société ne peut ni se refuser à le résoudre, ni en ajourner indéfiniment la solution. On ne reconstituera ni le régime corporatif, ni le petit atelier de famille; on ne fermera pas la grande usine, et l'on ne prohibera pas la division du travail, qui produit des ouvriers incomplets; on n'empêchera ni la fabrication hâtive, ni l'excès de production; on ne relèvera pas les anciennes barrières de douanes, et l'on ne consignera point à la frontière les marchandises venant de l'étranger. C'est donc avec toutes ces aggravations qu'il faut aborder la question ouvrière ; c'est dans les conditions où est placé le travailleur moderne qu'il faut se placer soi-même pour chercher et trouver le remède au mal.

Deux sortes de solutions doivent d'abord être écartées : celles qui constitueraient un retour vers le passé, et celles qui ont un caractère purement révolutionnaire. Ni maîtres, ni valets, ni jurés, ni chef-d'œuvre à faire, ni maîtrise à conquérir, ni discipline corporative à subir; les mœurs modernes répugnent à la reconstitution de l'ancienne communauté ouvrière; tout au plus peut-on la faire revivre sous la forme très adoucie du syndicat mixte, c'est-à-dire composé, comme les conseils de prud'hommes, moitié de patrons et moitié d'ouvriers, pour éviter les conflits entre deux syndicats exclusifs. La « boîte », ou caisse des vieilles corporations peut également être rétablie, mais à la condition de ne pas servir abusivement à l'entretien des grèves et des coalitions. Voilà tout ce qu'il semble possible d'emprunter à l'ancien régime du travail.

Quant aux procédés révolutionnaires, que certains sectaires considèrent comme une marche en avant, ce serait, au contraire, un déplorable recul; on ne progresse pas en foulant au pied toutes les lois du juste et de l'honnête. Quelle valeur doit-on accorder aux insanités de ces sectaires? Ce sont pour la plupart des politiciens brouillons ou d'audacieux charlatans qui, par des appels réitérés aux appetits et non aux intérêts d'une foule ignorante, trompent et abusent l'ouvrier. Ce n'est point l'amour de l'humanité qui les fait agir, mais leur ambition personnelle, et ils ne s'inquiéteraient guère de conduire le peuple à sa perte, pourvu qu'ils en fussent les guides. Nous ne nous arrêterons donc point au système de l'expropriation générale et sans indemnité, pour cause d'utilité publique, de toutes les usines et manufactures employant de nombreux ouvriers;

nous considérons d'abord comme spoliatrice, puis comme impossible pratiquement, toute mesure qui ferait de ces ouvriers autant d'actionnaires gratuits, administrant la maison par un comité élu et s'en partageant les bénéfices entre eux. La seconde République a fait l'essai de ce système, non pas en expropriant ou en spoliant, mais en mettant des capitaux à la disposition des sociétés ouvrières. Au bout de quelques années, ces sociétés tombaient en liquidation; le patronat s'y reconstituait de lui-même et par la force des choses : le travailleur le plus habile, le plus économe, le plus avisé substituait son initiative et sa direction personnelles à l'action collective, toujours lente, toujours incertaine et difficultueuse.

Quel est donc l'idéal économique et social de l'ouvrier contemporain? Le voici : vivre librement de la vie individuelle, ou domestique, sans contrainte, sans gêne d'aucune sorte, obtenir ou exiger une rémunération suffisante pour se donner un confortable relatif et un certain nombre de distractions, être assuré contre la maladie et le chômage, n'avoir point à se préoccuper de l'avenir de ses enfants, et, quand il ne pourra plus travailler, jouir, comme l'employé et le fonctionnaire, d'une pension qui lui assure le pain de ses vieux jours.

Ceci est, évidemment, un maximum : beaucoup de gens sensés qualifient d'excessives et de chimériques des prétentions aussi étendues. Il faut pourtant les accueillir comme l'expression de la pensée ouvrière, et chercher comment il est possible d'y satisfaire dans la mesure du raisonnable et du possible. Notre conviction est que ce programme, si vaste qu'il paraisse, peut être à peu près réalisé, sans révolution, sans spoliation, sans lois nouvelles, par le seul jeu des institutions existantes.

L'instruction professionnelle, gratuite et obligatoire, comme l'enseignement primaire, reconstituera d'abord l'apprentissage, et ne laissera pas le travailleur à l'état d'ouvrier incomplet. Elle déchargera, en outre, autant que le permettent la nature et la loi, les familles ouvrières des obligations que la paternité et la maternité leur imposent.

Au seuil de l'apprentissage, ainsi qu'au début de la vie ouvrière, des statistiques industrielles et commerciales, soigneusement tenues, renseigneront exactement les parents, les tuteurs, les maires, les directeurs de sociétés de patronage sur les avantages et les inconvénients des diverses professions, sur l'encombrement ou la désertion de certains métiers, sur la rareté ou la surabondance de la main-d'œuvre, sur l'élévation ou l'abaissement des salaires, enfin, sur toutes les chances d'insuccès ou de réussite qui attendent l'ouvrier dans la carrière où il s'engage.

Dans le cours de son existence travailleuse, l'ouvrier devra être tenu au courant de tous les faits, de tous les incidents qui l'intéressent : à cet effet, des bourses de travail, analogues à celles que la ville de Paris établit en ce moment, seront constituées dans tous les grands centres industriels, et la plus grande publicité sera donnée, par voie d'affichage, dans toutes les mairies, aux renseignements qui émaneront de ces bourses. Les ministères de l'agriculture, du commerce, de l'industrie et de l'intérieur communiqueront tous les documents de nature à éclairer l'ouvrier et le petit commerçant sur leurs véritables intérêts.

Les sociétés d'assurances et de secours mutuels, les associations d'assistance en cas de chômage ou d'accidents, en un mot, la mutualité sous toutes ses formes, sera invitée à remanier ses tarifs pour les rendre plus avantageux, à multiplier les combinaisons et les systèmes, afin de ne laisser aucun ouvrier en dehors de ce réseau protecteur. Et lorsque les patrons ne se sentiront point constamment attaqués et mis en suspicion, il ne sera pas impossible de généraliser les institutions libérales et généreuses de quelques-uns, de les amener à des créations profitables aux ouvriers, et de les faire contribuer dans une mesure quelconque au fonctionnement d'une puissante caisse de retraites, destinée à assurer les vieux jours des travailleurs honnêtes et laborieux.

Après avoir demandé tout cela au patronat, il faudra bien imposer quelque chose au travail, ne fut-ce que l'obligation du prélèvement sur les salaires, en vue de la maladie, de l'invalidité et de la vieillesse, ainsi qu'on le pratique sur les appointements de tout employé d'administration publique. C'est ici que se place, comme moyen de constituer un fonds de réserve, la grosse question de participation aux bénéfices, dont le jury de la classe III, à Anvers, a voulu reconnaître la haute portée sociale en accordant à la *Société pour l'étude de la participation aux bénéfices*, qui en propage les principes et leur application, un diplôme d'honneur (1).

La participation aux bénéfices se justifie-t-elle? Est-elle pratique? Tiendra-t-elle tout ce que l'on attend d'elle, au point de vue matériel, et résoudra-t-elle définitivement la question économique? Peut-on l'organiser de telle façon que ni la direction, ni la commandite n'ait à en souffrir? Ne créera-t-elle pas, dans les rangs des travailleurs, une sorte d'aristocratie ouvrière, et n'aura-t-elle pas pour résultat de scinder la masse industrielle en deux camps : les meilleurs et les plus sédentaires qui participeront, les moins bons et les nomades qui ne recevront qu'un salaire? Elèvera-t-elle le niveau de la capacité et de la moralité ouvrière, et deviendra-t-elle ainsi une véritable institution sociale? Nous allons examiner successivement chacune de ces questions.

Et d'abord, la théorie de la participation n'est contraire ni à la loi naturelle, ni aux lois écrites; c'est une variété du contrat de louage, en vertu de laquelle l'ouvrier, l'employé reçoivent, en sus du salaire ou de l'appointement, une part déterminée des bénéfices nets de l'entreprise, sans être exposés à subir les chances de perte. Ainsi caractérisé, le contrat de participation a subi l'épreuve des débats judiciaires, et sa parfaite légalité n'est pas douteuse, puisqu'il résulte d'un libre accord entre les patrons, et qu'il a d'ailleurs son antécédent dans nos codes. Le métayage agricole n'est-

(1) *Rapport sur les travaux du jury de la Classe III, à Anvers* (1885), par E.-O. LAMI, Maréchal et Montorier, édit., Paris.

il pas, en effet, un véritable contrat de participation? Quant à la justice et à la raison naturelles, elles ne répugnent nullement à l'adoption d'un système qui laisse à l'ouvrier une portion des fruits du travail, tout en l'exonérant des pertes, parce que cette immunité est compensée, et au delà, par les éventualités de toute sorte qui le menacent, soit dans sa santé, soit dans sa vie, soit dans son travail lui-même. L'ouvrier est un capital vivant qui court une foule de risques, tout aussi bien que le capital argent, lequel peut se perdre dans de mauvais placements, ou être enlevé par des faillites.

Parfaitement justifiable en théorie, le système de la participation peut-il supporter l'épreuve de la pratique, et se distingue-t-il ainsi de l'utopie, généreuse souvent, inapplicable presque toujours? La vieille scholastique eut répondu à cette question par son axiome favori : de l'acte à la possibilité, la conclusion est légitime, *ab actu ad posse valet consecutio*. La participation existe à l'état isolé, c'est vrai, mais dans des proportions déjà assez considérables pour qu'on puisse en demander la généralisation. Il y a aujourd'hui, en France seulement, plus de cinquante maisons appartenant, les unes à la catégorie des établissements où la main-d'œuvre domine, les autres à la grande industrie où les capitaux et l'outillage jouent un rôle considérable. Les fabriques et les entreprises diverses qui pratiquent ce système se félicitent de l'avoir adopté, et cette adoption ne date pas d'hier, puisque la maison Leclaire, de Paris (peinture et vitrerie) a établi la participation chez elle en 1842; la maison Laroche-Joubert, d'Angoulême (papeterie coopérative), en 1843; la Compagnie des chemins de fer d'Orléans, en 1844; la maison Laurent et Deberny, de Paris (fonderie de caractères), en 1848. Aucun de ces établissement et de ceux qui les ont suivis dans la même voie, n'est revenu sur ses pas; la participation y a été maintenue, malgré les incidents, les crises, les phases diverses de la vie industrielle et commerciale. Dans le nombre toujours croissant de ces établissements, nous devons citer la Compagnie d'assurances l'*Union*, les imprimeries *Chaix* et *Godchaux*, la fabrique de produits chimiques de *Kestner*, à Thann, la filature et impression de *Schaeffer, Lalance et Cie*, de Pfastadt (Alsace); *Besselièvre*, à Marome; *Caillard* frères, au Hâvre; la maison de fonderie et de construction mécanique de *Piat*; l'entreprise de couverture *Goffinon*, à Paris, etc., etc. Et cependant, le capital et le talent qui sont, suivant la formule socialiste que nous avons citée, les deux facteurs les plus importants du produit commercial et industriel, jouent un rôle considérable dans ces établissements, et ils y reçoivent leur légitime rémunération.

Il y a là une mise en commun de capitaux variés : l'argent est apporté par les patrons ou les actionnaires, le talent par les directeurs et chefs de service, qu'ils soient patrons eux-mêmes ou employés supérieurs; les bras, enfin, c'est-à-dire le travail d'exécution par l'ouvrier. Généralement la direction participe plus largement que les deux autres facteurs aux bénéfices réalisés, et c'est justice. En effet, c'est elle qui choisit les matières premières, qui recrute les meilleurs ouvriers, qui recherche les bons procédés de fabrication, qui découvre de nouveaux débouchés, qui se renseigne sur la solvabilité des acheteurs, sur les besoins, sur les goûts, sur les caprices même des consommateurs; qui sait se mettre en bonnes relations avec les banques, les entreprises de transports, les courtiers, les commissionnaires, etc. Et malgré ce déploiement d'activité, les réalisations sont parfois minimes.

Il faut donc, pour rester dans le juste et dans le vrai, et tout en maintenant le principe de la participation, appliqué à l'ouvrier ainsi qu'aux deux autres facteurs du produit industriel, éclairer le travailleur sur la situation réelle de l'établissement auquel il appartient. Sans être obligé de lui livrer, comme l'ont objecté les adversaires du système, les livres, la correspondance et tous les secrets de la maison, on peut détruire en lui cette fausse croyance, que les patrons réalisent des bénéfices considérables, et que les salaires reçus par lui ne sont pas en rapport avec la richesse produite par son travail; de cette façon, quand il recevra un salaire moindre, il saura que la différence n'est pas encaissée par les patrons, les directeurs ou les actionnaires. Nous ne prévoyons qu'à l'état exceptionnel le cas où les ouvriers ne recevraient absolument rien, parce que les maisons établissant chez elles le système de participation auront sans doute à cœur de constituer, dans les années grasses, un fonds de réserve, afin de pouvoir donner quelque chose dans les années maigres, ainsi que cela se pratique généralement dans les grandes Compagnies et Sociétés industrielles.

Quant au mécanisme de la participation, aux inventaires de fin d'année, à la fixation du *quantum* par catégorie ou par tête de travailleur, en proportion de ses travaux, de la durée de ses services, de sa capacité professionnelle etc., ce sont autant de questions de détail qui recevront des solutions diverses, et dans lesquelles un exposé d'ensemble ne peut pas entrer.

Le système dont la parfaite possibilité vient d'être démontrée, tiendra-t-il tout ce qu'il promet, et porte-t-il dans ses flancs toutes les solutions de la question ouvrière? Ce serait téméraire de l'affirmer, parce que chaque âge de l'humanité, chaque période de la civilisation apporte sa part de difficultés nouvelles et de problèmes nouveaux, qu'on ne saurait exactement prévoir longtemps à l'avance. Mais la participation, jugée par les résultats déjà obtenus, a prouvé qu'elle avait une véritable valeur économique et sociale : elle a permis à l'ouvrier de contracter des assurances variées contre les chances de maladie, d'invalidité et de mort; elle lui a assuré du pain en cas d'incapacité de travail, et une petite retraite pour ses vieux jours, avec réversibilité partielle sur la tête de sa veuve et de ses enfants mineurs. Quelquefois, elle lui a permis de constituer un capital suffisant pour créer un petit établissement, ou pour prendre une part de celui dans lequel il travaille. Et c'est ici que se trouve également l'avantage du patron : souvent, en effet, la cession d'une maison industrielle présente de nombreux risques. Tantôt l'acquéreur est insolvable, et le vendeur, qui croyait pouvoir jouir d'un repos bien gagné, se voit obligé de reprendre la direction des affaires; tantôt l'acquéreur n'apporte pas, dans son fonctionnement, les mêmes aptitudes, la même initiative, et alors l'établissement périclite, quand il ne sombre pas. Le système de la participation, au contraire, offre à l'industriel qui veut prendre sa retraite, la possibilité de se décharger, sur ses participants, du fardeau des affaires. Il a choisi ceux-ci parmi les meilleurs et les plus méritants de son personnel, et il est en droit d'espérer qu'ils sauront continuer ses traditions, développer le travail, augmenter les relations acquises, accroître, enfin, la valeur d'un établissement dont ils connaissent bien les ressources et les forces productrices. Tous les intérêts se trouvent ainsi garantis : chez l'ouvrier, qui s'élève à la dignité de patron, chez le patron qui emporte dans sa retraite une tranquillité absolue, soit qu'il ait vendu à un prix déterminé, soit qu'il reste participant lui-même, en abandonnant la gestion de ses capitaux à ses anciens collaborateurs, devenus ses successeurs.

Mais, pour obtenir ce résultat, il ne faut pas que la part de bénéfices se confonde avec le salaire quotidien, hebdomadaire ou mensuel, et soit absorbée comme lui; elle doit constituer une réserve et former, par le jeu des assurances, un capital progressif.

Maintenant, la participation peut-elle être universelle, et s'étendre indistinctement à tous les travailleurs? Nous n'osons pas l'espérer, au moins dans les premiers temps. Ce sera, évidemment, une sélection, analogue à celle que pratique l'Imprimerie nationale, à Paris; analogue, dans une certaine mesure, à celle qui est d'usage au Théâtre Français. Ici, on divise les comédiens en pensionnaires qui sont, au fond, des salariés, et en sociétaires qui sont de véritables participants; mais le sociétariat va se recrutant, sans cesse, parmi les pensionnaires. Là on fait un choix parmi les ouvriers les plus capables, les plus rangés, les plus sédentaires; on les attache à l'établissement et on leur assure une retraite; mais les autres peuvent toujours se placer dans les conditions requises pour être choisis, et espérer que l'Administration leur fera le même sort qu'à leurs camarades.

Assurément, le système de la participation commencera par scinder la masse ouvrière en deux camps; mais ces camps, nous l'espérons, seront rivaux et non ennemis. Il y aura, toujours des sédentaires et des nomades, des économes et des dépensiers, des laborieux et des indolents. Les bons seront admis à participer, les mauvais devront attendre; mais cette expectative même ne sera-t-elle pas un stimulant énergique? Est-ce que l'employé qui désire être « intéressé » dans une maison de commerce, n'est pas vigoureusement incité à bien remplir ses devoirs, quand il voit son camarade recevoir sa part d'intérêts? Il le jalousera peut-être; mais, de la jalousie à l'émulation, il n'y a que l'épaisseur d'un cheveu.

Nous avons donc la ferme conviction que le système de la participation élèvera sûrement le niveau de la capacité et de la moralité ouvrières. Quand le travailleur libre, célibataire, errant d'atelier en atelier, verra qu'on préfère et qu'on avantage son camarade marié, père de famille et sédentaire, il se rangera, se donnera un ménage et, selon le vieux proverbe, il amassera mousse en ne roulant plus, soit qu'il demeure dans un grand établissement à l'état de travailleur assuré du lendemain, certain qu'il pourra manger du pain dans ses vieux jours, sans inquiétude sur le sort de sa femme et de ses enfants, soit qu'il arrive, avec ses économies annuelles, à former lui-même un petit établissement, soit, enfin, qu'il ait sa part dans la propriété de la maison où il travaille, si elle est acquise par une société de participants comme lui. D'autre part, il fermera l'oreille aux suggestions mauvaises qui lui représentent le patron comme s'engraissant des sueurs du peuple, qui lui montrent, dans un avenir prochain, l'expropriation et la mise en commun de toutes les usines, de toutes les manufactures, de tous les instruments de travail. Sachant qu'il peut en avoir sa part régulièrement, honnêtement, laborieusement, il repoussera toutes ces excitations et trouvera, dans son intérêt bien entendu, ainsi que dans sa conscience, assez de force pour résister à toutes les avances d'un socialisme de mauvais aloi.

L'antagonisme qui sépare l'ouvrier du patron n'est donc point fondé. Nous croyons fermement, au contraire, que les intérêts du patronat et du salariat sont les mêmes, et qu'il importe, en face de la concurrence étrangère, de les resserrer davantage; autrement c'en est fait de l'industrie et de la fortune de la France. La classe ouvrière, disons le à son honneur, est généralement honnête et laborieuse, et si elle se laisse entraîner par les sophismes de quelques meneurs, on ne saurait le lui reprocher sérieusement, puisqu'on ne l'a jamais mise en garde contre ses faux amis. Eclairez-la, faites lui comprendre qu'elle n'a pas seulement des droits, mais aussi des devoirs, apprenez lui les notions économiques les plus élémentaires, enseignez dans nos écoles professionnelles et spéciales certaines questions sociales, afin que nos ingénieurs et nos contre-maîtres, dans les causeries intimes de l'atelier, puissent en raisonner avec les ouvriers. Ceux-ci alors, mieux instruits des obligations qui pèsent sur tous les travailleurs à tous les degrés de l'échelle sociale, verront qu'ils sont la dupe de ces réformateurs en chambre, de ces cabotins politiques, enfileurs de phrases sonores, pour lesquels la souffrance *des autres* est un tremplin et un thème d'exploitation, qui, froidement, leur rôle appris, s'en vont de clubs en clubs, de villes en villes, déclamer leurs projets abominables, semer la haine et provoquer le crime. Reconnaissant enfin que par la plume et par la parole on s'est joué de leur crédulité et de leur honnêteté, les ouvriers songeront à l'avenir et comprendront qu'il n'est possible de l'assurer que par le travail régulier et continu, que l'imprévoyance engendre la misère, que dans l'accomplissement de leurs devoirs de famille, toute défaillance est coupable, et que le cabaretier, c'est l'ennemi! Et lorsque, par ses épargnes, par l'exécution de ses engagements envers la société de prévoyance à laquelle il sera affilié, l'ouvrier se sera rapproché de son patron, son allié naturel, l'un et l'autre se réjouiront d'avoir fait acte de bons citoyens en travaillant au rétablissement de la paix sociale. — V. GRÈVE, INDUSTRIE.

I. **OVALE.** *T. de géom.* Ce mot, dont le sens est très général, s'emploie pour désigner toute courbe fermée d'une forme plus allongée dans un sens que dans l'autre. Il existe par conséquent une infinité d'ovales jouissant de propriétés bien diverses. On emploie assez souvent dans la construction des voûtes, des courbes ovales formées par des arcs de cercle de rayons différents raccordés tangentiellement. Tels sont l'*anse de panier* et l'*arc rampant*. Cependant l'emploi de l'*ellipse* pour les arches ovales tend à se généraliser. L'*ellipse* (V. ce mot) est le plus simple de tous les ovales. Les géomètres ont été conduits à étudier un très grand nombre de courbes ovales. Nous citerons seulement les deux plus importantes; 1° les ovales de Descartes, lieu des points tels que leurs distances ρ et ρ' à deux foyers fixes A et B sont liés par une équation linéaire $a\rho+b\rho'=c$. Ces courbes jouent un rôle important dans la théorie de la réflexion de la lumière; 2° l'ovale de Cassini, lieu des points tels que le produit de leurs distances à deux foyers fixes soit constant. Cette courbe qui affecte la forme, tantôt d'un ovale unique, avec ou sans points d'inflexion, tantôt d'un système de deux ovales, entourant chacun un des foyers, comprend, comme cas particulier, la *lemniscate* (V. ce mot).

II. * **OVALE.** On désigne sous ce nom une trame de soie composée d'un grand nombre de brins faiblement tordus et destinée à des usages spéciaux, tels que la fabrication des lacets de Saint-Chamond.

OVE. *T. d'arch.* Ornement ovoïde qui ressemble à certains fruits renfermés dans une espèce de coque, comme la châtaigne. Les oves sont ordinairement sculptées sur une moulure ronde, et accompagnées dans leurs intervalles, de motifs figurant des fers de lance ou de flèche, des feuillages, etc.

* **OVOIR.** *T. techn.* Outil de ciseleur pour faire des reliefs en ovale sur les métaux.

* **OX** ou **OXY**... Préfixe qui, en chimie, signifie *oxydé*.

* **OXACIDE.** *T. de chim.* Nom donné aux combinaisons de l'oxygène et des corps simples, qui offrent les propriétés acides. C'est par opposition avec les *hydracides*, c'est-à-dire avec les acides formés par l'hydrogène et les corps simples, que ce nom leur a été donné. L'acide azoteux, l'acide hypoazotique, l'acide azotique, l'anhydride sulfurique, etc., sont des oxacides.

OXALIQUE (Acide). — V. t. I, ACIDES.

* **OXANTHRACÈNE.** *T. de chim.* Syn.: *Anthraquinone.* — V. ce mot.

* **OXFORD.** *T. de tiss.* Sorte de toile de coton rayée ou quadrillée que l'on fabrique principalement à Flers (Orne).

* **OXYANTHRAQUINON.** *T. de chim.* Quinon-phénol, ayant pour formule

$$C^{28}H^{8}O^{6} \text{ ou } C^{28}H^{6}O^{4}(H^{2}O^{2})\ldots \not{C}^{14}H^{8}\not{O}^{3},$$

découvert par Glaser et Caro, étudié par Graebe et Liebermann, et qui se présente sous forme d'aiguilles jaunâtres, fondant à 170°, sublimables, et donnant avec les bases une liqueur colorée en brun rouge. On l'obtient en traitant l'anthraquinon monobromé par la potasse

$$C^{28}H^{7}BrO^{4}+KO,HO=C^{28}H^{8}O^{6}+KBr$$

ou

$$\not{C}^{14}H^{7}Br\not{O}^{2}+KH\not{O}=\not{C}^{14}H^{8}\not{O}^{3}+KBr$$

L'oxyanthraquinon se forme encore dans la préparation de la *dioxyanthraquinon* ou *alizarine artificielle*, lorsque l'on fait réagir la potasse sur l'acide anthraquinon-monosulfurique, car

$$\underbrace{C^{28}H^{8}O^{4}S^{2}O^{6}}_{\text{Ac. anthraquinon monosulfurique}}+\underbrace{2KO,HO}_{\text{Hydrate de potasse}}=\underbrace{C^{28}H^{8}O^{6}}_{\text{Oxyanthraquinon}}+\underbrace{S^{2}O^{4},2KO}_{\text{Sulfite de potasse}}+\underbrace{H^{2}O^{2}}_{\text{Eau}}$$

L'oxydation est facilitée par l'addition de chlorate de potasse. — J. C.

* **OXYBARIMÈTRE.** *T. de phys.* Instrument inventé par M. Bertrand et destiné à doser le bioxyde de baryum réel existant dans les produits livrés sous ce nom dans le commerce, et qui, par leur aspect pulvérulent, peuvent permettre de nombreuses fraudes. Ces matières contiennent de 58 à 82 0/0 de bioxyde.

* **OXYCHLORURES.** *T. de chim.* Genre de sels résultant de la combinaison d'un chlorure avec l'oxyde de la même base. Quelques-uns sont employés directement ou offrent de l'intérêt parce qu'ils se forment momentanément dans la préparation de certains corps. Parmi les plus intéressants il faut citer:

L'*oxychlorure d'antimoine* ou *poudre d'Algaroth*, corps blanc, pulvérulent, ayant pour formule $SbO^{2}Cl\ldots Sb\not{O}Cl$, et que l'on obtient en traitant une molécule de chlorure d'antimoine par 15 à 35 0/0 d'eau; on forme de l'oxychlorure et de l'acide chlorhydrique:

$$SbCl^{3}+H^{2}O^{2}=SbO^{2}Cl+2HCl.$$

Cet oxychlorure gardant du protochlorure, on le lave avec l'éther pour l'avoir pur; pour l'avoir cristallisé on prend 10 parties de $SbCl^{3}$ et 17 parties d'eau, on agite et on laisse quelques jours en contact, en remuant de temps à autre. Il est important de ne pas mettre un excès d'eau, car sans cela on obtiendrait une combinaison à volumes égaux d'oxychlorure et d'oxyde

$$Sb^{2}O^{5}Cl=SbO^{2}Cl+SbO^{3},$$

dans lequel la proportion d'oxyde variera suivant la proportion d'eau en excès. On peut d'ailleurs obtenir cet oxychlorure, $Sb^{2}O^{5}Cl$, en traitant le chlorure par l'eau bouillante.

Il sert à faire l'émétique ordinaire; il a été

essayé en peinture, mais a l'inconvénient de jaunir sous l'influence des émanations sulfhydriques.

L'*oxychlorure de bismuth*, $Bi^6Cl^3O^3,6HO$, s'obtient en versant l'azotate acide de bismuth dans de l'acide chlorhydrique étendu d'un demi volume d'eau, ou dans une solution de chlorure de sodium. Il est en paillettes blanches nacrées, qui, réduites en poudre impalpable, s'emploient comme fard, sous le nom de *blanc de perle*.

L'*oxychlorure de calcium*, $Ca^2ClO...CaCl,CaO$, est un corps qui se produit toujours lorsque l'on prépare l'ammoniaque au moyen de la chaux et du chlorure d'ammonium, par suite de l'excès de chaux contenu, mais qui se décompose pour former du chlorure de calcium, de l'eau, et de l'ammoniaque. Il se forme aussi lors de la dessiccation du chlorure de calcium, par suite d'une décomposition partielle de ce sel, sous l'influence de la vapeur d'eau à une haute température.

On nomme *oxychlorure de cuprosacétyle*,

$$(C^4HCu^4)O(C^4HCu^4)Cl,$$

le corps qui se forme quand on mélange l'acétylène C^4H^2, avec le sous-chlorure de cuivre ammoniacal. Il est parfois désigné sous le nom d'*acétylure cuivreux*, et constitue une poudre rouge.

L'*oxychlorure de cuivre*. Syn. : *Atakamite*,

$$Cu^4ClO^3,3HO,$$

sert, réduit en poussière fine, pour sabler l'encre. Il est vert foncé, en prismes ou octaèdres. — V. Cuivre, § *Etat naturel*.

L'*oxychlorure de mercure*, Hg^2OCl, se forme lorsqu'on prépare l'acide hypochloreux, par l'action du chlore sur l'oxyde de mercure, en présence de l'eau. La réaction produite se formule bien ainsi : $HgO+2Cl+H^2O^2=HgCl+ClO,H^2O^2$, mais au lieu de trouver comme résidu, après le dégagement du gaz, du chlorure mercurique, on a une masse cristalline d'oxychlorure, par suite de la formation secondaire de ce sel, produit par l'union du chlorure mercurique et de l'excès d'oxyde de mercure.

L'*oxychlorure de phosphore*, $PhCl^3O^2$, est un sel qui se forme dans la préparation de l'acide phosphorique, lorsque l'on traite le perchlorure de phosphore, $PhCl^5$, par l'eau. Il se forme d'abord de l'oxychlorure :

$$PhCl^5+2HO=PhCl^3O^2+2HCl$$

lequel étant liquide et dense se réunit au fond du récipient, réagit sur l'eau, et régénère de nouvel acide chlorhydrique

$$PhCl^3O^2+6HO=PhO^5,3HO+3HCl,$$

en même temps que le perchlorure de phosphore non décomposé, en contact avec l'eau, forme également de l'acide phosphorique et de l'acide chlorhydrique :

$$PhCl^5+8HO=PhO^5,3HO+5HCl.$$

Cette réaction explique la formation de phosphore, par réduction de l'acide phosphorique.

L'*oxychlorure de plomb* a déjà été étudié sous les noms de *jaune de Turner*, de *Cassel*, de *Paris* ou de *Vérone*. Il sert en peinture.

L'*oxychlorure de zinc*, Zn^2ClO, est un sel qui se forme toujours lorsque l'on prépare le chlorure de zinc, en concentrant la liqueur résultant de l'action de l'acide chlorhydrique sur le métal, surtout lorsque l'on purifie la liqueur en précipitant le sesquioxyde de fer par l'oxyde de zinc. Il se produit aussi lorsque l'on prépare le chlorure de zinc fondu, parce que ce corps est altéré par l'eau à une température élevée,

$$2ZnCl+HO=Zn^2ClO+HCl$$

il devient nécessaire, pour avoir le chlorure de zinc pur, de séparer l'oxychlorure par distillation, dans une cornue en grès. En chauffant au rouge le chlorure distille seul, puisqu'il est volatil, et l'oxychlorure reste dans l'appareil distillatoire ; si le produit contenait primitivement du chlorure de fer, ce dernier passant dans les premiers moments de la distillation, il suffirait de changer le vase recevant les produits distillés pour le séparer du chlorure de zinc.

Les autres oxychlorures n'ayant pas d'intérêt, nous n'en ferons pas l'étude. — J. C.

OXYDATION. *T. de chim.* Combinaison s'effectuant entre certains corps, simples ou composés, par fixation d'oxygène. Ce mot est donc synonyme d'*oxygénation*. Toute réaction chimique étant accompagnée d'un dégagement de chaleur plus ou moins sensible, on pourra trouver des phénomènes d'oxydation qui se produiront sans attirer l'attention, comme la formation de la rouille sur le fer, du vert de gris sur le cuivre ; tandis que d'autres phénomènes se manifesteront avec dégagement de lumière, comme la combustion du magnésium dans l'air, celle du zinc, etc. Thénard, dans sa classification des métaux, s'est servi de cette oxydation nulle (Au, Ag, Pt) ou accompagnée de production de chaleur sensible (Cu, Pb, Sb, Hg), ou même se faisant à la température ordinaire (Zn, Fe, Mn, K, Na), pour diviser ces corps en groupes distincts.

L'oxydation joue donc un grand rôle en chimie minérale, par suite de la formation des oxydes et des produits qui en résultent ; elle n'est pas moins importante dans l'étude des composés appartenant à la chimie organique ; son application à la production des matières colorantes, est en effet constante.

Il suffira de se reporter à l'histoire de l'Indigo ou à celle de la Garance, pour voir que ces principes, qui, en solution, sont absolument incolores, ont besoin d'un contact plus ou moins prolongé à l'air pour donner naissance à la nuance bleue ou rouge qui les fait rechercher ; le noir d'aniline ne se forme que de la même façon ; il en est encore de même des principes colorants de l'orseille, du tournesol, etc.

C'est par suite d'une oxydation, que les plantes poussées dans un endroit peu éclairé, voient se développer à l'air la teinte verte de la chlorophylle, qui caractérise les parties foliacées ; c'est par suite d'un phénomène identique que les couleurs des fleurs se produisent, et que l'on voit les meubles neufs, prendre en vieillissant une teinte plus foncée. Cet effet est très manifeste sur l'acajou, le bois du Brésil, le campêche, etc. C'est enfin par suite de phénomènes successifs d'oxydation que la vie animale ou végétale est possible.

Dans l'industrie, on est obligé souvent de provoquer l'oxydation, et c'est même une des opérations les plus fréquentes dans la fabrication des toiles peintes. Certains appareils ont pour but de réunir toutes les conditions les plus favorables de chaleur et d'humidité pour produire cet effet; nous renvoyons à l'article CHAMBRE A OXYDER.

Nous en avons assez dit pour que l'on comprenne l'importance de ce phénomène. Sans oxydation il n'y aurait pas de vie possible, de même qu'on ne saurait concevoir un moyen de remplacer tous les corps qui dérivent de l'action de l'oxygène sur les autres composés ou sur les corps simples.

OXYDE. *T. de chim.* Corps résultant de l'union directe ou indirecte de l'oxygène avec un corps simple, un radical, etc. Ce sont, en général, des composés binaires de l'oxygène, incapables de former un acide par la fixation des éléments de l'eau; exemples : oxyde de carbone, oxyde de sodium. Les oxydes, comme les hydrates, peuvent cependant être considérés comme de véritables sels, en ce qu'ils ont la propriété de produire une double décomposition au contact des acides, en échangeant le métal contre l'oxygène de l'acide et engendrant de l'eau :

$$2NaO + 2HCl = 2NaCl + H^2O^2$$

ou

$$Na^2\text{O} + 2HCl = 2NaCl + H^2\text{O}$$

Leur formule générale est MO, M représentant le métal, le métalloïde ou le radical, mais pour celle des oxydes métalliques, elle peut varier avec l'atomicité des métaux; ainsi, pour l'oxyde de sodium, le métal étant monoatomique, on aura Na'^2O, pour celle de l'oxyde de baryum $Ba''O$, le corps uni étant diatomique, et pour celle du sesquioxyde de fer (ferricum) Fe^2O^3, ce dernier étant héxatomique. De plus, l'oxygène pouvant s'unir à lui-même, pour faire le radical $(O-O)''$ diatomique, comme l'oxygène libre, il se formera des bioxydes ou peroxydes, tels que BaO^2, qui dès lors, d'après ce que nous avons dit, dériveraient de l'eau oxygénée, puisque ce corps se reproduit, du reste, lorsque l'on traite le bioxyde de baryum par un acide.

Les corps simples peuvent former, avec l'oxygène, un certain nombre d'oxydes 2, 3, 4 et même 5; aussi divise-t-on ceux-ci en plusieurs catégories. On nomme *oxydes basiques* ceux ayant une réaction alcaline très tranchée et se combinant énergiquement avec les acides; tels sont les oxydes des métaux de la première section, ceux de l'argent, du cobalt, du cuivre, de l'étain, du fer, du manganèse, du mercure, etc.

Les *oxydes indifférents* sont ainsi nommés, parce qu'ils peuvent jouer le rôle d'acide avec les bases fortes, ou celui de base avec les acides énergiques; ce sont, en général, des sesquioxydes, comme ceux de manganèse, de fer, l'alumine, la glucine, et, par exception, le protoxyde de zinc.

On appelle *oxydes singuliers* ceux qui ne s'unissent ni aux acides, qui chassent leur oxygène, ni aux bases, qui les décomposent en un oxyde et un acide; tels sont les peroxydes de potassium, sodium, baryum, strontium, calcium, manganèse, zinc, cobalt, cuivre et plomb. Enfin, on réserve le nom d'*oxydes salins* à ceux qui résultent de la combinaison d'un oxyde basique avec un oxyde plus oxygéné du même métal; tels sont l'oxyde de fer magnétique ou ferroso-ferrique, l'oxyde brun de chrome, l'oxyde rouge de manganèse (manganoso-manganique), l'oxyde plomboso-plombique (minium). Comme on le voit, le mot *oxyde* n'est donc pas synonyme de base, et il n'est surtout pas, comme signification, toujours en rapport avec son étymologie, puisque ὀξύς veut dire acide.

Propriétés. Les oxydes sont parfois irréductibles par la chaleur, tels sont ceux des cinq premières sections de métaux; ceux de la sixième section le sont au rouge (oxyde de mercure); cependant, dans la première catégorie, il s'en trouve qui perdent de l'oxygène par la chaleur, tels sont les peroxydes.

Les protoxydes peuvent absorber de l'oxygène à froid, tels sont ceux de fer, de manganèse, de cobalt, de cuivre; d'autres l'absorbent au rouge, comme la baryte, la litharge. Cet effet peut avoir lieu au contact de l'air, mais alors il y a souvent formation de carbonate (vert de gris).

Les métalloïdes peuvent réagir sur les oxydes; ainsi le chlore les décompose à l'aide de la chaleur, pour former des chlorures (excepté pour les oxydes de la deuxième section des métaux, l'alumine, etc.); le carbone, l'hydrogène détruisent également les oxydes, avec l'aide de la chaleur (même exception que pour le chlore), ces corps s'emparent de l'oxygène et mettent le métal en liberté, en formant de l'eau pour l'hydrogène; et, pour le carbone, soit de l'oxyde de carbone (métaux de la première et de la troisième section), soit de l'acide carbonique, si le métal abandonne facilement son oxygène (métaux de la cinquième et sixième sections). Le chlore et le carbone combinés réagissent aussi sur les oxydes terreux, qui résistent, même avec une forte chaleur à l'action, des métalloïdes isolés, et ils donnent un chlorure avec dégagement d'oxyde de carbone.

L'eau est sans action sur beaucoup d'oxydes; elle dissout ceux de la première section et s'y combine pour faire des *hydrates*, mais ils peuvent perdre cette eau, parfois, par simple exposition à l'air, parfois avec l'aide d'une chaleur élevée; il en est même (potasse, soude,) qui sont indécomposables par la chaleur.

Les acides forment des sels avec les oxydes.

MODE DE PRÉPARATION. D'une manière générale, on peut obtenir les oxydes par l'un des moyens suivants :

1° Par l'*action directe de l'oxygène sur les métaux.* C'est ce que l'on réalise dans l'industrie par le grillage, pour les oxydes de zinc, d'antimoine. On peut aussi faire arriver de l'oxygène sur des oxydes moins riches; ainsi, on transforme la baryte en bioxyde de cette manière;

2° Par la *calcination des hydrates, des carbonates, azotates, sulfates.* C'est ainsi que l'on fait la chaux vive, la magnésie, ou l'oxyde de zinc, par la calcination de leurs carbonates; que les oxydes mercurique et cuprique se préparent par la calcination de leurs azotates, et que le colcothar s'obtient par la calcination du sulfate de fer;

3° Par l'*action d'un métal sur l'eau.* Le potassium, le sodium, projetés dans l'eau froide, s'oxydent très rapidement aux dépens de l'eau en dégageant de l'hydrogène, qui s'enflamme par suite de la chaleur produite; le fer, le zinc, ne s'oxydent ainsi qu'avec la chaleur; on prépare l'ethiops martial en exposant à l'air de la fine limaille de fer arrosée d'eau, et en faisant une pâte du tout;

4° Par *double décomposition.* Pour ceux qui sont insolubles, en décomposant une solution du sel dont on veut avoir l'oxyde, par la potasse, la soude, l'ammoniaque ou la chaux; l'hydrate ferrique, l'hydrate mercurique se font ainsi, et même par l'action de l'eau bouillante, sur certains sels de bismuth ou d'antimoine, c'est ainsi que l'on prépare le sous-azotate de bismuth;

5° Ceux de potasse ou de soude, avec leur carbonate et la chaux. Il se fait du carbonate de chaux insoluble, et l'hydrate de potasse ou de soude reste en solution. Ceux de chaux, de baryte ou de strontiane, s'obtiennent en soumettant les oxydes anhydres à l'action de l'eau.

Pour connaître les propriétés particulières des différents oxydes, V. chaque mot spécial. — J. C.

* **OXYDER** (Machine à). *T. d'impr. et de teint.* Appareil récemment introduit dans la fabrication des toiles peintes et qui a pour but principal, de favoriser la décomposition des mordants déposés

Fig. 534. — *Machine à oxyder.*

sur l'étoffe. Il sert pour les genres bon teint aussi bien que pour les genres vapeur. Quand il s'agit de tissus à teindre, le passage dans cet appareil provoque la décomposition des sels de fer et d'alumine, et favorise la précipitation de l'oxyde sur le tissu. Cette action est due à la haute température, 96° à 98° centigrades, de la vapeur qui, à ce degré, est très chargée d'humidité et facilite la précipitation des oxydes contenus dans ces mordants. Si l'on passe des genres vapeurs, l'action, tout en n'étant pas la même, aide considérablement à la fixation des couleurs. Une partie des acides volatils (acide acétique surtout) est enlevée et un commencement de fixation des couleurs a lieu. Cette sorte de vaporisage préalable permet, dans bien des cas, de vaporiser sans doubliers, et empêche le rappliquage des couleurs, par suite de l'élimination du véhicule dissolvant des principes colorants. La machine à oxyder consiste, du reste, en une simple boîte en métal ou en bois, garnie intérieurement de roulettes sur lesquelles passe l'étoffe à traiter (fig. 534); on peut, au moyen d'un tuyau de vapeur, amener la température de l'intérieur de cette cuve au degré voulu, qui est ordinairement 98° centigrades pour les genres vapeur, et 80° centigrades pour les noirs d'aniline; quelques fabricants ont adopté des réservoirs d'eau dans lesquels barbotte de la vapeur, ce qui permet de saturer la vapeur d'humidité. Les parois sont garnies de bois pour empêcher le refroidissement qui occasionnerait, inévitablement, des taches par la condensation de gouttelettes d'eau. On a soin aussi de garnir le haut, d'une plaque de vapeur qui redissout, au fur et à mesure de leur production, les gouttes d'eau qui pourraient se produire. On fait ces appareils avec course simple, de façon qu'un point donné de la pièce séjourne de 100 à 120 secondes. On peut y adapter un second système de roulettes qui donne le double de la course dans l'appareil. Veut-on oxyder légèrement et produire beaucoup, on fait passer l'étoffe sur toutes les roulettes, et on fait fonctionner à une vitesse de séjour de une minute ; veut-on, au contraire, oxyder beaucoup et produire peu, l'étoffe passera sur toutes les roulettes et l'appareil marchera à une vitesse de séjour de 2 minutes. L'appareil garni des deux systèmes est excellent dans les fabriques où un seul appareil suffit pour toute la production des genres à oxyder.

La machine à oxyder est l'intermédiaire entre l'appareil à vaporiser à la continue (V. VAPORISAGE) et la chambre à oxyder — V. CHAMBRE A OXYDER. — J. D.

OXYGÈNE. *T. de chim.* Le plus important, sans contredit, de tous les corps simples, et celui dont la découverte a permis à la chimie de faire les rapides progrès qu'elle a accomplis en si peu de temps, à la fin du siècle dernier. Ce corps se combine à tous ceux connus, le fluor excepté, aussi constitue-t-il la moitié environ des minéraux qui forment la croûte épaisse de notre planète ; il entre pour les 8/9 dans le poids de l'eau, est partie intégrante de tous les corps organisés, et enfin compose en grande partie, à l'état de mélange, l'atmosphère au sein de laquelle nous vivons, en y entrant, pour sa part, pour un poids qui dépasse un million de milliards de kilogrammes.

L'oxygène a pour symbole O, pour équivalent 8, et pour poids atomique 16. Il a été découvert, le 1er août 1774, par Priestley, et appelé par lui *air pur* ou *déphlogistiqué* et immédiatement étudié par Scheele et Lavoisier. En dehors des aperçus que nous avons donnés à l'article CHIMIE, l'histoire de la découverte de l'oxygène n'a plus que deux étapes justement célèbres, celle de la découverte d'un état allotropique de l'oxygène, l'ozone, signalé pour la première fois par Schœnbein, en 1840, et celle de la liquéfaction, réalisée simultanément, en 1878, par MM. Cailletet et Pictet, le premier en France, le second à Genève.

Propriétés physiques. L'oxygène se présente sous la forme d'un gaz incolore, insipide et inodore; c'est lui qui a le plus faible indice de réfraction connu (1,0002) ; sa densité est de 1,105, et un litre de gaz pèse 1gr,437. Il est très peu soluble dans l'eau; son coefficient d'absorption à +15° est de 0,03. Jusqu'en 1877, il a été regardé comme un corps permanent, parce qu'il résistait, en effet, à une pression de 40 atmosphères et à un refroidissement de —110° ; mais deux physiciens éminents, MM. Caillètet et Pictet, ont, chacun de leur côté, réalisé la liquéfaction de l'oxygène ; cependant, jusqu'en 1883, on n'avait pu constater directement les propriétés de l'oxygène liquide. MM. Wroblewski et Olszewski ont obtenu ce dernier résultat en se servant de l'éthylène condensé, comme M. Cailletet.

Le principe qui a servi à M. Cailletet pour réaliser la liquéfaction de l'oxygène est basé sur l'énorme refroidissement que produit un corps lorsqu'après avoir été très fortement comprimé, on provoque une brusque détente; alors l'influence du refroidissement est telle, que pour l'oxygène, il se condense en fines gouttelettes, qui disparaissent au bout de peu de temps, par suite d'élévation de température. Dans un premier appareil, M. Cailletet obtenait la liquéfaction à une pression de 300 atmosphères, et en refroidissant le tube contenant l'oxygène avec le chlorure de méthyle liquide, ou l'acide sulfureux liquide ; maintenant, à l'aide d'appareils construits par M. E. Ducretet, on réalise plus facilement cette expérience (V. t. VI, p. 132).

M. R. Pictet, lui, fait arriver l'oxygène à condenser, dans un tube en cuivre incliné et de 4 mètres de longueur, lequel est refroidi à —130° par le moyen de l'ébullition dans le vide, d'acide carbonique liquide et en partie solide, qui circule dans un tube de diamètre plus grand, enveloppant le premier. L'acide circule dans l'appareil au moyen de l'aspiration de pompes qui condensent en outre le produit; pour que cet acide soit toujours au moins à —65°, il est refroidi lui-même par l'évaporation d'acide sulfureux liquide. La pression dans ces tubes extérieurs ne dépasse pas 6 atmosphères ; quant à la température, elle est indiquée pour l'acide sulfureux par un thermomètre à alcool, et pour l'acide carbonique, par un thermomètre inventé par M. Pictet, et fondé sur la mesure des tensions de vapeur ; il donne —140°. Quand on veut liquéfier de l'oxygène, on produit ce gaz et on le conduit dans le tube de cuivre; la pression y monte jusqu'à 521 atmosphères, indiqués par un manomètre, puis se fixe à 471 et l'oxygène se liquéfie, de sorte que si l'on ouvre un robinet de sortie, on voit jaillir un jet d'oxygène liquide, puis du gaz sort ensuite ; on ferme le robinet, et au bout de quelques instants de compression le même phénomène se reproduit.

Les savants russes se sont servis de l'éthylène liquide pour refroidir l'oxygène; ce gaz bout à —105°, mais si on provoque l'ébullition dans le vide, on obtient au thermomètre à hydrogène —136° de froid, qui suffisent pour obtenir la liquéfaction, grâce à l'augmentation produite par la détente brusque.

L'oxygène est magnétique, comme le prouve l'étude de l'atmosphère. Son spectre montre dans le bleu des raies irrégulières.

Sous le rapport des propriétés chimiques, on constate que l'oxygène est diatomique, il est électro-négatif à un haut degré ; il est respirable, comburant; le carbone, le soufre, le phosphore, le fer, le magnésium, y brûlent avec éclat ; il est peu soluble dans l'eau (1/27e) ce qui le différencie d'avec le protoxyde d'azote ; il l'est dix fois plus dans l'alcool. Il est absorbé par le caoutchouc, par l'argent fondu, par la litharge, et se sépare très bien de ces corps, par refroidissement, c'est ce qui détermine pour l'argent le phénomène du rochage. Avec quelques gaz, l'oxygène forme des mélanges détonants; de fortes explosions ont lieu lorsqu'on le mêle avec des vapeurs d'éther, de butylène, d'hydrogène phosphoré. Lorsqu'on l'enflamme avec de l'hydrogène, il donne par sa combustion une chaleur très grande, et une lumière éblouissante lorsqu'on dirige cette flamme sur des blocs de chaux ou de magnésie (*lumière Drummond*). Il se combine à tous les corps, sauf le fluor, en les oxydant, et produisant une augmentation de température, sensible ou non. Il est absorbé par le phosphore à froid, en ayant soin de diminuer la pression, ou de le mélanger avec un gaz étranger; mais il l'est facilement, soit par le cuivre en présence de l'acide sulfurique, par le sulfate ferreux mêlé à la potasse, par l'acide pyrogallique et la potasse, par l'hydrosulfite de soude, qui l'enlève à l'eau, ou aux autres gaz. On le distingue du protoxyde d'azote par l'addition de bioxyde d'azote (caract.); avec l'oxygène, il se forme immédiatement des vapeurs rutilantes d'acide hypoazotique, tandis qu'il n'y a aucun changement avec le protoxyde d'azote.

Il est modifiable par l'électricité, par le phosphore, qui lui donnent un état allotropique différent et le mélangent à de l'ozone. Lorsqu'on le fait absorber par des charbons rouges, on lui communique également des propriétés plus oxydantes; c'est ainsi qu'il transforme l'acide sulfureux, l'acide sulfhydrique en acide sulfurique, l'alcool éthylique en acide acétique, l'alcool amylique en acide valérianique, etc.

Etat naturel. L'oxygène à l'état libre se trouve dans l'air, mélangé à de l'azote; il existe à l'état de combinaison dans les substances minérales et organiques; c'est lui qui est l'élément de la chaleur animale. Il est ozonisé par le sang, d'après Schœnbein, et d'après le même auteur il se retrouve peut-être à l'état d'eau oxygénée dans l'urine.

PRÉPARATION. Il existe un très grand nombre de moyens de préparer l'oxygène :

1° Avec le *bioxyde de manganèse* (pyrolusite souvent mélangée d'acerdèse), on dégage le tiers du volume d'oxygène renfermé dans le produit,

$$3MnO^2 = \underbrace{Mn^3O^4 \text{ ou } Mn^2O^3, MnO}_{\text{Oxyde mangano-manganique}} + O^2$$

On chauffe le bioxyde pulvérisé dans une cornue de grès, placée dans un fourneau à réverbère, en ayant soin de ne mettre d'abord que quelques charbons ardents, d'éviter le contact avec les parois de la cornue, et de mettre toujours du charbon allumé, pour empêcher la production de vapeur d'eau qui pourrait refroidir la cornue et en amener la rupture. Comme le bioxyde renferme presque toujours des impuretés, il se dégage au début de l'opération de l'acide carbonique, que l'on devra enlever avec un flacon laveur contenant une solution de potasse; mais il est préférable de purifier d'avance le bioxyde par un lavage à l'acide chlorhydrique étendu, puis d'employer de l'eau distillée, surtout bien privée d'azotate, car on ne peut, pour ainsi dire, séparer l'oxygène de l'azote. 1 kilogramme de bioxyde donne, si celui-ci est pur, 85 litres d'oxygène, mais s'il est impur, 65 à 70 litres seulement. Il faut démonter l'appareil dès que le dégagement de gaz est terminé, pour éviter l'absorption;

2° Par le *bioxyde de manganèse et le sable* (Calvarès), en portant le mélange à une très haute température. On forme ainsi du silicate de protoxyde et de l'oxygène qui se dégage,

$$MnO^2 + SiO^3 = MnO, SiO^3 + O$$

Ce procédé est industriel;

3° Par le *bioxyde de manganèse et l'acide sulfurique* (Scheele). On mêle 500 grammes de bioxyde pulvérisé avec 600 grammes d'acide sulfurique concentré, et on chauffe modérément. Il se forme du sulfate de protoxyde, de l'eau, et il se dégage de l'oxygène

$$MnO^2 + SO^3, HO = MnO, SO^3 + HO + O$$

Il est également bon de faire passer le gaz au travers d'une solution de potasse caustique, pour enlever l'acide carbonique qui aurait pu se produire. Il faut avoir soin d'opérer le mélange bien intimement avant de chauffer, pour éviter la rupture du ballon;

4° Au moyen du *sesquioxyde de manganèse et de la soude*, que l'on chauffe à 450° après les avoir mélangés à parties égales; il se forme du permanganate de soude qui, décomposé par un courant de vapeur d'eau surchauffée (Tessié du Motay), donne de la soude caustique et du peroxyde de manganèse

$$NaO, MnO^3 = NaO + MnO^2 + O$$
$$\text{ou } 2NaMnO^4 = 2NaO + MnO^2 + O$$

et le mélange restant comme résidu, porté de nouveau à 450°, mais dans un courant d'air, régénère le permanganate, et permet ainsi une série d'opérations successives, l'oxygène étant en somme emprunté à l'air. L'opération se fait industriellement dans de grandes cornues en fonte, en mélangeant le permanganate avec un peu d'oxyde de cuivre, pour empêcher le frittage. L'oxygène produit entraîne avec lui de la vapeur d'eau: on condense celle-ci dans un réfrigérant avant d'envoyer le gaz dans les gazomètres; il ne contient pas d'acide carbonique parce que l'on a eu soin de priver l'air de ce gaz avant de l'injecter dans les cornues où se reforme le permanganate. L'oxygène est ainsi produit très économiquement (0 fr. 40 à 0 fr. 45 le litre); il y a des usines où ce procédé est monté en grand, à Pantin, près Paris; Comines, près Lille; à Bruxelles, Vienne, New-York, etc.;

5° Par le *chlorate de potasse*. On met dans une cornue le sel cristallisé, on chauffe. Le sel fond et il commence par se dégager un peu d'oxygène, puis la masse s'épaissit et il ne se produit plus de gaz. Alors on chauffe fortement pour décomposer le perchlorate de potasse qui s'est formé

$$2(KO, ClO^5) = KO, ClO^7 + KCl + O^4$$

alors ce perchlorate porté à 400° se décompose

$$2(KO, ClO^7) = 2KCl + O^{16},$$

puis ensuite le chlorate non modifié se décompose régulièrement,

$$KO, ClO^5 = KCl + O^6.$$

L'opération quelquefois s'arrête dès le début, parce que tout le chlorate s'est transformé en perchlorate

$$4(KO, ClO^5) = 3(KO, ClO^7) + KCl$$

il faut alors surveiller l'opération avec soin, parce que si la décomposition se faisait subitement, il y aurait explosion par suite d'un trop grand dégagement de gaz à la fois. 1,000 grammes de chlorate de potasse donnent 384lit,70 d'oxygène.

On ajoute quelquefois dans l'opération, du bioxyde de manganèse, au chlorate de potasse; il faut ne jamais en mettre dans la proportion de 1 partie pour 3 parties de sel, car alors il y a très rapide dégagement d'oxygène, par suite de la présence du bioxyde, qui agissant comme corps noir, absorbe une beaucoup plus forte quantité de chaleur, laquelle amène une incandescence, d'où un dégagement abondant et brusque de gaz. Si l'on veut faire usage de ce procédé, il est prudent de calciner le bioxyde, de vérifier s'il ne contient pas de plombagine ou de sulfure d'antimoine, qui rendraient l'explosion inévitable, puis de mettre parties égales de chlorate sec et de bioxyde, et enfin de chauffer doucement. L'oxygène préparé ainsi contient toujours des traces de chlore, que l'on doit enlever en faisant passer le gaz dans une solution alcaline, on reconnaîtrait sa présence au moyen de l'azotate d'argent qui donne un précipité blanc caillebotté, ou de l'indigo qui serait coloré.

L'oxyde de manganèse, transformé en oxyde mangano-manganique, Mn^3O^4, peut servir indéfiniment pour décomposer du chlorate, en ayant soin de le laver pour enlever le chlorure de potassium formé. Il donne une réaction plus régulière même que le bioxyde presque toujours impur;

6° Au moyen de la *baryte et de l'air*, en chauffant la base dans un cylindre porté au rouge, et que traverse un courant d'air. Il se forme du bioxyde de baryum qui par la chaleur cède son oxygène; le baryum se réoxyde doucement en se refroidissant, et on pourrait ainsi répéter indéfiniment les opérations (Boussingault). Dans la pratique, la baryte s'altère au bout d'un certain temps et il faut la renouveler;

7° Au moyen du *gaz chlore avec l'eau* à l'ébullition. On forme de l'acide chlorhydrique et le gaz oxygène se dégage, l'acide se dissolvant dans l'eau : $Cl^2+H^2O^2=2HCl+O^2$;

8° Par la calcination du *sulfate de zinc*. Le sulfate réduit donne du gaz acide sulfureux que l'on absorbe dans un flacon laveur contenant de la soude, et l'oxygène se dégage. Il reste de l'oxyde de zinc comme résidu;

$$ZnO,SO^3=ZnO+SO^2+O$$

9° Au moyen de l'*oxyde rouge de mercure*. C'est le procédé classique, employé par Priestley, et qui a fait découvrir l'oxygène. On met dans une cornue 50 grammes d'oxyde, et on chauffe jusqu'au rouge sombre (450°); $HgO=Hg+O$. On laisse perdre les premières portions de gaz qui sont mélangées, comme dans tous les autres procédés d'ailleurs, avec l'air contenu dans l'appareil;

10° Par la *calcination du minium*, Pb^3O^4, qui se résout en litharge $(PbO)^3$, puis en oxygène;

11° Par la *décomposition de l'acide sulfurique*, sur du platine porté au rouge.

$$SHO^4=SO^2+HO+O.$$

On reçoit les gaz formés dans un flacon laveur contenant de la potasse caustique en solution, il se forme du sulfite de potasse et l'oxygène se dégage;

12° Par le *protochlorure de cuivre*, Cu^2Cl. Ce sel exposé à l'air s'altère en donnant un oxychlorure, lequel, porté à 400°, se décompose en redonnant du protochlorure, plus l'oxygène absorbé;

13° Par l'action de *l'acide sulfurique sur le bichromate de potasse*. Il se forme du sulfate de potasse, du sulfate de sesquioxyde de chrome, de l'eau, et il se dégage de l'oxygène,

$$KO,2(CrO^3)+4(SHO^4)$$
$$=KO,SO^3+Cr^2O^3,3SO^3+2H^2O^2+O^3;$$

14° Avec le *chlorure de chaux*. Le produit additionné du quart de son poids de chaux éteinte est porté au rouge sombre; on obtient de l'oxygène et du chlorure de calcium, $CaO,ClO=CaCl+O^2$.

Ce procédé industriel, dû à H. Sainte-Claire Deville, a été modifié par M. Fleitmann. Il obtient l'oxygène, en chauffant dans un ballon une solution de chlorure de chaux du commerce additionnée de 5 à 6 gouttes d'azotate ou de chlorure de cobalt. Il se fait aussitôt un précipité noir, et dès 70 à 80° l'oxygène commence à se dégager parce que l'oxyde de cobalt précipité par l'excès de chaux, s'est peroxydé au contact de l'hypochlorite, et comme celui-ci est très instable il se détruit à une basse température. La réaction se reproduisant, il faut donc des traces de cet oxyde pour continuer le dégagement.

Les sels de nickel donnent le même résultat.

Altérations. Suivant les différents moyens qui ont servi à le préparer, l'oxygène peut entraîner avec lui des acides, on s'en débarrasse par le passage dans des flacons contenant, le premier, une lessive alcaline, puis de l'eau distillée, pour entraîner toute trace d'alcali; l'acide carbonique, le chlore, sont fixés de cette façon. Quant à l'azote, on découvre sa présence en mettant le gaz dans une cloche graduée posée sur la cuve à mercure, et y introduisant un bâton de phosphore, l'oxygène étant ainsi absorbé, l'azote reste seul dans le vase; ou par le moyen d'une solution alcaline d'acide pyrogallique; mais on ne sait comment l'enlever à l'oxygène sans absorber ce dernier corps.

Dosage. Une méthode s'emploie dans l'analyse élémentaire des corps organiques (V. Analyse organique); quant au dosage de l'oxygène des oxydes, il se fait généralement en réduisant le corps à l'état métallique, par l'hydrogène, puis en pesant l'eau formée, ce qui donne la proportion d'oxygène.

Pour l'oxygène dissous dans l'eau, MM. Schützenberger, Gérardin et Risler, emploient l'hydrosulfite de soude, obtenu en laissant une lame de zinc pendant une demi-heure dans du bisulfite à 10° Baumé, puis saturant par un lait de chaux.

Alors dans la solution oxygénée à doser, teintée par du bleu soluble (Coupier), et recouverte d'une couche d'huile, on verse l'hydrosulfite avec une burette jusqu'à décoloration. D'un autre côté, on fait une solution de sulfate de cuivre à 2gr,23 0/0, on la rend ammoniacale, puis on en décolore un volume connu par la solution d'hydrosulfite. Dix centimètres cubes de solution cuivrique correspondent à 1 cc d'oxygène libre; on compare ce résultat avec la première liqueur.

Usages. L'oxygène sert à produire de hautes températures (chalumeau oxyhydrique); des flammes très éclairantes (lumière Drummond), à déterminer la combustion rapide des matières organiques; à modifier les corps (oxydation proprement dite, appliquée à la teinture ou à l'impression des étoffes et des fibres textiles).

C'est l'excitant général qui, se combinant à l'hémoglobine du sang, provoque toutes les oxydations, d'où dépend la chaleur animale. C'est lui qui développe la végétation; c'est en un mot le « principe vital » comme on l'a bien dit dès l'époque de sa découverte. — J. C.

*** OZOKÉRITE** ou **OZOCÉRITE.** *T. de minér.* Syn.: *Paraffine naturelle, cire fossile.* Matière de consistance molle, d'éclat gras, de couleur brune ou verdâtre, d'odeur aromatique spéciale, douce au toucher, et qui est constituée par divers hydrocarbures de la formule $C^{2n}H^{2n}$, mais dont le poids moléculaire est élevé. L'*urpethite* est très soluble dans l'éther à froid, fond à 39° et a une densité de 0,885; l'*ozokérite* vraie, a une densité de 0,85 à 0,90 et fond entre 56 et 63°; elle est soluble dans l'éther; la *zietrisikite* a une densité de 0,90 à 0,95, est peu soluble dans l'éther et fond entre 83 et 90°.

OZONE. *T. de chim.* Etat particulier de l'oxygène électrisé, dans lequel ce gaz, sans avoir rien perdu de ses propriétés, en a acquis de nouvelles; il est devenu *odorant* et très *oxydant*.

— C'est Schœnbein qui, en 1840, découvrit cette propriété remarquable de l'oxygène recueilli au pôle positif d'un voltamètre à électrodes inoxydables (or ou platine). Le chimiste de Bâle crût d'abord à un corps nouveau; il le nomma *ozone* à cause de son odeur, qui est analogue à celle du phosphore, de l'acide sulfureux ou du chlore, mêlés à l'air. En 1785, Van Marum avait déjà remarqué que l'air environnant une puissante machine électrique d'où l'on tirait de fréquentes et fortes étincelles, avait une odeur particulière qu'on nommait, à cette époque, *odeur de la matière électrique*, et qu'il en était de même de l'oxygène renfermé dans un tube à travers lequel on faisait passer des étincelles électriques. MM. Martignac et de la Rive reconnurent que l'ozone n'est que de l'oxygène dans un état particulier d'activité chimique qui lui est imprimé par électricité. Telle était aussi l'opinion de Berzélius et de Faraday, en 1851. En 1852, MM. Frémy et Becquerel découvrirent l'action oxydante de ce corps sur diverses substances chimiques.

CIRCONSTANCES DE LA PRODUCTION DE L'OZONE. SA PRÉPARATION.

1° *Par la pile*, en décomposant l'eau acidulée contenant un peu d'acide chromique. Plus la température est basse, plus on recueille d'ozone; 2° *par les étincelles électriques*, traversant un tube de verre fermé et rempli d'air ou d'oxygène, ou reposant sur une dissolution d'iodure de potassium qui absorbe l'ozone et met l'iode en liberté; 3° *par l'effluve électrique*. On a reconnu que pour obtenir le maximum d'effet il fallait, non pas des étincelles brillantes, mais un courant d'électricité diffuse s'échappant de plusieurs fils très fins réunis en faisceaux à leurs extrémités. Le procédé employé par M. Berthelot consiste à faire passer l'effluve électrique, issue d'une forte bobine de Ruhmkorff, entre deux tubes de verre concentriques, ne laissant entre eux qu'un intervalle de 2 millimètres, soit vide, soit occupé par une spirale métallique collée sur le tube qui contient l'oxygène (V. *Annales de chimie et de physique*, 5e série, X. 75, t. XII., 440 à 467); 4° *par les oxydations lentes*, par exemple, en faisant passer un courant d'air humide sur des bâtons de phosphore; 5° *par le bioxyde de baryum*, ou le permanganate de potasse, traité à une température inférieure à 75°.

Propriétés. L'ozone, outre son odeur pénétrante, a des propriétés oxydantes bien supérieures à celles de l'oxygène. L'ozone humide décompose l'iodure de potassium et met l'iode en liberté; il oxyde à froid, non seulement les métaux très oxydables : fer, zinc, manganèse, plomb, mais encore le mercure et l'argent, en les faisant passer au maximum d'oxydation; il transforme les acides sulfureux et sulfhydrique en acide sulfurique, les sels de protoxyde de fer en sels de peroxyde, l'ammoniaque en acide azotique; il décompose rapidement les sels de plomb et de manganèse; il décolore rapidement le sulfate d'indigo; il détruit les matières organiques à la façon du chlore, provoque la toux et devient toxique si l'on continue à le respirer. L'ozone a été liquéfié sous la pression de 125 atmosphères; il s'est présenté sous la couleur bleu indigo, avec une densité de 1,5.

NATURE ET CONSTITUTION DE L'OZONE. L'ozone a été considéré d'abord comme un corps simple particulier, puis comme un composé d'oxygène et d'azote ou d'oxygène et d'hydrogène. On l'a regardé aussi comme de l'oxygène condensé et comme un état allotropique de l'oxygène; Schœnbein, pour expliquer certaines réactions chimiques, admettait, outre l'*ozone*, un *antozone*; la combinaison de ces deux corps formant, selon lui, l'oxygène ordinaire. Ces hypothèses n'ont pas été acceptées. On admet aujourd'hui que l'ozone n'est que de l'oxygène électrisé.

Circonstances de la destruction de l'ozone. L'ozone perd toutes ses propriétés lorsqu'on le fait passer dans un tube chauffé à 240°; il est détruit instantanément par la vapeur d'eau à 100°. Le charbon en poudre, le peroxyde de manganèse, l'eau oxygénée détruisent l'ozone par simple contact.

Réactifs de l'ozone. 1° L'ozone ayant la propriété de décomposer l'iodure de potassium en présence de l'eau, pour faire de la potasse et mettre l'iode en liberté, on a utilisé cette propriété pour rechercher la présence de l'ozone. Comme d'autre part, l'amidon est bleui par l'iode, on emploie un papier amidonné et ioduré qu'on plonge dans l'oxygène; si le papier bleuit, le gaz contient de l'ozone; 2° M. Cloëz a remarqué que ce papier bleuit aussi sous l'influence de composés nitreux ou de vapeurs d'huiles essentielles ou par une vive insolation, ce qui laisse des doutes sur l'efficacité du réactif. M. Houzeau lui a substitué le *papier de tournesol coloré en rouge vineux* et imprégné d'iodure de potassium. Sous l'influence de l'ozone, l'iodure donne de la potasse qui ramène au blanc le papier rougi. Mais, d'après

M. Cloëz, ce papier aurait encore les mêmes inconvénients que le précédent.

Etat naturel. Ozone atmosphérique. L'ozone existe dans l'atmosphère en quantité variable, avec l'état électrique de l'air, avec le degré d'humidité et l'altitude : c'est surtout dans les temps d'orage que sa présence y est constatée, conjointement avec les composés nitreux. On a donc cru devoir ajouter aux observations météorologiques des *observations ozonométriques* (V. Ozonomètre) au moyen de papiers amidonnés et iodurés de Schœnbein et de M. Houzeau. Ces observations qui ont été continuées pendant une dizaine d'années par M. Bérigny, à Versailles, et poursuivies plus longtemps par M. Houzeau, à Rouen, n'ont pas donné les résultats qu'on espérait; aujourd'hui, elles sont à peu près abandonnées. — C. D.

OZONISEUR. *T. de chim.* Appareil au moyen duquel on produit de l'ozone, spécialement par les étincelles ou par l'effluve électriques (V. Ozone, *Mode de Production*, 3°). L'ozoniseur de M. Houzeau permet de produire l'ozone en quantité notable et d'une façon continue.

***OZONOMÈTRE** ou **OZONOSCOPE.** *T. de météor.* Appareils ou réactifs au moyen desquels on peut constater la présence de petites quantités d'*ozone* (V. ce mot) qui se trouvent dans l'atmosphère ou qu'on produit dans un espace limité. Les ozonomètres les plus connus sont ceux de Schœnbein et de M. Houzeau. Le premier se compose de bandelettes de papier amidonné ioduré, accompagné d'une échelle ou gamme de dix teintes graduées, depuis le blanc jusqu'au bleu très foncé ou noir. Ce papier se prépare avec le mélange suivant : 1 partie d'iodure de potassium ; 10 parties d'amidon et 100 parties d'eau pure. On plonge le papier blanc non collé, dans cette dissolution, on le laisse sécher et on le découpe en bandelettes de la longueur et de la largeur d'un doigt. Ce papier, exposé pendant quelques heures à l'air ozonisé, subit une décomposition plus ou moins incomplète. En le plongeant dans l'eau pure, il prend une teinte bleue d'autant plus foncée que l'action de l'ozone sur lui a été plus forte. On compare cette teinte à celles de l'échelle, et on peut évaluer ainsi numériquement la quantité relative d'ozone trouvée dans diverses observations.

L'ozonomètre de M. Houzeau, au papier tournesol rougi, s'emploie de la même manière. Il est très sensible et présente quelques avantages sur celui de Schœnbein. — V. Ozone.

www.ingramcontent.com/pod-product-compliance
Lightning Source LLC
Chambersburg PA
CBHW060711220326
41598CB00020B/2058

* 9 7 8 2 0 1 2 5 3 8 1 0 8 *